# Gesamtverzeichnis des deutschsprachigen Schrifttums (GV) 1700 – 1910

Bearbeitet unter der Leitung von
Hilmar Schmuck und Willi Gorzny
Bibliographische und redaktionelle Beratung:
Hans Popst und Rainer Schöller

## 16

## Bielk - Blas

K · G · Saur München · New York · London · Paris 1980

*Redaktion:*

Monika Eichler, Ursula Geier, Robert Mittelstaedt, Sabine Nebinger, Hildegard Roßberg, Hermann Schrott, Brigitte Semmler, Eva von Troschke, Helga Werner, Gabriele Winter

CIP-Kurztitelaufnahme der Deutschen Bibliothek

**Gesamtverzeichnis des deutschsprachigen Schrifttums** :
(GV). – München, New York, London, Paris : Saur.
Bd. 1 – 6 bearb. unter d. Leitung von Peter Geils
u. Willi Gorzny.
ISBN 3-598-30000-X

1700 – 1910 / bearb. unter d. Leitung von Hilmar
Schmuck u. Willi Gorzny. Bibliograph. u. red.
Beratung: Hans Popst u. Rainer Schöller

NE: Schmuck, Hilmar [Bearb.]

16. Bielk – Blas. – 1980.


Techn. Realisierung und Druck: Norbert Gärtner, Mainz-Kastel
Binden: Karl Schaumann, Darmstadt
Printed in the Federal Republic of Germany
ISBN 3-598-30000-X (Gesamtwerk)

Bielke, Beleuchtung der von der Kreis-Synode Bahn veröffentlichten u. durch das Königl. Consistorium zur Verbreitung verbotenen Schrift: Die Disciplinar-Verhandlung der Kreis-Synode in Bahn. Bahn 865. (Stettin, Nagel.) 8. (27 S.) n. 4 ngr

Bielke, Herm. v., Anleitung zur zeitgemäßen Förderung des Flachsbaues und zur zweckmäßigen Behandlung des Flachses. 8. (X und 74 S.) Hamburg 846, Kittler.

BIELKE, HERM. v., s. Archiv für die Volkschullehrer. 1831.

Bielke, Herm. v., auch ein Wort üb. d. anzulegende Kunststraße zwischen Altona u. Kiel. gr. 12. (1 B.) Hamburg (830), Nestler u. Melle.

v. Bielke, Herm., der Bernstein, ein wichtiges Naturproduct, des Königr. Dänemark, der Herzogthümer Schleswig und Holstein, so wie des Großherzogthums Mecklenburg und anderer Gegenden d. nördlichen Deutschlands. Besonders denen gewidmet, welche Arbeiten unterhalb der oberen Erdschichten vornehmen. 8. Hamburg 845, Kittler. 1/8 ℔

— besondere Denkwürdigkeiten aus d. heil. Geschichte v. Abraham bis zur letzten Zerstörung Jerusalems und des Tempels. Ein Handbuch für Layen, welche das Wort Gottes lieb haben. Mit 1 Charte u. 1 Plane von Jerusalem. gr. 8. Sonderburg 844. (Hamburg, Kittler.) n. 1 1/2 ℔

v. Bielke, Herm., biblisches Lesebuch für das Volk. Ein Handbuch f. Laien, welche das Wort Gottes lieb haben u. f. Volksschullehrer beim Unterrichte in der biblischen Geschichte. Mit 1 Charte u. einem Plane von Jerusalem (auf 2 lith. Taf. in 4. u. Fol.) 2. (Titel-)Ausg. gr. 8. (XVI u. 413 S.) Hamburg (844) 852, Kittler. 1/2 ℔

—— über die zunehmende Unfruchtbarkeit des Bodens u. die geeignetsten Mittel, diesem Uebel abzuhelfen. 8. (3 B.) Hamburg 815, Kittler.

—— über Wettrennen; mit Berücksichtigung der, zur Einführung ders., in d. Herzogthümern Schleswig' u. Holstein geschehenen Schritte. gr. 8. (2 B.) Hamburg 830, Nestler u. Melle.

Bielke, J. S., de mortuis cum Jesu redivivis. Stargard. 1733. 4.

Bielke, Johann Achatius Felix, s. Bielcke, Johann Achatius Felix

Bielke, Karl von: Wilhelmo Weissenborn praeceptori congratulantur cives primae secundaeque classis Gymnasii Isenacensis. Isenaci. 1854. 4°

Bielmann, H.C.: Rede am Geburtstage Sr. Majestät Friedr. Wilh.III. 6 S.
Progr. Halberstadt 1828.

Bielmann, R: Das Kaligesetz in d. Praxis. (79) 8° Berl. (W 10, Hohenzollernstr. 8), Verl. d, „Industrie" '11. L 3 —

Bielmayr, Jul. Zur Geschichte des Rotationsmagnetismus. 59 S. 8. *Aschaffenburg* 1877. Progr.

Bielmayr, Jul., über Kosmogonie. gr. 8. (57 S.) Regensburg 888, (Coppenrath's Verlag.)

Bielmayr, J. Lehrbuch der Arithmetik f. Latein- u. Realschulen, s. Steck, F. X.

Bielmayr, Julius: Ueber den Mathematik-Unterricht an unseren Gymnasien. S. 3 - 31.
Progr. Aschaffenburg 1870.

Bielmayr, J., Sammlung v. arithmetischen Aufgaben, s.: Steck, F. X.

Bielmayr, Karl: Ueber einen Fall von Carcinom der Flexura sigmoidea. München 1905: Kastner & Callwey. (27 S.) 8°
München, Med. Fak., Ref. v. Bauer, Diss. v. 13. März 1906
[Geb. 13. Juli 79 Aschaffenburg; Wohnort: Regensburg; Staatsangeh.: Bayern; Vorbildung: Gymn. Aschaffenburg Reife Juli 98; Studium: München 9 S.; Coll. 13. März 06; Approb. 6. März 06.]

**Biel-Neuenstadt, Linie:** Bericht des Ingenieurs ... Bern 1860. V: *Knab, Carl.* (Cat. d. Stadtbibl. Zürich. Zürich 1864—97.)

Bielohlawek, Anton: Ursachen und Verlauf der Kriegszeugnisse in Böhmen im Jahre 1434.
Phil. Diss. Prag 1887/88.

Bielohlawek Anton: Ursachen und Verlauf der Kriegsereignisse in Böhmen im Jahre 1434. 89. Braunau 94. Progr.

Bjelokosic, Luk. Grgjič, Denkwürdigkeiten in der Gegend v. Fojnica. [Aus: „Wissenschaftl. Mittheilgn. aus Bosnien u. d. Hercegovina" 1. Bd.] Lex.-8. (6 S.) Wien 893. (C. Gerold's Sohn.) n. — 40

Bjelomor, A., Der Zukunftskrieg im J. 18.. Vision e. russ. Patrioten. Einz. berecht. Uebersetzg. v. Carl Kupffer. 2. Aufl. 8. (202 S.) Dresden 897. H. Minden. n. 2. --

**Bjelostozky, Max:** Die Geburt bei Hirnbrüchen der Frucht. Berlin 1909: Siebert. 40 S. 8°
Berlin, Med. Diss. v. 30. Juni 1909, Ref. Bumm
[Geb. 3. Juni 83 Grodno; Wohnort: Moskau; Staatsangeh.: Rußland; Vorbildung: Nikolai-Gymn. Libau Reife M. 04; Studium: Berlin 10 S.; Rig. 28. Juni 09.] [U 09. 29

Bielschowska's, Gräfin, Tagebuch. 1.—10. Taus. (222 S.) 8. Berlin (905.) R. Eckstein Nachf. n. 2. —; geb. n. 3. —

BIELSCHOWSKI, OSCAR. Zur Constitution der Harnstoffe (Freiburg im Breisgau). Berlin, 1883. Diss.

Bielschowsky, Alb., Friederike Brion. Ein Beitrag zur Goethe-Literatur. gr. 8. (47 S.) Breslau 880, Schletter'sche Buchh. *

Bielschowsky, Alb., Friederike u. Lili. Fünf Goethe-Aufsätze. Mit e. Nachruf u. dem Bildnis des Verf. 1. u. 2. unveränderte Aufl. (1—4. Taus.) (Je IX, 210 S.) 8. München 906. C. H. Beck. Geb. in Leinw. n. 4. —

Bielschowsky, A., Geschichte der deutschen Dorfpoesie im 13. Jahrhundert. I. Leben und Dichten Neidharts v. Reuenthal. Berlin 1890. 8°. (9 Mk. 50 Pfg. die Vorigen.)

Bielschowsky, Alb. Geschichte der deutschen Dorfpoesie im 13. Jahrh. I. Leben u. Dichten Neidharts v. Reuenthal. Untersuchungen. [Acta Germanica II, 2.] gr. 8. (VII, 294 S.) Berl. 891, Mayer u. Müller. * 9 50

Goethe. Sein Leben u. s. Werke von Dr. Albert Bielschowsky. In 2 Bden. Bd 1. 2. *München: C. H. Beck 1896—1904.* 2 Bde 8° [F.]
1. Mit 1 Photograv. 1896. 2. 1—3. Aufl. Mit 1 Photograv. 1904. [03. 14484

Bielschowsky, Alb., Goethe. S. Leben u. s. Werke. (In 2 Bdn.) 1. Bd. m. e. Photograv. (Goethe in Italien v. Tischbein). 2., durchgesch. Aufl. gr. 8. (IX, 521 S.) München 898. C. H. Beck. n. 5. —; geb. in Leinw. n. 6. —; in Kalbldr. n.n. 8. —

Bielschowsky, Alb., Goethe. Sein Leben u. seine Werke. (In 2 Bdn.) 1. Bd. m. e. Photograv. (Goethe in Italien v. Tischbein.) 3. durchgesch. Aufl. gr. 8. (IX, 522 S.) München 902. C. H. Beck. n. 5. —; geb. in Leinw. n. 6. —

Goethe. Sein Leben und seine Werke von Albert **Bielschowsky.** Bd 1. 2. München: Beik 1904. 1905. 8°
1. Mit e. Photogr. (Goethe in Italien von Tischbein) 9. Aufl. 1905. IX, 522 S.
2. Mit e. Photogr. (Goethe im 70. Lebensjahre von Jos. Stieler) 1.—3. Aufl. 1904. IV, 787 S.
Krit. Goethe-Biographie.

— Goethe. Sein Leben u. seine Werke. 2 Bde. gr. 8. Ebd. n. 12.—; geb. in Leinw. n. 14.—; in Liebhaberbd. n n. 19.—
1. Mit 1 Photograv. (Goethe in Italien v. Tischbein.) 4.—11. Aufl. (à IX, 522 S.) 904—906 n. 5.—; geb. n. 6.— u. n.n. 8.50
2. Mit e. Photograv. (Goethe im 70. Lebensj. v. Jos. Stieler.) 1.—9. Aufl. (1—30. Taus.) (à V, 788 S.) 904—907. n. 7.—; geb. n. 8.— u. n.n. 10.50

**Bielschowsky,** Alb., Goethe. Sein Leben u. seine Werke. 2 Bde. 8. München, C. H. Beck. 12.—; geb. in Leinw. 14.—; in Liebhaberbd. n 19.—
1. Mit 1 Photograv. (Goethe in Italien v. Tischbein). 12—19. Aufl. (37—62. Taus.) (IX, 522 S.) 907—909. 5.—; geb. 6.— u. n 8.50
2. Mit e. Photograv. (Goethe im 70. Lebensj. v. Jos. Stieler). 11—18. Aufl. (34—59. Taus.) (V, 748 S.) 907—910. 7.—; geb. 8.— u. n 10.50

**Bielschowsky,** Alb.: Goethe. Leben u. Werke. 23. Afl. 2. Bd. (5, 748) '12. L 8—; HF 10.50 ‖ 25. Afl. 2 Bde. (11, 522 u. 5, 757 m. je 1 Photograv.) 8° Münch., CH Beck '13. L 14—; in Liebh.-HF 19—; Ldr 30— d

**Bielschowsky,** A, d. Schwiegerlingsche Puppenspiel vom „Doktor Faust", zum 1. Male hrsg. 4. (50) Brieg 82, (Bänder). n. 1. 25

Bielschowsky, Albert *(geb. Namslau 3. 1. 1847)*: De Spartanorum syssitiis. Vratislaviae (1869). (55 S.) 8° *[Buchausg. 1869 bei Calvary & Ko. in Berlin.]*
Breslau, Phil. Diss. v. 18. Juni 1869

Die neueren Anschauungen über Wesen und Behandlung des Schielens. Von Prof. Dr. A[lfred] **Bielschowsky**, Leipzig. Berlin: Urban & Schwarzenberg 1907. (S. 311—342.) 8°
— **Klinik**, Medizinische. Beihefte. Jg. 3, H. 12.

**Bielschowsky,** Alfred [aus Namslau in Schles.]: Beitrag zur Kenntnis der Pathologie und Therapie der einheimischen Leberabscesse ... Berlin, Buchdr. v. G. Schade, *1893;* 43 S. 8.
Berlin, Med. Fak., Inaug.-Diss. v. 2. Juni 1893

— s.: Lehrbuch der Augenheilkunde.

**Bielschowsky,** A: Die Motilitätsstörgn d. Augen, s: Graefe, Alfr., u. Thdr Saemisch, Handb. d. gesamten Augenheilkde.

— Repetitorium d. Augenheilkde, s: Breitenstein's Repetitorien.

**Bielschowsky,** E: Nellie u. ihre Schwestern. Erzählg f. Mädchen v. 7—11 Jahren. (118) 8° Münch., CH Beck '09. Geb. 3— d

**Bielschowsky,** Elisab.: Nellie u. ihre Schwestern. Erzählgf. Mädchen v. 7—11 J. 2. Afl. (118 mit Farbdr.) gr8° Münch., CH Beck '07. Geb. 1.50 d

**Bielschowsky,** Frida: Die Textilindustrie d. Lodzer Rayons, s: Forschungen, Staats- u. sozialwissenschaftl.

**Bielschowsky,** Max [aus Breslau]: Ueber einen Fall von Perityphlitis suppurativa mit Ausgang in Septico-Pyaemie ... München, kgl. Hof- u. Univ.-Buchdr. v. Dr. C. Wolf & Sohn, 1893; 30 S., 1 Bl. 8.
München, Med. Fak., Inaug.-Diss. v. 1893

Myelitis und Sehnervenentzündung. Von Dr. Max **Bielschowsky** in Berlin. Mit 4 Taf. u. 3 Abb. *Berlin: S. Karger 1901.* (92 S.) 8°

**Bielschowsky,** Richard [Referendar b. d. Kgl. Landger. zu Breslau]: Ueber die rechtliche Natur der Prämiengeschäfte ... Breslau, Druck d. Bresl. Gen.-Buchdr., 1892; 4 Bl., 36 S., 1 Bl. 8.
Breslau, Jur. Fak., Inaug.-Diss. v. 16. Juli 1892

**Bielschowsky,** Rich., üb. die rechtliche Natur der Prämiengeschäfte. Diss. gr. 8. (36 S.) Breslau 892. (L. Köhler. — Leipzig. G. Fock.) n. 1.—

**Bielshöhle, Die,** bei Rübeland am Harz. ... Braunschweig 1842. V: *Hallbauer, Carl.* (EngG)

**Bielshöhle,** die, bei Rübeland am Harz. Ein Erinnerungsbuch für Harzreisende überhaupt, sowie für Besucher der Bielshöhle insbesondere. Von C. H. Mit 2 perspectiv. Ansichten u. 1 Grund- u. Profil-Riß. gr. 8. Braunschweig 842, Oehme u. Müller. n. 1/6 ₰

BIELSKI, Joseph von (Bodlasow; Stognow): De febre intermittente. (Titel nach der Urkunde) 8.8.1867 - Urk; F 71; Chr 1867/68,13

Diss. Ingolst.-Landsh.-Mchn.

**Bielski,** Stanisl., üb. reine Hallucinationen im Gebiete d. Gesichtssinnes im Dunkelzimmer der Augenkranken. gr. 8. (42 S.) Dorpat 884. (Schnakenburg.) —90

**Bjelski,** W. J., das Märchen v. Zar Saltan, s.: Rimsky-Korssakow, Nikolai.

Bielsky, Boris v. Erloschen. Roman aus der Petersburger Gesellschaft. 8. (VII, 240 S.) Berl. 890, Ulrich u. Co. * 3.—

**Bielsky,** Boris v., Glück! Roman aus der heut. Gesellschaft. 8. (239 S.) Berlin 891. Ulrich & Co. n. 3.—

Bielsky, Wilh., die ältesten Urkunden des Kanonikatstiftes Sanct Georgen in Unterösterreich. Von 1112—1244. Mitgetheilt und mit Erläuterungen begleitet. Lex.-8. (70 S.) Wien 853, (Gerold's Sohn.) *
Aus: Archiv für Kunde österreich. Geschichtsquellen, besonders abgedruckt.

**Bjely,** Andrej: Die silberne Taube. Roman. Aus d. Russ. v. Lully Wiebeck. (6, 437) 8° Frankf.M., Rütten u. L. '12. 5—; HPerg. 6.50 d

Bielz, Alb., Trauerrede am Begräbnißtage des Hrn. Stadtr. Prof. Dr. Frz. Jac. Wigard. gr. 8. (8 S.) Dresden 886, (Rabelli.) *

Bielz, Eduard Albert

**Bielz,** EA, Beitr. z. Gesch. u. Statistik d. Steuerwes. in Siebenb. 8. (188) Hermannst. 61, Schmiedicke. — 20

Bielz, E. Albert, Beitrag zur Geschichte und Statistik des Steuerwesens in Siebenbürgen. gr. 8. (IV und 188 S mit 1 Tab. in qu. 4.) Hermannstadt 861, Steinhaußen.

Bielz, E. Albert: Beitrag zur Höhlenkunde Siebenbürgens, als Vorarbeit einer Antrologie dieses Landes. Mit 2 Nachträgen. ([S.-A.] Jahrbuch des Siebenbürgischen Karpathenvereins. 45 u. 46.) Hermannstadt 1884—1886. 1 Bd. (II), 64, 7, 8 S. 8°.

— Fauna der Land- und Süsswasser-Mollusken Siebenbürgens. Ebend. 863. gr. 8. (VIII, 200 S.) 1 ₰

**Bielz,** E. Alb., Fauna der Land- u. Süsswasser-Mollusken Siebenbürgens. 2. Aufl. Hermannstadt 867. Filtsch in Comm. gr. 8. (VIII, 216 S.) n. 1 ₰

Bielz, E. A., Fauna der Land- und Süsswasser-Mollusken Siebenbürgens. gr. 8. (VIII und 216 S.) Hermannstadt 867, (Steinhausen.)

**Bielz,** E. Alb., Fauna der Wirbelthiere Siebenbürgens, eine systematische Aufzählung und Beschreibung der in Siebenbürgen vorkommenden Säugethiere, Vögel, Amphibien u. Fische. Eine vom Vereine für siebenbürgische Landeskunde gekrönte Preisschrift. Hermannstadt 856. Filtsch in Comm. gr. 8. (VI, 200 S.) n. 1 ₰

Bielz, E. Albert: Die Fauna der Wirbelthiere Siebenbürgens nach ihrem gegenwärtigen Stande übersichtlich dargestellt. ([S.-A.] Verhandlungen und Mittheilungen des siebenbürgischen Vereins für Naturwissenschaften in Hermannstadt. 1888. Jahrg. 38.) Hermannstadt 1888. 106 S. 8°.

Bielz, E. Albert: Die Gesteine Siebenbürgens nach ihrem Vorkommen und ihrer Verwendung. ([S.-A.] Jahrbuch des Siebenbürgischen Karpathenvereins. Jahrg. 3. 1883.) Hermannstadt 1883. (II), 56 S. 8°.

**Bielz**, E. Alb., die Gesteine Siebenbürgens, e. systematische Aufzählg. der in diesem Lande vorkomm. Mineralien u. Felsarten, mit ihren Fundorten u. ihrem Vorkommen. 2. Aufl. [Aus: „Verhandlg. u. Mittheilgn. d. siebenbürg. Vereins f. Naturwiss."] gr. 8. (82 S.) Hermannstadt 889. (Michaelis & Seraphin.) n. 1. —

—— Handbuch der Landeskunde Siebenbürgens eine physikalisch-statistisch-topograph. Beschreibung dieses Landes. gr. 8. (VIII und 615 S. mit 1 lithogr. und ill. Karte in qu. gr. Fol.) Hermannstadt 856, (Filtsch.)

Bielz, Eduard Albert: Handbuch d. Landeskunde Siebenbürgens, eine physikalisch-statistisch-topographische Beschreibung dieses Landes. Hermannstadt: Filtsch 1857. VIII, 613 S. 8°.

—— Siebenbürgens Käferfauna, nach ihrer Erforschung bis zum Schlusse des J. 1886 übersichtlich dargestellt. gr. 8. (90 S.) Hermannstadt 887, (Michaelis.) *
Aus: Verhandlungen und Mittheilungen des siebenbürg. Vereins für Naturwissenschaften, besonders abgedruckt.

**Bielz, E. A. — Karte des Großfürstenthums Siebenbürgen mit der neuen politisch-gerichtlichen Eintheilung und sämmtlichen Ortschaften dieses Landes. Zusammengestellt in der k. k. pr. lithographischen Anstalt von Mich. Bielz in Hermannstadt durch — —. 1854. Fol. 2 Bl.**

**Bielz**, E. Alb., die Mineralquellen u. Heilbäder Siebenbürgens. gr. 8. (III, 35 S.) Hermannstadt 882. (Michaelis.) n. — 60

**Bielz**, E. Alb., die Mineralquellen und Heilbäder Siebenbürgens. gr. 8. (III, 35 S.) Hermannstadt 883, (Michaelis.) *
Aus: Jahrbücher des siebenbürg. Karpathen-Vereins, besonders abgedruckt.

**Bielz**, E. Alb., Reisehandbuch für Siebenbürgen, nach eigenen zahlreichen Reisen u. Ausflügen in diesem Lande verf. Mit einer (lith.) Karte Siebenbürgens u. 3 (lith.) Städte-Plänen. 12. (VIII, 296 S.) Hermannstadt 881. Michaelis in Comm. geb. 3. —

**Bielz**, E. Alb., Siebenbürgen. Ein Handbuch für Reisende, nach eigenen zahlreichen Reisen und Ausflügen in diesem Lande verf. 2. ergänzte und sehr erweit. Aufl. 8. (VIII, 415 S. mit 1 Karte Siebenbürgens, Städteplänen und Umgebungs-Kärtchen.) Wien 885, Graeser. geb. *

**Bielz**, E. Alb., Siebenbürgen. Ein Handbuch f. Reisende, nach eigenen zahlr. Reisen u. Ausflügen in diesem Lande verf. Neue, durch e. Anh. ergänzte, Ausg. der 2. Aufl. Mit Städteplänen u. Umgebungs-Kärtchen. 12. (VIII, 415 S.) Hermannstadt 899. W. Krafft. Geb. in Leinw. n.n. 2.55

**Bielz**, EA: Siebenbürgen. Hdb. f. Reisende. 3. Afl. v. E Sigerus. (284 m. Abb., 3 Pl. u. 1 Karte.) 12° Hermanst., W Krafft'03. Geb. 3.40

**Bielz, E. A. — Uebersichtskarte des Großfürstenthums Siebenbürgen nach der neuen politisch-gerichtlichen Eintheilung mit Angabe aller bedeutenden und bemerkenswerthen Ortschaften dieses Landes bearbeitet von — —. Hermannstadt 1854 im Maße 1/864000 der Natur. Q.-Fol. 1 Bl.**

**Bielzer**, Georgius *(geb. Neun: bei Neiße [16. 1.] 1817)*: De morte neonatorum, quatenus in foro matri imputanda sit culpa. Vratislaviae (1842). (26 S.) 8°
Breslau, Med. Diss. v. 19. Dez. 1842

**Biema**, H[ermann] van, Referendar: Das Anwachsungsrecht unter Mitvermächtnißnehmern. *Hannover 1904: W. Harzig.* (74 S.) 8°
Göttingen, Jur. Diss. v. [14. Juli] 1904

**Biema**, H. van, das Anwachsungsrecht unter Mitvermächtnisnehmern. Diss. (74 S.) 8. Hannover 904. (Göttingen, Vandenhoeck & Ruprecht.) n. 1. 80

**Biema**, Leopold van, a. Hannover, Referendar zu Hannover: Der stellvertretende Abschluss obligatorischer Verträge nach dem bürgerlichen Gesetzbuche. Hannover 1906: W. Harzig. (75 S.) 8°
Erlangen, Jur. Fak., Ref. Rieker, Diss. v. 20. Dez. 1906
[Geb. 2. Okt. 80 Hannover; Wohnort: Hannover; Staatsangeh.: Preußen; Vorbildung: Lyzeum II Hannover Reife O. 99; Studium: München 1, Berlin 2, Genf 1, Göttingen 2 S.; Rig. 9. Nov. 06.]

van **Biema**, S. [aus Leer (Ostfriesland)]: Ein Beitrag zur Lehre von der atrophisirenden Kinderlähmung.... Strassburg i. E., Buchdr. C. Goeller, 1890; 44 S. 8°
Strassburg, Med. Fak., Inaug.-Diss. v. 1890

**Biemann**, Ant.: Wie treibt man Buchfordergn m. Erfolg ein? Mit Formularien. (79) kl8° Reichenbg, J Müller'07. 2 —

Biemer, Christian Gottlob, s. Biener, Christian Gottlob

Bien: Le Bien public (Fr)
① Chroniqueur suisse (dès 1882) ③ Le Chroniqueur ④ L'Electeur ⑤ 15. 10. 1879—29. 12. 1888 ⑥ in-2° ⑦ 3× par semaine ⑧ Fribourg: Philipp Haesler ⑪ Jules Répond (dernier rédacteur) ⑫ conservateur — modéré ⑬ BGSZ: 986; Le Confédéré de Fribourg 1907, no. 102 ⑭ Fr: C.

**Bienaimé's Werke.** 1. Hft. qu. ½ gr. Fol. (5 Kpfrt. u. 1 Bl. Text.) Rom 838. Glogau, Flemming. *

**Bienchen. Eine Erzählung von A. v. W. Zum Besten d. Brüderhauses zu Reinstedt. 8. (IV, 263 S.) Leipzig 881. Hinrichs' Verl. n. 2. —; geb. n. 3. 20**

Biendl, Hans, s. a.: Warner, H.

— Der Monte Cristallo, s.: Gipfelführer, alpine. X.

**Biendl**, Hans, Innsbruck—Bozen—Verona, Bozen—Meran, Mori—Arco—Riva, Brennerbahn, s.: Hendschel's Luginsland. 8. Hft.

— Innsbruck—Landeck—Bregenz—Lindau—Friedrichshafen—Konstanz. Arlbergbahn, Bodensee, s.: Hendschel's Luginsland. 15. Hft.

Biendl, Hans. Die Jungfrau. Mit 15 Abbildungen [wovon 8 Tafeln] und einer Karte. 84 S. 8. Stuttgart und Leipzig, Deutsche Verlags-Anstalt, 1907. [geb. M. 1. 50]
Alpine Gipfelführer. [Nr.] 15.

**— Licht u. Schatten. Skizzen u. Erzählgn. (III, 102 S.) 8. Dresden 903. E. Pierson. n. 1. 50; geb. n. 2. 50**

**— u. Alfr. v. Radio-Radiis, Skitouren in den Ostalpen. Über Auftrag des österr. Alpenklubs hrsg. 3 Bde. (XXI, 83; XI, 204 u. VI, 115 S) kl. 8. Wien 906. A. Holzhausen. Geb. n. 6. —**

**Biendl**, Hans: Südbahnführer. Hrsg. v. d. k. k. priv. Südbahn-Gesellsch. 4 Hefte (mit je 1 Kte). kl8° Wien, K Schmelzer. je 1 —
1. Wien—Semmering—Mürzzuschlag. Mit Rax-, Schneeberg- u. Wechselgeb. (127) '10. ‖ 2. Mürzzuschlag—Triest u. d. österr. Riviera. (148) '10. ‖ 3. Marburg—Franzensfeste u. d. Dolomiten. (210 m. 1 Routenkte.) '11. ‖ 4. Kufstein—Ala, einschliessl. Ortlergruppe u. Gardaseegebiet. (222 m. 1 Routenkte.) '11.

**— Wanderskizzen. (III, 121 S.) 8. Dresden 905. E. Pierson. n. 1. 50; geb. n. 2. 50**

Biene: Die Biene
s.a. Liechtensteiner Volksblatt, Zürcherischer Freitagsbote.

**Biene, die, oder Samml. moral. Aufsätze. 8. Leipz. 792. (W. Nauck). 16 gr.**

**Biene, die, od. Samml. moral. Aufs. 8. Lpz. Sommer. 792.**

**— schönwissensch. Unterhaltungsbl. Herausg. v. Fr. L. Kruse u. J. Haeseling. 1r—4r Jahrg. 1824—27. gr. 4. Hamburg. (Hoffmann u. Campe.) à 6 Rthlr.**

— die, ein Unterhaltungsblatt aus d. Gebiete d. Literatur u. Kunst. Hrsg. v. Fr. F. Ludewieg. 4—6. Jahrg. 1828—30, à 12 Hfte. gr. 8. Hamburg, (Hoffmann u. Campe.) à J. 1—3. Jahrg. 1825—27. Ebendas. à 6 Thlr.

Biene, die, od. wöchentl. Mittheiln. f. Sachsen u. angrenz. Länder. Hrsg. v. K. E. Richter. 2—6. Jahrg. 1828—31. à 52 Nrn. (Bog.) Mit Beilagen. gr. 4. Zwickau, Richter: à J. 1. Jahrg. 1827. Zwickau, Gebr. Schumann. 1 Thlr. 8 Gr. — Ist Forts. der „Erinnerungsblätter f. gebild. Leser ꝛc." Jahrg. 1816—26. Ebendas. à 2 Thlr. 8 Gr.

**Biene, Die.** Zeitschrift, enthaltend: Statistisch-topographisch-naturhistorische Schilderungen alles Merkwürdigen. [Wien 1835]. H: *Schweickhardt v. Sickingen, Frz. Jos.* (EB)

— die. Ein Unterhaltungsblatt für den Niederrhein u. Westphalen. 4. Wesel 840. Prinz. Der Jahrg. 104 Numm. n. 1⅚ ₰

Biene, die, eine Wochenschrift, herausgegeben von A. Bräm. 1.—5. Jahrg. 1842—46 à 4 Hefte (od. 52 halbe Bogen. Mit Titelvign.) gr. 8. Meurs, Dolle à n. ⅔ ₰

— Red. Bräm. 6. Jahrg. 1847. 26 Nrn. 8. (½ Bog.) Meurs, Dolle. n. ⅓ ₰

— die, herausgeg. v. C. T. N. Mendelssohn. 1843. 52 Numm. Mit polytechn. Beiblatt u. Lithogr. gr. 4. Berlin 843, Amelang's Buchh. (R. Gärtner.) n. 4 ₰ — (Fortsetzung d. „polytechn. Archivs.") II.—IV. Jahrg. 1844—46 à 52 Numm. Nebst der Beilage: Polytechn. Archiv. 26 Numm. gr. 4. Berlin, Schnitzer, 4. Jahrg. bei Simion. à n. 4 ₰

Biene, die. Hrsg.: C. T. N. Mendelssohn. Haupt-Mitarbeiter: Beta. 5. Jahrg. 1848. gr. 4. Berlin, L. Schlesinger. *
Der Jahrg. 1847 ist nicht erschienen. —

**Die Biene**: Band 1–3 [ganze Nummer 1–79]. Jan. 3, 1846 – Dec. 30, 1848.
Fortnightly. Independent in political affairs; contains general information, articles, etc. Sub-title: Ein Volks-Blatt, „Zur Ausbreitung des Reichs Gottes, Beförderung reiner Sitten, Verbesserung des Schul- und Erziehungs-Wesens, und Ausstreuung nützlicher Kenntnisse überhaupt." Sub-title on title-page of Band 2: Eine christliche Zeitschrift, „Zur Ausbreitung des Reichs Gottes, Beförderung reiner Sitten, Verbesserung des Schul- und Erziehungs-Wesens, und Ausstreuung nützlicher Kenntnisse überhaupt." Sub-title, first page of Band 3: Ein Missions-Blatt und Zeitschrift, „Zur Ausbreitung des Reichs Gottes, Beförderung reiner Sitten, Verbesserung des Schul- und Erziehungs Wesens, und Ausstreuung nützlicher Kenntnisse überhaupt." Evangelisch-christlichen und allgemein-lehrreichen Inhalts. Quarto, each issue 8 pages; title-page and contents for each Band. Edited by Dr. A. L. Huebener, Jan. 3, 1846 – Dec. 30, 1848. Published by Julius W. & Wilhelm J. Held, Jan. 3, 1846 – June 3, 1848; by Julius W. Held, June 17 – Dec. 30, 1848.

Bethlehem/PA

**Biene: Die Biene**
⑤ 1. 9. 1848—28. 3. 1849 ⑥ 4° ⑦ Wochenblatt ⑧ Bern: C. A. Jenni, Vater ⑨ C. A. Jenni, Vater ⑫ illustriertes Witzblatt, für den Fortschritt, aber mit antiradikaler Haltung ⑬ BGSZ: 973 ⑭ Be: L. St.

**Biene**, Die. – Karlsruhe : 25.VII.1849 - 28.II.1850.
Vorh. u.d.T.: Stadt-und Landbote. – Karlsruhe.
Fortges. u.d.T.: Landesblätter, Badische.

Biene, die — Red., Herausg. und Druck J. N. Enders. 3. Jahrg. 4. Mitunter 2spaltig. 2 fl. 24 kr. jährlich. 1853

Biene, Die —. (Mit dem allgemeinen Anzeiger.) Wochenblatt zur Unterhaltung und Belehrung für Jedermann. (4. Jahrgang.) Redigirt und herausgegeben von J. N. Enders. Schnellpressendruck von J. N. Enders. 4. Wöchentlich 1mal. 1 fl. 30 kr. und 1 fl. 40 kr. halbjährig. 1854

Biene, die —. Wochenblatt zur Unterhaltung und Belehrung für Jedermann. 5. Jahrgang. Redigirt und herausgegeben von J. N. Enders. Druck von J. N. Enders. fl. 4. Wöchentlich einmal. 3 fl. 20 kr. und 3 fl. 40 kr. jährlich. Mit der Beilage: „Allgemeiner Anzeiger" und einer „Extra Beilage." 1855

Biene, die —. Wochenblatt zur Unterhaltung und Belehrung für Jedermann. (VI. Jahrg.) Redigirt und herausgegeben von J. N. Enders. Schnellpressendruck von J. N. Enders. 4. Erscheint wöchentlich dreimal. 1856

Biene. Die —. 7. Jahrg. Redakteur und Herausgeber: J. N. Enders in Neutitschein. Erscheint wöchentlich, 4. 2spaltig. 1857

Biene, die — Wochenblatt zur Unterhaltung und Belehrung für Jedermann. VIII. Jahrg. Red. und Herausg. *J. N. Enders.* Schnellpressendruck von Demselben. 1858
Erscheint in **Neutitschein**, jeden Samstag, 1 Bogen, in 4° mit ½ Bogen Beilage, 9-spalt. Prän.-Pr. ½-jähr. 2 fl. (ohne Prämien.)

Biene, die. Blätter für Witz, Satyre, Poesie und Unterhaltung, für 1860. 10. Jahrg. Redig. von J. N. Enders. 4. 36 Nrn. (à 1—1½ Bog.) Neutitschein 860, Enders.

Biene, die. Blätter für Witz. Satyre. Poësie und Unterhaltung. 11. Jahrgang. 1861. Herausg. und redig. von J. N. Enders. 36 Nrn. 4. (à 1—1½ Bg.) Neutitschein, Enders. 5 fl.

Biene, die. Blätter für Witz, Satyre, Poesie und Unterhaltung. 12.—17. Jahrg. 1862—67. Redig. und hrsg. von J. N. Enders. à Jahrg. 36 Nrn. (à 1—1½ Bog.) 4. Neutitschein, Enders. Mit Prämie für Jahres-Abonnenten à Jahrg. *

Biene, die. 25.—27. Jahrg. 1875—1877. à Jahrg. 36 Nrn. (à 1½ Bog. mit eingedr. Holzschn.) gr. 4. Neutitschein, Enders. à Jahrg. *

**Biene**, die. 27. Jahrg. 1877. 36 Nrn. (1½ B. m. Il.) 4. Wien, Enders. m. Prämien n. 20. —; ohne Prämien n. 10. — || 28. Jahrg. 1878. 52 Nrn. (2 B. m. Il.) 9. 60; in 26 Hftn. à — 36
29. Jahrg. 1879. 11. 20; in 26 Hftn. à 35

— die. Organ der vereinigten Bienenzüchter-Vereine in beiden Hessen und Nassau. Redig. von G. Köpp. 1.—5. Jahrg. 1863—67. à Jahrg. 12 Nrn. (Bog.) gr. 8. Bensheim, Lehrmittelanstalt. à Jahrg.

Biene, die. Organ der vereinigten Bienenzüchter-Vereine in beiden Hessen und Nassau. Redact.: C. v. Klipstein. 6. und 7. Jahrg. 1868 und 1869. à Jahrg. 12 Nrn. (Bog.) gr. 8. Bensheim, Lehrmittelanstalt. à Jahrg.

— — 8. Jahrg. 1870. Red.: Deichert. à 12 Nrn. (à 1 Bgn.). Ebend. gr. 8. n. 24 ngr

Biene, die. Organ der vereinigten Bienenzüchter-Vereine in beiden Hessen u. Nassau. Unter Mitwirkg. der Vereins-Vorstände red. v. G. Chr. Deichert. 9—11. Jahrg. 1871—1873 à 12 Nrn. (B.) gr. 8. Bensheim, Lehrmittelanstalt. à Jahrg. 1. 80

— dasselbe. 12. u. 13. Jahrg. 1874 u. 1875 à 12 Nrn. (B.) gr. 8. Ebend. à Jahrg. n. 3. —

— die. Organ der vereinigten Bienenzüchter-Vereine in beiden Hessen und Nassau. Redact.: Deichert. 13.—17. Jahrg. 1875—1879. à Jahrg. 12 Nrn. (Bog.) gr. 8. Bensheim, Lehrmittelanstalt. à Jahrg. *

— die. Organ der vereinigten Bienenzüchter-Vereine in beiden Hessen und Nassau. Redact.: Deichert. 18.—22. Jahrg. 1880—1884. à Jahrg. 12 Nrn. (Bog.) gr. 8. Bensheim, Lehrmittelanstalt. à Jahrg. *

Biene, die, Organ d. Verbands der Bienenzüchter-Vereine in beiden Hessen, Nassau u. Kreis Creuznach. Red.: Deichert. 23. Jahrg. 1885. 12 Nrn. (B.) gr. 8. Gießen 885. (Bensheim, Lehrmittelanstalt Ehrhard & Co.) n. 3. —

Biene, die. Organ des Verbandes der Bienenzüchter-Vereine in beiden Hessen, Nassau u. Kreis Creuznach. Red.: Deichert. 24. u. 25. Jahrg. 1886. 1887. à 12 Nrn. (B.) gr. 8. Gießen. Bensheim, Lehrmittelanstalt. Ehrhardt & Co. à Jahrg. n. 3. —

—— dass. — Organ des Verbandes der Bienenzüchter-Vereine in beiden Hessen, Nassau und Kreis Creuznach mit Meisenheim. Redact.: Weygandt. 26. Jahrg. 1888. 12 Nrn. (Bog.) gr. 8. Gießen, Brühl'sche Druckerei. *

Biene, Die. – Oldenburg / Oldb.: 1864 - 1865.

Biene, die. Journal für Toilette u. Handarbeit. 1—5. Jahrg. 1866—1870. à 24 Nrn. (à 1—2 Bgn. mit Holzschn. im Text.) Mit 12 Schnittbeilagen u. Steintafeln. Leipzig, Expedition. Fol. Jeder Jahrg. 1 ℛ 10 ngr

Seit 1870 verein. m. d. "Bazar".

**Die Biene**: Band 1—?, Sept. 1867—1913?

Sunday edition of Die Reading Post. Circulation: 1870, 900 (est.); 1880, 1500; 1913, 1300.

Reading/PA

**Die Biene**: Jahrgang 1—14, Aug. 9, 1873—1886?

Semi-weekly, 1873–74; tri-weekly, 1875–76; weekly, 1876–86. Democratic, 1873—79; Independent, 1880–96. Sub-title: 1) Ein unabhängiges Arbeiter-Organ. Im Interesse des industriellen Congresses der Vereinigten Staaten, Aug. 9—Oct. 20, 1873; 2) Ein unabhängiges Arbeiter-Organ. Im Interesse des industriellen Congresses der Vereinigten Staaten. Offizielles Organ des Industrie-Raths von Cuyahoga County, Ohio, Oct. 25, 1873 – Mar.? 1874; 3) Ein unabhängiges Organ, Apr.? 1874 – 1886? For Sunday edition, see Sonntagsblatt der Biene. For supplement, see Der Erzähler. Circulation: 1880, 1500; 1885, 1800. Edited by William Müller, Aug. 9, 1873– Mar.? 1874; by Carl Lemann, Apr.? 1874 –1875?; by Heinrich Gentz; by Joseph Zimmermann, 1876; by Henry Minnig, 1880–1886? Published by Arbeiter-Gesellschaft, Aug. 9—Oct. 1873; by William Muller & Co., Oct. 29, 1873—1877?; by Die Biene Printing Co., 1878—86.

Cleveland/OH

**Die Biene**: 1871—?

The *Deutsch-Amerikanisches Journal für Buchdruckerkunst* of Feb. 1, 1875, quotes from this paper. No copies found.

Sacramento/CA

—— Familienblatt für Unterhaltung und Literatur. Redig. von Hugendubel. 3.—5. Jahrg. 1875—1877. à Jahrg. 26 Nrn. (Bog.) Fol. Eichstätt, Krüll'sche Buchh. à Jahrg. *

—— dass. — 6. und 7. Jahrg. 1878 und 1879. à Jahrg. 48 Nrn. (Bog.) gr. 4. Ebendas. à Jahrg. *

Biene, die. Familienblatt für Unterhaltung und Literatur. Redig. von H. Hugendubel. 8. Jahrg. 1880. 48 Nrn. (Bog.) gr. 4. Eichstätt, [Krüll'sche Verlagsh.] Stillkrauth. *

Nicht weiter erschienen.

**Die Biene**: 1876?

Only few issues appeared.

Buenos Aires

—— die. Organ für Sparkassen- und Assekuranzwesen, sowie für die gesammten Handels-Interessen. Redakt.: Jos. Brauner. 10.—14. Jahrg. 1880—1884. à Jahrg. 12 Nrn. (à Nr. ½ Bog.) Fol. Wien, Administration. à Jahrg. **

—— die. Ein Kalender und Notizbuch für Bienenzüchter auf das J. 1886. Hrsg. auf Veranlassung der Section Heppenheim des Starkenburger Bienenzüchter-Vereins von Geo. Allendorf. gr. 16. (114 S. mit 1 Portr.) Heppenheim. (Leipzig, Werther.) geb. *

**Die Biene**: 1888?—?

Weekly. Pittsburgh/PA

**Die Biene**: Jahrgang 1—27, 1894—Sept. 30, 1920.

Weekly, 1894—1902?, quarterly, 1903?—20. Labor paper. Sub-title: Herausgegeben im Interesse des Arbeiters und seiner Familie. Title varies: Die Biene und Springfielder Vorwärts, Feb. 13—Sept. 30, 1919. Circulation: 1905, 1225; 1910, 1000; 1915, 2880. Edited & published by August Lehmann, 1894—Apr. 3, 1918, then by Lehmann Publishing Co.

Holyoke/MA

**Die Biene von Baltimore**: Jahrgang 1—9? Feb. 22, 1873—1881?

Literary weekly, the Sunday edition of Der Volksfreund, 1879–81. Sub-title: Ein Blatt für's Volk. Merged with Der Volksfreund. Edited & published by R. Wehrhahn, Feb. 22, 1873—Oct. 1874; by Sigmund Jünger, Nov. 4, 1874—1881. Circulation: 1875, 2750. Dealt independently with political and social problems, fought prohibition.

Baltimore/MD

Biene, die, im Garten. Ein Monatsblatt für Freunde der Bienenzucht und Liebhaber der Gartenkunst. Redig. von J. F. Gaertner. 1. Jahrg. April—December 1854. 9 Nrn. (à ½ Bgn.) Granzin. — Leipzig, R. Hoffmann in Comm. 4. n. 13 ngr

— — 2. Jahrg. 1855. 12 Nrn. (à ½ Bgn.) Ebend. in Comm. 4. n. 17½ ngr

—— d. kl., auf d. Missionsfelde f. Kinder. Hrsg. v. JD Prochnow. 1. Jahrg. 12 Nrn. (B.) 8. Berl. 61, Miss.-Ver. n.n. — 4 || 2—5. Jahrg. 1862—65. à n.n. — 6½

— die kleine, auf dem Missionsfelde für Kinder. Jahrg. 1865—1867. Herausg. von J. D. Prochnow. — Jahrg. 1868—1870. Herausg. von H. Ansorge. à 12 Nrn. (à 1 Bgn.). Ebend. 8. Jeder Jahrg. nn. 6⅔ ngr

—— die kleine, auf dem Missionsfelde für Kinder. Hrsg. von H. Ansorge. Jahrg. 1868—1871. à Jahrg. 12 Nrn. (Bog.) 8. Berlin, Buchh. des Missions- und Frauenkranken-Vereins. à Jahrg. **

Biene, die kleine, auf dem Missionsfelde für Kinder. Hrsg. von Plath. Jahrg. 1872—1874. à Jahrg. 12 Nrn. (Bog.) 8. Berlin, Buchh. des Missions- und Frauenkranken-Vereins. à Jahrg. **

—— die kleine, auf dem Missionsfelde für Kinder. Hrsg. von Plath. Jahrg. 1875 und 1876. à Jahrg. 12 Nrn. (Bog.) 8. Berlin, [Buchh. des Missions- und Frauen-Kranken-Vereins.] Buchh. der Goßner'schen Mission. à Jahrg. **

— die kleine, auf dem Missionsfelde für Kinder. Hrsg. von Plath. Jahrg. 1877—1882. à 12 Nrn. (B.) 8. Ebend. à Jahrg. n.n. — 75

— die kleine, auf dem Missionsfelde f. Kinder. Hrsg. von Plath. Jahrg. 1883—1886. à 12 Nrn. (B.) 8. Ebend. à Jahrg. n.n. — 75

—— die kleine, auf dem Missionsfelde für Kinder. Hrsg. von Plath. Jahrg. 1885—1888. à Jahrg. 12 Nrn. (Bog.) 8. Ebendas. à Jahrg. **

—— die kleine, auf dem Missionsfelde f. Kinder. Jahrg. 1889—1892. à Jahrg. 12 Nrn. (Bog.) 8. Ebd. à Jahrg. ** — 75

— dasselbe. Hrsg. v. Kausch. Jahrg. 1892—1894. à 12 Nrn. (Bog.) 8. Ebd. à Jahrg. n.n. — 75

— d. kleine, a. d. Missionsfelde f. Kinder. Hrsg. v. Kausch. Jahrg. 1895—1898. à 12 Nrn. (Bog.) 8. Ebd. à Jahrg. n.n. — 75

Biene, d. kl., auf d. Missionsfelde f. Kinder. Hrsg. v. Kausch. Jahrg. 1896—1900 à 12 Nrn. 8° (Nr. 1. 16) Fried.-Berl., Bh. d. Gossner'schen Mission. à Jahrg. nn — 75

— die kleine, auf dem Missionsfelde f. Jung u. Alt. Hrsg. v. Römer. Jahrg. 1899—1902. à 12 Nrn. (Bog. m. Abbildgn.) 8. Ebd. à Jahrg. n.n. — 75

Jahrgg. 1899 – 1901 sind v. Kausch redigiert.

— die kleine, auf dem Missionsfelde, für jung u. alt. Hrsg. v. Römer. Jahrg. 1903—1906. à 12 Nrn. (à Jahrg. 240 S. m. Abbildgn.) 8. Ebd. à Jhrg. nn. — 75

— die kleine, auf dem Missionsfelde, f. Jung u. Alt. Hrsg. v. Römer. Jahrg. 1907—1910. à 12 Nrn. (à ca. 16 S. m. Abbildgn.) 8. Ebd. à Jhrg. nn — 75

— Die kleine, auf d. Missionsfelde, f. Jung u. Alt. '10 hrsg. v. Roemer, '11 in Vertretg hrsg v. Förtsch. J. '10 u. '11 je 12 Nrn. ('11, Nr 1: 16 m. Abb.) 8° Ebd. je nn — 75 d

— dass. Familienbl. d. Gossnerschen Mission. Hrsg. v. H Roterberg. 52. J. '12. 12 Nrn. (Nr 1: 16 m. Abb.) 8° Ebd. nn — 75 d

Biene auf dem Missionsfeld. n. d.

MoSCHi complete? Cleveland/OH

Biene, die, auf dem Missionsfelde. (Ein Echo des Evangeliums aus d. Heiden- u. Christenwelt.) Für Missionsfreunde u. Missionsvereine. Herausg. v. Joh. Gossner. 1r u. 2r Jahrg. 1834 u. 1835. à 12 Numm. 4. Berlin (L. Oehmigke.) à J. $^{2}/_{3}$ ℛ 3r—5r J. 1836—38. 4. Ebd. à J. $^{7}/_{12}$ ℛ 6r—8r J. 1839—1841. 4. Ebd. Wohlgemuth. à n. $^{1}/_{2}$ ℛ

— die, auf dem Missionsfelde. Ein Echo des Evangeliums aus der Heiden- und Christenwelt. Herausgeg. von J. Goßner. 9.—13. Jahrg. 1842—46 à 12 Numm. (Bogen.) Mit Titelvign. 4. Berlin. (Wohlgemuth's Buchh.) à n. $^{1}/_{2}$ ℛ

— die, auf dem Missionsfelde. Herausg. von Joh. Goßner. 1847—1852: à 12 Nrn. 4. (Bog.) Berlin. (J. A. Wohlgemuth.) à Jahrg. baar n. $^{1}/_{3}$ ℛ

— die, auf dem Missionsfelde. Herausg. von Johs. Goßner. Jahrg. 1853—58. à 12 Nrn. (à 1 Bgn. mit Holzschn. im Text.) Berlin, W. Schultze. (Wohlgemuth.) 4. Jeder Jahrg. nn. 15 ngr

Biene, die, auf dem Missionsfelde. Herausg. von Büchsel. Jahrg. 1859. 12 Nrn. (à 1—2 Bgn. m. Holzschn.) Berlin, W. Schultze. 4. 15 ngr

—— die, auf dem Missionsfelde. Jahrg. 1857—61. 12 Nrn. (à 1—2 Bog. mit eingedr. Holzschn. 4. Berlin, (W. Schultze.) à Jahrg. * *

Jahrg. 1857,58 redig. von Joh. Goßner, 1859 von Büchsel, 1860 und 1861 von J. D. Prochnow.

—— die, auf dem Missionsfelde. Hrsg. von J. D. Prochnow. Jahrg. 1862—64. à Jahrg. 12 Nrn. (à 1—2 Bog. mit eingedr. Holzschn.) 4. Berlin, (W. Schultze.) à Jahrg.

— die, auf dem Missionsfelde. Jahrg. 1865—1867 Hersg. von D. Prochnow. — 1868—1870. Hersg. von H. Anforge. à 12 Nrn. (à 1—2 Bgn. mit Holzschn.). Berlin, Buchh. des Missions-Vereins. 4. Jeder Jahrg. n. 10 ngr

—— die, auf dem Missionsfelde. Hrsg. von H. Anforge. Jahrg. 1868—1871. à Jahrg. 12 Nrn. (à Nr. 1—2 Bog. mit eingedr. Holzschn.) 4. Berlin, Buchh. des Missions- und Frauenkranken-Vereins. à Jahrg. *

—— dass. — Hrsg. von Plath. Jahrg. 1872—1874. à Jahrg. 12 Nrn. (Bog.) 4. Ebendas. à Jahrg.

Biene, die, auf dem Missionsfelde. Hrsg. und redig. von Plath. Jahrg. 1875 und 1876. à Jahrg. 12 Nrn. (Bog.) 4. Berlin, [Buchh. des Missions- und Frauen-Kranken-Vereins.] Buchh. der Goßner'schen Mission. à Jahrg.

— die, auf dem Missionsfelde. Hrsg. u. red. v. Plath. Jahrg. 1877—1882. à 12 Nrn. (B.) gr. 4. Berlin, Buchh. der Goßner'schen Mission. à Jahrg. 1. 25

— die, auf dem Missionsfelde. Hrsg. u. red. von Plath. Jahrg. 1883—1886. à 12 Nrn. (B.) gr. 4. Berlin, Buchh. der Goßner'schen Mission. à Jahrg. 1. 25

—— die, auf dem Missionsfelde. Hrsg. und redig. von Plath. Jahrg. 1885—1888. à Jahrg. 12 Nrn. (Bog.) gr. 4. Berlin, Buchh. der Goßner'schen Mission. à Jahrg.

Biene, die, auf dem Missionsfelde. Hrsg. u. redig. v. Plath. Jahrg. 1889—1892. à Jahrg. 12 Nrn. (Bog.) gr. 4. Friedenau-Berl. Buchh. der Goßner'schen Mission. à Jahrg. 1 25

Biene, die, auf dem Missionsfelde. Hrsg. u. red. v. Plath. Jahrg. 1891—1894. à 12 Nrn. (Bog.) gr. 4. Friedenau-Berlin, Buchh. der Goßner'schen Mission. à Jahrg. n.n. 1. 25

Biene, die, a. d. Missionsfelde. Hrsg. u. red v. Plath. Jahrg. 1895—1898. à 12 Nrn. (à ca. 1 Bog.) gr. 4. Friedenau-Berlin, Buchh. d. Goßner'schen Mission. à Jahrg. 1. 25.

Der Jahrg. 1896 wurde in Vertretg. von Kausch herausgegeben.

Biene, die, auf dem Missionsfelde. Illustriertes Monatsblatt der Goßner'schen Mission. Red.: H. Kausch. 64.—67. Jahrg. 1899—1902. à 12 Nrn. gr. 4. (à ca. 8 S.) Friedenau-Berlin, Buchh. der Goßner'schen Mission. à Jahrg. n.n. 1. 25

Jahrgge. 1899—1900 sind v. Plath redigiert.

Biene, die, auf dem Missionsfelde. Illustriertes Monatsblatt der Goßner'schen Mission. Red.: H. Kausch u. seit 1906: Zernick. 68.—71. Jahrg. 1903—1906 à 12 Nrn. (à Jhrg. IV, 96 S.) 4. Friedenau-Berlin, Buchh. der Goßner'schen Mission. à Jhrg. n.n. 1. 25

Biene, die, auf dem Missionsfelde. Monatsblatt der Goßnerschen Missionsgesellschaft. Red.: Kausch. 72—75. Jahrg. 1907—1910. à 12 Nrn. (à ca. 8 S. m. Abbildgn.) 33,5×25 cm. Friedenau-Berlin, Buchh. der Groſsner'schen Mission. à Jahrg. nn 1. 25

Biene, Die, auf d. Missionsfelde. Monatsbl. d. Gossnerschen Missionsgesellsch. Red.: Kausch. 77—79. J. '10—12 je 12 Nrn. ('12, Nr 1: 16 m. Abb.) 33,5×25 cm. Friedenau-Berl., Buchh. d. Gossner'schen Mission. je nn 1.25 ℳ

*J. '01—10 waren mit 66—75. J. bezeichnet.*

Die Biene auf dem Missionsfeld: 1859—1865.

Monthly. Organ of the Westliche Konferenz der Deutschen Baptisten-Gemeinden von Nord-Amerika. Absorbed by Der Sendbote. Edited & published by Philipp W. Bickel.

Cincinnati/OH

Biene, die Nord-Albingische, ein Blatt f. alle Stände. Herausg. v. D. Koch. 1r—4r Jahrg. 1824—27. 8. Rendsburg (Hoffmann u. C. in H.) à 3 Rthlr.

Die nützliche *Biene* od. Anweisung, wie man zu allgemeinen Besten eines Landes die Bienen vermehren, erhalten u. benutzen könne ... Franckf. u. Leipz. 1771. (19) 231 S.

— die nützl., od. Anweisung, wie man z. Besten des Landes die Bienen vermehren könne. 8. Frkf. Eßlinger. 772.

— die nützliche, oder Anweis., wie man zum Besten des Landes die Bienen vermehren könne. 8. Frankf. a. M. 772. (Schäfer). 8 K

—— Prager. Illustrirte Zeitschrift für Gartenbau, Land- und Forstwirthschaft in Oesterreich-Ungarn verbunden mit einem allgemeinen Anzeiger. Hrsgbr.: E. Bahlsen. Redact.: J. J. Martinka. 3. Jahrg. 1874. 24 Nrn. (Bog. mit Illustr.) 4. Prag, Calve'sche Universitäts-Buchh. * *

— — Prager. Illustrirte Zeitschrift für Gartenbau, Land- und Forstwirthschaft in Oesterreich-Ungarn. Hrsgbr.: E. Bahlsen. Redact.: Eman. Meliš. 4. Jahrg. 1875. 24 Nrn. (Bog. mit eingedr. Holzschn.) 4. Prag, (Calve'sche Hofbuchh.) * *

Vom Jahrg. 1875 erschien nur nr. 1.

Biene,

— die, u. ihre Zucht. Ein Monatsblatt d. bad. Vereins für Bienenzucht. Hrsg. durch die Vereinsleitung v. Rud. Kern. Jahrg. 1882. 12 Nrn. (B.) gr. 4. Karlsruhe 882. Reiff in Comm. n. 2. —

— die, u. ihre Zucht. Ein Monatsblatt d. bad. Vereins f. Bienenzucht. Hrsg. durch die Vereinsleitg. v. Rud. Kern. Jahrg. 1883—1886. à 12 Nrn. (B.) gr. 4. Karlsruhe, Reiff. à Jahrg. n. 2. —

—— die, und ihre Zucht. Ein Monatsblatt des bad. Vereins für Bienenzucht rc. Hrsg. durch die Vereinsleitung von Rud. Kern. Jahrg. 1885—1888. à Jahrg. 12 Nrn. (Bog.) gr. 4. Karlsruhe, (Reiff.) à Jahrg. *

—— die, u. ihre Zucht. Monatsblatt d. bad. Vereins f. Bienenzucht. Jahrg. 1889—1892. à Jahrg. 12 Nrn. (Bog.) gr. 4. Karlsr. 889, (Reiff). à Jahrg. n 2 —

— d., u. ihre Zucht. Monatsblatt d. bad. Ver. f. Bienenzucht. Hrsg. v. R Kern. Jahrg. 1891—1893 à 12 Nrn. (B.) 4° Karlsr., JJ Reiff. à Jahrg. 2 —

*Von 1894 an Verlag v. Veller in Todtnau, v. dem keine Nr. zu erhalten war.*

**Bieneck,** Johannes, dipl. Ingenieur, aus Berlin: Über die astigmatische Abbildung einer unbegrenzten Ebene in einer Kugel bezüglich eines festen Augenpunktes. *Rostock 1903: C. Boldt.* (32 S.) 8°
Rostock, Phil. Diss. v. [18. Febr.] 1903

BIENECK, Paul (Breslau): Abnahme der Tuberkulose-Mortalität in München während der Jahre 1889 bis 1893.- München: Kastner & Callwey 1894. 27 S. 6.7.1894 - Chr 1894/95,19 Diss. Ingolst.-Landsh.-Mchn.

**Bieneck, Ulrich**: Die Rechte des Käufers bei mangelnder Eigentumsübertragung im römischen und heutigen Recht. Borna-Leipzig 1909: Noske. IX, 78 S. 8°
Breslau, Jur. Diss. v. 27. Mai 1909, Ref. Schott-Fischer
[Geb. 19. Juni 83 Schkudla; Wohnort: Breslau; Staatsangeh.: Preußen; Vorbildung: Gymn. Hohensalza Reife O. 02; Studium: Freiburg i. B. 1, Breslau 1, Berlin 2, Breslau 2 S.; Rig. 17. Juni 07.] [U 09. 459

**Bienemann, Fr.** Die Ostseeprovinzen währ. d. schwedisch-russischen Krieges 1788—90. 8. St. Petersburg 1814.

Bienemann, Friedrich
**Bienemann, Fr.:** 1812. Baltische Erinnergsbll. (14, 304 m. Bildnissen u. Abb.) gr8° Riga, Jonck & P. '12. 3.50 d

**Bienemann, Fr[iedrich]:** „Babel" über Acten! Einige Worte über Dilettantismus, Anonymität und Agrarreform. — Riga, Moskau, Odessa: Deubner 1880. 79 S.

**Bienemann jun., Fr.,** die Begründung des livländ. Landrathscollegiums. Ein Gedenkblatt zum 4. Juli 1893. [Aus: „Düna-Zeitung".] 8. (44 S.) Riga 893. (A. Stieda's Verl.) n. 2. —

**Bienemann, Friedr.,** Briefe und Urkunden zur Geschichte Livlands in den J. 1558—1562. Auf Veranstaltung des Rigaschen Raths aus inländ. Archiven hrsg. 1.—3. Bd. gr. 8. 1. Bd. 1557. 1558. (XXIV und 316 S.), 2. Bd. 1557—1559. (XXI und 296 S.), 3. Bd. 1559. 1560. (XX und 302 S.) Riga 865—68, Kymmel. à Bd. * 2 Thlr. 10 Ngr. *

**Bienemann, Friedr.,** Briefe und Urkunden zur Geschichte Livlands in den J. 1558—1562. Auf Veranstaltung des Rigaschen Raths aus inländ. Archiven hrsg. 4. Bd. 1560. 1561. gr. 8. (XXVI, 437 S.) Riga 873, Kymmel. *
1.—3. Bd. Ebendas. 1865—68. *.ℳ 21

**Bienemann, Friedr.,** Briefe und Urkunden zur Geschichte Livlands in den J. 1558—1562. Auf Veranstaltung des Riga'schen Raths aus inländ. Archiven hrsg. 5. Bd.: 1561. 1562. Nebst Nachträgen. gr. 8. (L, 539 S.) Riga 876, Kymmel. *
1.—4. Bd. Ebendas. 1865—73. *.ℳ 31,50.

**Bienemann, F.,** d. Burgen d. livländ. Schweiz, s.: Loewis of Menar, Karl v.

**Bienemann, Frdr.,** altlivländische Erinnerungen. (V, 363 S.) 8. Reval 911. F. Kluge. 5.—; geb. in Leinw. 6.50

**Bienemann, Frdr.:** Führer durch d. livländ. Schweiz, s.: Löwis of Menar, K v.

**Bienemann jun., Friedr.** Geschichte der evangelisch-lutherischen Gemeinde zu Odessa. gr. 8. (X, 460 S. m. 1 Grundriß u. 1 Bl. Erläuterg.) Odessa 890, (Berndt). ** 7 50

**Bienemann,** Friedrich, Geschichte der evang.-luth. Gemeinde zu Odessa. 460 S. Odessa: A. Schultze 1890
IfA, UBT, LBST, BH

— Gustav Adolf u. Livland. Vortrag, geh. i. d. Jahressitzg. d. Gesellschaft f. Geschichte u. Alterthumskunde am 6. Decbr. 1894. [Aus: „Düna-Zeitung".] gr. 8. (26 S.) Riga 894. (A. Stieda's Verl.) n. — 80

**Bienemann jun., F, s.:** Hallart, v., Tagebuch üb. d. Belagerg u. Schlacht v. Narva 1700.

[F.] Georg Friedrich Parrot's Jugendleben '(1767—1801)'. Von Friedrich **Bienemann** in Freiburg i. B. '(SA. aus d. St. Petersburger Zeitg.)' *St. Petersburg: Buchdr. d. 'St. Petersb. Ztg.' 1897.* (110 S.) 1 Bd 8.
[98. 15

**Bienemann jun., Fr.,** die Katastrophe der Stadt Dorpat während des nordischen Krieges, s. a. Bibliothek livländischer Geschichte. III.

**Bienemann, Fr[iedrich]:** Die Katastrophe der Stadt Dorpat während des Nordischen Krieges. Nebst zeitgenöss. Aufzeichnungen. — Reval: Kluge 1902. XIII, 194, 110 S. (Bibliothek Livländischer Geschichte. Bd 3.)

**Bienemann. Friedrich:** Conrad von Scharfenberg Bischof von Speier und Metz und kaiserlicher Hofkanzler. 1200—1224 .... Strassburg, Univ.-Buchdr. v. J. H. Ed. Heitz (Heitz & Mündel), 1886; VIII + 182 S. u. 1 Taf. 8°.
Strassburg. Phil. Fak., Inaug.-Diss. v. 1886.

**Bienemann, Friedr., Conrad v. Scharfenberg,** Bischof von Speier und Metz und kaiserlicher Hofkanzler 1200—1224. gr. 8. (VIII, 182 S. mit 1 genealog. Tab.) Strassburg 887, Heitz. *

**Bienemann, Fr., aus Livlands Luthertagen.** Ein Scherflein zur 400jähr. Gedenkfeier der Geburt d. Reformators. gr. 8. (78 S.) Reval 883. Kluge. n. 1. 50

**Bienemann jun., Fr.,** s.: Monatsschrift, baltische.

**Bienemann, Frdr.,** der Dorpater Professor Georg Friedrich Parrot u. Kaiser Alexander I. Zum Säkulargedächtnis der alma mater Dorpatensis. gr. 8. (VII, 364 S. m. 1 Bildnis.) Reval 902. F. Kluge. n. 7.—; geb. n. 8. 50

— Reval um 1500, s. a. Aus baltischer Geistesarbeit. VIII.

**Bienemann, Friedrich:** Reval um 1500. '09. in: **Berkholz,** Georg: Festvortrag bei Enthüllung d. Herder-Denkmals. (Aus baltischer Geistesarbeit. 8.)

Bienemann, Friedrich: In memoriam. Rückblicke auf das livländische Landesgymnasium Kaiser Alexander II. zu Birkenruh. Zugleich als letzter Bericht über d. Bestand d. Anstalt. (Hrsg.: Fr. Bienemann.) Nebst 3 Beilagen. – Riga 1892: W. F. Häcker. (286 S.) 8°

**Bienemann jun., F:** Livländ. Sagenb. 8° (21, 278) Rev. 97, F Kluge. 5 —; geb. in L. 7 —

**Bienemann,** Friedrich: Dorpater Sängerbünde 1812—1816. Lieder aus der Jugendzeit der alma mater Dorpatensis. Hrsg. und eingel. — Reval: Kluge 1896. XXXV, 134 S.

**Bienemann, Friedr.,** die Statthalterschaftszeit in Liv- und Estland [1783—1796]. Ein Capitel aus der Regentenpraxis Katharinas II. gr. 8. (VIII, 471 S.) Leipzig 886, Duncker und Humblot. *

—— aus den Tagen Kaiser Pauls. Aufzeichnungen eines kurländ. Edelmanns. 8. (XVI, 240 S.) Ebendas. 886. *

— Aus vergangenen Tagen. Der altlivländ. Erinnergn n. F. (4. 275) gr8° Ebd. '13. 5 —: L 6.50 d

**Bienemann, Frdr., aus baltischer Vorzeit.** Sechs Vorträge über die Geschichte der Ostseeprovinzen. Leipzig 870. Duncker & Humblot. gr. 8. (IX, 181 S.) n. 1 ⁄ 6 ngr

! — Aus balt. Vorzeit. Jetzt: Riga, G Löffler. 66/70

**Bienemann,** Friedrich: Werden und Wachsen einer dt. Kolonie in Südrußland. Geschichte der evangel.-lutherischen Gemeinde zu Odessa. — Odessa: Schultze; Riga: Hoerschelmann in Komm. 1893. X, 460 S. [1. Aufl. u. d. T.: Geschichte der evangel.-lutherischen Gemeinde in Odessa. 1890.]

Bienemann, Friedr. (Hrsg.), s. Zeit, Unsere.

**Bienemann,** Oskar, a. Reval (Esthland): Dammschutz und Dammrisse. Emmendingen: Druck- u. Verlags-Ges. vorm. Dölter 1908. (27 S.) 8°
Freiburg i. B., Med. Fak., Ref. Krönig, Diss. v. 1908
[Geb. 2. Aug. 80 Reval; Wohnort: Freiburg i. B.; Staatsangeh.: Sachsen; Vorbildung: Gymn. Freiburg i. B. Reife Juli 01; Studium: Straßburg 5, Freiburg i. B. 2, München 1, Freiburg i. B. 2 S.; Coll. 21. Dez. 06; Approb. 4. Dez. 06.]

**Bienemann v. Bienenstamm, Herb. Karl Fr.,** geograph. Abriß der drei deutschen Ostsee-Provinzen Rußlands, oder d. Gouvernements (sic) Ehst-, Liv- u. Kurland. gr. 8. Riga 825.

**Bienenstamm,** H[erbert] von: Geographischer Abriß der drei dt. Ostseeprovinzen Rußlands, oder die Gouvernements Ehst-, Liv- und Kurland. — Riga: Deubner 1826. XXIV, 507 S.

**v. Bienenstamm, H.,** neue geograph.-statist. Beschreibung d. kaiserl. russ. Gouvernements Kurland, od. der ehemal. Herzogthümer Kurland u. Semgallen, mit dem Stifte Pilten. Durchges. von E. A. Pfingsten. Nebst den color. Plänen der Städte Mitau, Libau u. Windau u. 1 col. Karte v. Kurland. 8. Mitau 841, Reyher. 1 2/3 ℛ

— kleine Schul-Geographie von Ehst-, Liv- u. Kurland. 8. Riga 826.

Bienen od. Königsspiel, m. 5 illum. Charten. Berl. Fr. Pauli. 812.

Bienen, unsere. Ein ausführl. Handbuch über alles, was der Imker heute wissen muß, m. 8 zerlegbaren anatom. Modellen, 369 Textabbildgn., zahlreichen Kopfleisten, 8 farb. u. 48 schwarzen Bildertaf., zumeist nach photograph. Aufnahmen. Unter Mitwirkg. v. Adamec, Ahrens, Apel u. a. hrsg. v. Aug. Ludwig. (VIII, 831 S. m. 50 [2 farb.] Taf. u. 3 Modellen.) gr. 8. Berlin (906). F. Pfenningstorff. n. 12 50; geb. n. 15. —
Erschien auch in 25 Lieferungen à n. — 50.

Bienenberg, s. Biener v. B.

Bienenblatt. Organ der luxemburg. Bienenzüchter. Hrsgbr.: J. B. Kellen. 1.—3. Jahrg. Mai 1882 bis April 1885. à Jahrg. 12 Nrn. (Bog.) gr. 8. Luxemburg, Brück. à Jahrg. **

Bienen-Bote, der. Monatsblatt für Bienenzucht in Württemberg. Unter Mitwirkung von prakt. Bienenzüchtern hrsg. von J. Scheuerle. Jahrg. 1875—1878. à Jahrg. 12 Nrn. (à 1/4 — 1/2 Bog.) gr. 8. Spaichingen, Kupferschmid. à Jahrg. *
Nicht weiter erschienen.

Bienenbuch, neues, oder kurze Anweisung, wie die Bienen das Frühjahr u. den Sommer über zu behandeln sind, wenn man Nutzen davon ziehen will. 8. Stendal 779. Franzen u. Gr. 2 gl.

Bienenbüchlein für d. Frankengegend, oder ist es vortheilhafter d. Bienen schwärmen zu lassen, oder sie als Magazinbiene zu behandeln? Untersucht von J. F. S. L. 8. Nürnb. 827. Riegel u. W. 12 xr.

Bienenburg, s. Beinl v. Bienenburg.

Bienenbüttel [Schlagwort]
Bienenbüttel, s.: Preussen. Messtischblätter.

Bienenfeld, Elsa: Das Liederbuch des Wolfgang Schmeltzl (1544). Wien 1903. Im Buchh. u. d. T.: Wolgang Schmeltzl, sein Liederbuch (1544) und das Quodlibet des 16. Jahrhunderts. In: SMG VI, Leipzig 1904, S. 80 ff. Diss.

Bienenfeld, H., practische Auflösung des theoretischen Theiles der Aufgaben-Sammlung aus der Algebra von Meier Hirsch. Würzburg 870. Stahel. 8. (VI, 271 S.) n. 21 ngr.

Bienenfeld, H., Taschenbuch der Algebra, } s. Stahel's
—— Taschenbuch der Arithmetik, } Prüfungs-Bibl.

—— Taschenbuch der Geometrie, s. Stahel's Prüfungs-Bibliothek.

Bienenfeld, Herrm., poetisches Etui. gr. 12. (9 B.) München 838, (Fleischmann.) *

Bienenfreund

—— deutscher. Zeitung für prakt. Bienenzucht. Allgemeines Organ für deutsche Bienenwirthe und Organ des bienenwirthschaftl. Hauptvereines im Königr. Sachsen. Hrsgbr.: L. Krancher. 5.—8. Jahrg. 1869—1872. à Jahrg. 12 Nrn. (Bog.) Mit Beilagen. Lex.-8. Frankenberg. (Chemnitz, Ernesti.) à Jahrg. *
[illegible]

—— dass. — 9. und 10. Jahrg. 1873 und 1874. à Jahrg. 12 Nrn. (Bog.) Lex.-8. Frankenberg, Roßberg. à Jahrg. *

Bienenfreund, deutscher. Zeitung für pract. Bienenzucht. Allgemeines Organ für deutsche Bienenwirthe und Organ der bienenwirthschaftl. Hauptvereine im Königr. Sachsen und in der preuß. Prov. Sachsen. Hrsgbr.: Krancher. 11. Jahrg. 1875. 12 Nrn. (Bog.) Lex.-8. Frankenberg. Roßberg. *

Bienenfreund, deut. Zeitg f. pract. Bienenzucht. Hrsg. v. L. Krancher. 12. Jahrg. 1876. 12 Nrn. (à 1—1½ B.) 8. Krimmitsch., Grosse. n. 2. — || 13—16. Jahrg. 1877—1880. à 26 Nrn. à Jahrg. n. 3. —

Bienenfreund, deutscher. Zeitung für pract. Bienenzucht. Allgemeines Organ für deutsche Bienenwirthe. Organ des bienenwirthschaftl. Hauptvereins im Königr. Sachsen und Organ der beiden bienenwirthschaftl. Hauptvereine der preuß. Prov. Sachsen und des Großherzogth. Sachsen-Weimar. Hrsgbr.: Krancher. 16.—20. Jahrg. 1880—1884. à Jahrg. 24 Nr. (à Nr. 1—1 1/2 Bog.) Lex.-8. Krimmitschau, (Große.) à Jahrg. *

Bienenfreund, deutscher. Zeitung für prakt. Bienenzucht. Allgemeines Organ für deutsche Bienenwirte. Organ des bienenwirtschaftl. Hauptvereins im Königr. Sachsen und Organ der beiden bienenwirtschaftl. Hauptvereine der preuß. Prov. Sachsen und der Thüringer Staaten. Hrsgbr.: L. Krancher. 21.—24. Jahrg. 1885—1888. à Jahrg. 24 Nrn. (à Nr. 1—1 1/2 Bog.) Lex.-8. Leipzig, (Thomas.) à Jahrg. *

Bienenfreund, deutscher. Zeitung f. prakt. Bienenzucht. Allgemeines Organ f. deutsche Bienenwirte. Organ des bienenwirtschaftl. Hauptvereins im Königr. Sachsen u. Organ der beiden bienenwirtschaftl. Hauptvereine der preuß. Prov. Sachsen u. der Thüringer Staaten ꝛc. Hrsg.: L. Krancher. 23.—26. Jahrg. 1887—1890. à 24 Nrn. (à 1—1 1/2 B.) Lex.-8. Leipzig, (Thomas). à Jahrg. n. 3. —

Bienenfreund, deutscher. Zeitung f. prakt. Bienenzucht. Allgemeines Organ f. deutsche Bienenwirte. Organ d. bienenwirtschaftl. Hauptvereins im Königr. Sachsen u. Organ der beiden bienenwirtschaftl. Hauptvereine der preuß. Prov. Sachsen u. der Thüringer Staaten ꝛc. Hrsg.: L. Krancher. 27.—30. Jahrg. 1891—1894. à 24 Nrn. (à 1—1 1/2 Bog.) Lex.-8. Leipzig, (Th. Thomas). à Jahrg. n. 3. —

Bienenfreund, deutscher. Zeitg. f. prakt. Bienenzucht. Allgem. Organ f. deutsche Bienenwirte. Org. d. bienenwirtschaftl. Hauptvereins im Königr. Sachsen, d. bienenwirtschaftl. Hauptvereins d. preuß. Prov. Sachsen ꝛc. Red.: L. Krancher. 31.—34. Jahrg. 1895—1898. à 24 Nrn. (Bog.) Lex.-8. Crimmitschau. (Leipzig, Th. Thomas.) à Jahrg. n. 2. 25

Bienenfreund, deutscher. Zeitung f. prakt. Bienenzucht. Allgemeines Organ f. deutsche Bienenwirte. Organ des bienenwirtschaftl. Hauptvereins im Königr. Sachsen, Organ des bienenwirtschaftl. Hauptvereins der preuß. Prov. Sachsen usw. Red.: L. Krancher. 35.—38. Jahrg. 1899—1902. à 26 Nrn. gr. 8. (à ca. 16 S.) Crimmitschau. (Leipzig, Th. Thomas.) à Jahrg. n.n. 2. 25

Bienenfreund, deutscher. Zeitung für praktische Bienenzucht. Allgemeines Organ f. deutsche Bienenwirte. Organ des bienenwirtschaftl. Hauptvereins im Königr. Sachsen, Organ des bienenwirtschaftl. Hauptvereins der preuß. Prov. Sachsen usw. Red.: L. Krancher. 39.—41. Jahrg. 1903—1905. à 26 Nrn. (à ca. 16 S.) gr. 8. Nebst Unterhaltungsblatt: Der Erzähler. Red.: Otto Neumerkel. 12 Nrn. (à ca. 4 S.) 4. Crimmitschau. (Leipzig, Th. Thomas.) à Jhrg. n.n. 2. 25
Fortsetzung, s.: Bienenzeitung, deutsche illustr.

Bienenfreund, Illustrierter Schweizer, s. Bienenfreund, Schweizer.

Bienenfreund, der kluge u. sorgfältige. 8. Leipz. 803. (W. Nauck). 10 gl.

Bienenfreund, d. kluge u. sorgfält. 8. Leipz. Sommer. 803.

Bienenfreund, Niederbayerischer. Vierteljährl. Flugblatt d. Kreisbienenzuchtvereins f. Niederbayern. – Landshut 1870.

**Bienenfreund, sächsischer. Zeitung für prakt. Bienenzucht. Allgemeines Organ für deutsche Bienenwirthe u. Organ des bienenwirthschaftl. Hauptvereines im Königr. Sachsen. Herdg.: L. Krancher. 1—4. Jahrg. 1865—1868. à 12 Nrn. (à 1 Bgn. mit Holzschn.). Chemnitz, Ernesti in Comm. Lex.-8. 1—3.: à n. 12 ngr; 4.: n. 16 ngr**
Ab Jg.5 u.d.T.: Bienenfreund, Deutscher.

—— der, an der Salzach und am Inn. Ein Monatsblatt für angehende Bienenwirthe. 1. Jahrg. 1873. 12 Nrn. (½ Bog.) gr. 8. Altötting, Lutzenberger.

**Bienenfreund, der, aus Schlesien. Ein Monatsblatt zur Belehrung und Unterhaltung für Naturfreunde überhaupt und Bienenzüchter insbesondere. Red.: Dzierzon. 1—3. Jahrg. 1854–56. à 12 Nrn. (à 1 Bgn.) Brieg, Bänder in Comm. 4. Jeder Jahrg. n. 25 ngr**

Bienenfreund,
—— schweizerischer. Organ für rationelle Bienenzucht. Hrsg. unter Mitwirkung hervorragender Bienenzüchter von Ulrich Studer. 1. Jahrg. 8. (220 S.) Meyringen 888, Brennenstuhl. *

**Bienenfreund, Schweizer. 3. Jahrg. (Dez. 1890 bis Nov. 1891; 12 N°.). Hrsg. von *U. Studer*. Mit Illustr. N° 1. Gr. in-8°. 24 S. Leipzig, Comm.-Verlag von Hugo Voigt (Paul Moeser).**
1890 Jährlich Mk. 2 40

**Bienenfreund, U. Studer's Schweizer. Mit Gratis-Beilage: Die Korb-Bienenzucht. 4. Jahrg. 1892. (12 N°.) Red. von *U. Studer*. N° 1. Mit Abbild. Gr. in-8°. 32 u. 16 S. Leipzig, Comm.-Verlag von Hugo Voigt (Paul Moeser).**
1892 Jährlich Mk. 2 —

**Bienenfreund, U. Studer's Schweizer. Mit Gratis-Beilage: Die Korb-Bienenzucht. 5. Jahrg. 1893. (12 N°s). Red. von *U. Studer*. N° 1. Gr. in-8°. 24 S. Leipzig, Hugo Voigt. Jährlich Mk. 2 —**

— illustr. schweizer. Organ f. rationelle Bienenzucht. Red.: U Studer. 6. u. 7. Jahrg. 1894 u. 1895 à 24 Nrn. 8° (Nr. 1. 32 m. Bildnissen.) Niederried. (Lpzg, H Voigt.) à Jahrg. 2 —
*Früher u. d. T.: Studer's, A, schweizer. Bienenfreund.*

— illustr. schweizer. Organ f. rationelle Bienenzucht. Red.: U Studer. 8—11. Jahrg. 1896—1899 à 24 Nrn. 8° (Nr. 1. 16) Mit Beilage: Allg. Mitteilgn üb. Land- u. Hauswirtschaft. Red.: E Görlach. 4° (Nr. 1. 4) Niederried, am Brienzersee, U Studer. unn 4 — ‖ 12. Jahrg. 1900. 12 Nrn (ohne Beil.). unn 2 —
*Nicht durch d. Buchh. zu beziehen.*

**Bienenfütterungen, über künstliche, u. deren Anwend. z. oder wie kann e. Bienenvater seine Bienen wohlfeil u. doch sicher füttern? Nebst e. kl. Anhange über verschied. nützl. Gegenstände d. Bienenzucht, (von F. A. Frhr. v. Apel). 8. Leipz. 803, Voß. 16 gr**

**Bienengräber, A., Statistik des Verkehrs u. Verbrauchs im Zollverein für die J. 1842—1864. Nach den veröffentlichten amtlichen Kommerzial-Uebersichten etc. dargestellt. 2 Abthlgn. Berlin 868. A. Duncker. (Paetlor.) Lex.-8. (VIII, 485 S.) n. 2 ₰ 20 ngr**

Bienengraeber, Adolph (geb. Leitzkau in d. Prov. Sachs. 6. 6. 1816): De gastritide. Berolini (1841). (32 S.) 8°
Berlin, Med. Diss. v. 6. Apr. 1841

Bienengräber, Alfr. Aus der Arbeit an Gefangenen u. Entlassenen. 8. (131 S.) Hamb. 891, Agentur d. Rauhen Hauses. * 1 50

Bienengraeber, Alfr., s. Briefe eines Mannes nach dem Herzen Gottes.

**Bienengräber, Alfr., Erinnerungsblätter an die Meeraner Kirchweih am 28. Jan. 1883, im Auftrage des Kirchenvorstandes gesammelt. 8. (59 S.) Meerane 883, (Brodbeck.) ***

Bienengräber, Alfr., In Freud' und Leid. Ein Frühlingstraum in Liedern. Zerbst 864. (Luppe.) 16. (55 S.) n. 5 ngr

—— zur Geschichte der griechischen Poesie. Ein Grundriss. gr. 8. (25 S.) Bernburg 870, (Schilling.) [Frankfurt a. M., Voemel's Buchh.] *

**Bienengräber, Alfr., ich u. mein Haus wollen dem Herrn dienen. Eine Hochzeitsgabe aus Gottes Wort. 8. (III, 261 S. m. Stahlst.) Leipzig 879. Teubner. geb. m. Goldschn. n. 3. 60**

—— aus Krieg und Frieden. Geschichten für Jung und Alt gesammelt. gr. 16. (VIII, 103 S.) Bernburg 871, Schilling. [Frankfurt a. M., Voemel's Buchh.] *

— die Liebe ist d. Gesetzes Erfüllung. Predigten. 8. (IV, 218 S.) Bremen 878. Müller. n. 2. 20

— über Schmerz u. Weltschmerz, s.: Sammlung von Vorträgen.

Bienengräber, Alfr., im Sonntagsfrieden. Ein Erbauungsbuch für die Sonn- und Festtage eines Kirchenjahres zum Vorlesen in Haus und Kirche. gr. 8. (IX, 471 S.) Meerane 886. Cottbus, Brodbeck. *M 5.—; geb. *

— im Sonntagsfrieden. Ein Erbauungsbuch f. die Sonn- u. Festtage e. Kirchenjahres zum Vorlesen in Haus u. Kirche. 2. Aufl. gr. 8. (VIII, 483 S.) Leipzig 893. Fr. Richter. n. 5 —; geb. n. 6 —

— weshalb muß Jesus Christus der Mittelpunkt im Leben einer Christengemeinde sein? Antrittspredigt, in der Stadtkirche zu Meerane am Epiphaniasfest 1881 geh. 8. (15 S.) Meerane 881. (Brodbeck) n. — 20

Bienengräber, Gust., Erinnerungen an Joh. Heinr. Schmidt, chemal. Oberprediger u. Schulen-Inspector u. nachmals gewes. Pastor an d. Kirche zu St. Joh. Ev. in Magdeburg, enth.: Predigten u. Reden aus verschied. Zeiten d. Amtsführung d. Verewigten, nebst e. Darstell. seines Lebens u. Wirkens. 8. (28 B.) Magdeburg 830, Heinrichshofen. *

**Bienengräber, Gust., Jesus, unser göttlicher Meister, seinen Feinden gegenüber. Eine Predigt. gr. 8. Zerbst 845, Kummer. n. 1/12 ₰**

Bienengräber, Gust., vier Predigten, bei seiner Amtsveränderung in den Jahren 1842 und 1851, und eine Predigt, am Tage seiner 25jährigen Amtsführung am 5. Decbr. 1852 gehalten. gr. 8. (VI und 47 S.) Zerbst 853. (Leipzig, Hunger.)

**Bienengräber, M., die Rose in Geschichte u. Dichtung. Vortrag, geh. im Lichterfelder Verein. 8. (31 S.) Berlin 891. Gebr. Radetzki. Kart. — 80**

Bienengräber, Paul: Die Jurisprudenz im häusl. Leben, s. Aus Natur u. Geisteswelt 219. 20.

Bienengräber, P., Die Jurisprudenz im häuslichen Leben. Für Familie u. Haushalt dargestellt. I. Die Familie. (VIII, 138 S.) II. Der Haushalt. (IV, 144 S.) Leipzig, B. G. Teubner. 1908 1. —; geb. 1. 25.
Aus Natur u. Geisteswelt 219. 220.

Bienen-Kalender, (immerwähr., bewegl.), gez. v. Lechler. Lithogr. ½ Roy.-Fol. M. 6 Bog. Text, Fol. Stuttgart 837, [Scheible, Rieger u. Sattler.] * 1 Thlr. 4 Gr., ill. *

**Bienen-Kalender. Ein Tage-, Gedenk-, u. Notiz-Buch für Bienenzüchter auf das J. 1867. Herdg. von e. prakt. Bienenwirthe. Mannheim 867. Schneider. 8. (148 S). 21 ngr**

Bienen-Kalender. Ein Tagenotizbuch für Bienenzüchter auf d. J. 1868. 2. Jahrg. bearb. von Aug. v. Berlepsch. 8. (162 S.) Mannheim, Schneider. [illegible]
Fortsetzung [illegible] Bienenzucht.

**Bienenkalender, bayerischer,** für die J. 1884 und 1885. 1. und 2. Jahrg. In Gemeinschaft mit einer Anzahl hervorrag. Imker und Bienenschriftsteller bearb. von Joh. Witzgall. 12. (à Jahrg. ca. 116 S. mit 1 Bild.) Rothenburg o. T., (Klein's Verlag.) cart. *

**Bienen-Kalender,** bayerischer, für das J. 1886. 3. Jahrg. In Gemeinschaft mit einer Anzahl hervorragender Imker und Bienenschriftsteller bearb. von Joh. Witzgall. 12. (111 S. mit 1 Bildniß.) Rothenburg o. T. (Stuttgart, Metzler's Sortiment.) cart. *

**Bienen-Kalender,** bayerischer, f. d. J. 1887. 4. Jahrg. In Gemeinschaft m. e. Anzahl hervorrag. Imker u. Bienenschriftsteller bearb. v. Joh. Witzgall. 12. (135 S. m. 1 Bildniß.) Amberg, E. Pohl's Verl. n. 1. —; u. d. T.: „Deutscher Bienenkalender" zu gleichem Preise.

—— dass. — 5. und 6. Jahrg., s. Witzgall, J.

**Bienenkalender** f. Böhmen auf d. J. 1903. 16. Jahrg. Hrsg. unter gütl. Mitarbeiterschaft hervorrag. Imker u. Bienenschriftsteller v. Osk. Krancher. 12. (VIII, 184 S. m. Abb.) Leipzig, R. C. Schmidt & Co. Geb. in Leinw. n. 1.—

—— Fromme's. Tagebuch für Bienenzüchter und Bienenfreunde. Unter Mitwirkung von Konr. Epple redig. von Wilh. Schultze. 1880—1885. 16. (à Jahrg. ca. VI, 240 S.) Wien, Fromme. geb. à Jahrg. *

—— Fromme's. Tagebuch für Bienenzüchter und Bienenfreunde. Unter Mitwirkung von Konrad Epple redig. von Wilh. Schultze. 1886—1889. 16. (à Jahrg. ca. 240 S.) Wien, Fromme. geb. à Jahrg. *

Bienen-Kalender. Fromme's Tagebuch für Bienenzüchter und Bienenfreunde 1890. 16. (210 S.) Wien, Fromme. 2 —
Nicht weiter erschienen.

**Bienen-, Garten- u. Hauskalender,** s.: Witzgall.

Bienenkatechismus. – Praktischer Bienenkatechismus. – München 1787.

**Bienenkorb, Der,** eine Monatsschrift. Dresden April 1803—Mai 1804. II: *Carlson.* (MGT) H: *Renner, Friedrich.* (Ky)

**Bienenkorb,** oder Auswahl interessanter Aufsätze u. Auszüge vermischten Inhalts z. Unterr. u. Vergnügen. 8. Dresd. 804. Arnold. 16 gl

**Bienenkorb.** Offic. Organ d. „Bienenkorb", Verein z. Verwerthg kunstgewerbl. Arbeiten. Schriftleitg: Frau M Rossack. I. Jahrg. Oktbr 1893—März 1894. 13 Nrn. 4° (Nr. 1. 8 m. Abbildgn.) Berl., Schultz & Co. || II. Jahrg. 1894/95. 26 Nrn. à Jahrg. 4 —
*Fortsetzg s. u. d. T.: Post f. häusl. Kunstgewerbe.*

**Bienenkorb.** Zeitschrift f. Kunst u. häusl. Kunstarbeit. 1. u. 2. Jahrg. Apr. 1896—März 1898 à 12 Hfte. Fol. (1. Jahrg. 1. Hft. 16 m. Abb. u. 1 Taf.) Lpzg, E Haberland. à Jahrg. 4 — || 3. Jahrg. Apr.—Septbr 1898. 6 Hfte. 2 —
*Früher u. d. T.: Post f. häusl. Kunstgewerbe. — Erscheint nicht mehr.*

**Bienenkorb,** Zeitschrift f. Kunst u. häusl. Kunstarbeit. Org. d. unt. d. Protektorat d. Prinzessin Friedrich Leopold v. Preußen steh. Vereins Bienenkorb z. Berlin u. d. Verlagsanst. Frauenwohl, Dresden-N. 1.—3. Jahrg. Apr. 1896—März 1899. 12 Hefte. (à ca. 10 S. m. Abb. u. Taf.) Fol. Leipzig, E. Haberland. à Jahrg. n. 4.—
Kann auch vierteljährlich bezogen werden.

**Bienenkorb, Berlin.,** oder Erzähl. 2c. 2 Thle. 8. Berl. Belitz. 796. 97. (1 rt 12 gr. 2 rt 6 gr.).

**Bienenkorb,** der deutsche, oder Germaniens alphabetisch geordneter Sprachschatz. Begonnen im Jahr 1840 (dem Säcularjahre der Erfindung der beweglichen Lettern oder der typographischen Buchdruckerkunst durch Guttenberg.) 43. Ansbach 840. Brügel. (Erlangen, F. Enke.) n. 1/12 rt

**Maurerischer Bienenkorb.** Eine Auswahl von Liedern. Bützow 1846: Werner. IV, 56 S. 8°
38 Lieder ohne Noten.

**BIENENKORB,** Neuer, voller ernsthafter u. lächerlicher Erzählungen. 14 Thle. Cölln (Wittenb., Ahlfeld) 1768—76. 8°.
Aeusserst selten! Von den ersten Theilen giebt es verschiedene Drucke.

— — Dasselbe. 15 Thle. Cölln und Wittenberg 1770—89. 8°. (15 Mk. G. Priewe, Heringsdorf, 1895.) (Besass Dr. Franz Schnitzer in München.)

— — Dasselbe. 16 Thle. Ebd. 1772—91. 8°. (24 Kronen Halm & Goldmann, 1904.)
Weller, fing. Druckorte I. p. 104 hat 14 Thle., ebd. 1771—1777, mit der Notiz: „Wurde bis 1789 fortgesetzt". Ist also wohl mit obigen 16 Theilen complet. — Enth. viel Derbes und Pikantes, auch eine Menge auf Hahnreischaft bezügl. schwankhafte Geschichten.

— neuer, voller ernsthafter u. lächerlicher Erzähll. 14 Sammll. 3e Aufl. 8. Wittenb. 771 — 97. Kühne. 3 rt

**Bienenmeister,** vollkommener. 8. Grätz 792. (Tusch.) 8 gl

**Bienenpflege, die.** Württembergische Monatsschrift zur Verbreitung bienenwirthschaftl. Kenntnisse. Hrsg. durch den Verein für Bienenzucht vom mittleren Neckar. Red.: Wilh. Ebel. 1. Jahrg. 1879. 8 Nrn. gr. 8. (135 S.) Ludwigsburg, (Neubert). n. 1. 25

**Bienenpflege, die.** Württemberg. Monatsschrift zur Verbreitung bienenwirthschaftl. Kenntnisse. Hrsg. durch den Verein für Bienenzucht vom mittleren Neckar. Redact.: Wilh. Ebel. 2.—6. Jahrg. 1880—1884. à Jahrg. 12 Nrn. (à Nr. 1½—2½ Bog. mit eingedr. Holzschn.) 4. Ludwigsburg, Neubert'sche Buchh. à Jahrg. *

**Bienenpflege, die.** Monats-Schrift zur Verbreitg. bienenwirtschaftl. Kenntnisse, zur Förderg. e. rationellen Betriebs. Eigentum des württemberg. Landes-Vereins f. Bienenzucht. Hrsg.: Jul. Baelz. 15. u. 16. Jahrg. 1893. 1894. à 12 Nrn. (à ca. 1 Bog.) gr. 8. Ludwigsburg, (Greiner & Ungeheuer). à Jahrg. n. 2. 40

**Bienenpflege, die.** Monats-Schrift z. Verbreitg. bienenwirtschaftl. Kenntnisse, z. Förderg. e. ration. Betriebs. Eigentum d. württemberg. Landes-Vereins f. Bienenzucht. Red.: Blind. 17.—20. Jahrg. 1896—1898. à 12 Nrn. (à ca. 1 Bog. m. Abb.) gr. 8. Ludwigsburg. (Ungeheuer & Ulmer.) à Jahrg. n. 2. 40

**Brasilianische Bienenpflege:** Jahrgang 1, 1897–1941? Monthly 1897–1901; Quarterly, 1902–1903, monthly, 1904–1915. Octavo, each issue about 16 pages, paged continuously, illustrated, including diagrams. Place of publication varies: Curitiba. Followed by Der Landwirt, as supplement to Neue Deutsche Zeitung, Porto Alegre. Has supplement, called „Anhang über Gartenbau, Landwirtschaft und Geflügelzucht" with, at least, Jahrgang 12, 1908; 32 pages. Has supplement, with Jahrgang 6–7, 1903–1904, called „Beilage: dient als der 'Nützliche Ratgeber'". Subtitle: Illustrierte Zeitschrift für die gesamte Bienenzucht Brasiliens, 1898?–1915. Editor and publisher: Emil Schenk, 1898–1907. Publisher, 1908–Apr. 1910: Herausgegeben vom Syndicate Apicola de Taquary; May/June 1910–1915: Herausgegeben vom Syndicate Apicola Rio Grandense

**Bienenstamm,** Herbert von, s. Bienemann von Bienenstamm, Herbert Karl Fr.

**Bienenstein, Karl:** Die Dolomiten. — Johann Wolfgang v. Goethe. — Von Graz nach Meran. — Von Linz nach Triest. — Eine Pilgerfahrt nach Mariazell. — Von Salzburg ins Kärntnerland. — Mit d. Ybbstalbahn ins niederösterr. Alpengebiet, s: Lichtbildervortrag.
— Das Horn Olifant. — Der Rehbock. — Der Chinesen-Seppl, s.: Hesse's Max, Volksbücherei.

Bienenstein, Carl s. Familienbibliothek, Schweizer. Nr. 81.

Bienenstein, Carl s. Familienbibliothek, Schweizer. Nr. 104.

Bienenstein, Carl s. Familienbibliothek, Schweizer. Nr. 123.

Bienenstein, Karl: Freie Bühne u. Volksbühne, s. Kultur- u. Litteratur-Bilder.

Bienenstein, Karl (Hrsg.), s. Dialectdichtung, Die der deutsch-österreichischen Alpen.

Bienenstein, K: Die Dialectdichtg d. deutsch-österr. Alpen, s.a. National-Bibliothek, allg.

Bienenstein, Karl, die Dialectdichtung der deutsch-österreichischen Alpen. Ausgewählt u. hrsg. 2. veränd. Ausg. 8. (352 S.) Wien (901). C. Daberkow. Geb. in Leinw. n. 2.—
1.Ausg.Ebda.(1897)

Bienenstein, Karl: Der Einzige auf d. weiten Welt. Ein Menschenleben. (299) 8° Stuttg., A Bonz&Co. '11. 2.50; L3.60 d

Bienenstein, K.: Feindschaften, s. Kollektion Stern.

Bienenstein, Karl, Feindschaften, s.: Kollektion Stern.

Bienenstein, K. Gedichte. In-8°. 131 u. V S. Zürich, Verlag von Sterns literarischem Bulletin der Schweiz. 1895 3 —

— Die 3 Getreuen u.and. Geschichten, s: Ensslin's Roman- u. Novellenschatz.

BIENENSTEIN, Karl
(F) Die Heimatsscholle. Volksstück in 4 Aufzügen. Von Karl Bienenstein. Linz. Wien. Leipzig. 1900. Oesterr. Verlagsanstalt. Gr.-8°. 134 S. K 2.40, geb. K 3.—

Bienenstein, Karl, aus tiefstem Herzen. Gedichte. 12. (XII, 108 S.) Dresden 893. E. Pierson. n. 1.50; geb. in Leinw. m. Goldschn. n. 2.50

— Vor 100 Jahren. Erlebnisse e. Wiener Freiwilligen im Kriegsjahr 1809, s.a.Erzählungen f. Jugend u. Volk.

(F) Bienenstein, K., Vor hundert Jahren. Erlebnisse eines Wiener Freiwilligen im Kriegsjahre 1809. [Erzählungen für Jugend und Volk. Bd. XV.] Gr.-8°. (ill. 195 S.) geb. K 2.—
Graz: Moser 1908

Bienenstein, Karl, Idealisten. Zwei Geschichten v. kleinen Beamten. (142 S) gr. 8. Linz (903). Wien [Oesterreich. Verlagsanstalt]. J. Deubler. n. 2.—; geb. n. 3.—

Bienenstein, Karl: Kunst u. Volk, s. Kultur- u. Litteratur-Bilder.

— Die Leute vom Hochstein, s.: Enßlin's Roman- u. Novellenschatz.

— unter der Märchentanne. Märchen f. die Jugend. (96 S.) kl. 8. Reutlingen (906). Enßlin & Laiblin. Kart. n. —30; m. 4 Farbdr., geb. n —50; mit Kronoff, Märchenquell in 1 Bd. geb. (192 S. m. 8 Farbdr.) n. 1.20

Bienenstein, Karl: Die Tagespresse, s. Kultur- u. Litteratur-Bilder.

— Die Toten im Eise, s.: Enßlin's Roman- u. Novellenschatz.

— Aus Traum u. Sehnsucht. Neue Gedichte. (118 S.) kl. 8. Leipzig 906. Verlag f. Literatur, Kunst u. Musik. 2.—; geb. n 3.—

— Waldgeschichten, s.: Pichler's Jugendbücherei. 70.

— Der Weltverdruß, s.: Enßlin's Roman- u. Novellenschatz.

Bienenstein, Karl, wenn die Berge wandern, s.: Volksbücher, neue.

— Wildwuchs, s.: Volksbücher, neue.

**Bienenstock, Der,** eine Sittenschrift, der Religion, Vernunft und Tugend gewidmet. Hamb. 1758—64. V: *Leyding, Johann Dieterich.* (Ky) (ML) (Schr) »1756—64.« (GGr)

— d., e. Sittenschr. der Relig. Vern. u. Tugend gewidm. 4 Thle. gr. 8. Hamb. Brandt. 758—64.

Der Bienenstock. Eine Sittenschrift der Religion, Vernunft und Tugend gewidmet. Erster und Zweeter Band [in 1 Bde.] Hamburg & Leipzig 1760. 8°. 4 Bl. 408 S.; 4 Bl. 406 (statt 408?) S. *Mit 1 Titelvign. von J. D. Philippin geb. Sysangin.* Abgen. u. beschabter Pbd. d. Z.

Diesch 691. G. IV. I 95, 26: 5a: Der Herausgeber dieser durch sehr abwechslungsreichen Inhalt ausgezeichneten Aufklärungszeitschrift war *Joh. Dieterich Leyding* (1721-1781).

**Bienenstock, Der,** eine ökonomische Wochenschrift. Wien 176? II: *Wolf, Johann Georg.* (Ky) (ML)

eine Wochenschr. 3 Jahrg. 8. Wien, Camesina. 768.

Der Bienenstock (1870).
Monthly. Edited by Joseph Killian. The first issue of this new monthly appeared in January
Allentown/PA

— der alte u. neue, Sittenschr. d. Religion u. Tugend. 6 Bde. 8. Leipz. ... 2e Aufl. 765—68. (Aue in Altona). 4 rß 12 K

— d. alte u. neue, Sittenschr. d. Relig. u. Tug. 6 Bde, 8. Leipz. Jacobäer. 766—68.

* **BIENENSTOCK,** Historischer, voller schalkhafter und muthwilliger Erzählungen. O. O. (Hamburg) 1759. 8°. (Auch in Göttingen.) (9 Mk. W. H. Kühl, Berlin, c. 1883; jetzt theurer!)

4 Bll. Vorst. u. 304 SS. Enth. 28 Erzähl., denen z. Th. wahre Begebenheiten zu Grunde zu liegen scheinen. Inh.: Das Abentheuer. — Die gerechtfertigte Tochter. — Der erschrockene Liebhaber. — Das Erdbeben. — Der zerissene Friede. — Der verrätherische Strumpf. — Das Bescheidthun. — Der doppelte Betrug. — Das saubere Kräuterbad. — Dreymal übel verschwendete Gunst. — Der Perlschlucker. — Mittel, die Hofmeisterin zu gewinnen. — Die Gabel. — Paradies der Türkinnen. — Der gutherzige Caplan. — Versprechen muss man halten. — Die Pietistin. — Die getreue Frau. — Die eingepökelten Liebhaber. — Der Stossvogel. — Die den Mann vertreibenden Hunde. — Wirkung des Donners. — Der heimgeschickte Courtisierbruder. — Das Bürsten. — Die bezahlten Birnen. — Der Irländer. — Die beyden Gesundheiten. — Die Falschgeschwächte.

— — Dasselbe. Surate, auf Kosten der Gesellschaft, o. J. (Hamburg, c. 1760). 8°.

§ — — Dasselbe. Ibid. 1763. 8°.

Bienenstock, hist., in Erzähl. 8. Hamb. (Böhme, L.). 763.

**Bienenstock, Der neue.** Eine Sittenschrift, der Religion, Vernunft und Tugend gewidmet von dem Herausgeber des ersten Bienenstocks. Hamb. 1764—65. V: *Leyding, Johann Dieterich.* (Ky) (ML) (Schr)

— neuer, 5 Bde. 8. Ebend. 764—68.

Dem nutzbahren Bienen-Stock, denen heut angehenden jungen Eheleuten zu Ehren, da der ... Herr David Herbord Bienemann, Kauff- und Handels-Mann in Libau, mit der ... Jungfr. Dorothea Stakeht ... den 3 Maji a. c. in LIBAU Seinen Ehren-Tag ... celebrirte ... von einem Mit-Bruder der Paar-Füsser-Orden. Gedruckt im Jahr Christi 1714. Fol. 2 Bl.

Bienenstock, der, mit geschlossenen Rahmen nebst e. Vorrichtung zur sichern Abhaltung der Königin vom Honigraume. Zur Förderung des prakt. Betriebes dargestellt von e. Mitgliede des Hallischen Vereins der Bienenväter. Mit 1 Abbildg. (in Holzschn.). Halle 867. Hendel. 16. (VIII, 48 S.) 7½ ngr

Bienenstock, M., das jüdische Element in Heines Werken. Ein kritisch-aesthet. Beitrag zur Heine-Frage. (V, 254 S.) gr. 8. Leipzig 910. Verlag f. Literatur, Kunst u. Musik. 3.50

Bienenstöckchen, das. Pracht-Bilderfibel f. die gebildete Kinderwelt. 8. (7 S. u. 7 color. Kpfrtaf.) Leipzig 849. (H. Fritzsche.) baar n. 12 ngr

**Bienenthal,** Alexander, Dipl.-Chemiker: Aus d. chemischen Institut d. Universität Breslau. Ueber die Einwirkung des Glycerin-α-chlorhydrins auf einige tertiäre Aminbasen. *Breslau 1900: R. Galle.* (55 S.) 8°
Breslau, Phil. Diss. v. 7. Dez. 1900

Bienenvater, s. a. Schirach.

„Bienenvater aus Böhmen." Fest-Ausgabe anläßlich des 50. Imkertages und der bienenwirthschaftlichen Jubiläums-Ausstellung. 8 (164 S.) Tetschen: Henckel 1897

**Bienenvater, Der,** zum Nutzen und Vergnügen. Frankfurt a. M. 1817. V: *Becker, Hans.* (MGT)

**Bienenvater,** d. pract., in allerl. Gegend. ꝛc. von Riem u. Werner. 8. Leipz. Fleischer d. j. 803.

**Bienenvater,** K. E., Handb. d. allgem. Politik. Zusammenstellung d. allgem. polit. Grundsätze f. Entwerf., Verwaltung u. Reform aller besond. bürgerl. Verfassungen z. Gebr. fürs Haus u. für Schulen, besond. für Volksschulen. gr. 8. ($4\frac{3}{4}$ B.) Liestal 846, Honegger.

**Bienenwärter,** der erfahrne, oder aufrichtige Beschreib. d. Bienenzucht ꝛc. 8. Läneb. 808. Herold u. W. 6 K

**Bienenwärter,** d. erfahrne, od. aufr. Beschr. d. Bienenzucht ꝛc. 8. Lüneb. Herold u. W. 809.

— — dasselbe. 8. Einbeck, 809.

**Bienenwärter,** der erfahrene, oder gründliche Anweisung zur Bienenzucht für alle Gegenden Nord-Deutschlands, mit Berücksichtigung der Dzierzon'schen Methode. 6. gänzlich umgearb. Aufl. Einbeck (855). Ehlers. 8. (2 Bl., 111 S.) n. $7\frac{1}{2}$ ngr

Posener **Bienenwirt,** Gartenfreund und Kleintierzüchter. Zeitschrift d. Bienenwirtschaftl. Provinzialvereins zu Posen. Jg. 1, No 1. Lissa i. P.: F. Ebbecke 1907. 8° [F.] sk. 2462

— **Gartenfreund u. Kleintierzüchter, Posener.** Zeitschr. des bienenwirtschaftl. Prov.-Vereins v. Posen. Schriftleitg.: Grabs u. Klawek. 1. Jahrg. 1907. 12 Nrn. (192 S.) gr. 8. Ebd. 2. —

Ab Jg. 2 unt. d. T.:

**Bienenwirt, Posener.** Zeitschr. des bienenwirtschaftl. Prov.-Vereins v. Posen. Schriftleitung: Grabs. 2—4. Jahrg. 1908—1910. à 12 Nrn. (192, 224, 260 S.) gr. 8. Lissa, O. Eulitz. 2. —

**Bienenwirt, Posener.** Zeitschr. d. bienenwirtschaftl. Prov.-Vereins v. Posen. Schriftleitg: Grabs, seit '11 Snowadzki. 4—6. J. '10—12 je 12 Nrn. ('10: 260 m. Abb.) gr8° Lissa, O Eulitz. je 2 —; einz. Nrn — 25 d

**Bienenwörterbuch,** allgem. theor. pract., herausgeg. von Christ u. Wurster. 4. Frankf. Eßlinger. 805.

**Bienenzeitung**
s.a. Bündner Post.

Bienenzeitung. – Ill. Monatsschrift f. Reform d. Bienenzucht. Marburg, s. Bienenzeitung, Neue.

**Bienen-Zeitung.** (Von Bd. 9. 1853 an:) Organ des Vereins deutscher Bienenwirthe; (von Bd. 34. 1878 an:) Organ d. Ver. d. deutschen u. oesterreich. Bienenwirthe. Herausg. (später:) Redigirt ... von Karl Barth ... u. A. Schmid; (Bd. 13—14. herausg. u. redigirt unter Mitwirkung des Frh. von Berlepsch, vom Bd. 15 an allein von A. Schmid; 1880 tritt hinzu: W. Vogel. Bd. 1—51. Nördlingen. (Jhg. 1—2.) in Comm. (von Jhg. 5 an:) Druck u. Verlag der C. H. Beck'schen Buchhdlg. (Jhg. 3—4: im Verlag der J. A. Schlosser'schen Buch- u. Kunsthdlg. in Augsburg.) 1845—95. 4.
(Citirt als: Eichstädt. Bienen-Ztg.)

**Bienen-Zeitung.** Herausgegeben von Karl Barth u. Andr. Schmid. 1. u. 2. Jahrg. 1845 u. 1846 à 12 Numm. (à 1—$1\frac{1}{2}$ Bog.) Mit Abbild. gr. 4. Nördlingen. (Beck'sche Buchh.) à n. 1 ℛ 24 ngr

—— dies. Hrsg. v. Dems. 3. Jahrg. 1847. à 12 Nrn. (à 1—$1\frac{1}{2}$ B.) Mit Abbild. gr. 4. Augsburg, Schlosser's Buchh. *

**Bienen-Zeitung.** Organ des Vereins deutscher Bienenwirthe. Hrsg. von Carl Barth und Andr. Schmid. 4—8. Jahrg. 1848—52. à Jahrg. 24 Nrn. (Bog.) Mit Abbildungen. gr. 4. Nördlingen, Beck'sche Buchh. à Jahrg. *
Der 4. Jahrg. erschien in Augsburg, ging jedoch, so wie die Jahrge. 1844—47. in denselben Verlag über.

**Bienen-Zeitung.** Organ des Vereins deutscher Bienenwirthe. Herausg. von Karl Barth und Andr. Schmid. 9—13. Jahrg. 1853—57. à 24 Nrn. (à 1—$1\frac{1}{2}$ Bgn.) Mit Abbildungen. Nördlingen, Beck. gr. 4. 9.: n. 1 ℛ 24 ngr; 10—13.: à n. 2 ℛ

— — Herausg. u. redig. unter Mitwirkung des Baron v. Berlepsch u. des Dr. Karl Barth von Andr. Schmid. 14. Jahrg. 1858. 24 Nrn. (à $1\frac{1}{2}$ Bgn.) Mit Abbildgn. Nördlingen, Beck. gr. 4. n. 2 ℛ

**Die Bienenzeitung oder die Dzierzon'sche** Theorie und Praxis der rationellen Bienenzucht. Hsggb. von Schmid & Kleine. 2 Bde. M. Portr., vielen Holzschn. und 13 Tafeln. Nördlingen 1861 bis 62. Eleg. Hbfzbde. gr. 8. Wie neu. (18 Fr.) 8. 50
Enth. die Jahrgänge 1 bis 16 in neuer umgearbeiteter Ausgabe.

—— dass. — In neuer, gesichteter und systematisch geordneter Ausgabe, oder die Dzierzon'sche Theorie und Praxis der rationellen Bienenzucht nach ihrer Entwickelung und Begründung in der Bienenzeitung. Hrsg. von Andr. Schmid und Geo. Kleine. (In 2 Bdn.) 1. Bd. Theoretischer Theil. Lex.-8. (XX und 612 S. mit Dzierzon's lithogr. Portr., mehren eingedr. Holzschn. und 42 Abbild. auf 7 Stnt.) Ebendas. 861. *

—— dass. — 2. Bd. Praktischer Theil. Lex.-8. (XII und 496 S. mit mehren eingedr. Holzschn. und 88 lithogr. Abbild. auf 6 Taf.) Ebendas. (861)62.

**Bienen-Zeitung.** Organ des Vereins deutscher Bienenwirthe. Herausg. u. Red.: Andr. Schmid. 15—20. Jahrg. 1859—64. à 24 Nrn. (à 2 Bgn.) Mit Abbildgn. Nördlingen, Beck. gr. 4. Jeder Jahrg. n. 2 ℛ

**Bienen-Zeitung.** Organ des Vereins deutscher Bienenwirthe. Hersg. u. Red.: Andr. Schmid. 21—26. Jahrg. 1865—1870. à 24 Nrn. (à $1\frac{1}{2}$—2 Bgn.) Mit Abbildgn. Nördlingen, Beck. 4. Jeder Jahrg. n. 2 ℛ

**Bienen-Zeitung.** Organ des Vereins deutscher Bienenwirthe. Hrsgbr. und Redact.: Andreas Schmid. 24.—30. Jahrg. 1868—1874. à Jahrg. 24 Nrn. (à Nr. $1\frac{1}{2}$—2 Bog.) Mit Abbildungen. 4. Nördlingen, Beck'sche Buchh.
24.—29. Jahrg. à *
30. Jahrg. *

**Bienen-Zeitung.** Organ des Vereins deutscher Bienenwirthe. Hrsgbr. und Redact.: Andr. Schmid. 31.—35. Jahrg. 1875—1879. à Jahrg. 24 Nrn. (à $1\frac{1}{2}$—$2\frac{1}{2}$ Bog.) 4. Nördlingen, Beck'sche Buchh. à Jahrg. *

**Bienen-Zeitung.** Organ des Vereins deutscher Bienenwirthe. Hrsgbr. und Redact.: Andr. Schmid. 36. und 37. Jahrg. 1880 und 1881. à Jahrg. 24 Nrn. (à Nr. $1\frac{1}{2}$—$2\frac{1}{2}$ Bog.) gr. 4. Nördlingen, Beck'sche Buchh. à Jahrg. *

**Bienen-Zeitung.** Organ d. Ver. deut. Bienenwirthe. Hrsg. u. Red.: A Schmid. Red.-Gehülfe: W Vogel. 37—41. Jahrg. 1881—1885 à 24 Nrn. (à $1\frac{1}{2}$—$2\frac{1}{2}$ B.) 4. Nördl., Beck. à Jahrg. n. 6. 50

**Bienen-Zeitung.** Organ d. Vereins deutscher Bienenwirthe. Gegründet v. Andr. Schmidt. Hrsg. u. Red.: Wilh. Vogel. 39—42. Jahrg. 1883—1886. à 24 Nrn. (à $1\frac{1}{2}$—$2\frac{1}{2}$ B.) gr. 4. Nördlingen, Beck. à Jahrg. n. 6. 50

**Bienen-Zeitung.** Organ d. Vereins deutscher Bienenwirthe. Gegründet v. A. Schmid. Hrsg. u. Red.: W. Vogel. 43.—46. Jahrg. 1887—1890. à 24 Nrn. (à $1\frac{1}{2}$—$2\frac{1}{2}$ B.) gr. 4. Nördlingen, Beck's Sort. à Jahrg. n. 6. 50

**Bienen-Zeitung.** Organ d. Vereins deutscher Bienenwirthe. Gegründet v. Andr. Schmid. Hrsg. u. Red.: Wilh. Vogel. 47.—50. Jahrg. 1891—1894. à 24 Nrn. (à 1—$1\frac{1}{2}$ Bog. m. Abbildgn.) gr. 4. Nördlingen, Beck. à Jahrg. n. 6. 50

Bienen-Zeitung. Org. d. Vereins deutscher Bienenwirte. Gegr. v. Andr. Schmid. Hrsg. u. Red.: Wilh. Vogel. 51.—53. Jahrg. 1895—1897. à 24 Nrn. (à 12 S. m. Fig.) gr. 4. Nördlingen, C. H. Beck. à Jahrg. n. 6. 50

— dasselbe. Hrsg. u. Red.: J. Dickel. 54. Jahrg. 1898. 24 Nrn. (Bog.) Lex.-8. Ebd. n. 3. —

Bienen-Zeitung. Organ des Vereins deutscher Bienenwirthe. Als Eichstädter Bienenzeitg. gegründet v. Andr. Schmid. Fortgeführt v. Wilh. Vogel. Hrsg. u. Red.: F. Dickel. 55. Jahrg. 1899. 24 Nrn. Lex.-8. (IV, 384 S.) Nördlingen, C. H. Beck. n. 3. —
Mehr nicht erschienen.

Bienenzeitung, Allgemeine deutsche.

— allg. deutsche. Unterhalt. u. belehr. Wochenblatt für's Imkerhaus. Hrsg.: F Gerstung. 2. u. 3. Jahrg. 1891 u. 1892 à 52 Nrn. (B. m. Abbildgn.) 4° Brem., M Nössler. à Jahrg. 4 —
*Der 1. Jahrg. erschien u. d. T.: Bienenzeitung, allg. illustr. — Erscheint nicht mehr.*

Bienen-Zeitung, Allgemeine illustrirte. Ein Wochenblatt fürs Imkerhaus zur Belehrung u. Unterhaltung. Jhg. 1. April 1890—März 1891. Mit Abbildungen. Bremen. gr. 4. M.Nössler
Forts. unt. d. T.: Bienenzeitung, Allgemeine deutsche.

— allgemeine illustrierte. Unabhängiges Organ f. apist. Forschungen u. Studien u. zur Verbreitg. der rationellen Bienenzucht. Redact.: G. Adolphson u. Tony Kellen. N. F. 9.—12. Jahrg. Octbr. 1889—Septbr. 1893. à Jahrg. 52 Nrn. (Bog.) gr. 8. Wytikon-Zürich, Apist. Verlags-Anstalt. à Jahrg. * 8 —
Frühere Jahrg., s. u. d. T.: Adolphson's illustr. Bienen-Zeitung.
u.: Bienenzeitung, Illustrirte.

Bienen-Zeitung, Baltische. Red.: G Küttner. 26. u. 27. J. '11 u. '12 je 12 Hefte. ('12, 1. Heft: 16 m. Abb.) gr8° Lpzg-R., Leipz. Bienen-Zeitg. je 1 — d

Bienenzeitung, Deutsche illustrirte.

— deutsche illustrirte. Organ für die Gesammt-Interessen der Bienenzucht. Unter Mitwirkung der hervorragendsten Imker Deutschlands und des Auslands hrsg. von C. J. H. Gravenhorst. 1.—6. Jahrg. Oktbr. 1883—Septbr. 1889. à Jahrg. 12 Hefte. (Bog.) gr. 8. Braunschweig, Schwetschke und Sohn. à Jahrg. *

— deutsche illustrierte. Organ f. die Gesamt-Interessen der Bienenzucht. Unter Mitwirkg. der hervorragendsten Imker Deutschlands u. d. Auslands hrsg. v. C. J. H. Gravenhorst. 5.—8. Jahrg. Oktbr. 1887 — Septbr. 1891. à 12 Hfte. (B.) gr. 8. Braunschweig, Schwetschke & Sohn. à Jahrg. n. 4. —

— deutsche illustrirte. Organ f. die Gesamt-Interessen der Bienenzucht. Unter Mitwirkg. der hervorragendsten Imker Deutschlands u. d. Auslands hrsg. v. C. J. H. Gravenhorst. 9.—11. Jahrg. Oktbr. 1891—Septbr. 1894. à 12 Hfte. (à ca. 1½ Bog.) gr. 8. Braunschweig, C. A. Schwetschke & Sohn. à Jahrg. n. 4. —

— deutsche ill. Org. f. d. Gesamt-Interessen d. Bienenzucht. Unt. Mitwirkg. d. hervorrag. Imker Deutschlands u. d. Auslands hrsg. v. C. J. H. Gravenhorst. 12.—15. Jahrg. Oktbr. 1894—Septbr. 1898. à 12 Hfte. (à ca. 1½ Bog.) gr. 8. Braunschweig, C. A. Schwetschke & Sohn. à Jahrg. n. 4. —

— deutsche illustrierte. Organ f. die Gesamt-Interessen der Bienenzucht. Unter Mitwirkg. der hervorragendsten Imker Deutschlands u. des Auslandes begründet v. C. J. H. Gravenhorst, hrsg. v. Hugo Gravenhorst. 16.—19. Jahrg. 1899—1902. à 12 Hfte. gr. 8. (IV, 264; IV, 224; IV, 274 u. IV, 194 S.) Berlin [C. A. Schwetschke & Sohn]. Leipzig, R. C. Schmidt & Co. à Jahrg. — 75

— deutsche illustrierte. Organ f. die Gesamt-Interessen der Bienenzucht. Unter Mitwirkg. der hervorragendsten Imker Deutschlands u. des Auslandes begründet v. C. J. H. Gravenhorst, red. v. A. Alberti u. H. Gravenhorst u. seit 1905: O. Krancher. 20.—22. Jahrg. 1903—1905 à 12 Hefte. (à Jahrg. 188 S.) gr. 8. Leipzig [R. C. Schmidt & Co.] C. F. W. Fest. à Jhrg. n. — 75

— dasselbe, vereinigt m. den Zeitschriften: Deutscher Bienenfreund (L. Krancher; 1865—1905) u. Imkerschule (C. Weygandt; 1891—1905). Organ f. die Gesamt-Interessen der Bienenzucht. Organ des bienenw. Hauptvereins im Kgr. Sachsen usw (Unter Mitwirkg. der hervorragendsten Imker Deutschlands u. des Auslandes.) Red.: O. Krancher. 23. Jahrg. 1906. 12 Hefte. (188 S.) gr. 8 [R. C. Schmidt & Co.] C. F. W. Fest. n. — 75

Bienenzeitung, deutsche illustrierte, (begründet v. C. J. H. Gravenhorst), vereinigt m. den Zeitschr.: Deutscher Bienenfreund (L. Krancher; 1865—1905) Imkerschule (C. Weygandt; 1891—1905) u. Die europ. Bienenzucht auf amerikan. Grundlage (A. Sträuli; 1906—1907). Organ f. die Gesamtinteressen u. zur Förderg. der Bienenzucht. Organ des „bienenwirtschaftl. Hauptvereins im Kgr. Sachsen" usw. (Unter Mitwirkg. der hervorragendsten Imker Deutschlands u. des Auslandes.) Hrsg. u. Red.: O. Krancher. 24—27. Jahrg. 1907—1910. à 12 Hefte. (200, 228, 228 u. 226 S.) gr. 8. Leipzig, C. F. W. Fest. à Jahrg. 1. —

— Deutsche illustr., (begründet v. CJH Gravenhorst), vereinigt m. d. Zeitschriften: Deutscher Bienenfreund (L Krancher; 1865—1905), Imkerschule (C Weygandt; 1891—1905) u. Die europ. Bienenzucht auf amerikan. Grundlage (A Sträuli; '06—7). Hrsg. u. Red.: O Krancher. 27—29. J. '10—12 je 12 Hefte. ('12, 1. Heft: 19) gr8° Lpzg, CFW Fest. je 1 —; einz. Hefte — 20 d

Bienenzeitung, Illustrirte.

— illustrirte. Organ zur Verbreitung der rationellen Bienenzucht. Unter Mitwirkung hervorrag. Bienenzüchter hrsg. von Adolphson. 1.—3. Jahrg. 1882—1884. à Jahrg. 24 Nrn. (à Nr. 1—2 Bog.) gr. 4. Zürich, (Schmidt.) à Jahrg. *

— illustrirte. Organ zur Verbreitung der rationellen Bienenzucht. Unter Mitwirkung hervorragender Bienenzüchter hrsg. von Adolphson. 4. Jahrg. 1885. 12 Nrn. (à Nr. 1—2 Bog. mit eingedr. Holzschn.) gr. 4. Zürich, (Schmidt.) *

— dass. — 5. und 6. Jahrg. 1886 und 1887. à Jahrg. 12 Nrn. (à Nr. 1—2 Bog. mit eingedr. Holzschn.) gr. 4. (Ebendas.) à Jahrg. *
7. Jahrg. s. Adolphson's illustrirte Bienenzeitung.

— dasselbe. 7. Jahrg. 1888. 12 Nrn. (à 1—2 B. m. eingedr. Holzschn.) gr. 4. Ebd. n. 2. —

— dasselbe. 8. Jahrg. 1889. 24 Nrn. (B. m. eingedr. Holzschn.) gr. 4. Ebd. n. 2. —
Forts. unt. d. T.: Bienenzeitung, Allgemeine illustrierte.

Bienenzeitung, Kölnische.

— Kölnische. Red.: G Küttner. 26. u. 27. J. '11 u. '12 je 12 Hefte. ('12, 1. Heft: 16 m. Abb.) gr8° Lpzg-R., Leipz. Bienen-Zeitg. je 1 — d

Bienenzeitung, Leipziger.

— Leipziger. Organ für alle Imker deutscher Zunge. Hrsg. von Liedloff, Loth und Michaelis. 1.—3. Jahrg. 1886—1888. à Jahrg. 12 Nrn. (Bog.) gr. 8. Leipzig, (Oelsner.) à Jahrg. *

Bienen-Zeitung, Leipziger. Organ f. alle Imker deutscher Zunge. Hrsg. v. Liedloff, Loth u. Michaelis. 4. u. 5. Jahrg. 1889—1890. à Jahrg. 12 Nrn. (à Nr. 1 Bog. m. Abbildgn.) gr. 8. Lpz.-Reudnitz, Michaelis. à Jahrg. * 1 —

— dass. — mit Monatsanzeiger f. Landwirtschaft u. Bienenzucht. Organ f. alle Imker deutscher Zunge. Hrsg. v. Liedloff, Loth u. Michaelis. 6. u. 7. Jahrg. 1891 u. 1892. à Jahrg. 12 Nrn. (à Nr. 1 Bog. m. Abbildgn.) gr. 8. Ebd. à Jahrg. * 1 —

— Leipziger. Organ f. alle Imker deut. Zunge. Hrsg. v. Liedloff, (Loth u. Michaelis). Red.: F Liedloff. 6—10. Jahrg. 1891—1895 à 12 Nrn. (B. m. Abbildgn.) 8° Lpzg-R., R Michaelis. à Jahrg. 1 —
*Vgl.: Bienenzeitung, schlesische.*

— Leipz. Red.: Liedloff. Jahrg. 1896—1900 à 12 Hfte. 8° (1898. 1. Hft. 16) Lpzg-R., Leipz. Bienen-Zeitg. à Jahrg. 1 —
*Beibl. dazu s. u. d. T.: Zeitfragen.*

**Bienen-Zeitung, Leipziger. Red.: Liedloff. 14.—17. Jahrg. 1899—1902. à 12 Hfte. gr. 8. (à Jahrg. VIII, 192 S. m. Abbildgn.) Leipzig-Reudnitz, Leipziger Bienen-Zeitg. à Jahrg. n. 1.—**

**Bienen-Zeitung, Leipziger. Schriftleitung: F. Loth u. G. Küttner. Red: F. Loth. 18.—21. Jahrg. 1903—1906. à 12 Hefte. (à ca. 16 S. m. Abbildgn.) gr. 8. Leipzig-Reudnitz, Leipziger Bienen-Zeitg. à Jhrg. n. 1.—**
Der 18. Jahrg. ist von Liedloff redigiert.

**— Leipziger. Schriftleitung: F. Loth u. G. Küttner. Red.: F. Loth. 22—25. Jahrg. 1907—1910. à 12 Hefte. (à Jahrg. VIII, 192 S. m. Abbildgn.) gr. 8. Leipzig-Reudnitz, Leipziger Bienen-Zeitg. à Jhrg. 1.—**

— Leipziger. Red.: F Loth, seit '11 G Küttner. 25—27. J. '10—12 je 12 Hefte. ('12, 1 Heft: 16 m. Abb.) gr8° Ebd. je 1 — d

Neue Bienen-Zeitung. (Ill. Monatsschrift f. Reform d. Bienenzucht.) Hrsg. H. Freudenstein. Jg. 1. (*Marburg: H. Freudenstein*) 1902. 8° [F.] je — 4

Bienen-Zeitung, Neue. Illustrierte Monatsschrift ... Jg. 3—23. Marburg 1903—24

**Bienen-Zeitung. Illustrierte Monatsschrift f. Reform der Bienenzucht. Hrsg. v. H. Freudenstein. 4. Jahr 1905. 12 Hefte. (à ca. 16 S.) gr. 8. Marburg (Bez. Cassel), H. Freudenstein. (Nur direkt.) n. 2.—**
Fortsetzung, f.: Bienenzeitung, neue.

— neue. Illustr. Monatsschrift f. Reform d. Bienenzucht. Hrsg. v. H Freudenstein. 5—8. J. '06—9 je 12 Hefte. (1. Heft. 16) gr8° Marbg (Bez. Cassel), Verl. d. Neuen Bienenzeitg. (Nur dir.) Je 2 —; einz. Hefte — 20 d
*Bisher u. d. T.: Bienen-Zeitung (ohne Zusatz).*

— Neue. Illustr. Monatsschr. f. Reform d. Bienenzucht. Red.: H Freudenstein. 9—11. J. '10—12 je 12 Hefte. ('12, 1. Heft: 16) gr8° Marbach b/Marbg (Bez. Cassel), H Freudenstein. je 2 —; einz. Hefte — 20 d

**Bienen- u. Obstbau-Zeitung f. Bayern. Organ f. alle bayer. Bienenzüchter u. Obstfreunde. Red.: Siebauer. 6. u. 7. Jahrg. 1905 u. 1906 à 12 Nrn. (218 u. 211 S. m. Abbildgn.) gr. 8. Neumarkt i/Ob.-Pf., J. Boegl. à Jhrg. n. 1.50**

**Bienen- u. Obstbau-Zeitung f. Bayern. Organ f. alle bayer. Bienenzüchter u. Obstbaufreunde. Red.: Siebauer u. Fehlhammer. 8—11. Jahrg. 1907—1910. à 12 Nrn. (1909. 10: 260 u. 257 S.) 8. Neustadt a/H., D. Meininger. à Jhrg. 1.50**

Bienen- u. Obstbau-Zeitung f. Bayern. Red.: Siebauer u. Fehlhammer. 11. u. 12. J. '10 u. '11 je 12 Nrn. ('11, Nr 1: 24) 8° Neust.H., D Meininger. je 1.50 d
*Fortsetzg erscheint in München, nähere Adresse war nicht zu erfahren.*

Bienenzeitung, Österreichische.
**—— österreichische. Allgemeines Organ für Bienenzucht und Organ des Görkauer Bienenzuchtvereins. Redig. von Rud. Mayerhöffer. 1. Jahrg. 1879. 12 Nrn. (Bog.) gr. 8. Prag, (Ehrlich's Buchh.) ***

—— österreichische. Allgemeines Organ für Bienenzucht, Organ der Gesellschaft der Bienenfreunde in Böhmen, des Görkauer u. Lustenauer Bienenzuchtvereines. Redig. von Rud. Mayerhöffer. 2. Jahrg. 1880. 12 Nrn. (Bog.) gr. 8. Prag, (Ehrlich'sche Buchh.) *

—— dass. — Allgemeines Organ für Bienenzucht, Organ der Gesellschaft der Bienenfreunde in Böhmen und des Görkauer Bienenzuchtvereines. Redig. von Rud. Mayerhöffer. 3. Jahrg. 1881. 12 Nrn. (Bog.) gr. 8. (Ebendas.) *

—— dass. — Allgemeines Organ für Bienenzucht, Organ der österreich. Gesellschaft der Bienenfreunde, des Görkauer und des Tiroler Bienenzuchtvereines in Mais. Redig. von Rud. Mayerhöffer. 4. Jahrg. 1882. 12 Nrn. (Bog.) gr. 8. (Ebendas.) *
Nicht weiter erschienen.

Bienenzeitung, Österreichisch-ungarische
—— österreich-ungarische. Hrsgbr.: J. F. Nowotny. 1.—3. Jahrg. 1878—1880. à Jahrg. 12 Nrn. (à Nr. 1—1½ Bog.) Fol. Wien, (Frick.) à Jahrg. *

**— österr.-ungar. Hrsg.: J. F. Nowotny. 3—5. Jahrg. 1880—1882. à 12 Nrn. (à 1—1½ B.) Fol. Wien, Frick. à Jahrg. n. 2.—**

**— österr.-ungar. Hrsg.: J. F. Nowotny. Chefred.: Cölestin M. Schachinger. 6—9. Jahrg. 1883—1886 à 12 Nrn. (à 1—1½ B.) Fol. Wien, (Frick). à Jahrg. n. 2.—**

**— österr.-ungar. Chefred.: Cölestin M. Schachinger. 10.—13. Jahrg. 1887—1890. à 12 Nrn. (à 1—1½ B.) Fol. Wien, (Frick). à Jahrg. n. 2.—**

**— österr.-ungar. Organ f. Bienenzucht, zugleich Vereinsblatt d. steiermärk. Central-Bienenzucht-Vereines in Graz rc. Chefred.: Cölestin M. Schachinger. Hrsg. u. Red.: Rud. Gött. 14.—17. Jahrg. 1891—1894. à 12 Nrn. (à 1—1½ Bog.) Fol. Wien, (W. Frick). à Jahrg. n. 2.—**

**— österr.-ungar. Org. f. Bienenzucht, zugl. Vereinsblatt d. steiermärk. Central-Bienenzucht-Vereines in Graz rc. Chefred.: Cölestin M. Schachinger. Hrsg. u. Red.: Rud. Gött u. Alois Lauterbeck. 18.—21. Jahrg. 1895—1898. à 12 Nrn. (Bog.) Fol. Wien (W. Frick). à Jahrg. n. 2.—**

(F) Oesterr.-ungar. Bienenzeitung. Organ für Bienenzucht, zugleich Vereinsblatt des steiermärkischen Central-Bienenzucht-Vereines in Graz, der Bienenzucht-Section der k. k. o. d. e. Landwirtschafts-Gesellschaft in Linz, des Bienenzuchtvereins für Feldkirch und des Bienenzuchtvereines Langenau und Umgebung in Nieder-Langenau. Chefredacteur: P. Cölestin M. Schachinger. XXII. Jahrgang. 1899. Wien. 1899. In Comm. Frick. Fol. erscheint in 12 Nrn. compl. * fl. 1.—

(F) Oesterr.-ungar. Bienenzeitung. Organ für Bienenzucht, zugleich Vereinsblatt des Steiermärkischen Central-Bienenzucht-Vereines in Graz, der Bienenzucht-Section der k. k. o. d. e. Landwirtschafts-Gesellschaft in Linz, des Bienenzuchtvereins für Feldkirch und des Bienenzuchtvereines Langenau und Umgebung in Nieder-Langenau. Chefredacteur: P. Cölestin M. Schachinger. XXIII. Jahrgang. 1900. Wien. 1900. In Comm. Frick. Fol. erscheint in 12 Nrn. compl. * K 2.—

(F) Oesterr.-ungar. Bienenzeitung. Organ für Bienenzucht, zugleich Vereinsblatt des Steiermärkischen Central-Bienenzucht-Vereines in Graz, des Bienenzuchtvereines Langenau und Umgebung in Nieder-Langenau, sowie des Bienenzüchter-Centralvereines für Deutsch-Tirol in Innsbruck. Chefredacteur: P. Cölestin M. Schachinger, XXIV. Jahrgang. 1901. Wien. 1901. In Comm. Frick. Fol. erscheint in 12 Nrn. compl. * K 2.—

(F) Oesterr.-ungar. Bienen-Zeitung. 25. Jahrgang. 4°. erscheint in 12 Nrn. † Wien: Frick 1902 compl. K 2.—

**— österr.-ungar. Zeitschr. f. Hebung u. Verbreitg. der Bienenzucht. Chef-Red.: Cölestin Schachinger. Hrsg. u. Red.: Alois Lauterböck 26.—29. Jahrg. 1903—1906 à 12 Nrn. (à 4 S.) gr. 4. Wien (W. Frick). à Jhrg. n. 2 —**

**— österr.-ungar. Zeitschr. f. Hebg. u. Verbreitg. der Bienenzucht. Chef-Red.: Cölestin Schachniger. Hrsg. u. Red.: Alois Lauterböck. 30. u. 31. Jahrg. 1907 u. 1908. à 12 Nrn. (à ca. 4 S.) 38,5×27,5 cm. Wien (W. Frick). à Jhrg. 2.—**
Erscheint nicht mehr.

Bienenzeitung, Schlesische.

— schlesische. Organ des Generalvereins der schles. Bienenzüchter u. seiner Zweigvereine. Red. v. G. Seeliger. 8.—11. Jahrg. 1886—1889. à 12 Nrn. (Bog.) gr. 4. Brieg, (Lebek & Weigmann). à Jahrg. n. 2. —

— schlesische. Organ d. Generalver. d. schles. Bienenzüchter u. s. Zweigvereine. Red. v. G Seeliger. 14—16. Jahrg. 1891—1893 à 12 Nrn. (1¼ B.) 8° Brieg, (Lebek & W.). à Jahrg. 2 —

*Mit d. Leipziger Bienenzeitung, jedoch unter d. alten Titel verschmolzen.*

— schlesische. Red.: Liedloff. Jahrg. 1896—1898. à 12 Nrn. (à ca. 1 Bog. m. Abb.) gr. 8. Leipzig-Neudnitz, Verl. d. Leipz. Bienen-Ztg. à Jahrg. n. 1. –

— schlesische. Red.: Liedloff. 14.—17. Jahrg. 1899—1902. à 12 Hfte. gr. 8. (à Jahrg. VIII, 192 S. m. Abbildgn.) Leipzig-Neudnitz, Leipziger Bienen-Zeitung. à Jahrg. n. 1. —

— schlesische. Schriftleitung: F. Loth u. G. Küttner. Red.: F Loth. 18.—21. Jahrg. 1903—1906 à 12 Hfte. (à ca 16 u. 2 S. m. Abbildgn.) gr. 8. Leipzig-Neudnitz, Leipziger Bienen-Zeitung. à Jhrg. n. 1. —
Der 18. Jahrg. ist von Liedloff redigiert.

Bienenzeitung, schlesische. Schriftleitung: F. Loth u. G. Küttner. Red.: F. Loth. 22—25. Jahrg. 1907—1910. à 12 Hefte. (à Jhrg. VIII, 192 S. m. Abbildgn.) gr. 8. Leipzig-Neudnitz, Leipziger Bienen-Zeitg. à Jhrg. 1. —

— Schlesische. Red.: F Loth, seit '11 G Küttner. 25—27. J. '10—12 je 12 Hefte. ('12, 1. Heft: 16 u. 4 m. Abb.) gr8° Lpzg-R., Leipz. Bienen-Zeitg. je 1 — d

Bienenzeitung, Schleswig-holsteinische.

— schleswig-holsteinische. Organ f. die Gesammtinteressen der Bienenzucht Schleswig-Holstein-Lauenburgs, des Fürstenth. Lübeck u. des Gebiets der freien Städte Hamburg u. Lübeck. Red.: H. F. Klörss. 1. Jahrg. 1889. 12 Nrn. (B.) 4. Ahrensburg, Kiese. n. 1. 50

— schleswig-holsteinische. Organ für die Gesammtinteressen der Bienenzucht Schleswig-Holstein-Lauenburgs, d. Fürstenth. Lübeck u. d. Gebiets der freien Städte Hamburg u. Lübeck u. Vereinsblatt d. Hauptvereins schleswig-holstein. Bienenzüchter. 1.—4. Jahrg. 1889—1892. à Jahrg. 12 Nrn. (Bog.) 4. Ahrensb., Kiese. à Jahrg. * 1 75

— schleswig-holsteinische. Organ f. die Gesammtinteressen der Bienenzucht Schleswig-Holstein-Lauenburgs, d. Fürstenth. Lübeck u. des Gebiets der freien Städte Hamburg u. Lübeck u. Vereinsblatt d. Hauptvereins schleswig-holstein. Bienenwirthe. Red.: J. Kock. 3.—5. Jahrg. 1891—1893. à 12 Nrn. (Bog.) gr. 8. Ahrensburg, E. Kiese. à Jahrg. n. 1. 75

— dasselbe. Red.: A. Steenhusen. 6. Jahrg. 1894. 12 Nrn. (Bog.) gr. 8. Ebd. n. 1. 75

Bienenzeitung

— für die Schweiz. Red.: P. Jacob. 1. u. 2. Jahrg. 1869 u. 1870. à 12 Nrn. (à 1 Bog.). Bern, Huber & Co. in Comm. 4. Jeder Jahrg. n. 1 ℛ 5 ngr

Bienen-Zeitung für die Schweiz. Redig. v. P. Jacob. 3. Jahrgang. 1871. (12 Nrn.) gr. 4. Bern, in Commission bei Huber & Cie. Jährlich 4. 50

Bienen-Zeitung für die Schweiz. 4. Jahrgang. 1872. (12 Nrn.) gr. 4. Bern, in Commiss. bei Huber & Co. 4. —

Bienenzeitung für die Schweiz. 5. Jahrgang. 1873. (12 Nrn.) gr. 4. Bern, in Commiss. bei Huber & Co. 4. —

Bienenzeitung für die Schweiz. 6. Jahrg. 1874. (12 Nrn.) gr. 4. Bern, in Commiss. bei Huber & Co. 4

Bienen-Zeitung für die Schweiz. Redact.: Pt. Jacob. 7. Jahrg. 1875. 12 Nrn. (Bog.) gr. 4. Bern, (Huber und Comp.) *

— schweizerische, s. a. Seidenbau- und Bienen-Zeitung.

— schweizerische. Organ d. Vereins schweizer. Bienenfreunde. [Früher „Bienenzeitung f. die Schweiz".] Red.: Pt. Jacob. 8. Jahrg. 1876. 12 Nrn. (B.) gr. 4. Ebend. n. 4. 80

— schweizerische. [Früher: „Bienenzeitung für die Schweiz".] Red.: Pt. Jacob. 9—14. Jahrg. 1877—1882. à 12 Nrn. (B.) gr. 4. Bern. Huber & Co. in Comm. à Jahrg. n.n. 4. 80

— dass. — Organ der schweizer. Vereine für Bienenzucht. Unter ständ. Mitwirkung von Pt. Jacob hrsg. vom Verein schweizer. Bienenfreunde. Neue Folge. 1. Jahrg. 1878. 12 Nrn. (Bog.) gr. 8. (Ebendas.) *

Bienenzeitung, schweizer. Neue Folge. 2. Jahrg. 1879. (12 Nrn.) Bern.
Per cplt. für d. Schweiz 5 —
1879 f. d. Ausland 6 —

— schweizerische. Organ der schweizer. Vereine für Bienenzucht. Hrsg. vom Verein schweiz. Bienenfreunde. Neue Folge. 3.—7. Jahrg. 1880—1884. à Jahrg. 12 Nrn. (à Nr. 1—1½ Bog.) gr. 8. Bern, (Huber und Comp.) à Jahrg. *

— schweizerische. Organ der schweizer. Vereine f. Bienenzucht. Hrsg. vom Verein schweizer. Bienenfreunde. Red.: Jeker. Neue Folge. 8. u. 9. Jahrg. 1885 u. 1886. à 12 Nrn. (à 1—1½ B.) gr. 8. Solothurn, (Sauerländer). à Jahrg. n. 4. —

Bienen-Zeitung, schweizerische. Organ des schweiz. Vereins für Bienenzucht. 10. Jahrg., 1887. 12 Nrn. gr. in-8°. Aarau, H. R. Sauerländer.
1887 Jährlich 4 —

Bienen-Zeitung, schweizerische. Redaktor: *J. Jeker.* Neue Folge. 11. Jahrg. 1888. 12 Nrn. gr. in 4°. Aarau, H. R. Sauerländer. Jährlich 4 —

— schweizerische. Organ der schweizer. Vereine für Bienenzucht. Hrsg. vom Verein schweizer. Bienenfreunde. Redact.: J. Jeker. Neue Folge. 12.—15. Jahrg. 1889—1892. à Jahrg. 12 Nrn. (à Nr. 1—1½ Bog.) gr. 8. Aarau, (Sauerländer u. Comp.). à Jahrg. * 4 —

Bienen-Zeitung, schweizerische. Organ der schweizer. Vereine f. Bienenzucht. Hrsg. v. Verein schweizer. Bienenfreunde. Red.: R. Göldi-Braun. Neue Folge. 16. u. 17. Jahrg. 1893. 1894. à 12 Nrn. (à 1—1½ Bog.) gr. 8. Aarau, H. R. Sauerländer & Co. à Jahrg. n. 4. —

— schweizerische. Org. d. schweizer. Vereine f. Bienenzucht. Hrsg. v. Verein schweizer. Bienenfreunde. Red.: R. Göldi-Braun. N. F. 18.—21. Jahrg. 1895—1898. à 12 Nrn. (à ca. 2 Bog. m. Abb.) gr. 8. Aarau. (H. R. Sauerländer & Co.) à Jahrg. n. 4. —

Bienenzeitung, schweizer. Hrsg. vom Verein schweizer. Bienenfreunde. Red.: *R. Göldi-Braun.* Neue Folge. 22. Jahrg. 1899. 12 Nrn. Gr. 8°. Nr. 1. 32 S. m. Abbildgn. (Aarau, H. R. Sauerländer & Co.) Jährlich 4 —

Bienenzeitung, schweizerische. Herausg. vom Verein schweiz. Bienenfreunde. Red. v. *R. Göldi-Braun.* Neue Folge. 23. Jahrg. 1900. 12 Nrn. 8°. Nr. 1. 32 S. mit Abbildungen. (Aarau, H. R. Sauerländer & Co.) Jährlich 4 —

**Bienenzeitung**, schweizerische. Herausgeg. vom Verein schweiz. Bienenfreunde. Red. v. *R. Göldi-Braun.* Neue Folge. 24. Jahrg. 1901. 12 Nrn. Gr. 8°. H. 1. 32 S. mit Abbildungen. (Aarau. H. R. Sauerländers & Co.) Jährlich 4 —

— dasselbe. Mit monatl. Gratisbeilage: Schweizerische Bauernzeitg. Organ des schweizer. Bauernverbandes. Red.: R. Göldi-Braun. Neue Folge. 25. Jahrg. 1902. 12 Nrn. gr. 8. (à ca. 48 S. m. Abbildgn.) Ebd. n. 4. —

— schweizerische. Organ der schweizer. Vereine für Bienenzucht. Hrsg. vom Verein schweizer. Bienenfreunde. Red.: R. Göldi-Braun. Mit monatl. Gratisbeilage: Schweizerische Bauernzeitg. Offizielles Organ des schweizer. Bauernverbandes Red.: H. Abt u. seit 1905: Hans Moos. N. F. 26—29. Jahrg. 1903—1906 à 12 Nrn. (à ca. 32 S. m. Abbildgn. u. 4 S in Lex.-8.) gr. 8. Aarau (H. R. Sauerländer & Co.). à Jhrg. n. 4 —

— schweizerische. Organ der schweizer. Vereine f. Bienenzucht. Hrsg. vom Verein schweizer. Bienenfreunde. Red.: R. Göldi-Braun. Mit monatl. Gratisbeilage: Schweizer. Bauernzeitg. Organ des schweizer. Bauernverbandes. Red.: Hans Moos. N. F., 30—33. Jahrg. 1907—1910. à 12 Nrn. (à ca. 32 S. m. Abbildgn. u. 4 S. in 30,5×22,5 cm.) gr. 8. Aarau, (H. R. Sauerländer & Co.). à Jhrg. 4. 40

— Schweizerische. Red.: R Göldi-Braun. Mit monatl. Gratisbeil.: Schweizer. Bauernzeitg. N. F. 33—35. J. '10—12 je 12 Nrn. ('12, Nr 1: 48 m. Abb.) gr8° Aar., HR Sauerländer & Co. je 4.40 d

**Bienenzucht**, siehe: Wochenbände.

**Bienenzucht**, von der besten in d. Kurpfalz. Preisschr. (von Ih. Riem). 8. Mannh. 769. Löffler. (München, Franz). 6 gr.

**Bienenzucht**, d. deut., in Theorie u. Praxis. Hrsg. v. F Gerstung. 1—3. Jahrg. 1893—1895 à 12 Nrn. 8° (1894 Nr. 7. 20 m. Abbildgn.) Ossmannst. (Lpzg, H Voigt.) à Jahrg. 2 —

**Bienenzucht**, d. deut., in Theorie u. Praxis. Hrsg. u. Red.: F Gerstung. 4—8. Jahrg. 1896—1900 à 12 Nrn. 8° (1896. Nr. 1. 20 m. Abb.) Freibg i/B., P Waetzel. à Jahrg. 2 —
*Erschien bis 1898 noch in Ossmannstedt.*

**Bienenzucht**, die deutsche, in Theorie u. Praxis. Hrsg. u. Red.: F. Gerstung. 7.—10. Jahrg. 1899—1902. à 12 Nrn. gr. 8. (à ca. 16 S. m. Abbildgn.) Freiburg i. B., P. Waetzel. à Jahrg. n. 2. —

**Bienenzucht**, die deutsche, in Theorie u. Praxis. Hrsg. u. Red.: F. Gerstung. 11.—13. Jahrg. 1903—1905 à 12 Nrn. (à ca. 16 S.) gr. 8. Freiburg i/B. [P. Waetzel]. Berlin, F. Pfenningstorff. à Jhrg. n. 2. —

**Bienenzucht**, d. deut. in Theorie u. Praxis. Hrsg. v. Ferd. Gerstung. 14—17. J. '06—9 je 12 Nrn. (Nr 1, 16) gr8° Berl., F Pfenningstorff. je 2 — d

**Bienenzucht**, Die deutsche, in Theorie u. Praxis. Hrsg.: Ferd. Gerstung. 18—20. J. '10—12 je 12 Nrn. ('12, Nr 1: 16 m. Abb.) gr8° Berl., F Pfenningstorff. je 2 — (Pp.) d

Bienenzucht, Die europäische.
— die europäische, auf amerikanischer Grundlage. Hrsg. u. red. v. A. Sträuli. 1. Jahrg. 1906. 12. Nrn. (à ca. 8 S. m. Abbildgn.) gr. 8. Lahr, Groß & Schauenburg. n. 1. 50

**Bienenzucht**, d. europäische. Jetzt: Scherzingen, Pfarrer Sträuli.

— die europäische, auf amerikanischer Grundlage. Hrsg. u. red. v. A. Sträuli. 2. Jahrg. 1907. 12 Nrn. (à ca. 16 S. m. Abbildgn.) gr. 8. Scherzingen. Pfarrer Sträuli. 2. 40
Fortsetzg., s.: Bienenzeitung, deutsche illustrierte.

**Bienenzucht**, Pfälzer. Red.: M. Sauter. 29. Jahrg. 1888. 12 Nrn. (3/4 B.) Lex.-8. Erzenhausen b/Weilerbach. (Ludwigshafen, Baumgartner.) n.n. 1. —

**Bienenzucht, Die,** in ihrem ganzen Umfange ... Ulm 1825. V: *Riedel, W.* [?] (Engoec)

**Bienenzucht, d., in ihrem ganzen Umfange**, oder leichtfaßl. Anweisung zur Behandlung d. Bienen. 8. Ulm 825, Ebner.

**Bienenzucht**, die vortheilhaft., f. d. Landmann, od.: gründl. Anweis., wie d. Ertrag d. Bienen dem Landmanne d. Schaden ersetzen kann, den er durch vermind. Getreidepreise erleidet. Ein Buch zum Reichwerden, mit Nachweis.; nebst e. Anh. Zucker, Wein, Meth u. Essig aus Honig zu bereiten, v. e. Bienenvater dies. Gegend. M. 1. Abbild. 16. (8 B.) Hamm 827, Wundermann. Thlr.

Bienenzucht, Westfälische.
— westfälische. Red.: Liedloff. Jahrg. 1898. 12 Hfte. (Bog.) gr. 8. Leipzig-Reudnitz, Leipziger Bienen-Zeitung. n. 1. —

— westfälische. Red.: Liedloff. 14.—17. Jahrg. 1899—1902. à 12 Hfte. gr. 8. (à Jahrg. VIII, 192 S. m. Abbildgn.) Leipzig-Reudnitz, Leipziger Bienen-Zeitung. à Jahrg. n. 1. —

— westfälische. Schriftleitung: F. Loth u. G. Küttner. Red.: F. Loth. 18.—21. Jahrg. 1903—1906 à 12 Hefte (à ca. 16 u. 2 S. m. Abbildgn.) gr. 8. Leipzig-Reudnitz, Leipziger Bienen-Zeitg. à Jhrg. 1. —
Der 18. Jahrg. ist von Liedloff redigiert.

— westfälische. Schriftleitung: F. Loth u. G. Küttner. Red.: F. Loth. 22—25. Jahrg. 1907—1910. à 12 Hefte. (à Jhrg. VIII, 192 S. m. Abbildgn.) gr. 8. Leipzig-Reudnitz, Leipziger Bienen-Zeitg. à Jhrg. 1. —

— Westfälische. Red.: F Loth, seit '11 G Küttner. 25—27. J. '10—12 je 12 Hefte. ('12, 1. Heft: 16 u. 4 m. Abb.) gr8° Lpzg-R., Leipz. Bienen-Zeitg. je 1 — d

Bienenzucht, Westpreußische.
— westpreuss. Red.: G Klatt. 9. J. '09. 12 Nrn. (Nr 1. 20) gr8° Marienbg, F Grossnick. 1.20 d
*Bisher u. d. T.: Zeitung, westpreuss., f. Bienenzucht u. Obstbau.*

— westpreußische. Organ des Prov.-Vereins f. Bienenzucht in Westpreußen. Red.: G. Klatt. 9. u. 10. Jahrg. 1909 u. 1910. à 12 Nrn. (à ca. 20 S.) gr. 8. Marienburg, F. Grossnick. à Jahrg. 1. 20

— Westpreussische. Red.: G Klatt. 10—12. J. '10—12 je 12 Nrn. (12. J., Nr 1: 16) gr8° Marienbg, F Grossnick. je 1.20 d

**Bienen-Züchter**, der elsässisch-lothringische. (L'apiculteur alsacien-lorrain.) Monatsblatt des elsässisch-lothring. Bienenzüchter-Vereins, redig. von Bastian. 1. Jahrg. 1873; 2. Jahrg. Jan. — Juni 1874. à Jahrg. 12 Nrn. (Bog. mit eingedr. Holzschn.) Lex.-8. Enzheim, Expedition. à Jahrg. *

—— dass. — Redig. von Dennler und Zwilling. 2. Jahrg. Juli — Decbr. 1874; 3.—7. Jahrg. 1875—1879. à Jahrg. 12 Nrn. (Bog. mit eingedr. Holzschn.) Ebendas. (Leipzig, H. Voigt.) Jahrg. 1874 und 1875 à *
Jahrg. 1876—1879 à *

**Bienen-Züchter**, der elsässisch-lothringische. (L'apiculteur alsacien-lorrain.) Monatsblatt des elsässisch-lothring. Bienenzüchter-Vereins, red. v. Dennler u. Zwilling. 7. Jahrg. 1879. 12. Nrn. (B. m. eingedr. Holzschn.) Lex.-8. Straßburg. (Leipzig, H. Voigt.) n. 3. 20

**Bienenzucht-Kalender** für das Jahr 1885. Redig. unter Mitwirkung bewährter Fachmänner von A. Wahle. 1. Jahrg. gr. 16. (123 S.) Kiel, Biernatzki. *

Bienenzuchtnachrichten. – Hrsg. v. d. Unterfänkischen Kreis-bienenzuchtverein. Würzburg 1857 - 1866.
Bis 1867 Beilage z. Würzb. Journal, von 1867 an: Die Biene.

Viro . . **Christian Gottlob Biener** . . die semisaeculari ab acceptis summis in jure honoribus academia Lipsiensis. (Staritz) 10. IV. 1827. Folio. 2 Bl. (3.—) 2725

Solenni oratione **Friedrich August Biener** indic. ordinarius senior facult. jur. Lpz. (Saalbach) 1803. 8 S. (1.50) 2731
Inest resp. jur. 148 de justis ordinariam furti poenam minuendi causis.

Ordinarius senior facult. jurid. Lips. summos in utr. jure honores . . viro **Friedrich August Biener** (Leipzig) 7. VIII. 1807. (Walmon.) 24 S., mit Biogr. (M.: C. S. Brehm.) (3.—) 2736
Insunt resp. jur. 172 interdum fallit regula: Instrumenta validissimam esse probationem. 173 de justis ordinariam furti poenam minuendi, causis.

Biener, Christian Gottlob
Biener, Ch. Glo.: Abhandl. v. d. kais. Advocatie üb. d. Stuhl zu Rom, päpstl. Heiligk. u. christliche Kirche. *Lpz.*, Beer. 783. 8. (12 Gr.)

**Biener, J.C.Glob., Abhandl. von d. kaiserl. Advocatie üb. den Stuhl z. Rom. 8. Leipz. Graffé. 783.**

**Biener, Chr. Glo., Abhandlung v. d. kaiserl. Advocatie über den Stuhl zu Rom. 8. Dessau 784. (Graffé in Leipz.) 12 ℊ**

— — Viro Gustav Ludwig Hübel (Dresden) summos in utr. jure honores. Lpz., 7. II. 1822. 16 S., mit Biogr. (M.: A. Ch. Violi.) (3.—) 2717
De ambitu mandati ad rem et causam aliquam in judicio civili tractandam cum plena et libera potestate procuratori a litis domino expositi.

Biener, Christian Gottlob: Bedenklichkeiten bey Verbannung der ursprünglich fremden Rechte aus Deutschland und Einführung eines allgemeinen deutschen National-Gesetzbuches nebst einigen Betrachtungen über die Verbesserung der Gesetze in den einzelnen Staaten und Landeshoheiten des heiligen römischen Reichs. Halle: Gebauer 1781.

**—Bestimmung d. kaiserl. Machtvollkommenheit in d. deutschen Reichsregierung &c. gr. 8. Leipz. 780. Kummer. 1 ℛ 8 ℊ**

Biener, Ch. Glo.: Bestimm. d. kais. Machtvollkommenheit in d. deutschen Reichsreg. nach ihrem wahren Ursprunge u. Absichten a. Urkunden, Staatshandl. u. Gesetzen erwiesen. *Leipz.*, Kummer. 781. gr. 8. (1 Thl. 8 Gr.)

**— commentarii de origine et progr. legum juriumque German. II Pts. 8 maj. Leipz. 787—95. (Hinrichs).** (Beer)
P. 1. Leges et iura populorum Teutonicorum antiqua complectens. 1787.
„ 2. Leges et iura populorum Teutonicorum media complectens.
Vol. 1. De historia iuris Germanici publici atque privati. 1790.
„ 2. De historia institutorum atque jurium feudalium in regno Germanico. 1795.

— — Summos in utr. jure honores candidatis Christian Gottfried Hillig (M.: R. S. Springer) et Christian Adolph Deutrich (M.: W. E. Semmel). Lpz., 29. III. 1805. 28 S., mit Biographien. (3.—) 2700
Praem. est comment. de foenore illicito pro diversis monetarum generibus recte judicando.

— — Summos utr. juris honores viro Carl Gottlob Merkel (Elterlein). Lpz., 25. IV. 1805. 20 S., mit Biogr. (M.: J. R. Pommer.) 20 S. (3.—) 2701
Praemissa est comment. de simultanea investitura pluribus in solidum competente.

— — Summos in utr. jure honores viro Gustav Samuel Theodor Baumgarten-Crusius (Dresden). Lpz., 13. VII. 1803. 23 S., mit Biogr. (M.: Ch. S. Loewe.) (3.—) 2697
Commentat. ad legem novam de jure aedificandarum molarum a. d. 2. X. 1800 editam p. I.

— — Viro Paul Petzold (Lengefeld/Vogtl.) summos in utr. jure honores. Lpz., 22. III. 1804. 23 S., mit Biogr. (M.: Ch. F. Klinkhardt.) (3.—) 2698
Praem. est comment. ad legem novam de jure aedificandarum molarum a. d. 2. X. 1800 ed. p. II.

— — Summos in utr. jure honores viro Wilhelm Sigismund Teucher (Freiberg). Lpz. (Saalbach) 23. VII. 1804. 28 S., mit Biogr. (M.: Ph. F. Hedrich.) (3.—) 2699
Comment. quae rescriptum principis electoris d. d. 13. XII. 1803 de schriftsassiatu personali ex re praediove, etiam sine domicilio, compet., ill.

— — Viro Gottlob Leberecht Funke (Liebertwolkwitz) summos in utr. jure honores. Lpz., 2. III. 1824. 16 S., m. Biogr. (M.: Ch. Glauch.) (3.—) 2720
De diversis temporibus in judicio civili comment. ad legem novam d. 13. III. 1822 ed. cap. II § 25.

— — Viro Carl Moritz Mirus (Leisnig) summos in utr. jure honores. Lpz. (Staritz) 1. IV. 1828. 18 S., mit Biogr. (M.: Ch. H. Pietsch.) (3.—) 2727
De constituto debiti alieni et actione constitutoria casus enucleatus, ad caput I novellae IV illustr.

— — Viro Moritz Kind (Leipzig) summos in utr. jure honores. Lpz. (Dürr) 17. II. 1820. 16 S., mit Biogr. (M.: A. F. Peinemann.) (3.—) 2714
De creditore, qui rem pignori traditam ad massam concursus restituit nec non de locatore praedii urbani vel rustici . .

**Biener, Christian Gottlob,** Viro Friedrich Carl Gustav Stieber (Niedertopfstad/Th.) summos in utr. jure honores. Lpz. (Staritz) 8. XI. 1827. 23 S., mit Biograph. (M.: F. Ch. Ch. Hasper.) (3.—) 2726
Dies legatorum testamentis conjugum reciprocis relictorum utrum obitu prioris defuncti an morte posterioris decedentis cedat ac veniat, tractatur et specie proposita illustr.

**Biener, Christian Gottlob** (Sorbig.), Disputatio juris Romani et Germanici de apibus. Präs. Joh. Theophil Seger. Lpz. (Langenheim) 12. VI. 1773. 58 S. (5.—) 2685
Gew.: Joh. Gotthelf v. Globig.

**— Entwickelung d. Erbfolge in d. Standesherrschaft Lieberose. 8. Dessau 784. Gel. Buchh. 10 ℊ**

**— Erweis, daß die hohen Reichsvikarien den mit d. Tode e. zeitigen Kaisers erloschenen Reichstag fortzustellen befugt &c. 8. Lpz. 790. Graffé. 4 ℊ**

— — Summos in utr. jure honores viro Adolph Friedrich Aster. Lpz. (Klaubarth) 24. IV. 1800. 20 S., mit Biogr. (M.: Schuhmann.) (2.50) 2696
Praem.: De fide judiciali circa corporis delicti vertitudinem in dissensibus protocolli judicialis et visi reperti secantiumque inter se, nec non visi reperti aut unius alteriusve secantis et facultatis medicae recte aestimanda.

— — Viro Wilhelm Ferdinand Steinacker (Leipzig) summos in utr. jure honores. Lpz., 20. II. 1823. 20 S., mit Biogr. (M.: Ch. J. Geisler.) (3.—) 2719
Fideicommissa et instituta familiarum privata evangelicam religionis qualitatem a primo auctore, . . . (betr. v. Hardenberg).

— — De finibus jurisprudentiae naturalis circa feuda regundis. Lpz. (Klaubarth) 19. VI. 1782. 31 S. (4.—) 2687

Biener, Christian Gottlob, s. Heineccius: Elem. juris civilis.

— historia leg. Visigothicar. in regno Hispaniae vet. etc. 4. Dessau 783. Gel. Buchh. 3 ½

— — Historia legum Wisigothicarum in regno Hispaniae vetere. Spec. I. De legibus Theodoricianus et codice Alariciano ad indicendas commilitonum selectissimorum disp. Lpz. (Sommer) März 1783. 24 S. (4.—) 2688

— — Viro Ludwig Julius Neubert (Frohndorf/Th.) summos in utr. jure honores. Lpz., 5. VI. 1821. 16 S., mit Biogr. (M.: Ch. Wuttig.) (3.—) 2716
Interpret . . ex jure Saxon. cap. 7: Probationis alterutri litigatori. impositae terminus prius . . .

— — Viro . . Julius Eduard von der Becke (Lpz.) summos in utr. jure honores. Lpz. (Staritz) 6. X. 1825. 18 S., mit Biogr. (M.: R. E. Waldhütter.) (3.—) 2723
Interpretationum et responsorum praesertim ex jure Saxonico sylloge, cap. 22 (z. gr. Tl. deutsch).

— — Viro Carl Albert Ferdinand Berger (Zeitz) summos in utr. jure honores. Lpz. (Staritz) 5. VI. 1828. 16 S., mit Biogr. (M.: S. F. Reinboth.) (3.—) 2728
Interpret. et respons. praes. ex jure Saxonico sylloge cap. 33: De usurpationibus observationes nonnullae.

— — Summos in utr. jure honores viro Christian Gottfried Tilling (Annaberg). Lpz. (Sommer) 9. X. 1794. 15 S., mit Biogor. (M.: G. March.) (3.—) 2691
De jure aperturae quatenus imperatori atque imperio in castris ac munimentis territorium Germanicorum competat.

— — Summos utr. jur. hon. viro . . Friedr. Aug. Eichhoff. Lpz., 19. V. 1795. 24 S., grösstenteils dtsch., m. Biogr. (M.: Ch. C. Blamens.) (2.50) 2693
De juribus viduae civicae in feudis praesertim Saxonicis marito feudi possessore mortuo.

— — De jurisdictione ordinaria et exemta. Lpz. (Langenheim) 10. IV. 1777. 54 S. (5.—) 2686

Biener, C. G.: D. Antistius Labeo jur. civ. novator. L. 786. 4.

Biener, Christian Gottlob
— — u. Wilh. Werner (Luckau), Primas lineas hermeneutices juris feudalis Longobardici. Lpz. (Klaubarth) 18. XI. 1790. 78 S. (4.80) 2689

Biener, Ch. Glo.: De natura et indole dominii in territoriis Germ. ejusq. effectibus tam in regalibus, quam in alienando et obligando territorio conspicuis L. II. *Halle*, Gebauer. 780. gr. 8. (15 Gr.)

— — Viro Carl Gustav Mueller (Leipzig) summos in utr. jure honores. Lpz. (Staritz) 19. IX. 1826. 19 S., mit Biogr. (M.: Frank.) (3.—) 2724
De negotio inter partes recte gesto contractoque per instrumentum inutiliter conceptum et de instrumento recte concepto per recognitionem inutilem non infirmando.

Biener, Chr. Gtlo., Opuscula academica, ed. et praefat. est Fr. A. Biener. II Vol. — I. Dissertationes. II. Programmata. 4 maj. (119 B.) Lipsiae, Cnobloch. 1830

— — Summos in utr. jure honores viro Ernst Friedrich Haupt (Zittau). Lpz. (Breitk. & Haertel) 19. XII. 1797. 16 S., mit Biogr. (M.: F. Graez). (3.—) 2694
De originibus Schriftsassiorum et Amtsassiorum praecipue in Saxonia p. I.

— — Summos in utr. jure honores viro Johann Christian Rodig (Pirna). Lpz. (Saalbach) 21. XII. 1797. 19 S., mit Biogr. (M.: Ch. C. Scheibner). (3.—) 2695
De originibus Schriftsassiorum et Amtsassiorum praecipue in Saxonia p. II.

— — Viro Hermann Haertel (Leipzig) summos in utr. jure honores. Lpz. (Breitkopf & Haertel) 28. VIII. 1828. 19 S., mit Biogr. (M.: A. Kloetzer.) (3.—) 2729
De duplici actionis hypothecariae praescriptione, una quae tertio, altera quae debitori eiusque heredibus, fundorum obligatorum possessoribus, datur et de utr. usu hodierno.

Biener, Christian Gottlob, s. Puttmann, J. L. E.: Elementa juris.

— — Summos in utr. jure honores viro Theodor Maximilian Zachariae (Meissen). Lpz., 12. VI. 1807. 16 S., mit Biogr. (M.: F. E. Hesse.) (3.—) 2702
Praemitt. quaestiones 1, 2 u. 3.

— — Viro Christian Moritz Schmidel (Leipzig) summos in utr. jure honores. Lpz. (Klaubarth) 28. I. 1808. 22 S., mit Biogr. (M.: Kuestner.) (3.—) 2703
Praemitt. quaestiones 4, 5 u. 6.

— — Summos in utr. jure honores viro Carl Friedrich Guenther (Leipzig). Lpz. (C. Tauchnitz) 3. VI. 1808. 26 S., mit Biogr. (M.: H. W. Oheim.) (3.—) 2704
Praemitt. quaestiones 7 u. 8.

— — Viro Carl August Feder (Dessau) summos in utr. jure honores. Lpz., 25. VII. 1809. 16 S., mit Biogr. (M.: S. W. Rode.) (3.—) 2705
Praemitt. quaestiones 10 u. 11.

— — Viro Heinrich Doerrien (Leipzig) summos in utr. jure honores. Lpz., 7. XI. 1809. 19 S., mit Biographie. (M.: A. Dufour.) (3.—) 2706
Praemitt. quaestiones 13 u. 14.

— — Summos in utr. jure honores viro Heinrich Gottfried Bauer. Lpz. (J. Gg. Hoehm) 23. II. 1810. 15 S., mit Biograph. (M.: F. S. Rockenthiem.) (2.50) 2707
Praemitt. quaestiones 17 u. 18.

— — Viro August Heinrich Meissel (Dresden) summos in utr. jure honores. Lpz., 24. XII. 1811. 16 S., m. Biogr. (M.: C. J. M. Lalance.) (3.—) 2708
Praemitt. quaestiones 32 u. 33.

— — Summos in utr. jure honores viro Christoph Friedrich Schreckenberger (Leipzig). Lpz. 7. XII. 1812. 16 S, m. Biogr. (M.: M. E. Drach.) (3.—) 2709
Praemitt. quaestiones 38 u. 39.

— — Viro Carl Fried. Wilh. Gerstaecker (Zwickau) summos in utr. jure honores. Lpz., 1. VII. 1813. 16 S., mit Biogr. (M.: S. D. Schilling.) (3.—) 2710
Praemitt. quaestiones 44 u. 45.

— — Viro Georg Carl Treitschke (Dresden) summos in utr. jure honores. Lpz., 28. IX. 1813. 16 S., mit Biogr. (M.: Ch. E. E. Lindemann.) (3.—) 2711
Praemitt. quaestiones 47 u. 48.

— — Viro Carl August Haase (Freiberg) summos in utr. jure honores. Lpz., 8. XII. 1814. 20 S., mit Biogr. (M.: J. E. Engler.) (3.—) 2712
Praemitt. quaestiones cap. 54.

— — Viro Wilhelm Anton Heinrich Dittmar summos in utr. jure honores. Lpz. (Dürr) 2. V. 1820. 16 S., mit Biogr. (M.: Ch. M. Scheller.) (3.—) 2715
Praemitt. est quaestio 73.

— — Summos in utr. jure honores viro Carl Friedrich Freiesleben. Lpz., 27. VI. 1822. 16 S., mit Biogr. (M.: F. S. Wenzel.) (3.—) 2718
Praemitt. quaestio 81.

— — Viro Carl Julius Stübel (Wittenberg) summos in utr. jure honores. Lpz. (Staritz) 9. IX. 1824. 16 S., mit Biogr. (M.: J. C. Tittmann) (3.—) 2721
Impensarum in res dotales factarum repetitio speciebus seu exemplis quibusdam restituendis partim, partim non, explicatur, regulis simul, quibus ipsa fieri debet restitutio definitis.

— — Viro Bruno Schilling (Freiberg) summos in utr. jure honores. Lpz. (Staritz) 14. IV. 1825. 16 S., mit Biogr. (M.: J. Neubert.) (3.—) 2722
De servitute seu jure venationis in fundis vicinis inter privatos praediorum nobilium possessores recte probanda et judicanda ad ill. decis. Saxonicam quartam anno 1746 promulgatam.

— — Specimen hermeneuticum juris feudalis. Lpz. (Klaubarth) 24. XI. 1790. 24 S. (3.50) 2690

— — Summos in utr. jure honores viro Johann August Apel. Lpz. (Sommer) 21. IV. 1795. 28 S., mit Biogr. (M.: J. Ch. Kirst.) (2.50) 2692
Praem. observ. jur. publ. et feud. spec. II: De statu et postliminio captivorum in bello solemni imperii cum gente extranea.

— — Viro Christian Franz Maximilian Friderici (Gera) summos in utr. jure honores. Lpz. (Dürr) 23. XII. 1819. 18 S., z. gr. Teil deutsch, mit Biogr. (M.: Fürbringer.) (3.—) 2713
De successione in bona absentis anno absentiae vigesimo praeterlapso annove aetatis septuagesimo completo, delata.

Biener, (J.) Chr. Glo.: Systema processus judiciarii et communis et Saxon. in usum schol. ac fori scriptum. Post mortem auctor. denuo ediderunt, auxerunt, supplev. *G. A. Siebdrat* et *A. Krug*. II Tom. *Berolini*, (*Lipsiae*, Fröhlich et Soc. 801. Ed. III. 821.) 834. 8maj. (3 Thl.)

— Systema processus judiciarii et communis et Saxon. in us. schol ac fori script. II Voll. gr. 8. Leipz. 801. Ed. II. 806. Ed. III. 821. Hahn. 2 ℛ

— systema processus judic. et. comm. et. Saxon. 2 Tmi. 8. maj. Leipz. Fritsch. 1806

—— Systema processus judiciarii et communis et Saxon. in usum schol. ac fori scriptum. Post mortem auctor. denuo ediderunt auxerunt supplev. Gust. Alb. Siebdrat et Aug. Otto Krug. Tom. I. 8 maj. (19¼ B.) Berolini 834, Fröhlich et Soc. Für II Thlr.

Bieneri, Christ. Gtlo., Systema processus judiciarii et communis et Saxon. in us. schol. ac fori script. Post mortem auctor. denuo ediderunt auxerunt suppleverunt Gust. Alb. Siebdrat et Aug. Otto Krug. II Tl. 8maj. (40⅝ B.) Berolini 834, 35, [Rücker u. Püchler.] *

(Biener): Diplomat. Untersuchung üb. d. Rechte d. Todtheilung mit Anwend. auf d. Theilungen u. Erbfälle im Herzogth. Baiern. *Leipz.* 778. 4.

Biener, Christian Gottlob, s. Untersuchung über d. Rechte.

Biener, Ernst Carl

— **Ernst Carl** (Torgau), De extirpatione penis per ligaturam. Diss. med.-chir. Lpz. (J. B. Hirschfeld) 25. X. 1816. 43 S. u. 1 Tfl. Abb. (J. F. Schröter del. & sc.) (5.—) 2730
Gew.: Carl Ferd. Graefe, Joh. Friedr. Aug. Eisfeld.

*Biener*, E. C., de exstirpatione penis per ligaturam. C. tab. aen. 4maj. Leipz. 817. (W. Vogel). 12 K

Biener, Friedrich August

Biener, Friedr. Aug., Abhandlungen a. d. Gebiete d. Rechtsgeschichte. gr. 8. (10⅝ B.) Leipzig 846, B. Tauchnitz jun. — H. [1.] 1. Ueber die Einführung der Geschworenengerichte in England. 2. Historische Erörterungen über den Ursprung u. den Begriff des Wechsels.

Biener, Frdr. Aug., Abhandlungen aus d. Gebiete der Rechtsgeschichte. 2. Hft.: Begründung d. Criminal-Rechts u. Processes nach histor. Methode. gr. 8. (XIV u. 184 S.) Leipzig 847, B. Tauchnitz. ¾ ℛ

Biener, Friedr. Aug., Abhandlungen aus dem Gebiete der Rechtsgeschichte. 2. Heft: Begründung des Criminal-Rechts und Processes nach histor. Methode. gr. 8. (XIV und 184 S.) Leipzig 848, B. Tauchnitz jun.
1. Heft. Ebendas. 1846. 22½ Ngr.

Biener, Friedr. Aug., wechselrechtliche Abhandlungen. gr. 8. (VIII und 500 S.) Leipzig 859, B. Tauchnitz. Thlr.

Biener, Fr. Aug.: Beiträge zur Geschichte des Inquisitions-Processes u. d. Geschwornengerichte. *Leipz.*, Cnobloch. 827. gr. 8. (1 Thl. 18 Gr.)

Biener, F. A. und C. G. Helmbach, Beiträge zur Revision des Justinianischen Codex. gr. 8. (18¼ B.) Berlin 833, Nicolai.

Biener, Friedrich August, s. Biener, Chr. G.: Opuscula.

Biener, Fr. Aug.: De collectionibus canonum ecclesiae graecae, schediasma litterarium. *Berolini*, Dümmler. 827. 8maj. (10 Gr.)

**Biener, Friedrich August** (Leipzig), De differentiis itineris actus et viae genuinis. Comment. jur. civ. Präs. Christian Gottlob Biener. Lpz. (Sommer) 10. IV. 1804. 32 S. (4.—) 2732

Biener, Fr. Aug., Geschichte d. Novellen Justinians. gr. 8. Berl. 824. Dümmler. 3 ℛ

Biener, Friedr. Aug., das englische Geschwornengericht. 1—3. Bd. gr. 8. Leipzig, B. Tauchnitz. [1. und 2. (XX und 722 S.) 852. 3 Thlr. 15 Ngr., 3. (XXIV und 220 S.) 855. 1 Thlr. 7½ Ngr.] 4

— — u. **Carl Heinrich Haase** (Leipzig), Historia authenticarum codici r. p. et institutionibus Justiniani a. insertarum. Sectio I. Lpz. (Dürr) 25. VII. 1807. 24 S. (4.—)
— — Dasselbe. Sectio II. Lpz. (Dürr) 28. VII. 1807. (S. 25—72.) (3.—)
— — Dasselbe. Tl. I/II zusammen. (5.—)

Biener, Friedrich August, s. Justinianus: Institutiones.

**Biener, Friedr. Aug.,** De Salvii Juliani meritis in edictum praetorium recte aestimandis. Leipzig (Dürr) 1809. 32 S. (4.20) 2737
Franz. Aug. Friesner (Auerbach/Vogtl.), Joh. Friedr. Wilh. Hartmann (Zittau), Chn. Aug. Koch (Dresden), Carl Gottlob Wilh. Leonhardi (Dresden), Mor. Magn. Muehle (Scheibenberg), Friedr. Ant. Pfannemberg (Dessau), Heinr. Aug. Quinque (Hirschstein), Ed. Nath. Reiz (Ezdorf).

**Biener, Fr. Aug.,** üb. d. neueren Vorschläge zur Verbesserung des Criminalverfahrens in Deutschland. (Aus dem 12. Bde. der Zeitschr. f. geschichtl. Rechtswissenschaft abgedr.) gr. 8. Berlin 841, Nicolai'sche Buchh. 1/2 ₰

Biener, Johann Georg
— **Johann Georg** (Regensburg), Epicuri prolepseis sive anticipationes sensibus demum administris haustae non vero menti innatae in locum Marci Tullii Ciceronis de nat. deor. libr. I, c, XVI sqq. Diss. histor.-philos. Präs. Joh. Michael Kern. Göttingen (J. Ch. L. Schulz) 5. X. 1756. 16 S. (4.—) 2738

Biener, Johann Gottlob
— **Johann Gottlob** (Sorbig), De catarrho. Dissert. med. Präs. Friedr. Ludwig Kreysig. Wittenbg. (Meltzer) 15. XII. 1801. 20 S. (4.50) 2739
Gew.: Jacob Friedrich Biener.

**Biener Klemens:** Syntaktische Untersuchungen an den mhd. Ueberarbeitungen älterer Gedichte.
H. 1909 PN 2672

Biener, Traugott August
— **Traugott August** (Sorbig), De motu peristaltico ventriculi atque intestinorum, physiologice et pathologice considerato. Diss. med. Präs. Dan. Wilh. Triller. Wittenbg. (A. Ch. Charisius) 20. VIII. 1781. 42 S. (4.80) 2740

Biener von Bienenberg, Karl Josef, s.a. Abhandlung von Goldklumpen

**Biennenberg, Carl Joseph von.** Abhandlung über die bey Podmokle im Jahr 1771 gefundenen Goldklumpen. Prag 1717. H: *Wydra, Stanislaus.* (Jes)

**Biener v. Bienenberg, Karl Jos.,** († d. 20. Jan. 1798.) Analekten z. Geschichte d. Militärkreuz-Ordens mit d. rothen Stern. gr. 8. Prag u. Wien 787. v. Schönfeld. 8 gl

— Biographie des Abts Procop. gr. 8. Prag 796. Buchler. 6 gl

— Geschichte d. Stadt Königsgrätz. 1r Thl. Mit Kpf. 8. Prag 780. v. Schönfeld. 2 ₰

— Gesch. d. Stadt Königsgrätz. 2r Bd. m. K. 8. Ebend. 808.

— Versuch über einige merkwürd. Alterthümer im K. Böhmen. 1s—3s Stck. 8. Königsgr. 778—85. v. Schönfeld in Prag. 1 ₰ 8 gl

**Bienenberg, K. J. v.,** Versuch üb. merkw. Alterthüm. Böhmens. 3 Stück. 8. Prag, Schönfeld. 808.

Bienert, Ignaz
— Empfindungen des Herzens z. Ehre d. Gottheit. 8. Bresl. 785. N. Aufl. 787.

**Bienert, J.,** Empfindungen des Herzens vor Gott. 12. Glatz 841, Pompejus. 1/2 ₰

**Bienert, Ig.,** Gottesverehrungen z. Gebr. f. jug. Pers. 8. Bresl. W. G. Korn. 793.

**Bienert, Ign.,** († d. 4. Apr. 1822.) Gottesverehrungen in Gesängen, z. Gebrauch f. junge Personen. 8. Bresl. 795. W. G. Korn. 8 gl

T. Bienert, Dampfmühle u. Oelfabrik, Hofmühle Dresden-Plauen. (1832—1897.) [Mit Abb.] Dresden (1897): W. Hoffmann. 8 Bl. 8°

**Bienert, Th.,** lepidopterologische Ergebnisse einer Reise in Persien in den J. 1858 und 1859. gr. 8. (56 S.) Leipzig 871. (Berlin, Friedländer und Sohn.) *

Bienert, Vincenz Bericht über die Einweihungs- und Eröffnungsfeier. 8 (S. 3—32, 1 Abb.). Progr. K. k. Staats-Obergymn. *Iglau* 1891.

**BIENERT, Walter:** Der Einfluß der Eisenbahnen auf die Verteilung der Menschen und ihrer Siedlungen in Steiermark. — 1910. V, 349 Bl.
Diss. Graz, Univ.

Bienewitz [Kathograph], s. Apian, Philipp

**Bienfait,** moderner Flächenschmuck. I. Eine Sammlg. brauchbarer Motive f. Musterzeichner, Dekorationsmaler, graph. Zeichner, Architekten etc. (24 Lichtdr.-Taf.) 33×49 cm. Elberfeld (907.) Schöpp & Vorsteher. In Mappe 30. —

— dasselbe. II. Folge. 4 Lfgn. (Je 6 Lichtdr.-Taf.) 38×49,5 cm. Ebd. (909.) 24. —; einzelne Lfgn. 7. 50

Bieng, Friedrich. Mein Protest. Von Friedrich Bieng (Altona). (Eine oldenburgische Landesgeschichte, welche das deutsche Reich angeht.) Mit einem Bildnisse des Verfassers und Facsimile [1 Tafel, sowie 1 Karte]. IV + 239 S. 8. Zürich, Caesar Schmidt, 1903. ([fr. 3. 75.] M. 3. —)

Bienhold, Heinrich. Referendar aus Hannover: Ueber die Grenzen der subjektiven Rechtskraft nach der neuen Civilprozessordnung und dem Bürgerlichen Gesetzbuche. *Hannover 1899: F. Culemann.* 92 S.; 8°
Erlangen. Jur. Diss. v. 18. Jan. 1899

Bienko, A. F. P., de prescriptione secundum fontes juris saxonici medii aevi. Regimonti Pr. 87 p. 1867
Schul-/Univ.-Schrift

Bienkowski, „Malocchio." S.-A. 1893. 10 S.

Bienkowski, Piotr R.
**Bieńkowski, P. R. v.,** die Darstellungen der Gallier in der hellenistischen Kunst. Hrsg. vom österreich. archäolog. Institut in Wien. (VIII, 151 S. m. 175 Abb. u. 9 Taf.) 33×27 cm. Wien 908. A. Hölder. Kart. 34. —

**Bieńkowski, Pet.,** de simulacris barbararum gentium apud Romanos. Corporis Barbarorum prodomus. Adiuvante academia litterarum Cracoviensis editus a B. (In deutscher u. poln. Sprache.) gr. 4. (101 S. m. Abb.) Cracoviae 900. (Wien, Gerold & Co.) n.n. 10. —

(S) **Bieńkowski, Pet.,** de simulacris barbarorum gentium. 900. Jetzt: Wien. A. Hölder.

[illegible] Kritische Studien [illegible]

— P., Ueber skythische Wagen. S.-A. 1902. 4 S.

Bienkowski, Stanislaw von
**Bieńkowski (Stanislaw v.),** Untersuchungen über Arbeitseignung und Leistungsfähigkeit der Arbeiterschaft eines grossindustriellen Betriebes. Altenburg. S.-A. 45 S.
Berlin, Ing.-Diss. v. 1910

**Bieńkowski, v.,** Auslese u. Anpassung der Arbeiterschaft in der Elektroindustrie usw., s.: Schriften d. Vereins f. Sozialpolitik. Nr. 134.

**Bieńkowski, Stanislaw von:** Untersuchungen über Arbeitseignung und Leistungsfähigkeit der Arbeiterschaft eines großindustriellen Betriebes. [1910.] 45 S. 8°
¶ Auch in: Schriften d. Vereins f. Sozialpolitik. Bd 134.
Berlin, Dr.-Ing.-Diss. v. 10. 6. 1910

**Bienkowski**, St. v., Untersuchungen über Arbeitseignung und Leistungsfähigkeit der Arbeiterschaft einer Kabelfabrik. Leipzig. 1910. 52 S.

**Bienne et ses environs**, s.: **Biel u. Umgebung.**

Biennenberg, Karl Josef, s. Biener von Bienenberg, Karl Josef

**Bienotsch**, Josef, v.: Brandt, Sebastian.

Der Kreis Soldin während der Zeit der Reformation und des 30jährigen Krieges. Von Paul **Biens**. Lippehne: P. Wagner [1908]. (72 S.) 8°
[F.] (ok. 1908)

**Biensfeldt, Johannes**, Rechtsprakt.: Johann Georg Büsch. Ein Beitrag zur Geschichte der Nationalökonomie. Erlangen 1910: Jacob. VI, 123 S. 8°
Erlangen, Phil. Diss. v. 15. März 1910, Ref. v. Eheberg
[Geb. 15. Okt. 86 Dresden; Wohnort: Erlangen; Staatsangeh.: Bayern; Vorbildung: Gymn. Erlangen Reife 05; Studium: Erlangen 8 S.; Rig. 26. Juli 09.]
[U 10. 818

**Bienstock, Berthold, zur Therapie der Psoriasis.** Inaugural-Dissertation. gr. 8. (87 S.) Breslau 888, (Köhler.) *

Bienstock, Berthold [prakt. Arzt]: Zur Therapie der Psoriasis. . .
Breslau, Druck v. Th. Schatzky, 1888; 35 + 1 S. + 2 Bl. 8°
Breslau. Med. Fak., Inaug.-Diss. v. 8. Jun. 1888

**Bientjes**, J. A., wie wird es enden?, s.: Höft, Gust.

**Bienz, J. L., († ...) Fest- u. Gelegenheits-Predigten.** Aus dem Nachlasse desselben. 8. Neu-Ruppin 835. Oehmigke u. Riemschneider. 3/4 ℛ

**Bienville, J. D. T. de.** Medizinische Abhandlungen über die Fehler der Menschen in Absicht auf die Gesundheit. A. d. Franz. Haag 1777. Ü: *Kritzinger, Friedrich Adolph.* (WR)

**Bienville, J. D. T. de.** Der Familienarzt; aus dem Französischen. Leipzig 1776. Ü: *Kritzinger, Friedrich Adolph.* (ML)

**Bienville, J. D. T., Familienarzt.** 8. Leipz. Kritzinger. 776.

**Bienville, de.** D. Familienarzt, u. d. Arzt d. Gelehrten. Straßburg 1776.

— **Nymphomanie** ou Traité de la fureur utérine. gr. 12. Basle, Schweighaeuser. 772.

BIENVILLE, M[ ] T[ ] D[ ]. Die Nymphomanie oder Abhandlung v. d. Mutterwuth von –. A. d. Franz. Übersetzt v. [Anton] Hiltenbrand. Hartl, Wien 1781/82.

— **Nymphomanie oder Abhandl. v. d. Mutterwuth.** Aus d. Französ. 8. Amsterd. 772. Schreuter. (C. F. Günther in Glogau.) 8 ℊ Dass. übers. v. A. Hiltenbrand, 8. Wien 782. Löwe in Preßb. 14 ℊ

— — dasselbe. 8. Preßb. Löwe. 785.

— Ebendasselbe. 12. Amsterd. (Kupferberg, Mayence). 784.

**Bienwald, Adf.** De Crippsiano et Oxoniensi Antiphontis, Dinarchi, Lycurgi codicibus. Diss. gr. 8. (40 S.) Goerl. 889, (Bresl. Koebner). 1 —

Bienwald, Paul [aus Posen]: Beitrag zur Kenntnis der Thymusgeschwülste. . . . Greifswald, Druck v. Julius Abel, 1889; 27 S. 8°
Greifswald, Med. Fak., Inaug.-Diss. v. 5. Aug. 1889

**Bienz, Zahlung an Handlungsreisende.** gr. 8. (16 S.) Tübingen 884, Fues'sche Buchh. *
Aus: Württembergisches Archiv für Recht und Rechtsverwaltung, besonders abgedruckt.

**Bienz, A.** Dermatemys Mavii Gray. Eine osteologische Studie mit Beitr. zur Kenntnis vom Baue der Schildkröten. Mit 2 kolor. Tafeln. In-8°. 65 S. Basel. These. **1895**

Bienz, Eduard
**Bienz, Ed.,** Bericht üb. e. turnerische Studienreise, ausgeführt vom 8. Febr. bis 7. März 1885. Lex.-8. (15 S. m. 1 Taf.) Zürich 887. (Basel, Jenke.) n. — 60

Bienz, Ed. (Red.), s. Monatsblätter für das Schulturnen.

**Bienz, Eduard.** Übungen für das allgemeine Turnen am Eidgenössischen Turnfest in Chaux-de-Fonds 1872. Basel 1872. 16 S., 8°.

**Bienz, J. L., Weibertreue,** nach Beispielen aus d. Geschichte. 8. Halle 792. Hendel. 8 ℊ

**BIENZ,** J. L., Weibertreue. Nach Beyspielen aus der Geschichte. Halle, Hendel (c. 1795?). 8°. (8 ggr.)
Inh.: 1. Lukretia. 2. Zulmira. 3. Suschen. — Anzeige des Verlegers.

**Bier, das.** Geschichtliches, Statistisches, Wirthschaftliches. (Von E. K.) gr. 8. (32 S.) Hannover 894. (Leipzig, G. Wittrin.) n. — 50

Das **Bier**. Techn., wirtschaftl. u. krit. Monatsheft f. d. Praxis d. Bierbrauerei. Hrsg. u. red. von A[lbert] Eckardt. Jg. 1. Berlin: Gesellsch. f. angewandte Gärungschemie u. Gärungstechnik 1903. 8° (07. 1464)

**Bier, das.** (Illustr. Wochenschrift f. Ernst u. Scherz, Humor u. Satyre.) Red.: Cöl. Haertl, seit '07 Jul. Marchner jun. 1. u. 2. J. '06 u. 7 je 52 Nrn. (Nr 1. 8 u. 4) Lex 8° Münch., C Marchner. ‖ 3. J. Jan.—Septbr'09. 39 Nrn. Viertelj. 1.20; einz. Nrn — 10 d 6F

**Bier, das.** (Illustr. Wochenschrift f. Ernst u. Scherz, Humor u. Satyre.) 3. Jahrg. Jan.—Septbr. 1908. 39 Nrn. (à ca. 12 S.) Lex. 8. München, J. Marchner jun. 3. 60
Erscheint nicht mehr.

**Bier, das bairische,** und seine Heilkräfte bei verschied. Krankheiten. Als Hausmittel im Dienste der wissenschaftl. Heilkunde. Ein Rathgeber für Freunde und Feinde dieses Getränkes. Von einem prakt. Arzte. 8. (IV und 56 S.) Leipzig, 851(52,) Remmelmann.

**Bier, das bairische, u. seine Heilkräfte bei verschied. Krankheiten.** Als Hausmittel im Dienste der wissenschaftl. Heilkunde. Ein Rathgeber f. Freunde u. Feinde dieses Getränkes. Von e. prakt. Arzte (Carl Reclam.) 8. (IV u. 56 S.) Leipzig 852, Remmelmann. n. 1/6 ℛ

—— d. bairische, u. s. Heilkräfte bei versch. Krankh. 8. (56) Lpzg 52. (Kaiserl., Meuth.) n. — 5

**Bier, das, vorzüglich das bayer'sche Bier,** s. Lehrbuch, practisches, der bayer'schen Bierbrauerei.

— deut. Folge d. „Deut. Brau-Industrie, Berlin". 33. J. Hrsg.: Rich. Schnürpel. Red.: Johs Olberg. J.'07. 2. Halbj. 26 Nrn. (Nr 1. 10) 32×23,5 cm. Berl., (A Seydel). ‖ J.'08. 52 Nrn. Viertelj. 2 — d
*Bisher u. d. T.: Brau-Industrie, deut., Berlin.* --

— **deutsches.** Folge der „Deutsche Brau-Industrie, Berlin". 33. Jahrg. General-Anzeiger f. Nord- u. Süddeutschland. Fachblatt deutscher Brauereibesitzer, -Direktoren, Brau- u. Malzmeister. Offizielles Organ des „Verband obergär. Brauereien" u. des „Thüringer Brauer-Verein". Hrsg.: Rich. Schnürpel. Red.: Johs. Olberg. Jahrg. 1908. 52 Nrn. (à ca. 10 S.) 32×23,5 cm. Berlin, (A. Seydel.) 8. —
Fortsetzung, s.: Brau-Industrie, deutsche.

**Bier, A.**, lohnende Gemüsezucht im kleineren u. größeren Garten, s.: Gartenführer-Bibliothek.

— Praktische Zimmerpflanzenzucht u. Pflege, s.: Gartenführer-Bibliothek.

**Bier, Adf:** Handb. m. (farb.) Automobilkte f. Tirol, Vorarlberg, Salzburg u. Oberbayern. Neu bearb. u. zusammengestellt. (6, 134 m. Ktnskizzen.) 8° Innsbr., (Wagner) ('12). L 3.40

Über Amputationen und Exartikulationen von August Bier (Greifswald). *Leipzig: Breitkopf & Härtel 1900.* (36 S.) 8°
= Sammlung klinischer Vorträge. N. F. No 264. [00. 117

**Bier, Aug.**, s.: Archiv f. klin. Chirurgie.

Behandlung der Gelenktuberkulose mit Stauungshyperämie. Aus d. Kgl. chirurg. Klinik zu Kiel. Von Dr. August **Bier**, I. Assistenzarzte d. Klinik ... *Berlin-Prag: Fischer 1895.* (39 S.) 8.
= Klinik, Berliner. H. 89. [96. 1394

**Bier, Aug.**, Behandlung chirurgischer Tuberkulose der Gliedmaassen m. Stauungshyperämie. [Aus der königl. chirurg. Universitätsklinik zu Kiel.] [Aus: „Festschrift f. F. v. Esmarch"] gr. 8. (33 S.) Kiel 893. Lipsius & Tischer. n. 1. —

**Bier, A.**, Beiträge zur Kenntniss der Syphilome der äusseren Muskulatur. } s. a. Mittheilungen aus der chirurgischen Klinik zu Kiel.

**Bier**, August [approb. Arzt aus Corbach]: Beiträge zur Kenntnis der Syphilome der äusseren Muskulatur .... Kiel, Verl. v. Lipsius & Tischer, 1888; 38 S. + 2 Bl. 8°
Kiel, Med. Fak., Inaug.-Diss. v. 30. Jan. 1888

**Bier, Aug.**, über die Berechtigung des teleologischen Denkens in der praktischen Medizin. Festrede, geh. am Stiftungstage der Kaiser Wilhelms-Akademie f. das militärärztl. Bildungswesen, 2. XII. 1909. (19 S.) 8. Berlin 910. A. Hirschwald. — 40

**Bier**, August [Dr.]: Über circuläre Darmnaht .... Kiel, Druck Schmidt & Klaunig. 1889: 31 S. u. 1 Taf. 8°
Kiel. Med. Fak., Hab.-Schr. v. 23. Nov. 1889

**Bier, A**, Beitr. z. Kenntnis d. Syphilome d. äuss. Muskulatur,
— e. Fall v. Akromegalie. } s.: Mittheilungen a. d. chirurg. Klinik zu Kiel.

**Bier, Aug.**, Hyperämie als Heilmittel. (VII, 220 S. m. 10 Abbildgn.) gr. 8. Leipzig 903. F. C. W. Vogel. n. 10. —

— dasselbe. 2. umgearb. Aufl. (VIII, 400 S. m. 40 Abbildgn.) Lex.-8. Ebd. 905. n. 12. —; geb. n. 13. 50

Hyperämie als Heilmittel. Von Prof. August **Bier**, Bonn. 3. umgearb. Aufl. Mit 39 Abb. Leipzig: F. C. W. Vogel 1906. (VIII, 439 S.) 8° [06. 5484 8

Hyperämie als Heilmittel. Von Prof. Dr. August **Bier**. 4. unveränd. Aufl. Mit 39 Abb. Leipzig: F. C. W. Vogel 1906. (VIII, 439 S.) 8° [06. 6581 11

Hyperämie als Heilmittel. Von Prof. Dr. August **Bier** in Bonn. 5. umgearb. Aufl. Mit 39 Abb. Leipzig: F. C. W. Vogel 1907. (VIII, 478 S.) 8° [07. 4019

Hyperämie als Heilmittel. Von Prof. Dr. August **Bier**. 6. unveränd. Aufl. Mit 39 Abb. Leipzig: F. C. W. Vogel 1907. (VIII, 478 S.) 8° [07. 17394 11

— s: Operationslehre, Chirurgische.

**Bier, Aug.**, Anleitende Vorlesungen f. d. Operations-Kursus an der Leiche, s.: Bergmann, v., u. Rochs.

**Bier**, s.: Zeitschrift, deutsche, f. Chirurgie.

**Bier, E.**, der neue Schuster oder der Tod Caligulli. Ein litterarisch-satir. Sittendrama in 5 Aufzügen u. in Versen. 8. (28 S.) Leipzig 894. (O. Mutze.) n. — 60

**Bier, F.**, petrographische Untersuchung v. Gesteinen aus Sudarabien. (17 S.) 4. Wien 906. (A. Hölder.) n. 1. 80
Sonderabdruck aus: „Denkschr. d. k. Akad. d. Wiss."

Bier, Franz: Petrographische Untersuchung v. Gesteinen aus Südarabien.
Diss. Prag 1908/09.

**Bier, Geo.**, der Maurer-Lehrling, s.: Koepper's, Gust., Handwerkerbibliothek 3. Bd.

— der Zimmerer-Lehrling, s.: Koepper's, Gust., Handwerkerbibliothek 6. Bd.

**Bier**, Henricus (geb. am 8 Febr. 1811 [nicht 1813] in Deutz bei Köln): De articuli humero-cubitalis resectione ... Bonnae, typ. C. Georgii 1839. 3 Bl., 23 S., 1 Bl. 8. ¶ D. Verf. ist im Geburtsregister d. Standesamtes Deutz unter seinem ursprüngl. Familiennamen David zu finden.
Bonn, Med. Fak., Diss. v. 8 Juli 1839

**Bier**, Hermann, a. Hannover: Das Urkundenwesen und die Kanzlei der Markgrafen von Brandenburg aus dem Hause Wittelsbach 1323—1373. T. 1. Die Register. Einleitung u. Kap. 1. (Berlin 1907: B. Paul.) (59 S.) 8° ¶(Erscheint vollst. im „Archiv für Urkundenforschung".)
Berlin, Phil. Fak., Ref. Tangl, Diss. v. 5. Aug. 1907
[Geb. 15. Sept. 82 Hannover; Wohnort: Berlin; Staatsangeh.: Preußen; Vorbildung: Kaiserin-Augusta-Gymn. Charlottenburg Reife O. 02; Studium: Berlin 10 S.; Rig. 6. Mai 07.]

**Bier, L.**, Anleitung zum decimalen und gewerblichen Rechnen. Ein Lehr- und Lernbuch in faßl. Form für Landwirthe, Bahnbeamte, Schachtarbeiter, Maurer, Zimmerleute, Klempner, Tischler xc. Nebst einem Anhang, enth.: Berechnung von Akkordarbeitslöhnen, sowie einer tabellar. Vergleichung alten preuß. Maßes und Gewichtes mit neuem und einem die Entstehung des neuen Maßes, Gewichtes xc. erklär. Schlußwort. 8. (IV, 80 S.) Halle 879, Anton. cart. *

**Bier**, Richard [app. Arzt]: Ueber die Neubildung des Blutes nach grossen Blutverlusten bei Kaninchen ... Würzburg, Buchdr. d. „Neuen Bayer. Landeszeitg", 1895; 24 S. 8.
Würzburg. Med. Fak., Inaug.-Diss. v. 1895

**Bier**, Sam. (geb. Siegburg 30. 6. 1834): De rheumatismo acuto. Berolini (1860). (32 S.) 8°
Berlin, Med. Diss. v. 23. März 1860

**Bier, Thdr.**, leichtverständl. prakt. Anleitung zur Zucht u. Pflege unserer Obstbäume. 8. (43 S.) Bühl 900. Konkordia. n. — 30

**Bier, Thdr.**, Glaube u. Wissenschaft. Eine Streitschrift. gr. 8. (64 S.) Berlin 891. P. Hüttig. n. 1. —

**Bier**, Woldemar, Jugendwünsche an Elternhaus, Schule und Gemeinde, 6 S., 4°.

Biera, Vinandus: Vino fumosissima Bacho inaugurato promotio in vinosophia ... Anno 1750. Publice celebrata dum almae Bachiae facultatis laurae doctorali donaretur ... Dominus Vinandus Biera, Windelicus. o. O. 1750.

Biera, Vinandus: Theses nec non disputatio ex universa vinosophia quas in ... vinoversitate, Wein-Bieriensi humoribus ... omnibusque humentibus titulis perfundendissimi Domini Domini Biberii. Comitis Palatini in Trinck-hausen. ... humendissime dicaras sub ejusdem stillantibus fluentissimisque auspiciis solemni dispotationi proposuit praeside ad manum refferendo reptiligioso, ex vino, noctissimo ac persicacissimo Domino Witruvio Flasch Weinfurtiensi. o.O. u. J. (um 1750).

**Bierabend** zur Feier des 60jähr. Bestehens der Turngemeinde in Berlin, 28. 3. 1908, 8 S., 4°.

**Bierast**, Walter, aus Crimmitschau, Unterarzt im Torgauer Feld-Art.-Reg. No 74: Aus d. Klinik Sr. Exc. d. Hrn Geh. Medicinal-Rates Prof. Dr. von Bergmann. Zur Kasuistik der Sehnentransplantation bei Kinderlähmungen u. Lähmungsdeformitäten. *Berlin (1903): Wernicke & Co.* (49 S.) 8°
Berlin, Med. Diss. v. 9. Okt. 1903

**Bierausschank, Der**, beim Wirt. Kurze Anleitung zur rationellen Behandlung und Handhabung der Bierausschank-Vorrichtung ... [Baden 1906.] V: *Müller, Hans.* (BBullschw 16, S. 399)

**Bierbach, Arth.**, die Geschichte der Halleschen Zeitung, Landeszeitung f. die Prov. Sachsen, f. Anhalt u. Thüringen. Eine Denkschrift aus Anlaß des 200jähr. Bestehens der Zeitg. am 25. VI. 1908. (IX, 168 S. u. 4 S. u. 4 Bl. in Fksm.) gr. 8. Halle 908. O. Thiele. 2. —

**Bierbach, Johs.**, s.: Fischer's Kalender f. Mediciner.

Bierbach, Johannes [aus Stettin (Pommern)]: Ueber verschleppte Querlagen .... Würzburg, Paul Scheiner's Buchdr., 1888; 57 S. 8°
Würzburg, Med. Fak., Inaug.-Diss. v. 1888

**Bierbach, Johannes**, über verschleppte Querlagen. Diss. Würzburg 1888, Stahelsche Univ.-Buchh. 8°. 57 S.

— Reallexikon f. Ärzte. Nachschlagebuch f. die tägl. Bedürfnisse in der Praxis m. Angabe v. Bezugsquellen u. Preisen. 3. Aufl. 1908. (Ausg. B des Schreibtisch-Kalenders.) (VIII, 423 S. m. Abbildgn.) gr. 8. Berlin, Fischers medicin. Buchh. Geb. 8. —

**Bierbach's, Johs.**, Schreibtisch-Kalender f. Ärzte. Ausg. 1906. Nachschlagebuch f. die tägl. Bedürfnisse in der Praxis m. Angabe der Bezugsquellen u. Preise. (244 S. u. 50 Bl.) gr. 8. Leipzig. Berlin, Fischer's medicin. Buchh. Geb. in Leinw. n. 3. 50

— Schreibtisch-Kalender f. Ärzte. Ausg. 1908. Nachschlagebuch f. die tägl. Bedürfnisse in der Praxis m. Ausgabe v. Bezugsquellen u. Preisen. (VIII, 423 S. m. Abbildgn. u. 50 Bl.) gr. 8. Ebd. Geb. in Leinw. 8. —

**Bierbach**, Karl, a. Berlin: Die letzten Jahre Attilas. (Berlin: G. Nauck 1906.) (78 S.) 8°
Berlin, Phil. Fak., Ref. Schäfer, Diss. v. 8. Nov. 1906
[Geb. 25. Okt. 83 Berlin; Wohnort: Berlin; Staatsangeh.: Preußen; Vorbildung: Friedrich-Wilhelms-Gymn. Berlin Reife O. 02; Studium: Berlin 8 S.; Rig. 10. Mai 06.]

BIERBACH, Walter (Altena): Naevus vascularis verrucosus faciei. (Titel nach der Urkunde) 21.7.1897 - Urk; Chr 1897/98,17
Diss. Ingolst.-Landsh.-Mchn.

BIERBAUER, LEOPOLD FRANZ: Predigt beim feierlichen Erstlingsopfer des Irenaeus Kainrath, Benedict.-Ordens-Priester und Professor am Gymnasium zu Pápa. Raab 1867: Sauerwein. 16 S. - 220 mm

**Bierbaum, Otto Julius**, z. Gedächtnis. (16, 269 m. Taf.) kl8° Münch., G Müller '12. 4 —; Pappbd 5 — d

**Bierbaum, Athanas., O. F. M.**, Apollinarisbuch, enth. die Geschichte, Wallfahrts-, Bruderschafts-Andachten u. Lieder des Apollinarisberges. (444 S. m. 1 Farbdr.) 16. Dülmen 906. A. Laumann Geb. in Leinw. n. 1. 50

**Bierbaum, Athanasius**: Apollinarisb., enth. d. Gesch., Wallfahrts-, Bruderschafts-Andachten u. Lieder d. Apollinarisberges. 2. Afl. (392 m. Titelbild.) 16° Dülmen, A Laumann ('12). L nn 1.30 d.

Der hl. Franziskus von Assisi und die Gottesmutter. Von P. Athanasius Bierbaum, O. F. Min. Paderborn: Junfermann 1904. (107 S.) 8° [F.]

— Maria Hardenberg. Geschichte des Wallfahrtsortes Hardenberg (Neviges) im berg. Lande, m. Belehrgn., Wallfahrts-, Bruderschafts- u. Kreuzweg-Gebeten. (VIII, 384 S. m. 7 Lichtdr.-Taf.) 16. Essen 906. Fredebeul & Koenen. Geb. in Leinw. n. 1. 20; m. Goldschn. n. 1. 50

— Männer, Jünglinge auf z. häuf. hl. Kommunion. Ein freundl. Mahnwort. (15) 10,8×7 cm. Ebd. ('12). 100 Stück 2.50 d

**Bierbaum, Athanas., O. F. M.**, Paschalis-Büchlein od. Andachtsübungen zu Ehren des hl. Paschalis, des Patrons aller eucharist. Vereine, nebst e. kurzen Lebensabriß. (115 S. m. 1 Farbdr.) 16. M.-Gladbach. (909.) B. Kühlen. — 40; geb. — 60

Thekla-Büchlein. Andachtsbuch f. alle Verehrer d. heil. Nothelferin Thekla nebst Lebensbeschreibung d. Heiligen u. Belehrung über d. Thekla-Bruderschaft u. d. Thekla-Brot. Von P. Athanasius **Bierbaum**, O. F. M. Paderborn: Junfermann 1905. (63 S.) 8° [F.]

— Wie sorge ich f. frühzeitige u. öftere hl. Kommunion meines Kindes. Wort z. Beherzigg f. Eltern u. Erzieher. (72) 1,4× 7,8 cm. Warend., J Schnell ('12). — 20 d

— Gottes Wünsche u. d. Menschen Ängsten wegen d. tägl. Kommunion. 26—35. Taus. (32) 11,3×7 cm. Ebd. ('11'12). — 15 d

**Bierbaum, Chrysanth Jos.**, katholisches Gesangbuch mit Melodien und Harmonien und einer Vorschule des Gesanges zur leichtern und sichern Einübung der Kirchenlieder nebst Andachten am Morgen, Nachmittag und Abend, bei der heil. Messe rc. gr. 12. (XII und 312 S.) Bonn 852, Habicht.

— röm.-kathol. Gesangbuch mit Melodieen. 3 Bdchn. 12. u. 8. Cöln 831, DuMont-Schauberg.
1. Bdchn. u. d. T.: Röm.-kathol. Gesangbüchlein. Ein vollst. Auszug a. d. größern. 12. ($3^{1}/_{2}$ B., 41 Bl. Melod. u. 1 Stnt.) 10 Gr. Ohne die Melodieen. 8 Gr.
2. Bdchn. u. d. T.: Dreistimmige Kirchenlieder, welche auch einstimmig gesungen werden können. 12. (2 B. u. 21 Musikbeil.) 6 Gr.
3. Bdchn. u. d. T.: Drei- u. vierstimm. Kirchenlieder, welche auch einstimm. ges. werden können. 8. (5 B. u. 36 Musikbeil.) 18 Gr.

**Bierbaum, Chrysanth Jos.**, römisch-kathol. Gesangbuch. 4., mit Nachmittagsandachten f. alle Sonn- u. Festtage verm. Aufl. 12. (15 B.) Cöln 832, DuMont-Schauberg.

**Bierbaum, Chrysant. Jos.**, römisch-kathol. Gesangbuch. Wohlf. Ausg. 12. Köln 834. Du Mont-Schauberg. $^{1}/_{4}$ ℔

**Bierbaum, Chr. Jos.**, Römischkathol. Gesangbüchlein, ein vollständ. Auszug aus dem größern Gesangbuche. 12. Bonn 831. (Köln, J. G. Schmitz). 4 gr. Mit 1 Steindr. u. Melodien. (16 Bdchn.) 17 gr.

— Herzensergießungen frommer Christen, od. auserles. Morgen-, Abend-, Rosenkranz-, Meß-, Beicht-, Kommunion- u. Ablaßgebethe, nebst d. vorzügl. Litaneyen u. d. Andacht d. Kreuzweges. (4 B. in 12. u. 3 B. in 18.) Cöln 826, DuMont-Schauberg.

— Herzensergießungen frommer Christen, oder auserles. Morgen-, Abend-, Rosenkranz-, Meß-, Beicht-, Kommunion- u. Ablaßgebete, nebst den vorzügl. Litaneien. 12. u. 18. Bonn 831. (Köln, J. G. Schmitz). 6 gr.

— Lebensbeschreibungen verklärt. Freunde Gottes. Mit Kpfrn. nach d. best. Orig.-Gemälden. 1. u. 2. Lfg. gr. 8. ($4^{1}/_{2}$ B. u. 7 Kpfr.) Bonn 828, Habicht.

— kurzer Leitfaden zum Unterricht im Gesange. 12. Bonn 831. (Köln, J. G. Schmitz). 4 gr.

— kurzer Leitfaden z. Unterricht im Gesange f. Elementarschüler. 12. (14 lith. Bl.) Cöln 831, DuMont-Schauberg.

— Leitfaden zum Schul- u. Privatunterricht in der Deklamation u. dem mündl. Vortrage, nebst auserles. Gedichten u. pros. Aufsätzen, zur Bildung der kathol. Jugend. 8. Köln 816. J. G. Schmitz. 8 gr.

— Verzeichniß d. Heiligen auf alle Tage d. Kirchenjahres. 12. ($1^{1}/_{2}$ B.) Cöln 827, DuMont-Schauberg.

**Bierbaum**, Ewald, Beweggründe zur Liebe Jesu, s.: Nieremberg, Eusebius.

**Bierbaum, Ewald**, die Eröffnung des vaticanischen Concils, ein Gegenstand ächter Freude für alle denkende Katholiken. Predigt gehalten am 8. Dezbr. 1869. br. 8. (22 S.) Münster 870, Mitsdörffer's Buchh.

**Bierbaum**, Ewald, Gebetsschule der heiligen Theresia. Nach dem Ital. 2. verm. Aufl. gr. 16. (VI, 416 S. mit 1 Farbendr.) Regensburg 878, Pustet.
Die 1. Aufl. erschien u. d. T.: Frassinetti, J., Gebetschule der heiligen Theresia. Freiburg 1870, Herder'sche Verlagsb. * M. 2.

**Bierbaum**, Ewald, Marienbüchlein od. Anleitung der Kinder zur Verehrg. Mariä. Nach der 10. ital. Aufl. frei bearb. 2. verm. Aufl. gr. 16. (168 S. m. 1 Stahlst.) Münster 873. Nasse. n. — 50

**Bierbaum, Ewald, Marienbüchlein oder Anleitung der Kinder zur Verehrung Mariä.** Nach der 10. italien. Aufl. frei bearb. 2. verm. Aufl. gr. 16. (168 S. mit 1 Stahlst.) Münster 874, Nasse's Verlag. *

**Bierbaum, Ewald, Marienbüchlein oder Anleitung der Kinder zur Verehrung Mariä.** Nach der 10. italien. Aufl. frei bearb. 3. verm. Aufl. 16. (164 S. mit 1 Stahlst.) [Münster 884, Nasse'sche Buchh.] Paderborn und Münster, Schöningh. *

—— sechs **Predigten** über das **Gebet**, während der heil. Fastenzeit in der St. Lamberti-Kirche zu Münster gehalten. gr. 8. (79 S.) Münster 879, Nasse'sche Verlagsh. *

**Bierbaum, Ewald, sechs Predigten üb. das Gebet.** 2. Aufl. (74 S.) 8. Paderborn 908. F. Schöningh. 1. —

— 6 **Predigten** über die blutigen Geheimnisse des Leidens Christi, während der hl. Fastenzeit in der St. Lamberti-Kirche zu Münster geh. 8. (91 S.) Münster 880. Nasse. n. 1. —

**Bierbaum, Ewald,** 6 Predigten üb. d. blutigen Geheimnisse d. Leidens Christi. 2. Aufl. gr. 8. (III, 92 S.) Paderborn 895. F. Schöningh. n. 1. —

— 6 **Predigten** üb. die Verehrung d. hl. Herzens Jesu. gr. 8. (71 S.) Ebend. 875. n. 1. —

—— sechs **Predigten** über die **Verehrung** des hh. Herzens Jesu. gr. 8. (71 S.) Ebendas. 876. *

**Bierbaum, Ewald,** sechs Predigten über die Verehrung des hh. Herzens Jesu. 2. Aufl. gr. 8. (IV, 68 S.) Paderborn 886, F. Schöningh. *

**Bierbaum, Ewald, der Seelenfriede, s.: Lombez.**

**Bierbaum,** Ewald [app. Arzt aus Borken i. W.]: Über das Vorkommen und die Verbreitung des melanotischen Carcinoms ... Münster, Westf. Vereinsdr., 1890; 18 S., 1 Bl. 8.
Kiel, Med. Fak., Inaug.-Diss. v. [12. Juni] 1890

— — das **Wort** vom Kreuze. Sechs Predigten. gr. 8. (83 S.) Ebendas. 884. *

Das Wort vom Kreuze. 6 Predigten von Dr. Ewald **Bierbaum**, Priester. 2. Aufl. (Hrsg.: P. Irenaeus Bierbaum Ord. FF. Min.) Paderborn: F. Schöningh 1908. (83 S.) 8° [S.] 108. 8420

**Bierbaum, Friedrich August**

**Bierbaum,** Frid. August, (geb. Dorsten in Westf. 17. 2. 1841): Membrana tympani ejusque permutationes processibus pathologicis in auribus procreatae. Berolini (1864). (32 S.) 8°
Berlin, Med. Diss. v. 2. Aug. 1864

**Bierbaum, Friedrich Julius**

— et B. **Hubert,** Abrégé systématique de la grammaire française pour servir de complément aux manuels de langue française de Jul. Bierbaum 8. (VII, 176 S.) Ebd. 900. Geb. in Leinw. n. 2.—

— et Bernh **Hubert,** Abrégé systématique de la grammaire française pour servir de complément aux manuels de langue française de Julius Bierbaum. 2. éd. (VII, 185 S.) 8. Ebd. 905. Geb n. 2.—

**Bierbaum's, F. Jul, engl. Aussprachtafeln.** 10 Taf. Je 69,5×91 cm. Leipzig (903). Rossberg'sche Verlagsbuchh. n. 4. —

— (französische) Aussprache-Tafeln. 2. Aufl. 10 Blatt à 88×59,5 cm. Ebd. 897. In Futteral n 4. —

**Bierbaum, Jul., Blumen u. Blüten f. die Jugend.** Mit 27 Orig.-Bildern v. M. u. S. Görlich. gr. 8. (VIII, 151 S.) Heidelberg 888. Petters. geb n. 5. —

**Bierbaum,** Frdr. Jul.: Blumen u. Blüten f. d. Jugend. 3. Afl. (9, 118 m. 40 Vollbild.) 8° Magdebg, R Zacharias '11. L 4 — d

— a **systematic grammar** of the English language. 8. (VIII, 167 S.) Ebd. 902. Geb. in Leinw. n. 2. —

**Bierbaum,** F. J. History of the English Language and Literature from the earliest times until the present day including the literature of North America. 8. (VIII, 269 S.) Heidelberg 883, Weiss' Verlag. * ℳ 2,60.; geb. *

**Bierbaum, F. J., history of the English language and literature** from the earliest times until the present day, including the American literature. Student's edition. gr. 8. (VIII, 257 u. Biographical appendix 58 S.) Heidelberg 888. G. Weiss' Verl. n. 4. 20; geb. n. 5. —; Biographical appendix ap., cart. n. 1. 80

**Bierbaum, F. J., history of the English language and literature** from the earliest times until the present day, including the American literature. 2., enlarged ed. School-Edition. gr. 8. (VIII, 241 S.) Heidelberg 889. G. Weiss' Verl. n. 2. 60; geb. n. 3. —

—— dass. — Student's edition. gr. 8. (VIII, 257 S., Biographical appendix 58 S.) Ebendas. 889. *
geb. *
Biographical appendix allein cart. *

— dass. Student's ed. 3. ed. 8° (265) Ebd. 94. 3 —: geb. 3.80

— **history** of the English language and literature from the earliest times until the present day including the American literature. 3. thoroughly revised and enlarged ed. School-ed. gr. 8. (VIII, 245 S.) Heidelberg 895. G. Weiss, Verl. n. 2. 60; geb. in Leinw. n. 3. —

— Hist. of the Engl. language and lit. from the earliest times until the present day, including the American lit. 4. ed. School-Ed. 8° (189 m. 24 Bildnissen.) Ebd. 99. Geb. 2.60

— **History** of the English language and literature from the earliest times until the present day including the American literature. 4. thoroughly and enlarged ed. Student's ed. gr. 8. (VIII, 288 S.) Ebd. 899. Geb. in Leinw. n. 4. 80

— **History** of the English language and literature including the American literature. Schooled. 5. ed. 8. (VI, 141 S. m. eingedr. Bildnissen.) Ebd. 903. Geb. in Leinw. n. 2. —

— **History** of the English language and literature including the American literature. Student's ed. 5. ed. (X. 277 S. 8. Ebd. 904. Geb n. 4.80

**Bierbaum,** F Jul.: Hist. of the Engl. language and lit. including the American lit. Student's ed. 6. ed. (10, 278) 8° Lpzg, Rossberg'sche Verl.-Bh. '08. L. 4.80 ‖ School-ed. 6. ed. (141 m. Bildnissen.) '07. Geb. 2 —

**Bierbaum, Jul., Kaiserlied.** Gedicht. Für dreistimm. Schul- u. Chorgesang componiert v. Cornelius **Rübner.** gr. 8. (4 S.) Leipzig 886. (Roßberg.) n. — 10; f. 1 Gesangsstimme m. Clavierbegleitg. (4 S.) n. — 10

Bierbaum, Friedrich Julius: Lehr u. Lesebuch d. engl. Sprache... T. 1. 1. Aufl. 1892, s. Bierbaum: Lehrbuch d. engl. Sprache .. T. 1

— **Lehr- u. Lesebuch** der englischen Sprache nach der analytisch-direkten Methode f. höhere Schulen. 2 Tle. gr. 8. Ebd. 894. Geb. in Leinw. n. 5. —
1. Mit e. Liederanhang. 2. Aufl. (VIII, 174 u. 10 S.) n. 2. —
2. Mit e. Plane v. London. (XII, 287 S.) n. 3. —

— Lehr- u. Lesebuch d. engl. Sprache n. d. analyt-direkten Methode f. höh. Schulen. II. Tl. M. 1 Plane v. London. 2., verb. Aufl. gr. 8. (XII, 287 S.) Ebd. 895. Geb. in Leinw. n.n. 3. —

**Bierbaum,** FJ: Lehr- u. Leseb. d. engl. Sprache. I. u. II. Tl. Schlüssel. 8° (87) Lpzg 96, Rossberg'sche Hofbh. nn 1 —

— Lehr- u. Leseb. d. engl. Sprache. II. Tl. Anh.: Ansichten v. London. 8° (16 Bl.) Ebd. 98. — 30

Lehr- u. Lesebuch der englischen Sprache nach der analytisch-direkten Methode f. höhere Schulen. I. Tl. Mit e. Liederanh. 7. Aufl. (VIII, 180 u. 10 S.) 8. Ebd. 904. Geb. n. 2. —

— dasselbe. II. Tl. Mit einem Plane v. London. 6. Aufl. (X, 291 S.) gr. 8. Ebd. 904. Geb. in Leinw. n.n. 3. —

— Lehr- u. Leseb. d. engl. Sprache n. d. analytisch-direkten Methode f. höh. Schulen. I. u. II. Tl. 8° Ebd. 1 L. nn 5 — d
I. Mit e. Liederanh. 9. Afl. (180 u. 10) '00. 2 — ‖ II. 6. Afl. (10, 291 m. 1 Pl.) '08. nn 3 —

Bierbaum, Friedrich Julius: L e h r u. Leseb u c h d. engl. Sprache . . . Neue Bearb. 1910/11., s. B i e r b a u m : Lehrbuch d. engl. Sprache . . .

**Bierbaum, F. Jul., Lehr- u. Lesebuch der englischen Sprache nach der analytisch-direkten Methode f. höh. Schulen. Verkürzte Ausg. Mit e. Liederanh. u. e. Plane v. London. gr. 8. (VIII, 254 u. 10 S.) Leipzig 900. Rossberg'sche Verlags-Buchh. Geb. in Leinw. n. 2. 75**

— dasselbe. Verkürzte Ausg. Mit e. Liederanh. u. e. (farb.) Plane v. London. 2. Aufl. (VIII, 261 u. 10 S.) 8. Ebd. 908. Geb. in Leinw. nn 2. 75

— Lehr- u. Leseb. d. französ. Sprache nach d. analytisch-direkten Methode f. höh. Schulen. III. Tl. 5. Afl. 8° (20, 428 u. 8 m. 2 Pl.) Ebd. 08. Geb. nn 3.75
*3. Afl. s. unter Lehrb.*

— dass. Verkürzte Asg. III. Tl. 8° (280 u. 8 m. 2 Pl.) Ebd. 08. Geb. nn 2.75
*2. Afl. s. unter Lehrb.*

— Lehrb. d. engl. Sprache nach d. analytisch-direkten Methode f. höh. Schulen. 1. Tl. Mit e. Liederanh. 8° (184) Lpzg 92, Rossberg. Geb. 2 —
*2. Afl. s. u. d. T.: Lehr- u. Lesebuch.*

Bierbaum, Jul.: Lehrb. d. engl. Sprache n. d. analyt.-direkten Methode. Neue Bearbeitg. 1. u. 2. Tl. 8° Lpzg, Rossberg-sche Verlagsbh. d
1. (8, 180) '10. geb. 2.40 ‖ 2. (12, 252 m. Abb., 1 Kte u. 1 Pl.) '11. geb. 3.20

—— Lehrbuch der französischen Sprache nach der analytisch-direkten Methode f. höhere Knaben- u. Mädchenschulen. 3 Thle. gr. 8. Ebd. [1. Thl., mit e. Liederanhang. (IV, 132 S.) 889. geb. * 2 —; 2. verb. Aufl. (VI, 114, 16 S.) 890. geb. * 1 50; 3. Aufl. (VIII, 120, 16 S.) 892. geb. * 1 50; 2. Thl., mit e. Liederanh. (IV, 120, IV S.) 890. geb. * 2 —; 2. Aufl. (VII, 127 S.) 891. geb. * 1 75; 3. Thl., mit 2 farb. Plänen von Paris u. Umgegend. (VIII, 240 S.) 891. geb. * 2 75.] geb. * 6 —

—— Methodische Anleitung (zu Tl. 1 des Vorstehenden). 1. u. 2. Aufl. gr. 8. (18 S.) Ebd. 889,92. * — 40

Bierbaum, Jul. 6 Aussprache-Tafeln zum Lehrbuch der französischen Sprache. Imp.-Fol. Lpz. 889, Rossberg. * 3 —

**Bierbaum, Jul., 7 Aussprache-Tafeln zum Lehrbuch der französ. Sprache nach der analytisch-direkten Methode. 2. Aufl. Imp.-Fol. Leipzig 890. Rossberg. n. 3. —**

— Lehrbuch der französischen Sprache nach der analytisch-direkten Methode f. höhere Schulen. 1. Tl. Mit e. Liederanh. 4. unveränd. Aufl. Ausg. A. gr. 8. (VIII, 120 u. 16 S.) Leipzig 893. Rossberg. Geb. in Leinw. n.n. 1. 50

— dasselbe. Schlüssel zu den deutschen Übersetzungsstücken, Tl. I—III. 12. (62 S.) Ebd. 893. n.n. 1. 65
Wird nur an Lehrer abgegeben.

— Lehrb. d. französ. Sprache nach der analitysch- direkten Methode f. höh. Schulen. I. Tl. Mit e. Liederanh. 4. Afl. Asg. A. 8° (136) Ebd. 94. Geb. n.n. 1.50; method. Anl. dazu, 2. Afl. (18) — 40 ‖ Asg. B. 7. Afl. (144) 95. Geb. 1.65

— dasselbe. 1. Tl. Mit e. Liederanh. 5. unveränd. Aufl. Ausg. B. gr. 8. (VIII, 120, 16 u. 8 S.) Ebd. 894. Geb. in Leinw. n.n. 1. 65

— dasselbe. 2. u. 3. Tl. gr. 8. Ebd. 894. Geb. in Leinw. n.n. 4. 50
2. Mit e. Liederanh. 4., verb. u. erweit. Aufl. (VII, 133 u. 10 S.) n.n. 1. 75
3. Mit 2 Plänen v. Paris u. Umgegend. 2., verb. u. erweit. Aufl. (XII, 272 S.) n.n. 2. 75

— dasselbe. 2. u. 3. Tl. gr. 8. Ebd. Geb. in Leinw. n.n. 4. 50
2. M. e. Liederanh. 5., unveränd. Aufl. (31 – 45. Taus.) (VII, 133 u. 10 S.) 896. n.n. 1. 75
3. M. 2 Plänen v. Paris u. Umgegend. 3., unveränd. Aufl. (X, 272 S.) 895. n.n. 2. 75

— Schlüssel z. d. deutschen Übersetzungsstücken i. Lehrbuch d. französ. Sprache. Tl. I, II u. III. 2. Aufl. 8. (64 S.) Ebd. 896. n.n. 1. 65

**Bierbaum, Jul., method. Anleitg. z. Lehrbuch der französ. Sprache n. d. analyt.-direkten Methode f. höh. Schulen. 3., erweit. Aufl. gr. 8. (30 S.) Leipzig 896. Rossberg. n. — 60**

— Lehrbuch d. französ. Sprache n. d. analyt.-direkten Methode f. höh. Schulen. I. Tl. M. e. Liederanh., 9., unveränd. Aufl. 51.—55. Taus. gr. 8. (VIII, 130 u. 16 S.) Ebd. 898. Geb. n.n. 1. 65

— Lehrb. d. französ. Sprache nach d. analytisch-direkten Methode f. höh. Schulen. III Tle u. Anh. z. III. Tl. 8° Ebd. Geb., Anh. geh. nn 6.45
I. Mit e. Liederanh. 10. Afl. (130 u. 16) 99. nn 1.65 ‖ II. Mit e. Liederanh. 6. Afl. (133 u. 10) 99. nn 1.75 ‖ III. 3. Afl. (272 m. 2 Pl.) 95. nn 2.75; Anh.: Ansichten v. Paris. (16 Bl.) 98. — 30.
*5. Afl. d. III. Tls s. unter Lehr- u. Leseb.*

— Lehrbuch der französischen Sprache nach der analytisch-direkten Methode f. höh. Schulen. I.—III. Tl. gr. 8. Ebd. Geb. in Leinw. n.n. 7. 15.
I. Mit e. Liederanh. 12., unveränd. Aufl. (VIII, 130 u. 16 S.) 902. n. 1. 65
II. Mit e. Liederanh. 6., unveränd. Aufl. (46.—50. Taus.) (VII, 133 u. 10 S.) 899. n.n. 1. 75
III. Mit 2 Plänen v. Paris u. Umgegend., 7., unveränd. Aufl. (XX, 428 u. 8. S.) 902. n. 3. 75

**Bierbaum, F. Jul., methodische Anleitung zum Lehrbuch der französischen Sprache nach der analytisch-direkten Methode f. höhere Schulen. 4. Aufl. gr. 8. (32 S.) Leipzig 902. Rossberg'sche Verlags-Buchh. n. — 60**

— Lehrb. d. französ. Sprache n. d. analytisch-direkten Methode f. höh. Schulen. 3 Tle. 8° Ebd. Geb. 7.15 d
I. Mit e. Liederanh. 12. Afl. (130 u. 16) '02. 1.65 ‖ II. Mit e. Liederanh. 8. Afl. (133 u. 10) '03. 1.75 ‖ III. 7. Afl. (428 u. 8 m. 2 Pl.) '02. 3.75.

— Lehrbuch der französischen Sprache nach der analytisch-direkten Methode f. höhere Schulen. II. Tl. Mit e. Liederanh. 9., unveränd. Aufl. (VII, 133 u. 10 S.) 8. Ebd. 906. Geb. n.n. 1. 75

— Lehrb. d. französ. Sprache n. d. analytisch-direkten Methode f. höh. Schulen. 3 Tle. 8° Ebd. Geb. nn 7.15
I. Mit e. Liederanh. 15. Afl. (130 u. 16) '08. nn 1.65 ‖ II. Mit e. Liederanh. 10. Afl. (133 u. 10) '06. nn 1.75 ‖ III. Lehr- u. Leseb. 8. Afl. (16, 428 u. 8 m. 2 Pl.) '08. nn 3.75.

— Lehrb. d. französ. Sprache n. d. analyt.-direkten Methode. Neue Bearbeitg. 3 Tle. 8° Ebd.
I. (10, 125 m. Abb.) '10. L 1.60 ‖ II. (9, 171) '10. L 2 — ‖ III. (10, 280 u. 16 m. Abb., 1 farb. Kte u. 1 farb. Pl.) '11. L u. geh. 3.60 ‖ Schlüssel zu Tl I–III. (47) '12. nn 1.75

— dasselbe. Verkürzte Ausg. 1. u. 2. Tl. M. e. Liederanh. gr. 8. (VI, 98 u. 16 S.) Ebd. 897. Geb. in Leinw. n.n. 2. 70
1. (VI, 98 u. 16 S.) n. 1. 30
2. (VIII, 98 u. 10 S.) n. 1. 40

— dass. Verkürzte Asg. 3 Tle. 2. Afl. 8° Ebd. Geb. nn 5.45
I. Mit e. Liederanh. (98 u. 16) 99. nn 1.30 ‖ II. Mit e. Liederanh. (98 u. 10) 1900. 1.40 ‖ III. Mit e. Liederanh. (280 u. 8 m. 2 Pl.) 1900. nn 2.75.

— dasselbe. Verkürzte Ausg. 1.—3. Tl. gr. 8. Ebd. Geb. in Leinw. n.n. 5. 45
1. 4. Aufl. (VI, 98 u. 16 S.) 903. n.n. 1. 30
2. Mit e. Liereranh. 3., unveränd. Aufl. (VII, 98 u. 10 S.) 902. n. 1. 40
3. Mit 2 Plänen v. Paris u. Umgegend. 3., unveränd. Aufl. (VIII, 280 u. 8. S.) 902. n. 2. 75

— dass. Verkürzte Ausg. 3 Tle. 8° Ebd. L. nn 5.45 d
I. 7. Afl. (98 u. 16) '09. nn 1.30 | II. 6. Afl. (100 u. 10) '09. 1.40 | III. 5. Afl. (280 u. 8 m. 2 Pl.) '08. nn 2.75.

— Lehrb. d. italien. Sprache n. d. analyt.-direkten Methode. (10, 343) 8° Ebd. '11. L 5 — d

**Bierbaum, Jul. (I.)**, die analytisch-direkte Methode des neusprachlichen Unterrichts. gr. 8. (174 S.) Cassel 887, Kay. *

**Bierbaum, F. J.** Ueber Laurence Minot und seine Lieder. Diss. Leipzig 1876. 42 S.

— d. Reform d. fremdsprachl. Unterrichts. 8. (130) Kass. 86, Kay. n. 1. 60

— u. Bornh. **Hubert**, Systemat. Repetitions- u. Ergänzgs.-Grammatik zu J. Bierbaums französ. Lehrbüchern. 8. (VIII, 165 S.) Ebd. 897. Kart. n. 1. 60

— — systematische Repetitions- u. Ergänzungs-Grammatik zu Bierbaums französischen Lehrbüchern. 2. Aufl. (VII, 183 S.) 8. Ebd. 903. Geb. n. 2. —

— Sammlg deut. Übgsstücke z. Übers. ins Engl. (84) 8° Ebd. '06. Geb. 1 — d

— — Sammlg. deutscher Übungsstücke z. Übersetzen ins Französ. i. Anschl. a. d. systemat. Repetitions- u. Ergänzgs.-Grammatik. 8. (VII, 68 S.) Ebd. 898. n. — 80

— — Sammlung deutscher Übungsstücke zum Übersetzen ins Französische. 2. Aufl. 8. (VII, 79 S.) Ebd. 901. Geb. in Leinw. n. 1. —

— u. Bernh. **Hubert**, Sammlung deutscher Übungsstücke zum Übersetzen ins Französische. 3. Aufl. (VII, 79 S.) 8. Ebd. 906. Geb. n. 1. —

— u. Bernh. **Hubert**: Sammlg deut. Übgsstücke z. Übers. ins Französ. 4. Afl. (79) 8° Ebd. '09. Geb. 1 — d

— systematische Wiederholungs- u. Ergänzungs-Grammatik der englischen Sprache. (VIII, 171 S.) 8. Ebd. 906. Geb. n. 2. —

**Bierbaum, Gregor**, ein Fall von totaler Exstirpation der Scapula wegen eines Fibrosarcoms. Diss. Greifswald 1887, Jul. Bindewald. 8°. 29 S.

**Bierbaum, Gregor** [aus Schlesien]: Ein Fall von totaler Exstirpation der Scapula wegen eines Fibrosarcoms .... Greifswald, Druck v. Carl Sell, 1887; 20 + 1 S. + 1 Bl. 8°.
Greifswald, Med. Fak., Inaug.-Diss. v. 30. Jul. 1887.

**Bierbaum, H., u. G. Dörenkamp**, die Waldschule. Allgemeines üb. ihr Wesen u. Wirken u. Besonderes aus der Waldschule der Stadt M. Gladbach. (36 S. m. 5 Abbildgn.) 8. M. Gladbach (Körnerstr. 10.) 910. Lehrer G. Dörenkamp. nn — 70

**Bierbaum, Henricus** (geb. am 11 Mai 1801 in Köln): De ulceribus intestinalibus ... Bonnae, typ. P. Neusseri (1826) 4 Bl., 14 S., 1 Bl. 4.
Bonn, Med. Fak., Diss. v. 12 Aug. 1826

**Bierbaum, Heinrich**: Karoline von Wolzogen aus ihren Werken und aus Briefen. Greifswald 1909: Adler. 143 S. 8°
Greifswald, Phil. Diss. v. 27. April 1900, Ref. Stosch
[Geb. 8. Sept. 72 Bremen; Wohnort: Bremen; Staatsangeh.: Bremen; Vorbildung: Gymn. Bremerhaven Reife O. 04; Studium: Berlin 2. Greifswald 7 S.; Rig. 11. März 09.] [U 09. 1514

**Bierbaum, J.**, die Diagnose des hitzigen Wasserkopfes. gr. 8. (VI u. 186 S.) Berlin 848, Förstner. 1 ß

**Bierbaum, Johann Joseph** (Dorsten/Westf.), De febri puerperali singulari naturae morbi habita ratione. Diss. med. Bln. (Nietack) 21. XI. 1833. 64 S., mit Literatur u. Biogr. (M.: A. Wieking.) (1.80) 2741
Oppon.: Carl Raue, Christ. Huemmeler, Heinr. Dreyer. — Gew.: C. L. Bleske.

**Bierbaum, Jos.**, das Malaria-Siechthum, vorzugsweise in sanitäts-polizeilicher Beziehung. gr. 8. (XII und 172 S.) Wesel 853, Bagel.

**Bierbaum, Jos.**, die Meningitis simplex. Leipzig 866. Vogel. gr. 8. (X, 213 S.) n. 1 ß 10 ngr.

**Bierbaum, Jos.**, der Typhus im kindlichen Alter. gr. 8. (XI und 193 S.) Leipzig 860, Kollmann.

**Bierbaum, Irenäus**, s.: Hirtenrufe Leo XIII. zum Eintritt in den III Orden d. hl. Franciscus.

**Bierbaum, Irenaeus.** Der Portiuncula-Ablaß. Bedeutung, Ursprung u. Bedinggn. dieses kostbaren Gnadenschatzes. 1.—3. Aufl. 16. (32 S.) Heiligenst. 890,91, Cordier. * — 10

**Bierbaum, Irenäus, O. S. F.**, der Portiuncula-Ablaß. Bedeutung, Ursprung u. Bedinggn. dieses kostbaren Gnadenschatzes. 36.—40. Taus. (32 S.) 16. Heiligenstadt (904). F. W. Cordier. n. — 10

**Bierbaum, Irenäus, O. F. M.**, der Portiuncula-Ablaß. Bedeutung, Ursprung u. Bedinggn. dieses kostbaren Gnadenschatzes. 51—55. Taus. (32 S.) 16. Heiligenstadt, (910.) F. W. Cordier. — 10

**Bierbaum, Irenaeus**: Theologia moralis, s.: Elbel, Benj.

**Bierbaum, Irenaeus, O. ff. min.**, Theologia moralis, s.: Sporer, Patritius.

Bierbaum, Julius, s. Bierbaum, Friedrich Julius

**Bierbaum, Kurt**, a. Berlin: Beitrag zur Giftigkeit des Semen Ricini communis. Gotha 1906: F. A. Perthes. (62 S.) 8°
Gießen, Veterinär-Med. Koll., Ref. Geppert, Diss. v. 30. Aug. 1906
[Geb. 9. Jan. 81 Berlin; Wohnort: Kiel; Staatsangeh.: Preußen; Vorbildung: Friedrich-Wilhelms-Gymn. Berlin Reife O. 99; Studium: Berlin Tierärztl. Hochsch. 10 S.; Rig. 31. Juli 06.]

**Bierbaum, Otto**, Conditorei-Lexikon. Alphabet. Hand- u. Nachschlagebuch üb. alle Erzeugn. d. Conditorei u. verw. Branchen f. Conditoren, Fein- u. Pastetenbäcker, Lebküchler u. Hausfrauen. gr. 8. (XXIV, 896 S.) Straßburg 898. Straßburger Druckerei u. Verlagsanst. n. 10. —; geb. in Leinw. n 12. —
Erschien auch in 25 Lfgn. à n. — 40.
(Wien: Derflinger & Fischer in Komm.)

Bierbaum, Otto Julius

**Bierbaum, Otto Jul.**, Zäpfel Kerns Abenteuer. Eine deutsche Kasperlegeschichte in 48 Kapiteln. Frei nach Collodis italien. Puppenhistorie Pinocchio. Mit 65 Zeichngn. v. Arpad Schmidhammer. (V, 280 S.) 8. München 905. [G. Müller.] Köln, H. u. F. Schaffstein. Geb. in Leinw. od. Holz m. Silberschn. n. 4. —

BIERBAUM. *Zäpfel Kerns Abenteuer* ... Mit 65 Zeichnungen von ARPAD SCHMIDHAMMER. 5.—10. Taus. Köln [c. 1907]. 8°. Orlwd. 8.—

Bierbaum, O.J. (Hrsg.), s. Almanach der Insel für 1900.

**Bierbaum, Otto Jul.**, Annemargreth u. die drei Junggesellen. Eine Raubrittergeschichte. — Der Meßner-Michel. Eine Profanlegende aus Tirol. gr. 16. (91 S.) Leipzig 902. Insel-Verlag. n. 1. —; geb. n. 2. —

Otto Julius **Bierbaum**. Das höllische Automobil. Novellen. Umschlag von Richard Lux. (1.–5. Taus.) Wien & Leipzig: Wiener Verl. 1905. (156 S.) [F.]
= **Bibliothek** moderner deutscher Autoren. Bd 6. [07. 8771

**Bierbaum, O. J.**, s.: Böcklin, A., 15 Heliogravüren.

**Bierbaum, Otto Jul.**: Der Bräutigam wider Willen. Komödie. Nach e. Erzählg Dostojewskis. (205) kl8° Wien '06. Berl., J Singer & Co. 2 —; geb. n 3 — d

Der Bräutigam wider Willen. Komödie in 4 Aufz. Von Otto Julius Bierbaum. Nach e. Erzählung Dostojewskis. Wien & Leipzig: Wiener Verl. 1906. XIV, 205 S. 8° [11. 4498 2

— das seidene Buch. Eine lyr. Damenspende. Geschmückt m. 12 Bildern v. Hans Thoma u. Ornamenten v. Pet. Behrens. 1.—3. Aufl. (à 264 S.) kl. 8. Stuttgart 904. Deutsche Verlags-Anstalt.
Geb. in Seide m. Goldschn. n. 6.—

— Das seidene Buch. Eine lyr. Damenspende. Neue Ausg. (222) 8° Ebd. '11. geb. in Seide 5 — d

Bierbaum, Otto Jul., s.: Bücher, die, der Abtei Thelem.

Bierbaum, OJ, s.: Chansons, deut.

Bierbaum, Otto Julius: Leipziger Erinnerungen. Leipzig (1900): (Hallberg & Büchting). 5 Bl. 4°
Gedruckt f. d. Leipziger Bibliophilenabend.

Zwei Münchener Faschingsspiele. Von Otto Julius Bierbaum. München: Langen 1904. 79 S. 8° A 12. 8223

Bierbaum, Otto Julius
s. Flaischlen, Cäsar: Neuland. 1894.

[F.] Die Freiersfahrten und Freiersmeinungen des weiberfeindlichen Herrn Pankrazius Graunzer, der schönen Wissenschaften Doktor, nebst e. Anhange, wie schliesslich alles ausgelaufen. Hrsg. v. Otto Julius Bierbaum. *Berlin: Ver. f. Deutsches Schriftthum 1896.* (310 S.) 1Bd 8.
— [Veröffentlichungen d. Vereins f. Deutsches Schriftthum.] Jg. II. Bd 3. [96. 4854

— Die Freiersfahrten u. Freiersmeingn d. weiberfeindl. Herrn Pankrazius Graunzer, d. Schönen Wissenschaften Doktor, nebst e. Anh., wie schliesslich alles ausgelaufen. 2. [Tit.-] Afl. 8° (310) Berl. [96] 97, Schuster & Loeffler. 4 —; geb. 5 — || 4. [Tit.-]Afl. 98. 3 —; geb. 4 —

Bierbaum, Otto Jul., D. Freiersfahrten u. Freiersmeingn. d. weiberfeindl. Herrn Pankrazius Graunzer, d. schönen Wissenschaften Doktor, nebst e. Anh., wie schließl. alles ausgelaufen. 3. u. 4. [Titel-]Aufl. 8. (à 310 S.) Berlin (896) 898. Schuster & Loeffler. 3.—; geb. 4.—

— die Freiersfahrten u. Freiersmeinungen des weiberfeindlichen Herrn Pankrazius Graunzer, der schönen Wissenschaften Doktor, nebst e. Anh., wie schließlich alles ausgelaufen. 5. Aufl. (310 S.) 8. Berlin 898. Schuster & Loeffler. n. 3.—

— Die Freiersfahrten u. Freiersmeinungen des weiberfeindlichen Herrn Pankrazius Graunzer, der schönen Wissenschaften Doktor, nebst e. Anh., wie schließlich alles ausgelaufen. 6. Aufl. (308 S.) 8. Berlin 907. Schuster & Loeffler. 3.—; geb. 4.—

Reife Früchte von (Otto Julius) Bierbaum. Aus d. letzten Ernten ausgew. u. mit e. Vorspruch dargebr. von Fritz Droop. Mit 1 Bildn. Leipzig: Reclam [1910]. 205 S. 8°
(Universal-Bibliothek. 5171/5172.) [10. 6974

Bierbaum, Otto Jul. Erlebte Gedichte. 1. u. 2. Aufl. 8. (VIII, 217 S.) Berl. 892. [Issleib.] Schuhr. 4 50

— s.: Geschichten, heitere.

— Sonderbare Geschichten. 3 Abtlgn. (V, 252; V, 273 u. V, 227 S.) kl. 8. München 908. G. Müller. 8.—; geb. 12.—; Luxusausg. 30.—

— dasselbe. (Einzelausg.) 3 Abtlgn. kl. 8. Ebd. 908. à 3.—; geb. à 4.50
1. Schmulius Cäsar u. andere Erscheinungen. (6. Aufl.) (V, 252 S.)
2. Der Steckenpferdpastor u. andere französische Geschichten. (V, 273 S.)
3. Der hl. Mimo u. andere Grotesken. (V, 227 S.)

— s.: Goethe-Kalender.

— Gugeline. Ein Bühnenspiel in 5 Aufzügen. Mit Buchschmuck v. E. R. Weiß. Als erste Buchveröffentlichg. der „Insel" hrsg. v. A. W. Heymel. 8. (VII, 107 S.) Berlin (899). Schuster & Loeffler. Kart. n. 3.—

(B) — Gugeline. 899. Jetzt: Leipzig, Insel-Verlag.

Bierbaum, Otto Julius. Die Haare der heiligen Fringilla und andere Geschichten. ([Mit Buchschmuck von] T[homas] T[heodor] H[eine].) 128 S. 8. München, Albert Langen, 1904. (M. 1.—, geb. 1.50)
Kleine Bibliothek Langen Band 66.

— 25 Jahre Münchner Hoftheater-Geschichte. Ein Rückblick auf die 25jähr. Amtsführg. d. Frhrn. Karl v. Perfall als Leiter der Münchner Hofbühne. Mit dem Bildnisse des Jubilars u. m. 70 Illustr. nach Photogr. aller hervorrag. Mitgl. der königl. Hofbühne unter Perfalls Leitg. gr. 8. (V, 67 S.) München 892. Dr. E. Albert & Co., Sep.-Cto. n. 4.—

(B) — 25 Jahre Münchner Hoftheater-Geschichte. 892. Jetzt: München, G. Müller.

Bierbaum, Otto Julius, s. Humoristen, Deutsche.

Bierbaum, O. J., s.: Jahres-Ausstellung, Münchener, v. Kunstwerken aller Nationen.

Bierbaum, Otto Julius (Hrsg.), s. Insel, Die.

Irrgarten der Liebe. Verliebte, launenhafte u. moralische Lieder, Gedichte u. Sprueche aus d. Jahren 1885 bis 1900 von Otto Julius Bierbaum. Mit Leisten u. Schlussstücken geschmückt von Heinrich Vogeler. 1.-5. Taus. *Berlin: Schuster & Loeffler 1901.* (IX, 475 S.) 8° [01. 9090

— Irrgarten d. Liebe. Verliebte, launenhafte u. moral. Lieder, Gedichte u. Sprüche aus den J. 1885 bis 1900. Mit Leisten u. Schlussstücken geschmückt v. Heinr. Vogeler. 6.—25. Taus. gr. 16. (à XXXI, 456 S.) Berlin 901. Leipzig, Insel-Verlag. n. 1.—; geb. n. 2.—

— dasselbe. 26.—31. Taus. gr. 16. (XXIII, 360 S.) Leipzig 902. Insel-Verlag. n. 1.—; geb. in Ldr. n. 2.50

— der neubestellte Irrgarten der Liebe. Um etliche Gänge u. Lauben vermehrt. Verliebte, launenhafte, moral. u. andere Lieder, Gedichte u. Sprüche aus den J. 1885—1905. Mit Leisten u Schlussstücken v. Heinr. Vogeler. 1.—6. Taus., seit Erscheinen des „Irrgartens" das 35.—40. Taus. (XVIII, 438 S.) kl. 8. Leipzig 906. Insel-Verlag. n. 2.—; in Pappbd. n. 3.—; in Ldr. n. 5.—

Bierbaum, Otto Jul., der neubestellte Irrgarten der Liebe. Um etliche Gänge u. Lauben vermehrt. Verliebte, launenhafte, moral. u. andere Lieder, Gedichte u. Sprüche aus dem J. 1885—1905. Mit Leisten u. Schlussstücken v. Heinr. Vogeler. 7—10. Taus., seit Erscheinen des „Irrgartens" das 41—44. Taus. (XVIII, 438 S.) kl. 8. Leipzig 908. Insel-Verlag. 2.—; in Pappbd. 3.—; in Ldr. 5.—

— Der neubestellte Irrgarten d. Liebe. Um etliche Gänge u. Lauben vermehrt. Verliebte, launenhafte, moral. u. and. Lieder, Gedichte u. Sprüche a. d. J. 1885—1905. 11—16. Taus., seit Erscheinen d. „Irrgartens" d. 45—50. Taus. (18, 438) kl8° Lpzg, Insel-Verl. '10. 2 —; Pappbd 3 —; Ldr 5 —

— Kaktus u. and. Künstlergeschichten. 1.—3. Aufl. 8. (à XIX, 210 S.) Berlin 898. Schuster & Loeffler. 3.—; geb. 4.50

Mit der Kraft. Automobilia von Otto Julius Bierbaum. Berlin: Bard, Marquardt & Co. (1906). (344 S.) 8° [07. 48

BIERBAUM, Prinz Kuckuk. Leben, Thaten, Meinungen und Höllenfahrt eines Wollüstlings. In einem (freien) Zeitroman. Mit Portrait B's. von Karl Bauer. München und Leipzig bei Georg Müller, 1906—7. (Bis 1908 zehn Auflagen.) 8°. (Orig.-Lwbde. Mk. 18.—.) (10 Mk. Lipsius & Tischer, Kiel, 1907; 13 Mk. 50 Pfg., Orig.-Bde., Adolf Weigel, 1908.)
Besprechung von Fritz Engel im „Berliner Tageblatt" v. 27. März 1907, 2tes Beiblatt; von Mathieu Schwann, Königsdorf, in den „Münchner Neuesten Nachrichten" vom 30. Jan. 1907; Blätter f. Bibliophilen. Hrsg. v. Willy Schindler. Heft I, S. 49—52.

— — Dasselbe. Luxus-Ausgabe auf van Geldern in 3 Halbprgtbdn. 8°. (25 Mk. Adolf Weigel, 1908.)
Nur in 100 vom Autor signierten Expll. hergestellt.

— Prinz Kuckuck. Leben, Taten, Meingn. u. Höllenfahrt e. Wollüstlings. In e. Zeitroman. 1.—3. Aufl. 2 Bde. (à XXII, 529 u. XVI, 486 S.) 8. München 907. G. Müller. n. 10. —; geb. n. 12. —; Luxusausg. n. 20. —

Prinz Kuckuck. Leben, Taten, Meinungen u. Höllenfahrt e. Wollüstlings. In e. Zeitroman von Otto Julius Bierbaum. Bd 1–3. München & Leipzig: G. Müller 1907–08. 8°
1. (6. Aufl.) 1907. 2. (2. Aufl.) 1907. 3. 1908 (1907). [10. 13128

— Prinz Kuckuck. Leben, Taten, Meingn. u. Höllenfahrt e. Wollüstlings. In e. Zeitroman. 3. Bd. (IX, 576 S.) m. Bildnis.) kl. 8. München 908. G. Müller. 5.—; geb. 6.—; Luxusausg. 10. —

— dasselbe. 10. Aufl. 3 Bde. (VII, 529; VI, 486 u. IX, 576 S. m. Bildnis.) kl. 8. Ebd. 908. 15.—; geb. 18.—; Luxusausg. 30. —

— Prinz Kuckuck. Leben, Taten, Meingn u. Höllenfahrt e. Wollüstlings, in e. Zeitroman. Neue (Volks-)Ausg. (3. Afl.) 2 Bde. (450 u. 452) 8° Münch., G Müller ('11). 6 —; kart. 7 —; L 8 — d

— aus beiden Lagern. Betrachtungen, Karakteristiken u. Stimmgn. aus dem 1. Doppel-Ausstellungsjahre in München 1893. Mit den 8 Bildnissen v. Böcklin, Gebhardt, Gabr. Max, Lenbach, Liebermann, Stuck, Thoma, Uhde. gr. 16. (75 S.) München 893. A. Ackermann's Nachf. n. 1. 80

— s: Leckerbissen, Literarische.

Bierbaum, Otto Julius: L i l i e n c r o n. München & Leipzig: G. Müller 1910. XII, 291 S. 8°

Bierbaum, Otto Jul.: Liliencron. 2. Afl. (12, 292) kl8° Münch., G Müller 10. 3.50; geb. 4.50 d

Bierbaum, O. J., Freiherr Detlev v. Liliencron, s. Litteratur, die moderne, in biographischen Einzel-Darstellungen.

— Lobetanz. E. Singspiel. gr. 8. (61 S.) Berlin 895. Genossenschaft Pan. 2. —; geb. in Seide n. 4. 50

(B) — Lobetanz. 895. Jetzt: München, G. Müller.

Bierbaum, Otto Julius: Dt. L y r i k v. heute, s. F l u g s c h r i f t e n , Münchener.

— s.: Lyrik, deutsche, der Neuzeit.

— das schöne Mädchen v. Pao. Ein chines. Roman. 1.—3. Taus. 8. (XIV, 222 S. m. 1 Abbildg.) Berlin 899. Schuster & Löffler. 3. —; geb. 4. 50

— — Das schöne Mädchen von Pao. Ein chinesischer Roman. Prachtausgabe mit Bildern von Bayros. Bei Johann Enschedé en Zoonen in Haarlem gedruckt für Georg Müller Verlag in München (1910). Gedruckt nach den genauen Angaben von Bierbaum in 600 numer. Expl.; nach Entwürfen von Paul Renner gebunden von Hübel & Denck in Leipzig. Blau Ganzleder mit chines. Verzierungen. 4°-Folio. 1 weißes Blatt, 4 Blätter Einleitung und Titel, 210 S., 1 Bl. Inhalt, 1 Bl. Notiz, 1 Bl. weiß.

— Maultrommel u. Flöte. Neue Verse. (3. u. 4. Taus.) (87 bezw. 79 m. 1 Abb.) kl8° Münch., G Müller '07. 1.25; geb. 3 — d

— s.: Meister der modernen Erzählungskunst.

— s.: Musen-Almanach, moderner.

— Der Musenkrieg. Eine Studentenkomödie in 4 Aufzügen f. die Opernbühne. (158 S.) kl. 8. Berlin 907. K. Curtius. Kart. 3.—; Luxusausg. auf deutsch. Bütten 5.—; auf holl. (van Gelder-)Bütten 7.50; auf Japan-Bütten 10. —

— nemt, Frouwe, disen Kranz. Ausgew. Gedichte. gr. 16. (XX, 108 S.) Berlin 894. [G. Schuhr.] Schuster & Loeffler. geb. n. 2. —

Bierbaum, Otto Julius (Hrsg.), s. P a n

Pan im Busch. Ein Tanzspiel von Otto Julius Bierbaum mit Musik von Felix Mottl. Buchschmuck von Peter Behrens. *Berlin: Schuster & Loeffler (1900).* (44 S.) 8° [F.] [o. 9773

Pan im Busch. ⟨Pan and his pipes.⟩ Tanzspiel in 1 Aufz. von Otto Julius Bierbaum. Musik von Felix Mottl. Engl. Transl. by Harry Brett. Klav.Ausz. *Leipzig: Breitkopf & Härtel 1900.* (117 S.) 4° [o. 9774

— Samalio Pardulus. (Mit 20 Bildbeigaben [Lichtdr.-Taf.] v. Alfr. Kubin.) (44) Lex8° Ebd. '11. HF 18 —; Ldr n 25 — d

— die vernarrte Prinzess. Ein Fabelspiel in 3 Bildern. Mit e. Vorrede üb. das musikal. Bühnenspiel. (XXXVI, 56 S.) 8. München 904. A. Langen. n. 2. —; geb. n. 3. —

Bierbaum, Otto Julius. Eine empfindsame Reise im Automobil. Von Berlin nach Sorrent und zurück an den Rhein, in Briefen an Freunde geschildert. Mit vierzig Abbildungen teils nach der Natur und teils nach Kunstwerken [Tafeln, nebst Porträts auf dem Umschlag]. XII + 274 S. 8. Berlin, Julius Bard, Weihnachten 1903. [geb. M. 6. —]

— Eine empfindsame Reise im Automobil v. Berlin n. Sorrent u. zurück an d. Rhein. In Briefen an Freunde geschildert. Neue Ausg. (296 m. Abb.) 8° Ebd. ('12). 4 —; geb. 5.50 d

Bierbaum, Otto Julius (Mitarb.), s. Der R o m a n der XII.

Bierbaum, Otto Julius (Hrsg.), s. R u n d s c h a u , Neue deutsche.

— Die Schatulle des Grafen Thrümmel u. andere nachgelassene Gedichte. (108 S.) 8. München 910. G. Müller. 3.—; geb. in Halbldr. 5.—; Luxus-Ausg. 15.—

[F.] Die Schlangendame v. Otto Julius Bierbaum. M. 38 Zeichngn v. Felix Vallotton. *Berlin: Schuster & Loeffler 1896.* (4 Bl., 145 S.) 1 Bd 8. [o. 8310

— d. Schlangendame. M. 38 Zeichngn. v. Fritz Vallotton. 2. Aufl. 12. (VI, 146 S.) Berlin 896. Schuster & Loeffler. 2. —

Die Schlangendame von Otto Julius Bierbaum. Mit 38 Zeichn. von Felix Vallotton. 3. Aufl. *Berlin & Leipzig: Schuster & Loeffler 1901.* (145 S.) 8° [F.] [o. 3360

— die Schlangendame. Mit 38 Zeichngn. v. Fel. Vallotton. 4. Aufl. (146 S.) 8. Berlin 902. Schuster & Loeffler. n. 2. —

— s.: Schnabel's, Fel., Universitätsjahre.

Bierbaum, Otto Julius: Über die v. der Gesellschaft f. modernes Leben geplanten S o n d e r a u s s t e l l u n g e n v. Werken der bildenden Kunst, s. F l u g s c h r i f t e n , Münchener.

Otto Julius Bierbaum. Stella und Antonie. Schauspiel in 4 Aufz. München: Langen 1903. 164 S. 8° [11. 9316

— Stella u. Antonie. Schauspiel in 4 Aufzügen. 2. u. 3. Taus. (164 S.) 8. München 903. A. Langen. n. 2. — geb. n. 3. —

— Stilpe. E. Roman a. d. Froschperspektive. M. d. Bildn. d. Verf. v. Fel. Vallotton. 1. u. 2. Aufl. 8. (415 S.) Ebd. 897. 4. —; geb. 5. 50

— Stilpe. Ein Roman aus der Froschperspektive. Mit dem Bildnisse des Verf. v. Fel. Vallotton. 7. Aufl. (415 S.) 8. Berlin 909. Schuster & Loeffler. 4.—; geb. 5. 50

— dass. Taschenausg. 9. u. 10. Afl. (415) kl8° Ebd. '12. 2 —; geb. n 3 — d

Zwei Stilpe-Komödien. Das Cenacle der Maulesel u. Die Schlangendame. Von Otto Julius **Bierbaum**. München & Leipzig: G. Müller 1905. 188 S. 8° (10. 13130

Stuck. Von Otto Julius **Biorbaum**. Mit 157 Abb. nach Gemälden, Zeichn. u. Radier. *Bielefeld & Leipzig: Velhagen & Klasing 1899.* (148 S.) 4°(8°) [F.]
— Künstlor-Monographion. 42. (00. 139

Stuck. Von Otto Julius **Biorbaum**. Mit 157 Abb. 2. Aufl. *Bielefeld & Leipzig: Velhagen & Klasing 1901.* (148 S.) 4°(8°) [F.]
— Künstler-Monographien. 42. (00. 9764

Bierbaum, Otto Julius: S t u c k . Mit 162 Abb. 3. Aufl. Bielefeld & Leipzig: Velhagen & Klasing 1908. 160 S. 4° (8°) (Künstler-Monographien. 42.)

— s.: **Stuck, Frz., üb. 100 Reproductionen nach Gemälden etc.**

— **Studenten-Beichten.** 8. (VII, 136 S.) München 893. Dr. E. Albert & Co., Sep.-Cto. n. 1. 50

— **Studenten-Beichten.** 8° (136) Münch. 93. Berl., Schuster & L. 1 50 ‖ 3. Afl. (136) 95. 1 —

— Studenten-Beichten. 3. Aufl. (Neue Titel-Ausg.) 8. (VII, 136 S.) Ebd. (895) 896. n. 1. —; geb. n. 2. —

— Studenten-Beichten. 2. Reihe. 2. Taus. 8. (162 S.) Ebd. 897. n. 1. —

— **Studenten-Beichten. 1. Reihe. 4. Aufl. 8. (184 S.) Berlin 899. Schuster & Löffler. n. 1. —; geb. n. 2. —**

— **Studenten-Beichten. 2 Reihen. 8. Berlin, Schuster & Loeffler. à n. 1. —**
**I. 6. Aufl. (184 S.) 902. — II. 4. Aufl. (162 S.) 901.**

Hans Thoma von Otto Julius **Bierbaum**. Mit 13 Vollbild. Berlin: Bard, Marquardt & Co. (1904). (63 S.) 8°
— **Kunst. Die. Bd 27.** (05. 9708

Hans Thoma. Von Otto Julius **Bierbaum**. Mit 13 Vollbild. 2. Aufl. Berlin: Marquardt & Co. (1908). (63 S.) 8°
— **Kunst, Die. Bd 27.** (08. 17960

— **Fritz v. Uhde.** 8° (80 m. Bildnis.) Münch. 93, Münch., Kunst- u. Verl.-Anst. Dr. E Albert & Co. 10 —

— **Fritz v. Uhde.** (84 S. m. Abbildgn. u. 18 Taf.) gr. 4. München (905). F. Hanfstaengl. n. 8. —
Sonderabdruck aus: „Die Kunst uns. Zeit."

— **Fritz v. Uhde. (IV, 65 S. m. 8 Taf.) 8. München 908. G. Müller. 1. 80**

— d. bunte Vogel v. 1897. E. Kalenderbuch. M. vielen Zeichngn. v. Fel. Vallotton u. E. R. Weiß. 4. (279 S.) Ebd. 6 —; Luxusausg. auf deutschem Büttenpap. 10. —; auf holländ. Büttenpap. 12. —; auf japan. Büttenpap. 15. —

— dasselbe v. 1899. M. Buchschmuck v. Pet. Behrens. 4. (100 S.) Ebd. 6. —; geb. 7. 50

(B) — **Der bunte Vogel. 897. 899. Jetzt: München, G. Müller.**

**Bierbaum, Otto Jul.: Gesammelte Werke in 10 Bdn, hrsg. v. Mich. Geo. Conrad u. Hans Brandenburg. 1., 5. u. 6. Bd. 8° Münch., G Müller ('12). je 4 —; geb. 5.50; HLdr 7 —; Luxusausg. 20 — d**
*Bd 2—4 sind noch nicht erschienen.*
1. Gedichte. (376) ‖ 5. u. 6. Prinz Kuckuck. 2 Tle. (450 u. 452)

— **Hans Wurst u. and. Grotesken, s: Bücher, Die lust.**

— **Die Yankeedoodle-Fahrt u. andere Reisegeschtn. Neue Beiträge zur Kunst des Reisens. 2.—8. Aufl. (V, 521 S. m. Vollbildern.) 8. München 910. G. Müller. 6. —; geb. 7. 50**

— **Die Yankeedoodle-Fahrt u. and. Reisegeschichten. Neue Beiträge z. Kunst d. Reisens. 10. Afl. (7, 521 m. Vollbildern.) kl8° Münch., G Müller '11. 6 —; geb. 7.50 d**

— s.: **Zeit, die.**

**Bierbaum, Paul Willi, im Aeroplan üb. die Alpen. Geo Chavez' Simplonflug. (128 S. m. 9 Taf.) 8. Zürich 910. Art. Institut Orell Füssli. 2.—; geb. n 3. 50**

BIERBAUM, Wilhelm (Leer): Ueber einen Fall von Riesenzellensarcom des Hodens.- München: Ernst 1894. 21 S.
15.7.1893 - Chr 1893/94,11; Jv 1893/94,19 (Prom.-Datum; 1894) Diss. Ingolst.-Landsh.-Mchn.

Bierbaum, Willi (Red.), s. A c a d e m i a .

**Bierbaum, Willi.** Die Sängerfahrt des «Männerchor Zürich» nach Paris. 8.—14. Mai 1908. Reisebericht aus der Neuen Zürcher Zeitung. 58 S. 8. Zürich, Druckerei der N' Z' Z', [1908].

Bierberg, W. (Hrsg.), s. S c h u h m a c h e r - Z e i t u n g , Neue deutsche.

**Bierberg,** Walter, a. Braunschweig: Die Bedeutung der Protoplasmarotation für den Stofftransport in den Pflanzen. Jena 1907: A. Kämpfe. (45 S.) 8°
Jena, Phil. Fak., Ref. Stahl, Diss. v. 13. Nov. 1907
[Geb. 11. Jan. 84 Braunschweig; Wohnort: Jena; Staatsangeh.: Braunschweig; Vorbildung: Gymn. Braunschweig Reife O. 04; Studium: Techn. Hochsch. Braunschweig 4, Univ. Jena 3 S.; Rig. 13. Okt. 07.]

(F) Die **Bierbesteuerung.** Kaiserliche Verordnung vom 17. Juli 1899, mit dem ergänzten Vollzugserlass vom 21. Juli 1899, erklärenden Zeichnungen und Hilfstabellen. Mit Einbeziehung der älteren in Kraft gebliebenen Bestimmungen und einem alphabetischen Sachregister. [Separat-Ausgabe der neuen österr. Gesetze mit Motiven und Erläuterungen, Nr. 85.] Prag. 1899. Höfer & Klouček. 8°. 140 S. Mit 4 Tafeln. fl. 1.—

(F) **Kleine Bier-Bibel.** Ein Studenten- und Turnerliederbuch. [Mück's praktische Taschenbücher. Nr. 18.] 8°. (112 S.)
Wien: Szelinski & Co. 1906 K —.50

**Bier-Blatt'l, Münchener. Metavieh(h)isch-spek(tak)ulirendes-historisch-politisch-sozialdemoralisirendes Schimpf-Leib- u. Seelen-Organ aller feuchtfröhl. Denker. hrsg. v. e. lach. Philosophen. Red. v. Ernst v. der Planitz. Sommer-Sem. 1893. gr. 4. (Nr. 1. 6 S. m. Abbildgn.) München 893. E. Mitzler. Vierteljährl. 1.—; einzelne Nrn. —10**

**Bierboykott, Der schweizerische,** im Sommer 1896. Zürich 1898. V: *Hirzel, Fritz.* (Zuwachsverz. d. Bibl. in Zürich 1898 ff., 8.)

Bierbrauen (Das) unter dem Schutze des Biersatz-Regulativs vom J. 1811, die beste Quelle des Einkommens! Nebst einer umfassenden Berechnung des Brau-Ertrags, auf praktische Kenntniss und eigener Erfahrung gestützt: Beleg zur vollständigen Widerlegung der im J. 1822 erschien. Druckschrift: „Bemerkungen über die seit d. J. 1818 erschien. Druckschriften gegen die Bierbrauer und das Bier-Regulativ v. J. 1811." Von einem Freunde des Vaterlands. 3. Aufl. gr. 8°. München, Weber, 1836.

**Bierbrauer,** der. Monats-Berichte über die Fortschritte des gesammten Brauwesens. Unter Berücksicht. der Malzbereitung sowie des Hopfenbaues. Nebst Intelligenz-Blatt. Hrsg. von G. E. Habich. (1—3.) Jahrg. 1859—61. à Jahrg. 12 Nrn. (à 1—1½ Bog.) Mit Abbild. gr. 8. Leipzig, Spamer. à Jahrg. * *

**Bierbrauer,** der. Monats-Berichte über die Fortschritte des gesammten Brauwesens. Unter Berücksichtigung der Malzbereitung, sowie des Hopfenbaues. Nebst Intelligenz-Blatt. Hrsg. von G. E. Habich. (4.—7.) Jahrg. 1862—65. à Jahrg. 12 Nrn. (à 1—1½ Bog.) Mit Abbild. gr. 8. Leipzig, Spamer. à Jahrg. * *

**Bierbrauer, der.** Berichte über die Fortschritte des gesammten Brauwesens. Unter Berücksichtigung der Malzbereitung sowie des Hopfenbaues. Nebst Intelligenz-Blatt. Hersg. von G. E. Habich. 7—12. Bd. à 12 Nrn. (à 1—1½ Bgn. mit Holzschn.). Leipzig 864—69. Spamer. gr. 8. Jeder Bd. n. 2 ℛ︎

—— dass. — Begründet von G. E. Habich. Hrsg. von Fleck. Neue Folge 1.—4. Bd. à 12 Nrn. (à Nr. 1—1½ Bog. mit eingedr. Holzschn.) gr. 8. Ebendas. 870—73.
1. und 2. Bd. à *
3. und 4. Bd. à *

— dasselbe. Hrsg. v. Conr. Schneider. Neue Folge. 3—7. Bd. 1872—1876. à 24 Nrn. (B.) Ebend. à Jahrg. n. 9. —

**Bierbrauer, der.** Berichte über die Fortschritte des gesammten Brauwesens unter Berücksicht. der Malzbereitung, sowie des Hopfenbaues. Nebst Intelligenz-Blatt. Mit zahlreichen Abbild. Begründet 1859 von G. E. Habich. Hrsg. von Conr. Schneider. Neue Folge. 6.—10. Bd. 1875—1879. à Bd. 24 Nrn. (à 1—1½ Bog.) Lex.-8. Leipzig, Spamer. à Jahrg. *

**Bierbrauer, der.** Berichte über die Fortschritte des gesammten Brauwesens, unter Berücksichtigung der Malzbereitung sowie des Hopfenbaues. Mit zahlreichen Abbild. Begründet 1859 von G. E. Habich. Hrsg. von Vict. Griessmayer und Conr. Schneider. Neue Folge. 11. Bd. Jahrg. 1880. 24 Nrn. (à Nr. 1—1½ Bog.) Lex.-8. Leipzig, Spamer. *

**Bierbrauer, der.** Berichte über die Fortschritte des gesammten Brauwesens, unter Berücksichtigung der Malzbereitung sowie des Hopfenbaues. Mit zahlreichen Abbild. Begründet 1859 von G. E. Habich. Hrsg. von Vict. Griessmayer und Conr. Schneider. Neue Folge. 12. Bd. Jahrg. 1881. 24 Nrn. (à Nr. 1—1½ Bog.) Lex.-8. Halle, Knapp. *

—— dass. — Hrsg. von Conr. Schneider. Neue Folge. 13. Bd. Jahrg. 1882. 24 Nrn. (à Nr. 1—1½ Bog.) Lex.-8. Ebendas. *

**Bierbrauer, der.** Berichte üb. die Fortschritte d. gesammten Brauwesens, unter Berücksicht. der Malzbereitg. sowie d. Hopfenbaues. Mit vielen Abbildgn. Begründet 1859 v. G. E. Habich. Hrsg. v. Conr. Schneider u. Glieb. Behrend. Neue Folge. 14. u. 15. Bd. Jahrg. 1883 u. 1884. à 24 Nrn. (à 1—1½ B.) Lex.-8. Halle, Knapp. à Jahrg. n. 9. —

**Bierbrauer, der.** Berichte über die Fortschritte des gesammten Brauwesens, unter Berücksicht. der Malzbereitung, sowie des Hopfenbaues. Begründet von G. E. Habich. Hrsg. von C. Schneider. Neue Folge. 16. Bd. Jahrg. 1885. 52 Nrn. (à Nr. 1—1½ Bog.) Lex.-8. Halle, Knapp. *

**Bierbrauer,** d. Berichte üb. d. Fortschritte d. ges. Brauwesens, unter Berücks. d. Malzbereitg, sowie d. Hopfenbaues. Begründet v. GE Habich. Hrsg. v. C Schneider. Red. v. E Ehrich. Neue Folge. 17—21. Bd. Jahrg. 1886—1890. à 52 Nrn. (à 1—1½ B.) 8. Halle, Knapp. à Jahrg. n. 10. —

**Bierbrauer, der.** Organ der Brauer-Akademie u. der Versuchsstation f. Brauerei u. Mälzerei in Worms a/Rh. Berichte üb. die Fortschritte d. gesamten Brauwesens, unter Berücksicht. der Malzbereitg. sowie d. Hopfenbaues. Begründet 1859 v. G. E. Habicht. Hrsg. v. C. Schneider. Red. v. E. Ehrich. 22.—25. Bd. Jahrg. 1891—1894. à 52 Nrn. (à 1—1½ Bog. m. Fig.) Lex.-8. Halle a/S., W. Knapp. à Jahrg. n. 10. —

**Bierbrauer, der.** Begr. 1859 v. G. E. Habich. Berichte üb. d. Fortschritte d. ges. Brauwesens. Org. d. Brauer-Akademie u. d. Versuchsstation f. Brauerei u. Mälzerei i. Worms a/Rh. Red. v. Wilh. Lenz. Jahrg. 1895/96. à 12 Hauptbfte. (à 16 S.) u. 52 Beiblätter (à 16 S.) hoch 4. Halle, W. Knapp. à Jahrg. n. 10. —

**Bierbrauer, der.** Begründet 1859 v. GE Habich. Berichte üb. d. Fortschritte d. ges. Brauwesens. Red. v. W Lenz. 27. Jahrg. 1896. 12 Haupthfte u. 52 Beiblätter. 4° (1. Hft. 16 u. 16 m. Abb.) Halle, W Knapp. || 28—31. Jahrg. 1897—1900. Red. v. E Ehrich. à Jahrg. 10 —

**Bierbrauer, der.** Begründet v. GE Habich. Berichte üb. d. Fortschritte d. ges. Brauwesens. Red. v. E Ehrich. (32—35. Jahrg.) 1901—4 je 52 Nrn. (1904. 624 m. Abb.) 4° Halle, W Knapp. Viertelj. 2.50 d ö F

**Bierbrauer, der.** Begründet 1859 v. G. E. Habich. Berichte üb. die Fortschritte des gesamten Brauwesens. Organ der Brauer-Akademie der Versuchsstation f. Brauerei u. Mälzerei in Worms a/Rh. usw. Red. v. E. Ehrich. Jahrg. 1903 u. 1904. à 52 Nrn. (à ca. 12 S.) hoch 4 Halle, W. Knapp. à Jahrg. n. 10. —
Erscheint nicht mehr.

**Der Amerikanische Bierbrauer:** Band 1—51, no. 8, Jan. 1, 1868—Sept. 1918. (Now The American Brewer.)

Semi-monthly, 1868—72; monthly, 1873—present. Title changed in 1918 to American Brewer. For supplement, see Der Praktische Bierbrauer. Official organ of the U.S. Brewers' Association. Quarto, each issue 12—100 pages, 1886—92. Circulation: 1870, 1200; 1880, 2000; 1892, 3000. Edited & published by Adolph Meckert, 1868—70; by A. Schwarz, 1871—73; edited by A. Schwarz, & published by Schwarz & Geiger, 1874—78; edited & published by A. Schwarz, 1879—81; edited by A. H. Bauer, 1882—83; by M. Schwarz, 1884—92; published by A. Schwarz, 1882—92; edited & published by A. Schwarz & Sons, 1893—1901; edited by Carl Robitschek, & published by A. Schwarz & Sons, 1901—1918 when German section ceased.
New York/NY

**Bierbrauer,** Der bayerische. Jg. 1—12. 1866—77 u. N. F. 1—46. 1878—1923. München
Von Jg. 13. 1878 ab: **Zeitschrift für das gesamte Brauwesen.** (Forts. als Beil. in: »Allgemeine Brauer- und Hopfenzeitung« — u 350)

— der bayerische. Redig. von Lintner unter Mitwirkung der angesehensten Theoretiker u. Praktiker. 1—5. Jahrg. 1866—1870. à 12 Nrn. (à 1 Bgn. mit Holzschn.). München, Gummi. gr. 8. Jeder Jahrg. n. 2 ℛ︎

—— der bayerische. Redig. von Lintner unter Mitwirkung der angesehensten Theoretiker und Praktiker. 3.—9. Jahrg. 1868—1874. à Jahrg. 12 Nrn. (Bog.) Mit Beilagen. gr. 8. München, Beck. à Jahrg. *

—— der bayerische. Redig. von Lintner. 10. Jahrg. 1875. 12 Nrn. (Bog. mit Beilagen.) gr. 8. München, Beck. *

—— dass. — Zeitschrift für das gesammte Brauwesen. Unter Mitwirkung der angesehensten Theoretiker und Praktiker hrsg. von Carl Lintner. 11. und 12. Jahrg. 1876 und 1877. à Jahrg. 24 Nrn. (à ½—1 Bog. mit eingedr. Holzschn. und Stnt.) Lex.-8. München, Oldenbourg. à Jahrg. *

**Bierbrauer, der bayerische.** Repertorium zu den Jahrgängen 1866 bis 1877 Angeferigt v. Geo. Holzner. Lex.-8. (50 S.) München 878. Oldenbourg. n. 2. —
cf.: **Zeitschrift für das gesammte Brauwesen.**

**Bayerischer Bierbrauer:** Neues Brauverfahren durch Anwendung von Roggen und Süßholz. Nebst der vortheilhaftesten Anweisung, Bier zu klären. Halberstadt. 1850.

Bierbrauer, Der böhmische.
—— der böhmische. Organ des Brau-Industrie-Vereines im Königreiche Böhmen. Hrsgbr. und Redact.: Ant. St. Schmelzer. 1. Jahrg. 1874. 12 Nrn. (Bog. mit eingedr. Holzschn.) gr. 8. Prag, Grégr und Dattel. **

—— der böhmische. Organ des Brau-Industrie-Vereines im Königr. Böhmen. Hrsgbr. und Redact.: Ant. St. Schmelzer. 2.—5. Jahrg. 1875—1878. à Jahrg. 12 Nrn. (à 1—1½ Bog. mit eingedr. Holzschn.) gr. 8. Prag, (Grégr und Dattel.) à Jahrg. **

—— dass. — Organ der Brau-Industrie im Königr. Böhmen. Hrsgbr. und Redact.: Ant. St. Schmelzer. 6. Jahrg. 1879. 24 Nrn. (à ½—1½ Bog. mit eingedr. Holzschn.) gr. 8. (Ebendas.) **

—— der böhmische. Zeitschrift für das gesammte Brauwesen. Organ der Brau-Industrie im Königr. Böhmen. Hrsgbr. und Redact.: Ant. St. Schmelzer. 7. und 8. Jahrg. 1880 und 1881. à Jahrg. 24 Nrn. (à Nr. ½—1½ Bog. mit eingedr. Holzschn.) gr. 8. Prag, (Grégr und Valečka.) à Jahrg. **

—— dass. — Zeitschrift des Brauindustrievereines im Königr. Böhmen. Organ für die Interessen des gesammten Brauwesens. Hrsgbr. und Redact.: Ant. St. Schmelzer. 9.—11. Jahrg. 1882—1884. à Jahrg. 24 Nrn. (à Nr. ½—1½ Bog. mit eingedr. Holzschn.) gr. 8. (Ebendas.) à Jahrg. **

—— der böhmische. Zeitschrift des Braunindustrievereins im Königr. Böhmen. Organ für die Interessen des gesammten Brauwesens. Hrsgbr. und Redact.: Ant. St. Schmelzer. 12.—15. Jahrg. 1885—1888. à Jahrg. 24 Nrn. (à Nr. 1/2—1 1/2 Bog. mit eingedr. Holzschn.) gr. 8. Prag, (Valečka.) à Jahrg. **

— der böhmische. Zeitschrift d. Brauindustrievereines im Königr. Böhmen. Organ f. die Interessen des gesammten Brauwesens. Hrsg. u. Red.: A. St. Schmelzer. 14.—16. Jahrg. 1887—1889. à 24 Nrn. (à 1/2—1 1/2 B. m. eingedr. Holzschn.) gr. 8. Prag, Valečka. à Jahrg. n.n. 12.—

Bierbrauer, Der deutsche.

—— der deutsche. Vormals Leyser's Brauer-Blatt. Organ der prakt. Brauerschule in Augsburg, sowie der Versuchsstationen Augsburg-Memmingen und Nürnberg. Redig. von E. Leyser. 2. und 3. Jahrg. 1887 und 1888. à Jahrg. 52 Nrn. (Bog.) Lex.-8. Stuttgart, Waag. à Jahrg. *
1. Jahrg. s. Leyser's Brauer-Blatt.

—— der deutsche, vormals Leyser's Brauer-Blatt. Organ der prakt. Brauerschule in Augsburg, sowie der Versuchsstation Augsburg-Memmingen u. Nürnberg. Redact. v. E. Leyser. 4. u. 5. Jahrg. 1889—1890. à Jahrg. 52 Nrn. (à Nr. 2 Bog.) gr. 4. Stuttg., Waag. à Jahrg. * 7 60

— der deutsche. Offizielles Organ d. württemberg. Brauerbunds u. der Versuchsstation f. Gährungsgewerbe in Hohenheim, Abteilg. f. Brauerei, sowie der vom kgl. bayer. Staate subventionierten Versuchsstation f. Bierbrauerei zu Memmingen u. der prakt. Brauerschule nebst Versuchsstation in Augsburg u. s. w. Hrsg.: E. Leyser. 6. Jahrg. 1891. 52 Nrn. (2 Bog.) gr. 4. Stuttgart, M. Waag. n. 7. 60

— dasselbe. Spezial-Organ f. Bierbrauerei, Malzfabrikation u. Hopfenbau. Hrsg. v. E. Leyser. 7.—9. Jahrg. 1892—1894. à ca. 60 Nrn. (2 Bog.) gr. 4. Ebd. à Jahrg. n. 8.—

Bierbrauer, d. deutsche. Special-Organ f. Bierbrauerei, Malzfabrikation u. Hopfenbau. Offiz. Organ d. württemberg. Brauerbundes u. d. Versuchsstation f. Gährungsgewerbe i. Hohenheim, Abteilg. f. Brauerei, sow. d. prakt. Brauerschule u. Versuchsstation Augsburg rc. 10.—13. Jahrg. 1895—1898. à ca. 60 Nrn. (à ca. 16 S.) gr. 4. Stuttgart, M. Waag. à Jahrg. n. 10.—

— der deutsche. Special-Organ f. Bierbrauerei, Malzfabrikation u. Hopfenbau. Offizielles Organ des württemberg. Brauerbundes u. der Versuchsstation f. Gährungsgewerbe in Hohenheim, Abteilg. f. Brauerei usw. 14.—17. Jahrg. 1899—1902. à 60 Nrn. Fol. (à ca. 12 S.) Stuttgart, M. Waag. à Jahrg. n. 10.—

— der deutsche. Spezial-Organ f. Bierbrauerei, Malzfabrikation u. Hopfenbau. Offizielles Organ des württemberg. Brauerbundes u. der Versuchsstation f. Gährungsgewerbe in Hohenheim, Abteilg. f. Brauerei usw. 18. bis 20. Jahrg. 1903—1905. à 60 Nrn. (IV, 1044; IV, 1248 u. IV, 1256 S.) gr. 4. Stuttgart, M. Waag. à Jhrg. n. 10.—
Fortsetzg., s.: Brauer- u. Mälzerzeitung, allgem.

Bier- u. Essig-Brauer, der, f. Stadt- u. Landwirthe. Halle, Dietlein. 6 gl

Bierbrauer, der österreichische. Illustrirte Monatsschrift für das gesammte Brauwesen. Herausg. und redig. von Dr. Fernand Stamm. 1. Jahrg. 1864 5. 12 Nrn. Fol. (à 1/2 Bg.) Wien, Wallishausser'sche Buchh. (Jos. Klemm.) 2 fl.

Bierbrauer, der praktische, oder gründliche Anleitung zur Bereitung der baierischen Lauter- und Dick-Maische, so wie der Brauerei überhaupt, nach der neuesten Methode. Auf eigene technisch-chemische Untersuchungen u. Versuche gegründ. Erfahrungen herausg. von e. erfahrnen Bierbrauer. gr. 8. Heidelberg 839. (Mannheim, Bensheimer.) 5/12 ß

Bierbrauer, der praktische, rc., herausgeg. von einem erfahrenen Bierbrauer. (Neue Ausg.) gr. 8. (Mit 1 Steintaf.) Mannheim 841, Bensheimer. 3/8 ß

PRAKTISCHE (DER) BIERBRAUER. 8vo. New York, 1870 [?]-'92+
*A Supplement to the* Amerkanische Bierbrauer, *q. v.*

Der Praktische Bierbrauer: 1880—1885
Quarterly supplement to DER AMERIKANISCHE BIERBRAUER. Title varies: UNIVERSAL PRACTICAL BREWER? Octavo, each issue 16 pages. New York/NY

SCHWÄBISCHE (DER) BIERBRAUER. Organ für die gesammten Interessen der Bierbrauerei, sowie für den würtembergischen Brauerbund. Herausgegeben von Achenbach. 19 vols., 4to. Waldsee, 1872–'90+

—— der schwäbische. Organ für die gesammten Interessen der Bierbrauerei, sowie für den württemberg. Brauerbund. Redact.: E. Leyser. 9.—13. Jahrg. 1880—1884. à Jahrg. 52 Nrn. (Bog.) gr. 4. Waldsee, Liebel. à Jahrg.

—— der schwäbische. Organ für die gesammten Interessen der Bierbrauerei, sowie für den württemberg. Brauerbund. Redact.: E. Leyser. 14. Jahrg. 1885. 52 Nrn. (Bog.) gr. 4. Waldsee, Liebel. *

Bierbrauer, der schwäbische. Organ für die gesammten Interessen der Bierbrauerei, sowie für den württemberg. Brauerbund. 15. Jahrg. 1886. 52 Nrn. (à Nr. 1—2 Bog.) gr. 4. Waldsee, Liebel. *

—— dass. — Offizielles Organ des württemberg. Brauerbunds, sowie der III. Sektion der Brauerei- und Mälzerei-Berufsgenossenschaft. Redact.: A. G. Jetička. 16. und 17. Jahrg. 1887 und 1888. à Jahrg. 52 Nrn. (à Nr. 1—2 Bog.) gr. 4. Nebst Beilage: Das Braustübchen. gr. 8. Ebendas. à Jahrg. *

—— der schwäbische. Offizielles Organ d. württemberg. Brauerbunds, sowie der III. Sektion der Brauerei- u. Mälzerei-Berufsgenossenschaft. Redact. A. G. Jetička. 18. u. 19. Jahrg. 1889 u. 1890. à Jahrg. 52 Nrn. (à Nr. 1—2 Bog.) gr. 4. Nebst Beilage: Das Braustübchen. gr. 8. Waldsee, Liebel. à Jahrg. * 7 50

— der schwäbische. Wochenschrift, gewidmet den sämmtl. Interessen der Bierbrauerei. Officielles Organ der Brau- u. Malzmeister-Vereine Deutschlands mit dem Sitze in Ravensburg rc. Red.: J. Luther. 20. u. 21. Jahrg. 1891. 1892. à 52 Nrn. (Bog.) gr. 4. Nebst Beilage: Das Braustübchen. gr. 8. Waldsee, E. Liebel. à Jahrg. n. 7. 50

— dasselbe. Offizielles Organ der Brau- & Malzmeister-Vereine Deutschlands mit dem Sitze in München rc. Red.: Aug. Schmitt. 22. Jahrg. 1893. 52 Nrn. (Bog.) gr. 4. Nebst Beilage: Das Braustübchen. gr. 8. Ebd. n. 7. 50

— dass. Red.: A Schmitt. 23. u. 24. Jahrg. 1894 u. 1895 à 52 Nrn. Fol. (Nr. 1. 10) Nebst Beilage: Das Baustübchen. 8° (Nr. 1. 4) Ulm. Verl. d. Schwäb. Bierbrauer. à Jahrg. 7.50

— d. schwäbische. Wochenschrift, gewidm. d. sämtl. Interessen d. Bierbrauerei. Offiz. Organ d. deutschen Braumeister- u. Malzmeisterbundes. 24.—27. Jahrg. 1895—1898. à 52 Nrn. (à ca. 10 S.) Fol. Nebst Beilage: D. Braustübchen. gr. 8. (à Nr. ca. 4 S.) Ulm, Verlag d. Schwäb. Bierbrauer. à Jahrg. n. 7. 50

— der schwäbische. Wochenschrift, gewidmet den sämtl. Interessen d. Bierbrauerei. Offizielles Organ d. württemberg. Brauerbundes. Organ des deutschen Braumeister- u. Malzmeister-Bundes. Red. J. Dokowicz. 28. Jahrg. 1899. à 52 Nrn. Fol. (à ca. 12 S.) Nebst Beilage: Das Braustübchen. gr. 8. (à ca. 4 S.) Ulm, Verlag des Schwäb. Bierbrauer. n.n. 7. 50
Nicht durch den Buchhandel zu beziehen.

Bierbrauer, der ulmer. Nebst Angabe aller Brau-Geheimnisse, Vortheile u. der Construction u. Einrichtung e. Brauerei nach ulmer Art. Mit Verfahrungsarten der baierischen Bierbrauerei u. d. Benützung d. Abgänge auf Branntweinbrennerei u. Essigfabrikation. gr. 8. (13 B. u. 4 Stnt.) Ulm 843, Ebner'sche Buchh.

Bierbrauer, der Ulmer. Oder: Angabe aller Braugeheimnisse und Vortheile und der Construktion und Einrichtung einer Brauerei nach Ulmer Art, sowie der Verfahrungsarten der bayer. Bierbrauerei und der Benützung der Abgänge zur Branntweinbrennerei und Essigfabrikation. Mit mehreren (4) lith. Taf. (in 4.) 2. (Titel-)Aufl. Tuttlingen 859. Kling. gr. 8. (IV, 201 S.) 18 ngr.

Der vollkommene Bierbrauer oder kurzer Unterricht aller Arten Biere zu brauen. Altona. 1795. 8°

Bierbrauer, d. vollkomm. 8. Alt. ... 3e A. 795. Bechtold. (Fr. Fleischer in Leipz.) 8 gl

Bierbrauer, Johann Jakob

Bierbrauer, Jh. Jak., († d. 4. Dec. 1768.) Beschreib. d. jüd. Diebes-, Mörder- u. Räuberbande. Fol. Cassel 758. Cramer. 6 gl

— der beiden Hessischen oder Sächs. Diebs-Mörder u. Räuberbanden rc. Fol. Cassel 755.

Bierbrauer, Josephus Fridericus (Resp.): De haemorrhagiis mortuorum et jure cruentationis. s. A l b e r t i, Mich. (Praes.)

Bierbrauer, Karl [aus Runkel a. d. Lahn (Provinz Hessen-Nassau)]: Über Verbindungen der Oxalsäure und ihrer Alkalisalze mit Arsen-, Antimon- und Wismuttrioxyd. Berlin 1898. 60 S. 8°.
Basel. Phil. Diss. 1898/99.

Bierbrauer, Th., Ortsgesetze v. Wiesbaden üb. die direkten u. indirekten Gemeinde-Abgaben, nebst e. Anh., enth. d. Schlachthausverordngn. m. Gebührentarifen. Zusammengestellt u. hrsg. gr. 8. (122 S.) Wiesbaden 899. (G. Quiel). n. 1. 60

Bierbrauer, Th., Ortsgesetze v. Wiesbaden üb. die direkten u. indirekten Gemeinde-Abgaben, Gebühren u. Beiträge, nebst e. Anh., enth. die Vorschriften üb. d. Geschäftsbetrieb d. Vermittlungs-Agenten f. Immobiliarverträge (Immobilienmakler), d. Staats-Steuertarif rc. Nach amtl. Quellen bearb. u. hrsg. 2. Aufl. gr. 8. (IV, 304 S.) Wiesbaden 902. H. Staadt. Kart. n. 4. —

Die Bierbrauerei: 1874? -? New York/NY

Bierbrauerei, die englische, mit besonderer Rücksicht auf maschinelle u. bauliche Einrichtung. Mit 8 (Holzschn.-) Taf. gr. 8. (IV, 96 S.) Halle 882. Knapp. n. 4. —

Bierbrauerei, vollkomm., nebst Branntwein-Brennerei und Essig-Fabrikation, ein. gründl. Unterr., alle in Deutschland, England u. Frankreich üblichen Arten Bier nach d. neuesten Erfahrn. zu brauen, Branntwein zu brennen u. Essig zu fabrizieren. 1. Aufl. 836., 2., verb. A. 8. ($33^1/_2$ B. u. 1 Stnt.) Ulm 836, Ebner'sche Buchh.

Bierbrauerei, nebst vollkomm. Branntwein-Brennerei u. Essig-Fabrikation, ein gründl. Unterricht, alle in Deutschland, England u. Frankreich üblichen Arten Bier nach den neuesten Erfahrungen zu brauen, Branntwein zu brennen u. Essig zu fabrizieren. Mit 1 Steintaf. 8. Ulm 836. Ebner. $2^1/_3$ rthl — 2e verb. Aufl. 8. Ebd. 838. $2^1/_3$ rthl

Bierbrauerei, die, wie solche in Brauereien, großen und kleinen Haushaltungen, mit wenig Umständen u. Kosten auf das Vortheilhafteste zu betreiben ist; und die Kunst sich einen gesunden kräftigen Haustrank selbst zu bereiten. Nebst einer Anweisung zur Verfertigung des Malzes und zum Hopfenbau. Mit Abbildd. 8. Cöslin 832. a. 840. Hendeß. $^1/_2$ rthl

**Bier-Brauer-Kunst. Hochnützbare und bewährte edle.** O. O. 17?? V: *Kellner, David.* (Jöch)

Bierbrunner, Gust., Christlicher Hausaltar. Ein Andachtsbuch f. alle Lebensverhältnisse evangel. Glaubensgenossen. 2. Aufl. Hrsg. v. der Luther-Gesellschaft. 12. (VIII, 199 S.) Budapest 899. (L. Kókai). n. 1. 20

Bierbrunner, Gust., Matthäi am Letzten. E. Erzählg. a. d. Reformationszeit. gr. 8. (55 S.) Budapest 895. (L. Kókai.) n — 50

In the Midst of life. Tales of soldiers and civilians. By Ambrose Bierce. Copyright ed. Leipzig: Tauchnitz 1892. 279 S. 8°
(Collection of British authors. Tauchnitz Ed. Vol. 2814.) [11. 7580

Bierchen, Peter

s.: Bjerkén, Pehr

Biercher, M. Die Wasserheiz-Apparate in der Paulskirche zu Frankfurt a. M. (S.-A. aus Förster's Bauztg. 1849.) Wien 1849. 4.

Bjercke, L. Th., internationaler Dolmetscher. (Deutsch, englisch, französisch, italienisch, spanisch und norwegisch.) 8. (44 S.) Hamburg 887, Niemeyer Nachf. cart. in Leinw. *

Biercomment, s. a.: Bierkomment.

— der allgemeine, zu Heidelberg. 13. Aufl. 12. (28 S.) Heidelberg 880. (C. Winter's Sort.) n.n. — 40

— der allgemeine, zu Heidelberg. 14. Aufl. gr. 16. (28 S.) Heidelberg 893. (C. Winter's Sort.) n. — 50

Bier-Comment (S.-C.), allgemeiner Berliner. 16. (28 S.) Berlin 874, Königsmann. cart. * — 50

Bier- u. Wein-Comment, allgemeiner bonner. Revidirt vom Novbr. 1842 bis März 1844. Ein Anh. zu jedem Commers- u. Liederb. Mit Abbild. 16. (1 B.) Bonn 845. [Coblenz, Pleimes.]

— allgemeiner deutscher, s. a. Universal-Bibliothek.

— allgemeiner deutscher. gr. 16. (31 S.) Berlin 871, Liebheit und Thiesen.

**Bier-Comment, Allgemeiner deutscher.** Vollständige Ausgabe. Leipzig [1899]. H: *Gerlach, A.* (Erman & Horn, Bibliogr. d. dtsch. Universitäten. 1. Leipz. u. Berl. 1904.)

Biercomment, allgemeiner, u. studentisches Conversationslexikon. Von Hans Conrad. 2. verb. Aufl. 16. (VI, 96 S.) Leipzig 884. Roßberg. — 75

Biercomment, allgemeiner, und studentisches Conversationslexikon. Von H. Conrad. 3., verb. Aufl. 16. (VI, 99 S.) Leipzig 888. Roßberg. cart. n. — 80

Biercomment, Braunschweiger. Celle 864. Schulze. 12. (47 S.) 6 ngr.

Biercomment, Braunschweiger. Officielle Ausg. Angenommen 1864. 2. Abdr. Celle 870. Schulze'sche Buchh. 32. (47 S.) 6 ngr.

Biercomment, Braunschweiger. Officielle Ausg. Angenommen 1864. 3. Aufl. 16. (47 S.) Celle 877, Schulze'sche Buchh.

— Clausthaler. 8. (40 S.) Clausthal 872, Grosse'sche Buchh. cart. *

— — Clausthaler. 2. verm., verb. und nach den neuesten Quellen bearb. Aufl. 16. (51 S.) Clausthal 883, Grosse'sche Buchh. *

Bier-Comment, Clausthaler. 3. Aufl. 16. (47 S.) Clausthal 892. Grosse. Kart. n. — 75

— Clausthaler. 4. Aufl. gr. 16. (47 S.) Clausthal 900. Grosse. Geb. in Leinw. n. — 75

— Dresdener. Officielle Ausg. d. Dresdener D.-C. 16. (48 S.) Celle 878. Literar. Anstalt. n. — 60

— Dresdener. Officielle Ausg. d. Dresdener D. C. Neue Aufl. 16. (48 S.) Celle 888. Literar. Anstalt. n. — 60

— Dresdener. Officielle Ausg. d. Dresdener D.-C. Neue Aufl. 16. (48 S.) Leipzig 891. Literar. Anstalt, A. Schulze. n. — 60

Biercomment, Dresdener. Offic. Ausg. d. Dresdener D.-C. Neue Aufl. 16. (48 S.) Leipzig 895. Literar. Anstalt, A. Schulze. n. — 60

— Dresdner. Offizielle Ausgabe des Dresdener D.-C. Neue Aufl. 16. (48 S.) Leipzig 899. Literar. Anstalt A. Schulze. — 60

—— Freiberger. 2. verm. und wesentlich verb. officielle Ausg. 16. (46 S.) Freiberg 873, Craz und Gerlach.

— — Freiberger. 3. officielle Ausg., verm. und verb. durch den Freiberger S. C. 1884. 16. (IV, 47 S.) Freiberg 884, Craz & Gerlach. cart. *

— Freiberger. 4., offic. Ausg., verm. u. verb. durch d. Freiberger S. C. 1897. 16. (III, 48 S. m. 2 Fig.) Freiberg 897. Craz & Gerlach. Kart. n. 1. 20

Bier-Comment der Burschenschaft Germania zu Tübingen. Tübingen: L. F. Fues 1894. (15 S.) 8° [4. 1111 11

Biercomment, Hannoverscher. Officielle Ausg. Revidirt u. festgestellt 1864. 2. Abdr. Celle 870. Schulze'sche Buchh. 32. (47 S.) 6 ℳ

— Hannoverscher. Hrsg. v. dem S.-C. der Corps zu Hannover. Neue Revision 1872. 16. (47 S.) Celle 872. Schulze'sche Buchh. — 60

—— Hannoverscher. Hrsg. von dem S.-C. der Corps zu Hannover. Neue Revision 1877. 16. (47 S.) Ebendas. 877. *

— — Hannoverischer. Hrsg. von dem S.-C. zu Hannover. Neue Revision 1883. 16. (47 S.) Celle 884, Literar. Anstalt. *

—— hannoverscher. Hrsg. von dem S.-C. zu Hannover. Neue Revision 1887. 16. (47 S.) Celle 888. Leipzig, Literar. Anstalt. *

— Hannoverscher. Hrsg. v. dem S.-C. zu Hannover. Neue Revision 1890. 16. (48 S.) Ebd. 891. n. — 60

— hannoverscher. Neue Ausg. Nebst e. Anh.: Bierspiele. Hrsg. v. d. S.-C. zu Hannover. 16. (84 S. m. Abb.) Leipzig 895. Literar. Anstalt, A. Schulze. n. — 80

— hannoverscher. Nebst e. Anh. Bierspiele. Hrsg. v. dem S.-C. zu Hannover. Neue rev. Aufl. 16. (72 S. m. Fig.) Leipzig 898. Literar. Anst. A. Schulze. n. — 80

Biercomment, Jenaischer.

—— Jenaischer. Zu Nutz und Frommen akadem. Gemüthlichkeit entworfen. 3., verb. und verm. Aufl. 16. (XVI, 66 S.) Jena 872, Bran'sche Verlagsh. *

—— Jenaischer. Zu Nutz und Frommen akadem. Gemüthlichkeit entworfen. 4. Aufl. 16. (XVI, 64 S.) Jena 878, Mauke's Verlag. *

— Jenaischer. Zu Nutz u. Frommen akadem. Gemüthlichkeit entworfen. 6. Aufl. 16. (XVI, 64 S.) Jena 889. Mauke. n. 1. —

— Jenaischer. Zu Nutz u. Frommen akadem. Gemüthlichkeit entworfen. 7. Aufl. 12. (XVI, 64 S.) Leipzig 896. H. Haacke. n. — 75

Biercomment, Leipziger.

—— Leipziger. Nebst einem Anh.: Bierspiele. Officielle Ausg. Revid. und festgestellt 1864. 2. Abdr. 32. (78 S.) Celle 869, Schulze'sche Buchh.

— Leipziger. Nebst e. Anh.: Bierspiele. Hrsg. v. dem Leipziger S.-C. [Neue Revision 1870.] 16. (96 S.) Celle 871. Schulze'sche Buchh. — 75

—— Leipziger. Officielle S.-C.-Ausg. Revision 1870. Plakat. Imp.-Fol. Celle 876, Literarische Anstalt.

— dasselbe. Nebst e. Anh.: Bierspiele. Hrsg. vom Leipziger S.-C. Neue Revision 1870. 3. Aufl. 16. (96 S.) Ebend. 876. n. 1. —

Bier-Comment, Leipziger. Nebst e. Anh.: Bierspiele. Offic. Asg. d. Leipzige S.-C. Neue Afl. Neue Rev. 1870. 16. (96) Celle 79. Lit. Anst. 1. —

— — Leipziger. Nebst einem Anh.: Bierspiele. Officielle Ausg. des Leipziger S.-C. Neue Revision 1870. Neue Aufl. 16. (96 S.) Ebendas. 882. *

—— Leipziger. Nebst e. Anh.: Bierspiele. Offic. Asg. d. Leipziger S.-C. Neue Revision 1870. Neue Afl. 16. (96) Ebd. 84. n. 1. —

—— Leipziger. Nebst einem Anhang: Bierspiele. Officielle Ausg. des Leipziger S.-C. Neue Aufl. 16. (96 S.) Celle 886. Leipzig, Literar. Anstalt. *

— Leipziger. Nebst e. Anh.: Bierspiele. Officielle Ausg. des Leipziger S.-C. Neue Aufl. 16. (96 S.) Leipzig 893. Literar. Anstalt, A. Schulze. n. 1. —

— Leipziger. Nebst e. Anh.: Bierspiele. Officielle Ausg. d. Leipziger S.-C. Neue Aufl. 16. (96 S. m. Abb.) Leipzig 895. Literar. Anstalt, A. Schulze. n. 1. —

— Leipziger. Nebst e. Anh. Bierspiele. Officielle Ausg. des Leipziger S.-C. Neue Aufl. 16. (96 S. m. Fig.) Ebd. 898. n. 1. —

**Bier-Comment, Leipziger,** zur Beförderung edler studentischer Bestrebungen entworfen. Leipzig 1858. V: *Freytag*, *Wiesand*, *Muth*, *Seyring*, *Albert*, *Julius Wagner*, *Querl* & *Völkerling*. (Erman & Horn, Bibl. d. dtsch. Universitäten. 1. Leipz. u. Berl. 1904.)

Biercomment der Akademischen Liedertafel zu Berlin. Festgest. u. angenommen durch Beschluß d. General-Versamml. v. 12. Jan. 1883. (Rev. im März 1885, Juli 1893 u. 1897.) Berlin 1897.: F. Poeskel. (23 S.) 8° [F.] [4. 1111 11

Bier-Comment der Studentischen Liedertafel zu Greifswald. Rev. nach Conventsbeschluß v. 25. Juli 1893. Greifswald (1893): J. Abel. (27 S.) 8° [F.] [4. 1111 11

Biercomment, Marburger.

—— Marburger. Hrsg. zu Nutz und Frommen akadem. Bier-Gemüthlichkeit von der in den J. des Heils 1870 und 1871 niedergesetzten hochwohlweisen, stets infalliblen Bier-Comment-Revisions-Commission. Neueste verb. Aufl. 16. (31 S.) Marburg 871, Ehrhardt. *

— — Marburger. Hrsg. zu Nutz und Frommen akadem. Bier-Gemütlichkeit von der eigens dazu niedergesetzten hochwohlweisen, stets infalliblen Bier-Comment-Revisions-Commission. Neueste verb. Aufl. 16. (31 S.) Marburg 883, Ehrhardt's Universitäts-Buchh. *

— Marburger. Hrsg. zu Nutz u. Frommen akadem. Bier-Gemüthlichkeit von der eigens dazu niedergesetzten hochwohlweisen, stets infalliblen Bier-Comment-Revisions-Commission. 16. (30 S.) Marburg i/H. 890. Ehrhardt. — 30

— Marburger. Hrsg. zu Nutz u. Frommen akadem. Bier-Gemüthlichkeit v. d. eigens dazu niedergeſ. hochwohlweisen, stets infalliblen Bier-Comment-Revisions-Commission. 4. Aufl. 16. (30 S.) Marburg 897. O. Ehrhardt. n. — 40

Bier-Comment der freien schlagenden Verbindung 'Markomannia' zu Greifswald. Greifswald 1898: C. Sell. (30 S.) 8° [illegible] 11

—— der Forst-Akademie Münden. gr. 8. (8 S.) Münden 871, Augustin. cart. *

**Biercomment, neuer, allgem. Berliner.** gr. 12. (46 S.) Berlin 848, Stuhr. ¼ ₰

**Biercomment, Neuer jenaischer. Zu Nutz und Frommen akademischer Gemüthlichkeit entworfen. Jena 1853. V: *Wagner, Julius & Andere.* (Erman & Horn, Bibliogr. d. dtsch. Universitäten. 1. Leipz. u. Berl. 1904.)**

**Biercomment, neuer jenaischer.** Zu Nutz und frommen akadem. Gemüthlichkeit entworfen. Jena 858. (Doebereiner.) 16. (VI, 63 S.) n. 10 ng

—— neuer jenaischer. Zu Nutz und Frommen akadem. Gemüthlichkeit entworfen. 2., verb. und verm. Aufl. 16. (XII und 60 S.) Jena 864, Doebereiner. *

—— neuer, d. L.-S.-C. zu Hannover. Offic. Asg. 16. (47) Celle 76, Lit. Anst. — 80 || Neue Rev. 1877. (47) 77. n. — 60

—— offizieller, f. die Universität Leipzig. Hrsg. v. e. Kommission erfahrener u. hoher Semester. 24. (IV, 37 S.) Lpz.-Reudnitz 890, M. Hoffmann. * — 60

**Bier-Comment, offiz., f. d. Univ. Leipzig.** Hrsg. v. e. Kommission erfahrener u. hoher Semester. (4. Afl.) 32° (52) Lpzg-R. 94. M Hoffmann. — 60

—— der technisch-akademischen Burschenschaft „Olympia." Nebst einem Anh. über das Bierspiel Cerevis. 16. (78 S. mit eingedr. Holzschn.) Wien 869, Lechner's Verlag. *

— Pfälzer. 12. (36 S.) Kirchheimbolanden 891. C. Thieme. — 30

— Pfälzer. 12. (36 S.) Kirchheimbolanden (902). Thieme'sche Druckereien. — 30

Biercomment, revidirter allgemeiner. Berliner S. C. — Officielle Ausg. Neurevid. und angenommen 1878. 16. (24 S.) Berlin 878, (Peiser Sortiment.)

**Bier-Comment, rev. allg. Berliner S. C.—.** Offic. Asg. Neu rev. u. angenommen W.-S. 1886/87. 8. Afl. 12. (24) Berl. 87. Peiser's S. — 60

— revid., allgem., f. d. deutschen Hochschulen Oesterreichs. Offic. Ausg. 16. (56 S.) Leipzig 895. Literar. Anstalt, A. Schulze. n. — 70

— rev. Wiener. Offiz. Asg. 16° (56) Lpzg 95, Lit. Anst., A Schulze. — 70

—— Münchener S. C. 16. (36 S.) München 877, Stahl.

Biercomment, Tübinger.

—— Tübinger. Nebst einem Anhang: Bierspiele. 8. (52 S.) Tübingen 876, Fues'sche Sortimentsh. *

— Tübinger. Nebst e. Anh.: Bierspiele. 8. (52 S.) Tübingen 877. Fues' Sort. n. — 70

— Tübinger. Nebst e. Anh.: Bierspiele. 8. (52 S.) Tübingen 886. Fues. cart. n. — 80

Bier-Comment und Usus des studentisch-wissenschaftlichen Vereins 'Thuringia' zu Halle a. S. Halle a. S. 1895: (G. Bernhardt). (23 S.) 8° [Umschlagt.] [illegible] 11

Biercomment des Verbandes wissenschaftlicher Vereine zu Heidelberg. Genehmigt vom B. C. des S. S. 1896. Heidelberg 1896: E. Geisendörfer. (31 S.) 8° [illegible] 11

Bier-Comment des Breslauer V.-C. 1896. Leipzig-R. (1896): M. Hoffmann. (IV, 37 S.) 8° [illegible] 11

Biercomment des Münchener V.-C. München 1897: L. Mössl. (31 S.) 8° [illegible] 11

**Bier-Comment, Wiener. Wien 1882. 2. Aufl. 1888. 3. Aufl. 1896. V: *Beurle, Carl.* (EB)**

—— Wiener. 16. (29 S.) Wien 882, Pohan. cart. * geb. *

**Biercomment, Wiener.** 2., verb. Aufl. 16. (31 S.) Wien 888. Daberkow. cart. — 70

— Wiener. 3., durchgeseh. Aufl. gr. 16. (31 S.) Wien 896. C. Daberkow. Kart. n. — 70

**Biercomment, Wiener.** 4. durchges. Aufl. (31 S.) 16. Wien (902). Th. Daberkow. Kart. n. — 75

**Bier-Commers, der.** Anleitung zur Abhaltung eines Commerses in nichtstudent. Kreisen. Nebst einer Auswahl der beliebtesten neueren und älteren Trinklieder. Hrsg. von der Redact. der „Fidelitas". 1.—7. Aufl. 16. (64 S.) Hamburg 886—88, Kramer. geb. *

—— dass. — 2. Thl.: Ansprachen, Reden, Toaste, Vorträge und Intermezzi in Prosa, Declamationen, Lieder und Gesellschaftsscherze für fröhliche Commerse. gr. 16. (124 S.) Ebendas. 888. *

**Bier-Commers, der.** Anleitung zur Abhaltg. e. Commerses in nichtstudent. Kreisen. Nebst e. Auswahl der beliebtesten neueren u. älteren Trinklieder. Hrsg. v. der Redact. der „Fidelitas". 8.—10. Aufl. schmal-12. (64 S.) Hamb. 889—91, Kramer Verlag. geb. * — 50

**Bier-Commers, der.** Anleitung zur Abhaltg. e. Commerses in nichtstudent. Kreisen. Nebst e. Auswahl der beliebtesten neueren u. älteren Trinklieder. Hrsg. v. der Red. der „Fidelitas", Organ für gesell. Vereine u. Privat-Kreise. 9. Aufl. 12. (64 S.) Hamburg 890. Kramer. geb. n. — 50

**Bier-Commers, der.** Anleitung zur Abhaltg. e. Commerses in nichtstudent. Kreisen. Nebst e. Auswahl der beliebtesten neueren u. älteren Trinklieder. Hrsg. v. der Red. der „Fidelitas". 12. Aufl. schmal-12. (64 S.) Hamburg 893. G. Kramer Verl. Geb. in Leinw. n. — 50

Bier-Commers, der. Anl. z. Abhaltg e. Commerses in nichtstudent. Kreisen. Hrsg. v. d. Red. d. „Fidelitas". 18. Afl. 12° (64) Hamb. 95. G Kramer V. Geb. — 50

**Bierdämpfel,** Berechnungen für gutsherrliche Brauhausverwaltungen, Brauereibesitzer, Schenk- u. Tabernwirthe, so wie f. alle Bierabnehmer in großen Quantitäten. Fol. Nördlingen 841, Beck. 11 ng

Bierdemann, A., Anfangsgründe d. Arithmetik, zum Selbstunterr. u. f. Hauslehrer u. Privatlehrer, welche nicht Mathematiker sind, bearb. 8. (7½ B.) Leipzig 833, Hartmann.

**Bierdimpfl, K. A.** Die Sammlung der Musikinstrumente des baierischen Nationalmuseums. Offizielle Ausgabe. München 1883.

Bière [Sachliches OW]

Bière. [Transport lithographique d'une partie des feuilles 431, 433—437 de l'Atlas Siegfried.] Echelle 1 : 25000. [Publié par le] Bureau topographique fédéral. Report sur pierre 1901. 506/780 mm. 1 feuille fol. Berne, H. & A. Kümmerly & Frey. (fr. 2. —, [collé sur toile fr. 3. —])

Bière. [Place d'armes. Transport lithographique d'une partie des feuilles XI et XVI de la carte topographique Dufour.] Echelle 1 : 100000. [Publié par le] Bureau topographique fédéral. Report sur pierre 1902. 495/363 mm. 1 feuille fol.-obl. Berne, H. Kümmerly & Frey. [fr. 1. —, collé sur toile fr. 1. 70]

Bière. [Place d'armes. Transport lithographique d'une partie des feuilles 431, 434, 435, 433, 436, 437 de l'Atlas topographique Siegfried.] Echelle 1: 25000. [Publié par le] Service topographique fédéral, Berne. Report sur pierre 1905. 510/784 mm. 1 feuille fol.-obl.

*Ed. A: non collée.* fr. 2. —
*Ed. B: collée sur toile*, 8; *titre (avec croquis):* Atlas topographique de la Suisse. Report sur pierre. Place d'armes de Bière. 1: 25,000. [Berne,] Bureau topographique fédéral, *Aufdruck:* 1905. collée sur toile fr. 3.—

Biere, trübe. Die Ursachen der Trübung und die Klärmittel. gr. 8 (III, 46 S.) Prag 880, (Grégr und Valečka.) *
Aus: Der böhmische Bierbrauer, besonders abgedruckt.

Bière [Schlagwort]
Bière, s.: Schweiz. Atlas. Karte.

Bierei, Ernst. Die Bewegung der Arbeitslöhne in der deutschen Landwirtschaft. Diss. Phil. Bern. VI + 68 S. 8. Merseburg, Friedrich Stollberg, 1910.

Bierema, Steven: Die Assimilation von Ammon-, Nitrat- und Amidstickstoff durch Mikroorganismen. Jena: Fischer 1909. 83 S. 8° ¶(Aus: Centralblatt f. Bakteriol., Parasitenkunde u. Infektionskrankh. Abt. 2, Bd 23, Nr 21/25.)
Leipzig, Phil. Diss. v. 2. Juli 1909, Ref. Kirchner, Pfeffer
[Geb. 12. Nov. 84 Usquert; Wohnort: Usquert; Staatsangeh.: Niederlande; Vorbildung: Gymn. Groningen Reife Juni 04; Studium: Halle 2, München Techn. Hochsch. 1, Leipzig 4 S.; Rig. 25./26. Febr. 09.] [U 09. 2923

Bierens de Haan, J., die Bedeutung der Hypnose u. Suggestion f. die Erziehung. Aus dem Holl. ins Deutsche übertr. (47 S.) 8. Leipzig 905. M. Altmann. n. 1. —

Bierer, E. W.
Bierer, Grundsätze d. Würtemberg. Privatrechts. gr. 8. Tübing. 826, Osiander.

Bierer, E. W., Grundsätze d. Würtemberg. Privatrechts, insbesond. auch z. Gebr. f. diejen., welche d. academ. Unterricht nicht benützen können. Ein Versuch. gr. 8. (5 B.) Tübingen 827, Osiander.

Bierer, Herm., und Friedr. Frisch, das Forststrafgesetz vom 2. Sept. 1879 und das Forstpolizeigesetz vom 8. Sept. 1879 in Verbindung mit der Vollziehungs-Verfügung vom 22. Sept. 1879 und dem Vollziehungs-Erlasse vom 18. März 1880. Mit Erläuterungen und ausführlichem alphabet. Sachregister. 8. (108 S.) Waiblingen 880. (Eßlingen, Lung.) *

Bierer, H: Generalregister, s.: Jahrbücher d. württemberg. Rechtspflege.

Bierer, Herm., der Geschäftskreis der Gemeindebehörden u. der Gerichtsvollzieher nach den neuen Reichsjustizgesetzen u. den württembergischen Ausführungs-Gesetzen. 8. (IV, 194 S.) Tübingen 879. Osiander. n. 1. 50; geb. n. 1. 80

Bierer, Herm., und Friedr. Frisch, das württembergische Gesetz betr. die Zwangsvollstreckung wegen öffentlich rechtlicher Ansprüche. Vom 18. Aug. 1879. Mit Erläuterungen. gr. 8. (96 S.) Waiblingen 880. (Eßlingen, Lung.) *

— — das württembergische Gesetz, betr. die Zwangsvollstreckung in unbewegliches Vermögen vom 18. Aug. 1879. Mit Erläuterungen. gr. 8. (66 S.) Ebend. 880. n. 1. —

— — populäre Gesetzeskunde. Das Nothwendigste aus Verfassung von Land u. Reich, Verwaltung u. Rechtspflege im Königr. Württemberg für Jedermann zum Selbstunterrichte u. Schulgebrauche. gr. 8. (136 S.) Ebend. 880. n. 1. 60

Bierer, Herm., Handbuch des gesammten, in Württemberg geltenden Privatrechts. 3 Bde. gr. 8. Stuttgart 862,63, Metzler'sche Buchh. Verlags-Conto. *

Inhalt:
Bd. 1. Der sogenannte allgemeine Theil und die dinglichen Rechte. (XVI und 406 S.) * 2 Thlr. 8 Ngr.
" 2. Die persönlichen oder Forderungsrechte (Obligationenrecht) und das Pfandrecht. (VIII und 408 S.) * 2 Thlr. 8 Ngr.
" 3. Das sogenannte Familienrecht und das Erbrecht. Nebst ausführl. Sachregister. (VI und 178 S.) * 1 Thlr.

—— das allgemeine deutsche Handelsgesetzbuch, das württembergische Einführungsgesetz, das Gesetz, die Errichtung von Handelsgerichten und das Verfahren vor denselben betreffend (Handelsgerichts-Ordnung), mit gemeinfaßl. Erläuterungen und ausführl. Sachregister. 6 Lfgn. gr. 8. (IV und 275 S.) Tübingen 865,66, Osiander'sche Buchh. à Lfg. 5 Ngr.

Bierer, H., deutsches Handelsrecht, mit dem Seerecht und vergleichender Darstellung des französ. Rechts. 1. Aufl. (VIII, 260 S.) 1871, und 2. mit einem Anh. verm. Aufl. gr. 8. (VIII, 287 S.) Stuttgart 873, Maier. * 3 —
Aus: Kaufmännische Unterrichtsstunden, besonders abgedruckt.

— Mieter u. Vermieter nach d. bürgerl. Gesetzbuch. Gemeinfaßl. dargest. 8. (56 S.) Ulm 901. J. Ebner. Kart. n. — 80

—— württembergisches Rechtsbuch. Haussecretär für jeden Württemberger. Hand- und Nachschlagebuch der Rechte und Pflichten, Rathgeber zur Besorgung wichtiger Rechtsgeschäfte, unter Beigabe vieler Formularien zu Eingaben und schriftl. Aufsätzen jeder Art, Verträgen, Testamenten, Theilungen, Quittungen &c., mit faßl., prakt. Zusammenstellung der in Württemberg gelt. Gesetze und Rechtsgrundsätze unter Berücksicht. der neuesten deutschen Reichsgesetze. In 12 Heften. gr. 8. (VIII, 720 S.) Ulm 878—80, Ebner'sche Buchh. à Heft 40 Pf.

— württembergisches Rechtsbuch. Haussecretär für jeden Württemberger. Hand- u. Nachschlagebuch der Rechte u. Pflichten, Rathgeber zur Besorgung wichtiger Rechtsgeschäfte, unter Beigabe vieler Formularien zu Eingaben u. schriftlichen Aufsätzen jeder Art, Verträgen, Testamenten, Wechseln, Klagen &c., m. faßl., prakt. Zusammenstellung der in Württemberg geltenden Gesetze u. Rechtsgrundsätze unter Berücksichtigung der neuesten deutschen Reichsgesetze. gr. 8. (VIII, 720 S.) Ulm 878—81. Ebner. 4. 80; geb. n. 5. 80

Bierer's, H., württembergisches Rechtsbuch. Haussecretär f. jeden Württemberger. Hand- u. Nachschlagebuch der Rechte u. Pflichten, Ratgeber zur Besorgg. wicht. Rechtsgeschäfte unter Beigabe vieler Formularien zu Eingaben u. schriftl. Aufsätzen jeder Art, Verträgen, Testamenten, Wechseln, Klagen &c. m. faßl., prakt. Zusammenstellg. der in Württemberg gelt. Gesetze u. Rechtsgrundsätze unter Berücksicht. der neuesten deutschen Reichsgesetze. 4. Aufl. gr. 8. (VIII, 765 S.) Ulm 893. J. Ebner. 4. 80; geb. in Leinw. n. 5. 80

— dasselbe. 4. Aufl. Nachträge. gr. 8. (39 S.) Ebd. 894. Unentgeltlich.

— württembergisches Rechtsbuch. Hand- u. Nachschlagebuch f. das gesamte neue bürgerl. Recht, m. Einschluß des Handels- u. Wechselrechts, sowie der auch künftig in Geltung bleib. Bestimmgn. des württ. Rechts. Nebst Ausführungsgesetz zum bürgerl. Gesetzbuch u. dessen Nebengesetzen. Ratgeb. z. Besorgg. aller Rechtsgeschäfte unt. Beigabe vieler Formularien. 5. Aufl. gr. 8. (XVI, 863 S.) Ebd. (899). 6. —; geb. in Leinw. n. 7. —; auch in 12 Hftn. à — 60

Bierer, H., der Rechtsfreund für das Königreich Württemberg. Eine Anleitung zur Besorgung der wichtigsten Rechtsgeschäfte mit einer kurzgefaßten Darstellung des württembergischen Civilrechtes nebst Gerichtsverfassung. 1. Thl. in 8 Lfgn. 8. Zürich 869, Schultheß. à Lfg. * 45 Pf. * geb. *

—— dass. — 2. Thl. Das Verwaltungswesen. In 8 Lfgn. 8. Ebendas. 870. à Lfg. * 45 Pf. * geb. *

—— dass. — 3. Thl. Die neueste württembergische Gesetzgebung nebst der neuen deutschen Reichsverfassung, gemeinfaßlich dargestellt und erläutert. 1. und 2. Lfg. 8. Ebendas. 871.
1. Lfg. * 75 Pf.; 2. Lfg. * 90 Pf. *

**Bierer, Herm., u. Frdr. Frisch, Repertorium der Straf-Gesetze d. Königr. Württemberg m. alphabet. Sach-Register über dieselben, u. die damit in Verbindung stehenden Gesetze, Verordnungen u. Verfügungen, mit Angabe der zur Untersuchung und Bestrafung jeder strafbaren Handlung zuständ. Behörde, nebst einer Darstellung der Thätigkeit der Polizeibehörden in Strafsachen. Des Sach-Registers 3., sehr verb. Aufl. gr. 8. (VIII, 319 S.) Stuttgart 880. Kohlhammer. n. 4. —**

**Bierer, H., die Thätigkeit der Polizei-Behörden in Straf-Sachen, s.: Frisch, F.**

—— Volksausgabe württembergischer Gesetze. Mit Inhaltsverzeichniß, erläut. Einleitung und ausführl. Sachregister. 1.—6. Bdchen. 8. Tübingen 868, Osiander'sche Buchh. *

Inhalt:

Bdchn. 1. Das Gesetz über die Gerichtsverfassung vom 13. März 1868. (IV, 58 S.) 70 Pf.
" 2. Gesetze vom 13. März 1868, betr. die Kraftloserklärung von Inhaberpapieren und durch Blankoindossament übertragenen Actien, sowie der Wechsel und der in Artikel 301 und 302 des Handelsgesetzbuchs bezeichneten Papiere. (IV, 45 S.) 75 Pf.
" 3. Das neue Kriegsdienstgesetz mit der königl. Verordnung, betr. den Nachweis der wissenschaftl. oder künstler. Bildung für die Zulassung zum freiwill. einjähr. Dienste im aktiven Heere, vom 12. März 1868. (IV, 78 S.) 50 Pf.
" 4. Das Verfassungsgesetz, betr. einige Abänderungen des 9. Kapitels der Verfassungsurkunde und das Gesetz, betr. die Wahlen der Städte und Oberamtsbezirke für den Landtag vom 26. März 1868. (24 S.) 20 Pf.
" 5. Civilproceßordnung vom 3. April 1868. (VII, 428 S.) * M. 2,50.
" 6. Strafproceßordnung vom 17. April 1868. (VII, 360 S.) * M. 3,5.

**Bierer, H., was muß ich wissen üb. Erbfolge, Testament, Erbvertrag? Mit vielen Beispielen u. Formularen gemeinfaßl. dargest. Nebst e. Anh.: Erbschafts- u. Schenkungssteuergesetz gr. 8. (155 S. m. 5 Fig.) Ulm 901. J. Ebner. Kart. 1. 50**

Bierer, H., Das württembergische Wassergesetz vom 1. XII. 1900 m. den Ausführungsbestimmungen. (III, 187 S.) 8. Ulm, J. Ebner. 1902 Kart. 2. —

—— deutsche Wechsellehre. Mit vergleichender Darstellung des französ. Rechts, für den prakt. Gebrauch, wie für den Unterricht an Lehranstalten. 1. Aufl. (XI, 291 S.) 1870, und 2. mit einem Anh. verm. Aufl. gr. 8. (XI, 296 S.) Stuttgart 873, Maier. *

Aus: Kaufmännische Unterrichtsstunden, besonders abgedruckt.

—— —— das Wirthschafts-Gewerbe in Württemberg, für die Staats- und Gemeinde-Behörden wie auch für Wirthe bearb. gr. 8. (X, 86 S.) Waiblingen 881. (Eßlingen, Luna.) *

Bierer, Ruben, d. Mischehe. [Aus: „Laubhütte".] 8. (24 S.) Frankfurt a/M. 897. J. Kauffmann. n. — 50

Bierey, Emil, die Stenographie als Ehestandsteufel. Schwank in 1 Aufzuge. Festspiel bei der Geburtstagsfeier Gabelsbergers zu Dresden am 9. Febr. 1861. gr. 8. (7 lithogr. S.) Dresden 861, (Adler und Dietze.) *

**Bierey, Emil, die Stenographie als Ehestandsteufel. Schwank in 1 Aufzug. Festspiel bei der Geburtstagsfeier Gabelsbergers zu Dresden, am 9. Febr. 1861. 2., von Zoibig durchgesoh. Aufl. 12. (15 autogr. S.) Dresden 880. G. Dietze. n. — 50**

**Bierey, Emil, die Stenographie als Ehestandsteufel.** Schwank in 1 Aufzug. Festspiel bei der Geburtstagsfeier Gabelsbergers zu Dresden, am 9. Febr. 1861. 2. von Zeibig durchgesch. Aufl. 12. (15 autogr. S.) Dresden 881, G. Dietze. *

Bierey, Gottlieb Benedikt, s. Hoffnung. - Maurers Hoffnung.

Bierey, Gottlieb Benedikt, s. Rohde, Joh. Gottl.

Bierey, Gottlieb Benedikt, s. Schall, Karl

**Biereye**, Johannes, Rektor Prof. Dr.: (Ansprache [bei seiner Einführung]). Görlitz 1903: Görlitzer Nachrichten u. Anzeiger. (S. 4—8.) [5.]
[illegible]

**Biereye, Joh., die Erziehung in Haus u. Schule. Vortrag, geh. am 20. Jan. 1891 in Oschersleben. gr. 16. (12 S.) Oschersleben 891. (Gebr. Köppel.) — 50**

Biereye, [Johannes]: [Die Feier der Einführung des neuen Erbadministrators Dr. iur. Heinrich Grafen von Witzleben-Altdöbern.] S. 25—30. 4. **Progr.** Klosterschule *Roßleben* 1906

**Biereye, Joh., Geschichte der Stadt Erfurt, s.: Beyer, Carl.**

Geschichte der von der Familie v. Witzleben gestifteten Klosterschule Roßleben von 1854–1904 als Forts. der d. Zeitraum von 1554–1854 umfassenden Geschichte d. Klosterschule von Prof. Dr. Theodor Herold bearb. durch d. derzeit. Rektor Prof. Dr. [Joh.] Biereye. *Kloster Roßleben: Selbstverl. d. Klosterschule 1904.* (38 S.) 4° 8°) 1904. 3

Biereye, Johannes: Res Numidarum et Maurorum annis inde ab a. 648 usque ad. a. 708 ab u. c. perscribantur. Halis Saxonum 1885: Ploetz. 45 S. 8°

Halle-Wittenberg, Phil. Diss. v. [24. Febr.] 1885
Geb. Brücken a. d. Helme (Kr. Sangerhausen) 10. 6. 1860. V.
Verf. erlebte die nachträgliche Diplomerneuerung 1935 als D. theol. (Halle 14. 6. 1927), Geheimer Studienrat, Gymnasialdirektor a. D., Präsident der Akademie gemeinnütziger Wissenschaften in Erfurt,

**Biereye, Wilhelm**: Beiträge zur Geschichte Nordalbingiens im 10. Jahrhundert. (Kap. 1–3.) (Berlin: Borussia 1909.) VII. 44 S. 8° (Ersch. vollst. ebd.)
Berlin, Phil. Diss. v. 20. Jan. 1909. Ref. Schäfer
[Geb. 4. Febr. 82 Plön; Wohnort: Großlichterfelde; Staatsangeh.: Preußen; Vorbildung: Gymn. Plön Reife M. 02; Studium: Halle 1, Berlin 7 S.; Rig. 18. Juni 08.] [U 09. 144

**Biereye, Wilh., Beiträge z. Gesch. Nordalbingiens im 10. Jahrh. (VII, 192 S. m. 2 farb. Karten.) gr. 8. Berlin 909. Borussia. 10 —**

— s.: **Eckard, der getreue.**

**Bierfaß, über die Kunst bairisch Bier zu trinken, s. Lieber.**

**Bierfaß, Seidelius Flaschius, über die Kunst Bairisch Bier zu trinken. gr. 8. (30 S.) Bromberg 848, Levit in Co. n. 4 ngr**

Bierfrage (Die) in Bayern im J. 1861. Eine erschöpfende Abhandlung über dieselbe bei Gelegenheit des 50jährigen Jubiläums des Bier-Regulativs vom J. 1811. gr. 8°. München, Lindauer, 1861. (IV, 217 S.)

Bierfrage, die, in Königsberg. gr. 8. (4 S.) Königsberg 872, Braun und Weber. *

**Bierfreund, Hilarius, (Woldemar Nürnberger), August, od.: Der Bierwirth u. Biertrinker wie er sein soll u. muß. Ein unentbehrl. Noth- u. Hülfsbüchlein f. jeden Bierwirth u. f. jeden Biertrinker rc. Nebst deutl. Anweisg. sich in Bierstuben richtig zu benehmen, u. in dem unangenehmen Falle des etwa „an die Luft Gesetztwerdens" den nöthigen Humor u. Wohlanstand u. die ersprießlichste Grazie zu beobachten. 24. (60 S.) Landsberg 848, Volger & Klein. n. 1/6 ß**

**Bierfreund, J.G.**, Montreux am Genfersee. 8. (50) Bas. 67, Richter. n. — 16

**Bierfreund, J. G., Montreux am Genfersee. Mit Rücksicht auf Traubenkur, Winteraufenthalt u. Molkenkur daselbst. Basel 867. Schweighauser in Comm. gr. 8. (59 S. u. 1 Lithogr.) n. 16 ngr.**

Bierfreund, J. G. (II.), Montreux au lac de Genève. Quelques considérations sur la cure de raisins, le séjour d'hiver et la cure de petit lait dans cette contrée. gr. 8. (64 S. mit 1 Stnt.) Basel 868, (Schweighauser'sche Verlagsh.) *

Bierfreund, J. G. (I.), kleines Zeitungs-Lexikon. Eine Sammlung der in den Zeitungen, period. Zeitschriften, Büchern und in der Umgangssprache gebräuchl. Redensarten, Sprüche und Formeln aus fremden Sprachen, wie der in Schriften vorkommenden Abkürzungen. 16. (VI, 112 S.) Bremen 870, Kühtmann und Comp. *

**Bierfreund, J. G.,** kleines Zeitungs-Lexikon. Eine Sammlung der in den Zeitungen, period. Zeitschriften, Büchern und in der Umgangssprache gebräuchl. Redensarten, Sprüche und Formeln aus fremden Sprachen, wie der in Schriften vorkommenden Abkürzungen. 2. (Titel-)Ausg. 16. (IV, 112 S.) [Bremen 881.] Norden, Fischer Nachf. *

**Bierfreund, Max,** üb. das Verhalten d. Endometriums bei Carcinoma portionis et cervicis uteri. Diss. gr. 8. (25 S.) Königsberg i/Pr. 891. (W. Koch.) n. — 60

Bierfreund, Max [pr. Arzt]: Ueber das Verhalten des Endometriums bei Carcinoma portionis et cervicis uteri. . . . Königsberg i. Pr., Druck v. M. Liedtke, 1891; 25 S., 2 Bl. 8°
Königsberg, Med. Fak., Inaug.-Diss. v. 30. Mai 1891

**BIERGANS,** F. J. M. („keiner gelehrten, noch polit. Gilde Mitglied", Notar zu Aachen, geb. zu Aldenhofen bei Aachen 177*), Minne-Gedichte. Ein Toiletten-Geschenk f. empfindsame Jünglinge, u. liebende Mädchen. Köln, in d. Spitzischen Buchhdlg., o. J. (Vorr. dat. Aachen im Octob. 1818). 12°. Farbiges Papier.
6 Bll., 137 S., 2 Bll. Reg. — A. E. d. Textes: Köln, gedr. bei Th. Fr. Thiriart 1819. Selten u. wenig bekannt! Sich Rassmann, Pantheon deutscher Dichter, 1823, S. 26. —
Darin u. a.: Das Hohe-Lied d. Liebe. E. Hymnus an Cythere. (59 achtzeil. Str.) Aristoteles, od. d. Macht d. Liebe. E. Romanze. (23 achtzeil. Str.) Emma u. Eginhard, od. d. Sieg d. Liebe (47 vierzeil. Str.) Carl d. Gr. u. Rachildis, od. d. Liebe baut das Münster in Aachen. E. Romanze. (35 vierzeil. Str.) Niclas Ipskamp, od. der Gattinn-Mörder. E. Ballade v. 1813. (23 achtz. Str.) Uebersetzungen aus Catullus, Sinngedichte etc.

**Biergans,** Franz Theod., Brutus, oder der Tyrannenfeind. 32°. 5. Stück. Frei-Köln. Im 3. Jahr der einigen unzertheilbaren Republik.
Dass. s.a.: Brutus...

**Biergans, F. T., Deutschlands Entsündigung. 8. Frankf. a. M. 814. Boselli. 5 K**

**Biergans, Joseph:** Die Wohlfahrtspflege der Stadt Aachen in den letzten Jahrhunderten des Mittelalters. Aachen 1909: Kaatzer. IV, 76 S. 8° ¶ (Aus: Zeitschrift d. Aachener Geschichtsver. Bd 31.)
Münster, Phil. Diss. v. 30. Dez. 1909, Ref. Spannagel
[Geb. 20. Juni 84 Niederau, Kr. Düren; Wohnort: Münster i. W.; Staatsangeh.: Preußen; Vorbildung: Gymn. Eschweiler Reife O. 06; Studium: Bonn 1, Marburg 2, Berlin 1, Münster 3 S.; Rig. 24. Juli 09.] [U 10. 3764 40°

**BIERGLAS,** Das Buch der guten Laune. 1847.

**Bierglas, A.,** der Humorist auf der Eisenbahn, s. Humorist, der.

**BIERGLAS,** Der Humorist auf der Eisenbahn. 1854 etc.
Weller, Lex. Ps. p. 73.

**Bierglas, A.,** der Humorist auf der Eisenbahn. Eine Sammlung von 350 der drolligsten Anekdoten zur Unterhaltung auf Reisen und zur Erquickung aller Freunde des Scherzes. 32. (127 S.) Mühlheim a. d. Ruhr 855, Reymann's Buchh.

**Bierglas, A.,** der ewige Jude. Ein Berliner Puppenspiel. Einzig rechtmäßige Original-Ausgabe für alle 5 Welttheile. Mit 1 Federzeichnung von Böhmer. 8. Demmin 844, Gesellius u. Co. n. 1/6 Thlr.

Bierglas, A., berliner Caricaturen, s. Caricaturen.

**BIERGLAS, A.** (ps.), Berliner Caricaturen. 1843.

**Bierhals, G.,** Reichsgesetz betr. die Unterstützung v. Familien der zu Friedensübungen einberufenen Mannschaften vom 10. Mai 1892, nebst der Bundesraths-Instruktion vom 2. Juni 1892. Textausg. m. Anmerkgn. aus den preuß. Ausführungs-Vorschriften u. e. Tabelle üb. die zu zahl. Unterstützungsbeträge. 2., verm. Aufl. 8. (24 S.) Berlin 893. J. J. Heine. Kart. n. — 75

**Bierhaus, Fritz,** Rechtsanw.: Der Eigentumsvorbehalt an Maschinen, die in einem Fabrikgrundstücke aufgestellt sind, und die Wirkung des Vorbehaltes im Zwangsversteigerungsverfahren. Stendal 1909: Gewert & Sluyter. 78 S. 8°
Rostock, Jur. Diss. v. 25. Juli 1909, Ref. Bernhöft, Wachenfeld
[Geb. 13. Mai 79 Essen a. R.; Wohnort: Essen; Staatsangeh.: Preußen; Vorbildung: Gymn. Essen Reife O. 99; Studium: Marburg 4, München 1, Berlin 1 S.; Rig. 28. Mai 09.] [U 09. 3645

**Bierhaus, W. H.,** Glauben, wie die Schrift sagt. (32 S.) 8. Gotha (908). (Missionsbuchh. P. Ott.) — 25

**Bierhoff, Fritz,** appr. Arzt a. Werdohl: Aus d. Kgl. Univ.-Augenklinik zu Marburg. Ueber Häufigkeit und Ursachen der Anisokorie. Hagen i. W. 1907: W. Quitmann. (20 S.) 8°
Marburg, Med. Fak., Ref. Bach, Diss. v. 7. Sept. 1907
[Geb. 4. März 78 Werdohl i. W.; Wohnort: Marburg; Staatsangeh.: Preußen; Vorbildung: Gymn. Höxter Reife O. 98; Studium: Göttingen 5, Marburg 8 S.; Coll. 19. Jan. 07; Approb. 29. Mai 06.]

**Bieri, Fr.,** der trostreiche Unsinn. 8. (VI, VIII, 198 S.) Porto Alegre 901. Krahe & Co. n. 2. —

Bieri, Herm.: Lehrb. d. Physik f. Sekundarsch., Bezirkssch. u. Progymn. (148 m. Abb. u. 1 farb. Taf.) gr8° Bern, A Francke '11. L 2.80 d

**Bieri, Josef,** prakt. Arzt, z. Z. Volontär-Arzt der chirurgischen Klinik der Universität Bern: Klinik-histologischer Bericht über 25 Fälle von Ohrpolypen. [Mit sechs Illustrationen im Text.] Luzern 1909. 34 S. 8°.
[7. VII. 09.]
Bern. Med. Diss. 1909/10.

Bieri, Josef. Klinisch-histologischer Bericht über 25 Fälle von Ohrpolypen. Diss. Med. Bern. [Mit 6 Tafeln.] 34 S. 8. Luzern, Räber & Cie., 1909.

**Bieri, Osk.:** Materialien f. d. Unterr. in d. Schweizergeogr., s: Stuckl, Glieb.

Bieri, Oscar. Volksdichte und Besiedelung des bernischen Mittellandes. Ein Beitrag zur Anthropogeographie der Schweiz. Diss. Phil. Bern. (Mit 2 Originalkarten und 1 Skizze im Text.) Sonderabdruck aus dem 21. Jahresbericht der Geogr. Ges. von Bern, 1909. 95 S. 8. Bern, Haller, 1909.

Bieri, Samuel Sigmund
**Bieri, S. S.,** Alpenröschen. Eine Auswahl leichter zwei- und dreistimmiger Lieder für die Jugend in Schule und Haus. 92 pp. qu. 8. Bern, K. J. Wyss. 1877 —. 60

**Bieri, S. S.** Alpenröschen. Eine Auswahl leichter zwei- und dreistimmiger Lieder für die Jugend in Schule und Haus. 2. verb. Aufl. Quer in-8°, 92 S. Bern, K. J. Wyss. 1887 — 60

**Bieri, S. S.** Heimathklänge. Eine Sammlung leichter Lieder f. schweizer. Männerchöre. Kl. in-8°, 312 S. Bern, K. J. Wyss. 1879 2 —

**Bieri, S. S.,** Heimatklänge. Eine Sammlung leichter Lieder für schweizer. Männerchöre. 8. (VIII, 312 S.) Bern 880, Wyß. *

**Bieri, S. S.,** Liederkranz. Eine Auswahl von 36 drei- und vierstimmigen Liedern für ungebrochene Stimmen. Zum Gebrauche für Sekundar- und Oberschulen, wie für Frauenchöre. qu. 4. (60 S.) Bern 869, Wyß. *

**Bieri, S. S.,** Liederkranz. Eine Auswahl v. 66 drei- u. vierstimm. Liedern f. ungebrochene Stimmen. Zum Gebrauch f. Sekundar- (Real-) u. Oberschulen, wie f. Frauenchöre. 5. verb. Aufl. qu. gr. 8. (IV, 88 S.) Bern 885. Wyß. n. — 60

**Bieri, S. S.,** Liederkranz. E. Ausw. v. 66 3- u. 4stimm. Liedern f. ungebr. Stimmen. Z. Gebrauche f. Sekundar- (Real-) u. Oberschulen, wie f. Frauenchöre. 6., verb. Aufl. qu. gr. 8. (IV, 88 S.) Bern 895. K. J. Wyß. Kart. n. — 80

**Bieri**, S[amuel] S[igmund]. Liederkranz. Eine Auswahl von 66 drei- und vierstimmigen Liedern für ungebrochene Stimmen. Zum Gebrauche für Sekundar- (Real-) und Oberschulen, wie für Frauenchöre. Bearbeitet und hrg. von S. S. Bieri.... 7. verbesserte Aufl. IV + 88 S. quer-8. Bern, K. J. Wyss, 1902. [cart. fr. —. 80]

**Bieri, S. S.,** schweiz. Turnerliederbuch. 8. Bern, K. J. Wyss. 3. — 1877 geb. 3. 50

— schweizerisches Turner-Liederbuch. 8. (XII, 280 S.) Ebend. 878. n. 2. 50; cart. n. 3. —

**Bierich,** Robert: Aus d. Kgl. pathol.-anat. Universitäts-Institut zu Königsberg i. Pr. Untersuchungen über das elastische Gewebe der Brustdrüse im normalen Zustande und bei Geschwülsten. *Königsberg i. Pr. 1900: H. Jaeger.* (38 S.) 8°
Königsberg, Med. Diss. v. 1. Aug. 1900

**Biering,** C. Henry, englisches Lese-Buch für Gymnasien und höhere Schulen, so wie zum Privat-Unterricht. Mit einem Vorworte von Fr. Wimmer. gr. 8. (IV und 148 S.) Breslau 854, Kern. Thlr.

Biering, Johann Albert
Bieringen J. A., Historische Beschreibung des sehr alten und löblichen Mannßfeldischen Berg-Wercks, nach seinen Anfang, Fortgang, Fatis, Berg-Grentzen, Lehn-Briefen usw. Leipzig, 1734. 174 S. mit Abb. Dyk

Bieringer, Alois : Fragmente von Kallinos, Tyrtaios, Solon. S. 3-28. Progr. Kitzingen 1863.

**Bieringer, A.,** Fragmente von Kallinos, Tyrtaios, Solon. Kitzingen 863. (Fick.) gr. 4. (28 S.) n. 5 ngr.

Bieringer, Aloys: Variae lectiones in carm. I. II. III. v. Horazens III. Buch der Oden, mit Bezug auf Bentlei und Peerlkamp. S. 3-10. Kitzingen, Edu. Friedr. Schubert.
Progr. Kitzingen 1862.

**Bieringer, Ernst:** Der mittel- und neufranzösische direkte Fragesatz. Göttingen 1910: Dieterich. 130 S. 8°
Göttingen, Phil. Diss. v. 28. Juli 1910, Ref. Stimming
[Geb. 4. Mai 83 Bielefeld; Wohnort: Bielefeld; Staatsangeh.: Preußen; Vorbildung: Realgymn. Quakenbrück Reife O. 04; Studium: Tübingen 1, Berlin 1, Marburg 1, Berlin 1, Göttingen 9 S.; Rig. 23. Febr. 10.] [U 10. 1397

Bieringer, Johann Albert, s. B i e r i n g , Johann Albert

**Bjerkén, Pehr:** Abhandlung von den wahren Kennzeichen der Krebsschaden wie auch der scrophulösen und venerischen Geschwüre und Geschwülste. (Inträdes tal om kräftskadors, scrophulöse och venerlske sars och svullnaders igenkännande. Dt.) Übers.(von Adolph Murray.) 120 S., gbd.

Göttingen: Dieterich 1775

**Bierchén, Peter.** Abhandlung von den wahren Kennzeichen der Krebsschaden... Aus d. Schwed. übers. Göttingen 1775. Ü: *Murray, Anders.* (BrMm) (EngM) (Ky)

**Bjerkén, Pehr af,** einfache Metode, die Konstanten e. Linse od. e. Linsensystems vollständig zu bestimmen. (5 S. m. 1 Fig.) 8. Uppsala 909. (Berlin, B. Friedländer u. Sohn.) nn — 60
Sonderabdruck aus „Arkiv f. matem., astron. och fysik".

Bjerknes, C. A. Ueber die geometrische Repräsentation der Gleichungen zwischen zwei veränderlichen, reellen oder complexen Grössen. Christiania 1859. 4.

Carl Anton Bjerknes. Gedächtnißrede geh. zu Christiania 1903 von V[ilhelm] Bjerknes, Prof., Stockholm. Mit 1 Bildnis. *Leipzig: J. A. Barth 1903.* (30 S.) 8° [04. 4016

Bjerknes, Vilhelm: Über die B i l d u n g von Cirkulationsbewegungen und Wirbeln in reibungslosen Flüssigkeiten. Christiania: In Komm. b. J. Dybwad; A. W. Bröggers Buchdr. 1898. (29 S.) $4^{0}$ ($8^{0}$) = Skrifter udg. af Videnskabsselskabet i Christiania. 1898. I. Mathem.-naturv. Kl. No 5.

Über die Darstellung des hydrographischen Beobachtungsmateriales durch Schnitte, die als Grundlage der theoretischen Diskussion der Meerescirkulationen und ihrer Ursachen dienen können von V[ilhelm] Bjerknes u. J. W. Sandström. *(Göteborg: Wettergren & Kerber 1901).* (19 S.) 8°
= Handlingar, Göteborgs Kgl. Vetenskaps- och Vitterhets-Samhälles. F. 4, H. 3, [4.] [04. 2981 II

Ueber einen hydrodynamischen Fundamentalsatz und seine Anwendung besonders auf die Mechanik der Atmosphäre und des Weltmeeres von V[ilh.] Bjerknes. Mit 5 Taf. *Stockholm 1898: P. A. Norstedt & söner.* (35 S.) 4°
— Handlingar, K. Svenska Vetenskaps-Akademiens. N. F. Bd 31, No 4. [00. 5814

**Bjerknes, V.,** die Kraftfelder, s. a. Wissenschaft, die.

Bjerknes, V: Die Kraftfelder. Braunschweig 1909. (Wissenschaft H. 28)

**Bjerknes, V:** Dynam. Meteorol. u. Hydrogr. Von B. u. verschied. Mitarbeitern. Deut. Ausg. der v. d. Carnegie Instit. of Washington hrsg. Dynamic meteorology and hydrography. 1. Tl: Statik d. Atmosphäre u. d. Hydrosphäre. Von V Bjerknes u. JW Sandström. Übers. v. F Kirchner. Mit Anh.: Meteorolog. u. hydrograph. Tab. u. e. Atlas v. 60 Taf. (In 42×59,5 cm). (6, 126, 36, 30, 22 m. Abb.) 32×24 cm. Braunschw., F Vieweg & S. '12. In HL-M 36 – -

Bjerknes, Vilhelm: Zur T h e o r i e gewisser Vektorgrössen. Christiania: Im Komm. b. J. Dylnvad: A. W. Bröggers Buchdr. 1898. (27 S.) $4^{0}$ ($8^{0}$)= Skrifter udg. af Videnskabsselskabeti Christiania. 1898. 1. Mathem.-naturv. Kl. No. 4.

— **Versuch e. mechanischen Deutung der Maxwellschen Gleichungen.** (7 S.) 8. Uppsala (907). (Berlin, R. Friedländer & Sohn.) nn — 60
Sonderabdr. aus „Arkiv f. matematik, astronomi och fysik".

**Bjerknes, V.,** Vorlesungen üb. hydrodynamische Fernkräfte nach C. A. Bjerknes' Theorie I. u. II. Bd. Lex.-8. Leipzig, J. A. Barth. à n. 10. —; geb. in Leinw. à n. 11. 50
I. (XVI, 338 S. m. 40 Fig.) 900.
II. (XVI, 316 S. m. 60 Fig. u. Text u. auf 2 Taf.) 902.

— üb. Wirbelbildung in reibungslosen Flüssigkeiten m. Anwendung auf die Analogie d. hydrodynamischen Erscheinungen m. den elektrostatischen. (S. 225—250 m. 3 Fig.) gr. 8. Stockholm 903. (Berlin, R. Friedländer & Sohn.) n.n. 90
Sonderabdr. a.: „Arkiv f. matematik, astronomi och fysik".

**Bier-Komment,** s. a.: Biercomment.

**Bier-Komment, d.,** s.: Miniatur-Bibliothek.

**Bier-Komment, allgem.,** f. d. deutschen Universitäten u. Hochschulen. Als Anh. Bierskat, Quodlibet u. Aussteinen. Hrsg. v. e. Kommission bierehrl. u. bemooster Burschen. 16. (III, 62 S.) Leipzig 897. M. Hoffmann. n. — 60

**Bier-Komment** der Turnerschaft 'Frisia'. Königsberg i. Pr. 1897: R. Leupold. (28 S.) 8° [F.] [05. 9354 II

— f. technische Hochschüler. Z. Förderg. e. ungestörten Gemüthlichkeit, a. Grund akadem. Gepflogenheiten zusammengest. 12. (81 S.) Stadt-Sulza 896. E. Rost. — 30

**Bier-Komment,** Limbacher. Offizielle Ausg. des Limbacher C. C. (37 S.) 16. Limbach (906). A. Stopp. n. — 60

**Bier-Komment,** Pfälzer. (80) 12° Kirchheimbol. u. Kaisersl., Thieme'sche Druckereien (o. J.). — 30 d

Revidierter **Bierkomment** des A. T.-V. Baltia zu Rostock. Rev. im S.-S. 1895. Leipzig-Reudnitz (1895): A. Hoffmann. (38 S.) 8° [06. 7306 II

**Bier-Komment** d. D r e s d e n e r S.-C. Neue Asg. 16° (101) Dresd. o. J., (A Dressel). — 60 || Asg. 1898. (95 m. Fig.) 1 —

— d. Dresdener S.-C. Neu rev. Ausg. 16. (95 S. m. Fig.) Dresden 898. C. Hoffmann. n. 1. —

**Bier-Komment** des Verbandes wissenschaftlicher Vereine zu Marburg-Lahn. Marburg (1905): J. Hamel. (24 S.) 8° [Umschlagt.] [05. 10969 4

Bier-Komment des Akademischen Naturwissenschaftlichen Vereins der Universität Breslau. Entworfen von d. Kommission ... Angenommen am 23. Juli 1904. Breslau 1904: A. Schreiber. (16 S.) 8° [F.] 1(4. 1908 2

Bier-Komment des Akademisch-Theologischen Vereins zu Halle a. S. Nach d. Durchsicht v. S. S. 1895. Naumburg a. S. 1895: Lippert & Co. (20 S.) 8° (05. 0340 11

Bierkowski, Ludwig Joseph von
— anatomisch-chirurg. Abbildd., nebst Darstell. u. Beschreib. d. chirurg. Operationen nach d. Methoden v. J. Rust. 2 Bde, m. 58 Steindrt. gr. 8. Berl. 826. Herbig. 1e Ausg. ill. 28 ₰ 2e Ausg. 20 ₰ 3e Ausg. 16 ₰

Bierkowski, L. J. v., anatom.-chirurg. Abbildungen, nebst Darstell. u. Beschreib. d. chirurg. Operationen nach den Methoden von v. Gräfe, Kluge u. Rust. Mit Vorr. v. J. N. Rust. 55 Taf. m. 570 Abbild. u. 8 Conturtaf. in Standr. Roy.-Fol. u. 2 Bde. deutscher Erklär. gr. 8. (63 B.) Berlin 827, Herbig.
I. Ausgabe. Abbildn. auf schweiz. Vlnp. u. mit ausgeführter Illum. d. Muskeln, Gefässe etc., so wie derj. Krankheitsformen, welche eine Veränderung der natürl. Farbe herbeiführen.
II. Ausg. Abbildn. a. gering. Pap. u. ausser d. Krankheitsformen nur m. einfach. Illum. d. Gefässe.
III. Ausg. Krankheitsformen ausgenommen, als Augenkrankheiten etc. schw.

v. Bierkowski, (L. J.) Abbild. der Puls-, Blut- u. Saug-Adern des menschlichen Körpers; in 20 illum. Steindruck-Tafeln in Roy. Fol. u. Erklärung in deutscher u. lateín Sprache in kl. 8. Berlin 825, Maurer'sche Buchhdl.

Bierkowski, L. J., chirurgisch-anatomischer Atlas, bestehend aus 60 bis 65 sauber gest. u. naturgetreu illum. Kpfrtaf. nebst erklär. Texte. (In 6 Lfgn.) 1—2. Lfg. Imp. 4. (20 col. Kpfrtaf. u. 32 S. Text in Lex. 8.) Berlin 850, Herbig. à n. 2⅓ ₰

—— chirurgische Erfahrungen gesammelt und hrsg. Erläutert durch instructive Abbildungen in Holzschnitt und Kupferst. gr. 8. (VIII und 224 S. und 4 Taf., wovon 1 in 4.) Berlin 817, Herbig.

Bierkowski, Ludwig Joseph von (Posen), Moschi historiam naturalem et medicam. Diss. med. Lpz. (B. G. Teubner) 9. V. 1830. 56 S. (4.—) 2743
Gew.: Grf. Titus Dzialynski.

Bierkowski, Vladimirus (Fredericus de) *(geb. Krakau 5. 3. 1832)*: De fistula ani. Vratislaviae (1861). (42 S.) 8°
Breslau, Med. Diss. v. 23. Mai 1861

Bierl, die Blattjagd m. besond. Berücksicht. d. Angstgeschreies. Leitfaden zur Erlerng. naturgetreuen Blattens, nebst e. Anh. üb. Hasenschrei, Habichtsruf, Vogelschrei u. Mäuseln. Mit Orig.-Zeichngn. v. Bassewitz, Leutemann u. Kull, sowie e. Vollbilde v. Chr. Kröner. 1. u. 2. Aufl. 8. (66 S.) Cöthen 894. P. Schettler's Erben. n. 1. 50

Bierl, Alb., B. v. Pressentin-Rautter u. a., die Jagd m. Lockinstrumenten. Anleitung zur Erlerng. der Anwendg. der Hasenquäke, Haselhuhnlocke u. Schnepfenlocke, sowie der Instrumente f. die Blattjagd, Balzjagd auf den Birkhahn, Rufjagd auf Wildtauben, Lockjagd auf Enten, zur Erlerng. des Hirschrufes in der Brunft, des Mäuselns, des Lockrufes des Rebhuhns, des Häherrufes u. des Reizens des Bussards u. Habichts. (IV, 96 S. m. Abbildgn.) 8. Cöthen 905. P. Schettler's Erben. n. 2. —

Bierleben, Jul. Erich, Stammbuchblätter des Herrn Modernissimus. Parodistisches u. Mystisches. gr. 8. (46 S.) Charlottenburg (901). M. Simson. n. 1. —

Friedrich Bierlein Alkmona. Geschenk des Abends. Gesamm. Skizzen. *Wesel: Düms (1901).* (127 S.) 8° [F.] (05. 8030 5

Bierlein, Frdr., letzte Grüsse. Gesammelte Gedichte. Hrsg. u. m. e. Einleitg. versehen v. Guido Hartmann. (45 S. m. Bildnis.) 8. München (905). Seitz & Schauer. n. 1. 50

Bierlich, E., der preussische Militair-Rossarzt. Eine Sammlung von Verordnungen, welche über die Rossärzte der preuss. Armee entweder direct erlassen worden sind, oder auf dieselben Anwendung finden. gr. 8. (VI, 67 S.) Berlin 869, Hirschwald. *

Bierlichs, Karl, seine Heldenthaten u. Erlebnisse in Deutsch-Ostafrika, v. ihm selbst erzählt. Mit e. Originalbild: „Ein Sonntag-Nachmittag in Bagamoyo" v. G. Sundblad. gr. 8. (16 S.) Leipzig 891. G. Laudien. n. — 50

Bierlieder. Münchner Bier- und Bocklieder. Bock-Fest in der Wolfschlucht, Fritz Scheurer [Basel. — Mit Vignetten]. [II + 16 S.] 8. Basel, Kohlbepp & Cie., [1905].

Bierlieder. Münchner Bier- u. Bocklieder. [Hrg. vom] Hotel und bayrische Bierhalle «Habsburg», Andreas Bühler [Basel. — Mit Vignetten]. IV + 22 S. 8. Basel, G. Meder, [1906].

Bierling, Ernst, zehn Fragen an Herrn Domherrn Consist.-R. Dr. und Prof. Chr. Ernst Luthardt, die angebliche Lehreinheit der lutherischen Kirche betr. gr. 8. (33 S.) Göttingen 871, Deuerlich'sche Buchh. *

Bierling, Ernst Rud., Gesetzgebungsrecht evangelischer Landeskirchen im Gebiete der Kirchenlehre. Mit besond. Rücksicht auf die deutschen Kirchenordnungen der neueren Zeit. gr. 8. (VII, 164 S.) Leipzig 869, Roßberg'sche Buchh. *

Bierling, Ernst Rud., über die Competenz der landständischen Kammern des Königr. Sachsen in Angelegenheiten der evangelisch-lutherischen Landeskirche. Mit besond. Rücksicht auf den neuesten Entwurf e. Kirchenvorstands- u. Synodalordnung. Leipzig 866. Roßberg. gr. 8. (36 S.) 7½ ngr

Bierling, Ernst Rud., zur Kritik der juristischen Grundbegriffe. 1. Thl. gr. 8. (VIII, 172 S.) Gotha 877. F. A. Perthes. n. 3. —

Bierling, Ernst Rud., zur Kritik der juristischen Grundbegriffe. 2. (Schluß-)Thl. gr. 8. (VIII, 364 S.) Gotha 883, F. A. Perthes. *
1. Thl. Ebendas. 1877. * ℳ 3.

Bierling, Ernst Rud., juristische Prinzipienlehre. (In 4 Bdn.) 1. Bd. gr. 8. (XI, 350 S.) Freiburg i/B. 894. J. C. B. Mohr. n. 7. —

Bierling, Ernst Rud., Jurist. Prinzipienlehre. 2. Bd. gr. 8. (VIII, 367 S.) Freiburg i/B. 898. J. C. B. Mohr. n. 9. — (1. u. 2.: n. 16. —)

Bierling, Ernst Rud., juristische Prinzipienlehre. 3. Bd., (VIII, 394 S.) gr. 8. Tübingen 905. J. C. B. Mohr. n. 10.—
Bd 1 u. 2. Ebd. 894. 898. n. 16.—.

Bierling, Ernst Rud.: Jurist. Prinzipienlehre. 4. Bd. (12, 458) gr8° Tüb., JCB Mohr '11. 12 — (1—4: 38 —)

Bierling, Ernst Rud., die konfessionelle Schule in Preußen und ihr Recht. Zwei Abhandlungen. gr. 8. (VI, 202 S.) Gotha 885, F. A. Perthes. *

Bierling, Fr. Imm., s. 1) Clairaut, Geometrie. 2) J. H. S. Formey, Entwurf.

Bierling, Fr. Imm., s. Kabinet der Feen.

Bierling, Friedrich Wilhelm
Bierling, F. W., de pyrrhonismo historico etc. 8. Hannov. Helwing. 724.

Friderici Gvilielmi Bierlingii Commentatio De Pyrrhonismo Historico. Accessit Propter Adfinitatem Argumenti De Ivdicio Historico Dissertatio. Lipsiae, Sumpt. Nicolai Foersteri et Filii, Bibliop. Aul. Hanoverani, 1724.

— — Tractatio de eruditione politica, Oder: Wie man Cavalierement studieren solle? (Rinteln) 1708. Halle (Hendel) 1730. 40 S. (5.—) 2716
Dass. Halle 1744.

Bierling, Hugo, Leipzig und die Leipziger. Heitere Wanderungen eines Amerikaners durch Leipzig. 1. und 2. Aufl. 16. (IV und 132 S.) Leipzig 861, (O. Voigt.) *

—— leipziger Photographien. Humoristische Schilderungen des leipziger Familienlebens. 1. und 2. Aufl. gr. 16. (IV und 168 S.) Leipzig 861, O. Voigt. * –

Bierling, Konr. Fr. Er., († d. 14. Jan. 1755.) s. 1) Pol. Leyser, Katechismuspred. 2) H. G. *Weland*, Compendium.

Bierlust mit seinen Freunden in der Kneipe. Eine Auswahl d. schönsten Bierlieder. 12. Quedlinburg 846, Basse. 1/6 ℛ

Biermann: Die Fussartill., s: Sammlung Göschen 560, Spiett. — Der Kanonier, Fahrer u. Geschützführer d. Fussartill., s: Ahlers.

Biermann, A, neuest. illustr. Fischereibuch. 8. (120 m. H.) Berl. 65. (Hann., Cohen u. R.) — 20

Biermann, A., neuestes illustrirtes Fischereibuch, oder Anweisung, die wilde und zahme Fischerei zum Vergnügen und Nutzen mit Erfolg betreiben zu können, nebst Belehrung über Teichwirthschaft und Andeutungen über die künstliche Fischzucht. Mit 55 in den Text gedr. Abbildgn. (Holzschn.) Hamm 865. Grote. 8. (VIII, 120 S.) 20 ngr.

—— u. Oderfeld, neuest. illustr. Jagdbuch. 8. (361) Lpzg 61. (Hann., Cohen u. R.) 1. 10; geb. n. 1. 20

Biermann, A. (II.), und Oderfeld, neuestes illustrirtes Jagdbuch. Erfahrungen und Anweisungen zu einem rationellen Betriebe der Mittel- und Niederjagd für Jäger und Jagdliebhaber. Nebst ausführlicher Belehrung über die Dressur der Jagdhunde und alle in der Jetztzeit üblichen Jagd- und Fang-Methoden, sowie einem Monatskalender für Jäger. gr. 8. (XII und 361 S. mit 76 in den Text gedr. Holzschn. und 1 Titelbilde in Holzschn. und Tondr.) Leipzig 861. [Hamm, Grote'sche Buchh.] geb. *

—— und Dr. Oderfeld, neuestes illustrirtes Jagdbuch. Erfahrungen und Anweisungen zu einem rationellen Betriebe der Mittel- und Niederjagd für Jäger und Jagdliebhaber. Nebst ausführl. Belehrung über die Dressur der Jagdhunde und alle in der Jetztzeit übl. Jagd- und Fang-Methoden, sowie einem Monatskalender für Jäger. 2. verm. und verb. Aufl. 8. (XVI, 375 S. mit 18 Illustr. von Friedr. Lossow, 50 in den Text eingedr. Abbild. in Holzschn. und 1 lithogr. Titelbilde in Tondr.) Stuttgart [Hannover] 869, Cohen und Risch. geb. *

Biermann, A. (III.), und Oderfeld, neuestes illustrirtes Jagdbuch. Erfahrungen und Anweisungen zu einem rationellen Betriebe der Mittel- und Niederjagd für Jäger und Jagdliebhaber. Nebst ausführl. Belehrung über die Dressur der Jagdhunde und alle in der Jetztzeit übl. Jagd- und Fang-Methoden, sowie einem Monatskalender für Jäger. 3. verm. und verb. Aufl. Mit 20 (Holzschn.-)Illustr. von Friedr. Lossow, 64 weiteren in den Text gedr. (Holzschn.-)Abbild., einem Titelbilde 2c. von L. Hofmann. gr. 8. (XV, 384 S.) Hannover 878, Cohen's Verlag. * ℳ 5.; geb. *

Biermann, A., Schule des Musterzeichnens, s. Herdtle, Ed.

Biermann, A: 60 Wandtafel-Entwürfe. Beitrag z. Reform d. Unterr. im Elementar-Freihandzeichnen. 8° (30 m. Textabb. u. 16 z. Tl farb. Taf.) Stuttg. 97. W Effenberger. 1.20

Biermann, Adolf
—— Baden-Baden. Description de ses eaux, de son climat et de ses environs. Édit. française par Émile Pugin. Avec une carte (chromolithogr.) des environs de Baden-Baden (in qu. 4.) et une table météorologique (in qu. 4.). 8. (135 S.) Heidelberg 873, C. Winter's Universitäts-Buchh.

Biermann, A. (II.), Baden-Baden als Kurort. gr. 8. (III, 135 S. mit 1 lithogr. Karte der Umgegend von Baden-Baden in qu. 4. und 1 meteorolog. Tab.) Heidelberg 872, C. Winter's Universitäts-Buchh. *

—— Hochgebirge und Lungenschwindsucht. Ein Beitrag zur Climatotherapie. gr. 8. (VII, 142 S.) Leipzig 874, O. Wigand. *

Biermann, Ad., Dissertatio inaug. de Hydrope ovarii. 8 maj. (2. B. u. 1 Steintaf.) Gottingae 846, libr. Dieterich. *

Biermann, Ad., dissertatio inaug. de hydrope ovarii. gr. 8. (38 S. u. 1 Lith. in Fol.) Gottingae 847, Dieterich. n. 1/3 ℛ

Biermann, A., die Insel Corsica mit besonderer Berücksicht. von Ajaccio als klimatischer Kurort. Nach officiellen Quellen bearb. Hamburg 868. J. F. Richter. gr. 8. (XXXV, 94 S.) n. 15 ngr.

—— climatische Kurorte und ihre Indicationen. gr. 8. (VIII, 211 S.) Leipzig 872, O. Wigand. *

Biermann, A. St. Moritz, its climate and its waters in regard to health during the summer-season. 2d edit. In-8°, 88 p. Chur, Hitz'sche Buchhandlung (L. Hitz & G. Hail). 1887 1 50

Biermann, Adf., St. Moritz und das Oberengadin. Sein Klima und seine Quellen als Heilwerthe. 2. veränd. und verm. Aufl. gr. 8. (VII, 92 S.) Leipzig 881, O. Wigand. *

Biermann, A. (II.), das Oberengadin. Sein Clima und seine Quellen als Heilwerthe. gr. 8. (90 S.) Leipzig 875, O. Wigand.

—— Tisch für Lungenkranke, s. Wiel, Jos., diätetische Behandlung der Krankheiten des Menschen.

Biermann, Arno, die Geschlechtskrankheiten, ihre Bekämpfung u. Verhütung. (12 S.) 8. Leipzig (903). Ficker's Verl. — 50

Biermann, August
Biermann, A. (I.), das Buch der Beispiele. Kurze Erklärungen der gesammten Religionslehre, nebst Schrift- und Väterstellen. Ein Hülfsbuch für den kathol. Unterricht zu jedem Katechismus, insbesondere bearb. nach dem Katechismus für größere Schüler von Bern. Overberg, und einem Hausbuch zur Belehrung und Erbauung für kathol. Familien. 2 Bde. 8. (VIII, 320; II, 571 S.) Münster 879, Aschendorff'sche Buchh. *

Biermann, A., die Gebote Gottes u. der Kirche in Beispielen zur Belehrung, Nachahmung u. Warnung. Ein Hülfsbuch für Lehrer u. Katecheten u. ein Lesebuch für kathol. Familien u. Schulen. Münster 868. Aschendorff. 8. (199 S.) n. 12 ngr.

—— katholisches Lehr- und Exempelbuch, oder: Faßliche und gründliche Unterweisung in der kathol. Religion. Mit vielen Beispielen und Gleichnissen zur Erläuterung jeder Lehre nach Ordnung des Katechismus. Ein nützl. Lehr- und Lesebuch für Kirche, Schule und Haus. Mit Stahlstich und vielen Holzschnittbildern. 21 Lfgn. gr. 4. (1152 S.) Regensburg 877,78, Manz. à Lfg. 60 Pf.

—— der große Liederfreund, s. Liederfreund, der große.

— der große Liederfreund. Eine Auswahl von 200 der schönsten u. bewährtesten Volks-Lieder. Ebend. 853. 16. (190 S.) 3 ngr.

Biermann, A. (I.), Melodien zu dem großen Liederfreund. 16. (142 S.) Münster 857, Aschendorff'sche Buchh. *

Biermann, A. (II.), der große Liederfreund. Eine Auswahl von 200 der schönsten und bewährtesten Volks-Lieder. 2. Aufl. 12. (190 S.) Münster 867, Aschendorff'sche Buchh.

Biermann, A., der kleine Liederfreund. Eine Auswahl v. 100 der schönsten u. bewährtesten Schul-Lieder. 16. (138 S.) Münster 852, Aschendorff. n. 2 ngr.

— Melodien dazu. 16. (77 S.) Ebd. 852. n. 4 ngr.

Biermann, Aug., der kleine Liederfreund. Eine Auswahl von 100 der schönsten und bewährtesten Schul-Lieder. 2. Aufl. Münster 856. Aschendorff. 16. (128 S.) n. 2 ngr.

Biermann, A. (I.), Moosrosen. Erzählungen zur lehrreichen Unterhaltung für Jung und Alt gesammelt und bearb. 8. (192 S. mit 4 Stahlst.) Regensburg 870, Manz.

Biermann, A., Sonnenblumen. Erzählungen zur lehrreichen Unterhaltg. f. Jung u. Alt. Mit 4 Stahlst. 8. (184 S.) Regensburg 871. Manz. 1. —

Biermann: De pronominis personalis usu et collocatione in Xenophontis Anabasi. 28 S.
Progr. Brandenburg Ri.A. 1864.

Biermann, Aug., de pronominis personalis usu et collocatione in Xenophontis Anabasi. gr. 4. (28 S.) Brandenburg 864, (Müller.) *

Biermann, Eberh. Gotthold, s: Abend-Opfer. — Bogen, Der, in d. Wolken. — Er ist treu, d. verheissen hat. — Gedanken, Die, Gottes. — Jesu Sinn. — Morgenwachen. — Nachtwachen. — Worte Jesu.

Biermann, Emil

Biermann, (Theodorus Rudolphus) Aemilius (geb. Berlin 20. 2. 1823): De Dionysii Areopagitae christologia. Vratislaviae 1848). (37 S.) 8°
Breslau, Ev.-theol. Liz.-Diss. v. 9. Mai 1848

Biermann, Ernst Gottlieb [aus Barmen]: Die diagnostische Bedeutung des Nachweises der Tuberkelbazillen in den Stuhlentleerungen ... Berlin, Druck v. B. Paul, 1897: 46 S., 1 Bl. 8.
Berlin, Med. Fak., Inaug.-Diss. v. 16. März 1897

Biermann, Ernst, körperliche Erziehung im schulpflichtigen Alter. 3 hygien. Skizzen. gr. 8. (32 S. m. 1 Taf.) Langenberg 899. J. Joost. n. — 50

Biermann, F. A., der neue Gutsherr. s.: Theater, kleines.

Biermann, F. A., Knoten im Sacktuch, — ein Landhaus zu kaufen, — die Wahrheit kann keine Herberge finden, | s.: Theater, kleines.

Biermann, Franz, Gerichts-Ref.: Über die Notwendigkeit der Auflassung zum Eigentumserwerb an Grundstücken, insbesondere im Falle der Fusion zweier Handelsgesellschaften. Paderborn 1899: Junfermann. (48 S.) 8°
Göttingen, Jur. Diss. v. [25. Sept.] 1899

Biermann, Frz., üb. d. Notwendigkeit der Auflassung zum Eigentumserwerb an Grundstücken, insbes. im Falle der Fusion zweier Handelsgesellschaften. Diss. gr. 8. (48 S.) Paderborn 899. (Göttingen, Vandenhoeck & Ruprecht). n. 1.20

Florenz und seine Kunst von Georg Biermann. Mit 1 Lichtdr., 13 Vollbild. u. zahlr. Vignetten. (Berlin): Bard, Marquardt & Co. [1904]. (67 S.) 8°
— Kunst, Die. Bd 29. [04. 6790]

Biermann, Geo., die Kunst d. Alt-Holland, s.: Stätten d. Kultur. 10

— s.: Monatshefte f. Kunstwissenschaft.

Biermann, Geo.: Die Scholle. 3 Tle. (Aus: „Die Kunst uns. Zeit".) (63—136 m. Abb. u. 18 Taf.) 36×27 cm. Münch., F. Hanfstaengl ('10). je 4 —

— s. a. Stätten der Kultur.

Stätten der Kultur. Eine Sammlung künstlerisch ausgestatteter Städte-Monographien. Hrsg. von Dr. Georg Biermann. Bd 1. (Leipzig: Klinkhardt & Biermann [1907].) 8° [F.] [07. 10326]

Biermann, Georg, aus Köln a. Rh.: Kritische Studie zur Geschichte des Frà Girolamo Savonarola. Köln 1901: Ph. Amsel. (83 S.) 8°
Rostock, Phil. Diss. v. [20. Juli] 1901

Verona. Von Georg Biermann. Mit 125 Abb. Leipzig: E. A. Seemann 1904. (190 S.) 8° [F.]
— Kunststätten, Berühmte. No 23. [04. 8088]

— Antoine Watteau, s: Velhagen & Klasing's Volksbb.

— H. v. Zügel, s a: Künstler-Monographien. — Velhagen & Klasing's Volksbb.

H. von Zügel. Von Georg Biermann. Mit 133 Textabb. Bielefeld & Leipzig: Velhagen & Klasing 1910. 110 S. 4°(8°)
(Künstler-Monographien 99.) [10. 6671 11

Biermann, Georg Friedrich (Varel/Oldenbg.), De corporibus juxta articulos mobilibus cum subjuncta observatione. Diss. pathol.-chir. Präs. Gabriel Heilmann. Würzburg (F. E. Nitribitt) Febr. 1796. 44 S. (5.—) 2748
Gew.: Grf. Wilh. Gustav Friedrich v. Bentinck.

Biermann, Georg Heinrich

Biermann, Geo. Hnr., (†...) das ABC des Kopfs u. schriftl. Rechnens. 8. Hannov. 793. 2e A. 798. 5e A. 802. (A. u. d. T.: Lehrb. f. d. ersten Unterr. im Rechnen.) Hahn. 10 gr.

— Anleit. z. Kopfrechnen, in Verbind. mit d. schriftl. Rechnen. 8. Hannov. 790. 2e A. u. d. T.: Anleit. z. Rechnen im Kopfe ohne Gebrauch v. Schreibmaterial. 795. 3e A. 812. Helwing. 20 gr. Hbg. Pr. 16 gr.

— Anleit. z. Kopfrechn. in Verb. m. d. schriftl. Rechnen. 8. Hannov. Helwing. 794. Rthlr. ·

— Beitr. z. Beantwort. d. Fr.: Wie weit darf sich in höhern u. nied. Schulen d. Unterricht in d. Mathematik u. insbesond. der im Kopfrechnen erstrecken? 8. Hannov. 805. Helwing. 8 gr.

Biermann, G. H., Exempel z. Ueb. in d. Numeration ɩc. 8. Hannover, Hahn. 805. (ist d. 2e Thl. vom Leitfad. z. Unterr. im Rechnen).

— Handb. z. Unterr. in d. Buchstab. Rechn. u. Algebra. 8. Hannov. Helwing. 805.

— das Kopfrechnen vom Tafelrechnen abgesondert. 8. Hannov. 800. Helwing. 18 gr.

— Leitfaden zu e. auf den Verstand d. Kinder wirk. Unterr. im Rechnen. 2 Thle. 8. Hannov. 792. 2e A. 804, 5. Hahn. (à 10 gr.) 20 gr. (2r Thl. A. u. d. T., Exempel zur Uebung in d. Numeration. 10 gr.)

— Result. u. Anmerk. z. 2n Thl. des Leitfadens. 8. Ebend. 804.

— Sachkenntnisse d. Rechnenkunst, z. Gebr. f. Lehrer. 8. Hannov. 792. 2e A. 798. Hahn. 4 gr.

— engl. u. deutsche Vorschriften, z. Ueb. in der runden Hand u. in Canzlei. 4. Hannov. 805. Helwing. 1 rß

Biermann's,..., englische Vorschriften nach Thomson u. Schmit. 10 Bl. Fol. Hannover... Helwing. n. 1/4 rß

Biermann, Georg Jacob

— Georg Jacob (Augsburg), De modo agendi medicamentorum terreorum. Diss. med. Präs. Georg Erhard Hamberger. Jena (J. Ch. Croeker) Sept. 1745. 44 S. (5.—) 2749
Widm. v.: Joh. Friedr. Fasel (Weimar, dtsch.). Joh. Jac. Hecking (Heilbronn), Joh. Barthol. Hecking (Heilbronn, dtsch.), Heinr. Jacob Beck Creutznach/Pfalz, dtsch.).

Biermann, Gottlieb

Biermann, Gottl. Geschichte des Gymnasiums auf der Kleinseite in Prag. 68 S. 8. Kleins. Prag 1880

Biermann, Glieb., Geschichte der evangel. Kirche oesterreich. Schlesiens mit besond. Rücksicht auf die der Gnadenkirche vor Teschen. Denkschrift zum 150jähr. Jubelfeste der evangel. Jesuskirche vor Teschen. gr. 8. (VIII und 144 S.) Teschen 859, Prochaska. *

[F.] Geschichte des Protestantismus in Oesterreichisch-Schlesien. Von G[ottlieb] Biermann. M. Unterst. d. Gesellsch. z. Förderg deutscher Wiss. ... u. des Ver. f. Gesch. Mährens u. Schlesiens. Prag: J. G. Calve 1897. (VI, 223 S.) 1 Bd 8. [97. 3141]

Biermann, Glieb., Geschichte des Herzogth. Teschen. Teschen, 863. Prochaska in Comm. gr. 8. (XIX, 396 S. u. 1 Tab. in 4.) n. 2 rß

Biermann, Gottlieb: Geschichte des Herzogthums Teschen. 2. Aufl. — Teschen, Prochaska 1894. VII, 301 S. [1. Aufl. 1863.]

**Biermann, G., Geschichte der Herzogthümer Troppau u. Jägerndorf. gr. 8. (VIII, 690 S.) Teschen 874. (Wien, Buchholz & Diebel.)** n. 6. 75; geb. n. 8. —

Biermann, G[ottlieb]: Geschichte der Herzogtümer Troppau und Jägerndorf. — Teschen 1874: Prochaska. VIII, 690 S.

—— **zur Geschichte der Herzogth. Zator und Auschwitz.** Lex.-8. (40 S.) Wien 863, (Gerold's Sohn.) * *
Aus: Sitzungsberichte der k. Akademie der Wissenschaften, Jahrg. 1862, besonders abgedruckt.

**Biermann, G., Karl IV., römisch-deutscher Kaiser u. König von Böhmen, f. a. Bibliothek, historische, f. die Jugend.**

Biermann, G. Karl IV., römisch-deutscher Kaiser und König von Böhmen. (90) 8. Wien 1878 1,00.

Biermann, Gottlieb (Red.), s. Mittheilungen d. Vereins f. Gesch. d. Deutschen in Böhmen.

Biermann, G.: Nikolaus II. 1318 - 1365. 34 S. 8°. u. Verfassungsgeschichte der Stadt Troppau bis 1614.
Progr. Teschen II. G. 1871/72.

Biermann: Das ehemalige Benediktinerstift Orlan im Teschnischen. 28 S.
Progr. Teschen ev. 1862.

Biermann: Otakars II. Stellung z. Röm. Curie u. zum Reiche. 50 S.
Progr. Teschen ev. 1857.

Biermann Gottlieb: Tokolyiana. Ar. 26. 93 . . . . . . . . . . . . . . . . . . vgr.
Sepatatabdruck

Biermann, Gustav Georg
— **Gustav Georg** (Nürnberg), De eo quod justum est circa ebrium. Diss. jur. Altdorf (J. Gg. Meyer) 21. V. 1742. 36 S. (5.—) 2750
Widm. v.: Wolfg. Albert Spisius.

Biermann, Hermann
Biermann, H: Patente zur Sicherung des Eisenbahnbetriebes. (Deutsch, französisch, englisch.) Breslau 1897

Patente zur Sicherung des Eisenbahnbetriebes. Brevets d'Invention sur la Sécurité dans l'exploitation des chemins de fer. Patent appliances for increasing the safety of railway travelling. Hermann Biermann. Breslau. *(Breslau [1900]: M. Biermann.)* (13 Bl., 13 Taf.) 8° [Umschlagt. 3.]
[illegible] 2

**Biermann, Herm., Sicherung des Eisenbahnbetriebes Eine Denkschrift zu den Patenten. 2 Tle. 4. (31 S u. 28 S. in deutscher, französ. u. engl. Sprache m 13 Taf.) Breslau 900. (E. Wohlfarth).** (L.Freund)

Biermann, Hermann [aus Paderborn]: Ueber die Verwendung des Sublimats in der Therapie bis zur Koch'schen Beobachtung . . . . Berlin, Buchdr. v. Gustav Schade Otto Francke (1888); 29 + 1 S. + 1 Bl. 8°
Berlin. Med. Fak., Inaug.-Diss. v. 4. Aug. 1888

Biermann, Hugo [aus Crefeld]: Zur Kenntnis der Thiosemicarbazide der Naphtalinreihe . . . Berlin. C. Vogts Buchdr.. 1894: 37 S., 1 Bl. 8.
Berlin. Phil. Fak., Inaug.-Diss. v. 18. Juli 1894

Biermann, J. (Hrsg.), s. Jhering, Rudolf von: Briefe und Erinnerungen.

**Biermann, J. P., Plan de la ville de Luxembourg en 1878. 1:5000. Lithogr. gr. Fol. Luxemburg 879, (Bück.)** *

Biermann, Johann Carl Adolf
Biermann, J. C. Ad.: Abhandlungen naturhistor., gerichtsärztl. u. medizin. Inhalts. *Leipz.*, Hartmann, 828. gr. 8. (14 Gr.)

**Biermann, Joh. Carl Ad., Abhandlungen naturhistor., gerichtärztl. u. medicin. Inhalts. gr. 8. (9 B.) Leipzig 828, [Lehnhold.]**

**Biermann, Joh. Carl Ad., Auswahl ärztl. Gutachten üb. prakt.-wicht. Fälle d. Seelen-Störungen, mit besond. Rücksicht auf d. nosolog. Classification ders. gr. 8. (9½ B.) Braunschweig 832, Vieweg.** Thlr.

—— **Beiträge z. Psychologie. Eine Samml. ärztl. Gutachten üb. psychiatrische Heilkuren. gr. 8. (7½ B.) Hildesheim 833, Gerstenberg.**

—— **nosolog.-therapeut. Beobachtungen. gr. 8. (5¼ B.) Hildesheim 833, Gerstenberg.**

**Biermann, Joh. Carl Ad., über die Molkenanstalt zu Rehburg überhaupt und besond. in ihrem heilkräft. Verhältnisse zu d. dortigen Mineralbädern. gr. 8. (5¼ B.) Braunschweig 842, Leibrock.** * —

— **de vermium intestinalium ortu subjunctis animadversionibus quibusdam de ascaride vermiculari et lumbricoide. 8 maj. Götting. 818. Brose.** 3 gr (Baier)
31 S. Gött., Diss.v.22.Jan.1818.

—— **wie unterscheidet sich d. gewöhnl. Herbstbrechruhr (Europ. Cholera) v. d. Indischen-Cholera morbus? Ein diagnost. Versuch. gr. 8. (1½ B.) Braunschweig 831, Vieweg.**

Biermann, Johann Christoph
— **Johann Christoph** (Augsburg), De transplantatione subditorum in locum emigrationis vel expulsionis religionis causa non substituenda ad J. P. O. art. V § 36. Diss. jur. Präs. Joh. Chph. Rudolph. Erlangen (Walther) Juli 1768. 40 S. (5.—) 2751
Widm. v.: Joh. Bapt. Simon, Joh. Martin, G. F. Schutzinger (Weissenburg).

Biermann, Johann Heinrich Fr.
**Biermann, Joh. Henr. Fr., Scripturarum varietates ad Homerum spectantes. In lucem edit. 8. (2 B.) Vratislaviae 832, (Aderholz.)**

Biermann, Johannes, appr. Arzt a. Dom Brandenburg a. H., Unterarzt beim 1. Ober-Elsäss. Feldart.-Reg. No. 15: (Aus d. 1. med. Univ. Klinik in Berlin. Dir.: G. M.-R. Prof. Dr. v. Leyden.) Über fusiforme Bazillen u. Spirochaeten bei Angina. Berlin (1905): F. Weber. (29 S.) 8°
Berlin, Med. Fak., Ref. v. Leyden, Diss. v. 1. Juli 1905
[Geb. 16. März 80 Dom Brandenburg a. H.; Heimatsort: Brandenburg a. H.; Staatsangeh.: Preußen; Vorbildung: Ritter-Akademie Dom Brandenburg a. H. Reife M. 98; Studium: Greifswald 1, Berlin, K. Wilh. Akad. 9 S.; Coll. 29. Juni 05; Approb. 24. Juni 05.]

**Biermann, Johannes, das Constitutum Possessorium. Diss. Berlin 1885, Mayer & Müller. 8°. 65 S.**

Constitutum Possessorium . . . . Berlin. Buchdr. v. Gust. Schade (Otto Francke) (1885); 1 + 65 S. 8°.
Berlin, Jur. Fak., Inaug.-Diss. v. 26. Sept. 1885.

— **Erklär. d. Weissag. Zachariä. 4. Basel. 710.**

**Biermann**, Familienrecht, s. Dernburg, Pandekten.

Biermann, Johannes (Hrsg.): Kommentar zum Bürgerl. Gesetzbuch, s. Kommentar. – Komm. z. Bürgerl. Gesetzb.

**Biermann, Johs., zur Lehre v. der Vertretung u. Vollmacht, s.: Festgabe der Gießener Juristenfakultät f Dr. Heinrich Dernburg.**

**Biermann, Johs., Pandekten, s.: Dernburg, Heinr.**

[3.] Privatrecht und Polizei in Preussen. Von Dr. Johannes Biermann, o. Prof. . . . in Giessen. *Berlin: J. Springer 1897.* (VIII, 223 S.) 1 Bd 8. [illegible]

**Biermann, Johs., bürgerliches Recht. 1. Bd. Allgemeine Lehren u. Personenrecht. (VIII, 538 S.) gr. 8. Berlin 908. H. W. Müller.** 10.—; geb. in Halbfrz. n 12. —

Biermann, Joh., Bürgerliches Recht. Bd 1. Berlin 1908. 8°.
1. Allg. Lehren u. Personenrecht. 1908.
[Dasselbe.] 4. u. 5. Aufl. Lfg 1. Marburg 1909. 8°.

**Biermann,** Johannes, Dr., Prof. d. Rechte an d. Landesuniv.: Die öffentlichen Sachen. Gießen 1905: v. Münchow. (57 S.) 4°
Gießen, Progr. zum Ludwigstage 1905

— das Sachenrecht d. bürgerlichen Gesetzbuchs, s. a. Kommentar z. bürgerl. Gesetzbuch u. seinen Nebengesetzen.

Das Sachenrecht des Bürgerlichen Gesetzbuchs. Erl. von Johannes **Biermann**, Prof. in Giessen. 2. neubearb. Aufl. *Berlin: C. Heymann 1903.* (XII, 527 S.) 8° [F.]
— Kommentar z. Bürgerl. Gesetzbuche u. s. Nebengesetzen. [Abt.] 1, [3.] [03. 88, 2

**Biermann,** Johs., Traditio ficta. Ein Beitrag zum heut. Civilrecht auf geschichtl. Grundlage. gr. 8. (VIII, 408 S.) Stuttgart 891. F. Enke. n. 9. —

Widerspruch und Vormerkung nach deutschem Grundbuchrecht von Johannes Biermann. *Jena: G. Fischer 1901.* (XI, 232 S.) 8° [F.]
— Abhandlungen z. Privatrecht u. Civilprozess. Bd 8, 2. [01. 1517 3

**Biermann, Karl,** prakt. Arzt: Die funktionellen Resultate der Gelenkresektionen mit besonderer Berücksichtigung der Methoden zur Erhaltung der Beweglichkeit. Berlin 1909: G. Schade. 35 S. 8°
Berlin, Med. Diss. v. 20. April 1909, Ref. Bier
[Geb. 7. März 72 Dom-Brandenburg; Wohnort: Kalkberge i. Mark; Staatsangeh.: Preußen; Vorbildung: Ritterakad. Dom-Brandenburg Reife O. 91; Studium: Theol. Tübingen 1, Halle 4 S., Med. Berlin Univ. u. K. W. A. 10 S.; Coll. März 97; Approb. 2. Mai 98.] [U 09. 30

*Lorentz Biermann's* In aller Welt dienende Kaufmannsbörse.

*Lorentz Biermann's* Neu erdachte Rechnungsvortheile. Lips. 5 tabulis.

**Biermann, M.** Beiträge zur Kenntnis der Entwicklungsgeschichte der Früchte von Citrus vulgaris Risso u. andrer Citrusarten. Mit 2 Taf. In-8°. 52 S. Bern. These. 1897

**Biermann,** Otto, Beitrag zur Theorie der eindeutigen analytischen Functionen mehrer Veränderlichen. Lex.-8. (17 S.) Wien 884. (Gerold's Sohn.) n. — 40

BIERMANN, Otto
Über die Discriminante einer in der Theorie der doppeltperiodischen Functionen auftretenden Transformationsgleichung von Otto Biermann. (Aus den Sitzungsberichten der kaiserl. Akademie der Wissenschaften in Wien. Mathem.-naturw. Classe; Bd. CIX. Abth. II. a. Juli 1900.) Wien. 1900. In Comm. Gerold's Sohn. Gr.-8°. 15 S. K —.30

BIERMANN, Otto
Ueber die Discriminante einer in der Theorie der doppeltperiodischen Functionen auftretenden Transformationsgleichung (Zweite Mittheilung) von Otto Biermann. (Aus den Sitzungsberichten der kaiserl. Akademie der Wissenschaften in Wien. Mathem.-naturw. Classe. Bd. CX. Abth. II. a. April 1901.) Wien. 1901. In Comm. Gerold's Sohn. Gr.-8°. 12 S. K —.30

**Biermann,** Otto, über die Discriminante e. in der Theorie der doppeltperiodischen Functionen auftretenden Transformationsgleichung. (3. Mittheilg.) (19 S.) gr. 8. Wien 902. (A. Hölder.) n. — 40 (1.—3.: n. 1. —)

**Biermann,** Otto, Elemente d. höh. Mathematik. Vorlesgn. z. Vorbereitg. d. Studiums d. Differentialrechng., Algebra u. Functionentheorie. gr. 8. (XII, 381 S.) Leipzig 895. B. G. Teubner. n. 10. —

Biermann, Otto Zur Frage nach den Ursachen der Eiszeiten. 8 (S. 3—18). Progr. Staats-G. *Klagenfurt* 1890.

**Biermann,** Otto. Zur Frage nach den Ursachen der Eiszeiten. gr. 8. (18 S.) Klagenf. 890, (v. Kleinmayr). * 1 —

**Biermann, Otto,** über das algebraische Gebilde $n^{ter}$ Stufe im Gebilde von $(n+1)$ Grössen. Lex.-8. (23 S.) Wien 887, (Gerold's Sohn.) **
Aus: Sitzungsberichte der k. Akademie der Wissenschaften, besonders abgedruckt.

Biermann, Otto: Conditorei-Lexikon, s. Bierbaum, Otto

— über die regelmässigen Körper höherer Dimension. Lex.-8. (16 S.) Ebend. 884 n.n. — 30

**Biermann,** Otto, s: Lesebuch, Deutsches, f. höh. Lehranst.

**Biermann, Otto,** über die singulären Lösungen eines Systems gewöhnlicher Differentialgleichungen. Lex.-8. (11 S.) Wien 885, (Gerold's Sohn.) **

— über die regelmässigen Punktgruppen in Räumen höherer Dimension u. die zugehörigen linearen Substitutionen mehrerer Variabeln. [Aus: „Sitzungsber. d. k. Akad. d. Wiss."] Lex.-8. (26 S.) Ebd. 887. n.n. — 50

— z. Reduction Abel'scher Integrale a. elliptische. [Aus: „Sitzungsber. d. k. Akad. d. Wiss."] gr. 8. (8 S.) Wien 896. (C. Gerold's Sohn.) n. — 20

**Biermann,** O., Über das Restglied trigonometrischer Reihen. [Aus: Sitzungsber. d. k. Akad. d. Wiss., mathem.-naturw. Klasse.] Gr.-8°. (14 S.) † Wien: Gerold's S. 1904 K —.40

— zur Theorie der Abbildung mittels gebrochener rationaler Functionen. Lex.-8. (16 S.) Ebend. 884. n.n. — 30

**Biermann, Otto,** Zur Theorie der Doppelintegrale explicirter irrationaler Functionen. (Aus den Sitzungsber. der k. Akademie der Wissensch.) Gr.-8. (24 S.) In Comm. —.25
Wien: Tempsky 1889

—— Theorie der analytischen Functionen. gr. 8. (X, 452 S.) Leipzig 887, Teubner. *

—— zur Theorie der Fuchs'schen Functionen. Lex.-8. (16 S.) Wien 885, (Gerold's Sohn.) **
Aus: Sitzungsberichte der k. Akademie der Wissenschaften, besonders abgedruckt.

**Biermann,** Dr. Otto, Zur Theorie d. zu einer binomischen Irrationalität gehörigen Abel'schen Integrale. (S.-A.) gr. 8. (59 S.) Wien, *Carl Gerold's Sohn 45 kr. 1883

— Vorlesungen über mathematische Näherungsmethoden. (X, 227 S. m. 35 Abbildgn.) gr. 8. Braunschweig 905. F. Vieweg & Sohn. n. 8. —; geb. in Leinw. n. 8. 80

**Biermann,** Paul [aus Magdeburg]: Beitraege zur Kenntniss des Narcotins .... Freiburg i. B., Buchdr. v. Chr. Ströcker, 1887; 74 S. + 1 Bl. 8°
Freiburg i. B., Phil. Fak., Inaug.-Diss. v. 1887

**Biermann, Peter,** pr. Arzt: Ein Fall von Cystenniere mit Cystenleber. Erlangen 1910: Junge. 38 S. 8°
Erlangen, Med. Diss. v. 11. Jan. 1910, Ref. Specht
[Geb. 5. Jan. 82 Herzogenaurach; Wohnort: Herzogenaurach; Staatsangeh.: Bayern; Vorbildung: Gymn. Erlangen Reife Juli 01; Studium: Erlangen 12 S.; Coll. 30. Dez. 09; Approb. 22. Febr. 09.] [U 10. 784

**Biermann,** Rudolf: Ueber Bau und Entwickelungsgeschichte der Oelzellen und die Oelbildung in ihnen. Bern 1898. 80 S. 3 Tafeln. 8°.
Bern. Phil. Diss. 1897/98.

**Biermann,** Walth., Ansitch-Lieder, s.: Meyer, Jul.

Biermann, Wilhelm Eduard
**Biermann,** W. Ed., Anarchismus u. Kommunismus. 6 Volkshochschulvorträge. (VII, 177 S.) 8. Leipzig 906. A. Deichert Nachf. n. 2. 70; kart. n.n. 3. —

Biermann, Wilh. Eduard: Der Abbé Galiani als Nationalökonom, Politiker u. Philosoph nach s. Briefwechsel, s: Abhandlungen, Volkswirtschaftl. u. wirtschaftsgeschichtl.

— zur Lehre v. der Produktion u. ihrem Zusammenhang m. der Wert-, Preis- u. Einkommenslehre. Probevorlesung, geh. am 6. VII. 1904 an der Universität Leipzig. (20 S.) gr. 8. Leipzig 904. Roth & Schunke. n. — 60

Biermann, W. Ed., Schäffle u. der Agrarismus. gr. 8°. Bonn, Röhrscheid u. Ebbecke, 1902. 30 s.

Biermann, W[ilhelm] Ed[uard], Dr.: Staat und Wirtschaft. Bd 1: Die Anschauungen des ökonomischen Individualismus. *Berlin: Puttkammer & Mühlbrecht 1904.* (200 S.) 8° [F.]
Leipzig, Phil. Hab.-Schr. v. 6. Juli 1904

Biermann, W. E., Staat u. Wirtschaft. 1. Bd.: Die Anschaugn. des ökonom. Individualismus. (200 S.) Lex.-8. Berlin '05, Puttkammer & Mühlbrecht. 8. 60.

Biermann, Wilh(elm) Eduard: Die deutsche Viehversicherung und ihre Reform. *(Berlin [1901]: Typographia.)* (82 S.) 8° [F.]
Leipzig. Phil. Diss. v. [13. März] 1901

— die deutsche Viehversicherung u. ihre Reform. gr. 8. (84 S.) Berlin 901. Puttkammer & Mühlbrecht. n. 1.20

Die Weltanschauung des Marxismus. An d. materialist. Geschichtsauffassung u. an d. Mehrwertlehre erörtert von Dr. W[ilhelm] Ed[uard] Biermann, Privatd. Leipzig: Roth & Schunke 1908. (83 S.) 8° [F.]

Biermann, W. E., Karl Georg Winkelblech (Karl Marlo). Sein Leben u. sein Werk. (In 3 Bdn.) I. Bd. Leben u. Wirken bis zum J. 1849. Mit Bildnis u. Fksm. Winkelblechs. (XIV, 387 S.) gr. 8. Leipzig, A. Deichert Nachf. 7. 80.
1909

Biermann, W. E., Karl Georg Winkelblech (Karl Marlo). Sein Leben u. sein Werk. II. Bd.: Die deutsche Handwerker- u. Arbeiterbewegg. des J. 1848. Winkelblechs Leben u. Wirken bis zu seinem Tode 1865. Mit Bildnis Winkelblechs. (VI, 511 S.) gr. 8. Leipzig, A. Deichert Nachf. 10. —
1909

— s: Winkelblech, Karl Geo.: Lit. Nachlass.

Biermann, Wilh. Gust. Adolph., problemata quaedam mechanica functionum ellipticarum ope soluta. Dissert. inaug. Berlin 865. (Calvary & Co.) gr. 8. (39 S.) n. 15 ngr

Biermanns, Paul, die Politik des Kurfürsten v. Köln Maximilian Franz gegenüber der französischen Revolution in den J. 1789—1792. s. Beiträge f. die Geschichte Niedersachsens u. Westfalens. 23. Hft.

Die Politik des Kurfürsten von Köln Maximilian Franz gegenüber der französischen Revolution in den Jahren 1789—1792. Von Paul Biermanns. Hildesheim: Lax 1910. VIII, 66 S. 8°
(Beiträge f. d. Geschichte Niedersachsens u. Westfalens. H. 23.)

Biermans, Hugo, a. Aachen: Ein Fall von akuter gelber Leberatrofie bei 2½ Jahre altem Mädchen. Kiel 1904: Schmidt & Klaunig. (16 S.) 8°
Kiel, Med. Fak., Ref. Heller, Diss. v. [8. Okt.] 1904
[Geb. 4. Sept. 79 Aachen; Wohnort: Aachen; Staatsangeh.: Preußen; Vorbildung: Gymn. Arnoldinum Burgsteinfurt Reife O. 99; Studium: Leipzig 3, Kiel 1, München 1, Berlin 2, Kiel 2 S.; Coll. 26. Febr. 04; Approb. 9. Febr. 04.]

Biermans, Leo[nard]: Ueber Icterus. Halle 1873: Lipke. 27 S. 8°
Halle-Wittenberg, Med. Diss. v. 22. Dez. 1873
Geb. Aachen 19. 2. 1848. V.

Biermarken, 100, heiteren Inhaltes. Für launige Gäste. Gummirt in Umschlag —.10
Joachimsthal: Friedrich 1891

Biermayer, Lor(enz): Musaeum anatomico-pathologicum nosocomii universalis Vindobonensis, quod ordine systematico descripsit. (Nebst) lithograpgischen Tafeln, gbd.

Text: Vindobonae et Tergesti: Geistinger 1816
Tafeln: Wien: typ. Trentsensky 1828 (Gerold)

Biermer, Anton
— über Bronchialasthma, s. Sammlung klinischer Vorträge.

Biermer, A., üb. Entstehung u. Verbreitung d. Abdominaltyphus, s.: Sammlung klin. Vorträge.

Biermer, A., Krankheiten der Bronchien, s. Handbuch der speciellen Pathologie.

Biermer, Ant., die Lehre vom Auswurf. Ein Beitrag zur medicin. Klinik. Lex.-8. (VIII und 138 S. mit 2 Stnt.) Würzburg 855, Stahel'sche Buchh.

Biermer, A., über die Ursachen der Volkskrankheiten, insbesondere der Cholera. Ein populärer Vortrag gehalten in der 1. Versammlung der Gesellschaft für öffentl. Gesundheitspflege zu Zürich am 4. Novbr. 1867. Zürich 867. Schabelitz. gr. 8. (IV, 27 S.) 5 ngr

Biermer, A. (Hrsg.), s. Zeitschrift, Schweizerische, für Heilkunde.

Biermer, Hermann [app. Arzt aus Breslau]: Zur Lehre von der putriden Bronchitis ... Leipzig, G. Thieme, 1892; 39 S. 8.
Tübingen, Med. Fak., Inaug.-Diss. v. 1892

Die Abzahlungsgeschäfte und ihre gesetzliche Regelung. Referat erstattet d. Handelskammer f. d. Reg.Bez. Münster v. Dr. M[agnus] Biermer. Als Ms. gedr. *Münster i. W.: J. Bredt 1893.* (38 S.) 8° [F.]

Biermer, Magnus. Agrarkrisis. Giessen 1905. 8°.
(Biermer, Magnus, Samml. nationalökonom. Aufsätze u. Vorträge. Bd 1, H. 1.)

Biermer, Magnus: Die Aufgaben der Deutschen Kanalpolitik. Vortrag geh. zu Mainz am 11. Jan. 1900. Berlin (1900): J. Sittenfehl. (60 S.) 8°

Biermer, Magn., die neueste Bankkrisis u. das deutsche Aktienrecht. (Sonderabdr.) gr. 8. (IV, 89 S.) Gießen 902. (J. Ricker). n. — 80

Biermer, M: Die neueste Bankkrisis u. d. deut. Aktienrecht. [S.-A.] (89) 8° Giess., (A Töpelmann)'02. — 80 d

Biermer, Magnus: Ein Beitrag zur Kenntniss der 'christlich-sozialen' Bismarckverehrung. Als Ms. gedr. Greifswald: Dr. r. F.W. Kunike 1899. (15 S.)

— Fürst Bismarck als Volkswirt. Gedenkrede, gesprochen im landwirtschaftl. Verein Greifswald. 1. u. 2. Aufl. gr. 8. (à 43 S.) Greifswald 899. J. Abel. n. 1. —

Der Fall Dr. Dullo in Offenbach a. M. und seine kommunalpolitische Bedeutung. Von Dr. Magnus Biermer, Prof. Gießen: Roth 1908. 27 S. 8° [Umschlagt.]
(Biermer: Sammlung nationalökon. Aufsätze u. Vorträge. Bd 2, H. 1.)

[F.] Die neueste Entwicklung der britischen Arbeiterbewegung. Vortrag, geh. v. Prof. Dr. M[agnus] Biermer aus Münster i. W. im Mittelrheinischen Fabrikanten-Verein zu Mainz ... 1898. *Münster i. W.: Coppenrath 1898.* (36 S.) 1 Bd 8.

Biermer, Magnus, s.: Erbschaftsabgabe, die, u. die Reichsfinanzreform.

Die Finanzen des Grossherzogtums Hessen. Eine staatswirtschaftl. Sylvesterbetrachtung von Prof. Dr. M[agnus] Biermer-Giessen. *Giessen: J. Ricker 1903.* (70 S.) 8° [F.]

Biermer, Magn., die Finanzen des Großherzogt. Hessen. Eine staatswirtschaftl. Sylvesterbetrachtg. (70 S.) gr. 8. Gießen 903. A. Töpelmann. n. 1. —

Biermer, Magnus [Dr. jur.]: Frist und Verjährung. . . . Berlin, Druck v. Knoll & Wölbling (1888); 2 Bl. + 33 S. 8°
Jena, Jur. Fak., Inaug.-Diss. v. [6. Dez.] 1887

Biermer, M., Frist und Verjährung. 8. (33 S.) Leipzig 888, Fock, Verlag.

Biermer, M., Frist u. Verjährung. Inaug.-Diss. gr. 8. (III, 33 S.) Berlin 889. (Leipzig, Fock.) n. 1. —

Die Geldbeschaffung für Arbeiterhäuser über die mündelsichere Grenze hinaus. Von Dr. Magnus **Biermer**, Prof. Gießen: Roth 1909. 22 S. 8° [Umschlagt.]
(Biermer: Sammlung nationalökon. Aufsätze u. Vorträge. Bd 2, H. 4.) [10. 15097 B

Magnus **Biermer**. Die deutsche Geldverfassung. 2. Aufl. [Nebst] Nachtrag. Gießen: E. Roth 1908. (68 S.) 8° [F.]
— **Biermer**: Sammlung nationalök. Aufsätze u. Vorträge. Bd 1, H. 10. [08. 4890

**Biermer**, M. Die deutsche Geldverfassung. 2. Auflage. Nachtrag: Die Interpellation des Grafen Kanitz im Reichstage. (Sammlung nationalökonomischer Aufsätze und Vorträge. Band I, Heft 10.) Gießen 1908.

Die neuzeitliche Goldproduktion und ihr Einfluß auf das Wirtschaftsleben. Vortr. geh. zu Dresden 1905 von Dr. Magnus **Biermer**, Prof. Dresden: v. Zahn & Jaensch 1905. (48 S.) 8° [F.]
— **Zeit- u. Streit-Fragen**, Neue, hrsg. v. d. Gehestiftung. Jg. 2, H. 3. 4. [05. 4574

[F.] Die Goldwährung. Vortrag, gehalten von Professor Dr. M[agnus] **Biermer** aus Münster i. W. im Mittelrheinischen Fabrikanten-Ver. zu Mainz ... 1896. Stenogramm. *Münster i. W.: J. Bredt 1896.* (41 S.) 1 Bd 8. [98. 1541 Go

[F.] Die deutsche Handelspolitik des neunzehnten Jahrhunderts. Vortrag geh. im Mittelrhein. Fabrikantenver. zu Mainz am 12. Jan. 1899 v. Dr. jur. et phil. Magnus **Biermer**, o. Prof. ... a. d. Univ. Greifsw. *Greifswald: F. W. Kunike 1899.* (43 S.) 1 Bd 8. [99. 526

— **die deutsche Handelspolitik des 19. Jahrh.** 2. Aufl. gr. 8. (58 S.) Greifswald 899. L. Bamberg. n 1.—

Der Kampf um die Nachlaßsteuer. Von Dr. Magnus **Biermer**, Prof. Gießen: Roth 1909. 30 S. 8° [Umschlagt.]
(Biermer: Sammlung nationalökon. Aufsätze u. Vorträge. Bd 2, H. 3.) [10. 15696 B

Magnus **Biermer**. Der Kampf um den Taler. Der Bimetallismus und die Agrarkrisis. Arbeitskammern. Gießen: E. Roth 1905. (58 S.) 8° [F.]
— **Biermer**: Sammlung nationalök. Aufsätze u. Vorträge. Bd 1, H. 2. [05. 4887

Dr. Magnus **Biermer**, Prof.: Die politische Krisis in England. Gießen: Roth 1910. 41 S. 8°
(Biermer: Sammlung nationalökon. Aufsätze u. Vorträge. Bd 2, H. 7.) [11. 13958

Dr. Magnus **Biermer**, Prof.: Der Kursstand unserer Staatspapiere. Gießen: Roth 1910. 45 S. 8°
(Biermer: Sammlung nationalökon. Aufsätze u. Vorträge. Bd 2, H. 5.) [11. 13956

Die gegenwärtige politische Lage in Hessen. Rede geh. 1906 im Nationallib. Verein Gießen von Dr. jur. et phil. Magnus **Biermer**, Prof. Gießen: E. Roth 1906. (18 S.) 8° [F.] [07. 976

[F.] Leitsätze zur Beurtheilung der Währungsfrage. Aus s. Vorlesgn üb. 'Geld u. Kredit' zsgest. v. Dr. M[agnus] **Biermer**, a. o. Prof. ... a. d. Kgl. Akad. zu Münster. Hrsg. v. Ver. z. Schutze d. deutschen Goldwährg ... *Berlin: C. Heymanns 1896.* (220 S., 1 Bl., XIV S., 1 Bl.) 1 Bd 8. [96. 6709

— **Leitsätze z. Beurtheilg. d. Währungsfrage.** Aus s. Vorlesgn. üb. „Geld u. Kredit" zusammengest. (Neue Ausg.) Hrsg. v. Verein z. Schutze d. deutschen Goldwährg. gr. 8. (220 u. XVI S.) Berlin 896. C. Heymann's Verl. Kart. n. 1.—

— **Leitsätze z. Beurtheilg. d. gegenwärt. Währungssituation.** A. d. Vorlesgn. üb. „Geld u. Kredit". F. d. akadem. Gebrauch gedruckt. gr. 8. (192 S.) Berlin 896. (Münster, H. Mitsdörffer.) n. 3.—
Wurde vom „Verein z. Schutze d. deutschen Goldwährg." angekauft und aus dem Handel gezogen. — An seine Stelle tritt vorhergehendes Werk.

Magnus **Biermer**. Die Mittelstandsbewegung und das Warenhausproblem. Gießen: E. Roth 1905. (180 S.) 8° [F.]
— **Biermer**: Sammlung nationalök. Aufsätze u. Vorträge. Bd 1, H. 5–7 [vielm.: 5–8]. [05. 4890

**Biermer, M., Nochmals die hessische Kommunalsteuerreform. Eine Auseinandersetzg. m. d. „Darmstädter Zeitg." vom 20. V. 1905. (18 S.) 8. Giessen, E. Roth.** 1905 —. 50.

**Biermer, Magnus**, Das Problem der ländlichen Grundentschuldigung und die Organisation des Realkredits. gr. 8°. Giessen, E. Roth, 1905. (Biermer: Sammlung nat.-ökon. Aufsätze u. Vorträge, Bd. 1, Heft 1.) 35 S.

Die Rechtsverhältnisse der deutschen Universitätsprofessoren. In amtl. Auftr. zsgest. von Prof. Dr. M[agnus] **Biermer**. (Nebst Nachtrag [1.] 2.) Gießen 1903: v. Münchow. (101 S.) 8° [F.] [03. 9154

— **Die Reform der deutschen Arbeiterversicherung**, s.: Sammlung v. Vorträgen u. Aufsätzen üb. soziale Reformfragen. I, 2.

Der neue Reichsbankgesetzentwurf. Von Dr. Magnus **Biermer**, Prof. Gießen: Roth 1909. 58 S. 8° [Umschlagt.]
(Biermer: Sammlung nationalökon. Aufsätze u. Vorträge. Bd 2, H. 2.) [10. 15695 B

**Ruhland, Köhler-Langsdorf & Co.** Eine Streitschrift von Dr. jur. et phil. Magnus **Biermer**, Prof., Giessen. *Giessen: J. Ricker 1903.* (54 S.) 8° [F.] [03. 3036

— **Ruhland, Köhler-Langsdorf & Co.** Eine Streitschrift. (54 S.) gr. 8. Gießen 903. A. Töpelmann. n. 1.—

— **Sammlung nationalökonomischer Aufsätze u. Vorträge in zwangloser Reihenfolge hrsg.** I. Bd. 1.–9. Hft. 8. Gießen, E. Roth. n. 6. 20
1. Das Problem der ländl. Grundentschuldg. u. die Organisation des Realkredits. (35 S.) 905. n. —60
2. Der Kampf um den Taler. Der Bimetallismus u. die Agrarkrisis, Arbeitskammern. (58 S.) 905. n 1.—
3. Neue Steuerreformen in Staat u. Gemeinde. (72 S.) 905. n. —60
4. Die letzte deutsche Wirtschaftskrisis u. ihre Ursachen. (46 S.) 905. n. —60
5.—8. Die Mittelstandsbewegung u. das Warenhausproblem. (180 S.) 905. n 2. 40
9. Der Streit um die russischen Finanzen der Gegenwart. (47 S.) 906. n. —60; 2 Aufl. Mit e. Nachtrag: Die neue russ. Milliardenanleihe. (75 S.) 906. n. 1. 60

— **Sammlung nationalökonomischer Aufsätze u. Vorträge, in zwangloser Reihenfolge hrsg.** I. Bd. 10. Heft u. II. Bd. 1.—6. Heft. 8. Gießen, E. Roth. 5. 80
I. 10. Die deutsche Geldverfassung. (48 S.) 908. —60; 2. (durch e. Nachtrag verm.) Aufl. (Nachtrag: Die Interpellation d. Grafen Kanitz im Reichstage.) (68 S.) 908. —80 (1. Bd. vollständig; erm. Pr.: 6.—; geb. 7. 50)
II. 1. Der Fall Dr. Dullo in Offenbach am Main u. seine kommunalpolitische Bedeutung. (27 S.) 908. —50
2. Der neue Reichsbankgesetzentwurf. (58 S.) 909. —80
3. Der Kampf um die Nachlaßsteuer. (30 S.) 909. —60
4. Die Geldbeschaffung f. Arbeiterhäuser üb. die mündelsichere Grenze hinaus. (22 S.) 909. —50
5. Der Kursstand unserer Staatspapiere. (45 S.) 910. 1.—
6. Die indirekte u. die direkte Wertzuwachssteuer. (38 S.) 910. 1.—

**Biermer, Magn.: Sammlg nationalökonom. Aufsätze u. Vorträge, in zwangloser Reihenfolge hrsg. II. Bd, 5—10. Heft. 8° Giess., E Roth.** (vollst., ermäss. Pr. d. Bd 6 —; HF 7.50) d
II, 5. Der Kursstand uns. Staatspapiere. (45) '10. 1 — ‖ 6. Die indir. u. d. dir. Wertzuwachssteuer. (38) '10. 1 — ‖ 7. Die polit. Krisis in Engld. (41) '10. 1 — ‖ 8. u. 9. Die preuss.-hess. Eisenbahngemeinsch. (215) '11. 3 — ‖ 10. Die hess. Eisenbahnfrage n. d. Landtagsschlusse. — Der Staatsrentenmarkt u. d. Sparkassen. — Teuerg u. Geldwert. Mit Namen- u. Sachreg. f. Bd I u. II. (100) '12. 1.50

**Biermer**, Magnus: Die preussische S t a a t s - u. Gemeinde-S t e u e r - R e f o r m . Im Auftr. d. Handelskammer f.d. Regbez. Münster zsgest. Münster i.W.: C.C. Brunn 1892. (33 S.)

Magnus **Biermer**. Neue Steuerreformen in Staat u. Gemeinde. Gießen: E. Roth 1905. (72 S.) 8° [F.]
— **Biermer**: Sammlung nationalök. Aufsätze u. Vorträge. Bd 1, H. 3. [05. 4888

Der Streit um die russischen Finanzen der Gegenwart. (Von Magnus **Biermer**.) Gießen: E. Roth 1906. (47 S.) 8° [F.]
— **Biermer**: Sammlung nationalök. Aufsätze u. Vorträge. Bd 1, H. 9. [07. 6694 2

Magnus **Biermer**. Der Streit um die russischen Finanzen der Gegenwart. Mit e. Nachtrag: Die neue russ. Milliardenanleihe. 2. Aufl. Gießen: E. Roth 1906. (75 S.) 8° [F.]
— **Biermer**: Sammlung nationalök. Aufsätze u. Vorträge. Bd 1, H. 9. [06. 4391

Trinkspruch ausgebracht auf dem Stiftungsfeste des Greifswalder Verein [!] Deutscher Studenten von Prof. Dr. [Magnus] **Biermer** 1898. Greifswald 1898: F. W. Kunike. (4 S.) 8° [Kopft. F.] [05. 8077 9

Die kommunale Vermögensbesteuerung in Hessen. Krit. Bemerkungen z. Entwurfe d. hess. Kommunalsteuergesetzes von Dr. Magnus **Biermer**, Prof., Gießen. Gießen: E. Roth 1905. (37 S.) 8° [F.] [05. 5756

Dr. Magnus **Biermer**, Prof.: Die indirekte und die direkte Wertzuwachssteuer. Gießen: Roth 1910. 38 S. 8°
(Biermer: Sammlung nationalökon. Aufsätze u. Vorträge. Bd 2, H. 6.) [11. 13957

Magnus **Biermer**. Die letzte deutsche Wirtschaftskrisis und ihre Ursachen. Gießen: E. Roth 1905. (46 S.) 8° [F.]
— **Biermer**: Sammlung nationalök. Aufsätze u. Vorträge. Bd 1, H. 4. [05. 4889

Biermer, M. (Bearb.), s. Wörterbuch der Volkswirtschaft.

**Biermer**, Rudolf [app. Arzt aus Breslau]: Ein Beitrag zur Myomotomie ... Tübingen, F. Pietzcker, 1894; 21 S. 8.
Tübingen, Med. Fak., Inaug.-Diss. v. 1894

**Biermer, Rud., der Kolpeurynter, seine Geschichte u. Anwendung in d. Geburtshülfe. Auf Grund v. 23 Fällen aus der Universitäts-Frauenklinik zu Bonn dargest. Mit e. Vorwort v. Heinr. Fritsch. gr. 8. (VIII, 69 S. m. 8 Abb.) Wiesbaden 899. J. F. Bergmann. n. 2. —**

Biern (S.). Uebersicht der . . . Benutzung der preussischen Weidenarten. Danzig, 1864. 8°.

**Biernacki, A. P., s. Loudon, üb. Wirthschaftseinrichtungen.**

Hämatologische Diagnostik in der praktischen Medicin von Edmund Biernacki, (Warschau). *Leipzig: Breitkopf & Härtel 1901.* (32 S.) 8°
— Sammlung klinischer Vorträge. N. F. No 306.

Die moderne Heilwissenschaft, Wesen u. Grenzen d. ärztl. Wissens. Von Dr. Edmund Biernacki. Autor. Übers. von Dr. S. Ebel. Leipzig: Teubner 1901. VII, 129 S. 8°
(Aus Natur u. Geisteswelt. Bdch. 25.)

Zur Revision einiger Kapitel der physikalischen Diagnostik der Brustorgane v. E. Biernacki (Warschau). *Leipzig: Breitkopf & Härtel 1896.* (61 S.) 8.
— Sammlung Klinischer Vorträge. N. F. No 154/55.

**Biernacki, J. F., dokladny praktyczny ogrodnik w miesięcznych zatrudnieniach przedstawiony. W Wroclawiu (Breslau) 855. (Berlin) S. Schletter. gr. 8. (XIV, 418 S.) 2 ℳ 15 ₰**

Biernacki, Johann
—— **Aufgaben zur Einübung d. poln. Grammatik. Ein Leitfaden, die poln. Sprache auch ohne Lehrer in kurzer Zeit gründl. zu erlernen, als 2. Thl. zur poln. Grammatik. 8. (9¼ B.) Breslau 838, Graß, Barth u. Comp. Thlr.**

**Biernacki, Joh., theoret.-prakt. Grammatik d. poln. Sprache. gr. 8. (10¾ B.) Breslau 837, Aderholz.**

**Biernacki, Joh., das poln. Zeitwort, od.: beff. etymolog., ganz vollständ. Behandl., vermöge welcher jed. Lernende durch d. darin enthalt. vollkomm. Conjugations-Tabn. in kurzer Zeit zur gründl. Kenntniß d. Abwandl. aller Zeitwörter gelangen kann. Nach Bandtke Grammatik bearb. rc. 8. (4 B.) Breslau 829, [Hentze.]**

Biernacki, Miecislaus von, eine retrorectale Dermoidcyste als Geburtshinderniss. Diss. Berlin 1887, Mayer & Müller. 8°. 28 S.

von Biernacki, Miecislaus [aus Giżyce (Polen)]: Eine retrorectale Dermoidcyste als Geburtshinderniss .... Berlin, Buchdr. v. Gustav Schade (Otto Franke) (1887); 28 S. + 2 Bl. 8°.
Berlin, Med. Fak., Inaug.-Diss. v. 19. März 1887.

**Biernath, Ernst, die Guitarre seit dem III. Jahrtaus. vor Christus. Eine musik- u. kulturgeschichtl. Darstellg. m. genauer Quellenangabe. (VII, 144 S.) 8. Berlin 907. A. Haack. 3. —**

**Biernath**, Otto: Agrikulturchemische Untersuchungen über die Veränderungen einiger Nährböden durch die Einwirkung landwirtschaftlich wichtiger Bakterien. *Rostock 1897: (J. A. Koch, Marburg (Hessen)).* (79 S.) 8°
Rostock, Phil. Diss. v. [30. Juli] 1897

**Biernath, Paul**, appr. Arzt: Aus d. Kreiskrankenh. Gr.-Lichterfelde. Dir.: Riese. Ueber subcutane Leberruptur mit späterer Ausstossung grösserer Lebersequester und deren Behandlung. Berlin 1909: Schumacher. 22 S. 8°
(Aus: Archiv f. klin. Chirurgie. Bd 90.)
Leipzig, Med. Diss. v. 7. Juni 1909, Ref. Trendelenburg
[Geb. 9. Dez. 82 Neidenburg; Wohnort: Berlin; Staatsangeh.: Preußen; Vorbildung: Gymn. Allenstein Reife O. 02; Studium: Königsberg 4, München 1, Berlin 5 S.; Coll. 9. Juli 09; Approb. 25. Sept. 08.] [U 09. 2754

1830–1906. Lebenslauf des Herrn Stanislaw Biernatzki von der Wiege bis z. 75sten Jahre, s. geschäftlichen Irr- u. Wanderfahrten auf d. Meere d. Lebens u. d. Entstehung d. Firma Biernatzki & Co., Hamburg. Zum 50j. Geschäfts-Jubiläum am 1. Jan. 1900. Hamburg (1905): Rademacher. 55 S. 4°

Biernatzki, C. L., s. Biernatzki, Karl Leonhard

Jugend-Erinnerungen einer alten Jungfer v. Helene Biernatzki. Wandsbek-Hamburg. 1905. 8°

Biernatzki, Hermann (Hrsg.), s. Landesberichte, Schleswig-Holstein-Lauenburgische.

Biernatzki, Hermann: Das Marien-Magdalenenkloster zu Mühlenbeck an der Bille. (Aus: Nordalbingische Studien. Bd. 5. Kiel. 1850.) 8°

**Biernatzki, H., Nationalitäten- u. Sprachenkarte des Herzogth. Schleswig. Fol. Lith. u. col. Hamburg 848, Berendsohn. n. 9 ngl**

Biernatzki, Hermann: Nationalitäten-und Sprachenkarte des Herzogthums Schleswig. 1:480000. Hamburg. (1849.) Farbendr. 1 Bl. Fol. 32.2×43.7 cm.

**— Schleswig-Holstein, s.: Gallerie rc. von Poppel u. Kurz.**

**—— Schleswig-Holstein, s. Poppel, J. und M. Kurz, Gallerie.**

Taschenbuch für Reisende in den Herzogthümern Schleswig, Holstein und Lauenburg. [Von Hermann Biernatzki.] Mit 1 Landkarte und einem Meilenzeiger. Altona. 1847. 8°.

Taschenbuch für Reisende in den Herzogthümern Schleswig, Holstein, Lauenburg und dem Fürstenthum Lübeck. Mit 1 Landkarte und 16 Ansichten. [Von Hermann Biernatzki.] 2. Ausg. Altona. 1852. 8°.

**Biernatzki, H., und J. v. Schröder, Topographie der Herzogth. Holstein und Lauenburg, s. Schröder, J. v.**

Biernatzki, Hermann: Ungefähre Uebersichtskarte von Holstein in seiner Getheiltheit ums Jahr 1330. (ca. 1:450 000.) Hamburg. o.J. Farbendruck. 1 Bl. Fol. 30,5/38 cm

Biernatzki, Johann Christoph
**Biernatzki J(oh.) C(hrph.), Gedichte. 2., verb. Aufl. 8. (VI und 100 S.) Leipzig 852, C. Fleischer.**

**Biernatzki, J. C., die Hallig, od. die Schiffbrüchigen auf d. Eiland in d. Nordsee. Wanderungen auf d. Gebiete d. Theologie im Modekleide d. Novelle. 1. Aufl. (23½ B.) 836. 2 Thlr., 2., verb. A. 8. (24¼ B.) Altona 840, Hammerich.**

**—— die Hallig oder die Schiffbrüchigen auf dem Eilande in der Nordsee. Novelle. 3., verb. Aufl. 8. (324 S.) Leipzig 852, C. Fleischer.**

**Biernatzki, J. C., die Hallig oder die Schiffbrüchigen auf dem Eiland in der Nordsee. Novelle. 4. illustr. Aufl. 2 Thle. in 1 Bd. 8. (184 u. 172 S. m. eingedr. Holzschn.) Basel 881. Riehm. 3. —; geb. n. 4. —**

(Collection Spemann. Deutsche Hand- und Hausbibliothek, Bd. 4.)
Die Hallig oder die Schiffbrüchigen auf dem Eiland in der Nordsee v. Johann Christoph Biernatzki. Mit einer Einleitung v. Heinrich Düntzer. Stuttgart. [1881.] 8°.

**Biernatzki, Joh. Chrph., die Hallig, od. die Schiffbrüchigen auf dem Eiland in der Nordsee. Eine Erzählg. 12. (143 S.) Leipzig 894. Greßner & Schramm. Kart. — 60**

**Biernatzki, J. C., die Hallig od. die Schiffbrüchigen auf dem Eiland in der Nordsee. Novelle. 8. (V, 292 S.) Halle 902. H. Gesenius. Geb. in Leinw. m. Goldschn. n. 2. 50**

Die Hallig oder Die Schiffbrüchigen auf dem Eiland in der Nordsee. Eine Novelle von J[ohann] C[hristoph] Biernatzki. Berlin: Christl. Versandbuchh. [1904]. (183 S.) 8° [J.]
— Bücherei, Deutsche. No 1.

**Biernatzki, J. C., die Hallig od.: Die Schiffbrüchigen auf dem Eiland in der Nordsee. Bearb. v. Ernst Evers. Neue illustr. Ausg. m. 4 Farbendr.-Bildern. (183 S.) 8. Konstanz (904) C. Hirsch. Geb. n. 1. —**

Die Hallig oder die Schiffbrüchigen auf dem Eiland in der Nordsee. Eine Novelle von J[ohann] C[hristoph] Biernatzki. 2. Aufl. Berlin: Deutsche Bücherei [1910]. 183 S. 8°
(Deutsche Bücherei. Nr 108/9.) [11. 3340

Biernatzki, J. C., die Hallig od.: Die Schiffbrüchigen auf dem Eiland in der Nordsee. Neu hrsg. v. Paul Ernst. (Titel u. Einbd. zeichnete Lucian Bernhard.) (274 S.) 8. Berlin 910. Meyer & Jessen. Kart. 2. 50

— dasselbe, s.: Erzählungen, 1001, f. Jung u. Alt.

— dasselbe, s.: Ferry, Gabr., Cayetano, der Schmuggler.

— dasselbe, s.: Schaffstein's Volksbücher f. d. Jugend. 79

—— dass. — s. Universal-Bibliothek Nr. 1454 und 1455.

— dasselbe, s.: Von Buch zu Buch.

Biernatzky, J. C., die Hallig, } s. Meyer's Volksbücher.
—— der braune Knabe, }

—— der braune Knabe, od. d. Gemeinde in d. Zerstreuung. Novelle. 2 Thle. 8. (30 B.) Altona 839, Hammerich.

—— der braune Knabe oder die Gemeinden in der Zerstreuung. Novelle. 2., verb. Aufl. 2 Bde. 8. (474 S.) Leipzig 852, C. Fleischer.

—— der braune Knabe oder die Gemeinden in der Zerstreuung. Novelle. Orig.-Ausg. 3 Thle. in 1 Bd. 8. Aufl. 8. (190; 176; 106 S.) Basel 882, Riehm. M 3.; geb. *

—— Predigten u. Casualreden. gr. 8. (25 B.) Kiel 841, (Universit.-Buchh.)

**Biernatzki, Johann Christoph.** Gesammelte Schriften. Erste vollständige Gesammtausgabe in acht Bänden. Altona 1844. H: *Biernatzki, Carl L.* (BrMm)

— gesammelte Schriften. 1. vollständ. Gesammtausgabe in 8 Bdn. 1. u. 2. Bd. 1. Bd. Vorrede. Biographie. 2. Bd. Wege zum Glauben. 3.—8. Bd. 3.—4. Bd. Die Hallig oder die Schiffbrüchigen auf dem Eiland in der Nordsee. 5—7. Bd. Der braune Knabe od. die Gemeinden in d. Zerstreuung. Des letzten Matrosen Tagebuch. 8. Bd. Gedichte. Altona 844, Hammerich. Subscr.-Pr. (à n. 1/3 ℛ) n. 2 2/3 ℛ

Biernatzki's, Joh. Chrph., († d. 11. Mai 1840.), Schriften. Erste vollständ. Gesammtausg. in 8 Bdn. 2. verm. Aufl. 8. (1: XVI u. 157 S. 2: X u. 177 S. 3: VI u. 162 S. 4: VI u. 162 S. 5: VI u. 192 S. 6: VI u. 178 S. 7: VI u. 198 S. 8: VIII u. 166 S.) Leipzig 850, Hammerich's Separ.-Conto. n. 4 ℛ in Engl. Einb. n. 5 ℛ

BIERNATZKI, J[O.] C[PH.], Die Speiseanstalt für Dürftige an einem kleinen Orte, mit geringen Kosten und ohne jährlichen Zuschusz. Schleswig. 1833. P.

—— des letzten Matrosen Tagebuch. Novelle. 2., verb. Aufl. 8. (94 S.) Leipzig 852, C. Fleischer.

Biernatzki, J. C. Des letzten Matrosen Tagebuch. Eine christliche Erzählung. 3. Aufl. Vollständig umgearbeitet und mit Zusätzen versehen von Dr. L. A. L. Koch. In-8⁰, 106 S. Basel, Ferd. Riehm. Geheftet — 90
1882 In hübschem Leinwandband 1 25

—— Wege zum Glauben, od. d. Liebe aus d. Kindheit. Wanderungen auf d. Gebiete d. Theologie im Modekleide d. Novelle. 8. (13 1/2 B.) Altona 835, Hammerich.

—— Wege zum Glauben oder die Liebe aus der Kindheit. Novelle. 2., verb. Aufl. 8. (VI und 177 S.) Leipzig 852, C. Fleischer.

Biernatzki, Johannes
Biernatzki, Johs., s.: Bilder a. d. deutschen Küstenländern d. Ostsee.

Biernatzki, Johs., Bilder aus den deutschen Küstenländern der Ostsee, s. Land und Volk, unser deutsches.

Biernatzki, Joh. L. Ernst, u. A., Bilder aus den deutschen Küstenländern der Ostsee. Leipzig 1888. 8.
Lot: Unser deutsches Land u. Volk. Bd. 11.

Gemeindepflege in der Hauptparochie. ⟨Gegr. 1870.⟩ Jahresbericht 1896 (v. [Joh.] Biernatzki). Altona, 18. Mai 1897. 8°

Biernatzki, Johannes (Hrsg.), s. Kalender d. (schleswig-holstein.) Sonntagsboten.

Biernatzki, J, „e. Licht auf meinem Wege". Eine Weihnachts-Erzählg a. Nordfriesland. 16. (45) Kiel 84, Biernatzki. geb. m. G. n 1 60

— d. Ostseebäder etc., s.: Jensen, Chrn.

Biernatzki, Johs., s.: Schloßrechnungen, kieler, des 17. Jahrh.

Biernatzki, J: Die farbentrag. Verbindgn am Lübecker Gymnasium. Ihr Recht u. Unrecht, Brauch u. Sitte. (48) 8° Hambg, Herold '04. — 80 d

Die farbentragenden Verbindungen am Lübecker Gymnasium. Ihr Recht u. Unrecht, Brauch u. Sitte aktenmäßig geprüft von Johannes Biernatzki. (2. Aufl.) *Hamburg: Herold 1904.* (48 S.) 8° [F.] [04. 6404

Biernatzki, Johs., aus der Werkstatt des Dichters u. Schriftstellers. Vortrag, geh. im großen Saale der Gesellschaft zur Beförderg. gemeinnütz. Tätigkeit in Lübeck am 22. XI. 1904. (18 S.) Lex.-8. Hamburg 904, Herold. n. — 50

Biernatzki, Karl, deutsche Befreiungskriege 1813, 1814, 1815. Der Jugend gewidmet. gr. 8. (IV und 268 S. mit 4 Stahlst.) Stuttgart 864, Schmidt und Spring. cart.

Bilder aus der Geschichte des Morgenlandes und der Griechen. Von Karl Biernatzki. Mit 4 Stahlstichen. — Stuttgart: Schmidt & Spring 1857. X, 324 S. 8°
(Biernatzki: Bilder aus der Weltgesch. Bd. 1.)

Bilder aus der Geschichte der Römer und der Griechen. Von Karl Biernatzki. Mit 4 Stahlstichen. — Stuttgart: Schmidt & Spring 1858. VI, 314 S. 8°
(Biernatzki: Bilder aus d. Weltgeschichte. Bd. 2.)

Bilder aus den letzten drei Jahrhunderten der Weltgeschichte. Von Karl Biernatzki. Mit 4 Stahlstichen. — Stuttgart: Schmidt & Spring 1861. VI, 400 S. 8°
(Biernatzki: Bilder aus d. Weltgesch. Bd. 5.)

Bilder aus dem Morgenlande und Abendlande in den ersten eilfhundert Jahren nach Christo. Von Karl Biernatzki. Mit 4 Stahlstichen. — Stuttgart: Schmidt & Spring 1859. VI, 401 S. 8°
(Biernatzki: Bilder aus d. Weltgeschichte. Bd. 3.)

Bilder aus dem Morgenlande und Abendlande vom zwölften bis sechszehnten Jahrhundert. Von Karl Biernatzki. — Stuttgart: Schmidt & Spring 1861. VI, 366 S. 8°
(Biernatzki: Bilder aus d. Weltgeschichte. Bd. 4.)

Biernatzki, Karl, Bilder aus der Weltgeschichte. 1. Bd. A. u. d. T.: Bilder aus der Geschichte des Morgenlandes u. der Griechen. Mit 4 Stahlst. Stuttgart 857. Schmidt u. Spring. br. 8. (X, 324 S.) (1856) 1 ℛ 15 ngr.
— 2. Bd. A. u. d. T.: Bilder aus der Geschichte der Römer und der Griechen. Mit 4 Stahlst. Ebend. 858. gr. 16. (VI, 314 S.) 1 ℛ 15 ngr.

Biernatzki, Karl, Bilder aus der Weltgeschichte. Stuttgart, Schmidt & Spring. 8. Jeder Bd. 1 ℛ 15 ngr.
3. Bd.: Bilder aus dem Morgenlande und Abendlande in den ersten. hundert Jahren nach Christo. Mit 4 Stahlst. 859. (VI, 401 S.) (1858)
4. Bd.: Bilder aus dem Morgenlande und Abendlande vom 12. bis 16. Jahrhundert. Mit 4 Stahlst. 861. (VI, 366 S.)
5. Bd.: Bilder aus den letzten drei Jahrhunderten der Weltgeschichte. Mit 4 Stahlst. 861. (VII, 400 S.)

Biernatzki, K., Erzählungen, s.: Jugendbibliothek, neue deutsche.

—— Land und Meer, in Schilderungen und Erzählungen für die Jugend. br. 8. (IV und 208 S. mit 8 ill. Stnt.) Stuttgart 853, Schmidt und Spring.

—— die Länder und Völker der Erde. Geschildert in Reisen und Bildern. gr. 8. (VI und 834 S. mit 16 ill. Stnt.) Stuttgart 855(56,) Schmidt und Spring.

—— Meer und Festland. Schilderungen und Erzählungen für die Jugend. gr. 8. (III, 180 S. mit 8 lithogr. Bildern in Farbendr.) Stuttgart 868, Schmidt und Spring. geb.

Biernatzki, Karl, Meer und Festland. Schilderungen und Erzählungen für die Jugend. Mit 8 Bildern in Farbendr. 2. Aufl. gr. 8. (172 S.) Stuttgart 879, Schmidt und Spring. geb.

Biernatzki, Karl, Meer u. Festland. Schilderungen u. Erzählungen f. die Jugend. Mit 8 Bildern in Farbendr. 2. Aufl. gr. 8. (172 S.) Stuttgart 880. Schmidt & Spring. geb. 3. —

—— Seebilder. Erzählungen für die Jugend. br. 8. (III und 271 S. mit 8 ill. Stnt.) Stuttgart 854, Schmidt und Spring.

Scenen und Geschichten aus Schleswig-Holstein. Hrgg. v. Karl Biernatzki. Mit vielen Abbildungen in Holzschnitt und Lithogr. 8°.

Biernatzki, Karl Leonhard

Biernatzki, K. L., Beiträge zur Kunde China's und Ostasiens, in besonderer Beziehung auf die Missionssache. Band I. 1. Kassel 1853.

Biernatzki, C. L., 8. Bericht des Central-Ausschusses für die innere Mission, s. Blicke in das Arbeitsfeld der innern Mission.

Biernatzki, K. L., die gegenwärtige politisch-religiöse Bewegung in China. Berlin 854. Wiegandt u. Grieben. gr. 8. (VII, 112 S.) n. 15 ngr

Biernatzki, K. L., Biographie v. Johann Christoph Biernatzki. Hrsg. v. seinem Sohne. 2. Aufl. 8. (157 S.) Leipzig 852, C. Fleischer. 12 ngr

Biernatzki, K. L., Blicke in das Arbeitsfeld der Inneren Mission während der Jahre 1855 und 1856. (171 S.) Hamburg 1857. Ag. d. R. H.

Schleswig-Holsteins Erhebung. Eine historische Skizze [v. Karl Leonhard Biernatzki]. 1. Das Jahr 1848. Mit 2 Lithogr. Altona. 1849. 8°.

Luther und die 95 Thesen v. K. L. Biernatzki. Vortrag, geh. am 10. Okt. 1883 im Männerverein zu Altona. Kiel. 1883. 8° [Umschlagt.]

Biernatzki, K. L., Luther u. die 95 Thesen. Vortrag, geh. am 10. Oktbr. 1883 im Männerverein zu Altona. gr. 8. (16 S.) Kiel 884. Biernatzki. n. — 40

Biernatzki, K. L., s. Volksbuch, mit besond. Rücksicht auf Schleswig-Holstein. — Volks-Kalender, Schleswig-Holsteinischer.

—— Was ist seit dem Jahre 1848 zur Wiederherstellung einer christlichen Sonntagsfeier in Deutschland geschehen? Zusammengestellt aus den Akten des Central-Ausschusses für die innere Mission. gr. 8. (IV und 55 S.) Hamburg 850, Agentur des Rauhen Hauses. *

Biernatzki, Wilh. Einfache Buchführung f. den kleineren Landwirt zur Ermittelung d. steuerpflichtigen Einkommens. 2 Tle. Fol. (71, 15 S. m. Formular.) Kiel 892, Eckardt. geb. u. geh. * 4 —

Biernatzki, Wilh., Dauerversuche m. Schrotmühlen, s.: Busley, C.

---

Agronomische Gesellschaft zu Kiel. Nr. 11. Eine Excursion nach Sophienhof und Lammershagen bei Preetz. (Separat-Abdruck aus „Der Norddeutsche Landwirth".) (Von Wilhelm Biernatzki. Kiel. 1881.) 8°, in 4° gebunden.

— die eingetragene Genossenschaft u. ihr Verkehr m. dem Gericht. Ein Handbuch f. Vorstands- u. Aufsichtsrats-Mitglieder eingetragener Genossenschaften u. f. Gerichtsschreiber. gr. 8. (68 S.) Bremen 892. M. Heinsius Nachf. n. 1. —

Biernatzki, Wilh., die eingetragene Genossenschaft u. ihr Verkehr m. d. Gerichte. Ein Handbuch f. Vorstands- u. Aufsichtsrats-Mitglieder eingetragener Genossenschaften u. f. Gerichtsschreiber. 2. Aufl. gr. 8. (V, 64 S.) Leipzig 900. M. Heinsius Nachf. Kart. n. 1. —

Biernatzki, Wilh., die eingetragene Genossenschaft u. ihr Verkehr m. dem Gerichte. Ein Handb. f. Vorstands- u. Aufsichtsratsmitglieder eingetragener Genossenschftn. u. f. Gerichtsschreiber. 3. Aufl. (70 S.) 8. Leipzig 908. M. Heinsius Nachf. Kart. 1. —

Biernatzki W.: *Wilhelm Hirschfeld* — Gross-Nordsee. [Kiel 1884]. (10) S. 1 Portr. (Sartr.). P.

Biernatzki, Wilhelm (Hrsg.), s. Jahrbücher, Schleswig-Holsteinische.

Biernatzki, Wilhelm (Hrsg.), s. Landwirth, Der norddeutsche.

— der eingetragene Verein. Ein prakt. Handbuch f. die Vorstände u. Mitglieder eingetragener Vereine u. deren Verkehr m. dem Gericht. Mit Mustern u. Formularen. gr. 8. (92 S.) Kiel 900. Siegen, M. Liebscher. n. 1. —; geb. n. 1. 50

*Biernatzki*, W. Die Viehversicherung in Schleswig-Holstein. S. Hansen, Schleswig-Holstein.

Biernatzki, W., was heißt Viehzüchten u. was sollen die Viehzuchtvereine, s.: Martiny, B.

Biernatzki, Wilhelm (Red.), s. Zeitung, Norddeutsche landwirthschaftliche.

Biernatzki, W., die Zuchtbuchführung für Rindvieh, s.: Martiny, B.

Biernatzky, s. Biernatzki

Biernaux, Fernand [aus Chatelineau [sic!]]: Beiträge zur Kenntnis der Diglycolsäure, Thiodiglycolsäure und Diglycolamidsäure. . . . Bonn, Univ.-Buchdr. v. C. Georgi, 1891; 39 S., 1 Bl. 8°
Bonn, Phil. Fak., Inaug.-Diss. v. 4. Aug. 1891

Bierögel, Jh. Chr., Anweis. z. Rechnenkunst. 2 Thle. 8. Leipz. 796. H. Richter. 1 ß

Bieroth, Josef [aus Montabaur]: Aus d. gynaekolog. Klinik zu Bonn. Die Myomotomie bei verjauchten Uterusmyomen. . . . Bonn. Druck v. J. F. Carthaus, 1889; 31 + 1 S. + 1 Bl. 8°
Bonn. Med. Fak., Inaug.-Diss. v. [24. Jul.] 1889

Bierotte, Erich, Arzt: Ueber das Verhalten des Angulus Ludovici beim Gesunden. Rostock 1905: Adlers Erben. (48 S.) 8°
Rostock, Med. Fak., Ref. Martius, Diss. v. 20. Mai 1905
[Geb. 3. Jan. 79 Potsdam; Wohnort: Hannover; Staatsangeh.: Preußen; Vorbildung: Gymn. Potsdam Reife O. 97; Studium: Berlin Kais. W. Akad. 9 S.; Coll. 23. Febr. 05; Approb. 5. März 04.]

Bier-Phantasien. Eine Satyre auf d. schlechten Biere des 19ten Säculi, (von Hnr. Wlh. Lud. Zeffner). Gedruckt als Manuscript für Freunde. 8. Zerbst 829. (Kummer). 12 gr

Bier-Production 1883. Tabelle. Imp.-Fol. Wien 884. Edm. Schmid. n. 8. 60

Bierproduction 1887. Commentar zur Brauer- und Hopfenzeitung „Gambrinus" vom 1. Aug. 1888. Tabelle. Imp.-Fol. Wien. (Hietzing-Wien, Edm. Schmid.) **

Bierprozeß, ein. Verhandlung vor der Strafkammer Mannheim am 29. Mai 1885. 8. (37 S.) Mannheim 885, (Bensheimer's Verlag.) *

**Bjerre,** Poul, der geniale Wahnsinn. Eine Studie zum Gedächtnisse Nietzsches. Aus dem Schwed. übers. (119 S.) 8. Leipzig (904). C. G. Naumann. n. 2.25; geb. n. 3. —

Der geniale Wahnsinn. Eine Studie z. Gedächtnisse Nietzsches von Poul Bjerre. Aus d. Schwed. übers. Leipzig: C.G.Naumann [1905]. (119 S.) 8° [05. 9563]

**Bierregaard,** J. B. F., De libertinorum hominum conditione libera republica Romana. Diss. 1840. 72 S. 1.50

**Bjerrum,** J., Anleitung zum Gebrauch d. Augenspiegels f. Studierende u. Ärzte. Deutsche Ausg., im Einverständnis m. dem Verf. besorgt v. O. Schwarz. 12. (88 S. m. 39 Fig.) Leipzig 892. Veit & Co. Geb. in Leinw. n. 1. 80

**Bjerrum N.:** Studien üb. Chromichlorid. 1—3. Leipz. 1907—10. (106) S. Fig. (Særtr.).

— [Ueber Dichloro-chromibromid u. Dibromo-chromichlorid]. (1—2). Sst. 1907. (7) S. (Særtr.). P.

**Bjerrum N.:** Julius Thomsen. Nachruf. Berl. 1910. 18 S. Portr. (Særtr.). P.

**Biersack,** Anton, a. Landshut ⟨Bayern⟩: Einwirkung von Silbernitrat auf halogensubstituierte Säuren und Ester in alkoholischer Lösung. Königsberg i. Pr. (1904): Gutenberg-Dr. (43 S.) 8°

Königsberg, Phil. Fak., Ref. Klinger, Diss. v. 8. Dez. 1904

[Geb. 20. Nov. 74 Landshut; Wohnort: Königsberg i. Pr.; Staatsangeh.: Bayern; Vorbildung: Ludwigs-Gymn. München bis Ober-Sekunda M. 92; Studium: Berlin 8, Königsberg 6 S.; Rig. 30. Nov. 04.]

**Biersack,** Heinr. Ludw. Ueber Besteuerung, ihre Grundsätze und ihre Ausführung. Anhang: 1) Ueber die Steuerfreiheiten und die Nothwendigkeit ihrer Aufhebung. 2) Die heutigen Geldfragen. gr. 8°. Frankfurt a. M., Brönner, 1850. X, 379 S.

**Biersack,** Heinrich Ludwig: Über Differenzialzölle im Verhältniss des deutschen Zollvereins zu anderen Ländern. Frankfurt a.M. 1847

**Biersack,** Heinrich Ludwig: Über Schutzzölle und andere gegen das Ausland gerichtete Schutzmaassregeln zur Förderung der inländischen Industrie, sowie über Consumtionssteuern von ausländischen Waaren. Nebst der Handelsbilanz des deutschen Zollvereins von den Jahren 1837 bis 1841. Darmstadt 1843.

**Biersack,** Heinr. Ludw., einige Worte über die Statistik, s. Worte.

**Bierscat,** s. Bierskat

**Bierscheck,** F.E. (Red.) s. Das Immergrün.

**Bierschenk:** Praktikus. Wirtschaftsb. f. Landwirte. (99) 4° Mels., A Bornecker (08). Geb. 1.80 d

**Bierschenk,** Franz, approb. Arzt aus Ockenheim: Aus d. psychiatr. Klinik zu Gießen. Zur Frage des hallucinatorischen Wahnsinns. *Gießen 1904: v. Münchow.* (46 S.) 8° Gießen, Med. Diss. v. 1904

Kieler Chronik der ersten sechs Jahrhunderte zsgest. v. Wilhelm **Bierschenk.** Voorde-Kiel. (1904.) 4°.

Kieler Chronik der ersten sechs Jahrhunderte zsgest. von Wilhelm **Bierschenk.** Voorde-Kiel: O. Krohn [1905]. (130 S.) 4° [05. 14538 8

**Bier-Schlauch.** Ein unterhalt. Kartenspiel. Zu Nutz u. Frommen durst. Hocker neu hrsg. v. Mangold Jups u. A. 8. (9 S.) Würzburg 883. Stahel. — 20

**Bierschwindel,** der, im 19. Jahrhundert u. seine Bekämpfung. München, Fried & Reich, 1878. 8°. 12 S. Cart.

**Bierskat,** der. Praktischer Leitfaden f. das Scatspiel f. Studenten u. Nichtstudenten v. Oscar, Ritter vom Grand. 16. (48 S.) Leipzig 877. G. Schulze. n. — 50

**Bierskat,** der. Ausführl. Anleitg. zur Erlerng. d. Bierskats u. d. Lachsfanges. Für Füchse u. Solche, die es werden wollen. 16. (48 S.) Celle 883. Literar. Anstalt. n. — 50

**Bierskat,** ausführliche Anleitung zur Erlerng. d. Bierskats u. d. Lachsfanges. Neue Aufl. 16. (48 S.) Leipzig 889. Literar. Anstalt. n. — 50

**Bierspiele.** Ein Anhang zu jedem Biercomment. Celle 864. Schulze'sche Buchhdlg. 12. (38 S.) n. 5 ngr

**Bierspiele.** [Bierscat. Rammes. Cerevis. Quodlibet.] Plakat. Imp.-Fol. Celle 876. Literar. Anstalt. — 75

——— [Bierscat. Rammes. Cerevis. Quodlibet.] Placat. Imp.-Fol. Ebd. 77. — 75

**Bierspiele.** Ein Anhang zu jedem Biercomment. 2. Aufl. 16. (44 S.) Celle 877, Literarische Anstalt.

**Bierspiele.** Ein Anhang zu jedem Biercomment. 3. Aufl. 16. (44 S.) Celle 882. Literar. Anstalt. — 50

**Bierspiele.** Ein Anh. zu jedem Biercomment. 4. Aufl. 16. (47 S.) Leipzig 893. Literar. Anstalt, A. Schulze. n. — 50

**Bierstedt,** F. W. C., Decimalbruchtabellen, z. Auffindung d. Werths d. gemeinen Brüche, deren Nenner zwischen 1 u. 1000 fallen. 1r Bd. 4. Frankf. 812. (Hermann). 1 ₰

**Biersteuergesetz,** das badische, nebst seinen Vollzugsvorschriften. Textausg. m. Sachregister. (III, 77 S.) kl. 8. Mannheim 910. J. Bensheimer's Verl. Geb. 1. 80

**Biersteuer-Gesetz** vom 28. Febr. 1845 nebst Vollzugsverordnung vom 18. April 1864 und den Anleitungen und Dienstanweisungen hierzu vom 30. April 1864. 4. (88 S. mit 2 Stat.) Karlsruhe 864, Müller'sche Hofbuchh. *

Aus: Verordnungsblatt großherzogl. Steuerdirection von 1864, Nr. 7, besonders abgedruckt.

**B[iert],** L[eonhard]. Gottfried Keller. 8.

*In:* Gewerbliche Fortbildungsschule Davos. 8. Jahresbericht. Schuljahr 1903/1904. Davos, Buchdr. Davos A.-G., 1904. S. 25—43.

**Biertaxwesen** (Ueber das) in Baiern, aus dem wissenschaftlichen Standpuncte betrachtet. 8°. Erlangen, Palm u. E., 1822.

**Bierthen,** Emil. Untersuchungen über das Vorkommen des Bilirubins in der Galle, in dem Harn und Blutserum des Pferdes. Diss. Vet.-Med. Bern. VI + 38 S. 8. (Hannover, Aug. Eberlein & Co.,) 1906.

Königsberger **Bier-Turn-Zeitung,** hrsg. v. Hugo Seeck, Jg. 1—12, 1875—1887, Königsberg i. Pr., 2°. 2 Bde.

**Bier-Verleger,** der. Central-Organ f. Fass-, Flaschen- u. Syphon-Bierhändler. Officielles Organ des allgem. Verbandes deutscher Bierhändler. Ankündigungsblatt aller im Deutschen Reiche besteh. Bierhändler-Vereine. Red.: Carl Martiny. 1. Jahrg. Febr.—Dezbr. 1899. 22 Nrn. hoch 4. (332 S.) Lübeck (Ch. Coleman.) n. 6. —

— dasselbe. Red. unter Mitwirkg. hervorrag. Fachgenossen v. Osc. Mantau. 2.—4. Jahrg. 1900—1902. à 24 Nrn. hoch 4. (à ca. 12 S.) Ebd. à Jahrg. n. 6. —

**Bier-Verleger,** der. Central-Organ f. Fass-, Flaschen- u. Siphon-Bier-Händler. Offizielles Organ des allgemeinen Verbandes deutscher Bierhändler. Red. unter Mitwirkg. hervorrag. Fachgenossen v. Osc. Mantau. 5.–8. Jahrg. 1903–1906. à 24 Nrn. (à ca. 12 S.) 4. Lübeck, Ch. Coleman. à Jhrg. n. 6. —

**Bier-Verleger, der.** Central-Organ f. Fass-, Flaschen- u. Siphon-Bier-Verleger. Offizielles Organ des allgemeinen Verbandes deutscher Bier-Verleger. Red. unter Mitwirkg. hervorrag. Fachgenossen v. Osk. Mantau. 9.—12. Jhrg. 1907—1910. à 24 Nrn. (IV, 404; IV, 412; IV, 418 u. IV, 414 S.) 81,5×24 cm. Lübeck, Ch. Coleman. à Jhrg. 6. —

**Bier-Verleger, Der.** Zentral-Organ f. Fass-, Flaschen- u. Siphon-Bier-Verleger. Red. v. Osk. Mantau. 12—14. J. '10—12 je 24 Nrn. ('12, Nr 1: 16) 32×24 cm. Lüb., Ch. Coleman. viertelj. 1.50

**Biervert,** Winand (geb. 1833 in Cornelimünster bei Aachen): De hepate sano et morboso ... Bonnae, typ. Carthausianis (1858). 30 S., 1 Bl. 8.
Bonn, Med. Fak., Diss. v. 16 [hs. 18] Aug. 1858

**Biervillas,** Innigl v., Reise n. d. malabar. Küsten Goa u.s.w. a. d. Franz. 8. Berl. 736.

**van Biervliet.** Mélanie, über weibliche Erziehung. Frei übers. nach dem Französ. von Wilhelmine Ritter. Regensburg 867. Manz. gr. 8. (XII, 412 S.) 1 ₰

Rainvill's Garten bey Altona. Nach d. Nat. gez. u. in Aquatinta v. **F. C. Bierweiler.** Verlegt v. Garlichs und Bierweiler. Altona. 1819. 1 Bl. Imp.-Fol., 49/63,5 cm (beschn.).

**Bierwerth,** O. L. A., die gegenwärtigen Mißzustände in der Hannoverschen Landeskirche. Ein Beitrag zur Verständigung über die Ziele und Wege zu einer zeitgemäßen Reform der bisher. Kirchenverfassung. Hildesheim 863. Gerstenberg. gr. 8. (42 S.) 5 ngr.

**Bierwirth:** De ratione et indole Latinae poesis, inprimis Virgilianae. 16 S.
Progr. Schleusingen 1851.

**Bierwirth,** Glo. Balth., von Schenkungen am Siechbette, n. d. Cellisch. Stadtrechte. gr. 8. Celle 779. (J. G. Herold in Hamb.) 3 gr

**Bierwirth,** H., u. H. Schindewolf, Heimatskunde d. Kreises Eschwege. F. Schule u. Haus bearb. gr. 8. (IV, 119 S.) Eschwege 897. A. Roßbach. Kart. n. — 60

**Bierwirth,** H., u. H. Schindewolf, Heimatskunde des Kreises Eschwege. Für Schule u. Haus bearb. 2. verb. u. durch e. Karte verm. Aufl. gr. 8. (IV, 104 S.) Eschwege 900. A. Roßbach. Kart. n.n. 1. —

**Bierwirth, H, u. H Schindewolf:** Heimatkde d. Kreises Eschwege. 3. Afl. Ausg. A f. d. Schulen d. Stadt Eschwege. (70 m. 1 Taf.) gr8° Eschw., J Braun '12. nn 1 — d

— — dass. 3. Afl. Ausg. B f. Landsch. (55 m. 2 Taf.) gr8° Ebd. '12. nn — 60 d

**Bierwirth,** H. C.: Die Vocale der Mundart von Meinersen. ... Jena, Frommannsche Buchdr. (Hermann Pohle), 1890: 3 Bl. + 76 S. 8°
• Jena, Phil. Fak., Inaug.-Diss. v. 1890

**Bierwirth,** P., Helgoland. Genrebild in 1 Akt. 8. (16 S.) Berlin (895). M. Böhm. 1. 50

[F.] Helgoland. Genrebild in 1 Akt v. **Paul Bierwirth** ... *Berlin: M. Böhm [1898?].* (16 S.) 1 Bd 8. [98. 8...

[F.] Als Ms. gedr. ... Aus der **Biorzeitung** der Burschenschaft Alemannia zu Bonn. Festgabe z. Feier d. 50jähr. Stiftungsf. d. Burschenschaft Alemannia. *(Berlin: Langenscheidtsche Buchdr.) 1894.* (112 S., 1 Bl.) 1 Bd 8. [99. 5..11

**Bierzeitung, deutsche.** Wochenblatt für heitere Seelen mit durstigen Kehlen. 1886. October—December. 12 Nrn. Breslau, (Trewendt und Granier.) *
Nicht weiter erschienen.

**Bierzeitung** für den Festcommers zur Feier des 25jährigen Dozenten-Jubiläums des Herrn Prof. Dr. Paul Ascherson am 5. Mai 1894. [Berlin 1894: F. Spiethoff.] (4 Bl.) 4° [97. 6075

**Bierzeitung.** Bier-Zeitung der Bernischen Juristenfakultät für den Kommers in Worb vom 26. Januar 1901. — *Dazu:* Ausserordentliche Beilage. sus. 8 S. 4. (Bern, N. Dürrenmatt-Egger.)

**Bier-Zeitung** der 47. Philologen-Versammlung, gewidmet vom Akad.-Neuphilol. Verein 'Franconia' zu Halle a. S. *(Halle a. S. [1903]: C. A. Kaemmerer & Co.)* (5 Bl.) 4° [F.] [04. ...3

**Bierzeitungs-Poesien.** Hrsg. von Albertus Baribal. 16. (VII und 118 S.) Breslau 860, Maruschke und Berendt. *

**Bierzwangsrecht in Baiern, das.** 8. Münch. 800. Lentner. 4 gr

**Bierzwangsrecht (Das) in Baiern.** 2. Aufl. 8°. München, Lentner, 1810.

**Biesalski, Ernst:** 1. Kondensation von Benzaldehyd mit Resorcin. 2. Anomalien der Raoultschen Molekulargewichtsbestimmung. Halle a. S. 1908: Kaemmerer. 65 S. 8°
Halle, Phil. Diss. v. 22. Sept. 1908, Ref. Volhard
[Geb. 23. Okt. 81 Bischofswerder; Wohnort: Karlshorst b. Berlin; Staatsangeh.: Preußen; Vorbildung: Luisenstädt. Gymn. Berlin Reife O. 02; Studium: Halle 2, München 1, Berlin 5, Halle 4 S.; Rig. 24. Juli 08.] [U 09. 1633

Die Aufführung von Devrients Gustav Adolf in Berlin, Neues Königl. Operntheater (Kroll) November–Dezember 1899. Eine Schilderung in Wort u. Bild im Auftr. d. Arbeits-Ausschusses hrsg. von Dr. **Konrad Biesalski.** *Berlin: F. Rühe 1900.* (52 S.) quer-8° [01. 7...

**Biesalski,** Konr., d. Entstehungsweise d. verschied. Formen v. Peritonitis. gr. 8. (IV, 80 S.) Berlin 896. A. Hirschwald. n. 2. —

**Biesalski,** Konrad, Die Fürsorge für unsere heimkehrenden Krieger, insbesondere die Kriegskrüppelfürsorge, Leipzig u. Hamburg, 32 S., 8°.

**Biesalski,** Konrad [Assist. am Elisabethkinderhosp. zu Berlin]: Zur Kasuistik und Therapie des primären Nierensarcoms der Kinder ... Leipzig, Druck v. A. Edelmann Univ.-Buchdr., *1896;* 34 S., 1 Bl. 8.
Leipzig, Med. Fak., Inaug.-Diss. v. 16. Juli 1896

**Biesalski,** Konrad, Kriegskrüppelfürsorge, m. Abb., Leipzig u. Hamburg, 44 S., 8°.

**Biesalski, Konr.:** Leitf. d. Krüppelfürsorge. (104 m. Abb.) gr8° Lpzg, L Voss '11. 1 —

**Biesalski,** Konr., Umfang u. Art des jugendl. Krüppeltums u. der Krüppelfürsorge in Deutschland. Nach der durch die Bundesregiergn. erhobenen amtl. Zählg. im Auftrage u. m. Unterstützg. des preuss. Kultusministeriums, der deutschen Zentrale f. Jugendfürs. u. des Krüppel-Heil- u. Fürsorgevereins f. Berlin-Brandenburg bearb. u. hrsg. Mit 12 graph. Darstellgn. im Text. (VIII, 186 u. 316 S.) 31,5×24 cm. Hamburg 909. L. Voss. 30.—; geb. in Leinw. 32. —

**Biesalski,** Konrad (Hrsg.), s. Zeitschrift f. orthopädische Chirurgie...

**Biesalski,** K., s. Zeitschrift f. Krüppelfürsorge.

**Biesantz,** Albert, Referendar in Göttingen: Die Wirkungen der Rechtsgeschäfte eines Ehegatten unter dem Verläßlichkeitsschutze des Güterrechtsregisters. Göttingen 1907: Dieterich. (IV, 124 S.) 8° [F.]
Göttingen, Jur. Fak., Ref. Detmold, Diss. v. 18. Dez. 1907
[Geb. 3. Sept. 73 Bückeburg; Wohnort: Göttingen; Staatsangeh.: Preußen; Vorbildung: Gymn. Adolfinum Bückeburg Reife O. 92; Studium: Wien 1, Göttingen 5 S.; Rig. 23. Okt. 07.]

**Biesche-Stern,** Glaubensbekenntnis e. Deutschen, s.: Volksschriften zur Umwälzung der Geister. 54. Hft.

**Biese,** Alfred
—: [Ansprache vor der Preisverteilung beim 19. bzw. 20., 22., 23. Stiftungsfeste des „Gymnasial-Turn-Ruder-Vereins".] S. 15. 27. 19. 24 der Schuln. 4.
Kgl. Gymn. verb. mit Realprogymn. *Neuwied* 1902 1903
Progr. 1905 1906

**Biese**, Alfred, Dir. Prof. Dr.: [Drei Ansprachen. 1. Zur Entlassung der Abiturienten Ostern 1900. 2. Bei der Preisverteilung am Stiftungsfeste des Gymnasial-Turn-Ruder-Vereins. 3. Zur Entlassung der Abiturienten Ostern 1901.] *Neuwied 1901: Strüder.* (S. 11—12, 13—14, 15—18.) 4°
Neuwied, k. G m. RPG, OP 1901 (501)

Biese, Alfred [Dr.]: Das Associationsprincip und der Anthropomorphismus in der Aesthetik. Ein Beitrag zur Aesthetik des Naturschönen. Kiel, Druck v. Schmidt & Klaunig, 1890; 34 S. 4°
Kiel, Gelehrten-S, OP 1890 (275)

Biese, Alfr. Das Associationsprincip u. d. Anthropomorphismus in der Aesthetik. Ein Beitrag zur Aesthetik d. Naturschönen. 4. (34 S.) Lpz. 890, (Fock). 2 —

**Biese**, Alfred, Prof. Dr., Dir.: Goethes Bedeutung für die Gegenwart. Festrede zum 150. Geburtstage. *Neuwied 1900: L. Heuser.* (18 S.) 8° [F.]
Neuwied, k. G m. RPG, OP 1900 (493)

**Biese, Alfr., Goethes Bedeutung f. die Gegenwart. Zwei Vorträge, geh. zur Feier des 150. Geburtstages in der Aula des kgl. Gymnasiums zu Neuwied. 1. Goethes Bedeutg. f. die Gegenwart 2. Die Naturpoesie im „Werther" u. in der Lyrik Goethes. gr. 8. (39 S.) Neuwied 900. Heuser's Verl. n. 1. —**

**Biese, Alfred**: Zur Behandlung Mörikes in Prima. Neuwied 1908: Strüder. S. 3—15. 4°
Neuwied, k. G u. RPG OP 1908 (601)

**Biese, Alfred**: Zur Behandlung Theodor Storms in der Prima. Neuwied 1909: Strüder. 17 S. 4°
Neuwied, k. G u. RPG OP 1909 (622)

—: Rede zur Entlassung der Abiturienten Ostern 1904. (Umschlagtitel: . . . Abiturienten, gehalten in der Aula am 19. Februar 1904.) S. 3—7 der Schuln. 4.
**Progr.** Kgl. Gymn. verb. mit Realprogymn. *Neuwied* 1905
U. d. T.: Eine Betrachtung der Zeit. 1904 wiederholt in des Verf. Pädagogik u. Poesie. Vermischte Aufsätze. N. F. (*Berlin* 1906) S. 163—170.

—: Rede zur Entlassung der Abiturienten gehalten am 3. April 1903. S. 3—6 der Schuln. 4.
**Progr.** Kgl. Gymn. verb. mit Realprogymn. *Neuwied* 1904
U. d. T.: Cicero u. Horaz, humanitas und urbanitas. 1903 wiederholt in des Verf. Pädagogik u. Poesie. Vermischte Aufsätze. N. F. (*Berlin* 1905). S. 157—162.

**Biese**, Alfred, Direktor Prof. Dr.: Das Dichtergemüt. Neuwied 1907: L. Heuser. (S. 3—20.) 8° [F.]
Neuwied, k. G u. RPG OP 1907 (574)

**Biese, Alfr., lyrische Dichtung u. neuere deutsche Lyriker. gr. 8. (VII, 270 S.) Berlin 896. Besser. n. 3. 60; geb. n. 4. 60**

Biese, Alfr., s. Elegiker, Römische.

**Biese, Alfr., römische Elegiker (Catull, Tibull, Properz, Ovid), in Auswahl f. den Schulgebrauch hrsg. 2., verb. u. verm. Aufl. (108 S.) 8. Leipzig 905. G. Freytag. — Wien, F. Tempsky. Geb. n. 1. 20**

**Biese, Alfr., römische Elegiker** (Catull, Tibull, Properz, Ovid), in Auswahl f. den Schulgebrauch hrsg. 2., verb. u. verm. Aufl. (2. Abdr.) (108 S.) 8. Leipzig 907. G. Freytag. — Wien, F. Tempsky. Geb. 1. 20

**Biese, Alfr., die Entwickelung des Naturgefühls bei den Griechen u. Römern. 1. Thl. A. u. d. T.: Die Entwickelung des Naturgefühls bei den Griechen. gr. 8. (VIII, 147 S.) Kiel 882. Lipsius & Tischer. n. 3. —**

**Biese, Alfr., die Entwicklung d. Naturgefühls bei den Griechen u. Römern. 2. Tl. A. u. d. T.: Die Entwicklg. d. Naturgefühls bei den Römern. gr. 8. (VI, 210 S.) Kiel 884. Lipsius & Tischer. n. 4. — (cplt.: n. 7. —)**

Biese, Alfr., die Entwickelung des Naturgefühls im Mittelalter und in der Neuzeit. gr. 8. (VIII, 460 S.) Leipzig 888, Veit und Comp. ℳ 8.—; geb. ℳ

**Biese, Alfr., die Entwickelung d. Naturgefühls im Mittelalter u. in der Neuzeit. 2. (Titel-)Ausg. gr. 8. (VIII, 460 S.) Leipzig 892. Veit & Co. n. 5. —**

**Biese, Alfred**: Goethe und seine Mutter. **Neuwied 1910: Heuser. 28 S. 8° ¶(Aus: Jahrbuch d. Freien dtsch. Hochstifts. 1908.)**
Neuwied, k. G u. RPG OP 1910 (631)

**Biese, Alfred, Direktor Prof. Dr.: Goethe als Philosoph in der Prima. Neuwied 1907: L. Heuser. (S. 21—33.) 8° [F.]
Neuwied, k. G u. RPG OP 1907 (574)**

Biese, Alfred: Goethe als Philosoph in der Prima. S. 21—33. 4.
**Progr.** Kgl. Gymn. verb. mit Realgymn. *Neuwied* 1907
Zuerst in: Deutsche Monatsschrift für das gesamte Leben der Gegenwart 11 (1907) S. 371—375. Auch in des Verf. Pädagogik u. Poesie. Vermischte Aufsätze I. 2. Aufl. (*Berlin* 1908) S. 151—158.

**Biese, A., Hatten die Römer ein Verständnis für Naturschönheit? S.-A. O. J. 9 S.**

**Biese, Alfred: Ist das Hellenentum eine überwundene, oder ist es eine noch heute die Geister überwindende Macht? ([Umschlagt.:] Rede zur Feier des Geburtstages Seiner Majestät des Kaisers und Königs.)** *Coblenz 1898: Krabben.* (3—8 S.) 4°
Coblenz, Kaiserin Augusta-G, P 1898 (450)

**Biese, Alfred**, Prof. Dr., Dir.: **Goethes epische Kunst und Lebensweisheit in 'Hermann und Dorothea'.** ***Neuwied 1902: L. Heuser.*** **(21 S.) 8° [F.] ¶(Letzter der 1899 zur Feier d. 150j. Geburtst. Goethes in d. Aula geh. Vorträge. — 1: 'Goethes Bedeutung f. d. Gegenw.' erschien als P-Beil. 1900, dann, um 2: 'Die Naturpoesie im Werther u. in d. Lyrik Goethes' erweitert, bei L. Heuser 1900; 3: 'Goethes Tasso ein Dichterbild, Goethes Faust ein Menschheitsbild' als P-Beil. 1901. — Vgl. 'Die Lebensweisheit in H. u. D.' in des Vfs Aufsätzen: Pädagogik u. Poesie, Berlin 1900.)**
Neuwied, k. G m. RPG, OP 1902 (515)

— **Deut. Lit.-Gesch. (In 3 Bdn.) 1. u. 2. Bd. 1—8. Taus. 8° Münch., CH Beck. L. je 5.50; HKalbldr je 7 — d**
1. Von d. Anfängen bis Herder. Mit Proben a. Handschriften u. Drucken u. m. 30 Bildn. (9, 641) '07. ‖ 2. Von Goethe bis Mörike. Mit 50 Bildn. (694) '09.

**— Deutsche Literaturgeschichte. 3 Bde. 8. München 907—10. C. H. Beck. Geb. in Leinw. à 5.50; in Halbkalbldr. à 7. —**
1. Von den Anfängen bis Herder. Mit Proben aus Handschriften u. Drucken u. m. 30 Bildnissen. 3., durchgeseh. u. berichtigte Aufl. 9.—12. Taus. (X, 640 S.) 910.
2. Von Goethe bis Mörike. 3. durchgeseh. u. berichtigte Aufl. 9.—12. Taus. (VII, 693 S. m. 50 Bildnissen auf 16 Taf.) 911.
3. Von Hebbel bis zur Gegenwart. Mit 50 Bildnissen. 1.—3. Aufl. 1.—12. Taus. (VII, 675 S.) 911.

— **Deut. Lit.-Geschichte. 3 Bde. 8° Münch., CH Beck. L je 5.50; HF je 7 — d**
1. Von d. Anfängen bis Herder. Herder. Mit Proben a. Handschriften u. Drucken u. m. 30 Bildn. 5. Afl. (11, 640) '13. ‖ 2. Von Goethe bis Mörike. 4. Afl. (7, 693 m. 16 Taf.) '13. ‖ 3. Von Hebbel bis z. Gegenwart. 1—5. Afl. (8, 720 m. 50 Bildn.) '11'12'13.

—— Griechische Lyriker in Auswahl, f. den Schulgebrauch hrsg. 2 Tle. 8. Lpz., Freytag. [1. Tl.: Text (VIII, 90 S.) 891. ℳ — 75; geb. ℳ 1 —; 2. Tl.: Einleitung u. Erläutergn. (IV, 105 S.) 892. ℳ — 60; geb. ℳ — 85.] ℳ 1 35; geb. ℳ 1 85

**Biese, Alfr., griechische Lyriker, in Auswahl f. d. Schulgebrauch hrsg. 1. Tl.: Text. 2. verm. u. verb. Aufl. 8. (VIII, 104 S.) Leipzig 902. G. Freytag. Geb. in Leinw. n. 1. 20**

**— dasselbe. 2. Tl. Einleitung u. Erläutergn. 2. verb. u. verm. Aufl. (IV, 100 S.) 8. Ebd. 902. Geb. in Leinw. à n. 1. 20**

**— griechische Lyriker, in Auswahl f. den Schulgebrauch hrsg. 1. Tl.: Text. 2. verm. u. verb. Aufl. (2. Abdr.) (VIII, 104 S.) 8. Ebd. 905. Geb. n. 1. 20**

**Biese, Alfr.**, griechische Lyriker, in Auswahl f. den Schulgebrauch hrsg. 2. Tl.: Einleitung u. Erläutergn. 2., verb. u. verm. Aufl. (2. Abdr.) (IV, 100 S.) 8. Leipzig 906. G. Freytag. — Wien, F. Tempsky. Geb. 1. 20

—— Das Metaphorische in der dichterischen Phantasie. Ein Beitrag zur vergleich. Poetik. gr. 8. (35 S.) Berl. 889, Haack. * 1 60
Zum Theil aus: Zeitschr. f. vergleich. Literaturgesch., besonders abgedruckt.

— Die Naturanschauung des Hellenismus und der Renaissance. S.-A. O. J. 29 S.

**Biese, Alfr.**, de obiecto interno apud Plautum et Terentium atque de transitu verbalium notionum. Dissertatio inauguralis. 4. (53 S.) Kiel 878, Lipsius und Tischer. *

— Pädagogik u. Poesie. Vermischte Aufsätze. gr. 8. (VIII, 320 S.) Berlin 900. [R. Gaertner.] Weidmann. n. 6. —

— Pädagogik. u. Poesie. Vermischte Aufsätze. Neue Folge. (VIII, 362 S.) gr. 8. Berlin 905. Weidmann. n. 6. —

— Pädagogik u. Poesie. Vermischte Aufsätze. 1. Bd. 2. Aufl. (IX, 348 S.) gr. 8. Berlin 908. Weidmann. 6. --

**Biese, Alfr.**, die Philosophie d. Metaphorischen. In Grundlinien dargestellt. gr. 8. (VII, 229 S.) Hamburg 893. L. Voss. n. 5. --

**Biese**, Alfred, Dir. Prof. Dr.: Rede zur Entlassung der Abiturienten Ostern 1899. [Darin auch d. Einführungsrede vom 5. Jan. 1899.] *Neuwied 1900: Strüder.* (S. 3--9.) 4°
Neuwied, k. G m. RPG, OP 1900 (495)

(Deutsche Schriften für Literatur u. Kunst. Reihe 1, H. 5.)
Fritz Reuter, Heinrich Seidel und der Humor in der neueren deutschen Dichtung v. Alfred Biese. Kiel. 1891. 8°

Biese, Alfred: Rede zur Entlassung der Abiturienten Ostern 1905. (Selbstzucht und Selbstsucht.) S. 9—13. 4.
Zuerst abgedruckt in des Verf. Pädagogik u. Poesie. Vermischte Aufsätze. N. F. (*Berlin* 1905) S. 170—177.
. ·oGr.

—— Theodor Storm und der moderne Realismus, s. Volkshefte, litterarische.

— : Rede zur Entlassung der Abiturienten. (Umschlagtitel: ... gehalten in der Aula am 8. März 1902.) S. 13–16. 4.
Progr. Kgl. Gymn. verb. mit Realprogymn. *Neuwied* 1903
U. d. T.: Tasso und Antonio, die Welle und der Fels. 1902 wiederholt in des Verf. Pädagogik u. Poesie. Vermischte Aufsätze. N. F. (*Berlin* 1905) S. 151--156.

**Biese**, Alfred, Prof. Dr., Dir.: Goethes Tasso ein Dichterbild, Goethes Faust ein Menschheitsbild. *Neuwied 1901: L. Heuser.* (23 S.) 8° [F.] ¶(Vortrag, 1899 zu Goethes 150. Geburtstage geh. — Aus: Lehrproben u. Lehrgänge, Aprilheft 1900.)
Neuwied, k. G m. RPG, OP 1901 (501)

**Biese**, Alfred, Prof. Dr., Dir.: Was ist Bildung? Eine Kaisergeburtstagsrede, geh. in d. Aula am 27. Januar 1902. *Neuwied 1903: Strüder.* (S. 3—12.) 4° [F.]
Neuwied, k. G m. RPG, OP 1903 (531)

**Biese**, Alfred, Dir. Prof. Dr.: Aus Bismarcks Welt- und Lebensanschauung. Eine Festrede. Neuwied 1904: L. Heuser. (20 S.) 8° [F.]
Neuwied, k. G OP 1904 (537)

Biese, Alfred: Aus Bismarcks Welt- und Lebensanschauung. Eine Festrede. 20 S. 8.
Progr. Kgl. Gymn. verb. mit Realprogymn. *Neuwied* 1904
In ihren wesentlichen Teilen bereits in: Deutsche Monatsschrift für das gesamte Leben der Gegenwart. 1. (April bis *September* 1903) S. 867–88[illegible] abgedruckt. Auch in des Verf. Pädagogik u. Poesie. Vermischte Aufsätze. Neue Folge (*Berlin* 1905) S. 23[illegible]–256.

**Biese**, Alfred, Direktor Prof. Dr.: Vom Wesen und Werden des modernen Naturgefühls. Neuwied 1900: Strüder. (S. 3--8.) 4° [F.]
Neuwied, k. G. u. RPG OP 1900 (572)

Biese, Alfred: Vom Wesen und Werden des modernen Naturgefühls. Ein Beitrag zur Naturerziehung. S. 3–8. 4.
Progr. Kgl. Gymn. verb. mit Realprogymn. *Neuwied* 1900.
[illegible]

**Biese**, Alfred, Direktor Prof. Dr.: Wie ward Schiller, und was ist er uns noch heute? Eine Festrede. Neuwied 1905: L. Heuser. (21 S.) 8° [F.]
Neuwied, k. G u. RPG OP 1905 (548)

Biese, Alfred: Wie ward Schiller, und was ist er uns noch heute? Eine Festrede. 21 S. 8.
Progr. Kgl. Gymn. verb. mit Realprogymn. *Neuwied* 1905
U. d. T.: Was ist uns Schiller noch heute? gekürzt in des Verf. Pädagogik und Poesie. Vermischte Aufsätze. Neue Folge (*Berlin* 1905). S. 257 bis 264.

**Biese, Alfred Conrad**

**Biese, Alfr. Conr.**, üb. d. Astigmatismus dünner Linsensysteme. 4. (18 S. m. 3 Fig.) Berlin 897. (Fussinger.) n. 2. --

— üb. d. Brechg. beliebig gestalt. Wellenflächen a. d. Grenze zweier verschied. Medien, nebst Anwendg. auf einige d. wichtigsten Brechungserscheingn. an isotropen und anisotropen Körpern. 4. (32 S. m. 2 Fig.) Ebd. 897. n. 2. --

**Biese, Alfr. Conr.**, der Sieg üb. die Cholera. Die Entdeckg. der wahren Ursache, Verhinderg. u. Heilg. der Cholera, sowie e. Anleitg., aus unseren Nahrungsmitteln Bacillen zu erzeugen. gr. 8. (42 S.) Berlin 893. Fussinger. n. 1. —

— Theorie d. Fernrohre m. continuierl. variabler Vergrösserg. Lex.-8. (29 S. m. Fig.) Ebd. 895. n. 2. —

— e. neuer Typus opt. Instrumente. Lex.-8. (29 S. m. 14 Fig.) Ebd. 894. n.n. 2. —

— Geometr. Untersuchg. üb. d. Wurzeln e. Gleichg. v. d. Form f (x) = ax + b. 4. (14 S. m. 3 Fig.) Ebd. 897. n. 2. —

Biese, Ernst. Das Vertikalvariometer mit vertikalen Magneten. Ein neues Instrument zur Messung der Variationen der vertikalen erdmagnetischen Kraft. Helsingfors 1890.

**Biese, Franz**

Biese, F.: Ansicht des Aristoteles üb. d. Wesen der besonderen Wissenschaften, u. üb. d. Eintheil. ders. in theoret. u. prakt. 26 S.
Progr. Putbus 1838.

Biese, Franz: Festrede gehalten am 15. October 1847. 16 S.
Progr. Putbus 1848.

Biese: Gedächtnißrede zum Andenken an den verstorbenen Director Hasenbalg. 16 S.
Progr. Putbus 1852.

**Biese, Franz**, Handbuch d. Geschichte der deutschen National-Literatur für Gymnasien u. höhere Bildungsanstalten. 1. Thl. gr. 8. (18 B.) Berlin 846, G. Reimer.

**Biese, Franz**, Handbuch der Geschichte der deutschen National-Literatur für Gymnasien und höh. Bildungsanstalten. 2. Thl. gr. 8. (VIII und 839 S.) Berlin 848, G. Reimer.

**Biese, Franz.**, die Philosophie d. Aristoteles, in ihrem innern Zusammenhange, mit besond. Berücksichtigung d. philosoph. Sprachgebrauchs, aus dess. Schriften entwickelt. 1. u. 2. Bd. gr. 8. Berlin, Reimer.
Bd. 1. Logik u. Metaphysik. (45¾ B.) 835. 3 Thlr.
" 2. Die besonderen Wissenschaften. (49 B.) 842. 3 Thlr. 6 Gr.

**Biese, Frz.**, die Philosophie des Aristoteles, in ihrem innern Zusammenhange, mit besonderer Berücksichtigung des philosoph. Sprachgebrauchs, aus dessen Schriften entwickelt. 1r Bd. gr. 8. Berlin 836. Reimer. 3 rf

—— philosophische Propädeutik f. Gymnasien u. höhere Bildungsanstalten. gr. 8. (17¾ B.) Berlin 845, G. Reimer.

**Biese**, Hans: Aus dem Laboratorium der pharmakognostischen Sammlung in Kiel. Beitrag zur Kenntnis der Wirkung des Kaliumaurocyanid. *Kiel 1897: A. F. Jensen.* (27 S.) 8°
Kiel, Med. Diss. v. [8. Sept.] 1897

**Biese**, Reinhold, (Dir. Prof. Dr.): Erkenntnisse und Lebensweisheit in Aphorismen. Für die Zwecke philosophischer Vorbildung ausgewählt. Essen-Ruhr 1904: H. L. Geck. (24 S.) 8° [F.]
Essen, k. G P 1904 (511)

**Biese, Reinh., die Erkenntnisslehre des Aristoteles u. Kant's in Vergleichung ihrer Grundprincipien historisch-kritisch dargestellt. gr. 8. (74 S.) Berlin 877. Weber.** n. 1. 80

**Biese**, Rhold., Grundzüge moderner Humanitätsbildung. Ideale und Normen. gr. 8. (XXIII, 231 S.) Leipzig 886, Friedrich. *

**Biese**, Reinhold: Unser Lehrplan für den deutschen Unterricht in Prima unter Zugrundelegung meines deutschen Lesebuches für Prima. *Essen 1898: G. D. Baedeker.* (3—6 S.) 4°
Essen, k. G. P 1898 (464)

**Biese**, Rhold., deutsches Lesebuch f. d. Obersekunda d. höh. Lehranst. gr. 8. (X, 220 S.) Essen 897. G. D. Baedeker. Geb. in Leinw. n. 2. 40

**Biese, Rhold., deutsches Lesebuch f. die Obersekunda der höheren Lehranstalten. 2. Aufl. (IV, 232 S) gr. 8. Essen 905. G. D. Baedeker.** Geb. n. 2. 40

**Biese**, Reinhold: Deut. Leseb. f. d. Obersekunda d. höh. Lehranst. 3. Afl. (8, 232) gr8° Ess., GD Baedeker '12. L 2.40 d

[F.] Deutsches Lesebuch für die Prima der höheren Lehranstalten v. Prof. Dr. Reinhold **Biese**, Dir. d. Kgl. Gymn. in Essen. *Essen: G. D. Bädeker 1895.* (XII, 440 S.) 1 Bd 8.

Deutsches Lesebuch für die Prima der höheren Lehranstalten von Prof. Dr. Reinhold **Biese**, Dir. in Essen. Ausg. f. Gymn. 2. Aufl. *Essen: G. D. Baedeker 1900.* (XIV, 448 S.) 8° [F.]

**Biese, Rhold., deutsches Lesebuch f. die Prima der höh. Lehranstalten. Ausg. f. Gymnasien. 3. Aufl. (XIV, 432 S.) gr. 8. Essen 901. G. D. Baedeker.** Geb. 2.40; Ausg. B. (XII, 360 S.) Geb. 2. 40

— dasselbe. Ausg. f. Realanstalten. 2. Aufl. (XIV, 432 S.) gr. 8. Ebd. 908. Geb. 2.40; Ausg. B. (XII, 360 S.) Geb. 2. 40

— **dasselbe. Ausg. f. Realanstalten. gr. 8. (XIV, 440 S.) Ebd. 898.** Geb. in Leinw. n. 4. 20

**Biese**, R., De poesi Theocritea observationes. Diss. 1874. 82 S.

**Biese**, Rhold., wissenschaftliche Propädeutik. Zur Ergänzung und Vertiefung allgemein-humaner Bildung bearb. gr. 8. (XVI, 112 S.) Leipzig 882, Fues's Verlag. *

**Biese**, Reinhold (Dir. Prof. Dr.): Zu Platons Protagoras. *Essen 1903: G. D. Baedeker.* (S. 3—8.) 4°
Essen, k. G, P 1903 (506)

— **psychologische Satz- u. Denklehre.** Für die Oberstufe höherer Lehranstalten. 8. (39 S.) Barmen 884. Klein. cart. n. — 60

— Kulturwissenschaftl. **Weltanschauung.** (VII, 344 S.) gr. 8. Halle 909. M. Niemeyer. 6.—; geb. in Leinw. 7. —

**Biesebrecht, Onkel, deutsch-amerikanische Volkserzählungen.** gr. 8. (VII, 280 S.) St. Louis, Mo. 881. (Philadelphia, Schäfer & Koradi.) geb. n. 5. —

**Biesemann**, Gottlieb

**Biesemann**, G., weeß Knebbchen! Ä Buch v. der sächs'schen Gemiedlichkeit. Allerlei lustige Schnurren von Herrn Bliemchen, seiner Gattin und seinen Kindern. Hiebsch fleiß'g zusamm' geramscht v. G. B. Mit 4 Orig.-Illustr. v. Nik. Estakoff. 1.—6. Tausend. 12. (VIII, 86 S.) Berlin 889. S. Fränkl. cart. 1. —

19*

**Biesemann**, Jos., Bücherschatz f. christliche Jünglinge. 8. (87 S.) Wardt (902). J. Biesemann. — 75

**Biesenbach**, Gustav

**Biesenbach**, G: Der Blumengarten. — Rationeller Gemüsebau. — Die Kultur d. Zimmerpflanzen. — Der rationelle Obstbau, s: Kalender, Emil.

**Biesenbach**, G., s: Landleben, Das.

**Biesenbach, Heinr., Gedichte.** (VII, 148 S.) 8. Dresden 906. E. Pierson. 2.50; geb. n 3. 50

— **Die Stadt am Meer.** Eine ep. Erzählg. (109 S.) 8. Leipzig 909. Modernes Verlagsbureau. (Wigand).

— **Was der Vater seinen Kindern erzählt. Märchen u. Erzählgn. f. die liebe Jugend. Mit Buchschmuck versehen v. Meta Weber. (184 S. m. 6 [3 farb.] Taf.) 8. Düsseldorf 907. A. Schneider.** Geb. 3. —

Soldatenfürsorge und Jugendvereine. Von Div.Pfarrer P[eter] **Biesenbach** in Straßburg u. Präses R. **Dicke** in Boele. M.-Gladbach: Volksver.-Verl. 1908. (40 S.) 8° [F.]
— Tagesfragen, Soziale. [Neue Zählung.] H. 17.

**Biesenbach, Rob., s.: Erzählungen, patriotische.**

**Biesenbach, Rob., künstl. Fischzucht u. Teichwirtschaft.** E. Hand- u. Merkbuch f. Fischzüchter u. Teichwirte, sow. f. Alle, die es werden wollen. 8. (VIII, 144 S.) Leipzig 897. Ernst. 1. 50

[F.] Der Franctireur. Erzählg aus d. deutsch-französ. Kriege v. Rob[ert] **Biesenbach**. *Styrum a. d. R. & Leipzig: A. Spaarmann [1894].* (48 S.) 1 Bd 8.
= Erzählungen, Patriotische. No 11.

— **d. Geflügelzucht, s.: Löbe, William.**

— **d. verstümmelte Hand, s.: Volkserzählungen, neue.**

[F.] In allem treu. Erzählg aus d. Tagen d. glorreichen Feldzuges 1870/71 v. Robert **Biesenbach**. *Styrum a. d. R. & Leipzig: A. Spaarmann [1894].* (48 S.) 1 Bd 8.
= Erzählungen, Patriotische. No 9.

**Biesenbach, Rob., d. Kaninchenzucht, s.: Redares, M.**

[F.] In Kriegs-Gefangenschaft. Kriegs-Abenteuer aus d. J. 1870 v. Rob[ert] **Biesenbach**. *Styrum a. d. R. & Leipzig: A. Spaarmann [1894].* (48 S.) 1 Bd 8.
= Erzählungen, Patriotische. No 12.

— **Prakt. Rathgeber f. Geflügelzüchter.** M. üb. 100 Abb. z. Thl. n. Orig.-Zeichngn. v. Jean Bungartz. N. d. besten Quellen u. eig. Erfahrgn. bearb. 8. (VII, 310 S.) Berlin 899. R. Mosse. Geb. in Leinw. 3. —

**Biesenbach, Rob., praktischer Rathgeber f. Geflügelzüchter.** Mit üb. 100 Abbildgn. v. Jean Bungartz. Nach besten Quellen u. eigenen Erfahrgn. bearb. 2. Aufl. (VII, 310 S.) 8. Berlin (906). R. Mosse. Geb. in Leinw. n. 2. —

[F.] Der Spion von Sedan. E. Erzählg aus d. Kriege 1870/71 v. Rob[ert] **Biesenbach**. *Styrum a. d. R. & Leipzig: A. Spaarmann [1894].* (48 S.) 1 Bd 8.
= Erzählungen, Patriotische. No 10.

**Biesenbach**, Rob. Zweimal gerettet, s. Volks- u. Jugend-Erzählungen. 449.

**Biesenbach**, Theodor, Apotheker a. Düsseldorf: Über die Kohlenoxyd- und Kohlensäurespaltung der α-Phenoxyzimmtsäuren. Rostock 1905: C. Hinstorff. (70 S.) 8°
Rostock, Phil. Fak., Ref. Stoermer, Diss. v. 26. Juni 1905
[Geb. 24. Nov. 73 Düsseldorf; Wohnort: Cöln; Staatsangeh.: Preußen; Vorbildung: Gymn. Hadamar Prima-Reife O. 96; Studium: München 5, Rostock 4 S.; Rig. 23. Juni 05.]

**Biesenberger, Frz. Maria, Ord. Cap., treten Sie dem kath.** Arbeitervereine bei! Rede. (24 S.) 8. Linz 905. (Preßverein.) n. — 20

Die Invalidenversicherung nach dem Reichsgesetz vom 13. Juli 1899 mit sämtl. Ausführungs-Bestimmungen für d. Reich u. d. Königr. Württemberg. Von Reg.R. Julius Biesenberger. *Stuttgart: W. Kohlhammer 1900.* (XIX, 520 S.) 8° [F.] 100. 1599

Biesenberger, J: RVO, s: Köhler, L v.

Biesendahl, Karl, Anklam im nordischen Krieg. Bühnen-Festspiel in 4 Akten u. 1 Vorspiel, zum 50jähr. Jubiläum des Gymnasiums zu Anklam gedichtet v. dessen ehemal. Schüler. (126 S.) 8. Stuttgart 897. Glaser & Sulz. n. 2. 25

Biesendahl, Karl. Karl Bleibtreu, s. Litteratur, die moderne, in biographischen Einzel-Darstellungen.

Biesendahl, Karl, Cäsar a. Rubikon. Dichtg. 12. (10 S.) Köln 895. H. vom Ende. n. — 10

—— Im alten Christophsbau. Ein Dichtergruß. Neujahr 1892. 8. (36 S. m. 1 Bild.) Stuttg. 892, Strecker u. Moser. — 75

— Dichtungen aus Württembergs Vergangenheit. 2 Bde. 8. Ebd. n. 3. 50
1. Furchtlos u. treu. Zwei Balladen aus Württembergs Vergangenheit. (86 S.) 899. 1. 50
2. I. Graf Eberhard v. Württemberg. II. Balladen. III. Wanderbilder. (130 S.) 900. 2. —

Biesendahl, K: Die Entstehung und Entwicklung der Daimler-Motorfahrzeuge und Petrol-Motorboote von den Anfängen bis zur Gegenwart. (o. O.) 1899

Biesendahl, K: Festalbum f. Radfahrer, s.: Hindenburg.

— Frieden im Krieg. Lustspiel in 1 Akt. (27 S.) 8. Stuttgart 898. Glaser & Sulz. n. 1.

Biesendahl, Carl, die Kaisertochter. Epos in 12 Gesängen. 12. (VIII, 109 S.) [Leipzig 880, Foltz.] Bockenhausen, Feist. * M 2.; geb. *

Biesendahl, K: Katechismus d. Radfahrsports, s.a. Weber's illustr. Katechismen.

Biesendahl, Dr. Karl, Katechismus des Radfahrsports. Mit 104 in den Text gedruckten Abbildungen. 8. (XII, 239 S.) Lwdbd. 1.80
Leipzig: Weber 1897

Biesendahl, Carl, Peszennia. Novelle aus altchristl. Zeit. [Historische Novellen: 1. Bd.] 8. (84 S.) Anklam 883. (Krüger.) n. 1. 60

Biesendahl, Karl (hrsg.), s. Quevedo, Don Francisco Gomez de: Geschichte. . .d. gr. Spitzbuben Paul von Segovia.

Biesendahl (Red.) , s. Radfahrer, Der deutsche.

Biesendahl, K., der Stern d. Korsen. Tragödie in 5 Akten. 8. (XIII, 184 S.) Berlin 890. (Lüstenöder.) n. 2. —

— deut. Theaterjahrbuch. Bibliograph. u. biograph. Handb. d. dramat. Litt. d. Gegenwart f. Theater- u. Litteraturfreunde. 1892. 12° (510 m. 2 Portr.) Berl. 92, Cassirer & D. Geb. in Lnw. 4.50
*Erscheint nicht mehr.*

Biesendahl, Karl, fahrendes Volk, s.: Lustspiele f. Radfahrer.

— Wetterleuchten. Operndichtung in 1 Akt. Musik v. C. Jos. Brambach. (IV, 81 S.) 8. Köln 896. (Stuttgart, Glaser & Sulz.) n. 1. —

König Wilhelm II. von Württemberg. Ein Fürstenbild. Dem deutschen Volke u. Heere zugeeignet von Dr. Karl Biesendahl. Rathenow: M. Babenzien [1893]. (40 S.) 8° [F.]
— Soldatenbibliothek. H. 4. 03. 6. 30

— Zar u. Jüdin. Drama in 1 Akt. (IV, 88 S.) 8. Stuttgart 894. Glaser & Sulz. n. 1. —

Biesenthal [Schlagwort]
Biesenthal, s.: Bornau.

Biesenthal, s.a. Deutschland. Kürschner-Pelp.

— s.a. Eberswalde. Kiessling. A.

— s.a. Geologische Karten. Preußen.

Biesenthal, s.a. Mark.

Biesenthal, s.a. Preussen. Messtischblätter.

— s.a. Wanderkarten.

Biesenthal [Verfasser]
Biesenthal, J. C., Choralbuch f. d. alte u. neue Neuvorpommersche u. Rügensche, u. f. d. neue Berliner Gesangbuch. gr. 8. Stralf. 827. Trinius. 12 Gr.

Biesenthal, Joh. H. R.
— s. Geiler, Jh., Seelen-Paradies.

Biesenthal, Joh. H. R., biblisches, kirchenhistor. u. archäolog. Handwörterbuch, f. Prediger, Schullehrer, Seminaristen u. gebild. Bibelleser bearb. 16. (24 B.) Berlin 841, Amelang.

Biesenthal, Joh. H. R., s. Rabbi Davidis Kimchi radicum liber.

— s. Liber Psalmorum.

—— Psalterium Hebraicum, s. Psalterium.

Biesenthal, Jo. H. R., hebräisches u. chaldäisches Schulwörterbuch üb. d. alte Testament, mit Hinweis. auf die Sprachlehren v. Gesenius u. Ewald. 1. Hft. 8. (6 B.) Berlin 834, Natorff u. Comp.

Biesenthal, Jo. H. R., hebräisches u. chaldäisches Schulwörterbuch über das alte Testament, mit Hinweisung auf die Sprachlehren von Gesenius u. Ewald. 6 Hfte. 8. Berlin 835—37. Natorff u. Comp. $1\frac{1}{2}$ ß

—— hebräisches u. chaldäisches Schulwörterbuch üb. d. alte Testament, mit Hinweis. auf d. Sprachlehren v. Gesenius u. Ewald. gr. 8. (38 B.) Berlin 837, [Schroeder.] *

— s. Tauler's, Jh. Predigten

Biesenthal, J. H. R., die deutsche Theologia, s. Theologia.

Biesenthal, Joh. H. R., das Trostschreiben des Apostels Paulus an die Hebräer, kritisch wieder hergestellt u. sprachlich, archäologisch u. biblisch-theologisch erläutert. gr. 8. (XII, 362 S.) Leipzig 878. Fernau. n. 10. 50

Biesenthal, J. H. R., d. Trostschreiben d. Apostels Paulus an d. Hebräer. 878. Jetzt: Leipzig, O. Harrassowitz. Erm. Pr. 2. —

Biesenthal, N[ormann]: Die Abiturienten des Königlichen Gymnasiums und Realgymnasiums in Insterburg 1861–1910 nebst e. Anhange: Die Abiturienten vor 1861. Insterburg 1910: Bittner. IV, 49 S. 8°
Insterburg, k. G u. RG, Festschr. z. Feier d. 50j. Bestehens 1910'' (5a)

Biesenthal, Normann: Die urchristliche Kirche in Lehre und Leben nach der Διδαχὴ τῶν δώδεκα ἀποστόλων. Insterburg, Druck v. C. R. Wilhelmi, 1893; 27 S. 4.
Insterburg, k. G u. RG, P 1893 (6)

Biesenthal, Paul, die Taylor'sche Maschine. Ein Beitrag zur orthopaed. Behandlg. der Hüftgelenks-Krankheiten. Mit 3 (eingedr.) Holzschn. gr. 8. (36 S.) Berlin 872. N. Landau's Verl. — 75

Biesenthal, [illegible] Die Taylor'sche Maschine gegen Hüftgelenks-Krankheiten. Berlin (1872). (36 S.) 8°
Berlin, Med. Diss. v. [illegible] Aug. 18[illegible]

Biesenthal, W., u. H. Wittenhagen, die nordische Biene, s. Wittenhagen, H.

Biesenthal, Willy, das Fleck- u. Putzbüchlein der Hausfrau. gr. 16. (47 S.) Hannover (900). Berenbergsche Buchdr. u. Verlagsanstalt. n. — 80

Biesenthal, Willy, s.: Handels- u. Gewerbe-Adressbuch der Prov. Hannover.

— s.: Handels- u. Gewerbe-Adressbuch f. die Prov. Hessen-Nassau, bezw. Sachsen u. Westfalen.

Biesenthal, Willy, s.: Landesadressbuch, grosses, f. d. Königr. Sachsen.

Bieser, Andreas: Die Metapher bei Jean de Mairet, verglichen mit ihrer Verwendung bei A. Hardy und P. Corneille. [Teildruck.] Tübingen 1910: Laupp. XV, 77 S. 8°
Tübingen, Phil. Diss. v. 8. Juni 1910, Ref. Voretzsch
[Geb. 29. Aug. 83 Wäschenbeuren; Wohnort: Tübingen; Staatsangeh.: Württemberg; Vorbildung: Gymn. Günzburg Reife Juli 03; Studium: Tübingen 6, München 1 S.; Coll. 7. März 10.]

v. Biesiadecki, Alfr., Beiträge zur physiologischen u. pathologischen Anatomie der Haut. Mit 3 (lith.) Taff. [Aus den Sitzungsber. d. k. Akad. d. Wiss.] Wien 867. (Gerold's Sohn.) gr. 8. (26 S.) n. 16 ngr.

— über Blasenbildung bei Verbrennung der Haut. Mit 1 (lith.) Taf. [Aus d. Sitzungsber. d. k. Akad. d. Wiss.] Ebend. 868. gr. 8. (5 S) n. 4 ngr.

Biesiadecki Alfred von: Über das *Chiasma nervorum opticorum* des Menschen und der Tiere (mit 1 Taf.). S. 42. 86 . . . . . . . . . . . . . . . . . . . —.50
Separatabdruck

Biesiadecki, Alfr. v., und Aug. Herzig, die verschiedenen Formen der quergestreiften Muskelfasern. Lex.-8. (6 S. mit 3 Stnt. in Lex.-8. und qu. gr. 4.) Wien 858, (Gerold's Sohn.) Thlr. * *
Aus: Sitzungsberichte der k. Akad. der Wissenschaften Jahrg. 1858, besonders abgedruckt.

— über Tuberkelbildung in Blutcoagulis. Mit 1 (lith.) Taf. [Aus den Sitzungsber. d. k. Akad. d. Wiss.] Ebend. 869. gr. 8. (5 S.) n. 4 ngr.

— Untersuchungen über Blasenbildung u. Epithelregeneration an der Schwimmhaut d. Frosches. [Aus d. Sitzungsber. d. k. Akad. d. Wiss.] Ebend. 870. (24 S.) n. 4 ngr.

— Untersuchungen über die Gallen- u. Lymphgefässe der Menschenleber in pathologischen Zuständen. Mit 1 (lith.) Taf. (in 4.) [Aus den Sitzungsber. d. k. Akad. d. Wiss.] Ebend. 867. gr. 8. (12 S.) n. 5 ngr.

Biesiadecki, Alfr., Untersuchungen aus dem pathologisch-anatomischen Institute in Krakau. Mit 11 (eingedr.) Holzschn. gr. 8. (V, 115 S.) Wien 872. Braumüller. n. 4. —

— Zottenenchondrom des Darmbeines, enchondromatöse Thromben der Beckenvenen u. Pulmonalarterien. Mit 2 (lith.) Taff. (in 4.) [Aus den Sitzungsber. d. k. Akad. d. Wiss.] Ebend. 869. gr. 8. n. 10 ngr.

—— Zottenenchondrom des Darmbeines, enchondromatöse Thromben der Beckenvenen und Pulmonalarterien. Lex.-8. (16 S. mit 2 lithogr. Taf. in qu. 4.) Wien 870, (Gerold's Sohn.) *
Aus: Sitzungsberichte der k. Akademie der Wissenschaften, besonders abgedruckt.

Biesiadecki, Stanislaus Ritter von

Biesing, Karl [Arzt aus Aachen]: Ueber die Nebennieren und den Sympathicus bei Anencephalen .... Bonn, Univ.-Buchdr. v. C. Georgi, 1886: 33 S. 8°.
Bonn. Med. Fak., Inaug.-Diss. v. 30. März 1886.

Sätze aus dem Gebiete der Rechts- und Staatswissenschaften. Zur Erlangung der juridischen Doktorswürde &c. Von Stanislaus Ritter v. Biesiadecki. Lemberg. Buchdr. von E. Winiarz. (8 S. 8.)
1857

Biesing, Karl, über die Nebennieren und den Sympathicus bei Anencephalen. Diss. Bonn 1886, Emil Strauss. 8°. 33 S.

Bieske, Carl Ludw., der Feldmarschal Fürst Gebhard Lebrecht Blücher von Wahlstatt. Eine biograph. Skizze. Berlin 862. Mittler & Sohn. gr. 8. (VI, 51 S.) 7½ ngr.

Bieske, C. L., kurze Darlegung d. wahren Sachverhältnisses d. durch d. Homöopathie schnell bewirkten Heilung e. scrophul. Augenentzündung. 8. (1 B.) Berlin 833, Hirschwald.

Biesmann, Kaspar
Biesmann, C., Doctrina moralis etc. 12. Wien, Gerold. 745.

Biesner, Jul. Heinr., Abriß d. Gesch. Pommerns u. Rügens, nebst angeh. Specialgeschichte d. Klosters Eldena. gr. 8. (35½ B.) Stralsund 834, (Löffler.)

Biesner, Jul. Heinr., Geschichte v. Pommern u. Rügen, nebst angehängter Specialgesch. d. Klosters Eldena. (Mit Titelbild.) gr. 8. (35½ B.) Greifswald 839, Koch.

—— das Leben d. Dr. Heinr. Rubenow u. d. Dr. Joh. Bugenhagen, Pommer. Biograph. Skizzen. Nebst d. Bildn. R's. u. B's. gr. 8. (5¾ B.) Greifswald 837, (Koch.) *

*Biesok Dr. G.*: Methode des naturgeschichtlichen Unterrichtes am U.-G. und die daraus sich ergebende Reihenfolge der einzelnen Disciplinen. 20. Straßnitz 76. Progr.

Lose Blätter. Gedichte von Angelina Biessecund. Straßburg: J. Singer 1905. (44 S.) 8° [07. 8661]

Biesten, Anton Ernst, Referendar: Was ist Vollmacht nach dem Bürgerlichen Gesetzbuche? Heidelberg 1909: Hörning. 68 S. 8°
Heidelberg, Jur. Diss. v. 1909, Ref. Wenger
[Geb. 21. Apr. 84 Niederlahnstein; Wohnort: Neuwied; Staatsangeh.: Preußen; Vorbildung: Gymn. Koblenz Reife O. 04; Studium: Freiburg i. B. 2, München 1, Bonn 3 S.; Rig. 10. Febr. 09.]

Biesten, C. W., Entwickelung d. Rechtsverhältnisse der verschiedenen Arten Bauerngüter in der Provinz Essen u. in den benachbarten Ländertheilen. 8. Essen, Bädeker 819.

Biesten, C. W., s.a. Entwickelung d. Rechtsverhältnisse der verschied. Arten Bauerngüter.

Biesten, J. Sgm. F., († d. 25. Febr. 1812.) s. Brouzet, Abhandl.

Biesten, Wilhelm Josef
Biesten, W. J., drei Dramen f. höhere Töchterschulen u. Mädchen-Pensionate, s.: Theater, kleines.

Biesten, Wilh. J: Die Flucht u. Rückkehr d. hl. Familie, s.: Kuen, Bonifaz. — Theater, kl.

Biesten, Wilh., Sankt Helenas Heiltum, erzähl. Gedicht i. 16 Gesängen. 12. (304 S.) Paderborn 895. F. Schöningh. n. 3. 40; geb. m. Goldschn. n. 4. 60

— Moses, der Findling, s.: Theater, kleines.

— Der hl. Nikolaus, s.: Theater, kleines.

Biesten, W. J., Romfahrt. Gedichte. 8. (VIII, 311 S.) Aachen 888, Barth. geb. *

Biesten, WJ, Romfahrt. Gedichte. 8. (311) Aach. 89, Barth's V. geb. n 4 50

Biesten, Wilh., treu zu Rom! Festschrift zur Papstfeier. Enth.: Eine Lebensbeschreibung des hl. Vaters Papst Leo XIII., Festgedichte u. e. Anh. v. Festliedern. (32 S.) 8. Aachen 903. (A. Jacobi & Co.) n. — 10

Treu zu Rom! Festschrift z. Papstfeier von Wilh. Biesten, Pfarrer. Enth.: Eine Lebensbeschreibung d. heiligen Vaters Papst Leo XIII., Festgedichte u. e. Anh. von Festliedern. Aachen: Volksfreund 1903. (32 S.) 8° [J.] [03. 4249]

Biester, Aug., s.: Heidschnucken.

Biester, A: Niedersachsen-Liederb., s: Volksbücher, Hannoversche, Henniger.

Biester, Carl
Biester, C.: De loco quodam Martialis. (V. 1.) 11 S.
Progr. Braunsberg 1833.

Biester, C.: De Jani templo. (Kein Tempel, sondern ein Thor, und Ursprung der Sitte des Schließens u. Oeffnens. ) 12 S.
Progr. Braunsberg 1836.

Biester, C.: De usu vocis ὀπίσω ap. Homer. 7 S.
Progr. Braunsberg 1838.

Biester, G. H. F., Auszug aus der Classification zu der Personen- und Gewerbesteuer. 1 Tab. gr. Fol. Hannover 866, Klindworth. *

Biester, G. H. F., Gesetze, Verordnungen u. Bekanntmachungen über die persönlichen directen Steuern. Hrsg. u. mit Anmerkgn. begleitet. Mit 4 Tabellen behuf Berechnung der Steuern 2c. Hannover 866. Klindworth. gr. 8. (VIII, 137 S.) n. 24 ngr.

Biester, G. H. F., übersichtliche Zusammenstellung derjenigen Bestimmungen und Vorschriften über die persönlichen directen Steuern des Gesetzes vom 20. März 1859, der Bekanntmachung vom 22. März 1859 und der Verordnung vom 30. März 1859, deren Kenntniß für das steuerpflichtige Publikum von Interesse ist. Nebst verschiedenen Tabellen 2c. behufs Geschäftserleichterung für diejenigen Beamten, denen die Beschreibung, Revision, Erhebung und Controle der fragl. Steuern obliegt. Zusammengestellt und mit zweckdienlichen Bemerkungen versehen. Hannover 862. Meyer. gr. 8. (112 S. u. 2 Tab. in Fol.) n. 20 ngr.

Biester, H., Verfassung d. deutschen Reiches m. dem Einführungs-Gesetz vom 16. April 1871, Hinweisen auf die ergänzenden Vertrags-Bestimmgn. nebst deren Wortlaut, u. auf die Gesetzgebg. d. deutschen Reiches bezw. d. norddeutschen Bundes, sowie dem Gesetz üb. die Vereinigg. v. Elsaß u. Lothringen m. dem deutschen Reiche vom 9. Juni 1871. Mit ausführl. Sachregister. 2. Aufl. gr. 8. (95 S.) Berlin 871. Kortkampf n. 1. — Velpap. 1. 50

Biester, Jac., Wahrhafter Gegenbericht der letzten Krankheit und vermeinten Schlages, wie auch erfolgten Todes aus einem von D. Dieterichs curirten Stickflusse an Val. *Ilingen*, Dr. med., Chr. *Dieterichs* Berichte entgegengesetzt. Hamb. 4°. 1715

**Biester, Jo. Matthias** (Hamburg), De probatione sponsaliorum. Diss. jur. Präs. Jo. Samuel Stryk. Halle (Joh. Gruner) 24. IV. 1711. 39 S. (4.80) 2751

Biester, Johann Erhard, s. B i e s t e r , Johann Erich

Biester, Johann Erich, s. Th. A b b t s Werke.

s. A b h a n d l . d. Gesellsch. d. K. u. W. in Batavia.

s.a. A b r i ß d. Lebens Katharine II;

* Abriss des Lebens und der Regierung der Kaiserinn ... Katharina II. von Russland (von *Joh. Erhard Biester*). Mit Portrait Katharina's u. 1 genealog. Tafel. Berlin, Nicolai Sohn. 1797. 8°. 16 u. 303 S. (Auch in Hannover Stadtbibl.) ... Mk. Oskar Rauthe. Berlin. 1808; ... Mk. „mit 1 Portr. u. 2 geneal. Tabellen". S. Calvary ... 1900.)

— Abriß des Lebens u. der Regierung d. Kais. Catharina II. von Rußland. m. K. 8. Leipz. Joachim. 801.

Biester, (Johann Erich) (Übers.):

s.: Barthélemy, J(ean) J(acques): Reise des jüngern Anacharsis durch Griechenland... (Voyage du jeune Anacharsis en Grèce... Dt.) Th.1 (neue Ausg.): Berlin 1792, Th.2–7 (neueste Ausg.): Wien u.Prag 1802

Biester, J.E. (Hrsg.), s. B l ä t t e r , Berlinische.

– s. C a v a n i l l e s Zustand

Biester, J(ohann) E(rich) (Comm.):

s.: Eschke, Ernst Adolf: Kleine Beobachtungen über Taubstumme, hrsg.von J(ustus) Arnemann. Th.1. Berlin: 1799

— Geogr. von Griechenland. s. Geogr.

Biester, J.E. (Hrsg.), s. M o n a t s s c h r i f t , Berlinische.

Biester, J.E. (Hrsg.), s. M o n a t s s c h r i f t , Neue Berlinische.

– s. P l a t o n i s dialogi IV.

– s. J. W i n c k e l m a n n , Briefe.

– s. W o l f s Reise nach Zeil.

– s. v. Z e t t l i t z , üb. Patriotism.

**Biester,** Jon., Wahrhaftiger Gegenbericht der letzten Krankheit und vermeinten Schlages, wie auch erfolgten Todes auss einem von D. *Dietrich* eingebildeten, und also curirten Stickflusse in der Person Val. *Heinsii* Rectoris, D. And. Chr. Dietrich, Berichte entgegengesetzt. Hamb. 8°. 1705

Biesterfeld, C. W., die Getraide-Verkäufe in Hamburg ab russischer Häfen und die darüber anhängigen Prozesse. gr. 8. (23 S.) Hamburg 854, B. S. Berendsohn. *

Biesterfeld, C. W., der Commissionsbericht an d. Unterzeichner der Petition v. 8. Juni 1842, beleucht. sowohl in Betreff der Befugnisse d. Commission als einiger der Hauptvorschläge selbst. gr. 8. (5 B.) Hamburg 843. (Schuberth u. Comp.) *

Biesterfeld, C. W., Josua de Lemos u. Hr. G. F. Vorwerk in Firma: Hochgreve & Vorwerk. 2. Aufl. gr. 8. (48 S.) Hamburg 852, Berendsohn. n. 8 ngr.

—— die Mutter im Irrenhause. Wahrheit. gr. 8. (XIV und 181 S.) Leipzig 852, Brockhaus. *

Biesterfeld, C. W., Schleswig-Holstein die Tagesfrage aus dem Norden Deutschlands betrachtet. gr. 8. (IV und 27 S.) Hamburg 864, Nolte. *

—— einige Worte gegen die Bemerkungen des Hrn. Dr. Carl Petersen, die Getraide-Verkäufe ab russischen Häfen betreffend. gr. 8. (14 S.) Hamburg 854, B. S. Berendsohn. *

**Biesterfeldt:** Düngungsversuche an den Kreisstrassenpflanzen im Kreise Offenbach a. M. Stuttg. 1904. (12) S. Fig. (Sertr.). P.

Bietenhausen [Schlagwort]
**Bietenhausen,** s.: W ü r t t e m b e r g. Höhenkurvenkarte.

Bieter, OE, s: Kostoth, CA Graf.

Bietigheim [Sachliches OW]
„Bietigheim" oder der Krieg von 1890—91. Seine Ursachen, Kosten und Folgen. Autoris. Übersetzung nach der amerikan. Orig.-Ausg. von Kenneth McQueen, J. D. C. F. gr. 8. (132 S.) Zürich 887, Verlags-Magazin. *

Bietigheim [Schlagwort]
**Bietigheim,** s.: W ü r t t e m b e r g. Höhenkurvenkarte.

Bietikow [Schlagwort]
Bietikow, s.: Geologische Karten. Preussen 66.

Bietz, J. P. C., Samml. verm. Gedichte u. Aufs. 8. Magdeburg, Schreidbauer. 781.

Bietz, Karl Heinrich Albert: De scarlatinae D i a g n o s i et decursu. Marburgi Cattorum 1817: Bayrhoffer. 16 S. 8°. Marburg, Med. Diss. v. 1817

de Biéville, l'Homoeopathie, Comédie-Vaud., s. Repertoire du Théâtre français No 169.

— Sans nom! ou Drames et Romans, s. Ebd. No. 191.

Biéville, de, et Bayard, Si Dieu le veut, s. Théâtre français par C. Schütz.

—— ed E. Scribe, Sogni d'amore, s. Emporeo drammatico.

Bieville und Dumanoir, moderne Tartüffe's, s. Auf den Brettern.

Bièvre, Georges Mareschal de, Tante Baby, s.: Engelhorn's allgem. Romanbibliothek. 16. Jahrg.

Bièvre, Georges Mareschal de, Trautchen (Cousine Ma Mie), s.: Engelhorn's allgemeine Romanbibliothek. 21. Jhrg. 7. Bd.

Biewald, Adf., wie stehen wir heut zur Bibel? Vortrag, geh. am 16. II. 1910 in der kirchlich-liberalen Vereinigg. der Prov. Schlesien in Breslau. (40 S.) gr. 8. Bonn 910. C. Georgi. — 50

Biewald, Alfred, Tierarzt: Aus d. Hyg. Inst. d. Tierärztl. Hochsch. zu Berlin. Leiter: Frosch. Kasuistischer Beitrag zur Lehre von den Fleischvergiftungen. Kreuzburg O.-S. 1909: Thielmann. 40 S. 8°

Gießen, Veterinär-Med. Diss. v. 31. Aug. 1909, Ref. Olt

[Geb. 22. Jan. 85 Rawitsch; Wohnort: Kreuzburg O.-S.; Staatsangeh.: Preußen; Vorbildung: Gymn. Kreuzburg Reife O. 04; Studium: Tierärztl. Hochschulen Berlin 4, München 1, Berlin 2 S.; Rig. 30. April 09.]

Biffar, H., pfälzisches Notariat, enth.: die wichtigsten bezügl. Reichs- u. bayer. Gesetze, k. Verordngn., Ministerialentschließgn. u. Regierungsverfüggn. Systematisch geordnet. (VII, 827 S.) kl. 8. Kaiserslautern 882. H. Kayser. 5. —

Biffart, Max

Biffart, M., Deutschland, sein Volk und seine Sitten. In geographisch-ethnograph. Charakterbildern. Mit vielen Abbild. 9 Lfgn. gr. 8. (576 S. mit 16 Stnt.) Stuttgart 859. 60, Nitzschke. à Lfg. 12 Ngr.

—— Geschichte der württembergischen Veste Hohenasperg und ihrer merkwürdigsten Gefangenen. 8. (VIII und 181 S. mit 5 Holzschn.) Stuttgart 858, [Aue.]

— Geschichte der württembergischen Veste Hohenasperg und ihrer merkwürdigsten Gefangenen. Mit 5 Holzschn. Stuttgart 859. Aue. 8. (VIII, 181 S.) n. 24 ngr.

—— d. Kämpfe in Europa in d. letzten 12 Jahren. 8. (351) 1. 15 Stuttg. 60, Risch.

—— die Kämpfe in Europa in den letzten zwölf Jahren (1848—1859), ein Cyklus von Gefechtsbildern und biographischen Skizzen. gr. 8. (VI und 351 S.) Stuttgart 860, Gebr. Scheitlin.

—— d. Kriegstheater am ob. Rhein u. d. ob. Donau. 8. (153 m. H.) Berl. 61, Mittler u. S. — 27

Biffart, Max, das Kriegstheater am oberen Rhein und der oberen Donau. Mit besonderer Würdigung der Verhältnisse desselben in einem Kriege mit Frankreich. gr. 8. (XIV und 153 S. mit 6 Festungsplänen in eingedr. Holzschn.) Berlin 863, Mittler und Sohn.

— Venetien mit dem Festungsvierecke, eine militär-geograph. Skizze. Mit 8 Holzschn. 1. u. 2. unveränd. Aufl. Darmstadt 863. Zernin. gr. 8. (X, 104 S.) n. 17½ ngr.

Biffart, M., Venetien, das Festungsviereck u. die Küsten der Adria. Eine militär-geograph. Skizze. Mit 8 Holzschn. (im Text). 3. verm. Aufl. Darmstadt 866. Zernin. gr. 8. (IV, 141 S.) n. 20 ngr.

*Biffi*, Kapir., s. J. K, v. *May*, lettere mercantili.

Biffl, Fritz: Führer f. Lehrausflüge in d. Umgebg v. Wien, s: Becker, Ant.

Bifrun's Uebersetzung d. Neuen Testaments, s.: Texte, rätoromanische.

Biga
— commentat. de morali primaevorum Christianorum conditione secund. sacros novi testamenti libros Exhibuerunt J. G. Stickel et C. Fr. Bogenhard. Edid. et praefatus est J. Fr. Roehr. 8 maj. Neust. 826, Wagner.

*Biga* dissert. juris publ. eccles. de exemptione religiosor. etc. (a A. U. Mayer). 4. Nürnb. 770. Grattenauer. (Stage in Augsb.) 8 gl. Ed. II. Nördl. 774. Beck. 8 gl.

Biga Libellorum Authenticae Codicis Rep. Prael. earumque histor. illustr. Ed. et Praefatus est C. D. Zepernick. 8 maj. 788. ist Verl. v. Reinicke u. C. in Halle.

Biga schediasmatum bina dictoria Schul-Fuchs et Kalmeuser, ... curavit M. F. Vossius. Lubbenae 1728. V: (Schulf.) *Heider, Wolfgang.* V: (Kalm.) *Schneier, Chph Wilh.* (BrMm)

Bigalke, Herman *August Ludwig* [pr. Arzt in Villingen in Baden]: Kasuistischer Beitrag zu Kopfverletzungen mit Skalpierung und deren Behandlung ... Greifswald, Druck v. C. Sell. 1894; 31 S. 8.
Greifswald, Med. Fak., Inaug.-Diss. v. 10. Juli 1894

Bigarrures d'un Citoyen de Génève. II Vol. 8. Winterth. Steiner.

Bigarure historico-morale-satirique serieuse, tragibourlesque & critique encyclopaedique No. 1—4. Vienne 1782. V: *Quency, Comte de.* (Hch. Wolfg. Behrisch, Die Wiener Autoren. Pressb. 1784. S. 171) (Biblrort)

Bigel, J., Continuation de l'Examen théoretique et prat. de l'Homéopathie. (Tom. III.) Matière médicale pure du Dr. Hahnemann. gr. in-8. (32 B.) Varsovie 827, Glücksberg. (Dresde, Arnold.)
Tom. I. II. Ebendas. 1827. 8 Thlr.

— examen de la méthode curative du Dr. Hahnemann, nommée Homéopathie. III Tom. gr. 8. Warschau 827. 28. Glücksberg. (Arnold in Dresd.) 5 Thlr 12 gl.

Bigel, (J.), Homéopathie domestique, ou guide medical des familles. Ouvrage indispensablement necessaire aux pères de famille, aux personnes qui habitent la campagne, loin des secours de la medecine: indiquant les moyens de se secourir soi memo dans les maladies les plus ordinaires, et de subvenir aux premiers besoins dans les maladies aigues, dont le traitement ne souffre aucun delai. 16. (20 B.) Dresde et Leipzic 836, libr. de Arnold.

Bigel, (J.), Homöopathie domestique, ou guide medical des familles. Ouvrage indispensablement necessaire aux pères de famille, aux personnes qui habitent loin des secours de la medicine etc. 2. édit. 16. (10 B.) Leipzig 846, libr. de Arnold. Thlr. ⁴

Bigel, (Dr.) Justification de la nouvelle méthode curative du Dr. Hahnemann, nommée Homéopathie. gr. 8. Leipzig 825, Reclam.

**Bigel**, Dr., ..., manuel d'hydrosudopathie, ou traitement des maladies par l'eau de froide, la sueur, l'exercice et le régime, suivant la méthode employée par V. Priessnitz à Gräfenberg, suivie d'un mémoire physiologique sur la chaleur animale par Pelletan. in-18. Leipzig 841, Brockhaus et Avenarius. n. 1⅓ ₰

—— ausführl. Vorlegung d. von dem berüh. D. Hahnemann vorgetrag. Heilungsart d. asiat. Cholera, mit d. Anweis. d. Mittels, sich vor dieser Krankheit zu schützen. gr. 8. (1¼ B.) Breslau 831, (Leuckart.)

v. **Bigeleben**, Ksp. Engelb., über Errichtung der Landschreibereien im Großherzogth. Hessen. 8. Darmst. 827. Leske. 4 gr

v. *Bigeleben*, Ksp. Jos., († d. 19. Dec. 1799.) De Appellationibus, praecipue a sententiis interlocutoriis. 8. Bonn 783. Abshoven.

Die Beteiligung der Christen am öffentlichen Leben in vorconstantinischer Zeit. Ein Beitrag z. ältesten Kirchengesch. von Dr. theol. Andreas Bigelmair. *München: J. J. Lentner 1902.* (340 S.) 8°
= Veröffentlichungen aus d. Kirchenhist. Seminar, München. No 8.

**Bigelmair**, A., s.: Festgabe, Alois Knöpfler usw. gewidm.

**Bigelmair**, Andreas, s.: Kreuzweg, der hl.

**Bigelmair**, Andreas, Dr. theol.: Die Stellung der Christen zum Staat in vorconstantinischer Zeit. *München 1902.* (S. 76—124.) 8° ¶ [Erschien vollst. 1902 als: Veröffentlichungen aus d. Kirchenhist. Seminar München, No 8 u. d. T.: Die Beteiligung d. Christen am öffentl. Leben in vorconstantin. Zeit.]
München, Theol. Diss. v. 1902
(Nur in beschränkter Zahl für den Austausch)

**Bigelmair**, Andreas, Dr. theol.: Zeno von Verona. *Münster i. W.: Aschendorff 1904.* (VIII, 162 S.) 8°
München, Theol. Hab.-Schr. v. 1904
(Nicht für den Austausch)

Poultney Bigelow [Verf. vielm.: Edith Evelyn Bigelow]. Als Charley fort war [While Charlie was away]. Novelle. Autor. Übers. aus d. Engl. von Minnie Ledermann. Berlin: F. Ledermann 1905. (155 S.) 8°

**Bigelow**, Henry, Mechanismus der Luxationen u. Fracturen im Hüftgelenk. Mit Bewilligg. d. Verf. in's Deutsche übersetzt v. Eugen Pochhammer. Mit 52 (eingedr.) Holzschn. gr. 8. (183 S.) Berlin 873. Hirschwald. n. 4. 50

Bigelow, Horatio R. Elektrotherapie bei Frauenkrankheiten, m. e. Einleitg. v. Georges Apostoli. Deutsche autoris. Ausg. v. Rob. Asch. Mit Illustr. gr. 8. (III, 220 S.) Bresl. 890, Preuss u. Jünger. * 5 —

**Bigelow**, John, das Geheimnis des Schlafes. Autoris. Uebersetzg. nach der 8., verm. u. verb. Aufl. v. Ludw. Holthof. (248 S.) gr. 8. Stuttgart 904. Deutsche Verlags-Anstalt. n. 3. —; geb. n.n. 4. —

Bigelow, L. G., Artistic Photography and how to attain it. With 12 promenade portraits. 8. (24 S.) Düsseldorf 878. (Berlin, Grieben.) geb. *

Bigelow, Poultney: Als Charley fort war, s. Bigelow, Edith Evelyn

Bigelow, Poultney. Bismarck. Aus dem Engl. gr. 8. (23 S.) Lpz. 892. C. F. Müller. * — 60

**Bigelow**, Poultney, die Völker im kolonialen Wettstreit. Deutsche Bearbeitg. des Buches The children of the nations v. Ph. Woker. 8. (VII, 431 S.) Berlin 902. G. Reimer. n. 5. —; geb. in Leinw. n. 5. 80

— Kaiser Wilhelm II. u. sein östlicher Nachbar. Autoris. Übersetzg. aus dem Engl. v. Osk. Reyher. 1.—3. Aufl. 8. (139 S.) Ebd. 893. n. 2. 50

**Bigelow**, Samuel Lawrence, A. B., B. S., aus Boston, Mass., U. S. A.: Katalytische Wirkungen auf die Geschwindigkeit der Oxydation des Natriumsulfits durch den Sauerstoff der Luft. Mit 5 Fig. im Text. *Leipzig: W. Engelmann 1898.* (42 S.) 8° ¶ (Aus: Zeitschrift f. physikal. Chemie, Bd 26, H. 3.)
Leipzig, Phil. Diss. v. [18. Aug.] 1898

**Bigenwald**, Carl: Über die Begriffe „casus" und „vis maior" und über die Bedeutung einer Unterscheidung zwischen diesen beiden Begriffen für gewisse Rechtsverhältnisse des Gemeinen Rechts und für die neueren Gesetzbücher. *Crefeld 1897: J. B. Klein.* (63 S.) 8°
Erlangen, Jur. Diss. v. 11. Sept. 1897

Biger, Rudolf, Volkstümliches Turnen, Spiel und Sport an höheren Schulen, Saarlouis 1909, 24 S., 8°.

Bigge: Einige Bemerkungen über Erziehung und Unterricht, hauptsächlich in Sexta. 12 S.
Progr. Attendorn 1859.

Bigge, die gegenwärtig übliche Silbentrennung u. Buchstabirmethode im Deutschen wirken nachtheilig auf Aussprache u. Unterricht. Attendorn.
Schul-/Univ.-Schrift 1865

Bigge, H.: De Cyclopibus Homericis. 28 S.
Progr. Coblenz 1856.

Bigge, H.: Zur pädagogischen Gymnastik. Koblenz 1851. 24 S. Koblenz, Kgl. Gymn. P. 1851.

Bigge, H. Mitteilungen aus dem Lehrplane. Einrichtung und Gliederung des deutschen Unterrichts in den unteren und mittleren Klassen. 18 S. Progr. Apost. Cöln 1877.

Bigge, Wilhelm
**Bigge**, Feldmarschall Graf Moltkes Ansichten üb. Flankenstellgn., s. a. Beiheft z. Militär-Wochenblatt.

Bigge, (W.) Feldmarschall Graf Moltkes Ansichten über Flankenstellungen. Berlin 1895. 8°. (Bh. z. M. W. B.)

Geschichte des Infanterie-Regiments Kaiser Wilhelm ⟨2. Großherz. Hessisches⟩ Nr. 116. Hrsg. von W(ilhelm) Bigge, Generalmajor z. D. *Berlin: E. S. Mittler & Sohn 1903.* (XI, 665 S.) 8° [F.]

**Bigge**, W., der Kampf um Candia in d. J. 1667—1669, s.: Einzelschriften, kriegsgeschichtliche. 26. Hft.

— Feldmarschall Graf Moltke. Ein militär. Lebensbild. 2 Bde. gr. 8. München 901. C. H. Beck. n. 11. —; geb. in Leinw. n. 13. 50
1. 1800—1857. Mit 5 Kartenbeilagen. (IX, 361 S.)
2. 1857—1890. Mit 7 Kartenbeilagen. (IV, 410 S.)

— Feldmarschall Graf Moltke. Ein militär. Lebensbild. Offiziersausg. (Titel-Ausg.) 2 Bde. gr. 8. München [901] 903. C. H. Beck. Geb. in Leinw. n. 6. —
I. 1800—1857. Mit 5 Kartenbeilagen. (IX, 361 S.)
II. 1857—1890. Mit 7 Kartenbeilagen. (IV, 410 S.)

Bigge (W.) Die dreitägige Seeschlacht in den Dardanellen am 17. 18. u. 19. Juli 1657. Berlin 1892. 8°.

**Bigge**, üb. Selbstthätigkeit der Unterführer im Kriege, s. a. Beiheft zum Militär-Wochenblatt.

Bigge, (W.) Über Selbstthätigkeit der Unterführer im Kriege. Berlin 1894. 8°. (Bh. z. M. W. B.)

Biggel, J.A.
—— Jehova. Ein kathol. Gebet- u. Erbauungsbuch f. d. reifere jugendl. Alter. Aus dessen Nachlasse. 8. (20 B. u. 1 Stahlst.) Stuttgart 841, Hallbergersche Verlbuchh.

—— Jehova. Ein kathol. Gebet- und Erbauungsbuch für das reifere jugendl. Alter. Aus seinem Nachlasse. Neue (Titel-) Ausg. gr. 16. (XII und 308 S. mit 1 Stahlst.) Stuttgart 848, Hallbergersche Vrlgsh.

—— Katechismus d. christkathol. Religionslehre, zum Gebr. in Schule u. Kirche. 2., durchaus verb. Aufl. gr. 12. (6½ B.) Stuttgart 837, Balz'sche Buchh.

Biggel, J. A., Leitfaden z. christkathol. Religionsunterrichte, in geschichtl. Darstellung. gr. 8. (17½ B.) Tübingen 831, (Zu-Guttenberg.)

—— Leitfaden d. Unterrichte in d. deutsch. Sprache u. im Rechtschreiben, f. Elementarschulen. Auf d. einfachste u. faßl. Weise dargest. 8. (4½ B.) Ulm 834, Ebner.

—— das Nothwendigste u. Nützlichste a. d. Naturlehre, Naturgesch., Geographie, Gesundheits- u. Höflichkeits-Lehre f. Elementar-Schulen. Zugleich ein Gegenstand zu Gedächtniß-, Verstandes-, Sprach- u. Styl-Uebungen. 2., verm. u. verb. Aufl. 8. (4½ B. u. 1 Stndr.) Ellwangen 832, Schönbrod.

— u. Fritz, der Pilgrim, s.: Fritz.

— s. Pilgrim, der, an den Vorhallen der Ewigkeit.

Biggel, J. A., Predigten auf alle Sonn- u. Festtage des kathol. Kirchenjahres. Zugleich ein Erbauungsbuch f. das Volk. gr. 8. Nördlingen 840. Beck'sche Buchh. 1½ Thlr.

—— die betracht. Seele in d. Gebete d. Herrn. Ein Andachtsbuch z. Beförderung d. häusl. u. öffentl. Gottesdienstes. 8. (15¼ B. u. 1 Stndr.) Tübingen 831, (Osiander.)

—— der Sieg des Kreuzes. Christkatholisches Gebet- und Erbauungsbuch. 1. Aufl. (VI und 302 S. mit 3 Stahlst. und gestoch. Titel) 1848. 20 Ngr. und 4., verb. und verm. Aufl. 8. (VIII und 370 S. mit 1 Stahlst. und gest. Titel.) Würzburg 851, Ettlinger'sche Vrlgsh.
Vlnp. mit 3 Stahlst.

—— dass. — Christkatholisches Gebet- und Erbauungsbuch für fromme Christen. 4., verb. Aufl. (Miniatur-Ausg.) 32. (X und 438 S. mit 1 Stahlst.) Ebds. 851.
fein Pap. mit 3 Stahlst.

— der Sieg des Kreuzes. Christkatholisches Gebet- und Erbauungsbuch für fromme Christen. 6. durchaus verb. Aufl. Würzburg 854. Etlinger. (Berlin, Genrich.) 32. (438 u. X S. u. 2 Stahlst.) 9 Ngr.; weiß Pap. m. 3 Stahlst. 15 Ngr.

Biggel, J. A., des Christen Wandel im Erdenthale und seine Sehnsucht nach der himmlischen Heimath. Ein Gebet- und Erbauungsbuch für kathol. Christen, zunächst in höhern Ständen. 8. Stuttgart 837. Balz'sche Buchh. 1 Thlr. — 2e–4e unveränd. Aufl. Ebd. 837–39. ½ Thlr. mit 5 Kpfr. 1 Thlr. geb. n. 3⅙ Thlr. 5e Orig.-Aufl. Ebd. 840. Ausg. No 1. ohne Kpfr. ½ Thlr. No. 2. Mit 5 Kpfr. 1 Thlr. No. 3. Mit color. Kpfr. 1¼ Thlr. No. 4. Pracht-Ausg. geb. 2⅚ Thlr.

Biggel, J. A., des Christen Wandel im Erdenthale und seine Sehnsucht nach der himmlischen Heimat. Ein Gebet- und Erbauungs-Buch für kathol. Christen aller Stände. 6. Original-Aufl. gr. 16. Stuttgart 841, Balz'sche B. ½ Thlr.

— dass. mit 5 Kupf. 1 Thlr. — Colorirt 1¼ Thlr. — Geb. mit Goldschn. 2⅚ Thlr. — 7. Original-Aufl. gr. 16. Stuttgart 842, Becher'sche Buchh. ½ Thlr. — 8. Origin.-Aufl. gr. 16. Ebd. 843. ½ Thlr. — Mit 5 Kpfrn. 1 Thlr. — Mit 3 col. u. 2 schwarz. Kpfrn. 1¼ Thlr. — 9. Original-Aufl. kl. 8. Ebd. 844. No. 1. ½ Thlr. — No. 2. mit 5 Kpfrn. 1 Thlr. — No. 3. mit 3 color. und 2 schw. Kpfrn. 1¼ Thlr. — No. 4. Pracht-Ausg. geb. 2⅔ Thlr. 10. Aufl. 846. No. 1. ohne Kpfr. ½ Thlr. — No. 2. mit 4 Stahlstich. 1 Thlr. — No. 3. mit 4 Stahlst. u. 4 Farbendr. 1 Thlr. 21 Ngr. — No. 4. dies. geb. 2 Thlr. 24 Ngr.

Biggel, J. A., des Christen Wandel im Erdenthale und seine Sehnsucht nach der himml. Heimath. Ein Gebet- und Erbauungsbuch für kathol. Christen aller Stände. 10. Aufl. 8. 846., 11. Aufl. gr. 8. 847. 3 Thlr. und 12. Orig.-Aufl. gr. 16. (X und 420 S.) Stuttgart 849, Becher's Verlag.
Ausg. mit 4 Stahlst.
Ausg. mit 4 Stahlst. und 7 Lithochrom.

Biggel, J. A., des Christen Wandel im Erdenthale u. seine Sehnsucht nach der himml. Heimath. Ein Gebet- u. Erbauungsbuch f. kathol. Christen aller Stände. 12. Orig.-Aufl. gr. 16. (X u. 420 S.) Stuttgart 849, Becher. — 13. Orig.-Aufl. gr. 16. (X u. 420 S.) Ebd. 852. ½ Thlr. Ausg. m. 4 Stahlst. 1 Thlr. Ausg. m. 4 Stahlst. u. 7 Lithochrom. 1 Thlr. 24 Ngr. in Leder geb. m. Goldschnitt. 2 Thlr. 24 Ngr.

—— dass. — 13. Orig.-Aufl. 32. (VIII und 443 S. mit 1 Stahlst.) Ebds. 853.

Biggel, J. A., des Christen Wandel im Erdenthale und seine Sehnsucht nach der himmlischen Heimath. Ein Gebet- und Erbauungsbuch für kathol. Christen aller Stände. 14. Orig.-Aufl. und 16. Orig.-(Titel-)Aufl. gr. 16. (X und 420 S.) Stuttgart 857 und 861, Becher's Verlag. (Ausg. Nr. 1.)
Mit 4 Stahlst. (Ausg. Nr. 2.)
Mit 4 Stahlst. und 4 Farbendr. (Ausg. Nr. 3.)

Biggel, J. A., des Christen Wandel im Erdenthale und seine Sehnsucht nach der himmlischen Heimath. Ein Gebet- und Erbauungsbuch für kathol. Christen aller Stände. 15. Orig.-Aufl. Stuttgart 860. Becher. 32. (VIII, 443 S. u. 1 Stahlst.) 18 Ngr.

Biggel, J. A., des Christen Wandel im Erdenthale und seine Sehnsucht nach der himmlischen Heimath. Ein Gebet- und Erbauungsbuch für kathol. Christen aller Stände. 17. und 18. Orig.-Aufl. gr. 16. (X und 420 S. mit 1 Stahlst.) Stuttgart 862. [Ludwigsburg, Egersdorff.]

—— dass. — 19. Orig.-Aufl. 32. (VIII und 443 S. mit 1 Stahlst.) [Ebendas.] 864.
geb. mit Goldschn. und in Futteral -

Biggel, J. A., des Christen Wandel im Erdenthale und seine Sehnsucht nach der himmlischen Heimath. Ein Gebet- und Erbauungsbuch für kathol. Christen aller Stände. 20. Orig.-Ausg. 16. (VIII, 464 S. mit 1 Stahlst. und 1 Chromolithogr.) Spaichingen 869, Honer. (Tuttlingen, Kling.)
geb. mit Goldschn. in Etui *
geb. in Chagrin mit Goldschn.
geb. in Chagrin mit Goldschn., Reliefpressung, Stahlverzierung und eingelegter Photographie
geb. in Seidensammt, Kanteneinfassung, versilbertes Schloß und Kreuz

— dasselbe. 20. Orig.-Ausg. 16. (VIII, 479 S. m. 1 Stahlst. u. Titelbl. in Buntdr.) Leipzig 873. Honer. 2. 10

—— dass. — 21. Orig.-Ausg. 16. (VIII, 479 S. mit 1 Stahlst. und Titelbl. in Buntdr.) Leipzig 878, Honer's Verlag. *
geb. in Leinwd. mit Goldschn. *
geb. in Chagrin mit Goldschn. *

— dasselbe. Min.-Ausg. 21. Orig.-Ausg. 32. (VIII, 479 S. m. 1 Stahlst. u. Titelbl. in Buntdr.) Ebend. 873.
n. 1. 10; Velinpap. n. 1. 60

—— dass. — Min.-Ausg. 22. Orig.-Ausg. 32. (VIII, 479 S. mit 1 Stahlst. und Titelbl. in Buntdr.) Ebendas. 878. *
geb. in Leinwd. mit Goldschn. *
geb. in Chagrin mit Goldschn. *
Velinpap. *

— dasselbe. 21. Orig.-Ausg. 32. (VIII, 479 S. m. 1 Stahlst.) Straßburg 876. Schneider. geb. in Leinw. m. Goldschn. 3. 50; in Chagrinldr. m. Goldschn. 4. —

Biggel, J. A., des Christen Wandel im Erdenthale u. seine Sehnsucht nach der himmlischen Heimath. Ein Gebet- u. Erbauungsbuch f. kathol. Christen aller Stände. 22. Orig.-Ausg. 24. (VIII, 479 S. m. 1 Stahlst. u. chromolith. Titel.) Konstanz 879. (Tuttlingen, Kling.) geb. in Leinw. m. Goldschn. n. 2. —; in Chagrin n. 2. 40; m. Beschlag n. 3. —; in Sammt m. Beschlag n. 5. —

Biggel, J. A., D. Christen Wandel im Erdentale u. s. Sehnsucht n. d. himml. Heimat. E. Gebet- u. Erbauungsbuch f. kathol. Christen aller Stände. 23. Orig.-Aufl. 16. (VIII, 423 S. m. 1 Stahlst.) Kreuzlingen 897. (Tuttlingen, E. L. Kling.) Geb. in Chagrin m. Goldschn. n. 3. —

Bigger, Urban: Im Glanze d. Hostie. Erzählgn f. Erstkommunikanten u. f. andere. (168 m. Abb., 4 Einschaltbild. u. 1 Farbdr.) kl8° Eins., Verl.-Anst. Benziger & Co. '11.
L 2.60; m. G 3 — d

Bigler, Paul. Ueber die Synthese des 3' 4'-Dioxy-α-Naphtoflavonols. Diss. Phil. Bern. 44 S. 8. Bern, Neukomm & Zimmermann, 1908.

Bigler, Ulrich

**Bigler, U.**, E. Beitrag z. Theorie d. arithmet. Reihen. 8. (36 S.) Aarau 897. (H. R. Sauerländer & Co) n. 1.—

Bigler. Ulr[ich]. Über barometrische Höhenmessungen. [SA.] 8. [Aarau 1898.]

**Bigler, U.**, Potential e. elliptischen Walze. Inaug.-Diss. gr. 8. (IV, 36 S. m. 1 Taf.) Greifswald 889. (Bern, Huber & Co.) n. 2.—

Bigler, Ulr. Potential e. elliptischen Walze. Diss. gr. 8. (IV, 36 S. m. 1 Taf.) Greifswald 889. (Bern, Körber). * 2 —

Bigler, Ulrich. Die Wellenfläche optisch zweiaxiger Krystalle.... Beilage zum Programm der st. gallischen Kantonsschule. [2 Teile.] 4.

[Teil 1:] ... verfasst von Dr. U' B'. Beilage... (für das Schuljahr 1902-1903). 29 S. St. Gallen, Zollikofer, 1902.
[Teil 2:] ... ([von] Dr. U' B'). Beilage... (für das Schuljahr 1903-1904). ‹Fortsetzung...› 31 S. (St. Gallen, Z', 1903.)

Biglmair, Andreas, s. Bigelmair, Andreas

**Bignan, A.**, Ludwigs XV. erste Maitresse. Roman. Aus dem Französischen von A. Teniers. 8. (144 S.) Wien 865, Spitzer.

**de Bignon**, s.a. Baussan de Bignon

**Bignon, Baussem du**, Preisschr. über die beste Art Ofen zu bauen. m. K. 4. Berl. Haude. 767.

Bignon, Jean Paul

**BEGEBENHEITEN**, Wunderliche, Des ABDALLA, Eines Sohns des HANIF, Welcher von dem Indianischen Sultan war abgeschicket worden, Die verborgene Insul Borico zu entdecken; Auf welcher die miraculöse Fontaine zu finden, Dessen (so!) Wasser wieder jung zu machen pfleget. Nebst der Rouschen, einer Persianischen Dame, Reise-Beschreibung in obbesagte Insul. Aus d. Frantzös. (des *Jean Paul Bignon*) in das Teutsche übersetzet. Erster und Anderer Theil. Mit 2 (unsign.) Titelkpfrn. Franckfurt und Leipzig 1731. 8°. (6 Mk. Franz Teubner, Düsseldorf, c. 1898.)

I: 6 Bll. Vorst., 246 S., 1 Bl. Reg. II: 2 Bll. u. 288 S. (kein Reg.). Beide Titel roth u. schwarz.
Orig. (in Wolfenbüttel): Les avantures d'Abdalla fils d'Hanif, envoyé par le sultan des indes a la découverte de l'Ile de Borico, où est la Fontaine merveilleuse dont l'eau fait rajeunir. Avec La Relation du Voyage de Rouschen, Dame Persane, dans l'Ile Détournée, . . . Et Plus. autres Hist. cur. Trad. en Franç. sur le Mscr. Arabe trouvé a Batavia par M. de Sandisson [*Jean Paul Bignon*]. Avec 8 gravures en t.-d. Paris, Pierre Witte, 1712. 12°.

Bignon, Louis Edouard

***Bignon*, Louis Ed.**, du Congrès de Troppau, ou examen des prétentions des monarchies absolues à l'égard de la monarchie constitutionelle de Naples. gr. 8. Leipz. 821. Brockhaus. 1 ₰ 12 gℓ

— Geschichte von Frankreich, seit d. 18 Brüm. bis zum Frieden v. Tilsit. Aus d. Französ. v. Th. v. Haupt. 2 Bde. gr. 8. Darmst. 830, 31. Leske. 2 ₰ 12 gℓ

**Bignon, Louis Ed.**, Geschichte v. Frankreich, n. d. Franz. v. Th. v. Haupt. 2 Bde. gr. 8. (42½ B.) Darmstadt 831, Leske. 2 Thlr. 12 Gr., hrbgs. Pr.

Bignon. Geschichte von Frankreich vom 18. Brumaire (November 1799) bis zum Frieden von Tilsit (Julius 1807). Übersetzt durch Heinrich Hase, kgl. sächs. Hofrath. 1.—6. Band. 1.—3. Bd. Neue Ausgabe. (6 Bände.) 8. Leipzig 1831—1833.

— dass., übers. v. Hein. Hase. 6 Bde., s. a. Bibliothek d. Geschichtswerke d. Auslandes, 6—11. Thl.

— Geschichte Frankreichs unter Napoleon. 2e Periode. Von dem Frieden zu Tilsit 1807 bis 1812. Deutsch v. L. v. Alvensleben. 6 Bde. 8. Meißen 838—40. Goedsche. 9 ₰ Vgl. auch Bibliothek, ausgewählte, historische.

Bignon, Histoire de France, depuis le 18. Brumaire (Nov. 1799), jusqu'a la paix de Tilsit (Juillet 1807). Tome VII. Edit. orig. gr. in-8. (32 B.) Leipzig et Paris 838, Brockhaus et Avenarius. *

— Histoire de France, sous Napoléon. Deuxième époque, depuis la paix de Tilsit en 1807 jusqu'en 1812. Tome VIII —X. gr. in-8. (91½ B.) Les mêmes 838. *
Tom. I—VI. Paris, (les mêmes.) 1830.

Bignon, histoire de France sous Napoléon, dernière époque depuis les commencement de la guerre de Russie jusqu'à la deuxième restauration. Tom. XI—XIII. gr. in-8. (90½ B.) Paris 846, 47, Didot, frères. à
Tom. I—X. (la même) 1830—38. à Tom. 1 Thlr. 25 Ngr.

— über die Zwistigkeiten der Höfe von Baiern u. Baden. 8. Frkf. a. M. 818. (Karlsr., Braun). 12 gℓ

**Bigoni, M. Angelus**, de Christo reparatore. Opus theologicum ex scripturis et patribus concinnatum. IV tomi in II part. gr. 8. (1143 S.) Wirceburgi 846. 47. (Moguntiae, Kirchheim & Schott.) n. 2 ₰ 24 ngℓ

Bigot, Carl. Ueber einige neue durch Synthese dargestellte Kohlenwasserstoffe. Göttingen, 1866. **Diss.**

Bigot, M^me^ Charles, s. Mairet, Jeanne (Pseud.)

**Bigot, Charl.**, nouvel Abécédaire français. Rédigé d'après les meilleurs méthodes de lecture. — Neues franzöf. ABC-Buch nach den besten Lesemethoden. 16. Stuttgart 846, Hallberger. 6 ngℓ

**Bigot, Charles**, nouvel abécédaire français, d'après les meilleurs méthodes de lecture. — Neues franz. ABC-Buch nach den besten Lesemethoden. 2. Aufl. gr. 16. (51 S.) Stuttgart 848, Hallberger'sche Verlagsbchh. 6 ngℓ

— petite Arithmétique franç. à l'usage des écoles, ou l'on enseigne le Français. 8. (3½ B.) Stuttgart 845, Neff. *

Bigot: Arithmét. franç. 1845 II; Conseils et préceptes. 1843 II; Germanismes corrigés. Jetzt: Berl.-Sch., Langenscheidt's V. 1845 II

**Bigot, Charl.**, conseils et préceptes sur la manière d'enseigner et d'étudier la langue française en Allemagne. Lex.-8. Stuttgart 843, Neff. ⅗ ₰

— Germanismes corrigés, ou remarques sur les fautes ordinaires aux Allemands, qui parl. le Franç. 8. (9½ B.) Stuttgart 845, Neff. (Bln.: Langenscheidt) *-

Bigot, C., germanismes corrigés. Stuttgart 1874. 8.

— nouvelle grammaire française complète, a l'usage des allemands, rédigée d'après un plan méthod., rationnel, et en partie nouv. et enrichie d'un traité analyse grammaticale. gr. 8. (27⅞ B.) Stuttgart 846, Hallbergersche Vrlsbuchh.

— Exercices de Lexicographie et de Syntaxe, Partie pratique de la nouv. gramm. française etc. gr. 8. (11½ B.) Stuttgart 846, Hallbergersche Vrlsbuchh.

— Corrigé-Traduction des exercices de la nouvelle gramm. française etc. gr. 8. (10¾ B.) Stuttgart 846, Hallbergersche Vrlsbuchh.

— Leitfaden d. franz. u. deutsch. Umgangssprache, enthalt.: 1. Auswahl der gebräuchl. Wörter; 2. Sätze über verschiedene Gegenstände; 3. Gallicismen u. Germanismen; 4. die hauptsächlichsten Sprüchwörter d. beiden Sprachen. 8. Ebd. 846. 12 ngℓ. Auch mit d. Umschlagstitel: Guide de la conversation française et allemande etc.

Bigot, Charles, Leitfaden der französischen und deutschen Umgangssprache. 2. (Titel-)Aufl. A. u. d. T.: Guide de la conversation française et allemande. 2. Edition. 8. (VIII und 232 S.) Stuttgart 852, Hallbergersche Vrlgsb.

Bigot, Charles (Hrsg.), s. Revue, Nouvelle, littéraire et grammaticale.

— s. Revue nouv., nationale belgique littérature et grammaticale.

— französische Sprachlehre zum ersten Schul- und Privat-Unterricht, nach seiner nouvelle grammaire française à l'usage des Allemands. 1. Aufl. 1847. und 2. (Titel-)Ausg. gr. 8. (VIII und 175 S.) Stuttgart 851, Hallbergersche Vrlgsb.

Bigot, Mary, s. M a i r e t , Jeanne (Pseud.)

**Bigot, Pet.**, Anweisung zur Anlegung, Construction u. Veranschlagung d. Blitz-Ableiter. Für angehende Baubeamte, Bau-Handwerker, insbesond. Metallarbeiter u. zunächst für Hauseigenthümer u. Oekonomen. Mit 2 Steintaf. gr. 8. Glogau 834. Heymann in Berlin. 3/4 ß

— der Eigenthümer von städtischen u. ländl. Grundstücken, oder Rathgeber beim Ankauf von etc. Gebäuden etc., s. Taschenbuch für d. Einwohner Berlins.

**Bigot, P.**, die Berlin-Stettiner **Eisenbahn**, deren Vortheile, Einfluß auf Handel, Ackerbau, Schiffahrt u. innere Industrie, Rentabilität u. Verkehr mit Bezug auf andere Eisenbahnen Deutschlands beleuchtet. 8. (4½ B.) Anclam 840, Dietze. *

**Bigot, P.**, **Feuerschutz**, od. Sicherung vor u. bei Feuersgefahr, mit Rücksicht auf d. Vortheile d. Massivbaues vor den anderen Constructionsarten, u. Angabe d. Mittel zur Verminderung d. Feuerunsicherheit bei alten Gebäuden aller Art. gr. 8. (9 B.) Berlin 836, Heymann. Thlr.

—— **Rathgeber** beim Ankauf von Gebäuden, s. **Taschenbuch** f. d. Einwohner Berlins.

(**Bigot de St. Quentin.**) Unserer Armee. Vom Verfasser des „Deutschen Soldaten". 8. Wien 1850.

Von einem deutschen Soldaten. (Von K. Grf v. Bigot de Saint Quentin.) Leipzig 1847. 375 S.

(**Bigot de St. Quentin**, k. k. General der Cavallerie.) V o n e i n e m d e u t s c h e n S o l d a t e n. 8. Leipzig 1847.
— — 3. A u f l. 8. Wien 1891.

**Bihacht, Vict. Curt**: Spiele. (48) gr8° Münch.(-Schwabing). EW Bonsels & Co. '11. 2 —; geb. 3 —

**Bihály, J.**, applicator. Besprechgn. d. **Felddienst-** u. **Gefechts-Vorschriften** f. d. Subaltern-Officier. Z. Selbststud. I. u II. Thl. gr. 8. Wien. (L. W. Seidel & Sohn.) n. 7. 20
I. Felddienst. (III, 133 S. m. 2 Karten u. 2 Skizzen.) 895.
II. D. Gefecht. (III, 104 S. m. 3 Skizzen u. 7 Oleaten.) 896.

— D. leit. Grundsätze d. **Schiessbetriebes** E. Studie d. Schiesswesens. (Im Ausz. z. Vortrage gebracht a. 22. I. 1897 i. militärwissenschaftl. Vereine z. Prag.) gr. 8. (96 S.) Ebd. 897. n. 1. 20

— d. Kriegsspiel als Führer durch uns. Feld- u. Gefechts-Vorschriften, i. 12 durchgef., applicator. Beispielen. gr. 8. Ebd. 895. à n. — 60
1. Marsch u. dessen Sicherg. (19 S.)
2. Marsch-Vorposten. (24 S. m. 1 Skizze.)
3. Geschloss. Vorposten. (24 S. m. 1 Skizze.)
4. Gefechts-Vorposten. (24 S. m. 2 Skizzen.)
5. (Postierg.) (31 S.)
6. Gefecht. (Vorbereit. Vertheidigg.) (III, 42 S. m. 1 Skizze.)
7. Gefecht. (Angriff einer vorbereit. Vertheidigungs-Stellg.) (31 S. m. 2 Skizzen.)
8. (Rencontre-Gefecht.) (30 S.)
9. (Rencontre-Gefecht m. Leitg. zweier Parteien.) (42 S. m. 2 Skizzen.)
10. (V. d. Ausf. d. Operationen b. z. Gefecht.) (62 S.)
11. Besond. Unternehmgn. (Hinterhalt.) (23 S. m. 3 Skizzen.)
12. Besond. Unternehmgn. (Überfall.) (29 S. m. 1 Skizze.)

**Bihaly, J.**, die Schiessvorschriften der 5 bedeutendsten Heere Europas. Vom Standpunkte e. method. Schiess-Ausbildg. betrachtet. 1.—4. Hft. gr. 8. Wien 893. L. W. Seidel & Sohn. n. 10. —
1. Die Vorschule. (V, 82 S. m. 10 Tab.) n. 3. —
2. Das Schulschiessen. (S. 95—184 m. 3 Tab.) n. 3. —
3. Das feldmässige Schiessen. (S. 185—279 m. 3 Tab.) n. 3. —
4. Aneiferungsmittel. Das Reservisten-Schiessen. (S. 281—349 m. 3 Tab.) n. 1. —

**Bihan,** Richard [aus Niederoderwitz '(Kgr. Sachsen)']: Über Kondensationsprodukte des Amidoguanidins mit aromatischen Aldehyden und Ketonen ... München, Druck v. V. Höfling, 1894; 51 S. 8.
München, Phil. Fak., Inaug.-Diss. v. 1894

**Bihari, Mor.**, u. **Eug. Nyári**, die neuen Steuergesetze f. das Königr. Ungarn. Deutsche Ausg. m. fortlauf. Erläutergn. (IV, 192 S.) 8. Wien 909. Manz. 4. 80

**Bihari, Mor.**, u. **Eug. Nyari**: Die neuen Steuergesetze f. d. Kgr. Ungarn. Deut. Ausg. m. fortlauf. Erläutergn. 2. Afl. Mit Berücks. d. Steuernovelle v. '12. (6, 208) gr8° Wien, Manz '13. 4.30

**Bihl, Mich., O. f. m., s.: Chronica conventus ordinis fratrum minorum ad s. Elisabeth prope Isenacum.**

Geschichte des Franziskanerklosters Frauenberg zu Fulda, 1623–1887. Nach meist ungedr. Quellen bearb. von P. Michael **Bihl**, O. F. M. Fulda 1907: Fuldaer Actiendr. (X, 251 S.) 8°
— **Quellen** u. Abhandlungen z. Geschichte d. Abtei u. d. Diözese Fulda. 3. (07. 1703)

Bihl, V.A.v.(Red.), s. K u n s t b l a t t , Allgemeines deutsches.

**Bihler, Aug. Thdr.**, e. militärischer Justizmord. Nach eigenen Erlebnissen wahrheitsgetreu dargestellt. 1. u. 2. Aufl. gr. 8. (31 S.) Stuttgart 893. (R. Lutz.) n. — 40

**Bihler, Camill**, die Kunst des Merkens. Ein Leitfaden der Gedächtnislehre. 1. u. 2. Aufl. 12. (32 S.) Bad Harzburg 892. 894. R. Stolle. Kart. 1. —

BIHLER, Emil (München): Vierzig Fälle von Carcinoma mammae, in der kgl. chirurgischen Universitäts-Poliklinik zu München operirt in den Jahren 1886, 1887 und 1888.- München: Wolf 1890. 37 S.,1 Tab. 22.1.1890 - Chr 1889/90,28; Jv 1889/90,220

Diss. Ingolst.-Landsh.-Mchn.

**Bihler, Franz Sales**, Beispielspredigten auf alle Sonntage u. Feste des Kirchenjahres. 1. u. 2. Thl. 8. Regensburg, Manz. [1. (16¾ B.) 845, 2. (14½ B.) 46. à 17½ Ngr.]

**Bihler, Frz. Sales, Beispielspredigten auf alle Sonntage u. Feste d. Kirchenjahres. 3 u. 4. Thl. 8. (235 u. 228 S.) Regensburg 848, Manz. 7/12 ß**

—— **Epistelnpredigten** auf alle Sonntage und Feste des Kirchenjahres. 1. und 2. Bd. 8. Regensburg, Manz. [1. (224 S.) 849. und 2. (188 S.) 850. à Bd. 17½ Ngr.]

**Bihler, Frz. Sales**, Epistelnpredigten auf alle Sonntage und Feste des Kirchenjahres. 3. Bd. 8. (182 S.) Regensburg 852, Manz.

—— dass. — Mit einem Anhang von 7 Fastenpredigten. 4. (letzter) Bd. 8. (180 S.) Ebds. 852.
1. und 2. Bd. Ebendas. 1849—51. 1 Thlr. 5 Ngr.

—— Geschichtspredigten auf alle Sonntage und Feste des Kirchenjahres. 1. und 2. Bd. 8. Regensburg, Manz. [1. (105 S.) 854., 2. (176 S.) 855. à Bd. 15 Ngr.]

**Bihler, Frz. Sales**, Geschichtspredigten auf alle Sonntage und Feste des Kirchenjahres. 3. und 4. Bd. 8. (192 und 176 S.) Regensburg 857. 58, Manz. à Bd. 15 Ngr.
1. und 2. Bd. Ebendas. 1854. 55. 1 Thlr.

**Bihler, Franz Sales**, Homilien auf alle Sonntage u. Feste d. Kirchenjahres. 3 Thle. 8. Regensburg, Manz. [1. (13½ B.) 840., 2., 3. (à 11½ B.) 841. à 7/12 Thlr.]

**Bihler, Frz. Sales, Homilien auf alle Sonntage u. Feste d. Kirchenjahres. 2. verb. u. verm. Aufl. 3 Thle. (in 1 Bd.) 8. (621 S.) Regensburg 848, Manz. 1⅓ ß**

—— Volkspredigten auf alle Sonntage u. Feste d. Kirchen-Jahres, nebst einigen Gelegenheitspredigten. 1. Jahrg. 1. u. 2., verb. Aufl. à 4 Thle. u. 2. Jahrg. 1. u. 2. Thl. 8. Regensburg, Manz. [J. 1. 1. Aufl. (63 B.) 838, 39., 2. Aufl. (62½ B.) 841., 2. 1. (13½ B.) 841., 2. (16⅜ B.) 842. à 7/12 Thlr.]

**— dies. 2. Jahrg. 1.—3. Thl. 8. Ebd. 841—43. à 7/12 ß**

—— Volks-Predigten auf alle Sonntage u. Feste des Kirchenjahres, nebst einigen Gelegenheitspredigten. 1. Jahrg. 4 Thle. 3. Aufl. 842 u. 4., verb. Aufl. 8. (à 63 B.) Regensburg 844, 45, Manz. à Aufl.

—— dass. 2. Jahrg. 4. Thle. 8. Ebds. [1—3. 2., verb. Aufl. (42¼ B.) 843, 44, 4. (13 B.) 44. à 17½ Ngr.]

Bihler, Friedrich

**Bihler, Frd., Aufgabensammlung f. das schriftliche Rechnen m. gemeinen Brüchen u. Dezimalbrüchen u. die einzelnen bürgerl. Rechnungsarten in d. mittleren Klassen der Gymnasien, Realschulen u. verwandter Lehranstalten.** (60 S.) kl. 8. Stuttgart (908). A. Bonz & Co. — 50

— dasselbe m. unbenannten u. benannten Ganzzahlen an den unteren u. mittleren Klassen der Gymnasien, Realschulen u. verwandter Lehranstalten. (32 S.) kl. 8. Ebd. (908.) — 30

— dass., Ergebnisse zu beiden Sammlgn. (20) kl8° Ebd. (08). Kart. — 80 d

**Bihler, Frdr.:** Aufg.-Sammlg f. d. schriftl. Rechnen m. unbenannten u. benannten Ganzzahlen an d. unt. u. mittl. Kl. d. Gymn., Realsch. u. verw. Lehranst. 2. Afl. (23) kl 8° Stuttg., A Bonz & Co. ('12). — 30 d

— **Das Christentum u. die Alkoholfrage.** Ein Vortrag. (32 S.) 8. Stuttgart 909. (J. F. Steinkopf.) — 20

**Bihler, P. Gregor.** Partitur-Regeln in einem kurzen Auszuge für Anfänger. Donauwerd 1793.

Bihler, (Red.), s. Schulblätter, Badische.

Bihler, H.: Grammatische Eigentümlichkeiten des Paul Louis Courier. 20 S.
Progr. Lahr 1875.

Bihler, H.: Der Turnunterricht in den Gymnasien. 9 S.
Progr. Lahr 1878.

**Bihler,** Heinrich, Prof.: Gesichtspunkte für das Übersetzen aus dem Französischen. Freiburg i. Br. 1906: U. Hochreuther. (21 S.) 4°
Freiburg i. Br., Bertholds-G P 1906 (759)

**Bihler,** Heinrich: Die historische Sprachforschung im französischen Unterrichte der Gymnasien. *Freiburg i. B. 1898: Ch. Lehmann's Nachf.* (17 S.) 4°
Freiburg i. B., grossh. G, MP 1898 (636)

Bihler, J. Alois

**Bihler, J. Al.; Darst. d. Ehehindernisse im Staate, aus dem Begriff d. Ehe entwickelt.** Eine gekr. Preisschrift. gr. 8. Kempt. 815 2e unveränd. Aufl. gr. 8. Nürnb. 821. (Bauer u. R.) 1 rℬ

Mgn. Ant. **Bihler** üb. d. Verwandtsch. d. Poesie u. Philos. u. deren Verschiedenh.; e. gekr. Preisschr. *Landsh.*, Thomann. 812. 8° 8 gl

Bihler, Robert [app. Arzt aus Horb]: Ein eigenthümlicher Fall von Morbus Addisonii ... Rudolstadt, Druck d. fürstl. priv. Hofbuchdr., 1892; 16 S. 8.
Tübingen, Med. Fak., Inaug.-Diss. v. 1892

**Bihler, Ulr.:** Haupt-Reg. z. Finanz-Ministerialbl. f. d. Kgr. Bayern, s: Braun, Ludw.

**Bihler, W.,** Die operative Behandlg. der myopischen Schwachsichtigkeit, s.: Golpke, Th.

**Bihler,** Winfried [app. Arzt aus Lahr '(Baden)']: Beiträge zur Lehre vom Augenmass für Winkel ... Bühl, Druck d. Aktienges. Konkordia, 1896; 31 S., 2 Taf. 8.
Freiburg i. B., Med. Fak., Inaug.-Diss. v. 1896

**Bihlmaier, A.,** D. Frauenkirche i. Esslingen, s.: Eglo, J. v.

**Bihlmeyer,** Hildebr., O. S. B., s.: Jahresbericht, hagiographischer.

**Bihlmeyer,** Hildebrand: Klein-Nelli „v. hl. Gott", d. Veilchen d. allerhlst. Sakramentes. Frei n. d. Engl. bearb. 1—5. Afl. (16, 96 m. 1 Farbdr. bezw. 3 Taf.) kl8° FreiburgB., Herder '12). — 80 d

**Bihlmeyer, Karl:** Lehrb. d. Kirchengesch., s: Handbibliothek, Wissenschaftliche, 1. Reihe, Funk.

**Bihms Korle,** s.: Kraut u. Rüben.

**Bihn, A. Paul, praktisch-theoretischer Lehrgang der englischen Handelskorrespondenz nach Robertson's Methode.** Für den Schul-, Privat- u. Selbstunterricht bearb. 1 Thl. Mit 1 (lith.) Schrifttaf. München 805. Grubert. gr. 8. (VI, 130 S.) 12 ngr

**Bihn, AP,** prakt.-theoret. Lehrg. d. engl. Handelskorresp. 2. Thl.: Die Korresp. im Waarengesch. 8. (150) Münch. 67, Grubert. — 15 (cplt.: — 27)

**Bihn, P.,** Leitfaden d. Handelswissenschaft, s.: Findeisen, C. F.

Bihtebuoch dabey die Bezeichenunge der heil. Messe. Beichtbuch aus d. 14. Jahrh. mit Glossen hrsg. von Oberlin. — Strasburg 1784. 101 S. 8°
1:Ds 16910. 2→5. 7. 9. 10. 11. 17. 29.
300:79 Aa 137. 302.
15.

**Bijak, Jul.:** Poln. Militärsprache, s: Truszkowski, v.

**Bijdragen** tot de Dierkunde uitgegeven door het genootschap Natura artis magistra, te Amsterdam. 1. Aflevering. Fol. (II u. 28 S. m. 6 lith. Taf. wovon 2 color.) Amsterdam 848. (Düsseldorf, Arnz & Co.) n. n. 4 rℬ

**Bijou.** Original-Pariser-Musterblätter weiblicher Kunstarbeiten ... Mignon-Begleiter der Damen-Zeitschrift Iris. Hrsg. Ed. Ludewig. 1stes [und] 2tes Bändchen ... (1851—1852).
Mit kol. Modekupfern. 8°.
*Mehr nicht erschienen.*

**Bijou.** Original-Pariser-Musterblätter weibl. Kunstarbeiten. Enthaltend: Tapisserie-, Stick-, Strick- etc. Dessins, Modenbilder, Musikbeilagen etc. im modernsten Geschmacke. Hrsg.: Ed. Ludewig. Jahrg. 1852. 12 Lfgn. (à $1^1/_2$ B. u. 4—5 theils color. Musterbl.) 8. Gratz. (Leipzig, Schrey.) n. 4 rℬ

**Bijou** de l'âme pieuse ou petit recueil de prières à l'usage de tous les fidèles. Avec 1 grav. In-64°. 192 p. Einsiedeln, Benziger & Co.
**1890** Leder m. Goldschn. 1 —

***Bijou* des enfans,** ou Contes moreaux, anecdotes et fables pour l'instit. de la jeunesse. 24. Braunschw. 814. Pluchart. 10 gl

**Bijou-Almanach für 1863—1866.** 1.—4. Jahrg. 32. (12 S.) Borna, Schulze. geb. mit Goldschn.
in Seide geb. *

**Bijou-Kalender für 1875—1880.** 128. (à 38 S.) Cannstatt, Bosheuyer's Buchh. à Jahrg. *

**Bijou-Kalender.** I. Jahrgang. 1895. Schmales Längenformat. Ausgabe A eleg. in Kalbleder gebunden —.60
— — Ausgabe B elegant in Antilopenleder gebunden —.75
Wien: M. Perles 1894

**Bijou-Kalender,** II. Jahrgang. 1896. Schmales Längenformat. Ausgabe A eleg. in Kalbleder gebunden —.60
— Ausgabe B elegant in Antilopenleder gebunden —.75
Wien: M. Perles 1895

**Bijou-Kalender.** III. Jahrg. 1897. Schmales Längenformat. Ausgabe A elegant in Chagrinleder gebunden —.60
— — Ausg. *B* eleg. geb. in Sammtleder —.75
— — Ausgabe *C* elegant cartonnirt —.40
Wien: M. Perles 1896

**Bijou-Kalender,** pro 1898. Eleg. cart. —.40
Derselbe in Chagrinleder —.60
Derselbe in Sammtleder oder Leder mit Goldpressung —.75
Wien: M.Perles 1897

**Bijou-Kalender** pro 1899, V. Jahrg., elegant cartonnirt —.40
Derselbe in Chagrinleder —.60
Derselbe in Sammtleder oder Leder mit Goldpressung —.75
Wien: M.Perles 1898

**Bijou-Kalender f. d. J. 1903.** schmal 64. (31 S.) Wien, M. Perles. Geb. in Leinw. n. — 80; in Ldr. n. 1. 20 u. n. 1. 50

**Bijou-Kalender f. d. J. 1907.** (31 S.) schmal 64. Wien, M. Perles. Geb. in Leinw. n. — 80; in Ldr. n. 1. 20 u. n. 1. 50

**Bijoukalender** für 1909 mit feinem Leinwand- und Papiereinband K —.80
Wien: M.Perles 1908

**Bijou-Kalender f. d. J. 1910.** (31 S.) 8,4×8,4 cm. Wien, M. Perles. Geb. in Leinw. — 80; in Ldr. 1. 20 u. 1. 50

**Bijou-Kalender f. '13.** (28) 7×3,7 cm. Wien, M Perles. geb. v. — 80 bis 1.70

**Bijouterie-Bazar.** Musterblätter für Juweliere etc. Herausgegeben von W Walker. 1873. (16 T) 4° Stuttgart 1873

**Bijouterie-Blätter.** 1. Serie. Nr. 1—3. Fol. (8 Stnt. in Tondr.) Pforzheim 869, Riecker. *

**Bijouterie- u. Uhren-Export.** Export-Ausg. der Zeitschriften: Deutsche Goldschmiede-Zeitg. u. Leipziger Uhrmacher-Zeitg. (In deutscher, engl., französ. u. span. Sprache.) Red.: Herm. Wildner. Jahrg. 1908—1910. à 4 Nrn. (à ca. 48 S. m. Abb.) 30,5×23,5 cm. Leipzig, W. Diebener. à Jhrg. 1. —
Von Nr. 3 d. Jahrg. 1910 an lautet d. Titel: Bijouterie- u. Uhren-Grosshandel.

**Bijouterie-Export-Adressbuch.** Pforzheim, Schw. Gmünd, Hanau. Ausg. 1904. (283 S.) 8. Pforzheim (O. Riecker). In Leinw. kart. n. 3. —

**Bijouterie-Export-Adreßbuch.** Pforzheim. Schw. Gmünd. Hanau. Ausg. 1906 ff. Pforzheim

**Bijouterie-Export-Adressbuch** f. die gesamte Edelmetall-Industrie u. verwandte Branchen. Ausg. 1910. (LXII, 408 S.) 8. Pforzheim (O. Riecker). Geb. in Leinw. 4. —

**Bijouterie- u. Uhren-Grosshandel.** Grosshandels-Ausg. d. deut. Goldschmiede-Zeitg u. Leipz. Uhrmacher-Zeitg. Red.: Ant. Frye. (In deut., engl., französ. u. span. Spr.) Red.: Ant. Frye. J. '11 u. '12 je 4 Nrn. ('12, Nr 1: 44 m. Abb.) 30,5×23,5 cm. Lpzg. W Diebener. je 3 —

**Bijouterien,** romantische, mit 1 Kpf. 8. Weissenfels, 796. Severin. 1 Rthl. 5 fgl.

**Bijouterien, romantische.** 8. Weißenf. 796. Leipz. 811. Hinrichs. 1 ₰ 12 ℊ

**Bijouterien, Romantische.** Weissenfels [Leipz.] 1811. V: *Seidel, Carl August Gottlieb* [?] (StAt)

**Bijoux-Almanach,** s. Almanach.

**Bijoux-Almanach** auf d. J. 1821—32. Mit Portraits in Steindr. Karlsr., Müller. à 8 ℊ

**Bijoux-Tafeln, Münstersche.** Lichtdruck von 617 Logen-Abzeichen und freimaurerischen Denkmünzen. Herausg. von der Loge zu den drei Balken in Münster i. W. Münster i. W. 1894. V: *Dienstbach, Martin.* (wolfstieg II, 456)

**Bijvanck,** Hendrik, aus Batavia (Java): Ueber Derivate des Lepidins und des β-Aethyllepidins. *München 1899: Kastner & Lossen.* (38 S.) 8°
München, Phil. Diss. v. 1899

**Bikélas,** D: Erzählgn v. d. Ägäischen Inseln, s.: Universal-Bibliothek 4795.

**Bikélas,** Demetrius, die Griechen des Mittelalters u. ihr Einfluß auf die europäische Cultur. Ein histor. Versuch. Mit Bewilligung des Verf. aus dem Griech. übers. v. Wilh. Wagner. 8. (111 S.) Gütersloh 878. Bertelsmann. n. 1. 20

— Lukis Laras. Eine Geschichte aus dem griech. Befreiungskampfe. Aus dem Neugriech. übers. u. m. einem Nachwort versehen v. Wilh. Wagner. 8. (V, 225 S.) Hamburg 879. Grädener. n. 3. 60; geb. n. 4. 80

**Bikelas,** Priester Narkissos, s.: Bibliothek der fremden Zungen.

— Novellen, s.: Maupassant, Guy de, verbannt.

**Bikeles,** Gust., zwei philosophische Essays. (I. Zur Genese der menschl. Affekte. — II. Gedanken über Ethik.) (51 S.) gr. 8. Lemberg 903. (Leipzig, Buchh. G. Fock.) n. 1. —

**Bikkurim.** Jahrbuch für Freunde der hebr. Sprache und Literatur. 5625 (1864—65) und 5626 (1865—66). Mit Beiträgen von: M. Friedmann, Dav. Gordon, Hellpern &c. Hrsgbr.: N. Keller. (In hebr. Sprache.) 1. und 2. Jahrg. 8. (à Jahrg. XX und 244 S.) Wien 864,65, (Herzfeld und Bauer.) à Jahrg. *

**Bikkurim.** Jahrb. f. Freunde d. hebr. Spr. u. Liter. 5626 [1865—1866]. Hrsg.: N Keller. (In hebr. Spr.) 2. Jahrg. 8. (244) Wien 65, (Winter.) n. 1. —

**Bill,** Frz., Abhandlung über die Luftverdünnung und Anwendung der verdünnten Luft (Atmosphärische Eisenbahnen). gr. 8. (68 S. mit 3 Stnt. in gr. Fol.) Innsbruck 862, Wagner'sche Universitäts-Buchh. *

**Bikoff,** Nikolai, u. Geo. v. Doepp, Proff.: Die internat. Ausstellg v. Verbrenngsmotoren in St Petersburg. [Aus: „Die Gasmotorentechnik".] (52 m. Fig. u. 1 Taf.) 31,5×23,5 cm. Berl., Boll & P. '12. 3 —

**Bikure haitim.** s. Wien 826, v. Schmid.

**Bilan,** notre. Parole d'un vieux soldat allemand, adressée à tous les Français aux nobles et généreux sentiments. Par***. gr. 8. (32 S.) Dresden 901. W. Baensch. n. — 75

**Biland,** Jacob. Über die fibrinösen Gerinnungen an der placentaren Fläche des Chorion. Diss. Med. Bern von Jakob B'.... [Sep.-Abdr. aus Virchow's Archiv für pathologische Anatomie.... Band 177.] 36 S. 8. Berlin, Georg Reimer, 1904.

**Bilanx, Trenckii,** pondere vacua. S. l. 1790. V: *Katona, Stephan.* (WBL XLVII, 150) (Gugitz & Portheim, F. Freih. v. d. Trenck. Wien 1912. S. 163.)

**Bilanx, Trenckii,** pondere vacua. Budae 1790. V: *Kenyeres, Joseph.* (SzMJ) V: *Katona, Steph.* (Pk)

Bilanz, Die, Jahrbuch f. Banken, Sparcassen, Eisenbahn- u. Verkehrs-Anstalten, Versicherungs-Anstalten, Industrie-Unternehmung. u. Genossenschaften in Oesterreich-Ungarn pro 1885. Herausg. von Conrad M. Mentzel. III. Jahrg. gr. 8. (XXXIX u. 1044 S.) Wien, *Moritz Perles. Geb. 4 fl. 85

„Bilanz", die, Jahrbuch für Banken, Sparcassen, Eisenbahn- u. Verkehrs-Anstalten, Versicherungs-Anstalten, Industrie-Unternehmungen u. Genossenschaften in Oesterreich-Ungarn. IV. Jahrg. 1886. Herausgegeben von Conrad M. Mentzel. Lex.-8°. (XL. 1190 S.) Wien, Perles. geb. fl. 4.—.

Bilanz.—

Actien-Bierbrauerei Solothurn. Bilanz pro 30. September 1901. [3 S.] 4.

Aktien-Gesellschaft «Aktienmühle Basel und Augst» [in Basel]. Bilanz pro 31. Dezember 1900. [3 S.] 4. (1901.)

Aktien-Gesellschaft «Aktienmühle Basel und Augst» [in Basel]. Bilanz pro 31. Dezember 1901 u. pro 31. Dezember 1902. [*je* 3 S.] 4. (1902 u. 1903.) V<sup>a</sup>Bas

Bilanz sammt den dazu gehörigen Rechnungs-Ausweisen der ersten k. k. priv. Donau-Dampfschifffahrts-Gesellschaft für das Jahr 1853. 4. (24 Blätter und 4 Tabellen.) Wien. Druck von L. Sommer.

Bilanz sammt den dazu gehörigen Rechnungs-Ausweisen der ersten k. k priv. Donau-Dampfschifffahrts-Gesellschaft für das Jahr 1854. Wien. 1855. Druck von Leop Sommer. (23 Bl. u. 4 Taf. 4.)

Bilanz sammt den dazu gehörigen Rechnungs-Ausweisen der ersten k. k. privil. Donau-Dampfschifffahrt-Gesellschaft für das Jahr 1855. Druck und Papier von Leopold Sommer in Wien. (26 Bl. 4.)

Bilanz sammt den dazu gehörigen Rechnungs-Ausweisen der ersten k. k. priv. Donau-Dampfschifffahrts-Gesellschaft für das Jahr 1856. Wien. Druck und Papier von Leopold Sommer. (Ohne Angabe des Druckjahres.) (5½ Bogen 4. und zwei Tabellen Fol.)

Bilanz über Empfang und Ausgabe der Armen-Verwaltung vom Jahre 1811 — 1820. *Düsseldorf, Stahl.* 1 8 2 1

(Gesellschaft der L. von Roll'schen Eisenwerke in Solothurn. Bilanz pro 30. November 1900.) [4 S.] 4. 1901.

(Gesellschaft der L. von Roll'schen Eisenwerke in Solothurn. Bilanz pro 30. November 1901 u. pro 30. November 1902. [*je* 4 S.] 4. 1902 u. 1903.

**Bilanz** zwischen des Monarchen und der Kirchen Gewalt, so wie sie der Trenck abwägt 1790 im Juli. O. O. 1790. V: *Trenck, Fch. Freih. v. d.* (PETZEK S. 25) (BIBLPORT)

Bilanz der „Internationalen". Mit e. zeitgemässen Forderung v. Angelo Dämon. (88 S.) Lex.-8. Stuttgart 905. Strecker & Schröder. n. 1.—

Bilanz, konfessionelle, od. wie urtheilt der Jesuitenpater v. Hammerstein üb. die Unsittlichkeit (Selbstmord, uneheliche Geburten, Prostitution) unter den Konfessionen. Von e. Deutschen. gr. 8. (48 S.) Marburg i/H. 893. O. Ehrhardt. n. — 70

Bilanz zwischen Landshut u. Straubingen seit der dahin verlegten Regierung und dem grossen Brande allda. In Briefen. O. O. (München?) 1782. 8°. Ppb. (aus Föringer's Bibl.).

190 S. Culturgeschichtl. interessantes Bild des Niederganges von Landshut u. des Aufschwunges von Straubing, in stellenw. derber u. drastischer Darstellung. — Selten!

Bilanz zwischen der Regierung Landshut u. Straubing seit der dahin verlegten Regierung, u. dem großen Brande allda, in Briefen, (v. F. S. Meidinger). 8. (Landsh.) 782. (J. Linsbauer in Münch.) 5 K

Bilanz, Montanistische, für das Verwaltungsjahr 1846. (Herausgegeben vom Ministerium für Landescultur.) (Lithogr.) Fol. Wien 1850.

Gesellschaft zum Löwenfels [in Basel]. (Bilanz und Rechnung....) 8.

Bilanz, unsere. Ein deutsches Soldatenwort an alle ritterl. Franzosen. Von ***. gr. 8. (32 S.) Dresden, W. Baensch. 1901 —. 75.

Bilanz, die wirthschaftliche, der Weltausstellung 1873 in Wien. 16. (20 S.) Wien 874. Rosner. n. — 60

Bilanzkritik, die. Kritische Wochenschrift f. Besprechg. v. Bilanzen, Neu-Emissionen, Prospekten u. Geschäftsberichten. Hrsg. v. Rud. Bartel. 1. u. 2. Jahrg. 1908 u. 1909. à 52 Nrn. (1000 u. 1060 S.) gr. 8. Berlin, Börsen-Verlag Arth. Lehmann. à Jhrg. 24. —

Bilanzkritik, Die. Krit. Wochenschrift f. Besprechg v. Geschäftsberichten, Bilanzen u. Emissionen. Leiter: Arth. Lehmann, seit '11 A Friedrich. 3—5. J. '10—12 je 52 Nrn. ('10 u. '11: 2118, 1130) 31×23,5 cm. Berl., Börsen-Verl. A Lehmann. viertelj. 6 —; einz. Nrn — 50

**Bilanzstatistik** der deutschen Kreditgenossenschaften. Für die Zwecke der Bankenquête bearbeitet in der statistischen Abteilung der Reichsbank. 4°. Berlin, Reichsdruckerei, 1909.

Bilau, F. v., Authentische Bibliographie von Schlesiens berühmtem Naturarzte und Erfinder der Wasserheilkunde Vincenz Priessnitz. Gr.-8°. (ill. 56 S.) geb. K 2.—
Freiwaldau: Titze 1902

Geschichte Katharina II. [Istorija Ekateriny II]. Von Prof. B. v. Bilbassoff [Vasilij Alekseevič Bil'basov]. Bd 1, 1. 2. 2, 1. 2. [Mehr nicht erschienen.] *Berlin: Norddeutsches Verlagsinst. (2: S. Cronbach) 1891–93.* 4 Bde 8°

1. Autor. Übers. aus d. Russ. von M. v. Pezold.
   [Abt. 1.] Katharina bis zu ihrer Thronbesteigung. 1729–1762. 1891.
   [1, Abt. 2 statt:] Bd 2. Forschungen, Briefe u. Dokumente. 1891.
2. Deutsch von P. v. R.
   Abt. 1. Vom Regierungsantritt Katharinas. 1762 bis 1764. 1893.
   Abt. 2. Forschungen, Briefe u. Dokumente. 1893. [93. 3039

Bilbassoff, BA v.: Gesch. Katharina's II. (In russ. Sprache.) 1. u. 2. Bd u. 12. Bd, 2 Thle. 8° Berl., J Räde. 47 —
1. (643) 91. 10 — | 2. (705) 93. 15 — | 12. 2 Thle. (504 u. 576) 96. 22 — *Die Bde 3–11 erscheinen später.*

Bilbassow, W. A., Geschichte Katharina II. (In russ. Sprache.) (Neue authent. Ausg. in 12 Bdn.) 1. u. 2. Bd. gr. 8. (X, 659 u. VIII, 880 S. m. 1 farb. Plan.) Berlin 900. F. Gottheiner. n. 25. —

Bilbasov, Vasilij Alekseevič (Übers.), s. Helbig, Georg: Russkie izbranniki.

Katharina II., Kaiserin von Russland, im Urtheile der Weltlitteratur von B. v. Bilbassoff [V. A. Bil'basov], Prof. in St. Petersburg. Autoris. Uebs. a. d. Russ. M. e. Vorw. v. Dr. Theodor Schiemann, ... Prof. in Berlin. Bd I. II. *Berlin: J. Räde 1897.* 2 Bde 8.
I. D. Lit. bis zu K.'s Tode '(1744—1796)'. (X, 706 S.)
II. D. Lit. nach K.'s Tode '(1797—1896)'. (1 Bl., 739 S.) [97 1795

Bilo, Jan., Pervenci. Poesije. 16. (106 S.) Klagenfurt 864, (Leon's Buchh.) **

BILCZEWSKI, Josephus: Deus est creator mundi. — (1886) 125 S. 4° (Handschr.) Diss. 407
Diss. Wien, Univ.

Bilczewski, Jos., die heutige soziale Notlage u. die Mittel zu ihrer Heilung. Hirtenbrief des röm.-kath. Erzbischofs u. Metropoliten v. Lemberg, B. Erlassen zur Fastenzeit 1903. (91 S.) gr. 8. Czernowitz 903. (H. Pardini.) n. — 40

BILD. Das - der Bildenden zu izigen Zeiten in Wien ... Hartl, Wien 1781. 1 vol. 32. S.

Bild, das. Monatsschrift f. photograph. u. katatyp. Bildkunst. Red.: Hans Schmidt. 1. u. 2. Jahrg. April 1905 —März 1907 je 12 Hefte. (1. Jahrg. IV, 384 S. m. 12 Kunstbeilagen.) 8. Steglitz-Berlin, Neue photograph. Gesellschaft. Jährlich n. 2. —

Bild, das. Monatsschr. f. photograph. Bildkunst. Red.: J. Rieder. 3.—6. Jahrg. April 1907—März 1911. à 12 Hefte. (à ca. 24 S. m. 1 Kunstbeilage.) 8. Steglitz-Berlin, Neue photograph. Gesellschaft. à Jhrg. 2. —

Bild, Das. Monatsschr. f. photograph. Bildkunst. Schriftleiter: J Rieder, v. 8. J. an: Carl Breuer. 6—8. J. Apr. '10 - März '13 je 12 Hefte. (6. J.: 250; 7. J.: 264 m. je 12 Beil.) 8° Stegl.-Berl., Neue photograph. Gesellsch. je 2 —; einz. Hefte — 20

**Bild, Das,** eines Christen, ... in einem kurzen Abrisse des Lebens des weil. Herrn A. A. von Below. Bud. 1787. V: *Janicaud*, *Wilhelm Adolph*. (OL)

**Bild**, das, einer treuen Christin. Züge aus dem Leben der Frau Louise Mundy zu Chinsurah in Ostindien, Gattin des dortigen Missionars G. Mundy. A. d. Engl. Mit Vorwort von Martha Weitbrecht. kl. 8. Stuttgart 843, J. F. Steinkopf. 1/8 Thlr

Bild, das, in Deinach. Eine Erzähl. f. Christen-Kinder, v. Verf. d. „armen Heinrich." 12. (5½ B. u. 2 Holzschn.) Stuttgart 833, Steinkopf.

—— das, in Deinach. Eine Erzähl. f. Christenkinder v. Verf. des „armen Heinrich." 2., verb. Aufl. 12. (5½ B.) Stuttgart 837, J. F. Steinkopf. *

Bild, das, in Deinach. Eine Erzählung für Christenkinder vom Verfasser des „Armen Heinrich rc." (Chrn. Glob. Barth.) 3., verb. Aufl. gr. 16. (117 S.) Stuttgart 858, J. F. Steinkopf. *

Bild deutscher Dichter und Künstler, s. Lied und Bild.

Bild, das, e. frommen Dienstboten, oder die Armelle Nicolas, im Ausz. 18. Augsb. 804. Kranzfelder. 1 fl

Bild, das, von Albr. Dürer, Schauspiel in 3 Akten von Jul. v. Soden. gr. 8. Aarau, Sauerländer. 819.

— u. Film. Zeitschr. f. Lichtbilderei u. Kinematogr. 1. J. Jan.—Sept. '12. 4 Nrn. (4, 124) Lex8° M. Gladb., Volksvereins-Verl. je — 40 ‖ 2. J. Red.: Lor. Pieper. Okt. '12 —Sept. '13. 12 Nrn. (Nr. 1: 32) halbj. 2.40

**Bild eines ächten Freymaurers. [Unterz.:] P. . .r. O. O. u. J. 8 S. 8° [Kopftit.]**
Gedicht: „Lasst Brüder, uns mit kindlichem Vertrauen . . ."; enthält noch „Tischlied" (von A. . .r) u. „Kettenlied" (von P. . .r) ohne Noten.

**Bild, Das,** eines wahren Freymäurers am Johannistage in der ger. u. vollk. Loge zu den dreyen Sternen [in Rostock] geschildert. Rostock u. Greifswald 1762. V: *Gütschow, C. A.* (kl 853) (wolfstieg I, 170)

Bild einer vollkommnen Gattin. 8. Leipz. Comt. für Litt. 784.

BILD einer vollkommenen Gattinn. Ein Beytrag zur Bildung des schönen Geschlechts. Leipzig, K. G. Hilfcher, 1784. 8°. 126 S. Mit Titelvign.

**Bild** eines vollkommenen Hausvaters. Ein Einladungsschrift bey Gelegenheit der öffentlichen Prüfung an der kk. Hauptschule zu Korneuburg. Mit einem Anhang. Wien 1793. V: *Gaheis*, *Franz Anton de Paula*. (biblport)

Bild d. menschl. Herzens, nach Gesch. und Erfahr. von J. E. Kirschner. 8. Bayr. (Grau in Hof.) 793.

**Bild, Das Höttinger,** oder des Studenten Zuflucht ... Innsbruck [ca. 1850]. V: *Sailer*, *Franz Xaver*. (margr)

— das, von E. v. Houwald, ein Trauerspiel in 5 Akten. 1ste u. 2te Aufl. 8. Leipzig, Göschen. 820 u. 821. Gute Ausg.

— des Josephs. Eine Erzähl. 8. Wien, Wucherer. 790.

**Bild, Kaiser Karls des Grossen,** am Münster Zürichs. Zürich [1861]. V: *Wyss*, *Georg v.* (Cat. d. Stadtbibl. Zürich. Zürich 1864—97.)

**Bild, Das,** des Brs *,* Klöden bey seiner Geburtagsfeier am 2ten May 1839 aufgestellt von den Brüdern der G. u. v. St. Johannisloge Friedrich Wilhelm zur gekrönten Gerechtigkeit. [Berlin 1839.] V: *Leib*, *H* . . . (?). (wolfstieg I, 840)

Bild einer wahren Klosterfrau. Für Klosterfrauen-Beichtväter, Klosterfrauen und solche, die Klosterfrauen werden wollen. Aus dem Französ. von Jos. Frz. v. Allioli. 861. (252 S.) — 2. verm. Aufl. Nebst 1 Stahlst. Augsburg 863. Kollmann. 16. (XVI, 256 S.) 10 ngr; geb. n. 14 ngr

Bild e. wahren Klosterfrau. Für Klosterfrauen-Beichtväter, Klosterfrauen u. Solche, die Klosterfrauen werden wollen. Nach dem Franz. von Jos. Frz. v. Allioli. 3. verm. Aufl. gr. 16. (XII, 195 S.) Regensburg 876. Manz. 1. 20

Bild e. wahren Klosterfrau. F. Klosterfrauen-Beichtväter, Klosterfrauen u. solche, d. Klosterfrauen werden wollen. N. d. Franz. von Jos. Frz. v. Allioli. 4., verb. Aufl. v. e. Priester d. Diöcese Regensburg. 12. (XII, 204 S.) Regensburg 890. Nationale Verlagsanstalt. 1. 20

— e. wahren Klosterfrau. Für Klosterfrauen-Beichtväter, Klosterfrauen u. solche, die Klosterfrauen werden wollen. Nach dem Franz. von Jos. Frz. v. Allioli. 5. Aufl. (XII, 204 S.) kl. 8. Regensburg 904. Verlagsanstalt vorm. G. J. Manz. n. 1. 20; geb. in Leinw. n. 1. 80

Des Königs Bild, Lustsp. in 1 Aufz. v. T. B. Elsey, Iserlohn, 31 S., 16°.

Des Königs Bild. Lustspiel in 1 Aufz. vom Turn-Verein Elsey. *Paderborn: B. Kleine [1901].* (22 S.) 8° [F.]
— Theater, Kleines. H. 312. [illegible]

— u. Leben, e. Unterhaltungs-Lektüre, enthaltend: gewählte Novellen, humorist. Aufsätze u. Biographien; nebst einem Anhange: Licht- und Schattenseiten des Lebens. Mit beigedruckten Holzschnitten illustr. Red. von Jos. Freund. 1. u. 2. Bd. (in 12 Heften.) 1.—7. Heft. gr. 4. Prag 843, 45, Landau. (Leipzig, C. L. Fritzsche.) 1. Bd. 1½ Thlr — 2. Bd. à Heft n. 1/6 Thlr

— u. Leben, eine illustrirte Unterhaltungs-Lectüre. Red. u. hrsg. v. M. J. Landau. 4—7. Bd. (Jahrg. 1847—1850) à 12 Hfte. gr. 4. (à 4 B m. Holzschn.) Prag, Credner & Kleinbub in Comm. à n. 1⅓ Thlr

Bild, das, Maria's im Himmel, gezeichnet nach den Angaben d. heil. Schrift: Maria u. die Heiligen. Aus d. Franz. übers. v. L. K. Geibel. gr. 12. (1 B. u. 1 Bildn.) Saarbrücken 815, Arnoldi'sche Buchh. Thlr.

**Das Bild des wahren Maurers.** Eine Rede zum Fest-Logen-Tage am 24. Juny 5821 vorgetragen in der Loge zum Morgenstern zu Hof. [Hof 1821]: Mintzel. 16 S. 8° [Umschlagtit.]
Selten.

**Bild, Das,** eines rechtschaffenen Ministers, ein Glückwunsch an Herrn Geheimen Rath von Kettelhodt ... [Frankenhausen 1775.] V: *Martini, Joh. Chph.* (will)

**Bild, Moralisches,** eines Weisen (In poetischer Hinsicht). 2. Auflage. Wien 1798. V: *Gaheis, Franz Anton de Paula.* (biblport)

— ein. aus. Mutter. 8. Augsb. Wolf. 789.

Bild, das, der Mutter und das blonde Kind. Zwey Erzählungen von C. W. S. und L. J. Contessa. 8. Berlin, Reimer. 818.

— Das neue. Veröffentlichg d. neuen Künstlervereinigg München. Text v. Otto Fischer. (36 Taf. m. 47 S. illustr. Text.) Lex8° Münch., Delphin-Verl. ('12). HPerg. 18 —; Vorzugsausg. Ldr 50 —

**Bild, Ein neues.** Die Lösung der sozialen Frage als Philosophie im Erwerbsleben. [Reichenb.] 1892. V: *Scholtz-Knobloch, Theodor.* (Berl)

— ein, für das Niederland von dem östlichen Obererzgebirge, seinen jetzigen Zuständen, den Ursachen seines Verfalles, seinem Volke, seinen natürlichen Hilfsquellen und seiner Stellung zur Eisenbahnfrage von der Direction des Eisenbahn-Comités H. Roehling und Comp. und Genossen zu Annaberg. Lex.-8. (75 S.) (Annaberg 858, Rudolph und Dieterici.) *

**Bild, Das,** eines wahren Patrioten. Von dem Verfasser des philosophischen Bauers. Zürich 1775. V: *Hirzel, Joh. Casp.* (Cat. d. Stadtbibl. Zürich. Zürich 1864—97.) (RHMHF I, 55)

Bild, schönes, der Resignation von Sophie von la Roche. 2 Theile mit illum. Kupf. 8. Leipzig, 795, 96. Gräff. 2 Rthl.

Bild, ein sinnreiches, aus dem 15. Jahrhundert. Eigenthum der Bibliothek in Oxford mit den dazu gehör. Erklärungen. 8. (16 S. mit 1 Taf.) Bonn 887, (Schergens.) *

**Bild, Das,** des Todes aufgestellt in einer Rede, welche in der g. g. u. v. St. Joanens Loge zu den VII Weisen im O. von Linz in Österreich ob der Ens, als selbe in einer Trauerversammlung das Andenken ihres verstorbenen B. Joan. Bapt. H[ueber] am 27ten Tag des XIten Monats im Jahre des L. 5786 feyerte, gehalten worden. Linz 1786. V: *Scharf, Anton von.* (wolfstieg I, 828)

**Bild, Treues,** einer deutsch-katholischen Gemeinde zur Warnung ... Crefeld 1847. V: *Wangenmüller, Max.* (Th)

Treues Bild einer deutsch-kath. Gemeinde zur Belehrung u. Warnung, dem kath. Volke gewidmet von einem zur Besinnung gekommenen Deutschkatholiken. Krefeld, Klein, 1847, 8°, 24 S.

— ein treues, des Herzogth. Steiermark als Denkmal dankbarer Erinnerung an weil. Se. kaiserl. Hoheit den durchlaucht. Erzherzog Johann, hrsg. von der k. k. steiermärk. Landwirthschafts-Gesellschaft durch ihren Secretär F. X. Hlubek. Imp.-4. (XLVIII und 484 S. mit 1 lithogr. Portr., lithogr. Titel, 1 chromolithogr. Karte in Imp.-Fol. und 4 Stnt.) Gratz 860, (Ferstl'sche Buchh.)

**Bild, Ein,** des Unterengadins. Zürich [1850]. V: *Mousson, Alb.* (Zuwachsverz. d. Bibliotheken in Zürich 1898 ff.)

**Bild, Das verschleierte,** zu Sais: oder die Wunder des Magnetismus. Eine Beleuchtung der Kerner'schen Seherin von Prevost. Leipzig 1830. V: *Zeller, Ernst Albert.* (Rud. Krauss, Schwäbische Literaturgeschichte) (Hdschr. Mitth. von Friedrich Müller, München.)

— das verschleierte, zu Sais, od. d. Wunder d. Magnetismus. Eine Beleuchtung d. Kerner'schen Seherin v. Prevorst, u. ihrer Eröffnungen üb. d. innere Leben d. Menschen u. üb. d. Hereinragen einer Geisterwelt in d. unsere. Von e. Freunde d. Wahrheit. 8. (11 B.) Leipzig 830, Weidmann. Thlr.

Bild, Ein, aus dem nordamerikanischen Volksleben. Darmstadt, 1840.

Bild, das, im Walde. Eine Erzählg. aus dem münsterländ. Landleben v. Rusticus Guestfalus. 8. (231 S.) Münster 888, Theissing. * 2 —

**Bild** eines Weisen ... Korneuburg 1793. V: *Gaheis, Franz de Paula Anton.* (EB)

**Bild, Das,** des christlichen Weisen und ehrlichen Mannes; ein freyer Auszug der französischen Werke des Abts Blanchard. Augsburg 1789. V: *Simon, Ernst Heinr.* (MGT)

**Bild, Das,** der Welt. Von einem Deutschen. Berlin [1894]. V: *Matthes, Alfons.* (Berl)

— das, der Wendengöttin. Sagen-Dichtung von Wilh. Arminius. 12. (VIII, 120 S.) Dresden 888, Pierson's Verlag. *
geb. *

**Bild** der Zeiten, oder Europas Geschichte von Karl dem Grossen bis auf Bonaparte. Leipzig 1801. V: *Lauckhard, Friedrich Christian.* (HS) (Ky) (MGT) (Adel)

— der Zeiten, od. Europa's Gesch. v. Karl d. Gr. bis auf Bonaparte. C. Taschenb. M. 7 Kpf. 2 Thle. 8. Leipz. ... 2e A. 810. Gr. Fleischer. 2 ₰

**Bild,** Alfred, Zahnarzt: Aus d. Zool. Institut d. Universität Breslau. Die Entwicklungsgeschichte des Zahnsystems bei Sus domesticus und das Verhältniss der Lippenfurchenanlage zur Zahnleiste. *Breslau 1901: H. Fleischmann.* (66 S.) 8°
Breslau, Phil. Diss. v. 3. Aug. 1901

Bildbetrachtungen. Arbeiten aus der Abteilg. f. Kunstpflege des Leipziger Lehrervereins. Hrsg. vom Leipziger Lehrerverein. (III, 98 S. m. Abbildgn. u. Bilderanh. 13 Bl.) 8. Leipzig 906. B. G. Teubner. n. 2. —; geb. n. 2. 40

Bilder nach dem A B C gestellt. Für die kleine Kinderwelt. Stuttgart 853. Thienemann. 8. (2 Bl. u. 12 lith. u. col. Taf.) 7½ ngr

Bilder nach dem A B C gestellt. Für die kleine Kinderwelt. 16. (12 lithogr. und ill. Bl.) Stuttgart 857, Thienemann's Verlag.

— acht, in Blumenschmuck m. geistlichen Liedern. Chromolith. 12. Frankfurt a/M. 883. Morstatt, Schrodt & Co. 1. 80

— acht, zu jedem Gebetbuch, die verschied. Feste des kathol. Kirchenjahres bildlich darst. 12. München 837. Jaquet. ⅓ ß

Bilder, acht, aus Luthers Leben, von Gust. König in Farbendruck herausgegeben. Format 12 : 13 cm. Basel, Spittler. 1883 — 50

— 68, aus der bibl. Geschichte des alten Testamentes, nach Zeichnungen von Albert Walch. Mit Text f. d. Jugend bearbeitet. qu. gr. 4. (17 Tafeln und Text.) Augsburg 843, Walch. geb. 1 ß — col. 1¾ ß — 2. Aufl. u. neues Testament, (10 Taf. u. Text.) qu. 4. Ebd. 846, 2 ß col. n. 3¹⁄₁₂ ß

— 28, aus dem Thierreich. Mit Text. 8. (32 S. mit ill. Holzschnitttaf.) Schaffhausen 850, Schalch.

— 18, zum Robinson Krusoë, nach J. H. Campe, nebst Erklärung derselben in 18 Vorschriften. Color. Ausg. gr. 4. Siegen 836. Friedrichs Buchh. 3 ß Herabg. Pr. 1⅚ ß schwarz 1½ ß Herabg. Pr. 1 ß

— 26, hierzu, nebst Erklärung derselben in 25 Vorschriften. Color. Ausg. qu. gr. 4. Ebd. 838. 3½ ß

Bilder zu Weyl's 1849 im Guckkasten. Verlag von L. Weyl u. Co. in Berlin. 1 Bl. Fol.

Flugblatt. 1848/49

Bilder: Aktuelle Bilder
v. Schweizerische Freie Volks-Zeitung.

Bilder, allerhand, für kleine Kinder. Mit vielen kleinen Erzählungen u. Versen. qu. gr. 4. (12 color. Steintaf. m. 10 S. Text m. eingedr. Holzschn.) Berlin 877. Winckelmann & Söhne. cart. 3. 75; die Bilder auf Pappe gezogen, ohne Text, in Kasten 4. 50

Bilder, allerlei. 3 Sorten. (Je 8 [4 farb.] S. Abbildgn.) 12. Stuttgart (903). G. Weise. à n. n. — 05

Bilder, Allerlei bunte. (17 farb. S. auf Pappe in Leporelloform m. Text.) 16×24,5 cm. Stuttg., G Weise '10. geb. 1.50 d

Bilder, allerlei, f. kleine Kinder. 12° (6 farb. Taf. m. 6 S. Text.) Stuttg. 95, G Weise. — 10; m. 8 farb. Taf. u. 8 S. Text — 15

— allerlei, f. liebe Kinder. (16 S. m. z. Tl. farb. Abbildgn.) Lex.-8. Reutlingen (904). Enßlin & Laiblin. — 75; auf Pappe. (8 S.) geb. 1. 20

— allerlei, z. Kolorieren. 12. (4 farb. u. 4 schwarze Taf.) Stuttgart 895. G. Weise. — 10

Bilder, allerlei, m. Reimen. Pappdeckel-Bilderbuch. qu. 4. (10 S. m. z. Tl. farb. Bildern.) Wesel 893. W. Düms. — 60

— allerlei, aus dem Tierleben. (11 farb. Bl. m. Text.) 31,5×21,5 cm. Stuttgart 910. G. Weise. Geb. 2. —

— dasselbe. (11 farb. S. m. Text auf Pappe.) 32×22 cm. Ebd. 910. Geb. 2. 50

Bilder, allerlei, zur Unterhaltung f. brave Kinder. Images de toutes sortes. Pictures of all sorts. Mengelstoffen. qu. 4. (12 color. Steintaf.) Leipzig 874. Bauer. geb. 1. —

Bilder, allerlei, zur Unterhaltung für brave Kinder. Images de toutes sortes. Pictures of all sorts. Mengelstoffen. qu. 4. (12 color. Stint.) Leipzig 874, Reclam sen. geb.

— allerliebste, aus Gottes lieber Natur für artige Kinder, welche lesen können, v. Vater Freudenreich. 4 Hfte. Mit 54 Taf. f. col.... Siegen 842. [Friedrich'sche Vrlsbuchh.] à 15 Ngr.
Hft. 1. Säugethiere. (15 Taf. u. 2 B.)
" 2. Vögel. (12 Taf. u. 2 B.)
" 3. Insekten u. Gewürm. (12 Taf. u. 2 B.)
" 4. Amphibien, Fische u. Pflanzen. (15 Taf. u. 2 B.)

Bilder aus den Alpen, s. Bilderbücher, Münchener.

Bilder aus Alt-Berlin. [1. 2.] Berlin 1904.

Bilder, altdeutsche. Hundert Stück diverse Bilder nach Miniaturen des Mittelalters. Augsburg 879, Haugg.

— altdeutsche. 1. Serie. 150 Stück diverse Bilder nach Miniaturen des Mittelalters, Wohlgemuth, Albr. Dürer, Springinklee, Schäuffelin, Mart. Schongauer, Meister E. S. u. A. 16. Augsburg 879. Literar. Institut v. M. Huttler. n. 3. —

Bilder des griechischen Alterthums, s. Horner.

Bilder, altfränkische, mit Text von Th Henner. 1-6. Würzburg 1895-1900

— altfränk., (Illustr. kunsthistor. Prachtkalender) m. erläut. Text v. T Henner (II. Jahrg.) 1896. Fol. (16) Würzb., H Stürtz, Univ.-Druckerei. 1 —

— altfränkische, (Illustr. kunsthistor. Prachtkalender) m. erläut. Text v. Thdr. Henner. (IV. Jahrg.) 1898. schmal Fol. (20 S.) Würzburg, H. Stürtz, Univ.-Druckerei. 1. —

— altfränk. (Illustr. kunsthistor. Prachtkalender) m. erläut. Text v. T Henner (7. Jahrg.) 1901. Fol. (20) Würzbg, H Stürtz. 1 —

— altfränkische (illustrierter kunsthistor. Prachtkalender), m. erläut. Text v. Thdr. Henner. (IX. Jahrg.) 1903. schmal Fol. (20 S.) Würzburg, H. Stürtz. n. 1. —

— altfränk., (Illustr. kunsthistor. Prachtkalender) m. erläut. Text v. T Henner. (12. Jahrg.) 1906. (20) 33×17 cm. Würzbg, H Stürtz. 1 — d

— altfränkische, (illustrierter kunsthistor. Prachtkalender) m. erläut. Text v. Thdr. Henner. (XIII. Jahrg.) 1907. (20 S.) schmal Fol. Würzburg, H. Stürtz. n. 1. —

Bilder, altfränk., (illustr. kunsthistor. Prachtkldr) m. erläut. Text v. Thdr Henner. (14. J.) '08. (20) 33×17,5 cm. Würzbg, H Stürtz. 1 — d

Bilder, altfränkische (illustr. kunsthistor. Prachtkalender), m. erläut. Text v. Thdr. Henner. (16. Jahrg.) 1910. (20 S.) 33×17,5 cm. Würzburg, H. Stürtz. 1. —

— Altfränkische, (illustr. kunsthistor. Prachtkaldr) m. Text v. Thdr Henner. (18. J.) '12. (20) 33×17,5 cm. Würzbg, H Stürtz. 1 — d

**Bilder und Geschichten, Altfränkische.** Coburg o. J. V: *Kessler, Agnes geb. v. Schulthess.* (ADB 36, 305)

**Bilder und Geschichten, Altfränkische,** aus dem Erinnerungsschatz einer alten Tante. Coburg 1882. V: *Bergner, Caroline.* (BMarsch 310)

— und Geschichten, altfränkische, aus dem Erinnerungsschatz einer alten Tante. gr. 8. (V, 175 S.) Koburg 882, Riemann'sche Hofbuchh. *

— aus Rigas Altstadt. Hergestellt v. der photochemigraph. Kunstanstalt Wilhelm Scheffers in Riga nach eigenen Aufnahmen. (8 Lichtdr.-Taf.) 56 × 78 cm. Riga (902). E. Bruhns. In Leinw.-Mappe n. 46. —

Heck, V. A. in Wien. Bilder aus Alt-Wien! 134 Zwettlhof — 135 dto. Capelle — 136 Dreifaltigkeitshof — 137 Federlhof — 138 Landhaus — 139 Michaelerhaus — 140 Kolovrat-Palais — 141 Zur gold. Kugel — 142 Naglergasse — 143 Ruprechtskirche — 144 Katzensteig — 145 Hafnersteig — 146 Auwinkel — 147 Fischerstiege — 148 Casapiccola — 149 Apollosaal — 150 Ueberschwemmung 1830 — 151 Fenstergucker — 152 Altes Kärtnerthor — 153 Tandelmarkt — 154 Mozart's Sterbehaus. Photographien in Cabinetform. à fl. —.50. 1887

— aus Alt- u. Neu-Zweibrücken. (12 Bl. in Leporelloform.) 10×15,5 cm. Zweibr. (908). F. Lehmann. — 80

— v. Amrum u. sein christliches Seehospiz (v. R. Eckardt), nebst e. ärztlichen Bericht (v. K. Gmelin). gr. 8. (24 S. m. Abbildgn. u. 2 Karten.) Bielefeld 893. Schriftenniederlage der Anstalt Bethel. — 30

[Bilder von den Anlagen der] Deutschen Mineralöl-Industrie-Aktien-Gesellschaft Wietze bei Celle. Wietze, [1907]. Album mit 20 Taf.

Bilder zum Anschauen und Sprüche zum Lesen. Beides für die lieben Kinder. gr. 4. (10 ill. Stnt.) Wien 817, [Müller's Witwe.]

**Bilder für den 1. Anschauungs-Unterricht u. zur Grundlage f. den naturgeschichtlichen Unterricht. Taf. 1—16. Chromolith. Imp.-Fol. München 877. 78. kgl. Central-Schulbücherverlag. à n.n. 1. 50**

— für den ersten Anschauungs-Unterricht u. zur Grundlage f. d. naturgeschichtl. Unterricht. 28 Taf. à ca. 69,5×93 cm. Farbendr. München (891—894). R. Oldenbourg, Abteilg. f. Schulbücher. à n. 1. 50; erm. Pr. à n.n. 1.—; Leinwandrand m. Oesen à n.n.n. —25; m. Blechleisten à n.n.n. — 80; Aufzug a. Pappe u. lackiert à n.n.n. 1.—

1. Rind. — 2. Pferd. — 3. Skelete v. 1. u 2. — 4. Fische. — 5. Hund. — 6. Insekten. — 7. Hahn. — 8. Wildschwein. — 9. Hase. Fledermaus. — 10. Ziege. — 11. Katze. — 12. Schwalbe. Kukuk. — 13. Storch. Gans. — 14. Frosch. Schlange. — 15. Spinne, Krebs u. Fliege. — 16. Adler. Eule. — 17. Maus. Igel. Natter. — 18 Elefant. — 19. Seehund. — 20. Kamel. — 21. Renntier. — 22. Löwe. — 23. Bär. — 24. Star. Specht. Sperling. — 25. Totengräber. Seidenspinner. Raupe. Regenwurm. Ameisen. Borticello. Trompetentierchen. Muscheltierchen. — 26. Eidechse. Flussschildkröte. Kohlweissling. — 27. Affe. Krokodil. — 28. Walfisch.

— f. d. ersten Anschauungs-Unterricht u. z. Grundl. f. d. naturgeschichtl. Unterricht. 28 Taf. à ca. 69,5×93 cm. Farbendr. Münch. 91—95, R Oldenbourg. à 1.50

1. Rind. — 2. Pferd. — 3. Skelette v. 1 u. 2. — 4. Fische. — 5. Hund. — 6. Insekten. — 7. Hahn. — 8. Wildschwein. — 9. Hase. Fledermaus. — 10. Ziege. — 11. Katze. — 12. Schwalbe. Kukuk. — 13. Storch. Gans. — 14. Frosch. Schlange. — 15. Spinne, Krebs u. Fliege. — 16. Adler. Eule. — 17. Maus. Igel. Natter. — 18. Elefant. — 19. Seehund. — 20. Kamel. — 21. Renntier. — 22. Löwe. — 23. Bär. — 24. Star. Specht. Sperling. — 25. Totengräber. Seidenspinner. Raupe. Regenwurm. Ameisen. Borticelle. Trompetentierchen. Muscheltierchen. — 26. Eidechse. Flussschildkröte. Kohlweissling. — 27. Affe. Krokodil. — 28. Walfisch.

— f. d. 1. Anschaugs-Unterr. u. z. Grundl. f. d. naturgeschichtl. Unterr. Taf. 29. Schutzfärbg d. Insekten. 69,5×93 cm. Farbdr. Münch. 96, R Oldenbourg. nn 1.50; erm. Pr. nn 1 —; L.-Rand m. Oesen od. Blechleisten nnn — 25; Aufzug auf L. u. lackieren nnn 1 —

—— zum ersten Anschauungs-Unterricht für die Jugend. Enth. 80 color. Blätter auf cartonnirtem Papier mit Abbildungen verschiedenartiger Gegenstände und erklär. Texte. 8. Aufl. 1869, und 4. verb. Aufl. Fol. (4 S. und 60 Chromolithogr.) Eßlingen 874, Schreiber. cart. *

Bilder zum Anschauungs-Unterricht für die Jugend. 1r Thl. Enthalt. 30 color. Bl. mit Abbildd. verschiedenartiger Gegenstände. 2e verm. u. verb. Aufl. Nebst Beschreibung. Fol. gr. 8. Eßlingen 839. Schreiber. n. $1^{5}/_{6}$ ß 3e verb. Aufl. Fol. Ebd. 840. n. 2 ß

— dass. 2r Thl. Enthalt. 30 color. Bl. mit Abbildd. von Gift- u. Kultur-Pflanzen. 2e verm. u. verb. Aufl. Mit 2 B. Text. Fol. Ebd. 839. n. $1^{5}/_{6}$ ß 3e verb. Aufl. Fol. Ebd. 840. 2 ß

Bilder zum Anschauungs-Unterr. f. d. Jugend. 2 Thle. 2., verm. u. verb. Aufl. Fol. Eßlingen, Schreiber. *

Thl. 1. 30 color. Blätter (Bog.) mit Abbildn. verschiedenart. Gegenstände. (3 B. Text, 8.) 840. * 2 Thlr.

" 2. 30 color. Blätter (Bog.) mit Abbildn. v. Gift- u. Kultur-Pflanzen. ($2^{1}/_{2}$ B. Text, 8.) 840. * 2 Thlr.

**Bilder zum Anschauungs-Unterricht für die Jugend. 3. Thl. Enthalt.: Ausländ., nach geograph. Rücksichten geordnete Natur-Gegenstände. 1. Hälfte: 4 Blätter Norden, 8 Blätter Asien, 3 Blätter von Afrika. (15 col. Bl. u. Text. kl. Fol. Eßlingen 844, Schreiber. n. $^{11}/_{12}$ ß — 3. Thl. 2. Hälfte. 6 Bl. Afrika, 7 Bl. Amerika, 2 Bl. Oceanien. kl. Fol. Ebd. 844. n. $^{11}/_{12}$ ß — 1.—3. geb. n. $5^{5}/_{6}$ ß**

**Bilder zum Anschauungs-Unterricht für die Jugend. 5 Thle. Eßlingen, Schreiber. Fol. n. 8 ß 21 ngr.**

1. Thl. enthltd. gegen 300 sein color. Abbildgn. verschiedenartiger belehrender Gegenstände. 2 Aufl. 865. — 3. Aufl. 867. (30 lith. Taff. mit IV, 8 S. deutschem u. französ. Text.) n. 1 ß 25 ngr.

2. Thl.: Gift- u. Kulturpflanzen. Gegen 150 color. Abbildgn. 2. Aufl. 867. — 3. Aufl. (30 lith. Taff. mit IV, 8 S. Text.) n. 1 ß 25 ngr.

3. Thl.: Naturgemälde der ganzen Welt. Abbildungen aus dem Thier- u. Pflanzenreich aller Zonen für die Jugend. 48 (lith. u.) color. Taff. nebst e. beschreibenden Text von Herm. Wagner. 3. Aufl. (VI, 35 S.) n. 1 ß 25 ngr.

—— dass. — 2. Thl. enth. gegen 150 ill. Abbild. von Gift- und Kulturpflanzen. 2. Aufl. gr. Fol. (30 Stnt. und 18 S. Text.) Ebendas. 865. cart.

—— dass. — 3. Thl. In- und ausländ. nach geograph. Rücksichten geordn. Naturgegenstände. 2. Aufl. A. u. d. T.: Naturgemälde der ganzen Welt. Abbildungen aus dem Thier- und Pflanzenreich aller Zonen für die Jugend. 48 ill. (Stein-) Taf. nebst einem beschreib. Text von Herm. Wagner. Fol. (V und 36 S. Text.) Ebendas. 867. cart. *

Bilder z. Anschauungsunterricht f.d. Jugend. T. 4.5. s.a. Bilder, Dreißig biblische, z. Alt. (Neuen) Testament.

—— zum Anschauungsunterricht für die Jugend. 2.—6. Theil. Fol. Ebendas. 870—74. cart. *

Inhalt:

Heft 2. Gift- und Kulturpflanzen. Gegen 150 color. Abbild. 3. Aufl. (30 Stnt. in gr. qu. Fol. mit IV, 8 S. Text.) * ℳ 5,50.

" 3. Naturgemälde der ganzen Welt. Abbildungen aus dem Thier- und Pflanzenreich aller Zonen für die Jugend. 48 (lithogr. und) color. Taf. nebst einem beschreib. Text von Herm. Wagner. 3.—5. Aufl. (VI, 35 S.) * ℳ 5,50.

" 4. Biblische Bilder zum alten Testament. 4. Aufl. (30 color. Stnt. mit 4 S. Text.) * ℳ 4,80.

" 5. Biblische Bilder zum neuen Testament. 4. Aufl. (30 color. Stnt. mit 4 S. Text.) * ℳ 4,80.

" 6. Wilde Thiere aller Zonen. Ihre Gewohnheiten und Lebensweise, ihr Nutzen und Schaden in 60 nach der Natur gezeichneten und gemalten (lithogr.) Taf. (IV, 22 S.) geb. * ℳ 6.

Bilder zum Anschauungs-Unterricht für die Jugend. 1.—3. und 6.—9. Thl. Fol. Eßlingen, Schreiber. * ℳ 36.; geb. *

Inhalt:

Thl. 1. Enthaltend gegen 300 Abbildungen verschiedener belehrender Gegenstände. 30 Taf. in Farbendr. mit 4 S. Text. 7. Aufl. 3. Stereotypdruck. 878. * ℳ 5,50.; geb. * ℳ 6.

" 2. Die wichtigsten Gift- und Kulturpflanzen. 150 color. Abbild. auf 30 (lithogr.) Taf. (in qu. gr. Fol.). 4. und 5. Aufl. 1876,78; 6. Aufl. Neu bearb. von Johs. Grönland. (V, 12 S.) 879. * ℳ 5,50.; geb. * ℳ 6.

" 3. Naturgemälde der ganzen Welt. Naturgetreue Darstellung der Völker-Rassen und der wichtigsten Thiere und Pflanzen aller Zonen. 31 color. Doppelfol.-Taf. mit beschreib. Texte des Thier- und Pflanzenreichs von Herm. Wagner und erklär. Texte der Menschen-Rassen von Ernst Salzmann. 6. Aufl. 1876; 7. verm. Aufl. (VI, 36 S.) 879. * ℳ 5,50.; geb. * ℳ 6.

" 6. Wilde Thiere aller Zonen. Ihre Gewohnheiten und Lebensweise, ihr Nutzen und Schaden in 60 nach der Natur gezeichneten und gemalten Taf. mit (IV, 22 S.) erläut. Text. 2. Aufl. 2. Ster.-Abdr. 1875; 3. Aufl. mit 20 S. erläut. Text. 877. * ℳ 6.; geb. * ℳ 6,50.

" 7. Der Bau des menschlichen Körpers. Anatomische Beschreibung des Menschen. In 24 Taf. in Farbendr. Zum Anschauungs-Unterricht für die Jugend in Schule und Haus mit erklär. Text bearb. von Thdr. Eckardt. (XII, 24 S.) 879. * ℳ 6.; geb. * ℳ 6,50.

" 8. Zerlegbare Abbildungen der inneren Theile des Menschen. Eine schematische Darstellung der Lage der Muskeln, Rippen, Athmungs-Organe, Eingeweide u. s. w. Nebst erklärendem Texte und einem kurzen Abriß der Gesundheitslehre. Zum Gebrauch in den Schulen und zur Selbstbelehrung für Jedermann bearb. von Thdr. Eckardt. (11 S.) 879. geb. * ℳ 3.

" 9. 30 geologische Bilder der Vorwelt und der Jetztwelt von Ferd. v. Hochstetter. 24 in Farbendr. ausgeführte Doppelfol.-Taf., nebst erklär. Texte. 1. Aufl. Neue Ausg. (VII, 37 S.) 879. * ℳ 4,50.; geb. * ℳ 5.

4. und 5. Thl. Ebendas. à * ℳ 4,40.; geb. * ℳ 4,80.

—— z. Anschauungs-Unterricht f. d. Jugend. 2., 3., 6—9. Thl. Fol. Essl., Schreiber. n. 32. 50
2. Die wichtigsten Gift- u. Kulturpflanzen. 6. Afl. Neu bearb. v. J Grönland. (12 m. 30 col. Taf.) 79. n. 5. 50; geb. n. 6. —
3. Naturgemälde d. ganzen Welt. Mit Text v. H Wagner u. E Salzmann. 8. Afl. (36 m. 31 col. Taf.) 79. n. 6. —
6. Wilde Thiere aller Zonen. Ihre Gewohnheiten u. Lebensweise, ihr Nutzen u. Schaden. 2. Afl. 3. Abdr. (22 m. 60 col. Taf.) 77. n. 6. 50
7. Der Bau d. menschl. Körpers. Anatom. Beschreibg d. Menschen. Bearb. v. T Eckardt. (24 m. 24 Farbendr.) 78. n. 6. 50
8. Zerlegbare Abbildgn d. inneren Theile d. Menschen. Bearb. v. T Eckardt. (9 m. 1 Chromol.) 79. n. 3. —
9. 30 geolog. Bilder d. Vorwelt u. d. Jetztwelt v. F v. Hochstetter. Neue Asg. (37 m. 24 col. Taf.) 79. n. 5. —

Bilder zum Anschauungs-Unterricht für die Jugend. 1. und 10. Thl. Fol. Eßlingen 881, Schreiber. geb. *
Inhalt:
Thl. 1. Enthaltend gegen 300 Abbildungen verschiedener belehrender Gegenstände. 8. Aufl. 30 color. Stut. mit IV, 8 S. Text. * ℳ 6.
" 10. Die Physik in Bildern. Abbildung und Beschreibung der wichtigsten physikalischen Erscheinungen und Apparate. 30 Taf. in Farbendr. Zum Anschauungs-Unterricht für die Jugend in Schule und Haus mit erklärendem Text, bearb. von Thdr. Eckardt. (18 S.) * ℳ 6,30.

Bilder zum Anschauungsunterricht für die Jugend. 1. Tl. Fol. Eßlingen 890. Schreiber. geb. n. 6. 50
Bilder zum 1. Anschauungsunterricht. Ein Bilderbuch, enth. 30 Bildertaf. in Farbendr. Neu bearb. v. Ed. Walter. (VI, 8 S. Text.)

— zum Anschauungsunterricht f. die Jugend. 2. Tl. Darstellungen der bekanntesten Tiere u. Pflanzen. Mit erklär. Text v. Ed. Walther. 2 Abtlgn. Fol. Eßlingen 891. J. F. Schreiber. Kart. à n. 3. 50; in 1 Bd. kart. n. 6. 50
1. Die Tierwelt. Kolor. Abbildgn. der bekanntesten u. wichtigsten Tiere. (10 S. m. 15 Taf.)
2. Die Pflanzenwelt. Kolor. Abbildgn. der bekanntesten u. wichtigsten Pflanzen. (S. 11—16 m. Taf. 16—30.)

Bilder zum Anschauungsunterricht für die Jugend. 3. Tl. Geographische Charakterbilder. Ein Bilderbuch, enth. 24 Bildertaf. in Farbendr. Neu bearb. v. Ed. Walther. Fol. (VIII, 12 S.) Eßlingen 891. J. F. Schreiber. Kart. n. 6. 50 (1—3.: n. 19. 50)

— dasselbe. Ein Bilderwerk, enth. 84 Bildertaf. in Farbendr. Mit (85 S.) erklär. Text. Neu bearb. v. Ed. Walther. 36 Lfgn. Fol. Ebd. 891. à n. — 50
(kplt. geb. u. d. T.: Deutsches Familienbuch: n. 20. --)

—— für den Anschauungs- und Sprachunterricht. Nr. 1. und 2. qu. gr. Fol. (à Nr. 4 ill. Stnt.) Berlin 861, Winckelmann und Söhne. à Nr. * 1 Thlr. 15 Ngr. *

—— für den Anschauungs- und Sprachunterricht. Nr. 3—5. qu. gr. Fol. (à 4 lithogr. und ill. Blatt.) Berlin 862, Winckelmann und Söhne. à Nr. *
Vgl: Strübing, F.

**Bilder** und Asichte vo Zürich. Zürich 1858. V: *Senn, Jac.* (Cat. d. Stadtbibl. Zürich. Zürich 1864—97.)

**Bilder** aus dem Arbeiterleben oder Wie gelangt ein Volk zu wahrer Bildung? Beantwortet durch Zuschriften von 23 englischen Arbeitern an einen schweiz. Handwerkerssohn. Mit einem Vorworte von M. S. E. Kapff. 8⁰. Basel, Bahnmaier's Buchh., 1852. VI, 113 S.

Bilder aus dem Arbeiterleben. 1. Heft. 4. Aufl. Hrsg. von der Wupperthaler Traktat-Gesellschaft. gr. 16. (32 S.) Barmen 874, (Wiemann.)

—— dass. — 2. Heft. 8. (39 S.) Barmen 872, (Klein.) *

—— aus dem Arbeiterleben. 3. Reihe. Hrsg. von der Wupperthaler Traktat-Gesellschaft. 8. (32 S.) Barmen 882, (Wiemann.) *
1. und 2. Reihe. Ebendas. 1872,74. * 35 Pf.

—— aus dem Arbeiter- und Dienstbotenleben. Für Arbeitnehmer und Arbeitgeber. 8. (31 S.) Barmen 870, Buchh. der evangel. Gesellschaft.

—— a. d. Arbeiter- u. Dienstbotenleben. 8. (31) Barm. 70, Klein. — 3

Bilder aus Aethiopien. (48 T m Text 1 K) fol Stuttgart 1854

—— ausgew., a. d. kön. Galerie auf Schloss Christiansburg u. d. Moltke'schen Samml. in Kopenhagen. Nr. 1. Fol. (1 L. u. 1 Bl.) Kopenh. 52. (Lpzg, Brockhaus' S.) n.n. 2. 20

—— ausgewählte, aus der königl. Galerie auf Schloss Christiansburg und der gräfl. Moltke'schen Sammlung in Kopenhagen. Mit erklärendem Texte in dän., deutscher und französ. Sprache. Nr. 1. Imp.-Fol. (1 Stnt. und 1 Bl. Text.) Kopenhagen 852. Leipzig, Lorck. **

Bilder, ausgewählte, aus der preußischen Geschichte. Für die Mittelst. d. Volksschule. Von e. prakt. Schulmanne d. Reg.-Bez. Aachen. 8. (16 S.) Stolberg 902. J. Mathes. n. — 10

— zum Ausmalen. 4 Sorten. 12. (à 6 Taf.) Leipzig 889. Fr. Pfau. à — 6

Bilder z. Ausmalen. qu. 4. (10 Bl. m. z. Tl. farb. Bild.) Eßlingen (894). J. F. Schreiber. Kart. — 50

— zum Ausschneiden. 2 Sorten. 12. (à 10 farb. Taf.) Ebd. 889. à — 15

—— zum Ausschneiden mit der Scheere zur Selbstbeschäftigung der Kinder. 2 Hefte. qu. 4. (à 12 lithogr. Bl.) Wesel 855, Bagel. à Heft 3 Ngr.

Bilder aus Basel. Album von 41 Lichtdrucken. Qu. in-fol. Basel, Hans Speiser. In Mappe 20 —
1897

Basler Bilder, zur Förderung des Verständnisses für eine harmonische Gestaltung unseres Stadtbildes. [Hrg. durch die] Schweizerische Vereinigung für Heimatschutz, Section Basel. (1906. Heft 1.) [11 S. + 10 Tafeln,] *in Umschlag*, 4. [Basel,] Comm. B. Wepf & Co. [direkt fr. 2.—, im Buchh. fr. 2.50] 1907
[Hergestellt durch die Buchdr. Emil Birkhäuser, die Lithogr. Wassermann & Schäublin und die Lichtdruckanstalt Jacques Ganzl, alle in Basel.]

—— aus dem Bauernleben, s. Trösteinsamkeit, katholische.

—— belebte. 4. (12 L.) Lpzg 64. (Cob., Sendelbach.) n. — 27

— belebte. Leipzig (864.) Wengler. gr. 4. (12 lith. u. color. Taf.) n. 27 ngr.

— — zur Belehrung u. Erbauung ꝛc. Vom Priester Pösl aus d. Versamml. d. heil. Erlösers (Redemptorist). 8 Jahrgänge à 12 Hfte. gr. 8. Passau 1836—43, Pustet. je 1 Thlr. — 1 fl. 48 kr.

—— zur Belehrung u. Unterhaltung d. Kinderwelt, od. Wanderungen durch d. Thierreich. M. 120 genauen Abbildn. d. merkwürd. Säugethiere u. Vögel auf 6 gem. Taf. 1. Aufl. (7½ B.) 835. * ½ Thlr., 2. Aufl. 4. (7 B.) Reutlingen 841, Fleischhauer u. Spohn.

Bilder, belustigende, zum Nachilluminiren. Ein Geschenk f. Kinder. 4. Leipz. 813. Schönemann. 9 gr.

**Bilder** aus Bengalen. Aus den Erinnerungen eines alten ind. Missionars. M. Abb. In-8⁰. 32 S. Basel, Missionsbuchh. 1895 — 10

**Bilder** aus dem Kupferberger Berglande. H. 1. Kupferberg: Bauhütte Kupferberg 1910. 8° [10. 13673 2

**Bilder** aus dem Bergwerks- und Hüttenbetriebe der Mansfeld'schen Kupferschieferbauenden Gewerkschaft. In Lichtdr. hergest. nach photogr. Aufnahmen. Eisleben: Kuhnt [1900]. (19 Taf.) quer-8° [07.6076 3

— aus dem alten Berlin. (53 Taf. m. Text auf der Rückseite u. 111 S. Text.) qu. 16. Berlin (906). J. Spiro. n. 3. 60

Bilder aus dem Alten Berlin. Text von Prof. Dr. Otto **Pniower**. 2. vergröß. Aufl. Berlin: J. Spiro 1907. (LVII Bl.) quer-8° [F.] 07. 8469

[Bilder.] Stiefkinder der Sozialpolitik. Bilder aus dem Berufsleben der Krankenpflegerinnen. München 1910. 8°.

**Bilder, biblische, m. erklärend. Texte.** Münch. Fleischmann.

—— biblische. Altes Testament. 1.—5. Aufl. gr. 16. (16 chromolithogr. Bl.) Basel 870—74, Spittler. In Umschlag *

—— dass. — Neues Testament. 1.—8. Aufl. gr. 16. (16 chromolithogr. Bl.) Ebendas. 870—74. In Umschlag *

—— biblische. Altes u. Neues Testament. 8. Aufl. qu. 16. (à 16 color. Holzschn.) Basel 874. Spittler. à n. — 80

—— dass. — 100 Bilder Alten und Neuen Testaments. 8. Aufl. gr. 16. (Chromolithogr. mit Text.) Ebendas. 874. *

—— biblische, und deren Bedeutung. Sonntag-Abend-Gespräche einer Familie. Aus dem Engl. 16. (144 S.) [Stuttgart 877, Neukirchliche Buchh.] Frankfurt a. M., Mittnacht's Verlag Neukirchl. Schriften. geb. *

—— u. Gedichte, biblische, für Schule u. Haus. Nach den vorzüglichsten Werken u. eigener Anordn. hrsg. v. C. Fr. Meyer. 1—3. Lfg. Imp.-Fol. Zürich 846, Meyer u. Zeller. [1. (6 Stnt. in Thondr. u. 6 Bl. Text m. Randzeichn. 2. u. 3. (à 6 Stnt. in Thondr.] à * 2 Thlr.; mit col. Bildern à *
Der Text zur 2. u. 3. Lfg. soll in Heften erscheinen.

Biblische Bilder und Gedichte. Nach den vorzüglichsten Werken der Meister ic. herausg. von * M C. F. Meyer. In 60 lithogr. Blättern in Thondruck. gr. Fol. Zürich 1846—47. Meyer u. Z. per Lieferung à 6 Blatt 2 Thlr. — 3 fl. 30 kr. Mit color. Bildern à 4 Thlr. — 7 fl.
Siehe auch Raphaels Bilder zur bibl. Geschichte — Olivier.

—— biblische, und Geschichten. Altes und Neues Testament. hoch 4. Basel 871, Spittler. à ℳ 1,50.; in 1 Bd. geb. *
Inhalt:
Altes Testament. (20 S. mit 16 Oelfarbendruckbildern. — Neues Testament. 8. Aufl. (20 S. mit 16 Oelfarbendruckbildern.)

**Bilder u. Geschichten, bibl.** (15 m. z. Tl farb. Abb.) 4° Nürnbg, T Stroefer (02). Geb. 1 — d

—— biblische, für fleißige Kinder. 4. (6 Chromolithogr. mit 6 Bl. Text.) Wien 877, Erstes Wiener Depôt evangel. Druckschriften. *

— biblische, f. d. Kleinen, d. noch nicht lesen können. qu. 16. (42 S. i. Holzschn. m. 2 S. Text.) Freiburg i/B. 897. Herder. Kart. n. — 80

**Bilder, biblische, f. die Kleinen, die noch nicht lesen können.** 2. Aufl. qu. kl. 4. (42 S. Abbildgn. m. IV S. Text.) Freiburg i/B. (902). Herder. Kart. n. — 30

-- biblische, f. die Kleinen, die noch nicht lesen können. 3. Aufl. (42 S. Abbildgn. u. IV S. Text.) 11×18 cm. Freiburg i/B. (907). Herder. Kart. — 30

—— biblische, für Mutter und Kind. qu. 4. (20 Chromolithogr.) Mit Text: Der erste biblische Anschauungsunterricht. Anweisung zum Gebrauche der nach den unterrichtl. Angaben des Verf. ausgeführten „20 Anschauungsbilder" für den ersten Unterricht in der Gotteserkenntnis und bei der Anleitung zum Gebete. Von Ludw. Wangemann. gr. 8. (VII, 144 S.) Leipzig 887, Reichardt Verlag. ℳ 4.50.; ohne Text
Text allein *

—— biblische, für Schule und Haus. Mit beigefügtem bibl. Texte. 7.—18. Lfg. qu. 4. (à Lfg. 6 Holzschntaf. in Tondr.) Leipzig 868—74, Naumann. à Lfg. * 50 Pf.
Mappe dazu *
1.—6. Lfg. Ebendas. 1866—68. * ℳ 3.

—— dass. — Tamulische Ausg. 1. Lfg. qu. 4. (6 ill. Holzschntaf.) Ebendas. 867. *

—— dies. Tamul. Asg. 1. Lfg. qu. 4. (6 Hlzschntf.) Ebd. 68. n. — 10

—— dass. — Wendische Ausg. 1. Lfg. qu. 4. (6 Holzschntaf. mit Text.) Ebendas. 867. *

—— dies. Wend. Asg. 1. Lfg. qu. 4. (6 Hlzschntf.) Ebd. 68. n. — 5

— biblische, f. Schule u. Haus. Mit beigefügtem bibl Texte. 12—18. (Schluß-)Lfg. qu. 4. (à 6 Holzschntaf. in Tondr.) Leipzig 873. 76. J. Naumann. à n. — 50; cplt. geb. n. 12. —

—— biblische, mit Sprüchen und Liederversen. Hrsg. von der Wupperthaler Tractatgesellschaft. 1.—6. Heft. qu. 16. (à 20 Holzschntaf. mit Text.) Barmen 869, (Buchh. der evangel. Gesellschaft.) à Heft 30 Pf.

—— bibl., m. Sprüchen u. Liederversen. 1. Hft., 2. Hft. 2. Afl., 3. Hft. 4. Afl., 4. Hft. 2. Afl. u. 5. u. 6. Hft. qu. 16. (à 20 Hlzschntf.) Barm. 69, Klein. à — 3

— **biblische, des neuen Testaments.** Ein Bilderbuch für Kinder. Berlin 866. Winckelmann & S. qu. 4. (12 lith. u. color. Bll.) 10 *ngr.*

— u. Blätter der Andacht f. Katholiken. 6 Lfgn. 8. (26 lithochrom. Bl.) Leipzig 849. 50, Wengler. (à Lfg. n. ½ ₰) n. 2 ₰

—— aus Böhmen. 8. (323 S.) Leipzig 876, Fues' Verlag. *

— a. d. Herzogth. Braunschweig f. Schule u. Haus. gr. 8. (IV, 126 S.) Braunschweig 894. (A. Hafferburg.) n. 1. — ; geb. n. 1. 30

— aus der Brüdergeschichte, hrsg. v. Verein f. Brüdergeschichte. 1. Heft. 8. Herrnhut (Missionsbuchh.) — 20
1. David Hans. Aus dem Leben e. mähr. Emigranten. Von H. Glitsch. (30 S.) 908.

**Bilder, bunte, Erzählungen von C. Stein.** 2 Bändchen. 8. Berlin, Hayn. 817. 18. à 1 Rthlr. 8 Gr.

—— bunte. 8. (9 ill. Stnt. mit Text.) Stuttgart 863, Nitzschke. cart.

— bunte. — Images jolies. — Gay images. gr. 8. (12 color. Steintaf. in Tondr.) Eßlingen 870. Schreiber. geb. — 75

— bunte. kl. 4. (8 Chromolith. m. Text.) Langensalza 876. Beyer & Söhne. — 30

— bunte. Unzerreißbares Bilderbuch f. die lieben Kleinen. gr. 8. (9 Chromolith. auf Carton m. 1 Bl. Text.) Chemnitz 883. Friese. geb. n. 1. —

— bunte. 4 Sorten. 12. (6 Taf., davon 4 farb. m. Text.) Leipzig 889. Fr. Pfau. à — 6

— bunte. gr. 4. (16 S. m. z. Tl. farb. Abbildgn.) Reutlingen (900). Enßlin & Laiblin. — 50; unzerreißbar (8 S. m. farb. Abbildgn. auf Pappe.) Kart. n. 1. —

— bunte. Ein neues Bilderbuch. 4. (12 farb. S. auf Pappe m. eingedr. Text. Duisburg (902). J. A. Steinkamp. Kart. 1. 50

— bunte. Große u. leichte Malvorlagen. (12 [6 farb.] Bl.) 30×44 cm. Mainz (910). J. Scholz. 1. 25

**Bilder, bunte von A. bis Z.** (8 Blätt. mit color. Abbild.) gr. 8. Eßlingen 846, Schreiber u. Schill. geb. ¼ ₰

Bilder, bunte, zum ersten Anschauungs-Unterricht für kleine Kinder. 4. (12 ill. Stnt.) Berlin 863, Riese. cart.

—— bunte, zu den Blättern für Mission. Auf Grund von Originalquellen begonnen in Verbindung mit verschiedenen Künstlern unter Oberleitung des weil. Herrn Prof. Dir. G. Jäger und fortgesetzt in Gemeinschaft mit Herrn Maler Jul. Steglich, unter Mitwirkung des Herrn Prof. Carl Schönherr durch Pfr. R. Härtling. 1. Heft. (1.—9. Lfg.); 2. Heft. (10.—18. Lfg.) und 3. Heft. (19.—27. Lfg.) qu. 4. (à Heft 9 Chromolithogr. mit 9 Bl. Text.) Leipzig 870—74, Buchh. des Vereinshauses. à Lfg. ** 25 Pf.; à Heft ** M. 2,50. ** Heft 1—3 als 1. Hälfte cart. *

— bunte, zu den Blättern f. Mission. Auf Grund v. Originalquellen begonnen in Verbindung m. verschiednen Künstlern unter Oberleitg. v. G. Jäger u. fortgesetzt in Gemeinschaft m. Jul. Steglich, unter Mitwirkg. Carl Schönherr durch R. Härting. 1—3. Hft. (1—27. Lfg.) qu. 4. (à 9 Chromolith. m. 9 Bl. Text.) Leipzig 876. Buchh. d. Vereinsh. à n.n. 2. 50. (Hft. 1—3. als 1. Hälfte cart.: n. 6. —)

—— bunte, mit Geschichten für fleißige Kinder. gr. 16. (16 Chromolithogr. mit 16 S. Text.) Basel 874, Spittler. *

— bunte, aus dem Jahre 1813. (Von einer Dame.) 8. (55 S.) Leipzig 848, Blum & Co. n. 8 ngr

—— bunte, aus dem Jahre 1813. (Von einer Dame.) 8. (55 S.) Leipzig 848, [Matthes.] *

— bunte, für kleine Kinder. 4 Hfte. gr. 8. (à 12 S. m. eingedr. Holzschn. u. 6 Chromolith.) Berlin 877. Winckelmann & Söhne. à — 90

—— bunte für die lieben Kleinen. 8. (8 color. Stnt.) Reutlingen 874, Enßlin und Laiblin.

—— bunte, f. d. lieben Kleinen. 8. (8 L.) Stuttg. 74, Neugebauer u. V. — 90

— bunte, aus dem Leben der Hausthiere, f. Bilderbücher, Münchener.

—— bunte, aus dem socialen Leben. Aus den socialen Plaudereien des „Was Ihr wollt!" zusammengestellt von Friedr. Ronnemann. — Naturwissenschaftliche Plaudereien. 12. (64, 61 S.) Leipzig 886, Werther. *

—— bunte, u. Lieder aus Natur u. Leben. 16. (6 Farbendr. u. 6 S. Text.) Lpz. 890, Baldamus Sep.-Cto. cart. m. Goldschn. — 60

—— bunte, aus der Menschen- und Thierwelt. 3 Hefte. gr. 4. (à 12 S. mit 6 color. Stnt.) Eßlingen 874, Schreiber. cart. à Heft * M. 1. *

— Bunte, a. d. innern Mission im Posener Lande. (91 m. Abb.) 8° Posen, Ev. Vereinsbh. ('12). — 75; auch in 6 Heften je — 10 d
Bechtold: Die Not d. Brüder v. d. Landstrasse u. ihre Hilfe durch d. Posener innere Mission. (16) ('12) [5]
Goltz, Gräfin v. d.: Bilder a. d. Posener Krüppelpflege. (16 m. Abb.) ('12) [4]
Jost: Vater Strecker u. s. Anstalten in Pleschen. (16 m. Abb.) ('12) [2]
Kühn: Oberin Johanna Bade, d. 1. Posener Diakonisse. (16 m. Abb.) ('12) [3]
Stark, W: Die innere Mission im Posener Lande. (16) ('12) [1]
Timm: Uns. fliegenden Konfirmandenanstalten. (14 m. Abb.) ('12) [6]

**Bilder, Bunte,** aus Natur und Leben. 2. Aufl. Berlin. V: *Riegel, Hermann*. (Berl)

— bunte, aus Natur u. Leben. Mit Beiträgen v. K. Barth, L. Bechstein, Hoppe, Fr. Rückert u. A. (Gedichte.) 16. Memmingen 846, Besemfelder. 1/2 ₰

Bilder, bunte, mit Reimen. 5 Sorten. 8. (à Sorte 8 Chromolithogr. mit eingedr. Text.) Wesel 883, Düms. à Sorte

— bunte, aus dem Sachsenlande. Für Jugend u. Volk. Hrsg. v. sächs. Pestalozzi-Vereine. 2 Bde. gr. 8. (Mit Abbildgn.) Leipzig, J. Klinkhardt. à n. 3. —; geb. in Leinw. à n.n. 3. 75
1. 4. Aufl. (VIII, 400 S.) 895. — 2. (VIII, 504 S.) 894.

— bunte, a. d. Sachsenlande. Für Jugend u. Volk. Hrsg. v. sächs. Pestalozzi-Vereine. 2 Bde. 8° (Mit Abbildgn.) Lpzg, J Klinkhardt. à 3 —; geb. in Lnw. à n.n. 3.75
1. 4. Afl. (400) 95. — 2. 2. Afl. (504) 94.

— bunte, aus dem Sachsenlande. Für Jugend u. Volk. Hrsg. vom sächs. Pestalozzi-Vereine. Mit zahlr. Abbildgn. 1.—3. Bd. gr. 8. Leipzig (J. Klinkhardt). à n. 3. —; geb. in Leinw. à n.n. 3. 75
1. 7. Aufl. (VIII, 400 S.) 899. — 2. 4. durchgeseh. Aufl. (VIII, 504 S.) 898. — 3. (VIII, 375 S.) 900.

— bunte, a. d. Sachsenlande. Für Jugend u. Volk. Hrsg. v. sächs. Pestalozzi-Ver. 2. Bd. 7. Afl. (535 m. Abb.) 8° Lpzg, (J Klinkhardt) '05. L. nn 3.75 d

— bunte, a. d. Sachsenlde. Für Jugend u. Volk. Hrsg. v. sächs. Pestalozzi-Ver. 4. Bd. 1. u. 2. Afl. (416 m. Abb.) gr8° Lpzg, (J Klinkhardt) '07. '09. L. nn 3.75 (1—4: nn 15 —) d

— Bunte, a. d. Sachsenlande. Für Jugend u. Volk. Hrsg. v. sächs. Pestalozzi-Vereine. 3. Bd. 3. Afl. (8, 375 m. Abb. u. Bildn.) gr8° Lpzg, J Klinkhardt '11. L nn 3.75 d

[F.] Bunte Bilder aus dem Schlesierlande. Hrsg. v. Schles. Pestalozzi-Verein. M. vielen Ill. ... *Breslau: M. Woywood 1898.* (2 Bl., 417 S., 1 Portr.) 1 Bd 4.(8.) [58. 16

— bunte, a. d. Schlesierlande. Hrsg. v. schles. Pestalozzi-Verein. M: vielen Ill. 2., durchgeseh. u. verm. Aufl. Lex.-8. (VIII, 472 S. m. 1 Bildn.) Breslau 898. M. Woywod. n. 4. 50; geb. in Leinw. n. 6. —

— bunte, aus dem Schlesierlande. Hrsg. vom schles. Pestalozzi-Verein. Mit vielen Illustr. 2. Bd. Lex.-8. (VIII, 472 S.) Breslau 903. M. Woywod. n. 4. 50; geb. in Leinw. n. 6. —

— bunte, aus dem Schlesierlande. Hrsg. vom schles. Pestalozzi-Verein. (1. Bd.) 3., durchgeseh. Aufl. (VIII, 472 S. m. Abbildgn. u. Titelbild.) Lex.-8. Breslau 903. M. Woywod. n. 4. 50; geb. in. Leinw. n. 6. —

— bunte, aus d. Schlesier-Lande. 2 Bde. 898. 903. Jetzt: Breslau, F. Goerlich.

— Bunte, a. d. Vergangenh. d. Vogtlandes u. s. Kreisstadt Plauen. Alwin Neupert gewidmet z. 70. Geburtstage '11. (7, 179 m. Abb.) Lex8° Plauen, R Neupert jr '11. nn 3 — d

—— bunte, mit Versen. 2 Hefte. 8. (à 8 Chromolithogr.) Leipzig 873, Düms. à Heft * 15 Pf. *

—— bunte, ohne Worte. 2 Hefte. 8. (à 8 Chromolithogr.) Leipzig 873, Düms. à Heft * 10 Pf. *

Bilder zur Charakteristik des alten Zürich. Zürich 1867 s.a. Denzler, Johann Rudolf].

—— zur Charakteristik des alten Zürich. 15. Jahrhundert. hoch 4. (127 S. mit 1 lithogr. Abbild. des alten Rathhauses vom J. 1400 in Tondr.) Zürich 867, (Schultheß.) *

— christliche, für's Haus. Neue Ausg. 8. (60 Holzschn.-taf.) München 878. Braun & Schneider. n. 1. 80

— christliche, nach den berühmtesten Original-Gemälden älterer u. neuerer Meister. In Stahl gestochen. 1. Lief. 4. Stuttgart 846, Dittmarsch. n. 1/6 ₰

— christliche, nach den berühmtesten Original-Gemälden älterer u. neuerer Meister. In Stahl gest. v. deutschen Künstlern. 1—10. Lfg. (à 3 Bl.) 4. Stuttgart 847. 49, Dittmarsch & Co. 1. n. 1/6 ₰ 2—10. à n. 3 ngr

Kais. Gesundheitsamt. Juli 1900. Bilder der körperlichen Darstellungen, durch welche auf d. Weltausstellung zu Paris 1900 d. wichtigsten, bei d. Beurtheilung d. Gesundheitszustandes u. der Verbreitung d. ansteckenden Krankheiten im Deutschen Reiche in Betracht kommenden Verhältnisse veranschaulicht worden sind. ⟨Verzeichniss d. Hygiene-Ausstellung 1900, S. 5 u. folg.⟩ *Berlin (1900): C. L. Keller.* (1 Bl.) 2° [Kopft.] [00. 9890 3

—— von Defregger, Geschichten von Rosegger. 8. (IV, 199 S. mit 13 Photogr.) Wien 880, Manz'sche Hof-Verlagsh. geb. mit Goldschn.

Bilder aus Deutsch-Südwest-Afrika. *(Gütersloh: C. Bertelsmann [1904].)* (16 Bl.) quer-8° [F.] [04. 6879

— a. d. Diakonissen-Leben, s. a. Geschichten u. Bilder f. deutsche Volk.

Bilder aus dem Diakonissenleben. 1. Heft: Gertrud Reichard, die erste Diakonissin der Neuzeit. (12 S.) 2. Heft: Die Diakonissen auf dem Kriegsschauplatze. (12 S.) Kaiserswerth 1895. Buchhandlung der Diakonissenanstalt. à —.06

Bilder, dramatische, aus der Schweiz. Zwey histor. Schauspiele von A. Grob. 8. St. Gallen, Huber u. C. in Comm.) 816.

—— 30 bibl., z. a. Testam. }
—— 30 bibl. z. n. Testam. } s. a. Bilder z. Anschauungsunterr.

— 30 biblische, zum Alten Testament. qu. Fol. (30 col. Lith. u. 3 S. Text.) Stuttgart 852, Schreiber & Schill. 1 ℛ 27 ngr

—— 30 biblische, zum alten Testament. 3. Aufl. qu. Fol. (3 S. Text und 30 color. Stnt.) Eßlingen 870, Schreiber. geb.

— 30 (farb.) biblische, z. Alten Testament. Z. Anschaug. u. Belehrg. f. Kinder. 7. Aufl. qu. gr. 4. (1 Bl. Text.) Eßlingen 896. J. F. Schreiber. Geb. in Halbleinw. n. 5.—

—— 30 biblische, zum neuen Testament. qu. Fol. (30 ill. Stnt. und 1 Bl. Text.) Stuttgart 852, Schreiber und Schill.

— dasselbe z. Neuen Testament. 7. Aufl. qu. gr. 4. (1 Bl. Text.) Ebd. 896. Geb. in Halbleinw. n. 5.—

—— dreißig, mit Versen, zum Vertheilen unter Jung und Alt. I. und II. 16. (à 30 Holzschntaf.) Barmen 870, Klein. à Heft * 40 Pf. *

—— 80, zu Horazens Werken. Von ihm beschrieb. Gegenden u. Monumente darstell., wie sie jetzt noch vorhanden sind. 16. (3½ B.) Carlsruhe 829, Kunst-Verlag. In qu. gr. 8. 3 Thlr. 18 Gr., in gr. 4. 5 Thlr. 6 Gr., in Roy.-4. auf chines. Pap.

—— 23, aus dem Thierreich. Vierfüßige Thiere. 8. (8 ill. Holzschnitttaf.) Schaffhausen 850, Schalch.

—— 23, aus dem Thierreich. Vögel. 8. (8 ill. Holzschnitttaf.) Schaffhausen 850, Schalch.

Bilder, drollige, f. fröhl. Kinder. 4° (8 farb. Bl.) Elberf. 93, S Lucas. — 80

Bilder, 100. gr. 4. (24 ill. Stnt.) Leipzig 866, Wengler's Nachf. cart. *

—— 100 bunte, aus Prinz Lilliput's Gemäldegallerie u. 100 kleine Erzähln. dazu f. Kinder v. 6 bis 12 Jahr., v. Leontine Günther, J. G. Ziehnert, Widar Ziehnert u. Rob. Seifer. gr. 8. (10 B. u. 4 ill. Kpfrt.) Leipzig 833, Friese.

— einhundert katholische, in Stahlstich od. Sammlung religiöser Darstellungen nach älteren u. neueren Meistern u. wahrhafte Abbildgn. der Heiligen ꝛc. Prämienbilder f. die hochw. kathol. Geistlichkeit, zur Vertheilung an fromme Kinder ꝛc. 8. Stuttgart 848, Dittmarsch & Co. n. 1½ ℛ

Bilder, Einhundert,
aus der Natur. Aus den Papieren der Gräfin Thusnelde. gr. 8. (112 S.) Nürnberg 860, Leuchs und Comp.

— 100, aus dem alten u. neuen Testament (32 verschiedene Darstellungen) in feinem Farbendr. 16. Basel 891. Jaeger & Kober. n. 1.60

—— 100, mit Versen zum Vertheilen unter Jung und Alt. 1. und 2. Sammlung. 16. (Holzschntaf. mit eingedr. Text.) Hamburg 879, Agentur des Rauhen Hauses. à Sammlung * ℳ 1. *

— 166, von den Nordland-Fahrten der Hamburg-Amerika-Linie. (162 S.) 26,5×32,5 cm. Leipzig 907. Woerl's Reisebücher-Verlag. Geb. in Ldr. n. 15.—

Bilder, einhundert u. vier, zu J. Hübner's biblischen Historien aus dem alten u. neuen Testamente, u. zu jeder Bibel anwendbar. 2te Ausg. 8. Nürnberg, Monath u. K. 820. 16—176 Blatt.

— 104, aus d. bibl. Geschichte alten u. neuen Testaments, zu jeder Bibel anwendbar. 2e u. 3e Lief. 2e verb. Aufl. auf Stein gez. v. C. Fues. 8. Nürnb. 822, Monath u. K.

—— aus Elsaß-Lothringen. Orig.-Zeichnungen von Rob. Aßmus, Schilderungen von Karl Stieler. Holzschn. aus den Ateliers von A. Cloß, Brend'amour u. A. Initialen von Jul. Schnorr. 16 Lfgn. hoch 4. (VII, 274 S. mit 166 eingedr. Holzschn. und 45 Holzschntaf.) Stuttgart 876—78, Neff. à Lfg. * ℳ 1,25. * ℳ 20.; geb. mit Goldschn. *

Bilder, Ernste und heitere, aus der I. Corps-Officiersschule 1895 ... Wien 1896. V: *Nawratil, Eduard.* (EB)

Bilder, Ernste und heitere, aus der I. Corps-Officiersschule 1895. In 11 Capiteln und zwei Tabellen. 8. (81 S.) In Comm. 1.—
Wien: Seidel & Sohn 1896

Bilder: Ernste und heitere Bilder aus dem Leben unseres Volkes
① Eine Zeitschrift in monatlichen Sendungen ③ Sternenberger Hausfreund (Handschriftlich verbreitete Wochen- und Monatsschrift für die Mitglieder der Jugendgesellschaft von Sternenberg) ⑤ Januar 1850—November/Dezember 1855 ⑥ 8° ⑦ Monatsblatt ⑧ Uster: Johann Weilemann (1850—1853); Elgg: A. Büche (1854); Schaffhausen: Brodtmannsche Buchhandlung (1855) ⑩ die Drucker ⑪ Jakob Stutz; Mitarbeiter »nur Leute aus dem Volke«: Jakob Senn, Jak. Ulr. Furrer u. a. ⑫ volkstümliche Zeitschrift für die Interessen des Landvolkes zur »Verbesserung des Volkslebens«. Kritik an den Zeitungen, die diesen Interessen nicht entsprechen. Zugleich Organ des Lesevereins (»Gesellschaft der Hausväter«) und der Jugendgesellschaft von Sternenberg ⑬ Jakob Stutz: Sieben mal sieben Jahre aus meinem Leben, p. 706—709. 716—721 ⑮ Zh: Z; Wi: S.

Bilder, Ernste und heitere, aus dem Soldatenleben zur Zeit der Freischaarenzüge und des Sonderbundes. Luzern 1876. V: *Wapf, Anton.* (Cat. d. Stadtbibl. Zürich. Zürich 1864—97.)

— mit Erzählungen zur Belehrung und Nachahmung für die liebe Jugend. Fürth 857. Löwensohn. 4. (8 lith. u. color. Bl.) n. 6 ngr

— mit Erzählungen zur Belehrung und Nachahmung für die liebe Jugend. 4. (8 ill. Stnt. mit Text.) Fürth 858, Löwensohn. *

Bilder und Erzählungen aus der deutschen Geschichte. Mit 12 Illustr. in Farbendr. nach Origin.-Zeichnungen von O. Günther. Für die reifere deutsche Jugend. Berlin 863. Neumann. 4. (2 Bl., 115 S.) 1 ℛ 15 ngr

Bilder mit lehrreich-unterhaltenden Erzählungen, welche Kinder auf eine anschauliche u. leichte Art mit den Gebräuchen u. Sitten fremder Völker, den vorzüglichsten Gewächsen, Thieren u. andern Merkwürdigkeiten jener Länder bekannt machen sollen. 4. Jena 825, Voigt. Rthlr.

Bilder aus Europa. — Scènes européennes. — Scenes in Europe. — Ein Prachtbilderbuch für fleißige Kinder. qu. Fol. (10 Holzschntaf. in Buntdr.) Stuttgart 872, G. Weise. geb.

—— eutinische, (Gedichte. Von Joh. Fr. Ernst Meyer.) 16. (5½ B. u. viel. Vign.) Eutin 812. (Griem.) *

— Eutinische. (Gedichte.) gr. 16. (88 S.) Eutin 850, Völckers. n. 12 ngr

Bilder und Fabeln. 2 Thle. 4. (à 8 S. mit 4 Chromolithogr.) Wesel 876, Düms. à Thl. 25 Pf.

— aus W. Hey's 50 Fabeln. Unzerreißbare Ausg. 4. (12 S. m. farb. Abbildgn.) Stuttgart (899). Loewe. Geb. 3.—

— zu Goethe's Faust, von Anselmus Lachegern. kl. 4. (11 lith. Blätt.) Leipzig 841, Dörffling. ½ ℛ

— — fliegende, gegen Rom. Nro. 1—V. Rudolstadt 1845.
Ein Product des modernen Dissidentismus.

†— — „ „ gegen die Jesuiten. Von Campanella (sic!) 3 Hefte. Berlin Epr. 1845. 9 Ngr. — 33 kr.

— aus der Folterkammer der Inquisition nebst Nachrichten über den Dominikaner-Orden u. die Inquisition. Berlin 870. Schlingmann. 16. (64 S. u. 12 Holzschntaff.) 7½ Ngr.

**BILDER** aus der Folterkammer der Inquiſition nebſt Nachrichten über die Dominikanerorden und die Inquiſition. Neue Ausgabe. Leipzig, C. F. W. Feſt, o. J. (ca. 1870). 12°. 64 S. und 12 Bilder.

—— aus der Folterkammer der Inquisition nebst Nachrichten über den Dominikaner-Orden und die Inquisition. 16. (64 S. mit 12 Holzschntaf.) Berlin 871, Schlingmann.

— aus der Folterkammer der Inquisition, nebst Nachrichten über den Dominikaner-Orden u. die Inquisition. Neue Ausg. 16. (64 S. m. 12 Steintaf.) Leipzig 879. Fest. n. — 75

Bilder aus der Fremde. Basel 1858 s [Zipp. Carl].

— freundliche, 16 Hft. (2 von M. Monzen lithogr. Bl.) ½ Fol. Aachen 837. Kaatzer; Leipzig, Frohberger. ½ Thlr. Chines. Pap. 1 Thlr.

— freundliche, für artige Kinder. qu. 4. (12 color. Steintaf.) Stuttgart 877. G. Weise. cart. 1. 20

— freundliche, für brave Kinder. 8 color. Bilder (in Holzschn.). Stuttgart 869. Scheitlin. (Risch.) qu. 4. 4½ Ngr.

—— freundl., z. Unterhaltg f. d. Jug. 4. (8 L.) Stuttg. 57, (Risch.) — 5

— freundliche, zur Unterhaltung für die Jugend. Stuttgart 857. (Gebr. Scheitlin.) 4. (8 Bl. mit lith. u. color. Abbildgn. im Text.) 5 Ngr.

— fromme, ohne Worte zur christlichen Erbauung. 1. u. 2. Hft. Imp. 4. (à 4 Stahlst.) Münster 850, Deiters. (à n. ⅓ Thlr.) n. ⅔ Thlr.

Bilder, Fünf lebende vor . .. dem Könige und der Königin am 9ten September 1840 . . . , s. Bender, Ferdinand

—— 25, für große und kleine Kinder die den Herrn Jesum lieb haben. gr. 16. (25 Holzschnt. mit Text.) Leipzig 850, C. H. Reclam sen.

—— 15, aus dem Thierreiche. In Erzählungen für die Jugend. Mit 15 Tonbildern. gr. 16. (48 S.) Stuttgart 871, Schober. cart.

— 50, zu Virgil's Aeneide, gestoch. unter d. Leitung v. C. Frommel. 8 Lieferungen. qu. gr. 8. Mit Kpf. u. Kart. Karlsr. 828. Klose u. Frommel. Subscr.-Pr. à Lief. 15 kr. In 16. à 12 kr.

— 50, u. 1 Kärtchen v. Palästina, zu Küsters bibl. Historien bestimmt, aber auch zu jeder Bibel etc. brauchbar. Steindr. Berl., Th. Enslin. 18 Sgr.

Bilder aus Schwabens Gauen. (Hrsg.: E. Breuninger. 2. verm. Ausg. von 'Stuttgart u. Umgebung' u. 'Schwabens Gauen'.) (Stuttgart 1909: Scheufele.) 50 Bl. quer-4°(8°) [Umschlagt.] [II. 14874 11

Bilder u. Gedanken. Von M v. O. 1. u. 2. Afl. (89) 8° Schwer., F Bahn '07. 1.20 d

—— zu Uhland's Gedichten, s. Pflug.

—— aus den Gefahren u. Drangsalen des menschl. Lebens. Ein Buch für d. Jugend. 8. (8⅓ B. u. 8 col. Bild.) Neu-Ruppin 815, Kühn. (Leipzig, Thomas.) * -

— der Gegenwart. 1848. Nr. 1—12. (od. 1—4. Lfg.) gr. 4. (48 Stahlst.) Leipzig, Engl. Kunstanstalt v. Payne. n. 1 Thlr. Einzelne Lfgn. à n. ⅓ Thlr.

Bilder der Gegenwart
① zur Unterhaltung Belehrung häuslicher Kreise gewidmet für alle Stände (auf dem Heftumschlag) ⑤ Januar 1860—Dezember 1861 ⑥ 4° ⑦ Monatsblatt ⑧ Reinach (Ag): J. Konrad ⑩ J. J. Schneider ⑪ J. J. Schneider ⑫ Artikel über die Tagesereignisse; radikal ⑭ Be: L.

—— für Geist und Herz der lieben Kinder. qu. 4. (12 ill. Stnt. mit Text.) Stuttgart 863, Nitzschke. cart.

—— für Geist und Herz der lieben Kleinen. 2. und 3. Aufl. qu. 4. (12 color. Stnt. mit eingedr. Text.) Stuttgart 876,77, Nitzschke. cart.

— geographische, s.: Familien-Bibliothek.

Bilder, geograph. (a. Ungarn). 2 Bl. à 60×80 cm. Farbdr. Wien 97, (E Hölzel). à 4 —; auf Deckel à 5 —
1. Der Plattensee m. d. Badacsony-Berg. | 2. Die Burg Arva in Oberungarn.

—— a. d. Geschichte. I. Friedrich d. Gr. II. Ueber d. franz. Revolut. III. Berlin im J. 1807. 8. (94) Berl. 51, Kühling. — 15

— aus der Geschichte. I. Friedrich der Große. Anekdoten u. Charakterzüge. [Bisher ungedr.] Mit dem Facsimile der Unterschrift u. eines Schlachtplans des großen Königs (in 4.) II. Ueber die französ. Revolution. III. Berlin im J. 1807. Vom Verf. der Schrift: „Die Polen. Ein Beitrag zur Charakteristik dieses Volkes aus den Erinnerungen eines alten Justizbeamten." 8. (94 S.) Berlin 851, Vereins-Buchh. ½ Thlr.

Bilder aus der Geschichte. Ein Hilfsbuch f. d. Unterricht. Bearb. nach dem Münchener Lehrplane unter Berücksicht. der Kreislehrpläne Bayerns. Hrsg. vom Bez.-Lehrerverein München. 3. vollständig umgearb. Aufl. (124 S.) kl. 8. München (906). M. Kellerer. Kart. n. — 45

Bilder aus der Geschichte. Ein Hilfsbuch f. d. Unterricht. Bearb. nach dem Münchener Lehrplane unter Berücksicht. der Kreislehrpläne Bayerns. Hrsg. v. Bez.-Lehrerverein München. 5. vollständ. umgearb. Aufl. (124 S.) kl. 8. München (910). M. Kellerer. Geb. — 45.

— a. d. Geschichte. Hilfsb. f. d. Unterr. Hrsg. v. Bez.-Lehrerverein München. 6. Afl. (124) kl8° Münch., M Kellerer's V. ('11). geb. — 45 d

— a. d. ägypt. Geschichte. In 5 Vorträgen nach Reiseerinnergn zusammengestellt. 12° (162) Lpzg 93, Dürr'sche Bh. Geb. in Lnw. 3 —
*Die 1. Afl. s. u. d. T.: Witzleben, M Grfn.*

— aus der bibl. Geschichte des neuen Testamentes. In Stahl gestochen nach Zeichnungen v. Alb. Walch. (10 Taf. u. Text.) qu. 4. Ebd. 846. 1 Thlr.

— aus der biblischen Geschichte, gest. nach Zeichnungen von Alb. Walch. Mit Text f. d. Jugend bearb. qu. 4. Altes Testament. 2. verb. Aufl., u. neues Testament. qu. 4. (27 Tafeln u. 32 Bl. Text.) Augsburg 847, Walch. 2 Thlr. — col. n. 3¹⁄₁₂ Thlr.

—— zur biblischen Geschichte in Farbendruck. — Altes Testam., 33 Blätter. 1. Hft., 11 Blätter, in qu. Fol. Mit Text in deutscher, franz. u. engl. Sprache, in Roy.-4. (4⅓ B.) Eßlingen 812. [Schreiber u. Schill.] *

—— zur biblischen Geschichte für den Unterricht in Schule und Haus. 1. Sammlung. Auswahl, zunächst für die Unterklassen, nach Robert Reichardt, „Methodische Anleitung zur Ertheilung des Unterrichts in der einfachen Volksschule". Nach Originalzeichnungen von A. Diethe, A. Dietrich und E. Sachße. Fol. (20 Bl. in Schwarz- und Tondr.) Dresden 874, Meinhold und Söhne. *

Inhalt:
1. Die Schöpfung. — 2. Abraham und Lot. — 3. Josephs Verkauf. — 4. Josephs Erhöhung. — 5. Josephs Erkennung. — 6. Moses Rettung. — 7. Ruth und Boas. — 8. Eli und Samuel. — 9. David und Goliath. — 10. Salomos Weisheit. — 11. Geburt Jesu. — 12. Die Weisen aus dem Morgenlande. — 13. Der zwölfjährige Jesus. — 14. Der Hauptmann von Kapernaum. — 15. Jairi Töchterlein. — 16. Martha und Maria. — 17. Der barmherzige Samariter. — 18. Jesus segnet die Kinder. — 19. Kreuzigung des Herrn. — 20. Auferstehung des Herrn.

— z. bibl. Gesch. f. d. Unterr. in Schule u. Haus. 1. Sammlg. Ausw., zunächst f. d. Unterkl., n. R Reichardt, method. Anl. z. Ertheilg d. Unterr. in d. einf. Volkssch. 20 Bl. je 43×55 cm. Dresd., CC Meinhold & S. (etwa 1880). (12 —) 8 — A F

Bilder aus der Geschichte von Bonn und seiner Umgebung. [1.—4. Heft.] 8. Bonn, Hauptmann. *
Inhalt:
Heft 1. Hauptmann, F., Geschichte von Adelheidis-Pützchen. (46 S. mit 1 Bild.) 887. * 40 Pf.
" 2. —— die Ueberrumpelung Bonns am 23. Decbr. 1587. Nach histor. Quellen dargestellt. (71 S. mit 1 Bild.) 888. * 60 Pf.
" 3. Die kurfürstliche Universität zu Bonn, von A.... (28 S. mit 1 Bild.) 888. * 30 Pf.
" 4. Hauptmann, F., die Junggesellen-Sodalität unter dem Titel „Mariä-Reinigung" zu Bonn. Zur Feier ihres 150jähr. Jubiläums aus dem Archive der Sodalität zusammengestellt. (114 S.) 888. * 60 Pf.

—— aus der Geschichte v. Bonn u. seiner Umgebung. 5.—7. Heft. gr. 8. Bonn, Hauptmann. * 1 80
5. Die Bonner Rheinfähre im Mittelalter u. in der Neuzeit. Aus dem Archive d. Bonn Beueler Fähractien Gesellschaft u. anderen Quellen zusammengestellt von F. Hauptmann. (70 S.) 889. * — 60.
6. Hauptmann, F. Die Zerstörung Bonns im J. 1689. (75 S. m. Illustr.) 889. * — 70.
7. —— Das fränkische Bonn. (39 S.) 891. * — 50.
1.—4. Heft. Ebd. 1887,88. * 1 90.

— aus der Geschichte v. Bonn u. seiner Umgebung. (VII. VIII.) gr. 8. Bonn, P. Hauptmann. à n. — 60 (I.—VIII.: n. 4. 20)
VII. Das fränkische Bonn. Nach histor. Quellen geschildert v. F. Hauptmann. (39 S.) 891.
VIII. Der Bonner Bannbegang. Nach histor. Quellen geschildert v. F. Hauptmann. (56 S.) 894.

— a. d. Geschichte v. Bonn u. s. Umgebg. (IX.) gr. 8. Bonn 897. P. Hauptmann. n. 1. 20 (1—IX.: n. 5. 40)
Allerlei a. alten Tagen. Von F. Hauptmann. (134 S. m. 1 Ansicht u. 1 Plan.)

— aus der Geschichte v. Bonn u. seiner Umgebung. XIII u. XIV. 8. Bonn, P. Hauptmann. 1. 30
Hauptmann, F., Bonn ums Jahr 1200. (38 S. m. 1 Plan.) 905. (XIII) — 50
— Die Geschichte der Burg Godesberg. Mit 5 Illustr. (84 S.) 906. (XIV) — 80
Es erschienen Hft. X u. d. T.: Jugenhoven, Geschichte des Kreuzberges (Umschlag: der Kreuzbergkirche) bei Bonn. — Hft. XI u. d. T.: Hürth, Th. H., u. F. Hauptmann, die Schutzpatrone v. Bonn. — Hft. XII u. d. T.: Hauptmann, F., das Innere des Bonner Schlosses.

—— aus der Geschichte des Christenthums. Acht Protestanten-Vereins Vorträge von E. Zittel, W. Brückner, W. Hönig, A. Pierson, W. Höchstetter, G. Längin und H. Holtzmann. 1.—8. Heft. gr. 8. Karlsruhe 873, Braun'sche Hofbuchh. à Heft * 50 Pf. *
Inhalt:
Heft 1. Zittel, Emil, die Geschichte des Christenthums und die Reformation der Gegenwart. (S. 1—20.)
" 2. Brückner, W., die Entstehung der christlichen Kirche in der Zeit der Apostel. (S. 21—52.)
" 3. Hönig, W., das Christenthum der byzantinischen Zeit. (S. 53—76.)
" 4. Pierson, die Blüthezeit der römischen Kirche. (S. 77—92.)
" 5. Zittel, Emil, Dr. Martin Luther, der deutsche Reformator. (S. 93—140.)
" 6. Höchstetter, W., Ulrich Zwingli, ein Reformationsbild. (S. 141—172.)
" 7. Längin, G., ein Blick in das Zeitalter der Orthodoxie. (32 S.)
" 8. Holtzmann, die Kirche des 19. Jahrh. (S. 189—227.)

— aus der deutschen Geschichte. 8 Radirungen von den Malern H. Hoffmann und K. Stahl. Zur Illustration jedes Handbuchs der deutschen Geschichte überhaupt und des Eder'schen insbesondere. gr. 8. Darmstadt 843, Jonghaus. n. 1/4 ℳ

—— zur deutschen Geschichte. Ein Hilfsmittel zur Unterstützung und Belebung des geschichtlichen Unterrichts. Nach Bendemann, Camphausen, Ehrhardt u. A. 1. Sammlung. Imp.-Fol. (30 Bl. Holzschntaf. in Schwarz- und Tondr.) Dresden 874, Meinhold und Söhne. *

Bilder zur deutschen Geschichte. Ein Hülfsmittel zur Unterstützung und Belebung des geschichtl. Unterrichts. 2. Sammlung. 1. Hälfte. Imp.-Fol. (15 Holzschntaf.) Dresden 878, Meinhold und Söhne. *
1. Sammlung. Ebendas. 1874. * ℳ 18.

—— zur deutschen Geschichte. Ein Hilfsmittel zur Unterstützung und Belebung des geschichtl. Unterrichts. 2. Sammlung. 2. Hälfte. Imp.-Fol. (15 Holzschntaf.) Mit Text, bearb. von R. Reichardt. gr. 8. (53 S.) Dresden 881, Meinhold und Söhne. *
Text allein
1. Sammlung und 2. Sammlung 1. Hälfte. Ebendas. 1874,78. * ℳ 27.

Bilder aus der deutschen Geschichte. Für den ersten Geschichtsunterricht hrsg. v. e. Verein v. Lehrern. gr. 16. (64 S.) Potsdam 876. Rentel. — 30

—— aus der deutschen Geschichte in Verbindung mit der brandenburgisch-preußischen. Für den ersten Geschichtsunterricht hrsg. von einem Vereine von Lehrern. Ausg. A. 7. Aufl. 8. (80 S. mit eingedr. Holzschn.-Illustr.) Potsdam 883, Rentel's Verlag. *

—— aus der deutschen Geschichte in Verbindung mit der brandenburgisch-preußischen, hrsg. von einem Vereine von Lehrern. Mit Illustr. Ausg. A. [Für evangel. Schulen.] 13. Aufl. Mit Einleitung: Bilder aus der alten Geschichte. 8. (16, 84 S.) Potsdam 886, Rentel's Verlag. *
—— dass. — Ausg. B. [Für katholische Schulen.] 9. Aufl. Mit Einleitung: Bilder aus der alten Geschichte. gr. 8. (16, 72 S.) Ebendas. 881. *

—— aus der deutschen u. preußischen Geschichte für d. oberen Stufen der Volksschule. Hrsg. v. Lehrerverein St. Johann-Saarbrücken. 2 Tle. 8. Neuwied 889, Heuser's Verlag. [1. Tl. Bilder aus der deutschen Geschichte. (38 S.) * — 25. 2. Tl. Bilder aus d. preuß. Geschichte. (46 S.) * — 30.] * — 55

Bilder aus der deutsch-preußisch-brandenburgischen Geschichte für einklassige Volksschulen, hrsg. v. einem uckermärk. Lehrervereine. 8. (16 S.) Prenzlau 878. Mieck. n.n. — 10

Bilder zur Geschichte Friedrich's des Einzigen. 24 Illustr. aus Preußens Heldenzeit (1712—1768) in Stahlst. gr. 8. Leipzig 858, Kollmann. Thlr. ¼

Bilder aus der Geschichte der Stadt Kemberg. Festschrift z. Heimatfest 1910. Kemberg: Gemeinnütziger Verein 1910. 55 S. 8° [illegible] 3

—— aus der Geschichte der Kirche in Deutschland. Seit ihrem Bestehen bis auf unsere Tage. Vom Verf. der „Denkwürdigkeiten des Domherrn Grafen v. W." 8. (184 S.) Leipzig 865, Bergson-Sonenberg. [Mülheim, v. Kamp.]

—— a. d. Geschichte d. Kirche in Deutschl. 8. (184) Lpzg 65. (Berl., Reymann.) 1. —

—— aus der Geschichte des Mittelalters und der Neuzeit. Nr. 1.: Die sizilianische Vesper. Geschichtsbild aus dem 13. Jahrh., der Jugend und dem Volke neu erzählt von Joh. v. Gott Wero. 12. (47 S.) Passau 882, Deiters. cart. *

— aus der neuesten Geschichte. Ein Anh. zu Lebensbilder III. Lesebuch f. Oberklassen deutscher Volksschulen. Hrsg. v. A. Berthelt, J. Jäkel, K. Petermann, L. Thomas. gr. 8. (24 S.) Leipzig 877. Klinkhardt. — 15

—— aus der oldenburgischen Geschichte. Für Schule und Haus. I. und II. 8. Jever 870, Mettcker und Söhne. [I. (VII, 144 S.) 868. * 80 Pf.; II. (90 S.) * 60 Pf.] *

— aus der oldenburgischen Geschichte. Für Schule u. Haus. 2., verb. Aufl. 8. (V, 156 S.) Oldenburg 893. G. Stalling's Verl. n. 1. —

— aus der oldenburgischen Geschichte. Für Schule u. Haus. 3. verb. Aufl. (V, 161 S.) 8. Oldenburg (909). G. Stalling's Verl. 1. —

**Bilder** aus der Geschichte der Freimaurer-Loge Prinz von Preussen zu den drei Schwestern in Solingen. Zur Feier des fünfzigjährigen Bestehens der Loge am 1. Juni 1890 ... Solingen 1890. V: *Messerschmidt, Ewald.* (wolfstieg I, 634)

—— aus der Geschichte der katholischen Reformbewegung des 18. und 19. Jahrh. Hrsg. von Johs. Nieks. 1. Serie. 1. Bd. 6 Hefte. 8. Mannheim 875, Schneider.
Subscr.-Pr. à Heft * 75 Pf. * ℳ 4,50.; Einzelpr. *
Inhalt:
Heft 1. Woker, Phpp., Hontheim und die römische Curie. (36 S.) * ℳ 1.
" 2—4. Lutterbeck, A. Bernh., Leopold Schmid über die religiöse Aufgabe der Deutschen. (176 S.) à * ℳ 1.
" 5. 6. Gisiger, Herm. (Privatsekr. Theiner's), P. Theiner und die Jesuiten. Rückerinnerungen an P. Theiner, Präfekten des vatikan. Archivs, mit Zusätzen von Friedrich. (106 S. mit dem Bildnisse des Verstorbenen in Holzschn.) * ℳ 2,50.

—— dass. — 1. Serie. 2. Bd. 6 Hefte. 8. Ebendas. 876.
Subscr.-Pr. * ℳ 4,50.; Einzelpr. *
Inhalt:
Heft 1. Hoffmann, Fridolin. Graf v. Montalembert, der „französische O'Connell". Eine Revendication. (S. 1—74.) * ℳ 1,75.
" 2. 3. Jentsch, die Reformbestrebungen des Pfarrers Mersy und seiner Freunde. (S. 75—160.) * ℳ 2.
" 4. 5. Melzer, Ernst, Dr. Baltzer. Ein Lebensbild. (S. 161—260.) * ℳ 2,25.
" 6. Meßmer, J. A., Johann Michael Sailer. (S. 261—310.) * ℳ 1.

—— aus der Geschichte für Schule und Haus, nach Angaben von M. A. Becker, unter artist. Leitung von Pet. J. N. Geiger in Farbendr. ausgeführt und hrsg. vom artist. Institute von Ant. Hartinger & Sohn. 1.—4 Lfg. qu. gr. Fol. (à 4 Bl.) Mit Text. gr. 8. (à 10 Bl.) Wien 877. (Berlin, Czihatzky.) à Lfg. ** ℳ 12. **

—— aus der vaterländischen Geschichte. Als Lesebuch f. die Kapitulantenschulen hrsg. vom königl. sächs. Kriegsministerium. gr. 8. (VIII, 375 S.) Dresd. 889, Reichel. cart. * 2 —

(F) Bilder aus der vaterländischen Geschichte. Unter Mitwirkung von R. Briebrecher, E. Neugeboren etc. herausgegeben von Dr. Friedrich Teutsch. II. Bd. Hermannstadt. 1899. Krafft. Gr.-8°. 516 S.
fl. 3.—, in Halbleinwdbd. fl. 3.50, in Halbfrzbd. fl. 4.—
I.Bd.: 1895.(VIII, 344 S.)

**Bilder** a. d. vaterländ. Geschichte f. hess. Schulen. 8. (198 m. H.) Mainz 85, Frey. n. 1. —; in Schulbd. n. 1. 20; in Leinw.-Bd. n. 1. 80

— aus der vaterländischen Geschichte f. katholische Volksschulen, nach Maßgabe der Verfügg. der königl. Regierg. zu Trier vom 10. I. 1894 bearb. v. Volksschullehrern. 3. Aufl. 8. (98 S. m. 7 Schlachtfeldskizzen.) Trier 900. J. Lintz. n. — 40

— aus der vaterländischen Geschichte für kathol. Volksschulen nach Maßgabe der Verfügung der königl. Regierung zu Trier vom 10. I. 1894, bearb. v. Volksschullehrern. 5. Aufl. (96 S. m. 1 Bildnis u. 7 Kartenskizzen.) 8. Trier 905. J. Lintz. n.n. — 40

— aus der vaterländ. Geschichte f. kathol. Volksschulen nach dem Ministerial-Erlaß v. 31. I. 1908 u. d. Verfügg. der königl. Regierg. zu Trier v. 19. III. 1909 bearb. v. Volksschullehrern. 6. Aufl. (102 S. m. 1 Abbildg. u. 3 Kartentaf.) 8. Trier 910. J. Lintz. nn — 40

—— aus der vaterländischen Geschichte in Wort, Gedicht und Lied. Festgabe für die deutsche Jugend. Von Lehrern des Kreises Essen. 1.—3. Heft. 8. Essen, (Bädeker.) *
Inhalt:
Heft 1. Hermann, der Befreier Deutschlands. (20 S.) 876. * 15 Pf.
" 2. Karl der Große, der erste Kaiser der Deutschen. (28 S.) 877. * 20 Pf.
" 3. Heinrich I. (16 S.) 877. * 12 Pf.

**Bilder** aus der Geschichte des Hauses Wettin 1089 bis 1889. 1889. V: *Siebenhaar, A. & Franz Th. Blanckmeister.* (bem I, 1, 70)

— aus der Geschichte d. Hauses Wettin. 1089—1889. 8. (110 S. m. Abbildgn.) Leipzig 889. (Buchhandlg. d. Vereinshauses.) n. — 60

—— aus der Geschichte d. Hauses Wettin. 1089—1889. 8. (110 S. m. Abbildgn.) Lpz. 889, (Wallmann). * — 50

—— und Geschichten aus der innern Mission, s. Beiblatt, das, der fliegenden Blätter rc.

— u. Geschichten f. das kleine Volk. qu. 4. (8 S. m 4 color. Steintaf.) Leipzig 874. Bauer. — 37

—— und Geschichten für das kleine Volk. qu. 4. (8 S. mit 4 color. Stnt.) Leipzig 874, Reclam sen.

—— geschichtliche, aus Lyon, s. Schillings-Bücher.

— geschichtl. (a. Ungarn). 4 Bl. à 60×80 cm. Farbdr. Wien 97, (E Hölzel). à 3 —; auf Deckel à 3 —
1. Das Rathhaus in Leutschau. | 2. Das Rathhaus in Bartfeld. | 3. Die Jáker Kirche bei Steinamanger. | 4. Die Burg Vajda-Hunyad (Siebenbürgen).

**BILDER**, Getroffene, aus dem Leben vornehmer Knabenschänder und andere Scenen aus unsrer Zeit und Herrlichkeit. Mit Titelkpfr. Merseburg, Fr. Weidmann, 1833. 8°. 198 SS. Sehr selten!

**Bilder** u. Gleichnisse a. d. hl. Schrift. 4° (15 m. z. Tl farb. Abb.) Nurnbg 98, T Stroefer. — 75

**Bilder** aus Ottomars Guckkasten, in neun Hauptvorstellungen für die Optik der Seele; ... Chambery 1800. V: *Christiani, Otto Conrad.* (MGT)

**BILDER** aus dem Harem. Erlebnisse eines Eunuchen. Mit vielen Illustrationen. (c. 1900?). (3 Mk. W. A. Gabriel, R. Klinger, M. Luck, sämmtl. in Berlin.)
Angeblich confiscirt gewesen.

— von Deutschlands Heer u. Flotte. Künstler-Steinzeichngn. Nr. 1—18. Farbdr. München, R. Oldenbourg. à n. 7. —
Becker, C., die Badenser bei Nuits. 18. XII. 1870. 70,5×100,5 cm. (905.) (Nr. 8.)
— die 11er Pioniere bei Morsbronn (Wörth), 6. VIII 1870. 70,5×100,5 cm. (904.) (Nr. 4.)
Diemer, M. Zeno, Untergang S. M. Kanonenboot „Iltis" an der Küste v. Shantung. 70,5×100,5 cm. (905.) (Nr. 18.)
Hoffmann, Ant., Batterie Hasse bei St. Hubert (Gravelotte). 18. VIII. 1870. 70,5×100,5 cm. (904.) (Nr. 3.)
— 3. bayer. Chevaulegers-Regiment bei Wörth. 70,5×100,5 cm (905.) (Nr. 12.)
Jank, A., Brigade Bredow bei Vionville, 16. VIII. 1870. 70,5×100,5 cm. (905.) (Nr. 7)
Knötel, R., die 2. Leib-Husaren auf der Verfolgung bei Artenay. 10. X. 1870. 70,5×100,5 cm. (904.) (Nr. 2.)
Messerschmitt, P. F., am Abend nach der Schlacht v. Belle-Alliance. 70,5×100,5 cm. (905.) (Nr. 11.)
Putz, Ludw., Batterie Prinz Leopold bei Villepion. 70,5×100,5 cm. (905.) (Nr. 10.)
— die Bayern in Bazeilles (Sedan), 1. IX. 1870. 70,5×100,5 cm. (904.) (Nr. 5.)
Röchling, K., Erstürmung des Roten Berges bei Spichern. 6. VIII 1870. 70,5×100,5 cm. (904.) (Nr. 1.)
Schultz, Harry., S. M. Kanonenboot „Meteor" von Habanna. 9. XI. 1870. 70,5×100,5 cm. (905.) (Nr. 9.)
Stöwer, W., S. M. S. „Iltis" im Kampf gegen die Taku-Forts, 17. VI. 1900. 91,5×60 cm. (905.) (Nr. 6)

—— der Heiligen. 1—5. Lfg. gr. Fol. (à 4 chromolith. Bl.) Düsseldorf 856, Arnz und Comp. à Lfg. * 1 Thlr. 20 Ngr. *
Einzelne Bl. * —

—— der Heiligen. 6—11. Lfg. (à Lfg. 4 chromolithogr. Bl.) gr. Fol. Düsseldorf 857—59, [Elkan, Bäumer und Comp.] à Lfg. * 1 Thlr. 20 Ngr. *
Einzelne Bl. * —
1—5. Lfg. Ebendas. 1856. * 8 Thlr. 10 Ngr.

— der Heiligen. 12.—14. Lfg. (à 4 Chromolithogr.) gr. Fol. Düsseldorf 862, [Breidenbach und Comp.] à Lfg. * 1 Thlr. 20 Ngr. *
einzelne Bl. * —
1.—11. Lfg. [Ebendas.] 1856—59. * 18 Thlr. 10 Ngr.

— aus der deutschen Heimarbeit, s. a. Fortschritt, sozialer.

**Bilder** aus der deutschen Heimarbeit. Hrsg. v. d. literar. Komm. d. dt. Heimarbeitsausstellung. — Leipzig: Dietrich 1906. 31 S. 8° (Sozialer Fortschritt. 63/64.)

Bilder aus der deutschen Heimarbeit. Hrsg. von d. literar. Komm. d. deutschen Heimarbeitsausstell. 2. Taus. Leipzig 1906. 8°. (Sozialer Fortschritt. Nr 63 64.)

**Bilder** aus der Heimarbeit in der Holzindustrie. Nach den Berichten seiner Gauvorsteher für die Heimarbeit-Ausstellung im J. 1906 zusammengestellt und hrsg. vom Vorstand des deutschen Holzarbeiterverbandes. 8°. Stuttgart, Holzarbeiterverband, 1906. 63 S.m.Abb.

Bilder der Heimat
s.a. Neue Bündner Zeitung (II).

— aus der Heimath. Oesterreichische Volksschrift zur Belehrung und Unterhaltung mit besonderer Rücksicht auf vaterländ. Geschichte, Topographie u. Statistik. Unter Mitwirkung ausgezeichneter Fachmänner herausg. von Karl Aug. Schimmer. Mit 12 Abbildgn. (Holzschn.) (2. Ausg.) Wien 853. Pichler. (Leipzig, Liebeskind.) Lex.-8. (1 Bl., 382 S.) 1 ₰ 15 ngr

Bilder aus der Heimat. (Hrgg. v. Theodor Dittmann.) Neumünster. 4° u. Fol.
Jg. 1, Nr. 1—20. 1910. Jg. 2, Nr. 1—20. 1911.
Weiteres ist nicht erschienen.

Bilder aus Heimat und Fremde, s.a. A n z e i g e r für Ruswil und die Gemeinden Buttisholz . . .

Bilder aus Heimat und Fremde, s.a. V o l k s z e i t u n g, Schweizerische Freie.

Bilder aus Heimat und Fremde, s.a. W o c h e n b l a t t für die Bezirke Bülach und Regensberg.

—— aus der Heimath u. Fremde. Hrsg. v. Karl Riedel. 8. (12¼ B.) Leipzig 843, Schreck.
Aus: Bibliothek d. Unterhaltung besond. abgedruckt.

— a. d. H e i m a t g e s c h. Hrsg. v. freien nordböhm. Lehrervereine. (95) gr8° Rumburg, H Pfeifer '12. nn — 70 d

Bilder zur Heimatskunde der Provinz Hannover. *Bielefeld & Leipzig: Velhagen & Klasing 1900.* (66 S.) 8° [F.]

— heitere. Oder: Wie die Alten sungen, so zwitscherten die Jungen. Mit Reimsprüchen für Kinder. gr. 8. (4 S. u. 10 lith. u. color. Taf.) Stuttgart 851, Thienemann. ⅜ ₰

— heitere, aus Berlin. Berlin 863. Reichardt & Zander in Comm. 8. Jedes Heft 2½ ngr
1. Heft: Schneppe vor der Trinkhalle. (18 S.)
2. „ Herr Schneppe im Omnibus. (16 S.)

— heitere, für artige Kinder. Stuttgart 866. H. Müller. qu. 4. (16 lith. u. color. Bll. mit Text.) 1 ₰

—— heitere, aus dem Kinderleben. qu. gr. 4. (12 color. Stnt. auf Carton.) Stuttgart 878, G. Weise. cart.

Bilder, heitere, aus dem Kinderleben. 6 Bilder in Farbendr. Mit Text v. Klara Reichner. 4. (6 Taf. m. 12 S.) Stuttgart 889. G. Weise. cart. n. 1. —; unzerreißbar 2. —

— dasselbe. 18 Bilder in Farbendr. (m. eingedr. Text). Leporello-Ausg. gr. 4. Ebd. 890. Auf Pappdeckel. 3. —; lackirt 3. 50

— heitere, für unsere Knaben. gr. 4. (24 S. m. farb. Abbildgn. u. eingedr. Text.) München (900). Braun & Schneider. Kart. n. 2. —

— heitere, f. unsere Mädchen. Fol. (24 S. m. farb. Abbildgn.) Ebd. (901). Kart. n. 2. —

—— historische, mit erläut. Text, v. verschied. Künstlern u. Gelehrten. 1. Bd, 1—5. Hft. gr. 4. (à 6 Stnt. u. zusamm. 8½ B. Text.) Carlsruhe 833, Velten. à
Ist Forts. d. „histor. Wochenblätter" 1. Jahrg. 1832. Aug.—Dec. Ebendas. 2 Thlr. 4 Gr.

— historische, mit erläut. Text, von verschied. Künstlern und Gelehrten. 1r Bd. 1s – 5s Hft., jedes mit 6 Steintaf. gr. 4. Karlsruhe 833, 34. Velten. à Hft. ½ ₰

—— historische, von Meißen. gr. 8. (80 S. mit 1 Stnt. in qu. gr. 4.) Meißen 862, Mosche. *

**Bilder**, Historisch-romantische, aus alter und neuer Zeit. Fünftes grosses Volksschauspiel, aufgeführt von der Gesellschaft der Japanesen in Schwyz den 12., 15., 17. und 22. Febr. 1874. 51 Sin. 8°. Schwyz, Eberle. 1874 — 50

— aus Holland. (Malbuch.) (4 farb. u. 4 schwarze Bl.) qu. kl. 8. Mainz (905). J. Scholz. — 50

— a. Holland. (Malb.) (8 [4 farb.] Bl.) qu.kl8° Mainz, J Scholz ('05). — 50 d

**Bilder** aus dem Honvedleben. Wien 1851. 2. Aufl. Leipzig 1854. V: *Martini, Carl Wilh. Ritt. v.* (Ky) (Pr)

**Bilder aus d. Honvédleben v. K. W. M******.** 8. (XII u. 344 S.) Wien 851, (Jasper, Hügel &) Manz. 1 ₰ 12 ngr

Bilder aus dem Honvédleben von C. W. M******* (Martini). 2. (Titel-)Ausg. 8. (XII und 344 S.) Leipzig 854, (Hübner.) Thlr.

—— dass., s.: Biblioth. deut. Orig.-Rom.

— — 2. Aufl., s. Album, Bibliothek deutscher Original-Romane.

—— hübsche, für kleine Augen. 4. (6 Chromolithogr. mit 6 Bl. Text.) Wien 877, Erstes Wiener Depot evangel. Druckschriften. *

—— dass. — (2. Aufl.) 4. (6 Chromolithogr. mit 6 S. Text.) London 879. (Leipzig, Böhme.) *

—— hübsche, für kleine Augen. 4. (6 Chromolithogr. mit 6 S. Text.) London 880. (Leipzig, Böhme.) *

—— hübsche, mit kleinen Erzählungen, Märchen, Fabeln und Gedichten für ganz kleine Leute. Lex.-8. (18 S. mit 8 Chromolithogr.) Mülheim a. d. R. 871, Bagel. cart.

**Bilder und Humoresken. Aus dem Schreibtisch eines Kleinstädters.** Ratibor 856. Wichura. 8. (XII, 188 S.) 21 ngr

— humoristische, aus dem Kaufmannsleben. Gesammelt u. herausg. von einem alten Commis-Voyageur. Berlin 857. Reymann. 16. (1 Bl., 125 S.) 7½ ngr

BILDER, Humoristische Münchener. (Kellerleben. — Caffeehausbilder. — Concert b. Gung'l. — Beim Salvator. — Im Hofbräuhaus.) München, o. J. 8°. Orig.-Umschl.
Auct. Dr. Franz Schnitzer. München, Hugo Helbing. Novbr. 1902, no. 2157—59 (3 Expl.).

—— humoristische Münchner. gr. 8. (67 S. mit eingedr. Holzschn.) München 874, Wurm.

Bilder, H u n d e r t, s. B i l d e r, Einhundert.

**Bilder** aus dem ersten Jahrzehnt des Polytechnikums. Zürich 1894. V: *Geiser, Carl Friedrich.* (ZÜRKL)

**Bilder** von Ihr. Stof, für Künstler sich zu verewigen. Wien 1781. V: *Rautenstrauch, Johann.* (BIBLPORT)

— von Ihr, od. Gem. a. Theresiens Regier. Jahren &c. gr. 8. Wien, Gerold. 781.

— von Ihr, Stoff f. Künstler, sich zu verewigen. Zum Andenken an Marien-Theresien. gr. 8. Wien 781. Kaulfuß. 8 gr

— zur Jobsiade. Nach Gemälden u. Zeichnungen von J. P. Hasenclever, gest. v. T. Th. Janssen. 1. Lief. Jobsens Rückkehr v. d. Universität. — Der Candidat im Examen. — Der Schulmeister. qu. Fol. (3 Blätt.) Düsseldorf 844, Buddeus. Ausg. No. 1. vor d. Schrift chin. Papier. n. 6 ℛ No. 2. mit der Schrift chin. Papier n. 4 ℛ No. 3. mit der Schrift weiß Papier n. 2½ ℛ

— aus Italien. Landschaft, Baukunst, Leben. 174 Aufnahmen deutscher Amateure. 1—80. Taus. (4 Bl. Text u. 96 S. Abb.) Lex. 8. Düsseldorf (909). K. R. Langewiesche. (D. Welt d. Schönen. 3.) 1.80

— a. Italien. Landsch., Baukunst, Leben. 135 Aufnahmen deut. Amateure. 56—75. Taus. (15 u. 96 m. Abb.) Lex8° Düsseld., KR Langewiesche ('12). 1.80; L 3 —

[Bilder für die Jugend. Volkstrachten gez. von M. v. Schwind u. a.] Wien, Trentsensky [um 1825—30].
83 Bl. Lithogr., darunter kol. Wiederholungen und Nachdrucke, aus einer in 5 Heften erschienenen Folge von 60 Bl., an der Schwind mitgearbeitet hat. 2°.
*In der Nummernfolge fehlen 14 Bl. Enthält historische Trachten und Volkstrachten aus mehreren Erdteilen.*

Bilder für die Jugend. 15 Hfte. à 12 Bl. Fol. u. qu. Fol. Wien 829. Trentsensky. à Hft. 4 gr

— aus dem Jugend-Bund f. entschiedenes Christentum in aller Welt, e. Werkzeug in Gottes Hand zur Gewinnung der Jugend f. Christus u. die Kirche, zugleich Geschichte dieser weltweiten Bewegung. Meist nach Orig.-Berichten hrsg. v. Blecher. Mit e. Nachwort v. Fr. E. Clark. (300 S. m. 198 Abbildgn.) 8. Friedrichshagen bei Berlin 905. Jugendbund-Verlag. n. 1. 50

— aus der Jugendwelt in einer Auswahl von Erzählungen, Märchen, Liedern, Fabeln u. Räthseln. Bevorwortet v. Ferd. Seinecke. Mit 8 Illustr. (in Holzschn.) v. Herrm. Kauffmann. gr. 12. (VIII u. 184 S.) Hannover 852, Ehlermann. ¾ ℛ

— aus der Jugendwelt in einer Auswahl von Erzählungen, Märchen, Liedern, Fabeln und Räthseln. Bevorwortet von Ferd. Seinecke. 2. (Titel-)Aufl. gr. 12. (VIII und 184 S. mit 8 Holzschnt. von Herrm. Kauffmann.) Hannover (852)59. [Dresden,] Ehlermann.

— aus froher Jugendzeit. (12 S. auf Pappe m. z. Tl. farb. Abbildgn.) Lex.-8. Eßlingen (906). J. F. Schreiber. Geb. 2. 50

Bilder aus Kairo. (72 Blätter Photographien) in 2 Bdn fol

**Bilder** aus Kärnthen. Klagenfurt [1863—66]. V: *Pernhart, Marcus.* (EB)

**Bilder, Katholische,** aus Indien. Wien 1904. V: *Rozum, Ernst.* (EB)

— aus dem Kautschuklande. (16 Bl.) qu. kl. 8. Dresden (906). Steinkopff & Springer. In Umschlag n. 1. 50

— a. d. Kautschuklande. (24 Bl.) 19×25 cm. Dresd. ('07). Berl., Union, Zweigniederlassg. in Umschl. 1.50

— f. Kinder mit Hinsicht auf Andrea u. Bechsteins Spaziergänge. 6 Hefte. 24 ill. u. 24 schwarzen Abdr. gr. 4. Nürnb. 792—95. Frauenholz. 3 ℛ Blos ill. 2 ℛ 10 gr

— für kleine Kinder. (24 ill. Steintaf. mit gereimter Unterschrift.) 4. Neuhaldensleben 835. Eyraud. ⅔ ℛ

— aus dem Kinderkreise. Nürnberg 869. Koenecke. qu. 16. (12 lith. u. color. Bll.) 5 ngr; auf Leinwd. 10 ngr

— aus dem Kinderkreise. qu. 16. (12 lithogr. und color. Taf.) Nürnberg 874, Koenecke. cart. Auf Leinwd.

— aus dem Kinderleben. 8 Erzählungen für Kinder. Mit bunten Bildern. 1. Aufl. (6 S.) 1852. 8 Ngr. und 2. Aufl. 4. (8 S. mit 8 Stnt.) Neusalza 855, Borndrück.

— aus dem Kinderleben. 8 Erzählungen für Kinder. Mit 8 (lith.) bunten Bildern. 2—4. Aufl. Neusalza 856—58. Borndrück. 4. (8 S.) 12 ngr

— a. d. Kinderleben. qu. 4. (12 L.) Stuttg. 57, (Risch.) — 12

— aus dem Kinderleben. Ein Bilderbuch zur Unterhaltung. Stuttgart 857. (Gebr. Scheitlin.) qu. 4. (12 Bl. mit lith. u. color. Abbildgn. im Text.) 12 ngr

— aus dem Kinderleben. Mancherlei mit Bildern zur Anschauung und Belehrung für artige Kinder. gr. 4. (30 Chromolithogr. [8 Bl.] auf Carton mit eingedr. Text.) Leipzig 883, Cavael. geb. *

Bilder aus dem Kinderleben. Mancherlei m. Bildern zur Anschaug. u. Belehrg. f. artige Kinder. gr. 4. (30 Chromolith. [8 Bl.] auf Carton m. eingedr. Text.) Leipzig 883. Görlitz, Förster's Verl. geb. n. 2. 50

— aus dem Kinderleben. 12. (8 Farbdr. m. eingedr. Text.) Reutlingen 891. Enßlin & Laiblin. — 10; auf Pappe — 25

— dasselbe. 12. (8 farb. Bl. m. eingedr. Text.) Ebd. 892. — 12; m. eingedr. u. 8 S. Text — 15

Bilder aus dem Kinderleben des Pestalozzi-Fröbel-Hauses in Berlin. (Vorr.: Clara Richter [&] Lili Dröscher.) *Hamburg-Großborstel: Gutenberg-Verl. 1904.* (95 S.) 8°
— [Vereinszeitung d. Pestalozzi-Fröbel-Hauses in Berlin. 1904. April-No.] [04. 1008]

— aus der Kinderwelt. Ein allerliebstes Bilderbuch mit 12 ill. Bildern. 4. (12 Stnt.) Fürth 860, Löwensohn.

— aus der Kinderwelt. gr. 4. (8 farb. Taf.) Wesel 891. W. Düms. — 50

— aus der Kinderwelt in schönen Geschichten dargestellt. Mit unterhaltenden Geschichten für die liebe Jugend. 8. (16 S. mit 12 lithochrom. Bilder.) Wesel 849, Bagel.

— der frühesten Kindheit. 4. (3 S. und 8 ill. Stnt. mit Text.) Stuttgart 854, Schreiber und Schill.

— aus frühster Kindheit v. Ernst August. 16. (36 S.) Karlsr. 889, (Ev. Schriftenverein). — 75

— u. Klänge a. der Alpenwelt. Landschaftsbilder v. Gust. Bauernfeind, Arth. Calame, Ludw. Dill u. a. Meistern, umrahmt v. Worten deutscher Dichter u. Denker. gr. 4. (VIII, 136 S.) Gera 896. C. B. Griesbach. Geb. in Leinw. 7. 50

— und Klänge aus Alt-Erfurt. 1. Heft: Erfurter Dom-Sagen von H. Kruspe. 4. (16 Bl. mit 16 Illustr.) Erfurt 888, Körner'sche Buchh. *

— und Klänge aus Rudolstadt, s. Sommer, A.

— und Klänge aus Rudolstadt. In Volks-Mundart. (Von Ant. Sommer.) 1. Heft. 853. (64 S.) — 2. verm. Aufl. Mit 1 Musikbeilage (in 4.). Rudolstadt 857. Renovanz. (Scheitz.) 16. (64 S.) n. 10 ngr

Bilder und Klänge aus Rudolstadt. In Volks-Mundart. (Von Ant. Sommer.) 2. Heft. 854. (72 S.) — 2. verm. Aufl. Ebend. 858. 16. (79 S.) n. 10 ngr

— — 3. Heft. Ebend. 856. 16. (62 S.) 10 ngr

— und Klänge aus Rudolstadt. In Volksmundart. (Von Ant. Sommer.) 4. Hft. Rudolstadt 859. Scheitz. 16. (79 S.) n. 10 ngr

Bilder u. Klänge aus Rudolstadt. In Volksmundart. (Von Ant. Sommer.) 4 Hefte. (120 S. mit 1 Musikbeilage in 4.) Rudolstadt 865. Scheitz. (Schwabe.) 16. Jedes Heft n. 10 ngr

1. Heft. Mit 1 Musikbeilage. 3. Aufl. 865. — 4. Aufl. 868. (120 S.) — 2. Heft. 3. u. 4. Aufl. (96 S.) — 3. Heft. 3. Aufl. (80 S.) — 4. Heft. 3. Aufl. (83 S.)

—— kleine. Erzählungen u. Skizzen engl. Novellisten. Autoris. Uebersetzg. von L. v. C. 8. (121 S.) Lpz. 892, [Ottmann]. * 1 —

**Bilder, Kleine,** für kleine Leute. ... Leipzig 1804. V: *Löhr, Joh. Andreas Christian.* (Ky)

— kl., f. kl. Leute. Zu einem ABC, u. Lesebuche zweckmäßig eingerichtet. Mit 22 Kpf. 8. Leipz. 804. 2e mit e. kurzen Anweis., leicht lesen zu lehren verm. Aufl. 8. Leipz. 813. Gr. Fleischer. 1 ₰ 8 gr Hbd. Pr. 20 gr

— aus den deutschen Kolonien. Lesestücke, gesammelt u. bearb. im Auftrage der deutschen Kolonialgesellschaft. 1.—18. Taus. (VI, 187 S.) 8. Essen 908. G. D. Baedecker. Kart. 1.—; geb. in Leinw. 1.50

— a. d. deut. Kolonien. Lesestücke, ges. u. bearb. im Auftr. d. deut. Kolonialgesellsch. 1—32. Taus. (187) 8° Ess., GD Baedeker '08!09. Kart. 1 —; L. 1.50 d

— colorirte christliche. (43 color. Holzschn. in 8. u. qu. 4. m. Text.) Stuttgart 852, Quack. 18 ngr

Bilder aus Konstantinopel. (163 Bl Photogr.) 4° Konstantinopel

—— aus Krain. (In 4 Bdn.) I. Im Gebiete der Steiner-Bahn. Schilderungen v. Joh. Sima, Zeichngn. v. Lad. Benesch. 12. (IV, 192 S.) Laibach 891, v. Kleinmayr u. Bamberg. cart. * 4 —

— a. d. Eisenacher Kreis. Von A. v. B. 8. (III, III, 143 S. m. 11 Taf.) Eisenach 895. H. Kahle. Geb. n. 2. —

Bilder. Den eidgenössischen Wehrmännern gewidmet: B' des Kriegs, eine Sammlung interessanter und lehrreicher Feldzüge, Schlachten, Gefechte ..., Scenen des kleinen und des Guerillaskriegs und einzelner Heldenthaten. 8. Biel 1847.

— des Kriegs vom Jahre 1813, von Justus Civilis. 8. Leipzig 831. (W. A. Künzel.) $1/2$ ₰ (Schumann)

—— vom Kriegsschauplatz. Ein Prachtbilderbuch für die Jugend. gr. Fol. (10 Holzschntaf. in Buntdr.) Stuttgart 872, G. Weise.

— aus Ottomars Guckkasten, in 9 Hauptvorstellungen f. d. Optik d. Seele, gesammelt u. herausg. v. Bonmarmota, m. K. 8. Lpz. Joachim. 800.

[J.] Bilder deutscher Kultur und Geschichte in Musterdarstellungen z. Studium f. Lehrer u. Lernende sowie z. Belebg u. Förderg des Unterr. *Langensalza: F. G. L. Gressler 1898.* (IV, 339 S.) 1 Bd 8. [98. 1734

— deutscher Kultur u. Geschichte in Musterdarstellungen zum Studium f. Lehrer u. Lernende, sowie zur Belebg. u. Fördg. des Unterrichtes. 2. Aufl. 8. (IV, 339 S.) Langensalza 900. Schulbuchh. 3.40

— deutscher Kultur u. Geschichte in Musterdarstellgn. zum Studium f. Lehrer u. Lernende sowie zur Belebung u. Förderg. des Unterrichtes. 3. Aufl. (IV, 351 S.) 8. Langensalza 909. Schulbuchh. 3.50; geb. 4.20

**Bilder.**— 1857-1907. Kulturgeschichtliche Bilder aus dem bergischen Lande. Festschrift zur Fünfzig-Jahrfeier der Firma C. Cremer G.m.b.H., Velbert. Hrsg. v. Carl Cremer u. Herm. Cremer. – (Schöneberg-Berlin 1907: Meisenbach, Riffarth & Co.) 88 S. 4°

**Bilder, Culturhistorische,** aus dem Meininger Oberlande. Hildburghausen 1876. V: *Fleischmann, A.* (BMarsch 311)

— culturhistorische, aus dem Meininger Oberlande. I—III. [Aus: „Industrie u. Handelsgeschichte des Meininger Oberlandes".] gr. 8. Sonneberg 876. 77. (Hildburghausen, Kesselring.) à n. 1. —

1. (80 S.)

2. 3. Lebensbeschreibung des Gotthelf Greiner zu Limbach, Erfinder des Thüringer Porzellans. 1732—1797. 2 Hfte. (65 S.)

— aus der buddhistischen Kulturwelt. Deutsch hrsg. v. Karl Seidenstücker. 1. Tl. 8. Leipzig (908). Buddhist. Verlag. 2.40

Im Schatten v. Shwe Dagon. Ein buddhist. Kulturbild aus Burma. Von Bhikku Ananda Mettoyya. (III, 88 S.)

Bilder a. d. Kunst aller Zeiten. Hrsg.: F Grussendorf. 1—3. u. 5. Mappe. 20,5×25,5 cm. Nebst Textheften. gr8° Stegl.-Berl., Neue photograph. Gesellsch. je 3.50 d

*Die 4. Mappe ist noch nicht erschienen.*

Grussendorf, Ferd.: Bilder a. d. italien. Renaissance. 1. Tl. (20 Taf. u. Text. 40 S. m. 1 Taf.) '11 [3]

Michaelis, W: Bilder a. d. antiken Plastik. (20 Taf. u. Text 52 S.) '11 [2]

Weidel, Karl: Bilder u. Bemerkgn zu Lessings Laokoon. (21 Taf. u. Text 31 S.) ('11) [1]

— Deut. Kirchbau im MAlter. (20 Taf. u. Text 35 S. m. 1 Taf.) '11 [5]

— aus dem Flensburger Kunstgewerbe-Museum. Ausgewählt u. hrsg. v. der Direktion des Museums. (60 Taf. m. III S. Text.) Lex. 8. Flensburg 907. (G. Soltau.) (Meyer) nn 2.50

—— aus dem k. Kunst- u. Altertümer-Kabinet u. der k. Staatssammlung vaterländischer Kunst- u. Altertums-Denkmale in Stuttgart. Im Auftrage d. k. Ministeriums d. Kirchen- u. Schulwesens hrsg. v. d. Inspektion d. k. Kunst- u. Altertümer-Kabinets u. d. Direktion d. k. Staatssammlg. vaterländ. Kunst- u. Altertums-Denkmale. Fol. (27 S. m. 20 Lichtdr.-Taf.) Stuttg. 889, Kohlhammer. * 6 —

Bilder von den Kupferkies-Lagerstätten bei Kitzbühel und den Schwefellagerstätten bei Swoszowiče. Nach der Natur aufgenommen von den k. k. Bergbeamten, redigirt von dem k. k. Ministerialrathe F. M. Ritter von Friese, herausgegeben auf Befehl Sr. Excellenz des Herrn k. k. Ackerbau-Ministers Julius Grafen Falkenhayn. Mit 78 Lagerstätten-Bildern in $1/20$ Naturgröße. Kl.-4. (34 S. Text.) In cart. Umschlag 8.—
Wien: Hölder 1890

Bilder aus d. Davoser Kurleben. Von einem alten Kurgast. In-8°. Davos, H. Richter. 1 —

Bilder aus dem Davoser Kurleben. Von einem alten Kurgaste. In-8°, 98 S. Davos, Hugo Richter. 1886 1 50

— a. d. deutschen Küstenländern d. Ostsee v. Johs. Biernatzki, L. Ernst, G. A. Lincke, Carl Blasendorff u. Bernh. Ohlert, s.: Land u. Volk, uns. deutsches.

**Bilder, Läbedi;** Dialekt-Lustspiel. Winterthur 1883. V: *Steiner, Leonhard.* (Cat. d. Stadtbibl. Zürich. Zürich 1864—97.)

Läbedi Bilder. Dialekt-Lustspiel in 4 Akten. In-8°, 65 S. Winterthur, Dr. von Bleuler-Hausheer & Cie., 1883. 1 50

—— von den Lagerstätten des Silber- und Bleibergbaues zu Přibram und des Braunkohlen-Bergbaues zu Brüx. Gezeichnet von den k. k. Bergbeamten, redig. von F. M. Ritter v. Friese, hrsg. auf Befehl Sr. Exc. des Herrn k. k. Ackerbau-Ministers Jul. Grafen Falkenhayn. 4. (88 S. mit 105 Gangbildern in 1/20 Naturgrösse und 1 Atlas [7 Taf. in Imp.-Fol.].) Wien 887, (Hölder.) cart. *

— aus dem heiligen Lande. 40 ausgewählte Original-Ansichten biblisch-wichtiger Orte, in Begleitung Dr. v. Schubert treu nach der Natur aufgenommen u. gezeichnet von J. M. Bernatz, lithogr. von Emminger und Federer, Druck von Küstner. Mit erläut. Texte v. G. H. v. Schubert. 1s—4s Hft. 50 Taf. qu. 1/2 Fol. Stuttgart 838, 39. Steinkopf. (Hänel.) In Ausgaben zu n. 6 2/3 ℛ n 8 ℛ n. 10 ℛ n. 14 ℛ

—— aus d. heil. Lande. 40 ausgewählte Orig.-Ansichten bibl.-wicht. Orte, in Begleit. d. etc. Dr. v. Schubert treu nach d. Natur aufgenomm. u. gez. v. J. M. Bernatz, lithogr. v. Emminger u. Federer, Druck v. Küstner. Mit erläut. Texte v. G. H. v. Schubert. 4 Hfte. qu. 1/2 Fol. (30 Taf., lith. Titvign. u. 44 Bl. Text.) Stuttgart 838—40, Steinkopf. I. Ausg.: * 1 1/3 Thlr. II.: * 2 Thlr. III.: * 2 1/2 Thlr. IV.: *

— aus dem heil. Lande. 40 ausgewählte Original-Ansicht. biblisch-wichtiger Orte, treu nach der Natur gezeichnet von J. M. Bernatz. — Mit erläut. Texte von G. H. v. Schubert. (2. Ausg.) — Souvenirs pittoresques de la terre sainte. 40 vues originales, dessinés par J. M. Bernaz. Avec un texte explicativ par G. H. de Schubert, trad. par A. Vinet. (2. éd.) qu. gr. Lex.-8. (43 Blätter deutsch. und französ. Text mit Titelvign.) Stuttgart 842, J. F. Steinkopf. n. 3 1/3 ℛ

—— aus der Länder- und Völkerkunde. 1. Bdchn. 8. (116 S.) Zwickau 859, Verlagsbuchh. des Volksschriften-Vereins.

[F.] Bilder aus der evang.-prot. Landeskirche des Grossherzogtums Baden. (Heft) I. *Heidelberg: J. Hörning 1896.* 8.

— a. d. evang.-prot. Landeskirche d. Großherzogt. Baden. I—V. gr. 8. Heidelberg, Evang. Verlag. n. 2. 60
I. D. Zeitalter Karl Friedrichs als Vorbereitg. d. Vereinigg. d. luther. u. d. reform. Kirche i. Großherzogt. Baden. E. Büchlein f. d. evang. Volk v. Emil Zittel. (50 S.) 895. n. — 40
II. D. Reformationsjubiläum v. 1817 u. d. Union, d. h. d. Vereinigg. d. luther. u. reform. Kirche i. Großherzogt. Baden u. s. Nachbarländern z. evang.-protestant. Landeskirchen. E. Büchl. f. d. evang. Volk v. Emil Zittel. (80 S.) 897. — 60
III. Ignaz Heinr. v. Wessenberg u. s. Zeitgenossen, Lichtgestalten a. d. Katholizismus d. 19. Jahrh. v. Karl Kühner. M. 1 Abb. (51 S.) 897. n. — 40
IV. D. Bekenntnisstand d. evang.-protest. Kirche i. Baden. Konsensusunion od. bibl. Union? Von Herm. Sprenger. (36 S.) 898. n. — 40
V. Richard Rothe. Von H. J. Holtzmann. (Erweit. Abdr. a. „Bad. Biographien".) Nebst 3 Beilagen: Rothe, R., D. Kampf zw. Glauben u. Unglauben a. Jesum i. d. Herzen d. Kinder uns. Zeit. Predigt, geh. a. 5. Sonntag n. Trinitatis 1857, b. d. akadem. Gottesdienste z. Heidelberg. Rothe, R., Ueb. kirchl. Lehrfreiheit. Prinzip., v. Rothe verf. Tl. d. Erlasses d. bad. evang. Oberkirchenrates v. 17. VIII. 1864. „D. Stellg. d. Kirchenr. Schenkel als Seminardirektor in Heidelberg betr." Rothe, R., Durch welche Mittel können d. d. Kirche entfremd. Glieder ihr wiedergewonnen werden? Thesen zu s. a. d. ersten Protestantentag z. Eisenach a. 7. u. 8. Juni 1865 geh. Vortrage. (48 S.) 899. n. — 80

— aus der evang.-protest. Landeskirche des Großherzogt. Baden. VI. gr. 8. Heidelberg, Evangel. Verlag. n. — 75
Bilder u. Beiträge aus u. zur kirchlichen Geschichte der Stadt Mannheim. 1652—1689. Von Ed. Rühle. 1. Hft. I. Sammlung, Organisation u. erste Schicksale der drei reformierten Gemeinden. II. Die Pest u. La Rose. III. Die deutsche Gemeinde, Pfarrer Ehlm u. die Spitalanfänge. (80 S.) 901.
I.—V. Ebd. 895—899. n. 2. 60.

Bilder aus d. evang.-protest. Landeskirche d. Großherzogt. Baden. VII. gr. 8. Heidelberg, Evangel. Verlag. n. — 75
Bilder u. Beiträge aus u. zur kirchlichen Geschichte der Stadt Mannheim, 1652—1689. Von Ed. Rühle. 2. Heft (Schluß). IV. Kurfürst Karl Ludwig, die Lutheraner u. die Eintrachtskirche. V. Die französ. Gemeinde u. der Kampf des Pfarrers Pollevin um die Einsührg. der hugenott. Kirchenzucht. VI. Die Zerstörg. u. Zerstreug. (92 S.) 902.
I—VI Ebd. 895—901. n. 3. 35.

— aus der evangel.-protest. Landeskirche des Großherzogt. Baden. VIII. 8. Heidelberg, Evang. Verl. — 50
Chronik d. evangel. Gemeinde Waldkirch-Kollnau-Gutach, nebst e. Abriß der Geschichte der Stadt Waldkirch i. B., zur Erinnerg. an ihr 44jähr. Bestehen u. zur Eröffng. ihres neuen Gemeindehauses verf. Von Karl Kühner. (42 S. m. Abbildgn.) Waldkirch 900.

— a. d. evang.-protest. Landeskirche d. Grossh. Baden. IX u. X. 8° Heidelbg, (Evang. Verl.). (I—X: 7.60) d
Kaiser, Otto: Die evang. Diaspora im mittl. Kinzigtal — Wolfach, Hausach, Haslach — u. ihre Gesch. (29) '10 [IX] — 40
Ludwig, A: Die Diöz. Hochberg z. Z. Karl Friedrichs. Beitrag z. bad. Kirchen- u. Kulturgesch. (147) '11 [X] 2.50

-- ländliche. In the country. — A la campagne. — Land leven. — qu. Fol. (16 color. Steintaf. auf Pappe) Stuttgart 874. Eger & Distler. 3. —

—— ländliche. — In the country. — A la campagne. — Land leven. qu. Fol. (16 color. Stnt. auf Pappe.) Stuttgart 874, Risch.

— ländliche, für die Jugend. Stuttgart 856. (Gebr. Scheitlin.) 4. (12 color. Lithogr. m. Text.) 15 ℛ

—— ländl. f. d. Jug. qu. 4. (12 L.) Stuttg. 57, (Risch.) — 15

Bilder, landwirthschaftliche. XII. Forstkunde. Zusammengestellt v. J. Pitasch, ins Cechische übers. v. Dr. F.S. Kodym. (Obrazy, Hospodářské. XII. O lesnictví. (pěstování lesa.) Fol. (1 Bog.) Wien: Anton Hartinger & Sohn. 1868.

Langl's Bilder zur Geschichte. Farbendrucke in 7 Tönen. 57×75 *cm* Bildgrösse. Nr. 62: Das Münster zu Strassburg. Nr. 63: Der Zwinger zu Dresden. Nr. 64: Die Wartburg. Nr. 65: Die Habsburg. Pro Blatt, roh 1.20
Wien: Hölzel 1895

Langl's Bilder zur Geschichte für Gymnasien, Realschulen u. verwandte Lehranstalten. Nach den Originalbildern in Oelfarbendruck u. Sepia-Manier ausgeführt. 2. Auflage. 1. Heft. (Tempel v. Edfu — Das Theater des Dionysos in Athen — Dom von Bamberg — St. Stephansdom in Wien). Ebds. 4 Bl. Gr.-Q. u. Hoch-Folio in Umschlag mit Text 9 fl., auf Deckel-Carton gespannt 11 fl. Einzeln unaufgespannt à 2 fl. 50 kr. u. 3 fl., auf Carton à 3 fl. u. 3 fl. 50 kr. 1882

**Bilder** des Lebens ... München 1826. V: *Hauber, Joh. Michael.* (MGT)

**Bilder** des Lebens. Den Manen meines väterlichen Freundes *** geweiht. St. Gallen 1827. V: *Rothpletz, Anna, geb. von Meiss (pseud. Rosalie Müller).* (EE) (GGr III, 990)

—— des Lebens, den Aufzeichnungen eines kathol. Seelsorgers entnommen. Mitgetheilt von J. A. Mor. Brühl. 8. (107 S.) Trier 853, Lintz'sche Buchh.

— aus dem Leben, s. a. Unterhaltungs-Bibliothek.

**Bilder** aus dem Leben, gezeichnet von einem Blinden. Altona 1820—22. V: *Lotz, Hans Georg.* (GGr) (Ky) (NN)

— aus dem Leben, gezeichnet von einem Blinden (G. Lotz.) 1s 2s Bändchen. 8. Altona, Hammerich. 820. 821. (1s 1 Rthlr. 4 Gr. 2s 1 Rthlr.)

Bilder aus dem Leben, gezeichnet von e. Blinden (G. Log). 3 Thle. 8. Altona 821; 822. Hammerich. 3 ℛ 4 Gr.

— aus d. Leben. Eine Auswahl d. neuesten engl. Romane u. Erzähll., (von Elise Wesselhöft). 1r—6r Thl. (1r—2r Thl., enth. Opie's kl. Romane u. Erzähll. 819. 2 ℛ 6 Gr. 3r—4r Thl., enth. Edgeworths Erzähll. 2 Thle. 820. 1 ℛ 18 Gr. 5r Thl. enth. Burney's Schiffbruch. 821. 1 ℛ) 8. Jena, Frommann. 5 ℛ 6r, 7r, 8r Thl. Auch u. d. T.: Warbeck v. Wolfstein; e. Roman aus d. Zeiten des 30jähr. Krieges; nach d. Engl. der Miß Holford. 3 Thle. 8. Ebd. 822. Frommann. 3 ℛ

Bilder a. d. Leben. 1r—5r Bd. (1r—2r Thl. enth. Opie's kl. Romane u. Erzähll. 821. 3 Rthl. — 3r—4r Thl. enth. Edgeworths Erzählungen. 2 Thle 821. 2 Rthl. 8 gr. 5r Thl. enth. Burney's Schiffbruch. 8. 822. 1 Rthl. 10 gr.) 8. Fromann in Jena 821—22.

— dies.; eine Auswahl der neuesten engl. Romane u. Erzählungen, besonders für Frauenzimmer 6r, 7r, 8r Theil. — A. u. d. T.: Warbeck von Wolfstein, ein Roman aus den Zeiten des 30jährigen Krieges, nach d. Engl. der Miß Holford. 3 Thle. 8. Jena 822, Fromann.

— aus d. Leben. Eine Reihe von Erzähll. f. d. Jugend. Vom Verf. d. Beatushöhle. 1s Bdchn. die Wildschützen. Mit 1 Kpf. 12. Augsb. 832, J. Wolf. 8 Gr.

**Bilder** aus dem Leben. Eine Reihe von Erzählungen für die Jugend ... Augsburg 1833. V: *Bauberger, Wilhelm.* (Mitth. A. Rosenbaum.)

— aus dem Leben. Eine Reihe von Erzählungen für d. Jugend u. ihre Freunde. Von dem Verf. der Beatushöhle. 1s Bdchn. A. u. d. T.: Die Wildschützen. Eine lehrreiche Erzählung für d. Jugend. Mit Titelkpfr. 12. Augsburg 833. (Kollmann; Landshut, Krüll.) 1/8 ℛ

—— aus d. Leben. Eine Reihe v. Erzähln. f. d. Jugend u. ihre Freunde. Von d. Verf. d. Beatushöhle. 1. Bdchn. A. u. d. T.: Die Wildschützen. Eine lehrr. Erzähl. f. d. Jugend. Mit Titkpfr. 12. (4 B.) Augsburg 833, Kollmann. (Landshut, Manz.)

**Bilder** aus dem Leben. Vom Verfasser der Novantiken. Weimar 1833. V: *Gräbner, Karl.* (GGr X, 252) (Zeitschr. f. Büch. 1923, S. 80)

— aus dem Leben. Vom Verf. der Novantiken. 8. Weimar 833. Gräbner. (Erfurt, Hennings u. Hopf.) 5/12 ℛ

—— aus dem Leben. Lektüre f. Schule u. Haus auf festliche Jahreszeiten. Von dem Verf. der Beatushöhle. 8. (12 B. u. 1 Stahlst.) Regenburg 843, Manz.

— aus dem Leben. Erzählungen f. erwachsene Töchter u. junge Frauen. Eine Festgabe. Von d. Verfasserin des armen Martins. 2. Ausg. 8. (170 S. u. 1 Lith.) Pforzheim 847, Flammer & Hoffmann. In Engl. Einb. n. 5/6 ℛ

—— aus dem Leben. Erzählungen für erwachsene Töchter und junge Frauen. Eine Festgabe. Von der Verfasserin des armen Martins. 2. Ausg. 8. (170 S. und 1 Stnt.) Pforzheim 847, [Stuttgart, Scheitlin's Vrlgsh.] *

—— a. d. Leben. Nach d. 2. Afl. d. dän. Orig. deutch v. MPanum. 8. (128) Lpzg 53, Hartknoch. n. — 10

— aus dem Leben. Nach der 2. Aufl. des dänischen Originals deutsch von Marie Panum. Leipzig 853. Lorck. (Wiedemann.) 8. (128 S.) n. 10 ngr

—— aus dem Leben. Ein Bilderbuch für kleinere Kinder. 4. (8 S. mit 8 lithogr. und ill. Bildertaf.) Berlin 868, Kühn und Söhne. cart.

Bilder aus dem Leben. Lektüre für Schule und Haus auf festl. Jahreszeiten. Von dem Verf. der Beatushöhle. (W. Bauberger.) 3. Aufl. 8. (190 S. mit 1 Stahlst.) Regensburg 868, Manz.

—— aus dem Leben. Lektüre für Schule und Haus auf festl. Jahreszeiten. Von dem Verf. der Beatushöhle. 4.—6. Aufl. 8. (189 S. mit 1 Stahlst.) Regensburg 872—76, Manz.

— aus dem Leben. Lektüre für Schule u. Haus auf festl. Jahreszeiten. Von dem Verf. der Beatushöhle. 6. Aufl. Mit 1 Stahlstich. 8. (189 S.) Regensburg 877. Manz. 1. 15

—— aus dem Leben. Lektüre für Schule und Haus auf festliche Jahreszeiten. Von dem Verf. der Beatushöhle (W. Bauberger). 8. und 9. Aufl. 8. (IV, 190 S. mit Stahlst.) Regensburg 883,86, Verlags-Anstalt. ℳ 1.15.; cart.

Bilder aus dem amerikanischen Leben. Von Deutschen in Amerika. 1. u. 2. Bd. gr. 8. New York, Steiger & Co. à n. 2. —; geb. à n. 3. —

1. Federzeichnungen aus dem amerikanischen Stadtleben. Von Joh Rittig. (VIII, 249 S.) 884.
2. Klein-Deutschland. Bilder aus dem New Yorker Alltagsleben v. C. Stürenburg. (VIII, 225 S.) 886.

—— aus dem Leben der Tante Charlotte, s. Volksbücher, deutsche.

—— aus dem Leben der Tante Charlotte. gr. 8. (94 S.) Braunschweig [Wolfenbüttel] 873, Zwißler. *

Bilder aus dem deutschen evangelischen Leben im Ausland. Entw. i. Auftr. d. Dt. Ev. Kirchenausschusses. Bln '08. 70 S. (M.Warneck)

Bilder aus dem deutschen evangelischen Leben in Rußland. Entworfen i. A. d. Deutschen Evangelischen Kirchenausschusses. 70 S. Berlin 1908

—— aus d. gesellschaftl. Leben d. Nord-Amerikaner. Von einer Deutschen. gr. 8. (16 B. u. 1 Stndr.) Reutlingen 835. (Stuttgart, Köhler.)

—— aus dem Leben heiliger Handwerker. Autoris. Uebersetzung aus dem Französ. 1.—3. Bdchn. 8. (IV, 95; 112; 92 S.) Wien 876—80, Mayer und Comp. à Bdch. * ℳ 1. *

— aus dem Leben des Herrn u. seiner Apostel. 24 Stahlst. nach Orig.-Gemälden berühmter Meister aus alter u. neuer Zeit. Mit erläut. Texte v. Jul. Leop. Pasig. 12 Lfgn. gr. 4. (IV u. 96 S. m. eingedr. Holzschn. u. 24 Stahlst.) Leipzig 851. 52, Teubner. (à n. 1/6 ℛ) n. 2 ℛ

— aus dem Leben der Hindus, oder: Indien ohne das Evangelium und Indien mit dem Evangelium. Mit vielen Holzschn. (im Text.) Bremen 864. Verlag des Tractathauses. 16. (2 Bl., 108 S.) n. 10 ngr

Bilder aus dem Leben Jesu u. der Apostel. Von J. L. Pyrker, Erzbischof v. Erlau. Mit 24 ausgezeichneten Stahlstchn. u. poet. Text. 2e Ausg. hoch 4to. Leipzig 1846—47, Teubner. In 12 Lieferungen. à 2/3 Thlr. — 36 kr. frühere Ausg.: 8 Thlr. — 14 fl. 24 kr.

**Bilder** aus dem innern Leben vom Verfasser von Wahl und Führung. Leipz. 1819. V: *Wilhelmi, Heinr.* (EE) (GGr)

— aus d. innern Leben, vom Verf. der Wahl u. Führung. 2 Bde. 16. Leipz. 819. Köchly. 3 ℛ 12 Gr. (Fr.Fleischer)

[F.] Bilder aus dem kirchlichen Leben u. d. christl. Liebesthätigkt in Pommern. Hrsg. v. Prov.-Ver. f. Innere Mission in Pommern. Bd I. *Stettin: J. Burmeister 1895.* 8. [96. 33]

— a. d. kirchlichen Leben u. d. christl. Liebesthätigkeit i. Pommern. Hrsg. v. Prov.-Verein f. inn. Mission i. Pommern. I. Bd. gr. 8. (V, 346 S. m. 14 Abb. u. Bildn.) Stettin 896. J. Burmeister. n. 2. 25; geb. n. 3.

— aus dem kirchlichen Leben u. der christlichen Liebesthätigkeit in Pommern. Hrsg. vom Prov.-Verein für innere Mission in Pommern. II. Bd. 1—4. Hft gr. 8. Stettin, J. Burmeister. n. 1. 25
1. Gustav Jahn, Vorsteher der Züllchower Anstalten. Von Frz. Jahn. (42 S. m. 1 Bildnis.) 896. n. — 25
2. Moritz Görcke. Von Friedemann. (24 S. m. 1 Bildnis.) 897. n. — 20
3. Geschichte der Kückenmühler Anstalten in Stettin vom Jahre 1863 bis 1900. Von Bernhard. (III, 77 S. m. Abbildgn. u. 14 Taf.) 900. n. — 40
4. Geschichte des Prov.-Vereins f. innere Mission in Pommern 1878—1908 nebst seiner Vorgeschichte 1849—1878. (55 S.) 908. n. — 40

— aus dem Leben u. für d. Leben. Zur Erhebung des Geistes u. Herzens aus den vorzüglichen neuern deutschen Schriftstellern auf alle Tage d. Jahres; gesammelt v. Isidorus. 8. Freiburg 826, Fr. Wagner.

BILDER aus dem Leben der Liebe. Nach *Althing's* Manier. 2 Thle. Halle u. Leipzig, in der Ruffschen Verlagshandlg., o. J. (ca. 1805). 816 SS. Ziemlich zahm. (2 fl. 42 kr. J. Scheible, in einem alten Cat.)

—— aus Luthers häuslichem Leben. 16. (111 S.) Neusalza a. O. 870, (Lange.) *

— aus dem Leben D. Martin Luthers, des deutschen Reformators. Ergänzung zu dem deutschen Lesebuch v. Aug. Engelien u. Heinr. Fechner. 2. verm. Aufl. gr. 8. (40 S.) Berlin 900. Wilh. Schultze. n. — 25

— aus dem Leben eines Missionars. Hamburg 869. Nolte. 8. (39 S.) n. 3 ngr

—— aus dem Leben eines Missionärs. 8. (39 S.) Hamburg 870. Nolte. *

— aus dem modernen Leben v. A. Conadam, M. Flashar, E. Harburger, René Reinicke, H. Schlittgen u. A. gr. 4. (96 Bl. m. Abbildgn.) München 894. Braun & Schneider. Geb. in Leinw. n. 6. 60

—— aus dem Leben der Nacht im Lichte des Evangeliums, von der Verf. der „Maiblumen", dargereicht durch Past. G. Knak. gr. 16. (VII, 40 S.) Berlin 869, (Beck.) *

—— aus dem Leben der Natur. (Abdr. der 9. Sammlung der „Naturhistor. und chem.-techn. Notizen.") 8. (VI und 354 S.) Berlin 858, Expedition der medicinischen Centralzeitung.

Bilder aus Piter Poels und seiner Freunde Leben. 1760—1787. [v. Gustav Poel]. Hamburg. 1884. 8°. = Bilder aus vergangener Zeit [v. Gustav Poel]. Th. 1. 8°.

Bilder aus dem Leben deiner braunen Schwestern in Indien, gesam. v. Th. Dittmer. H. 1—5. Breklum. 1903—04. 8°

—— aus dem Leben heiliger und frommer Seelen gesammelt aus ihren Lebensgeschichten älterer und neuerer Zeit. 3 Hefte. 8. Regensburg 864,65, Manz. [1. und 2. Heft (282 S.) à 12 Ngr., 3. Heft (112 S.) 9 Ngr V: *Stöger, Johann Nepomuk.* (Vereinsbuchh. in Innsbruck) (80)

**Bilder** vom Leben und Sterben aus verschiedenen Sprachen. Von Abbé J. A. St. 3. Aufl. Regensburg 1853. V: *Stelzig, Ignaz Alphons.* (RUSSELL IX, 410)

— vom Leben und Sterben aus verschiedenen Sprachen. Von Ign. Alph. St—. 3., verb. Aufl. Regensburg 853. Manz. 8. (2 Bl., 258 S.) 12½ ngr

—— vom Leben und Sterben aus verschiedenen Sprachen. Von Ign. Alf. St—r. 4. verb. Aufl. 8. (IV, 286 S.) Regensburg 888, Verlags-Anstalt.
Die 3. Aufl. erschien 1853.

—— aus d. Leben f. erwachs. Töchter. Erzählt v. d. Verfin. d. „armen Martin." 8. (11 B.) Stuttgart 840, (Belser'sche Buchh.) *

— aus dem Leben österreichischer Tonkünstler. I. u. II. gr. 8. Wien, Wiener Musik-Verlagshaus. à — 20
I. Franz Schubert. Von Dan. Siebert. (15 S. m. 1 Bildnis.) 901.
II. Josef Lanner. Von Ferd. Rebay, u. Otto Keller. (15 S. m. 3 Abbildgn.) 901.

Bilder aus dem Leben, zu angen. nützl. Unterhaltung u. mündlicher Belehrung. 15 Hft. Für Knaben., — 26 Hft. Für Mädchen. (à 12 lithogr. u. ill. Bl.) qu. gr. Fol. Stuttgart 833, Ebners Kunsth. à 1¼ fl

—— lebende. Vier perspektiv. Scenen zur Ergötzung und Freude der Kinderwelt. Mit Versen von Frz. Bonn. Chromolithogr. gr. 4. Eßlingen 880, Schreiber. geb. *

— lebende. 4 perspektiv. Scenen zur Ergötzg. u. Freude der Kinderwelt. Mit Versen v. Frz. Bonn. Neue Ausg. m. beweg. Fig. gr. 4. (5 Bl. Text.) Eßlingen 884. Schreiber. geb. n. 5. —

BILDER, Lebende. Aus dem Französischen von D. E. Loty. Leipzig, G. B. H. Schütze. ca. 1908. 8°. 109 S. 500 numer. Expl.

— lebende. 1.—5. Heft. 8. Berlin, R. Meißner. à 1. —
Lehnhard, Paul R., von der Feuerwehr. Fünf leb. Bilder m. erläut. Text. (8 S.) (909.) (Heft 2.)
— Aus dem Gesang-Verein. Fünf leb. Bilder m. erläut. Text. (7 S.) (909.) (Heft 4.)
— „Welche Lust, Soldat zu sein!" Fünf leb. Bilder m. erläut. Text. (8 S.) (909.) (Heft 3.)
— Aus dem Turnerleben. Fünf leb. Bilder m. erläut. Text. (8 S.) (909.) (Heft 1.)
— Die liebe Weihnachtszeit. Fünf leb. Bilder m. erläut. Text. (8 S.) (909.) (Heft 5.)

— lebende. Nr. 1—5. 8. Leipzig, G. Richter. à 1. —
Büttner, Rhard., Kriegers Nachtwache. 4 leb. Bilder m. begleit. Text. (6 S.) (909.) (Nr. 3.)
Herbert, Herm., Turners Freud u. Leid. Eine Reihenfolge leb. Bilder m. verbind. Text. (12 S.) (908.) (Nr. 1)
Pannek, W. A., der Brand. 4 leb. Bilder m. begleit. Text. (8 S.) (910.) (Nr. 4.)
Steinberg, S., die Feldpost v. 1870/71. Lebende Bilder m. Prolog. (10 S.) (909.) (Nr. 2.)
Sutor, Otto, Radlerfreuden. Eine Serie leb. Bilder m. verbind. Text z. Aufführg. i. Radf.-Vereinen. (12 S.) (910). (Nr. 5.)

— Lebende. Nr 4—11. 8° Lpzg, G Richter. je 1 — d
Büttner, Reinhard: Die Turnerin. 4 leb. Bilder m. begleit. Text. (5) ('12) [9]
— Der Veteran. 6 leb. Bilder. (6) ('12) [10]
Marcellus, Herm.: Deut. Weihnachten. 7 leb. Bilder m. begleit. Text. (12) ('12) [11]
Pannek, WA: Der Brand. 4 leb. Bilder m. begleit. Text. (8) ('10) [4]
Schmidt, Carl Rob.: Das Volk steht auf! 5 leb. Bilder m. Liedern a. d. Zeit d. Befreigskriege. 14 ('11) [8]
Sutor, Otto: Kasernenleid—Kasernenfreud. Eine Serie leb. Bilder a. d. Soldatenleben. Mit Prolog u. Text. (15) ('11) [7]
— Radlerfreuden. Eine Serie leb. Bilder m. verbind. Text. (12) ('10) [5]
— Am Weihnachtsabend. Eine Serie leb. Bilder m. verbind. Text. (16) ('11) [6]

— Lebende. 17—19. 8° Bonn, A Heidelmann. d
*Bisher u. d. T.: Heidelmann's, A, lebende Bilder.*
Netto, Frdr.: Im bunten Rock. Militär. Festspiel. (12) ('10) [17] 1 —
Reinold, Bernh.: Das Madonnenbild im Walde. Mit Deklamationen u. Gesängen. (17) ('12) [19] 1 —
Schulze, Curt: Allerlei Gedanken. Mit Deklamation. (8) ('10) [18] — 50

— Lebende. Nr 1—4. 8° Lpzg, O. Teich. je 1 — d
Erbes, Paul: Feuerwehrmanns Freud' u. Leid. 6 leb. Bilder m. Deklamation. (14) ('12) [3]
— Gut Heil! 6 leb. Bilder m. Verwandlg u. Deklamation. (13) ('12) [4
— Im bunten Rock. 6 militär. leb. Bilder m. Deklamation. (14) ('12) [1]
— Wenn am Weihnachtsbaum d. Lichter brennen! 6 leb. Bilder m. Deklamation. (10) ('12) [2]

— lebende aus dem Burenkriege m. begleitenden Versen u. Gesängen. gr. 8. (12 S.) Dresden (902). Verbandsbuchh. (E. Zacharias.) — 20

Bilder, lebende, z. patriot. Festfeiern v. A. v. L. 8. (16 S.) Berlin 896. Verl. d. christl. Zeitschriftenvereins. n. — 20

— dasselbe, s.: Fest-Aufführungen f. Kriegervereine rc.

— lebende, u. Festspiele f. Schulen, Klöster u. Vereine, s.: Fest- u. Gelegenheits-Gedichte.

— lebende, m. Gesang od. Deklamation. Därf i s'Diandl liab'n. 8. (6 S.) Grüningen 898. J. Wirz. n. — 30

Bilder. – Lebende Bilder aus der Geschichte Schleswig-Holsteins, dargestellt auf dem Stadttheater zu Nürnberg am 9. Febr. 1864. Erläuternder Text v. J. Priem. Nürnberg. (1864) 8°

**Bilder, Lebende,** aus dem modernen Paris. Kempten 1863. 2. A. 1867. V: *Ebeling, Adolph Heinrich.* (Kn)

— lebende, aus dem modernen Paris. 2 Bde. Cöln 863. Bachem. 8. (VII, 780 S.) 2 ₰ 7½ ngr

**Bilder, Lebende,** aus dem modernen Paris. Von E. Köln 1863—1866. 2. Aufl. 1866—1867. V: *Ebeling, Adolph Heinrich.* (BGE VI³, 69) Vgl. V, 1488.

— lebende, aus dem modernen Paris. 1. und 2. Bd. 1. Aufl. 1863. und 2. Aufl. 8. (XIV und 775 S.) Cöln 867, Bachem.

— dass. — 3. und 4. Bd. (Neue Folge. 2 Bde.) 8. (IX und 728 S.) Ebendas. 866.

— lebende, f. Radfahrer. Nr. 1 u. 2. 11. 8. Leipzig, Rauh & Pohle. à n. 1. —
1. Die vier Elemente od. die Entstehung des Fahrrades. Hochfeines Ausstattungsstück in 4 leb. Bildern. Von W. Klecha. (11 S.) Probstheida (903.)
2. Dünn u. Dick, die beiden Rennfahrer. Urkomische Scene in 4 Bildern. Von W. Klecha. (8 S.) Probstheida (903).

— lebende, f. Turnvereine. Nr. 1—4. 8. Ebd. n. 4. 50
1. Scherz u. Ernst im Turnverein. Von W. Geyer. (4 u. 3 S. m. 5 Fig.) (904.) n. 1. —
2. Ein selig Wohlgefallen. Szenischer Weihnachtsprolog für Turnvereine. Von Leberecht Huber. (8 S. m. 1 Fig.) (904.) n. 1. —
3. Huldigung Jahns. Scenischer Prolog für Stiftungsfeste. Von Leberecht Huber. (7 S.) (904.) n. 1. —
4. Die Turnerei in Lied u. Bild. Turnerische Chorlieder mit leb. Bildern. Von Heinr. Toball. (24 S.) (906.) n. 1. 50

— lebende, f. Turnvereine. Nr. 5—9. 8. Leipzig, Rauh & Pohle. 4. 50
Prolog u. lebendes Bild f. Damen-Abtlgn. Von W. VIII. (2 S.) (Nr. 7.) — 50
— — dasselbe zum Rekruten-Abschied. Von W. VIII. (2 S.) (910.) (Nr. 8.) — 50
Rosenheimer, S., das Frauenturnen. 6 leb. Bilder m. Prolog f. Turnerinnen. (14 S. m. 1 Abb.) (910.) (Nr. 9.) 1. —
Turners Ziel u. Streben. 3 leb. Bilder m. verbind. Text f. Arbeiter-Turnvereine. Von W. VIII. (7 S.) Probstheida (910). (Nr. 5.) 1. —
Weit, E., deutsche Turner, deutsche Helden. 6 leb. Bilder m. Prologen aus der Zeit Friedrich Ludwig Jahns u. Friedr. Friesens. (16 S.) (910.) (Nr. 6.) 1. 50

„Bilder, die lebenden", d. Alberschweiler Fronleichnams-Prozession v. Gericht. Verhandelt i. Zabern a. 26. u. 27. V. 1898. gr. 8. (30 S.) Duisburg 898. J. Ewich. — 30

**Bilder** aus dem Lebensbuche Pius IX. . . . von P. N. St. Bozen 1870. V: *Stock, Norbert.* (Margr)

— u. Lehren in 8 Gruppirungen zum Geschenk f. folgsame Kinder. qu. 4. (8 lith. u. color. Bl.) Nürnberg 849, Renner & Co. 12 ngr

Bilder, lehrreiche, aus d. Familienleben. 1. u. 2. Bdchn., s. a. Förtsch.

F. *Lehrreiche Bilder* aus dem Familienleben; in neun Erzählungen für die mittlere Jugend; von F., Diac. Mit einer Vorrede des Vicedirector's M. J. C. Dolz. Leipzig, Güntz, [1829]. VIII S. 1 Bl. 227 S. und hübscher, handkolorierter Titelkupfer von I. C. Böhm nach Junge. Kl.-8°. Altes Pappbändchen. — Etwas fleckig. Titel gestempelt. 11.—

— lehrreiche, aus dem Familienleben; in 9 Erzähll. für die mittlere Jugend; von F. (Förtsch). Mit e. Vorr. v. J. C. Dolz. 8. Leipz. 830. Volckmar. 20 ₰. 2s Bdchn. in 2 Abtheill. Mit f. Namen. 831. Ebd. Beide Bdchn. 1 ₰ 4 ₰

— der Liebe. 3 Thle. (A. u. d. T.: Gemälde der Liebe). 8. Leipz. 799—803. Gleditsch. (Brockhaus). 3 ₰

Bilder d. Liebe. 3 Thle. (A. a. d. Tit. Gemälde d. Liebe.) 8. Leipz. Junius. (Gleditsch. (799–803. (I. II. à 1 Rthlr. 4 gr. III. 16 gr.)

**BILDER** der Liebe
3 Bde. Leipzig 1800. (Auch m. d. Tit.: Gemälde der Liebe.) 8°. (Bd. 3 von 1800 apart: 2 Mk. Paul Neubner, Cöln, 1892.)
372, 364, 209 Seiten. Sentimentale Erzählungen und Familiengeschichten. — Erschien auch m. d. Tit.: „Gemälde der Liebe". Ibid. eod. a. (Kayser hat im Roman-Verz. „3 Bde. 1799—1803", wohl irrtümlich.)

Bilder aus der christlichen Liebesthätigkeit in Hamburg. Mit e. Vorw. von Senior D. [Georg] Behrmann. *Berlin: Ostdeutsch. Jünglingsbund [1900].* (100 S.) 8° [F.] [04. 3541

— liebliche, aus Haus u. Kinderwelt. (Umschlag: Unsere Lieblinge.) gr. 8. (16 S. m. z. Tl. farb. Abbildgn.) Konstanz (902). C. Hirsch. — 25

**BILDER** der Lieblichkeit. Quedlinburg, o. J. (Ende 18. Jahrh.?) 8°.
Erotisch? — Bibl. Günther. no. 6388.

(F) Bilder aus der deutschen Litteraturgeschichte. Für den Gebrauch in den Bürgerschulen zusammengestellt von Samuel Both. Hermannstadt, 1900. Krafft. Gr.-8°. 46 S. K —.60

[F.] Litteraturgeschichtliche Bilder in Musterdarstellungen. Z. Stud. f. Lehrer u. Lernende ... sowie z. Belebg u. Förderg des Unterr. *Langensalza: F. G. L. Gressler 1897.* (IV, 385 S.) 1 Bd 8. [97. 4588

Litteraturgeschichtliche Bilder in Musterdarstellungen. Zum Studium f. Lehrer u. Lernende, als Material f. Konferenz-Arbeiten u. Vorträge, sowie z. Belebung u. Förderung d. Unterr. 2. Aufl. Langensalza: F. G. L. Greßler 1902. (IV, 402 S.) 8° [F.] [04. 3840

**Bilder** aus Livland. Von A. L. v. T.-R. Riga 1902. V: *Transehe-Roseneck, Anna Liana von.* (Berlzu 1922, II, 2057)

— aus Livland. Von A. L. v. T.—R. (362 S.) 8. Riga 902. Jonck & Poliewsky. n. 4. —; geb. n. 5. 20

— aus Livland. Von A. L. v. T. R. 2. Aufl. (361 S.) 8. Riga 908. Jonck & Poliewsky. 4.—; geb. in Leinw. 5. —

— dasselbe. II. Folge. (288 S.) 8. Ebd. 907. 4. —; geb. in Leinw. n 5. 20

— lustige. 2 Hfte. 16. (à 8 color. Steintaf.) Wesel 873. Dums. à — 20

Bilder, lustige, aus Afrika. qu. 4. (32 S. m. farb. Abbildgn.) München (902). Braun & Schneider. n. 2.—

— lustige, für Kinder. qu. gr. 8. (8 Chromolithogr.) Reutlingen 872, Enßlin und Laiblin. cart.

— lustige, f. Kinder. qu. gr. 8. (8 Chromolith.) Stuttgart 872. Neugebauer. — 60

— lustige, aus uns. Colonien. Allen Freunden u. Feinden d. deutschen Colonialpolitik gewidm. Ges. v. uns. Specialartisten. 4. (119 S. m. Bild.) München 897. Braun & Schneider. n. 2. —; kart. n. 2. 50

— lustige, und fröhliche Lieder für kleine Leute. gr. 8. (16 S. mit 8 chromolithogr. Taf.) Mülheim a. d. R. 870, Bagel. geb.

Bilder aus der Lutherzeit. Eine Sammlung von Porträts aus der Zeit der Reformation in getreuen Facsimile-Nachbildungen. Herausgegeben von Georg Hirth. München & Leipzig. G. Hirth's Verlag 1883.
X S., 1 Bl., 36 S. m. 63 Abb. 2°.

— märkische, aus Vergangenheit u. Gegenwart. [1. Serie. 1. Bd.] 12. Brandenburg 889. Haeckert's Verl. n. 1. 50; geb. n. 2. —
Hell Brandenburg. Erzählg. aus d. Zeiten Friedrich's I. v. Hohenzollern v. M. Eichler. (74 S.)

Bilder, märkische, aus Vergangenheit u. Gegenwart. 1. Serie. 2. Bd.: Jürge Jorden. Kulturgeschichtliche Erzählg. aus dem 16. Jahrh., nach Quellen bearb. v. Rud. Grupp. 8. (V, 76 S.) Brandenburg a. H. 890, Haeckert. * 1 50; geb. * 2 —
1. Bd., s. Eichler, M. Heil Brandenburg.

—— der heiligen Martyrer, geschaut in der Vision von der gottsel. Anna Katharina Emmerich. Aus dem von Schmöger verf. Leben der Begnadigten genommen und zusammengestellt von einem ihrer Verehrer. gr. 16. (82 S.) Paderborn 874, Bonifacius-Druckerei.

**Bilder, Mimisch-plastische,** dargestellt auf der Maskerade im Schauspielhause ... Mitau 1825. V: *Schlippenbach, Ulrich Heinrich Gustav Freih. v.* (R-N)

— aus der Mission in China, s.: Missionsschriften f. Kinder.

— a. d. evang.-luther. Mission z. Leipzig. I. D. Mission i. Ostindien. 1. Hft. qu. Lex.-8. (24 S. m. 14 Bild.) Leipzig 896. Verl. d. evang.-luther. Mission.
Geb. n. 1. —; einz. Bild. n. — 05

—— aus der Hermannsburger Mission. 13 Holzschntaf. 4. Hermannsburg 881, Missionshausdruckerei. * *

**Bilder** aus der Mission in Kamerun. Berlin [1899]. V: *Griesemann, L.* (Berl)

—— aus der Missionswelt. Zwanzig Holzschn. mit erläuterndem Text. gr. 8. (41 S.) Basel 856. (59), (Bahnmaier's Verlag.) *
2. Folge, s. Josenhans, J.

— aus der Missionswelt. 1. Heft. 8. Basel, Basler Missionsbuchhh. — 10
Aus der Frauenmission in Nordindien. Von Selma Hörnle. (23 S. m Abbildgn.) 907.

— Bilder, Moderne, Carl Fröschl. Kronprinz Rudolf — Kronprinzessin Stephanie — Erzherzogin Elisabeth — Erzherzogin Maria Theresia — Erzherzoginnen M. Christine und M. Anna — Erzherzoginnen Henriette und Natalie — Prinzessin Taxis — Badende Kinder — In der Klemme — 29 Hasenfüsse — Zwei Nihilisten. Cabinetformat à fl. —.60. 1887
— Dto Christof, Touristenkränzchen — Reichert, Bescherung — dto. zerstreuter Frosch — dto. spröder Mops — dto. Ueberraschung — dto. Hochwildjagd — dto. gestörte Siesta — Malcontenter — dto. eitle Kätzchen — dto. neugierige Kätzchen — dto. feindliche Lager — dto. Farbenstudien — dto. kleiner Held — dto. fescher Poldl — schöne Mitzi — dto. Wächter als Ruhebett. — Cabinetformat à fl. —.60. 1887

Moderne Bilder in photogr. Reproduction. Agrikola: *Tausendguldenkraut. Ballheim: *Jetzt und einst. *Erdenglück. *Hentroth. Dame mit dem Todtenkopf. Blaas Jul.: Mittagsruhe. *Im Nebel. *Markt in Ober-Ungarn. Chmelarz: Immer modern. Nur für Musik. Freeskay: *Kampf ums Dasein. *Nach der Redoute. Fröschl: Badende Kinder. **In der Klemme. Macht geht vor Recht. Gaul G.: Italienerin. *Frau Musika. Hausleitner: Fasching-Morgen. Juch: Der Augendiener. Laci v. F.: *Endlich allein. Leinburg: Das Buch von Robinson. Gutes Geschäft. Schlechtes Geschäft. Marein: *Dolorer. Austria. Moser: Siesta. Pirchau: *Das Mädchen aus der Fremde. *Andachtsstunde. Reiffenstein: *Ei des Columbus. Roberto: Blondine. Amerikanerin. Burgfräulein. Wienerin. Trentin: Wiener Milchmädchen. Frohe Botschaft. Zatzka: *Vor der Sphynx. Frühling. Hanakin. Wien. V. A. Heck. Cabinetform à 60 kr. *auch Folioform à 1 fl. 80 kr. **auch Royalform à 3 fl. 1885

— aus dem Mönchsleben, s.: Flugschriften, katholische, zur Wehr u. Lehr'.

— v. München u. Umgebg. Nach photogr. Aufnahm. des Atelier Elisabeth. (96 S.) 16×22,5 cm. München 907. E. Reinhardt. 1.50

— aus Münster i. W. 25 Kunstdr., hrsg. v. Hans Ertl. 1. Sammlg. (IV S. Text.) qu. gr. 4. Münster (903). H. Mitsdörffer. Ausg. A auf Kpfrdr.-Pap. in Leinw.-Mappe n. 12. — u. n. 14. —;
Ausg. B auf weissem Pap., kart. n. 6. —

— dasselbe 2. Sammlg. (II S. Text.) qu. gr. 4. Ebd. (904). Ausg. A auf Kpfrdr.-Pap. in Leinw.-Mappe. n. 14. —; Ausg. B auf weissem Pap. qu. 4. Geb. in Leinw. n. 7.50

Bilder zur Mythologie und Geschichte der Griechen und Römer. Unter Mitwirkung der k. k. Lehr- und Versuchsanstalt für Photographie und Reproductionsverfahren in Wien herausgegeben von Theodor Hoppe. 30 Tafeln in Mappe. Wien 1896. Carl Graeser. (Min.-Erl. v. 25. October 1896, Z. 24940) 5.50

— zum Nachzeichnen u. Illuminiren rc. f. Kinder, mit e. Anweis. z. Illuminiren. M. 24 Kpf. Pirna, Friese. 12 ℋ

—— aus d. Nahe-Thale; od. maler. Darstelln. d. interessantesten Punkte dieses Thales auf histor. Grunde, mit den sich daran knüpfenden Volkssagen. Für Badegäste an Kreuznach's Heilquellen u. Reisende. gr. 8. (11 B.) Kreuznach 838, Kehr.

BILDER der Natur. Mit erot. Kupf. (20 Ngr. P. Jünger's Antiquariat in Leipzig, ca. 1858; jetzt theurer!)
Inh.: Amor der Bogenschnitzler; die Weinlese der Venus, mit erot. Kpfr.; die Teufelsleiter; an die Schönheit; entwichene Liebe; Berührung; Schlummerlied u.s.w.

Bilder aus der Natur und aus der Geschichte. Gesammelt von einem Priester der Diöcese Gurk. 8. (271 S.) In Comm. * .30
Klagenfurt: Raunecker 1895

Bilder aus der Naturgeschichte. Mit Erklärung in vier Sprachen. (Deutsch, ungarisch, böhmisch, polnisch.) II Bände. Wien, 1856. Gedruckt bei Anton Benko. Commissions-Verlag von Rudolf Lechner. Die Bilder sind Holzschnitte. (49 Bl., 49 Bl., 8.)

—— aus der Naturgeschichte. 82 Darstellungen aus dem Thierleben nach G. Hammer, H. Leutemann, F. Specht rc. qu. gr. 4. (16 color. Stnt.) Stuttgart 878, G. Weise. cart.

—— aus d. Naturgeschichte f. d. Jugend. 1. Hft. gr. 4. (4 ill. Kpfrt. u. 4 Bl. Text.) Jena 838, Schmid. *

—— naturgeschichtliche. 1. Abthl.: Bilder aus Brehms Thierleben, systematisch geordnet in 55 Taf. 5 Lfgn. Fol. (à Lfg. 11 Holzschntaf. mit 1 Bl. Text.) Leipzig 881, Bibliographisches Institut. à Lfg. * ℳ 1. *

—— aus d. Naturreiche, mit erläut. Texte f. Kinder. (12 lith. u. ill. Blätt.) 8. Wesel 836, Bagel.

Bilder, neue, für den Anschauungs- und Sprachunterricht, s. Duba, A., Denk- und Sprechübungen zu den Winckelmann'schen Anschauungsbildern.

—— neue, f. d. Anschauungs- u. Sprachunterricht. (Winckelmann.)
Vgl.: Lorenz, Karl. Lektionen u. Entwürfe.

— neue, für den Anschauungs- u. Sprachunterricht. Bild 1—8. Chromolith. Imp.-Fol. Berlin 880. Winckelmann & Söhne. à n. 3. —; auf Leinw. an Stäben à n.n. 6. —; lackirt n.n. 6. 50; je 2 aufgezogen in Mappe n. 10. 80
1. Frühling. Der Mensch unter den Hausthieren. — 2. Der Wald. — 3. Sommer-Ernte. — 4. Herbst-Ernte. — 5. Winter. — 6. Menschenverkehr. — 7. Der Garten. — 8. Gebirgslandschaft.

—— neue, zu deutschen Dichtern von Charles Benoit, Adam West und Roland Weibezahl. Ein humorist. Album. 1. Heft: Schiller's Gedichte. gr. 16. (8 lithogr. Bl.) Grimma 856, Werl. *

—— neue, zu deutschen Dichtern von Charles Benoit, Adam West und Roland Weibezahl. Ein humorist. Album. 2. und 3. Heft. gr. 16. (à 8 Stnt.) Grimma 857. [Leipzig,] Werl. à Heft * 5 Ngr.
1. Heft. Ebendas. 1856. * 5 Ngr.

— neue dramatische, von A. Grob, enth.: Terpsichore, Drama aus Gustav Adolphs Leben, William, Familiengemälde. 8. Ebend. 820.

— neue, Fragen u. Antworten. — Jeu amusant de questions et de réponses en images. (Mit 40 ill. Bilder auf Pappe gezogen.) 32. Wien 837. Müller. 5/6 ℋ

—— neue, aus der Petersburger Gesellschaft. Von einem Russen. 1. und 2. unveränd. Aufl. 8. (318 S.) Leipzig 874, Duncker und Humblot. *
Vgl.: Aus der Petersburger Gesellschaft.

**Bilder, Neue,** aus der Petersburger Gesellschaft. 2. Aufl. Leipzig 1874. V: *Eckardt, Jul. Wilhelm Alb. v.* (Landesbibl. Detmold. Kat. d. Zugänge 1869—95. Detm. 1896.)

— neue, f. liebe Kinder. Ein neues Bilderbuch. gr. 4. (16 S. m. z. Tl. farb. Abbildgn.) Reutlingen (900). Enßlin & Laiblin. — 50; unzerreißbar (8 S. m. farb. Abbildgn. auf Pappe.) Kart. 1.—

— neue, f. d. Kinderstube. 1. u. 2. Heft. gr. Lex.-8. (à 16 saub. color. Blätt.) Wien 841, Müller. à 1 2/3 ℛ︀

—— neue, zum Malen. 2 Sorten. qu. gr. 8. (12 Stnt., wovon 6 color., mit 1 S. Text.) Wesel 886, Düms. cart. à Sorte

—— neun, aus dem Leben Jesu. Chromolithogr. 4. Basel 873, Spittler. *

**Bilder** von den deutschen Nordseeküsten und aus dem westlichen Tiefland. Hrsg. von F. W. Otto Lehmann. Mit 130 Text-Ill., 3 Tonbildern u. 2 Kt. — Leipzig u. Berlin: Spamer 1885. VIII, 484 S. 8°
(Unser deutsches Land u. Volk. 10.)

**Bilder, Norwegische,** aus der Geschichte der weiblichen Diakonie nebst anderen Liebeswerken. Darmstadt 1886. V: *Nissen, Rikke.* (Pettersen, Anon. og Pseudonymer. Kristiania 1890.)

—— norwegische, aus der Geschichte der weibl. Diakonie, nebst anderen Liebeswerken. Hrsg. von N. N. Bevorwortet von Max Frommel. 8. (VI, 128 S.) Darmstadt 886, Waitz. *
—— dass. — 2. verm. Aufl. gr. 8. (VIII, 160 S.) Leipzig 888, [Drescher.] Wilh. Weber. *

— norwegische, aus der Geschichte der weiblichen Diakonie, nebst anderen Liebeswerken. Hrsg. v. N. N. Bevorw. v. Max Frommel. 2., verm. Aufl. gr. 8. (VIII, 160 S.) Leipzig 888. Th. Rother. n. 1. 40; geb. 2.—

†— — z. Orientirung in Sachen d. Hermesianismus. Herausg. v. Dr. Biunde u. Rosenbaum. 2e Ausg. gr. 8. Trier 1838, Troschel. 2/3 Thlr. — 54 kr.

Bilder aus dem Orpheum. Heft 2: Eine Sect- und Austerngeschichte. Berlin, Max Marcus, o.J. (c. 1880.) 12° 15 S.

Bilder aus Ost-Asien. 1. Japan. 2. Mandschurei u. Korea. 3. Kiautschou. *Gütersloh: C. Bertelsmann [1904].* (20 Bl.) quer-8° [Umschlagt. Ant. u. F.]
04. 6063

**Bilder** aus Österreich (1848 bis 1849) von einem deutschen Reisenden. Leipzig 1851. V: *Kaufmann, Jacob.* (BMarsch 76)

— aus Oestreich [1848 bis 1849] v. einem deutschen Reisenden. 8. (IV u. 279 S.) Leipzig 851, Herbig. 1 1/3 ℛ︀

—— aus Oesterreich. Polit., soc. u. volkswirthsch. Skizzen a. d. jüngsten Zeit. 8. (245) Berl. 72, Luckhardt. n. 3. —

**Bilder** aus Oesterreich. Politische, sociale und volkswirthschaftliche Skizzen aus der jüngsten Zeit. Beiträge zur Charakteristik der oesterreichischen Verhältnisse. Leipzig 1873. V: *Angerstein, Wilhelm.* (EB)

Bilder aus Oesterreich. Politische, sociale u. volkswirthschaftl. Skizzen aus der jüngsten Zeit. Beiträge zur Charakteristik der österr. Verhältnisse. gr. 8. (245 S.) Berlin 873. Luckhardt. n. 3. —

— von der Ostsee. gr. 4. (12 Lichtdr. auf Karton.) Stettin 893. A. Schuster. In Leinw.-Mappe. 15.—

—— aus Paris, od. Samml. d. gefälligsten Erzähln. aus d. Buche: Paris ou le Livre des cent-et-un. N. u. aus d. Franz. 1. Aufl. 836. 1 Thlr., 2. Ausg. 8. (à 14 B.) Eisenberg 840, Schöne'sche Buchh.

**Bilder** aus Paris... Bd. 1. 2. Ulm 1839. H: *Rath, Friedr. Freih. v.* (EngG)

—— aus Paris. Hrsg. v. Fr. v. R. 2 Bde. 8. (40 B.) Ulm 839, Stettin'sche Vrlsbuchh.

Bilder, pariser. 8. (14 B.) Stuttgart 845, Cotta'sche Buchh. Thlr.

Bilder aus der Pfalz. 60 Landschafts-Städtebilder, nach der Natur aufgenommen v. C. Bernhoeft. Zusammenstellung u. Einleitg. v. C. Mehlis. 1.—5. Lfg. gr. 4. (à 5 Lichtdr.) Neustadt a/d. Haardt 894. A. Otto. à n. 2.—

— a. d. Pfalz. 60 Landschafts-Städtebilder, n. d. Natur aufgen. v. C. Bernhoeft. Zusammenstellg. u. Geleitwort v. C. Mehlis. 6.—12. Lfg. gr. 4. (24 Sp. m. je 5 Lichtdr.) Neustadt a/d. Haardt 895. A. Otto. à Lfg. n. 2.—

—— aus der Pflanzenwelt in 3 Abthl. Mit Vorwort von Lange. Lex.-8. (23 1/4 B.) Zürich 840, Höhr.

**Bilder, Poetische,** der meisten kriegerischen Vorgänge in Europa seit dem Jahre 1756. Wien 1760—61. V: *Denis, Johann Nepomuk Cosmas Michael.* (EB) (GGr)

—— poetische, aus der Zeit. Ein Taschenbuch hrsg. von Arnold Ruge. I. und II. (Bd.) 8. Leipzig, Verlagsbureau. [I. (332 S.) 847., II. (... S.) 848. à * 1 Thlr. 10 Ngr.] *

—— politische, aus der Zeit. Hrsg. von Arnold Ruge. 1. und 2. Bd. 8. Leipzig, Verlagsbureau. [1. (300 S.) 847., 2. (390 S.) 848. à 1 * Thlr. 10 Ngr.] *

**Bilder** im Rahmen. Gedichte... 3. Ausg. 1856. V: *Eyth, Eduard.* (Ky)

**Bilder** ohne Rahmen. Aus den Papieren einer Unbekannten. Mitgetheilt — nicht von ihr selbst. Heidelberg 1852. 2. Aufl. 1856. 4. Aufl. 1860. V: *Eyth, Julie, geb. Capoll.* (Brü I. 5. Aufl., S. 339.)

—— ohne Rahmen. Aus den Papieren einer Unbekannten mitgetheilt — nicht von ihr selbst. 16. (IV und 313 S. mit 1 Stahlst.) Heidelberg 851(52,) K. Winter. *

— ohne Rahmen. Aus den Papieren einer Ungenannten. 2., verm. Aufl. Heidelberg 856. K. Winter. 32. (2 Bl., 360 S. u. 1 Kpfrst.) n. 22 1/2 ngr.

ohne Rahmen. Aus den Papieren einer Ungenannten. 4., beträchtlich verm. Aufl. Heidelberg 860. K. Winter. 16. (2 Bl., 411 S. u. 1 Lithogr.) n. 1 ℛ︀ 10 ngr.

—— ohne Rahmen. Aus den Papieren einer Ungenannten. 7. Aufl. gr. 16. (IV, 360 S. mit 1 Stahlst.) Heidelberg 878, C. Winter's Universitäts-Buchh. geb. mit Goldschn. *

—— ohne Rahmen. Aus den Papieren eines Ungenannten. 8. Aufl. 12. (360 S.) Heidelberg 888, Winter's Universitäts-Buchh. geb. mit Goldschn. *

— ohne Rahmen. Aus den Papieren einer Ungenannten. 8. Aufl. 2. (Titel-)Ausg. 12. (360 S.) Heidelberg 894. C. Winter. Geb. in Leinw. m. Goldschn. n. 5. —

—— und Randzeichnungen zu deutsch. Dichtungen etc., s. Sonderland, J. B.

—— rauhhäusler. Nr. 1—6. (Bog. mit eingedr. Holzschn.) Fol. Hamburg 855, Agentur des Rauhen Hauses. pro Buch *

**Bilder, Redende.** Ein Traum. Leipzig 1860. V: *Veit, Philipp.* (Katalog d. Verlagsbuchh. Veit & Co. Leipz. 1891 S. 9.)

— redende. Ein Traum. Leipzig 860. Veit & Co. 4. (3 Bl., 43 S. m. Holzschn. im Text.) n. 1 ℛ 10 ngr.

— a. d. neuen Reichslanden u. a. d. südwestl. Deutschland, s.: Land u. Volk, uns. deutsches.

Bilder und Reime. Reime und Bilder für Kinder. 1. u. 2. Liefg. 8. (à 25 lith. Blätter.) Dresden 844, Naumann. geb. à n. 1/2 ℛ — color. à n. 3/4 ℛ

— und Reime. Reime und Bilder für Kinder. Originalzeichnungen von Ludw. Richter. Neue Ausg. Mit Reimen von Wilh. Hey u. A. Leipzig 859. Naumann. 8. (32 Holzschn.) n. 15 ngr.

— u. Reime. 8. (8 S. m farb. Abbildgn.) Eßlingen (896). J. F. Schreiber. n. — 10

—— und Reime für Kinder. 8. (8 color. Stnt.) Reutlingen 874, Enßlin und Laiblin.

— u. Reime f. Kinder. 8. (8 color. Steintaf.) Stuttgart 874. Neugebauer. — 20

Bilder und Reime aus dem Kinderleben. hoch 4. (8 Chromolithogr. mit Text.) Wesel 885, Düms. cart. *

— m. Reimen auf Lederpappe. qu. 4. (12 farb. Taf.) Wesel 889. Düms. geb. n. — 50

— u. Reime u. Reim-Bilder, humorist. ABC für Jung und Alt von G. G. 3. Aufl. Stuttgart 841. Liesching u. Comp. geb. 3/4 ℛ

— aus der katholischen Religionsgeschichte z. Gebrauche f. Bürgerschulen in Böhmen. (94 S.) 8. Warnsdorf (903). A. Opitz. n. — 60

Religiöse Bilder. Binder: Die Schöpfung. (7 Cartons.) Maria Hilf. Maria Hilf in Graz. Ballheim: *Madonna mit Kind I. *Madonna II. *Madonna III. *Madonna IV. Cignani: *Madonna V. Fechner: Schutzengel Wien, V. A. Heck. Cabinetform à 60 kr., *auch Folioform 1 fl. 80 kr. 1885 S. 430

— vom Rhein. Eine Rheinfahrt vom Bodensee bis Köln. Dichtung v. Frida Schanz. 25 Foliobilder in photograph. Kunstdr., aufgenommen u. ausgeführt v. Dr. E. Mertens & Co. in Berlin. Fol. (31 S. Text.) Berlin 892. Dr. E. Mertens & Co. Geb. in Leinw. n. 30. —

— rheinische, s. Voat, N.,

— a. d. Riesengebirge. Orig.-Aufn. v. E. Mertens & Co., Berlin. qu. gr. 4. (12 Lichtdr.-Taf.) Warmbrunn 896. M. Leipelt. Geb. in Leinw. n. 10. —

— aus dem Riesengebirge. 100 Orig.-Aufnahmen v. Ad. Rehnert u. A. (100 Bl. m. IV S. Text). qu. Lex.-8. Warmbrunn (904). M. Leipelt. Geb. in Leinw. n. 8. —

—— aus Rio de Janeiro und Umgebung. Aus dem Portugies. gr. 8. (95 S.) Hamburg 861, Kittler.

**Bilder, Romantische,** der Gegenwart. Halle 1840. V: *Elias, Wilhelm.* (EE)

**Bilder, Romantische,** der Vorzeit in bunter Reihe. Meissen 1827. V: *Weber, Gotthold August.* (GGr)

— aus Russland. (Farb. Wandbilder f. den Schulunterricht.) 12 Blatt. Je 58,5×81,5 cm. Leipzig (907.) F. E. Wachsmuth. à 2.—; schulfertig à n 2. 20
1. Moskauer Kreis. — 2. Krim. — 3. Seeengebiet. — 4. Murmanküste. — 5. Wolga. — 6. Schwarzerde-Gebiet. — 7. Ural. — 8. Kleinrussland. — 9. Tundra. — 10. Steppe. — 11. Polessia. — 12. Baltisches Gebiet.

— Sagen und Geschichten aus Württemberg, s. Volksbibliothek, Württembergische.

—— vom Schlachtfeld in Ober-Italien. Erinnerungsblätter für das deutsche Volk. 4. Aufl. 12. (24 S.) Mittweida 859, Verlags-Buchdruckerei. [Billig.]

Bilder aus Schlesien f. Erd- u. Heimatkunde. In Verbindg. m. B. Clemenz u. R. Urbanek hrsg. v. F. Priebatsch. Künstlersteinzeichnungen Nr. I—III à 78,5×100 cm. Farbdr. Nebst Text. 8. Breslau, Priebatsch. Jedes Bild 5.—; jeder Text — 30
Busch, Arno, Landschaft im oberschlesischen Industriebezirk. Text v. R. Urbanek. (14 S.) (907.) (Nr. III.)
Pfeiffer, Rhold., der Breslauer Ring m. dem Rathaus. Text v. B. Clemenz. (31 S. m. 1 Abb.) (907.) (Nr. II.)
— Der Riesengrund m. der Schneekoppe. Text v. B. Clemenz. (12 S. m. 2 Fig.) (907.) (Nr. I.)

— a. Schlesien f. Erd- u. Heimatkde. In Verbindg m. B Clemenz u. R Urbanek hrsg. v. F Priebatsch. Künstlersteinzeichngn. Nr 4. Farbdr. Nebst Text. 8° Bresl., Priebatsch. (je) 5 —; Text — 40 d
Pfeiffer, Rich.: Kloster Leubus am Oderstrand. 74,5×101 cm. Text v. B Clemenz. (32 m. Abb.) ('11) [4]

— schöne, und Beispiele des Guten. Ein ABC- u. Lesebuch. 8. Chur 840. Grubenmann. 1/3 ℛ

— schöne, und Beispiele des Guten. Ein ABC- und Lesebuch für Knaben und Mädchen. Mit 15 fein color. Bildern. gr. 12. Chur 841, Grubenmann'sche Buchh. geb. 1/3 ℛ

— schöne, u. Beipiele des Guten. ABC-, Bilder- u. Lesebuch. 2. verb. Aufl. m. 15 fein color. Bildern. 12. (48 S.) Chur 847, Grubenmann. 1/3 ℛ

Bilder, schöne, aus meinen Bilderbüchern. Stuttgart (859.) Thienemann. qu. 4. (12 lith. u. color. Bl.) 15 ngr.

— schöne, für kleine Kinder. Bestehend aus 24 (gr.) Quartblättern mit 72 color. Scenen aus dem Kinderleben u. ebensoviel unterhaltenden u. lehrr. Sittensprüchen in Reimen. Wien 837. Müller. n. 1 2/3 ℛ

— schöne, d. Tugend u. d. Fleißes, oder Samml. v. moral. Bildern u. unterh. Geschichten ꝛc. 2e Aufl. M. 12 Kpf. gr. 8. Wien 827. Haas. 18 gℓ

—— die schönsten, der christkathol. Kirche in Stahlstichen. u. die Gebete derselben in Gold- u. Farbendruck. Jahrg. 845. u. 46 à 4 Sect. gr. 8. (à Sect. 25 Stahlst.) Stuttgart, Dittmarsch. à Jahrg. *

— die schönsten, der christkathol. Kirche in gelungenen Stahlst. u. die Gebete derselben in Gold- u. Farbendruck. Jahreslfg. 1847. 4 Sectionen gr. 8. (à 25 Bl.) Stuttgart, Dittmarsch & Co. n. 2 ℛ

— die schönsten, der katholischen Kirche in gelungen. Stahlstich u. die Gebete derselben in Gold- u. Farbendruck. Jahreslfg. 1848. 4 Sectionen. (1 u. 2. Sect. à 25 Bl. 3 u. 4. Sect. 40 Stahlst. u. 1 lithochrom. Bl.) Ebd. n. 2 ℛ

Bilder aus der Heiligen Schrift. A. T. 18 feine Farbendruck-Bilder. Basel, C. F. Spittler. 2. —
— — in Album-Format 2. 80
— — mit Text 1875 3. 60

Bilder aus der Heil. Schrift Neuen Testaments. 18 Farbendruckbilder in Enveloppe. Basel, C. F. Spittler. 1873 2. —

— aus der heiligen Schrift. N. T. 18 feine Farbendr.-Bilder. 16. Basel 874. Spittler. n. 1. 60

—— für Schule und Haus. Hrsg. von Alb. Richter und Ernst Lange. 1.—12. Lfg. oder 1. Bd. Fol. (188 Holzschntaf. und VII, 48 S. Text.) Leipzig 880,81, Weber. à Lfg. * 50 Pf. * geb. in Leinw. *

—— dass. — 13.—24. Lfg. oder 2. Bd. Fol. (169 Holzschntaf. und 48 S. Text.) Ebendas. 881,82. à Lfg. 50 Pf. * geb. in Leinw. *

— schwarze, aus der Vorzeit v. C. Hildebrandt. 8. Quedlinburg, Basse. 821.

— aus dem Schwarzwald. Eine Wanderg. durch seine schönsten u. romantischsten Gebiete. 18 Foliobilder in photogr. Kupferdr. Mit e. Dichtg. v. Rob. Haass. Hrsg. v. Joh. Elchlepp. Fol. (2 S. Text.) Freiburg i/B. 894. J. Elchlepp. Geb. in Leinw. n. 25. —

— dasselbe. 18 Folio-Bilder in photogr. Kupferdr. Mit e. Dicht. v. Rob. Haass. (2. Aufl.) Fol. (2 S. Text.) Ebd. 894. Geb. in Leinw. n. 30. —

— a. d. Schwarzwald. 2. Aufl., s.: Elchlepp, Joh.

— a. Schweden. Hrsg. v. d. schwed. Touristenverein. (M. schwed., deutschen, engl. u. franz. Unterschriften.) (2. Aufl.) qu. 4. (108 Taf. m. 1 Bl. Inhaltsverzeichn.) Stockholm 898. (Leipzig, K. F. Koehler, Verl.) n. 1. 20

— aus Schweden. Hrsg. v. dem schwed. Touristenverein. (Mit schwed., deutschen, engl. u. französ. Unterschriften.) (Neue Folge.) qu. 4. (82 S. m. Abb.) Stockholm (901). (Leipzig, K. F. Koehler, Verl.) n. 1. 50
1. Folge. Ebd. 898: erhöht. Pr. n. 1. 50.

— sechs, zur deutschen Kulturgeschichte in Farbendr., m. Text (auf der Rückseite). qu. gr. 4. Leipzig 893. R. Voigtländer. Auf Pappe u. in Hülse. n. 2. —

Bilder. VI Bilder aus Zürichs Vorzeit, der Zürcherischen Jugend gewidmet. [Sep.-Ausg.] 8. [Zürich] *o. J.* [1860 1861].

Bilder.– Sechsundzwanzig Bilder z. Robinson Krusoë, s. Bilder. – Achtzehn Bilder z. Rob. Krusoë.

—— 20, aus dem Thierreich. Wilde Thiere. 8. (8 ill. Holzschnitttaf.) Schaffhausen 850, Schalch.

— 16, aus dem Thierreich. Eine Weihnachtsgabe f. Kinder. 4. (16 lith. Bl.) Leipzig 848, Slawische Buchh. 1/4 ₰ Illum. 1/3 ₰

—— 60, aus dem alten und neuen Testament. Lithogr. 8. Düsseldorf 863, [Breidenbach und Comp.] In Couvert
Hieraus einzeln: 30 Bilder aus dem alten Testament. 7½ Ngr. — 30 Bilder aus dem neuen Testament. 7½ Ngr.

[illegible]

—— sieben, a. d. heil. Lande. Ein Cyklus auserles. Zimmer- od. Albums-Zierden aus d. größeren Samml. v. J. M. Bernatz, mit erklärend. Text von G. H. v. Schubert. qu. Fol. (7 Stnt. u. 1½ B. Text in 8.) Stuttgart 845, J. F. Steinkopf.

— okkulter Siegel u. Säulen. Hrsg. v. Rud. Steiner. (14 Lichtdr.-Taf. m. 8 S. Text.) 31,5×21,5 cm. Berlin (W., Motzstr. 17). 907. (Besant-Zweig der Theosoph. Gesellschaft.) In Mappe 6.

— u. Sinnbilder, f. die Jugend; oder interessante Gegenstände aus d. Natur- u. Menschenleben. Mit 24 ill. Kpft. gr. 8. Nürnb. 816. Zeh. 1 ₰ 16 g. Schrbp. 1 ₰ 20 g. Mit schwarz. Kpf. 1 ₰ 10 g.

Bilder und Sinnbilder für die Jugend. Oder: interessante Gegenstände aus Natur u. Menschenleben bildlich u. sinnbildlich dargestellt. 2e Aufl. Mit 24 ill. Kpfrtaf. gr. 8. Nürnberg 835. Zeh. 1⅓ ₰

— sinnige. 4. (8 farb. Taf. m. Text auf Carton.) Leipzig 889. Fr. Pfau. cart. n. — 35

Bilder u. Skizzen aus Rom, seinem kirchlichen und bürgerlichen Leben. gr. 8. Stuttgart 1843. Metzler. 1 Thlr. — 1 fl. 36 kr.

**Bilder** und Skizzen aus Rom, seinem kirchlichen und bürgerlichen Leben. Stuttgart 1844. V: *Reuchlin, Herm.* (EngG)

—— u. Skizzen aus Rom, seinem kirchl. u. bürgerlichen Leben. gr. 8. (13 B.) Stuttgart 844, Metzler'sche Buchh.

Bilder und Skizzen vom 1. deutschen Schützenfest zu Frankfurt a. M., Leipzig 1884, 20 S., 2°.

Bilder aus dem Soldatenleben von 1847. Dem Bataillon Schindler gewiedmet von einem Jäger der Compagnie Elmer. 8. Glarus 1852.
*Mutmasslicher Verfasser:* Caspar Zwicky.

—— aus dem Sonderbundskriege im Novbr. 1847 von C. A. St. qu. 4. (10 Stnt. und 10 S. Text.) Bern 848. Zürich, Schultheß. *

— soziale, a. d. Kriegsj. 1870/71. Von J. B. F. gr. 8. (38 S.) Karlsruhe 896. J. J. Reiff. n. — 30

**Bilder, Socialpolitische.** Vom Verfasser der »Grundlage des christlichen Glaubens«. Münster 1867. V: *Neteler, Bernhard.* (Rass,

**Bilder** (Socialpolitische). Vom Verfasser der „Grundlage des christl. Glaubens". 8°. Münster, W. Niemann, 1867. IV,76 S.

—— aus der Stadtmission. Hrsg. v. Ernst Evers. 1.—3. Heft. (1. Bd. 1.—3. Heft.) 8. (à Heft 16 S. m. Bildern.) Berl. 892, Buchh. d. Berliner Stadtmission. à Heft * — 10
1. Braun, Max. Das Hauptquartier der Berliner Stadtmission.
2. Evers, Ernst. Im Schatten des Todes.
3. —— Mancherlei Gottesdienst.

-- aus der Stadtmission. 1.—5. Heft. 8. Berlin. Vaterländ. Verlags- u. Kunstanstalt. à — 10
Schlegelmilch, Frdr., das Blaue Kreuz u. die Frauen. (16 S. m. Abbildgn.) (909). (Hft. 5.)
Großstadtmission in Berlin-Ost. (16 S. m. 1 Abbildg.) (909). (Hft. 2.)
Großstadtnot u. -hilfe. (16 S. m. 1 Abbildg.) (909). (Hft. 3.)
— Im Kampfe gegen die Trunksucht. (16 S.) (909). (Hft. 4.)
-- Landflucht u. Stadtsucht. (16 S. m. 1 Abbildg.) (909). (Hft. 1.)

-- a. d. Stadtmission. 6—13. Heft. 8° Berl., Vaterländ. Verl.- u. Kunstanst. je nn — 10 d
Braun, Max: Die Berliner Kurrendeknaben. (16) '11 [11]
Bunke, Ernst: Der Vater d. Berliner Stadtmission. (16 m. Bildn.) ('11) [9]
Schlegelmilch, Frdr.: Arbeit an d. Müttern uns. Volkes. (16) ('11) [7]
-- Unsere Elendskirche. (16 m. Abb.) ('11) [12]
-- Laubenmission. (16) ('11) [10]
-- Ein Rundgang durch d. Berliner Stadtmission. (16 m. eingedr. Bildn.) ('10) [6]
-- Eine reiche Segensgesch. 1—5. Taus. (16 m. Abb.) ('12) [13]
-- Eine Stadtmissionsarbeiterin. (16) ('11) [8]

-- dass. 1. Bd. (164 m. Abb.) 8° Ebd. ('12). 1.20 d

—— Strassburger, f. d. Anschauungsunterricht. 4 Bilder: Frühling, Sommer, Herbst u. Winter. à Bild 2 Bl. Chromolith. qu. gr. Fol. Strassb. 889,90, Strassb. Druckerei u. Verlagsanstalt. à Bild * * 3 50; auf Leinw. m. Stäben à Bild * * 7 — lackiert à Bild * * 7 50
Vgl.: Anleitung zur Behandlung der Strassburger Bilder.

— Straßburger, s. den Anschauungs-Unterricht. 4 Taf. à 2 Blatt. 2. Aufl. Farbendr. à Blatt 93×72 cm. Straßburg i/E. 892. Straßburger Druckerei u. Verlagsanstalt. à Taf. n.n. 3. 50; auf Leinw. m. Stäben n.n. 7. —; u. lackirt n.n. 7. 50
1. Frühling. — 2. Sommer. — 3. Herbst. — 4. Winter. Text dazu s.: Anleitung zur Behandlung ꝛc.

— Straßburger, s. d. Anschauungs-Unterricht. Taf. 5—8. à 2 Blatt. à Blatt 98×75 cm Farbendr. Straßburg 897—898. Straßburger Druckerei u. Verlagsanstalt. à Taf. n.n. 4. —; auf Leinw. m. Stäben n.n. 7. 50; u. lackiert n.n. 8. — (1—8: n.n. 30. —; auf Leinw. n.n. 58. —; u. lackiert n.n. 62. —)
5. Stadt- u. Städteleben. — 6. Verkehr, Handel u. Gewerbe. — 7. Familie. — 8. Haus u. Hof d. Landmanns.

— aus dem deutschen Studentenleben. Componirt von R. Henneberg, E. Ewald, A. v. Heyden, lith. von C. Schultz. Cassel 865. Freyschmidt. qu. Fol. (7 lith. Bll.) 5 ₰ 25 ngr; einzeln à Bl. 25 ngr

— u. Scenen aus dem deutsch-französischen Krieg 1870—1871. Ein Erinnerungsbuch f. die deutsche Jugend. qu. Fol. (9 Holzschntaf. in Buntdr.) Reutlingen 872. Enslin & Laiblin. geb. 3. —

—— und Scenen aus dem deutsch-französischen Krieg 1870—1871. Ein Erinnerungsbuch für die deutsche Jugend. qu. Fol. (9 Holzschntaf. in Buntdr.) Stuttgart 872, G. Weise.

—— des Alten Testaments. 32 color. Bilder mit untergedr. Text auf Carton. qu. 8. Stuttgart 888, Buchh. der Evangel. Gesellschaft. geb. *

—— des Neuen Testaments. 40 color. Bilder mit untergedr. Text auf Carton. qu. 8. Ebendas. 888. geb. *

— zum neuen Testament. Für Kinder. gr. 16. (41 Holzschntaf.) Dresden 873. Naumann. geb. n. 2. 50

—— Westphälischer Theologen. 1. Thl. — A. u. d. T.: A. E. Rauschenbusch, Hermann Hamelmanns, Licentiaten, nacheinander Meßpriester bei St. Servatius in Münster, ꝛc. Leben. Ein Beitr. z. Westphäl. Reformationsgesch. 8. (10½ B.) Schwelm 830, Scherz.

**Bilder** ausländischer Thiere, nebst einer kurzen Beschreibung, ... Leipzig 1808. V: *Löhr, Joh. Andreas Chn.* (Ky) (MGT)

— ausländ. Thiere, m. deutsch. u. französ. Text u. ill. Kpf. 8. Leipz. 808. Leo. 3 ₰

**Bilder** vaterländischer Thiere, nebst ihrer kurzen Beschreibung; ... Leipzig 1802. V: *Seidel, Carl August Gottlieb.* [?] (StAt) V: *Löhr, Joh. Andreas Christian.* (Ky) (MGT) (NN)

— vaterländ. Thiere nebst Beschr. mit deutsch. u. franz. Text u. illum. K. 8. Leipz. Leo. 802.

— aus dem Tierleben, s.: Schulze's Zehnpfennigbücher in vereinfachter deutscher Stenographie.

— aus dem Thierleben. Ein Bilderbuch für brave Kinder. Mit (12 lith.) Bildern in Farbendr. Text von Schöttle. Stuttgart 869. Müller. qu. 4. (14 S.) 24 ngr

— aus dem Tierleben. Ein Bilderbuch auf Leinwand. gr. 4. (7 farb. Taf.) Eßlingen 889. Schreiber. cart. n. 1. 50

Bilder aus d. Thierreich, mit naturgeschichtl. Beschreib., zum Nutzen u. Vergnügen f. Kinder. 1. Hft. gr. 8. (18 lith. Abbild. u. 4 Bl. Text.) Halle 840, Schimmelpfennig. Thlr.

— aus dem Thierreiche. Eine Naturgeschichte für Kinder. 2. u. 3. Heft. Mit Bildern. gr. 8. Halle 841, Schimmelpfennig. à ⅙ ₰ color. à ¼ ₰ 1. Heft ders. Preis.

—— a. d. Thierreich. qu. 4. (12 L.) Stuttg. 57, (Risch.) — 15

— aus dem Tierreiche. gr. 4. (12 S. m. z. Tl. farb. Abbildgn. u. eingedr. Text.) Eßlingen (900). J. F. Schreiber. Kart. n. 1. —

— aus dem Thierreich zur Belehrung der Jugend. Stuttgart 856. (Gebr. Scheitlin.) 4. (12 color. Lithogr. m. Text.) 10 ngr

— aus der Thierwelt. Unzerreißbares Bilderbuch für artige Kinder. Hamburg (863.) Gebr. Spiro. qu. 4. (16 lith. u. color. Taf. auf Leinwd.) 20 ngr

—— dass. — Zur Anschauung und Belehrung. Wilde und zahme Thiere. gr. 4. (36 Chromolithogr. [8 Bl.] auf Carton mit 2 S. Text.) Leipzig 883, Cavael. geb. *

— dasselbe. Zur Anschauung u. Belehrg. Wilde u. zahme Tiere. gr. 4. (36 Chromolith. [8 Bl.] auf Carton m. 2 S. Text.) Leipzig 883. Görlitz, Förster's Verl. geb. n. 3. —

— aus der Thierwelt. 4 Sorten. tl. 4. (à Sorte 6 Chromolithogr.) Wesel 883, Düms. à Sorte

— dasselbe. qu. 4. (12 farb. Bilder.) Stuttgart 889. G. Weise. cart. 1. 50

— aus der Tierwelt. qu. 4. (8 Farbendr. m. Verschen.) Reutlingen 890. Enßlin & Laiblin. 1. —; auf Leinw., geb. 1. 50

— dasselbe. qu. 4. (8 Farbendr. m. Verschen u. 8 S. Text m. Abbildgn.) Ebd. 890. 1. 20; auf Pappe, geb. 1. 80

— dasselbe. Leporello-Album. qu. 4. (16 Farbendr. auf Pappe.) Ebd. 890. 2. 20

— aus d. Tierwelt. (18 S. m. farb. Abb. auf Pappe.) qu. 8. Stuttgart (905). W. Nitzschke. In Leporelloform 1. 50

— a. d. Tierwelt z. Anschaug. u. Belehrg. Wilde u. zahme Tiere. gr. 4. (16 farb. Bildertaf. a. Leinw.) Leipzig 896. J. P. Baum. Geb. n. 3. —

— aus der Thierwelt mit ansprechenden Erzählungen für die liebe Jugend. Schw. Hall, (Stuttgart 856.) Nitzschke. 8. (24 S. u. 7 color. Lithogr.) 10 ngr

—— aus der Thierwelt, ein Geschenk für fleißige Kinder, mit 20 ill. Stnt. 4. Debreczin 862, Telegdi. geb.

**Bilder** aus der Tier- u. Pflanzenwelt zur Unterhaltung u. Belehrung für die Jugend, sowie für Freunde der Naturgeschichte überhaupt. Fol. (12 Chromolith. in qu. gr. Fol.) Langensalza 882. Beyer & Söhne. geb. n. 6. —

— u. Träume. Novellen a. d. Französ. Inhalt: 1. Ein Seeleben. 2. Colomba, oder die Vendetta, von Merrimee. 8. Solothurn 841, Kassmus. 1½ ₰

Bilder und Träume aus Wien, (v. A. Glaßbrenner). 2 Bde. gr. 12. Leipzig 836, Volckmar. 2⅓ ₰

Bilder aus der individuellen Trinkerpflege. Dresden 1885.

—— Tübinger, von K. B. 8. (31 S.) Tübingen 884, Laupp'sche Buchh. *

**Bilder, Tübinger.** Tübingen 1894. V: *Meyer, Hugo von.* (Berl 1904, S. 975)

— Tübinger. Mit Abbildgn. nach Zeichngn. v. Gust. Adf. Cloß. (Pracht-Ausg.) Lex.-8. (35 S.) Tübingen 894. H. Laupp. n. 8. —; geb. n. 4. —

— typische, ernster u. heiterer Art aus dem 70jährigen Seminarleben im alten Kloster zu Weißenfels, in zwanglos-dramat. Form der Festversammlg. am 21. X. 1908 dargereicht v. J. St(offel.) (46 S.) 8. Weißenfels (908). M. Lehmstedt. — 90

Bilder aus Ulm. Zürich 1900 s. (S[chulthess], F[riedrich]).

**Bilder** aus Ulm. Vergangenheit u. Gegenwart. Aus eigener Anschauung u. unter Benützung ortsgeschichtl. Litt. Von e. Freunde Schwabens. (Unter d. Vorw.: F.S.) *Zürich: Schulthess & Co. 1900.* (VIII, 152 S.) 8° [F.]

**Bilder aus Ungarn**, zwölf. Componirt und auf Stein gezeichnet von Hohmann-Bachmann.
Inhalt: Nr. 1. Edel-Hochzeitszug. — Nr. 2. Ein Edelhof. — Nr. 3. Betyaren. — Nr. 4 Bauern-Vorspann. — Nr. 5. Tretplatz. — Nr. 6. Pferdemühle. — Nr. 7. Wallachisches Fuhrwerk. — Nr. 8. Dorf. — Nr. 9. Regenwetter auf der Puszta. — Nr. 10. Ein Brunnen auf der Puszta. — Nr. 11. Pferdedieb. — Nr. 12. Ochsenzug. (Heu-Einfuhr.) Die Titel der einzelnen Bilder sind in ungarischer, deutscher und französischer Sprache.) kl. Fol. 9" h. 14½" br. Wien, Stammler & Karlstein. 1861 Einzelne Blätter 1 fl.

[F.] **Bilder** aus dem Universitätsleben von einem Grenzboten. *Leipzig: F. W. Grunow 1892.* (2 Bl., 232 S.) 1 Bd 8.

— aus dem Universitätsleben, 2. Ausg., s.: Groth, Ernst Joh., der alte Korpsstudent.

— zur Unterhaltung für die Jugend. qu. 4. (8 Chromolithogr.) Wesel 878, Düms. *

— vaterländische, od. Geschichte u. Beschreibung sämmtl. Burgen u. Ritterschlösser Preußens, s. K. A. Müller.

— aus der internationalen Verbrecherwelt. 1. Bd. 8. Leipzig, Moderner Dresdner Verlag. n. 1. 50
Teufelsgold. Kriminalroman. Von Jak. Lippmann. 1.—3. Taus. (VI, 130 S.) (906.)

— der Vergangenheit. 8. Leipz. 800. (W. Nauck). 12 gl

— der Vergangenheit. 8. Leipz. Sommer. 800.

**Bilder** der Vergangenheit. Ronneburg 1816. V: *Heydenreich, Johann Chn Heinrich.* (GGr)

— aus Augsburgs kirchlicher Vergangenheit. Festgabe f. die Teilnehmer an der 58. Hauptversammlg. des Evangel. Vereins der Gustav Adolf-Stiftg. zu Augsburg vom 24.—27. IX. 1906. (VIII, 134 S. m. Abbildgn.) Lex.-8. Augsburg 906. J. A. Schlosser. n. 3. —

**Bilder** aus der dt. Vergangenheit, s. Freytag, Gustav

— a. Hersfelds Vergangenh. Hrsg. v. W Neuhaus. 8° Hersfeld, C Victor.
Butte, Heinr.: Berthold v. Völkershausen, Fürstabt v. Hersfeld. Lebensbild a. d. 14. Jahrh. Vortr. (40) '11. — 75

**Bilder** aus mährischer Vergangenheit. Hrsg. v. Wilhelm Schram. (Festgabe z. 100. Wiederkehr d. Geburtstages unseres Geschichtsforschers Christian Rr d'Elvert.) Brünn '03. 153 S. Selbstvlg.

Einige Bilder betreffend Dänemarks Verhalten zu den Herzogthümern, aus dem Volke und zu dem Volke. Hamburg. 1864. 8°

— verhüllte. Charaden u. Räthsel. Gesammelt im deutsch. Dichterhaine von einem Freunde des Schönen. gr. 16. Glarus 845, Zürich, (Hanke.) n. ½ ℳ

— mit Versen u. Denksprüchen f. gute Kinder. 8. (26 Bl.) Halle 841. Schimmelpfennia. 9 Gr., ill.

— viele. Peintures de toutes sortes. Prentenboek. Pictures of all sorts. hoch 4. (10 chromolith. Taf. auf Carton.) Leipzig 874. Bauer. geb. 2. 10

— viele. Peintures de toutes sortes. Prentenboek. Pictures of all sorts. hoch 4. (10 chromolithogr. Taf. auf Carton.) Leipzig 874, Reclam sen. geb.

— vier, aus Mart. Luthers Leben. Nach Origzeichnn. v. Dietr. u. Fellner, in Stahl gest. v. Ed. Schuler. Mit beigef. Texte. 4. (4 Taf. u. 2 B. Text.) Stuttgart 837, S. G. Liesching. 18 Gr., gr. 4. chines. Pap.

— 24 bunte, f. Kindheit u. Jugend. (In 24 bildl. Darstell.) 4. Nürnberg 832, Bauer u. Raspe.

Bilder. 24 malerische B' aus Basel und nächster Umgebung (*Umschlag:* Basler Weihnachts-Album 1905). Ausgeführt durch die Lichtdruck- und Photographische Anstalt Suter & Schärer, Basel.... [Mit Reclamen-Text.] [IV + 40 S.] quer-8.

— 24, aus dem Thierreich. Vögel. 8. (8 ill. Holzschnitttaf.) Schaffhausen 850, Schalch.

— 40 biblische, zum Verteilen an Jung u. Alt m. Spruch u. Liedervers, sowie kleinen Erzählungen auf der Rückseite. 12. Barmen 893. Wupperthaler Traktat-Gesellschaft. n. — 50

— 40 biblische, z. Verteilen a. Jung u. Alt m. Spruch u. Liedervers sow. kl. Erzählgn. a. d. Rückseite. 12. Barmen 896. Wupperthaler Traktat-Gesellschaft. n. — 50

— 40 (lith.), mit Versen, zum Vertheilen unter Jung u. Alt, in der Schule u. auf den Gassen. I. 16. Hamburg 848, Agentur des Rauhen Hauses. — 5. Abdr. 16. Ebd. 850. n. 6 ngl

— noch 40, mit Versen, zum Vertheilen unter Jung u. Alt, in der Schule u. auf den Gassen. II. 3. Abdr. 16. Ebd. 850. — 4. Aufl. 16. Ebd. 851. n. 6 ngl

— noch 40 (lith.), mit Versen, zum Vertheilen unter Jung u. Alt, in der Schule u. auf den Gassen. III. 16. Ebd. 848. n. 6 ngl

— neue 40 (lith.), mit Versen zum Vertheilen unter Jung u. Alt, in der Schule u. auf den Gassen. IV. 16. Ebd. 851. n. 6 ngl

— vierzig, (in Holzschn.) mit Versen, zum Vertheilen unter Jung und Alt, in der Schule und auf den Gassen. I. u. II. (Neue Aufl.) Hamburg 854, 56. Agentur des Rauhen Hauses. 16. Jede Liefg. n. 6 ngl

— — III. Ebend. 854. n. 6 ngl

— vierzig, (in Holzschn.) mit Versen, zum Vertheilen unter Jung und Alt. 5. (Sammlung.) 16. Hamburg 859, Agentur des Rauhen Hauses. *
1—4. Sammlung. Ebendas. 1851—54. * 24 Ngr.

— neue vierzig, (in Holzschn.) mit Versen, zum Vertheilen unter Jung und Alt. I. 16. Hamburg 862, Agentur des Rauhen Hauses. *

— vierzig, (in Holzschn.) mit Versen, zum Vertheilen unter Jung und Alt. III. 16. Hamburg 864, Agentur des Rauhen Hauses. In Couvert *

— vierzig, (in Holzschn.) mit Versen, zum Vertheilen unter Jung und Alt. IV. u. V. Hamburg 864. Agentur des rauhen Hauses. 16. Jedes Heft n. 6 ngl

— 40, m. Versen, zum Verteilen unter Jung u. Alt. I.—V. Sammlg. (Neue Ausg.) 16. Hamburg 893. 894. Agentur des Rauhen Hauses. à n. — 80

— aus Chinas Volk u. Mission, s.: Bach, Aug. H.

— aus dem Völkerleben oder Beiträge zur Länder- und Völkerkunde, Cultur- und Sittengeschichte fremder Nationen. Ein Hausschatz für Bildung und Unterhaltung. Herausg. von Louis Oeser. Neusalza (862.) Oeser. gr. 8. (216 S. u. 11 Lithogr.) 21 ngl; color. 28 ngl

— europäischen Volkslebens. Für die Jugend dargestellt in 54 color. Gruppen nebst Erläuterungen und einer Uebersicht der Völkerkunde. Stuttgart 854. Thellus. 4. (8 S. u. 12 lith. Taf.) 22½ ngr

— aus dem Volksleben für Jung und Alt. Köln 859—61. Bachem. 18.
1. Bdchn.: Die Lampe des Heiligthums. Von N. Wiseman. 3. Aufl. Autorisirte Uebersetzung aus dem Engl. (82 S.) 5 ngr.
2. Bdchn.: Unter Polizei-Aufsicht. Von M. Parsons. Nach dem Engl. 2. Aufl. (140 S.) 7½ ngr.
3. Bdchn.: Der Schein trügt. Erzählung von M. Parsons. Nach dem Engl. 2. Aufl. (147 S.) 7½ ngr.
4. Bdchn.: Die Macht der Gewohnheit. Von M. Parsons. Nach dem Engl. 2. Aufl. (138 S.) 7½ ngr.

Bilder aus dem Volksleben für Jung und Alt. 1. und 2. Bdchn. 18. Köln 867, Bachem. —
Inhalt:
Bd. 1. Wiseman, N., die Lampe des Heiligthums. Autorisirte Uebersetzung aus dem Englischen. 4. Aufl. (86 S.) 5 Ngr.
" 2. Parsons, M., unter Polizei-Aufsicht. 3. Aufl. (144 S.) 7½ Ngr.

—— aus dem Volksleben für Jung und Alt. 1.—4. Bdchn. 18. Köln, Bachem.
Inhalt:
Bdchn. 1. Wiseman, N., die Lampe des Heiligthums. Autor. Uebersetzung aus dem Englischen. 5. Aufl. (86 S.) 869. 50 Pf.
" 2. Parsons, M., unter Polizei-Aufsicht. 3. Aufl. (144 S.) 867. 80 Pf.
" 3. —— der Schein trügt. 3. Aufl. (143 S.) 868. 80 Pf.
" 4. —— die Macht der Gewohnheit. 3. Aufl. (144 S.) 868. 80 Pf.

Bilder aus dem Volksleben für Jung und Alt. 2. Bdchn.: Unter Polizei-Aufsicht. Von M. Parsons. Nach dem Engl. 4. Aufl. 16. (144 S.) Köln 881, Bachem. *
1., 3. und 4. Bdchn. Ebendas. 1868,69. *ℳ 2,10.

—— a. d. schwed. Volksleben. 12 Bl. m. beschreib. Text in deut., engl. u. schwed. Sprache. Fol. Gothenb. 55, Bonnier. n. 10. —

—— aus dem schwedischen Volksleben. 12 Blatt nach Originalgemälden schwed. Künstler in Farbendr. ausgeführt von Arnz und Comp. in Düsseldorf. Mit (12 Bl.) beschreibendem Text in deutscher, engl. und schwed. Sprache. gr. Fol. Gothenburg 857, Bonnier. (Leipzig, Köhler.) *

BILDER. - von ihr. Stoff für Künstler, sich zu verewigen. Zum Andenken an Maria Theresien. Kaulfuß, Wien 1781.

**Bilder** der Vorwelt. Leipzig 1796. V: *Albrecht, Johann Friedrich Ernst.* (KY) (BGE I³, 365)

— die, der Vorwelt, von J. F. E. Albrecht. 8. Leipzig, Schwickert. 796.

—— aus Böhmens heidnischer Vorzeit. gr. 4. (124 Sp. mit 19 Illustr. in eingedr. Holzschn.) Prag 865, Kober. *

—— der Vorzeit in d. Mark Brandenburg. (Gedichte.) Lex.-8. (2 B.) Berlin 844. (Nauck'sche Buchh.) *

Bilder aus Zürichs Vorzeit. (Njbl. Knabenges. Zürich 1861.) 8. Zürich.

— die vorzüglichsten, der Dresdner Gemälde-Gallerie. Orig.-Radirungen von H. Bürkner und A. 13 Hefte. 8. (à Heft 4 Kpfrt.) Dresden 863,64, Kuntze. à Heft * 10 Ngr. *

— aus dem Teutoburger Walde u. Wesergebirge. Mit e. Widmg. v. Otto Weddigen. qu. gr. 4. (10 Photogr. m. 4 S. Text.) Bielefeld 893. A. Helmich. In Leinw.-Mappe. n.n. 15. —; Cabinet-Ausg. 12. (2 S. Text.) In Leinw.-Mappe n. 3. —

— aus dem Waldenburger-Gebirge in 42 Bildern. Nach Orig.-Aufnahmen v. M. Heinz u. A. Text v. M. Reimann. (42 Bl. m. XVI S. Text.) qu. gr. 8. Warmbrunn (904). M. Leipelt. Geb. n. 3. —

Bilder, die warnenden, des stillen Thalbewohners. 8. Wien, Haas. 815.

**Bilder, Die warnenden,** des stillen Thalbewohners. Vom Verfasser der Louise Moor und des alten Flocks oder das Rathhaus H** Z* R**. Wien 1816. V: *Steiner Edler von Pfungen, Joseph.* (Hdschr. Mitth. von Gustav Gugitz, Wien.) (WBL XXXVIII/73) (BIBLPORT)

— die warnenden, des stillen Thalbewohners. Vom Verf. der Louise Moor. 8. Wien 816. K. Haas. 12 gr

Bilder, edler u. unedler Weiblichkeit, in Geschichten tugendhafter u. nichtswürdiger Weiber rc. aus d. Zeiten d. Griechen u. Römer. 12. Quedlinb. Basse. 811. Rthlr. —

*Bilder* edler und unedler Weiblichkeit, in Geschichten tugendhafter und nichtswürdiger Weiber aus den Zeiten der Griechen und Römer. Quedlinb. 811. 12. 20 gr.

Bilder aus dem pommerschen W e i z a c k e r. Trachten, Dorfanlagen, Bauernhäuser, Erzeugnisse des Hausgewerbes. Der XXXV. Allgemeinen Versammlung der Deutschen Anthropologischen Gesellschaft zu Greifswald dargebracht von der Gesellschaft für Pommersche Geschichte und Altertumskunde zu Stettin. Stettin 1904. Druck von Herrcke & Lebeling. 4°

Bilder Welt
Bilder aus der großen Welt. In Erzählungen. Von der Verfasserin des Lichts im Hüttchen u.s.w. 1826
s. Ahlefeld, Charlotte von [Verf.]

**Bilder** aus der grossen Welt von der Verf. der »Erna«. 2. Ausgabe. Quedlinburg 1827. V: *Ahlefeld, Charlotte Sophie Louise Wilhelmine geb. von Seebach.* (EF)

— aus d. großen Welt; von d. Verf. der „Erna, Felicitas rc." 2e Ausg. 8. Quedlinb. 827. Basse. 1 ₰ 4 gr

Bilder aus der Weltgeschichte. Für das deutsche Volk dargestellt v. H. Keck, O. Kallsen, A. Sach. 8°
Th. 1: Bilder aus dem Alterthum v. [Karl] Heinrich Keck. Halle. 1875.
Th. 2: Bilder aus dem Mittelalter v. Otto Kallsen. ebd. 1875.
Th. 3: Bilder aus der neueren Zeit v. August Sach. ebd. 1875.
Th. 4: Bilder aus der neuesten Zeit v. Otto Kallsen. ebd. 1877.
Auch u. d. T.: Das Zeitalter der Revolution v. Otto Kallsen.

— a. d. Weltgesch. im Anschl. an d. Leseb. v. J Bumüller u. J Schuster. Illustr. Asg. 12. Afl. 8° (208) Freibg i/B. 95, Herder. 1 —; geb. 1.80
*Die 1—10. Afl. erschienen u. d. T.: Bumüller, J, u. J Schuster, Leseb. f. Volkssch., 6. Abth. — Die 11. Afl. erschien u. d. T.: Weltgeschichte im Anschl. an d. Leseb. v. J Bumüller u. J Schuster.*

— zur Weltgeschichte als Titelkupfer zu Dittmar's, Leo's, Becker's, Schlosser's, Cantu's u. jeder andern Weltgeschichte. Nach Originalen von Jäger, Ihlée, G. König, Veith u. Nour, gest. von G. König u. E. Schuler. Heidelberg 856. K. Winter. gr. 8. (2 Bl. Text u. 6 Stahlst.) n. 20 ngr

—— z. Weltgesch. als Titelkpfr. zu Dittmar, Leo, Becker, Schlosser, Cantu. 8. (4 m. 6 K.) Heidelb. 57, C Winter. n. — 20

— aus Deutschlands Werdegang, in Verbindg. m. B. Rogge, E. Rademacher, Th. Schewe u. a. hrsg. v. O. E. Wohlleben. 1. Bd. gr. 8. Köln (E. Roemke & Co.) Geb. n. — 80
Germanische Vorzeit. Von E. Rademacher u. Th. Schewe. (72 S.) 902.

— a. Deutschlds Werdegang, hrsg. v. OC Wohlleben. 1. Bd. 8° Köln. Gütersl., OBertelsmann, Sep.-Cto. Geb. — 80 d
Rademacher, C, u. T Scheve: German. Vorzeit. (72)'02. [1.] — 80
*Neue Ausg. u. d. T.:*

— aus Deutschlands Werdezeit. 12 Bdchn., in Verbindg. m. Bernh. Rogge, Rotscheidt, Rademacher u. a. hrsg. v. O. C. Wohlleben. 11. 8. Gütersloh, C. Bertelsmann, Sep.-Cto. à n. — 60; kart. à n. — 70; geb. in Bibliotheksbd. à n. — 80; in Leinw. à n. — 90
Ernst, Karl, Erwachen deutschen Geistes nach der Befreiung v. fremdem Joch. (106 S.) 904. (Bd. 10.)
Rademacher, Karl, aus Deutschlands Urzeit u. Vorzeit. Mit 8 Bildern. (136 S.) 904. (Bd. 1.)
Rademacher, Karl, aus der Zeit der Völkerwanderung. Mit 4 Abbildgn. (125 S.) 904. (Bd. 2.)
Rogge, Bernh., der große Preußenkönig. Mit 8 Bildern. (119 S.) 904. (Bd. 9.)
— ein einig Volk, e. Deutsches Reich. Mit 10 Bildern. (144 S.) 904. (Bd. 11.)
Rotscheidt, Wilh., Reformation u. deutsches Volksleben. Mit 6 Abbildgn. (116 S.) 905. (Bd. 8.)
Wohlleben, Karl, der deutsche Ritterorden in den Ostmarken. Mit 8 Bildern. (124 S.) 904. (Bd. 6.)
Wohlleben, O. C., des deutschen Adlers Flug in fremde Erdteile. Mit 20 Bildern. (136 S.) 905. (Bd. 12.)
— Bilder aus der Zeit der deutschen Hansa. Mit 8 Bildern. (116 S.) 904. (Bd. 7.)
— deutsche Kultur unter den sächsischen Kaisern. Mit 8 Abbildgn. (123 S.) 905. (Bd. 4.)
— deutsche Kulturbilder aus dem Zeitalter der Kreuzzüge. Mit 15 Bildern. (136 S.) 904. (Bd. 5.)
— die Zeit der Karolinger. Mit 8 Bildern. (132 S.) 905. (Bd. 3.)

Bilder aus Deutschlands Werdezeit. 12 Bdch. in Verbindung mit … hrsg. von O. C[arl] Wohlleben. Bdch. 1. *Gütersloh: C. Bertelsmann 1901.* 8° [F.]
— Jugendbibliothek, G. Nieritz'. No 246. [04. 6339

**Bilder, Wiener.** Aus der Mappe eines Norddeutschen. Von J. C. L. (Wiener Zeitschrift für Kunst, Theater, Literatur und Mode 1845, Nr. 191. 217. 218) V: *Lyser, Joh. Peter.* (Friedrich Hirth: J. P. Lyser. München u. Leipzig 1911. S. 571)

**BILDER,** Wiener. Leipzig 1833. 8°. VI u. 453 S. (8 Mk. 50 Pfg., unbeschn. in Hlwdbd., E. Frensdorff, Berlin, 1907.)
U. a.: Teplitz. — Mähren. — Die Kaiserstadt. — Strassenleben. — Die wiener Küche. — Der Wein. — Der Wald in Wien. — Das Burgtheater. — Schreyvogel. — Volkstheater. — Der Prater etc.

— Wiener. Jll. Sonntagsblatt. Hrsg.: Vinc. Chiavacci. Red.: A. Barreyß. 1.—3. Jahrg. 1896—1898. à 52 Nrn. (à 16 S.) Fol. Wien (IX, Frankgasse 1), L. Bergmann & Co. à Jahrg. n.n. 8. —

— Wiener. Illustrirtes Sonntagsblatt. Hrsg.: Vinc. Chiavacci. Red.: A. Barreyß. 4. Jahrg. 1899. 52 Nrn. Fol. (16 S.) Wien (IX., Frankgasse 1), Verlag „Wiener Bilder". n. 10. —
Fortsetzg. s.: Chiavacci's, Vinc., Wiener Bilder.

**Bilder, Wiener, a. d. Jugendzeit unseres Kaisers.** Zur Feier des 80. Geburtstages Sr. Maj. des Kaisers Franz Josef I. Hrsg. vom Gemeinderate der Stadt Wien. (145 S. m. Abbildgn.) 18×23,5 cm. Wien (910). Gerlach & Wiedling. Geb. in Leinw. 8. 50

**BILDER** der Wollust. Aus Priaps geheimem Cabinet. Padua, Pietro Tarone. O. J. (Berlin, Himburg, c. 1798.) (Weller, fing. Dr.) (Format?)
Grosse Seltenheit! Noch kein Expl. nachgewiesen.

Bilder d. Zauberspiegels. 8. Braunschw. u. Petersb. Pluchart. 1 Rthlr.

— des Zauberspiegels f. Freunde d. Feenwelt. 8. Braunschweig 803. (Leibrock.) 1 1/3 ℛ

— der Zeit. (1 lithogr. Blatt in Fol. mit Text.) Leipzig 846, Bönicke u. Sohn. n. 1/3 ℛ

Bilder der Zeit. Redakt.: A. H. Payne. 1. Jahrg. 1855. 52 Nrn. (à 2 Bog. mit eingedr. Holzschn.) Fol. Leipzig, Payne. *

— — Illustrirte Chronik der Gegenwart. Red.: A. H. Payne. 2. Jahrg. 1856. 52 Nrn. (à 2 Bgn. mit Holzschn. im Text.) Leipzig. Payne. Fol. n. 5 ℛ 10 ngr

**Bilder** aus vergangener Zeit. Hamburg 1884—87. V: *Poel, G.* (ADB 34, 224)

— aus vergangener Zeit nach Mittheilungen aus großentheils ungedruckten Familienpapieren. 1. u. 2. Thl. gr. 8. Hamburg, Agentur d. Rauhen Hauses. n. 17. —; geb. n. 19. —
1. Bilder aus Piter Poels u. seiner Freunde Leben. (VII, 467 S.) 884. n. 7. —; geb. n. 8. —
2. Bilder aus Karl Sievekings Leben. 2 Tle. (XII, 250 u. VI, 367 S.) 886. n. 10. —; geb. n. 11. —

—— aus vergangener Zeit nach Mitteilung aus großenteils ungedruckten Familienpapieren. Als Mskr. gedr. 2. Tl.: Bilder aus Karl Sievekings Leben. gr. 8. (XI, 367 S.) Hamburg 887, Agentur des Rauhen Hauses. *
geb. *
1. Tl. Ebendas. 1884. * ℳ 7.—.

— — zerstreute, von e. kathol. Geistlichen. Thl. 1. (Weiter nichts erschienen.) gr. 8. Stuttgart 1826, Cotta. 1 Thlr. — 1 fl. 36 kr.

— Znaimer, a. Vergangenheit u. Gegenwart. Gesammelte Abhandlgn. z. Geschichte u. Ortskunde d. Thaja-Gebietes, s. a. Beiträge zur Heimatskunde v. Znaim.

Znaimer Bilder aus Vergangenheit und Gegenwart. Gesammelte Abhandlungen zur Geschichte u. Ortskunde des Thaja-Gebietes. Bd 1—2. — Znaim: Fournier & Haberler 1901—03. 163 S., 1 Pl.; 160 S. (Beiträge z. Heimatkunde von Znaim u. Umgebung. H. 2. 3.)

— aus dem alten Zürich. Gezeichnet u. gestochen v. J. Arter. Mit erklär. Texte v. Salom. Vögelin Sohn. qu. gr. 4. (21 S. m. 66 Kpfrtaf.) Zürich 874. Orell, Füssli & Co. In Mappe. n. 54. —

Bilder. Züricher B' und B' aus der Schweiz. Zürich s. [Waldvogel, Carl, und Heer, Jacob Christoph].

—— 20 biblische, mit Sprüchen und Liederversen. Größere Ausg. Hrsg. von der Wupperthaler Traktat-Gesellschaft. gr. 8. Barmen 872, Wiemann. *

Zwei dramatische **Bilder** aus der Hersfelder Geschichte. 1. Die Gründung Hersfelds. 2. Die Revision d. Abtei. ⟨1222.⟩ (Hersfeld) 1907: (Hoehl). (16 S.) 8° [F.] [07. 12233 4

2, z. Veranschaulichg d. hauptsächlichsten Formen d. Erdoberfläche. 1. Bl.: Im Hochgebirge. 2. Bl.: An d. Meeresküste. (Farbdr.) Mit Begleitwort. (Von Ant. Wollensack.) (6) 8° Wien, A Pichler's Wwe & S. ('11). — 20

— 230, v. den Mittelmeer-Fahrten der Hamburg-Amerika-Linie. (231 S.) 26,5×32,5 cm. Leipzig 907. Woerl s Reisebücher-Verlag. Geb. in Ldr. n. 20. —

—— 32 biblische, (in Holzschn.) für Weihnachten. qu. gr. 16. Hamburg 850, Agentur des Rauhen Hauses.

—— 32 bibl., f. Weihnachten. qu. 16. Hamb. 57, Agent. d. R. H. — 3

— 42, aus der bayerischen Geschichte. Zusammengestellt f. Bayern's Jugend. (42 Bl.) qu. 8. München (903). M. Kellerer. n. — 30

— 22, aus dem Thierreich. Hausthiere. 8. (8 color. Holzschnitttaf.) Schaffhausen 845, Schalch. 3 ngr

—— 22, aus dem Thierreich. Vögel. 8. (8 ill. Holzschnitttaf.) Schaffhausen 850, Schalch.

— 12, zum Ausmalen u. Nachzeichnen für Kinder. 4. Eisleben 834. Reichardt (jetzt Hermes in Berlin). 1/6 ℛ

—— 12 biblische. I. Altes Testament. II. Neues Testament. qu. 16. (à 12 Chromolithogr.) Barmen 870, (Buchh. der evangel. Gesellschaft.) In Umschlag à Heft * 20 Pf. *

—— 12 biblische, mit Sprüchen und Liederversen. Größere Ausg. 2. Heft. qr. 8. Ebendas. 872. *

—— 12 biblische, aus dem Alten und Neuen Testament. 2 Hefte. qu. 16. (à 12 Chromolithogr.) Berlin 870, Beck. In Umschlag à Heft * 25 Pf. *

—— zwölf, aus dem Kinderleben. Text von Hermine. Mit 12 Taf. farbiger Bilder von H. Merte. 4. (III, 12 S.) Stuttgart 873, H. Müller's Kunstverlag. geb.

— zwölf, aus dem Leben bayerischer Fürsten auf besondern Allerhöchsten Auftrag S. Maj. des Königs Maximilian II. von Bayern ausgeführt von M. Echter, Ph. Foltz, G. Hiltensperger, A. Müller, K. Piloty, M. v. Schwind und A. Strähuber. München (853.) Braun u. Schneider. qu. Fol. (12 Bl. in Holzschn.) n. 18 ngr

Bilder, Zwölf, aus dem Leben württembergischer Fürsten. Esslingen. O. J. V: *Häberlin, Carl.* (Heyd)

— 12, aus der Missionswelt m. kurzen Erklärungen. Für die deutsche Jugend neu bearb. u. verm. 1.—4. Hft. 8. (à 24 S. m. Bildern.) Basel 893. Missionsbuchh. à n. — 10

12 Bilder vom Rhein. Reise-Erinnerungen. *Boppard: O Maisel [1899].* (14 Taf.) quer-8° [Umschlagt.] Aus: Der Rhein in Bild u. Lied. [w. 1181 5

Bilder-A.B.C., s. Bilderbücher, Münchener.

Bilder-ABC. Unterhaltungsbuch für Jung und Alt. (24 Steintaf.) qu. 4. Cöln 835. Renard. 1 ß

Bilder-ABC. 8° (8 m. farb. Abb.) Essl. 91, JE Schreiber. — 10

Bilder-ABC, belehrendes, zur Unterhalt. f. kleine Knaben u. Mädchen. M. 24 feinen bildl. Darstelln. 8. (3 B. incl. 1 Bl. Vorschriften z. Schönschreiben.) Meißen 832, (Klinkicht u. Sohn.)

Bilder-ABC, buntes, zur Lust u. Freude f. Kinder. 8. (10 S. u. 8 lith. u. color. Bl.) Neu-Ruppin 848. (Leipzig, Thomas.) 4 ngr

Bilder-ABC in 100 Darstellungen aus dem Natur- und Menschenleben. Für die liebe Kinderwelt. Mit Text in Versen. Halle, (Berlin 853.) Riese. gr. 4. (21 Bl. Text, 20 lith. u. color. Taf. u. lith. Titel.) 1 ß 15 ngr

—— düsseldorfer. 8. (12 Chromolithogr.) Düsseldorf 861, Elkan, Bäumer und Comp. *

— Düsseldorfer. Düsseldorf (862.) Breidenbach & Co. 8. (12 lith. Bl. in Farbendr.) n. 10 ngr

Bilder-ABC. m. illum. Fig. 8. Stralf. 774.

[Bilder ABC mit Karikaturen auf verschiedene Berufe und Stände.] o. O. u. J. [um 1815]. 24 Bl. Aquarelle. 8°.

— Karl u. Mariens, mit 16 ill. Kpf. Berl. 823. Hasselberg. 9 gr

— für gute Kinder. Mit 22 Abbildd. 8. Chur ... Grubenmann. 5 gr

Bilder-ABC für kleine Kinder. kl. 4. (24 ill. Stnt. mit gereimter Unterschrift.) Neuhaldensleben 835, Eyraud.

— kleines (v. Kästner, C. A. L.) Mit 264 illum. Abbildungen. 8. Leipzig 824, Cnobloch.

Bilder-ABC, Kleines. 2. Aufl. Leipzig 1827. V: *Kästner, Christian August Leberecht.* (Ky)

— kleines, (v. C. A. L. Kästner). Mit 264 ill. Abbildd. 2e Aufl. 8. Leipz. 827, Cnobloch. 1 ß

Bilder-ABC mit goldenen Lehren. 4. (8 Chromolithogr. auf Carton mit eingedr. und 3 S. Text.) Wesel 887, Düms. cart.

— lithographirtes. Brem. 831. Heyse. 1 ß 12 gr

— militairisches, für die Jugend, in 24 ill. Bl. Gez. und lithogr. bei C. Pohlmann in Magdeburg. qu. gr. 4. Magdeburg 837. Wagner u. Richter. 1½ ß

— naturhistorisches, zur Lust und Belehrung für Kinder. Mit 24 illum. Abbildd. 8. Reutlingen 835. Fleischhauer u. Spohn. 1/6 ß

—— neues, ein Geschenk f. gute Kinder. 5. Aufl. 8. (3½ B. u. 24 ill. Holzschn.) Cassel 828, Luckhardt.

—— neues, breit 12. (25 lith. u. ill. Bl. m. Erklär. in kurzen Versen.) Magdeburg 853, Rohrahn u. Comp.

Bilder-Album. 12. (8 farb. Taf. m. Text.) Leipzig 889 Fr. Pfau. cart. n.n. — 1[illegible]

Bilder-ABC, neues. kl. 4. (6 Chromolith. m. Text.) Stuttgart 886. Loewe. cart. n. — 50

— neues. Ein unzerreißbares Bilderbuch f. die lieben Kleinen. kl. 4. (6 Chromolith. m. eingedr. u. 6 Bl. Text.) Stuttgart 887. Loewe. geb. 1. 20

Bilder-ABC, neues. 250 Bilder m. Versen v. M. Raimund. Fol. (24 farb. Taf. m. eingedr. u. 2 Bl. Text. Stuttgart 889. G. Weise. cart. n. 3.—

— neues, mit zweckmäßigen Buchstabir- u. Leseübungen in kurzen Sätzen, vom Leichten zum Schweren fortgehend. 8. Glog. 2e Aufl. 825. N. Günter'sche B. 6 gr

— neues, zur leichten Erlernung der Buchstaben. gr. 16. (13 lith. u. illum. Blätter.) Emmerich 842, Romen. (Leipzig, Hermann.) n. 1/3 ß

Bilder ABC, neues, mit illum. Kupfern, ohne Text. 8. Berlin, Haselberg. 820.

Bilder-ABC, neues, z. Nutzen u. Zeitvertr. d. kl. Jugend. Mit 23 Kpfrtaf. u. 1 Vign. 8. Reutlingen 826. (Ludwigsburg, Nast.) 8 gr. illum.

— neues, z. Nutzen u. Zeitvertr. d. kl. Jugend. M. 23 Kpf. u. 1 Vign. 8. Reutling. 827. (Ludwigsb., Nast). 8 gr Ill. 12 gr

Bilder-ABC, neuestes —. Hebräische und Deutsche Lautir-Methode mit entsprechenden Uebungs-Beispielen. Neunte verbesserte und bedeutend vermehrte Auflage. 8. (46 u. 24 S.) Prag, Gedr. bei W. J. Landau. Eigenth. u. Verl. von Wolf Pascheles 1853.

—— neuestes. Hebräische und deutsche Lautir-Methode mit entsprechenden Uebungs-Beispielen. 9., verb. und bedeutend verm. Aufl. 8. (69 S. mit eingedr. Holzschn.) Prag 856. (Leipzig, C. L. Fritzsche.) geb. *

Bilder-ABC, neuestes — Hebräische und deutsche Lautir-Methode mit entsprechenden Uebungs-Beispielen. Prag, 1856. 9te verbesserte und vermehrte Aufl. Eigenthum und Verlag von Wolf Pascheles. (45, 24 S. 8.)

—— in Raethseln. Lith. ½ gr. Fol. (25 Bl. u. 1 Bl. Erklär. in deutsch. u. franz. Sprache.) Carlsruhe 835, Wagner. (Marx.) *

—— in Räthseln. Fol. (20 Stnt.) Carlsruhe 846. (Braun.) *

Bilder-ABC m. Reimen. gr. 4. (12 S. m. farb. Bildern auf Karton.) Wesel 894. W. Düms. Geb. 1. —

— aus dem Thierreich. 8. (20 S. m. color. Holzschn.) Schaffhausen 850, Schalch. 3½ ngr

— unterhaltendes. Mit 16 ill. Kpf. 8. Berl. 823. Hasselberg. 9 gr.

Bilder-ABC mit Versen u. Denksprüchen für gute Kinder. (26 Blätt.) 8. Halle 841, Schimmelpfennig. Schreibpap. geb. 3/8 ₰ Illumin. 1/2 ₰

— für die kleine Volksjug. 8. Bresl. Gebr. 802.

— f. d. kleine Volksjugend. 8. Bresl. 2e A. 802. (W. G. Korn). 3 gr.

Bilder-ABC-Buch.–

Bilder-ABC-, Buchstabir- u. Lesebuch f. ganz kl. Kinder, d. gern lernen wollen. Mit 12 ill. Kpf. 8 Nürnb. 824 Geh. 5 gr.

Bilder-ABC- und Lesebuch, deutsches. kl. 8. Pest, Lauffer. 1870 2 kr.

Bilder-Abc-Buch, hamburger, f. d. ersten Unterricht. Des Kindes erste Bildungsstufe. Mit vielen (9) bunten Bild. 8. (6½ B.) Hamburg 840, Heubel. *
Vgl.: Bildungsstufe.

Bilder-ABC-Buch für die Jug. u. d. Enthält: außer d. deutschen u. franz. Alphabete, 54 illum. Abbild. d. merkw. Thiere v. Europa, mit deutsch. u. franz. Erklär. 12. Wien, Müller. 816.

Bilder-ABC-Buch f. Kinder, s. Fibel.

Bilder-ABC-Buch f. Kinder, die gerne lesen lernen wollen. Enthält die nöth. Buchstaben, Sylben, Wörter u. 24 schöne Bilder mit Erklär. ders. gr. 8. (5 B.) Wien 831, Müller.

Bilder-ABC-Buch f. Kinder, die gerne lesen lernen wollen. Enthält: die nöthigen Buchstaben, Sylben, Wörter u. 24 schöne Bilder m. Erklärg. derselben. 2. verb. Aufl. gr. 8. (48 S. m. 12 color. Lith.) Wien 851, Müller. 2/3 ₰

Bilder-A-B-C-Buch f. Kinder, d. gerne lesen lernen wollen. 2. Afl. 8. (48 m. 12 L.) Wien 51, Wessely. — 20

Bilder-A.BC-Buch für fromme Kinder. Mainz (863.) Haas. 8. (14 S. u. 15 lith. u. color. Taf.) n. 2½ ngr.

— f. gute Kinder, gr. 8. Bern 804. Typograph. Soc. 6 gr.

**Bilder-ABC-Buch, Kleines,** zum Behuf mancherley nützlicher Kenntnisse. Leipzig 1801. V: *Löhr, Johann Andreas Christian.* (MGT) (NN)

— kleines, z. Behuf mancherlei nützl. Kenntnisse. M. 24 ill. Kpf. 8. Leipz. 808. 3e A. ... Gr. Fleischer. 12 gr. Höll. Pr. 8 gr.

—— für gute Knaben u. Mädchen. M. 22 ill. Kpfr. 8. (1½ B.) Nürnberg 828, Bauer u. Raspe.

Bilder ABC- u. Lesebuch f. Schulen. Mit 24 ill. Abbild. aus d. Naturgeschichte. 8. Meißen 824, Gödsche.

Bilder-ABC-Buch, neues, die Anfangsgründe zum Lesen, mit 34 Kpf. 8. Schwelm 811. 2e verm. Aufl. 8. Essen 817, Bädecker. 12 gr.

— — neues, enthaltend die Anfangsgründe zum Lesenlernen und 32 saub. gestochene Gegenstände aus der Naturgeschichte nebst Beschreibung. 2te mit neuen Kpfrn. verschönerte Aufl. 8. Essen u. Duisb. Bädeker. 817.

—— neues. Nach ein. sorgfält. geprüft. u. verbess. Lehr- u. Lese-Methode. Ein Geschenk f. Kinder v. 5 bis 7 Jahren. M. 25 ill. Kpfr. 8. (2 B.) Leipzig 837, Krappe.

Bilder-ABC-Buch, neuestes, elegantes, f. d. Jugend. Mit illum. Kpf. 8. Berlin, (Leipz., Mag. f. Ind.) 827.

— neuestes naturhistorisches, für gute Kinder. Mit ill. Kpf. 8. Leipz. 819. Klein. 6 gr.

Bilder-ABC-Buch, das niedlichste, für unsere lieben Kinder zur angenehmen Unterhaltung und Belehrung hrsg. von einem Jugendfreunde. 3. Aufl. 8. (24 S. mit 16 ill. Stnt.) Neu-Ruppin 852, Oehmigke und Riemschneider. *

Bilder-ABC-Buch in deutsch u. franz. Sprache. 8. Nürnb. Schneider u. W. 795. illum.

Bilder-ABC-Buch, Wiener, für brave und fleißige Kinder. (Nr. 1 — 3.) Wien (857.) v. Waldheim. gr. 8. Jede Nr. (à 8 Bl. Text u. 4 Bl. color. Holzschn.) n. 6 ngr.

Bilder-ABC-Buch, wiener, für brave und fleißige Kinder. Nr. 1—3. (à 16 S. mit eingedr. Holzschn. und 4 ill. Holzschnt.) gr. 8. Wien 858, v. Waldheim's xylographische Anstalt. à Nr. * 6 Ngr. *

Bilder-ABC-Büchlein. Ein Geschenk f. gute Kinder. 8. (16 S. m. eingedr. col. Holzschn.) Jüterbog 848, Colditz. 1/6 ₰

Bilder-ABC-Büchlein. Ein Geschenk für gute Kinder. 8. (16 S. mit eingedr. ill. Holzschn.) Jüterbog 850, Colditz.

Bilder-ABC-Spiel.– Bilder-ABC-Spiel für K i n d e r . Mit 24 illum. Kpfrn. Wien: Müller 1816.

— niedersächsisches, nach Pestalozzi mit 24 ill. Kpf. 8. Hamb. 804. (Herold jun.) 16 gr.

— niedersächs. nach Pestalozzi. m. illum. K. 8. Hamburg, Vollmer. 804.

Bilder-ABC- u. Syllabir-Spiel nach Campe's Manier, in 36 Kartkn. 8. Nürnb. 785. Schneider u. W. 10 gr.

**Bilderacademie** für die Jugend. Nürnberg 1780—83. V: *Stoy, Johann Siegmund.* (Ky) (MGT)

— f. d. Jugend, (v. J. S. Stoy). Mit 54 Kpf. gr. 8. Nürnb. 1e —7e Aufl. 780—84. Stein. 16 ₰

Bilderacademie f. Leselustige, in 104 systemat. geordn. Vorstellungen, mit e. lehrr. Erklärung u. 32 Kpf. gr. 8. Berl., Rauck. 2 ₰ 12 gr. Ill. 3 ₰ 12 gr.

Bilder-Album a. „Bern. Blätter f. Landwirtschaft". Hrsg. v. d. ökonom. u. gemeinnütz. Gesellschaft d. Kantons Bern. qu. 4. (24 Taf.) Bern 895. (H. Körber. — Nydegger & Baumgart.) Kart. n. 2. —

Bilder-Album, chromo-typographisches, enth. 8 Bilder in vorzüglicher Farben-Ausführung v. H. Knösler. gr. 8. Regensburg 874. Pustet. n. 3. —

Bilder-Album zur neueren Geschichte des Holzschnitts in Deutschland. Hrsg. vom Albertverein. Mit Text von Herm. Lücke. gr. 4. (118 Holzschn.-Taf. m. XVIII S. Text.) Leipzig 877. Seemann. geb. m. Goldschn. 18. —

Bilder-Album, humoristisch-satirisches, od. Bilder mit u. ohne Worte. Hrsg. v. mehr. rhein. Künstlern. Lith. v. Levy Elkan [u. Jos. La Ruelle]. 1. Hft. 2. Aufl. u. 2—9. Hft. qu. 16. (81 Bl. u. 12 S. Text.) Aachen 848. 49, (Leipzig) Wengler. (à Lfg. n. 1/6 ₰) n. 1½ ₰

Bilder-Album, humoristisch-satyrisches, oder Bilder mit und ohne Worte. Hrsg. von mehr. rhein. Künstlern. Lith. von Levy Elkan und Jos. La Ruelle. 9 Hefte. qu. 4. (81 Stnt. und 12 S. Text.) Aachen 849, Wengler. à Heft * 5 Ngr. *

Bilder-Album deutscher Componisten. 1. Mappe: Wolfg. Mozart. — Chrph. v. Gluck. — Ludw. van Beethoven. — Jos. Haydn. gr. Fol. (4 Chromolithogr. und 2 Bl. Text.) Berlin 861, Möser und Scherl.

— natur- u. culturhistorisches Mit einleit. Vorwort v. Otto Ule u. Karl Müller. 1—4. Lfg. à 436 Abbildg. (in eingedr. Holzschn.) enth. Fol. (XII, 224 S.) Halle 874. Schwetschke's Verl. à n. 4. —

Bilder-Album, neuestes. (Leporello-Album.) qu. 4. (20 Chromolithogr. auf Carton.) Stuttgart 887, Loewe.

—— neuestes, in Leporello-Form. 20 Tierbilder in feinstem Farbendr. qu. 4. Ebendas. 888. geb.

— aus Ungarn. Taschenbuch m. 18 Stahlst. nach Zeichnungen von N. v. Barabás. gr. 8. (68 S.) Leipzig 849, Haendel. In Engl. Einb. n. 2 ℛ 12 ngr; m. Goldschn. n. 2 ℛ 16 ngr

Bilder-Allerlei.—

—— ein moralisches ABC- u. Bilderbuch für gute Kinder. Mit 24 illum. Bildern auf 8 Kpfrtaf.) 8. (½ B.) Leipzig. (H. Fritzsche.) *

Bilder-Allerlei, neues ABC- u. Bilderbuch für gute u. folgsame Kinder. Ein nützl. Geschenk am Geburts-, Weihnachts- und Neujahrstage. Mit 24 ill. Abbildd., nebst moral. Erklärung d. Bilder. N. Aufl. 8. Pirna 835. Diller. (Leipz., Friese.) ⅙ ℛ

Bilder-Allerlei. Düsseldorf (860.) Breidenbach & Co. 4. (12 lith. Bl. in Farbendr.) n. 21 ngr

Bilder-Allerlei. 4. (12 Chromolithogr.) Düsseldorf 860, Eikan, Bäumer und Comp. *

—— Unzerreißbares Bilderbuch für die lieben Kleinen. Hamburg (863.) Gebr. Spiro. 8. (16 lith. Bl. in Farbendr. auf Leinwd.) n. 10 ngr

Bilderallerlei. Unzerreißbares Bilderbuch für die lieben Kleinen. 8. (16 Chromolithogr. auf Leinw. mit Text.) Hamburg 864, Gebr. Spiro. cart. *

Bilder-Allerlei. Unzerreissbares Bilderbuch m. 8 farb. Bildertaf. m. Text (auf Karton). 4° Stuttg. 95. F Loewe. 1.20

Bilder-Allerlei. 8. (12 farb. S. ohne Text.) Stuttgart 898. G. Weise. — 10

Bilder-Allerlei nach dem ABC. Wesel 860. Düms. 8. (12 lith. Bll. in Farbendr.) 6 ngr

Bilder-Allerlei, e. buntes, daß Knab' u. Mädchen sich erfreu'! 8. (8 Farbdr. m. eingedr. u. 2 S. Text a. Pappe.) Duisburg 897. J. A. Steinkamp. Kart. — 50

—buntes, f. wißbegier. Knaben u. Mädchen, nebst e. Anh. prosaisch. Aufsätze. Mit 119 ill. Abbildd. 8. Kitzingen, Gundlach. 14 gr.

Bilder-Allerlei durch Verse erklärt. Für d. kleine Kinderwelt, ein neues ABC. Mit 48 gem. Abbild. (auf 8 Taf.). 8 (1⅛ B.) Nürnberg 843, Renner u. Comp. *

— zur Erweckung des Scharfsinnes oder viele Original-Darstellungen nach jeden Buchstaben in 24 Gemälden herausg. Eine neue Bilderlust für Kleine u. Große. Fol. Nürnberg, Renner u. Comp. n. 3⅙ ℛ Mit schwarzen Abdrücken. n. 1½ ℛ

Bilderallerlei, aus d. Gebiete d. Guten, Wahren u. Nützlichen 2c. 3 Bde. M. ill. Kpf. gr. 8. Leipz. 797—99. Müller. (W. Nauck). 9 ℛ

— — ebendasselbe m. doppelt. K. z. Nachilluminiren. (à 3 Thlr. 14 gr.).

Bilder-Allerlei f. die liebe Jugend. Acht reizende Compositionen d. Fr. Voltz, lith. v. Chr. Votteler. In lith. Farbendr. m. kindl. Reimen. 4. Eßlingen 872. Schreiber geb. — 90

—— für die liebe Jugend. Acht reizende Compositionen des Malers Fr. Voltz, lithogr. von Chr. Votteler. In lithogr. Farbendr. mit kindlichen Reimen. 4. Eßlingen 874, Schreiber. cart.

Bilder-Allerlei für Kinder. 2. Heft. qu. gr. 4. (10 lithogr. Blätter.) Halle 841, Schimmelpfennig. à ½ ℛ Illum. à 1 ℛ

—— für folgsame Kinder. qu. gr. 4. (14 lith. u. col. Bl.) Düsseldorf 838, Arnz u. Comp.

Bilder-Allerlei f. kleine Kinder. 8. (16 lith. u. color. Bl.) (Berlin 851, A. Sala.) ⅙ ℛ

Bilder-Allerlei, das kleine. Neues Leinwandbilderbuch. 1.—5. Aufl. 8. (16 color. Stnt.) Stuttgart 872—77, G. Weise. cart.

—— das kleine. 4 Hefte. 8. (à 8 Holzschntaf. in Buntdr.) Stuttgart 873, G. Weise. à Heft 13 Pf.

Bilder-Allerlei f. die Kleinen. 8. (6 Chromolith.) Reutlingen 887. Enßlin & Laiblin. — 10

Bilderallerlei, kleines. Ein Bilderbuch für artige Kinder. Mit 16 bunten Bildern. Neusalza, Borndrück. 8. (2 Bl. u. 8 lith. u. color. Taf.) 1858 3 ngr

—— kleines, zum Anschauungsunterricht. — Un peu de tout pour les enfants. — Pictures for little children. Allerlei Prenten voor Kinderen. 8. (16 S. m. 6. color. Steintaf.) Stuttgart 874. Eger & Distler. — 25

—— kleines, zum Anschauungsunterricht. — Un peu de tout pour les enfants. — Pictures for little children. Allerlei Prenten voor Kinderen. 8. (16 S. mit 6 color. Stnt.) Stuttgart 874, Risch. cart.

—— zum Nachmalen und Ausschneiden. Nr. 1. und 2. qu. 4. (à Nr. 12 lithogr. und ill. Blätter.) Stuttgart 867, Thienemann. à Nr. * 10 Ngr. *

— zum Nachmalen u. Ausschneiden. Nr. 1. u. 2. (à 12 lith. u. color. Bll. Stuttgart 869. Thienemann. qu. 4. Jede Nr. n. 10 ngr

— neues, s. J. E. Schreiber.

— neues, für die wißbegierige Jugend, in 25 Darstellungen, nebst einer Anleitung zum Buchstabiren u. Lesen. (Von J. Bysang.) 8. Wien 830. Bermann u. Sohn. 13 gr

— neues, für Kinder. Mit vielen Kpf. 16. Nürnb. 823. Fr. Campe. 1 ℛ 12 gr

Dass. Ebda. 1820

Dass. Neue Aufl.m.ill.Kpf. Ebda. 1826

—— neues, f. Kinder. 3., verb. Aufl. Mit viel. (ill.) Kpfrn. qu. 16. (12 B.) Nürnberg 836, Campe'sche Buchh.

**Bilder-Allerlei, Neues kleines,** zum Nutzen, Vergnügen und zur Erweiterung mannichfaltiger Kenntnisse für die Jugend. Leipzig 18?? V: *Geissler, Chr. Gottfr. H.* (Ky)

— neues kleines, z. Nutzen, Vergnügen u. z. Erweiterung mannichfaltiger Kenntnisse f. d. Jugend. Mit viel. ill. Kpf. 12. Leipz., Leo. 1 ℛ 16 gr

—— zum Nutzen und Vergnügen für die liebe Jugend. 4. (22 ill. Taf.) Wien 863, Dirnböck.

—— nützliches u. unterhalt., f. gute Kinder. I. Hft. qu. gr. 4. (8 lith. Bl.) Halle 840, Schimmelpfennig. *

AMORS Bilderalmanach. (Ende 18. Jahrh.) Kurze Notiz einer Dame, Liebhaberin erotischer Schriften, auf dem Vorsatzblatte eines erotischen Buches.

Vielleicht identisch mit „Amors .... Taschenbuch". Bdchn. 1. O. O. u. J. (Leipzig 1798). 12°.

Bilder-Almanach, humoristischer, für 1860. gr. 16. (28 Holzschnt.) Nordhausen 860. [Leipzig, Wilfferodt.] *

Bilder-Alphabet. Stuttgart (863.) Nitzschke. 8. (16 S. u. 8 lith. u. color. Taf.) 6 ngr

Bilder-Alphabet. 8. (8 chromolithogr. Bl.) Wesel 882, Düms.

—— in Darstellungen d. Völker u. Bewohner der Erde. Ein ABC- u. Lesebuch f. gute u. fleißige Kinder. M. 30 f. ill. Abbild. 8. (3½ B.) Nürnberg 835, [Renner u. Comp.]

Bilderalphabet, naturgeschichtl. Ein neues ABC- u. Bilderbuch für das erste Kindesalter. 8. (1⅛ B. u. 24 ill. Kpfrt.) Nürnberg 845. [Lotzbeck.]

Bilderalphabet, naturgeschichtl. Ein neues ABC- u. Bilderbuch für das erste Kindesalter. Mit 24 col. Kupfertaf. 8. Nürnberg 845, Zeh. geb. 5/12 ℛ

Bilder-Alphabet, neues, (24 lith. u. ill. Abbildn.) 16. Fulda 835, (Müller'sche Buchh.) *

Bilder-Alphabet, neues, für die Jugend. Fürth (857.) Löwensohn. 8. (8 lith. u. color. Bl.) n. 1 ngr

Bilder-Alphabet, neues, für die Jugend. 8. (7 ill. Stnt. mit 1 Bl. Text.) Fürth 858, Löwensohn. *

Bilder-Alphabet, Neues, für die wissbegierige Jugend ... Wien 1830. V: *Bysang, J.* (Ky)

Bilder-Alphabet mit Thieren u. Versen. 8. (16 S. m. color. Holzschn.) Schaffhausen 850, Schalch. 3½ ngr

Bilder-Atlas. Ikonographische Encyklopädie der Wissenschaften und Künste. Ein Ergänzungswerk zu jedem Conversations-Lexikon. 2. vollständig umgearb. Aufl. Nach dem neuesten Standpunkte der Wissenschaft bearb. unter Mitwirkung von K. G. v. Berneck, F. Bischoff, K. Bruhns, M. Carriere, B. v. Cotta, A. Essenwein, A. von Eye, W. Fränkel, G. Gerland, W. Hamm, E. Hartig, R. Heyn, Henry Lange, J. Müller, B. H. Obst, O. Prölß, F. Schoedler, J. Schott, R. Schwamkrug, A. Stelzner, O. Ule, K. Vogt, H. Adf. Weiske, Th. Weiß, R. Werner, M. Willkomm. 500 Taf. in Stahlst., Holzschn. und Lithogr. Nebst erläuterndem Texte. 20 Abthlgn. in 8 Bdn. oder 100 Lfgn. (à 5 Taf.) qu. Fol. Leipzig 869—74, Brockhaus. à Lfg. 75 Pf. geb. in 8 Bdn. 1

Inhalt:

Bd. 1. Mathematik. — Physik. — Astronomie. — Erdkunde. (43 Taf.)
" 2. Anatomie. — Zoologie. — Botanik. — Mineralogie. (83 Taf.)
" 3. Mechanische Technik. — Chemische Technik. — Bauwesen. — Bergwesen. — Land- und Hauswirthschaft. (86 Taf.)
" 4. Kriegswesen. — Seewesen. (53 Taf.)
" 5. Plastik und Malerei. — Architektur. (83 Taf.)
" 6. Culturgeschichte. (55 Taf.)
" 7. Ethnographie. (41 Taf.)
" 8. Geographie. (56 Taf.)

— — Erläuternder Text. 1. Liefg. Ebend. 870. Lex.-8. (S. 1—48.) 7½ ngr

— dasselbe. Erläuternder Text. 2—20. (Schluß-)Lfg. Lex.-8. (1461 S.) Ebend. 872—75. à — 75
Früh.Ausg. s. Bilderatlas zum Konversations-Lexikon.

Bilder-Atlas. Unzerreißbares Bilderbuch. 24 color. Steintaf. auf Carton. 4. Wien 880. Wenedikt. geb. 4. 50

Bilder-Atlas, astronomischer. gr. 4. (1 Bl. Text u. 12 lith. u. col. Taf.) Schwäb. Hall 851, Nitzschke. n. 3 ℛ

Bilder-Atlas, astronom. 4. (12 K.) Stuttg. 52, Nitzschke. n. 3. —

— astronomischer. Fol. 12 lith. u. color. Taf. m. Ergänzungs-Text v. Ludw. Preysinger. 2. Aufl. Neu bearb. v. C. Schmezer. 8. (84 S.) Stuttgart 872. Nitzschke. In Mappe. n. 10. 50

Bilderatlas zur Einführung in die Geschichte der Baukunst. Als Leitfaden zum Gebrauch an Bau- und Gewerbeschulen zusammengestellt. 5., verb. u. verm. Aufl. Imp.-4. 43 Taf. m. 809 Abbildgn. (1 Bl. Text.) — Leipzig 900. E. A. Seemann. Kart. n. 3. —; Textbuch dazu: Bieber, Adf.: Einführung in die Geschichte der Baukunst. gr. 8. (IV, 80 S. m. Abbildgn.) n. — 60

Bilderatlas zur Einführung in die Geschichte der Baukunst. 7. Auflage von H Krahl. (48 T) 4° Leipzig 1908
— — Text dazu: Klopfer P, Leitfaden zur Einführung in die Geschichte der Baukunst. (68 S 1 K) Leipzig 1908

Bilder-Atlas zur Geschichte der Baukunst. Zum Gebrauch für Bau- und Gewerbeschüler auf Veranlassung der Direction der techn. Fachschulen zu Buxtehude aus den kunsthistor. Bilderbogen zusammengestellt. gr. 4. (II, 40 Bl. mit 803 Illustr. in Holzschn.) Leipzig 883, Seemann. geb. *

Bilder-Atlas zur Geschichte der Baukunst, zum Gebrauch f. Bau- u. Gewerbeschulen aus den kunsthistor. Bilderbogen zusammengestellt. Mit 808 Illustr. in Holzschn. 2. Aufl. Imp.-4. (40 Taf. m. 1 Bl. Text.) Leipzig 886. Seemann. geb. n. 2. 80

Bilder-Atlas zur Geschichte der Baukunst zum Gebrauch f. Bau- u. Gewerbeschulen. 40 Taf. m. 803 Abbildgn. 3., verb. Aufl. Imp.-4. (1 Bl. Text.) Leipzig 890. E. A. Seemann. cart. n. 2. 70

— zur bayerischen Geschichte. qu. gr. 4. (59 Bl. m. eingedr. Text u. S. 60 u. 61.) Nürnberg 901. C. Koch. Geb. n. 3. —

Bilderatlas zur bayrischen Geschichte. (Kleine Ausgabe der ill. Geschichte von Bayern.) Stuttgart, Richard Munde [1901].
61 S. m. zahlr. Abb. 8°.

— zur deutschen Geschichte. 2000 Jahre deutschen Lebens in Wort u. Bild. Ein Volksbuch f. Haus u. Schule. Kleine Ausg. der „Illustr. Geschichte Deutschlands". qu. Fol. (115 S.) Köln (900). [Schlosser.] Frankfurt a/M., Englert & Schlosser. Geb. in Halbleinw. 3. —

Bilder-Atlas, historisch-grotesk-komischer, nach meist seltenen Originalen von Meistern aller Nationen und Zeiten mit erläut. Text, eingeleitet von Friedr. Wilh. Ebeling. 2 Lfgn. Imp.-Fol. (11 Stnt., wovon 2 in Bunt- und 9 in Tondr., 1 Kpfrt. und 18 Blatt Text.) Leipzig 862, Werl. à Lfg. * 2 Thlr. *

Bilder-Atlas für Kaufleute u. Fabrikanten. Eine Gallerie v. Abbildn. wichtiger u. interess. Gegenstände aus d. merkantil. Waarenkunde u. Technologie, d. Schifffahrt u. d. Transportwesens, der im Handel vorkomm. wichtigeren Münzen, nebst Plänen u. Ansichten bedeut. Handelsplätze u. Gebäude. Mit erklär. Texte. Als Anh. zu Mac Cullochs Handb. f. Kaufleute, zur Pfennig-Encyclopädie f. Kaufleute u. Fabrikanten u. zum Universallexikon d. gesammten Handelswissenschaft. 20 Lfgn. Roy.-4. (118 Stnt. z. Thl. ill.) Leipzig 838—41, Geo. Wigand. In Mappe à * ⅓ Thlr. *

Bilder-Atlas, systematischer, zum Conversations-Lexikon. Ikonograph. Encyklopädie der Wissenschaften und Künste. 500 in Stahl gest. Blätter. Nebst einem erläut. Texte. Entworfen u. nach den vorzügl. Quellen bearb. von J. G. Heck. 1.—76. Liefg. qu. gr. 4. (Mit Taf. 1—312 u. Text.) Leipzig 844—46, Brockhaus. à 6 ngr

— systematischer, zum Conversations-Lexikon. Ikonographische Encyklopädie der Wissenschaften u. Künste. 500 Blätter in Stahlst. Nebst einem erläuternden Texte. Entworfen u. nach d. vorzügl. Quellen bearb. v. Joh. Geo. Heck. 77—120 Lfg. Taf. 313—500. (Stahlst.) qu. gr. 4. Leipzig 847—49, Brockhaus. à Lfg. 6 ngr (cplt. 24 ℛ) Die einz. Abthlgn. des Werkes sind unter folg. Titeln besonders zu erhalten: 1. Mathemat. u. Naturwissenschaften. (622 S. Lex. 8. u. 141 Stahlst. in qu. gr. 4.) 7 ℛ — 2. Geographie. (91 S. Lex. 8. u. 44 Stahlst. in qu. gr. 4.) 2 ℛ — 3. Geschichte u. Völkerkunde. (68 S. Lex. 8. u. 39 Stahlst. in qu. gr. 4.) 2 ℛ — 4. Völkerkunde der Gegenwart. (104 S. Lex. 8. u. 42 Stahlst. in qu. gr. 4.) 2 ℛ — 5. Kriegswesen. (108 S. Lex. 8. u. 51 Stahlst. in qu. gr. 4.) 2½ ℛ — 6. Schiffbau u. Seewesen. (76 S. Lex. 8. u. 32 Stahlst. in qu. gr. 4.) 1½ ℛ — 7. Geschichte der Baukunst. (156 S. Lex. 8. u. 60 Stahlst. in qu. gr. 4.) 3 ℛ — 8. Religion u. Cultus. (84 S. Lex. 8. u. 30 Stahlst. in qu. gr. 4.) 1½ ℛ — 9. Schöne Künste. (108 S. Lex. 8. u. 26 Stahlst. in qu. gr. 4.) 1 ℛ — 10. Gewerbswissenschaft [Technologie]. (200 S. Lex. 8. u. 35 Stahlst. in qu. gr. 4.) 1½ ℛ — Sachregister. (59 S. Lex. 8.)

Bilder-Atlas zum Conversations-Lexikon. Ikonographische Encyklopädie der Wissenschaften u. Künste. Entworfen u. nach den vorzüglichsten Quellen bearb. von Joh. G. Heck. 500 in Stahl gest. Bl. in 4., nebst einem erläuternden Text von mehr als 100 Bgn. in 8. Neue Ausg. in 96 Liefgn. (à 5 Taf. mit Text.) Leipzig (853—54.) Brockhaus. Jede Liefg. 7½ ngr
(1851-54)

Inhalt:

1. Abth. Mathematische und Naturwissenschaften. (4 Bl., 622 S. u. 144 Taf.) 7 ℛ
2. " Geographie. (2 Bl., 91 S. u. 44 Taf.) 2 ℛ
3. " Geschichte u. Völkerkunde. (2 Bl., 68 S. u. 30 Taf.) 2 ℛ
4. " Völkerkunde der Gegenwart. (2 Bl., 104 S. u. 42 Taf.) 2 ℛ
5. " Kriegswesen. (2 Bl., 108 S. u. 51 Taf.) 2 ℛ 15 ngr
6. " Schiffbau u. Seewesen. (2 Bl., 76 S. u. 32 Taf.) 1 ℛ 15 ngr
7. " Geschichte der Baukunst. (2 Bl., 156 S. u. 60 Taf.) 3 ℛ
8. " Religion u. Cultus. (2 Bl., 58 S. u. 30 Taf.) 1 ℛ 15 ngr
9. " Schöne Künste. (2 Bl., 109 S. u. 26 Taf.) 1 ℛ
10. " Gewerbswissenschaften. (2 Bl., 220 S. u. 35 Taf.) mit Namen- u. Sachregister zu Abth. 1—10. (59 S.) 1 ℛ 15 ngr

—— dass. — 3. Ausg. in 60 Lfgn. oder 10 Abthlgn. (500 Bl. in Stahlst. mit einem erläuternden Text und Namen- und Sachregister in gr. 8., nebst einem den Tafeln beigegebenen „Verzeichniß und Erklärung der einzelnen Abbildungen" in qu. gr. 4.) qu. gr. 4. Ebds. 858. à Lfg. 12 Ngr.

Die Preise der 10 Abthlgn. einzeln sind mit denen der 2. Ausg. gleich.

Bilder-Atlas zum Conversations-Lexikon. Ikonographische Encyklopädie der Wissenschaften und Künste. Entworfen und nach den vorzüglichsten Quellen bearb. von Joh. Geo. Heck. 5. Ausg. 80 Lfgn. oder 10 Abthlgn. qu. gr. 4. (500 in Stahl gest. Taf. mit einem erläuternden Text und Namen- und Sachregister in gr. 8., nebst einem den Tafeln beigegebenen „Verzeichniß und Erklärung der einzelnen Abbild." in qu. gr. 4.) Leipzig, 859—61, Brockhaus. à Lfg. 9 Ngr.

Die Preise der einzelnen Abthlgn. sind mit denen der frühern Ausgaben gleich.

—— z. Conversat.-Lexikon. Ikonogr. Encyklop. d. Wiss. u. Künste, bearb. v. JG Heck. 4. Asg. qu. 4. (500 K. m. 10 Bdn. Text in 8.) Lpzg 64. 65, Brockhaus. 15. —
2.Aufl.1872-75 s.Bilderatlas.-

—— kulturhistorischer. 1. Abthl.: Altertum, bearb. von Thdr. Schreiber. 100 Taf. mit erklär. Text. 5.—10. (Schluss-) Lfg. Fol. (60 Holzschntaf. mit IV, 12 S. Text.) Leipzig 885, [Seemann.] Verlag des Litterar. Jahresberichts (A. Seemann). à Lfg. *
compl. geb. *

1. Abthl. 1.—4. Lfg. und 2. Abthl. Ebendas. 1883,84. *M 14.—.

— kulturhistorischer. I. Altertum. Bearb. v. Thdr Schreiber. 2., f. den Schulgebrauch eingerichtete Aufl. 10 Lfgn. qu. Fol. (IV, 12 S. m. 100 Holzschntaf. Leipzig 888. Arthur Seemann. à n. 1. — (cplt.: n. 10. — ; geb. n. 12. 50

— dasselbe. Textbuch v. K. Bernhardi. 10 Lfgn. 8 (III, 388 S.) Ebd. 888. à n. — 20 (cplt.: n. 2. —; geb. n. 2. 50)

— dasselbe. 2. Abtlg. Mittelalter, bearb. v. A. Essenwein. 120 (Holzschn.-)Taf. m. erklär. Text. 10 Lfgn. qu. Fol. (IV, 12 S. Text) Ebend. 888. à n. 1. — (cplt. n. 10. —; geb. n. 12. 50).

—— zu jedem Lehrbuche d. Naturgeschichte. M. 476 Abbildn. qu. ½ Fol. (21 B.) Erfurt 840, Hennings u. Hopf.

Bilder - Atlas zur wissenschaftlich populären Naturgeschichte der Säugethiere in ihren sämmtlichen Hauptformen, von Leop. Jos. Fitzinger. In Einem Bande in Leinwand geb. mit 6 geh. Bänden Text und Inhaltsverzeichniss. Wien, k. k. Hof- und Staatsdruckerei. 1861 50 fl.

Bilder-Atlas zur wissenschaftlich-populären Naturgeschichte der Säugethiere in ihren sämmtlichen Hauptformen, von L. J. Fitzinger. II. Bd. 3. Heft. 9" h. 12" br. Wien, k. k. Hof- u. Staatsdruckerei. 1864 3 fl. 15 kr.

—— zu allen Naturgeschichten. In 12 auf Stahl gestochenen Blätt. qu. ½ Fol. Leipzig 840, O. Klemm.

(F) Bilder-Atlas zur Pflanzengeographie. Mit beschreibendem Text von Dr. Moriz Kronfeld. Mit 216 Holzschnitten und Kupferätzungen nach Photographieen und nach Zeichnungen von Ernst Heyn, Karl Oenike, Oskar Schulz, Olof Winkler u. a. Leipzig und Wien. 1899. Bibliographisches Institut. Gr.-8. 192 S. Geb. fl. 1.50

Bilder-Atlas der Schweiz, s.a.Bibliothek des geographischen Lexikons der Schweiz.

Bilder-Atlas der Schweiz. Sammlung von Landschafts-, Städte- und Typenbildern aus allen Kantonen mit erklärendem Text. Zusammengestellt durch die Mitarbeiter am Geographischen Lexikon der Schweiz. (Mit ungefähr 3300 Abbildungen. 10 Faszikel.) IV + 476 S. 4. Neuenburg, Paris, Gebrüder Attinger, (1909). ([Subscr. pro] Fasz. fr. 2. 25, cpl. 22. 50; [im Buchh. 25. —, geb.] 30. —)

Bibliothek des Geographischen Lexikons der Schweiz.

Bilder-Atlas, Systematischer, . . . , s. Bilder-Atlas zum Konversations-Lexikon.

Bilder-Atlas, systematisch-geordneter, für Landwirthe. 1. Section: Landwirthschaftliche Thierkunde. 1. Abth.: Das Pferd und seine verschiedenen Racen. 1—4. Liefg. Jena 855,57. Hochhausen's Verlag. gr. Fol. (16 S. Text u. 12 lith. Taf.) Jede Liefg. n. 20 ngr; color. n. 1 ℛ

Bilderatlas des Tierreichs. Hrsg. v. Kurt Lampert im Verein m. verschiedenen Fachgelehrten. 4. Tl. gr. 8. Eßlingen, J. F. Schreiber. Geb. in Leinw. n. 10. —

4. Die Fische des Meeres u. der Binnengewässer. Von Marianne Plehn. 26 farb. u. 10. schwarze Taf. m. 195 Abbildgn. u. 200 S. Text m. 123 Abbildgn. (VIII, 190 S. u. VI S.) (906.)
1. u. 2. Tl. u. d. T.: Lampert, Kurt, Bilderatlas d. Tierreichs. Ebd. 901. geb. n. 8. —. — Der 3. Tl. ist noch nicht erschienen.

—— zur Weltgeschichte, s. Weisser, Ludw.

— der Wissenschaften, Künste u. Gewerbe. Volksausg. 444 Bildertaf. in Stahlst., Holzschn. u. Chromolith. 80 Lfgn. qu. gr. 4. Leipzig 884—86. Brockhaus. à — 50 (cplt. in 2 Bde. geb.: n. 50. —)

(F) Bilder-Atlas zur Zoologie der Niederen Tiere. Mit beschreibendem Text von Prof. Dr. William Marshall. Mit 292 Holzschnitten nach Zeichnungen von F. Etzold, R. Koch, H. Morin, G. Mützel, E. Schmidt, J. Schmidt u. a. Leipzig und Wien. 1899. Bibliographisches Institut. Lex.-8°. 134 S. Geb. fl. 1.50

Bilder-Aufschlagspiel, zur gesell. u. muntern Unterhaltung, besteh. in 52 illum. Blättern, 32. Wien, Müller. (Leipzig, Knobloch.) 817.

Bilderbeck, Chrn. Ludw. (Hrsg.), s. Sammlung ungedruckter Urkunden und anderer zur Erleuterung der Niedersächs. Geschichte u. Alterthümer gehörigen Nachrichten.

Bilderbeck, Christoph Lorenz (Hrsg.), s. Abbadie, Jacques: Die thriumphirende christl. Religion.

Bilderbeck, Christoph Lorenz: Resolutionum juridicarum Decas. Lipsiae 1720.

(Bilderbeck, Cph. Lor.): Gründliche Deduction gegen die vermeyntliche Regalität der Jagden. Zelle. (723.) 741. fol.

Bilderbeck, gründl. Deduction gegen d. vermeintl. Regalität d. Jagden. Fol. Zelle, Runge. 741. (458 S.)

Bilderbeck, Christoph Lorenz: Dorff-u. Land-Recht. Lpz. 1716. 4°

Bilderbeck, Christoph Lorenz: Teutscher Reichs-Staat, oder Beschreibung des Heiligen Römischen Reichs Teutscher Nation. 2 Bände, Frankfurt a.M. und Leipzig 1709. Neue Auflage, verm. und Verbess. von C.S.H. v. A., Frankfurt und Leipzig: Gleditsch 1738.

Bilderbeck, Christoph Lorenz: Tractatus juridicus von denen Dorff-und Landes-Rechten, wie auch insonderheit den Herrn-Diensten und der Hut und Weyde. Leipzig und Zell 1704. 2. Aufl. ebenda 1708.

Bilderbeck,

— Heinrich von (Köln), De parricidiis, vulgo Vom Vater-Mordt. / Disp. jur. Basel 31. III. 1668. (Joh. Jac. Decker) 1702. 21 Bl. (5.—) 2757
Widm. v.: Jacob Brandmyller, Joh. Jacob Hofmann, J. Rodolfus Wetstenius (Basel), Daniel Spanhemius.

Bilderbeck, Jul., hist. Anecdoten z. Characteristik d. Nationen, ihrer ausgezeichneten Regenten, Feldherren, Staatsmänner ꝛc. 4 Bde. gr. 8. Ir Spanier, Portugies., Engl. IIr Franz. Reich u. dess. Bundesgenoss. IIIr Völker d. östreichischen Kaiserstaats. IV. Nordische Völker; Türken u. Neugriechen. Pesth, Hartleben. (Leipz. Gerh. Fleischer.) 812.

Bilderbeck d.J., Ludwig von

v. Bilderbeck d. j., L., Wegweiser f. Fremde in Aachen, Burtscheid u. ihren Umgebungen, nebst e. Ausfl. nach Spaa. M. 1 ill. Pl. v. Aachen u. Burtscheid. gr. 8. Aachen 825. La Ruelle. 20 gr

— Wegweiser für Fremde in Aachen, Burtscheid u. ihren Umgebungen; nebst einem Ausflug nach Spa. Mit einer kurzen Chronik dieser Orte u. 1 Plane. 2e Aufl. 8. Aachen 834. Henssen u. Comp. 2/3 Thlr

Bilderbeck, Ludwig Franz Frh. von

v. Bilderbeck, Frhrr. Ldw. Frz., Alexander; e. histor.-romant. Skizze. 8. Offenb. 800. Brede. 1 Thlr 8 gr

— die Brüder; e. Familiengemälde. 4 Bde. Mit Kpf. 8. Leipz. 804. Voß. 5 Thlr 12 gr

— Cyane, ou les jeux du destin, av. grav. gr. 8. Neuwied 809. Sommer in Leipz. (W. Nauck). 1 Thlr

— Dass. ins Deutsche übers. 8. Wien 792. Alberti. 1 Thlr 12 gr

— der Grünrock; e. Seitenstück zu Wilhelmine v. Rosen. 2 Thle. 8. Aachen 823. Mayer. 3 Thlr

Bilderbeck, Ludw. Franz Frh. v., das Höckermännchen, histor. Roman a. d. Zeiten d. französ. Regentschaft. 2 Bde. 8. (38 B.) Aachen 830, Mayer.

— Jonathan, ein Familiengemälde. 2 Bde. 8. Aachen 827. Mayer. 2 Thlr 12 gr

LENZHEIMS Jugend und Fragmente, ein Sittengemälde des achtzehnten Jahrhunderts (von *Ludw. Franz* Frhrn. *v. Bilderbeck*, 1764—1833). 2 Thle. Heidelberg 1794. 8°. (1½ Rthl.)
Anon.-Lex. II. p. 343 (nach Kayser). Meusel, Engelmann u. Goedeke haben „1792".
Dass. s.a.: L e n z h e i m s Jugend.

Bilderbeck, Ludwig (Benedict) Franz B^on von
Ludolphs Lehrjahre. Nach dem Franz. des Ludwig von Bilderbeck des jüngeren. Von dem Verf. der Urne im einsamen Thal. Th. 1-3.
Berlin, Leipzig 1804. 8° (Voß)

Bilderbeck, Ludw. Frz. v. (Hrsg.), s. M u s e u m, Rheinisches, für Humanität und schöne Literatur.

v. Bilderbeck, Frhr. L. F., letzte Novellen. 8. Aachen 834. Mayer. 1½ Thlr (XIII, 269 S.)

**Bilderbeck, Ludwig Franz Freih. von.** Der neue Paris, oder die drey lustigen Weiber in Madrid. Eine komische Unterhaltung. A. d. Französischen… Frankfurt a. M. 1787. Ü: *Wagner, Friedrich Ludwig.* (GGr) (Ky)

B i l d e r b e c k (Ludw. Franz), Baron v. (geb. 30. Juli 1764 in Weissenburg im Elsass; Nassauischer Reisemarschall, lebte in Paris; † 1833). — D e r n e u e P a r i s oder d i e L i s t d r e y e r W e i b e r (in Madrid). Eine komische u. kurzweilige Geschichte, aus d. Französ. des Herrn *v. Bilderbeck*. Zittau u. Leipzig, bey Johann David Schöps. O. J. (1787). 8°.
X (incl. Titel mit Vignette) u. 164 S. Ziemlich zahm.
— — Dasselbe. Ebd. 1797. 8°. (6 Sgr. H. W. Schmidt, Halle;

— Ders. 8. Leipz. 787. Fr. Fleischer. 9 gr

— le nouv. Paris, ou les malices de 3 femmes, 8. Gotha 780. Ettinger. 12 gr

ROSEN, W i l h e l m i n e v o n, von dem Verfasser der Urne im einsamen Thal (von *Ludw. Franz* Frhrn. *v. Bilderbeck*). 2 Bdchn. (Auf jedem Titel poet. Motto aus Schiller.) Mit 2 Titelkpfrn. (W. A r n d t fec. Lpz.). Leipzig, bei Voß und Compagnie. 1802—3. 8°. Zahm. (1 Mk. 20 Pfg., mit nur 1 Titelkpf., M. Hauptvogel, Gotha, 1907.)
I: Tit. u. 189 S., 1 S. Verlag d. Firma. II: Tit., 204 S., 1 weißes Bl. — Dialog- und Briefform.
— — Dasselbe. (Nachdruck.) 2 Bdchn. Berlin und Leipzig (o. Adresse). 1806. 8°.

— Schauspiele in 2 Bdn. 8. Leipz. Voß. 801.

—— Seyn u. Schein, ein Sittengemälde jetz. Zeit. 4 Bde. gr. 12. (48 B.) Aachen 829, Mayer.

—— das Spezialgericht, od. Frankreich im Jahre 1815. Ein Roman. 2 Thle. 8. (36 B.) Aachen 832, Mayer.

v. Bilderbeck, Ldw. Frz., Taschenb. f. 1805, Spanien nach Langlé. 16. Manh., Schwan u G. 20 gr Mit 6 Ans. 1 Thlr 16 gr Velinp. 2 Thlr 8 gr

TODTENGRÄBER, D e r. E i n G e g e n s t ü c k z u r U r n e (s. d.) i m e i n s a m e n T h a l (von *Ludwig Franz* Frhrn. *v. Bilderbeck*). 4 Thle. Mit Kpfrn. von P e n z e l. Leipzig 1801—2. 8° (4 Mk. K. Th. Völcker, Frf. a. M., 1909.)
— — Dasselbe. Ebd. 1805. 8°. (5⅓ Rthl.)
Anon.-Lex. IV. p. 180 (nach Kayser) hat nur „1805".
Dass. s.a.: T o d t e n g r ä b e r, Der.

URNE, D i e, i m e i n s a m e n T h a l e. (Frivoler Intriguen-, Maitressen- und Banditenroman von *Ludwig Franz* Frhrn. *v. Bilderbeck*, 1764—1833.) 4 Thle. Mit 4 Titelkpfrn. (R o s m ä s l e r del., W. B ö h m & B o e t t g e r Dresdens. scc.). Leipzig, bei Voß u. Compagnie, 1799. 8°. (8 Mk., unbeschn., Ludw. Rosenthal, 1910.)
I: Tit., 4 Bll. Widm. („Meinem Schwager F. D. v o n J o s s a, Kgl. Britann. Husaren-Obrist"), unter welcher sich der Vf. nennt, XII—218 S. II: 205 S. (incl. Tit.). III: 189 S. (incl. Tit.). IV: 205 S. (incl. Tit.). — F e h l t im Anon.-Lex.
— — Dasselbe. Ebd. 1810. (= Bibliothek gewählter Unterhaltungsschriften, Bd. 3—6.) 8°. (Goedeke V, 480, 24, 4.)

Bilderbeck, L. F. v., dramat. Versuche, 1r Bd. 8. Zeitz, Webel. 793.

Bilderbefchen. Hamburg 861. Agentur des Rauhen Hauses. 8. (31 Bl. in Holzschn.) 12 ngr.

Bilderbeschn. (2. Aufl.) 16. (32 Bl. m. eingedr. Holzschn.) Hamburg 877. Agentur des Rauhen Hauses. cart. n. 1. 20

Bilderbeschen. (Ein Bilderbuch m. 32 Bildern u. Versen. Gezeichnet v. O. Pletsch u. A. 8. Aufl.) 12. Hamburg 892. Agentur d. Rauhen Hauses. Kart. n. 1. --

Bilderbibel.—
— s. auch Zappe.

— m. 2 merian. K. 8. Frankf.

Bilderbibel, oder: die Geschichte d. alt. u. d. neuen Testam. f. die kathol. Jugend. Mit 163 illum. K. 2 Bde. 8. Leipz. Sommer. 811. (W. Nauck)

Bilderbibel oder bildl. Vorstellungen des A. u. N. Test. in 72 Kupfertafeln mit ihrer Geschichte. 2 Bde. 4. Wien 1817, b. Härter. (fehlt bei Wimmer u. Sch.) 7½ Thlr. — 13 fl. 30 kr.

Bilder-Bibel. Die ganze heil. Schrift d. alt. u. neu. Testaments n. M. Luthers deutscher Uebersetz. M. 1000 schön lith. Abbildn. 1 — 38. Lfg. gr. 4. (à 4 B.) Meißen 835 — 41, Goedsche. à * 5 Gr., beste Ausg. à *

Bilder-Bibel. Vierzig Darstellungen der wichtigsten Begebenheiten des Alten und Neuen Testaments. Mit einer Textbeilage: Kurze biblische Geschichte von J. Schuster. Neue Aufl. Fol. (40 color. Bl. in Lithogr. in qu. Fol. und 12 S. Text.) Freiburg i. Br. 877, Herder'sche Verlagsh.
In gewöhnl. Mappe * M 14,80.; in feiner Mappe *

Bilder-Bibel. 40 kolorierte Darstellungen der wichtigsten Begebenheiten d. Alten u. Neuen Testaments. Lith. Nebst Textbeilage: Kurze biblische Geschichte v. J. Schuster. qu. Fol. (12 S.) Freiburg i/B. 888. Herder. n. 14. —; Carton-Mappe dazu n.n. 1. —; Leinw.-Mappe n.n. 3. —; einzelne Blätter à n. — 35; schwarz n. 12. —; einzelne Blätter à n. — 30; Text ap. n. — .40

— 108 Holzschn. nach Orig.-Zeichngn. v. Karl Schönherr u. A. Mit beigefügtem Bibeltext. gr. 4. (III, 108 Bl.) Leipzig 883. F. Naumann. geb. n. 10. —

— allgemeine wohlfeile, für die Katholiken, oder die ganze heil. Schrift des alten u. neuen Testaments, mit mehr als 500 schönen in dem Texte eingedruckten Abbildd. (Stereotyp-Pracht-Ausg.) Mit der Druckerlaubniß des hochwürd. kathol. geistl. Consistoriums d. Königr. Sachsen. 24 Lfrgg. 4. Leipz. 835—38. Baumgärtner. à Lfrg. 1/6 ₰ 4 ₰ Erläuterungen dazu 3 Hfte. 1/2 ₰

— allgemeine, wohlfeile, für die Katholiken, oder die ganze heilige Schrift des alten und neuen Testaments, nach d. Vulgata ꝛc., mit mehr als 500 schönen in d. Text eingedr. Abbild. u. erläut. Bemerk. über die dunkelsten Stellen d. H. Schrift am Schlusse des Ganzen. Herausgeg. v. H. J. Jäck. (Neue Stereotyp-Pracht-Ausg.) 5 Liefg. gr. Lex.-8. Leipzig (842, 43.) Baumgärtner's Buchh. (à n. 1/2 ₰) 2 1/2 ₰ — 3. verb. Stereot.-Pracht-Ausg. Mit 5 Stahlst. u. 532 eingedr. Abbild. 5 Liefg. Lex.-8. Ebd. 844. à n. 1/2 ₰

— allgemeine wohlfeile, für die Katholiken, oder die heilige Schrift des alten u. neuen Bundes, unter Zuziehung der besten Uebersetzungen u. Erläuterungen, genau nach der lateinischen Ausg. des P. Clemens VIII. übers., mit der Anzeige aller Parallel-Stellen vermehrt, und mit kurzer Erläuterung jedes dem großen Publikum nicht leicht verständlichen Ausdruckes versehen von Heinr. Joachim Jaeck. (4. verb. Stereot.-Ausg.) Mit 5 Stahlst. u. 532 in den Text eingedr. Abbildgn. (Holzschn.) Leipzig 857. Baumgärtner. 4. (A. T.: 978 S; N. T.: 2 Bl., 360 S. u. Erläuterungen 124, 56 S.) n. 2 ₰ 15 ngr

Bilder-Bibel, allgemeine wohlfeile, für die Katholiken, oder die heil. Schrift des alten und neuen Bundes, unter Zuziehung der besten Uebersetzungen und Erläuterungen, genau nach der latein. Ausg. des P. Clemens VIII. übers. ꝛc. von Heinr. Joach. Jaeck. 5., verb. Ster.-Pracht-Ausg. Mit 16 Stahlst., 4 Holzschn. und 582 in den Text eingedr. Abbild. in Holzschn. 20 Lfgn. 4. (A. T. 978 S. und Suppl. 124 S. mit 9 Stahlst. und N. T. 860 S. und Erläuterungen 56 S. mit 7 Stahlst.) Leipzig 866,67, Baumgärtner's Buchh. à Lfg. * 5 Ngr. *

— dies. f. Protestanten, s. Volks-Bilderbibel.

Bilderbibel, Düsseldorfer. 1—4. Lfg. je 6 Bl. nach Zeichngn. v. H. Commans. 60,5×75 cm. Düsseldorf 907—10. L. Schwann. à Lfg. 6. —; einzelne Bl. auf Pappe 2.—; in Wechselrahmen unter Glas 10.—; farbig (je) 12.—; bezw. 8.— u. 11.—

1. Mariä Verkündigung. — Mariä Heimsuchung. — Die Flucht nach Ägypten. — Darstellung im Tempel. — Der barmherzige Samaritan.— Uebertragg. d. Schlüsselgewalt.
2. Auferstehung Christi. — Auferweckung des Lazarus. — Einsetzung des Allerheiligsten Altarsakramentes. — Herabkunft des Hl. Geistes. — Hirten, die, bei der Krippe. — Jesus der Kinderfreund.
3. Auffindung des Moses. — Daniel in der Löwengrube. — Das jüngste Gericht. — Jesu Himmelfahrt. — Die Kreuzigung. — Moses schlägt Wasser aus dem Felsen.
4. Joseph gibt sich seinen Brüdern zu erkennen. — Joseph wird v. seinen Brüdern verkauft. — Kain u. Abel. — Schlange, die eherne. — Verkündigung der hl. 10 Gebote. — Vertreibung aus dem Paradiese.
5. Die Arche Noes. — David u. Goliath. — Durchgang durch d. Rote Meer. — Gott segnet Adam u. Eva. — Die Jünglinge im Feuerofen. — Das Opfer Abrahams. ca 61×75 cm. ('11)

Bilder-Bibel für Haus und Familie, s. Haus- und Familien-Bibel.

Historische Bilderbibel. In Kupfern gestochen von J. Kraußen. Augsburg, 1705.

— für die Jugend, in 30 Bildern u. 1 Kärtch. v. Palästina; zunächst für Kuttner's Bibl. Erzählungen bestimmt, aber auch zu allen andern ähnlichen Büchern, u. überh. zu jeder Octav-Bibel brauchbar. 8. Berlin, Enslin. 819.

Bilder-Bibel f. die Jugend, mit beigefügtem, auf d. Bilder bezügl. Originaltexte. 1—14. Hft. à 6 Bl. jed. m. 2 lithogr. Darstellungen. 8. Carlsruhe (833, 34), [Marx.] à Lfg.

— für d. Jugend v. K. Gersbach, s. Geschichte, die, d. heil. Schrift.

— für die Jugend, von K. Gersbach, mit erklär. Texte von E. Knapp. 1r Thl. Altes Testament. u. 2r Thl. Neues Testament. Mit Abbildd. u. Karten. gr. 8. Carlsruhe 835, 36. Wagner. (Marx.) n. 3 1/6 ₰

Bilder-Bibel für die Jugend, od. die bibl. Geschichte in den Worten der heil. Schrift. Mit 57 engl. Stahlst. gr. 12. Elberfeld 842, Hassel. n. 2 2/3 ₰

Bilder-Bibel für die Jugend, od. bibl. Geschichte des alt. u. neuen Testam. in den Worten der heil. Schrift. Mit belehr. u. erbaul. Anmerk. Eingeleitet von Alb. Knapp. 12 Lfgn. mit 128 versch. Darstell. auf 24 Taf., u. verziert. Titel, gest. v. Carl Mayer, nach Zeichn. von P. C. Geißler. 4. (22 Stahlst. u. 18 B. Text.) Nürnberg 842, 43. [Lotzbeck.] à Lfg. 7 1/2 Ngr. *
(Zeh'sche Buchhdlg.)

Bilder-Bibel für die Jugend. Biblische Geschichten des Alten und Neuen Testaments in den Worten der heil. Schrift. Mit belehrenden und erbaulichen Anmerkungen. Eingeleitet von Alb. Knapp. Mit 128 verschiedenen Darstellungen auf 24 in Stahl gest. Taf., nebst allegor. Titel. 2. (Titel-)Aufl. 853. — 3. (Titel-)Aufl. Nürnberg (842) 856. Lotzbeck. 4. (XVI, 133 S.) n. 2 ₰

— für die kathol. Jugend, nach Allioli's neuester Bibelübersetzung. Mit belehr. u. erbaul. Anmerk. von M. C. Münch. Eingeleit. von Chr. v. Schmid. 12 Lfgn. 4. (24 B. u. 24 Stahlst.) Nürnberg 843. [Lotzbeck.] à * 7 1/2 Ngr. *

Bilderbibel für die katholische Jugend nach Alliolis neuester Bibelübersetzung von M. C. Münch. Eingeleitet vom Domkapitular Chr. v. Schmid. Nürnberg, Zehsche Buchhandlung, 1843—1844, 4°, 24 Bg., 12 Lfrgen, à 75 Pf.

— für die katholische Jugend. Biblische Geschichte des alten und neuen Testaments in den Worten der heil. Schrift. Nach Allioli's neuester Bibelübersetzung. Mit belehrenden und erbaulichen Anmerkungen von M. C. Münch. Eingeleitet von Chrph. v. Schmid. 3. Aufl. 4. (XVI und 175 S. mit 128 verschied. Darstellungen auf 24 in Stahl gest. Kpfrt. nebst allegor. Titel. Nürnberg 856, Lotzbeck. *

— katholische, des Alten u. Neuen Testamentes. Unter Mitwirkg. v. Pet. Biesenbach, Steph. Bour, Pet. Dausch u. a. Hrsg. v. Frz. Albert. (256 S.) 44×33,5 cm. Berlin (909). W. Herlet. Geb. in Leinw. 28.—; in Ldr. 60.—; bei Ratenzahlg. 30.—; bezw. 65.—

Bilderbibel, kleine, für Christenkinder. 30 color. Abbildgn. (Holzschntaf.) nach der heil. Schrift m. Bibeltext. qu. 8. (40 S.) Calw 883. Vereinsbuchhandlung. geb. n. 4. —

Bilder-Bibel, kleine, f. Christenkinder. 80 kolor. Abbildgn. nach der heil. Schrift m. Bibeltext. 2. Aufl. qu. 8. (1 Bl. Text.) Calw 888. Vereinsbuchhandlg. geb. n. 4.—

—— kleine, für Kinder. — Petite Bible en estampes. — Enthält 48 ill. Kpfr. u. Erklärn. ders. in deutsch. u. französ. Sprache. gr. 8. (6 B. Text.) Wien 828, Müller.

Bilder-Bibel, kl., f. Schule u. Haus. 12. (144 S. m. 68 Abb.) Regensburg 896. J. Habbel.
Geb. in Leinw. n. 1.—

Bilder-Bibel für die lieben Kleinen. I. Bilder aus dem Alten Testament. — II. Bilder aus dem Neuen Testament. 4. (32; 32 S.) Bremen 887, Verlag des Tractathauses. geb. *

[Curieuse Bilder-Bibel oder die vornehmsten Sprüche heiliger Schrift in Figuren vorgestellt wodurch dieselben der zarten Jugend auf eine angenehme und ergötzende Art bekannt gemacht werden können. Ca. 1755?] Kl.-8°. Kartonbd. 40.—
Wohl ein Nachdruck oder eine Nachahmung des unter obigem Titel von Rümann, Alte Deutsche Kinderbücher bei Nr. 39 verzeichneten Werkchens [Nürnberg ca. 1750.] Eine Anthologie der bekanntesten Bibelsprüche, in der die Hauptworte der Sprüche (wie bei Bilderrätseln) durch kleine Holzschnitte ersetzt sind. Unvollständiges Exemplar. Titel, und die SS. 5/6, 11/12, 35/48, 93/96 fehlen. — Gebrauchsspuren, Einbd. beschäd. u. m. Papier überzogen.

— curiöse, od. auserles. Sprüche d. heil. Schrift, in Figuren dargestellt, M. Kpf. 8. Nürnb. 808. Bauer u. R. 4 gr. Ill. 8 gr

Bilderbibel, neue, oder auserlesene Stellen aus d. alten u. neuen Testamente. In 132 lithogr. Blättern, mit erklär. Texte. gr. 8. Ludwigsb., Nast. 1 Rthlr. 12 gr. m. ill. Kpf.

— neue hieroglyphische, mit 500 Figuren, f. d. Jugend, A. d. Engl. 8. Leipz. 821. Ind.-Compt. 10 gr

—— neue, f. die Jugend, enth. 64 Bilder d. Alt. u. Neu. Testaments z. Gebr. in Schulen u. Familien. 8. (¼ B. Text.) Düsseldorf 837, Arnz u. Comp. *

Bilderbibel, bestehend aus 252 mit 800 Bildern erläuterten Sprüchen. 12. Kopenh. 751. Schubothe. 8 gr

Bilder-Bibel für das christliche Volk. Das Alte u. Neue Testament in Bildern, gez. nach Meisterwerken d. älteren u. neueren Zeit v. L. Burger, in Holz geschn. v. F. Unzelmann. Nebst Text hrsg. v. Erdm. Beyer. 1. u. 2. Liefrg. gr. 4. (16 S. u. 8 Holzschn.-Taf.) Berlin 852, Wiegandt & Grieben. (à n. 1/6 Thlr) n. 1/3 Thlr

— für das christliche Volk. Das Alte und Neue Testament in Bildern, gezeichnet nach Meisterwerken der älteren u. neuern Zeit von L. Burger, in Holz geschn. von F. Unzelmann. Nebst Text, herausg. von Erdm. Beyer. 3—5. (letzte) Liefg. Berlin 854. Wiegandt u. Grieben. gr. 4. (10 Bl. Text u. 9 Holzschn.) Jede Liefg. n. 5 Ngr
Vgl.: Leben, das, Jesu in Bildern.

Bilderbibliothek der neueren deutschen Geschichte. 1. Bdchn. Friedrich der Große v. Jos. Bader. Mit 24 Stahlst. qu. 8. (53 S.) Carlsruhe 847, Kunstverlag. In Engl. Einb. 1⅓ Thlr

Bilderbogen, architektonische. Unter Mitwirkg. bewährter Fachmänner hrsg. v. Wilh. Wicke. 1—11. Hft. Fol. (à 10 Lichtdr.-Taf.) Gr. Lichterfelde 884—86. Wicke. à n. 2.—

Bilderbogen, architektonische. Unter Mitwirkg. bewährter Fachmänner hrsg. v. W. Wicke. 12.—28. Hft. Fol. (à 10 Lichtdr.-Taf.) Gross-Lichterfelde 887 bis 890. Wicke. à Hft. n. 2.—

Bilderbogen, architektonische. Unter Mitwirkg. bewährter Fachmänner hrsg. v. Wilh. Wicke. 29.—45. Hft. Fol. (à 10 Lichtdr.-Taf.) Gr. Lichterfelde 891—893. W. Wicke. à n. 2.—

Bilderbogen, architektonische. Unt. Mitwirkg. bew. Fachmänn. hrsg. v. Wilh. Wicke. 46.—50. Hft. Fol. (à 10 Lichtdr.-Taf.) Gr. Lichterfelde 895. W. Wicke.
à n.n. 2.—

Bilderbogen, architektonische. Unter Mitwirkg. bewährter Fachmänner hrsg. v. Wilh. Wicke. 1. u. 5.—7. Ergänzungsheft. Fol. (à 10 Lichtdr.-Taf.) Gr. Lichterfelde (890—901). W. Wicke. à n.n. 2.—

— dasselbe. 2.—4. Ergänzungshft. Fol. (à 10 Lichtdr.-Taf.) Ebd. 894—898. à n.n. 2.—

—— bautechnische. 1.—7. Lfg. qu. Fol. (à Lfg. 10 Taf.) [Leipzig 881—83, Knapp's Verlag.] Karlsruhe, J. Bielefeld's Verlag. à Lfg. * ℳ 1,50. *

Bilderbogen, Berliner. 14 Nrn. gr. Fol. (Mit je 18 eingedr. Holzschn. von G. Guthknecht.) Berlin 875,76, Levit.
à Nr. 10 Pf.; color. à Nr. *

Bilderbogen, Berliner, f. Erwachsene. Nr. 1—7. gr. Fol. Berlin 876. Berliner Buchh. (A. Krause.) à — 10;
color. à — 20

1. Hirsch in der Tanzstunde.
2. Die Reise durch Berlin od. Erlebnisse in der Kaiserstadt.
3. Eine Bock-Idylle, Bilder aus dem Kneipleben.
4. Folgen der Eifersucht od. wie Prof. Müller starb.
5. Der Schnupfen od. Ursache u. Wirkung.
6. Die Heuschrecken in Teltow. Eine Geschichte aus dem [Gründer-] Thierleben.
7. Madai in Paris od. Erlebnisse e. Polizeipräsidenten.

Bilderbogen, Berliner. Nr. 1—14. Fol. (Mit je 18 H.) Berl. 76. 77, Levit. à — 10; col. à — 20
1. Hirsch in d. Tanzstunde. — 2. Die Reise durch Berlin. — 3. Eine Bock-Idylle. — 4. Hirsch in Philadelphia. — 5. Der Angler. — 6. Die Heuschrecken. — 7. Madai in Paris. — 8. Der Schnupfen od. Ursache u. Wirkg. — 9. Folgen d. Eifersucht. — 10. Der geschundene Raubritter. — 11. Allerhand Neues v. Skating-Rink. — 12. Hirsch in der Türkei. — 13. Gorilla's nächtl. Liebes-Abenteuer. — 14. Oriental. ABC.

Bilder-Bogen, Berliner, der, „Bösen Buben". Nr. 1. Monika-Harmonika od. La recherche de la paternité interdite (code Napoléon) od. Die Geheimnisse der Villa Papiniano. (10 S. m. farb. Abbildgn. in Leporelloform.) qu. kl. 8. Berlin (905). Harmonie. n. — 20

Bilderbogen, enth. Darstellungen ausgesuchter Gegenstände ꝛc. für d. Jugend. Mit Beschreib. 1e Lief. gr. Fol. Leipz. 803. Voß. 1 Thlr 8 gr

Bilderbogen, deutsche, für Jung und Alt. 1.—10. Bd. Fol. Stuttgart 869—73. Hamburg, Rudolphi. schwarz à Bd.
color. à Bd.

Bilderbogen, deutsche, für Jung und Alt. 1.—10. Bd. Fol. (à 25 Holzschntaf. mit Text.) Stuttgart 869—73, G. Weise.
à Bd.
color. à Bd.

— Dresdner. 1. Sammlg. „Alt Dresden". (12 lithogr. Bl.) qu. Lex.-8. Charlottenburg (905). (Dresden, v. Zahn & Jaensch.) In Mappe n. 3.—

Bilderbogen, Elsässer. Herausgegeben von J Sattler und C Spindler. Serie I-III (je 24 T) 4° Strassburg 1893-96

— hallische. 1. u. 2. Buch. Fol. (à 24 Holzschntaf.) Halle 875. Schwetschke's Sep.-Cto. à n. 2. 40; color. n. 4. 80; cart. n. 3. 75; color. cart. n. 5. 50

—— hamburger, s. Foerster, Chrn.

**Bilderbogen, Heraldische.** München o. J. V: *Hefner, Otto Titan von.* (BMarsch 606)

— heraldische. Neue Folge. Nr. 1. Wappen von Görlitz. Chromolithogr. gr. Fol. Görlitz 882, Starke. *
Nicht weiter erschienen.

—— herald. Neue Folge. 2. Abth. Chromol. Fol. Frankf. a/M. 82, Rommel. à Bogen 1.—

— heraldische. Neue Folge. 2. Abth. Chromolith. gr. Fol. Görlitz, Starke. à Bogen 1.—

Bilderbogen, japanische. (22 Blatt) fol in Mappe.

— kunstgewerbliche. 24 Blätter in Schwarzdruck m. Abbildgn. v. kunstgewerbl. Gegenständen aus der Sammlung d. Bayer. Gewerbemuseums in Nürnberg. Mit e. Beigabe v. 5 Blättern in Farbendr. m. Abbildgn. v. Stoffen u. Spitzen. qu. gr. 4. Nürnberg 889. Verlagsanstalt des bayer. Gewerbemuseums (C. Schrag). n. 2. —

Bilderbogen,
—— kunsthistorische. Für den Gebrauch bei akademischen und öffentlichen Vorlesungen, sowie beim Unterricht in der Geschichte und Geschmackslehre an Gymnasien-, Real-, Gewerbe- und höheren Töchterschulen zusammengestellt. Mit einem erläuternden Textbuche. 10 Sammlungen in 2 Hälften. (246 Bog. Holzschntaf. in qu. Fol.) Leipzig 877,78, Seemann. In 2 Calico-Mappen *ℳ 26,50.; geb. in 2 Bde. in Calico *
Inhalt:
Hälfte 1. Baukunst und Bildnerei der Griechen und Römer, der Aegypter und vorasiatischen Völker des Mittelalters und der Renaissance. (Bog. 1—120.) In Calico-Mappe *ℳ 13.; geb. in Calico *ℳ 13,50.
» 2. Bildnerei der Renaissance (Schluss). Bildnerei des 17. und 18. Jahrh. Kunstgewerbe und Decoration vom 3.—18. Jahrh. Malerei des Alterthums, des Mittelalters und der Neuzeit bis Ende des 18. Jahrh. (Bog. 121—246.) In Calico-Mappe *ℳ 13,50.; geb. in Calico *ℳ 14.

—— dass. — Textbuch. Nebst alphabet. Verzeichniss der Künstler-Namen und einem Orts-Register. 4 Hefte. 8. (IV, 367, 20 S.) Ebendas. 879. à Heft * 60 Pf. *ℳ 2,40.; geb. in Calico *

— dasselbe, s. a. Textbuch.

— dasselbe. Handausg. I. Die Kunst d. Altertums. 34 (Holzschn.-)Taf. m. 381 Abbildgn. Zusammengestellt v. R. Menge. qu. Fol. (8 S. Text.) Ebend. 886. n. 2. 50; in 4. geb. n. 3. 50

—— kunsthistorische. Handausg. 4 Tle. qu. Fol. Leipzig, Seemann. *ℳ 11.—.; geb. in Leinw. (4.) * geb. in Halbfrz. (Fol.) *
Inhalt:
Tl. 1. Die Kunst des Alterthums. Zusammengestellt von R. Menge. 1. und 2. unveränd. Aufl. gr. 4. (34 Taf. mit 8 S. Text.) 885,88. In Enveloppe. *ℳ 2.50.; geb. *ℳ 3.50.
» 2. Mittelalter. 36 Holzschntaf. (4 S. Text.) 887. *ℳ 2.50.; geb. in 4. *ℳ 3.50.
» 3. Neuere Zeit. 1. Hälfte: Italien bis zum 17. Jahrh. 47 Holzschntaf. (4 S. Text.) 887. *ℳ 3.—.; geb. in 4. *ℳ 4.—.
» 4. Neuzeit B. Die Kunst diesseits der Alpen bis zum 18. Jahrh. Italien. Kunst des 17. und 18. Jahrh. 50 Taf. mit Holzschn. 888. *ℳ 3.—.; geb. in 4. *ℳ 4.—.

Bilderbogen, kunsthistor. Handausg. cplt. 4 Thle. Fol. Lpzg, EA Seemann. n. 11. —; in 4. geb. n. 15. —; in Hlbfrz. in Fol. geb. n. 16. —
I. Die Kunst d. Alterthums. 34 Holzschn.-Taf. (in Fol.). Zusammengestellt v. R Menge. 2. Afl. 4. (3 Text.) 88. n. 2. 50; in 4. geb. n. 3. 50
II. Mittelalter. 36 Holzschn.-Taf. (4 Text.) 87. n. 2. 50; in 4. geb. n. 3. 50
III. Neuere Zeit. 1. Hälfte. Italien bis z. 17. Jahrh. 47 Holzschn.-Taf. (4 Text.) 87. n. 3. —; in 4. geb. n. 4. —
IV. Neuzeit B. Die Kunst diesseits d. Alpen bis z. 18. Jahrh. Ital. Kunst d. 17. u. 18. Jahrh. 50 Holzschn.-Taf. 87. n. 3. —; in 4. geb. n. 4. —

— dasselbe. Handausg. Ergänzungstafeln dazu. 3 Serien qu. Fol. Ebd. 888. n. 12. —; in 1 Bd. geb. n. 15. —
1. Ergänzungen zum Altertum. (17 schwarze u. 7 farb. Taf. n. 5. —
2. Ergänzungen zum Mittelalter. (15 schwarze u. 3 farb. Taf. n. 2. —
3. Neuzeit. (53 schwarze u. 3 farb. Taf.) n. 5. —

— kunsthistorische. Handausg. 4 Tle. Fol. Leipzig, E. A. Seemann. n. 11. —; geb. in Leinw. in 4. n. 15. —
1. Die Kunst d. Altertums. 34 Taf. Zusammengestellt v. R. Menge 3. unveränd. Abdr. (5 S. Text.) 892. n. 2. 50; geb. n. 3. 50
2. Die Kunst d. Mittelalters. 36 Taf. 2. durchgesch. Abdr. (4 S. Text.) 890. n. 2. 50; geb. n. 3. 50
3. Die Kunst der neueren Zeit. 1. Hälfte. Italien bis zum 17. Jahrh. 2. unveränd. Abdr. (47 Taf. m. 8 S. Text.) 892. n. 3. —; geb. n. 4. —
4. dasselbe. 2. Hälfte. Der Norden im 15. u. 16. Jahrh., Italien u. die übr. Länder im 17. u. 18. Jahrh. Neuer Abdr. 1892. (50 Taf. m. 4 S. Text.) 892. n. 3. —; geb. n. 4. —

— 4. Aufl. unter dem Titel: Handbuch der Kunstgeschichte. Leipzig 1895-96. 4 Bde. 4.
Bd. I: Das Alterthum.
Bd. II: Das Mittelalter.
Bd. III.: Die Renaissance in Italien.
Bd. IV.: Die Renaissance im Norden u. die Kunst des 17. u. 18. Jahrh.

—— kunsthistorische, für den Gebrauch bei akademischen und öffentl. Vorlesungen, sowie beim Unterricht in der Geschichte und Geschmackslehre an Gymnasien, Real-, Kunst- und Gewerbeschulen zusammengestellt. I. Suppl.-Bd.: Die Kunst des 19. Jahrhunderts. 2.—6. (Schluss-)Lfg. qu. Fol. 60 Holzschntaf. Mit Textbuch von Anton Springer. Leipzig 880,81, Seemann. à Lfg. *ℳ 1. *
Textbuch. (162 S.) 8. *
compl. geb. in Calico *

1. Lfg. Ebendas. 1879. *ℳ 1.

— kunsthistorische. I. Suppl. Die Kunst d. 19. Jahrh. Neue vollständig umgearb. u. verb. Aufl. in 82 (Holzschn.-)Taf. Mit Textbuch v. Ant. Springer. Fol. (198 S.) Leipzig 884. Seemann. n. 8. —

Bilderbogen, kunsthistorische, für den Gebrauch bei akadem. und öffentl. Vorlesungen, sowie beim Unterricht in der Geschichte und Geschmackslehre an Gymnasien, Real-, Kunst- und Gewerbeschulen zusammengestellt. II. Suppl.-Bd. [Ergänzungen zum Hauptwerk.] 8 Lfgn. qu. Fol. (60 Holzschntaf. nebst 5 Taf. in Farbendr. und 6 Seiten Text.) Leipzig, 883, Seemann. à Lfg. *ℳ 1. *
geb. in Calico *

Bilderbogen, kunsthistorische. 3. Suppl. 1. Lfg. qu. Fol. (12 Holzschntaf., 1 Chromolith. u. 1 Heliograv.) Leipzig 886. Seemann. n. 1. 50

— kunsthistorische. 3. Suppl. 2.—8. Lfg. qu. Fol. (62 Holzschn. u. 7 chromolith. Taf.) Leipzig 887. 888 E. A. Seemann. à Lfg. n. 1. 50 (3. Suppl. compl. n. 12. —; geb. n. 15. —; 1.—3. Suppl. ungeb. n. 28. —)

Bilderbogen, landwirthschaftliche, s. Babo, A. v., und F. Hoffacker, landwirthschaftl. Bilderbogen. — Huber, Bienen-Zucht.

— landwirthschaftliche. Nr. 7. Bienenzucht. Von Huber. Lahr 856. Geiger. (1 Bgn. m. Holzschn. im Text in gr. Fol.) 3 ngr

Nr. 1—6. s. Babo u. Hoffacker.

Münchener Bilderbogen 1—35. Nr. 1—1200. München, Braun & Schneider [um 1850—1898].
50 Bde. Abb. in Holzschn. 4°.
*Es erschienen noch 18 weitere Nummern bis 1921.*
*Illustrationen von Busch, Diez, Oberländer, Pocci, Schwind, Speckter u. a.*
*Rümann 1416.*

Bilderbogen, Münchener. 24 Bog. in Holzschn. m. Text. Fol. München 850, Braun & Schneider. In Engl. Einb. n. n. 1 ß; jeder Bog. einzeln 1 ngr

Bilderbogen, Münchener. 2—5. Serie. (à 24 Bgn. Holzschn. mit Text.) München (852—54.) Braun u. Schneider. Fol. Jede Serie 24 ngr; color. n. 1 ß 10 ngr

— Münchener. 20—22. Buch. (à 24 Bgn. mit Holzschn.) München 868—70. Braun & Schneider. Fol. Jedes Buch n. 1 ß 4 ngr; color. n. 1 ß 24 ngr

— Münchner. 23—28. Buch. Fol. (à 24 Holzschntaf.) München 871—76. Braun & Schneider. à 2. 40; geb. n. 3. 40; color. n. 4. 20; geb. n. 5. 20

— Münchener. 29—34. Buch. gr. Fol. (à 24 Holzschntaf.) München 877—882. Braun & Schneider. à 2. 40; color. à n. 4. 20; schwarz geb. à n. 3. 40; color. geb. à n. n. 5. 20

—— Münchener. 32.—36. Buch. gr. Fol. (à Buch 24 Holzschntaf.) München 880—84, Braun und Schneider. à Buch ℳ 2,40.; color. *
à Buch schwarz cart. *ℳ 3,40.; color. cart. **

—— Münchener. 37.—40. Buch. gr. Fol. (à Buch 24 Holzschntaf.) München 885, Braun und Schneider. à Buch ℳ 2.40.; color. *
à Buch schwarz cart. *ℳ 3.40.; color. cart. **

—— Münchener. 41.—44. Buch. gr. Fol. (à Buch 24 Holzschn. Taf.) Münch. 889—92, Braun u. Schneider. à Buch 2 40
geb. à Buch ℳ 3 40; color. ℳ 4 20; geb. ℳ 5 20

— Münchener. 43.—46. Buch. gr. Fol. (à 24 Holzschn.-Taf.) München 891—893. Braun & Schneider. à Buch n. 2. 40; geb. n.n. 3. 40; kolor. à n. 4. 20; geb. n.n. 5. 20

— Münchener. 47.—50. Buch. gr. Fol. (à 24 Holzschn.-Taf.) München 895—898. Braun & Schneider. à 2. 40; kolor. à n. 4. 20; Einbde. à n.n. 1. —

— Münch. 48—50. Buch. Fol. (à 24 Holzschn.-Taf.) Münch. 96—98, Braun & Schn. à 2.40; kol. à 4.20; Einbde à nn 1 —; einz. Bog. — 10; kol. — 20

*Erscheinen nicht mehr.*

—— Münchener. Humor und Satire aus Isar-Athen von Th. v. der Ammer. 8. (IV, 168 S.) München 877, (Höpfner's Buchh.) *

— Münchener. Humor u. Satire aus Isar-Athen von Th. v. d. Ammer. 8. (IV, 168 S.) München 878. Höpfner in Comm. n. 2. 50

—— dass. — 2. Aufl. 8. (VI, 168 S.) Stuttgart 878, Richter und Kappler. *

Bilderbogen, Münchener: zur Geschichte der Kostüme. Bogen 1-107. Koloriert. fol Einzeln aufgezogen. München -1900

Bilderbogen, Münchener. Zur Geschichte der Kostüme. Bogen 108-125. Koloriert einzeln. fol München 1901-12

—— aus der Naturgeschichte. Ein Geschenk für artige Kinder. Mit 160 ill. Abbild. qu. 4. Wien 860, Wenedikt. geb.

**Politische Bilderbogen.** No 1–33. *Dresden: Glöss 1892–1901.* (33 Taf.) 8° [J.]

1. Bismarck kommt! 1892.
2. Juden in Deutschland. 1893.
3. Freisinnige Zukunftsbilder. 1893.
4. Caprivi's Heldenthaten. 1893.
5. Börsen-Kirmess. 1892.
6. Das Märchen von Christus. 1892.
7. Ahlwardt's Heldenthaten. 1893.
8. Juden-A-B-C. 1893.
9. Bismarck in Berlin. 1893.
10. Die Juden in Friedrichsruh. 1893.
11. Im Zukunftsstaat. 1894.
12. Deutscher Todtentanz. 1894.
13. Das Blutgeheimniss. 1894.
14. Im 20. Jahrhundert. 1894.
15. Der schwarze Peter. 1894.
16. Die Juden im Reichstag. 1895.
17. Auszug d. Juden. 1895.
18. Juden in d. Sommerfrische. 1895.
19. Die Handwerker bei Bismarck. 1896.
20. Der Teufel in Deutschland. 1897.
21. Bismarck vor Gericht. 1897.
22. Der Bauernfeind. 1897.
23. Der Handlanger. 1897.
24. Falsche Freunde. 1897.
25. Bienen u. Drohnen. 1898.
26. Der Flottenfeind. 1898.
27. Sein einziger Feind. 1898.
28. Ein Zukunftsbild. 1898.
29. Die Milchkuh oder: Deutschland 1900 nach Chr. 1899.
30. Der Rattenfänger. 1899.
31. Bismarcks Geist. 1899.
32. Die Völkerspinne. 1900.
33. Der Weltboxer. 1901.

[03-1933]

Bilderbogen, Ein politischer. Es lebe Bayern! Es lebe Deutschland hoch! 10 Darstellungen auf 1 Blatte. Mit Arabesken-Umrahmung. Anonyme Lithographie, sign. rechts unten: „K". Gr. Fol. 42:34 cm. O. O. u. Drucker. (10 Mk. Th. Ackermann, 1911.)

**Bilderbogen,** Rauhhäusler. No. 1—12. Fol. Hamb. 55. 58, Agent. d. R. H. pro Buch n. — 10

— Rauhäusler. (1. u. 2. Liefg.) Nr. 1—12. Hamburg 856, 57. Agentur des Rauhen Hauses. Fol. Jede Liefg. von 6 Bgn. mit Holzschn. im Text n. $2^1/_3$ ngr

**Bilderbogen für Schule und Haus.** Herausgegeben von der Gesellschaft für vervielfältigende Kunst in Wien. Volks-Ausgabe. I. Serie. Bogen 1—25. Einzelne Bogen, schwarz à 5 kr., farbig à 10 kr. Bogen 1—4, 6 u. 9—25 schwarz, Bogen 5, 7 u. 8 farbig.
Wien: Schulbüchervlg.in Komm.1897-98

— — Volks-Ausgabe. I. Serie complet in 25 Bogen mit Titel und Inhalts-Verzeichniss, in elegantem Umschlage 1.60

Inhalt der I. Serie. Nr. 1. Porträt Seiner Majestät des Kaisers Franz Joseph I., von K. Pochwalski.

Biblische Geschichte. Nr. 2. Die ersten Menschen; Nr. 3. Geburt Christi; Nr. 4. Gang nach Golgatha; von F. Jenewein.

Sagen u. Legenden. *Nr. 5. Libussa von H. Schwaiger. Nr. 6. Marienlegende I. von P. Stachiewicz.

Märchen. *Nr. 7. Hänsel und Gretel von H. Lefler. *Nr. 8. Der Wolf und die sieben jungen Gaisslein von A. Pock.

Geschichte. Nr. 9. Römischer Hafen von A. Hirschl. Nr. 10. Germanisches Dorf von G. Kempf. Nr. 10. Hunnen I. von H. Schwaiger. Nr. 12. Romanische Burganlage von R. Bernt. Nr. 13. Stephan der Heilige, der erste König Ungarns von J. Benczúr. Nr. 14. Rudolf v. Habsburg von O. Friedrich. Nr. 15. Mittelalterliche Stadt von J. Urban.

Nr. 16. Belagerung einer Stadt zur Zeit des dreissigjährigen Krieges von O. Friedrich. Nr. 17. Wiens Türkenbelagerung (1683) I. von O. Friedrich. Nr. 18. Kaiserin Maria Theresia von O. Friedrich. Nr. 19. Städtisches Leben zur Zeit Kaiser Franz I. von H. Lefler.

Geographie Nr. 20. Die Donau bei Wien von R. Russ. Nr. 21. Hochgebirg und Ebene von E. v. Lichtenfels.

Darstellungen aus dem Leben des Volkes. Nr. 22. Tiroler Trachten von F. Rumpler. Nr. 23. Winter von K. Moser.

Thierleben. Nr. 24. Hundetypen von A. Pock.

Technische Einrichtungen. Nr. 25. Eisenbahnbauten von R. Russ.

Bogen Nr. 5, 9—21 und 25 haben Rückseitentexte.

(Die Volks-Ausgabe erscheint in den acht österreichischen Unterrichts-Sprachen, zumeist mit Rückseiten-Text.)

**Bilderbogen** für Schule und Haus. 1. Serie. Liebhaber-Ausgabe auf Velinpapier mit besonderen Textblättern in Halbleinwandmappe. Format 48 : 37 *cm.* (Text, Inhaltsverzeichniss, 25 Kunst- und 15 Textblätter) 5.—

**Bilderbogen für Schule und Haus.** Herausgegeben von der Gesellschaft für vervielfältigende Kunst. I. Serie. Luxus-Ausgabe auf Japan-Papier, montirt auf Kupferdruckpapier im Format von 62×48 *cm.* ohne Schriftdruck mit den eigenhändigen Unterschriften der Künstler and besonderen Textblättern in limit. Auflage von 100 nummer. Exemplaren. 25 Bilder afeln davon 3 farbig. Folio. In Leinen-Mappe 50.

**Bilderbogen** für Schule und Haus. Herausgegeben von der Gesellschaft für vervielfältigende Kunst. Volksausgabe. II. Serie complet. Format 48 : 37 *cm*. Bogen 26—50 mit Titel, Inhalt und Umschlag 1.50
Die Bogen 26—35, 40—12, 45 und 48—50 haben Rückseitentext.
Wien: Schulbüchervlg.in Komm. 1898

**Bilderbogen** für Schule und Haus. 2. Serie. Liebhaber-Ausgabe auf Velinpapier mit besonderen Textblättern in Halbleinwandmappe. Format 48 : 37 *cm* (Text, Inhaltsverzeichniss, 25 Kunst- und 15 Textblätter) 5.—

— · 2. Serie der Luxus-Ausgabe auf Japan-Papier, montirt auf Kupferdruck-Papier, mit den eigenhändigen Unterschriften der Künstler und besonderen Textblättern. In Leinwand-Mappe. Format 62 : 48 *cm*. Inhalt wie oben. (Nur in 100 numerirten Exemplaren) 50.—

— f. Schule u. Haus. 3. u. 4. Hft. (à 25 Bl., wovon je 1 farbig. m. Text auf der Rückseite.) Fol. Wien 900—902. Gesellschaft f. vervielfältig. Kunst. à n. 3.—; einzelne Bog. schwarz n. — 10; farbig n. — 20; Liebhaber-Ausg. in Carton-Mappe à n. 10. —; Luxus-Ausg. gr. Fol, in Leinw.-Mappe à n. 100. —
Hft. 1 u. 2. Ebd. 897. 898. à n. 3.—.

**Bilderbogen für Schule und Haus.** 4. Heft Volks-Ausgabe. Bogen 76—100 mit den Texten auf der Rückseite der Bilder. Folio. In Umschlag K 2.90
— Einzeln jedes Blatt K —.10

Geschichte:
Nr. 76. Bilder aus dem Leben der Römer von A. Hirémy-Hirschl.
„ 77. Avaren von H. Schwaiger.
„ 78. Karl der Große von J. Urban und H. Lefler.
„ 79. Kreuzzüge II. von O. Friedrich.
„ 80. Aus der Zeit Heinrichs II. Jasomirgott von C. Haßmann.
„ 81. Wien zur Zeit der Babenberger von O. Friedrich.
„ 82. Walter von der Vogelweide von M. Liebenwein.
„ 83. Kirchenwesen im Zeitalter der romanischen Kunst von O. Friedrich.
„ 84. Kostüme im XIV. Jahrhundert von C. Haßmann.
„ 85. Landsknechte II. von C. Haßmann.
„ 86. Maximilian I. und Maria von Burgund von G. Lahoda.
„ 87. Aus der Zeit des dreißigjährigen Krieges von A. F. Seligmann.
Nr. 88. Wiens Türkenbelagerung (1683) III. von O. Friedrich.
„ 89. Die Karlskirche von G. Niemann.
„ 90. Bürgerliches Leben zur Zeit Maria Theresias von A. v. Pflügl.
„ 91. Kriegsschiffe im XVIII. Jahrhundert von R. Frank.
„ 92. Moderne Kriegsschiffe II. von A. v. Pflügl.

Geographie:
Nr. 93. Die Donau von Wien bis Budapest von H. Tomec.
„ 94. Niederösterreichisches Mittelgebirge von J. N. Geller.
„ 95. Budapest II. von R. Nádler.
„ 96. Linz von H. Wilt.

Darstellungen aus dem Leben des Volkes:
Nr. 97. Südtiroler Wohnhäuser von J. N. Geller.
„ 98. Fischer und Schiffer von M. Suppantschitsch.

Tierleben:
Nr. 99. Pferde von A. Pock.
„ 100. Geflügel von St Simony.
„ 76. Rinder von St. Simony.
Die Blätter Nr. 76—97 haben Rückseitentexte.

**Bilderbogen** für Schulen. Sect. I.: Naturgeschichte. I. Abthl.: Botanik. Bog. 1—6. (oder) Botanische Terminologie in 6 lithogr. Taf. Fol. Jena 853, Hochhausen's Verlag. Thlr.
ill. –

—— dass. — Bog. 7—18. (oder) Tabellarische Uebersicht der natürlichen Familien des Pflanzenreichs, als Fortsetzung der botan. Terminologie. 1. und 2. Lfg. (12 Stnt. und 4 S. Text.) Ebds. 854. à Lfg. * 8 Ngr. *
ill. à Lfg. 20 Ngr. *

—— dass. — Sect. I.: I. Abthl.: Botanik. Bog. 19—24. (oder) Tabellarische Uebersicht der natürlichen Familien des Pflanzenreichs. 3. Lfg. Fol. (6 Stnt. und 2 S. Text.) Ebds. 856. *
ill. *

—— f. Schulen. Sect. I.: Naturgesch. 1. Abth.: Botanik. 24 B. Fol. W.-Jena 57. (Lpzg, Wartig.) n. 1. 1½; col. n. 2. 17½ ||

—— für Schulen. Sect. I. Naturgeschichte. 3. Abthl.: Das Thierreich. 1. Lfg. Fol. (5 Stnt.) Jena 858, Hochhausen's Verlag. *
ill. *

— — Sect. II.: Das Alterthum. 1. Abth. 1. Liefg. u. 2 Abth. Ebend. 855. Fol.
Inhalt: I. 1. Die griech. u. röm. Alterthümer zum besseren Verständniss der Classiker bildlich dargestellt mit kurzem erklärenden Texte. 1. Liefg.: Die häuslichen Alterthümer. (6 lith. Taf. u. 2 S. Text.) n. 8 ngr; color. n. 16 ngr
II. Die jüdischen Alterthümer zur Erläuterung der bibl. Geschichte etc. (6 lith. Taf. u. 2 S. Text.) n. 8 ngr; color. n. 14 ngr

**Bilderbogen**, schweizerische. 1.—8. Serie. (à 8 Holzschntaf.) gr. Fol. Bern, Buri und Jeker.
Volks-Ausg. cart. à Serie ** 90 Pf. **
Pracht-Ausg. cart. à Serie ** *M* 1,80. **
Inhalt:
Serie 1. Die Schweiz während des deutsch-französischen Krieges. 873.

**Bilderbogen**, Schweizerische, 2. Serie: Aus verschiedenen Zeiten. 8 Blatt folio. Bern, Buri & Jecker. Prachtausgabe. 2. —
— – Volksausgabe 1875 1. 35

— schweizerische. 3. Serie: Altes u. Neues. Volks-Ausg. gr. Fol. (8 Holzschntaf.) Bern 877. Buri & Jeker. n.n. 1. 30; Pracht-Ausg. n.n. 1. 80 (1. Bd. cplt. cart.: n. 4. —)

**Bilderbogen**, Wiener, zur Belehrung und Unterhaltung. Darstellungen aus der Geschichte, Natur- u. Länderkunde. 1. u. 2. Sammlg. Wien (859.) Wenedikt. Fol. Jede Sammlg. von 20 Bl. 20 ngr

— **Würzburger**, f. Jung u. Alt. Nr. 1. Fol. (1 Blatt m. eingedr. Holzschn.) Würzburg 872. Stahel. — 10

**Bilderbogen**, 12, für die Jugend. Mit Original-Zeichnungen von L. Richter, A. Strähuber, F. Pocci etc. 1. Heft. In-fol. Basel, Riehm. 1 —
1879

**Bilderbogen**, zwölf, für die Jugend. 2. Heft, fol. Basel, F. Riehm. 1880 1 —

**Bilderbok.** gr. 16. (8 color. Steintaf. m. Text.) Wesel 874. Düms. — 23

—— med mönster för färgläggning. 4 Hefte. gr. 16. (à 8 zum Theil color. Stnt. mit Text.) Leipzig 874, Düms. à Heft

Bilderbuch
— od. Erzähl. m. illum. K. 4. Dresd. Hilscher. 809.

**Bilderbuch**, od. Erzählungen, mit illum. Kupf. zur Unterhaltung f. Kinder. 4. Dresd. Hilscher. 813.

Bilderbuch. –
— (13 lithogr. u. ill. Bl. auf Kartenpapier). 4. München 835. (Fleischmann.) ⅔ ℞

**Bilderbuch.** No. 1 — 21. 4. Düsseldorf 836 — 41, Arnz u. Comp.
No. 1. Kinderspiele. M. 16 col. Stnt. 8 Gr.
- 2. Spiele. M. 16 col. Stnt. 8 Gr.
- 3. Landschaften- u. See-Ansichten. M. 24 Stntaf., schwarz. 8 Gr.
- 4. Diverse Bilder. M. 27 col. Stntaf. 8 Gr.
- 5. Fabeln. M. 16 col. Stntaf. u. 1 B. Text. 8 Gr.
- 6. Rhein-Schweizerlandschaften. M. 16 Stntaf. 8 Gr.
- 7. Kinderspiele u. Belustigungen. M. 16 col. Stntaf. 12 Gr.
- 8. Soldaten aus d. preuss. Armee. M. 16 col. Stntaf. 12 Gr.
- 9. Hausthiere. M. 16 col. u. 16 schw. Stntaf., letzt. zum Nachmalen. 16 Gr.
- 10. Spiele u. Vergnügungen. M. 16 col. Stntaf. 12 Gr.
- 11. Weibliche Beschäftigungen. M. 16 col. Stntaf. 12 G.
- 12. Diverse Bilder. M. 16 col. Stntaf. 6 Gr.
- 13. Wilde Thiere. M. 16 col. Stntaf. 12 Gr.
- 14. Fabeln. M. 24 col. Stntaf. 12 Gr.
- 15. Rheinansichten. M. 16 Stntaf. 12 Gr.
- 16—21. Kinderspiele. à 12 col. Stntaf. à No. 6 Gr.

BILDERBUCH No. X. Verlag von Arnz & Co. in Düsseldorf [c. 1840]. 10 prächtig handkolorierte Lithographien. Quer gr. 8°. Hellbrauner Or.-Karton, lithogr. illustriert von SONDERLAND. 36.—
Sehr schönes Bilderbuch m. lebendigen, figurenreichen Darstellungen verschied. Spiele im Freien (Kegeln, Schneemannbauen, Soldatenspiel usw.) signiert C. D. (= CARL DITT-MARSCH?) — Die Bilder selbst sind gut erhalten, die weißen Ränder gelegentlich m. Fleckchen u. an d. äußersten Ecken etwas abgenutzt, vom letzten Bl. fehlt die untere weiße Ecke. Lose im ziemlich benutzten Einband.

Bilderbuch. (18 lithogr. u. ill. Bl. enthaltend.) qu. 16. (Guben 839. Berger.) n. 1/6 ₰

Bilderbuch. I—VI. (Heft.) 8. (à 8 S. und 8 Lithochrom.) Wesel 851, Bagel. à (Heft) 2½ Ngr.

Bilderbuch. I—VI. (Heft.) Wesel (855.) A. Bagel. 8. Jedes Heft à 4 Bl. Text u. 8 lith. Taf. 2½ ngr

— mit Text. Für Kinder von 3 bis 6 Jahren. Von L. W. Die Bilder gez. von Ed. v. Weeber. Wien 863. Lechner. 4. (20 S. u. 8 lith. u. color. Taf.) 1 ₰

—— m. Text. Von L W. Die Bilder v. E v. Weeber. 4. (20 m. 8 L.) Wien 63. (Lpzg, Oehmigke.) 1. —

Bilderbuch m. Text. Für Kinder v. 3. bis 6 J. 4. (8 Chromol. m. 20) Lpzg 70. Oehmigke. geb. 3. —

Bilderbuch (ohne Text). 4°. – Wien: Perles 1870.

—— mit starken Blättern. 8. (16 Chromolithogr.) Leipzig 873, Düms.

Bilderbuch. I. u. II. gr. 16. (à 16 Chromolith.) Wesel 876. Düms. à n. — 25

— ohne Text. 5 Hfte. 8. (à 8 Chromolith. Taf.) Wesel 879. Düms. à — 10

— dasselbe. I. u. II. gr. 8. (à 12 Chromolith.) Ebend. 881. à n. — 35

— ohne Text. 3 Sorten. 8. (à 6 Chromolith.) Ebend. 884. à — 10

Bilderbuch. 7 Sorten. qu. 16. (à 5 Chromolith. m. eingedr. Text.) Wesel 884. Düms. à — 5

—— mit starken Blättern. 2 Sorten. 8. (à Sorte 16 Chromolithogr.) Ebendas. 884. à Sorte

Bilderbuch ohne Text u. Titel. 4 Sorten. 8. (à 6 Chromol.) Wes. 87. Düms. à — 10

— ohne Text u. Titel. qu. 4. (8 farb. Taf.) Wesel 898. W. Düms. Auf Pappe, geb. — 50; als Aufstellbilderbuch — 75; auf Leinw., geb. — 75

Bilderbuch ohne Schrift. 2 Sorten. (Je 11 z. Tl. farb. Bl. u. S.) 8. Wesel (904). W. Düms. — 15; auf Pappe od. in Leporelloform — 60

—— das allerliebste, f. Knaben u. Mädchen. gr. 8. (24 lith. u. ill. Bl. mit gereimt. Erklär.) Chur 837, [Grubenmann'sche Bh.]

— das allerliebste, für Knaben u. Mädchen. Mit 24 lithogr. u. ill. Bl. mit gereimter Erklärung. gr. 8. Chur 837. Kellenberger. 2/3 ₰

— allerliebstes, für artige Kinder. Mit 24 ill. Bildern und einer ABC-Tafel. 12. Regensb. 835. Reitmayr. 1/3 ₰

Bilderbuch, allerliebstes, f. brave Kinder, mit beigefügt. ABC. kl. qu. 4. (10 ill. Stndr. u. ½ B. Text.) Crefeld 832, Schüller.

Bilder-, Buchstabir- u. Lesebuch, allgem. nützl., enthalt. d. nöth. Kenntn. f. d. Jugend. 8. ... Cöln 832, Mathieux.

— alphabetisches, für die Jugend. Enthält: Abbildd. d. interessant. Thiere Vögel, Fische rc. 4. Wien 816. Müller. 2 ₰ 12 kr.

Bilderbuch, Altwiener. 72 Ansichten nach alten Stichen. Eingeleitet v. Christine Touaillon. (64 S.) 31×23,5 cm. Wien 909. M. Gottlieb. 2.50; geb. 4. —

— angenehmes u. nützliches, f. d. Jugend, enth. 12 ill. Kpft. mit zweckmäß. Erklärung. gr. qu. 4. Bresl. 827. Buchheister. 1 ₰

— asiatisches, oder das asiatische Magazin. 13 Hefte, in einem Bande zu herabgesetztem Preis. Mit 52 ill. Kpf. 4. Leipz. 817. Baumgärtner. 8 ₰

—— auserlesenes, f. d. Jugend. (M. 15 ill. Kpfrn.) gr. 8. (2 B.) Nürnberg 834, Bauer u. Raspe.

Bilderbuch zum Ausmalen. gr. 16. (4 schwarze und 4 color. Holzschnittaf.) Leipzig 872, Düms. pr. Dtzd. *

— zur Belohnung für gute Kinder. Mit 14 Abbildung. 8. Leipzig 841, Hirschfeld. 1/4 ₰ — 2. verm. Aufl. Mit 16 Abbild. 8. Ebend. 843. 1/4 ₰

— Berlinisches, herausg. von Franz Frhrn. Gaudy. 16 Hft. Mit 6 Stahlst. u. 2 Bog. Erklärung in Gedichten. gr. 4. Berlin 837. Gropius. n 2/3 ₰

Bilderbuch, biblisches. Altes u. Neues Testam. Nr. 1. u. 2. (à 16 S. u. 8 color. Lithogr.) Barmen 869. Buchh. d. evang. Gesellsch. in Comm. 16. Jedes Heft n. 3 ngr.

—— biblisches. Nr. 1—4. 16. (à 16 S. mit 8 Chromolithogr.) Barmen 872, Buchh. der evangel. Gesellschaft. (Berlin, E. Beck.) à Nr. *

Bilderbuch, e. biblisches. II—IV. gr. 4. (à 19 S. m. 8 farb. Abbildgn.) Lahr 890, Kaufmann. à * 1 20; * 3 60
II. Kommet her zu mir! — III. Ich bin der gute Hirte. — IV. Gegrüßet seist du mir!
I. s. u. d. T.: Bei dem himmlischen Kind.
I—IV in 1 Bd. cart. u. d. T.: Wir sahen seine Herrlichkeit. * 4 50.

— e. bibl. II—IV. 4° (à 19 m. 8 farb. Abbildgn.) Lahr, E Kaufmann. à 1.20
II. Kommet her zu mir! 90. — III. Ich bin d. gute Hirte. 90. — IV. Gegrüsset seist du mir. 91.
*Der 1. Bd erschien 1889 u. d. T.: Bei d. himml. Kind.*
*I—IV in 1 Bd kart. u. d. T.: Wir sahen seine Herrlichkeit. 4.50*

Bilderbuch, bibl. Leporelloalbum. 4° (8 farb. Taf. auf Pappe.) Barm. 94, E Biermann. 2.50

Bilderbuch, e. bibl., m. Bild. von Jul. Schnorr v. Carolsfeld, in Farben übertr. v. P. Wagner. Altes Testament I.—III. Tl. gr. 4. Lahr, E. Kaufmann. à 1. 20
I. Weg, Dein, ist heilig! (11 S. m. 8 Farbdr.) 897.
II. Herr, zeige mir Deine Wege! (10 S. m. 8 Farbdr.) 897.
III. Durch tiefe Wasser. (21 S. m. 8 Farbdr.) 898.

Bilderbuch, e. biblisches, m. Bildern von Jul. Schnorr v. Carolsfeld, in Farben übertr. v. P. Wagner. Altes Testament. IV. u. V. Tl. gr. 4. Lahr (899. 900). E. Kaufmann. Geb. à 1. 50
IV. Der Herr ist meine Stärke. (18 S. m. 8 Farbdr.) 899.
V. Durch Gnade u. Gericht. (21 S. m. 8 Farbdr.) 900.
I—III. Ebd. 897. 898 nur noch geb. à 1.50.

— e. biblisches, m. Bildern nach Jul. Schnorr v. Carolsfeld, in Farben übertr. v. W. Zimmer. Neues Testament. I.—V. Bd. 4. Lahr, E. Kaufmann. Geb. à n. 1. 20
I. Es ist ein' Ros entsprungen. (20 S. m. 8 Bildern.) (903.)
II. Ich folge Dir! (20 S. m. 8 Bildern.) (903.)
III. O du Liebe meiner Liebe. (20 S. m. 8 Bildern.) (904.)
IV. Überwinder, nimm die Palmen! (20 S. m. 8 Bildern.) (905.)
V. König Jesu, streite, siege! (20 S. m. 8 Bildern.) (905.)

Bilderbuch, biblisches, für Kinder. Münster 864. Aschendorff. 8. (56 lith. Bl.) n. 12½ ngr.

Bilderbuch, biblisches, für kleine Kinder. (Nr. 1.) Der Stern von Bethlehem und andere Geschichten. br. 8. (32 S. mit eingedr. Holzschn. und 2 Holzschnit. in Farbendr.) Cincinnati 857. (Bremen, Hense's Verlag.) *

—— dass. — (Nr. 2.) Der gute Hirt und andere Geschichten. br. 8. (32 S. mit eingedr. Holzschn. und 2 Holzschnt. in Farbendr.) Ebendas. 857. *

—— dass. — altes Testament, von Adam bis Moses. br. 8. (32 S. mit eingedr. Holzschn. und 2 Chromolithogr.) Bremen 859, (Hense's Verlag.)

—— dass. — Altes Testament, von Moses bis Simson. — Von David bis Daniel. (à 32 S. mit eingedr. Holzschn. und 2 Chromolithogr.) br. 8. Bremen 859, (Verlag des Tractathauses.) à * 8 Ngr.

— — biblisches, für kleine Kinder. 3 Hefte. br. 8. (à 32 S. mit eingedr. Holzschn.) Bremen 861, Verlag des Tractathauses *

— — biblisches, für kleine Kinder. 3 Hefte. br. 8. (à Heft 32 S. mit eingedr. Holzschn.) Bremen 862, Verlag des Tractathauses. cart. *

Bilderbuch,
— biograph., f. d. Jugend, deutsch u. französ., (v. C. A. Schmid). 1r Bd. 1s, 2s Stck. gr. 4. Weim. 799 Hoffmann. 16 gl

— botan. s. Dreves.

— botanisches, 8. Halle, Dreyßig. 805.

— botan., für die Jugend und Freunde der Pflanzenkunde, mit deutschem, franz. u. engl. Text, herausg. von Dr. F. G. Hayne. 5n Bds. 4r oder 28r Heft. 4. Leipzig, Voß. 819.

Bilder-Buchstabir- u. Lesebuch, enth. d. nöthigsten Kenntnisse u. einige Bildungsmittel f. d. kleinere Jugend. Neue verm. u. verb. Ausg. (Mit d. vom Brühler Seminar angenomm. Orthographie.) gr. 12. (3 B. mit Holzschn.) Köln 840, Mathieux. *

Bilder-, Buchstabir- u. Lesebuch, enth. d. nöthigsten Kenntnisse u. einige Bildungsmittel. Neue verm. Ausg. Mit der vom Brühler Seminar angenomm. Orthographie. 12. (3 B. mit eingedr. Abbildn.) Köln 842, Mathieux. *

Bilderbuch, das bunte. 4 Sorten. 4. (à 12 color. Steintaf. m. eingedr. Texte.) Stuttgart 878. G. Weise. cart. à 1. —

Bilderbuch, buntes, f. Kinder, welche das ABC buchstabiren u. lesen gern lernen wollen. M. 8 ill. Kpfrt. 8. (2 B.) Berlin 830, Hasselberg. Thlr.

— buntes, für die lieben Kleinen. (12 lithogr. und ill. Bl.) 8. Wesel 836. Bagel. 1/3 ₰

Bilderbuch, buntes, für Knaben und Mädchen. Ein A-B-C- und Lesebuch. 8. (16 S. mit 16 lithochrom. Bildern auf 8 Taf.) Wesel 849, Bagel.

— das deutsche. Serie A.: Märchen. Nr. 1—7. (à 16 S. m. z. Tl. farb. Abbildgn.) qu. gr. 8. Mainz (904. 905). J. Scholz. Kart. à 1. —

1. Dornröschen, gez. v. Jul. Diez.
2. Marienkind, gez. v. Heinr. Lefler u. Jos. Urban.
3. Aschenputtel, gez. v. Adf. Münzer.
4. Rotkäppchen, gez. v. Arpad Schmidhammer.
5. Hänsel u. Gretel, gez. v. Rich. Scholz.
6. Sneewittchen, gez. v. Frz. Jüttner.
7. Frau Holle, gez. v. Fritz Kunz.

— das deutsche. Serie A: Märchen. Nr. 8—11. 22,5×29,5 cm. Mainz, J. Scholz. Kart. à Nr. 1. —

8. Froschkönig, der, od. der eiserne Heinrich, gez. v. Ernst Liebermann. (15 S. m. z. Tl. farb. Abbildgn.) (908).
9. Hans im Glück, gez. v. Hans Schroedter. (15 S. m. z. Tl. farb. Abbildgn.) (908).
10. Wolf, der, u. die 7 (jungen) Geislein, gez. v. Eug. Oßwald. (15 S. m. z. Tl. farb. Abbildgn.) (910).
11. Brüderchen u. Schwesterchen, gez. v. Frz. Müller-Münster. (15 S. m. z. Tl. farb. Abbildgn.) (910.)

— dasselbe. 3 Märchen nach Brüder Grimm. 2 Sorten. (Je 48 S. m. z. Tl. farb. Abbildgn.) qu. gr. 8. Ebd. (905). Kart. à n. 3. —

— dasselbe. 5 Märchen nach Brüder Grimm. (79 S. m. z. Tl. farb. Abbildgn.) qu. gr. 8. Ebd. (905). Geb. in Leinw. n. 6. —

— dasselbe. Liebe Märchen nach Brüder Grimm. 3 Sorten. (Je 16 farb. S. auf Pappe.) qu. Lex.-8. Ebd. (905). Kart. à n. 3. —

— deutsch-englisches, f. den Anschauungs-Unterricht u. zur Erlernung der Anfangsgründe der englischen Sprache. Entwickelung des Schönheitsgefühls an Bildern m. formricht., künstler. Strichzeichngn. (16 S. m. farb. Abbildgn. u. untergedr. Text.) 4. Potsdam (904). R. Müller. Kart. n. 1. 50
(Deutsch-Englisch No. 1.)

Deutsch-französisches Bilderbuch für den Anschauungs-Unterricht u. z. Erlernung d. Anfangsgründe d. franz. Sprache ... Entwickelung d. Schönheitsgefühles an Bildern mit formrichtigen künstlerischen Strichzeichnungen. *Potsdam: R. Müller [1902.]* (8 Bl.) 4° [Deckelt.]
(Deutsch-französisch. No 1.)

— das erste große, für meine lieben Kinder. qu. 4. (16 ill. Stnt.) Neu-Ruppin 864. (Berlin, R. Kühn.) cart. *

— das erste, für Kinder. qu. 8. (16 ill. Stnt.) Neu-Ruppin 848. (Leipzig, Thomas.)

— das erste, f. Knaben u. Mädchen. M. 24 ill. Kpfr. 4. (7½ B.) Nürnberg 832, Bauer u. Raspe.

— dass. ohne Text.

— erstes, ein Geschenk f. artige Kinder (Knaben). Mit 18 ill. Steindr. schmal qu. 8. Neuhaldensl. 828. 2e A. 830. Eyraud. 6 gl. Dass. f. Mädchen schmal qu. 8. Ebd. 828. 8 gl.

— erstes, ein Geschenk f. artige Kinder. (Für Knaben.) 1—3. Aufl. qu. 8. (à ¼ B. u. 18 ill. Bilder.) Neuhaldensleben 828—30, Eyraud. à

— erstes, (f. Mädchen.) 3. Aufl. qu. 8. (¼ B. u. 24 ill. Bilder.) Neuhaldensleben 830, Eyraud.

— erstes, f. art. Kinder. 4. (12 col. L.) Stuttg. 77, G. Weise. 1. 20

Bilderbuch, erstes, für kleine Kinder. qu. 4. 9 (lith. u. color. Bl.) Stuttgart 849, Hoffmann. ½ ₰

— erstes, für kleine Kinder. Stuttgart (855.) Chelius. qu. 4. (lith. Titel u. 9 lith. u. color. Taf.) 15 ngr

— erstes, für kleine Kinder. Moers (862.) Spaarmann. 4. (12 lith. Bl. in Farbendr.) 7½ ngr.

— erstes, d. Kinderfreundes. br. 8. (40 S. m. eingedr. u. color. Holzschn. u. e. color. Holzschntaf.) Bremen 870. Verl. d. Tractathauses. geb. n. 1. —

— erstes, f. unser Kleinstes! (13 S. m. farb. Abbildgn. u. untergedr. Text.) qu. Lex.-8. Stuttgart (902). W. Nitzschke. Auf Pappe, in Leporelloform 1. 60

— erstes, für kleine Knaben u. Mädchen. Mit 119 ill. Abbildd. .. Kitzingen ... (Köpplingers Buchh.) 7/12 ₰

— erstes, f. kleine Knaben u. Mädchen, z. Erweiterung ihrer Begriffe u. z. Vergnügen. Enthält nebst d. deutsch. u. latein. Alphabeten u. Zahlen, 288 ill. Abbild. verschied. Gegenstände u. deren Benennungen in deutsch., latein., französ. u. italien. Sprache. gr. 8. (1 B. Text u. 1 Titkpfr.) Wien 828, Müller.

— erstes, f. kleine Knaben u. Mädchen. M. 16 ill. Stnt. Lex. 8. (¼ B. Text) Berlin 830, Lüderitz.

— erstes, f. kleine Knaben u. Mädchen, z. Erweiterung ihrer Kenntn. u. Befriedigung ihr. Wißbegierde. 1. Aufl. (6 B.) 830, 16 Gr., 2., verm. Ausg. M. 275 ausgem. Abbildn. (2 Abthln.) (8 B.) 8. Kitzingen 831, Gundelach.

— erstes u. unverwüstl., f. kleine Kinder, die noch nicht lesen können. 4. Aufl. qu. 4. (12 ill. Kpfrt. u. 1¾ B. Text.) Leipzig 841, Friese.

— erstes u. unverwüstliches, für kleine Kinder, die noch nicht lesen können. 6., ganz umgeänd. Aufl. mit 16 neu gezeichn. (lith. u. illum.) Bildern. qu. gr. 8. (16 S.) Leipzig 848, Friese. In Holzband n. ⅚ ₰

Bilderbuch,
— geograph.-naturhistor.-technolog., mit ausführl. Texte v. J. G. Gruber. 1s — 6s Heft. Mit Kpf. u. Kart. gr. 4. Zürich 801 — 805. (Schiegg in L.) 4 ₰ (A. u. d. T.: Beschreib. v. Grönland u. Spitzbergen, mit d. Wundern d. Natur rc.) 1s — 5s Hft. gr. 4. Hamb. (Herold jun.) 3 ₰ 8 gl.

— — ebendasselbe 5 Hefte. m. K. gr. 4. Hamburg, Vollmer. (à 16 gr.).

— zu d. Geschichten des N. Testam. in kurzen Erklär. m. 72 Kupf. gr. 8. Zürich, Ziegler u. S.

—— das goldene. 8 (chromolithogr.) Bilder nach Aquarellen von Paul Wagner mit (eingedr.) Versen von Klara Reichner. 4. Stuttgart 884, G. Weise. geb. *
Als Leinwand-Bilderbuch

— das goldene. 8 (chromolith.) Bilder nach Aquarellen v. Paul Wagner m. (eingedr.) Versen v. Klara Reichner. 4. Stuttgart 885. G. Weise geb. n. 1. 50;
als Leinwand-Bilderbuch 2. —

— Gößnitzer, ohne Bilder. Humoristische Blätter aus den Erinnergn. e. alten Gößnitzers (Rob. Pöschel). (144 S.) 8. Flöha 905. A. Peitz & Sohn. Geb. n.n. 1. 50

— Gössnitzer, ohne Bilder. Humorist. Blätter a. d. Erinnergn e. alten Gössnitzers (R Pöschel). 2.Afl. (224) 8° Flöha, A Peitz & S. ('08). HL. 1.50 d

**BILDERBUCH** für Hagestolze, redigirt von Emile Mario Vacano. 5 Bde. Mit je 100 Federzeichnungen von K. Klič. Leipzig, Glaser u. Garte (187*). Roy-8°. Orig.-Holz-Enveloppe m. Schwarzdruck auf Cigarrenkistel-Deckel. (à Mk. 5 ord., à 3 Mk. baar.)
Es erschienen wenigstens 4 Auflagen, die vierte 1877.

—— für Hagestolze. Redig. von Emile Mario Vacano. Mit 100 Federzeichnungen von K. Klič. 1.—3. Aufl. gr. 8. (111 S. mit eingedr. Holzschn.) Wien 874,75, Klič und Spitzer. geb.

—— Hamburger, für den Anschauungs-Unterricht mit Text von V. F. L. Hoffmann. 2. Aufl. qu. 4. (16 color. Stnt. mit 34 S. Text.) Hamburg 870, Niemeyer. geb. *

**Bilderbuch, Historisches,** des Edlen und Schönen aus dem Leben würdiger Frauenzimmer. Bern 1790. V: *Heinzmann, Johann Georg.* (MGT)

— histor., des Edlen u. Schönen. 8. Bern 790, s Feierstunden d. Grazien.

— histor. des Edlen u. Schönen a. dem Leben würd. Frauenz. gr. 8. Bern, Haller. (Hilscher, Dresd.) 790.

— historisches, f. die Jugend, enthaltend Vaterlandsgeschichte. 12 Bdchn. Mit 144 Kpf. 8. Leipz. 797—810. W. Vogel. 29 ℛ Dass. ohne Kpf. auch unt. d. T.: Geschichte d. Deutschen. 12 Bdchn. 8. Ebd. 12 ℛ 4 ℊ

**Bilderbuch, Historisches,** für die Jugend. Leipzig 1797—1818. V: (Bd. 1—9) *Zahn, Joh. Fr. Aug.* (Ky)

— historisches, für die reifere Jugend ꝛc. Mit 6. color. Bildern. (Von Joh. Aloys Gleich.) 8. Wien 829. Bermann u. Sohn. 5/6 ℛ

—— historisches, für die schweizerische Jugend. Ein Auszug aus Gellfuß „Helvetia.“ br. 8. (285 S. mit 15 Holzschn. in Tondr. von Ed. Kretzschmar.) Winterthur 860, Steiner'sche Buchh.

Hölzel's Bilderbuch. II. Auflage. Mit effectvollem Farbendruck-Umschlage, enthaltend acht Chromo-Lithographien mit erzählendem Texte von Ed. Jordan. Kl.-4. (20 S. Text)
Wien: Hölzel 1892 1.20

Hölzel's Bilderbuch f. Schule und Haus. Lex.-8. 4 Chromolith. [illegible] 4. Wien, Ed. Hölzel. [illegible] —.40. Einzelne Blätter à fl. —.10. [illegible] 1887

— humoristisches, für große Kinder. Illustrirtes Album gegen Langeweile. 1. und 2. Heft. hoch 4. Leipzig, Keil. [1 (23 S. mit eingedr. Holzschn.) 859. 7½ Ngr., 2. (24 S. mit eingedr. Holzschn.) 860. * 8 Ngr.]

— humoristisches, aus Neu-Jerusalem. qu. 8. (16 Steintaf.) Dresden 893. C. Schröter. (Leipzig, H. Beyer.) — 30

—— humoristisch-satirisches für den antiliberalen Wähler. qu. gr. 8. (21 S. mit eingedr. Illustr.) Berlin 881, M. Schulze.

— Japanisches, m. Märchen v. Heinr. Lhotzky. (32 m. Abb.) 8° Ludwigshaf., Haus Lhotzky Verl. '13. Pappbd 7.50 d

**Bilderbuch** für die Jugend. Bern 179? V: *Heinzmann, Joh. Georg.* (MGT)

— f. die Jugend, mit 12 Kupf. Bresl. Buchhelster.
mit 18 Kupf.
mit 24 Kupf.

— f. die Jugend, mit 13 illum. K. 8. Schwelm. (Essen u. Duisb. Bädecker in Comm.) 811.

— f. die Jugend, mit deutsch. u. französ. Text. Mit 13 ill. Kpf. 8. Schwelm 811. Scherz. 1 ℛ

Bilderbuch f. d. Jugend 18 Heft, m. 6 Kupfert. qu. Fol. Augsburg 825, Engelbrecht. 10 gr. illum.

— f. d. Jugend. 18 Heft, mit 6 Kpft. qu. Fol. Augsb. 828. Engelbrecht. 10 ℊ ill. 20 ℊ

—— für d. Jugend, enth. d. Ackerbau, d. Viehzucht, Gartenbau ꝛc. In 6 bildl. Darstell. qu. 4. Augsburg 831, Schlosser.

—— erstes, f. d. Jugend, m. 117 in Oelfarben ill. Abbildn. A. qu. gr. 4. (24 Bl.) Erfurt 840, Hennings u. Hopf. 16 Gr., schwarz

—— zweites, f. d. Jugend, m. 92 in Oelfarben ill. Abbildn. A. qu. 4. (24 Bl.) Ebds. 840. 10 Gr., schwarz

—— erstes f. d. Jugend, m. 117 in Oelfarben ill. Abbildn. B. qu. gr. 4. (24 Bl.) Erfurt 841, Hennings u. Hopf. 16 Gr., schwarz

—— zweites, f. d. Jugend, m. 92 ill. Abbildn. B. qu. 4. (24 Bl.) Ebds. 841. 10 Gr., schwarz

— für die Jugend, mit 96 lithogr. Taf. 4. Gotha 840. Müller. 1 ℛ

—— für d. Jugend. 96 Darstelln. aus d. Geographie, Naturgesch. u. Merkwürdigkeiten, m. 12 Bog. erläut. Text v. Ludw. Storch. qu. 4. Gotha 841, Müller.

Bilderbuch
— für die nachdenkende Jugend, zur nützl. Unterhaltung, (v. Er. Müller). Mit 24 ill. Kpf. gr. 8. Leipz. 792; 3e A. 804. Voß. 2 ℛ 8 ℊ

—— für d. vaterländ. Jugend. Den Culturgang d. Menschengeschlechts enthalt. qu. gr. Fol. (16 ill. Kpfr., 1 B. Text u. Titvign.) Nürnberg 832, Campe.

—— für d. vaterländ. Jugend. Die Gesch. Wilhelm Tells enthalt. qu. gr. Fol. (8 ill. Kpfr., 1 B. Text u. Titvign.) Nürnberg 833, Campe.

—— Karl u. Emiliens, zur Aufmunterung f. Kinder, welche d. Buchstabenkenntniß noch nicht erhalten haben. 4., verb. Aufl. M. 25 ill. Kpfrn. 16. (1½ B.) Berlin 839, Recht.

Bilderbuch
— f. Kinder. s. Bertuch.

—— für Kinder, in 24 col. bildl. Darstellungen. 8. (1¾ B.) Meißen 832, Klinkicht u. Sohn.

—— für Kinder. 8. (1 B. u. 24 ill. Kpfr.) Nürnberg 832, Endter.

für Kinder. gr. 4. (16 S. mit 12 ill. Stnt. in Tondr.) Stuttgart 858, Thienemann's Verlag.

Bilderbuch für Kinder. 3. Aufl. Stuttgart 866. Thienemann. gr. 4. (12 S. u. 8 lith. u. color. Bll.) 15 ngr

—— für artige Kinder. 2 Hefte. gr. 16. (à 16 S. mit color. Stnt.) Leipzig 873, Dümmo. à Heft

— für brave Kinder. I. u. II. (à 12 lithogr. Bl.) 12. Carlsruhe 837. Wagner. (Marx.) à 1/4 ℛ color. à n. 5/12 ℛ

— für brave Kinder. 1s u. 2s Hft. (à 8 lithogr. Bl.) 8. Bonn 838. Dunst. à 1/6 ℛ ill. à 1/4 ℛ

— für brave Kinder. 2 Hefte. 16. Karlsruhe 846. (G. Braun.) Herabges. Pr. n. 1/4 ℛ color. n. 1/2 ℛ

— für erwachsene Kinder. (Titel-Ausg. d. Deutschen-Reichsbremse. 1850. Nr. 1 — 36.) hoch 4. (144 S. m. eingedr. Holzschn.) Leipzig 850, Keil & Co. n. 1 ℛ 18 ngr

Bilderbuch für fleissige Kinder. Sechs Hefte, jedes 6 Tondruckbilder aus der heiligen Geschichte mit Bibelsprüchen und Liederversen enthaltend. In-8°. Basel, C. F. Spittler. 1880 — 50

— für folgsame Kinder. Mit 12 color. Bildern. qu. 4. Guben 841. (Berger.) 5/12 ℛ

—— für folgsame und fleissige Kinder. qu. 1/2 Fol. (16 ill. Stnt.) München 842. [Augsburg, Jaquet's Vrlsh.] *

—— für grosse u. kleine Kinder. qu. gr. 4. (13 lith. Bl.) Rinteln 837, Osterwald. 1 Thlr., col.

Bilderbuch f. große u. kleine Kinder. gr. 4. (36 S. m. z. Tl. farb. Bildern.) Stuttgart 893. J. H. W. Dietz. Kart. — 75

— dasselbe. (Nr. 2. Ausg. 1894.) 4. (42 S. m. z. Tl. farb. Abbildgn.) Ebd. 894. Kart. — 75

— f. große u. kl. Kinder. (Nr. 3. Ausg. 1895.) 4. (40 S. m. z. Tl. farb. Abb.) Stuttgart 895. J. H. W. Dietz. Kart. — 75

— für große u. kleine Kinder. (Illustrirt v. Pet. Bauer, G. Dolleschal, H. G. Jentzsch, O. E. Lau u. A. Specht.) 4. (40 S. m. z. Tl. farb. Abbildgn.) Stuttgart (899). J. H. W. Dietz Nachf. Geb. — 75

— f. gute Kinder. Mit 32 ill. Kpf. 8. Braunschw. 815. Plüchart. 2 ℛ 12 gGr

Bilderbuch, erstes für kleine Kinder. Quer. 4. Wien. Perles. geb. 45 kr.
— — zweites, für kleine Kinder. Quer. 4. Ebds. geb. 45 kr.
— — kleines, für artige Kinder. kl. 8. 1. 2. Ebds. à 12 kr.
— — Dasselbe, sortirt in 12 Nrn. Ebds. à 10 kr.
— — ohne Text. 4. Ebds. 30 kr.
1870

— für kleine Kinder. 1. u. 2. Serie. 16. (à 60 color. Holzschntaf.) Bremen 882. Verl. d. Tractathauses. cart. à n. — 40

— zweites, f. kleine Kinder. qu. 4. (6 farb. Taf.) Leipzig 889. Fr. Pfau. cart. n. — 25

— für kleine Kinder mit Geschichten, Märchen und Reimen von O. L. H. Leipzig (853.) G. Wigand. 4. (1 Bl., 62 S. mit Holzschn. im Text.) 10 ngr

— für kleine Kinder m. Geschichten, Märchen u. Reimen v. O. L. H. Mit 78 Holzschn. 2. Aufl. gr. 8. (62 S.) Leipzig 887. G. Wigand. geb. n. 2. —

—— für kleine Kinder, welche noch nicht lesen können. kl. 16. (1 B. m. 49 ill. Holzschn.) Berlin 832, Gropius.

— f. meine Kinder z. nützl. u. angenehm. Unterh. m. 21 n. d. Nat. gem. K. 16. Bresl. W. G. Korn. 806.

— f. meine Kinder zur nützl. u. angenehmen Unterhalt. m. 24 nach d. Natur illum. K. Neue Aufl. Bresl. W. G. Korn. 814.

— f. meine Kinder z. nützl. u. angen. Unterh. M. 24 ill. Kpf. 16. Bresl. 805. N. A. 824. W. G. Korn. 2 ℛ 12 gGr

**Bilderbuch** für Kinder, enthaltend eine angenehme Sammlung von Thieren ... Weimar 1790—95. V: *Bertuch, Friedrich Justin.* (MGT)

Bilderbuch d. Frau Kinderzeitung. Hrsg. von O. Ruppius. gr. 8. (1 B. mit eingedr. Holzschn.) Berlin 846, Rieß.

—— für das früheste Kindesalter. M. 25 ill. Kpfr. 8. (1 1/4 B.) München 834, Jaquet.

— d. kleine, f. gute Knaben. m. illum. K. 8. Leipz. Sommer. 810.

— das kleine, f. gute Knaben, m. 13 illum. Kupf. 16. Ebend. 814.

— d. kleine, f. gute Mädchen. m. illum. K. 8. Leipz. Sommer. 810.

— das kleine, f. gute Mädchen, mit 13 illum. Kupf. 16. Leipz. Sommer. 812.

—— für die lieben Kleinen. Ein Geschenk für artige Kinder. qu. 4. (12 ill. Stnt. mit 15 S. Text.) Leipzig 861, Expedition des Campe'schen Robinson. *

Bilderbuch f. d. lieben Kleinen. 4. (15 m. 12 L.) Lpzg 62, Exped. v. Campe's Robinson. n. — 15

— für die lieben Kleinen. Ein Geschenk für artige Kinder. Leipzig (862.) Verl. 4. (15 S. u. 12 lith. u. color. Taf.) n. 15 ngr

Bilderbuch,
— kleines. Nr. 1—6. Stuttgart (855.) Thelius. qu. 16. Jede Nr. (à 8 lith. u. color. Taf.) 5 ngr

— kleines. kl. 8. (16 Farbdr.-Taf.) Stuttgart 889. Loewe. cart. n. — 50

Bilderbuch, kleines, nach d. ABC, f. d. Jugend. Mit 12 ill. Kpf. 8 Ludwigsb. 827. Nast. 8 gGr

Bilderbuch, K l e i n e s, für artige Kinder. kl 8°. I. II. Wien: Perles 1870.

—— kleines, für artige Kinder. 8 Hefte. 8. (à 8 S. mit je 4 Holzschntaf. in Buntdr.) Stuttgart 873, G. Weise. à Heft 10 Pf.

— kleines, f. artige Kinder. 10 Sorten. 12. (à 8 farb. Taf. m. Text.) Leipzig 889. Fr. Pfau. à n.n. — 10

— kleines, f. Kinder in unterh. Erzählungen. m. illum. K. 8. Leipz. Sommer. 805.

— klein., in unterhaltend. Erzählung. m. illum. K. 8. Lpz. Sommer. 810.

— kl., f. gute Kinder, welche gern in kurzer Zeit buchstabiren u. lesen lernen wollen. 20 Aufl. Mit 48 Kpf. 8. Augsb., Schlosser. 6 gGr

— kleines, f. gute Kinder, welche gerne in kurzer Zeit buchstabiren u. lesen lernen wollen. M. 24 Kpf. 8. Wien, Müller 12 gGr

— kleines lebendiges, mit beweglichen Figuren. Max und Märchen's Reise zur Grossmama. Zur Belehrung und Unterhaltung für Kinder beiderlei Geschlechts von etwa 5 bis 12 Jahren. Berlin (863.) Lassar. 4. (8 lith. u. color. Taf. m. Text.) n. 25 ngr

Bilderbuch
— f. gute Knaben, m. 50 illum. K. 16. Leipz. Sommer. 816.

— f. kl. Knaben. Mit 24 Kpf. Neust. a. d. O. 815. Wagner. 6 gGr

— für kleine wißbegierige Knaben, N. Aufl. M. 24 ill. Kpf 16. Nürnb. 825. Campe. 1 ℛ 8 gGr

— für kleine wißbegierige Knaben. Neue Aufl. mit 24 illum. Kupf. 12. Nürnberg 827, Campe.

—— für kleine wißbegier. Knaben. 3. verb. Aufl. M. 24 (ill.) Kpfr. br. 12. (6 B.) Nürnberg 834, Campe'sche Buchh.

—— kulturhistorisches, s. Hirth, G.

Bilder- u. Lesebuch f. Kinder, über verschiedene gemeinnützige Gegenstände naturhistor. Inhalts, mit ill. Kpf. Nürnb. 810. Bieling. 20 gr

Bilder- u. Lesebuch f. Knaben u. Mädchen. M. 24 (25 ill.) Abbild. 8. (11 B.) Leipzig 834, Fischer u. Fuchs.

— liebstes, für Kinder. Stuttgart (863.) Nitzschke. 8. (16 S. u. 8 lith. u. color. Taf.) 6 ngr

— liebstes, f. die lieben Kleinen. Mit Versen v. Vict. Blüthgen u. 6 feinen Farbdr.-Bildern nach Aquarellen v. C. Offterdinger. gr. 4. (6 S. Text.) Stuttgart 886. Loewe. cart. 1. 20; unzerreißbar geb. 2. —

—— der Knaben liebstes. gr. 8. (8 Chromolithogr.) Reutlingen 872, Enßlin und Laiblin. cart.

— der Knaben liebstes. gr. 8. (8 Chromolith.) Stuttgart 872. Neugebauer. — 60

— das, aus Lilliput, f. K. A. Hirschmann.

— d., aus Lilliput, v. Hirschmann. 2 Thle. 12. Lpz. Tauchnitz. 802. (à 1 Thlr.)
(2r Thl. a. unt. d. Tit.: Mährchen aus Lilliput).

—— lithographirtes, z. Uebung im Zeichnen u. im Lesen geschrieb. Schrift. 1. Bdchn. breit 16. (7½ lith. u. 1¾ gedr. B., u. 15 Stnt.) Bremen 830, (Heyse.) (Dreyer)

Bilderbuch,
— das lustige, f. brave Kinder. (32 S. m. farb. Abbildgn.) 4. München (906). Braun & Schneider. Kart. 2. —

— lustiges, mit schönen Erzählungen in Versen. Fol. (10 ill. Stnt.) Stuttgart 852(53,) Chelius.

—— lustiges, für die lieben Kleinen. (Mit Text in Versen und 6 Farbdr.-Bildern von Offterdinger.) qu. 4. (6 S. Text.) Ebendas. 886. cart. * 60 Pf.; Ausg. auf Leinw. *

— f. gute Mädchen. 4e Aufl. Mit 13 ill. Kpf. 16. Leipz. 820. (W. Nauck). 21 gr

— f. kleine Mädchen. 12. Neust. 815 Wagner. 9 gr

— f. kl. Mädchen. Alte Kinderreime m. 18 Farbendr.-Bild. u. Aquarellen v. Karl Krejčik. gr. 4. (7 Taf. m. eingedr. Text.) Wesel 898. W. Düms. — 50; auf Pappe, kart. 1. 20

Bilderbuch für kleine Mädchen. Alte Kinderreime mit 18 Farbendruckbildern nach Aquarellen von Karl Krejčik. *(Wesel: W. Düms [1903].)* (4 Bl.) 4° [5.]

— für kleine Mädchen, welche gern mit Puppen spielen. qu. 4. (12 Chromolith. m. Text.) Stuttgart 879. Thienemann. geb. n. 4. —

— f. kleine wißbegierige Mädchen. Mit 24 illum. Kpfrn. 12. Nürnb. 822, Campe.

— f. kl. wißbegierige Mädchen. M. 24 ill. Kpf. 2e Aufl. 12. Nürnb. 825. Campe. 1 ℛ 8 gr

—— für kleine wißbegier. Mädchen. 3., verb. Aufl. M. 24 (ill.) Kpfr. br. 12. (6 B.) Nürnberg 834, Campe'sche Buchh.

— mannichfaltiges, zum Nutzen u. Vergnügen für Kinder. Mit 12 Kpft., worauf 32 Darstell. sich befinden. 8. Frankf. a. M. 819. D. J. Döring. 1 ℛ N. A. M. 15 ill. Steint. u. deutsch., französ., italien. u. engl. Erklärung. 8. Ebd. 831. 14 gr Daraus apart: a) Erzählungen u. Charakterschilderungen mit 8 Kpf. 12 gr b) Kleine Denklehre f. Kinder, m. 2 Kpft., worauf 12 Darstell. sich befinden. 6 gr c) Sittenlehre für Kinder. 3 gr d) Worte, einige höchst nöthige, an Eltern u. Erzieher. 3 gr

—— mannigfaltiges, zur angenehmen Unterhaltung f. d. Jugend. Neue Ausg. 8. (15 ill. Stnt. u. ½ B. Erklär. in teutscher, franz., ital. u. engl. Sprache.) Frankfurt a. M. (831), Döring.
Daraus apart:
Erzählungen u. Charakterschilderungen, m. 8 Kpfr. 12 Gr.
Kleine Denklehre f. Kinder, m. 2 Kpfr. 6 Gr.
Sittenlehre f. Kinder. 8 Gr.
Einige höchst nöth. Worte an Eltern u. Erzieher. 8 Gr.

Bilderbuch,
—— mein erstes. Für kleine Knaben und Mädchen. Mit ca. 800 Abbild. von W. Schäfer u. A. qu. 4. (9 color. Stnt. auf Pappe.) Stuttgart 878, Nitzschke. geb.

—— dass. — Mit ca. 300 (chromolithogr.) Abbild. von W. Schäfer u. A. qu. 4. (10 Taf. auf Pappe.) Ebendas. 879. cart.

— mein erstes. Unzerreißbare Bildertafeln für kleine Knaben u. Mädchen. Mit über 250 Bildern von W. Schäfer u. A. 3. Aufl. qu. 8. (9 color. Steintaf.) Stuttgart 880. Nitzschke. geb. 2. 25

— mein erstes. 12. (6 Chromolith.) Stuttgart 888. G. Weise. — 10; m. Text (12 S.) — 15

— dasselbe. 12. (14 farb. S.) Ebd. 890. cart. Auf Pappdeckel. n. — 50

— mein erstes. 12. (8 farb. auf Pappe.) Stuttgart (900). G. Weise. Kart. — 30

— dasselbe. hoch 4. (24 S. m. z. Tl. farb. Abbildgn.) Ebd. (900). Kart. 2. —; auf Pappe. (12 farb. S. ohne Text.) Kart. 3. —; auf Leinw. (12 farb. Bl. ohne Text.) Kart. 3. 50

— mein erstes. (25 S. m. z. Tl. farb. Abbildgn. auf Pappe.) 4. Stuttgart (905). G. Weise. Geb. 3. 75

— dasselbe. 2 Sorten. (à 13 S. m. farb. Abbildgn., auf Pappe.) 4. Ebd. (905). Geb. à 2. —

— mein liebstes. gr. 4. (7 S. m. farb. Bildern u. eingedr. Text.) Stuttgart 891. F. Loewe. Kart. n. 1. —

— dasselbe. qu. 12. (12 S. m. eingedr. u. 6 farb. Bildern.) Ebd. 894. n. — 50; Voll-Bilder auf Leinw., kart. n. 1. —

— mein liebstes. (Haustiere u. Soldatenbilder m. Verschen.) (25 farb. S. auf Pappe.) qu. 8. Stuttgart (905). G. Weise. In Leporelloform 3. 60

— Mein liebstes. In bunter Reihe. (15 m. 8 Buntbild.) 23,5×30 cm. Stuttg., Loewe ('11). geb. 1 — a

— dass. Grosse Vorstellg im Zirkus Morian. (15 m. 8 Buntbild.) 23,5×30 cm. Ebd. ('11). geb. 1 — d

— mein schönstes. qu. gr. 4. (12 S. m. farb. Abbildgn.) Reutlingen (902). R. Bardtenschlager. n. 1. 25; auf Pappe, geb. 2. 50

— militairisches, mit 8 illum. Kupf. 8. Ludwigsb. 827, Nast. 5 gr. mit 16 ill. Kupf. 9 gr. mit 32 ill. Kupf.

—— militärisches. Soldaten-Spiel und -Leben. 12 feine Farbendr.-Bilder, mit Versen von Frz. Bonn. gr. 4. (6 Bl. Text.) Eßlingen 879, Schreiber. geb. *

— militärisches. Soldaten-Spiel u. Leben. 12 feine Farbendr.-Bilder, mit Versen von Frz. Bonn. gr. 4. (6 Bl. Text.) Eßlingen 880. Schreiber. geb. n. 1. 75

— militärisches. 16 Bildertaf. in Farbendr. u. 6 Bildertaf. in Tondr. m. Darstellgn. der wichtigsten Waffengattgn. der deutschen, österreich-ungar. u. fremder Armeen. Fol. Eßlingen (899). J. F. Schreiber. Geb. n. 4. —

—— militärisches, in 20 color. Blättern (u. 1 Bl. Text). qu. kl. f. Eßlingen 845 [u. Stuttgart, Schreiber u. Schill.] -

—— militärisches, für Knaben. gr. 4. (12 ill. Stnt. in Tondr. mit lithogr. und ill. Titel.) Stuttgart 861, Schreiber und Schill.

—— militärisches, für Knaben. 16 vom Maler M. Joh. Velz componirte militärische Scenen. In Farbendruck. Nebst kindlichen Reimen. 3. Aufl. 4. (8 Chromolithogr.) Eßlingen 869, Schreiber. cart.

— moralisches, od. Moral in Beyspielen Nach Weiße's Lehrart. Für Kinder v. 3 bis 10 Jahren Mit 71 illum. K. 8. Ebend. 811.

— moralisches, m. 71 illum. Bildern. 8. Ebend. 815.

— od. Moral in Beispielen. Nach Weiße's Lehrart. Für Kinder v. 3—10 Jahren. M. 71 Kpf. 8. Leipz. 820. (W. Nauck). 1 ℛ 16 gr

**Bilderbuch, Moralisches,** für die Jugend. Wien 1810—1812. V: *Bysang, Joseph.* (Ky)

— moralisches, für die Jugend. 2 Theile, jeder mit 50 color. Kpfr. u. eben so viel Erzählungen. (Von J. Bysang.) 8. Wien 810 u. 812. Jos. Eder; Bermann u. Sohn. 2 ℛ

— moralisches, f. Kinder. M. 8 ill. Kpfr. 8. (6½ B.) Meißen 828. (Leipzig, Herbig.)

— moralisches, f. gute Knaben. Mit 13 ill. Kpf. 16. Leipz. 820. (W. Nauck). 21 gr

**Bilderbuch, Moralisches,** für junge Knaben und Mädchen. Berlin 1804. V: *Rumpf, Joh. Dan. Fr.* (Hitzig) (Ky)

— moralisches, für junge Knaben u. Mädchen. (Von J. D. F. Rumpf.) Mit 8 ill. Kpf. 8. Berl. 804.

— moral. u. naturhist., f. Kinder. 8. Halle 795. Dreyssig. 6 gr

— mytholog., für die Jugend, in 12 Kpf. Pirna, Friese. 6 gr

— fremder Nationen in 45 Gruppen auf 10 ill. Stnt. (mit Text.) 4. Stuttgart 858, Chelius.

— naturgeschichtliches. Text in drei Sprachen. 3. Aufl. Fol. (28 color. Stnt. mit 20 Bl. Text.) Stuttgart 869, Chelius. [Leipzig, Berndt's Verlag.] geb. (ℳ 6,75.)

Naturgeschtl Bilder-Buch für unsere liebe Jugend. Milw. n. d.

Bilderbuch.
— naturhistorisches, m. illum. K. u. Erklär. 8. Frankf. Brönner.

— naturhistor., e. Weihnachtsgeschenk f. Kinder. M. 226 Abbildd. 8. Leipz., Er. Fleischer. 1 ℛ Hbg. Pr. 12 gr

— naturhistorisches, in Bdn. 1s—4s Heft Zoologie enthaltend. m. K. 4. Leipz. Herzog. 809. m. illum. K. à Heft 1 Thlr.

— naturhistorisches, oder Abbildung u. Beschreibung der merkwürd. Gegenstände aus den 3 Reichen d. Natur. 2 Thle. Mit 150 Abbildd. gr. 8. Nürnberg 824. (Berlin, Bade.) 2⅓ ℛ

— naturhistor., od. Abbild. u. Beschreib. d. merkwürd. Gegenstände aus d. 3 Reichen d. Natur. 2 Thle. Mit 50 illum. Kpfrtaf. gr. 8. Nürnberg 824, Haubenstricker.

— naturhistorisches. Zugleich erster Unterricht im Denken, Sprechen, Schreiben u. Lesen. Mit (10 lith. u.) color. Bildern. gr. 8. (16 lith. S. u. 31 S.) Schw. Hall 848, Haspel. n. ⅓ ℛ

— naturhistorisches. Zugleich erster Unterricht im Denken, Sprechen, Schreiben und Lesen. gr. 8. (16 lith. und 31 S. mit 10 ill. Stnt.) Schwäbisch Hall 849, Haspel'sche Buchh. *

— naturhistorisches. qu. gr. 4. (11 ill. Stnt.) Stuttgart 859, Thienemann's Verlag.

— naturhistorisches, in drei Sprachen. Stuttgart 866. Thienemann. qu. 4. (11 lith. u. color. Bll.) 18 ngr

Bilderbuch, naturhistorisches, in 3 Sprachen. (6. Aufl.) qu. 4. (11 color. Steintaf. m. eingedr. Text.) Eßlingen 879. Schreiber. geb. n. 2. —

— naturhistor., in 3 Sprachen. (6. Afl.) 4. (11 col. L. m. Text.) Stuttg. 79, Thienemann. geb. n. 2. —

— naturhistor., f. d. Jugend, z. Entwickelung ihrer Kenntnisse rc. Mit 8 Taf. Abbildd. 4. Augsb., Schlosser. 6 gr

— naturhistorisches, f. d. Jugend. 1—8. Hft. (à 4 ill. Kpfrt. u. à ca. 1 B. Text.) 4. Jena 829—32, Schmid. à

— naturhistorisches, f. d. Jugend. (11 Hfte.) M. 44 ill. Kpfr. 4. (43 Bl. Text.) Jena 830, Schmid. *

— naturhistor., f. Kinder. Mit vielen col. Abbild. 8. (6 B.) Delitzsch 834. (Eisleben, Reichardt.)

— naturhistor., f. artige Kinder. M. 24 ill. Bild. u. A. B. C. Tafel. Lithogr. qu. 16. Regensburg 834, Reitmayr.

— dass. für brave Kinder. 12. Ebd. 835. 5/12 ℛ

— naturhistorisches, zur Lust u. Belehr. f. Kinder. M. 24 (ill.) Abbild. 8. (1 B.) Reutlingen 835, (Mäcken jun.)

— naturhistorisches, des Thierreichs. Mit illum. Kpfrn. 4 Hefte. 4. Leipz. Klein. 818 u. 19. à Heft 12 Gr.

— naturhistorisches, des Thierreichs, (v. Chr. A. A. Buhle). Mit 32 ill. Kpf. 4 Hefte. 4. Leipz. 818—20. Klein. 2 ℛ Mit schwarz. Kpf. 20 gr

— naturhistorisches, zur Unterhaltung u. Belehrung für Kinder v. 3—7 Jahren. 4. (11 Chromolith.) Langensalza 877. Beyer & Söhne. cart. 1. —

— v. Naturseltenheiten, merkw. Gegenden rc. 62 Bl. (aus Reisebeschr.) qu. Fol. Bern 804. Typogr. Soc. 1 ℛ 18 gr

— das neue. 4 Sorten. 8. (à 8 S. m. eingedr. Fig. u. 4 Chromolith. m. eingedr. Text.) Wesel 884. Düms. à — 10

Bilderbuch, das neue. 4 Sorten. 8. (à 6 Chromolith. m. eingedr. Text.) Wesel 887. Düms. à — 10

— das neue. 8. (8 farb. S.) Eßlingen 895. J. F. Schreiber. — 10

— neues deutsch und franz. mit Gesundheitsregeln. m. K. 8. Nürnb. Schneider u. W. illum.

Bilderbuch, neues. Nr. 1—6. gr. 16. (à Nr. 8 Chromolithogr.) Moers 862, Spaarmann. à Heft 1⅓ Ngr.

**Bilderbuch, Neues,** zur Belehrung und Unterhaltung. Stuttgart 1840. V: *Zoller, Carl August.* (Ky)

— neues, zur Belehrung u. Unterhalt. (Von K. O Zoller.) 1. u. 2. Aufl. Fol. (à 29 ill. Stnt. u. 1 Karte, u. 30 Bl. Text.) Stuttgart 840, Hoffmann'sche Vrlsbh. à Thlr.

Neues Bilder-Buch zur Belehrung und Unterhaltung. Zweite unveränderte Auflage. Stuttgart, Hoffmann'sche Verlags-Buchhandlung, 1841. Titel und 29 handkolor., lithogr. Tafeln mit je 1 doppelseitig bedr. Textblatt. Fol. (Etwas benutzter) Hlwd. 36.—

Originelles schönes Bilderbuch. Jede Tafel ein kunterbuntes Durcheinander von Säugetieren, Fischen, Vögeln, Schmetterlingen, Raupen, Pflanzen, Früchten usw., dazwischen gelegentlich eine exotische Kostümfigur, Köpfe etc. Am Schluß, eine anscheinend hinzugefügte zweiteilige Weltkarte (ausgeschnitten). Die erste Tafel auf die Rückseite d. Titels geklebt. — Mit leichten Flecken, Gebrauchsspuren und hie u. da Reparaturen. Scheint vollständig zu sein.

Bilderbuch, neues, zur Belehrung u. Unterhaltung. Mit 12 gemalt. Tafeln. qu. 4. Reutlingen 842. Fleischhauer u. Spohn. geb. ¾ ℛ

— neues, z. Belehrung u. Unterhaltung. 3. Aufl. ½ Fol. (29 ill. Taf. u. 29 Bl. Text, 1 Karte und verziert. Titel.) Stuttgart 842, Hoffmann'sche Vrlsbuchh.

— dass. 4., verb. u. verm. Aufl. Fol. (14½ B. u. 29 col. Taf.) Stuttgart 846, Schmidt u. Spring.

— neues buntes. 2 Sorten. 8. (à 8 Chromolith. m. eingedr. Texte.) Wesel 880. Düms. à n. — 10

— neues, naturhistorischer Gegenstände aus d. Thierreiche. Mit 75 Abbildd. gr. 8. Nürnb. 814. Geyer. 16 gr

— neues goldenes. 8 Bilder nach Aquarellen von Paul Wagner mit Versen von Frida Schanz. 8. Stuttgart 887, 88, G. Weise. geb. ℳ 1.50.; dasselbe als Leinw.-Bilderbuch auf Pappe, cart. ℳ 1.80.; als Leporello-Album

Bilderbuch.
— neues, f. d. Jugend, in 24 Kpf. 8. Augsb., Schlosser. Ill. 2 gGr. In 4. ill. 2 gGr.

— neues, für d. Jugend. Mit 20 ill. Kpf. gr. 12. Zürich 805. N. A. 821. Trachsler. 1 Rthlr. 12 gGr.

— neues, f. d. Jugend; in Erzähll. v. d. Sitten, Meinungen u. Gebräuchen fremder Völker. 2 Bdchn. M. Kpf. gr. 8. Bayr. 800. (Grau). 2 Rthlr. 8 gGr. ill. 4 Rthlr.

— neues f. d. Jug. in Erzähl. von d. Sitten ꝛc. europ. Nationen ꝛc. 2 Bdchn. m. K. gr. 8. Bayr. Lübeck. 800. illum. (1r 1 Thlr. 12 gr. 2r 1 Thlr. 20 gr.). Rthlr. schwarz (1r 1 Thlr. 2r 1 Thlr. 8 gr.)

— neues, f. Kinder ꝛc. in vier Spr. 16—20 Heft. m. K. gr. 4. Leipz. Baumgärtner. 796—804. (à 12 gr.). illum. (à 16 gr.).

— neues, f. Kinder, enthält Abbild. u. Beschr. von Gegenst. a. d. drey Reichen der Natur ꝛc. in deutsch u. franz. Sprache. 24 Hefte. m. illum. K. 4. Leipz. Ind. C. 805. (à 16 gr.).

— neues, f. Kinder, enth. Abbildd. u. Beschreibb. v. Gegenst. a. d. 3 Reichen d. Natur ꝛc. in vier Sprachen. 24 Hefte. M. ill. Kpf. 4. Leipz. 805. Magazin f. Industr. 16 Rthlr. Hbg. Pr. geb. 8 Rthlr. Jedes Hft. geh. 12 gGr.

—— neues, f. artige Kinder. (Knaben.) 4. (16 Stnt.) Magdeburg 835, Bühler'sche Buchh. * 14 Gr., ill. *

— dass. für Mädchen. (16 Steintaf.) 4. Ebd. 835. 7/12 Rthlr. ill. 11/12 Rthlr.

— neues, f. Kinder, nach Bertuch, Funke u. A. In Rücksicht d. Studiums beider Sprachen, mit französ. Noten begl. v. Frz. Th. Chastel. 2 Bde. Mit Kpf. gr. 8. Offenb., Brede. 5 Rthlr. 16 gGr. ill. 11 Rthlr. 8 gGr. 1806

— neues, f. brave Kinder. 12. (8 Farbdr. m. eingedr. Text.) Reutlingen 891. Enßlin & Laiblin. n. — 10; auf Pappe — 25

— dasselbe. 12. (8 farb. Bl. m. eingedr. Text.) Ebd. 892. n. — 12; m. eingedr. u. 8 S. Text — 15

— neues, f. gute Kinder. Mit 9 ill. Steindr. 8. Wesel 828. Bagel. 8 gGr.

—— neues, f. gute Kinder. M. 48 (ill.) Abbild. 8. (1 B.) Wesel (833), Bagel.

— neues, für gute Kinder. Mit 24 ill. Abbildd. (u. 1 Bl. Vorschriften). 8. Bonn 836. (Habicht.) 1/4 Rthlr.

—— neues, f. gute Kinder. A. B. C. (Jedes m. 8 Seit. Bilder u. 1 B. Text.) 8. Erfurt 841, Hennings u. Hopf. à

—— neues, für gute Kinder. D. E. F. 8. (à 1 B.) Erfurt 841, Hennings u. Hopf. à

— neues, für gute Kinder, enthaltend 20 Bilder aus dem Leben unseres lieben Heilandes Jesu Christi. 8. M. Gladbach 833. Schmachtenberg. (N. Ausg.) 8. Ebd. (835.) 1/6 Rthlr.

Bilderbuch
—— neues, f. kleine Kinder. qu. 4. (6 B. u. 12 ill. Kpfr.) Neuhaldensleben 833, Eyraud.

— neues, für kleine Kinder, welche noch nicht lesen können. 2e Aufl. gr. 4. Nürnb. 826. Bauer u. R. 16 gGr. 4e Aufl. Mit 24 ill. Kpft. gr. 4. Ebd. 831. 1 Rthlr.

—— neues, f. kl. Kinder, welche noch nicht lesen können. 8., verm. Aufl. (20 ill. Kpfrt.) 828., 4., verm. A. (24 ill. Kpfrt.) gr. 4. Nürnberg 831, Bauer u. Raspe.

— neues kleines, für die Jugend. Mit ill. Kpf. Wien 816. Gelstinger. 1 Rthlr. 16 gGr.

—— neues kleines, f. gute Kinder. 8. (16 ill. Stnt. u. 1/4 B. Erklär. in teutscher, franz., ital. u. engl. Sprache.) Frankfurt a. M. (828), Döring. Thlr.

— neues klein. moral., f. Kind. 8. Leipz. Meyer. 797.

— neues kleines, zum Nutzen u. Vergnügen unserer Jugend beiderlei Geschlechts. M. ill. Kpf. 12. Wien, Geistinger. 1 Rthlr. 8 gGr. (Gerold). Hbg. Pr. 16 gGr.

Bilderbuch. – N e u e s Bilder-u. Lesebuch über gemeine Gegenstände naturhistor. Inhalts etc. Mit ill. K. 8°.–
Nürnberg: Bieling, Leipzig: B. Fleischer 1810.

Bilder- u. Lesebuch, neues, f. d. Jugend, m. K. 8. Zürich, Trachsler. 805.
illum.

Bilder- u. Lesebuch, neues, f. d. Jugend. gr. 12. Zürich 821, Trachsler.

Bilderbuch, neues, für Mädchen. 4. (16 Stnt.) Magdeburg 835, Bühler'sche Buchh. * 14 Gr., ill. * Thlr.

BILDERBUCH, NEUES, für kleine artige Mädchen [Titelbild: Spielende Mädchen]. Stuttgart, Rudolph Chelius [c. 1850]. Titel in getönter Lithogr. u. 8 handkolor. getönte lithogr. Tafeln. Quer-kl. fol. Gelbl. Or.-Karton m. Titellithogr., Leinenrücken ergänzt. 40.—
Seltenes, schönes Bilderbuch. Jede Tafel setzt sich aus 5—6 reizenden Szenen zusammen, welche Spiele, Beschäftigungen u. Geräte zeigen. — Einband leicht benutzt.

—— neues, für kleine artige Mädchen. qu. gr. 4. (8 ill. Stnt. mit lithogr. Titel.) Stuttgart 858, Chelius.

— neues mannichfaltiges, zum Nutzen u. Vergnügen f. Kinder. Frankf. a. M. 819. Döring. 1 Rthlr. 8 gGr.

—— neues militär., f. artige Knaben. M. 13 ill. Abbildn. 8. (1 B.) Reutlingen 841, Fleischhauer u. Spohn.

— neues Nürnberger, zur Wiederholung des ersten Anschauungs-Unterrichtes. Mit beigefügter franz. Uebersetzung der Gegenstände, Benennungen u. Lesesätze als Grundlage für den Anfangs-Unterricht in der franz. Sprache. 1. Thl. qu. gr. 4. (24 S. m. 10 lith. u. color. Taf.) Nürnberg 851, v. Ebner. 1/2 Rthlr.

—— neues Nürnberger, z. Wiederholg d. ersten Ansch.-Unterr. 1. Thl. qu. 4. (24 m. 10 K.) Nürnb. 51. (Münch., Weydner.) — 15

— neues, m. Reimen. 8. (8 Chromolith.) Reutlingen 887. Enßlin & Laiblin. — 15

— neues, zur Selbstbeschäftigung f. wißbegierige Kinder, erstes Geschenk. Mit 25 ill. Abbildd. 8. Bresl., Graß, B. u. C. 1 Rthlr.

Bilderbuch, neues, in drei Sprachen, f. d. Jugend, z. Unterricht u. z. Unterhalt.; d. Merkwürdigste d. 6 Klassen d. Thierreichs enth. Mit 290 color. Abbildd. 8. Kopenh. 817. Brummer. 2 Rthlr. 16 gGr.

Bilderbuch, neues, freundl. Scenen d. Hausthiere enth. (24 ill. Darstell. auf 12 Bl. in Kpfrst.) 4. Nürnberg 832, Renner u. Schuster.

—— neues, mit verschiedenen Trachten für die Jugend. Mit gemalten Bildern. 8. (1 B. u. 9 Bildertaf.) Reutlingen 842, Fleischbauer u. Spohn.

— neues unterhaltendes, für d. Jugend. Mit 20 ill. Kpft qu. 8. Jena 820. Schmid. 2 Rthlr.

—— neues unterhaltendes, f. d. Jugend. M. 20 ill. Kpfr. qu. 8. (7 B.) Jena 830, Schmid.

—— neues unterhaltendes, wodurch d. Kinder d. ABC spielend erlernen. (M. 33 ill. Abbildn.) 8. (3 B. u. 2 Bl. Vorschriften.) Reutlingen 835, (Mäcken jun.) *

— neues, unterhaltendes, wodurch die Kinder das ABC spielend erlernen. (25 lith. Taf. u. Text.) 8. Reutlingen 845, Fleischhauer u. Spohn. 1/12 Rthlr.

— neues, zur angenehmen u. belehr. Unterhaltung f. Kinder v. 4—6 Jahren. Mit 24 sauber illum. Kpfrn. 8. Prenzlau 824, Ragoczy.

— neues, zur Unterhalt. f. d. kleine Jugend. Mit 24 ill. Kpf. 8. Ludwigsb. 827. Nast. 9 gGr.

—— neues unverwüstliches, für ganz kleine Kinder. 250 bunte Bilder auf Leinwand. 4. (10 Stnt.) Leipzig 860. [Dresden,] Bock's Verlag.

— neuestes, ein. Gesch. f. Kinder. 1) ABC d. Sittenl. in 25 Fab. m. Bild. 2) Ausw. nützl. Kenntn. in 300 Bild. 8. Wien, Cantesina. 802.
Gebunden mit saub. Umschl. u. illum.
Gebunden Holl. Pap. u. illum.
Dasselbe Pap. m. schw. K. z. Selbstilluminiren ·

Bilderbuch, neuestes, zur Belehrung u. Unterhaltung. 500 illum. Abbildungen auf 28 (lith.) Taf. u. color. Titel, m. einer (lith.) Weltkarte u. ausführl. Beschreibung in deutscher, franz. u. engl. Sprache. Fol. (56 S.) Stuttgart 848, Engelhorn & Hochdanz. 2⅚ ₰

—— neuestes, zur Belehrung u. zum Vergnügen d. wißbegier. Jugend zusammengest. qu. gr. 8. (12 lith. u. ill. Bl. m. 12 Bl. Text.) München 838, Fleischmann. *

— neuestes, für brave Kinder. Fürth (857.) Löwensohn. 8. (8 Bl. mit color. Holzschn. im Text.) n. 1 ngr

Bilderbuch, neuestes, für brave Kinder. 8 (6 ill. Stnt. mit 2 Bl. Text.) Fürth 858, Löwensohn. Thlr. *

—— neuestes, für fromme Kinder. 8. (6 ill. Stat. mit 2 Bl. Text.) Fürth 858, Löwensohn. *

— Neusalzaer, für die Jugend. Eine Sammlung v. 40 ausgewählten Lith., bestehend in Genrebildern, Landschaften, Scenen aus der Weltgeschichte 2c. Mit erläut. Texte. gr. 4. (14 S.) Neusalza 852, Oeser. ⅔ ₰

— und Lesebuch, nützliches, für die artige Jugend, beiderlei Geschlechts, m. 22 K. Neue Aufl. 8. Frankf. am M. Boselli. 813.

— ökonom., od. hist. bildl. Darstell. d. Landwirthsch. 4 Thle. f. d. ang. Gesellschafter auf ländl. Spaz.-Gängen. 3ᵗ—6ᵗ Bdchn.

## Bilderbuch, Ornithologisches, für die Jugend. Breslau 1808. V: *Friese, Friedrich Gotthelf.* (EBHN) (KY)

— ornitholog., f. d. Jugend, (v. F. G. Friese). 1ᵗ Hft. M. 6 Kpf. 4. Bresl. 808. Kayser. 1 ₰ Ill. 1 ₰ 8 gr.

— pädagogisches, v. e. Schulmanne. Selbstbeobachtung! Selbsterkenntnis! Fortschritt! gr. 8. (VII, 107 S.) Trier 902. F. Lintz. n. 1. 50

— pädagogisches, v. e. Schulmann, Fortsetz., s.: Schaal.

— f. Pferdeliebhaber, m. ill. K. 4. Dresd. Hilscher. 804.

Bilderbuch
— das schöne. Ein ABC für Kinder. 24 (lith. u.) fein color. Taf. (u. 2 Bl. Text.) Stuttgart (854.) Schreiber u. Schill. gr. 4. 15 ngr

— das schöne. Ein A-B-C für Kinder. 24 fein color. Bilder (auf 6 lith. Bll.) nach Compositionen nach Johs. Boltz in Nördlingen. 3—5. Aufl. Eßlingen 860—69. Schreiber. gr. 4. 10 ngr

— das schöne. 4. (6 Holzschntaf. in Buntdr.) Stuttgart 872. G. Weise. — 40

— das schöne. (12 [6 farb.] S. Abbildgn. m. eingedr. Text.) 8. Stuttgart (903). G. Weise. n. — 10

— ein schönes, für große u. kleine Kinder. Mit 50 (lith.) Farbendruckbildern. Wien 867. Literar.-artist. Anstalt. gr. 4. 2 ₰

— schönstes. qu. 4. (12 Chromolith. auf Carton.) Stuttgart 886. Loewe. geb. 1. 20

— schönstes. Unzerreißbares Bilderbuch f. die lieben Kleinen. qu. 4. (12 Farbdr.- u. 4 Texttaf., auf Pappe.) Stuttgart 891. F. Loewe. Kart. 1. 50

—— der Kinder schönstes. Unzerreißbare Bildertafeln für kleine Kinder zur Belustigung und Belehrung. 1. Aufl. Fol. (12 color. Stnt. und 8 S. Text.) 1870, und 2. Aufl. qu. 4. (18 color. Taf. auf Pappe.) Stuttgart 874, Nitzschke. geb.

— e. Schwermütigen. Momentaufn. auf Druckpapier v. Gregor VII. (Hans Hildebrandt). 8. (78 S.) Stolp 895. H. Hildebrandt. Geb. in Leinw. n. 1. 50

— s. See- u. Schifffahrts-Bilderbuch.

— See- u. Schifffarths-, od. Nautischer Kinderfreund 2c. 1ᵗ Heft. m. K. gr. 4. Lpz. Gleditsch.
Illum.

— in vier Sprachen (deutsch, lateinisch, französisch, englisch) für kleinere Kinder. Mit 400 color. Abbild. auf 38 Taf. 4. Stuttgart 842, Hoffmann'sche Verlagsbuchh. 1 ₰ — 2. Aufl. Mit 400 Abbild. auf 38 Tafeln. 4. Ebd. 846, Schmidt und Spring. 1 ₰

— das sprechende. Ein neues Anschauungsmittel in Bild, Vers u. Laut. Zur Unterhaltung für die kleine Welt. gr. 4. (8 Chromolith. u. 8 S. Text m. 9 tön. Stimmen.) Sonneberg 880. Brand. geb. In geschnitzter Holzcassette. n. 15. —

—— ein, mein Steckenpferd! 12 gemalte Bilder zur Belohnung für folgsame Kinder. qu. 4. Nürnberg 843, Renner u. Comp.

## Bilderbuch, Das, eines armen Studenten. Berlin 1867. 2. Aufl. 1868. V: *Gaedcke, Hugo.* (EB)

— eines armen Studenten. 867. (75 S.) — 2. verm. Aufl. Berlin 868. A. Duncker. (Paetel.) 16. (2 Bll., 98 S.) 15 ngr; geb. 27 ngr

— technologisches, 1ᵗ—4ᵗ Heft. (A. u. d. T.: Grohmanns histor.-technolog. Schauplatz d. merkwürd. Erfindungen, u. Darstell. d. Künste u. Handwerke.) Mit 21 color. Kpf. 4. Leipz. 802—4. (Brockhaus). 3 ₰ 12 K. Hbg. Pr. 2 ₰ 12 K

* — technologisches, 1ᵗ—4ᵗ Heft, m. color. K. 4. Leipz. Gleditsch. 804.
Auch unt. d. Titel:
Grohmanns hist. technolog. Schauplatz d. merkw. Erfindungen. (1ᵗ 1 Rthlr. 2ᵗ 16 gr. 3ᵗ 20 gr. 4ᵗ 1 Rthlr.)

—— das, ohne Text für kleine Kinder die noch nicht lesen können. Nr. 1. und 2. gr. 4. (à Nr. 16 Holzschnt.) Leipzig 854(55.) O. Wigand. à Nr. * 10 Ngr. *

— theatralisches, m. ill. Fig. 4. Dresd. Hilscher. 804.

—— unterhaltendes, für artige Kinder. qu. 4. (30 Stnt.) Erfurt 855, Müller'sche Buchh.

— unterhaltendes, f. fleißige Kinder. Mit 5 illum. Kupf. 8. Ludwigsb. 827, Nast.

Bilderbuch z. angen. Unterhalt. für die Jugend. m. K. 4. Prag. 797.

— unterrichtendes, mit 12 ill. Blättern u. Erzähll. f. Kinder. gr. 4. Dresd. 809. N. A. 814. Hilscher. 1 ₰

Bilderbuch
— ein unverwüstlich, geziert mit manchem Fibelspruch! gr. 16. (18 Blätt. in Reliefdruck.) Darmstadt 846, Bauerkeller's Präganstalt. Jonahaus u. Renator n. ⁵⁄₁₂ ₰

— unverwüstliches, f. kleine Kinder, welche noch nicht lesen können, in 24 Kpf. od. auch als 270 Kpf. z. Ausmalen u. Nachzeichnen f. größere Knaben u. Mädchen 2c. 4. Pirna 830. Friese. 1 ₰

—— unverwüstliches, f. kl. Kinder, welche noch nicht lesen können. Auch als 270 Kupfer z. Ausmalen u. Nachzeichnen f. größ. Knaben u. Mädchen nutzbar, in 12 schw. u. 12 color. Blättern, mit solchen Gegenstn., welche d. Fassungskraft klein. Kinder angemessen sind, nebst Erklär. d. Bilder, 1 Farbentaf., 1 Zähltab., verschied. Alphabeten, Ziffern, einigen kurzen Gebeten u. Sittensprn. zum Vorsagen. 8., verm. Aufl. qu. 4. (1½ B. Text.) Leipzig 833, Friese.
1. u. 2. Aufl. 1830, 32, mit etwas verändert. Tit. Ebendas. à 1 Thlr.

—— unverwüstliches, auf Leinwand, für artige kleine Kinder. 1.—3. Aufl. 4. (12 ill. Stnt.) Dresden 863—67, Bock's Verlag. geb.

—— unverwüstliches, auf Leinwand, für artige kleine Kinder. 4. Aufl. gr. 4. (11 color. Stnt.) Dresden 869, Bock. geb.

— d. unzerreißbare. Fol. (20 farb. Taf. m. Text auf Pappe.) Eßlingen 895. J. F. Schreiber. Geb. n. 4. —

—— unzerreißbares, mit Bildern, Geschichten und Reimen. Illustrirt von L. Burger, G. Hammer, E. Hartmann rc. 4. (16 ill. Stnt. mit Text.) Stuttgart 867, Thienemann. geb.

—— unzerreißbares. Mit Bildern, Geschichten und Reimen. Illustr. von L. Burger, Guido Hammer, E. Hartmann rc. 2. und 3. Aufl. gr. 4. (16 S. mit 16 color. Holzschntaf. auf Pappe gezogen.) Stuttgart 868,73, Thienemann. geb.

—— unzerreißbares. 12 (lithogr. und color.) Bildertaf. auf starkem Carton mit einer Reihe verschiedenartiger Gegenstände zur Unterhaltung und Belehrung für kleine Kinder. 1.—3. Aufl. qu. Fol. Eßlingen 868,69,73, Schreiber. geb.

— unzerreißbares. Zwölf (lith. u. color.) Bildertaf. auf starkem Carton, m. e. Reihe verschiedenart. Gegenstände zur Unterhaltg. u. Belehrg. f. kleine Kinder. 3. Aufl. qu. Fol. Eßlingen 872. Schreiber. geb. 3. 60

—— unzerreißbares. 12 (chromolithogr.) Bidertaf. auf starkem Carton mit einer Reihe verschiedenart. Gegenstände zur Belehrung und Unterhaltung für kleine Kinder. 4 und 5., gänzl. neu gezeichnete Aufl. qu. gr. 4. Eßlingen 879, Schreiber. geb. *

— unzerreißbares. 12 (chromolith.) Bildertaf. auf starkem Carton m. einer Reihe verschiedenartiger Gegenstände zur Belehrung u. Unterhaltung für kleine Kinder. 5., gänzlich neu gezeichnete Aufl. qu. gr. 4. Eßlingen 880. Schreiber. geb. n. 4. —

— unzerreißbares. 2 Sorten. 8. (10 Chromolith. m. eingedr. Text auf Carton.) Wesel 886. Düms. cart. à — 40

— unzerreißbares. 8 (farb.) Bildertaf. ohne Text (auf Karton). Fol. Stuttgart 895. F. Loewe. Geb. n. 2. —

—— unzerreißbares, für kleine Kinder. qu. 4. (23 color. Stnt.) Ohrdruff 869, Stadermann jun. geb. *

— unzerreißbares, f. Mädchen. 4. (12 Chromolith. auf Carton.) Stuttgart 888. F. Loewe. geb. n. 1. 60

—— unzerstörbares. qu. 4. (17 Chromolithogr.) Dresden 869, Bock. geb.

— das, zum Weihnachtsfest, m. schw. u. ill. K. u. Anweis. z. Zeichnen. gr. 12. Lpz. Gruber u. Hoffmann.

**Bilderbuch, Das,** zum Weihnachtsfest, ... Leipzig 1803. V: *Hempel, F. W.* (MGT).

— das, zum Weihnachtsfeste; mit 20 schw. color. Abbildungen. N. A. 12. Elberfeld, Büschler. 817.

— das, zum Weihnachtsfest; (v. Verf. d. Vater Helmuth). Mit schw. u. ill. Kpf. u. Anweis. z. Zeichnen. gr. 12. Leipz. . ., N. A. mit 20 ill. Kpf. 12. Elberf. 817. (Schönian). 1 ₰ 8 K

**Bilderbuch, Westfälisches.** Iserlohn 1860—61. V: *Hees, Gustav van.* (Russell VI, 159)

— Westphälisches. 1. Bd. Iserlohn 860. Bädeker in in Comm. 8. (IV, 368 S.) n. 1 ₰ 10 ngr

—— das, wie es sein soll, für fleiß. Kinder, welche in ihren Erholungsstunden d. Nützliche m. d. Angenehmen vereinigen wollen. Stoff von mehr als 1000 Gegenst. in f. ill. bild. Darstell. (24 Bl. Kpfrst.) qu. Fol. Nürnberg 832, Renner u. Schuster.

Bilderbuch, das, wie es sein soll, für fleißige Kinder, welche in ihren Erholungsstunden das Nützliche mit dem Angenehmen vereinen wollen. Stoff von mehr als 1000 Gegenständen in fein ill. bildl. Darstellungen. 2e verm. Aufl. qu. Fol. Nürnb. ... Renner u. Comp. 1½ ₰

**Bilderbuch** des 'Kleinen Witzblatt' (Bd 5—13: Witzblattbilderbuch). Bd 1—13. Berlin: Kleines Witzblatt [um 1904]. 13 Bde 8°
1 — Leibgarde, Amors. 2 — Tingel-Tangel, Im.
3 — Mädchen, Erstklassige. 4 — Bade-Puppen.
5 — Himmel, Im siebenten, u. anderswo. 6 — Ja, beim Souper.
7 — Steiner, Josef: Struwel-Peter f. Erwachsene. 8 — Kurs-Buch d. Liebe.
9 — Sport-Weiber. 10 — 'Im Liebesfalle ...'
11 — Verbrecheralbum, Amor's. 12 — Augen, Unter vier.
13 — Tanzbein, Das.
Früher u. d. T.: Kleine Witzblatt-Bibliothek.

—— wohlfeiles, f. kl. Knaben. 8. (16 lith. Abbild. v. Soldaten u. 1 Blatt ABC, roth gedr.) Crefeld 832, Schüller.

—— wohlfeiles, f. kl. Mädchen. 8. (16 lith. Abbild. weibl. Beschäftigungen u. 1. Bl. ABC, grün gedr.) Crefeld 832, Schüller.

— das wunderbare. Mit Versen v. Helene Binder. 4. (20 S. m. farb., durchschein. Bildern.) München 891. Nürnberg, Th. Stroefer. Kart. n. 1. 50

— zoologisches. qu. 4. (18 Chromolith.) Leipzig 887. Leipziger Lehrmittelanstalt v. Dr. O. Schneider. cart. n. 2. —; die Taf. auf Pappe gezogen, cart. 3. —

**Bilderbücher, kleine lustige.** Nr. 1—5. (Mit farb. Abbildgn.) München (908). Braun & Schneider. n. 3. 60
1. Staren, die, u. die Spatzen. — Der Frühling kommt. (30 S.) 8. n. — 80
2. Was das Mäuschen wissen muß. — Der dumme Bär. (43 S.) 8. n. — 80
3. Hexenmeister, die beiden. — Ein Tag bei Maus u. Igel. (47 S.) qu. 8. n. — 80
4. Thaler, der, im Wasserschaff. — Der Mann im Faß. (35 S.) 8. n. — 60
5. Rotkäppchen. Staberl's Reiseabenteuer in München (24 S.) qu. 8. n. — 60

**Bilderbücher,** Münchener. Mit Hlzschn. Nr. 1—24. 4. Münch., Braun u. Sch. n. 9. 2
Abenteuer, gefährl., m. e. Bären. Der kl. Pepi m. d. neuen Hose. (18) 62. — 12½
Bauer, d., u. d. Windmüller. (10) 62. — 10
Bilder a. d. Alpen. (21) 62. — 12½
— bunte, a. d. Leben d. Hausthiere. (16) 62. — 12
Bilder-A.B.C. f. kl. Kinder. (12) 61. n. — 10
Brüderchen u. Schwesterchen. (10) 62. — 10
Einmaleins, d., in Reimen u. Bildern. (13) 61. n. — 10
Folgen, d., d. Furcht u. d. Vorwitzes. (13) 61. n. — 10
Jokko d. brasilian. Affe. (18) 62. — 12½
Kasperltheater, d. wahrhaft. (40) 61. — 15
Kätzlein, d. verführte. (12) 61. n. — 10
Kriegsberichte d. Generals v. Krähwinkel. (15) 61. — 12
Maus, die. Die kl. Honigdiebe. (12) 61. n. — 10
Menagerie. (24) 62. — 15
Münchhausen's, v., wunderb. Abenteuer. (27) 62. — 15
Schlupp d. böse Hund. (18) 61. — 13
Schmetterlingsbuch, das. (22) 62. — 12½
Schneiderlein, d. tapfere. Von einem, d. auszog d. Fürchten zu lernen. (15) 62. — 12
Sprüchwörter u. Redensarten. (12) 61. n. — 10
Storch, Mops u. Frosch. Ziegenbock m. d. Schaukel. Der gefang. Hecht. (9) 61. — 8
Thiergeschichten in Bildern u. Reimen. (12) 62. — 10
Wenn es d. Esel zu wohl wird, geht er aufs Eis tanzen. Herr Isegrimm. (15) 61. n. — 10
Wie sich Fuchs u. Storch zu Gaste luden. Der Lebenslauf e. Hauskatze. (14) 61. n. — 10
Winter, Herr. Die Bauern u. d. Esel. (15) 62. — 10

Bilderbücher, münchener. Nr. 1—12. 4. München 861, Braun und Schneider.

Inhalt:

Nr. 1. Das wahrhaftige Kasperltheater in 6 Stücken. (40 ill. Holzschnt. mit Text.) 15 Ngr.
" 2. Storch, Mops und Frosch. Der Ziegenbock mit der Schaukel. Der gefangene Hecht. Drei Geschichten in Bildern für lustige Kinder. (9 ill. Holzschnt. mit Text.) 8 Ngr.
" 3. Bilder-A.B.C. für kleine Kinder. (12 ill. Holzschnt. mit Text.) * 10 Ngr.
" 4. Die Folgen der Furcht und des Vorwitzes. Zwei unterhaltende Erzählungen in Bildern. (13 ill. Holzschnt. mit Text.) * 10 Ngr.
" 5. Das Einmaleins in Reimen und Bildern. (13 ill. Holzschnt. mit Text) * 10 Ngr.
" 6. Schlupp, der böse Hund. Eine unterhaltende Geschichte in Bildern. (18 ill. Holzschnt. mit Text.) 13 Ngr.
" 7. Sprüchwörter und Redensarten. Erbaulich zu lesen für Jung und Alt. (12 ill. Holzschnt. mit Text.) * 10 Ngr.
" 8. Das verführte Kätzlein. Eine lehrreiche Geschichte in Bildern. (12 ill. Holzschnt. mit Text.) * 10 Ngr.
" 9. Kriegsberichte des Generals von Krähwinkel und seiner tapfern Soldaten. Ein lustiges Büchlein für Kinder. (15 ill. Holzschnt. mit Text.) 12 Ngr.
" 10. Die Maus. Die kleinen Honigdiebe. Zwei Geschichten für Kinder, welche gern lachen. (12 ill. Holzschnt. mit Text.) * 10 Ngr.
" 11. Wie sich Fuchs und Storch zu Gaste luden. Der Lebenslauf einer Hauskatze. Zwei Geschichten für die lustige Kinderwelt. (14 ill. Holzschnt. mit Text.) * 10 Ngr.
" 12. Wenn es dem Esel zu wohl wird, geht er auf's Eis tanzen. Herr Isegrimm. Zwei belehrende Geschichten für die Jugend. (15 ill. Holzschnt. mit Text.) * 10 Ngr.

Bilderbücher, Münchener. Nr. 13—24. 4. München 862, Braun und Schneider. cart.

Inhalt:

Nr. 13. Herr Winter. Die Bauern und der Esel. Zwei lehrreiche Geschichten für Kinder. (15 ill. Holzschntaf. mit Text.) 10 Ngr.
- 14. Das tapfere Schneiderlein. Von Einem, der auszog das Fürchten zu lernen. Zwei Märchen für Kinder. (15 ill. Holzschntaf. mit Text.) 12 Ngr.
- 15. Thiergeschichten in Bildern und Reimen für die liebe Kinderwelt. (12 ill. Holzschntaf. mit Text.) 10 Ngr.
- 16. Der Bauer und der Windmüller oder die bestrafte Schadenfreude. (10 ill. Holzschntaf. mit Text.) 10 Ngr.
- 17. Brüderchen und Schwesterchen. Ein schönes Märlein für Kinder. (12 ill. Holzschntaf. mit Text.) 10 Ngr.
- 18. Jokko, der brasilianische Affe. Eine lehrreiche Geschichte für Kinder. (18 ill. Holzschntaf. mit Text.) 12½ Ngr.
- 19. Gefährliches Abenteuer mit einem Bären. Der kleine Pepi mit der neuen Hose. Zwei lustige Erzählungen für Kinder. (18 ill. Holzschntaf. mit Text.) 12½ Ngr.
- 20. Des Freiherrn v. Münchhausen wunderbare Abenteuer, Schnurren, Streiche, Ränke und Schwänke, wie er dieselben selbst im Kreise seiner Freunde zu erzählen pflegte. (27 ill. Holzschntaf. mit Text.) 15 Ngr.
- 21. Das Schmetterlingsbuch. Eine Sammlung der schönsten deutschen Schmetterlinge zur Belehrung und Erheiterung für Knaben. (22 ill. Holzschntaf. mit Text.) 12½ Ngr.
- 22. Bunte Bilder aus dem Leben der Hausthiere. (16 ill. Holzschntaf. mit Text.) 12 Ngr.
- 23. Bilder aus den Alpen. (21 ill. Holzschntaf. mit Text.) 12½ Ngr.
- 24. Menagerie. Eine Sammlung der merkwürdigsten Thiere aus allen Ländern. (24 ill. Holzschntaf. mit Text.) 15 Ngr.

Nr. 1—12. Ebendas. 1861. 4 Thlr. 8 Ngr.

Bilderbücher, Münchener. Nr. 25—30. 4. München 874, Braun und Schneider. cart.

Inhalt:

Nr. 25. Die vergebliche Rattenjagd. Streiche und Abenteuer des kleinen Joli. Zwei lehrreiche Geschichten für Kinder. (18 S. mit color. Holzschn.) ℳ 1,50.
- 26. Aus der Weihnachtszeit und aus dem Kinderleben. In Bildern und Reimen. (18 S. mit color. Holzschn.) ℳ 1,50.
- 27. Der Einspänner. Der boshafte Esel. Zwei lustige Geschichten in Bildern. (16 S. mit color. Holzschn.) ℳ 1,25.
- 28. A-B-C-Buch aus dem Thierreich in Reimen und Bildern. (12 S. mit color. Holzschn.) ℳ 1.
- 29. Was dich nicht brennt, das blase nicht. Die Stadtmaus und die Feldmaus. Zwei lustige Geschichten in Bildern. (12 S. mit color. Holzschn.) ℳ 1.
- 30. Vom Pelzmärtel, vom Storch und vom Osterhas. Vier lustige Geschichten in Bildern. (16 S. mit color. Holzschn.) ℳ 1,25.

Bilderbücher, Münchner. Nr. 1., 31—36. 4. Münch., Braun u. S. 9. 50

1. Die Käuzchen-Familie. Wie es wär', wenn's anders wär'. Zwei lust. Geschichten f. Kinder. (19 col. H. m. eingedr. Text.) 78. 1. 50
31. Leben u. Schwänke d. Till Eulenspiegel. (24 Bl. m. col. H.) 76. 1. 50
32. Regenwetter. Eine heit. Geschichte f. Kinder. (8 Bl. m. col. H.) 76. 1. —
33. Die Geschichte d. Reineke Fuchs f. Kinder bearb. (18 Bl. m. col. H.) 76. 1. 50
34. Im Sommer. Helenchen, Hans u. Friederich. Zwei heitere Geschichten f. Kinder. (18 col. H. m. eingedr. Text.) 78. 1. 50
35. Der Knabe Whittington u. s. Katzen. Eine lust. Geschichte f. Kinder. (8 col. H. m. eingedr. Text.) 78. 1. —
36. Der Maskenball d. Thiere. Des Löwen Geburtstags-Feier. Zwei lust. Geschichten in Bildern. (18 col. H. m. eingedr. Text.) 78. 1. 50

Bilderbücher, scenische. Nr. 1. Robinson Crusoe. Lex.-8. (8 lithogr. und color. Stnt. mit 8 S. Text.) Stuttgart 870, Schaber. cart. *

Bilerbücher, Vaterländische, [später: Vaterländisches Bilderwerk]. Herausgeg. v. Wilh. Kotzde. 5 einzelne Bde. Mainz, J. Schott, ca. 1905. Alle Bände reich u. teilw. farbig. illustr. v. Angelo Jank. Quer-gr. 8°. Farb. illustr. Or.-Pappbde. 10.—

1. Frühling u. Freiheit 1813. 2. Nach Frankreich hinein, 1814/15. 3. [Krieg] 1870/71 in 3 Bdn.

Bilderbüchle mit 46 (color.) Bildern (in Holzschn.) aus dem Thierreich. 8. (20 S.) Schaffhausen 850, Schalch. 3½ ℊℊ

Bilderbüchlein, biblisches. 2 Hefte. 16. (à 16 S. mit je 6 Chromolithogr.) Herborn 879, Buchh. des Nassauischen Kolportagevereins. à Heft ** 25 Pf. **

Bilderbüchlein, biblisches. 1—4. Hft. 16. (à 16 S. mit je 6 Chromolith.) Herborn 880. Buchh. des Nassauischen Colportage Vereins. à n.n. — 25

1. u. 2. Hft. 2. Aufl.

Bilderbüchlein, biblisches. 1.—4. Heft. 16. (à Heft 16 S. mit 6 Chromolithogr.) Herborn 885, Buchh. des Nassauischen Colportage-Vereins. à Heft * 25 Pf. *

1. und 2. Heft. 3. Aufl. — 3. und 4. Heft. 2. Aufl.

Bilderbüchlein, biblisches. Nr. I—VIII. qu. gr. 16. (à 5—6 color. Holzschntaf. m. Text.) Calw 887. Vereinsbuchhandlg. à n.n. — 25

I. Die Urzeit. — II. Die Erzväter. — III. Joseph u. Mose. — IV. Samuel u. David. — V. Die Kindheit Jesu. — VI. Wanderungen Jesu. — VII. Wunder u. Gleichnisse Jesu. — VIII. Tod u. Auferstehung Jesu.

— biblisches. Altes Testament. 1.—4. Hft. 16. (à 16 S. m. je 6 Chromolith.) Herborn 888. Buchhandlg. d. Nassauischen Colportagevereins. à n.n. — 25

Bilderbüchlein, biblisches. Neues Testament. 1. u. 2. Hft. 4. Aufl., 3. u. 4. Hft. 3. Aufl. 16. (je 16 S. Text u. 6 Farbendr.-Bilder.) Herborn 890. Buchhandlg. d. Nassauischen Colportagevereins. à n.n. — 25

Bilderbüchlein, bibl., für d. liebe Jugend, mit 20 Vign. N. A. 8. Wien 817. 3e A. 825. Doll. 8 ℊ

—— für kleine Kinder. 12. (16 S. mit Illustr.) Donauwörth 884. Auer. *

Bilder- u. Lese-Büchlein. 4 Sorten. 12. (à 4 farb. Taf. m. 8 S. Text.) Leipzig 889. Fr. Pfau. à n. — 8

Bilderbüchlein, naturhistorisches, mit Versen und Räthseln. 8. (20 S. mit ill. Holzschn.) Schaffhausen 850, Schalch.

Bilder-Cabinet s.a. Bilder-Kabinet.

Bildercabinet. —
— s. auch Bilder-Lust.

— e. Samml. von mehr als 100 bildl. Darstell. f. d. wißbegier. Jugend. Mit 8 Taf. 4. Augsb., Schlosser. 6 ℊ

Bildercabinet, allegor., eine moralische Wochenschrift. 8. Götting. 750.

— deutsch, franz., lat. u. ital. m. K. 8. 754.

Bildercabinet, buntes, erklärt durch schöne Erzähln., Fabeln u. Gedichte. Ein Festgeschenk f. gute Kinder. 8. (24 Bl.) Wesel 841, Bagel.

Bildercabinet, Moralisches, für junge Knaben und Mädchen ... Berlin 1806. V: *Hirschmann, Carl Aug.* (Ky)

8 Bildercabinet, moralisches f. junge Knaben u. Mädchen, von d. Verf. d. Bildergallerie. 5te Aufl. m. illum. K. 8. Berl. Neue Societätsbuchh. 813.

— moral., für junge Knaben u. Mädchen. Von d. Verf. d. Bildergallerie (K. A. Hirschmann). Mit ill. Kpf. 8. Berl. 806. 5e A. 817. (Sander). 1 ℛ 8 ℊ

— naturhistorisches. 1e u. 2e Lief. 4. Leipz. 817. Central-Compt. 2 ℛ 18 ℊ

Bilder-Cabinet, neues Dresdener, zur belehr. Unterhalt. f. d. Jugend. In 48 lith. Bl. (Wohlf. Ausg. vom Schauplatz d. Natur u. Kunst etc.) gr. 4. (12½ B. Text.) Dresden 834, Grimmer.

Stobwasser's Bilder-Cabinet in Berlin. 4°.

Bildercatalog.– s.a. Bilderkatalog.

Bildercatalog der Clichés, welche von den im illustrirten Familienblatte „Die Heimat" befindl. Orig.-Holzschn. bezogen werden können. *1. und 2. Bd. Fol. Wien 878, Expedition der Heimat. **

Inhalt:

Bd. 1. 1. April 1876 bis Juni 1877. (93 S. Holzschntaf.) **ℳ 5.
» 2. Juni 1877 bis Mai 1878. (61 S. Holzschntaf.) **ℳ 3.

Bildercatalog d. Clichés, welche v. d. im illustr. Familienblatte „Die Heimat" befindl. Orig.-Holzschn. bezogen werden können. 1. u. 2. Bd. Fol. Wien 78. Lpzg, Wagner. n.n. 8. —

1. April 1876 bis Juni 1877. (93 Holzschn.-Taf.) n.n. 5. —
2. Juni 1877 bis Mai 1878. (61 Holzschn.-Taf.) n.n. 3. —

Bilder-Charaden, naturhistorische, unterhaltendes u. belehrendes Gesellschaftsspiel für die wißbegierige Jugend. In 72 illum. Kärtchen. Wien 841, Bermann u. Sohn. In qu. 32.-Etui. 7/12 ℛ

Bilderchen, harmlose, aus Danzig. Ungehaltene Vorlesungen. 1. Hft.: Inländ. Zustände. 8. (3 B.) Braunsberg 842. (Danzig, Gerhard'sche Buchh.) *

[Dresdner Bilderchronik. Teil 1. 16. u. 17. Jh. Veröffentlichungen des Vereins f. d. Geschichte Dresdens]. o. O. u. J. [um 1890].
12 Doppeltaf. gr 2°.

**Bilder-Chronik**, Vaterländische — der k. k. Haupt- und Residenzstadt Wien. Von den ältesten bis in die neueste Zeit gesammelt, und nach den besten Hilfsquellen bearbeitet. Herausgegeben von Johann Schmickl. 1. Heft. (S. 1–8 und 2 Abbildungen.) 4. Wien. Mechitharisten-Buchdruckerei 1856.

Die Abbildungen enthalten: In und um die alte Stadt Wien aufgefundene römische Denkmale. — Die Markomanenschlacht.

Bilder-Conversations-Lexicon

—— österreichisches, e. unentbehrl. Handb. z. Verbreit. gemeinnütz. Kenntnisse u. z. Unterhalt. f. alle Stände, in alphabet. Ordn., aus d. Thier-, Pflanzen- u. Mineralreiche. Nach d. neuesten u. zuverläss. Entdeckn., Erfahrn. u. Beobachtn. in d. Gebiete d. drei Naturreiche, von ein. Gelehrten-Vereine geord., verm. u. bereichert. 6 Bde. gr. 4. (315 B. u. 226 col. Kpfrt. incl. einig. schw.) Wien 835—40, v. Hirschfeld. 40 Thlr. 16 Gr., hrbgs. Pr.

— Oesterreichisches naturhistorisches. 70 Lfrgg. oder 9 Bde. Mit Kpfrtaf. gr. 4. Wien 835 — 40. v. Hirschfeld. (J. Klang.) $26\frac{2}{3}$ ℛ Herabg. Pr. $21\frac{1}{3}$ ℛ

**Bilder-Conversations-Lexicon** für das deutsche Volk ... Leipzig 1837—41. II: *Kaiser, August & Gotthard Oswald Marbach.* (BrVV)

**Bilder-Conversations-Lexicon** für das deutsche Volk. Ein Handbuch zur Verbreitung gemeinnütziger Kenntnisse und zur Unterhaltung. In alphabet. Ordnung. 1r Bd. A—E. In 12 Lfrgg. Mit 320 Abbildd. u. 17 Landkarten. gr. 4. Leipzig 834—37. Brockhaus. 3 ℛ — 2r Bd. 14 Lfrgg. F—L. Mit 368 Abbildd. u. 11 Landkarten. gr. 4. Ebd. 837, 38. $3\frac{3}{8}$ ℛ — 3r Bd. 14 Lfrgg. M—R. Mit 284 Abbildd. u. 10 Landkarten. gr. 4. Ebd. 838—40. $3\frac{3}{8}$ ℛ — 4r Bd. S—Z. 1e —7e Lfrg. gr. 4. Ebd. 839, 40. à Lfrg. $\frac{1}{4}$ ℛ

**Bilder-Conversations-Lexikon** für das deutsche Volk. Ein Handbuch zur Verbreitung gemeinnütziger Kenntnisse u. zur Unterhaltung. Mit bildlichen Darstellungen u. Landkarten. 4. Bd. 8.—14. Liefg. gr. 4. Leipzig 841, 42, Brockhaus. à $\frac{1}{4}$ ℛ

**Bilder-Cyclus** für kathol. Christen. Als Beigabe zu jeder katholischen Bibel. Mit Erläutrgn. u. Vorrede v. Prof. Staudenmaier. 9 Hfte. (complet) mit 21 Stahlstichen in gr. 4. Carlsruhe 1843—45, Kunst-Verlag. $2\frac{1}{3}$ Thlr. — 4 fl. 3 kr.

Bilderdyk, Willem
— s. [illegible]

**Bilderdyk, W.**, über d. Buchstabenschrift. A. d. Holländ. übers. (v. A. Feldhoff.) 8. ($4\frac{1}{2}$ B.) M. Gladbach 831, Schmachtenberg u. Comp.

**Bilderdyk's Dichtungen.** Aus d. Holländ. übers. v. P. W. Quack, in Jamben gebracht v. F. M. Duttenhofer. 1. Liefrg. gr. 16. (XVIII u. 57 S.) Stuttgart 851, Blümelin. 12 ngr

**Bilderdyk's Dichtungen.** Das wahrhafte Gut und die Geisterwelt. Aus dem Holländ. von P. W. Quack. Stuttgart 853. Quack. 12. (1 Bl., 48; 1 Bl., XVIII, 57 S.) 9 ngr

***Bilderdyk, W.***, (a Teisterbant dict.) Observationum Lib. I. et IIus. Edit. altera auctior. 8 maj. Leyd. 820. Luchtmans. (Leipz., Weidmann). 2 ℛ 16 gr

Bildereien
— zum Illuminiren für Kinder, in 96 Gegenständen. 12. Leipz. 815. Leo. 20 gr

**Bildereien** zur Lust u. Lehre rc., s. Löhr, J. A. C.

**Bildereien** zu Lust und Lehre, ... Leipzig 1807. V: *Löhr, Johann Andreas Christian.* (ErschDL) (Ky) (MGT) »1808« (NN)

**Bildereien** zur Lust u. Lehre für d. frühere Alter unserer Kinder, (v. J. A. C. Löhr). 4 Bdchen. 2e Aufl. mit vielen ill. Kpf. 32. Leipz. 829. Leo. 2 ℛ 12 gr

**Bildereinmaleins**, kleines. 8. (8 S. m. farb. Abbildgn. u. eingedr. Text.) Eßlingen (897). J. F. Schreiber. n. — 10

**Bilder-Encyclopädie**, allgemeine, d. nothwendigsten Kenntnisse aus d. Natur u. Kunst. 3 Abtheil. Nürnberg, Campe.

| | | | | | | | | |
|---|---|---|---|---|---|---|---|---|
| 1ste | 32 Platten | schwarz | 2 Rthlr. | 12 gr. | illum. | 4 Rthlr. | | |
| 2te | 24 | — | — | 2 | — | — | 3 | — |
| 3te | 21 | — | — | 1 | — 18 — | — | 2 | 16 |

schwarz illum.

**Bilder-Encyklopädie**, gemeinnütz., f. d. Schul- u. Hausgebrauch. 1r Thl. Säug-Thiere. qu. Fol. Nürnb. 825, Campe.

**Bilder-Encyklopädie**, gemeinnützige, für den Schul- u. Hausgebrauch. 2r Thl. Vögel u. Schmetterlinge. qu. Fol. Nürnb. 825, Campe. Rthlr.

— derselben 3r Thl. Fische, Amphibien u. Insekten. qu. Fol. Ebend. 825. Ebend.

— derselben 4r Thl. Blumen, Nutz- u. Gift-Pflanzen. qu. Fol. Ebend. 825. Ebend.

**Bilder-Encyclopädie**, kleine, (v. Krüger) 16 Alphab. gr. 8. Berl. Oehmigke jun. 801. Rthlr.

**Bilder-Encyklopädie**, kleine, zum Nutzen u. Vergnügen, mit 24 ill. Kpf. 8. Berl., (Rücker). 2 ℛ 8 gr

**Bilderfabrikanten**, kleine. Der Bauernhof. — Das Puppenhaus. (à 8 farb. Bl.) gr. 8. Nürnberg (905). Th. Stroefer. à n. — 80

**Bilder-Fibel.** Ein Geschenk für artige Kinder. Berlin 865. Kastner. 8. (6 S. u. 13 Bll. in Holzschn.) $1\frac{1}{2}$ ngr

**Bilder-Fibel.** 6 Sorten. 8. (4 Chromolith. m. eingedr. u. 8 S. Text.) Wesel 886. Düms. cart. à — 10

**Bilder-Fibel**, allerneueste, f. Kindheit u. Jugend. M. 48 ausgemalt. Abbild. 8. (1 B.) Kitzingen 828, Gundelach.

**Bilderfibel**, allgem. deutsche. 8. (24 lith. S.) Nordhausen 848, Büchting. n. 4 ngr; color. $\frac{1}{4}$ ℛ

—— erste billige, f. kl. Kinder, enthalt. 22 Bilder Thiere u. 1 Bl. Vorschriften. 8. ($\frac{1}{2}$ B.) Berlin 831, Winckelmann u. Söhne.

—— dritte billige, f. kleine Kinder, enth. 24 schöne Bilder u. 1 Bl. Vorschriften. 8. ($\frac{1}{2}$ B.) Berlin 841, Winckelmann u. Söhne.

**Bilderfibel**, vierte billige, f. kleine Kinder, enthalt. 21 schöne (col.) Bilder u. 1 Bl. Vorschriften. 8. ($\frac{5}{8}$ B. u. 6 Stnt.) Berlin 845, Winckelmann u. Söhne.

— zur leichten Erlernung d. ABC, durch Versetzung d. Buchstaben auf kl. Tafeln. Mit 86 ill. Kpf. 8. Nürnb. 808. Schneider u. W. 20 gr

**Bilderfibel**, große. 4. (12 S. mit 6 color. Stnt.) Stuttgart 878, Risch. geb.

**Bilderfibel**, große. 4. (12 S. m. 6 color. Steintaf.) Stuttgart 874. Eger & Distler. geb. — 45

**Bilderfibel**, gr. 4. (12 m. 6. L.) Stuttg. 74, Risch. geb. — 45

**Bilderfibel, Hamburgische,** oder: Erste Nahrung für Geist und Herz unserer Lieblinge. Hamb. 1835. V: *Hoffmann, Peter Fr. Ludwig.* (schr)

**Bilderfibel für fleißige Kinder.** Berlin (854.) Kühn. 8. (32 S. m. lith. u. color. Bildern im Text.) 7½ ngr

— kleine, f. Kinder. 8. Glog., N. Günter'sche B. 6 gr

—— kleine, f. gute Kinder, um auf eine leichte Art in kurzer Zeit lesen zu lernen. M. 24 Kpfrt. 8. ... Nürnberg 828, Campe.

— für den Lautir-, Schreiblese- u. Sprach-Unterricht in 2 Abthlgn. Zunächst als Einführung in die poet. u. pros. Lesestücke der Berl. Handfibel u. in Preuß u. Vetters Kinderfreund. [4. verb. u. erw. Aufl. des „Anfanges der Berl. Handfibel."] 12. (48 S. m. eingedr. Holzschn.) Guben 850, Berger in Comm. — 7. verb. u. erw. Aufl. des „Anfangs der Berl. Handfibel." 12. (48 S. m. eingedr. Holzschn.) Ebd. 852, in Comm. n. 1½ ngr

— für kleine Leute. Ein ABC- und Lesebuch für die Jugend. 115 Gegenst. auf 24 (ill.) Taf. gr. 12. Köln 839. Renard. 5/12 Thlr

—— für kleine Leute. Ein ABC- u. Lesebuch f. d. Jugend. 115 Gegenstände auf 24 (ill.) Taf. gr. 12. (1 B.) Köln 830, [Welter.]

Bilder-Fibel, neue, od. ABC u. Leseübungen f. Kinder, m. K. 2te Ausgabe. 8. Hamb. Gundermann. 815. illum.

— neue, oder ABC- u. Leseübungen f. Kinder. Mit Kpf. 8. Hamb. ... 3e A. 815. (Aue in Alt.) 8 gr

**Bilderfibel, neue, oder ABC- u. Lesebuch, nebst kleinen Erzählungen für d. Fassungskraft d. ersten Kindesalters.** Mit 13 ill. Kpf. 8. Nürnb. 821. Geh. 6 gr

**Bilder-Fibel, neue, oder A.B.C. u. Bilderbuch für wißbegierige Kinder,** mit 52 color. Abbild. gr. 8. Wien 846, Bermann u. Sohn. eleg. geb. ¾ Thlr

**Bilder-Fibel, neue.** 12. (8 S. m. 4 Chromolith.) Stuttgart 888. G. Weise. — 10

— neue Berliner. Verm. Aufl. Berl., Krause. Das Dtz. 1 Thlr

— neue deutsche, f. Mütter beim Unterr. ihrer Kinder nach Pestalozzi's Lehrart. Mit ill. Kpf Nürnb., Schneider u. W. 1 Thlr

— neue, u. zweckmäßig eingerichtete. Neue Aufl. Mit 24 ill. Kpf. 8. Nürnb. 819. N. A. 828. Campe 16 gr

Bilder-Fibel, neue, für fleißige Kinder. (Nr.) 1—6. 8. (à 16 S. mit 8 lithochrom. Bildern.) Wesel 850, Bagel. à *
Besteht aus 6 verschiedenen Sorten.

Bilder-Fibel, neue, f. ganz kleine Kinder. (M. 23 lith. u. ill. Abbildn.) 8. (½ B.) Berlin 835, Winckelmann u. Söhne.

—— zweite neue, f. ganz kleine Kinder. 8. (½ B. u. 12 lith. u. ill. Bilder.) Berlin 837, Winckelmann u. Söhne.

— dritte neue, für ganz kleine Kinder. (Mit 12 lithogr. u. ill. Bildern.) 8. Berlin 840. Winckelmann u. Söhne. ¼ Thlr (1.—3. ¾ Thlr)

**Bilder-Fibel, vierte Neue, für ganz kleine Kinder.** (Mit 24 illum. Bildern auf 12 Blättern.) 8. (Mit Titelvign.) Berlin 841, Winckelmann u. Söhne. à ¼ Thlr

—— neue, schöne, für artige und folgsame Kinder. Mit 8 ill. Kpfrt. Berlin 850, Lindow.

**Bilderfibel, neueste, od. Leseübung f. Söhne u. Töchter, in unterhalt. u. belehr. Erzählungen.** Mit ill. Holzschn. gr. 8. Berl., Littfas. 8 gr

— neueste, od. Oliviers Methode vereinf. dargestellt. Mit Kpf. gr. 8. Leipz. 804. Leo. 16 gr Mit 42 ill. Kpf. 1 Thlr

— neueste, od. erste Nahrung für Geist u. Herz unserer Lieblinge in Lese-, Sprech- u. Denkübungen. Mit 24 color. Bildern (auf 4 lith. Taf.) 8. (16 S.) Hamburg 850, Jowien. n. ⅙ Thlr

—— neueste, für den ersten Anschauungsunterricht. 8. (32 S. mit eingedr. Holzschn.) Stuttgart 873, G. Weise. cart. und color.

—— neueste, für gute Kinder. 4 Hefte. 8. (à 16 S. mit je 8 Holzschntaf. in Buntdr.) Stuttgart 873, G. Weise. à Heft 15 Pf.

—— die schöne, für Goldkinderchen. (Mit 32 ill. Bildern auf 8 Kpfrtaf. u. lith. Titel mit ill. Vign.) Breit 8. (½ B. Text mit Einfass.) Leipzig. (H. Fritzsche.) *

— zum ersten Unterricht im Buchstabiren u. Lesen, für Kinder. Mit 26 ill. Kpf. 8. Berl. 818. Stuhr. 18 gr

**Bilderfreude.** 1—4. Hft. 8. (à 8 S. m. 8 Chromolith.) Wesel 870. Düms. pr. Dtzd.: 2. 40

Bilderfreude. 1.—4. Heft. gr. 16. (à 8 S. mit 8 Chromolithogr.) Leipzig 872, Düms. pr. Dtzd. *

—— Divertissement en images pour les petits enfants. — The little children's picture pleasure. — Prentenlust voor kleine Kinderen. qu. 4. (8 color. Stnt.) Stuttgart 874, Risch. cart.

— Divertissement en images pour les petits enfants. — The little children's picture pleasure. — Prentenlust voor kleine Kinderen. qu. 4. (8 color. Steintaf.) Stuttgart 875. Eger & Distler. — 45

**Bilderfreude.** Bunte Bilder aus der Kinderwelt. 6 prächt. Bilder in Farbendruck m. hübschen Verschen. gr. 4. (6 S.) Eßlingen 877. Schreiber. cart. n. 2. —

—— dass. — 4. (6 Chromolithogr. auf Leinw.) Ebendas. 885.

—— dass. — 4. (12 Chromolithogr. auf Carton.) Ebendas. 885.

**Bilderfreude.** 4. (6 Chromolith. m. eingedr. Text.) Stuttgart 886. G. Weise. — 40; unzerreißbar geb. 1. 50

**Bilderfreude.** Unzerreißbares Bilderbuch. 4. (6 Chromolith. auf Carton.) Stuttgart 887. G. Weise. geb. n. — 50

— 24 Bilder in Farbendr. m. (eingedr.) Versen. Leporello-Ausg. 4. Stuttgart 890. G. Weise. Auf Pappdeckel u. lackirt. 2. —

**Bilderfreude.** gr. 16. (8 farb. Taf. auf Pappe.) Stuttgart 892. F. Loewe. Kart. n. — 35

Bilderfreude für d. ersten Jugendjahre. qu. Roy.-4. (10 lith. Taf.) Berlin 830, Lüderitz. 18 Gr., ill.

— f. katholische Kinder. 1. u. 2. Aufl. qu. Fol. (17 Taf. m. z. Tl. farb. Abbildgn.) Mainz 890. 892. F. Kupferberg. Kart. n. 3. —

**Bilderfreude für ganz kleine Knaben.** Nürnberg 865. Koenecke. qu. 8. (12 lith. u. color. Bll.) 5 ngr; auf Leinwand n. 10 ngr

— für ganz kleine Mädchen. Ebend. 865. qu. 8. (12 lith. u. color. Bll.) 5 ngr; auf Leinwand n. 10 ngr

**Bilder-Freude** Röschen's. qu. 4. (12 m. H. u. 6 Chromol.) Wes. 69, Düms. — 8

Bilderfreuden. Eine holde Gabe f. d. Jugend, in 12 ill. Darstell. (In Kpfrst. — Mit deutsch. u. franz. Erklär.) qu. Fol. Nürnberg 832, Renner u. Schuster. Geb. mit ill. Umschlag 1 Thlr. 16 Gr., schw.

Bilderfreuden. Ein ABC-Buch für Knaben u. Mädchen. (M. 21 ill.) Bildern. 8. (1 B.) Reutlingen 835, Fleischhauer u. Spohn.

Bilderfreuden. 1.—4. Heft. gr. 8. (à 6 Holzschntaf. in Buntdr.) Stuttgart 873, G. Weise. à Heft 30 Pf.

Inhalt:
Heft 1. Fritz und Mariechen.
» 2. Albert und Emma.
» 3. Eine Tigergeschichte.
» 4. Der Thierfang in Afrika.

Bilderfreuden. Ein hübsches Bilderbuch m. schönen Versöchen für liebe Kinder. qu. 4. (16 S. m. 7 color. Steintaf.) Mühlheim 880. Bagel. geb. 1. 50

Bilderfreuden. 8. (6 Farbdr.-Taf. m. eingedr. Text.) Stuttgart 889. Loewe. cart. n. —40

— qu. gr. 8. (12 farb. Bl. m. eingedr. Text.) Stuttgart 890. Loewe. — 75

Bilderfreuden. gr. 4. (6 farb. Bl.) Ebd. (900). Kart. n. 1. —

— gr. 4. (8 farb. Bl. m. eingedr. Text.) Stuttgart (902). G. Weise. n. — 50

—— für Kinder. qu. 4. (16 color. lith. Bl.) Wesel 837, Bagel.

— für brave Kinder. 2 Sorten. 12. (à 8 farb. Taf.) Leipzig 889. Fr. Pfau. cart. à n.n. — 10

— für liebe Kinder. Ein schönes Bilderbuch mit Versöchen u. Geschichten. gr. 4. (8 S. m. 4 color. Steintaf.) Ebend. 880. geb. 1. 50

—— für die lieben Kleinen in artigen Erzählungen und Gedichten. 4. (16 S. mit 6 color. Bildern.) Reutlingen 871, Enßlin und Laiblin. geb.

—— f. d. lieb. Kleinen in art. Erzählgn u. Gedichten. Mit 6 color. Bild. 4. (16) Reutl. 71. Stuttg., Neugebauer u.V. geb. 1. 10

Bilderfreuden für die lieben Kleinen in artigen Erzählungen und Gedichten. 3. Aufl. gr. 4. (16 S. mit 6 lithogr. und color. Bildern.) [Stuttgart 876, Neugebauer und Votteler.] Nürnberg, Neugebauer's Verlagsh. cart.

Bilderfreund, der kleine, für Knaben und Mädchen. Mit 12 (lith.) bunten Bildern. Neusalza (857.) Borndrück. 4. 7½ ngr

Bilderfreund, der kleine, für Knaben und Mädchen. Mit 12 bunten Bildern. qu. 4. (12 ill. Stnt. mit Text.) Neusalza 858, Borndrück.

Bildergabe für liebe Kinder. — Album d'images. gr. 4. (8 color. Stnt.) Stuttgart 874, Risch. geb.
(Eger & Distler)

Bildergallerie. Sammlung von Kunstwerken in Lichtdr. ausgeführt und hrsg. von L. Koch. 1. Lfg. qu. Fol. 10 Bl. Wien 870. Karlsruhe, Bielefeld's Hofbuchh. *

Bildergallerie. Sammlung von Kunstwerken in Lichtdr. ausgeführt und hrsg. von L. Koch. 1. Lfg. qu. Fol. (10 Bl.) Wien 870, [Koch.] Höller. *

Bildergallerie. Sammlung von Kunstwerken in Lichtdr. ausgeführt u. hrsg. v. L. Koch. 1. Lfg. qu. Fol. (10 Bl.) Wien 878. Koch. n. 5. —

Die Bildergallerie. Diesjährige Gemälde-Ausstellung in d. Salons der Alten, Modernen u. Zukünftigen unter Specialberücksicht. der garnicht Eingesandten u. Zurückgewiesenen, ausgestellt u. aufgehangen von d. Jury der sezessioniertesten Zukunftsmalerschaft. *Berlin: E. Bloch (1896).* (18 S.) 8° [F.]
= Fastnachts-Bühne. H. 66.

Bilder-Gallerie, nach d. ABC von Meil u. Unger, f. Kinder. 8. Berl. 824. Hasselberg. 5 gr

— Dass. nach d. ABC mit 24 ill. Kpf. 8. Ludwigsb. 827. Nast. 14 gr

— f. Dichterfreunde. 7 Samml., jede mit 13 Kpf. 12. Weißenf. 795—800. Böse. (Weygand in Leipz.) 3 rthl 12 gr
Dass. s.a.: Bildergallerie, Kleine, f. Dichterfreunde.

Bildergallerie zu den klassischen Dichtungen des In- u. Auslandes. I. J. W. v. Göthe. Nach Orig.-Handzeichnungen v. Jul. Nisle. 1. u. 2. Liefrg. à 2 Hälften. Lex. 8. (20 S. u. 8 lith. Taf. in Tondr.) Stuttgart 851, H. Köhler. à Hälfte n. 6 ngr Ausg. in 4. à n. ⅓ rthl

— dies. II. Wilhelm Hauff. Nach Orig.-Handzeichnungen v. Wilh. Pilgram. 2 Liefrgn. à 2 Hälften. Lex. 8. (18 S. u. 8 lith. Taf. in Tondr.) Ebd. 851. à Hälfte n. 6 ngr Ausg. in 4. à n. ⅓ rthl

— dies. III. Nicolaus Lenau. Nach Orig.-Handzeichnungen v. Wilh. Pilgram. 1. Liefrg. 1. Hälfte. Lex. 8. (8 S. u. 2 lith. Taf. in Tondr.) Ebd. 851, n. 6 ngr Ausg. in 4. n. ⅓ rthl

Bildergallerie, Die Dresdner. In 110 Bl. nach Prof. Schurig's Zeichnungen. Verlag v. F. & O. Brockmann in Dresden. (Wien, Debit bei A & V. Angerer.) 4 Ausgaben. 1868.

BILDERGALLERIE, Erotische. Von einem Kunstliebhaber .... Erster (u. einz.) Saal. Mit 1 Kpf. Neu York Im Verlag bei James Flottwell. O. J. (c. 1870). 16°. (6 Mk. G. Priewe; 8 Mk. S. Calvary & Co.)

Neudruck einer Gedicht- u. Epigrammen-Sammlung aus dem Ende des 18. od. Anfang des 19. Jh. IV. u. 184 SS. Enth. u. a.: Brautnachtsgespräch; Bemerkung eines Weiberkenners; der Schuh; der dringende Liebhaber; Schloss und Schlüssel; die kluge Wittwe; der Geschmack ist verschieden; Bekenntnisse einer Kammerjungfer; der verliebte Kutscher; die Brautnacht; moderne Unschuld; der Muff etc. — Titel mit dem Motto:

Νιχτς. δας ιν Παρις ερδαχτ,
Σω δια μαεδχεν ρειξενδ μαχτ
Αλς δερ μυττερ Ευα τραχτ.

— Frankfurter, oder Sammlung der vorzügl. Gemälde aus Frankfurts öffentlichen und Privat-Sammlungen. Nach den Originalien auf Stein gezeich. 1s Hft. ½ Roy.-Fol. Frankf. a. M. 838. (Leipz., Rud. Weigel.) 2⅔ rthl Inhalt: P. Perugino: Heilige Familie. — P. P. Rubens: Portrait e. Kindes. — Ph. Wouwerman: Die Rückkehr von der Jagd.

— f. junge Freunde d. Kunst u. für angehende Kupferstichsammler, zur Bildung des Geschmacks, u. als erste Anlage zu einer künftigen Kupferstichsammlung rc. 1r u. 2r Hft. gr. 4. Leipzig 822, Sommersche Buchhandlung. (W.Nauck)
Vgl. Bildergallerie f. angeh. Kupferstichsammler, ...

Bilder-Gallerie der berühmtesten ältern und neuern Gemälde, photographirt und herausgegeben von Carlo Naya in Venedig. (Wien, Oscar Kramer.) Quart-Format. Grösse 31—45 Centimetres mit Carton und 27—33 ohne demselben per Blatt à 1 fl.
1864 Visitkartenformat 18—14 Centimetres à 40 kr.

— d. bibl. Geschichte. 1r Bd, 1s—8s Heft à 6 Steint. 4. Gera (831, 32.) (Ronneb., Weber). (à 3 gr). 1 rthl

— der biblischen Geschichte. 1r Bd. 9s — 12s und 2r Bd. 1s u. 2s Hft. (à 6 Steintaf. und ½ Bog. Text.) 4. Gera 834. (Ronneburg, Weber.) à ⅛ rthl

—— zur sächs. Geschichte d. Vor- u. Mitwelt. Mit erläut. Erklär. hrsg. v. Paul Otto. Hilscher. 1—5. Hft. qu. gr. 4. (10 Stnt. u. 9 Bl. Text in 8.) Dresden 834, 35, (R. u. W. Kori.) à * 3 Gr., col. à *

—— histor.-romant., bildl. Darstelln. aus d. alten u. neuen Welt, in monatl. Lfgn. Eine Samml. d. schönsten Stahlstiche a. d. histor. u. landschaftl. Fache, v. d. ausgezeichn. Meistern. Mit erläut. Text v. W. v. Chézy u. K. L. Schmidt. 1—5. Hft. Roy.-8. (32 Pl. u. 42 Bl. Text.) Carlsruhe 833, Kunst-Verlag. à 12 Gr., Pracht-Ausg. in Roy.-4. mit Abdr. auf chines. Pap. à

—— histor.-romantische, od. bildl. Darstelln. aus d. alt. u. neu. Welt, in monatl. Lfgn. Eine Samml. d. schönsten Stahlstiche aus d. histor. u. landschaftl. Fache, von den ausgezeichnetsten Meistern. Mit erläut. Text v. W. v. Chézy u. K. L. Schmidt. 6—12. Hft. Roy.-8. (44 Tafeln u. 58 Bl. Text.) Carlsruhe 834, 35, Kunst-Verlag. à * ½ Thlr. Pracht-Ausg. in Roy.-4. chines. Pap. à *
1—5. Hft. Ebendas. 1834. à * 12 Gr., chines. Pap. * 1 Thlr.

—— interessante, f. Kinder. Nebst ein. Reihe anzieh. Erzählungen, Gedichte u. Fabeln, zur Belehr. u. Unterhalt. M. 24 f. col. Stndr. 12. (3 B.) Aachen 835, Hensen u. Comp.

**Bilder-Gallerie,** Kasseler. 24 Photographien nach Kreidezeichngn. gr. 8. Kassel 884. Kay. In Leinw.-Mappe. n. 10. —

Bilder-Gallerie, die katechetische, in wenigstens 150 biblischen Original-Xylographien. Entworfen von Ludwig Donin. 3 Hefte. gr. 8. (326 S.) Wien 864,65, Gorischek's Universitäts-Buchh. Ord. Ausg. à Heft * 14 Ngr. *
Feine Ausg. à Heft * 18 Ngr. *

— f. Kinder, mit viel. Kupfern. 8. Dresden, Hilscher. 814.

— f. art. u. unart. Kinder. m. ill. K. 8. Nürnb. Schneider u. W.

—— zu d. griech. u. röm. Klassikern. — A. u. d. T.: Clio in d. Tempelhallen d. griech. u. röm. Vorzeit, ein aus d. Annalen dies. Völker gewund. Lorbeerkranz ꝛc. In 100 Kpfrtaf., nach d. Erfindung Bartol. Pinelli bildl. dargest. u. mit ein. kurzgef. histor. Beschreibung ausgeschmückt. 2 Bde. in 25 Lfgn. 1—4. Lfg. Römer. qu. gr. 4. (à 4 Kpfr. u. Erläut.) Augsburg 829, Schlosser. à Lfg. Thlr.

Bilder-Gallerie, kleine. Nr. 1. — 3. Jede v. 16 lithogr. u. ill. Taf. auf 1 Bl. 16. Düsseld. 832. Arnz u. Comp. In verz. Umschl. cart. à $^{2}/_{3}$ ₰

—— kleine, No. 1—3. Jede von 16 lith. u. ill. Taf. auf 1 Blatt. 16. Düsseldorf 839, Arnz u. Comp. à

**BILDERGALLERIE,** Kleine, für Dichterfreunde. 6 Sammlgn. (soviel ersch.?). Weissenfels 179*. 16°. (3 Mk. 50 Pfg., Samml. 6, ebd. 1799, mit 13 Kpfrn. von Cl. Kohl, apart, Adolf Weigel, 1906.)
„Kleine Anthologie erzählender und erotischer Gedichte".
Dass. s.a.: Bildergallerie für Dichterfreunde.

— kleine, von guten u. bösen Knaben u. Mädchen, in 24 Kpf. bildl. vorgest. u. durch moral. Erzähll. erklärt, 16. Nürnb. 820. Schneider u. W. 12 ℊ

— — 26 Bändch. mit 24 illum. Kupf. 8. Ebend. 820.

— Dieselbe in 6 Bdchen, mit 114 ill. Kpf. 16. Ebd. 820, 21. Ebd. 2 ₰ 12 ℊ

— kleine, von guten u. bösen Knaben u. Mädchen, in 24 ill. Kpfrn. bildlich dargestellt u. durch eben so viele moral. Erzählungen erklärt. 3s—5s Bdchn. 16. Nürnb. 821—22, Schneider u. W.

Bilder-Gallerie, kleine, von guten u. bösen Knaben u. Mädchen, mit ill. Abbild., u. durch moral. Erzähln. erklärt. 1. Aufl. 829. 12 Gr., u. Neue Aufl. (à 2 B. u. 24 Kpfr.) 82, Nürnberg 834, Schneider u. Weigel.

Bilder-Gallerie, kleine, für junge Söhne u. Töchter ꝛc., s. W. *Mila*, Gallerie petite de figures etc.

— kl. f. junge Söhne u. Töchter z. angenehmen Selbstbeschäftigung aus dem Reiche der Natur und Kunst, u. des gemeinen Lebens. Franz. u. deutsch, mit 29 illum. K. 2te Aufl, gr. 8. Ebend. 813.

Bilder-Gallerie, k. k., im Belvedere zu Wien. Nach d. Zeichn. d. k. k. Hofmal. Hrn. Sigm. v. Perger, in Kpfr. gest. v. verschied. Künstlern. Nebst Erklärn. in artist. u. histor. Hinsicht. Hrsg. v. Carl Haas. (Deutsch u. Französ.) No. 42—60. 4. (à 4 Taf. u. 8 Bl. Text.) Wien 828—31, Haas. à
Pracht-Ausg. kl. Fol. mit Abdr. avant la lettre. à
1—41. Hft. Ebendas. 1821—27. à 2 Thlr., Pracht-Ausg. à 4 Thlr. — Das Ganze bildet 4 Bde. à 15 Hfte.
Dass. s.a.: H a a s, Carl

Ueber die Koenigl. Sardinische Bilder-Gallerie zu Turin. (Manuscript.) Fol.

— f. angehende Kupferstichsammler, als erste Grundlage ein. künftig mit Geschmack anzulegenden Kupferstichsammlung. 1r Bd. bestehend in 115 Octavblättern und Vignetten, von D. Berger, Bolt, Geyser, Henne, Karcher, Meil, Rosmäsler d. ält. u. mehr. andern berühmt. Meistern, sämmtlich auf blaues Pap. gezogen. gr. 8. Lpz. Sommer, 816, geb.
Vgl. Bildergallerie f.junge Freunde d.Kunst...

— berühmter Männer älterer u. neuerer Zeiten. 1e Abthl. Schriftsteller, 1s Heft: Göthe, Schiller, Jean Paul, L. Tieck, Tiedge, E. Schulze. (6 lithogr. Bl.) 4. Bresl. 828. Aderholz. 8 ℊ

— v. Mißbräuchen, s. Obermeyer u. Hilarion.

**Bildergallerie** katholischer Missbräuche. Von Obermayr. Mit 21 Kupfern u. 3 ang. Vignetten. Frankf. u. Leipzig 1784. 230 S. V: *Richter, Joseph.* (Bespr. »Kaiserin Theresiens Wiederkehr nach der Oberwelt 1788«, Realzeitung f. 1784, S. 411. 412—413) (Hans Viktor Pisk: Joseph Richter. Diss. Wien 1927. S. 87—88)

**Bildergallerie** klösterlicher Misbräuche, eine nöthige Beylage zur Bildergallerie kathoischer Misbräuche. Von Obermayr. Mit 21 Kupfern u. 3 Vignetten. Frankfurt u. Leipzig 1784. 262 S. u. Inh. 8°. V: *Richter, Joseph.* (Hans Viktor Pisk, Joseph Richter. Diss. Wien 1927. S. 88)

**Bildergallerie** weltlicher Misbräuche, ein Gegenstück zur Bildergallerie katholischer und klösterlicher Misbräuche von Pater Hilarion, Exkapuzinern. Mit 21 Kupf. u. 3 Vignetten. 207 S. 8°. V: *Richter, Joseph.* (Wiener Zuschauer 1785, II. Heft, S. 8) (Hans Viktor Pisk, Joseph Richter. Diss. Wien 1927. S. 91)

— die, in München. 8. Münch. Lentner. 787.

—— zum Nachzeichnen u. Illum. f. artige Knaben u. Mädchen. 2., stark verm. Ausg. mit belehr. Text u. m. 32 Kpfrt., welche üb. 400 Gegenstände a. d. Küche, d. Soldatenleben, d. Gewerbtreiben, d. Landschaftlichen, ꝛc. enthalt. u. recht gute u. leichte Originale liefern. 12. Dresden 832, [Leipzig,] Friese.

— der Nationen. Ein Bilderbuch für kleine Kinder. Mit (24) ill. Abbildd. 8. (Mit 1 Blatt Vorschriften.) Neuhaldensleben 838. Eyraud. $^{1}/_{2}$ ₰

— naturhistorische, oder Abbildd. der vorzügl. Säugethiere, Vögel, Amphibien, Fische, Insekten und Würmer aller Welttheile, nebst erläut. Texte. Ein Geschenk für die Jugend. 1e—6e Lfrg.: 48 Steintaf. mit 324 Abbildd. u. 14 Bog. Text. gr. 4. Berlin 835. Steffen u. Comp. $2^{1}/_{2}$ ₰

—— neue, m. 120 ausgem. Abbild., od. method. Anleit. z. Lesenlernen. Ein Geschenk f. fleißige Kinder. 12. (2 B.) Aachen (831), Cremer.

—— neue, f. d. Jugend. Hrsg. v. Hellfarth. 1—7. Bd. à 12 Hfte. Jedes gegen 100 erklärte (lith.) Abbild. d. Natur u. Kunst, a. d. Vergangenheit u. Gegenwart enth. 4. (à Bd. 12 B. Text.) Gotha 828—34, (Müller.) à Bd.

Neue Bildergalerie für die Jugend. Erster Band [= 12 Hefte in 1 Bd.] Vierte Auflage. Gotha, Carl Hellfahrt's Steindruckerei. 1829. 96 lithographierte Tafeln mit Titel und 16 Seiten Text. Quer-8°. Neuerer Pappband. 24.—

Die hübschen Tafeln zeigen Tiere, Städteansichten etc. 1 Tafel fehlt. Ein kl. Riß ist unterlegt.

- neue, f. d. Jugend. 1r—5r Bd. Mit Steindr. 4. Gotha 829—32. Hellfahrt. Eisleben, Reichard. à Bd. v. 12 Heften 1 ℛ 5 ℛ

Bildergallerie, neue, für d. Jugend. 8—10. Bd. à 12 Hfte. 4. Gotha, Müller. à Bd. Thlr.

Bd. 8. Enth.: 112 erklärte (lith.) Abbildungn. d. Natur u. Kunst, aus d. Vergangenheit u. Gegenwart. (12 B. Text.) 835.
„ 9. „ 109 erklärte (lith.) Abbildn. d. Natur u. Kunst rc. (12 B. Text.) 836.
„ 10. od. neue Folge 1. Bd. enth.: 96 Darstellungen a. d. Geographie, Naturgesch. u. Merkwürdigkeiten, m. Text v. Ludw. Storch. (12 B.) 837.
1—7. Bd. Ebendas. 1828—34. à 1 Thlr.

Bilder-Gallerie, neue, für fleißige Kinder. Moers (864.) Spaarmann. 4. (16 lith. Bl. in Farbendr.) 7½ ngr

**Bildergallerie, Neue,** für junge Söhne und Töchter ... Berlin 1794—96. H: *Rumpf, Johann Daniel Friedrich.* (MGT) (ErschDL) (Ky) »7. Bd. 1800. H: *Lang, F. K.*« (MGT)

— neue, für junge Söhne u. Töchter zur angenehmen u. nützl. Selbstbeschäftigung aus d. Reiche d. Natur, Kunst, Sitten u. des gemeinen Lebens, 1r bis 4r Bd. (Herausg. v. J. D. F. Rumpf.) A. u. d. T.: Neue Bildergallerie rc. 4 Bde. Mit 471 Abbildd. gr. 8. Berl. 794—96. Oehmigke. 17 ℛ 12 ℊ 2e A. 805—14. Ebd. (Sander), 13 ℛ 4 ℊ 5r bis 8r Bd. A. u. d. T.: Neuer Schauplatz d. Natur rc. v. C. G. F. v. Düben (C. Gf. Flittner). 4 Bde, mit 80 ill. Kpf. Ebd. 799—815. 16 ℛ 9r u. 10r Bd. A. u. d. T.: der Naturforscher rc. v. A. J. Th. v. Berga (C. Gf. Flittner). 2 Bde, mit 40 ill. Kpf. Ebd. 805. 6 ℛ 14 ℊ N. A. 818. 7 ℛ 8 ℊ 11r u. 12r Bd. A. u. d. T.: der Freund d. Natur rc. v. J. C. G. Scholz. 2 Bde, mit ill. Kpf. 805. 7 ℛ 1 ℊ N. A. 818. 7 ℛ 16 ℊ 13r u. 14r Bd. A. u. d. T.: Curiositäten aus d. Thier-, Mineral- u. Pflanzenreiche, von C. G. F. v. Düben (C. Gf. Flittner). 2 Bde, mit 40 ill. Kpf. 805, 6. 6 ℛ 18 ℊ N. A. 818. 7 ℛ 10 ℊ 15r Bd. A. u. d. T.: Bilderschauplatz merkwürd. Gegenstände rc., (v. Funke: C. G. Flittner). Mit 20 ill. Kpft. 812. 3 ℛ 13 ℊ N. A. 817. 3 ℛ 12 ℊ Alle 15 Bde in der 2ten Ausg. 805—12. 54 ℛ 12 ℊ Holländ. Pap. 61 ℛ 6 ℊ N. A. 15 Bde. gr. 8. Ebd. 55 ℛ 2 ℊ Hbg. Pr. cpl. auf Drckp. mit ill. Kpf. 27 ℛ Schrbp. mit ill. Kpf. 30 ℛ

— neue, f. junge Söhne u. Töchter z. angenehmen und nützlichen Beschäftigung aus dem Reiche d. Natur, Kunst, Sitten u. d. gemeinen Lebens. 15 Bde. gr. 8. Berl. N. Societät-Verlagsbuchh.
Druckp. schwarz 4
Druckp. illum. 5
Holl. Schreibp. illum. 6
Ir 3te Auflage 1813 schwarz 3 Rthlr. 15 gr. illum. 4 Rthlr. 19 gr. Holl. Schreibp. illum. 5 Rthlr. 1 gr.
IIr 2te Aufl. 1805. schwarz 2 Rthlr. 16 gr. illum. 3 Rthlr. 13 gr. Holl. Schreibp. illum. 4 Rthlr.
IIIr 2te Aufl. 1805. schwarz 2 Rthlr. 21 gr. illum. 3 Rthlr. 19 gr. Holl. Schreibp. illum. 4 Rthlr. 7 gr.
IVr 2te Aufl. 1805. schwarz 3 Rthlr. 2 gr. ill. 4 Rthlr. 1 gr. Holl. Schreibp. ill. 4 Rthlr. 14 gr.
V. 2te Aufl. 1805. schwarz 2 Rthlr. 21 gr. ill. 3 Rthlr. 17 gr. Holl. Schreibp. ill. 4 Rthlr. 6 gr.
VIr 2te Aufl. 1805. schw. 3 Rthlr. 6 gr. ill. 4 Rthlr. 3 gr. Holl. Schreibp. ill. 4 Rthlr. 18 gr.
VIIr 2te Aufl. 1805. schw. 2 Rthlr. 18 gr. ill. 3 Rthlr. 6 gr. Holl. Schreibp. ill. 3 Rthlr. 18 gr.
VIIIr 2te Aufl. 1805. schw. 2 Rthlr. 15 gr. ill. 3 Rthlr. 1 gr. Holl. Schreibp. ill. 3 Rthlr. 13 gr.
IXr 2te Aufl. 1805. schw. 2 Rthlr. 12 gr. ill. 3 Rthlr. 6 gr. Holl. Schreibp. ill. 3 Rthlr. 16 gr.
Xr 2te Aufl. 1805. schw. 2 Rthlr. 12 gr. ill. 3 Rthlr. 8 gr. Holl. Schreibp. 3 Rthlr. 18 gr.
XIr 2te Aufl. 1805. schw. 2 Rthlr. 16 gr. ill. 3 Rthlr. 12 gr. Holl. Schreibp. 4 Rthlr.
XIIr 2te Aufl. 1805. schw. 2 Rthlr. 17 gr. ill. 3 Rthlr. 13 gr. Holl. Schreibp. 4 Rthlr. 1 gr.
XIIIr 2te Aufl. 1805. schw. 2 Rthlr. 14 gr. ill. 3 Rthlr. 10 gr. Holl. Schreibp. 3 Rthlr. 20 gr.
XIV. 2te Aufl. 1806. schw. 2 Rthlr. 12 gr. ill. 3 Rthlr. 8 gr. Holl. Schreibp. ill. 3 Rthlr. 18 gr.
XVr 2te Aufl. 1812. schw. 2 Rthlr. 17 gr. ill. 3 Rthlr. 13 gr. Holl. Schreibp. ill. 4 Rthlr.
Der XV. auch unt. d. Titel:
K. Langs neuer Bilderschauplatz. Ir Bd.

— neueste, naturhistor., technolog., geschichtl., mytholog. u. vermischten Inhalts. Nebst erläut. Sachregister (auf d. Umschlage), f. Kinder jedes Alters. 1r—3r Bd. in Steint. Fol. Berl. 828. (Herbig). 2 ℛ 12 ℊ ill. 5 ℛ

—— neueste, naturhistor., technolog. u. vermischten Inhalts. Zur nützl. u. angenehm. Unterhalt. u. Belehrung f. Kinder jed. Alters. I—III. Bd. (à .. Stnt. Fol.) Berlin 828, 29, (Herbig.) 2 Thlr. 12 Gr., ill.

Bilder-Gallerie, Neu-Ruppiner. Fol. (20 zum Thl. farb. Steintaf. in qu. gr. Fol.) Neu-Ruppin 876. Oehmigke & Riemschneider. 3. —

— romantische. 10 Bde. I. II. Leben u. Lieben, Novellen v. Robert Brückner. 2 Bde. III. Der Findling des Henkers, v. L. Tarnowski. IV. Fortunio, v. Th. Gautier. Aus d. Französ. v. St. Hippolyt. V. Gott rächt die Todten, v. Ch. Reybaud. A. d. Französ. v. O. v. Birkeneck. VI. Christian Günther, v. Rob. Bürkner. VII. Blanka Capello, v. E. Souvestre. Aus d. Französ. v. O. v. Birkeneck. VIII. Der Musikant von Callao, v. L. Tarnowski. IX. Der Tenorist u. seine Braut, v. L. Tarnowski. X. Der Bluträcher oder die Rosen von Cordova, v. L. Tarnowski. 8. Leipzig 844, Liter. Museum. 4 ℛ — einzelne Bde. à ¾ ℛ

Bildergallerie, die schönste, aus der Naturgeschichte für kleine Kinder. 24 (lith.) Tafeln mit 191 color. Abbildgn. Wien 806. Wenedikt. 4. 2 ℛ

— systematische, zum Conversations-Lexikon, in 226 lithograph. Blättern. kl. Fol. Freiburg. 3e Aufl. Herder. geb. 12 ℛ 12 ℊ Dies. in 4 Abtheill. 4e Aufl. (mit 226 Steindr. u. Erklär. 7 ℛ) Dies. in 4 Abtheill. in 200 Bl. in Fol. Ausgb., Schlosser. 10 ℛ

— systematische, z. Conversations-Lexicon in 226 lithograph. Blättern, à 7 Bogen Text. 1e—4e Abthlg. gr. 4. Freyburg 827, Herder. Preis des ganzen Werks

—— systematische, z. „allgem. deutsch. Real-Encyclopädie (Conversat.-Lexicon)“ in lith. Bl. 4 Abthl. 4. Aufl. gr. 4. (226 Stnt. u. 7¼ B. Erklär.) Freiburg 832, Herder.
Die frühern Aufl. erschienen in Lief. zu höherem Preis.
Dass. 6. Aufl. Ebda. 1839

— technolog. für d. Jugend, oder Wanderung durch d. Werkstädte d. Künstler u. Handwerke. 1s—3s Heft mit illum. Kpfrn. Nürnberg 825—27, Schneider u. W. à 8 gr.

—— technologische, f. d. Jugend, od. Wanderungen durch d. Werkstätte d. Künstler u. Handwerker. Mit ill. Kpfrn. Neue Ausg. ... 829. 20 Gr., Neueste A. 8. Nürnberg 834, Schneider u. Weigel.

—— für das kleine Volk. Nr. 1—8. 4. (à Nr. 8 Chromolithogr. mit eingedr. Text.) Stuttgart 884, G. Weise. à Nr. * 50 Pf. *

Inhalt:
Nr. 1. Kindlein von zarter Art.
„ 2. Eine bunte Gabe, den Kleinen zur Labe.
„ 3. Allerlei Getier, groß und klein, plump und fein, auf zwei Beinen und auf vier.

Bilder-Gallerie für das kleine Volk rc.
Nr. 4. Collins, T. H., aus der Kindheit Tagen. Freundliche Bilder und lustige Reime.
„ 5 —— die kleine Welt, zu Haus, in Wald und Feld. Mit Bildern und Versen.
„ 6. —— Jung und Alt, allerhand, in Feld und Wald, zu Wasser und Land.
„ 7. Guten Tag. Ein Bilderbuch für jeden, der's mag.
„ 8. Auf dem Meier-Hofe.

**Bildergalerie** f. d. kleine Volk. Nr. 1—8. 4. (à 8 Chromol. m. eingedr. Text.) Stuttg. 85, G Weise. à n. — 50
1. Kindlein v. zarter Art. — 2. Eine bunte Gabe, d. Kleinen z. Labe. — 3. Allerlei Getier, gross u. klein, plump u. fein, auf zwei Beinen u. auf vier. — 4. Aus d. Kindheit Tagen. (Freundl. Bilder u. lust. Reime v. TH Collins. — 5. Die kleine Welt, zu Haus, in Wald u. Feld. Mit Bildern u. Versen v. TH Collins. — 6. Jung u. Alt, allerhand, in Feld u. Wald, zu Wasser u. Land. Von TH Collins. — 7. Guten Tag. Ein Bilderbuch f. jeden, der's mag. — 8. Auf d. Meier-Hofe.

— v. fremden Völkern ist Tp. F. Ehrmann Beytr.

— welche 24 Vorstell. v. versch. Kinder- u. and. Spielen, Uebung. u. Beschäftig. enthält. 4. Nürnb. Campe.

—— zu „Carl v. Rotteck's allgem. Weltgeschichte f. alle Stände, von d. früh. Zeiten bis zum Jahre 1832." Nebst erläut. Texte zu d. Abbildn. 1—12. Hft. gr. 8. (à 4 Stnt. u. 1/2 B. Text.) Meißen 832—35, Goedsche. à 3 Gr., ill. à

— zu C. v. Rotteck's Weltgeschichte f. alle Stände. In Hftn. Nebst erläut. Text. 25 Hfte. Mit Steintaf. gr. 8. Meißen 833—37. Goedsche. (à 1/8 Thlr, ill. à 7 gr) 3 1/8 Thlr, ill. 7 1/6 Thlr — N. Ausg. unt. d. T.: Bilder-Gallerie zur allgemeinen Weltgeschichte bis auf die neueste Zeit, für alle Stände, in 100 Abbildungen der wichtigsten histor. Begebenheiten, mit erläut. Text zu jeder Abbild. v. Pfarrer J. G. Ziehnert. 25 Hfte. gr. 8. Mit Steindrücken. Ebd. 838, 39. (à 2 1/2 gr, color. à 1/4 Thlr) 2 Thlr 14 1/2 gr, ill. 6 1/4 Thlr; geb. schwarz 2 3/4 Thlr, ill. 6 1/2 Thlr — dass. 1s u. 2s Supplementhft. gr. 8. (à 4 Steintaf. u. 1/2 B. Text.) Ebd. 840. à 1/8 Thlr, color. à 7 gr

—— zur allgem. Weltgeschichte v. Carl v. Rotteck, so wie auch zu jedem and. Geschichtswerke. In 100 Stahlstichen nach Zeichn. v. namhaften Künstlern. Mit e. kurzen erläut. Texte v. Herm. v. Rotteck. 20 Lfgn. gr. 8. Freiburg 841, 42, Herder'sche Vrlsb. à * 4 Gr.

Bildergallerie zur allgem. Weltgeschichte bis auf d. neueste Zeit f. alle Stände, von A. L. Herrmann in 108 Abbild. der wichtigsten histor. Begebenheiten, mit erläut. Texte dazu v. J. G. Ziehnert. Neue Aufl. 13 Hfte. gr. 8. (64 Stnt. u. 8 B.) Text. Meißen 846, Gödsche. à Hft. 5 1/4 Ngr. (1847)

—— weltgeschichtliche, von d. Erschaffung d. Welt bis zum Untergange d. Römer-Reichs. 12 col. Kpfr. m. erläut. Text. qu. 4. (5 B.) Nürnberg 838, Zeh'sche Buchh.

Bildergallerie zu Boz sämmtl. Werken, s. a. Boz.

Bildergallerie zu Boz's sämmtl. Werken. 16. Leipzig 843. [Lorck.]
Inhalt:
Barnaby Rudge. 74 Illustrationen v. Cattermole u. Browne. (1/2 B. Text.) 842. 1 Thlr.
Nikolas Nickleby. 39 Illustrationen von Phiz. (1/2 B. Text.) 843. 1 Thlr.
Oliver Twist. 24 Illustrationen von George Cruikshank. (1/2 B. Text.) 843. 15 Ngr.
Die Pickwickier. 43 Illustrationen von Phiz. (1/2 B. Text.) 842. 1 Thlr.

**Bildergallerie** zu Boz sämmtlichen Werken. — A. u. d. T.: Barnaby Rudge von Boz (Dickens). Illustrirt von G. Cattermole u. H. K. Browne. (3.—8. [Schluß-] Liefg. Nr. 20—74, auf farb. Papier u. Inhaltsverzeichniß.) 16. Leipzig 842, Weber. n. 1 Thlr

— dies. — Oliver Twist. Illustrirt v. Geo. Cruckshank. 16. Ebend. 843. n. 1/2 Thlr

— dies. — Nikolas Nickelby. Illustrirt von Phiz. 16. Ebend. 843. n. 1 1/6 Thlr

— zu Zimmerverzierungen. 1s—3s Heft. Hildburgh. u. New-York 829—30. Bibliograph. Inst. 3 Thlr (Leipz., Wolbrecht). Hbg. Pr. 2 Thlr

**Bildergarten**, der. Nr. 1. u. 2. Moers (861.) Spaarmann. 4. Jede Nr. von 8 lith. u. color. Bl. u. 16 S. Text 6 ngr

Bilder-Garten. 2 Thle. 4. (à 16 S. mit 7 Chromolithogr.) Wesel 869, Düms. cart. à 70 Pf.

Bildergarten in 16 Tafeln f. gute Kinder. Roy.-4. Düsseldorf 835. Arnz u. Comp. 1 Thlr., col.

## Bildergeographie. Nürnberg 1773. V: *Dillinger, Georg Adam.* (Ky) (MGT)

Bildergeographie, (v. G. A. Dillinger). gr. 8. Nürnb. 773. N. A. nach d. jetzigen Staaten eingerichtet u. verm., in 192 Fig. vorgestellt. gr. 8. Ebd. 781. Riegel u. W. 2 Thlr Schrbp. 3 Thlr

## Bildergeographie. Eine Darstellung aller Länder und Völker der Erde. Leipzig und Wien 1810. V: *Löhr, Johann Andreas Christian.* (Ky)

— Eine Darstell. aller Länder u. Völker d. Erde, s. J. A. C. Löhr.

**Bildergeographie.** Eine Darstell. aller Länder u. Völker d. Erde. 1r Bd. Asien, m. ill. u. schw. K. u. Kart. gr. 8. Lpz. G. Fleischer, 810.

Bildergeographie. Eine Darstellung aller Länder und Völker. II. III. u. IV. Bd. gr8°. – Leipzig. Gerh. Fleischer. 1811 - 1813.
II. Bd. enth. Afrika mit 20 illum. u. schwarz. Kupf. und 1 Charte. III. Bd. Amerika u. Australien mit 19 K. u. 2 Chart. IV. Bd. Europa, m. 13 K. u. 1 Charte.

## Bildergeographie, Neu-eingerichtete und vermehrte, von Europa, Asia . . . Ersfurth 1738. V: *Martini, Joh. Jac.* (Kat. d. Lipperheideschen Kostümbibl. 1. Berlin 1896—1901.)

— neu-eingerichtete, v. Europa, Asia rc. 8. Lpz. 753.

— d. Preuß. Staats rc., nach Art d. Campeschen Reisebeschreibb. bearb., herausg. v. J. Herrmann, fortgesetzt v. F. Heyne. 2 Thle, mit 27 Kpf. u. 1 Karte. gr. 8. Berl. 823—24. Th. Enslin. 4 Thlr 8 gr Hbg. Pr. 1 Thlr 12 gr

— v. d. vier Theilen d. Erdbodens, worin alle Nationen n. ihr. Kleidung. gr. 8. Nürnb. Riegel u. W. 787. Schreibp.

Bildergeschenk für kleine Kinder. (24 ill. Octav-Bilder auf 1 Bl.) Wien 838, Müller.

**Bilder-Geschichtchen** f. kleine Kinder. qu. gr. 8. (3 S. u. 6 lith. u. color. Taf.) Stuttgart 847, Schreiber u. Schill. 3/4 Thlr

**Bilder-Geschichtchen** für kleine Kinder. Mit 48 von Mich. Joh. Voltz compon. Bildern nebst sinnigen kindlichen Reimen. 8. Aufl. Eßlingen 870. Schreiber. qu. 4. (12 lith. u. color. Bll.) 11 1/4 ngr

Bilder-Geschichtchen für kleine Kinder. Mit 48 von Mich. Johs. Voltz componirten Bildern nebst sinnigen kindlichen Reimen. 8. Aufl. 1871, und 9. Aufl. qu. 4. (4 S. und 12 Chromolithogr.) Eßlingen 874, Schreiber. geb.

**Bilder-Geschichtchen** f. kleine Kinder. Mit 48 v. Maler J. Voltz componirten Bildern (12 chromolith. Taf.) nebst (eingedr.) sinn. kindl. Reimen. 9. Aufl. 4. (2 S. Text.) Eßlingen 876. Schreiber. n. 1. 20

**Bildergeschichtchen** für kleine Kinder. Mit 48 v. † Maler J. Voltz componirten Bildern, nebst sinnigen kindlichen Reimen. 10. Aufl. 4. (12 Chromolith. m. 2 S. Text.) Eßlingen 880. Schreiber. geb. n. 1. 20

**Bildergeschichten** f. kleine Kinder. Mit 48 v. J. Voltz in Nördlingen komponierten (farb.) Bildern, nebst sinn. kindl. Reimen. 12. Aufl. gr. 4. (14 S.) Eßlingen 890. J. F. Schreiber. cart. n. 1. 50

**Bildergeschichten** f. kleine Kinder. 12 farb. Bilderseiten nebst sinnigen kindl. Reimen. (Neue Aufl.) hoch 4. (28 Bl.) Eßlingen (901). J. F. Schreiber. Kart. n. 2. —

Bildergeschichten, Lustige, u. allerlei Humore, s. a. Busch, Wilh.

**Bildergeschichten**, lustige, u. allerlei Humore, gezeichnet u. zumeist verf. v. Wilh. Busch. Gesammelt u. hrsg. v. Rud. Will. (95 Bl.) Lex. 8. Leipzig 910. W. Fiedler.
Geb. in Leinw. 6. —

**Bildergrüße.** (20) Photograv. nach Originalen moderner Meister. Text v. Ludw. Pietsch. gr. 4. (40 S.) Münch. 890, Hanfstaengl. geb. m. Goldschn. 20 —

**Bilder-Halle.** Copieen berühmter Gemälde u. Kunstblätter d. neuesten Zeit. Stahlstich-Gallerie histor. u. Genre-Bilder, ausgeführt von d. Englischen Kunstanstalt in Leipzig. Mit erklär. Texte v. Herm. Marggraff. No. 1—3. gr. 4. (à 3 Taf. u. ½ B. Text.) Leipzig 841, 42, Hartung. à *
Mit Abdrücken avant la lettre, in Fol. à * 1 Thlr. 8 Gr.

—— Copieen berühmter Gemälde u. Kunstblätter der neuesten Zeit. Stahlstich-Gallerie mit erklär. Texte v. H. Marggraff, ausgeführt von der Engl. Kunstanstalt in Leipzig. 4. (Heft.) gr. 4. (3 Stahlst. u. ½ B. Text.) Leipzig 843, Hartung. *

—— dies. Mit erklär. Texte v. Theod. Drobisch. 5. u. 6. (Hft.) gr. 4. (à 3 Stahlst. u. ½ B. Text.) Leipzig 845. [Engl. Kunst-Anstalt.] à *
Hft. 1—3. Leipzig 1841, 42, Hartung. à * 20 Ngr.

**Bilderhalle**, die heilige, Nr. 1—12. Text von W. Unschuld. Lex.-8. (3⅓ B. u. 12 Stahlst.) Neuwied 844, Steiner. à Nr. 3 Ngr.
Einzelne Nrn. à 4 Ngr.

**Bilderhandschrift**, die Dresdener, des Sachsenspiegels. Hrsg. von Karl v. Amira. 1. Bd. Fcsm. der Handschrift in 184 Lichtdr.-Taf. nebst 6 Taf. in Farbendr. u. 3 Ergänzungstaf. in Autotyp., sowie e. Einleitg. v. Hrsg. 1. Hälfte. (90 Lichtr.-, 3 farb. u. 2 Autotyp.-Taf.) gr. Fol. Leipzig 902. K. W. Hiersemann.
In Leinw.-Mappe n. 90. —

**Bilderhandschrift**, die Dresdener, des Sachsenspiegels. Auf Veranlassg. u. m. Unterstützg. der kgl. sächs. Kommission f. Geschichte sowie m. Unterstützg. der Savigny-Stiftg. hrsg. von Karl v. Amira. 1. Bd. Fcsm. der Handschrift in 184 Lichtdr.-Taf. nebst 6 Taf. in Farbendr. u. 3 Ergänzungstaf. in Autotyp., sowie e. Einleitg. vom Hrsg. 2. Hälfte. (94 Lichtdr.-, 3 farb. u. 1 Autotyp.-Taf. m. 34 S. Text.) gr. Fol. Leipzig 902. K. W. Hiersemann. In Leinw.-Mappe n. 90. —

**Bilderhefte** z. angenehm. u. nützl. Beschäft. f. Kinder rc. 2 Hefte. Lpz. Leo. (à 8 gr.)

**Bilderhefte** d. kgl. Messbildanst. im Ministerium d. geistl. u. Unterr.-Angelegenh. 1. Heft. Lex8° Berl., Verl. f. Kunstwissensch. 1.60
Griechenland. Enth. e. Ausw. v. 443 Bild. a. d. rund 680 Nrn d. zugehor. Platten-Verz. (23) '12 [1] 1.60

**Bilderhefte** zum Nachilluminiren f. Kinder. 3 Hefte mit schw. u. ill. Kpf. 4. Dresd. u. Leipz., Zehl. 1 ℳ 12 ₰

**Bilderhefte** f. d. Sprachunterr. Französ. 1. u. 2. Hft. Lex.-8. Leipzig 898. R. Voigtländer. à n. — 80
1. De Bayonne à Toulouse. Excursions de vacances. Par C. A. Ayrolle. Avec 21 gravures et 1 plan. (61 S.)
2. Le long de la mer bleue à Bicyclette. Lettres de voyage par A. Moulin. Avec 29 gravures et 1 plan. (58 S.)

**Bilderjagd**, poetische, (v. J. F. Dieterich). 8... 778. 2e A. 780.

**Bilderjagd, Poetische.** Görlitz und Leipzig 1778. 2. Aufl. 1780. V: *Dietrich, Johann Friedrich.* (KY) (MGT) (OL)

Bilderkabinet. – s.a. Bildercabinet.

**Bilderkabinet**, neues, ein ABC- u. Lesebuch f. Knaben u. Mädchen. Verb. Aufl. Mit 23 ill. Kpf. 12. Leipz. 827, Mag. f. Ind.

Der Bilder Kalender:
Published by Morwitz & Co. Philadelphia/PA
PHh 1874, 1876, 1878, 1880, 1883, 1884.

**Bilder-Kalender**, Emerich Bartalits'scher gemeinnütziger kleiner, für das J. 1866. 1. Jahrg. 4. (40 S. mit eingedr. Holzschn.) Pest, (Lauffer's Verlag.) *

**Bilder-Kalender**, Alois Bucsánszky's kleiner —, für das Gemeinjahr 1855. Siebenter Jahrgang. Mit im Text gedruckten Bildern. 8. (32 S. 4 Blätt) Pesth. Druck und Verlag von Aloys Bucsánszky.
Enthält: Geschichte der Magyaren. (Fortsetzung.) — Einnahme der Festung Ofen. 1686.

—— christlicher, für 1865. gr. 8. Pest 864, Bucsánszky. *

CHRISTLICHER Bilder-Kalender. Budapest 1884 (-1924): Verlagsbuchhandlung Melmer. - 230 mm

CHRISTLICHER Bilder-Kalender auf das Jahr 1891(-1917). Neusiedl am See / Magyaróvár (Ungarisch-Altenburg) 1890(-1916): Horváth. - 230 mm

CHRISTLICHER Bilder-Kalender für das Jahr 1894(-1923). Budapest 1894-1923: St. Stephans-Verein. - 260 mm

Deutscher Bilder Kalender: 1858? – ?
Published by Louis Passano in 1858; by Fisher & Brother in 1859 – 1860.
Baltimore/MD

Deutscher Bilder Kalender: 1858? – ?
Published by Fischer & Binder. Philadelphia/PA

**Bilder-Kalender** für deutsche Handwerker, belehrenden und heiteren Inhalts, auf das J. 1869. Mit vielen Illustr. (in Holzschn.) Hrsg. von L. Jung. Nebst einem Anh. von heiteren Schnurren, Bildern rc. 4. (48 S.) Würzburg 868, Stahel'sche Buchh.

**Bilderkalender**, Immerwährender, v. H Th. (Hans Thoma.) (Einfache Ausg.) (4 u. 2 S., 12 Bl., 12 S. Text in Fksm. u. 10 Bl.) 36×28 cm. Karlsr., Kunstdr. Künstlerbund Karlsruhe ('11). L 20 —;

—— katholischer, für den Bürger und Landmann auf das J. 1866. 4. (40 S. mit eingedr. Holzschn.) Würzburg 867, Stahel'sche Buchh.

— katholischer, für den Bürger u. Landmann auf d. J. 1868—1870. Ebend. 4. Jeder Jahrg. (à 6 Bgn.) 3 ngr

—— katholischer, für den Bürger und Landmann auf die J. 1869—75. 4. (à Jahrg. 46—58 S. mit eingedr. Holzschn.) Würzburg, Stahel'sche Buchh. à Jahrg.

**Bilder-Kalender**, katholischer, für den Bürger und Landmann auf die J. 1876—1880. 4. (40; 44; 57; 48; 48 S. mit eingedr. Holzschn.) Würzburg, (Stahel'sche Buchh.) à Jahrg. *

**Bilder-Kalender**, katholischer, für den Bürger und Landmann auf die J. 1881—1885. 4. (à Jahrg. ca. 56 S. mit eingedr. Holzschn.) Würzburg, Stahel'sche Buchh. à Jahrg. *

**Bilder-Kalender**, katholischer, für den Bürger und Landmann auf die J. 1886—1889. 4. (54; 76; 40; 56 S.) Würzburg, (Stahel'sche Buchh.) à Jahrg. * — 30

**Bilder-Kalender**, katholischer, f. den Bürger u. Landmann auf d. J. 1890. 4. (53 S.) Würzb. 889, (Stahel). * — 30
Nicht weiter erschienen.

—— kleiner, für 1865. gr. 8. Pest 864, Bucsánszky. *

**Bilder-Kalender**, kunsthistorischer, f. d. Großherzogth. Hessen. 1. Jahrg. 1896. (Hrsg. v. G. Schaefer.) schmal Fol. (16 S. m. Abb.) Gießen, E. Roth. n. 1. —

—— der lustige, für die J. 1875—1880. 13.—18. Jahrg. 4. (à 46 S. mit eingedr. Holzschn.) Würzburg, Etlinger'sche Buchh. à Jahrg. * 80 Pf.; Ausg. in 8. à Jahrg. *

—— der lustige, auf die J. 1881—1885. 19.—23. Jahrg. 4. (à Jahrg. 48 S. mit eingedr. Holzschn.) Würzburg, Etlinger'sche Buchh. à Jahrg. *
Ausg. in 12. (à 112 S.) à Jahrg. *

—— der lustige, für die J. 1886—1889. 24.—27. Jahrg. 4. (à Jahrg. 46 S. mit eingedr. Illustr.) Würzburg, Etlinger'sche Buchh. à Jahrg. * — 30

—— der lustige, f. d. J. 1890—1893. 28.—31. Jahrg. 4. (à Jahrg. ca. 50 S.) Würzb., Etlinger. à Jahrg. — 30
Protestant. Ausg. à Jahrg. — 30

Bilder-Kalender, der lustige, f. d. J. 1895. 33. Jahrg. 4. (40 u. 16 S.) Würzburg, Etlinger. — 30
In kathol. u. protestant. Ausgabe erschienen.

— d. lustige, f. 1896. 34. Jahrg. 4° (66) Würzb., Etlinger. — 30
*In kathol. u. protestant. Asg. erschienen.*

— d. lustige, f. d. J. 1898. 36. Jahrg. 4. (62 u. 8 S. m. Wandkal.) Würzburg 897. Etlinger. — 80
Erscheint in kathol. u. protestant. Ausgabe.

Bilder-Kalender, d. lustige, f. 1901. 40. Jahrg. 4° (55 u. 8) Würzbg, Etlinger. — 30
*In kathol. u. protestant. Asg. erschienen.*

Bilder-Kalender, der lustige, f. d. J. 1903. 41. Jahrg. 4. (55 u. 8 S. m. Wandkalender.) Würzburg, Veitshöchheim, Etlinger. — 30
Erscheint in katholischer u. protestantischer Ausgabe.

Bilder-Kalender, d. lustige, f. 1904. 42. Jahrg. (72 u. 8) 4° Veitshöchh.-Würzbg, Etlinger. — 30 d
*In kathol. u. protest. Ausg. erschienen. — Fortsetzg war nicht zu erhalten.*

Bilder-Kalender, der lustige, f. d. J. 1907. 45. Jahrg. (56 u. 8. S. m. Wandkalender.) gr. 8. Veitshöchheim-Würzburg, Etlinger. — 30
In katholischer u. protestantischer Ausgabe.

— d. lust., f.'09. 47 J. (72 u. 9) gr8° Würzbg, W Ott. — 30 d
*In kathol. u. protestant. Ausg.*

Bilder-Kalender, der lustige, auf d. J. 1911. 50. Jahrg. (78 u. 9 S. m. Wandkalender.) gr. 8. Würzburg, W. Ott.
In katholischer u. protestantischer Ausgabe. — 30

— Der lustige, f.'13. 52. J. (76 u. 10) gr8° Würzbg, W Ott. — 30 d
*In kathol. u. protestant. Ausg.*

Bilder-Kalender, Der lustige, 1903 K —.90, geb. K 1.—
Winterberg: Steinbrener 1902

(F) Der lustige Bilderkalender für das Jahr 1905. Gr.-8°. (138 S.) K —.90, geb. K 1.—
Winterberg: Steinbrener 1904

— d. lust., f. 1906. (144, 16 u. 16 m. 1 Taf.) 8° Winterbg, J Steinbrener. — 70: geb. — 80 d

— der lustige, f. d. J. 1907. Ein lust. Jahrb. f. jedermann, der lesen, lachen u. scherzen kann. (144 u. XVI S. m. 2 Taf.) gr. 8. Winterberg, J. Steinbrener. — 70; geb. — 80

(F) Der lustige Bilderkalender 1909. Gr.-8°. K 1.—, geb. K 1.20
Winterberg: Steinbrener 1908

Bilder-Kalender, d. lust., f.'10. (144, 16 u. 16 m. 4 [2 farb.] Taf.) gr8° Winterbg, J Steinbrener. — 80; geb. 1 — d

Bilder-Kalender, der lustige, f. d. J. 1911. (128, VIII, 20 u. II S. m. z. Tl. farb. Abbildgn., 2 [1 farb.] Taf. u. Wandkalender.) gr. 8. Winterberg, J. Steinbrener. — 70

Bilderkalender,
—— der lustige Stuttgarter, für 1880—1885. 8.—13. Jahrg. 4. (à Jahrg. 40 S. mit eingedr. Holzschn.) Stuttgart, Rupfer. à Jahrg. *

—— der lustige Stuttgarter, für 1886—1889. 14.—17. Jahrg. 4. (à Jahrg. 40 S. mit eingedr. Holzschn.) Stuttgart, Rupfer. à Jahrg. * — 20

—— der lustige Stuttgarter, für 1890—1893. 4. (à Jahrg. ca. 60 S. m. eingedr. Holzschn.) Stuttg., Rupfer. à Jahrg. * — 20

— der lustige Stuttgarter, f. 1895. 4. (51 S. m. Wandkalender.) Ebd. — 20

— d. lust. Stuttgarter, f. 1896. 4° (56) Ebd. — 20

— d. lustige Stuttgarter, f. 1898. 4. (56 S. m. Wandkal.) Stuttgart, H. Zeller. — 20

— d. lust. Stuttgarter, f. 1901. 4° (48 u. 8) Stuttg., Zeller & Schmidt. — 20

— der lustige Stuttgarter, f. 1903. 4. (60 S. m. Wandkalender.) Ebd. — 20

— d. lust. Stuttgarter, f. 1906. (49 u. 7) 8° Ebd. — 20 d

— der lustige Stuttgarter, f. 1907. (46 u. 8 S. m. Wandkalender.) gr. 8. Ebd. — 20

— der lustige Stuttgarter, f. 1910. (61 S. m. Wandkalender.) gr. 8. Stuttgart, K. Daser. — 20

— Der lust. Stuttgarter, f. '13. (72) gr8° Ebd. — 20 d

Bilderkalender,
— lustiger, f. 1903. 4. (48 u. 16 S.) Stuttgart, Zeller & Schmidt's Verl. — 20

— lust., f. 1906. (49 u. 7) 8° Stuttg., K Daser. — 20 d

— lustiger, f. 1907. (56 S.) gr. 8. Stuttgart, K. Daser. — 20

— lustiger, f. 1910. (61 S.) gr. 8. Stuttg., K. Daser. — 20

— Lustiger f. '13. (56 m. Abb.) gr8° Stuttg., K Daser. — 20 d

— lustiger, deutscher. 1893. 4. (44 S.) München, Münchener Verlags-Institut, F. Braunbeck. — 20

Bilderkalender,
—— neuer, auf die J. 1870—72. 4. (à Jahrg. 40 S. mit eingedr. Holzschn.) Reutlingen, Fleischhauer und Spohn. à Jahrg.

— neuer lustiger, f. 1895. 4° (51) Stuttg., H Zeller. — 20
*Erscheint nicht mehr.*

(F) Neuer Bilderkalender für alle Welt. Schaltjahr 1904. Lex.-8°. K —.90, geb. K 1.—
Wien: Hassenberger 1903

(F) Neuer Bilderkalender für alle Welt. 1907. Gr.-8°. (207 S.) K —.80
Wien: Hassenberger 1906

— neuer, f. alle Welt. Jahrbuch f. Haus u. Familie f. d. J. 1910. 8. Jahrg. Red. v. Eduard Hassenberger. (208 S. m. Abbildgn. u. 1 Farbdr.) gr. 8. Wien, Ed. Hassenberger & Co. — 80
Forts. u.d.T.: Bilderkalender für alle Welt.

—— Pest-Ofner deutscher. Auf die J. 1862—65. 1.—4. Jahrg. 8. (XVI und 48 S. mit eingedr. Holzschn.) Pest, (Lauffer's Verlag.) à Jahrg. *

Bilderkalender, Schweizerischer, f. d. J. . . . Hg.: M. Disteli, fortges. v. s. Freunden.
1839. 11 Bl. m. 16 Lith.
1840. 11 Bl. m. 13 Lith.
1841. 7 Bl. m. 7 Lith., 40 S. 2 Holzschn.
1842. 10 Bl. m. 16 Lith., 66 S. 38 Holzschn.
1843. 9 Bl. m. 9 Lith., 48 S. 39 Holzschn.
1844. 8 Bl. m. 11 Lith., 58 S. 61 Holzschn.
1845. 10 Bl. m 13 Lith., 48 S., 20 Holzschn.
1846. 9 Bl. m. 13 Lith., 46 S. 20 Holzschn.
1847. 8 Bl. m. Lith., 46 S., 18 Holzschn.
Solothurn.: Jent u. Gaßmann

Turner und Fischer's Deutscher Bilder Kalender. 1848? : Philadelphia, PA
Published by Turner & Fischer

Bilder-Kalender, unterhaltender u. belehrender deutscher, f. d. J. 1892. 4. (96 S.) Berl., Schwerin. — 40

— unterhaltender u. belehrender deutscher, f. d. J. 1893. 4. (104 S. m. 1 Farbendr.) Berlin, J. Schwerin's Verl., A.-G. — 30

(F) Bilderkalender für alle Welt für das Jahr 1911. Gr.-8°. K —.80, geb. K 1.—
Wien: Hassenberger 1910

— (f. alle Welt) f. '13. 13. J. Red. v. Eduard Hassenberger. (224 m. Abb. u. 1 Farbdr.) 8° Wien, Druck- u. Verl.-Anst „Adria". — 80 d
*Bis '10 u. d. T.: Bilderkalender, Neuer, f. alle Welt.*

—— Wiener lustiger, für die J. 1881—1884. 1.—4. Jahrg. 4. (à Jahrg. 44 S.) Wien, Agentur von Woerl. à Jahrg.

**Bilderkasten, Josua Zipperleins ovidianischer,** mit einem Caricaturengemälde, den Zimmerspruch nach der Weltschöpfung vorstellend. Koburg u. Leipzig 1814. V: *Wendel, Joh. Andr.* (Alb. Weigel, Cat. Nr. 64.)

Bilderkatalog. – s.a. Bildercatalog.

**Bilder-Katalog** f. das christliche Haus. 8. (16 S.) Leipzig 874. Buchh. d. Vereinshauses. — 30

**Bilder-Katalog** f. das christliche Haus. 8. (32 S. m. eingedr. Holzschn.) Leipzig 884. Buchh. d. Vereinshauses. n.n. — 60

Bilder-Katechismus. 8. Halle, Dreyßig. (C. Klein in Lpz.) 4 gr.

— m. D. Luthers Erzählungen, v. Fedderf. u. Wagnitz. Halle, Dreyßig.

**Bilder-Katechismus, evangelischer.** Dr. M. Luther's kleiner Katechismus in Bildern dargestellt u. auf Holz gezeichnet von B. A. Küchle. Stuttgart 867. S. G. Liesching. (Gütersloh, Bertelsmann.) 4. (187 S. mit Holzschn.) 1 ₰ 6 ngr.

— curioser. Mit ill. Kpf. 8. Nürnb. 773. Bauer u. R. 8 gr.

Bilderkonversationslexikon. – s. Bilderconversationslexicon. –

Bilderkranz. 2 Sorten. 8. (à Sorte 8 Chromolithogr. mit eingedr. Texte.) Wesel 880, Düms. à Sorte

Bilderkranz. 3 Sorten. 12. (à 8 farb. Taf. m. Text.) Leipzig 889. Fr. Pfau. cart. à n.n. — 10

**Bilder-Kranz** für das zarte Jugendalter. Enth. 16 Bilder mit erläut. Text. Lithogr. 8. Emmerich 842, Romen. (Leipzig, Hermann.) cart. n. 1/6 ₰

**Bilderkranz** aus dem Jugendleben für wißbegierige Knaben u. Mädchen. 12 color. Lithogr. in Tondruck mit (12 Bl.) erläuterndem Text. Nürnberg (854.) Lotzbeck. qu. 4. 15 ngr

Bilderkranz f. brave Kinder. gr. 4. (12 S. m. z. Tl. farb. Abbildgn.) Konstanz (899). C. Hirsch. — 50

Bilder-Legende f. das christkathol. Volk mit begleit. Texte v. M. Sintzel. 10 Hfte. gr. 8. (40 B. m. Holzschn.) München 814, 45, Braun u. Schneider. à 5 Ngr.

Bilderlese, alphabet., zur leichten Erlern. d. Buchstaben. Mit Text v. P. J. Beumer. 8. (24 ill. Stnt. u. 2 B. Text ohne Pag.) Wesel 838, Bagel.

Bilderlese, biblische, in 24 Bildern u. Erzählungen. Ein Festgeschenk f. gute Kinder ic. 8. (24 Blätter.) Wesel 845, Bagel.

**Bilderlese** aus kleineren Gemäldesammlungen, s.: Bode, W.

Bilderlese, kleine alphabet., f. Kinder. 8. (1/4 B. ill. Kpfr. u. Titvign.) Berlin 832, Hasselberg.

**Bilderlese, kleine alphabetische, für Kinder.** 8. Berlin 841, Hasselberg. In verziert. farb. Umschlag br. Illum. 1/6 ₰

**Bilder-Lesebuch,** erstes, siehe: Haus- u. Schul-Bibliothek.

v. Bilderling, Capit., s. v. Jomini, d. Wesen d. Kriegskunst.

Bilderlust. Unzerreißbares Bilderbuch für artige Kinder. Hamburg (863.) Gebr. Spiro. 4. (12 lith. Bl. in Farbendruck auf Leinwd.) 15 ngr

**Bilderlust.** 8 color. Bilder (in Holzschn.). Stuttgart 869. Scheitlin. (Risch.) 8. 9 ngr

**Bilderlust.** 4. (8 color. Steintaf. m. Text.) Alt-Gersdorf 874. Deckart. — 60

Bilderlust. — Divertissement en images. — Picture pleasure. — Prentenlust. 8. (12 color. Stnt.) Stuttgart 874, Risch. cart.

— Divertissement en images. — Picture pleasure. — Prentenlust. 8. (12 color. Steintaf.) Stuttgart 874. Eger & Distler. — 25

Bilderlust. Ein Räthselbuch für kleine Kinder. Kinder-Predigt. 30 Bilder-Räthsel. Das Lied vom Unterschied. Illustrirt von C. Gonzen. 4. (23 Bl. mit color. Illustr.) Stuttgart 883, Thienemann's Verlag. cart. *

Bilderlust. kl. 4. (10 lackierte Chromolithogr. auf Carton.) Stuttgart 886, Loewe. geb. 1 20

Bilderlust. 12. (8 farb. Taf. m. Text.) Leipzig 889. Fr. Pfau. cart. n.n. — 10

Bilderlust. Unzerreißbares Bilderbuch. qu. 8. (6 Farbdr.- u. 6 illustr. Text-Taf. auf Pappe.) Stuttg. 891. Loewe. cart. 1 50

**Bilderlust.** Ein Bilderbuch auf Pappe. Fol. (12 farb. Taf.) Eßlingen 894. J. F. Schreiber. Kart. n. 3. —

Bilderlust. 8. (12 S. m. z. Tl. farb. Abbildgn.) Konstanz (899). C. Hirsch. — 25

— qu. hoch 4. (8 farb. u. 2 schwarze S. ohne Text.) Ebd. (901). Geb. — 75

— (8 farb. S. ohne Text, auf Pappe.) qu. Fol. Wesel (902). W. Düms. Geb. — 80

Bilderlust. (16 S. m. farb. Abbildgn.) 20,5×30 cm. Wesel (909). W. Düms. Geb. — 60

— dasselbe. (7 farb. S.) 19,5×30 cm. Ebd. (909). Auf Pappe — 70

— dasselbe. (9 farb. S. auf Pappe.) 20,5×30 cm. Ebd. (909). Geb. 1. —

— dasselbe. (8 farb. Bl. auf Leinw.) 20,5×30 cm. Ebd. (909). Geb. 1. 50

Bilderlust, alphabet., für Knaben. Mit 24 bunten Abbild. (auf 6 Kpfrtaf.) 8. (1/4 B.) Leipzig. (H. Frische.) *

—— alphabet., für Mädchen. Mit 24 bunten Abbild. (auf 6 Kpfrtaf.) 8. (1/4 B.) Leipzig. (H. Frische.) *

— angenehme, d. Jugend in 25 Kpf. vorgestellt. Fol. Nürnb., Monath u. K. 12 gr. ill. 16 gr.

Bilder-Lust zur Belehr. u. Unterhalt. f. d. Jugend. Mit Benutz. grösserer Prachtwerke in öffentl. Bibliotheken, so wie d. berühmt. Kunst- u. Naturalien-Sammln. In 50 Abbildn. nach d. Natur u. nach guten Originalen m. erklär. Beschreib. gr. 4. Berlin 830, Heymann.
Ist eine neue Ausg. des: Bilder-Cabinet, -

Bilderlust und Bilderlehre. Ein Bilderbuch nach Bohny's bekannter Methode zur Anleitung im Anschauen, Denken, Rechnen und Sprechen der Kleinen im Alter von 2½ bis 7 Jahren zum Gebrauche in Familien, Kleinkinderschulen, Taubstummen-Anstalten u. s. w. mit 108 color. Scenen und mehr als 400 untergedruckten Fragen. Eßlingen (864.) Schreiber. 4. (IV S. u. 18 lith. u. color. Taf.) 27 ngr.

Bilderlust, die bunte. Geschenk für gute muntere Knaben. 4. (Mit 10 col. Kpfr.) Leipzig 844. (Goetz.) geb. ⅓ ₰

Bilderlust, geograph., v. Lothringen. Frankr. u. Deutschl. m. K. 12. Nürnb.

— f. d. Jugend. Zum Nachzeichnen u Illuminiren. 4 Hefte. 4. Augsb., Schlosser. 1 ₰ 1 gr.

— f. d. Jugend, zum Nachzeichnen u. Illuminiren. 4 Hefte. 4. Wien, Müller. (à 1 ₰ 8 gr.) 5 ₰ 8 gr.

Bilderlust f. d. Jugend, ein ABC- u. Lesebuch f. gute u. fleißige Kinder, mit 40 ill. Kpf. 8. Meißen 820. Goedsche. 14 gr.

— für Kinder. Mit 269 color. Abbildungen. 8. Stuttgart 842, Hoffmann'sche Verlagsbuchh. geb. 1 ₰

— für Kinder. Mit 269 col. Abbild. 8. (4½ B.) Stuttgart 842. [Schmidt u. Spring.]

— für Kinder. Zum Selbstverfertigen e. Bilderbuches. qu. Fol. (6 Bl. Chromolith. in Imp.-Fol.) Leipzig 870. Hartknoch. 6. —

— für Kinder jeden Alters m. (7) color. u. (17) schw. Kpfrn. gr. 4. Leipzig 849, Pönicke. 5/12 ₰

— für Kinder jeden Alters mit (7) ill. und (17) schw. Kpfrn. gr. 4. Leipzig 850, G. Pönicke.

— für artige Kinder (v. Voltz. 25 sauber ill. Bl.) qu. ½ Fol. Reutlingen 841, Fleischhauer u. Spohn.

— für artige Kinder. qu. Imp. 4. (25 lith. u. color. Bl.) Reutlingen 851, Fleischhauer & Spohn. 2½ ₰

Bilderlust f. fleiss. Kinder, in 16 (lith. u. col.) Bl. gr. 4. Düsseldorf (834), Arnz u. Comp. 1 Thlr. 12 Gr., schw.

— für große u. kleine Kinder. Mit 24 (lith.) Farbendruckbildern. Wien 867. Literar.-artist. Anstalt. 4. 1 ₰

— für kleine Kinder. (6 Hfte., jedes mit 42 ill. Bildern auf stark. Pap.) qu. gr. 4. Nürnberg 833—37. Zeh. (à ½ ₰)

Bilderlust für kleine Kinder. Zwölf (in Kpfr. gest. u.) illum. Bilder. qu. 4. Nürnberg 849, Lotzbeck. ½ ₰

— der kleinen Kinder. 4 Hfte. qu. 4. (à 6 Holzschntaf. in Buntdr.) Stuttgart 873. G. Weise. à — 30

— in der Kinderstube für die lieben Kleinen. Unzerreißbares Leinwandbilderbuch. Nürnberg 867. P. C. Geißler. 4. (16 lith. u. color. Bll.) 20 ngr.

Bilderlust für die liebe Kinderwelt. Halle (854.) (Berlin) Riese. 4. (12 color. Bl. in Holzschn.) 15 ngr.

— die kleine. Mit 10 color. Abbild. breit 8. Leipzig 846. (Hunger.) ½ ₰

Bilderlust, kleine, für die frühere Jugend, in 24 color. Bildern. gr. 16. Meißen 847, Goedsche. 9 ngr.

— für Knaben. Mit 12 Taf. Abbild. qu. 4. Stuttgart 843, Hoffmann. ¾ ₰

— für fleißige Knaben. In 16 (color.) Bl.) gr. 4. Düsseldorf 834, Arnz u. Comp. 1½ ₰, schwarz 1 ₰

— für Knaben u. Mädchen. Stuttgart 865. Nitzschke. 8. (8 lith. u. color. Bll.) 6 ngr.

— für Mädchen. Mit 12 Taf. Abbild. qu. 4. (5⅓ B.) Stuttgart 842, Hoffmann'sche Verlsbuchh.

Bilder-Lust, neue, für kleine Kinder. Nebst einer ABC-Tafel und ausgewählten Erzählungen für das kindl. Alter. Mit 12 ill. Steintaf. qu. 8. Arnsberg 833. Ritter. 7 gr.

— des kleinen Reiters, d. muntern Knabenwelt gewidmet. Nach Origzeichn. v. P. C. Geissler. qu. 4. (10 lith. u. ill. Bl.) Nürnberg 841, Zeh'sche Buchh.

— in neuen Thiergeschichten. Vom Verf. des Plauderstübchens. gr. 8. (16 S. m. lith. u. color. Abbildgn. u. 4 S. Text.) Stuttgart 851, Thienemann. ½ ₰

— in neuen Thiergeschichtchen. Vom Verf. des Plauderstübchens. Stuttgart 863. Thienemann. 8. (4 S. u. 16 lith. u. color. Taf.) 15 ngr.

— die, aus dem Thier- u. Pflanzenreiche, für wißbegier. Kinder. Mit 214 ill. Abbildungen. qu. Fol. Nürnberg ... Renner u. Comp. ⅔ ₰

Bilder-Magazin, zunächst f. d. Jugend zur angenehm. Unterhalt. u. Belehr. 1. Bd. (12 Lfgn.) (Mit vielen Stndr.) Lex.-8. (12⅛ B.) Erfurt 839—42, Bartholomäus. * Thlr.

Bilder-Magazin in Miniatur f. d. deutsche Jugend. Nr. 150—200 f. engl. Holzschn.. Hrsg. v. A. Diezmann. 1834. July—Dec. 26 Nrn. (½ B.) gr. 8. Leipzig, Industrie-Compt.

Bilder-Magazin für allgemeine Weltkunde... Leipzig 1834-37. H: *Malven, Fd. Marie.* (Ky) H: *Wertheim gen. Malven.* (EngG)

— f. allgem. Weltkunde. Nebst e. ausführl. Beschreib. ders. u. mit Nachrn. v. d. neuest. Entdeckungen ausgezeichn. Reisenden; Darstelln. d. Lebensweise u. Gebräuche verschied. Völker u. Forschungen üb. d. wunderbarsten Schöpfungen d. Thier- u. Pflanzenwelt. Jedes Hft. enth. 8 B. Text u. 8 Stahl- od. Kpfrpl. m. 6—9 Abbildn. (1. Jahrg.) 12 Hfte. Nebst Regist. kl. Fol. Leipzig 834, 35, Hartleben's Verls-Exped. à Hft. 12 Gr.

— für allgem. Weltkunde. Oder geograph. ethnograph. Bilder-Gallerie, nebst e. ausführl. Beschreib. ders. u. mit Nachrichten von d. neuesten Entdeckn. ausgezeich. Reisenden; Darstellungen d. Lebensweise u. Gebräuche verschied. Völker u. Forschungen üb. d. wunderbarsten Schöpfungen d. Thier- u. Pflanzenwelt. Redig. v. Ferd. Maria Malven. (2. Jahrg.) 12 Hfte. schmal gr. 4. (36 Stahlst. u. 36 B. Text.) Leipzig 835, 36, (Pesth,) Hartleben. à H. 12 Gr.
1. Jahrg. Ebendas. 1834, 35. 6 Thlr.

Bildermann, der. Buntes Bilderbuch für artige Kinder. gr. Fol. (24 ill. Stnt.) Neu-Ruppin 863, Oehmigke. cart. *

Bildermann, der kleine, ein A.B.C.Buch f. gute Kinder. 1. u. 2. Aufl. jede m. 22 ill. Kpfr. u. (1½ B.) 8. Nürnberg 828, 31, Bauer u. Raspe. à

Bildermann, leipziger, f. d. Wintermonate d. J. 1841. (Mit vielen, schön. Holzschn.) 16. (10 B.) Leipzig, Hartung. *

Bildermann, Leipziger, für die Wintermonate des Jahres 1841. (Mit vielen, schönen Holzschnitten.) 16. Leipzig 841, Wunder. n. ⅓ ₰

Bildermann, der lustige. gr. 4. (20 lith. u. color. Bl.) Berlin 847, L. Schlesinger. n. ⅔ ₰ — 2. Aufl. gr. 4. Ebd. 849. n. 16 ngr. — 3. Aufl. gr. 4. Ebd. 850. (Simion.) n. 16 ngr.

Bildermann, d. moral. u. belehr., mit 12 ill. Steindr. 16. Meißen 824. Goedsche. 14 gr.

—— der moral. u. belehrende. M. 16 ill. Kpfr. 16. (7½ B.) Meißen 828. (Leipzig, Herbig.)

**Bildermann, der Neusalzaer, für Knaben und Mädchen,** mit 12 (lith.) bunten Bildern. (855.) — 2. Aufl. Neusalza (857.) Borndrück. qu. 4. 7½ ngr.

Bildermann, der neusalzaer, für Knaben und Mädchen mit 12 bunten Bildern. 3. Aufl. qu. 4. (12 ill. Stnt. mit Text.) Neusalza 858, Borndrück.

—— der Rheinländ., 1. Hft.: Tyll-Eulenspiegel. 2. u. 3. Hft.: Hebels rheinländ. Hausfreund. Hrsg. v. Dambacher. 1. u. 2. Lfg. gr. 4. (à 16 Stnt. u. 2½ B. Text.) Carlsruhe 827—32, Müller. à Hft.

**Bildermappe,** oder Abbild. v. Thieren, Vögeln u. Fischen z. Illumin. u. Zerschn. f. Kinder. 2 Thle. (à 8 gr.) 8. Halle, Dreyßig. 802.

**Bildermappe** zu nützlicher Beschäftigung in Familienkreisen. Eine systemat. Sammlung von Abbildungen aus der Länder- und Völkerkunde, Geschichte, Naturgeschichte, Naturlehre, Technologie und Mechanik, nebst ausführl. Erläuterung. 1.—12. Lief. qu. gr. Fol. Mit 24 Stahlst. u. Text in Lex.-8. Leipzig 844, 45, Dörffling. n. 2¾ Thlr

**Bildermappe** zu nützlicher Beschäftigung in Familienkreisen. Abbildungen aus der Länder- u. Völkerkunde, Geschichte, Naturgeschichte rc. 13—15. Liefrg. qu. gr. Fol. (4 Stahlst. u. Text: 7 B. in Lex. 8. m. 2 Stahlst. in Lex. 8.) Leipzig 845, Dörffling & Franke. n. ⅔ Thlr (1—15: 3 1/12 Thlr) (Fortsetzung siehe: Album für Freunde der Länder- u. Völkerkunde.)

— blaue, zur Unterhaltung f. Kinder, die gern zeichnen, tuschen, coloriren, ausmalen rc. wollen. 4. Leipz. 815. Joachim. 16 gr.

**Bilder-Mappe,** Düsseldorfer. Orig.-Zeichnungen von A. Baur, Hugo Becker, M. v. Beckerath rc. 4. (15 Holzschntaff. m. Text). Berlin 866. Grote. (Leipzig, Zander.) 4. (15 Bll. in Holzschn. m. Text.) 1 Thlr 15 ngr.

**Bilder-Mappe,** Hamburger. 5 (lith.) Bilder m. Text. qu. gr. Fol. (1 Bl.) Hamburg 895. (Boysen & Maasch.) In Mappe n. 20. —

— zum Illuminiren, mit Vorlegebl. 4. (8 lithogr Bl., wovon 4 ill. sind.) Magdeburg 837. Wagner u. Richter. ⅜ Thlr

Bildermappe, kleine. 6 (chromolithogr.) Bildertaf. (in qu. gr. 4.) auf starkem Carton. Zur Unterhaltung für kleine Kinder. gr. 8. Eßlingen 880, Schreiber. geb. *

Bildermappe, kleine, f. d. Jugend, z. Zeichnen, Illuminiren rc. M. 150 Fig. 8. Hamb (Enobloch in Leipzig.)

— kleine, f. d. Jugend, zum Zeichnen, Illuminiren u. Ausschneiden. 4. Hamb. 815. (Aue in Altona). 20 gr.

— kleine, f. die Jugend, z. Zeichnen, Illuminiren u. Ausschneiden. 4. Hamb. Gundermann. 815.

Bilder-Mappe, kleine, für fleißige Kinder, zum Nachzeichnen und Illuminiren. qu. gr. 8. Danzig 836. Gerhard. 1/6 Thlr

Bildermappe f. Kunstfreunde. Eine Sammlung der vorzüglichsten Holzschnitte nach Zeichngn. u. Oelbildern zeitgenöss. Maler aus der „Gartenlaube". 10 Lfgn. gr. Fol. (à 5 Taf. m. 1 Bl. Text.) Leipzig 891. E. Keil's Nachf. à n. 1. — (kplt. in Mappe: n. 12. —)

(B) **Bildermappe** f. Kunstfreunde. 891. Jetzt: Stuttgart. Union. Ladenpr. aufgeh.

— zum Nachzeichnen u. Illuminiren für Kinder, in 18 verschied. Blättern. kl. 4. Hanau 833. König. 1/6 Thlr

— neue, zum Nachzeichnen u. Illuminiren für Kinder, in 18 verschied. Blättern. qu. gr. 16. Hanau 842, König. 1/5 Thlr

— von Trier. Ansichten v. Trierer Sehenswürdigkeiten, nebst Bild d. hl. Rockes. 22 Bilder in feinem Photogr.-Druck, unaufgezogen. gr. 16. Trier 891. Paulinus-Druckerei. In Couvert. n. 1. —

**Bildermappen** zu Schorer's Familienblatt. Prämie f. d. Abonnenten. 1—12. Lfg. Fol. (à 3 Holzschntaf. m. Text 1—41.) Berl. 82—84, Schorer. à n. — 80; f. Nicht-Abonnenten d. Familienblattes à n. 1. 25; Aufbewahrungsmappe n.n. 6. — ‖ 2. Sammlg. 1. Lfg. [Der ganzen Folge 13. Lfg.] 2. Tausend. Fol. (3 Holzschntaf. m. 3 S. Text.) 85. n. — 80 ‖ Neue Folge. 1. Lfg. Fol. (2 Holzschntaf.) 80. n. 1. 50

**Bildermappen** zu Schorers Familienblatt. Prämie f. die Abonnenten. 2. Sammlg. 1—5. Lfg. [Der ganzen Folge 13—17. Lfg.] Fol. (à 3 Holzschntaf. m. 3 S. Text.) Berlin 885. 86. Schorer. à n. — 80

**Bildermappen** fürs Deutsche Haus. 1. Potsdam: Stiftungsverl. [1907]. 4° [10. 1598]

**Bildermappen fürs deut. Haus.** 5—7. 33×25,5 cm. Potsd., Stiftgsverl. (1—7: 7.25) d
*Bisher u. d. T.: Schaefer, Rud.: Bildermappen.*
Schubring, Gertr.: Frauenleben. 10 Silhouetten. (10 Taf.) ('11) [5] 1 —
— Aus Kindertagen. 10 Silhouetten. ('11) [6] 1 —
Thiele, Wilh.: Deut. Burgen. 6 Orig.-Zeichngn. (6 Taf. m. 4 S. Text.) ('12) [7] 1 —

Bildermuseum, naturhistorisches, s. Real-Lexicon.

**Bilder-Novellen** v. A. Godin, Sophie Kaulbach, J. Lohmeyer u. A. zu Gemälden von H. v. Angeli, W. Amberg, W. v. Czachórski u. A. 4. (31 S. m. 10 Heliograv.) Berlin 889. Photograph. Gesellschaft. geb. m. Goldschn. n. 20. —

Bilder-Portefeuille, rothes, zur Unterhalt. f. Kinder, die gern zeichnen, tuschen, coloriren, ausmalen rc. wollen. 4 Hefte mit 40 Kpf. 4. Leipz. 815. Joachim. 12 gr.

Bilderpuppen, in 23 gewählten Darstell. Zur angenehmen Unterhaltung u. Belehrung f. kleine Mädchen. Mit ill. Kpf. 4. Leipz. 804. Voß. 1 Thlr 8 gr.

**Bilder-Quodlibet.** gr. 8. (16 ill. Taf.) Leipzig 846, Hunger.

Bilder-Quodlibet, neues, für Jung und Alt. Enthalt. eine Sammlung von 200 historischen, mythologischen, malerischen Kpfrn. u. Portraits. gr. 8. Wien 834. Sammer. 2 1/6 Thlr

**Bilder-Quodlibet** in alphabetischer Ordnung. ... Leipz. 1815. V: *Hesse, Johann Heinrich Gottlieb.* (Ky)

Bilder-Quodlibet in alphabet. Ordnung. Ein kleines element. Lesebuch f. gute Kinder, 150 Gegenstände auf 24 kl. color. Kpf. (v. J. H. G Hesse). 12. Leipz. 815. Magaz. f. Ind. 1 Thlr 12 gr.

**Bilderquodlibet,** unterhaltendes. Ein neues ABC- und Bilderbuch für das erste Kindesalter. Mit 24 col. Kupfertaf. 8. Nürnberg 845, Zeh'sche Buchh. 5/12 Thlr

**Bilderrahmen** m. Blumenschmuck f. Kabinettbilder, s.: Vorlagen f. Brandmalerei.

**Bilder- u. Spiegel-Rahmen** vorzugsw. i. Schnitzarbeit v. Albrecht Dürer b. z. Rococo. Ausgew. u. hrsg. v. Adb. Roeper unt. Mitwirkg. u. m. e. Vorw. v. Hans Bösch. 30 Taf. Photogr. u. Lichtdr. v. Jos. Albert. gr. Fol. (2 S. Text.) München 897. Jos. Albert. In Mappe 20. —

(B) **Bilder- u. Spiegelrahmen.** 897. Jetzt: Leipzig, Baumgärtner. 18.

Bilder-Räthsel-ABC, lustiges. kl. 4. (6 Chromolithogr. mit Text.) Stuttgart 886, Loewe. cart. * — 60

Bilderräthsel-ABC, lustiges. Ein unzerreißbares Bilderbuch f. die lieben Kleinen. 4. (6 Chromolith m. eingedr. u. 6 Bl. Text.) Stuttgart 887. Loewe. geb. 1. 20

Bilderreime, humoristische. Ein ABC f. Alt u. Jung. 8. (20 lith. u. color. Taf.) Stuttgart 850, Hoffmann. $^{1}/_{3}$ ℛ

Bilder-Reime und Reim-Bilder, humorist., ein ABC für Alt u. Jung v. Dr. G. G. 2e umgearb. u. verb. Aufl. qr. gr. 8. (20 lith. u. ill. Taf. auf Pappe.) Stuttg. 838. Liesching. n. $^{2}/_{3}$ ℛ

Bilder-Reime für kleine Kinder. Stuttgart (861.) Nitzschke. qu. 4. (9 lith. u. color. Taf.) 6 ngr

Bilder-Reise durch alle 5 Welttheile, oder die Nationen u. Völkerstämme der Erde f. d. fleißige Jugend zur Unterhalt. u. Belehrung von Alexis. 8. (8 B. u. 24 ill. Abbild.) Nürnberg 843, Renner u. Comp.

Bilder-Repertorium zur leichten, angenehmen u. unterhalt. Erlernung u. Vermehr. mannichfalt. Kenntnisse, f. Kinder v. 5—8 Jahren. Französ. u. deutsch. Text. Mit Kpf. gr. 8. Leipz., Leo. 2 ℛ

Bildersaal, der, ein neues Bilderbuch für kleine Kinder. 4. (14 lithogr. und ill. Blätt.) Berlin 838. Winckelmann u. Söhne. $^{3}/_{4}$ ℛ

— der, ein neues Bilderbuch für kleine Kinder. 2. Heft. 4. (14 lith. u. illum. Blätter.) Berlin 841, Winckelmann u. Söhne. (à) $^{3}/_{4}$ ℛ

Bilder-Saal, ein Quodlibet aus d. Leben der Menschen u. Thiere. qu. kl. Fol. (12 ill. Stnt.) Düsseldorf 842, Arnz u. Comp. *

— der. Eine Stahlstich-Sammlung, darstellend Bilder u. Scenen meist aus Ungarn. Mit Text. Nach Zeichngn. v. N. v. Barabás u. A. gestochen v. Axmann, Mahlknecht etc. 1—3. Heft. Mit 18 Stahlst. gr. 8. (68 S.) Leipzig 847. 48, Haendel. (à n. $^{2}/_{3}$ ℛ) n. 2 ℛ

Bildersaal. Darstellungen (in Holzschn.) aus den Gebieten der Kunst, der Wissenschaft u. des Lebens. 1—6. Hft. Nr. 1—1379. Fol. (à 40 Bl.) Leipzig 847—50, Brockhaus. (à n. 16 ngr) n. 3 ℛ 14 ngr

Bildersaal. Darstellungen (in Holzschn.) aus den Gebieten der Kunst, der Wissenschaft und des Lebens. 7. und 8. Heft. Nr. 1380—1700. Fol. (80 Bl.) Leipzig 853, Brockhaus. à Heft * 20 Ngr. Thlr. *

Bildersaal: 1878—
Organ of Deutsche Methodistenkirche. Cincinnati/OH

Bildersaal, altsächsischer; v. Freiherr de la Motte Fouqué 8. Nürnberg, Schrag, 818—20.
I. Hermann, ein Heldenspiel in 4 Abentheuern. 818.
II. Welleda und Ganna, eine altdeutsche Geschichte in 4 Büchern. 818.
III. Schön Irsa und ihre weiße Kuh. Ein Mährchen 818. Rthlr.
IV. Die vier Brüder von der Weserburg. Eine altdeutsche Geschichte, 820.

Bildersaal altdeutscher Dichter, s.a. Hagen, Friedrich Heinrich von der

* BILDERSAAL Altdeutscher Dichter. Bildnisse, Wappen und Darstellungen aus dem Leben und den Liedern der Deutschen Dichter des XII. bis XIV. Jahrhunderts. Nach Handschriftengemälden, vornämlich der Manesse'schen Sammlung, und nach anderen gleichzeitigen bildlichen Denkmalen und dahin gehörigen Bild- und Bauwerken. Mit geschichtlichen Erläuterungen von Friedrich Heinrich von der Hagen ... Berlin. J. A. Stargardt. 1856. (—61). Text in 4⁰, Atlas in gr. 4⁰. (Auch in Breslau, Kgl. u. Univ.-Bibl.: Lit. Teut. I no. 21; Bibl. Lipperheide, no. 386:)
Text: XVIII, 279 S. — „Atlas", mit dem 1861 ersch. „Ergänzungs-Atlas" vereinigt: 2 Tit., 54 Taf. in Kpfst. (bez. I—VIII a, IX—XXXVII, XXXIX—XLVIII, a—f [s. darüber S. XII]).
Auch titulo: „Minnesinger. Deutsche Liederdichter des XII. bis XIV. Jahrhunderts .... von Friedrich Heinrich von der Hagen. Fünfter Theil."

Bildersaal altdeutscher Dichter. Bildnisse, Wappen und Darstellungen aus dem Leben und den Liedern der deutschen Dichter des XII. bis XIV. Jahrh. Ergänzungs-Atlas von 13 Taf. Kpfrst. Berlin 861. Stargardt. Fol. n. 1 ℛ 10 ngr
Vergl.: Minnesinger

Bildersaal deutscher Dichtung, s. Follen, A. A. L.

Bildersaal deutscher Geschichte. Zwei Jahrtausende deutschen Lebens in Bild u. Wort. Hrsg. v. Adf. Bär u. Paul Quensel unter Mitwirkg. v. A. Großkopf u. M. Merker. Mit 483 Abbildgn. u. 48 Kunstbeilagen nach Originalen hervorrag. Künstler. Imp.-4. (XII, 400 S.) Stuttgart 902. Union. n. 15. —; geb. in Leinw. n. 20. —
Erschien auch in 50 Lfgn. à — 30.

Bildersaal f. Geschichte, Natur u. Kunst. 1r Jahrg. 16—36 Heft. Mit Steindr. gr. 4. Karlsr. 833. (832.) Müller. (à 6 Kr.) 18 Kr. (Ist e. wohlf. Ausg. d. Karlsr. Unterhaltungsbl. mit d. sämmtl. Abbildd.)

— für Geschichte, Natur und Kunst. 1r Jahrg. 16—216 Hft. Mit Steintaf. gr. 4. Karlsruhe 833—36. Müller. (à $^{1}/_{6}$ ℛ) $3^{1}/_{2}$ ℛ

—— für Geschichte, Natur u. Kunst. Enthält aus d. ersten Jahrgängen d. so allgem. beliebt. Karlsruher Unterhaltungsblattes d. sämmtl. Abbildn. u. ausführl. Erklärn. v. Thieren, Pflanzen, Mineralien, Naturmerkwürdigkeiten ꝛc. u. überdieß höchst interess. Mittheiln. ꝛc. Hft. 16—19. gr. 4. Karlsruhe 835, 36, Müllersche Hofbuchh. à 4 Gr.
1—15. Hft. Ebendas. 1833—35. 3 Thlr. 18 Gr. —

**Bildersaal** der vaterländischen Geschichte. In lebenden Bildern dargestellt an dem Erb-Huldigungs-Feste der Ritterschaft der Provinz Brandenburg ... Berlin 1840. H: *Förster*, *Friedr.* (BrMm)

— der vaterländischen Geschichte. In lebenden Bildern dargestellt an dem Erb-Huldigungs-Feste der Ritterschaft der Provinz Brandenburg am 18. October 1840 im Königlichen Opernhause in Berlin. (1. Heft.) Lithogr. Roy.-Fol. (4 Blätter.) Berlin 841, Sachse u. Comp. n. $4^{1}/_{2}$ ℛ

Bildersaal, der große. — La grande galerie d'images. — The great picture-gallery. — De groot Prentenzaal. gr. 4. (12 color. Steintaf. auf Pappe.) Stuttgart 874. Eger & Distler. geb. 2. 70

Bildersaal, der große. — La grande galerie d'images. — The great Picture-Gallery. — De groot Prentensaal. gr. 4. (12 color. Stnt. auf Pappe.) Stuttgart 874, Risch. geb.

**Bildersaal, Der historische.** 1. Periode. Theil 11. Nürnberg 1752. V: *Roeder*, *Joh. Paul.* (ML) »Th. 16. Nürnberg 1778. V: *Dreykorn*, *Johann*« (MGT) »Th. 12. 13. 15. Nürnberg 1761, 1762, 1773. V: *Richter*, *Christoph Gottlieb*« (ML)
Vgl. Bildersaal, Neueröffneter...

Bildersaal, histor. s. Imhof.

Bildersaal, Historischer, od. Denkwürdigkeiten aus d. neueren Geschichte. Ein Lehr-u. Lesebuch f. gebild. Stände. Herausgeg. von Lossius u. Schulze. 1. Band mit 12 K. gr8⁰. — Gotha, Perthes 1815. 2. Bd. 1816.

Bildersaal, historischer, od. Denkwürdigkeiten a. d. neuern Geschichte. 3r Bd. u. 4r Bd. 1r Theil. herausgeg. von Chr. Fr. Schulze, gr. 8. Gotha, Perthes. 817—820. à 3 Rthlr. Schrbpr. à 4 Rthl.

— historischer, herausgeg. v. C. F. Schulze. 4r Bd. 2r Theil. M. 14 Kpf. gr. 8. Gotha 822, Perthes. 3 Rthlr. Schrbp.

— dess. 5r Bd. 1r Thl. A. u. d. T.: Gesch. d. neuen Zeiten. 1r Bd. M. 10 Kpf. gr. 8. Ebend. 827. 3 Rthlr. Schrbp.

Bildersaal, historischer. 1s Hft. gr. 4. Düsseldorf 825, Arnz u. C.

—— historischer, f. alle Stände. Hrsg. v. K. v. Rotteck. 1—3. Bd. — A. u. d. T.: K. Pfaff, histor. Gemälde d. Inquisition. 1—3. Bd. 12. (19 B.) Stuttgart 828, [Brodhag.] à 4 Gr.

BILDERSAAL für die Jugend. [Hrsg. v. d. Tractat-Gesellschaft d. Bischöfl. Methodisten-Kirche]. 1857. Bremen ... Joh. Georg Heyse. Cincinnati. L. Swormstedt & Poe. VIII, 144 S. m. Titelillustr. u. 82 Holzschnitten im Text, alles handkoloriert. 8°. Roter Orlwd. m. Gold- u. Blindpressung. 32.—
Sehr interessantes Buch m. Berichten v. allen Missionsfeldern, e. Abschnitt ü. exot. Tiere u. d. ausführl. Erzählung e. „Oberlandwanderung nach Californien u. Oregon". Die treffenden Illustr. zeigen Eingeborene, Szenen u. Ansichten aus Ostasien, Indien, Amerika, Tiere, Missionsereignisse usf.

— der kleine, mit 16 illum. Kpfrn. Q. 4. 12. Elberfeld, Büschler. 817.

Bildersaal, der kleine. Unzerreißbares Leinwandbilderbuch. 1.—4. Aufl. gr. 4. (16 color. Stnt.) Stuttgart 872—77, G. Weise. cart.

Bildersaal, der kleine. — La petite galerie d'images. — The little picture gallery. — De kleine prentezaal. 4. (9 color. Steintaf. auf Carton.) Stuttgart 874. Eger & Distler. geb. 1.—

—— der kleine. 4. (9 Chromolithogr. auf Carton mit Text auf der Rückseite.) Stuttgart 874, Risch. cart.

Bildersaal, d. kl. Unzerreissbares Leinwandbilderbuch. 4. Afl. 4. (16 col. L.) Stuttg. 76, G Weise. 3. 75

**Bildersaal, Der kleine,** für lernbegierige und fleißige Knaben und Mädchen jeden Standes ... Elberfeld [1812]. V: *Hofmann, F. K.* (EB)

— d. kleine, f. lernbegier. u. fleißige Knaben u. Mädchen jedes Standes, m. 26 illum. K. 12. Leipzig, Bruder u. Hofmann. 812. 21

— d. kleine, für lernbegier. u. fleißige Knaben u. Mädchen jedes Standes. Mit 16 ill. Kpf. 12. Leipz. 812. (Schönian in Elberf.) 18 gl

Der königliche Bildersaal aus der alt- ober- und niederdeutschen Schule in der St. Morizkapelle zu Nürnberg. Mit drei Kupfern. (Gegenwärtig im Germanischen National-Museum.) Nürnberg 1829. 8°. Riegel u. W.

—— der Königl., aus d. Alt-, Ober- u. Niederdeutschen Schule in d. St. Morizkapelle zu Nürnberg. 3. Aufl. (1. A. 1829.) M. 3 Kpfr. (wovon 2 in qu. ½ Fol.) gr. 8. (2 B.) Nürnberg 834, Riegel u. Wiessner. 9 Gr., ohne Kpfr.

— der berühmtesten Männer und Frauen aller Völker und Zeiten. Nebst kurzen Biographien. Neue Ausg. 1.—6. Hft. jedes m. 5 Bildn. in Kpfrst. enth. gr. 8. Leipzig 841, Gebr. Schumann. à 6 ngl

—— naturhistor., des Thierreiches. Nach Will. Jardine bearb. Mit e. Vorw. v. Karl Vogel. Hrsg. v. Friedr. Treitschke. 1—51. Lfg. Lex.-8. (249 f. col. Kpfrt. u. 321 Bl. Text.) Pesth 839—42, Hartleben. à Lfg. *

—— naturhistor., des Thierreiches. Hrsg. v. Friedr. Treitschke. 52—61. Lfg. (Schluß.) Lex.-8. (27 col. Kpfr. u. 7⅝ B. Text.) Pesth 843, Hartleben's Verl.-Expedit.) à *
Lfg. 1—51. Ebendas. 1839—42. à * 10 Ngr. — Vollständig in 4 Bdn. 20 Thlr. 10 Ngr.

Bildersaal, neuer, für die Jugend. Bremen 867. Verlag d. Tractathauses. 4. (VIII, 119 S. m. Holzschn.) n. 15 ngr

**Bilder-Saal, Neu-eröffneter historischer,** d. i. Kurtze, deutliche und unpassionirte Beschreibung der historiae universalis. Nürnb. 1699—1719. V: *Imhof, Andr. Laz.* (AarF) »Bildersaal, Der neu eröffnete. V (Th. 10, 1734-43): *Schönleben, Conrad*« (ML) »Bildersaal, Der neu eröffnete historische« V (Th. 14, 1766): *Will, Georg Andreas.* (ML)

— neueröffneter histor., od. kurze u. deutliche Beschreibung d. Historiae universalis, vom Anfang d. Welt bis auf unsere Zeiten. 1r—5r Thl. v. A. L. Imhof. 8. Sulzb. 1692—96. N. A. 1704—65. 6r—17r Thl. von verschied. Verfass. (12r, 13r v. Cph. Gli. Richter. 14r v. G. A. Will. 15r u. 16r Thl. v. J. Dreykorn). N. A., mit 2150 Kpf. 17 Bde. gr. 8. Nürnb. 720—84. Lechner. (v. Ebner). 20 rß Hbg. Pr. 12 rß
Vgl. Bildersaal, Der historische.

**Bildersaal, Romantischer,** grosser Erinnerungen. Aus der Geschichte des österreichischen Kaiserstaates. Brünn 1819. V: *Sartori, Franz.* (BrMm) (GGr) (Ky) (WBL) »Leipzig 1820. V: *Gerle, Wolfgang Adolph.*« (Kn) (MGT)

— romantischer, großer Erinnerungen. Aus d. Geschichte d. Oestr. Kaiserstaates, (v. Frz. Sartori). 2 Thle. gr. 8. Brünn 819. Traßler. 1 rß 14 gl

— romantischer, großer Erinnerungen aus der Geschichte des österreichischen Kaiserstaats. 2 Bde. gr. 8. Leipzig, Hartmann. 819.

—— saechsischer, eine Samml. d. denkwürd. Portraits aus d. sächs. Geschichte u. a. in dies. eingreif. Darstelln. 1 — 10. Lfg. (à 3 Portr., Kpfrst.) gr. 8. Leipzig 835, 36, Mescr. à 4 Gr.

—— schlesischer, f. Philipp.

**Bildersaal, Schlesischer.** Eine Sammlung historischer Novellen, Erzählungen und Sagen schlesischer Vorzeit. Breslau 1831—32. V: *Philipp, Eduard.* (EE)

BILDERSAAL seltener Selbstmörder. Ein Beitrag zur Beurteilung der Sittlichkeit des Selbstmordes. Berlin, C. Quien 1804, XX u. 171 S. 12°. — Rec.: Neue Leipz. Lit. Zeitg. 1805, Nr. 164 — Neue Allg. Deutsche Bibl., Bd. 98, p. 352-353.

**Bildersaal, Südöstlicher. ...** Stuttgart 1840—41. H: *Pückler-Muskau, Herm. Ludw. Heinr. Fürst.* (BrMm) (EngG)

—— südöstlicher, 1—3. Bd. (Hrsg. v. Verf. d. Briefe ein. Verstorb.) gr. 8. Stuttgart 840, Hallberger'sche Vrlsh.
Bd. 1. Der Vergnügling. (30 B.) 840. 3 Thlr. 15 Gr.
„ 2., 3. Griechische Leiden. 1. u. 2. Thl. (68⅛ B.) 840, 41. à 3 Thlr. 15 Gr.

—— vaterländ., Bildnisse d. berühmten Welfenfürsten, mit geschichtl. Texte von d. vorzügl. vaterländ. Gelehrten. (Hrsg. v. Fr. Steger.) Zugleich e. Supplem. zu C. G. H. Lentz, Bücher d. Geschichten d. Lande Braunschweig u. Hannover, u. W. Havemann, Geschichte d. Lande Braunschweig u. Lüneburg. 16 Hfte. gr. 8. (à 2 lith. Portr. u. 1½ B. Text.) Braunschweig 840—42, Oehme u. Müller. à 3 Gr.

—— württembergischer, f. Volksbibliothek, württembergische.

**Bildersaal** der Zeugen und Helden aus der Reformationszeit, ... Dresden 1841. H: *Naumann, Justus.* (winer)

—— der Zeugen u. Helden aus d. Reformationszeit. Hrsg. unt. Mitwirk. mehr. Gelehrten v. Verleger. 1. u. 2. Hft. gr. 4. (à 4 Bildn. u. zus. 8½ B. Text.) Dresden 841, J. Naumann. à *

—— der Zeugen u. Helden aus der Reformationszeit. Biographien, bearb. v. Rudelbach, Scheibel, Trautmann u. D. Wehrhan. 3. Hft. (Schluß.) gr. 4. (2⅓ B. u. 4 Stnt.) Dresden 845, Naumann. *
Hft. 1 u. 2. Ebendas. 1844. * 1 Thlr.

Bildersammler, der kleine. Ein freundliches Geschenk für gute Kinder. Mit 24 fein ill. Abbildd. 4. Nürnberg... Renner u. Comp. 5/6 ℛ

**Bilder-Sammlung, Kleine,** aus der Geschichte der Kindheit Jesu ... O. O. [1806]. V: *Baratti, Johann Franz Joseph von.* (Fr) (Ky) (MGT) (NN)

—— kleine, a. d. Gesch. d. Kindheit Jesu, f. die Kinder im Reiche Gottes in Form von Tagzeiten zusammengest. von e. Pfarrer im Bisthum Konstanz. M. 9 Kpfrtäfelchen. 8. (2 B.) Augsburg 832, (Matth. Riegers sel. Brls.-Buchh.)

— kleine, f. Kinder zum Nachzeichnen u. Illuminiren. gr. 12. Berlin 823, Amelang.

Bildersammlung, kleine, f. Kinder z. Zeichnen u. Nachilluminiren. 16 bis 25 Hft. M. Kpf. qu. 8. Leipzig 824, Magazin f. Industrie.

— kleine, z. Zeichnen u. Illuminiren. 16 Hft. 24 Bl. Bresl. 827, Gräson u. C.

Bilder-Sammlung aus dem Leben der Thiere, mit belehr. Beschreibung. qu. kl. Fol. (12 lith. u. ill. Blätter u. Text.) Düsseldorf 842, Arnz u. Comp. n. 2 ℛ

**Bilder-Sammlung** für junge Leute, aus Reisebeschreibungen. Bern 1797. H: *Heinzmann, Johann Georg.* (Ky) (MGT)

— für junge Leute, aus Reisebeschreibb., (v. J. G. Heinzmann). 62 Numm. 8. Bern 797.

— naturhistorische, in 1164 lithogr. Abbildd. des Thierreichs auf 48 Taf. in Imp.-4. Mit erklärendem Text. Reutlingen... Mäcken jun. 2⅙ ℛ

Bilder-Sammlung, enthält Natur- und Menschenwerke, dargestellt auf 100 lithogr. Taf. mit 250 Abbildd. (Herausg. von M. Gabriel.) 1r Bd. (Jahrg.) 12 Hfte. 4. Zittau 837. Blcr. n. 1⅓ ℛ, ill. n. 2 ℛ — dass. 2r Jahrg. 12. Abthlg. oder 48 Steintaf. 4. Ebd. 838. n. ⅔ ℛ, ill. n. 2 ℛ

— neue, für fleißige Knaben und Mädchen. Mit 18 lith. Taf. qu. Fol. Neu-Ruppin 845, Kühn. (Leipzig, Thomas.) geb. n. ½ ℛ

Bilder-Sammlung, neueste, belehrend und unterhaltend. Stuttgart (862.) Schmidt & Spring. qu. 4. (13 lith. u. color. Taf.) 15 ngr

Bildersammlung zu d. liebl. u. geistr. Erzähln.: die Ostereyer, Heinrich v. Eichenfels, d. Weihnachtsabend, d. hölzerne Kreuz, d. Kanarienvogel, (d. Johanniskäferchen, d. Waldkapelle, d. Täubchen, d. verlorne Kind, d. Lämmchen) v. Verf. d. Genovefa ꝛc. mit passenden Stellen a. deutsch. Dichtern. 8. (1¼ B., 10 Kpfr. u. Chr. Schmid's Bildn.) Augsburg 828, Wolff.

Bilder-Sammlung zu den Erzählungen: die Ostereier; Heinrich v. Eichenfels; der Weihnachtsabend; das hölzerne Kreuz; der Kanarienvogel u. s. w. (10 Kpf. u. 1½ Bog. Text.) 8. Augsb. 829. Wolff. 1 ℛ in 4. Velinp. 2 ℛ

Bildersammlung der k. b. priv. Kunst- & Verlags-Anstalt Piloty & Loehle, München. qu. gr. 8. (48 S. m. Abbildgn.) Nebst Preis-Liste. gr. 8. (12 S.) München 899. Piloty & Loehle. 1.—

— die, von vielem Schönen und Lehrreichen. Ein Geschenk für gute Kinder. Mit 16 fein ill. Abbildd. Nürnberg... Renner u. Comp. 1 ℛ

**BILDERSAMMLUNG** zum Verständnis des Sadismus und Masochismus mit neuen aufklärenden Berichten. Privatdruck. Philadelphia 1908. 8°. 48 S.
Verb. d. SchG. Berlin-Mitte v. 23. 6. 26; 17 J. 89/26.

—— zur Weltgeschichte. Ein Kpfrbd. zu allen Lehr- u. Handbüchern ders., namentlich zu denen von Rotteck, Becker ꝛc. In 25 Hftn. 1—6. Hft. 8. (à 4 Kpfr. u. Erläut.) Augsburg 834, Schlosser. à

**Bildersammlungen, Die,** in Rudolstadt. Ein Leitfaden für Einheimische und Fremde. Berlin 1857. V: *Parthey, Gust. Frdr. Constantin.* (EngG) (Ky)

**Bildersammlungen,** die, in Rudolstadt. Ein Leitfaden für Einheimische u. Fremde. (Von G. Parthey.) Berlin 857. Nicolai'sche Verlhdlg. 16. (44 S.) n. 10 ngr

**Bilder-Scenen.** Aufgeführt zur Feyer des 2ten Februars 1817. O. O. V: *Goethe, Johann Wolfgang von.* (Kat. der Goethe-Bibliothek. Freih. Woldemar von Biedermann. Leipzig 1905. Nr. 30.)

**Bilder-Scenen** mit Gesang. aufgeführt am 16. Februar 1813. Weimar [1813]. V: *Riemer, Friedr. Wilh.* (Riemer's Gedichte. Jena 1826. I, 122.)

Bilder-Schatz. 1. Hft. qu. gr. 4. (12 lith. u. ill. Bl.) Berlin 835, Gropius. *

**Bilderschatz.** Zum lehrreichen und angenehmen Zeitvertreib für unsere lieben Kleinen in mehr als 60 höchst sauber u. fein color. Abbildgn. aus der Natur u. dem Menschenleben. 2. verb. Aufl. Leipzig 854. Voigt. 4. (12 lith. u. in Holz geschn. col. Taf.) 15 ngr

Bilderschatz. (12 [6 farb.] S. Abbildgn. m. eingedr. Text.) 8. Stuttgart (903). G. Weise. n. —10; 12. 3 Sorten. (à 8 [4 farb.] S. Abbildgn.) à n.n. —05

Bilderschatz, biblischer. 145 Illustr. v. Meisterhänden, nebst begleit. Text. gr. 4. (128 S.) Stuttgart (901). Leipzig, Leipz. Verlagshaus A. Schneider. Geb. n. 8.—

Bilderschatz, biblischer. 145 Illustr. v. Meisterhänden, nebst begleit. Text. Prachtausg. gr. 4. (244 S.) Leipzig (902). Leipziger Verlagshaus A. Schneider.
Geb. in Leinw. m. Goldschn. n. 10.—; erm. Pr. 6.—

Bilderschatz, deutscher. gr. Fol. (15 color. Holzschntaf.) Ebendas. 879. geb. ℳ 1.50.; Ausg. mit 30 Taf.

Bilderschatz, deutscher. gr. Fol. (15 color. Holzschntaf.) Stuttgart 880. G. Weise. In Fol. geb. 1. 50; Ausg. m. 30 Taf. 3.—

— erster, f. unseren Liebling! (12 S. m. farb. Abbildgn. u. Text auf d. Einbd.) 4. Stuttgart (902). W. Nitzschke. Auf Pappe, geb. 3.—

Bilderschatz aus dem Kinder- u. Familienleben. Nach Stufen geordnet. qu. Imp.-4. (13 ill. Stnt. mit Text.) Eßlingen 844, [u. Stuttgart, Schreiber u. Schill.] *

Bilderschatz, klassischer, hrsg. v. Frz. v. Reber u. Ad. Bayersdorfer. I.—V. Jahrg. Oktbr. 1888—Septbr. 1893. à Jahrg. 24 Hefte. gr. 4. (à Heft 6 Taf. in Zinkotypie.) Münch., Verlagsanstalt f. Kunst u. Wissenschaft. à Heft * — 50
à Jahrg. * 12 —; geb. * 15 —

Bilderschatz, klassischer, hrsg. v. Frz. v. Reber u. Ad. Bayersdorfer. IV.—VI. Jahrg. Oktbr. 1891—Septbr. 1894. à 24 Hfte. gr. 4. (à Hft. 6 Taf. in Zinkotypie.) München, Verlagsanstalt f. Kunst u. Wissenschaft. à Jahrg. n. 12. —; geb. n. 15. —

Bilderschatz, klassischer, hrsg. von Frz. v. Reber u. Ad. Bayersdorfer. VII.—XI. Jahrg. Oktbr. 1894—Septbr. 1899. à 24 Hfte. gr. 4. (à Heft 6 Taf. in Zinkotypie.) München, Verlagsanstalt f. Kunst u. Wissenschaft. à Jahrg. n. 12. —; geb. n. 15. —;
einz. Hfte. à n. — 75

Bilderschatz, klass., hrsg. v. F v. Reber u. A Bayersdorfer. IX—XII. Jahrg. Oktbr 1896—Septbr 1900 à 24 Hfte. 4° (à Hft 6 Taf. in Autotypie m. 2 Bl. illustr. Text.) Münch., Verl.-Anst. F Bruckmann. à Jahrg. 12 —; geb. 15 —; einz. Hfte — 75
*Erscheint nicht mehr.*

Bilderschatz, kleiner, ein Bilderbuch für kleine artige Kinder, enthaltend 12 Bilder aus dem Volksleben und zur sinnlichen Anschauung. qu. 4. Berlin 841, Winckelmann u. Söhne. $^7/_{12}$ ß — 2. Heft. 12 Bilder. qu. 4. Ebend. 842. $^7/_{12}$ ß

Bilderschatz, kleiner. 4. (8 Bl. m. farb. Bild.) Eßlingen (894). J. F. Schreiber. Kart. — 25

Bilderschatz, kleiner, für die liebe Jugend. 8 (lithogr. und) color. Taf. nebst kindlichen Reimen. 4. Eßlingen 869, Schreiber. geb.

— f. d. Kunstgewerbe. Internat. Rundschau üb. d. hervorragendsten Abbildgn, d. in d. kunstgewerbl. Publikationen d. letzten Jahre erschienen sind, m. bes. Berücks. d. modernen naturalist. Stiles. 1. Bd. Hrsg. v. J Hoffmann jun. 12 Hfte. Fol. (120 Taf.) Stuttg. 91.92, J Hoffmann. à Hft 1.20
Mappe dazu n.n. 1.50 (kplt geb. od. in Mappe: 15 —)
*Fortsetzg erscheint vorläufig nicht.*

— f. kleine Leute. 12. (6 farb. Taf. m. 6 S. Text.) Stuttgart 895. G. Weise. — 10;
m. 8 farb. Taf. u. 8 S. Text — 15

Bilderschatz, moderner. Sammlung auserlesener neuer Kunstblätter. Ein zuverläss. Ratgeber bei Auswahl e. Kunstblattes. (VIII, 120 S.) 8. Lübeck 909. Verlag des deutschen Kunstblattes. nnn 1.50; Schlüssel (72 S.)
nnn 3 —

— neuer. Ein Bilderbuch für die lieben Kleinen. 6 feine Farbendr.-Bilder mit Versen von Frz. Bonn. gr. 4. (6 S.) Eßlingen 878. Schreiber. cart. n. 1. 50

Bilderschatz, poet.; d. vornehmsten Sprüche d. heil. Schrift, in 300 Kpf. 2 Thle. 4. Leipz. 758. Breitkopf u. H. 1 ß 18 gl.

— Poetischer Bilderschatz der vornehmsten Biblischen Geschichte des alten und neuen Testamentes, zum erbaulichen Vergnügen der Jugend ans Licht gestellet. Erster Theil, welcher das alte Testament enthält. Leipzig, J. G. Imm. Breitkopf, 1758. Titel mit Vignette von J. D. Philippin [geb. Sysang], 2 Bll. Vorrede v. Breitkopf, 150 typographisch umrahmte Bll. mit je einem Kupfer u. erklär. Text, 4 S. Inhaltsverz. Gr.-8°. Beschäd. Ldrbd. d. Z. 36.—
R. 867. ★ Erste Ausgabe des 1. Teiles dieser Bilderbibel, deren Kupfer von Vater od. Sohn Fritsch stammen dürften. — Einige kleine Flecken.

— unzerreißbarer. Aufstell-Bilderbuch. gr. 4. (12 farb. Taf. m. Text auf Pappe.) Eßlingen 894. J. F. Schreiber. n. 2. —

Bilderschau
— oder: Guck' in die Welt! Zur Freud' und Lehr' den lieben Kleinen. Ein ABC- u. Lesebuch mit 22 fein ill. Abbildungen. 8. Nürnberg ... Renner u. Comp. $^1/_2$ ß

Bilderschau oder Anschauungs-Unterricht für die lieben Kleinen. 4. (16 lithogr. und color. Taf.) Nürnberg 869, Koenecke. cart. ℳ 1,20.; auf Leinw.

Bilderschau. — La vie du petit monde. gr. 4. (8 color. Steintaf. auf Carton.) Stuttgart 874. Eger & Distler. geb. 1. 40

Bildersohau. — La vie du petit monde. 4. (8 L. auf Carton.) Stuttg. 74, Risch. geb. 1. 40

Bilderschau. Leporello-Album. qu. kl. 4. (12 Farbdr.-Taf. auf Pappe.) Stuttgart 889. Loewe. 1. 50

Bilderschau. 12. (6 Farbdr. m. eingedr. Text.) Reutlingen 891. Enßlin & Laiblin. n. — 8; auf Pappe — 20

Bilderschau. E. Bilderbuch a. Leinw. qu. 4. (6 farb. Taf.) Eßlingen 895. J. F. Schreiber. n. — 60

Bilder-Schau, große, eine Samml. der schönsten Bilder, zur Unterhaltung für gute Kinder. 1s u. 2s Hft. (à 16 lithogr. u. ill. Blätt. ohne Text.) qu. gr. 4. Berlin 836, 38. Winckelmann u. Söhne. à $1^1/_2$ ß

Bilderschau, große, eine Sammlung der schönsten Bilder zur Unterhaltung für gute Kinder. 3. Heft. qu. gr. 4. (16 lith. u. sauber illum. Blätter.) Berlin 841, Winckelmann u. Söhne. (à) $1^1/_2$ ß

Bilderschau, große. Fol. (24 color. Stnt.) Berlin 885, Winckelmann und Söhne. geb. * 5 —

— für kleine Kinder. qu. gr. 4. (16 color. Steintaf.) Berlin 874. Winckelmann & Söhne. 2. 25

Bilderschau, kleine. Unzerreißbares Bilderbuch für artige Kinder. Hamburg (862.) Gebr. Spiro. 16. (8 lith. u. color. Taf. auf Leinwd.) n. 5 ngr.

Bilderschau, kleine. Unzerreißbares Bilderbuch für artige Kinder. 16. (8 ill. Stnt. auf Leinw.) Hamburg 868, Gebr. Spiro. cart. *

Bilderschau, kleine, für gute Kinder, mit 17 Darstellungen u. Versen. 8. ($^7/_8$ B. u. 9 col. Bilder.) Reutlingen 843, Fleischhauer u. Spohn.

Bilderschau, kleine, f. Knaben u. Mädchen. Ein Buchstabir- u. Lesebuch m. 48 ill. Kpfr. u. 1 Titkpfr. 8. (1½ B.) Berlin 828, Hasselberg.

Bilderschau, neue. 4 Sorten. 12. (à 12 farb. Taf. m. Text.) Lpzg 89. F Pfau. à — 15

— neue, für kleine Knaben und Mädchen. Eine Samml. von 60 color. Bildern mit dem erklär. Texte in verschied. Druckarten, z. Uebung im Lesen u. Entwicklung des Anschauungsvermögens. 4. (Mit 12 lithogr. u. color. Taf.) Wien 843, Müller. geb. $1^5/_6$ ß

Bilderschauplatz merkwürd. Gegenstände, s. Funke.

Bilderschauplatz, neuer, merkwürdiger Gegenstände aus d. Gebiete d. Kunst u. des Menschenlebens, s. Bildergallerie, neue,

Der Bilderschmuck des Königlichen Landes-Gewerbe-Museums in Stuttgart. [Stuttgart] 1897: Stuttg. Vereins-Buchdr. (15 S.) 8° :05. 6491

Bilderschule für das Jugendalter, der Bilderschule zweiter Teil, eingeleitet von Friedrich Güll. Nürnberg, J. L. Lotzbeck, [c. 1840]. 42 SS. Text (davon 4 SS. Erklärungen dt., frz., engl.) und 18 handkolorierte, lithographierte Tafeln auf getöntem Grund. Kl.-fol. Stark fleckiger Or.-Pappband mit Leinenrücken. 90.—
Prachtvolles, seltenes Bilderbuch. Mehr als 200 Abb. v. Naturerscheinungen, Tieren, Handwerkern, ländlichen Szenen, Trachten, Uniformen etc. Innen gut erhalten. ★★

Bilderschule, neue systematische, f. das Jugendalter. Der Bilderschule 2. Thl., eingeleitet v. Frdr. Güll. Neuester Anschauungsunterricht m. 18 (lith. u.) col. Bildertaf. in Tondr. allegor. (lith. u. color.) Titelbilde (in Tondr.) ausführl. Texte, sowie Erklärung in deutscher, französ. u. engl. Sprache. Fol. (IV u. 42 S.) Nürnberg 851, Lotzbeck. $2^1/_3$ ß (1. Thl. siehe: Güll's systemat. Bilderschule.)

Bilderschule, Kleine, für die Jugend, ... Leipzig 1794. V: *Hausius, Carl Gottlob.* (ErschDL) (Ky) (MGT)

Bilderschule, kleine, f. d. Jugend, (v. K. G. Hausius). Mit Kpf. gr. 8. Leipz. 794. 4e A. 807. Voß. 1 ß 16 gr

— z. Lesen u. Buchstabieren. m. K. 8. Regensb. Montag. 735.

— neue, enth. d. Merkwürd. aus d. Natur-, Kunst-, Moral u. Geschichtekunde rc. Mit 22 ill. Kpf. gr. 8. Stuttg. 805. Magaz. f. Lit. (Crone in Osnabr.) 2 ß 8 gr (Jena u. Leipz., Voigt). 1 ß 12 gr

Bilderschule, Neue systematische, . . . , s. Bilderschule für das Jugendalter.

Bilderspiegel f. Mädchen u. Knaben, welche am Lernen Freude haben. 12 (lithochrom.) Bilder m. Beschreibung f. artige Kinder. 8. (16 S.) Wesel 849, Bagel. 1/4 ß

Bilderspiel in Buchstaben u. Zahlen f. d. Jugend. M. erläut. Texte u. 36 ill. Bildern (auf 9 Taf.) qu. 4. (1 1/2 B.) Nürnberg 846. [Lotzbeck.]

Bilderspiel in Buchstaben und Zahlen für die Jugend. Mit erläut. Texte und 36 fein illum. Bildern (auf 9 Taf.) qu. 4. Nürnberg 846, Zeh'sche Buchh. 1/2 ß

Bilder- oder Wahrsager-Spiel, mit 32 Kupfern zum Aufschlagen nebst Erklärung. 16. Ulm, Jakob Ebner. 815.

Bildersprüche, volkstümliche, anschaulich an's Licht gestellt v. den zwei Chinesen Hang u. Hang. Die 2. Zehntaus. (7 S.) 8. Fürstenwalde (905). J. Seyfarth. n. — 40

Bilderstrauß. 4 Sorten. 12. (à 6 farb. Taf. m. Text.) Leipzig 889. Fr. Pfau. cart. à n. — 10

Bilderstunden. Ein unterhalt. Bilderbuch zum Geschenk f. fleißige Kinder. Mit 12 Kpf. Pirna 809. Friese. 1 ß 8 gr

Bilderszenen. – s. Bilderscenen.

Bilder-Tafeln. 4. (16 color. Steintaf. auf Carton.) Wesel 875. Düms. In Carton. 2. 10

— dasselbe. qu. 4. (12 color. Steintaf. auf Carton.) Ebend. 875. In Carton. 1. 80

Bilder-Tafeln. qu. 4. (8 Chromolith. auf starkem Carton.) Wesel 879. Düms. In Mappe. 1. —

Bildertafeln, alphabet., zum Lesen, Empfinden rc. 4. Dresd. 795. (Reinicke in Halle). 20 gr

—— grosse, zu den Lehmann'schen Lehrbüchern der französischen und englischen Sprache. II. und III. (Der Winter I. und II.) Chromolithogr. Imp.-Fol. Mannheim 875, Bensheimer. à Taf. * M 3. *

—— historische, s. Flinzer, Fedor.

—— für die Kinder. qu. gr. 4. (12 color. Stnt. auf Carton.) Eßlingen 878, Schreiber. In Carton *

Bilder-Tafeln für kleine Kinder, s. Abc- und Bilder-Tafeln.

Bildertafeln für die Kinderstube. Stuttgart (863.) Thienemann. qu. 4. (12 lith. u. color. Taf.) 1 ß 7 1/2 ngr

Bilder-Tafeln, colorirte, für den Anschauungs-Unterricht. Nach pädagog. Angaben von J. und E. M. Lehmann, ausgeführt in der xylograph. Anstalt von R. Brend'amour und Comp. Mit beigedr. Text in deutscher, französ. und engl. Sprache. 9 Taf. (in Holzsch. und color.) auf Carton. qu. gr. 4. Mannheim 875, Bensheimer. In Carton

Bilder-Tafeln zur Länder- u. Völker-Kunde m. besond. Berücksicht. der evangelischen Missionsarbeit. Hrsg. v. dem Calwer Verlagsverein. (In 6 Lfgn. m. 178 Taf. u. etwa 1690 Illustr.) 1. Lfg. Fol. (30 Holzschntaf. m. 1 Bl. Text) Calw 883. Vereinsbuchh. n. 1. —

— dasselbe. Textbuch. gr. 8. (52 S.) Ebend. 884. n. 1. —; bei Bezug d. Werkes gratis.

Bildertafeln, lustige. Stuttgart 865. Thienemann. 4. (12 lith. u. color. Bll. auf Pappe gezogen.) 1 ß 15 ngr

Bildertafeln a. „Schmeil's Naturgesch. f. österr. Bürgersch." (A. Tierreich. Der Mensch.) Serie 1—9. (B. Pflanzenreich.) Serie 10—18. (Farb. Tafeln.) ca 27×61 cm. Triest, M Quidde ('10—12).
A. 1. Der Mensch. — 80 ‖ 2. 1 — ‖ 3. — 60 ‖ 4. — 60 ‖ 5—7. Schmetterlinge. Je — 60 ‖ 8. 1 — ‖ 9. 1 —
B. 10. — 60 ‖ 11. — 60 ‖ 12. 1 — ‖ 13. 1 — ‖ 14. — 80 ‖ 15. 1 — ‖ 16. 1 — ‖ 17. — 80 ‖ 18. 1 —

— naturgeschichtliche. 12 (chromolith.) Abbildungen von Hausthieren (auf Carton). qu. gr. 4. Stuttgart 881. G. Weise. In Kasten. 8. —

— naturgeschichtliche, für Schule u. Haus. Ebend. 865. qu. Fol. (16 lith. u. color. Bll. auf Pappe u.: Systematische Uebersicht der Naturgeschichte. Ein erklärender Leitfaden beim Gebrauch der naturgeschichtlichen Bildertafeln von K. Rasch. 53 S. in 8.) 3 ß 22 1/2 ngr

Bildertafeln, 16 (lithogr.) für den ersten biblischen Geschichtsunterricht des neuen Testaments. Color. Ausg. qu. gr. Fol. Eßlingen 880, Schreiber. In Fol. geb. *

—— unzerreißbare. qu. Fol. (6 color. Taf.) Stuttgart 872, Thienemann. In Carton

Bildertafeln, unzerreißbare. qu. gr. 4. (12 color. Stnt. auf Carton.) Stuttgart 886, Thienemann's Verlag. In Kasten * 4 50

Bildertafeln, XII, aus dem Leben im Hause. Kind begehrt's — Kind belehrt's — Kinder, ehrt's! qu. 4. (12 lith. u. col. Taf. u. 12 Bl. Text.) Stuttgart 851, Schreiber & Schill. 3/4 ß

Bilderverehrung, über die, mit Rücksicht auf d. neue Taelsheimer Wunderbild, (v. F. A. Blau). 8. Mainz 788.

Bilder-Verzeichniß, systematisch geordnetes, der Illustrirten Zeitung. III. Abbildungen d. 25—36. Bandes. [Juli 1855—Juni 1861.] Fol. (47 S.) Leipzig 874. Weber. n.n. 2. 50

Bilder-Verzeichniß, systematisch geordnetes, der Illustrirten Zeitung. 4. Hft. Abbildungen des 37—66. Bds. [Juli 1861—Juni 1876.] Fol. (76 S.) Leipzig 877. Webern. 2. —

Bilder-Verzeichniß, systematisch geordnetes, der Illustrirten Zeitung. VI. Hft. Abbildungen d. 77.—90. Bds. [Juli 1881— Juni 1888]. Fol. (58 S.) Leipzig 889. J. J Weber. n. 2. — (I—VI.: n. 10. 50)

Bilder-Verzeichnis, systematisch geordnetes, der Illustrirten Zeitung. VII. u. VIII. Hft. Fol. Leipzig, J. J. Weber. à n. 2. —
VII. Abbildungen des 91.—107. Bds. (Juli 1888—Decbr. 1896.) (81 S.) 898.
VIII. Abbildungen des 108.—124. Bds. (Jan. 1897—Juni 1905). (II, 122 S.) 906.

Bilder-Vielerlei, ein freundl. ABC- u. Bilderbuch f. gute Knaben. (Mit 6 ill. Kpfrt.) 16. (1 B.) Leipzig, Geißler. (H. Fritsche.) *

—— dass. f. gute Mädchen. (Mit 6 ill. Kpfrt.) 16. (1 B.) Leipzig, Geißler. (H. Fritsche.) *

Bildervorschrift, oder Schreibübungen mit 150 Bildern zur Anschauung des erklärenden Inhalts. qu. 4. Karlsruhe. (G. Braun.) geb. herabgef. Pr. n. 1 1/4 ß

Bilderwald zur Lust u. Belehrung. Hannover (855.) C. Hornemann. 4. (12 lith. u. color. Bl.) n. 18 ngr

Bilderwelt,
— die. Ein Bilderbuch für gehorsame Kinder, die sich bemühen, ihren Aeltern Freude zu machen. Mit 16 fein illum. Kpfrtaf. Nürnberg ... Renner u. Comp. 1 1/3 ß

Bilder-Welt, die. Die Naturwissenschaften, die Länder- und Völkerkunde, die Anstalten zur Erziehung und Bildung der Menschen, die Kriegswissenschaft und Mathematik ꝛc. In systematisch geordneten Illustr. 1. Abthl.: Portrait-Galerie. A. u. d. T.: Galerie denkwürdiger Persönlichkeiten der Gegenwart. Nach Originalzeichnungen, Gemälden, Statuen und Medaillen. 1—24. Lfg. (1. Bd.) gr. Fol. (192 Holzschnt. und 55 S. Text. und XIII S. Reg. zum 1. Bd.) Leipzig 853—56, Weber. à Lfg. * 5 Ngr. *

Bilder-Welt, die. In systematisch-geordneten Illustrationen. 1. Abthl.: Portrait-Galerie. A. u. d. T.: Galerie denkwürdiger Persönlichkeiten der Gegenwart. Nach Originalzeichnungen, Gemälden, Statuen und Medaillen. 2. Bd. 1—24. Lfg. gr. Fol. (à Lfg. 8 Holzschnt. und 2—5 S. Text.) Leipzig 857—61, Weber. à Lfg. ** 5 Ngr. **
1. Abthl. 1. Bd. Ebendas. 1853—56. * 4 Thlr.

Bilder-Welt, die. In systematisch-geordneten Illustrationen. 1. Abthl.: Portrait-Galerie. A. u. d. T.: Galerie denkwürdiger Persönlichkeiten der Gegenwart. Nach Originalzeichnungen, Gemälden, Statuen und Medaillen. 3. Bd. 1.—20. Lfg. gr. Fol. (à Lfg. 8 Holzschntaf. und 2 S. Text.) Leipzig 862—66, Weber. à Lfg. * 5 Ngr. *
1. Abthl. 1. und 2. Bd. Ebendas. 1853—61. à Bd. * 4 Thlr.

Bilderwelt. Unzerreißbares Bilderbuch für artige Kinder. 8. (8 Chromolithogr. auf Leinw. mit Text.) Hamburg 864, Gebr. Spiro. cart. *

Bilderwelt. gr. 16. (12 color. Stnt.) Leipzig 878, Düms.

Bilderwelt, die. Ein unzerreißbares Bilderbuch für kleine Knaben. 1. Aufl. (17 Chromolithogr. auf Pappe) 1875. *M 2,50.; 2. und 3. Aufl. 4. (17 Chromolithogr. auf Carton mit 1 S. Text.) [Glauchau 877,79, Hobeda's Verlag.] Chemnitz, Friese. cart. *

Bilderwelt, d. Ein unzerreissb. Bilderbuch f. kl. Knaben. 4. (17 Chromol. auf Cart.) Chemn. 77, Friese. geb. n. 3. —

Bilderwelt, die. Ein unzerreißbares Bilderbuch für kleine Knaben. 3. Aufl. 4. (17 Chromolith. auf Carton mit 1 S. Text.) Chemnitz 879. Friese's Verl. cart. n. 3. —

Bilderwelt. Ein unzerreißbares Bilderbuch m. 12 (bunten) Bildern u. (eingedr.) Text in Versen. 8. Stuttgart 889. Loewe. geb. 1. 20

Bilderwelt, kleine, oder erstes Buch für Kinder zur Erlernung des ABC-Lesens und zur Erweckung des Nachdenkens, mit 48 ill. Abbildd. 8. Leipzig ... (W. A. Künzel.) 1/4 ℛ

Bilder-Welt, kleine, od. erstes Buch f. Kinder z. Erlernung d. A. B. C. Lesens u. z. Erweck. d. Nachdenkens. M. 48 (ill.) Abbild. 8. (1 B.) Schmalkalden 832, Lithogr. Institut.

Bilderwelt, kleine. 8. (12 farb. S. ohne Text.) Stuttgart 898. G. Weise. — 15

— kleine, für die Jugend. ABC- und Lesebuch für Kinder von 4 bis 7 Jahren, mit 216 color. Abbildd. (Von Jos. Bermann.) kl. 12. Wien 825. Bermann u. Sohn. 2/3 ℛ

Bilderwelt, kleine, f. Kinder, zum ersten Unterricht im Lesen u. zur Nahrung d. Verstandes. Neue Aufl. mit 20 color. Kpfrn. 8. Zürich 824, Tachsler. (1.Aufl.1816)

Bilderwerk d. Bildungsvereins z. Detmold. [Reproduktionen alter Ansichten ꝛc. v. Detmold.] Bl. 1—8. Fol. (Mit je 1 Bl. Text) Detmold 892—94, Bildungsverein. à Bl. n. 1. —

Bilderwerk, schweiz. geographisches, f. Schule u. Haus. Blatt 1—10. Farbendr. 57×78 cm. Nebst Commentar v. G. Stucki. gr. 8. (Mit je 1 Abbildg.) Bern 890. 891. (Leipzig, K. F. Köhler's Bar-Sort.) à n. 4. 25; Kommentar allein à n.n. — 25
1. Jungfraugruppe. (16 S.) — 2. Das Lauterbrunnental. (16 S.) 3. Der Genfersee. (18 S.) — 4. Der Vierwaldstättersee. (18 S.) — 5. Bern. (18 S.) — 6. Der Rhonegletscher. (16 S.) — 7. Zürich. (19 S.) — 8. Der Rheinfall. (16 S.) — 9. Lugano. (19 S.) — 10. Die Via mala. (17 S.)

— schweiz. geographisches, f. Schule u. Haus. Blatt 11 u. 12. à 57×78 cm. Farbendr. Nebst Commentar v. G. Stucki. gr. 8. (Mit je 1 Abbildg.) Bern 891. Kaiser & Co. à n. 4. 25; Commentar allein à n.n. — 25
11. Genf. (18 S.) — 12. Das Oberengadin bei St. Moritz. (19 S.)

Bilderwerk, schweiz. geographisches, f. Schule u. Haus. 12 Bl. Farbendr. 57×78 cm. Bern 890—92, Kaiser. à Bl. * 4 —; * 48 —
1. Jungfraugruppe. — 2. Das Lauterbrunnental. — 3. Der Genfersee. — 4. Der Vierwaldstättersee. — 5. Bern. — 6. Der Rhonegletscher. — 7. Zürich. — 8. Der Rheinfall. — 9. Lugano. — 10. Die Via mala. — 11. Genf. — 12. St. Moritz. Commentar dazu, s. Stucki, G.

**Bilderwerk, Topographisches** . . . Leipzig 1798. V: *Fischer, Gottlob Eusebius* (*pseud. Paul Gerhard*). (EB)

Bilderwerk, topograph., mit deutschem u. franzöf. Text, (v. P. Gerhard;) 16 Heft, mit Kpf. qu. Fol. Leipz. 798. Beygang. 18 ℊ ill. 1 ℛ 12 ℊ

Bilderwitz in Metamorphosen; ein Taschenbuch zum Lachen. Mit 24 ill. Steindr. 16. Leipz. 829. Ind.-Compt. 16 ℊ

**Bilderzertrümmerung,** so in Doggenburg von denen Zürch- und Berneren ist verübt worden 1717. Augspurg 1718. V: *Staub, Johann Anton.* (Cat. d. Stadtbibl. Zürich. Zürich 1864—97.)

Die **Bilderzeugung** in optischen Instrumenten vom Standpunkte der geometrischen Optik. Bearb. von d. wiss. Mitarbeitern an d. optischen Werkstätte von Carl Zeiss, P. Culmann [u. a.]. Hrsg. von M[oritz] v. Rohr. Mit 133 Abb. *Berlin: J. Springer 1904.* (XXI, 587 S.) 8°
— **Theorie**, Die, der optischen Instrumente. Bd 1.

Bildet d. Rhein d. natürl. u. schützende Grenze von Deutschland? Ein Wort d. Besorgniß im Nov. 1813. 8. Hamb. 814. Perthes u. B. 4 ℊ

Bildet der Rhein die natürliche und schützende Grenze von Deutschland? Ein Wort der Besorgniss im Nov. 1813. 8. Leipzig 1814. (Fleischer)

Bildhauer, der, Lustsp. v. Mächler. 8. Berlin, Hartmann. (a. Steinacker in Lpz.) 797.

**Bildhauer** oder Architekt? Zur Karlsruher Denkmalsfrage (Denkmal Kaiser Wilhelms I). Karlsruhe 1888. V: *Pezold, von.* BaB¹)

Bildhauer oder Architekt? Ein Beitrag zur Denkmalfrage. gr. 8. (23 S.) Karlsruhe 888, Macklot. * — 25

**Bildhauer u. Steinmetz,** der österr.-ungar. Officielles Organ der Wiener Bildhauer-Genossenschaft. Illustr. Fachzeitg. f. die gesammte Stein-Industrie u. die verwandten Geschäftszweige. Red.: Joh. Palme. 1. u. 2. Jahrg. 1893. 1894. à 36 Nrn. (à ca. $2^1/_2$ Bog.) gr. 4. München, E. Pohl. à Jahrg. n. 6. —

**Bildhauer u. Steinmetz,** d. österr.-ungar. Offic. Organ d. Wiener Bildhauer-Genossenschaft. Ill. Fachzeitg. f. d. ges. Stein-Industrie u. d. verw. Geschäftszweige. Red.: Joh. Palme. 11.—14. Jahrg. N. F. 3.—6. Jahrg. 1895—1898. à 36 Nrn. (à 3—4 Bog.) gr. 4. München, E. Pohl. à Jahrg. n. 6. —
Kann auch halbjährlich bezogen werden.

**Bildhauer u. Steinmetz,** der österr.-ungar., Fortsetzg., s.: Steinbildhauer, Steinmetz u. Steinbruchbesitzer, der österr.-ungar.

**Bildhauer u. Stuckateur,** der. Hrsg. v. dem Arbeitgeberverband der vereinigten Bildhauer u. Stuckateure Deutschlands, Frankfurt a. M. 1. Jahrg. 1906. 12 Hfte. (120 Taf.) 4. Dresden (Gewerbe-Buchh.). n. 21. —; in Mappe n. 23. —

**Bildhauer u. Stuckateur, der.** Hrsg.: Verband selbständ. Bildhauer, Stuckateure u. Gipser Deutschlands, E. V., Frankfurt a/M. 2. u. 3. Jahrg. April 1907—März 1909. à 12 Hefte. (Je 10 Taf.) 33×24 cm. Frankfurt a/M. (Schillerplatz 2), Wissenbach & Goldberger. à Jhrg. 24.—

**Bildhauer-Arbeiten** in Osterreich-Ungarn. V. d. Barocke b. z. Empire. Lichtdr. n. Naturaufn. figuraler Plastik. M. kunsthistor. Angaben v. Alb. Ilg u. Camillo List. (In 5 Lfgn.) 1.—3. Lfg. gr. Fol. (je 12 Taf.) Wien 896—898. A. Schroll & Co. à n. 12.—

**Bildhauer-Arbeiten** in Osterreich-Ungarn. Von der Barocke bis zum Empire. Lichtdrucke nach Naturaufnahmen figuraler Plastik. Mit kunsthistor. Angaben v. Camillo List. 4. u. 5. (Schluss-)Lfg. Fol. (24 Taf.) Wien (902). A. Schroll & Co. à n. 12.—

**Bildhauer-Lieder-Buch.** 12. (IV, 156 S.) Berlin 891. (H. R. Mecklenburg.) n. —50

**Bilding, Graf,** eine Geschichte aus dem mittlern Zeitalter; ... Jsny 1788. V: *Ehrman, Mariane v. geb. Brentano.* (GGr) (Ky) (ML) (BrMm)

v. **Bilding,** Graf; e. Geschichte aus d. mittlern Zeitalter, dialogisirt (v. Mar. Ehrmann). 8. Jsny 788.

**Bildkunst.** 39,5×29 cm. Farbdr. (Mit Text auf dem Umschlg.) No. 1—8. Leipz., E. A. Seemann. à Nr. —40
Dürer, Albr., Hieronymus Holzschuher. (909.) (Nr. 6.)
Hals, Franz, die singenden Knaben. (909). (Nr. 3.)
Hooch, Pieter de, die lesende Frau. (1)00). (Nr. 5.)
Potocka, Gräfin, v. e. unbekannten Meister. (909). (Nr. 8.)
Raffael, die Sixtinische Madonna. (909). (Nr. 1.)
Rembrandt, die Staalmeesters. (9 9). (Nr. 2.)
Ruisdael, Jac. van, die Mühle v. Wyk. (909). (Nr. 7.)
Tizian, der Zinsgroschen. (909). (Nr. 4.)

**Bildkunst.** 39×29 cm. Farbdr. (Mit Text auf d. Umschl.) Nr 9—12. Lpzg, EA Seemann. je —40
Greuze, Jean-Baptiste: Der zerbrochene Krug. ('11) [9]
Hanneman, Adriaen: Prinz Wilhelm II. v. Oranien. ('11) [11]
Schwind, Mor. v.: Morgenstunde. ('11) [12]
Vigée-Lebrun, Elisab.: Die Künstlerin m. ihrer Tochter. ('11) [10]

**Bildnis, das.** Ein Museum f. den Porträtphotographen. Hrsg. v. F. Matthies-Masuren. 1—3. Heft. 33×25,5 cm. Halle, W. Knapp. à 4.—; f. Abonnenten v.: „Das Atelier des Photographen" u. „Photograph. Rundsch." à 3.—
1. Damenbildni se, ganze Figuren. Aufnahmen v. R. Dührkoop. (12 Taf. u. 12 S. Text m. Abbildgn.) (909).
2. Gruppenbildnisse. (12 Taf. u. Text II u. S. 13—22 m. Abbildgn.) (910).
3. Kinderaufnahmen. (12 Taf. u. Text II S. u. S. 23—32 m. Abbildgn.) (910).

**Bildnis, Das.** Ein Museum f. d. Porträtphotographen. Hrsg. v. F Matthies-Masuren. 2—4. (Schl.-)Heft. 33×25,5 cm. Halle, W Knapp. je 4—; f. Abonnenten v.: „Das Atelier d. Photographen" u. „Photograph. Rundschau" je 3—
2. Gruppenbildnisse. (12 Taf. u. S. 13—22 m. Abb.) ('10) ‖ 3. Kinderaufnahmen. (12 Taf. u. S. 23—32 m. Abb.) ('10) ‖ 4. Herrenbildnisse. (12 Taf. u. S. 33—42 m. Abb.) ('11)

Dass In den Tempel der Ewigkeit aufgestellte **Bildniss** Friedrichs des Fünfften, zu Dännemarck etc. Bey Höchstderoselben Ankunfft in Schleswig Nebst einer auserlesenen Haupt-Action Betitult: Der durch Tapfferkeit und Tugend Beglückte Wanders-Mann, Theatralisch entworffen ... von der Kunnigerischen Gesellschafft. o. O. (Schleswig?) u. J. (vor 1752). 4° k.

Joh. Seb. Bachs **Bildnis** in Heliogravure. Nach dem von Dr. Fritz Volbach gefundenen Ölbild. *Leipzig: Breitkopf & Härtel 1904.* (1 Portr.) 2°
— Veröffentlichungen d. Neuen Bachgesellschaft. Jg. 4, 2. (04. 1370)

**Bildniß, das,** mit d. Blutflecken. Geistergesch. nach einer wahren Anekdote, v. J. F. Arnold. 8. Zerbst, Füchsel. 800.

**Bildniss** Kaiser Franz Josephs I. Nach K. Pochwalski radirt von W. Hecht. Kniestück. Bildgrösse 70×46 *cm.* Auf chin. Papier 10.—
Wien: K.k.Hof- u.Staatsdruck. 1898

**Bildniß, das lebende.** Lustspiel in 3 Aufzügen. Nach dem Französ. bearbeitet durch L. W. G. gr. 8. Karlsruhe 843, Macklot. 4/12 ß

**Bildnis, Wahres,** des andern Abälards, oder der teutsche Franzos, Johann Jakob Kämmerer, in seiner wahren Gestalt. O. O. 1791. V: *Ganther, Conrad.* (MGT)

Kgl. Museen zu Berlin. Führer durch d. Ausstellung d. Kgl. Kupferstichkabinetts. Das weibliche **Bildnis** in Kupferstich, Holzschnitt und Lithographie vom 15. bis z. 20. Jahrhundert. Berlin: G. Reimer 1904. (38 S.) 8° 103. 1640

**Bildnisse** d. ber. Anführer d. verbünd. Armeen in d. J. 1813, 14 u. 15. 3 Hefte. 4. Berl., Schlesinger. 2 ß 12 gr

Bildnisse berühmter Aerzte und Naturforscher. 1. Lieferung. (Hippokrates, Haller, Linnée, Cuvier). Leipz. 1824. 8. (Quatuor icones lapidi inscriptae ab Aug. Dietze jun., absque omni textu; nil amplius prodiit.)

— berühmter Aerzte u. Naturforscher. 1e Lief. 4 Blätt. in Steindr. gr. 8. Leipz. 824. Voß. 8 gr

Die ohnlängst in Nürnberg befindlichen und nach der Natur abgezeichneten Bildnüsse, der aus der Strasse David (Davis-Straße) in Grönländischen, Familie, welche sich in den Gebürgen und grossen Höhlen aufzuhalten pflegen, wo von der Mann 20. Zoll lang und 140. Jahr alt, und die Frau 70. Jahr alt und 18. Zoll lang war, und ein Kind männlichen Geschlechts gezeuget, das 17. Jahr gelebet und nicht gar 6. Zoll lang gewesen, und vor kurzen in Rastadt verstorben, und in dem Laboratorio Chymico, einbalsamirt noch zu sehen ist. Abbildung der Eltern in phantastischer nordischer Landschaft. Kupfer. Joh. Chr. Berndt minor. fec. Nürnberg. Mit 2 Spalten Text in Typendruck. Nürnberg, Berndt, (1736). Fol. 30.—
Drugulin 4201. Meyer III. 654. 16. Merkwürdiges Flugblatt. Der Text enthält eine genaue (den damaligen Anschauungen entsprechende) Erklärung von Leben und Sitten der Bevölkerung Grönlands, von der geographischen Beschaffenheit des Landes und seinen Merkwürdigkeiten; u. a. Berichte über Nordlicht, Wallfischfang etc.

**Bildnisse** zu dem Throne v. Frankreich zurückberufener Bourbons s. C. v. Mechel.

**Bildnisse** berühmter Deutschen. 1—4. Lfg. Kpfrst. Fol. 1. Gotthold Ephraim Lessing. Johann Wolfgang Goethe. Johann Joachim Winkelmann. 2. Christoph Martin Wieland. Johann Gottfried v. Herder. Joh. Sebastian Bach. 3. Georg Friedrich Haendel. Jean Paul Friedrich Richter. Friedrich Wilhelm Joseph v. Schelling. 4. Friedrich Gottlieb Klopstock. Wolfgang Amadeus Mozart. Johann Gottlieb Fichte. Leipzig 850—52, Breitkopf & Härtel. (à $1^1/_2$ ß; vor der Schrift à 3 ß — Einzelne Portr. à $^3/_4$ ß; vor der Schrift à $1^1/_2$ ß) 6 ß; vor der Schrift 12 ß

**Bildnisse** berühmter Deutschen. 5—7. Liefg. Leipzig 855—58. Breitkopf u. Härtel. Fol. Jede Liefg. von 3 Stahlst. 1 ß 15 Ngr; vor der Schrift 3 ß; einzelne Bl. à $22^1/_2$ Ngr; vor der Schrift à 1 ß 15 Ngr
Inhalt: 5. Liefg.: I. L. van Beethoven. II. E. D. Schleiermacher. III. Joh. Chph. v. Gluck.
6. Liefg.: I. Friedrich v. Schiller. II. Alexander v. Humboldt. III. Joseph Haydn.
7. Liefg.: I. Joh. Friedr. Blumenbach. II. Pet. v. Cornelius. III. Chrn. Rauch.

**Bildnisse** berühmter Deutschen. 6—10. (Schluss-)Lfg. Kpfrst. Fol. Leipzig 857—61, Breitkopf und Härtel. à Lfg. 1 Thlr. 15 Ngr.; vor der Schrift à Lfg. Einzelne Portr. $22^1/_2$ Ngr.; vor der Schrift
Inhalt:
Lfg. 6. Friedrich v. Schiller. Alexander v. Humboldt. Joseph Haydn.
» 7. Joh. Friedr. Blumenbach. Pet. v. Cornelius. Chrn. Rauch.
» 8. Imm. Kant. Barthold Geo. Niebuhr. Friedr. Rückert.
» 9. Jac. Grimm. Geo. Wilh. Friedr. Hegel. Friedr. Schinkel.
» 10. Ludw. Tieck. Joh. Ludw. Uhland. W. v. Humboldt.
1—5. Lfg. Ebendas. 1855. à Lfg. 1 Thlr. 15 Ngr.; vor der Schrift à Lfg 3 Thlr.

— der vorzügl. deutschen Dichter u. Schriftsteller; 13 Portr. mit kurzen Biographien. U. Fol. Prag, Bohmanns Erb. 4 ß

Bildnisse, Dreihundert, u. Lebensabrisse ber. dt. Männer, s. Bildnisse u. Lebensabrisse (Lebensbeschreibungen). . .

**Bildnisse**, Frankfurter. Eine Sammlg. v. Portraits Frankfurter Persönlichkeiten. I. Bd. 1910. 16 Bildnisse m. kurzen biograph. Notizen, die Reproduktionen meist nach Orig.-Aufnahmen v. A. Krauth. Text v. Hans Lafrenz. (VII, 32 S.) Lex. 8. Frankfurt a/M. (910). H. Minjon. Geb. 5. —

— d. berühmter Forstmänner. 1s Heft enthält: J. D. v. Ritter, L. C. H. v. Wildungen, J. M. Bechstein, G. C. Hartig, A. W. v. Mellin. gr. 8. Marb. 818. Krieger. 1 ₰

**35 verschiedene Bildnisse von berühmten Männern, die Freimaurer gewesen sind. Brustbilder, gestochen von A. u. Th. Weger, meist mit Namenszug. [Hrsg. von Eduard Volkening.] Leipzig: Volkening o. J. 36 Bl. Postkarten.**

Frz. Abt, Ludw. v. Beethoven, als Jüngling und Mann, Adr. v. Boildieu, Napoleon I., Adalb. v. Chamisso, Ferd. Freiligrath, Friedrich d. Gr., Friedrich III., J. Wilh. Gleim, Joh. Wolfg. v. Goethe, Karl Aug. Fürst von Hardenberg, Jos. Haydn, Jos. Joachim, Theod. Körner, Ed. Kremser, G. E. Lessing, Franz v. Liszt, Alb. Lortzing, Giac. Meyerbeer, Graf v. Mirabeau, General Monk, Wolfg. Amad. Mozart, Wilh. Müller, Garf Neidhart von Gneisenau, Horace Nelson, Joh. Paul Friedr. Richter, Friedr. Rückert, Joh. Dav. v. Scharnhorst, Max v. Schenkendorf, Friedr. v. Schiller, Freiherr v. Stein, Joh. Heinr. Voss, Kaiser Wilhelm I., Carl Wilhelm.

Bildnisse jetztlebender Berl. Gelehrten, s. S. M. Lowe.

**Bildnisse** jetztlebender Berliner Gelehrten. Mit ihren Selbstbiographien. [Berlin 1806.] H: *Lowe, M. S.* (BrMm)

Bildnisse der beim Westfäl. Friedensschluss zu Münster u. Osnabrück versammelt gewes. Gesandten. 2. Abthl. Bildnisse, welche auf d. Rathhause zu Osnabrück befindl. sind. Mit biograph. Notizen. 6 Hfte. à 4 lith. Portr. gr. Fol. (2 B. Text.) Münster 827. (Leipzig, Kummer.)
1. Abthl. 9 Hfte. Bildne., welche auf dem Friedenssaale zu Münster befindlich sind. Ebendas. 1824. 18 Thlr.

**Bildnisse** von dreissig Haupt-Personen aus den historischen Zeitbildern: der Mohr, oder das Haus Holstein-Gottorp in Schweden. Berlin 1844. V: *Crusenstolpe, Magnus Jacob.* (BrMm)

Bildnisse von 30 Haupt-Personen aus d. histor. Zeitbildern: Der Mohr, od.: Das Haus Holstein-Gottorp in Schweden. In 6 (lith.) Blättern. gr. 8. Berlin 844, Morin. * ⅔ Thlr. chines. Pap. *

— berühmter Helden neuerer Zeit. 3 Hefte. gr. 8. Berl. 804–6. (Reimer). 2 ₰

— berühmter Helden neuerer Zeit. 5 Hefte. gr. 8. Berlin, Hamburg. 806. (à 16 gr.)

Bildnisse v. Herzögen u. Herzoginnen d. neuen Hauses Braunschweig. Biograph. Text v. Heinr. Mack. Fol. (20 Lichtdr.-Taf. m. 25 S. Text.) Braunschweig 895. G. Behrens. n. 20. —

Bildnisse aus der Münchner „Jugend". Fol. (8 Bl.) München (901). G. Hirth. In Mappe n. 3. —

Bildnisse berühmter Katholiken unserer Zeit. 1e u. 2e Lfrg., enthalt. die Bildnisse: Sr. Heiligk. des Papstes Gregor XVI., Clemens August's, Erzbischofs von Cöln, Mart. Dunins, Erzbischofs von Posen, J. A. Möhler's, Fr. Leopolds, Grafen zu Stolberg, und Leonh. Pfaff's. Lithogr. 4. Aachen 838. Cremer'sche B. (Cazin). à n. ⅓ ₰ (Vgl. Baugniet, Brougham, Ideale, Katholikon, Madu.)

— der deutschen Könige und Kaiser von Karl dem Großen bis Franz II. nach Siegeln, Münzen, Grabmälern, Denkmälern und Originalbildnissen, gezeichnet von Heinr. Schneider, in Holz geschnitten in der xylograph. Anstalt in München; nebst charakterist. Lebensbeschreibungen derselben von Friedr. Kohlrausch. 1. Abthl. in 8 Heften. Von Karl dem Großen bis Maximilian I. 1.—7. Heft. Lex.-8. (Mit 4 Holzschnitttaf.) Hamburg u. Gotha 844, 45, Fr. u. A. Perthes. à n. ½ ₰

— der deutschen Könige u. Kaiser v. Karl d. Großen b. Franz II. gez. v. Heinr. Schneider. Nebst Lebensbeschreibungen v. Friedr. Kohlrausch. 1. Abth. in 8 Hftn. Von Karl d. Großen bis Maximilian I. 8. Hft. Lex. 8. (S. 561—680 u. 4 Holzschnitttaf.) Hamburg u. Gotha 847, Fr. u. A. Perthes. n. ½ ₰ (1. Abth. cmplt. n. 4 ₰ — In Leinw. geb. n. 4 ₰ 27 ngr)

Bildnisse der deutschen Könige und Kaiser von Karl dem Großen bis Maximilian I. nach Siegeln, Münzen, Grab- und Denkmälern, sowie Orig.-Bildnissen gezeichnet von Heinr. Schneider, nebst charakteristischen Lebensbeschreibungen derselben von Friedr. Kohlrausch. Volksausg. 15 Lfgn. hoch 4. (VIII und 680 S. mit 12 Holzschntaf.) Gotha 864, 65, F. A. Perthes. à Lfg. * 4 Ngr.

— d. Könige von Frankreich, v. Anfange d. Monarchie bis zur Republik. 1s Heft. gr. 4. Hamb. 803. Heydemann. 1 ₰ 12 gr

— berühmter dramat. Künstler, nebst kurzen Notizen aus ihrem Leben. 1e Lief. gr. 4. Berl. 828. Cosmar u. Krause. 1 ₰ Hbg. Pr. 12 gr

—— berühmter dramat. Künstler, nebst kurzen Notizen a. ihr. Leben. 1. Lfg. (D. L. Devrient, P. A. Wolff, A. A. Wolff geb. Malcolmi, C. L. G. Rebenstein.) gr. 4. Berlin 828, (Zesch.) 1 Thlr., hrbgf. Pr.

Bildnisse der berühmtesten Künstler: Albert Thorwaldsen. — Jh. Christ. Reinhardt. — Jh. Martin Wagner. — Friedr. Overbeck. — Josef Anton Koch. Gemalt von C. Küchler. Stahlstich. ½ Fol. Darmstadt, Lange. n. 2 ₰ — Einzeln à n. ⅓ ₰

— der berühmtesten Künstler unserer Zeit. Nach der Natur gezeichnet u. gestochen von Karl Küchler. 1e Lfrg.: Overbeck, Koch, Reinhard, Thorwaldsen u. Wagner enth. ½ Roy.-Fol. Darmstadt 839, Lange. n. 2⅚ ₰

— der hessischen Landgrafen, Philipps des Großmüthigen von Hessen und Georg I., Landgrafen von Hessen-Darmstadt. Nach den Originalzeichnungen der am Ludwigstage, 25. Aug. 1853, zu Darmstadt zc. aufgestellten Statuen v. Joh. Bapt. Scholl. Mit lebensgeschichtlichen Umrissen von H. Künzel. München 853. Kohler u. Co. gr. 4. (2 Holzschn. u. 7 S. Text.) 6 ngr; die Bildnisse einzeln à 4 ngr; beide auf 1 Blatt 7 ngr

— zweihundert, und Lebensbeschreibungen berühmter deutscher Männer. 2. verb. Aufl. Leipzig 857. G. Wigand. br. gr. 16. (4 Bl. u. 200 Holzschn. mit Text.) n. 1 ₰ 15 ngr
1. Aufl. s. Männer, 200 deutsche, in Bildnissen zc.

Bildnisse u. Lebensabrisse, 200, berühmter deutscher Männer. 3. verb. Aufl. Leipzig 870. G. Wigand. 8. (3 Bll., 200 S. m. Holzschn.) n. 1 ₰; geb. n. 1 ₰ 6 ngr

— u. Lebensabrisse, 200, berühmter deutscher Männer. 4. verb. Aufl. 8. (Holzschntaf. m. eingedr. Texte.) Leipzig 880. G. Wigand. cart. n. 3. 50; geb. n. 4. 50

Bildnisse u. Lebensabrisse, 200, berühmter deutscher Männer. Begonnen v. Ludw. Bechstein. Neu bearb. u. fortgeführt v. Karl Thdr. Gaedertz. 5. verm. u. verb. Aufl. 4 Halbbde. Lex.-8. (X, 800 S.) Lpz. 890, G. Wigand. à Halbbd. * 2 —; * 8 — geb. * 10 —

—— (u. Lebensbeschreibn.) der berühmt. u. verdienstvollsten Pädagogen u. Schulmänner ält. u. neu. Zeit. 1. Lfg.: J. H. Pestalozzi. J. J. Rousseau. J. B. Basedow. K. Ch. G. Zerrenner. gr. 8. (½ B. Biographie.) Quedlinburg 833, Basse.

—— dass. 2. Lfg.: D. H. Stephani. D. G. F. Dinter. F. Ph. Wilmsen. J. H. Campe. gr. 8. (1 B.) Quedlinburg 834, Basse.

Bildnisse u. Lebensbeschreibungen d. berühmtesten u. verdienstvollsten Pädagogen u. Schulmänner älterer u. neuerer Zeit. 3—8. Lfg. gr. 8. Quedlinburg, Basse. Thlr.
Lfg. 3. F. E. v. Rochow. — Chr. G. Salzmann. — F. L. Jahn. — Dr. G. Fr. Seiler. (4 Bildn. u. 1 B. Text.) 835. 8 Gr.
" 4. J. A. Comenius. — J. C. F. GuthsMuths. — C. F. Weiße. — C. W. C. v. Türck. (4 Bildn. u. 2 B. Text.) 836. 8 Gr.
" 5. J. E. Plamann. — Jean Paul Fr. Richter. — H. Zschokke. — E. v. Fellenberg. (4 Bildn., 2 Facsim. u. 4½ B.) 837. 12 Gr.
" 6. Caroline Rudolphi. — Jos. Jacotot. — Dr. A. Bell. — J. Lancaster. (4 Bild. u. 4 B. Text.) 838. 12 Gr.
" 7. John Locke. — Imm. Kant. — Chr. G. Scholz. — Oberlin. (4 Bildn. u. 2 B. Text.) 840. 12 Gr.
" 8. V. Cousin. — A. H. Francke. — Chr. Thomasius. — Christoph v. Schmid. (4 Bildn. u. 1 B. Text.) 841. 12 Gr.
1. u. 2. Lfg. Ebendas. 1833, 34. 14 Gr.

Bildnisse König Ludwigs II. v. Bayern, aufgenommen v. Jos. Albert 1860—1884. Mit e. Geleitwort v. Frdr. H. Hofmann. (VII S. u. 48 S. Abbildgn.) 8. München 906. Vereinigte Kunstanstalten.

— die, der Königin Luise. Hrsg. v. Paul Seidel. 12 Kpfr.-Ätzgn. nach zeitgenöss. Originalen m. begleit. Text. (VIII S.) 44,5×33,5 cm Berlin 906. Gesellschaft zur Verbreitg. klass. Kunst. In Leinw.-Mappe n. 25. —

—— der berühmt. Menschen aller Völker u. Zeiten. Ein Suppl.-Kpfrbd. zu jed. biograph. Wörterbuch, besond. zu d. Conversations-Lexicon. 29—35. (letzt.) Suite, No. 337—420. Gest. v. Bolt, Buchhorn, Esslinger, Fleischmann, Rahl, Wachsmann, Weber etc. gr. 4. Zwickau 828—32, Gebr. Schumann. à
1—28. Suite. Ebendas. 1818—27. à 1 Thlr. 8 Gr. — 1—20. Suite. hrbgs. Pr. 20 Thlr. — Einzelne Portr. à 6 Gr. — 24 zusamm. genomm. à 2½ Gr. — Kurze Biographien befinden sich auf den Umschlägen d. Hefte.

—— dass. — Alphabet. Verzeichn. zu allen 35 Suiten od. 420 Portr. gr. 4. (1 B.) Ebds. 832.

Bildnisse von abgeschiedenen Mitgliedern der kaiserlichen Akademie der Wissenschaften in Wien. Folio. Radierungen von A. Steininger. † Chinapapier à K 2 —
Prof. Adolf Beer. — Dr. Max Büdinger. — Prof. J. Ficker. — Dr. E. Mühlbacher. — A. Rollett. — Karl Schenkl. — Karl von Stremayr. — Dr. Wilhelm Tomaschek. — FZM. L. von Wetzer.
Wien: Artaria 1905

Bildnisse verstorbener Mitglieder der kais. Akademie der Wissenschaften in Wien. Radierungen von A. Steininger. Fol. Auf Chinapapier. In Komm. à K 2.—.
J. Brauer, Entomolog.
R. Heinzel, Germanist.
A. Mussafia, roman. Philolog.
C. Richter, Geograph.
Wien: Artaria 1906

— der Mitglieder der Synodal-Versammlung zu Würzburg im Oktbr. u. Novbr. 1848. Nach den Lichtbildern v. Steinberger u. Bauer; auf Stein gezeichnet v. Schertle, Hickmann u. A. 11 Hfte. Imp. 4. Erzbischof v. Salzburg. Erzbischof v. Cöln. Erzbischof v. Bamberg. Erzbischof v. Freiburg. Erzbischof v. München-Freising. Bischof v. Osnabrück. Bischof v. Würzburg. Bischof v. Speyer. Bischof v. Regensburg. Bischof v. Eichstätt. Bischof v. Culm. Bischof v. Trier. Bischof v. Münster. Bischof v. Corycus, Vicar. apost. zu Dresden. Bischof v. Rottenburg. Bischof v. Hildesheim. Bischof v. Paderborn. Bischof v. Limburg. Bischof v. Passau. Bischof v. Augsburg. Bischof v. Fulda. Weihbischof v. Ermeland. Domkapitular Heinr. Förster v. Breslau. Frankfurt a. M. 849, Schmerber. (à Hft. n. 13 ngr) n. 4 ℛ 23 ngr Chines. Papier (à Hft. n. 18 ngr) n. 6 ℛ 18 ngr — Einzelne Blätter à n. 9 ngr Chines. Pap. à n. 5/12 ℛ

**Bildnisse, Mozarts.** Berlin 1897. V: *Genée, Rudolf.* (stadtbiblberlin XIII, S. 94)

Bildnisse berühmter Naturforscher u. Philosophen aus den wissenschaftlichen Abhandlungen v. Frdr. Zöllner. 1. Lfg. gr. 4. (12 Stahlst.) Leipzig 881. Staackmann in Comm. In Mappe. n. 12. —; einzelne Blätter à n. 2. —

— v. Professoren u. Dozenten d. kgl. tierärztl. Hochsch. zu Dresden. Hrsg. v. K Schade. 1. Serie. (28 Bl.) 10×17 cm. Dresd., H Hackarath ('12). 3 —; einz. Bl. — 50

— d. vornehmsten Reformatoren Deutschlands u. d. Schweiz. 1s, 2s Heft. Fol. Bern 828. Jenni. 2 ℛ 16 gGr.

— merkwürd. deutscher Schriftsteller u. Künstler. 4. Berl., Sommerbrodt. 6 gGr

— a. d. Fürstenhause Schwarzburg-Rudolstadt. gr. 4. (8 Lichtdr. m. 8 Bl. Text.) Dessau 897. R. Kahle. In Leinw.-Mappe n. 12. —

— berühmter Tonkünstler nach den besten Originalen in Linienmanier gest. von L. Sichling. 1. 2. Liefg. Leipzig 857. Breitkopf u. Härtel. Fol. Jede Liefg. von 3 Bl. 1 ℛ 15 ngr; einzelne Bl. à 22½ ngr
Inhalt: 1. Liefg.: Joh. Seb. Bach, gem. von G. Haussmann. — G. F. Haendel, gem. von Hudson. — Joh. Chph. v. Gluck, gem. v. J. Duplessis.
2. Liefg.: Jos. Haydn, gem. von Rösler. — W. A. Mozart, gem. von Tischbein. — L. van Beethoven, gem. von Waldmüller.

— d. Urheber u. Beförderer, auch einiger Gegner d. [illegible] f. R. [illegible] Becker.

— 40, nach d. besten Original-Gemälden in Kupfer gestochene, d. berühmtesten Männer u. Frauen, besonders Schriftsteller u. Schriftstellerinnen d. ältern u. neuern Zeit. 8. Wien 830. Pfautsch. (Leipz., Liebeskind). 1 ℛ 14 gGr

**Bildnisse, Die,** Winkelmanns. O. O. 1854. V: *Jahn, Otto.* (Cat. d. Stadtbibl. Zürich. Zürich 1864—97.)

Bildnisse, Zweihundert, u. Lebensabrisse ber. dt. Männer, s. Bildnisse u. Lebensabrisse (Lebensbeschreibungen) . . .

Bildnißsaal, chronolog. geordn., z. Conversations-Lexikon, od. Portraits u. Lebensbeschreibn. d. berühmt. Männer u. Frauen, welche in diesem u. ähnl. encyklopäd. Werken aufgeführt werden. Nebst e. universalhistor. Ueberblicke d. Begebenheiten, mit denen d. Thaten u. Schicksale jener Personen in Wechselwirkung gestanden, zugleich als Leitf. durch die allgem. Weltgesch. Von M. K. Baldamus. 22 Hfte. — A. u. d. T.: Chronol. geord. Bildnißsaal, od. Portr.- u. Lebensbeschr. d. berühmt. Männer u. Frauen seit Beginn d. histor. Zeit bis z. Tode d. Imperators Augustus. 2 Abthln. Lex.-8. (180 Portr. in Kpfrst. u. 44 B. Text.) Wien 831, 32, [Ant. Doll sel. Wittwe u. Sohn.] à Hft. 12 Gr. Thlr.

Bildniß-Saal, chronolog. geordn., zum Conversations-Lexicon. 13e — 16e (u. letzte) Lfrg. Mit 33 Portr. Lex.-8. Wien 831, 32. Ant. Doll. (Leipzig, Volckmar.) (à ½ ℛ) 1½ ℛ (Jetzt unt. d. T.: Chronologisch geordneter Bildniß-Saal, oder Portraits- und Lebensbeschreibungen der berühmtesten Männer und Frauen, seit Beginn der histor Zeit bis zum Tode des Imperat. Augustus. In 2 Abthlgg. 1833.)

Bildnüsse. — s. Bildnisse.

**BILDREICH,** F. W. (ps.?), Das schöne Leipzig. Ein Kranz Gedichte. Leipzig 1843. 8°. 44 S. (5 Mk. K. W. Hiersemann, 1905.)
Nicht in Weller's Lex. Pseud.

Bildsäule Josephs des Zweyten mit allegorischen Vorstellungen in halb erhobener Arbeit. Verfertigt und aufgestellt in der K. K. Porzellanfabrik in Wien. 1789. Wien. Fol.

**Bildsäule, Memnons,** in Briefen an Ida. Berlin 1799. V: *Kosegarten, Christian.* (Cropp) (GGr)

**Bildsäule, Die,** Peters des Grossen. Schauspiel in 1 Akt. Berlin 1804. V: *Guehery, Louis Amanley de.* (GGr) (MGT)

Bildsäule, die, Peter d. Großen. Schausp. in 1 Akt. 12. Berlin, Franke. 806.

(*U.-Titel:*) Der Bildschnitzer von Berchtesgaden oder Die Sonne bringt es an den Tag. (*Vign.: Der Jurist packt den Mörder bei den Schultern.* 113 × 83). ( Neue Volksbücher. k) Kol. Reutlingen. Druck und Verlag von Enßlin und Laiblin.
o. J. (1882). 15 S., 164 × 105.
IBS d. D. o. d. K 2207.

Bildschnitzer, d. dicke, od. d. Non plus ultra d. Vergeßlichkeit, s. a. Theater, kleines.

Bildschnitzer, der dicke, oder das Non plus ultra der Vergeßlichkeit. Lustspiel in 3 Akten. Nach einer Novelle der „Fliegenden Blätter“ dramatisch bearb. von A. W. 8. (48 S.) Regensburg 885. (Paderborn, Esser.) * — 60

Bildschnitzer, der, u. sein Patenkind, s.: Jugend-Bibliothek, Laumann'sche.

*Bildsov*, P. M., commentatio in parabolam Lucae XVI, v. 1. sqq. 8. Kopenh. 774. Rothe. 8 gr

Bildsoe, P. M., Commentatio in parabolam Lucae 16. 8. Flensb. Korte. 776. Rthlr.

Bildung. Sammlung belehr. Vorträge u. Schriften. Nr. 1 u. 2. 8. Kiel, R. Cordes. n. — 90

1. Die Kunst- u. Hausweberei, e. Frauenberuf, dargestellt an der Kieler Webschule des schleswig-holstein. Vereins zur Förderg. der Kunst- u. Hausweberei. Vortrag, geh. in dem Frauenbildungs-Verein zu Kiel. Von Frau Seelig. (18 S.) 903. n. — 40
2. Drahtlose Telegraphie, nach einem im Kolonial-Verein in Hameln geh. Vortrag. Von H. Hofmeister. Mit Abbildgn. (35 S.) 903. n. — 60

**Bildung**, Die. Zeitschr. f. d. gesamte Wissen. Die neuesten Ereign., Entdeckgn, Erfindgn u. Fortschritte auf allen Gebieten d. geist. u. kulturellen Lebens. Hrsg.: Konr. Dohany. Red.: Karl Tomek. 3. J. '11. 12 Hefte. (6. Heft: 12 u. 4) gr8° Wien, M Braunschweig. 3 —; einz. Hefte — 25 ‖ 4. J. '12. 12 Hefte. Red.: Frz Klinger. (1. Heft: 12 u. 4) 3.50; einz. Hefte — 30

Bildung, über die, u. Anstellung d. Finanz-Beamten, mit besonderer Rücksicht auf die in Baiern bestch. Verordnn. 8. Bamb. 827, Dresch.

Bildung, über die. d. Atmosphäre, (v. Ferd. Renner). Leipz. 800.

**Bildung**, Aufklärg, Humanität in Dichtgn. Von A S., Verf. d. „Eisenbahn z. Himmel“. Ein Leitstern auf d. menschl., christl. wie soz. Lebensweg. Neue Afl. 12. (226) Sigmaring. 86. Liehner. n 1 —

Bildung, Aufklärung, Humanität in Dichtungen. Von A. S., Verf. der „Eisenbahn zum Himmel“. Ein Leitstern auf dem menschl., christl. wie sozialen Lebensweg. Neue verb. und verm. Aufl. 12. (226 S.) Sigmaringen 886, Tappen. *

**Bildung, Die,** obligatorischer Berufs-Syndikate, ein Wurf zur Rettung von Handwerk und Kleingewerbe. Zürich 1893. V: *Wild, Paul F.* (Cat. d. Stadtbibl. Zürich. Zürich 1864—97.)

Bildung (Die) obligatorischer Berufssyndikate. Ein Wort zur Rettung von Handwerk und Kleingewerbe. (Schweiz. Zeitfragen, Heft 25.) gr. 8⁰. Zürich 1893.

**Bildung** und Bestandtheile einfacher Sätze und Regeln der Rechtschreibung. O. O. 1828. V: *Jahr, G.* (Ky)

(Gegen die Bildung neuer Bezirksvereine.) Von dem Ausschuß des conservativ-constitutionellen Central-Vereins — Der Vorstand des monarchisch-constitutionellen Vereins des vierten Stadtbezirks. 1 Bl. 4.
Flugblatt. Berlin, 4. Dez. 1849.

Bibliothek Sociale Bildung. Bd 1. *Leipzig: Socialer Verl. [1902].* 8°

Bildung des Bürgers der Bildung des Menschen untergeordnet. 8. Lpz. Sommer. 789.

— über die, der Erde. gr. 8. Lpz. Böhme. 790.

— über die, d. Erde. gr. 8. Leipz. 790. (Knobloch) 8 gr

**Bildung u. Erziehung**, d., d. Geistlichen nach kathol. Grundsätzen u. nach d. Maigesetzen. Von Irenäus Themistor. 8. (256) Köln 84, Bachem. n. 4. — ‖ 2. Afl. (259) 84. n. 2. —

— u. Erziehung, die, der Geistlichen nach katholischen Grundsätzen u. nach den Maigesetzen. Von Irenäus Themistor. 3. verm. Aufl. (XXI, 848 S.) gr. 8. Trier 904. Paulinus-Druckerei. n. 3. —; geb. n. 4. —

**Bildung,** Erziehung, Volkswohlseyn, Patriotismus; ein Fragment für Welt und Nachwelt. Berlin 1783. V: *Knüppeln, Julius Friedrich.* (Ky) (MGT) (Adel)

— Erziehung, Volkswohlsein, Patriotismus; e. Fragment (v. J. F. Knüppeln). 8. Berl. 783, N. A. 8. Gera 790. (Kummer in Leipz.) 12 gr

Bildung, feine. Eine Erzählg. f. die amerikan. Jugend vom Verf. der „Erlebnisse e. deutschen Pfarrers in Amerika“ u. d. „Settlement im Busch.“ 16. (163 S. m. eingedr. Holzschn. u. 2 Holzschntaf.) Cleveland, O. 875. (Philadelphia, Schäfer & Koradi.) geb. 1. 50

Bildung v. Friedensvereinen zur Schlichtung v. Rechtsstreitigkeiten. (Verhandlungen der XXXVII. Plenarversammlg. des deutschen Landwirtschaftsrats 1909.) (S. 177—196.) Lex. 8. Berlin 909. P. Parey. nn — 75
Sonderabdruck aus „Archiv d. deut. Landwirtschaftsrats“.

Bildung u. Führung ein. Infanterie-Compagnie rc., s. a. Zimpel, C. F.

— u. Führung einer Infanterie-Compagnie, mit Bezugnahme auf das Preuß. Infanterie-Regiment. Handb. f. Offiziere. (Von C. F. Zimpel.) 8. Berl. 828. Schlesinger. 20 gr 199 S

Die geistige Bildung des Arbeiterstandes. *M. Gladbach: Volksver. f. d. kath. Deutschl. 1902.* (48 S.) 8° [F.]
— Tages-Fragen, Sociale. H. 28.

Bildung, die, der Geistlichen. Bemerkungen aus Anlaß der gleichnam. Schrift des Irenäus Themistor. Von Justinus Friedemann. Nebst Beilagen, kirchl. Verordnungen über die akadem. Studien enthaltend. gr. 8. (36 S.) Aachen 884, Barth.

Bildung der Geistlichen u. Seelenhirten durch kurze Betrachtungen üb. das geistl. u. seelenhirtliche Leben u. Wirken auf alle Tage des Jahres. Aus dem Franz. von K. Zwickenpflug. 4 Bde. 8. (91¼ B.) Regensburg 815, Manz. à ⅚ Thlr.

BILDUNG. Über die gemeinnützigste — d. feinen Burgers. Kurzbock, Wien 1781 82.

— d., des schönen Geschl. 8. Frankf. Hermann. 779.

— zur, des schönen Geschlechts. 8. Frankf. a. M. 779. (Leipz., Wienbrack). 3 gr

— von, deutscher Gesellschaften. gr. 4. Heidelb. 814. Winter. 8 gr

Bildung, die, von Gutsgebieten in Böhmen von einem Mitglied der böhmischen Gemeindekommission. Prag 860. Tempsky. gr. 8. (24 S.) n. 8 ngr

— gymnasiale, u. sittliche Erziehung der Jugend v. Alethagoras. gr. 8. (60 S.) Braunschweig 894. O. Salle. n. — 60

— eines edlen Herzens in d. Jugend, in lehrr. Erzählungen. 8. Frankf. 779. Garbe. 20 ℊ

Bildung, die höhere, in Bayern. Betrachtungen eines Niedergebildeten. 8. (35 S.) Zürich 874, (Verlags-Magazin.)

Ueber die Bildung der ersten Kammer. Als Manuskript gedruckt. Berlin, Decker (1850). 18 S. 8.

Bildung, die, einer ersten Kammer. Berlin 853. Hempel. Lex.-8. (15 S.) n. 5 ngr

Bildung, die, der ersten Kammer Preußens auf d. Grunde breiter, demokratischer Grundlagen. gr. 8. (15 S.) Halle 848, Pfeffer. 3 ngr

Bildung, die, der ersten Kammer Preußens auf dem Grunde breiter, demokrat. Grundlagen. gr. 8. (15 S.) Halle 848, Schwetschke'sche Sortimentsb.

Die Bildung der zweiten Kammer Preußens auf dem Grunde organischer Gliederung des Volkslebens. Halle, Pfeffer 1849. 36 S. 8.

—— die, der zweiten Kammer Preußens auf dem Grunde organischer Gliederung des Volkslebens. gr. 8. (36 S.) Halle 849, Schwetschke'sche Sortimentsb.

— klassische. Von Veritas. gr. 8. (96 S.) Görlitz 893. H. Tzschaschel. n. 1. 25

Bildung, die, einer deutschen Landwehr. Von Pz. (Carl Eduard Pönitz.) [Aus der deutschen Vierteljahrsschrift abgedr.] gr. 8. (49 S.) Stuttgart 852, Cotta. 9 ngr

—— und Mannszucht im deutschen Heere. Ein offenes Wort für Heer und Volk. Mit besond. Rücksicht auf die Verhandlungen des Reichstages, betr. Militairstrafgesetz. gr. 8. (53 S.) Berlin 872, Mittler und Sohn. *

— zur, des Menschen. 8. Bresl. W. G. Korn. 779.

— über die militairische, d. baierschen Nation. 4. Münch. Lindauer. 806.

— über natur- und zweckgemäße, der Jugendbildner. Ein Beitrag zur Förderung wahrer Volks- und Menschenbildung. 8. Bern 835. (Burgdorf, Langlois.) n. 1/4 ℔

**Bildung** und Organisation des Landsturmes in den Gemeinden . . . der Schweiz. Zürich 1882. V: *Farner, Ulr.* (Catzür) (Zuwachsverz. d. Bibliotheken in Zürich 1898 ff.)

— des Perfectum und des Supinum in der latein. Sprache. 2e durchweg verb. u. erweiterte Ausg. gr. 8. Oppeln 834. Baron. (Leipzig, Liebeskind.) 1/4 ℔

**Bildung, Die philosophische,** und ihre Förderung durch die deutschen Universitäten . . . Würzburg 1873. V: *Curti, Carl Theodor.* (Erman & Horn, Bibliographie d. dtsch. Universitäten. I. Leipz. u. Berl. 1904. S. 37.)

— die philosophische, u. ihre Förderg. durch die deutschen Universitäten. Eine Anregg. v. Th. C. gr. 8. (16 S.) Würzburg 873. Stuber. n. — 60

— über d., guter Prediger u. die bessere Einrichtung d. Kanzelvortrags 2c., (v. Pastor ... Koch). 8. Flensb. 787.

— religiös-sittl., des Christen. Ein Sonntagsblatt; oder Beitr. zur Belehrung u. Veredlung d. Menschen. 1r Jahrg. Jan.—Dec. 8. Soloth. 820. (Münch., Weber). 2 ℔ 16 ℊ

Programm des k. k. katholischen Gymnasiums in Neusohl für das Schuljahr 1853. 4 (32 S.) Neusohl. Druck von Philipp Machold. 1853.

Inhalt: Ueber die religiös-sittliche Bildung an Gymnasien. — Uebersicht der Geschichte des kath. Gymnasiums in Neusohl.

Bildung, die, der Schullehrer im Königr. Bayern. Königl. Allerhöchste Verordng. vom 29. Septbr. 1806. [Abdr. aus dem Ministerialblatt für Kirchen- u. Schulangelegenheiten.] München 860. (Kaiser.) gr. 8. (106 S.) n. 8 ngr

— über d. sittliche, einzelner Menschen u. ganzer Nationen. 8. Wien, Geistinger. 12 ℊ

Bildung, über technische, u. insbesondere über das technische Institut in Zürich. Drei Reden v. Dr. Schinz, Oberst-Lieut. Pestalozzi u. Pestalozzi-Hirzel. gr. 8. Zürich 832. Orell. 5 ℊ

**Bildung** der Töchter in Schnepfenthal. Göttingen 1789. V: *André, Christian Carl.* (Ky) (MGT)

— d. Töchter in Schnepfenthal. 1s Fragment (v. Chr. K. André). 8. Götting. 789. Dieterich. 6 ℊ

— der Töchter, s. Andree.

Bildung des märkischen Turnverbandes, Beschluß des märkischen Turntages v. 20. 4. 1862, Berlin, 4 S., 4°.

—— unsere moderne, im Bunde mit der Anarchie. 8. (V und 116 S.) Stuttgart 851(52,) Becher's Verlag.

—— uns. moderne, im Bunde m. d. Anarchie. 8. (116) Stuttg. 52, Kröner. — 15

Bildung, unsere moderne, im Bunde mit der Anarchie. 2. verb. u. verm. Aufl. 8. (V, 122 S.) Tübingen 879. Fues. n. 1. 50

Bildung, über die, eines Vereins für die kirchliche Aufhebung des Cölibatgesetzes. Von einem kathol. Geistlichen in Würtemberg (Prof. Wocher in Ehingen). 8. Ulm 831. (Wohler.) 1/6 ℔

— über die, von Vereinen zur Abhülfe des Mangels an Saat- und Brotgetreide mit Hinweisung wie diese Vereine das Mittel sind, nicht blos einer Hungersnoth vorzubeugen, sondern auch einen allgem. Wohlstand zu begründen. Von einem Bauer im Riesengebirge. Nebst einem Vorworte v. Ed. Pelz. kl. 8. Breslau 846. (Verlags-Compt.) 1/6 ℔

— in's Volk. Blätter f. Unterhaltg. u. Belehrg. Nr. 1—7. Lex. 8. Wien (910). C. W. Stern. à — 20
1. Stammt der Mensch vom Affen ab? (30 S.) — 2. Kaiser Nero. (30 S.) — 3. Gibt es Gespenster? (31 S.) — 4. Hinrichtung Ludwig's XVI. (31 S.) — 5. Hexenprozesse, die. (31 S.) — 6. Im Bergwerk. Die Gefahren des Bergbaus. (31 S.) — 7. Hus, Johannes. (31 S.)

— über die, d. Volkslehrer u. die nothwendige Vervollkommnung d. Predigerstandes, (v. J. P. Schmidt). 8. Hof 801. Grau. 12 ℊ

— die wahre, vornehmer Personen, in Beispielen. 2 Thle. 8. Hanau 774. Schulz. 1 ℔ 8 ℊ

**Bildung, Die wahre,** christlicher Prinzen zu würdigen Regenten . . . Leipz. 1771—73. Ü: *Bachenschwanz, Lebrecht.* (Kläbe, Neuestes Gel. Dresden. Leipz. 1796.)

— die wahre, christl. Prinzen zu würdigen Menschen; e. Uebersetzung v. Lebr. Bachenschwanz. 2 Thle. Hamb. 771, 73.

— über weibliche, u. besonders über d. Errichtung einer weibl. Lehranstalt, in Verbindung mit einer höhern Schule, z. Bildung künftiger Lehrerinnen u. Erzieherinnen, (v. Fr. Glo. Haan). 8. Leipz. 828. Cnobloch. 5 ℊ

— zur, f. d. Welt u. d. Leben in Palästen. 8. Leipz. 785. (Aue in Altona). 10 ℊ

— zur, f. d. Welt u. d. Leben in Pallästen. 8. Lpz. Jacobäer. 785.

Über zeitgemäße Bildung und Bildungsanstalten katholischer Geistlichen, besonders in den Rheinlanden. Von einem wohlmeinenden Katholiken. Hamm, Schulze und Wundermann, 1824, 8°. 90 Pf.

Eine deutsche **Bildungsanstalt** in Transvaal (*Johannesburg*) in Gefahr! (Hambg [um '00].) 4°

Eine deutsche **Bildungsanstalt** in Transvaal in Gefahr! *(Hamburg [um 1901]: P. Constrom.)* (1 Bl.) 4° [Kopft. F.] (01. 1901 3

**Bildungsanstalt, die, des Erziehervereins zu Nürnberg.** gr. 8. Erlangen 820. Palm u. E. 8 ℊ

**Bildungsarbeit**
v. Gewerkschaftliche Rundschau für die Schweiz.

**Bildungsarbeit.** Blätter f. d. Bildgswesen d. deut. Sozialdemokratie in Oesterr. Hrsg.: Leop. Winarsky. Red.: Rob. Danneberg. 1. J. Septbr '09—Aug. '10. 8—10 Nrn. (Nr 1. 10) Lex 8° Wien, (Wiener Volksbh.). 2.50 d

**Bildungsarbeit.** Blätter f. d. Bildgswesen d. deut. Sozialdemokratie in Oesterr. Hrsg.: Leop. Winarsky. Red.: Rob. Danneberg. 2. u. 3. J. Sept. '10—Aug. '12 je 8—10 Nrn. (3. J., Nr 1: 12) Lex 8° Wien, (Wiener Volksbh.). je 2.50 d

**Bildungsbibliothek.** 1. Bd. Anleitung zur Kenntniß des gestirnten Himmels. Eine populäre Astronomie f. alle Stände. 3. umgearb. u. verm. Aufl. Von G. A. Jahn. Mit eingedr. Holzschn. 8. (182 S.) Leipzig 847, O. Wigand. 1/2 ℛ

— dies. 2. Bd. Anleitung zum Studium der Botanik oder Pflanzenkunde. Von O. F. Blum. 8. (VI u. 113 S.) Ebd. 849. 1/2 ℛ

— dies. 3. Bd. Mythologie oder Lehre v. den fabelhaften Göttern, Halbgöttern u. Helden der Griechen, Römer, Aegypter, Nordländer, Wenden u. Slawen. Von J. F. Niemeyer. 2. Aufl. 8. (IV u. 415 S.) Ebd. 850. 1 ℛ

Bildungsbibliothek f. Nichtstüdierende, s.a. C. P. Funke.

**Bildungsbibliothek** für Nichtstudirende: von mehreren Verfassern bearbeitet. Hamb. 1804—8. H: *Funke, Carl Philipp.* V: *Reinbeck, Gg v., Joh. Gg Büsch, Gabr. Gfr. Bredow, Gg Hnr. Chn Lippold & Joh. Gfr. Carl Chn Kiesewetter.* (StAt I, 106)

**Bildungsbibliothek, für Nichtstudirende;** herausg. v. C. P. Funke. 1r Bd. 1e Abtheil. A. u. d. T.: Deutsche Sprachlehre, nebst Anleit. zu schriftl. Aufsätzen; v. G. Reinbeck. gr. 8. Hamb. 804 u. 6. 18 ℊ 1r Bd. 2e Abtheil. A. u. d. T.: H. L. de Marées Anleit. zur Lektüre rc. 806. 2 ℛ 1r Bd. 3e Abtheil. A. u. d. T.: G. Reinbeck, Mythologie. 16 ℊ 2r Bd. Gesch. d. Welthändel neuerer Zeit, v. Büsch u. Bredow. 2 Abtheill. 4 ℛ 3r Bd. C. P. Funke, Naturgeschichte u. Technologie. 806. 1 ℛ 18 ℊ 4r Bd. 1e Abtheil. A. u. d. T.: J. G. C. Kiesewetter, Darstell. d. Erfahrungsseelenlehre. 806. 1 ℛ 8 ℊ 4r Bd. 2e Abtheil. Dessen Sätze d. Vernunftlehre. 806. 8 ℊ 5r Bd. G. H. C. Lippold, Naturlehre, Astronomie u. phys. Geographie. 2 ℛ 8 ℊ 6r Bd. Walther, die Religions- u. Sittenlehre. 807. 2 ℛ gr. 8. Hamb. 804—7. (A. Campe). Hbg. Pr. 10 ℛ

Bildungsbibliothek, für Nichtstudirende; herausg. v. C. P. Funke. 2r Bd. enthält: Büsch u. Bredow Gesch. der Welthändel in 2 Abthl. gr. 8. Hamb. Hoffmann u. C. 816.

Bildungsbibliothek Nichtstudierende

Bildungsbibliothek für Nichtstudierende. Hrsg.von K(arl) P(hilipp) Funke.

Wien: Härter
Bd 10, Abth.1: Kiesewetter, J.G.C.: Faßliche Darstellung der Erfahrungsseelenlehre zur Selbstbelehrung für Nichtstudierende. 1817

— Dasselbe, unter Mitwirkung v. Bredow, Büsch, de Marrée, Kiesewetter rc. wohlf. A. 6 Bde. in 9 Abthl. gr. 8. Hamb. Hoffmann u. C. 820.

**Bildungs-Bibliothek für Teutschlands Töchter,** von e. Gesellschaft Gelehrter. In 6 Bdn. Herausg. von G. Eith. Mit 1 Bildn. gr. 8. Augsburg 834. v. Jenisch u. Stage'sche Buchh. 8 1/2 ℛ — ders. 1r Bd. A. u. d. T.: Die Jungfrau, ihr Beruf und ihre Bildung. Mit 1 Bildn. 2e Ausg. 1e u. 2e Lfrg. gr. 8. Ebd. 837. 1 ℛ — ders. 2r Bd. 2e Ausg. A. u. d. T.: Die Blumensprache rc. gr. 8. Ebd. 838. 1 ℛ — ders. 3r u. 4r Bd.: Parabeln und Poesien über Humanität, Natur und Gott. — Das Leben Jesu und seiner Apostel. gr. 8. Ebd. 838. 2 ℛ — ders 5r Bd. A. u. d. T.: Lebensabrisse biblischer Frauen rc. (N. Ausg.) gr. 8. Ebd. 838. 1 ℛ — ders. 6r Bd.: Vollständ. Darstellung aller weiblichen Geschäfte im Haus-, Küchen- u. Blumengarten. (N. Ausg.) gr. 8. Ebd. 838. 1 ℛ

**Bildungs-Bibliothek** f. Teutschlands Töchter, v. e. Gesellschaft Gelehrter. Hrsg. v. G. Eith. 6ter Band: Vollständ. Darstell. aller weibl. Geschäfte im Haus-, Küchen- u. Blumengarten. gr. 8. Augsburg, 1836. Neue Ausg. 1838. v. Jenisch u. Stage. (1. 20) — 10

Bildungs-Bibliothek f. Teutschlands Töchter, im Vereine mit e. Gesellschaft v. Gelehrten hrsg. v. G. Eith. 6 Bde. 2. Ausg. gr. 8. (132 3/4 B.) Augsburg 837, 38, v. Jenisch u. Stagesche Bh. Nur neuer Titel. Den Inhalt d. Bde., s. Eith.

Bildungsblätter. —
— f. Mittheilungen aus dem Wissenswürdigsten der Geographie.

**Bildungsblätter;** e. Zeitung f. d. Jugend, 1806, 7 u. 8. Herausg. v. J. C. Dolz. Mit 132 Kpf. u. Musik. gr. 4. Leipz., Voß. 24 ℛ Hbg. Pr. 15 ℛ

**Bildungsblätter.** Monatschrift f. die Jugend u. ihre Freunde. 1r Jahrg. 1838. 12 Hfte. Lex.-8. (Mit Abbildd. in Steindr.) Wesel 838. Bagel. n. 2 ℛ — 2r Jahrg. 1839. 12 Hfte. (Mit vielen Abbildd. in Steindr.) Lex.-8. Ebd. 839. n. 2 ℛ

**Bildungsblätter.** Eine Unterhaltungsschrift f. die Jugend. Neue Folge. 1. 2. Bd. Herausgeg. von P. J. Beumer. 12 Hefte. Mit à 4 Lithogr. 8. Wesel 843—46, Bagel. à n. 1/6 ℛ

Bildungsblätter. Eine Unterhaltungsschrift für d. Jugend. Neue Folge. 1. u. 2. Bd. à 6 Hfte. Hrsg. v. P. J. Beumer. Mit viel. Stnt. 8. Wesel 844, 45, Bagel. à Hft. * 5 Ngr. *

— f. Eltern, Privatlehrer u. Volkserzieher, e. Zeitschr. in zwanglosen Heften. 1s u. 2s Heft. 8. Bresl. 810. 11. Graß B u. C. 1 ℛ

Bildungsblätter, freie. Hrsg. u. Schriftleiter: Frz. Grumbach. 10. u. 11. Jahrg. 1901. 1902. à 12 Nrn. Lex.-8. (à Nr. ca. 24 S. m. Abbildgn.) Karlsbad (H. Feller). à Jahrg. n. 2.50

Bildungsblätter, freie. Hrsg. u. Schriftleiter: Frz. Grumbach. 12. u. 13. Jahrg. 1903 u. 1904. à 12 Nrn. (à ca. 24 S. m. Abbildgn.) Lex.-8. Drakowitz bei Karlsbad, Oberlehrer Frz. Grumbach. à Jhrg. n. 3.—

Bildungs-Blätter für unser Volk. Sammlung gemeinverständl. Abhandlungen. Hrsg. vom Zweigverein der Gesellschaft für Verbreitung von Volksbildung in Zittau. Redact.-Commission: Kämmel, Just und Roscher. 1. Serie. 6 Hefte. gr. 8. Zittau 873,74, Oliva. Subscr.-Preis für 6 Hefte
Einzeln à Heft *

Inhalt:
Heft 1. Kämmel, Heinr. Jul., die Lage von Sedan nach ihrer Bedeutung für unser Nationalgefühl. — Held, der Einfluß der Arbeit auf die Gesundheit der Arbeiter. (S. 1—40.)
" 2. Just, Otto, über Augenfehler und deren Berichtigung durch Brillen. (S. 41—80.)
" 3. 4. Roscher, Karl, unsere Zeitungen. (S. 81—128.)
" 5. Oppermann, A., Peter Cornelius, der größte Meister unserer Zeit. (S. 131—151.)
" 6. Weiß, Karl, über Frauenarbeit. Vortrag. (S. 152—173.)

Bildungs-Blätter für unser Volk. Sammlung gemeinverständl. Abhandlungen. Hrsg. vom Zweigverein der Gesellschaft für Verbreitung von Volksbildung in Zittau. Redact.-Commission: Kämmel, Just und Roscher. 2. Serie. 6 Hefte. gr. 8. Zittau 874, Oliva. Subscr.-Preis für 6 Hefte
Einzel-Preis à Heft

Inhalt:
Heft 1. Klemm, Kirche und Staat in der Gegenwart. I. Die Bedeutung des Concils von 1870. (28 S.)
" 2. Wagner, Rudf., über Kreisläufe in der Natur. (19 S.)
" 3. Pache, Osk., die Bedeutung der Arbeiter-Bildungs-Vereine. — Hesse, über den Einfluß der Cultur auf Gesundheit und Lebensdauer der Menschen. Vortrag. (24 S.)
" 4. Klemm, Kirche und Staat in der Gegenwart. II. Der Kampf und sein Ziel. (26 S.)
" 5. Kämmel, Heinr. Jul., Ludwig Uhland, ein Dichter nach dem Herzen seines Volkes. (31 S.)
" 6. —— Charakterbilder aus dem Hofleben in Versailles. (20 S.)

—— dass. — 2. Serie. 2. Heft: Ueber Kreisläufe in der Natur. Von Rud. Wagner. 2. Aufl. gr. 8. (19 S) Zittau 876. Oliva's Buchh.
1. und 2. Serie 1873,74. à M 1,20.

Bildungs-Blätter für unser Volk. Hrsg. vom Zweigverein der Gesellschaft für Verbreitung von Volksbildung in Zittau. Redact.-Commission: Kämmel, Just und Roscher. 3. Serie. 6 Hefte. gr. 8. Zittau, Oliva's Buchh.
Einzelpr. à Heft * 25 Pf.; Subscr.-Pr. für 6 Hefte
Inhalt:
Heft 1. Friedrich, Osc. Osw., Beobachtung und Experiment in ihrer Bedeutung für die Naturwissenschaft. (27 S.) 875.
" 2. Kämmel, Otto, Jürgen Wullenwever, der große Bürgermeister von Lübeck. (29 S.) 875.
" 3. Oppermann, A., der Maler Ludwig Richter, der Hausfreund des deutschen Volkes. Vortrag gehalten im Decbr. 1874 zum Besten einer Weihnachtsbescherung für Arbeiterkinder im Johanneum zu Zittau. (26 S.) 875.
" 4. Ohnesorge, Fr., die Volksbildung in Deutschland und die Stellung des Lehrers zu derselben. Vortrag. (19 S.) 875.
" 5. 6. Sturm, über Geld und Banken. (40 S.) 876.

—— dass. — 4. Serie. 1. Heft: Die einfachsten und häufigsten Formen von Seelenstörungen in ihrem Zusammenhange mit den Geistererscheinungen dargestellt von Eug. Burkhardt. gr. 8. (26 S.) [London 876, Wohlauer.] Berlin, Gesellschaft für Verbreitung von Volksbildung.

Bildungsblätter für unser Volk. Sammlung gemeinverständlicher Abhandlungen. Hrsg. vom Zweigverein der Gesellschaft für Verbreitung von Volksbildung in Zittau. Redaktions-Kommission: Kämmel, Just und Roscher. 4. Serie. 2.—6. Heft. gr. 8. Berlin, Verlag der Gesellschaft für Verbreitung von Volksbildung. à Heft * 30 Pf.; à Serie (6 Hefte)
Inhalt:
Heft 2. Köhler, J. Aug. Ernst, deutsche Volkssagen im Lichte der Geologie. (28 S.) 876.
" 3. Kämmel, O., die Stadtschulen des Mittelalters. Ein Beitrag zur Geschichte der Volksbildung. (32 S.) 876.
" 4. —— Sommerfahrten in den österreichischen Alpen. (31 S.) 876.
" 5. Köhler, J. Aug. Ernst, Pflanzen und Götter. (23 S.) 876.
" 6. Kämmel, O., einige Blätter aus der Geschichte des Schwindels. Eine Bilderreihe aus dem Anfange des vorigen Jahrhunderts. (20 S.) 877.
Nicht weiter erschienen.

— f. angehende Zeichner, enth. 37 verschied. von Oeser, Reinhardt, Bartel u. Junge gezeichnete, u. von guten Künstlern gestochene Gegenstände rc. Fol. Leipz. 811. (Nauck). 1 rℓ 16 gℓ

Bildungsblätter f. angehende Zeichner, enth. 37 verschiedene von Oeser, Reinhardt, Bartel u. Junge gezeichnete, u. von guten Künstlern gestochene Gegenstände, theils als Vorlegebl. zum Nachzeichnen und zur Uebung, theils auch f. Personen, welche im Zeichnen Unterr. geben. Fol. Leipz. Sommer. 811.

Bildungsbuch in unterhalt. Erzähl. f. Knaben u. Mädchen von 5—9 Jahren, herausg. v. H. Oswald, mit 8 color. K. 12. Meißen, Gödsche. 816. geb. —

Bildungsbuch f. Jünglinge, od.: wie hat es d. Jüngling anzufangen, um in Gesellschaften rc. sich geg. Jedermann fein, gesittet u. anständig zu betragen u. sich durch die äußere Bildung d. Achtung Anderer zu erwerben. Von d. Verf. d. neuen Komplimentirbuchs. 1. Aufl. (9¼ B.) 828. 8.; neue A. (8¼ B.) 16. Quedlinburg 834, Ernst. à

BILDUNGS- und Complimentirbuch für Frauen und Jungfrauen. Nebst einem Anhang: das Benehmen in Liebesverhältnissen. 2. Aufl. Hamburg, o. J. (18**). 8°. (14 Sgr. Scheible, c. 1870.)

Bildungsdifferenz, d., zwisch. Minorität u. Majorität als Ursache d. social. Nothstandes. Vortrag. 8. (27) Berl. 71, F Duncker. n. — 25

Bildungsdifferenz, die, zwischen Minorität u. Majorität als Ursache d. socialen Nothstandes. Vortrag, geh. in d. öffentl. Versammlg. d. Vereins f. Freiheit der Schule v. e. Volksschullehrer. Hrsg. vom „Verein f. die Freiheit der Schule." gr. 8. (27 S.) Berlin 871. Stuttgart, Krabbe. n. — 25

Bildungsfrage, die, gegenüber der höheren Schule. Von einem Schulmann. gr. 8. (29 S.) Berlin 872, Springer's Verlag.

—— dass. — II. Das Gesammtgymnasium, ein Vorschlag zur Begründung und Ausführung der Reform der höheren Schulen Deutschlands, nach den Anforderungen der modernen Bildung. gr. 8. (41 S.) Ebendas. 873. *

Bildungsfreund: Der Bildungsfreund
(1) Ein freimüthiges Schulblatt (5) 8. 1. 1847—7. 10. 1848 (6) 4° (7) Wochenblatt (8) Bern: J. A. Weingart (10) J. A. Weingart (?) (11) Holder, Fürsprecher (12) freisinnig (13) BGSZ: 973 (14) Be: L.

Bildungsfreund, der. Blatt f. Kunst, Wissenschaft u. persönl. Leben. Hrsg. in Verbindg. m. zahlreichen Bildungsfreunden. Red.: Aug. Schwarzkopf. 1. Jahrg. April 1904—März 1905. 12 Nrn. (à ca. 12 Sp.) 4. Erfurt, Verlag des Bildungsfreundes. 2.Jahrg.H.1. n. 1.—
(Mehr nicht erschienen)

! Bildungsfreund, d. Jetzt: Erfurt, A Schwarzkopf. '01/05 ö II

Bildungsfreund: Der Bildungsfreund für das strebsame Volk
(5) Oktober 1861—1862 (7) Wochenblatt (8) Rorschach (10) Johann Sebastian Gerster (13) BGSZ: 1047.

Bildungsgang, der, u. d. Stellg. d. Seminarlehrer, s.: Beiträge z. Lehrerbildg. u Lehrerfortbildg.

**Bildungshalle** im Sinne und Geiste unserer Zeit. Für alle Stände. Leipzig 853. O. Wigand. gr. 8. (–1854)
1 Bd. Der menschliche Körper. Von Herm. Eberh. Richter. Mit 18 Original-Abbildgn. (Holzschn. im Text.) 2., verm. u. verb. Aufl. (3 Bl., 72 S.) n. 10 ngr
2. Bd. Die deutsche Literatur in ihrer nationalliterarischen u. wissenschaftlichen Entwicklung und in ihrer Einwirkung auf das geistige Leben der Völker. Von Johs. Scherr. Illustrirt mit 42 Portraits der ausgezeichnetsten Dichter und Gelehrten deutscher Nation (in Holzschn.). (VIII, 216 S.) n. 1 ₰ 10 ngr
3. Bd. Die Geschichte der Entdeckungen und Erfindungen von den ersten Anfängen der Menschheit bis auf unsere Tage. Von C. G. Rehlen. (VII, 92 S.) n. 10 ngr
4. Bd. Die Erde in ihrem Verhältniß zum Fixsternhimmel, zur Sonne und zum Mond. Ein wissenschaftliches Lesebuch zum Selbstunterricht. Von J. Meyer. Mit 10 (lith.) Taf. Abbildgn. (in qu. gr. 4.) (XIV, 343 S.) n. 1 ₰ 20 ngr
5. Bd. Benjamin Franklin's Leben und Schriften. Von Thdr. Ruprecht. (274 S.) n. 20 ngr
6. Bd. Die Landwirthschaft und ihr Einfluß auf das sociale und materielle Wohl der Staaten und Völker. 1. Abth. Nebst einer Einleitung in die Volkswirthschaftslehre. Von William Löbe. Mit 12 Portraits (in Holzschn.) der berühmtesten und verdienstvollsten Männer um Land- und Volkswirthschaft und Naturwissenschaften. (XXXII, 227 S.)
7. Bd. Die Landwirthschaft und ihr Einfluß auf das sociale und materielle Wohl der Staaten u. Völker. 2. Abthl. Von William Löbe. Mit 204 in den Text gedr. Abbildgn. (Holzschn.) (VIII, 376 S.) n. 1 ₰ 10 ngr
8. Bd. Die Geschichte der Chemie. Von der Kindheit des Menschengeschlechtes bis auf unsere Tage. Von Rdf. Wagner. (VIII, 106 S.) n. 12 ngr
9. Bd. Die Homöopathie oder die Reform der Heilkunde. Eine Darstellung der Grundsätze und Lehren der Homöopathie mit ausführlicher Angabe ihres Verfahrens zur Heilung der Krankheiten. Von Klotar Müller. (XIV, 186 S.) n. 20 ngr
10. Bd. Die Landwirthschaft und ihr Einfluß auf das sociale und materielle Wohl der Staaten und Völker. 3. Abth. Von William Löbe. Mit 81 in den Text gedr. Abbildgn. (Holzschn.) (VIII, 404 S.) n. 1 ₰ 10 ngr
Bd. 6., 7. und 10 wurden auch u. d. Tit.: Die Landwirthschaft. Ein Handbuch für angehende Landwirthe rc. ausgegeben.

**Bildungsinstitute**, Deutsche, in d. Prov. Posen. Festschrift d. wissenschaftl. Anst. u. Vereine, gewidmet d. 51. Versammlg deut. Philologen u. Schulmänner zu Posen '11. (104) gr8° Lissa, O Eulitz '11. 2 —

**Bildungsjournal** für Frauenzimmer zur Beförderung des Guten auf 1787 & 1788. Zittau 1787—88. II: *Krickende, J. Samuel.* (ML) (MGT) (Ky)

Bildungs-Journal f. Frauenzimmer, z. Beförder. d. Guten, auf 1787 u. 88. (v. J. Krickende). Mit Kpf. (A. u. d. T.: Unterhaltungen f. d. weibl. Welt rc.) 24 Stcke. 8. Zittau 787, 88. Schöps. 5 ₰

Bildungs- u. Wissensschatz f. d. deutschen Soldaten. 8. (80 S. m. Fig.) Leipzig 896. W. Möschke. n. — 30

**Bildungsschule** zur Belebung eines frommen Sinnes und Wandels. München 182? V: *Hauber, Joh. Mich.* (MGT)

— zur Belebung eines frommen Sinnes u. Wandels; f. Jugend-Bibliothek. 36 Bdchen.

Bildungsschule f. d. weibl. Geschlecht. 2 Bde, oder Juli—Dec. 1799 u. Jan.—Juni 1800. 8. Schwerin, Bödner. 4 ₰

Bildungsschule für Unterofficiere und Soldaten der k. k. Armee. Mit 1 (lithogr.) Landkarte der österreichisch-ungar. Monarchie, der östl. und westl. Halbkugel und den Fig. zum Pionier-Dienste (in qu. Fol.). 8. (174 S.) Wien 869, Literar.-artist. Anstalt.

—— dass. — 2. Aufl. (213 S.) 1872. * ℳ 1,20., und 3. verm. und verb. Aufl. Mit 1 (lithogr.) Landkarte der österreichisch-ungar. Monarchie und den Figuren zum Pionierdienste (in gr. Fol.). gr. 16. (215 S.) Ebendas. 872. cart.

Die landwirtschaftl. **Bildungsstätten** im deutschen Teile Böhmens. Hrsg. anläßl. d. Deutschböhm. Ausstellung in Reichenberg 1906 v. Ausstellungskomitee f. d. landw. Unterr. Eingel. u. f. d. Druck vorbereitet von Emanuel Groß, Prof., Tetschen-Liebwerd. Mit 27 Abb. u. 1 Übersichtskarte. Prag: J. G. Calve in Komm. 1906. (143 S.) 4°(8°) [F.] [illegible]

Bildungsstufe, zweite, des Kindes. Od. Lesebuch f. Kinder nach Erlernung des Abc's u. Buchstabirens. Für Haus u. Schule. br. 8. (7½ B.) Hamburg 840, Heubel. *

Bildungsstunden, höhere, f. Stadt- u. Landschule.

Bildungs-Verein, der. Centralblatt f. das freie Fortbildungswesen in Deutschland. Organ der Gesellschaft f. Verbreitg. v. Volksbildg. u. der m. ihr in Verbindg. steh. Vereine. Red.: Frz. Leibing. 1. Jahrg. Septbr.—Decbr. 1871. 4 Nrn. (B.) hoch 4. Berlin 872. Gesellschaft f. Verbreitung v. Volksbildung. n. — 75

— dasselbe. 2. Jahrg. 1872. 24 Nrn. (B.) hoch 4. Ebend. n. 3. —

—— dass. — 3. Jahrg. 1873. 82 Nrn. (Bog.) hoch 4. Ebendas. [1.—3. Quartal. Nr. 1—18. * ℳ 2,25; 4. Quartal. Nr. 19—32. * ℳ 1,50.] *

—— dass. — 4. Jahrg. 1874. 52 Nrn. (Bog.) hoch 4. Ebendas.

Bildungs-Verein, der. Zentralblatt für das freie Fortbildungswesen in Deutschland. Zeitschrift der Gesellschaft für Verbreitung von Volksbildung und der mit ihr in Verbindung stehenden Vereine. Redact.: Frz. Leibing. 5. Jahrg. 1875. 52 Nrn. (à ½—1 Bog.) hoch 4. Berlin, (Simion.)

—— dass. — Begründet von Frz. Leibing. Redact.: Jul. Lippert. 6.—9. Jahrg. 1876—1879. à Jahrg. 52 Nrn. (à ½—1 Bog.) Imp.-4. Berlin, Gesellschaft für Verbreitung von Volksbildung. 6. Jahrg. * ℳ 6.; 7.—9. Jahrg. à *

Bildungs-Verein, der. Zentralblatt für das freie Fortbildungswesen in Deutschland. Zeitschrift der Gesellschaft für Verbreitung von Volksbildung und der mit ihr in Verbindung stehenden Vereine. Begründet von Frz. Leibing. Redact.: Jul. Lippert. 10.—14. Jahrg. 1880—1884. à Jahrg. 52 Nrn. (à Nr. ½—1 Bog.) Imp.-4. Ebendas. à Jahrg. *

Bildungs-Verein, der. Zentralblatt für das freie Fortbildungswesen in Deutschland. Zeitschrift der Gesellschaft für Verbreitung von Volksbildung und der mit ihr in Verbindung stehenden Vereine. Begründet von Frz. Leibing. Redact.: Jul. Lippert. 15. Jahrg. 1885. 52 Nrn. (à Nr. ½—1 Bog.) Imp.-4. Berlin, Gesellschaft für Verbreitung von Volksbildung. *

Bildungs-Verein, der. Hauptblatt f. das freie Fortbildungswesen in Deutschland. Zeitschrift der Gesellschaft f. Verbreitg. v. Volksbildg. u. ihrer Verbände u. Zweigvereine. Red.: H. Schultze. 21.—24. Jahrg. 1891—1894. à 12 Nrn. (Bog.) Imp.-4. Berlin. (Hannover-Linden, Manz & Lange.) à Jahrg. n. 2.40

Bildungs-Verein, der. Hauptbl. f. d. freie Fortbildungswesen i. Deutschland. Zeitschrift d. Gesellschaft f. Verbreitg. v. Volksbildg. u. ihrer Verbände u. Zweigvereine. Red.: H. Schultze. 25.—28. Jahrg. 1895—1898. à 12 Nrn. (à ca. 12 S.) Imp.-4. Berlin. (Hannover, Manz & Lange.) à Jahrg. n. 2.40
Kann auch vierteljährlich bezogen werden.

Bildungs-Verein, der. Hauptblatt f. das freie Fortbildungswesen in Deutschland. Zeitschrift der Gesellschaft f. Verbreitg. v. Volksbildg. u. ihrer Verbände u. Zweigvereine. Nebst Beiblatt: Die Volks-Bibliothek. Red.: J. Tews. 29.—32. Jahrg. 1899—1902. à 12 Nrn. gr. 8. (à ca. 24 S.) Berlin (Th. Fröhlich). à Jahrg. n. 2.40

Bildungs-Verein, der. Hauptbl. f. d. freie Fortbildgswesen in Deutschl. Zeitschrift d. Gesellsch. f. Verbreitg v. Volksbildg. Nebst Beibl.: Die Volks-Bibliothek. Red.: J Tews. 31—34. Jahrg. 1901—4 je 12 Nrn. (Nr. 1. 24) 8° Berl., Gesellsch. f. Verbreitg v. Volksbildg. Je 2.40 ‖ 35. Jahrg. 1. Viertelj. 1905. 3 Nrn. (64) — 60 d

*Fortsetzg s. u. d. T.: Volksbildung.*

Bildungswesen, das gesamte, (m. Ausschluss der Hochschulen) im preussischen Landtag. Vollständiger stenograph. Bericht üb. die Verhandlgn. der IV. Sess. 1907/08. Hrsg. v. H. Siercks. 1. Jahrg. 1908. (689 S.) gr. 8. Kiel (909). Lipsius & Tischer. 7.50

— dasselbe. Verhandlgn. der II. Session der 21. Legislaturperiode 1908/09. Hrsg. v. H. Siercks. 2. Jahrg. 1909. (X, 724 S.) gr. 8. Ebd. (909). 12.—

Bildungswesen, das gewerbliche, in Oesterreich, Würtemberg, Frankreich und der Schweiz. Berichte und Anträge an das eidg. Handels- und Landwirthschaftsdepartement. Verfasst von J. Riniker, Nationalrath, F. Hunziker, Prof., Wolfinger, Prof. Gr. in-8°, 212 S. Aarau, Sauerländer. 1883

Bildungswesen, Das gewerbliche, in Oesterreich, Württemberg, Frankreich und der Schweiz; Berichte und Anträge ... Aarau 1884. V: *Riniker, J., Jac. Hunziker & M. Wolfinger.* (Cat. d. Stadtbibl. Zürich. Zürich 1864—97.)

Bildungswesen, das kommerzielle, der europäischen u. aussereuropäischen Staaten. Im Auftrage des k. k. österreich. Ministeriums f. Kultus u. Unterricht nach amtl. Quellen hrsg. v. Frdr. Dlabač u. Ivan Žolger. 1.—4. Tl. Lex.-8. Wien, A. Hölder. n. 25.60
1. Das kommerzielle Bildungswesen in England. Von Ivan Žolger. (XVI, 215 S.) 903. n. 5.20
2. Das kommerzielle Bildungswesen im Deutschen Reiche. Von Ivan Žolger. (XXVIII, 373 S.) 905. n. 10.—
3. Das kommerzielle Bildungswesen in Belgien, Spanien, Portugal, Serbien u. Bosnien. Von Eug. Gelcich. (XII, 200 S.) 906. n. 5.20

— d. kommerz., d. europ. u. aussereurop. Staaten. Hrsg. v. Frdr. Dlabač u. Ivan Žolger. 3—5. Tl. Lex 8° Wien, A Hölder. 20.40 (Vollst.: 35.60)
Gelcich, Eug.: Das kommerz. Bildgswesen in Belgien, Spanien, Portugal. Serbien u. Bosnien. (12, 200) '06. [3.] ‖ Dass. d. Schweiz, Rumäniens, Brasiliens u. Argentiniens. (12, 195) '00. [6.] Je 5.20
— u. Ivan Žolger: Dass. in Italien. — Gelcich, Eug.: Dass. in Frankr., Griechenl., Peru, Uruguay, Paraguay u. Costa Rica. (12, 367) '08. 10 —

Bildungswesen, Das kommerz., d. europ. u. aussereurop. Staaten. Hrsg. v. Frdr. Dlabač u. Ivan Žolger. 6. Tl. 8° Wien, A Hölder. (1—6: 46.40)
Dlabač, Frdr., u. Eug. Gelcich: Das kommerzielle Bildgswesen in Österr. (12, 405) '10 [6] 10.80

Bildwerke, antike, s. a. Gerhard, E.

Bildwerke, antike, zum ersten Mal bekannt gemacht v. E. Gerhard. Mit Text. 1e Cent. 16—4s Heft à 20 Bl. Fol. Münch. 827—831. v. Cotta, à H. 3 ℛ 4 gl 12 ℛ 16 gl Text 1e Lief. 4. Ebd. 831. 1 ℛ 20 gl

Bildwerke, antike erotische, in Houbens römischen Antiquarium zu Xanten abgebildet auf 5 (col.) Steindrucktafeln und erläutert v. Dr. Fiedler. Roy.-4. (Mit Text.) Xanten 839. (Wesel, Bagel.) baar 2 ℛ

Bildwerke, Antike und moderne. Neue Folge. Photographien nach plastischen Kunstwerken in Cabinetformat. 24 antike, 4 moderne Büsten, 24 antike Figuren, 15 Gruppen v. Bauer, 25 Statuen. Verlag v. Carl Krause in Berlin. (Debit in Wien, bei A. & V. Angerer. O. Kramer u. Miethke & Wawra sowie Jos. Bermann. 1868.

Bildwerke, die, i. d. Hauptvorhalle d. Münsters z. Bern. Vereinsgabe d. Kunstvereins d. Kantons Bern f. d. J. 1897. 4 Lichtdr.-Bilder. Fol. M. Text v. J. Stammler. 4. (40 S.) Bern 897. (Schmid & Francke.) In Mappe n. 5.—

—— Nürnbergischer Künstler, als Beitrag z. deutschen Bildhauer-Kunst d. Mittelalters. 1. Hft. (Schonhofers Figuren am Schönen Brunnen zu Nürnberg.) gr. 4. (6 Kpfr. u. 1 Bl. Text.) Nürnberg 828, Schrag.

— Nürnberg. Künstler, als Beitr. z. deutschen Bildhauerkunst d. Mittelalters. 1e, 2s Heft, jedes mit 6 Bl. gr. 4. Nürnb. 828. Schrag. 3 ℛ

Die Bildwerke im Marmorbad zu Cassel mit Erl. nach Ovids Metamorphosen. Cassel: Trömner (1909). 22 Taf., 9 S. 8° [09. 9039 4]

Bild-Werke aus dem Mittelalter. Eine Sammlung auserwählter Sculpturen im byzantin. und deutschen Styl nach Original-Gypsabgüssen im Maximilians-Museum zu Nürnberg von Fleischmann und Rotermundt, gezeichnet und radirt von J. P. Walther, mit erläuterndem Text von G. W. C. Lochner. 1. Heft. Imp.-Fol. (2 Kpfrt. und in Kpfr. gest. Titel mit III und 6 S. Text.) Nürnberg 850. Lotzbeck. *

Bild-Werke aus dem Mittelalter. Eine Sammlung auserwählter Sculpturen im byzantin. und deutschen Styl nach Original-Gypsabgüssen im Maximilians-Museum zu Nürnberg von C. W. Fleischmann und L. Rotermundt, gezeichn. und radirt von J. P. Walther, mit erläuterndem Text von G. W. C. Lochner. 2—8. Heft. Imp.-Fol. Nürnberg 857—60, Lotzbck. [2. und 3. Heft. (8 S. mit 6 Kpfrt.) 4. und 5. (10 S. mit 6 Kpfrt.) 6—8. (12 S. mit 9 Kpfrt.) Subscr.-Pr. à Heft + 1 Thlr. 5 Ngr.] *
1. Heft. Ebendas. 1850. * 1 Thlr. 5 Ngr.

[J.] Die Bildwerke des Ottheinrichsbaues auf dem Heidelberger Schlosse. In Lichtdr. hrsg. v. Heidelberger Schlossver. ... *Heidelberg: (Schlossver.) 1896.* (1 Bl., 17 Taf.) 1 Bd 4. [97. 176]

— die plastischen, s. Kunstschätze, die, Wiens.

— die wichtigsten, am Sebaldusgrabe in Nürnberg von Peter Vischer. 2. Abth. in 7 Liefgn. Nürnberg 854—56. J. L. Schrag. 4. Jede Liefg. von 6 Stahlst. n. 24 ngl
1. Abth. Ebend. n. 2 ℛ 10 ngl.

Bilecki, Alois, die Baumaterialien, s.: Lichtbildervortrag.

— Das Eisen u. seine Verarbeitung, s. a. Lichtbildervortrag.

... Bilecki, A., Das Eisen und seine Verarbeitung. [Lichtbildervortrag Nr. 7.] Gr.-8°. (23 S.) K 1.50
Wien: Pichler 1907

— Das Gold, seine Eigenschaften usw., s.: Hilliger's, Herm., illustr. Volksbücher.

— Die Ledergewinnung, s. a. Lichtbildervortrag.

... Bilecki, A., Die Ledergewinnung (Gerberei). [Lichtbildervortrag Nr. 9.] Gr.-8°. (15 S.) K 1.50
Wien: Pichler 1907

Bilecki, Alois: Das Herzogtum Schlesien. Mit Benützung authent. Quellen geogr. u. volkswirtschaftl. dargest. [1.] Troppau '07.

— Das Herzogt. Schlesien. Mit Benützg. authent. Quellen geographisch u. volkswirtschaftlich dargestellt. (123 S.) gr. 8. Troppau 907. (Buchholz & Diebel) 2.50

Bilecki, Elli, Edel, dreist u. gottesfürchtig! Gedichte. (112 S.) 8. Leipzig-Gohlis 910. B. Volger. 2.50

— Die Wolkensäule. Skizzen u. Novellen. (158 S.) kl. 8. Ebd. 910. 3.—

Bilefeld, Christian
**— Christian (Lübeck), Fides veterum et imprimis fidelium mundi ante diluviani, in Christum verum deum, et hominem, ejusque passionem meritoriam, adversus pestilentem novatorum, maximè D. Georgii Calixti, haeresin è scripturae testimoniis & ecclesiae consensu asserta. Disp. theolog. Präs. Abraham Calov. 22. III. 1655. Ed. III: Wittenberg (Chn. Schroedter) 1700. 96 S., tlws. dtsch. (6.50)** 2761

Bilek, F.
— u. *Magerstein.*: Einfluss des Beschneidens der Krone und der Wurzeln der Obstbäume bei ihrem Auspflanzen auf die weitere Entwicklung derselben. 10 ibd. Progr.

*Bilek F.:* Einfluss der Lage auf die Widerstandsfähigkeit zarterer Nutz- u. Zierhölzer. 12. Ober-Hermsdorf Landw. A. 84. Progr

Bilek, Jak., d. Gefangenschaft d. Johann Augusta, Bischofs d. böhm. Brüder 1548—1564, u. s. Diakonen Jakob Bilek, v. B. selbst beschrieben. A. d. Böhm. übers. u. hrsg. v. Jos. Müller. gr. 8. (XVI, 186 S. m. 1 Bildn.) Leipzig 895. F. Jansa. n. 2. —; geb. n. 2. 50

Bilek, Thom., Beiträge zur Geschichte Waldstein's. gr. 8. (IV, 364 S.) Prag 886, (Řivnáč.) * 8 —

Bilek, V.T.: Ueber einzelne Theile des Satzbaues der böhm. Sprache, herausg. v. W. Zikmund. Prag 1863. 3 S. (Böhm.).
Progr. Königgrä z 1863.

Biler, Johann Matth.
**— — De arbore et palo molinario. Von den Fachbäumen, Sicherpfählen und ihren Rechten. Tract. jur. Erfurt 1680. Halle (Hendel) 1730. 32 S., tlws. dtsch. (4.80)** 2763

1705. Gebrauch zweyer neuen mathemat. Instrumenten von Hrn. *Ozanam* Mathem. zu Paris von Hrn. *Joh. Matth. Biler* erfunden. Jena H. Chr. Cröcker. 8.

Bilfinger, A. v., s.: Christen-Buch, das.

— Euer Herz erschrecke nicht. Predigt, geh. am Sonntag Rogate den 12. V. 1901 in der Schloßkapelle zu Stuttgart. gr. 8. (10 S.) Stuttgart 901. (Holland & Josenhans). n. — 20

Bilfinger, A. Predigt am Festgottesdienst bei der Feier zur Vollendung d. Hauptturms am Münster in Ulm, 30. Juni 1890. Lex.-8. (9 S.) Ulm 890. Ebner. * — 20

Bilfinger, zwei Predigten zum Gedächtnis des Kaisers Wilhelm I., gehalten im Münster zu Ulm für die Militärgemeinde. gr. 8. (16 S.) Ulm 888, Ebner'sche Buchh. * — 30

— 12 Predigten. gr. 8. (VII, 100 S.) Tübingen 902. J. C. B. Mohr. n. 1. 80; geb. n. 2. 40

— Rede bei der Grundsteinlegung zur Kirche in Söflingen, s.: Hackenschmidt u. Spitta, 2 Predigten.

Bilfinger, Dekan in Ulm: Rede bei d. Grundsteinlegg z. Kirche in Söflingen am 15. Sept. 1898 geh. *Leipzig 1898.*
in: Bericht üb. d. 51. Hauptversammlung d. Ev. Vereins d. Gustav-Adolf-Stiftg abgeh. . . . 1898. [Anh.]

— sechs Reden aus dem Militärpfarramt. gr. 8. (IV, 44 S.) Ulm 890. Gebr. Nübling. n. — 60

Bilfinger, A., Reform-Vorschläge für die Stadt Heilbronn in Bezug auf Entfernung der Abfallstoffe und Abwasser. 1874. gr. 8. (41 S. mit 4 Stnt.) Heilbronn 874, (Scheurlen's Verlag.) *

Bilfinger, Albert. Ueber Nitrotoluidin. Tübingen, 1866. Diss.

**Bilfinger,** Bernhard, Marineassistenzarzt aus Stuttgart: Aus d. Kgl. chirurg. Klinik. Über plastische Operationen bei Schlußunfähigkeit des Musculus sphincter ani. Nebst Mitteilung eines nach neuer Methode geheilten Falls. *Kiel 1903: Schmidt & Klaunig.* (23 S.) 8°
Kiel, Med. Diss. v. [11. Mai] 1903

Bilfinger, C. Fr., Auswahl v. Schullehrer-Konferenz-Vorträgen üb. wichtigere u. zeitgemäße Gegenstände d. Volksschulwesens. 8. (13½ B.) Tübingen 830, Osiander.

—— neueste Erdkunde, od. Darstell. d. Länder u. Völker d. Erde nach ihrem gegenwärt. geograph.-polit. u. Kultur-Zustande, mit geschichtl. Einleitn. z. Unterhalt. u. Belehr. f. jede Klasse gebild. Leser. 3 Thle. 8. (73½ B.) Tübingen 829, Osiander.
Hat mit dess. „geograph. Jugendfreund. 3 Thle.“ gleichen Inhalt.

Bilfinger, C. F., die Hauptlehren der christlichen Religion, in 2 Abthlgg. 1e Abthlg.: Spruchbuch. 1/6 Rthlr 2e Abthlg.: Leseb. 1/6 Rthlr Nebst einer Uebersicht der biblischen und kirchlichen Geschichte, für den Schulgebrauch bearbeit. 8. Tübingen 833. Osiander. 1/3 Rthlr

— d. geograph. Jugendfreund, oder Darstell. d. Wissenswürdigsten aus d. Erdkunde, für d. Jugend. 3 Thle. 8. Tübing. 829. Osiander. 2 Rthlr 12 gr Dann unter folg. T.: Bilfinger, K. F., neueste Erdkunde, od. Darstell. d. Länder u. Völker d. Erde, nach ihrem geograph.-polit. u. Kultur-Zustande ꝛc. 3 Thle. 8. Tüb. 829. Osiander. 2 Rthlr 12 gr

—— Weltgeschichte ꝛc., s. Jugendbibliothek, wissensch. bearb., 5. Thl.

Bilfinger, C. F., Weltgeschichte f. Schule u. Haus. Zum Nutzen d. reif. Jugend bearb. 2. Ausg. in Einem Bde. gr. 12. (33½ B.) Stuttgart 838, Hoffmannsche Vrlsb.

— Weltgeschichte für Schule und Haus. Zum Nutzen der reifern Jugend bearb. 2e Ausg. in 3 Bdn. gr. 12. Stuttgart 838. Hoffmann. 7/8 Rthlr

Bilfinger, Christian Ludwig
**Bilfinger,** Chr. L., De tetano, liber singularis theor.-pract.; monumentis veterum suffultus, et observationibus recentiorum propriusque illustratus, quo simul omnis theoria convulsionum novo schemate studiose dilucidatur. 130 pp. Lindau. 4. Comm. Lps. XII p. 250. (p. 89 Tetani causa vulnerationes variae. Sect. I § 3 Tetani causa pathema aerumnae.) 1763

***Bilfinger,* Chr. Ldw., († d. 25. Nov. 1803.) de tetano, lib. singul. theor.-pract. mon. veter. suffultus. 4. Lindau 763. Otto. 12 gr**

Bilfinger, Ernst, das Holzland vor 800 Jahren u. jetzt. Den Holzlandsgemeinden dargeboten. 12. (72 S.) Kaiserslautern 899. (E. Crusius). n. — 75

Bilfinger, Ernst, Johanniskreuz, e. Pfälzerwaldgeschichte. (V, 183 S. m. 29 Taf. u. 1 Karte.) 8. Kaiserslautern 904. Thiemesche Druckereien. Geb. in Leinw. 2. 80

Bilfinger, Ernst August Otto. Azodracylsäure und Hydrazodracylsäure. Tübingen, 1864. Diss.

Bilfinger, Eugen
**Bilfinger,** Eug., das Auge u. seine naturgemässe Pflege, s.: Willst du gesund werden? Nr. 34.

**Bilfinger,** Eug., das **Auge** u. seine naturgemässe Pflege. Ein Vortrag. gr. 8. (31 S. m. Bildnis.) Leipzig 901. E. Demme. n. — 50

**Bilfinger,** E: Bleichsucht u. Blutarmut, s.: Hausbücher f. Gesundheitspflege. 1.

Bilfinger, E., s.: Frauen-Gesundheits-Buch.

— Genickstarre, Kinderlähmung u. Impfung. Sicherer Nachweis, dass sowohl die epidem. Genickstarre wie die Spinal-Kinderlähmg. e. nicht seltene Folge der Impfg. ist. (36 S.) 8. Schöneberg-Berlin 910. Verlag: Lebensreform. — 60

San.R. Dr. [Eugen] Bilfinger. Genickstarre, Kinderlähmung und Impfung. Sicherer Nachweis, daß sowohl d. epidemische Genickstarre wie d. Spinal-Kinderlähmung eine nicht seltene Folge d. Impfung ist. 2. Aufl. Schöneberg-Berlin: Lebensreform 1910. 30 S. 8° [10. 17081

Bilfinger, Eug., Gesundheit und Vegetarismus. Naturwissenschaftliche Begründung der fleischlosen Nährweise. Vortrag, gehalten im grossen Saale des obern Museums in Stuttgart am 27. Septbr. 1879. gr. 8. (IV, 43 S.) Rudolstadt 881, Hartung und Sohn.

Bilfinger, Eug., ueber Haematocele retro-uterina. Inaugural-Dissertation. gr. 8. (42 S.) Tübingen 872, Fues'sche Sortimentsb.

— Natürl. Heil- u. Lebensweise. Volksverständl. Vorträge u. Abhandlgn. üb. d. wichtigsten Fragen a. d. Geb. d. naturgem. Heilmethode. 1. Tl.: Die Diätfrage. 12. (169 S) Leipzig 898. H. Hartung & Sohn. n. 1. 20

— Natürl. Heil- u. Lebensweise. Volksverständl. Vortr. u. Abhandlgn. 2. Tl: Wie ich Naturarzt wurde. (340) 12° Lpzg, H Hartung & S. ('01). 2.40 (Vollst.: 3.60; L. 4.20) *Einbdtitel: Die Quintessenz d. Naturheilkde.*

—— zur Illustration der Impfung und des Impf-Zwangs, nebst Anhang: „Warum ich meine Kinder nicht habe impfen lassen". 8. (16 S.) Schw.-Hall 881, (Staib.)

Bilfinger, Eug., üb., f. u. wider den Impfzwang. Vortrag. gr. 8. (32 S.) Stuttgart 883. (Wittwer.) n. — 45

[F.] Der Nerven-Naturarzt. Populär-naturärztl. Ratschläge f. Nervenkranke u. solche, die es nicht werden wollen. Von Sanitätsr. Dr. med. [Eugen] Bilfinger ... *Berlin: W. Möller [1897].* (53 S.) 1 Bd 8.
= Hausbücher, Gesundheitliche. Bd 40. [97. 7103

[F.] Der Nerven-Naturarzt. Populär-naturärztl. Ratschläge f. Nervenkranke u. solche, die es nicht werden wollen. Von Sanitätsr. Dr. med. [Eugen] Bilfinger ... 2. verm. Aufl. ... *Berlin: W. Möller (1899).* (70 S., 1 Portr.) 1 Bd 8.
= Hausbücher, f. Gesundheitspflege. Bd 40. [99. 4162

Der Nerven-Naturarzt. Populär-naturärztl. Ratschläge f. Nervenkranke u. solche, die es nicht werden wollen. Von San.R. Dr. [Eugen] Bilfinger. 3. verb. Aufl. Mit Portr. d. Verf. u. 2 Text-Abb. *Berlin: W. Möller [1902].* (76 S.) 8° [F.]
— Hausbücher f. Gesundheitspflege. Bd 40. [03. 11673

Der Nerven-Naturarzt. Populär-naturärztl. Ratschläge f. Nervenkranke u. solche, die es nicht werden wollen. Von San.R. Dr. [Eugen] Bilfinger. 4. unveränd. Aufl. Mit Portr. d. Verf. u. 2 Text-Abb. *Berlin: W. Möller [1904].* (76 S.) 8° [F.]
— Hausbücher f. Gesundheitspflege. Bd 40. [04. 1873

Nichtschuldig. Verurteilung eines Unschuldigen zu 7 Jahren Zuchthaus! Überzeugende Klarlegung, dass der angebl. Gattenmörder J. Weisel ...am 5. Juli 1905 in Kassel irrtümlicherweise schuldig gesprochen worden ist ... Von San.R. Dr. E[ugen] Bilfinger in Eisenach. Eisenach: Selbstverl.; [Cassel: Freyschmidt in Komm.] (1905). (37 S.) 8° [F.] [06. 6094

— Nichtschuldig. Verurteilung eines Unschuldigen zu 7 Jahren Zuchthaus! Überzeugende Klarlegg., daß der angebl. Gattenmörder J. Weisel, früher Bahnhofswirt in Bettenhausen-Kassel, vor dem Schwurgericht am 5. VII. 1905 in Kassel irrtümlicherweise schuldig gesprochen worden ist. Zur Ehrenrettg. des unschuldig Verurteilten. (37 S.) 8. Eisenach (906). (Kassel, A. Freyschmidt.) n. — 50

— Eine ernste Volksgefahr. Aus meinem 30jähr. Kampfe gegen d. höchst bedenkl. Impfzwangs-Einrichtg. (86) 8° Berl. ('09). Schönebg-Berl., Verl. Lebensreform. — 50 d

Bilfinger, üb. das Wesen der Homöotherapie. Vortrag. gr. 8. (32 S.) Stuttgart 889. Kahn & Seeger. n — 50

Bilfinger, Friedrich Ferdinand, De hereditatis aditione cum beneficio legis et inventarii, cumprimis inter personas Imp. Rom. Germ. illustr. Präs. Wolfg. Adam Schoepff. Tüb. (Erhardt) März 1750. 36 S. (5.—) 2764
Widm. v.: Gottfr. Dan. Hoffmann, Chph. Fried. Harpprecht, Joh. Fried. Moegling, Lud. Conr. Smalcalder (dtsch.), Otto Christian v. Lohenschiold (dtsch.), Wilh. Friedr. Haselmeier.

Bilfinger, Georg Bernhard, s.a. B ü l f i n g e r , Georg Bernhard

Bilfinger, Georg Bernhard
— — u. Jacob Friedrich Müller (Brackenheim), De axiomatis philosophicis articulos generales. Jena (Ch. Fr. Buch) Sept. 1722. 28 S. (5.—) 2766

— Georg Bernhard u. Ernst Friedrich Beerlin (Schorndorf), De triplici rerum cognitione, historica, philosophica et mathematica, articulos. Jena (Chn. Fr. Buch) 10. VIII. 1722. 22 Seiten. (4.80) 2765

1722. * *Bilfingeri* diſſ. de triplici rerum cognitione hiſtorica, philoſophica et mathematica. Tubing. 4.

Bilfinger, Ge. Bern., Dilucidationes philosophicae de deo, anima humana, mundo et generalibus rerum affectionibus. Ed. nova Praefatus est Anq. Fr. *Bockius.* 528 pp. Tub. 1768. 4°.

*Bilfinger,* Geo. Bhrd., dilucidationes philos. de Deo, anima hum. etc. Mit e. Vorrede v. Aug. Fr. Böck. 4. Tüb. 768. (v. Cotta). 1 ₰ 12 gr

Bilfinger, Ge. Bernh.: Stephani Javorskii d i s c u r s u m de poena, haereticorum, noviter ab ecclesia se avellentium. Ex opere illius polemico, quod non ita pridem Ruthenico sermone prodiit, in Latinum idioma translatum, et notulis audauctum suis . . . examinavit. Recus. Jenae 1748.

Bilfinger, G. B., De harmonia animi et corporis maxime praestabilita. Tüb. 4°. 1721

Bilfingerus, G. B., Praecepta logica cum ipsius quadam oratione de praecipuis quibusdam discendi regulis ex comparatione corp. et animi erutis. Luci publicae primum commissa curante M. C. F. *Vollnagel.* Ed. II. Jen. 8°. 1742

1794. * *Georgii Bernhardi Bilfingeri* quondam Geometra-Philoſophi per Europam celeberrimi de Progreſſionibus localibus commentatio inedita quam praemiſſa Illuſtris Auctoris vita edidit *Johannes Carolus Fridericus Hauff* Artium liberal. Magiſter, Philoſ. Doctor et in Academia Marburgenſi Mathematum ac Phyſices Lector. Dignum laude virum Muſa vetat mori. Lipſiae. 4. 54. S.

— de progressionibus commentatio medies, cum auctoris vita ed. J. C. G. Hauff. 4. Marb. 794. (Krieger). 16 gr

Bilfinger, Gustav

Bilfinger, G., die babylonische Doppelstunde. Eine chronolog. Untersuchung. gr. 4. (55 S.) Stuttgart 885, (Wildt'sche Buchh.) * 1 20

Bilfinger, *Gustav* Die babylonische Doppelstunde. Eine chronologische Untersuchung. (Umschlagtitel: Die . . . Doppelstunde.) 1 (55 S.). Progr. Eberhard-Ludwigs-G. *Stuttgart* 1888

Bilfinger, G. d. babylon. Doppelstunde. Eine chronolog. Untersuchg. 4. (55) Stuttg. 88. (Wildt's S., Prechter). n. 1. 20

Bilfinger, Gust. Die mittelalterlichen Horen u. die modernen Stunden. Ein Beitrag zur Kulturgeschichte. gr. 8. (X, 279 S.) Stuttg. 892. Kohlhammer. * 5 —

Bilfinger, Gustav [Prof. Dr.]: Die Sterntafeln in den ägyptischen Königsgräbern von Bibân el Molûk. Stuttgart, k. Hofbuchdr. K. Liebich, 1891; S. 1—80; 4°
Stuttgart, Eberhard-Ludwigs-G, P 1891 (585)

—— Die Sterntafeln in den ägyptischen Königsgräbern v. Bibân el Molûk. gr. 4. (80 S.) Stuttg. 891, Wildt'sche Buchh. * 2 —

— die antiken Stundenangaben. 8. (XII, 159 S.) Stuttgart 888. Kohlhammer. n. 3. —

Bilfinger, G. Die antike Stundenzählung. [IV: Martial. IV, 8.]
41 S. Progr. EbL. G. *Stuttgart* 1883.

—— der bürgerliche Tag. Untersuchungen über den Beginn des Kalendertages im class. Altertum und im christl. Mittelalter. 8. (X, 286 S.) Stuttgart 888, Kohlhammer. *

**Bilfinger,** Gustav, Prof. Dr.: **Untersuchungen** über die Zeitrechnung der alten Germanen. 1. Das altnordische Jahr. *Stuttgart 1899: C. Liebich.* (S. 1—99.) 4°
Stuttgart, Eberhard-Ludwigs-G, P 1899 (628)

Bilfinger, Gustav: Untersuchungen über die Zeitrechnung der alten Germanen. II. Das germanische Julfest. (Umschlagtitel: Das germanische Julfest.) 1 Bl., 132 S. 4.
Progr. Eberhard-Ludwigs-Gymn. *Stuttgart* 1901 (646).
I. Der 6. Januar. II. Der 25. Dezember. III. Die zwölf Nächte. IV. Kalendae Januariae. V. Kalendenbrauch u. Weihnachtsbrauch. VI. Annus a Nativitate. VII. Das germanische Julfest.

**Bilfinger,** Gust., Untersuchungen üb. die Zeitrechnung der alten Germanen. I. II. gr. 4. Stuttgart (W. Kohlhammer). à n. 2. 50
I. Das altnord. Jahr (IV, 100 S.) 899.
II. Das german. Julfest (IV, 132 S.) 901.

**Bilfinger,** G., die Zeitmesser der antiken Völker, s.a. Festschrift zur Jubelfeier d. Eberhard-Ludwigs-Gymnasiums in Stuttgart.

Bilfinger, Gustav Die Zeitmesser der antiken Völker. 4 (78 S.).
In: Festschrift z. Jubelfeier des Eberhard-Ludwigs-G.
Progr. *Stuttgart* 1886

—— d. Zeitmesser d. antiken Völker. 8. (78) Stuttg. 86, (Wildt's S., Prechter). n. 2.—

— Die Zeitrechnung der alten Germanen. Pr. 1899. 100 S. 4°.

**Bilfinger,** Hermann, Assistenzarzt am städt. Hospitale Gmünd: Zur Frage von der Entstehung der traumatischen Hernien. *Gmünd 1901.* (34 S.) 8°
Tübingen, Med. Diss. v. 1901

Alefeld, Georg Ludw. [Präs.] u. Karl Friedr. Aug. Bilfinger (Butzbach) [Resp.]
Specimen medicum inaugurale de doloribus in partu silentibus variisque eos excitandi modis.
Gissae 31. Mai 1770: Joh. Jac. Braun. 24 S. 4°
pro impetrandis summis in medicina honoribus.

Bilfinger, Ludwig August
**Bilfinger,** Ludw. Aug., Miscellen üb. Polizei- u. staatswirthschaftl. Gegenstände. 8. Gmünd 808. Ritter. 9 gl

**Bilfinger,** Ludw. Ang.: Versnch zu e. Eides-Formularbnche f. Beamte. *Tübingen,* Cotta. 792. gr. 8. (1 Thl. 12 Gr.)

**Bilfinger,** Oskar, approb. Arzt aus Hall: Aus d. Kgl. chirurg. Klinik Kiel. Über Leberabsceß. *Kiel 1902: Schmidt & Klaunig.* (24 S.) 8°
Kiel, Med. Diss. v. [15. Sept.] 1902

**Bilfinger,** P. v., Einiges über rheumatische Affektionen u. den Balsam Bilfinger, sowie üb. andere Leiden. 12. (16 S.) Berlin 899. (Berolina-Versand-Buchh.) —10

Bilfinger, Paul, ein Beitrag zur Kenntniss der primären desmoiden Geschwülste in den breiten Mutterbändern. Dissertation. Würzburg 1887, Stahelsche Univ.-Buchh. 8°. 31 S.

**Bilfinger,** Paul [approb. Arzt aus Horb (Württemberg)]: Ein Beitrag zur Kenntniss der primären desmoiden Geschwülste in den breiten Mutterbändern.... Würzburg, Druck d. Thein'schen Druckerei (Stürtz), 1887; 31 S. 8°.
Würzburg, Med. Fak., Inaug.-Diss. v. 1887.

**Bilfinger,** Theodor [cand. med. aus Welzheim]: Beitrag zur Beurteilung der konzentrischen Gesichtsfeldeinengung bei den traumatischen Neurosen ... München, Druck v. C. A. Seyfried & C., *1893;* 36 S., 1 Bl. 8.
München, Med. Fak., Inaug.-Diss. v. 1893

**Bilfinger,** [Theodor]: Ueber den ästhetischen Gesichtspunkt bei der griechischen und römischen Schullektüre ⟨in Untersekunda⟩. *Reutlingen 1898: Ebner & Lieb Nachf.* (23—53 S.) 4°
Reutlingen, k. G, P 1897 (612)

Bilgen, Justus Ludwig (Lasphe, Wittgenstein) [ Auctor ]
Dissertatio inauguralis medica de dysenteria.
Giessae-Cattorum 4. April 1787: Joh. Jac. Braun. (4), 22 S. 4°
pro gradu doctoris in utraque medicina rite obtinendo.

**Bilger,** Alexander [Francofurtensis]: De Ovidi Heroidum appendice quaestiones: Paridis et Helenae epistulae sintne Ovidi quaeritur. . . . Marpurgi, 1888; 2 Bl. + 133 + 1 S. 8°
Marburg, Phil. Fak., Inaug.-Diss. v. [30. Jun.] 1889

**Bilger,** Alex. De Ovidi heroidum appendice quaestiones: Paridis et Helenae epistulae sintne Ovidi quaeritur. gr. 8. (133 S.) Marpurgi 888. (Lpz., Fock). * 1 50

**Bilger,** August [cand. med. aus Strassburg]: Die vaginale Totalexstirpation wegen Myomatose des Uterus. . . . Strassburg, Univ.-Buchdr. v. J. H. Ed. Heitz (Heitz & Mündel), 1888; 40 S. 8°
Strassburg, Med. Fak., Inaug.-Diss. v. 1888

Bilger, B. Das St. Johann-Ordens-Ritter-Haus Klingnau. Ein Beitrag zur Lokalgeschichte von Klingnau. [Mit Illustrationen und 1 Tafel.] 8. Klingnau 1895.

**Bilger,** J. Beiträge zur operativen Behandlung von Wirbelcaries. M. 1 Taf. In-8°. 39 S. Basel, Diss. 1894

**Bilger,** Johann Friedrich (Schwab./Württbg.), De diebus continuis. Disp. jur. Altdorf (Kohles) Sept. 1709. 24 S. (4.60) 2767
Gew.: Andr. Ingolstaetter. — Widm. von: Albrecht Heering.

Bilger, Karl E. Geschichte der Gemeinde Celestine, Dubois Co, Ind. Evansville, Ind, 1900.

**Bilgeri,** Geo.: Der alpine Skilauf. 1. Afl. (6, 103 m. Abb.) kl8° Münch., Druckerei u. Verl.-Anst. Deut. Alpenzeitg '10. L 2 —
‖ 2. Afl. (9, 132) '11. L 3 —

Bilgner, s. Bilguer

Bilguer (Hrsg.), s. Album pontificale

Gregor der Große. Lebensbild z. 1300jähr. Wiederkehr s. Todestages. Zsgest. unter Mitw. von Fachgelehrten von Dr. v. **Bilguer**-Rom. Anh.: Enzyklika [Littera encyclica] Pius X. z. Zentenarfeier. Berlin: Germania 1904. (40 S.) 4° [J.]

**Bilguer,** v., macedonisch-türkische Wörtersammlung m. kultur-historischen Erläuterungen. 12. (VIII, 42 S.) Berlin 889. Schwerin, Stiller. n. 1. 50

**Bilguer,** Joh. Hub. von [aus Schwerin]: Ueber d. Entwickelung der ländlichen Besitzverhältnisse und d. Vertheilung von Grund und Boden in Mecklenburg-Schwerin.... Leipzig, Druck v. Al. Edelmann (1885); 4 + 104 S. 8°.
Leipzig, Phil. Fak., Inaug.-Diss. v. 2. Sept. 1885.

Bilguer, Joh. Hub. von, über die Entwickelung der ländlichen Besitzverhältnisse und der Vertheilung von Grund und Boden in Mecklenburg-Schwerin. Diss. Leipzig 1885, Gustav Fock. 8°. 104 S.

**Bilguer,** H. H. v., Ueber die Entwickelung der ländlichen Besitzverhältnisse und die Vertheilung von Grund und Boden in Mecklenburg-Schwerin. 8°. Leipzig 1886.

Bilguer, Johann Ulrich: Abhandlung von dem sehr seltenen Gebrauch, oder der beynahe gänzlichen Vermeidung des Ablösens der menschlichen Glieder, aus d. Lat. übers. u. mit noch einigen Wahrnehmungen vers. – Berlin: Wever 1761. 484 (vielm. 304) S. 8°
Dass. 2. verb. Aufl. Fra., Lpzg.: Hartwig 1767. 172 S. 8°

Bilguer, Jh. Ulr., († d. 6. April 1796.) Abhandl. v. Ablösen d. Glieder. 8. Berl. 761. N. A. 8. Frankf. u. Lpz. 766. Böhme. 6 Gr Dass. französ. 12. Bern 775. Typograph. Gesellsch. 6 Gr

Bilguer, Johann Ulrich: De membrorum a m p u t a t i o n e rarissime administranda, aut quasi abroganda. Halae Magdeb. (1761:) Hendel. 64 S. 8°. – Halle, Med. Diss. v. 21. März 1761.

Bilguer, Johann Ulrich: Praktische Anweisung für die Feldwundärzte mit angehängtem Dispensatorium. Th.1, 226 S., gbd.

Berlin: Hesse 1783

— prakt. Anweis. f. Feld-Wundärzte. 1r Thl. gr. 8. Berl. 783. Hesse. (Petsch; a. Stuhr). 12 Gr

Bilguer, Johann Ulrich: Anweisung zur ausübenden Wundarzneykunst in Feldlazarethen. 906 S., gbd.

Glogau u.Leipzig: Günther 1763

— Anweis. z. ausüb. Wundarzneikunst in Feldlazarethen. gr. 8. Glog. 784. N. A. 793. C. F. Günther. 2 Thlr 4 Gr

— f. Bemerkk., medicin.-chirurg.-prakt.

Bilguer, Johann Ulrich: Erinnerung für die Bemerkungen zur Erweiterung der medizinischen und chirurgischen Erkenntniß; nebst einer Abhandlung vom Hundskrampf (spasmus cynicus) bei Wunden. 118 S., gbd.

Berlin: Schöne 1791

— Erinnerungen f. d. Bemerkk. z. Erweiter. d. medicin. u. chirurg. Erkenntniß, nebst e. Abhandl. v. Hundskrampf bei Wunden. gr. 8. Berl. 791. N. A. 796. Schöne. 10 Gr

Bilguer, Jo. Ulr., Med. chir. Fragen, welche die Verletzung der Hirnschale betreffen, nebst e. Versuche zur Beantwortung der Aufgabe, die Theorie v. d. Contrafissuren in d. Verletzungen des Kopfes u. die prakt. Folgen, welche man daraus ziehen kann, zu bestimmen. Brl. 8°. *Richter*, Chir. Bibl. I, 4, p. 70. A. D. B. XVIII, 200. *Haller*, Bibl. chir. II, 475. (Beispiele v. Contrafissuren mit schweren Symptomen u. unsicheren Zeichen, bei denen in einigen die innere, bei andern die äußere lamina verletzt ist.) 1771
Decker & Winter 176 S. 8°

— medicin.-chirurg. Fragen, die Verletzung d. Hirnschale betreff. gr. 8. Berl. 771. Rottmann. 12 Gr

Bilguer, Johann Ulrich: Nachrichten an das Publicum in Absicht der Hypochondrie. Oder Sammlung verschiedener, und nicht sowohl für die Aerzte als vielmehr für das ganze Publicum gehörige die Hypochondrie, ihre Ursachen und Folgen betreffende medicinische Schriftstellen, und daraus gezogener Beweis, daß die Hypochondrie heutiges Tages eine fast allgemeine Krankheit ist, und daß sie eine Ursache der Entvölkerung abgeben kann. 936 S., gbd.

Kopenhagen: Rothe 1767

Bilguer, Johann Ulrich: Versuche und Erfahrungen über die Faulfieber und Ruhren, dem häufigen Sterben bey den Armeen und in den Feldlazarethen künftighin Grenzen zu setzen. 111 S., gbd.

Berlin: Hesse 1782

— Versuche u. Erfahrr. üb. d. Faulfieber u. Ruhren in Feldlazarethen 2c. gr. 8. Berl. 782. Hesse. (Petsch; a. Stuhr). 6 Gr

— Vers. u. Erfahr. über d. Faulfieber u. Curen in Feldlazareth. gr. 8. Berl. Hesse (Müller) 782.

Bilguer, J. U. Chirurg. Wahrnehmgn v. verschied. Wundärzten, meist während d. v. 1756—63 gedauerten Krieg i. d. Kgl. preuß. Feldlazaretten gemacht. Berlin 1763. Wever 607 S.

— chirurg. Wahrnehmungen in d. Feldlazarethen. gr. 8. Berl. 763. N. A. Frankf. a. M. 768. Hermannsche B. 1 Thlr 8 Gr

Bilguer, Johann Ulrich: Chirurgische Wahrnehmungen, welche meistens während dem von 1756. bis 1763. gedeuerten Krieg über in denen Königlich Preußischen Feldlazarethen von verschiedenen Wundärzten aufgezeichnet, itzo gesammlet, zusammengetragen und mit einigen hinzugesetzten Erläuterungen herausgegeben. Neue Aufl. 528 S., gbd., Abb.

Frankfurth am Mayn: Keßler 1768

Bilguer, Paul Rudolf von

Bilguer, P. R. v., Handbuch des Schachspiels. Fortges. u. hrsg. von v. d. Lasa. Lex.-8. (32 B.) Berlin 843, Veit u. Comp. *

v. Bilguer, P. R., Handbuch des Schachspiels. Fortgesetzt u. hrsg. von v. d. L a s a. 2. durchaus verb. Aufl. Lex. 8. (XII u. 494 S. m. eingedr. Holzschn.) Berlin 852, Veit & Co. n. 3 Thlr; in Engl. Einb. n. n. 3½ Thlr

Bilguer, P. R. v., Handbuch des Schachspiels. Fortgesetzt und herausg. von v. d. L a s a. 3. verm. 2c. Aufl. Berlin (Leipzig) 858. Veit u. Co. Lex.-8. (VIII, 641 S. m. Holzschn. im Text.) n. 3 Thlr 10 Ngr

Bilguer, P. R. v., Handbuch des Schachspiels. 4., verb. und verm. Aufl. Lex.-8. (X und 689 S. mit lithogr. Portr.) Leipzig 864, Veit und Comp. * 8 Thlr. 24 Ngr.; geb. *

Bilguer, P. R. v., Handbuch des Schachspiels. 5. durchgehends verb. und verm. Aufl. Mit 1 (lithogr.) Bildnisse P. R. v. Bilguer's. 2 Hälften. Lex.-8. (XII, 641 S.) Leipzig 873,74, Veit und Comp. à Hälfte *ℳ 9. * geb. *

Bilguer, P. R. v., Handbuch d. Schachspiels. 6. durchgehends verb. u. verm. Aufl. Lex.-8. (XVI, 704 S. m. eingedr. Diagrammen.) Leipzig 880. Veit & Co. n. 20. —; geb. n. 24. —

Bilguer, P. R. v. [v. d. Lasa], Handbuch des Schachspiels. 7., v. E. S c h a l l o p p durchgehends umgearb. u. vervollständ. Aufl. Lex.-8. (XVI, 852 S. mit 260 Diagrammen.) Leipzig 891. Veit & Co. n. 21. —; geb. n. 25. —

Bilguer, PR v. (v. d. Lasa): Handb. d. Schachspiels. 8. Afl. v. Carl Schlechter (In 10 Lfgn.) 1. Lfg. (1—96 m. Diagr.) Lex8° Lpzg, Veit & Co. '12. 2.40

Bilguer, P. R. v., zur Theorie d. Schachspiels. — Das Zweispringerspiel im Nachzuge. 8. (5⅝ B. u. 10 Tab.) Berlin 839, Veit u. Comp.

Bilgy. –
Josepha Antonette | Bilgy, | Anführerin einer weiblichen Räuberbande | von | 600 Frauen und Mädchen in Ungarn, | sowie | der furchtbare Überfall in einer Mühle durch | Antonette mit 12 der verwegensten Genossinnen | ihrer Bande und die Marter und schreckliche To- | desstrafe der Räuberhauptmannin, Gefangennehmung | und Hinrichtung ihrer weiblichen Räuberschar. | Eine Geschichte jetziger Zeit, wie | noch keine dieser Art geschehen ist. | E. Tragmann's Druckerei in Torgau.
4 Bl. n. n., 183 × 110.
LBO Bänkelsängerlit. I, 11.
Andere Drucke dieses Titels erschienen bei G. Schmidt in Norden (ebenda Jahrmarktslit. R.c.3, 102) und bei Büttner & Winter in Oldenburg (ebenda Bänkelsängerlit. I, 10 und Jahrmarktslit. R.c.3, 97).

Bilhard, Benedikt Wilhelm: Meditatio academica de restricta facultate alienandi bona hereditaria, . . . , s. D r e y e r , Johann Karl Heinrich

**Bilharz:** Ein Beitrag z. Helminthographia humana, aus brieflichen Mittheilungen ... nebst Bemerkungen v. C. T. v. Siebold. (1852). (24) S. 1 Tvl. (Særtr.). P.

— Fernere Mittheilungen üb. *Distomum haematobium*. Aus e. Briefe an v. Siebold. (1853). (3) S. 1 Tvl. (Udsnit).
[Indb. i A. v. Nordmann: Ueber *Tetrarhyncus*. Se nedenfor].

Bilharz, Alfons
—— und Portus Dannegger, metaphysische Anfangsgründe der mathematischen Wissenschaften. Auf Grundlage der helioсentr. Philosophie dargestellt. gr. 8. (X, 97 S. mit 1 Stnt.) Sigmaringen 880, (Tappen.) *

**Bilharz, Alfons: Neue Denklehre. (Der Metaphysik als Lehre v. Vorbewussten 3. Bd.) (10, 157 m. Abb.) gr8° Wiesb., JFBergmann'08.** 4 — (1—3: 24 —)
*Den 1. u. 2. Bd bilden: Metaphysik u. Die Lehre v. Leben.*

Descartes, Hume und Kant. Eine krit. Studie z. Geschichte d. Philosophie von Dr. Alfons **Bilharz**. Wiesbaden: Bergmann 1910. 77 S. 8° [11. 9809

**Bilharz,** Alfons. (geb. Sigmaringen 2. 5. 1836): Descriptio anatomica organorum genitalium Eunuchi Aethiopis. Berolini (1859). (32 S.) 8°
Berlin, Med. Diss. v. 16. Juli 1859

**Bilharz, Alf., Erläuterungen zu Kant's Kritik der reinen Vernunft. gr. 8. (XVI, 366 S.) Wiesbaden 884. Bergmann.** n. 6. —

**Bilharz, Alfons, mit Kant — üb. Kant hinaus! Ein Nachtrag zur Centenarfeier. (61 S.) 8. Wiesbaden 904. J. F. Bergmann.** n. 1. 60

Die Lehre vom Leben von Dr. Alfons **Bilharz**. Mit 22 Abb. Wiesbaden: J. F. Bergmann 1902. (XIV, 502 S.) 8°
— [**Bilharz**: Metaphysik als Lehre v. Vorbewussten. Bd 2.] [08. 15287

Methaphysik als Lehre vom Vorbewussten. Von Dr. Alfons **Bilharz**. Bd 1. [2.] 3. Wiesbaden: J. F. Bergmann 18(90)–1908. 3 Bde 8°
1 (in 2 Hälften). Analyt. Th. u. vom Synthet. Th. die Beziehungen d. Metaphysik z. Erkenntnisstheorie ... 18(90–)07.
[2] — Die Lehre v. Leben. 1902.
3 — Neue Denklehre. 1908. [08. 15286

**·Bilharz, Alf. Metaphysik als Lehre vom Vorbewusstsein. 1. Hälfte: Analytischer Theil u. vom synthetischen Theil die Beziehungen d. Metaphysik zur Erkenntnisstheorie u. Logik. gr. 8. (VII, 153 S.) Wiesbaden 890, Bergmann.** * 4 —

**Bilharz, Alf., Metaphysik als Lehre v. Vorbewussten. 1. Bd., enth. d. analyt. Theil u. v. synthet. Theil d. Beziehgn. d. Metaphysik z. Erkenntnisstheorie u. Logik u. z. d. mathemat.-physikal. Wissenschaften. 2. Hälfte. gr. 8. (X u. S. 153—430.) Wiesbaden 897. J. F. Bergmann.** n. 6. — (1. Bd. kplt.: n. 10. —)

— Philos. als Universalwissensch. Deduktor. dargestellt. (7, 127) 8° Ebd. '12. 2.80

**Bilharz, Alf., der heliocentrische Standpunct der Weltbetrachtung. Grundlegungen zu einer wirkl. Naturphilosophie. gr. 8. (XVI, 326 S. mit 18 Holzschn.) Stuttgart 879, Cotta'sche Buchh.** *

**Bilharz, J., Rechentafeln zum badischen Rechenbuch. (16 farb. Taf.) 78×51,5 cm. Nebst Anleitung zum Gebrauch. (28 S.) 8. Bühl (897). Konkordia. 6.—; Anleitg. allein — 20**

**Bilharz, Jakob, Ist Platos Spekulation Theismus?** Freiburg, Herder, 1842. gr. 8°, 58 S., 75 Pf. Programm des Lyceums zu Konstanz.

**Bilharz, Osc., d. mechan. Aufbereitung v. Erzen u. mineral. Kohle i. ihrer Anwendg. a. typ. Vorkommen. 2 Bde. gr. 8. Leipzig. A. Felix.** n. 56. —
1. D. Aufbereitg. d. Erze. M. e. Atlas v. 45 lith. Taf. (in Fol. u. Mappe.) (IV, 163 S.) 896. n. 34. —
2. D. Aufbereitg. d. mineral. Kohle. M. e. Atlas v. 12 lith. Taf. (in Fol. u. Mappe). (IV, 76 S.) 898. n. 22. —

**Bilharz, O.,** Über **Trockenaufbereitung**, im besonderen über das Pape-Henneberg'sche Verfahren der Trockenseparation, nebst einem Vorwort über Aufbereitung im allgemeinen. Magdeburg, 1893. 32 S.

**Bilharz, O.** Das Pape-Henneberg'sche Verfahren der Trockenaufbereitung. Freiberg, 1893.

Wert & Bedeutung der Erfindung von John Price Wetheril 'Verfahren und Vorrichtungen zur magnetischen Aufbereitung' D.R.P. No. 92212 vom bergmänn. Standpunkte begutachtet von **O. Bilharz**, Kgl. Sächs. Oberbergrat a. D. *Frankfurt a. M. 1899: C. Adelmann.* (10 S.) 4° [Umschlagt.] [00. 189 4

**Bilharz, O. Die neue Central-Aufbereitungswerkstätte der Grube Himmelfahrt bei Freiberg i. S. Lex.-8. (20 S. m. 4 lithogr. Taf.) Freib. i. S. 890, Craz u. Gerlach.** * 2 50
Aus: Jahrb. f. das Berg- u. Hüttenwesen im Königr. Sachsen, besonders abgedruckt.

**Bilharz** Theodor, Dr.: *Alestes macrolepidotus (mihi)*, ein neuer Nilfisch (mit 1 Taf.). S. 9. 404 . . . . . . . . . . . . —.30
Separatabdruck

**Bilharz, Thdr., das electrische Organ des Zitterwelses anatomisch beschrieben. gr. Fol. (VII und 52 S. mit 4 chromolithogr. Taf.) Leipzig 857, Engelmann.** *

**Bilharz, Wilh., das Jubiläum. Ein episches Gedicht. 8. (III und 195 S.) Heidelberg 859, (Bangel und Schmitt.)**

**Bilharz, W.,** Lebensweisheit in schönen Fabeln aus fremden Sprachen in allemannischer Mundart nachgedichtet. 1. Theil. 76 Stn. 8. Zürich, Selbstverlag d. Verf. **1872**

**Bilharz, Wilh., der Basler Todtentanz. Gedicht in alleman. Mundart. gr. 8. (75 S. m. eingedr. Holzschn.) Basel 872. Schneider in Comm.** 1. 20

**Bilharz, W, d. Basler Todtentanz. Gedicht in allemann. Mundart. 8. (75) Bas. 74, Schneider.** 1. 20

Paul **Bilhaud**. Wir zwei. (Deutsche Übers. von Egbert Delpy.) Berlin, Cöln, Leipzig: A. Ahn [1906]. (208 S.) 8° [F.] [06. 10114

**Bilhuber, J. C., evangel. Liederschatz. 5 Thle. 8. Tüb. Heerbrand. 730—34.**

— — ders. 8. Lpz. Eurich. 730—34.

— Moses u. Prophet. oder zwey Jahrg. üb. d. Evangelia. 4. Stuttgardt. 744.

Bilhuber, Johann Fr.

**Bilhuber J. F.:** Sammlung. v. Beobachtungen üb. die sogenannte Egel-Krankheit unter dem Rindvieh u. den Schaafen. Tübing. 1791. 100 S.

**Bilhuber, J. Fr., Samml. v. Beobacht. üb. d. sogenannte Egelkrankheit. unt. d. Vieh. 8. Tüb. Heerbrand. 791.**

**Bilhuber, Jh. Fr., († d. 13. April 1793.) Samml. v. Beobachtt. über d. sogenannte Egelkrankheit unter d. Vieh. 8. Tüb. 791. (Osiander). 6 K**

**Bilibra** veritatis et rationis de מימרא דיי sive de verbo Dei. Freistadii 1700. V: *Schlichting, Jonas.* (Myl) (Wr)

**Bilim,** Nicolai A., a. Rußland: Ueber das Vorkommen von Lymphocyten in den Gefässen tuberkulöser Lymphdrüsen. Berlin (1907): C. Siebert. (38 S.) 8°
Berlin, Med. Fak., Ref. Orth, Diss. v. 29. Juni 1907
[Geb. 7. Jan. 83 Sienkoff, Rußland; Wohnort: Sienkoff; Staatsangeb.: Rußland; Vorbildung: Realsch. Romny, Lateinprüfung Gymn. Nowgorod-Siewersk M. 01; Studium: Kiew 1, Berlin 9 S.; Rig. 17. Juni 07.]

**Billimek Edler v. Waissolm, Hugo, Beiträge zur Geschichte des Generalstabes. [Aus: „Organ der militärwissenschaftl. Vereine".] gr. 8. (171 S.) Wien 876. (Seidel & Sohn.)** n. 3. —

— Oberstlieut. im k. k. Generalstabs-Corps. Beziehungen zwischen den Operationen und dem Verpflegswesen in den Feldzügen 1848 und 1859 in Italien. (Aus: „Organ der milit.-wissensch. Vereine". Wien 1877, Bd. XIV.)
gr. 8. Wien 1877.

Billmek, Hugo, Major im k. k. Generalstabs-Corps. Einfluss der Verpflegung auf die Kriegführung. Historische, analysirende Studien. (Aus dem XV. Bande, 1877, des „Organ der milit.-wissenschaftl. Vereine".) 8. Wien 1877.

Billmek, Hugo, Edler v. Waissolm, k. k. Hauptm. im 57. Inft.-Reg. Folgerungen aus dem Vergleiche des Marsches einer österreichischen und einer deutschen Armee-Division. (Aus der „Oesterr. milit. Zeitschrift". 1874. 3. Bd.) 8. Wien 1874.

Billmek-Waissolm, Hugo Ritter v., k. k. Oberst. Der bulgarisch-serbische Krieg 1885. Mit 5 Karten und 3 Skizzen als Beilagen (gleich 8 Beilagen auf 7 Blättern.) 8. Wien 1886.

Bilimek-Waissolm, Hugo Ritter v., der bulgarisch-serbische Krieg. 1885. gr. 8. (VI, 244 S. mit 5 Karten und 3 Skizzen als Beilagen.) Wien 887, Seidel und Sohn. * 6 —

Billmek, Hugo. Major im k. k. Generalstabs-Corps. Das Kriegspiel, angewendet auf den Intendanz-Dienst im Felde. Mit 3 Beilagen. (Aus dem 14. Bde. des „Organ der milit.-wissenschaflichen Vereine".) 8. Wien 1877.

Bilimek-Waissolm, Hugo Ritter v., die Leitung des Kriegsspiels und die Grenzen seiner Mittel, dargestellt an zusammenhängenden Beispielen. gr. 8. (IV, 129 S. mit 10 Karten und Plänen und 1 Beilage.) Wien 883, (Seidel und Sohn.) *
Aus: Organ der militär-wissenschaftl. Vereine, besonders abgedruckt.

Bilinkiewicz, S., Hlibowicki, J. u. Kirilowicz, L.: Entgegnung auf das von den Universitätsprofessoren Dr. Stephan Smal, recte Stocki, und Dr. Theodor Gartner in der Angelegenheit der ruthenischen Orthographie verfaßte und als Manuskript gedruckte „Minoritätsvotum". Czernowitz: Eckhardt 1888.

Bilinkiewicz, Severin, Joh. Hlibowicki und Leon Kirilowicz, Entgegnung auf das von den Universitätsprofessoren Dr. Steph. Smal, recte Stocki und Dr. Thdr. Gartner in Angelegenheit der ruthenischen Orthographie verfasste und als Mscr. gedruckte „Minoritätsvotum". Als Mscr. gedr. gr. 8. (46 S.) Czernowitz 888, (Pardini.) * — 70

Bilinkis, Lea. Über die Ausscheidung von anorganischem und organisch gebundenem Brom durch den Urin nach Einfuhr organischer Brompräparate. Diss. Med. Bern. II + 8 S. 4. Berlin, Julius Springer, 1910.

Bilinski J.: Eine einfache und genaue Methode zur Zuckerbestimmung im Harn. S. 113.
IIb. 1073 . . . . . . . . . . . . . . . . . . . . . . . . . . vgr.
Separatabdruck

Biliński, Leon Ritter v., die Eisenbahn-Tarife. Referat. gr. 8. (46 S.) Wien 875. Manz. n. 1. —

Biliński, Leon Ritter v., die Gemeindebesteuerung und deren Reform. gr. 8. (X, 326 S.) Leipzig 878, Duncker und Humblot. *

Bilinski, Leon Ritter v. Die Luxussteuer als Correctiv der Einkommensteuer. Finanzwissenschaftlicher Beitrag zur Lösung der socialen Frage. gr. 8°. Leipzig, Duncker u. Humblot, 1875. VII, 198 S.

Bilinski, Dr. Leon Ritter v. Die Steuer-Entlastung der Landwirthschaft angesichts der allgemeinen Finanzlage in Oesterreich. Referat für den 1. österr. Agrartag erstattet im Namen der k. k. galiz. Landwirthschafts-Gesellschaft. gr. 8°. Wien, Faesy u. Frick, 1880. 46 S.

Bilinski, L. v. System nauki skarbowey. (System der Finanzwissenschaft.) 8°. Lemberg 1876.

Bilinskij Claudius: Die kirchenslawische Grammatik des Meletius Smotrickij im Jahre 1619.
1891 PN 683 Diss. Wien, Univ.

BILITIS (geb. im Anf. d. VI. J. v. Chr. im Osten Pamphiliens, am Ufer des Melas in einem Gebirgsdorfe, bekannte Curtisane, im Alter Dichterin, Zeitgenossin der Sappho, lebte in Mytilene u. Cypern, ihr Grab aufgefunden zu Palaco-Limisso bei Amathout). — Die Lieder der Bilitis. Nach der aus dem Griechischen besorgten Übersetzung des Pierre Louys, verdeutscht von Franz Wagenhofen. Budapest, Verlag von G. Grimm. 1900. 8°. Illustr. Umschl.
Originelle Mystification. Die Lieder sind von Pierre Louys selbst. 176 S. (incl. 6 Bll. Vorst. u. 4 Bll. Inh.-Verz.). Titel mit latein., Text mit deutsch. Lettern gedruckt. — Inh.: Das Leben der Bilitis (S. 5—12), dann 4 Abth.: I. Hirtenlieder in Pamphilien. II. Elegien in Mytilene. III. Epigramme auf der Insel Kypros. IV. Bilitis' Grabmal. (Viel Erotisches.)

Bilitz, S., Ex- und Importeur. Adressenbuch, enth. die Firmen der Industrie-, Handel- und Gewerbetreibenden, sowie auch sämmtl. Banken und Credit-Institute, Sparcassen, Genossenschaften, Vorschuss-Vereine, Versicherungs-Gesellschaften und Verkehrs-Anstalten der österreich-ungar. Monarchie, nebst einem Anhang von Ex- und Importhäusern des Auslandes. Lex.-8. (X, 816 S.) Wien 876. (Leipzig, Opetz.) cart. *

—— dass. — Welt-Adressenbuch 1878—1879. Enth. die Bank-, Industrie-, Handels- und Gewerbefirmen von ca. 11,000 Orten der österreich-ungar. Monarchie, ferner die Ex- und Import-Firmen aller grossen See-, Industrie-, Haupt- und Handelsstädte der Staaten von Europa, Asien, Afrika, Amerika und Australien. Lex.-8. (XVII, 1288 S.) Wien 878, (Perles.) cart. **
Vgl.: Meyer und Bilitz.

Bilitz', S., Ex- u. Importeur. Welt-Adressenbuch 1878—1879 etc., — Welt-Adressenbuch, } s.: Meyer.

Billius, Carl, die Lehre von der Auferstehung der Todten. 8. (88 S.) Stuttgart 868, Belser's Verlag.

Bilke, Chrn., die Pfingstglocken. Eine Dorfgeschichte. 8. (84 S.) Halle 899. C. A. Kaemmerer & Co. n. 1. —; geb. in Leinw. n. 1. 80

Bilke, Fr. Wilh., Beschreibung des Kreises Oels. gr. 8. (60 S.) Oels 878. (Grüneberger & Co.) n. — 80

Bilkey: Ansichten über die Mängel u. Erfordernisse der geschichtlichen Lehrbücher. 15 S. (Ung.)
Progr. Stuhlweissenburg 1855.

Bill, ein neues unterhaltendes Gesellschaftsspiel in Futteral. 8. Nürnb. Zeh. 813

Bill, Ein, an Joseph II., aus der Herzkammer eines ehrlichen Mannes. Frankfurt und Leipzig 1780. V: *Cremeri, Benedict Dominicus Anton.* (MGT) (ML)

Bill, Aug.: Zur Erklärg u. Textkritik d. 1. Buches Tertullians „Adversus Marcionem", s: Texte u. Untersuchungen z. Gesch. d. altchristl. Lit.

Bill, Aug., das Taschenbuch f. Rätselfreunde. 1500 der schönsten Rätsel aus alter u. neuer Zeit, darunt. mehrere in latein. u. französ. Sprache. gr. 16. (XII, 298 S.) Kempten (900). J. Kösel. n. 2. —; geb. in Leinw. n. 2. 50

Bill, W., s.: Naturgeschichte, bildliche, aller drei Reiche.

Bill, Herrmann
Bill H.: Zur Entwicklungsgeschichte des III. Falles der griechischen Bedingungssätze. (18). Kaaden 97. Progr.

Bill, Hermann Eine Infinitivstudie mit Nachweisen über den Infinitiv bei Seneca tragicus. 8 (S. 3—22). G. *Mähr. Weisskirchen* 1887. Progr.

Bill, J, d. Bergfex, Klavier-Auszug, s.: Universal-Bibliothek, Dreyer.

Bill, Joh. Geo., Elementi di botanica per uso dei ginnasi e delle scuole reali superiori delle II. rr. provincie austro-italiane. Versione italiana con note del Francesco Lanza. gr. 8. (X und 402 S. con molte figure intercalate nel testo.) Wien 857, Gerold's Sohn.

— Grundriß der Botanik für Schulen. 854. (VI, 310 S.) 1 ₰ 15 ngr. — 2., umgearb. Aufl. Mit zahlreichen Abbildgn. (Holzschn. im Text.) Wien 857. Gerold. gr. 8. (VIII, 314 S.) 1 ₰ 6 ngr

Bill, Joh. Geo., Grundriß der Botanik für Schulen. 3. umgearb. Aufl. Mit zahlreichen Abbildgn. (Holzschn. im Text.) Wien 860. Gerold. gr. 8. (VIII, 320 S.) 1 ₰ 6 ngr

Bill, Joh. Geo., Grundriß der Botanik für Schulen. Mit zahlreichen Illustr. (Holzschn.) 4., umgearb. Aufl. Wien 866. Gerold's Sohn. 8. (VIII, 264 S.) 1 ₰ 6 ngr

Bill, Joh. Geo., Grundriß der Botanik für Schulen. 5. umgearb. Aufl. gr. 8. (VIII, 264 S. mit zahlreichen Illustr. in eingedr. Holzschn.) Wien 872, Gerold's Sohn.

Bill, Joh. Geo., Grundriß der Botanik. 6. Aufl. Umgearb. von Gust. v. Hayek. Mit zahlreichen Illustrationen. gr. 8. (IV, 251 S.) Wien 876, Gerold's Sohn.

Bill, JG, Grundr. d. Botanik. 6. Afl. Umgearb. v. G v. Hayek. 8. (251) Wien 77, Gerold's S. n. 3. —

Bill, Dr. Johann Georg, Grundriss der Botanik für Schulen. 7. Auflage, umgearbeitet von Dr. Gustav von Hayek. Mit zahlreichen Illustrationen. Wien 1881. Karl Gerold's Sohn. Preis, broschirt 1 fl. 50 kr. 272 S. (M.-E. v 20. März 1881, Z. 3445.)

Bill, Joh. Geo., die eßbaren u. giftigen Schwämme in ihren wichtigsten Formen, s.: Becker, M. A. Ritter v.

Bill, J. G. Uebersicht der Medizinalpflanzen der neuesten österr. Pharmakopöe nach dem natürl. Systeme. Von — —. Wien. Druck und Verlag von Karl Gerolds Sohn. 1857. (VI. 150 S. 8.)

Billand, A., Mikrochemische Studien. [Aus: Sitzungsber. d. k. Akad. d. Wiss.] Gr.-8°. (20 S. mit 1 Tafel) † K —.95 Wien: Hölder 1908

Billaus, R. P. des, Fables choisies, 8. Frft. Esslinger. 768.

Billard, das, m. Sport-Nachrichten. Red.: Carl Piez. 11.—13. Jahrg. 1892—1894. à 12 Nrn. (2 Bog. m. Abbildgn.) Fol. Mainz, (C. Piez). à Jahrg. n. 3.—; einzelne Nummern à n. —40

Billard, das, m. Sport-Nachrichten. Red.: Ch. Dommershausen. 14. Jahrg. 1895. 12 Nrn. (à 8 S. m. Abb.) Fol. Mainz (J. Wirth'sche Hofbuchdr.). à Jahrg. n. 3. —; einz. Nrn. n. — 40

— dasselbe. Red.: J. B. Loßmann. 15.—17. Jahrg. 1896—1898. à 12 Nrn. (à 8 S. m. Abb.) Fol. Ebd. à Jahrg. n. 3. —; einz. Nrn. n. — 40
Kann auch halbjährlich bezogen werden.

Billard, das, m. Sportnachrichten. Red.: J. B. Loßmann. 18.—21. Jahrg. 1899—1902. à 12 Nrn. Fol. (à ca. 8 S. m. Abbildgn.) Mainz (J. Wirth'sche Hofbuchdr.). à Jahrg. n. 3. —; halbjährlich n. 1. 50

Billard, das. Red.: J. B. Loßmann. 22.—25. Jahrg. 1903—1906. à 12 Nrn. (à ca. 8 S. m. Abbildgn.) Fol. Mainz, Mainzer Verlags-Anstalt. à Jhrg. n. 3. —

Billard, das. Aelteste u. einz. Monatsschrift f. die billardsportl. Interessen. Red.: J. Will. 26.—29. Jahrg. 1907.—1910. à 12 Nrn. (à ca. 8 S. m. Fig.) 42×28 cm. Mainz, Mainzer Verlagsanstalt u. Druckerei. à Jhrg. 3. —

Billard, Das. Red.: J Will. 29—31. J. '10—12 je 12 Nrn. ('12, Nr 1: 8 m. Fig.) 42×28 cm. Mainz, Mainzer Verl.-anst. u. Dr. halbj. 1.50; einz. Nrn — 40 d

Billard, Charles Michel

Billard, C., Abhandlung d. Krankheiten d. Neugebornen u. Säuglinge. — Nachträge z. 1. Aufl. N. d. 2., v. Olivier (d'Angers) besorgten, Aufl. d. Orig. A. d. Franz. gr. 8. ($3^{3}/_{4}$ B.) Weimar 837, Landes-Ind.-Comp.
Dess., die Krankheiten d. Neugebornen ꝛc. Ebendas. 1828, 29. 2 Thlr. 6 Gr.

Billard, C., die Krankheiten d. Neugebornen u. Säuglinge, s. a. Hand-Bibliothek, klinische, 1. Bd.

Billard, C(harles Michel): Krankheiten der Neugebornen und Säuglinge, nach den neuesten klinischen und pathologisch-anatomischen im Hospital der Findelkinder zu Paris gemachten Beobachtungen. (Traité des maladies des enfans nouveau nés et à la mamelle... Dt.) Aus dem Französischen frei bearb. von Fr(iedrich) Ludw(ig) Meißner. 384 S., gbd., 2 Taf.

Leipzig: Hartmann 1829

—— dass. übers. v. Ludw. Meißner, s. Bibliothek d. ausl. Lit. f. pract. Med., 11. Bd.

—— die Schleimhaut d. Magens u. Darmcanals im gesunden sowohl als krankhaften Zustande, od. anatom.-patholog. Untersuchn. üb. d. verschiedenart. Aussehen d. Magens u. d. Gedärme. Eine gekr. Preisschr. A. d. Franz. mit Anmerkn. v. J. Urban. 1. Aufl. 828., 2. Ausg. (à $24^{1}/_{2}$ B.) gr. 8. Leipzig 833, Kayser.

— die Schleimhaut des Magens und des Darmkanals, im gesunden sowohl als krankhaften Zustande ꝛc. Eine gekrönte Preisschrift. Aus dem Franz. mit Anmerkk. von Jos. Urban. 2e Ausg. gr. 8. Leipzig 833. Kayser's Buchh. (Beyer.) $1^{2}/_{3}$ ₰

Billard, Max. Kaiserin Marie Luise und ihre Gatten. Nach neuen unveröffentlichten Dokumenten. Autorisierte Uebersetzung aus dem Französischen von Freiherrn [Burghard] von Cramm.... Mit 35 Abbildungen [wovon 26 Tafeln]. VIII + 232 S. 8. Berlin, Karl Siegismund, [1909]. [M. 4. —, geb. 5. —]

la Billardière, s. Labillardière.

Billardière, la, Reise n. d. Südmeer, z. Aufsuch. des La Peyrouse. a. d. Fr. 2 Thle. m. K. gr. 8. Hamb. Lampe 801.

Billardiere, J. J. la, Icones plantar. Syriae rar. 2 decad. 4 Argent. König. 791.

— novae holland. plantar. specim. 26 Fasc. c. fig. 4 maj. Par. ib et Argent. König. 809.

Billardon de Sauvigny, L. Edme: Morgenländische Erzählungen. Aus d. Franz. – Zürich 1776.

Billardpraxis, die gesammte. Album I—III. gr. 8. (90 Taf.) Leipzig 888, Rauert und Rocco.
In Leinw.-Decken à * ℳ 3.—. * 9 —
Taschen-Ausg. u. d. T.: Der Meister im Billard-Spiel. schm. 8. In Futteral * 2 50

Billard-Regel, neueste (mit 18 Holzschn. als Randverzierung). Roy.-Fol. München 833. Franz. $^{1}/_{7}$ ₰

— neueste, 1 Blatt in Imp.-Fol. mit Einfass. München 842, Franz. $^{1}/_{3}$ ₰

Billard-Regel, neueste. 1 Bog. in Imp. Fol. München 851, Franz. $^{1}/_{3}$ ₰

**Billard-Regel**, neueste. 2. Aufl. München 866. Franz. (1 Tab in Fol.) 10 ngr.

**Billardregeln.** N. A. Nürnb., Bauer u. R. 12 gr.

**Billard-Regeln.** 2 Bl. in gr. Fol. Königsberg 828. (Berlin 829, Th. Enslin.)

**Billard-Regeln** hrsg. von einer Gesellschaft von Liebhabern. 1 Bog. in Imp.-Fol. Dresden 850, Adler und Dietze.

—— kurz abgefasste, mit ill. Einfassung. Fol. (1 B.) Bremen 833, Kaiser.

— neue, mit lithogr. und ill. Abbildd. 1 Bl. in gr. Fol. Breslau 833. Pelz. 2/3 Thlr.

**Billard-Regeln**, neue. 1 Bl. Roy.-Fol. Breslau 843. (Aderholz. Leipzig, Hunger.)

**Billard-Regeln**, neueste Wiener. 1 Bl. Roy.-Fol. Wien 834. Müller. 1 1/3 Thlr.

— d. sogenannt. Quarambole - od. Triambole - Spiels. Fol. Wien, Gerold.

— d. sogenannten Quarambole-, od. Triambole-Spiels. Fol. Helmst. 788. Fleckeisen. 2 gr. Dass. 6e Aufl. Fol. Augsb. 795. v. Jenisch u. St. 4 gr.

**Billardregeln** d. gebräuchlichsten Spiele Fol. Lpz. Weigel. 808. Rthlr.

— d. gebräuchl. Spiele. Fol. Leipz. 809. 3e A. 811. Weigel. (Arnold in Dresd.) 16 gr.

**Billard-Regeln** der gebräuchlichsten Spiele. 2 Blätter in Roy.-Fol. Wesel 841, Becker'sche Buchh. 1/2 Thlr.

**Billardregeln**, der gewöhnl. Spiele, in 2 Tabellen. Lpz. Franz. 819.

— d. gewöhnl. Spiele, in 2 Tabellen. Leipz. 819. (Taubert). 8 gr.

— 2 Blatt. Fol. Münch. 818. Lentner. 12 gr.

Billard - Reglement

— oder Anweis. zu einem regelmäßigen Billardspiel, (v. W. Heinsius). Roy. Fol. Gera 6e A. 826. Heinsius. 18 gr.

**Billard-Reglement.** 2. Aufl. Imp. Fol. Quedlinburg 846, Basse.

**Billard-Reglement**, 1 Bog. in gr. Fol. Peine 850, Heuer. 1/6 Thlr.

**Billard-Reglement.** 3. Aufl. 1 Bog. in Imp.-Fol. Quedlinburg 853, Basse. Thlr.

**Billard-Reglement.** Tabelle in Fol. (Mit eingedr. Fig.) Berlin 883. S. Mode's Verl. n. 1. —

**Billard-Reglement**, nebst Berechng. des Spiels u. 30 erläut. Abbildgn. 5. Aufl. 72×50,5 cm. Berlin (900). S. Mode's Verl. n. 1. —

**Billard-Reglement**, neues, bearb. v. der Commission d. Vereins Hamburger Gastwirthe u. v. Louis Haase. Angenommen u. hrsg. v. dem Verein Hamburger Gastwirthe. gr. Fol. Hamburg 875. Richter. n. 1. 20

**Billard-Reglement**, neues, bearb. von der Commission des Vereins Hamburger Gastwirthe und von Louis Haase. Angenommen und hrsg. von dem Verein Hamburger Gastwirthe. gr. Fol. Hamburg 877, F. J. Richter. *

**Billard-Reglement**, neuestes, in vier an einander hängenden Foliobogen. Frankf., Jäger. 12 gr.

— neuestes, 1 Tabelle in Fol. Frankf. a. M. 829. Jäger. 16 gr.

**Billard-Reglement**, neuestes. Imp.-Fol. Quedlinburg (833). Basse 1/2 Thlr.

— neuestes. 1 Tab. in Imp.-Fol. Frankf. 835. (Jäger.) 2/3 Thlr.

**Billard-Reglement**, neuestes. 1—4. Aufl. gr. Imp.-Fol. (1 B. mit farbig gedruckt. Einfass.) Frankfurt a. M. 840—42, Jäger'sche Buchh. à

—— neuestes, 5., verb. u. verm. Aufl. (Mit Einfass.) Adler-Format. Frankfurt a. M. 842, Jäger'sche Buchh.

**Billard-Reglement**, neuestes. (Mit col. Randzeichnungen.) Imp. Fol. Berlin 845, Literat.- u. Kunst-Compt. * 1 1/2 Thlr. Schwarz Thlr. *

— d. verb. u. verm. Aufl. Imp. Fol. Frankfurt a. M. 847, Jäger. 2/3 Thlr.

— neuestes. 1 Bog. in Imp. Fol. m. lith. Randzeichnungen. (Berlin 852, Literatur & Kunst-Compt.) n. 2/3 Thlr.; color. n. 1 Thlr.

—— neuestes. Fol. Berl. 52, (Streerath.) n. — 20; col. n. 1. —

—— neuestes. 6., verb. und verm. Aufl. 1 Bog. in Imp.-Fol. Frankfurt a. M. 856, Jaeger'sche Buchh.

— neuestes, nach Angabe der besten Meister. Weimar 856. Voigt. (1 Bgn. mit Lithogr. im Text in gr. Fol.) 10 ngr.

**Billard-Reglement**, neuestes, nach Angabe der besten Meister. 2. verm. Aufl. Weimar 862. Voigt. gr. Fol. n. 10 ngr.

**Billard-Reglement**, neuestes, nach Angabe der besten Meister. 3. verm. Aufl. Weimar 865. B. F. Voigt. gr. Fol. n. 10 ngr.

**Billard-Reglement**, neuestes. 7. von einem berühmten Billardspieler zeitgemäß umgearb. Aufl. gr. Fol. Frankfurt a. M. 868, Jaeger'sche Buchh. *

—— neuestes, nach Angabe der besten Meister. 4. verm. Aufl. Imp.-Fol. Weimar 871, B. F. Voigt. *

**Billard-Reglement**, neuestes, nach Angabe d. besten Meister. 5. Afl. Fol. Weim. 77. BF Voigt. n. 1. —

**Billard-Reglement**, neuestes. Nach Angabe der besten Meister. 6. Aufl. gr. Fol. Weimar 890, Voigt. * 1 —

**Billardschule, oder Anweisung, in kurzer Zeit im Billardspielen Meister zu werden.** 8. Quedlinburg 840. Ernst. 1/3 Thlr.

**Billardschule** oder das Kegelspiel auf französischem Billard. Von einem alten Praktikus. 8. (13 S.) Berlin 875. (Leipzig, G. Schulze.)

**Billardspiel**, das, unter Mitwirkg. v. Hugo Kerkau, s. Miniatur-Bibliothek.

**Billardspiel**, das, nach d. geprüftesten Regeln rc. 8. Berl. 810. Hayn. 6 gr.

**Billardspieler**, der elegante. Gründliche u. prakt. Anweisg. zur Meisterschaft im Billardspiel f. Anfänger u. Geübtere, f. Liebhaber d. Spiels u. f. Billardbesitzer unter besond. Berücksicht. der Carambol- u. Kegelpartie m. Experimenten, 50 Aufgaben nebst Lösgn. u. e. (lith.) Figurenbeilage (in gr. 4.) v. Th. A. N. Tropos. 16. (61 S.) Colberg 874. Post. n. 1. —

**Billardspieler**, der rationelle, oder Darstellung der wesentlichsten Erscheinungen am Billard nach den Grundsätzen der angewandten Mathematik v. E(berhart) E(xermat). gr. 8. (16 S. m. 1 lith. Taf. in Fol.) Troppau 852, Traßler. n. 8 ngr

**Billard-Sport**, der. Billard-Zeitung mit pract. Beispielen und Billard-Preis-Ausschreibungen. Organ zur rationellen Förderung und Verbreitung des Billard-Spiels. Allgemeiner Anzeiger für die gesammte Sportwelt, die zu ihr in Beziehung stehenden Geschäftszweige und das Publikum der feineren Hôtels, Clubs, Casinos, Cafés, Restaurants und Billard-Salons. 1. Jahrg. 1888. 1. Quartal. 6 Nrn. (à Nr. 1—1½ Bog. mit Illustr.) Fol. Leipzig, Rocco. *

**Billard-Sport**, der. Billard-Zeitg. m. prakt. Beispielen u. Billard-Preis-Ausschreibgn. Organ z. ration. Förderg. u. Verbreitg. d. Billard-Spiels. 1. Jahrg. 1888. 2. bis 4. Quartal. 18 Nrn. (B. m. Illustr.) Fol. Leipzig, Rocco. Vierteljährl. n. 1. —

**Billardsport**, der. Zeitschrift f. die Interessen d. Billardspiels, zugleich Spielzeitg. f. Schach, Skat, Whist, Domino, Dame, Kegel u. sonst. Spiele. 2. Jahrg. 1889. 24 Nrn. (Bog.) gr. 4. Lpz. [Rocco] Rauert u. Rocco. 4 —

**Billard-Zeitung, internationale.** Einzige unabhäng. u. unparteiische Specialzeitschrift f. das Billardspiel, die Billardfabrikation u. verw. Zweige. Unter Mitwirkg. v. Korkau, Joh. Trébár, Aug. Woerz u. and. Autoritäten. Hrsg. v. Mart. Boerner. 1. Jahrg. April—Dezbr. 1899. 18 Nrn. Fol. (à ca. 8 S. m. Abbildgn.) Halle, M. Boerner. n. 6. —

— dasselbe. 2. Jahrg. 1900. 24 Nrn. Fol. (à ca. 8 S. m. Abbildgn.) Ebd. n. 8. —
Erscheint nicht mehr.

**Билярскій, П.,** судьбы церковнаго языка. Историко-филологическія изслѣдованія I. О средне-болгарскомъ вокализмѣ, по патріаршему списку лѣтописи Манассій. 4. С. Петербургъ 847. (Billarski, Schicksale der Kirchensprache. Historisch-philologische Untersuchungen. I. Ueber den mittel-bulgarischen Accent, nach einer Abschrift der Chronik des Patriachen Manasse.) — II. О кирилловской части Реимскаго Евангелія. 8. Ebd. 848. (Ueber den kirillischen Theil des Rheims'schen Evangeliums.) (Leipzig, Voss.) (1. n. n. ⅔ ₰ 2. n. n. 1⅓ ₰) n. n. 2 ₰

**Billau**, Aug., Blumen aus dem Garten Gethsemane. Predigt über Math. XXVI, 36—46, gehalten am Sonntag Reminiscere, den 13. März 1870. gr. 8. (16 S.) Neuwied 870, (Heuser's Verlag.) * *

**v. Billau**, Otto, Rache und Verhängniß. Novelle. 8. Berlin 826. (H. Schultze.) 1 ₰

**v. Billau**, Otto, Rache u. Verhängniß. Novelle. 8. Rathenow 826. Fück. 1 ₰

Grundzüge des babylonisch-talmudischen Eherechts. Von Dr. A. Billauer, Warschau. Berlin: Heymann 1910. 78 S. 8° [11. 5095

**Billberg**, Jh., Monographia Milabridnum. Mit 7 color Kpft. 8. Stockholm 813.

Bille [Schlagwort]
**Bille**, s.: Hamburg. Wasserkarte.

Bille [Verfasser]
**Bille**, Porto-Tarif nach den neuesten Abänderungen d. Posttax-Gesetzes. Nebst Tabellen zum Gebrauche bei Austaxirg. v. Postsendgn. f. die Städte Hannover, Celle, Göttingen, Harburg, Hildesheim, Lüneburg nach allen bedeutenderen Orten Deutschlands, Oesterreichs u. Ungarns. gr. 8. (33 S.) Hannover 874. Hahn. — 50

**Bille**, C. B., Richard Graf v. Warwick. 3 Thle. 12. Wien 792 u. 93. Degen. 1 ₰ 6 gr

**Bille**, C. L., s. Anekdoten v. Maria Antonie v. Oesterreich rc.

**Bille**, Eugen: Aus dem Laboratorium der pharmakognostischen Sammlung in Kiel. Beitrag zur Kenntnis der Wirkung des Cyannickelcyankalium. *Kiel 1897: A. F. Jensen.* (24 S.) 8°
Kiel, Med. Diss. v. [26. Aug.] 1897

**Bille**, Ivar v., Zollfeldbienst. gr. 8. (XXV und 151 S. mit 2 Stnt., Karten und Fig. in qu. Fol.) Oldesloe 857. (Hamburg, Nolte und Köhler.)

**Bille's**, Steen, Bericht üb. die Reise der Corvette Galathea um die Welt in den J. 1845, 46 u. 47. Aus d. Dän. übers., u. theilweise bearb. von W. v. Rosen. 2 Bde. gr. 8. (1: XIV u. 465 S. m. 7 Lith. in Tondr. u. 1 lith. Karte in gr. Fol. 2: X u. 518 S. m. 7 Lith. in Tondr. u. 1 lith. Karte in gr. Fol.) Kopenhagen 852, Reitzel. Leipzig, Lorck. (1: n. 3 ₰ 12 ngr 2: n. 4 ₰) n. 7 ₰ 12 ngr

**Billeb**, Alexander [app. Arzt aus Hannover]: Ueber Nierenkrebs und Nierenexstirpation. ... Würzburg, k. Universitätsdr. v. H. Stürtz, 1890; 90 S. 8°
Würzburg, Med. Fak., Inaug.-Diss. v. 1890

**Billeb**, E., d. Fortbildungsschule n. Notwendigkeit, Organisation u. erzieherischer Bedeutg. [Aus: „Lehrerzeitg. f. Thüringen u. Mitteldeutschland".] gr. 8. (62 S.) Leipzig 896. H. Haacke. n. 1. —

**Billeb**, Herm., die wichtigsten Sätze der neueren alttestamentlichen Kritik, vom Standpunkte der Propheten Amos u. Hosea aus betrachtet. Ein Beitrag zum Schriftverständnis. gr. 8. (VII, 136 S.) Halle a/S. 893. E. Anton. n. 3. —

**Billebius**, J. S. (Praes.): An harmonia inter animam et corpus ..., s. Pabst, Jo. A. (Resp.)

BILLEX, Franz Xaver von (Unikow/Polen): Ueber das Arsen.- München: Weifenbach 1866. 30 S. 14.8.1866 - Urk (Titel: De arsenico.); F 71
Diss. Ingolst.-Landsh.-Mchn.

**Biller**, bunte, ut min' Kinnerjohren von Enen, de sinen Namen woll för sich behollen mücht. 8. (IV, 215 S.) Neustrelitz 876, Barnewitz.

**Biller**, Carl, Fortuna. Drama. (160 S.) gr. 8. Wien 910. Wallishausser. 2. —

**Biller**, Carl, Münster i. W.: Der Rückgang der Hand-Leinwandindustrie des Münsterlandes. Leipzig 1906: J. B. Hirschfeld. (54 S.) 8° ¶(Teil einer größeren Schrift, die als 2. Heft der Abhandlungen aus dem staatswiss. Seminar zu Münster erscheinen wird.)
Münster, Jur. Fak., Ref. v. Heckel, Schmöle, Diss. v. 20. Mai 1906
[Geb. 22. Juli 82 Dortmund; Wohnort: Münster; Staatsangeh.: Preußen; Vorbildung: Realgymn. Dortmund Reife O. 01; Studium: Berlin 7, Münster 2 S.; Rig. 6. März 06.]

Der Rückgang der Hand-Leinwandindustrie des Münsterlandes. Von Dr. Carl Biller. Leipzig: C. L. Hirschfeld 1906. (169 S.) 8°
[Ein T. erschien als Inaug.-Diss. Münster 1906.]
— Abhandlungen aus d. staatswiss. Seminar zu Münster i. W. H. 2. [06. 7306

**Biller**, Clara, d. Andre. Roman. 8. (250 S.) Dresden 898. E. Reißner. n. 3. —; geb. n. 4. —

**Biller**, Clara, Briefe aus Paris u. Spanien. 1864—1870. gr. 8. (IV, 431 S. m. Bildnis.) Dresden 901. E. Reißner. n. 5. —

— e. Kuß als Einsatz. Novelle. 8. (156 S.) Ebd. 897. n. 1. 50; geb. n. 2. —

— Señorita Paz u. Anderes. 12. (III, 272 S.) Ebd. 896. n. 3. —; geb. n. 4. —

Karte von Ungarn, Siebenbürgen, Croatien und Slavonien, der Militärgrenze, Galizien und der Bukowina. Gestochen von Dominik Biller. (1:2.000.000.) Wien: Artaria 1863.

**Biller, Emma, s. a.: Wuttke-Biller, E.**

Biller, E. [E. Wuttke-Biller]. Unsere Aelteste. Eine Erzählg. f. junge Mädchen. 8. (288 S.) Stuttg. 889, Thienemann. geb. * 4 —

**Biller, E. (E. Wuttke-Biller), unsere Aelteste.** Eine Erzählg. f. junge Mädchen. Mit 8 Tondr.-Bildern v. H. Binde. 2. Aufl. 8. (234 S.) Stuttgart 893. K. Thienemann. Geb. in Leinw. n. 4. —

**— unsere Älteste. Eine Erzählg. f. junge Mädchen. Mit 16 Text- u. 8 ganzseit. Bildern v. Adf. Wald. 3. Aufl. (240 S.) 8. Stuttgart (903). K. Thienemann. Geb. in Leinw. n. 4. —**

† Biller, Emma [Wuttke-Biller], Markgräfin Barbara von Brandenburg. Das Leben einer Fürstin im 15. Jahrh. 8. (290 S.) Leipzig 886, Reißner. *ℳ 4.—; geb. * 5 —

Biller, E., Markgräfin Barbara von Brandenburg. Ebd. 1887. Reissner.

**— zwei Cousinen.** Eine Erzählg. f. erwachsene junge Mädchen. Mit 8 Einschaltbildern v. Fritz Bergen. 8. (192 S.) Stuttgart 902. K. Thienemann. Geb. in Leinw. n. 4. —

—— Lieschens kleine Einfälle ꝛc., s. Kleinmichel, S.

**Biller, E., Elfengruß.** Märchen. 16. (191 S.) Leipzig 876. Krüger & Roskoschny. geb. m. Goldschn. n. 2. 50

Biller, E., Elfengruß. Märchen. 1. und 2. (Titel-)Aufl. 16. (192 S.) Leipzig 876,77, Wöller. geb. mit Goldschn.

Biller, E., Elfengruß. 2. Aufl. 16. Leipzig 877, Dietz und Zieger. geb. mit Goldschn.

**Biller, Emma, Elfengruß.** Märchen. 2. unveränd. (Titel-)Ausg. 16. (192 S.) Leipzig (1876) 878. Dietz & Zieger. geb. m. Goldschn. 2. 50

—— glückl. Ferien. Kleinen Mädchen erzählt. 8. (144 m. 4 Farbendr.) Stuttg. 89. Thienemann. geb. n. 3 —

— glückliche Ferien. Kleinen Mädchen erzählt. Mit 4 Farbendr.-Bildern nach Aquarellen v. Eug. Klimsch. 2. Aufl. gr. 8. (144 S.) Ebd. 894. Geb. in Leinw. n. 3. —

**— glückliche Ferien. Kleinen Mädchen erzählt. Mit 4 Farbenbildern nach Aquarellen v. Eug. Klimsch. 3. Aufl. (144 S.) gr. 8. Ebd. (903). Geb. in Leinw. n. 3. —**

Biller, Emma: Geschichte eines unerzogenen Mädchens., s. Biller; Ulli

—— Die Geschwister. Eine Geschichte aus dem deutschen Befreiungskriege. Mit 8 Einschaltbildern v. W. Flashar. 8. (269 S.) Ebd. 890. geb. * 4 —

**— die Geschwister. Eine Familiengeschichte. Der deutschen Jugend erzählt. Mit 16 Text- u. 8 ganzseit. Bildern v. M. Flashar u. P. Herrfurth. 2. Aufl. (216 S.) gr. 8 Ebd. (903). Geb. in Leinw. n. 4. 50**

Biller. *Die liebe, liebe Großmama.* Ein Unterhaltungsbuch für Kinder von sechs bis neun Jahren. Stuttgart, Thienemann, [c. 1890]. 159 S. u. 4 farb. Taf. 8°. Orlwd. 8.—

— die liebe, liebe Großmama. Ein Unterhaltungsbuch f. Kinder von 6 bis 9 Jahren. Mit 4 Farbendr.-Bildern nach Aquarellen v. Fritz Bergen. gr. 8. (159 S.) Ebd. 893. Geb. in Leinw. n. 3. —

Biller, Emma, das Haustöchterchen. Eine Erzählung für Mädchen von 10—15 Jahren. Mit 4 Farbendr.-Bildern nach Aquarellen von C. Offterdinger. gr. 8. (III, 215 S.) Stuttgart 881, Thienemann's Verlag. geb. *

—— das Haustöchterchen. Eine Erzählung für Mädchen von 10 bis 15 Jahren. 2. Aufl. gr. 8. (215 S. mit 4 Farbendr.-Bildern nach Aquarellen von C. Offterdinger.) Stuttgart 885, Thienemann's Verlag. geb. * 4 —

—— Das Haustöchterchen. Eine Erzählg. f. Mädchen v. 10—15 Jahren. 3. Aufl. gr. 8. (229 S. m. 4 Farbendr.) Ebd. 889. geb. * 4 —

— das Haustöchterchen. Eine Erzählg. f. Mädchen von 10—15 Jahren. Mit 4 Farbendr.-Bildern nach Aquarellen v. C. Offterdinger. 4. Aufl. gr. 8. (225 S.) Ebd. 892. Geb. in Leinw. n. 3. —

**Biller, Emma (E. Wuttke-Biller), d. Haustöchterchen.** E. Erzählg. f. Mädchen v. 10—15 Jahren. M. 4 Farbendr.-Bildern n. Aquarellen v. C. Offterdinger. 5. Aufl. gr. 8. (229 S.) Stuttgart 896. K. Thienemann. Geb. in Leinw. n. 4. —

**— das Haustöchterchen. Eine Erzählg. f. Mädchen von 10 bis 15 Jahren. Mit 4 Farbendr.-Bildern nach Aquarellen v. C. Offterdinger. 6. Aufl. gr. 8. (229 S.) Ebd. (899.) Geb. in Leinw. n. 4. —**

**— das Haustöchterchen. Eine Erzählg. f. Mädchen von 10—15 Jahren. Mit 4 Farbendr.-Bild n. Aquarellen v. C. Offterdinger. 7. Aufl. (222 S.) 8. Ebd. (906). Geb. n. 4. —**

—— Heinz der Lateiner, s. Sammlung von Kinderschriften.

— Heinz der Lateiner. Eine Schulgeschichte f. Knaben bis zu 14 Jahren. M. 4 Farbendr.-Bildern nach Aquarellen v. Adf. Wald. gr. 8. (153 S.) Ebd. (899). Geb. in Leinw. n. 3. —

— Heinz d. Lateiner. Schulgesch. f. Knaben bis zu 14 Jahren. (157 m. 6 farb. Vollbild.) 8° Stuttg., K Thienemann ('12). L 3 — d

—— die Höhlen des Radhost, s. Volks- und Jugend-Bibliothek.

— die Höhlen des Radhost, s.: Pichler's Jugendbücherei. 7. Bdchn.

—— Barbara Ittenhausen. Ein Augsburger Familienleben im XVI. Jahrhundert. 8. (276 S.) Leipzig 884, Reißner. * geb. *

—— Barbara Ittenhausen. Ein Augsburger Familienleben im 16. Jahrh. 2.—4. Aufl. 8. (275 S.) Leipzig 885—88, Reißner. *ℳ 4.; geb. * 5 —

— dasselbe. In stenograph. Schrift autogr. v. Karl Söldner. (In 5 Lfgn.) 1. Lfg. 8. (III, 48 S.) Stuttgart 886. Waag. n. — 50

— dasselbe. In stenogr. Schrift autogr. v. K. Söldner. 2.—5. (Schluß-)Lfg. 8. (S. 49—240.) Stuttgart 887. Waag. à n. — 50 (cplt.: n. 3. —; geb. n. 4. —)

— d. Jüngste. E. Erzählg. f. erwachs. junge Mädchen. M. 8 Einschaltbild. v. Fritz Bergen. 8. (234 S.) Ebd. 896. Geb. in Leinw. n. 4. —

— aus d. Kinderstube. Ein Unterhaltungsbuch f. Kinder von 7 bis 10 Jahren. Mit 4 Farbendr.-Bildern nach Aquarellen v. Wilh. Hoffmann. gr. 8. (150 S.) Ebd. (899). Geb. in Leinw. n. 3. —

—— feurige Kohlen. Eine Erzählung für die Jugend aus dem 16. Jahrh. gr. 8. (158 S. mit 4 Farbendr.-Bildern nach Aquarellen von R. E. Kepler.) Stuttgart 885, Süddeutsches Verlags-Institut. geb. * 3 —

—— Die Konfusionstante. Eine Erzählg. f. junge Mädchen. Mit 8 Tondr.-Bildern v. P. Rieth. 8. (266 S.) Ebd. 891. geb. in Leinw. * 4 —

— die Konfusionstante. Eine Erzählg. f. junge Mädchen. 2. Aufl. Mit 30 Bildern v. Fritz Berger. 8. (253 S.) Ebd. (899). Geb. in Leinw. n. 4.—

— Die Konfusionstante. Eine Erzählg. f. erwachsene junge Mädchen. 3. Aufl. Mit 30 Bildern v. Fritz Bergen. (253 S.) 8. Stuttgart (909). K. Thienemann. Geb. in Leinw. 4. —

Biller, Emma, Minchen, die kluge Puppe. Schicksale und Erfahrungen einer Puppe, von ihr selbst erzählt. Für kleine artige Mädchen aufgezeichnet. gr. 8. (X, 170 S. mit 40 Text-Abbild. und 6 Buntbildern.) Leipzig 881, Spamer. cart. *

—— Minchen, die kluge Puppe. Lebensgeschichte e. Puppe, v. ihr selbst erzählt. Für kleine artige Mädchen. 2. Aufl. Mit 4 Farbendr.-Bildern. gr. 8. (VIII, 139 S.) Lpz. 891, Spamer. * 4 —; cart. * 4 50

— Minchen, d. kl. Puppe. Lebensgeschichte e. Puppe, v. ihr selbst erzählt. Für kleine art. Mädchen. 3. Afl. 8° (139 m. 4 Farbendr.) Lpzg 95, O Spamer. 4 —; kart. 4.50

— Minchen, die kluge Puppe. Lebensgeschichte e. Puppe, v. ihr selbst erzählt. Für kleine artige Mädchen aufgezeichnet. 4. [Titel-]Aufl. Mit 4 Farbendr.-Bildern nach Aquarellen v. H. Braun. gr. 8. (VIII, 139 S.) Leipzig [891.] 902. O. Spamer. n. 4. —; geb. in Leinw. n. 4. 50

— Minchen, d. kluge Puppe. Lebensgeschichte e. Puppe, v. ihr selbst erzählt. 5. [Titel-]Afl. (8, 139 m. 4 Farbdr.) 8° Lpzg, O Spamer [1891] ('10). L 3 — d

—— Mondscheinweben, s. Shabbolt, Sydney.

—— eine kleine Musterwirthschaft. Kleinen Mädchen von 8—10 Jahren erzählt. Mit 4 Farbendr.-Bildern nach Aquarellen von Eug. Klimsch. gr. 8. (IV, 109 S.) Stuttgart 884, Thienemann's Verlag. cart. *

—— eine kleine Musterwirthschaft. Kleinen Mädchen erzählt. 2. Aufl. gr. 8. (IV, 149 S. mit 4 Farbendr.-Bildern nach Aquarellen von Eug. Klimsch.) Stuttgart 888, Thienemann's Verlag. cart. * 3 —

Biller, Emma. *Eine kleine Musterwirtschaft.* Kleinen Mädchen erzählt. 2. Aufl. Stuttgart, Thienemann [c. 1890]. IV, 149 S. 1 Bl. 8°. Ill. Orlwd. 8.— M. 4 farb. Bildern v. E. Klimsch.

— eine kleine Musterwirtschaft. Kleinen Mädchen erzählt. Mit 4 Farbendr.-Bildern nach Aquarellen v. Eug. Klimsch. 3. Aufl. gr. 8. (IV, 149 S.) Stuttgart 894. K. Thienemann. Geb. in Leinw. n. 3. —

— eine kleine Musterwirtschaft. Kleinen Mädchen erzählt. Mit 4 Farbendr.-Bildern nach Aquarellen v. Eug. Klimsch. 4. Aufl. gr. 8. (IV, 149 S.) Stuttgart (899). K. Thienemann. Geb. in Leinw. n. 3. —

— eine kleine Musterwirtschaft. Kleinen Mädchen erzählt. Mit 4 Farbendr.-Bildern nach Aquarellen v. Eug. Klimsch. 5. Aufl. (IV, 149 S.) 8. Stuttgart (906). K. Thienemann. Geb. n. 3. —

—— Pfeffernüsse. Neue Märchen und Geschichten für Kinder von 6—10 Jahren. 1. Aufl. 1876. cart. * ℳ 1.; 2. (Titel-) Aufl. 16. (162 S.) Ebendas. 876. cart.

— Pfeffernüsse. Neue Märchen u. Geschichten f. Kinder von 6 bis 10 Jahren. 2. unveränd. (Titel-)Ausg. 16. (IV, 162 S.) Leipzig (1876) 878. Dietz & Zieger. — 75; cart. n. 1. —

— Lida's Puppe. Lebensgeschichte e. Puppe, v. ihr selbst aufgezeichnet f. alle kleinen Mädchen, d. gern m. Puppen spielen. 4. Afl. 8° (156 m. 4 Farbendr.) Ebd. 92. Geb. in Lnw. 3 —

Biller. *Lida's Puppe.* 4. Aufl. Stuttgart, Thienemann [c. 1895]. M. 4 farb. Taf. v. C. Offterdinger. 8°. Orlwd. m. farb. Deckel. Seinerzt. sehr beliebtes Buch. 8.—

— Lidas Puppe. Lebensgesch. e. Puppe, v. ihr selbst aufgezeichn. f. alle kl. Mädchen, die gern m. Puppen spielen. M. 4 Farbendr.-Bild. n. Aquarellen v. C. Offterdinger. 5. Aufl. gr. 8. (156 S.) Ebd. 896. Geb. in Leinw. n. 3. —

— Lidas Puppe. Lebensgesch. e. Puppe, v. ihr selbst aufgezeichnet f. alle kleinen Mädchen, d. gern m. Puppen spielen. 6. Afl. (175 m. 4 Farbdr.) 8° Ebd. ('12). L 3 — d

Biller, Emma, die Puppenfamilie. Kleinen Mädchen erzählt. Mit 4 Farbendr.-Bildern. Nach Aquarellen v. E. Klimsch. gr. 8. (III, 104 S.) Stuttgart 883. Thienemann. n. 3. —

—— Die Puppenfamilie. Kleinen Mädchen erzählt. Mit 4 Farbendr.-Bildern. 2. Aufl. gr. 8. (150 S.) Stuttg. 891, Thienemann. geb. in Leinw. * 3 —

— die Puppenfamilie. Kleinen Mädchen erzählt. Mit 4 Farbendr.-Bildern nach Aquarellen v. Eug. Klimsch. 3. Aufl. gr. 8. (150 S.) Ebd. (899). Geb. in Leinw. n. 3. —

— Die Puppenfamilie. Kleinen Mädchen erzählt. 4. Afl. (159 m. 4 Farbdr.) 8° Stuttg., K Thienemann ('12). L 3 — d

— im Puppenparadies. E. Geschichte v. d. Heinzelmännchen f. Kinder v. 6—9 Jahren. M. 4 Farbendr.-Bild. n. Aquarellen v. Wilh. Hoffmann. gr. 8. (158 S.) Ebd. 896. Geb. in Leinw. n. 3. —

— Im Puppenparadies. Eine Geschichte v. d. Heinzelmännchen f. Kinder v. 6—9 Jahren. (164 m. 4 Farbdr.) 8° Ebd. ('12). L 3 —

—— im Reich der Heinzelmännchen oder Reise-Abenteuer einer Puppe und eines Nußknackers. Lustige und lehrreiche Geschichte für kleine und große Kinder. Mit 24 farb. Bildern nach Zeichnungen von Ludw. v. Kramer. 4. (IV, 139 S.) München 883, Stroefer. geb. *

— im verwunschenen Schlößchen. Eine Erzählg. f. erwachsene junge Mädchen. Mit 30 Bildern v. Adf. Wald. 8. (198 S.) Ebd. (900). Geb. in Leinw. n. 4. —

Biller, Emma, ein lustiger Sommer. Ein Unterhaltungsbuch f. Kinder von 6—9 Jahren. Mit 4 Farbendr.-Bildern nach Aquarellen v. Fritz Bergen. 2. Aufl. (v. „Die liebe, liebe Großmama"). (159 S.) 8. Stuttgart 909. K. Thienemann. Geb. in Leinw. 3. —

—— unter dem Scepter der Hofmeisterin. Eine dän. Hofgeschichte aus dem Ende des 16. Jahrh. 8. (295 S.) Leipzig 888, Reißner. * ℳ 4.; geb. * 5 —

—— Helenens Tagebuch. Ein Jahr aus e. Mädchenleben. Mit 8 Tondr.-Bildern v. P. Hey. 8. (210 S.) Ebd. 892. Geb. in Leinw. n. 4. —

—— Trinchen v. Gantersheim, } s.: Jugendbühne, d.
—— überlistet.

—— Ulli, Geschichte eines unerzogenen Mädchens. 8. (III, 320 S.) [Leipzig 882, Reißner.] Gera, Griesbach's Verlag. geb.

—— Ulli. Geschichte eines unerzogenen Mädchens. (Neue Aufl.) 8. (V, 286 S.) Stuttgart 887, Thienemann's Verlag. geb. * 4 —

— Ulli. Geschichte e. unerzogenen Mädchens. Mit 8 Einschaltbildern v. H. Looschen. 2. Aufl. 8. (268 S.) Ebd. 891. Geb. in Leinw. n. 4 —

— Ulli. Geschichte e. unerzog. Mädchens. M. 8 Einschaltbild. v. H. Looschen. 3. Aufl. 8. (268 S.) Ebd. 895. Geb. in Leinw. n. 4. —

— Ulli. Geschichte e. unerzogenen Mädchens. Mit 8 Einschaltbildern v. H. Looschen. 8. (268 S.) Ebd. (902.) Geb. in Leinw. n. 4. —

— Ulli. Gesch. e. unerzog. Mädchens. 1—4. Afl. (268 m. 8Bildern.) 8° Stuttg., K Thienemann (02'04). Geb. 4 — d

— Ulli. Gesch. e. unerzogenen Mädchens. 5. Afl. (254 m. 6 farb. Einschaltbild.) 8° Ebd. ('12). L 4.50

Biller, Eugen [app. Arzt aus Breslau]: Die Beziehungen des Conus und der physiologischen Excavation zum Sehvermögen ametropischer Augen. '(Aus d. Dr. Wolffbergschen Augenklinik zu Breslau.)' ... Leipzig, Druck v. A. Edelmann, Univ.-Buchdr., *1894;* 38 S., 1 Bl. 8.
Leipzig, Med. Fak., Inaug.-Diss. v. 12. Juli 1894

**Biller,** Simon, Einj. Freiw. Arzt im K. 1. Chevauleger-Reg., Nürnberg: Zur Casuistik perforierender Verletzungen der Sklera und Cornea. München 1907: Kastner & Callwey. (27 S.) 8°
München, Med. Fak., Ref. Eversbusch, Diss. v. 8. März 1907
[Geb. 3. Jan. 78 Bockborn b. Erding; Wohnort: Nürnberg; Staatsangeh.: Bayern; Vorbildung: Gymn. Freising Reife Juli 00; Studium: München 11 S.; Coll. 8. März 07; Approb. 11. Jan. 07.]

Billerbauk. – Plattdütsch Billerbauk. , Dit un dat.' För Jeden wat.' Biller von Ludwig Düwahl. Wismar: Hinstorff (1908). 26 Bl. 4°

**Billerbeck im Jubelj. 1909.** Festschrift aus Anlaß der 1100jähr. Jubiläums des Todestages des hl. Ludgerus. Mit 15 Textillustr. u. 7 Einschaltbildern. Hrsg. vom Billerbecker Anzeiger. (120 S.) 16. Billerbeck (909). M. F. Knüppel. — 70

(Billerbeck, A.) Die Torpedos. Berlin 1868. 8°.

Billerbeck, Adolf
Der Festungsbau im alten Orient von A[dolf] Billerbeck. Mit 7 Abb. *Leipzig: J. C. Hinrichs 1900.* (30 S.) 8° [J.]
— Orient, Der alte. Jg. 1, H. 4.

Billerbeck, A., die älteste Geschichte der Menschheit u. unsere Zeit. Ein Vortrag, geh. in der Aula d. königl. Gymnasiums zu Freienwalde a/O., im Novbr. 1891. gr. 8. (32 S.) Freienwalde 892. F. Dräseke. n. — 60

Die Palasttore Salmanassars II von Balawat. Erklärung ihrer Bilder u. Inschriften von Adolf Billerbeck u. Friedrich Delitzsch. Nebst Salmanassars (II. [König von Assyrien]) Stierkoloss- u. Throninschrift von Friedrich Delitzsch. Mit 4 Lichtdrucktaf. Leipzig: J. C. Hinrichs 1908. (155 S.) 8° [Ant. u. J.]
— Beiträge z. Assyriologie u. semit. Sprachwissenschaft. 6, 1.

Das Sandschak Suleimania und dessen persische Nachbarlandschaften zur babylonischen und assyrischen Zeit. Geogr. Untersuchgn unt. bes. Berücks. militär. Gesichtspunkte v. A. Billerbeck, Oberst a. D. Hierzu 1 Kt. *Leipzig: E. Pfeiffer 1898.* (IV S., 1 Bl., 176 S., 1 Kt.) 1 Bd 8.

— Susa. Eine Studie zur alten Geschichte Westasiens. Mit 1 Übersichtskarte u. 10 Abbildgn. Eingeführt v. Frdr Delitzsch. gr. 8. (VIII, 184 S.) Leipzig 893. J. C. Hinrichs' Verl. n. 5. 60

Geographische Untersuchungen v. A. Billerbeck ... *Berlin: W. Peiser (1898).* (1 Bl., 50 S.) 8.
— Mitteilungen d. Vorderasiat. Gesellschaft. 1898. [No] 2.

Billerbeck, B. (Hrsg.), s. Kultur-Wegweiser, Erfurter.

Billerbeck, Heinrich Ludwig Julius
**AUCH** ein Wort über die Mode (von *H. J. L. Billerbeck*). (Hildesheim 1799.)
Anon.-Lex. I. p. 112 (nach Meusel).

**Billerbeck, Heinr. Ludw. Jul.,** De avibus ab Aristotele Plinioque commemoratis. Hildesheim (Jo. Christ. Lud. Tuchtfeld) Februar 1806. 40 Seiten. (4.80) 2770

— historiae urbis agrique Gotting. breviar., c. tab. aen. 4maj. Gotting. 796. Dieterich. 8 gr.

Billerbeck, Heinrich Ludwig Julius, s. Bröder, Chr. G.: Element. Lesebuch.

Billerbeck, Heinrich Ludwig Julius, s. Cicero: Brutus – Cato-Cato major – de finibus bonorum – Laelius – de officiis – de claris oratoribus – Tusculan.

Billerbeck, Heinrich Ludwig Julius, s. Cicero: Epistolae ad Atticum. – ejusd. de Oratore libri tres.

— in Sophoclis Trachinias commentar. vide Sophocles.

— s. Cornelius Nepos.

Billerbeck, J., Asiae Herodoteae difficiliora. Gotting. 795. 8. 4 gr. Dieterich

— Diss. de finibus inter studia literarum. 4. Gotting. 799. (Ettinger in Gotha).

*Billerbeck,* Hnr. Ldw. Jul., Flora classica. 8maj. Leipz. 824. Hinrichs. 1 Thl 8 gr. Holl. Postp. 1 Thl 16 gr.

Billerbeck, Heinrich Ludwig Julius, s. Frommichen, Chr. G.: Asiae Herodoteae...

Billerbeck, H. L. J., Gesch. d. St. Göttingen etc. 8. Gött. Dieterich. 797.

— Handb. d. alt. Geographie. Zum Gebr. f. Schulen u. z. Nachschlagen bei d. Vorbereit. auf d. classischen Schriftsteller. gr. 8. Leipzig 826, Hahn.

Lob der Monarchie. Eine Rede am Geburtstage unsers Allergnädigsten Königs, Friedrich Wilhelm III [von Preussen], in der Loge Pforte zur Ewigkeit in Hildesheim gehalten vom Br Jul. **Billerbeck,** am 3ten Aug. 1803. Hildesheim [1803]: Katthagen. 20 S. 4° [Umschlagtit.]
Kl. 1110.

Billerbeck, Heinrich Ludwig Julius, s. Mirandulae, Illustrium poetarum Romanorum.

Billerbeck, Heinrich Ludwig Julius, s. Phaedri fabular.

Henr. Lud. Jul. Billerbeck progr. de locis nonnullis Aristoteleae historiae animalium difficilioribus. Hildes. 1807. 4. — Ejusd. progr. de psittaco pictsque Aristotelis ceterorumque veterum scriptorum. Hildes. 1811. 4.

Billerbeck, Heinrich Ludwig Julius, s. Quinctilians Lehrbuch.

Billerbeck, Heinrich Ludwig Julius, s. Scheller: kl. Wörterbuch.

— Schulgesänge f. Stadt und Landkinder. 8. Hildesheim, Gerstenberg.

— neuer Speccius etc., s. Speccius.

Henr. Lud. Jul. Billerbeck de strigibus ab Aristotele, Plinio ceterisque scriptorum veterum grege commemoratis. Hildes. (1806.) 1809. 4.

Billerbeck, Heinrich Ludwig Julius, s. T e r e n t i i Comoed. VI.

Billerbeck, Heinrich Ludwig Julius, s. V i r g i l i i opera.

— prosodisch-metrischer Wegweiser in d. griech. Sprache, zum Privat- u. Schulgebrauch für Jünglinge u. Lehrer. gr. 8. Helmst. 825. Fleckeisen.

Billerbeck, Heinr. Ludw. Jul., latein.-deutsches Wörterbuch z. Auswendiglernen f. d. 3 untersten Klassen gelehrt. Schulen. gr. 8. (11¼ B.) Hannover 832, Hahn.

— vollständ. Wörterbuch zu d. Fabeln d. Phädrus. 8. Hannov. 824. 2e Aufl. 832 Hahn. 5 gr

—— vollständ. Wörterbuch zu d. Fabeln d. Phädrus. 2., verm. u. verb. Ausg. 8. (8¾ B.) Hannover 832, Hahn.
Dass. 3.Ausg. Ebda. 1839

—— vollständiges Wörterbuch zu den Fabeln des Phädrus. 4., verm. und verb. Ausg. 8. (IV und 131 S.) Hannover 852, Hahn'sche Hofbuchh.

Billerbeck, Jul., vollständiges Wörterbuch zu den Fabeln des Phädrus. 5. verb. Ausg. Hannover 859. Hahn. gr. 8. (IV, 131 S.) 7 ngr

— vollständiges Wörterbuch zu den Lebensbeschreib. des Cornelius Nepos. gr. 8. Hannover 825, Hahn.

—— vollständ. Wörterbuch zu d. Lebensbeschreibn. d. Cornelius Nepos. 2., verb. Aufl. gr. 8. (11½ B.) Hannover 829, Hahn.

Billerbeck, Jul., vollständ. Wörterbuch zu d. Lebensbeschreibungen d. Cornelius Nepos, aufs neue durchges. u. verb. v. G. Ch. Crusius. 4., verb. Aufl. (11 B.) 837., 5., verb. A. 8. (10 B.) Hannover 841, Hahn'sche Hofbuchh. à

Billerbeck, Jul., vollständ. Wörterbuch zu den Lebensbeschreibungen des Cornelius Nepos, aufs neue durchgef. u. verb. v. G. Ch. Crusius. 6., verb. Aufl. gr. 8. (10 B.) Hannover 844, Hahn'sche Hofbuchh.

Billerbeck, Jul., vollständiges Wörterbuch zu den Lebensbeschreibungen des Cornelius Nepos, aufs neue durchgesehen u. verb. v. G. Ch. Crusius. 9. verb., m. Ster. gedr. Aufl. gr. 8. (IV u. 134 S.) Hannover 850, Hahn. — 12. verb., m. Stereot. gedr. Aufl. gr. 8. Ebd. 852. ⅓ ℛ

Billerbeck, Jul., vollständiges Wörterbuch zu den Lebensbeschreibungen des Cornelius Nepos, aufs neue durchgesehen und verb. von G. Ch. Crusius. 13., verb., mit Ster. gedr. Aufl. gr. 8. (IV und 134 S.) Hannover 858, Hahn'sche Hofbuchh.

Billerbeck, Hnr. Ldw. Jul., vollständ. Wörterbuch zu Ovids Verwandlungen. gr. 8. Hannov. 831. Hahn. 18 gr

—— vollständ. Wörterbuch zu den Verwandlungen des Ovidius Naso. Neu bearb. v. G. Ch. Crusius. 2., verb. u. umgearb. Ausg. gr. 8. (21¾ B.) Hannover 845, Hahn'sche Hofbuchh.

**Billerbeck, Joachim** von, Referendar a. D.: Die Urkundenfälschung zum Zwecke besseren Fortkommens. Greifswald 1909: Abel. 30 S. 8°
Greifswald, Jur. Diss. v. 30. Juni 1909, Ref. Weismann
[Geb. 7. März 85 Warnitz i. P.; Wohnort: Murchin; Staatsangeh.: Preußen; Vorbildung: Gymn. Stargard i. P. Reife O. 04; Studium: Heidelberg 3, Greifswald 4 S.; Rig. 30. Juni 09.] [U 09. 1442

Billerbeck, Julius, s. B i l l e r b e c k , Heinrich Ludwig Julius

Billert, Zusammenstellung der f. die Königl. Preußische Armee gegebenen Bestimmungen über die Benutzung der Eisenbahnen u. Dampfschiffe. Mit Berücksichtigung der Bestimmungen bis in die neueste Zeit bearb. gr. 8. (VIII u. 96 S.) Berlin 851, Mittler & Sohn. 18 ngr

**Billert, C.** Ueber Harmoniemusik (Infanterie-Musik) und deren Stellung im Musikgebiete der Gegenwart. Berlin 1874.

Billert, Carl, ob Sängerhalle oder Sängergrund? Offenes Sendschreiben an die Sänger und Gesangsfreunde beim 1. deutschen Sängerfest zu Dresden; wie an alle Sänger, wie Gesangesliebhaber des Vaterlandes. 8. (16 S.) Berlin 865, Mendel. [Trautwein'sche Buchh.] *

**Billet, Das. . . .** Wien 1800.
V: *Arnstein, Benedict David.* (GGr)

Billet, das. Lustsp. in 1 Aufz. 8. Wien, Wallishäußer. 800.

Billeter, Agathon
Billeter, A., Becherlied. Gedicht von Gfried. Keller. Für Männerchor componirt. qu. 8. (2 S.) Schaffhausen 862, Brodtmann'sche Buchh. *

—— 4 Gesänge für gemischten Chor mit Begleitung des Pianoforte oder der Orgel (Harmonium). Lex.-8. (15 S.) Schaffhausen 865, Brodtmann'sche Buchh.
Stimmen. (8 S.) *

—— 5 Männergesänge im Volkston. Lex.-8. (8 S.) Schaffhausen 863, Brodtmann'sche Buchh.

—— 6 Männergesänge im Volkston. Lex.-8. (10 S.) Schaffhausen 868, Brodtmann'sche Buchh.

Billoter, A[gathon]. Felix Mendelssohn-Bartholdy. Vortrag gehalten in Burgdorf am 19. Januar 1875. 8. Basel 1876.
(Oeffentliche Vorträge gehalten in der Schweiz. Band 3. Heft 12.)

**Billeter,** Attilio, von Männedorf (Ct. Zürich): Der Begriff des Besitzes nach römischem und canonischem Recht in Vergleichung mit dem züreherischen Recht. Uster-Zür. A. Diggelmann Dr. 1889. 2 Bl., 88 S. 8°.
Zürich, Jur. Diss. [v. 26. Okt. 1889].

**Billeter,** Carl, med. pract. [von Männedorf. Kt. Zürich]: Ueber Operative Chirurgie des Larynx und der Trachea an Hand des klinischen Materials der chir. Abtheilung des Kantonsspitals Zürich. Zür. Orell Füssli Cie Dr. 1888. 136 S. 8°.
Zürich, Med. Diss. [v. 11. Aug. 1888].

Billeter, Caspar. Fragmente aus meinem Tagebuch. Zur Belehrung und Warnung, wie auch zur Belustigung meiner Freunde und Feinde, von Kaspar Billiter, von Stäfa. [Mit 1 Tafel.] Heft 1. 8. St. Gallen 1817.
*Kaum fortgesetzt.*

Billeter, Caspar s. Freiheitslied. Helvetisches Freyheitslied. 1799.

Billeter, s. Geschichte von den politischen Bewegungen im Kanton Zürich, vom Jahr 1795. Stäfa 1798.

Billeter, Caspar, s. M a t e r i a l i e n z. Geschichte v. Zürich

**Billeter,** Fritz, von Meilen [Kt. Zürich]: Ein neuer Fall von hochgradiger Spondylolisthesis des Beckens. Zür. Orell Füssli Cie Dr. 1862. 26 S., 1 Bl. 4°.
Zürich, Med. Diss. v. 26. Febr. 1862.

Billeter, G.: B e i t r ä g e zur Lehre von der Entstehung der Gefässe, s. B i l l e t e r , Jacob

Billeter, Gustav. Griechische Anschauungen über die Ursprünge der Kultur. (Beilage zum Programm der Kantonsschule in Zürich 1901.) 39 S. 4. Zürich, Zürcher & Furrer, (1901).

Billeter, Gust.: Die Anschaugn v. Wesen d. Griechentums. (IS, 477) gr8° Lpzg, BG Teubner '11. 12 —; L 13 —

**Billeter, Gustav** [von Männedorf]: Geschichte des Zinsfusses im griechisch-römischen Altertum bis auf Justinian. I. Teil: Der Zinsfuss in Griechenland und Kleinasien bis um 250 n. Chr. Leipzig 1898. 110 S. 8°.
Zürich. Phil. Diss. I. S. 1897/98.

**Billeter, Gustav:** Geschichte des Zinsfusses im griechisch-römischen Altertum bis auf Justinian. Leipzig, Teubner, 1898. XII, 381 S. 8°.
Zürich. Phil. Habil.-Schr. I. S. 1898/99.
Nicht für den Austausch.

Billeter, Gustav. Goethe. Wilhelm Meisters theatralische Sendung. Zürich 1910 s. Goethe, [Johann Wolfgang von].

**Billeter, Gust.,** Goethe Wilhelm Meisters theatralische Sendung. Mitteilungen üb. die wiedergefundene erste Fassg. v. Wilhelm Meisters Lehrjahren. 1. u. 2. durchgeseh. Aufl. (3. u. 4. Taus.) (Je VII, 124 S.) 8. Zürich 910. Rascher & Co. 1. 60

**Billeter, H.** Musikalische Studien. Winke u. Rathschläge für Musiktreibende.
I. Theil: Tägl. Studien (mit 195 Notenbeispielen).
II. „ Elementartheorie. Kl. in-8°, 111 S.
Schaffhausen, Th. Kober. brosch. 1 50
geb. 2 50
**1886**

**Billeter**, Jacob, von Zürich: Beiträge zur Lehre von der Entstehung der Gefässe. Zür. Orell Füssli Cie Dr. 1860. 28 S., 1 Bl., 1 Taf. 4°.
Zürich, Med. Diss. v. 25. Juli 1860.

Billeter, J, u. H **Hilber:** Schweizer Heimat in schlichtem Bild u. schlichtem Wort. Für Schüler u. Schülerinnen d. ob. Primarkl. u. d. Sekundarschule. Bilder v. B., Text v. H. (68 m. Abb. u. 3 farb. Taf.) gr8° Bas., E Finckh '11. 1 — d

**Billeter, Jak.,** Illustrationen zu Lesestücken f. Wandtafel-Skizzen — auch zum Zeichnen für die Schüler — 1.-VIII. Lfg. 8. Basel (E. Finckh). à n. — 80
I. 3. verb. Aufl. (S. 1.—15.) 905. — II. 3. verb. Aufl. (S. 16—31.) 905. — III. 3. verb. Aufl. (S. 32—47.) 905. — IV. 3. Aufl. (S. 48—64.) 905. — V. 3. Aufl. (S. 49—64.) 905. — VI. 3. Aufl. (S. 81—96.) 905. — VII. 3. verb. Aufl. (S. 97—112.) 905. — VIII. 2. verb. Aufl. (S. 113—128.) 905.

**Billeter, J.,** Illustrationen zu Lesestücken f. Wandtafel-Skizzen — auch zum Zeichnen f. die Schüler —. 9. u. 10. Lfg. 8. Basel, (E. Finckh). à — 80
9. (S. 128—143.) (908). — 10. (S. 144—159.) (908).

Billeter, Jacob. Lehrbuch der angewandten Perspektive. Ein Leitfaden für Bau- und Gewerbeschulen, sowie für Architekten, Künstler und Bauhandwerker. Von Jakob B'.... Mit in den Text gedruckten Figuren und [3] Tafelabbildungen. 224 S. 8. Basel, Helbing & Lichtenhahn, [1904]. [geb. fr. 5. 50]

— Farbige Motive f. die Wandtafel u. zum Nachzeichnen f. die Kinderwelt. Nr. I u. II. (S. 1—82.) 8. Ebd. (909). à — 50

**Billeter, Jac.,** Sammlg einfacher Motive a. d. Natur f. skizzirendes Zeichnen. 3 Lfgn. gr. 4. (60 autogr. Taf. m. 3 Bl. Text.) Basel 897—98. R. Reich à n. 1. 60

Billeter, Johann Caspar, s. Billeter, Caspar

**Billeter, Leo,** aus Männedorf, Zürich: Die hohe Zange mit spezieller Rücksicht auf das enge Becken. (Aus der Universitäts-Frauenklinik in Zürich.) Zürich 1909. 60 S. 8°. [9. IX. 09.]
Zürich. Univ. Med. Diss. 1909/10.

Billeter, Leo. Die hohe Zange, mit spezieller Rücksicht auf das enge Becken. Diss. Med. Univ. Zürich. *Kopftitel:* Aus der Universitäts-Frauenklinik in Zürich. 60 S. 8. Zürich, Gebr. Leemann & Co., 1909.

Billeter, Max s. Beiträge. Berner B' zur Geschichte der Schweizerischen Reformationskirchen. Bern 1884.

**Billeter,** Otto, von Männedorf, Kt. Zürich, I. Assistent am Universitätslaboratorium Zürich: Ueber Organische Sulfocyanverbindungen. [S. A. aus: Vierteljahrsschrift der Naturforsch. Ges. in Zür., Bd 20. S. 1—46]. Zür. Zürcher u. Furrer Dr. 1875. 51 S. 8°.
Zürich, Phil. Diss. [v. 11. März 1875].

Billeter, R[obert].) **Bericht des Finanzvorstandes — [der] Stadt Zürich — über die Versicherung der städtischen Beamten, Angestellten und Arbeiter Gemäss Art. 155 der Gemeindeordnung. Vom Oktober 1905. [Mit 1 Tabelle.] II + 38 S. 4. Zürich, Aschmann & Scheller, 1905.**

Billeter, R[obert]. Die Finanzen der Stadt Zürich. Vortrag, gehalten ... den 7. Februar 1909 ... zu Zürich. [SA. aus der Neuen Zürcher Zeitung, Jahrg. 1909.] 13 S. 8. (Zürich. Druckerei der N' Z' Z', [1909].)

**Billets, die beiden** s. a. Theaterstücke, kleine englisch-deutsche.

**Billets, Die beiden** [nach Florian]. Nachspiel in einem Aufzuge. Augsburg 1793. V: *Heyne, Chn Lebrecht.* (?) (GGr)

**Billets, d. beyden.** Lustsp. v. A.-Wall. 8. Lpz. Dyk. 808.

— — 1ste Forts. desselben, s. d. Stammbaum. — 2te, s. d. Bürgergeneral.

**Billets et lettres,** quatre-vingt-onze, à l'usage de la jeunesse. Leipsic 854. Michelsen's Buchhdlg. 8. (IV, 51 S.) n. 8 ngr

**Billets,** d. Mad. F. u. Mad. R. üb. d. Schuchische Schaubühne 8. Danz. Wedel. 775.

**Billetspiel.** Berlin 1793. V: *Bremer, Johann Gottfried.* (MGT)

**Billette** [der Madame F. und Madame X.] über die Schuchische Gesellschaft. Königsberg. [17??] V: *Gomperz, Ludwig* [früher *Leon*]. (MGT)

Billewicz, Jos. v., Beitrag zur Charakterisirung der Philosophie K. F. E. Thrandorff's, aus Veranlassung dessen Werkes: „Der welthistorische Zweifel, oder objektive Realität?" [Barmen 1852.] gr. 8. (15 S.) Riga 880, (Kymmel's Buch.) *

**Billewicz, Jos. v., zur Bestimmung der wesentlichen Merkmale eines exact-experimentellen Beweis-Verfahrens. gr. 8. (12 S.) Riga 878, (Kymmel.) ***

Billewicz, Jos. v., zur Orientirung über Speculation und Empirie. Eine psycholog. Studie mit Anknüpfung an historisch-documentirte Thatsachen. gr. 8. (20 S.) Leipzig 876, (F. Fleischer.) *

—— „Roma locuta est". Zu deutsch: Vor dem besonnenen Ausspruche der Vernunft beugen sich die blos [subjectivgefärbten] individuellen Urtheile. gr. 8. (16 S.) (Ebendas.) 875. *

**Billhardt, Alfr.,** ein Führer durch die Leipziger Lesebücher. Ein prakt. Versuch, das Lesebuch möglichst in den Dienst des Gesamtunterrichts zu stellen. (126 S.) gr. 8. Leipzig 905. Dürr'sche Buchh. 2. —

**Billhardt, Alfr.:** Ein Führer durch d. Leipz. Lesebb. Versuch, d. Leseb. möglichst in d. Dienst d. Gesamtunterr. zu stellen. 2. Afl. (115) gr8° Lpzg, Dürr'sche Bh. '11. 2 — d

Billharz, Franz Xaver
— Anleitung, alles in deutscher Sprache Gedachte mit den einfachsten Zeichen und dem größten Zeitgewinn deutlich und vollständig darzustellen, oder die zweckmäßigste Stenographie der deutschen Sprache. Ein Versuch, die Stenographie durch Befreiung von ihren bisher. abschreckenden Eigenschaften ꝛc. allen Ständen nützlich und angenehm zu machen. Mit e. stenograph. Beilage u. 4 Steintaf. gr. 4. Bern u. St. Gallen 838. (Huber u. Comp.) Verklebt n. 5/6 ₰ — 2r unveränd. Abdr. 838. n. 2/3 ₰

Billharz, F. X., s. Modèle élémentaire.

Billharz, F. X., modèles élémentaires de l'écriture anglaise. lithogr. 18. Bern 826. Jenni. 9 gr.

Billi, Antonio, libro, s.: Frey, Carl.

Billiard, A., Reise nach Isle de France u. d. Insel Bourbon. Aus dem Französ. gr. 8. Jena 822. Bran. 1 ₰

Die Biene und die Bienenzucht im Altertume. Von R(aymond) Billiard. Mit 25 Abb. Autor. Übers. von Rektor Breiden. Millingen: T. Gödden 1904. (108 S.) 8° [F.]
Übers. e. im 'Apiculteur' veröff. Artikelreihe. 1.5.05

Billiard, R., die Biene u. die Bienenzucht im Altertume. Autoris. Übersetzg. v. Breiden. (108 S. m. 25 Abbildgn.) 8. Millingen 904. (Leipzig-R., Fritzsche & Schmidt.) n n. 1. 50; erm. Pr. n. 1. —

Billiart, Julie, ein Lebensbild, s. Charlier, B.

Billich, Carl, das württembergische Gewerbe-Recht. gr. 8. (XLIV u. 556 S.) Stuttgart 852, Belser. n. 1 ₰ 22 gr.

Billiesich Friedrich: De nominum abstractorum numeri pluralis usu Liviano.
1905 PN 1916 Diss. Wien, Univ.

Billieus, Franz Prof., Lehr- u. Uebungsbuch der Arithmetik für Unter-Realschulen. II. Theil für die II. Classe. 6. Auflage. 8. (146 S.) geh. 60 kr. Wien: Seidel & S. 1882

Billicus, Franz, Rechenbuch für Bürgerschulen. III. Theil Für die 3. Classe. Mit der gewerblichen Buchhaltung. 4. verbesserte Auflage. 8. (VI, 102 u. 45 S.) —.60
Wien: Pichler's Wwe.u.S. 1891

Billicus Franz. — Das Rechnen im Geschäftsleben, oder kurzgefaßtes theoretisch-praktisches Lehrbuch der Rechenkunst. Mit Angabe aller Rechnungsvortheile und Abkürzungen die in der Praxis leicht ausführbar sind, nebst 1425 Aufgaben mit beistehenden Auflösungen. Zum Selbstunterrichte für Erwachsene jeden Standes überhaupt, und für angehende Komptoiristen, Kommis und Handelsjünger insbesondere, um sich in kurzer Zeit nach einer leichtfaßlichen Methode gründliche Kenntnisse im Rechnen zu verschaffen. Bearbeitet von —— Wien und Gratz 1856. Druck und Papier von A. Leykams Erben Im Kommissions-Verlag der Franz Ferstl'schen Buchhandlung.

Billig (Hrsg.), s. Kirchenzeitung, Mitteldeutsche.

Billig, Predigten u. Amtsreden, s. Predigten.

Billig, Adf. Struma congenita, e. Geburtshinderniss. Diss. gr. 8. (27 S. m. 2 Taf.) Heidelb. 891, (Hörning). * — 90

Billig, Adolf [pr. Arzt in Karlsruhe]: Struma congenita, ein Geburtshindernis ... Heidelberg, Univ.-Buchdr. v. J. Hörning, 1892; 27 S., 2 Taf. 8.
Heidelberg, Med. Fak., Inaug.-Diss. v. [29. Febr.] 1892

Billig, Fr. Choral-Buch, s.: Fischer, Mich. Gotthardt.

Billig, Fr. Größeres Liederbuch, s. Jütting, W.

— Liederbuch f. Gymnasien, Realgymnasien, Realschulen u. andere höhere Lehranstalten, unter Mitwirkg. v. F. Zange bei der Auswahl der Lieder hrsg. 8. (IV, 123 S.) Hannover 893. C. Meyer. n. — 80

Billig's, F., Liederbuch f. Gymnasien, Realgymnasien, Realschulen u. andere höhere Lehranstalten. 2. verb. Aufl., unter Mitwirkg. v. F. Zange bearb. v. R. Werner. (136 S.) 8 Hannover 904. C. Meyer. Kart. n. 1. —

Billig, F., kleines Liederbuch, s.: Jütting, W.

Billig, F., Liederb. f. höh. Lehranstalten, im Anschl. a. Rademachers Ausw. volkstüml. Lieder u. Gedichte hrsg. gr. 8. (III, 108 S.) Hildburghausen 895. F. W. Gadow & Sohn. n. — 50; geb. n. — 60

Billig, Fr., Liederbuch f. die Unterklassen der Volksschulen, } s.: Jütting, W.

— Vorspiele, s.: Fischer, Mich. Gotthardt.

Billig, F.,
—— kleines Liederbuch für Volksschulen, besonders auf dem Lande,
—— Wegweiser für das Liederbuch, } s. Jütting, W.

Billig, G. A., Situations-Plan und Grundriss von Berlin. Nach den neuesten Veränderungen. Mit einem tabellar. Verzeichniss sämmtl. Strassen und Sehenswürdigkeiten. Fol. Mit Text. (8 S. in 16.) Berlin 872,75, Staude. *

Billig, G. A., Situations-Plan u. Grundriss v. Berlin m. Darstellg. der neuen Post-Bezirke. Nach den neuesten Verändergn. gezeichnet u. lith. Nebst e. tabellar. Verzeichniss sämmtl. Strassen u. Sehenswürdigkeiten, m. Angabe der Himmelsgegend. Chromolith. Fol. Berlin 874. Staude. n. — 50

Billig, Gerh.: Untersuchgn in d. Anthrachinon-Reihe. (Diss.) (56) gr8° Berl., E Ebering '11. nn 1.50

Billig, Gust., 1870. Die Furien d. Krieges. Geschichtliche Darstellg. der Ereignisse auf den deutsch-franz. Schlachtfeldern. Ein Gedenkbuch f. das deutsche Volk. 1. u. 2. Lfg. hoch 4. (S. 1—32 m. 4 color. Steintaf.) Dresden 871. Görner & Engelmann. à — 25

Billig, Gust., Andreas der arme Fischerknabe, oder die Hütte des Eilandes. Der Jugend gewidmet. Mit (4) ill. Abbild. 8. Neuhaldensleben 834. Eyraud. 5/6 ₰

Billig, Gust., der Diebsfänger, s. Berthold, G., die rothen Teufel.

—— Berthold's u. seiner Freunde Erfahrungen auf einer unbewohnt. indisch. Insel, u. Reiseabentheuer e. Deutschen; f. d. Jugend dargest. M. 4 ill. Abbild. breit 16. (10 B.) Neuhaldensleben 833, Eyraud. Thlr.

Billig, G, d. schwarze Gold. Histor.-romant. Erzählg. 2. Afl. 1—3. Lfg. 8. (1—96 m. 3 Chromol.) Görl. 73, König. à — 25

—— die Hyänen der Menschheit, oder: Blutige Thaten menschlicher Raubthiere und Ungeheuer in zumeist actenmäßiger Darstellung aufs Neue ans Licht gezogen. 2 Bde. in 16 Lfgn. gr. 8. (510 S. mit 16 color. Stnt.) Neusalza 868, Oeser. à Lfg. 25 Pf.

**Billig, Gust.**, die Hyänen der Menschheit, oder: Blutige Thaten menschlicher Raubthiere u. Ungeheuer in zumeist actenmäßiger Darstellung aufs Neue ans Licht gezogen. 1—12. Liefg. Neusalza 868—70. Oeser. 8. (1. Bd.: S. 1—384 u. 12 lith. u. color. Bilder.) Jede Liefg. 2½ ngr

**Billig, Gust.**, Deutschland's verhängnißvolles Jahr 1866. Chronik der denkwürdigsten Ereignisse, als Erinnerungsbuch dem deutschen Volke gewidmet. 14 Lfgn. hoch 4. (836 S. mit 28 Stnt. in Tondr.) Dresden 867, Lohse. à Lfg. 3 Ngr.

**Billig, Gust.**: Der Kampf am todten Schacht, s.a. Erzählungen, wohlf. interess.

**Billig, Gust.**, der Kampf am todten Schacht. Erzählung. 8. (63 S.) Dresden 875, [Lohse und Kadler.] Lohse.

—— Kladderadatsch im Coupé. Kurzweiliges gegen Langweiliges. gr. 8. (112 S.) Dresden 874, Täschner und Locke.

**Billig**, Gustav (Hrsg.), s. Der Colporteur.

—— Leben und unerhörte Abenteuer des gefürchteten Polizeispions und Diebsfängers Eugen François Vidocq. Nach seinen eigenen hinterlassenen Papieren. 20 Hefte. 8. (634 S. mit 20 color. Stnt.) Dresden 869,70, A. Wolf. à Lfg. 25 Pf.

—— nach der Schicht. Historisch-romant. Erzählungen aus dem Bergmanns-Leben. 1. Lfg. gr. 4. (24 S. mit 1 Chromolithogr.) Görlitz 873, König.

**Billig, Gust.**, Joseph Tannhäuser, der furchtbare Raubritter im Böhmerlande; gen.: der Schwarze v. Höllenstein. Histor. Räuber-Gemälde a. d. 15. Jahrh. 2 Thle. 8. (27 B.) Weimar 830, Tantz u. Comp.

**Billig**, Heinrich Hugo, s. Billig, Hugo

**Billig**, Hugo

**Billig, H.**, l'angine membraneuse ou le croup des enfants, s. Bibliothèque homéopathique domestique.

**Billig, H.**, die häutige Bräune oder der Croup der Kinder, s.a. Haus-Bibliothek, homöopathische.

**Billig, Hugo**, die häutige Bräune der Kinder. Ein Beitrag zu ihrer Erkennung nebst Anweisung derselben bei dem ersten Auftreten nach den Grundsätzen der Homöopathie zu begegnen. Für Eltern u. Freunde des homöopath. Heilverfahrens hrsg. Leipzig 867. Schwabe. 8. (32 S.) 5 ngr

**Billig, Hugo**, die häutige Bräune od. der Croup der Kinder. Ein Beitrag zu ihrer Erkenng., nebst Anweisg., derselben bei dem ersten Auftreten nach den Grundsätzen der Homöopathie zu begegnen. Für Eltern u. Freunde d. homöopath. Heilverfahrens hrsg. Nebst e. Anh. üb. die brand. Rachenbräune [Diphteritis] u. deren Behandlg. v. Carl Heinigke. 2. verb. Aufl. 8. (48 S.) Leipzig 873. Schwabe. 50

—— croup, s. Library, homeopathic domestic.

—— el croup, s. Biblioteca homeopática doméstica.

**Billig, (Heinr.) Hugo** (Lisniensis), De dysenteria. Diss. med. Lpz. (Staritz) 13. XII. 1844. 36 S. (4.—) 2771
Gew.: Friedr. Wilh. Schober.

**Billig**, Hugo: Homöopath. Hausarzt, s.: Vogel, Carl Gust.

**Billig, J. E.**, Beitrr. zur Entwickelung u. Aufhellung über Leben, Gesundheit, Krankheit u. Tod. 8. Chemnitz 806.
— Versuch e. naturgemäßen u. einfachen Darstellung d. Gesetze d. Lebens u. seiner Hauptveränderungen rc. 8. Chemnitz 806. Mauke. (Starke). 12 gl. (NB. Beide sind wohl ein u. dass. Buch u. Letzterer d. richtige Titel.)

**Billig**, J.C.G. (Hrsg.), s. Typographia.

**Billig, (O. Eduard)**, Erdkunde v. Deutschland u. seinen Nachbarlandern. Ein methodisch bearb. Lehrbuch z. Gebrauche in Volks- u. Bürgerschulen sowie f. Freunde der Erdkunde überhaupt, m. besond. Rücksicht auf polit. u. Kultur-Geschichte. gr. 8. (VI u. 338 S.) Jena 852, Doebereiner. n. 24 ngr

**BILLIG, VINZENZ**: Von der christlichen Tapferkeit. Eine Rede bey der feyerlichen Einweihung einer Kriegsfahne des löblichen k. k. Karl B. Schröder 7-ten Linien-Infanterie-Regiment zu Preßburg am 6. May 1807. Preßburg 1807: Gedr. mit Weberischen Schriften. 18 S. - 8°

**Billiamann, A.**, Nur drei Beine, s.: Münch, Walt. v.

(Billigung der Vorfälle vom 21. August.) Brüder! Ein richtiges und edles Gefühl leitet Euch — Der demokratische Klub. Vereins-Buchdruckerei. 1 Bl. Fol.
Flugblatt. Berlin, 22. Aug. 1848.

**Billina, St., und J. Wiethe**, praktische Anleitung zur Ausführung der verschiedenen Bauten und technischen Verrichtungen im Felde, und zwar: Strassen-, Lager-, Feldbefestigungs- und Nothbrückenbau. Besonders für Officiere aller Fusstruppen bearbeitet. 2 Thle. gr. 8. (115 S. mit 6 Stnt.) Linz 862, (Fink.) *

**Billing, A[lbert]**. Alpenrosen. Ein Liederstrauss. VIII + 370 S. 8. Leipzig und Dresden, E. Pierson, 1901 (*Umschlag: 1902). [M. 4. —, geb. M. 5. —]

**Billing, A.**, d'Erbschaft, s.: Sammlung schweizerischer Dialektstücke.

**Billing, A[lbert]**. Erzählungen aus Helvetien. VI + 109 S. 8. Dresden, E. Pierson, 1905. (M. 1. 50)

**Billing, A.**, —— d'Jquartierig, } s.a. Sammlung schweiz. Dialektstücke.

**Billing, A.**, d'Jquartierig. Militärschwank in 2 Akten. 8. (45 S.) Zürich 885. Schmidt. n. — 80

**Billing, Archibald**, die Grundlehren der Medicin, als Ergebniß der wissenschaftl. Forschung und der Praxis. Nach der 4. von Neuem durchgesehenen u. verb. Aufl. in das Deutsche übertragen von Fr. Reichmeister. gr. 8. Leipzig 840 (842), Kollmann. 1⅓ ngr

**Billing, Herm.**, Architektur-Skizzen. (48 Taf. m. IV S. Text.) Lex.-8. Stuttgart 904. [J. Hoffmann.] Berlin, Schuster & Bufleb.
In Mappe n. 16. —; erm. Pr. n. 10. —

— der Musikraum in der Weltausstellung St. Louis 1904. (24 S. u. Bl. in engl. u. deutscher Sprache m. Abbildgn. u. 1 farb. Taf.) qu. Lex.-8. Stuttgart (904). J. Hoffmann. n. 2. —

**Billing, J**: Von d. Unterkiefer-Resektionsprothese. Beitrag z. Vereinfachg u. Methodik derselben. [Aus: „Svensk tandläkare tidskrift".] (155 m. 56 Taf. u. 1 Tab.) gr8° Stockholm '10. (Berl., II Meusser.) 10 —

**Billing, Jo. J.**, De motu musculorum voluntario epistola. 11 pp. Lps. 4°. 1780

**Billing, Johann Heinrich Friedrich** (Kitzingen), Menorrhagia seu uteri haemorrhagia. Diss. med. Präs. Carl Caspar Siebold. Würzburg (F. E. Nitribitt) 21. IX. 1799. 48 S. (5.—) 2772

— **Johann Jacob** (Krakau/Polen), De salubritate et insalubritate habitationum. Disp. med. Präs. Anton Wilhelm Plaz. Lpz. (Sommer) 22. VI. 1781. 34 S. (4.80) 2773

— **Johann Wilhelm August** (Bechingen), De sanguinis missione. Diss. med. Erlangen (Hilpert) Mai 1795. 48 S. (4.80) 2774
Gew.: Friedr. Chph. Furckel.

Billing, Joseph, s. B i l l i n g s , Joseph

**Billing,** Otto [aus Ilmsdorf '(Sachsen-W.)']: Untersuchungen über den Bau der Frucht bei den Gallertflechten und Pannariaceen ... Kiel, Druck v. Schmidt & Klaunig, 1897; 38 S., Bl. 8.
Kiel, Phil. Fak., Inaug.-Diss. v. [10. Aug.] 1897

**Billing's,** Sigm. Kleine Chronik der Stadt Colmar, hrsg. v. Andr. Waltz. Mit Abbildgn. gr. 8. (VII, 374 S.) Colmar 891, (Barth). 4 —

Billing, Sigmund (Hrsg.), s. E l s a s s e r , Der patriotische, ...

**Billing,** ... († Dec. 1796.), kurzGesch. u. Beschreib. d. Elsasses.

[**Billing,** Sigmund:] Geschichte und Beschreibung des Elsasses und seiner Bewohner von den ältesten bis in die neuesten Zeiten. — Basel 1782: Decker. LVI, 371 S., 1 Kt.

**Billinger,** H, Zenz u. and. Erzählgn, s.: Collection Spemann.

BILLINGER, OTTO. Geschichtliches über das Opium. München, 1876. 12mo. Diss.

**Billings,** Frederick H.: Beiträge zur Kenntniss der Samenentwickelung. *München 1901: V. Höfling.* (68 S.) 8° ¶ Aus: Flora od. Allgem. Botan. Zeitung, 1901, Bd 88, H. 3.
München, Phil. Diss. v. 1901

Billings, Joseph

Billing, Joseph. Geographisch astronomische Reise nach den nördlichen Gegenden Russlands und zur Untersuchung der Mündung des Kowima-Flusses, der ganzen Küste der Tschutschken und der zwischen dem festen Lande von Asien und Amerika befindlichen Inseln in den Jahren 1785 bis 1794. Herausgegeben von Martin Sauer. (Aus dem Engl. übersetzt.) Berlin 1802. (Neue Societäts-Verlagsbuchhdlg.)

**Billings,** Capt., Reis. z. Unters. d. Küste d. Eismeers; od. geograph.-astronom. Reise n. d. nördl. Gegend. Rußlands. a. d. Engl. m. K. u. Chart. gr. 8. Berl. Oehmigke. 803.

**Billings,** Jos., geograph.-astronom. Reise nach den nördl. Gegenden Rußlands, zur Untersuchung der Mündung des Kowina-Flusses rc. In d. J. 1785—94, herausg. von Mart. Sauer. Aus d. Engl., mit Kpf. u. 1 Karte. gr. 8. Berl. 803, 2 rℓ 12 gℓ 2e Aufl. Ebd. 820. (Sander). 1 rℓ 8 gℓ (Flittner)

Billiter, Caspar, s. B i l l e t e r , Caspar

Billiter, Jean

**Billitzer** Jean: Über die Affinitätsgrößen gesättigter Fettsäuren. S. 108. IIb. 416 . . . vgr.
Separatabdruck

Billiter, Jean: Die elektrolyt. Alkalichloridzerlegg m. starren Metallkathoden, s: Monographien f. angew. Elektrochemie.

— Zum Begriffe der chemischen Valenz. S. 113. IIb. 20 . . . . . . . . . . . . . . vgr.
Separatabdruck

— Elektrische Doppelschicht und absolutes Potential. Eine kontaktelektrische Studie (mit 2 Textfiguren). S. 112. IIa. 95 . . . . . . . . . . . . . . . . . . . . . —.90
Separatabdruck

— über die Elektrizitätserregung durch die Bewegung fester Körper in Flüssigkeiten. Kontaktelektrische Studien (II). (24 S. m. 3 Fig.) gr. 8. Ebd. 903. n. — 60 (I u. II: n. 1. 50)

— Über die Fähigkeit des Kohlenstoffes, Ionen zu bilden (mit 3 Textfiguren). S. 111. IIb. 20 . . . . . . . . . . . . . . . . . . . . . . . . . . . vgr.
Separatabdruck

**Billitzer,** Jean, eine einfache Methode zur directen Bestimmung v. Dielektricitätsconstanten. gr. 8. (9 S. m. 5 Fig.) Wien 902. (C. Gerold's Sohn.) n. — 40
Sonderabdruck aus: „Sitzungsber. d. k. Akad. d. Wiss."

— Über die saure Natur des Azetylens (mit 2 Textfiguren). S. 111. IIb. 22 . . . . vgr.
Separatabdruck

— Elektrochemische Studien am Azetylen. I. Mitteilung: Kathodische Depolarisation (mit 1 Textfiguren). S. 110. IIb. 122 . . . . . . . . . . . . . . . vgr.
Separatabdruck

— u. A. Coehn, Elektrochemische Studien am Acetylen. II. Mittheilg.: Anodische Depolarisation. (11 S. m. 7 Fig.) gr. 8. Ebd. 902. n. — 40
I. ist nicht als Sonderdr. erschienen.
II Sonderabdrucke aus: „Sitzungsber. d. k. Akad. d. Wiss."

— Kontaktelektr. Studien. I—III. Mitteilg. [S.-A.] 8° Ebd. 2 —
I. Elektr. Doppelschicht u. absolutes Potential. (44 m. Fig.) '03. — 90 ‖ II. Üb. d. Elektrizitätserregg durch d. Bewegg fester Körper in Flüssigk. (24 m. 3 Fig.) '03. — 60 ‖ III. Üb. d. Ursprg d. Elektrizitätserregg bei d. Berührg. (19 m. 1 Fig.) '04. — 50.

— zur Theorie der kapillarelektrischen Erscheinungen. I—IV. Mitteilg. gr. 8 Ebd n. 2. 20
I. Versuche m. Tropfelektroden u. zur Ermittelung „absoluter" Potentiale. (33 S. m. 1 Fig.) 903. n. — 70
II. Ströme, die beim Dehnen v. Quecksilberoberflächen entstehen u. Verwandtes. (9 S. m. 2 Fig.) 903. n. — 30
III. (Vorläuf. Mitteilg.) (18 S. m. 2 Fig.) 903. n. — 40
IV. (25 S. m. 8 Fig.) 904. n. — 80

— Theorie d. Kolloide. II. [S.-A.] (49) 8° Ebd. '04. — 90
*I ist nur in d. Sitzgsberichten d. Akad. d. Wiss. erschienen.*

— zur Theorie der Suspensionen u. der elektrischen Doppelschichte. (9 S.) gr. 8. Ebd. 903. n. — 30

— über den Ursprung der Elektricitätserregung bei der Berührung. Kontaktelektrische Studien (III. Mitteilg.). gr. 8. Ebd. 904. n. — 50 (I.—III.: n. 2. —)

**Billiter,** Jean, die elektrochemischen Verfahren der chemischen Gross-Industrie. Ihre Prinzipien u. ihre Ausführg. I. Bd. Elektrometallurgie wässrig. Lösgn. Mit 117 Fig. u. vielen Tab. im Text. (VII, 284 S.) gr. 8. Halle 909. W. Knapp. 12. —

— Die elektrochem. Verfahren d. chem. Gross-Industrie. 2. Bd. Elektrolysen m. unlösl. Anoden ohne Metallabscheidg. Anh. Neuergn d. letzten Zeit auf d. Gesamtgebiete d. techn. Elektrolyse wässr. Lösgn. (9, 537 m. Fig.) gr8° Halle, W Knapp '11. 28.50 (1 u. 2: 40.50)

— Versuch e. Theorie der mechanischen u. colloidalen Suspensionen. (40 S.) gr. 8. Ebd. 902. n — 80

Billitzer, Adb., bekehrt Euch! Eine Dichtung. 8. (48 S.) Wien 885, O. Frank Nachf. * 1 50

**Billitzer,** Adalb., P. Philipp u. Sigm. Schiller, deutsche Klänge aus Ungarn. Wien 867. Gorischek in Comm. 16. (150 S.) n. 20 ngr

**Billitzer,** J., Geschichte Venedigs von seiner Gründung bis auf die neueste Zeit. 8. (264 S. m. 12 photolith. Taf.) Triest 871. Coen. 3. —

Billitzer, Jean, s. B i l l i t e r , Jean

**Billmann,** Adolf, aus Seesen a. Harz: Ueber Fälle von Desmotropie bei substituirten Methylenbisacetessigestern. *Jena 1900: G. Neuenhahn.* (36 S.) 8°
Jena, Phil. Diss. v. (18. Mai) 1900

**Billmann,** Ernst, a. München: Haftung der juristischen Personen für die zum Schadenersatz verpflichtenden ausserkontraktlichen Handlungen ihrer Vertreter. München 1906: J. Schweitzer (A. Sellier). (IV, 34 S.) 8° [F.]
Erlangen, Jur. Fak., Ref. Siber, Diss. v. 14. Jan. 1907
[Geb. 26. März 81 München; Wohnort: München; Staatsangeh.: Bayern; Vorbildung: Max-Gymn. München Reife 00; Studium: München 5 S.; R[i]. 16. Nov. 06.]

**Billmann,** Lina. Wie verhütet man Kindbett-Fieber, Unterleibs- u. Säuglings-Krankheiten? Ein offenes Wort an die Frauen. 12. (72 S.) Münch. 890, Merhoff. — 75

**Billmann,** Wilhelm, Gerichts-Ref. aus Recklinghausen in Westfalen: Die Vertragsstrafe im deutschen bürgerlichen Gesetzbuch. *Recklinghausen 1899: J. Bauer.* (58 S.) 8°
Erlangen, Jur. Diss. v. 16. Okt. 1898

Billmanson, Carl, der perfekte svensken. Der perfekte Schwede. Eine Anleitung, in 14 Tagen Schwedisch richtig lesen, schreiben und sprechen zu lernen. Mit beigefügter Aussprache. 16. (159 S.) Berlin 886, Berliner Verlags-Anstalt. * — 80
geb. * 1 10

Den perfecte svensken. Der perfekte Schwede. Eine Anleitung d. schwedische Sprache richtig lesen, schreiben u. sprechen zu lernen. Mit beigefügter Aussprache von Carl Billmanson. 2. Aufl. Schweidnitz & Leipzig: C. Lerch [1900]. (158 S.) 8° [Ant. u. F.]
= Sammlung, O. Cray's, von Sprachführern. No 9.

Billmanson, Carl, den perfecte svensken, s.a.Cray's, O., Sammlung v. Sprachführern. Nr. 9.

Billo, Fr., von lachenden Ufern. Wanderbriefe. (VIII, 110 S.) 8. Leipzig 906. M. Spohr. n. 1.50

Billons, s.: Des Billons.

Billot, Predigten auf alle Sonn- u. Fest. 4 Thle. gr. 8. Augsb. Veith. 774.

Billot,... Predigten zur Unterweis. christl. Gemeinen. Aus d. Französ. (v. J. C. v. Zabuesnig). 4 Thle. gr. 8. Augsb. 774. 4e A. 788. Kranzfelder. 3 ₰ 20 ℊ Hbg. Pr. 1 ₰ 20 ℊ

**Billroth, Chr. Alb. Theod.**
Zur Erinnerung an dessen 25jähr. Thätigkeit an der Wiener Hochschule. Wien [1892]. V: *Wölfler, Anton.* (Strakosch-Grassmann, Bibliogr. zur Gesch. des öst. Unterrichtsw. Wien 1902. II, 21.)

Billroth,... s. Cholera, d. epidemische, in Stettin.

Billroth, Alb., die Auferstehung Jesu u. Dr. Strauß. Ein Vortrag gehalten in e. literar. Gesellschaft. Wiesbaden 860. Riedner. 16. (34 S.) n. 5 ngr.

Billroth, Alb., zur Erinnerung an unsere gottesdienstlichen Versammlungen in Delitzsch. Predigten. Wittenberg 863. Herrosé in Comm. gr. 8. (VII, 112 S.) n. 14 ngr.

Billroth, Albert: Ein Evangelist in Brasilien. Aus dem Nachlaß des vormaligen Pfarrers der dt.-evangel. Gemeinde in Rio de Janeiro, Hermann Billroth 2. Ausg. — Bremen: Müller 1870. VIII, 488 S. mit 1 Bildn. u. 1 Kt. [1. Ausg. 1867.]

Billroth, Alb., auf lichten Höhen. 16. (121 S.) Berlin 872, G. Reimer.

Billroth, G., s. Billroth, Johann Gustav Friedrich

Billroth, Herm., ein Evangelist in Brasilien. Aus dem Nachlasse des Verf. von Alb. Billroth. gr. 8. (VIII und 488 S. mit 1 Bildniß H. Billroth's in Stahlst. und 1 chromolithogr. Karte in 4.) Bremen 867, Müller.

—— ein Evangelist in Brasilien. Aus dem Nachlaß des vormal. Pfarrers der deutsch-evangel. Gemeinde in Rio de Janeiro, Hermann Billroth. 2. (Titel-)Ausg. gr. 8. (VIII, 488 S. mit einem Bildniß H. Billroth's in Stahlst. und 1 lithogr. und color. Karte in 4.) Bremen (867)70, Müller's Verlag. *

Billroth, Johann Gustav Friedrich
—— Beiträge z. wissenschaftl. Kritik d. herrschenden Theologie, besond. in ihrer prakt. Richtung. Nebst e. Anh. gr. 12. (9 B.) Leipzig 831, Michelsen.

- Choräle aus d. 16. u. 17. Jahrhundert, s. K. F. Becker II. Samml. v. Chorälen.

—— Choräle a. d. 16. u. 17. Jahrh., s. Sammlung.

Billroth, Jh. Gust. Fr., (†...) Commentar zu den Briefen des Paulus an die Corinth. gr. 8. Leipz. 833. Weidmann. 1⅚ ₰

**Billroth, Joh. Gust. Fried.** (Lübeck) u. **Jul. Lud. Klee** (Dresden), De Anselmi Cantuariensis proslogio et monologio. Diss. hist.-crit. Lpz. (Haack) 23. VI. 1832. 35 S. (4.80) 2775

Billroth, Joan. Gust. Frid., de Anselmi Cantuariensis Proslogio et Monologio. Dissert. histor.-critica. 8 maj. (2½ B.) Lipsiae 832, (Weidmann.)

—— Lateinische Schulgrammatik f. alle Klassen. gr. 8. (27½ B.) Leipzig 834, Weidmann.

Billroth, (Joh.) G. (Friedr.), latein. Schulgrammatik. 2. Ausg., besorgt v. Friedr. Ellendt. gr. 8. (28¼ B.) Leipzig 838, Weidmann'sche Buchh.

Billroth, G., lateinische Schulgrammatik. 3. Ausg., besorgt von Friedr. Ellendt. gr. 8. (XVI und 477 S.) Leipzig 848, Weidmann'sche Buchh.

—— Latein. Syntax f. d. obern Klassen gelehrt. Schulen. 8. (10½ B.) Leipzig 832, Weidmann.

—— Vorlesungen üb. Religionsphilosophie. Nach dess. Tode hrsg. v. Joh. Ed. Erdmann. gr. 8. (10 B.) Leipzig 837, W. Vogel.

Billroth, Joh. Gust. Friedr., Vorlesungen über Religionsphilosophie. Nach dessen Tode hrsg. v. Joh. Ed. Erdmann. 2., von einer Abhandl. d. Herausg. begleit. Aufl. gr. 8. (10 B.) Leipzig 844, Vogel.

Billroth, Theodor
Billroth, Th., Antwort auf die Adresse des Lesevereines der deutschen Studenten Wien's. (Nebst dieser Adresse.) gr. 8. (18 S.) Wien 875, Gerold's Sohn. *

Billroth, Th., Aphorismen zum „Lehren und Lernen der medicinischen Wissenschaften". Mit 1 Taf.: Frequenz-Bewegung der Studirenden an der Wiener medicin. Facultät von 1866—1886. 1. und 2. unveränd. Aufl. gr. 8. (71 S.) Wien 886, Gerold's Sohn. *

Billroth, Thdr., über den Bau der Schleimpolypen. Mit 5 Kupfertaf. Berlin 855. G. Reimer. gr. 4. (VII, 36 S. u. 5 Bl. Erklärg. d. Taf.) n. 3 ₰

Billroth, Thdr., Beiträge zur pathologischen Histologie nach Beobachtungen aus der königl. chirurg. Universitäts-Klinik zu Berlin. gr. 8. (VII und 228 S. nebst 6 Kpfrt. in gr. 8. und qu. gr. 4. mit 6 Bl. Erklärungen.) Berlin 858, G. Reimer.

Billroth, Th., Beobachtungs-Studien über Wundfieber und accidentelle Wundkrankheiten. gr. 8. (V und 184 S. mit 7 Stnt. in gr. 4. und qu. Fol.) Berlin 861, A. Hirschwald. *

Billroth, Thdr., Beobachtungs-Studien über Wundfieber und accidentelle Wundkrankheiten. Mit 7 lith. Taf. (in 4. u. Fol.) Berlin 862. Hirschwald. gr. 8. (V, 184 S.) n. 1 ₰ 10 ngr.

Billroth, T, Briefe. (Hrsg. v. G Fischer.) 8° (464) Hannov. 95, Hahn. 10 —; geb. in Lnw. 11.50

[F.] Briefe von Theodor Billroth. 2. verm. Aufl. *Hannover & Leipzig: Hahn 1896.* (2 Bl., VIII, 600 S.) 1 Bd 8.

[F.] Briefe von Theodor Billroth. 3. verm. Aufl. *Hannover & Leipzig: Hahn 1896.* (XII, 623 S., 5 Taf.) 1 Bd 8.

Briefe von Theodor Billroth. (Hrsg.: Georg Fischer.) 4. verm. Aufl. *Hannover & Leipzig: Hahn 1897.* (XII, 627 S.) 8° [F.]

Billroth, Thdr., Briefe. 5. verm. Aufl. gr. 8. (XII, 604 S. m. 8 Bildnissen u. 2 Lichtdr.-Taf.) Hannover 899. Hahn. Geb. in Leinw. n. 12.—

Briefe von Theodor Billroth. 6. verm. Aufl. *Hannover & Leipzig: Hahn 1902.* (XII, 605 S.) 8° [F.]

Billroth, Thdr., Briefe. 7. verm. Aufl. (Hrsg. v. Geo. Fischer.) (XII, 622 S. m. 5 Taf.) gr. 8. Hannover 906. Hahn. Geb. in Leinw. n. 15.—

Billroth, Thdr., Briefe. 8. veränd. Aufl. (Hrsg. v. Geo. Fischer.) (XII, 523 S. m. 8 Bildnis-Taf.) gr. 8. Hannover 910. Hahn. Geb. in Leinw. 9. —

Billroth, Thdr., chirurgische Briefe aus den Kriegs-Lazarethen in Weissenburg und Mannheim 1870. Ein Beitrag zu den wichtigsten Abschnitten der Kriegschirurgie mit besonderer Rücksicht auf Statistik. gr. 8. (VI, 349 S.) Berlin 872, Hirschwald. *

Billroth, Th., s.: Chirurgie, deutsche.

—— die Eintheilung, Diagnostik und Prognostik der Geschwülste vom chirurg.-klinischen Standpunkte für praktische Aerzte kurz bearb. gr. 8. (39 S.) Berlin 859, G. Reimer.
Aus: Deutsche Klinik, redig. von Göschen, besonders abgedruckt.

Billroth, Th., über die Einwirkungen lebender Pflanzen- u. Thierzellen auf einander, s. a. Sammlung medicinischer Schriften.

Billroth, Dr. Th., Ueber die Einwirkungen lebender Pflanzen- und Thierzellen auf einander. Eine biologische Studie. 8. (43 S.)
Wien: Hölder 1890 —.70

—— s. Handbuch der allgemeinen und speciellen Chirurgie. — Handbuch der Frauenkrankheiten.

Billroth, Th., chirurgische Klinik. Zürich 1860—1867. Erfahrungen auf dem Gebiete der prakt. Chirurgie. Mit 3 lith. Taff. u. 15 Holzschn. Berlin 869. Hirschwald. gr. 8. (XII, 605 S.) n. 3 *ℛ* 20 *ngr*

— — Wien 1868. Erfahrungen aus dem Gebiete der prakt. Chirurgie. Mit 10 Holzschn. u. 1 lith. Taf. Ebend. 870. gr. 8. (XII, 159 S.) n. 1 *ℛ* 10 *ngr*

— chirurgische Klinik. Wien 1869—1870. Erfahrungen auf dem Gebiete der prakt. Chirurgie. Mit 16 (eingedr.) Holzschn. u. 1 lith. Taf. (in qu. Fol.) gr. 8. (VI, 370 S.) Ebend. 872. n. 9. —

—— chirurgische Klinik. Wien 1871—1876, nebst einem Gesammt-Bericht über die chirurg. Kliniken in Zürich und Wien während der J. 1860—1876. Erfahrungen auf dem Gebiet der pract. Chirurgie. gr. 8. (XXVII, 652 S. mit 12 lithogr. Taf., davon 4 chromolithogr., und 4 eingedr. Holzschn.) Berlin 879, Hirschwald. *

—— chirurgische Klinik in Zürich. Stereoscopische Photographien chirurgischer Kranken. Angefertigt von J. Gans. 1. Lfg. 8. (12 Blatt mit 12 S. Text in deutscher und französ. Sprache.) Erlangen 867, Enke's Verlag. In Carton *

Billroth, Th., die Krankenpflege im Hause und im Hospitale. Ein Handbuch für Familien und Krankenpflegerinnen. 1. und 2. Aufl. 8. (X, 250 S.) Wien 881, Gerold's Sohn. geb. +

—— die Krankenpflege im Hause und im Hospitale. 3. Aufl. 8. (X, 247 S. mit Illustr.) Wien 888, Gerold's Sohn. *

— die Krankenpflege im Hause u. im Hospitale. Ein Handbuch f. Familien u. Krankenpflegerinnen. 3., umgearb. Aufl. Mit 47 Illustr. auf 8 Taf. gr. 8. (X, 247 S.) Wien 889. Gerold's Sohn. n. 2. —

—— Die Krankenpflege im Hause u. im Hospitale. Ein Handbuch f. Familien u. Krankenpflegerinnen. 4. verm. Aufl. Hrsg. v. R. Gersuny. gr. 8. (XI, 290 S. m. 8 Holzschn. u. 55 Abbildgn. auf 13 Taf.) Wien 892, Gerold's Sohn. geb. * 3 —
Vgl.: Adler, Mor. Off. Sendschreiben an T. B.

Billroth, Th., Die Krankenpflege im Hause und im Hospitale. Ein Handbuch für Familien und Krankenpflegerinnen. Fünfte vermehrte Auflage. Herausgegeben von Dr. R. Gersuny in Wien. Mit einem Porträt Th. Billroth's, 7 Figuren im Texte und 49 Abbildungen auf 32 Tafeln. Gr.-8. (XI, 294 S.) In Lnwd. geb. 2.50
Wien: Gerold 1896

BILLROTH, Theodor
(F) Die Krankenpflege im Hause und im Hospitale. Ein Handbuch für Familien und Krankenpflegerinnen von Th. Billroth. 6. verbesserte Auflage. Herausgegeben von R. Gersuny. Mit einem Porträt Th. Billroth's, 8 Figuren im Text und 49 Abbildungen auf 32 Tafeln. Wien. 1899. Gerold's Sohn. Gr.-8°. XI, 298 S. Geb. fl. 2.50

Die Krankenpflege im Hause und im Hospitale. Ein Handbuch ... von Th[eodor] Billroth. Hrsg. von R[obert] Gersuny u. L[udwig] Moszkowicz in Wien. Mit e. Portr. Billroths, 13 Fig. u. 49 Abb. auf 32 Taf. 7. verb. Aufl. Wien: Gerold 1905. XI, 314 S. 8° [11. 11.05] 8

— die Krankheiten der Brustdrüsen, s.: Chirurgie, deutsche.

—— die Krankheiten der weiblichen Brustdrüsen, s. Handbuch der Frauenkrankheiten.

—— über das Lehren und Lernen der medicinischen Wissenschaften an den Universitäten der deutschen Nation, nebst allgemeinen Bemerkungen über Universitäten. Eine culturhistor. Studie. gr. 8. (X, 508 S. mit 3 Tab. und 2 lithogr. Curventaf. in qu. gr. 4. und Fol.) Wien 876, Gerold's Sohn. *

Billroth, Theodor (Hrsg.), s. Meckel von Hemsbach, Heinrich Mikrogeologie.

Billroth, (Christian. Albert.) Theod. (geb. Bergen auf Rügen 26. 4. 1829). De natura et causa pulmonum affectionis, quae nervo utroque vago dissecto exoritur. Berolini (1852). (39 S.) 4°
Berlin, Med. Diss. v. 30. Sept. 1852

Billroth, Theodor, Ošetřování nemocných doma a v nemocnici. Příruční knížka pro rodiny a ošetřovatelky nemocných. Vydal R. Gersuny ve Vídni. Přeložil R. K. Stohlík v Praze. S podobiznou Th. Billrotha, 8 figurami v textu a 49 vyobrazeními na 32 tabulkách. (Die Krankenpflege zu Hause und im Krankenhaus. Handbuch für Familien und Krankenwärterinnen.) Gr.-8. (308 S.) geb. K 5.—
Wien: C.Gerold's S. 1902

—— die allgemeine chirurgische Pathologie und Therapie in 50 Vorlesungen. Ein Handbuch für Studirende und Aerzte. 1. Aufl. 1863. und 2., überarb. und mit eingedr. Holzschn. verm. Aufl. gr. 8. (XVI und 751 S.) Berlin 866, G. Reimer. *

— die allgemeine chirurgische Pathologie u. Therapie in fünfzig Vorlesungen. Ein Handbuch für Studirende u. Aerzte. 2. Aufl. 866. — 3. Aufl. 868 — 4. überarb. u. verm. Aufl. Berlin 870. G. Reimer. gr. 8. (XVIII, 748 S. m. Holzschn.) n. 3 *ℛ* 20 *ngr*

—— die allgemeine chirurgische Pathologie und Therapie in 50 Vorlesungen. Ein Handbuch für Studirende und Aerzte. 3. Aufl. 1868; 4. überarb. und mit eingedr. Holzschn. verm. Aufl. 1870; 5. Aufl. (XVIII, 752 S.) 1871; 6. Aufl. (XVI, 776 S.) 1872. * *M* 11., und 7. verm. Aufl. gr. 8. (XVI, 828 S. mit eingedr. Holzschn.) Berlin 875, G. Reimer. *

—— die allgemeine chirurgische Pathologie und Therapie in 50 Vorlesungen. Ein Handbuch für Studirende und Aerzte. 8. verm. Aufl. gr. 8. (XVI, 847 S.) Berlin 876, G. Reimer. *

—— die allgemeine chirurgische Pathologie und Therapie in fünfzig Vorlesungen. Ein Handbuch für Studirende und Aerzte. Bearb. von Alex. v. Winiwarter. 9. Aufl. (XVI, 871 S. mit eingedr. Holzschn.) 1880. * *M* 13.; 10. Aufl. (XVI, 971 S. mit eingedr. Holzschn.) 1882. * *M* 14.; 11. Aufl. gr. 8. (XVI, 978 S. mit eingedr. Holzschn.) Berlin 883, G. Reimer. *

—— und Alex. v. Winiwarter, die allgemeine chirurgische Pathologie und Therapie in 50 Vorlesungen. Ein Handbuch für Studirende und Aerzte. 12. Aufl. gr. 8. (XVI, 970 S.) Berlin 885, G. Reimer. * geb. **

— u. A. v. Winiwarter, die allgemeine chirurgische Pathologie u. Therapie in 51 Vorlesungen. Ein Handbuch f. Studirende u. Aerzte. 13. u. 14. Aufl. gr. 8. (971 S. mit eingedr. Holzschn.) Berlin 887. 889. G. Reimer. n. 14. —; geb. n.n. 16. 50

— u. Alex. v. Winiwarter, die allgemeine chirurgische Pathologie u. Therapie in 51 Vorlesungen. Ein Handbuch f. Studirende u. Aerzte. 15. Aufl. gr. 8. (XVI, 999 S. m. Abbildgn.) Berlin 893. G. Reimer. n. 14. —; geb. in Halbfrz. n.n. 16. 50

Die allgemeine chirurgische Pathologie und Therapie in 51 Vorlesungen. Ein Handbuch ... von Dr. Theodor Billroth, weil. Prof., u. Dr. Alex[ander] v. Winiwarter, Prof. 16. Aufl. Berlin: G. Reimer 1906. (XVI, 979 S.) 8°

—— historische Studien über die Beurtheilung und Behandlung der Schusswunden vom 15. Jahrh. bis auf die neueste Zeit. gr. 8. (IV und 92 S.) Berlin 859, G. Reimer.

—— —— du transport des blessés et malades en campagne avec les procés-verbaux de la conférence internationale privée sur l'amélioration du traitement et de l'entretien des blessés et malades en campagne, réunie sur l'invitation de MM. les DD. Billroth, v. Mundy et Wittelshöfer du 6 au 9 Octobre au pavillon sanitaire de l'exposition universelle de 1873 à Vienne. Traduit par Mr. Grisza. gr. 8. (IV, 212 S. mit 2 Stnt. in qu. 4.) Wien 874, Gerold's Sohn. *

—— und J. v. Mundy, über den Transport der im Felde Verwundeten und Kranken nebst den Verhandlungen der auf Einladung der Herren DD. Billroth, v. Mundy und Wittelshöfer im Sanitäts-Pavillon der Wiener Weltausstellung 1873 vom 6.—9. Octbr. versammelten internationalen Privat-Conferenz über Verbesserung der Pflege der im Felde Verwundeten und Kranken. 1. Abthl. gr. 8. (IV, 203 S. mit 1 Stnt.) Wien 874, Gerold's Sohn. *

**Billroth**, Thdr., Untersuchungen über die Entwicklung der Blutgefässe nebst Beobachtungen a. d. Königl. chirurg. Universitäts-Klinik zu Berlin. Mit 5 (theilw. color.) Kpfrtaf. Berlin 856. G. Reimer. gr. 4. (3 Bl., 82 S. u. 5 Bl. Erklärg. d. Kpfr.) n. 4 ℳ 10 ℊ

—— Untersuchungen über die Vegetationsformen von Coccobacteria septica und den Antheil, welchen sie an der Entstehung und Verbreitung der accidentellen Wundkrankheiten haben. Versuch einer wissenschaftl. Kritik der verschiedenen Methoden antisept. Wundbehandlung. Fol. (XIV, 244 S. mit 5 Kpfrtaf. und 1 eingedr. Holzschn.) Berlin 874, G. Reimer. cart. *

—— über die Verbreitungswege der entzündlichen Processe, s. Sammlung klinischer Vorträge.

—— des voies d'extension des procès inflammatoires, s. Recueil de conférences cliniques.

[J.] Wer ist musikalisch? Nachgelassene Schrift v. Theodor Billroth. Hrsg. v. Eduard Hanslick. *Berlin: Gebr. Paetel 1895.* (VIII, 245 S.) 1 Bd 8.

— wer ist musikalisch? Nachgelassene Schrift. Hrsg. v. E. Hanslick. 2. Afl. 8° (245) Berl. 96, Gebr. Paetel. 5 —; geb. in Lnw. 6.50

— Wer ist musikalisch? Nachgelass. Schrift. Hrsg. v. Ed. Hanslick. 3. Aufl. 8. (VIII, 245 S.) Berlin 898. Gebr. Paetel. n. 5. —; geb. in Leinw. n. 6. 50

**Billroth**, Thdr: Wer ist musikalisch? Nachgelassene Schrift. Hrsg. v. Eduard Hanslick. 4. Afl. (8, 245) 8° Berl., Gebr. Paetel '12. 5 —; geb. 6 — d

Billroth, Theodor (Hrsg.), s. Wochenschrift. – Wiener klinische Wochenschrift.

Billroth, Guil. Frid. (geb. Greifswald 7. 1. 1797): De haematemesi. Berolini (1819). (28 S.) 8°
Berlin, Med. Diss. v. 16. Dez. 1819

**Billstein**, Andreas Johannes, appr. Arzt a. Köln-Bayenthal: Aus dem Bürgerhospitale der Stadt Köln. Zur Kasuistik der Schenkelhalsfrakturen. Köln 1906: Kölner Verlags-Anst. u. Dr. (39 S.) 8°
Bonn, Med. Fak., Ref. Bier, Diss. v. 6. März 1906
[Geb. 1. Jan. 80 Cöln-Bayenthal; Wohnort: Cöln-Bayenthal; Staatsangeh.: Preußen; Vorbildung: Kaiser Wilh.-Gymn. Cöln Reife O. 00; Studium: Heidelberg 2, Marburg 2, Würzburg 1, Bonn 4 S.; Coll. 31. Jan. 06: Approb. 15. Febr. 06.]

**Billstein**, Heinrich, Referendar: Die Rechtsstellung der Geschäftsführer in der Gesellschaft mit beschränkter Haftung. Borna-Leipzig 1908: Noske. IX, 127 S. 8°
Leipzig, Jur. Diss. v. 21. Sept. 1908
[Geb. 23. Jan. 83 Cöln; Wohnort: Cöln; Staatsangeh.: Preußen; Vorbildung: Gymn. i. d. Kreuzgasse Cöln Reife O. 02; Studium: Freiburg i. B. 3, Münster i. W. 1, Bonn 2 S.; Rig. 19. Juni 05.] [U 09. 2452

Billuart, Charles René

**Billuart**, C. R., summa summae S. Thomae, sive compend. theologiae. VI Tom. 8. Würzb. 765, 66. Stahel. 3 ℳ 8 ℊ

— Summa S. Thomae, hodiern. acad. morib. accomod. sive curs. theologiae ad usum scholar. Thom. XX Tmi. 8. ibid. 766 – 68.

**Billuart**, F. Car. Renati, Summa Sancti Thomae hodiernis academiar. morib. accommodata, sive cursus theologiae juxta mentem divi Thomae, insertis pro re nata digressionibus in histor. eccles. Edit. nova, accur. emend.: Accod. ind. testimon. ex bibliis desumptor.: Indexque generalis et alphabet. rerum atque verbor. X Ti. 8maj. (313½ B.) Paris. 839. (Moguntiae, Kirchheim, Schott et Thielmann.) *

— — Summa Scti Thomae hodiernis moribus accomodata. Ed. nov. X Tomi. 8. maj. Paris. 1810. (Kirchheim in M.) 18 Thlr. — 30 fl.
Billuart's Summa gehört bekanntlich zu den Meisterwerken der kathol. Dogmatik; die alte Würzburger Ausgabe ist längst vergriffen. Antiquarpreis derselben 10—12 fl.

Billung, Jasso

**Billung**, J., der ermordete Fährmann, } s. Volksbibliothek, neue.
—— das Licht auf dem Grabe eines Selbstmörders, }
—— Clotilde v. Rüsterhofen, }
—— der Schulze von Süderbronnen, }

Billung, Jasso: Das Licht auf dem Grabe des Selbstmörders oder am Allerseelentage. Erzählung nach dem Leben. – Oberhausen u. Leipzig. Druck und Verlag von Ad. Spaarmann. o.J. 48 S. 170 x 110.

**Billung**, J., Rosa v. Tannenburg, s.: Volks-Bibliothek, neue.

**Billwiller**, s.: Bericht üb. physikal. Industrie.

Materialistische Weltanschauung eines Nichtgelehrten. [Vf.: C. F. Billwiller.] Tl 1. [Übergeklebt:] *Zürich: E. Speidel 1895.* 8.

**Billwiller**, J. Ueber Stickstoffassimilation einiger Papilionaceen, deren Bedeutung für die Landwirthschaft unter specieller Berücksichtigung schweizerischer Verhältnisse. M. Tab. In-8°. 50 S. Bern. These. **1895**

**Billwiller**. R. Länderkunde v. Europa. s.: Wissen. uns.. v. d. Erde.

Billwiller, Robert

**Billwiller**, R. Ueber Astrologie. 8°. Basel, Schweighauser's Verlag. 1 —
*.* Vorträge gehalten in der Schweiz. V. 2.

Billwiller, R[obert]. Ueber die Bedeutung der Meteorologie für die Schweiz. [SA.] 4. [Bern 1874.]

Schweizerische Meteorologische Centralanstalt, (Billwiller, R., von 1881), Schweizerische meteorologische Beobachtungen, Jahrg. 1–IV, 1861–73, nebst Supplmbd. 1874–87. Zürich 1865–70, 72–78, 80–88.

**Billwiller, R.** Bericht über die Errichtung der meteorologischen Station auf dem Säntis und ihre Tätigkeit vom 1. Sept. 1882 bis Ende August 1884. In-8⁰, 20 S., mit einer Ansicht des Säntisgipfels u. der meteorologischen Beobachtungsstation, sowie des Anemometers auf der Säntisspitze. Zürich, Druck von Zürcher & Furrer. 1884

(Billwiller, R[obert].) Die Einführung der Witterungsprognosen in der Schweiz. Bericht über die bisherigen Resultate. [SA.] 8. [Zürich 1879.]

Billwiller, R. Der Gewittersturm vom 28. Juli 1872 in der nördlichen Schweiz. 4.

(Billwiller, R[obert].) Instruktionen für die Beobachter der meteorologischen Stationen der Schweiz. [Mit Figuren.] 2. umgearbeitete und vermehrte Aufl. Hrg. von der Direktion der Schweiz. meteorologischen Centralanstalt. 4. Zürich 1893.

Billwiller, Robert. [Johannes] Kepler als Reformator der Astronomie. Mit einer Figurentafel. (Njbl. Naturf. Ges. Zürich 1878.) 4. Zürich 1877.
*Ausg. A.* (*Umschlag:* Njbl. ... 1878 [Stück] 80.)
*Ausg. B.* (*Umschlag:* Njbl. ... 1878. Kepler als Reformator ... von R' B'. Zurich 1878.)

**Billwiller, Robert jr. s. Klima. Das K' der Schweiz. Frauenfeld 1909.**

**Billwiller jr., Rob., das Klima der Schweiz, s.: Maurer, Jul.**

Billwiller. R[obert]. Die Niederschläge im Juni 1876 in der Schweiz. [Mit 1 Karte. SA.] 4. [Zürich 1876.]

Billwiller, R., Die Niederschläge vom 3. Juni 1878 in der Nordost-Schweiz. Zürich 1878.

**Billwiller, Robert [Jun.]. Der Bergeller Nordföhn. Diss. Phil. Bern. Sonder-Abdruck aus den Annalen der Schweizerischen meteorologischen Centralanstalt. Jahrg. 1902. ([Mit 1 Figur und] zwei Tafeln.) VI + 56 S. 4. Zürich, Zürcher & Furrer, 1904.**

Billwiller, R[obert]. Resultate der Niederschlagsmessungen an den zürcherischen Regenstationen im Jahre 1877 *s.* Müller, C[aspar] C[arl]. Joh(ann) Heinrich Waser .... Zürich 1878.

Billwiller R. Vergleichende Resultate der durch Schätzung erhaltenen Daten über den Bewölkungsgrad und der Aufzeichnungen des Sonnenscheinautographen. Zürich 1888.

Billwiller, Robert: Die Schweiz, in: Länderkunde der fünf Erdteile. Bd. 1.

Billwiller, R[obert]. Die Meteorologische Station auf dem Säntis, ihre Geschichte und die bisherigen Beobachtungsergebnisse. [Mit 1 Tafel.] (Njbl. Naturf. Ges. Zürich 1888.) 4. Zürich 1887.

Billwiller, R. Über Wetterprognose. Vortrag. 1876

(Billwiller, R[obert].) Die Witterung des Jahres 1900 in der Schweiz. Separatabdruck aus der Schweiz. Zeitschrift für Forstwesen. [Jahrg. 52,] 1901 [Nr. 3 u. 4]. 10 S. 8. [Bern, Schmid & Francke, 1901.]

**Billwiller & Kradolfer, Zürich. Bett-Tisch «Comfort» Patent Schlenning. ([Illustrierter] Katalog No. 1. April 1901.) II + 16 S. quer-8.**

**Billy, Jacobi de, doctrinae analyticae inventum novum. Fermats Briefen an Billy entnommen. Hrsg. u. übers. von Paul v. Schaewen. (143 S.) gr. 8. Berlin 910. O. Salle. 8. —**

Billy, P. de
**GEMAHLIN**, Die unglückselige. Eine Liebesgeschichte, die sich in Italien zugetragen und einen traurigen Ausgang hat. Aus d. Französ. Von M. *D. P. B.* (d. i. des *P. de Billy*). Hamburg, Hertel, 1750. 8⁰. 9 Bogen. (In Dresden: Lit. Germ. rec. C. 977.) (1/3 Rthl. Scheible, vor 1880; jetzt theuerer!) O. M. V. 1750. S. 32; Cat. Meissner II.
Orig.: L'Epouse infortunée, histoire italienne, galante et tragique; par *D. P. B.* Paris, Prault, 1733. 12⁰. (Nyon no. 9560.) — Bibliogr. de l'amour III. p. 196.

**Billy's Erbengang. Eine Elephantengeschichte f. art. Kinder. Verse v. Onkel Franz. Mit vielen lust. (farb.) Bildern v. Paul Haase. (32 S.) 4. Berlin 904. Globus Verlag. Geb. 1. 25**

**Bilordeaux, A., Ornament-Zeichnen, s.: Zeichenschule, allgemeine.**

**Bilott, Frz.,** erste Hilfeleistung bei Unglücksfällen, s.: Mück's praktische Taschenbücher. 30. Bd.

Bilow, Ferd. v., geschichtl. Entwicklung d. Abgabenverhältnisse in Pommern u. Rügen seit d. Einführ. d. Christenthums bis auf die neuesten Zeiten. gr. 8. (16⅛ B.) Greifswald 843. [Koch's Verlsbuchh.]

**Bilow, J. C. v., Räthsel, Homonymen u. Charaden. (VII, 127 S.) kl. 8. Dresden (908). E. Pierson. 2.—; geb. n 3. —**

Bilow, L. v., der Schach-Struwwelpeter. Ein Reimbüchlein, allen Freunden des königl. Spiels gewidmet. gr. 8. (V, 89 S. mit 3 eingedr. Illustr.) Leipzig 883, Veit und Comp. *

**Bilschneider, J. J. die Lehre von den Verhältnissen u. Proportionen, nebst den sich darauf gründenden Rechnungsarten, als Fortsetzung der gründl. Anweisung zur gemeinen Arithmetik. gr. 8. Cöln. Rommerskirchen. 810.**

**Bilse, Fritz Osw., s. a.: Wernthal, Fritz.**

**Bilse, Fritz Osw., s. a.: Kyrburg, Fritz v. der.**

**— Fallobst. Drama aus dem militär. Leben in 4 Aufzügen. (IV, 185 S.) 8. Dresden 905. E. Pierson. n. 2. —**

**(B) — Fallobst. 905. Jetzt: Berlin, Verlag Berlin-Wien.**

**BILSE,** Fr. O. (aus Eisenach, Leutnant im Trainbataillon zu Forbach in Lothringen), Aus einer kleinen Garnison (Forbach). Braunschweig, Sattler, 1903. 8⁰. (Mk. 3.—) (2 Mk. 25 Pfg. J. Taussig, Prag, 1904; 2 Mk. H. Hugendubel, München, 1905.)
In Deutschland verbotener Sensations-Roman, der s. Z. ebensoviel Aufsehen wie Heiterkeit erregte. Er verursachte den blamabelsten aller Militair-Prozesse.
— — Dasselbe. (Nachdruck.) Wien 1904. 8⁰. (Mk. 3,50.) (2 Mk. Franz Deuticke, Wien, 1905.)

Leutnant [Fritz Oswald] Bilse. ⟨Fritz v. der Kyrburg.⟩ Aus einer kleinen Garnison. Ein militär. Zeitbild. 21.–30. Taus. (Wien): Wiener Verl. 1904. (269 S.) 8⁰ [F.]
1.S. 4050 8

**Bilse, Fritz Osw., zwei Militär-Humoresken. (Der Alarm. — Ein glückl. Reinfall.) (Neue Aufl. d. Kyrburg'schen Schrift.) (81 S.) schmal gr. 8. München (903). Verlag „Die Auster". n. — 75**

**— das blaue Schloß. Roman in 1 Vorkapitel u. 2 Büchern. 1.—3. Tauf. (302 S.) 8. Berlin 904. G. Schuhr. n. 5. —; geb. n. 7. —**

**— Lieb' Vaterland. Roman aus dem Soldatenleben. 1.—10. Tauf. (384 S. m. Bildnis.) kl. 8. Wien 905. Wiener Verlag. n. 3. -**

— Verklärung. Roman. 2 Bde. (462 u. 249 S.) 8. Berlin (909). F. Fontane & Co. 10. —

**— Wahrheit. Drama in 4 Akten. (136 S.) 8. Berlin 904. G. Schuhr. n. 3. —**

**Bilstein, Siegfr. v., Waldmeister. Gedichte. (119 S.) gr. 8. Essen (903). (Fredebeul & Koenen.) n. 2. —**

**Bilterling, G. H., Gelegenheitsreden, s. Gelegenheitsreden.**

**Bilterling, Geo. Siegm., Morgen- u. Abendlieder. Ein Beitr. zu jedem Gesangbuche, 8. Mitau 824.**

**Biltz**, Arthur, aus Erfurt: Ueber Derivate des Safrols und seine Beziehungen zu den Phenolaethern Eugenol und Asaron. *Berlin (1903): E. Ebering.* (59 S.) 8°
Berlin, Phil. Diss. v. 5. Dez. 1903

**Biltz, Ernst**, vielseitige Anwendung einer scharfen chemischen Reactionsmethode. gr. 8. (20 S.) Erfurt 876, Stenger.

—— kritische und praktische Notizen zur Pharmacopoea germanica. Ein Beitrag zur Vorbereitung ihrer nächsten Ausgabe. gr. 8. (260 S.) Ebendas. 878. *

Biltz, Ernst. Der Schutz d. Chloroforms vor Zersetzung am Licht u. sein erstes Vierteljahrhundert. Zeitgemässe histor. u. chem. Studien. 8. (58 S.) Erfurt 892, (Otto). * 1 —

Biltz, H. W. u. Hingst, C. W. Chronik von Döbeln nebst Umgegend. (532) 8. M. 1 Pl. Döbeln 1870 72. 7,00.

**Biltz, Heinr.**, qualitative Analyse anorganischer Substanzen. gr. 8. (III, 65 S. m. 7 Fig.) Leipzig 900. Veit & Co. Geb. in Leinw. n. 1. 80

**Biltz, Heinr.**, Qualitative Analyse unorganischer Substanzen. 2. Aufl. (III, 64 S. m. 8 Fig.) gr. 8. Leipzig 906. Veit & Co. Geb. in Leinw. n. 2. 20

Qualitative Analyse unorganischer Substanzen von Heinrich Biltz. Mit 8 Fig. 3. Aufl. Leipzig: Veit 1909. 64 S. 8° [11. 18576 2

**Biltz, H.**, über d Beschaffenheit d. Cyriakquelle bei Erfurt zu verschied. Zeiten. 4. (1½ B.) Erfurt 831, Otto.

Experimentelle Einführung in die Unorganische Chemie v. Heinrich Biltz (als Ms. gedr.). *Kiel: Kgl. chem. Univ.-Laboratorium; (Dr. v. A. F. Jensen) 1898.* (2 Bl., 111 S.) 1 Bd 8. [98. 20925 Ki

— experimentelle Einführung in die unorganische Chemie. gr. 8. (IV, 111 S.) Kiel 898. Leipzig, Veit & Co. Kart. n. 1. 80; erhöhter Pr. n. 2. —

— Experimentelle Einführung in die unorganische Chemie. 2. Aufl. (VI, 128 S. m. 15 Fig.) gr. 8. Ebd. 905. Geb. in Leinw. n. 3. 20

— Experimentelle Einführung in die unorganische Chemie. 3. Aufl. (VI, 130 S. m. 15 Fig.) gr. 8. Ebd. 908. Geb. in Leinw. 3. 50

**Biltz, Heinr.**: Experimentelle Einführg in d. unorgan. Chemie. 4. Afl. (6, 130 m. Fig.) gr8° Lpzg, Veit & Co. '11. L 3.50

Biltz Heinrich und Preuner Gerhard: Über die Molekülgröße und Gasdichte des Schwefels (mit 6 Textfiguren). S. 110. H b. 367 . . . . . . . . . . . . vgr.
Separatabdruck

Biltz, H. [aus Berlin]. Über die Molekulargrösse des Schwefels und des Zinnchlorürs nebst einer Siedepunktbestimmung des letztern. . . . (Aus: Zeitschr. f. phys. Chemie II. 1888.) Leipzig, Wilhelm Engelmann (1888); 40 S. + 1 Bl. 8°
Göttingen, Phil. Fak., Inaug.-Diss. v. 9. Nov. 1888

BILTZ, H.
Praxis (Die) der Molekulgewichtsbestimmung. Berlin, 1897. 8vo.

Die Praxis der Molekelgewichtsbestimmung v. (Prof. Dr.) Heinrich Biltz (Privatdoc. . . . in Greifswald). *Berlin: Fischer 1898.* (VIII, 170 S.) 1 Bd 8. [97. 7194

— u. Wilh. Biltz, Übungsbeispiele aus der unorgan. Experimentalchemie. (XI, 232 S. m. 26 Fig.) gr. 8. Leipzig 907. W. Engelmann. Geb. in Leinw. 7. —

— u. Ernst Küppers, Chemisch-analytische Untersuchung der Hieronymus-Quelle in Niederkontz bei Sierck i. Lothr. (18 S.) gr. 8. Wiesbaden 906. C. W. Kreidel. n. — 60

**Biltz, Heinr.**, welchen Einfluss hat d. Wechsel d. Systeme in d. Arzneiwissenschaft auf d. Ausübung d. Pharmacie? Eine Abhandl. 4. (4 B.) Erfurt 835, Otto.

— Worte zur 50jähr. pharmaceut. Jubelfeier des Herrn Geh. Hofr. etc. Trommsdorff, am 10. Sept. 1834, in der öffentlichen Sitzung zu Erfurt vorgetr. gr 8. Lemgo 835. Meyer. 1/8 ng

Biltz, Karl, Anno Zweitausend. Zukunfts-Posse mit Gesang und Tanz in 3 Acten. 8. (86 S.) Berlin 877, Liepmannssohn. *

**Biltz, Karl**, der alte Barbarossa. Politische Posse mit Gesang u. Tanz in 3 Akten u. e. Vorspiel. [Den Bühnen gegenüber Mscr.] Berlin 866. Wegener. 8. (69 S.) n. 10 ngr

Biltz, Karl. Neue Beiträge zur Geschichte der deutschen Sprache u. Litteratur. gr. 8. (251 S.) Berl. 891, Stargardt. * 4 —

**Biltz. Karl**, s.: Bücherschatz, neuer deutscher.

Biltz, Karl, Coriolan. Trauerspiel in 5 Aufzügen. Potsdam 860. Riegel'sche Buchhdlg. 8. (138 S.) n. 20 ngr

Biltz, K, Coriolan. Trauersp. 8. (138) Potsd. 60, Stein. n. — —

**Biltz, Karl**, der Dorfschulze. Komödie in 4 Acten. gr. 8. (100 S.) Berlin 899. Imberg & Lesson. n. 2. —

— Gomorrha's Ende. Satirisch-dramat. Fragment. Mit Illustr. v. Geo. Heil. 12. (16 S.) Ebd. 893. — 80

— Gomorrha's Ende. Litterarische Komödie in 3 Akten. Mit Illustr v. Geo. Hell. 8. (80 S.) Ebd. 894. n. 1. 60

—— die dramatische Frage der Gegenwart. Mit Bezugnahme auf die Lewes'sche Kritik der Dramen Göthes. gr. 16. (78 S.) Potsdam 859, Riegel'sche Buchh. *

— die dramatische Frage der Gegenwart. Mit Bezugnahme auf die Lewes'sche Kritik der Dramen Göthes. Ebend. 859. 16. (78 S.) n. 7½ ngr
(1. Heft der dramatischen Studien.)

Biltz, Karl, Gedichte. 8. (102 S.) Berlin 884, F. und P. Lehmann. *M 2.; geb. *

— dramat. Humoresken. Nebst e. Prologe „Warum d. Deutschen keine Komödie haben". 8° (233) Berl. 93. Imberg & L. 4 —

**Biltz, Karl**, zur deutschen Sprache und Litteratur. Vorträge und Aufsätze. gr. 8. (298 S.) Potsdam 888, Stein. *

—— dramatische Studien. 2. und 3. Heft. gr. 16. (VIII und 173 S.) Potsdam 868, Riegel'sche Buchh. * -
Biltz, K., die dramat. Frage der Gegenwart, bildet das 1. Heft der dramat. Studien. Ebendas. 1859. * 7½ Ngr.

[F.] Ein toller Tag. Litterar. Posse m. Gesang u. Tanz in 4 Acten v. Karl Biltz. *Berlin: J. A. Stargardt 1896.* (106 S.) 1 Bd 8. [97. 8151

**Biltz,** *Karl* Otto *Tobias* [aus Berlin]: Der Phädo Platos und Mendelssohns . . . Berlin, Mayer & Müller, 1897; 2 Bl., 63 S. 8.
Erlangen, Phil. Fak., Inaug.-Diss. v. 18. Dez. 1896

Biltz, Wilh.: Ausführg qualitativer Analysen. (11, 139 m. Fig. u. 1 Taf.) gr8° Lpzg, Akadem. Verl.-Gesellsch. '13. 5 —; geb. 6 —

**Biltz, Wilh., H. Much u. C. Siebert**, Experimentelle Beiträge zu e. Absorptionstheorie der Toxinneutralisirung u. verwandter Vorgänge, s. a. Beiträge zur experimentellen Therapie. 10. Hft.

(Aus d. Marburger Behringwerk.) Experimentelle Beiträge zu einer Adsorptionstheorie der Toxinneutralisirung und verwandter Vorgänge. Von Wilhelm Biltz, H. Much u. C. Siebert. Berlin: A. Hirschwald 1905. (S. 30-54.) 8°
= Beiträge z. experimentellen Therapie. H. 10, 3. [05. 1347

**Biltz,** Wilhelm: Über das ätherische Öl aus Origanum Majorana. *Greifswald 1898: C. Sell.* (27 S.) 8°
Greifswald, Phil. Diss. v. 9. Aug. 1898

**Bilý.** Ueber die Entwicklung des Schulwesens im Mittelalter. (In böhm. Sprache.) Prerau, G., 1880. 18 S.

Bílý, Jan Ev., Dějiny svaté katolické církve. Vobrazích dolíčil pro mládež vlasteneckou. gr. 8. (127 S.) Brünn 854, Nitsch und Grosse. *

— dějiny svatých apoštolů slovanských Cyrilla a Methoda. K tisícileté jubilejní slavnosti pokřestanění Moravy a Čech. Ebend. 863. 4. (140 S. m. Holzschn. im Text, 1 Holzschnitttaf. u. lith. Titel.) n. 1 ₰ 10 ngr.

Bílý, Joh. Ev., Geschichte der heiligen Slaven-Apostel Cyrill und Method. Zur Feier des 1000jähr. Jubiläums der Christianisirung von Mähren und Böhmen. Nach den neuesten und besten Quellen bearb. Mit 1 Titelbild in Tondr. und 20 Holzschn. (im Text.) Prag 863. Bellmann. 4. (146 S.) n. 1 ₰ 10 ngr.

— legenda čili čtení o milých svatých božích. Sešit 1—18. Ebend. 863, 61. gr. 4. (Sp. 1—1152 m. Holzschn. im Text.) Jede Liefg. n. 6 ngr.

— život Pána našeho Ježíše Krista. Se 34 dřevorytinami dle nákresů nejlepších umělců. Ebend. 864. 4. (IV, 140 S. u. 1 Holzschnittaf. in Fol.) n. 1 ₰ 10 ngr.

Bilz, (Alfr.), goldene Lebens-Regeln. Mit 86 Illustr. u. vielen Kunstbeilagen. (95 S.) 8. Radebeul (907). F. E. Bilz. 2.—

Bilz, F. E., Abrüstung u. Weltfrieden. gr. 8. (89 S.) Leipzig 898. F. E. Bilz. n. —10

Bilz, F. E.: Abrüstung und Weltfrieden. 50 000 Mark stehen zur Wette, dass beides kommen wird. – Leipzig: F. E. Bilz (1899). (40 S.) 8⁰

Bilz, F. E., Cholera. Sicherste Verhütg. u. Heilg. derselben nach dem Naturheilverfahren. [Aus: „Das neue Heilverfahren".] Mit e. Vorworte üb. „naturgemäße Lebensweise" v. H. Frauenlob. gr. 8. (31 S.) Radebeul-Dresden 892. Leipzig, F. E. Bilz. n. —50

Bilz', F. E., Gesundheits-Kochbuch. Ein Leitfaden zur Herstellg. gesunder Speisen. Mit besond. Berücksichtg. der vegetar. Kost. Anh.: Kleine Winke in der Hauswirtschaft. (246 S. m. Abbild. u. z. Tl. farb. Taf.) 8. Ebd. (910.) 2.—

— Gesundheitsrat. Illustr. Familienblatt d. Naturheilkde m. Unterhaltgs- u. humorist. Theile. Hrsg. v. FE Bilz. Red.: O Wagner, E Bilz u. M Clasen-Schmid. 1—5. Jahrg. April 1898—März 1901 à 24 Nrn. 4° (1. Jahrg. Nr. 1 u. 2. 32 u. 8) Ebd. à Jahrg. 5 —

Bilz', F. E., Gesundheitsrat. Illustrirtes Familienblatt d. Naturheilkunde m. Unterhaltungs- u. humorist. Theile. Hrsg. v. F. E. Bilz. Red.: O. Wagner. 2.—5. Jahrg. April 1899—März 1903. à 24 Nrn. gr. 4. (496, 444, 388 u. 388 S.) Leipzig, F. E. Bilz. à Jahrg. 5.—

Bilz', F. E., Gesundheitsrat. Illustriertes Familienblatt der Naturheilkunde m. Unterhaltungs- u. humorist. Theile. Begründet u. hrsg. v. F. E. Bilz. Red.: O. Wagner. 6. u. 7. Jahrg. April 1903—März 1905. à 24 Nrn. (à 16 S.) gr. 4. Leipzig Radebeul-Oberlößnitz, F. E. Bilz. à Jhrg. n. 5.—

— dasselbe. Red.: Hans Rau. 8. Jahrg. April 1905—März 1906. 24 Nrn. (à 16 S.) gr. 4. Ebd. n. 8.—

Bilz', FE, Gesundheitsrat. Illustr. Familienbl. d. Naturheilkde. Begründet u. hrsg. v. FE Bilz. Red.: Hans Rau, v. 10. J. an: Geo. Wagner. 9. u. 10. J. Apr.'06—März 08 je 24 Nrn. (Nr 1. 16) 36×25,5 cm, Lpzg. Radeb.-Oberlössn., FE Bilz. Halbj. 1.50 d

— dass. Illustr. Reform- u. Familienbl. z. Förderg v. Gesundh., Wahrh. u. Volkswohlfahrt. Begründet u. hrsg. v. FE Bilz. Red.: Geo. Wagner. 11. J. Apr.'08—März'09. 24 Nrn. (Nr 1. 16) 35×25 cm. Ebd. Halbj. 1.50 d

— dass. Zeitschrift f. Lebenskunst, Gesundh.-Pflege u. Geistesbildg. Schriftleitg: E Schaarschmidt. 12. J. Apr. 09—März '10. 24 Nrn. (Nr 1. 24 m. 1 Taf.) 8° Ebd. Halbj. 1.50
*Der „Gesundheitsrat" wurde hiermit vereinigt.*

— Gesundheitsrat. Zeitschr. f. Lebenskunst, Gesundheitspflege u. Geistesbildg. Schriftleitg: E Schaarschmidt. 13. J. Apr. '10—März '11. 24 Nrn. (Nr 1: 24 m. 1 Taf.) 8° Ebd. halbj. 1.50
*Fortsetzg bildet: Ideal u. Leben.*

— große illustr. Hausbibliothek. Ein unentbehrl. Nachschlagebuch f. Jedermann zur Pflege des Geistes u. Körpers. Ein Hilfsmittel zur Erlangg. e. gediegenen allgemeinen Bildg. u. e. Lehrbuch zur naturgemäßen Heilweise u. Gesundheitspflege. 2 Tle. in 8 Bdn. Lex.-8. Ebd. (902). Geb. in Halbleinw. 75.—
I. Bd. 1—5. Bilz' Hausschatz der Bildung u. des Wissens. (IV, 126, 94, 127, 148, 84, 100, 74, 20; 49, 23, 79, 65, 162; 146, VIII, 328, 52, 73, 234, 101; 420, 98, 102, 56 u. 210 S. m. Abbildgn., 4 Schrift- u. 20 farb. Taf., 129 Bl. u. 16 Taf. Zeichenvorlagen u. 50 farb. Karten.)
II. Bd. 6—8. Bilz' das neue Naturheilverfahren. (1919 u. 1060 S. m. Abbildgn., Bildnis, 41 farb. Taf. u. 13 zerlegbaren Modellen.)

— neuer Hausdoktor. Illustr. Wochenblatt f. d. ges. Naturheilverfahren u. alle angrenz. Gebiete. Begründet v. Meyner, J Gräfe u. G Ruhmann. Red. v. J Gräfe. 8. Jahrg. 1894. 4. Quartal. 13 Nrn. 4° (Nr. 39. 8) Ebd. 1—
*Bisher u. d. T.: Hausdoktor, d. neue. — Erscheint nicht mehr.*

— Hausschatz der Bildung u. d. Wissens. Ein unentbehrl. Nachschlagebuch f. Jedermann zum Selbstunterricht u. zur Weiterbildg. in den wichtigsten Wissenszweigen. Ein Hilfsmittel zur Erlangg. e. besseren Lebensstellg. u. e. gediegenen allgemeinen Bildg. Neueste Aufl. (v. Panorama des Wissens). 3 Bde. Lex.-8. (VI, 126, 94, 148, 100, 49, 84, 74, 20, 23, 146, 65, 280, 58, 72 u. 100 S. m. Abbildgn., 4 Schrift- u. 20 farb. Taf., 129 Bl. u. 16 Taf. Zeichenvorlagen u. 50 farb. Karten.) Ebd. (900). Geb. in Leinw. 25.—; auch in 40 Hftn. à —50; große Ausg. in 5 Bdn. 36.—

— Hausschatz der Bildung u. des Wissens. Zum Selbstunterricht u. zur Weiterbildg. in den wichtigsten Wissenszweigen u. Sprachen. 5 Prachtbände m. ca. 4000 Textseiten, ca. 1700 Textillustr., 85 bunten u. einfarb. Taf., e. 448 Vorlagen enth. Zeichenschule u. e. aus 50 farb. Haupt- u. 17 Nebenkarten besteh. Atlas. Neueste, reich verm. u. verb. Aufl. (IV, 128, 102, 129, 148, 105, 60, VIII, 104, 49, 43, 20, 79, 41, 4; 179, 74, 79, 84, 211, II; 344, 123, 57, 110, 85, 189; 664, VII, 286, VI, 48; 28, 68, 47, 15, 40, 28, 95, II u. 210 S.) Lex.-8. Ebd. (904). Geb. in Leinw. n. 56.—

Bilz's, FE, Haus- u. Familienschatz. Blätter f. Unterhaltg, Litteratur, populäre Naturwissenschaften u. humanitäre Bestrebgn. Red.: W Ressel. Jahrg. 1890. 52 Nrn. (2 B.) 4. Dresd., Bilz. n. 4.—
Nicht cplt. erschienen, m. Ratgeber f. Gesunde u. Kranke verschmolzen.

Bilz, F. E., das neue Heilverfahren und die Gesundheitspflege. Hausfreund und Familienschatz für Gesunde und Kranke. Zugleich ein Beitrag zur Lösung der sozialen Frage. 4. umgeänd. und reich verm. Aufl. gr. 8. (XVI, 1251 S. mit 330 in den Text gedr. Abbild.) Meerane 888, Bilz. *
geb.

— das neue Heilverfahren u. die Gesundheitspflege. Hausfreund u. Familienschatz für Gesunde u. Kranke. Zugleich ein Beitrag zur Lösg. der sozialen Frage. Mit 334 in den Text gedr. Abbildgn. 9., umgeänd. u. reich verm. Aufl. gr. 8. (XVI, 1251 S.) Ebd. 889. n. 5.—; geb. 6.50; auch in 10 Hftn. à n. —50

— Das neue Heilverfahren. Lehrbuch der naturgemäßen Heilweise u. Gesundheitspflege. Mit 334 in den Text gedr. Abbildgn. u. dem Bilde d. Verf. in Holzschn. 7.—12. umgeänd. Aufl. gr. 8. (XVI, 1251 S.) Ebd. 889—91. * 5 —; geb. in Leinw. * 6 50 in Halbfrz. 8 —; auch in 10 Heften à — 50; in 40 Heften à — 15

— d. neue Heilverfahren. Lehrb. d. naturgemässen Heilweise u. Gesundheitspflege. 16. Afl. 8° (1265 m. Abbildgn u. Bildnis.) Ebd. 93. 5 —; geb. in Lnw. 6.50; in 10 Hftn. à — 50; in 40 Hftn. à — 15
*Von d. 20 Afl. an u. d. T.:*
Das neue Naturheilverfahren.

Bilz, F. E., in hundert Jahren. Reich illustr. Roman. (1182 S. m. z. Tl. farb. Taf.) 8. Leipzig 907. Radebeul F. E. Bilz. 3.50; geb. 4.50; auch in Heften à — 10

Bilz, F. E., das menschliche Lebensglück. Ein Wegweiser zu Gesundheit und Wohlstand durch die Rückkehr zum Naturgesetz. Hausfreund und Familienschatz für Gesunde und Kranke. Zugleich ein Beitrag zur Lösung der sozialen Frage. 2. umgeänd. und reich verm. Aufl. gr. 8. (VIII, 412 S.) Leipzig 883, Grieben's Verlag. *

1. Aufl. erschien im Selbstverlag des Verfassers.

— das menschliche Lebensglück. Ein Wegweiser zu Gesundheit u. Wohlstand durch die Rückkehr zur Natur. 1. Bd. Das neue Heilverfahren u. die Gesundheitspflege. Mit 314 in den Text gedr. Abbildgn. 3., verm. Aufl. gr. 8. (XII, 1251 S.) Meerane 888. (Berlin, Breitkreuz.) n. 3. —; geb. n. 4. 50

— die Lösung der sozialen Frage. Ein Wegweiser zu Gesundheit u. Wohlstand durch die Rückkehr z. Naturgesetz. Hausfreund u. Familienschatz für Gesunde u. Kranke. 3., umgeänd. u. reich verm. Aufl. gr. 8. (XII, 355 S.) Ebd. 892. n. 1. 20; kart. n. 1. 60

— la nouvelle médication naturelle. Traité et aide-mémoire de médication et d'hygiène naturelles. Avec 723 figures dans le texte, de nombreux tableaux en couleur, les portraits de 40 représentants éminents de la médication naturelle, le portrait de l'auteur et plusieurs modèles démontables, en couleur, du corps de l'homme et de ses organes. gr. 8. (VI, 2080 S.) Ebd. (899.) Geb. in Leinw. 20. —

— the natural method of healing. A new and complete guide to health. Translated from the latest German ed. Upwards of 850000 copies sold. With a portr. of the author and more than 700 illustr., numerous coloured plates and several coloured folding models of the human body and its organs. 2 Bde. gr. 8. (IV, 2074 S.) Ebd. (901). Geb. in Leinw. 30. —

— das neue Naturheilverfahren. Lehr- u. Nachschlagebuch der naturgemäßen Heilweise u. Gesundheitspflege. Neue, reich verm. u. vollständig umgearb. Ausg. 20. Aufl. Mit 347 in den Text gedr. Abbildgn., sowie dem Portr. des Verf. u. e. zerlegbaren Modell des menschl. Körpers in Buntdr. Nebst Gratisbeigabe: Wie schafft man bessere Zeiten? Die wahre Lösg. der sozialen Frage nach dem Naturgesetz. gr. 8. (IV, 1599 u. VIII, 167 S.) Ebd. 894. Geb. in Leinw. u. 8. —; geh. 7. —; Salon-Ausg. geb. in Halbfrz. 12. 50; auch in 20 Lfgn. à — 50

Früh.Aufl.u.d.T.: Das neue Heilverfahren.

— d. neue Naturheilverfahren. Lehr- u. Nachschlagebuch d. naturgemässen Heilweise u. Gesundheitspflege. 21. Afl. Mit e. zerlegbaren Modell d. menschl. Körpers in Buntdr. Nebst Gratisbeigabe: Wie schafft man bessere Zeiten? Die wahre Lösg d. soz. Frage nach d. Naturgesetz. 8° (1766 m. Abbildgn. u. Bildnis.) Ebd. 95. 7 —; geb. in Lnw. 8 —; auch in 15 Hftn à — 50; in 30 Hftn à — 25; in 80 Hftn à — 10; Salon-Asg. geb. in Hlbfrz 12.50; auch in 22 Hftn à — 50 || 26. Afl. (1766 m. Abbildgn. u. Bildnis.) 95. Geb. 9 —; auch in 18 Hftn à — 50 in 36 Hftn à — 25 u. in 90 Hftn à — 10

— dass. 23. Afl. 8° (1666) Ebd. 95. Geb. in Lnw. 9 —; auch in 18 Hftn à — 50; in 36 Hftn à — 25; in 90 Hftn à — 10

— dasselbe. Illustr. Anhang als Ergänzg. z. früh. Auflagen. gr. 8. (S. 1513—1856 m. Abb. u. 8 farb. Taf.) Ebd. 897. Kart. 1. 50

— dasselbe. 63.—71. Aufl. M. 555 in d. Text gedr. Abb., viel. Chromotaf. ꝛc. gr. 8. (à IV, 1879 u. VIII, 167 S.) Ebd. 898. Geb. in Leinw. u. geh. 10. —; Salonausg. geb. in Halbfrz. u. geh. 15. —

— Das neue Naturheilverfahren. 71. Afl. Mit e. zerlegbaren bunten Modell d. menschl. Körpers. Nebst Gratisbeigabe: Wie schafft man bessere Zeiten? Die wahre Lösg d. soz. Frage nach d. Naturgesetz. 8° (1874 u. 167 m. Abb. u. 16 Farbdr.) Ebd. 98. Geb. in L. u. geh. 10 —; Salonasg. geb. in H.-F. u. geh. 15 —; ohne bunte Taf. geb. 9 — || 75. Afl. m. Modell: „Der weibl. Körper". (1943 u. 167) 98. Geb. in L. u. geh. 12.50; Modell d. weibl. Körpers m. 1 Bl. Beschreibg, allein 1.25 || 88. Afl. (Reise-Asg.) (1943 u. 167) Geb. u. geh. 16 —

Bilz, F. E., D. neue Naturheilverfahren. Lehr- u. Nachschlagebuch d. naturgem. Heilweise u. Gesundheitspflege. 75. Aufl. Jubiläums-Ausg. M. 723 in d. Text gedr. Abb., vielen Chromotaf., 1 Kunstdr.-Taf. 40 hervorr. Vertreter d. Naturheilkunde, sow. d. Portr. d. Verf. u. 6 bunten zerlegbaren Modellen üb. d. Bau d. menschl. Körpers u. s. Organe. Nebst Gratisbeigabe: Wie schafft man bess. Zeiten? D. einzig mögl. Lösg. d. soz. Frage, wie sie d. Naturgesetz lehrt. gr. 8. (IV, 1943 u. VIII, 167 S.) Leipzig 898. F. E. Bilz.

Geb. in Leinw. u. geh. 12. 50; auch in 24 Hftn. à — 50; Modell d. weibl. Körpers m. 1 Bl. Beschreibg., allein 1. 25

— das neue Naturheilverfahren. Lehr- u. Nachschlagebuch der naturgemäßen Heilweise u. Gesundheitspflege. 88. Aufl. (Reise-Ausg.) Vollständig neu bearb. Mit 723 in den Text gedr. Abb., vielen Chromotaf., 1 Kunstdr.-Taf. 40 hervorrag. Vertreter der Naturheilkunde, sowie dem Portr. des Verf. u. vielen bunten zerlegbaren Modellen üb. den Bau des menschl. Körpers u. seiner Organe. Nebst Gratisbeigabe: Wie schafft man bessere Zeiten? Die einzig mögl. Lösung der sozialen Frage, wie sie das Naturgesetz lehrt. gr. 8. (IV, 1943 u. VIII, 167 S.) Ebd. (899). Geb. in Leinw. u. geh. 16. —

Bilz, F. E.: Das Neue N a t u r h e i l v e r f a h r e n . Lehr und Nachschlagbuch d. naturgemässen Heilweise u. Gesundheitspflege. 91. Auflage. Vollst. neu bearb. M. 723 in d. Text gedr. Abb. vielen Chromotaf., 1 Kunstdrucktaf. . . sowie d. Portr. d. Verf. – Leipzig: F. E. Bilz (1899). (IV, 1943 S.) 8°

Bilz, F. E., das neue Naturheilverfahren. Lehr- u. Nachschlagebuch der naturgemäßen Heilweise u. Gesundheitspflege. Jubiläums-Ausg. 100. Aufl. Mit 723 Textabbildgn., vielen Chromotafeln ꝛc. ꝛc. gr. 8. (IV, 1943 u. VIII, 167 S.) Leipzig (900). F. E. Bilz.

Geb. in Leinw. u. geh. m. 6 farb. Modellen 12. 50; m. 8 Modellen u. 24 farb. Taf. 16. —; in 2 Bde. geb., holzfreies Pap. 20. —

— dasselbe. Suppl.-Bd. Unentbehrliches Ergänzungswerk zu Bilz, Naturheilverfahren u. jedem anderen naturheilkundl. Buche. gr. 8. (1060 S. m. Abbildgn., Bildnis, 11 farb. Taf. u. 1 zerlegbaren Modell.) Ebd. (901). Geb. in Leinw. n. 10. —; (Mit dem Hauptwerk in 3 Bde. geb., m. ca. 32 Taf. u. 8 Modellen 22. 50; m. ca. 50 Taf. u. 10 Modellen 25. —)

— Das neue Naturheilverfahren. Ein Ratgeber in gesunden u. kranken Tagen. Lehr- u. Nachschlagebuch der naturgemäßen Heilweise u. Gesundheitspflege. Mit vielen 100 in den Text gedr. Abbildgn., e. großen Anzahl Chromotaf., sowie dem Portr. des Verf. u. mehreren bunten zerlegbaren Modellen üb. den Bau des menschl. Körpers u. seiner Organe. 4 Bde. (IV, 1918, 1060 u. 1112 S.) gr. 8. Ebd. (910.) Geb. in Leinw. 82. —

— dasselbe. Ausg. in dän. Sprache. 3 Bde. (2167 S. m. Abbild., 2 Bildnissen, farb. Taf. u. farb. zerlegbaren Modellen.) gr. 8. Ebd. (907.) Geb. 25. —

— dasselbe. Ausg. in holländ. Sprache. 2 Bde. (V, 2168 S. m. Abbildgn., Bildnis, farb. Taf. u. farb. zerlegbaren Modellen.) gr. 8. Ebd. (907.) Geb. 25. —

— dass. Poln. Ausg. (1263 m. Abb., 1 Bildnis, farb. Taf. u. 1 farb. zerlegbaren Modell.) 8° Ebd. (08). L. 17.50; in 2 L.-Bdn 25.50

— dasselbe. Ausg. in portugies. Sprache. 2 Bde. (V, 1953 S. m. Abbild., Bildnis, farb. Taf. u. farb. zerlegbaren Modellen.) gr. 8. Ebd. (907.) Geb. 25. —

— dasselbe. Ausg. in span. Sprache. 2 Bde. (IX, 1631 S. m. Abbildgn., 1 Bildnis, farb. Taf. u. 1 farb. zerlegbaren Modell.) gr. 8. Ebd. (905.) Geb. in Leinw. n. 25. —

— dasselbe. Czechische Ausg. gr. 8. (IV, 1698 S. m. Abbildgn., farb. Taf., Bildnis u. farb. zerlegbaren Modellen. Ebd. (901). Geb. in Leinw. n. 17. —; in 2 Bde. geb. 25. 50

— dasselbe. Ausg. in ungar. Sprache. 2 Bde. (III, 2074 S. m. Abbild., 2 Bildnissen, farb. Taf. u. farb. zerlegbaren Modellen.) gr. 8. Ebd. (907.) Geb. 80. —

—— der Schlüssel zur vollen menschlichen Glückseligkeit oder Umkehr zum Naturgesetz. Ein Beitrag zur Lösung der zeitgemäßen Frage: „Wie hat die heutige Menschheit sich einzurichten, wenn sie Siechthum, Krankheit, Armuth und sonstiges Elend meiden und den Vollgenuß der irdischen Glückseligkeit dauernd erringen will?" gr. 8. (X, 325 S.) Meerane 882, (Brodbeck.) *

— wie schafft man bessere Zeiten? Die wahre Lösg. der sozialen Frage nach dem Naturgesetz. (Neue Ausg.) gr. 8. (VIII, 167 S.) Ebd. 894. n. — 50

[Ant. u. F.] Wie schafft man bessere Zeiten? Die wahre Lösg d. sozialen Frage nach dem Naturgesetz. Von F. E. Bilz ... (Gratisbeigabe zu 'Bilz, Das neue Naturheilverfahren'.) *Leipzig: F. E. Bilz 1898.* (VIII, 167 S.) 1 Bd 8. [98. 10304

Bilz F. E., Der Zukunftsstaat. Staatseinrichtung im J. 2000. Neue Weltanschaug. Jedermann wird e. glückl. u. sorgenfreies Dasein gesichert. (V, 886 S.) 8. Leipzig, F. E. Bilz. 1904 1. 50.

— dasselbe. Ausg. A (Kapitel 1—8 enth.). (V, 224 S.) 8. Ebd. 1904

Bilz, F. E., Der Zukunftsstaat. Staatseinrichtung im J. 2000. Neue Weltanschaug. Jedermann wird e. glückl. u. sorgenfreies Dasein gesichert (Umschlag: 2. Aufl.) (V, 886 S.) 8. Leipzig, F. E. Bilz. 1904 2. 50; geb. 3. 50; auch in 12 Lfgn. zu —. 25.

Bilz, F. E, Der Zukunftsstaat. Eine neue Staatseinrichtg. Jedermann wird e. glückl. u. sorgenfreies Dasein gesichert. 2. verm. u. verb. Aufl. (960 S. m. 1 farb. Taf.) 8. Leipzig, F. E. Bilz. 1905 3. 50; geb. 4. 50.

— 3. verm. u. verb. Aufl. (960 S. m. 1 farb. Taf.) 8. Ebd. (905). n. 3. 50; geb. n. 4. 50

Bilz, Jak., die Trinitätslehre des hl. Johannes v. Damaskus, s.: Forschungen zur christl. Literatur- u. Dogmengesch. Bd. 9. H. 3.

Bilzing, Jos., (✝ d. 7. Jan. 1762.) Abriß von d. Sonn- u. Festtags-Predigten vom J. 1758. 8. Halle 759. Grunert. 12 gr.

— christl. Andenkbüchlein f. diejen. welche z. H. Abendmahl zubereit. werden. 8. Halle. Curt. 762.

— Andenken d. evangel. Kirche vor d. z. Augsb. 1555. aufger. Religionsfrieden. 8. Halle, Waisenh. 756.

— heil. Denkmal v. d. Rath Gottes bei d. allerersten Religionsfrieden ꝛc. 8. Halle 755. Waisenh.-B. 7 gr. Anh. dazu. 1r. u. 2r Thl. 8. Ebd. 755 u. 60. 10 gr.

— christl. Gedenkbüchlein für diejen., welche z. heil. Abendmahl zubereit. werden. 8. Halle 762. (Laue in Berl.) 12 gr.

— der sicherste Weg zur Vergebung d. Sünden recht zu suchen, ꝛc. 8. Halle 753. Waisenh.-B. 14 gr.

— d. Wunderbare u. Göttliche b. d. z. Augsburg übergebenen Glaubensbekenntniß. 8. Halle, Waisenh. 753.

Bimbach, Julie, Kochbüchlein für die Puppenküche oder erste Anweisung zum Kochen für Mädchen von 8—14 Jahren. Nach dem Löffler'schen Kochbuch bearbeitet. 1—6. Aufl. Nürnberg 854—58. Raw. 16. (64 S.) n. 4 ngr.

Bimbach, Julie, Kochbüchlein für die Puppenküche oder erste Anweisung zum Kochen für Mädchen von 8—14 Jahren ꝛc. 2. Bdchn. 1. u. 2. Aufl. Ebend. 859. 16. (72 S.) 5 ngr.

Bimbach, Julie, Kochbüchlein für die Puppenküche oder erste Anweisung zum Kochen für Mädchen von 8—14 Jahren. Nach dem Löffler'schen Kochbuch bearb. 1. Bdchn. (12. Aufl.) 16. (64 S.) Nürnberg 860, Raw'sche Buchh. *

Bimbach, Julie, Kochbüchlein für die Puppenküche oder erste Anweisung zum Kochen für Mädchen von 8—14 Jahren. Nach dem Löffler'schen Kochbuch bearb. 1. Bdchn. 13. und 14. Aufl. 16. (64 S.) Nürnberg 864, Raw'sche Buchh. cart. *

Bimbach, Julie, Kochbüchlein f. die Puppenküche od. erste Anweisg. zum Kochen f. Mädchen von 8 bis 14 Jahren. Nach dem Löffler'schen Kochbuch bearb. 1. u. 2. Bdchn. 16. Stuttgart 874. Eger & Distler. à n. — 50
1. 16. Aufl. (64 S.) — 2. 3. Aufl. (69 S. m. 1 color. Titelbild.)

Bimbach, Julie, Kochbüchlein für die Puppenküche oder erste Anweisung zum Kochen für Mädchen von 8 bis 14 Jahren. Nach dem Löffler'schen Kochbuch bearb. 1. und 2. Bdchn. 16. Stuttgart 874, Nisch. [1. Bdchn. 16. Aufl. (64 S.); 2 Bdchn. 3. Aufl. (69 S. mit 1 color. Titelbilde.)] cart. à Bdchn. * 50 Pf. *

Bimbach, Julie, Kochbüchlein f. die Puppenküche oder erste Anweisung zum Kochen f. Mädchen von 8—14 Jahren. Nach dem Löffler'schen Kochbuch bearb. 1. Bdchn. 17. Aufl. 16. (62 S. m. 1 Chromolith.) Eßlingen 881. Schreiber. cart. n. — 50

Bimbach, Julie, Kochbüchlein f. die Puppenküche od. erste Anweisg. zum Kochen f. Mädchen v. 8—14 Jahren. Nach dem Löffler'schen Kochbuch bearb. 21. Aufl. 16. (62 S.) Eßlingen 884. Schreiber. cart. n. — 50

Bimbach, Julie, Kochbüchlein f. die Puppenküche od. erste Anweisg. zum Kochen f. Mädchen von 8—14 Jahren. Nach dem Löffler'schen Kochbuch bearb. 30. Aufl. 16. (V, 54 S.) Eßlingen 893. J. F. Schreiber. Kart. n. — 50

Bimbächer, Der Spänglermeister. Posse aus dem Giessener Volksleben in 5 Bildern. 2. m. Einleit. verm. Aufl. Giessen 1880. V: *Asmus, Gustav & Krönlein.* (Burger, A., Bibliogr. d. schön. Lit. Hessens. Nieder-Ingelheim 1907. I, 12)

Bimbächer, der Spenglermeister. Posse aus dem Gießener Volksleben in 5 Bildern. 2. mit Einleitung verm. Aufl. 8. (80 S. mit eingedr. Bildern.) Gießen 880, Roth. *
Die 1. Aufl. war nicht im Handel.

Bimbam Vorlo, die Trennung der siamesischen Zwillinge. s.: Wallner's Theaterkarten.

Bimbam, Prinz, ein Mährchen für Jung und Alt. Berlin 1802. V: *Unger, Friederike Hel. geb. v. Rothenburg.* (BrMm) (Ky) (Schl)

Bimbam, Prinz, (v. Friederike Hel. Unger). 8. Berl. 802. (Rücker). 12 gr.

Bimbam, Prinz, e. Mährchen f. Jung u. Alt. 8. Berlin, Unger. 802.

Bimberg, P., das Studium der Psychologie ist für den Kunstbeflissenen unbedingt nothwendig. Philosophische Abhandlung. gr. 8. (29 S.) Iserlohn 876, Baedeker. *

Bimberg, P, d. Studium d. Psychologie ist f. d. Kunstbeflissenen unbedingt nothwendig. 8. (29) Iserl. 77, Baedeker. „ 1 —

Bimbler, Joachim. Moppel erklärt die Einkommen-Steuer. E. Litfaß. 1 Bl. Fol. Flugblatt. Berlin 1848/49.

Bimbler, Joach., Herr Moppel auf dem Landtage. 8. (36 S. m. 1 Holzschn.) Berlin 847, Hofmann & Co. 3 ngr.

Bimboni, Orest, das Modell, s. Mode's, G., Opern-Text-Bibliothek.

Bimetallist, d. deutsche, früher Deutsche Goldpost. Red.: Adf. Jäger. 1. Jahrg. 1895. 15 Nrn. gr. Fol. (à Nr. 4 S.) Werder b. Dabergotz. (Neuruppin, S. Howe.) n. 2. —

— dasselbe. 2. Jahrg. 1896. 24 Nrn. gr. Fol. (à Nr. 4 S.) Ebd. n. 3. —

— dasselbe. 3. u. 4. Jahrg. 1897 u. 1898. à 24 Nrn. (Bog.) gr. 4. Ebd. à Jahrg. n. 4. —
Kann auch vierteljährlich bezogen werden.

Bimetallist, der deutsche. Red.: Adf. Jäger. 5.—7. Jahrg. 1899—1901. à 24 Nrn. gr. 4. (à ca. 8 S.) Werder b/Dabergotz. (Neuruppin, P. Howe.) à Jahrg. n. 4. —
Erscheint nicht mehr.

**Bimler,** Kurt: Die erste und zweite Fassung von Goethes „Wanderjahren". Beuthen O.-S. 1907: M. Immerwahr. (85 S.) 8°
Breslau, Phil. Fak., Ref. Koch, Diss. v. 12. Okt. 1907
[Geb. 28. Sept. 83 Alt-Schalkowitz, Kr. Oppeln; Wohnort: Beuthen O.-S.; Staatsangeb.: Preußen; Vorbildung: Gymn. Beuthen Reife O. 04; Studium: Bonn 1, Breslau 6 S.; Rig. 31. Juli 07.]

**Bimmermann,** E. H. [aus Amsterdam]: Ueber den Einfluss der Nerven auf die Pigmentzellen des Frosches. Strassburg. Buchdruckerei von J. Schneider. 1878. 8. 30 S.
Diss. Strassburg

**Bimssteine und poetische Essenzen. Der allerneuesten Witzpumpe 3. Hub. 16. Grimma 846, Verl.-Compt. n. 1/6 ß**

Bimssteine und poetische Essenzen. Der allerneuesten Witzpumpe 3. Hub. 16. (120 S.) Grimma 847, Verlags-Comptoir. *

Gottfried der Student. Ein moral. akadem. Epos, nach alten Handschriften zsgest. von Emanuel Bimstein [d. i. Hermann **Iseke**]. Leipzig: B. Witt [1895]. (215 S.) 8° [F.] (07. 7973 II

**Bimstein,** Eman., Gottfried d. Student. E. moral. akadem. Epos, n. alt. Handschriften zusammengest. 2. Aufl. 12. (216 S.) Heiligenstadt 898. F. W. Cordier. n. 2. —

Gottfried der Student, ein moral. akadem. Epos nach alten Handschriften zsgest. von Emanuel Bimstein [d. i. Hermann **Iseke**]. 3. Aufl. Heiligenstadt: F. W. Cordier [1900]. (216 S.) 8° [F.] (07. 6179 3

**Bimstein, Eman., Gottfried der Student. Ein moral. akadem. Epos, nach alten Handschriften zusammengestellt. Illustriert v. Otto Bromberger. 4. Aufl. (219 S.) 12. Heiligenstadt (904). F. W. Cordier.**
**n. 2. —; geb. in Leinw. n. 3. —**

**Bimstein, Eman., Gottfried der Student. Ein moral. akadem. Epos, nach alten Handschriften zusammengestellt. Illustriert v. Otto Bromberger. 6. Aufl. (219 S. m. 10 Vollbildern.) 16. Heiligenstadt (908). F. W. Cordier.**
**2.—; geb. 3. —**

Bimstein, W., die Weissagungen über die letzte Zeit der Christenheit und deren Erfüllung. Drei Vorträge, gehalten im Osten Berlins im Febr. 1879. 8. (75 S.) Augsburg 880, Preyß.

**Bin** ich ein Christ? Die Eigenschaften wahrer Diener Gottes ... Königsberg 1785. V: *Riedel, Johann Chn.* (ML)

**Bin Umberta:** Kaiser Leopold I. und sein Hof in der italienischen Literatur.
M. 1910 PN 3065 Diss. Innsbruck Univ.

Bina, Jungfrau, u. andere Erzählungen. Von J. Aus dem Dän. übers. v. E. Longé. 2. (Titel-)Aufl. (v. Neue Erzählungen, II). 8. (III, 274 S.) Norden 889, Fischer Nachf. * 4 —

Sechs bisher nicht gedruckte dreistimmige Chansons (f. Tenor, Diskant u. Kontratenor) von Gilles **Binchois** (c. 1425) a. d. Cod. Mus. MS. 3192 d. Münch. Hof- u. Staatsbibl. in moderne Notierung übertr., mit neuem (deutschem) Text hrsg. v. Dr. Hugo Riemann. Als Ms. gedr. *Wiesbaden 1892: (Hesse & Becker in Leipzig).* (12, 7 S.) 4° (93. 7833

Binck, Catechismuspredigten. 4. Frft.

**Binckhorst van den Binckhorst,** J. T. van, monographie des gastéropodes et des céphalopodes de la craie supérieure du Limbourg, suivie d'une description de quelques espèces de crustacés du même dépot crétacé. Avec 18 planches desinées et lith. par C. Hohe. gr. 4. (VI, 83 S.) Bruxelles 873. Muquardt. n. 20. —

Bind, C.O., s. Binde, Otto

**Bindband, Das,** oder die fünf Theresen, ein Lustspiel in einem Aufzug. Wien 1770. V: *Gebler, Tob. Php. Freih. von.* (Ky) (ML) (GGr)

Bindband. das, Lustsp. 8. Wien, Trattner. 770.

BINDBAND, Das, der schönen Theresen, oder die Hochzeit am Namenstage(.) enthält das Lob deren reifen Wienermädchen. O. O. 1784. 8°. 34 S. Ungemein rar!

**Binde, Fritz, Feuer auf Erden. 12 Evangelisations-Vorträge. 1. u. 2. Aufl. (VII, 365 S. m. Bildnis.) 8. Chemnitz (909. 10). G. Koezle. 3.—; geb. in Leinw. 3.75; auch in 12 Heften à — 25**

— dasselbe. Einzel-Ausgabe. I—XII. kl. 8. Ebd. à — 25
I. Warum kann der Gebildete nicht der Bibel glauben? 2. Aufl. (28 S.) (909.)
II. Im Namen des Gesetzes. 2. Aufl. (20 S.) (909.)
III. Wie enthüllt sich das Geheimnis der Person Jesu? 2. Aufl. (34 S.) (909.)
IV. Hoch die Freiheit! aber was ist wahre Freiheit? 2. Aufl. (28 S.) (909.)
V. Religiöse Leute. 2. Aufl. (35 S.) (909.)
VI. Wonach lohnt es sich zu ringen? (28 S.) (909.)
VII. Eine notwendige Operation. (28 S.) (909.)
VIII. Ein verhängnisvolles Draussen. (24 S.) (909.)
IX. Was ist mächtiger als die Sünde? (27 S.) (909.)
X. So schicke dich an, Israel, deinem Gott zu begegnen! (31 S.) (909.)
XI. Zu spätes Suchen — vergebliches Suchen. (28 S.) (909.)
XII. Unentrinnbar! (35 S.) (909.)

**Binde, Fritz, Geschlechtsleben u. Geisteszerrüttung. Vortrag. (16 S.) 8. Düsseldorf 906. C. Schaffnit. n. — 20**

— Geschlechtsleben u. Geisteszerrüttg. Vortr. f. Männer u. Jünglinge. 21—30. Taus. (15) 8° Düsseld., C Schaffnit '11. — 10 d

— Hoch die Freiheit! aber was ist wahre Freiheit. IV. Evangelisations-Vortrag. (28 S.) 8. Ebd. (908.) — 25

Der Spiritismus. Von Fr[itz] **Binde**. Geisweid i. W.: Deutsche Zelt-Mission 1908. (30 S.) 8° [F.] (08. 10119

— Der Spiritismus. Eine Darstellg. seiner Denk- u. Erscheinungsweise, sowie seines Irrtums vom bibl. Standpunkte aus. 2., erweit. Aufl. (64 S.) 8. Geisweid (909). Verlagshaus der deutschen Zeltmission. — 50

— Die Vollendung des Leibes Christi. Referat, geh. auf der 8. ostschweizer. Allianz-Konferenz am 4. IV. zu Winterthur. Für den Druck in erweit. Fassg. wiedergegeben. (67 S.) 8. Ebd. (910.) — 50

— Warum kann d. Gebildete nicht d. Bibel glauben? 1—3. Afl. (32) 16° Geisw., Verl.-Haus d. deut. Zeltmission (08). — 10 d

— Warum kann der Gebildete nicht der Bibel glauben? (32 S.) 16. Geisweid (908). (Gotha, Missionsbuchh. P. Ott.) nn — 10

— Wie enthüllt sich das Geheimnis der Person Jesu? III. Evangelisations-Vortrag. (35 S.) 8. Chemnitz (908). G. Koezle. — 25

Binde, Otto Ein Blick in das römische Schulwesen. 4 (S. 28—37).
In: Festschrift z. Einweihung des Prg.-Gebäudes *Steglitz* 1890 Progr.
Verdeutschung von Quint. inst. or. I 1—3.

**Binde, Otto:** De Taciti dialogo quaestiones criticae.
Glogaviae 1884 (49 S.). Phil. Diss. Berlin

Binde, R.: Über Raum und Zeit. Gross-Glogau 1867.
Schul-/Univ.-Schrift.

Binde, R. L. Annaeus Seneca quid senserit de rerum natura ac de vita humana. 30 S. Progr. Ev. G. *Glogau* 1883.

**Binde**, R.: Aristobulische Studien. Th. 1. 29 S. II. 33 S. – Progr. Gr. Glogau ev. G. 1869/70.

Binde, *Robert* Begriff, Urteil und Schlufs in ihrer gemeinsamen Wurzel (I. Teil). Ein Beitrag zur erkenntnistheoretischen Logik. 4 (38 S.). (II. Teil.) 4 (34 S.).
Progr. Ev. G. *Gross-Glogau* 1886 (170). 1887

**Binde, Rob.**, das Soll u. Haben der Menschheit. Kritische Einleitung in die Philosophie der Geschichte. 1. erweit. Abth. einer v. der philosoph. Facultät zu Göttingen belobigten Preisbewerbungsschrift. gr. 8. (120 S.) Berlin 880. Dümmler's Verl. n. 2. —

**Binde**, Rud.: Commentatio critica et exegetica de Cleonis oratione, quae est in tertio libro Thucydidis. 22 S. Progr. Glogau Ev. 1859.

**Bindekunst, die.** Erste Fachzeitschrift f. Blumenbinderei, Blumen- u. Pflanzen-Decoration. Hrsg. unt. Mitwirkg. d. hervorrag. Fachleute v. J. Olbertz. 1. u. 2. Jahrg. April 1897—März 1899. à 36 Nrn. (Bog. m. Abb.) gr. 4. Erfurt. Leipzig, H. Voigt. à Jahrg. n. 8 —
Kann auch halbjährlich bezogen werden.

**Bindekunst, die. Erste Fachzeitschrift f. Blumenbinderei, Blumen- u. Pflanzen-Decoration. Hrsg. unter Mitwirkg. der hervorragendsten Fachleute v. J. Olbertz. 3.—6. Jahrg. April 1899—März 1903. à 36 Nrn. gr. 4. (à ca. 8 S. m. Abbildgn.) Erfurt (Leipzig, H. Voigt.) à Jahrg. n. 8. —**

**Bindekunst, die.** 1. Fachzeitschrift f. Blumenbinderei, Blumen- u. Pflanzen-Dekoration. Hrsg. v. J Olbertz. 5—9. Jahrg. Apr. 1901—März 1900 je 36 Nrn. (Nr. 1. 8 m. Abb.) 4° Erf. (Lpzg, H Voigt.) Halbj. 4 —

**Bindekunst, die.** 1. Fachzeitschrift f. Blumenbinderei, Blumen- u. Pflanzen-Dekoration. Hrsg. v. J Olbertz. 10—12. J. Apr.'06—März'09 je 36 Nrn. (Nr 1. 8 m. Abb.) 30,5×23 cm. Erf. (Lpzg, H Voigt.) Halbj. 4 — || 13. J. Apr.—Dezbr 09. 32 Nrn. (256) 6.50

**Bindekunst**, Die. 1. Fachzeitschr. f. Blumenbinderei, Blumen- u. Pflanzen-Dekoration. Hrsg. v. J Olbertz. Red.: J Olbertz. 14—16. J. '10—12 je 52 Nrn. ('12, Nr 1: 8 m. farb. Abb.) 30,5×23 cm. Erfurt. Lpzg (Nostizstr. 9), H Voigt. halbj. 5 —

**Bindel**, K., die Marmolata, s.: Gipfelführer, alpine, 17.

**Bindel, Karl**, Dispositionen zu deutschen Aufsätzen für die Tertia der höheren Lehranstalten. 8. (XVI, 228 S.) Leipzig 884, Teubner. *

**Bindel, Karl**, Dispositionen zu deutschen Aufsätzen für die Tertia der höheren Lehranstalten. 2. Bdchn. 8. (XX, 238 S.) Leipzig 888, Teubner. *

**Bindel**, O. Zur Geschichte der dramatischen Werke Molière's. Hamm, G., 1875. 13 S. 4.

Bindel, ... specif... Gewicht... spezifische Wärmen und Lösungswärmen übersättigter Salzlösungen. . . . Leipzig, Johann Ambrosius Barth, 1888: 32 S. u. 1 Taf. 8°
Erlangen. Phil. Fak., Inaug.-Diss. v. 1888

**Bindel, Karl**, Hülfsmittel f. den deutschen Unterricht in der Tertia der höheren Lehranstalten. gr. 8. (XI, 319 S.) Berlin 881. Weidmann. n. 4. —

[F.] **Bindel**, Karl [Prof.]: Judas Makkabäus. Dramatische Dichtg v. Henry Wadsworth Longfellow. Deutsch. Schalke, Druck v. M. Schaff, 1892; 17—32 S. 4.
Schalke, RG, OP 1892 (373)

**Bindel**, K. Proben einer Uebersetzung von Longfellow's poetischen Werken. Hamm, G., 1872. 16 S. 4. Progr.

**Bindel**, K[arl], Dr., Prof.: Versuche der Alten und der Araber im Schulunterricht. *Bamberg 1903: J. Nagengast.* (38 S.) 8° [F.]
Bamberg, k. Neues G, P 1903*

Bindel, Karl: Pastor Theodor W e r t h . Mit e. Anh.: 1 Begräbnisrede von Pastor Deutelmoser. 2. Gedächtnisrede von Superint. Daniels. Gelsenkirchen: F. Dienst 1897. (31 S.) 8°

[F.] **Bindel**, Richard: *Ansprache bei der Gedächtnissfeier für Direktor Dr. Richard Winter, gest. am 10. März 1894. Quakenbrück, Druck v. H. Buddenberg, 1895;* 35—36 S. 4.
Quakenbrück, RG, OP 1895 (342)

**Bindel**, (Richard), Prof.: Bericht über die Gedenkfeier des 550jähr. Bestehens der höheren Lehranstalt zu Quakenbrück. (Quakenbrück) 1905: (Artländer Anzeiger). (S. 23—42.) 4°
Quakenbrück, RG OP 1905 (380)

**Bindel, Richard** [Oberl.]: Die Erkenntnistheorie Hugos von St. Viktor. Ein Beitrag zur Geschichte der Theologie des zwölften Jahrhunderts. (Quakenbrück, Druck v. H. Buddenberg, 1889); S. 3—17; 4°
Quakenbrück, RG, OP 1889 (316)

Bindel, Richard Drei Hauptwerke Gogols. 21 S.
Progr. *Quakenbrück* 1884.

**Bindel, Rich.** Aus dem Kriegervereinsleben. 3 Vorträge. 8. (36 S.) Quakenbrück 890, Nackhorst. * — 50

Bindel, Richard: Kulturgeschichtliches aus Schriften des 16. und 17. Jahrhunderts. S. 3—32. 4. Progr. Realgymn. *Quakenbrück* 1909
I. Zwei oldenburgische Chroniken. II. „Zwei Herbstblümelein." III. Johannes Letzeners Historia Caroli Magni und Historia S. Bonifacii. IV. „Kalender" und „Haussbuch" des Magisters Johannes Colerus.

[F.] **Bindel**, Richard: Nachrichten über die Gilden der Stadt Quakenbrück. Tl 1. Die ältesten Gildeurkunden bis 1600. *Quakenbrück, Druck v. H. Buddenberg, 1895;* 3—26 S. 4.
Quakenbrück, RG, OP 1895 (342)

[F.] **Bindel**, Richard [Prof.]: Nachrichten über die Gilden der Stadt Quakenbrück. Tl 1: Die ältesten Gildeurkunden bis 1600. '(Schluss.)' [Forts. d. P-Beil. 1895.] *Quakenbrück, Druck v. H. Buddenberg, 1896;* 3—22 S. 4.
Quakenbrück, RG, OP 1896 (344)

Bindel, Richard: P h i l o s o p h i e und Poesie. 11 S. – Quakenbrück 1878. Progr.

**Bindel**, Richard, Prof.: Die Stadtbuch-Chronik von Quakenbrück. *(Quakenbrück 1902: H. Meyer.)* (S. 3—31.) 4° [F.]
Quakenbrück, RG, OP 1902 (367)

**Bindemann**: Worauf ruht unser evang. Glaube? Vortr. (15) gr8° Dess., A Haarth ('12). — 30 d

**Bindemann, C.**, der heil. Augustinus. 1. Bd.: das Leben des Augustinus bis zu seiner Taufe, od. bis z. Schlusse d. geschichtl. Theils der Confessionen. gr. 8. (23¼ B.) Berlin 844, Herm. Schultze.

**Bindemann, C., der heilige Augustinus. 2. Bd. Das Leben des Augustinus seit seiner Taufe bis zu seiner Erwählung zum Bischofe in Hippo Regius. Leipzig 855. H. Schultze. 8. (X, 486 S.) 2 ₰ 15 ngr**

**Bindemann, C.**, der heilige Augustinus. 3. Bd.: Augustins bischöfliches Leben und Wirken. 2 Abthlgn. gr. 8. (V, 938 S.) Greifswald 869, Bamberg. *
1. und 2. Bd. Leipzig 1844,55, H. Schultze. *ℳ 12.

**Bindemann, C.**, Rückblicke auf Leben u. Amt. gr. 8. (III, 314 S.) Halle 878. Fricke's Verl. n. 4. —

**Bindemann, Er. Eph.**, s. 1) F. W. A. Schmidt, Musenalmanach. 2) Voltaire, Mädchen v. Orleans. 3) Theocrit, Idyllen.

**Bindemann**, Ernst, die Bedeutung d. Alten Testaments f. die christliche Predigt. gr. 8. (VI, 346 S.) Gütersloh 886. Bertelsmann. n. 5. 60

**Bindemann, E.**, Predigten über alttestamentl. Texte. Beilage zu d. Verf. Werk: Die Bedeutung d. alten Testaments f. die christl. Predigt. gr. 8. (VI, 92 S.) Gütersloh 888. Bertelsmann. n. 1. 60; geb. n. 2. 40

**Bindemann**, Gerhard, cand. min.: Das Gebet um Vergebung der Sünden in der Heilsverkündigung Jesu und in den Briefen des Apostels Paulus. T. 1. *Gütersloh (1902): C. Bertelsmann.* (41 S.) 8° [F.] ¶[Erschien vollst. 1902 als: Beiträge zur Förderung christl. Theol., Jg. 6, H. 1.]
Greifswald, Theol. Diss. v. 25. Jan. 1902

**Bindemann**, Gerh., das Gebet um tägliche Vergebung der Sünden in der Heilsverkündigung Jesu u. in d. Briefen des Apostels Paulus, s.a. Beiträge z. Förderg. christl. Theologie. VI. 1.

Die Abzweigung der Nogat von der Weichsel. Von H[ermann] **Bindemann**. Mit 1 Titelbilde u. 20 Karten. *Danzig: L. Saunier in Komm. 1903.* (XII, 70 S.) 4°
— Abhandlungen z. Landeskunde d. Prov. Westpreußen. H. 12. [03. 7406

**Bindemann**, Herm. (geb. Barth in Pomm. 17. 8. 1858): Ein Fall von Magenkrebs. Casuistischer Beitrag zur Aetiologie der Geschwülste. Berlin (1884). (30 S.) 8°
Berlin, Med. Diss. v. 15. Aug. 1884

**Bindemann**, Herm., e. Fall v. Magenkrebs. Casuistischer Beitrag zur Aetiologie der Geschwülste. Nebst 1 lith. Taf. Inaugural-Dissertation. gr. 8. (28 S.) Berlin 884. Fr. Schulze's Verl. n. 1. —

Die Verwertung der Häufigkeitszahlen der Wasserstände. Von H[ermann] **Bindemann**. Mit 18 Abb. Berlin: E. S. Mittler & Sohn 1905. (20 S.) 4°
— Jahrbuch f. d. Gewässerkunde Norddeutschlands. Bd 1, No 1. [07. 2110

**Bindemann**, Jul., s. Saint-Hilaire, die Wittwe der großen Armee.

**Bindemann**, Leopold [cand. med. aus Nordhausen bei Vietnitz in d. Neumark]: Ein Fall von Fibro-Myxom des rechten Labium maius ... Erlangen, k. b. Hof- u. Univ.-Buchdr. v. F. Junge, 1894; 26 S. 8.
Erlangen, Med. Fak., Inaug.-Diss. v. 1894

Bindemann, R.J.: Über das Nützlichkeitsprincip. 14 S. Progr. Bonn 1844.

**Bindemann**, Willi, aus Grossgermersleben: Ueber Formylessigester. *Würzburg 1898: Becker.* (58 S.) 8°
Würzburg, Phil. Diss. v. 1898

**Binder's** sächsischer Actienzettel. Wöchentliches Notizblatt für alle Inhaber sächs. Actien und Bergwerkskuxe, sächs. Staats- und communl. Anlehnpapiere, und sonstigen öffentl. Effecten, ingleichen für alle näher oder ferner dabei betheiligten oder damit beschäftigten Personen. Septbr.—Dezbr. 1859. 16. Nrn. (à $^1/_2$—$^3/_4$ Bog.) hoch-4. Chemnitz, Ernesti. Vierteljährlich ⁴

— dass. — Jahrg. 1860. 52 Nrn. (à $1^1/_2$—1 Bog.) hoch-4. Ebendas. ⁴
Ist nicht fortgesetzt worden.

— Ergebnisse der Witterungs-Beobachtungen während der Frühlingsmonate März, April und Mai 1831; angestellt zu Giengen an der Brenz von —. 1832. (Aus: Archiv f. Chemie und Meteorologie, B. 4, H. 2.)

**Binder**, das Morel'sche Ohr. Eine psychiatrisch-anthropolog. Studie. Mit 1 Holzschn. [Aus: „Archiv f. Psychiatrie".] gr. 8. (55 S.) Berlin 889. Hirschwald. n. 1. 60

**Binder**. Geognostisches Profil des Eisenbahneinschnittes von Geislingen nach Amstetten — Fraas. Geognostische Horizonte im weissen Jura. (Aus dem württemb. naturw. Jahreshefte.) Stuttgart. 1858. 8.

Binder, Dr., Die kältesten Tage zu Giengen an der Brenz, während des Winters 1829/30. Thermometer-Beobachtungen nach Réaumur vom 29. Januar bis 7. Februar 1830. (Aus: Archiv f. Chemie u. Metorologie, B. 1, H. 2.)

*Binder*. Über allgemeine obligatorische Viehversicherung. Referat, erstattet am II. Österr. Tierärztetag. Wien 1892.

Binder, Dr., Der Winter von 1830 bis 31 im Brenzthal im Königreich Württemberg; Ergebnisse der Witterungs-Beobachtungen vom 1. Dez. 1830 bis 28. Februar 1831, angestellt zu Giengen an der Brenz, von —. (Aus: Archiv f. Chemie u. Meteorologie, B. 4, H. 1.)

**Binder**, A., Predigt zur Feier des Geburtsfestes Sr. Maj. des Königs Wilhelm von Würtemberg, am 27. Sept. 832. 8. Stuttgart 832. Löflund (Beck u. Fränkel). $^1/_{12}$ ℛ

**Binder**, Alfr., über die Lage der Leprabacillen in den Geweben. Inaugural-Dissertation. gr. 8. (35 S.) Tübingen 887, (Fues's Verlag.) *

**Binder**, Alfred, appr. Arzt aus Stuttgart: Über Riesenzellenbildung bei congenitaler Lues der Leber. Mit 1 Taf. *Berlin 1904: G. Reimer.* (21 S.) 8° ¶ (Aus: Virchow's Archiv. Bd 177.)
Heidelberg, Med. Diss. v. 1904

**Binder**, Aloysius, die Kneippkur. Eine Wasserdichtung für Gesunde u. Kranke. 1.—4. Aufl. 8. (67 S.) München 890. Buchholz & Werner. n. — 80

**Binder**, Aloysius, die Kneippkur. Eine Wasserdichtg. f. Gesunde u. Kranke. 5. Aufl., bedeutend verm. um Herrn Xaverius Reise nach Wörishofen. 8. (83 S.) München 890. A. Buchholz. n. 1. —

**Binder**, Ant., Contra christianos sectis novis addictos. Freiburg 1773.

**Binder**, Arthur [aus Bernstadt]: Untersuchungen über die Empfindlichkeit der Eosin-Salzsäure-Reaktion und ihre Brauchbarkeit zur quantitativen Bestimmung freier Salzsäure im Magensaft ... Würzburg, Buchdr. d. „N. Bayer. Landeszeitg", 1892; 25 S. 8.
Würzburg, Med. Fak., Inaug.-Diss. v. 1892

Binder, Benjamin Gottlieb: Principia theoriae de infinito mathematico ..., s. Hanke, Friedrich Gottlob

**Binder**, C., Album de l'exposition militaire de la société des amis des arts de Strasbourg, s.: Seyboth, Ad.

**Binder**, C., Sondheim vor der Rhön u. seine Chronik. Ein Beitrag zur Geschichte d. Amtes Lichtenberg. Mit e. (heliogr.) Ansicht, Karten, Plänen u. Porträts. 8. (XI, 225 S.) Wien 884. Braumüller. n. 3. 60

**Binder**, C., Sondheim vor der Rhön und seine Chronik. Ein Beitrag zur Geschichte des Amtes Lichtenberg. 8. Wien 885. Frankfurt a. M., Voelcker's Verlag. *

**Binder**, Carl, der Blutrichter von Weymouth. Eine Erzählung aus dem 17. Jahrh. gr. 16. (64 S.) Elberfeld 875, Püttmann. *

**Binder**, Carl, Blutscenen im Goldthal. Eine Erzählg. aus dem mexikan. Leben. gr. 16. (60 S.) Elberfeld 875. Püttmann. n. — 25

**Binder**, Carl, der Brandstifter. Eine Erzählg. gr. 16. (62 S.) Elberfeld. 875. Püttmann. n. — 25

— die weiße Dame. Eine Erzählg. 16. (62 S.) Ebend. 875. n. — 25

**Binder**, Carl, von St. Gallen, Assistenzarzt der chirurgischen Klinik: Über 40 Fälle von Zungen-Carcinom, ihre Behandlung und Endresultate. (S.A. aus: Beiträge zur klinischen Chirurgie [— Bruns], Bd 17 [S. 253–340]). Tüb. H. Laupp 1896. 2 Bl., 88 S. 8°.
Zürich, Med. Diss. [v. 25. Nov. 1896].

— der Freischütz oder die Jägerbraut. Eine Erzählung. gr. 16. (60 S.) Elberfeld 875, Püttmann. *

— der Goldmacher von Pisa. Eine Erzählung. 16. (62 S.) Ebendas. 875. *

— das goldene Grab. Eine Erzählung aus der Geschichte Peru's. 16. (64 S.) Ebendas. 875. *

— die unsichtbare Hand. Eine Erzählg. aus der Zeit d. 30jähr. Krieges. 16. (61 S.) Ebend. 875. n. — 25

— der fliegende Holländer oder das Gespenster-Schiff. Eine Seegeschichte. 8. (61 S.) Ebendas. 876.

— Hopza, der bergische Räuber. Historische Erzählung. 8. (61 S.) Ebendas. 876.

— Janos, der Wildschütz. Eine Erzählung. gr. 16. (62 S.) Elberfeld 875, Püttmann. *

— die schwarze Kiste od. Cartouche u. seine Genossen. Historische Erzählg. 8. (61 S.) Ebend. 876. — 30

— Marie die Tochter d. Regiments. Eine Erzählg. 16. (61 S.) Ebend. 875. n. — 25

—— der schwarze Pirat. Eine Erzählung aus dem Seeräuberleben des 17. Jahrh. 16. (64 S.) Ebendas. 875. *

—— der Scharfrichter von München. Eine Erzählung. 8. (61 S.) Ebendas. 876.

Binder, Carl, die persönlichen und allgemeinen Schutzmaßregeln gegen die Cholera. Allgemein faßlich besprochen. gr. 8. (V, 24 S.) Hermannstadt 884, (Michaelis.) *

—— die Tigerjagd. Eine Erzählung aus dem ind. Leben. 16. (60 S.) Ebendas. 875. *

— die Tochter d. Gefangenen. Eine Erzählg. aus der Zeit Friedrich's d. Großen. 16. (61 S.) Ebend. 875. n. — 25

Binder, Dr. Carl, antisemitische Wühlereien u. Raufereien in *Pleiss-Athen*. Ein Beitrag zur Culturgeschichte unsrer Zeit. Leipzig, Exped. der Zeit- u. Cultur-Bilder (Heft 2). 1881. 8°. Cart.*)
46 S. (incl. 1 S. Vorr. d. Verlagsexped.), 1 Bl. — Für die Juden.

Binder, Carl Fr.

Binder CF, die Geschwindschrift oder Stenographie. 20 Vorlegeblätter. 1. und 4. Auflage. 4° Stuttgart, Ulm 1855. 60

Binder, Carl Fr., das Zeichnen ohne Anweisung. 80 (lith.) Vorlegeblätter zur Selbstbeschäftigung für junge Leute. 10. durchaus verb. Aufl. Stuttgart 854. Sonnewald. 8. 10 ngr.

Binder, Carl Fr., das Zeichnen ohne Unterricht. 80 (lith.) Vorlegeblätter zur Selbstbeschäftigung für junge Leute. 11—16. durchaus verb. Aufl. Stuttgart (859—64.) Sonnewald. 8. n. 10 ngr.

Binder, Carl Fr., das Zeichnen ohne Unterricht. 80 (lithogr.) Vorlegeblätter zur Selbstbeschäftigung für junge Leute. 10.—17., durchaus verb. Aufl. 8. Stuttgart 862—66, Nitzschke. In Couvert *

Binder, Carl Fr., Zeichnen ohne Unterricht. 80 (lith.) Vorlegeblätter zur Selbstbeschäftigung für junge Leute. 17. durchaus verb. Aufl. Stuttgart 868. Nitzschke. 8. n. 10 ngr.

Binder, Carl Fr., 80 Vorlege-Blätter zur Selbstbeschäftigung f. junge Leute. 22. verb. Aufl. 8. (80 Steintaf.) Stuttgart 874. Nitzschke. 1. 50

—— das Zeichnen ohne Unterricht. 80 (lithogr.) Vorlege-Blätter zur Selbstbeschäftigung für junge Leute. 23. verb. Aufl. 8. Stuttgart 874, Nitzschke. In Mappe

—— d. Zeichnen ohne Unterricht. 24. Afl. 8. (80 L.) Ebd. 74. 1. 50

Binder, Carl Fr., das Zeichnen ohne Unterricht. 80 (lithogr.) Vorlege-Blätter zur Selbstbeschäftigung für junge Leute. 24.—28. verb. Aufl. 8. Stuttgart 877,78, Nitzschke. *

Binder, Carl Fr., das Zeichnen ohne Unterricht. 80 Vorlege-Blätter zur Selbstbeschäftigung f. junge Leute. 28. verb. Aufl. Lith. 8. Stuttgart 879. Nitzschke. In Mappe. n. 1. 60

Binder, Carl Fr., das Zeichnen ohne Unterricht. 80 (lithogr.) Vorlege-Blätter zur Selbstbeschäftigung für junge Leute. 29.—31. Aufl. 8. Stuttgart 880—83, Nitzschke. *

Binder, Carl Fr., das Zeichnen ohne Unterricht. 80 Vorlege-Blätter zur Selbstbeschäftigung für junge Leute. 32. verb. Aufl. 8. Stuttgart 886, Nitzschke. In Mappe *

Binder, Carl Fr., d. Zeichnen ohne Unterricht. 80 Vorlege-Blätter z. Selbstbeschäftigg. f. j. Leute. 33., verb. Aufl. 12. Stuttgart 896. K. Wittwer. In Mappe n. 1. 60

Binder, Carl Friedr., die Wolfsnarbe. Eine Geschichte a. d. Zeiten des 30jähr. Krieges. Für d. Jugend bearb. 8. (11¼ B.) Heilbronn 842, Drechsler.

Binder, Chr., Würtembergs Kirchen- u. Lehrämter, oder vollständ. Geschichte von Besetzung d. herzogl. Würtemberg. Consistoriums u. Kirchenraths ꝛc. 4 Thle. 4. Tüb. 798—800.

Binder, Chr., Totalexstirpation des Uterus bei Schleimhautcarcinom der Cervix. Diss. Würzburg 1888, Stahelsche Univ.-Buchh. 8°. 18 S.

Binder, Chr. H., († d. 25. Juli 1796.) d. patriot. Menschenfreund, oder Versuch z. wahren Aufnahme d. Länder, besond. d. Mecklenburg. Lande ꝛc. 2 Thle. 8. Hamb. 780. Röse in Gr. 2 rß

— s. Mittel, Nahrung u. Verdienst.

**Binder, Christian.** Württembergische Münz- und Medaillen-Kunde. Ergänzt ... Stuttgart 1845. H: *Stälin, Chph Fr.* (AarK)

Binder, Christ., württembergische Münz- u. Medaillenkunde. Ergänzt u. hrsg. v. dem kgl. statist.-topograph. Bureau. Lex.8. (30¾ B.) Stuttgart 846. (Köhler.) *

Binder, Christian, württembergische Münz- u. Medaillen-Kunde, neu bearb. v. Jul. Ebner. Unter Mitwirkg. der Stuttgarter numismat. Vereinigg. hrsg. von der württemberg. Kommission f. Landesgeschichte. 1.—4. Heft. Lex.-8. Stuttgart, W. Kohlhammer. n. 4. 80
1. (51 S. m. 2 Taf.) 904. n. 1. —
2. (S. 55—82 m. 3 Taf.) 905. n. 1. —
3. (S. 83—114 m. 3 Taf.) 905. n. 1. —
4. (S. 115—162 m. 5 Doppeltaf.) 906. n. 1. 80

Binder, Christian, württemberg. Münz- u. Medaillen-Kunde, neu bearb. v. Jul. Ebner. Unter Mitwirkg. der Stuttgarter numismat. Vereinigg. hrsg. v. der württemberg. Kommission f. Landesgeschichte. 5. u. 6. Heft. (1. Bd. V u. S. 163—293 m. 7 Doppeltaf.) Lex. 8. Stuttgart 907. 10. W. Kohlhammer. à 1. 80

Binder, Christian: Württembergische Münz- u. Medaillen-Kunde, neu bearb. v. Jul. Ebner. I. Bd, 6. Heft u. II. Bd, 1. Heft. Lex8° Stuttg., W Kohlhammer. (I u. II, 1: 10.40) I, 6. (5 u. 245—293 m. 3 Doppeltaf.) '10. 1.80 ‖ II, 1. (1—69 m. 4 Doppeltaf.) '12. 2 —

Binder, Christian Wilhelm, s. Binder, Wilhelm

Binder, D., Bemerkungen über das Nordlicht vom 7. Januar 1831.

Binder, E., die Fortschritte unserer Zeit auf dem Gebiete der Religion. Vortrag in der Stadtkirche Winterthur am 4. Novbr. 1877. gr. 8. (14 S.) Winterthur 877, Westfehling. *

Binder, E., u. C. Rohlacher, der Steinüberdruck zum Privatgebrauch f. Behörden u. Geschäftsleute oder prakt. Anweisung zur schnellen u. leichten Uebertragung v. Schriften u. Zeichnungen auf Steinplatten u. deren Abdruck in beliebiger Menge, nebst Beschreibung aller, zum Ueberdruck nöthigen Materialien u. Recepten zur Ueberdrucktusche u. Druckfarbe. 4. (26 lith. S. m. 2 Lith.) Meiningen 851. (Blum.) baar n. 12 ngr.

Binder, E, u. C Rohlacher, d. Steinüberdruck. 4. (26) Meining. 61. (Hildb., Kesselring.) n. — 12

Binder, Ed., s. R. Baxter, Geschichten aus der Geisterwelt.

Binder, Ed., kl. deutscher Katechismus. D. Religion d. Deutschglauber in Fragen u. Antworten zusammengest. 8. (38 S.) Leipzig 896. W. Friedrich. n. 1. —

Binder, Aemil., De vera religione revelata. Oeniponti 1772, in 4°.

Binder, Erich, aus Dresden: Beiträge zur Entwicklungsgeschichte des chemischen Unterrichts an deutschen Mittelschulen. *Leipzig 1903: B. G. Teubner.* (34 S.) 8°
Leipzig, Phil. Diss. v. 1903

Beiträge zur Entwicklungsgeschichte des chemischen Unterrichts an deutschen Mittelschulen. Von Dr. Erich Binder. *Leipzig & Berlin: B. G. Teubner 1903.* (34 S.) 4°(8°)
= Sammlung naturwissenschaftl.-pädag. Abhandlungen. II. 4. (e4.60)

**Binder, Ernst,** prakt. Tierarzt in Bischofsburg (Ostpr.): Kritische Betrachtungen über Abstammung und Verwandtschaft der Hausziege auf Grund anatomischer Untersuchungen und Kreuzungsexperimenten mit besonderer Berücksichtigung der Verwandtschaft mit capra Jerdoni Hume. (Aus dem zootechnischen Institut der Universität Bern. Professor Duerst.) Berlin 1910. II + 36 S. und eine Tafel. 8°. [S. III. 09]
Bern. Vet.-med. Diss. 1909/10.

Binder, Ernst. Kritische Betrachtungen über Abstammung und Verwandtschaft der Hausziege auf Grund anatomischer Untersuchungen und Kreuzungsexperimenten mit besonderer Berücksichtigung der Verwandschaft mit Capra Jerdoni Hume. Aus dem zootechnischen Institut der Universität Bern.... Diss. Vet.-Med. Bern. [Mit 1 Tafel.] II + 38 S. 8. Berlin, Kroll, 1910.

**Binder,** Ernst *Theodor* [aus Braunschweig]: Ueber Myoklonie Berlin, C. Vogts Buchdr., *1894;* 29 S., 1 Bl. 8.
Berlin, Med. Fak., Inaug.-Diss. v. 7. Aug. 1894

**Binder, Eug.,** Conradin. Historisches Schauspiel in 4 Acten. Heilbronn 864. (Claß.) 8. (2 Bl., 97 S.) n. 16 *ngr.*

**Binder, E,** Conradin. Schausp. 8. (97) Heilbr. 64, (Schmidt.) n. — 16

**Binder,** F. [aus Nordleda]: Beiträge zur Kenntniss ungesättigter aromatischer Verbindungen. Schwerin. Hofbuchdruckerei von Dr. F. Bärensprung, 1877. 8. 33 S.
**Diss. Strassburg**

Binder, F.: Handbuch der Galvanoplastik, s.a. Schauplatz, Neuer, der Künste und Handwerke.

**Binder's** Handb. d. Galvanoplastik, s.a. Werkstatt, Die, Zapf.

**Binder, F.,** Handbuch der Galvanoplastik od. die Elektrochemie in ihrer Anwendg., Gegenstände in Metall nachzubilden od. m. Metall zu überziehen. 5. Aufl. v. Walkers Galvanoplastik Mit 48 in den Text eingedr. Abbildgn. gr. 8. (X, 160 S.) Weimar 884. B. F. Voigt. 3. 75

Über den landschaftlichen Sinn der römischen Dichter der Augusteischen Zeit. P. Vergilii Maronis Georgica. II. Eine Studie. — Von F. Binder. — 1891, Kirchheimbolanden, K. Thieme. — S. 3—51.

Binder, F.: De elektr. Telegraphen, s.a. Schauplatz, Neuer, der Künste und Handwerke.

**Binder, F.,** die elektrischen Telegraphen, das Telephon u. Mikrophon. Populäre Darstellung ihrer Geschichte, ihrer Einrichtung u. ihres Betriebes; nebst vorangehender Belehrung über Erregung, Leitung u. Geschwindigkeit des elektr. Stromes u. einem besond. Kapitel über Anlage v. Haus- u. Feuerwehrtelegraphen. Für angeh. Telegraphisten, Post- u. Eisenbahnbeamte. 3. Aufl. v. D. Lardner's „populäre Lehre v. den Telegraphen", in vollständ. Neubearbeitung hrsg. Mit 116 in den Text gedr. (Holzschn.-)Abbildungen. gr. 8. (XII, 169 S.) Weimar 880. B. F. Voigt. 6. —

Binder, F.: [illegible] im [illegible] Verhältniss der Entfernung anziehendem Centrum. 1868. [illegible]
Math. Diss. Jena

Binder, F. J.: Die Bergwerke im römischen Staatshaushalte, s. Binder, Josef Julius

Binder, Franz
**Binder, Frz:** Die Bedeutg d. Terrains v. operativen u. takt. Standpunkte. Für d. Gebr. d. Truppenoff. bearb. (10, 142 m. 5 farb. Ktn.) gr8° Wien, LW Seidel & S. '11. 5.10

**Binder, Frz.,** s.: Blätter, histor.-polit., f. d. kathol. Deutschland.

Erinnerung an Emilie Ringseis. Von Franz **Binder.** München 1895: J. G. Weiß. (38 S.) 8° [Umschlagt. F.]
Aus: Hist.-polit. Blätter 1895. Bd 116. [95. 156. 11

[F.] Erinnerungen an Emilie Linder '(1797—1867)'. Z. Säculargedächtniss ihrer Geburt. Von Dr. Franz **Binder.** *München: J. J. Lentner 1897.* (2 Bl., 96 S., 1 Bl.) 1 Bd 8. [97. 5709

— Der Gebrauch des Konjunktivs bei Robert Garnier. 31. Dornbirn R. 05. Progr.

**Binder Franz:** Der Gebrauch des Konjunktivs und des Infinitivs bei La Fontaine. 42. Zwittau R. 02. Progr.

**Binder, Frz.,** Heldenbilder aus dem dreißigjährigen Krieg. und 2. Bdchn. 8. Schaffhausen 855(56,) Hurter'sche Buchh. à Bdchn. 9 Ngr.
Inhalt:
Bdchn. 1. Feldmarschall Pappenheim „der Schrammhans." Ein Lebensbild aus dem dreißigjähr. Krieg für Alt und Jung dargestellt. (VII und 144 S. mit 1 Holzschnt.)
2. Jean de Werth der Reitergeneral. Ein Lebensbild 2c. (III und 177 S. mit 1 Holzschnt.)

**Binder, Frz.,** Heldenbilder aus dem dreißigjährigen Kriege. 1. und 2. Bdchn. 2. durchges. Aufl. 8. Regensburg 888, Verlags-Anstalt. à Bdchn. M 1.20.
Inhalt:
Bdchn. 1. Feldmarschall Pappenheim „der Schrammhans". Ein Lebensbild aus dem dreißigjähr. Kriege für Alt und Jung dargestellt. (VIII, 156 S. mit Portr.)
2. Jan. vom Werth, der Reitergeneral. Ein Lebensbild 2c. (179 S. mit Portr.)

**Binder, Frz.,** Luise Hensel. Ein Lebensbild nach gedruckten u. ungedruckten Quellen. 8. (XII, 494 S.) Freiburg i/Br. 885. Herder. n. 5. —

Luise Hensel. Ein Lebensbild nach gedr. u. ungedr. Quellen von Dr. Franz Binder. 2. durchges. Aufl. Mit 1 Bildn. Freiburg i. Br.: Herder 1904. (XII, 519 S.) 8° [F.] [04. 6478 2

**Binder, Frz.,** lose Kapitel aus dem Waffen- u. Schiesswesen. Als Nachschlagebuch f. Offiziere aller Waffen u. als Lernbehelf f. Militärbildungsanstalten zusammengestellt. (X, 351 S. m. 26 Taf.) gr. 8. Innsbruck 908. Wagner. 8. —

BINDER, Franz (München): De mammis.- Bonsohil: Giesser 1857. 10 S.,1 Bl.
16.3.1857 - Urk: F 63
Diss. Ingolst.-Landsh.-Mchn.

— Das Maschinengewehr. Studie. Mit 5 Fig. im Texte, 1 Tab. u. 5 Fig-Taf. (122 S.) 8. Budapest 907. (Wien, L. W. Seidel & Sohn.) 3. 30

— dasselbe. Mit 10 Fig. im Texte, 1 graph. Tab. u. 8 Fig.-Taf. 2. verb. u. verm. Aufl. (162 S.) 8. Ebd. 907. 4. 50

**Binder, F,** Mitth. üb. s. Reisen im Orient u. s. Leben in Afrika. 8. (34) Hermannst. 62, (Schmiedicke.) — 10

**Binder, Frz.,** Mittheilungen über seine Reisen im Orient und sein Leben in Afrika. (Aus dem Beiblatte des Siebenbürger Boten „Transsilvania" abgedr.) Hermannstadt 1862. (Steinhaußen.) gr. 8. (34 S.) 10 *ngr.*

— Feldmarschall Pappenheim, der Schrammhans. Ein Lebensbild aus dem 30jähr. Kriege, f. alt u. jung dargestellt. 3., durchges. Aufl. 8. (VIII, 165 S. m. 1 Bildnis.) Regensburg 902. Verlagsanstalt vorm. G. J. Manz. 1. —; geb. in Leinw. 1. 35

**Binder, F.,** Charitas Pirkheimer, s.a. Sammlung historischer Bildnisse.

*Binder,* Frz., Charitas Pirkheimer, Äbtissin von St. Clara zu Nürnberg. Ein Lebensbild aus dem Anfang d. XVI. Jahrh. 2. Aufl. Freiburg i. Br. 1878. 8°. Hfrzbd.
VI—225 S. Vgl. auch histor.-polit. Bl. Bd. 3.

**Binder, Frz.,** Eduard v. Termont, s. Erzählungen, katholische, für die reifere Jugend.

— Jan v. Werth, der Reitergeneral. Ein Lebensbild aus dem 30jähr. Kriege, f. alt u. jung dargestellt. 3., durchges. Aufl. 8. (188 S. m. 1 Bildnis.) Ebd. 902. 1. —; geb. in Leinw. 1. 35

Binder, Franz Philipp Friedrich
**Binder, Frz. Phl. Fr.,** († d. 24. Dec. 1794.) Anweis. z. Bereitung d. Treesterkernöles. 4. Stuttg. 785. 2e A. Ebd. 787.

**Binder**, Phil. Friedr., zuverläss. Anweis. z. Bereit. d. Trauben-Kern-Oels etc. 4. Stuttgart, 1765. 2. Aufl. 1787. Cotta. — 2⅓

— s. 1) J. F. Ludwig, Nachr. v. Surinam. 2) J. F. Mayer, Auszüge.

**Binder, Frdr. Otto, über den Einfluß der Vernachlässigg. der Achsialkraft bei Berechnung v. Bogenbrücken m. eingespannten Kämpfern. Nebst e. Anh. (III, 52 S. m. 3 Abbildgn., 6 Tab. u. 8 Taf.) gr. 8. Wien 910. Druckerei- u. Verlags-Aktiengesellschaft vorm. R. v. Waldheim. 2. 60**
Sonderabdruck aus „Allg. Bauztg."

**Binder**, Friedrich: Studie über den Einfluss der Vernachlässigung der Achsialkraft bei Berechnung von Bogenbrücken mit eingespannten Kämpfern.
Diss. TH Wien 1908.

**Binder, Friedr. W., die Polizei-Geschäftsordnung für Wien mit Entwürfen neuer Einrichtungen. gr. 8. (VII, 124 S.) Wien 886, Manz'sche Hof-Verlags- und Universitäts-Buchh. ***

Binder, G. Die heilige Birgitta v. Schweden u. ihr Klosterorden. Jubiläumsgabe zum 5. Centenarium der Canonisation der hl. Birgitta. gr. 8. (XVI, 205 S. m. 1 Lichtdr.) Münch. 891, Stahl sen. * 2 20

**Binder, G., Geschichte d. bayer. Birgitten-Klöster. Großenteils n. archival. Quellen bearb. [Aus: „Verhandlgn. d. histor. Vereins f. Oberpfalz u. Regensburg".] gr. 8. (851 S. m. 17 Taf.) Stadtamhof 896. Ebd. n. 4. —**

**Binder**, G: Gesch. d. bayer. Birgitten-Klöster. 8° (851 m. 17 Taf.) Stadtamh. 96. (Münch., JJ Lentner.) 4 —

**Binder**, Das Malfatt'sche Problem. (Programm d. kgl. württemb. Seminars Schönthal zum Schluss des Curses 1864—68.) Tübingen 1868. 4°.

**Binder**, das Malfattische Problem. 4. (36 S. mit 3 Stnt.) Tübingen 868, (Fues'sche Sortimentsh.)

**Binder, G. C. G., de renunciatione privilegiorum. 4. Gött. Brose. 791.**

Binder, G. S.: Die Hegemonie der Prager . . . , s. Binder, Simon

Binder, Georg

**Binder**, Geo., Generalindex, s.: Gesetze, Verordnungen u. Kundmachungen aus dem Dienstbereiche des k. k. Ackerbauministeriums. 36. Heft.

**Binder, Geo., Index der ungarischen Gesetze. 2 Tle. 8. Wien 906. Manz n. 5. 20**
I. Systematischer Tl. 1836—1904. (XVI, 276 S.)
II. Alphabetischer Tl. 1867—1904. (147 S.)

**— Verzeichnis der f. einzelne Zweige der Landeskultur in Geltung stehenden Gesetze, Verordnungen, Kundmachungen u. wichtigeren Normalerlässe. Im Auftrage des k. k. Ackerbauministeriums zusammengestellt. (IX, 342 S.) 8. Wien 904. W. Frick. n. 4. —**

Binder, Georg Paul

**Binder**, Geo., die Hohenverhaltnisse Siebenbürgens. [Aus den Sitzungsberichten d. k. Akad. d. Wiss. 1851 abgedr.] Lex. 8. (55 S. m. 1 lith. Taf. in qu. gr. Fol.) (Wien 852, Braumuller.) n. ½ Thlr.

**Binder**, Geo., die Höhenverhältnisse Siebenbürgens. Lex.-8. (55 S. mit 1 Stnt. in qu. gr. Fol.) Wien 852, (Gerold's Sohn.) Thlr. *
Aus: Sitzungsberichte der k. Akad. der Wissenschaften, Jahrg. 1851, besonders abgedruckt.

Binder, Georg Paul, zwei Reden, gehalt. in d. kronstädter evang. Kathedralkirche i. Jahre 1845. 8. (1½ B.) Kronstadt. (Németh.) *

Binder, Geo. (Paul), Uibersicht der gesammten Erdkunde für Schule und Haus. Zunächst für Siebenbürger entworfen. 2., verb. Aufl., vermehrt mit einem Abriß der Geschichte Siebenbürgens von G. D. Teutsch. gr. 8. (181 S.) Kronstadt 841. (Németh.) *

**Binder, Gottlieb**: Der Zürichsee, s: Orell Füssli's Wanderbilder.

(B[inder], G[ottlieb].) Die Zweckmässigkeit der Farben in der Tierwelt. ([Von] J G. B.) Separatabdruck aus der « Tierwelt », Jahrg. [15,] 1905 [Nr. 42—47]. 15 S. 8. [Aarau, H. R. Sauerländer & Co.]

**Binder**, Gust., über einen Fall von multipler Torsion der Nabelschnur. Inaugural-Dissertation. gr. 8. (14 S.) Jena 882, (Neuenhahn.)

[Binder, Gustav]: Der Heltauer Konsumverein. In: S. D. T. 1891. Nr. 5325. 5326.
Als SA: Hermannstadt, Drotleff 1891. 15 S. 8°.

**Binder, Gust., der Pietismus u. d. moderne Bildung. Sendschr. an d. Hrn. Hrsgeb. d. Christenboten. gr. 12. (6¼ B.) Stuttgart 838, Hallberger'sche Vrlsh.**

**BINDER, Gustav: Versuche über die Löslichkeit einiger Mineralien. — 1891. XXXI Bl.** Diss. Graz, Univ.

Binder, Heinrich

**Binder, Heinr.**: Zwischen Bremen u. Helgold. (Ernste u. heitere) Erzählgn u. Novellen. (184) 8° Brem., Bremer Zeitgs-Gesellsch. '12. 2 —

— Neuestes Fremdwörterb. f. Zeitgsleser u. Gewerbetreibende. Neu bearb. 41—50. Taus. (96) 16° Reutl., Ensslin & L. ('12). — 20 d

— Aus meinem stillen Garten. Neue Verse. (Einbd: Gedichte.) (80) kl8° Strassbg, J Singer '12. Pappbd 2 — d

**Binder, Heinr., Gedichte. 8. (III, 104 S.) Dresden 902. E. Pierson. n. 2 —; geb. n. 3. —**

**Binder, Heinr., s.: Gedichte e. vogtländischen Frau aus dem Volke.**

Für Geist und Herz. Skizzen von Heinr. **Binder**. Berlin: Sarganek (1907). 32 S. 8°
(Für Hütte u. Schloss. Nr 16.) [11. 10798

**Binder, Heinr., Junge, Junge, kannst Du lügen!! Seemanns-Humoresken. Illustriert (46 Bilder) v. Erich Wilke. (95 S.) gr. 8. Berlin 910. Verl. d. Lustigen Blätter. 2. —**

— dass. 2. Afl. (100 m. Abb.) gr8° Hambg, F Dörling '12. 1 —; Pappbd (2 —) 1.50 d

Binder, H. Liederklänge aus vier Jahrzehnten, Gedichte. New York, 1895. UC

— u. Nico **Ordemann**: Postbriefkasten f. trübe Stunden: Das lust. Buch. 3. Taus. (136) 8° Berl., J Baum ('12). nn 1.50; geb. nn 2.50 d

**Binder, Heinrich. Religion oder Lüge? Worte zur Mahnung. 64 S. 8. Zürich, Caesar Schmidt, (1904). [fr. 1.25]**

— Schiffahrt u. Seeausdrücke, s.: Miniatur-Bibliothek.

**— Schiffe, die scheitern u. andere Erzählungen. (V, 118 S.) 8. Bremerhaven (905). Schipper, Mooker & Co. n. 2. —**

**— neuestes Seemannsliederbuch. Vollständ. Sammlg. v. ernsten u. heiteren Seemannsliedern. Mit e. Anh. v. Liedern f. das techn. Schiffspersonal. (176 S.) 16. Reutlingen (905). Enßlin & Laiblin. n. — 40**

Aus dem Tagebuche eines Seemanns. Ernstes u. Heiteres aus dem Seemannsleben von Heinrich **Binder**. Berlin: Sarganek [1907]. 32 S. 8° [Umschlagt.]
(Für Hütte u. Schloss. Nr 7.) [11. 10784

Heinrich **Binder**. Aus d. Tagebuche eines Seemanns. Hans Raabe. Für Weib u. Ehre. (Berlin: A. Sarganek [1907].) (32, 31 S.) 8° [Umschlagt. F.]
= **Hütte**, Für, u. Schloss. [Geschenkbände. 2.] [07. 13033

Todesfahrten in fernen Meeren. Aus d. Lehr- u. Wanderjahren e. Seemanns von Heinrich **Binder**. T. 1. 2. (In 1 Bde.) (Berlin: A. Sarganek [1907].) (32, 31 S.) 8° [F.]
2. Die Insel d. Todes. Aber, Herr Leutnant!
= **Hütte**, Für, u. Schloss. [Geschenkbände. 1.] [07. 13034

Todesfahrten in fernen Meeren. Aus d. Lehr- u. Wanderjahren e. Seemannes. Von Heinrich Binder. T. 1. 2. Berlin: Sarganek [1907]. 8° [Umschlagt.]
2. Die Insel d. Todes. – Aber, Herr Leutnant!
(Für Hütte u. Schloss. Nr 9. 10.) [11. 10796

Binder, Helene. Lustiges Allerlei. Mit Erzählgn., Versen, Rätseln u. Spielen. 4. (56 S. m. farb Abbildgn.) [Münch. 890] Nürnb., Stroefer. geb. * 3 —

Binder, Helene (Bearb.), s. A e s o p : Fabeln.

— Blumen-Mägdlein's Auftrag. (Ausgestanzt.) 16. (12 S. m. farb. Randzeichen.) München 890. Nürnberg, Th. Stroefer. n. — 60

Binder, Helene, im Bärenhäuschen u. and. Geschichten, m. (z. Tl. farb.) Bildern v. G. H. Thompson. (32 S.) 31×26 cm. Nürnberg (909). Th. Stroefer. Kart. 3. —

— s.: Bilderbuch, das wunderbare.

Binder, Helene, die Blumen der Elfen. Festspiel f. Schulmädchen m. Gesang u. Reigen in 1 Akt. 8. (40 S.) Berlin 884. Cronbach. n. — 75

— der Elefantenritt. Mit Versen. (Ausgestanzt.) qu. 4. (14 S. m. farb. Abbildgn.) Ebd. 890. n. — 75

— Engelsstimmen. Dichtung. 4. (16 S. m. farb. Illustr.) Ebd. 893. Kart. m. Goldschn. n. 2. 50

Binder, Helene, s.: Aesop's Fabeln.

— Fest-Aufführg. f. Sachsens Schulen u. patriot. Vereine z. 70. Geburtstag (am 23. IV. 1898) u. d. 25jähr. Regierungs-Jubiläum (am 29. X. 1898) d. Königs Albert v. Sachsen. gr. 8. (19 S.) Meißen 898. H. W. Schlimpert. n. 1. —; Textausg. f. Schüler (19 S.) n.n. — 25

[Kopft.:] [F.] ... Friede auf Erden. E. Weihnachtsfeier f. Jungfrauen-Vereine, Oberklassen v. Mädchenschulen u. s. w. ... Von Helene Binder. *Berlin: Zu bez. durch d. Buchh. d. Deutschen Lehrer-Zeitg; (Buchdr. Gutenberg [1895]).* (7 S.) 1 Bd 8. [96. 1907

— u. Marie Jähner, Zum 100jähr. Geburtstag Kaiser Wilhelms I. Schulfeier f. d. 22. III. 1897. Verf. u. zusammengest. 1.—5. Aufl. gr. 8. (16 S.) Berlin 897. Buchh. d. Deutschen Lehrerzeitg. n. — 25

Binder, Helene, allerlei Gesellschaft, s.: Bibliothek, meine.

— s.: Guck! Guck!

Binder, Helene. *Guck Guck!* Ein Bilderschatz für unsere Kleinen. Mit Beiträgen von Cornelie Lechler u. A. München, Th. Stroefer [c. 1900]. 88 S. mit vielen teils ganzseit. Illustr. 4°. Farbig illustr. Orhlwd. 8.—

Binder, Helene: Guck! Guck! Ein (z. Tl farb.) Bilderschatz f. uns. Kleinen. (2. Bd.) 3. Afl. (79) 8° Nürnbg, Th. Stroefer ('11). geb. 3 — d

Binder, Helene, zu Haus' und drauß', s. Bennett, H. M.

— Unsere Hoffnung, Dichtungen. 12. (12 S. m. farb. Abbildgn.) [Münch. 892] Nürnb., Stroefer. * 1 —
Auch u. d. T.: Segenswünsche. Zur Erinnerg. an die Confirmation.

— In Gottes Hut. Gedicht. 12. (8 S. m. 2 farb. Bild.) Nürnberg 895. Th. Stroefer. Mit Goldschn. 1. —; m. Dedikation f. Konfirmanden 1. —

— in Kreuzes Hut ist's allweg' gut. Segenswünsche zur Erinnerg. an die Confirmation. Dichtungen. 12. (9 S. m. farb. Illustr.) München 889. Stroefer. cart. n. 1. —

In Kreuzes Hut ist's allweg' gut. Segenswünsche zur Erinnerg. an die Confirmation. Dichtungen. 12. (9 S. m. farb. Illustr.) [Münch. 892] Nürnb., Stroefer. cart. * 1 —

Binder, H., das kleine lustige Indianerbuch, m. Versen v. B. (44 S. m. farb. Abbildgn. 8. Nürnberg (906). Th. Stroefer. Geb. n. 1. 20

— Katzenmütterchen, s. Stroefer's Bibliothek für's kleine Volk.

— Kinderhort in Bild u. Wort, s: Kleinmichel, J.

— s.: Kinderleben in Wort u. Bild.

Binder, Helene, für die Kinderstube. (32 S. m. z. Tl. farb. Abbildgn.) qu. Lex.-8. Nürnberg (904). Th. Stroefer. Kart. 3. —

— Kindertage in Lust u. Plage, s. a. Plinke, Aug. H.

Kindertage in Lust und Plage. Bilder von August H. Plinke, Kunstmaler, mit Text von Helene Binder. *Langensalza: H. Beyer & Söhne [1903].* (16 Bl.) 4° [F.] [illegible]

— glückliche Kinderzeit, s.: Bennett, H. M.

— für unsere Kleinen. Koselieder, illustr. von L. v. Kramer. gr. 4. (15 Chromolith. m. eingedr. u. 1 Bl. Text.) Stuttgart 886. Thienemann. geb. n. 4. 50

— s. Kleinmichel, J., Kinderhort in Bild und Wort.

Binder, Helene, Komm mit! Ein Bilderbuch m. Erzählgn. u. Versen. gr. 4. (66 S. m. z. Tl. farb. Abbildgn.) Nürnberg (900). Th. Stroefer. Geb. 6. —

— Kunterbunt im Jahresrund, s. a. Plinke, Aug. H.

Kunterbunt im Jahresrund. Bilder von August H. Plinke, mit Text von Helene Binder. *Langensalza: H. Beyer & Söhne [1900].* (13 Bl.) 4° [F.]

— licht sei Dein Pfad durch Himmels Gnad! Segenswünsche zum Geburtstag. Dichtungen. 12. (9 S. m. farb. Illustr.) Ebd. 889. cart. n. 1. —

— Naseweischen u. die drei Bären. Ausgestanzt. qu. 4. (16 S. m. z. Tl. farb. Illustr.) Ebd. 892. n. — 75

— Osterklänge! Ein Osterlied. 4. (16 S. m. farb. Illustr.) Ebd. 893. Kart. m. Silberschn. n. 1. 20

— Plauderstündchen. Eine Festgabe zur Unterhaltg. u. Belehrg. f. Knaben u. Mädchen von 8—12 Jahren. Mit Beiträgen v. Agnes Brauer, Helene Krüger, Lili Freifrau v. Lichtenstern, Emil Wolff u. anderen Kinderfreunden. Ausgestattet m. zahlr. Bildern in Farbendr., Holzschn. rc., sowie m. Mal- u. Zeichenvorlagen u. Glückwunschkarten zum Herausnehmen. 2 Halbbde. gr. 8. (à 176 S.) Ebd. 888. cart. à n. 3. 50; geb. à n. 3. 75; in 1 Bd. cart. n. 6. —; geb. n. 6. 50

Binder, Helene, Plauderstündchen. Eine Festgabe zur Unterhaltg. u. Belehrg. f. Knaben u. Mädchen v. 8—12 Jahren. Mit Beiträgen von E. Dobbert, Helene Krüger, Cornelie Lechler u. anderen Kinderfreunden. Mit reichem Bilderschmucke, ausgeführt in Farbendr., Holzschn. rc. Neuer Bd. in 2 Halbbdn. gr. 8. (à 176 S.) München 891. Nürnberg, Th. Stroefer. Kart. à n. 3. 50; geb. in Leinw. n. 3. 75; in 1 Bd. kart. n. 6. —; geb. in Leinw. n. 6. 50

— dasselbe. Mit Beiträgen v. Agnes Brauer, Helene Krüger, Lili Freifrau v. Lichtenstern, Emil Wolff u. a. Kinderfreunden. Ausgestattet m. zahlreichen Bildern in Farbendr., Holzschn. rc., sowie m. Mal- u. Zeichenvorlagen zum Herausnehmen. 2. Bd. 2 Tle. 2., verb. Aufl. 4. (à 176 S.) Ebd. 893. Kart. à n. 3. 50; geb. in Leinw. à n. 3. 75; in 1 Bd. kart. n. 6. —; in 1 Leinw.-Bd. n. 6. 50

— dasselbe. Mit Beiträgen v. F. Andreae, B. Clément, E. Dobbert u. a. Kinderfreunden. Ausgestattet m. zahlreichen Bildern in Farbendr., Holzschn. u. s. w. 3. Bd. 2 Tle. 4. (à 176 S.) Ebd. 894. Kart. à n. 3. 50; geb. in Leinw. à n. 3. 75; in 1 Bd. kart. n. 6. —; in 1 Leinw.-Bd. n. 6. 50

— Plauderstündchen. E. Festgabe z. Unterhaltg. u. Belehrg. f. Knaben u. Mädchen v. 8—12 Jahren. Mit Beiträgen v. Agnes Brauer, B. Cléments, E. Dobbert u. a. Kinderfreunden. Ausgest. m. zahlr. Bild. in Farbendr., Holzschn. ꝛc. 4. Bd. 2 Tle. 4. (à 176 S.) Nürnberg 896. Th. Stroefer. Kart. à 3. 50; geb. in Leinw. à 3. 75; in 1 Bd. kart. 6. — ; in 1 Leinw.-Bd. 6. 50

— Plauderstündchen. Eine Festgabe zur Unterhaltung u. Belehrung für Knaben u. Mädchen von 8—12 Jahren. Mit Beiträgen von Bertha Clément, Hans Fraungruber, Hermine Hahn u. a. Kinderfreunden. Ausgestattet m. zahlr. Bildern in Farbendr., Holzschn. ꝛc. (V u. VI.) à 2 Tle. 4. (à Tl. 176 S.) Nürnberg 899. 902. Th. Stroefer. Kart. à 3. 50; geb. in Leinw. à 3. 75 in 1 Bd. kart. à 6. —; in 1 Leinw.-Bd. à 6. 50

— Plauderstündchen. Festgabe z. Unterhaltg u. Belehrg f. Knaben u. Mädchen v. 8—12 J. (IV u. V.) 2. Afl. je 2 Tle in 1 Bde. (Je 176 u. 176 m. Abb.) gr8° Nürnbg, Th. Stroefer ('10'12). IIL d. Tl 3.50; L 3.75; IV u. V in je 1 Bd geb. 6 —; bezw. 6.50 d

—— s. Pym, T., Bilder zum Coloriren für unsere Kleinen.

— Rotkehlchen, } s. a. Stroefer's Bibliothek für's kleine Volk.

BINDER. *Rotkehlchen.* Erzählungen und Reime. Bilder von H. M. BENNET [= 4 farb. Chromolithogr. u. zahlr. Textabb.] München c. 1900. Kl.-8°. Chromolithogr. Or.-Karton mit Leinenrücken. (= Stroefer's Bibl.) Reizendes Büchlein. 9.—

— auf Grauschimmels Rücken. Mit Versen. (Ausgestanzt.) 4° (14 m. farb. Abbildgn.) Münch. 90. Ebd. — 75

— Rotkehlchen,
— Spielkameraden, } s.: Stroefer's Bibliothek fürs kleine Volk.

— für's kleine Volk! Ein lustig Buch f. Kinder m. Texten. Enthält 6 Farbendr.-, 16 Tondr.-Vollbilder u. mehr als 100 Text-Illustr. 4. (140 S.) Ebd. 893. Kart. n. 4. 50; geb. in Leinw. m. Goldschn. n. 5. 50

— was der Kuckuck ruft. Ein Bilderbuch mit Erzählgn. u. Versen. Illustr. v. H. M. Bennett. 4. (87 S. m. z. Tl. farb. Illustr.) München 892. Nürnberg, Th. Stroefer. Kart. n. 5. 50

Binder, Helene: Ein Weihnachtsabend, s. Jugend- u. Volksbühne.

Weihnachtsfriede. Zur Weihnachtsfeier f. Oberklassen, Mädchenschulen, Pensionate oder Jungfrauenvereine von Helene Binder. *Berlin: E. Bloch (1898).* (20 S.) 8° [.5.]
— Mädchen-Bühne. H. 10.

— Weihnachtsleid u. Weihnachtsfreud', s.: Mädchen-Bühne.

— wie geht's. (Gedicht, ausgestanzte Katze.) 16° (12 m. Abbildgn.) Münch. 90. Nürnb., T Stroefer. — 65

Binder, Helene: Wie mir, so dir!, s. Jugend- u. Volksbühne.

Binder, Helene, Wo ist das Bild? E. lust. Versteckspiel-Bilderbuch m. Reimen. gr. 4. (18 S. m. Abb. u. 7 farb. Drehbildern.) Nürnberg 898. Th. Stroefer. Kart. 4. 50

— der Wünsche beste zum frohen Feste. 3 Bdchn. 16. (à 5 Bl. m. Illustr.) München 889. Stroefer. cart. In Mappe. n. 1. 50
1. Gott grüße Dich! — 2. Gott schütze Dich! — 3. Gott geleite Dich!

—— Der Wünsche beste zum frohen Feste. 3 Bdchn. 16. (à Bdchn. 5 Bl. m. Illustr.) [Münch. 892] Nürnb., Stroefer. In Mappe * 1 50

— Zeitvertreib. E Bilderbuch m. Geschichten, Märchen, Reimen u. kl. Aufführgn. f. Kinder. gr. 4. (76 S. m. z. Tl. farb Bild.) Nürnberg 895. Th. Stroefer. Kart 3. 50

— D. lustige Zug durch's Bilderbuch. Erzählgn. u. Verse v. B. gr. 4. (66 S. m. z. Tl. farb. Bild.) Ebd. 897. 6. —

**Binder,** Hermann, a. Ulm a. D.: Dio Chrysostomus und Posidonius, Quellenuntersuchungen zur Theologie des Dio von Prusa. Borna-Leipzig 1905: R. Noske. (97 S.) 8°
Tübingen, Phil. Fak., Ref. Schmid, Diss. v. 13. Mai 1905
[Geb. 14. Okt. 77 Ulm; Wohnort: Stuttgart; Staatsangeh.: Württemberg; Vorbildung: Gymn. Straßburg Reife Sommer 95; Studium: Straßburg 1, Göttingen 3, Tübingen 4 S.; Rig. 9. Jan. 05.]

Binder, J., das Evheland m. dem deutschen Togo-Gebiet in Westafrika. Ein Vortrag. 8. (31 S.) Stuttgart 893. J. F. Steinkopf. n. — 40

**Binder,** J.: Tabakbau-Karte für Galizien und die Bukowina. (1:800.000.) Wien 1897.

Binder, J. G., ABC- u. erstes Lesebuch. 8. Stuttg. 817. Sattler. 3 gl.

Binder, J. G., die Anfangsgründe der Algebra, populär vorgetragen. gr. 8. (VI und 290 S.) St. Gallen 856(57,) Huber und Comp.

— die Lehre von den Brüchen, und zwar I. Von den gewöhnlichen Brüchen. II. Von den Dezimalbrüchen, nebst Belehrung über das französ. Maaß-, Gewichts- und Münzsystem, und Angabe des spezifischen Gewichts der wichtigsten Körper, für Schulen und zum Selbstunterrichte. St. Gallen 855. Scheitlin u. Zollikofer. gr. 8. (2 Bl., 60 S.) 5 ngl.

B[inder]. J G . Stadt-St. Gallische Zustände der ältern und neuern Zeit, unter sechs Abtheilungen, wovon vier in Reime gefasst sind. 8. St. Gallen 1860.

Binder, Jakob Friedrich
— Antrittsrede am 4. Dec. 1821. 4. Nürnb, Riegel u. W. 2 gl.

**BINDER**, Jac. Fr.: Bemerkk. zum Entwurfe des Strafgesetzb. München 1822. Auch f. Nichtjuristen brauchbar. *Nürnberg*, Riegel u. Wiessner. 824. gr. 8. (1 Thl. 8 Gr.)

Binder, Jak. Friedr., die Feier d. Grundsteinlegung zu einem Thurme auf d. alten Veste bei Zirndorf, als Andenken an die am 24. Aug. 1632 zwischen Gustav Adolph u. Wallenstein vorgefall. Schlacht. Skizze, Namens d. Committee d. Festes hrsg. (Mit d. Abbild. d. Denkmals.) gr. 8. (2½ B.) Nürnberg 832, Campe.

Binder, J. Friedr., Schluß-Rede bei d. feierl. Legung d. Grundsteins zum Gebäude d. chem. u. mechan. Werkstätten, dann d. Modellen- u. Produkten-Samml. d. polytechn. Anstalt in Nürnberg, gehalten am hohen Namensfeste Ihrer Maj. d. regier. Königin Therese v. Bayern d. 15. Okt. 1835. gr. 4. (1 B.) Nürnberg 836, Riegel u. Wießner. Thlr.

—— das Theater in seiner Entsteh. u. Fortbildung, insbes. als Bildungsanstalt f. d. Menschen betracht. Eine Rede bei d. feierl. Grundsteinleg. z. neuen Theatergebäude in Nürnberg am 30. April 1832 gehalten. gr. 4. (1½ B) Nürnberg 832, Campe.

**Binder,** Jenö, freuet Euch des Lebens. Humoristische Gedichte. Erlauscht, erlebt u. erdacht u. dann in Verse gebracht. (159 S.) 8. Késmárck (Ungarn) (907). (Kaschau, A. Maurer.) 1. 75

Binder, Johann
*Binder*, Jh., († 1. 12. Nov. 1805.) commentat. de politia vet. urbis Romae. C. praef. C. G. Heyne. 8maj. Gött. 792 Vandenhöck u. R. 9 gl.

Binderi, J., Commentatio de politia veteris urbis Romae. Götting. 791. 8. 9 gr.

— methodus inveniendi sinus arcuum. 8. Ticini 791.

— **Johann** (Colmar/Elsass), De pactis usurarum legitimis. Präs. Johann Georg Fichtner. Altdorf (Jod. Wilh. Kohles) Aug. 1703. 40 S. (5.—) 2778
Widm. v.: Präs., Mich. Sonntag, Chph. Aug. Laemmermann, Joh. Fried. Dannreuther (Nürnberg), Ludwig Binder (dtsch.).

Binder, Joh. (Hrsg.), s. Quartalschrift, Siebenbürgische.

Binder, Johs: Das grosse göttl. Universalgesetz d. Wetters, d. Krieges u. d. Seuchen od. e. Ausblick f. d. J. '12. Juli '11. (32) kl8° Ebingen, U Nefflen '11. † — 60 d

Binder, Johann Friedrich von, s. Binder von Krieglstein, Johann Friedrich Frh. von

Binder, Johann Jacob
Binder, J.J. (Red.), s. Alpenpost, Neue.

**Binder, J. J.: Über den Ausbau der Zürcherischen Sekundarschule und die Berufsbildung unserer Töchter. Gekr. Preisschrift. — Zürich: Orell Füßli 1866. 52 S. 8°**

**Binder, J. J.: Über die Bildung der Mädchen fürs Haus, Familie und Beruf. Einleitendes Referat. — Zürich 1868: Herzog. 15 S. 8°**
**Aus: Schweiz. Zeitschrift f. Gemeinnützigkeit. 1868.**

—— le chemin de fer de l'Uetliberg, s.a.l'Europe illustrée.

**Binder, J. J., le chemin de fer de l'Uetliberg. Avec 25 illustr. (gravées sur bois). 8. (82 S.) Zürich 878. Orell, Füssli & Co. Verl. n. — 50**

Binder, J. J., das Passionsspiel im Oberammergau. Kulturhistor. Skizze. 40 Seiten. 12. Zürich, S. Höhr. 1871 —. 75

**Binder, J. J., Küsnacht's Unglück in zwei Jahrhunderten 1778—1878. gr. 8. (11 S. mit 7 photolithogr. Illustrat.) Zürich 878, Orell, Füßli und Comp.** *

Binder, J[ohann] J[acob]. Küsnacht's Unglück in zwei Jahrhunderten. 1878–1778. Mit 3 Illustrationen von J[ohann] Weber und einer photo-lithographischen Nachbildung [Doppeltafel] von 4 Kupferstichen von (J[ohann] J[acob]) Aschmann. 3. Aufl. 8. Zürich 1878.

[Binder, Johann Jacob.] L'Utliberg près Zurich. Avec 16 illustrations [dont 2 planches]. (L'Europe illustrée. № 2.) 8. Zurich s. d. [1886 189 ].

**Binder, J. J., die Uetliberg-Bahn, s.a. Wanderbilder, europäische.**

Binder, J[ohann] J[acob]. Die Uetliberg-Bahn. Mit 25 Illustrationen [wovon 6 Tafeln]. (Illustrirte Wanderbilder. N° 2.) 8. Zürich [1877].

Binder, J[ohann] J[acob]. Die Uetliberg-Bahn. Mit 24 Illustrationen [wovon 5 Tafeln] von J(oh[ann]) Weber und E[mil] F[riedrich] Graf. 2. Aufl. (Europäische Wanderbilder. N° 2.) 8. Zürich [1881].

[Binder, Johann Jacob.] Le voyage à Notre-Dame-des-Ermites <Einsiedeln> en Suisse. Avec 16 gravures [dont 6 planches]. (L'Europe illustrée. № 24.) 8. Zurich, Paris, (Londres) [1882].

Binder, J[ohann] J[acob]. Die Wädensweil-Einsiedeln-Bahn. Mit 20 Illustrationen [wovon 6 Tafeln]. (Illustrirte Wanderbilder. № 5.) 8. Zürich [1877]. Orell, Füssli

[Binder, Johann Jacob.] Die Wädensweil-Einsiedeln-Bahn (° *Umschlag:* Der Wallfahrtsort Einsiedeln). Mit 12 Illustrationen [wovon 4 Tafeln, nebst 1 Karte]. (Europäische Wanderbilder. № 5.) 8. Zürich *o. J.* [189 ].

Binder, Johannes Karl: Über eine gewisse Abbildung zweier Rotationshyperboloide aufeinander. *[Dresden] 1900: [Albanus].* (81 S.) 8°
Leipzig, Phil. Diss. v. [4. Mai] 1900

Binder, Johannes, s. Binder, Johann

Binder, Josef: Geschichte des Waldwesens der Stadt Hermannstadt. – Hermannstadt 1909.

**Binder, Jos., Instruktion für die Anfertigung der forstwirthschaftlichen Betriebspläne. [Hrsg. vom k. ungar. Ministerium für Ackerbau, Industrie und Handel Z. 23374 ex 1880.] Ins Deutsche übers. und mit Erläuterungen versehen. gr. 8. (57 S.) Hermannstadt 881, (Michaelis.)** *

Binder, Josef Julius
*Binder Dr. J. J.:* Die Bergwerke im römischen Staatshaushalte. 22, 33. Laibach R. 80, 81. Progr.

**Binder, Jos. Jul., Geschichte der k. k. Staats-Oberrealschule in Laibach. Festschrift zur Feier des 50jähr. Bestandes. Hrsg. v. der Direktion. gr. 8. (193 S. m. Abbildgn. u. 10 Taf.) Laibach 902. (I. v. Kleinmayr & F. Bamberg.) n. 4. 80**

Binder, Jos. Jul., Laurion. Die att. Bergwerke i. Alterthum. Progr. gr. 8. (54 S. m. 1 Karte u. 4 Taf.) Laibach 895. (O. Fischer.) n. 1. 25

— Mykenae u. Troja. N. d. im krain. Lehrervereine geh. Vorträgen. [Aus: „Laibacher Schulzeitg."] gr. 8. (27 S. m. Abb.) Ebd. 896. n. — 50

**Binder, Jos. Jul., Tacitus u. die Geschichte des römischen Reiches unter Tiberius in den ersten 6 Büchern ab excessu divi Augusti. gr. 8. (V, 103 S.) Wien 880. Lechner's Verl. n. 4. —**

Binder Josef Ueber Tacitus und Tiberius als Beitrag zur Kritik tacitscher Geschichtsschreibung. Diss. Wien, Univ. 1876 PN 51

**Binder**, Julius, Dr. beider Rechte u. d. Staatswiss.: **Begriff und Fälle der passiven Solidarobligationen im römischen Recht.** *Naumburg a. S. 1898: Lippert & Co.* (IV, 164 S.) 8° ¶(Erscheint vollst. bei Deichert in Leipzig u. d. T.: Die Korrealobligationen im röm. u. im heutigen Recht.
Würzburg, Jur. Hab.-Schr. v. 1898

**Binder, Jul., s.: Beiträge zur Auslegung des bürgerlichen Gesetzbuches.**

**Binder, Jul., d. Formationsverordngn. u. sonst. allgem. Zuständigkeitsnormen d. bayerischen Verwaltungsrechts. M. Anmerkgn. u. e. Sachreg. 8. (V, 125 S.) Würzburg 896. Gnad & Co. Kart. n. 1. 80**

**Binder, J, d. subjectiven Grenzen d. Rechtskraft. 8° (110) Lpzg 95. A Deichert Nf. 2 —**

Die Korrealobligationen im römischen und im heutigen Recht. Von Dr. Julius **Binder.** *Leipzig: A. Deichert 1899.* (X, 610 S.) 1 Bd 8. [98. 9744

**Binder**, Julius [Rechtspraktikant]: Zur Lehre von den subjektiven Grenzen der Rechtskraft .. Leipzig, A. Deichert Nachf., 1894; 2 Bl., 68 S. 8.
Würzburg, Jur. Fak., Inaug.-Diss. v. 1894

**Binder, Jul., die Plebs. Studien zur röm. Rechtsgeschichte. (XIX, 630 S.) gr. 8. Leipzig 909. A. Deichert Nachf. 15. —**

Das Problem der juristischen Persönlichkeit. Von Dr. Julius **Binder**, Prof. Leipzig: A. Deichert 1907. (146 S.) 8° [07. 13137

Binder, Jul.: Rechtsnorm u. Rechtspflicht. Rede. Erweit. Ausg. (18) gr8° Lpzg, A Deichert Nf. '12. 1 —

**— die Rechtsstellung des Erben nach dem deutschen bürgerlichen Gesetzbuch. I. Tl. gr. 8. (V, 217 S.) Leipzig 901. A. Deichert Nachf. n. 5. 40**

**— die Rechtsstellung des Erben nach dem deutschen bürgerlichen Gesetzbuch. II. u. III. Tl. gr. 8. Leipzig, A. Deichert Nachf. n. 17. — (Kplt. n. 22. 40.)**
II. (V, 250 S.) 903. n. 6. —
III. (V, 471 S.) 905. n. 11. —

Binder, K. L. E., der praktische Bauer. Gute, wohlmein. Ratschläge f. den kleinen u. mittleren Bauer in Haus u. Hof, f. Feld u. Wiese, Garten u. Wald, f. Stall, Scheune u. Keller u. s. w., nebst Belehrgn. üb. besonders häufig vorkomm. gesetzl. Bestimmgn. u. Pflichten, üb. die Verfassg. v. Gesuchen u. s. w. (Ausg. f. Deutschland.) (226 S. m. Abbildgn.) 8. Klagenfurt (910). (Buch- u. Kunsth. des St. Josef-Vereins.) 1.20; geb. 1.80

Binder, Karl, Oberst, Lehrer an der k. u. k. Kriegsschule. Heerwesen. Studienbehelf für den ausschliesslichen Gebrauch der k. u. k. Kriegsschule. (Mit 90 Tabellen in 1 Fol.-Bd.) (2 Bde.) 8. Wien 1890.

Binder, Karl: Palais u. Irrenhaus, s. Kaiser, Friedrich

Binder, Ludwig Der Lehrplan der ungarischen Staatsgymnasien und die ihn betreffenden Instruktionen. I. Aus dem Magyarischen übersetzt. 4 (S. 3—57). II. (Schluſs). 4 (S. 3–52). Progr.
Ev. G. A. B. u. damit verbund. Lehranstalten *Mediasch* 1894. 1895.

Binder, Ludw.: Üb. Wärmeübergang auf ruhige od. bewegte Luft sowie Lüftg u. Kühlg elektr. Maschinen. (5, 112 m. Abb.) gr8° Halle, W Knapp '11. 5.70

Binder, Dr. Matthäus Josef, Ansprache, gehalten in der General-Versammlung des Diöcesan-Cäcilien-Vereines am Donnerstag den 10. October 1889 im bischöflichen Concurssaale. 8. (8 S.) In Comm. —.12
St. Pölten: Gregora 1889

Binder, Matthäus Jos. — Feier der dogmatischen Entscheidung bezüglich der unbefleckten Empfängniß der seligsten Jungfrau und Gottesmutter Maria, wie sie in der Diözese St. Pölten gehalten worden. Dargestellt von — —. Mit Genehmigung des hochwürdigsten bischöflichen Ordinariates. (Der Reinertrag ist dem Kirchlein zu Neuhaus gewidmet.) St. Pölten, 1856. Gedruckt bei A. Pichlers Witwe & Sohn. In Kommission bei Passy und Sydy. (IV. 200 S. 8.)

Binder, M. J., u. A. Kerschbaumer, katholische Fest- u. Gelegenheits-Reden nebst mehreren Predigt-Skizzen. Wien 866. Sartori. gr. 8. (2 Bll., 204 S.) 18 ngr.

Binder, Matthäus Jos., praktisches Handbuch des katholischen Eherechts für Seelsorger im Kaiserthume Oesterreich. Mit einer reichlichen Sammlung von Formularien. (In 5 Heften.) St. Pölten 857, 58. Passy u. Sydy in Comm. gr. 8.
1. Heft: Vom kirchlichen Aufgebote der Ehe. Prakt. Erläuterung der diesfälligen Bestimmungen des kirchlichen u. bürgerlichen Ehegesetzes für die Katholiken des Kaiserth. Oesterreich. Zum Gebrauch für Seelsorger. Mit zahlreichen Formularien. (3 Bl., 85 S.) n. 10 ngr.
2. Heft: Von dem Sponsalien-Rechte. Prakt. Commentar rc. (2 Bl., 116 S.) n. 13 ngr.
3. Heft: Die Lehre von den Ehehindernissen. (3 Bl., 400 S.) n. 26 ngr.

Binder, Dr. Matthäus Josef, Praktisches Handbuch des katholischen Eherechtes. Für Seelsorger im Kaiserthume Oesterreich. Dritte Auflage. Nach den neuesten kirchlichen und staatlichen Gesetzen umgearbeitet von Dr. Josef Scheicher. Gr.-8. (XII, 458 S.) 3.60, in Hlbfzbd. 4.68
Freiburg, Wien: Herder 1887.

Binder's, Matthäus Jos., praktisches Handbuch d. katholischen Eherechtes. Für Seelsorger im Kaiserth. Oesterreich. 4., m. den neuesten kirchl. u. staatl. Gesetzen in Einklang gebrachte, verm. u. vielfach umgearb. Aufl. v. Jos. Scheicher. gr. 8. (XII, 531 S.) Freiburg i/B. 891. Herder. n. 6. —; geb. in Halbfrz. n. 7.80

—— Predigten, Homilien u. Ansprachen. Hrsg. v. Ant. Dobner v. Dobenau. 17 Hefte. gr. 8. (1. Bd. 519 S.; 2. Bd. 579 S. m. 1 Bild.) St. Pölten 891,92, (Gregora). à Lfg. * — 60; * 10 20

Binder, Dr. Matth. Jos. (Bischof v. St. Pölten), Predigten, Homilien und Ansprachen. Herausgegeben von Anton Dobner von Dobenau. I. Complet. Gr.-8. (515 S.) 4.80
Wien: Kirsch 1892

Binder, Max, das neue Prozeß- u. Kostenrecht, s.: Rieß, Ernst.

Binder, Moritz Julius: Studien zur Entwickelungsgeschichte des Malers 'Jan Scorel'. Mainz 1908: Falk. 52 S. 8°
Tübingen, Phil. Diss. v. 17. Okt. 1908, Ref. v. Lange
[Geb. 17. März 77 Stuttgart; Wohnort: Tübingen; Staatsangeh.: Württemberg; Vorbildung: Gymn. Büdingen Reife Aug. 05; Studium: Berlin 2, Wien 3, Tübingen 1 S.; Coll. 5. Aug. 08.] [U 09. 3950

Binder, Nikolaus (Bergedorf)
Dissertatio juris Germanici inauguralis de statu rusticorum servili eiusque probatione.
Giessae 29. Okt. 1765: Jo. Jak. Braun. 40 S. 4°
pro licentia summos in utroque jure honores rite legitimeque capessendi

Binder, Osc., über die Bedeutung der Sehnenreflexe für die Diagnose der Erkrankungen des Centralnervensystems. Inaugural-Dissertation. gr. 8. (22 S.) Tübingen 884, (Fues'sche Sort.-Buchh.) *

Binder, Otto, a. Heilbronn: Die Abfassungszeit von Senekas Briefen. Tübingen: J. J. Heckenhauer Komm. 1905. (62 S.) 8°
Tübingen, Phil. Fak., Ref. Gundermann, Diss. v. 21. Sept. 1905
[Geb. 10. April 76 Heilbronn; Wohnort: Tübingen; Staatsangeh.: Württemberg; Vorbildung: Gymn. Heilbronn Reife M. 00; Studium: Bonn 2, Berlin 2, Tübingen 6 S.; Coll. 3. Aug. 05.]

Binder, Pant., die astronomische Uhr im Strassburger Münster. Gedicht in allemannischer Mundart. Mit Abbildg. 27 Stn. 8. Zürich, J. Weber. 1871 1. —

Binder, Paul, neues tabell. Handbuch f. Banquiers u. Kaufleute. gr. 8. Leipz. 815. Köhler. 1 ₰ 3 gr. Schrvp. 1 ₰ 18 gr.

— Wiener Courstabellen, nach Logarithmen berechnet. 8. Bautzen 811.

Binder, Paul. Tabellarische Uebersicht des Werthes des Kassenbillets. 8°. Bautzen 1813.

— Wechselarbitragen rc. 2 Thlr. gr. 8. Wittenb. 817, 18.

Binder, Philipp Friedrich, s. Binder, Franz Philipp Friedrich

Binder, Robert, s. Deutschland und die Deutschen.

Binder, Robert, s. Eisenbahn, Deutsche.

Binder, Rob., s. Gewerbeblatt für das Königr. Sachsen.

Binder, Robert, s. Gewerbe-Zeitung, Deutsche.

Binder, Rob. (Hrsg.), s. Industrie-Zeitung, Deutsche.

Binder, Rob. (Hrsg.), s. Industrie-Zeitung, Sächsische.

Binder, Romanus, aus Schwerin a. W.: Die konservative Behandlung der Coxitis u. ihre Resultate, insbesondere die Conservativbehandlung mittels portativer Apparate. *Würzburg 1900: A. Boegler.* (22 S.) 8°
Würzburg, Med. Diss. v. 1900

Binder, Rudolf: Ueber Wielands Auffassung der szenischen Darstellung der „Acharner" des Aristophanes im Lichte der neueren Forschungen über das griechische Theater. Skizze. XVII S. 8. Progr.
K. k. Staats-Gymn. *Bregenz* 1909.

Binder, Rudolf, s. Cameron, Mrs., Sophie.

Binder, Rud., über d. Emancipation der Schule. Eine Zeitfrage, aus d. Idee der Schule u. nach Maßgabe der vorliegenden Wirklichkeit beantwortet. 8. (2⅓ B.) Ulm 844. [Adorf, Müller.]

Binder, Rud., über die Emancipation der Schule. Eine Zeitfrage, aus der Idee der Schule und nach Maßgabe der vorliegenden Wirklichkeit beantwortet. 8. Ulm 844, Seitz. 1/8 ℔

— der schiffbrüchige Knabe, s. Hofland.

Binder, Rud., Schiller im Verhältniß zum Christenthum, s. Fr. v. Schiller's sämmtliche Werke, Supplement.

Binder, Rudolf, s. Senden, G. H. v.: Geschichte der Apologetik.

Binder, Rudolf J.: Joh. Nep. Vogl u. d. österreich. Ballade, Phil. Diss. Prag 1906/07.

Johann Nepomuk Vogl und die österreichische Ballade von Dr. phil. Rudolf J. Binder. Prag: C. Bellmann 1907. (92 S.) 8°
— Studien, Prager Deutsche. H. 6. [07. 16098]

Binder, S., praktischer Lehrgang f. den Sprachunterricht, auf Grundlage d. Normallehrplanes methodisch geordnet u. auf die einzelnen Monate d. Schuljahres vertheilt. Mit besond. Rücksicht f. einklass. Schulen bearb. 8. (47 S.) Wien 884. Perles. n. 1. —

— Sprachbilder. Aus Goethe's Werken gesammelt. Für den deutschen Sprachunterricht an Volksschulen methodisch geordnet. gr. 8. (VIII, 60 S.) Wien 885. Bermann & Altmann. n. 1. 20

Binder, S., Sprachbilder. Aus Goethe's Werken gesammelt. Für den deutschen Sprachunterricht an Volksschulen methodisch geordnet. gr. 8. (VIII, 60 S.) Wien 885, (Perles.) *

Binder, S[idonie]: Weibliche Ärzte. Eine Studie. 2. Taus. — Stuttgart: Göschen 1892. 80 S. 8°

1. Tausend: 1892. 3. Taus.:1892.

Binder, Simon —. Der Freund meines Großvaters, oder Zeitvertreib für Winterabende. Von — —. Leitmeritz. 1855. Druck von C. W. Medau. (36 S. 8.)

BINDER, Simon
Die Hegemonie der Prager im Husitenkriege. Von P. Simon Binder. I. Theil. Prag. 1901. Rohlíček & Sievers. Gr.-8°. 153 S. K 2.—
Prager Studien aus dem Gebiete der Geschichtswissenschaft. Im Vereine mit den andern Fachprofessoren der Geschichte. Herausgegeben von Dr. A. Bachmann, mit Unterstützung des hohen Ministeriums für Cultus und Unterricht. Heft VIII.

Binder, P. S., Die Hegemonie der Prager im Husitenkriege. 2. Teil. [Prager Studien aus dem Gebiete der Geschichtswissenschaft. Heft 9.] Gr.-8°. (140 S.) Ebda. 1903 K 2.—

Binder, Simon: Die Hegemonie der Prager im Hussitenkriege. Diss. Prag 1905/06.

Binder, Th., Die Hygiene d. geschlechtl. Lebens. gr. 8. (84 S.) Berlin 897. H. Steinitz. n. 2. —

Binder, Th., die Hygiene des geschlechtlichen Lebens. 2. verb. Aufl. (87 S.) gr. 8. Berlin (904). H. Steinitz. n. 2. —

Binder, Traug., d. Gelübde. — D. Lothringer, s.: Nimm u. lies.

Binder, Vict., 26 mal 52 Fragen und Antworten zu den 2 mal 52 biblischen Geschichten des calwer Verlagsvereins für Schulen und Familien. Nebst einem Gesellschaftsspiel (in gr. Fol.) 8. (111 S.) Ludwigsburg 860, (Riehm.) *

Binder, Vict., 26 mal 52 Fragen und Antworten zu den 2 mal 52 biblischen Geschichten des Calwer Verlagsvereins für Schulen und Familien. Nebst einem Gesellschaftsspiel. 860. (111 S.) — 2. verb. Aufl. Basel 863. Balmer & Riehm. 8. (VIII, 96 S. u. 1 Tab. in Fol.) n. 8 ngr

Binder, Viktor, illustrirter Spruch- u. Liederschatz für Jung u. Alt. Ein Beitrag zur Wiedergewinnung e. festen gemeinsamen Gedächtnißschatzes von Sprüchen u. Liedern für evangel. Schulen u. Familien hrsg. Mit 97 Holzschn. (im Text). Stuttgart 866. J. F. Steinkopf in Comm. 8. (208 S.) n. 10 ngr

Binder, Wenzel J., das blinde Kind in der Volksschule der Sehenden. gr. 8. (19 S.) Wien 883, (Kirsch.) *
Aus: Christlich-pädagogische Blätter, besonders abgedruckt.

Binder Wilhelm: Neue Axenconstructionen eines durch 5 beliebige Bedingungen gegebenen Kegelschnittes nach projectivischer Methode. 16. Wiener-Neustadt R. 92. Progr.

Binder, Wilh., s.: Briefe v. Dunkelmännern.

— Die cotierte Darstellung auf einer Bildebene. (Mit 2 Fig. Taf.) Nebst einem Vorschlage zur einheitlichen Bezeichnung in der darstellenden Geometrie. (27. 12). ibd. 97. 98. Progr.

Binder, W., Flores aenigmatum latinorum, s. Flores.

Binder, Wilh., flores aenigmatum latinorum. — Blumenlese von 400 lateinischen Räthseln, Charaden, Logogriphen, Anagrammen u. verschiedenen anderen Aufgaben mit ihren Auflösungen. Im Anhange 200 Xenien. Stuttgart 857. Metzler. 16. (IV, 143 S.) n. 12 ngr

Binder, (Christian) Wilhelm. Geschichte der Stadt und Landschaft Biel in ihrem Zusammenhange mit der Geschichte der Eidgenossenschaft: ausgearbeitet durch Ch' W' Binder. 3 Bändchen. 8. Biel 1834.

Binder, Wilh., Geschichte des philosoph. u. revolutionären Jahrhunderts mit besond. Rücks. auf d. Gestaltung der kirchl. Zustände. 7 Lfgn. (2 Bde.) 8. (54¼ B.) Schaffhausen 844, 45, Hurter'sche Buchh. à Lfg. * 15 Ngr. *

Binder, Wilh., Geschichte des philosophischen u. revolutionären Jahrhunderts m. bes. Rücksicht auf die Gestaltung der kirchl. Zustände. Neue unveränd. Ausg. 1—3. Lfg. gr. 8. (1. Bd. 440 S. u. 2. Bd. S. 1—64.) Schaffhausen 847, Hurter. (à Lfg. n. 7/12 ℔) n. 1¾ ℔

Binder, W(ilh.), Geschichte der französischen Revolution von 1789. Aus den Werken von Mignet, A. Hugo, Carlyle zusammengestellt. 1. Heft. gr. 8. (S. 1—64. mit 2 Stnt.) Heilbronn 851. (Stuttgart, Sonnewald'sche Buchh.) Thlr. *

Binder, Dr. Wilh., Dr. Carl Haas u. die unredlichen unter seinen Gegnern. Nebst einigen gelegenheitlichen Blicken in d. protestant. Treiben unserer Tage. 8. (7½ B.) Leipzig 844. Herbig.

— der deutsche Horatius, s. Horaz.

Binder, (Chr.) Wlh., s. Horaz lyrische Gedichte.

*Binder*, (Chr.) Wlh., s. *Horatii* Opera.

(— —) Hurter durch sich selbst u. seine Gegner geschildert. gr. 8. Augsburg 1845, Kollmann. 25 Ngr. — 1 fl. 21 kr.

— siehe: v. Keller, Joh. Bapt., erster Bischof v. Rothenburg.

Binder, Wilh., der Krieg gegen Rußland in den Jahren 1853—1856. Erzählt von etc. Heilbronn 856. (Claß.) 8. (1 Bl., 200 S.) 10 ngr

—— d. Krieg geg. Russland 1853—56. 8. (200) Heilbr. 56, (Schmidt.) — 7½

Binder, W. Der Krieg gegen Russland 1853—1856. (200.) 8. Heilbronn 1857. 1.00.

Binder, Wilh., Lichtfunken und Pfefferkörner oder nichtofficielle Gedanken eines Deutschen über Recht, Staat, Kirche, Wissenschaft und Menschenleben. 1. Aufl. und 2. (Titel-)Ausg. gr. 16. (III und 124 S.) Stuttgart (857)60, Fischhaber.

Binder, Wilh., Lichtfunken und Pfefferkörner. Nicht offizielle Gedanken eines Deutschen über Weltgang und Menschenleben. 2., umgearb. und verm. Aufl. gr. 16. (III und 181 S.) Dürrmenz-Mühlacker 867. (Ludwigsburg, Gileß.) *

Binder, Wilhelm, appr. Arzt a. Bergsulza: ⟨Aus der Augenklinik zu Jena⟩. Über die in der Augenklinik zu Jena während der Jahre 1901—1905 vorgenommenen Magnetoperationen. Jena 1905: H. Costenoble. (29 S.) 8°
Jena, Med. Fak., Ref. Wagenmann, Diss. v. 2. Okt. 1905
[Geb. 16. April 80 Sondheim v. d. Rh.; Wohnort: Bergsulza; Staatsangeh.: Sachsen-Weimar; Vorbildung: Gymn. Weimar Reife O. 00; Studium: Jena 6, Leipzig 2, Jena 2 S.; Coll. 31. Juli 05; Approb. 1. Mai 05.]

— medulla proverbiorum latinorum. Schatzkästlein lateinischer Sprichwörter aus den Werken römischer Classiker und der vorzüglichsten neueren Latinisten mit durchgängiger Beifügung der sinnverwandten deutschen Sprichwörter. Stuttgart 856. Metzler. 16. (IV, 160 S.) n. 12 ngr

Binder, Wlh, Fürst Clemens v. Metternich und sein Zeitalter. Eine geschichtl.-biograph. Darstellung. Mit dem in Stahl gestoch. Portrait des Fürsten. 8. Ludwigsburg 836. (Hamburg, Berendsohn.) 1½ rf — N. Ausg. 2 rf

Binder, Wilh., Fürst Clemens v. Metternich u. sein Zeit-Alter. Eine geschichtl.-biograph. Darstell. Mit dem in Stahl gestoch. Portr. d. Fürsten. 8. (16½ B.) Ludwigsburg 836, Nast'sche Bh.

—— Fürst Clemens Metternich u. sein Zeitalter. Biograph.-geschichtl. Darstellung. 3., umgearb. u. verm. Ausg. gr. 8. (20⅞ B.) Schaffhausen 845, Hurter'sche Buchh.

—— Peter der Grosse, Alexjewitsch u. seine Zeit. Nach den vorzügl. Quellen bearb. gr. 8. (21 B.) Reutlingen 844, Kalbfell-Kurtz.

— Über Planeurven vierter Ordnung vom Geschlechte p = 1 und ihre typischen Formen. (Mit 8 Fig. Taf.) 64. ibd. 93. Progr.

Binder, Wilh., Das Problem der 4 Punkte im Sinne der neueren Geometrie. (Sitzb. d. k. Akad. d. Wissensch. 83. Bd. II. Abth. 1881. März.) gr. 8. (8 S. mit 1 Tafel.) geh. In Comm. 25 kr. Wien: Gerold 1881

Binder, Wilh., über Projectiv-Construction der Curven II. Ordnung. [Aus: „Sitzungsber. d. k. Akad. d. Wiss."] Lex.-8. (7 S. m. 1 Steintaf. in 4.) Wien 880. (Gerold's Sohn.) n.n. — 50

Binder, Prof. Dr. Wilh. (Convertit), der Protestantismus in seiner Selbstauflösung. Eine theolog.-politische Denkschrift. 2 Bde. 8. Schaffhausen, bei Hurter, 1843. — 2¼ Thlr. — 3 fl. 45 kr.

—— der Protestantismus in seiner Selbstauflösung. Eine theolog.-polit. Denkschrift in Briefen. 2 Bde. 2., durchges. Aufl. 8. (43 B. u. B's Bildn.) Schaffhausen 846, Hurter'sche Buchh.

Binder, Wilh., Meine Rechtfertigung u. mein Glaube. Ein abgedrungenes Wort. Regensburg, Manz, 1845, 8°, 60 Pf.

—— meine Rechtfertigung u. mein Glaube. Ein abgedrungenes Wort. 12. (2⅞ B.) Augsburg 846, Kollmann'sche Bh.

— Das graphische Rückwärtseinschneiden (Stationieren) als praktische Messtischoperation. 17. ibd. 89. Progr.

Binder, Wilh., Sprichwörterschatz der deutschen Nation. Aus mündl. u. schriftl. Quellen gesammelt; nebst sprachl. sachl. u. geschichtl. Erläutergn. gr. 8. (XIV, 224 S.) Stuttgart 874. Schaber in Comm. n. 3. 60

Binder, W., Die Tangentenprobleme d. Kreis-Epicycloide m. Doppelpunkt. [Aus: „Sitzungsber. d. k. Akad. d. Wiss."] gr. 8. (14 S. m. 2 Taf.) Wien 898. (C. Gerold's Sohn.) n. — 70

— Theorie d. unicursalen Plancurven 4. b. 3. Ordng. in synthet. Behandlg. M. 65 Fig. i. Text u. a. 2 Taf. gr. 8. (XI, 396 S.) Leipzig 896. B. G. Teubner. n. 12. —

—— novus thesaurus adagiorum latinorum. Lateinischer Sprichwörterschatz. Die bis jetzt reichhaltigste Sammlung von latein. Sprichwörtern und sprichwörtlichen Redensarten, aus den classischen Schriftstellern der Römer und den Werken der bedeutenderen neueren Latinisten, mit möglichst genauer Angabe der Quellen und durchgängiger Beifügung der sinnentsprechenden deutschen Sprichwörter. 8. (XV und 403 S.) Stuttgart 861, Fischhaber. *

— novus thesaurus adagiorum latinorum. Lateinischer Sprichwörterschatz. Die bis jetzt reichhaltigste Sammlung von latein. Sprichwörtern u. sprichwörtlichen Redensarten, aus den classischen Schriftstellern der Römer u. den Werken der bedeutendern neuern Latinisten mit möglichst genauer Angabe der Quellen u. durchgängiger Beifügung der sinnentsprechenden deutschen Sprichwörter. 2. Ausg. Stuttgart 866. Fischhaber. 8. (XV, 403 S.) 2 rf

—— novus thesaurus adagiorum latinorum. Lateinischer Sprichwörterschatz. Die bis jetzt reichhaltigste Sammlung von latein. Sprichwörtern und sprichwörtl. Redensarten, aus den class. Schriftstellern der Römer und den Werken der bedeutendern neuern Latinisten mit möglichst genauer Angabe der Quellen und durchgängiger Beifügung der sinnentsprechenden deutschen Sprichwörter. 2. (Titel-)Ausg. 8. (XV und 403 S.) Stuttgart (861)68, Fischhaber.

— über Timon den Misanthropen. (Gymnas.-Programm.) Ulm 856. (Tübingen, Fues' Sortbdlg.) gr. 4. (1 Bl., 26 S.) n. 7½ ngr

— die Undulationen ebener Curven $C^4_6$. (I. Mitteilg.) [Aus: „Sitzungsber. d. k. Akad. d. Wiss."] gr. 8. (28 S. m. 12 Taf.) Wien 897. (C. Gerold's Sohn.) n. 1.40

— dasselbe. (II. Mitteilg.) [Aus: „Sitzungsber. d. k. Akad. d. Wiss."] gr. 8. (18 S. m. 4 Taf.) Ebd. 898. n. — 80

—— der Untergang des polnischen Nationalstaates pragmatisch entwickelt. 2 Bde. gr. 8. Stuttgart, Hallberger'sche Vrlsbuchh. [1. (21 B.) 843., 2. (16⅞ B.) 44. à 1⅙ Thlr.]

—— alemannische Volkssagen, Geschichten u. Mährchen. Gesammelt u. neu erzählt. 2 Bde. gr. 8. Stuttgart, Cast'sche Buchh. [1. (18⅞ B. u. Titlstahlst.) 842, 1 Thlr. 3¾ Ngr., 2. (19¾ B. u. Titlstahlst.) 43, 26¼ Ngr.]
Neue Ausg. u. d. T.:
—— schwäbische Volkssagen, Geschichten u. Mährchen. Gesammelt u. neu erzählt. 2 Bde. 8. (37⅞ B.) Stuttgart 845. [Frankfurt a. M., Jos. Baer.]

—— s. Wörterbuch der Handels- und Geschäftssprache.

*Binder W.*: Die Centralprojection als Hilfsconstruction in der Orthogonalprojection. Mit einem Vorworte über die Stellung der darst. Geometrie im Lehrplane der allgemeinen Mittelschule. 31. Wiener Neustadt R. 81. Progr.

Binder, Wilh., die Centralprojection als Hilfsconstruction in der Orthogonalprojection. Nebst einer Vorrede über „die Stellung der darstellenden Geometrie im Lehrplane der allgemeinen Mittelschule". Mit 1 lith. Taf. gr. 8. (45 S.) Wien 882. Braumüller. n. 2. —

Binder von Krieglstein, C. Frh., s. Binder von Krieglstein, Karl Frh.

Binder-Krieglstein, Eugen Frh. von
Binder-Krieglstein, E. Reichsfrhr. v., s. a. Krieglstein, Eug.

Die Kämpfe des Deutschen Expeditionskorps in China und ihre militärischen Lehren. Dargest. vom Kriegsberichterstatter E[ugen] Br Binder-Krieglstein. Mit 10 Skizzen u. 1 Uebersichtskarte. *Berlin: E. S. Mittler & Sohn 1902.* (X, 273 S.) 8° [F.] [o. 8911]

Aus dem Lande der Verdammnis von Eugen Krieglstein ⟨E. Reichsfrh. v. Binder-Krieglstein⟩. Berlin: Vita (1909). 347 S. 8° [09. 6863]

Aus dem Lande der Verdammnis von Eugen Krieglstein. ⟨E. Reichsfrh. v. **Binder**-Krieglstein.⟩ 2. Aufl. Berlin-Ch.: Vita (1910). 347 S. 8° [10. 5005 11

Zwischen Weiß und Gelb. Neue Erzählungen aus d. Lande d. Verdammnis. Von Eugen Krieglstein ⟨E[ugen] Reichsfrh. v. **Binder**-Krieglstein⟩. Berlin-Ch.: Vita (1909). 335 S. 8° [10. 7013

Zwischen Weiß und Gelb. Neue Erzählungen aus d. Lande d. Verdammnis. Von Eugen Krieglstein ⟨E[ugen] Reichsfrh. v. **Binder**-Krieglstein⟩. 2. Aufl. Berlin-Ch.: Vita (1909). 335 S. 8° [10. 8439 11

**Binder** v. Kriegelstein, Joh. Friedr. Frh. v. (Hrsg.), s. Aufrichtig, Gottlob: Die wandernden Genies.

**Binder** v. Krieglstein, Johann Friedrich Frh., s.a. Briefe moral. Inhalts.

BINDER von Kriegelstein Johann [Friedrich] Ferdinand. Briefe moralischen Inhalts über Gegenstände der Naturlehre. Hrg. v. - Wien 1782.

**Binder** v. Krieglstein, Johann Friedrich Frh., s. Gedichte.

**HEXENTANZ,** Der, ein Gedicht (von *Johann Friedr.* Frhrn. *Binder v. Krügelstein*). O. O. u. J. (ca. 1786). Sehr selten! Anon.-Lex. II. p. 283 (nach Meusel).

**Binder von Kriegelstein, Friedrich.** Hinterlassene kleine Schriften. Wien u. Prag 1783. H: *Schlittersberg, Aug. Veit von.* (KY 1/275) (Bespr. Realzeitung 1783, Nr. 27, S. 425/7; Nr. 34, S. 532/533) (Fideicommissbl. Wien 2/446) (Biblport)

**Binder, Frhr. v. Krieglstein, Jh. Fr.,** († d. 4. Juni 1790.) hinterlassene philosoph. Schriften, herausg. v. A. V. v. Schittlersberg. 2 Bde. 8. Prag 783. Schönfeld. 1 ß

**Binder, J. F., v.,** der wunderl. Selbstmord, e. Folge der Schwärmerey. 8. Wien, Kurzböck. 782.

**Binder** von Krieglstein, Karl Frh.
(**Binder v. Krieglstein, C. Frhr.**) Arcole. Studie aus den Lehrjahren eines großen Generals. Leipzig 1893. 8°.
(= Zur Psychologie d.gr.Krieges.I.)

Aspern und Wagram. Mit 1 Übersichtsskizze u. 1 Gefechts-Plan. Von C[arl] F[rh] **Binder** v. Krieglstein † u. Max R[r] v. Hoen, k. u. k. Major. Berlin: Voss 1906. (XXII, 468 S.) 8° [F.]
— **Binder** v. Krieglstein: Der Krieg Napoleons gegen Oesterreich 1809. Bd 2. [07. 4789

Die Vossische Buchhandlung in Berlin. 1693–1903. Auf Grund urkundl. Materials zsgest. u. als Hs. gedr. [Verf.: Karl F[rh] **Binder** v. Krieglstein.] *Berlin: Voß 1903.* (34 S.) 8° [F.] [04. 8505

Blüchers Eintritt in den preußischen Dienst. Auf Veranl. d. kriegsgesch. Abt. II d. großen Generalstabes bearb. von F[rh] **Binder** v. Krieglstein, Hauptm. d. Landw. ⟨Mit 1 Skizze.⟩ *Berlin: E. S. Mittler & Sohn 1903.* (S. 467–487.) 8° [F.]
— Militär-Wochenblatt. 1903. Beih. 11, [1.] [03. 13007

(**Binder v. Krieglstein, C. Frhr.**) Friedens- und Kriegsmoral der Heere am Ausgange des 19. Jahrhunderts. Von C. v. B.-K. Leipzig 1895. 8°. (Aus: Streffleur's Milit. Zeitschr. 1894.)

Geist und Stoff im Kriege. Von C[arl] v. **B**[inder]-K[rieglstein]. Th. 1: Das 18. Jh. Unter Benutzung hs. Quellen. Mit 1 tabellar. Übersicht, 1 Pl. u. 6 Skizzen. [Mehr nicht erschienen.] Wien & Leipzig: W. Braumüller 1896. (XXI, 625 S.) 8° [07. 8541

**Binder-Krieglstein, C. v.,** Geschichten zum Nachdenken. 8. (III, 203 S.) Dresden 891. E. Pierson. n. 3.—

(**Binder v. Krieglstein, C. Frhr.**) Ein Krieg ohne Chancen (1806—07). Leipzig 1893. 8°.
(= Zur Psychologie d.gr.Krieges.II.)

Der Krieg Napoleons gegen Oesterreich 1809. Von C[arl] F[rh] **Binder** v. Krieglstein, Oberlt. (2: u. Max R[r] v. Hoen, K. u. k. Major). Bd 1. 2. Berlin: Voss 1906. 2 Bde 8°
1. Regensburg. Mit 4 Karten d. Truppenaufstellungen u. 5 Karten d. Gefechtsfelder. [Neue Titel-Ausg.]
2. Aspern u. Wagram. Mit 1 Übersichtsskizze u. 1 Gefechts-Plan. [06. 3843 8

**Binder** von Krieglstein, Karl Frh.: Materialien zur Bildung forstwirthschaftlicher Grundbegriffe. o.O. o.J. 17 S.

(**Binder v. Krieglstein, C. Frhr.**) Moltke als Feldherr. Berlin 1901. 8°.

(**Binder v. Krieglstein, C. Frhr.**) Zur Psychologie des großen Krieges. Von C. v. B.-K. 1—3. Leipzig 1893—97. 8°. — 1. Arcole. Studie aus den Lehrjahren eines großen Generals. — 2. Ein Krieg ohne Chancen (1806/07). — 3. Statistik u. Psyche.

**Binder-Krieglstein, Karl Frhr. v.** Realismus u. Naturalismus in der Dichtung. Ihre Ursachen u. ihr Werth. Eine Studie. gr. 8. (56 S.) Lpz. 892, Duncker u. Humblot. * 1 20

Regensburg 1809. Ein Blatt Napoleonischer u. Habsburgischer Kriegsgeschichte. Mit 4 Karten d. Truppenaufstellungen u. 5 Karten d. Gefechtsfelder von (C[arl]) F[rh] **Binder** v. Krieglstein. Berlin: Voss 1902. (XXII, 356 S.) 8° [F.]
— [**Binder** v. Krieglstein: Der Krieg Napoleons gegen Oesterreich 1809. Bd 1.] [07. 4787

**B(inder)-K(riegelstein), C(arl) (Freiherr) v.** (k. u. k. Lieutenant im 10. Corps-Artillerie-Reg.). Moderne Reserven. 108 S Berlin 1895.

**Binder v. Krieglstein, Frhr.,** Ferdinand v. Schill. Ein Lebensbild; zugleich e. Beitrag zur Geschichte der preuß. Armee. Mit 6 Karten als Anlage u. zahlreichen Illustr. im Text. gr. 8. (XVI, 328 S. m. 1 Bildnis, 1 Taf. u. 2 Fksms.) Berlin 902. Vossische Buchh. n. 6. 50; geb. n.n. 8. —

**Binder v. Krieglstein, C. Frhr. v.,** Ferdinand v. Schill. Ein Lebensbild; zugleich e. Beitrag zur Geschichte der preuß. Armee. Mit 6 Karten als Anlage u. zahlreichen Illustr. im Text. Neue wohlfeile [Titel-]Ausg. (XVI, 328 S.) m. 1 Bildnis, 1 Taf. u. 2 Fksms.) gr. 8. Berlin [902] 909. Vossische Buchh. 4.50; geb. 6. —

**Binder** von Krieglstein, Karl Frhr.: Sind unsere Waldungen im Stande, den Bedarf des Landes zu decken? Mit besonderer Beziehung auf Niederösterreich. Vortrag. – Wien 1843. 18 S. –

**Binder** v. Krieglstein, Karl Frh.: Über Sinn und Wesen der periodischen Durchforstungen in den Holzbeständen. – Wien 1834. 18 S.

**BINDER**-Krieglstein, C., In der zwölften Stunde — eine Zukunftsmusik. Wien, Verlag v. K. Konegen.
Verboten v. L.-G. Brünn, 16. November 1887. §§ 122, 516.

**Binder-Krieglstein, C.,** Világos. Historisches Trauerspiel in 5 Acten. 8. (176 S.) Dresden 888. Pierson. n. 2. 50

**Binder** v. Krügelstein, s. Binder v. Krieglstein

**Bindernagel, C.,** Berechnungs-Tabelle für Bauhandwerker, Holzhändler, Forstbeamte etc., oder Tabelle zur Berechnung der Cylinder, Spitz- und Stumpfkegel, nebst Angabe des Quadratbeschlags bei gegeb. Durchmesser und gegeb. Peripherie. 8. 841. (Friedberg, Bindernagel.) geb. 1/4 ß

**Bindernagel, (C.)** Samml. geometr. Formeln nebst nöthiger Erklärung zur Vereinfachung der rechtwinkl. Parallel-Vermessung etc. Mit 2 lith. Zeichnungen. gr. 8. Gießen 822, Heyer.

**Binder's, Doktor, Pflegesohn,** od.: In des rechten Vaters Hand, s.: Jugendgabe.

**Bindervoet, Maur. Clant.,** Specimen juridicum inaug., cont. quaestiones juris. 8maj. Groeningae 840, Wolters. (Lipsiae, Friese.) 1/2 ß

**Bindewald,** Meister, als Bürger. Lehr- u. Leseb. f. staatsbürgerl. Erziehg u. Belehrg in Gewerbesch., gewerbl. Fortbildgs- u. Fachsch. Ausg. A f. Sachsen. Unter Mitwirkg v. H Grossmann u. H Heine hrsg. v. H Nitzsche. (8, 207) 8° Dresd., A Köhler '12. geb. 2 — d

— dass. Ausg. B f. Preussen. Unter Mitwirkg v. H Grossmann u. H Heine hrsg. v. Freter. (8, 209) 8° Ebd. '12. HL 2 — d

Bindewald, Carl, über die Einwirkung von Phenylhydrazin auf α- und β-Naphtochinon und über Benzolazo α- und β-Naphtol. Diss. Marburg 1886, N. G. Elwert'sche Univ.-Buchh. 8⁰. 31 S.

Bindewald, Carl [aus Offenbach am Main]: Ueber die Einwirkung von Phenylhydrazin auf α- und β-Naphtochinon und über Benzolazo α- und β-Naphtol .... Marburg, *Druck v. J. P. Strauss. Offenbach a. Main*, 1886; 31 S. 8⁰.
Marburg, Phil. Fak., Inaug.-Diss. v. 16. Apr. 1886.

**Bindewald, Chr. Wilh.**, s. Materialien zur Uebung im Deklamiren.

Bindewald, Georg

**Bindewald**, Anhalt f. den Unterricht d. Einjährig-Freiwilligen u. d. Reserve-Offizier-Aspiranten d. Infanterie. Zum Gebrauche f. den Offizier d. Beurlaubtenstandes, m. eingeh. Behandlg. d. 2. Thls. „Gefecht" d. Exerzier-Reglements (Abdr. 1889) u. Berücksicht. d. Gewehrs 88 bearb. 12. (XI, 225 S. m. Abbildgn.) Potsdam 890. Döring. n. 2. —; geb. n. 2. 50

**Bindewald.** Anhalt f. den Unterricht d. Einjährig-Freiwilligen u. d. Reserve-Offizier-Aspiranten der Infanterie. Zum Gebrauche f. den Offizier d. Beurlaubtenstandes, m. eingehender Behandlg. d. 2. Thls. „Gefecht" d. Exerzier-Reglements (Abdr. 1889) u. Berücksicht. d. Gewehrs 88 bearb. (XI, 225 S. m. Abbildgn.) 890 u. 2. Aufl. 12. (XI, 227 S.) Potsdam 892, Döring. geb. * 2 50

**Bindewald**, Anhalt f. d. Unterricht des Einjährig-Freiwilligen u. des Reserve-Offizier-Aspiranten der Infanterie. Zum Gebrauch f. den Offizier des Beurlaubtenstandes m. eingeh. Behandlg. des II. Thls. „Gefecht" des Exerzir-Reglements (Abdr. 1889) u. Berücksicht. des Gewehrs 88. 3. Aufl. 12. (XI, 227 S.) Potsdam 893. E. Döring's Erben. Geb. in Leinw. n. 2. 50

— dasselbe. 4., verb. Aufl. 12. (XI, 227 S.) Ebd. 894. Geb. in Leinw. n. 3. —

**Bindewald**, Anhalt f. d. Unterricht d. Einj.-Freiwill. u. d. Reserve-Offizier-Aspiranten d. Infanterie. Mit eingeh. Behandlg d. 2. Thls "Gefecht" d. Exerzir-Reglements (Abdr. 1889) u. Berücks. d. Gewehrs 88. 3. Afl. 12° (227 m. Abbildgn.) Potsd. 93, E Döring's Erben. Geb. in Lnw. 2.50 || 5. Afl. (228) 95. Geb. 3 —

[F.] Anhalt für den Unterricht des Einjährig-Freiwilligen und des Reserve-Offizier-Aspiranten der Infanterie. Z. Gebr. f. d. Offizier d. Beurlaubtenstandes m. eingehender Behandlg des II. Th. 'Gefecht' d. Exerzier-Reglements '(Abdr. 1889)'. Bearb. v. [Georg] Bindewald, Hauptm. im Inf.-Reg. ... Nr. 46. 6. verb. Aufl. *Potsdam: E. Döring's Erben 1897.* (XI, 234 S.) 1 Bd 8.

**Bindewald's** Anhalt f. den Unterricht des Einjährig-Freiwilligen u. des Reserve-Offizieraspiranten d. Infanterie. Zum Gebrauch f. den Offizier des Beurlaubtenstandes m. eingeh. Behandlg. des II. Thls. „Gefecht" des Exerzier-Reglements (Abdruck 1889). Unter Berücksicht. der Felddienstordng. vom 1. I. 1900 u. der neuen Militärstrafgerichtsordng. 7.—9., völlig neu bearb. Aufl. 12. (à XI, 244 S.) Berlin 899. 901. R. Schröder. Geb. in Leinw. n. 3. —

[Georg] **Bindewald's** Anhalt für den Unterricht des Einjährig-Freiwilligen und des Reserve-Offizieraspiranten der Infanterie. Zum Gebrauch f. d. Offizier d. Beurlaubtenstandes mit eingehender Behandl. d. 2. Teils 'Gefecht' d. Exerzier-Reglem. (Abdr. 1889). Unter Berücks. d. Felddienstordnung v. 1. Jan. 1900 ... 10. neubearb. Aufl. Berlin: R. Schröder 1902. (XI, 244 S.) 8° [F.]

[Georg] **Bindewald's** Anhalt für den Unterricht des Einjährig-Freiwilligen und des Reserve-Offizieraspiranten der Infanterie ... Mit eingehender Behandl. d. 2. Theils 'Gefecht' d. Exerzier-Reglem. unter Berücks. d. Felddienstordnung v. 1. Jan. 1900, d. neuen Militärstrafgerichtsordnung u. d. neuen Garnisonvorschrift. 11. neubearb. Aufl. Berlin: R. Schröder 1903. (XI, 240 S.) 8° [F.]

[Georg] **Bindewald's** Anhalt für den Unterricht des Einjährig-Freiwilligen und des Reserve-Offizieraspiranten der Infanterie. Zum Gebr. f. d. Offizier d. Beurlaubtenstandes ... 11. neubearb. Aufl. Berlin: R. Schröder 1905. (XI, 240 S.) 8° [F.]

**Bindewald's** Anhalt f. den Unterricht des Einjährig-Freiwilligen u. des Reserve-Offizieraspiranten der Infanterie. Zum Gebrauch f. den Offizier des Beurlaubtenstandes unter Berücksicht. des Exerzier-Reglements f. die Infanterie vom 29. V. 1906, des Exerzier-Reglements f. die Kavallerie, des Exerzier-Reglements f. die Feldartillerie vom 26. III. 1907, der Felddienstordng., der Schießvorschrift f. die Infanterie, der Feldbefestigungsvorschrift v. 28. VI. 1906, der Militärstrafgerichtsordng. u. Garnisondienstvorschrift. 13. Aufl. Neubearb. durch Schmidt. (XII, 260 S. m. Fig.) kl. 8. Berlin 907. H. Muskalla. Geb. in Leinw. 3. —

**Bindewald's** Anhalt f. d. Unterr. d. Einj.-Freiw. u. d. Reserve-Offizieraspiranten d. Infant. gleichzeit. z. Gebr. f. d. Offizier d. Beurlaubtenstandes. 15. Afl. Neubearb. durch Schmidt. (261 m. Fig.) kl8° Berl., H Muskalla '12. L 3 — d

Bindewald, Georg: E n t w i c k l u n g d. Abgabewesens u. d. Regulierungskosten d. Elbschiffahrt 1871 - 1900. Mit 1 Kt. - Leipzig: Verl. f. Socialpolitik. 1903. (= Die Schiffahrt d. deutschen Ströme. Bd. I, 1.)

**Bindewald, Geo.**, Hohenzollerns Soldaten, od.: Der 27. Januar, Nachts um die 12. Stunde, s.: Aufführungs-Material zu Kaisers-Geburtstag.

**Bindewald,** Georg, aus Berlin: Die Wehrfähigkeit der ländlichen und städtischen Bevölkerung. *Halle a. S. (1901): Pierer in Altenburg.* (60 S.) 8° [F.]
Halle, Phil. Diss. v. 17. Jan. 1901

**Bindewald, Geo.**, aus großer Zeit, s. a. Thalia.

Aus großer Zeit. Patriot. Festspiel in 5 Aufz. nebst Prolog von Georg Bindewald. 2. Aufl. Mühlhausen i. Th.: G. Danner [nach 1896]. (47 S.) 8° [F.]

**Bindewald,** Hans, aus Salzwedel: Ueber das Thiopyrin und seine Derivate. *Rostock 1902: C. Hinstorff.* (56 S.) 8°
Rostock, Phil. Diss. v. [27. Dez.] 1901

Bindewald, J. M., Kurtze Beschreibung von H. D. und Professoro wie auch Suporintendent *Schuppart* zu Gießen, was maßen Er 6 Jahr lang zu Fadelbach in Schwaben nicht weit von Heilbron von dem Teufel große Tentationes erlitten, wie Er solches Selbste im Collegio thotico erzehlet u. von mir J. M. *Bindewald* nachgeschrieben 1725.

**Bindewald, Karl Wilh.**, poetische Bilder aus der biblischen Geschichte alten u. neuen Testaments. Gesammelt u. herausg. Mit e. Vorw. von Zöckler. Gießen 868. Heinemann. gr. 8. (XVI, 311 S.) 1 a

**Bindewald**, Karl Wilh., Deutschlands Dichterinnen. Blüthen deutscher Frauenpoesie, a. d. Werken deutscher Dichterinnen d. Vergangenheit u. Gegenwart ausgew. u. m. e. biograph. Dichterinnenverzeichn. versehen. 1. Thl. 4. Osterwieck 895. A. W. Zickfeldt. n. 12. —; geb. in Leinw. n. 14. —; m. Goldschn. n. 15. — Balladen, Romanzen, Idyllen, Geschichten, Legenden, Sagen u. poet. Erzählgn. Relig. Lieder. (420 S.)

**Bindewald, KW**, poet. Weltgeschichte. 3 Thle. 8. Frankf. 72, Erras. n. 8. 10
1. Das Alterthum. (86) n. 2. 10
2. Das Mittelalter. (152) n. 3. —
3. Die Neuzeit. (152) n. 3. —

— dasselbe 2. Aufl. Neue wohlfeile Ausg. f. Schule u. Haus. 3 Thle. in 1 Bde. hoch-4. (XII, 86; XVI, 152 u. XV, 152 S.) Ebend. 875. n. 4. 50

Bindewald, Ludwig

**Bindewald, L.**, der Waldbau. Ein Leitfaden f. d. Unterricht an landwirtsch. Lehranstalten. gr. 8. (VII, 62 S.) Kaiserslautern 902. E. Crusius. In Leinw. kart. n. 1. —

**Bindewald, Otto**, zur Erinnerung an Friedrich Ludwig Karl Weigand. Ein Lebensbild. gr. 8. (112 S.) Gießen 879. Ricker. n. 2. —

Bindewald, Otto Zur Erinnerung an Friedrich Ludwig Karl Weigand. 112 S. 8. Rg. *Giessen* 1879.
Das neue Gymnasialgebäude zu Graudenz. S. 24—30 mit photogr. Ansicht. Progr. *Graudenz* 1881.

Bindewald, Otto: Verzeichnis d. Lehrer u. Schüler d. Großh. Realschule ... zu Gießen ..., s. Buchner, Otto

**Bindewald,** Paul, aus Stendal, Referendar zu Tangermünde a. E.: Rechtsgeschichtliche Darstellung der clausula rebus sic stantibus und ihre Stellung im Bürgerlichen Gesetzbuch. *Borna-Leipzig 1901: R. Noske.* (IX, 33 S.) 8°
Leipzig, Jur. Diss. v. 1901

Bindewald, Thdr., Ernst und Humor. Neue Historien aus Oberhessen, dem deutschen Volk erzählt. 8. (VIII, 190 S.) Frankfurt a. M. 878, Heyder und Zimmer. (* *M* 1,20.) *

Bindewald, Thdr., Ernst und Humor. 8. Frankfurt a. M. 878, Schriften-Niederlage des Evangel. Vereins. cart. *

—— oberhessisches Sagenbuch. Aus dem Volksmunde gesammelt. Neue verm. Ausg. 8. (XXIV, 242 S.) Frankfurt a. M. 878, Heyder und Zimmer. *

Bindewald, Wilhelm [aus Gross-Eichen in Oberhessen]: Über die Einwirkung von Phosphorpentachlorid auf Oxyazokörper ... Giessen, grossh. Hof- u. Univ.-Dr., C. v. Münchow, 1893; 35 S. 8.
Giessen, Phil. Fak., Inaug.-Diss. v. 1893

Bindhase, Rich., der Geschäftsaufsatz, s.: Rasche, Emil.

Bindheim, Johann Jakob

Bindheim, J. J. Ueber den sibirischen und taurischen Kalzedon. (Aus den neuen Schriften der Gesellschaft naturf. Freunde, Vol. 2.) Berlin. 1800. 4.

Bindheim, J. J. Mineralogische Nachrichten aus Daurien. (Aus d. neuen Schriften der Gesellsch. naturforsch Freunde.) Berlin. 1800? 4.

Bindheim, J. Ja., Rhapsodien der philosoph. Pharmacologie. 8. Berl. Mylius. 784.

Bindheim, Jh. Jak., Rhapsodien d. philosoph. Pharmacologie. 8. Berl. 785. Mylius. 12 *M* 212 S.

Brauerei Binding A.-G., Frankfurt a. M. — (Frankfurt a. M. 1903: Benninghoven.) 34 S. quer-8°

Beleuchtung des von der Hochw.·. Grossloge des Eklektischen Bundes gegen die ger.·. und vollk.·. ekl.·. Loge Carl zum aufgehenden Lichte eingehaltenen Verfahrens, mit dem darauf gestützten Antrage. Von G. **Binding.** Ms. f. Brr. Frankfurt a. M. 1844: Brönner. 32 S. 8° [Umschlagtit.]
Betr. die Entlassung der Loge Karl zum aufgehenden Licht aus dem eklektischen Bunde.

Binding, G., die Lehre von der Haft der Eheleute für ihre Schulden nach dem Frankfurter ehelichen Güterrechte. gr. 8. (VIII, 285 S.) Frankfurt a. M. 871, Klimsch und Comp.
Dass. s.a.: Binding, Karl

Binding, Karl, der Antagonismus zwischen dem deutschen Strafgesetzbuche und dem Entwurfe des badischen Einführungsgesetzes dazu. gr. 8. (23 S.) Freiburg i. Br. 871, (Wagner'sche Buchh.) *

**Binding,** Karl, Dr., d. Z. Dekan: Ein **Beitrag zur Lehre** von dem Gebiete der Urkundenfälschung. Die öffentlichen Urkunden und die beweiserheblichen Privaturkunden. *Leipzig (1900): A. Edelmann.* (27 S.) 8°
Leipzig, Progr. zur Gedächtnisfeier für B. F. R. Lauhn 1900

Binding, Karl, die Ehre. Der Zweikampf. Zwei Vorträge. Neue Auflagen. (VII, 75 S.) 8. Leipzig 909. Duncker & Humblot. 1.80; geb. 2.40

Rectoratswechsel an der Universität Leipzig am 31. Oct. 1890. I. Rede des abtretenden Rectors Dr. Wilhelm Wundt: Bericht ueber das Studienjahr 1889/90. II. Rede des antretenden Rectors Dr. Karl Binding: Die Ehre im Rechtssinn und ihre Verletzbarkeit. Leipzig, Druck v. A. Edelmann, Univ.-Buchdr., 1890; 40 S. 4°

Binding, Karl, die Ehre u. ihre Verletzbarkeit. 1. u. 2. Aufl. gr. 8. (V, 36 S.) Leipzig 892. Duncker & Humblot. n. — 80

— die Entstehung der öffentlichen Strafe im germanisch-deutschen Recht. Rede, bei Antritt des Rektorats am 31. X. 1908 geh. (52 S.) gr. 8. Ebd. 909. 1. —

Binding, Karl, d. Entwurf e. Gesetzes betr. Aendergn. u. Ergänzgn. d. Gerichtsverfassungsgesetzes u. d. Strafprozeßordnung. [Erweit. Sonderabdruck aus: „Nationalztg."] gr. 8. (III, 39 S.) Berlin 895. C. Heymann's Verl. n. 1. —

—— der Entwurf eines Strafgesetzbuchs für den norddeutschen Bund in seinen Grundsätzen beurtheilt, gr. 8. (VIII, 186 S.) Leipzig 870, Engelmann.

! Binding, K: Entwurf z. Strafgesetzb. Jetzt: Lpzg, F Meiner. 66/70

Die Feier des fünfhundertjährigen Bestehens der Universität Leipzig. Amtl. Bericht i. A. d. akad. Senates erstattet von Karl Binding. Leipzig: Hirzel 1910. XII, 380 S. 4°(8°) [10. 10897 2]

Binding, Carl. Geschichte des burgundisch-romanischen Königreichs. Von C' B'. Mit einer Beilage: Sprache und Sprachdenkmäler der Burgunden von Wilhelm Wackernagel. 8. Leipzig 1868. — *A. u. d. T.:* Das burgundisch-romanische Königreich. ⟨Von 443–532 n. Chr.⟩. Eine reichs- und rechtsgeschichtliche Untersuchung von C' B'.... 1. [einziger] Band.

Binding, Karl, die drei Grundfragen der Organisation des Strafgerichts. Für Juristen und Nichtjuristen gestellt und beantwortet. gr. 8. (IV, 108 S.) Leipzig 876, Engelmann. *

! — 3 Grundfragen d. Organisat. d. Strafgerichts. Jetzt: Lpzg, F Meiner. 76/80

Binding, Karl, Grundriss des gemeinen deutschen Strafprocessrechts. gr. 8. (VIII, 201 S.) Leipzig 881, Duncker und Humblot. * *M* 4.; cart. *

Binding, Karl, Grundriss d. deutschen Strafprocessrechts. 2., verb. Aufl. gr. 8. (VIII, 213 S.) Leipzig 886. Duncker & Humblot. geb. n. 4. 80

— Grundriss d. deutschen Strafprocessrechts. 3., verb. Aufl. gr. 8. (VIII, 229 S.) Ebd. 893. Geb. in Leinw. n. 4. 80

Binding, Karl, Grundriss des deutschen Strafprocessrechts. 4., verb. Aufl. gr. 8. (XI, 284 S.) Leipzig 900. Duncker & Humblot. Geb. in Leinw. n. 5. 80

Binding, Karl, Grundriss des deutschen Strafprozessrechts. 5., verb. Aufl. (XI, 301 S) gr. 8. Leipzig 904. Duncker & Humblot. Geb in Leinw. n. 6. 40

—— Grundriss zur Vorlesung über gemeines deutsches Strafrecht. I. Einleitung und allgemeiner Theil. 2. verm. und verb. Aufl. gr. 8. (VIII, 170 S.) Ebendas. 879.
Kann nur vom Verf. bezogen werden.

— Grundriss zur Vorlesung üb. gemeines deutsches Strafrecht. I. Einleitung u. allgemeiner Thl. 3. Aufl. gr. 8. (VIII, 192 S.) Leipzig 884. Engelmann. n. 3. —; Einbd. n.n. — 50

Binding, K., Grundriss d. gemeinen deutschen Strafrechts. 1. Einleitung u. allgemeiner Tl. 4., verb. Aufl. gr. 8. (VIII, 208 S.) Leipzig 890. Engelmann. geb. n. 4. —

— Grundr. d. gemeinen deut. Strafrechts. I. Tl u. II. Tl, 1. Hlfte u. 2 Hlfte, 1. Abtlg. 8° Lpzg, W Engelmann. Geb. in L. 18 —
I. Einl. u. allg. Tl. 5. Aß. (237) 97. 5 —
II, 1. Lehrb. d. gemeinen deut. Strafrechts, bes. Tl. 1. Hlfte. (305) 06. 6 — | 2. Hlfte 1. Abthlg. (315) 01. 7 —
(Weitere Aufl.v.T.II s.Binder: Lehrbuch d. gem. dt. Strafrechts.)

— Grundriss des deutschen Strafrechts. Allgemeiner Tl. 6., verb. u. verm. Aufl. gr. 8. (X, 271 S.) Leipzig 902. W. Engelmann. Geb. in Leinw. n. 6. —

Grundriss des deutschen Strafrechts. Von Dr. Karl Binding, Prof. in Leipzig. 7., verb. u. verm. Aufl. Allgem. T. Leipzig: W. Engelmann 1907. 8° [07. 6895

Binding, K., die Gründung des Norddeutschen Bundes. Ein Beitrag zur Lehre von der Staatenschöpfg. [Aus: „Festgabe der Leipz. Juristenfakultät f. B. Windscheid".] gr. 8. (72 S.) Leipzig 889. Duncker & Humblot. n. 1. 80

—— s. Handbuch der deutschen Rechtswissenschaft.
Vgl.: Heinemann, Hugo. Die Binding'sche Schuldlehre. Ein Beitrag zu ihrer Widerlegung.

—— Handbuch des Strafrechts, s. Handbuch, systematisches, der deutschen Rechtswissenschaft.

— s.: Handbuch, systematisches, der deutschen Rechtswissenschaft.

—— das burgundisch-romanische Königreich [von 443—532 n. Chr.]. Eine reichs- und rechtsgeschichtl. Untersuchung. (In 2 Bdn.) 1. Bd.: Geschichte des burgundisch-romanischen Königreichs. Mit einer Beilage: Sprache und Sprachdenkmäler der Burgunden von Wilh. Wackernagel. gr. 8. (XV, 404 S.) Leipzig 868, Engelmann.

— Das burgundisch-roman. Königreich. Jetzt: Lpzg, FMeiner. 66/70

Binding, K., Lehrbuch des gemeinen deutschen Strafrechts. Besonderer Tl. 1. Bd. 2. stark verm. u. umgearb. Aufl. (XVI, 545 S.) gr. 8. Leipzig, W. Engelmann. 1902 Geb. in Leinw. 11. —; in Halbfrz. 13. —
(1.Aufl.s.Binder:Grundriß d.gem.dt.Strafrechts, T.II,1)

Binding, K., Lehrbuch des gemeinen deutschen Strafrechts. Besonderer Tl. gr. 8. Leipzig, W. Engelmann.
2. Bd. 1. Abtlg. 2. verm. Aufl. (VII, 362 S.) '04. Geb. in Leinw. 8. —; in Halbfrz. 10. —. — 2. Bd. 2. Abtlg. Schluss des Werkes. Mit den Registern f. den 2. Bd. (XII u. S. 363—1005.) Geb. in Leinw. 14. —; in Halbfrz. 16. —. 1905

— Lehrb. d. gemeinen deut. Strafrechts. Besond. Tl. 2 Bde in 3 Abtlgn. 8° Lpzg, W Engelmann. L. 33 —; HF. 39 —
I. 2. Aß. (545) '02. 11 — u. 13 —

— die Lehre von der Haft der Eheleute f. ihre Schulden nach dem Frankfurter ehelichen Güterrechte. gr. 8. (VIII, 285 S.) Frankfurt a/M. 871. Klimsch & Co. 5. —
Dass. s.a.: Binding, G.

Binding, Car., de natura inquisitionis processus criminalis Romanorum praesertim ex eo tempore quo ordo judiciorum publicorum in usu esse desiit. Commentatio. gr. 8. (VI und 46 S.) Heidelberg 864, (K. Groos.) Diss. *

—— die Normen und ihre Uebertretung. Eine Untersuchung über die rechtmässige Handlung und die Arten des Delikts. 1. Bd. 1. Abthl.: Normen und Strafgesetze. gr. 8. (XIV, 238 S.) Leipzig 872, Engelmann. *

— die Normen u. ihre Uebertretung. Eine Untersuchung über die rechtmässige Handlung u. die Arten d. Delikts. 2. Bd. Schuld u. Vorsatz. Mit e. Register über beide Bde. gr. 8. (XI, 640 S.) Leipzig 877. Engelmann. n. 10. — (cplt. n. 14. —)

— die Normen u. ihre Übertretung. Eine Untersuchg. über die rechtmäss. Handlg. u. die Arten d. Delikts. 2. Aufl. 1. Bd. Normen u. Strafgesetze. gr. 8. (XVI, 508 S.) Leipzig 890. Engelmann. n. 10. —; Einbd. n.n. 1. 50

Binding, Karl: Die Privilegien d. Straflosigkeit. Lpz. 1885. 8°

— deutsche Staatsgrundgesetze in diplomatisch genauem Abdrucke. Zu amtl. u. zu akadem. Gebrauche. 1.—4., 6. u. 7. Hft. 8. Leipzig, W. Engelmann. Kart. n. 9. 25
1. Die Verfassung d. Norddeutschen Bundes vom 17. April 1867 u. d. Deutschen Reichs vom 16. April 1871. (VII, 78 S.) 892. n. 1. 20
2. Die Verfassung d. Deutschen Reiches vom 28. März 1849 u. die Entwürfe der sogenannten Erfurter Unionsverfassung (März u. April 1850). (91 S.) 893. n. 1. 50
3. Die Konföderations-Akte der rheinischen Bundesstaaten vom 12. Juli 1806. Die deutsche Bundes-Akte vom 8. Juni 1815. Die Wiener Schluss-Akte vom 15. Mai 1820. (59 S.) 893. n. 1. —
4. Verfassungs-Urkunde f. den Preußischen Staat. Vom 31. Jan. 1850. Nebst ihren Abändergn. Samt 2 Anlagen. (VI, 66 S.) 893. n. — 80
6. Verfassungsurkunde d. Königr. Sachsen. Vom 4. Septbr. 1831. Mit allen Abändergn. bis zum Gesetze vom 20. April 1892. Samt 3 Anlagen. (153 S.) 893. n. 2. 75
7. Verfassungs-Urkunde f. das Königr. Württemberg. Vom 25. Septbr. 1819. Mit allen Abändergn. bis zum Gesetze vom 20. Decbr. 1888. Samt 3 Anlagen. (VI, 143 S.) 894. n. 2. —

Binding, Karl, deutsche Staatsgrundgesetze in diplomat. genauem Abdrucke. Zu amtl. u. zu akadem. Gebrauche. 5., 6. u. 10. Hft. 8. Leipzig, W. Engelmann. Kart. n. 11. — (1—7 u. 10.: n. 17. 50)
5. D. Verfassungs-Urkunde d. Königr. Baiern m. Beilagen u. Anhängen. V. 26. May 1818. M. d. Abändergn. b. z. Gesetz v. 19. Dezbr. 1895. (336 S.) 896. n. 5. —
6. Verfassungsurkunde d. Königr. Sachsen. V. 4. IX. 1831. M. allen Abändergn. b. z. Gesetz v. 20. IV. 1892. Samt 3 Anlagen. 2. Aufl. 2. Abdr. M. d. Wahlges. v. 28. III. 1896 u. d. Ausführungsverordng. v. 10. X. 1896. (VIII, 253 S.) 897. n. 4. —
10. Verfassungs-Urkunden f. d. freien u. Hansestädte Lübeck, Bremen u. Hamburg. M. all. Abändergn. b. z. d. Gesetzen v. Mitte 1897. Samt Anlagen. (VI, 49, 80 u. 48 S.) 897. n. 2. —

— dasselbe. 10. Hft. Verfassungs-Urkunden f. d. freien u. Hansestädte Lübeck, Bremen u. Hamburg. M. allen Abändergn. b. z. d. Gesetzen v. Mitte 1897. Samt Anlagen. Einzelausg. i. 3 Abtlgn. 8. Ebd. Kart. n. 3. 60
1. Lübeck. V. 7. IV. 1875. M. d. durch d. Gesetz v. 21. VII. 1879 bewirkten Abändergn. (49 S.) 897. n. 1. —
2. Bremen. V. 1. I. 1894. (80 S.) 897. n. 1. 60
3. Hamburg. V. 13. X. 1879. M. allen Abändergn. b. z. Gesetze v. 2. XI. 1896. Samt 2 Anlagen. (48 S.) 897. n. 1. —

— deutsche Staatsgrundgesetze in diplomat. genauem Abdrucke. Zu amtl. u. zu akadem. Gebrauche. 1. Hft. Größ. u. kleinere Ausg. 8. Leipzig 898. W. Engelmann. Kart. n. 3. 80
1. D. Verfassg. d. Norddeutschen Bundes v. 17. IV. 1867 u. d. Deutschen Reichs v. 16. IV. 1871. 2. Aufl. Größ. Ausg. (XII, 218 S.) n. 2. 60. — Kl. Ausg. Textausg. d. Verfassgn. u. d. Wahlgesetzes. (VIII, 78 S.) n. 1. 20

— deutsche Staatsgrundgesetze in diplomatisch genauem Abdrucke. Zu amtl. u. zu akadem. Gebrauche. Hft. 1—4, 6 u. 8. I. 8. Ebd. Kart. n. 12. 50
1. Die Verfassungen des Norddeutschen Bundes vom 17. IV. 1867 u. des Deutschen Reichs vom 16. IV. 1871. 2. Aufl. 2. Abdr. Größere Ausg. (XII, 218 S.) 901. n. 2. 60
2. Die Verfassung des deutschen Reiches vom 28. III. 1849 u. die Entwürfe der sogenannten Erfurter Unionsverfassung (März u. April 1850). 2., unveränd. Abdr. (91 S.) 898. n. 1. 50
3. Die Konföderations-Akte der rheinischen Bundesstaaten vom 12. VII. 1806. — Die deutsche Bundes-Akte vom 8. VI. 1815. — Die Wiener Schluss-Akte vom 15. V. 1820. 2., unveränd. Abdr. (V, 58 S.) 898. n. 1. —
4. Verfassungs-Urkunde f. den preußischen Staat. Vom 31. I. 1850. Nebst ihren Abändergn. Samt 3 Anlagen. 2., verm. Aufl. (VI, 84 S.) 902. n. 1. 40
6. Verfassungsurkunde des Königr. Sachsen. Vom 4. IX. 1831. Mit allen Abänderungen bis zum Gesetz vom 30. VI. 1902. Samt 3 Anlagen. 3. Aufl. Mit dem Wahlgesetze vom 28. III. 1896 u. der Ausführungsverordng. vom 10. X. 1896. (VIII, 258 S.) 902. n. 4. —
8. I. Die Verfassung des Großherzogth. Baden. Vom 22. VIII. 1818. Mit allen Abändergn. bis zum Gesetz vom 24. VII. 1888. Samt 3 Anlagen. (X, 148 S.) 899. n. 2. —

Binding, K., Deutsche Staatsgrundgesetze in diplomatisch genauem Abdrucke. Zu amtl. u. zu akadem. Gebrauche. 8. Leipzig, W. Engelmann.
I. Heft. Die Verfassungen des Norddeutschen Bundes vom 17. IV. 1867 u. des Deutschen Reichs vom 16. IV. 1871. 3. Aufl. Mit e. Nachtrag. Grössere Ausg. (XII, 269 u. 6 S.) '06. Kart. 4. —; (kleinere Ausg.) Textausg. der Verfassungen u. des Wahlgesetzes. (X, 80 u. 6 S.) '06. Kart. 1. 20; Nachtrag allein. (6 S.) —. 10. — IV. Heft. Verfassungs-Urkunde f. d. Preussischen Staat. Vom 31. I. 1850. Nebst ihren Abändergn. Samt 3 Anlagen. 2. verm. Aufl. Mit e. Nachtrag. (VI, 84 u. 11 S.) '06. Kart. 1. 40; Nachtrag allein. (11 S.) —. 20. — V. Heft. Die Verfassungs-Urkunde des Königr. Baiern m. Beilagen u. Anhängen. Vom 26. V. 1818. Mit den Abändergn. bis zum Gesetz v. 4. VII. 1906. Mit e. Nachtrag. (336 u. 38 S.) '06. Kart. 5. 60. — VII. Heft. Verfassungs-Urkunde f. das Königr. Württemberg. Vom 25. IX. 1819. Mit allen Abändergn. bis zum Gesetze vom 16. VII. 1906. Samt drei Anlagen. 2. Aufl. (VI, 164 S.) '06. Kart. 2. 40.

**Binding**, K., Deutsche Staatsgrundgesetze in diplomatisch genauem Abdrucke. Zu amtl. u. zu akadem. Gebrauche. 8. Leipzig, W. Engelmann. 1905
VIII. Heft. 1. Die Verfassung des Grossherzogth. Baden. Vom 22. VIII. 1818. Mit allen Abändergn. bis zum Gesetz vom 24. VII. 1888. Zugleich m. dem Abdr. des jetz. Textes der Verfassungsurkunde nach der Bekanntmachg. desselben vom 26. VIII. 1904. Samt 3 Anlagen. 2. Aufl. (XI, 176 S.) Kart. 2. —

— Deutsche Staatsgrundgesetze in diplomatisch genauem Abdrucke. Zu amtl. u. zu akadem. Gebrauche. 8. Leipzig, W. Engelmann. 1906
VIII. Heft, 2. Die Verfassung des Grossherzogth. Hessen. Vom 17. XII. 1820. Mit allen Abändergn. bis zum Gesetz vom 20. III. 1902. Samt 4 Anlagen. (XIII, 187 S.) Kart. 3. —

**Binding**, K., Deutsche Staatsgrundgesetze in diplomatisch genauem Abdrucke. Zu amtl. u. zu akadem. Gebrauche. 8. Leipzig, W. Engelmann. 1907
1. Heft. Die Verfassungen des Norddeutschen Bundes vom 17. IV. 1867 u. des Deutschen Reichs vom 16. IV. 1871. 4. Aufl. Grössere Ausg. (XII, 276 S.) Kart. 4. —; (kleinere Ausg.) Textausg. der Verfassungen u. des Wahlgesetzes. (XII, 81 S.) Kart. 1. 20.

**Binding**, K., Deutsche Staatsgrundgesetze in diplomatisch genauem Abdrucke. Zu amtl. u. zu akadem. Gebrauche. 8. Leipzig, W. Engelmann. 1908
IV. Heft. Verfassungs-Urkunde f. den Preussischen Staat. Vom 31. I. 1850. Nebst ihren Abändergn. Samt 8 Anlagen. 3., verm. Aufl. (VI, 93 S.) Kart. 1. 80.

**Binding**, K., Deutsche Staatsgrundgesetze in diplomatisch genauem Abdrucke. Zu amtl. u. zu akadem. Gebrauche. 8. Leipzig, W. Engelmann. 1909
I. Heft. Die Verfassungen des Norddeutschen Bundes vom 17. IV. 1867 u. des Deutschen Reichs vom 16. IV. 1871. 5. Aufl. Grössere Ausg. (XII, 300 S.). Kart. 5. —; (kleinere Ausg.) Textausg. der Verfassungen u. des Wahlgesetzes. (XII, 81 S.) Kart 1. 20. — VI. Heft. Verfassungsurkunde des Königr. Sachsen. Vom 4. IX. 1831. Mit allen Abändergn. bis zum Gesetz vom 5. V. 1909. Samt 5 Anlagen. 4. Aufl. Mit dem Wahlgesetze vom 5. V. 1909 u. der Ausführungsverordng. vom 7. V. 1909. (VI, 262 S.) Kart. 5. —.

— Deut. Staatsgrundgesetze in diplomat. genauem Abdrucke 1. Heft. 8° Ebd. (1—8 u. 10 zus. 24 —) d
1. Die Verfassgn d. Norddeut. Bundes v. 17. 4. 1867 u. d. Deut. Reichs v. 16. 4. 1871. 6. Afl. (Kleinere Ausg.) Textausg. d. Verfassgn u. d. Wahlgesetzes. (12. 83) '11. geb. 1.40

[F.] Die rechtliche Stellung des Kaisers im heutigen Deutschen Reiche. Vortr. geh. in d. Gehe-Stiftg zu Dresden ... 1898 v. Dr. jur. Karl **Binding**, o. Prof. an d. Univ. Leipzig. *Dresden: v. Zahn & Jaensch 1898.* (27 S.) 1 Bd 8.
— Vorträge, Staatswiss., u. Jahrb. d. Gehe-Stiftung zu Dresden. [H. 15.]
[98. 3305]

— u. Joh. Nagler, das Strafgesetzbuch f. das Deutsche Reich. Vom 26. II. 1876. Mit seinen Abändergn. Ausg. zum akadem. Gebrauche. (VIII, 151 S.) 8. Leipzig 905. W. Engelmann. Kart. n. 2. —

— u. Joh. **Nagler**: Das Strafgesetzb. f. d. Deut. Reich. Vom 26.2.1876. Neue Ausg. Mit s. Abändergn einschliessl. d. Gesetzes v. 19.6.'12. Ausg. z. akadem. Gebrauche. (8, 152) 8° Ebd. '12. HL 1.20

—— die allgemeinen deutschen Strafgesetzbücher vom 15. Mai 1871 und vom 20. Juni 1872. Akademische Handausg. mit Erläuterungen. Einleitung. gr. 8. (VIII, 149 S. mit 1 Tab. in qu. 4.) Leipzig 874, Engelmann. *

— die gemeinen deutschen Strafgesetzbücher vom 26. Febr. 1876 u. vom 20. Juni 1872. Kommentar. I. Einleitung. 2. verm. Aufl. gr. 8. (VI, 142 S. m. 1 Tab.) Ebend. 877. n. 2. —

**Binding**, Karl, Dr., d. Z. Dekan: Das Thronfolgerecht der Cognaten im Grossherzogtume Luxemburg. *Leipzig (1900): A. Edelmann.* (42 S.) 8°
Leipzig, Progr. zur Gedächtnisfeier für Chr. Fr. Kees 1900

**Binding**, Karl, Dr., d. Z. Dekan: Die Ungerechtigkeit des Eigentums-Erwerbs vom Nicht-Eigentümer in ihrer Ausgestaltung durch B.G.B. § 932 und 935 und ihre Reduktion auf das kleinstmögliche Maß. Leipzig (1908): A. Edelmann. (43 S.) 8°
Leipzig, Progr. z. Gedächtnisfeier f. B. F. R. Lauhn 1908

— dasselbe. Kritische Betrachtgn. e. Kriminalisten. (56 S.) gr. 8. Leipzig 908. W. Engelmann. 1. 20

**Binding**, Karl, der Versuch der Reichsgründung durch die Paulskirche in den J. 1848 u. 1849. Akademische Rede. gr. 8. (VI, 64 S.) Leipzig 892. Duncker & Humblot. n. 1. 20

**Binding**, Karl, Dr., d. Z. Dekan: Die Wirkungen des Eintrittes der Staatsanwaltschaft in das Privatklageverfahren Str.Pr.O. § 417. Leipzig (1908): A. Edelmann. (43 S.) 8°
Leipzig, Progr. z. Gedächtnisfeier f. Ch. F. Kees 1908

Der Zweikampf und das Gesetz. Vortrag geh. zu Dresden 1905 von Dr. Karl **Binding**, Prof. Dresden: v. Zahn & Jaensch 1905. (30 S.) 8° [F.]
— Zeit- u. Streit-Fragen, Neue, hrsg. von d. Gehestiftung. Jg. 3, H. 2. [06. 199

Binding, Rudolf Georg
**Binding, Rud. G**: Die Geige. 4 Novellen. (207) 8° Lpzg, Insel-Verl. '11. 3 —; L n 4.50

**Binding**, Rud. G., Legenden der Zeit. (124 S.) 8. Leipzig 909. F. W. Grunow. 3.—; geb. 4. —

— Der Opfergang. s: Insel-Bücherei.

**Binding**, R. G., s. Wicke, F., Britische Verfassung u. Verwaltung.

**Bindrich**, Karl, die erzieherische Thätigkeit des großstädt. Volksschul-Lehrers. Wodurch wird sie besonders beeinträchtigt, u. wie ist dieser Beeinträchtigg. mit Aussicht auf Erfolg zu begegnen? Vortrag, geh. in der Altonaer Kreis-Lehrerkonferenz. gr. 8. (29 S.) Flensburg 900. A. Westphalen. n. — 50

**Bindrich**, Karl, Volksschule u. Fortbildungsschule. Bedenken u. Wünsche e. Volksschullehrers. (31 S.) 8. Flensburg 905. A. Westphalen. n. — 50

**Bindschedler, Carl**, Dr. Die amortisirbaren Papiere (Werthpapiere) nach dem Bundesgesetz über das Obligationenrecht. Gr. in-8°, 143 S. Zürich, Meyer & Zeller (Reimmannsche Buchhandlung). 1888 Jur.Diss.v.3.III.1888 2 50

Bindschedler, **Emil** (von Winterthur (Kt. Zürich)]: Über Oxalatoaquotriamminkobaltsalze und komplexe Triamminkobaltiakverbindungen. Zürich 1901. 80 S. 8°.
Zürich. Phil. Diss. II. S. 1900/1901.

Bindschedler, Ida. Die Turnachkinder im Sommer. Für Knaben und Mädchen von 8—14 Jahren. [Mit illustriertem Umschlag.] IV + 273 S. 8. Frauenfeld, Huber & Co., [1906]. [geb. fr. 4. —]

Bindschedler, Ida. Die Turnachkinder im Winter. Erzählungen. Für Knaben und Mädchen von 8—14 Jahren. 1.—4. Tausend. [Mit illustriertem Umschlag.] IV + 256 S. 8. Frauenfeld, Huber & Co., [1909]. [geb. fr. 4. —]

**Bindschedler, Rudf.**, die Führung des schweizerischen Infanterie-Bataillons. Vorträge gehalten in der allgemeinen Offiziersgesellschaft von Zürich. 8. (107 S.) Zürich 874, Orell, Füssli und Comp. *

Bindschedler, R[udolf] G[ottfried]. Kirchliches Asylrecht ⟨Immunitas ecclesiarum localis⟩ und Freistätten in der Schweiz. Von Dr. iur. R. G. B' in Zürich. VIII + 406 S. 8. Stuttgart, Verlag von Ferdinand Enke, 1906. (M. 15.60)
Kirchenrechtliche Abhandlungen. Hrg. von Dr. Ulrich Stutz, o. ö. Professor.... Heft 32 und 33....

Bindschedler, R[udolf] G[ottfried]. Kirchliches Asylrecht ⟨Immunitas ecclesiarum localis⟩ und geistliche Freistätten in der Schweiz vor der Reformation. Diss. Iur. Univ. Zürich. IV + 125 S. 8. Stuttgart, Druck der Union Deutsche Verlagsgesellschaft, 1906.
(Teil 1 *der ganzen* Untersuchung über Kirchliches Asylrecht....)

**Bindschedler**, Rudolf Gottfried, von Männedorf [Kt. Zürich]: Experimentelle Beiträge zur Lehre von der Nervenreizbarkeit. Zür. D. Bürkh Dr. (1865). 24 S., 1 Bl., 1 Taf. 8°.
Zürich, Med. Diss. v. 22. Juli 1865.

Bindschedler, R[udolf] G[ottfried]. Die rechtliche Seite des schweizerisch-deutschen Mehlzollkonfliktes. Separatabdruck aus der «Neuen Zürcher Zeitung» vom 19. und 20. Januar 1909. II + 16 S. 8. Zürich, Druckerei der N' Z' Z', [1909].

Bindschedler-Boesch, Frau Nina = Boesch, Nina.

Bindseil, de historia Universitatis Halensis. Halis. 4. 14 p.
Schul-/Univ.-Schrift 1867

**Bindseil**, Henricus **Bernhardus** Ernestus: De constitutione societatis gewerkorum ⟨Gewerkschaft⟩ ex iure antiquiore. Halae (1873): Hendel. 30 S. 8°
Halle-Wittenberg. Jur. Diss. v. 9. Okt. 1873
Geb. Halle a. d. S. 24. 11. 1830. V.

**Bindseil, C. H.**, dramatische Versuche. 8. Dortm. Mallinkrodt. 798. (enth. 1) Häuslichkeit und Welt ꝛc. 2) Wiedervergeltung ꝛc. 5) Laune u. Herzensgüte ꝛc.)

Bindseil, Friedrich

**Bindseil, Fr.**, der deutsche Aufsatz in Prima. Beiträge zur Methodik d. deutschen Unterrichtes, nebst Materialien u. Dispositionen. gr. 8. (VII, 152 S.) Berlin 885. Gaertner. n. 2. —

**Bindseil, F.**, d. deutsche Aufsatz in Prima. 2. Aufl., umgearb. u. inhaltlich verm. v. Bruno Zielonka. 8. (IV, 143 S.) Berlin 899. R. Gaertner. Kart. n. 2. 40

Bindseil, Fritz [Oberl. Dr.]: Über den Einfluss des klassischen Unterrichtes auf die Ausbildung der Sprachfertigkeit im Deutschen. Berlin, Druck v. W. Pormetter, 1889; 19 S. 4°
Berlin, k. Luisen-G, OP 1889 (62)

Bindseil, Fr. W. Zur Methodik des deutschen Unterrichts in der Prima der Gymnasien. 21 S. Progr. Mar. G. *Posen* 1883.
Vgl. des Verf. Der deutsche Aufsatz in Prima. Beiträge zur Methodik des deutschen Unterrichts, nebst Materialien und Dispositionen. (VII, 152 SS.) 8. Berlin 1885, Gärtner. 2 Mk.

**Bindseil, F.**, zur Methodik des deutschen Unterrichts in der Prima der Gymnasien. gr. 4. (21 S.) Posen 883, Jolowicz. *

Bindseil, Frdr. De Syracusarum obsidione bello Peloponnesiaco facta quae est apud Thucydidem. (34) 4. c. tabula lith. (Diss. Rost.) (Lignitziae) 1873.

**Bindseil, Fr.**, die griechischen unregelmässigen Verba für den Schulgebrauch zusammengestellt. gr. 8. (32 S.) Posen 877, Rehfeld. cart. *

Bindseil, Fritz, s. Bindseil, Friedrich

**Bindseil, Heinr. Ernst**, Abhandlungen zur allgem. vergleich. Sprachlehre. I. Physiologie d. Stimm- u. Sprachlaute. II. Ueber d. verschied. Bezeichnungsweisen d. Genus in d. Sprachen. gr. 8. (44 B.) Hamburg 838, Fr. Perthes. *

**Bindseil, Heinr. Ernst**, Abhandlungen zur allgemeinen vergleichenden Sprachlehre. I. Physiologie der Stimm- u. Sprachlaute. II. Ueber die verschiedenen Bezeichnungsweisen des Genus in den Sprachen. 2. (Titel-) Ausg. gr. 8. (XIV, 687 S.) Leipzig (1838) 878. Siegismund & Volkening. 11. —; geb. 11. 75

**Bindseil, Hnr. Ernst**, Akustik, mit sorgfält. Berücksichtigung d. neuern Forschungen bearb. gr. 8. Potsd. 839. Horvath'sche Buchh. (J. E. Witte.) 3½ ₰

**Bindseil, Heinr. Ernst**, concordantiae omnium vocum carminum integrorum et fragmentorum Pindari ad modum concordantiarum biblicarum primum elaboratae. gr. 4. (VIII, 252 S.) Berlin 875. Gustedt. n. 18.

Bindseil, Heinrich Ernst (Hrsg.), s. Corpus Reformatorum. Vol. 16 ff.

General-Register über die Verhandlungen der ersten fünfundzwanzig Versammlungen deutscher Philologen und Schulmänner 1838—1867. Angefertigt von HEINRICH ERNST BINDSEIL. Leipzig 1869. B. G. Teubner. 4°.

Bindseil, Heinrich Ernst (Hrsg.), s. Melanchton, Philipp: Opera . . . Vol. 16 ff.

**Bindseil, Heinr. Ernst**, s. Pott, A. F., etymologische Forschungen auf dem Gebiete der indogermanischen Sprachen.

—— Prüfung der angeblichen Mehrzahl von Wittenberger Ausg. der vollständigen lutherischen Bibelübersetzung aus dem J. 1545. Ein Beitrag zu der Geschichte dieser Uebersetzung. gr. 8. (XIII und 72 S. mit 1 lithogr. Monogrammen-Taf.) Halle 867, Buchh. des Waisenhauses.

— Prüfung der angeblichen Mehrzahl von Wittenberger Ausg. der vollständigen lutherischen Bibelübersetzung aus dem J. 1545. Ein Beitrag zu der Geschichte dieser Uebersetzung. Mit 1 lith. Monogrammen-Tafel. Halle 868. Buchh. d. Waisenhauses. gr. 8. (VIII, 72 S.) 7½ ngr.

**Bindseil**, Henricus Ernestus: De generis in linguis indicandi variis rationibus. (1. De semiticarum et Indo-Germanicarum linguarum pronominibus.)
Halle-Wittenberg. Phil. Diss. v. 8. Mai 1830
Geb. [Nöschenrode b. Wernigerode 22. 5. 1803]
Ms. fehlt. — Titel aus dem Diplom & der Bewerbung.

**Bindseil, Heinr. Ernst**, concordantiarum Homericarum specimen cum prolegomenis in quibus praesertim concordantiae biblicae recensentur earumque origo et progressus declarantur. Halle 867. Hendel. gr. 8. (VIII, 155 S.) n. 20 ngr.

**Bindseil, Hnr. Er.**, Verzeichniß der Original-Ausgaben der Lutherischen Uebersetzung sowohl der ganzen Bibel, als auch größerer und kleinerer Theile und einzelner Stellen derselben, in systemat. Ordnung, als Festschrift zur 300jährigen evang. Jubelfeier der Stadt Halle. Roy.-4. Halle 841, Canstein'sche Bibelanstalt. (Buchh. des Waisenhauses.) n. 13¾ ngl

**Bindseil**, Hugo Frid. Ludov.) (geb. Gr.-Leinungen bei Mansfeld 17. 7. 1813): De tetano traumatico. Berolini (1839). (20 S.) 8°
Berlin, Med. Diss. v. 13. Sept. 1839

**Bindseil, K.**, Liederbuch f. die Volksschulen des Reg.-Bez. Hildesheim. (VI, 66 S.) 8. Hildesheim 909. H. Helmke. — 80

**Bindseil, Max**, Referendar a. Halle a. S.: Die Konkurrenz des Vertragsanspruches mit dem Deliktsanspruche nach deutschem bürgerlichen Recht. Halle a. S. 1909: Heynemann. 86 S. 8°
Halle, Jur. Diss. v. 26. Febr. 1909, Ref. v. Blume
[Geb. 28. März 84 Kottbus; Wohnort: Erfurt; Staatsangeh.: Preußen; Vorbildung: Latina Halle Reife O. 02; Studium: Halle 6 S.; Rig. 28. Sept 08.] [U 09. 1587

**Bindseil**, Max Hugo: • De Persio Horatii imitatore. 36 Bl. 4° (2°)
Halle-Wittenberg. Phil. Diss. v. 25. Nov. 1874
Geb. [Nebra (Kr. Querfurt) 26. 6. 1847]

Bindseil, Rudolf Geschichte der Stadt Akragas bis zu ihrer Zerstörung durch die Römer. 18 S. Progr. *Neustettin* 1882.

**Bindseil**, Theodor [Prof. Dr Dir.]: *Antrittsrede, geh. am 29. Apr. 1889.* Seehausen i. d. A., Druck d. R. Schröterschen Buchdr., 1890; S. 17—19: 4°
Seehausen i. d. A., G, OP 1890 (245)

**Bindseil**, Theodor [Prof. Dr. Dir.]: *Bericht über den Empfang der beiden oberen Klassen des Gymnasiums in Seehausen i. d. A. durch den Fürsten von Bismarck in Friedrichsruh am 28. Juni 1895.* Seehausen i. d. A., Druck d. R. Schröterschen Buchdr., 1896; 28—31 S. 4.
Seehausen i. d. A., G, OP 1896 (250)

Bindseil, Th. Die antiken Gräber Italiens. Erster Teil. Die Gräber der Etrusker. 52 S. Progr. *Schneidemühl* 1881.

**Bindseil, Th.**, die antiken Gräber Italiens. 1. Thl.: Die Gräber der Etrusker. 4. (52 S.) Schneidemühl 881. (Berlin, Calvary und Comp.) *

**Bindseil**, Theodor [Prof. Dr., Dir.]: Mitteilungen aus den neuen Lehrplänen und Prüfungsordnungen. Seehausen i. d. A., Druck d. R. Schröterschen Buchdr., 1892; 22—31 S. 4.
Seehausen i. d. A., G, OP 1892 (251)

— Nonnulla ad Lucretii de omnis infinitate doctrinam. Pr. 1870. 18 S. · 4°.

**Bindseil**, Theodorus: Nonnulla ad Lucretii de rerum natura carminis librum primum et secundum, qui sunt de atomis. (P. 1.) Halae (1865): Ploetz. 37 S. 8°
Halle-Wittenberg, Phil. Diss. v. 24. Aug. 1865
Geb. [Aken a. d. Elbe (Kr. Kalbe) 15. 4. 1842]
Der Teildr. erstreckt sich nur auf liber 1, 1—920.
Bei den Akten das Ms. ohne Titel, 96 S. 4° (2°), doch fehlen die Seiten 41—56, 73—76, 89—94. Der Teildr. umfaßt vom Ms. S. 1 bis etwa 41, der vorhandene Rest ist nicht als Diss. gedruckt. — Vom Verf. ersch. noch: Quaestiones Lucretianae. Anclam: Dietze 1867. 30 S. 4° Gymn.-Progr.

**Bindseil, Theodor**, quaestiones Lucretianae. Anclam 867. (Dietze.) 4. (30 S.) n. 15 ngr.

Bindseil, Theodor Reiseerinnerungen von Sicilien. 4 (34 S.).
Progr. G. Schneidemühl 1887

**Bindseil, Th., Reiseerinnerungen von Sicilien. gr. 4. (34 S.) Leipzig 887, Fock.** *

**Bindseil,** [Theodor], Dir.: [Kurzer **Rückblick** auf das 25jährige Bestehen der Anstalt als Gymnasium.] *Kreuzburg O.-S. 1899: E. Thielmann.* (S. 38.) 4°
Kreuzburg O.-S., k. G, OP 1899 (201)

**Bindseil,** Theodor [Prof. D<sup>R</sup> Dir.]: Von Agrigent nach Syrakus Reiseerinnerungen. Seehausen i. d. A., *Druck d. R. Schröterschen Buchdr.*, 1890; 27 S. 4°
Seehausen i. d. A., G, OP 1890 (245)

**Bindseil, Thdr. Von Agrigent nach Syrakus. Reiseerinnerungen. gr. 4. (27 S.) Seehausen i. A. 890, (Roever).** * 1 —

Bindseil, Theod(orus) Frid(ericus) Carolus: De ankylosi. Accedit tabula lapidi incisa. Halae (1836): Scharre. 36 S., 1 Taf. 8°
Halle-Wittenberg, Med. Diss. v. 19. März 1836
Geb. Gross-Leinungen (Gebirgskr. Mansfeld) 11. 3. 1811. V.

**Bindseyl, Ad., alter Gebrauch bei Hegung d. hochnothpeinl. Gerichts u. d. Vollstreckung d. Todesurtheile in d. Altstadt Hannover. (A. d. „Jurist. Zeitung" abgedr.) 8. (1 B.) Lüneburg 850, Herold u. Wahlstab.**

**Bine Leitim. Verleger B. Meslos aus Zolkow. Gedr. bei M. F. Poremba in Lemberg. 1856. (84 Bl. 4.)**

**Bine Leitim** בינה לעתים. Exhorten für die verschiedenen festlichen Zeiten der Israeliten. Gedruckt bei *M. F. Poremba* in *Lemberg* 1857. Grossoctav. 250 S.

**Binegg, J., Frühlingsstürme. Roman. (856 S.) 8. Dresden 903. E. Pierson. n. 8. —; geb. n. 4. —**

Binenwalde [Schlagwort]
**Binenwalde,** s.: **Mark. — Wanderkarten.**

Biner, Johann
— u. **Eberh. Scheiner, Aufsatzstoffe.** 240 kurze Erzählgn. f. d. Unter- u. Mittelkl. d. Volksschulen u. d. entsprech. Klassen d. Mittelschulen. M. e. Begleitwort u. e. Anh. ges. u. bearb. gr. 8. (80 S.) Ebd. 895. n. — 80

**— u. Eberh. Scheiner, Aufsatzstoffe. 800 kurze Erzählgn. f. die Unter- u. Mittelklassen der Volksschulen. Mit e. Begleitworte u. e. Anh. 2., verm. Aufl. (XII, 95 S.) 8. Ebd. 905. n. 1. 20**

**Biner, J.,** Deklamationsstoffe f. bes. Anlässe i. Schulleben. E. Sammlg. leicht deklamierbarer deutscher Gedichte z. Gebrauch b. Schulfeiern, Maifesten, vaterländ. Gedenktagen, Prüfgn. 2c. 8. (IV, 156 S.) Würzburg 896. J. Staudinger's Verl. n. 1. 40

**Biner, Joh., Deklamationsstoffe f. besondere Anlässe im Schulleben. Eine Sammlg. leicht deklamierbarer deutscher Gedichte, zum Gebrauche bei Schulfeiern, Maifesten, vaterländ. Gedenktagen, Prüfgn. etc. 2. Aufl. (VIII, 156 S.) kl. 8. Würzburg (905). F. X. Bucher. Kart. n. 1. 40**

**Biner, J.,** Kinder-Glückwünsche. Eine reichhalt. Sammlg. v. Weihnachts- u. Neujahrs-, Geburts- u. Namenstagswünschen, Polterabend- u. Hochzeitsgedichten, sowie Glückwünschen zu besonderen Gelegenheiten, ausgewählt v. B. 12. (40, 68 u. 44 S.) Würzburg 894. J. Staudinger. n. 1. 30; in 3 Hftn. n. 1. 60
1. Weihnachts- u. Neujahrswünsche. (40 S.) n. — 40
2. Geburts- u. Namenstagswünsche. (68 S.) n. — 70
3. Polterabend- u. Hochzeitsgedichte, sowie Glückwünsche zu besonderen Gelegenheiten. (44 S.) n. — 50

**Biner, J: Kinder-Glückwünsche. Sammlg v. Weihnachts- u. Neujahrs-, Geburts- u. Namenstagswünschen, Polterabend- u. Hochzeitsgedichten sowie Glückwünschen zu bes. Gelegenh. 1. Heftchen: Weihnachts- u. Neujahrswünsche. 3. Afl. (40) kl8° Würzbg, FX B[illegible]er '12. — 40 d**

**— P Kern, G Zeller, Präparationen z. Behandlg d. Lesestücke in Fischers Unterklassen-Lesebuch, nach d. 5 formalen Stufen bearb. I. Tl: Nr. 1—85. 8° (132) Ebd. 98. 1.50 || II. Tl: Lesestücke in Fischers Unterklassen-Lesebuch u. d. am meisten verbreiteten Unterklassen-Lesebüchern. Nr. 86—139. 8° (157) 95.** 1.60

**Biner, J, u. P Kern: Präparationen z. Behandlg d. Lesestücke in Fischers Unterkl.-Leseb. u. d. am meisten verbreit. Unterkl.-Lesebüchern, nach d. 5 formalen Stufen bearb. III. Tl: Nr. 140—210. 8° (156) Würzbg 97, J Staudinger's V.** 1.80 (I—III.: 4.90)

**— P Kern, G Zeller: Präparationen z. Behandlg d. Lesestücke in Fischers Unterklassen-Leseb. u. d. am meisten verbreiteten Unterklassen-Lesebb. nach d. 5 formalen Stufen. 1. Tl: Nr 1—85. 2. Afl. (15, 147) gr8° Ebd. '11.** 1.80 d

Biner, Josef
Katholische Anmerkung über die neueste unkatholische Kontroversschreiber, absonderlich sog. Urim u. Thummim zu Zürich, samt einem kurzen Begriff der heutigen Kontroversien u. katholischen Glaubenswahrheit. Augsburg, Wolff, 1739 ff., 8°.
Teil I: Kurze Abbildung der protest. Bücherschreiber. 1739, XXVIII, 196 S. — Teil II: Von dem Wort Gottes. 1740, 254 S. — Teil III: Von der Kirche. 1741, XXVIII, 620 S.
Dasselbe. Augsburg, Wolff, 1751, 8°, 4 Bde.

**Biner, Jos.,** Katholische Anmerkungen über den wiederaufleben sollenden Luther 2c. Augsburg, Wagner, 1753, 4°.

Biner, Josef: A p p a r a t u s eruditionis ad jurisprudentiam praesertim ecclesiasicam. P. 1-3. Augustae Vindel. et Friburgi Brisg. 1751.

***Biner*, Jos., Apparatus Eruditionis ad Jurisprudentiam, in quo praeter juris universalis principia, jus naturae, Gentium, divinum, apostolicum et Pontificum, jus synodale oecumenicum, nationale ac provinciale, una cum provinciarum ac regnorum ecclesiastico et politico statu, disciplina ecclesiae, haeresibus exortis etc. ad praesens usque tempus colliguntur. XIII Ptes. Ed. V. 4. Augsb. 767. Wagner. 8 ℛ 20 ₰**

**Biner, Jos.,** Kurzer Begriff der heutigen Glaubensstreitigkeiten. Luzern (?) 1739, 8°. — Luzern u. Augsburg 1746, 8°. Augsburg 1765, 4. Aufl.

Beschreibung des unglücklichen Anlaufs der Herrn Prädikanten zu Zürich in ihrem angestellten Muckentanz um das Licht der kath. Wahrheit. Das. 1742, 8°, 3 Bde.

**Biner, Jos., satyrisch Gedicht auf die Glaubensverbesserer, m. Anm. v. Js. Bond. 8. Zürich. 740.**

**Biner, Jos.,** Die Heiligkeit der Kirche, oder gründliche Untersuchung, welche Kirche heilig u. also mit diesem Kennzeichen der Kirche Christi geziert sei 2c. Augsburg u. Freiburg (B.), Wagner, 1750, 8°, XVIII, 291 S.

Widerlegung der reformierten Profession von einem Apostaten. Das. 1741, 8°.

Das Gedächtnis der Schachspieler. Eine psychol. Studie über d. Blindspiel von Alfred **Binet.** Aus d. Franz. übers. Berlin: M. Günther [1897]. (102 S.) 8°
Aus: Berliner Schachzeitung. Jg. 1. [03. 9563 11

**Binet, Alfr.: Die neuen Gedanken üb. d. Schulkind. Deut. Bearbeitg durch Geo. Anschütz u. WJ Ruttmann. (12, 291 m. Bildn.) gr8° Lpzg, E Wunderlich '12. 4 —; geb. n 4.80 d**

**Binet,** Alfr., das Seelenleben der kleinsten Lebewesen. Aus dem Franz.: La vie psychique des Microorganismes [2. Aufl.] übers. v. Wilh. **Modicus.** gr. 8. (IV, 114 S.) Halle a/S. 892. G. Schwetschke. n. 1. 80

**Binet,** Paul, s.: Tafeln zur Schilderung der durch den Alkoholismus verursachten Organerkrankungen des menschlichen Körpers.

**Binet, Steph., der Freund der armen Seelen, s. Bibliothek, ascetische.**

Binet, Steph., der Freund der armen Seelen oder die katholische Lehre vom Fegfeuer. Nach der neuen Bearbeitung d. P. Peter Jennesseaux S. J. frei aus dem Franz. übers. Mit einem Vorworte v. Frz. Hattler. 12. (XXIV, 386 S.) Freiburg i/Br. 881. Herder. 2. —

Binet, Steph., u. Peter Jennesseaux, S. J., d. Freund d. armen Seelen od. d. kathol. Lehre v. jenseit. Reinigungsorte. Frei n. d. Franz. übers. von B. v. B. (Ascet. Bibliothek.) 2. Aufl., verm. u. verb. v. P. Frz. Hattler, S. J. 12. (XII, 386 S.) Freiburg i/B. 896. Herder n. 1. 80; geb. in Leinw. n. 2. 40

Binet, die Gnadenvorzüge d. hl. Joseph. Nach der v. Jennesseaux verb. Ausg. aus dem Franz. übers. 16. (158 S. m. 1 Bild.) Trier 891. Paulinus-Druckerei. n. 1. 20; geb. n. 1. 50

Binet-Hentsch. J[ean]-L[ouis]. Notice sur les refuges des voyageurs dans les Alpes. [E.] 8. Berne 1878.

Bing, Diss. de delirio febrili. Hal. 4°. *Döring*, I p. 144. 1 7 3 3

Bing, Gebr: Der kleine Eisenbahn-Jngenieur. (Spielzeug-Katalog) (Nürnberg 1905?)

Bing, Gebr: Jll. Hauptpreisliste über hochfein Messing vernickelte, nickelplattirte und Reinnickel Tafel- und Küchengeräthe. Nürnberg 1901
Nebst: Einkaufs-Liste. Nürnberg (1901)

Bing, Gebr: Preisliste über Haus- und Küchengeräthe. Nürnberg 1901
Nebst: Anhang. Nürnberg 1901
Nachtrag 1. Nürnberg 1904

Bing, Gebr: Preislisten über feine Metallspielwaren. Nürnberg 1901. 1903. 1904. 1908

Bing, Gebr: Special-Preisliste über Bade- und Toilette-Artikel usw. Nürnberg 1903

Bing, Gebr: Special-Preisliste über mechanische, optische und elektrische Lehrmittel und Spielwaaren. Nürnberg 1902
Nebst: Nachträgen 1904 u. 1908

Bing, Alb., Ohrenheilkunde. 12 Vorlesgn. f. Studierende u. Ärzte. 2. verb. Aufl. (XVII, 352 S. m. 28 Abbildgn. u. 5 Taf.) gr. 8. Wien 908. W. Braumüller. 4.—; geb. in Leinw. n 5. —

Bing, Alb., Prophylaxe i. d. Ohrenheilkunde, s.: Handbuch der Prophylaxe. VIII.

— die otologisch-diagnostische Verwertg. der Stimmgabel. gr. 8. (24 S.) Wien 903. Urban & Schwarzenberg. n. 1.—
Sonderabdruck aus „Wiener Klinik".

— dasselbe, s.: Klinik, Wiener. 1902. 6.

Bing, Dr. Albert. Vorlesungen über Ohrenheilkunde. Mit 27 Holzschnitten und einer Doppeltafel. 8. (VIII, 286 S.) 4.20
Wien: Braumüller 1890

[F.] Rückblicke auf die Geschichte des Frankfurter Stadttheaters von dessen Selbstständigkeit '(1792)' bis zur Gegenwart. Von Anton Bing. Subventionirt v. Ver. f. Gesch. u. Altertumsk. zu Frankf. a. M. Bd 1. 2. *Frankfurt a. M.: Wochen-Rundschau f. dramat. Kunst, Liter. u. Musik 1892—96.* 2 Bde 8.(2.)
1. Das Frankf. Stadttheater unt. d. ersten Aktionär-Ges. '(1792—1842)'. 1892. (3 Bl., 211 S.)
2. ... unt. Privatdirektoren, d. zweiten u. d. dritten Akt.-Ges. Nebst e. Anh.: Die Pensions-Anstalten der Frankf. Stadttheater '(1842—1895)'. 1896. (2 Bl., 292 S.)
[96. 7451

Bing, Anton, Statistische Untersuchungen über private Wohlthätigkeitspflege mit besonderer Berücksichtigung der aktiven Teilnahme der Konfessionen an derselben. Lex.-8⁰. Frankfurt a. M., J. Baer u. Co., 1904. M. 115

Bing, A. (Red.), s. Wochen-Rundschau für dramatische Kunst, Literatur und Musik.

Bing, Arthur, aus Würzburg: Beiträge zur Histologie der Angiome. (Untersuchungen mit Weigert's Elastinfärbung.) *Würzburg 1903: A. Boest.* (33 S.) 8°
Würzburg, Med. Diss. v. 1903

Bing, Bertha, das Herzmütterlein. Eine Erzählg. nach dem Leben. Frei nach dem Engl. Mit 1 Farbendr.-Illustr. nach Orig.-Aquarelle v. Marie Koch. 8. (222 S.) Berlin 885. Drewitz. geb. 3. —

Bing, Bertha, das Stiefmütterlein. Eine Erzählung für die Jugend. Frei nach dem Englischen. Mit (4) Farbendr.-Illustr. nach Orig.-Zeichnungen von O. Woite. gr. 8. (222 S.) Berlin 883, Drewitz. geb.

Bing, Berth., d. Petroleumhandel u. d. Ludwigskanal, s.: Verbands-Schriften d. deutsch-österr.-ungar. Verb. f. Binnenschiffahrt.

Bing, Eduard, u. Otto Schrey, Selbstkostenberechng. u. technische Buchführg. in Waggonfabriken, s.: Zeitschrift f. handelswissenschaftl. Forschg. I. Ergänzgsbd.

Bing, Ed., s.: Vorschriften, die russischen, üb. die Errichtung usw. elektrischer Anlagen.

Bing, Ewald: Über die Auflager Konstuktionen der Balkendachbinder. 123 S., 14 Taf.
Diss. TH Wien 1909.

Bing, Félix-M., la société anonyme en droit allemand. Étude systématique d'après la loi du 18 juillet 1884. gr. 8. (416 S.) Berlin 892. C. Heymanns Verl. n. 8. —

Bing, Felix-M. La société anonyme en droit italien. Etude de législation comparée. In-8°, 449 p. Genève et Bâle, H. Georg. 1 8 8 7 8 —

Bing, Gust., ein Eisenbahn-Programm. gr. 8. (56 S.) Wien 875, Lehmann und Wentzel. *

Bing, G, e. Vorschlag z. Regelg d. Bankfrage. 8. (15) Wien 75, Lehmann u. W. n. — 80

Bing, H. J.
— Ueber Lecithinverbindungen. (Leipz.) 1900. (10) S. (Sertr.). P.

Bing, Hermann. — Versuche über Israels Pflichten nach mündlicher und schriftlicher Lehre nach dem größeren Werke von Herrn Samson Rafael Hirsch im Auszuge und in Fragen und Antworten bearbeitet für die reifere Jugend von — —. 3. Heft. Chukkim. (32 S.) 8. Wien. Gedruckt bei Adalbert della Torre. 1854.

Bing, Isidor, über die Verbindungen des Pyridin's mit Metallsalzen. Inaugural-Dissertation. gr. 8. (37 S.) Jena 884, (Neuenhahn.) *

Bing, Julius. Der elektrische Lichtbogen. Mit 52 Abbildungen. 82 S. 8. Zürich, Albert Raustein, 1905. (M. 2. 40)
Technische Abhandlungen aus Wissenschaft und Praxis. Hrg. von Siegfried Herzog.... Heft 7.

Bing, Just., Novalis. (Friederich v. Hardenberg.) Eine biograph. Charakteristik. gr. 8. (VII, 176 S.) Hamburg 893. L. Voss. n. 4. —

Bing, Moritz: Das Verhältnis des Auftrages zur Vollmacht vom Standpunkte des modernen wie des Roemischen Rechts, unter Beurteilung der Laband'schen Theorie. *Köln 1897: Ph. Amsel.* (57 S.) 8°
Erlangen, Jur. Diss. v. 28. Okt. 1897

Bing, Robert. Aphasie und Apraxie. Klinische Vorlesung. Mit 1 Abbildung (*d. i.* 5 Abbildungen). II S. + S. 239—263 ⟨25 S.⟩. gr.-8. Würzburg, Curt Kabitzsch, 1910. M. —. 85
Würzburger Abhandlungen aus dem Gesamtgebiet der praktischen Medizin... Band 10 Heft 11.

**Bing, Robert**, Privatdozent in Basel: Die Bedeutung der spino-cerebellaren Systeme. Kritischer und experimenteller Beitrag zur Analyse des cerebellaren Symptomencomplexes. Mit 8 Figuren im Text und 6 Tafeln. Wiesbaden 1907. VIII + 96 S. 8°.
Basel. Hab.-Schr. 1907.08.
Nicht für den Austausch.

Die Bedeutung der spino-cerebellaren Systeme. Krit. u. experiment. Beitrag z. Analyse d. cerebellaren Symptomencomplexes. Von Dr. Robert **Bing**, Privatd. Mit 8 Fig. u. 6 Taf. Wiesbaden: J. F. Bergmann 1907. (95 S.) 4°(8°) [07. 17303

— s: Ergebnisse d. Neurol. u. Psychiatrie.

BING, Robert (Nürnberg): Über einen seltenen Fall von kryptogenetischer eitriger Nephritis und Perinephritis.- München: Victor 1904. 24 S.
21.9.1904 - Chr 1904/05,15; Jv 1903/04,319 Diss. Ingolst.-Landsh.-Mchn.

**Bing**, Rob., Über das intermittierende Hinken u. verwandte Motilitätsstörungen, s. **Klinik**, medizin. 1907. 5. Beiheft.

**Bing**, Robert. Über das intermittierende Hinken und verwandte Motilitätsstörungen. Von Priv.-Doz. Dr. R' B', Basel. II S. + S. 111—142. 8. Berlin (u. Wien), Urban & Schwarzenberg. M. 1.–
Beihefte zur Medizinischen Klinik.... Jahrg. 3, 1907. Heft 5.

**Bing**, Robert. Kompendium der topischen Gehirn- und Rückenmarksdiagnostik. Kurzgefasste Anleitung zur klinischen Lokalisation der Erkrankungen und Verletzungen der Nervenzentren. Mit 70 Abbildungen. VI + 200 S. 8. Berlin, Wien, Urban & Schwarzenberg, 1909. [M. 6. –]

— Kompendium d. topischen Gehirn- u. Rückenmarksdiagnostik. 2. Afl. (8, 208 m. Abb.) Lex8° Wien, Urban & Schw. '11. 6 —; geb. n 7.50

**Bing, Robert** [med. pract. aus Basel. Assistent am Patholog. Institut der Universität Basel]: Ueber angeborene Muskel-Defecte. Mit einer Tafel und einer Abbildung im Text. Berlin 1902. 58 S. 8°. (S.-A. aus Virchow's Archiv f. patholog. Anatomie Bd. 170.)
Basel. Med. Diss. 1902/1903.

— Pathogenese, Diagnose u. Therapie d. Polyneuritis, s: Klinik. Medizinische.

**Bing**, Rob., u. Rud. **Burckhardt**, das Centralnervensystem v. Ceratodus forsteri, s.: **Denkschriften** der medicinisch-naturwissenschaftl. Gesellschaft zu Jena. IV. 5.

**Bing, S[amuel]**. Japanischer Formenschatz gesammelt von S. Bing. Verlag der deutschen Ausgabe Leipzig, Seemann [1888—1891].
6 Bde. 4°.
I [1888] Tit., 2 Bl., 92 S. m. 112 Abb., 60 Taf.
II [1889] Vortit., Tit., 2 Bl., 79—158 S. m. 87 Abb.; 56 Taf.
III [1889] Vortit., Tit., 2 Bl., 88 S. m. 103 Abb.; 57 Taf.
IV [1890] Vortit., Tit., 2 Bl., 89—168 S. m. 92 Abb. 56 Taf.
V [1890] Vortit. Tit., 2 Bl., 76 S. m. 85 Abb.; 58 Taf.
VI [1891] Vortit. Tit., 2 Bl. 77—154 S. m. 82 Abb.; 59 Taf.

**Bing**, S., s. **Formenschatz**, japanesischer.

**Bing**, Siegfried, a. Nürnberg: Die Ausgaben Nürnbergs von 1806—1906. Leipzig 1908: Greßner & Schramm. (69 S.) 8° [F.] ¶ (Erscheint vollst. u. d. T.: „Die Entw. d. Nürnberger Stadthaushalts v. 1806—1906" in: Wirtschafts- u. Verwaltungsstudien m. bes. Berücks. Bayerns Bd 31.)
Würzburg, Jur. Fak., Ref. Schanz, Diss. v. 27. Jan. 1908
[Geb. 12. Dez. 82 Nürnberg; Wohnort: Nürnberg; Staatsangeh.: Bayern; Vorbildung: Gymn. Nürnberg Reife Juli 01; Studium: Erlangen 2, München 5, Berlin 1 S.; Rig. 12. Dez. 07.]

Die Entwicklung des Nürnberger Stadthaushalts von 1806 bis 1906. Von Siegfried **Bing**. Leipzig: A. Deichert Nachf. 1908. (X, 176 S.) 8° [F.]
= **Wirtschafts**- u. Verwaltungs**studien** mit besond. Berücks. Bayerns. 31. [08. 3388

**Bing**, Siegmund, a. Nürnberg: Der Konkurs des Verlegers. München 1905: J. Schweitzer. (95 S.) 8°
Würzburg, Jur. Fak., Ref. Jaeger, Diss. v. 1. Mai 1905
[Geb. 17. Aug. 78 Nürnberg; Wohnort: Nürnberg; Staatsangeh.: Bayern; Vorbildung: Gymn. Nürnberg Reife Juli 97; Studium: München [illegible], Berlin 1, Würzburg 2 S.; Rig. 8. Febr. 05.]

**Bing, Wolf**: Hamburgs Bierbrauerei vom 14. bis zum 18. Jahrhundert. Hamburg 1909: Lütcke & Wulff. 124 S. 8° ¶ (Aus: Zeitschrift d. Ver. f. hamburg. Gesch. Bd 14, H. 2.)
Leipzig, Phil. Diss. v. 1. Dez. 1909, Ref. Stieda, Seeliger
[Geb. 2. Nov. 82 Hamburg; Wohnort: [illegible]; Staatsangeh.: Hamburg; Vorbildung: [illegible] Hamburg Reife [illegible]; Studium: [illegible] München, [illegible] Leipzig [illegible] 12 S.; Rig. 20. Dez. 07.] [U 10. 3102

**Binge**, D. (Hrsg.), s. National-Intelligenzblatt. – Allg. u. gemeinnütziges National-Intelligenzblatt f. ganz Dtld. . . .

Darstellung der vielseitigen Mängel und Nachtheile, wie auch der Vortheile der holsteinischen Feldbefriedigungen in ökonomischer und physikalischer Hinsicht . . . Ein Beitrag zur kritischen Landwirthschaftslehre v. Nikolaus Adolph **Binge**. Altona. 1818. 8°
Das Titelblatt ist handschriftlich ersetzt.

**Binge, N. A.** Neue gemeinnützige Erfindung. (Feuerlöschanstalten.) Rendsburg 1823. 8°.

**Binge N. A.**: Versuche einiger Beiträge z. Naturkunde u. Oekonomie. Altona 1817. 164 S. (Hammerich)

**Binge, Nikolaus Adolph**, Kritisch-didaktische Würdigung der Holsteinischen Feldbefriedigungen in physikalisch-ökonomischer Hinsicht, nebst Darstellung der Mittel ihrer Abschaffung und einem Literaturverzeichnisz der Befriedigungskunde. Altona. 1818. 99 S.

**Bingel**, Adolf, approb. Arzt aus Coblenz: (Aus d. pathol.-anat. Anstalt d. städt. Krankenhauses Moabit in Berlin: Prof. Dr. Langerhans.) Ueber Hernia retroperitonaealis duodenojejunalis (Treitzii). *Berlin 1902: G. Reimer.* (30 S.) 8° ¶ (Aus: Virchow's Archiv f. pathol. Anat. u. Physiol. u. f. klin. Med., Bd 167.)
Tübingen, Med. Diss. v. 1902

**Bingel**, Ernst, Referendar in Frankfurt a. M.: Die Grenzen der Vertretungsmacht des Vormunds eines Minderjährigen. Borna-Leipzig 1908: R. Noske. (IX, 49 S.) 8° [F.]
Leipzig, Jur. Fak., Diss. v. 29. Febr. 1908
[Geb. 9. Sept. 82 Haiger (Reg.-Bez. Wiesbaden); Wohnort: Frankfurt a. M.; Staatsangeh.: Preußen; Vorbildung: Gymn. Dillenburg Reife M. 01; Studium: Leipzig 2, Berlin 1, Bonn 1, Marburg 3 S.; Rig. 8. Mai 06.]

**Bingel**, Ernst *Georg* [cand. med.]: Aus d. geburtshülfl.-gynäkolog. Klinik zu Bonn. Das Kephalohaematom beim Neugeborenen ... Bonn, Buchdr. v. A. Henry, 1896; 27 S. 8.
Bonn, Med. Fak., Inaug.-Diss. v. [9. Juli] 1897

**Bingel**, Gust. A., pharmakologisch-therapeutisches Handbuch für Aerzte und Studirende der Medicin und Pharmacie. Mit gleichzeitiger Berücksicht. der Pharmakognosie, Toxikologie und Balneologie bearb. 1. Hälfte. gr. 8. (III und 400 S.) Erlangen 861, Enke's Verlagsh.

**Bingel**, Gust. A., pharmakologisch-therapeutisches Handbuch für Aerzte und Studirende der Medicin und Pharmacie. Mit gleichzeit. Berücksichtigung der Pharmakognosie, Toxikologie und Balneologie bearb. 2. Hälfte. gr. 8. (S. IV—XII und 401—855.) Erlangen 862, Enke's Verlag.
1. Hälfte. Ebendas. 1861. * 1 Thlr. 28 Ngr.

**Bingel, Gustav, A.** Recepttaschenbuch für praktische Aerzte und Schüler der Medicin und Pharmacie. *Wien* 1858. *L. W. Seidel.* XII, 276 S., 1 Bl. 8.

— — Recepttaschenbuch für praktische Aerzte und Schüler der Medicin und Pharmacie. 1. Aufl. und 2., mit einem ausführlichen Register verm. Ausg. 8. (XII und 317 S.) Wien 860, Seidel und Sohn.

**Bingel, Hermann**: Das Theatrum Europaeum, ein Beitrag zur Publizistik des 17. und 18. Jahrhunderts. Berlin 1909: Ebering. 123 S. 8° ¶ (Ersch. auch als Buch ebd.)
München, Phil. Diss. v. 26. Juli 1909, Ref. v. Heigel, Grauert
[Geb. 21. Febr. 87 Worms; Wohnort: Worms; Staatsangeh.: Hessen; Vorbildung: Gymn. Worms Reife O. 05; Studium: Theol. Gießen 7, Phil. München 2 S.; Rig. 26. Juli 09.] [U 10. 3621

**Bingemann's**, (eines Schneidergesell.), Lebensbeschr., lustige Reise-Abentheuer u. tolle Streiche, auf seiner Wanderung d. Europa u. e. Theil v. Asien in d. J. 1809 bis 23. Von ihm selbst verf. 8. Elbing 825. (Berlin, Flittner.)

**Bingemann's**, (eines Schneidergesellen,) Lebensbeschreib., lustige Reise-Abentheuer u. tolle Streiche, auf seiner Wanderung durch Europa u. e. Theil v. Asien in d. J. 1809 bis 13. Von ihm selbst verf. 8. Elbing 825. (Berl., Sander). 6 ℊ.

Bingen [Schlagwort]
Bingen, s.: Deutschland. Kürschner-Pelp.

Bingen, s.: Woerl's Reisehandbücher.

Bingen [Verfasser]

**Bingen, Friedrich** (Wald/Rhld.), De gastromalacia. Diss. med. Bln. (Nietack) 20. X. 1838. 40 S., mit Literatur u. Biogr. (M.: J. Reffeltrath.) (3.50) 2782

Oppon.: J. P. Decker, A. Mallinckrodt, R. Scheider. — Gew.: Friedr. Grothaus.

Bingen, Johann Nepomuk Rudolf von: De Carnositate vesicae morbosa. Altorfii Noricum (1759:) I.G. Meyer. 48 S. 8⁰ Altorf, Med. Diss. v. 2. Aug. 1759.

— **Joseph Ignaz von** (Augsburg), De fluxu fluxus remedio. Diss. med. Altdorf (Joh. Adam Hessel) 22. VI. 1742. 32 S. (5.—) 2783

Gew.: Joh. Rudolf v. Bingen (Vater). — Widm. v.: Joh. Nic. Weis.

Rückblick auf die früheren lateinischen Schulen Rosenheims nebst einer Entstehungsgeschichte der neu errichteten Anstalt. — Von Alois Bingcr, Subr. — 1879, Rosenheim, M. Niedermayr. — S. 3—28ᵃ.

**Bingert, Friedrich Wilhelm** (Berlin), De jure et modo succedendi in regna Europae, speciatim in regnum Bohemiae. Spec. jur. publ. Europ. nov. Präs. Jo. Jacob Moser. Frkft./O. (Sig. Gabr. Alex) 6. II. 1739. 18 S. (4.80) 2784

Gew.: Sam. v. Coccej.

— — Dasselbe. Jena (J. F. Ritter) 1741. 30 Seiten. o. W. (4.50) 2785

**Bingham, G.** Clifton, a snow baby. Merry Rhymes for pleasant times. kl. 4. (18 S. m. z. Tl. farb. Illustr.) Lond. 888. [Münch.| Nürnb., Stroefer. geb. * 1 50

**Bingham, J. Elliot**, der Krieg mit China v. seinem Entstehen bis zum gegenwärtigen Augenblicke. Nebst Schilderungen der Sitten u. Gebräuche dieses merkwürd., bisher fast noch unbekannt. Landes. Nach d. Engl. v. W. F. L. Petri. 2 Thle. gr. 12. (32⅓ B. m. Karte.) Braunschweig 843, Westermann. Thlr. *

**Bingham, Jos.**, die christl. Alterthümer im Auszug. Aus d. Engl. 5 Bde. Mit Kupfern. 8. Augsburg 1788—96, Wolff (fehlt). 6 Thlr. — 9 fl.

**Bingham, Ios.**, IV Dissertat. ad mater. eccles. 4. Halae, Waisenh. 758. Rthlr.

— Dissertat. IV. quibus certae quaedam materiae in originibus eccles. summatim descriptae copios. explicunt. sive Vol. XI. separat. 4. Halle 781. Waisenh,-B. 21 Ngr.

Bingham, Jos., Origines s. antiquitates ecclesiasticae. Halae 1724—29. 10 Tom. 6 vol. 4.

**Binghami, Jos.**, Origines sive Antiquitates ecclesiasticae. Ex Angl. vertit J. H. Grischovius. Cum figg. Hal. 724-30. 10 Vol. 4. 6 rthl. 18 gr. Edit. 2. Ib. 751. 10 Vol. 4. 8 rthl. Waisenhaus-Bh.

— Opera, cont.: origines seu antiquitates ecclesiasticas, ex ling. angl. a latin. transl. ab J. H. Grischov, c. praef. J. F. Buddei. XI Voll. 4. Halle... Ed. II. 751—81. Waisenh.-B. 7 Thlr. 15 Ngr.

— — id. I. 8. maj. Wien. (Compt. f. Litt. in Lpzg.) 786.

Bingham, Robert: Praktische Bemerkungen über die Krankheiten und Verletzungen der Blase. Eine gekrönte Preisschrift. (A practical Essay on diseases and injuries of the bladder... Dt.) Übers.von Georg Eduard Dohlhoff. 312 S., gbd., 1 Taf.

Magdeburg: Creutz 1823

Die **Bing Höhle** in Streitberg (Fränkische Schweiz). Grösste u. schönste Tropfstein Gallerie-Höhle Deutschlands. (Nürnberg [1906]: J. Rosenfeld) (8 S.) 8° [Umschlagt.] (04. 6139 2

**Bingler, Frz.**, orthopädische Erfolge. 8. (96 S. m. Abbildgn.) Ludwigshafon a/Rh. 893. W. Hofmann. n. 1. —

**Bingler, J. N.**, s. Astolfi, Schattenbestimmungen.

**Bingler, Jul.**, die Befestigungsfrage Italiens. Mittheilungen über deren gegenwärtigen Stand. gr. 8. (56 S.) Wien 878, Seidel und Sohn. *

Aus: Mittheilungen über Gegenstände des Artillerie- und Genie-Wesens, besonders abgedruckt.

Bingley, William: (Animal Biography, dt.) Biographien der Thiere oder Anekdoten von den Fähigkeiten, der Lebensart, den Sitten und der Haushaltung der thierischen Schöpfung. Nach d. Engl. mit Zusätzen bearb. u. mit e. Einl. über die Psychologie der Thiere vers. von dem J(ohann) A(dam) Bergk. Bd. 1.2. – Leipzig: Baumgärtner 1804 - 05. 8⁰
Bd.1: 1804.
Bd. 2: Bingley: Thierseelenkunde, oder Sammlung merkwürdiger Anekdoten aus dem Thierreiche... 1805.

**Bingley's**, Biographien d. Thiere, oder Anekdoten etc.; nach d. Engl., mit Zus. v. J. A. Bergk. 3 Bde. 8. Leipz. 804—10. Baumgärtner. 4 Thlr. 12 Ngr. Jetzt unt. d. T.: Bingley's Thierseelenkunde etc., od. Samml. etc. Hbg. Pr. 2 Thlr. 6 Ngr.

Bingmann, E. (Hrsg.), s. Anzeiger, Kirchlicher, f.d. Hannöversche evang.-luth. Freikirche.

Bingmann, E. (Hrsg.), s. Kreuz, Unter dem.

Bingner, A.

—— das badische Einführungsgesetz zu den Reichsjustizgesetzen mit Erläuterungen aus den Regierungsmotiven und Landtagsverhandlungen. gr. 8. (VII, 248 S.) Heidelberg 879, Emmerling und Sohn. *

**Bingner, A.**, Literatur über das Großherzogth. Baden in allen seinen staatlichen Beziehungen, von ca. 1750—1854. In systemat. Uebersicht zusammengestellt. gr. 8. (XI und 115 S.) Karlsruhe 854, Müller'sche Hofbuchh.

**Bingner, A.**, und **A. Eisenlohr**, badisches Strafrecht, enth. die zum Vollzuge der Einführung des deutschen Reichsstrafgesetzbuches im Großherzogthum Baden erlassenen Bestimmungen, sowie die in Geltung gebliebenen Vorschriften des bad. Polizeistrafgesetzbuches, mit Erläuterungen. gr. 8. (VI, 368 S.) Heidelberg 872, Emmerling. *

**Bingner u. Eisenlohr**, Bad. Strafrecht, II. Thl., neue Bearbeitg., s.: Schlusser, Gust., d. bad. Polizeistrafrecht.

**Bingner, A.**, Civilrecht, badisches Civilgesetzbuch [Landrecht] nebst Ergänzungen, s. Justizgesetze für das Großherzogth. Baden. I

Bingner, Heinrich

**Bingner, H.** Börsenreform und Reichsfinanzreform. Die Gegenwart, Bd. 60, 1901.

**Bingner, H.**, Landwirthschaftspolitik. Versuch e. Lösg. der Fragen des Schutzes u. e. besonderen Landwirthschaftsrechtes durch Organisation der Landwirthe als Berufsstand. gr. 8. (29 S.) Berlin 901. K. Hoffmann. n. — 60

**Bingner, H.**, Wohnungsfrage u. Wohnungspolitik in ihren Beziehungen zur allgemeinen Sozialreform. gr. 8⁰. Berlin, K. Hoffmann. 1901. 32 S.

Bingner, Heinrich Daniel

— moral. Ausarbeitungen, nebst einigen Gedichten. 8. Frkf. 764.

— s. Stimme d. Volks an s. König.

**Bingner, Hnr. Dn.**, († d. 6. Nov. 1813.) Versuch e. Systems d. Handlungswissenschaft. 8. Frankf. 755.

***Bingo, J.***, an pupillis in bonis eorum, qui pro tutoribus sive curatoribus gesserunt, hypotheca tacita competat. 4 maj. Heidelb. 816. Groos. 4 Ngr.

**Bingo, P. v.** Schein und Sein. Touristennovelle. In-12°. Bern, Haller-Goldschach. 1883 1 25

**Bingold, Karl**: Die rechtlichen Wirkungen modifizierter Akzepte. Nürnberg 1908: Volkhardt & Wilbert. 64 S. 8°
Erlangen, Jur. Diss. v. 12. Okt. 1908, Ref. Sehling
[Geb. 2. Febr. 86 Nürnberg; Wohnort: Nürnberg; Staatsangeh.: Bayern; Vorbildung: Altes Gymn. Nürnberg Reife 04; Studium: München 4, Berlin 1, Kiel 1, Erlangen 2 S.; Rig. 16. Juli 08.] [U 09. 666

Binhack, Franz Die Äbte des Cisterzienser-Stiftes Waldsassen von 1133 bis 1506. Erste Abteilung. 8 (85 S.). Zweite Abteilung. 8 (101 S.). · Studienanst. *Eichstätt* 1887. 1889. Progr.

**Binhack, Frz.**, die Äbte des Cisterzienser-Stiftes Waldsassen von 1133 bis 1506. 1. Abtl. gr. 8. (85 S.) Eichstätt 887. (Regensburg, Habbel.) *

**Binhack, F.**, die Äbte d. Cisterzienser-Stiftes Waldsassen v. 1133—1506. 1. u. 2. Abth. gr. 8. (85, 101 S.) Eichstätt 888. 889. (Regensburg, Habbel.) à n. 1. —

—— s. Balde's, Jak., geschichtliche Oden.

**Binhack, Frz.**, s.: Boden, d. geweihte, d. Klosterkirche zu Waldsassen.

Binhack, Frz. Dichterstimmen aus dem Lateinischen in metrischer Übertragung. Lateinisch und Deutsch. Mit biographischen Skizzen und Erläuterungen. [Jak. Sannazar. Marcus Antonius Flaminio. Petrus Lotichius. Fr. Maria Molza. Antonius Muretus. Bohuslaus Hassenstein von Lobkowitz. Joh. Everard. Ausonius Janus Cesinge. Georg Buchanan. Angelo Poliziano. Matthaeus Zuber. Don Juan de Yriarte. Johann Owen. Jakob Balde. Matthias Casimir Sarbiewski. Chr. Ad. Klotz.] 89 S. 8. *Eichstätt* 1876. Progr.

**Binhack, Frz.**, Dichterstimmen aus dem Lateinischen in metrischer Uebertragung. Lateinisch und deutsch. Mit biograph. Skizzen und Erläuterungen. gr. 8. (89 S.) Eichstätt 876, (Krüll'sche Buchh.) *

**Binhack, Frz.**, Eigenes u. Fremdes. Neue Gedicht-Sammlung. 8. (168 S.) Amberg 882. Habbel. 1. 20

**Binhack, Frz.**, s.: Erlebnisse der Cistercienser-Abtei Waldsassen.

[F.] **Binhack**, Franz *Xaver:* Geschichte der Cisterzienser-Abtei und des Stiftes Waldsassen von 1507 bis 1648 nach gedruckten und ungedruckten Quellen. (Forts. d. P 1890.) Eichstätt, Druck v. M. Däntler, 1891; 91 S. 8°
Eichstätt, k. StA, P 1891 •

— Geschichte der Cisterzienser-Abtei u. des Stiftes Waldsassen von 1507 bis 1648, nach gedruckten u. ungedruckten Quellen. Progr. gr. 8. (91 S.) Eichstätt 891. (Passau, G. Kleiter.) n. 1. —

—— Geschichte des Cisterzienserstiftes Waldsassen von der Wiederherstellung des Klosters [1661] bis zum Tode des Abtes Alexander [1756], nach Manuscripten des P. Dionysius Hueber. 8. (VII, 190 S.) Amberg 888. Regensburg, Habbel.

[F.] **Binhack**, Franz: Geschichte des Cisterzienser-Stiftes Waldsassen unter dem Abte Wigand von Deltsch '(1756—1792)' nach handschriftl. Quellen bearb. Eichstätt, Druck v. M. Däntler, 1896; 47 S. 8.
Eichstätt, k. G, P 1896*

— Geschichte der Cistercienser-Abtei Waldsassen während des Interregnums (23. IX. 1792 bis 3. V. 1793) u. der ersten drei Regierungsjahre (1793—1795) des Abtes Athanasius Hettenkofer. gr. 8. (25 S.) Bregenz 900. (Passau, G. Kleiter.) n. — 60
Sonderabdruck aus: „Cistercienser-Chronik".

— dasselbe unter dem Abte Athanasius Hettenkofer in den J. 1798 u. 1799, nach handschr. Quellen bearb. gr. 8. (24 S.) Bregenz 899. (Passau, G. Kleiter.) n. — 50
Sonderabdruck aus: „Cistercienser-Chronik"

[F.] **Binhack**, Franz: Geschichte des Cisterzienser-Stiftes Waldsassen unter dem Abte Athanasius Hettenkofer vom Jahre 1800 bis zur Säkularisation '(1803)' nach handschr. Quellen bearb. [Forts. d. P-Beil. 1896.] Passau, Druck v. A. Liesecke, 1897; 38 S. 8. (G.Kleiter)
Passau, k. G, P 1897*

**Binhack, Frz. Xav.**, Grundbegriffe des antiken Münzwesens nach Böckh, Mommsen, Hultsch, Gräße und andern Hilfsquellen. gr. 4. (42 S.) (Amberg 866, Habbel.) *

Binhack, Franz X.: Grundbegriffe des antiken Münzwesens nach Böckh, Mommsen, Hultsch, Gräße und anderen Hilfsquellen. S 3-42.
Progr. Neuburg a. d. D. 1866.

— Grundbegriffe d. antiken Münzwesens nach Böckh, Mommsen, Hultsch, Gräße u. andern Hilfsquellen. gr. 4. (42 S.) Amberg 876. Habbel. n. 1. 50

**Binhack, Franz**: Die Gründung der Cisterzienser-Abtei Waldsassen nebst den Erzählungen aus dem Leben Waldsassener Mönche und der Geschichte der Dreifaltigkeitskirche nach gedruckten und ungedruckten Quellen. Eichstätt, Druck v. M. Däntler, 1890; 92 S. 8°
Eichstätt, k. StA, P 1890•

— die Markgrafen im Nordgau, als Einleitg. zur Geschichte d. Cisterzienser-Stiftes Waldsassen nach handschriftl. Quellen bearb. [Aus: „Verhandlgn. d. hist. Vereins d. Oberpfalz u. v. Regensburg".] gr. 8. (28 S.) Stadtamhof 887. (Ebd.) n. — 50

**Binhack, Frz.**, Reime u. Träume. Neuburg a. D. 869. Prechter. (VIII, 174 S.) n. 15 ngr.

**Binhack**, Franz: Skizzen aus der Altertums-, Literatur- u. Volkskunde. *Passau 1901: Ablassmayer & Penninger.* (55 S.) 8° [F.] (Reg.: J.Habbel)
Passau, k. G, P 1901*

Binhack, Franz: Skizzen aus der Altertums-Literatur- u. Volkskunde. 55 S. 8. Progr. K. Gymn. *Passau* 1901.
I. Römermünzfunde in Raetia secunda. II. Die Heimat Walthers von der Vogelweide. III. Hadamar von Laber, ein oberpfälzischer Minnesänger. IV. Ein Ruhmesdenkmal Tillys. V. Wallenstein und Jakob Balde. VI. Gotische Elemente in der Volkssprache des Nordgaus. VII. Die Volkssprache des Nordgaus im Verhältnisse zum Nibelungenliede. VIII. Dialektproben aus dem Nordgau. 1. Sprichwörter und Redensarten. 2. Rätsel. 3. Schwank. 4. Vierzeiler. IX. Die Volkspoesie in der Oberpfalz. X. Bruchstücke in Vers und Prosa: 1. Volkstümliche Notizen. 2. Volksverse. 3. Inschriften. Nachtrag.

—— zusammenhängende deutsch-griechische Uebersetzungsstücke für den Schul- und Hilfsunterricht. Das Nomen und unregelmäß. Verbum auf ω. [Quarta.] gr. 8. (24 S.) Amberg 876, Habbel. *

—— zusammenhängende deutsch-lateinische Uebersetzungsstücke für den Schul- und Hilfsunterricht. Gesammtlehrstoff der Grammatik [Tertia]. gr. 8. (204 S.) Amberg 878, Pustet. [Habbel.] *

—— dass. — Casuslehre [Quinta]. 8. (100 S.) Ebendas. 873.

—— zusammenhängende deutsch-lateinische Uebersetzungsstücke für den Schul- und Hilfsunterricht. Casuslehre. 2. verm. Aufl. gr. 8. (108 S.) Ebendas. 877. *

**Binhack, Frz.**, zusammenhängende deutsch-lateinische Uebersetzungsstücke für den Schul- u. Hilfsunterricht. Casuslehre. 3. Aufl. gr. 8. (108 S.) Amberg 887. Habbel. n. 1. 20

—— dass. — Formenlehre [Sexta]. gr. 8. (88 S.) Ebendas. 872.

—— dass. — Formenlehre. 2. verb. und verm. Aufl. gr. 8. (96 S.) Ebendas. 878. *

—— dass. — Der zusammengesetzte Satz [Quarta]. gr. 8. (82 S.) Ebendas. 873.

—— dass. — Der einfache und zusammengesetzte Satz. 2. verm. Aufl. gr. 8. (132 S.) Ebendas. 878. *

**Binhold**, Jos. Guilelmus (geb. 1838 in Neheim Westf.): De methodo quae dicitur abortiva in febre typhosa abdominali ... Bonnae, form. H. B. Koenig 1862. 28 S., 2 Bl. 8.
Bonn, Med. Fak., Diss. v. 30 Juli 1862

**Binhold**, Wilhelm, Referendar zu Neheim i. W.: Die arglistige Täuschung bei dem Vertrage zu Gunsten Dritter nach dem Bürgerlichen Gesetzbuche. Borna-Leipzig 1906: R. Noske. (VI, 42 S.) 8°
Erlangen, Jur. Fak., Ref. Binder, Diss. v. 29. März 1906
[Geb. 4. Aug. 82 Neheim; Wohnort: Neheim; Staatsangeh.: Preußen; Vorbildung: Gymn. Meppen Reife M. 01; Studium: Tübingen 2. Straßburg 1. Berlin 2. Kiel 2 S.; Rig. 27. Okt. 05.]

Binjāmin Ben - Jōnā, s. Benjamin von Tudela

Die Reisebeschreibungen (Massā'ōt) des R. Benjamin von Tudela [Binjāmin Ben-Jōnā] nach 3 Hs., aus d. 13. u. 14. Jh. stammend, u. ältern Druckwerken ed. u. übers., mit Anm. u. Einl. versehen von Dr. L[aser] Grünhut, Jerusalem, u. Markus N. Adler, London. T. 1. 2. Frankfurt a. M.: J. Kauffmann (2: Jerusalem): 1903-04. 2 Bde 8°
1. Hebr. Text. 1904. [Nebent.:] [Hebr.] Sēfer Massā'ōt R. Binjāmin.
2. Einl., Übers. u. Reg. 1903. [07. 4422 10

Binkau, Karl, die Aufgabe des Protestanten-Vereins inmitten der kirchl. Bewegung der Gegenwart. Ein Vortrag im Protestanten-Verein zu Leipzig gehalten. gr. 8. (19 S.) Leipzig 872, Barth.

Binkau, Karl, 50 Confirmations-Scheine, gezeichnet im Kunstgewerbe-Museum zu Leipzig, mit Bibelsprüchen u. Liederversen versehen. Fol. (Holzschntaf.) Leipzig 878. Barth. n. 2. 40

Binkau, Karl, 50 Confirmations-Scheine, gezeichnet im Kunstgewerbe-Museum zu Leipzig, m. Bibelsprüchen u. Liederversen versehen. 2. Sammlg. Fol. (Holzschntaf.) Leipzig 883. Barth. n. 2. 40 (1. u. 2.: n. 4. 80)

Binkau, Karl, 50 Konfirmationsscheine m. verschiedenen Sprüchen u. Versen, gezeichnet im Kunstgewerbe-Museum zu Leipzig, mit Text versehen v. B. 1. u. 2. Sammlg. 2. verb. Aufl. Ausg. A m. kürzerem, Ausg. B m. längerem Vordruck zur Ausfüllg. Fol. (à 1 Bl. Text.) Leipzig (900). G. Strübig. à n. 5. 20
1. à Ausg. n. 2. 40. — 2. à Ausg. n. 2. 80.

Binkau, K: 50 Konfirmationsscheine m. verschied. Sprüchen u. Versen, gezeichnet im Kunstgewerbe-Museum zu Leipzig, m. Text versehen v. B. 2. Sammlg. 2. Afl. Ausg. A m. kürz., Ausg. B m. läng. Vordr. z. Ausfüllg. (Je 1 Bl. Text.) Fol. Lpzg, G Strübig ('01). Je 2.80 (1 u. 2.: je 5.20) d

Binkau, Karl, die bevorstehende sächsische Landessynode in ihrer Bedeutung für eine Neugestaltung der evangel. Kirche durch die Gemeinde. Ein Vortrag im Protestantenverein zu Leipzig gehalten. Leipzig 869. Duncker & Humblot. gr. 8. (40 S.) n. 6 ngr.

Binkert, Gottfried

Binkert, G. (Red.), s. Mitt(h)eilungen, Schweizer graphische.

Binkert, G. Leonhard Straub, d. erste Buchdrucker der Stadt St. Gallen. Eine Festgabe zur 300jährigen Erinnerungsfeier an die Einführung der Buchdruckerkunst in St. Gallen. Gr. 8°. 22 S. St. Gallen, Druck von Zollikofer. 1878

Binkert. Der Schweizerische Typographenbund. 8°. Basel 1887.

Binkes, F., De auctoritate Senatus Romani, primum tempore regum, deinde in republica libera, et poste a sub imperatoribus. 1824. 58 S. 4°. 1.—

Binkes, Frz., responsio ad quaest. jurid. de analysi et constitutione doctrinae in Ciceronis libris de officiis, praemio ornata. 4maj. Leyd. 819. (Leipz., Weidmann). 1 ₰

Binkin, Mendel [aus Witebsk]: Ueber das Verhalten des ... apparates bei Diabetes mellitus ... Berlin, C. Vogt's ... 1894. 22 S., 3 Bl. 8.
... 12. Apr. 1894

Ueber den Ersatz der Steinschlagdecken durch Kleinpflasterbahnen. (Verf.: [Bruno] Binkowski, Landesbauinsp. Quedlinburg 1899: C. Voges.) (3 Bl.) 4°(2°) [Kopft. F.] [07. 14849 3

Binkowski, E., tablice do czytanie. gr. Fol. (12 Taf.) Kosten 817. (Leipzig, C. L. Fritsche.) n. 2/3 ₰

Binkowski, Otto, Erfahrungen aus dem Gebiete d. deutschen Sprachunterrichts in zweisprachigen Schulen. Ein Beitrag zur Behandlg. dieses Unterrichts, m. besond. Berücksicht. d. neuen Lesebuchs f. Landschulen [F. Hirts Volksschullesebuch, Ausg. E.] gr. 8. (45 S.) Breslau 891. F. Hirt. n. — 75

Binn, Heinr., kaufmännische Arithmetik. Zum Selbststudium für Lehrlinge und angehende Kaufleute, sowie zum Gebrauche in Handelsschulen. Mit Berücksicht. aller neuen Verhältnisse bearb. 1. Aufl. 1870, und 2. (Titel-)Aufl. gr. 8. (VIII, 290 S.) Stuttgart 873, Maier. *
Aus: Kaufmännische Unterrichtsstunden, besonders abgedruckt.

Binn, Heinr., kaufmännische Arithmetik. Zum Selbststudium f. Lehrlinge u. angehende Kaufleute sowie zum Gebrauche in Handelsschulen. Mit Berücksicht. aller neuen Verhältnisse bearb. 2. Aufl. gr. 8. (VIII, 290 S.) Stuttgart 875. Maier. n. 3. —

Binn, Heinr., kaufmännische Arithmetik. Zum Selbststudium f. Lehrlinge u. angeh. Kaufleute, sowie zum Gebrauche in Handelsschulen. Mit Berücksicht. aller neuen Verhältnisse bearb. 3. durchaus umgearb. u. verm. Aufl. gr. 8. (VIII, 301 S.) Stuttgart 877. Maier. n. 3. —; Auflösgn. (24 S.) n. 1. —

Binn, Max: Geographische Beziehungen zwischen Österreich-Ungarn und Nordamerika. 26 S. 8. K. k. Staats-Gymn. im VI. Bezirke *Wien* 1907.
Progr.

Binn, Max, geograph. Beziehgn. zwischen Österreich-Ungarn u. Nordamerika. Ein Kapitel der Schulgeographie. Progr. (26 S.) gr. 8. Wien 907. (C. Fromme) — 50

Binn, M[ax]: Die geographische Lage, die geologischen und klimatischen Verhältnisse von Böhm.-Leipa. 32 S. 8.
Progr. K. k. Staats-Obergymn. *Böhm.-Leipa* 1902.

Binn, M[ax]: Verkettungen und Parallelen in der nordamerikanischen und der europäischen Geschichte. S. 3-30. 8.
Progr. K. k. Staats-Gymn. im VI. Bezirke *Wien* 1908.

Binn, M., Verkettungen und Parallelen in der nordamerikanischen und der europäischen Geschichte. Sonderabdr. a. d. Jahresberichte des k. k. Staatsgymnasiums im VI. Bezirk. Gr.-8°. (30 S.) Wien: Fromme 1908 K —.60

Binn Max: Versuch einer kritischen Geschichte der hellespontischen Besitzungen u. Niederlassungen Athens. II. 1888 PN 530 Diss. Wien, Univ.

Binneberg, A., Reinecke d. Fuchs, s.: Jugend-Bücher-Schatz.

Binneboessel, Paul *Adolf Wilhelm* [aus Neustadt]: Untersuchungen über Quellen und Geschichte des zweiten Samniterkrieges von Caudium bis zum Frieden 450 u. c. ... Halle a. S., Hofbuchdr. v. C. A. Kaemmerer & C., 1893; 119 S., 1 Bl. 8.
Halle, Phil. Fak., Inaug.-Diss. v. 25. Okt. 1893

Binnecker, Fritz, über verschiedene Metallsalze als Sauerstoffüberträger an schweflige Säure. Inaugural-Dissertation. gr. 8. (45 S.) Wetzlar 887. (Tübingen, Fues' Verlag.) *

Intern. Ausstellung Mailand 1906. Abt.: Deutsche Binnenfischerei. Neudamm ['06]. 148 S. Neumann

Die Binnen-Fischerei in Österreich. Eine statist. Darstellung d. Binnen-Fischerei in den im Reichsrate vertretenen Königreichen u. Ländern ... nach d. Stande v. 31. Dez. 1904 ... hrsg. von d. k. k. Statist. Zentralkomm. (Brünn: F. Irrgang 1907.) (159 S.) 8°
= Monatsschrift, Statistische. N. F. Jg. 12, Beil. [07. 10030 3

Binnenflußbau, der, im Großherzogthum Baden. Denkschrift mit 21 Beilagen und 1 Kartenheft. (22 lith. Karten in 4. u. Fol.) Bearb. von Großherzogl. Oberdirektion des Wasser und Straßenbaues. Karlsruhe 863. (Bielefeld.) gr. 4. (2 Bl., 85 S.) n. 2 ₰ 12 ngr.

Binnenhäfen [Schlagwort]

Binnenhäfen Deutschlands, s.: Deutschland. Pläne.

Nordsee: Deutsche Küste. Binnenreeden von Helgoland 1 : 7500. Hrsg. vom Reichs-Marine-Amt. Berlin. 1909. Berichtigungen 1919 u. 1921. Berlin. 1921. 1 Bl. 60·68 cm Kupferstich m. Farbenaufdruck.

Binnen Schiffahrt, s. Statistik d. Deutschen Reichs.

**Binnenschiffahrtsabgaben, die.** (Umschlag: Schiffahrtsabgaben.) Kein Schiffahrtshindernis, sondern das Mittel z. Beseitigg. v. Schiffahrtshindernissen. (56 S.) 8. Speyer 909. Dr. Jäger. — 80

Binnenschiffahrts-Congress, Internationaler,

II. Wien 1886. Unter dem hohen Protectorate Sr. k. und k. Hoheit des durchlauchtigsten Kronprinzen Erzherzog Rudolf. Berathungen und Beschlüsse des II. internationalen Binnenschiffahrts-Congresses Wien 1886. Zusammengestellt vom Ausschusse des Donau-Vereines in Wien. 8. Wien 1887.

**Binnenschiffahrts-Congress, III. internationaler, s. a. Referate. — Verhandlungen.**

— — III. Zu Frankfurt am Main 1888. Referate über die dem Congresse zur Berathung gestellten Fragen. Herausgegeben von dem wissenschaftlichen und Redactions-Ausschusse. Verhandlungen der allgemeinen und Abtheilungs-Sitzungen vom 20.—23. August 1888. Stenographische Aufnahme. Herausgegeben von dem wissenschaftlichen und Redactions-Ausschuss. (2 Bde.) 8. Frankfurt a. M. 1888—1889.

Das Binnenschiffahrtsgesetz in d. neuen Fassung vom 20. Mai 1898. Textausg. mit Anm. von C[arl] Pfafferoth, Geh. Kanzleirath. 2. Aufl. *Berlin: C. Heymann 1900.* (XII, 146 S.) 8° [$\mathfrak{F}$.]
= Taschen-Gesetzsammlung. 22.

**Binnenschiffahrts-Kalender,** deut., f. 1896. 8° (80) Berl., AW Hayn's Erben. — 30

**Binnenschiffahrts-Kalender,** deut., f. 1898. 8° (120 m. Abb.) Berl., AW Hayn's Erben. — 30
*Erscheint nicht mehr.*

**Binnenschiffahrts-Ordnung** f. die Elbe, Oder, Weichsel u. die Wasserstraßen ihrer Stromgebiete. Aufgestellt vom Central-Verein f. Hebg. der deutschen Fluß- u. Kanalschiffahrt nach den Beschlüssen gewählter Vertreter der bei der Binnenschiffahrt betheiligten Wirthschaftsgruppen u. zur Anwendg. empfohlen durch die bei der Berathung vertreten gewesenen Handels-Körperschaften u. Schiffahrts-Gesellschaften. 8. (70 S. m. 1 Formular.) Berlin 892. Siemenroth & Worms. n.n. — 50

Binnenschiffahrts-Statistik der Verbandsländer. II. 1. *Berlin: Siemenroth & Troschel 1897.* 8.
= Deutsch-Oesterreichisch-Ungarischer Verband für Binnenschiffahrt. Verbands-Schriften. No 24.

**Binnenthal, s.: Richter v. Binnenthal.**

(Binner,) Versuch ein. Beantwort. d. Frage: Welches Ziel sollen Präparanden Behufs ihrer Aufnahme in d. kgl. evangel. Schullehrer-Seminar zu Breslau erreicht haben? Beigefügt sind: Nachrichten üb. d. Seminar-Lehrjahr 18$\frac{39}{40}$. gr. 8. (1¼ B.) Neiße 840, (Hennings.)

**Binner, Semin.-Direct.,** s. Versuch einer Beantwortung der Frage: Welches Ziel 2c.

**Binner, Gustav (Brieg/Schles.), De haemoptysi. Diss. med. Bln. (Brueschck) 1. III. 1838. 32 S., mit Biogr. (M.: L. Jaroczewska.) (4.50) 2790**
Oppon.: O. Glum, H. Diestel, L. Grasshoff. — Gew.: Gottfr. u. Friedr. Wilh. Binner.

Binner, Thomas

Echo oder Nachklang des lutherischen Jubeljahres. Dai. 1730, 8°.

**Binner, Thom.,** Lutherliches Jubeljahr, das ist jammer- u. leidvolles Jubelfest der Augsburger Konfession, vorgestellet in 5 Gesprächen, worin etliche Herrn Lutheraner ihre aus gegenwärtigen lutherischen Jubeljahr entstandene Forcht u. Zweifel ihrem Herrn Pastor vortragen. Augspurg u. Regenspurg 1730, 8°.

**POSTERIORA,** *A. P. T. B.* S. J., pejora prioribus. Je länger, je schlechter, daß (!) ist Ausguss der Lutherischen Gall ..! gedemmet. (Vf.: *Thomas Binner.*) Amberg 1733.
Anon.-Lex. III. p. 288 (nach Sommervogel). — Erzgrobe Controverse!

**Binnewerck, F., Christine.** Erzählung. Leipzig 858. Kollmann. 8. (2 Bl., 174 S.) n. 20 ngr

**Binnewerck, F., Jeremias,** s.: Bibliothek, Europäische, 601 u. 602. Bd.

—— Narren-Album. Roman in 6 Büchern. 8. (344 S.) Leipzig 857, Kollmann.

—— der echte Ring. Roman in sechs Büchern. 3 Bde. 8. (1061 S.) Leipzig 859, Kollmann. *

**Binni, Karl,** (Karl Aug. Fr. Pfeil,) Bildungsbriefe für d. Jugend. 8. Chemnitz 802. 2e Aufl. 817. 3e Aufl. 825. Starke. 18 gr

— Briefe. Eine Beilage zu jedem guten Briefsteller. 8. Chemn. 808. Mauke, (Starke). 16 gr

**Binni, K.,** Briefmuster v. Grave 2c., s. Aehrenlese a. d. Felde deutsch. Prosa, 4. Bdchn.

— histor. Gallerie, z auserles. Darstell. aus d. Welt- u. Menschengesch., s. Aehrenlese auf d. Felde d. Prosa. 6s Bdchen.

— Meisterstücke deutscher Prosa. Neue Aufl. gr. 8. Leipz. 824. Liter. Centr.-Compt. 10 gr

Binnig, Seb.: Führer durch Ellwangen an d. Jagst u. Umgebg. (18 m. Abb. u. Pl.) 8° Ellw., F Bucher ('11). — 50 d

Binninger, Kaspar

— la Cause véritable du flux et reflux de la mer. 8. Halae, Gebauer. 746.

**Binninger, Ksp.,** (✝ vor 1770.) Entdeckung d. Ursachen d. Erdbeben u. d. Ebbe u. Fluth auf d. Meere; aus d. Französ. 8. Bresl. 761. N. A. 763. W. G. Korn. 8 gr

Binninger, Leop. Eman., Montbéliard. Disputatio medica inauguralis de pl. Polonica. Diss. Basel 1702

**Binninger, Edw. Reinh.,** (✝ d. 18. Aug. 1776.) s. Ravaton's Abhandl. von Schuß- 2c. Wunden.

**Binns,** Henry Bryan, Botticelli, s.: Meisterbilder in Farben.

**Binns, Henry Bryan, Walt Whitman, e. Leben.** (Aus dem Engl. übertr. v. Johs. Schlaf. Umschlagzeichng. v. Bruno Heroux.) (VII, 450 S. m. 3 Abbildgn.) 8. Leipzig 907. H. Haessel Verl. n. 6. —; geb. n. 7. —

**Binns, W.,** elementarer Unterricht über orthographische Projection oder das geometrische (Linear-) Zeichnen. Nach einer neuen, gründlichen u. leichtfaßlichen Methode vorgetragen u. dem Bedürfnisse der Ingenieurs, Maschinisten, Mechaniker 2c. sowie dem Schulgebrauch u. Selbststudium angepaßt. Aus dem Engl. übers. u. durch Zusätze bereichert von A. W. Hertel. Mit 26 lith. Taf. Weimar 858. Voigt. 4. (VIII, 80 S.) 1 rf

Binns, W., elementarer Unterricht über orthographische Projection oder das geometrische (Linear-) Zeichnen. Nach einer neuen, gründlichen und leichtfaßlichen Methode vorgetragen u. den Bedürfnissen der Ingenieurs, Maschinisten, Mechaniker 2c. angepaßt. Aus dem Engl. übersetzt und durch Zusätze bereichert von A. W. Hertel. 2. verm. Aufl. Mit 28 (lith.) Taf. Weimar 862. Voigt. gr. 4. (XII, 92 S.) 1 rf

**Bino, J., die Anzeige-Pflicht der Aerzte nach Lage der neuen Gesetzbücher. Ein Vortrag, gehalten im ärztl. Vereine zu München. 8. (85 S.) München 864, Lentner'sche Buchh.**

BINO, Jacob (München): De pessariis.- Monachii: Wild 1843. 42 S.,1 Bl. - 24.8.1841 - Urk; F 65
Diss. Ingolst.-Landsh.-Mchn.

BINO, Ludwig (München): über Erkrankungen der Tuben im allgemeinen und über Salpingo-Peritonitis puerperalis im besonderen.- München: Wild 1879. 31 S.
14.3.1879 - Urk (Titel: De morbis oviductuum imprimis de salpingo-peritonitide.); Chr 1878/79,11
Diss. Ingolst.-Landsh.-Mchn.

**Binoth,** Friedrich, approb. Arzt aus Freiburg i. B.: Über **Sulfonal- und Trionalvergiftung.** *Freiburg i. B. 1903: Ch. Lehmann's Nachf.* (42 S.) 8°
Freiburg i. B., Med. Diss. v. 1903

Binsdorf [Schlagwort]
**Binsdorf,** s.: Württemberg. Höhenkurvenkarte.

Binsel, (Hrsg.), s. Verwaltungsblatt, Preussisches.

Binsfeld. Joh. Pet. Adversaria critica. 16 S. 8. [Cic. Sallust. Senec. suas. Rutil. Lup. Tacit. Florus. Aquila Rom. Julius Obsequens. Boetius.] Progr. G. *Coblenz 1882.

**Binsfeld, J.P.:** Quaestiones Florianae criticae. 11 S.
Progr. Düsseldorf 1869.

**Binsfeld,** Ioannes Petrus ⟨geb. am 18 Nov. 1829 in Neuerburg bei Trier⟩: Quaestiones Ovidianae criticae. Part. I ... Bonnae, form. I. F. Carthausii 1853. 43 S. 8. ¶ Part. II im Jahresber. d. Friedr.-Wilh.-Gymn. zu Köln 1855; Part. III im Rhein. Mus. N. F. XIV 1859 S. 30 ff.
Bonn, Phil. Fak., Diss. v. 14 Mai 1853

**Binsfeld:** Quaestiones Ovidianae criticae. 21 S. Forts. Progr. Bonn 60. – 13 S.
Progr. Köln Fr.W. 1855.

**Binsfeld:** Observationes Ovidianae criticae. 13 S.
Progr. Bonn 1860.

**Binsfeld, Ph., Wolfram v. Bondorf, der büßende Brudermörder, od. Ursprung der Wolflinger Klause,** s. a. Theater, kleines.

Wolfram v. Bondorf, der büßendo Brudermörder, oder Ursprung der Wolflinger Klause. Dramat. Schauspiel in 5 Akten. Nach e. Volkssage bearb. von Ph. **Binsfeld**, Pfarrer. *Paderborn: B. Kleine [1903].* (67 S.) 8° [F.]

BINSTADT, Hermann (Heigenbrücken): Weitere Ergebnisse der Heissluftbehandlung in der Gynäkologischen Poliklinik zu München. (Titel nach der Urkunde)
28.7.1908 – Urk; Chr 1908/09,24
Diss. Ingolst.-Landsh.-Mchn.

Binstorfer, Michael

**Binstorfer, M.,** die Behandlung des Sprachunterrichtes auf Grundlage der Lesebücher f. österreichische Volks- u. Bürgerschulen, s. a. Erziehung, Unterricht, Schulwesen.

**Binstorfer, M.,** Die Behandlung des Sprachunterrichtes auf Grundlage des Lesebuches für österreichische Volks- und Bürgerschulen. (Erziehung, Unterricht, Schulwesen. Sammlung pädagogischer Schriften. XVII.) 2. revidirte Auflage. 8. (31 S.) Wien: Graeser 1889 —.30

**Binstorfer, M.,** Doctor Faust, s. Jugendbibliothek für Schule und Haus.

**Binstorfer,** M, Fortunat u. s. Söhne, s.: Volks- u. Jugend-Bibliothek, österreich.

**Binstorfer, Mich., Heinr. Deinhardt u. Chrn. Jessen, Lesebuch für Volks- u. Bürgerschulen. 1. Stufe. 2 Thle. Mit zahlreichen in den Text gedr. Holzschn.** Schleswig 870. Schulbuchhandlung. gr. 8. n. 12 ngr.
1. 1—4. Aufl. (VIII, 96 S.) n. 5 ngr. — 2. (VIII, 120 S.) n. 7 ngr.

**Binstorfer, Mich., Heinr. Deinhardt und Chrn. Jessen,** Lesebuch für Volks- und Bürgerschulen. 1.—6. Thl. Mit zahlreichen in den Text gedr. Holzschn. gr. 8. Schleswig, Schulbuchh. [Wien, Lechner's Verlag.] [1. Thl. 1. Stufe 1. Thl. 4. Aufl. (VIII, 96 S.) 870. 50 Pf.; 2. Thl. 1. Stufe 2. Thl. 4. Aufl. (IV, 120 S.) 871. 70 Pf.; 3. Thl. 2. Stufe 1. Thl. 3. Aufl. (VI, 224 S.) 871. ℳ 1.; 4. Thl. 2. Stufe 2. Thl. (IV, 280 S.) 870. ℳ 1,10.; 5. Thl. 3. Stufe 1. Thl. (IV, 355 S.) 871. ℳ 1,30.; 6. Thl. 3. Stufe 2. Thl. (IV, 388 S.) 871. ℳ 1,50.]

——— ——— ——— dass. — 4. Thl. oder 2. Stufe 2. Thl. 2. Aufl., und 7. Thl. gr. 8. Wien, Lechner's Verlag. [4. Thl. oder 2. Stufe 2. Thl. (VI, 354 S. mit 35 in den Text gedr. Holzschn.) 878. * ℳ 1,40.; 7. Thl. (VI, 458 S.) 872. * ℳ 2,50.] *

**Binstorfer, Mich., Heinr. Deinhardt und Christ. Jessen,** Lesebuch für Volks- und Bürgerschulen. 7 Thle. Neue Ausg. gr. 8. Prag, Tempsky. [1. Thl. 1. Stufe 1. Thl. 5.—7. Aufl. (IV, 96 S. mit 53 eingedr. Holzschn.) 876. * 70 Pf.; 2. Thl. 1. Stufe 2. Thl. 5.—7. unveränd. Aufl. (III, 156 S. mit 28 eingedr. Holzschn.) 877. * 96 Pf.; 3. Thl. 2. Stufe 1. Thl. 4.—6. unveränd. Aufl. (272 S. mit zahlreichen eingedr. Holzschn.) 876. * ℳ 1,40.; 4. Thl. 2. Stufe 2. Thl. 2. Aufl. (VI, 354 S. mit 53 eingedr. Holzschn.) 876. * ℳ 1,60.; 5. Thl. 3. Stufe 1. Thl. 2. Aufl. (IV, 355 S. mit zahlreichen eingedr. Holzschn.) 876. * ℳ 1,60.; 6. Thl. 3. Stufe 2. Thl. (IV, 388 S. mit zahlreichen eingedr. Holzschn.) 876. * ℳ 1,80.; 7. Thl. 3. Stufe 3. Thl. (VI, 458 S. mit 8 eingedr. Holzschn.) 876. * ℳ 2.]
geb. *

**Binstorfer, M.,** deutsche Sprachschule, s.: Stein, M.

**Binswanger,** Eugen, approb. Arzt aus Augsburg: **Aus d. Prosektur d. Krankenhauses r. Isar in München. Über mesenterialen Duodenalverschluss.** *München 1902: C. Wolf & Sohn.* (65 S.) 8°
München, Med. Diss. v. 1902

BINSWANGER, Hermann (Krumbach): Sarkom des Grosshirns mit tötlicher sekundärer Apoplexie.- München: Wolf 1892. 30 S.,1 Bl.
11.11.1892 – Chr 1892/93,15; Jv 1892/93,201 Diss. Ingolst.-Landsh.-Mchn.

Binswanger, Ludwig

— u. A. **Martin,** das Chloroform, s.: Martin, A.

Binswanger, Ludwig. Über das Verhalten des psychogalvanischen Phänomens beim Assoziationsexperiment. Diss. Med. Univ. Zürich. Mit 4 Tafeln. [Sep.-Abdr. aus: Journal für Psychologie und Neurologie.... Band 10 u. 11.] 85 S. gr.-8. Leipzig, Johann Ambrosius Barth, 1907.

BINSWANGER, Ludwig (Osterberg): Pharmacologische Würdigung der Borsäure, des Borax und anderer borsaurer Verbindungen in ihrer Einwirkung auf den gesunden und kranken thierischen Organismus. Ein Beitrag zur organischen Chemie und Heilmittellehre.- München: Palm 1846. XII,85 S.
4.8.1846 – Urk (Titel: De dignitate pharmacologica boracis atque acidi boracici.); P 66
Diss. Ingolst.-Landsh.-Mchn.

**Binswanger,** Ludw., pharmakolog. Würdigung der Borsäure, des Borax u. anderer borsauren Verbindungen in ihrer Einwirkung auf den gesunden u. kranken thierischen Organismus. Ein Beitrag zur organ. Chemie u. Heilmittellehre. Gekrönte Preisschrift. gr. 8. (XII u. 85 S.) München 847, Palm. ⅔ ß

**Binswanger,** Frau Maria, diätetisches Kochbuch, m. e. Vorwort v. Bernh. Binswanger. (110 S.) gr. 8. Baden-Baden 907. (Berlin, Deutsches Druck- u. Verlagshaus.) Geb. in Leinw. 2.20

**Binswanger,** Max., pharmacologische Studien über Rhamnus Frangula u. Rhamnus cathartica zur Ermittlung ihrer arzneilichen Wirksamkeit. Ein Beitrag zur organ. Chemie u. Heilmittellehre. Eine v. der K. Med. Fakultät zu München im Jahre 1849 m. dem ersten Preise gekrönte Schrift. 12. (XII u. 180 S.) München 850. (Palm.) n. ½ ß

BINSWANGER, Max (Würben): Pharmacologische Studien über Rhamnus frangula und Rhamnus cathartica zur Ermittlung ihrer arzneilichen Wirksamkeit. Ein Beitrag zur organischen Chemie und Heilmittellehre.- München: Wolf 1850. XII,180 S.
23.8.1850 – Urk (Titel: Studia pharmacologica de rhamno frangula et rhamno cathartico.); P 67
Diss. Ingolst.-Landsh.-Mchn.

Binswanger, Otto

**Binswanger,** O., zum Andenken an Carl Westphal. [Aus: „Deutsche medicin. Wochenschr."] gr. 8. (57 S.) Leipzig 890. Geo. Thieme. n. 1.60

**Binswanger,** O., über die Beziehungen des moralischen Irreseins zu der erblich degenerativen Geistesstörung, s. Sammlung klinischer Vorträge. Nr. 299.

**Binswanger,** Otto, o. ö. Prof. d. Psychiatrie, d. Z. Prorektor: Die psychologische Denkrichtung in der Heilkunde. (Enthält ausserdem: Bericht über die Ereignisse d. J. 1899/1900.) *Jena 1900: G. Neuenhahn.* (33 S.) 4°
Jena, Rede bei d. akadem. Preisverteilung 1900

BINSWANGER, Otto
Die Epilepsie. Von Prof. Dr. Otto Binswanger in Jena. Mit 1 Abbildung. Wien. 1899. Hölder. Gr.-8°. VI, 503 S.
Specielle Pathologie und Therapie. Herausgegeben von Hofrath Prof. Dr. Hermann Nothnagl. XII. Bd. I. Theil. I. Abtheilung.

Binswanger, Otto, die pathologische Histologie der Grosshirnrinden-Erkrankung bei der allgemeinen progressiven Paralyse m. besond. Berücksicht. der acuten u. Frühformen. Monographisch bearb. gr. 8. (186 S. m. 1 Abbildg. u. 1 Taf.) Jena 893. G. Fischer. n. 4. —

Die Hysterie. Von Prof. Dr. Otto Binswanger in Jena. Mit 43 Abb. u. 2 Taf. Wien: A. Hölder 1904. (VII, 954 S.) 8°
— Pathologie, Specielle, u. Therapie. Bd 12, Hälfte 1, Abth. 2.

Binswanger, Otto, zur Kenntniss der trophischen Vorgänge bei Geisteskranken. Inaugural-Dissertation. gr. 8. (34 S.) Göttingen 878, (Vandenhoeck und Ruprecht's Verlag.) *

Binswanger, Otto, s.: Correspondenz-Blätter d. allgem. ärztl. Vereins v. Thüringen.

— s.: Korrespondenz-Blätter des allgemeinen ärztlichen Vereins v. Thüringen.

Binswanger, O., s. Lehrbuch der Psychiatrie.

Lehrbuch der Psychiatrie bearb. von ... u. den Hrsg. O[tto] Binswanger, Prof., Jena, u. E[rnst] Siemerling, Prof., Kiel. Jena: G. Fischer 1904. (VI, 341 S.) 4°(8°)

Lehrbuch der Psychiatrie bearb. von ... u. d. Hrsg. Dr. O[tto] Binswanger, Prof. in Jena, u. Dr. E[rnst] Siemerling, Prof. in Kiel. 2. verm. Aufl. Jena: G. Fischer 1907. (VI, 386 S.) 4°(8°)

Die Pathologie und Therapie der Neurasthenie. Vorlesgn f. Studier. u. Aerzte. Von Dr. Otto Binswanger, o. ö. Prof. ... zu Jena. Jena: G. Fischer 1896. (1 Bl., IV, 447 S.) 1 Bd 8.

Zur Reform der Irrenfürsorge in Deutschland v. O[tto] Binswanger, Jena. Leipzig: Breitkopf & Härtel 1896. (34 S.) 8.
— Sammlung Klinischer Vorträge. N. F. No 148.

Zur Revision der medizinischen Prüfungen. Von Dr. Otto Binswanger. Jena 1896: Grossh. S. Hof-Buchdr. 7 S. 8°

Binswanger, O[tto]. Über den moralischen Schwachsinn, mit besonderer Berücksichtigung der kindlichen Altersstufe. 40 S. 8. Berlin, Reuther & Reichard, 1905. (M. 1.—)
= Sammlung von Abhandlungen aus dem Gebiete der Pädagogischen Psychologie und Physiologie.... Band 8, Heft 5.

— Die klin. Stellg d. sogenannten genuinen Epilepsie, s: Redlich, E.

Binswanger, Otto, a. Kreuzlingen ⟨Schweiz⟩: Die obligatorische Viehversicherung in der Schweiz. Weida i. Th. 1907: Thomas & Hubert. (91 S.) 8°
Leipzig, Phil. Fak., Ref. Kirchner-Stieda, Diss. v. 7. Mai 1907
[Geb. 20. Juni 82 Kreuzlingen (Schweiz); Wohnort: Emmishofen; Staatsangeh.: Schweiz; Vorbildung: Gymn. Schaffhausen Reife O. 02; Studium: Leipzig 2, Jena 2, Leipzig 2 S.; Rig. 25. Febr. 07.]

Binswanger, Robert. Ansprache, gehalten bei der Einweihungsfeier v. Neu-Belle-vue [Heilanstalt bei Kreuzlingen] am 2. August 1901. 8 S. 8. (Konstanz, H. Muselik.)

Binter, Xaver, E. Frau auf Abschlagszahlg. Posse m. Gesang i. 4 Akten. Musik v. C. Menter u. Dallinger. 4. (176 autogr. S.) München (808). (Rublnverlag.) n. 2. —

Binterim, Anton Josef

Binterim, Ant. Jos., Abhandlung, s. Ballerini.

— an matrimonio mixto, cujus ante conjugationem cautiones pollicitae sunt ecclesiasticae, parochus catholicus (salva conscientia) benedicere possit etiam tunc, quando nupturientes modo coram ministro protestantico matrimonialiter contraxerunt? Dissertatio theologico-pastoralis. 8maj. Düsseldorf 846, Schaub'sche Buchh. 1/4 ß

—— Dissertatio II. sive discussio iterata quaestionis: An matrimonio mixto, cujus ante conjunctionem cautiones sunt pollicitae ecclesiast., parochus cath. (salva conscientia) benedicere possit etiam tunc, quando nupturientes modo coram ministro protestantico matrimonialiter contraxerunt? Praemittitur II. J. Feye, recensio prioris de eodem argumento dissertationis. 8maj. (69 S.) Düsseldorf 847, Schaub'sche Buchh. *
Dissertatio I. Ebendas 1816. 7½ Ngr.

— — kathol. Bemerkungen zu Gratz Commentar über Matthäus. 1r Theil. 2 Liefrgn. gr. 8. Mainz 1823. Kirchheim. 1 Thlr. 2 ggr. — 1 fl. 54 kr.

Binterim, Ant. Jos., kathol. Bemerkk. zu Gratz krit.-histor. Commentar über d. Evangelium Matthäus. 1r Thl. 1e u. 2e Lief. gr. 8. Mainz 823. Müller. 1e Lief. 12 gr 2e L. 14 gr 1 ß 2 gr

Binterim, Anton Josef, s. Blasci, M.: Dissert.

Binterim, A.J. (Hrsg.), s. Blätter, Katholische.

— „ — der kathol. Bruder- und Schwesterbund zu einer rein kathol. Ehe. 8. Düsseld. 1838.

Binterim, Ant. Jos., die Bulle Leo IX. für den Erzbischof Hermann II. und die kölnische Kirche gegen die neuesten Angriffe vertheidigt nebst einem Rückblick auf Hermanns Vorgänger, Erzbischof Piligrin als Bibliothekar des apostol. Stuhls, und auf die köln. Kirchengeschichte des 11. Jahrh. und einer Nachschrift als Antwort auf die eben erschienene Brochüre: „die geborenen Kardinäle der köln. und trier'schen Kirche von J. W. J. Braun." gr. 8. (62 S.) Köln 851, Heberle.

Binterim, Dr. Ant. Jos. (Pfr. zu Bilk bei Düsseld.), de Capitulis Theodori Cantuariens. Episcopi et de canonibus synodi Vermeriensis et Compediensis haud genuinis dissertat. crit. 8. Düsseld. 1811. (Fr. Fleischer.) Mayer in A. in Comm. ⅓ Thlr. — 54 kr.

— — Commentatio hist.-crit. de libris baptizator., conjugatorum et defunctor. antiquis et novis, de eorum fatis, ac hodierno usu. 8. Ebendaselbst 1816, Schreiner in Comm. (Fr. Fleischer.) ¾ Thlr. — 1 fl. 21 kr.

—— die Curatexamina und die Diöcesan-Synoden. Fortsetzung der Erwiederung auf die zu Köln bei J. P. Bachem ohne Namen des Verf. erschienene Schrift: Synodalrichter, Synodalexaminatoren und Diöcesan-Synoden. 2. Abthl. gr. 8. (VI und 84 S.) Düsseldorf 849, Kampmann. *

— die vorzügl. Denkwürdigkeiten d. christl. kathol. Kirche aus d. ersten, mittlern u. letzten Zeiten, mit besond. Rücksichtnahme auf d. Disciplin d. kathol. Kirche in Deutschland. 1r—6r Bd. à 2 Thle u. 7r Bd. 1r Thl. gr. 8. Mainz 825—31. Müller. (à Thl. 1 ß 16 gr) 21 ß 16 gr

Binterim, Ant. Jos., die vorzügl. Denkwürdigkeiten d. Christ-Kathol. Kirche a. d. ersten, mittlern u. letzten Zeiten. Mit besond. Rücksichtnahme auf d. Disciplin d. kathol. Kirche in Deutschland. 6—7. Bd. gr. 8. Mainz, [Kirchheim, Schott u. Thielmann.] [6. 1. (35½ B.), 6. 2. (29½ B.), 6. 3. (32½ B.) 829., 6. 1. (29½ B.), 6. 2. (32½ B.) 830., 6. 3. (32½ B.) 831., 7. 1. (29 B.) 831., 7. 2. (25¼ B.) 832.] à Thl. 1 Thlr. 8 Gr.
1—4. Bd. (1—8. à 2 Thle., 4. 3 Thle) Ebendas. 1825—27. 10 Thlr. 16 Gr. — 7 Bde. od. 17 Thle. 21 Thlr. 8 Gr. — 8. Bd. wird nicht getrennt.

Binterim, Dr. Ant. Jos. (Pfr. zu Bilk b. Düsseldorf), die vorzüglichsten Denkwürdigkeiten (oder Archäologie) der christkathol. Kirche aus den ersten, mittleren u. letzten Zeiten. Mit besond. Rücksichtnahme auf d. Disciplin in Deutschl. Mit Abbild. 2e unveränderte Ausgabe. 7 Bände in 17 Theilen. gr. 8. Mainz 1838—40. Kirchheim. 22⅔ Thlr. — 40 fl. 48 kr.

Binterim, Ant. Jos., die vorzüglichsten Denkwürdigkeiten d. christ-kathol. Kirche aus d. ersten, mittlern u. letzten Zeiten. Mit besond. Rücksichtnahme auf d. Disciplin d. katholischen Kirche in Deutschland. 1. Bd. 1. Thl., 2., unveränd. Ausg. u. 7. Bd. 3. Thl. gr. 8. Mainz, Kirchheim, Schott u. Thielmann. [1. 1. (40½ B.) 838. 1⅓ Thlr., 7. 3. (24 B. u. 1 Abbild.) 841. 1⅓ Thlr.]
1. Bd. 2. Thl. — 7. Bd. 1. 2. Thl. Ebendas. 1825—32. 20 Thlr.

— über Ehe u. Ehescheidung nach Gottes Wort u. dem Geiste d. kathol. Kirche; zunächst als Widerlegung d. Schrift d. Herrn Karl Joseph v. Lassaulx: Uebereinstimmung d. französ. Ehetrennungsgesetze etc. 8. Kobl. 816. Düsseld., Schreiner. 1 ß 8 gr (Mainz, Müller). 20 gr

— — über Ehe u. Ehescheidung, nach Gottes Wort u. d. Geiste d. kathol. Kirche (gegen † Lassaulx). 8. Coblenz 1819, Fr. Fleischer in L. (u. Kirchheim in M.) 20 ggr. — 1 fl. 30 kr.

Binterim, Ant. Jos., Epistola catholica interlinearis de lingua originali Novi Testamenti non Latina, ubi et de s. Scriptura in lingua vulgari promiscue non legenda. Düsseldorf, Schreiner, 1820, 8°, 2,25 Mk. (Fr.Fleischer)

— — epistolae cathol. de probationibus theologicis; epist. lma. 8. Aquis Grani 1820, Mayer. (Fr. Fleischer.) 25 Ngr. — 1 fl. 30 kr.

— Epistolae catholicae de probationibus theologicis. De vi rectoque usu probationis in rebus theologicis per acta martyrum gen. et sincera. Epist. I. 8. Düsseld. 820. Schreiner. (Aachen, Mayr). 20 gr Epist. II. Prs. I. cont. Symbola orthod. 8maj. Mainz 825. Müller. 1 ß

— Epistola cathol. II. de vi rectoque usu probat in rebus theolog. et antig. per symbola fidei libello. Pars I. cont. Symbola orthod. 8 maj. Mainz 825, Müller. (Leipz., Hinrichs.) (Kirchheim)

Binterim, Ant. Jos., Estne Andreas pater Mariae, matris Jesu? sive crisis in novissimum systema genealogicum authoris Jenensis: Kritik des Kommentars über das Neue Test. von Herrn Dr. Paulus, 1801, Köln, Imhof, 1809, gr. 8°.

— de ficu maledicta a Jesu Christo ad Matth. XXI. Marc. XI. 8. Köln 810.

Binterim, Ant. Jos., Über den Gebrauch des Christenblutes bei den Juden. Düsseldorf, Stahl, 1834, 8°, 30 Pf.

—— die geistlichen Gerichte in der Erzdiöcese und Kirchenprovinz Köln vom XII. bis zum XIX. Jahrh., nebst einer vorläuf. Abfertigung der Correspondenz-Artikel in der mainzer Zeitschrift: Katholik. Eine Erwiederung auf die zu Köln bei J. P. Bachem ohne Namen des Verf. erschienene Schrift: Synodalrichter, Synodalexaminatoren und Diöcesansynoden. 1. Abthl. gr. 8. (IV und 92 S.) Düsseldorf 849, [Engels und Lensch.] *

— pragmat. Geschichte der deutschen National-, Provinzial- und vorzügl. Diöcesan-Concilien, vom 4. Jahrh. bis auf das Concilium zu Trient. Mit Bezug auf Glaubens- und Sittenlehre, Kirchendisciplin und Liturgie. 1r Bd.: Einleitung und Geschichte der Concilien v. 4. bis zum 8. Jahrh. gr. 8. Mainz 835. (Kirchheim, Schott u. Thielmann.) 1 2/3 ℛ — 2r Bd.: Geschichte u. Beschlüsse der Concilien des 8. u. der ersten Hälfte des 9. Jahrh. Mit des Verf. Bildniß. gr. 8. Ebd. 836. 1 2/3 ℛ — 3r Bd.: Geschichte der Concilien der zweiten Hälfte des 9. Jahrh. und des 10. u. 11. Jahrh. gr. 8. Ebd. 837. 1 2/3 ℛ — 4r Bd.: Geschichte der Conc. des 12. Jahrh. u. der erst. Hälfte des 13. Jahrh. gr. 8. Ebd. 840. 2 ℛ (1r — 4r Bd. jetzt 7 ℛ)

Binterim, Ant. Jos., pragmat. Geschichte der deutschen National-, Provinzial- und vorzügl. Diözesanconcilien ɪc. 5. Bd. gr. 8. Mainz 843, Kirchheim, Schott u. Thielmann. 1 2/3 ℛ (1.—5. Bd. 9 1/3 ℛ)

Binterim, Ant. Jos., pragmatische Geschichte der deutschen National-, Provinzial- und vorzüglichsten Diöcesanconcilien, vom 4. Jahrh. bis auf das Concilium zu Trient. 7. (letzter) Bd.: Geschichte der Concilien des 15. Jahrh. gr. 8. (VIII und 573 S.) Mainz 848, Kirchheim und Schott. Thlr.
1—6. Bd. Ebendas. 1835—45. 10 Thlr. 10 Ngr. —

Binterim, Ant. Jos., pragmat. Geschichte der deutschen National-, Provinzial- u. vorzüglichsten Diöcesanconcilien, vom 4. Jahrh. bis auf d. Concilium zu Trient. 6. u. 7. Bd. gr. 8. (6. Bd.: VI u. 537 S. 7. Bd.: Geschichte der Concilien des 15. Jahrh. VIII u. 573 S.) Mainz 849, Kirchheim & Schott. à 1 2/3 ℛ (7 Bde. 12 2/3 ℛ)

— dies. 2. (Titel-)Aufl. 1. Bd. 2 Hälften u. 2—7. Bd. gr. 8. (1. Bd.: XVI u. 415 S. 2. Bd.: X u. 522 S. 3. Bd.: VIII u. 532 S. 4. Bd.: XII u. 543 S. 5. Bd.: XII u. 371 S. 6. Bd.: VI u. 537 S. 7. Bd.: VIII u. 573 S.) Ebd. (835—49) 851. 52. (I. 1. u. 2.: à 26 ngr II.: 1 ℛ 22 ngr III—VII.: à 1 2/3 ℛ) 11 ℛ 14 ngr

— Geschichte d. Weisen aus d. Morgenlande beim heil. Evangelisten Matthäus II. dargestellt, u. vor d. Einwürfen d. Neuerer gerechtfertiget. 8. Düsseld. 809.

—— das alte Gespenst, s. Gespenst.

(— —) das alte Gespenst † Ellendorf's ɪc.: Ist Petrus in Rom u. Bischof der röm. Kirche gewesen? beschworen durch e. röm. Exorzisten. 8. Düsseldorf 1842, Kohschütz. 1/3 Thlr. — 54 kr.

—— Hermann II. Erzbisch. v. Cöln a. auth. Urkunden dargest. 8. (50) Düsseld. 51, Deiters. n. — 8

—— Hermann der Zweite Erzbischof von Cöln aus authent. Urkunden dargestellt als Erzkanzler des heil. apostol. Stuhles und als Cardinalpriester an der St. Johanneskirche vor dem latein. Thore. gr. 8. (50 S.) Düsseldorf 851, Engels und Lensch. *

(— —) über die Hervorsegnung der Frauen Akatholischer: de non introducendo solemni benedictione in templum etc. Löwen 1839.

— der heilige Hilarius, siehe: Leben der Heiligen. 15. Lieferung.

—— über den Hostienhandel in Deutschland und Frankreich. 2., verm. und verb. Aufl. 8. (32 S.) Düsseldorf 852, Kampmann. *

Binterim, Ant. Jos., s. Kalendarium ecclesiae.

Binterim, Anton Jos., Die kathol. Kirche im Gegensatz des Rationalismus u. Aftermysticismus. Eine Rede. Köln, Du-Mont-Schauberg, 1827, gr. 8°.

—— und J. H. Mooren, die alte u. neue Erzdiözese Köln, in Dekanate eingetheilt, od. d. Erzbisth. Köln mit d. Stiften, Dekanaten, Pfarreien u. Vikarien, sammt deren Einkommen u. Collatoren wie es war. 1. Mit Rücksichtnahme auf d. alt. Bewohner in dies. Gegenden u. ihr. Distrikte unt. d. Römern, u. Gauen unt. d. Franken, seit d. ersten Einführung d. Christenthums bis auf d. 14. Jahrh., vor Luthers Zeit. 2. Im 16. u. 17. Jahrh., nach Luthers Zeit, nebst d. allerneuesten Einricht. im 19. Jahrh.; aus mehrern noch ungedr. Urkunden, Dokumn., Dekanatsstatn. u. aus d. bewährt. Autoren dargest. Als ein Beitrag z. Geographie, Statistik u. Gesch. d. Erzbisth. Köln. 4 Thle. gr. 8. Mainz, [Kirchheim, Schott u. Thielmann.] [1. (28 3/4 B. u. 1 Karte.), 2. (32 1/4 B. u. 1 Karte.) 828., 3. (26 1/4 B.) 830., 4. (30 1/4 B.) 831.] à 1 Thlr. 12 Gr.
Der 3. u. 4. Bd. a. u. d. Tit.: Rheinisch-Westphälischer diplomat. Codex, od. Urkunden-Samml. z. Gesch. d. Erzdiözese Köln u. d. dazu gehör. Rheinisch-Westphäl. Landes. 1. u. 2. Thl. 830. 3 Thlr.

— u. J. H. Mooren, die alte u. neue Erzdiözese Köln in Dekanate eingetheilt, oder Erzbisthum Köln mit den Stiften, Dekanaten, Pfarreien u. Vikarien, sammt deren Einkommen u. Collatoren, wie es war. 1r u. 2r Thl. Mit 2 Kart. gr. 8. Mainz 828. Müller. (à 2 ℛ) 4 ℛ 3r—5r Thl. 830, 31. Ebd. A. u. d. T.: Rhein.-Westphäl. diplomat. Codex, oder Urkundensamml. zur Gesch. d. Erzdiöcese Köln ɪc. 1r—3r Thl. Ebd. (à 2 ℛ) 6 ℛ

Binterim u. Mooren, die Erzdiöcese Köln bis zur französischen Staatsumwälzung. Neu bearb. v. Alb. Mooren. 2 Bde. gr. 8. Düsseldorf, L. Voss & Co. n. 20. —
1. Mittelalter. (XVI, 637 S.) 892. n. 10. —
2. Nach der Kirchentrenng. (XVIII, S. 1—384 x, 385—654.) 893. n. 10. —

Binterim, Ant. Jos., De libertate coniugis infidelis, factae fidelis, si infidelis alter recuset cohabitare pacifice nec sine contumelia creatoris. (I. Cor. 7, 12—17.) Quaestio retractata. Koblenz, Hergt, 1834, gr. 8°. Mk. 1,50.

Binterim, Anton Josef, s. Nellesen, T. A.: Beitrag.

Binterim, Dr. Ant. Jos.
Cf. † Personen und Zustände aus der Zeit kirchl. Wirren in Preußen ɪc. ɪc. gr. 8. Berlin 1840. (25 Ngr.)

Binterim, Anton Josef, s. Prätorius, M.: Aufruf.

— Propempticum ad problema criticum sacra script. novi Test. in quo idiomate originaliter ab apostolis edita fuerit, a Marc. Molkenbuhr nuper propositum. 8 maj. Mogunt 822, Müller.

—— Propempticum ad problema criticum: Sacra Scriptura Novi Test. in quo idiomate originaliter ab apostolis edita fuerit, a Rev. Dño P. Marcellino Molkenbuhr nuper propositum. Mainz, Kirchheim, 1823, gr. 8°. 2 Mk.

— Rede auf d. Fest d. heil. Franz. Xaverius, d. Indian. Apostels. 8. Düsseldorf 821. (Aachen, Mayer.)

Binterim, Anton Josef, s. Reden, Acht.

— — Reden bei der ersten heil. Kommunion der Kinder. 12 Hefte. gr. 8. Ebd. 1823—33. Neue Ausg. in 1 Bd. 1837. 1 Thlr. — 1 fl. 48 kr.

—— Rede(n), bei d. Feierlichkeit d. ersten h. Kommunion d. Kinder gehalten. VII—XII. gr. 8. (à ca. 1 B.) Köln 828—33, DuMont-Schauberg. à
1—VI. (I. 3. u. III. 2. Aufl. 827, 28.) Ebendas. 1823—27. à 2 Gr.

—— zwölf Reden bei d. Feierlichkeit d. ersten heil. Communion d. Kinder. Neue Ausg. gr. 8. (12 B. u. Titlkpfr.) Köln 837, Du Mont-Schauberg.

—— sechs Reden bei der Feierlichkeit der ersten heil. Communion der Kinder. 2. Sammlung. gr. 8. (IV und 92 S.) Mainz 848, [Kirchheim und Schott.]
1. Sammlung. Köln 1837. Du Mont-Schauberg'sche Buchh. 20 Ngr.

— Reden über die feierliche Taufe in der Kirche als Weihe zum Christenthum. Zugleich eine Erwiderung auf das zweite Sendschreiben des Herrn Pfarrer Süß an Dr. Binterim. gr. 8. Düsseldorf 833. Stahl. 1/8 Thlr

Binterim, A. J., Der Reichstag von Augsburg im J. 1530 u. die Äußerung des Herzogs Wilhelm von Bayern u. des Bischofs Christophorus von Stadion von Augsburg bezüglich der lutherischen Bekenntnisschrift, veranlaßt durch den Katechismus der evang. Kreissynode Duisburg. Eine geschichtl. Untersuchung. Düsseldorf, Roschütz, 1844, gr. 8°, 50 Pf.

—— de saltatoria quae Epternaci quotannis celebratur, supplicatione. Cum praeviis in choreas sacras animadversionibus. Tractatus historicus. 8maj. (VIII und 45 S.) Düsseldorf 848, Schaub'sche Buchh. *

BINTERIM, A. J. („Pfarrer in Bilck, u. der Vorstadt Düsseldorff"), Sammlung der vornehmsten Schriften, die über den wichtigen Gegenstand der Ehescheidung im Falle des Ehebruches, u. über die Frage: Ob ein Katholick (!) eine geschiedene Protestantin heyrathen könne u. dürfe? erschienen sind. Bd. I, 1 (nicht mehr ersch.) Düsseldorff (so!) 1807. In der großherzogl. privil. Hofbuchhdlg. Gr. 8°.
Doppeltit. (Der 2te lateinisch), 2 Bll., 342 S., 1 Bl. Err. — Selten!

BINTERIM, Ant. Jos.: Sammlung d. vornehmsten Schriften, die über den Gegenstand der Ehescheidung, im Falle des Ehebruchs, u. üb. d. Frage: ob ein Katholik eine geschied. Protestantin heirathen könne und dürfe? erschienen sind. Der gesetzgebenden Macht u. d. neuesten Literatur gewidmet. Auch unt. d. Tit.: Collectio dissertat. elegantior. de matrimonii vinculo in casu adulterii etc. gr. 8. *Düsseldorf*, 808. Gondon. (1 Thl. 8 Gr.) (Beyer)

Binterim, A. J., Samml. d. vornehmst. Schrift., d. üb. d. Gegenst. d. Ehescheid., im Falle des Ehebruchs rc. erschienen sind. (a. u. d. Tit. Collectio Dissertat. elegantior. matrimonii vinculo in casu adulterii etc.) gr. 8. Düsseldorf, Hofbuchhandl. 808.

— des Herrn Erzbischofs von Cöln Clemens August, Freiherrn Droste zu Vischering Schrift über den Frieden unter der Kirche und den Staaten erläutert und gegen die Angriffe der Gegner vertheidigt. Mit einer Rechtfertigung gegen den Verf. der Personen und Zustände aus den polit. Wirren in Preußen rc. mit mehrern noch unbekannten Documenten. 1. Liefg. gr. 8. Mainz 845, Halenza. 1 1/2 Thlr

— — des Hrn. Erzb. v. Droste Schrift: „Ueber den Frieden unter Kirche u. Staaten" erläutert u. gegen die Angriffe der Gegner vertheidigt. (Nebst eigener Vertheidigung.) IIs Heft. 8. Ebd. 1846. 20 sgr. — 1 fl. 24 kr.

— des Hrn. Erzbischofs von Cöln Clemens August, Frhrn. Droste zu Vischering Schrift über den Frieden unter der Kirche u. den Staaten erläutert u. gegen die Angriffe der Gegner vertheidigt. II. Zurechtweisung der Lobredner Luthers u. Rechtfertigung gegen den Verf. der Schrift: Personen u. Zustände aus den polit. Wirren in Preußen. Nebst Fortsetzung der Documente in der erzbischöflichen Sache. gr. 8. (229 S.) Mainz 847, Halenza. 24 ngr (I. u. II.: 1 Thlr 24 ngr)

— über d. Sprachlosigkeit des heil. Zacharias, des Vaters d. Johannes d. Täufers, worin d. Meinung des Prof. Paulus widerlegt wird. 8. Düsseld. 809.

— — Suffraganei Colonienses extraordinarii, sive de s. Colon. ecclesiae proepiscopis vulgo: Weihbischöfen syntagma historicum. Instruxit J. H. Heister, nunc contin. Binterim. 8. maj. Mogunt. 1843, Kirchheim. 1/2 Thlr. — 54 kr.
Dass. s.a.: Suffraganei...

(——) über d. Taufen in d. Kirchen, s. Warum rc.

— die jüngste öffentliche Vorlesung des Hrn. J. W. J. Braun: Die Sage von den geborenen Kardinälen der kölnischen, trier'schen u. magdeburg'schen Kirche, vor dem Forum der Wahrheit u. Wissenschaft. Mit mehreren noch ungedr., die köln. Kirche betr. Urkunden. gr. 8. (IV u. 99 S.) Köln 852, Heberle. 5/12 Thlr

Binterim, A. J., die geheimen Vorschriften der Jesuiten. (Monita secreta soc. Jesu.) Ein altes Lügenwerk, jetzt in Norddeutschland neu aufgestellt. Beleuchtet. Düsseldorf 853. Kampmann. 12. (52 S.) 2 1/2 ngr

—— d. geh. Vorschr. d. Jesuiten [Monita secr. soc. Jesu]. 12. (52) Düsseld. 53, Deiters. — 2 1/2

Binterim, Anton Josef, s. Voß, K. A.: Geistl. Reden.

— s. Warum sollen es kathol. Eltern verziehen, ihre neugebornen Kinder in den Kirchen taufen zu lassen?

—— Wie können Diöcesansynoden durch andere canonische Mittel ersetzt werden? Nebst einem Rückblick auf die im J. 1849 in Deutschland erschienenen Schriften über kirchl. Zustände und Diöcesansynoden. gr. 8. (VIII und 120 S.) Düsseldorf 850, Kampmann. *

—— die Wünsche und Vorschläge der kathol. Geistlichkeit Düsseldorfs an den Hochw. Herrn Erzbischof von Köln. Ein Wort zur Rechtfertigung derselben. gr. 8. (30 S.) Düsseldorf 848, [Engels und Lensch.] *

— „ — die Wünsche und Vorschläge der katholischen Geistlichkeit Düsseldorfs rc. Ein Wort zur Rechtfertigung 1849 1/6 Thlr.

— über d. hohe Würde d. Bischofs. gr. 8. Mainz 826. Müller. (Köln, Du Mont-Schauberg). 2 gr

—— Zeugnisse für die Aechtheit d. heil. Rockes zu Trier, od. Widerlegung der Schrift: die 20 heil. Röcke der Prof. Dr. Dr. Gildemeister u. v. Sybel. 2 Lfgn. 12. (6 5/8 B.) Düsseldorf 845. [Cöln, Roschütz u. Comp.]
Aus: Kathol. Blätter rc. besond. abgedruckt.

Binting, M., Geschichte des Berliner Turnlehrer-Vereins über die Jahre 1881—1906, Festschr. z. 50. Stiftungsj., Anh.: Wanderungen u. Turnfahrten an d. höh. Schulen Berlins, v. A. Doering, 1906, 117 S., 8°.

Binting, Otto [aus Landsberg a. W.]: Ueber operativ behandelte Blasentumoren ... Halle a. S., Hofbuchdr. v. C. A. Kaemmerer & C., 1891; 54 S., 3 Bl. 8.
Halle, Med. Fak., Inaug.-Diss. v. 19. Okt. 1891

Bintz, Gervasius, s. Binz, Gervas

Bintz, Hans [Referendar in Hamburg]: Das Vergehen gegen § 288 R.-Str.-G.-B. '(Vereitelung der Zwangsvollstreckung)' dargestellt in Vergleichung mit den Vergehen gegen die §§ 289, 263, 137 R.-Str.-G.-B. ... Hamburg, Druck v. Lütcke & Wulff, 1895; 51 S. 8.
Erlangen, Jur. Fak., Inaug.-Diss. v. 1895

Bintz †, *Julius* [Prof. Dr., Dir.]: Der Einfluss der ars poetica des Horaz auf die deutsche Litteratur des XVIII. Jahrhunderts. (Hrsg. v. Prof. Dr. *August* Paul. — Vorbemerkg v. *Adolf* Metz.) Hamburg, gedr. bei Lütcke & Wulff, 1892; VII, 37 S. 4.
Hamburg, Wilhelm-G, OP 1892 (730)

Bintz, J., der Einfluss der ars poetica d. Horaz auf die deutsche Litteratur d. XVIII. Jahrh. Progr. gr. 4. (VII, 37 S.) Hamburg 892. (Herold's Verl.) n.n. 2. 50

Bintz, Jul., ausgewählte Gedichte historischen Inhalts. gr. 8. (IV, 352 S.) Leipzig 876, Teubner. M 3.; geb.

Bintz, Jul., die Gymnastik der Hellenen. Mit 18 (eingedr.) Holzschn. 8. (VIII, 175 S.) Gütersloh 878. Bertelsmann. n. 2. —

Bintz, *Julius* *Jacob Heinrich Hansen* † *25. Dezember 1889.* 4 (S. 2—3 der Schuln.). Progr. Wilhelm-G. *Hamburg* 1890

— deutsche Kulturbilder aus 7 Jahrhunderten. 2 Bde. 8. Hamburg 893. O. Meißner's Verl. n. 5. —
1. 12.—17. Jahrh. (VII, 204 S.) — 2. 18./19. Jahrh. (III, 186 S.)

Bintz, Jul., die Leibesübungen des Mittelalters. 8. (VII, 198 S.) Gütersloh 880, Bertelsmann. *

Bintz, Jul. Die volkstümlichen Leibesübungen des Mittelalters. 34 S. Progr. Joh. Gel. *Hamburg* 1879.

—— die volksthümlichen Leibesübungen des Mittelalters. gr. 4. (34 S.) Hamburg 879, (Nolte.) **

Bintz, J.: Das Märchen des Apuleius von „Psyche u. Cupido" deutsch, als Probe einer Apuleiusübersetzung. 18 S. 4°.
Progr. Wesel 1871.

Bintz, Iulius: De usu et significatione adiectivorum epicorum apud Nonnum Panopolitanum. Halis Saxoniae 1865: (Lange [in Berlin]). 40 S. 8°
Halle-Wittenberg, Phil. Diss. v. 15. Nov. 1865
Geb. Kreuznach 10. 4. 1843. V.
Im Buchhandel Halle (Berlin: Calvary) 1865.

**Bintz,** Werner [Referendar]: Die Teilnahme bei fahrlässig begangenen Handlungen ... Hamburg, Druck v. Lütcke & Wulff, 1895; 44 S. 8.
Erlangen, Jur. Fak., Inaug.-Diss. v. 1895

**Bintz, Worner, d. Teilnahme b. fahrlässig begang. Handlgn. gr. 8. (44 S.) Berlin 895. H. Bahr's Sort. n. 1. 50**

Japanische Kunst. Die Kano-Schule von Laurence Binyon. Mit 37 Mattkunstdruckbild., 20 Reprod. in Tondr., 1 Grav. u. 1 Vierfarbentaf. 3. Aufl. Berlin: Internat. Verlagsanst. f. Kunst u. Lit. [1910]. 59 S. 2°
(Kunst d. Gegenwart. Samml. moderner Künstlermonographien. [15.]) (11. 1911

**Binyon, Laurence: Japanische Kunst. (60 m. Abb. u. 2 [1 farb.] Taf.) 31,5×25,5 cm. Berl., Marquardt & Co. ('12). 1.80; geb. 2,80**

**— dass., s: Kunst d. Gegenwart.**

Binz [Schlagwort]

**Binz, s. a. Granitz. — Rügen.**

**Binz. Müller, Gust., Specialkarte von Binz, Sellin, Göhren u. Umgebung (Granitz-Mönchgut) (in 4fachem Farbendr.). (Nach neuesten amtl. Aufnahmen bearb.) 1 : 25,000. 42×54 cm. Stettin (901). A. Schuster. n. — 60**

Binz [Verfasser]

**Binz,** Arthur *Heinrich* [aus Bonn]: Ueber das optische Drehungsvermögen homologer und isomerer Terpenderivate und über neue Abkömmlinge des Fenchylamins ... Göttingen, Druck d. Univ.-Buchdr. v. E. A. Huth, 1893; 50 S., 1 Bl. 8.
Göttingen, Phil. Fak., Inaug.-Diss. v. [18. Mai] 1893

**Binz, Arth., üb. das optische Drehungsvermögen homologer u. isomerer Terpenderivate u. üb. neue Abkömmlinge des Fenchylamins. Diss. gr. 8. (50 S.) Göttingen 893. (Vandenhoeck & Ruprecht.) n. 1. —**

Binz, Arthur: Erhebungen über die Verbreitung der wild - wachsenden Holzarten in der Schweiz. – Basel 1908.

**Binz, Arth. Ein Ferienausflug in die Tropen. gr. 8. (88 S.) Essen 892, Baedeker. * 1 20**
Aus: Rheinisch-Westfäl. Zeitung, besonders abgedruckt.

Binz, Arthur: Kohle u. Eisen, s. Wissenschaft u. Bildung. Bd. 69.

**Binz, Arth.: Die Mission d. Teerfarben-Industrie. Festrede. (13) 8° Berl., G Reimer '12. — 70**

**— Chemisches Praktikum f. Anfänger. Mit Berücksicht. der Technologie. (154 S. m. Abbildgn.) gr. 8. Berlin 909. G. Reimer. 4.—; geb. 4.80**

Korporation d. Kaufmannschaft von Berlin, Handelshochschule Berlin. Ursprung und Entwickelung der chemischen Industrie. Zur Feier d. Geburtstages Sr. M. d. Kaisers 1910 in d. Aula d. Handelshochschule vorgetragen von Arthur **Binz.** Berlin: G. Reimer 1910. 23 S. 8° (10. 13308 B

**Binz. A., Verwendung der wichtigeren organischen Farbstoffe. Praktische Übgn. im Unterrichtslaboratorium. (VIII, 48 S. m. 4 Fig.) gr. 8. Bonn 905. F. Cohen. n. 1. —**

**Binz,** August, aus Basel: Beiträge zur Morphologie und Entstehungsgeschichte der Stärkekörner. ([S. A. aus:] Flora; Erg. Bd zu Jahrg. 1892 '(76. Bd)' [S. 34—91]). München V. Höfling Dr. 1892. 60 S., Taf. V—VII. 8°.
Zürich, Phil. Diss. [v. 28. Nov. 1892].

**Binz,** August. Das Binnental und seine Flora. [Mit 1 Ansicht und 1 Karte.] 46 S. 4.
Bericht der Realschule zu Basel 1907—1908. Wissenschaftliche Beilage.... Basel, Franz Wittmer, 1908.

**Binz, Aug., das Binnental u. seine Flora. Progr. (46 S. m. 1 Abbildg. u. 1 farb. Karte.) Lex. 8. Basel (908.) (Wepf, Schwabe & Co.) 1. 20**

**Binz,** August. Flora von Basel und Umgebung. Rheinebene, Umgebung von Mülhausen und Altkirch, Jura, Schwarzwald und Vogesen. Zum Gebrauche in mittleren und höheren Schulen und auf Exkursionen bearbeitet. XL + 340 S. 8. Basel, C. F. Lendorff, 1901. [geb. fr. 6. 50]

**Binz,** August. Flora von Basel und Umgebung. Rheinebene, Umgebung von Mülhausen und Altkirch, Jura, Schwarzwald und Vogesen. Zum Gebrauche in mittleren und höheren Schulen und auf Exkursionen, bearb. von Dr. A' B'. 2., verbesserte Aufl. XLIV + 366 S. 8. Basel, C. F. Lendorff, 1905. [geb. fr. 5. 50]

**Binz, Aug.: Flora v. Basel u. Umgebg. Rheinebene, Umgebg v. Mülhausen u. Altkirch, Jura, Schwarzwald u. Vogesen. Zum Gebr. in mittl. u. höh. Schulen u. auf Exkursionen bearb. 3. Afl. (43, 320) kl8° Bas., CF Lendorff '11. L 5 —**

Binz, C.B. (Hrsg.), Jugend-Erholungen, Neue.

**(B[inz, Cajetan].) Der Jura zur Zeit des dreissigjährigen Krieges 1618—48. [Geschichtliche Darstellung.] 8.**
*In:* Historischer Umzug, Biel: Der J' zur Z' des 30-jährigen K'. ... April 1906. (Programm, *etc.*) Biel, W. Gassmann, 1906. fr. – .80. S. 5—19.

**Binz,** Cajetan. Die Keulenschläge der neuen Zeit. Zeitgemälde in vier Aufzügen. Musik von Hans Hager. [Textheft.] 46 S. 8. Biel, Schüler & Cie., 1905. [fr. 1. —]
*Die Musik ist nicht im Druck erschienen.*

**Binz, Cajetan. Junger Wein. Gedichte. In-8°. 95 S. Solothurn, Gassmann & Sohn. Brosch. 1 50**
**1896 gebd. 2 —**

Binz, Carl

[*Ant. u. J.*] **Binz,** Carolus (geb. am 1 Juli 1832 in Bernkastel): Analecta de Aqua pura therapeutice adhibenda ... Bonnae, typ. C. Krüger 1855. 1 Bl., 33 S. 8.
Bonn, Med. Fak., Diss. v. 7 Aug. 1855

Binz und H. Schulz.
Die Arsengiftwirkungen von chemischen Standpunkt. Leipzig und Berlin, 1879–81.

**Binz, C., d. Aether geg. d. Schmerz. E. 50jähr. Jubiläum. [Aus: „Deutsche Revue".] 12. (XI, 96 S.) Stuttgart 896. Deutsche Verlags-Anstalt. n. 1. —**

**Binz, Carl, Beobachtungen zur innern Klinik. gr. 8. (V und 184 S. mit 8 Stat., wovon 2 in Buntdr.) Bonn 864, Cohen und Sohn.**

**Binz, C., das Chinin. Nach den neuern pharmakolog. Arbeiten dargestellt. gr. 8. (76 S.) Berlin 875, Hirschwald. ***

**Binz, Carl, Grundzüge der Arzneimittellehre. Ein klin. Lehrbuch. 866. (IX, 210 S.) n. 1 Thlr — 2., neu bearb. Aufl. Berlin 869. Hirschwald. gr. 8. (IX, 237 S.) n. 1 Thlr 10 Ngr.**

**—— Grundzüge der Arzneimittellehre. Ein klinisches Lehrbuch. 2. Aufl. (IX, 237 S.) 1869, und 3. nach der Pharmakopöe des deutschen Reiches neu bearb. Aufl. gr. 8. (VII, 244 S.) Berlin 873, Hirschwald. ***

**Binz, C., Grundzüge der Arzeimittellehre. Ein klin. Vortrag. 4. neu bearb. Aufl. gr. 8. (282 S.) Berlin 874. Hirschwald. n. 5. —**

**Binz, C., Grundzüge der Arzneimittellehre. Ein klin. Lehrbuch. 5. neu bearb. Aufl. (IV, 276 S.) 1877; 6. Aufl. gr. 8. (V, 285 S.) Berlin 879, Hirschwald. ***

**Binz, C., Grundzüge der Arzneimittellehre. Ein klin. Lehrbuch. 7. neu bearb. Aufl. (VII, 303 S.) 1881; 8. nach der 2. Aufl. der Pharmacopoea germanica neu bearb. Aufl. gr. 8. (VII, 307 S.) Berlin 1882, Hirschwald. ***

**Binz, C., Grundzüge der Arzneimittellehre. Ein klin. Lehrbuch. 9. Aufl. gr. 8. (VII, 310 S.) Berlin 886. Hirschwald. n. 6. —**

Binz, C., Grundzüge der Arzneimittellehre. Ein klin. Lehrbuch. 10., neu bearb. Aufl. gr. 8. (VII, 312 S.) Berlin 889. Hirschwald. n. 6. —

Binz, C. Grundzüge der Arzneimittellehre. Ein klin. Lehrbuch. 11., gemäss dem „Arzneibuch f. das Deutsche Reich" v. 1890 neu bearb. Aufl. gr. 8. (VII, 319 S.) Berl. 891, Hirschwald. * 6 —

Binz, C., Grundzüge der Arzneimittellehre. Ein klin. Lehrbuch. 12., gemäss den neuesten Zusätzen u. Verbessergn. des deutschen Arzneibuches bearb. u. durch e. Verordnungslehre verm. Aufl. gr. 8. (VII, 345 S.) Berlin 894. A. Hirschwald. n. 5. —

Grundzüge der Arzneimittellehre. Ein klin. Lehrbuch von Dr. C[arl] Binz, Prof. zu Bonn. 13. gemäss dem 'Arzneibuche f. d. Deutsche Reich' von 1900 vollst. umgearb. Aufl. *Berlin: A. Hirschwald 1901.* (VII, 364 S.) 8° [00-9809]

Binz, C: Grundz. d. Arzneimittellehre. 14. Afl. (7, 386) 8° Berl., A Hirschwald '12. 6 —

—— Hygiene des Kindesalters, s. Handbuch der Kinderkrankheiten.

Recept-Sünden und ihre Folgen. Von Dr. C[arl] Binz, o. Prof. ... zu Bonn. 2. Aufl. *Berlin: A. Hirschwald 1899.* (23 S.) 1 Bd 8. [99-318]

Binz, C. Sonst u. Jetzt, m. bes. Hinblick auf d. Pflege d. Verwund. u. Krank. i. Kriege. Bonn 1886.

Binz, C., zur Theorie der Salicylsäure und Chinin-Wirkung. gr. 8. (42 S.) Leipzig 877, F. C. W. Vogel. *
Aus: Archiv für experimentelle Pathologie und Pharmakologie, besonders abgedruckt.

—— über den Traum. Nach einem 1876 gehaltenen öffentl. Vortrag. gr. 8. (56 S.) Bonn 878, A. Marcus. *

—— Boehm, Liebreich. Uebersicht über die Arbeiten deutscher Pharmakologen aus den J. 1865—1889. Unter Redaction v. A. Würzburg. gr. 8. (67 S.) Berl. 890, (Hirschwald'sche Buchh.). * 2 —

Binz, C., experimentelle Untersuchungen über das Wesen der Chininwirkung. gr. 8. (III, 65 S. mit 1 lithogr. und color. Taf.) Berlin 868, Hirschwald. *

— Vorlesungen üb. Pharmakologie f. Aerzte u. Studirende. (XIV, 902 S.) Ebend. 884—86. n. 22. —

—— Vorlesungen über Pharmakologie f. Aerzte u. Studirende. 2. gänzl. umgearb. Aufl. gr. 8. (VII, 732 S. m. Abbildgn.) Ebd. 891. * 16 —

Binz, C., und R. v. Jaksch, der Weingeist als Heilmittel. gr. 8. (64 S.) Wiesbaden 888, Bergmann. *
Aus: Verhandlungen des VII. Congresses für innere Medicin zu Wiesbaden 1888, besonders abgedruckt.

— Doctor Johann Weyer, e. rheinischer Arzt, der erste Bekämpfer des Hexenwahns. Ein Beitrag zur deutschen Kulturgeschichte d. 16. Jahrhunderts. Mit den Bildnissen Weyer's u. seines Lehrers Agrippa. gr. 8. (VII, 167 S.) Bonn 885. A. Marcus. n. 3. —

Doctor Johann Weyer, ein rheinischer Arzt, der erste Bekämpfer des Hexenwahns. E. Beitr. z. Gesch. d. Aufklärung u. d. Heilkunde. Von Carl Binz, o. Prof. zu Bonn. 2., umgearb. u. verm. Aufl. M. d. Bildn. J. Weyers. *Berlin: A. Hirschwald 1896.* (VII, 189 S., 1 Portr.) 1 Bd 8. [96-745]

— — Wier oder Weyer? Nachträgliches über den ersten Bekämpfer des Hexenwahns in Deutschland. Ebd. 1885. 8°. (1 Mk. der Vorige.)

Binz, Christoph

Binz, Chrph., Allucius. Trauerspiel in 5 Acten. 8. (92 S.) Heidelberg 864, Rieger'sche Universitäts-Buchh. *

Binz, F. C., der Spargelbau. Neue prakt. Winke zur Erhöhg. d. Ertrages grösserer u. kleinerer Spargelkulturen. 8. (19 S. m. 3 Abbildg.) Berlin 890. Grundmann. n. — 50

B[inz], F[elix]: Die Gehalts- und dienstrechtlichen Verhältnisse der Lehrer an Gelehrten- und Realschulen in Württemberg. Stuttgart: Kohlhammer 1899.

Binz, Gervas

Binz G.: Hinterlassener Unterricht üb. das Hufbeschläge d. Pferde. Wien 1807. 146 S. Selbstvlg. (Lpz., Liebeskind)

Binz, Gustav. Deutsche Besucher im Shakespeare'schen London. Populärer Vortrag, gehalten in Basel am 4. Februar 1902. Sonderabdruck aus der Beilage zur «Allgemeinen Zeitung» Nr. 192 u. 193 vom 23. u. 25. August 1902. 8 S. 4. (München, Buchdr. der Allgemeinen Zeitung.)

Binz, Gust. Das neue badische Gemeindegesetz, vom nationalen u. liberalen Standpunkte beleuchtet. gr. 8. (27 S.) Karlsr. 890, (Nemnich). * — 40

Binz, Gustav s. Handschriften. Die Deutschen H' der Oeffentlichen Bibliothek der Universität Basel.... Band 1....

Die Deutschen Handschriften der Oeffentlichen Bibliothek der Universität Basel. Beschrieben von Dr. Gustav Binz, Biblioth. Bd 1. Basel: K. Beck, Leipzig 1907. 4°(8°)
— Handschriften, Die, d. Oeff. Bibliothek d. Univ. Basel. Abt. 1, Bd 1. [08-7707]

Binz, Gustav. William Morris als Buchdrucker. Vortrag, gehalten in der Mitglieder-Versammlung der Gutenberg-Gesellschaft zu Mainz am 27. Juni 1909. [Mit facsimilierten Druck- und Illustrationsproben.] (Sonder-Abdruck aus dem 8. Jahresbericht der G'-Ges' 1909.) II + 22 S. 8. Mainz, Oscar Schneider, 1909.

Binz, Gustav. Basler Schimpfwörter aus dem fünfzehnten Jahrhundert. (Sonderabzug aus der Zeitschrift für Deutsche Wortforschung hrg. von Friedrich Kluge. Band 8, Heft 3. November 1906.) II S. + S. 161—164. 8. (Strassburg, Karl J. Trübner, 1906.)

Binz, Gust., zur Syntax der baselstädtischen Mundart. Inaugural-Dissertation. gr. 8. (VII, 77 S.) Stuttgart 888. (Leipzig, Fock.) *

Binz, Gustav. Untersuchungen zum altenglischen sogenannten Crist. Aus der Festschrift zur 49. Versammlung Deutscher Philologen und Schulmänner. Basel 1907. II S. + S. 181—197. 8. [Basel, Buchdr. Emil Birkhäuser; Leipzig, Verlag Carl Beck, 1907.] [M.—.60]

Binz, Johann Baptist: Über den Nutzen und das Bedürfnis einer höheren Bildung für die Bürger. 16 S.
Progr. Tauberbischofsheim 1835.

BINZ, JOHANN GEORG.
Verzeichniss von chymischen, alchymischen, physikalischen, theosophischen, kabalistischen und kunstbüchern, welche bei Joh. Georg Binz, Buchhändler in Wein, im Zwettelhof, verkauft werden. 1751. 8vo.
A trade catalogue of about 2,500 titles.

Binz, Mathias

Binz, M: Das preuss. Einkommensteuergesetz, s: Dasbach, G F.

Binz, M., die rheinische Landgemeinde-Ordnung vom 23. VII. 1845, s.: Dasbach, G. F.

-- Das Weingesetz vom 7. IV. 1909, s.: Kell's Rechtsbibliothek. 6. Hft.

Binz, Nicolas

Binz, N, landw. Abendunterhaltgn m. bes. Ber. d. Wiesen- u. Futterbaues. 8. (65) Trier 53, Braun. — 6

Binz, Nicol., landwirthschaftliche Abendunterhaltungen mit besond. Berücksichtigung des Wiesen- und Futterbaues. 8. (VII und 65 S.) Trier 853, Braun'sche Buchh.

— das verarmte Dorf. Ein Büchlein für den Landmann und die ländliche Jugend. 1. Thl. 2. Aufl. 1853. (X, 64 S.) n. 5 ngr; — 5. Aufl. Trier 854. Lintz. 8. (VIII, 64 S.) 6 ngr

— — 2. Thl. 1853. (1 Bl., 91 S.) — 2. Aufl. Ebend. 854. gr. 8. (1 Bl., 90 S.) n. 6 ngr

Binz, Nicolas, Heldenmuth u. Treue. Eine wahre Geschichte neuester Zeit. 8. (4 B.) Saarbrücken 844. (Arnoldi'sche Buchh.)*

Binz, Nic., der landwirthschaftliche Unterricht u. seine Wirkungen auf das Volk. 8. (VI u. 25 S.) Trier 852, Gall. 1/6 ß

Binz, Pantal., theoret.-pract. Geburtshülfe f. d. Haussäugethiere, nebst 26 erläut. lith. Abbild. gr. 8. (23 B.) Freiburg 830, Gebr. Groos. Thlr.

Binz P.: Ueber die verschiedenen Knochenbrüche d. Hausthiere besonders d. Pferde nebst einer neuen u. sicheren Heilmethode dagegen. Tübing. 1824. 157 S. 5 Tvl. (Laupp)

Binzer, v., die Ueberschwemmungen an der Unterelbe im Frühjahr 1888, s.: Mittheilungen der Geographischen Gesellschaft in Hamburg.

Binzer, August Frhr. v., s.a. Beer, A. T. (Pseud.)

Binzer, August Frhr. von

**Binzer, A**, Beiträge zur Beantwortung der Frage: Was kann zur Förderung des allgemeinen Wohlstandes gegenwärtig in Deutschland geschehen? gr. 8°. Jena, Cröker, 1820.

Binzer, A. v., Börsenbl. f. d. deutschen Buchhandel, s. Börsenblatt.

—— la Cathédrale de Cologne, s. Cathédrale.

— la Cathédrale de Cologne, ou description de ce monument d'architecture germanique du moyen-âge. Traduit de l'allemand par M. Adler-Mesnard. Avec le complément: Notices sur les travaux d'achévement. Avec 5 grav. sur acier et un plan ichnograph. gr. 4. Cöln. Coblence. Bädeker 3 ₰

—— die Dämmerungs-Stunden d. Familie Aebert. Ein Lesebuch f. gute Kinder. (M. 6 ill. Kpfr.) 8. (6½ B.) Altona 833, Aue.

Binzer, A. v., († A. T. Beer,) der Dom v. Cöln, s. Dom.

v. **Binzer, A.**, der Kölner Dom, ein Denkmal deutscher Baukunst. Mit einem Anhange: Neueste Nachrichten über den Fortbau des Domes von H. Püttmann, mit 5 Stahlst. und 1 lithogr. Plane. gr. 4. Cöln. Coblenz, K. Bädeker. 3 ₰

—— Franklin's Leben u. Schriften ꝛc., 4 Thle., s. Franklin.

Binzer, August Frhr. v., s. Gerschau, P. v.: Aus d. Leben d. Frh. v. Nikolay.

Binzer, A. v., u. C. Bedbur, allgem. Organ f. Handel u. Gewerbe, s. Organ.

BINZER, A[UG.], Die letzte Schrift des Herrn Conferenzraths von Schmidt-Phiseldeck »Ueber die neuerlichen Aufregungen in den Herzogthümern Schleswig und Holstein. Kph. 1830« satzweise geprüft. Braunschweig. 1831.

Binzer, Aug. v., († A. T. Beer.) Venedig im J. 1844. Mit 1 Karte von Venedig (in Folio.) gr. 12. (19½ B.) Pesth 845, Heckenast. (Leipz., Wigand)

Binzer, August von: Über d. milit. Werke Heinrich von Bülows, s. Binzer, Ludwig Jakob von

Binzer, August: Ein Wort zur Vertheidigung in Betreff der schleswigholsteinischen Petitions-Angelegenheit. – Kiel 1830. 8°

Binzer, encyclop. Wörterbuch, s. Wörterbuch.

Binzer, August Frhr. v., s. Zeitung f. d. elegante Welt.

Binzer, C. A. L. v., schädliche und nützliche Forstinsekten. 8. (VII, 149 S., mit 50 in den Text gedr. Holzschn.) Berlin 880, [Wiegandt, Hempel und Parey.] Parey. *

Binzer, C. A. L. v., Hülfs-Tafeln zum Gebrauche für praktische Forstbeamte und Waldbesitzer. Tabellen zur Umrechnung der alten Maaße in das Metermaaß und umgekehrt, berechnet für Preußen [alte Provinzen], Hannover, Schleswig-Holstein [Hamburg], Hessen-Kassel, Frankfurt a. M., Nassau, Hessen-Darmstadt und Baiern [ohne Rheinbaiern] und zur Berechnung des kubischen Inhaltes der Stämme, sowie der Arbeitslöhne, Tar- und Verkaufswerthe. Nebst einem Pflanzenkalender in Farbendruck. 16. (VIII, 52 S., woron 2 chromolithogr.) Arnsberg 871, (Ritter.) *

**Binzer**, C. A. L. v., Holzpflanzen-Kalender für Forstmänner. 8. (2 Chromolith. m. 1 S. Text.) Leipzig 884. H. Voigt. n. — 50

Binzer, C. A. L. v., Holzpflanzen-Kalender für Forstmänner. 2. unveränd. Aufl. 8. (2 color. Taf. mit 1 S. Text.) Leipzig 889, H. Voigt. *

Binzer, C. A. L. von, Insekten-Kalender. Lebensphasen und Frassperioden der wichtigsten schädlichen Forstinsekten. (2 kolor. Steintaff. u. 2 S. Text.) Berlin 1876. gr. 16.
——, —— Ebda 1879. 8.
——, —— 3. Aufl. Ebda 1888. 12. [Wie oben.]

Binzer, C. A. L. v., Insecten-Kalender. Lebensphasen und Frassperioden der wichtigsten, schädl. Forstinsecten. 1. und 2. Aufl. gr. 16. (2 color. Stnt. mit 2 S. Text.) Berlin 878.79, Wiegandt, Hempel und Parey. *

—— Insektenkalender. Lebensphasen und Frassperioden der wichtigsten schädlichen Forstinsekten. 3. Aufl. 12. (2 Taf. in Farbendr. nebst 2 S. Text.) Berlin 888, Parey. *

Binzer, v.: Insekten-Kldr. Lebensphasen u. Frassperioden d. wichtigsten schädl. Forstinsekten. 4. Afl. (2 m. 2 farb. Taf.) 16° Berl., P Parey '08. — 40

—— Instinkt, Verstand und Geist bei Menschen und Thieren, s. Zeitfragen des christlichen Volkslebens.

—— die Oberaufsicht des Staates über die Waldungen der Gemeinden und öffentlichen Anstalten. gr. 8. (95 S.) Frankfurt a. M. 876, Sauerländer's Verlag.

—— Sammlung der wichtigsten Instruktionen, Regulative, Verordnungen, Cabinetsordres und Ministerialreskripte für königl. preußische Forstschutzbeamte nebst dem Gesetz über den Waffengebrauch der Forst- und Jagdbeamten vom 31. März 1837 mit Instruktionen, Ministerialerlassen und Erkenntnissen, und einem Anh. enth. Mittheilungen über den Post- und Telegraphenverkehr im Bereiche des norddeutschen Bundes. gr. 16. (154 S.) Arnsberg 871, Ritter.

Binzer, Carl, s. Binzer, Karl

**Binzer, D.**, Geschichte der franz. Revolution 1789, s.: Volksbibliothek, wissenschaftliche, Nr. 10/11.

†Binzer, Emilie v. [Ernst Ritter], drei Sommer in Löbichau. 1819—21. Lex.-8. (IV, 136 S.) Stuttgart 877, Spemann. *

v. **Binzer, F.**, der kleine Bau-Geometer oder Rathgeber auf Bauplatz u. Reißboden zunächst für Bauaufseher, Pollere u. Schachtmeister, welche mathemat. Vorkenntnisse entbehren. Mit 76 dem Text beigedr. Fig. (Holzschn.) Mannheim 868. (Flensburg, Westphalen.) 8. (VIII, 94 S.) n. 20 ngr

Binzer, J. M. v., Vacuosität und Schwerkraft. Nachweis der gemeinsamen Ursache der Attractions- und Gravitationsphänomene einschliesslich des Magnetismus auf Grund physikal. Thatsachen. gr. 8. (49 S.) Salzburg 883, (Dieter.) *

Binzer, Ina von, s.a. Eck, Ulla von

Binzer, Ina v. [† Ulla v. Eck], Leib und Freud einer Erzieherin in Brasilien. 8. (IV, 224 S.) Berlin 887, Eckstein Nachf. *

[F.] Tante Cordulas Nichten. E. harmlose Nationalitäten-Geschichte v. Ina v. Binzer '(U. v. Eck.)' ... *Berlin: O. Janke (1896).* (2 Bl., 340 S.) 1 Bd 8. [96. 4379

Binzer, Johann Ludwig Jakob von, s. Binzer, Ludwig Jakob von

Binzer, Carl v., Kreuz- und Querzüge durch Italien im Sommer 1876. 8. (VI, 314 S.) Stuttgart 877, Cotta'sche Buchh. * geb. *

Binzer, Karl v., die Schlösser König Ludwig II. von Bayern: Neuschwanstein — Hohenschwangau — Linderhof — Herren-Chiemsee — Berg. Ein Begleiter auf der Reise. 12. (64 S. mit Ansichten und Grundrissen.) München 888, Th. Ackermann's Verlag. *

**Binzer, Karl v.**, die Schlösser König Ludwig II. von Bayern: Neuschwanstein — Hohenschwangau — Linderhof — Herren-Chiemsee — Berg. Ein Begleiter auf der Reise. 1. u. 2. Aufl. 12. (64 S.) München 890, Th. Ackermann's Verl. n. — 80

Binzer, Carl Chrn., Gedichte. 8. (IV und 200 S.) Kopenhagen 853, Schwartz. *

Binzer, Karl Chr., Sammlung poet. Versuche. 8. Kiel 844, Bunsow. 3/4 ₰

Binzer, Carl Chr., Sammlung poetischer Versuche. 8. (12 B.) Kiel 844. [Nack.] -

Lyrische Versuche v. Carl Christian von Binzer. Kopenhagen. 1840. 8°.

Binzer, Ludwig Jakob von

Binzer v.: Militärisches Taschenbuch f. die Mannschaft d. königl.-dänischen Feldjägercorps. Kiel 1800. 151 S. Akad. Buchh.

v. Binzer, Edw. Jak., († d. 11. Nov. 1811.) Versuch e. theoret.-prakt. Anleit. zur Bergzeichnung, mit besond. Hinsicht auf richtigen Zusammenhang d. Höhen, Thäler u. Ebenen, u. e. kleinen Abhandl. über Karten u. Situationspläne. mit 5 Kpft. 4. Hamb. 802. Fr. Perthes. 1 ₰ 52 S.

[Binzer, Ludw. Joh.], Versuch über den Vertheidigungskrieg und eine constitutionelle Miliz. Ausgezogen aus einer englischen Schrift und herausgegeben von einem alten Soldaten. Kiel. 1801. Hesse

v. Binzer, L. J.: Versuch üb. d. Vertheidigungskrieg u. e. constitut. Miliz. *Kiel.* 803. 8.

— über die militär. Werke Heinrichs v. Bülow. 8. Hamb. 802. Fr. Perthes. 8 gl

— Ueber die militairischen Werke des Herrn von Bülow. (Für ein dänisches Militair-Journal geschrieben im Januar 1803). Kiel. 1803.

v. Binzer, A. Über die militärischen Werke Heinrich v. Bülows. 8. Cöln 1803.

v. Binzer, J. Ueber die militärischen Werke des Herrn v. Bülow. 8. Kiel 1804.

Bio von Smyrna, s. Bion von Smyrna

Biochemie, d. (Von A Meyer.) 3. Afl. (15) 8° Oldenbg i. Gr. (Nadorstr. 16), Biochem. Ver.'08. — 30 d

Biochemie, Die, Schüsslers u. ihre Anwendg in Krankheitsfällen. Ein Haus- u. Familienarzt. Hrsg. v. biochem. Verein in Oldenburg. (8, 227 m. 1 Bildn.) gr8° Oldenbg, (Oldenburger Antiquariat) '12. 3 —; geb. 3.50 d

Biografia Kazimierza Albina z Giezgiezlowca Lenartowicza. 8. (4¼ B.) Poznan 844. (Leipzig, Brockhaus u. Avenarius.) *

Biograph, d., Darstell. merkw. Mensch. der drey letzten Jahrh. 8. Bde. gr. 8. Halle, Waisb. 802—9. (à 1 Rthl.)

BIOGRAPH, Der. Darstellungen merkwürdiger Menschen der 3 letzten Jahrhunderte. 8 Bde. Mit Register. Halle und Berlin 1809—10. 8°. (10 Mk. E. Frensdorff, 1905.)

**Biograph** für die Jugend, oder Sammlung interessanter Lebensbeschreibungen ... Stendal 1809—11. H: *Henrici, Joh. Carl Friedr.* (Ky)

— für d. Jugend, od. Samml. interess. rc. Lebensbeschreibb. rc. (herausg. v. J. K. F. Henrici). 2 Thle. 8. Stendal 809, 11. Franzen u. Gr. 1 ₰ 12 gl

Biograph, der kleine, eine Sammlung v. Erzählungen a. d. Leben kleiner Kinder, zur mor. Bildung mit illum. Kupf. Taschenform. Leipzig, Rein. 816.

Biograph, d. kleine, eine Sammlung von Erzählungen. M. 21 illum. Kupf. 8. Leipzig 826, Rein.

Biographi graeci, qui ab Hesychio pendent, rec. Jon. Flach. gr. 8. (X, 150 S.) Berlin 883. Calvary & Co. n. 4. 50

Biographia antiqua od. e. Bericht üb. das Leben u. die Schriften der älteren u. neueren Magier, Kabbalisten u. Philosophen, sowie einiges üb. die Grundzüge u. Lehren der ersten Urheber u. Stifter der mag. u. okkulten Wissenschaften. I. Serie. 1.—6. Heft. gr. 8. Bitterfeld. Schmiedeberg, F. E. Baumann. à n. — 25
1. Zoroaster. Von F. W. Krippner. (20 S.) (900.)
2. Hermes. Von F. W. Krippner. (15 S.) (900.)
3. Apollonius v. Tyana. Von F. W. Krippner. (15 S.) (901.)
4. Albertus Magnus Von F. W. Krippner. (16 S.) (901.)
5. Paracelsus. Von F. W. Krippner. (18 S.) (901.)
6. Agrippa. Von F. W. Krippner. (16 S.) (901.)

— dasselbe. II. Serie. Aeltere griechische Philosophen. Berichte üb. deren Leben, Lehren u. Schriften. 1. bis 5. Heft. gr 8. Ebd. à n. — 25
1. Heraclit. Von E. C. H. Peithmann. (20 S.) (901.)
2. Parmenides. Von E. C. H. Peithmann. (16 S.) (902.)
3. Empedocles. Von E. C. H. Peithmann. (19 S.) (902.)
4. Anaxagoras Von E. C H. Peithmann. (16 S.) (902.)
5. Demokrit. Von E. C. H. Peithmann. (16 S.) (902.)

Biographia antiqua, 3. Folge, s.: Biographien u. Lehren d. Philosophen, Theosophen u. Schauenden aller Zeiten.

— dasselbe. IV. Serie. Gnostische Väter. Berichte üb. deren Leben, Lehren u. Schriften. 1.—9. Heft. gr. 8. Ebd. à n. — 25
1. Die Naassener. Von E. C. H. Peithmann. (16 S.) 903.
2. Die Peraten u. Settianer. (16 S.) 903.
3. Schöpfungslehre. (14 S.) 903.
4. Justinus u. Simon Magus Von E. C. H. Peithmann. (20 S.) 903.
5. 6. Die Valentinianer. Von E. C. H. Peithmann. 1. u. 2. Tl. (à 16 S.) (903.)
7. Markus. Von E. C H Peithmann. (15 S.) (903.)
8. Basilides. Von E. C. H. Peithmann. (23 S.) (903.)
9. Die Marcosier. Von E. C. H. Peithmann. (16 S.) (904.)
III. Serie, s.: Biographien u. Lehren d. Philosophen usw.

Biographia antiqua. V. Serie. Geheimreden Jesu. 1. Heft. gr. 8. Schmiedeberg, F. E. Baumann. — 25
Jesu Verklärung u. Himmelfahrt. Von E. C. H. Peithmann. (15 S.) (909.)

Biographia Britannica, or the Lives of the most eminent persons who have flourished in Great-Britain and Ireland. 7 v. London 1747—66. — Deutsch im Auszuge von J. S Semler. 10 Bde. Halle 1762—71.

**Biographia** D. J. A. Morasch, ... [Ingolstadt 1735.] V: *Grienwaldt, Frz Joseph.* (BrMm)

**Biographia, Succincta medicorum Hungariae et Transsylvaniae.** Lips. 1774—87. H: *Weszprémi, Stephan.* (Choulant)

**Biographiae** veteres Sancti Martini, Turonensis Episcopi Confessoris. Pressburg 1817. V: *Jordanszky, Elek.* (WBL)

Biographie, über die, (v. Jh. G. Wiggers). 8. Mitau 777. Hinz. (W. Nauck in Leipz.) 8 gl

Biographie d. merkwürd. Soldatenpferdes Xbam. 4. ... Berlin 828, Gropius.

Biographie einer Äffin, s. Kosmeli, Michael

Biographie d. Grafen Franz Algarotti. gr. 8. Chemnitz 823, Starke.

—— allgemeine, Lebensbeschreibn. d. denkwürdigst. Personen aller Stände, seit d. Untergange d. Alterthums bis auf d. neueste Zeit. Mit Bildn. 1. Bd. 5 Hfte. u. 2. Bd. 1 Hft. Jed. Hft. m. 1 Bildn. (26½ B. in 8. u. 9 B. in 12.) Frankfurt a. M. 830, [Comptoir f. Lit. u. Kunst.] à 4½ Gr.

— allgemeine, Lebensbeschreib. d. denkwürd. Personen aller Stände, seit dem Untergange d. Alterthums bis auf die neueste Zeit. 1r Bd. 16—56 Heft u. 2r Bd. 16 Heft, mit 6 Bildn. 8. Frankf. 830, 31. Friederich. à Heft 4½ gl

—— allgem. deutsche, od. Lebensbeschreibn. d. berühmtesten u. verdientesten Deutschen aller Zeiten. Ein National-Werk f. alle Stände. Hrsg. unt. Mitwirk. mehr. Gelehrten, v. Heinr. Döring. 1. Bd. (1. Lfg. A — Albrecht.) Nebst bibliograph. Anzeiger. 8. (6¾ B.) Heidelberg 836, Engelmann.

**Biographie, Allgemeine Deutsche.** Auf Veranlassung seiner Majestät des Königs von Bayern herausgegeben durch die historische Commission bei der Königl. Akademie der Wissenschaften. (Redaktion: R. Freiherr v. Liliencron und F. X. v. Wegele.) 1.—47. Bd. oder Lfg. 1—235. 1875—1903. (F.)
Lex.-8⁰. Leipz.: Duncker u.Humblot
in Halbfrzbd. à 14 M. 20 Pf.

Bd. 1. Van der Aa — Baldamus. (XVII, 781 S.) 1875.
Bd. 2. Balde — Bode. (III, 798 S.) 1875.
Bd. 3. Bode — v. Carlowitz. (III, 795 S.) 1876.
Bd. 4. Carmer — Deck. (III, 796 S.) 1876.
Bd. 5. Von der Decken — Ekkehart. (III, 796 S.) 1877.
Bd. 6. Elben — Fickler. (III, 796 S.) 1877.
Bd. 7. Ficquelmont — Friedrich Wilhelm III. von Sachsen-Altenburg. (III, 796 S.) 1878.
Bd. 8. Friedrich I. v. Sachsen-Altenburg — Gering. (III, 796 S.) 1878.
Bd. 9. Geringswald — Gruber. (796 S.) 1879.
Bd. 10. Gruber — Hassencamp. (768 S.) 1879.
Bd. 11. Hassenpflug — Hensel. (793 S.) 1880.
Bd. 12. Hensel — Holste. (796 S.) 1880.
Bd. 13. v. Holstein — Jesup. (796 S.) 1881.
Bd. 14. Jetzer — Kähler. (797 S.) 1881.
Bd. 15. Kähler — Kircheisen. (796 S.) 1882.
Bd. 16. Kircher — O. v. Kotzebue. (798 S.) 1882.
Bd. 17. Krabbe — Lassota. (III, 796 S.) 1883.
Bd. 18. Lassus, Orl. de, — Litschower. (III, 796 S.) 1883.
Bd. 19. v. Littrow — Lysura. (III, 828 S.) 1884.
Bd. 20. Maafs — Kaiser Maximilian II. (III, 748 S.) 1884.
Bd. 21. Kurfürst Maximilian I. — Mirus. (797 S.) 1885.
Bd. 22. Mirus — v. Münchhausen. (III, 795 S.) 1885.
Bd. 23. v. Münchhausen — v. Noorden. (III, 804 S.) 1886.
Bd. 24. van Noort — Ovelacker. (III, 788 S.) 1887.
Bd. 25. Ovens — Philipp d. Grofsm. (III, 798 S.) 1887.
Bd. 26. Philipp (III.) v. Hessen — Pyrker. (III, 832 S.) 1888.
Bd. 27. Quad — Reinald. (III, 764 S.) 1888.
Bd. 28. Reinbeck — Rodbertus. (III, 812 S.) 1889.
Bd. 29. v. Rodde — v. Ruesch. (III, 780 S.) 1889.
Bd. 30. v. Rusdorf — J. J. G. Scheller. (III, 796 S.) 1890.
Bd. 31. Scheller, Karl v., — Karl Schmidt. (III, 795 S.) 1890.
Bd. 32. Schmidt, Karl v., — G. E. Schulze. (III, 796 S.) 1891.
Bd. 33. Schulze, Herm., — G. Semper. (III, 803 S.) 1891.
Bd. 34. Senckenberg — Spaignart. (III, 787 S.) 1892.
Bd. 35. Spalatin — Steinmar. (III, 796 S.) 1893.
Bd. 36. Steinmetz — Stürenberg. (III, 796 S.) 1893.
Bd. 37. Sturm (Sturmi) — Thiemo. (III, 795 S.) 1894.
Bd. 38. Thienemann — Tunicius. (III, 796 S.) 1894.
Bd. 39. Tunner — de Vins. (III, 793 S.) 1895.
Bd. 40. Vinstingen — Walram. (III, 794 S.) 1896.
Bd. 41. Walram — Werdmüller. (III, 795 S.) 1896.

Biographie, Allg. Deutsche.

Bd. 42. Werenfels — Wilhelm der Jüngere, Herzog zu Braunschweig und Lüneburg. (III, 796 S.) 1897.
Bd. 43. Wilhelm der Jüngere, Herzog zu Braunschweig — Wölfelin. (III, 795 S.) 1898.
Bd. 44. Wolfenbüttel, Günzelin von, — Zeis. (III, 795 S.) 1898.
Bd. 45. Zeisberger — Zyrl. Nachträge bis 1899: v. Abendroth — Anderssen. (VIII, 791 S.) 1900.
Bd. 46. Nachträge bis 1899: Andrassy — Bismarck, (IV, 778 S.) 1902.
Bd. 47. Nachträge bis 1899: v. Bismarck-Bohlen — Dollfus. (IV, 783 S.) 1903.

Einbanddecken in Halbfranz pro Band 1 M. 20 Pf.
in Ganzlwd. 1 M.

Biographie. Allgemeine Deutsche B'. Band 48. Nachträge bis 1899: Döllinger — Friedreich. Auf Veranlassung ... des Königs von Bayern hrg. durch die historische Commission bei der Königl. Akademie der Wissenschaften. IV + 798 S. 8. Leipzig, Duncker & Humblot, 1904. [M. 12. —, geb. 14. 20]

Biographie. Allgemeine Deutsche B'. Band 49. Nachträge bis 1899: Kaiser Friedrich III. — Hanstein. Auf Veranlassung ... des Königs von Bayern hrg. durch die historische Commission bei der Königl. Akademie der Wissenschaften. IV + 796 S. 8. Leipzig, Duncker & Humblot, 1904. [M. 12. —, geb. 14. 20]

Biographie. Allgemeine Deutsche B'. Band 50. Nachträge bis 1899: Harkort—v. Kalchberg. Auf Veranlassung ... des Königs von Bayern hrg. durch die historische Commission bei der Königl. Akademie der Wissenschaften. IV + 780 S. 8. Leipzig, Duncker & Humblot, 1905. [M. 12. —, geb. 14. 20]

Biographie. Allgemeine Deutsche B'. Band 51. Nachträge bis 1899: Kálnoky-Lindner. Auf Veranlassung ... des Königs von Bayern hrg. durch die historische Commission bei der Königl. Akademie der Wissenschaften. IV + 796 S. 8. Leipzig, Duncker & Humblot, 1906. [M. 12. —, geb. 14. 20]

Biographie. Allgemeine Deutsche B'. Band 52. Nachträge bis 1899: Linker — Paul. Auf Veranlassung des Königs von Bayern hrg. durch die historische Commission bei der Königl. Akademie der Wissenschaften. IV + 796 S. 8. Leipzig, Duncker & Humblot, 1906. [M. 12. —, geb. 14. 20]

Biographie. Allgemeine Deutsche B'. Band 53. Nachträge bis 1899: Paulitschke — Schets. Auf Veranlassung ... des Königs von Bayern hrg. durch die historische Commission bei der Königl. Akademie der Wissenschaften. IV + 796 S. 8. Leipzig, Duncker & Humblot, 1907. [M. 12. —, geb. 14. 20]

Biographie. Allgemeine Deutsche B'. Band 54. Nachträge bis 1899: Scheurl—Walther. Auf Veranlassung ... des Königs von Bayern hrg. durch die historische Commission bei der Königl. Akademie der Wissenschaften. IV + 796 S. 8. Leipzig, Duncker & Humblot, 1908. [M. 12. —, geb. 14. 20]

**Biographie, allgemeine deutsche.** Auf Veranlassg. Sr. Maj. des Königs v. Bayern hrsg. durch die histor. Commission bei der königl. Akademie der Wissenschaften. 261—273. Lfg. (53. u. 54. Bd. à 795 S., 55. Bd. S. 1—480.) gr. 8. Leipzig 907—09. Duncker & Humblot.
Subskr.-Pr. à Lfg. 2.40;
einzelne Lfgn. 3.20; à Bd. 12.—; geb. 14. 20

— Allgemeine deut. Hrsg. durch d. histor. Commission bei d. kgl. Akad. d.Wiss. 55. u. 56. Bd. gr8° Münch., Duncker & H. (vollst.: 669.60; geb. 745.60) d 55. (5, 904) Lpzg '10. 13.60; geb. 15.80 ‖ 56. Generalreg. (15, 398) '12. 8 —; geb. 10 —

—— und Anecdoten aus den Reisen des alten Bosco. Zusammengestellt von einem Freunde Bosco's. gr. 8. (40 S.) Dresden 863, (Schöpff.)

BIOGRAPHIE der hochgebohrnen, hochgelehrten und hochwürdigsten Frau Maria Klara von Anger, ersten Oberin des W.W. E.E. Elisabethiner-Klosters in der königl. Haupt- und Krönungsstadt. Ofen 1803. Gedr. mit kön. Pester Universitäts-Schriften. 8 S. - 8°

— des Thom. Aniello. M. Bildn. gr. 8. Chemnitz 823, Starke.

— d. Frau Anne Charlotte Dorothea, Herzogin v. Kurland u. Sagan, (v. Hans v. Thümmel). Fol. Zwickau, Liter.-Compt. 12 gr.

— des Herrn von Arco. 8. Tübing, Cotta.

— der Aerzte. Aus d. Französ., mit einigen Zusätzen v. A. F. Brüggemann. A. u. d. T.: Medicin. Biographie, oder vollständ. Nachrr. von dem Leben u. d. Schriften d. Aerzte, Wundärzte, Apotheker rc. 1r Bd. 4 Hefte. gr. 8. Halberst. 829, 30. Brüggemann. 2 rß 16 gr.

Biographie der Aerzte. 1r Bd. 4 Hfte. gr. 8. 829, 30. (Leipz., Schreck.) 2⅔ rß

Biographie von Johann Sebastian Bach und seinen Söhnen. Zürich s. [Bürkli, Johann Georg].

Biographie des Eidgenössischen Generals Niclaus Franz von Bachmann. Zürich s. [Bürkli-Meyer, Adolf].

Biographie des alten Veterans der Freiheit Joh[ann] Ph[ilipp] Becker. Hrg. vom Zentral-Komité Genfs zur Denkmal-Enthüllung am 17. März 1889. [Mit Porträt-Tafel.] 8. Zürich 1889.

Biographie von Ludwig van Beethoven. Njbl. s. [Bürkli, Johann Georg].

Biographie von Vincenz Bellini. Zürich s. [Bürkli, Johann Georg].

Biographie von Franz Adrian Boieldieu. Zürich s. [Bürkli, Johann Georg].

**Biographie** Herrn Joh. Gottlob Immanuel Breitkopfs; ... Leipz. 1794. V: *Hausius, Carl Gottlob.* (MGT)

Biographie, Bremische, d. 19. Jahrh. Hrsg. v. d. histor. Gesellsch. d. Künstlervereins. (8, 535) gr8° Bremen, G Winter V. '12. 6 —; L 7.50 d

— d. Dr. Jh. v. Gott Bundschue. Kempt. 831. Dannheimer. 4 gr

— du Prince Charles de Ligne. 8. Dresd. 807. Walther. 8 gr

Biographie von Cherubini. Zürich s. [Stierlin, Leonhard].

— der Königin Christine v. Schweden. Mit Bildn. gr. 8. Chemn. 822. Starke. 8 gr

— d. Königin Christine v. Schweden. M. Bildn. gr. 8. Chemnitz 823, Starke.

**Biographie,** D. Cimerosa's kurze, und aesthetische Darstellung seiner Werke. Erfurt 1801. V: *Arnold, Ign. Ferd.* (WBL II/374) (BiblPort)

**Biographie** des Johann Sebastian von Clais. Winterthur 1866. V: *Clais, Carl v.* (Cat. d. Stadtbibl. Zürich. Zürich 1864—97.)

— des K. K. Feldmarsch. Fr. Jos. v. S. Coburg. 8. Wien, Doll. 795.

**Biographie** des K. K. Feldzeugmeisters Grafen Hieronymus Colloredo. Prag 1816. V: *Schiessler, Sebastian Willibald.* (PT)

— d. Olivier Cromwell. Mit Bildn. gr. 8. Chemn. 823. Starke. 8 gr

— des Dames de la Cour et de Faubourg S. — Germain, par un Valet de chambre congedié. N. Ausg. 16. Brilesol 826, Frank. (Leipz., Hinrichs.)

Biographie von Gaetano Donizetti. Zürich s. [Stierlin, Leonhard].

**Biographie,** F. L. Epheu's weibliche. Dessau 1783. V: *Hanker, Garlieb.* (Cat. d. Stadtbibl. Zürich. Zürich 1864—97.)

— Ernst's, des Frommen, Herzogs zu Sachsen. 8. Quedlinb. 783. Ernst. 5 gr

Biographie des Hans Konrad Escher, Zunftmeister. Zürich 1896 s. E[scher], C[onrad].

**Biographie** des Hans Konrad Escher, Zunftmeister (1743—1814). Zürich 1896. V: *Escher-Ziegler, Conrad.* (Cat. d. Stadtbibl. Zürich. Zürich 1864—97.)

— d. Aug. Herrm. Franke, Stifter d. Waisenhauses in Halle. Mit Bildn. gr. 8. Chemn. 823. Starke. 8 gr

— d. Prinz. Friedrich Josias v. Sachs. Coburg. 8. Wien, Doll d. ält. 795.

— Friedrich II. gr. 8. Chemn. 823. Starke. 8 gr

Biographie des General-Lieut. Reichs-Freiherrn Friedrich Caspar v. Geismar, General der Cavallerie, General-Adjutant Sr. Maj. des Kaisers von Rußland rc. gr. 8. (82 S.) Münster 860, Theissing'sche Buchh.

**Biographie** des Grafen von Frimont, Fürsten von Antrodocco, kais. königl. Generals der Kavallerie und Hofkriegsraths-Präsidenten. Wien 1833. V: *Schönhals, Carl Ritter von.* (EB)

Biographie von C(arl) H(einrich) Graun. Zürich s. [Stierlin, Leonhard].

Biographie des Adalbert Gyrowetz. Wien 1848.

Biographie von Georg Friedrich Händel. Njbl. s. [Bürkli, Johann Georg].

— des Fürsten u. Staats-Canzlers von Hardenberg. Mit dessen Portrait. Herausgeg. v. W. Hennings. gr. 4. Gotha 824, Hennings.

**Biographie** des Joh. Paul Harl, Prof. an der Universität zu Erlangen. [Nürnberg 1812.] V: *Scheppler, Frz Jos. Carl.* (Bücher-Samml. d. hist. Ver. v. u. f. Oberbayern. Münch. 1867.)

Biographie d. Grafen Franz v. Hartig. 8. Wien 799. Camesina. 6 gr

**Biographie** Pater Hasenclever's [Leipzig 1794.] V: *Andreae, Paul Christoph Gottlob.* (MGT)

Biographie von Adolf und Faustina Hasse. Zürich s. [Stierlin, Leonhard].

Biographie von Joseph Haydn. Njbl. s. [Bürkli, Johann Georg].

**Biographie** des k. k. Feldzeugmeisters Julius Freiherrn von Haynau ... Gratz 1853. V: *Schönhals, Carl Ritter von.* (Liter. Centralbl. 1854, 79 f.) (KA)

—— d. Feldzeugmeisters J. Frhrn. v. Haynau v. e. s. Waffengefährten (Frhrn. v. Schönhals). 3. Afl. 8. (132) Gratz 53, Hesse. n. 1. —
1.-3., unveränd. Aufl. 1853

— d. Grafen Ew. Fr. v. Herzberg. gr. 8. Chemn. 823. Starke.

Biographie von Johann Adam Hiller. Zürich s. [Stierlin, Leonhard].

**Biographie** des Königl. Preuss. Geheimen Kriegsraths ... T. G. von Hippel, zum Theil von ihm selbst verfasst. Gotha 1801. V: (Fortsetzung) *Schlichtegroll, Adolph Heinrich Friedrich.* (BrMm)

— d. Th. G. v. Hippel. 8. Gotha, Perthes. 801.

(—— der Hofdamen rc. zu Paris), s. Unsere Zeit.

**BIOGRAPHIE** der Hofdamen und der Damen aus der Vorstadt St. Germain zu Paris. Kl. 8°. (ca. 1870.) 128 S.
Enthält weit über 100 Biographien in alphabetischer Anordnung.

**Biographie** des Doctor Friedr. Wilh. von Hoven ... Nürnberg 1840. V: *Merkel, Joh.* (Erman & Horn, Bibliographie d. dtsch. Universitäten. 1. Leipz. u. Berl. 1904. S. 62.) (Heyd)

Biographie von Carl Jahn. Bern 1898 s. a. Jahn, Albert].

— v. Carl J a h n, Professor d. Philologie i. Bern, 1805—34 a. d. Akademie, 1834—64 a. d. Hochschule. E. Lebensbild a. d. bern. Kulturgesch. i. d. 1. Hälfte d. XIX. Jahrh. gr. 8. (III, 66 S.) Bern 898. K. J. Wyss. n. 1.—

— Ignaz v. Loyola. M. Bildn. gr. 8. Chemnitz 823, Starke.

— des berühmt. jüdisch. Geschichtsch. Flavius Josephus, a. d. Gr. v. Eckhardt. gr. 8. Lpz. Dyk. 782.

— eines Israeliten, der durch Selbststudium sich zum Gipfel des Reichthums emporgehoben hat. 8. Kopenh. 819. (Marb., Krieger). 8 gr

**Biographie** meiner Jugend, oder der durch den Komet von 1769 in einen Professor verwandelte Webermeister. . . . Leipzig 1819. V: *Wünsch, Chn Ernst.* (Ky)

— meiner Jugend, oder d. durch den Komet von 1769 in einen Professor verwandelte Webermeister. Auch e. Bestätigung d. Glaubens, daß Gottes Vorsehung über den Menschen waltet, (v. C. E. Wünsch). 8. Leipz. 819. Schwickert. 20 gr

— Imm. Kant's. Mit Kant's Bildn. 2 Bde. gr. 8. Dresd. 811. Arnold. 2 ℛ

**Biographie** Kaiser Carls VI. Halle 1776. V: *Schirach, Gottl. Bened.* (weber)

— Katharina II. Mit Bildn. gr. 8. Chemn. 823. Starke. 8 gr

— Katharina II. Mit Bildn. gr. 8. Chemnitz 823, Starke.

**Biographie** des k. k. österreichischen Feldzeugmeisters . . . Grafen Franz Kinsky. Wien 1828. V: *Schels, Johann Bapt.* (KA)

— classische od. Leben all. classisch. Autoren, s. Leben, Autoren.

— classische, oder Leben u. Charaktere aller class. Autoren, d. griech. u. latein. Poeten, Geschichtschreiber, Redner u. Lebensbeschreiber; mit e. histor. u. krit. Nachr. von ihnen u. ihren Schriften. Aus d. Engl. u. mit eigenen Anmerkk. v. S. Mursinna. 2 Thle. gr. 8. Halle 767. (Laue in Berl.) 1 ℛ 16 gr

**Biographie, Klopstock's.** Quedlinburg 1817. V: *Nicolai, C.* (schr)

— des Freiherrn Adolph v. Knigge. 8. Hannover 823, Hahn.

— d. Schauspielers S. F. Koberwein, s. Koberwein.

— d. Schauspielers S. F. Koberwein, v. ihm s. geschr. 8. Breslau, Barth. 803.

— Anton Koburgers, eines d. erst. Buchdrucker Deutschl. 8. Dresd. Richter. 786.

**Biographie** Johann Heinrich Justus Köppen's. Hannover 1793. V: *Süstermann, Ant. Ulr. Ldw.* (Ky)

**Biographie** des Herrn Rupert Kornmann. [Nürnberg 1796.] V: *Baader, Clemens Alois.* (MGT)

**Biographie** des Generals J. W. v. Krauseneck. Berlin 1851. V: *Felgermann.* (Pr)

**Biographie, Kurze,** des Reichsgrafen Wilhelm Gustav Friedrich Bentinck. Oldenburg 1836. V: *Köhler, Gustav Adolf.* (ADB 2, 344)

Biographie, kurze, des Reichsgrafen Wilh. Gust. Friedr. Bentinck, Erb- u. Landesherrn d. freien Herrschaft Kniphausen, Edlen Herrn zu Varel rc., Kgl. Großbritann. General-Majors, Großkreuz d. Kaiserl. Russ. St. Annen- u. d. Kgl. Hannov. Guelphen-Ordens. 8. (2 B.) Oldenburg 830, Schulzesche Buchh. *

**Biographie, Kurze,** des Fürsten Blücher von Wahlstadt . . . Berlin 1811. V: *Gädicke, Johann Christian.* (Ky) »1814« (Hitzig)

— kurze, des Fürsten Blücher v. Wahlstadt, kön. Preuß. General-Feldmarschalls, (v. J. C. Gädicke). 8. Berl. 811. Gädicke. (Hennings in Greiz). 4 gr

**Biographie, Kurze,** des Herrn Johann Heinrich Eschers . . . O. O. [181?]. V: *Escher, Joh. Jac.* (Zuwachsverz. d. Bibliotheken in Zürich 1898 ff.)

Kurze **Biographie** von P. L[udwig] v. H a m m e r s t e i n, S.J. † Verzeichnis der im Verl. d. Paulinus-Dr. erschienenen Hammerstein'schen Werke. (Trier: Paulinus-Dr. [1905].) (23 S.) 8° [F.] '06. 1339

— kurze, d. verstorb. Leßer. 8. Stend. 783. Franzen u. Gr. 1 gr

— kurze, des verstorb. Leßer. 8. Stendal, Franzen. 785.

Biographie, kurze, des verewigten J. G. G. Rochlitzer, weil. Coll. VI. Gymn. Seminarlehrer rc. 8. (24 S.) Freiberg 850, Craz & Gerlach in Comm. 1/6 ℛ

**Biographie, Kurze,** des sel. . . . Sal. v. Birch. O. O. [181?]. V: *Brennwald, Leonh.* (Zuwachsverz. d. Bibliotheken in Zürich 1898 ff.)

**Biographie, Kurze,** des Hochw. Herrn Matthias Sauer, Kurat in Riez . . . Innsbruck [1868]. V: *Rudigier, Johann.* (Margr)

**Biographie, Kurze,** Herrn Johann Peter Voits . . . Schweinfurt 1812. V: *Voits, Paul Christian.* (GGr)

— kurze, v. F. L. S. Werner. gr. 8. Landsh. 822, Thomann.

**Biographie, Kurzgefasste,** Patritius Benedictus Zimmers, und ausführliche Darstellung seiner Wissenschaft. Hsg. von J. M. Sailer . . . Landshut 1822. V (Biogr.): *Sailer, Joh. Mich.* V (Darst.): *Widmer, Jos.* (AarF)

**Biographie** Caroline Leonhardts. [Unser Planet 1836, Nr. 188.] S. A. V: *Lyser, Joh. Peter.* (Friedrich Hirth: J. P. Lyser. München u. Leipzig 1911. S. 561)

**Biographie.** — Zur Biographie d. F. L e o p o l d von Anhalt-Dessau. Festschrift zur 2. Säcularfeier des Fürsten Leopold von Anhalt-Dessau am 3. Juli 1876. Hrsg. von Wilh. Hosäus. (173) 8°. — Dessau 1876.

**Biographie** K. Leopolds II. Wien 1792. V: *Ximenes*(?). (EB)

— Kaiser Leopolds II 8. Wien 792. v. Mösle. 5 K

— Kaiser Leopolds II. 8. Wien, Mosle. 793.

Biographie der Lieder-Dichter, s. Kirchen-Gesangbuch.

**Biographie** des Ordensstifters Alphonsus Maria v. Liguori. [Wien 1821.] V: *Silbert, Johann Peter.* (MGT) (NN)

Biographie von Anton Liste. Zürich s. [Bürkli, Johann Georg].

Biographie der Sängerin Mara. Njbl. s. [Bürkli, Johann Georg].

— Marien Antoniens, weil. Königin in Frankr. m. K. 8. Bamb. Lachmüller. 792.

**Biographie** des Herrn Andreas Mayr. [Nürnberg 1796.] V: *Baader, Clemens Alois.* (MGT)

— medicin., s. oben Biographie d. Aerzte.

— medicinische, oder vollständ. Nachrichten von dem Leben und den Schriften der Aerzte, Wundärzte, Apotheker und der vorzüglichsten Naturforscher, welche als Schriftsteller bekannt geworden sind. Aus d. Franz. mit Zusätzen von A. Brüggemann. 4 Hfte. gr. 8. Leipzig 830. (L. Schreck.) $2^2/_3$ ℳ

Biographie von Felix Mendelssohn-Bartholdy. Zürich s. [Stierlin, Leonhard].

**Biographie** des Ritters Anton Raphael Mengs. Mit einem Verzeichnisse seiner von ihm verfertigten Gemälde. Aus dem Italiänischen. Wien 1781, 1800. V: *Bianconi.* (BiblPort)

— des Ritter Raphael Mengs. 8. Wien, Gräffer. 781.

— d. Ritter Mengs m. e. Verz. s. Gemälde. 8. Lpz. G. Fleischer. 800.

— d. Schauspielers Karl Miedke. Mit dessen Portr. 4. Fürth, Korn. 6 K

Militairische Biographie Albrechts v. Wallenstein, Herzogs von Friedland. (242) 8. Berlin 1806.

Biographie moderne, ou dictionaire biographique, de tous les hommes morts et vivans, qui ont marqué à la fin du 18. siècle et au commencement de celui-ci. Leipzig.
T. 1. 2. 3. ed. 1807.
T. 3. 4. 2. ed. 1806.

Biographie moderne, ou Galerie historique, civile, militaire, politique, littéraire et judiciaire, contenant les portraits politiques des Français, qui se sont rendus célèbres depuis le commencement de la révolution jusqu'à nos jours par leurs talens etc. 2de Edition. Avec Portraits. III Vol. 8. Paris, Levrault in Strasbourg. 816.

**BIOGRAPHIE** eines Mönchs, oder die Begebenheiten des Pater Hyacinths, in Briefen. Mit Titelkpf. O. O. (Ulm, Stettin'sche Buchh.) Gedruckt im Jahr 1782. 8⁰. (1 Rthl. Eman. Mai, Berlin, 1854; jetzt theurer.)
XII u. 384 S. Freien Inhalts.

**BIOGRAPHIE** (Anonyme) der Lola Montez. Mit Portrait. Berlin, o. J. (c. 1890). Schmal-8⁰. (1 Mk. Th. Ackermann, 1913.)

**BIOGRAPHIE** des Kilianus Mops, Nachtwächters zu Weilheim. Mit 4 Kupfern. München 1818. 8⁰. (3 Mk. 50 Pfg. A. Buchholz, München, 1906.)
Die Biographie, zum Theil sehr derb, ist in Versen geschrieben und mit amüsanten Kupfern versehen.

Biographie von Wolfgang Amadeus Mozart. Njbl. s. [Bürkli, Johann Georg].

— W. A. Mozarts in musik. Hins. 8. Prag, Herrl. 797.

Biographie des Konsistorialraths rc. J. C. C. Nachtigal, von ihm selbst geschrieben. s. Nachtigal, J. C. C.,

Biographie von Hans Georg Nägeli. Zürich s. [Ott-Usteri, Hans Conrad].

— Napoleon des Großen, (v. Jh. Chr. Ant. M. v. Aretin). 8. Münch. 810. J. Lindauer. 8 K

**Biographie** Napoleons, Kaisers von Frankreich und Königs von Italien. Wien und Leipzig 1810. V: *Aretin, Johann Christoph Anton Maria Freiherr von.* (MGT) (Ky) (Kn) »Napoleons des Grossen« München 1810. (Pr)

Biographie von Johann Gottlieb Naumann. Zürich s. [Schweizer, Arnold Gustav].

— des geh. Raths Nettelblatts. 8. Halle, Dreyßig. 792.

— neue, der Zeitgenossen, oder histor.-pragm. Darstell. des Lebens aller derjenigen, die seit dem Anfange d. franz. Revolution durch ihre Handlungen, Schriften rc. Berühmtheit erlangt haben. Nebst e. chronol. Tabelle herausgeg. v. A. V. Arnault, A. Jay, E. Jouy, J. Norvins u. andern, übers. u. mit Anmerkk. v. K. Gall. 1r—3r Bd. 1s Heft. gr. 8. Heidelb. 821—23, Engelmann. 1r Bd. 2 Rthlr. 16 gr. 2r Bd. 2 Rthlr. 3r Bd. 1s Heft 1 Rthlr. 18 gr.

**Biographie** durch Oberdeutschland, in Briefen an einen vertrauten Freund. Marburg 1800. V: *Spaur, Friedrich Franz Joseph Graf von.* (GGr)

Biographie von Nicolo Paganini. Zürich s. [Wyss, Georg von].

Biographie von Giovanni Pierluigi da Palestrina. Zürich s. [Stierlin, Leonhard].

— Johann Philipp Palm's, Buchhändlers zu Nürnberg. Auf Napoleons Befehl erschossen zu Braunau am 26. August 1806. Nebst einem Abdr. der Schrift: Deutschland in seiner tiefsten Erniedrigung, als die Veranlassung zu Palm's Hinrichtung. Bei Gelegenheit der auf Befehl Seiner Maj. des Königs Ludwig von Bayern an dessen ehemal. Hause zu Nürnberg vollzog. Errichtung einer Denk-Tafel auf's Neue hrsg. durch dessen Sohn. 8. ($10^3/_4$ B.) München 842, Palm's Hofbuchh. *

Biographie. Zur B' Heinrich Pestalozzi's. Winterthur s. [Morf, Heinrich].

**Biographie** Peters III. Stuttgart und Tübingen 1808—09. V: *Helbig, Gustav Adolph Wilhelm von.* (Ky) (MGT) (Pr)

— Peter III. 2 Thle. gr. 8. Tübingen, Cotta. 808 — 9. (I. 1 Rthlr. II. 1 Rthlr. 8 gr.)

Biographie Peter des Ersten. 2 Bde. 8. Stuttgart 1808—09.

— Peter d. Großen. gr. 8. Chemnitz 823, Starke.

— Alexand. Pope, mit Bildn. gr. 8. Chemnitz 823, Starke.

**Biographie** der Regenten von Württemberg von Herzog Eberhard im Bart bis zum König Friederich. Stuttgart [1821]. V: *Pfaff, Carl.* (Heyd)

Biographie des Joseph Ressel, k. k. Marine-Forst-Intendant und Erfinder der Schrauben-Dampfschiffahrt. *Triest* 1857. Buchdr. d. *österr. Lloyd.* 14 S. 8°.

— des Gregor Rottenkolber, Abt in Tegernsee, v. G. Günther, s Günther.

— des doppelten Meuchelmörders P. J. Schäfers, kathol. Pfarrers in Köln. gr. 8. Köln 804. 2e A. .. mit sm. Portr., Keil. 20 Gr.

— des dopp. Meuchelmörders Pet. Jos. Schäfer, Pfarrers in Sinnheim rc. Mit Portr. 8. Cöln 834. Gaul u. Tonger. 1/4 Thlr.

**Biographie** des geh. Raths J. v. Schelhorn. [Gotha 1796.] V: *Schelhorn, Benedict.* (MGT)

**Biographie** des Herrn Maurus Schenkl. [Nürnberg 1796.] V: *Baader, Clemens Alois.* (MGT)

**Biographie, Schillers,** und Anleitung zur Critik seiner Werke. Wien 1810. V: *Khünl, Jacob Rudolph.* (Gräffer, Wiener Dosenstücke. II. Wien 1852. S. 175.) (ADB 54, 216)

— Friedr. v. Schiller u. Anleitung z. Critik sein. Werke, v. J. R. G. 2 Abtheil. gr. 8. Wien, Gräffer u. Comp. (Gräff in Lpz.) 810.

**Biographie** Schiller's und Anleitung zur Critic seiner Werke. ... Mit einem handschriftl. Briefe Schillers. Wien und Leipzig 1810. N. T.-A. 1812. V: *Schreyvogel, Joseph C.* (GGr)

— Friedr. (Max. Samf.) Schölls, königl. Preuß. Geheim. Ober-Regierungsraths. gr. 8. Leipz. 821. Brockhaus. 20 Gr. (Aus d. Zeitgenossen abgedr.)

— d. Seidenw. s. Heeger.

**Biographie** des Grafen Franz Spaur . . . Salzburg 1800. V: *Spaur, Friedrich Graf.* (Hr)

— d. Grafen Frz. Spauer, kaiserl. Geh. Raths rc. Von e. seiner Verwandten entworfen. 8. Salzb. 800. Mayr. 5 Gr.

**Biographie, Stattler's kurzgefasste.** [Augsburg] 1798. V: *Sailer, Johann Michael.* (Jes)

Biographie des Dr. Jacob Robert Steiger von Luzern. Von einem Freisinnigen. 8. (22 S.) Chur 862, Hitz. *

— d. Reichsgr. Teleki v. Szeck u. d. Bergraths Tolpe; herausg. v. G. J. H. Schwabe. gr. 8. Jena 803. (Knobloch in Lpz.) 4 Gr.

Biographie d. Reichsgr. Teleki v. Szeck u. d. Bergraths Tolpe, herausgegeb. v. J. F. H. Schwabe. gr. 8. Jena, Gabler. 803. Rthlr. -

**Biographie** des Herrn Joh. Rud. Tschifferli, Stifters der ökonom. Gesellschaft in Bern. [Bern ca. 1807.] V: *Wagner, Sigismund von.* (MGT)

Biographie universelle, ancienne et moderne ou histoire par ordre alphabétique de la vie publique et privée de tous les hommes qui se sont fait remarquer par leurs écrits, leurs actions, leurs talents, leurs vertus ou leurs crimes. Nouvelle édition, revue, corrigée et considérablement augmentée d'articles omis ou nouveaux, ouvrage redigé par une société de gens de lettres et de savants. Paris et Leipzig (Brockhaus). 45 Voll. gr. lex. 8°.

—— vaterländische, od.: Lebens-Umrisse berühmter Männer aus Bayern. 1. Hft. gr. 8. Ulm 832, (Stettin.)

— vollständige, oder Leben, Thaten, Schicksale u. Ende Aug. v. Kotzebue's, nebst Beurtheilung seiner Schriften. 8. Manh. 819. (Frankf., Bock). 2 Gr.

**Biographie, Vollständige,** des ehemaligen französischen Obergenerals Moreau. Prag 1814. V: *Schiessler, Sebastian Willibald.* (GGr IX, 152)

— vollständ., des ehemal. französ. Obergenerals Moreau, nach ächten, zuvor nie benutzten Quellen bearb., mit Portr. gr. 8. Prag 814. Enders. 12 Gr.

— vollständige, des hochsel. Erzbischofs von Cöln, Ferd. August Grafen Spiegel zum Desenberg u. Canstein, Dr. d. Theologie rc. 8. Aachen 835. Roschütz u. Comp. 1/12 Thlr.

— Georg Washington, m. Bildn. gr. 8. Chemn. 823, Starke.

**Biographie** des Herrn Thomas Wazanini . . . Bamberg 1815. V: *Jaeck, Heinrich Joseph.* (BMarsch 1165)

Biographie von Carl Maria von Weber. Njbl. s. [Bürkli, Johann Georg].

**Biographie** des Herrn Jakob von Daniel Wegelins, Professors der Geschichte ... St. Gallen 1792. V: *Fels, Johann Michael.* (Ky) (MGT)

— des Hrn. Jak. Dom. v. Wegelin, Prof. d. Geschichte in Berlin, (v. J. M. Fels). Mit s. Portr. 8. St. Gallen 792. (Huber u. Comp.) 12 Gr.

—— von Joh. Jakob Wirz. Ein Zeugniß der Nazarenergemeine von der Entwicklung des Reiches Gottes auf Erden. gr. 8. (XVI und 649 S.) Barmen 862, (Langewiesche's Verlag.) *

**Biographie** des Herrn Georg Wilhelm Zapf. [Nürnberg 1796.] V: *Baader, Clemens Alois.* (MGT)

— des k. k. jubilirten Prof. rc. Franz von Zollinger zum Thurn; mit einem Anhang biograph. Nachrichten, von seinen beiden Brudern Jakob und Johann und ihrem Verwandten Jos. von Zollinger. gr. 8. Innsbruck 833. Wagner. 1/4 Thlr.

**Biographien** berühmter Abentheurer und Grosswessire. Giessen 1805. V: *Bornschein, Johann Ernst Daniel.* (GGr V, 519, 34) (BGE V³, 125)

— berühmt. Abentheurer u. Großwessire, v. Ch. Fr. Möller. 8. Gießen, academ. Buchhandl. a. Taschè u. Müller. 805.

Biographieen, badische, hrsg. von Friedr. v. Weech. 11 Lfgn. Lex.-8. (1. Bd. X, 488 S.; 2. Bd. VII, 572 S.) [München 875, Bassermann'sche Verlagsh.] Karlsruhe, Braun'sche Hofbuchh. à Lfg. * ℳ 1,80. *

Biographieen, badische, hrsg. von Friedr. v. Weech. 3 Thle. gr. 8. Karlsruhe 881, Braun'sche Hofbuchh. [1. und 2. Thl. Neue (Titel-)Ausg. (XIV, 488; VII, 572 S.) * ℳ 12; 3. Thl. (VIII, 213 S.) * ℳ 4.] *

Biographieen, badische, hrsg. v. Frdr. v. Weech. 4. Thl. gr. 8. (VIII, 550 S.) Karlsruhe 891. G. Braun. n. 10. — (1—4.: n. 20. —)

Biographien, badische. V. Tl. 1891—1901. Im Auftrag der bad. histor. Kommission hrsg. v. Fr. v. Weech u. A. Krieger. 11 Hefte. (XI, 924 S.) gr. 8. Heidelberg 904—906. C. Winter, Verl. n. 23. 40 (kplt. n. 49. 40)

**Biographien, Basler.** Hsg. von Freunden vaterländischer Geschichte. Bd. I. Basel 1900. V (Vorrede): *Burckhardt-Finsler, Albert.* (Berl)

Biographien, Basler. Hrsg. v. Freunden vaterländ. Geschichte. 1. Bd. gr. 8. (VII, 288 S. m. 1 Bildnis.) Basel 900. B. Schwabe. n. 4. —; geb. n. 4. 80

Biographien. Basler B'. Hrg. von Freunden vaterländischer Geschichte. Band 2. [Mit 2 Abbildungen.] VIII + 320 S. 8. Basel, Benno Schwabe, 1904. [fr. 5. —]

Biographien. Basler B'. Hrg. von Freunden vaterländischer Geschichte. Band 3. [Mit 3 Abbildungen und 1 Tafel.] VIII + 171 S. 8. Basel, Benno Schwabe, 1905. [fr. 4. —]

Biographien berühmter Baumeister und Bildhauer. I. Bd. A. u. d. T.: Andreas Schlüter. Ein Beitrag zur Kunst- und Bau-Geschichte von Berlin. Nach amtlichen Urkunden bearb. von C. F. v. Klöden. gr. 8. (IX und 252 S. nebst 2 lithogr. Grundrissen des königl. Schlosses in Berlin in gr. Fol.) Berlin 855, Riegel's Verlag. *

Biographieen berühmter Baumeister und Bildhauer. 1. und 2. Bd. gr. 8. Berlin 861, [Ernst und Korn.] à Bd. * 1 Thlr. 10 Ngr. Thlr. *

Inhalt:

Bd. 1. Klöden, C. F. v., Andreas Schlüter. Ein Beitrag zur Kunst- und Bau-Geschichte des 18. Jahrhunderts. 2. (Titel-)Ausg. (252 S. nebst 2 lithogr. Grundrissen des königl. Schlosses in Berlin in gr. Fol.) (855.)

„ 2. Knobelsdorff, Wilh. v., Georg Wenceslaus v. Knobelsdorff, der Baumeister und Freund Friedrichs des Großen. (VII und 168 S. nebst dem Bildniß des Künstlers nach Pesne und der Façade des herzogl. Schlosses zu Dessau in Stahlstich.)

Biographien aus der B i b e l, s.a. B i o g r a p h i e n, Satyrische, der Altväter...

**Biographien** aus der Bibel. Von einem Türken. [A. d. Franz.] Häresiopel [Schweinfurt] 1787. N. A. 1791. V: *Venturini, Carl Heinrich Georg.* (wr)

Biographien, die, der Bibel, zur allgemeinen Belehrung. Mit einem histor.-kritischen Versuch über die Daten der Bibel und einem vollständ. Register versehen. Mit einer Vorrede v. Alb. Knapp. (25 Lfrgg. oder) 2 Bde. in 2 Abthlgg. (A. — Z. Rein synoptische Geschichte des Lebens Jesu ꝛc. — Histor.-kritischer Versuch über die Daten der Bibel.) Lex.-8. Stuttgart 838. Brodhag'sche Buchh. 3⅞ ℳ

Biographien, die, der Bibel, zur allgem. Belehrung. Mit e. histor.-krit. Versuch üb. d. Daten d. Bibel u. e. vollständ. Register vers. Mit e. Vorr. v. Alb. Knapp. 2 Bde. in 4 Abthl. (A — Z. — Rein synopt. Geschichte d. Lebens Jesu ꝛc. — Histor.-krit. Versuch üb. d. Daten d. Bibel.) Lex.-8. (48½ B.) Stuttgart 838, [Scheible, Rieger u. Sattler.] Thlr.

—— dass. — Supplement. Neue Ausg. d. Buches: „Allgem. u. besond. Einleit. in d. Schriften d. alt. u. neu. Testam. Von C. F. G. Stang." gr. 8. (35½ B.) Ebds. 839.

Biographien und Bibliographie der dt. Künstler und Schriftsteller in Oesterreich-Ungarn außer Wien. — Wien: Lechner 1906. 388 S. (Dt.-österreichisches Künstler- und Schriftsteller-Lexikon. Bd 2.)

— u. Charaktergemälde merkwürd. Menschen aus den drei letzten Jahrhunderten, nebst kurzen Nekrologen (aus den Biographen abgedr.) 1e Samml. 1s—4s Stück. 1r Broschur. gr. 8. Halle Waisenhausbuchhdl.

— und Charakteristiken der sechs Meister Bach, Beethoven, Gluck, Händel, Haydn, Mozart. Zweite Auflage. Leipzig (1858).

Biographien, christliche. 7.—9. Bdchn. gr. 8. Heidelberg K. Winter. *

Inhalt:

Bdchn. 7. Ledderhose, Karl Friedr., Leben und Schriften des Gottlieb Friedrich Machtolf, Pfarrers von Möttlingen. In 2 Abthlgn. (IX und 206 S.) 862. * 16 Ngr.

„ 8. Ehrenfeuchter, Friedr., aus dem Nachlaß von Ernst Friedrich Fink, weil. Dr. der Theologie und Pfarrer an der Heilanstalt zu Illenau. Nebst einem Abriß seines Lebens. (VIII und 318 S.) 866. * 1 Thlr.

„ 9. Ledderhose, Karl Friedr., die Herzogin Henriette von Würtemberg geb. Prinzessin von Nassau-Weilburg. Ein Lebensbild aus der Gegenwart. (V und 141 S. mit lithogr. Portr.) 867. * 16 Ngr.; Velinpap. * 18 Ngr.; geb. * 26 Ngr.

Vgl. Ledderhose, Karl Friedr.

Biographien, christliche. 10. und 11. Bdchen. gr. 8. Heidelberg, C. Winter's Universitäts-Buchh. *

Inhalt:

Bdchn. 10. Ledderhose, Karl Friedr., Friedrich Wilhelm, der große Kurfürst von Brandenburg. Für das deutsche Volk dargestellt. (VI, 299 S. mit 4 Holzschn. und dem Facsimile. des großen Kurfürsten.) 870. * ℳ 2,80.; Velinp. * ℳ 3,40.; geb. * ℳ 4.

11. —— aus dem Leben und den Schriften des Ministers Freiherrn Friedr. Karl v. Moser. (VII, 184 S. mit Portr. und Facsmle. Mosers in Holzschn.) 871. * ℳ 1,60.

1.—9. Bdchn. Ebendas. 1852—67. * ℳ 13,90.

Biographien hervorragender Deutsch-Amerikaner von Philadelphia, Pennsylvania und Umgegend. Philadelphia: German Daily Gazette Pub. Co., 1906.

[F.] Biographien katholischer Dichter der Gegenwart. Bdch. 1. *Heiligenstadt '(Eichsfeld)': F. W. Cordier [1897].* 8. [98. 2294

[F.] Friedrich Wilhelm Helle. Biograph.-litterar. Sk. m. einigen nicht streng z. Sache gehörigen, aber keineswegs überflüssigen Glossen v. L. v. Heemstede [d. i.: Leo Tepe]. *Heiligenstadt '(Eichsfeld)': F. W. Cordier [1897].* (63 S., 1 Taf.) 1 Bd 8.

— Biographien kath. Dichter d. Gegenwart. Bdch. 1. [98. 2294

**Biographien** der österreichischen Dichter vom Jahre 1190—1800. Wien 1800. V: *Gaheis, Franz de Paula Anton.* (F. A. Gaheis, Wanderungen, 8. Bd., S. 256) (GGr VI/546, Nr. 23/27) (BiblPort)

—— berühmter Erfinder und Entdecker der Neuzeit. 1. und 2. Bd. 8. Stuttgart 859. 60, Franckh'sche Verlagsh.

Inhalt:

Bd. 1. Georg Stephenson geschildert in seinem Leben und Wirken als Mensch und Erfinder. Nebst einer Geschichte der Eisenbahnen, der Locomotive und der Sicherheitslampe. Frei bearb. nach der 3. Aufl. des engl. Orig. 1. Aufl. und 2. (Titel-)Aufl. (VIII und 304 S. mit 1 Holzschn.) * 1 Thlr.

„ 2. Leben James Watt's. Nebst Auszügen aus dessen Briefwechsel. (VIII und 321 S. mit 8 Holzschn. auf 2 Taf.) * 1 Thlr.

Biographien berühmter Erfinder und Entdecker der Neuzeit. 4. Aufl. 2 Bde. (gebunden). Stuttgart 1860. 8.

Biographien der ausgezeichnetsten verstorb. u. lebenden Feldherren d. k. k. Oesterr. Armee a. d. Epoche d. Feldzüge 1788 bis 1821, nebst treuen Abbild. ders. u. e kurzen Kriegsgeschichte dies. Zeitraums. Hrsg. v. J. Ritter v. Rittersberg. 1. Abthl. Verstorbene Feldherren. 12 Lfgn. (Hfte.) gr. 8. (64 B. u. 40 lith. Portr.) Prag 827—29, C. W. Enders.

— bedeutender Frauen. In Verbindg. m. anderen hrsg. v. Ernst Haberland. I—VI. gr. 8. Leipzig, E. Haberland. n. 29. 50; geb. n. 39. —
I. Carmen Sylva. Eine Biographie. Von Mite Kremnitz. (323 S. m Abbildgn. u. Taf.) (903.) n. 6 50; geb. n. 8. —
II. Marie, Fürstin-Mutter zu Wied, Prinzessin v. Nassau. Ein Lebensbild. Von Mite Kremnitz. (III, 236 S. m. 1 Bildnis ) (904.) n. 5. —; geb. n. 6. —
III. Ellen Key. Ein Lebensbild. Von Louise Nyström-Hamilton. (IV, 109 S. m. 8 Vollbildern.) (904.)
IV. Die Gräfin v. Lafayette. Ein Frauenleben aus d. 17. Jahrh. Frankreichs. Von Erich Meyer. (259 S. m. 1 Bildnis.) (905.) n. 5. —; geb n. 6. —; erh. Pr. n. 7. —
V. Kurfürstin Anna v. Sachsen Ein polit. u sittengeschichtl. Lebensbild aus dem XVI. Jahrh. Von Konr. Sturmhoefel. (300 S. m. 8 Taf.) 905. n. 5. —;
VI. Katharina v. Bora, Martin Luthers Frau. Ein Lebens- u. Charakterbild. Von Ernst Kroker. (VII, 287 S. m. 1 Bildnis.) (906.) n. 5. —; geb. n. 7. —
I u. II erschienen ohne Sammeltitel.

Biographien bedeutender Frauen. In Verbindg. m. anderen hrsg. v. Ernst Haberland. VII. 8. Leipzig, E. Haberland. 4. —; geb. 6. —
Rahel. Eine biograph. Skizze. Von Ellen Key. Einzig autoris. Übertragg. aus dem schwed. Mskr. v. Marie Franzos. (171 S. m. 1 Bildnis.) (907.)

! Biographien bedeut. Frauen. 7 Bde. Jetzt: Halle, E Thamm. geb. je 5 — 01/09

Biographien christl. Frauen. 2 Hfte. gr. 8. Berlin 845. (Bethge.) à *
Hft. 1. Nonna u. Makrina. (1½ B.)
„ 2. Monika u. Anthusa. (1½ B.)

— Berliner Freudenmädchen. 5 Thle. 8. Berl. 792—94. Schöne. 5 ₰ (Vergl. Raritäten von Berlin.)

**Biographien** einiger merkwürdigen Berlinischen Freudenmädchen. Berlin 1794—98. V: *Siede, Joh. Chn.* (BGE)

Biographien und Gedächtnißreden bedeutender Naturforscher (v. Buch, Haidinger, Karsten, Keilhau, Murchison, G. Rose. H. Rose, Weiss, Berzelius). Eine Sammlung von 30 Stück. 8. und 4.

**Biographien** sechzig berühmter griechischer Gelehrten. Berlin 1780. V: *Brunn, Frch Leop.* (Ky)

— 60 berühmt. griech. Gelehrten, (v. L. Brunn). 8. Berl. 780. 12 gr (Nauck). Hbg. Pr. 6 gr

— 60 ber. griech. Gelehrt. 8. Berlin, Schöne. 798.

— aus d. allgem. Geschichte zur Begründung des histor. Studiums in Schulen, (v. ... Franz). 8. Tübing. 828. Fues.

**Biographien** aus der Brandenburgischen Geschichte. 1. Stück: Waldemar: aus dem Französischen . . . Berlin 1788. V: *Reclam, Marie Henriette Charlotte geb. Stosch.* (MI.)

— merkwürd. Geschöpfe aus d. Thierreiche, (v. J. J. Ebert). 2 Thle. 8. Dessau u. Leipz. 784. N. T.: Memming. 789. Seyler. 20 gr

**BIOGRAPHIEN** merkwürdiger Geschöpfe aus dem Thierreiche, nebst einigen Lobreden. Memmingen 1787. 8°. 156 S.
Mit Pikanterien gemischte Satiren, z. B.: Biographie eines berühmten Esels, eines liebenswürdigen Papageis, eines französischen Schöpses (der mit Montgolfier eine Luftreise unternimmt), eines deutschen Flohes; Lob der Unverschämtheit; Lob der bösen Weiber usw.
[Verf. Johann Jacob Ebert.]

Biographien von Gewährsmännern des Ibn Isḥâq, hauptsächlich aus ad-Dahabî ... herausgegeben von August Fischer. Leiden 1890.

**Biographien** gestürzter Günstlinge. Giesen 1802. V: *Möller, Christian Friedrich.* (Ky) (MGT) (NN)

— gestürzter Günstlinge (v. Chr. Fr. Möller.) 8. Gießen, (akadem. Buchhandl. a. Taschè u. M.) 802.

— gestürzter Günstlinge, (von Chr. Fr. Möller). 8. Gieß. 802. Müller. 1 ₰ 8 gr

**BIOGRAPHIEN** der Hahnreihe oder Ehestands-Chroniken. Eine Morgenlectüre für geplagte Männer, deren Weiber gern ein X für ein U machen. Vom Verf. der Abentheuer des Hrn. v. Lümmel *(Ernst Bornschein).* Mit Titelkpf. u. Titelvign. Leipzig 1800, bei Ernst Bornschein. 8°. Rar!
Inh.: 1. Bärbchen. 2. Der Wechsel. 3. Nachbars Fiekchen. (30 Mk. [!] Adolf Weigel, Lpz., 1907; 10 Kr. Halm & Goldmann, Wien, 1907.)

— der Hahnreie, oder Ehestandschroniken. 8. Leipz., Joachim. (Heinemann in Stolp.) 1 ₰

Biographien k. k. Heerführer und Generale. Raimund Graf von Montecuccoli, Rüdiger Graf Starhemberg, Carl V., Herzog von Lothringen und Bar, Ludwig Markgraf von Baden-Baden, Guidobald Graf Starhemberg, Ludwig Graf Khevenhüller. Otto Graf von Abensberg und Traun, Maximilian Graf Browne, Franz Graf Nádasdy, Leopold Graf Daun, Joseph Fürst Liechtenstein-Nikolsburg, Franz Graf Lacy, Gideon Freiherr von Loudon, Andreas Graf Hadik, Carl Graf Clerfayt, Johann Fürst Liechtenstein, Friedrich Prinz zu Sachsen-Coburg-Saalfeld und Paul Freiherr von Kray. (Armee-Befehl vom 13. Mai 1888 im Person.-Verordn.-Blatt für das k. k. Heer, Nr. 20.) Herausgegeben von der Direction des k. k. Kriegs-Archivs. 8. Wien 1888.

— d. Hellenen, od. histor.-charakterist. Denkwürdigk. a. d. Leben d. berühmtesten Helden d. griech. Freiheitskampfes. N. d. Franz. 1s u. 2s Heft. gr. 8. Karlsruhe 826—27, Müller. à 16 gr.

— Italienische, s. Leben.

— italienische, (des Rob. d. San Severino). A. d. Französ. übersetzt (v. J. G. Meusel). Mit Vorrede v. Klotz. 2 Bde. 8. Frkf. u. Leipz. 769, 70. Dodsley. Mit n. Titelbl. Leipz. 772. Schwickert. 1 ₰ 12 gr

**Biographien** für die Jugend. Weissenfels 1790—92. V: *Wagenseil, Chn Jacob.* (Ky)

— f. d. Jugend, (v. C. J. Wagenseil). 2 Bdchn. (1) Kaiser Heinrich IV. 2) James Cook rc.) 8. Weißenf. 790, 92. (Leipz. 811, mit n. Tit. Hinrichs). 18 gr

— f. d. Jugend. 2 Bdch. 8. Tüb. Cotta. 795—96. (1s Franklins, 2s Cooks Leben. à 16 gr.)

**Biographien** der Kindermörder aus-gerichtlichen Acten gezogen und romantisch dargestellt. Seitenstück zu den Biographien der Selbstmörder. Leipzig 1802. V (nicht): *Spiess, Christian Heinrich.* (BGE VII³, 388) (GGR V/509, Nr. 9) (Graupe 60/815 »Leipzig o. J.«)

BIOGRAPHIEN der Kinder-Mörder. Aus gerichtlichen Akten gezogen und romantisch dargestellt. Seitenstück zu den Biographien der Selbstmörder von K. H. Spieß. Leipzig u. Neustadt im Magaz. f. Lit. (gedr. in Eisenberg, b. Schöne), o. J. (1802). 8°. (6 Mk. Bernh. Liebisch, Lpz., 1907.)
Nicht von Spiess selbst! — Theilweise verfängl. Inhalts. Titelkpf., Tit. gestoch. u. 214 S. Inh.: 1. Lottchen A* aus F*. 2. Der Dorfrichter in S* bey Torg*. 3. Die schöne Müllerstochter. 4. Ludwig R*. Ein Fragment. — Kayser nennt die Jahrzahl.

Biographien der Kindermörder aus gerichtlichen Akten gezogen und romantisch dargestellt. Seitenstück zu Spiessens Biographien der Selbstmörder. Mit Kpfr. Leipzig, Joachim, 1802. 8°.

Biographien der Kindermörder. Aus gerichtl. Acten gezogen und romantisch dargestellt. Seitenstück zu den Biogr. d. Selbstmörder. N. A. 8. Central-Comt. 819.

— deutscher Classiker. Supplement zu der Göschen-Cotta'schen Ausgabe „deutscher Classiker". 1—9. Bdchn. Jena 853, 54. Doebereiner. gr. 16. Jedes Bdchn. n. 4 ngr
1. Bdchn.: Friedrich v. Schiller's Biographie von H. Doering. (2 Bl., 148 S.)
2. Bdchn.: J. W. v. Goethe's Biographie von H. Doering. (2 Bl., 154 S.)
3. Bdchn.: Chr. M. Wieland's Biographie von H. Doering. (2 Bl., 155 S.)
4. Bdchn.: G. E. Lessing's Biographie von H. Doering. (2 Bl., 120 S.)
5. Bdchn.: J. G. v. Herder's Biographie von H. Doering. (2 Bl., 140 S.)
6. Bdchn.: Friedr. Gottl. Klopstock's Biographie von H. Doering. (2 Bl., 120 S.)
7. Bdchn.: A. Graf v. Platen's Biographie von H. Doering. (2 Bl., 119 S.)
8. Bdchn.: M. A. v. Thümmel's Biographie von H. Doering (2 Bl., 136 S.)
9. Bdchn.: Nikolaus Lenau's Biographie von H. Doering. (2 Bl., 107 S.)

Biographien, kleine, der Alten, od. Schilder. alter röm. Schriftsteller, (v. Chr. Fr. Scherwinzky). 8. Berl. 776. Birnstiel. 4 gr

**Biographien, Kleine,** auch Anekdoten und Charakterzüge aus dem Leben der Meisn.-Sächsischen Regenten... Dresden und Leipzig 1791. V: *Pollmächer, Christian Salomo.* (Ky)

Biographien, Kleine, auch Anekdoten und Karakterzüge aus den Leben der meißnisch-sächsischen Regenten, auch anderer merkwürdigen Personen, die unter ihrer Regierung lebten. Heft 1. Dresden u. Leipzig 1791. 8°.

— kleine, Anekdoten u. Charakterzüge aus d. Leben d. Meisn.-Sächs. Regenten, auch and. merkw. Personen etc., (von Chr. S. Pollmächer). 8. Dresd. 791. Richter. 6 gr

**Biographien, Kleine,** für die Jugend. Weissenfels 1795—96. 1821. V: *Seidel, Karl August.* (Schmidt, Anhalt. Schriftst., S. 538) (Zeitschr. f. Büch. 1923, S. 80)

— d. Könige v. Frankreich, s. Vicomterie.

**Biographien** unglücklicher Könige. Königsberg 1800. V: *Fischer, Christian August.* (HS)

— der Wiener Künstler u. Schriftsteller, red. v. Paul Gust. Rheinhardt auf Grundlage v. Ludw. Eisenberg's „Das geistige Wien", s.: Künstler- u. Schriftsteller-Lexikon, deutsch-österreichisches.

**Biographien, Kurze,** 60 berühmter Philosophen, Dichter und Helden Griechenlands. Leipzig 1793. V: *Brun.* (Russell XVI, II, 2, 2180)

**Biographien, Kurze,** der berühmtesten Römer . . . Berlin 1792. V: *Brunn, Friedr. Leopold.* (MGT) (Hitzig) (Ky)
Vgl. Biographien, Vierzig,...

— kurze, d. berühmtesten Römer, als Vorbereitung zur Erlernung der römischen Geschichte für junge Leute, m. 12 K. 8. Berlin, Academ. Bchhdl. 797 Heymann

— kurze, aller bekannten griechisch. u. lat. Schriftsteller, s. Heinold.

Biographien, kurze, berühmter Staatsmänner, Helden rc. 4 Thle. 8. Frkf. u. Leipz. 783. Hilscher. 3 ß.

**Biographien, Kurzgefasste.** [München? 1815—17.] V: *Wintter, Heinrich E. von.* (BrMm)

— d. gelehrte Landgr. z. Hessen. 8. Gießen, Krieger. 784.

— u. Lehren v. Philosophen, Theosophen u. Schauenden aller Zeiten. (3. Folge der Biographia antiqua.) I. u. II. gr. 8. Bitterfeld. Schmiedeberg, F. E. Baumann. à n. — 25
I. Johannes der Täufer. Von Pet. Christoph Martens. (16 S.) (902.)
II. Paulus, der Heidenapostel. Von Pet. Christoph Martens. (16 S.) (902.)

Biographien u. Lehren v. Philosophen, Theosophen u. Schauenden aller Zeiten. (3. Folge der Biographia antiqua.) III. gr. 8. Schmiedeberg, F. E. Baumann. — 60
Jakob Böhme. Von E. Ludovici. (32 S.) (900.)

— gefallner Mädchen. 8. Camburg 801. (Petersen in Altenb.) 1 ß

BIOGRAPHIEN Gefallener Mädchen. Ein Spiegel für das schöne Geschlecht: ädlen Müttern zur Aufmerksamkeit, schuldlosen Töchtern zur Warnung aufgestellt. Camburg a. d. Saale. 1802. bei Wilh. Rößler. 8°.
Tit. u. 276 S. (incl. 11 S. Einleitung, unterz.: „Veit Abel" u. dat.: geschrieb. an d. Elbe, in d. 1. Stunde d. Jahres 1800). Enth. 3 sehr schlüpfrige Romane: Emilie. (Findet sich auch in den „Raritäten von Berlin", s. d.). — Eulalia. — Cora.
— — Dasselbe. 2. Aufl. Ebd. 1804. 8°.
Tit. u. 276 S. (incl. 11 S. Einleitung). — Beide Ausgaben sehr rar!

Biographien gefallener Mädchen; hat jetzt Joachim.

— d. durch d. merkw. Thaten ausgez. Männer in allen Welttheil. 6 Thle. 8. Wien, Gerold. 810.

**Biographien** berühmter und gelehrter Männer, nebst ihren Porträts. Leipzig 1797. V: *Schmid, Ernst Aug.* (Ky) (MGT)

— berühmter u. gelehrter Männer, 1s Hft. Galerie biographique des hommes illustr. Cah. I, Deutsch u. Französ. (von E. A. Schmid). Mit 6 Portr. 4. Leipz. 797. Leo. 16 gr.

— großer u. berühmter Männer aus der neuern britt. Geschichte, s. a. Plutarch, d. brittische, 7r, 8r Bd.

**Biographien** großer und berühmter Männer ... Züllichau 1794. V: *Mortimer, Thom.* (Zuwachsverz. der Bibl. Zürich 1898 ff. 8.)

**Biographien** grosser und berühmter Männer aus der neuern britischen Geschichte. Aus dem Engl. ... Züllichau 1794. Ü: *Fick, Johann Georg Christian.* (Ky) (MGT) (Fiker)

— all. merkw. Menschen, s. Gallerie.

Militärische Biographien berühmter Helden neuerer Zeit. [I. Condé, Turenne. II. Carl XII., Peter d. Gr., Luxemburg. III. Gustav Adolf, Eugen. IV. Catinat, Villars, Bernhard v. Weimar. V. Wallenstein, Leopold v. Anhalt-Dessau.] 5 Bde. 8. M. Krtn. u. Plän. Berlin 1803—06.

**Biographien, Militärische,** der berühmtesten Helden neuerer Zeit. Berlin 1803-06. V: *Bülow, Adam Heinrich Dietrich v.* (BrMm) (Ky)

— militairische, d. berühmt. Helden neuerer Z. 5 Thle. m. K. u. Pl. 8. Berl. Himburg (Hinrichs, Lpz.) 803 — 6. (à 1 Rthlr. 16 gr.)

— militärische, der berühmt. Helden neuerer Zeit, (von D. H. v. Bülow). 5 Thle. Mit Kpf. u. Pl. 8. Berl. 803—6. (Reimer; auch Hinrichs in Leipz.) 8 ℛ 8 gr.

**Biographien**, militärische, des Offizier-Corps der preussischen Armee. Redig. von G. v. Glasenapp. 1—4. Liefg. Berlin 868, 69. Bernstein. 16. (S. 1—256.) Jede Liefg. n. 10 ngr

— d. Minister u. Gesandten am deutschen Bundestage zu Frankfurt a. M. 1s Hft. A. u. d. T.: J. v. Horn, Ad. Ludw. v. Ochs, Darst. seiner Schicksale, Verdienste u. Feldzüge. gr. 8. Quedlinb. 827, Basse.

— moderne, od. kurze Nachr. v. d. Leb. u. Thaten d. ber. Mensch. seit d. Ausbr. d. frz. Revolution bis zum Wiener Friedensschl. A. d. Fr. übers. u. verm. v. K. Reichardt. 6 Bde. m. Portr. gr. 8. Wien, Doll d. j. 810.

— moderne, oder kurze Nachr., von d. Leben u. Thaten d. berühmt. Menschen, seit d. Ausbruche d. Französ. Revolution bis z. Wiener Friedensschluß. Aus d. Französ. übers. u. verm. v. K. Reichardt, 6 Bde. Mit 6 Portr. gr. 8. Wien 811. Ant. Doll. (Leipz., Er. Fleischer). 5 ℛ

— ein. Mönchs, od. Begebenh. d. Pat. Hyacinths ꝛc. 8. Ulm, Stettin. 782.

**Biographien** des Fürsten Raimund Montekukuli, des Fürsten Wenzel Liechtenstein, des Hofrathes Ignatz von Born ... Wien 1792 (?). V: *Richter, Joseph.* H: *Pezzl, Johann.* (Senschreiben des Abate Andres. Wien 1795. S. 157, Anm. 83) (Hans Viktor Pisk: Josef Richter. Diss. Wien 1927. S. 129)

— dreier berücht. Mörder u. Mörderinnen 1801—803. Mit Kpf. 8. Bresl. 803. Schall. 1 ℛ 8 gr.

Biographien von W. A. Mozart, Beethoven, J. N. Hummel, Carl Maria von Weber, Friedrich Kalkbrenner, J. Moscheles. Hamburg und Itzehoe.

— neue historisch-romantische, a. d. Mittelalter. 8. Neuburg, Com. Büreau. (Joachim, Lpz.) 804.

**Biographien, Neue,** der Selbstmörder. Halle 1788—89. V: *Albrecht, Johann Friedrich Ernst.* (GGr)

**BIOGRAPHIEN**, Neue, der Selbstmörder (Nebentit.: Eigenmächtige Reisen in eine andere Welt) (von *Joh. Friedr. Ernst Albrecht*). 4 Bde. — 1—3: Leipzig 1788—90. 4: Prag, Neureutter, 1792. Mit Titelkpfrn. Kl. 8°. (1—3: 2 Mk. Völcker, 1876.)

33 ausführliche Schilderungen der seelischen Zustände von Selbstmördern aus Liebe, religiösem Wahnsinn, Verzweiflung, Grossmuth etc., u. a.: Marie, schreckl. Selbstmörderin aus Schwermuth. — Fritz u. Karl, zwei 13 jähr. Selbstmörder. — Lord Pisport. — Louise Steinbach, Selbstmörderin um übereilter Ehe willen. — Liebenwald, Selbstmörder durch jugendl. Ausschweifungen. — Die schöne Ottilie, Opfer der Chikane. — Beispielloser Selbstmord eines Hundes. — Charlotte, unglückl. Selbst- und Kindesmörderin um der viehischen Wollust ihres eigenen Vaters willen. — Der schöne Fritz, Opfer der Lüste. — etc.

— — Dasselbe. 4 Bde. Frankfurt und Leipzig 1794. 8°. (5 Mk. M. Edelmann, Nürnb., 1906.)

— — Dasselbe. Ebd. 1800—1. 8°. (10 Mk. Max Harrwitz, c. 1903; 8 Mk. Bernh. Liebisch, 1907.)

— — Dasselbe. Th. 1—3. Mit 3 TKpfrn. Halle, Reinicke, 1801. Kl. 8°. (1 1/2 Rthl.) (1 Mk. 20 Pfg. Beck, Nördl., c. 1890; jetzt theurer!

— neue, d. Selbstmörder, v. J. F. E. Albrecht. 5 Thle. 8. Halle, Ruff. 801.

— — 4r Thl. 8. Prag, Neureuter. 792.

— neue, d. Wahnsinnigen, a. d. wirkl. Welt, v. Marius. 8. Chemnitz, Mauke. 806.

— neue, der Wahnsinnigen aus d. wirkl. Welt, histor. wahr, im romant. Gewande. 8. Chemnitz 820. Starke. 1 ℛ

*Biographieen der in dem Kriege gegen Frankreich gefallenen Offiziere der bayerischen Armee.* Auf Allerhöchst. Befehl Sr. Maj. d. Königs *Ludwig II. v. Bayern* von Kameraden der Gebliebenen verfasst. Nürnberg, Sigm. Soldau, 1871. Gr. 8°. Eleg. blauer Harsb. 224 S. (incl. 3 S. Reg.).

— der in dem Kriege gegen Frankreich gefallenen Offiziere der bayerischen Armee. Auf Befehl d. Königs Ludwig II. v. Bayern v. Kameraden der Gebliebenen verf. gr. 8. (224 S.) Nürnberg 872. Soldan. 2. 40

— Oesterreichisch. s. Pezzl.

**Biographien** sämmtlicher Pastoren und Prediger an der Stadt- und Pfarrkirche zu Wittenberg. Wittenberg 1801. V: *Erdmann, Johann Christoph.* (GGr)

**BIOGRAPHIEN** hingerichteter Personen die sich durch ihre hohe Würde, Gelehrsamkeit, Verbrechen etc. auszeichneten. 3 Thle. (Hrsg. von Georg Christoph Wilder.) Nürnberg 1790—92. 8°. (Th. 1 apart 5 Mk. Jacques Rosenthal, c. 1903.)

— hingerichteter Personen, die sich durch ihre hohe Würde, Gelehrsamkeit ꝛc. ausgezeichnet haben, (v. G. C. Wilder), 3 Thle, gr. 8. Nürnb. 790—93. Grattenauer. 3 ℛ

Biographien denkwürd. Priester u. Prälaten d. röm.-kathol.-apost. Kirche. (3—4 Bde.) Bd. I. in 2 Abth. 8. Aschaffb. 1846. Pergay. 1 Thlr. 14 ggr. — 2 fl. 40 kr.

— merkw. Räuber u. Mörder. m. K. 8. Königsb. Unzer. 802.

— jetztlebender Rechtsgelehrten m. ihr. Bildn. 8. Marburg, Krieger. 782.

Biographien berühmter Schweizerscher Reformatoren. Zürich s. a. Hess, Salomon.

— berühmter Schweizer. Reformatoren. 1r Bd. Auch u. d. T.: Lebensgeschichte Jh. Oekolampads, (v. S. Heß). gr. 8. Zürich 792. Ziegler. 1 ℛ 12 gr (2r u. 3r Bd.) A. u. d. T.: Lebensgeschichte M. H. Bullingers, (v. S. Heß). 1r u. 2r Bd. Mit 1 Bildn. gr. 8. Zürich 828 u. 29. Schultheß. à 1 ℛ 12 gr. 3 ℛ

Biographien berühmter Rennfahrer. 1.–5. Bd. 8. Berlin, Buchdr. u. Verlagsanstalt Strauß. à n. — 80

1. Robl, Thaddäus. Eine Biographie. Hrsg. vom Verlag der „Rad-Welt". (47 S. m. Abbildgn.) (906.)
2. Hickentmann, Piet. Eine Biographie. (40 S. m. Abbildgn.) (906.)
3. Ellegaard, Thorwald. Eine Biographie. (43 S. m. Abbildgn.) (906.)
4. Arend, Willy. Eine Biographie. (46 S. m. Abbildgn.) (906.)
5. Walthour, Robert. Eine Biographie. (Von Fredy Budzinski.) (47 S. m. Abbildgn.) (904.)

— berühmter Rennfahrer. Hrsg. vom Verlag der „Rad-Welt". 8—22. Bd. 8. Berlin, Buchdr. u. Verlagsanstalt Strauß. à — 80

Contenet, Henri. Eine Biographie. (Von Fredy Budzinski.) (43 S. m. Abbildgn.) (907.) (Bd. 10.)
Darragon, Louis. Eine Biographie. (Von Fredy Budzinski.) (42 S. m. Abbildgn.) (908.) (Bd. 14.)
Demke, Bruno. Eine Biographie. (Von Fredy Budzinski.) (44 S. m. Abbildgn.) (907.) (Bd. 9.)
Guignard, Paul. Eine Biographie. (Von Fredy Budzinski.) (40 S. m. Abbildgn.) (907.) (Bd. 6.)
Günther, Peter. Eine Biographie. (Von Fredy Budzinski.) (43 S. m. Abbildgn.) (907.) (Bd. 8.)
Huber, Anton. Eine Biographie. (Von Fredy Budzinski.) (44 S. m. Abbildgn.) (908.) (Bd. 15.)
Jacquelin, Edmond. Eine Biographie. (Von Fredy Budzinski.) (44 S. m. Abbildgn.) (909.) (Bd. 18.)
Meyer, Otto. Eine Biographie. (Von Fredy Budzinsky.) (46 S. m. Abbildgn.) (909.) (Bd. 19.)
Poulain, Gabriel. Eine Biographie. (Von Fredy Budzinski.) (42 S. m. Abbildgn.) (907.) (Bd. 7.)
Rosenlöcher, Kurt. Eine Biographie. (Von Fredy Budzinski.) (40 S. m. Abbildgn.) (908.) (Bd. 17.)
Rütt, Walter. Eine Biographie. (Von Fredy Budzinski) (44 S. m. Abbildgn.) (908.) (Bd. 13.)
Salzmann, Bruno. Eine Biographie. (Von Fredy Budzinski.) (44 S. m. Abbildgn.) (908.) (Bd. 12.)
Schmitter, Willy. Eine Biographie. (Von Fredy Budzinski.) (48 S. m. Abbildgn.) (907.) (Bd. 11.)
Stellbrink, Arthur. Eine Biographie. (Von Fredy Budzinski.) 2. Aufl. (40 S. m. Abbildgn. (909.) (Bd. 20.)
Stol, John. (Von Fredy Budzinski.) (48 S. m. Abbildgn.) (910.) (Bd. 21.)
Theile, Fritz. Eine Biographie. (Von Fredy Budzinski.) (48 S. m. Abbildgn.) (910.) (Bd. 22.)
Vanderstuyft, Arth. Eine Biographie. (Von Fredy Budzinski.) (43 S. m. Abbildgn.) (908.) (Bd. 16.)

— d. beyden Ritter v. Riegger. 4. Prag, Schönfeld. 796.

**Biographien, Romantische,** aus dem mittleren Zeitalter. Frankfurt am Mayn 1797. Neue Ausg. Frankfurt a. M. 1808. V: *Kühne, Christian Gottlob.* (BGE II³, 426)

— romantische, aus dem mittlern Zeitalter, 1ter Theil. 8. Frankf. 797. Pech. 18 gl.

— romant., aus d. mittlern Zeitalter, v. X. Y. Z. (Chr. Fr. Glo. Kühne). 8. Frankf. 799. Leipz. 808. (W. Nauck). 14 gr

— romantische, a. d. mittlern Zeitalter, enth. Erzähl. 8. Frkft. Pech. (Sommer in Lpz.) 808.

**Biographien** der berühmtesten Römer und Römerinnen, in historisch-dramatischen Darstellungen, ... Wien und Leipzig 1800. V: *Wenzel, Gottfr. Imman.* (MGT) (Ky)

— der berühmt. Römer u. Römerinnen, in histor.-dramat. Darstell. (von G. J. Wenzel). Mit Kpf. u. Vign. 8. Wien 800. Ant. Doll. 20 gr

— der berühmtesten Römer und Römerinnen. Wien 808. 8. 20 gr.

— 60 der. Römer. 8. Berlin, Schöne. 805.

**Biographien** der Sachsen. Dresden 1775—77. V: *Behrisch, Heinrich Wolfgang.* (BrMm) (Ky) (AarF) (Behrisch, Wiener Autoren. 1785.)

— d. Sachsen, (v. H. W. Berisch). 2 Thle. u. 3r Thl. od. Bayard u. Hermann. 8. Dresd. 775—77. Hilscher. 1 ℛ 14 gr

Biographieen zu der Sammlung klassischer deutscher Dichtungen. (1. u. 2. Bdchen.) gr. 8. Gotha, F. A. Perthes. n. 3.—

1. Ernst Moritz Arndt, der deutsche Reichsherold. Biographie u. Charakteristik v. Geo. Loesche. (74 S.) 884. n. 1.—
2. Ludwig Uhland als Dichter und Patriot. Nebst e. Anh.: Quellennachweise zu den episch-lyr. Dichtgn. und litterarhistor. Beilagen und Bemerkungen. Von Herm. Dederich. (163 S.) 886. n. 2.—

Biographieen zu der Sammlung klassischer deutscher Dichtungen. (3. Bd.) gr. 8. Gotha 889. F. A. Perthes. n. 2. 40 (1—3.: n. 5. 40)

Goethe nach Leben u. Dichtung v. E. Brenning. (III, 175 S.)

**BIOGRAPHIEN,** Satyrische, der Alt-Väter und Aposteln (!). Berlin, Frankfurt u. Leipzig 1789. 8°. Zahm. (1 Mk. Scheible, c. 1890.)

220 S. (incl. Tit. u. 4 Bll. Vorber.). Adam. — Noha (!). — Abraham. — Isaak. — Jakob. — Moses. — Josua. — Salomo.

— satyrische, d. Altväter u. Apostel, (od. u. d. Tit., Biographien d. Bibel, e. Gegenst. z. Niemeyers Charakterist.) 8. Häresiopel, Riebel. 791.

**Biographien** einiger deutschen Schauspielerinnen. Kopenhagen u. Leipz. 1787. V: *Reinecke.* (biblweisstein 2/8373) (biblport)

— berühmt. Schwärmer, Gauner, Mörder ꝛc. 1r Bd. 8. 797.

Biographien. Sechs B' von in den letzten zwei Jahren gestorbenen Professoren (I. Johann Anton Hersche, Professor – II. ... Joseph Amrein – III. Josef Leonz Kaufmann – IV. Joseph Plazid Segesser ... – V. Professor Dr. Ernst Grossbach – VI. Jakob Fischer ...) der hiesigen höhern Lehranstalt. (Progr.) 4. Luzern 1878.

**Biographien** der Selbstmörder. Prag u. Leipzig 1785/6. Prag u. Wien 1785. 2. Aufl. Prag u. Wien 1786—1789. 3. Aufl. Prag 792. Leipzig 1816. V: *Spiess, Chn. Hch.* (Bespr. Allg. Wiener Bücherverzeichniss 1786, S. 14/15) (WBI. 36/60) (wrztg 1786, Nr. 2107) (Ky 8/133) (Süddeutsches Antiqu. 120/1349) »Leipzig 1786—1789«) (H. Hayn 7/387) (GGr V/507, Nr. 9/4) (biblPort)

— d. Selbstmörder. 4 Thle. 8. Prag, Schönfeld. 785 — 789.

— d. Selstmörder, v. Chr. H. Spieß. 8. Prag, Joachim. (a. Sommer in Lpz.) 792.

**Biographien**, oder Selbst- u. Lebensschilderungen achtungswerther Pädagogen u. verdienter Schulmänner aus der Vergangenheit u. Gegenwart Deutschlands u. des Auslandes. Hrsg. v. Karl Glob. Hergang. [Mit d. Umschlagstitel: Gallerie achtungswerther Pädagogen rc.] 1. u. 2. Liefrg. gr. 8. 1. Valentin Friedland Trotzendorf. — August Hermann Franke. — August Hermann Niemeyer. (84 S.) 2. Karl Barthel. — Frdr. Ed. Beneke. — Joh. Glieb. Dreßler. — Bernh. Chrn. Ludw. Natorp. (S. 85—152.) Bautzen 848, Weller. (à Liefrg. n. 1/3 Thlr) n. 2/3 Thlr

**Biographien**, Skizzen und Charaktere berühmter Königinnen ... Hamburg 1797. V: *Palm, Gg Frdr.* (ML) (BrMm) (Ky) (MGT)

**Biographien**, Skizzen u. Charaktere berühmt. Königinnen, 8. Hamb. Hoffmann. 797. Rthlr.

**BIOGRAPHIEN**, Skizzen, Scenen u. Gemälde aus dem Menschen-Leben (von *Mantel?*). 4 Lfgn. Mannheim (o. Adresse), 1800, 1800, 1801, 1802. 8°.

Verfasser nirgends genannt. Einiges freien Inhalts. Selten cplt.!

I: 143 S. (incl. Tit.). 1. Geschichte dreier Freundinnen, od. die Rückkehr zur Tugend. 2. Das Mädchen in der Waldhütte. 3. Maria, od. das Opfer weiblicher Bosheit. 4. Die Ueberraschung. E. Familienscene. 5. Der verlorene Sohn. E. wahre Gesch. 6. Anekdoten. 7. Denksprüche. 8. Aufsätze in Stammbücher.

II: 128 S. 1. Die Fischerhütte. 2. Hanchen (sic!), od. das Opfer menschlicher Schwäche. (Anstössig.) 3. Der Einsiedler auf den Alpen. 4. Der gute Sohn. 5. Ein sterbender Freund erscheint seinem abwesenden Freunde. 6. Das arme Dorfschulmeisterlein. (Gedicht.) 7. Anekdoten. 8. Aufsätze für Stammbücher.

III: 142 S. 1. Die treue Margarethe. 2. Die entwurzelte Maie. 3. Die unglückliche Familie. 4. Said. 5. Die Liebe auf den Alpen. 6. Rede am Grabe eines Schauspielers. 7. Tollkühne Liebe u. grausame Strafe. 8. Bewunderungswürdige Rettung im Krieg u. Frieden. 9. Der durch Glück, Sparsamkeit u. Rechtschaffenheit Reichgewordene. 10. Grosser Sieg der Blutsverwandschaft und der Vaterlandsliebe.

IV: 128 S. 1. Louis. (Etwas freie Erzählg.) 2. Die Zwillingsbrüder. 3. Waldhelm. 4. Der verdorbene Hering. 5. Gerechtigkeitsliebe eines deutschen Fürsten. 6. Zwei Beyträge z. Gesch. des weibl. Heldenmuths. 7. Die Erscheinung. 8. Elegie. 9. Gesang auf einen Helden. 10. Anekdoten. 11. Die Ermordung des Marquis Monaldeschi. 12. Die Stufenleiter des menschlichen Lebens. 13. Gedichte, auch in (so!) Stammbücher brauchbar.

— Skizzen, Scenen u. Gemälde aus d. Menschenleben. 4 Thle. Mannheim. (Magaz. f. Lit. in Stuttg.) 800–2.

— Skizzen, Scenen u. Gemälde aus d. Menschenleben. 4 Thle. 8. Manh. 800—802. (Sonnewald in Stuttg.) 1 Thlr

— der Staatsmänner, aus d. Französ. Geschichte unter d. Regier. Heinrich IV. u. Ludwig XIV. s. a. Leben Sully u. Colbert.

— der. Staatsmänner a. d. franz. Gesch. a. d. Fr. (nur N. Tit. v. Sullys u. Colberts Leben.) gr. 8. Hof, Grau. 797.

Syrisch-arabische **Biographieen** des **Aristoteles**. Syrische Commentare zur Εἰσαγωγή des Porphyrios. Bearb. von Dr. Anton Baumstark. *Leipzig: B. G. Teubner 1900.* (XIV, 257, 67 S.) 8°

[Nebent.:] [Syr.] Ketābā de-bêt ḥemālā de-meṭul spidau de-al-failosofuta hāi d Arestoṭālis ... ḥemal A. Baumstarq.

— **Aristoteles** bei d. **Syrern** vom V.–VIII. Jahrh. Bd 1.

— einiger Tonkünstler. Ein Beitrag zur musikalischen Gelehrtengeschichte. [E. G Baron. C. H. Dretzel. E. J. Bened. Lang. Joh. Siebenkäs. Maximil. Zeidler.] Frankfurt und Leipzig 1786.

**Biographien** einiger Tonkünstler ... Frankfurt und Leipzig 1790. V: *Gruber, Johann Siegmund.* (BrMm) (Ky) (MGT)

— einiger Tonkünstler, (v. J. S. Gruber). 8. Frankf. u. Leipz. (Nürnb.) 790. Grattenauer. 4 gr

**Biographien** salzburgischer Tonkünstler. Salzburg 1845. V: *Pichler, Georg Abdon.* (Hr) (Ky)

— Salzburgischer Tonkünstler. 8. (58 S.) Salzburg 845. (Duyle.) n. 6 Ngr

**Biographien** schweizerischer Tonkünstler: Carl Attenhofer, von *A. Glück*. Gr. in-8°, 16 S., mit Portrait. Zürich u. Basel, Gebr. Hug. — 50
1888

—— dass. — Friedrich Hegar von Aug. Glück. gr. 8. (16 S. mit Portr.) Ebendas. 888. *

—— dass. — Theodor Kirchner. Ein biograph.-krit. Essay von A. Niggli. gr. 8. (38 S.) Ebendas. 888. *

**Biographien** schweizerischer Tonkünstler. Karl Munzinger. Eine biographisch-kritische Skizze v. *A. Niggli.* Gr. in-8°. 25 S. M. Bildnis. Zürich, Gebr. Hug. 1894 — 50

— schweizerischer Tonkünstler. Das Künstlerpaar August u. Anna Walter-Strauss. Ein biographisch-krit. Essay v. A. Niggli. gr. 8. (56 S. m. Bildnis-Taf.) Zürich 893. Gebr. Hug & Co. n. — 50

—— dass. — Gustav Weber von A. Schneider. gr. 8. (52 S. mit Portr.) Ebendas. 888. *

— die, der Troubadours, in provenzalischer Sprache. Herausg. von C. A. F. Mahn. Berlin 853. Dümmler's Verlhdlg. 8. (IV. 58 S.) n. 15 Ngr

**Biographien**, Vaterländische —. (Wien, Pichlers Druckerei 1855. 4.)
Inhalt: Franz X. Embel. Von Joseph Feil. Geboren zu Florenz 10. Nov. 1770.

— v. Verbrechern a. d. gemeinen Menschenklasse. 8. Leipz. Gräff.

— von Verbrechern aus d. gemeinen Menschenklasse. 8. Leipz., (Wienbrack). 1 Thlr 12 gr

— vierzig, der berühmtesten Römer rc. 1r Bd. Mit 12 Kpfrn. 8. Berlin 797 u. 805. (Heymann.) 1 Thlr, jetzt 1/4 Thlr
Vgl. Biographien, Kurze,...

— 40 kurze, der berühmtesten Römer, als Vorbereit. zur Erlern. d. Röm. Geschichte f. junge Leute, (v. Fr. L. Brunn). 1r Bd. M. 12 Kpf. 8. Berl. 797. 2e A. 805. (Nauck). 1 Thlr Hbg. Pr. 6 gr

**Biographien** der Wahnsinnigen. 4 Bde. Leipzig 1796/7. 4 Bdchen. Wien 1797. V: *Spiess, Chn Hch.* (KARAFIAT 48/271) (BGE³ 3/288) (STROHMETZ 11/1813 »Leipzig 1795—1796«) (WRZTG 1798, S. 192) (Hdschr. Mitth. von Gustav Gugitz, Wien) (GGr V/507, Nr. 9/22) (BIBLPORT)

— d. Wahnſinnigen, m. K. 4 Thle. v. Chr. H. Spieß. 8. Lpz. Voß. 795–96. (1r 3r. 4r à 1 Rthlr. 8 gr. 2r 1 Rthlr. 4 gr.)

— berühmt. Weiber, d. 19. Jahrh. 1r Thl. 8. Pirna, Frieſe, 804.

—— berühmter Zeitgenoſſen. Hrsg. von mehreren Gelehrten. 1. und 2. Heft. gr. 8. (III und 252 S.) Altenburg 840, Pierer. à Heft

**Biographies** et anecdotes des personnages les plus remarquables de l'Allemagne durant le 18. siècle par l'auteur de l'Abrégé de l'histoire d'Allemagne, des lettres sur Dresde etc. Nuremberg 1825. V: *Reinhard(t)*. (Hdschr. Mitth. von Friedrich Müller, München.)

Biographies et Anecdotes des personnages les plus remarquables de l'Allemagne, durant le 18me Siecle par l'Auteur de l'Abrégé de l'histoire d'Allemagne etc, M. 1 Kupf. gr. 8. Nürnb. 825, Riegel u. W.

Biographies et Anecdotes des personnages les plus remarq. de l'Allemagne, durant le 18 siècle, par l'aut. de l'Abrégé de l'hist. d'Allem. etc. Vol. II. gr. in-8. (22 B.) Nuremberg 828, Riegel et Wiessner.
Vol. I. Ebendas. 1825. 1 Thlr. 9 Gr.

Biographies historiques, hrsg. v. F. J. Wershoven, s.: Schriftsteller, engl. u. französ., der neueren Zeit. 8. Bd.

Biographies instructives, s. Bibliothèque historique.

Віографія Арсенія Мацѣевича, s. Библіотека, русская.

**Biographisches** über J[ohann] C[onrad] Tobler, Dirigent der Ligia Grischa in den Jahren 1853—55. [Chur] 1904. V: *Haffter, Ernst.* (BBullschw 4, 1904)

Βιογράφοι. Vitarum scriptores graeci minores, ed. Anton Westermann. 8 maj. (32 B.) Brunsvigae 845, Westermann.*

Biolley, P: Costa-Rica und seine Zukunft. Deutsch von H. Polakowsky. Berlin 1890

Biolley, Paul, Costa-Rica u. seine Zukunft. Studie, begleitet v. e. farb. Karte, gezeichnet v. F. Montesdeoca. Aus dem Franz. übers. v. H. Polakowsky. gr. 8. (90 S.) Berlin 893. (Thormann & Goetsch.) n. 1.—

Zur historischen Biologie der Krankheitserreger. Materialien, Studien u. Abhandlungen gemeinsam mit V. Fossel, T. v. Györy, W. His hrsg. von Karl Sudhoff u. Georg Sticker. H. 1. Gießen: Töpelmann 1910. 8° [10. 9113]

Biologie des Menschen. Aus den wissenschaftl. Ergebnissen der Medizin, f. weitere Kreise dargestellt. Bearb. v. Leo Hess, Heinr. Joseph, Alb. Müller, Karl Rudinger, Paul Saxl, Max Schacherl. Hrsg. v. Paul Saxl u. Karl Rudinger. (VIII, 338 S. m. 62 Fig.) gr. 8. Berlin 910. J. Springer. 8.—; geb. in Leinw. n 9.40

Bion von Smyrna (c h r o n o l o g . g e o r d n e t)
Bion s.a. Theokritos.

Bion, ſ. Volksbibliothek, deutſche, der griechiſchen und römiſchen Claſſiker.

Bions vorhandene Gedichte, ſ. Bukoliker, die.

*Bion* Smyrn. et Moschi Syrac. Idyllia, c. not. var. et metaphrasi latina ab J. A. Schier. 8. Leipz. 752. Löwe. 6 gr.

Bions, Theokrit u. Moſchus, Idyllen, a. d. Griech. überſ. 8. Berlin, Lange. 757.

Bion & Moschos. Idyllen aus dem Griechischen des Bion und Moschus. Berlin, in Verlag der typographischen Societaet. 1767. 16°. Vortitel, *sehr hübscher gestoch. Titel von Schleuen*, S. 5—332, 1 leeres Bl. Schlichter, etwas benutzter Pbd. d. Z.
G. IV², 102, 22: 1. Schweiger I, 72. Der Übersetzer und Kommentator F. Grillo (1737—1802) aus Wettin war Professor am Kadettenkorps in Berlin.

— u. Moſchus Idyllen. A. d. Griech. überſ. 8. Berl. 775, (Reimer). 14 gr.

Bion et Moschi Idyllia, c. animadv. G. C. Harles. 8. maj. Erlang. Breuning. 780.

— Idyllia, cum not. J. Hoskin, graece et lat. Recens. suasque animadvers. adj. G. C. Harles. 8 maj. Erlang. 780. (Heyder). 1 Rthlr.

—— griech. u. deutſch v. Manſo. 8. Gotha, Ettinger. 783.

— id. lib. griech. u. deutſch, mit Anmerkk. von J. K. F. v. Manſo. 8. Gotha 784. Ettinger. 1 Rthlr. 4 gr.

**Bion,** Moschus, Anakreon und Sappho: aus dem Griechischen; neue Übersetzung in Versen. Berlin u. Liebau 1787. Ü: *Catel, Samuel Heinrich.* (Ky) (MGT) (NN) (AarK) (Hitzig)

Bion, Moſchus, Anakreon u. Sappho, a. d. Griech. m. K. 8. Liebau, Friedrich. 787.

— Moſchus, Anakreon u. Sappho. Aus d. Griech. (v. S. H. Catel). Mit Kpf. 8. Liebau 787. (Leipz., Rein). 9 gr.

— Idyllia. Gr. et lat. c. n. L. H. Teucher. 8°. Lps.: Barth. 1793.

— Reliquiae ex recen. Valkenar. c. lect. ed. Jacobs. 8. Gothae, Ettinger. 795.

— Idyllen, überſ. u. erläut. v. I. C. F. Manso. gr. 8. Lpz. Dyk. 801. Schrbp.

— Idyllen, überſ. u. erläut. v. J. K. F. Manſo. (2e Aufl.) gr. 8. Leipz. 807. Druck. 1 Rthlr. 4 gr. Schrbp. 1 Rthlr. 12 gr.

Bion's Gedichte, übersetzt von Naumann; s. auch Bukoliker. Prenzlau 1828. 8°.

Bionis et Moschi carmina. Recensuit Godofr. Hermannus. 8. (IV u. 96 S.) Lipsiae 849, Weidmann. 24 Ngr.

Bio, ed. H. L. Ahrens, s. Bucolici Graeci.

Bionis Smyrnaei epitaphius Adonidis. Edidit Henr. Ludolfus Ahrens. Lipsiae 854. Teubner. 8. (VII, 76 S.) n. 15 Ngr.

—— et Moschi idyllia V e graeco in latinum conversa. Edidit Armin. Fritzschius. gr. 4. (8 S.) Leipzig 860, (Pernitzsch.)

Bionis et Moschi carmina ex codicibus italis a se collatis edidit Christoph. Ziegler. gr. 8. (V, 52 S.) Tübingen 868, Laupp'sche Buchh. *

Bionis et Moschi carmina. Ed. Chr. Ziegler. gr. 8. Tübingen 868. Freiburg i. Br., Mohr. *

Bion v. Smyrna, Adonis. Deutsch u. griechisch von Ulr. v. Wilamowitz-Moellendorff. 8. (III, 48 S.) Berlin 900. Weidmann. n. 1. —

Bion, H. W., s. Bion, (Hermann) Walter

Bion, (Nicolas): Abhandlung von der Weltbeschreibung und dem Gebrauch derer Himmels- und Erdkugeln... Nach der 4.verbess.Herausgabe ins Teutsche übers.u.mit Anmerkungen vermehret von Christian Philipp Berger. 605 S., gbd.

Lemgo: Meyer 1736

1708. *Nic. Bions* beste Art und Manier die mathematischen Instrumente auf das accurateste zu verfertigen, Nürnb. Joh. Hoffmanns und Engebert Streckens W.

Bion, Nicolas: Weitere Eröffnung der ... math. Werckschule ..., s. Doppelmayr, Johann Gabriel

1785. * Gebrauch des Proportionalzirkels nach Anleitung des Hrn. *Bion*, zu sechs Linien, mit einem Anhange eines neuen Transporteurs, wodurch auch im Kleinen einzelne Minuten zu zeichnen und zu messen sind, nebst einigen Tabellen von künstlich und figurirten Zahlen, deren simplen und Zentralpolygonen und Pyramidalzahlen, von ihrer Wurzelausziehung bis in die 9te Dignität, wie auch von Cubiczahlen und deren Wurzeln, mit 7 Kpft. herausg. von *M. Pock.* Salzburg, Meyers E. 108 S. 8.
Allg. Lit. Zeit. 1786. IV B. 606 S.
Allg. deut. Bibl. B., St. II. 427 S.

Bion, Nikl., mathemat. Kunst- u. Werkschule. Aus d. Französ. von Jh. Gabr. Doppelmayer. Mit Kpf. 4. Nürnb. 712. N. Aufl. 4. Ebd. 765. Monath u. K. 3 ℛ

*Nicolai Bion* Berühmten Königl. Französisch. Ingénieurs etc. Neueröffnete Mathematische Werkschule, oder gründliche Anweisung wie die Mathematische Instrumenten nicht allein schicklich und recht zu gebrauchen, sondern auch auf die beste und accurateste Manier zu verfertigen, zu probiren, und allzeit in guten Stand zu erhalten sind. Alles mit solcher Deutlichkeit beschrieben, und durch viele dienliche Figuren erkläret, dass es sowol denen, die von Mathematischen Wissenschaften Profession machen, als auch andern mechanicis und Künstlern sehr nützlich seyn kann: Aus dem französischen ins teutsche übersetzt. Frankfurt und Leipzig, Auch zu finden im Hoffmännschen Buchladen in Nürnberg. 4. 394 Seit. 28 Kupft. [Übers.: Joh.Gabr.Doppelmayr] 1712.
— — Leipzig bey Peter Conrad Monath. 4. 394 Seit. 28 Kupft. 1713.

Bion, N. Mathematische Werkschule. Deutsch v. J. G. Doppelmayr. 2. A. Nürnberg. 1717. 4. Nachträge von 1721 und 1727.

Bion, Nikolai. Neu eröffnete mathematische Werck-Schule Oder gründliche Anweisung, wie die mathematischen Instrumenten nicht allein schicklich und recht zu gebrauchen, sondern auch auf die beste und accurateste Manier zu verfertigen, zu probiren, und allezeit in guten Stand zu erhalten. Aus dem Französischen in das Teutsche übersetzt und nach der neu verbesserten Französischen Edition, bey dieser dritten Auflage vermehret von Johann Gabriel Doppelmayr. P. P. (Mit 28 Taf.) Beigebunden: 4. Nürnberg 1726.

Dass.4.Aufl.Nü.: Monath 1741

**Bion, Nicolas.** Neueröfnete mathematische Werkschule oder gründliche Anweisung, wie die mathematische Instrumenten ... zu probiren und allzeit in gutem Stand zu erhalten sind. Aus dem Französischen übersetzet. 5. Aufl. Nürnberg 1765. Ü: *Doppelmayr, Johann Gabriel.* (StBFMath S. 123)

Bion, R[udolf] Ernst, med. pract. z. Z. III. Assistenzarzt an der Frauen-Klinik in Zürich [von Zürich]: Aus der Frauen-Klinik Zürich. Resultate der Ventrofixatio uteri. Bern Haller Dr. 1893. 62 S., 3 Tab., 1 Bl. 8°.
Zürich, Med. Diss. [v. 27. März 1893].

Bion, Udo [aus Bern]: Beiträge zur Kenntnis des Lebens und der Schriften des Dichters Fr. Carl Casimir von Creuz ... (Abschn. I u. II e. gröss. Arb.) Meiningen, Druck d. Keyssner'schen Hofbuchdr., 1894; 48 S. 8.
München, Phil. Fak., Inaug.-Diss. v. 1894

Bion, W., siehe: *Sängerfahrt.*

Bion, W., Sängerfahrt des „Männerchor Zürich" nach Mailand und Abstecher nach Genua, s. Hardmeyer, J.

Bion, Walter
Bion, H. W., Abschiedspredigt gehalten in Trogen den 12. Jan. 1873. 8. (16 S.) St. Gallen 873, (Huber und Comp.)

Bion, W[alther]. Die Erfolge der Ferienkolonien. Referat. Separatabdruck aus dem «Allmann». 29 S. 8. Hinwil, A. Camenisch. 1901.

Bion, Walt., die Ferienkolonien u. verwandte Bestrebungen auf dem Gebiete der Kinder-Gesundheitspflege. (296 u. VI S. m. Abbildgn. u. 27 Taf.) gr. 8. Zürich 901. (Bern, Haller'sche Buchdr.) 8. —

Bion, W., Leichenpredigt und Personalien des Hrn. J. U. Zellweger von Trogen. 20 S. 8. Trogen, gedr. bei J. Schläpfer. 1871 —. 30

Bion, W[alter]. Personalien und Leichenrede, gehalten den 23. Juli 1872 bei der Beerdigung des sel. Hrn. Johannes Schläpfer, Buchdruckereibesitzer, von Trogen. 8. o. O.

Bion, Walter, Predigt, gehalten am eidgenöss. Bettage den 16. Septbr. 1877. gr. 8. (24 S.) Zürich 878, Schultheß. **

Bion, W., siehe: *Protestantenblatt.*

Bion, W[alter]. Worte der Erinnerung an Frau Johanna Louise Haller-Goldschach, gesprochen bei ihrer Beerdigung den 4. April 1896. 8. Bern 1896.

Bion, Wilh. Friedr., schweizerische Volksschauspiele. Zur Aufführung durch Schüler und Vereine, hrsg. von Walter Bion. 1.—3. Bdchn. 12. Frauenfeld 886, Huber. *
Inhalt:
Bdchn. 1. Das Gefecht bei Schwaderloh und das unerschrockene Thurgauermädchen. (VIII, 39 S.) 884. * 60 Pf.
„ 2. Rüdiger Manesse. Schauspiel in 4 Akten. (95 S.) 885. * ℳ 1.—.
„ 3. Schlacht am Stoß. Schauspiel in 4 Akten. (86 S.) 885. * ℳ 1.—.

Biondelli, Die Letzten der Familie Gonzaga als Herzoge von Mantua, deutsch v. Neigebaur. Sondershausen 1863. 8.

Biondelli, B., Evangeliarium Aztecum, s. Evangeliarium.

**Biondetta.** Berlin 1779. V: *Cazotte, Jacques.* Ü: *Meyer, Friedr. Ludwig Wilhelm.* (MGT) (NN)

Biondetta, a. d. Franz. des Cazotte, m. Vign. 8. Berlin, Himburg. 793.

Biondetta. Allegorisches Schauspiel m. Gesang v. K. E. Cu-nel. 8. Berlin, Maurer. 792.

Biondo, Michel Angelo. Von der Hochedlen Malerei. Tractat. (Venedig 1549.) Uebersetzt, mit Einleitung und Noten versehen von Albert Ilg (Quellenschriften für Kunstgeschichte und Kunsttechnik des Mittelalters und der Renaissance V.) Wien 1873. 8°.

Biondo, M. A., von der hochedlen Malerei, s. a. Quellenschriften für Kunstgeschichte.

Bion's, Glieb., Lebensumriß, s. Neujahrsblatt des Kunstvereins in St. Gallen.

Biophilos, die neue Sicherungsweise gegen rettungsl. Wiedererwachen im Grabe, als nothwendig und annehmbar dargest. (Besonders für Orte ohne Leichenhallen und für Zeiten ansteckender Krankheiten.) Allen und Einzelnen zur Beruhigung. 8. (Mit 1 Steintaf.) Neust. u. Schleiz 838. Wagner. 1/8 ℛ

Biophilos, Unterhaltungen und Erheiterungen, s. Unterhaltungen.

Björckfeldt, Leon., s.: Album de Trollhätta.

Biörensen, Jh., s. Versuch über d. beste Einrichtung 2c.

Björgynjar Kálfskin, s. Registrum.

Björklund, Gust., Friede u. Abrüstung. Krit. Darstellg. d. aus allen civilis. Ländern eingegang. Antworten a. d. schwed. Preisfrage: Wie kann e. kräft., internat. Strömg. geg. d. herrsch. Militarismus auf passendste Weise hervorgerufen werden? gr. 8. (95 S.) Berlin 895. F. Dümmler's Verl. n. 1. 50

Scandinavian loan-words in Middle English. By Erik Björkman, Ph. D. P. 1. 2. *Halle a. S.: M. Niemeyer 1900–02.* 8°
— Studien z. englischen Philologie H. 7. 11.

Björkman, Erik: Zur engl. Namenkde. — Nord. Personennamen in Engld in alt- u. frühmittel-engl. Zeit, s: Studien z. engl. Philol.

Björkman, Erik, nordische Personennamen in England in alt- u. frühmittel-englischer Zeit, s.: Studien zur englischen Philologie. 37. Hft.

Everhards v. Wampen Spiegel der Natur [De spegel der naturen]. Ein in Schweden verf. mittelniederdeutsches Lehrgedicht. Hrsg. von Erik Björkman. *Upsala 1902: E. Berling.* (XXV, 57 S.) 8°
— Årsskrift, Upsala Universitets. 1902, [4.]

Björkman, Vikt.: Von Venezuelas Parnass. Studie, nebst Gedichtproben v. Marie Björkman. (72 m. Bildn.) 8° Dresd., E Pierson '11. 2 —; geb. n 3 —

Björlin, Gust., der Krieg in Norwegen 1814. Nach amtl. Quellen u. Aufzeichngn. dargestellt. Autoris. deutsche Ausg. Mit 3 (farb.) Kartenbeilagen. gr. 8. (III, 354 S.) Stuttgart 895. Schlichardt & Ebner. n. 8. —

Björling, Em. Gabr., Calculi Differentiarum finitarum inversi exercitationes. Pars II. (Ex actis reg. societ. Upsal.) 4 maj. Upsaliae 845. (Stockholm, Bonnier.) n. 12 ngℛ

Björling, Em. Gabr., calculi variationum integralium duplicium exercitationes. 4. (7¾ B.) Upsaliae 842. (Stockholm, Bonnier.) Thlr.

—— doctrinae seriérum infinitarum exercitationes. Pars I. 4 maj. (9¼ B.) Upsaliae 840. (Stockholm, Bonnier.)
Aus: Acta reg. societ. scient. Upsal. etc., besond. abgedruckt.

*Björn*, C. A., Hymni Vet. Poëtar. Christ. Ecclesiae latinae select. textum ad optim. edit. fidem exhib., et praefat. notis varior. adjectisque praecip. variant. lection. illustravit. 8 maj. Kopenh. 818. Schubothe. 1 ℛ

Björn, C. A., Hymni Vet. Poetar. Christ. Ecclesiae latinae select. Textum ad optim. edit. fidem exhib., et praefat. notis varior adjectisque praecip. variant. lection. illustravit, 8 maj. Havniae, Schubothe 819.

— Threnos Jeremiae et Vaticin. Nahumi. 8 maj. Kopenh. 814. Schubothe. 10 ℊℊ

Bjorn, J. O., de indole et origine Aerolithorum. 8. Altona, Hammerich. 816.

Biörn, Sören
Ueber die vortheilhafteste Behandlungs-Methode bei Besamung u. Bepflanzung d. Kiefern auf magern ... Boden, Sandschollen u. Sanddünen ... Danzig 1807. 38 S. P.

Biörn, Sören, über die vortheilh. Behandlungsart bei Besaamung u. Bepflanzung d. Kiefern. 8. Danzig 808. (Leipz., Kummer). 6 ℊℊ

Biörn, Sören, üb. d. vortheilh. Behandlungsart d. Besaamung u. Bepflanzung d. Kiefern, 2c. 8. Danzig, Troschel, 808.

— Bemerkk. über d. vormal. u. jetzige Lage u. Beschaffenheit d. Preuß. u. Danziger Südbaltischen Ufer, u. über den Ursprung d. Bernsteins. 8. Danz. 808. Troschel. (Lpz., Kummer). 8 ℊℊ

Ueber die Erlen u. deren Behandlung. Danzig 1817. 39 S. P.

— über die Erlen u. deren Behandlung. 8. Danzig 819. Krause. (Leipz., Kummer). 6 ℊℊ

Biörn S.: Uebersicht d. vortheilhaftesten Behandlung u. Benutzung d. preussischen Weidenarten. Danzig 1804. 46 S. P.
(Leipz.: Kummer)

Björnbo, Axel Anthon, s: Abhandlungen z. Gesch. d. mathemat. Wissensch., Alkindi.

Der Däne Claudius Claussøn Swart (Claudius Clavus), der älteste Kartograph des Nordens, der erste Ptolemäus-Epigon der Renaissance. Eine Monographie von Axel Anthon Björnbo u. Carl S. Petersen. Unter Mitw. d. Verf. übers. von Ella Lesser. Mit 3 Kt., 1 synopt. Namentaf. u. 1 Facs. d. neugefundenen Clavus Textes. Neue Bearb. — Innsbruck: Wagner 1909. VI, 266 S. 4°

Björnbo, Axel Anthon: Über Menelaos' Sphärik. Mit 25 Fig. im Text. *Leipzig 1902: B. G. Teubner.* (55 S.) 8°
München, Phil. Diss. v. 1902

Björnbo, Axel Anthon, s.: Verneri, Ion., de triangulis sphaericis libri quatuor.

Prospectus des maurerischen Geheimbuches lediglich für Brüder gesamml. und bearb. von Andreas Riegelson v. Biörne, hrsg. von Phil. Andr. Nemnich. [Hamburg 1804.] 2 Bl. 8° [Kopftit.]
Kl. 1959. Das Werk sollte in 2 Quartbänden mit vielen illumin. Kupfern erscheinen, es erschien aber nicht.

Bioerner, Erd. Iul., Antiquitates hyperboreo-gothicae. Fol. Lps. 753.

— de Varegis heroib. scandianis etc. 4. Hafn.

— Volum. historicum cont. var. etc. regum etc. gesta. fol. Lps. 753

Biörnlund, Benedict
—— Fundamentum differentiae specificae plantarum verum et falsum. D. Gryphiswaldiae, typ. Röse 1761. 4. 18 p.

Bioernonis, St., Hervararsaga ok Heidrekskongs; h. e. historia Hervorae et reg. Heidreki. 4. Hafn. Prlt. 787.

*Björnsen*, St., introductio in tetragonometriam ad mentem V. C. Lambert. etc. 8 maj. Kopenh. 780. (Brummer). 1 ℛ 8 ℊℊ

Bjoernsen, St., introductio in Tetragonometriam ad mentem Lamberti, etc. 8. maj. Hafn. Proft. 780.

Björnson, Björnstjerne, Arne, s. Universal-Bibliothek Nr. 1748.

—— Arne, —— Bauern-Novellen, } s. Meyer's Volksbücher.

Björnson, B, Arne, deutsch v. H Helms, s.: Aus Norwegens Hochlanden.

Björnson, Björnstjerne, Arne. Aus d. Norweg. übers. v. Otto Lübbert. Bergen 860. (Altona, Mentzel.) 8. (VII, 172 S.) n. 27 ngr.

Björnson's, B., Bauernnovellen, s. Bibliothek ausländischer Klassiker.

—— Arne. —— Bauern-Novellen, s.: Meyer's Volksbücher.

Über den hohen Bergen. Bauerngeschichten von Björnstjerne Björnson. (Vorr.: J[ohannes] G[runow]; Übers.: Mathilde Mann u. Georg Wustmann.) Bd 1. 2. *Leipzig: F. W. Grunow 1898.* 2 Bde 8° [J.]

— Über den hohen Bergen. Bauerngeschichten. 2 Bde. 2. Aufl. 4—8. Taus. (VIII, 405 u. 444 S.) 8. Leipzig 910. F. W. Grunow. 7.—; geb. in Leinw. 8. —

— Blacken, s: Schatzgräber, Der.

Björnson, Björnstjerne, der Brautmarsch, s. Universal-Bibliothek Nr. 950.

— Synnöve Solbakken u. Der Brautmarsch, s.: Bücher, d., d. deut. Hauses.

Der Brautmarsch [Brude-Staatten]. Erzählung von Björnstjerne Björnson. Aus d. Norweg. übers. von Cläre Greverus Mjöen. Berlin: F. Schulze [1910]. 80 S. 8° [Text stenogr.]
(Sammlung berühmter ausländischer Schriftsteller. Ser. 1, Bd 1.)

— dasselbe. Das Adlernest, s.: Bücher, bunte.

—— der Brautmarsch und andere Erzählungen, s. Collection Spemann.

— Briefe. Lehr- u. Wanderjahre. Hrsg. v. Halvdan Koht unter Mitwirkg v. Jul. Elias f. d. deut. Ausg. (Autoris. Ausg.) (78, 342) 8° Berl., S Fischer '12. 5 —; geb. n 6 —

— Briefe a. Aulestad an s. Tochter Bergliot Ibsen. 1—3. Afl. (Übertragg.) (227 m. 2 Taf.) kl8° Ebd. '11. 3 —; L n 4 —

—— e. frischer Bursche, —— Schön Synnöv, } s.: Aus Norwegens Hochlanden.

— Ein froher Bursch, s: Dichter, Neuere, f. d. studier. Jugend (Furtmüller).

Björnson, Björnstjerne, ein fröhlicher Bursch, s.: Volksbücher, Wiesbadener. Nr. 57.

— Ein fröhlicher Bursch, s.: Reclam's Novellen-Bibliothek.

Björnson, Björnstjerne: Ein fröhl. Bursch, s. Universalbibliothek Nr. 1891.

— Dagland. Schauspiel. Deutsche Orig.-Ausg. (209 S.) 8. München 905. A. Langen. n. 3. —; geb. n. 4. —

— Darnley. Vom Verf. autoris. Übersetzg. v. Cläre Mjöen. 8. (180 S.) München 901. A. Langen. n. 3. —; geb. n. 4. —

Björnson, Björnstjerne. Eisenbahn und Kirchhof — Ein Lebensrätsel — Der Vater. Erzählungen. 48 S. 8. Zürich, Jacques Bollmann, August 1907. fr. —. 10
Verein für Verbreitung guter Schriften. (Zürich) No. 67. 1907.

Björnstjerne Björnson. Gesammelte Erzählungen. Autor. Übers. aus d. Norweg. von Cläre Greverus Mjöen (4: C. Greverus Mjöen, Gertrud Ingeborg Klett & Maria v. Borch). Bd 1—4. München: A. Langen 1904—05. 4 Bde 8° [J.]

Björnson, Björnstjerne: Kleine Erzählungen, s. Universalbibliothek Nr. 1867.

— Ein fröhl. Bursch. — Kleine Erzählgn, s: Reclam's Novellen-Bibliothek.

— neue Erzählungen. Autor. Uebersetzg. a. d. Norweg. von M. v. Borch. 8. (III, 359 S.) Paris u. Leipzig 895. A. Langen. n. 3. —; geb. n. 4. 50

—— norwegische Erzählungen. Deutsch von George Schwuchow. 2. (Titel-)Aufl. 8. (139 S.) Norden 883, Fischer Nachf. *

— Ein Fallissement, s.: Bibliothek d. Gesamt-Lit. 2095.

—— dass. — s. Universal-Bibliothek Nr. 778.

Björnson, Björnstjerne, ein Fallissement. Schauspiel in 4 Akten. Vom Verf. veranstaltete allein rechtmäß. deutsche Ausg. 8. (167 S.) München 875. Th. Ackermann. n. 2. —

Björnstjerne Björnson. Ein Fallissement. (Schauspiel in 4 Aufz.) Berecht. Übers. von Cläre Greverus Mjöen. München: Langen 1903. 216 S. 8°

—— das Fischermädchen, s. Haus-Bibliothek. — Universal-Bibliothek Nr. 858. 859.

— Das Fischermädchen, s.: Reclam's Unterhaltungs-Bibliothek.

Björnson, Björnstjerne, das Fischermädchen. Eine Erzählung aus dem norweg. Hochlande. Deutsch von Henr. Helms. 8. (194 S. mit Portr. in Stahlst.) Leipzig 868, Fritsch. [Theile.] (*M* 1,50.) *

—— dass. — Erzählung. Aus dem Norweg. von Emil J. Jonas. 8. (206 S.) Berlin 868, Janke. *

—— d. Fischermädchen. Deut. Orig.-Asg. 8. (232) Hann. 68, Rümpler. — 12

Björnson, Björnstjerne, das Fischermädchen. Norwegische Erzählung. Deutsch von Aug. Peters. 16. (245 S.) Bremen 869, Kühtmann und Comp. geb. mit Goldschn.

— das Fischermädchen. Norwegische Erzählg. Deutsch v. Aug. Peters. 2. Ausg. gr. 16. (245 S.) Bremen 874. Kühtmann & Co. n. 2. —

— das Fischermädchen. Erzählung. Aus dem Norweg. übers. v. Emil J. Jonas. 3., durchges. Aufl. (153 S.) 8. Berlin (904). O. Janke. n. 1. —

— Flaggen üb. Stadt u. Land. Roman. Berechtigte Übersetzg. v. Cläre Greverus Mjöen. (VI, 528 S.) 8. München 904. A. Langen. n. 4. —; geb. n. 5. —

— Gedächtnisrede, geh. zur Weihe des Kiellanddenkmals v. Severin Krover zu Molde, s.: Gedenkblatt f. Alexander L. Kielland.

— Gedichte. In deutscher Übertragg. v. Max Bamberger, Ludw. Fulda, Cläre Mjöen, Christian Morgenstern u. Roman Woerner, hrsg. v. Jul. Elias. (XIV, 248 S.) 8. München 908. A. Langen. 3.—; geb. 4.50; in Wildldr. 6. —

— s.: Gedichte, ausgewählte.

— s.: Gefunden.

— Arnljot Gelline. Einzige berecht. Übertragg. aus dem Norweg. v. Max Bamberger. Buchschmuck v. Olaf Gulbransson. (87 S.) gr. 8. Ebd. 904. Geb. n. 4. —

— Geographie u. Liebe. Lustspiel in 3 Aufzügen. Einzig berecht. Übersetzg. aus dem Norweg. 1.—4. Taus. 8. (à 184 S.) München 901. A. Langen. n. 3. —; geb. n. 4. —

Björnson, B, Absalons Haar, s.: Bibliothek d. Gesamtlitt. d. In- u. Auslandes.

Björnson, Björnstjerne, Absalons Haar, s.: Bibliothek Langen, kleine.

Björnson, Björnstjerne, Absalons Haar, s.: Kürschner's, Jos. Bücherschatz.

Absalons Haar. Novelle von Björnstjerne Björnson. Deutsch von Wilhelm Meinhardt. Halle a. S.: O. Hendel [1908]. (111 S.) 8° [F.]
(Otto Hendel's Reisebibliothek. Ser. 1. No 2.)

Der Mutter Hände. Ein Tag. Eine schreckl. Jugenderinnerung. Ein Rätsel. Novellen von Björnstjerne Björnson. Aus d. Norweg. übers. von Otto Hauser. Mit Ill. von Hug. *Berlin, Eisenach, Leipzig: H. Hillger [1901].* (112 S.) 8° [F.]
— Bücherschatz. Kürschners. No 264.

— Mutters Hände u. andere Erzählungen, s.: Bibliothek Langen, kleine.

**Björnson, Björnstjerne: Ein Handschuh [En hanske; 1883]. Schauspiel in 3 Aufz. Aus d. Norweg. v. Emma Klingenfeld. — Leipzig: Reclam [1888]. 61 S. 8° (Universal-Bibliothek. 2437.)**

Björnson, Björn, Johanna. Schausp. i. 3 Akten. Autor. Uebersetzg. a. d. Norweg. 8. (V, 188 S.) München 898. A. Langen. n. 2. 50

**— Johanna. [Johanne; 1898.] Schauspiel in 3 Akten. Autoris. Übers. aus d. Norweg. 2. Aufl. — Paris, Leipzig, München: Langen 1898. 188 S. 8°**

— Sigurd Jorsalfar. Schauspiel. Einzige, vom Verf. autoris. Übersetzg. v. Cläre Mjöen. 8. (109 S.) Ebd. 901. n. 1. 50; geb. n. 2. 50

— d. König. E. Drama i. 4 Aufz. Einz. autor. deutsche Ausg. von E. v. Enzberg. 8. (253 S.) Ebd. 896. n. 2. —

Der König [Kongen]. Ein Schauspiel in 4 Akten u. e. Vorspiel von Björnstjerne Björnson. Nach d. 3. Aufl. d. Orig. übers. von A. H. Graf. Mit e. Vorbemerkung u. d. Bilde d. Dichters. *Halle a. d. S.: O. Hendel [1903].* (VI, 104 S.) 8° [F.]
= Bibliothek d. Gesamtlitteratur d. In- u. Auslandes. No 1703. 1704.

— dasselbe, s.: Universal-Bibliothek.

— der König. Ein Drama in 4 Aufzügen. Einzige berecht. deutsche Ausg. v. E. v. Enzberg. 2. Aufl. 8. (207 S.) Ebd. 903. n. 2. 50; geb. n. 3. 50

— über die Kraft, s. Universal-Bibliothek Nr. 2170.

— üb. uns. Kraft. Schauspiel. 8° (322 m. Bildnis.) Münch. 96, A Langen. 3 —

— über unsere Kraft. Schauspiel in 2 Tln. 2., neu durchgeseh. Aufl. 8. (315 S.) Ebd. 900. n. 4. —; geb. n. 5. —

— Üb. uns. Kraft. Schauspiel. 3. Afl. 8° (315 m. Bildnis.) Ebd. 1900. 4 —; geb. 5 —

Über unsere Kraft. Schauspiel in 2 T. von Björnstjerne Björnson. 11–15. Taus. *München: A. Langen 1901.* (315 S.) 8° [F.]

— Üb. uns. Kraft. Schausp. 16–20. Taus. (315 m. Bildnis.) 8° Münch., A Langen '01. 4 —; geb. 5 — ‖ Wohlf. Volks-Ausg. 21–25. Taus. (315 m. Bildnis.) '03. 2 —; geb. nn 2.60 d

— über unsere Kraft. Schauspiel in 2 Tln. Wohlfeile Volks-Ausg. (315 S. m. Bildnis.) 8. München 903. A. Langen. n. 2. —; geb. n.n. 2. 60

— das Haus Kurt. Dem Norweg. nacherzählt von Emil Jonas. 8. (244 S.) Berlin 886, Janke. *

— das Haus Kurt. (Thomas Rendalen.) Dem Norweg. nacherzählt v. Emil Jonas. 2. Aufl. (7. Taus.) (226 S.) 8. Berlin (904). O. Janke. n. 1. —

— Laboremus. Drama. 1.—10. Taus. 8. (à 168 S. m. Bildnis.) Ebd. 901. n. 4. —; geb. n. 5. —

— Laboremus. Drama. Wohlfeile Volks-Ausg. (168 S. m. Bildnis.) 8. München 903. A. Langen. n. 2. —; geb. n.n. 2. 60

— Paul Lange u. Tora Parsberg. Autor. Übersetzg. v. Mathilde Mann. 8. (191 S.) Ebd. 899. n. 2. 50

— Paul Lange u. Tora Parsberg. Drama. Einzig berecht. Übersetzg. v. Mathilde Mann. 3. u. 4. Taus. 8. (185 S.) Ebd. 901. n. 3. —; geb. n. 4. —

— Legenden. (Deutsch v. Niels Hoyer u. Hans v. Gumppenberg.) (7, 133) 8° Münch., G Müller '13. 2 —; geb. 3 —; Luxusausg. 10 —

— Leonarda, s. Universal-Bibliothek Nr. 1233.

— Leonarda. Schauspiel in 4 Akten. Einzig berecht. Übersetzg. v. Cläre Mjöen. 8. (V, 124 S.) Ebd. 901. n. 3. —; geb. n. 4. —

— Magnhild. Erzählung. Dem Norweg. nacherzählt von Emil J. Jonas. Mit einem Nachwort und dem (Holzschn.-) Bildniß des Verf. 8. (178 S.) Berlin 878, Janke. (*M* 1,50.) *

— dass. — Deutsch von Edm. Lobedanz. Einzig autoris. Uebersetzung. 8. (175 S.) Berlin 878, Gebr. Paetel. *

Magnhild. Erzählung von Björnstjerne Björnson. Dem Norweg. nacherzählt von Emil J[akob] Jonas. 3. Aufl. Berlin: O. Janke [1904]. (160 S.) 8° [F.]
(Kollektion Otto Janke.)

— Giuseppe Mansana. Erzählung. Dem Norweg. nacherzählt von Emil J. Jonas. 8. (124 S.) Berlin 879, Janke. *

— Kapitän Mansana, s.: Bibliothek berühmter Autoren.

— Kapitän Mansana, s.: Bibliothek der Gesamt-Litteratur d. In- u. Auslandes.

Björnsons Tragödie Maria Stuart. s. Föckens, Pieter.

— Maria Stuart in Schottland. Aus dem Norweg. übers. von J. H. 8. (III und 168 S.) Berlin 866, Nicolai's Verlag. *

— Maria von Schottland. Historisches Schauspiel in 5 Acten. Nach dem norweg. Original deutsch von Edm. Lobedanz. Diamant-Ausg. Mit Zeichnungen nach R. Hirth du Frênes, in Holz geschn. von H. Kaeseberg. 32. (150 S.) Berlin 876, Grote'sche Verlagsh. geb. mit Goldschn. *

Björnson, Björnstjerne, Mary, s. Fischer's Bibliothek zeitgenössischer Romane. 2.

— Mary. Roman. Einzige berecht. Übersetzg. aus dem Norweg. v. Cläre Greverus-Mjöen. (259 S.) 8. München 907. A. Langen. n. 4. —; geb. n. 5. 50; in Ldr. n. 7. —

Mary. Roman von Björnstjerne Björnson. Berlin: S. Fischer (1910). 183 S. 8°
(Fischers Bibliothek zeitgenössischer Romane. Jg. 3, Bd 2.)

— Meister-Werke. (73, 282, 111, 104, V u. 89 S.) tl. 8. Berlin (910). Parnassos-Verlag. Geb. in Leinw. 3.—; in Ldr. 3. 50

— Monogamie u. Polygamie. Autoris. Uebersetzg. Mit e. kurzen Vorworte d. Verf. gr. 8. (32 S.) Berlin 889. Lazarus. — 60

BJÖRNSON, Björnstjerne, Monogamie und Polygamie. Autorisierte Uebersetzung. Mit einem kurzen Vorworte des Verfassers. 2e Aufl Berlin [1893]. 8°. (60 Pfg., Herm. Lazarus, Berlin, 1905:) (In Amsterdam, Bibl. Gerritsen.)
„Eine der interessantesten Broschüren des berühmten Verfassers."

— Monogamie u. Polygamie. Vortr. Uebers. v. K Marinus. (30) 8° Pössn., B Feigenspan (02). ‖ 2. Afl. (32 m. Bildnis.) (02). Je — 60

— Monogamie u. Polygamie. Ein Vortrag. Autoris. Uebersetzg. v. Kooy Marinus. gr. 8. (30 S.) Pössneck (902). Leipzig, Schäfer & Schönfelder. n. — 60

— dasselbe. 2. Aufl. gr. 8. (32 S. m. Bildnis.) Ebd. (902). n. — 60

— die Neuvermählten, s. Universal-Bibliothek Nr. 592.

— die Neuvermählten. Deutsch von Frz. Busch. 16. (80 S.) Bremen 871, Kühtmann und Comp. geb.

— die Neuvermählten. Familiengemälde in 2 Akten. Deutsch v. J. Voges. gr. 8. (40 S.) München 881. (Rubinverlag.) n. 2. —

— die Neuvermählten. Deutsch von Frz. Busch. 2. (Titel-) Aufl. 12. (80 S.) Norden (1871) 886, Fischer Nachf. *

— dasselbe. Zwei Akte. Deutsche vom Dichter autoris. Ausg., besorgt v. Jul. Elias. 2. Aufl. 8. (86 S.) München 900. A. Langen. n. 1. 50; geb. n. 2. 50

Björnson, Björnstjerne. Ragni. Roman. Autorisirte Uebersetzung. 2 Bde. gr. 8. (290; 265 S.) Hamb. 891, Verlagsanstalt u. Druckerei, A.-G. * 9 —; geb. * 11 —

— Ragni. Roman. Autoris. Ubersetzg. 2. Aufl. (552 S.) 8. Hamburg 904. [Verlagsanstalt u. Druckerei]. Berlin K. W. Mecklenburg. n. 5. —; geb. n. 6. —

— der Redakteur, s.: Kühling's, A., Volks-Schaubühne.

**Björnson, Björnstjerne.**
Der Redacteur. Schauspiel. Deutsche Ausgabe. München 1875. Ü: *Schmitt, Chr.* (Pettersen, Anon. og Pseudonymer. Kristiania 1890.)

— der Redakteur. Einzige berecht. Übersetzg. v. Cläre Greverus Mjöen. (183 S.) 8. München 906. A. Langen. n. 2. 50; geb. n. 3. 50

— Thomas Rendalen. Roman. Deutsch von Wilh. Lange. 8. (401 S.) Berlin 886, Stille. *
Vergriffen.

— Thomas Rendalen. Roman. Deutsch v. Wilh. Lange. 2. Aufl. (III, 360 S. m. Bildnis.) 8. Berlin 903. F. Wunder. n. 3. —; geb. n. 4. —

Thomas Rendalen. Roman von Björnstjerne **Björnson**. Deutsch von Wilhelm Lange. Mit d. Bildn. d. Verf. 3. Aufl. Berlin: Wunder 1910. 306 S. 8° (11. 4370

Björnson, Bj., Thomas Rendalen. Jetzt: Berlin, A. Weichert. Ladenpr. aufgehoben.

— Ausgewählte Schauspiele. Aus dem Norweg. v. Emma Klingenfeld, Wilh. Lange, Edm. Lobedanz u. L. Passarge. (III, 37, 46, 110, 114, 63, 92, 61 u. 79 S.) 16. Leipzig (910). Ph. Reclam jun. Geb. in Leinw. 2.25

— zwischen den Schlachten, s.: Meyer's Volksbücher.

— zwischen den Schlachten, s. Repertoir des herzogl. Meiningen'schen Hof-Theaters. — Universal-Bibliothek Nr. 750.

— Zw. d. Schlachten. Ubers. v. Cläre Greverus Mjöen. (74) 8° Ebd. '06. 1 —; geb. 2 — d

— zwischen den Schlachten. Berechtigte Uebersetzg. v. Cläre Greverus Mjöen. (74 S.) 8. München 908. A. Langen. n. 1. —; geb. n. 2. —

Björnson, Björnstjerne, Sigurd Slembe. Einzige berecht. Uebersetzg. v. Cläre Greverus Mjöen. (357 S.) 8. München 903. A. Langen. n. 3. —; geb. in Leinw. n. 4. —

— Synnöve Solbakken, s. Universal-Bibliothek Nr. 656.

— Synnöve Solbakken, s: Dichter, Neuere, f. d. studier. Jugend (Lange). — Volksbücher, Wiesbadener, 149.

— dass. — s. Aus Norwegens Hochlanden.

— Synnöve Solbakken. Aus d. Norweg. übers. v. Otto Lübbert. Mit e. Glossar. Bergen 859. (Hamburg, G. W. Niemeyer.) 16. (VII, 179 S.) n. 20 *ngr.*

Synnöve Solbakken und Der Brautmarsch von Björnstjerne **Björnson**. Deutsch von Mathilde Mann. Ill. von Artus Scheiner. (Vorr.: W[ilhelm] M[ießner].) Berlin-Leipzig: Buchverl. fürs Deutsche Haus 1908. (287 S.) 8° [F.]
— Bücher, Die, d. Deutschen Hauses. Reihe 1. Bd 18. (08. 5780

Bjørnson, Bjørnstjerne (Martinius)

Staub. Erzählung. Deutsch von Emil J. Jonas. Berlin: Weichert (um 1860). 48 S. 8°

Staub. Erzählung von Björnstjerne **Björnson**. Deutsch von Emil [Jakob] Jonas. *Berlin: A. Weichert [1900].* (48 S.) 8° [F.]
— Welt, Alle. Bd 9. (08. 1153

— auf Storhove. Drama. 8. (179 S.) München 903. A. Langen. n. 3. —; geb. n. 4. —

— Südseegeschichten u. and. Erzählgn, s: Gerstäcker, Frdr.

— Arne,
— ein frischer Bursche, } s. Aus Norwegens Hochlanden.
— Schön Synnöv,

— das neue System, s. Universal-Bibliothek Nr. 1358.

— das neue System. Schauspiel. Einzig berecht. Übersetzg. aus dem Norweg. v. C. Auerbach. 8. (193 S.) Ebd. 901. n. 3. —; geb. n. 4. —

— ein Tag. Ivar Lye. s.: Bibliothek Langen, kleine.

Björnson, Björn, nord. Volks- u. Hausmärchen, s. Asbjörnsen, P. Chr.

Nordische Volks- und Hausmärchen. Gesam. v. P. Chr. Asbjörnsen u. Jörgen Moe. Ausgew. u. hrgg. v. Björn **Björnson**. Deutsch v. Pauline Klaiber. (Mit vielen Zeichnungen v. Th. Kittelsen u. Otto Sinding.) Samml. 1—3. München. 1909.
Umschlagt.: Illustrierte nordische Volks- und Hausmärchen. Samml. 1—3.

Björnson, Björnstjerne. Auf Gottes Wegen, s. Bibliothek der Gesamtlitteratur d. In- u. Auslandes Nr. 601—604.

— auf Gottes Wegen. Roman. Autoris. Übers. v. Cläre Greverus Mjöen. 1.—5. Taus. (433 S.) 8. Ebd. 903. 904. n. 3. —; geb. n. 4. —

Auf Gottes Wegen [Paa Guds Veje]. Roman von Björnstjerne **Björnson**. Deutsch von Emma Pastor-Normann. Mit d. Bildn. d. Verf. *Berlin: F. Wunder 1903.* (337 S.) 8° [F.] (04. 4377

1 — Auf Gottes Wegen. Deutsch v. Pastor-N. Jetzt: Berl., A Weichert. Preis 6 01/05

— Wenn der junge Wein blüht. Lustspiel. (Autoris. Übertragg. v. Frau Olaf Gulbransson.) 1.—5. Aufl. (Je 179 S.) 8. Berlin 909. 910. S. Fischer, Verl. 3. —; geb. n 4. —

— Wenn d. junge Wein blüht. Lustsp. 7. Afl. (Übertr. v. Frau Olaf Gulbransson.) (179) 8° Berl., S Fischer '10. 3 — d

Björnson's ausgewählte Werke. Aus dem Norweg. von E. Lobedanz. 1. Bd.: Dramen. 8. (VIII, 176, 164 u. 149 S.) Leipzig 887. Bibliograph. Institut. geb. n. 2.25 (1. u. 2.: n. 3. 75)

Björnson's, Björnstjerne, ausgewählte Werke. Aus dem Norweg. v. Edm. Lobedanz. 2. Bd.: Bauern-Novellen. 8. (243 S.) Leipzig 886. Bibliogr. Institut. geb. n. 1. —

Björnstjerne Björnson. Ausgewählte Werke. Hrsg. von Thomas Schäfer. 1–3. Berlin: Oestergaard (1910). 8°

1. Dorfgeschichten. Das Mädchen vom Sonnenhof (Synnove Solbakken). Arne. Treue. Gefährliches Liebeswerben. Der Bärenjäger. Der Adlerhorst. Eisenbahn u. Friedhof. Das Hochzeitslied.
2. Auf Gottes Wegen. Roman.
3. Dramen: Zwischen d. Schlachten. Die Neuvermählten. Über d. Kraft (I). Maria Stuart in Schottland. Der König.

Björnson. B, dramat. Werke, s.: Biblioth. ausl. Klass.

Björnson, Björnstjerne: Gesammelte Werke. (2 Serien in 5 Bdn.) Deut. Volksausg. Hrsg. v. Jul. Elias. 8° Berl., S Fischer. L 15 —
I, 1. Gedichte u. Erzähign. (16, 609 m. Bildn.) ‖ 2. Erzählgn u. Romane. (5, 494) ‖ 3. Romane u. Erzählgn. (5, 466) (1 u. 2: 9 —) II, 4. Dramen. (7, 575) ‖ 5. Dramen u. Briefe. (7, 638) (4 u. 5: 8 —)

Björnstad, Ejnar, die Berechnung v. Steifrahmen nebst anderen statisch unbestimmten Systemen. Mit 127 Fig. im Text, 19 Tab u. 1 graph. Anlage. (VIII, 229 S.) gr.8. Berlin 909. J. Springer. 9.—; geb. in Leinw. n 10. —

Björnstad, Thorleif P: Skisport, s: Wagner, Alb.

**Björnstahl, Jacob Jon.** Briefe auf seinen ausländischen Reisen in Frankreich, Italien . . . an C. C. Gjörwell. Aus dem Schwed. übers. . . . Bd. 1—6. Stralsund [Rostock] 1777—84. Ü: *Groskurd, Just. Ernst* & *Chn Hnr. Groskurd.* (BrMm) (EngG)

Björnstahl, J. J., Briefe auf Reis. d. Frankr. Ital. rc. a. d. Schwed. 6 Bde. 8. Rost. Stiller. 777—84. (1r bis 4r à 20 gr. 5r 1 Rthlr. 8 gr. 6r 1 Rthlr.)

**Björnsterna, M.** Das brittische Reich in Ostindien. Stockholm 1839. Ü: *Kohtlieb, Johannes.* (schr)

Björnstjerna, M., das Brittische Reich in Ostindien. Aus d. Schwed. übers. Mit 2 Karten. gr. 8. Stockholm 839. Fritze u. Baage. n. 2⅓ ₰

Graf Mgn. **Björnstierna**: die Theogonie, Philos. u. Kosmogonie der Hindus; a. d. Schwed. übers. u. m. Anmerkk. begl. v. **J. R.** *Stockholm*, Norstedt u. Söhne. 843. gr 8° 1 ₰ 8 gl

Björnstjerna, Graf M., die Theogonie, Philosophie und Kosmogonie der Hindus. Aus dem Schwed. übers. und mit Anmerkungen begleitet von J. R. gr. 8. Stockholm 843. (Fritze.) n. 1⅓ ₰

Björnström, F. J., et J. E. Zetterstedt, Monographiae Andreaearum Scandinaviae tentamen, s. Zetterstedt.

Björnström, Fred., der Hypnotismus, seine Entwickelung u. sein jetziger Standpunkt. Populäre Darstellg. Nach der 2. Aufl. des Originals. Deutsch v. M. C. Larochelle. gr. 8. (VII, 210 S.) Wiesbaden 894. H. Sadowsky. n. 2. 70

Die Legende des Martinian (Βίος καὶ πολιτεία τοῦ ὁσίου πατρὸς ἡμῶν Μαρτινιανοῦ). Veröff. von Paul Rabbow. Wien: Selbstverl. 1896. 45 S. 4°
Aus: Wiener Studien. 1895, H. 2.

Biot, Ed., über Anlegung rc. von Eisenbahnen, s.: Schauplatz, neuer, d. Künste rc. 70. Bd.

Biot, Ed., über die Anlegung und Ausführung aller Arten von Eisenbahnen, nach den Grundsätzen der Mechanik und den Ergebnissen der Erfahrungen, welche bis auf die neueste Zeit in England, Amerika, Frankreich und Deutschland beim Baue der eisernen Schienenwege gesammelt worden sind, nebst ausführlichen Kostenberechnungen. Nach d. Franz. Herausg. v. C. H. Schmidt. Mit 7 Steintaf. 8. Weimar 835. Voigt. 1⅓ ₰ (A. u. d. T.: Schauplatz, neuer, d. Künste rc., 76r Bd.)

Biot, Jean Baptiste

– und Savart, Von einer Abhandlung über den Magnetismus der Voltaischen Säule, der Herren —, welche in der Akad. der Wissensch. am 30. Oct. 1820 vorgelesen worden. (Aus: Ann. der Physik, Bd. 66, St. 4, J. 1820, St. 12.)

— Anfangsgründe d. Erfahrungs-Naturlehre. Durch das Dekret d. Commission d. öffentl. Unterrichts v. 22n Febr. 1817 in allen öffentl. Lehranstalten Frankreichs eingeführt. Aus d. Französ. übers. v. Fr. Wolf. 2 Thle. Mit 14 Kpft. gr. 8. Berl. 818, 19. Voß. 9 ₰ 8 gl

— Betrachtungen über die Natur und die Ursachen des Nordlichtes. (Aus „Annalen der Physik", Jahrgang 1821.)

— Ueber die Bewegung des galvanischen Fluidums. (Vorgel. im Nat.-Instit. den 26. Therm., J. 9, [14. Aug. 1801.]) (Aus: Ann. der Physik, Bd. 10, St. 1, J. 1802, St. 1.)

Biot, (J. B.,) Lehrbuch d. Experimentalphysik. 4 Bände. Mit Kpf. gr. 8. Leipzig 824 u. 25, Voß.

Biot, Jean Baptiste, Lehrbuch d. Experimental-Physik od. Erfahrungs-Naturlehre. Durch Beschluß d. Commiss. f. d. öffentl. Unterr. als Lehrbuch in d. öffentl. Lehranst. Frankreichs eingeführt. 2. Aufl. d. deutsch. Bearbeit. Mit Hinzufüg. der neuern u. einheim. Entdeckungen v. Gust. Theod. Fechner. 5 Bde. M. 23 Kpfrt. in gr. 4. u. Biots Bildn. gr. 8. (153½ B. u. 3 Tab.) Leipzig 828, 29, Voß. Schrbp. 14 Thlr. 16 Gr., Drckp. Der 5. Bd. a. u. d. T.: Gust. Theod. Fechner, Lehrb. d. Galvanismus u. d. Elektrochemie. — Die Bde. werden nicht getrennt.

— Ausführliche Nachrichten von dem Steinregen bei l'Aigle am 26. April 1803; gesammelt auf einer Reise im Orne-Departement. (Aus „Annalen der Physik", Bd. 16, St. 1, J. 1804, St. 1.)

Biot, J. B. Tafeln zur Berechnung barometrischer Höhenmessungen. Neu bearbeitet von H. Kiefer. Tiflis 1874.

Biot, J. B., Untersuchungen über die Fortpflanzung des Schalles in der Luft. (Mit Bemerkungen von Dr. Brandes zu Eckwarden.) (Aus: Ann. der Physik, Bd. 18, St. 4. J. 1804, St. 12.)

Biot-Brandes-Gilbert, Untersuchungen über die ungewöhnliche Strahlenbrechung, welche zuweilen nahe am Horizonte stattfindet, von Biot. Frei bearbeitet von H. W. Brandes und L. W. Gilbert. (Aus: Gilbert's Annalen der Physik, Bd. 48.) Leipzig 1814.

Biot und Cuvier, F., Ueber das Verschlucken des Sauerstoffgas durch die Voltaische Säule. (Zusammengezogen aus den „Ann. de Chemie", t. 39, No. 117.) (Aus: Ann. der Physik.)

— Versuch e. analyt. Geometrie, angewandt auf d. Curven u. Flächen zweiter Ordnung. Uebers. mit Zusätzen v. J. C. Ahrens. Mit 7 Kpf. gr. 8. Nürnb. 817. Riegel u. W. 1 ₰ 21 gl

Biot, J. B., Versuch einer analyt. Geometrie, angewandt auf die Curven und Flächen zweiter Ordnung. Uebersetzt mit Zusätzen von Dr. rc. J. T. Ahrens. 2e verm. u. verb. Aufl. Mit 11 Figurentaf. gr. 8. Nürnberg 840. Riegel u. Wießn. 2½ ₰

Biow, H., s. Ole Bull

Biow, H., Gallerie berühmter Schlesier. 1—5. Lfg. gr. 4. (5 lith. Bildn. u. 2½ B. Biographie.) Breslau 828, (Leuckart.) à

Biow, H., Gemälde der Säugethiere. Nach Cuvier's Classification und als Wandtafeln für den Schulgebrauch. 14 lith. Tafeln. Nebst beschreibendem Inhalt (4 Bogen). 1. Hauptabtheil. des Atlasses zur Naturgeschichte des Thierreichs. Hamburg 841, Herold'sche Buchh. n. 4⅔ ₰ — Mit 13 sauber col. Blättern. n. 8 ₰

Biow, H., synoptische Wandgemälde des Thierreichs, nach Cuvier's Classification entworfen. Wandtafeln der Säugethiere. (1e—7e Lfrg. Das Ganze compl. in 15 Bl. mit Text.) gr. 4. Hamburg 838—40. Herold'sche Buchh. n. 4 ₰, ill. n. 9 ₰

Bippart, Ernst: Das staatl. Getreide-Lagerhaus. Mittel z. Gesundg d. inländ. Getreide-Produktion u. d. Handels. (34) 8° Arnst., Gimmerthal ('12). — 75 d

Bippart, Georg

Bippart, G., Beiträge z. Erklärung u. Kritik d. Horatius. Ak. 1864. 24 S. 4°.

Bippart, Geo., drei Episteln des Q. Horatius Flaccus I. 6. 10. 16. Lateinisch und deutsch mit Commentar. gr. 8. (76 S.) Prag 885, (Neugebauer.) *

Bippart, Georg. Hellas und Rom. Ein Grundriss des klassischen Alterthums für die studierende Jugend von — —. I. Band. Land und Volk, Staat und Familie, Religion und Cultus der Hellenen. *Prag* 1858. Verlag von *Friedr. Tempsky*. Druck von *C. Bellmann*. VI, 548 S. 3 Bl. 8°.

Bippart, Geo., Pindar's Leben, Weltanschauung u. Kunst. gr. 8. (VI u. 109 S.) Jena 848, Hochhausen. 1 ₰

— s. Philoxenus Timoth., Telestis etc.

Bippart, Georg, theologumena Pindarica. Dissert. philologica. 8 maj. (2 B.) Jenae 840, Hochhausen. *

Bippart, G., Ueb. das Wesen des antiken Rhythmus u. die Bedeutung der lyrischen Versmasse. S. A. 1852. 15 S. u. 1 Taf. 4°.

Bippart, Gustav, appr. Arzt a. Arnstadt i. Th.: Ein Beitrag zur Kasuistik der Bindehautdeckung bei Hornhautverletzungen und Geschwüren. Leipzig 1900: B. Georgi. (32 S.) 8°

Leipzig, Med. Fak., Ref. Sattler, Diss. v. 15. Okt. 1906

(Geb. 4. Apr. 78 Hermannshof b. Hersfeld; Wohnort: Gießen; Staatsangeh.: Preußen; Vorbildung: Gymn. Arnstadt Reife O. 97; Studium: Berlin K. W. A. 9 S.; Coll. 22. Okt. 06; Approb. 7. Apr. 02.)

Bippen, (Adalbert) von: Meinungsverschiedenheiten zwischen dem Gerichtsherrn und seinem Militärjustizbeamten. Aus: Goltd. Arch. 52. 169 - 188. (1905)

Bippen, Wilhelm von

Bippen, Wilh. v. — Zur Erinnerung an Wilh. v. Bippen. 21 Gedichte aus seinem Nachlaß. 8. (44 S.) Weimar 866, Böhlau. *

Bippen, Wilh. v., Geschichte der Stadt Bremen. 1.—4. Lfg. gr. 8. (1. Bd. VIII, 392 S.; 2. Bd. S. 1—128.) Bremen 892—895. C. E. Müller. n. 6.20 (1. Bd. n. 5.—)

Bippen, Wilh. v., Geschichte d. Stadt Bremen. 5. u. 6. Lfg. gr. 8. (2. Bd. VIII u. S. 129—414.) Bremen 896/98. C. E. Müller. n. 2.80 (1—6.: n. 9.—; 2. Bd. kplt., geb. in Halbfrz. n.n. 6.—; 1. u. 2. Bd. n.n. 13.—)

Bippen, Wilh. v., Geschichte der Stadt Bremen. 7. u. 8. Lfg. gr. 8. (3. Bd. S. 113—224.) Halle 901. 902. C. E. Müller. à n. 1.10

Lfg. 1—6 jetzt Ebd. 896—898. n. 9. —.

Bippen, Wilh. v., Geschichte der Stadt Bremen. 9. u. 10. Lfg. Mit 1 geschichtl. Karte des brem. Gebiets (in Farbdr.) (3. Bd. XIV u. S. 225—522.) gr. 8. Halle 904. C. E. Müller. n. 3. — (3. Bd.: 5. 20; geb. 7. 20; kplt. 14. 20; geb. n.n. 20. 40; ermäß. Pr. 12. 70; geb. 18. 70)

Bippen, W. v., s.: Geschichtsblätter, hansische.

Bippen, W., Georg Arnold Heise. Mittheilungen aus dessen Leben. gr. 8. (XII u. 330 S.) Halle 852, (Braunschweig) Schwetschke & Sohn. 1 1/2 ₰

Bippen, Guilielmus de: Nonnulla de hermaphroditis et memorabilis hominis gynandri historia atque descriptio. Accedunt tabulae lithographicae III. Halis (1831): Baentsch. 39 S., 3 Taf. 8° (4°)

Halle-Wittenberg, Med. Diss., nachgeliefert von dem am 8. Sept. 1831 auf Thesen promovierten Verf.

[Beigedr.:] Dzondi, Carolus Henricus: Observationum ophthalmologicarum part. 4.

Geb. Lübeck [8. 4.] 1808. V.

Ein vollst. Exemplar nicht nachweisbar.

Im Exemplar der UB Halle fehlt Taf. 1.

(Bippen, Wilhelm von, Dr. med.) , Ueber politische Parteien der Gegenwart. (Abgedruckt aus den Neuen Lübeckischen Blättern.) Lübeck, von Rohden, 1848. 22 S. 8°.

Bippen, W. v., die Pfarr- und Ordens-Kirchen Bremens, s. Denkmale der Geschichte und Kunst der freien Hansestadt Bremen.

Bippen, W. v., der Rathskeller zu Bremen. gr. 8. (III, 48 S. m. 1 Holzschn.- u. 2 Lichtdr.-Taf.) Bremen 890. (Valett & Co.) n. 1. —

Seeversicherung und Seeraub eines hansischen Kaufmanns im 16. Jahrhundert v. Wilhelm von Bippen. Dem Vereine für Hamburgische Geschichte bei der Feier seines fünfzigjährigen Bestehens am 9. April 1889 gewidmet von der Historischen Gesellschaft des Künstlervereins zu Bremen. o. O. (1889.) 4°

Bippen, W v.: Eine Skizze d. Gesch. Bremens. — Bücking: Korrektion d. Unter- u. Aussenweser. (39 m. Abb. u. 3 Pl.) 37×25 cm. Berl., Eckstein's biograph. Verl. ('12). 8 —; HL 10 —

Bippen, Wilh. v., eutiner Skizzen. Zur Cultur- und Literaturgeschichte des 18. Jahrh. gr. 8. (VIII und 319 S.) Weimar 859, Böhlau. *

Kritische Untersuchung über die Versus de vita Vicelini und den sog. Bericht des Propst Sido von Neumünster v. Wilhelm von Bippen. Lübeck. 1868. 8°

Göttingen, Phil. Diss.

Bippen, W. v., s. Urkundenbuch, bremisches.

Bippen, Wilh. v., aus Bremens Vorzeit. Aufsätze zur Geschichte der Stadt Bremen. gr. 8. (V, 208 S.) Bremen 885, Schünemann. *

Biquilles, C. F. de, d. Rechnung des Wahrscheinlichen. a. d. Fr. gr. 8. Lpz. Schwickert. 788.

Birac, de. Der Rittmeister .. Nach der Pariser Ausgabe von 1671 übersetzt. Breslau 1754. Ü: *Gröben, Georg Dietrich von der.* (Ky) (ML)

Birac, d. Rittmeister d. H. v., n. d. Paris. Ausg. 1671 übers. 8. Bresl. Korn d. j. 754.

Biraghi, Angelo, Handbuch der italienischen u. deutschen Umgangssprache. 12. (VIII, 425 S.) Leipzig 900. O. Holtzes Nachf. 2. 40; geb. in Leinw. n. 3. —

— o K. Petraris, manuale della conversazione italiana e greca moderna. 12. (VIII, 425 S.) Ebd. 900. n. 4. —; geb. in Leinw. n. 4. 60

— o I. Cornet, Manuale della conversazione italiana e russa. 12. (VIII, 425 S.) Ebd. 900. n. 4. —; geb. in Leinw. n. 4. 60

Biraghi, Luigi, Leben der heiligen römisch mailändischen Jungfrau Marcellina, Schwester des heil. Ambrosius. Nach den alten Dokumenten bearb. Aus dem Ital. von Pet. Macherl. 8. (XVI, 198 S.) Kempten 880, Kösel'sche Buchh.

v. Birago, Ritter, s. Fabisch, Jos., Leitfaden für die Vorträge über Elementar-Mathematik.

Birago, Karl v., Untersuchungen üb. d. europ. Militärbrückentrains, u. Versuch ein. verbess., allen Forderungen entsprech. Militärbrückeneinrichtung. gr. 8. (22 B., 1 Tab. u. 4 Stnt.) Wien 839, (Becksche Univ.-Buchh.) •

**Biram**, Arthur, aus Berlin: Kitābu 'l-masā'il fi'l-ḫilāf bejn al-Baṣrijjīn wa 'l-Baġdādijjīn. (Verf.: Abū Rašīd Sa'īd Ibn-Muḥammad an-Naisābūrī.) Al-kalām fi'l ǧawāhir. Die atomistische Substanzenlehre aus dem Buch der Streitfragen zwischen Basrensern und Bagdadensern [hrsg.]. *Berlin 1902: H. Itzkowski.* (82, 89 S.) 8°
Leipzig, Phil. Diss. v. [5. Mai] 1902

Biram, Arth., Kitābu 'l-Masā'il Fi'l-Hilāf bejn Al-Baṣrijjīn wa 'l-Bagdādijjīn. Al-Kalām Fi'l Gawāhir. Die atomist. Substanzenlehre aus dem Buche der Streitfragen zwischen Basrensern u. Bagdadensern, ediort. (82 u. 85 S.) gr. 8. Leiden 902. Buchh. u. Druckerei vorm. E. J. Brill. n.n. 4. —

Birawer, Samuel (geb. Gleiwitz 14. 2. 1833): De hydronephrosi. Berolini (1858). (32 S.) 8°
Berlin, Med. Diss. v. 2. Sept. 1858

Birbaumer, Rud. W., auf dunklen Bahnen. Eine Sammlg. lyr. Gedichte. 8. (VII, 95 S. m. Bildnis.) Dresden 900. E. Pierson. n. 1. —; geb. n. 2. —

Birbaumer, Rud. W., Raum dem Werde! Neue Gedichte. (46 S) 12. Neurode 908. (Weida, Thomas.) n. — 80

Birbeck, Morris, Bemerkk. auf e. Reise in Amerika von d. Küste von Virginien bis z. Gebiete Illinois. Nebst e. vollständ. geogr.-topograph.-statist.-polit. Uebersicht von d. Vereinigten Staaten v. Nordamerika. 8. Jena 818. Bran. 1 ₰ 12 gr

Birean, Wilhelm. Kleines Handwörterbuch, enthalt d. Wichtigste aus d. Lehre d. Elektricität. 8. (96 S.) Wien, A. Hartleben. 80 kr. 1883

Birch (Hrsg.), s. Flora.

Birch, Andreas
Birch, A., Codex apocryphus Nov. Test. fasc. I. 8. Hafn Arnzen. 804.

— auctarium Codicis apocryphi N. Test. Fabriciani. Fasc. 1. Kopenh. 804. (Brummer; a. Lpz., Barth). 1 ₰ 16 gr

— quatuor Evangelia graece, c. var. a textu lect. Cdd. Mss. bibl. Vatic. etc. 4 maj. Kopenh. 788. (Brummer). 9 ₰ Fol. maj. ib. 788. 18 ₰

— quat. Evangelia graece. c. var. etc. 4. maj. Hafn. Proft. 788.

Birch, Andr., Variae lectiones ad Acta Apostolorum, Epistolas catholicas et Pauli. Havn. 797. 8. 1 rthl.

— variae lectiones ad text. Act. App. Epp. Catholic. et Pauli, e Codd. gr. Mss. Bibl. Vatic. 8 maj. Kopenh. 798. (Brummer). 1 ₰

— variae Lectiones ad Text. Actor. App. Epp. Catholic. et Pauli e. Cod. gr. Ms. Bibl. Vatic. 8. maj. Hafn. Proft. 798.

— — variae lectiones ad textum Act. App. Epp. cathol. et Pauli, e codd. graecis msq. Bibl. Vaticanae, Barberinae, Augustin. Eremitar. Romae, Borgianae, Velitris etc. 8maj. Ebendas.

— variae lectiones ad text. graec. Act. App. Epp. Pauli et Cathol. nec non apocalyps. etc. 8 maj. Kopenh. 797. (Brummer). 1 ₰ 8 gr

— variae lectiones ad text. Apocalypseos etc. 8 maj. Kopenh. 800. (Brummer). 18 gr

— var. lection. ad Text. IV Evangel. etc. 8. maj. ibid. 801.

Birch, A., variae lectiones ad textum IV. Evangeliorum. 8mai. Ist Verl. v. Brummer in Copenhagen.

Birch, Aug.: Das Gespenst auf d. Ostglacis u. and. Erzählgn, s: Bibliothek d. Gesamtlit. d. In- u. Auslds 2310.11.

Birch, Christian, s. Aula der schönen Literatur. 23. - 25. Bdchn. 45. - 48. B.–

Birch, Christian, s. Denkwürdigkeiten der Lady Esther Stanhope.

Birch, Chrstn., Dramatik, s. Volks- u. Jugendbibliothek. 8. Sect. 5. Thl.

Birch, Chrn., Dramatik oder Darstellung der Bühnenkunst, historisch, theoretisch-praktisch, für Künstler u. Freunde der Aesthetik. 2. (Titel-) Ausg. Stuttgart (847) 856. Hallberger'sche Verlhdlg. 8. (VIII, 344 S.) 21 ngr

Birch, Christ., Ludwig Philipp d. Erste, König d. Franzosen. Darstell. seines Lebens u. Wirkens. 1. Bd. Lex.-8. (27¼ B.) Stuttgart 841, Hallberger'sche Vrlsh.

Birch, Christian, Ludwig Philipp der Erste, König der Franzosen. Darstellung seines Lebens u. Wirkens. 2. u. 3. Bd. Lex.-8. Stuttgart, Hallbergersche Vrlsbuchh. [2. (20⅝ B.) 843, 3. (28 B.) 44. à 2 Thlr. 15 Ngr.]
1 Bd. Ebendas. 1841. 2 Thlr. 15 Ngr.

—— dass. 2., verm. u. bis auf die neueste Zeit fortges. Aufl. 3 Bde. (15 Lfgn.) gr. 8. (87⅞ B.) Stuttgart 846, 47, Hallbergersche Vrlsbuchh. à Lfg. 6 Ngr.

Birch, Christian, Ludwig Philipp I., König der Franzosen. 2. verm. Aufl. 13—15. Liefrg. 8. Stuttgart 848, Hallbergersche Verlagshandlung. à Liefrg. 6 ngr (cmplt. 3 ₰)

Birch, Christian, Ludwig Philipp der Erste, König der Franzosen. Darstellung seines Lebens und Wirkens. 3., verm. und bis zu seinem Tode fortgeführte Aufl. 3 Bde. gr. 8. (VIII und 1454 S.) Stuttgart 851, Hallbergersche Vrlgsh. (1. und 2. Bd. à 1 Thlr. 15 Ngr. und 3. Bd. 2 Thlr. 12 Ngr.)

Birch, Christian, s. Lutterroth, H.: Rußland u. die Jesuiten.

— Marguerite. Roman. 3 Thle. Berlin 854. Vereins-Buchhandlung. 8. (2 Bl., 290; 2 Bl., 203; 2 Bl., 365 S.) (Kühling) 3 ₰ 7½ ngr

— der Mensch in der Gesellschaft, s. a. Volks- u. Jugendbibliothek, 7. Sektion, 4. Thl.

Ch. Birch: d. Mensch in d. Gesellsch., od. d. Kunst d. Umgangs m. Menschen v. d. heut. Standpunkte d. Cultur u. Civilisat., als Lehr- u. Leseb. dargest. (Volks- u. Jug.-Biblioth. 7e Sect. 4r Th.) *Stuttg.*, Verlagsbür. 847. 8° 1 ₰

— der Mensch in Gesellschaft, oder die Kunst des Umgangs mit Menschen, von dem heutigen Standpunkte der Cultur u. Civilisation als Lehr- u. Lesebuch für Jung u. Alt rc. 2. (Titel-) Ausg. Stuttgart (847) 856. Hallberger'sche Verlhdlg. 8. (VIII, 320 S.) 18 ngr

Birch, GA, J Winteler, H Wipf: Der Sprachunterr. f. d. IV—VI. Schulj. Sprachübgn im Anschl. an d. obligator. zürcher. Lesebb. v. A Lüthi. Auszug f. Schüler. IV—VI. Schulj. 4. Aufl. (24, 32 u. 24) 8° Zür., E Speidel '06. Je — 20

Birch, GA, J Winteler, H Wipf: Der Sprachunterr. f. d. 4— 6. Schulj. Sprachübgn im Anschlusse an d. obligator. zürcher. Lesebb. v. A Lüthi. Ausz. f. Schüler. 6. Schulj. 5. Afl. (24) 8° Zür., E Speidel '12. — 20

**Birch**, Johannes, Assistenzarzt in Barby: Über Resectio ovarii. Greifswald 1907: J. Abel (50 S.) 8°
Greifswald, Med. Fak., Ref. Martin, Diss. v. 11. Okt. 1907
[Geb. 28. Jan. 77 Stettin; Wohnort: Barby; Staatsangeh.: Preußen; Vorbildung: Gymn. Anklam Reife M. 98; Studium: Berlin 7, Greifswald 3 S.; Coll. 6. Sept. 06; Approb. 2. Juli 04.]

Birch, Thom., Leben Tillotson, s. Leben.

Birch, Thom., s. Tillotsons Leben.

**Birch, Thomas.** Leben des Lord Erzbischoffs zu Canterbury Tillotson; ... aus dem Engl. Leipzig 1754. Ü: *Pauli, Ernst Ludwig.* (Ky) (ML)

**Birch-Hirschfeld**, Adolfus: Das fünfte Buch des Pantagruel und sein Verhältnis zu den authentischen Büchern des Romans. *Lipsiae (1901): A. Edelmann.* (S. 1—35.) 4°
Leipzig, Verz. d. Promotionen in d. phil. Fak. 1900—1901

**Birch-Hirschfeld, Adf.**, das fünfte Buch des Pantagruel u. sein Verhältnis zu den authent. Büchern d. Romans. Progr. gr. 4. (35 S.) Leipzig (902). (A. Edelmann). 1.20

Adolf **Birch-Hirschfeld**: Zum Gedächtnis an Richard Wülker. Leipzig: Teubner 1910. S. 491–500. 8°
(Berichte über d. Verhandlungen d. Kgl. Sächs. Gesellsch. d. Wiss. Phil.-hist. Kl. Bd 62, H. 11.) [11. 1117 4

Birch-Hirschfeld, Adolf: Geschichte der französichen Literatur. s. Suchier, Hermann

**Birch-Hirschfeld, Adf.** Geschichte der französischen Litteratur seit Anfang d. XVI. Jahrh. 1. Bd.: Das Zeitalter der Renaissance. gr. 8. (302, 50 S.) Stuttg. 889, Cotta Nachf. 6 75

**Birch-Hirschfeld, Adf**, s.: Goer, Ivan, confision del Amante.

Birch-Hirschfeld, Adolf (Hrsg.), s. Juan Manuel: El Libro de los Enxiemplos del Conde Lucanor . . .

**Birch-Hirschfeld, Adf.**, die Sage vom Gral, ihre Entwicklung und dichterische Ausbildung in Frankreich und Deutschland im 12. und 13. Jahrh. Eine literarhistor. Untersuchung. gr. 8. (VII, 291 S.) Leipzig 877, F. C. W. Vogel. *

**Birch-Hirschfeld, A.** Ueber die den provenzalischen Troubadours des XII. und XIII. Jahrhunderts bekannten epischen Stoffe. Hab. Leipzig 1878. 92 S.

—— über die den provenzalischen Troubadours des XII. und XIII. Jahrh. bekannten epischen Stoffe. Ein Beitrag zur Literaturgeschichte des Mittelalters. gr. 8. (92 S.) Halle 878, Niemeyer. *

Birch-Hirschfeld, Vortrag, s.: Götze, W., aus der Lehrerbildungsanstalt d. deutschen Vereins f. Knabenhandarbeit.

**Birch-Hirschfeld,** *Gustav Viktor* Arthur [app. Arzt]: Zur Beurteilung des Bakterium coli commune (Escherich) als Krankheitserreger und über sein postmortales Eindringen in die Gewebe . . Leipzig, Druck v. A. Edelmann, Univ.-Buchdr., *1896*; 53 S. 8.
Leipzig, Med. Fak., Inaug.-Diss. v. 21. Juli 1896

**Birch-Hirschfeld, A.**, s.: Ergebnisse der allgem. Pathologie u. patholog. Anatomie des Menschen. u. d. Tiere.

**Birch-Hirschfeld**, A: Die Krankh. der Orbita, s.: Graefe, Alfr., u. Thdr. Saemisch, Hdb. d. ges. Augenheilkde.

**Birch-Hirschfeld**, A.: Zur Pathogenese der Methylalkoholamblyopie. 28. Vers. d. ophthalmol. Gesellsch. 18. Heidelberg. 1900.

Birch-Hirschfeld, Felix Viktor
**Birch-Hirschfeld, F. V.**, die Bedeutung der Muskelübung für die Gesundheit besonders der deutschen Jugend. Ein Beitrag zur sogenannten Überbürdungsfrage. gr. 8. (42 S.) Leipzig 883, F. C. W. Vogel.

**Birch-Hirschfeld, F. V.**, embryonale Drüsengeschwulst der Nierengegend im Kindesalter, s.: Döderlein, A.

Grundriß der allgemeinen Pathologie von Dr. F[elix] V[iktor] Birch-Hirschfeld, Prof., Leipzig. *Leipzig: F. C. W. Vogel 1892.* (VIII, 132 S.) 8°
10

**Birch-Hirschfeld, F. V.**, Handbuch der allgemeinen Ernährungsstörungen, s.: Handbuch der speciellen Pathologie u. Therapie.

**Birch-Hirschfeld, F. V.**, Handbuch der Krankheiten des Bewegungsapparates, s.: Handbuch der speciellen Pathologie u. Therapie.

Birch-Hirschfeld, V.F.: Handbuch der Krankheiten des Bewegungsapparates, s. Seitz, Hermann E.

—— die Krankheiten der Verdauungsorgane, s. Handbuch der Kinderkrankheiten.

—— Lehrbuch der pathologischen Anatomie. 2 Hälften. gr. 8. Leipzig, F. C. W. Vogel. [1. Hälfte. (I—XVI, S. 1—416 mit 5 lithogr. Taf.) 876. * M 7,50.; 2. Hälfte. (XVII—XXX, S. 417—1320.) 877. * M 17,50.]. *

— Lehrbuch der pathologischen Anatomie. 2. völlig umgearb. Aufl. 1. Bd. u. 2. Bd. 1. u. 2. Lfg. gr. 8. Leipzig, F. C. W. Vogel. *

Inhalt:
Bd. 1. Allgemeiner Theil. (XVI, 254 S. mit 48 Abbild. im Text.) 882. * M 6.
» 2. Specieller Theil. 1. und 2. Lfg. [1. Lfg. (S. 1—192 mit 29 Abbild. im Text.) 883. * M 4.; 2. Lfg. (S. 193—592 mit 58 Abbild. im Text.) 884. * M 10.]

**Birch-Hirschfeld, F. V.**, Lehrbuch der pathologischen Anatomie. 2. völlig umgearb. Aufl. 2. Bd.: Specieller Theil. 3. [Schluss-]Lfg. gr. 8. (XII, S. 593—967 mit 46 Abbild. im Text.) Leipzig 885, F. C. W. Vogel. *
1. und 2. Bd. 1. und 2. Lfg. Ebendas. 1883. * M 20.—.

—— dass. — 3. völlig umgearb. Aufl. 2 Bde. gr. 8. Ebendas. *

Inhalt:
Bd. 1. Allgemeine pathologische Anatomie. Mit veterinär-patholog. Beiträgen von Alb. Johne und einem Anhang: Die pathologisch-histolog. und bacteriolog. Untersuchungsmethoden mit einer Darstellung der wichtigsten Bacterien von Karl Huber und Arno Becker. (XXVI, 473 S. mit 169 Abbild. im Text und 2 farb. Taf.) 886. * M 10.—.
» 2. Specielle pathologische Anatomie. (XII, 937 S. mit 178 Abbild. im Text.) 887. * M 22.—.

**Birch-Hirschfeld, F. V.** Lehrbuch der pathologischen Anatomie. 1. Bd.: Allgemeine patholog. Anatomie. 4. völlig umgearb. Aufl. Mit veterinär-patholog. Beiträgen v. Alb. Johne u. e. Anh.: Die pathologisch-histolog. Untersuchungsmethoden v. Geo. Schmorl. gr. 8. (XXII, 486 S. m. 178 theils farb. Abbildgn.) Lpz. 889, F. C. W. Vogel. * 10 —; geb. * 11 25

— **Lehrbuch der pathologischen Anatomie. 2. Bd. Specielle patholog. Anatomie. 1. Hälfte. 4., umgearb. Aufl. gr. 8. (XII, 559 S. m. 121 Abbildgn.) Ebd. 894. n. 12. —; geb. n. 13. 25 (I u. II, 1.: n. 22. —; geb. n. 24. 50)**

**Birch-Hirschfeld, F. V.**, Lehrbuch d. patholog. Anatomie. 2. Bd. Spec. patholog. Anatomie. 2. Hälfte. 4., umgearb. Aufl. gr. 8. (XII u. S. 561—1130 m. 86 Abb.) Leipzig 895. F. C. W. Vogel. n. 12. —; geb. n. 13. 25 (kplt.: n. 34. —; geb. n. 37. 75)

— dasselbe. 5., völlig umgearb. Aufl. 1. Bd. Allgem. patholog. Anatomie. M. veterinär-patholog. Beiträgen v. Alb. Johne u. e. Anh.: D. patholog.-histolog. Untersuchungsmethoden v. Geo. Schmorl. 2 Hlftn. gr. 8. (XIV, 744 S. m. 218 z. Tl. farb. Abb.) Ebd. 896/97. à n. 10. —; geb. à n. 11. 25

**Birch-Hirschfeld**, Untersuchungen über Pyämie. gr. 8. (47 S. mit 1 lithogr. Taf.) Dresden 873, v. Zahn's Verlag. *

—— über das Verhalten der Leberzellen in der Amyloidleber, s. Beiträge zur patholog. Anatomie und klin. Medicin.

**Birch-Hirschfeld, Karl:** Die Lehre v. d. Malerei im Cinquecento. (7, 114) gr8° Rom, J Frank & Co. '12. 4 —

Birch-Hirschfeld, V. F., s. Birch-Hirschfeld, Felix Viktor

Birch-Pfeiffer, Charlotte
— s. auch Charl. Pfeiffer.

Birch-Pfeiffer, Charlotte s. Familienbibliothek, Schweizer. Band 21.

— Die Engländer in Paris,
— Der Glöckner von Notre-Dame,
— Die Günstlinge,
— Hinko, Drama,
} s. Jahrbuch deutscher Bühnenspiele, v. Gubitz, 15r, 16r, 17r u. 19r Jahrg.

Birch-Pfeiffer, Charlotte, ein Billet,
—— eine Familie,
—— Mazarin,
—— Steffen Langer aus Glogau,
} s. Jahrbuch deutscher Bühnenspiele.
—— Das Forsthaus

Birch-Pfeiffer, Charlotte, Edith,
—— die Grille,
—— ein Kind des Glücks,
—— ein alter Musikant,
—— ein Ring,
—— Rose und Röschen,
} s. Jahrbuch deutscher Bühnenspiele.

Birch-Pfeiffer, Charlotte, Marguerite,
— Rose und Röschen,
— die Waise aus Lowood,
— Im Walde.
— Wie man Häuser baut,
} s. Jahrbuch deutscher Bühnenspiele.

Birch-Pfeiffer, Charlotte, alles f. Andere, s.: Universal-Bibliothek.

—— Anna von Oestreich, s. Jahrbuch deutscher Bühnenspiele.

Birch-Pfeiffer, Charlotte, Burrton Castle. Roman. 2 Thle. 8. (43½ B.) München 834, Jaquet.

Birch-Pfeiffer, Charlotte, Burrton-Castle. Roman. 2 Thle. 2. Ausg. 8. (38¼ B.) München 838, Jaquet.

Birch, Charl., geb. Pfeiffer (Birch-Pfeiffer), Burrton Castle. Roman. 2 Thle. 8. München 834. Jaquet. 3 ℛ — 2e Ausg. 2 Thle. 8. Ebd. 839. 2½ ℛ

Birch-Pfeiffer, Charlotte, Burton Castle. Roman. 2 Thle. 3., verm. und verb. Aufl. 8. (503 S.) Berlin 854, Huber's Verlag.
Vgl.: Jahrbuch deutscher Bühnenspiele.

—— Dorf und Stadt, s. Jahrbuch deutscher Bühnenspiele.

— dasselbe, s.: Universal-Bibliothek.

[F.] Dorf und Stadt. Schauspiel in 2 Abt. u. 5 Aufz. Frei nach d. Auerbach'schen Erzählg 'Die Frau Professorin' v. Charlotte Birch-Pfeiffer. M. d. Extempores versehene Bühneneinrichtg v. Demetrius Schrutz. *Halle a. S.: O. Hendel [1899].* (88 S., 1 Portr.) 1 Bd 8.
= Bibliothek d. Gesamtlitteratur d. In- u. Auslandes. No 1231.

—— Erzählungen. gr. 12. (12 B.) Leipzig 830, Focke.

— romant. Erzählungen: Anna Faminit. — Der holländ. Kamin. — Der Magnat und sein Sohn. — Der Kirchhof von San Giovanni. — Biondetta. — Wie ist das zugegangen? 8. Berlin 835. Vereinsbuchh. 1½ ℛ

—— romant. Erzählungen. 8. (21 B.) Berlin 836, Vereins-Buchh.
Inh.: Anna Faminit. — Der holländ. Kamin. — Der Magnat u. sein Sohn. — Der Kirchhof von San Giovanni. — Biondetta. — Wie ist das zugegangen?

Birch-Pfeiffer, Charlotte: Der Glöckner v. Notre-Dame. Für d. Volksbühne bearb. v. Ferd. Benz, s: Bühne, Eichstätter.

Birch-Pfeiffer, Charlotte, der Glöckner v. Notre-Dame, nebst e. Vorspiel: Der Kinderaub, s.: Mehrakter.35

— dasselbe, s.: Universal-Bibliothek.

Der Glöckner von Notre-Dame. Romant. Drama in 6 Bild. Nach d. Romand. Victor Hugo frei bearb. v. Charlotte Birch-Pfeiffer. Bühneneinrichtung von Demetrius Schrutz. *Halle a. d. S.: O. Hendel (1899).* (IV, 76 S.) 8° [F.]
= Bibliothek d. Gesamtlitteratur d. In- u. Auslandes. No 1238.

— Der Goldbauer, s.: Mehrakter.42

— dasselbe, s.: Universal-Bibliothek.

Der Goldbauer. Orig.-Schauspiel in 4 Aufz. von Charlotte Birch-Pfeiffer. Für d. Bühnenaufführung eingerichtet von Demetrius Schrutz. Mit e. Vorbemerkung u. d. Bilde d. Verf. *Halle a. S.: O. Hendel (1901).* (80 S.) 8° [F.]
(Bibliothek d. Gesamtlitteratur d. In- u. Auslandes. No 1460.)

—— Schloß Greiffenstein, od. d. Sammtschuh. Romant. Schausp. in 5 Aufzügen, nebst e. Vorsp. gr. 16. (7 B.) Wien 833, Wallishausser.

— Die Grille, s.: Mehrakter.

Birch-Pfeiffer, Charlotte, die Grille. Ländliches Charakterbild in 5 Aufzügen. Mit teilweiser Benutzg. e. Erzählg. v. G. Sand. gr. 16. (112 S.) Leipzig 893. Ph. Reclam jun. n. 2.--

— dasselbe, s.: Universal-Bibliothek.

[F.] Die Grille. Ländl. Charakterbild in 5 Aufz. M. teilw. Benutzg e. Erzählg der George Sand v. Charlotte Birch-Pfeiffer. F. d. Bühne eingerichtet u. m. d. Extempores versehen v. Demetrius Schrutz. *Halle a. S.: O. Hendel [1899].* (86 S., 1 Portr.) 1 Bd 8.
= Bibliothek d. Gesamtlitteratur d. In- u. Auslandes. No 1230.

—— Johannes Guttenberg. Orig. Schausp. in 3 Abthl. 1. Aufl. gr. 8. (6¼ B.) 836. ¾ Thlr., 2. A. M. 1 Ansicht d. Statue Guttenbergs in Mainz. Nebst e. kurzgefaßt. Gesch. d. Buchdruckerkunst, v. ihrem Ursprunge bis zur Gegenwart, u. ein. Programme d. Festlichkeiten am 24., 25. u. 26. Juni in verschied. deutschen Städten. 16. (5¾ B.) Berlin 840, Krause.

Steffen Langer aus Glogau oder Der holländische Kamin. Lustsp. in 4 Aufz. u. e. Vorsp. von Charlotte Birch-Pfeiffer. Bühneneinrichtung von Demetrius Schrutz. *Halle a. d. S.: O. Hendel (1899).* (IV, 90 S.) 8° [F.]
-- Bibliothek d. Gesamtlitteratur d. In- u. Auslandes. No 1237.

— dasselbe, s.: Universal-Bibliothek.

Der Leiermann und sein Pflegekind. Orig.-Volksstück in 5 Aufz. von Charlotte Birch-Pfeiffer. Für d. Bühnengebr. eingerichtet von Demetrius Schrutz. *Halle a. d. S.: O. Hendel (1899).* (IV, 83 S.) 8° [F.]
= Bibliothek d. Gesamtlitteratur d. In- u. Auslandes. No 1236.

Birch-Pfeiffer, Charlotte. Der Leiermann und sein Pflegekind. Eine Geschichte aus dem Volksleben. 53 S. 8. Aarburg, Buchdr. Aarburg, 1902.
Schweizer Familien-Bibliothek. Band 6. 107 S. (fr. —.20.) S. 1—53.

— dasselbe, s.: Universal-Bibliothek.

— Mutter u. Sohn, s.: Meißner's Schaubühne.

— Nacht u. Morgen, s.: Universal-Bibliothek.

- gesammelte Novellen und Erzählungen. 1—3. Bd. Ebend. 862 61. 8. (286; 298; 286 S.) Jeder Bd. n. 1 ℛ 10 ngr.

—— gesammelte Novellen und Erzählungen. 3 Bde. 8. (870 S.) Leipzig 863—65, Ph. Reclam jun. à Bd. * 1 Thlr. 10 Ngr. *

—— Pfeffer-Rösel, od.: Die Frankfurter Messe im Jahre 1297. Schausp. in 5 Aufz. (Mit Titlkpfr.) gr. 16. (8 B.) Wien 833, Wallishausser.

Pfeffer-Rösel. Schauspiel in 5 Aufz. von Charlotte Birch-Pfeiffer. Für d. Bühne eingerichtet von Demetrius Schrutz. Mit e. Vorbemerkung u. d. Bilde d. Verf. *Halle a. S.: O. Hendel (1901).* (64 S.) 8° [F.]
(Bibliothek d. Gesamtlitteratur d. In- u. Auslandes. No 1461.)

—— Rubens in Madrid. Orig.-Schausp. in 5 Act. gr. 12. (7½ B.) Zürich 839, Orell, Füßli u. Comp.

— der Rubin. Eine Skizze aus d. Leben Katharinens II., s. Original-Romane, ausgewählte kleine, 4r u. 5r Thl.

Birch-Pfeiffer, Charlotte. Santa Chiara, s. Universal-Bibliothek Nr. 2917.

**Birch-Pfeiffer, Charlotte, gesammelte dramatische Schriften.** 1. u. 2. Bd. gr. 12. 1. Die Marquise v. Villette. Orig.-Schausp. in 5 Akten. Elisabeth. Orig.-Schausp. in 5 Akten. Simon. Schausp. nach Tieck in 5 Akten. 2. Rubens in Madrid. Orig.-Schausp. in 5 Akten. Mutter u. Tochter. Orig.-Schausp. in 4 Akten. Nacht u. Morgen. Drama nach Bulwer, in 5 Akten. Berlin 847, Duncker & Humblot. (à 2¼ ₰) 4½ ₰

—— der Liebe Streit. Festsp. zur Feier d. Ankunft Sr. Maj. Otto d. Ersten, Königs v. Griechenland. gr. 8. (1½ B.) (München 830, Franz.) *

**Birch-Pfeiffer, Charlotte, Ulrich Zwingli's Tod.** Histor. Trauersp. in 5 Aufz. 8. Schwäb. Hall 846, Haspel. ⅔ ₰

—— Die Waise aus Lowood. Schauspiel in 2 Abtlgn. u. 4 Aufzügen. Mit freier Benutzg. d. Romans v. Currer Bell. 12. (107 S.) Lpz. 892, Reclam jun. * 2 —

— dasselbe, s.: Universal-Bibliothek.

[F.] Die Waise aus Lowood. Schauspiel in 2 Abt. u. 4 Aufz. M. freier Benutzg e. Romans der Currer Bell v. Charlotte Birch-Pfeiffer. Bühneneinrichtg v. Demetrius Schrutz. *Halle a. S.: O. Hendel [1899].* (82 S., 1 Portr.) 1 Bd 8.
= Bibliothek d. Gesamtlitteratur d. In- u. Auslandes. No 1229. [99. 771]

**Birch-Pfeiffer, Charlotte, gesammelte dramatische Werke.** 1.—11. Bd. 8. Leipzig, Ph. Reclam jun. à Bd. * 1 Thlr. 10 Ngr. *

Inhalt:
Bd. 1. Herma. — Pfeffer-Rösel. — Rubens in Madrid. (324 S.) 863.
» 2. Die Marquise v. Villette. — Schloß Greiffenstein. — Der Pfarrherr. (320 S.) 863.
» 3. Der Goldbauer. — Nacht und Morgen. — Eine Frau aus der City. (416 S.) 863.
» 4. Fräulein Höckerchen. — Die Lady v. Worsley-Hall. — Elisabeth v. England. (406 S.) 864.
» 5. Eine Tochter des Südens. — Kaiser Karls Schwert. — Ein Sonderling und seine Familie. (326 S.) 864.
» 6. Eine deutsche Pariserin. — Die Rose v. Avignon. — Iffland. (346 S.) 864.

**Birch-Pfeiffer, Charlotte, gesammelte dramatische Werke.** 7—11. Bd. Leipzig 865—70. Ph. Reclam jun. 8. Jeder Bd. n. 1 ₰ 10 ngr.
7. Bd.: Der Leiermann u. sein Pflegekind. Königin Bell. Magdala. (352 S.) 865
8. Bd.: Eine Sylvesternacht. Die Taube von Cerdrons. Johannes Guttenberg. (283 S.) 865
9. Bd.: Die Walpurgisnacht. Ulrich Zwingli's Tod. Mutter u. Tochter. (301 S.) 865
10. Bd.: In der Heimath. Gasthaus-Abentheuer. Junge Alte. Ferdinand Avelli. (310 S.) 867
11. Bd.: Die Frau in Weiß. Der Herr Studiosus. Revanche. Der Glöckner von Notre-Dame. (356 S.) 867

Birch-Pfeiffer, Charlotte, gesammelte dramatische Werke. 12. und 13. Bd. 8. Leipzig, Ph. Reclam jun. à Bd. * ℳ 4. *
Inhalt:
Bd. 12. Hinke. — Das Testament eines Sonderlings. — Simon. (342 S.) 869.
» 13. Die Ritter von Malta. — Wer ist sie? — Peter v. Szápár. (305 S.) 870.
1.—11. Bd. Ebendas. 1863—67. * ℳ 44.

Birch-Pfeiffer, Charlotte, gesammelte dramatische Werke. 14.—20. Bd. 8. Leipzig, Ph. Reclam jun. à Bd. * ℳ 4. *
Inhalt:
Bd. 14. Der Gauationsrath. Die Waise von Lowood. Graf v. Falkenberg. Waldemar's Traum. (276 S.) 876.
» 15. Die Grille. Ein alter Musikant. Alles für Andere. Vatersorgen. (2[illegible] S.) 876.
» 16. Katharina II. und ihr Hof. Mutter und Sohn. Die Engländer in Paris. (283 S.) 877.
» 17. Steffen Langer aus Glogau. Das Forsthaus. Der Scheiben-Toni. (32[illegible] S.) 878.
» 18. Dorf und Stadt. Ein Ring. Ein Billet. (350 S.) 878.
» 19. Eine Familie. Anna von Oesterreich. Mazarin. (362 S.) 879.
» 20. Ein Kind des Glücks. Wie man Häuser baut. Der beste Arzt. (27[illegible] S.) 880.
1.—13. Bd. Ebendas. 1863—70. * ℳ 52.

Birch-Pfeiffer, Charlotte, gesammelte dramatische Werke. 21.—23. Bd. 8. Leipzig 880, Reclam jun. à Bd. * ℳ 4. *
Inhalt:
Bd. 21. Rose und Röschen. Thomas Thyrnau. Im Walde. (302 S.)
» 22. Marguerite. Großvater und Enkelkind. Alte Liebe rostet nicht. Edith. (368 S.)
» 23. Maria di Gonsalvo. Das Mädchen und der Page. Trudchen. (230 S.)
1.—20. Bd. Ebendas. 1863—80. à ℳ 4.

**Birch-Reichenwald Aars,** Kristian, s.: Aars, Kristian Birch-Reichenwald.

**Birchard, Frederick:** Ein Beitrag zur Kenntnis der Protoalbumose des Fibrins. Liebertwolkwitz 1909: Zeugner. 63 S. 8°
Leipzig, Phil. Diss. v. 4. Aug. 1909, Ref. Beckmann, Hantzsch
[Geb. 17. Dez. 75 Toronto, Canada; Wohnort: Toronto; Staatsangeh.: Großbritannien; Vorbildung: Univ. Toronto B. A. 01; Studium: Leipzig 7 S.; Rig. 21. Mai 09.] [U 09. 2924

**Birchenough, Mabel C. (Mrs. Henry B.), Potsherds,** s. a. Collection of British authors.

Potsherds. By Mabel C. **Birchenough** (Mrs. Henry Birchenough). Copyright ed. Leipzig: Tauchnitz 1899. 286 S. 8°
(Collection of British authors. Tauchnitz Ed. Vol. 3334.) [22. 8237

Scherben. Roman von Mrs. Mabel C. Birchenongh (vielm. Birchenough). Autor. Uebers. von Helene Lobedan. Bonn: Rhein. Union [1905]. (319 S.) 8° [F.]
= **Viktoria-Sammlung** spannender u. interess. Erzählungen. No 3. [05. 8054

Bircher, [Frl.] Alice. Diätetische Speisezettel und Fleischlose Kochrezepte. Zusammengestellt von A' B', Vorsteherin von Dr. Bircher-Benners Sanatorium «Lebendige Kraft» in Zürich. ([Mit] Einleitung von Dr. med. M[ax] Bircher-Benner.) 136 S. 8. Berlin, Otto Salle. 1906. [M. 1.50]

Bircher, [Frl.] Alice. Speisezettel und Kochrezepte für diätetische Ernährung (*Umschlag:* Diätetische Sp' und Fleischlose K'). Zusammengestellt von A' B', Vorsteherin von Dr. Bircher-Benners Sanatorium «Lebendige Kraft» in Zürich. 2. verbesserte und vermehrte Aufl. ([Mit] Einleitung von Dr. med. M[ax] Bircher-Benner [und illustriertem Umschlag].) 140 [+ 4] S. 8. Berlin, Otto Salle, 1908. [geb. M. 2. —]

Bircher, Alice. Speisezettel und Kochrezepte für diätetische Ernährung. Zusammengestellt von A' B'.... 3. verbesserte und vermehrte Aufl. 6. bis 10. Tausend. ([Mit] Einleitung von Dr. med. M[ax] Bircher-Benner.) 144 S. 8. Berlin, Otto Salle, 1910. [M. 1.50, geb. 2 —]

Bircher, Ernst Eduard
Bircher, Ernst Ed., die Freiübungen zum praktischen Gebrauch geordnet für Schulen und Turnvereine. 8. (XII, 73 S.) Leipzig 868, Weber. [Moderne Antiquariatsh. (A. Denicke.)] (* ℳ 1.)

—— Jugend-, Turn- und Gesellschaftsspiele für Kindergärten, Turnanstalten und Gesellschaften. 16. (VIII, 94 S. mit eingedr. Holzschn.) Rostock 870, Leopold's Universitäts-Buchh. cart. *

**Bircher, E. Jugend- und Turn-Spiele für Knaben und Mädchen, nebst einer Anzahl von Gesellschaftsspielen. 2.—4. Aufl. mit Anhang: Regeln über das Fußballspiel für deutsche Verhältnisse nach eigener Erfahrung. Von Stötzer. 12. (VIII, 71 S.) Rostock 880—883, Werther's Verlag. cart.**

Bircher, E., Jugend- und Turnspiele für Knaben und Mädchen, n. e. Anzahl v. Gesellschaftsspielen, 2. Ausg., Rostock 1883, 94 S., 16°.

Bircher, Eugen. Die chronische Bauchfelltuberkulose. Ihre Behandlung mit Röntgen-Strahlen. *Kopftitel:* ⟨Aus der chirurgischen Abteilung der kantonalen Krankenanstalt zu Aarau, Chef: Dir. Dr. Heinrich Bircher.⟩ 189 S. 8. Aarau, Buchdr. G. Keller, (1907).
*Ausg. A:* Diss. Med. Basel von E' B'.... Aa' ... (*Umschlag:* 1907).

*Ausg. B:* Von Dr. E' B'. Aa', ... (**Umschlag:* Verlag H. R. Sauerländer & Co., 1907). [fr. 4. —]

Bircher, Eugen. Die chronische Bauchfelltuberkulose. Ihre Behandlung mit Röntgen-Strahlen. *Kopftitel:* ⟨Aus der chirurgischen Abteilung der kantonalen Krankenanstalt zu Aarau, Chef: Dir. Dr. Heinrich Bircher.⟩ 189 S. 8.
*Ausg. C.* — 20 Jahresbericht über die Kantonale Krankenanstalt Aarau ... 1906. Aarau, G. Keller, 1907. (Beilage.)

Bircher, Eugen. Die Bedeutung der Schusswunden in kriegschirurgischer und taktischer Beziehung. Mit einer lithographischen Tafel (**Umschlag:* Mit e' T' in Steindruck). (... teilweise in der «Schweiz. Monatschrift für Offiziere aller Waffen» 1908 erschienen.) 57 S. 8. Frauenfeld, Huber & Co., 1908. [fr. 1.50]

Bircher, Eugen. Ein Beitrag zur Chirurgie der nichtparasitären Milzcysten. (Aus der chirurgischen Abteilung der kantonalen Krankenanstalt zu Aarau.... Mit 2 Abbildungen.) Sonderabdruck aus der Deutschen Zeitschrift für Chirurgie. Band 92. II S. + S. 323—351. 8. Leipzig, F. C. W. Vogel, 1908.

Bircher, Eugen. Ein Beitrag zur Kasuistik der Pfählungs-Verletzungen. ⟨Aus der chirurgischen Abteilung.⟩ [Mit 1 Tafel.] 27 S. 8.
19. Jahresbericht über die Kantonale Krankenanstalt Aarau ... 1905. Aarau, G. Keller, 1906. (Beilagen: II.)

Bircher, Eugen. Primäres Carcinom einer intratrachealen Struma. ⟨Aus der chirurgischen Abteilung der kantonalen Krankenanstalt zu Aarau.... Sonder-Abdruck aus dem Archiv für Laryngologie. Bd. 20. Heft 3.⟩ 8 S. 8. [Berlin, A. Hirschwald, 1908.]

— Die Entwicklung u. der Bau des Kretinenskeletts im Röntgenogramme, s.: Fortschritte auf d. Geb. d. Röntgenstr. Erg.-Bd.21.

Bircher, Eugen. Der Infanterieangriff nach dem schweizerischen Exerzierreglement für Infanterie 1908, verglichen mit den Bestimmungen des deutschen ⟨1906⟩ und des japanischen Exerzierreglements ⟨1907⟩ für Inf', erläutert an kriegsgeschichtlichen Beispielen. II + 114 S. 8. Basel, Benno Schwabe & Co., 1909. [fr. 2. 50]
(Beilage zur Allgemeinen Schweizerischen Militärzeitung 1909. ... Heft 1.)

— Zur Pathogenese der kretinischen Degeneration, s.: Klinik, medizinische. 1908. 6. Beiheft.

Bircher, Eugen. Zur Pathogenese der kretinischen Degeneration. Aus der chirurgischen Klinik, Basel.... II S. + S. 149—180. 8. Wien, Berlin, Urban & Schwarzenberg, 1908. M. 1.—
Beihefte zur Medizinischen Klinik. Redigiert von Professor Dr. E[mil] Abderhalden, Berlin. Jahrg. 4. 1908. Heft 6.

— s.: Revue suisse de médecine.

Bircher, Eugen. Schädelverletzungen durch mittelalterliche Nahkampfwaffen. Von Dr. E' B' aus Aarau.... ⟨Hierzu Tafel III u. IV und 4 Textfiguren.⟩ Sonder-Abdruck aus dem Archiv für klin. Chirurgie. Bd. 85. Heft 2. S. 2—24. 8. [Berlin, Hirschwald, 1908.]

Bircher, Eug[en]. [Sammlung von alten und neuen Gedichten.] Unsern Balldamen und Alten Herren gewidmet von der Helvetia. (Zum V. Helveterball, [Aarau]) 22. Januar 1904. Hrg. von Eug. B'. II + 32 S. 8. (Aarau, H. R. Sauerländer & Co.)

Bircher, Heinrich

Bircher, Oberstlt. (Divisionsarzt). Die Armeeorganisation und Militärkreiseintheilung der schweiz. Eidgenossenschaft auf Grundlage d. Tauglichkeitsziffern. Mit 1 Karte. Gr. in-8°, 46 S. Aarau, H. R. Sauerländer. 1888 1 20

Bircher, H. Die Aufgabe d. schweizerischen Vereins zum rothen Kreuz. Nach e. Vortrag. gr. 8. (13 S. m. 1 Taf.) Aarau 892, (Sauerländer u. Comp.). * — 40; Französ. Ausg. * — 40

Bircher, Heinr. (Spitalarzt in Aarau). Beitrag zur operativen Behandlung d. Ohreneiterungen. Dissertation. Mit 1 photogr. Taf. Gr. in-8°, 24 S. Aarau, Sauerländer's Verlag. 1879

Bircher, H[einrich]. Bericht über den Betrieb der kantonalen Krankenanstalt Aarau an die Behörden und an das Volk des Kantons Aargau. [Mit 1 Tabelle.] 29 S. 8. Aarau, G. Keller, 1910.

Bircher, Heinr., Bibracte. Eine kriegsgeschichtl. Studie. (28 S. m. 3 [2 farb.] Taf.) 8. Aarau 904. H. R. Sauerländer & Co. n. 1. 40

Bircher, Henri, les effets des projectiles d'artillerie. (Traduit par le A. Labhardt. gr. 8. (III, IV, 75 S. m. 1 Atlas v. 32 Taf. in gr. Fol.) Aarau 900. H. R. Sauerländer & Co. Geh. u. kart. n. 11.—

Bircher, H., Handbuch der Kriegsheilkunde f. die schweizerischen Sanitätsofficiere. Mit zahlr. Abbildgn. im Text. gr. 8. (VIII, 606 S.) Basel 888. Schwabe. n. 9. 60

Bircher, Heinr., der endemische Kropf und seine Beziehungen zur Taubstummheit und zum Cretinismus. Lex.-8. (VIII, 183 S. mit 3 chromolithogr. Karten.) Basel 883, Schwabe. *

Bircher, Heinr. Das Myxödem u. die cretinische Degeneration, s. Sammlung klinischer Vorträge.

—— die Organisation der kantonalen Krankenanstalt in Aarau. Eine Denkschrift an den Grossen Rath und das Volk. 8. (64 S.) Aarau 887, Sauerländer's Verlag. *

—— die Organisation des Sanitätswesens in der eidgenössischen Armee. gr. 8. (88 S.) Basel 888, Schwabe. *
Aus: Handbuch für Kriegsheilkunde, besonders abgedruckt.

—— die Rekrutirung und Ausmusterung der schweizerischen Armee. gr. 4. (III, 28, 48 S. mit 9 chromolithogr. Karten.) Aarau 885, Sauerländer's Verlag. *

Bircher, H. D. Rekrutierung u. Ausmusterg d. schweizer. Armee. Mit 9 Karten. Aarau 1886 4.

Bircher, H., die Revision der Genfer-Konvention. gr. 8. (68 S.) Aarau 893. (H. R. Sauerländer & Co.) n. 1.—

Bircher, H., das Schwefelberghad und seine therapeutischen Indicationen. 19 Stn. 8. Aarau, Druck v. H. R. Sauerländer. 1872

Bircher. Die ärztliche Thätigkeit auf den Verbandplätzen (1883).

Bircher, H., die malignen Tumoren der Schilddrüsen, s.: Sammlung klinischer Vorträge.

Bircher, H., neue Untersuchgn. üb. d. Wirkg. d. Handfeuerwaffen. Beilage: Atlas m. 40 (z. Tl. farb.) Taf. (in Fol., kart.) gr. 8. (III, 112 S. m. 1 Taf.) Aarau 896/97. H. R. Sauerländer & Co. n. 8.—

Bircher, H. Die Wirkung der Artilleriegeschosse. (Mit Atlas v. 32 Taf.) Gr. 8°. 90 S. Aarau, H. R. Sauerländer & Co. 1899 11 —

Bircher, Maximilian Oscar, med. prakt. in Zürich: Zur Aetiologie des Naevus pilosus pigmentosus congenitus, extensus. '(Hierzu eine Tafel)'. [S. A. aus: Archiv f. Dermatologie u. Syphilis, Bd 41, S. 195—224]. Prag A. Haase Dr. 1897. 34 S., 1 Taf. 8°.
Zürich. Med. Diss. [v. 23. Sept. 1897].

Bircher-Benner, M[ax]. Kurze Grundzüge der Ernährungs-Therapie auf Grund der Energie-Spannung der Nahrung von Dr. med. M. Bircher-Benner ... in Zürich. IV + 60 S. 8. Berlin, Otto Salle, 1903. [M. 1.—]

Bircher-Benner, M[ax]. Grundzüge der Ernährungs-Therapie auf Grund der Energie-Spannung der Nahrung von Dr. med. M. B'-B' ... in Zürich. 2., umgearbeitete Aufl. XII + 223 S. 8. Berlin, Otto Salle, 1906. [M. 3.—]

Bircher-Benner, M[ax]. Grundzüge der Ernährungs-Therapie auf Grund der Energetik von Dr. med. M. B'-B', Zürich. 3. vermehrte (*Umschlag: umgearbeitete) Aufl. [Mit Figuren.] XII + 290 S. 8. Berlin, Otto Salle, 1909. [M. 4.—]

— Leistungsfähigkeit u. Nahrung. (Vortrag.) (29 S.) 8. Zürich 907. A. Müller's Verl. — 50

Bircher-Benner, M[ax]. Prospect des Centralbades. Institut für physikalische Therapie. Wasser- und Lichtheilanstalt... in Zürich.... Theil 1: Die physikalisch-diaetetischen Heilfaktoren des Centralbades dargestellt von Dr. med. M. Bircher-Benner.... (Theil 2. Auszug aus der Hausordnung. Tarif. Aufnahmsbedingungen.... Inseratenanhang.) [Umschlag mit 1 Plane.] 56 S. 8. Zürich I., W. Steffen & Cociffi, 1901.

Bircherod, specimen antiquae monetariae Danorum, c. fig. 4. Hafn. Prost.

Birck, C., s. Birk, Caspar

Birck, Ernst (Saarlouis)
Ueber den Gegensatz von mora ex persona und mora ex re. Giessen: W. Keller 1867. 29 S.
Diss. jur. 29.3.1867.

Birck, M. Der Kölner Erzbischof Dietrich Graf v. Moers u. Papst Eugen IV. Mit Benutzg. archival. Akten. gr. 8. (III, 88 S.) Bonn 889, Hanstein. * 1 50

Birck, Max, Georg Cassander's Ideen über die Wiedervereinigung der christlichen Confessionen in Deutschland. Eine Studie. gr. 8. (70 S.) Köln 876, DuMont-Schauberg'sche Buchh. *

Birck, Otto
Birck, O: Aktinometrie d. Sterne der B. D. bis z. Grösse 7,5 in d. Zone 0° bis +20° Deklination, s: Abhandlungen d. kgl. Gesellsch. d. Wiss. zu Göttingen, Schwarzschild.

Birck, O., s.: Schwarzschild, K., Aktinometrie d. Sterne.

Birck, Otto: Das photographische Helligkeitsverhältnis der Sonne zu Fixsternen. Göttingen 1909: Kaestner. 97 S. 4°
Göttingen, Phil. Diss. v. 28. Sept. 1909, Ref. Schwarzschild
[Geb. 11. Dez. 79 Aachen; Wohnort: Aachen; Staatsangeh.: Preußen; Vorbildung: Kaiser-Wilhelms-Gymn. Aachen Reife O. 98; Studium: Aachen Techn. Hochsch. 3, Berlin 4, Göttingen 12 S.; Rig. 31. Juli 07.] [U 10. 1398

Birck, O: Taf. z. astronom. Ortsbestimmg im Luftballon bei Nacht, s.: Schwarzschild, K.

Birck, [Friedrich] Paul, a. Straßburg i. E.: Literarische Anspielungen in den Werken Ben Jonson's. Straßburg i. E. 1908: M. DuMont Schauberg. (XI, 123 S.) 8°
Straßburg, Phil. Fak., Ref. Koeppel, Diss. v. 23. Mai 1908
[Geb. 21. Nov. 84 Straßburg i. E.; Wohnort: Straßburg; Staatsangeh.: Elsaß-Lothringen; Vorbildung: Realsch. u. Oberrealsch. Straßburg Reife O. 04; Studium: Straßburg 9 S.]

Birck-Mayer, Hier., Licht im Finsternüß der nächtliche Gesicht und Träume. Nürnberg 715. 8.

Bircke, Wilh.: Die deut. Viehmarktsbanken, ihre geschichtl. Entwicklg, Organisation u. wirtschaftl. Bedeutg. (8, 179) gr8° Karlsr., G Braun'sche Hofbdr. '11. 2.80

Birckel, Paul, Referendar, a. Colmar i. E.: Die Identität der Tat im Strafrecht. Freiburg i. Br. 1906: C. A. Wagner. (VIII, 48 S.) 8°
Freiburg i. B., Rechts- u. staatsw. Fak., Ref. v. Rohland, Diss. v. 10. Febr. 1906
[Geb. 6. Febr. 81 Truchtersheim, Kr. Straßburg; Wohnort: Colmar i. E.; Staatsangeh.: Elsaß-Lothringen; Vorbildung: Lyzeum Colmar M. 99; Studium: Straßburg 2, Berlin 1, München 1, Straßburg 2 S.; Rig. 23. Febr. 04.]

Bircken, Sigmund von, s. Birken, Sigmund von

Birckenbach, Lothar
Birckenbach, L: Prakt. Anl. z. Gewichtsanalyse, s.: Gutbier, Alex.

Birckenbach, L., praktische Anleitung zur Massanalyse, s.: Gutbier, A.

Birkenbach, Lothar, aus Bad Kissingen: Über das Atomgewicht des Wismuths. Erlangen 1905: E. Th. Jacob. (60 S.) 8°
Erlangen, Phil. Fak., Ref. Fischer, Diss. v. 11. Febr. 1904
[Geb. 21. April 76 Bad Kissingen; Staatsangeh.: Bayern; Vorbildung: Gymn. Schweinfurt Reife 94; Studium: München 2, Erlangen 5 S.; Rig. 11. Febr. 04.]

— Die Untersuchungsmethoden des Wasserstoffperoxyds, s.a. Analyse, die chemische. 7. Bd.

Die Untersuchungsmethoden des Wasserstoffperoxyds. Von Dr. L(othar) Birckenbach. Stuttgart: Enke 1909. 142 S. 8°
(Die chemische Analyse. Bd 7.) [09. 10555

Birckenstaedt, August, a. Schwerin i. M.: Ueber Athetose. Leipzig 1906: B. Georgi. (36 S.) 8°
Leipzig, Med. Fak., Ref. Curschmann, Diss. v. 23. Juli 1906
[Geb. 24. Okt. 76 Schwerin; Wohnort: Frankfurt a. M.; Staatsangeh.: Mecklenburg-Schwerin; Vorbildung: Gymn. Neubrandenburg Reife M. 99; Studium: München 5, Erlangen 1, Berlin 1, Freiburg i. B. 3 S.; Coll. 2. Aug. 06; Approb. März 05.]

Birckenstaedt, Heinrich
Birckenstädt, H., über die Bedeutung und rechte Behandlung der biblischen oder heiligen Geschichte. Vortrag, gehalten zu Flensburg am 2. Octbr. 1868. gr. 8. (22 S.) Flensburg 869, (Herzbruch.) [Westphalen.] *
Aus: Schleswig-Holstein. Kirchen- und Schulblatt, besonders abgedruckt.

Birckenstädt, H, Festrede geh. bei d. Nationalfeier d. 2. Septbr. 1872. 8. (12) Flensb. 72. Westphalen. n.n. — 24

Birckenstaedt, H., der Humor im Lichte des Evangeliums. Vortrag, gehalten im evangel. Verein zu Bremen am 16. Jan. 1879. 8. (36 S.) Bremen 879, Müller's Verlagsh.

—— Ihr seid theuer erkauft, werdet nicht der Menschen Knechte. Festpredigt gehalten bei der Nationalfeier am 2. Septbr. 1873. gr. 8. (15 S.) Flensburg 873, Westphalen.

Birckenstaedt, H. Jubiläums-Predigt, bei der 500jähr. Gedenkfeier der Erbauung der St. Nikolai-Kirche geh. in Flensburg am 7. Dezbr. 1890. 8. (18 S.) Flensb. 890, (Westphalen). * — 30

Birckenstaedt, H., der biblische Kern in der modern. Heiligungsbewegung. gr. 8. (IV, 100 S.) Flensburg 901. A. Westphalen. n. 1. 20

Birckenstaedt, H., Königsrecht und Priesterpflicht der christlichen Jugend. Festpredigt bei der Provinzialfeier des Nordbundes der Schleswig-Holstein. Jünglingsvereine, gehalten in Neumünster am 24. Oktbr. 1886. gr. 8. (12 S.) Neumünster 887, Buchh. des Schleswig-Holstein. Schriftenvereins. **

Birckenstaedt, H., Lebensfragen. Ges. Vorträge. I. gr. 8. (105 S.) Flensburg 899. A. Westphalen. n. 1. 50

—— die vier Temperamente in der erziehenden Hand des Herrn an vier apostolischen Vorbildern dargestellt. gr. 8. (63 S.) Flensburg 877, Westphalen. *

Birckenstaedt, H., die vier Temperamente in der erziehenden Hand d. Herrn, an vier apostol. Vorbildern dargestellt. 3. Aufl. gr. 8. (70 S.) Flensburg 885. Westphalen. n. 1. —

—— ewige Wahrheit in der Sprache der Zeit. Eine Sammlung von Predigten. gr. 8. (VII, 215 S.) Flensburg 873, Westphalen. *

— ewige Wahrheit in der Sprache der Zeit. Eine Sammlg. v. Predigten. gr. 8. (VII, 215 S.) Ebend. 874. n. 2. 75

— ewige Wahrheit in der Sprache der Zeit. 2. Folge. Der Glaube im Leben u. das Leben im Glauben. Eine Herz- u. Hauspostille. 11 Lfgn. gr. 8. (VI, 620 S.) Flensburg 888. 889. Westphalen. à n. — 60
(cplt.: n. 6. 60; geb. n. 8. —)

— ewige Wahrheiten in der Sprache der Zeit. 2. Folge. Der Glaube im Leben u. das Leben im Glauben. Eine Herz- u. Hauspostille. 2. wohlf. (Titel-)Ausg. 11 Lfgn. (à 48 S.) gr. 8. Ebd. 893. à n. — 40

Birckenstaedt, H., Was ist innerhalb der evangelischen Kirche zur Hebung des Arbeiterstandes in äusserer und innerer Beziehung bereits geschehen? Studie in Reisebildern. gr. 8⁰. Flensburg, Westphalen, 1879. 38 S.

—— wie ist der systematische Religionsunterricht lebendig und fruchtbar zu machen? Vortrag gehalten auf der 9. schleswig-holstein. Lehrerversammlung zu Flensburg den 28. Juli 1875. gr. 8. (22 S.) Ebendas. 875. *

Birckenstaedt, Max, aus Flensburg: Verallgemeinerung der in den 'Principien der Mechanik für mehrere unabhängige Variable von Herrn L. Koenigsberger aus Heidelberg' dargestellten Hülfsätze über das kinetische Potential. (Journal f. Mathem., B. 124, H. 3.) *Heidelberg 1902: J. Hörning.* (51 S.) 4°
Heidelberg, Naturw.-math. Diss. v. 1902

Birckenstein, Anton Ernst Burkhard von, s. Pürckenstein, Anton Ernst Burkhard von

**Birckenstock, Jacob Engelbert** (Erbach), Ad tit. X. libri II feudorum. Diss. jur. Erfurt (Hering) 25. IV. 1757. 40 S. (5.—) 2798

Birckenstock, Johann Melchior von, s. Birkenstock, Johann Melchior von

Bircker, Th., über Maxima und Minima. Quedlinburg.
Schul-/Univ.-Schrift 1867

Birckholtz, Diss. de praecipuis zinci calcibus, earumque in utraque medicina usu. Lips. 1796. (Gegen Convulsionen.)

Birckholtz, Adam Michael, s. Birkholz, Adam Michael

**Birckholtz, Christian Adam** (Holzdorf/Sax.), Decas desideriorum juridicorum quarta. Präs. Jo. Fried. Werner. Wittenberg (Schlomach) April 1732. 4 Blatt. (3.—) 2799

**Birckholz, Christian Ernst** (Bergvicensis) u. **Friedr. Imman. Schwarze** (Laurentinus), Animadversorum ad Cebetis tabulam tertiam dyadem. Präs. Theoph. Grabener. Meissen (Loewe) o. J. 4 Bl. (2.—) 2801

— **Chn. Friedrich,** (Bergvizensis Saxo), De secretis quibusdam imperii pignoribus. Ad. ill. flori locum. Präs. Joh. Andr. Boden. Wittbg. (Scheffler) 1739. 36 S. (4.80) 2802

Birckner, A., de judicio tutelari Norimb. 4. Altorf, Enderes. ,46.

**Birckner, Johann Caspar** (Nürnberg), De decreto quod de electionibus episcoporum fit. Diss. jur. Altdorf (J. G. Meyer) 24. IV. 1742. 36 Seiten. (5.—) 2803
Widm. v.: Wolfg. Albert Spisius.

**Birckner,** Wilhelm Georg [aus Tettau]: Über einige Abkömmlinge der Aldehydosalicylsäuren ... Berlin, Druck v. M. Driesner, 1892; 33 S., 1 Bl. 8.
Berlin, Phil. Fak., Inaug.-Diss. v. 13. Juni 1892

**Bircks,** *Christian* Leonhard [aus Crefeld]: Aus d. medizin. Klinik zu Bonn. Weitere Untersuchungen über Pharynxreflexe bei Normalen und Hysterischen ... Bonn, Buchdr. J. Bach Wwe, 1894; 31 S., 1 Bl. 8.
Bonn, Med. Fak., Inaug.-Diss. v. [22. Dez.] 1894

Bird, Fr. L. H., s. Bird, Friedrich

Bird, Friedrich
— s. Balter, Beobachtt.

— üb. d. Bedeutsamkeit d. Gegend d. Niederrheins, z. Zeit d. röm. Herrschaft. Mit besond. Beziehung a. Wesel u. d. Umgegend. M. 1 Steindr. a. Wesel 826. (Leipz., Rein.)

Bird, Friedr., Beiträge z. Kenntniss d. Arzneigebrauchs in d. psych. Krankheiten. gr. 8. (8 B.) Stuttgart 839. Hallberger'sche Vrlsh.

— Beiträge zur Lehre v. den Geisteskrankheiten, s. Ldw. Frz. Amelung.

Bird, Fr. L. H., Beobachtt. über d. epidem. Augenentzündung im Kriegsjahre 1815. 8. Halle 824. Schwetschke u. S. 10 gr.

— das spanische Blut rc., s. Blut.

Bird, Fridericus: De dimensionibus corporis humani inter se comparatis. [Praeses:] Ioannes Fridericus Meckel. Halae (1817): Grunert. 36 S. 8°
Halle-Wittenberg, Med. Diss. v. 23. Aug. 1817
Geb Wesel (Rhein) [1. 9.] 1793. V.

— über Einrichtung und Zweck der Krankenhäuser für Geisteskranke, und die ärztliche Behandlung überhaupt, wie sie hier sein muß. 8. Berlin 835. Hirschwald. 7/12 Rthlr.

Bird, Fr. L. H., Alex. Farnese. Eine histor.-rom. Darstell., a. d. Zeit d. Abfalls d. Niederlande v. Spanien. 8. ... Elberfeld 828, Becker.

Bird, Friedrich: Mesmerismus und Belletristik in ihren schädlichen Einflüssen auf die Psychiatrie. 96 S., gbd.

Stuttgart: Hallberger 1839

— Notizen aus d. Gebiete d. psych. Heilkunde. 8. (10½ B.) Berlin 835, A. Hirschwald.

— Pathologie u. Therapie d. psych. Krankheiten, z. Gebr. f. pract. Aerzte. gr. 8. (27 B.) Berlin 836, Reimer.

— pract.-psychiatrische Schriften. 1. Bd. gr. 8. (16½ B.) Stuttgart 840, Hallberger'sche Vrlsh.

— das Seelenleben in seinen Beziehungen zum Körperleben, vom Standpunkte d. Naturforschung u. d. ärztl. Erfahrung dargest. 8. (19½ B.) Berlin 837, Reimer.

Bird, Golding, über die Charactere der Harnsedimente, s. Bibliothek v. Vorlesung. über Medicin XXXVII. Bd. — Handbibliothek.

Bird, Gold., Vorlesungen über die physikalischen, patholog. u. semiotischen Charaktere der Harnsedimente, und Dr. S. Wright, über Physiologie, Pathologie u. Semiotik des Speichels. Ins Deutsche übertragen von J. Levin. Mit Holzschn. gr. 8. Leipzig 845, Kollmann. 1 Rthlr. 24 ngr.

Bird, H., neue komische Vorträge u. heitere Deklamationen v. erprobter Wirkung. 12. (48 S.) Oberhausen (Styrum) 887. Spaarmann. — 80

Bird, H., neue humorist. Vorträge u. heit. Deklamationen v. erprobter Wirkg. 3. Aufl. 12. (48 S.) Styrum 895. A. Spaarmann. — 80

†Bird, Isabella L. [Mrs. Bishop], der goldene Chersones. Frei übers. von A. Helms. gr. 8. Leipzig 884. Gera, Griesbach. *
geb. *

Bird, Isabella L. [Mrs. Bishop], der goldene Chersones. Frei übers. von A. Helms. gr. 8. (389 S. mit lithogr. und color. Karte und Illustr.) Leipzig 884, Hirt und Sohn. *
geb. *

Bird, Isabella L., Leben einer Dame in den Felsengebirgen. Aus dem Engl. 8. (VIII, 312 S.) Berlin 882. Janke. n. 5. —

Bird, I. L., unbetretene Reisepfade in Japan, s. Bibliothek geographischer Reisen und Entdeckungen.

— unbetretene Reisepfade in Japan. Eine Reise in das Innere des Landes und nach den heil. Stätten von Nikko und Yezo. Autoris. deutsche Ausg. Aus dem Engl. 2 Bde. gr. 8. (XII, 299; VIII, 235 S. mit Holzschn.-Illustr. und 1 chromolithogr. Landkarte.) Jena 882, Costenoble. *
geb. in 1 Bd. *

Bird, Robert Montgomery
Bird, R. M., Calavar, s. Dürr's collection of standard american authors.

Bird, R. M., Calavar, oder der Ritter der Eroberung. Ein Roman aus Merito. Bearb. v. Wilh. Weber. hoch 4. (195 S.) St. Louis 848. (Philadelphia, Schäfer & Koradi.) n. 1⅓ Rthlr.

— Robin Day oder das Leben eines Unglücksvogels, s. Bibliothek, amerikanische.

Bird, die Gefahren der Wildniß, s.: Hoffmann, F. — Braun, Ferd.

Bird, Dr., Nathan der Quäker, oder der Satan des Urwaldes. Nordamerik. Roman, herausg. von W. Harrison Ainsworth. Aus d. Engl. übersetzt von Joh. Sporschil. 3 Bde. 8. Leipzig 838. Kollmann. 3¾ Rthlr.

Bird, ausgewählte amerikan. Romane. 6 Thle. — A. u. d. Titl.: Die Falken aus d. Falken-Höhle. Eine Gesch. aus Pensylvanien. 3 Thle. — Der Waldteufel. Ein Roman aus Kentucky. 3 Thle. A. d. Engl. 16. (86⅓ B.) Frankfurt a. M. 840, 41, Sauerländer.
Vgl. Bibliothek klass. Schriftsteller Nordamerika's 7—12. Bd.

Bird, T. O. M., englische u. deutsche Gespräche. Zum Gebrauche beider Nationen, mit kurzen einleit. Bemerkungen üb. d. Aussprache u. Beispielen über die verschied. engl. Vokallaute. — English and German dialogues. 8. (XII u. 243 S.) Wien 847, Gerold. n. 1 ₰

Bird, T. O'M., englische Sprachlehre. Als Vorbereitung für das höhere Studium der engl. Sprache nach einer neuen faßl. Methode bearb. 8. (11⅓ B.) Wien 845, C. Gerold, Verl. -

Bird, Wilhelmine: Grundsätze d. Konservierg v. Obst u. Gemüse im Haushalt. (74) 8° Berl., P Parey '11. HL 1.50 d

Birdas, Demetrius: Dissertatio ... sistens ideam generalem vitae. Halae (1830): Schimmelpfennig. 77 S. 8°
Halle-Wittenberg, Med. Diss. v. 9. Juli 1830
Geb. Velvendos (Thessalien) 12. 12. 1800. V.
[Nebent.:] Μπιρδας, Δημητριος: Διατριβη ... πραγματευομενη εν γενει περι ζωης. Αλλη (1830): Σιμμελφεννικιος.
Der Verf. heißt in seinen Zeugnissen in der Regel Popp, sein Vater Ioannes Poppe, im Diplom steht: Demetrius (Poppe Ioannis) Birda. — In der Dissertation sind die Widmung griechisch, die Thesen lateinisch, alles übrige S. 8—77 und die Vita auf den Seiten mit graden Zahlen griechisch, auf denen mit ungraden Zahlen lateinisch.

Birdwood, George, Ausstellung indischer Kunst-Gegenstände zu Berlin, 1881, beschrieben. Uebers. von John W. Mollet. 8. (VIII, 135 S. mit 55 eingedr. Fig. in Holzschn. und 1 chromolithogr. Karte.) London 882. (Berlin, Asher und Comp.) *

Birdwood, Sir Geo., s.: Teppich-Erzeugung im Orient.

Birecki, Leo, Ontologie (Metaphysik). Auf Grundlage der realen Erfahrg. geschrieben. Deutsche Ausg. (176 S.) 8. Radautz 906 (Czernowitz, H. Pardini.) n. 1. 40

Birenheide, Friedr. Wilh., der Begriff des Seyn. Sondershausen 856. Eupel. gr. 8. (16 S.) n. 2 ngr

Birenheide, FW, d. Begriff d. Seyn. 8. (16) Sondersh. 56. (Lüb., Bolhoevener u. S.) — 2

Birenheide, Frdr. Wilh., geistliche Lieder. 8. (68 S.) Leipzig 849, Schmaltz in Comm. 6 ngr

Birenheide, Friedr. Wilh., Lieder im Sinne und Geiste der Bibel gedichtet. 1. Heft. 8. (III, 64 S.) Ringleben 877. (Artern, Schmoldt.) **

—— der gesunde Menschenverstand. Eine Abhandlung, mit einem neuen, dem einzig wahren, philosophisch genügenden Beweise für das Dasein des persönl. Gottes. 8. (62 S.) Ringleben 868. (Artern, Schmoldt.)

—— die persönliche Unsterblichkeit des Menschen philosophisch bewiesen. 8. (IV, 75 S.) Ringleben 872. (Artern, Schmoldt.) *

Birey, (Hrsg.), s. Neuigkeiten, Musikalische.

Birgelen, Heinrich [aus Heinsberg (Rheinl.)]: Aus d. gynäkolog. Klinik zu Bonn. Ueber die Geburtsverhältnisse von Primiparen im frühen Lebensalter ... Bonn, Buchdr. A. Henry, 1894; 29 S. 8.
Bonn, Med. Fak., Inaug.-Diss. v. 4. Aug. 1894

~~Birger, De Aegytiorum typhoniis. Pr. 1822. 19 S. 4°.~~

Birgfeld, Louise
Birgfeld, L: Moderne Frauen. Schauspiel. 8° (171) Dresd. 98, E Pierson. 2.50

Birgfeld, Louise, sie ist Dichterin. Lustsp. i. 1 Aufz. gr. 8. (55 S.) Dresden 895. E. Pierson. n. 1. —

Birghden, Philipp Christian von den (Frankfurt a. M.)
Disputatio inauguralis de praescriptione praetensionum illustrium. Giessae 3. Juli 1704: Joh. Reinh. Vulpius. (2), 70 S. 4°
pro facultate impetrandi summos in utroque jure honores ac privilegia doctoralia.

Birghilu risale, oder Elementarbuch d. muhammedanischen Glaubenslehren. Nach d. Arab. d. Mehschmuddin Omar Nessefo, nebst Commentar u. erklär. Zusätzen, (von Jh. Trgtt. Plant). 8. Istambul u. Genf 790.

**Birghilu risale**, oder Elementarbuch der muhammedanischen Glaubenslehren. Nach dem Arabischen ... Istambul und Genf [Leipzig] 1790. V: *Plant, Johann Traugott.* (ML) (Wr) »rijale« (Ky)

Birgitta, der heil., Leben u. Offenbarung, s.: Sammlung der vorzüglichsten mystischen Schriften aller kathol. Völker.

Birglau [Schlagwort]
Birglau, s.: Preussen. Messtischblätter.

Birlbinker, d., Gesch., e. kom. Roman, v. Wieland, 8. Ulm, Bartholomäi. 769.

Biringer, Fritz, aus Höchst a. Main: Über Ernährung von Säuglingen mit der neuen Backhausmilch (Trypsinmilch). *Leipzig 1899: B. G. Teubner.* (27 S.) 8° [Aus: Jahrbuch f. Kinderheilkunde, N. F., Bd 49.]
Bonn, Med. Diss. v. [23. Juli] 1898

Biringer, Lucius [app. Arzt aus Wiesbaden]: Zwei Fälle von Aortenaneurysmen ... München, Buchdr. v. Kastner & Lossen, 1895; 1 Bl., 64 S. 8.
München, Med. Fak., Inaug.-Diss. v. 1895

Birinski, Leo, der Moloch. Trauerspiel in 8 Aufzügen. (VII, 166 S.) 8. Berlin (910). E. Fleischel & Co. 3.—; geb. 4.50

— Narrentanz. Tragikomödie. 1. u. 2. Afl. (210) 8° Münch., G Müller '12. 2 — d

Birk, Alfr.: Baulehre, s: Bahnmeister, Der.

Birk, Alfr., der Betrieb der Lokalbahnen gr. 4. (54 S. m. Abbildgn.) Wiesbaden 900. J. F. Bergmann. n. 4.—
Sonderabdruck aus: „Ztschr. f. Lokal- u. Strassenbahnwes."

Birk, Alfr., über Dampf-Tramways in Elsass-Lothringen, Frankreich u. Ober-Italien. Vortrag. [Aus: „Centralbl. f. Eisenbahnen u. Dampfschiffahrt".] 8. (16 S.) Wien 882. Gerold & Co. n. — 80

Birk, Alfr., s.: Eisenbahn u. Industrie.

Der Eisenbahnbau ... Einleitung und Allgemeines. Bahn und Fahrzeug im allgemeinen. Bearb. von Alfred Birk, hrsg. von F[erdinand] Loewe, Prof., München, u. Dr. H[ermann] Zimmermann, Wirkl. Geh. Oberbaurat. 2., verm. Aufl. Mit 125 Abb. sowie ausführl. Namen- u. Sachverzeichnis. Leipzig: W. Engelmann 1908. (VIII, 210 S.) 4° (8°)
— Eisenbahnbau. Der. Bd 1.
— Handbuch d. Ingenieurwissenschaften. T. 5, Bd 1.

— Die Eisenbahnen, Landstraßen u. Wasserwege Österreichs 1848 bis 1908, s.: Sammlung gemeinnütziger Vorträge.

Birk, A., Die Eisenbahnen, Landstrassen u. Wasserwege Österreichs 1848 bis 1908. Zum 60jähr. Regierungsjubiläum Sr. Maj. des Kaisers Franz Josef I. (Mit 1 Karte der neuen österreich. Alpenbahnen u. 1 Taf. m. 6 Abbildgn.) (III u. S. 141—172.) Prag, J. G. Calve. 1909 —. 40.
Sammlung gemeinnütziger Vorträge. Hrsg. vom deutschen Vereine zur Verbreitg. gemeinnütz. Kenntnisse in Prag. 362. 363.

— s.: Eisenbahn-Industrie.

— Der Eisenbahn-Oberbau u. s. Erhaltg. Hrsg. v. Emil Burok. 2. Afl. (9, 172 m. Abb.) gr8° Wien, C Fromme '11.

— Die Entwicklg d. modernen Eisenbahnbaues, s: Sammlung Göschen 553.

BIRK, Alfred

Die Entwicklung des Strassen- und Locomotiv-Eisenbahnwesens in Österreich. Von Alfred Birk. Separatabdruck aus dem zur Feier des Regierungs-Jubiläums Sr. Majestät des Kaisers Franz Joseph I. herausgegebenen Werke: „Geschichte der österreichischen Land- und Forstwirtschaft und ihrer Industrien 1848 bis 1898". Wien. 1899. In Comm. Perles. Gr.-8°. 87 S. fl. —.50

— zur Frage der elektrischen Stadt- u. Vorortsbahn in Hamburg. (20 S) Lex.-8. Wiesbaden 904. J. F. Bergmann.
Sonderabdruck aus: „Ztschr. f. d. ges. Lokal- u. Strassenbahnwesen."

— Geogr. u. Verkehr, s: Sammlung gemeinnütz. Vorträge.

Birk, Alfr., s.: Handbuch d. Ingenieurwiss.

— Hülfsbuch f. Bau-Ingenieure. Als 3. verb. u. gänzlich umgearb. Aufl. d. „Vademecum f. Bau-Ingenieure." v. Frdr. Steiner. (V, 303 S. m. 88 Abbildgn.) 12. Wien 903. Spielhagen & Schurich. n. 4. 50: Geb. in Leinw. n.n. 5. —

Birk, Alfred (Hrsg.), s. Literaturblatt, Technisches.

Birk, Alfred, die feuerlose Locomotive, in ihrer Theorie und Anwendung dargestellt. Wien 1883, Ungar & Comp. Lex. 8°. 47 S. mit einer Taf. und 15 Abb. im Text. 3 M.

Die Praxis des Bau- und Erhaltungsdienstes der Eisenbahnen, bearb. von Dipl.-Ing. Alfred Birk, Prof., Prag. H. 1. *Halle a. S.: W. Knapp 1904.* 8°
Bahnmeister, Der. Bd 2.

Die Praxis des Bau- und Erhaltungsdienstes der Eisenbahnen bearb. von Dipl.-Ing. Alfred Birk, Prof., Prag. 2. Aufl. H. 1. Halle a. S.: W. Knapp 1905. 8°
— Bahnmeister, Der. Bd 2, H. 1.

Birk, A., s. Rundschau f. Technik u. Wirtschaft.

— der Königshofer Schlackenzement. Seine Verwertbarkeit u. bisher. Verwendg. 2., geänd. u. erweit. Ausg. (54 S. m. 20 Abbildgn.) gr. 8. Prag 905. J. G. Calve. n. 1. —

Birk, A, üb. Schmalspurbahnen, s.: Vorträge u. Abhandlgn techn.

Schmalspurbahnen. Bearb. von Dipl. Ing. Alfred Birk, Prof. zu Prag. Mit 1 Taf., 145 Abb. u. vollst. Sachverz. *Leipzig: W. Engelmann 1902.* (VIII, 163 S.) 4°
— Eisenbahnbau, Der. Abt. 7.
— Handbuch d. Ingenieurwissenschaften. Bd 5, Abt. 7.

Schmalspurbahnen. Bearb. von Dipl.-Ing. Alfred Birk. Hrsg. von F[erdinand] Loewe, München, u. Dr. Dr.-Ing. H[ermann] Zimmermann, Berlin. 2., verm. Aufl. Mit 1 Taf., 204 Abb. u. vollst. Sachreg. Leipzig: W. Engelmann 1910. VIII, 205 S. 4°(8°)
(Handbuch d. Ingenieurwissenschaften. T. 5. Bd 7.)

Birk, Alfr. In Sturm u. Sonnenschein. Erinnergn. e. Eisenbahners. 8. (VII, 153 S.) Wiesb. 889, Bergmann. * 2 —; geb. * 2 80

— Tafeln zum Abstecken v. Kreis- u. Übergangsbögen, s.: Pernt, Max.

— die Verwerthung der Naturkräfte der Wasser- u. Windeskraft, s.: Sammlung gemeinnütziger Vorträge.

— der Wegebau. In seinen Grundzügen dargestellt f. Studierende u. Praktiker. 1. u. 2 Tl. Lex.-8. Wien, F. Deuticke. n. 12. 50
1. Erdbau u. Strassenbau. (VIII, 169 S. m. 128 Abbildgn.) 904. n. 5. —
2. Eisenbahnbau. (VIII, 258 S. m. 178 Abbildgn. u. 3 lith. Taf.) 906. n. 7. 50

— Der Wegebau. In s. Grundz. dargestellt. 3. Tl: Der Tunnelbau. (5, 103 m. Abb. u. 1 Taf.) Lex8° Wien, F Deuticke '11. 4 — (1—3: 16.50)

Birk, Caspar

Birk's, C., oro-hydrographischer Atlas. Berlin 860. Schropp. Fol. (19 lith. Bll.) n. 19 ngr; einzelne Bll. à n. 1 ngr

Birk's, Kaspar, Eisenbahnnetz von Deutschland und den angrenzenden Ländern. Berlin, F. Schulze's Buchh., 1861. Imp.-Fol. Lith.

Birk, Casp., Bayer. Geschichte in übersichtl. Zusammenstellung mit teutscher Geschichte. 1 Bog. in Imp. Fol. München 849. (Finsterlin.) 6 ngr

Birk's, C., Gradnetz-Atlas. gr. Fol. (18 lithogr. Blatt.) Berlin 866, Schropp'sche Landkhdlg. *
einzelne Blatt *

— die fürstlichen Länder Hohenzollern. Nach den neuesten Materialien gezeichnet u. in Stein gravirt. Color. gr. Fol. Ebd. 850. n. 1/3 ß

Birk, C. Karte von Sicilien. 1 : 500 000. Berlin 1860. 1 Bl. c. L. Sch.

Birk's, C., Netz-Atlas. 8 Blatt. Lithogr. Imp.-Fol. Berlin 859, Schropp und Comp. *
Einzelne Bl. *

Birk's, C., Netz-Atlas. 17 Blatt. Lithogr. Fol. Berlin 863, Schropp'sche Landkhdlg. à Blatt *

—— orohydrographischer Netz-Atlas. 18 Blatt. Lithogr. Fol. Berlin 863, Schropp'sche Landkhdlg. à Blatt *

Birck, C., Plan v. Erfurt u. Umgegend, gez. u. in Stein gravirt. Fol. Berlin 850, Schropp & Co. 5/12 ß

Birk, C. Plan von der Festung Sewastopol mit Umgegend und Angabe der Belagerungsarbeiten der verbündeten Armeen. Berlin 1855. 1 Bl. c. L. Ff.

Birk, C. Special-Karte sämmtlicher Telegraphen-Linien und Stationen des Deutsch-Oesterreichischen Telegraphen-Vereins, sowie der zur Annahme und Beförderung von Depeschen autorisirten Eisenbahn-Telegraphen-Stationen nebst Bahn-Betriebs-Linien. 1 : 1 000 000. Berlin 1860 und 1861. Je 8 Bl. Berlin 1863 und 1864. Je 6 Bl. c. L.

Birk, C. Telegraphen-Karte von Europa. Nach Mittheilungen der Königl. Preussischen Telegraphen-Direction. 1 : 2 800 000. Berlin 1860, 1861 und 1862. Je 4 Bl. c. L.

Birk, Caspar, kurzer Ueberblick v. Bayern. Für die Schuljugend. 1 Tab. in Fol. (München 843, Finsterlin.) n. 1/24 ß

—— kurzer Ueberblick von Deutschland. Fol. Ebds. 843. *

—— kurzer Ueberblick von Europa. Fol. Ebds. 843. *

Birk, C: Weltk. in Merkators Projection. Aquatorial-Masstab 1 : 90,000,000. 86×56 cm. Lith. Berl. 97, 8 Schropp.

Birk Ernst. Zur Finanzgeschichte des Königreichs Ungarn unter König Ladislaus Posthumus. 8. (4 Blätter.) Wien, A. Pichlers Witwe u. Sohn 1853.

Birk, Ernst, D. Leonor von Portugal, Gemahlinn Kaiser Friedrich III. 1434—1467. Ein Vortrag, gehalten in der feierlichen Sitzung der kaiserl. Akademie der Wissenschaften am 31. Mai 1858. 8. (36 S.) Wien 858, (Gerold's Sohn.) *

Birk, Ernst, Urkunden-Auszüge zur Geschichte Kaiser Friedrich des III. in den J. 1452—1467 aus bisher unbenützten Quellen. Lex.-8. (VI und 170 S.) Wien 853, (Gerold's Sohn.) *
Aus: Archiv für Kunde österreich. Geschichtsquellen, besonders abgedruckt.

Birk, Friedrich August

Birk, Fr. Aug., und Ant. Aichinger, Beschreibung der Anlage und des Betriebes der Semmering-Eisenbahn, nebst Mittheilung der hiebei gemachten Erfahrungen und gesammelten Resultate. gr. 4. (VI und 45 S. mit 6 Stnt. in gr. Fol. und Imp.-Fol.) Wien 861, (Förster's artistische Anstalt.) *

Birk, FA, u. A Aichinger, Beschr. d. Anlage u. d. Betr. d. Semmering-Eisenb. 4. (45 m. 6 L.) Wien 62. (Lpsg, Köhler.)

Birk, Friedrich August (Hrsg.), s. Literaturblatt, Technisches.

Birk, Fr. Aug., die Semmeringbahn. Denkschrift zum 25jähr. Jubiläum ihrer Betriebs-Eröffnung. Lex.-8. (III, 38 S. mit 7 eingedr. Holzschn. und 1 lithogr. Taf.) Wien 879, Lehmann und Wentzel. *

**Birk,** Fr. Aug., die Zahnradbahnen u. ihre Locomotiven. Nach einem Vortrage, geh. im österreich. Ingenieur- u. Architekten-Verein. Mit 1 (lith.) Fig.-Taf. Lex.-8. (18 S.) Wien 881. Gerold & Co. n. 1. 60

Birk, Fr. Aug., die Zahnradbahnen und ihre Locomotiven. Nach einem Vortrage, gehalten im österreich. Ingenieur- und Architekten-Verein. Lex.-8. (19 S. mit 1 lithogr. Fig.-Taf.) Wien 881, [Lehmann und Wentzel] Spielhagen und Schurich. *

**Birk,** *Jos., s.:* Palimpseste, Wiener.

**Birk, Karl:** Grundz. d. Stilistik f. d. Eisenbahnpersonal. [Aus: „Der Bahnmeister".] (24) gr8° Lissa a/d. Elbe '11. (Prag, JG Calve.)

— Heinr. v. Kleist: „Robert Guiskard". Ein Beitr. z. Inszenierg d. Fragmentes. (26) 8° Prag, JG Calve ('11). 1.20

**Birk,** Karl, Heinrich v. Kleist: Der zerbrochene Krug. Ein Beitrag zur Inszenierg. des Lustspieles. (55 S.) gr. 8. Prag 910. C. Bellmann.

— u. Ferd. Stechauner: Die Lügenliese. Ein Märchenspiel. (63) 8° Wien. Brüder Suschitzky ('12).

Birk, Kaspar, s. Birk, Caspar

**Birk,** Ludw., das Fibrinferment im lebenden Organismus. Inaugural-Dissertation. gr. 8. (64 S.) Dorpat 880. (Karow.) n. 1. —

Birk, P. C. P. Kurze Geschichte der St Michaels-Gemeinde, Südseite Pittsburgh, Pa... 1848-86. Balt. 1886.

**Birk,** Rudolf *Emil* [aus Wiesbaden]: Ueber Ortho-Amidobenzyl-o-anisidin und o-Diamidodibenzylamin ... Erlangen, Druck d. Univ.-Buchdr. v. E. Th. Jacob, 1896; 30 S., 1 Bl. 8.
Erlangen, Phil. Fak., Inaug.-Diss. v. 10. März 1896

**Birk,** Simon, prakt. Arzt in Auerbach (Oberpf.): Über den Einfluß von Kreosot, Jodoform, Salol, Chinain, Chlorcalcium und Chlormagnesium auf die Magenverdauung. *Erlangen 1904: Junge & Sohn.* (95 S.) 8°
Erlangen, Med. Diss. v. 10. Dez. 1903

Birk, Susi Sophie
s.a. Lusi, Susanne Sophie Gräfin.

**Birk,** Susi Sophie, Liederstrauß. 2. u. 3. Aufl. (à VII, 95 S. m. Bildnis.) 8. Dresden 908. 906. E. Pierson. n. 2. —; geb. n. 3. —

— Liederstrauß. 908. Jetzt: Berlin, Verlag Berlin-Wien.

**Birk,** Susi Sophie (Gräfin Lusi), Va banque! Episode aus dem Spiel-, Sport- u. Liebesleben an d. Riviera. (189 S.) 8. Berlin (908). R. Eckstein Nachf. 2.—; geb. n 3.—

**Birk,** Theod., fünfzig zweistimm. Kirchen-Gesänge f. d. kathol. Schuljugend. 3., verb. Aufl. gr. 8. Cöln 837, DuMont-Schauberg.

**Birk,** Walter, appr. Arzt a. Wanzleben: Über Äthylmethylxanthin. Halle a. S. 1905: C. A. Kaemmerer & Co. (34 S.) 8°
Halle, Med. Fak., Ref. v. Mering, Diss. v. 27. Juli 1905
[Geb. 14. Okt. 80 Groß-Wanzleben; Wohnort: Halle a. S.; Staatsangeh.: Preußen; Vorbildung: Gymn. Bernburg Reife O. 00; Studium: Tübingen 3, Leipzig 1, Tübingen 1, Berlin 2, Halle 2 S.; Coll. 22. Juni 05; Approb. 1. Juni 05.]

**Birk,** W., alte u. neue Bestrebungen zur Bekämpfg. der Säuglingssterblichkeit. (7 S.) 8. Leipzig (908). B. Konegen. 1.—
Sonderabdruck aus „Reichs-Medizinal-Anzeiger".

**Birk,** Walth.: Kinderpflege-Lehrb., s: Keller, Arth.

— Rollfs, G, Tugendreich: Öffentl. Kinderschutz, s: Handbuch d. Hygiene.

— Untersuchgn üb. d. Stoffwechsel d. neugeborenen Kindes, s: Sammlung klin. Vorträge.

**Birke,** Bruno, Assistenzarzt an d. Lungenheilstätte d. Kreises Altena bei Lüdenscheid i. W.: Aus d. Kgl. chirurg. Klinik zu Breslau. Die in der Königlichen chirurgischen Klinik zu Breslau beobachteten Fälle von Lippenkrebs aus den Jahren 1891—1901. *Breslau 1904: Schles. Volkszeitung.* (66 S.) 8°
Breslau, Med. Diss. v. [24. März] 1904

**Birke,** Otto: De particularum μή et οὐ usu Polybiano Dionysiaco Diodoreo Straboniano. *Lipsiae 1897: O. Schmidt.* (81 S.) 8°
Leipzig, Phil. Diss. v. [7. Dez.] 1897

**Birkedal, Hans:** Aus d. Psychiatr. u. Nerven-Klinik zu Kiel. Kasuistischer Beitrag zur Lehre von der Meningitis tuberculosa. Kiel 1909: Fiencke. 21 S. 8°
Kiel, Med. Diss. v. 29. Sept. 1909, Ref. Siemerling
[Geb. 5. Jan. 80 Jels; Wohnort: Jels; Staatsangeh.: Preußen; Vorbildung: Gymn. Hadersleben Reife 03; Studium: Würzburg 1, Kiel 4, München 1, Berlin 1, Kiel 3 S.; Coll. 27. Juni 08; Approb. 10. Juli 09.] [U 10. 2433

**Birkedorn,** Alina, s. Delafaye-Brehier, die jung. Mädchen.

**v. Birkel,** Hnr. Ldw., († d. 13. Apr. 1815.) s. 1) Formula regiminis. 2) Statuta Curlandica.

**Birkeland,** B. J., neue Feuchtigkeits-Tafeln f. das Psychrometer unter dem Gefrierpunkt. (Videnskabs-Selskabets skrifter. I. Mathem.-naturv. Klasse 1907. No. 8.) Udgivet for Fridtjof Nansens fond. (83 S.) Lex. 8. Christiania 907. (J. Dybwad.) nn 1. —

**Birkemeyer,** A., deutsche Fibel, s.: Better, E.

**Birken,** Abenteuer d. Junker Hans von, 8. Hamb. Vollmer. 810.

**Birken,** F., Gesetzbuch für den Lebemann und die Dame von Welt in Hinsicht auf die Pflege der Gesundheit, die Erlangung und Bewahrung jugendlicher Schönheit und Anmuth u. die Erreichung eines hohen Lebensalters. Halle 853. Pfeffer. 8. (1 Bl., 80 S.) 15 ngr

**BIRKEN,** Ruth von. Klitsch, Klatsch. Preßburg, Hermann Hartleb.
[E. II, 280.]
Verb. Breslau 14. 2. 08: 7 J. M. 784/07.

**BIRKEN,** Rut von (ps.), Klitsch-Klatsch. Skizzen, Erzählungen und Episoden aus dem Gebiete von Rute, Stock und Peitsche. Privatdruck. O. O. u. J. (ca. 1906.) (3 Mk. Adolf Weigel, 1908.)

**Birken,** Ruth v., Klitsch-Klatsch. Skizzen u. Erzählgn. aus Schule u. Haus. (144 S.) 8. Pressburg (907). H. Hartleb. 8. —
Infolge Rechtsspruchs unbrauchbar gemacht.

Birken, Sigmund von
— s. Bibliothek deutscher Dichter.

Königlich-Polnischer, Chur- und Fürstlich-Sächsischer Helden-Sal; Oder Kurtze, jedoch hinlängliche Beschreibung ... Dieses Durchlauchtigsten Hauses, samt dessen Genealogie, Wappen u. Kupffer-Bildnissen, als eine Sächsische Chronik, vormals zusammengetragen und vorgestellet durch Sigmund v. Bircken ... Nunmehro aber ... vermehret von J.F.F.F.W.G. S. ... Nürnberg, Bey Johann Hoffmanns Seel. Erben, Anno 1718.
Königlich- auch Chur- und Fürstlich-Sächsischer Helden-Saal, oder Beschreibung der vornehmsten Geschichte dieses Durchlauchtigsten Hauses ... vorgestellt durch Sigmund von Bircken ... mit einer Fortsetzung bisz auf jetzige Zeiten vermehret, von Joachim Friedrich Fellern ... und Johann Gottlob Horn ... Nürnberg, in Verlag Johann Steins, 1734.

v. Birken's, Siegm., Sächsischer Heldensaal. M. Kpf. 8. Nürnb. 755. Stein. 1 ₰

— Historia der Zwistigkeit und Krigs-Vnruhe, so sich zwischen weiland Churfürst Friedrichen dem 2.ten oder Sanftmüthigen und Herzog Wilhelmen, zu Sachsen, Gebrüderen, in denen Jahren Christi 1445. biß 1451. zugetragen: auß Sigmunds von Bircken Sächsischem Helden-Saal gezogen / und bey jetzigem, in vielen Stücken gleichem Zustande ... derer Coburgischen Landen ... nachdenklich u. Lehrreich zu lesen, insonderheit was einseitige und widrige Verpflichtung betrifft, und was dißfalls der Rath zu Freyberg gethan hat. Getruckt im Jahr Christi 1707. O. O. Fol. 8 Bl. br. unbeschnitten. 35.—

Birken, Sigmund von: Heiliger S o n n t a g s h a n d e l und Kirchen-Wandel oder: Anweisung wie man den Sonntag mit Andacht zubringen . . . Mit Sinnbild-und Geschicht-Kupfern als auch schönen neuen Liedern gezieret. . . Samt dem gewöhnlichen Kirch-Lieder-Büchlein. Zweyte Auflage.
Nürnberg 1712, J. E. Adelbulner; (V:) J. von Sandrart Erben. kl8°.-(24) 405.

Birkenbach, Lothar, s. B i r c k e n b a c h , Lothar

Birkenbihl, Ferdinand

**Birkenbihl**, F., Die freiwillige Gerichtsbarkeit. Kommentar zum Reichsgesetz vom 17. V. 1898. Unter Berücksicht. des preuss. Gesetzes vom 21. IX. 1899. 1. Hälfte (§§ 1—99). gr. 8. (352 S.) Berlin, Siemenroth & Troschel. 6. 60.

**Birkenbihl**, F., Die freiwillige Gerichtsbarkeit. Kommentar zum Reichsgesetz vom 17. V. 1898. Unter Berücksicht. des preuss. Gesetzes vom 21. IX. 1899. 2. Hälfte (§§ 100 bis Schluss). gr. S. (XVI u. S. 353—813.) Berlin, Siemenroth & Troschel. 1900 8. 40. (Kplt.: 15. —; geb. in Halbfrz. 17. —)

**Birkenbihl, Ferd.**, die Gesinde-Ordnungen für die preußische Monarchie, s.a. Gesetzsammlung. Textausgaben m. Anmerkgn. Bd. 8.

— die Gesinde-Ordnungen f. die preuß. Monarchie m. Ausnahme der 1866 erworb. Landestheile u. Hohenzollerns. Pflichten u. Rechte der Herrschaft u. des Gesindes nebst den darauf bezügl. Gesetzen, Entscheidgn. der höchsten Gerichtshöfe 2c. 4., durchaus umgearb. Aufl. (der neuen Bearbeitg. 2. Aufl.). gr. 16. (VI, 184 S.) Ebd. 899. Kart. n. 1. —

**Birkenbihl, F.**, die Praxis der Finanzierung bei Errichtung usw. v. Aktiengesellschaften, s.: Wolff, Emil.

Rechtsprechung zum gesamten Zivil-, Handels- u. Prozeßrecht, s.: Socrael, Hs. Th.

— das Reichsgesetz üb. die Angelegenheiten der freiwilligen Gerichtsbarkeit, s.: Gesetzsammlung. 10. Bd.

**Birkenbihl**, d. Reichsgesetz z. Bekämpfg. d. unlaut. Wettbewerbes, s.: Gesetzsammlung.

— das Reichsgesetz, betr. die Erwerbs- u. Wirthschafts-Genossenschaften. Text-Ausg. m. Anmerkgn. u. Sachregister, nebst der Bekanntmachg. betr. die Führg. des Genossenschafts-Registers u. die Anmeldgn. zu demselben, e. vergleich. Zusammenstellg. der Paragraphirg. des Genossenschafts-Gesetzes vom 1. I. 1900 m. derjenigen vom 1. V. 1889, sowie e. Auszug aus dem Gesetze über die Angelegenheiten d. freiwill. Gerichtsbarkeit. gr. 8. (VIII, 90 S.) Neuwied 899. Raiffeisen & Cons. Kart. n.n. 1. —

— dass., Kommentar, s.: Maurer.

**Birkenbihl.** Reichsgesetz, betr. die Gesellschaften mit beschränkter Haftung. — Gesinde-Ordnung, s. Gesetzsammlung, Textausgaben mit Anmerkgn. Berl., Siemenroth u. Worms. 7. u. 8. Bd.

— das Reichsgesetz betr. d. Gesellschaften m. beschränkter Haftung vom 20. Apr. 1892, nebst e. Anh., enth.: I. das preuß. Gesetz, betr. die Kosten für die in Folge des Reichsgesetzes vom 20. Apr. 1892 bei der Führg. des Handelsregisters vorkomm. Geschäfte vom 12. Juni 1892; II. e. Entwurf e. Gesellschaftsvertrages. Erläutert v. F. B. gr. 8. (VIII, 411 S.) Berlin 892. Siemenroth & Worms. n. 8. —; geb. in Leinw. n. 9. —

— d. Reichsgesetz betr. d. Gesellschaften m. beschränkter Haftg vom 20. Apr. 1892, nebst e. Anh., enth.: I. d. preuss. Gesetz, betr. d. Kosten f. d. in Folge d. Reichsgesetzes v. 20. Apr. 1892 bei d. Führg d. Handelsregisters vorkomm. Geschäfte v. 12. Juni 1892; II. e. Entwurf e. Gesellschaftsvertrags. 8° (411) Berl. 93, Siemenroth & Tr. 8 —; geb. in Lnw. 9 —

— der unlautere Wettbewerb, erläutert durch die Rechtsprechung zum R.-G. vom 27. V. 1896. gr. 16. (XII, 170 S.) Hannover 902. Helwing. Geb. in Leinw. n. 2.50

**Birkenbihl, Mich.**, s.: Analecta germanica.

**Birkenbihl,** Michael, gepr. Lehramtskandidat a. Würzburg: Georg Friedrich Daumer. Beiträge zur Geschichte seines Lebens und seiner westöstlichen Dichtungen. Aschaffenburg 1905: Gottinger. (VI, 35 S.) 8° ¶ (Teil d. eingereichten Arbeit; ersch. vollst. im Buchhandel.)
München, Phil. Fak., Ref. Muncker, Diss. v. 7. Juli 1905
[Geb. 23. Juni 77 Würzburg; Wohnort: Würzburg; Staatsangeh.: Bayern; Vorbildung: Neues Gymn. Würzburg Reife Juli 97; Studium: Würzburg 1 (med.), Freiburg i. B. 1 (med.), Würzburg 2, Heidelberg 1, München 3 S.; Rig. 23. Dez. 02.]

— der Madonnenmaler. Kulturgeschichtliche Novelle aus der Zeit des 30jähr. Krieges. (55 S.) 8. Dresden 905. E. Pierson. n. 1. 50; geb. n. 2. 50

**Birkenbühl, Carl.** Sonette aus dem Orient. 8. (XXIII und 164 S.) Schaffhausen 864. Hurter'sche Buchh.

**Birkenburg, Mor. v.**, s. Homann, Walt.

**BIRKENBUSCH'S**, Mademoiselle, Visiten. Confiscirt anfangs 1912.

**v. Birkeneck, Oskar**, s. Ancelot, Emerenzia. — Bildergallerie, romantische. — Brisset, Franz v. Guise. — de Kock, P., Jenni, oder die 3 Blumenmärkte in Paris. — dess. die große Stadt. — s. de Kock, Hnr., Bertha's Liebe. — de Kock, P., neueste Romane. — Reybaud, Mad. Lucie u. Alonso. — dess. Gott rächt die Todten. — Sammlung der neuern und besten Romane der Franzosen. — Soulié's, Fr., neueste u. beste Romane.

**Birkenegger, Jos.:** Die Dienerin d. Herrn. Allg. Andachtsb. (717) 16° Steyl, Missionsdr. '11. L nn 1.70 d

— Liebe Gott! Kathol. Kinder-Gebetb. (351 m. Abb. u. 7 Farbdr.) 16° Dülmen, A Laumann ('11). L 1 — d

— Der Mann im Gebete. Kathol. Gebetb. (717 m. 1 Farbdr.) 16° Steyl, Missionsdr. '12. L nn 1.70 d

— Sei standhaft im Herrn! Führer ins Leben. Ausg. f. Mädchen. (312 m. Titelbild.) 16° Dülmen, A Laumann ('12.) L 1 — d

— Sei stark in Gott! Führer ins Leben. Ausg. f. Jünglinge. (312 m. Titelbild.) 16° Ebd. ('12). L 1 — d

Birkenfeld [Schlagwort]

**Birkenfeld**, s.a. Heimatskärtchen. 3.

— s. a.: Preussen. Messtischblätter.

**Birkenfeld.** Entfernungskarte, amtliche, des Fürstent. Birkenfeld. Nach amtl. Ermittelgn. u. unter Benutzg. d. Messtischblätter bearb. im J. 1909 durch das Katasterbureau der grossherzogl. Regierung zu Birkenfeld. Ausg. 1909. 1:50,000. 89×75 cm. Farbdruck. Leipzig, R. Mittelbach. 2.50

Birkenfeld [Verfasser]

**Birkenfeld, Elisab.:** Ihr stiller Compagnon, s: Lebenswog n.

**Birkenfeld, Elisab.**, die neue Pfarrerin. Erzählung. (141 S.) 8. Leipzig (905). G. Wigand. n. 2. —; geb. in Leinw. n. 3. —

**Birkenfeld, Ferd. v.**, neueste Anweisung, d. vorzügl. Kartenspiele so zu erlernen, daß man stets gewinnen muß. Als Anh.: Tabellen zu unverlierbaren L'Hombre-, Piquet- u. Whistspielen, so wie auch Belehr. üb. falsches Mischen d. Karten u. a. betrügl. Kunstgriffe, zur Warnung f. jeden Spieler. 12. (5½ B.) Nordhausen 836, Fürst.

Birkenfeld, Ferd., neueste Anweisung die vorzügl. Kartenspiele so zu erlernen, daß man stets gewinnen muß. Neue Ausg. (132 S.) Nordhausen 847, Fürst.

—— akrostichische Stammbuchsverse. Kränze d. Liebe u. Freundschaft um holde Frauen- u. edle Männer-Namen gewunden. Eine Samml. v. Stammbuchsversen, bei denen d. Anfangsbuchstaben alle am häufigsten vorkomm. Männer- u. Frauen-Namen bezeichnen. 32. (61 Seit.) Nordhausen 836, Müller.

Mutter Ortlands Kinder. Erzählung von Hermann Birkenfeld [d. i. Modersohn]. Mit Ill. von W. Roegge. Berlin, Eisenach, Leipzig: H. Hillger [1903]. (107 S.) 8° [F.]
— Bücherschatz, Kürschners. No 347. [05. 13300

— Mutter Ortlands Kinder, s.a. Kürschner's, Jos., Bücherschatz.

Birkenfeld, Herm. (H. Modersohn), der Oger. Roman. (408 S.) 8. Berlin (908). D. Dreyer & Co. 2.—; geb. 3.—
Ladenpreis aufgehoben.

Ⓑ Birkenfeld, Herm., der Oger. 903. Jetzt: Berlin, B. Blaurock.

Hermann Birkenfeld [d. i. Modersohn]. Der Oger. Roman. Berlin: D. Dreyer [1904]. (408 S.) 8° [F.] [05. 10049

Auf der alten Scholle. Roman von Hermann Birkenfeld [d. i. Modersohn]. Mit Ill. von Oscar Graf. Berlin, Eisenach, Leipzig: H. Hillger [1900]. (125 S.) 8° [F.]
— Bücherschatz, Kürschners. No 228. [05. 15300

Birkenfeld, Herm. (H. Modersohn), auf der alten Scholle, s.a. Kürschner's, Jos., Bücherschatz.

Birkenfeld, Salo (Cosel/Schles.), De scabie. Diss. med. Bln. (Brüschck) 1. IX. 1831. 30 S., mit Biogr. (M.: E. Steinfeld.) (4.—) 2804
Oppon.: W. Pritzkow, S. Eliason, J. Zipper. — Gew.: Eduard Wolff.

BIRKENHAUSEN, Gerti v. Difziplin in der Knabenabteilung. Privatdruck. O. O. u. J. (um 1910). 8°.
[E. II, 280.]
Verb. d. Ldg. III Berlin A. 4. J. 891/14.

BIRKENHAUSEN, Gerti von (ps.), Käthe im Strafzimmer des Mädchen-Pensionats. — Käthe's erste Züchtigung im Mädchen-Pensionat. Weitere Enthüllungen aus der Besserungs-Anstalt für Töchter höherer Stände. Privatdrucke. O. O. u. J. (190*). (à Mk. 3—.)
Bilden die Fortsetzung von Disziplin (s. d.) im Mädchen-Pensionat". (Vergriffen.)

BIRKENHAUSEN, Gerda v. Die Penfion der Miftreß Silverhill. Großer flagellantiftifch-fetifchiftifcher Roman. Privatdruck. O. O. u. J. (um 1910). 8°. 203 S. [D. B. 1927. A. 1835.]
Verb. d. Ldg. III Berlin A. 4. J. 891/14.

Birkenhayn, Gr., (Jh. Chr. Höpfner,) Gespräche mit seinen Kindern; nebst Gustavs Briefen über Töplitz. Leipz. 807. 2e A. 8. Halle 808. Gebauer. 18 gl

B[irkenheim], C[arl Christian] von. Briefe über den politischen, bürgerlichen und natürlichen Zustand der Schweitz, zum Gebrauch für Reisende. (1. [einziger] Theil. [Mit Titelvignette und 2 Tafeln.]) 8. Augsburg und Gunzenhausen 1797.

Birkenheuer, Bela, Liebe, Freiheit, Kultur. Gedichte, für das Volk und seine Lehrer verfaßt. gr. 8. (III, 276 S.) Torontál-Szécsány 881. (Budapest, Schulbuchhandlung.) *

Birkenheuer, B. (Hrsg.), s. Volkserzieher, Der freie.

Birkenhoff, R., über Metrum und Reim der altfranzösischen Brandanlegende, s.a. Ausgaben und Abhandlungen aus dem Gebiete der romanischen Philologie.

Birkenhoff, R. Ueber Metrum und Reime der altfranzösischen Brandanlegende. Diss. Marburg 1884. 95 S.

Birkenhoff, R. Französisches Vokabularium f. Quinta zu dem Lese- u. Lehrbuch der französischen Sprache v. Mangold u. Coste, Berl. 1886. gr. 8. (25 S.) Dortmund 889, Garms. cart. * — 50

Birkenholz, Victor, a. Vilbel im Großherzogtum Hessen: Aus der Kgl. chirurgischen Klinik zu Kiel. Zur Casuistik der Spontanfracturen bei Tabes dorsalis. Kiel 1905: H. Fiencke. (14 S.) 8°
Kiel, Med. Fak., Ref. Helferich, Diss. v. 15. März 1905
[Geb. 20. Okt. 78 Vilbel (Hessen); Wohnort: Vilbel; Staatsangeh.: Hessen; Vorbildung: Gymn. Büdingen Reife O. 98; Studium: München 2, Erlangen 1, Kiel 1, München 1, Rostock 1, Berlin 1, Kiel 5 S.; Coll. 17. Dez. 04; Approb. 8. Nov. 04.]

Birkenmaier, Friedrich: Über den christlichen Schriftsteller Julius Pollux und sein Geschichtswerk. 69 S.
Progr. Donaueschingen 1861.

Birkenmajer, Ludw., über die durch die Fortpflanzung des Lichtes hervorgerufenen Ungleichheiten in der Bewegung der physischen Doppelsterne. Analyse der Bahn ξ Ursae majoris. [Struve 1523]. Lex.-8. (76 S.) Wien 886, (Gerold's Sohn.) *
Aus: Sitzungsberichte der k. Akademie der Wissenschaften, besonders abgedruckt.

Birkenmajer, L., üb. d. durch d. Fortpflanzg d. Lichtes hervorgeruf. Ungleichheiten in d. Bewegg d. phys. Doppelsterne. Analyse d. Bahn ξ Ursae majoris [Struve 1523]. 8. (76) Wien 86. (Tempsky).

Birkenmayer, Ernst Adolf, Bilder aus dem Hauenstein. Volksspiel m. Gesang in 5 Abtlgn. gr. 8. (84 S.) Freiburg i/B. 900. (Waldshut, H. Zimmermann). n.

Birkenmayer, E. A., kurze Geschichte d. Stadt Waldshut v. 1242—1805. 8. (189 S.) Waldshut 889. (H. Zimmermann).

BIRKENMAYER, Friedrich (Rossberg): Ueber die Entwicklung und operative Behandlung eines Tumors am rechten Oberarm.- München: Kastner & Lossen 1897. 23 S.
18.2.1897 - Chr 1896/97,20; Jv 1896/97,229

Diss. Ingolst.-Landsh.-Mchn.

Birkenpesch, Emil: Ein Beitrag zur Kenntnis der Opiumwirkung. *Greifswald 1898: J. Abel.* (34 S.) 8°
Greifswald, Med. Diss. v. 6. Aug. 1898

Birkensee, des Fräuleins v., u. d. Herrn v. Linz, Gesch. in Brief. 2 Thle. 8. Brschwg. Schulbuchhandl. 782.

Birkensee, der Gräfin von, und des Barons von Linz Geschichte in Briefen, 2 Th. 8. Braunschw. 782. Schulbuchhandl. 1 Rthl. 15 sgl.

Birkenstamm, D., Ueber die lat. Conjugation in Vergleichung mit der griechischen. P 1889. 24 S. 4°.

Birkenstein, Elias, s. Aufruf e. Israeliten.

Elias Birkenstein gründliche Belehrung über das Baden der Judenweiber. Marburg 1826. 8. (Auctore Judaeo non medico.)

Birkenstein, Elias, s. Darstell. üb. d. Erziehungswesen d. Juden.

Birkenstein, (E.,) d. zehn Gebote katechetisch erklärt, zunächst für d. israel. Jugend. 8. Marb. 821, Krieger.

Birkenstein, Elias, s, Gedanken über den Geist des Judenthums.

— die Judenbekehrer u. Mystiker. 8. Siegen 824. Vorländer.

Birkenstein, Elias, merkwürd. Confirmationsrede eines Israeliten. 8. Marb. 813. Krieger. 3 gl

Birkenstein, E., Confirmationsrede eines Israeliten. 8. Marburg, Krieger. 819.

— u. A. L. Rosenthal, Samml. verm. Aufsätze zur relig. u. sittl. Verbesserung d. Juden. 8. Marburg 824, Krieger.

— üb. d. moral. Verbess. d. Juden nebst einer Entlarvung des Rabbinismus. 8. Marb. 822. (Krieger.)

— über d. moral. Verbess. d. Juden, nebst e. Entlarvung d. Rabbinismus. 8. Marb. 823. (Krieger). 10 gl

Birkenstein, Elias, s. W o r t , Noch ein, über d. Verhältniß d. Juden.

**Birkenstock.** (Bruchstück zu seiner Biographie.) [Weimar 1810.] V: *Retzer, Joseph Friedrich Freiherr von.* (MGT)

**Birkenstock, C:** Das Meteorphänomen u. s. Beobachtg, s: Vorträge u. Abhandlungen, hrsg. v. d. Zeitschrift „Das Weltall".

**Birkenstock C. J.:** Die verbesserte neuere Bienenzucht durch Bekanntmachung u. Beschreibung einer Verbesserung d. Riem'schen Halb- u. Viertels-Kästen u. Körbe u. einer neuen Art Lager-Magazine... Nebst e. Anh. üb. die Weisel-Erzeugung. Frankf. a. M. 1813. 144 S. 3 Tvl.

**Birkenstock, J. C.,** die verbess. neuere Bienenzucht, durch Bekanntmachung u. Beschreib. einer Verbess. d. Riemschen Halb- u. Viertelskästen u. Körbe, u. einer neuen Art Lagermagazine, mit 3 Steinabdr. 8. Frankf. a. M. 814. Hermann. 14 gl.

Birkenstock, Johann Melchior von

**Birkenstock, J. Melch. nob. a.** Bibliotheca praestantissimos ad omnia literarum et artium genera spectantes libros comprehendes Sectionibus digesta, notis literatio criticis et praefationo instructa. 8. Vindobonae 1810.

**Birckenstock, J. M. a,** Monumentum aeternae memoriae Mariae Christinae a conjuge e marmore erectum. Carmen posthumum. Acc. interpretatio Germanica. Cum tab. aen. Vienn. 813. f. 15 rthlr.

— Carmen posthumum in monumentum aeternae memoriae Mariae Christianae, Archiducis Austr. Cum VI tabb. aen. Fol. maj. Wien 813. Beck. 3 ₰

**Birkenstock,** Johann Melchior von, Denkschrift auf Friedrich den Zweyten, König von Preussen. Aus dem Lateinischen übersetzt. (Nebst Vorbericht.) Wien (1786.) 4.
— Dasselbe. Uebersetzt v. K. Ph. Spielberger. Mannh. 1787. 4. (Nebst dem lateinischen Originale.)

**Birkenstock, Jh. Melch., († d. 30. Oct. 1809.), D. M. Friderici II. S. 4. Wien 786.** Dass. dem Geiste Friedrich II. geheiligt. Aus d. Latein. übers. u. mit Anmerkk. begl. v. H. A. Nörlinger. (Latein. u. Deutsch.) gr. 8. Hannover 787. Hellwing (789), Schrbp. 4 gl. Dass. übersetzt (v. J. N. Bischoff? oder Raym. Dapp?) 8. Berl. 787. Nicolai. 6 gl. Dass. aus d. Latein. von Spielberger. gr. 4. Manh. 787.

**Birkenstock,** Johann Melchior von, D. M. Friderici II. S. Dem abgeschiedenen Geiste Friedrichs des Zweiten geheiligt. (Lat. und deutsch) (Berlin 1787.) 8. 2½ Bog.
— Dasselbe (Viennae 1786.) 4.
— Dasselbe (lat.) Halberstadii 1787. 8.
— Dasselbe Inscriptio . . . denuo impressa . . . Heiligenstadii 1855. 4.

**Birkenstock, Joh Melch.** Aeternae memoriae Alexandri Leopoldi, archiducis Austriae, Hungariae palatini fol Viennae 1795. — Ungarische Übersetzung von Domokos Teleki. 4. Bétsben 1796.

— Ad Ungaros Ungarus. 4. Wien 796. Dass. ins Deutsche übers. von ihm selbst. 4. Wien 796.

**Birkenstock, Otto:** Untersuchung der Kontinuität der Längsträger zweigleisiger Balkenbrücken. Berlin: Krayn 1910. 47 S. 8°
Berlin, Dr.-Ing.-Diss. v. 15. 7. 1910

**BIRKENSTOCK, GUIL.,** De vi vitali sanguini adserenda diss. inaug. Kiliae. 1815. P. (U. B.).

Karl Friedrich August Hartmann v. Wilhelm Christian Birkenstock Hamburg. 1829. 8°

**HUGO'S** Tageblätter an Max. (Zahmer Roman von *Wilh. Christian Birkenstock.)* Hamburg, bei Hoffmann u. Campe. 1821. 8°. (4 Mk. 50 Pfg., Expl. mit dem hübschen Orig.-Umschl., Max Jaeckel, Potsdam, 1909.)
Tit., 1 Bl. Err. u. 191 S. —

**Birkenthal, Carl:** Beiträge zur Kenntnis der Beziehungen der Zahnkrankheiten des Kindesalters zu Rhachitis, Tuberkulose und Syphilis hereditaria. Berlin 1899. 34 S. 8°.
Bern. Med. Diss. 1898/99.

Beiträge zur Kenntnis der Beziehungen der Zahnkrankheiten des Kindesalters zu Rhachitis, Tuberkulose und Syphilis hereditaria. Von Dr. Carl **Birkenthal**, Thorn. *Berlin: Berl. Verlagsanst. 1899.* (34 S.) 8° [09. 4484

**Birkenthal's Beiträge z. Kenntn. d. Beziehgn d. Zahnkrankh. d. Kindesalters zu Syphilis hereditaria, Rachitis u. Tuberkulose.** 2. Afl. v. Günth. Fritzsche. (88) gr8° Berl., Berlinische Verl.-Anst. '12. L 4 —

**Birkenthal, Julie v.:** Der Schneekönig, s: Höfling's Kinderbühne.

Enthüllungen aus der Praxis der deutschen Rechtsanwälte. Ein Beitrag z. Frage d. Justizreform von Karl **Birkenwald.** Erfurt: F. Bartholomäus [1907]. (44 S.) 8° [07. 13488 3

**Birkenwald, Paul,** Beiträge zur Chemie der Sinapis juncea und des ätherischen Senföls. Diss. pharm. Dorpat (Schnakenburg) 19. V. 1888. 77 S., mit Literatur. (4.80) 2805
Oppon.: F. Krüger, E. Masing, G. Dragendorff. — Gew.: G. Dragendorff.

**Birkenwald, Paul,** Beiträge zur Chemie der Sinapis juncea und des ätherischen Senföls. Inaugural-Dissertation. gr. 8. (76 S.) Dorpat 888, (Karow.) *

Birkenwerder [Schlagwort]
**Birkenwerder,** s.: Mark. — Wanderkarten.

Die Vergangenheit des Kirspels Dülken beleuchtet in e. Bericht über d. Thätigkeit d. landw. Casinos Dülkener-Nette bei Gelegenheit d. Feier d. 25j. Bestehens d. Casinos am 3. Mai 1897 von d. Vorsitz. **J. M. Birker.** *Dülken (1897): F. W. Kugelmeier.* (38 S.) 8° [F.] [98. 2537 5

BIRKER, Johann (Schaag): Ueber Fremdkörper im Oesophagus und durch dieselben bedingte Oesophagotomie.- Köln: Bachem 1893. 23 S.
6.3.1893 - Chr 1892/93,17; Jv 1893/94,194 Diss. Ingolst.-Landshut-Münch.

Birker, Paulus: Grundlinien der christlichen Jugendbildung. Mit besonderer Berücksichtigung des „ Instituts für höhere Bildung" bei St. Stephan zu Augsburg. S. 1 - 38.
Progr. Augsburg 1850.

**Birker, (Fr.) Paulus,** Grundlinien der christlichen Jugendbildung. Ein Wort an Eltern, Erzieher und Jugendfreunde; mit besond. Berücksicht. des „Institutes für höhere Bildung" bei St. Stephan zu Augsburg. gr. 8. (IV und 63 S.) Augsburg 850, Kollmann'sche Buchh.

**Birker, Paulus,** Idee der religiösen Orden. 8. (IV, 64 S.) Chur 870, (Grubenmann'sche Buchh.)

**Birker, P,** Idee d. relig. Orden. 8. (64) Chur 70, (Gsell.) " — 70

**Birker, Paul,** Die Unfehlbarkeitslehre. Disentis. 1872. 4°. Progr. der Klosterschule.

**Birker, Fr. Paulus,** Züge aus dem Leben d. heil. Ulrich, Bischofes u. Patrones d. Diöcese Augsburg. Dargest. in e. Fest-Predigt. 8. (1 B.) Augsburg 843, Schmid'sche Buchh.

**Birkesy, T S:** Ub. rationelle Ernährg d. Menschen. Ein Mahnu. Trostwort in Zeiten d. Fleischteuerg. (43) 8° Wien, F Tempsky. — Lpzg, G Freytag '11. — 60

**Birket Foster-Album.** Eine Auswahl der schönsten Holzschnitte nach Zeichnungen v. **Birket Foster,** in Holz geschn. v. Gebr. Dalziel, J. Cooper, E. Evans u. A. Mit deutschem Text hrsg. v. Geo. Scherer. gr. 4. (171 S. m. eingedr. Holzschn.) München 880. Stroefer. geb. m. Goldschn. n. 12. —

**Birkhahn. I. G.** Dissertatio politico historica de Alexandro Magno tyranno 4. Lipsiae 1706.

Birkham, Cäcilie, s.a. A l p h a b e t h e und Verzierungen zum Sticken.

**Birkham, Cäcilie, Alphabete und Verzierungen zum Sticken. Ein Musterbuch für Stickerinnen. 1. 2. Heft. 2. (Titel-) Aufl. Nordhausen (844.) 857. Förstemann. qu. 4. Jedes Heft von 8 lith. Taf.** n. 3 ngf.

**Birkhaevser,** I(odocus) ⟨geb. am 26 Aug. 1843 in Kuchenheim Rgbz. Köln⟩: Qvaestiones historicae de hypotheca fisci ... Bonnae, typ. I. F. Carthavsil (1868). 3 Bl., 28 S., 1 Bl. 8.
Bonn, Jur. Fak., Diss. v. 16 Mai 1868

**Birkhäuser, Rud.: Augenpraxis f. Nichtspezialisten. (7, 189 m. Fig. u. 4 Taf.) kl8° Berl., J Springer '11.** L 4 —

**— Leseproben f. d. Nähe a. d. Univ.-Augenklinik Bern. (34) gr8° Ebd. '11.** HL 4.80

**Birkhäuser,** Rud., über die Schädigungen des menschlichen Sehorgans durch stumpfe Traumen des Schädels wie des Augapfels, s.a. F e s t s c h r i f t zur Eröffnung der neuen Universitäts-Augenklinik in Bern.

**B i r k h ä u s e r,** Rudolf. Ueber die Schädigungen des menschlichen Sehorganes durch stumpfe Traumen des Schädels wie des Augapfels. Diss. Med. Bern. [Mit Figuren und 14 Tafeln.] 126 S. 4. Basel, Emil Birkhäuser, 1909.

**B i r k h o f,** Wilh. Im Spiel der Wogen. Roman aus dem heut. Leben. 8. (234 S.) Lpz. 889, W. Friedrich. 3 —

Birkhold, Hedwig: M ä r c h e n u. Erzählungen. Mit e. Vorwort von Karl v. Perfall. gr $16^{0}$(VI, 173 S.) – Jena 1896. H. Pohle.

**B i r k h o l z,** Ad., das 2. hanseatische Infanterie-Regiment Nr. 76 im Kriege gegen Frankreich 1870 und 1871. Erlebnisse vom Verlassen der Garnison bis zum Friedensschluß. 8. (IV, 60 S.) Hamburg 871, Hoffmann und Campe. *

Birkholz, Adam Michael, s. B r e s , J. P.: Über das Dasein.

Birkholz, Adam Michael, s.a. C i c e r o medicus.

Adam Mich. **B i r k h o l z** Cicero medicus, h. e. selecti e M. T. Ciceronis operibus loci, vel omnino medici, vel facillime ad res disciplinasque medicas transferendi. Lips. 1806. 8. — *Nov. tit.* Lips. 1813. 8. (Secundum editionem quam Is. Verburg Amst. 1724. 4. curavit; boni indices adjecti sunt, sed deest omnis explicatio, varians lectio et commentarius.)

Birkholz, Adam Michael, s. De F l u i t e l i s .

**BIRCKHOLTZ, ADAM MICHAEL. [ADAMAH BOOZ.]**
*** Sieben (Die) heiligen Grundsäulen der Ewigkeit und Zeit, in deutlichen Sinnbildern zum Besten aller Weisheit-Suchenden. Nebst dem Brunnen der Weisheit und Erkenntniss der Natur. Den Grundsätzen der wahren Alchemie und vier merkwürdigen Briefen eines Adepten. Leipzig, bey Paul Gotthelf Kummer, 1783. pp. 132, 8vo.**

**Birkholz,** [illegible]

Birkholz, Adam Michael

Der Compass der Weisen von einen [!] Mitverwandten der innern Verfassung der ächten und rechten Freymäurerei beschrieben; hrsg. mit Anmerk., einer Zueignungsschrift und Vorr., in welcher die Geschichte dieses erlauchten Ordens, vom Anfang seiner Stiftung an deutlich und treulich vorgetragen, und die Irrthümer einiger ausgearteter französischer Freymäurer-Logen entdeckt werden von K e t m i a V e r e [d. i. A d a m Mich. **Birkholz**]. Mit Kupfern [Culs de Lampe]. Berlin u. Leipzig: Ringmacher 1779. 386 S. 1 Taf. $8^{0}$ [Vor- u. Kupfertit.:] Compass der Weisen.

[D a s s e l b e.] 2. verb., mit Zusätzen u. Anmerk. verm. Ausg., von A d a M a h B o o z [d. i. A d a m M i c h. B i r k h o l z]. Berlin: Maurer 1782. 429 S. 1 Taf. $8^{0}$
**Recens: Missiv a. d. Brrschaft d. Gold u. Rosenkreuzes. 1783 Nr 170; Archiv f. Frmr u. Rosenkreuzer. 2 (1785) S. 364—368.**
**cf. FZ. (Neuwied) 1787 S. 177—178.**
**Kl. 2645, Tt. 857. Verfasserangabe dem Anonymen-Lexikon entnommen. Maurerische Quellen nennen Baron Proek als Verf., Advokat Jäger in Regensburg als Hrsg. der 1. Ausg. u. A. M. Birkholz als Hrsg. der 2. Ausg. Inhalt: Die wahre Mrei ist allein bei den Rosenkreuzern zu finden.**

Birkholz, Adam Michael, s. L o b b s Grundsätze.

**Birkholz, Adam Michael** (Prettin), u. **Joh. Christian Nelder** (Meissen), Quaestiones quasdam physicas chemiae generalis definitionibus explicatas. Lpz. (Breitkopf) 8. V. 1771. 64 S. (5.—) 2806
Gew.: Christian Heinrich Eilenburg.

**— —** Quaestiones quasdam physico-medicas. Lpz. (Langenheim) 4. X. 1771. 50 S. (5.—) 2807
Gew.: Gottlob Heinrich v. Birkholz (Stechau). Mit Wappen.

**— —** u. **Benjamin Gotthelf Knothe** (Zittau), Auspiciis jubilaeis decani medic. viri Anton Wilhelm Plaz a. d. 18. X. semisecularis. — Quaestionum physico-chemico-medicarum specim. tertium. Lpz. (Langenheim) 23. X. 1778. 48 S. (5.—) 2808

Birkholz, Adam Michael, s. Q u i n c y : Merkwürdigk. u. Pharmacopoea.

Birkholz, Adam Michael, s. T r n k a : Geschichte.

Birkholz, Adam Michael, s. U n i v e r s a l k a t e c h i s m u s.

Birkholz, Adam Michael, s. V a c h i e r : **Krankheiten.**

**Birkholz,** B. Mich., resp. Paul **Siegling,** Diss. Animi vires in morborum curatione non esse negligendas. 23 pp. Lps. 4°. (Magn. anim.) 1788

BIRKHOLZ, Franz (Neuhofensis): Ein Fall von congenitaler Sakralgeschwulst bei einem halbjährigen Kinde.- München: Wolf 1885. 24 S.
6.2.1885 - Urk (Titel: De tumore ossis sacri congenito.); Chr 1884/85,21

**Birkholz,** Hans. Referendar: Die rechtlichen Folgen des Nichtzustandekommens eines Budgets. Unter besonderer Berücksichtigung des Staatsrechts Preußens und des Deutschen Reiches. Gottesberg 1908: „Stadtblatt"-Druckerei. (VIII, 45 S.) 8° [G.]
Breslau, Jur. Fak., Ref. Brie-Dahn, Diss. v. 3. März 1908
[Geb. 2. April 86 Posen; Wohnort: Posen; Staatsangeh.: Preußen; Vorbildung: Marien-Gymn. Posen Reife O. 04; Studium: Tübingen 3, Breslau 3 S.; Rig. 19. Juli 07.]

Birkholz, Johann Christoph: Ökonomische B e s c h r e i b u n g aller Arten Fische welche in den Gewässern der Churmark gefunden werden. Berlin & Stralsund: G. A. Lange 1770. 24 S. $8^{0}$

**Birkholz, Karl,** der Schweine-Rotlauf, seine Entstehung, Erkennung, Verhütung u. vollständige Heilung, nebst prakt. Vorschlägen zur Hebg. der Schweinezucht. Nach vielfachen Erfahrgn. bearb. u. hrsg. (48 S.) 8. Leipzig 906. A. Michaelis. n. 1. —

**Birkholz, Karl,** wie behüte u. pflege ich meinen Hund? u. Wie heile ich rasch u. billig kranke Hunde? Beantwortet aus langjähr. Erfahrg. (43 S.) 8. Leipzig 910. A. Michaelis. — 75

Birkholz L, d. Wirkung d. Handelsverträge auf Landwirtschaft, Weinbau u Gewerbe in Elsass-Lothringen. (208 S) (Abh., volksw., d. bad. Hochsch. VI, 1) Tübingen 1902

**Birkholz.** Wilhelm [aus Behrendshagen]: Ueber den Einfluss der Temperatur und der Ernährung auf die Kohlensäureproduktion im Thierkörper. . . . Erlangen, Druck d. Univ.-Buchdr. v. Junge & Sohn, 1889; 56 S. 8°

Erlangen, Med. Fak., Inaug.-Diss. v. 20. Jul. 1889

**Birkhoven,** Josef, appr. Arzt a. Hüls: Aus d. Universitäts-Frauenklinik zu Gießen. Kasuistische Beiträge zur Frage der Ovarialtumoren bei Schwangerschaft. Gießen 1905: v. Münchow. (36 S.) 8°

Gießen, Med. Fak., Ref. Pfannenstiel, Diss. v. 6. Sept. 1905

[Geb. 29. Nov. 78 Hüls; Wohnort: Hüls; Staatsangeh.: Preußen; Vorbildung: Gymn. Kempen Reife M. 99; Studium: Freiburg i. B. 1, Gießen 3, München 1, Bonn 1, Gießen 4 S.; Coll. 14. Aug. 05; Approb. 21. Juni 04.]

**Birkiegt, Aug.,** der Maler- u. Lackierer-Lehrling. Praktische Winke u. gute Rathschläge für denselben. 8. (IV, 59 S.) Leipzig 891. (Füstel & Göttel.) n. 1. —

**Birkigt,** s: Bücher-Verzeichnis f. Gefängnisse usw.

Straffällige Schulknaben in intellektueller, moralischer und sozialer Beziehung. Von C[urt] Birkigt, Oberl. Langensalza: Beyer 1910. 42 S. 8°
(Beiträge z. Kinderforschung u. Heilerziehung. H. 66.) (11. 3949

Birkinger X, Blumenfächer. (8 T) fol [VS] Wien 1892

**Birkinger, X.** Die Rose. Darstellung e. Anzahl der schönsten Rosen in vollendeter Naturtreue nach Aquarellen. (In ca. 6 Serien.) 1. Serie. Fol. (4 Farbendr. m. 1 Bl. Text.) Wien 891, Gerlach u. Schenk. Subscr.-Pr. * 12 —; Einzelpr. * 14 —

**Birkinger, X., u. Mart. Gerlach,** die Rose. Darstellg. e. Anzahl der schönsten Rosen in vollendeter Naturtreue. 1. Serie. Fol. (4 Bl. in Chromolithographie nach Aquarellen v. X. Birkinger u. 5 Bl. Naturstudien in Lichtdruck von Mart. Gerlach m. 1 Bl. Text.) Wien 894. Gerlach & Schenk. 12. —
Fortsetzung erscheint nicht.

**Birkinger, X,** d. Rose. Darstellg e. Anzahl d. schönsten Rosen in vollendeter Naturtreue nach Aquarellen. 1. Serie. Fol. (4 Farbendr. u. 5 Lichtdr. m. 1 Bl. Text.) Wien 94. (Mgdbg, Schallehn & W.) 12 —
*Fortsetzg erscheint nicht. Das Werk war auf 6 Serien geplant, v. denen die 1. m. 4 Farbendr. bereits 1891 erschien u. nun mit obiger vereint wurde.*

**Birkl, Fr. X.,** Gesundheits-Pillen für kranke Seelen, oder kathol. Sonn- und Festtags-Predigten. gr. 8. (XII und 494 S.) Innsbruck 863, F. Rauch.

**Birkl, Fr. X.,** zeitgemäße Kanzelvorträge. 2 Bde. [Sonntäglicher Thl. — Festtäglicher Thl.] gr. 8. (814 S.) Regensburg 848, Manz. 2⅓ ₰

— kurze Predigten auf alle Sonn- und Festtage des Kirchenjahrs. gr. 8. (500 S.) Regensburg 850, Manz.

**Birkl, Fr. X.,** der Seelenwecker oder Sonn- und Festtags-Predigten nebst mehreren Gelegenheitsreden. 2 Bde. Schaffhausen 856. Hurter. gr. 8. (VIII, 392; VI, 220 S.) 1 ₰ 21 ngr

— der kürzeste Weg zur Vollkommenheit, s. Weg.

Birkle, Georg

**Birkle, Geo.:** Christl. Berufsarbeit. (4, 135) 8° Regensbg. Verl.-Anst. vorm. GJ Manz '12. 1.50 d

— Erziehgsregeln f. christl. Mütter. (16) 8° Schwäb. Gmünd '12. Tafertsweiler, Pfr Birkle. (Nur dir.) — 10 (Pp.) d

**Birkle, G.,** inwiefern ist der Begnadigte e. übernatürliches Ebenbild Gottes? (IV, 208 S.) gr. 8. Regensburg 908. Verlagsanstalt vorm. G. J. Manz. 3. —

**Birkle, G.,** sei zufrieden!, s.: Zu Lehr u. Wehr. 8. Bdchn.

**Birkle,** Johann Bapt.: Die Etymologie im lateinischen Unterrichte des Gymnasiums. Köln, Druck v. J. P. Bachem, Verlagsbuchh. u. Buchdr., 1896; 3—12 S. 4.
Köln, k. kath. G an Aposteln, P 1896 (440)

**Birkle, Suitbert, O. S. B.,** der Choral, das Ideal der kathol. Kirchenmusik. (XII, 328 S.) 8. Graz 906. Styria. n. 2. 50

Katechismus des Choralgesanges von P. Suitbertus Birkle, O. S. B. *Graz: Styria 1903.* (XII, 171 S.) 8° [illegible]

**Birklein, Franz,** Entwicklungsgeschichte des substantivierten Infinitivs. Diss. Würzburg 1888. 8°. 45 S.
Sonder-Abdruck aus: Beiträge zur historischen Syntax der griechischen Sprache, hrsg. von M. Schanz. 3. Band 1. Heft. Würzburg, A. Stubers Verlag.

**Birklein, F.,** Entwickelungsgeschichte d. substantivierten Infinitivs, s. a. Beiträge zur historischen Syntax der griechischen Sprache.

**Birklein,** Hermann, a. Landau i. Pf.: Über lipoblastische Sarkome. Borna-Leipzig 1907: R. Noske. (21 S.) 8°

Würzburg, Med. Fak., Ref. Borst, Diss. v. 28. März 1907

[Geb. 1. Apr. 81 Landau (Pfalz); Wohnort: Bamberg; Staatsangeh.: Bayern; Vorbildung: Gymn. Amberg Reife Juli 99; Studium: Würzburg 10 S.; Coll. 6. März 07; Approb. 23. Mai 05.]

**Birkler, Max,** die Kirchen in Obermarchthal. Eine Jubiläumsgabe zum 200jähr. Bestande d. ehemal. Prämonstratenser- u. jetz. Schloß- u. Pfarrkirche. gr. 8. (59 S. m. 5 Illustr.) Stuttgart 893. J. Roth. n. — 80

**Birkler, W.,** Missae polyphonae e natura cantus choralis haustae atque revocatae ad similitudinem contrapuncti una vocibus. 1. et 2. Ten. 1. et 2. Bass, altera vocibus Alt, 1. et 2. Ten. Bass concinenda, illa in Es, haec in G elaborata. Op. 2. gr. 4. (13 S.) Tübingen 878, Laupp'sche Buchh. Singstimmen dazu. 2. Aufl. (32 S.)

**Birkler,** zur Reform der Kirchenmusik. gr. 8. (25 S.) Tübingen 870, Laupp'sche Buchh.
Aus: Theologische Quartalschrift 1870, 1. Heft, besonders abgedruckt.

**Birkler, W.,** Sokrates u. sein Zeitalter. Pr. 1848. 29 S. 4°.

**Birkler, W.,** Die orator. Tractatio der Griechen. 3 Tle. I. Die orator. Transitionsformen. II. Die Argumentation. III. Die orator. Transitions- u. Argumentationsphrasen τί δέ; τί δὲ δή; τί οὖν; τί δαί; τί δῆτα; e. Nachtrag zu Tl. I u. II. Pr. 1867, 68, 76. 36, 36, 48 S. 4°. à 1.25

**Birkler, W.,** die oratorischen Transitions- u. Argumentations-Phrasen. τί δέ; τί δὲ δή; τί οὖν; τί δαί; τί δῆτα; — ein Nachtrag zu den üb. das Gesammtgebiet dieser Figuren sich erstreck. Programmen vom J. 1867 u. 1868. gr. 4. (43 S.) Ehingen 876. (Tübingen, Fues.) n. 1. 50

**Birkler, W.,** Vesperae chorales quatuor vocum concentu, vel vocibus ten. I et II, bass. I et II vel concentu vocum sopran, alt, tenor, bass, decantandae, utrasque composuit quo instruxit ad usum chori. Fol. (40 S.) Ravensburg 862, Dorn'sche Buchh.

**Birkmann'scher** methodolog. Schreibcursus Neue verbess. Aufl. gr. 4. (7 lith. Bl.) Iserlohn (851), Langewiesche.

**Birkmann,** auch Bürkmann, Cph., († d. 11. März 1771.) Bündlein d. Lebendigen. 12 Stcke. gr. 8. Hildburgh. 748. N. Aufl. Ebd. 705. Hanisch. 16 ₰

Birkmeyer's, Chr., Kräuterbuch nebst Hausapotheke. Mit 96 feinen Pflanzen-Abbildungen. 3. Aufl. 5 Lfgn. gr. 8. (160 S. mit Stnt.) Neu-Ulm 871, Helb'sche Buchh. [Bern, Heuberger's Verlag.] à Lfg. * 50 Pf. *

**Birkmeyer, Chr., Kräuterbuch nebst Hausapotheke. Mit 96 feinen Pflanzen-Abbildungen. 3. Auflage. 5 Lieferungen à 32 Stn. 8. Zürich, Th. Schröter. per Lieferung 1871**

**Birkmeyer, Ch., populäre Pflanzenkunde u. Hausapotheke. Mit 25 Tafeln Abbildungen (in Holzschn.) 2. verb. Aufl. Neu-Ulm 868. (Helb.) gr. 8. (160 S.) 22⅔ ngr**

Birkmeyer (C.). Populaere Pflanzenkunde und Hausapotheke. Ed. 2. Neu-Ulm, 1868. 8°.

Ed. 3. 1871, under the title of Kraeuterbuch nebst Hausapotheke.

Birkmeyer, Joh. Matth., Ernst und Scherz aus der Mappe eines Arztes. Für Aerzte herausg. Mit 1 Zinkographie (in 1.) Nürnberg 860. Stein. gr. 8. (VI, 274 S.) n. 1 ℛ 6 ngr

BIRKMEYER, Johann Matth. (Ansbach): De filaria medinensi commentatio propriis observationibus illustrata.- Onoldi: Bruegel 1838. 36 S.,Taf.
18.7.1835 - Urk; F 62

Diss. Ingolst.-Landshut-München.

**Birkmeyer, Joh. Matth., de Filaria medinensi commentatio propriis observationibus illustrata. Cum tab. aenea. 8maj. Onoldi 838. (Dollfuss.) n. ⅓ ℛ**

Birkmeyer, Joh. Matth., vollständ. Kochbuch f. Kranke u. Genesende. 8. (10½ B.) Nürnberg 845. [Lotzbeck.]

**Birkmeyer, Joh. Matth., vollständ. Kochbuch für Kranke u. Genesende. Anweisung durch geeignete Auswahl u. Zubereitungsart der Nahrungsmittel die Wirkung der Arzneimittel zu unterstützen etc. 2. (Titel-)Aufl. 8. (VI u. 162 S.) Nürnberg 849. Lotzbeck. 5/12 ℛ**

—— die erfahrene Köchin für Kranke und Genesende nebst genauer Beschreibung der Speisen aus dem Thier- und Pflanzenreich, sowie der Getränke, in Hinsicht ihrer leichteren und schwereren Verdaulichkeit, und Auswahl derselben für die verschiedenen Temperamente und Constitutionen, zur Beförderung und Erhaltung der Gesundheit. 3., verb. (Titel-)Aufl. 8. (VI und 162 S.) Nürnberg (845)59, Lotzbeck. Thlr.

**Birkmeyer, Joh. Matth., zweckmäßige Vereinigung einer umfassenden öffentlichen Gesundheitspflege und einer gut organisirten freiwilligen Armenpflege, das beste Mittel, der Noth der unteren Volksklassen kräftig und nachhaltig abzuhelfen. Versuch einer praktischen Lösung der von Sr. Maj. dem König Max II. von Bayern im Jahre 1849 aufgestellten Preisfrage. Nürnberg 854. Geiger. gr. 8. (X, 42 S.) 6 ngr**

Dr. Karl **Birkmeyer**. Das Absehen von Strafe nach dem Vorentwurf (zu e. deutschen Strafgesetzbuch). Leipzig: W. Engelmann 1910. V, 124 S. 8°

(Birkmeyer: Beiträge z. Kritik d. Vorentwurfs zu e. deutschen Strafgesetzbuch. 3.)

[illegible] 10

**Birkmeyer, Karl. Beiträge zur Kritik des Vorentwurfs zu e. deutschen Strafgesetzbuch. 1.–3. Beitrag. gr. 8. Leipzig, W. Engelmann. 8. —**

1. Die Stellung des Vorentwurfs gegenüber dem Streit der Strafrechtsschulen. (VIII, 85 S.) 910. 2. 60.
2. Strafe u. sichernde Massnahmen im Vorentwurf. (VIII, 70 S.) 910. 2. 20
3. Das Absehen v. Strafe nach dem Vorentwurf. (VII, 124 S.) 910. 3. 20

**Birkmeyer, Karl (Ritter v.): Beiträge z. Kritik d. Vorentwurfs zu e. deut. Strafgesetzb. 1—3. Beitr. gr8° Lpzg, F Meiner. 8 –**

1. Die Stellung d. Vorentwurfs gegenüber d. Streit d. Strafrechtssch. (8, 85) '10. 2.60 ‖ 2. Strafe u. sichernde Massnahmen im Vorentwurf (8, 70) '10. 2.20 ‖ 3. Das Absehen v. Strafe nach d. Vorentwurf. (7, 124) '10. 3.20

—: Beiträge, Kritische, z. Strafrechtsreform.

K [illegible] ausländ. Strafrechts.

Birkmeyer, Karl, s.: Encyklopädie d. Rechtswissenschaft.

Birkmeyer, Karl, die Exceptionen im bonae fidei judicium. Römisch-rechtl. Abhandlung als Beitrag zur Frage: „Giebt es noch Exceptionen?" zum Zwecke der Habilitation an der Universität München. gr. 8. (VI, 325 S.) Erlangen 874, Palm und Enke. *

— Gedanken zur bevorstehenden Reform d. deutsch. Strafgesetzgebung. Vortrag, geh. in der jurist. Gesellschaft München am Freitag, 22. II. 1901. gr. 8. (15 S.) Berlin 901. R. v. Decker. n. — 50
Sonderabdruck aus: „Archiv f. Strafrecht".

**Birkmeyer, Karl, Grundriss und Materialien zur Vorlesung über den ordentlichen Civilprozess. I. Einleitung und allgemeiner Teil. gr. 8. (XVIII, 820 S.) Berlin 886, H. W. Müller. ***

**Birkmeyer, K., Grundriß zur Vorlesung üb. das deutsche Strafrecht. gr. 8. (37 S.) München 890. Th. Ackermann's Verl. n. — 60**

Birkmeyer, Karl. Grundriß zur Vorlesung über das deutsche Strafrecht. 1. u. 2. Aufl. gr. 8. (37; II, 41 S.) Münch. 892, Th. Ackermann's Verlag. n. — 60

**Birkmeyer, Karl, Grundriß z. Vorlesg. üb. d. deutsche Strafrecht. 3. Aufl. gr. 8. (II, 88 S.) München 895. Th. Ackermann. n. — 60**

— Grundriß zur Vorlesung üb. das deutsche Strafrecht. 5. Aufl. gr. 8. (III, 61 S.) München 902. Th. Ackermann. n. 1. —
4. Aufl. (65 S.) Ebd. 899. n. 1. —.

**— Grundriß zur Vorlesung üb. das deutsche Strafrecht. 6. Aufl. (III, 98 S.) gr. 8. München 905. Th. Ackermann. n. 1. 60**

**Birkmeyer, Karl v., Grundriß zur Vorlesung üb. das deutsche Strafrecht. 7. Aufl. (IV, 116 S.) gr. 8. München 908. Th. Ackermann. 1. 60**

**Birkmeyer**, K., Die Kodifikation des Verlagsrechtes. Kritische Bemerkgn. zu dem im Reichsjustizamt ausgearbeiteten Entwurf e. Gesetzes üb. das Verlagsrecht. gr. 8. (III, 50 S.) München, Th. Ackermann. 1901 1. 40.

— Kritik üb. d. Schrift „Prinzipien e. Strafgesetzreform." 1. Die soz. Aufgabe d. Strafe. Das Strafensystem v. Joh. CW Thyrén". (85) gr8° Lund, (H Möller) ('12). 2 —

**— die Lehre von der Theilnahme u. die Rechtsprechung d. Deutschen Reichsgerichts. Kritische Studien. gr. 8. (305 S.) Berlin 890. Liebmann. n. 7. —**

Birkmeyer, Carl, Rechtsfälle aus der Praxis des Reichs-Civilprozesses mit wissenschaftlichen Ausarbeitungen. gr. 8. (IV, 171 S.) Wismar 883, Hinstorff's Hofbuchh.

**Birkmeyer**, K., Rechtswissensch., siehe Encyclopädie.

— die Reform des Urheberrechtes. Kritische Bemerkgn. zu dem im Reichsjustizamt ausgearbeiteten Entwurf ein. Gesetzes, betr. das Urheberrecht an Werken der Litteratur u. der Tonkunst. gr. 8. (VII, 57 S.) Ebd. 900. n. 1. 60

— der Schutz der editio princeps. Ein Beitrag zur bevorst. Reform der Urheberrechts-Gesetzgebg. gr. 8. (60 S.) Wismar 899. Hinstorff's Verl. n. 1. 20
Sonderabdruck aus: „Mecklenb. Zeitschrift f. Rechtspflege".

Dr. Karl **Birkmeyer**. Die Stellung des Vorentwurfs (zu einem deutschen Strafgesetzbuch) gegenüber dem Streit der Strafrechtsschulen. Leipzig: W. Engelmann 1910. VIII, 85 S. 8°

(Birkmeyer: Beiträge z. Kritik d. Vorentwurfs zu e. deutschen Strafgesetzbuch. 1.)

**Birkmeyer, Karl, Dr.: Strafe und sichernde Massnahmen.** München 1906: C. Wolf & Sohn. (50 S.) 4° [Ö]

München, Rede beim Antritt d. Rektorats am 24. Nov. 1906

Dr. Karl **Birkmeyer**. Strafe und sichernde Massnahmen im Vorentwurf. Leipzig: W. Engelmann 1910. VIII, 70 S. 8°

(Birkmeyer: Beiträge z. Kritik d. Vorentwurfs zu e. deutschen Strafgesetzbuch. 2.)

[illegible]

[F.] Deutsches Strafprozessrecht mit eingehender Bezugnahme auf d. preuss. u. bayer. Ausführgsbestimmgn u. unter Berücks. d. österreich. Strafprozessrechtes. Vorlesgn hrsg. v. Dr. Karl **Birkmeyer,** o. ö. Prof. an d. Univ. München. *Berlin: H. W. Müller 1898.* (xvi S., 2 Bl., 879, 51 S.) 1 Bd 8. [98. 4378

— Studien zu dem Hauptgrundsatz der modernen Richtung im Strafrecht „Nicht die Tat, sondern der Täter ist zu bestrafen", s.: Beiträge, kritische, zur Strafrechtsreform.

— Teilnahme am Verbrechen, s.: Darstellung, vergleich., der deutschen u. ausländischen Strafrechts.

**Birkmeyer,** Karl, a. München, Rechtsprakt. am Kgl. Landgericht zu München: Der Tod des Verbrechers in seiner Bedeutung für Strafrecht und Strafprozess. München 1908: Th. Ackermann. (VIII, 66 S.) 8°
Erlangen, Jur. Fak., Ref. Allfeld, Diss. v. 16. Jan. 1908
[Geb. 14. Juli 82 Rostock; Wohnort: München; Staatsangeh.: Bayern; Vorbildung: Altes Gymn. Nürnberg Reife 02; Studium: Berlin 1, München 8; Rig. 6. Nov. 07.]

Birkmeyer, Karl: Über Ursachenbegriff u. Kausalzusammenhang i. Str. R. Rektoratsrede. Rost. 1885.

— s.: Verbrechen u. Vergehen, gemeingefährliche.

— Vergeltungsstrafe, Rechtsstrafe, Schutzstrafe, s.: Liszt, Frz. v.

**Birkmeyer,** Karl, das gegenseitige Verhältniß der §§ 38 ff. u. § 247 Z. 1 u. Abs. 3 der Reichs-Civilproceß-Ordnung im Hinblick auf die Entscheidung des Reichsgerichts vom 26. Mai 1880 untersucht. gr. 8. (III, 76 S.) Rostock 881. Werther. n. 1. 80

**Birkmeyer,** Karl, über das Vermögen im juristischen Sinne. Römisch-rechtl. Quellenstudien. gr. 8. (X, 356 S.) Erlangen 879, Palm und Enke. *

**Birkmeyer,** K., s. Veröffentl. d. akad.-jur. Vereins.

— s.: Vierteljahrsschrift, kritische, f. Gesetzgebung u. Rechtswissenschaft.

Was läßt von Liszt vom Strafrecht übrig? Eine Warnung vor d. modernen Richtung im Strafrecht von Dr. Karl **Birkmeyer,** Prof. München: C. H. Beck 1907. (IV, 101 S.) 8° [06. 10154

— s.: Zeitschrift, mecklenburg., f. Rechtspflege u. Rechtswissenschaft.

— Zusammenstellung der gesammten bis jetzt zur Reichs-Civilproceßordnung erschienenen Literatur, geordnet nach der Reihenfolge der Gesetzes-Paragraphen. gr. 8. (VII, 59 S.) Berlin 884, Vahlen. *
Aus: Beiträge zur Erläuterung des deutschen Rechts, besonders abgedruckt.

**Birkner,** M. G.; eine biograph. Skizze. Aus d. Dän. gr. 8. Kopenh. 812. Bonnier. 8 gr.

**BIRKNER,** Kantor u. Schulhalter zu Großtheurungen (ps.), Leben und Maximen Richard Filzhausens. Eine Geschichte, die sich in Niedersachsen wirklich zugetragen hat, beschrieben von—. Magdeburg, 1785. bey Johann Adam Creutz. 8°. (3 Mk. L. Rosenthal, 1907.)
115 S. incl. Tit. u. folg. Vortitel: Anti-Romane. Eine Sammlung wahrer Geschichten und Scenen aus dem menschlichen Leben Bdchn. 1. — Zahm. Der Pseud. fehlt bei Weller.

**Birkner,** Hochfürstl. Brandenb. [illegible]. 4. Bayreuth.

**Birkner,** Adam (Nürnberg), De concursu hypothecariorum simplicium. Diss. theoret.-pract. Präs. Joh. Jodoc. Beck. Altdorf (M. D. Meyer) Oktober 1722. 41 S. (5.—) 2809

**Birkner,** C. F., s. Blumenkranz d. Liebe u. Freundschaft.

**Birkner,** Emil, Was ich v. Schmiedeberg weiß u. dort erlebt habe, laß dir's erzählen v. mir, d. Pfarrer daselbst. 12. (142 S. m. Titelbild.) Dresden 898. Schmiedeberg (Sachs.), Selbstverlag. n. 1. —

**Birkner,** Erich (John) *(geb. Kadinen in Westpr. 1. 10. 1831)*: De tacita praediorum relocatione. Vratislaviae (1856). (32 S.) 8°
Breslau, Jur. Diss. v. 29. Nov. 1856

**Birkner,** F., die Büron- od. Tischoferhöhle im Kaisertal bei Kufstein, s.: Schlosser, Max.

**Birkner,** Ferdinand [Dr.]: Beiträge zur Anthropologie der Hand. 1. Mit d. Preisegekrönt [!] v. d. phil. Fak., II. Sekt., d. k. Ludwig-Maximilians-Univ. zu München. (Aus: Beitr. z. Anthropol. etc., Bd XI Heft 3 u. 4.) München, kgl. Hof- u. Universitätsbuchdr. v. Dr. C. Wolf & Sohn, 1895; 64 S., 3 Taf. 4. (8.)
München, Phil. Fak., Inaug.-Diss. v. 1895

**Birkner,** Ferdinand, Dr.: Beiträge zur Rassen-Anatomie der Chinesen. *München 1904: A. Bruckmann.* (51 S.) 4°
München, Phil. Hab.-Schr. v. 1904
(Nicht für den Austausch)

— Der diluviale Mensch in Europa. (56 S. m. Abbildgn.) gr. 8. München 910. Isaria-Verlag. 1. 75

**Birkner,** Ferd., s: Mensch, Der, aller Zeiten.

**Birkner,** Fr., von der Sabbathsruhe des Volkes Gottes. Predigt über Ebr. 4, v. 9—13. gr. 16. (27 S.) Nürnberg 857(61), Raw'sche Buchh.

Geschichte der Loge zu den drei Pfeilen im Or. Nürnberg während des ersten Jahrhunderts ihres Bestehens 1789—1889 verf. von Gottlieb **Birkner.** Festgabe zum Andenken an die Säcularfeier den 18. März 1889. Nürnberg [1889]: Stich. 109 S. 8°
Recens: FZ. 43 (1889) S. 286—287.
Aufgebaut auf G. Merkels Beschreibung der 75jährigen Gesch. der Loge. (Nr 11854.) Im Anh. ein Bericht üb. die von der Loge errichteten Stiftungen.

**Birkner,** Glieb., das Wasser der Nerven in physiologischer und pathologischer Beziehung. Mit einem Vorwort von Emil Harless. 1. und 2. Aufl. gr. 8. (XI und 45 S.) Augsburg 857. 58, Rieger'sche Buchh.

BIRKNER, Gottlieb (Nürnberg): Ueber den Werth des Wassers in der Nervensubstanz.- Augsburg: Rieger 1859. 2 Bl., 42 S., Tab.
25.7.1859 - Urk (Titel: De aqua nervorum.); F 69 Diss. Ingolst.-Landsh.-Mchn.

Birkner, Johann Paul
— nützl. Handbuch f. junge Leute enth. geometr. u. trigonometr. Rechn. (s. des Rechnungslex. etc. 2r.)

**Birkner,** Jh. Paul, theoret.-prakt. Unterr. über d. bürgerl. Baukunst. Mit 10 Kpft. 8. Nürnb.... N. Aufl. 800. Geh. 16 gr.

— Versuch e. Rechnungs-Lexikons, oder d. gem. mathemat. u. bürgerl. Rechnenkunst. 2 Thle. 8. Nürnb. 796—98. Geh. 1 Rthlr 8 gr. (2r Thl. Auch u. d. T.: nützl. Handbuch f. junge Leute etc. 16 gr.)

**Birkner,** Julius (Theod.) (geb. Potsdam [illegible]): De gangraena nosocomiali. Berolini (1840). (30 S.) 8°
Berlin, Med. Diss. v. 12. Juli 1840

**Birkner,** Karl Aug., († d. 21. Sept. 1811.) neuer Dresd. Briefsteller. 8. Leipz. 812. Magazin f. Industr. 1 Rthlr

Birkner, M. G.
— über die Preßfreiheit u. ihre Gesetze. A. d. Dän. mit Verbess. d. Verf. u. e. Vorr. v. Christiani. (Aus Christiani's Beitrr. 2r Bd. 1s Hft. abgedr.) 8. Kopenh. 797. Schubothe. 18 gr.

**Birkner,** M. G., warum reden die Menschen in ihren Gesellschaften so wenig u. selten von Gott u. der Religion? 8. Kiel 793. Hesse. 4 gr.

**Birkner,** Oscar, Bericht über die Wasser-Katastrophe in der Lausitz während der Nacht vom 17. zum 18. Mai 1887. (Separat-Abdruck aus dem Jahrbuche des Königl. Sächs. Meteorologischen Institutes, Jahrg. V, [illegible])
Zittau [illegible]

Birkner, O., Bericht über die Wasserkatastrophe in der Lausitz während der Nacht vom 17. zum 18. Mai 1887. 4. (IV, 32 S. mit 4 Taf.) Zittau 888, Oliva's Buchh. *

**Birkner, O.**, Bericht üb. die Wasserkatastrophe in der Lausitz während der Nacht vom 17. zum 18. Mai 1887. Hierzu 5 Steindr.-Taf. [Aus: „Jahrb. d. k. sächs. meteorolog. Institutes".] Imp.-4. (IV, 32 S.) Zittau 889. (Oliva.) n. 1.50

Birkner, Oskar, Dr., Ergebnisse der meteorologischen Beobachtungen. (Sep.-Abdr.) [o. O. u. J.]

Birkner, Oskar [aus Radeberg]: Ueber die Niederschlagsverhältnisse des Königreichs Sachsen .... *Leipzig* (1886); 1 Bl. + 62 S. + 2 Bl. 8°.
Leipzig, Phil. Fak., Inaug.-Diss. v. 11. Aug. 1886.

Birkner, Oskar, über die Niederschlagsverhältnisse des Königreichs Sachsen. Diss. Leipzig 1886, Gustav Fock. 8°. 62 S.

Birkner,
— **Paul Friedrich** (Nürnberg), Praecipua commoda ex jure offerendi creditoribus hypothecariis secundis adversus priores competentia. Diss. jur. Altdorf (J. A. Hessel) 11. V. 1780. 40 Seiten. (5.—) 2810

— **Paul Jacob** (Nürnberg), Larva absurdae sententiae de successione unilateralium cum adscendentibus detracta. Diss. jur. Altdorf (J. A. Hessel) 7. III. 1774. 104 S. (5.50) 2811
Widm. v.: Joh. Bernh. Hoffer, Joh. Christoph Doederlein, Wolfg. Albert Spis, Jo. Conr. Stigliz, Joh. Andr. Michael Nagel, Gg. Andr. Wille, Jo. Fried. Chph. Jacobi, Ant. Mourlon, F. S. H. v. Soden.

Birkner, Rud., Bilder aus dem Pflanzenleben, s.: Schmitt, Cornel.

Willkommengruss den Schwestern vorgetragen bei der Säcularfeier der Loge „Zu den drei Pfeilen" von Rud. **Birkner.** Nürnberg [1889]: Stich. 1 Bl. 2⁰ [Kopftit.]
In Versen: „Schon manches Mal lag wohl auf Eurem Munde . . ."

Willkommgruss den Schwestern vorgetragen bei der Säcularfeier der Loge „Zu den drei Pfeilen" [in Nürnberg] von Rudolf **Birkner.** [Dat.:] Nürnberg, den 18. März 1889. Nürnberg [1889]: Stich. 1 Bl. 4⁰. [Kopftit.]
W. 11861 gibt 2⁰ als Format an.

Birl, Alex., s.: Hohenfeld, Hans.

Die Jakobiner und ihre Lehrmeister. Ein Spiegelbild aus der Vergangenheit für die Gegenwart. Dem christlichen Volke zur Mahnung und Warnung von Aug. **Birle.** Augsburg: Kranzfelder 1876. V, 118 S. 8⁰

Birle, Aug., der Clerus und seine Mission im „Culturkampf", s. Studien, katholische.

**Birlenbach, K:** Die Ausführg landwirtschaftl. Bauten, s: Keiser, Fr.

**Birling, Carl Gottfried** (Weissenfels), Observationes juris Romani et Saxonici. Präs. Georg Stephan Wiesand. Spec. 4. Wittenberg (C. Ch. Dürr) 8. VI. 1776. 8 S. (3.—) 2812

Birlinger, A[nton]. Rechtsrheinisches Alamannien: Grenzen, Sprache, Eigenart. Mit 12 in den Text gedruckten Illustrationen. 8. Stuttgart 1890.
(Forschungen zur deutschen Landes- und Volkskunde... hrg. von Dr. A[lfred] Kirchhoff. Band 4, Heft 4.)

**Birlinger, A.**, rechtsrheinisches Alamannien, Grenzen, Sprache, Eigenart, s. a. Forschungen zur deutschen Landes- u. Volkskunde.

**Birlinger, Ant., s.: Alemannia.**

Birlinger, Ant., J. Frischlin's hohenzollerische Hochzeit, s. Frischlin, J.

**Birlinger, Ant., und Wilh. Crecelius, deutsche Lieder. Festgruss an Ludwig Erk zum 50jähr. Dienstjubiläum Berlin 10. Juni 1876. gr. 8. (55 S.) Heilbronn 876, Gebr. Henninger.** *

BIRLINGER, A., Lieder und Pasquille aus dem 16. Jahrhundert, hrsg. von —. München, o. J. (c. 1860). 8⁰. (36 xr. F. Butsch, Augsburg, 1871.)

**Birlinger, Ant., die Augsburger Mundart. Gruss an die Germanisten bei der XXI. Versammlung deutscher Philologen zu Augsburg. Lex.-8. (IV und 32 S.) Augsburg 862, Rieger'sche Buchh.**

**—— und Wilh. Crecelius, altdeutsche Neujahrsblätter für 1874. Mittel- und niederdeutsche Dialektproben. gr. 4. (VI, 147 S.) Wiesbaden 874, Killinger.** *

—— Nimm mich mit! Kinderbüchlein. 16. (X und 199 S. mit eingedr. Holzschn.) Freiburg im Br. 862, Herder'sche Verlagsbuchh. *
cart. * 12 Ngr.; geb. *

Birlinger, Ant., Nimm mich mit! Kinderbüchlein. 2. ganz umgearb. Aufl. 16. (VII, 336 S. mit vielen eingedr. Holzschn. von Frz. Pocci.) Freiburg i. Br. 870, Herder'sche Verlagsh. *
geb. ℳ 2,25. und

BIRLINGER, A. *Nimm mich mit!* Kinderbüchlein von Anton Birlinger. Mit vielen Holzschnitten von FRANZ POCCI. Freiburg i/B., Herderische Verlagshandlung. 1871. VII SS. [inkl. Holzschnitt-Titel] 336 S. Mit vielen Textholzschn. 12⁰. Roter Or.-Leinenbd. mit Wiederholung des Poccischen Titelbildes in Goldpressung. Rv. Goldschnitt. 35.—
Dreyer, Pocci, S. 115: „Treffliche Illustrationen." Trotz vereinz. Fl. frisches Ex.

—— Sagen rc., s. Volksthümliches aus Schwaben.

Birlinger, Ant., aus Schwaben. Sagen, Legenden, Aberglauben, Sitten, Rechtsbräuche, Ortsneckereien, Lieder, Kinderreime. Neue Sammlung. 2 Bde. gr. 8. Wiesbaden 874, Killinger. [Breslau, H. Lesser.] (* ℳ 18.) *
Inhalt:
Bd. 1. Sagen, Legenden, Volksaberglauben. (512 S.)
„ 2. Sitten und Rechtsgebräuche. (535 S.)
1. Sammlung: Volksthümliches aus Schwaben. Freiburg 862, Herder'sche Verlagsh. [München, Brissel.] * ℳ 9,60.

—— So sprechen die Schwaben. Sprichwörter, Redensarten, Reime. 16. (VIII, 136 S.) Berlin 868, Dümmler's Verlag. *

**Birlinger, Ant., die alemannische Sprache rechts des Rheins seit dem 13. Jahrh. 1. Thl.: Grenzen. Jahrzeitnamen. Grammatik. Berlin 868. Dümmler's Verlhdlg. gr. 8. (VIII, 206 S.) n. 1 ⅓ 10 ngr.**

Birlinger, A. Ulmer Streiche und Geschichten, gesammelt. 8. (41 S.) Blaubeuren 883, Mangold'sche Buchh. *

— — Schwäbische Volkslieder. Beitrag zur Sitten- und Mundart des schwäbischen Volkes (hrsg. von —). Freiburg i. Br. 1864. 8⁰. IV u. 172 S.
Goedeke² II, 84, 35.

—— Volksthümliches aus Schwaben, s. Volksthümliches.

Birlinger, Ant., Volksthümliches aus Schwaben. Bd. 1.: Sagen, Mährchen, Volksaberglauben. Freiburg 1861. 8. . . . . . . . . . . . . . . . . . . . . . . . . . . (D.)

—— Volksthüml. a. Schwaben. 2 Bde. 8. (1016) Ebd. 62. 3. 6 ||
n. — 14

—— Wörterbüchlein zum Volksthümlichen aus Schwaben. 8. (96 S.) Freiburg im Br. 862, Herder'sche Verlagsbuchh. *

Birlinger, Anton, Volksthümliches aus Schwaben. I. II. und Neue Folge I. II. Freiburg i. Br. 1861—74. 8. . . . . . . . . . . . . . . . . . . . . . . . . . . (D.)

—— Schwäbisch-Augsburgisches Wörterbuch. gr. 8. (VIII und 490 S.) München 864, (Frans.) *

Birlo, Hans: Die Sprache des Parnassus Boicus. Augsburg [1908]: Reichel. 132 S. 8°
München, Phil. Diss. v. 16. Juli 1908, Ref. H. Paul, Muncker
[Geb. 14. Okt. 82 Mainz; Wohnort: Berlin; Staatsangeh.: Preußen; Vorbildung: Realgymn. Augsburg Reife Juli 02; Studium: Arch. München Techn. Hochsch. 1, Phil. Berlin 1, München 10 S.; Rig. 16. Juli 08.]
[U 09. 3442

Birlo, J. A., der Führer in der St. Apollinariskirche bei Remagen und ihrer Umgebung. Ein für den Besucher derselben höchst nöthiges Handbuch. 1. Aufl. 1854., 2. Aufl. 1855. und 4., verb. und verm. Aufl. 12. (IV und 60 S. mit 2 Abbild. in Stahlst. und Holzschn.) Bonn 856, Habicht. Thlr.

Birlo, J. A., der Führer in der St. Apollinariskirche bei Remagen und ihrer nähern Umgebung, so wie im Ahrthale. Ein für den Besucher derselben nothwendiges Handbuch. 6—9., verb. und verm. Aufl. 12. (IV und 94 S. mit 4 Abbild., 3 in Stahlst. und 1 in Holzschn.) Bonn 857—59, Habicht.

Birlo, J. A., der Führer in der St. Apollinariskirche bei Remagen und ihrer näheren Umgebung. Ein für den Besucher derselben nothwendiges Handbuch. 11., verb. und verm. Aufl. 12. (IV und 87 S. mit 1 Stahlst.) Bonn 864, Habicht.
Ausg. mit 3 Stahlst. und 1 Holzschnitaf. und Anh.: Das Ahrthal. (117 S.)

—— das Leben und Wirken des heil. Apollinaris, nebst einer kurzgefaßten Beschreibung der neuen Apollinariskirche zu Remagen für alle nach dem Apollinarisberge wallfahrenden Pilger hrsg. Mit einer Abbild. des Heiligen (in Holzschn.), einer Bruderschafts-Andacht und einigen besonderen Gebeten und Liedern. 12. (IV und 56 S.) Bonn 857, Habicht.

**Birmann, Juliana,** geb. Vischer (1785—1859) . . . Liest 1885. V: *Birmann, Mart.* (Cat. d. Stadtbibl. Zürich. Zürich 1864—97.)

**Birmann, Der Landschaftsmaler Peter,** von Basel. [Zürich 1859.] V: *Birmann, Mart.* (Cat. d. Stadtbibl. Zürich. Zürich 1864—97.)

Birmann. † Martin B'. geb. den 26. November 1828, gestorben den 19. August 1890. [Necrolog. Mit Porträt-Tafel.] 8. Liestal 1890.

Birmann, A., Anleitung zum Ringen. 2. verm. Aufl. Mit 19 lith. Taff. Aarau 870. Sauerländer. 16. (22 S.) n. 12 *ngr.*

Birmann, H-A: Manuel de la conversation et dy (!) style épistolaire franç.-allem. (6, 376) 16° Paris, Garnier frères (o. J.).
L 2.40

Birmann, praktisches Taschenwörterbuch der Umgangssprache m. der Aussprache sämtlicher Wörter u. e. Verzeichnis der unregelmäßigen Haupt- u. Zeitwörter. Deutsch-französisch. (327 S.) 16. Paris (907.) Garnier frères. In Leinw. kart. 1. 60

Birmann: Nouveau vocab. contenant tous les mots usuels avec leur prononciation figurée et suivi d'une liste des verbes forts et irreguliers. Franç.-allemand. (550) 16° Paris, Garnier frères '06.
Kart. 1.60

— Nouv. vocab. franç.-allem. et allem.-franç. (550 u. 327) 16° Ebd. '11. L 3.20

Birmann, H. A., vollständ. Wörterbuch der deutschen u. franz. Sprache, nach d. besten deutsch. lexikograph. Werken, u. d. neuesten Ausgaben der Wörterbücher der französ. Akademie, v. Bescherelle, v. Littré 2c., m. der Aussprache, u. e. Verzeichn. der unregelmäß. Haupt- u. Zeitwörter. 2 Thle. Lex.-8. (X, 1160 u. XII, 1259 S.) Paris 884. 889. Gebr. Garnier. 20. —; 2 Halbfrz.-Einbde. n.n. 6. —

Birmann, M[artin]. Der dritte August 1833, dargestellt von M. B'. [Mit 1 Karte. SA.] 8. [Basel 1888.]

[Birmann, Martin.] Frau Juliana Birmann geb. Vischer. Blätter der Erinnerung, geboten auf den 14. März 1885... vor Allem ihren Verwandten. [Mit 6 Tafeln.] 8. Liestal 1885.

[Birmann, Martin.] Der Landschaftmaler Peter Birmann von Basel. [Mit 2 Tafeln.] Njbl. Künstlerges. Zürich 1859. 4. [Zürich.]

Birmann, M[artin]. Drei Blätter aus der Geschichte des St. Jakobkrieges. [Mit 1 Tafel. SA.] 8. [Basel 1882.]

[Birmann, Martin.] Blätter zur Heimatkunde von Baselland. [4 Hefte.] 8. Liestal 1872—1883.
[Heft 1.] 1. Der Kirchenbau zu Kilchberg. 2. Joh[ann] J(acob) Buser, Lehrer zu Rünenberg. [Mit 4 Tafeln.] 1872 (* *Umschlag:* 1876).
[Heft 2.] 3. Unsere Glocken. 1875.
[Heft 3.] 4. Zur Geschichte von Langenbruck und Umgebung. [Mit 1 Tafel und 4 Tabellen.] 1876.
[Heft 4.] 5. Die Stiftung des Siechenhauses zu Liestal. ⟨Eine Erzählung.⟩ 1883.

Birmann, M[artin]. Die Einrichtungen deutscher Stämme auf dem Boden Helvetiens. [Mit 1 Tafel.] Njbl. Basel 1888. 4. Basel 1887.

Birmann, M., Die Genealogie der Grafen von Thierstein und Homberg 1048—1245. Basler Jahrbuch. 1879.

Birmann, M[artin]. Das Kloster Olsberg. [SA.] 8. [Basel 1885.]

Birmann, M., die Primarschulen. [Aus: „Allgem. Beschreibg. u. Statistik der Schweiz".] Lex.-8. (54 S. m. 2 Tab. in qu. Fol.) Zürich 874. Orell, Füssli & Co. n. 2. —

Birmann, M., die Primarschulen. Lex.-8. (54 S. mit 2 Tab. in qu. Fol.) Zürich 877, Orell, Füssli und Comp. *
Aus: Allgemeine Beschreibung und Statistik der Schweiz, besonders abgedruckt.

Birmann, Mart., gesammelte Schriften. 2 Bde. gr. 8. Basel 894. R. Reich. n. 12. —
1. Lebensbild u. Aufsätze meist biographischen Inhalts. (VII, 458 S. m. Bildnis.)
2. Zur Geschichte der Landschaft Basel. (VII, 470 S.)

Birmann, Martin. [1.] General Joh(ann) Aug(ust) Suter; [2.] Gäbis merkwürdige Lebensschicksale; [3.] Reflexe transatlantischer Liebestätigkeit. 46 S. 8. Basel, Emil Birkhäuser, April 1907. fr. —.10
Verein für Verbreitung guter Schriften. Basel, No. 73.

Birmann, M[artin]. Graf Oswald von Thierstein (und der Ausgang seines Geschlechts). ⟨Mit Bildniss [Tafel] von C[arl] Jauslin.⟩ [SA.] 8. [Basel 1883.]

Birmann, Michel, s. Gesang-Bibliothek.

Birmann (S.) [illegible] Souvenir de l'Oberland bernois. [illegible] in-fo [illegible]
[illegible] pl. [illegible] gravé par [illegible]

— Souvenirs de la vallée de Chamonix. [illegible] Birmann et fils, s. d. [illegible] et 2 pp. de texte. In-fo. 26 vues à l'aquatinte et un grand panorama du Brévent.

Birmele, G., Karl Friedrich Aldinger. Ein Lebensbild aus der Basler Mission. 8. (28 S.) Basel 886. Missionsbuchh. n. — 15

Der Birmingham Courier: 189[illegible]–1914
Independent weekly. Title first was Alabama Courier. Circulation [illegible], 1911, 750. Edited and published by Max Kapeles and J. A. Stadler, 189[illegible]–94, by Max Kapeles, 1895; by Emil Lesser and L. Braun, 1896–1902, edited by Emil Lesser, 1902–11, by Max Monte, 1912, published by Schweizer & Rand, 190[illegible]–11, by Emil Lesser, 1912, by Birmingham Courier Publishing Co., 1913–14. 190[illegible] is Jubiläumsausgabe. Birmingham/Al

Birn, J. Th., s. Belidor, mathemat. Lehrschule.

**Birnbach**, F., das Nothwendigste d. christkathol. Glaubens- u. Sittenlehre begleitet mit Denksprüchen. Zum Gebrauche für Schulkinder, Lehrer, Katecheten u. jed. kathol. Christen. 8. Breslau 846, G. P. Aderholz. 1/12 ℛ

**Birnbach**, Heinr., Carta musica per il Clavicembalo. Ansicht sämmtl. Bezeichnn. d. Töne. 1 lith. Blatt. gr. Imp.-Fol. Berlin 810, (Stuhrsche Buchh.) *

—— theoret.-prakt. Clavierschule f. Anfänger u. Geübtere. 3 Thle. 1. Aufl. ungetrennt * 4 Thlr., neue A. qu. Fol. Berlin 810. (Stuhrsche Buchh.) à * 2 Thlr. *

—— Kunsttabelle, neue, ohne musikal. zu sein, mit Würfeln Walzer componiren zu können so viel man will. Bestehend in ein. Würfel- u. Notentab. nebst Anleit. Fol. Berlin 810, (Stuhrsche Buchh.) *

— Kunsttabellen, um, ohne musikalisch zu sein, mit Würfeln Walzer componiren zu können, so viel man will. Bestehend in einer Würfel- u. Notentabelle nebst Anleitung. Berlin 840. (Stuhr'sche Buchh.) n. 1/2 ℛ

**Birnbach**, Karl [aus Trier]: Aus d. chirurg. Klinik zu Bonn. Ueber Noma ... Bonn, Druck v. E. Heydorn, *1894*; 38 S., 1 Bl. 8.
Bonn, Med. Fak., Inaug.-Diss. v. [10. März] 1894

**Birnbach**, Otto, d. Hochamt u. d. deutsche Volksgesang. E. off. Antwort a. m. Kritiker. gr. 8. (24 S.) Neisse 895. (J. Huch.) n. — 50

**Birnbach**, W. G., s. Blumenkörbchen.

**Birnbacher**, Alois. Ein Beitrag zur Anatomie d. Glaucoma acutum. Lex.-8. (45 S. m. 2 Taf.) Graz 890, Leuschner u. Lubensky. * 2 50

**Birnbacher**, A., die pathologische Histologie d. menschlichen Auges, in Mikrophotogrammen dargestellt. (In 4—5 Lfg.) 1. Lfg. Bindehaut. gr. Fol. (V S. m. 5 Lichtdr.-Taf. u. 5 Bl. Erläutergn.) Leipzig 899. Veit & Co. [Mehr nicht ersch.] In Mappe n. 8. —

**Birnbacher**, Andrea Maria, Aus dem Sanatorium. Erzählg. 8. (127 S.) Dresden 899. E. Pierson. n. 2. —; geb. n. 3. —

**Birnbacher**, Franz, Königlicher Oekonomie-Kommissar Braunsberg Ostpr.: Die rechtliche Stellung des Miteigentümers zur Grunddienstbarkeit nach gemeinem Recht und Bürgerlichem Gesetzbuch. Königsberg i. Pr. 1906: L. Beerwald. (71 S.) 8°
Rostock, Jur. Fak., Ref. Matthiaß, Diss. v. 18. Jan. 1906
[Geb. 7. Mär. 72 Anderskehmen bei Trakehnen, Ostpr.; Wohnort: Braunsberg; Staatsangeh.: Preußen; Vorbildung: Gymn. Gumbinnen Reife O. 90; Studium: Königsberg 6 S.; Coll. 20. Dez. 05.]

Birnbacher, G[ustav] ... merung der oberen Extremitäten. ... Königsberg in Pr., Druck v. R. Leupold, 1891; 29 S., 1 Bl., 2 Taf. 8°
Königsberg, Med. Fak., Inaug.-Diss. v. 21. März 1891

**Birnbacher**, Gust. Drei Beobachtungen über Verkümmerung der oberen Extremitäten. Diss. gr. 8. (30 S. m. 2 Taf.) Königsb. i. Pr. 891, (Koch). * 1 —

**Birnbaum** [Schlagwort]

**Birnbaum**, Kreis, s.a. Forstkarten.

— s. a.: **Posen**, Reg.-Bez.

**Birnbaum**, Kreis. Baron, Paul, Spezial-Karte des Kreises Birnbaum. Rev. von den zuständ. Behörden. 1 : 100,000. 34,5×41,5 cm. Farbdr. Lissa (903). O. Eulitz. n. — 50

**Birnbaum** [Verfasser]

Birnbaum, Deduction der Rechte des Herzogs C. F. W. F. von Looz Corswarem, auf das standesherrliche ... 1830

Birnbaum, (Hrsg.), s. Presse, Deutsche medicinische.

Rede gehalten am 146jährigen Stiftungsfeste der Grossloge z. Sonne. Von **Birnbaum**. [Dat.:] Bayreuth, am 23. Januar 1887. 4 Bl. 4°. [Kopftit.] [Lith.]

**Birnbaum**, A.: Über Zeichenunterricht. S. 19 - 32.
Progr. Weinheim 1857.

Birnbaum Adalbert: Der altchristliche Kirchenbau in seinem Verhältnis zur römischen Profanbaukunst.
II. 1903 PN 1681 Diss Wien, Univ.

Birnbaum Adalbert, Dr.: Vitruvius und die griechische Architektur (mit 10 Taf. und 4 Textfiguren). D 57/4 . . . . . . . . . . . 8.80
Separatabdruck

**Birnbaum**, Adolf, a. Wiesbaden: Beitrag zur Hydrolyse des Natriumphenolats beim Siedepunkt seiner wässrigen Lösungen. Gießen 1906: v. Münchow. (40 S.) 8°
Gießen, Phil. Fak., Ref. Naumann, Diss. v. 27. März 1906
[Geb. 8. Nov. 77 Wiesbaden; Wohnort: Gießen; Staatsangeh.: Preußen; Vorbildung: Gymn. Wiesbaden Reife O. 97; Studium: Darmstadt T.H. 2, Gießen 10 S.; Rig. 19. Dez. 05.]

Birnbaum, Anton Georg Hermann (Giessen)
Beschreibung und Kritik einer eigenthümlichen Bildungshemmung.
Giessen: Brühl I. 1848. 24 S. u 3 Taf.
Diss. med. 15.11.1848.

**Birnbaum**, Ant. Geo. Herm., Beschreibung u. Kritik einer eigenthümlichen Bildungshemmung. Eine der medizin. Facult. der Universität Giessen zur Erlangung der Doctorwürde vorgelegte Abhandlung. [Mit 3 lith. Taf.] gr. 4. (24 S.) Giessen 848. (Ferber.) n. 1/3 ℛ

Birnbaum, Carl, s. Birnbaum, Karl

Birnbaum, David
Waaren-Verzeichniß der Galanterie-, Band-, Posamentir-, Eisen- und Schnittwaaren-Handlung des David Birnbaum in Teplitz, zur Stadt Hamburg. K. k. Hofbuchdr. von Gottl. Haase Söhne in Prag. (16 S. 8.) 1857

**Birnbaum**, E.J.: Gesichtspunkte zur Beurtheilung der gegenwärtigen Leistungen der Gelehrten-Schulen, insbes. der rheinländischen. 31 S.
Progr. Cöln k. 1825.

**Birnbaum**, E.J.: (Theil einer am Geburtsfeste Sr. Maj. 1825 gehalt. Rede. (Betrifft dei Bildung der Staaten und Entwickelung des Volksthums.) ). 8 S.
Progr. Cöln k. 1832.

**Birnbaum**, E.J.: Uebersicht der Entwickelung des Schulwesens in Deutschland von der Mitte des 18ten Jahrhunderts an. 43 S.
Progr. Köln K. 1847.

**Birnbaum**, E.J.: Das limitirende oder unendliche Urtheil, nach seiner Form und Bedeutung betrachtet. 17 S.
Progr. Cöln k. 1841.

**Birnbaum**, E.J.: Ueber die philos. Vorbereitungs-Studien auf den Gelehrten-Schulen. 12 S.
Progr. Cöln k. 1835.

**Birnbaum**, Eduard
**Birnbaum**, Ed., der Landwirthschafts-Lehrling. Ein wohlmein. Rathgeber beim ersten Eintritt in den prakt. Wirthschaftsbetrieb f. Oekonomie-Lehrlinge, deren Angehörige u. die Lehrherrn, nebst e. kurzgefaßten Anweisg. zur Erlerng. der Landwirthschaft. gr. 8. (VIII, 336 S.) Breslau 885. Korn. n. 4. —

**Birnbaum**, E, d. Landwirthschafts-Lehrling. Rathgeber beim ersten Eintritt in d. prakt. Wirthschaftsbetrieb, nebst e. kurzgef. Anweisg z. Erlerng d. Landwirthschaft. 2. Afl. v. B Strauch. 8° (315) Bresl. 95, WG Korn. 4 —

Birnbaum, Eduard (Hrsg.), s. Mittheilungen des landwirthschaftlichen Vereins zu Liegnitz.

**Birnbaum, Ed., über das Moorbrennen u. die Wege zu seiner Beseitigung. Eine vom Verein gegen das Moorbrennen gekrönte Preisschrift. gr. 8. (VI, 139 S. m. 1 Steintaf.) Glogau 873. Flemming. n. 2. 25**

Birnbaum, Ed., üb. das Moorbrennen u. die Wege zu seiner Beseitigung. Eine vom Verein gegen das Moorbrennen gekrönte Preisschrift. gr. 8. (VI, 139 S. m. 1 Steintaf.) Glogau 1873. Leipzig, H. Voigt. n. 2. 25.

Birnbaum E.: Eine Moorkultur. Diss. Leipz. 1870. 30 S. P.

Jüdische Musiker am Hofe von Mantua von 1542–1628. Von Ed[uard] Birnbaum. (Mit 2 Musikbeil.) *Wien: M. Waizner & S. 1893.* (35 S.) 8°
Aus: Kalender f. Israeliten f. d. J. 5654. 10

**Birnbaum, Ed., Pflanzenbau. 2., durchges. Aufl. 8. (IV, 160 S. m. 158 Abbildgn.) Berlin 894. P. Parey. Geb. in Leinw. n. 1. 40**
1. Aufl. s.: Unterrichtsbücher, landwirthschaftliche.

**— Pflanzenbau. 4. Aufl., neu bearb. v. Gisevius. 8. (IV, 180 S. m. 217 Abb.) Berlin 898. P. Parey. Geb. in Leinw. n. 1. 60**

Pflanzenbau von Dr. Eduard Birnbaum, weil. Dir. zu Liegnitz. 5. Aufl., neu bearb. von Dr. [Paul] Gisevius, Prof., Königsberg. Mit 217 Textabb. *Berlin: P. Parey 1901.* (VI, 186 S.) 8° [F.]
— Unterrichtsbücher, Landwirtschaftliche. [2.]

**Birnbaum, Eduard, Pflanzenbau. 6. Aufl., neu bearb. v. Gisevius. (Landwirtschaftliche Unterrichtsbücher.) (VIII, 199 S. m. 222 Abbildgn.) 8. Berlin 904. P. Parey. Geb. in Leinw. n. 1. 60**

Birnbaum, Eduard: Pflanzenbau. 7. Afl. v. Paul Gisevius. (203 m. Abb.) 8° Berl., P Parey '07. L 1.60 d

Birnbaum, Eduard: Pflanzenbau. 8. Afl. v. Paul Gisevius. (Landwirtschaftl. Unterrichtsbb.) (8, 170 m. Abb. u. 5 farb. Taf.) 8° Berl., P Parey '11. L 1.80 d

Birnbaum, E, d. Sandboden, s. Kultur u. Bewirthschaftg. Nebst e. Anh. üb. d. Urbarmachg d. Moorbodens. 8. (318) Bresl. 87. Korn. geb. n.n. 5. --

Birnbaum, E., und K. Birnbaum, die Torf-Industrie und die Moor-Cultur, s. Otto-Birnbaum, Lehrbuch der rationellen Praxis der landwirthschaftlichen Gewerbe.

Birnbaum E. u. K.: Die Torf-Industrie u. die Moor-Cultur ... Braunschw. 1880. 278 S. Fig.
(= Lehrbuch d. rationellen Praxis d. landw. Gewerbe. Th. 11). 644.

[Eduard Birnbaum, Oberkantor, Königsberg i. Pr.:] Liturgische Uebungen. 1. 2. *[Königsberg i. Pr.] (1900–02).* [Autogr. mit gedruckter Einl.] 2 Bde quer-8° [Kopft.]
Einleitung aus: Israelit. Wochenschr. 1900 u. 1902. 10

'Was hat die jüd. Gemeinde Königsbergs König Friedrich I. im besondern zu verdanken?' Vortrag, geh. 1901 zu Königsberg i. Pr. von E[duard] Birnbaum, Obercantor. *Königsberg i. Pr. (1901): L. Krause & Ewerlien.* (16 S.) 8° [F. u. Ant.] 10

Birnbaum, Ed. Wiesen- u. Futterbau. Handbuch f. den prakt. Landwirt. gr. 8. (XII, 238 S. m. 146 farb. Taf.) Berl. 892, Parey. geb. in Leinw. * 18 --

**Birnbaum, Ed., der Zuckerrübenbau. Kurzgefaßte Anleitg. zum Anbau der Zuckerrüben f. den prakt. Landwirth. 8. (VI, 133 S.) Breslau 887. Korn. cart. n. 1. 60**

Birnbaum, Franz Michael, s. Birnbaum, Johann Michael Franz

Birnbaum, Friedrich Heinrich Georg

**Birnbaum, Frdr. Heinr. Geo., Briefe üb. das Wesen der Weiblichkeit u. die ersten Mutterpflichten. 8. (XII, 246 S.) Köln 872. Du Mont-Schauberg. n. 2. 40; geb. n. 3. 50**

**Birnbaum, Frdr. H. G., die Geburt d. Menschen u. ihre Behandlung. Ein Leitfaden zum Unterricht u. Selbstunterricht besonders für Hebammen. 2. Aufl. gr. 8. (IX, 375 S.) Berlin 877. Hirschwald. n. 7. 50**

Birnbaum, Friedr. Heinr. Geo., die regelmäßige Geburt des Menschen und ihre Pflege. Ein Leitfaden zum Unterrichte und Selbststudium besonders für Hebammen. gr. 8. (VIII und 198 S.) Berlin 862. A. Hirschwald. *

Birnbaum, Henricus Fridericus Georgius (geb. am 18 Febr. 1815 in Regensburg): De legibus, secundum quas fixa, quae dicitur, idea formatur in vesanis ... Coloniae, typ. M. Dumont-Schauberg (1837). 2 Bl., 57 S., 1 Bl. 8.
Bonn, Med. Fak., Diss. v. 18 Juli 1837

Birnbaum, Fr. H. G., Lehrbuch d. Anthropologie. gr. 8. (20¼ B.) Köln 842, J. u. W. Boisserée. *

**Birnbaum, Frdr. Heinr. Geo., die Regelwidrigkeiten der Geburt. Ein Leitfaden zum Unterrichte u. Selbstunterrichte besonders für Hebammen. Berlin 865. A. Hirschwald. gr. 8. (VIII, 212 S.) n. 1 ꝶ 10 ngr**

**Birnbaum, Friedr. Heinr. Geo., geburtshilfliche Skizzen nach den Ergebnissen der Hebammen-Lehranstalt in Trier zusammengestellt. Trier 854. Troschel. 8. (VIII, 239 S.) n. 1 ꝶ 10 ngr**

Birnbaum, Friedr. H. G., über d. Veränderungen d. Scheidentheiles u. d. unteren Abschnittes d. Gebärmutter in d. zweiten Hälfte d. Schwangerschaft. Eine geburtshülfl.-physiolog. Abhandl. gr. 8. (6 B.) Bonn 841, Habicht.

**Birnbaum, Fr. H. G., Zeichenlehre d. Geburtshülfe nach den Ergebnissen d. Exploration. gr. 8. Bonn 843, Weber. 2½ ꝶ**

**Birnbaum, F(riedrich) H(einrich) G(eorg): Zeichenlehre der Geburtshülfe nach Ergebnissen der Exploration. 521 S., gbd.**

**Bonn: Weber 1844**

Birnbaum, Georg

**Birnbaum, Geo., Erwachen. Drama in 1 Akt. (III. 44 S.) 8. Dresden 902. E. Pierson. n. 1.—**

**Birnbaum, Geo., Ideal u. Wirklichkeit. Ein dramat. Gedicht in 5 Aufzügen. 8. (156 S.) Dresden 900. E. Pierson. n. 2. 50; geb. n. 3. 50**

**— Komödiantenspiel. Ein Lustspiel in 4 Akten. (III, 71 S.) 8. Ebd. 902. n. 1. 50**

**— Walther Kruse. Vom Traum zum Glück. Ein lyrisch-ep. Gedicht in vier Idyllen. 8. (71 S.) Ebd. 899. n. 1. 50; geb. n. 2. 50**

Birnbaum, Gustav

**Birnbaum, G, dramaturg. Blätter a. Oesterr. 12. (183) Wien 57, Gronemeyer. n. — 25**

Birnbaum, Gust., dramaturgische Blätter aus Oesterreich. gr. 12. (XIII und 183 S.) Wien 857, [Prandel und Ewald.] *

**Birnbaum, Gustav — Dramaturgische Blätter aus Oesterreich. Von — —. Wien, 1857 bei Prandel und Meyer. (IV. 4 Bl. 183 S. 8.)**

Birnbaum, Gustavus (geb. am 26 Jan. 1826 in Köln): De crystallis in faecibus tam sanorum tam aegrotorum ... Bonnae, typ. Krüger 1851. 34 S., 1 Bl. 8.
Bonn, Med. Fak., Diss. v. 19 Aug. 1851

Birnbaum, Gustav (Hrsg.), s. Lokalblatt. – Pesth-Ofner Lokalblatt.

Birnbaum, H. Der Check. Vortrag. Köln 1885. Progr.

**Birnbaum, H.**, der Check. Vortrag, geh. im kaufmänn. Verein zu Köln. gr. 8. (88 S.) Köln 885. Du-Mont-Schauberg. n. — 80

Birnbaum, Hans

**Birnbaum, H**: Was muss d. Landwirth v. d. Pferdezucht wissen? Kurze Anl. z. rationellen Betriebe. 8° (80) Berl. 95, AW Havn's Erben. Kart. 1 —

[H.] Was muss der Landwirth von der Pferdezucht wissen? E. kurze Anleitg z. rationellen Betriebe ders. v. H[ans] Birnbaum, Landwirth. *Berlin: A. W. Hayn's Erben 1896.* (50 S.) 1 Bd 8. [97. 183]

Birnbaum, Heinrich

— die Begründung der ersten Kenntnisse in der Physik oder mechanischen Naturlehre, für Schule u. Haus des Bürgerstandes bearb. gr. 8. Braunschweig 840. Oehme u. Müller. 1/2 ß

Birnbaum, Heinr., die Begründung d. ersten Kenntnisse in d. Physik od. mechan. Naturlehre f. Schule u. Haus d. Bürgerstandes. M. 2 Stnt. gr. 8. (17 3/4 B.) Braunschweig 841, Oehme u. Müller.

**Birnbaum, Hnr.**, anschauliche Erklärungen und Vorübungen zur Geometrie. Mit 1 Steintaf. gr. 8. Helmstädt 836. Fleckeisen. 1/4 ß

Birnbaum, Heinr., die astronomische Geographie. Beiträge z. Methodik, richtigen Würdig., Hebung u. Sicherstellung d. populairen Himmelskunde u. mathem. Geographie f. Schule u. Haus. Ein krit. Versuch. gr. 8. (14 3/4 B.) Braunschweig 846, Westermann. *

— Grundlehren der reinen Mathematik, s. Jh. Fr. Lorenz, Grundlehren der allgemeinen Größenberechnung 1r Thl.

Birnbaum, Heinr., Grundzüge der astronomischen Geographie. Vorlesungen für Gebildete. gr. 8. (VI und 294 S. mit 29 eingedr. Holzschn.) Leipzig (861)62, Hinrichs'sche Verlagsb.

Birnbaum, Heinr., Grundzüge der astronomischen Geographie. Vorlesungen für Gebildete. 2. wohlfeile (Titel-)Ausg. gr. 8. (VI, 294 S. mit 29 eingedr. Holzschn.) Leipzig (862)73. Hinrichs' Verlag.

**Birnbaum, Hnr.**, populäre Naturlehre, s. Lehrbücher, praktische, 3. Bd.

**Birnbaum, Heinr.**, das Reich der Wolken, s. Feierstunden, malerische.

Birnbaum, Heinr., über d. reguläre Siebzehneck. 4. (2 1/4 B. u. 1 Stnt. in 12.) Helmstedt 834, (Fleckeisen.)

Birnbaum, Heinr., das Tunnellängsträger-System, System Menne. Nach Neubauakten der Rhein. Eisenbahn-Gesellschaft, nach Mittheilungen des Hrn. Oberingen. Baur. Menne, sowie nach eigenen Erfahrungen beim Bau des Ender Tunnels bearb. gr. 8. (VII, 56 S. mit 7 lithogr. Taf.) Berlin 878, Springer.

Birnbaum, H. (Mitarb.), s. Unterhaltungen aus d. Gebiete der Natur.

— das Wasser und seine Quellen, s. Bücher der Natur.

Birnbaum, Heinrich Friedrich Georg, s. Birnbaum, Friedrich Heinrich Georg

**Birnbaum, Herm.**, Dora. Novellen u. Gedichte. (V, 200 S.) 8. Dresden 908. E. Pierson. 2.50; geb. n 3.50

**Birnbaum**, Hermann, appr. Arzt a. Zittau: Ueber Paralysis agitans mit besonderer Berücksichtigung ihrer geographischen Verbreitung. Rostock 1906: C. Hinstorff. (31 S.) 8°
Rostock, Med. Fak., Ref. Schuchardt, Diss. v. 30. März 1907
[Geb. 21. Juni 78 Zittau i. Sa.; Wohnort: Zittau; Staatsangeh.: Sachsen; Vorbildung: Gymn. Zittau Reife O. 98; Studium: München 4, Erlangen 1, Würzburg 7, Rostock 2 S.; Coll. 19. Sept. 05; Approb. 8. Nov. 05.]

**Birnbaum**, Hugo, Assistenzarzt an der Provinzialirrenanstalt Conradstein: Die Lungentuberkulose bei den Geisteskranken. Leipzig 1905: B. Georgi. (40 S.) 8°
Leipzig, Med. Fak., Ref. Flechsig, Diss. v. 1. Dez. 1905
[Geb. 5. Nov. 76 Falkenberg, Pommern; Wohnort: Conradstein, W.-Pr.; Staatsangeh.: Preußen; Vorbildung: Gymn. Dramburg Reife O. 97; Studium: Halle 6, Freiburg i. B. 4 S.; Coll. 1. Dez. 05; Approb. 17. Febr. 02.]

Birnbaum, J. G., combinirter Auszug 1) aus d. Gesetz, die indirecten Abgaben betreff.; 2) a. d. Zollgesetz; 3) a. d. Gesetz, d. Branntwein-Bier-Wein- u. Tabakssteuer betreff.; 4) a. d. Zollordn.; 5, 6) a. d. Branntwein- u. Biersteuer-Verordn., sämmtl. v. 4. Dec. 1833; 7) a. d. Gesetz üb. Einricht. d. Schlachtsteuer; 8) a. d. Verordn., die Schlachtsteuer betreff.; 9) a. d. Verordn., die Verbrauchsabgabe v. vereinländ., im Einzelnen eingebrachten Fleischwerk betreff.; sämmtl. v. 4. u. 29. Oct. 1834, nebst e. Uebersicht d. Zoll- u. Steuer-Strafen im Königr. Sachsen. gr. 8. (7 B.) Altenburg 838, (Helbig.)

**Birnbaum, J. U. et J. M. F.**, de Hugonis Grotii in definiendo jure naturali vera mente a recentiss. historiae hujus doctrinae scriptoribus minus intellecta. Commentat. 4n. Bonn 835. Marcus. 1/3 ß

Birnbaum, Johann Abraham

— **Jo. Abrah.**, An et in quantum juris studium certo annorum numero circumscribi possit? disquirit et consult. Cramero purpuram doctoralem laetus gratulat. o. O. u. J. (18. Jahrh.) 10 Bl. (4.—) 2814

Birnbaum, Johann Abraham: Unpartheyische Anmerckungen über eine bedenckliche Stelle in dem sechsten Stück des Critischen Musicus. (s.l. 1738). 28 S. 8°

— — Den hohen Geist des erblassten Thomasius bewunderte in der Leipziger vertrauten Deutsch. Redner-Gesellschaft. Lpz. (Ernst Gottlieb Krug) 1729. 24 S. (5.—) 2819

— — (Leipzig), De malitiosa juris interpretatione. Präs. Georg Philipp Olearius. Lpz. (Imm. Titius) 7. XII. 1720. 36 S. (5.—) 2818

Birnbaum, J. A., De natura et usu studii antiquitatum. Lips. 742. 4. 5 gr. Klaubarth

— — (Leipzig), De natura ac usu studii antiquitatum liber singul. Lpz. (Jo. Chn. Langenheim) 1741. 8 Bl. 122 S., 3 Bl. (6.50) 2820

Birnbaum, J. A., deutsche Reden und Abdankungen. 2 Thle. Langens. Martini. 735.

Birnbaum, J. Abr.: Insignis physices in jurisprudentia utilitas. *Lips.* 721. 4.

Birnbaum, Johann Abraham: Vertheidigung seiner unpartheyischen Anmerckungen, über eine bedenckliche Stelle in dem sechsten Stück des Critischen Musicus, wider Johann Adolph Scheibens Beantwortung derselben. (s. l. 1739.) 96 S. 8°

Birnbaum, Johann Michael Franz

— Adalbert von Babenberg, Markgraf in Ostfranken. Dramat. Gedicht in 2 Thln. 8. Bamberg 816. (Dresch.) 2 2/3 ß

**Birnbaum, Fr. Mch.**, Adalbert v. Babenberg, Markgraf in Ostfranken, dramat. Gedicht in 2 Thlen. Mit Kpf. 8. Bamb. 816. Kunz. 2 ß 16 gr

**Birnbaum, M.**, Alberada, Erbgräfin von Banz. Dramat. Spiel in 4 Akten. 8. Bamberg 816. (Dresch.) 7/12 ß

**Birnbaum, J. M. F.**, s. Archiv, neues, des Criminalrechts.

Blumen der Wiederkehr der alten Zeit, gestreut von *P. Hornthal* u. *M. Birnbaum*. (Patriot. Gedichte aus Anlass der Freiheitskriege.) Bamberg 1814. 8°. Cart.
30 S. Selten!

— u. J. Pt. v. Hornthal, Blumen d. Wiederkehr der alten Zeit gestreut. 8. Bamb. 815.

Birnbaum, J. M. F., Deduktion d. Rechte d. Hrn. Herzogs Karl Franz Wilhelm Ferdinand v. Looz-Corswarem auf d. standesherrl. Fürstenthum Rheina-Wolbeck, zum Behufe d. Appellation geg. ein v. erst. Senat d. kgl. Preuß. Oberlandesgerichts zu Münster am 29. März 1829 bekannt gemachtes Urtheil, ausgearb., u. als Beitrag z. Lehre d. Deutschen Staats- u. Fürstenrechts, mit Zugaben f. d. Gesch. u. Beurtheil. d. rechtl. Verhältn. d. ehemal. Grafschaft Looz u. a. Niederländ. ehemals z. Deutschen Reich gehör. Herrschaften hrsg. 4. (27 B.) Aachen 830, Mayer.

Birnbaum, Joh. v., Geschichte d. Stadt u. Bundesfest. Landau, mit dazu gehör. Belegen. (1. Aufl. Zweibrücken 826, Ritter. 20 Gr.) 2., umgearb. u. vervollständ. Ausg. Mit d. Wappen d. Stadt Landau, (u. d. Heil. Reichs Stadt Landaw Münz- u. Tax-Ordn., Anno 1624. 1 Tab. in Fol.) gr. 8. (40½ B.) Kaiserslautern 830, Tascher. Thlr.
Angehangen ist: Successio Conjugum consuetudinaria Des Heil. Reichs Stadt Landau Uhralte Gewohnheit In Erbfällen zwischen Eheleuthen ꝛc.

BIRNBAUM, J. F. M.: Ueb. das von Mehreren begang. homicid., als exeget. Erklär. d. 148. Art. d. peinl. Gerichtsord. und d. lex XI. ad Leg. Aquil. E. Inaugural-Abhandl. *Würzburg*. 816. 8.

Birnbaum, J. M. F., de Hugonis Grotii in definiendo jure naturali vera mente a recentiss. histor. hujus doctrin. scriptoribus minus intellecta. Comment. 4maj. (3¾ B.) Bonnae 835, Marcus. (Vgl. Birnbaum, J.U.)

—— die rechtl. Natur d. Zehnten aus d. Grundeigenthumsverhältnissen d. röm. u. fränk. Reichs histor. entwick., mit Berücksichtig. d. neuesten Anträge auf Zehntabschaffung, u. mit Andeutn. f. d. Gesch. d. Lehnwesens. gr. 8. (18¼ B.) Bonn 831, Marcus.

(——) über d. Ursprung d. Zehnten. Eine histor.-rechtl. Erörterung. 8. (2⅝ B.) Carlsruhe 831, Groos.

Birnbaum, Joh. Moriz, Capitain bey der sächs. Artillerie. Nöthiger Unterricht für einen Artilleristen, in wie weit Theorie und Praxis zu vereinigen, um nicht allein mit Kanons und Mortiers erforderlich zu agiren, sondern solches auch demonstriren zu können etc. (Mit 15 Taf.) 148 S. 4. Dresden 1752.

Birnbaum, J. M., Unterr. f. e. Artilleristen zu agiren. Mit Fig. Leipz. 752. Holle. 1 ß 18 K

*Birnbaum*, Jos., commentaire sur le decret impérial du 17 Mars 1808. gr. 8. Kobl. 809. Pauli u. C. 1 ß

— dissertation sur la validité des téstamens faits avant et ouverts sous l'empire du Code Napoléon. gr. 8. Kobl. 809. Pauli u. C. 6 K

— Jurisprudence de la cour impériale de Trèves et des tribunaux de son ressort, sur le nouveau droit et la nouvelle procédure en matière civile et de commerce. III Vols. 12. Cahier. gr. 8. Mayence 812. Kupferberg. 7 ß, 8 K

— s. Napoléon, Code criminel, deutsch.

Birnbaum, Karl

Birnbaum, K., Anleitung zur Vorbildung u. zum Studiengang d. Landwirths. [Aus: „Deutsche Monatsschr. f. Landwirthsch."] 8. (27 S.) Leipzig 874. Schmidt & Günther. n. — 40

Birnbaum, K. Ueber die Anwendbarkeit der Einkommensteuer und Steuerreformen überhaupt. gr. 8°. Leipzig, Schmidt u. Günther, 1873. Vide: Georgika: Sammlung von Abhandlungen etc., Bd. 3, Heft 1.

— u. J. Grimm, Atlas v. Photographien mikroskopischer Präparate der reinen u. gefälschten Nahrungsmittel. 1. Abth.: Atlas zur Mehlprüfg. Mit 16 Taf. in Photogr.-Druck. gr. 4. (IV, 10 Bl. Text.) Stuttgart 886. Schweizerbart. In Mappe. n. 24. —

Birnbaum, K. Die höhere Besteuerung des Tabaks und die Landwirtschaft. 8°. s. l. s. a. (nach 1874).

BIRNBAUM, CARL. Ueber die Bromverbindungen des Iridiums. Göttingen, 1864. Diss.

Birnbaum, K., das Brotbacken, s. a. Otto-Birnbaum, Lehrbuch der rationellen Praxis der landwirthschaftlichen Gewerbe.

Birnbaum, Dr. K., Prof. der Chemie am Polytechnium in Carlsruhe. Das Brotbacken. Eine Besprechung der Grundlagen für den rationellen Betrieb des Bäckergewerbes. Mit zahlreichen in den Text eingedruckten Holzstichen (und 2 Taf.). Zugleich als 8. Th. zu „Otto Birnbaum's Lehrbuch der landwirthschaftlichen Gewerbe". 7. Auflage. 8. Braunschweig 1878.

Birnbaum K.: Zur Buchführung d. Landwirths. U. St. o. A. (6) S. (Udsnit). 4°.

— die Buchführung für Landwirthe. [Aus: „Thiel's landwirthschaftl. Konversations-Lexikon".] Lex.-8. (IV, 59 S.) Leipzig 878. Thiel. n. 1 —

Birnbaum, K., landwirtsch. Buchführung, 2. Aufl., s.: Güngerich, R.

Birnbaum, Karl, die Erhebung einer Braumalz-Steuer. Bemerkungen zu dem von der Großherzogl. bad. Regierung der Ständeversammlung vorgelegten betreffenden Gesetzentwurfe. gr. 8. (27 S.) Karlsruhe 884, Braun'sche Hofbuchh. *

Birnbaum, K. Die Erhebung einer Braumalzsteuer. Bemerkungen zu dem von der grossherzogl. bad. Regierung der Ständeversammlung vorgelegten betreffenden Gesetzentwurfe. gr. 8°. Karlsruhe, Braun, 1885.

—— das Genossenschaftsprincip in Anwendung und Anwendbarkeit in der Landwirthschaft. Denkschrift im Auftrag des Congresses norddeutscher Landwirthe bearb. gr. 8. (XII, 194 S.) Leipzig 870, Weissbach. [Schmidt und Günther.] *

—— s. Georgika.

Birnbaum, K üb. Gewinn u. Verlust durch d. neuen Zolltarif in d. Landwirthschaft. 8. (31) Lpzg 81. H Voigt. 80 —

— Großbritannien in land- u. volkswirthschaftlicher Beziehung. [Aus: „Thiel's landwirthschaftl. Konversations-Lexikon". Lex.-8. (65 S.) Leipzig 879. Thiel. n. 1. —

— über die Grundlagen der Bodentaxation, s. a. Georgika.

Birnbaum, K. Ueber die Grundlagen der Bodentaxation und Bodenbesteuerung mit besonderer Berücksichtigung der gegenwärtig sich geltend machenden Reformbestrebungen im Gebiete des Steuerwesens überhaupt. Sep.-Ausgabe der ersten Hefte der „Georgika". 8°. Leipzig 1869.

— die Herren k. k. Minister.-R. Dr. W. Hamm u. Dr. Udo Schwarzwäller als Redakteure der agronomischen Zeitung in ihren Angriffen gegen die landwirthschaftliche Lehranstalt Plagwitz-Leipzig. Ein Wort zur Abwehr. Leipzig 868. (Voss.) gr. 8. (68 S.) 7½ ngr.

Birnbaum, K., s.: Handbuch d. chem. Technologie.

BIRNBAUM, CARL.
Handbuch der chemischen Technologie. *See* Bolley's Handbuch der chemischen Technologie.

—— die Kalidüngung in ihren Vortheilen und Gefahren. gr. 8. (VIII, 98 S.) Berlin 869, Wiegandt, Hempel und Parey. *

Birnbaum, Karl, kann eine Ueberbürdung des Grundbesitzes und der landwirthschaftlichen Gewerbe mit Steuern und Abgaben nachgewiesen werden oder nicht? Referat im Auftrage der „freien Commission für Grundbesitz und landwirthschaftl. Gewerbe" verfaßt. 8. (60 S.) Leipzig 872, Weißbach. [Schmidt und Günther.] *

—— Katechismus der landwirthschaftlichen Buchführung, s.a. Weber's, J. J., illustrirte Katechismen.

— Katechismus der landwirthschaftl. Buchführung. 8. (XII, 218 S.) Leipzig 879. Weber. geb. n. 2. —

—— s. Kirchbach's, J. v., Handbuch für Landwirthe.

— kurzes Lehrbuch der landwirthschaftlichen Gewerbe. Chemische Technologie landwirthschaftl. Producte. Zugleich als 8. Aufl. v. Frdr. Jul. Otto's Lehrbuch der rationellen Praxis der landwirthschaftl. Gewerbe. 1. Bd. Die Fabrikation der Stärke, d. Dextrins, d. Stärkezuckers, der Zuckercouleur, das Brotbacken u. die Rübenzuckerindustrie. Mit Holzst. (In 3 Lfgn.) 1. Lfg. gr. 8. (XII, 256 S.) Braunschweig 886. Vieweg & Sohn. n. 5. —

Birnbaum, K., kurzes Lehrbuch der landwirthschaftlichen Gewerbe. Chemische Technologie landwirthschaftl. Producte. Zugleich als 8. Aufl. v. Frdr. Jul. Otto's Lehrbuch der rationellen Praxis der landwirthschaftl. Gewerbe. 1. Bd. Die Fabrikation der Stärke, d. Dextrins, d. Stärkezuckers, der Zuckercouleur, das Brotbacken u. die Rübenzuckerindustrie. Mit zahlr. eingedr. Holzst. 2. Lfg. gr. 8. (XIII—XVI u. S. 257—512.) Braunschweig 887. Vieweg & Sohn. n. 5. — (1. 2.: n. 10. —)
Mehr erschien noch nicht.

Birnbaum, Karl, Lehrbuch der Landwirthschaft. 3 Thle. Frankfurt a. M. 859—63. Sauerländer. gr. 8. n. 5 ℛ 20 ngr.
1. Thl.: Allgemeine Landwirthschaftslehre. (VIII, 376 S.) n. 1 ℛ 10 ngr.
2. Thl.: Specielle Landwirthschaftslehre. (VIII, 913 S.) n. 3 ℛ
3. Thl.: Betriebslehre. (IV, 300 S.) n. 1 ℛ 10 ngr.

Birnbaum, K.: L e h r b u c h der rationellen Praxis..., s.a. O t t o , F. J.

Birnbaum, K., Lehrbuch der rationellen Praxis der landwirthschaftlichen Gewerbe, s.a. Otto-Birnbaum.

Birnbaum, Dr. K., Lehrbuch der rationellen Praxis der landwirthschaftlichen Gewerbe. Zugleich als 7. Aufl. von Otto's Lehrbuch der landwirthschaftlichen Gewerbe. Braunschw. 1875—80 — 8⁰.
Theil 1: Die Bierbrauerei von Dr. K. Lintner. Mit zahlr. Holzschn. im Text. 1875.
Theil 2: Die Branntweinbrennerei und deren Nebenzweige von Dr. K. Stammer. Mit zahlr. Holzschn. im Text. 1875.
Theil 3: Die Zuckerfabrikation von Dr. K. Stammer. Mit Holzschn. im Text u. 14 lith. Tfln. 1875.
Theil 4: Das Molkereiwesen von Dr. W. Fleischmann. Mit zahlr. Holzschn. im Text. 1875.
Theil 5: Die Stärke- Dextrin- und Traubenzuckerfabrikation von Lad. v. Wagner. Mit Holzschn. im Text. 1876.
Theil 6: Die Weinbereitung von H. W. Dahlen. Mit Holzschn. im Text. 1878.
Theil 7: Die Essigfabrikation von Dr. B. Bronner. Mit Holzschn. im Text. 1876.
Theil 8: Das Brotbacken von Dr. K. Birnbaum. Mit Holzschn. im Text. 1878.
Theil 9: Die Gewinnung von Gespinnstfasern von Professor H. Richard. 1881.
Theil 10: Die Industrie der Fette von Dr. C. Deite. Mit Holzschn. im Text. 1878.
Theil 11: Die Torf-Industrie und Moor-Cultur von Dr. E. u. K. Birnbaum. Mit zahlr. Holzschn. im Text. 1880.
Theil 12: Die Düngerfabrikation von Dr. P. Wagner. Mit Holzschn. im Text. 1877.
Theil 13: Die Kalk-, Cement-, Gyps- und Ziegelfabrikation von J. F. Rühne. Mit zahlr. Holzschn. im Text. 1877.

Birnbaum, Karl, Leitfaden der chemischen Analyse für Anfänger bearb. 1. Aufl. (XII, 92 S.) 1869. * ℳ 1,20., und 2. verb. Aufl. 8. (VIII, 96 S.) Leipzig 873, Quandt und Händel. *

Birnbaum, Karl, Leitfaden der chemischen Analyse für Anfänger. 3. verb. Aufl. 8. (VIII, 97 S.) Leipzig 877, Quandt und Händel. *

Birnbaum, Karl, Leitfaden der chemischen Analyse für Anfänger. 4. verb. Aufl. 8. (VIII, 106 S.) Leipzig 882, Quandt und Händel. *

— Leitfaden der chemischen Analyse f. Anfänger. 5. verb. Aufl. 8. (VIII, 118 S.) Leipzig 886. Quandt & Händel. n. 1. 80

Birnbaum, K., Leitfaden der chemischen Analyse f. Anfänger. 6. verb. Aufl., bearb. v. E. Dieckhoff. 8. (VIII, 130 S.) Lpz. 891, Quandt u. Händel. * 2 —; geb. * 2 40

— Leitfaden der chem. Analyse. 7., verb. u. verm. Aufl. Bearb. v. E. Dieckhoff. 8. (XI, 179 S.) Leipzig 900. Quandt & Händel. n. 3. —

— Leitfaden der chemischen Analyse. 8., verb. u. verm. Aufl. Bearb. v. E. Dieckhoff. (XII, 198 S.) 8. Leipzig 909. J. A. Barth. 4.—; geb. in Leinw. 4. 80

— Löthrohrbuch. Anleitung zur Benutzg. d. sogenannten trockenen Weges bei chem. Analysen. Mit in den Text eingedr. Holzschn. gr. 8. (XI, 69 S.) Braunschweig 872. Vieweg & Sohn. n. 1. 50

—— einfache Methoden zur Prüfung wichtiger Lebensmittel auf Verfälschungen. 1.—3. erweit. und verb. Aufl. 8. (17 S.) Karlsruhe 877—78, Gutsch.

Birnbaum, Karl (Hrsg.), s. M o n a t s s c h r i f t , Deutsche, für Landwirtschaft und einschlägige Wissenschaften.

Birnbaum, K. (Hrsg.), s. O t t o , E.: Die B i e r b r a u e r e i und Branntweinbrennerei.

Birnbaum, Carl, über psychopathische Persönlichkeiten, s.: Grenzfragen des Nerven- u. Seelenlebens. 64. Hft.

Birnbaum K.: Ueber die Productionskosten d. Milch u. Dungwerthberechnungen. [Leipz. 1873]. (26) S. (Sartr.). P.

— die Prüfung der Nahrungsmittel u. Gebrauchsgegenstände im Grossherzogth. Baden u. die Resultate einiger in der m. dem chem. Laboratorium d. Polytechnikums in Karlsruhe verbundenen Prüfungsstation ausgeführten Untersuchgn., unter Mitwirk. v. Manuel Mahn geschildert. gr. 8. (VIII, 119 S. m. 1 Tab.) Karlsruhe 883. Braun. n. 2. 80

**Birnbaum,** Karl, Psychosen m. Wahnbildung u. wahnhafte Einbildungen bei Degenerativen. Mit e. Vorwort v. C. Moeli. (IV, 227 S.) gr. 8. Halle 908. C. Marhold. 6. —

—— zur Reform der landw. Veranschlaggn., s.: Georgika.

—— Friedrich Gottlob Schulze als Reformator der Landwirthschaftslehre. Ein Nachruf, mit besond. Beziehung auf landwirthschaftliche höhere Lehranstalten und deren Reform. gr. 8. (XV und 212 S. mit dem lithogr. Portr. von F. G. Schulze.) Frankfurt a. M. 860, Sauerländer's Verlag. *

— wichtige Tagesfragen. Vorträge über Parteistandpunkte u. Parteibestrebungen auf dem Gebiete der Wirthschaftspolitik. gr. 8. (VIII, 324 S.) Berlin 880. Th. Hofmann. n. 5. 40

— Taschenbuch zum Bonitieren. Für land- u. forstwirthschaftl. Lehranstalten, Land- u. Forstwirte, Gartenbauschulen u. Gärtner, Kulturtechniker u. Ökonomie-Kommissare hrsg. 16. (XII, 211 S.) Leipzig 885. Leipziger Lehrmittelanstalt v. Dr. Osk. Schneider. geb. n. 2. —

—— Landwirtschaftliche Taxationslehre, s. Thaer-Bibliothek.

Birnbaum's landwirtschaftliche Taxationslehre. 2., neubearb. Aufl. 8. (VIII, 224 S.) Berlin 890. Parey. geb. n. 2. 50

—— s. Handbuch der chemischen Technologie. — Thiel's landwirthschaftliches Konversations-Lexikon.

—— die Universitäten und die isolirten landwirthschaftlichen Lehranstalten. Historisch-krit. Zusammenstellung aller Urtheile älterer und neuerer competenter Fachmänner über landwirthschaftl. Lehranstalten und Bildung des Landwirths, mit Bezug auf die Urtheile J. v. Liebigs. gr. 8. (X und 122 S.) Gießen 862, Ricker. *

**Birnbaum,** Karl, approb. Arzt aus Schweidnitz i. Schl.: Versuch eines Schemas für Intelligenzhandlungen. *Freiburg i. B. 1902: H. Epstein.* (35 S.) 8°
Freiburg i. B., Med. Diss. v. 1902

Birnbaum, K., wie bildet man sich zum Landwirth und wie studiert man die landwirthschaftlichen Disciplinen? Mit einem Anhang, enthaltend die Examen-Ordnung für die landwirthschaftlichen Prüfungen. 8. (40 S.) Leipzig 885, Roßberg'sche Buchh. *

—— wie und womit soll man düngen? Eine Zusammenstellung der Ansichten frühester bis neuester Zeit über Dünger und Düngung. 8. (80 S.) Mainz 863, v. Zabern.

**Birnbaum, Karl:** Die krankhafte Willensschwäche u. ihre Erscheinungsformen, s: Grenzfragen d. Nerven- u. Seelenlebens.

Birnbaum, Karl (Joseph Eugen)
Ueber die Wirthschaftssysteme.
Giessen 1857. 75 S.
Habil. landw. 1857.

— kurzes erläuterndes Wörterbuch zu der 7. Aufl. v. Otto-Birnbaum's Lehrbuch der landwirthschaftlichen Gewerbe. s. a. Otto-Birnbaum. Lehrbuch rc.

**Birnbaum K.:** Kurzes erläuterndes Wörterbuch zu d. 7. Aufl. v. Otto-Birnbaum's Lehrbuch d. landwirthschaftlichen Gewerbe. Braunschw. 1881. 181 S. Fig.
(= Lehrbuch d. rationellen Praxis d. landw. Gewerbe Th. 14, s. ndf.).

Birnbaum, Karl Friedrich Joseph (Giessen)
Ueber Luxatio congenita femoris.
Giessen: Brühl 1858. 54 S. u. 1 Taf.
Diss. med. 14.8.1858.

Birnbaum, Karl Friedrich Josef
Untersuchungen über den Bau der Eihäute bei Säugethieren.
Giessen 1863. 90 S. u. 2 Taf.
Habil. med. 9.5.1863.

Birnbaum, C. Friedr. Jos., Untersuchungen über den Bau der Eihäute bei Säugethieren. gr. 8. (93 S. mit 3 Stnt.) Berlin 863, A. Hirschwald. *

**Birnbaum, Carl Heinr.** (Küstrin), De spasmis fragmenta. Diss. med. Bln. (A. Petsch) 16. IV. 1828. 24 S., mit Biogr. (4.—) 2813
Oppon.: A. Berkowski, F. Roth, G. Troschel. — Gew.: J. v. Wiebel, F. A. Schulz, J. C. J. Lohmeyer.

Birnbaum, M. A., die Mörderin aus Nürnberg, hingerichtet in München am 12. Nov. 1836. Aktenmäß. Darstellung ihrer verübten unmenschl. Grausamkeiten. Ein höchst merkwürdig. Beitrag z. Geschichte der Ausartung des menschlichen Herzens. gr. 8. München 837. Fleischmann. n. 1/3 Thlr

**Birnbaum, Mart.:** Der Gardasee m. Arco u. d. Iseosee, s: Pilz' Reiseführer.

Birnbaum, Max
Birnbaum, M. (Red.), s. Arzt, Der, im Hause.

**Birnbaum, M:** Der Augenarzt, s.: Albrecht, JF.

**Birnbaum, Max,** Literatur- u. kulturgeschichtliche Beiträge. (S. 609—614.) 8. Leipzig 906. M. Spohr. n. — 60
Sonderabdruck aus: „Jahrb. f. sex. Zwischenstufen".

— die Bleichsucht u. andere verwandte Krankheiten. Ihre Erkenng., Verhütg. u. Behandlg. 8. (V, 69 S.) Leipzig (901). Ernst. 1. —

Birnbaum. Max [aus Königsberg i. Ostpreussen]: Ueber die Chorea der Erwachsenen .... Berlin, Druck v. H. Itzkowski (1886); 35 + 1 S. 8°.
Berlin, Med. Fak., Inaug.-Diss. v. 2. März 1886.

Birnbaum, Max, über die Chorea der Erwachsenen. Diss. Berlin 1886, Mayer & Müller. 8°. 35 S.

**Birnbaum, M.,** die Diphtheritis u. ihre Behandlg. m. dem Heilserum, gemeinverständlich dargestellt. 8. (55 S.) Halberstadt 894. Ernst. n. 1. —

— d. gefahrl. Entbindung der Frauen, s.: Nichols, J. L.

Die Erkennung der Beinleiden. Ihre Verhütung u. Behandlung. Dargest. von Dr. med. [Max] Birnbaum. *Minden: W. Köhler (1900).* (87 S.) 8°
[F.] [u. 478] 6

— der weiße Fluß des weiblichen Geschlechts, s.: Albrecht, J. F.

— s.: Frau, die, als Arzt in der Familie.

— die Genickstarre, s.: Mager's Bibliothek der Praxis. 9.

Birnbaum, Max. Gesundheits-Lexikon. 4 Bde. 8. (400; 400; 400; 387 S.) Berl. 891, Gnadenfeld u. Comp. geb. in 2 Leinw.-Bde. 7 —

— die Hautkrankheiten, s.: Albrecht, J. F.

**Birnbaum, M.,** Prof. Dr. Koch's Heilmethode der Tuberkulose, für weitere Kreise bekannt gemacht. 1.—3. Aufl. gr. 8. (67 S.) Berlin 890. [Fried & Co.] H. Steinitz' Verl. 2. —

— d. Heilmethode d. Tuberkulose d. Professor Koch, s.: Hausschatz d. Gesundheit.

Die Influenza. Ihre Ursachen, Symptome, Verbreitung u. Behandlung. Gemeinverständl. dargest. von Dr. med. [Max] Birnbaum. *Minden: W. Köhler (1900).* (55 S.) 8° [F.] [00. 4784 6

— d. Kahlköpfigkeit u. ihre Heilg., s. Böhm, Fr. L. D.

BIRNBAUM, Dr. M.
Die Kneipp-Kur. Die Wasser-Kur des Pfarrer Kneipp ärztlich beleuchtet, beschrieben und herausgegeben. 1891. Alfred H. Fried & Cie., Berlin und Leipzig.

— die Kneipp-Kur. Die Wasserkur d. Pfarrers Kneipp, ärztlich beleuchtet, beschrieben u. hrsg. gr. 8. (76 S.) Berlin 891. H. Steinitz' Verl. n. 2. —

— dasselbe. 3. u. 4. Taus. gr. 8. (88 S.) Ebd. 893. n. 2. — 25

— die Kopfschmerzen, s.: Albrecht, J. F.

— der Körper des Menschen, s.: Mayer's Bibliothek d. Praxis, 2.

— D. Krankheiten der Atmungsorgane. Ihre Verhütg. u. Heilg. 8. (VII, 86 S.) Leipzig 898. Ernst. n. 1. —

— über eingebildete Krankheiten. gr. 8. (VII, 81 S.) Minden (899). W. Köhler. n. 1. —

— der Krebs. Seine Ursachen, Erkenng. u. Behandlg. Nach den neuesten Forschgn. gemeinverständlich dargest. gr. 8. (IV, 79 S.) Ebd. (899). n. 1. —

Birnbaum, M., die Lebensdauer der Aerzte. [Aus: „Deutsche Medizinal-Zeitg."] gr. 4. (20 Sp.) Berlin 890. Grosser. n. 1. —

Birnbaum, Max: Lexikon d. Sexualkrankh. u. verwandter Leiden, deren Entstehg, Verhütg u. Heilg. Unter Mitwirkg v. Bosse u. Konr. Eckold. (4, 384 m. Abb. u. 12 [2 farb.] Taf.) gr8° Berl., A Birk '10. L 7 — d

Birnbaum, M., ärztl. Rathgeber f. Gesunde u. Kranke, s. a. B., Universal-Haus-Doktorbuch.

— ärztl. Rathgeber f. Gesunde u. Kranke. E. Belehrg., wie man sich gesund erhält u. wie man gesund wird. A. Grundl. d. neuesten wissenschaftl. Forschgn. u. Entdeckgn. a. d. Gebiete d. Naturheilkunde u. Medizin dargest. M. 324 anatom. Abb. u. 38 photograph. Bild., sow. m. e. vollständ. Inhalts-Verzeichn., welches 5000 Stichworte enth. gr. 8. (XXXI, 1559 S.) Dresden 894/95. R. H. Dietrich. 15. —;
2 Einbd.-Decken in Leinw. unentgeltlich.
Auch in 50 Heften à — 30.

— ärztlicher Ratgeber für junge Mütter. Ein prakt. Handbuch über Schwangerschaft, Wochenbett u. erste Kindespflege. Mit e. Anh.: Wie muß man sich verhalten, um e. leichte Entbindg. zu erzielen. Gemeinverständlich dargestellt. 2. verb. Aufl. (IV, 136 S.) 8. Leipzig 903. Ernst. 1. 50

[F.] Aerztlicher Ratgeber über Schwangerschaft, Geburt und erste Kindespflege. Gemeinverständl. dargest. v. Dr. med. M[ax] Birnbaum, prakt. Arzt in Berlin. *Halberstadt & Leipzig: Ernst [1895].* (2 Bl., 123 S.) 1 Bd 8. [96. 3315

— der Schnupfen. Seine Ursachen u. seine Behandlg. Gemeinverständlich dargestellt. gr. 8. (38 S.) Berlin 893. E. Duncker. n. — 60

Birnbaum, M., die Tuberkulose. Ihre Ursachen, Erkenng., Verhütg. u. Behandlg. Gemeinverständlich dargestellt nach den neuesten Forschgn. u. Ergebnissen des Tuberkulose-Kongresses (24.—27. V. 1899). gr. 8. (IV, 68 S.) Minden (899). W. Köhler. n. 1. —

— neues großes Universal-Haus-Doktorbuch d. Naturheilkunde u. Medizin. Nach d. neuesten wissenschaftl. Forschungen dargest. Mit 324 anatom. Abb. u. 38 photograph. Bildern, sow. m. e. vollständ. Inhalts-Verzeichn., welches 5000 Stichworte enthält. Volks-(Titel-) Ausg. in 1 Bd. (v.: B., ärztl. Rathgeber f. Gesunde u. Kranke). gr. 8. (X, 1559 S.) Dresden 895. R. H. Dietrich. Geb. in Leinw. 8. 50

Birnbaum, Max, was muss man vor der Ehe v. der Ehe wissen? Auf den neuesten wissenschaftl. Forschgn. beruh. ärztl. Ratschläge u. Aufklärgn. f. Erwachsene üb. die Hygiene des geschlechtl. Lebens. (III, 168 S.) 8. Leipzig (910.) Modern-medizin. Verlag. 2. —

— neues großes Universal-Haus-Doktorbuch der Naturheilkunde u. Medizin. Auf Grund der neuesten wissenschaftl. Forschgn. verf. Mit 268 anatom. Abbildgn. u. 35 photograph. Bildern, sowie m. zahlreichen Chromotafeln u. zerlegbarem Modell; e. Hauptinhaltsverzeichnis u. e. Sachregister m. 5000 Stichworten. Volks-Ausg. (XII, 1640 u. CIII S.) gr. 8. Dresden 905. Dresdner Verlagsh. M. O. Groh. Geb. in Leinw. n. 11. —

Wie bleibe ich gesund? Eine Anleitung z. Erlangung e. langen Lebensdauer. Von Dr. med. [Max] Birnbaum. Minden i. W.: W. Köhler 1904. (V, 106 S.) 8° [F.] [04. 9395 6

— wie erzielt man leichte Entbindungen?, s.: Nichols, T. L.

— Wie ist d. Schwindsucht zu verhüten etc., s.: Albrecht, J. F.

— wie werde ich wieder jung? Oder die Kunst, die Beschwerden u. Krankheiten des Alters zu verhüten, zugl. e. Anleitg., e. lange Lebensdauer zu erzielen. gr. 8. (III, 95 S.) Ebd. 899. n. 1. —

Birnbaum, Michael, s. Birnbaum, Johann Michael Franz

Birnbaum, Nathan (wirkl. Name), s.a. Acher, Mathias (Pseud.)

Mathias Acher [d. i. Nathan Birnbaum]. Achad ha-am, Ein Denker u. Kämpfer d. jüd. Renaissance. Vortrag. Berlin: Jüd. Verl. 1903. (66 S.) 8° [F.] [06. 8007

Dr. Nathan Birnbaum (Mathias Acher). Ausgewählte Schriften zur jüdischen Frage. Hrsg. auf Initiative e. Komités. Bd 1. 2. Czernowitz: Birnbaum & Kohut 1910. 8° [10. 13436

Birnbaum, Nathan, brieflicher Sprach- u. Sprech-Unterricht zur Erlernung der hebräischen Sprache, s.: Saphir, Eliahu.

— die nationale Wiedergeburt des jüdischen Volkes in seinem Lande, als Mittel zur Lösg. der Judenfrage. Ein Appell an die Guten u. Edlen aller Nationen. gr. 8. (44 S.) Wien 893. (Ch. D. Lippe. — Leipzig, Literar. Anstalt, A. Schulze.) n. 1. 20

Birnbaum, Richard, approb. Arzt aus Stettin i. P.: Aus d. Universitäts-Frauenklinik zu Kiel. Beitrag zur Kasuistik der Selbstentwicklung und Geburt 'conduplicato corpore' bei Querlage. *Kiel 1900: H. Fiencke.* (20 S.) 8°
Kiel, Med. Diss. v. [21. Juli] 1900

Birnbaum, Rich.: Klinik d. Missbildgn u. kongenitalen Erkrankgn d. Fötus. (277 m. Abb. u. 1 Taf.) Lex8° Berl., J Springer '09. 12 —; L. n 13.60

Birnbaum, R: Lehrb. d. Gynäkol., s: Runge, Max.

Birnbaum, Rich., das Kochsche Tuberkulin in der Gynäkologie u. Geburtshülfe. (V, 131 S.) 8. Berlin 907. J. Springer. n. 3. —

Über die Verletzungen des Kindes bei der Geburt. Von Richard Birnbaum, Göttingen. Leipzig: Breitkopf & Härtel 1906. (27 S.) 8° [Umschlagt.]
— Sammlung klinischer Vorträge. No 429.

Birnbaum, Rud., die Heilwirkungen der Eisenquellen von Bad Schwalbach. gr. 8. (65 S.) Wiesbaden 874, Feller und Gecks. *

Birnbaum, Rudolphus (*geb. Trachenberg in Schles. 5. 5. 1843*): De peritonitide puerperali phlegmonosa. Vratislaviae 1866. (30 S.) 8°
Breslau, Med. Diss. v. 17. Nov. 1866

*Birnbeck*, Andr., irriguum virtutum superius et inferius. 8. Augsb. 764. M. Rieger. (Frankf., Wesché). 16 gr.

— seminarium virtutum; sive tractatus de virtutibus, quo earundem natura, actus, motiva, media particularia, ac vita opposita breviter exponuntur. 8. Ed. III. (Frankf., Wesché). 16 gr.

Birndt, Fanny, Licht- u. Schattenbilder. Erzählungen aus dem Leben. 12. (VII, 148 S.) Dresden 893. (J. Naumann.) Geb. in Leinw. n. 2. —

Das Probejahr. Lustspiel in 1 Akt mit Vorspiel von Fanny Birndt. *Berlin: L. O. Schrecker 1900.* (33 S.) 8° [F.]

Birner, Johann Andreas (Brieg/Schles.), De mandato delinquendi. Diss. jur. Präs. Samuel Stryk. Frkft./Od. (Joh. Coepsel) Juni 1690. 56 Seiten. (5.—) 2823
— — Dasselbe. Halle (Orphanotrophii) 1704. 36 Seiten. (4.60) 2824

Birnewitz, F. W. von: Leben des Hannibal. 2 Thle. Dresden 1802. 8°

Birnmeyer, Friedrich, approb. Arzt aus Gunzenhausen (Mittelfranken): Ueber die Diagnose von Nierentumoren. *Strassburg i. E. 1901: C. & J. Goeller.* (43 S.) 8°
Strassburg, Med. Diss. v. 1901

Birno, Franz: Vollständige Anweisung zur Holzfärberei, auch Blumen, Bäume und andere Figuren in Holz zu schneiden.— Braunschweig 1804.

Birno, Frz., Anweisung zur Holzfärberei ꝛc. 8. Braunschw. 808. Lucius. 6 gr.

Birnstein, Jos.: Zugschule. Instruktionsb. f. Chargen, Chargenschüler u. Einj.-Freiw. (96 m. 1 Taf.) 8° Pils., (O Maasch) '11. 1.50

Birnstiel, Chrn. Friedr. Aug., Beurtheilung des vom Prälaten Kapff in Stuttgart auf dem Elberfelder Congresse für innere Mission gehaltenen, und vom Centralausschusse an alle Geistlichen Teutschlands zugesandten Vortrages über „die innere Mission unter den Geistlichen". Apolda 853. Teubner. gr. 8. (20 S.) 3 ngr

Birnstiel, Christ. Friedr. Aug., kurze Geschichte des evangel. Vereins der Gustav-Adolphs-Stiftung, besond. f. seine protest. Mitbürger in Sachsen-Weimar geschrieben. gr. 8. (2¼ B.) Jena 844, Frommann.

— Presbyterial- u. Synodal-Verfassung d. protestantisch-evang. Kirche. Eine wichtige kirchlich-religiöse Zeitfrage f. Geistliche u. Nichtgeistliche näher erörtert. gr. 8. (5¾ B.) Jena 846, Frommann.

Birnstiel, Chr. Fr. Aug., Presbyterial- u. Synodal-Verfassung der protestantisch-evangel. Kirche. Eine wichtige kirchlich-religiöse Zeitfrage f. Geistliche u. Nichtgeistliche. gr. 8. (92 S.) Jena 847, Frommann. ½ rf

— ein faßliches Wort f. das Volk: üb. den eigentlichen Unterschied zwischen Republik u. ächtconstitutioneller Monarchie. Zum Theil gesprochen in der Volksversammlung zu Vieselbach am 23. Juli u. hier noch weiter ausgeführt. [Abgedr. aus d. „Unterhaltungsblatte f. den Bürger u. Landmann."] 8. (22 S.) Erfurt 848, Bartholomäus. 1½ ngr

Birnstiel, Franz Heinrich
— gesammelte Aktenstücke z. Aufdeck. des Geheimnisses des thierischen Magnetismus. 8. Marb. 787. Krieger. 6 gr.

Birnstiel, Franz Heinr(ich): De dysenteria liber sistens praeter completam dysenteriarum in annis 1778., 1779. et 1780. epidemicarum historiam hujus morbi singularem naturam, causam, et Hippocraticam medendi methodum unacum perbrevi morborum intercurrantium recensione. 316 S., gbd.

Mannhemii: Schwan & Goetz 1786

*Birnstiel.* Ueber die Sterblichkeit im Waisenhaus zu Bruchsal. *Bruchsal.* 1789

— die Sterblichkeit in dem Kranken- u. Waisenh. zu Bruchsal. 8. Marb. Krieger. 790.

Birnstiel, Frz. Hnr., Die öffentlichen Verpflegsanstalten der Armen und Nothleidenden in Speyer; eine prakt.-tabellar. Nachricht. 8°. Marburg, Krieger, 1790.

— Versuch, die wahre Ursache des Kindermords zu erforschen. 8. Frankf. a. M. u. Leipz. 785. Varrentrapp. 12 gr.

Birnstiel, J. Friedr. (Thüringen), De ingeniis disciplina formandis. Disp. philos. Präs. Chn. Erdmann Pfaffreuter (Bayreuth). Lpz. (Chn. Scholvin) 8. XII. 1703. 20 Bl. (5.—) 2825

[Birnstiel, Johann Georg.] Das Vereinsleben. Ein Wort an unsere Jünglinge. [Von Pfarrer J. G. Birnstiel in Basel.] IV + 42 S. 8. Zürich II, August Frick, [1901]. [fr. —. 25]

Birnstiel, J[ohann] G[eorg]. Ein Wort zum 1. August 1906, gesprochen bei der Bundesfeier im Gundoldingerkasino [zu Basel] von J. G. B', Pfarrer. 8 S. 8. [Basel, G. Böhm, 1906.]

Birnstiel, J. G., Zwingli als Charakter. (Hrsg. vom schweizer. Verein f. freies Christentum.) (32 S. m. 1 Abbildg.) 8. Zürich (907.) (A. Frick.) — 40

Zwei Lieder für eine Singstimme mit Klav. Begl. von Ethel Birnstingl. No 1. 2. *Berlin: Freie Musikal. Vereinig. 1894.* 2 Bde 4°
1. Longing. (Sehnsucht.) 2. Consolation. (Trost.)

Beschreibender Catalog der ethnographischen Sammlung Ludwig Biró's aus Deutsch-Neu-Guinea (Astrolabe-Bai). Mit 22 Taf. u. 245 Textabb. in 73 Fig. Budapest 1901: V. Hornyánszky. (199 S.) 4°
[Nebent.:] Biró Lajos Német-Új-Guineai (Astrolabe-Öböl) néprajzi gyűjtéseinek leíró jegyzéke.
— Sammlungen, Ethnogr., d. Ungar. Nationalmuseums. 3.

Biró, Ludw. Anian, Lautlehre der heanzischen mundart v. Neckenmarkt. Phonetisch u. historisch bearb. (XVIII, 112 S.) gr. 8. Leipzig 910. Dr. Seele & Co. 2. —

— Die Lebensretterin. (Eine Kleinstadtgesch.) Julchen. (Die Gesch. e. guten Ehemannes.) (184) 8° Wien, C Konegen '12. 2.50

— Der Raubritter. Komödie. (Für d. Bühne bearb. v. Alfr. Polgar.) (116) 8° Berl., Osterheld & Co. '12. 2 —

Biró Lajos A., Dr. 31. Mitteilung der Phonogramm-Archivs-Kommission der Kaiserlichen Akademie der Wissenschaften in Wien. Magyarische Sprach- und Gesangsaufnahmen. S. 173/6 . . . . . . . . . .
Separatabdruck

— Siegerin Weib. Roman. (203) kl8° Wien, Deutsch-österr. Verl. '13. 2 —; geb. 3 —

BIRÓ (PADÁNYI) MARTINUS: Homilia eucharistica sive Te Deum laudamus oder für die grosse Gnad ... des Ammächtigen ... Gottes ... da Er ihro königliche Hoheit Franciscum ... in diesem laufenden 1745sten Jahr ... zum römischen Kayser erwählen und ... hat krönen lassen ... Dank-Opfer und göttliches Lob, welche Martinus Biró Padányi erwiesen hat. Pressburg 1746: Druck. Royer. (13 f.)

BIRÓ (PADÁNYI), MARTIN: Der einigen Gottheit dreyfaches Lob oder zu Ehren allerheiligster Dreyfaltigkeit. Aus andächtigen Seufzern, anmuthigen Betrachtungen, und geistlichen Lob-Gesängen zusammen getragener vom Himmel entsprungener in drey Zehner bestehender englischer Rosenkrantz. Aus dem Ungarischen übersetzt. Ofer 1750. Gedr. bey Veron. Nottenstein. 163 S. 16° Petrik
- Dass. Aus dem Ungarischen übersetzt und zum 3. mal in Raab in Druck gegeben. o. J. Druck. Streibig. 162 S. 1 t. - 170 mm OSZK

Biroll, J[aco]b. Eine neue Bahn auf den Plan. Hauptbahn-Projekt: St. Gallen-Ruppen-Altstätten-Feldkirch. (Altst', den 12. September 1906.) 4. [Altstätten, Buchdr. der Rheintalischen Volkszeitung.]
*Ausg. A:* Gratisbeilage zur «Ostschweiz» [Jahrg. 33, 1906, N° 217]. 7 S.
*Ausg. B:* Separat-Abdruck aus der «Rheintal. Volkszeitung». II + 8 S.

Biron, Mich., offener Brief an den katholischen Klerus u. an alle Katholiken. 7. Aufl. gr. 8. (22 S.) Graz. 871. (Neuwied Heuser.) n. — 50

—— Enthüllungen aus der geistlichen Welt. 8. Aufl. gr. 8. (80 S.) Graz 870. (Neuwied, Heuser's Verlag.) *

— Freidenker. Blätter f. Humanität, Aufklärg. u. Bildg. Jahrg. 1870. gr. 8. (IV, 188 S.) Ebend. 871. n. 2. —

—— Freidenker. Blätter f. Humanität, Aufklärg u. Bildg. Jahrg. 1870. 8. (188) Ebd. 72. n. 2. —
Dass. s.a.: Der F r e i d e n k e r.

Biron & Brucker's Sonntags-Blatt: 1874—1875.
Sub-title: Vormals "Milwaukee Freidenker," through Dec. 27, 1874; Offiz. Organ des Bundes Freier Gemeinden von Nordamerika, sowie des Verbandes Freie Gemeinden von Wisconsin, ferner des radical demokratischen Clubs in Milwaukee, Aug. 9—Dec. 27, 1874. Title varies with Jahrgang 3, no. 40, Jan. 3, 1875: FREIDENKER. Edited & published by J. Brucker, ?—Oct. 29, 1875; by Carl Dörflinger, Nov. 5, 1875—?
Milwaukee, WI

Biron von Curland, Prinz & Alfred Hindorf. Erinnerungsblätter aus dem Feldzuge in Böhmen und Mähren im Sommer 1866. Berlin, Verlag des lith. Instituts W. Korn o. J., Tit., 20 kol. Lithogr. 4°.

Biron v. Curland, Prinz Carl, die neuen Gefängniß-Systeme. Mit 7 Kpfrtaf. (in 8. u. Fol.) gr. 8. (73 S.) Breslau 847, Hirt. n. 1 ß

BIROTTEAU, A. P. N.: Die Jesuiten in Frankreich. Aus dem Französischen übersetzt von J. B. F. Pest 1830: C. A. Hartleben. XVI, 207 S. - 190 mm

Birotteau, A. P. N., die Jesuiten in Frankreich. A. d. Französ. v. J. P. F. gr. 8. Pesth 1830, Hartleben. (Cf., Bellemare.) 1 Thlr. — 1 fl. 48 kr.

Biroukof, Paul, s. B i r u k o f f, Paul

Birr, Anton, [Basel]. Autoschediasmatis de requisitis in demonstratione anatomica pars prior [et] altera. Basel, Med.Diss.1732

Birr, Anton: H y p o m n e m a t a ad Grotiani operis „ De jure belli ac paris" primordia. (Resp.: Louis Frédéric Petitpierre). 18 S. — Basel, Jur.Diss.v. 28.Okt.1727.

Birr, Anton: T h e s e s subitariae (ex jure naturae). (Resp.: Emanuel Falkner). 7 S.—
Basel, Jur.Diss.v. 26.Febr.1734.

Birrcher, Andreas
Birrcher, A., das Frickthal in seinen historischen und sagenhaften Erinnerungen. Beitrag zu den Schweizersagen aus dem Aargau von E. L. Rochholz. gr. 8. (76 S.) Aarau 859, Christen. *

Birrenbach, H., Theorie u. Anwendung des elektrischen Bogenlichtes. (VIII, 850 S. m. 266 Abbildgn.) gr. 8. Hannover 908. Dr. M. Jänecke. Geb. in Leinw. n. 9. —

Birrenbach, Hermann Joseph, approb. Arzt aus Köln a. Rh.: Aus d. pathol. Institut d. Universität Greifswald. Über Micromelie bei congenitaler Syphilis. *Greifswald 1901: H. Adler.* (30 S.) 8°
Greifswald, Med. Diss. v. 8. Aug. 1901

B i r r e r, Jacob. Sonderbare Erinnerungen und Merkwürdige Lebensfahrten des (blinden) Jakob B'.... Nach des blinden Mannes eigenen Angaben getreulich dargestellt und mit... Betrachtungen und schönen Liedern erweitert (° *Aufl. 1, Umschlag:* Dargestellt) von H[einrich] N ä g e l i, Sekundarlehrer. 8.
[1. Aufl.] Zürich [1839]. — 2 Aufl. *o. O.* 1840.

B i r r e r, Jacob. Erinnerungen, besondere Lebensfahrten und Ansichten des Jakob B'.... Nach des blinden Mannes eigenen Angaben getreu dargestellt und mit... Betrachtungen und Liedern von ihm selbst erweitert von H[einrich] N ä g e l i. [Mit 1 Tafel.] 3. verbesserte und vermehrte Aufl. 8. Hamburg 1847.

B i r r e r, Jacob. Reiseberichte, Reiseabenteuer, Anekdoten und Gedichte aus den Jahren 1841–1849, hrg. von dem blinden Jakob B'.... 8. Zürich 1850.

B i r r e r, Jacob. Souvenirs curieux et vie remarquable de l'aveugle Jacob B'.... Ouvrage écrit sous la dictée de l'aveugle par [Heinrich] N a e g e l i, instituteur. Traduit de l'allemand par un Clairvoyant. [Avec 1 planche.] 8. Zurich 1843.

Birrmann, A., s. B i r m a n n, A.

**Birsbote: Der Birsbote**
④ Volksfreund (Be) ⑤ November 1866—29. 12. 1917 (unrichtiges Gründungsdatum BGSZ 962) ⑥ 2° ⑦ Wochenblatt, halbwöchentlich (ab 1874 — nach BGSZ 12: 1887) ⑧ Laufen: Gustav Vonburg (auch: Vanburg), Th. Vonburg (ab 1874), Vonburgische Druckerei (ab 1894), G. von Burg ⑨ Illustriertes Sonntagsblatt ⑩ Gust. Vonburg, Th. Vonburg, Vonburgische Druckerei ⑪ G. Vonburg (auch: von Burg) ⑫ freisinnig ⑬ BGSZ: 560, 962, 973, 1060; Zum 50jährigen Bestehen des Blattes v. Nr. 102, 22. 12. 1917 ⑭ Be: L, St; So: St, Z ⑮ Das Blatt fusioniert in den 70er Jahren mit dem «Schweizer Jura», behält aber seinen Titel bei.

[F.] Auf der Birsch. Brüche aus meinem Jägerleben. Vom 'Wilden Jäger'. M. Textabb. *Berlin: P. Parey 1898.* (3 Bl., 180 S.) 1 Bd 8. [98. 3708

Birsch, G. A., s. B i r c h, G. A.

Birschel, Edmund, aus Gruiten ⟨Rhld.⟩: Pseudoketochloride und Pseudoketobromide aus p-Dioxybenzhydrol und deren Umwandlungsprodukte. *Marburg 1900: Köster & Schell.* (62 S.) 8°
Marburg, Phil. Diss. v. [11. Okt.] 1900

Birschel, Hermann: Die Bedeutung der Brüsseler Zucker-Konvention für Deutschland. Dessau 1909: (Anhalt. Buchdr. Gutenberg). 111 S. 8°
Bonn, Phil. Diss. v. 20. Jan. 1909, Ref. Schumacher
[Geb. 7. Nov. 85 Erlau, Prov. Posen; Wohnort: Erlau; Staatsangeb.: Preußen; Vorbildung: Gymn. Nakel Reife O. 04; Studium: Berlin landw. Hochsch. 2, Bonn landw. Akad. 4 S.; Rig. 16. Dez. 08.] [U 09. 381

Birschel, Herm., die Bedeutung der Brüsseler Zucker-Konvention f. Deutschland. (VII, 111 S.) Lex. 8. Berlin 909. P. Parey. 8. —

Birsek, Ludwig. Arions Sängerfest von Ocean zu Ocean. NY, 1900.

Birsmann, Ernst, Studien üb. die Alkaloide der Corydalis nobilis Pers. Diss. gr. 8. (91 S.) Jurjew (Dorpat) 892. (E. J. Karow.) n. 2. —

Birstein [Schlagwort]
Birstein, s.: P r e u s s e n. Messtischblätter.

Birstein [Verfasser]
Birstein, Gustav: Beitrag zur Elektrolyse der Alkalisalze im festen Zustande. 1909. 86 S., 3 Bl. Taf. 8° ¶ Ausz. in: Annalen d. Physik. Bd 26. 1908.
Karlsruhe, Dr.-Ing.-Diss. v. 18. 7. 1908

Birstein, Gustav: Beitrag zur Elektrolyse der Alkalisalze im festen Zustande. Diss. Karlsruhe. München 1909

**Birsthaler: Der Birsthaler**
① Anzeigeblatt für's Laufenthal, Schwarzbubenland und Birseck ④ Nordschweiz ⑤ Probenummer am 29. 12. 1888; 1. 1. 1889 — Ende 1902 ⑥ 2° ⑦ halbwöchentlich ⑧ Laufen: Buchdruckerei der «Birsthalerverein», AG der Vereinsdruckerei (ab 17. 5. 1897) ⑨ Illustriertes Sonntagsblatt zur Unterhaltung und Belehrung; Schweizerischer Geschichtskalender: Geschichtsblätter (ab 1901) ⑩ Birsthalverein ⑪ Achille Burger, Louis Scholer, Franz Baumgartner ⑫ katholisch-konservativ ⑬ BGS: 203, 338, 962, 973, 1060; Nordschweiz Nr. 1, v. 1. 1. 1913; Nr. 1, v. 3. 1. 1938 und Nr. 78, v. 6. 7. 1938 ⑭ Be: S; So: St ⑮ Der «Birsthaler» entstand in den Jahren des Kulturkampfes. Dem Gründungskomitee gehörten an: Fürsprecher Peter Cuerin, Dr. med. Arnold Marti, Fürsprecher Louis Scholer, Pfr. Constantin Schmidlin, u. a.

**Birt, Alex. Joh.. s. a. Hohenfeld, Hans.**

Birt, Alexander Johann
Birt, A. Der große Hamburger Brand u. was er uns im alten Rathause zerstörte. Kunst-, Bau- u. Lokalgeschichte aus d. Zeit zwischen Hamburgs beiden Bränden v. 1284—1842. 8. (25 S.) Hamb. 892, Gräfe u. Sillem. * — 50

**Birt, Alex., Simon Dach. Dramatisches Zeitbild in 1 Aufzuge, zum Gedächtnis der 300. Wiederkehr des Geburtstages Simon Dachs am 29. VII., verf. (32 S.) gr. 8. Königsberg 905. Gräfe & Unzer, Buchh. n. — 60**

Königsberger Helden des Schwerts und des Geistes. Dramat. Skizzen z. 650j. Jubil. d. Burg- u. Stadtgründung dargebr. von A[lexander Johannes] Birt. Königsberg i. Pr.: Gräfe & Unzer 1905 (80 S.) 8° [J.] 05. 10

Morgenrot'. Ein dramat. Gedicht in 5 Akten von Alexander Birt. (Leipzig: Härtel 1910.) 111 S. 8°

**Birt, Alex., das Hamburger Rathhaus, e. histor. Baudenkmal der Stadt. Projecte, zum 600jähr. Gedächtnißtage d. ersten Hamburger Stadtbrandes dargebracht am 8. Aug. 1884. Mit 12 Illustr. in photolithogr. Reproduction. Fol. (4 S.) Hamburg 884. (Boysen.) n. 1. 50**

**Birt, Alexander.** Das Rathhaus und die Zukunft der Börse in Hamburg. Hamburg 1883. 8°.

**Birt, Eduard, appr. Arzt a. Hamburg: Aus d. Universitäts-Augenklinik zu Marburg. Über Hypophysiserkrankung mit spezieller Berücksichtigung der okularen Symptome. Marburg 1907: J. Hamel. (28 S.) 8°**
**Marburg, Med. Fak., Ref. Bach, Diss. v. 28. Aug. 1907**
[Geb. 11. Dez. 80 Hamburg; Wohnort: Hamburg; Staatsangeh.: Hamburg; Vorbildung: Gelehrtensch. d. Johanneums Hamburg Reife O. 99; Studium: Tübingen 1, Marburg 4, Berlin 1, München 1, Marburg 2 S.; Coll. 23. Juli 07; Approb. 25. Juli 04.]

**Birt, Ed., über otogene Pyämie m. Metastasenbildung, s.: Mitteilungen aus den hamburgischen Staatskrankenanstalten. VII, 15.**

König Agis. Eine Tragödie des Beatus Rhenanus [d. i. Theodor **Birt**] in 5 Akten. Marburg i. H.: Elwert 1895. 126 S. 8° [10. 7674

Birt, T., Animadversiones ad Ovidi heroidum epistulas. S.-A. o. J. 47 S.

Anna von Hessen, ein tragisches Spiel in 5 Aufz., dem Andenken Philipp's d. Großmüthigen zu dessen 400jähr. Geburtstagsfeier am 13. Nov. 1904 gewidmet von Theodor **Birt** ⟨Beatus Rhenanus⟩. Marburg: N. G. Elwert 1904. (110 S.) 8° [J. u. Ant.] 05. 4

**Indices lectionum** . . . quae in academia Marpurgensi per sem. hib. inde a d. XV. m. Oct. 1888 usque ad d. XV. m. Mart. 1889 habendae proponuntur. — Praemissa est Theodori Birt P. P. O. de Senecae apocolocyntosi et apotheosi lucubratio. Marpurgi, typ. acad. Roberti Friedrich (1888): XVIII + 9 S. 4°

**Birt, Thdr., Artiges u. Unartiges. Gedichte des Beatus Rhenatus. (VII, 107 S.) kl. 8. Marburg 908. (N. G. Elwert's Verl.) 1.40; kart. 1.50; geb. 2. —**

Birt, T., Zum Actua. S.-A. O. J. 38 S.

Birt, T., Ueber den Begriff des Buches bei den Alten. S.-A. o. J. 10 S. 4°.

**Birt, Thdr., Beiträge z. latein. Grammatik. Sprach man avrum od. aurum, s.: Museum, rhein., f. Philologie.**

**Beatus Rhenanus. Briefwechsel. Gesammelt u. herausgegeben von *A. Horawitz* und *Karl Hartfelder*. Gr. in-8°, XXIV u. 700 S. Leipzig, B. G. Teubner. 1886**

**— Die Buchrolle in der Kunst. Archäologisch-antiquar. Untersuchgn. zum antiken Buchwesen. VIII, 352 S. m. 190 Abbildgn.) gr. 8. Leipzig 907. B. G. Teubner. 12.—; geb. in Halbfrz. 15. —**

**Birt, Thdr., das antike Buchwesen in seinem Verhältniss zur Litteratur. Mit Beiträgen zur Textgeschichte des Theokrit, Catull, Properz und anderer Autoren. gr. 8. (VII, 518 S.) Berlin 882. Hertz. ***

**Birt,** Theodorus, Dr., P. P. O.: **Catalogi** studiosorum Marpurgensium cum annalibus coniuncti series recentior, fasciculus primus annos 1653, 1654, 1655 complectens. *Marpurgi (1903): R. Friedrich.* (39 S.) 4° ¶(Forts. d. Catalogus 1527—1624 von Carl Jul. Caesar (Progr. 1872—1885) u. d. Supplements 1629—1636 von Ferd. Justi (Progr. 1888)).
Marburg, Progr. zum Geburtstage d. Kaisers 1903

**Birt,** Theodorus, P. P. O.: **Catalogi** studiosorum Marpurgensium ex serie recentiore deprompti fasciculus alter annos usque ab 1656 ad 1667 complectens. *Marpurgi (1904): R. Friedrich.* (S. 41—70.) 4° ¶[1 in: Progr. z. Geburtst. d. Kaisers 1903.]
Marburg, Progr. zum Geburtstage d. Kaisers 1904

**Birt,** Theodorus, P. P. O.: Catalogi studiosorum Marpurgensium ex serie recentiore deprompti fasciculus tertius annos usque ab 1668 ad 1681 complectens. Marpurgi (1905): R. Friedrich. (S. 71—102.) 4° ¶[1, 2 in Progr. z. Geburtst. d. Kaisers 1903, 1904.]
**Marburg, Progr. zum Geburtstage d. Kaisers 1905**

**Birt,** Theodorus, P. P. O.: Catalogi studiosorum Marpurgensium ex serie recentiore deprompti fasciculus quartus annos usque ab 1682 ad 1699 complectens. Marpurgi (1906): R. Friedrich. (S. 103—146.) 4° ¶[1—3 in: Progr. z. Geburtst. d. Kaisers 1903, 1904, 1905.]
Marburg, Progr. zum Geburtstage d. Kaisers 1906

**Birt,** Theodorus, P. P. O.: Catalogi studiosorum Marpurgensium ex serie recentiore deprompti fasciculus quintus annos usque ab 1700 ad 1720 complectens. Marpurgi (1907): R. Friedrich. (S. 147—206.) 4° ¶[T. 1, 2, 3, 4 in: Progr. z. Geburtst. d. Kaisers 1903, 1904, 1905, 1906.]
Marburg, Progr. zum Geburtstage d. Kaisers 1907

**Birt, Theodor, P. P. O.: Catalogi studiosorum Marpurgensium ex serie recentiore deprompti fasciculus sextus annos usque ab 1721 ad 1740 complectens. Marpurgi (1908): R. Friedrich. (S. 207—282.) 4° ¶[T. 1, 2, 3, 4, 5 in: Progr. z. Geburtst. d. Kaisers 1903, 1904, 1905, 1906, 1907.]**
**Marburg, Progr. zum Geburtstage des Kaisers 1908**

**Birt, Theodorus,** P. P. O.: Catalogi studiosorum Marpurgensium ex serie recentiore deprompti fasciculus 7. annos usque ab 1741 ad 1759 complectens. Marpurgi (1909): Friedrich. S. 283—338. 4° ¶[T. 1, 2, 3, 4, 5, 6 in: Progr. z. Geburtst. d. Kaisers 1903, 1904, 1905, 1906, 1907, 1908.]
Marburg, Progr. zum Geburtstage d. Kaisers 1909 [U 09. 3234

**Birt, Theodorus,** P. P. O.: Catalogi studiosorum Marpurgensium ex serie recentiore deprompti fasciculus 8. annos usque ab 1760 ad 1778 complectens. Marpurgi (1910): Friedrich. S. 339—386. 4° ¶[T. 1—7 in: Progr. z. Geburtst. d. Kaisers 1903—09.]
Marburg, Progr. zum Geburtstage d. Kaisers 1910 [U 10. 3415

**Birt, Thdr: s: Codices graeci et latini photographice depicti, Propertius.**

— commentariolus Catullianus tertius. gr. 4. (XIX S.) Marburg 895. N. G. Elwert's Verl. n. 1. —
Commentariolus I de Catulli ad Mallium epistula, II de amorum in arte antiqua simulacris.

**Indices lectionvm** ... per sem. aest. inde a d. xv. m. Apr. vsqve ad d. xv. m. Avg. 1893 ... — Praemissa est Theodori **Birt** P. P. O. De Xenophontis Commentariorum Socraticorum compositione disputatio. Marpvrgi ... *1893;* xxii. 10 S. 4.

**— de Xenophontis commentariorum Socraticorum compositione.** gr. 4. (XXII S.) Marburg i/H. 893. N. G. Elwert's Verl. n. 1. —

**Birt, Thdr., Elpides.** Eine Studie zur Geschichte der griechischen Poesie. 8. (VIII, 126 S.) Marburg 881. Elwert's Verl. n. 1. 60

Birt, Thdr. De Catulli ad Mallium epistula. [Commentariolus Catullianus I.] 4. (XX S.) Marb. i. H. 890, Elwert. * 1 —

Birt, T., Commentarioli Catulliani supplementum. Pr. 1891. 6 S. 4°.

**Birt, Thdr., Griechische Erinnerungen e. Reisenden.** (VIII, 304 S.) Marburg 902. N. G. Elwert's Verl. n. 3. 60; geb. in Leinw. n. 4. 50

Birt, T., Faba minus. — Ueb. d. Aufbau der Ars poetica. S.-A. s. a. 24 S.

**Birt, Thdr., de fide christiana quantum Stilichonis aetate in aula imperatoria occidentali valuerit.** gr. 4. (23 S.) Marburg 885. Elwert's Verl. n. 1. —

[F.] **Gedenkwort** beim Tode des Fürsten Bismarck am 2. August 1898 in der Aula der Marburger Universität gesprochen v. **Theodor Birt**, Prof. ... *Marburg: N. G. Elwert 1898.* (13 S.) 1 Bd 8. (99. 319 4

Gedichte von Theodor **Birt** (Beatus Rhenanus). München: C. H. Beck 1904. (X, 161 S.) 8° [F.] (04. 786 4

Ernste Gedichte von Theodor **Birt**. Marburg: N. G. Elwert in Komm. 1908. (132 S.) 8° [F.] (08. 1086 4

— De Halieuticis Ovidio poetae falso adscriptis. Hab. 1878. 82 S.

**Birt, Thdr., de Halieuticis Ovidio poetae falso adscriptis.** gr. 8. (207 S.) Berlin 878, Weidmann'sche Buchh. *

Der Hiat bei Plautus und die lateinische Aspiration bis zum x. Jh. nach Chr. von **Theodor Birt**. *Marburg: N. G. Elwert 1901.* (IV, 375 S.) 8° (00. 19444

[F.] Das Idyll von Capri. Aus d. Bildermappe des Beatus Rhenanus hrsg. v. **Theodor Birt**. *Marburg in Hess.: N. G. Elwert 1898.* (4 Bl., 109 S.) 1 Bd 8. (97. 8491

**— Jugendverse u. Heimatpoesie Vergils. Erklärung des Catalepton.** (V, 198 S.) 8. Leipzig 910. B. G. Teubner 3.60; geb. 4. 20

**— Zur Kulturgesch. Roms, s: Wissenschaft u. Bildung 53.**

Laienurtheil über bildende Kunst bei den Alten. Ein Capitel z. antiken Aesthetik. Rektoratsrede von **Theodor Birt** geh. 1902. *Marburg: N. G. Elwert 1902.* (46 S.) 8°
→ **Reden**, Marburger akademische. No 7. (02. 14034

Beiträge zur latein. Grammatik. IV. Ueber den Lautwert des Spiritus H. S. A. O. J. 218 S.

**— e. römische Litteraturgeschichte, in 5 Stunden gesprochen.** 8. (210 S.) Ebd. 894. n. 2. 40; geb. in Leinw. n. 3. 20

**— Eine römische Literaturgeschichte in 5 Vorträgen.** 2. Aufl. (VII, 207 S.) kl. 8. Marburg 909. N. G. Elwert's Verl. 3.—; geb. 3. 80

Magnificenz in Sorgen. Ein akad. Schwank des Beatus Rhenanus [d. i. Theodor **Birt**] in 1 Aufz. Marburg: N. G. Elwert 1903. (41 S.) 8° [F.] (07. 6840

**— Menedem. Geschichte eines Ungläubigen.** (412) 8° Stuttg., J G Cotta Nf. '11. 4.—: L 5 — d

— Birt, T., De moribus christianis quantum Stilichonis aetate in aula imperatoria occidentali valuerint. Pr. 1885. 23 S. 4°. 1.

Der Musikdirektor. Lustspiel in 5 Aufz. von **Theodor Birt** (Beatus Rhenanus). *Marburg i. H.: N. G. Elwert 1903.* (104 S.) 8° [F.] (04. 347 4

**Indices lectionum** ... quae in academia Marburgensi per sem. hib. inde a d. XV. m. Oct. 1887 usque ad d. XV. m. Mart. 1888 habendae proponuntur. — De Romae urbis nomine deque robore Romano commentariolum praemisit Theodorus **Birt**. Marburgi, typ. acad. Roberti Friedrich (1887); XVII + 9 S. 4°

— De participiis Latinis quae dicuntur perfecti passivi. Pr. 1883. 24 S. 4°.

**— Philipp der Großmüthige. Prologscene zu e. Rektorfest der Universität Marburg.** 12. (24 S.) Ebend. 886. n. —50; Büttenpap. n. — 60

Theodor **Birt**. Aus der Provence. Reiseskizzen. Berlin: Koobs [1910]. 166 S. 8°
(Deutsche Bücherei. Nr 112/13.) (11. 19

**— zwei politische Satiren d. alten Rom. Ein Beitrag zur Geschichte der Satire.** gr. 8. (180 S.) Ebd. 888. n. 2. 20

Schiller und Bismarck. 2 Ansprachen geh. in Marburg von Theodor **Birt**. Marburg: N. G. Elwert 1905. (34 S.) 8° [F.]
→ **Reden**, Marburger akademische. No 12. (05. 1670

[F.] 1797 und 1897. E. Rede z. Centenarfeier v. **Theodor Birt** ... *Marburg: N. G. Elwert 1897.* (24 S.) 1 Bd 8. (98. 261 M.

Die Silvesternacht. Zweites Reimspiel des Beatus Rhenanus in 5 Aufz. Hrsg. von Theodor **Birt**. Marburg: N. G. Elwert 1900. (88 S.) 8° [F.] (07. 6440

**Indices lectionvm** ... per sem. aest. inde a d. xv. m. Apr. vsqve ad d. xv. m. Avg. 1892 habendae proponvntvr. — Praemissus est Theodori **Birt** P. P. O. De Amorum in arte antiqua simulacris et de pueris minutis apud antiquos in deliciis habitis commentariolus Catullianus alter '(adiectae sunt tabulae)'. Marpvrgi, typ. acad. R. Friedrich, *1892;* xlii, 10 S., 3 Taf. 4.

**Birt, Thdr., de amorum in arte antiqua simulacris et de pueris minutis apud antiquos in deliciis habitis.** Commentariolus Catullianus II. 4. (XLII S. m. 10 Taf.) Marburg i/H. 892. N. G. Elwert's Verl. n. 1. 80
Commentariolus I s. **Birt, Thdr.,** de Catulli ad Mallium epistula.

Sprach man avrum oder aurum? M. 3 Anhängen. Von **Theodor Birt**. *Frankfurt a. M.: J. D. Sauerländer 1897.* (218 S.) 1 Bd 8.
= Birth, Th.: Beiträge z. lateinischen Grammatik. ([No] III.)
= **Museum**, Rheinisches, f. **Philologie**. N. F. Bd 52. Ergzgsh. (97. 6338

**Birt**, Theodorvs (geb. am 22 März 1852 in Wandsbek): Ad historiam hexametri Latini symbola ... Bonnae, typ. C. Georgi 1876. V [vielm. VI] S. 8. ¶ Nur Titelbl., Vita u. Thesen.
Bonn, Phil. Fak., Thes. v. 11 Aug. 1876

**Birt**, Theodorvs (geb. am 22 März 1852 in Wandsbek): Ad historiam hexametri Latini symbola ... Bonnae, typ. C. Georgi 1876. 76 S. 8. ¶ Erschien 1877 selbständig bei Cohen & Sohn in Bonn.
Bonn, Phil. Fak., Diss. v. 11 Aug. 1876

**Birt, Th., ad historiam hexametri latini symbola** gr. 8. (72 S.) Bonn 877. Cohen & Sohn. 1. 50

Birth, T., Zu Seneca's Tragoedien. S.-A. 1879. 52 S.

**— (Beatus Rhenanus), Unterhaltgn. in Rom. Fünf Gespräche deutscher Reisender.** 8. (VIII, 286 S.) Berlin 895. Besser. n. 4. —; geb. n. 5. —

Birt. T., Ueber die Vocalverbindung eu im Lateinischen. S. A. O. J. 37 S.

**— Kaiser Wilhelm der Deutsche.** Gedächtnißrede, geh. zu Marburg am 22. März 1888. gr. 8. (16 S.) Ebd. 888. n. — 40

Deutsche Wissenschaft im 19. Jahrhundert. Eine Rede zur Jahrhundertwende geh. am 9. Jan. 1900 von Theodor Birt. *Marburg: N. G. Elwert 1900.* (18 S.) 8° [F.]

— Reden, Marburger akademische, 1900. No 1. [... 4

Birth, Kurze Geschichte der evang.-luth. Kirche und Gemeinde zu Charkow. Charkow um 1903

[iF.] Stoff-Verzeichnis und Lehrplan für ein- und zweiklassige Volkschulen. Im Auftr. d. Kgl. Kreis-Schulinspekt. H. Superint. Fischer-Saalfeld Ostpr. Hrsg. v. H. Birth. *Mohrungen: C. L. Rautenberg 1897.* (20 S.) 1 Bd quer-4. [98. 3306

**Birth,** Walther, appr. Arzt a. Königsberg i. Pr.: Zur Aetiologie der Spina bifida. Halle a. S. 1904: C. A. Kaemmerer & Co. (30 S.) 8°

Halle, Med. Fak., Ref. v. Bramann, Diss. v. 15. Dez. 1904

[Geb. 20. Juli 78 Königsberg i. Pr.; Wohnort: Königsberg; Staatsangeh.: Preußen; Vorbildung: Gymn. Königsberg Reife O. 98; Studium: Königsberg 4, Kiel 1, Königsberg 2, Halle 3 S.; Coll. 9. Dez. 04; Approb. 3. Aug. 03.]

**Birthler,** Frdr., d. Verfahren b. d. Zusammenlegg. d. Grundstücke (Kommassation). A. Gr. d. G.-A. XLV: 1880 u. XXIV: 1892 u. d. einschläg. Verordngn. gemeinverständl. dargest. gr. 8. (III, 43 S.) Hermannstadt 895. (L. Michaelis). n. 1. —

***Birti*** **de Weinfeld, Jos.,** Diss. inaug. medico-physica de vi imaginatrice. 8. Wien 768. Trattner. 3 gl.

**Birtner,** H., die veralteten Krankheiten der Harnröhre u. deren rationelle Heilung. gr. 8. (32 S.) Altona 881. Uflakor in Comm. n. 1. —

Birukoff, Paul

Biroukof, Paul. Leo N(ikolajewitsch) Tolstois Biographie und Memoiren. Autobiographische Memoiren, Briefe und biographisches Material, hrg. von P' Birukof (Onex bei Genf) und durchgesehen von Leo Tolstoi. Band 1: Kindheit und frühes Mannesalter. ⟨Mit 28 Illustrationen [Tafeln].⟩ Originalumschlagzeichnung von Heinrich Rauchinger. (Autorisierte, einzig berechtigte deutsche Ausgabe.) X + 493 S. 8. Wien und Leipzig, Moritz Perles, 1906. [M. 8. —, geb. 9. 20]

Biroukof, Paul. Leo N(ikolajewitsch) Tolstois Biographie und Memoiren. Autobiographische Memoiren, Briefe und biographisches Material, hrg. von P' Birukof [früher in Onex bei Genf] und durchgesehen von Leo Tolstoi. Band 2: Reifes Mannesalter. ⟨Mit 10 Illustrationen [Tafeln].⟩ Originalumschlagzeichnung von Heinrich Rauchinger. X + 554 S. 8. Wien und Leipzig, Moritz Perles, 1909. [M. 8. —, geb. 9. 20]

**Birukoff,** P., J. Treguboff u. W. Tschertkoff, Christenverfolgung i. Rußland. E. Aufruf, m. e. Nachwort v. Leo Tolstoj. gr. 8. (II, 10 S.) München 898. A. Schupp. n. — 25

Birula, Aleksěj Andreevič

**Birula, A:** Beiträge z. Kenntn. d. Decapoden-Krebse d. eurasiat. Arctis. [Aus: „Mémoires de l'acad. imp. des sciences de St-Pétersbg."] (42 u. 8 m. Fig., 1 Taf. u. 1 Bl. Erklärgn.) 33,5×25 cm. St-Pétersbg '10. (Lpzg, Voss' Sort.) 1.50

**Birula, A. A.,** Ergebnisse der mit Subvention aus der Erbschaft Treitl unternommenen zoologischen Forschungsreise Dr. F. Werners nach dem ägyptischen Sudan und Nord-Uganda. XIV. Scorpiones und Solifugae. [Aus: Sitzungsber. d. k. Akad. d. Wiss., mathem.-naturw. Klasse.] Gr.-8°. (32 S.) † K —.90
Wien: Hölder 1908

**Birula,** A. A., Scorpiones u. Solifugae, s. Ergebnisse der usw. zoologischen Forschungsreise Dr. F. Werners nach dem ägyptischen Sudan u. Nord-Uganda. XIV.

**Birven,** Heinr., das Fachwerk Eine Einführung in die stat. Berechnung desselben. Zugleich e. Repetitorium f. den ausüb. Techniker. (IV, 24 S. m. 22 Abbildgn.) gr. 8. Hildburghausen 903. Leipzig, J. M. Gebhardt. Geb. in Leinw. n. 1. 50

— elektrotechnisches Gleichstrompraktikum. Eine Zusammenstellung der wichtigsten Gleichstrommessmethoden nebst durchgeführten Versuchen. (VII, 126 S. m. Abbildgn.) 8. Leipzig 905. Hachmeister & Thal. n. 2. —; geb. in Leinw. n. 2. 50

**Birven, Heinr., Grundriss der Gleichstrom-Technik. (VIII, 868 S. m. 881 Abbildgn.) gr. 8. Stuttgart 910. F. Grub. 9.—; geb. 10. —**

Grundzüge der Mechanischen Wärmetheorie von Heinrich Birven, Ingen. Mit 41 Abb. Stuttgart & Berlin: F. Grub 1905. (VII, 128 S.) 8° [08. 13766

**Birven, Heinr.: Konstruktion u. Berechng ein- u. mehrphas. Wechselstromgeneratoren. (119 m. 4 Taf.) gr8° Lpzg, Hachmeister & Th. '06.** L. 4.50

Birx, Christian Ludwig (Resp.): De emendata . . . membra amputandi ratione, s. Müller, Gerhard Andr.

Birzele, U. v.: Kalender für das Jahr 1791.
Enthält die Statuten der von Graf von Törring 1789 gegründeten Feldbasozietät zu Seefeld.
Neuburg a. D. 1791.

**Birzer, E., Ober-Weser-Album, s.: Geissler, R.**

Birzer, Hans: Geschäftsführer der „Hauptstelle für Jugendfürsorge" in Nürnberg. Lichtblicke in der Jugendfürsorge. – Nürnberg: Verlag von J. A. Stein's Buchhandlung. 8°

**Bis** ans Ende. Erinnerung an Karlsbad. Astronomische Causerie von Prof. Dr. F. J. St. Prag 1891. V: *Studnička, Franz Joseph.* (Russell XVI. IV, 1, 1598)

**Bis aufs Messer.** Episoden aus dem deutsch-franz. Krieg Nach wahren Begebenheiten geschildert v. S. G. 10. (239 S.) Würzburg 876. Kreßner. n. 1. —

**Bis in die Kriegsgefangenschaft.** Erinnerungen aus der Zeit des großen Kampfes von 1870—71. Von e. 67er. gr. 8. (VII, 136 S.) Berlin 893. K. Siegismund. n. 2.—

**Bis i. d. Kriegsgefangenschaft.** Erinnergn. a. d. Zeit d. großen Kampfes v. 1870—71. Von e. 67er. gr. 8. (VII, 136 S.) Berlin 895. K. Siegismund. n. 2.—; geb. n. 2. 50

Bis zu welcher Zeit und von wem muß das Lukas-Evangelium und bis zu welcher Zeit spätestens müssen überhaupt die 3 Synoptiker abgefaßt worden sein? Eine Frage mit Bezug auf die neuesten krit. Untersuchungen des Hrn. Dr. Baur in Tübingen rc. neuerdings beleuchtet von dem Verf. der Schrift: „Die Evangelien, ihr Geist rc." oder dem sächs. Anonymus. Ein offenes Sendschreiben an Hrn. Prof. Dr. Baur in Tübingen. gr. 8. (72 S.) Zürich 848, Schultheß.
Aus: Kirche der Gegenwart. 4. Jahrg. 6. und 7. Heft, besonders abgedruckt.

**Bis, H., u. V. J. Etienne, gen. Jouy, Tell, s.: Breitkopf & Härtel's Textbibliothek.**

**Bis, H. L. F., Wilhelm Tell, s.: Etienne, V. J. E.**

**Bisani, A.,** Bemerkk. über die merkwürd. Oerter u. Gegenden in Europa, Asien u. Afrika, geschrieben auf seinen dahin gemachten Reisen. A. d. Französ. 8. Prag 802. 2e A. 812. Calve. 20 gl.

Bisani's, A., Briefe üb. merkw. Oerter u. Gegenden in Europa rc. auf s. Reis. 1788—89. a. d. Franz. 8. Prag, Calve, 802.

**Bisany, A.,** a philosophical Rhapsody but a reasonable one upon the benefits of war and other Trifles. 8. Hamburg, Kratzsch. 805.

**Bisarrerien.** Leipzig 1775. V: *Just, Carl Gottlob.* (BrMm) (Ky) (ML) (OL)

**BISARRERIEN.** (12 Aufsätze von *Carl Gottlieb Just.*) Stulta est clementia — periturae parcere Chartae. (Hlzsch.-Vign.) Leipzig, bey Weidmanns Erben und Reich. 1775. 8⁰. 198 S. (In Leipzig, Universitäts-Bibl.; auch im British Museum.) (1 Mk. 50 Pfg. G. Fritzsche, Hamburg, 1897.)
Nichts Erotisches.

Grundriss von **Travemünde.** dem Seehafen und der Badeanstalt, aufgen. v. **E. Biscamp.** o. O. 1829. Kupferstich. 1 Bl. Imp.-Fol., 55 74 cm.

**Biscan, Wilh., Blitzschutz-Einrichtungen. Ein Handbüchlein f. Installateure, Mechaniker, Schlosser usw. (III, 65 S. m. 20 Fig.) 8. Leipzig 907. O. Leiner. 1.25; geb. in Leinw. 2. —**

**Biscan,** Wilh., die **Bogenlampe.** Physikalische Gesetze, Funktion, Bau u. Konstruktion derselben, f. Mechaniker, Installateure, Maschinenschlosser, Monteure etc., sowie als Anleitg. zur Anfertigg. v. Bogenlampen leicht fasslich dargestellt. Mit 74 Abbildgn. u. Konstruktionszeichngn. gr. 8. (VII, 86 S.) Leipzig 894. O. Leiner. n. 2. —; geb. n. 2. 50

**Biscan, Wilh., die Bogenlampe. Physikalische Gesetze, Funktion, Bau u. Konstruktion derselben, für Mechaniker, Installateure, Maschinenschlosser, Monteure etc. sowie als Anleitg. zur Anfertigg v. Bogenlampen leicht fasslich dargestellt Mit 76 Abbildgn. u. Konstruktionszeichngn. 2., vollständig umgearb. Aufl. (V, 112 S.) gr. 8. Leipzig 905. O. Leiner. n. 2. —; geb. in Leinw. n. 2. 75**

**Biščan,** Wilh. Die **Dynamomaschine.** Zum Selbststudium f. Mechaniker, Installateure etc., sowie als Anleitg. zur Selbstanfertigg. v. Dynamomaschinen. Mit 82 Abbildgn. u. Konstruktionszeichngn. gr. 8. (IV, 108 S.) Lpz. 892, Leiner. * 2 — geb. in Leinw. * 2 50

Biscan W, die Dynamomaschine. 2. Auflage. (119 S) Leipzig 1894

— dasselbe. 2. u. 3., verm. Aufl. Mit 95 Abbildgn. u. Konstruktionszeichngn. gr. 8. (VII, 119 S.) Ebd. 895. n. 2. —; geb. n. 2. 50

— d. Dynamomaschine. Zum Selbststudium, sowie als Anl. z. Selbstanfertigg v. Dynamomaschinen leicht fasslich dargestellt. 4. Afl. 8⁰ (131 m. Abbildgn.) Ebd. 96. 2 —; geb in Lnw. 2.50

**Biscan,** Wilh., Die Dynamomaschine. Z. Selbststud. f. Mechaniker, Installateure, Maschinenschlosser, Monteure etc., sow. als Anleitg. z. Selbstanfertigg. v. Dynamomaschinen leicht fassl. dargest. 6., verm. Aufl. M. 110 Abb. u. Konstruktionszeichngn. gr. 8. (V, 128 S.) Leipzig 898. O. Leiner. n. 2. —; geb. in Leinw. n. 2.75

**Biscan,** Wilh., die **Dynamomaschine.** Zum Selbststudium für Mechaniker, Installateure, Maschinenschlosser, Monteure etc. sowie als Anleitg. zur Selbstanfertigg. v. Dynamomaschinen leicht fassl. dargest. 8., verm. Aufl. Mit 110 Abbildgn. u. Konstruktionszeichngn. gr. 8. (127 S.) Leipzig 900. O. Leiner. n. 2. —; geb. in Leinw. n. 2. 75

— die **Dynamomaschine.** Zum Selbststudium für Installateure, Maschinenschlosser, Monteure etc. sowie als Anleitg. zur Selbstanfertigg. v. Dynamomaschinen leicht fasslich dargestellt. 10. verm. u. umgeänd. Aufl. Mit 97 Abbildgn. u. Konstruktionszeichngn. (III, 107 S.) gr. 8. Ebd. 905. n. 2. —; geb in Leinw. n. 2. 75

**— Die Dynamomaschine. Zum Selbststudium f. Mechaniker, Installateure, Maschinenschlosser, Monteure etc. sowie als Anleitg. zur Selbstanfertigg. v. Dynamomaschinen leicht fasslich darstellt. 11. verm. Aufl. Mit 96 Abbildgn. u. Konstruktionszeichngn. (IV, 104 S.) gr. 8. Ebd. 908. 2.—; geb. in Leinw. n 2. 75**

**Biscan,** Wilh.: Die Dynamomaschine. 12. Afl. (4, 104 m. Abb.) gr8⁰ Lpzg, O Leiner '11. 2 —; L 2.75

—— **Farben,** Zeichen u. Schriften f. den Gebrauch in der Elektrotechnik. 12. (16 S. teilweise in Farbendr.) Lpz. 891, Gebhardt. * 1 20

— Formeln u. Tabellen. Hilfs- u. Notizbuch f. d. prakt Elektrotechniker. 12⁰ (146 m. H.) Lpzg 91, O Leiner. Geb. in Lnw. 2.40 ‖ 2. Afl. (146 m. H.) 91. Geb. 1.50

— Formeln u. Tabellen f. d. prakt. Elektrotechniker. Hilfs- u. Notizbuch. M. Holzschn. u. 4 Taf. 3., verm. Aufl. 12. (IV, 140 S. u. Notizbuch.) Ebd. 898. Geb. n. 2. —

— **Formeln** u. Tabellen für den praktischen Elektrotechniker. Hilfs- u. Notizbuch. Mit Holzschn. u. 4 Taf. 5., verm. Aufl. 12. (IV, 128 u. XLVIII S.) Leipzig (902). O. Leiner. Geb. n. 2. —
4. Aufl. (IV, 101 u. XI S.) Ebd. 897. n. 2. —.

**— Formeln u. Tabellen f. den praktischen Elektrotechniker. Hilfs- u. Notizbuch. 7., bedeutend verm. Aufl. (III, 148 u. XXXVIII S. m. Abbildgn. u. 4 Taf.) kl. 8. Ebd. (910.) Geb. in Leinw. nn 2. 75**

**Biscan,** Wilh., kleines Handwörterbuch, enth. d. Wichtigste aus der Lehre der Elektricität. Mit 70 Abbildgn. 8. (96 S.) Wien 884. Hartleben. geb. 1. 50

— **Konstruktionen** f. den praktischen Elektrotechniker nach ausgeführten Maschinen, Apparaten, Vorrichtgn. etc. Ein Hilfsmittel zum Entwerfen u. Konstruieren, sowie f. den Unterricht. (I. Bd. in 12 Lfgn.) 1. u. 2. Lfg. gr. 4. (6 Taf. m. III, 12 S. illustr. Text u. 6 Taf. m. 10 S. illustr. Text.) Ebd. 894. à n. 1. 50

**Biscan,** Wilh., Lexicon der Elektricität und des Magnetismus. Ein Hand- und Nachschlagebuch. kl. 8. (144 S.) Graz 887, Leykam. *

**Biscan,** Wilh., elektrische **Lichteffekte,** nebst e. Anh.: Die elektr. Notbeleuchtg. in Theatern u. Festräumen. Ein Handb. f. Installateure, Elektrotechniker, sowie zum Selbststudium f. Interessenten effektvoller Beleuchtungsanlagen. (VII, 182 S. m. 177 Abbildgn. u. 4 farb. Taf.) Lex. 8. Leipzig 909. C. Scholtze. 8.50; geb. 10. —

Die elektrischen **Messinstrumente.** Von Prof. **Wilhelm Biscan.** D. wissensch. Messinstrumente u. Messbehelfe. M. 98 Abb. *Leipzig: O. Leiner 1897.* (IV, 102 S.) 1 Bd 8. [97. 2510

— die **Starkstromtechnik.** Ein Hand- u. Lehrbuch in 2 Bdn. I. Bd.: Gesetze u. Erzeugung der elektr. Energie. (X, 488 S m. 452 Fig.) Lex.-8. Leipzig 906. C. Scholtze. n. 15. —; geb. in Halbfrz. n. 17. 50

— Die **Starkstromtechnik.** Ein Hand- u. Lehrbuch in 2 Bdn. II. (Schluss-)Bd.: Verbrauch, Verteilg. u. Messg. der elektr. Energie. (VIII, 495 S. m. 608 Fig.) Lex. 8. Ebd. 907. 15.—; geb. in Halbfrz. 17. 50

**Biščan,** Wilh., elektrotechnische **Vorlagen.** Sammlung konstruktiver Aufnahmen aus dem gesamten Gebiete der Elektrotechnik. 1. u. 2. Lfg. Leipzig, J. M. Gebhardt. In Mappe. n. 17. —
1. 6 Taf. in Farbendr., enth.: Ampèremeter, Galvanoskop, Elektrodynamometer, Telephonstation, Bogenlampe, Sicherheitsschalter. gr. Fol. Mit erläut. Text. gr. 4. (8 S.) 891. n. 8.
2. 6 Taf. in Farbendr., enth.: Blitz-Schutz-Vorrichtgn., Ausschalter, Stromschlüssel, Zentralstation in Rom, Dynamomaschine [2 Blatt]. gr. Fol. Mit erläut. Text. gr. 4. (8 S.) 892. n. 9.

— was ist Elektrizität? Eine Studie üb. das Wesen der Elektrizität u. deren kausalen Zusammenhang m. den übr. Naturkräften, f. Gebildete aller Stände verf. gr. 8. (IV 80 S. m. Fig.) Leipzig 902. Hachmeister & Thal. n. 1.50

— der Wechselstrom u. die Wechselstrommaschinen. Zum Studium f. Mechaniker, Installateure, Maschinenschlosser, Monteure etc. leicht fasslich dargestellt. gr. 8. (109 S. m. Abbildgn) Ebd. 903. n. 2.50; geb. in Leinw. n. 3.—

— Der Wechselstrom u. d. Wechselstrommaschinen. Zum Selbststudium f. Installateure, Monteure, Mechaniker, Maschinenschlosser usw. leicht fasslich dargestellt. 2. Aufl. (121 S. m. Abbildgn.) 8. Leipzig (910). O. Leiner. 1.80

**Bischel, Guido,** Referendar: Der Werklieferungsvertrag. Borna-Leipzig 1909: Noske. VI, 54 S. 8°
Tübingen, Jur. Diss. v. 27. Nov. 1909, Ref. v. Rümelin
[Geb. 10. Aug. 83 Kannstatt; Wohnort: Kannstatt; Staatsangeh.: Württemberg; Vorbildung: Gymn. Kannstatt Reife M. 01; Studium: Tübingen 5, Leipzig 2 S.; Rig. 8. Juli 09.] [U 10. 4138

Bisching, Anton
— u. C. Rothe, Abriss der Naturgeschichte f. den Unterricht an höheren u. an zweiclassigen Handelsschulen m. besond. Berücksicht. der Warenkunde. gr. 8. (IV, 136 S. m. 190 Abbildgn.) Wien 892. A. Hölder. Kart. n.n. 1.60

— u. C. Rothe, Abriss der Naturgeschichte f. den Unterricht an höheren u. an zweiclassigen Handelsschulen mit besond. Berücksichtigg. der Warenkunde. 2., verb. Aufl. 2. Abdr. Mit 207 in den Text gedr. Abbildgn. gr. 8. (IV, 160 S.) Ebd. 901. Kart. n. 2.20

**Bisching, A.,** elementi di mineralogia per le classi inferiori delle scuole medie. Con 59 incisioni originali in legno intercalate nel testo. Prima versione italiana sulla 1. ed. tedesca di Ernesto Girardi. gr. 8. (IV, 68 S.) Wien 885. Hölder. n. — 84

**Bisching, Ant.,** elementi di mineralogia e geologia, s.: Hochstetter, F. de.

— u. Frz. Kozeschnik, Grundriß der Mineralogie, Gesteins- u. Bodenkunde, s. a. Taschenbibliothek, deutsche landwirtschaftliche.

Bisching (A.) und Kozeschnik (F.), Grundriss der Mineralogie, Gesteins- und Bodenkunde. Leipzig 1892. 8.

— u. Kozeschnik's Grundriß der Mineralogie, Gesteins- u. Bodenkunde. Ein Leitfaden f. den Unterricht an landwirtschaftl. Lehranstalten. 2. Aufl., neu bearb. v. Frz. Kozeschnik. (XII, 104 S. m. 45 Abbildgn.) 8. Leipzig 906. Landwirtschaftl. Schulbuchh. Geb. n. 1.50

Bisching, Anton
—— Grundriss der Mineralogie für die unteren Classen der Mittelschulen. gr. 8. (IV, 67 S. mit 59 im Texte eingedr. Orig.-Holzschn.) Wien 883, Hölder. *

Bisching, Ant. Grundriss der Mineralogie f. die unteren Classen der Mittelschulen. Mit 59 Holzschn. 2. unveränd. Aufl. gr. 8. (IV, 67 S.) Wien 890, Hölder. n. — 84

Bisching, A., geologische Karte der österreichisch-ungarischen Monarchie zum Schulgebrauche. Auf Grundlage der F. R. v. Hauer'schen geolog. Karte ausgeführt. 1 : 6,000,000. Chromolithogr. qu. gr. 4. Wien 888, Hölder. *

Bisching, Ant., Leitfaden der beschreibenden Krystallographie, s. Hochstetter, F. v.

**Bisching, Ant.,** Leitfaden d. Mineralogie u. Geologie, s.: Hochstetter, F. v.

**Bisching, Ant.,** Leitfaden der allgemeinen Waarenkunde zum Gebrauche f. Handels- u. Gewerbeschulen sowie zum Selbstunterrichte. Mit eingedr. Holzschn. gr. 8. (XXVIII, 238 S.) Wien 873. Hölder n. 7. 60
(Vgl.Bisching: Allg.Warenkunde...)

— dasselbe 2. unveränd. Aufl. gr. 8. (XXVIII, 238 S.) Ebend. 875. n. 6. —

— dasselbe, s.: Handels-Bibliothek, Wiener.

Bisching, Prof. Dr. A., Mineralogie und Geologie für Lehrer- und Lehrerinnen-Bildungs-Anstalten. 8°. (VIII, 66 S. mit 86 in den Text gedruckten Abbildungen.) Wien, Hölder. fl. —.70. 1886

— Mineralogie u. Geologie f. Lehrer- u. Lehrerinnen-Bildungsanstalten. Mit 86 eingedr. Abbildgn. 2., unveränd. Aufl. gr. 8. (VI, 70 S. m. 14 Taf.) Wien 889. Hölder. geb. n.n. 1.80

— Mineralogie u. Geologie f. Lehrer- u. Lehrerinnen-Bildungsanstalten. 3. unveränd. Aufl. gr. 8. (VI, 70 S. m. 14 Tab. u. 86 Abbildgn.) Wien 892. A. Hölder. Geb. in Leinw. n.n. 1.80

— Mineralogie u. Geologie f. Lehrer- u. Lehrerinnen-Bildungsanst. 4., i. wesentl. unveränd. Aufl. gr. 8. (IV, 69 u. 34 S. m. 86 Abb.) Wien 895. A. Hölder. n. 1.40; geb. n. 1.80

— Mineralogie u. Geologie f. Lehrer- u. Lehrerinnen-Bildungsanstalten. 5., unveränd. Aufl. gr. 8. (IV, 69 u. 4 S. m. 14 Taf. u. 86 Abbildgn.) Wien 898. A. Hölder. Geb. n. 1.80

— Mineral. u. Geol. f. Lehrer- u. Lehrerinnen-Bildgsanst. 6. Afl. (108 m. Abb.) 8° Wien, A Hölder'02. Geb. 1.90 ‖ 7. Afl. (106 m. Abb.)'04. Geb. 1.70

Bisching, Dr. A., Mineralogie und Geologie für Lehrer- und Lehrerinnenbildungsanstalten. Mit 92 in den Text gedruckten Abbildungen. 8., unveränderte, daher gemäß Min.-Erl. vom 28. November 1902, Z. 36474, allgemein zulässige Auflage.) Wien 1906. Alfred Hölder. Geh. K 1.40, geb. K 1.90. (Min.-Erl. vom 25. Juni 1906, Z. 24512.)

—— Math. Wretschko und Wilh. Zenz, Naturgeschichte für Lehrer- und Lehrerinnen-Bildungsanstalten. 3 Thle. gr. 8. Ebendas. 886. *
Inhalt:
Bd. 1. Zenz, Wilh., Zoologie. (XII, 155 S. mit 197 in den Text gedr. Holzschn.) *.ℳ 1.80.
» 2. Wretschko, Math., Botanik. (XVI, 191 S. mit 119 in den Text gedr. Holzschn.) *.ℳ 2.20.
» 3. Bisching, A., Mineralogie und Geologie. (VIII, 70 S. mit 86 in den Text gedr. Abbild. und 14 Tab.) *.ℳ 1.40.

Bisching: Ueber das Salz. 18 S.
Progr. Wien OR. W. 1866.

— Warenkde, s: Fischer.

— allgemeine Waarenkunde zum Gebrauche f. Handels- u. Gewerbeschulen, sowie zum Selbstunterichte. Mit eingedr. Holzschn. 2. Aufl. gr. 8. (XXVIII, 238 S.) Wien 875. Hölder. n. 6. —
(Vgl.Bisching: Leitfaden d.allg.Warenkunde...)

— allgemeine Waarenkunde zum Gebrauche für Handels- u. Gewerbeschulen. Mit eingedr. Holzschn. 3. Aufl. gr. 8. (X, 467 S.) Wien 879. Hölder. n. 6. —

— — allgemeine Warenkunde zum Gebrauche für Handels- und Gewerbeschulen. 4. verb. Aufl. gr. 8. (X, 468 S. mit eingedr. Holzschn.) Wien 883, Hölder. *

— allgemeine Warenkunde zum Gebrauche f. Handels- u. Gewerbeschulen. Mit eingedr. Holzschn. 5., verb. Aufl. gr. 8. (X, 464 S.) Wien 886. Hölder. n. 6. —

— allgemeine Warenkunde zum Gebrauche f. Handels- u. Gewerbeschulen. Mit 36 Abbilgn. 6., verb. Aufl. gr. 8. (X, 406 S.) Ebd. 889. n. 5. —

BISCHING, A.
Allgemeine Warenkunde. Von Prof. Dr. A. Bisching. 7. Auflage. Bearbeitet zum Gebrauche an zweiclassigen Handelsschulen. Mit 37 Abbildungen. Wien. 1900. Hölder. Gr.-8°. VI, 258 S. Geb. K 2.60

Bischitzky, A., deutsche Sprachlehre, oder Grundsätze d. deutschen Sprache für die Böhm. Jugend. gr. 8. Prag 8??. G. Haase u. S. 1 ℔

**Bischkopff**, Eduard: Zur Kenntnis der Glauconinsäuren. *Halle a. S. 1898: C. A. Kaemmerer & C.* (29 S.) 8°
Halle, Phil. Diss. v. [6. Aug.] 1898

Bischkopff, Eduard: Chemisch-botanischer Leitfaden f. Zollbeamte, s. Achert, Oskar

**Bischler**, August, von Karlsruhe, Gouv. Taurien, Russland: Condensationsproducte aus Basen der Parareihe mit Paranitro- und Metanitrobittermandelöl. Uster-Zür. A. Diggelmann Dr. 1889. 39 S. 8°.
Zürich, Phil. Diss. [v. 17. Juni 1889].

Bischof.— [Sachliches Ordnungswort]

Bischof, der, von Arras an den Verf. der Brochüre: Der Papst und der Congreß, s. Sammlung von Fragen über die römische Frage.

**Bischof Fenelon**, s.: Fenelon, Bischof.

Bischof, der, seine Freunde u. Ich. Ein Büchlein f. Protestanten. Mit e. Inhaltsverzeichn. v. G. v. C. 8. (5 B.) Leipzig 841, (Schreck.) *

**Bischof, Der**, hält Hochzeit. Dramat. Bruchstück aus dem neueren Frankreich. Strassb. [Leipz.] 1795. V: *Pflaumaurer.* (Baer 737/1891) (BGE I³, 370)

**BISCHOF**, Der, hält Hochzeit. Dramatisches Bruchstück aus dem neuern Frankreich (von *Plaumaurer*). Mit Titelkpfr. Straßburg (Leipzig, Liebeskind) 1795. 8°. (18 ggr.) (12 sgr. Scheible 1868; jetzt theuerer!) (Expl. in Oettingen, Fürstl. Bibl.)
Wirklichen Druckort nennt Weller, fing. Dr. —

Bischof, der, u. sein Klerus. Eine geistlich-soziale Studie. gr. 8. (98 S.) Würzburg 902. Memminger. n. 2. —

Bischof, der, u. sein Klerus. Eine geistlich-soziale Studie. 2. Aufl. (98 S.) gr. 8. Würzburg 904. Memminger. n. 2. —

[illegible]

**Bischof, Der**, von Mainz und die römische Lehre. Eine Entgegnung auf die »öffentliche Erklärung« des Bischofs in Betreff des ungarischen Convertitenbekenntnisses. Frankfurt a. M. 1853. V: *Sudhoff, Karl.* (StBFrankf I, 118)

Bischof von Mainz, der, und die römische Lehre. Eine Entgegnung auf die „öffentliche Erklärung" des Bischofs in Betreff des ungarischen Convertitenbekenntnisses. Frankfurt a. M. 853. Brönner. 8. (31 S.) 3 ngr

**Bischof**, d., v. Mainz u. d. röm. Lehre. 8. (31) Frankf. 53, Winter. — 3

**Bischof**, Prälat und Nonnen. Ein Scharmützel im Garten zu Do***. O. O. 1782. V: *Steinsberg, Carl Frz. Guolfinger, Ritter von.* (Stadtbibl. Wien 29002.) (BGE³/373) (BiblPort)

Bischof [Verfasser]
( Bischof: ): Beleuchtung eines in Dresden gegenwärtig in Abschrift circulirenden Schreibens, die Vereinigung Sachsens mit Preussen betreffend. – Dresden 1814.

**Bischof**, s.: Motive, neueste, zu Dessins f. Stickerei.

Bischof, das Salzwerk zu Dürrenberg. Seit dess. Entsteh. bis z. Schluß d. Jahres 1826. M. 8 Plänen u. Zeichn. in gr. Fol. (A. d. „Archiv f. Bergbau" 2c. abgedr.) gr. 8. (12½ B. u. 2 B. Tab.) Berlin 829, Reimer.

Bischof (Red.), s. Zeitschrift für die Paraffin-, Mineraloel- und Braunkohlen-Industrie mit besonderer Berücksichtigung der Petroleum-Industrie.

Bischof, A., de interpunctionibus N. T. Jen. 1708. 4.

Bischof, Alois, das Geld-, Credit- und Bankwesen. Kurzgefaßtes Lehrbuch für höhere Lehranstalten und Geschäftsleute. In Fragen und Antworten. br. 8. (V, 141 S.) Pest 871, Heckenast. *

—— die Grundbegriffe und Hauptlehren der Nationalökonomie, besonders für landwirthschaftl. und montanist. Gewerbe- und Handelsschulen, sowie für den Selbstunterricht hergestellt. gr. 8. (XI, 84 S.) Pest 871, Heckenast. *

— die Grundbegriffe u. Hauptlehren der Nationalökonomie, besonders f. landwirthschaftl. u. montanist. Gewerbe- u. Handelsschulen, sowie f. den Selbstunterricht hergestellt. gr. 8. (XI, 84 S.) Ebend. 876. n. 1. 20

Bischof, Alois, Katechismus der Finanzwissenschaft, s. a. Weber's, J. J., illustr. Katechismen Nr. 67.

**Bischof**, Alois. Katechismus der Finanzwissenschaft. 8°. Leipzig, Weber, 1870. 5. verb. Aufl. 8°. Leipzig, Weber, 1890. 6. Aufl. 8°. Ebd. 1898. (Weber's illustrirte Katechismen, Belehrungen aus dem Gebiete der Wissenschafte und Künste. 8°. Leipzig, Weber.)

— Katechismus der Finanzwissenschaft. 3., verb. u. verm. Aufl. 8. (XIV, 146 S.) Leipzig 881. Weber. geb. n. 1. 50

Bischof, Alois, Katechismus der Finanzwissenschaft. 4., verb. Aufl. 8. (VIII, 148 S.) Leipzig 885. Weber. geb. n. 1. 50

Bischof, A., Katechismus der Finanzwissenschaft. 5., verb. Aufl. 8. (VIII, 148 S.) Leipzig 890. J. J. Weber. geb. n. 1. 50

Katechismus der Finanzwissenschaft von Alois Bischof. 6., verb. Aufl. *Leipzig: J. J. Weber 1898.* (VIII, 142 S.) 8° [δ.]
(Webers ill. Katechismen. No 67.) [illegible]

— Katechismus der Staatslehre u. d. Staatsrechts. 8. (VIII, 70 S.) Ansbach 871. Junge. n. 1. —

— Katechismus der Verwaltungspolitik od. Polizeiwissenschaft f. den Schul- u. Selbstunterricht. gr. 8. (VIII, 71 S.) Kempten 877. Dannheimer. 1. 80

—— Katechismus des Völkerrechts, s. a. Weber's, J. J., illustrirte Katechismen.

— Katechismus des Völkerrechts. Mit Rücksicht auf die Zeit- u. Streitfragen des internationalen Rechtes. 8. (XII, 130 S.) Ebend. 877. n. 1. 20

— Katechismus der Volkswirthschafts-Politik. Ein Hand- u. Lesebuch für Gebildete aller Stände u. Examinatorium u. Repetitorium für Studirende der Staatswissenschaften. 8. (IX, 147 S.) Graz 877. Cieslar. n. 2. —

Bischof, Alois, Compendium des Bankwesens mit Anhang der Lehre vom Börsenwesen für Schul- und Selbstunterricht. 8. (VI, 107 S.) Berlin 877, C. Heymann's Verlag. geb. *

—— Lehrbuch der Nationalökonomie und Volkswirthschaftspolitik. 2 Thle. 8. (XII, 92; VIII, 104 S.) Graz 878, Verlag Leykam-Josefsthal. à Bd. * ℳ 2. *

Bischof, Anton: Ueber die Theorie der Parallelen. S. 3-24. Progr. München 1840.

Bischof, Aug., Cadmus sive lingua graeca ex suis eruta natalibus fundamentis. Ed. 2. Jen. et Lips. 708. 8. 20 gr.

Bischof, lingua graeca e suis arata natalibus. 8. Leipz. Langenheim. 708.

Bischof Bruno: De compositione, imaginibus similitudinibusque Catulli carminis LXVIII.
II. 1907 PN 2252 Diss. Wien, Univ.

Bischof, B. J., De compositione, imaginibus similitudinibusque Catulli carminis LXVIII. Pr. 1908. 82 S. 1.20

Panorama von St. Gallen. Aufnahme und Lichtdruck von *C. Bischof.* 7 Blatt. Quer in-4⁰. St. Gallen, Huber & Co.
1890 In Leinwd.-Mappe 12 —

Bischof, C. H. E., s. B i s c h o f f , Christoph Heinrich Ernst

Bischof, Carl, s. B i s c h o f , Karl

Bischof, F., Beiträge zur Kenntnis des Salinenwesens mit besonderer Rücksicht auf Preußische Salinen. 1. [einzige] Lfg. Sangerhausen, 1837. 112 S.

Bischof, F. Soolgehalts-Tabelle. Cassel, 1838.

Bischof (F.), Beiträge zur Kenntnifs des Salinenwesens mit besonderer Rücksicht auf die Preufsischen Salinen. Lief. 1. Sangerhausen 1837. 4.

Bischof, F., die Steinsalzwerke bei Stassfurt. Mit 1 (lith.) Karte (in 4.). Halle 864. Pfeffer. gr. 8. (2 Bll., 70 S. u. 2 Tabb. in 4.) n. 20 ngr.

Bischof, F., die Steinsalzwerke bei Stassfurt. 2. umgearb. Aufl. Mit Abbildungen (1 Chromolithogr.) und 1 (chromolithogr.) Karte. gr. 8. (IV, 95 S.) Halle 875, Pfeffer. *

I Bischof, F: Steinsalzwerke bei Stassfurt. Jetzt: Stassf., RWeicke. 71/75

Bischof, Ferd., und Chrn. d'Elvert, zur Geschichte des Glaubens an Zauberer, Hexen und Vampyre in Mähren und österreich. Schlesien. Lex.-8. (164 S.) Brünn 859, (Nitsch.) *
Aus: Schriften der histor.-statist. Section der mährisch-schlesischen Gesellschaft zur Beförderung des Ackerbaues ꝛc., besonders abgedruckt.

Bischof, G.: Die S t a h l q u e l l e zu Lamscheid..., s. H a r l e s s , Chr. Fr.

BISCHOF, Gerhard (Coblenz): Ein Beitrag zur Kenntniss der Nasen- und Nasenrachentumoren.- München: Ernst 1886. 29 S., 1 Taf.
30.7.1886 - Chr 1886/87,11; Jv 1886/87,177 Diss. Ingolst.-Landsh.-Mchn.

Bischof, Gustav
— Beschreibung d. Fichtelgebirges, s. A. Goldfuss.

Bischof, Gustav: Physikalisch-statistische B e s c h r e i b u n g ... s. G o l d f u s s , August

Bischof, Gust., populäre Briefe an eine gebildete Dame üb. die gesammten Gebiete der Naturwissenschaften. 1. Bdchn. Mit 6 lith. Taf. u. 6 Holzschn. im Text. gr. 12. (XX u. 368 S.) Pforzheim 848, Flammer & Hoffmann. 2 ß

Bischof, Gust., populäre Briefe an eine gebildete Dame über die gesammten Gebiete der Naturwissenschaften. 1. Bdchn. gr. 12. (XX und 368 S. mit 6 Stnt. und 6 eingedr. Holzschn.) Pforzheim 848. Stuttgart, Scheitlin's Verlagsh. Thlr.

— dies. 2. Bdchn. A. u. d. T.: Unterhaltgn. üb. Gegenstände aus dem Gebiete der Physik, Chemie u. Geologie in ihrer Anwendung auf das bürgerl. Leben in populärer Darstellg. Mit 6 Holzschn. im Text. gr. 12. (XXIV u. 382 S.) Bonn 849, Marcus. n. 1⅓ ß

Bischof, Gust., populäre Briefe an eine gebildete Dame über die gesammten Gebiete der Naturwissenschaften. 1. Bd. Neue (Titel-)Ausgabe. gr. 12. (XX und 368 S. mit 6 Stnt. und 6 eingedr. Holzschn.) Pforzheim (848)60. Flammer.

Bischof, G, pop. Briefe an e. Dame üb. d. ges. Gebiete d. Naturwiss. 1. Bd. N. Asg. 12. (368) Pforzh. 60. (Strassb., Schauenburg.) 1. 15

— die Entwickelung d. Pflanzensubstanz, s. Nees v. Esenbeck.

Bischof, Gust., die Gestalt der Erde und der Meeresfläche und die Erosion des Meeresbodens. gr. 8. (88 S.) Bonn 867, Marcus.

— s. H i l d e b r a n d t s Lehrbuch d. Chemie.

Lehrbuch der reinen Chemie. Erster Band. Bonn, 1823.

Bischof, (Carl Gust.,) Lehrbuch d. reinen Chemie. 1r Bd. Bonn 824, Weber.

Bischof, Gust., Lehrbuch der chem. u. physical. Geologie. I. Bd. 1. Abth. Mit 22 in den Text gedr. Abbild. gr. 8. (22 B. u. 2 Stnt.) Bonn 846, Marcus. *

— Lehrbuch der chem. u. physikal. Geologie. I. Bd. 2. Abthl. II. Bd. 1—5. Abthl. gr. 8. (I: XXXIV S. u. S. 353—989. II: XX u. 1462 S.) Bonn 847—51, Marcus. I. Bd. 2. Abthl. n. 3 ß II. Bd. 1—3. Abthl. à n. 1⅓ ß 4. Abth. n. 1⅔ ß 5. Abth. n. 2 ß (I—II, 5: n. 12⅔ ß)

Bischof, Gust., Lehrbuch der chemischen und physikalischen Geologie. 2. Bd. 6. und 7. (letzte) Lfg. Mit Namen- und Sachregister. gr. 8. (XXXVI und S. 1463—2512 mit 1 Stnt. in qu. gr. 4.) Bonn 853—54, Marcus. *
1. Bd. und 2. Bd. 1—5. Lfg. Ebendas. 186—54. * 12 Thlr. 20 Ngr.

— Lehrbuch der chemischen und physikalischen Geologie. 2. gänzlich umgearb. Aufl. in gedrängter Kürze, mit Zusätzen und Verbesserungen. 1. u. 2. Bd. Bonn, 863, 64. Marcus. gr. 8. (XV, 865 S. u. 1 lith. u. color. Karte; XV, 952 S.) Jeder Bd. n. 5 ß

Bischof, Gust., Lehrbuch der chemischen u. physikalischen Geologie. 2., gänzlich umgearb. Aufl. in gedrängter Kürze, mit Zusätzen u. Verbesserungen. 3. Bd. Bonn 866. Marcus. gr. 8. (XVI, 974 S.) n. 5 ß

Bischof, Gust., Lehrbuch der chemischen und physikalischen Geologie. Suppl.-Bd. gr. 8. (VIII, 214 S. mit 20 eingedr. Holzschn.) Bonn 871, Marcus. *
Hauptwerk. 3 Bde. 2. Aufl. Ebendas. 1863—66. * ℳ 45.

— Lehrbuch d. Stöchiometrie, oder Anleit., die Verhältnisse zu berechnen, nach welchen sich die irdischen Körper mit einander verbinden. A. u. d. T.: Anhang zu Fr. Hildebrandts Lehrbuch der Chemie. gr. 8. Erlang. 819. Palm. 2 ß

— d. Mineralquellen z. Roisdorf bei Alfter ohnweit Bonn, physikal. u. chemisch untersucht. gr. 12. Bonn 826. (Weber.)

Oratio academica quam ad celebranda solemnia natalitia ... Friderici Wilhelmi IV ab academia Fridericia Wilhelmia Rhenana d. XV m. Oct. a. 1842 [De recentibus regis cum in universum populum tum in academiam Bonnensem meritis] habuit D. Car. Gust. Christ[ophorus] Bischof ... a. praeterito huius acad. rector. Bonnae, typ. C. Georgii 1843. 8 S. 4.

— chemische Untersuchung d. Mineral-Wasser zu Geilnau, Fachingen u. Selters im Herzogth. Nassau, nebst allgem. Betrachtt. über vulkan. Mineral-Quellen ꝛc. — A. u. d. T.: Die vulkan. Mineral-Quellen Deutschlands u. Frankreichs, deren Ursprung, Mischung u. Verhältniß zu d. Gebirgs-Bildungen. Mit 1 Kpf. gr. 12. Bonn 825. Weber.

Bischof (G.), Chemische Untersuchung der Mineral-Wasser zu Geilnau, Fachingen und Selters im Herzogthum Nassau, nebst allgemeinen Betrachtungen über vulkanische Mineralquellen, besonders über deren Ursprung, Mischung und Verhältniss zu den Gebirgsbildungen. Auch unter dem Titel: Die vulkanischen Mineral-Quellen Deutschlands und Frankreichs, deren Ursprung, Mischung und Verhältniss zu den Gebirgsbildungen. Mit 1 Kupf. Bonn 1826. 8.

—— populäre Vorlesungen über naturwissenschaftl. Gegenstände, aus den Gebieten der Geologie, Physik u. Chemie, im Jahre 1842 gehalt. ꝛc. gr. 8. (3½ B.) Bonn 843, Marcus. *

—— Vorlesungen im J. 1843 gehalten. gr. 8. (3⅝ B. u. 2 Kpfr.) Bonn 843. (Marcus.) *

Bischof, Gust., die Wärmelehre d. Innern uns. Erdkörpers, ein Inbegriff aller mit d. Wärme in Bezieh. stehender Erscheinn. in u. auf d. Erde. Nach physikal., chem. u. geolog. Untersuchungen. Umgearb. u. weiter ausgeführte Ausg. ein. gekr. Preisschr. Mit Holzschn. gr. 8. (33½ B.) Leipzig 837, Barth. Thlr.

Bischof, Hermann

Bischof, Herm., Betrachtungen zu § 4 und 5 des Entwurfes zum Reichs-Gerichtsverfassungsgesetze mit Bezug auf die staatsvertrags- und staatsverfassungsmässig begründete Gerichtsbarkeit oder Justizhoheit des Hauses Schönburg über die Schönburg. Recessherrschaften und auf den exemten Gerichtsstand dieses Hauses. gr. 8. (IV, 103 S.) Graz 875, (Verlag Leykam-Josefsthal.) +

Bischof, Hermann (Hrsg.), s. C h r o n i k der Gegenwart.

Bischof, Herm., Denkschrift betr. das fürstliche und gräfliche Gesammthaus Schönburg und dessen Anrecht auf Einräumung von Sitz und Stimme im Bundesrathe des norddeutschen Bundes. gr. 8. (71 S.) Giessen 870, Roth. *

Bischof, H., Denkschrift betreffend das fürstl. und gräfl. Gesammthaus Schönburg und dessen Anrecht auf Einräumung von Sitz und Stimme im hohen Bundesrathe des norddeutschen Bundes. Gratz 1870. 8.

Bischof, H, Seb. Franck u. deut. Geschichtschreibg. 8. (296) Tüb. 57, Osiander. 1. 21

Bischof, Herm., Sebastian Franck und deutsche Geschichtschreibung. Beitrag zur Culturgeschichte vorzüglich des 16. Jahrhunderts. Eine von der philosoph. Facultät zu Tübingen gekrönte Preisschrift. gr. 8. (VIII und 296 S.) Tübingen 856(57,) Riecker.

Bischof, Herm., Grundriß des positiven öffentlichen internationalen Seerechts. Graz 868. Pock. (Verl. d. „Leykam.") gr. 8. (VIII, 80 S.) n. 1 ᴧß

Bischof, Herm., Grundzüge e. Systems der Nationalökonomie od. Volkswirtschaftslehre. gr. 8. (XIX, 531 S.) Graz 876. Verl. Leykam-Josefsthal. n. 11. 20

Bischof, Hermann (München)
Ministerverantwortlichkeit und Staatsgerichtsgerichtshöfe in Deutschland.
Giessen: Roth 1859.
[In: Archiv für das öffentliche Recht des Deutschen Bundes Bd 3, H. 2. 1859.]
Diss. jur. 24.3.1859.

Bischof, Herm., Ministerverantwortlichkeit, } s. Archiv für das öffentliche Recht des deutschen Bundes.
—— das Nothrecht der Staatsgewalt, }

Die Rechtstellung des Gesammthauses Schönburg im neuen Reiche deutscher Nation. Giessen 1871. 8.

Bischof, Herm., allgemeine Staatslehre gestützt auf geschichtliche Grundlage und christliche Prinzipien zur Lösung der socialen Probleme des 19. Jahrhunderts, für die Träger der allgemeinen deutschen Bildung und als Leitfaden bei akademischen Vorlesungen. 1. Liefg. Giessen 860. Ferber. gr. 8. (160 S.) n. 25 ngr.

—— allgemeine S t a a t s l e h r e gestützt auf geschichtliche Grundlage und christliche Prinzipien zur Lösung der socialen Probleme des 19. Jahrh. für die Träger der allgemeinen deutschen Bildung und als Leitfaden bei akadem. Vorlesungen. 2. Lfg. Lex.-8. (S. 161—320.) Giessen 870, Roth. +
1. Lfg. Ebendas. 1860. *ℳ 2,50.

Bischof, Jakob, s. B i s c h o f f , Jakob

Bischof, Ignaz Rudolf, s. B i s c h o f f , Ignaz Rudolf

Bischof, Johann: B e i t r ä g e zur Optik, s. B i s c h o f f , Johann

Bischof, Johann (geb. am 24 Jan. 1857 in Lehe Holst.): Untersuchungen über die Eigenbewegung des Sonnensystems auf Grund von 480 Argelander'schen teleskopischen Fixsternen ... Bonn, Univ.-Buchdr. v. C. Georgi 1884. 34 S., 1 Bl. 8.
Bonn, Phil. Fak., Diss. v. 30 Juli 1884

Bischof, Johann Christoph

Bischof, Jh. Chr., († d. 13. Oct. 1774.) Betrachtt. d. Weltgebäudes rc. Mit Kpf. gr. 8. Danzig 764. Jacobäer. 20 gr 226 S. (Danzig & Lpz.: Wedel)

Bischof, Johann Christoph: B e w e i s v. d. Wirklichkeit d. Quadratur d. Zirkels, s. M e r k e l , Johann Christoph

741. * Kurzgefaßte Einleitung zur Perspectiv — mit XXXI Kupfern und einem Anhange von Zubereitung der Farben, entworfen von *Johann Christoph Bischoff* Mathem. C. Halle im Magdeburgischen zu finden in der Rengerischen Buchhandlung. In 8. 1 Titelkupfer, 6 Bl. Titel, Vorr. 146 Seiten u. Register. (14 gr.)

Bischof, J. C., Einleit. z. Perspektiv-Kunst. 8. Halle, Renger. 741.

Bischof, Johann Michael

Bischofii, J. M., Thesaurus novus synonymorum, epithetorum et phrasium poeticarum. Francof. 740. 8. 18 gr.

*Bischof*, J. M., thesaurus synonymorum, epithetorum, phrasium poëticar. latino-german. 8. Frankf. a. M.... Ed. Nov. 768. Brönner. 20 gr

Bischof, Johann Nikolaus, s. B i s c h o f f , Johann Nikolaus

BISCHOF, Josef

Einige neue Gattungen von Muscarien von Josef Bischof. (Mit 5 Textfiguren.) (Aus den Sitzungsberichten der kaiserl. Akademie der Wissenschaften in Wien. Mathem.-naturw. Classe. Bd. CIX. Abth. I. Juli 1900.) [Wien. 1900. In Comm. Gerold's Sohn.] Gr.-8°. 8 S. K —.30

Bischof, Josef Rudolf

— italien. Sprachlehre. 8. Steyer. 778. (Linz, Frenner). 16 gr

— italienische Sprachlehre. 8. Linz, Frenner. 779.

Bischof, Jos. Rud., Uebung f. Anfänger d. französ. Sprache, nach Curas Regeln. gr. 8. Steyer. 777. Wien 778. N. A. 791. v. Mösle. 5 gr

BISCHOF K. J.: Versuch über den freiwilligen Tod. Nürnberg, Raspe 1797, XVI u. 232 S. 12°. — R e c.: Allg. Litt. Zeitg. 1797, Nr. 336 — Nürnb. gel. Zeitg. 1797, p. 313—317 – Oberdeutsche Allg. Litt. Ztg. 1797, I. 1025—1035 — Gött. gel. Anz. 1797, p. 1210—1212 — Seiler's Bibl. 1797, p. 561—574 — Neue allgem. Deutsche Bibl. 36 II. 295—301 (Reche).

Bischof, Karl

Bischof, Carl, gesammelte Analysen der in der Thonindustrie benutzten Mineralien u. der daraus hergestellten Fabrikate. gr. 8. (VI, 165 S.) Leipzig 901. Quandt & Händel. n. 8.—; geb. n. 9. —

Bischof H., Beitrag zur Kenntniss der Pleuromeia, Corda, aus den oberen Schichten des bunten Sandsteins zu Bernburg. Mägdesprung 855. (Quedlinburg, Basse.) gr. 4. (4 S. u. 1 lith. Taf.) n. 10 ngr

Bischof, Carl, über die Fabrikation u. Anwendung feuerfester Ziegel, s.: K e l l e r, R.

Bischof, die anorganische Formationsgruppe, mit einigen Beziehungen auf die Alpen und den Harz. gr. 8. (14 S.) Quedlinburg 862, Basse.

Bischof, H., die anorganische Formationsgruppe, mit einigen Beziehungen auf die Alpen und den Harz, so wie Beschreibung des Anhalt. Unterharzes. gr. 8. (35 S. mit 1 lithogr. Karte eines Theiles des Anhalt. Unterharzes in Fol.) Dessau 864, Baumgarten und Comp.

—— dass. 8. (35 m. 1 Karte.) Dess. 64, Barth. — 10

**Bischof II., Carl,** Geschichte der Schöpfung u. andere naturhistorische Gegenstände. Dessau 868. Neubürger. gr. 8. (IV, 90 S.) 15 ngr.

**Bischof, Carl,** die Geschichte des Weltalls mit Folgerungen für die Zukunft. gr. 8. (31 S.) Dresden 881, v. Grumbkow. *

I Bischof, C.: Gesch. d. Weltalls. Jetzt: Dresd.-Bl., E Leonhardi. Preis 6 81/85

**Bischof II.,** Mägdesprunger Hohofenproducte. (Eine Notiz für Geognosten und Hüttenleute.) Quedlinburg 853. Basse. gr. 8. (16 S.) n. 5 ngr.

**Bischof, (W.),** die indirecte, aber höchste Nutzung der rohen Brennmaterialien, oder Umwandlung derselben in Gas u. Nutzung dieses Gases zu Feuerungen jeder Art, namentlich zu metallurg. Zwecken. [Zum Theil aus Karsten's Archiv, Bd. XVII. 1843, Hartmanns hüttenmänn. Zeitung v. 16. April 1844, u. Heine's Bergwerksfreund rc. abgedr. u. m. mehreren Zusätzen versehen.] gr. 8. (52 S. m. 2 lith. Taf. in Fol.) Quedlinburg 848, Basse. baar n. 1½ ₰

— die indirecte, aber höchste Nutzung der rohen Brennmaterialien, oder Umwandlung derselben in Gas und Nutzung dieses Gases zu Feuerungen jeder Art, namentlich zu metallurgischen Zwecken. Mit 3 (lith.) Taf. Abbildgn. (in gr. Fol.) Zum Theil aus Karsten's Archiv rc. abgedruckt u. mit mehreren Zusätzen versehen. 2., mit Nachträgen u. mehreren Bauzeichnungen verm. Aufl. Quedlinburg 856. Basse. gr. 8. (66 S.) n. 1 ₰ 10 ngr.

**Bischof, Dr. C.,** Die feuerfesten Thone, deren Vorkommen, Zusammensetzung, Untersuchung, Behandlung u. Anwendung mit Berücksichtigung der feuerfesten Mineralien überhaupt. Mit 4 lith. Tfln. u. 95 Holzschn. i. Text. Leipzig 1876. 8°.

**Bischof, Carl,** die feuerfesten Thone, deren Vorkommen, Zusammensetzung, Untersuchung, Behandlung, Anwendung, mit Berücksicht. der feuerfesten Materialien überhaupt. gr. 8. (VIII, 359 S. mit 4 lithogr. Taf. in qu. gr. Fol. und 95 Holzschn. im Text.) Leipzig 877, Quandt und Händel. *

**Bischof, Carl,** d. feuerfesten Thone, der. Vorkommen, Zusammensetzg., Untersuchg., Behandlg. u. Anwendg. M. Berücksicht. d. feuerfesten Materialien überhaupt. 2., umgearb. u. verm. Aufl. gr. 8. (VIII, 462 S. m. 90 Fig. u. 2 Taf.) Leipzig 895. Quandt & Händel. n. 12.—

— die feuerfesten Tone. Deren Vorkommen, Zusammensetzg., Untersuchg., Behandlg. u. Anwendg. Mit Berücksicht. der feuerfesten Materialien überhaupt. 3., unter Mitwirkung von Herm. Kaul neubearb. Aufl. (VIII, 446 S. m. 90 Fig.) gr. 8. Leipzig 904. Quandt & Händel. n. 12.—; geb. n. 14.—

Bischof, Karl August Leberecht

**Bischof, Karl Aug. Lebr.,** († d. 23. Jan. 1814.) die Allmacht, Weisheit u. Güte d. Schöpfers in d. Werken d. Natur, e. Wochenschr. (A. u. d. T.: Betrachtt. d. vornehmsten Gegenstände d. Natur.) 2 Bde. M. Kpf. gr. 8. Nürnb. u. Sulzb. 797, 805. v. Seidel. 2 ₰

— Anleit. z. Einführung d. Decimal-Bruchrechnung f. Kameral- u. Rechnungs-Beamte. 8. Sulzb. 806. v. Seidel. 4 gr.

**Bischof, Karl Aug. Lebr.,** kurze Anleit. z. Erlernung d. bürgerl. Mechanik, in öffentl. sonntägl. Vorlesungen. gr. 8. Sulzb. 806. v. Seidel. 16 gr.

— histor. Ausz. aus d. allgem. Welt- u. Staatengesch. 8. Nürnb. 797. Bieling. (Fr. Fleischer in Leipz.) 12 gr.

**Bischof, K. A.,** Betrachtungen d. vornehmst. Gegenst. der Natur. 2 Bde m. K. (a. u. d. Tit.: Die Allmacht, Weisheit u. Güte des Schöpfers rc. 1r Jahrg. 1r u. 2r Bd.) gr. 8. Nürnb. (Seidel in Sulzbach) 805.

— gemeinnütz. Handbuch f. prakt. Feldmesser. M. Kpf. u. Tabb. 8. Frankf. a. M. 808. 2e Aufl. m. 8 Kpf. u. Tabb. Jäger. 14 gr.

— physisch-technolog. Handb., od. Nachrr. u. Beschreibb. aller Naturprodukte u. ihrer Zubereitung. 2 Thle. M. Kpf. 8. Nürnb. 791. Bauer u. M. 1 ₰ Schrbp. 1 ₰ 8 gr.

[BISCHOF, Karl August Lebrecht] 1762 - 1814
Tabellarisch-historisches Handbuch der Kirchen- und Staatengeschichte bis auf die neuesten und gegenwärtigen Zeiten.
Nürnberg: Raspe. 1793. XVI, 736 S. 8°.
Dass. s.a.: H a n d b u c h...

— kurzer Lehrbegriff in kosmolog. u. anthropolog. Wissensch. f. Kinder. M. 3 Kpf. gr. 8. Frankf. a. M. 791. N. A. mit 4 Kpf. Nürnb. 796. (Knobloch in Leipz.) 16 gr.

— kurz. Lehrbegr. in kosmolog. und anthropol. Wissensch. f. Kind. m. K. gr. 8. Frankf. (Schmidmer in Nürnberg) 796.

**(Bischof, K. A. L.)** Kurze Uebersicht der Geschichte des zw. Frankreich, Oesterreich u. beiderseit. Alliirten ausgebroch. Krieges am Ende 1805. 8. M. 1 Pl. Sulzbach 1808. 2,25.
Dass. s.a.: Ü b e r s i c h t...

[BISCHOFF, K. A.] *Angenehme Unterhaltungen* und moralische Erzählungen aus dem Schauplatz der Jugendwelt für Erwachsene und Kinder. Mit Kupfern. Nürnberg, bey Adam Gottlieb Schneider und Weigel. 1798. 3 Bll. 116 S. mit 4 ganzseitigen Kupfern, Abb. Wolfg. Küffner inv., G. Vogel sc. u. 10 reizenden, handkolor. halbseitigen Figuren, G. Vogel inv. et fec. Kl.-8°. Pappbd. d. Z. 60.—

★ Erstausgabe, als 4. Band der Reihe „Rosenblätter" (hg. v. J. M. Armbruster, Bischoff u. J. H. Waser) erschienen. Enth. „49 Scenen aus der Jugendwelt" meist in Dialogform. Die kolorierten Bildchen a. d. Kinderleben, mit denen die letzten Abschnitte illustriert sind, sind besonders bemerkenswert. Titel m. kolor. Holzschnittvign. u. kolor. Umrahmung. — Einige Flecken und leichte Gebrauchsspuren, Einband berieben. ★★

— angenehme Unterhaltungen üb. d. gestirnt. Himmel. Mit 12 Kpft. 8. Nürnb. 791. Bauer u. M. 14 gr. 2e Aufl. u. d. T.: Beobachtt. üb. d. gestirnt. Himmel. 8. Ebd. 823. 16 gr.

— lehrreiche Unterhalt. e. Vaters m. s. Kindern a. d. Naturgesch. m. K. Fol. Fürth. (Bauer in Leipz.) 791.

— lehrreiche Unterhaltungen e. Vaters m. s. Kindern, aus d. Naturgeschichte, f. Knaben u. Mädchen v. 6—12 Jahren. Mit Kpf. qu. Fol. Fürth 791. 2e A. ... 3e A. 808. (André in Leipz.) 16 gr.

— Vorles. üb. d. mathemat. u. physikal. Erdbeschreib. 1r Bd. M. Kpf. gr. 8. Fürth 796. (André in Leipz.) 1 ₰ 12 gr. N. A. 2 Bde. M. 14 Kpf. gr. 8. Ansb. 814. Gassert. 2 ₰ 16 gr. Hbg. Pr. 2 ₰

— Vorles. üb. d. mathem. u. physikal. Erdbeschr. 1r Bd. m. K. gr. 8. Fürth (Barth in Leipz.) 796.

— Vorlesungen üb. d. vornehmsten Gegenstände d. Natur. Mit ill. Kpf. 2 Bde. gr. 8. Lauf. 799, 800.

Bischof, Karl Gustav Christoph, s. B i s c h o f, Gustav

Bischof, Karl Wilhelm

**Bischof,** Carolus Guilelmus ⟨geb. am 16 Mai 1825 in Poppelsdorf⟩: De alcalibus in plantis ... Bonnac, typ. C. Georgii (1848). 3 Bl., 56 S. 8.

Bonn, Phil. Fak., Diss. v. 10 Aug. 1848

**Bischof, L., s.:** Liederbuch f. frohe gesellige Kreise.

**Bischof, L. C. H.,** Lieder. 8. Gött. Vandenhök. 790.

Bischof, M. J.: Prakt. A b h a n d l u n g d. Dioptrik, s. B i s c h o f f, Johann

**Bischof, Mart.,** ein Johannispfennig für die Freimaurer. 1.—3. verb. Aufl. (28 S.) 1874. 20 Pf., und 4. verm. und verb. Aufl. 8. (29 S.) Leipzig 875, Findel.

Bischof, Max

**Bischof, M., Berlin, s.: Heuser, G.**

Bischof, Max, Berlin,
—— Böhmen,
—— Breslau und andere schlesische Orte,
—— Brieg,
} s. Renaissance, deutsche.

—— das Chorgestühl der Kirche St. Eusebio in Rom, s. Renaissance, italienische.

— Danzig, s.: Renaissance, deutsche.

Sechs Jahre Fremdenlegionär. Erlebnisse u. Abenteuer d. 'Grafen Rohden' (Max Bischof). Leipzig: Püttmann (1910). 193 S. 8°
(10. 1548)

—— die Renaissance in Schlesien. Aufgenommen und hrsg. Fol. (70 autogr. Taf mit III, 8 S. Text.) Leipzig 885, Seemann. cart. *
Aus: Deutsche Renaissance, besonders abgedruckt.

—— Saalfeld, Rudolstadt, Coburg, s. Renaissance, deutsche.

Bischof, Max, architektonische Stilproben. Ein Leitfaden m. histor. Überblick der wichtigsten Baudenkmäler. Mit 101 Abbildgn. auf 50 Taf. Lex.-8. (86 S.) Leipzig 900. K. W. Hiersemann. n. 5. —

Bischof, N., Anleit. zur Erlernung der latein. u. deutschen Redekunst. 8. Augsb. 828. (Landsh., Krüll). 1¼ Rℓ

Bischof, N., Anleitung zur Erlernung d. latein. u. deutsch. Redekunst. 8. (16 B.) Augsburg 828. (Landshut, Manz.)

Bischof, Otto, Studien über die Zersetzung gechlorter Acrylsäuren und verwandter Verbindungen. Inaugural-Dissertation. gr. 8. (47 S.) Göttingen 870, (Vandenhoeck und Ruprecht's Verlag.) *

Bischof, Otto, Studien über die Zersetzung gechlorter Acrylsäuren u. verwandter Verbindungen. Inaugural-Dissertation. gr. 8. (47 S.) Göttingen 879. (Vandenhoeck u. Ruprecht.) n. 1. —

Bischof, W.: Die Nutzung d. rohen Brennmaterialien . . ., s. Bischof, Karl

Bischofberger, Adf., eine alpwirtschaftliche Reise steierischer Landwirte in die Schweiz, s.: Schuppli, Paul.

Bischofberger, Adf: Schulhandkte d. Bez.-Hauptmannsch. Liezen, s: Comai, Ludw.

Bischofberger, Emma: Amerikanische Frauen. Bilder a. d. New Yorker Leben. (70) 8° St Gall., L Kirschner-Engler '12. 1.50

Bischofberger, Jos., Verzeichniß verschied. Gewächse, welche sich dermalen in hiesigem Hofgarten vorfinden 2c. Mit Linné'schen Namen belegt, u. in gegenwärt. Eintheilung gebracht v. A. Fur. 8. Kempt. 791.

Bischofberger, Otto. Die Anweisung nach Schweizerischem Obligationenrecht. Diss. Jur. Bern. 123 S. 8. St. Gallen, A. Loehrer, 1902.

Bischofberger, Theobald
Bischofberger, Theob., de benedictionibus et exorcismis ecclesiae catholicae libri duo. Suev. Gemundae 854. Schmid. 16. (103 S.) 9 ngr

Bischofberger, Theob., de benedictionibus et exorcismis ecclesiae catholicae libri duo. Edit. II. 16. (103 S. und „De jurisdictione exorcistica commentatio juridica et moralis" 22 S.) München 858, Lentner'sche Buchh. Thlr.

Bischofberger, Th., die Verwaltung d. Exorzistats nach Maßgabe d. römischen Benediktionale. 16. (69 S.) Leutkirch 884. Roth. n. — 60

— dasselbe. 2. Aufl. 12. (57 S.) Ebend. 884. n. — 75

Bischofberger, Theod., die Verwaltung des Exorcistats nach Maßgabe des römischen Benediktionale. 2., verm. Aufl. Neue (Titel-)Ausg. 12. (57 S.) Stuttgart 893. J. Roth. n. — 40

Bischofberger, Theob., d. Verwaltung d. Exorcistats. 893. Jetzt: Mergentheim, C. Ohlinger.

Bischofbüchlein oder allgemeine und gründliche Erörterung der Frage: Was sind die Bischöfe? Geschrieben für immer und für Jedermann, besonders zum Unterricht an höhern Schulen von einem Geistlichen d. oberrheinischen Kirchenprovinz. Tuttlingen 855. Kling. 8. (67 S.) 6 ngr

Bischöfe, die acht preußischen katholischen, und der Staat in Folge von Laguerronnière's „Papst und der Congreß." 8. (36 S.) Hamburg 860, Hoffmann und Campe.

Bischöfe, Die, von Basel; ein chronologischer Nekrolog. Zug 1830. V: *Schneller, Joseph.* (Cat. d. Stadtbibl. Zürich. Zürich 1864–97.) (AarK)

Bischöfe, die deutschen, als Zeugen der Wahrheit aus authent. Documenten erwiesen von einem kathol. Priester. 8. (30 S.) Cöln 872. Mayer. *

Bischöfe. Die B' der Schweiz an Se. Excellenz Hrn. Bundespräsidenten und an die Ehrengesandtschaften der hohen eidgenössischen Tagsatzung. (Juni 1844.) 8. (Luzern 1844.)

Bischöfe, die, v. Strassburg von 1592—1890. Fol. (16 Lichtdr. m. 4 S. Text.) Strassburg (896), (F. X. Le Roux & Co.). In Leinw.-Mappe 12. —

Bischöfe. Zwei bernische B' s. [Blösch, Emil].

Bischoff. Achilles B'. Geboren 24. Januar 1795. Gestorben 29. April 1867. [Necrolog. SA.] 8. [Basel 1867.]

Bischoff. Dr. Alfred B'. geboren den 20. August 1832, gestorben den 28. Januar 1893 [in Basel]. ([Necrolog] von Freundes Hand.) 8. *o. O.*

Bischoff, der, hält Hochzeit, dramat. Bruchstück a. d. neuern Frankreich. 8. Straßb. Liebeskind in Lpz. 795.

Bischoff: Abriss der qualitativen analyt. Chemie unorganischer Stoffe, mit Vermeidung d. Schwefelwasserstoffs. 28 S. – Berlin C.Rg., Progr. 1862.

Bischoff (Hrsg.), s. Handbuch der Beamten des königlich preußischen Landes-Ökonomie-Kollegiums...

Bischoff: Über algebraische Curven mit Mittelpunkt. 23 S. – Zweibrücken, Progr. 1866.

Der Syndikus des Deutschen Bühnen-Vereins H. Bischoff, Landgerichtsrath, Justitiar der Königl. Theater in Berlin und sein Schlagwort: 'Il y a des juges à Berlin'. (Es giebt noch Richter in Berlin.) *Berlin-Charlottenburg: 'Fürs deutsche Volk' 1892.* (33 S.) 8° [F.]
— Theatralia. Bl. 1. (03. 1648)

Bischoff, Kasp. Jak. Ein moderner Kirchen-Komponist, s. Schmidt-Bode, Johs.

Theodor Ludwig Wilhelm Bischoff. – (Festschr. z. 50jähr. Doctor-Jubelfeier), s. Lucae, Joh. Christian Gustav

Bischoff, Th. L. W. v., Gedächtnissrede auf denselben, s.: Kupffer, C.

Bischoff, Großherz. sächs. Kriminalgerichtsdirigent in Eisenach (um 1835) s. Bischoff, Wilhelm Ferdinand

Bischoff: Ueber algebraische Curven mit Mittelpunkt. 23 S. Progr. Zweibrücken 1866.

Bischoff, Max Weigert, O. Vollmer und R. Gellert, das Manufakturwaarengeschäft. Fabrikation und Vertrieb. 2. wohlfeile (Titel-)Ausg. gr. 8. (VIII, 568 S. mit zahlreichen in den Text gedr. Abbild. in Holzschn.) Leipzig (866)69, O. Wigand.

Bischoff, Rathgeber f. Geschworene. 12. (VI, 124 S.) Berlin 889. Skrzeczek. geb. n. 1.20

Bischoff, die Stenographie im öffentl. Dienste, s.: Zeitfragen, stenographische. 5. Heft.

*Bischoff.* Ueber die Verbesserung der Werkhäuser in Niedersachsen. *Göttingen.* 1783

Bischoff, A. Burckhardt-, s. Burckhardt-Bischoff

**Bischoff**, (Gust.) Adolph. (Frid. Guil.) (geb. Erfurt 1. 6. 1845): Quatenus competat interdictum uti possidetis in servitutibus praediorum jure Romano? Berolini (1866). (62 S.) 8°
Berlin, Jur. Diss. v. 16. Juni 1866

Bischoff, Adolph., quatenus competat interdictum uti possidetis in servitutibus praediorum jure romano? Dissertatio inauguralis. gr. 8. (64 S.) Berlin 866, (Calvary und Comp.) *

Bischoff, Adolph, Quatenus competat interdictum uti possidetis in servitutibus praediorum jure romano? Dissertatio inauguralis. 8. (IV, 64 S.) Berlin 866, (Puttkammer und Mühlbrecht.) *

Bischoff, Albert Beiträge zum Unterricht im Deutschen. Mit Beigabe exegetischer Miscellen. 8 (52 S.). Studienanst. *Landau* 1889. Progr. [Hom. *A* 6 *B* 356 *Γ* 180 *ε* 268 *E* 140 *Z* 145 ff. 447 *H* 156. 440 *Θ* 313 *I* 87 *K* 194 *M* 85 *X* 128 *v* 163 (S. 33—37), Verg. Aen. I 109. 198 II 576 IX 79. 84. 266 IX 598 ff. X 339 f. (S. 37—40), Hor. c. I 7. 8. epod. 2 extr. 16. 61—62 (S. 40—41), Tibull. I 9. 25 (S. 42). — Schule oder Privatunterricht? (S. 42—52).]

Bischoff, Alb., Bemerkungen üb. homerische Topographie [Pylos, Ithaka Schiffskatalog], gr. 4. (35 S.) Schweinfurt 875. (Gieglor). (Progr.) n.n. 1.25

Bischoff, Alb., Eines nach dem Andern! Ein Vorschlag zur Reform des Unterrichtswesens mit besond. Rücksicht auf die Gelehrtenschulen dargelegt. Nördlingen 866. Beck. gr. 8. (2 Bll., 35 S.) 6 ngr

Bischoff, Alb., üb. bayerisches Gymnasialwesen. Bedenken u. Vorschläge. gr. 8. (32 S.) Landau 884. Kaußler. n. — 40

— dasselbe. 2. Wort. gr. 8. (31 S.) Ebend. 884. n. — 40

Bischoff, Albert De itinere Horatii brundisino commentatio. 44 S. 8. Progr. *Landau* 1880.

Bischoff, A., über horazische Lyrik Eine Vorschule zur Kenntniß des Dichters. 1. Heft. Mit zwei Beilagen. 1. Bemerkungen über einige kritische Fragen. 2. Interpolation in deutschen Dichtern. gr. 8. (VI, 108 S.) Schaffhausen 872, Hurter'sche Buchh. [Regensburg, Manz.] *

— Plato's Phaedon. Eine Reihe von Betrachtungen zur Erklärung u. Beurtheilung des Gesprächs. Erlangen 866. Deichert. 8. (2 Bll., 374 S.) 1 ℳ

—— über homerische Poesie. Beiträge zu deren Charakteristik. gr. 8. (XVIII, 160 S.) Erlangen 875, Deichert. *

Bischoff, Albin, s. v. Champagny, Graf Frz., die Cäsaren.

**Bischoff**, Alexander, approb. Arzt aus Wiesbaden: **Aus d. chirurg.** Klinik zu Giessen. Beitrag zur Frage der Gastrostomie. *Giessen 1901: v. Münchow.* (33 S.) 8°
Giessen, Med. Diss. v. 1901

Bischoff, Alphons, d'Herre Docter. Komedie in 1 Akt in elsäss. Mundart. 8. (29 S.) Straßburg 902. Schlesier & Schweikhardt. n. — 80

Bischoff, Alph., Moderni Lieb' od. D'r Herr Apotheker. Schwank in 1 Akt in elsäss. Mundart. (31 S.) 12. Straßburg 904. J. Singer. n. — 80

— vum e Meiselooker. Gedichte in Strosburjer Mundart. 12. (28 S.) Strassburg (902). (J. Singer.) n. — 60

D'r Pelzmantel. Komedi in 1 Akt in elsäss. Mundart von Alphonse **Bischoff.** Strassburg: Schlesier & Schweikhardt 1907. (35 S.) 8° [J.] [07. 41]

— d'r Cousin Schorsch. Schwank in 1 Akt in elsäss. Mundart. 12. (27 S.) Ebd. 903. n. — 80

Bischoff, Alphons, d'Visitekart. Lustspiel in 1 Akt. 12. (23 S.) Straßburg 903. (J. Singer.) n. — 80

Bischoff, Amanda, guide épistolaire des dames et des demoiselles. Eine Anleitg. zur französ. Korrespondenz, f. den Privat- u. Schulgebrauch praktisch bearb. 8. (IV, 111 S.) Leipzig 885. C. A. Koch. n. 1.50

— the lady's letter-writer. Eine Anleitg. zur engl. Korrespondenz, f. den Privat- u. Schulgebrauch praktisch bearb. 8. (IV, 140 S.) Ebend. 885. n. 1.80

Bischoff, Anton Aphorismen über die Konstitution der Materie. 27 S. 8. Progr. Alt. G. *Regensburg* 1878.

Bischoff, Anton: Notizen über die neuesten Fortschritte in der theoretischen Physik. pg. 3-10. 4°. Hermann v. Train.
Progr. Amberg 1862/63.

Bischoff, Anton: Notizen über die neuesten Fortschritte in der theoretischen Physik. (Fortsetzung.) pg. 3-12. 4°. H. v. Train.
Progr. Amberg 1863/64.

Bischoff, A.: Einige Notizen über die Fortschritte in der theoretischen Physik. S. 3-19.
Progr. Amberg 1864.

Bischoff, Anton: Schule und Leben. Eine Skizze. S. 3-12.
Progr. Amberg 1854.

Bischoff, Ant., System der Elementar-Mathematik. 1. Thl.: Die Algebra. Regensburg 853. Manz. gr. 8. (VII, 438 S.) 1 ℳ 7½ ngr

Bischoff, B., die mittelalterlichen Kunstdenkmale in Prag, s.: Sammlung gemeinnütziger Vorträge.

Bischoff, C: Bericht über die Untersuchungen filtrirten Brunnen- und Seewassers der Tegeler Station. Berlin 1881

Bischoff, C: Bericht über die chemischen und mikroskopischen Untersuchungen der Wässer der Tegeler Anlage. Berlin 1879

Bischoff, C: Gutachten über die Wirksamkeit des sub P. R. 31864 unterm 24. Mai 1884 patentirten Verfahrens von Nahnsen zur Reinigung von gewerblichen und städtischen Abwässern. Berlin 1885

Bischoff, C. A., s. Bischoff, Karl Adam

Bischoff, Carl, s. Bischoff, Karl

Bischoff, Charitas, Augenblicksbilder aus e. Jugendleben. (III, 192 S.) 8. Leipzig 905. H. G. Wallmann. Geb. in Halbleinw. n. 2.50; in Leinw. n. 3.—

Bischoff, Charitas: Bilder a. meinem Leben. — Amalie Dietrich, s: Sammlung, Grote'sche, v. Werken zeitgenöss. Schriftsteller.

Bischoff, Charitas, Amalie Dietrich. Ein Leben, erzählt. (VII, 448 S. m. 6 Bildnissen.) kl. 8. Berlin 909. G. Grote. 4.—

— dasselbe. s.: Sammlung lebender Bilder.

Bischoff, Chr., Kirchhoff, od.: Das lust., alte Hamburg. Hamburger Orig.-Volksposse. 8. (99 S. m. 1 Bildnis.) Hamburg 894. Th. Nielsen. n. 1.—

**UHLENSPEEGEL,** De hamborger. Lustige Döhntjes u. Rimels ut uns ohles Hamborg for vergneugte Lüüd. Sammlung launiger u. derber Schnurren von Chr. Bischoff. Illustrirt. Hamburg 1894. 8°. (60 Pfg. Theod. Nielsen, Hamb., 1895.)

**Bischoff, Chr.,** de hamborger Uhlenspeegel. Lüst. Döhntjes u. Rimels ut unser ohles Hamborg for vergneugte Lüüd. E. Sammlg. laun. u. kom. Declamationen u. derber Schnurren. Ill. d. Abb. d. Hamburger Originale: Kirchhoff, Mattler, Hummel, Piepenreimers. 12. (142 S.) Hamburg 895. Centralbuchh. v. Th. Nielsen. n. 1.—; kart. n. 1. 20

Bischoff, C(hristoph) H(einrich) (Ernst) (Übers.u.Comm.):

s.: Barthez, P(aul) J(oseph): Abhandlungen über die Gichtkrankheiten. (Traité des maladies goutteuses. Dt.) Th. 1-2. Wien: 1807

**Bischoff, (C. H. E.,)** üb. d. Bedeutung u. d. Studium d. Arzneimittellehre. Zur allg. Verständ. u. als Einladung zu seinen Vorles. üb. d. Lehrfach. gr. 8. Bonn 825, Weber.

—— üb. d. Bedürfniß von Badern u. deren Bildung im öffentlichen Heilwesen. Ein frühere Stimme, in Erinnerung gebracht. gr. 8. (3¾ B.) Bonn 843, Marcus. *

**Bischoff,** Ernst, das Bedürfniss und die Grundzüge der Arzneimittel-Lehre; im Auf- und Zurufe an alle deutschen, namentlich die preussischen Aerzte und Wundärzte etc., erneuert u. mit 4 wissenschaftlich-prakt. Taf. (in qu. Fol.), auch sonstigen Beilagen, nach dem Erfordernisse und wider ein schmähliches Wirrsal unserer Tage wie seiner Umtriebe dargelegt. Bonn 856. Weber in Comm. 4. (X, 54 S.) n. 1 ₰

Bischoff, Christoph Heinrich Ernst, s. Chrestien: Iatroliptik

— comment, de usu Galvanismi in arte medica. Mit 2 Kpf. 8. Jena 801.

Bischoff, Christoph Heinrich Ernst: Darstellung der Gallschen Gehirn- und Schädel-Lehre, nebst Bemerkungen über diese Lehre (Bemerkungen über Galls Gehirnorganlehre) von C[hristoph] W[ilhelm von] Hufeland. 2., verm. u. verb. Aufl. Berlin: Wittich in Komm. 1805. 164 S. 8°

— Darstellung d. Gallischen Gehirn- u. Schädellehre, n. Bemerkk. v. Hufeland. Mit 1 Kpf. 8. Berl.... 2e Aufl. 805. Reimer. 16 gr. Dass. ins Französ. übers. v. G. Barbeguière, av. fig. gr. 8. Berl. Quien, 1 ₰

Cp. H. E. Bischoff's Darstell. d. *Gall.* Geh.- u. Sch.-Lehre; nebst Bemerkk. üb. diese Lehre v. Cp. W. Hufeland. *Berl.*, Wittich. (805.) 806. 8° m. 1 Kpf. 16 gl

**Bischoff, Christ. Heinr. Ernst,** Einiges, was den deutschen Universitäten Noth thut. 2. Hft. gr. 8. (VI u. 48 S.) Bonn 848, Weber. n. ½ ₰ (Hft. 1. Ebd. 842, Marcus. 1 ₰)

Bischoff, C. H. E.: Grundriss einer anthropologischen Propädeutik zum Stud. der gerichtl. Medizin für Rechtsbeflissene. *Bonn*, Marcus. 827. gr. 8. (1 Thl.)

**Bischoff,** Chrph Hnr. Ernst, Über das Heilwesen der deutschen Heere. Ein Beitrag zur Begründung seiner künftigen befriedigenden Anordnung und Versuch aus dem Gebiete der höheren Staats-Arzneikunde. Elberfeld 1815. 8. Büschler XLII, 620 S.

— über das Heilwesen d. deutschen Armeen; ein Beitrag z. Begründung seiner künftigen befriedigenden Anordnungen. gr. 8. Leipz. u. Elberf. 815. (Schönian). 4 ₰ Hlg. Pr. 1 ₰ 12 gr

— Hülfsbüchlein für Jedermann, z. Verhütung u. glückl. Bekämpfung bösartiger Fieber. 8. Frankf. a. M. 813. Varrentrapp. 8 gr

Bischoff, Chrph. Heinr. Ernst, die Lehre v. d. chemisch. Heilmitteln, od. Handbuch d. Arzneimittellehre als Grundlage f. Vorlesn. u. z. Gebr. prakt. Aerzte u. Wundärzte. 3. Bd. 2 Abthln. Besondere Arzneimittell. gr. 8. (50¼ B.) Bonn 829, 31, Weber.
1. u. 2. Bd. Ebendas. 1825, 26. 5 Thlr.

**Bischoff, Cph. (nicht Christian) Heinrich Ernst** die Lehre von den chem. Heilmitteln, oder Handbuch der Arzneimittellehre etc. Supplem.-Bd. A. u. d. T.: Fernere wissenschaftl. Beiträge, nebst den neuern Ergebnissen u. mater. Bereicherungen der Arzneimittellehre, zur Nachlese für prakt. Aerzte und Wundärzte. Mit Register und 1 Tab. gr. 8. Bonn 834. Weber. 2½ ₰ — 1r—3r Bd. 2e verm. u. verb. Ausg. (Mit 5½ Bg. neuer. Nachtr.) gr. 8. Ebd. 838—40. 8½ ₰ —

Bischoff, Chrstph. Heinr. Ernst, die Lehre von d. chem. Heilmitteln, od. Handb. d. Arzneimittel-Lehre, als Grundlage f. Vorlesn. u. z. Gebr. prakt. Aerzte u. Wundärzte. 1—3. Bd. 2., verm. u. verb. Ausg. u. 4. od. Supplem.-Bd. M. vollständ. Register üb. d. ganze Werk. gr. 8. Bonn, Weber. *
Bd. 1. enthalt. d. Einleit., die allgem. Arzneimittellehre etc. (36½ B. u. 5½ B. neuere Nachträge.) 838. * 2 Thlr. 12 Gr.
- 2. enthalt. die zweite Classe d. Arzneimittel od. d. neutralen Arzneikörper, nebst e. ausführl. Erörterung üb. d. Begriff u. die prakt. Bedeutung d. sogen. narkot. Stoffe. (63 B.) 839. * 3 Thlr.
- 3. enthalt. d. dritte Classe d. Arzneimittel od. d. saueren Arzneikörper, nebst e. Erörterung d. Begriffes d. entzündungswidrigen Arznei-Wirkung u. entzündungswidrigen Arzneimittel, nach seinem Wesen u. Inhalte. (65 B.) 840. * 3 Thlr.
- 4. od. Supplem.-Bd. A. u. d. T.: Fernere wissenschaftl. Beiträge nebst d. neueren Erwerbnissen u. materiellen Bereicherungen d. Arzneimittel-Lehre. Mit e. Inhalts-Verzeichn. u. e. Register. (14¾ B. u. 1 Tab.) 840. * 2 Thlr. 12 Gr.

—— dass. — 2. Supplem.-Bd. f. d. Besitzer d. 1. Ausg. — A. u. d. T.: Fernere wissenschaftl. Beiträge etc. 2. Lfg. gr. 8. (35½ B. u. 1 Tab.) Ebds. 840. *
(1.) Supplem.-Bd. Ebendas. 1834. * 2 Thlr. 12 Gr.

—— wider d. Mystification in d. Medicin. Sendschr. an d. Versamml. deutsch. Naturforscher zu Hamburg im Jahre 1830, auch als zweiter Versuch z. Verständig. üb. d. Arzneimittellehre. gr. 8. (4½ B. u. 1 Tab.) Bonn 830, Weber.

— Rand-Bemerkungen zu den Verhandlungen der zu Berlin im Juni 1849 abgehalt. ärztlichen Conferenz üb. die Reorganisation des Medicinalwesens. gr. 8. (X u. 38 S.) Bonn 850, Weber in Comm. n. ½ ₰

—— zur krit. Rüge u. Verständig. gr. 8. (4¼ B.) Bonn 828, Weber.

—— über das Verhältniß d. Medicin zur Chirurgie u. die Dreiheit im heilenden Bunde, zur Verwahrung jeder betreffenden Staats-Anordnung. gr. 8. (7½ B.) Bonn 842, Marcus. *

**Bischoff, Conrad:** Studien zu P. P. Vergerio dem Älteren. Berlin & Leipzig: Rothschild 1909. 97 S. 8° ¶ (Ersch. auch als: Abhandl. z. mittl. u. neueren Gesch. H. 15.)
Freiburg i. B., Phil. Diss. v. 1909, Ref. Finke
[Geb. 7. Aug. 79 Aachen; Wohnort: Aachen; Staatsangeh.: Preußen; Vorbildung: Gymn. Bedburg Reife O. 03; Studium: Freiburg i. B. 2, München 3, Bonn 1, Freiburg i. B. 5 S.; Rig. 1. Aug. 08.] [U 10. 1030

Vom Arbeitsamt und Arbeitsplan des Vereins deutscher Freimaurer. Von D[iedr.] **Bischoff.** Leipzig 1910: Zechel. 32 S. 8°
Aus: MitthVdF. 1909—1910 S. 123—152.

Der Ausbau unserer Arbeiterorganisation. Von D[iedrich] **Bischoff.** [Leipzig: Vereins deutscher Freim. o. J.] 4 S. 8°. [Kopftit.]

Bischoff, Diedrich [aus Bremen]: Die rechtliche Bedeutung der Prämienreserve eines Lebensversicherungs-Betriebes. . . . Bremen, Verl. v. M. Heinsius Nachf., 1890; VI S., 1 Bl., 104 S. 8°
Göttingen, Jur. Fak., Inaug.-Diss. v. [17. Dez.] 1890

Bischoff, D., die rechtliche Bedeutung der Prämienreserve e. Lebensversicherungs-Betriebes. gr. 8. (X, 104 S.) Bremen 891. Heinsius Nachf. n. 2. 50

**Bericht über die Tätigkeit des Arbeitsamtes [des Vereins deutscher Freimaurer]. Von Diedr. Bischoff. Leipzig 1909: Zechel. 25 S. 8° [Umschlagtit.]**
Aus: MitthVdF. 1908—1909 S. 73—97.
cf. DrL. 39 (1908—1909) S. 186—187 (G. v. Gersdorff).

**Bundesfeier und Bundeswerk. Von D[iedr.] Bischoff. [Leipzig: Verein deutscher Freim.] o. J. 4 S. 8°. [Kopftit.]**
Zeigt, wie im Frmrbunde der Jetztzeit, ähnlich wie das im Bundesleben der alten Werkmaurer der Fall war, die frmrsche Tempelarbeit sich auswirken muss in gemeinsamer Aussenarbeit.

**Durch Arbeit zur Einigkeit! Des Vereins deutscher Freimaurer Losung zu seiner Jahresversammlung in Gnesen, 5. und 6. Sept. 1908. [Von Diedr. Bischoff.] o. O. [1908]. 1 Bl. 15,8×29,5 cm. [Kopftit.]**
Lied ohne Noten: „Bruderbund — du stolzes hehres Losungswort der Maurerei!"

**Einiges über den heutigen Beruf des Vereins deutscher Freimaurer. Vortrag, gehalten in der Jahresversammlung des Vereins deutscher Freimaurer zu Hanau, 23. Sept. 1905, von Diedr. Bischoff. Leipzig [1906]: Hesse & Becker. 15 S. 8° [Umschlagtit.]** (Bln.: Wunder)
Aus: MitthVdF. 1905—1906 S. 39—56.
Anregung, eine Literatur hervorrufen zu helfen, die das Thema: Sittlichkeitserziehung u. soziale Frage behandelt.

**Eröffnungsrede zur 48. Jahresversammlung des Vereins deutscher Freimaurer [in Chemnitz am 3. u. 4. Sept. 1910] von Diedrich Bischoff. Leipzig 1910: Zechel. 21 S. 8°.**
cf. MitthVdF. 48 (1911) S. 41—61.

**Die soziale Frage im Lichte des Humanitätsgedankens. Vortrag, gehalten am 3. Nov. 1907 zu Berlin in d. Hauptversammlung d. Comenius-Gesellschaft von D[iedr.] Bischoff. Jena: Diederichs 1908. 38 S. 8°. [Umschlagtit.] (Vorträge u. Aufs. aus d. Comenius-Gesellsch. Jg. 16. St. 2.)**

Bischoff, Diedrich, Die soziale Frage und ihre Lösung. Alltagsbetracht. von Adam *Ego* [d. i. Diedrich Bischoff.] Bremen 1898. 8°.

**Freimaurerei und Loge. Betrachtungen über den sozialethischen Beruf der Freimaurerlogen von Diedr. Bischoff. Leipzig: Hesse 1903. VI, 42 S. 8°** (B.: Wunder)
Franz. Übers. von O. Wirth in: Acacia. (Paris) 1 (1902—1903) S. 277—288, 353—364, 461—470.
Recens: Bh. 46 (1903) S. 248 (Ch. Gotthold); ML. 31 (1902—1903) S. 225 (O. Henckel); Monatsschrift f. Stadt u. Land. 60 (1903) S. 726—727 (D. v. Oertzen); R. 30 (1903) S. 71—72.
cf. DrL. 33 (1902—1903) S. 3128 (K. Spalteholz); Bbl. 17 (1903) S. 487 (G. Diercks); FT. 10 (1903) S. 87 (A. J. Lange); L. 26 (1903) S. 96 (R. Fischer); S. 10 (1903) S. 50—51 (J. G. Findel); BZC. 32 (1903) S. 385—386; BrL. 21 (1903—1904) S. 7—8 (F. Holtschmidt); DrL. 34 (1903—1904) S. 68 (M. Heinemann).
Urtext nebst Ergänzungen.

**Freimaurerei und Öffentlichkeit. Von D[iedr.] Bischoff. [Leipzig: Verein deutscher Freim.] o. J. 4 S. 8°. [Kopftit.]**

**Freimaurerreligion. Eine Johannisfest-Ansprache von Diedr. Bischoff. Leipzig: Zechel [1910]. 15 S. 8° [Umschlagtit.]**

**Allgemeine deutsche Freimaurertage! Von D[iedr.] Bischoff. [Frankfurt o. J.: Mahlau.] 7 S. 8°. [Kopftit.]**

**Der freimaurerische Gedanke. Von D[iedr.] Bischoff. [Leipzig 1908: Zechel.] 6 S. 8° [Kopftit.]**
Aus: Leipziger Tageblatt. 102 (1908) Nr 143 Beil. 6.
Abgedr. in: Al. 34 (1908) S. 174—175, 184 bis 185; H. 19 (1908) No 32; L. 31 (1908) S. 210 bis 215; °Breslauer Ztg. 1910 Nr 211.
cf. SL. 28 (1908) S. 118; DrL. 39 (1908—1909) S. 71—72 (G. v. Gersdorff).
Aufklärungsschrift. Inhalt u. Ziel des freimaurerischen Humanitätsgedankens.

**Der soziale Gedanke der Freimaurerlehre. Von Diedr. Bischoff. Leipzig: Hesse 1899. 16 S. 8°**
Recens: R. 26 (1899) S. 40; S. 6 (1899) S. 41 (J. G. Findel); L. 22 (1899) S. 56; FZ. 54 (1900) S. 319 (K. Pilz); BZC. 29 (1900) S. 197—200 (W. Wald).
cf. Bk. 18 (1899) No 61 (M. Corens).
Umarb. des in: L. 21 (1898) S. 177—179, 185 bis 189, 193—195, 201—204 veröffentlichten Vortrags des Verf.

— Der soc. Gedanke d. Freimaurerlehre. (16) gr8° Lpzg 1899. Berl., F Wunder. — 25

**Geld in der Maurerhand.** Von D[iedr.] **Bischoff.** [Leipzig: Verein deutsch. Freim.] o. J. 3 S. 8°. [Kopftit.]

Betont die Notwendigkeit und zeigt den Brrn die Art und Weise, die materiellen Mittel im Dienste der K. K. vor allem aufzuwenden.

**Echte und falsche Gerechtigkeit.** Ein Wort wider den Socialismus von Diedr. **Bischoff.** Leipzig: Hesse 1898. VI, 175 S. 8° (Bln.: Wunder)

Der Loge Phönix in Leipzig gewidmet. Gegenstand, Aufgabe, Methode der Gerechtigkeitsfrage, Eigenschaften, Ergebnis, Entstehung u. Bedeutung des Gerechten, die soziale Frage als Gerechtigkeitsproblem.

**Humanitati!** Von [Diedr.] **Bischoff.** [Leipzig: V. D. F.] o. J. 4 S. 8°. [Kopftit.]

**Der Individualismus im Freimaurertum.** Von Diedr. **Bischoff.** Leipzig: Hesse 1901. 20 S. 8° (Bln.: Wunder)

Recens: Al. 27 (1901) S. 47; FZ. 55 (1901) S. 87; L. 24 (1901) S. 48; Bh. 45 (1902) S. 320 (C. Gotthold).

cf. BayrBbl. 1 (1900—1901) S. 291—292 (G. Niehrenheim); ML. 29 (1900—1901) S. 158 (O. Henckel); Bk. 20 (1901) No 68 (M. Corens); Bbl. 15 (1901) S. 184 (G. Diercks); BZC. 30 (1901) S. 162; S. 8 (1901) S. 27 (J. G. Findel); DrL. 35 (1904—1905) S. 50—51 (A. Denecke).

Kulturaufgaben des Versicherungswesens. Vorlesungen von Dr. jur. D[iedrich] **Bischoff.** Berlin: E. S. Mittler & Sohn 1907. (IV, 136 S.) 8° — Veröffentlichungen d. Deutschen Vereins f. Versicherungs-Wissenschaft. H. 12. (07. 1900)

**Die Logenarbeit und das „Reich Gottes".** Betrachtungen über die religiös-sittliche Erziehungsaufgabe der Freimaurerlogen von Diedr. **Bischoff.** Leipzig: Hesse 1904. VI, 116 S. 8° (Bln.: Wunder)

Recens: Al. 30 (1904) S. 118; Monatsschrift f. Stadt u. Land. 61 (1904) S. 829 (D. v. Oertzen); O. 29 (1904) S. 227—228; BZC. 33 (1904) S. 341; BayrBbl. 5 (1904—1905) S. 26 bis 28 (A. v. Reinhardt); Bifrost 1 (1906) S. 99—100.

cf. BrL. 21 (1903—1904) S. 87 (F. Holtschmidt); DrL. 34 (1903—1904) S. 121—122 (M. Heinemann); HL. 37 (1903—1904) S. 286—287; ML. 32 (1903—1904) S. 197 (O. Henckel); Z. 34 (1903—1904) S. 495 (H. Glücksmann); Bh. 47 (1904) S. 336 (Chr. Gotthold); BstF. 13 (1904) S. 192 (A. Feld); Bbl. 18 (1904) S. 495—496 (G. Diercks); H. 15 (1904) Nr 19; R. 31 (1904) S. 52—56 (G. Schauerhammer); S. 11 (1904) S. 53—55 (J. G. Findel); Führer. 32 (1904—1905) No 11.

Besprechung der frmrischen Gemütserziehung u. ihres Verhältnisses zur frmrischen Verstandesbildung.

**Masonenlied.** [Von Diedr. **Bischoff.**] o. O. [1906.] 1 Bl. 17,5×37,5 cm. [Kopftit.]

Ohne Noten: „Nehmt, Brüder Masonen, die Kelle zur Hand, . . ."

**Masonenlied.** [Von Dieder. **Bischoff.** Leipzig: 1906.] 1 Bl. 16,5×37,5 cm. [Kopftit.]

Ohne Noten: „Nehmt, Brüder Masonen, die Kelle zur Hand, . . ."

**Masonia.** Ein Blick in eine andere Welt von Diedr. **Bischoff.** Leipzig: Hesse 1905. X, 488 S. 8° (Bln.: Wunder)

Recens: H. 16 (1905) Nr 48 (K. Pistorius); Bh. 49 (1906) S. 40 (Ch. Gotthold); BZC. 35 (1906) S. 82—83.

cf. ML. 34 (1905—1906) S. 101—102 (O. Henckel); Z. 36 (1905—1906) S. 396 (H. Glücksmann); Bbl. 20 (1906) S. 63—64 (G. Diercks); Brh. 3 (1906) S. 89, 91, 93 (W. Kunis); BstF. 15 (1906) S. 131—132 (A. Feld); L. 29 (1906) S. 48 (P. Fischer); O. 31 (1906) S. 297—299 (K. Thiering); R. 33 (1906) S. 79 (G. Schauerhammer); S. 13 (1906) S. 45—47 (H. Merker); SL. 26 (1906) S. 27 (B. Hirsch); MW. 55 (1906) S. 665—668 (L. P. Walburgh Schmidt); Bifrost. 3 (1908) S. 76—77 (A. J. Lange).

TB. 446. Dem Verein deutscher Frmr gewidmeter utopistischer Roman in philosophischer Form.

**Masonia im Kampf der Zeit.** Weckruf zur Chemnitzer Heerschau des Vereins deutscher Freimaurer 3. u. 4. Sept. 1910. [Von Diedr. **Bischoff.**] [Leipzig 1910: Zechel.] 1 Bl. 8° [Kopftit.]

Ohne Noten: „Masonia, du Heimatland, . . ."

**Maurertum und Menschheitsbau.** Freimaurerische Gedanken zur socialen Frage von Diedr. **Bischoff.** Leipzig: Hesse 1900. 279 S. 8°

[Dasselbe.] 2. veränd. Aufl. 1902. XI, 417 S. 8° Berlin: Wunder

Recens: ML. 28 (1899—1900) S. 178 (O. Henckel); BrL. 17 (1899—1900) S. 87; Bh. 43 (1900) S. 151—152 (Chr. Gotthold); Bbl. 14 (1900) S. 401—402 (G. Diercks); Grenzboten. 59, 2 (1900) S. 407—408; L. 23 (1900) S. 72; Monatsschr. f. Stadt u. Land. 57 (1900) S. 1006—1007; R. 27 (1900) S. 36 bis 37 (A. Gündel); BZC. 29 (1900) S. 364 bis 366 (W. Wald).

Recens f. 2. Aufl. 1902 in: Al. 28 (1902) S. 79; Bh. 45 (1902) S. 288 (Ch. Gotthold); R. 29 (1902) S. 56; MCG. 12 (1903) S. 360—361 (G. A.); Protestantenblatt. 1903 No 30 Beil.; BayrBbl. 2 1901—1902 S. 342—343.

cf. f. 1. Aufl. HZC. 34 (1900—1901) S. 79—82 (Steinhäuser); S. 7 (1900) S. 61—63 (J. G. Findel); DrL. 30 (1900) S. 2772; Z. 32 (1901—1902) S. 455—456.

cf. f. 2. Aufl. DrL. 32 (1901—1902) S. 3044 (Weis); ML. 30 (1901—1902) S. 195 (O. Henckel); BstF. 11 (1902) S. 136—137 (A. Feld); L. 25 (1902) S. 64 (R. Fischer);

S. 9 (1902) S. 49—51 (J. G. Findel); FT. 9 (1902) S. 77 (A. J. Lange); Das Wort. 9 (1902) S. 279—280 (S. Miller); Acacia. (Paris) 1 (1902—1903) S. 79—81, 136—139 (O. Wirth).

**Merkblatt über Freimaurerei. Zusammengestellt von Diedrich Bischoff. Leipzig o. J.: Peter Nachf. 16 S. 8°. [Kopftit.]**

**Die Missionsarbeit der Freimaurer. Vortrag, gehalten in der ersten rheinischen Bezirksversammlung des Vereins deutscher Freimaurer zu Düsseldorf (25. April 1909) von D[iedr.] Bischoff. Berlin [1909]: Legal. 18 S. 8° [Umschlagtit.]**
Aus: H. 20 (1909) Nr 23.
Abgedr. in: S. 16 (1909) S. 52—65.

Bischoff, D., d. „Natur der Sache" als Rechtsquelle i. Gebiete d. Versicherungswesens. M. e. Anh.: Z. Frage n. d. rechtl. Bedeutg. e. Lebensversicherungsvertrages. gr. 8. (IV, 60 S.) Leipzig 895. M. Heinsius Nachf. n. 1.20

**Die Pflege des Gottesgedankens in der Loge. Von D[iedr.] Bischoff. Leipzig: Zechel [1908]. 78 S. 8° [Umschlagtit.]**
Aus: MitthVdF. 1907—1908 S. 76—153.
cf. FZ. 61 (1907) S. 351—352 (P. Rissmann), abgedr. in: Bh. 50 (1907) S. 394—395 und S. 14 (1907) S. 111—112. Vgl. ferner: L. 31 (1908) S. 215—220 (F. W. Schroeder); R. 35 (1908) S. 96; S. 15 (1908) S. 65—66 (F. Rackhorst); Bh. 53 (1910) S. 419.

— Die Pflege des Gottesgedankens in d. Loge. (78 S.) 8. Leipzig 908. B. Zechel. 1.
Sonderabdr. aus: „Jahrb. d. Ver. deut. Freimaurer".

**Taten der Loge. Ein Wort über den heutigen Beruf der Freimaurerlogen von Diedr. Bischoff. Leipzig: Hesse 1907. 53 S. 8°**
Aus: MitthVdF. 1906—1907 S. 39—69; S. 38 bis 42 sind abgedr. in: DrL. 37 (1906—1907) S. 128—132.
Recens: BayrBbl. 7 (1906—1907) S. 195—196 (G. Niehrenheim); Z. 37 (1906—1907) S. 459—466 (H. Glücksmann); Bbl. 21 (1907) S. 47 (G. Diercks); S. 14 (1907) S. 18 (F. Rackhorst).
cf. DrL. 37 (1906—1907) S. 140—141 (J. H. Papsdorf); Acacia. (Paris) [9] (1907) S. 283 bis 289 (O. Wirth); Bifrost. 2 (1907) S. 120 bis 121 (A. J. Lange); Brh. 4 (1907) S. 201 (W. Kunis); FZ. 61 (1907) S. 47; L. 30 (1907) S. 32 (P. Fischer); BZC. 36 (1907) S. 83; R. 35 (1908) S. 32 (G. Schauerhammer).
Quintessenz rechter Logenarbeit.

— Taten d. Loge. Ein Wort üb. d. heut. Beruf d. Freimaurerlogen. (53) gr8° Lpzg '07. Berl., F Wunder. — 50

**[Gedicht.] Verein deutscher Freimaurer. 1. Bezirksversammlung zu Chemnitz. Sonntag, den 12. Juni 1910. [Unterz.:] [Diedrich] Bischoff. o. O. u. J. 1 Bl. 2°. [Kopftit.]**
„Bruderbund — du stolzes, hehres" ...

**[Lied.] Dem Verein deutscher Freimaurer zu seiner Magdeburger Heerschau 21. und 22. Sept. 1907. [Von Diedr. Bischoff. o. O. 1907.] 1 Bl. 19,6 × 44,4 cm [Kopftit.]**
Ohne Noten: „Ihr kamt herbei aus allen deutschen Gauen, ..."

**Was bezweckt der Verein deutscher Freimaurer? Schlusswort zur ersten Berliner Bezirksversammlung (7. Febr. 1909) von D[iedr.] Bischoff. Berlin [1909]: Legal. 14. S. 8° [Umschlagtit.]**
Aus: H. 20 (1909) Nr 9.
cf. L. 32 (1909) S. 144 (P. Fischer).

**Das Wesen der Freimaurerei. Von D[iedr.] Bischoff. [Leipzig 1908: Marquart.] 8 S. 8° [Kopftit.]**
Aus: Grenzboten. 67,4 (1908) S. 22—31.
Abgedr. in: Al. 34 (1908) S. 214—215, 224—225, 234—235; Bh. 51 (1908) S. 394—397, 404—406; Brh. 5 (1908) S. 211, 213, 215, 217, 219; L. 31 (1908) S. 370—380; DrL. 39 (1908—1909) S. 155—164; FZ. 63 (1909) S. 25—31.
Aufklärungsschrift.

**Wesen und Ziele der Freimaurerei. Ein Vortrag von Diedr. Bischoff. Berlin: Wunder 1910. 106 S. 8°**
cf. °Leipziger Tagebl. vom 13. Febr. 1910; Brh. 7 (1910) S. 151; R. 37 (1910) S. 62—63 (R. Möckel).

Bischoff, Diedr.: Wesen u. Ziele d. Freimaurerei. Vortrag. (106) gr8° Berl., F Wunder '10. ‖ 2. Afl. (152) '12. 1.50

Bischoff, Erich, Babylonisch-Astrales im Weltbilde des Thalmud u. Midrasch. (VIII, 172 S. m. Abbildgn.) 8. Leipzig 907. J. C. Hinrichs' Verl. 4.50; geb. in Leinw. 5.40

Bischoff, Erich, d. Camarilla a. preuß. Hofe. E. geschichtl. Studie. 1. u. 2. Aufl. gr. 8. (VI, 50 S.) Leipzig 895. W. Friedrich. n. 1.—

Bischoff, Erich, die Camarilla am preußischen Hofe. Nebst e. Anh. üb. Censur, Preßfreiheit u. „ambulanten Gerichtsstand der Presse". Eine geschichtl. Studie. 3., verm. u. verb. Aufl. gr. 8. (IV, 57 S.) Leipzig 899. W. Friedrich. n. 1.—

Bischoff, E., jüdisch-deutscher Dolmetscher. Ein prakt. Jargon-Wörterbuch nebst kurzer Grammatik u. Gesprächen, Erzählgn., Redensarten etc., Kalender, Zahl-, Maß-, Münz- u. Gewichtstafel. 3., völlig neubearb. Aufl. (v. J. Wolff, die Geheimsprache der Handelsleute). 8. (96 S.) Leipzig 901. Th. Grieben. Kart. n. 1.20

— Erläutergn zu Goethe's Dichtg u. Wahrheit, s.: König's, W, Erläutergn zu d. Klassikern.

— Erläuterungen zu Goethes „Faust". 1. u. 2. Tl. 12. (91 u. 139 S.) Leipzig (901). H. Beyer. n. 1.20

— dass., s.: König's, W, Erläutergn zu d. Klassikern.

— dass. zu Goethe „Werthers Leiden"; zu „Gudrun"; zu Hebbel's „Gyges u. s. Ring"; zu Lessing's hamburg. Dramaturgie; z. Nibelungenliede; zu Sophokles' Elektra u. Philoktet; zu Walther v. d. Vogelweide, s.: König's, W, Erläutergn zu d. Klassikern.

— Erläuterungen zu „Gudrun",
— Erläuterungen zu Lessings Hamburg. Dramaturgie,
— Erläuterungen zu Lessings „Laokoon",
— Erläuterungen zu Schillers „Fiesko",
— Erläuterungen zu Schillers Kabale und Liebe,
— Erläuterungen zu Schillers Räubern,
— Erläuterungen zu Voß' „Luise" u. der 70. Geburtstag,
} s.: König's, Wilh., Erläuterungen zu den Klassikern.

— s.: Fremdwörterbuch der theosophischen Literatur.

— kritische Geschichte der Talmud-Übersetzungen aller Zeiten u. Zungen. gr. 8. (111 S.) Frankfurt a/M. 899. J. Kauffmann. n. 3. —

Jesus und die Rabbinen. Jesu Bergpredigt u. 'Himmelreich' in ihrer Unabhängigkeit v. Rabbinismus dargest. von Dr. Erich Bischoff. Leipzig: J. C. Hinrichs 1905. (114 S.) 8°
— Schriften d. Institutum Judaicum in Berlin. No 33. [05. 7700

Bischoff, Erich. Die Juden u. das Christenblut, s. Volksbibliothek, deutsche. 1. Reihe, 2. Heft.

— die Kabbalah, s. a. Bücherei, morgenländische. 2.

Die Kabbalah. Einführung in d. jüd. Mystik u. Geheimwissenschaft. Von Dr. Erich Bischoff. Mit 25 Abb. Leipzig: Th. Grieben 1903. (VII, 126 S.) 8° [04. 730

— s.: König's, Wilh., Erläuterungen zu den Klassikern.

— der Korân, s.: Bücherei, morgenländische. 4. Bd.

— e. jüdisch-deut. Leben Jesu. Tholdoth Jeschu ha-nozri, sche-hajah schenath scheloschah alaphim we-schibea meoth weschischschim libriath ha-olam. (Geschichte Jesu v. Nazareth, geboren im J. 3760 seit Erschaffg d. Welt.) Zum 1. Male nach d. Oxforder Orig.-Manuskript hrsg. 8° (61) Lpzg 95, W Friedrich. 2 —

— Los v. Gott? Eine Zeitfrage. (1.—4. Aufl.) (à 52 S.) gr. 8. Leipzig 906. Deutscher Kampf-Verlag. n. 1. —

Bischoff, Erich [aus Görlitz]: Prolegomena zu Dionysius Cato ... (Enth. nur Th. 1.) Erlangen, *Frommannsche Hof-Buchdr. Jena*, 1890; 3 Bl., 65 S. 8.
Erlangen, Phil. Fak., Inaug.-Diss. v. Okt. 1890

— Prolegomena zum sogenannten Dionysius Cato. 2., deutsche Ausg. der Diss. „Prol. in Dionysium Catonem" (1890). gr. 8. (V, 65 S.) Jena 898. (Leipzig, G. Fock.) n. 1. —

Im Reiche der Gnosis. Die mystischen Lehren d. jüdischen u. christl. Gnostizismus, d. Mandäismus u. Manichäismus u. ihr babylonisch-astraler Ursprung. Mit 20 Abb. Von Dr. Erich Bischoff. Leipzig: Th. Grieben 1906. (VIII, 147 S.) 8°
— Bücherei, Morgenländische. Bd 5. [07. 10029

— deutsche Sprachschule
— die Steuer-Einschätzung u. Reklamation
} s.: Wissen, eigenes.

— didaktische Stoffauswahl f. den Kanon der Ovidlektüre in Ober-Tertia auf Grund der neuen Lehrpläne. [Aus: „Zeitschr. f. d. Gymn.-Wesen".] gr. 8. (14 S.) Berlin 893. Merseburg, E. Bischoff's Selbstverl.
Nicht im Handel.

Thalmud-Katechismus. Von Dr. Erich Bischoff. Mit Abb. von seltenen Originalen. Leipzig: Grieben 1904. XII, 112 S. 8°
(Morgenländische Bücherei. 3.) [11. 5876 B

— was erbe ich, s.: Wissen, eigenes.

— gemeinverständliche Wechsel- u. Diskont-Lehre, s.: Wissen, eigenes.

Wie errichte ich e. Testament? Was erbe ich?, s.: Wissen, eigenes.

— wie führe ich meine Prozesse?, s.: Wissen, eigenes.

Bischoff, Erich (Hrsg.), s. Zeitschrift für wissenschaftliche Kritik und Antikritik.

Bischoff, Ernst, 1781–1861, Prof. d. Pharmakologie in Bonn, s. Bischoff, Christoph Heinrich Ernst

Bischoff, Ernst, a. München: Die Bedingungen der psychischen Energie. München 1906: R. Oldenbourg. (74 S.) 8°
München, Phil. Fak., Ref. Lipps, Diss. v. 19. Juli 1906
[Geb. 1. Juli 80 München; Wohnort: München; Staatsangeh.: Bayern; Vorbildung: Theresien-Gymn. München Reife Juli 00; Studium: München 1, Leipzig 1, München 9 S.; Rig. 19. Juli 06.]

Bischoff, Ernst [pr. u. int. Arzt a. d. k. Univ.-Frauenklinik in München]: Ein weiterer Beitrag zur chirurgischen Pathologie des Ellbogengelenks. . . . München, G. Franz'sche h. b. Hofbuchdr. (G. Emil Mayer), 1889; 2 Bl. + 31 S. u. 2 Taf. 8°
Würzburg, Med. Fak., Inaug.-Diss. v. 1889

Bischoff, Ernst. Ueber die Einwirkung v. salpetriger Säure auf Tetramethyldiamidobenzophenon u. diesem analoge Körper. Einige Derivate d. Desoxybenzoïns. Diss. gr. 8. (45 S.) Gött. 889, (Vandenhoeck u. Ruprecht). * 1 —

Bischoff, E., De fastis Graecorum antiquioribus. Diss. 1884. 52 S.
— — S.-A. cplt. 1884. 100 S.

Bischoff, Ernst *Gustav Heinrich* [aus Casnevitz]: Ueber Complication der Gravidität mit Ovarialtumoren. . . . Halle a. S., G. Schröter, Buchdr., 1891; 36 S., 2 Bl. 8°
Halle, Med. Fak., Inaug.-Diss. v. 22. Jul. 1891

Bischoff, Ernst: Lehrb. d. gerichtl. Psychiatrie f. Mediziner u. Juristen. (8, 275) Lex8° Wien, Urban & Schw. '12. 8 —; geb. n 10 —

Bischoff, Ernst, experimentelle Untersuchungen üb. die Beeinflussung associativer Vorgänge durch die Menstruation. Diss. (15 S.) gr. 8. Tübingen 904. F. Pietzcker. n.n. — 70

Bischoff, Ernst (Red.), s. Verbandskundgabe.

Bischoff, Ernst Friedr. [Dr.]: Das Lehrerkollegium des Nicolaigymnasiums in Leipzig 1816—1896/97. Biograph.-bibliograph. Beiträge z. Schulgeschichte. Leipzig, Kommv. d. Dürrschen Buchh., 1897; 76 S. 4.
Leipzig, Nicolai-G, OP 1897 (561)

BISCHOFF, Ernst Philipp Eduard (München): Mikroskopische Analyse der Anastomosen der Kopfnerven.- München: Lentner 1865. IV,52 S.,1 Bl.,Taf.
24.10.1865 - Urk (Titel: Analysis microscopica anastomosium nervorum capitis.); F 71
Diss. Ingolst.-Landsh.-Mchn.

Bischoff, Eugen

— u. Frz. Sales Meyer, D. Festdekoration i. Wort u. Bild. gr. 4. (XVII, 474 S. m. 472 Abb.) Leipzig 897. E. A. Seemann. n. 20. —; geb. in Leinw. n. 22. —; auch in 10 Lfgn. à n. 2. —

Bischoff, E., u. Frz. Sales Meyer, Architektonische Formenlehre. 2., gänzlich neubearb. Aufl. v. Hittenkofer's „Vergleichende architekton. Formenlehre". (In 10 Hftn.) 1.—8. Heft. (à 8 Taf.) 4. Leipzig (906). C. Scholtze. à n. 3. —

Bischoff, E., u. F. S. Meyer, architektonische Formenlehre. 2., gänzlich neugestaltete Aufl. v. Hittenkofer's „Architekton. Formenlehre". 10. Heft. (12 [2 farb.] Taf. m. III, 48 S. illustr. Text.) 34×25 cm. Leipzig (907). C. Scholtze. 3.—; (kplt. in Mappe 30. —)

Bischoff, E., Schmiedeeisen. 12 (autogr.) Blatt Vorlagen f. die grossherzogl. bad. Kunstgewerbeschule in Karlsruhe gr. Fol. Karlsruhe 891. J. Veith. n. 9. —

Bischoff, E., s.: Villa, die deutsche.

— Thdr. Krauth, Frz. Sales Meyer, der Zimmermann. Eine Sammlg. prakt. Vorbilder f. allerlei Zimmerwerke u. deren Einzelheiten. 1.—10. Lfg. Fol. (à 4 photolith. Taf.) Ravensburg 893. 894. O. Maier. à n. 2.—

Bischoff, Eug., Thdr. Krauth, Frz. Sales Meyer, d. Zimmermann. E. Sammlg. prakt. Vorbilder f. allerlei Zimmerwerke u. der. Einzelheiten. 11. u. 12. Lfg. Fol. (à 4 photolith. Taf. u. 1 Bl. Text.) Ravensburg 895. O. Maier. à n. 2. — (kplt. in Mappe: n. 25. —)

Bischoff (F.), Beiträge zur Analyse des Eisens. (Sonder-Abdr. a. Stahl und Eisen, 1902.) Düsseldorf 1902. 8. Mit Abb.

Bischoff, Ferdinand, Sächs. Kriminalgerichtsdirigent,
s. Bischoff, Wilhelm Ferdinand

Bischoff, Ferdinand
Bischoff, F.. Atlas des Bergwesens, s. Schwamkrug, R.

Bischoff, Ferd., Beiträge zur Geschichte des Magdeburgerrechts. Aus d. Sitzungsber. d. k. Akad. d. Wiss. abgedr. Wien 865. Gerold's Sohn in Comm. gr. 8. (40 S.) n. 5 ngr

Bischoff, Ferd. Beiträge zur Geschichte der Musikpflege in Steiermark. (Separat-Abdruck aus den Mittheilungen des historischen Vereines für Steiermark. 37. Heft. Graz 1889.)

Bischoff, F., Der Schladminger Bergbrief. Wien, 1891. 17 S.

Bischoff, Ferd., 1.—3. Bericht über Weisthümer-Forschungen in Steiermark. Lex.-8. (34; 34; 50 S.) Wien 876—78, (Gerold's Sohn.) 1. und 2. Bericht à ** 3. Bericht **
Aus: Sitzungsberichte der k. Akademie der Wissenschaften, besonders abgedruckt.

Bischoff, F., Chronik d. steiermärkischen Musikvereines. Festschrift zur Feier d. 75jähr. Bestehens d. Vereines. gr. 8. (VIII, 240 S.) Graz 890. (Leuschner & Lubensky.) n. 2. 80

Festschrift zum 40jährigen Stiftungsfeste der Burschenschaft Gothia am 22. November 1894. (Verf.: Ferdinand Bischoff.) Königsberg i. Pr. 1894: Hartung. (147 S.) 8° [illegible]

Bischoff, Ferd., steiermärkisches Landrecht d. Mittelalters. Hrsg. m. Unterstützg. d. k. k. Ministeriums f. Cultus u. Unterricht u. d. steiermärk. Landtages vom histor. Vereine f. Steiermark. gr. 8. (241 S.) Graz 875. Leuschner & Lubensky in Comm. n. 6. —

Bischoff, Ferd., das alte Recht der Armenier in Lemberg. (Aus dem Sitzungsbericht d. k. Akad. d. Wiss.) Wien 862. Gerold in Comm. gr. 8. (50 S.) n. 6 ngr

Bischoff, Dr. Ferdinand —. Deutsches Recht in Olmütz. Ein rechtsgeschichtliches Fragment. Von — —. Mit ungedruckten Urkunden. Olmütz. 1855. Druck von F. Slawik. (5 Bl. 68 S. 8. geh.)

— über einen deutschen Rechtscodex der Krakauer Universitäts-Bibliothek. Aus d. Sitzungsber. d. k. Akad. d. Wiss. abgedr. Ebend. 865. gr. 8. (29 S.) n. 5 ngr

— über eine Sammlung deutscher Schöffensprüche in einer krakauer Handschrift. Aus dem Archiv für Kunde österreich. Geschichtsquellen. Ebend. 867. gr. 8. (24 S.) n. 4 ngr

—— über das älteste Olmützer Stadtbuch. Lex.-8. (72 S.) Wien 877, (Gerold's Sohn.) *
Aus: Sitzungsberichte der k. Akademie der Wissenschaften, besonders abgedruckt.

Bischoff, Ferd., das Pettauer Stadtrecht vom J. 1376. Lex.-8. (52 S.) Wien 887, (Gerold's Sohn.) *
Aus: Sitzungsberichte der k. Akademie der Wissenschaften, besonders abgedruckt.

Bischoff, F., d. Pettauer Stadtrecht v. J. 1376. 8. (52) Wien 87, (Tempsky). n. — 80

Bischoff, Ferd., österreichische Stadtrechte und Privilegien mit Literaturangaben und Anmerkungen. Lex.-8. (VIII und 208 S.) Wien 856(57,) Braumüller. *

Bischoff, Ferd., und Ant. Schönbach, steirische und kärnthische Taidinge, s. Weisthümer, österreichische.

Bischoff, Dr. Ferdinand, Urkunden zur Geschichte der Armenier in Lemberg. (Aus dem XXXII. Bde. des von der k. Akad. d. Wiss. herausg. Archivs für Kunde österr. Geschichtsquellen besonders abgedruckt.) gr. 8. (115 S.) Wien, Gerold in Comm. 1864

Bischoff, Friedr. (geb. Walbeck in d. Altm. 27. 2. 1849): Die Erkrankungen an der Mündung der Pulmonalarterie. Berlin (1873). (30 S.) 8°
Berlin, Med. Diss. v. 2. Aug. 1873

Bischoff, Friedrich: Freimaurerreligion,
s. Bischoff, Diedrich

Bischoff, Friedrich Heinrich Theodor
Bischoff, Fr. H. Th., u. J. H. Möller, vergleich. Wörterbuch d. alten, mittleren u. neuen Geographie. gr. 8. (70 B.) Gotha 829, Becker.

— Friedrich Hermann Arnold (Helmstedt), De febre hectica. Diss. therap. Präs. Joh. Carl Friedr. Leune. Lpz. 15. IX. 1824. 38 S. (4.50) 2828
Gew.: Ludw. Chph. Althof.

Bischoff, (F. H. A.,) Dissert. de Febre hectica. 4maj. Dresdae, 824. (Lips., Göthe.)

Bischoff, Dr. Fritz. Gespräche Friedrichs des Grossen mit H. de Catt und dem Marchese Lucchesini. Kritisch festgestellte Auswahl, in deutscher Uebersetzung. 8. Leipzig 1885.

Bischoff, Fritz (geb. Schweidnitz 5. 1. 1856): Der Conjunctiv bei Chrestien. Schweidnitz (1881). (IV, 34 S.) 8° ¶ Vollst. ersch. Halle: M. Niemeyer 1881.
Berlin, Phil. Diss. v. 11. März 1881

Bischoff, Fritz, der Conjunctiv bei Chrestien. gr. 8. (IV, 126 S.) Halle 881. Niemeyer. n. 3. 60

Bischoff, G.: Gutachten betr. obligatorische Krankenversicherung, s. Christ, A.

Bischoff, G., die Strassenreinigung v. Paris. Aus e. Vortrage, geh. im Architekten- u. Ingenieur-Verein f. Niederrhein u. Westfalen am 20. I. 1902. gr. 8. (12 S.) Leipzig 902. F. Leineweber. n. — 70
Sonderabdruck aus: „Gesundheit".

1767. G. G. Bischoff's Beyträge zur Mathesis der Mühlen. Cöln am Rhein. 4.
Sur la position des ailes des moulins à vent.
S. d'Alembert opusc. mathem. Tom. 5. (1768) p. 148.

Bischoff, Georg Friedrich
I. Cantate zur Feier der □ □ Vereinigung im Or. von Hildesheim, 5824, verf. von J[os.] M[axim.] Grebe, in Musik gesetzt von G. F. Bischoff. [Hildesheim 1824.] 3 S. 8°
[Menge, G. F.: Gesch. d. Frmrloge Pforte z. Tempel d. Lichts. 1863 S. 343.]

Bischoff, G. F., 50 Lieder, zum Gebr. b. d. ersten Unterr. im Gesange. qu. 8. Hildesh. 823. Gerstenberg. 12 gGr 2e Aufl. (Mit e. Anh.) Halberst. u. (Leipz.) 829. Brüggemann. 8 gGr

Bischoff, G. F., 50 Lieder z. Gebr. bei d. ersten Unterr. im Gesange, zunächst f. d. unt. Classen d. K. Andreanums u. f. d. Töchterschulen zu Hildesheim bestimmt. Größtentheils zwei- u. dreistim. nach bekannt. u. nach eigen. neu. Melodieen bearb. 1. Samml. 2. Aufl. mit e. Anh. gr. 16. (4 B.) Halberstadt 829. [Leipzig, Weinedel.]

Bischoff, G. F., funfzig Lieder z. Gebr. bei d. ersten Unterr. im Gesange, zunächst f. d. unt. Classen d. Kgl. Andreanums u. f. d. Töchterschulen zu Hildesheim bestimmt. Größtenth. 2- u. 3stimmig nach bekannten u. nach eigenen Melodieen bearb. 1. Samml. 3. Aufl. (Mit e. Anh.) br. gr. 16. (4 B.) Leipzig (835), Weinedel.

—— 60 Lieder z. Gebr. ꝛc. 2. Samml. gr. 12. (⅙ B. u. 64 gest. Bl.) Hannover ..., [Nagel.]

— sechszig Lieder, zum Gebrauche bei dem ersten Unterricht im Gesange, zunächst für die untern Klassen des Königl. Andreanums und die Töchterschulen in Hildesheim bestimmt. 2stimm. nach bekannten u. nach eigenen Melodieen bearb. 3e Samml. br. gr. 16. Leipzig 834. Weinedel. ⅜ ℔

— Liederbuch, 1e. u. 2e Samml. enth. Lieder, z. Gebrauch bei d. ersten Unterr. im Gesange auf Schulen, mehrstimmig u. mit versch. Schlüsseln. Hannover 827, Bachmann. à 9 gr.

[Bischoff, Gottlieb.] (Peter Vischer-Passavant. Nebst drei artistischen Beilagen [Tafeln]: einem Portrait P. Vischers nach einer Zeichnung von Hier[onymus] Hess, gestochen von J[ohannes] Burger, und zwei Radierungen von P. V.) Njbl. Basler Künstlerges. 1864. 4. [Basel.]

Bischoff, Gottlieb Wilhelm

**Bischoff,** Gottl. Wilh., Beiträge zur Flora Deutschlands u. der Schweiz. 1. Lfg. Enthaltend die Cichorieen der deutschen u. schweizer. Flora m. Ausschluss der Gattung Hieracium. gr. 8. (XX u. 342 S.) Heidelberg 851, Groos. n. 2 ℔

— die Botanik in ihren Grundrissen mit Rücksicht auf ihre histor. Entwickelung. [Aus d. „Neuen Encyklopädie der Wissensch. u. Künste" Bd. III. abgedr.] Lex. 8. (IV u. 138 S.) Stuttgart 848, Franckh. 21 ngr

Bischoff, Gottl. Wilh., medicinisch-pharmaceut. Botanik. Ein Handbuch für Deutschlands Aerzte u. Pharmaceuten. 4 Lfgn. gr. 8. (55⅝ B.) Erlangen 843, 44, Enke. Lfg. 1—3 à * 1 Thlr. Lfg. 4 * 1 Thlr. 15 Ngr. *

— dies. Nachträge zur 1. Aufl. gr. 8. (42 S.) Ebend. 847. n. 6 ngr

— medicinisch-pharmaceutische Botanik. Ein Handbuch für Deutschlands Aerzte u. Pharmaceuten. 2. verm. Ausg. gr. 8. (XII, 875 u. 42 S.) Erlangen 847, Enke. n. 3 ℔ 4 ngr

Bischoff (G. W.). Chareen und Equiseteen Deutschlands . . . Nuernb. 1823. 4°.

— die Kryptogam. Gewächse, mit besond. Berücksichtigung d. Flora Deutschlands u. d. Schweiz, organograph. anatomisch, physiolog. u. systemat. bearbeitet. 1e Lief. Mit 6 Kpf. gr. 4. Nürnb. 827, Schrag.

Bischoff, Gtli. Wilh., die kryptogam. Gewächse, mit besond. Berücksichtigung d. Flora Deutschlands u. d. Schweiz, organograph., anatom., physiolog. u. systematisch bearb. 1. Lfg. Chareen u. Equiseteen. gr. 4. (9 B., 5 Kpfr.- u. 1 Stnt.) Nürnberg 828, Schrag.

—— dass. 2. Lfg. — A. u. d. T.: Die Rhizokarpen u. Lycopodeen organograph., phytonom. u. systematisch bearb. M. 5 Kpfr.- u. 4 Stnt. gr. 4. (9 B.) Nürnberg 828, Schrag. Thlr.

Bischoff, Gtli. Wilh., Grundriß d. medicin Botanik, als Leitf. bei Vorlesn., so wie z. Selbststud. u. bei . repetitor. Uebersicht f. Studirende; auch z. Gebr. f. A... u. Pharmaceuten. N. d. natürl. Familien d. Gewächsreiches, mit Angabe d. Linnéschen Klassificat. bearb. 2 Abthln. gr. 8. (33½ B.) Heidelberg 831, 32, A. Oßwald.

— s. Guibourt, pharmaceut. Waarenkunde.

—— Handbuch d. botan. Terminologie u. Systemkunde. Als 2., nach e. völlig veränd. u. erweit. Plane umgearb. Ausg. d. botan. Kunstsprache in Umrissen. 1. Hälfte, u. 2. H. 1. u. 2. Lfg. gr. 4. Nürnberg, Schrag.
1. Hälfte. (35¼ B. u. Stnt. 1—21.) 830. 2 Thlr. 12 Gr.
2. „ [ 1. Lfg. (B. 1—20. u. Stnt. 22—35.) 831. 2 Thlr.
2. „ (B. 21—41. u. Stnt. 36—46. u. Erklär.) 833. 2 Thlr.

Bischoff, Gttlieb. Wilh., Handbuch d. botan. Terminologie u. Systemkunde. 2. Hälfte. 3—5. Abthl. gr. 4. Nürnberg, Schrag.
2. Hälfte 3. Abthl. (B. 42—61. u. Stnt. 47—58. u. Erklär.) 838. 2 Thlr.
4. „ (B. 62—76. u. Stnt. 59—66. u. Erklär.) 842. 1 Thlr. 12 Gr.
5. „ (B. 77—100 u. Stnt. 67—77. u. Erklär.) 842. 2 Thlr. 12 Gr.
1. u. 2. Hälfte 1. u. 2. Lfg. Ebendas. 1830—33. 6 Thlr. 12 Gr.

—— Handbuch d. botan. Terminologie u. Systemkunde. 2. Hälfte. 6. u. 7. Abthl. gr. 4. Nürnberg 843 J. L. Schrag.
2. Hälfte 6. Abthl. Die Systemkunde. (26⅝ B. u. 4 Tab.) 843. 2 Thlr.
„ „ 7. (letzte Abthl.) Das Register. (46½ B.) 844. 2 Thlr. 15 Ngr.
1. u. 2. Hälfte 1—5. Abthl. Ebendas. 1830—42. 12 Thlr. 15 Ngr.

—— Handbuch der botanischen Terminologie und Systemkunde. Nürnberg, Schrag. 1833—44. III Bände. 4. — I: 1833 xvi, 581, 44 p., 47 tab. — II: 1842. x, p. 583—1047, 30 tab. sign. 48—77. et 90 p. Erklärung. — III: 1844. vi, p. 1051—1609. (16⅓ th.)
Volumen primum sistit terminos plantarum phanerogamarum: 6 th. — volumen alterum terminologiam cryptogamarum: 5⅓ th. — volumen tertium cognitionem systematum et indices: 6⅓ th. — Sectio prima et altera prodierunt anno 1860 novis titulis «Allgemeine Uebersicht der Organisation der phanerogamischen und kryptogamischen Pflanzen», pretio 6⅔ th. n.

—— De Hepaticis inprimis tribuum Marchantiearum et Ricciearum commentatio. Heidelbergae 1835. 4. 40 p., 1 tab.

— die botan. Kunstsprache in Umrissen, nebst erläut. Texte, zum Gebr. bei Vorles. u. zum Selbstunterricht. Mit 21 lithogr. Taf. Fol. Nürnb. 822. Schrag. 2 ℔ 12 gr 2e A. s. oben Handbuch.

**Bischoff,** *Gottlieb Wilhelm.* Lehrbuch der allgemeinen Botanik. (Naturgeschichte der drei Reiche, Band 4 und 5.) 3 Abtheilungen. Stuttgart 1834—39. 8. — I: 1834. lxx, 479 p. — II: 1836. 548 p. — III: 1839. 839 p., 16 tab. (13 *th.*)

—— Lehrbuch d. Botanik. 1—3. Bd. gr. 8. Stuttgart, Schweizerbart's Vrlsh.
Bd. 1. Allgem. Botanik. I. (30 B.) 834. 2 Thlr.
„ 2. 2 Thle. dasselbe. II. III. [1. (38⅝ B. u. 16 ill. u. schw. Stnt.) 836. 3 Thlr., 2. (52⅝ B.) 840. 3 Thlr.] 6 Thlr.
„ 3. 2 Thle. Specielle Botanik. I. II. [1. (33¼ B.) 2 Thlr., 2. (48⅝ B.) 840. 3 Thlr.] 5 Thlr.
Vgl. dess., Naturgeschichte d. drei Reiche.

— s. Naturgeschichte d. drei Reiche.

—— plantae medicinales secund. method. Candollei naturalem in conspectum relatae, adjectis medicamentis, quae praebent, simplicibus. In usum auditor. 4 maj. (3 B.) Heidelberg 829, A. Osswald.

— s.: Register zu d. Taf. d. Handbuchs der botan. Terminologie. — Tafeln zur Kryptogamen-Kunde. — Tafeln der phanerogamen Pflanzen.

— de plantarum, praesertim cryptogamicarum, transitu et analogia, commentatio. 8 maj. Heidelb. 825, Mohr.

Bischoff, G. W., allgemeine Uebersicht der Organisation der phanerogamen und kryptogamen Pflanzen. 3911 lithogr. Abbildgn. auf 77 Taf. mit organologischem, systematischem u. Namenregister. (Abdruck aus dem Handbuche der botan. Terminologie u. Systemkunde.) 2 Abthlgn. Neue wohlfeile Ausgabe. Leipzig 860. Schrag. 4. n. 4 ℔ 20 ngr.
Inhalt: 1. Abthlg.: Phanerogamen-Kunde mit 2200 Abbildgn. auf 47 Tafeln. (23 S. Text.) n. 2 ℔ 20 ngr. — 2. Abthlg.: Kryptogamen-Kunde mit 1711 Abbildgn. auf 30 Tafeln. (19 S. Text.) n. 2 ℔

(——) Uebersicht des Linneischen Sexualsystems. 1 lith. Tabelle in Fol. Heidelberg 829, A. Osswald.

— Umbelliferae, s.: Genera plantarum florae Germanicae.

Bischoff, Gottlieb Wilh., Wörterbuch der beschreibenden Botanik, s. Naturgeschichte der drei Reiche.

—— Wörterbuch der beschreibenden Botanik oder die Kunstausdrücke, welche zum Verstehen der phytographischen Schriften nothwendig sind. Lateinisch-deutsch und deutsch-lateinisch bearbeitet, alphabetisch geordnet und erklärt. Stuttgart 1839. 8. 283 p. (1 *th.*) — * Zweite verbesserte und vermehrte Auflage mit Berücksichtigung der neueren botanischen Schriften. Bearbeitet von Professor J. A. Schmidt. Stuttgart, Schweizerbart. 1857. 8. 230 p. (1 *th.*)

Bischoff, Gustav Adolph Friedr. Wilh., s. Bischoff, Adolph

Bischoff, H., die Chrysididen des königl. zoolog. Museums zu Berlin, s.: Mitteilungen aus dem zoolog. Museum in Berlin. IV. 3.

— Hymenoptera fossoria, s: Ergebnisse, Wissenschaftl., d. deut. Zentral-Afrika-Exped. '07—8 unter Führg Adolf Friedrichs, Herzog zu Mecklenburg.

Bischoff, H. Die Theater-Agenturen ein sociales Uebel f. Bühnenvorstände u. Bühnen-Mitglieder. Mit Angabe d. Mittel zur Beseitigg. dieses Uebels. gr. 8. (93 S.) Berl. 891, [Walther u. Apolant.] Walther. * 2 —

Bischoff, Hagenbach-, s. Hagenbach-Bischoff

Bischoff, Hans
Bischoff, H, s: Bibliothek v. Coler- v. Schjerning, Lehrb. d. Militärhygiene.

Bischoff, H. Biographie des Troubadours Bernhard von Ventadorn. Diss. Göttingen 1873. 82 S.

Bischoff, Hans, Biographie des Troubadours Bernhard v. Ventadorn. Inaugural-Dissertation. 8. (82 S.) Berlin 874, Dümmler's Verlag. *

— Hans (Neu-Schönefeld/Lpz.), Blutuntersuchungen an mit Tuberculin behandelten Tuberculösen. Diss. med.-chir. Bln. (G. Schade [O. Francke]) 31. VII. 1891. 31 S., mit Biogr. (3.—) 2829

Oppon.: Karl Christel, Rud. Grässner, Wilh. Mixius.

— Ernährg u. Nahrgsmittel, s: Sammlung Göschen 464.

Bischoff, Hans (Hrsg.), s. Jahresberichte üb. d. Leistungen u. Fortschritte auf d. Geb. d. Militärsanitätswesens.

— s.: Lehrbuch der Militärhygiene.

— s.: Zeitschrift, deutsche militärärztliche.

Richard Bredenbrücker, der südtirolische Dorfdichter. Eine literar. Studie von Heinrich Bischoff, Prof., Lüttich. *Stuttgart: A. Bonz & Co. 1903.* (87 S.) 8° [F.]

— s.: Erfolg, der persönliche.

Bischoff, H., der persönl. Erfolg. Magnetismus, Hypnotismus, Gedankenkraft u. Fernwirkg., Willensenergie. 4 Tle. in 1 Bde. (III, 86, 90, 106 u. 92 S. m. 1 Taf.) 8. Braunschweig 909. Leipzig, M. Altmann. Geb. in Leinw. 6. —

— Gedankenkraft. (Fernwirkung I—III.) (S. 1—92.) 8. Ebd. 907/8. à 2. —

— Heinrich Hansjakob, der Schwarzwälder Dorfdichter. Eine literar. Studie. (139 S. m. 1 Bildnis.) 8. Kassel 904. [G. Weiß.] Ohlau, F. Leichter. n. 1. 60, geb. in Leinw. n. 2. 20

Ⓑ Bischoff, Heinrich, Heinrich Hansjakob. 904. Text: Stuttgart, A. Bonz & Co.

Bischoff, Heinrich: Unsere dritte Nationalsprache, ihre Geschichte und ihre Rechte. Gent 1907. Hoste 14 S.

Ludwig Tieck als Dramaturg v. Heinrich Bischoff. *Bruxelles: Office de Publicité 1897.* (2 Bl., 124 S., 1 Bl.) 1 Bd 8.
— Bibliothèque de la faculté de philosophie et lettres de l'Univ. de Liége. Fasc. II.

Bischoff, Heinr. Thdr. Körners „Zriny", nebst e. allgemeinen Uebersicht über Thdr. Körner als Dramatiker. gr. 8. (90 S.) Lpz. 891, Fock. * 1 50

Das deutsche Lied. Von H(ermann) Bischoff. Mit 22 Vollbild. u. 14 Notenbeilagen. (Berlin): Bard, Marquardt & Co. [1905]. (110 S.) 8°
= Musik, Die. Bd 16. 17.

Bischoff, Hugo. Das Caryophyllinenroth. Ein Beitrag zur Kenntnis der Pflanzenfarbstoffe. Tübingen, 1876. Diss.

Bischoff, Jak., Abendblätter der Liebe an Helena. 8. Nürnb. 808. Bauer u. R. 8 gr

Bischoff, Jakob, s. Blätter, humoristische

Bischof, Jak., Dina das Judenmädchen aus Franken. Ein tragisches Familiengemälde, dramat. bearb. (in 5 Aufz.). 2. Aufl. Fürth, 1805, im Bureau f. Lit. 8°. Hersb., hübsches Expl.
In Prosa. XII–180 S. Zeit: Letztes Jahrzehnd d. 18. Jhdts. — Ed. I. 1802.

— Dina, das Judenmädchen aus Franken. 8. Fürth 805. 2e A. ... (Campe in Nürnb). 16 gr

— der Geisterseher, e. Arabeske. 8. Fürth 806. Korn. 16 gr
2e Aufl. ... 14 gr

Bischoff, Jakob, s. Post- u. Reisehandbuch

Bischoff, Ign. Ueber das Geoid. Diss. gr. 8. (VI, 32 S. m. 1 Taf.) Münch. 889, (Kaiser). * 1 —

Bischoff, Ignaz [Privatdoz. a. d. techn. Hochschule München]: Ueber das Geoid. ... München, akad. Buchdr. v. F. Straub, 1889; IV S. + 1 Bl. + 32 S. u. 1 Taf. 8°
München, Phil. Fak., Inaug.-Diss. v. 1889

Bischoff (von Altenstern), Ignaz Rudolph: Abhandlung über die Lungenschwindsucht. 64 S., gbd.

Wien: Strauss 1840
(Bischoff (von Altenstern), I.R.: Grundsätze zur Erkenntniss und Behandlung der chronischen Krankheiten. Bd 2, Lieferung 1)

Bischoff, Ign. Rud., Ansichten üb. das bisherige Heilverfahren u. homöopath. Krankheitslehre. gr. 8. Prag 819. Calve. 18 gr

Bischoff (von Altenstern), Ignaz Rudolph: Ansichten über das bisherige Heilverfahren und über die ersten Grundsätze der homöopathischen Krankheitslehre. 134 S., gbd.

Prag: Tempsky 1819

— s. Belehrung üb. d. Kennzeichen d. Cholera.

Bischoff (von Altenstern), Ignaz Rudolph: Beobachtungen über den Typhus und die Nervenfieber, nebst ihrer Behandlung. Mit beygefügten Krankengeschichten aus der Klinik. 259 S., gbd.

Prag: Widtmann 1814

Bischoff, Ign. Rud., Beobachtt. üb. d. Typhus u. d. Nervenfieber, nebst ihrer Behandl. gr. 8. Prag 815. Widtmann. 1 ₰ 8 gr

Bischoff, Edler von Altenstern, Ign. Rud., die häutige Bräune und die Gehirnentzündung, besond. jene der Kinder, durch Erfahrungen am Krankenbette erläut. (Ein Abdruck aus dessen Grundsätzen der prakt. Heilkunde.) gr. 8. Wien 837. (Gerold; von Mösle's Wittwe u. Braumüller.) n. 2/3 ₰

Bischoff von Altenstern, Ignaz Rudolph: Die häutige Bräune und die Gehirnentzündung, besonders jene der Kinder, durch Erfahrungen am Krankenbette erläutert. 164 S., gbd.

Wien: typ. Strauss 1837
aus: Bischoff (von Altenstern), I.R.: Grundsätze der praktischen Heilkunde. Bd 2, Abth.2. 2.Aufl. 1830

Bischoff (von Altenstern), Ignaz Rudolph: Darstellung der Heilungsmethode in der medicinischen Klinik an der kaiserl.königl.medicinisch-chirurgischen Joseph's-Academie. In den Jahren 1826 und 1827. 396 S., gbd.

Wien: Wallishausser 1829

Bischoff (von Altenstern), Ignaz Rudolph: Darstellung der Heilungsmethode in der medicinischen Klinik für Wundärzte, in dem k.k. allgemeinen Krankenhause zu Prag. Im Jahre 1823. 339 S., gbd.

Prag: Calve 1825

— klinische Denkwürdigkeiten. A. u. d. T.: Darstell. d. Heilungsmethode in d. medicin. Klinik, f. Wundärzte in d. k. k. allgem. Krankenhause zu Prag. Im Jahre 1823. gr. 8. Prag 825. Calve. 1 Thlr 20 Gr

— die Fieber, in einer Tabelle vorgestellt. gr. Fol. Prag 815. Calve. 8 Gr (1816)

—— Geschichte einer durch 18 Monate anhalt. Schlafsucht. Besond. Abdruck a. d. Werke: Darstellung d. Heilungsmethode in d. medicin. Klinik an d. k. k. Josephs-Akademie. gr. 8. (3 B.) Wien 829, Wallishausser.

Bischoff von Altenstern, Ignaz Rudolph: Grundsätze zur Diagnostik und Therapeutik der Fieber und Entzündungen. 2.umgearb.Aufl. Neue unveränd.Ausg. Wien: 1850

s.: Bischoff von Altenstern, I.R.: Grundsätze zur Erkenntniss und Behandlung der Fieber und Entzündungen, nebst Anleitung zu dem Krankenexamen. 2.umgearb.Aufl. Neue unveränd.Ausg.

—— Grundsätze zur Erkenntn. u. Behandlung d. Fieber u. Entzündungen (nebst Anleit. zu d. Krankenexamen.) 2., umgearb. Aufl. gr. 8. (35 B. u. Titlvign.) Wien 830, (Gerold.)

— Grundsätze zur Erkenntniß u. Behandlung d. Fieber u. Entzündungen. 2e umgearb. Aufl. gr. 8. Wien 830. (Wallishauser). 3 Thlr 12 Gr (Gerold). 3 Thlr 8 Gr

Bischoff (von Altenstern), Ignaz Rudolph: Grundsätze zur Erkenntniss und Behandlung der Fieber und Entzündungen, nebst Anleitung zu dem Krankenexamen. 2.umgearb.Aufl. 548 S., gbd., Abb.

Wien: typ.Strauss 1830

Bischoff von Altenstern, Ignaz Rudolph: Grundsätze zur Erkenntniss und Behandlung der Fieber und Entzündungen, nebst Anleitung zu dem Krankenexamen. 2.umgearb.Aufl. Neue unveränd.Ausg. 548 S., gbd.

Wien: Braumüller 1850

—— Grundsätze zur Erkenntniss u. Behandlung der chronischen Krankheiten. 1. Bd. gr. 8. (22½ B.) Wien 830, (Gerold.) (Wallishauser)

Bischoff (von Altenstern), Ignaz Rudolph: Grundsätze der Erkenntniss und Behandlung der chronischen Krankheiten. Bd 1 - 2/1, gbd.

Wien: Strauss 1830 - 1840
Bd 2, Lfg 1: Bischoff (von Altenstern), I.R.: Abhandlung über die Lungenschwindsucht. 1840

Bischoff (von Altenstern), Ignaz Rudolph: Grundsätze der praktischen Heilkunde durch Krankheitsfälle erläutert. Zum Gebrauche für Wundärzte.

Prag: Haase, Sommer u.Calve 1823-1825
Bd 1: Bischoff (von Altenstern), I.R.: Die Lehre von den Fiebern... 1823
Bd 2, Abth.1: Bischoff (von Altenstern), I.R.: Die Lehre von den Entzündungen der Brust und des Unterleibes... 1823
Bd 2, Abth.2: Bischoff (von Altenstern), I.R.: Die Lehre von den Entzündungen der Organe des Kopfes und des Halses... 1825

— Grundzüge der Naturlehre des Menschen, von seinem Werden bis zum Tode. Mit vorzügl. Hinsicht auf die prakt. Medicin bearb. 1e u. 2e Abtheil. gr. 8. Wien 837, 38. (v. Mösle's Wittwe u. Braumüller.) n. 1 2/3 Thlr — dass. 3e Abtheil. A. u. d. T.: Die Verrichtungen der Verdauung, des Kreislaufs und des Athmens. gr. 8. Ebd. 838. n. 1 Thlr — dass. 4e (letzte) Abtheil. Mit vollständ. Registern. A. u. d. T.: Grundzüge der speciellen Naturlehre des Menschen. gr. 8. Ebd. 839. n. 1 Thlr Alle 4 Abtheill. n. 3 2/3 Thlr (Ist auch bei Gerold zu haben.)

Bischoff von Altenstern, Ignaz Rudolph: Grundzüge der Naturlehre des Menschen von seinem Werden bis zum Tode. Bd 1 - 4, gbd.

Wien: Strauss 1838 - 1839

Bischoff, Ignaz Rudolf (Hrsg.), s. Jahrbuch, Klinisches, über das Heilverfahren in der medicinisch-practischen Schule für Wundärzte in dem K.K. allgem. Krankenhause zu Prag.

— die chronischen Krankheiten im weitern Sinne, in e. Tabelle vorgestellt. gr. Roy.-Fol. Prag 816. Calve. 16 Gr

Bischoff (von Altenstern), Ignaz Rudolph: Die Lehre von den Entzündungen der Brust und des Unterleibes durch Krankheitsfälle erläutert. Zum Gebrauche für Wundärzte. 231 S., gbd.

Prag: Haase u.Calve 1823
(Bischoff (von Altenstern), I.R.: Grundsätze der praktischen Heilkunde durch Krankheitsfälle erläutert. Bd 2, Abth.1)

Bischoff (von Altenstern), Ignaz Rudolph: Die Lehre von den Entzündungen des Kopfes und des Halses durch Krankheitsfälle erläutert. Mit besonderer Rücksicht auf die hitzige Gehirnwassersucht des kindlichen Alters und auf die häutige Bräune. 217 S., gbd.

Prag: Sommer u.Calve 1825
(Bischoff (von Altenstern), I.R.: Grundsätze der praktischen Heilkunde durch Krankheitsfälle erläutert. Bd 2, Abth.2)

Bischoff (von Altenstern), Ignaz Rudolph: Die Lehre von den Fiebern durch Krankheitsfälle erläutert. Zum Gebrauche für Wundärzte. 283 S., gbd.

Prag: Haase u.Calve 1823
(Bischoff (von Altenstern), I.R.: Grundsätze der praktischen Heilkunde durch Krankheitsfälle erläutert. Bd 1)

Bischoff (von Altenstern), Ignaz Rudolph: Trauerrede zum Andenken des k.k.Rathes, Stabsfeldarztes und Professors Dr.Wilhelm Joseph Schmitt. Gehalten im Hörsaale der k. k.medicinisch-chirurgischen Josephs-Academie. 19 S., gbd.

Wien: typ.Wallishausser 1829

Bischoff, Edler v. Altenstern, Ign. Rud., üb. Vergiftungen, nebst einigen Versuchen an Thieren, welche in den physiolog. Vorlesungen an d. k. k. Josephs-Academie m. Blausäure, Cyankalium u. Arsenik angestellt wurden. gr. 8. (1 B.) Wien 811, Braumüller u. Seidel. *
Aus: Medizin. Jahrbücher d. österr. Staaten besond. abgedruckt.

— s. Wawrauch, A. J., prakt. Monographie der Bandwurmkrankheit.

Bischoff, ..., s. Wort, dringendes, an Eltern u. Seelsorger.

**Bischoff, Johann.** Praktische Abhandlung der Dioptrik, ... Neue Auflage. Stuttgart 1800. II: *Jäger, Ph. Fr.* (Ky) (MGT)

— prakt. Abhandl, d. Dioptrik. M. 10 Kpf. gr. 8. Stuttg.... Neue mit Zusätzen verm. Aufl. (v. J. P. Jäger). 800. Metzler. 1 Thlr 12 Gr

* M. *Johann Bischoffs* praktische Abhandlung der Dioptrik, in welcher die Eigenschaften und Gebrauch der sphärischen Gläser den Anfängern zur Erleichterung und manchen andern zur Bequemlichkeit durch Zeichnung und Rechnung aus zweyen Grundgläsern hergeleitet und in deutlichen Figuren gezeigt werden. Mit IX. Kupfertafeln. Stuttgard bei Johann Benedict Metzler. gr. 8. 344. Seiten, 15 Bl. Titel. &c. (1 Rthlr. 8 Gr.)

* M. *Johann Bischoffs* neue optische Beyträge hauptsächlich zu Vergrösserungsgläsern und einigen merkwürdigen Vortheilen bei Fernröhren. Mit Kupfern. Ulm, Frankfurt und Leipzig. Auf Kosten der Gaumschen Handlung. In 8. 3 Bl. Titel etc. 69 Seiten, 2 Kupfertafeln.

**Bischof, Jh., Beiträge z. Optik ꝛc. 8. Ulm 764. Stettin. 3 gr**

Bischoff, Johann Chr.
**Bischoff, J. Chr., Cantarium.** Sammlung meist-gebräuchl. liturg. Gesänge. Im Auftrage d. hochwürdigsten bischöfl. Ordinariates v. St. Gallen hrsg. 8. (272 S.) St. Gallen 883. Moriell. n. 1.20

**Bischoff, J. Ch.** Cantarium. Sammlg. meistgebräuchlicher liturgischer Gesänge. In-8°, St. Gallen, F. J. Moriell. 1884 1 50

— drei St. Gallische **Choralmessen** u. e. harmonisirte Messe. [Aus: „Cantarium".] 8. (35 S.) Ebend. 884. — 80

**Bischoff, Chr.** Messe zu Ehren der h. h. unschuldigen Kinder. In-4°, 36 S. Einsiedeln, Benziger. brosch. 1878 1 25

**Bischoff, Joh. Chr., missa in honorem S. S. Innocentium M. M. ad II aequales vel IV voces inaequales et organum. Messe zu Ehren der h.h. unschuldigen** Kinder leicht ausführbar mit 2 gleichen oder 4 ungleichen Stimmen [Sopran, Alt, Tenor u. Bass] u. Orgel. hoch 4. (32 S.) Einsiedeln 879. Benziger. 1. 5

— **Joh. Christ. Ludw.** (Ludwigsburg), De rite formanda indicatione antasthenica. Tl. II. Präs. Wilh. Gottfr. Ploucquet. Tübing. (Fues) Septbr. 1799. 27 S. (4.—) 2830

Bischoff, Johann Christoph (gest. 1774), s. Bischof, Johann Christoph

— **Joh. Friedrich,** Spec. observat. historicarum . . pro vacante histor. cathedra tradebat. **Jacob Christoph Beck.** Basel (Ww. Joh. Conr. von Mechel) 12. VII. 1737. 4 Bl. (3.50) 2831

Bischoff, Johann Jakob
**Bischoff, Jh. Jak., Einsegnungsrede, s. Schaffner, M., Antrittspredigt.**

**Bischoff, J. J., Einsegnungsrede, s. Antrittspredigt.**

Bischoff, J[ohann] J[acob]. Das Gedächtniss der Gerechten bleibt im Segen. Leichenrede, gehalten bei der Beerdigung von Frau Katharina Zaeslin, geb. Falkeisen, den 12. Heumonat 1845 in der Kirche zu St. Theodor [zu Basel]. 8. [Basel.]

Bischoff, J[ohann] J[acob]. Leichenrede, bei der Beerdigung Herrn M. Johann Franz Bleyenstein, gewesenen Pfarrers in Langenbruck, den 6ten April 1837 im Münster zu Basel gehalten von J. J. B'.... 8. Basel.

Bischoff, J[ohann] J[acob]. Leichenrede, bei der Beerdigung von Frau Judith Linder, geb. Munzinger.... auf dem Gottesacker von St. Theodor [zu Basel]... den 15. April 1848 gehalten durch J. J. B'. Pfarrer. 8. Basel 1848.

Bischoff, Johann Jacob s. Predigten. Vier P. Basel.

**Bischoff, J. J., zur Prophylaxis des Puerperalfiebers. Vortrag, gehalten an der 12. Versammlung des ärztl. Centralvereins in Olten. Lex.-8. (15 S.) Basel 876, Schwabe. ***

Bischoff, J[ohann] J[acob]. Zuschrift an die St. Theodors-Gemeinde [zu Basel] von ihrem bisherigen Pfarrer J. J. B', bei Anlass seines Rücktritts vom Pfarramt im Mai 1864. Statt einer Abschiedspredigt. 8. Basel.

**Bischoff. Johann Jakob Alfred [prakt. Arzt]: Über Gonorrhoe im Wochenbett. Basel 1901. 62 S. 1 Tab. 8°. (Genehmigt im Dezember 1897.)**
Basel. Med. Diss. 1900,1901. (Reinhardt)

Bischoff, Johann Nikolaus, s. Abhandlung üb. d. jurist. Styl

. Arbeit-□ I. 18$\frac{2}{11}$16. — in der □ z. goldnen Apfel in Dresden vorgetr. v. [Joh. Nikol.] **B[ischo]ff.** [Dresden 1816.] 2 Bl. 4° [Kopftit.]
**Auslegung des Wortes: Joh. 1, 1—11 u. 14: Im Anfang war das Wort . . . im Sinne der Frmrei.**

— — Comment. histor.-polit. ad edictum ducale, die gegenwärtigen u. künftigen fürstl. Cammerschulden betreffend, ipsis maii calend. h. a. per terras Brunsvico-Guelferbytanas promulgatum; sive oratio de aere principum alieno. Helmstedt (C. G. Fleckeisen) 1794. 43 S. (1.20) 2834

**— pragmat. Darstell. d. Europ. Staatshändel, vom Tode Friedrich II. bis zum Tode Joseph II. gr. 8. Linz 790. (Fleckeisen in Helmst.) 18 gr**

**Feyer des zwölften Jänners 1790. Der S. E. Loge Zur Gekrönten Säule zu Braunschweig vorgesungen vom Br. [Joh. Nikol.] B[ischo]ff.** Helmstädt [1790]: Leuckart & S. 2 Bl. 4° [Umschlagtit.]
Kl. 1093. Lied ohne Noten: „Auf, Maurer, singet heut . . ."

**Die Feyer des Maurers bey der beglückten Wiederkehr des Geburts-Festes des Hochw. Durchlauchtigsten Herzogs und Herrn Herrn Ferdinands Herzogs zu Braunschweig-Lüneburg etc. vorgelesen in der □ zur gekrönten Säule [in Braunschweig] am 18. Jan. 1788 vom Br. [Joh. Nikol.] Bischoff. Braunschweig [1788]: Kolb. 6 Bl. 4°**
Kl. 1078. Gedicht in Hexametern: „Ferdinand! — lieblicher Ton dem Welfen, dem Maurer. der Menschheit; . . ."

**Bischoff, J. N.:** Comment. historico-jurid. de feudis oblat. *Helmst.*, Fleckeisen. (P. 1.) 790. 8. (8 Gr.)

— **Johann Nicolaus,** De feudis oblatis. Diss. jur. Helmstedt (M. G. Leuckart & S.) 21. V. 1790. 76 S. (5.—) 2832

**Bischoff, J. Nicol.:** P. A. Fonk u. Ch. Hamacher, deren Richter u. d. Riesen-Assisen zu Trier in den J. 1820 u. 1822, vor dem offnen, redl., deutschen Geschwornen-Gerichte der Vernunft, der Wahrheit u. Gerechtigkeit. *Dresden*, Arnold. 823. 2 Abth. gr. 8. (2 Thl.)

Bischoff, (J. N.,) Pet. Ant. Fonk u. Chr. Hammacher, der Richter u. d. Riesen-Assissen zu Trier in dem Jahre 1820 u. 22, von dem offenen, redlichen, deutschen Geschwornen-Gericht d. Vernunft, Wahrheit u. Gerechtigkeit. 1e u. 2e Abtheilg. gr. 8. Dresden 823—24, Arnold. 1r Thl. 1 Rthlr. 12 gr. 2r Thl. 2 Rthlr. 8 gr.

**[Gedicht.]** Bey der hohen Gegenwart des Hochw.-Durchlauchtigsten Herrn General-Gross-Meisters Herrn Herzogs Ferdinand nebst des Herrn Herzogs Friedrichs Hochfürstl. Durchlaucht in der Loge zur gekrönten Säule zu Braunschweig am 17ten Oct. 1786, vom Br. [Joh. Nikol.] B[ischo]ff. [Braunschweig 1786.] 2 Bl. 4⁰ [Umschlagtit.]
Kl. 1760b. Unbereimtes Gedicht: „Wie, wenn nach langem Winter, im Osten nun . . .“

**[Gedicht.]** Bey der höchsten Gegenwart des Hochw.-Durchlauchtigsten Herrn General-Grossmeisters aller vereinigten ☐ ☐ in der ☐ zur gekrönten Säule [in Braunschweig] vorgelesen vom Br. [Joh. Nikol.] Bischoff. Braunschweig den 13. Junii 1788. 2 Bl. 4⁰ [Umschlagtit.]
Kl. 1079. Selten. „Heil uns! Er eilt in seiner Söhne Mitte . . .“

**Gesang zur Geburtsfeier** des Br. Lauenstein am 8ten Aug. 1832.[ Unterz.: Joh. Nikol.] Bischoff. Hildesheim [1832]: Gerstenberg. 2 Bl. 8⁰ [Umschlagtit.]
Ohne Noten: „Freundlich, und froh und frei . . .“

Bischoff, Johann Nikolaus, s. Guibert, Denkschr. u. Lobschrift

— Handbuch d. deutsch. Canzleipraxis. 1r Thl. von d. Eigenschaften des Canzleistyls. 2r Thl. 1s Buch. Von den Collegien u. dem Geschäftsgange. 8. Helmst. 793—97. Fleckeisen. 2 Rthlr. 6 gr. (1r Thl. A. u. d. T.: Lehrbuch d. deutsch. Canzleistyls.)

Bischoff, Joh. Nicol.: Handbuch der deutschen Canzley-Praxis. *Helmst.*, Fleckeisen. 8. 1r. theoret. Th., v. d. allgem. Eigensch. d. Canzleystyls. 793. (1 Thl. 6 Gr.)
2n Th. 1r B. v. d. Collegien u. d. Geschäftsgange. 798. (1 Thl.)

Bischoff, Jos. Nicol., Hymne bei Wiederherstellung der älteren Maurerei in der Loge zum goldenen Apfel. am 28. Februar 1807 vorgetragen. Dresden 1807. 4. 12 S.
Kloss 1795. — Abgedr. in Nr. 245, 1. Jahrg., S. 96—116. — Handb. d. Frmrei I, S. 111.

— — Von den teutschen Landesgesetzen, der Nothwendigkeit und besten Einrichtung einer Sammlung derselben überhaupt, u. v. d. Herzogl. Braunschweig-Wolfenbüttelschen Verordnungen insbesondere. Helmstedt (C. G. Fleckeisen) 1795. 42 Seiten. (5.—) 2836

Bischoff, Johann Nikolaus, s. Lieder auf d. Lande

— Neu-Frankreich u. Alt-Deutschland. gr. 8. Helmst. 794. Fleckeisen. 3 gr.

— — Ad audiendam orationem de aere alieno principum. — Praem. nonnulla de politiae rerumque cameralium studiis, juris cultoribus maxime necessariis. Helmstedt (C. G. Fleckeisen) 13. IX. 1794. 23 S. (4.20) 2835

Bischoff, J. Nic.: Samml. pract. Arbeiten aus d. Lehn-Cameral-Civilrechte. 1s Hft. enth.: Appellations-Deduction f. d. Gebr. v. Ilten, gegen den Anwalt d. Chur-Hannöver. Lehn-Kammer, wegen verweigerter Belehnung. *Helmstädt*, Fleckeisen. 804. gr. 4. (1 Thl. 8 Gr.)

Bischoff, J. N.: Samml. prakt. Arbeiten a. d. Lehn-, Civil- und Criminalrechte. *Helmst.*, Fleckeisen. 1r Th. 805. 4. (1 Thl.)

Bischoff, Johann Nikolaus, s. Stimme e. d. Patrioten

**Trauer-Rede** beym Sarge des Brs. du Roi in der ☐ zur gekrönten Säule Braunschweig den 28. Dec. 1785, vom Br. [Joh. Nikol.] B[ischo]ff. [Braunschweig 1785.] 30 S. 8⁰

Bischoff, Johann Nicolaus.
Versuch einer Geschichte der Färberkunst von ihrer Enstehung an bis auf unsere Zeiten entworfen und mit einer Vorrede von Johann Beckmann begleitet. Stendal, 1780. 8vo. Franzen u. Gr.

**Vortrag** in der ☐ z. goldnen Apfel. Or. Dresden 5818 vom Br. [Joh. Nikol.] Bischoff. [Dresden 1818.] 14 S. 8⁰ [Umschlagtit.]
Abgedr. in: MaurMittheilung aus d. L. z. goldn. Apfel, Dresden. 5 (1818) S. 7—18; MaurMittheilungen aus d. L. z. goldn. Apfel, Dresden. 1818 S. 99—110.
Üb. Wesen u. Lehre d. Frmrei.

Bischoff, Johann Nikolaus, s. Wahrmund, Gespräche

Bischoff, Joseph: Ueber die Einwirkung von Mineralsäuren auf *o*-Oxy-1-5-Diketone. Frankfurt a./M. 39 S. 8⁰.
Bern. Phil. Diss. 1897/98.

Bischoff, Joseph Eduard Konrad (wirkl. Name), s. Bolanden, Konrad von (Pseud.)

Bischoff, Joseph Nikolaus, s. Bischoff, Johann Nikolaus

Bischoff, Karl
Bischoff: Abriss der qualitativen analyt. Chemie unorganischer Stoffe, mit Vermeidung d. Schwefelwasserstoffs. 28 S. Progr. Berlin C. RG. 1862.

Bischoff, Carl, die practischen Arbeiten im chemischen Laboratorium. Handbuch für den Unterricht in der unorgan. Chemie zum Schulgebrauch an höheren Lehranstalten sowie namentlich auch zum Selbststudium. 8. (X und 322 S. mit 90 in den Text gedr. Abbild. in Holzschn.) Berlin 861(62), Springer's Verlag.

Bischoff, Ka[illegible] Verbindungen. Berlin [illegible]

Bischoff, [illegible] Berlin, Med. Diss. [illegible]

Bischoff, C., Generalregister, s.: Berichte der deutschen chemischen Gesellschaft zu Berlin.

Bischoff, Carl, Grundriß der Naturgeschichte f. Real- u. höhere Bürgerschulen. 1. Abth.: Botanik. gr. 8. (VI u. 154 S.) Berlin 852, G. Reimer. 12 ngr

BISCHOFF, CARL. Ueber zwei Homolge der Acetopropionsäure. Würzburg, 1879. Diss.

Bischoff, Carl, die Irrfahrten des Debutanten. Eine tragikom. Theatergeschichte. 8. (219 S.) Berlin 873, Wedekind und Schwiezer.

BISCHOFF, C. (Bibl., p. 315.)
Kupfer (Das) und seine Legirungen. Berlin, 1857. 8vo. Ill.
[Another edition.] Berlin, 1865. 8vo. Ill.

Bischoff, Carl, das Kupfer und seine Legirungen. Mit besond. Berücksichtigung ihrer Anwendung in der Technik. Lex.-8. (XVI und 316 S. mit in den Text gedr. Holzschn.) Berlin 865, Springer's Verlag. *

—— das Kupfer in der vorchristlichen Zeit. gr. 8. (84 S.) Berlin 865, Springer's Verlag.

Bischoff, Carl, auf der Suche nach Freiheit, Licht u. Wald. Eine Großstadtglosse m. poet. Seitensprüngen u. e. trag. Zwischenfall. (108 S.) 8. Leipzig-Gohlis 909. B. Volger. 2.—; geb. 3.—

Bischoff, Karl Adam
Bischoff, C. A., Handbuch der Stereochemie. Unter Mitwirkg. v. Paul Walden hrsg. 1. Bd. Lex.-8. (448 S. m. 250 Abbildgn. u. 1 Bildnis-Taf.) Frankfurt a/M. 894. H. Bechhold, n. 14.—

Bischoff, C. A., Handbuch d. Stereochemie. Unt. Mitwirkg. v. Paul Walden hrsg. M. 250 Abb. i. Text u. d. Bildn. v. L. Pasteur, Le Bel u. J. van't Hoff (1 Photograv.). 2. Bd. gr. 8. (XVI u. S. 449—1060.) Frankfurt a/M. 894. H. Bechhold. n. 20 — (kplt.: n. 34.—)

Bischoff, C. A., Handbuch d. Stereochemie. 894.
Jetzt: Leipzig, M. Heinsius Nachf.

Bischoff, C. A., Materialien der Stereochemie, in Form v. Jahresberichten bearb. 2 Bde. gr. 8. Braunschweig 904. F. Vieweg & Sohn. n. 90.—
I. 1894—1898. Mit systemat. Inhaltsverzeichnis f. 1894—1902. (CXXXVI, 840 S.)
II. 1899—1902. Mit alphabet. Sachregister für 1894—1902. (S. 843—1977.)

Bischoff, Karl August Leberecht, s. B i s c h o f, Karl August Leberecht

Bischoff, Karl Gustav Christoph, s. B i s c h o f, Gustav

Bischoff, [Carolus Theodorus Wilibaldus]: * De morbis tuberum Solani an. 1845 observatis. 13 Bl. 4° (2°)
Halle-Wittenberg, Phil. Diss. v. 1. Aug. 1846
Geb. [Torgau 6. 5. 1820]

Bischoff, C(arl) W(ilhelm): Ein Fall von angeborener medianer Spaltung der oberen Gesichtshälfte. *Bonn 1898: C. Georgi.* (47 S.) 8°
Bonn, Med. Diss. v. [19.] Febr. 1898

Bischoff, Kasp. Jac. Harmonielehre. 10 Lfgn. Lex.-8. (VI, 475 S.) Mainz 889,90, Diemer. à Lfg. * 1 —; * 10 —; geb. * 12 —

Bischoff, Kurt, aus Danzig: Die Bedeutung des Brennereigewerbes für Westpreußen. *(Liebertwolkwitz-) Leipzig 1904: (F. Zeugner.)* (59 S.) 8° [Fr.]
Leipzig, Phil. Diss. v. 1904

**Bischoff-Stettin, [Kurt]: Hauswirtschaftliche Erziehung der weiblichen Jugend in Pommern. — Stettin: „Pomm. Reichspost" 1909. 24 S. 8° (Arbeiten der Landwirtschaftskammer f. d. Prov. Pommern. 15.)**

Bischoff, Kurt (Hrsg.), s. H a n d b u c h d. Beamten d. Kgl. Preuß. Landes-Ökonomie-Kollegiums ...

Bischoff, Kurt, s: Im Pommerndorf.

Soldatenkurse in Pommern. Von Dr. Kurt Bischoff-Stettin. Stettin 1910: Pommersche Reichspost. 22 S. 8°
(Arbeiten d. Landwirtschaftskammer f. d. Prov. Pommern. II. 20.) [illegible]

Bischoff, [Kurt]. Was kann das Heer zur Minderung der Landflucht tun? Stettin 1908. 8°.
(Arbeiten d. Landwirtschaftskammer f. d. Prov. Pommern. H. 4.)

Bischoff, L., Auswahl von franzôs. Theaterstücken, s. Auswahl

Bischoff, L., Ver Sacrum oder die Gründung Rom's, s. Breitkopf und Härtel's Textbibliothek Nr. 57.

Bischoff, Leonhard
Bischoff, L., s.: Handbuch des Volksschulwesens in Oberbayern.

Bischoff, L., s.: Schematismus des Lehrpersonals an den Volksschulen in Oberbayern.

Bischoff, Ludwig
Bischoff, L.: Cicero's zweite Anklage des C. Verres, c. 1-9. Als Probe einer Übers. der Cic. Reden m. krit. u. erkl. Anm. 21 S. Progr. Wesel 1828.

Bischoff, Ludw.: Aphorismen über Gedächtnißübungen und Gedächtnißkunst in ihrer Anwendung auf Schulen. 26 S. Progr. Wesel 1847.

Bischoff, L., die norddeutsche Eisenbahn. Eine Beurtheil. d. Entwürfe zur Eisenbahn-Verbind. d. Rheins mit d. Weser, u. Ermittelung d. zweckmäßigsten Bahnlinie zwischen beyden Strömen. M. 1 Karte (Fol.). br. 8. (7 B.) Wesel 841, Klönne. *

Bischoff, L., Latein. Gedächtnißbuch. Eine method. Sammlung von latein. Wörtern, Redensarten u. Gedenkstellen, f. Gymnasien. 8. (VI u. 236 S.) Wesel 848, Klönne. n. ⅔ ℔

Bischoff, L., lateinisches Gedächtnißbuch. Eine methodische Sammlung von lateinischen Redensarten und Gedenkstellen, für Gymnasien. 2. (Titel-) Aufl. Wesel (848). 857. Hülsemann. 8. (1 Bl., 236 S.) n. 15 ngr

Bischoff, L, lat. Gedächtnissbuch. 2. Afl. 8. (236) Wes. 57. (Liegn., Krumbhaar.) *n.* — 15

Bischoff, L.: Gesetze für die Schüler des Gymn. zu W. 6 S. Progr. Wesel 1825.

Bischoff, L.: Grundlinien einer system. Behandlung des deutschen Sprachunterrichts auf Gymnasien. 14 S. Progr. Wesel 1833.

Bischoff, Ludwig (Hrsg.), s. M u s i k - Z e i t u n g, Niederrheinische, für Kunstfreunde und Künstler.

Bischoff, Ludw. (Hrsg.), s. M u s i k z e i t u n g, Rheinische, für Kunstfreunde und Künstler.

Bischoff, L.: Observationes in Taciti Annalium libr. I. adjecto specimine novae Taciti versionis Germanicae. 24 S. Progr. Wesel 1845.

— Pr. über die Vorrede des Cajus Corn. Tacitus, zur Lebensbeschreib. des Agricola. 8. Wesel 824.

Bischoff, L., Progr. über das Wesen der Gymnasialbildung. 8. Wesel 824.

— Pr. de spiritus asperi in mediis verbis graecis pronunciandi ratione. 4. Essen 826.

Bischoff, L.: De spiritus asperi in mediis verbis graecis pronunciandi ratione. 10 S.
Progr. Wesel 1826.

Bischof, L.: Rede, geh. am 3. Aug. 1831. (Lob d. Königs.) 6 S.
Progr. Wesel 1832.

Bischoff, L., Rede zur Feier des 1000jähr. Bestehens der Einheit u. Selbstständigkeit Deutschlands. Gehalt. am 6. Aug. 1843. gr. 4. (1 1/2 B.) Köln 843, Du Mont-Schauberg. *

—— Schule des französ. Stils u. d. mündl. Ausdrucks im Französischen. 2. Abthl. Für d. obern Klassen v. Gymnasien, Real- u. Militairschulen. Enth. Geschichte d. Feldzugs v. 1812 in Rußland, als Anleit. z. französ. Schreiben u. Sprechen bearb. gr. 12. (28 3/4 B.) Wesel 840, Klönne. Thlr.
Die 1. Abthl. wird noch erwartet.

— Schule des französischen Stil's und des mündlichen Ausdrucks im Französischen. Für die obern Klassen von Gymnasien, Real- und Militairschulen. Enthaltend Geschichte des Feldzugs von 1812 in Rußland, als Anleitung zum Französisch Schreiben u. Sprechen bearb. 2. (Titel-)Aufl. Ebend. (840). 857. 8. (1 Bl., 344 S.) n. 10 ngr

Bischoff, L., lateinische Schulgrammatik. gr. 8. (23 1/2 B.) Wesel 838, Beckersche Buchh.

Bischoff, Ldw., s. Graf R. Soltyk, Napoleon im Jahre 1812.

— der franz. Sprechsaal. Sammlung eigenthüml. u. gewählter Wendungen der neuesten franz. Umgangssprache mit deutscher Uebersetzung. Für den höh. Schul- u. Privatgebrauch. gr. 12. (VIII u. 156 S.) Köln 848, Du Mont-Schauberg. 1/2 ℛ

Bischoff, Ludwig [Assistenzarzt im K. 18. Inf.-Reg. Prinz Ludwig Ferdinand]: Der Typhus [illegible] in der Garnison Landau während der Jahre 18[illegible] [illegible] Landau. Buchdr. K. & A. Kaussler. 1890. 22 S. 8°
Erlangen, Med. Fak., Inaug.-Diss. v. Febr. 1890

—— über den Unterricht in der französ. Sprache auf Gymnasien. gr. 8. (1 1/4 B.) Wesel 838, Beckersche Buchh.

Bischoff, Ludwig Wilhelm Theodor

s.: Bischoff, Theodor Ludwig Wilhelm

Bischoff, M. G., Geburtstagsüberraschungen, s.: Mädchen-Bühne.

Bischoff, M. G., e. Pensionsstreich, s.: Mädchen-Bühne.

Krauterhexens Schützling. Spiel in 1 Aufz. mit Gesangseinlagen ad lib. von M. G. Bischoff. *Berlin: E. Bloch (1895).* (27 S.) 8° [?]
— Mädchen-Bühne H. 33.

Bischoff, M. H., Bettelprinzeßchen, } s.: Jugend-
— Schneewittchen, } bühne, die.

Das Gänschen vom Lande. Lustspiel in 1 Akt von M. H. Bischoff. *Berlin: E. Bloch (1896.)* (31 S.) 8° [?]
— Mädchen-Bühne H. 40.

Fräulein Gernegross. Schwank in 1 Akt von M. H. Bischoff. *Berlin: E. Bloch (1896).* (30 S.) 8° [?]
— Mädchen-Bühne H. 41.

Bischoff, M. H., Prinzessin und Bäuerin, } s. Jugend-
—— Schneewittchen, } bühne, die.

Bischoff, M. H., das Urteil des Paris, s.: Jugendbühne, die.

Bischoff, Martin. Eins ist noth! Evangel. Gebet-, Beicht- u. Communionbuch, insbesondere f. Confirmanden. Eine Mitgabe für's Leben. 12. (VIII, 216 S. m. 1 Stahlst.) Freib. i. Schl. 890, Heiber. geb. * 1 20; m. Goldschn. * 1 75

Bischoff, Mart., Eins ist noth! Evangelisches Gebet-, Beicht- u. Communion-Buch, insbesondere f. Confirmanden. Eine Mitgabe für's Leben. 2., verb. Aufl. gr. 16. (IV, IV, 216 S.) Freiburg i/Schl. 893. H. Heiber. Geb. in Leinw. n. 1. 20; eleg. geb. m. Goldschn. n. 1. 75

Bischoff, Mart., Eins ist noth! Evang. Gebet-, Beicht- u. Communion-Buch, insbes. f. Confirmanden. E. Mitgabe für's Leben. 3., verb. Aufl. 12. (IV, IV, 216 S. m. 1 Stahlst.) Freiburg i/Schl. 896. H. Heiber. Geb. in Leinw. n. 1. 20; m. Goldschn. n. 1. 75

Bischoff, Mart., eins ist noth! Evangelisches Gebet-, Beicht- u. Communion-Buch, insbesondere f. Confirmanden. Eine Mitgabe für's Leben. 4., verb. Aufl. 12. (IV, IV, 216 S. m. 1 Stahlst.) Freiburg i/Schl. 899. H. Heiber. Geb. in Leinw. n. 1. 20; m. Goldschn. n. 1. 75

Bischoff, Max, Robert des Schiffsjungen Fahrten und Abenteuer auf der deutschen Handels- und Kriegsflotte. Ein Buch für die Jugend. gr. 8. (IV, 207 S. mit 8 Tonbildern von C. Offterdinger.) Bielefeld 873, Velhagen und Klasing. geb. *

Bischoff, Max, Flaggen-Karte der seefahrenden Nationen nach den neuesten Veränderungen. qu. 4. Danzig 870, Saunier's Buchh.

Bischoff, Max: Mädchen-Jugendpflege u. Mädchen-Fortbildg. Ratgeber f. d. Gründg u. Leitg v. Jugendvereinen m. e. Anh. v. ausgeführten Vorträgen f. Unterhaltgsabende. (125) gr8° Lpzg, A Strauch '12. 2 —; L 3 — d

Bischoff, M., des Schiffbauers Taschenbuch. Mit 48 in den Text eingedr. Holzst. Braunschweig 867. Vieweg & S. 8. (XII, 459 S.) n. 2 af 10 ngr

Bischoff, Orest Ritter v., der Kaukasus u. seine Bedeutung für Russland, mit Bezug auf seine europ. u. asiat. Verhältnisse. Politisch, geographisch u. militärisch beleuchtet. gr. 8. (40 S.) Leipzig 877. Mutze. n. 1. —

Bischoff, Orestes Ritter v., d. Orientirung i. Freien m. u. ohne Benützg. d. Karte. 12. (48 S.) Innsbruck 896. A. Edlinger. n. 1. —

Bischoff, Orestes Ritter v., der Liebe Schranken. 2 Erzählgn. aus dem Offiziersleben. (162 S.) 8. Dresden 903. E. Pierson. n 2. 60; geb. n. 3. 60

Bischoff, Otto: Ueber zweisilbige Senkung und epische Caesur bei Chaucer. 1. Th.: Zweisilbige Senkung. *Darmstadt 1897: G. Otto.* (40 S.) 8° ¶ (Theil II erscheint in: Englische Studien, Bd 24.)
Königsberg, Phil. Diss. v. 25. Okt. 1897

Bischoff, Ottobald, Aschenbrödel, s. Jugendbühne, die.

Bischoff, O., die Buschmühle, s. Kracht's, U., Jugend-Bibliothek.

Bischoff, Ottobald, die Buschmühle, oder: Aelternsegen — Gottessegen. Erzählung zur Unterhaltung und Belehrung für Jung und Alt. Mit Stahlst. Leipzig (853.) Wöller. 8. (1 Bl., 153 S.) n. 12 ngr
Vgl. Volksbibliothek, unterhaltende.

—— das neue Dienstmädchen, s. Jugendbühne, die.

Bischoff, Ottobald, die Buschmühle od. Elternsegen—Gottessegen, s.: Wöller's Jugendbibliothek. 4. Bdchn.

Bischoff, Ottobald, Geschichte der christlichen Kirche in Bildern. Für Jung und Alt in Schule und Haus. 2 Thle. 8. Leipzig, Wöller. [1. (VII und 159 S.) 851., 2. (V und 169 S.) 855. à Thl. * 10 Ngr.] Thlr. *

Bischoff, Ottobald, Enthüllungen der Zukunft, s. Jugendbühne, die.

Bischoff, Ottob., Geschichte der christlichen Kirche in Bildern. Nebst Zeittaf. zur Kirchengeschichte. Für Jung und Alt in Schule und Haus. 2., neu bearb. und vielfach verm. Aufl. 8. (XX und 423 S.) Leipzig 865, Wöller. *

—— Geschichte der christlichen Kirche in Bildern. Nebst Zeittafeln zur Kirchengeschichte. 3. verm. Aufl. gr. 8. (XII, 452 S.) Leipzig 876, Wöller. *

Bischoff, Ottob., Geschichte der christlichen Kirche in Bildern. Nebst Zeittafeln zur Kirchengeschichte. 4. Aufl. Verm., teilweis umgestaltet u. bis auf die Gegenwart fortgeführt v. Gust. Adf. Leupold. gr. 8. (XXI, 487 S.) Leipzig 892. J. T. Wöller. n. 4. —

—— Geschichte des Reiches Gottes in 40 biblischen Geschichten mit angewandten bibl. Sprüchen, Liederversen und Gebeten. Für die Elementarschule, mit besond. Rücksicht auf die Anforderungen der 3 preuß. Unterrichts-Regulative bearb. 8. (IV und 60 S.) Leipzig 850, Wöller. *

Bischoff, Ottob., s.: Jugendbühne, die.

Bischoff, Ottobald, die Jugendbühne. Schauspiele für Mädchen zur Aufführung bei Schul- und Familienfesten. 8. Leipzig, Wöller. 1872–75

Inhalt:

Nr. 1. Die Schlacht bei Sedan oder Confusion ohne Ende. Lustspiel in 1 Akt. (IV, 35 S.) 872. 60 Pf.
" 2. Der Raubmörder. Lustspiel in 1 Akt. (IV, 19 S.) 872. 40 Pf.
" 3. Auf Regen folgt Sonnenschein. Lustspiel in 1 Akt, frei bearb. nach dem Französ. (IV, 44 S.) 872. 60 Pf.
" 4. Das neue Dienstmädchen oder ein ungemüthl. Kaffee. Lustspiel in 2 Aufzügen. (61 S.) 873. 80 Pf.
" 5. Ein gutes Herz. Schauspiel in 1 Akt. [Frei bearb. nach einem französ. Drama von Berquin.]. (IV, 39 S.) 873. 60 Pf.
" 6. Die Jahreszeiten in Wort und Bild. (20 S.) 874. 40 Pf.
" 7. Poesie und Prosa oder die geheimnißvolle Fremde. Lustspiel in 2 Aufzügen. (47 S.) 873. 75 Pf.
8. Die Cousine aus der Residenz. Lustspiel in 2 Aufzügen v. Marie Gränke. (IV, 38 S.) — 60
9. Enthüllung der Zukunft od. die alte Kartenlegerin. Posse in 1 Akt v. O. Bischoff. (32 S.) — 60
10. Schwarz auf Weiß od.: Viel Lärm um Nichts. Lustspiel in 1 Akt v. O. Bischoff. (33 S.) — 60
11. Der Zauberspiegel. Lustspiel in 2 Akten. Von Elisabeth Malbranc. (30 S.) — 60

—— Leitfaden beim Unterricht in der Geschichte der christlichen Kirche für evangelische Volksschulen. Mit genauem Anschluß an dessen „Geschichte der christlichen Kirche in Bildern." 8. (V und 117 S.) Leipzig 855(56,) Wöller. *

—— Leitfaden beim Unterricht in der Geschichte der christlichen Kirche für evangelische Volksschulen. Nebst Zeittafel zur Kirchengeschichte. 2. neu bearb. u. vielfach verm. Aufl. Ebend. 862. 8. (VIII, 133 S.) n. 7½ ngr.

Bischoff, Ottob., Leitfaden beim Unterricht in der Geschichte der christlichen Kirche für evangelische Volksschulen. Nebst Zeittafel zur Kirchengeschichte. 3. verb. Aufl. Leipzig 867. Wöller. 8. (VIII, 134 S.) n. 7½ ngr.

—— Leitfaden beim Unterricht in der Geschichte der christlichen Kirche für evangelische Volksschulen. Nebst Zeittafeln zur Kirchengeschichte. Im genauen Anschluß an dessen „Geschichte der christl. Kirche in Bildern". 4. Aufl. 1871, und 5. verb. Aufl. 8. (VIII, 138 S.) Leipzig 874, Wöller. *

—— Leitfaden beim Unterricht in der Geschichte der christlichen Kirche für evangelische Volksschulen. Nebst Zeittafeln zur Kirchengeschichte. In genauem Anschluß an dessen „Geschichte der christl. Kirche in Bildern". 6. und 7. verb. Aufl. 8. (VIII, 142 S.) Ebendas. 876,78. *

—— Leitfaden beim Unterrichte in der Geschichte der christl. Kirche für evangel. Volksschulen. Nebst Zeittafeln zur Kirchengeschichte. Im genauen Anschluß an dessen „Geschichte der christl. Kirche" in Bildern. 8. und 9. verb. Aufl. [in neuer Rechtschreibung]. 8. (VIII, 142 S.) Leipzig 881,83. Wöller. *

Bischoff, Ottobald, Leitfaden beim Unterricht in der Geschichte der christlichen Kirche für evangel. Volksschulen. Nebst Zeittafeln zur Kirchengeschichte. Im genauen Anschluß an dessen „Geschichte der christl. Kirche in Bildern". 10. und 11. Aufl. 8. (VIII, 142 S.) Leipzig 885,87, Wöller. geb. **

—— Leitf. beim Unterricht in d. Geschichte d. christl. Kirche f. ev. Volksschulen. Nebst Zeittafeln z. Kirchengeschichte. Neu hrsg. v. P Benndorf. 12. Afl. 8. (146) Lpzg 89, Wöller. geb. n.n. 1. —

—— Leitfaden beim Unterricht in der Geschichte der christlichen Kirche f. evangelische Volksschulen. Nebst Zeittafeln zur Kirchengeschichte. Im Anschluß an dessen „Geschichte der christl. Kirche in Bildern". Neu hrsg. v. Paul Benndorf. 13. Aufl. 8. (VIII, 146 S.) Ebd. 891. geb. in Leinw. ** 1 —

— Leitfaden beim Unterricht in der Geschichte der christlichen Kirche f. evangelische Volksschulen. Nebst Zeittafeln zur Kirchengeschichte. Im genauen Anschluß an dessen „Geschichte der christl. Kirche in Bildern". Neu hrsg. u. fortgesetzt v. Gust. Adf. Leupold. 14. Aufl. 8. (VIII, 151 S.) Leipzig 893. J. T. Wöller. Geb. in Leinw. n.n. 1. —

— Leitfaden b. Unterr. in d. Geschichte d. christl. Kirche f. evang. Volksschulen. Nebst Zeittaf. z. Kirchengeschichte. Im Anschluß an dessen „Geschichte d. christl. Kirche in Bild." Neu hrsg. u. fortges. v. Gust. Adf. Leupold. 15. Aufl. 8. (VIII, 151 S.) Leipzig 896. J. T. Wöller Geb. in Leinw. n. 1. —

— Leitfaden beim Unterricht in der Geschichte der christlichen Kirche f. evangelische Schulen. Im Anschluß an dessen „Geschichte der christl. Kirche in Bildern". Vollständig umgearb. u. fortgesetzt v. Geo. Buchwald. 17. Aufl. (VIII, 141 S.) 8. Leipzig (906). J. T. Wöller. Geb. n. 1. —

Bischoff, Ottobald, Leitfaden beim Unterricht in der Geschichte der christl. Kirche f. evangel. Schulen. Im Anschluß an dessen „Geschichte der christl. Kirche in Bildern". Vollständig umgearb. u. fortgesetzt v. Geo. Buchwald. 18. Aufl. (VIII, 141 S.) 8. Leipzig (909). J. T. Wöller. Geb. 1. —

—— Prosit Neujahr, } s. Jugendbühne, die.
—— Schwarz auf weiß, }

—— der Raubmörder,
—— auf Regen folgt Sonnenschein,
—— die Schlacht bei Sedan,
—— schwerhörig,
—— ein seltsames Testament,
} s. Jugendbühne, die.

Bischoff, Rob., s.: Künste, bildende.

Der Anspruch auf Armenversorgung. Eine verwaltungsrechtl. Studie von Dr. Rudolf Bischoff. Stadtratssekr. in Graz. *Graz: Leuschner & Lubensky 1903.* (78 S.) 8° [illegible]

Bischoff, Rud., die gewerbliche Betriebsanlage vom Standpunkte des österreich. Verwaltungsrechtes. Dargestellt m. besond. Rücksicht auf die steir. Landesgesetzgebg. u. die Spruchpraxis des k. k. Verwaltungsgerichtshofes u. der Zentralstellen. gr. 8. (XI, 207 S.) Graz 902. Leuschner & Lubensky. n. 3. —

Bischoff, Rud.: Systematisch geordnete Inhaltsübersicht üb. d. ersten 40 Jahrgänge d. v. Karl Ritter v. Jaeger hrsg. österr. Zeitschr. f. Verwaltg (1868—1907). (12, 194) gr8° Wien, M Perles '09. 6 — d

— Das österreichische Staatsrecht, s.: Gumplowicz, Ludw.

Bischoff, Sam., lateinisches Elementarwörterbuch, z. Gebr. d. unt. Classen d. Gymnasien. gr. 8. (18¾ B.) Bern u. Chur 836, Dalp.

Bischoff, Sam., lateinisches Elementarwörterbuch, zum Gebr. der untern Classen der Gymnasien. 2. Ausg. gr. 8. (18¾ B.) Bern 842, Dalp. -

(*Bischoff*, Th., Ingenieur.) Zur *Secundärbahnfrage in Bayern.* (Als Mspt. gedr.) München 1882. Druck von B. Heller. 8°. 13 S. Cart.

Bischoff, Theodor

Bischoff, Th., Beitrag zur Geschichte d. realistischen Schulwesens, s.: Hagen, R.

Bismark und die Gründung des deutschen Reichs. Vortrag zur Bismarkfeier des Realgymnasiums. — Gehalten von Theodor Bischoff, G.-P. — S. 47—56.

Bischoff, Theodor: Zur Erinnerung an die Einführung des realistischen Schulwesens in Bayern und an die Errichtung der Königl. Kreisgewerbeschule. pg. 3 - 10. 8°. Mit Abbildung der Bronze-Gedächtnistafel für Johannes Scharrer am alten Schulhause der Kgl. Kreisrealschule I. J.L. Stich.
Progr. Nürnberg 1907/08.

Bischoff, Th., s.: Festschrift zur 250jährigen Jubelfeier des Pegnesischen Blumenordens.

Bischoff, Theodorus. De nova methodo sanguinem chemice investigandi quam Emilius Harless monachensis proposuit. Ienæ, 1856. Diss.

Bischoff, Theod., Predigt am I. Sonntage nach Epiphan. 1844, gehalten in d. Neu-Pfarrkirche zu Regensburg. gr. 8. (1 B.) Nürnberg. (Raw'sche Buchh.)

Das K. Realgymnasium zu Nürnberg 1864—1896. Mit mehreren Beilagen. — Von Prof. Theodor Bischoff. — 1896, Nürnberg, G. P. J. Bieling-Dietz. — P. 9—89. (Aus Veranlassung der bayerischen Landesausstellung zu Nürnberg verfasst.)

Bischoff, Theodor: Rede, gehalten im Zeichensaale der k. Realschule Rothenburg o.d.T. zu Ehren der 700jährigen Jubelfeier des erlauchten Wittelsbacher Regentenhauses. Schüler-Beilage. pg. 3 - 12. 8°. P. Peter. (War dem Jahresbericht als "Schüler-Beilage" beigegeben.)
Progr. Rothenburg o. Tauber 1879/80.

Bischoff, Thdr. Johann Balthasar Schupp. Beiträge zu seiner Würdigung. gr. 8. (III, 218 S. m. Bild.) [Nürnb. 890, Ballhorn.] — Würzb., Ballhorn u. Cramer. * 2 40

Johann Balthasar Schupp. Beiträge zu s. Würdigung. Von Theodor Bischoff, Prof. Mit d. Bildn. Schupps. Neue unveränd. Ausg. Würzburg: Ballhorn & Cramer 1893. (218 S.) 8° [F.] [illegible]

Bischoff, Theodor: Philipp Wackernagel in seiner Bedeutung als Realschulmann und Lehrer des Deutschen. Ein Spiegelbild aus dem Schulleben der Gegenwart. pg. 3 - 24. 8°. (Ohne Ort u. Drucker.)
Progr. Rothenburg o. Tauber 1881/82.

Bischoff, Theodor Ludwig Wilhelm

—— nervi accessorii Willisii anatomia et physiologia. Commentatio. Acced. tab. VI. lith. 4 maj. (13½ B.) Darmstadii 832, Leske.

Bischoff, Thdr. Ludw. Wilh., das neue Anatomiegebäude zu Giessen. Imp. 4. (20 S. m. 5 lith. Taf.) Giessen 852. (Ricker.) n. ⅔ ℛ

Bischoff, Thdr. Ludw. Wilh., kurze Anleitung zum Seciren für Studirende der Medicin. München 856. Literar.-artist. Anstalt. gr. 8. (43 S.) n. 8 ngl

Bischoff, TLW, kurze Anl. z. Seciren. 8. (43) Münch. 57, lit.-art. Anst. n. — 8

Bischoff, Th. L. W. v., Beiträge zur Anatomie des Gorilla. gr. 4. (48 S. mit 4 lithogr. Taf. Abbild.) München 879, (Franz'sche Buchh.) **
Aus: Abhandlungen der k. bayer. Akademie der Wissenschaften, besonders abgedruckt.

Bischoff, Th. L. W. v., Beiträge zur Anatomie des Hylobates leuciscus und zu einer vergleichenden Anatomie der Muskeln der Affen und der Menschen. gr. 4. (101 S. mit 5 Taf. Abbild. in Stahlst. in gr. 4. und qu. Fol.) München 870, (Franz'sche Buchh.) *
Aus: Abhandlungen der k. bayer. Akademie der Wissenschaften, besonders abgedruckt.

Bischoff, Theodor Ludwig Wilhelm: Beiträge zur Lehre von den Eyhüllen des menschlichen Fötus. 112 S., gbd., 2 Taf.

Bonn: Marcus 1834

Bischoff, Theod. Ludw. Wilh., Beleuchtung der Bemerkungen eines grossh. hess. Arztes Dr. * über die neue grossh. hess. Prüfungsordnung für Mediciner. gr. 8. (71 S.) Giessen 848, Ricker. *

—— historisch-kritische Bemerkungen zu den neuesten Mittheilungen über die erste Entwicklung der Säugethiere. gr. 8. (93 S.) München 877, Literarisch-artistische Anstalt. *

Bischoff, Th. L. W. v., Bemerkungen zu dem Reglement f. die Prüfung der Aerzte vom 25. Septbr. 1869 im früheren norddeutschen Bunde. gr. 8. (38 S.) München 871. Liter.-artist. Anstalt. n. — 70

Bischoff, Th. L. W., neue Beobachtungen zur Entwicklungsgeschichte des Meerschweinchens. Mit 4 (lith.) Taff. Abbildgn. Aus den Abhdlgn. der k. bayer. Akad. d. Wiss. München 866. Franz in Comm. gr. 4. (52 S.) n. 28 ngr

—— anatomische Beschreibung eines mikrocephalen 8jährigen Mädchens Helene Becker aus Offenbach. gr. 4. (70 S. mit 5 Photolithogr.) München 873, (Franz'sche Buchh.) *
Aus: Abhandlungen der k. bayer. Akademie der Wissenschaften, besonders abgedruckt.

—— Bestätigung des von Dr. Newport bei den Batrachiern und Dr. Barry bei den Kaninchen behaupteten Eindringens der Spermatozoiden in das Ei. gr. 4. (10 S.) Giessen 854, Ricker. *

Bischoff, Theod. Ludw. Wilh., Beweis der von der Begattung unabhängigen period. Reifung u. Loslösung d. Eier der Säugethiere u. des Menschen als der ersten Bedingung ihrer Fortpflanzung. 4. (7 B.) Giessen 844, Ricker. *

—— über die Brauchbarkeit der in verschiedenen europäischen Staaten veröffentlichten Resultate des Recrutirungs-Geschäftes zur Beurtheilung des Entwicklungs- und Gesundheits-Zustandes ihrer Bevölkerungen. gr. 8. (65 S.) München 867, (Franz.) *

Bischoff, Theod. Ludov. Wilh., Comment. de novis quibusdam experimentis chem.-physiolog. ad illustrand. doctrin. de respirat. institutis. 4maj. (6 B.) Heidelbergi 837, J. C. B. Mohr.

—— der Einfluss des norddeutschen Gewerbegesetzes auf die Medicin. gr. 8. (63 S.) München 871, Literarisch-artistische Anstalt. *

—— über den Einfluss des Freiherrn Justus v. Liebig auf die Entwickelung der Physiologie. Eine Denkschrift. 4. (103 S.) München 874, (Franz'sche Buchh.) *

Bischoff, Th. Ldw. Wlh., Entwickelungsgeschichte des Hunde-Eies. Mit 15 Steintaf. gr. 4. Braunschweig 845, Vieweg u. Sohn. n. 5 ℛ

Bischoff Th. L. W.: Entwicklungsgeschichte d. Kaninchen-Eies. Gekr. Preisschr. Braunschw. 1842. 154 S. 16 Tvl. 4°.

—— Entwickelungsgeschichte des Kaninchen-Eies. Gekrönte Preisschrift. gr. 4. (20½ B. u. 16 Stnt.) Braunschweig 843, Vieweg u. Sohn. *

—— Entwicklungsgeschichte des Meerschweinchens. gr. 4. (56 S. mit 8 Kpfrt.) Giessen 852, Ricker. *

Bischoff, Thdr. Ludw. Wilh., Entwickelungsgeschichte des Rehes. Mit 8 (lith.) Taf. Giessen 854. Ricker. gr. 4. (2 Bl., 36 S.) n. 3 ℛ 10 ngl

—— Entwickelungsgeschichte der Säugethiere u. d. Menschen, s. a. Sömmering, v.

Bischoff, Th(eodor) L(udwig) W(ilhelm): Entwickelungsgeschichte der Säugethiere und des Menschen. 575 S., gbd.

Leipzig: Voß 1842
(Samuel Thomas von Sömmerring: Vom Baue des menschlichen Körpers. Neue umgearb.und vervollst.Original-Ausg. Bd 7)

Bischoff, Th. L. W., der Führer bei den Präparirübungen für Studirende der Medicin zugleich auch bei Anstellung von Sectionen für pract. und Gerichts-Aerzte. gr. 8. (XII, 310 S.) München 873, Literarisch-artistische Anstalt. *

Bischoff's, Th. L. W. v., Führer bei den Präparirübungen f. Studirende der Medicin, sowie f. prakt. Aerzte bei Anstellgn. v. Sectionen, 2. Aufl., bearb. v. N. Rüdinger. Mit 7 Taf. u. e. Anh., enth. „Mit Leichengift vergiftete Wunden u. deren Behandlung" von v. Nussbaum. gr. 8. (XII, 224 S.) München 886. Literar.-artist. Anstalt. n. 4. 60; geb. n. 5. 20

Bischoff's, Th. L. W. von, Führer bei den Präparirübungen für Studirende d. Medicin. 3. Aufl. gr. 8. Münch. 889, Bassermann. * 4 60; geb. * 5 20

Bischoff's, Th. L. W. v., Führer bei den Präparirübungen f. Studirende der Medicin, sowie für prakt. Aerzte bei Anstellung v. Sectionen. 3. Aufl., bearb. v. N. Rüdinger. Mit 7 Tafeln u. e. Anh., enth.: Mit Leichengift vergiftete Wunden u. deren Behandlung von v. Nussbaum. gr. 8. (XII, 224 S.) München 889. Literarisch-artist. Anst. n. 4. 60; geb. n. 5. 20

Bischoff's, Th. L. W. v., Führer b. d. Präparirübungen f. Studir. d. Medicin sow. f. prakt. Ärzte b. Anstellg. v. Sectionen. 4., unveränd. Aufl., bearb. v. N. Rüdinger. M. 7 Taf. u. e. Anh., enth.: Mit Leichengift vergift. Wunden u. der. Behandlg. von v. Nussbaum. gr. 8. (XII, 224 S.) München 897. F. Bassermann. Geb. in Leinw. n.n. 5. 20

Bischoff, Thdr. Ludw. Wilh., Gedächtnißrede auf Friedrich Tiedemann. Vorgetragen in der öffentl. Sitzung der k. Akademie der Wissenschaften am 28. Novbr. 1861. München 861. (Franz.) 4. (11 S.) n. 10 ngr.

Bischoff, Th. L. W. v., über die äusseren weiblichen Geschlechtstheile der Menschen und der Affen. Nachtrag. gr. 4. (10 S. mit 2 Abbild. [1 Stnt.]) München 880, (Franz'sche Buchh.) **
Aus: Abhandlungen der k. bayer. Akademie der Wissenschaften, besonders abgedruckt.
Hauptwerk (Ebendas.) 1879. ** M 3,50.

—— und Carl Voit, die Gesetze der Ernährung des Fleischfressers durch neue Untersuchungen festgestellt. gr. 8. (III und 305 S. mit 7 Tab. in Imp.-Fol.) Leipzig 860, C. F. Winter'sche Verlagsh. *

—— die Grosshirnwindungen bei den Menschen mit Berücksichtigung ihrer Entwicklung bei dem Fötus und ihrer Anordnung bei den Affen. Neu untersucht. gr. 4. (IV, 108 S. mit 7 lithogr. Taf., wovon 3 in Buntdr.) München 868, (Franz'sche Buchh.) *

—— der Harnstoff als Maass des Stoffwechsels. gr. 8. (X und 183 S. mit 3 Tab. in gr. Fol.) Giessen 853, Ricker. *

Bischoff, TLW v., d. Hirngewicht d. Menschen. Eine Studie. 8. (305) Bonn 80. Neusser. n 7 —

Bischoff, Thdr. Ldw. Wilh., Lepidosiren paradoxa. Anatom. untersucht u. beschrieben. Nebst 7 Steintaf. Imp.-4. Leipzig 840. Voß. n. 4 ₰

— über Johannes Müller und sein Verhältniß zum jetzigen Standpunkt der Physiologie. Festrede 2c. gehalten in der öffentlichen Sitzung der kgl. Akademie der Wissensch. am 27. November 1858. München 858. Franz. 4. (20 S.) n. 10 ngr.

—— zur Revision des Reglements für die Prüfung der Aerzte vom 25. Septbr. 1869. Gutachten der kgl. medicin. Facultät zu München. gr. 8. (54 S.) Ebendas. 875. *

Bischoff, Lud. Wilh. Theodorus (geb. am 27 Okt. 1807 in Hannover): De vera vasorum plantarum spiralium structura et functione ... Bonnae, typ. Thormannianis [1829]. 2 Bl., 100 S., 1 Taf. 8.
¶ Erschien 1830 selbständig bei Weber in Bonn.
Bonn, Phil. Fak., Diss. v. 28 Nov. [1829]

—— das Studium und die Ausübung der Medicin durch Frauen. gr. 8. (56 S.) München 872, Literarisch-artist. Anstalt. *

**Bischoff, Theodor L[udwig] W[ilhelm] v.: Das Studium und die Ausübung der Medicin durch Frauen. — München: Riedel 1872. 56 S. 8°**

Bischoff, Th. v., Das Studium u. die Ausübung der Medizin durch die Frauen. 8°. München 1877.

—— vergleichend anatomische Untersuchungen über die äusseren weibl. Geschlechts- und Begattungs-Organe des Menschen und der Affen, insbesondere der Anthropoiden. gr. 4. (68 S. mit 6 lithogr. Taf. Abbild.) München 879, (Franz'sche Buchh.) **
Aus: Abhandlungen der k. bayer. Akademie der Wissenschaften, besonders abgedruckt.

— dasselbe. Nachtrag. Mit 2 Abbildungen. (1 Steintaf.) [Aus: „Abhandlungen d. k. b. Akad. d. Wiss."] gr. 4. (10 S.) Ebend. 880. n. n. — 80

— über die Verschiedenheit in der Schädelbildung des Gorilla, Chimpanse u. Orang-Outang, vorzüglich nach Geschlecht u. Alter, nebst e. Bemerkung über die Darwinsche Theorie. Mit 22 lith. Taff. (in Fol.). Ebend. 867. gr. 4. (2 Bll., 96 S.) n. 7 ₰ 3½ ngr.

— Widerlegung des von Dr. Keber bei d. Najaden u. Dr. Nelson bei den Ascariden behaupteten Eindringens der Spermatozoiden in das Ei. Mit einem Zusatz von Rud. Leuckart. Mit 1 (lith.) Taf. Abbildgn. Giessen 854. Ricker. gr. 4. (1 Bl., 46 S.) n. 1 ₰

Bischoff, W., systematische Grammatik der englischen Sprache, nebst zahlreichen Lese- und Uebungsstücken. 8. (XII, 419 S.) Berlin 879, Wiegandt, Hempel und Parey. *

Bischoff, W., systematische Grammatik der englischen Sprache, nebst zahlreichen Übungs- und Lesestücken. 2. neubearb. Aufl. 8. (XII, 424 S.) Berlin 887, Parey. cart. **

Bischoff, W., englisches Lesebuch für höhere Lehranstalten, nebst ausführl. Wörterbuch mit Bezeichnung der Aussprache schwierigerer Wörter. 8. (XI, 464 und Wörterbuch 130 S.) Berlin 881, Parey. *

Bischoff, W. F., die Steinkohlen-Gasbeleuchtung. Populäre Belehrung über Einrichtung und Betrieb von Gaswerken nebst kurzer Anweisung für Gas-Consumenten, möglichst viel Gas zu sparen. Mit Abbildgn. der Apparate. gr. 8. (V und 41 S. mit 4 Stnt. in qu. Fol.) Berlin 864, Th. Grieben. *

Bischoff, W. F., wie spart man Gas? Anweisung für Gas-Consumenten, möglichst viel Gas zu sparen, nebst Belehrung über Einrichtung u. Betrieb von Steinkohlen-Gaswerken. 2. Aufl. Mit 38 Abbildgn. (auf 4 lith. Taff. in 4.). Berlin 867. Grieben. gr. 8. (V, 41 S.) n. 10 ngr.

Bischoff, Wilhelm: Über den botanischen Anfangsunterricht. Rudolstadt, Druck d. Fürstl. priv. Hofbuchdr., 1892; 16 S. 4.
Rudolstadt, fürstl. G u. RPG, OP 1892 (716)

Bischoff, Wilh., Anleitung z. *Angelfischerei* mit Abbild. u. Beschreib. der hiezu sich eignenden Fischarten. Mit (vielen Hlzschn.-)Illustr. von *E. Fröhlich*. München, o. J. (Vorr. dat. 1859). 8°. Ill. Orig.-Ppb. VIII—128 S.

Bischoff, Wilh., Anleitung zur Angelfischerei mit Abbild. und Beschreibung der hiezu sich eignenden Fischarten. Mit Illustr. von E. Fröhlich. gr. 8. (VIII und 128 S. mit eingedr. Holzschn. und 2 ill. Holzschnt.) München 860, Braun und Schneider.

Bischoff's, Wilh., Anleitung zur Angelfischerei. 2. Aufl., neu bearb. vom bayer. Fischerei-Verein. gr. 8. (XI, 228 S. m. Holzschn. u. 4 color. Steintaf.) München 883. Braun & Schneider. geb. n. 5. —

Bischoff's, Wilh., Anleitung zur Angelfischerei. 8. Aufl. Neu bearb. vom bayer. Landes-Fischerei-Verein m. 8 Farbentaf., 2 Taf. u. 188 Abb. in Schwarzdr. (XVI, 285 S.) 8. München (908). Braun & Schneider. Geb. in Leinw. 5. —

Bischoff, Wilh., Anleitung zum Selbstunterrichte im Obst- u. Gemüse-Bau für Landwirthe und die reifere Schuljugend. Im Auftrage des landwirthschaftlichen Kreis-Comités für Oberbayern nach eigener Erfahrung bearb. München 856. Palm. gr. 8. (3 Bl., 35 S.) n. 7 1/2 ngr

—— Anl. z. Selbstunterr. im Obst- u. Gemüse-Bau. 8. (35) Münch. 57, Grubert. n. — 7 1/2
Vergriffen.

Bischoff, Wilh. (L.) der Küchengarten u. seine Pflege. Eine Anleitung zum Gemüsebau in kleineren Gärten. Für Schule u. Haus. München 865. Central-Schulbücher-Verlag. 12. (XVI, 144 S. m. Holzschn.) 6 3/4 ngr

Bischoff, Wilh., Nutzen und Schaden der in Bayern vorkommenden Vögel. 1. Thl. gr. 8. (VIII und 68 S. mit Illustr. in Holzschn.) München 867, Braun und Schneider. cart. -

Bischoff, Wilh., Nutzen u. Schaden der in Bayern vorkommenden Vögel. 1. Thl. Mit Illustr. (Holzschn.) München 868. Braun & Schneider. gr. 8. (VIII, 68 S.) 12 1/2 ngr

Bischoff, Wilh., Ungarn, seine Erhebung im J. 1848 u. deren Geschichte bis auf die neueste Zeit. Nebst einer kurzen geograph. u. histor. Einleitg. 16. (95 S.) Nordhausen 849, Büchting. 1/6 ß

Bischoff, Wilhelm Ferdinand
— die Geisterbeschwörer im 19ten Jahrh. oder d. Folgen des Glaubens an Magie, aus Untersuchungs-Acten dargest. Mit Steinabdr. 8. Neustadt 823, Wagner.

(W. Fd.) **Bischoff**: die Geisterbeschwörer im 19n Jahrh., od. d. Folgen d. Glaubens an Magie; aus Untersuch.-Acten dargestellt. *Neust. a. d. Orla*, Wagner. (824.) 8° m. 7 Sttaf. 1 ß

—— merkwürd. Criminal-Rechts-Fälle, f. Richter, Gerichtsärzte, Vertheidiger u. Psychologen. 1. u. 2. Bd. gr. 8. Hannover, Hahn. [1. (37 B.) 832., 2. (41 B.) 835.]

Bischoff, merkwürd. Criminal-Rechts-Fälle, f. Richter, Gerichtsärzte, Vertheidiger u. Psychologen hrsg. 3. u. 4. Bd. Nebst alphabet. geordn. Sachregist. üb. sämmtl. vier Bde. gr. 8. Hannover 840, Hahn'sche Hofbuchh. [3. (20 1/8 B.) 837. 1 1/3 Thlr., 4. (20 1/2 B.) 840. 2 Thlr.]
1. u. 2. Bd. Ebendas. 1832, 35. 5 Thlr. 16 Gr.

**BISCHOFF**, Dr. (grossherz. sächs. Criminalgerichts-Dirigent in Eisenach), Merkwürdige Criminal-Rechts-Fälle für Richter, Gerichtsärzte, Vertheidiger u. Psychologen, hrsg. von —. 4 Bde. Hannover, Hahn'sche Hof-Buchh., 1833, 35, 37, 40. Gr. 8°. (9 1/2 Rthl.) (In Weimar.)
Vergriffene und gesuchte Sammlung von 60 sehr interessanten Criminalprozessen, z. Th. in freier u. drastischer Darstellung. Darin Untersuchungen über Kindsmord, verheimlichte Schwangerschaft u. Geburt, Fahrlässigkeit bei unehel. Niederkunft, gewaltsame Nothzucht, Ehebruch, Bigamie, Kuppelei, Blutschande, Bestialität, Zerstörung des Fortpflanzungsvermögens, Concubinat, versuchte Abtreibung der Leibesfrucht etc. (15 fros. Hausknecht, St. Gallen, 61. no. 622.)
1: VIII—581 S. 2: VI—644 S., 1 Bl. Err. 3: IV—316 S. 4: VII—463 S.

Bischoff, Criminalricht. Ritter rc., Anna von Rothhorst u. die Raubmörder im Böhmerwalde. Eine Criminal-Untersuchung aus dem 17. Jahrh. gr. 8. Eisenach 833. Bärecke. 2/3 ß

Bischoff, (Dr.,) Reise durch d. Königreiche Sachsen u. Böhmen, in den Jahren 1822 u. 23. Mit dem Bildn. Albr. v. Wallenstein. gr. 8. Leipzig 825, Hartmann. Rthlr.

— Reise durch die Königr. Sachsen u. Böhmen in d. J. 1822 u. 23. Mit 1 Kpf. gr. 8. Leipz. 825. Lehnhold. 1 ß 8 gl

— s. Tacitus, de situ, u. von d. Lage d. Sitten.

— Diss. inaug. Leg. VI, D. de transactionibus interpretatis. 4. Jena 813.

— Vorträge aus verschied. Acten, nebst rechtl. Erörterungen u. gefügten Gutachten. 8. Cahla 814.

Bischoff, Dr. (F.), (Grossherz.-Sächs. Criminalgerichtsassessor in Weida), die *Kochemer Waldiwerei in der Reussischen Märtine*, od. die Gauner u. Gaunerarten im Reussischen Voigtlande u. der Umgegend, ihre Tactik, ihre Aufenthaltsorte u. ihre Sprache. Neustadt, bei J. K. G. Wagner. 1822. Kl. 8°. Eleg. Hsrsb.
X—81 S. Selten! Ueber dieses Wörterbuch u. die befremdl. Etymologie d. Titels s. Avé-Lallemant, III. p. 33 u. IV. p. 246—491 Wagner no. 53.

— Deutsch-Zigeunerisches Wörterbuch. gr. 8. Ilmenau 827, Voigt.

— **Wilhelm Theophil** (Ludovicopolitano), Sciagraphia methodi materiae medicae qualitatum aestimationi superstructae. Tl. II. Tübingen (Balz) Sept. 1793. 62 S. (4.—) 2837

**Bischoff**, Willy, Assistenzarzt im Grh. Meckl. Füs.-Reg.: Aus d. med. Klinik d. Landesuniversität Rostock. Zum klinischen Verhalten des Magenskirrhus. *Rostock 1903: C. Hinstorf.* (39 S.) 8°
Rostock, Med. Diss. v. [25. Jan.] 1904

Friedensgedanken am Vorabende — — — von Wolfgang **Bischoff**. Halle: J. Buschbeck [1905]. (72 S.) 8° [06. 2703]

Bischoff von Altenstern, Ignaz Rudolf, s. Bischoff, Ignaz Rudolf

Bischoff v. Widderstein, des Todtengräbers Tochter od. der Findling v. Goslar. Wahrheit u. Dichtung. 3 Bde. 8. (244. 235 u. 239 S.) Leipzig 852, Kollmann. 3 ß

Bischoff-Widderstein, F., China, s. China rc.

Bischoff-Widderstein, F., China, od. Uebersicht d. vorzüglichsten geograph. Punkte u. Bestandtheile d. chinesischen Reichs; nebst ein. kurzen Beschreib. der Naturerzeugnisse, der vorzügl. Städte u. ihrer Merkwürdigkeiten rc. 8. (13 3/4 B. u. 1 Karte von China.) Wien 843, Kaulfuß Wwe., Prandel u. Comp.

Bischoff-Widderstein, F., das Lesekabinet, s. Lesekabinet.

Bischoffshausen, J. v., praktische Anleitung zum Hopfenbau, mit besond. Berücksicht. des Hopfenbaues in Kurhessen und im nördlichen Deutschland überhaupt. gr. 8. (VII und 44 S. mit 1 Stnt. in gr. 4.) Göttingen 861(62), Wigand.

Bischoffshausen, J. v., praktische Anleitung zum Hopfenbau mit besond. Berücksichtigung des Hopfenbaues im nördl. Deutschland. 2. (Titel-)Ausg. gr. 8. (VII und 44 S. mit 1 Stnt. in gr. 4.) Göttingen (862)66, Wigand. *

Papst Alexander VIII. und der Wiener Hof. (1689-1691.) Nach d. Beständen d. Kais. u. Kgl. Haus-, Hof- u. Staatsarchivs u. d. Fürstl. Liechtenstein. Archivs in Wien dargest. von Dr. Sigismund Frh. v. **Bischoffshausen**. *Stuttgart & Wien: J. Roth 1900.* (XIV, 188 S.) 8° [00. 3488]

Bischoffshausen, Sigism. Frhr. v., das Duell. (88 S.) gr. 8. Wien 903. W. Braumüller. n. — 70

Bischoffshausen, Sigismund Frh. v. (Hrsg.), s. Ehrenschutz

**BISCHOFFSHAUSEN, Sigismund, Freih. v.**
(F) Die Greuelthaten von Cuenca und andere Geschichtslügen über Don Alphonso von Bourbon. Eine Entgegnung an die „Münchener Neuesten Nachrichten" und geistesverwandte Blätter von Sigismund Freiherrn von Bischoffshausen. Sonderabdruck aus dem „Vaterland". Wien. 1900. Selbstverlag. [In Comm. Kirsch.] 8°. 30 S. K —.40

Bischoffshausen, Sigismund Frh. v. (Hrsg.), s. Mitteilungen d. allg. Anti-Duell-Liga f. Österreich

**Bischoffshausen**, Dr. Sigismund Freiherr von. Pius IX. im Revolutionsjahr. Nach den amtlichen Berichten des preussischen Gesandten Guido von Usedom. (Aus:) „Die Kultur. Vierteljahresschrift f. Wissenschaft, Literatur und Kunst." 5. Jhrg. 1. Heft. 8. Wien 1904.

**BISCHOFFSHAUSEN, Sigismund Freiherr von**
Die Politik des Protectors Oliver Cromwell in der Auffassung und Thätigkeit seines Ministers des Staatssecretärs John Thurloe von Dr. Sigismund Freiherrn von Bischoffshausen. Im Anhang die Briefe John Thurloes an Bulstrode Whitelocke und sein Bericht über die Cromwell'sche Politik für Edward Hyde. Innsbruck. 1899. Wagner. Gr.-8°. XV, 224 S. Mit 1 Tafel. fl. 3.50

— s.: Tacoli-Ledóchowski, der Fall.

**Bischoffshausen, Sigismund Freih. v.**, Das höhere kathol. Unterrichtswesen in Indien und die Bekehrung der Brahmanen. Ein Beitrag zur Frage: Wie kann Indien katholisch werden? Mit 9 Abbildungen. Freiburg, Herder, 1897, gr. 8°, 86 S., 2 Mk.

**Bischofreiter, Mart.**, s. M. Haydn's Partitur-Fundament.

**Bischofsbrief, ein, vom Concil** rc., s. Nippold, F.

**Bischofsbrief**, ein, vom Concil und eine deutsche Antwort. Ein Beitrag zur Unterscheidung von Katholicismus und Jesuitismus. Von einem protestant. Christen (F. Nippold). 1. und 2. Aufl. gr. 8. (31 S.) Berlin 870, Lüderitz'sche Verlagsb. (* 50 Pf.) *

**Bischofschronik, die Merseburger.** Übers. u. m. Anmerkgn. versehen v. O. Rademacher. 1. Tl. (bis 1186). (74 S.) gr 8. Merseburg 903. (F Stollberg). n. 1. 20

**Bischofschronik, die Merseburger.** Übers. u. m. Anmerkgn. versehen v. O. Rademacher. 2. Tl. (1186 bis 1341). (39 S.) 8. Merseburg 907. (F. Stollberg.) 1. —
1. Tl. Ebd. 903. 1. 20.

**Bischofschronik, Die Merseburger.** Übers. u. m. Anmerkgn versehen v. O Rademacher. 3. Tl (1341—1431). 4. Tl (1431—1514). (59) gr8° Mersebg. F Stollberg '08. 1 —
(1—4: 3.20)

**Bischofschronik, die niederdeutsche, bis 1553**, s.: Geschichtsquellen, Osnabrücker.

Bischofsheim [Sachliches OW]
**Bischofsheim.** Vom K. Steuer-Kataster. 2,500.
Ausgearb. 1849. 1 Bl.

Bischofsheim [Schlagwort]
**Bischofsheim**, s.: **Bayern. Karte.**

**Bischofsheimer, L. H.**, Erläuterungen und Beweise, ük gewisse Rechnungsgegenstände und prakt. Wortheile bey den gangbarsten Cursen, den Freunden d. Arithmetik u. dem Gebrauche meiner Schüler gewidmet, 2te Aufl. gr. 8. Carlsr. Marx. 818.

**Bischofsheimer, L. J.**, Erläuterungen u. Beweise, üb. gewisse Rechnungsgegenstände u. prakt. Vortheile bei den gangbarsten Cursen; den Freunden d. Arithmetik u. dem Gebrauche meiner Schüler gewidmet. 2e Aufl. gr. 8. Karlsr. 818. Marx. 6 g/.
Dass. Ebda. 1821

**Bischofskampf, der, am Rhein.** Zu seiner politischen und nationalen Würdigung. Frankfurt a. M. 854. Brönner. gr. 8. (2 Bl., 84 S.) n. 10 ngr

**Bischofskampf, d., am Rhein.** 8. (84) Frankf. 54, Winter. n. — 10

**Bischofsmord**, der, zu Frauenburg in Preußen am 3. Jan. 1811. Ein kurzes Denk-, Lehr- u. Erweck-Büchlein f. schlichte Land- u. Stadtleute. Von e. Verehrer u. Landsmann d. weil. Hochwürd. Bischofs v. Ermland, Hrn. Dr. Andr. Stanisl. v. Hatten. 12. (2⅔ B.) Braunsberg u. Mohrungen 841, Rautenberg.

Die **Bischofsstädte** Europas. Maßst. 1:12,000,000. [Mit 1 Nebenkarte.] (Steyl: Missionsdr. [1906].) (1 Kartenbl. 45×25 cm.) [lith.] [kol.]
— **Streit**, Karl: Kath. Missionsatlas. Erg. 1. [07. 9611]

Die **Bischofsstädte** Italiens. Maßst. 1:4,000,000. [Nebst statist. Tab.:] Die kath. Hierarchie d. Erdkreises. (Steyl: Missionsdr. [1906].) (1 Kartenbl. 32×26 cm.) [lith.] [kol.]
— **Streit**, Karl: Kath. Missionsatlas. Erg. 2. [07. 9612]

**Bischofstage**, die, in Bonn und Umgegend vom 25. Juli bis 8. Aug. 1886. gr. 8. (IV, 87 S.) Bonn 886, Hauptmann. *

Bischofstein [Schlagwort]
**Bischofstein**, s.: Geolog. Karten (Preussen).

**Bischofswahl**, die erste, zu Solothurn im J. 1828. Aus den hinterlassenen Papieren eines verstorbenen Domcapitulars. Ein Beitrag zur Geschichte des kirchl. Rechtes und des Bisthums Basel. 4. (22 S.) Luzern 863, Gebr. Räber. *

**Bischofswahl zu Fulda**, die am 15. Nov. 1831 statt gefundene, in ihrer Nichtigkeit dargest., nebst Bemerkn. üb. einige domkapitelische Verhältnisse. 8. ... Hanau, König.

**Bischofswahl, die Mainzer**, u. der Informativproceß. gr. 12. (74 S.) Mainz 850, Kirchheim & Schott. 3 ngr

**Bischofswahl, Die ungültige,** zu Freisingen. Mainz 1790. V: *Roth, Johann Richard von.* (HS) (MGT)

**Bischofs-Weihe**, die. Aus M. A. Nickel's ins Deutsche übersetztem römischen Pontificale. 12. (2½ B.) Salzburg 846, Mayr'sche Buchh.

**Bischofsweihe**, die. Kurze Erklärung der Ceremonien bei dieser heiligen Handlung von einem Priester des apostolischen Vikariats Luxemburg. Luxemburg 863. Brück. 8. (32 S.) n. 2 ngr

— die, u. die **Bischofswürde**, dargestellt u. erklärt aus dem Römischen Pontifikale. Zunächst für das Volk. gr. 8. (56 S.) St. Gallen 847. (Scheitlin & Zollikofer.) n. 1/12 ₰

**Bischofsweihe u. Bischofswürde**, die, in der katholischen Kirche, dargestellt und erklärt aus dem Römischen Pontificale. Zunächst für das Volk. 2. umgearb. Aufl. St. Gallen 863. Köppel. gr. 8. (IV, 42 S.) 3 ngr

— **u. Bischofswürde, die, in der katholischen Kirche.** Dargestellt u. erklärt aus dem röm. Pontificale. Zunächst f. das Volk. 3. Aufl. 8. (48 S.) St. Gallen 882. Köppel. — 80

Die hl. **Bischofsweihe.** Für d. Feier d. Konsekration u. Inthronisation des Dr. Hubert Theophil Simar, Bischofs v. Paderborn. Mit Biographie u. Portr. *Paderborn: J. Esser 1892.* (24 S.) 8° [F.] [99. 7819 6]

**Bischofsweihe**, die heilige, in der katholischen Kirche. Nach dem röm. Pontifical lateinisch und deutsch. Nebst einer Erläuterung der Weiheceremonien und der Auszeichnungen des Bischofs. 16. (56 S.) Eichstätt 867, Krüll'sche Buchh.

**Bischofs-Weihe, die heilige, nach dem römischen Pontificale.** 2 Aufl. 16. (44 S.) Würzburg 885. Bucher. n. — 20

**Bischofsweihe**, die, nach dem Römischen Pontificalbuch. Die Ceremonien derselben nebst den Gebeten zur Belehrung und Erbauung des gläubigen Volkes. 12. (32 S.) Trier 887, Paulinus-Druckerei. *

—— dass. — nach dem römischen Pontificalbuch. Die Ceremonien derselben nebst den Gebeten in latein. und deutscher Sprache, zur Belehrung und Erbauung des gläub. Volkes mit erläut. Bemerkungen versehen. 12. (71 S.) Mainz 886, Frey. *

—— dass., nebst d. Gebeten in lat. u. deut. Sprache. 12. (71) Mainz 86. F Schöningh. n. — 80

Bischofs-Weihe, die, nach dem Römischen Pontificale. Bei Gelegenheit der Consecration des Domcap. u. Erzbischöfl. Gen.-Vicars Dr. Baudri zum Bischof v. Arethusa u. Weihbischof v. Köln am 25. Febr. 1850. 12. (77 S.) Köln 850, Bachem. n. 4 ngr

—— d., nach d. röm. Pontificale. 12. (77) Köln 51, Bachem. n. — 4

Bischofs-Weihe, die, nach dem römischen Pontificale. gr. 16. (41 S.) Speyer 878. Kleeberger. n. — 20

Bischofs-Weihe, die, und die Uebergabe des Pallium an einen Erzbischof nach dem Römischen Pontificale. 16. (95 S.) Freiburg i. Br. 882, Herder'sche Verlagsh. *

Bischofswerda [Schlagwort]
Bischofswerda, s.: Deutschland. Grundkarte.

Bischofswerda, s.: Deutschland. Karte. (Abteil. Sachsen.)

Bischofswerda, s.: Geologische Karten (Sachsen).

— s. Sachsen. Karte.

— s. Sachsen. Meßtischblätter.

Bischofswerder, Alfred [aus Berlin]: Über Harnsäure- und Alloxurbasenausscheidung bei Diabetes mellitus ... Berlin, Buchdr. v. G. Schade, 1896; 30 S., 1 Bl. 8.
Berlin. Med. Fak., Inaug.-Diss. v. 14. Aug. 1896

Bischofswerder, Norbert. Beitrag zur Diagnose der offenen Lungentuberkulose, zugleich eine Studie über die Hilfsmittel zur Gewinnung des Lungenschleims, die sich für die Praxis vornehmlich eignen. Arbeit aus der Tierseuchenstelle der Landwirtschaftskammer der Provinz Westfalen.... Diss. Vet.-Med. Bern. [Mit 1 Tafel.] IV + 55 S. 8. Berlin, Maschning & Kantorowicz, 1910.

Bischofzell, dargestellt nach seinem gegenwärtigen Zustande. 1825 s. [Pupikofer, Johann Adam].

Bischopf, Jak., s. Betracht. üb. d. Evangelien.

Bischweiler [Schlagwort]
Bischweiler, s.: Deutschland. Kürschner-Peip.

Bischweiler, s.: Preussen. Messtischblätter.

Biscoe, R., Erläuter. d. Apostelgeschichte aus d. Weltgeschichte; aus d. Engl. v. Fr. C. Rambach. 4. Magdeb. 761. Seidel. 1 rß

Universität Freiburg, Schweiz. Bericht über das Studienjahr 1899—1900. Erstattet von dem zurücktretenden Rektor Professor E. Bise. Freiburg, Schweiz 1901. 39 S. 8°.
Freiburg i. Schw. Univ.-Schr. 1900/1901.

Bise, Emile: La division bipartite des infractions et les contraventions de police dans le projet de code pénal fédéral. Discours prononcé à l'occasion de l'inauguration des cours de l'année 1899/1900. Fribourg (Suisse) 1899. VIII, 34 p. 8°.
Freiburg i. Schw. Univ.-Schr. 1899/1900.

Biselx, Von dem Schnee, den Lawinen und den Gletschern in den Alpen und andere Beiträge zu der Naturgeschichte des grossen Bernhardsberges. 1820.

Bisenz, D. (Hrsg.), s. Journal für (öffentliche) Gesundheitspflege.

Bisenz, Dr. D., Die geschwächte Manneskraft, Impotenz, deren Ursachen und Heilung. Für Aerzte und Kranke dargestellt. Mit 8 Holzschnitten und durch Krankengeschichten erläutert. gr. 8. (58 S.) Wien, Selbstverlag. 1868 2 fl.

Bisenz, D., die geschwächte Manneskraft, Impotenz, deren Ursache und Heilung. Für Aerzte und Kranke dargestellt. 5. Aufl. (148 S.) 1875; 6. sehr verm. Aufl. Mit 10 (eingedr.) Holzschn. und durch Krankengeschichten erläutert. gr. 8. (141 S.) Wien 876. (Teschen, Schröder.) *

Bisenz, D., die geschwächte Manneskraft, Impotenz, deren Ursachen und Heilung. Für Aerzte und Kranke dargestellt. 11. sehr verm. Aufl. gr. 8. (142 S. mit 10 eingedr. Holzschn. und durch Krankengeschichten erläutert.) Wien 880. (Leipzig, Grieben's Verlag.) *
Die 7.—10. Aufl. waren nicht im Handel.

Bisenz, Thdr: English literature. Für d. Schulgebr. u. Selbstunterr. (60) 8° Berl., L Simion Nf. '11. geb. 1 —

Bisewski, Max: Die mhde Übersetzung des Perikopenbuchs, der Apokalypse und der katholischen Briefe in der Augsburger Handschrift. Greifswald: Kunike 1908. 116 S. 8°
Greifswald, Phil. Diss. v. 18. Sept. 1908, Ref. Reifferscheid
[Geb. 8. Aug. 83 Briesen Wpr.; Wohnort: Berent; Staatsangeh.: Preußen; Vorbildung: Gymn. Marienburg Reife O. 04; Studium: Freiburg i. B. 1, Berlin 3, Greifswald 4 S.; Rig. 19. Febr. 08.] [U 09. 1515

Bishop, Arthur W. [aus London]: Ueber den Formylcampher.... München, k. Hof- u. Univ.-Buchdr. Dr. C. Wolf & Sohn, 1890; 34 S. 8°
München, Phil. Fak., Inaug.-Diss. v. 1890

Bishop, Charles Edward [Virginiensis]: De adiectivorum verbalium-τος terminatione insignium usu Aeschyleo. . . . Lipsiae, typ. expr. Oswald Schmidt, 1889; 2 Bl. + 87 S. 8°
Leipzig, Phil. Fak., Inaug.-Diss. v. 27. Jun. 1889

Bishop, C. E., Verbals in — τος in Sophocles. 8 Teile. S.-A. 1892. 14, 29, 14 S.

Bishop, John, Untersuchungen über das Wesen und die Behandlung der Deformitäten des menschlichen Körpers. Uebers. von Dr. Chr. A. L. Bauer. Mit 62 in den Text eingedr. Illustr. in engl. Holzschn. 853. n. 2 rß — 2. (Titel-) Ausg. Stettin 856. Müller. gr. 8. (4 Bl., 246 S.) 1 rß 10 ngr

Bishop, J, Unters. üb. d. Wesen u. d. Behandlg d. Deformitäten d. menschl. Körpers. Uebers. v. CAL Bauer. 2. Ausg. 8. (246) Stett. 56, v. der Nahmer. 1. 10

Bishop, Isabelle, s. Bird, Isabelle L. (Mädchenname)

Bishop, Rufus W. (geb. Burlington, Vt 4. 4. 1856): Die Uebertragbarkeit der Alopecia praematura. Berlin (1882) (20 S.) 8°
Berlin, Med. Diss. v. 29. Apr. 1882

Bishop, T. B., im Lichte wandeln oder tägliche Manna für junge Christen. Autoris. Ausg. 1. Aufl. (48 S.) 1876. 25 Pf.; 2. Aufl. (80 S.) 1878. 30 Pf.; 3. Aufl. 16. (VI, 88 S.) Gernsbach 1883, Christl. Colportage-Verein.

Bishop, T. B., im Lichte wandeln. Tägl. Manna f. junge Christen. 4. Aufl. schmal 12. (64 S.) Frankfurt a/M. 897. (Gernsbach, Christl. Kolportage-Verein.) n. — 40

Bishop, T. B., im Lichte wandeln. Tägliches Manna f. junge Christen. 5. Aufl. schmal 12. (64 S.) Frankfurt a/M. 897. Lichtenthal b/Baden-Baden, Christl. Kolport.-Verein. — 40

[F.] Choy Susan. Von William Henry Bishop. A. d. Engl. übs. v. M. Pillet. Breslau: S. Schottlaender 1897. (122 S.) 1 Bd 8. (Unterwegs u. Daheim.)

Bishop, W. H., Schwindler u. Aufschneiderin, s.: Zehnpfennig-Bibliothek.

Bislcz, W. v., Anwendung u. Zukunft der Kondensatoren in der Wechselstromtechnik. (VII, 88 S m. 26 Fig) gr. 8. Berlin 903. J. Springer. n. 2. 40

Bisier, Louis
— Kochbuch d. russ. u. poln. Küche, sow. d. franz. kalten Küche. Nach d. besten in Rußland u. Polen gebräuchl. Rezepten u. d. ausgezeichn. Anweisgn. d. franz. ersten kaiserl. Küchenmeisters Emil Bernard. Nebst Anleitg. zur Garnierung d. Schüsseln u. z. Herstellung aller Arten von kalten u. warmen Mehlspeisen, Gefrorenem, eingemachten Früchten ꝛc. Mit deutscher Worterklärg. d. franz., russ. u poln. Küchenausdrücke u. Speisebezeichnungen. 2. [Titel-]Aufl. gr. 8. (XVIII, 424 S.) Berlin (894) 897. S. Mode's Verl. 5. —

Bisier, L.: Der geschulte Conditor. Berlin 1884

Bisier, Louis, d. geschulte Conditor. 3., verb. Aufl. gr. 8. (VIII, 494 S.) Berlin 896. S. Mode's Verl. 8. —; geb. in Halbfrz. 9. —

Bisier, Louis, der geschulte Konditor. 4. verb. Aufl. (502 S.) gr. 8. Berlin (907). S. Mode. 6. —; geb. in Leinw. 7. 50

Bisig et Alfr. Reichlen: L'économie alpestre du Ct. de Fribourg, s. a. Alpstatistik, schweiz.

Bisig, [Alois Barthélemy], et Reichlen, Alfred. L'Économie alpestre du canton de Fribourg. Éditée par la Société suisse d'économie alpestre. Élaborée par M. le Dr B', médecin à Bulle, et M. A' R', député à Bulle, avec la collaboration du Personnel enseignant de l'Institut agricole de Pérolles. [Avec 13 planches.] 206 p. 8. Soleure, libr. A. Lüthy; Fribourg, Impr.-libr. St-Paul, 1906. [fr. 3. 50]
Statistique suisse des alpages. 16e livraison.

Bissing, A., s. Concilium Tridentinum.

Bisinger, Untersuchungen über die Beziehungen zwischen Accomodation und Convergenz der Blicklinien, s. Mittheilungen aus der ophthalmiatr. Klinik in Tübingen.

Bisinger, Emil, Doktor d. Staatswiss.: Geschichte und Organisation der kommunalständischen Spar- und Leih-Kasse für die Hohenzollernschen Lande. Karlsruhe 1907: J. J. Reiff. (XVI, 267 S., 7 Beil.) 8° [F.]
Tübingen, Staatsw. Fak., Ref. v. Schönberg, Diss. v. 27. Mai 1907
(Nicht für den Austausch)
[Geb. 8. Sept. 80 Thanheim, O.-A. Hechingen; Wohnort: Darmstadt; Staatsangeh.: Preußen u. Württemberg; Vorbildung: Realsch. Hechingen Einj.-Freiw.-Zeugnis M. 96, Württ. niedere Finanz-Dienstprüfung O. 02; Studium: Univ. Tübingen 4, T.H. Darmstadt 1, Handelshochsch. Frankfurt a. M. 1 S.; Rig. 26. Apr. 07.]

Bisinger, Emil, das Lehrverhältnis im Handwerk. Speziell f. die württemberg. Verhältnisse dargestellt auf Grund der Reichsgewerbeordng. u. der Vorschriften zur Regelg. des Lehrlingswesens. (48 S.) 8. Stuttgart (908). E. H. Moritz. — 60

Bisinger, Josef Konstantin
Bisinger, J. C., Prof. der Statistik. Vergleichende Darstellung der Grundmacht oder der Staatskräfte aller europäischen Monarchien und Republiken. In zwei Abtheilungen, von denen die erste: das Land, die Urproduction, die industrielle und die commercielle Production; die zweite: die Bewohner, die Geistescultur, die Vertheidigungskräfte und die Finanzen der europäischen Staaten umfasst. (Hartleben) 4. Pest und Wien 1823.

Bisinger, J. C., vergleichende Darstellung der Staatsverfassung der europäischen Monarchien und Republiken. gr. 8. Wien, Schaumburg u. C. 818.

Bisinger, General-Statistik des österreichischen Kaiserthums. Thl. 1. Wien und Triest 1807. 8.

Bisinger, Jos. Konst., († d. 9. Jan. 1825.) Generalstatistik des österreich. Kaiserthums. 2 Thle. gr. 8. Wien 808. Geistinger. (Landsh., Krüll). 3 ₰ 16 gr (1r Thl. A. u. d. T.: Die Grundmacht des österr. Kaiserthums. 1 ₰ 16 gr 2r Thl. die Staatsverfassung d. österr. Kaiserthums. 2 ₰)

**Biskamp, Elard.** Die nöthige Erkenntniß seiner Selbst . . . Göttingen 1733. V: *Bellermann, Constantin.* (Rotermund, Gel. Hannover. Bremen 1823.)

Biskamp, Elard Friedrich, a. Niedermöllrich: Das Mainzer Domkapitel bis zum Ausgang des 13. Jahrhunderts. Marburg 1909: Koch. 78 S. 8°
Marburg, Phil. Diss. v. 6. Dez. 1909, Ref. v. der Ropp
[Geb. 7. Aug. 83 Nesselröden, Kr. Eschwege; Wohnort: Marburg; Staatsangeh.: Preußen; Vorbildung: Gymn. Hann.-Münden Reife O. 02; Studium: Marburg 3, München 2, Marburg 6 S.; Rig. 11. Dez. 07.] [U 10. 3345

Biskamp, HF, prakt. Mitth. nach Grunds. d. Erfahrgsheillehre Rademacher's. 8. (79) Eilenb. 53. (Lpzg, O Klemm.) — 15

Biskamp, H. F., praktische Mittheilungen nach Grundsätzen der Erfahrungsheillehre Rademacher's. Eilenburg 853. Schreiber in Comm. gr. 8. (79 S.) 15 gr

Biskamp, Siegm. Chr., Versuche im Gebiete d. Moralphilosophie ꝛc. 8. (Marb.) 806. Krieger. 16 gr

Biske, Felix, aus Plonsk: Versuch einer Anwendung hydrodynamischer Untersuchungen auf die Protuberanzen der Sonne. *Berlin (1901): E. Ebering.* (37 S.) 8°
Berlin, Phil. Diss. v. 20. März 1901

Biskoff, E: Volkserziehg. 1. Tl: Zeitprobleme — Erziehgsprobleme. (40) 8° Lpzg, J Wörner '12. 1 — d

de Biskupski, Felix Eusebius (geb. Trzcielino in Posen 22. 11. 1817): De typhi abdominalis epidemia quae ineunte a. 1841 in nosocomio militari Vratislaviensi est observata. Berolini (1842). (25 S.) 8°
Berlin, Med. Diss. v. 29. März 1842

Biskupski, Leon (*geb. Kosten in Pos. 11. 4. 1848*): Beiträge zur slavischen Dialektologie. 1. Die Sprache der Brodnitzer Kaschuben im Kreise Karthaus (West-Preussen). H. 1. Die Lautlehre. Abt. A. Leipzig [1883]. (VI, 61 S.) 8° *[Im Buchhandel 1883 bei Breitkopf & Härtel in Leipzig; fortges. unt. d. T.: „Über den Einfluß des germanischen Elements auf das Slavische. T. 2: Die Diphthonge in der Sprache der Lüneburger Slaven (Polaben)" als Gymn.-Progr. v. Konitz 1885.]*
Breslau, Phil. Diss. v. 13. Okt. [1883]

Biskupski, L. Über den Einfluss des germanischen Elements auf das Slavische. II. Teil: Die Diphthonge in der Sprache der Lüneburger Slaven (Polaben). 22 S. [Teil I u. d. T.: Beiträge zur slavischen Dialektologie I. Die Sprache der Brodnitzer Kaschuben im Kreise Karthaus (West-Preussen). 1. Hft. Die Lautlehre. Abtlg. A. Leipzig 1883, Breitkopf & Härtel. (VI, 61 SS.) 8. 1 Mk. 50 Pf.] Progr. *Konitz* 1885.

Bisland, Elisabeth, e. Blitzfahrt rund um die Welt. 8. (162 S.) Berlin 892. S. Cronbach. 1. 50

— a widower indeed, s.: Broughton, Rhoda.

**Bisle, Max,** Die öffentliche Armenpflege der Reichsstadt Augsburg, mit Berücksichtigung der einschlägigen Verhältnisse in anderen Reichsstädten Süddeutschlands. Ein Beitrag zur christlichen Kulturgeschichte. gr. 8°. Paderborn, Schöningh, 1904. XIV, 192 S.

Bisle, Max [Prof.]: Leben und Wirken des Benediktiners P. Placidus Braun. Augsburg, Druck d. Literar. Inst. v. Haas & Grabherr, 1897; 63 S. 8.
Augsburg, k. RG, P 1897*

Bisle, M: Zeugnisse a. d. Natur. Betrachtgn üb. d. Schönheit, Zweckmässigkeit u. Sinnbildlichkeit d. Natur. 8° (216 m. 9 [1 farb.] Taf.) Augsbg 98, Lit. Instit. v. Dr. M Huttler. 3 —; geb. 4.50

Bisle, Max, Zeugnisse a. d. Natur. Betrachtgn. üb. d. Schönheit, Zweckmäßigkeit u. Sinnbildlichkeit d. Natur. gr. 8. (V, 216 S. m. 9 [1 farb.] Taf.) Augsburg 897. Literar. Institut v. Dr. M. Huttler. 3. —; geb. n. 4. 50

Bißle, Max, Zeugnisse aus der Natur. Betrachtungen über die Schönheit, Zweckmäßigkeit und Sinnbildlichkeit der Natur. Augsburg, Seitz, 1897, 8°, IV, 216 S., 4,50 Mk.

Bislin, die Schweiz in ihren bundesrechtlichen Verhältnissen, s. Pfändler.

Bisling, e soc. I., mons Tabor s. exercitationes spirituales. 8. Wien. 726. —

Bismarck. – [Sachl. Ordnungswort]
Vgl.: Aktenstücke zur Wirthschaftspolitik d. Fürsten B. — Bamberger, Ludw. — Bewer, Max. — Bigelow, Poultney. — Blümner, Hugo. — Bokelmann. — Buch, das kleine. — Busch, Mor. — Dahn, Fel. — Denkwürdigkeiten. — Ende, das. — Evers, Math. — Fleischmann, Otto. — Gerlach. — Germania. — Hahn, Ludw. — Hocker, Osk. — Jahnke, Herm. — Kiefer, Hans. — Kohl, Horst. — Kohl, Wilh. — Köhler, W. — Kohut, Adph. — Köppen, Fed. v. — Koser, Rhold. — Licht, ein wenig mehr. — Lichtstrahlen aus B.'s Reden, Briefen u. Gesprächen. — Müller, Wilh. — Müller-Bohn, Herm. — Pfleiderer, Otto. — Poschinger, Ritter v. — Redelmonte, W. N. — Reden u. Vorträge. — Rée, Paul Johs. — Reinhold, Karl Thdr. — Reinicke, Emil. — Schanz, Ul. — Schrader, O. — Schwetschke, Eug. — Sehring, Wilh. — Sellmer, Carl. — Thudichum, Friedr. — Ueber d. Erfolge u. Folgen d. B.'schen Politik. — Unger, R. v. — Wahrheit, die, üb. B. — Wie B. entlassen wurde.

— Biographie, s. Görlach, W. — Hahn, L. — Kriens, Edw. — Loe, Otto Frhr. v. — Müller, W. — Scherenberg, E. — Simon, E. — Wiermann, H.

Bismarck, dessen staatsrechtliche und wirthschaftspolitische Anschauungen, s. Kundemüller, Otto.

**Bismarck, Graf.** Charakterbild etc. s.: Volksbücher, deutsche.

— Der 1. Kanzler d. Deut. Reichs, s.: Miniatur-Bibliothek.

**Bismarck, Graf.** Ein Lebensbild. Altenburg 1867. V: *Schulze, Wilhelm Rudolph.* (Singer, A., Bismarck in der Literatur. Würzburg 1909. S. 22.)

**Bismarck, Graf.** Ein Lebensbild. Altenburg 867. Schnuphase. gr. 8. (132 S.) n. 15 ngr

— Charakterbild eines deut. Staatsmannes. 2. Aufl. Leipz. 867.

**Bismarck, M. de, député.** [1847—1851.] gr. 8. (456 S.) Berlin 880. Boll. n. 10. —

**Bismarck.** O. O. 1881. V: *Fischer, Carl.* (Kürschner, Deutscher Literatur-Kalender XXIV, 358.)

— Député. [1847—1851.] gr. 8. (456 S.) Berlin 881, [Boll.] Wilhelmi. *

**Bismarck, Fürst.** Parteilehren und Volkswohl. Zwölf Kapitel aus der neuesten deutschen Geschichte. Wählern und Politikern zur Erwägung gestellt. Gotha 1881. V: *Fischer, Karl.* (singerв S. 119.)

— Parteilehren u. Volkswohl. Zwölf Kapitel aus der neuesten deutschen Geschichte, Wählern u. Politikern zur Erwägung gestellt. gr. 8. (VII, 88 S.) Gotha 881. F. A. Perthes. n. 1. 20

**Bismarck.** Zwölf Jahre deutscher Politik. [1871—1883.] Leipzig 1884. V: *Robolsky, Herm.* (Kat. d. ständ. Bibl. Stuttgart 1907. S. 570.)

— Zwölf Jahre deutscher Politik [1871—1883]. Von *** [Bismarck, Gortschakow, Andrassy. — Bismarck und die mitteleuropäische Friedensliga. — Bismarck im Äußern und im Innern. — Bismarck und die französ. Revanche-Politik. — Bismarck, der Ultramontanismus und der Cobdenklub.] 1. und 2. Aufl. gr. 8. (VI, 380 S.) Leipzig 884, Renger'sche Buchh. *
geb. *

**Bismarck.** Seine Parteien und Grössen. Leipzig 1884—85. V: *Robolsky, Hermann.* (singerв S. 134)

— Ein polit. Nachruf aus Briefen aus Kissingen. gr. 8. (22 S.) Berlin 892. Rosenbaum & Hart. n. — 50

— Reden u. Vorträge, geh. bei der Vorfeier d. 77. Geburtstages Sr. Durchlaucht d. Fürsten v. Bismarck am 31. März 1892 im großen Saale d. Gewerbehauses zu Dresden. gr. 8. (54 S.) Dresden 892. Druckerei Glöß. n. — 80

**Bismarck, Fürst.** E. Bild s. Lebens. D. deutschen Volke gewidm. M. e. Portr. d. Fürsten n. e. Orig.-Zeichng. v. L. Arndt u. zahlr. Text-Abb. 8. (191 S.) Berlin 895. F. Pfenningstorff. Geb. n. 1. 25

— Zum 80. Geburtstag. 8. (16 S. m. 9 Abb.) Chemnitz 895. C. A. Hager. — 10

**Bismarck.** Illustr. Rundschau f. Bismarck-Biographie, deutsche Geschichte, Kunst u. Leben. Red.: Otto Kirmse. 1. Jahrg. Apr. 1895—März 1896. 1. Hft. 4. (48 S. m. Abb. u. 2 Taf.) Berlin 895. G. Heuer & Kirmse. n. 1. —
Es erschien nur das 1. Heft.

Bismarck. Symphon. Dichtung von Beethoven. (Verf.: Moritz Wirth.) Leipzig: C. Wild [1898]. (32 S.) 4° [F.]
Aus: Redende Künste. Jg. 4, H. 50/52. [07. 1631

**Bismarck, Fürst v.** Ein Gedenkblatt. Hrsg. v. d. Red. v. „Ueber Land u. Meer", Stuttgart. Fol. (19 m. Abb.) Stuttg. 98, Deut. Verl.-Anst. — 50

— Gedenkblatt d. deutsch-austral. Post. 1815—1898. gr. 4. (24 S. m. Abb.) Sydney 898. (Leipzig, F. Fleischer, Verl.) — 75; auf bess. Pap. 1. 50

— Gedenkblatt d. deut.-austral. Post. 1815—98. 4° (24 m. Abb.) Sydney 98. Deut. Lesever. — 75: auf bess. Pap. 1.50

**Bismarck.** Ein deutsches Heldenleben. (Gesammelt, eingeleitet u. hrsg. v. Rob. Rehlen. Mit e. Bildnisse Bismarcks nach e. Portr. von Frz. v. Lenbach. Tit. u. Einband v. Rud. Koch.) (X, 301 S.) kl. 8. Leipzig 910. J. Zeitler. 3.—; geb. 5.—; Luxus-Ausg. 12. —

**Bismarck.** Eine geschichtl. Ergänzg d. geplanten National-Denkmals. (174) 8° Dresd. '12. Melsungen, W Hopf. (Nur dir.) 3 — d

**Bismarck, Fürst,** und der Antisemitismus. Wien 1886. V: *Popper, Joseph.* (Popper,. Fundament e. neuen Staatslehre. Dresden 1905. S. 63.)

— Fürst, und der Antisemitismus. 1. und 2. Aufl. gr. 8. (150 S.) Wien 886, Engel. *

**Bismarck, Fürst,** u. d. Antisemitismus. 2. Afl. 8. (150) Wien 86, Daeubler. n. 2. —

**Bismarck, Fürst,** und Herr von Bötticher. Von einem Kaiserlichen. Berlin 1895. V: *Robolsky, Hermann.* (Singer, A., Bismarck in d. Literatur. Würzburg 1909. S. 167.)

— u. Herr v. Bötticher. Von einem Kaiserlichen. gr. 8. (31 S.) Berlin 895. E. Pellschus & Co. n. 1. —

**Bismarck u. Caprivi.** Vier Aufsätze aus dem „Deutschen Wochenblatte". 1. u. 2. Tausd. gr. 8. (27 S.) Berlin 892. H. Walther. n. — 50

— u. Caprivi. gr. 8. (26 S.) Dresden 893. Druckerei Glöß. n. — 50

**Bismarck** wider Christus. Von einem Convertiten. Aachen 1872. V: *Amorie van der Hoeven, Hendrik Abraham des.* (Singer, A., Bismarck in d. Literatur. Würzburg 1909. S. 50.)

Bismarck wider Christus. Von e. Convertiten. 8. (15) Aach. 72, Tepe. — 15

Bismarck und 2 unheimliche Damen. Ein politisch-prophet. Nachtgemälde. Aus der französ. Handschrift des Herrn D. de L'.... Autoris. deutsche Ausg. gr. 16. (46 S.) München 867, Neuburger jun.

**Bismarck** und England. Geschichte der Beziehungen Deutschlands und Englands seit dem Krimkriege. Berlin [1889]. V: *Robolsky, Herm.* (Kat. d. ständ. Bibl. Stuttgart 1907. S. 570.)

— u. England. Geschichte der Beziehgn. Deutschlands u. Englands seit dem Krimkriege. 8. (311 S.) Berlin 889. Eckstein Nachf. n. 3. —

— über die Erfolge u. Folgen der Bismarck'schen Politik. Eine polem. Flugschrift v. ***. gr. 8. (42 S.) Berlin 891. (C. Mohr & Co.) n. 1. —

—— die Familie v., eine genealogisch-heraldische Studie, s. Schmidt, Geo.

— u. Jules Favre. Ein Wachsfiguren-Scherz in 4 Bildern. Besonders zur Aufführg. in Privatkreisen und in Vereinen geeignet. Von Hyoscîamus. 8. (8 S.) Kaiserslautern 890. Gotthold. n. 1. —

Bismarck, Herr v., u. die Fortschrittspartei. Lose Blätter aus der Konfliktszeit. Eine Schrift f. das Volk. 1. u. 2. Aufl. gr. 8. (64 S.) Berlin 882. A. Duncker. n. 1. —

—— in Frankfurt. Von ***, s. Jubelschrift.

— in Frankfurt. Von *** (H Robolsky). 8° (132 m. Bildnis.) Lpzg 85. (Bonn, E Strauss.) 3 —; erm. Pr. 1 —

**Bismarck** und Frankreich nach dem Kriege. Berlin [1887]. V: *Robolsky, Hermann.* (Kat. d. ständ. Bibl. Stuttgart 1907. S. 570.)

— u. Frankreich nach dem Kriege. *** 1. u. 2. Aufl. 8. (292 S.) Berlin 888. Eckstein Nachf. n. 3. —; geb. n. 4. —

Bismarck, Fürst, der Führer zu Deutschlands Größe u. Einheit. Ein Charakterbild f. das deutsche Volk. Mit Portrait (Holzschntaf.) 8. (90 S.) Leipzig 874. Kunze. — 75

— der Ganze! Von Philippikus. gr. 8. (62 S.) Leipzig 894. E. Rust. n. 1. 50

Bismarck, Fürst, und seine Gegner. Lose Blätter zur Militärvorlage. Eine Schrift f. d. Volk. gr. 8. (56 S.) Berlin 887. A. Duncker. n. — 60

Graf Bismarck und seine nachdenklichen Gegner. Von einem deutschen Patrioten. — Berlin: A. Paul 1866. 16 S. 8°

—— und seine nachdenklichen Gegner. Von einem deutschen Patrioten. gr. 8. (16 S.) Berlin 866, (Uhtemann und Müller.) *

**Bismarck** vor der Geschichte. Wien 1869. V: *Preser, Carl.* (Singer, A., Bismarck in d. Literatur. Würzb. 1909. S. 28.)

—— vor der Geschichte. gr. 8. (XII, 64 S.) Wien 869, Herzfeld und Bauer. [Brüder Winter.] *

— u. die kirchenpolitischen Gesetze. Von e. deutschen Patrioten. 2. Aufl. gr. 8. (16 S.) Aachen 873. Tepe. — 20

— der Herzog der Deutschen. Zur Huldigg. der Schwaben in Kissingen. 1.—4. Taus. gr. 8. (13 S.) Berlin 892. H. Walther. — 30

**Bismarck** und der Hof. 4. Aufl. Dresden 1892 V: *Bewer, Max* (?). (Berl 1914, S. 1095)

— u. der Hof. *** 1.—17. Aufl. gr. 8. (88 S.) Dresden 892. Druckerei Glöß. n. — 50

Bismarck und der Hof. *** (22. Aufl.) Dresden 1892: Glöß. (33 S.) 8° [F.]

— in Jena. Zur Erinnerung an den 30. u. 31. Juli 1892. Bericht d. Zentralkomitees. gr. 8. (39 S. m. 3 Abbildgn.) Jena 892 G. Neuenhahn. n. — 50

**Bismarck** und der Kaiser. Dresden 1895. V: *Bewer, Max.* (Berl)

— u. der Kaiser. gr. 8. (35 S.) Ebd. 895. n. — 50

— — dasselbe. Gr. Ausg. gr. 8. (157 S.) Ebd. 895. n. 1. 50

**Bismarck, Fürst,** unter drei Kaisern. 1884—1888. Leipzig 1888. V: *Robolsky, Herm.* (Kat. d. ständ. Bibl. Stuttg. 1907. S. 570.)

Bismarck, Fürst, unter drei Kaisern. 1884—1888. Von *** gr. 8. (IV, 300 S.) Leipzig 888. Renger. n. 4. 50; geb. n. 6. —

Bismarck, Fürst, der erste Kanzler des Deutschen Reichs, s.: Miniatur-Bibliothek.

Bismarck, vier Herren v., im Kirchenbann. gr. 8. (24 S.) Berlin 872. C. Duncker's Verl. — 25

**Bismarck** nach dem Kriege. Ein Charakter- und Lebensbild. Leipzig 1883. V: *Robolsky, Herm.* (Kat. d. ständ. Bibl. Stuttgart 1907. S. 570.)

— nach dem Kriege. Ein Charakter- und Zeitbild. Von *** [Bismarck und Rom. B. und die Sozialdemokratie. B. und das Gründertum. B. und seine Friktionen. B. und die Fraktionen.] 1. und 2. Aufl. gr. 8. (VI, 330 S.) Leipzig 883, Renger'sche Buchh.

—— und die deutsche Kunst. Ein Wort zur Hebung des deutschen Nationalgefühls im Anschluß an die Polen-Debatten im preuß. Abgeordnetenhause. gr. 8. (15 S.) Görlitz 886, Dünnhaupt.

Bismarck od. Lassalle? Von Politikus. 1. u. 2. Aufl. (à 59 S.) gr. 8. Görlitz 904. R. Dülfer. n. — 80

—— und die Literatur, s. Kohut, Adph.

**Bismarck** und die Lösung der Schleswig-Holsteinischen Frage. Altona 1864. V: *Bünger, Rudolph.* (A)

Bismarck u. d. Lösg d. schlesw.-holstein. Frage. 8. (15) Lpzg 64, Mentzel. — 3

— u. die „Hamburger Nachrichten". Authentische Tagebuchblätter v. e. Eingeweihten. E. 1.—4. Aufl. 8. (81 S.) Berlin 894. E. Renzel. n. 1.50

**Bismarck** und die deutsche Nation. Leipzig 1890. V: *Robolsky, Hermann.* (Singer, A., Bismarck in d. Literatur. Würzburg 1909. S. 128.)

— u. die deutsche Nation. Von *** gr. 8. (66 S.) Leipzig 890. Renger. n. 1.—

**Bismarck, Fürst,** und Russlands Orientpolitik von einem dreibundfreundlichen Diplomaten. Berlin 1892. V: *Eckardt, Julius.* (Berl 1904, S. 1030)

— u. Russlands Orientpolitik v. e. dreibundfreundlichen Diplomaten. gr. 8. (IV, 55 S.) Berlin 892. Mitscher & Röstell. n. 1.—

—— in Petersburg, Paris, Berlin. Von ***, f. Jubelschrift.

— in Petersburg — Paris — Berlin. Jubelschrift z. 50jähr. Amtsjubiläum d. Fürsten. Von *** (H Robolsky). 8° (236) Lpzg 85. (Bonn, E Strauss.) 4 —: erm. Pr. 1 —

**Bismarck** und die auswärtige Politik. Dresden 1895. V: *Bewer, Max.* (Berlzu 1917, I, 890)

— u. d. auswärt. Politik. 8° (16) Dresd. 95. Druckerei Glöss. — 50

— d. rote. 8° (16) Berl. 98. W Dünnhaupt. — 50: erm. Pr. — 20

— der rote. gr. 8. (16 S.) Berlin 898. W. Paulis Nachf. — 50

—— und Rußland. Enthüllungen über die Beziehungen Deutschlands und Rußlands von 1859 bis heute. 8. (IV, 268 S.) Berlin 887, Eckstein Nachf. *

**Bismarck** und Russland. Enthüllungen über die Beziehungen Deutschlands und Russlands von 1859 bis heute. Leipzig [1887]. V: *Robolsky, Herm.* (Kat. d. ständ. Bibl. Stuttgart 1907. S. 570.)

Bismarck und die Sozialdemokratie. gr. 8°. Dresden, Druckerei Glöss, 1895. 38 S.

**Bismarck, Unser.** Leben und Schaffen des deutschen Reichskanzlers Fürsten Otto von Bismarck in kurzgefasster Entwicklung dem deutschen Volke vorgeführt. Leipzig 1885. Neue Aufl. 1895. V: *Lange ?.* (Singer, A., Bismarck in d. Literatur. Würzburg 1909. S. 104.)

—— unser. Leben und Schaffen des deutschen Reichskanzlers Fürst Otto v. Bismarck, in kurzgefaßter Entwickelung dem deutschen Volke vorgeführt. 8. (IV, 100 S. mit 1 Portr. und 30 eingedr. Abbild.) Leipzig 885, Spamer. *

Bismarck, Fürst, unser. Leben u. Schaffen d. deutschen Reichskanzlers Fürst Otto v. Bismarck, in kurzgef. Entwicklg. d. deutschen Volke vorgef. (Titel-Ausg. d. Ausg. v. 1885 m. neuem Umschlag.) 8. (IV, 102 S. m. 30 Abb. u. Bildn.) Leipzig (885) 895. O. Spamer. n. — 50

— dasselbe. 2. u. 3. Aufl. 8. (IV, 106 S. m. 30 Abb. u. Bildnis.) Ebd. 895. n — 50

**Bismarck, Fürst,** und der Vatikan. Von einem deutschen Staatsmanne. Berlin 1886. V: *Lynar, Fürst.* (Russell XVI, 1, 1, S. 1032.)

Bismarck. – Fürst Bismarck und der Vatikan. Von einem Deutschen Staatsmanne. 2. Aufl. Berlin 1886. (Soziale Zeitfragen hrsg. von Lehnsmann. Ser. 2, H. 2.)

**Bismarck, Fürst,** und der Vatikan, von einem deutschen Staatsmann. Berlin 1887. V: *Lehmann, Emil.* (Singerb S. 152) Vgl. VI, 2836.

**Bismarck** in Versailles. Erinnerungen an Versailles 1870—1871. Leipzig 1886. V: *Robolsky, Herm.* (Kat. d. ständ. Bibl. Stuttg. 1907. S. 570.)

—— in Versailles. Erinnerungen an Versailles 1870—1871. Von *** gr. 8. (VI, 280 S. mit 1 Titelbild in Holzschn. und 13 S. Register zu den 5 Bismarck-Büchern.) Leipzig 886, Renger'sche Buchh. *M 6.—; geb. *

Bismarck un dat Volk. Wat en ollen Mäkelbörger un Nörgler in Friedrichsruh sehn un seggt hett. Hamburg: H. Seippel 1892. (18 S) 8° [S.] [illegible]

Bismarck, Fürst, u. d. deut. Volk. Dem grossen Geisteshelden u. Gründer d. deut. Reiches in dankbarer Verehrg gewidmet v. e. unparteiischen Stimme a. d. Volke. 8° (14) Strassb. 92, F Schlesier. — 50

**Bismarck,** Wagner und Rodbertus, drei deutsche Meister, Betrachtungen über ihr Wirken und die Zukunft ihrer Werke. Mit einem Beitrage: Das moderne Elend und die moderne Übervölkerung. Ein Wort gegen Kolonien von M. Schippel. Leipzig 1883. V: *Wirth, Moritz.* (Singer, A., Bismarck in d. Literatur. Würzburg 1909. S. 96.)

— u. d. allg. Wahlrecht. 8° (20) Dresd. 95, Druckerei Glöss. — 50

Bismarck, Fürst. Wie Bismarck entlassen wurde! Nach authent. Quellen. 1.—6. Tauf. gr. 8. (94 S.) Berlin 892. H. Steinitz' Verl. n. 1.—

– wird alt!" Von e. Deutschen im Auslande. [Durchges. u. verm. Sonderabdr. aus den „Grenzboten".] 8. (48 S.) Leipzig 889. Grunow. n. 1.—

**Bismarck** wird alt. Von einem Deutschen im Auslande. Dresden 1891. V: *Bewer, Max.* (Singerb S. 181)

Bismarck wird alt, jetzt Dresd., Druckerei Glöss. (Verf. M Bewer)

Bismarck, Fürst, wird alt, neue Afl., s.: Bewer, M.

—— in Wort und Bild. Ein Buch für das deutsche Volk. Hrsg. zum 70. Geburtstage des Fürsten Bismarck am 1. April 1885. 8. (96 S. mit 34 Illustr.) Minden 885, Köhler. *

Bismarck [Verfasser]

Bismarck, Busso v., das Gesetz vom 3. Juli 1875 betr. die Verfassung des Verwaltungsgerichts und das Verwaltungsstreitverfahren mit Zusätzen und Erläuterungen. gr. 8. (VII, 218 S.) Berlin 879, C. Heymann's Verlag. *M 4,50.; geb. *

Bismarck, Busso v., das Gesetz vom 3. Juli 1875 betr. die Verfassung der Verwaltungsgerichte und das Verwaltungsstreitverfahren, mit Zusätzen und Erläuterungen. 2. durch die Novelle vom 2. Aug. 1880 verm. Aufl. gr. 8. (VII, 218 und Novelle 86 S.) Berlin 880, C. Heymann's Verlag. *
Novelle allein *

Bismarck, Busso v., Leitfaden durch das preußische Zuständigkeitsgesetz vom 1. Aug. 1883. gr. 8. (VIII, 140 S.) Berlin 884. H. W. Müller. n. 3. —

— das Verwaltungsstreitverfahren vor dem Kreisausschusse. 2. durch einen Nachtrag verm. Aufl. gr. 8. (VIII, 288 und Nachtrag 22 S.) Berlin 880, C. Heymann's Verlag. *
Nachtrag allein *

Bismarck, Friedrich Wilhelm Graf von, s. Bismark, Friedrich Wilhelm Graf von

[F.] **Bismarck**, Fritz [Referendar]: Der Fruchterwerb des redlichen Besitzers ... Greifswald, Druck v. J. Abel, 1895; 72 S. 8.
Greifswald, Jur. Fak., Inaug.-Diss. v. 1895

Bismarck, Georg von
**Bismarck, G. v.** Kriegserlebnisse 1866 und 1870/71. 2. Aufl. Dessau (1907). 8°. (1. Aufl. 1901.)

Bismarck, G. v., Kriegs-Erlebnisse 1866 u. 1870/71. 1. u. 2. Aufl. (V, 298 S.) gr. 8. Dessau (907). Hofbuchdr. C. Dünnhaupt. 2.50; geb. in Leinw. 3.50

**Bismarck, Hanns Christoph von** (Altmärk. Adel), De scripturae necessitate. Disp. jur. Präs. Abrah. Kaestner. Lpz. (Joh. Heinr. Richter) 30. X. 1726. 56 S., z. Tl. dtsch. Text. (5.—) 2841

**Bismarck, Hedw. v.: Erinnergn a. d. Leben einer 95jährigen.** 1—14. Afl. (8, 220 m. Bildn.) gr8° Halle, R Mühlmann's V. '10—13. 4 —; geb. 5 — d

Erinnerungen aus dem Leben einer 95jährigen. Von Hedwig von **Bismarck**. Mit d. Bilde d. Verf. 10. Aufl. Halle a. S.: Mühlmann 1910. VIII, 220 S. 8° [11. 9534 10

Fürst Herbert v. Bismarcks politische Reden. Gesamtausg. veranst. von Johannes Penzler. Mit 1 Bildn. d. Fürsten. (Vorr.: Wilhelm v. Kardorff-Wabnitz.) Berlin & Stuttgart: W. Spemann 1905. (VIII, 426 S.) 8° [F.] [05. 36 6

Bismarck's, Fürst Herbert v., politische Reden. Gesamtausg., veranstaltet v. Johs. Penzler. Im Einverständnis m. der Fürstin v. Bismarck. Mit e. Bildnis des Fürsten Herbert v. Bismarck. (VIII, 426 S.) gr. 8. Stuttgart 905. W. Spemann. n. 7. —; geb. n. 8.50

Bismarck, des Grafen Herb. v., politische Reden in den J. 1878—1898. Als Ergänzg. der polit. Kundgebgn. des Fürsten Otto v. Bismarck gesammelt u. hrsg. v. Johs. Penzler. Mit Beigabe der biograph. Skizze: Graf Herbert v. Bismarck 1849—1890 von H. v. Poschinger. gr. 8. (320 S. m. Bildnis.) Leipzig 899. W. Fiedler. n. 6.—; geb. in Leinw. n. 8.—

**Bismarck, Herm., die Belagerung v. Peking, s.: Rundschau, ostasiatische. I. 5.**

Bismarck, Hermann Hans Valentin von
Das altmaerkische Geschlecht derer von Bismarck, 1200—1896. Nach Forschungen u. d. Entwurf Valentin's v. **Bismarck** 1895/96, mitgez. Al. Wutke 1896. *Berlin: Lichtdr. v. E. Gaillard [1896?].* 1 Bl. gr. 2. [97. 7071

Stammbuch des Altmärkisch-uradlichen Geschlechts von Bismarck von 1200–1900. Bearb. nach eigenen Forschungen von Hermann Hans Valentin v. **Bismarck**. Mit Siegel-, Wappen-, Stammtaf. u. Gutsabb. *Berlin: E. S. Mittler & Sohn 1900.* (103 S.) 4° [F.] [01. 1645

**— Levin Friedrich von** (Altmärk. Adel), De jure foederum in S. R. Imperio. Präs. Jo. Jacob Mascov. Lpz. (Immanuel Titius) 13. XI. 1726. 36 Seiten, tlws. dtsch. (5.—) 2842
— — Dasselbe. Lpz. 1732. (4.80) 2843

Bismarck, Otto von
**Bismarck-Schönhausen, Fürst v., s.: Alsace-Lorraine.**

Also sprach **Bismarck**. Von Heinrich v. Poschinger. Bd 1–3. Wien: Konegen 1910–11. 8°
1. 1846–1870. 1910. 2. 1870–1888. 1911. 1888–1898. 1911. [11. 10860

Bismarck's, Fürst, Ansprachen 1848—1894. Hrsg. von Heinr. v. Poschinger. gr. 8. (XIV, 358 S. m. Bildnis.) Stuttgart 895. Deutsche Verlags-Anstalt. n. 7. —;
Dass. 2. Aufl. 1895 geb. in Halbfrz. n. 9. —

Bismarck, Otto Fürst v., Ansprachen 1848—1897. Hrsg von Heinr. v. Poschinger. 2. Bd. gr. 8. (IX, 162 S.) Stuttgart 900. Deutsche Verlags-Anstalt. n. 3. —; geb. in Halbfrz. n. 5. —
Bd. 1. Ebd. 895. n. 7. —; geb. n. 9. —.

[F.] **von Bismarck**, *Otto Fürst: Ansprachen an die Lehrer und Schüler des Gymnasiums zu Ploen am 18. Mai 1893.* Ploen, S. W. Hirt's Buchdr., 1894; 18—19 S. 4.
Ploen, k. G, OP 1894 (285)

Bismarck, Fürst v., ein Appell an das Deutsche Volk. Rede bei Eröffnung der Zoll- und Steuer-Debatten im Deutschen Reichstage am 2. Mai 1879. [Wortgetreuer Abdr. des amtl. stenograph. Berichts.] 1.—6. Aufl. gr. 8. (16 S.) Berlin 879, Hentze's Verlag. *

— ein zweiter Appell an das Deutsche Volk, insbesondere an die Deutschen Landwirthe. Rede bei Gelegenheit der Berathung der Getreidezölle im Deutschen Reichstage am 21. Mai 1879. [Wortgetreuer Abdr. des amtl. stenograph. Berichts.] gr. 8. (32 S.) Ebendas. 879. *

— Neue Berichte a. Frankfurt a. M. 1851—59, s.: Poschinger, H v., Bismarck u. d. Bundestag.

[F.] Fürst [Otto v.] **Bismarck** in seinen Aussprüchen 1845—1894. Von E[milie] Schröder, Hrsg. v. Werken Friedrichs d. Grossen. M. Portr. d. Fürsten Bismarck ... *Stuttgart, Leipzig, Berlin, Wien: Deutsche Verl.-Anst. 1895.* (4 Bl., 42 S., 1 Taf.) 1 Bd 8. [96. 1353

[Otto Fürst v.] **Bismarck als Erzieher**. In Leitsätzen aus seinen Reden, Briefen, Berichten u. Werken zsgest. u. systemat. geordnet von Paul Dehn. *München: J. F. Lehmann 1903.* (584 S.) 8° [F.] [03. 886

**Bismarck u. die deutsche Landwirthschaft.** Vier Reden des deutschen Reichskanzlers über die Holz- und Kornzölle. Ausg. f. das Deutsche Volk mit kurzem einleitenden und verbindenden Text. 8°. Minden, Bruns, 1885. 96 S.

Bismarck, the man and the statesman. Being the Reflections and Reminiscences [Gedanken und Erinnerungen] of Otto Prince v. **Bismarck**, written and dictated by himself after his retirement from office. Transl. from the German under the supervision of A[lfred] J[oshua] Butler. With 2 portr. Copyright ed. In 3 vol. Vol. 1–3. Leipzig: Tauchnitz 1899. 8°
(Collection of British authors. Tauchnitz Ed. Vol. 3327–29.) [11. 8252

— als Redner, s. Collection Spemann.

— Bismarck als Redner. Sammlung d. parlamentar. Reden seit 1847. Hrsg. v. Böhm u. Dove. 16 Bde. Stuttgart 885—91.

[Otto Fürst] **Bismarck** als Zensor. Eigenhändige, bisher noch unveröffentlichte Randbemerkungen des ersten Reichskanzlers zu Moritz Buschs Werk 'Graf Bismarck u. s. Leute'. In Faks.-Dr. hrsg. von Georg Bötticher. Leipzig: F. W. Grunow 1907. (11 S., 25 Bl.) 4° [F.] [07. 13746

Bismarck-Schönhausen, der Abgeordnete Herr v., 1847—1851. Nach den stenograph. Berichten m. Randglossen f. die Gegenwart v. Martinus. gr. 8. (96 S.) Leipzig 883. O. Wigand. 1.50

Bismarck-Anthologie, s. Sailer, F.

Bismarck-Anthologie. Eine systematisch geordnete Blütenlese aus Bismarcks Reden u. Briefen. gr. 8. (VII, 310 S. m. Bildnis.) Stuttg. 891, Weisert. geb. in Leinw. 6 —

[Otto Fürst v.] Bismarck-Brevier von Philipp Stein. *Berlin & Leipzig: Schuster & Löffler 1901.* (XII, 229 S.) 8° [F.] [04. 16636

Bismarck-Büchlein, s. Wunderlich, G.

Bismarck-Büchlein. Geflügelte Worte aus seinen Reden, Gesprächen, Briefen u. s. w. In Wappenform ausgestanzt. 16. (36 S. m. 2 Portr.) Lpz. 890, Baldamus, Sep.-Conto. — 65

Bismarck-Denkwürdigkeiten aus s. Briefen, Reden u. letzten Kundgebungen sowie nach persönlichen Erinnerungen, zsgef. u. erl. v. Paul Liman, 2. verb. Aufl., Berlin 1899, 568 S., 8°.

Bismarck-Sprüche. 128. (256 S.) Berlin 895. F. Huldschinsky. Kart. n. — 50

Bismarck-Worte aus seinen Reden u. Briefen 1847—1888. Mit e (farb.) Portr. Bismarcks, e. Ansicht seines Schlosses Friedrichsruh u. e. Zeichng. seines Wappens. gr. 8. (18 S. m. Umrandgn.) Leipzig 893. Meißner & Buch. n. 1.— 25*

Bismarck, Fürst Otto v., Brief an s. Gemahlin vom 3. Septbr. 1870 üb. d. Ereignisse v. Sedan. gr. 8. (7 photolith. S.) Hamburg 895. Strumper & Co. — 50

— dasselbe. Photo-Lithographie. Derselbe wurde nebst and. Briefschaften d. deutschen Courier durch Franctireurs abgenommen u. in d. Pariser Zeitung Le Figaro veröffentl. gr. Fol. Leipzig 895. M. Grüner. — 20

Bismarck: Briefe

Bismarckbriefe. 1844—1870. Originalbriefe Bismarcks an seine Gemahlin, seine Schwester und Andere. (Ausgabe für Bücherfreunde.) 8. (XII, 157 S. auf holländ. Büttenpapier mit eingedr. Vignetten.) Bielefeld 876, Velhagen und Klasing. * geb. in Pergament ** ℳ 10.; in Halbfrz. ** Ausg. mit breiteren Rändern in numerirten Exemplaren auf holländ. stärkerem Büttenpapier * Auf Papier Whatman * ℳ 30.; auf chines. Papier *

—— dass. — 2. wohlfeile Ausg. 8. (VIII, 196 S.) Ebendas. 877. * ℳ 3.; geb. **

Bismarckbriefe. 1844—1870. Orig.-Briefe Bismarcks an seine Gemahlin, seine Schwester und Andere. 3. wohlf. Aufl. 8. (VIII, 196 S.) Bielefeld 880, Velhagen und Klasing. geb. *

Bismarckbriefe. 1844—1870. Orig.-Briefe Bismarcks an seine Gemahlin, seine Schwester und Andere. 4. wohlf. Aufl. 8. (VIII, 196 S.) Bielefeld 888, Velhagen und Klasing. geb. *

Bismarckbriefe. 1844—1870. Orig.-Briefe Bismarcks an seine Gemahlin, seine Schwester u. Andere. 5, wohlfeile Aufl. 12. (VIII, 196 S.) Bielefeld 891. Velhagen & Klasing. Geb. n. 3. —

Bismarck-Briefe. Neue Folge. Berlin 1889—91. H: *Poschinger, Heinrich von.* (singerв S. 168)

Bismarckbriefe. Neue Folge. 1.—3. Bdchn. Mit Einleitung u. Anmerkgn. 8. (XV, 174; 176; XII, 176 S.) Berl. 889,91, [Hennig u. Eigendorf.] C. Heymann. à Bdchn. * 2 50; * 7 50 geb. à Bdchn. * * 3 —; * * 9 —

— Briefe. I. Familien-Briefe. II. Politische Briefe. Hrsg. v. Bruno Walden. 8. (376 S.) Berlin 892. A. H. Fried & Co. n. 1. —

[o.] Bismarckbriefe 1836—1872. 6. stark verm. Aufl. hrsg. v. Horst Kohl. M. 1 Pastell nach F. v. Lenbach u. 4 Portr. . . . *Bielefeld & Leipzig: Velhagen & Klasing 1897.* (XX, 357 S., 5 Portr.) 1 Bd 8. [98. 989

Bismarck-Briefe 1836—1873. 7. Aufl., hrsg. v. Horst Kohl. M. 1 Pastell nach F. v. Lenbach u. 4 Porträts in Zinkdr. gr. 8. (XXII, 482 S.) Bielefeld 898. Velhagen & Klasing. n. 5. —; geb. in Leinw. n. 6. —; in Halbfrz. n. 7. —

Bismarckbriefe 1836—1873. 8. Aufl., hrsg. v. Horst Kohl. Mit e. Pastell nach F. v. Lenbach u. 4 Portr. in Zinkdr. gr. 8. (XXII, 484 S.) Bielefeld 900. Velhagen & Klasing. n. 5. —; geb. in Leinw. n. 6. —; in Halbfrz. n. 7. —

— Briefe an seine Braut u. Gattin. Hrsg. vom Fürsten Herb. Bismarck. Mit 1 Titelbild nach Frz. v. Lenbach u. 10 weiteren Porträt-Beil. gr. 8. (XII, 598 S.) Stuttgart 900. J. G. Cotta Nachf. n. 6. —; geb. in Leinw. n. 7. 50

Bismarck, Fürst Otto v., Briefe an seine Braut u. Gattin. Hrsg. vom Fürsten Herbert Bismarck. Mit e. Titelbild nach Frz. v. Lenbach u. 10 weiteren Porträt-Beilagen. 2. verm. Aufl. (XIV, 659 S.) gr. 8. Stuttgart 906. J. G. Cotta Nachf. n. 6. —; geb. n. 8. —

Bismarck's, Fürst, Otto v., Briefe an seine Braut u. Gattin. Hrsg. vom Fürsten Herb. Bismarck. Mit 1 Titelbild nach Frz. v. Lenbach u. 10 weiteren Porträt-Beilagen. 3. Aufl. (XIV, 659 S.) gr. 8. Stuttgart 910. J. G. Cotta Nachf. 6.—; geb. in Leinw. 8. —

— dass., hrsg. v. Eduard v. d. Hellen, s: Handbibliothek, Cotta'sche.

[Otto Fürst v.] Bismarcks Briefe an seine Gattin aus dem Kriege 1870/71. Mit 1 Titelbild u. 1 Brief-Facs. *Stuttgart & Berlin: J. G. Cotta Nachf. 1903.* (102 S.) 8° [F.] [03. 4933

— Briefe a. d. General Leopold v. Gerlach. Mit Genehmigg. d. Fürsten v. Bismarck neu hrsg. v. Horst Kohl. gr. 8. (XXXII, 379 S.) Berlin 896. Stuttgart, J. G. Cotta Nachf. n. 6. —; geb. n. 9. —

— Briefe a. d. General Leopold v. Gerlach. Mit Genehmigg. d. Fürsten v. Bismarck neu hrsg. v. Horst Kohl. gr. 8. (XXXII, 379 S.) [Berlin 896. O. Häring.] Leipzig, G. J. Göschen. n. 6. —; geb. in Halbfrz. n. 9. —

— politische Briefe aus den J. 1849—1889. 1.—3. Sammlg. gr. 8. Berl., Steinitz' Verlag. [1. Sammlung. 2. Tausend. (XV, 375 S.) 889; 2. Sammlung. (XI, 376 S.) 890; 3. Sammlung. 1. u. 2. Aufl. (XII, 387 S.) 890.] à Sammlg. * 5 —; * 15 — geb. à Sammlg. * 7 —; * 21 —

— dasselbe. 2. Sammlung. gr. 8. (XI, 376 S.) Ebd. 889. n. 5. —; geb. n. 7. —

— politische Briefe. 4. Sammlg. gr. 8. (XII, 243 S.) Berlin 893. H. Steinitz' Verl. n. 5. —; geb. n. 7. — (1—4.: n. 20. —; geb. n. 28. —)

— die schönsten. 1. u. 2. Aufl. gr. 8. (69 S.) Dresd. 892, Glöß. — 50

Aus Bismarcks Briefwechsel. *Stuttgart: J. G. Cotta 1901.* (XLVI, 567 S.) 8° [F.]
= Bismarck, Otto v.: Gedanken u. Erinnerungen. Anh. 2. [01. 10...

— s.: Briefwechsel d. Generals Leop. v. Gerlach m. dem Bundestagsgesandten O. v. B.

— Aus Bismarcks politischem Briefwechsel. gr. 8. (XII, 243 S.) Berlin 893. H. Steinitz' Verl. n. 5. —; geb. n. 7. —

— Briefwechsel m. Gustav Scharlach, s: Vom jungen Bismarck.

[Otto Fürst v.] Bismarck's Briefwechsel mit dem Minister Frh. [Alexander] v. Schleinitz. 1858—1861. *Stuttgart & Berlin: J. G. Cotta Nachf. 1905.* (VIII, 186 S.) 8° [F.] [04. 16335 B

— Briefwechsel m. Kaiser Wilhelm, s.: Kaiser- u. Kanzler-Briefe.

— s.: Denkwürdigkeiten aus dem Leben des Fürsten B.

—— Discours, prononcés à la Chambre des Députés et à la Chambre des Seigneurs [Séances des 29 et 30 janvier et du 13 février 1869] sur les projets de loi relatifs à la mise sous séquestre des biens de l'ex-roi de Hanovre et de l'ex-électeur de Hesse. gr. 8. (74 S.) Berlin 869, van Muyden. *
Vgl.: Bamberger, Ludw. — Görlach, Wilh.

Bismarck, le comte de, Discours prononcés dans les séances des 3, 10, 14 mars et 1 avril du parlement de l'Allemagne du Nord. gr. 8. (54 S.) Frankfurt a. M. 867, Boselli. *

—— Discours avec sommaires, notes et table analytique des matières. Vol. 1—5. gr. 8. Berlin, van Muyden. [Vol. 1. (395 S.) 870. * ℳ 6.; Vol. 2. (423 S.) 871. * ℳ 6.; Vol. 3. (122 S.) 871. * ℳ 2.; Vol. 4. (181 S.) 872. * ℳ 3.; Vol. 5. (255 S.) 874. * ℳ 4.] *

—— Discours avec sommaires et notes, table chronologique et index alphabétique. Vol. VI et VII. gr. 8. Berlin, [van Muyden.] Boll. [Vol. VI. (303 S.) 876. * ℳ 4.; Vol. VII. (350 S.) 878. * ℳ 5.] *
Vol. I—V. Ebendas. 1870—74. * ℳ 21.

Bismarck, prince de, Discours, avec sommaires et notes, table chronologique et index alphabétique. Vol. VIII—XI. gr. 8. Berlin, [Boll.] Wilhelmi. [Vol. VIII. (424 S.) 879. * ℳ 6.; Vol. IX. (435 S.) 881. * ℳ 12.; Vol. X. (VIII, 452 S.) 882. * ℳ 12.; Vol. XI. (366 S.) 884. * ℳ 10.] *
Vol. I—VII. Ebendas. 1870—78. * ℳ 30.

Bismarck, Prince de, les discours, avec sommaires et notes, table chronologique et index alphabétique. Vol. XII—XIV. gr. 8. Berlin, Wilhelmi. [Vol. XII. (651 S.) 885. * ℳ 15.—.; Vol. XIII. (475 S.) 886. * ℳ 12.—.; Vol. XIV. (479 S.) 887. * ℳ 12.—.] *
Vol. I—XI. Ebendas. 1870—84. * ℳ 70.—.

Bismarck, prince de. Discours, avec sommaires et notes, table chronologique et index alphabétique. Vol. XV. gr. 8. (443 S.) Berl. 889, Wilhelmi. * 12 —
Tome I—XIV. Ebd. 1870—87. * 109 —.

—— dass. — 2e édit. Vol. I—V. gr. 8. Ebendas. *
Inhalt:
Vol. I. 1862—1866. (472 S.) 885. * ℳ 10.—.
» II. III. 1866—1871. 2 tomes. (502; 544 S.) 885,86. à Tome * ℳ 10.—.
» IV. Kulturkampf. Histoire du conflit politique-clérical en Prusse et en Allemagne depuis son origine jusqu'à ce jour [1871—1887]. Documents historiques et législatifs, notes diplomatiques, débats parlementaires, discours du Prince de Bismarck, relatifs à ce conflit. (675 S.) 887. * ℳ 12.—.
» V. 1871—1878. (640 S.) 888. * ℳ 12.—.

Bismarck, prince de. Discours, avec sommaires et notes, table chronologique et index alphabétique. Nouvelle édit. Tome VI et VII. gr. 8. (VI, 534; 693 S.) Berl. 889, Wilhelmi.
à Tome * 12 —; * 24 —
Tome I—V. Ebd. 1885—88. * 54 —. Tome VI a. u. d. T.: „Politique sociale de l'Empire Allemand" (s. d.).

Bismarck, Otto, Einrichtung u. Lehrplan f. e. dreiklassige Volksschule m. zwei Lehrern. gr. 8. (VII, 127 S.) Halle 893. H. Schroedel. n. 1. 75

Bismarck, Otto, Einrichtungs- u. Lehrplan f. 8- u. 7-klass. Bürger- u. Mittelschulen. gr. 8. (VII, 248 S.) Halle 895. H. Schroedel. n. 4. —

Einrichtungs- und Lehrplan für fünf- und vierklassige Volksschulen v. Otto Bismarck, Rektor ... in Eilenburg ... *Halle a. S.: H. Schroedel 1894.* (IX, 178 S.) 1 Bd 8. [98. 950

Bismarck, Fürst. Elsaß-Lothringen. Reichstagsreden 1871—79. Zum 1. Octbr. 1889, dem 10jähr. Erinnerungstag an die Einsetzg. der selbständ. Regierg. in den Reichslanden. 8. (VII, 92 S.) Lpz. 889, Ziegenhirt. * 1 —

— gegen den Exekutor! Reden, geh. bei der Berathung der Tabaksmonopol-Vorlage in den Reichstags-Sitzungen am 12. u. 14. Juni 1882 zu Berlin. gr. 8. (56 S.) Berlin 882. F. Luckhardt. n. — 60

Aus [Otto Fürst v.] Bismarcks Familienbriefen. Auswahl f. d. Jugend zsgest. u. erl. von H. Stelling. Stuttgart & Berlin: J. G. Cotta Nachf. 1905 (IV, 152 S.) 8° [F.]
(Schul-Ausgaben Deutscher Klassiker.) [05. 6135

[F. Gedanken und Erinnerungen. Von Otto Fürst v. Bismarck (Hrsg.: Horst Kohl.) Bd 1. 2. *Stuttgart: J. G. Cotta Nachf. 1898.* 2 Bde 8.
1. (XVI, 376 S., 1 Portr.) 2. (XVI, 311 S., 1 Facs.) [98. 2494

— Gedanken u. Erinnerungen. Anhang. I u. II. gr. 8. Stuttgart 901. J. G. Cotta Nachf. à n. 8. 50; geb. in Leinw. à n. 10. —; Liebhaber-Ausg. auf Velinpap., geb. in Halbfrz. à n. 15. —
I. Kaiser Wilhelm I. u. Bismarck. Mit 1 Bildnis des Kaisers u. 22 Briefbeilagen in Faksm.-Dr. (XLIV, 300 S.)
II. Aus Bismarcks Briefwechsel. (XLVI, 567 S.)

Gedanken und Erinnerungen. Von Otto Fürst v. Bismarck. Volksausg. Bd 1. 2. Stuttgart & Berlin: J. G. Cotta Nachf. 1905. 2 Bde 8° [F.] [05. 3134

— dass. Schulausg., m. Einleitg u. Anmerkgn hrsg. v. Gottlob Egelhaaf. (14, 343) kl8° Ebd. '12. L 1.80 d

— Gedanken u. Erinnergn. Neue Ausg. 2 Bde. (7, 432 u. 16, 448 m. Bildn. u. 1 Fksm.) gr8° Stuttg., JG Cotta Nf. '13. L 12 —; HF 14 — d

Bismarck, Rekt. Ortsschulinsp. Otto. Kartenskizzen für den Unterricht in d. Erdkunde. In 3 Kursen. gr. 4. Wittenb. 890, Herrosé. à * 1 20; Schülerheft * * — 15
1. Mitteleuropa. (11 farb. Kartentaf.)
2. Europa. (11 farb. Kartentaf.)
3. Die fremden Erdteile. (13 farb. Kartentaf.)

— Kartenskizzen f. d. Unterricht in d. Erdkunde. I. Kurs. Mitteleuropa. 2. Afl. 4° (11 farb. Bl.) Wittnbg 95, R Herrosé. 1.20

— Kartenskizzen f. d. Unterr. in d. Erdkunde. II. u. III. Kurs. 2. Aufl. gr. 4. Wittenberg 898. R. Herrosé. à n. 1. 20
II. Europa. (11 farb. Bl.)
III. Die fremden Erdteile. (13 farb. Bl.)

Bismarck, O: Kartenskizzen f. d. Unterr. in d. Erdkde. I—III. Kurs. 4° Wittnbg, R Herrosé. Kart. je 1.40
I. Mitteleuropa. 8. Afl. (11 farb. Bl.) '01. ‖ II. Europa. 5. Afl. (11 farb. Bl.) '05. ‖ III. Die aussereurop. Erdteile. (13 farb. Bl.) 05.

Bismarck, Otto: Kartenskizzen f. d. Unterr. in d. Erdkde. Kurs. I. Mitteleuropa. 4. Afl. (11 farb. Bl.) Lex 8° Wittnbg, R Herrosé '09. Kart. 1.40

Bismarck, Rektor Otto. Das Kartenzeichnen als Hilfsmittel d. Unterrichts in der Erdkunde. Eine Anleitg. zum Gebrauch der Kartenskizzen u. der Skizzenwandtafeln. gr. 8. (IV, 20 S.) Wittenb. 890, Herrosé. * — 40

— das Kartenzeichnen als Hilfsmittel des Unterrichts in der Erdkunde. Eine Anleitg. zum Gebrauch der Kartenskizzen u. der Skizzenwandtafeln. 2. Aufl. gr. 8. (24 S.) Wittenberg 895. R. Herrosé. n. — 40

Bismarck, Otto, das Kartenzeichnen als Hilfsmittel des Unterrichts in der Erdkunde. Eine Anleitg. zum Gebrauch der Kartenskizzen u. der Skizzenwandtafeln. 3. Aufl. (26 S.) gr. 8. Wittenberg 904. R. Herrosé. n. — 40

— s.: Kernworte unseres Alt-Kanzlers.

—— über die europäische Lage. Stenograph. Wortlaut der Rede des Reichskanzlers, gehalten in der Sitzung des deutschen Reichstags am 6. Febr. 1888. Lex.-8. (16 S.) Leipzig 888, Beyer. *

— s.: Lichtstrahlen aus B.'s Reden, Briefen und Gesprächen.

Bismarck, Fürst, la nouvelle loi militaire de l'Empire Allemand. Discours du 6. Février 1888. Traduit sur le texte authentique. 8. (55) Berl. 88. Wilhelmi. n. 1. 20

[F.] [Fürst Otto v.] Bismarcks Mahnworte an das deutsche Volk. Zsgest. u. erl. v. Dr. Hans Blum. *Erlangen: Palm & Enke 1895.* (VII, 189 S.) 1 Bd 8. [98. 7690

—— Rede über das Bündniß zwischen Deutschland und Oesterreich-Ungarn vom 7. Oktbr. 1879. [Nach dem amtl. stenograph. Bericht über die Reichstags-Verhandlung am 6. Febr. 1888.] Mit einem Anhang, den Text des Vertrages enthaltend. [Nach dem „Reichs- und Staats-Anzeiger" vom 3. Febr. 1888.] 1.—7. Aufl. gr. 8. (32 S.) Berlin 888, Puttkammer und Mühlbrecht. *

—— Rede üb. d. Judenfrage. s.: Fragen brenn.. Nr. 22.

Bismarck, Rede über die politische Lage, gehalten im Deutschen Reichstage am 6. Febr. 1888. Auf Veranlassung des Vorstandes des Nationalliberalen Vereins für das Königr. Sachsen besonders abgedruckt. 8. (30 S.) Leipzig 888, (Hinrichs' Verlag.) *

—— dass. — gr. 4. (8 S.) Berlin 888, (Kortkampf.)

—— dass. 4. (8) Coeth. 88. Schettler's Erben. V. — 15

—— dass. — Mit einem Anhang: Bündniß-Vertrag zwischen Deutschland und Oesterreich-Ungarn. [Nach amtl. Mittheilungen.] 8. (32 S.) Minden 888, Köhler.

— Rede, gehalten am 18. März 1867 in der Sitzung des norddeutschen Reichstages vom Standpunkte der Geschichte beleuchtet. Berlin 867. Herrmann. gr. 8. (31 S.) 5 ngr.

—— Rede in der Sitzung des Deutschen Reichstages vom 6. Febr. 1888. 1.—6. Tausend. gr. 8. (30 S.) Saarbrücken 888, Klingebeil.

—— Reden, s. Meyer's Volksbücher Nr. 807–810.

—— Reden, s. Schmitz, J., die Wirthschafts-, Finanz- und Socialreform im Deutschen Reiche.

— Reden, s.: Universal-Bibliothek.

Bismarck-Schönhausen, Fürst v., Reden. 1. Sammlung. Neue (Titel-)Ausg. gr. 8. (86 S.) Berlin (867)69, Kortkampf.

v. Bismarck-Schönhausen, Reden. 1. Sammlg. Reden aus dem J. 1862—1866. 2. vervollständ. Ausg. Berlin 870. Kortkampf. gr. 8. (352 S.) n. 2 ₰

—— dass. — 2. Sammlung. gr. 8. (260 S.) Ebendas. 869. *

— — 2. Sammlg. Ebend. 870. gr. 8. (260 S.) n. 1 ₰ 15 ngr.

—— Reden. 3. Sammlg. gr. 8. (104 S.) Berlin 871. Kortkampf. n. 2. —. (1—3.: n. 7. 50)

—— Reden. Mit einer biograph. Skizze, erläut. Einleitungen und Anmerkungen, sowie einem Anhang, enthaltend Reden des Abgeordneten v. Bismarck-Schönhausen aus den J. 1847—1852. 4. Bd.: Reden aus den J. 1881—1884. Mit Einleitungen, Anmerkungen und verschiedenen Aktenstücken. Auf Grund amtl. Quellen hrsg. von Otto de Grahl [W. Wohlgemuth]. 8. (XII, 412 S.) Berlin 886, (Kortkampf.) Cöthen, Schettler's Erben, Sep.-Cto.
(*ℳ* 4.—.) **ℳ* 3.—.; geb. (*ℳ* 5.—.) *

—— dass. — 5. und 6. Bd. 8. Cöthen 888, Schettler's Erben, Sep.-Cto. **ℳ* 7.50.; geb. *

Inhalt:
Bd. 5. Reden aus den J. 1884—1885. (X, 382 S.) **ℳ* 3.50.; geb. **ℳ* 4.50.
6. Reden aus den J. 1885—1887. (IX, 424 S. mit Lichtdr.-Portr.) **ℳ* 4.—.; geb. **ℳ* 5.—.
1.—3. Bd. Ebendas. 1881,82. (**ℳ* 17.—.) zu herabgesetztem Preise von **ℳ* 12.—.; geb. **ℳ* 15.20.

[F.] Reden des Fürsten [Otto v.] Bismarck aus den Jahren 1847—1895. Hrsg. v. Hans Kraemer. Bd I–III. *Halle a. d. S.: O. Hendel (1895).* 3 Bde 8.
I. ... (XIV, 410 S., 1 Portr.) II. ... (VI, 484 S., 1 Portr.) III. ... (VI, 438 S., 1 Portr.)
= Bibliothek d. Gesamtlitteratur d. In- u. Auslandes. No 860—865. 873—878. 890—895. [96. 1998]

Bismarckreden. 1847—1895. Hrsg. v. Horst Kohl. 1.—4. Aufl. gr. 8. (à XII, 403 S.) Leipzig 899. G. J. Göschen. n. 5. —; geb. n. 6. 75

Bismarckreden. 1847—1895. Hrsg. v. Horst Kohl. 5. Aufl. gr. 8. (XII, 403 S.) Leipzig 899. [G. J. Göschen]. Stuttgart, J. G. Cotta Nachf. n. 5. —; geb. in Leinw. n. 6. 75

—— ausgewählte Reden. Gehalten in den J. 1862—1876. 1. Thl.: Reden aus den J. 1862—1870. Mit einer biograph. Skizze. 8. (L, 491 S.) Berlin 877, Kortkampf. *
geb. *

Vgl.: Hahn, Ludw. — Klee, H. — Köppen, Fed. v.

—— ausgewählte Reden. Mit einer biograph. Skizze, erläut. Einleitungen und Anmerkungen, sowie einem Anhang, enthaltend Reden des Abgeordneten v. Bismarck-Schönhausen aus den J. 1847—1852. 1.—3. Bd. 8. Berlin, Kortkampf. *
geb. *

Inhalt:
Bd. 1. Reden aus den J. 1862—1870. Mit biograph. Skizze. 2. Ausg. (L, 491 S.) 882. **ℳ* 4,50.; geb. **ℳ* 5,50.
» 2. Reden aus den J. 1871—1877. (XV, 522 S.) 881. **ℳ* 4,50.; geb. **ℳ* 5,50.
» 3. Reden aus den J. 1878—1881 und Anhang: Reden aus den J. 1847—1852. (XVI, 480 S.) 881. **ℳ* 8.; geb. **ℳ* 9.

—— ausgewählte Reden, gehalten in den J. 1847 bis 1852 im vereinigten Landtag, der zweiten Kammer und dem Erfurter Parlament. Mit erläut. Einleitungen und Anmerkungen. 8. (186 S.) Ebendas. 882. *

— ausgewählte Reden. Zum Gebrauche f. die oberste Stufe höherer Schulen zusammengestellt u. m. e. Vorworte eingeleitet v. Aug. Baumeister. Mit e. Brustbild Bismarcks nach e. Gemälde von F. v. Lenbach. (248 S.) gr. 8. Halle 903. Buchh. des Waisenhauses.
Geb. in Leinw. n. 1. 80

Otto v. Bismarck. Reden und Aussprüche zur Deutschen Reichsverfassung. Nach d. Legalordnung zsgest. von Dr. Ludwig Kuhlenbeck. *Berlin: C. Heymann 1901.* (XIII, 162 S.) 8° [F.] [01. 6433 4]

— Reden und Briefe in Auswahl, s.: Schulausgaben, deutsche.

— Reden u. Briefe, nebst e. Darstellg. d. Lebens u. der Sprache Bismarcks. F. Schule u. Haus hrsg. u. bearb v. Otto Lyon. gr. 8. (VI, 243 S. m. Bildnis.) Leipzig 895. B. G. Teubner. Geb. in Leinw. n. 2. —

— Reden üb. Elsaß-Lothringen im Reichstage 1871—79. 2. [Titel-] Aufl. 8. (IV, 92 S.) Metz (892) 896. P. Müller. n. — 50; geb. n. 1. 25

Die Reden des Grafen [Otto] von Bismarck-Schönhausen in der schleswig-holsteinischen Frage, der Polen-Debatte und zum Verfassungs-Entwurf. [1. Sammlung.] H. 1. Berlin. 1867. 8°

—— gesammelte Reden. Hrsg. v. Bruno Walden. (Volks-Ausg.) 3 Thle. 8. (416; 399; 400 S.) Berl. 892, [Fried u. Comp.] Wiener. In 1 Bd. geb. * 3 —

— gesammelte Reden. 3 Tle. in 1 Bd. 8. (416, 399 u. 400 S.) Berlin 894. S. Cronbach. Geb. in Halbleinw. n. 3. —

— gesammelte Reden. 3 Bde. 10. Tausend. (Neue Ausg. a. holzfreiem Papier.) 8. (416, 399 u. 400 S.) Berlin 895. S. Cronbach. In 1 Halbleinwdb. n. 4. —

— parlamentarische Reden, s. a. Collection Spemann.

— parlamentarische Reden. Vollständige Ausg. Sachlich u. chronologisch geordnet, m. Einleitgn. u. Erläutergn. versehen v. Wilh. Böhm u. A. Dove. (Neue [Titel-] Ausg.) 16 Bde. 12. (214, 263, 239, 386, 252, 232, 254, 240, 242, 233, 213, 249, 326, 476, 384 u. 282 S.) Stuttgart [891.] (898). Union. In 6 Leinw.-Bdn. 9. —

— Reden in den Parlamenten 1847 bis 1851. Hrsg., mit Einleitungen und Anmerkungen versehen von Th. Riedel. gr. 8. (V, 172 S.) Berlin 881, C. Heymann's Verlag. *

Bismarck-Schönhausen, v., Reden in den Parlamenten 1847 bis 1852. Hrsg., mit Einleitung und Anmerkungen verf. von Th. Riedel. 2. verm. und verb. Ausg. gr. 8. (VII, 176 S.) Berlin 885, C. Heymanns Verlag. **ℳ* 2.—.; geb. *

Die politischen Reden des Fürsten [Otto v.] **Bismarck**. Histor.-krit. Gesammtausg. besorgt von Horst Kohl. Bd 1–14. Stuttgart (13. 14: & Berlin): J. G. Cotta Nachf. 1892–1905. 14 Bde 8° [F.]

1. Die Reden ... im Verein. Landtage, im Deutschen Parlament zu Erfurt u. in d. Zweiten Kammer d. Preuß. Landtages 1847–1852. 1892.
2. ... im Preuß. Landt. 1862–1865. 1892.
3. ... im Preuß. Landt. u. Reichst. d. Norddeutschen Bundes. 1866–1868. 1892.
4. ... im Preuß. Landt., im Reichst. d. N. B. u. im Deutschen Zollparlament. 1868–1870. 1893.
5. ... im Preuß. Landt. u. im Deutschen Reichst. 1871–1873. 1893.
6. ... 1873–1876. 1893. 7. ... 1877–1879. 1893.
8. ... u. im Preuß. Volkswirthschaftsrathe 1879–1881. 1893.
9. ... im Preuß. Landt. u. im Deutschen Reichst. 1881–1883. 1894.
10. ... im Deutschen Reichst. 1884–1885. 1894.
11. ... im Preuß. Landt. u. im Deutschen Reichst. 1885–1886. 1894.
12. ... 1886–1890. 1891. 13. Reden u. Ansprachen 1890–1897. 1905.
14. Nachträge u. Gesammtreg. 1905. [cs. 5739]

— politische Reden. Historisch-krit. Gesammtausg., besorgt v. Horst Kohl. 12 Bde. gr. 8. Stuttgart 892—894. J. G. Cotta Nachf. à n. 8.—; geb. in Halbfrz. à n. 10.—
1. Die Reden d. Abgeordneten v. Bismarck-Schönhausen im Vereinigten Landtage, im Deutschen Parlament zu Erfurt u. in der 2. Kammer d. preußischen Landtags. 1847 bis 1852. Mit e. Portr. d. Fürsten (in Lichtdr.) nach Frz. v. Lenbach. (XVIII, 430 S.) — 2. 1862—1865. (XIV, 428 S.) — 3. 1866—1868. (XXII, 490 S.) — 4. 1868—1870. (XXII, 468 S.) — 5. 1871—1873. (XXVI, 447 S.) — 6. 1873—1876. (XVIII, 491 S.) — 7. 1877—1879. (XXIV, 423 S.) — 8. 1879—1881. (XX, 436 S.) — 9. 1881—1883. (XXII, 479 S.) — 10 1884—1885. (XXXII, 522 S.) — 11. 1885—1886 (XVIII, 489 S.) — 12. 1886—1890. (XXX, 697 S.)

— politische Reden. Historisch-krit. Gesammtausg., besorgt v. Horst Kohl. 2., 13. u. 14. (Schluß-)Bd. gr. 8. Stuttgart, J. G. Cotta Nachf. n. 20. 50; geb in Halbfrz. n. 26.— (Kplt. n. 108. 50; geb. n. 136.—)
2. Die Reden des Minister-Präsidenten v. Bismarck-Schönhausen im preuß. Landtage 1862—1865. 2. Aufl. (XXVIII, 450 S.) 903. n. 8 —; geb. n. 10.—
13. Reden u. Ansprachen des Ministerpräsidenten u. Reichskanzlers a. D. Fürsten v. Bismarck 1890—1897. (XII, 484 S.) 905. n. 8. —; geb. n. 10.—
14. Nachträge u. Gesammtregister zu den politischen Reden des Fürsten Bismarck. Mit e. Fksm.-Beilage. (V, 232 u. 6 S.) 905. n. 4.50; geb. n. 6.—

—— Reden gehalten im Reichstag des norddeutschen Bundes nebst den Reden im Abgeordnetenhause über die Einverleibung Schleswig-Holsteins und den Grenzverkehr mit Rußland. Mit Anh.: Die Verfassung des norddeutschen Bundes, in vergleich. Zusammenstellung mit dem Entwurf. gr. 8. (88 S.) Berlin 867, Kortkampf.

Die Reden des Grafen [Otto] von **Bismarck**-Schönhausen gehalten im Reichstag des Norddeutschen Bundes nebst den Reden im Abgeordnetenhause über die Einverleibung Schleswig-Holsteins und den Grenzverkehr mit Russland. Mit Anhang: Die Verfassung des Norddeutschen Bundes, in vergleichender Zusammenstellung mit dem Entwurf. [1. Sammlung.] H. 2. ebd. 1867. 8°

— die Reden über die Verfassung des norddeutschen Bundes gehalten im ersten außerordentlichen Reichstage d. norddeutschen Bundes im März u. April 1867. Mit der Bundes-Verfassung in vergleichender Zusammenstellung mit dem Entwurf. 1—4. Ausg. Ebend. 867—70. gr. 8. (2 Bll., 86 S.) n. 10 *ngr*

— 4 Reden z. äusseren Politik, s: Insel-Bücherei.

— Reflections and reminiscences, s.: Collection of British authors.

—— Reichstags-Reden vom 11. Jan. 1887 über die politische Lage Europas. 8. (44 S.) Zürich 887, Orell, Füßli und Comp. Verlag. *

**Bismarck**, O. v., Setzen wir Deutschland in den Sattel. (Reden aus grosser Zeit, hrsg. von E. Kalkschmidt. Mit e. Portrait a. d. Jahre 1866.) (XXIV, 301 S.) kl. 8. Leipzig, Eichhorn-Verlag. '071. 75; geb. in Leinw. 2. 75.
„Taschenbibliothek, deutsche".

—— Skizzenwandtafeln f. den Unterricht in der Erdkunde. 1. Kurs. 11 Blatt. Farbendr. qu. gr. Fol. Ebd. 890. * 8 —

— Am Steuer des Reiches. Reden aus den J. 1874—1890, s. d. Taschenbibliothek. deutsche.

**Bismarck**, O. v., Am Steuer des Reiches. Reden aus dem J. 1874–1890. Hrsg. v. E. Kalkschmidt. Mit e. Bildnis aus dem J. 1884. (X, 332 S.) Leipzig, Einhorn-Verlag. 1908 1. 75; geb. in Leinw. 2. 75; in Ldr. 3. 50.

Eine pädagogische Studienreise nach Bosnien und der Herzegovina v. Otto **Bismarck**, Rektor ... in Eilenburg. *Leipzig: R. Voigtländer 1898.* (36 S.) 4.(8.)
— **Zeitschrift**, Deutsche, f. ausländisches Unterrichtswesen. Jg. III. H. 3. Beiheft. [98. 4466]

— neue Tischgespräche u. Interviews. Hrsg. v. H v. Poschinger 8° (427) Stuttg. 95, Deut. Verl.-Anst. 8 —; geb. in Hlbfrz 10 —
*Den 1. Bd. s.: Poschinger, H v., Fürst Bismarck u. d. Parlamentarier. 1. Bd.*

[F.] Fürst [Otto v.] **Bismarck**. Neue Tischgespräche und Interviews. Hrsg. v. Heinrich v. Poschinger. 2. Aufl. *Stuttgart, Leipzig, Berlin, Wien: Deutsche Verl.-Anst. 1895.* (3 Bl., 427 S.) 1 Bd 8. [94. 1334]

— Neue Tischgespräche u. Interviews. Hrsg. v. H v. Poschinger. 2. Bd. 8° (465) Stuttg. 99, Deut. Verl.-Anst. 8 — (1 u. 2.: 16 —; Einbde in H.-F. à 2 —)

Bismarck's, Fürst, gesammelte Werke. Briefe, Reden u. Aktenstücke. 1. Volks-Ausg., gesammelt u. hrsg. v. Bruno Walden. 4 Bde. in 2 Thln. 8. (376; 416; 399; 400 S. m. Portr.). Berl. 890, [Fried u. Comp.] Wiener.geb. * 6 —; in 2 Hldfrzbdn. [Fürstenausg.] * 10 —

Bismarck's geflügelte Worte in Bild und Schrift. gr. 4. (28 S. Text mit Holzschntaf.) Berlin 874, Moeser. *
geb. ** *M* 18.; geb. in Leder **

— geflügelte Worte in Bild u. Schrift. 2. Aufl. Berlin 874.

Bismarck, Valentin von , s. Bismarck, Hermann Hans Valentin v.

Bismarck-Bohlen, Graf, über die Aufgaben und die Verwendung der Reiterei im Kriege und über ihre Vorbereitung dazu im Frieden. Vortrag, gehalten in der militair. Gesellschaft zu Berlin. gr. 8. (37 S.) Berlin 870, Mittler und Sohn. *

**Bismarck-Bohlen,** Graf v., Referat über die Sonntagsruhe und Sonntagsheiligung. Geh. in der Kreissynode Wolgast, 13. Oct. 1877. gr. 8°. Wolgast, Reinecke in Comm., 1878. 11 S.

**Bismarck-Bohlen,** Graf, Vortrag, betr. d. Fürsorge f. d. konfirmirte Jugend bis z. Eintritt ins Heer. 8° (7) Berl. 92, Deut. Ev. Buch- & Tractat-Gesellsch. — 20

**Bismarck-Bohlen,** Graf v., Vortrag üb. das Proponendum d. königl. Konsistoriums zu Stettin betr. die sociale Frage, in der Synode Wolgast geh. am 11. Novbr. 1891. gr. 8. (26 S.) Greifswald 891. (Berlin, Deutsche Evangel. Buch- u. Tractat-Gesellschaft.) n. — 20

— dasselbe. 2. Aufl. gr. 8. (24 S.) Ebd. 892. n. — 20

Bismarck-Schönhausen, Otto von, s. Bismarck, Otto von

Bismarck-Album. 10 Erinnerungsblätter an das 70jähr. Jubiläum des Begründers der deutschen Einheit. Mit dem (Lichtdr.-)Bilde des Reichskanzlers, seinem Arbeitszimmer und 8 weiteren Lieblingsstätten des Fürsten (9 Photogr.-Imitationen). qu. 8. Berlin 885, Dörner. In Leinw.-Mappe

**Bismarck-Album**, hrsg. z. 80. Geburtstage 1. April 1895. gr. 4. (10 Lichtdr.-Taf. u. Titelblatt m. Inhalt.) Berlin 895. Photograph. Gesellschaft.
In Leinw.-Mappe 24. —

Bismarck-Album d. Kladderadatsch. Mit 300 Zeichngn. v. Wilh. Scholz u. 4 facsimilirten Briefen d. Reichskanzlers. 1.—18. Aufl. gr. 4. (IV, 185 S.) Berl. 890—91, Hofmann u. Comp.
cart. * 6 —; geb. in Leinw. * 9 —; Prachtausg. geb. * 20
Auch in 6 Heften à * 1 —

Bismarck-Album des Kladderadatsch. Mit 300 Zeichngn. v. Wilh. Scholz u. 4 fcsm. Briefen des Reichskanzlers. 25. Aufl. gr. 4. (IV, 184 S.) Berlin 893. A. Hofmann & Co. Kart. n. 6. —; geb. n. 9. —;
Prachtbd. in Ldr. n. 20. —

— d. Kladderadatsch. Mit 300 Zeichngn v. W Scholz u. 4 fksm. Briefen d. Reichskanzlers. 26. Afl. 4° (184) Berl. 95, A Hofmann & Co. Kart. 6 —; geb. in Lnw. 9 —; Prachtausg. geb. in Ldr 20 —

— — d. Kladderadatsch 1849—1898. M. 300 Zeichngn. v. Wilh. Scholz, Gust. Brandt, Frz. Jüttner, Ernst Retemeyer, Ludw. Stutz u. 4 facs. Briefen d. Altreichskanzlers. 27. Aufl. b. z. Tode d. Fürsten Bismarck. (Volksausg.) gr. 4. (VI, 200 S.) Berlin 898. A. Hofmann & Co. Kart. n. 3. —; Geschenkausg. geb. in Leinw. 7. 50

Bismarck-Album des Kladderadatsch 1849—1898. Mit 300 Zeichngn. v. Wilh. Scholz, Gust. Brandt, Frz. Jüttner u. a. u. 4 facs. Briefen des Altreichskanzlers. 28. Aufl. (VI, 184 S.) gr. 4. Berlin 903. A. Hofmann & Co. Kart. n. 3. —; geb. n. 7. 50

Bismarck-Album des Kladderadatsch. 1849—1898. Mit 300 Zeichngn. v. Wilh. Scholz, Gust. Brand, Frz. Jüttner u. a. u. 4 facs. Briefen d. Altreichskanzlers. 29. Aufl. (VI, 200 u. VIII S.) 32,5×23,5 cm. Berlin 910. A. Hofmann & Co. Kart. 3. —

Bismarck-Album des Vereins deutscher Ingenieure. (8 S 37 T) 4° Berlin 1895

Bismarck - Archipel [Schlagwort]
**Bismarck-Archipel**, s.: Kolonialkarten.

**Bismarck-Archipel**, s.: Seekarten.

Bismarckbilder aus dem Sachsenwalde. 20 Orig.-Moment-Aufnahmen auf Platinkarton m. Text auf der Rückseite. qu. 1. Lpz. 892, Verlag der Liter. Gesellschaft. In Leinw.-Mappe 20 —; einzelne Blätter à 1 —

Bismarckbriefe, Neue Folge, 1. u. 2. Sammlg, S. 94, jetzt Berl., C Heymann's V.

**Bismarck-Bund.** Monatsschrift, hrsg. v. deut. Bismarck-Bunde. Schriftleiter: Frdr. Schaefer, seit '07: Eduard Martell. 4—7. J. '06—9 je 12 Nrn. (194, 224, 212 u. 200) gr8° Wolfenbüttel. Goslar a/H., Deut. Bismarckbund. (Nur dir.) Je 2 — d
*J. 1—3 sind nicht im Handel.*

**Bismarck-Bund.** Monatsschr., hrsg. v. deut. Bismarck-Bunde. Schriftleiter: Eduard Martell. 8—10. J. '10—12 je 12 Nrn. (188, 224, 164 m. Abb.) gr8° Frankf.M. GoslarH., Deut. Bismarckbund. (Nur dir.) je nnn 2 —; einz. Nrn nnn — 20 d öH

Bismarckburg [Schlagwort]
**Bismarckburg**, s.: Kolonialkarten.

**Bismarckdenkmal**, das, vor dem Reichstagsgebäude. 8. (16 S. m. Abbildgn.) Berlin (901). Schultze & Velhagen. — 25

**Bismarck-Dynastie, Die.** Ein Seitenstück zu dem Artikel in der Contemporary Review. Berlin 1889. V: *Kobolsky, Hermann* (?). (Singer, A., Bismarck in der Literatur. Würzburg 1909. S. 120.)

„Bismarck-Dynastie", die. *** Ein Seitenstück zu dem Artikel in der „Contemporary-Review". gr. 8. (64 S.) Berlin 889. Cdpeln Nachf. n. 1.

**Bismarck-Ehrung.** Linz 1899. V: *Kissling, Carl von.* (Ky 31/1, 232)

(F) Bismarck-Ehrung? Separatabdruck aus der „Linzer Zeitung" Nr. 251 und 254. Linz. [1899.] Dr. K. v. Kissling. [In Comm. Mareis.] 8°. 7 S. fl. —.10

Bismarckfeier, die, in Bonn 1895. [Aus: „Neue Bonner Zeitung".] gr. 8. (24 S.) Bonn 895. E. Strauß. — 30

**Bismarck-Frauen-Kalender** f. 1895 u. 1896, m. vollständ. Zeitangaben a. Bismarcks Leben u. Wirken u. s. kernigsten Aussprüchen. 16° (88 m. Bildnissen.) Dresd., W Streit. — 50
*Umschlag u. d. T: Bismarck-Kalender zu Gunsten d. Bismarck-Frauen-Siftg.*

**Bismarck-Frauen-Kalender** f. 1898. 3. Jahrg. M. Beilage: Rechte u. Pflichten d. Staatsbürger. 12. (96 u. 32 S. m. Abb.) Dresden 897. W. Streit. n. — 50
Früher a. u. d. T.: Bismarck-Kalender zu Gunsten der Bismarck-Frauen-Stiftung.

**Bismarck-Frauen-Kalender** f. 1901. 6. Jahrg. 12° (128 m. Abb.) Dresd., W Streit. — 50

**Bismarck-Frauen-Kalender** f. 1902. 7. Jahrg. (128 m. Abb.) 12° Dresd., W Streit. — 50 d
*Fortsetzg s. u. d. T.: Bismarck-Jahrbuch f. deut. Frauen.*

**Bismarck-Gedächtnißheft** d. Illustr. Zeitung. Volksausg. Fol. (96 S. m. Abb.) Leipzig 898. J. J. Weber. 2. —

Bismarck-Gedenkbuch, s. Kohl, Horst.

**Bismarck-Gedichte** des Kladderadatsch mit Erl. hrsg. von Horst Kohl. Mit vielen Ill. von Wilhelm Scholz u. Gustav Brandt. 3. Taus. Berlin: A. Hofmann & Co. 1894. (XIX, 380 S.) 8° [F.] [illegible] II

**Bismarck-Geheimnis, Das.** Eine Auseinandersetzung mit der litterarischen Schutztruppe des ersten Reichskanzlers über Fürst Bismarck nach seiner Entlassung. Leipzig 1904. V: *Fiedler, Walther.* (Berl)

**Bismarck-Geheimnis, das.** Eine Auseinandersetzg. m. der litterar. Schutztruppe des ersten Reichskanzlers üb. Fürst Bismarck nach seiner Entlassg. (89 S.) gr. 8. Leipzig 904. W Fiedler. n. — 80

**Bismarck-Hospital-Ordnung** (der Bismarckhütte). *Königshütte O.-S. 1899: M. Handzinger.* (1 Bl.) gr.2° [F.] [illegible] 2

Bismarckiade, die, für's deutsche Volk. (Von Rud. Genée.) 8. (VII, 167 S. m. Abbildgn.) Berl. 891, Hofmann u. Comp. 2 —

**Bismarck-Jahrbuch.** Hrsg. v. Horst Kohl. 1. Bd. gr. 8. (XVI, 516 S.) Berlin 894. O. Haering. n. 10. —; geb. in Halbfrz. n. 14. —; Pracht-Ausg. auf holländ. Büttenpap. n. 24. —; geb. n. 36. —

**Bismarck-Jahrbuch.** Hrsg. v. Horst Kohl. 2. Bd. gr. 8. (XV, 704 S.) [Berlin 895. O. Haering.] Leipzig, G. J. Göschen. n. 12. —; geb. in Halbfrz. n. 16. — (1. u. 2.: n. 22. —; geb. n. 30. —)

**Bismarck-Jahrbuch.** Hrsg. v. H Kohl. 3. Bd, 5 Lfgn. 8° (588) Berl. 96. Stuttg., JG Cotta Nf. à 2 —; kplt geb. 14 — ‖ 4. Bd, 4 Abtlgn. (421) Lpzg 97. à 2 —; kplt geb. 11 — ‖ 5. Bd, 4 Lfgn. (408) 97.98. à 2 —; kplt geb. 11 — ‖ 6. Bd, 4 Lfgn. (410) 98.99. à 2 —; kplt geb. 11 —

— f. deutsche Frauen. 1903. 8. Jahrg. 8. (128 S. m. Abbildgn.) Dresden, W. Streit. n. — 50

**Bismarck-Jahrbuch** f. deut. Frauen. 1906. 10. Jahrg. (128 m. 1 Taf.) 8° Dresd., W Streit. — 50 d
*Bis 1902 u. d. T.: Bismarck-Frauen-Kalender.*

**Bismarck-Jahrbuch** f. deutsche Frauen. 1907. 12. Jahrg. (128 S. m. 1 Taf.) kl. 8. Dresden, W. Streit. — 50

**Bismarck-Jahrbuch** f. deutsche Frauen. 1910. 15. Jahrg. (128 S. m. Abbildgn.) kl. 8. Dresden, W. Streit. — 50

**Bismarck-Jahrbuch**, Neues. Hrsg. v. Heinr. v. Poschinger. 1. Bd. (12, 363) gr8° Wien, C Konegen '11. 5 —; geb. 6.50 d

**Bismarck-Kalender** für das Jahr 1868—1870. 1—3. Jahrg. (à ca. 12 Bgn. m. Holzschn. u. Stahlst.) Minden, (Volkening.) 8. Jeder Jahrg. n. 12½ ngr.

**Bismarck-Kalender** für die J. 1869—1875. 2.—8. Jahrg. 8. (à ca. 200—250 S. mit eingedr. Holzschn., Stahlst., Stnt. in Tondr.) Minden, Köhler. à Jahrg.

**Bismarck-Kalender** für die J. 1876—1880. 9.—13. Jahrg. 8. (XL, 225; XXXIII, 244; 281; 240 S. mit eingedr. Holzschn.) Minden, Köhler. à Jahrg.

**Bismarck-Kalender** für die J. 1881—1885. 14.—18. Jahrg. 8. (XXXVI, 240; 247; 219; 260; 241 S. mit eingedr. Holzschn., Holzschntaf. und Stahlst.) Minden, Köhler.
Jahrg. 1881 *
Jahrg. 1882—1885 à *

**Bismarck-Kalender** für die J. 1886—1889. 19.—22. Jahrg. 8. (238; 238; 282; XLIV, 230 S. mit Illustr. und je 1 Wandkalender.) Minden, Köhler. à Jahrg. *

**Bismarck-Kalender**, 1890—1892. Jubiläums-Ausg. [23.—25. Jahrg.] 8. (XL, 218 S. m. Illustr.; XXXVI, 215 S. m. Abbildgn. u. e. Beilage; 144, 32 S. m. Abbildgn.) Minden i. W., Köhler.
cart. à Jahrg. 1 —

**Bismarck-Kalender** f. 1899. 26. Jahrg. 8° (46, 128 m. Abb. u. 6 Taf.) Mind., W Köhler. 1 —; geb. 1.50 ‖ 1900. 27. Jahrg. (32, 114 m. Abb. u. 5 Taf.) Geb. 1 —
*Für 1893—98 nicht erschienen. — Erscheint nicht mehr.*

**Bismarck-Kalender** f. '13, hrsg. v. Albr. Philipp u. Horst Kohl. (8, 176 m. Abb., 10 Taf. u. 1 Fksm.) 8° Lpzg, Dieterich. 1.25; geb. 2 — d

**Bismarck-Kalender**, z. Gunsten d. Bismarck-Frauen-Stiftung, s.: Bismarck-Frauen-Kalender.

**Bismarck-Katalog**, aus Anlaß d. 80. Geburtstages d. Altreichskanzlers a. 1. Apr. 1895 hrsg. gr. 16. (32 S. m. Abb.) Frankenberg i/Sa. 895. C. Stange, Verl. — 05

**Bismarck-Lieder.** Als Mscr. gedruckt. gr. 8. (16 S.) (Barmen 874, Klein.) *

**Bismarck-Lieder.** Als Mscr. gedr. gr. 8. (16 S.) (Barmen 875. Klein.) n. — 60

**Bismarck-Literatur.** Bibliograph. Zusammenstellg. aller b. Ende März 1895 v. u. üb. Fürst Bismarck i. deutschen Buchhandel erschien. Schriften, m. Berücksicht. d. bekannt. ausländ. Literatur v. Paul Schulze u. Otto Koller. Festschrift z. 1. Apr. 1895. gr. 8. (VII, 70 S.) Leipzig 895. O. Gracklauer. Geb. in Leinw. n.n. 3. —; Ausg. a. Büttenpap., geb. in Ldr., n.n. 4. —

**Bismarck-Literatur.** Bibliograph. Zusammenstellg aller bis Ende März 1895 v. u. üb. Bismarck im deut. Buchhandel erschienenen Schriften, m. Berücks. d. bekannteren ausländ. Lit. v. P Schulze u. O Koller. Festschrift z. 1. Apr. 1895. 8° (70) Lpzg 95, O Gracklauer. Geb. in Lnw. n.n. 3 —; Asg. auf Büttenpap., geb. in Ldr n.n. 4 —

[J.] Das **Bismarck-Museum** in Bild und Wort. E. Denkm. deutscher Dankbarkeit. Hrsg. m. huldvoller Genehmigg Sr. Durchl. d. Fürsten Bismarck (v. Karl Strecker). (In 10 Heften.) *Berlin: W. Pauli's Nachf. 1896.* (4 Bl., III S., 2 Bl., 100 S., 100 Taf. m. je 1 Erl.-Bl.) 1 Bd gr. 2. [97-177]

**Bismarck-Museum**, das, in Bild u. Wort. E. Denkmal deutscher Dankbarkeit. Hrsg. m. Genehmigg. d. Fürsten Bismarck. 7.—10. (Schluß-)Hft. gr. Fol. (38 Lichtdr.-Taf. m. Text, VIII, VIII u. S. 63—99.) Berlin 896. 97. J. Becker. à n. 16. 50; Einbd. in Ldr. n.n. 35. —; Schutzkarton n.n.n. 2. 50

**Bismarck-Museum**, d., in Bild u. Wort. 7—10. (Schl.-)Hft. Fol. (38 Lichtdr.-Taf. m. Text 63—99) Berl. 96.97, A de Grousilliers. à 16.50; Einbd in Ldr nn 35 —; Schutzkarton nnn 2.50
*Lfg 1—6 s. u.: Strecker, K. — Wohlf. Asg. s. u.: Grousilliers, A de.*

Das **Bismarck-Museum** in Bild und Wort. Ein Denkmal deutscher Dankbarkeit. Hrsg. mit Genehm. d. Fürsten Otto v. Bismarck unter Mitw. von W. L. Schreiber von A. de Grousilliers. [2. Ausg.] *Berlin: Selbstverl. 1899.* (193 S., 116 Taf.) 2° [J.] [01. 9979]

Rücktitel: Das **Bismarck-National-Denkmal** auf dem Knivsberg. Apenrade. [1901.] 4° k.

**Bismarck**-Nummer der „Jugend". Nr. 30. München. 1908.

(**Bismarck**-Nummer des) Kladderadatsch. Jg. 61, Nr. 30. Berlin, 26. Juli 1908. 4°

**Bismarcks**
— Ruhesitz Friedrichsruh. Naturaufn. v. Wilh. Hoffmann, Dresden. qu.-Fol. (15 Lichtdr.-Taf.) Dresden (896). W. Hoffmann. Geb. in Leinw. 15. —

— unseres, Heimgang. E. Trauertag All-Deutschlands. M. einleit. Gedicht v. Fel. Dahn. Text v. Bruno Garlepp. Suppl. z. Bismarck-Denkmal f. d. deutsche Volk. Fol. (III, 63 S. m. Abb.) Berlin 898. Werner Verlag. n. 2. —; geb. 4. 50; m. d. Hauptwerk in 1 Bd. geb. n. 24. —

**Bismarck's Kaiserschnitt.** [Geheime Correspondenz.] München 867. Neuburger jun. 32. (59 S.) n. 4 ngr.

**Bismarcks Leben** und Wirken. Nach ihm selbst erzählt von *** Mit 2 Portr. Leipzig: Renger 1894. VI, 486 S. 8° A 12. 8113

**Bismarcks, Fürst**, Orden u. Ehrenzeichen. 1 Bl. in Autotypie. 12° Mit Text. 8° (2) Chemn. 96, M Bülz. — 50

**Bismarck's, Fürst**, deutsche Politik seit Begründung des Neuen Reiches. Von W. v. A. gr. 8. (126 S.) Leipzig 890. Spamer. n. 1. 60

— deutsche **Politik** s. d. Begründung d. Neuen Reiches. Von W. v. A. (Neue, am Schluß veränd. Ausg.) gr. 8. (126 S.) Leipzig 895. O. Spamer. n. — 50

—— **Reise** nach Wien u. ihre Folgen. Neuestes Stadium der Fronde. Von Fürchtegott Peinlich, Registrator im Dienste der geschichtl. Wahrheit. gr. 8. (44 S.) Trier 892, Paulinus-Druckerei. * — 50

**Bismarck's Rücktritt** event. Urlaub und Enthüllungen über denselben. Von Dr. L——r. gr. 8. (16 S.) Leipzig 877, Dreschke. *

—— **Selbstvertheidigung.** Aus den Aufzeichngn. fremder Diplomaten u. Journalisten. 8. (79 S.) Lpz. 890, Minde. 1 —

—— **Verhältniß** zum Glauben, insbesondere zum Judenthum. 1. und 2. Aufl. In vier Kapiteln: Glaube, Aberglaube, Toleranz, Vorurtheile. 8. (16 S.) Magdeburg 879. (Leipzig, Friese.)

Der **Bismarck-Thurm** auf dem Hainberge bei Göttingen. Göttingen: Verschönerungsver. 1898. 38 S. 8°

**Bismarck-Thurm, Magdeburgs.** Ein Beitrag zu dieser Frage. Magdeburg-Wien 1905. V: *Schallehn, Carl Arthur.* (BERL)

**Bismarckthurm**, der, am Starnbergersee. gr. 8. (32 S. m. Abbildgn.) München 900. C. Haushalter. n. — 50

Bismarcktrauerfeier...
**An** der Bismarcktrauerfeier des Deutschen Reichsvereins am 3. August 1898. Zürich [1898]. V: *Hinz, Ferdinand.* (SINGERB S. 236)

Bismark [Sachliches OW]

**BISMARK**, Marie von, oder Libe und Libe (so!), ein Gemälde nach dem Leben (in Briefen, von *Chrn. Carl André* 1763—1831). Erste, Zweite Suite (soviel erschienen). Leipzig, 1786—88. Bei Siegfr. Leber. Crusius. 8°.

I: 3 Bll., 164 S. (incl. Doppeltit.). II: 184 S. (incl. Tit.), 1 Bl. Druckf. 2 Bll. Nachschrift, d. 1. Suite betreff. Zur Charakteristik dieses verschrobenen, wenig bekannten Romans nur 2 Ueberschriften in Th. 2: Plan zur Verfürung (!) meiner schönen Tochter, von mir selbst entworfen, d. 5. Mai 1769 (jedoch ohne Abdruck desselben, nur dieser Tit. auf S. 76); S. 147—82: Schnepfenberg, e. melodramat. Gemälde, eingerichtet zur Musik der beiden Melodrame „Ariadne auf Naxos" u. „Cephalus und Prokris". Zum Geburtstage des Doktor Zukermann (!), d. 1. Junius. — Auch in orthograph. Hinsicht ist das Buch ein Curiosum.

**v. Bismark**, Marie, od. Liebe um Liebe, (v. Chr. K. André). 2 Thle. 8. Leipz. 786—88. (W. Vogel). 18 Gr

Bismark [Schlagwort]

**Bismark**, s.: Preussen. Messtischblätter.

Bismark [Verfasser]

**Bismark**, Friedr. Wilh. v., Aufzeichnungen. 1. Aufl. (VI und 500 S.) 847. 3 Thlr. und 2. (Titel-)Ausg. gr. 8. (VII und 508 S. mit 3 Stahlst.) Karlsruhe 850, Nöldeke. Thlr.

— Elemente der Bewegungskunst eines Reiter-Regiments, als Anhang zu den Vorlesungen über die Taktik der Reiterei. Mit 20 Plänen. kl. 8. Carlsruhe 1819.

— Elemente d. Bewegungskunst eines Reiter-Regiments. Mit 20 Plän. 12. Karlsr. 819. 2e Aufl. mit 20 Pl. Ebd. 826. Müller. 20 Gr

**v. Bismark**, Graf F. W., Felddienst d. Reiterei. Taschenform. Karlsr. 820. Müller. 14 Gr

— Felddienstinstruktion für die Kavallerie. 12. Berl. 820. 2e A. 3e A. 821. Mittler. 8 Gr

— Felddienstinstruktion f. Schützen u. Reiter. gr. 12. Karls. ... 3e A. 821. Müller. 8 Gr

**Bismark**, Graf v., Felddienst-Instruction f. Schützen u. Reuter. 4., verm. Ausg. 16. (6 B.) Karlsruhe 835, Müller's Hofbuchh.

(v. Bismark.) Der Feldherr nach den Vorbildern der Alten. (240) 16. Karlsruhe 1820. Müller

**Bismark**, Graf F. W. v., Ideen-Taktik d. Reuterei. M. 24 lith. Plan. u. 1 Titvign. 12. (21½ B.) Karlsruhe 829, Müller.

**v. Bismark**, Graf, die Kaiserl. Russische Kriegsmacht im Jahre 1835, oder meine Reise nach St. Petersburg. Mit 3 Stahlst. 8. Carlsruhe 836. Creuzbauersche Buchh. 1¾ Thlr

—— die k. russ. Kriegsmacht im J. 1835, od. meine Reise nach St. Petersburg. M. 3 Stahlst. 8. (17 B.) Carlsruhe 836, [Nöldeke.]

Bismark, Friedrich Wilhelm Graf von, s. Poesie der Kriegskunst

Bismark, Friedr. Wilh. v. (Hrsg.), s. a. Reuter-Bibliothek.

— Reiter-Bibliothek. 1r — 6r Jahrg. Mit 26 Steindr. u. 2 Pl. 8. Karlsr. 825—31. Müller. (1r J. 1 Thlr 15 Gr 2r u. 3r J. à 1 Thlr 12 Gr 4r J. 2 Thlr 21 Gr 5r J. 2 Thlr 6r J. 2 Thlr) 11 Thlr 12 Gr

— die Königl. Preuß. Reuterei unter Friedrich dem Großen, oder der General der Kavallerie Frhr. v. Seydlitz. Mit 1 Porträt u. 3 Plänen. gr. 12. Carlsruhe 837. Creuzbauersche B. 1¾ Thlr

—— die kgl. preuß. Reuterei unt. Friedrich d. Gr., od. d. General d. Kavallerie Frhr. v. Seydlitz. M. 1 Portr. u. 3 Plänen (4 Bl. auf 2½ Bog. Roy.-Fol.) gr. 12. (13 B.) Carlsruhe 837, [Nöldeke.]

— — Schützen-System der Reuterey. Stuttgart 1824. 233 S. Brodhag
— — 2. verm Aufl. Mit Pl. Karlsruhe 1825. Müller

**v. Bismark**, System d. Reiterei, s. a. System.

**Bismark**, F. W. Grf v. System der Reuterei. Berlin 1822. 282 S.

**Bismark**, F. W. Grf v. Vorlesungen über die Taktik der Reuterey. Mit Pl. Karlsruhe 1818. 235 S.
— — 2. Aufl. 1819.

— Vorlesungen üb. d. Taktik d. Reiterei, sammt d. Elementen d. Bewegungskunst ꝛc. Mit 23 lithograph. Pl. 8. Karlsr. ... 2e A. 819. 3e A. 826. Müller. 1 Thlr 16 Gr (vergl. Vorlesungen üb. Taktik.)

**Bismark**, Herm. v., Napoleon in Aegypten. Histor. Gedicht in acht Gesängen. 8. (16 B.) Leipzig 842, Otto Wigand. *

**v. Bismark**, Karl Alex., Gedächtnißschr. auf Christiane Charl. Gottl. v. Bismark, geb. v. Schönfeld. 8. Stend. 774. Franzen u. Gr. 3 Gr

**Bismark**, K. Ar. v., Schilder. des tugendh. Charakters s. sel. Freundin. Brandenb. (Halle.) 777.

Original-Radierungs-Ausstellung im Kunstgewerbe-Museum Düsseldorf veranst. von d. Hof-Kunst- u. Gemälde-Handlung **Bismeyor & Kraus**. 26. Nov. 1899 bis Anf. Febr. 1900. *Düsseldorf (1899): A. Bagel.* (60 S.) 8°
[00. 1330

**Bisoukides**, P. C., s.: Beiträge, rechtswissenschaftl.

Der Hochverrat. Eine hist. u. dogmat. Studie. Von Dr. jur. Pericles Bisoukides [**Bisukides**]. *Berlin: C. Heymann 1903.* (XI, 148 S.) 8°
T. 1 erschien als Inaug.-Diss. Berlin 1902. [04. 0307

**Bisoukides**, Pericles: Das Staatsverbrechen des Hochverraths in dogmatischer Darstellung. *Berlin 1902: Lutze & Vogt.* (80 S.) 8° ¶ (Soll vollst. erscheinen.)
Berlin, Jur. Diss. v. 29. Mai 1902

**Bisozzi**, Giacomo, die menschl. Stimme u. ihr Gebr., f. Sänger u. Sängerinnen dargest. M. 1 Taf. lith. Abbildn. gr. 12. (5 B.) Leipzig 838, Engelmann.

Bispinck, *Franz Maria* August [pr. Arzt aus Mühlheim a. d. R.]: Ueber die operative Behandlung von Nierenverletzungen ... Marburg, Buchdr. F. Sömmering, 1892; 1 Bl., 31 S. 8.
Marburg, Med. Fak., Inaug.-Diss. v. [30. Juni] 1892

**Bispinck**, Fritz, appr. Arzt a. Münster i. Westf.: Ein Fall von beiderseitiger Cataracta congenita mit Monopus und Cryptorchismus. Münster i. Westf. 1906: Westfälische Vereinsdruckerei. (21 S.) 8°
Gießen, Med. Fak., Ref. Vossius, Diss. v. 13. Dez. 1906
[Geb. 28. Jan. 78 Münster i. W.; Wohnort: Gießen; Staatsangeh.: Preußen; Vorbildung: Paulinisches Gymn. Münster Reife O. 00; Studium: Freiburg i. B. 1, München 1, Kiel 3, Berlin 1, München 1, Gießen 2 S.; Coll. 26. Juli 06; Approb. 1. Mai 06.]

**Bispinck**, Joseph, appr. Arzt a. Münster i. Westfalen: Aus der Psychiatrischen und Nerven-Klinik zu Kiel. Ein Beitrag zur Lehre von den epileptischen Dämmerzuständen. Kiel 1905: H. Fiencke. (14 S.) 8°
Kiel, Med. Fak., Ref. Siemerling, Diss. v. 18. Sept. 1905
[Geb. Münster i. W.; Wohnort: Münster; Staatsangeh.: Preußen; Vorbildung: Gymn. Burgsteinfurt i. W. Reife; Studium: Würzburg 2, Kiel 4, Berlin 1, Kiel 4 S.; Coll. 19. Aug. 05; Approb. 25. Juni 05.]

Bispinck, Ph., s. Bispink, Ph.

Bispinck, Wilhelm Friedrich Heinrich: Briefe eines Hottentotten über die gesittete Welt, s. Tolberg, Johann Wilhelm

Bisping, August

**Bisping, Aug**, Exegetisches Handbuch zum Neuen Testamente. Münster, Aschendorff's u. Theissings Verlag, 1863 ff.; 9 Bde. Mit Ausnahme der 2 letzten Bände (kath. Briefe u. Apokalypse) in 2., resp. 3. Aufl.
1.Aufl. 1854 ff.

—— exegetisches Handbuch zu den Evangelisten und der Apostelgeschichte. 4 Bde. gr. 8. Münster, Aschendorff'sche Buchh. *
Inhalt: (=Ex.Hdb.z.NT Bd.1-4)
Bd. 1. Erklärung des Evangeliums nach Matthäus. (476 S.) 864. * 1 Thlr. 20 Ngr. 2.Aufl.(586 S.) 867.
" 2. Erklärung der Evangelien nach Markus und Lucas. (475 S.) 864. * 1 Thlr. 20 Ngr. 2.Aufl.(498 S.) 868.
" 3. Erklärung des Evangeliums nach Johannes. (434 S.) 865. * 1 Thlr. 15 Ngr. 2.Aufl.(470 S.) 869.
" 4. Erklärung der Apostelgeschichte. (423 S.) 866. * 1 Thlr. 15 Ngr.

Bisping, Aug., exegetisches Handbuch zum Neuen Testament. 4. Bd.: Erklärung der Apostelgeschichte. 2. verb. Aufl. gr. 8. (427 S.) Münster 871, Aschendorff'sche Buchh. *

Bisping, Aug., exegetisches Handbuch zu den Briefen des Apostels Paulus. 3 Bde. (à 2 Abthlgn.) Münster 854—58. Aschendorff. (= Ex.Hdb.z.NT Bd.5-7) n. 5 ℳ
1. Bd. 1. Abth. Erklärung des Briefes an die Römer. (VIII, 372 S.) n. 25 ngr
2. Abth. Erklärung des ersten Briefes an die Korinther. (4 Bl., 304 S.) n. 24 ngr
2. Bd. 1. Abth. Erklärung des zweiten Briefes an die Korinther und des Briefes an die Galater. (2 Bl., 315 S.) n. 25 ngr
2. Abth. Erklärung der Briefe an die Epheser, Philipper, Kolosser u. des 1. Briefes an die Thessalonicher. (2 Bl., 364 S.) n. 25 ngr
3. Bd. 1. Abth.: Erklärung des 2. Briefes an die Thessalonicher, der drei Pastoralbriefe u. des Briefes an Philemon. (3 Bl., 288 S.) n. 25 ngr
2. Abth. Erklärung des Briefes an die Hebräer. (2 Bl., 300 S.) n. 24 ngr

Bisping, Aug., exegetisches Handbuch zu den Briefen des Apostels Paulus. Münster, Aschendorff. gr. 8.
1. Bd. 1. Abth.: Erklärung des Briefes an die Römer. 2. verb. u. verm. Aufl. 860. (VIII, 378 S.) n. 1 ℳ
1. Bd. 2. Abth.: Erklärung des 1. Briefes an die Korinther. 2. verb. u. verm. Aufl. 863. (306 S.) n. $27\frac{1}{2}$ ngr
2. Bd. 1. Abth.: Erklärung des 2. Briefes an die Korinther und des Briefes an die Galater. 2. verb. u. verm. Aufl. 863. (318 S.) n. $27\frac{1}{2}$ ngr

Bisping, August, Erklärung der Briefe an die Epheser, Philipper und Kolosser. Münster, Aschendorff, 1866, 8°, 322 S., 2. Aufl., 2,75 Mk.
1. Aufl. 1855. Bd. 6, Abteil. 2 des „Exeget. Handb. zum Neuen Test."

Bisping, Aug., Erklärung der beiden Briefe an die Thessalonicher, der drei Pastoralbriefe u. des Briefes an Philemon. Münster, Aschendorff, 1865, 8°, 346 S., 2. Aufl., 2,75 Mk.
1. Aufl. 1857. Bd. 7, Abteil. 1 des „Exeget. Handb. zum Neuen Testam."

Bisping, Aug., Erklärung des Briefes an die Hebräer. Münster, Aschendorff, 1864, 8°, 303 S., 2. Aufl., 2,75 Mk. (Vergriffen.)
1. Aufl. 1854. Bd. 7, Abteil. 2 des „Exeget. Handb. zum Neuen Testam."

Bisping, Aug., Erklärung des Briefes an die Römer. Münster, Aschendorff, 1870, 8°, 3. Aufl., 399 S., 3 Mk.

Bisping, Aug., exegetisches Handbuch zum Neuen Testament. 5. Bd. 2. Abthl. und 6. Bd. 1. Abthl. gr. 8. Münster 883, Aschendorff'sche Buchh. à Abthl. * ℳ 3. *
Inhalt:
Bd. 5. Abthl. 2. Erklärung des 1. Briefes an die Korinther. 3. verb. und verm. Aufl. (322 S.)
" 6. " 1. Erklärung des 2. Briefes an die Korinther und des Briefes an die Galater. (336 S.)
1.—4. Bd., 5. Bd. 1. Abthl., 6. Bd. 2. Abthl., 7. und 8. Bd. Ebendas. 1864—74. * ℳ 34,25.
9. Bd. Münster 1876, Theissing'sche Buchh. * ℳ 4,50.

Bisping, Aug., exegetisches Handbuch zum neuen Testament. 9. (Schluß-)Bd.: Erklärung der Apokalypse des Johannes. gr. 8. (VII, 358 S.) Münster 876, Theissing'sche Buchh. *
1.—8. Bd. Münster 1855—71, Aschendorff'sche Buchh. * ℳ 39,75.

**Bisping,** Heinrich, approb. Arzt aus Emsdetten i. Westf.: Aus d. chirurg. Poliklinik zu Kiel. Zur Casuistik der Luxatio genu congenita. *Kiel 1902: H. Fiencke.* (18 S.) 8°
Kiel, Med. Diss. v. [18. Aug.] 1902

**Bisping,** Hubert: Aus der medicinischen Klinik zu Kiel. Ueber progressive Muskelatrophie nach cerebraler Kinderlähmung. *Kiel 1898: P. Peters.* (21 S.) 8°
Kiel, Med. Diss. v. [27. Mai] 1898

Bisping, Max

**Bisping, M.,** 4 geistl. Gesänge f. 4 Männerstimmen. Op. 1. Nr. 2. gr. 4. (14 S.) Lippstadt 848, Lange. n. $\frac{5}{12}$ ℳ

Bisping, M., Klavier u. Klavierspiel. Ein Rathgeber f. Eltern, Lehrende u. Lernende. gr. 8. (117 S. m. 4 Notenbeilagen.) Münster 872. Theissing. n. 1. —

Klavier und Klavierspiel. Ein Ratgeber f. Eltern, Lehrende u. Lernende von Max Bisping. Für d. 'Neue Klavierschule von M. Bisping' bearb., erl. u. erg. v. Alfred Rose. *Münster: E. Bisping 1900.* (32 S.) 8° [F.] 04.37946

—— 18 neue Lieder für gemischten Chor. Zum Gebrauche bei vaterländ. und andern Festen an Gymnasien, Realschulen etc. br. 8. (47 S.) Paderborn 871, Schöningh.

—— Liedergabe für die Jugend. Eine Auswahl Lieder für kathol. Schulen. 1. Heft. 34 ein- und 40 zweistimm. Lieder. 8. (68 S.) Lippstadt 847, Lange's Buchh. *

— Liedergabe f. die Jugend, 1. Hft. Eine Auswahl v. 34 ein- u. 40 zweistimm. Liedern f. kathol. Schulen. 8. (37 lith. S.) Ebd. 848. n. $\frac{1}{12}$ ℳ

— dies. 2. Hft. Eine Auswahl v. 40 dreistimm. Liedern. 8. (54 lith. S.) Ebd. 847. — 2. Aufl. Ebd. 851. n. 2 ngr

**Bisping,** M, Liedergabe f. d. Jug. 2. Hft. 2. Afl. 8. (54) Lippst. 51, Staats. n. — 2

Bisping, M., Liedersammlung. 3 Hfte. Münster 861. Theissing. 8. 10 ngr
Inhalt: 1. 30 einstimmige u. 39 zweistimmige Schullieder. (56 S.) 3 ngr — 2. 36 dreistimmige Schullieder f. Sopran, Mezzosopran u. Alt. (39 S.) 3 ngr — 3. 48 dreistimmige Schullieder f. Sopran, Alt u. Bariton. (56 S.) 4 ngr

Bisping, M., Liedersammlung. 3 Hfte. 2. verm. Aufl. 8. Münster 872. Theissing. n. 1. —
1. 32 einstimm. u. 41 zweistimm. Schullieder. (60 S.) n. — 30
2. 36 dreistimm. Schullieder f. Sopran, Mezzosopran u. Alt. (40 S.) n. — 30
3. 50 dreistimm. Schullieder für Sopran, Alt u. Bariton. (59 S.) n. — 10

Bisping, M., Liedersammlung. 3 Hefte. 8. Münster, Theissing'sche Buchh.
Inhalt:
Heft 1. 32 einstimmige und 41 zweistimmige Schullieder. 7. Aufl. (60 S.) 885. 30 Pf.
" 2. 36 dreistimmige Schullieder für Sopran, Mezzosopran und Alt. 5. Aufl. (40 S.) 883. 30 Pf.
" 3. 50 dreistimmige Schullieder für Sopran, Alt und Bariton. 4. Aufl. (60 S.) 885. 40 Pf.

Bisping, M., Sammlung lateinischer Gesänge zum gottesdienstlichen Gebrauche. Münster 857. Theissing. 12. (53 S.) 6 ngr

Bisping, M., Sammlung lateinischer Gesänge zum gottesdienstlichen Gebrauche. 2., verm. Aufl. 16. (70 S.) Münster 863, Theissing'sche Buchh.

**Bisping,** M., Sammlung lateinischer Gesänge zum gottesdienstlichen Gebrauche f. katholische Lehranstalten. Zugleich e. Anh. zu dem „Gesang- u. Gebetbuch f. das Bisth. Münster". 4. Aufl. 12. (IV, 158 S.) Münster 886. Theissing. n. 1. —

**Bisping, M.,** Sammlg. latein. Gesänge z. gottesdienstl. Gebr. f. katholische höh. Lehranst. Zugl. e. Anh. z. d. „Gesang- u. Gebetbuch f. d. Bisth. Münster". 5., unveränd. Aufl. 12. (IV, 158 S.) Münster 895. Theissing. n. 1. —

Bisping, M., zwanzig Vaterlandslieder für vierstimmigen gemischten Chor an höheren Lehranstalten, componiert von E. Freund, C. Grossmann, B. Hüls, G. Koch, O. Standke, J. Treuge etc. und dem Hrsgbr. gr. 8. (28 S.) Münster 883, Theissing'sche Buchh. *

Bispingen [Schlagwort]
**Bispingen, s.: Preussen. Messtischblätter.**

**SERAPHIM**, Pater, oder das Mönchswesen. (Zieml. zahmer satir. Roman, von *Franz Heinr.* (Benevenutus) *Bispink.*) Rom (Bremen?) 1804. 8°. (3/12 Rth.)
Anon.-Lex. IV. p. 78 (nach Rassmann, Hayn, Weller).

Bispink, Friedrich Heinrich: Philosoph. Abendstunden vom Koche d. Königs v. Preußen, s. Abendstunden. –

Bispink, Friedrich Heinrich: Beiträge zu Trenks Leben, s. Beiträge. –

Bispink, Friedrich Heinrich: Briefe eines preuß. Augenzeugen üb. d. Feldzug d. Herzogs v. Braunschweig . . ., s. Briefe. –

**ESELSPROCESSION** in München (von *Friedr. H. Bispink*). (Gera 1786.)
Anon.-Lex. II. p. 65 (nach Meusel).

*Bispink*, Fr. H., († d. 5. Juni 1820.) fragmenta psychologico-moralia. 8. Halle 784 Waisenh.-B. 6 Gr.

**MIRAKEL** in München, nebst einem kleinen Zug Bayerische (!) Verordnungen (von *Friedr. Heinr. Bispink = Bisping*). Gera (1784).
Anon.-Lex. III. p. 148 (nach Meusel).

Bispink, F. H., Napoleon, vide Napoleon.

— Napoleon, ad praecipua regiminis et bellorum suorum momenta, satyricis versibus adumbrat. 8. Halle 814. (Reinike). 1 Thlr. 12 Gr.

**PRISE**, Eine, für Sie meine Herrn (von *Friedr. Heinr. Bispink*). O. O. u. J. (18??).
Anon.-Lex. III. p. 301 (nach Meusel u. Rassmann). — Sehr rar!

Bispink, Ph.

— Beiträge zur Förderung des Wohlstandes des deutschen Landwirths, durch größere Sicherstellung der Früchte u. Steigerung d. Wirthsch.-Ertrags. gr. 8. Cösfeld 836. Riesesche B. 2/3 Thlr.

Bispink, P., Belehrungen für deutsche Landwirthe. Enthaltend vorzüglich die Angabe der ersten und nöthigsten Wege, um bei den niedrigen Kornpreisen den Wohlstand zu erhalten u. wieder zu heben. 8. Cösfeld 838. Riese. 5/12 Thlr.

— Plan zur einträglichern Umformung einer Münsterländischen Dreschwirthschaft und zum desfallsigen Uebergange, als merkwürdiges Beispiel aus der Wirklichkeit; nebst einigen Worten über die Münsterländische Bodenarten, u. was ihnen unter andern Noth thut. 8. Münster 835. Wundermannsche B. 1/2 Thlr.

**Bispink P.**: Unterricht im Ackerbaue u. in der Viehzucht f. den Bürger- u. Landmann. H. 1-2. (1 Vol.). Münster (1824-25). (14, 288) S. 1 Tvl.

Bispink, Ph., Unterricht im Ackerbau u. in d. Viehzucht, f. d. Bürger u. Landmann. 1s — 2s Hft. M. 1 Steint. 8. Münst. 824 — 26. Coppenrath. 1 Thlr.

Bispink, Dr., s. Zeitung, landwirthschaftliche.

**Biss**, Paul: Zur Diagnose der septischen Erkrankungen, insbesondere der kryptogenetischen Septico-Pyämie. *München: J. F. Lehmann 1897.* (66 S.) 8°
München, Med. Diss. v. 1897

Bisz, Paul, über die Wirkungen des Wassers u. der Bäder auf den gesunden u. kranken Körper. gr. 8. (47 S.) München 902. Seitz & Schauer. n. 1. —

Bisz, Paul, d. Wirkungen d. Wassers. 902. Jetzt: München, Verlag d. ärztl. Rundschau.

*de la Bissachère*, gegenwärtiger Zustand von Tunkin, s. n. Bibliothek d. Reisebeschreibb. 47r Bd.

— : — dasselbe übersetzt von Bergk, s. Zustand.

— Dasselbe übersetzt von J. A. Bergk. gr. 8. Leipz. 812. Rein. 8 Gr.

Bisschop, W., Adnotationes criticae ad Xenophontis Anabasin. Diss. 1851. 90 S.

**Bisschopinck, Carl** (Wadersloh/Westf.), De causis cachexiarum. Diss. med. Bln. (Nietack) 2. IX. 1836. 31 S., mit Biogr. (M.: M. F. Pellenghar.) (4.—) 2844
Oppon.: M. Cruse, A. Frei, H. Zumnorde. — Gew.: Ludw. Niedieck.

*Bissegger, Ferd.*, Madame Campan. Basel, Töchterschule 1889.
**Progr.-Schr.**

**Bissegger**, Jacob, von Mettlen, Kant. Thurgau: Ulcus chronicum ventriculi. Zür. Orell Füssli Cie Dr. 1856. 63 S. 8°.
Zürich, Med. Diss. v. 20. Dec. 1856.

Bissegger, Walther. Weitere Beiträge zur Kenntnis der stickstoffhaltigen Bestandteile, insbesondere der Eiweisskörper des Emmentaler Käses. Diss. Phil. [II.] Univ. Zürich. 103 S. 8. Zürich, Dr. der Neuen Zürcher Zeitung, 1907.

Bissegger, W[alther]. Beziehungen zwischen Stadt und Land (im Kanton Zürich). Vortrag, gehalten... den 7. März 1909... zu Zürich. [SA. aus der Neuen Zürcher Zeitung, Jahrg. 1909.] 15 S. 8. (Zürich, Druckerei der N' Z' Z', [1909].)

Bisseli, Dom., d. heil. Schutzengel, e. getr. Geleitsmann in christl. Andachten. Ein Gebetbuch; aus d. Französ. Mit Kpf. 8. Augsb. 794. Veith. 12 Gr.

Bissell, Allen Page, the Law of Asylum in Israel historically and critically examined. gr. 8. (86 S.) Leipzig 884, Stauffer. *

Bissell, Allen Page, the law of asylum in Israel historically and critically examined. gr. 8. (86 S.) Leipzig 880. Stauffer. n. 1. 50

Bisset, Jos., krit. Betrachtt. üb. verschied. Staatsfragen. 4 Thle u. 6r Thl. 8. Würzb. 770. Stahel. 1 Thlr. 20 Gr.

— Briefe in deutsch. und lat. Sprache. 8. Ebend. 771.

*Bisset*, Jos., epitome difficultat. grammaticar. 8. Würzb. 768. Stahel. 1 Thlr. (Von der Existenz dieser Schriften u. ihres Verfassers habe ich nirgends etwas auffinden können. K.)

Bisset, Karl, Versuche u. Bemerkk. in d. Arznei- u. Wundarzneikunde; aus d. Engl. v. J. W. Möller. 8. Bresl. 781. W. G. Korn. 18 Gr.

— Versuche üb. d. medicin. Konstitution v. Großbritannien 2c. Aus d. Engl. v. J. W. Möller. 8. Warschau 779. Gröll. 15 Gr.

BISSET, Robert 1759 - 1805
Edmund Burke's Leben in historisch-literarisch-politischer Hinsicht unpartheiisch dargestellt von Robert Bisset.
Aus dem Englischen von Joh. Christian Fick.
Leipzig-Gera: Heinsius. 1799. XIV, 380 S. 8°.
Universitätsbibliothek Münster
Übers. v. The Life of Edmund Burke, London 1798.
Sabin 5649. Palmer.
Edmund Burke, 1729-1797
Johann Georg Christian Fick, 1763-1821

*Bissi da Mezzago*, Giannambregio, la superbia nationale esposta nella sua audità ai filosofi Italiani. 8. Wien 791. Kaulfuss. 16 Gr.

*Bissing*, Andr., († ..) analysis biblica. II Tom. 8. Heidelb. 776, 77. Pfähler. 20 Gr.

— Fastenpredigten. 8. Heidelb. Pfähler. 778.

— Fastenpredigten d. J. 1774 — 79. 2 Thle. gr. 8. Heidelb. 780. (Manh., Löffler). 1 Thlr. 8 Gr.

— sermones panegyrico-moral. in festa Mariana celebr. 8. Heidelb. 778. Pfähler. 20 Gr.

— via veritatis et vitae. VII Tom. 8. Heidelb. 778 — 85.

— via veritatis et vitae. VII Tmj. 8. Heidelb. 779 - 85.

— vitae sanctorum. II Tom. 8. Heidelb. 786.

Bissing, Ferd., Athen und die Politik seiner Staatsmänner von der Niederlage der Perser bis zu dem Waffenstillstande des Perikles (470—445 v. Chr.) Inauguraldissertation. gr. 8. (55 S.) Heidelberg 862, Emmerling'sche Universitäts-Buch. *

Bissing, Ferd., Athen und die Politik seiner Staatsmänner von der Niederlage der Perser bis zu dem Waffenstillstande des Perikles [470—445 v. Chr.] Inauguraldissertation. Heidelberg 862. (Weiß.) gr. 8. (55 S.) n. 10 ngr.

Bissing, Ferd., Frankreich unter Ludwig XVI. gr. 8. (IV, 388 S.) Freiburg i. B. 872. Herder. 3. —

Bissing, Friedr., das Verfassungsrecht d. Vereinigten Staaten Nord-Amerika's nach James Kent, nebst d. Verfassungsurkunde u. e. statist. Tab. gr. 8. (7⅛ B.) Heidelberg 836. (Frankfurt a. M., Körner.) (Stuttg.: Metzler)

Bissing, Friedrich Wilhelm von

**Bissing, Fr. W Frhr v.**: Der Anteil d. ägypt. Kunst am Kunstleben d. Völker. Festrede. (104) Lex8° Münch., G Franz' V. '12. 3 —

**Bissing, Fr. W. v.**, les bas-reliefs de Kom el Chougafa. (Société archéologique d'Alexandrie.) gr. Fol. (18 Taf. in Heliograv.) Nebst Text: La catacombe nouvellement découverte de Kom el Chougafa. gr. 8. (9 S.) München (901). (Leipzig, Buchh. G. Fock.) n.n. 20. —

Société archéol. d'Alexandrie. La catacombe nouvellement découverte de Kom el Chougafa. (Verf.: Fr[iedrich] W[ilhelm] v. Bissing.) *(Munich: J. B. Obernetter [1903?])* (9 S., 13 Taf.) 8° u. 2°
[Umschlagt.:] Les bas-reliefs de Kom el Chougafa. [04. 2661

— Beiträge z. Gesch. d. assyr. Skulptur, s: Abhandlungen d. kgl. bayer. Akad. d. Wiss.

**Bissing,** Fr[iedrich] W[ilhelm] von: Der Bericht des Diodor über die Pyramiden ⟨Bibl. I 63, 2 —64⟩. *Berlin: A. Duncker 1901.* (40 S.) 8°
München, Phil. Hab.-Schr. v. 1901
(Nicht für den Austausch)

Bissing. F. W., Der Bericht des Diodor über die Pyramiden. Hab. 1902. 40 S.

Bissing, Friedrich Wilhelm von: Bericht d. Diodor. Jetzt: Berl., A. Glaue

— Bericht d. Diodor üb. d. Pyramiden. Jetzt: Lpzg, JC Hinrichs. 01/09

**Bissing, Fr. W. Frhr. v**, eine koptische Darstellung des triumphierenden Christentums, s.: Sitzungsberichte der königl. bayer. Akademie der Wissenschaften. Philos.-philol. u. histor. Kl. 1910, III.

**Bissing, Frdr. Wilh. Frhr. v.**, Denkmäler ägyptischer Sculptur. Hrsg. u. m. erläut. Texten versehen. (In 12 Lfgn.) 1.—5. Lfg. (à 12 Taf.) gr. Fol. Nebst Text. (40 Bl. m. Abbildgn.) gr. 4. München 906. Verlagsanstalt F. Bruckmann. Subskr.-Pr. à n. 20. —

— Denkmäler ägyptischer Sculptur. Hrsg. u. m. erläut. Texten versehen. 6.—11. Lfg. (à 12 Taf.) 51×39 cm. Nebst Text. (58 Bl. u. 54 S. m. Abbildgn.) 37,5×28 cm. München 907—10. F. Bruckmannn. Subskr.-Pr. à Lfg. 20. —

— Denkmäler ägypt. Sculptur. 11. u. 12. Lfg. (je 12 Taf.) 51×39cm. Nebst Text. (24 m. Abb.) 37,5×28 cm. Münch., F Bruckmann '10'11. Subskr. je 20 —

**Bissing, Fr. W. Frhr. v.**, Einführung in die Geschichte der ägyptischen Kunst von den ältesten Zeiten bis auf die Römer. (58 S. m. 32 Taf.) 8. Berlin 908. A. Glaue. 4.—; geb. in Leinw. 5. —

Bissing, Friedrich Wilhelm von: Einführung in d. Gesch. d. Ägypt. Kunst. Jetzt: Lpzg, J. C. Hinrichs.

Fayencegefäße. Von Fr[iedrich] W[ilhelm] v. Bissing. *Vienne 1902: A. Holzhausen.* (XXXI, 114 S.) 4°
— Catalogue général des antiquités égypt. du musée du Caire. Vol. 6. [03. 20660

Geschichte Ägyptens im Umriß, von d. ältesten Zeiten bis auf d. Eroberung durch d. Araber. Von F(r[iedrich]) W[ilhelm] v. Bissing. *Berlin: A. Duncker 1904.* (185 S.) 8° [04. 9306 6

Bissing, Friedrich Wilhelm von: Geschichte Aegyptens. Jetzt: Berl., A. Glaue

Bissing, Friedrich Wilhelm von: Geschichte Ägyptens. Jetzt: Lpzg., J.C. Hinrichs.

— ein thebanischer Grabfund aus dem Anfang des neuen Reichs. 1. u. 2. Lfg. qu. gr. Fol. (6 farb. Taf. m. 8 S. illustr. Text.) Berlin 900. 901. A. Duncker. à n.n. 10. —

— ein thebanischer Grabfund aus dem Anfang des neuen Reichs 3. u. 4. Lfg. (4 farb. Taf. m. 4 S. Text.) qu. gr. Fol. Ebd. (905). à n.n. 10. —

— Ein thebanischer Grabfund aus dem Anfang des Neuen Reichs. 5. (Schluss-)Lfg. (8 Taf. m. Text. Sp. 18—20.) 48×64,5 cm. Berlin 908. A. Glaue. nn 10.— (Kplt. erh. Pr. nn 75.—)

Bissing, Friedrich Wilhelm von: Ein theban. Grabfund. Jetzt: Lpzg., J.C. Hinrichs.

— die Mastaba des Gem-ni-kai. Im Verein m. A. E. P. Weigall hrsg. 2 Bde. (1. Bd. VIII, 42 S. m. Fig. u. 33 Taf.) gr. 4. Ebd. 905. Für vollständig, Subskr.-Pr. bis 1. X. 1905, kart. n n. 50. —

— Die Mastaba d. Gem-Ni-Kai. In Verbindg m. Max Bollacher u. AEP Weigall hrsg. Bd II (II 1). (8, 43 m. 44 Taf.) 36×27 cm. Berl. '11. Lpzg, JC Hinrichs. HL (je) nn 35 —; Subskr. (je) nn 25 —

Metallgefässe. Von Fr[iedrich] W[ilhelm] v. Bissing. *Vienne 1901: A. Holzhausen.* (XVII, 80 S.) 4°
— Catalogue général des antiquités égypt. du musée du Caire. [2.] [02. 10175

— s.: Re-Heiligtum, das, des Königs Ne-Woser-Re.

Steingefässe von Fr[iedrich] W[ilhelm] v. Bissing. [1. 2.] Vienne 1904—07: A. Holzhausen. (XLVII, 173 S.) 4°
[2.] Einleitung u. Indices.
— Catalogue gén. des antiquités égypt. du Musée du Caire. [17.] [07. 18631

— Steingefässe, s.: Catalogue général des antiquités égyptiennes du musée du Caire. XXXIV.

de Bissing, Fridericus Guilelmus [Marchius]: De tabula quam dicunt statistica Tuthmosis III commentatio ... (Ā. T.: Die sogenannte statistische Tafel Tuthmosis III von Aegypten. Neu hrsg., übs. u. erl. ... Tl 1: Einleitg.) Leipzig, impr. A. Pries, 1896; 35 S. 8.
Bonn, Phil. Fak., Inaug.-Diss. v. 12. Aug. 1896

Die statistische Tafel von Karnak. Hrsg. v. Friedrich Wilhelm v. Bissing. *Leipzig: J. C. Hinrichs 1897.* (XXXVIII S., 1 Bl., 67 S.) 1 Bd 4.
[Text z. Th. lithographirt.] [97. 7007

— Prähistor. Töpfe a. Indien u. a. Aegypten. — Versuch e. neuen Erklärg d. Ka'i d. alten Aegypter, s: Sitzungsberichte d. kgl. bayer. Akad. d. Wiss.

— Wandbilder alter Plastik, s: Bruckmann.

Bissing, Henriette v., Iwan. Ein Roman. 2 Thle. 12. (30 B.) Hannover 845, Hahn'sche Hofbuchh.

Bissing, Henriette v. Das Leben der Dichterin Amalie v. Helvig, geb. Freiin v. Imhoff. Mit e. Bilde. gr. 8. (VIII, 457 S.) Berl. 889, Hertz. * 7 —; geb. * 8 —

v. Bissing, Henriette, Minona. (Roman.) gr. 12. Hannover, 844, Hahn'sche Hofbuchh. 1½ ℳ

v. Bissing, Henriettte, Lucretia Tornabuoni. Ein Roman. 2 Bde. 8. (788 S.) Breslau 847, Max u. Co. 3 ℳ

—— Victorine. Ein Roman. 2 Thle. gr. 12. (24⅛ B.) Hannover 842, Hahn'sche Hofbuchh.

—— Waldheim. Ein Roman. 2 Thle. gr. 12. (29⅞ B.) Hannover 844, Hahn'sche Hofbuchh.

— Reimar Widdrik u. Dithmarschen im J. 1500. Histor. Roman. 3 Thle. 8. (275. 316 u. 391 S.) Hannover 848, Kius. (jetzt: Hamburg, Engel.) 3 1/2 ℳ

**Bissing, Johann Adam** (Mogonus), De potestate judiciaria S. R. I. principum. Diss. jur. hist.-diplom.-publ. Präs. Joh. Jacob Joseph Sündermahler. Würzburg (J. J. Ch. Kleyer) Dez. 1743. 9 Bl., 119 S. (5.50) 2845

Bissing, Moritz Frh. v.

**Bissing**, Frhr. v., Ausbildg., Führg. u. Verwendg. der Reiterei, s. a. Beiheft z. Militär-Wochenblatt.

**Bissing**, Frhr v. Ausbildung, Führung und Verwendung der Reiterei. Berlin 1895. 8°. (Bh. z. M. W. B.)

**Bissing**, Frhr. v., Massen- od. Theilführung der Kavallerie. Mit e. Uebersichtskarte in Steindr. gr. 8. (88 S.) Berlin 900. E. S. Mittler & Sohn. n. 1.—

**Bissing**, Frhr. v., s.: Verwendung, die, größerer Kavalleriemassen.

**Bissing-Beerberg**, Adph. Frhr. v., der Geistliche e. vom Herrn berufener Träger der christlichen Kleinkinderschulsache. Eine Denkschrift im Namen d. Deutschen Kleinkinderschul-Central-Comités hrsg. gr. 8. (43 S.) Leipzig 874. Bredt. n. — 40

—— d. christl. Kleinkinderschule, ihre Entstehg u. Bedeutg. 2. Afl. 8. (86) Ebd. 72. n. 1. 20

**Bissing-Beerberg**, Frhr. Adph. v., die christliche Kleinkinderschule, ihre Entstehung und Bedeutung. Eine Denkschrift im Namen des Kleinkinderschul-Central-Comités hrsg. 2. durchgeseh. Ausg. gr. 8. (VIII, 86 S.) Leipzig 873, Bredt. *

—— die grundlegende und gemeindepflegende christliche Kleinkinderschule, nicht nur nützlich, sondern nothwendig. Eine Denkschrift im Namen des Deutschen Kleinkinderschul-Central-Comités hrsg. gr. 8. (15 S.) Leipzig 874, Bredt. *

— Das deutsche Mutterhaus für Kinder u. Gemeindepflegerinnen. Weitere Denkschrift in der grossen Nationalsache der christl. Kleinkinderschule. (19 S.) Ebd. 1873. —.50

—— das deutsche Mutterhaus für Kinder- und Gemeindepflegerinnen. Eine weitere Denkschrift in der großen Nationalsache der christl. Kleinkinderschule. gr. 8. (19 S.) Leipzig 874, Bredt. *

—— die Nothwendigkeit der Organisation der grundlegenden und gemeindepflegenden christl. Kleinkinderschule oder ihre Erhebung zur organis. Volkssache. Eine Denkschrift im Namen des Deutschen Kleinkinderschul-Central-Comités. gr. 8. (20 S.) Leipzig 874, Bredt. *

v. **Bissing-Beerberg**, was noth thut, oder die Klein-Kinderschule u. was zur Förderung derselben zu thun. Nebst einem Berichte des Lehrers König über die Beerberger Klein-Kinderschule. Hamburg 869. Agentur d. Rauhen Hauses in Comm. gr. 8. (52 S. u. 1 Holzschn. in 4.) n. 10 ngr

**Bissingen-Nippenburg, Ihro Excellenz der ... Gräfin Therese von.** Innsbruck 1815. V: *Mayr, Joh. Philipp Benitius (Benizzi) Maria.* (margr) (biblvort)

**Bissingen und Nippenburg, Carl Josef** Graf: Die Lehre der akzessorischen Natur der Teilnahmehandlungen vom Standpunkt des Strafgesetzbuchs für das Deutsche Reich. Würzburg 1908: Becker. 84 S. 8°
Würzburg, Jur. Diss. v. 5. Dez. 1908, Ref. Oetker
[Geb. 6. Aug. 83 Schramberg; Wohnort: Schramberg; Staatsangeh.: Württemberg; Vorbildung: Gymn. Ravensburg Reife Juli 03; Studium: Freiburg i. B. 3, Münster 2, Straßburg 1 S.; Rig. 21. Juli 08.] [U 09. 4038

**Bissingen**, Schrotentreck von
s. **Schrotentreck** von Bissingen. [11. 9910 3

Bissinger, Gustav: Ueber die Dichtungsgattung und den Grundgedanken der Alcestis des Euripides. I. Hälfte. S. 3-20. Erlangen, E. Th. Jacob.
Progr. Erlangen 1869.

Bissinger, Gustav: Ueber die Dichtungsgattung und den Grundgedanken der Alcestis des Euripides. II. Hälfte. Erlangen, E.Th. Jacob. S. 3-36.
Progr. Erlangen 1871.

**Bissinger, Gust.**, über die Dichtungsgattung und den Grundgedanken der Alcestis des Euripides. 2 Hälften. 4. (20; 36 S.) Erlangen 869,71, (Deichert.)(72) 2. Hälfte * ℳ 2. *

Bissinger, G. Welche Blume hat man sich unter dem ὑάκινθος der Alten zu denken? 48 S. 8. Progr. *Erlangen* 1880.

**Bissinger**, Johann Ulrich, Abenderzählungen, s. Abenderzählungen.

**Bissinger**, Ulr., Gedichte. 8. (IX und 192 S.) Stuttgart, 854, Belser'sche Buchh.

**Bissinger**, Joh. Ulrich, Saroniten. Christl. Dichtungen, d. Altare d. Herrn geweiht. M. (5) Musikbeil. gr. 12. (14 1/2 B.) München 836, 37, Jaquet. 1 Thlr., f. Ausg.

**Bissinger**, *Karl:* Beschreibung einiger im Gebiete des Grossherzogtums Baden entdeckten Münzfunde '(aus dem 15ten bis 17ten Jahrhundert)'. Donaueschingen, Druck d. A. Willibald'schen Hofbuchdr., 1894; 12 S. 4.
Donaueschingen, grossh. PG, MP 1894 (604)

**Bissinger**, Karl. Bilder aus der Urgeschichte d. Badischen Landes, s. Neujahrsblätter, badische.

**Bissinger**, *Karl:* Der Bronzefund von Ackenbach beschrieben. Karlsruhe, Druck d. G. Braun'schen Hofbuchdr., 1893; 18 S., 1 Taf. 4.
Donaueschingen, grossh. PG, MP 1893 (600)

Bissinger, *Karl* Funde römischer Münzen im Grofsherzogtum Baden. Zusammengestellt von K. B. 4 (18 S.). II. 4 (S. 19—32). III. 4 (S. 33—42).
Prog. *Donaueschingen* 1887 (562). 1888 (568). 1889

**Bissinger**, K[arl]: Funde römischer Münzen im Großherzogtum Baden. Verz. 2. Karlsruhe 1906: G. Braun. (18 S.) 4° ¶(Forts. d. P-Beil. d. PG Donaueschingen 1887—89.)
Pforzheim, großh. Reuchlin-G P 1906 (768)

Funde römischer Münzen im Grossherzogtum Baden. Zsgest. von K[arl] **Bissinger**. Verzeichnis [1.] 2. Karlsruhe: J. Bielefeld (2: G. Braun) 1889–1906. 2 Bde 4°
1: Verb. Abdr. aus d. Beilagen z. Progr. d. Progymn. in Donaueschingen 1887–89. 107. 980

**Bissinger**, K(arl): Zur Geschichte und Statistik des Grossherzoglichen Gymnasiums in Pforzheim in seinem zweiten Jahrzehnt 1890—1900. *Pforzheim 1901: F. Hamberger.* (18 S.) 4° ¶(Forts. d. P-Beil. 1891 von Heinr. Schneider.)
Pforzheim, grossh. G, MP 1901 (672)

Bissinger, Karl: Katalog der Bibliothek des Grossh. Lyceums in Karlsruhe. 143 S.
Progr. Karlsruhe 1858.

Bissinger, Karl: Nachtrag zum Katalog der Bibliothek des Grossh. Lyceums in Karlsruhe. 74 S.
Progr. Karlsruhe 1871.

**Bissinger**, K(arl), Dir.: Griechische Schreibübungen ⟨Extemporalien⟩ im Anschluß an die Lectüre für obere Klassen ⟨1. Obersecunda⟩. *Pforzheim 1903: F. Hamberger.* (18 S.) 4°
Pforzheim, großh. G, P 1903 (704)

**Bissinger**, K(arl), Direktor: Griechische Schreibübungen im Anschluss an die Lectüre für obere Klassen ⟨II. für Prima⟩. Pforzheim 1907: Pforzheimer General-Anzeiger. (17 S.) 4° ¶(Forts. der P-Beil. 1903.)
Pforzheim, großh. Reuchlin-G P 1907 (773)

Bissinger, Karl: Das Siegeslied der Debora. Buch der Richter 5, übersetzt und erklärt. 70 S.
Progr. Karlsruhe 1866.

**Bissinger, K.**, Verzeichnis der Trümmer- und Fundstätten aus römischer Zeit im Großherzogt. Baden. Für die XVI. allgemeine Versammlung der Deutschen anthropolog. Gesellschaft neuabgedr. mit Verbesserungen, Ergänzungen und beigefügtem Register. gr. 8. (21 S. mit 1 Karte.) Karlsruhe 885, J. Bielefeld's Verlag. *

**Bissinger,** Ludwig [aus Erlangen]: Ueber Verwitterungs-Vorgänge bei krystallinischen und Sedimentär-Gesteinen ... Kempten, Buchdr. d. J. Kösel'schen Buchh., 1894; 36 S. 8.
Erlangen, Phil. Fak., Inaug.-Diss. v. 1894

**Bissinger,** Rudolf [app. Arzt aus Erlangen]: Beitrag zur Lehre der Tractionsdivertikel der Speiseröhre. . . . Erlangen, k. b. Hof- u. Univ.-Buchdr. v. F. Junge, 1890; 26 S. 8°
Erlangen, Med. Fak., Inaug.-Diss. v. 1890

Bissinger, Ulrich, s. Bissinger, Johann Ulrich

**Bißmann, Otto,** die Ernte u. Aufbewahrung des Obstes, s.: Maurer.

— Ernte u. Aufbewahrung frischen Obstes während des Winters, s.: Gaerdt, Heinr.

**Bissmann,** Otto, s.: Deutschland's Obstsorten.

**Bissmeyer,** Fritz (geb. am 19 Apr. 1859 in Riemsloh Rgbz. Osnabrück): Ueber Bandkeratitis ... Bonn, Univ.-Buchdr. v. C. Georgi 1884. 30 S., 1 Bl. 8.
Bonn, Med. Fak., Diss. v. 4 Okt. 1884

**Bissuti, J. G.,** Interesse-Ausrechnung 2c. 8. Linz, Haßlinger, 808.

**Bist du bereit?** Von M. v. O., s.: Macht, die, der Liebe. 11.

**Bist** du deiner Errettg gewiss? (22) kl8° Elberf., R Brockhaus'07. — 80 d

**„Bist** du, der da kommen soll?" Ein Weihnachtsgedicht. 12. (32 S.) Berlin 893. Magazin f. Volkslitteratur, F. Harnisch & Co. n. — 25

**„Bist** du, d. da kommen soll?" Weihnachtsgedicht. 12° (32) Berl.-Wilhelmsh. 93, C Teistler & Co. n.n. — 25

**Bist** du ein Christ? Höchstwichtige Frage an Alle, welche sich Christen nennen. O. O. [1855]. V: *Köbner, Julius Johannes Wilhelm.* (schr)

**Bist** du ein Geistlicher? Eine Pastoralfrage über Predigt und Seelsorge. Gotha 1863. V: *Majer, F. F.* (Russell IV, 749)

**Bist** du e. Geistlicher? Pastoralfrage üb. Predigt u. Seelsorge. 8. (156) Stuttg. 63. (Gütersl., Bertelsmann's V.) n. — 12

**Bist du ein Geistlicher?** Eine Pastoralfrage über Predigt und Seelsorge. Stuttgart 863. S. G. Liesching. 8. (156 S.) n. 12 ngr.

**Bist du mit Gott zufrieden?** Eine Frage an Jedermann von J. H. 16 S. 8. Basel, C. F. Spittler. 1876 —. 10

**Bist du versöhnt m. Gott?** v. d. Gräfin K. S., verb. Aufl. 16. (80 S.) Dinglingen. (Frankfurt a/M. 897. J. Schergens.) — 15

**Bister, André**: Der untaugliche Versuch im allgemeinen und ein besonderer Fall desselben: Betrugsversuch durch Täuschung über eine gesetzwidrige oder unsittliche Leistung. Berlin 1909: G. Schade. 67 S. 8°
Heidelberg, Jur. Diss. v. 18. Okt. 1909, Ref. v. Lilienthal
[Geb. 19. April 86 Berlin; Wohnort: Friedrichsort; Staatsangeh.: Preußen; Vorbildung: Realgymn. Potsdam Reife M. 04; Studium: Berlin 2, Paris 1, Berlin 4 S.; Rig. 7. Juli 09.] [U 10. 1839

**Bister, J.,** Ueber die Veredlung der niederen Volksklassen. 56 pp. 8°. Crefeld, Funcke, 1808.

Bisthum. Das anglo-preussische B' zu St. Jacob in Jerusalem. Freiburg 1842 s. [Schneckenburger, Matthias, und Hundeshagen, Carl Bernhard].

**Bisthum, das anglo-preußische,** zu St. Jacob in Jerusalem u. was daran hängt. 8. (4¾ B.) Freiburg 842. (Bern, Jenni, Sohn.) F. Müller Thlr.

**Bisthum, Das Evangelische,** in Jerusalem. Geschichtliche Darlegung mit Urkunden. Berlin 1842. V: *Bunsen, Christian Karl Josias.* (stadtbiblberlin XII, S. 295)

**Das evangelische Bisthum in Jerusalem.** Geschichtliche Darlegung mit Urkunden. Berlin, W. Besser 1842. IV 103 S. Urkunden und Beilagen 52 S. 8.

—— **St. Gallen, das,** u. seine Reorganisation. Bericht u. Anträge d. kathol. Administrationsrathes an d. kathol. Großrathskollegium des Kantons St. Gallen. Vom 26. Septbr. 1844. gr. 8. (6½ B.) St. Gallen 845. (Scheitlin u. Zollikofer.) *

**Bisthumssynode, Die,** und die Erfordernisse und Bedingung einer heilsamen Herstellung derselben ... Stuttgart 1849. V: *Wessenberg, Ignaz Heinrich Freiherr von.* (Th)

**Bisthums-Synode,** die, u. die Erfordernisse u. Bedingungen einer heilsamen Herstellung derselben. Von dem Verf d. Werkes: Die großen Kirchenversammlungen des 15. u. 16. Jahrhunderts. gr. 8. (IV u. 78 S.) Stuttgart 849, Cotta. 12 ngr.

**Biston, B.,** der Brunnen-, Röhren-, Pumpen- u. Spritzenmeister 2c., s. Schauplatz d. Künste 2c., 45. Bd.

**Bitton, B.,** die Zimmermannskunst, s. D. A. Hanus.

**BISTORIUS,** C. (ps.), Kronik der Heiligen. Nach Urkunden u. Legenden (in Versen à la Blumauer). Mit (3) Kpfrn. (unsign. Radirgn.). Wittenberg, gedr. mit Rautischen Schriften (Wien), 1787. 8°. (6 Mk. 50 Pfg. J. Taussig, 1907.)
321 S. (incl. Tit., 4 Bll. Vorber., 1 Bl. Inh., 1 S. Druckf.).
1. Leben des grosen (!) Heiligen, Benediktus, Abt u. Ordensstifters (nach P. Frdr. Harlet, D. d. Gottesgelahrheit (!), Prämonstr. Ordens, u. Chorherrn zu Würzb.). (S. 13—105, in 4 Kap.). 2. Leben der Heiligen Genovefa, gebornen Herzogin von Braband. In zween Gesängen (S. 107—208). 3. Leben des Heil. Franziskus de Paula, Stifter d. Ordens d. Mindern Brüder. (Nach e. Legend, besonders aber nach dem Hochwürdigsten Joseph Maria Perrimezzi, dieses Ordens Professor, erstlich zu Oppido, dann zu Ravello, u. Scala Bischoffen, endlich aber Erz-Bischoffen zu Bistron, Zeit s. Ravellonischen Bistums beschrieb. Ihro Päbstl. Heiligkeit Klementi IX. didizirt (!); zweimal im italiänischen aufgelegt, u. in Venedig gedr. 1737. Dann ins deutsche übersetzt mit Gutheisung (sic!) der Geistlichen Obern, u. an Tag gegeben: Ist gedr. in Waldsassen, in 4to 1764"). (S. 209—321.)

**Bistorius, C.,** Chronik d. Heiligen, n. Urkund. und Legenden, m. K. 8. Leipz. Weygand. 788.

**Bistouri,** das. Illustr., humoristisch-satyr. Blätter f. Mediciner. Red.: E Graetzer. 1. Jahrg. Jan.—Juni 1897. 12 Nrn. 4° (Nr. 1. 12) Bas. Lpzg, O Sallmann. 4 —; einz. Nrn — 40
*Erscheint nicht mehr.*

**Bistram,** A[lexander] Frh. von, auf Waddax i. Kurland: Geologisch-palaeontologische Studien in den Comasker Alpen. 1. Beitraege zur Kenntnis der Fauna des unteren Lias in der Val Solda. *Freiburg i. B. 1903: C. A. Wagner.* (93 S.) 8°
¶ (Aus: Berichte d. naturf. Ges. Freiburg i. B., Bd 13.)
Freiburg i. B., Phil. Diss. v. 1903

**Bistram, A** Freiherr von. Geologisch-paläontologische Studien in den Comasker Alpen. 2 [Teile]. (*In:* Berichte der Naturforschenden Gesellschaft zu Freiburg i. Br. ... 1903.) 8. [Freiburg und Tübingen, Mohr.] [*je* M. 4. —]
[Teil] 1: Beiträge zur Kenntnis der Fauna des unteren Lias in der Val Solda. [Mit 8 Tafeln.] (Separat-Abdruck aus Berichte ... Band 13.... Juli 1903.) 99 S. ⟨S. 116—214.⟩
[Teil] 2: Das Dolomitgebiet der Luganer Alpen. Mit einer geologischen Karte, 8 Profilen und 6 tektonischen Skizzen [= zus. 3 Tafeln]. (Sonderabdr' aus B' ... Band 14.... November 1903.) 84 S. ⟨S. 1—84.⟩

Bistram, Const. v., Anleitung zur Ausübung der Naturheilkunde f. Gesunde u. Kranke. 1. Tl. Wie verhütet man Krankheiten auf naturgemäßem Wege? Erläutert durch Angabe naturgemäßer Mittel, die in der Praxis des Lebens sich bewährt. gr. 8. (III, 168 S. m. Abbildgn.) Berlin (902). Deutsches Druck- u. Verlagshaus. n. 1.20

Bistram, Karl von.. Der mündigen Kinder Bitte oder Was wir wollen! Gedruckt bei J. Sittenfeld. 1 Bl. 8.

Flugblatt. Berlin, 20. Mai 1848.

Bistram. Brüder, Bürger und Soldaten! Erscheint alle vereint Sonntags unter den Zelten. Druck von F. Reichardt u. Comp. 1 Bl. Fol.

Flugblatt. Berlin, 26. Mai 1848.

Bistram, Laura Freiin, Wolf Landsburg u. seine Geschwister. Eine Geschichte aus Kurland f. die Jugend. (180 S.) 8. Braunschweig 906. H. Wollermann. Geb. in Leinw. n. 3. –

Bistram, Lilly v., D. erste Jahr d. Ehe. 8. (84 S.) Dresden 898. J. Naumann. Kart. n. 1. —

Bistram, Lily v., s.: Monatshefte f. den Verein Frauendienst.

— E. Seelenkampf. Studie. 8. (27 S. m. Bildn.) Lübeck 897. Verlag d. Novellenbibliothek. n. —50

Bistram, Lily v., Sonnensehnsucht. Gedichte in Prosa. 8. (100 S.) Wismar 902. Willgeroth & Menzel. Kart. n. 1.80

Bistram, Nicol., die rechtliche Natur der Stadt- u. Landgemeinde. Gekrönte Preisschrift. St. Petersburg 867. Röttger. gr. 8. (IV, 172 S.) n. 1 ₰

**Bistram, Ottilie v.: Frauenbildung — Frauenstudium. Vortrag. — (Elberfeld 1897: Lucas.) 30 S. 8°**

**Bistram, Ottilie v.: Ibsen's Nora und die wahre Emanzipation der Frau. Vortrag. 1. Aufl. — Wiesbaden: Lützenkirchen & Böcking [1900]. 33 S. 8°**

— über den physiologischen Schwachsinn des Weibes. Eine Entgegn. gr. 8. (10 S.) Berlin 902. W. Baensch. —30
Sonderabdruck aus: „Deutsche Stimmen".

Bistritz [Schlagwort]
Bistritz, s.: Europa. Generalkarte.

Bistritz [Verfasser]
Bistritz, Majer Kohn (Hrsg. u. Übers.), s. Mardechai ben Meir Kalmanns: Tabuit ha-Bajit.

Bistrizkaya, Dina. Ueber spontane Ohrenblutungen. Diss. Med. Univ. Zürich. [Mit 1 Tabelle.] 38 S. 8. Zurich-Selnau, Gebr. Leemann & Co., 1909.

Bistrzycki, A[ugustin], und Mauron, L[ouis]. Über die Abspaltung von Kohlenmonoxyd aus tertiären Säuren mittels konzentrierter Schwefelsäure. ⟨Mitteilung aus dem I. Chem. Universitäts-Laboratorium zu Freiburg in der Schweiz.⟩ [Mit 1 Figur.] II + 65 p. 8. Freiburg, Gebrüder Fragnière, 1907.
Mémoires de la Société fribourgeoise des Sciences naturelles.... Chimie.... Vol. 3. Fasc. 1.
*Ausg. A. — Ausg. B,* Diss. ... s. Mauron, Louis.

Bistrzycki, A., Anleitung zur Darstellung organisch-chemischer Präparate, s.: Levy, S.

Bistrzycki, A[ugustin], und Czamański, W[itold]. Kondensationen von o-Aldehydosäuren mit Acetessigester und mit einigen Ketonen. ... S. 155—205. 8. (Freiburg ⟨Schweiz⟩, Gebrüder Fragnière, 1901.) [fr. 1. —]
(Mémoires de la Société fribourgeoise des Sciences naturelles.... Chimie. Vol. 1, Fasc. 4....)
[Diss. Math.-Naturw. Freiburg in der Schweiz *von* Czamański,] *s. Bulletin 1902, S. 13.*

Bistrzycki, A[ugustin], und Zurbriggen, B[enedict]. Über zwei Kresyldiphenylcarbinole. II + 56 p. 8. Fribourg ⟨Suisse⟩, Fragnière Frères, 1903. fr. 1.20
Mémoires de la Société fribourgeoise des Sciences naturelles.... Chimie.... Vol. 2. Fasc. 1....

Bistrzycki, *Carl Anton* Augustin [aus P...]: Über die Opian- und die Phtalaldehydsäure ... Berlin, Druck v. M. Driesner, *1892;* 48 S., 1 Bl. 8.
Berlin, Phil. Fak., Inaug.-Diss. v. 15. Febr. 1892

Bistum, s. Bisthum

Bisukides, Pericles, s. Bisoukides, Pericles

Bisuteria y Relojeria comercio de pormayor, s: Bijouterie- u. Uhren-Grosshandel.

Biswack, Siegfr.
Biswack, S.: Die Ausbildung der Muskeln zu höchster Leistungsfähigkeit. Leipzig 1908. 30 S.

Biswack, Siegfr., die Ausbildung der Muskeln zu höchster Leistungsfähigkeit. Ein neues System, die Muskeln ohne Anwendg. v. Geräten zu riesenhafter Leistungsfähigkeit zu trainieren. (80 S. m. Abbildgn.) 8. Leipzig (910). S. Schnurpfeil. —25

Biswack, Siegfr.: Körperkraft, Gesundh. u. Schönh. Kurzgef. Anl. zu e. planmäss. Entwickelg u. Kräftigg d. Muskulatur durch Leichtgewichtsübgn. (80 m. Abb.) 8° Lpzg, S Schnurpfeil '08. —25 d

— Die Schule d. Athleten. (51 m. Abb.) 8° Ebd. ('11). —50 d

Biswanger, B. R., Anleitung zur neu verbesserten Bauart der Häuser, einfachen, feuersichern und zweckmäßigen holzersparenden Bedachung, nebst Brückenbau, dann zweier bewegl. Wald-Samen-Sonnen-Dörren. Mit 12 Abbild. 8. (VI und 34 S. mit 3 Taf. in Fol.) Znaim 840. (Brünn, Hauptmann.) *

Biswanger, B. R., Anleitung zur neu verbesserten Bauart der Häuser, einfachen, feuersichern u. zweckmäßigen holzersparenden Bedachung, nebst Brückenbau, dann zweier beweglichen Wald-Saamen-Sonnendörren. Mit 12 Abbild. auf 3 Taf. 8. Znaim 846. (Brünn, Wimmer.) n. 27 *ngl*

Bitaubé: Joseph, s. Bitaubé, Paul Jor.

Bitaubé, Observations sur les deux premiers livres de la politique d' Aristote. S.-A. 1796. 128 S. 4°. 2.50

Bitaubé, Paul Jor
— Eloge de Pierre Corneille, qui a concouru à l'académie de Rouen en 1768. 8. Berl. Rottmann. 769.

*Bitaubé,* Paul Jor., (†d. 22. Nov. 1809.) examen de la confession de foi de Vicaire cont. Savoyard dans Emile. 8. Berl. 783. (Horvath in P.) 6 gr

Bitaubé, P. J., Examen de la Confession de foi de Vicaire savoyard. 8. Berl. Pauli, (Horvath, Potsd.) 763.

— s. v. Göthe, Hermann et Dorothea.

— Guillaume, en X Chants. 8. Amsterd. 783.

– s. Homeri Odyssea

Bitaubé, ..., Joseph, e. Gemälde der Welt; aus d. Französ. 8. Berl. 768. Winter. 1 ₰ 6 gr

BITAUBÉ. Joseph in neun Gesängen aus dem Französischen des Herrn —. Mit Frontisp., Titelvign. und 9 Kupfern, unsign. Berlin, bey George Ludewig Winter, 1768. 8°. XVI, 343 S. Lat. Lett.
[B. I, 374.]

— Joseph; e. Gedicht, frei bearb. von K. H. Heydenreich. Mit 1 Titelkpf. gr. 8. Leipz. 800. Martini. (Knobloch). 2 ₰ 12 ℊ. Holländ. Pap. 3 ₰ 12 ℊ.

— Joseph II. poëme en IX Chants. II Vols. 8. Berl. 767. N. Ed. 12. Neufchatel 772. Ed. V. 12. Paris 785. 15 ℊ.

— Joseph II. poëme. 2. Vol. 18. Berl. 785.

Bitburg [Schlagwort]

**Bitburg,** s.a. Geologische Karten (Prousson).

**Bitburg,** Kreis, s.a. Trier, Reg.-Bez.

**Bitburg, Kreis. Schiffels, Jos., Wandkarte des Kreises Bitburg. 1 : 40,000. 4 Blatt je 54,5×61,5 cm. Farbdr. Trier (905). H. Stephanus. n.n. 10 — ; auf Leinw. m. Stäben n.n. 15. —**

Bitche [Schlagwort]

Bitche — Plan du Chateau de — et du Village de Kaltenhausen, fortifiés par le Maréchal de Vauban en 1680. 1 : 2,500. Plan du Fort de Bitche en 1816. et Plan des Souterains du Fort de Bitche etc. 1 : 1800. Profil von Bitche nach der Breite der Festung etc. u. Profil von Bitche nach der Länge der Festung versch. M. Plan von der umliegenden Gegend von Bitsch etc. 1 : 5000. Profile, Aufrisse etc. von verschiedenen Militärgebäuden, Cisternen, Latrinen etc. von Bitsch in 3 Blättern. Aufgenommen und gezeichnet von F. v. Hörmann, K. Baierischen Ingenieur Oberlieutenant und Génie Commandant der Festung Bitche, im 1sten und 2ten Jahre der Besitznahme von Bitsch als Unterpfand durch Königl. Baierische Truppen im Namen der hohen Allirten Mächten. 1816 und 1817. 12 Bl. wovon 3 Bl. Duplicate. Handzeichnungen.

**Biterolf u. Dietleib, s. Heldenbuch, deutsches.**

**Bithell, Jethro, M. A., the minnesingers. Vol. I. Translations. (XIII, 208 S.) gr. 8. Halle 909. Buchh. des Waisenhauses. 5. —**

Bithorn, Wilhelm

**Bithorn, Wilh., Bismarcks Bedeutung f. Gegenwart u. Zukunft. Vortrag, geh. bei der Bismarckfeier am 31. III. 1908. (15 S.) kl. 8. Merseburg 908. F. Stollberg. — 30**

**Bithorn, Blicke in Bismarcks Seelenleben. Vortrag, geh. am 27. XI. 1901 in der öffentl. Versammlg. der königl. Akademie gemeinnütz. Wissenschaften zu Erfurt. (19 S.) gr. 8. Erfurt 903. C. Villaret. n. — 60**
Sonderabdruck aus: „Jahrbb. d. kgl. Akad. gemeinnütz. Wissensch. zu Erfurt".

**— Blicke in Jesu Seelenleben. Volkstümliche Vorträge, auf Veranlassg. des Merseburger Lehrervereins geh. (47 S.) 8. Merseburg 904. F. Stollberg. n. — 50; geb. n. 1. —**

Blicke in Jesu Seelenleben. Volkstüml. Vorträge, geh. von Prof. (Wilhelm) **Bithorn.** Merseburg: F. Stollberg 1905. (47 S.) 8° [F.] 105. 494

**Bithorn, Wilh.: Lebensfragen u. Lebensbilder. (8, 224) 8° Merseb, F Stollberg '12. Pappbd 3 — d**

**— religiöse Lebensfragen. Volkstümliche Vorträge, auf Veranlassg. des Merseburger Lehrervereins geh. (47 S.) 8. Ebd. 904. n. — 50; in Leinw. kart. n. 1. —**

**— Lebenskunst, nach Dichterworten entworfen. 2. Aufl. (143 S.) 8. Leipzig 910. Dürr'sche Buchh. 3. —; geb. 4. —**
1. Aufl. (89 S.) 109. 2.—.

**Bithorn,** Wilhelm [Dom-Diakonus]: Die Lehrweise Jesu nach den Synoptikern. Merseburg, Druck v. F. Stollberg, *1894;* 16 S. 4.
Merseburg, Dom-G, OP 1894 (242)

**Bithorn, Wilh., Ad. Harnacks Theologie u. die kirchlichen Bedürfnisse der Gegenwart. Ein Wort zur Verständigg. f. evangel. Laien. 1. u. 2. durchges. Aufl. gr. 8. (24 S.) Göttingen 892. 893. Vandenhoeck & Ruprecht. n. — 50**

Bithynische Halbinsel [Schlagwort]

**Bithynische Halbinsel,** s.: **Bosporus.**

**Bithynus,** Primus disciplinae methodicae auctor, cujus fragmenta collegit *Gumpert.* Jen. 8°. 1794

Bitkow: Ungedruckte Briefe von Schiller, Göthe u. Wieland, s. Bittkow, Theophil

**Bitkow, Reinhard** (Dresden), De ossis hyoidei fractura. Diss. med.-chir. Bln. (Nietack) 23. III. 1832. 31 S., mit Biogr. (M.: E. Krauss.) (4.—) 2846
Oppon.: F. Büttner, R. v. Siedmogrodzki, E. Strassberger. — Gew.: Jos. Buettner, C. A. Rudolphi, F. Dieffenbach.

**Biton, Jean, ABC- od. Namen-Büchel, s. ABC.**

**Bitru. Fest-Lied zum 29. April 1899. [Dresden 1899.] 6 Bl. je 10,3×10,3 cm. [Kopftit.]**

**Ohne Noten: „Das war ein schön' Consilium von Schwarzen zu Trient, es bogen sich die Balken krumm, so log man im Convent." Mit 3 Spottbildern.**

Bitsch [Schlagwort]

**Bitsch,** s.a. **Deutschland. Kürschner-Pelp.**

Bitsch, Pirmasens, Rheinzabern und Selz — Aufnahme der Gegend zwischen — aufgenommen von den Quartiermeister Lieutenants v. Martens, v. Bloss und v. d. Lippe im Jahr 1813. Ohne M. 2 Bl. Handzeichnung.

Bitsch-Stürzelbronn [Schlagwort]

**Bitsch-Stürzelbronn,** s.: Vogesen.

Bitsch [ Verfasser]

Bitsch, Joh.

**Bitsch, J.,** Leitfaden für den Veterinär-Unterricht. (II.) Augsburg 89. Lüderitz. M. —.80

Bitsch, J. Leitfaden f. den Veterinär-Unterricht. Zusammengestellt f. Unteroffiziere, Unteroffiziers-Aspiranten, Einjährig-Freiwillige berittener Truppen, Trainfahrer u. Wagenmeister der Infanterie. 2. verb. Aufl. 12. (VII, 110 S.) Augsb. 889, Rieger. — 80

**Bitsch, Joh., Leitfaden f. den Veterinär-Unterricht, nebst e. Anh. üb. den theoretischen Hufbeschlag. Zusammengestellt u. bearb. zum Selbstunterrichte f. Unteroffiziere, Unteroffiziers-Aspiranten, Einjährig-Freiwillige berittener Truppen u. Schmiedeeleven. 3. neu bearb. u. verm. Aufl. 12. (XVI, 210 S. m. 2 Taf.) Augsburg 900. M. Rieger. n. 1. 50**

Bitsch, Joh. Philipp Aus der Entwickelungsgeschichte der Erde. Eine Studie. 24 S. u. Taf. Progr. *Borna* 1877.

Bitsch, Philipp

**Bitsch, Ph., Präparation zu Ciceros Rede üb. den Oberbefehl des Cn. Pompejus. gr. 8. (18 S.) Leipzig 899. B. G. Teubner. — 30**

**Bitsch, Ph., Präparation zu Ciceros Rede üb. den Oberbefehl des Cn. Pompejus. 2. Aufl. (18 S.) 8. Leipzig 905. B. G. Teubner. n. — 30**

**Bitsch, Ph., Präparationen zu Ciceros Rede üb. den Oberbefehl des Cn. Pompejus. 3. Aufl. (14 S.) 8. Leipzig 910. B. G. Teubner. — 30**

BITSCH, Wilhelm (Friedberg): Casuistische Mittheilungen aus der Ophthalmologischen Klinik zu München.- Rostock: Adler 1879. 1 Bl., 33 S.
3.8.1878 – Urk (Titel: De variis oculorum morbis in clinica ophthalmologica Monacensi curatis.); Chr 1878/79,11

Diss. Ingolst.-Landsh.-Mchn.

Bitschin, Konrad

**Bitschin's, Konr., Pädagogik.** Das 4. Buch des enzyklopäd. Werkes: „De vita coniugali". Nach der latein. Handschrift zum erstenmal hrsg., mit deutscher Übersetzg., historisch-literar. Einleitg., sowie m. Erklärgn. u. Anmerkgn. versehen v. R. Galle. Mit 2 Probeseiten der Handschrift in Lichtdr. (LXI, 216 S.) gr. 8. Gotha 905. E. F. Thienemann. n. 6.—

Bitschmann, Otto: Leben des Heiligen Gottes, s. Bitschnau, Otto

Bitschnau, Joseph. Darstellung der merkwürdigern Begebenheiten der letzten französischen Kriege von den Jahren 1796, 1800 bis 1805 (*Abtheilung 2:* aus den letzten französischen Kriegen von den J' 1796, bis zum Lüneviller-Frieden). in Hinsicht auf das Land Vorarlberg.... Verfasst von Dr. J' Bitschnau (*A' 2:* in Dornbirn 1805). 2 Abtheilungen. 8. Bregenz 1807–1808.

Abtheilung 1:... Nebst Anführung wichtigerer Data von dem Entstehen der französischen Revolution ...., sammt einer kurzen Uebersicht der fränkischen Feldzüge bis zum Jahre 1796.

Abtheilung 2:... mit vorausgeschickter kurzen Uebersicht der wichtigern Daten vom Entstehen der französischen R'. und von den fränkischen Feldzügen bis zum J' 1801.

Bitschnau, Otto

**Bitschnau, O:** Die Andacht z. schmerzhaften Mutter Maria, s.: Blüten a. d. Himmelsgarten.

**Bitschnau, O:** Beicht- u. Communion-Andacht f. Kinder, s.: Blüten a. d. Himmelsgarten.

**Bitschnau, Otto, O. S. B.,** s.: Blüten a. d. Himmelsgarten.

— der katholische Ehemann. Lehr- u. Gebetbuch. 16. (512 S. m. 1 Farbdr.) Donauwörth 901. L. Auer. Geb. in Leinw. n. 1.50; m. Goldschn. n. 2.20

**Bitschnau, Otto,** der katholische Ehemann. Lehr- u. Gebetbuch. Nach dessen Tode neu bearb. v. e. Kapitularen des Klosters Einsiedeln. 2. Aufl. (430 S. m. Titelbild.) 11,8×8 cm. Donauwörth 907. L. Auer. Geb. in Leinw. 1.50; in Ldr. m. Goldschn. 2.20

**Bitschnau, Otto,** katholische Frau: „Rette deine Seele!" Kurzer Unterricht üb. dein Arbeiten u. Beten zum glückl. Gelingen. (400 S. m. Abbildgn. u. 1 Stahlst.) 16. Einsiedeln 904. Verlagsanstalt Benziger & Co. Geb. in Leinw. n. 1.20; in Ldr. m. Goldschn. n. 2.—

— Jubiläums-Büchlein 1904. Belehrungen u. Gebete f. das Jubiläum der unbefleckten Jungfrau u. Gottesmutter Maria. (159 S. m. Abbildgn. u. 1 Titelbild.) 16. Ebd. 904. Geb. in Leinw. n. —40

— katholische Jungfrau: „Rette deine Seele!" Unterricht zur Ausführg. dieses wichtigsten Werkes, nebst Anschluß der übl. Gebete. (400 S. m. Abbildgn. u. 1 Stahlst.) 16. Ebd. 904. Geb. in Leinw. n. 1.20; in Ldr. m. Goldschn. n. 2.—

— katholischer Jüngling: „Rette deine Seele!" Kurze Anleitg. dazu m. Beigabe der übl. Gebete. (415 S. m. Abbildgn. u. 1 Stahlst.) 16. Ebd. 904. Geb. in Leinw. n. 1.20; in Ldr. m. Goldschn. n. 2.—

Bitschnau, Otto, das Leben der Heiligen Gottes, nach den besten Quellen bearb. 25 Lfgn. gr. 4. (XVI, 998 S. mit eingedr. Holzschn. und 2 Chromolithogr.) Einsiedeln 881,82, Gebr. Benziger. à Lfg. 50 Pf.

dass. — Mit einem Vorwort Sr. Gnaden des Hochwürdigsten Hrn. Frz. Jos. Rudigier, Bischof von Linz. 2. Aufl. 25 Lfgn. hoch 4. (XVI, 998 S. mit 330 eingedr. Holzschn. und 1 Farbendr. Bildern.) Ebendas. 883. à Lfg. 50 Pf.

**Bitschnau, Otto, O.S.B.,** D. Leben d. Heiligen Gottes, n. d. besten Quellen bearb. M. e. Vorwort v. Frz. Jos. Rudigier. gr. 8. (1600 S. m. 1 Farbdr.) Einsiedeln 898. Verlagsanstalt Benziger & Co. Geb. in Halbfrz. n. 6.—; in Ldr. m. Goldschn. n. 11.—

— das Leben der Heiligen Gottes, nach den besten Quellen bearb. Mit e. Vorwort Sr. Gnaden des hochw. Hrn. Frz. Rudigier. 12 Kopf-Vignetten zu Anfang der Monate v. Rud. Blättler, O. S. B. Mit 4 Farbendr.-Bildern u. 330 Holzschn. 22. Aufl. 4. (XVI, 998 S.) Einsiedeln (900). Verlagsanstalt Benziger & Co. Geb. in Leinw. n. 10.80; in Halbfrz. m. Goldschn. n. 16.—

Das Leben der Heiligen Gottes nach d. besten Quellen bearb. von P. Otto **Bitschnau**, O. S. B., Prof., Einsiedeln. Mit e. Vorw. d. Herrn Franz Joseph Rudigier, Bischof von Linz. 12 Kopfvign. von P. Rudolph Blättler O. S. B. Mit 4 Farbendr.-Bild. u. 880 Holzschn. 24. Aufl. *Einsiedeln, Köln: Benziger & Co. [um 1902].* (XVI, 998 S.) 4°(8°) [F.]

— Das Leben der Heiligen Gottes, nach den besten Quellen bearb. Mit e. Vorwort v. Frz. Jos. Rudigier. 4. Aufl. (1600 S. m. 1 Farbdr.) gr. 8. Einsiedeln (909). Verlagsanstalt Benziger & Co. Geb. in Leinw. 7.20; auf dünnem Pap. 7.20

— katholischer Mann: „Rette deine Seele!" Eine Belehrg. üb. diese allerwichtigste Arbeit u. Beigabe der übl. Gebete. (400 S. m. Abbildgn. u. 1 Stahlst.) 16. Ebd. 904. Geb. in Leinw. n. 1.20; in Ldr. m. Goldschn. n. 2.—

— Maria unsere Mutter. Betrachtungen u. Erwäggn. üb. das gnadenreiche, verdienstvolle u. f. uns so heilsame Leben der allersel. Gottesmutter Maria. Hrsg. u. ergänzt v. Johs. Ev. Benziger, O. S. B. (Zum Tl. farb.) Kunstbeilagen nach eigens angefertigten Orig.-Gemälden v. Basilio Coletti. Buchschmuck v. O. Schwerdtner. (XV, 652 S.) 33,5×26 cm. München 910. Süddeutsche Verlagsbuchh. Geb. in Leinw. 16.—

— Marienkind, siehe Deine Mutter, s.: Blüten a. d. Himmelsgarten.

— Die Osterfreude d. kathol. Christen, s.: Blüten a. d. Himmelsgarten.

— Christl. Standes-Unterweisgn., beleuchtet durch hl. Vorbilder. (In 18 Hftn.) 1.—10. Hft. gr. 4. (X u. S. 1—360 m. 10 Farbdr.) Stuttgart 898. Süddeutsche Verlagsbuchh. à —50

— christliche Standes-Unterweisungen, beleuchtet durch hl. Vorbilder. 11.—18. (Schluß-)Hft. gr. 4. S. 361—604 m. 7 Farbdr.) Stuttgart 898. 899. Süddeutsche Verlagsbuchh. à —50; (kplt. geb. in Leinw. n. 12.—)

— christliche Standesunterweisungen. 5. Aufl. 8 Abtlgn. (VIII, 603 S. m. 16 Farbdr.) 4. Stuttgart (905). Süddeutsche Verlagsbuchh. n. 9.—; geb. n. 12.—

— was kostet der Himmel den katholischen Christen? Ein Lehr- u. Betrachtungsbuch m. Anschluß der übl. Gebete. 16. (832 S. m. Abbildgn. u. 1 Stahlst.) Einsiedeln 902. Verlagsanstalt Benziger & Co. Geb. in Leinw. n. 2.—; in Ldr. n. 2.80; m. Goldschn. n. 3.20

— katholische Witwe, weine nicht! Trost- u. Gebetbüchlein f. die kathol. Witwe. (494 S. m. Titelbild.) 16. Einsiedeln 905. Verlagsanstalt Benziger & Co. Geb. in Leinw. n. 1.60; m. Goldschn. n. 1.80; in Ldr. m. Goldschn. n. 2.20

Bitschofsky, Rudolf

**Bitschofsky, R.,** Kleinere Beiträge z. Kritik u. Erklärung einiger Stellen des Livi S.-A. 1893. 3 S. —

**Bitschofsky, R.,** Bericht üb. die Corn. Nepos betreff. Litteratur d. J. 1878—1891. S. 1892. 29 S. —

Bitschofsky, Rudolf: Kritisch exegetische Studien zu den scriptores historiae Augustae. 8 (S. 3–11) Progr. Staatsg. im II. Bezirk Wien 1888.

**Bitschofsky Rudolf:** De C. Sollii Apollinaris Sidorii studiis Statianis. Diss. Wien. Univ
D: Wien, 1881.
1879 PN 162 1424

**Bitschofsky, Rud.**, de C. Sollii Apollinaris Sidonii studiis Statianis. gr. 8. (87 S.) Wien 881. Konegen. n. 1. 60

Bitt ums Wort eine kleine halbe Stunde mit Arndt und Jahn. Straßburg. Dannbach 1831. 16 S. 8.

**Bitta**, die praktisch wichtigsten Aenderungen u. Bestimmungen im neuen bürgerl. Gesetzbuch gegenüber d. preuss. allgem. Landrecht. Vortrag, geh. in der Hauptversammlg. der „Eisenhütte Oberschlesien" zu Gleiwitz am 28. V. 1899. Lex.-8. (19 S.) Tarnowitz (899). A. Kothe. n. 1. —

**Bitta, Jos.**, katholisches Gebet- und Gesangbuch mit besonderer Rücksicht auf die Bedürfnisse der studirenden Jugend. Teschen 860. Prochaska. 12. (IV, 399 S. u. 1 Holzschn.) n. 15 ngr.

Bittcher, C. F. H.

— u. **Niese**, Abendgebet u. Predigt, gehalten den 20. u. 21. Mai 1843 in der Kirche zu Pforta bei der 300jähr. Jubelfeier der Landes-Schule. 8. Naumburg 843, Weber. n. 1/6 ℛ

— s. **Müller's**, Hnr., apostol. Schlußkette.

**Bittcher, C. F. H.**, Pförtner-Album. Verzeichniß sämmtl. Lehrer u. Schüler der K. Preuß. Landesschule Pforta vom J. 1543—1843. Eine Denkschrift zur Säkularfeier der Anstalt den 21. Mai 1843. gr. 8. Leipzig 843, Vogel. 2 ℛ

Bittcher, C.F.H.: De Petri Abaelardi theologia systematica. 28 S. Progr. Pforta 1844.

Bittcher, C.F.H.: Über das Werk des P. Abaelard Ethica seu scito te ipsum. 8 S.
Progr. Pforta 1843.

**Bitte, Allerunterthänigst treugehorsamste,** der katholischen Bürger Würzburgs: Die Forterhaltung der dortigen Universitäts-Kirche für den katholischen Gottesdienst betreffend. [Würzburg 1875.] V: *Stamminger, Joh. Bapt.* (Erman & Horn, Bibliogr. d. dtsch. Universitäten. 1. Leipz. u. Berlin 1904.)

**Bitte** an deutsche Aerzte, ihre Kranken nicht arm zu machen. 8. Halle 810. Renger. 8 gr.

**Bitte** um Aufklärung wegen der Geburts- und Sterbelisten der Stadt Jena. [Leipzig 1798.] V: *Wolffram von Wolframitz, Carl Joh. Glieb Freiherr von.* (MGT)

**Bitte**, e., an Fürst **Bismarck**. gr. 4. (1 Bl. m. 1 Abbildg.) Dresden 891. C. Schwager. — 10

**Bitte! Bitte!** ABCBuch ꝛc. m. K. 8. Hamb. Vollmer. 810. illum.

Bitte! Bitte! ABC-Buch ꝛc. M. Kpf. 8. Hamb. 810. N. A. s. Hnr. Müller.

**Bitte**, bitte, lieber Vater ꝛc. oder die Erwartungen. 2 Thle. (2e v. G. A. Eberhardt). Mit 43 ill. Kpf. 8. Lpz. 802, 3. Leo. 3 ℛ 6 gr.

Brüderliche **Bitte**. Or.·. Heidelberg, den 16. Nov. 1867. [Bayreuth 1867: Burger.] 2 Bl. 4⁰ [Kopftit.]
Betr. Beitragszeichnung zur Erbauung eines Logenhauses.

— demüthige, um Belehrung, an die großen Männer, welche keinen Teufel glauben, (v. H. M. G. Köster). 8. (Gießen) 775. 2e A. unt. d. T.: Erörterung d. wichtigsten Schwierigkeiten in d. Lehre v. Teufel. 8. Gieß. 776. Krieger. 4 gr.

— demüthige, a. d. groß. Männer, die keine Teufel glauben. 8. Marburg. Krieger. 776.

**Bitte, Demüthigste,** eines schriftgelehrten Mopses an den Würg-Engel der Hunde im Nahmen sämmtlicher Hunde-Corporationen ... [Bair. 1805.] V: *Münch, Carl.* (Fiker)

Höchst dringende Bitte um Beiträge zur Errichtung von Grabkreuzen auf den Hügeln der im März gefallenen Kämpfer. — Das Comité: gez. Deichmann. Druck von L. Kolbe. 1 Bl. Fol.
Flugblatt. Berlin, 12. März 1849.

**Bitte** (Dringende) an Max Joseph IV. um Aufhebung der Frohnen etc. 8⁰. Landshut, Krüll, 1802.

— dringende, des harrenden Publikums, an Hrn. Fr. Betke, um Beschleunigung der Herausgabe des von ihm angekündigten Werks über die Unverletzlichkeit der Regenten. 2e verb. Aufl. gr. 8. 819. 4 gr.

**Bitte, Eine dringende,** an alle Verehrer des grossen Schulfreundes und Schulverbesserers Dr. Martin Luthers: ... Freib. 1818. V: *Creutz, Gg Wilh.* (MGT)

— dringende, u. Vorstell. d. Einwohner Berlins an den Stadtpräsidenten, der großen Theurung vorzubeugen. 8. Braunschw. 791. Schulbuchh. 5 gr.

— dringende, u. Vorstellung der Landleute. 8. Berl. 792. (Vieweg in Braunschw.) 4 gr.

**Bitte und Vorstellung, Dringende,** der Landleute; ein Nachtrag zur ersten Bitte meines Bruders. Berlin 1797. V: *Herzberg, Gottlieb Reinhard.* (Ky) (MGT)

(**Bitte** um Errichtung eines Historischen Reichsinstituts in Rom. Eingabe an den Reichskanzler. *Marburg 1901.*) 2 Bl. 4⁰.
[Ausg. 1. Entwurf mit d. Bitte um Unterschriften vorgelegt von d. Marburger Historikern Georg v. Below, Karl Brandi, Goswin Fh. v. der Ropp. Marburg 5. März 1901.] ℳ — 4

**Bitte** um Errichtung eines Historischen Reichsinstituts in Rom. Eingabe an den Reichskanzler. *Marburg 1901.*) 4 Bl. 4⁰
[Ausg. 2. Eingabe mit d. Unterschriften.] ℳ — 4

(**Bitte** um Errichtung eines Historischen Reichsinstituts in Rom. Eingabe an den Reichskanzler. *Marburg 1901.*) 4 Bl. 4⁰
[Ausg. 3. Eingabe mit d. Unterschriften. Mit Begleitschreiben d. Marburger Historiker an die Unterzeichner v. 20. März 1901.] ℳ — 4

**Bitte!** erzähle mir doch etwas! Eine Weihnachtsgabe f. gute Kinder v. E——mann. 8. (4¼ B.) Breslau 830, (Aderholz.)

**Bitte** und Flehen um Mitleiden gegen einen Hausdieb und Mordbrenner. Berlin 1786. V: *Krohne, Johann Wilhelm Franz Frh. von.* (Ky) (ML) (Schr)

— an d. Fürsten Deutschlands, um Aufhebung des Cölibats ꝛc. 8. Ulm 801. Stettin. 3 gr.

**Bitte** an Fürsten uud Stände ... O. O. 177?. V: *Salis-Marschlins, Ulysses v.* (Cat. d. Stadtbibl. Zürich. Zürich 1864—97.)

**Bitte** gar schön! Nun, was denn? u. s. w. Ein Quodlibet gewidmet von den Gratzer Zeitungs-Austrägern. Gratz. Druck von A. Leykams Erben. (16 S. 8.) 1857?

**Bitte** einer bedrängten Gattin und Mutter an ihren Anwalt. Allegorisches Gedicht über die Verhältnisse der evangelischen Kirche Würtembergs. Gmünd 1830. V: *Scholl, Gust.* (Tübz 7, 58)

**Bitte** an die Geestleute um Hamburg . . . Hamburg 1797. V: *Kellinghusen, Heinrich.* (Schr)

Bitte an d. Geestleute um Hamburg sich d. Gemüs- u. Futterbaues, ingleichen d. Obstbaumzucht mehr z. befleissigen. 8. Hamburg, 1797. Bohn. — 7½

— an die Geestleute um Hamburg, sich d. Gemüse- u. Futterb., auch Obstbaumzucht mehr zu befleißigen. 8. Hamb. 797. (A. Campe). 4 gl

o. N., Unterthänigst gehorsamste und öffentliche Bitte der Bauern der Herrschaft xxx in ihren und sämmtlicher Bauern Namen in B. um gnädigste und baldige Regulierung der gemein- und staatsverderblichen Scharwerken. o. O. Vermutlich Eurasburg? 1802

— unterthänigst gehors. u. öffentl., d. Bauern d. Herrschaft E**** um baldige Regulirung der gemein- u. staatsverderbl. Scharwerke. 8. Münch. 802. Fleischmann. 1½ gl

Bitte, herzliche, zum Bau der evangelischen Kirche in Paderborn mit geschichtl. Bemerkungen von einem Katholiken. 8. (25 S.) Paderborn 866, Junfermann'sche Buchh. *

Herzliche Bitte eines Jünglings an die Schonen Berlins wegen der Schleppen. Eine Rede, gehalten auf dem Aktus d. P. d. k. R. S. 1795. von K. H. A. . . Berlin, gedruckt bey M. L. Pauli 1795. 16 S. 8°.

— herzliche, an Dr. Fr. W. Reinhardt, um nähere Bestimm. so mancher unbest. Aeußerungen in s. d. 31. Octbr. 1800 gehalt. Predigt, von d. Consistorial-Rath S. 8. Bayr. 803. Lübecks E. 4 gl

**Bitte, Eine,** an Joseph II. Aus der Herzkammer eines ehrlichen Mannes. Frkf. 1780. V: *Richter, Jos.* (Haydinger)

—— der deutsch-luther. Kirche in Nordamerika um d. Beihülfe ihr. europ. Glaubensbrüder z. Erricht. e. theol. Seminariums. 2. Aufl. gr. 8. ... Berlin 827, (Oehmigke.)

— an den König u. die Ständeversammlung von Baiern von 73 genannt. Schullehrern in Unterbaiern, um Besoldungs-Verbesserung. 8. Regensb. 820. Daisenberger. 2 gl

Bitte exkommunizirter Laien in Schwaben und Franken und fünf exkommunizirter katholischer Priester der Diözese Augsburg an die hohe Kammer der Abgeordneten in Bayern Schutz gegen Verfolgung und religiöse Freiheit betreffend. Augsburg 859. (Ulm, Krick.) gr. 8. (XVI, 51 S.) 6 ngr

— e. Baier. Landmanns an Max Joseph IV. um Aerzte, Wundärzte u. Geburtshelfer auf d. Land. 8. Landsh. 801. Krüll. 3 gl

Bitte des Hamburger Lehrer-T. V. des Hamburgischen Turngaues und der Hamburger Turnerschaft von 1816 um Einführung des obligatorischen Turnunterrichts in der Fortbildungsschule, Hamburg 1910, 4 S., 4°.

Bitte! lieber Vater, liebe Mutter, kaufet mir dieses schöne A B C- und Lesebuch. 8. (Mit 8 illum. Bilder-Tafeln.) Wesel 841, Bagel. 1/6 ℛ

Bitte! lieber Vater, liebe Mutter, kaufet mir dieses schöne A-B-C- und Lesebuch. 8. (16 S. mit 8 lithochrom. Taf.) Wesel 848, Bagel.

Bitte! lieber Vater, liebe Mutter, kaufet mir dieses schöne A-B-C- u. Lesebuch. 8. (16 S. m. lithochrom. Taf.) Wesel 849, Bagel. 1/6 ℛ

**Bitte** an Maximilian Joseph IV. . . . München 1806. V: *Jais, Carl.* (Ky) (MGT) (NN)

(Bitte um ein volksthümliches Ministerium.) Majestät! Euer Majestät hoher Befehl vom 11. d. M. — Stadtverordnete zu Berlin. Druck von F. Reichardt u. Co. 1 Bl. Fol.
Flugblatt. Berlin, 12. Nov. 1848.

— Mutter, geh mit! Nach d. Engl. 12° (51 m. Abbildgn.) Elberf. 91. R Brockhaus (durch J Fassbender). — 20

'Bitte, Mutter, gehe mit!' Nach d. Engl. ⟨Mit 5 Bild.⟩ 2. Aufl. *Elberfeld: R. Brockhaus 1899.* (51 S.) 8° [F.]
(Erzählungen f. jung u. alt.)

„Bitte, Mutter, gehe mit! Nach dem Engl. 2. Aufl. 12. (51 S. m. 5 Abbildgn.) Elberfeld 899. R. Brockhaus (durch J. Faßbender). n. — 20

„Bitte, Mutter, gehe mit!" Nach dem Engl. 3. Aufl. (51 S. m. 5 Abbildgn.) 12. 8. Elberfeld 902. R. Brockhaus (durch J. Faßbender). n. — 20

**Bitte, Der ungarischen Mütter an die zum Reichstag versammelte Magnaten und ungarische Väter gestellte demüthige.** Aus der ungarischen Sprache . . . Gedr. im römischen Reich 1791. V: *Bárány, Pét.* (Pk)

Bitte an die hohe Nationalversammlung, das ewige Recht der Menschheit, die Freiheit und Sicherheit des Eigenthums zu schützen. Berlin, Decker 1848. 20 S. 8.

**Bitte, Des Pferdes,** an die Herren Kutscher, Fuhr- und Ackerleute. Cassel [1902?]. V: *Peter, Carl Wilhelm.* (Berl)

Bitte recht freundlich! Humor u. Witz i. d. Photographie. Lachkabinet f. Photographen u. Photographirte. D. „Photokomik" 2. (Titel-)Aufl. 8. (IV, 84 S. m. Abb.) Düsseldorf (894) 895. Schmitz & Olbertz. n. 1.50

**Bitte** eines gerührten Sohnes an seinen besten Vater . . . [Leipzig 1761.] V: *Meissner, Christian Gottfried.* (OL) (Adel)

Bitte d. armen Thiere, d. unvernünftigen Geschöpfe an ihre vernünftigen Mitgeschöpfe u. Herren, die Menschen. 8. Tübingen 821, Fues. (Leipzig. Kummer.)

(Schweiz. Verein zur Hebung der Sittlichkeit, Komitee für den Kanton Aargau.) Eine Bitte (*betr.* Übernahme eines Sammelbüchleins). II + 7 S. 8. (Aarau, H. R. Sauerländer & Cie., [1902].)

**Bitte, Ad Elect. Bavar. ad des H. R. R. Vicarium . . . unterthän.,** pro Transcripto commiss. Caes. de 9. Nov. 1744 in Dom. Comitem Truchses de Zeyl privative decernendo . . . [Nördlingen] 1745. V: *Scheid, Georg Friedrich von.* (ML)

**Bitte, An Ihro Churf. Durchl. zu Bayern unterthän.,** pro consensu gratios. de satisfaciendo Dom. Marchioni Onolsbacensi . . . [Nördlingen] 1745. V: *Scheid, Georg Friedrich von.* (ML)

*Bitte*, unterthänigste, des *Salomon Hirsch*, um allergnäd. Revision derjenigen organischen Edikte u. gesetzl. Anordnungen, welche die staatsbürgerl. Rechte der Bekenner der mosaischen Religion betreffen (de dato Würzb., d. 2. Apr. 1819). Gedr. bei Joh. Steph. Richter. 4°. 17 S. Cart.

**Bitte und Vorstellung, Unterthänigste,** der gefangenen Gerechtigkeit an eine hohe Ständeversammlung zu Y. O.O. 1819. V: *Feuerbach, Anselm.* (ADB 6, 737)

**Bitte** über den Ursprung des Zehnten. ... Carlsruhe 1831. V: *Birnbaum, Johann Michael Franz.* (Engoec)

**Bitte** des Hohenl. landwirtschaftlichen Vereins um Verbesserung der Gesetzgebung über Beseitigung der sog. alten Abgaben. 8°. Künzelsau 1848.

— vertrauensvolle u. dringende, kathol. Einwohner der Stadt Offenbach a/M. an den hochw. Bischof Dr. P. L. Kaiser zu Mainz um Beistand u. Anführung gegen die Feinde des kathol. Christenthums. Eingegeben am 21. Febr. 1845. 2. Aufl. 4. Hanau 845, König. 1/12 ℛ

**Bitte** an Hrn Pfarrer Vocke im Ansbachischen. [Gotha 1804.] V: *Fikenscher, Georg Wolfgang Augustin.* (MGT)

— und Vorstellung der Landleute. 8. Berlin, (Vieweg in Braunschw.) 792.

Bitte der Württembergischen W e i n v e r b e s s e r u n g s g e s e l l s c h a f t zu Stuttgart betr. die gesetzl. Bestimmung über den Verkehr mit Wein. Stuttgart 1888.

**Bitte, die, der Wittwe.** [Luk. 18, 1—8.] Bischöfliches Hirtenschreiben für die Diözese Ermland beim Beginn der heil. Fastenzeit 1879. gr. 4. (12 S.) Braunsberg 879, Huye's Buchh. *

**Bittel,** Franz, aus Mainz, Gerichtsaccessist am Grossh. Amtsger. zu Darmstadt: Über Das Flussschifffahrtsrecht der Donaumündungen mit besonderer Berücksichtigung der Rechtsverhältnisse der europäischen Donaukommission. *Mainz: Mainzer Verlagsanst. u. Druckerei 1899.* (87 S.) 8°
Erlangen, Jur. Diss. v. 17. Mai 1899

**Bitten, 'S, und 's Danken.** Intermezzo. Wien [1885]. V: *Bartl, Hans.* (EB)

**Bitten u. Erhörungen.** Ein ernsthaft. Singsp. in 1 Akt. Fol. Stettin, Kaffke. 785.

**Bitten, kl.,** an m. Caroline. 16. (36) Berl. 51, Bohrend. n. — 6

**Bitten, kleine,** an meine Caroline. gr. 16. (36 S. m. 1 color. Lith.) Berlin 851, Brandis in Comm. n. 1/6 ℛ

**Bitten, sieben,** e. 83jähr. Baiern an Se. Maj. den König u. die hohen Stände d. Reichs bei d. Landtags-Versamml. v. J. 1822. 8. Nürnberg 822, Riegel u. W.

**Bitten, die sieben,** der Ehefrauen an ihre Männer. (Reime.) Fol. (1 B.) Leipzig 836, Zirges.

— die sieben, der freien Schleswig-Holsteiner. Von Doctor Ungenannt. (Gedicht.) gr. 8. (4 S.) Rendsburg 848, Oberreich. 1/24 ℛ

**Bitten, die sieben,** des Vater Unser. Dargestellt in sieben moralischen Erzählungen und der lieben Jugend gewidmet von einem katholischen Kinderfreunde. 8. (72 S.) Wien, Mayer & Co. 1861. 25 kr.

— nur vier, e. Oberösterreichers, mit deren Erfüllung aber nicht bis zum 3. Juli gezaudert werden darf, wenn es nicht abermals zu spät heißen soll! (Von J o s. P ö s c h l.) gr. 8. (12 S.) Linz (848), Fink. n. 2 ngl

**Bitten, Winke, Ansichten über das Postwesen.** s. a. **Postanstalten, über,** nach ihrem Finanzprincip ꝛc.

**Bitten,** Winke, Ansichten über das Postwesen ... Bayreuth 1820. V: *Im Hof-Spielberg, Alex. Freih.* (BrMm) (MGT) (CBH)

**Bitten,** Winke und Ansichten über das Postwesen, als Nachtrag zu der Schrift: Ueber Postanstalten nach ihrem Finanzprincip; und als Beitrag zu den Verhandlungen der 2. Kammer der bayer. Ständeversammlung in der 37. Sitzung am 29. May 1819. (Von Frhr. v. I m h o f - S p i e l b e r g.) Halle 1820.

**Bitten** und Wünsche der Israeliten des Königreichs dargestellt in einer an den König und die Stände gerichteten Eingabe v. Nov. 1827. Stuttg. 1828. V: *Mayer, Marum Sam.* (Kat. der stÄnd. Bibl. Stuttg. 1907. S. 337.)

**Bitten, 10,** zum heiligen Franz v. Assisi. 16. (4 S.) Dülmen 879. Laumann. n. — 2

**Bittenfeld,** s.: Herwarth v. Bittenfeld.

**Bitter noth ist uns e. starke deutsche Flotte.** Gedanken e. Vaterlandsfreundes. gr. 8. (29 S.) Berlin 899. E. S. Mittler & Sohn. — 20

**Bitter noth** ist uns eine starke deutsche Flotte'. Gedanken eines Vaterlandsfreundes. (4. bis 7. Taus.) *Berlin: E. S. Mittler & Sohn 1899.* (29 S.) 8° [F.]

**'Bitter noth** ist uns eine starke deutsche Flotte'. Gedanken e. Vaterlandsfreundes. *Berlin: E. S. Mittler & Sohn 1900.* (29 S.) 8° [F.]

**Bitter:** Hamburgische A u s f ü h r u n g s g e s e t z e, s. B i t t e r, Wilhelm

**Bitter, s.:** E h r l i c h, Paul u. S. H a t a, die experimentelle Chemotherapie der Spirillosen.

**Bitter, v.:** Die G e m e i n d e v e r f a s s u n g s g e s e t z e für die Rheinprovinz ..., s. B i t t e r, Rudolf von

**Bitter:** G e n e r a l b e r i c h t üb. das Medicinal-u. Sanitäts-Wesen im Regierungsbezirk Osnabrück 1883 - 85, s. B i t t e r, H.

**Bitter:** Kaufmänn. G e s e t z e s k u n d e z. Gebr. in Fachschulen ..., s. B i t t e r, Emil

**Bitter:** Lehrbuch d. kathol. Moraltheologie, s. B i t t n e r, Franz Seraph.

**Bitter, A.:** Auf der stotzigen A l p, s. B i t t e r, Arthur

**Bitter, Arthur**

**Bitter, Arth.,** auf d. stotzigen Alp. [In Stolzescher Stenographie], s. B e b i e, Herm., aus helvetischen Landen. 6. Bd.

**Bitter, Arth.:** Drei Begegnungen. Das Licht im Korridor, s.a. B e r g k r y s t a l l e . II. 2.

(**Bitter, Arthur.** Drei Begegnungen; Das Licht im Korridor. Erzählungen....) 168 S. 8. [fr. 1. 50]
**Bergkristalle....** Serie II. Band 2. 1. bis 3. Tausend. Biel, Ernst Kuhn, 1903.

**Bitter, Arth.,** siehe: *Bergkristalle.*

**Bitter, Arth.,** Erzählungen, Novellen und Gedichte. 4 Bde. 8. (à Bd. III und 480—488 S.) Bern 865, Haller'sche Buchh. à Bd. 1 Thlr. 6 Ngr.

**Bitter,** Arthur, Frühlingsgruss. Ausgewählte Dichtungen mit biograph. Skizze von J. C. Ott. Hsggbn. zu Gunsten der Familie A. Bitter's von seinen Freunden. IV u. 166 Stn. 16. Bern, Druck v. Rieder & Simmen. 1872? 1. 50

**Bitter, Arth., Geschichten aus dem Emmenthale. Langnau 857. (Bern, Blom.) gr. 16. (216 S. u. 1 Holzschn.) n. 20 ngr**

Bitter, Arth., Geschichten aus dem Emmenthal. Neueste (Titel-) Ausg. br. 8. (216 S. mit 1 Holzschnt.) Bern (857)59, (Huber und Comp.) *

— auf der Michelsburg, s.: Bibliothek f. Alle.

Bitter, A., Novellen und Erzählungen, s. Bergkristalle.

Bitter, Arth., der geheimnißvolle Pavillon. Novelle. Hrsg. von einem Freunde des Verstorbenen. 2. Aufl. gr. 8. (V, 361 S.) Bern 886, (Jenni.) *

Bitter, A., d. geheimnissvolle Pavillon. Novelle. 2. Afl. 8. (361) Bern 86, (Koehler). n. 2. 40

**— d. geheimnisvolle Pavillon. Erzählg. a. d. Bern d. Vierzigerjahre. 8. (504 S. m. Titelbild.) Bern 896. (Nydegger & Baumgart.) n. 2. 50**

— die Schenke zum grauen Wolfe, s.a. Bergkristalle. I. 7.

(Bitter, Arthur. Die Schenke zum grauen Wolfe. Eine Erzählung....) 170 S. 8. [fr. 1.50]
Bergkristalle.... (Serie I.) Band 7. 1. bis 3. Tausend. Biel, Ernst Kuhn, 1902.

Bitter, Arth., grüne Sträucher aus dem Schweizerlande. Erzählungen und Novellen. [Neue Folge.] br. 8. (III, 487 S.) Zürich 870, Verlags-Magazin. *

Bitter, Arth., des Bärenwirts Töchterlein. Auf der Michelsburg. s.a. Bergkristalle. I. 1.

(Bitter, Arthur.) Des Bärenwirt's Töchterlein. — Auf der Michelsburg. Zwei Erzählungen....) 155 S. 8. [fr. 1.50]
Bergkristalle.... (Serie I.) Band 1. Biel, Ernst Kuhn, 1902.

— die Waldmarche, s.a. Bergkristalle. I. 4.

(Bitter, Arthur. Die Waldmarche. Eine Erzählung....) 154 S. 8. [fr. 1.50]
Bergkristalle.... (Serie I.) Band 4. 1. bis 3. Tausend. Biel, Ernst Kuhn, 1902.

**Bitter, Arth., Wie's einem im Emmenthal gehen kann (in vereinf. Stenographie), s.: Aus helvet. Landen.**

— der Zitherhans. Hans-Joggeli auf der stotzigen Alp, s.a. Bergkristalle. I. 2.

(Bitter, Arthur. Der Zitherhans. — Hans-Joggeli auf der stotzigen Alp. Zwei Erzählungen....) 139 S. 8. [fr. 1.50]
Bergkristalle.... (Serie I.) Band 2. Erstes 1000. Biel, Ernst Kuhn, 1902.

Bitter, Art., die Zuckerherzen, s.a. Bergkristalle.

(Bitter, Arthur. Die Zuckerherzen. Novelle....) 208 S. 8. [fr. 1.50]
Bergkristalle.... Serie II. Band 9. Biel, Ernst Kuhn, 1907.

Bitter, August

Bitter, Aug., über Jugendgerichte u. Fürsorgeausschüsse unter besond. Berücksicht. des in Bielefeld eingesetzten Fürsorgeausschusses, s.a. Abhandlungen, pädagogische.

Über Jugendgerichte und Fürsorgeausschüsse unter besond. Berücks. d. in Bielefeld eingesetzten Fürsorgeausschusses. Von August Bitter. Bielefeld: Helmich [1909]. 15 S. 8° [Umschlagt.]
(Pädag. gische Abhandlungen. II. 10.) [illegible]

**Bitter, Bruno, a. Osnabrück: Über die Erwärmung von Textilfasern in Gasen. Borna-Leipzig 1906: R. Noske. (22 S.) 8°**
Würzburg, Med. Fak., Ref. Lehmann, Diss. v. 22. Juni 1906
[illegible] Wohnort: Würzburg; Staatsangeh.: Preußen; [illegible] Würzburg u. Kiel 7. [illegible] 31. [illegible] Approb. 15. Jan. 02.]

Bitter, C. H.

**— Carl Philipp Emanuel u. Wilhelm Friedemann Bach u. deren Brüder. Mit (photogr.) Portraits u. (lith.) Facsim. sowie zahlreichen Musikbeilagen. 2 Bde. Berlin 868. W. Müller. gr. 8. (XI, 350; III, 379 S. u. [illegible] Fol.) n. 3 ℛ 25 ngr**

Bitter, C. H., Johann Sebastian Bach. 2 Bde. gr. 8. (XVI und 955 S. mit 1 Portr. Joh. Sebast. Bachs in Stahlst. und 6 lithogr. Facs. in 4.) Berlin 865, F. Schneider. *

Bitter, CH, Joh. Sebast. Bach. 2 Bde. 8. (955) Berl. 65, Weber. n. 3. 20

**Bitter, CH, Johann Sebastian Bach. 2. Afl. (In 25 Lfgn.) 1. u. 2. Lfg. 8. (1. Bd. 1—128.) Berl. 80, Baensch. à n. 1. —**

Bitter, C. H., Johann Sebastian Bach. Mit 1 Potr. von Joh. Seb. Bach (in Lichtdr.) und 16 Facs., meist Compositionen desselben darstellend. 2. umgearb. und verm. Aufl. 4 Bde. gr. 8. (XVII, 314; III, 284; III, 278; IV, 262 S.) Berlin 881, Baensch. *

**Bitter, C. H., Beiträge zur Geschichte d. Oratoriums. gr. 8. (VIII, 503 S. u. 48 S. in Notenst.) Berlin 872. Oppenheim. n. 10. —**

—— über Gervinus' Händel und Shakespeare. gr. 8. (45 S.). Berlin 869, W. Müller. *

**— über Gervinus' Händel u. Shakespeare. Ebend. 870. gr. 8. (45 S.) n. 10 ngr**

**— Mozart's Don Juan u. Gluck's Iphigenia in Tauris. Ein Versuch neuer Uebersetzungen. Berlin 866. F. Schneider. (Weber.) gr. 8. (V, 487 S.) n. 2 ℛ**

—— die Reform der Oper durch Gluck und R. Wagner's Kunstwerke der Zukunft. gr. 8. (IX, 338 S.) Braunschweig 884, Vieweg und Sohn. *

Bitter, C. H.: Gesammelte Schriften, s. Bitter, Carl Hermann

—— die Söhne Sebastian Bachs, s.a. Sammlung musikalischer Vorträge.

— Die Söhne Sebastian Bachs. = Sammlung musikal. Vorträge (Waldersee). Ser. V, 10.

Bitter, C. H. Eine Studie zum Stabat Mater. Leipzig 1883.

**Bitter, C. H., e. Studie zum Stabat Mater. (Neue [Titel-]Ausg.) gr. 8. (92 S.) Regensburg 893. J. G. Bössenecker. n. 1. —**

Bitter, Carl Hermann

Gesammelte Schriften v. C(arl) H(ermann) Bitter. Leipzig u. Berlin. 1885. 8°

Bitter, C. H., gesammelte Schriften. 8. (V, 483 S.) Leipzig 885. Friedrich n. 10. —; geb. n. 11. 50

Bitter, Carl Hermann: Dr. Carl Loewe's Selbstbiographie. Für die Öffentlichkeit bearb. v. C(arl) H(ermann) Bitter. Mit d. Portr. Loewe's u. mehreren Musikbeil. Berlin: Müller 1870. XXIII, 458 S. 8°
(Beigedr.):Espagne, Franz: Verzeichniß sämtlicher Werke Dr. Carl Loewe's. 1870.

Bitter, Emil

**Bitter, E., kaufmännische Gesetzeskunde. (Neue Aufl.) 2 Bde. 8. Berlin 909. C. Heymann. 10.—; geb. 12. —**
1. Handels- u. Wechselrecht zum Gebrauch in Fachschulen u. zum Selbstunterricht. (XIV, 411 S.) 6.—; geb. 7.
2. Gewerblicher Rechtsschutz, Arbeiterschutz, Arbeiterversicherung zum Gebrauch in Fachschulen u. zum Selbstunterricht. (X, 172 S.) 4.—; geb. 5.

[F.] Kaufmännische Gesetzeskunde zum Gebrauch in Fachschulen u. z. Selbstunterricht. Von Dr. [Emil] Bitter, Amtsgerichtsr. *Berlin: C. Heymanns 1898.* (VIII S., 2 Bl., 254 S.) 1 Bd 8. [illegible]

[illegible] Von Dr. [Emil] Bitter [illegible] Berlin: Heymann [illegible] XIV, 411 S. [illegible]
[illegible]

[illegible] Arbeiterschutz, Arbeiterversicherung zum [illegible] Von Dr. [Emil] Bitter [illegible]
[illegible]

Bitter, Ernst, Paulus von Frommenhausen. Neueste Nachrichten aus dem Reiche. Zur Erbauung der Gläubigen. A. m. d. Umschlagstit.: Paulus von Frommenhausen, oder der deutsche Don Quixotte. 8. Altenburg 838. Helbig. n. 5/6 ₰

Bitter, Ernst Wilh., Briefe, auf ein. Ausfluge nach Italien, Sicilien u. Malta geschrieben. Nach seinem Tode herausgegeben. 8. (12½ B.) Berlin 844, Schröder's Verl.

Bitter, F: Der Segen d. Katholizismus, s: Volksaufklärung 155.

**Bitter,** *Franz* [Rechtsanw., Kiel]: Zur Lehre vom Schadensersatze bei nichtigen oder nicht vollendeten Verträgen ... Kiel, Druck d. Nord-Ostsee-Zeitg, 1896; 49 S. 8.
Freiburg i. B., Rechts- u. staatswiss. Fak., Inaug.-Diss. v. 1896

Rede des Reichstags-Abgeordneten Dr. [Franz] **Bitter** auf der öffentlichen Versammlung im grossen Saale des 'Görresbaues' zu Koblenz am 9. August 1909. Trier 1909: Paulinus-Dr. 8 S. 4° [09. 16557 B

**Bitter G.:** Beiträge z. Adventivflora Bremens. [1895]. (24) S. (Særtr.) P.

**Bitter, G., Marattiales, Ophioglossales, s.: Engler, A., u. K. Prantl, die natürlichen Pflanzenfamilien. I. 4.**

Bitter, Georg
**Bitter, Geo.: Die Gattg Acaena, s.a. Bibliotheca botanica.**

Gg. **Bitter**. Die Gattung Acaena. Lfg 1. Stuttgart: Schweizerbart 1910. 4°
(Bibliotheca botanica. H. 74¹.) [10. 11224

Bitter, Georg: Ueber maschenförmige Durchbrechungen d. unteren Gewebeschicht oder d. gesammten Thallus bei verschiedenen Laub- u. Strauchflechten. *Berlin 1899.*
in: Untersuchungen, Botanische, S. Schwendener z. 10. Febr. 1899 dargebr. [99. 6544

**Bitter,** Georgus [Bremensis]: Theses ... Kiliae, ex offic. Schmidtii & Klaunigii, 1896; 2 Bl. 4.
Kiel, Phil. Fak., Thes. v. 12. Aug. 1896
(Nicht für den Austausch)

**Bitter,** Georg [aus Bremen]: Vergleichend-morphologische Untersuchungen über die Blattformen der Ranunculaceen und Umbelliferen ... (Aus: Flora od. Allg. bot. Zeitg, Bd 83 Heft 2.) München, Druck v. V. Höfling, 1897; 1 Bl., 80 S. 8.
Kiel, Phil. Fak., Inaug.-Diss. v. [12. Aug.] 1896*)

**Bitter, H., Generalbericht über das Medicinal- und Sanitäts-Wesen im Landdrostei- bezw. Regierungsbezirk Osnabrück während der J. 1883 — 1884 — 1885. gr. 8. (III, 297 S.) Osnabrück 888, [Veith.] Pillmeyer.** *

**Bitter, H., Generalbericht üb. das Medicinal- u. Sanitäts-Wesen im Reg.-Bez. Osnabrück während d. J. 1886—1887—1888. gr. 8. (III, 72 S. m. 13 Tab.) Osnabrück 891. (Pillmeyer.)** n.n. 3. —

**Bitter, Heinrich, über Fermentausscheidung von Vibrio Koch (Koch'scher Kommabacillus der Cholera asiatica) und Vibrio Proteus (Finker-Prior'scher Kommabacillus der Cholera nostras). Diss. München 1886, A. Buchholz. 8°. 24 S.**

**Bitter,** Heinrich [approb. Arzt aus Unna in Westfalen]: Ueber Fermentausscheidung von Vibrio Koch (Koch'scher Kommabacillus der Cholera asiatica) und Vibrio Proteus (Finker-Prior'scher Kommabacillus der Cholera nostras) .... München, Druck von R. Oldenbourg, 1886; 2 Bl. + 24 S. 8°.
München, Med. Fak., Inaug.-Diss. v. 1886.

**Bitter.** Joan. Hein. Leop. (geb. Harsewinkel in Westf. [illegible] 1820) De [illegible] in [illegible] nonnulla. Berolini (1846). (28 S.) 8°
Berlin, Med. Diss. v. [illegible] Dec. 1846

**Bitter,** Heinrich [Dr. med., Assist. am K. hygien. Inst. in Breslau]: Ueber bakterienfeindliche Stoffe in Bakterien-Kulturen und im thierischen Körper und ihre Beziehungen zur erworbenen Immunität. ... Breslau, E. Trewendt's Buchdr., 1891; 22 S., 1 Bl. 8°
Breslau, Med. Fak., Hab.-Schr. v. 1. Aug. 1891

**Bitter, Heinr., üb. bakterienfeindliche Stoffe in Bakterien-Kulturen u. im thierischen Körper u. ihre Beziehungen zur erworbenen Immunität. Habilitationsschrift. gr. 8. (22 S.) Breslau 891. (L. Köhler.)** n. 1. —

**Bitter, Heinrich, ueber Syphilis- und Smegmabacillen, nebst Bemerkungen über die färberischen Eigenthümlichkeiten der Smegma- und Tuberkelbacillen. Diss. Würzburg 1886. 8°. 49 S.**
Sonder-Abdruck aus: Archiv für pathologische Anatomie und Physiologie und für klinische Medicin, hrsg. von Rud. Virchow. 106. Bd. Berlin, Georg Reimer.

**Bitter,** Heinrich [aus Osnabrück]: Ueber Syphilis- und Smegmabacillen, nebst Bemerkungen über die färberischen Eigenthümlichkeiten der Smegma- und Tuberkelbacillen .... (Sep.-Abdr. aus Virchow's Archiv ... 106. Bd. 1886.) Berlin, Druck v. Georg Reimer, 1886; 1 Bl. + 49 S. 8°.
Würzburg, Med. Fak., Inaug.-Diss. v. 1886.

**Bitter,** Hermann: Das Creolin. ... *Breslau,* Druck d. Bresl. Gen.-Buchdr., E. G. (1890); 32 S. + 1 Bl. 8°
Breslau, Med. Fak., Inaug.-Diss. v. 22. [handschr. 26.] März 1890

**Bitter, Hermann, a. Warendorf i. W.: Der monsterschen ketter bichtbok. Eine Satire aus der Wiedertäuferzeit. Münster 1908: Regensberg. (38 S.) 8° [F. u. Ant.]**
**Münster, Phil. Fak., Ref. Jostes, Diss. v. 7. März 1908**
**[Geb. 28. Nov. 82 Warendorf; Wohnort: Münster; Staatsangeh.: Preußen; Vorbildung: Gymn. Warendorf Reife O. 03; Studium: Münster 9 S.; Rig. 7. Nov. 07.]**

Bitter, Joan. Henr. Leop., s. B i t t e r, Heinrich

**Bitter.** Josef [prakt. Arzt aus Oldenburg]: Ein Fall von Echinococcus retroperitonealis .... Greifswald, Druck v. Julius Abel, 1886; 24 S. 8°.
Greifswald, Med. Fak., Inaug.-Diss. v. 7. Jun. 1886.

**Bitter, Josef, ein Fall von Echinococcus retroperitonealis. Diss. Greifswald 1886, Jul. Bindewald. 8°. 24 S.**

Bitter, Karl Hermann von, s. B i t t e r, Rudolf von

Bitter, Lothar

Bitter, Lothar, schwarze Märchen. Skizzen aus der besten aller Welten. 12. (VII, 166 S.) Dresden 886. Minden. n. 2. —; geb n.n. 3. —

**Bitter, Loth., Schwarze Märchen, 2. Aufl., s.: Stößel, Alfr.. Das Haus d. Leiden.**

Bitter, Ludwig

**Bitter, Ludw., im Fliederduft. Lieder e. Würzburger Studenten. (48 S.) 8. Würzburg 909. Memminger. 1.50; geb. 2. —**

**Bitter, Ludwig, a. Osnabrück: Untersuchungen über die Bedeutung des Nikotins für die Stärke der Rauchwirkung. Würzburg 1907: F. Staudenraus. (30 S.) 8°**
**Würzburg, Med. Fak., Ref. Lehmann, Diss. v. 12. Juli 1907**
**[Geb. 6. Febr. 82 Osnabrück; Wohnort: Würzburg; Staatsangeh.: Preußen; Vorbildung: Gymn. Osnabrück Reife O. 99; Studium: Heidelberg 3, Würzburg 8 S.; Coll. 8. Mai 07; Approb. 6. März 07.]**

Bitter, Rudolf von

Bitter, v., die Gemeindeverfassungsgesetze f. die Rheinprovinz m. den neuen Verwaltungsgesetzen, s.a. Brauchitsch, M. v., die neuen preußischen Verwaltungsgesetze.

**Bitter**, v.: Die G e m e i n d e v e r f a s s u n g s g e s e t z e für die Rheinprovinz mit den neuen Verwaltungsgesetzen zsgest. u. im amtl. Auftr. hrsg. Berlin 1887. (Brauchitsch: Die neuen Preuß. Verwaltungsgesetze. Erg. Bd.)

Rheinprovinz. Die Gemeindeverfassungsgesetze für die Rheinprovinz mit den neuen Verwaltungsgesetzen zsgest. von Dr. [Rudolf] v. **Bitter**, Oberpräs. a. D. 3. Aufl. Berlin: C. Heymann 1905. (XII, 301 S.) 8° [F.]
— **Brauchitsch**, Max v.: Die neuen Preuß. Verwaltungsgesetze. Erg. Bd f. d. Rheinprovinz. *[1. Aufl. 1887.]* [07. 3307

**Bitter**, Rudolf von (Hrsg.), s. H a n d w ö r t e r b u c h der Preussischen Verwaltung.

— die Landgemeindeordnung f. die Rheinprovinz v. 23. Juli 1845 in der durch die neuen Verwaltungsgesetze abgeänderten Gestalt. Im amtl. Auftrage hrsg. gr. 8. (58 S.) Berlin 887. C. Heymann's Verl. n. — 80

**Bitter,** Rud.: De obligationibus per vicarium contractis. Berolini (1866). (80 S.) 8°
Berlin, Jur. Diss. v. 31. März 1866

**Bitter, Rud.,** de obligationibus per vicarium contractis. Dissertatio inauguralis. gr. 8. (80 S.) Berlin 866, (Calvary und Comp.) *

**Bitter,** Wilhelm
**Bitter,** Hamburgische Ausführungsgesetze z. B. G. B. Mit Anmerkgn. Hamburg 900.

**Bitter, Wilh.,** Hamburgische Ausführungsgesetze u. Verordnungen. Mit Anmerkgn. u. Sachregister hrsg. 8. (XX, 556 S.) Hamburg 900. O. Meißner's Verl. Geb. in Leinw. n. 4.50

**Bitter, Wilh.,** die Hamburger Wahlrechtsvorlage u. das Reich. Ein offenes Antwortschreiben an Professor Dr. Hans Delbrück. (24 S.) gr. 8. Hamburg 905. O. Meißner's Verl. n. — 40

**Bitteraut, H.,** Observationes Manilianae. Diss. 1899. 27 S.

**Bitterauf,** Karl, Dr.: Quaestiunculae criticae ad Aristotelis Parva Naturalia pertinentes. *München 1900: H. Kutzner.* (27 S.) 8° ¶ [= Phil. Diss. München 1900.]
Ingolstadt, k. humanist. G, P 1900*

**Bitterauf,** Theodor
Bayern als Königreich, 1806–1906. Hundert Jahre vaterländ. Geschichte von Theodor **Bitterauf**. Mit Abb. München: C. H. Beck 1906. (200 S.) 8° [F.]

**Bitterauf, Thdr.,** s.: Festgabe Hermann Grauert zur Vollendung des 60. Lebensjahres gewidmet.

— s.: Festgabe, Karl Theodor v. Heigel gewidmet.

— Friedrich der Große, s.a. Aus Natur u. Geisteswelt. 246.

Friedrich der Große. 6 Vorträge von Theodor **Bitterauf**. Mit 2 Bildn. Leipzig: Teubner 1909. 116 S. 8°
(Aus Natur u. Geisteswelt. Bdch. 246.)

**Bitterauf, Thdr:** Gesch. d. französ. Revolution. s: Aus Natur u. Geisteswelt 346.

— Geschichte des Rheinbundes. 1. Bd. Die Gründg. des Rheinbundes u. der Untergang des alten Reiches. (XIII, 459 S.) 8. München 905. C. H. Beck. n. 12.—

**Bitterauf,** Theodor: Die Gründung des Rheinbundes und der Untergang des alten Reiches. *(Nördlingen) 1903: (C. H. Beck).* (35 S.) 8° ¶ (Erscheint vollst. bei C. H. Beck in München.)
Erlangen, Phil. Hab.-Schr. v. 1903

Die Gründung des Rheinbundes und der Untergang des alten Reiches. Von Dr. Theodor **Bitterauf**, Privatd., München. *München: C. H. Beck 1905.* (XIII, 459 S.) 8° [F.]
= **Bitterauf**: Geschichte d. Rheinbundes. Bd 1.

— Napoleon I., s.a. Aus Natur u. Geisteswelt. 195.

Napoleon I. Von Dr. Theodor **Bitterauf**. Mit e. Bildn. Napoleons. Leipzig: B. G. Teubner 1908. (VIII, 109 S.) 8° [F.]
= **Natur**, Aus, u. Geisteswelt. Bdch. 195.

**Bitterauf, Thdr.,** die kurbayerische Politik im siebenjährigen Kriege. gr. 8. (V, 222 S.) München 901. H. C. Beck. n. 5.—

**Bitterauf,** Theodor: Die kurbayerische Politik während des siebenjährigen Krieges. *Nördlingen 1901: C. H. Beck.* (32 S.) 8° [F.] ¶ [Erschien vollst. 1901 bei C. H. Beck in München.]
München, Phil. Diss. v. 1901

**Bitterauf,** Theodor (Hrsg.), s. Traditionen, Die, des Hochstifts Freising

— die Traditionen des Hochstifts Freising, s.: Quellen u. Erörterungen zur bayerischen u. deutschen Geschichte. N. F. IV.

**Bitterfeld** [Schlagwort]
**Bitterfeld, Kreis,** s.a. Merseburg. — Preussen. Messtischblätter.

**Bitterfeld.** Senkel, A., Übersichtsplan v. der Stadt Bitterfeld. ca. 1 : 5000. Nach amtl. Quellen bearb. 54 × 60 cm. Steindr. Bitterfeld 892. W. Meissner. n. — 25

— Straube, C., u. E. Jahn, Handkarte d. Kreises Bitterfeld. Nach amtl. Quellen f. den Schulgebrauch gezeichnet. 1 : 133,333. Farbendr. 27,5 × 43,5 cm. Bitterfeld 892. W. Meissner. n. — 20

— — — Karte d. Kreises Bitterfeld f. den Schulgebrauch. Beiblatt, bearb. v. E. Jahn. gr. 8. (16 S.) Ebd. 892. n. — 15

**Bitterhoff,** Max, aus Guben ⟨Brandenb.⟩: Das lateinische inde im Französischen. *Guben 1903: A. Koenig.* (XII, 131 S.) 8°
Erlangen, Phil. Diss. 12. Nov. 1902

**Bitterich,** Adolf, appr. Tierarzt: Aus d. pharmakol. Institut d. Kgl. Tierärztl. Hochschule Stuttgart. ⟨Vorstand: Prof. Dr. Uebele.⟩ Ueber Belloform. Heidelberg 1907: C. F. Beisel. (69 S.) 8°
Gießen, Veterinär-Med. Koll., Ref. Olt, Diss. v. 22. Jan. 1908
[Geb. 21. Jan. 84 Eppingen (Baden); Wohnort: Freiburg i. B.; Staatsangeh.: Baden; Vorbildung: Realgymn. Karlsruhe Reife O. 03; Studium: Tierärztl. Hochsch. Stuttgart 4, München 2, Stuttgart 1 S.; Rig. 17. Juli 07.]

**Bitterklee,** Ebenezer, s.: Reichstags-Faulpelze.

**BITTERKLEE,** Hieronymus (ps.), Berliner Sittenbilder. Eine Erzählung aus der Gegenwart. 1877. (2 Auflagen.)
Zuerst anonym in „Neue Welt", 1876. — Weller, Lex. Ps. p. 74.

**Bitterklee,** H, Berliner Sittenbilder. Eine Erzählg aus d. Gegenwart. 8. (196) Lpzg 77. Düsseld., Kreuder. n. 2. 40

**Bitterklee,** Hieron., Berliner Sittenbilder. Eine Erzählung aus der Gegenwart. 8. (196 S.) Leipzig 877. Verlags-Institut. n. 2. 40

**Bitter-Kleeblatt** für Biblio-kleptische Institute und was ihnen anhängig. Antricyra Ostern 1829 [Pesth.] V: *Hempel.* (cb)

**Bitter-Kleeblatt** f. biblio-kleptische Institute u. was ihnen anhängt. gr. 12. (4 B. u. Titvign.) Anticyra Ostern 1829 bei Leberecht u. Ehrlich Comp. (Leipzig, Engelmann.)

**Bitterl,** E. v., s. Bitterl, J. E. v.

**Bitterl,** J. E. v. Ueber den § 17 des Finanzpatentes vom 20. Febr. 1811. 8°. Grätz, Ferstl.

**Bitterl,** Jos. J., s. Bitterl von Tessenberg, Johann Joseph

**Bitterl** von Terzenberg, Joh. Jos., s. Bitterl von Tessenberg, Johann Joseph

**Bitterl** v. Terzenberg, Jos. Jh., s. Bitterl von Tessenberg, Johann Joseph

**Bitterl** von Tessenberg, Johann Joseph
— Bemerkk. über Joseph II. bürgerl. Gesetzbuch. 8. Leipz. (Grätz) 791. Tusch. (Mayr in Salzb.) 3 Gr.

**Bitterl v. Tessenberg, Jos. Jh.,** theoret.-prakt. Commentar d. allg. bürgerl. Gesetzbuchs. 8. Grätz 789. N. A. 794. Ferstl. 1 Thlr. 2 Gr.

— was ist der Vertrag überhaupt ꝛc. gr. 8. Grätz 807. Tusch. 1 Thlr. 3 Gr.

**Bitterl v. Tessenberg,** Joh. Jos.: Was ist der Vertrag überhaupt? *Salzburg,* (Mayr.) 807. 8. (1 Thl. 8 Gr.)

Bitter-Leiden-Büchlein oder Betrachtungen eines Priesters des Ordens unserer lieben Frau über das bittere Leiden des Erlösers, in neuerer Sprache bearb. und mit vielen Gebeten zum leid. Heilande bereichert durch einen Priester der Erzdiöcese Köln. 16. (X, 268 S. mit 1 Stahlst.) Köln 870, Rommerskirchen. *

([Bitterlin,] Jean.) Sammlung origineller humoristischer Vorträge. (Hrg. von Jean-Jacques.) II + 112 S. 8. Bern, (F. Obrecht,) 1903. fr. 1. —

(Bitterlin, Math .) Heimatkunde der Gemeinde Sissach. Mit 3 verschiedenen Ansichten des Dorfes [Tafeln]. 8. Sissach 1892.

Bitterling, C.

Bitterling, K., Amerika u. die Auswanderungsfrage. Handbuch f. Auswanderer u. Freunde der Erdkunde, m. besonderer Berücksicht. aller Fragen u. Erfordernisse bei dem wichtigen Unternehmen e. Auswanderung, nebst 25 briefl. Darstellgn. der Reise, des Lebens u. der Verhältnisse der bedeutendsten Auswanderungs-Staaten Nord-, Mittel- u. Süd-Amerika's. Nach den neuesten, öffentl. u. Privat-Quellen bearb. u. hrsg. 8. (VI u. 186 S.) Oels 851. Breslau, Kern. 1/3 ₰

Bitterling, C. s: Gloeckner's Kalender f. Handelsschüler. — Gloeckner's Taschenbb. d. Handelskorrespondenz.

Bitterling, C., Lehrbuch zur Einführung in die französische Sprache, s.: Jansen, W.

Bitterling, Clausen u. Jansen, Taschenbuch der deutschen Handelskorrespondenz. (XIV, 189 S.) gr. 8. Leipzig 909. G. A. Gloeckner. Geb. in Leinw. 2. 60

Bitterling, Carl, „Es wird nichts, ohne unser Hinzuthun!" (Gal. 5, 25, 26. und 6, 1—9.) Antritts-Predigt gehalten am 16. Juli 1854 vor der christkathol. Gemeinde zu Freistadt. 8. (12 S.) Freistadt 854. (Grünberg, Weiß.) Thlr. *

Bitterling, Carl, christkatholisches Gesangbuch, s.: Gesangbuch.

— christkatholisches Gesangbuch. Grünberg 855. (Weiß.) br. gr. 8. (1 Bl., X, 62 S.) n. 8 ₰

Bitterling, Carl, Katechismus für freie Christen. gr. 8. (16 S.) Breslau 857. (Grünberg, Weiß.) *

Bitterling, R., A. de Nève u. a., heitere scenische Darstellungen u. Schwänke f. fröhliche Gesellschaften. Leicht ausführbare Possen, Solo-Scenen u. Duette. 12. (96 S.) Styrum 893. A. Spaarmann. 1. —

Bitterling, Richard

Bitterling, Rich.: Joh. Fr. Schink, e. Schüler Diderots u. Lessings, s.: Forschungen, Theatergeschichtl.

Bitterling, Richard: Johann Friedrich Schink, ein Schüler Diderots und Lessings als Dichter und Kritiker. Hamburg & Leipzig: Voss 1910. 82 S. 8° ¶ (Ersch. vollst. als: Theatergeschichtl. Forschungen. 23.)

Würzburg, Phil. Diss. v. 18. Juni 1910, Ref. Roetteken, Brenner

[Geb. 18. Nov. 86 Berlin; Wohnort: Berlin; Staatsangeh.: Preußen; Vorbildung: Luisenstädt. Realgymn. Berlin Reife O. 05; Studium: Berlin 10 S.; Rig. 18. Dez. 09.] [U 10. 4378

Bitterling, Rob., die Zwillinge aus Kamerun. Schwank in 1 Akt. gr. 8. (31 S.) Neumünster i/H. 885. Brumby. n. 1. —

Bittermann [Pseud.], s. Mahlmann, Siegfr. Aug.

Bittermann, Brief an Hrn. Pastor Dulon. gr. 8. (8 S.) Bremen 850. (Heyse.) 2 ₰

Bittermann, Schmid, Weitz: Lehrb. d. Automobilrechts. Ein Kompendium f. Studierende u. f. gebildete Laien. (12, 381) 8° Berl., RO Schmidt & Co. '12. HL 5 —

Bittermann, A., in der hohen Tatra. Reise-Erinnergn. gr. 8. (76 S. m. Abbildgn.) Kupferberg i/Schl. 887. (Görlitz, Tzschaschel. — Hirschberg, Kuh.) n. 1. 60

Bittermann, Karl: Der Ruf d. Felder. Roman. (277) kl8° Berl., S Fischer '11. 3.50; geb. n 4.50 d

Bittermann, Karl, der verirrte Vogel. Eine Vorstadtgeschichte (Umschlag: Roman). (391 S.) kl. 8. Berlin 909. S. Fischer, Verl. 4.—; geb. n 5. —

Bittersüss. Chiridonius Bitter Süss. Zürich 1861 s. [Bürkli, Carl].

Bittersüss, Chiridonius [Pseudon.] s. Treichler, Johann Jacob.

**Bitterwasser, Das Friedrichshaller, ... Hildburghausen 1848.**
**V: *Stumpf, Ferd.* (nicht *Ed.*) *Ldw.* (Kv)**

Bitterwasser, das Friedrichshaller, seine Wirkungen u. Heilkräfte. Eine Unterweisg. zu seinem Gebrauche f. das nichtärztl. Publikum. 8. (48 S.) Hildburghausen 848, Kesselring in Comm. — 2. verb. u. veränd. Aufl. 8. (46 S.) Ebd. 849. n. 4 ₰

Bitterwasser, das natürliche Friedrichshaller, und sein Gebrauch. 2. Aufl. gr. 8. (36 S.) Wien 874, Braumüller. *

Bittet, so wird euch gegeben! Gebetbüchlein f. kathol. Christen, zunächst f. die Jugend. 32. (128 S. m. 1 Holzschn.) Stans 849. Lindau, Stettner. 3 ₰

Bittet, so wird euch gegeben! (Matth. 7, 7.) Gebetbuch für evangel. Christen. 2. Aufl. Mit 1 Titelkpfr. Oels 854. (Breslau, Dülfer.) 12. (192 S.) 6 ₰

„Bittet, so wird euch gegeben werden!" (Matth. 7. 7.) Vollständiges Gebet- u. Erbauungsbuch nach dem kathol. Kirchenjahre. Mit Titelkpfr. 8. Straubing 839. Schorner. 5/12 ₰

„Bittet, so wird euch gegeben werden." (Matth. 7, 7.) Vollständiges Gebet- u. Erbauungsbuch nach d. kathol. Kirchenjahre. Mit Titelkupfer. Neue wohlfeile Ausg. 8. Straubing 842, Schorner'sche Buchh. 1/4 ₰

Bittgang nach Atzgersdorf zu dem heiligen Kreuze; abgehalten von der Krankenlade der Seidenzeug-, Sammt- und Dünntuchmacher Wiens, zum fünfundneunzigsten Male am Sonntag den 13 Mai 1855. Für die Aufrechthaltung des allerhöchsten Kaiserhauses, Abwendung der Krankheiten und um den himmlischen Segen für den Fabriksbetrieb. Wien. 1855. Gedruckt bei A. Pichler's Wwe. und Sohn. (24 S. 8.) geh.

Bittgang nach Atzgersdorf zu dem heil. Kreuze, abgehalten von der Krankenlade der Seidenzeug-, Sammt- und Dünntuchmacher Wiens, zum sechs und neunzigsten Male am Sonntag den 27. April 1856. Für die Aufrechterhaltung des allerhöchsten Kaiserhauses, Abwendung der Krankheiten und um den himmlischen Segen für den Fabriksbetrieb. Wien. Gedr. bei A. Pichlers Witwe & Sohn. (23 S. 8.)

Bittgang nach Atzgersdorf zu dem heil. Kreuze, abgehalten von der Krankenlade der Seidenzeug-, Sammt- und Dünntuchmacher Wiens, zum sieben und neunzigsten Male am Sonntag den 17. Mai 1857. rc. Wien. Gedr. bei A. Pichlers Witwe und Sohn. (23 S. 8.)

Bittgang nach Atzgersdorf zu dem heil. Kreuze, abgehalten zum 93. Male am Sonntage den 12. Juni 1853. 8. (24 S.) Wien, A. Pichler's Witwe und Sohn.

Bittgang nach Maria-Enzersdorf; abgehalten von dem Gremium der Seidenzeug-, Sammt- und Dünntuch-Fabrikanten Wiens, zum hundert und siebenten Male Sonntag den 1. Juli 1855. Für die Aufrechthaltung des allerhöchsten Kaiserhauses, für die Abwendung der Krankheiten und um den himmlischen Segen für den Fabriksbetrieb. Wien. 1855. Gedruckt bei A. Pichler's Wwe. und Sohn. (22 S. 8.)

Bittgang nach Maria-Enzersdorf, abgehalten von dem Gremium der Seidenzeug-, Sammt- und Dünntuch-Fabrikanten Wiens, zum hundert und achten Male. Sonntag den 6. Juli 1856. Wien, 1856. Gedr. bei Anton Pichlers Witwe & Sohn. (22 S. 8.)

Bittgang nach Maria-Enzersdorf, abgehalten von dem Gremium der Seidenzeug-, Sammt- und Dünntuch-Fabrikanten Wiens, zum Hundert und neunten Male Sonntag den 5. Juli 1857. Wien, 1857. Gedruckt bei A. Pichlers Witwe und Sohn. (12 S. 8.)

Bittgebätt, s. Bittgebet

Bittgebet, über das, eine theologisch-philosophische Abhandlung. Nebst 2 Anhangen über die richtige Anrufung Gottes im Gebete und über den beklagenswerthesten Mißbrauch des Gebets. 8. Leipzig 833. Reichenbach. 1/4 ℛ︎

(Bittgebet und Bittgänge.) — Ueber Ursprung derselben v. Selmar, Berg Lehre v. Bittgeb., "Ueb. d. B.-G. Eine theol.-philos. Abhdlg. Leipz. 1833 (27 kr.)

Bittgebet. Bitt- und Danck-Gebätt / Auf gegenwärtige Kriegs-Noth der Evangelischen zweyen Lobl. Schweitzerischen Ständen Zürich und Bärn gerichtet. 4. *o. O.* Getruckt im Jahr 1712.

BITTGESANG zu Maria, der allerseligsten Gottesmutter (von Rattersdorf bei Güns).

BITTGESANG zu Maria der allerseligsten Mutter Gottes in der Kirche zu Rohrbach in Ungarn. Oedenburg 1850: Samuel Lenck.

MARIANISCHER Bittgesang, welcher allgemein gesungen wird. Treue Mutter deiner Kinder, Ursach unserer Fröhlichkeit. Ungarisch Altenburg 1847: Alexander Czéh.

BITT-GESANG zu denen sieben schmerzhaften Stunden des bitteren Leiden und Sterben Christi Jesu. (Hungar. Skalitz) o. J. Druck. Skarnitzl. (2 f.)

Bittgesuch, allerunterthänigstes, d. ges. Kiebitz-Völker an Se. hl. Unfehlbarkeit i. Rom d. Uebernahme d. Schiedsrichteramtes betr. i. Sachen d. Kiebitze u. d. „Getreuen". E. wohlbekömml. Nachtisch, allen „Getreuen" z. Bremerhaven, Gabelbach u. Jever etc. etc. dargeb. v. Küchen- u. Kellermeister z. Herberge d. allein seligmach. Kirche. gr. 8. (4 S.) Bremen 896. A. Dietz. n. — 10

An das Königliche Ministerium des Innern. — BITTGESUCH DER PERSÖNLICH BERECHTIGTEN APOTHEKER WÜRTTEMBERGS um Aufhebung der Königlichen Verordnung vom 4. Januar 1843, betreffend die Apothekeberechtigungen; verfasst im Sinne des Beschlusses der Delegirtenversammlung in Hamburg am 8. September 1875. Im December 1875. Stuttgart. Commissionsverlag von Schickardt & Ebner. 8°.

Bittgesuch um Beschaffung von Spielplätzen an den Magistrat der Residenzstadt Charlottenburg, Charlottenburg 1907, 4 S., 4°.

Bittgesuch des Vereins von Turnlehrern und Freunden der Leibeserziehung zu Hamburg um Beschaffung und Einrichtung von Spielplätzen, Hamburg 1909, 9 S., 4°.

Bitthorn: Geschichte der „Schwedischen Reitersignale", s. Bitthorn, Otto

Bitthorn, O., Tauleri vita et doctrina. Jenæ 1873. 8.

Bitthorn, Otto

Geschichte der 'Schwedischen Reitersignale' welche seit d. J. 1632 vom Stadtturm zu Delitzsch ... geblasen werden. Mit e. schwed. Reitersignalmarsch, ... komp. vom ersten Armee-Musikinspiz. [Theodor] Grawert. Hrsg. von Dr. [Otto] Bitthorn, Oberpfarrer. 4. Aufl. Berlin: Schlesinger 1910. 19 S. 8° [10. 10008

Die ersten 50 Jahre der Gemeinde der St. Andreaskirche zu Berlin ⟨1856–1906⟩ zur Feier des 50jährigen Jubiläums der St. Andreaskirche dargest. von Dr. O[tto] Bitthorn, Pfarrer. Berlin: A. Völcker (1906). (VII, 132 S.) 4° [F.] [07. 7882

Bittinger, Albert: Zwei Fragen aus der Lehre vom Delikt als rechtswidriger Handlung ... Aschaffenburg, Wailandt'sche Druckerei, 1895; 59 S. 8.
Tübingen, Jur. Fak., Inaug.-Diss. v. 1895

Bittkau, G., die Einführung der Reformation in Neu-Ruppin. 8. (54 S.) Neu-Ruppin 892. (R. Petrenz.) n.n. — 50

Bittkau, G., ältere Geschichte der Stadt Neu-Ruppin. Auf Grund histor. Quellen, insbesondere e. Mskr. v. Campe, hrsg. gr. 8. (XII, 167 S.) Neu-Ruppin 887. (Petrenz.) n. 3. 50

Bittkau, Gustav

Bittkau, Gust., Geschichte der Kloster-Kirche zu Neu-Ruppin. (47 S. m. 1 Abbildg.) 8. Neu-Ruppin 908. Schallehn & Reinelt. — 75

Bittkau, G: Leben u. Glauben d. Christen n. d. Wort u. Vorbild d. Heilandes, im Anschl. an Luthers Katech. dargest. (197) 8° Lpzg, Dürr'sche Bh.'04. 2.40: geb. 3 — d

Bittkau, Gust., Leben u. Glauben des Christen nach dem Wort u. Vorbild des Heilandes, im Anschluß an Luthers Katechismus dargestellt. Ein Hilfsbuch f. Volksschullehrer, Religionslehrer, zum Konfirmandenunterricht u. f. such. Christen. (XIII, 197 S.) gr. 8. Leipzig 905. Dürr'sche Buchh. n. 2. 40; geb. n. 3. —

Bittkau, Gust., Pfarramtskunde. Prakt. Winke z. Führg. d. geistl. Amtes. gr. 8. (XVI, 283 S.) Leipzig 897. Fr. Richter. n. 4. — ; geb. n. 5. —

Bittkau, Jul.

Bittkau, Jul., befiehl dem Herrn Deine Wege! Segenswünsche f. die Konfirmation. (12 S. m. Vignetten.) kl. 8. Konstanz (909). Christl. Buch- u. Kunstverlag C. Hirsch. — 50

Bittkau, Jul., sein Fehltritt. Orig.-Lustspiel in 4 Aufzügen. 8. (64 S.) Neu-Ruppin 884. Bittkau. 1. 50

— Folge mir nach! Segenswünsche f. den Lebensweg. (12 S. m. Vignetten.) 16. Ebd. (909). — 40

— Gott geleite Dich! Konfirmations-Grüße. (12 S. m. Vignetten.) 8. Ebd. (909). — 75

— Mit Gott! Konfirmations-Grüße. (12 S. m. Vignetten.) kl. 8. Ebd. (909). — 50

Bittkau, Jul., Gott segne dich. Bibelworte u. geistl. Dichtgn., ausgew. v. B. kl. 4. (30 S m. farb. Bild.) Konstanz u. Emmishofen 895. C. Hirsch. Kart. 1. 20

— Gott sei m. Dir! Segenswünsche f. die Konfirmation. (12 S. m. Vignetten.) Ebd. (909). — 30

— An Seiner Hand! Segenswünsche f. den Lebensweg. (12 S. m. Vignetten.) 8. Ebd. (909). — 75

— Der Herr segne Dich! Konfirmations-Grüße. (12 S. m. Vignetten.) 16. Ebd. (909). — 40

— Himmelan. Bibelworte u. Dichtgn., ausgew. v. B. kl. 4. (30 S. m. farb. Bild.) Ebd. 895. Kart. 1. 20

Bittkow, Max, a. Magdeburg-Buckau, Referendar am kgl. Amtsgericht zu Magdeburg: Der Anspruch auf den Finderlohn. Magdeburg 1906: A. Sorgler. (IX, 54 S.) 8° [F.]
Erlangen, Jur. Fak., Ref. Sehling, Diss. v. 4. Okt. 1906
[Geb. 5. Nov. 79 Magdeburg-Buckau; Wohnort: Magdeburg; Staatsangeh.: Preußen; Vorbildung: Magdeburg Reife O. 99; Studium: Halle 3, Berlin 1, Halle 2 S.; Rig. 31. Mai 06.]

Bittkow, Theophil

— s. Briefe, ungedruckte, von Schiller, Göthe ꝛc.

Bittkow, Theoph., Dies gehört d. Deutsch-Katholiken. gr. 8. Berlin 845. Hermes. n. 1/12 ß

Bittkow, Theoph., der neueste Gelegenheitsdichter, s. a. Gelegenheitsdichter, der neueste.

Bittkow, Theoph., der neueste Gelegenheitsdichter. 1. u. 2. Heft. Berlin (855.) Bittkow. 16. Jedes Heft 5 ngr
1. Heft: Sammlung von Geburtstags-Gedichten, Weihnachtsliedern, Neujahrsliedern: a. Deutsch, b. Französisch, Stammbuchsversen: a. Deutsch, b. Französisch. (S. 1—64.)
2. Heft: Sammlung von Polterabendscherzen, Hochzeits-Gedichten, Einsegnungs- u. Jubiläums-Wünschen, Namens-Akrostichen, Toasten u. Nachrufen. (S. 65—128.)

Bittkow, Theophil. Jubel-Lied zum Andenken an die glorreichen Tage des 18. und 19. März 1848. Berlin, Selbstverlag 1848. 4 S. 8.
Flugblatt.

— harmlose Lieder. Berlin 857. Bittkow. 16. (XVI, 303 S.) n. 24 ngr

— vier Lieder. Für vierstimmigen Männerchor. Berlin (853.) Bittkow. gr. 8. (8 S.) n. 3 ngr

Bittkow, Theophil, des lustigen Schützen Liederbuch. Gesamm. u. allen deutschen Schützengilden gewidmet. 1. Hft. 8. (80 S.) Berlin 847, Schneider & Co. n. 1/3 ß

— Räthselschatz. Sammlung auserlesener Räthsel f. die Jugend. 1. Hftchn. 32. (36 S.) Berlin 849, Bittkow. 1 1/2 ngr

Bittkow, Theoph., Räthselschatz. Sammlung auserlesener Räthsel für die Jugend. 1. Heftchen. (3. Aufl.) — 2. u. 3. Heftchen. (2. Aufl.) — 4. u. 5. Heftchen. 2. Aufl. Berlin (853.) Bittkow. 32. Jedes Heft (à 32 S.) n. 2 ngr

Bittkow, Teophil, Räthselschatz. Sammlung auserlesener Räthsel für die Jugend. 5 Hefte. (1. Heft 4. Aufl., 4. und 5. Heft 2. Aufl.) 16. (à Heft 32 S.) Berlin 865, Bittkow. *
einzelne Hefte *

—— Waldvögelein, s. a. Waldvögelein.

— Waldvögelein. Sammlung beliebter Volksweisen, 2- u. 3stimmig und mit neuen Texten für Schule u. Haus. 2. Heft. 3. Aufl. Berlin, Bittkow. 8. (32 S.) n. 3 ngr

—— Waldvögelein. Sammlung beliebter Volksweisen, 3- und 4stimmig und mit neuen Texten für Schule und Haus. 1. Heft. 4. Aufl., 2. Heft. 3. Aufl. und 3. Heft. 8. (à Heft 32 S.) Berlin 851—55, Bittkow. à Heft * 3 Ngr. *

— — 3- und 4stimmig u. mit neuen Texten für Schule u. Haus. 3. Heft. Ebend. 853. 8. (32 S.) n. 3 ngr

—— Waldvögelein. Samml. beliebter Volksw. 1. Hft. 6. Afl., 2. Hft. 4. Afl. u. 3. Hft. 16. (à 32) Ebd. 55-62. à n. — 3

—— Waldvögelein. Sammlung beliebter Volksweisen, 2-stimmig und mit neuen Texten für Schule und Haus. 1. Heft. 6 Aufl. und 2. Heft 4. Aufl. gr. 16. (à 32 S.) Berlin 861(62), Bittkow. à Heft * 3 Ngr. *

— Waldvögelein. Sammlung beliebter Volksweisen, 2- u. 3stimmig u. mit neuen Texten für Schule u. Haus. 2. Heft. 5. Aufl. Ebend. 869. 16. (32 S.) 3 ngr

— Was geschah jüngst an der Spree? Berliner Volks-Lied. Berlin, Selbstverlag 1848.
Flugblatt.

Bittkow, Teophil, wie bewahrt jede verständige Hausfrau sich und die Ihrigen vor der Trichinenkrankheit und vor der Trichinenfurcht? gr. 8. (14 S.) Berlin 864, Bittkow.

Bittl, Hans, Rechtspraktikant, St. Blasien: Die Delikte wider Leib und Leben nach dänischem Recht unter Berücksichtigung des schwedischen und norwegischen. *Freiburg i. B. 1899: Ch. Lehmann's Nachf.* (99 S.) 8°
Freiburg i. B., Rechts- u. staatswiss. Diss. v. 1899

Bittl, Hans, s.: Entwurf e. allgemeinen bürgerlichen Strafgesetzbuches f. das Königr. Norwegen.

— Das Handels- u. Konkursrecht Schwedens, s.: Aström, Adf.

Bittl, Hans, s.: Strafgesetzbuch, allgemeines bürgerliches, f. das Königr. Dänemark.

Bittl, H., dän. Strafgesetzb., s. Sammlg. ausserd. Strafges.

Bittl, Professor Johann, [von Dollenstein, Bayern, früher Professor an der königl. Pagerie in München]: Das päpstliche Schisma von 1130—1138. Mit besonderer Berücksichtigung der politischen Verhältnisse in Unteritalien. Erste Abtheilung. Romanshorn A. Hagenbüchle Dr. 1876. 49 S., 1 Bl. 8°.
[Zürich, Phil. Diss. v. 21. Juli 1877].

Bittl, J., das päpstliche Schisma von 1130—1138. Mit besonderer Berücksichtigung der polit. Verhältnisse in Unteritalien. I. Abthlg. 49 S. 8. Romanshorn, A. Hagenbüchle. 1877?

Bittler, Adf., der gute Ton. [Savoir-vivre.] 2. vollständig umgearb. Aufl. 12. (76 S.) Straßburg 886, Straßburger Druckerei und Verlagsanstalt, vorm. Schultz und Comp. Verlag. *

Bittler, Alexander, a. Konstanz: Ueber das Verhalten des Eierstockparenchyms bei der sogenannten kleincystischen Degeneration nebst Bemerkungen über das Vorkommen von eiähnlichen Gebilden. München: C. A. Seyfried 1904. (38 S.) 8°
Würzburg, Med. Fak., Ref. v. Rindfleisch, Diss. v. 14. Dez. 1904
[Geb. 14. Jan. 77 Konstanz; Wohnort: München; Staatsangeh.: Bayern; Vorbildung: Gymn. Saarbrücken Reife S. 98; Studium: Würzburg 2, Straßburg 2, München 3, Würzburg 2 S.; Coll. 26. Okt. 04; Approb. 28. Juli 03.]

Bittler, Karl, goldene Sprüche, weise Lehren! In Wort und Reim. Der Jugend gewidmet. 12. (III, 62 S.) Heidelberg 888, (Burow's Verlag.) *

Bittler, K, goldene Sprüche, weise Lehren! In Wort u. Reim. 12. (62) Heidelb. 88. (vorm. Weiss' S.) *n.* 1. 50 ‖ 2. Afl. *n.* 1. —

Bittlinger, Ernst

Bittlinger, ist der liberale Protestantismus zur religiösen Volkserziehung berufen?, s. a. Kampf u. Arbeit des freien Christentums in Deutschland. 2. Hft.

Ist der liberale Protestantismus zur religiösen Volkserziehung berufen? Von Lic. [Ernst] Bittlinger, Pfarrer. Halle a. S.: Gebauer-Schwetschke 1908. 32 S. 8°
(Kampf u. Arbeit d. freien Christentums in Deutschland. H. 2.) 09. 11130

Bittlinger, Ernst, Diakonus u. Pfarrer in Stadt Dahme (Mark): Die Materialisierung religiöser Vorstellungen. Eine religionsphilosophische Studie auf geschichtlicher Grundlage. Freiburg i. B. 1905: C. A. Wagner. (32 S.) 8° ¶(Ersch. vollst. bei J. C. B. Mohr, Tübingen.)
Jena, Theol. Fak., Ref. Wendt, Diss. v. 5. Dez. 1904
[Geb. 1. Jan. 66 Berlin; Wohnort: Berlin; Staatsangeh.: Preußen; Vorbildung: Köllnisches Gymn. Berlin; Studium: Berlin 1, Tübingen 1, Berlin 6 S.; Rig. 15. Febr. 05.]

Bittmann: Die gesetzl. Bestimmungen..., s. Bittmann, Emil

— Zur gesetzlichen Lohnregelung in der Hausindustrie. 8°. Berlin, Gewerkverein d. Heimarbeiterinnen Deutschlands, 1908.

Bittmann, Alois, die Stellung der Gemeinde Wien im Staats-Organismus. gr. 8. (34 S.) Wien 868, Manz. *

Bittmann, C.: Jacob Christian Schmeltzer..., s. Bittmann, Karl

Bittmann, Emil, Handbuch der gesetzlichen Bestimmungen üb. die Provinzial-, Kreis- u. Actien-Chausseen der preußischen Monarchie. 2., verm. Aufl. gr. 8. (XVI, 401 S.) Berlin 891. C. Heymanns Verl. Geb. n. 8. —

Bittmann, J., Frühlingsklänge. Steyrische Original-Ländler. Wien, Glöggl. 54 kr. 1860.

Bittmann, Karl, s: Arbeiter, Deutsche.

Bittmann K. die jugendlichen Arbeiter in Deutschland. I. Arbeitsverhältnisse. (67 S) (Schriften der Gesellschaft für soziale Reform 34) Jena 1910

Bittmann, Karl, eine Arbeiterreise. Berichte v. 77 bad. Arbeitern üb. den Besuch der ständ. Ausstellg. f. Arbeiterwohlfahrt zu Charlottenburg. Mit Erläutergn. hrsg. (III, 148 S.) gr. 8. Karlsruhe 904. Macklot. n.n. 1. 20

— Arbeiterverhältnisse d. der §§ 135—139a d. Gewerbeordng unterstellten minderjähr. Arbeiter, s. a. Schriften d. Gesellsch. f. soz. Reform.

Arbeitsverhältnisse der den §§ 135–139ᵃ der Gewerbeordnung unterstellten minderjährigen Arbeiter. Von Dr. Karl Bittmann. Jena: Fischer 1910. 67 S. 8°
(Die jugendl. Arbeiter in Deutschland. 1.)
(Schriften d. Gesellschaft f. Soziale Reform. H. 34.) [11. 479

Bittmann, Carl, zur Entwickelung der deutschen Rübenzuckerindustrie. gr. 8. (VII, 146 S. mit 2 Taf.) Hildesheim 884, Gerstenberg'sche Buchh. *

— die badische Fabrikinspektion im ersten Vierteljahrhundert ihrer Tätigkeit 1879 bis 1903. Ein Rückblick auf die Entwickelg. der Industrie, Arbeiterschaft, Arbeiterschutzgesetzgebg. u. Gewerbeaufsicht. Bericht an das grossherzoglich bad. Ministerium des Innern. Hrsg. v. der Fabrikinspektion. (XIII, 452 S.) Lex.-8. Ebd. 905. n. 6. —

Bittmann, Karl, Hausindustrie u. Heimarbeit im Grossherzogt. Baden zu Anfang des XX. Jahrh. Bericht an das grossherzogl. bad. Ministerium des Innern. Hrsg. v. der Fabrikinspektion. (IV, X, 1207 S.) Lex. 8. Karlsruhe 907. (Macklot). 10. —

Bittmann, Carl, Jacob Christian Schmeltzer u. die Achardsche Departements-Zuckerfabrik im St. Agnetenkloster zu Trier, s. a. Archiv, Trierisches. II. Erg.-Hft.

Jacob Christian Schmeltzer und die Achard'sche Departements-Zuckerfabrik im St. Agnetenkloster zu Trier. Anno 1811-14. Ein Gedenkblatt z. Hundertjahrfeier d. Europ. Rübenzuckerindustrie, zugl. e. Beitr. z. Gesch. d. Gesellschaft f. nützl. Forschungen zu Trier u. z. Charakteristik d. napoleon. Verwaltung. Von Carl Bittmann. *(Trier: F. Lintz 1901.)* (V, 137 S.) 8°
— Archiv, Trierisches. Erg.H. 2. [02. 602] 9

BITTMANN, C.
Jacob Christian Schmeltzer und die Achard'sche Departements-Zuckerfabrik im St. Agnetenkloster zur Trier, 1811–'14. Gedenkblatt zur Hundertjahrfeier der Europäischen Rübenzuckerindustrie. Trier, 1902. 8vo. Portrait.

Bittmann, Karl Fr. Jul., Iwan der Wanderer. Schauspiel. (165 S.) 8. Karlsruhe (910). F. Gutsch. 2. —

Bittmann, Otto, die holzzerstörenden u. holzzersetzenden parasitären u. saprophytischen Pilze unserer Laubhölzer im Walde u. auf den Lagerplätzen. Vortrag, geh. am 8. I. 1909 in der Fachgruppe der Bodenkulturingenieure des österreich. Ingenieur- u. Architektenvereins in Wien. (24 S. m. 4 Taf.) 8. Brünn 909. (Wien, W. Frick.) 1. —
Sonderabdr. a. „Verhandlgn. d. Forstwirte v. Mähren u. Schlesien".

Bittmann, Wilh., eine Studie über Goethe's „Iphigenie auf Tauris". gr. 8. (VI, 274 S.) Hamburg 888, [J. F. Richter.] Verlagsanstalt und Druckerei. *

Bittmann, Wilh., e. Studie üb. Goethe's „Iphigenie auf Tauris". Neue (Titel-)Ausg. gr. 8. (VI, 274 S.) Wien (888) 896. C. Graeser. n. 2. —

Bittner: Die polit. Parteien u. das Ende der Coalition, s. Bittner, Eduard

Bittner: Chronologisches Verzeichnis der österreichischen Staatsverträge, s. Bittner, Ludwig

Bittner, A.: Der geolog. Bau v. Attika ..., s. Bittner, Alexander

——— Bemerkungen zur Neuesten Nomenclatur der alpinen Trias. Wien 1896. 8.

Bittner, A.: Domestikenstreiche, s. Bittner, Anton

Bittner (A.), Zur definitiven Feststellung des Begriffes „norisch" in der alpinen Trias. Wien 1895. 8.

Bittner, A.: Handbuch d. Mathematik, s. Bittner, Adam

— die geologischen Verhältnisse, s.: Becker, M. A., Hernstein in Niederösterreich.

Bittner, A., Versteinerungen aus den Trias-Ablagerungen des Süd-Ussuri-Gebietes in der ostsibirischen Küstenprovinz. (In deutscher u. russ. Sprache.) gr. 4. (35 S. m. 4 Taf. u. 4 Bl. Erklärgn.) St. Petersburg 899. (Leipzig, M. Weg.) n.n. 4. —
Sonderabdruck aus: „Mémoires du comité géologique".

Bittner, Adam, Abhandlung üb. d. Differenzialrechnung, worin bewiesen wird, daß d. Differenzial-Gleichungen vollkom. genaue Gleichungen sind, die weder zu ihr. Begründung, noch bei ihr. Anwend. d. Begriffes d. unendl. Kleinen, d. Rechnung mit Nullen, d. Grenzverhältnisse, d. Fluxions-Rechnung, d. abgeleit. Funktionen ꝛc. bedürfen. Für d. Abhandlungen d. k. böhm. Gesellschaft d. Wissenschaften. gr. 8. (14 B. u. 2 Stnt. in gr. 4.) Prag 833, (Calve.)

Bittner, Adm., Abhandl. über die Differenzialrechnung, worin bewiesen wird, daß die Differenzial-Gleichungen vollkommen genaue Gleichungen sind, die weder zu ihrer Begründung, noch bei ihrer Anwendung des Begriffes d. s unendlich Kleinen, der Rechnung mit Nullen, d. Grenzverhältnisse, d. Flexions-Rechnung der abgeleiteten Funktionen ꝛc. bedürfen. Für die Abhandl. d. k. böhm. Gesellschaft d. Wissenschaften. Mit 2 Steintaf. gr. 8. Prag 834, (Calve.) 1⅓ ₰

Bittner, Ad., Handbuch d. Mathematik m. Rücksicht auf leichte Faßlichkeit ꝛc. 1r Bd. enth. Arithm. u. Algebra. gr. 8. Prag, Widtmann in Comm. 809.

Bittner, Ad., Handb. d. Mathematik, mit Rücksicht auf leichte Faßlichkeit u. prakt. Anwend. ꝛc. 1r Bd. enth. Arithmetik u. Algebra. gr. 8. Prag 809. 2e A. 815. 3e A. 821. 2 ₰ 2r Bd. theoret. Geometrie. gr. 8. Ebd. 2e A. 815. 3e A. 821. G. Haase S. 2 ₰ (Prag, Kronberger u. W.) Beide Bände 821. 5 ₰ Bei Neureutter 3e Aufl. 2 Bde. 821. 2 ₰ 4 gr

Bittner, A., Handbuch d. Mathematik, mit Rücksicht auf leichte Faßlichkeit u. prakt. Anwendung. 2r Bd. theoret. Geometrie. gr. 8. Prag, Widtmann. 815.

— desselben Buchs 1r Bd. 2te Aufl. gr. 8. Ebend. 815.

Bittner, Albert *(geb. Bärdorf bei Münsterberg in Schles. [17. 8. 1844])*: Wazo und die Schulen von Lüttich. Breslau (1879). (64 S.) 8°
Breslau, Phil. Diss. v. 4. Febr. 1879

Bittner, Alexander

Bittner, Alex., der geologische Bau von Attika, Boeotien, Lokris und Parnassis. Imp.-4. (74 S. mit 6 lithogr., zum Theil color. Taf. und 1 eingedr. Holzschn.) Wien 878, (Gerold's Sohn.) *

— Der geologische Bau von Attika, Boeotien, Lokris und Parnassis (mit 6 Taf. und 1 Holzschnitt). D 40. 1 . . . . . . . . . . 7.—
Separatabdruck

Bittner, A., Beiträge zur Kenntniss tertiärer Brachyuren-Faunen. Mit 2 (lith.) Taf. Imp.-4. (18 S.) Wien 883. Gerold's Sohn. n.n. 1. 70

— Beiträge zur Kenntnis tertiärer Brachyuren-Faunen (mit 2 Taf.). D 48. II. 45 . . 1.70
Separatabdruck

Bittner, Alex., Beiträge zur Kenntniss des Erdbebens von Belluno vom 29. Juni 1873. Lex.-8. (97 S. mit 3 lithogr. Taf. in qu. Fol.) Wien 874, (Gerold's Sohn.) *
Aus: Sitzungsberichte der k. Akademie der Wissenschaften, besonders abgedruckt.

— Beiträge zur Kenntnis des Erdbebens von Belluno vom 29. Juni 1873 (mit 3 Taf.). S. 69. II. 341 . . . . . . . . . . 3.—
Separatabdruck

Bittner, A., Neue Beiträge zur Kenntniss d. Brachyuren-Fauna d. Alttertiärs v. Vincenza u. Verona. (S.-A.) 4. (20 S. mit 1 Taf.) Wien, *Carl Gerold's Sohn. 70 kr. 1883.

— Neue Beiträge zur Kenntnis der Brachyuren-Fauna des Alttertiärs von Vicenza und Verona (mit 1 Taf.). D 46. II. 399 . . . . . . . . . . . . . . . . . . . 1.40
Separatabdruck

Bittner, Alex. Die Brachiopoden der alpinen Trias, s.a. Abhandlungen d. k. k. geolog. Reichsanstalt. 14. u. 17. Bd.

**Bittner, A.,** Brachiopoden der alpinen Trias. Mit 41 Tafeln und zahlreichen Zinkotypien im Texte. (Abhandlungen der k. k. geolog. Reichsanstalt. Bd. XIV.) Gr.-4. (325 S.) 40.—
Wien: Hölder 1891.

**Bittner, A.,** neue Brachyuren des Eocaens von Verona. Lex.-8. (12 S. mit 1 Taf.) Wien 887, (Gerold's Sohn.) **
Aus: Sitzungsberichte der k. Akademie der Wissenschaften, besonders abgedruckt.

— Neue Brachyuren des Eocäns von Verona (mit 1 Taf.). S. 94. I. 44 . . . . . . . —.50
Separatabdruck

— neue Brachyuren d. Eocaens v. Verona. [Mit 1 Taf.] [Aus: „Sitzungsber. d. k. Akad. d. Wiss."] Lex.-8. (12 S.) Wien 887. (Tempsky.) n.n. — 50

Bittner Alexander: Die Brachyuren des Vicentinischen Tertiärgebirges (mit 5 Taf.). D 34. II. 63 . . . . . . . . . . . . . . . . . . . . . . . 4.—
Separatabdruck

**Bittner, A.,** üb. zwei ungenügend bekannte brachyure Crustaceen d. vicentinischen Eocäns. [A: „Sitzungsber. d. k. Akad. d. Wiss."] Lex.-8. (7 S. m. 1 Taf.) Wien 895. (C. Gerold's Sohn.) n. — 50

— Über zwei ungenügend bekannte brachyure Crustaceen des Vicentinischen Eocäns (mit 1 Taf.). S. 104. I. 247 . . . . . . . . . . . . . . . . . . . . —.50
Separatabdruck

**Bittner, A.** Ueber zwei ungenügend bekannte brachyure Crustaceen des vicentinischen Eocäns. Mit 1 Tafel. Gr.-8. (7 S.) —.25
Wien: Tempsky 1895

— Dekapoden des pannonischen Tertiärs (mit 2 Taf.). S. 102. I. 10 . . . . . . . . 1.—
Separatabdruck

— Decapoden d. pannonischen Tertiärs. [Aus: „Sitzungsber. d. k. Akad. d. Wiss."] Lex.-8. (28 S. m. 2 Taf.) Wien 893. (F. Tempsky.) n. 1. —

— Über Echiniden des Tertiärs von Australien (mit 4 Taf.). S. 101. I. 331 . . . . . 1.70
Separatabdruck

—— Ueber Echiniden d. Tertiärs v. Australien. Lex.-8. (41 S. m. 1 Taf.) Wien 892, (Tempsky). * 1 70
Aus: Sitzungsber. d. k. Akad. d. Wissenschaften, besonders abgedruckt.

**Bittner, A.,** Grundlinien der Geologie von Bosnien-Herzegovina, s.a. Mojsisovics, Edm. v., geologische Uebersichtskarte von Bosnien-Herzegovina.

**Bittner,** A.: Grundlinien der Geologie von Bosnien-Hercegovina, s.a. Tietze, E.

Bittner, A., E. v. Mojsisovics und E. Tietze. Grundlinien der Geologie von Bosnien-Hercegovina. Wien 1880.

**Bittner,** A.: Geologische Karte von Bosnien-Hercegovina, s. Mojsisovics, Edm. von

— Lamellibranchiaten d. alpinen Trias, s.: Abhandlungen d. k. k. geolog. Reichsanstalt.

**Bittner, A.,** Lamellibranchiaten der alpinen Trias, Fortsetzg. (II. Tl.), s.: Waagen, Luk., die Lamellibranchiaten der Pachycardientuffe der Seiser Alm.

—— Micropsis Veronensis, ein neuer Echinide des oberitalienischen Eocaens. Lex.-8. (6 S. mit 1 lithogr. Taf.) Wien 888, (Gerold's Sohn.) *
Aus: Sitzungsberichte der k. Akademie der Wissenschaften, besonders abgedruckt.

— *Micropsis Veronensis*, ein neuer Echinide des oberitalienischen Eocäns (mit 1 Taf.). S. 88. I. 444 . . . . . . . . . . . . . . . . . . . . . vgr.
Separatabdruck

— Über *Phymatocarcinus speciosus Reuss* (mit 1 Taf.). S. 75. I. 65 . . . . . . . —.50
Separatabdruck

— die Pliocänbildungen v. Syrakus u. Lentini, s.: Fuchs. Th.

— s.a. Studien, geologische, in den Küstenländern des griech. Archipels.

— Bergerstein, Calvert, Heger, Hilber, Neumayr und Teller: Geologische Studien in den Küstenländern des griechischen Archipels (mit 15 Taf., 5 Karten und 14 Textfiguren). Separatausgabe von D 40 . . . . . . . . . . . . . . . . 35.—
Separatabdruck

— M. Neumayr u. Fr. Teller, Überblick über die geologischen Verhältnisse eines Theiles der ägäischen Küstenländer. Mit 3 (chromolith.) Karten. [Aus: „Denkschriften d. k. Akad. d. Wiss."] Imp.-4. (39 S.) Wien 880. Gerold's Sohn in Comm. n. 6. —

— Neumayr M. und Teller F.: Überblick über die geologischen Verhältnisse eines Teiles der ägäischen Küstenländer (mit 3 Karten). D 40. 379 . . . . . . . . . 6.—
Separatabdruck

Bittner, A.: Geologische Uebersichtskarte von Bosnien-Herzegowina, s. Mojsisovics, Edm. v.

**Bittner, Anton** —. Der fidele Christl. Lokal-Posse mit Gesang und Tanz in 3 Abtheilungen von — —. Musik von Adolph Müller. 8. (50 S.) Wien. Gedruckt bei Leopold Sommer. 1854.

Bittner, Ant., Domestikenstreiche, s.: Theater, neues Wiener. 161.

Bittner, Ant., Domestikenstreiche, s. Theater-Repertoir, Wiener.

Bittner, A: Eulenspiegel als Dieb, s. Bühne, Eichstätter.

Bittner, Ant., Eulenspiegel als Schnipfer, s. Theater-Repertoir, Wiener.

Bittner, Ant., O du verfluchtes Gesindel! Kleine Erinnerungen aus dem Leben eines kleinen Komödianten, wirklich Erlebtes und Gesammeltes. 8. (V, 72 S.) Wien 868, (Wallishausser'sche Buchh.) *

Bittner, Anton, O du verfluchtes Gesindel. Kleine Erinnerung aus dem Leben eines kleinen Komödianten, wirklich Erlebtes und Gesammeltes. fl. 8. (V. u. 72 S.) Wien, Wallishausser'sche Buchh. (Josef Klemm) in Comm. 1868. 1 fl.

—— die gebildete Köchin, s. Theater, neues Wiener.

– d. dreizehnte Mantel, s. Theater-Repertoir, Wiener. 98.

Bittner, Ant., Die Milch der Eselin, s.: Theater-Repertoir.

Bittner, Ant., das Milimadel von Dornbach, s. Theater-Repertoir, Wiener.

— Möbel-Fatalitäten, s.: Theater-Repertoir, Wiener.

—— eine leichte Person, s. Theater-Repertoir, Wiener. 144.
—— nur keine Protection, s. Theater-Repertoir, Wiener. 84.
—— die beiden Sekretäre, s. Theater-Repertoir, Wiener. 155. Lfg.

– Die beiden Sekretäre, s. Bühne, Eichstätter

**Bittner, A.** — Das Ultimatum in der Luft. Schwank in einem Akte von — — und J. Grün. 8. (16 S.) Wien. Gedruckt bei J. B. Wallishausser. 1853.

– von Wien nach London–Tostl, s. Theater-Repertoir, Wiener. 147. lfg.

**Bittner,** Dav. Aemil., chronicon Braunense. E ms. codice monasterii Břewnoviensis ed. Wencesl. Wladiwoj Tomek. 8. (38 S.) Prag 875. Rziwnatz in Comm. n. — 50

Bittner, E.: Die Fabriks-Buchführung f. Webereien, s. Bittner, Emil

Bittner, E.: Status d. Professoren u. Lehrer an österr. Handelslehranst., s. Bittner, Eduard

Bittner, Ch., der Einfluß des Capitales auf Gesittung u. Wohlfahrt. 8. (61 S.) Wien 878. Hölder in Comm. n. 1.—

Bittner, Eduard, Die an der Wiener Börse cotirten Effecten. (Sep.-Abdr. aus d. Jahresberichte der Wiener Handels-Akademie für 1892/93.) Gr.-8. (166 S.) In Comm. 1.40

Bittner, Ed., die an der Wiener Börse cotierten Effecten. Progr. gr. 8. (169 S.) Wien 893. A. Hölder. n. 2. 50

Bittner, Ed., Leitfaden der Handelslehre f. Handelsschulen. gr. 8. (III, 68 S.) Prag 883. (Mercy.) n. 1. 20

Bittner, Ed., d. polit. Parteien u. d. Ende d. Coalition. E. Studie. gr. 8. (III, 40 S.) Wien 895. C. Konegen n. 1.—

Bittner, Eduard, u. a. Status der Professoren u. Lehrer an österreichischen Handelslehranstalten.

— u. Eug. Schigut, Status der Professoren u. Lehrer an österreichischen Handelslehranstalten. Zusammengestellt auf Grund v. Orig.-Berichten. Subventioniert vom hohen k. k. Ministerium f. Kultus u. Unterricht. (III, 120 S. m. 3 Tab.) 8. Wien 905. A. Hölder. Geb. n. 2. 60

Bittner, Emil, die Fabriks-Buchführung f. Webereien. Ein Lehrb. f. Textilschulen, sowie f. d. Gebrauch der in der Praxis beschäft. Comptoiristen u. solche, die es werden wollen. Bearb. auf Grund langjähr. prakt. Erfahrgn. gr. 8. (40 S.) Wien (902). A. Hartleben. Geb. in Leinw. n. 1. 50

Bittner, Emil, Katechismus der Bindungslehre f. den Selbstunterricht sowie als Behelf f. Webeschulen. I. u. II. Tl. gr. 8. Brünn, Verlag d. „Brünner Monatsschrift f. Textilindustrie". Geb. à nn 10.—; m. eingeklebten Stoffmustern (à 19 S.) à nn 12. 50

I. Bindungen f. einfache Schaftgewebe. (64, IV u. 390 S. m. Abbildgn.) 909.

II. Bindungen f. verstärkte u. Spezialschaftgewebe. — Systemat. Aufbau der Bindgn. f. verstärkte u. Spezialschaftgewebe nebst Anleitgn. zur Analyse v. verstärkten, Doppel- u. mehrfachen Geweben. (134, IV u. 300 S. m. Fig.) 910.

— Der Musterwebstuhl u. d. Dessinieren, s: Fachschulwesen, Deutsches.

— der Musterwebstuhl u. das Dessinieren auf demselben, s.: Malcomes, Carl, die deutschen Fachschulen f. Textilindustrie. II.

— Ueber Tringlesweberei u. deren Anwendung in der Baumwoll- u. Leinenweberei zur Herstellung v. Damastgeweben ohne Vorderschäfte u. Kreuzfach. (17 S. m. Abbildgn.) Lex. 8. Berlin 909. Verlag f. Textil-Industrie. 1.—
Sonderabdruck aus „Ztschr. f. Textil-Industrie".

Bittner, F.: Lehrb. d. kath. Moraltheol., s. Bittner, Franz Seraph.

Bittner, F. H., Tractatus de Cephalalgia. 8 maj. Wien 825. (Beck). 10 gr

Bittner, Florianus (geb. Heinersdorf bei Frankenstein in Schles. 25. 8. 1828): De corporibus luteis. Vratislaviae (1853). (32 S.) 8°

Breslau, Med. Diss. v. 1. Okt. 1853

Bittner, Dr. Francisc. Seraph. (Posnaniens. Prof.), de civitate divina Commentarii. 8. maj. Mogunt. 1845, Kupferberg. 2⅔ Thlr. — 4 fl. 20 kr.

Bittner, Frz., über die Geburt, Auferstehung und Himmelfahrt Jesu Christi des Welterlösers. Eine katholisch-dogmatische Studie. gr. 8. (90 S.) Regensburg 859, Manz.

Bittner, Frz., Lehrbuch der katholischen Moraltheologie. Regensburg 855. Manz. gr. 8. (XX, 562 S.) 2 ℛ

Bittner, Franz Seraph., die kathol.-dogmat. Lehre v. d. Mysterium d. heil. Eucharistie, mit besond. Rücksicht auf d. patristischen, speculat. Ideen dargest. gr. 8. (10 B.) Posen 838, Heine.

Bittner, Franc., de Ciceronianis et Ambrosianis officiorum libris commentatio. gr. 4. (29 S.) Brunsbergae Borussorum 849. (Vratislaviae, G. P. Aderholz.) 1/6 ℛ

Bittner, Franciscus: De catholicae theologiae Romanae inter praecipua philosophiae genera salutari ac coelesti mediocritate. Vratislaviae (1850). (55 S.) 8°

Breslau, Kath.-theol. Fak., Antr.-Progr. als ord. Prof. v. 6. Juli 1850

— de numero sacramentorum septenario. Epistola critica ad Prof. Dr. Geo. Ludov. Hahnium. Breslau 859. Max & Co. gr. 8. (10 S.) 3 ngr.

Bittner, Franc., De catholicae theologiae Romanae liberalibus studiis. 1847.

Bittner, Frz. Seraph., die Welt und ihre religiöse Geschichte. Ein Patristischer Grundriß zu Vorlesungen üb. römisch-kathol. Dogmatik. 8. Breslau 838. Aderholz. 1/2 ℛ

Bittner, H. T., [illegible] compendiaria, qua antiquae nobilitatis insignia Holzschuheriana aliquantum dilucidantur etc. Altdorfiae 1742. 4.

*Bittner Dr. J.:* Die elementare Behandlung der Physik. (35.) Steyr R. 77. Progr.

Bittner, J.: Systematisch geordnetes Verzeichnis d. Programmarbeiten österr. Mittelschulen, s. Bittner, Josef

— J. (Caplan). Wir wissen, an wen wir glauben. Predigt. 8. Ebd. 1845. 3 Ngr.

Bittner, J., wir wissen, an wen wir glauben. Predigt über das heil. Sacrament der Priesterweihe, gehalten am weißen Sonntage. 8. Breslau 846, Fr. Aderholz. 3 ngr

Bittner, J., Wir wissen, an wen wir glauben. Predigt üb. das hl. Sacrament der Priesterweihe, gehalten am weißen Sonntage. 8. (24 S.) Breslau 847, Fr. Aderholz. 3 ngr

Bittner, J. C., u. Vikt. Kulisch, die Gewerbevorschriften, zur praktischen Verwendung f. Handels- u. Gewerbetreibende, Industrielle, gewerbliche Hilfsarbeiter, Genossenschaftsfunktionäre, Gewerbebehörden etc. etc. m. besond. Berücksicht. der durch das neue Gewerbegesetz vom J. 1907 bewirkten Änderungen zusammengestellt u. bearb. Mit Formularien. ((VIII, 440 S.) gr. 8. Wien 908. M. Perles. 6.—; geb. in Leinw. 7.—

(Bittner, Johann). Die Post in Karlsbad. Geschichtliche Darstellung ihrer Entwicklung. Prag. Im Selbstverlag 1908.
390 S., 24 Taf. 8°.

Bittner Josef: Direktor Vinzenz Faustmann. †. 7. Czernowitz II. St. G. 02. Progr.

Systematisch geordnetes Verzeichnis der Programmarbeiten österreichischer Mittelschulen. Angelegt von Josef Bittner. Th. 1–3. Teschen: S. Stuks (3: Czernowitz: Selbstverl.) 18(90–)1906. 2 Bde 8°
1. 2. Aus d. Jahren 1874–1889. 18(90–)91.
3. ⟨Die Arbeiten aus d. Jahren 1890–1905 enthaltend.⟩ 1906.
1 aus: Programm d. k. k. Staatsgymn. in Teschen. [06. 13084

Bittner, Jules, Läutejungen. Eine Schilderg. ländl. Lebens (III, 254 S.) 8. Dresden 909. E. Pierson. 3.—; geb. n 4.—

Die rote Gred. 3 Akte von Julius Bittner. Mainz: B. Schott's Söhne [1907]. (51 S.) 8° [07. 13878

Der Musikant. 2 Akte von Julius Bittner. [Textbuch.] Mainz: Schott 1909. 80 S. 8° [11. 8904

Bittner Ludwig: Die Begründung der Normandie. II. 1898 PN 1115 Diss. Wien, Univ. 810

Bittner, Ludw., das Eisenwesen in Innerberg-Eisenerz bis zur Gründung der Innerberger Hauptgewerkschaft im J. 1625. gr. 8. (196 S.) Wien 901. C. Gerold's Sohn. n. 4. 20
Sonderabdruck aus: „Archiv f. österr. Geschichte".

Bittner Ludwig: Das Eisenwesen in Innerberg-Eisenerz bis zur Gründung der Innerberger Hauptgewerkschaft im Jahre 1625. Ar. 89. 451 . . . . . . . . . . . . vgr.
Separatabdruck

Bittner, Ludw., die Geschichte der direkten Staatssteuern im Erzstifte Salzburg bis zur Aufhebung der Landschaft unter Wolf Dietrich. 1. Die ordentl. Steuern. (83 S.) gr. 8. Wien 903. (C. Gerold's Sohn.) n. 1. 90
Sonderabdruck aus: „Archiv f. öst. Gesch."

— Die Geschichte der direkten Staatssteuern im Erzstifte Salzburg bis zur Aufhebung der Landschaft unter Wolf Dietrich. 1. Teil: Die ordentlichen Steuern. Ar. 92. 483 . . . . . . . . . . . . . . . . . . . . 1.90
Separatabdruck

Die österreichischen Staatsverträge von 1526 bis 1763 von Ludwig Bittner. *Wien: A. Holzhausen 1903.* (XXI, 228 S.) 4°(8°)
— Verzeichnis, Chronologisches, d. österr. Staatsverträge. 1.
— Veröffentlichungen d. Kommission f. neuere Geschichte Österreichs. [1,] 1. [03. 13974

Bittner, Ludw., chronologisches Verzeichnis der österreich. Staatsverträge, s.a. Veröffentlichungen der Kommission f. neuere Geschichte Österreichs. 8.

— chronologisches Verzeichnis der österreichischen Staatsverträge. I. Die österreich. Staatsverträge von 1526—1763. (Veröffentlichungen der Kommission f. neuere Geschichte Österreichs.) (XXI, 228 S.) gr. 8. Wien 903. A. Holzhausen. n. 7. —

Bittner, L., Chronologisches Verzeichnis der österreichischen Staatsverträge II. Die österreichischen Staatsverträge von 1763 bis 1847. [Veröffentlichungen der Kommission für neuere Geschichte Österreichs. 8.] Gr.-8°. (XXXVII, 349 S.) K 12.—
Wien: Holzhausen 1909

BITTNER, Martin (Dingolfing): Versuch radicaler Heilung bei Retroflexio uteri.- München: Wolf 1880. 24 S.
16.4.1880 - Urk (Titel: De retroflexione uteri radicaliter curanda.); Chr 1879/80,14
Diss. Ingolst.-Landsh.-Mchn.

Bittner, Max, s.a. Bittner, Maximilian

Bittner, Max, s.: Al-Aǵǵâg, d. erste Gedicht a. d. Dîwân.

— s.: Capitel, die topograph., d. ind. Seespiegels Mohît.

— s.: Tschelebi, Mehmed.

Bittner, Max, s.: Zeitschrift, Wiener, f. die Kunde des Morgenlandes.

Bittner, Maximilian
— Der vom Himmel gefallene Brief Christi in seinen morgenländischen Versionen und Rezensionen (mit 8 Taf.). D 51/1 . . . . . . . . . . . . . . . . . . . . 16.—
Separatabdruck

— Die heiligen Bücher der Jeziden oder Teufelsanbeter. Nachtrag. Die kurdischen Vorlagen mit einer Schrifttafel. D 55/5 . . . . . . . . . . . . . . . . . . . 2.—
Separatabdruck

— Die heiligen Bücher der Jeziden oder Teufelsanbeter (kurdisch und arabisch). Herausgegeben, übersetzt und erläutert nebst einer grammatischen Skizze. D 55/4 . 7.80
Separatabdruck

— Der Einfluß des Arabischen und Persischen auf das Türkische. Eine philologische Studie. S. 142 3 . . . . . . . . . . . . . . . . . . . . . . . 2.60
Separatabdruck

Bittner Maximilian: Das erste Gedicht aus dem Divan des arabischen Dichters Al-'Aǵǵâǵ.
H. 1891 PN 705 Diss. Wien, Univ.

Bittner, Dr. Maximilian, Das erste Gedicht aus dem Diwân des arabischen Dichters Al-'Aǵǵâǵ. Nach den Handschriften von Constantinopel, Kairo und Leiden. Gr.-8. (56 S.) 1.15
Wien: Hölder 1896

Bittner, Max, Studien zur Laut- u. Formenlehre der Mehri-Sprache in Südarabien, s.a. Sitzungsberichte der kaiserl Akademie der Wissensch. in Wien, Philos.-histor. Kl. 162, V

— Studien zur Laut- und Formenlehre der Mehrisprache in Südarabien: 1. Zum Nomen im engeren Sinne. S. 162/5 . . . . . . . . . . . . . . . . . 3.10
— — 2. Zum Verbum. S. 168/2 . . . . . . . . . . . . . . . . . . . 3.50
Separatabdruck

— Studien zur Laut- und Formenlehre der Mehrisprache in Südarabien: 3. Zum Pronomen und zum Numerale. S. 172/5 . . . . . . . . . . . . . . . . 2.60
Separatabdruck

— Studien zur Laut- und Formenlehre der Mehrisprache in Südarabien: 4. Zu den Partikeln. (Mit Nachträgen und Indizes.) S. 174/4 . . . . . . . . . . . . 2.20
— — 5. (Anhang.) Zu den ausgewählten Texten. 1. Nach den Aufnahmen von Dr. David Heinrich von Müller. S. 176/1 . . . . . . . . . . . . . . 2.20
Separatabdruck

— der Kurdengau Uschnûje u. d. Stadt Urûmije. Reiseschildergn. e. Persers, i. Orig.-Texte hrsg., übers. u. erläut. v. B. [A.: „Sitzungsber. d. k. Akad. d. Wiss."] Lex.-8. (97 S.) Wien 895. (C. Gerold's Sohn.) n. 2. —

Bittner Maximilian, Dr.: Der Kurdengau Uschnûje und die Stadt Urûmije. Reiseschilderungen eines Persers, im Originaltexte herausgegeben, übersetzt und erläutert. S. 133 3 . . . . . . . . . . . . . . . . . . . 2.—
Separatabdruck

Bittner, Dr. Maximilian, Der Kurdengau Uschnûje und die Stadt Urûmije. Reiseschilderungen eines Persers, im Originaltexte herausgegeben, übersetzt und erläutert. Gr.-8. (97 S.) 1.—
Wien: Tempsky 1895.

— Vorstudien zur Grammatik und zum Wörterbuche der Soqotrisprache I. S. 173/4 . 1.—
Separatabdruck

Bittner, Otto, a. Plattling: Die Eheerschleichung ⟨§ 170 R.St.G.B.⟩. E. strafrechtl. Abhandlung. Borna-Leipzig 1907: R. Noske. (69 S.) 8°
Würzburg, Jur. Fak., Ref. Oetker, Diss. v. 18. Aug. 1907
[Geb. 15. Juli 83 Plattling; Wohnort: Regensburg; Staatsangeh.: Bayern; Vorbildung: Gymn. München Reife Juli 02; Studium: München 8 S.; Rig. 23. Juli 07.]

Bittner, Reinhardus (Paulus Henricus) *(geb. Dreißighuben bei Reichenbach in Schles. 29. 7. 1840)*: De prolapsu uteri et vaginae. Vratislaviae (1866). (29 S.) 8°
Breslau, Med. Diss. v. 3. Juli 1866

Bittner, W. (Hrsg.), s. Stenographenfreund, Der.

Bittner, Wilhelm

Bittner, Wilh., vollständige Geschichte des deutschen Krieges gegen Frankreich. Für die Jugend und ihre Freunde. 2. Ausg. 8. (III, 268 S. mit 4 Chromolithogr.) Liegnitz 871, Cohn. cart.

—— das glorreiche Jahr 1870. Deutschlands Krieg gegen Frankreich. Für die Jugend und ihre Freunde. 8. (III, 172 S. mit 4 Illustr. in Farbendr.) Liegnitz 870, Cohn. geb.

Bittner, W. Das glorreiche Jahr 1870. Deutschlands Krieg gegen Frankreich. (III. 172). 8. Liegnitz 1870. 2.00 — 2. Ausg. Vollständige Geschichte des deutschen Krieges gegen Frankreich (III. 268) 8. ib. 1871. 2,00.

Bittner, Wilh., über die Radicaloperation des Leistenbruchs, s.a. Wander-Vorträge, medicinische. 54. Hft.

Ueber die Radicaloperation des Leistenbruches, nebst Bemerkungen zur Aetiologie, Anatomie, Klinik desselben. Von Dr. Wilhelm Bittner. *Berlin: Fischer 1900.* (26 S.) 8°
— Wander-Vorträge, Medizinische. II. 54. [00. 5958

—— brieflicher Unterricht zur Selbsterlernung der Stenographie nach dem Stolze'schen Systeme. 4. verm. und verb. Aufl. 15 Briefe. gr. 8. (152 lithogr. S.) Liegnitz 870, Cohn. à Brief 40 Pf.

—— Unterrichtsbriefe zur Erlernung der Stenographie nach dem Stolze'schen Systeme. 12 Briefe. 1.—3. Aufl. gr. 8. (132 lithogr. S.) Jauer 869, (Hiersemenzel.) à Brief * ℳ 40 Pf. *

— — 4. verm. u. verb. Aufl. (In 15 Briefen.) (à 12 S.). Liegnitz 870. Cohn. gr. 8. Jeder Brief 4 ngr.

Bittneri, Franc.: De civitate divina commentarii, s. Bittner, Franz Seraph.

BITTON, Kaspar (Bamberg): Menstruations-Blutung.- Bamberg: Schmidt (1872). 16 S. 10.7.1872 - Ork (Titel: De menstruatione.); Chr 1871/72,20
Diss. Ingolst.-Landsh.-Mchn.

Bittong, Frz.

—— am Königsstuhl zu Rhense. Allegorisches Festspiel in einem Aufzuge. Aufgeführt auf dem Stadttheater zu Mainz am Geburtsfeste Sr. Majestät des Kaisers. gr. 8. (11 S.) Mainz 871, Faber. *

Bittong, Frz., am Königsstuhl zu Rhense. Allegorisches Festspiel in e. Aufzuge. Aufgeführt auf dem Stadttheater zu Mainz am Geburtsfeste Sr. Maj. d. Kaisers. gr. 8. (11 S.) Mainz 871. Lesimple. n. — 50

—— Plaudereien üb. d. Reform d. deut. Bühne. 8. (35) Stett. 73. (Bulang Nf.) (?) n. — 75

— Plaudereien üb. die Reform der deutschen Bühne. gr. 8. (35 S.) Stettin 873. (Bulang Nachf.)? n. — 75

Bittong, Frz., und Bernh. Büsch, die Plaudertasche, s. Universal-Bibliothek Nr. 1747.

**Bittong, Joseph:** Eingriff in die Erziehungsgewalt der Eltern. Straßburg 1907: M. DuMont Schauberg. (VII, 71 S.) 8°
Straßburg, Rechts- u. staatswiss. Fak., Ref. v. Tuhr, Diss. v. 25. Juli 1907
[Geb. 27. Mai 82 Nieder-Ulm (Hessen); Wohnort: Mainz; Staatsangeh.: Hessen; Vorbildung: Gymn. Mainz, Reife M. 01; Studium: München 2, Heidelberg 3, Gießen 2, Straßburg 3 S.]

Bittonus, Bapt.: Tractt. tres I. constitutt. Pontificiae et decisiones ad confessarios utriusque cleri spectantes. II. Universalis sacrorum rituum Congregationis decreta. III. Constitutiones Pontificiae — ad Parochos utriusque cleri spectantes. *Aug. Vind.* s. a. 8.

Bitt-, Lob-, und Dankopfer, seraphisches, s. Lob-, Dank- und Bittopfer.

Bittorf (in Rentweinsdorf), Wandkarte von Unterfranken u. Aschaffenburg. Roy.-Fol. (6 lithog. u. color. Blätter u. Text.) Würzburg 845, Voigt u. Mocker. n. 1 ₰

**Bittorf, A:** Der Wasser- u. Kochsalz-Stoffwechsel u. s. Bedeutg f. Pathol. u. Therapie, s: Sammlung zwangloser Abhandlgn aus usw. Verdaugs- u. Stoffwechsel-Krankh.

**Bittorf, Alexander,** approb. Arzt aus Leipzig: Ueber die Folgen hoher, totaler Rückenmarksdurchtrennung. Ein Beitrag zur Anatomie, Genese u. Symptomatologie d. Rückenmarkstumoren. *[Königsbrück] (1902): [Barth].* (39 S.) 8°
Leipzig, Med. Diss. v. (2. Dez.) 1902

**Bittorf, Alexander,** Dr. med., Assistent d. medizin. Klinik: Die Pathologie der Nebennieren und der Morbus Addisonii. Klin. u. anatom. Untersuchungen. Jena: G. Fischer 1907. (166 S.) 8°
Breslau, Med. Fak., Hab.-Schr. v. 18. Dez. 1907
(Nicht für den Austausch)

Die Pathologie der Nebennieren und der morbus Addisonii. Klin. u. anatom. Untersuchungen von Dr. Alexander **Bittorf**, Privatd. Jena: G. Fischer 1908. (166 S.) 8° [08. 5815]

Bittorf, P., allgemeine Lesetafel. Ein Erleichterungsmittel beim Lese-Unterrichte für Lehrer u. Schüler. Mit 3 Abbildd. und 3 Tabb. gr. 8. Bamberg 833, Lachmüller. 1/4 ₰

—— erste Lese-Uebungen f. Kinder, genau nach e. method. Stufenfolge v. Leichtern z. Schwerern geord. Für Schulen u. z. Privatgebr. 8. (5 B.) Bamberg 833, Lachmüller.

Bittorf, W., Erzvätergeschichten, s.: Religionsunterricht. evang. 8. Bd.

— Methodik des evangelischen Religionsunterrichts in der Volksschule, s.: Religionsunterricht, evangelischer. 2. Bd.

**Bittrich & Simon:** Liste [über Drahtbürsten]. Chemnitz-Schönau (1910?)

**Bittrich, Erich,** „was ist recht u. wahr im Leben" — Gedichte. (VIII, 59 S.) 8. Dresden (907). E. Pierson. 1.—; geb. n 2.—

**Bittrich, G, u. R Huster:** Industrie u. Mutterberuf. Vorschl. z. Errichtg obligator. Mädchen-Fortbildgsch. in Fabrikgegenden. 8° (87) Plauen 98, A Kell. 1 —

Bittrich, G., u. R. Huster, Industrie u. Mutterberuf. E. Vorschlag z. Errichtg. obligator. Mädchen-Fortbildungsschulen in Fabrikgegenden. gr. 8. (87 S.) Plauen 898. A. Kell. n. 1. —

Bittrich, J., v. Berg nach Herren-Chiemsee. Eine Wanderg. gr. 4. (38 S.) Königsberg 887. Gräfe & Unzer. n. — 60

**Bittrich, Karl,** Referendar: Folgen der Anfechtung eines Testaments. Wiesbaden: Moritz & Münzel 1907. (VIII, 40 S.) 8°
Heidelberg, Jur. Fak., Ref. Bekker, Diss. v. 1907
[Geb. 3. Mai 79 Rodmannshöfen b. Königsberg i. Pr.; Wohnort: Berlin; Staatsangeh.: Preußen; Vorbildung: Kaiser-Wilhelms-Gymn. Königsberg i. Pr.; Gymn. Wiesbaden, Kaiserin-Auguste-Viktoria-Gymn. Weilburg a. L. Reife M. 00; Studium: Marburg 2, München 2, Berlin 7 S.; Rig. 8. März 06.]

Bittrich, Max, deutsche Frauen, deutsche Treue, od. Frau Burgemeistern v. Rathenow. Vaterländisches Drama. 8. (III, 36 S.) Rathenow 892. M. Babenzien. n. 1. —; kart. n. 1. 25; geb. n. 2. —

**Bittrich, M:** Frohe Geschichten, s.: Kürschner's, J, Bücherschatz.

**Bittrich, Max:** Fidele Kameraden, s.a. Kürscher's Bücherschatz 524.

Fidele Kameraden. Frohe Geschichten von Max **Bittrich.** Mit Ill. von A. Lewin. Berlin, Leipzig: H. Hillger [1906]. (95 S.) 8° [F.]
— **Bücherschatz,** Kürschners. No 524. [07. 13341]

Kämpfer. Ein Roman aus d. neuen Völkerwanderung von Max Bittrich. *Berlin: H. Costenoble 1903.* (335 S.) 8° [F.]
(Romane u. Novellen neuzeitl. Schriftsteller. Ausg. Costenoble.)

— Tuchmachers Käthe, s.a. Meyer's, Ulr., Bücherei. Nr. 12.

Tuchmachers Käthe und ihre Abenteuer im dreißigjährigen Kriege. Nach alten Tagebuch- u. Chronikblättern wiedererzählt von Max **Bittrich.** Berlin: U. Meyer [1905]. (77 S.) 8° [F.]
— **Bücherei,** Ulrich Meyer's. 12.

—— Minnen u. Sinnen. Gedichte. 12. (64 S.) Forst i. L. 889, Hoffmann Nachf. * 1 —

Bittrich, M, Minnen u. Sinnen. jetzt Forst, O Kunze.

Bittrich, Max, Schatzgräber, s.a. Meyer's, Ulr., Bücherei.

Schatzgräber. Geschichten von ernsten u. heiteren Leuten von Max **Bittrich.** Mit 3 Ill. Berlin: U. Meyer [1907]. (79 S.) 8° [F.]
— **Bücherei,** Ulrich Meyer's. No 29.

Bittrich, Max: Der Schwarzwald, s: Volhagen u. Klasing's Volksbb. 11.

— Sonnenschein. Frohe Geschichten, s.a. Kürschner's, Jos., Bücherschatz.

Sonnenschein. Frohe Geschichten von Max **Bittrich.** Mit Ill. von A. Lewin. Berlin, Eisenach, Leipzig: H. Hillger [1905]. (111 S.) 8° [F.]
— **Bücherschatz,** Kürschners. No 463.

— Spreewaldgeschichten, s.a. Bücher, die, des deutschen Hauses.

— Spreewald-Geschichten. Heiteres u. Ernstes a. d. Spreewald-Leben. 8° (103) Lpzg 92. (Berl., J Gnadenfeld & Co.) 1 —

— Spreewald-Geschichten. Heiteres u. Ernstes aus dem Spreewald-Leben. 8. (103 S.) Leipzig 892. W. Ottmann. n. 1. —

Spreewaldgeschichten von Max **Bittrich.** Ill. von F. Jüttner. Berlin-Leipzig: Buchverl. fürs Deutsche Haus 1908. (304 S.) 8° [F.]
— **Bücher,** Die, d. Deutschen Hauses. Reihe 2, Bd 40.

Bittrich, Max, Neue Spreewaldgeschichten. 8. (VII, 125 S. m. Titelbild u. 1 Abb.) Leipzig 898. G. H. Meyer. n. 2. —; geb. n. 3. —

(B) — Neue Spreewaldgeschichten. 898. (KBL 29.) Jetzt: Berlin, F. Wunder. Erm. Pr. 1.50; geb. 2. —

Bittrich-Rodmannshoefen, J.

**Bittrich-Rodmannshoefen, 14 Tage auf ungarischem Boden.** Erinnerungsblätter an die landwirthschaftl. Excursion in Ungarn im Septbr. 1885. gr. 8. (144 S.) Königsberg 886, Bon's Buchh. *

**Bittrich-Rodmannshoefen**, J. v. Borg nach Herren-Chiemsee. Eine Wanderg. 4. (38) Königsb. 87. Gräfe & U. n. — 60

Bittrich-Kloster. (Frauenkloster bei St. Christoph.) — Bittrich voll dess himmlischen Manna, u. süssen Morgen-Thau. D. i.: histor. Discurs, von d. Ursprung, Fundation, Auffnamb, glücklichen Fortgang, Tugend-Wandel, vnd andern denckwürdigen Sachen dess löbl. *Frauen-Closters, Ordens der dritten Regul dess Heil. Francisci, bey Sanct Christophen im Bittrich* genannt, in der Chur-Fürstl. Residentz-Stadt München. Mit Erlaubniss der Obern. München, getruckt bey Joh. Luc. Straub, gem. hochlöbl. Landschaffts Buchdruckern, 1721. 4°. Hchagr., sehr schönes Expl.

Dem Kurfürsten Max Emanuel vom Convent gewidmet. Gründung d. Klosters um 1284. Ein Münchener Bürger, Ludw. Bittrich d. Aelt., machte 1295 den „Geistlichen Frauen der Versammlung zu St. Christophen" eine reiche Grundstücks-Schenkung. — 8 Bll. (incl. TKpf. u. Ansicht d. Klosters) u. 201 S. A. E. ein „Lob-Spruch" auf d. Kloster in 10 achtzeil. Str. — Mit Kpfrn., sämmtl. gest. von Andr. Matthäus Wolffgang († 1736). — Selten!

Bittrig, Max (Red.), s. Land, Das Badener.

Bittrolff, über kalk- und eisenhaltige elastische Fasern in der Lunge. (17 S 1 T) Naumburg 1910

**Bittrolff** (Hrsg.), s. Verzeichnis der Büchersammlung der Loge Leopold zur Treue im Or.

**Bittrolff, R.**, d. Krieg in Deutsch-Südwestafrika. gr. 8. (52 S. m. 1 Karte.) Karlsruhe 895. J. J. Reiff. n. — 60

**Bittschreiben an Hrn. Dr. Bretschneider** s. a. Christ. Sincerus.

**Bittschreiben an d. Herrn D. Bretschneider:** der evangelischen Kirche doch ja ihren guten Namen zu erhalten. Von Christianus Sincerus. gr. 8. (2 B.) Berlin 834, Logier.

**Bittschreiben**, ehrfurchtsvollstes u. unterthänigstes offenes, an alle protestant. Fürsten u. Regierungen in Angelegenheit der Gustav-Adolph-Vereine von einem redlichen Protestanten im Namen aller Genossen seines Bekenntnisses. gr. 8. Magdeburg 844, Baensch. 1/8 ℛ

**Bittschreiben, Offenes,** die Ordnung des Religionsunterrichts in der Volksschule Sachsens betreffend. Leipzig 1853. V: *Hauschild, Ernst Innocenz & Andere.* (Bibl. d. stat. Bureaus. Dresden 1890.)

**Bittschreiben**, offenes, an die in Evangelicis beauftragten Herren Staatsminister: Es möge der Religionsunterricht in der Volksschule Sachsens dergestalt geordnet werden, daß die für den systematischen Religionsunterricht bestimmten Spruchsammlungen aus Luthers Bibelübersetzung geschöpft werden, dagegen in den Bibellesestunden eine andere, berichtigte, gereinigte u. gemeinverständliche Uebersetzung der heil. Schrift in Anwendung komme; und es möge deshalb §. 44, 1 a. der zum Volksschulgesetz gehörigen Ausführungsverordnung dahin erweitert werden. Leipzig 853. Serig in Comm. gr. 8. (24 S.) 6 ngr

„Allerunterthänigste Bittschrift der zur Ostermesse 1819 in Frankfurt am Main versammelten deutschen Kaufleute und Fabrikanten um Aufhebung der Zölle und Mauthen im Innern Deutschlands und um Aufstellung eines allgemeinen deutschen auf dem Prinzip der Retorsion beruhenden Zollsystems gegen die angränzenden Staaten. Eingereicht durch Professor List aus Tübingen, als Bevollmächtigten der Bittsteller, den 20sten April 1819". — Vorh.: Com. Bibl. Hamburg und StB Nürnberg.

**Bittschrift d. Armen an d. Gesetzgeber Helvetiens** (wegen Abschaffung d. Zehnten, v. D. Müslin). 8. Bern 798.

**Bittschrift** der verwittweten Erzherzogin Austria an ihren neuen Gebieter Loepold II. [Wien] 1790. V: *Blumauer, Joh. Alois.* (EB)

**Bitt- und Beschwerdeschrift** an die schweizerische Bundesversammlung in Sachen der Frau Josepha Inderbitzin ... Glarus 1859. V: *Bruhin, Casp. Alois.* (Cat. d. Stadtbibl. Zürich. Zürich 1864—97.)

[F.] Eine **Bittschrift** evangelischer Böhmen an den Regensburger Reichstag. Nach ungedr. Quellen hrsg. v. Otto Steinecke, Pastor zu Staritz. *Leipzig: C. Braun 1897.* (32 S.) 8.
= **Flugschriften** d. Evangel. Bundes. [No] 137. '(Reihe 12,5.)' (97.486)

Bittschrift, gerichtet an die hohe Bundesversammlung durch das Comite der zu Posieux am 24. Mai 1852 gehaltenen Versammlung des freiburgischen Volkes. (Freiburg. den 4. Heumonat 1852.) 8. Bern 1852.

**Bittschrift** unehlich erzeugter Bürger Teutschlands an die teutschen Landesherren. Esslingen 1783. V: *Kerner, Johann Georg.* (MGT) (Adel)

**Bittschrift** der sehenden Bürger an einen Augenarzt. O. O. [17??] V: *Waser, Heinrich.* (ML)

**Bittschrift, Einicher wohlgesinnter vaterländischer Burger** ..., ... wider den in hiesiger Stadt sich aufhaltenden sächsischen Oculisten Meiners. [Zürich 1742.] V: *Waser, Johann Heinrich.* (Cat. d. Stadtbibl. Zürich. Zürich 1864—97.)

Bittschrift. Ehrerbietige B' an den grossen Rath des Kantons Basel, Begleitschreiben an den kleinen Rath (Oktober 1830), und die Gleichheitsurkunde vom 20. Jenner 1798. 8. (Basel) 1830.

**— an d. deutsch. Fürsten, d. latein. u. griech. Sprache aus d. Schulen zu verbannen.** 8. Köthen 790. Glandenberg. 5 gr

**— an d. höhere Geistlichkeit.** 8. Leipz. 777. (W. Vogel). 3 gr

**Bittschrift** evang.-luth. Gemeindeglieder v. Schillersdorf an S. Exc. den kaiserl. Statthalter v. Elsaß-Lothringen. gr. 8. (11 S.) Straßburg 883. (Bomhoff.) n. — 20

Bittschrift an die Gemeinden der Erlauchten drey Bünde, zu Unterstüzung der ... durch das mailändische Capitulat 1639. allen unterthänigen Gemeinden zugesicherten Rechtsamen, deren Genuß einige Unruhstifter der rechtmäßigen, ursprünglichen Einwohnern von Clefen ... streitig machen. Dem Hochlöbl. großen Congreß eingegeben, den 16. März 1796. fol. *o. O.*

**Bittschrift** der Handwerkerinnungen in der Stadt Kiel an die Ständeversammlung des Herzogthums Holstein, betreffend den Entwurf zu einer Gewerbeordnung. Kiel. 1844 8°.

**— an den König in Preußen, wegen Anleg. einer Universität f. Frauenzimmer.** 4. Götting. 747.

Bittschrift an das Hohe Kurfürsten-Collegium nebst einer deutlichen Darstellung der Rechte des Prinzen Aloysius Gonzaga von Castiglione delle Rivero auf das Herzogtum Mantua und Fürstentum Sabionetta und Bozzolo. Mit Stammtfl. Frankfurt 1790. 4.

Bittschrift der sämtlichen Lieutenants und Unterlieutenants der Schweizern und Bündnern vom Garderegiment in Frankreichs Dienste. (Zu Courbevoye, den 27. Aug. 1789.) Uebersetzung. fol. *o. O.*

**Bittschrift** der geplagten Männer an die Mode. Braunschweig 1774. V: *Quirl, Just. Samuel.* (Gesch.-Bl. f. Magdeburg 35, S. 132—36) (Zeitschr. f. Büch. 1923, S. 80)

**Bittschrift, Jos. Murer's,** an den Zürcher Rath 1574. [Bern 1894.] V: *Schweizer, Paul.* (Cat. d. Stadtbibl. Zürich. Zürich 1864—97.)

— des Papiers an d. Gelehrten. 8. Philadelphia 789. (Hermann in Frankf.) 2 gr

Bittschrift des Papiers an die Gelehrten besonders von teutscher Art und Kunst. Philadelphia 1789. [Neudruck.](Gantzsch 1909: Riquet.) 28 S. 8°
Gewidmet d. Gesellschaft d. Bibliophilen zu Leipzig zu ihrem Jahresessen von Max Burckhardt u. Franz Verlohrer. 1909. 09. 7854

— an d. Großbritann. Parlament, wegen Abschaffung d. Glaubensunterschriften ꝛc. (v. S. W. Turner). 8. Danz. 772. Wedel. 3 gl.

**Bittschrift** der Wolfischen Philosophie an die Akademie zu R[ostock] 1737. V: *Spalding, Joh. Joach.* (JL)

— rechtfertigende, d. Cardinal v. Rohan an d. Parlament zu Paris ꝛc. 8. Leipz., Kummer. 4 gl.

**Rechtfertigende Bittschrift, dem Parlament zu Paris und dem Cardinal von Rohan übergeben, welche eine getreue Darstellung der Geschichte des berufenen Halsbandes enthält. 1786. 8°.**
**Cit. bei Hayn.**
**Betr. Cagliostro.**

— eine Reform im Großbritann. Parlamente betr., dem Hause d. Gemeinen überreicht v. C. Grey. 8. Hamb. 794. Gundermann. 4 gl.

**Bittschrift** an die Steuermänner und Capitäne aller christlichen Staaten als Ausführung der von »Schwarzgelb« angeregten Idee: durch und mit der Militär-Frage auch die sociale Frage zur Lösung zu bringen. Wien 1891. V: *Löbell, Ludwig.* (EB)

Unerledigte Bittschrift des Miron Czuperkowicz und des Andreas Pilide, Deputierte der Freisassen-Gemeinden Kimpolung etc an Se. Kaiserl. Königl. Majestät. Wien: Selbstverl. 1848.

Bittschrift des Vertheidigungs-Vereins vom [aargauischen] Freienamte an die hohe Tagsatzung in Zürich (den neuen Bundesentwurf [betreffend]). 8. Luzern 1833.

Anonym: „Bittschrift des gemeinen Wesens an die Kapitalisten und Wucherer", Frankfurt a. M. 1772.

Bittschrift der 10 Kreuzer Autoren. Wien, 1781. In der Johann Paul Krauss'schen Buchhandlung. 8° 16 S.
Satyre auf die Skribler. — Gugitz p. 138.

**Bittschrift** des Zentralverbandes der Gemeindebeamten Preußens um Abänderung des Gesetzes vom 30. Juli 1899, betr. d. Anstellung u. Versorgung der Kommunalbeamten. ([Berlin: Zentralverband d. Gemeindebeamten Preußens] 1907.) (20 S.) 4° [F.] 07. 8231

**Bittschrift** von hiesigen Zunftvorstehern an hochachtbare Versammlung der Landstände, mit einer Anlage an Kurfürstl. Minist. d. Innern, „die nöthig befundenen Abänderungen in der Zunftgesetzgebung betr." gr. 8. Cassel 841, Luckhardt. n. 1/8 rf

ANMUTHIGE Bitt Seufzer, die man in dem Gottes-Hause zu Solmár der allerseligsten Mutter Gottes Maria mit Herz und Mund darzubringen hat. Ofen 1799. Gedr. bey Katharina Landerer Wittwe. 2 f. - 8°

MITLEIDIGER Bitt-Seufzer zu der Schmerzhaften Mutter. O Maria, was für Schmerzen leidest du bei dem Kreuz. Ungarisch-Altenburg 1847: Alexander Czéh

**Bittstet, Bartholom. Caspar** (Wasungen/Henebg.), De prudenti medicamentorum continuatione. Diss. med.-pract. Präs. Friedr. Hoffmann. Halle (Ch. A. Zeitler) Sept. 1701. 32 S. (5.-) 2852
Dtsch. Widm. v.: Christian Fr. Sonnhoff.

**Bitumen.** Fachzeitschrift für die Roh- und Dachpappen-, Teerprodukte-, Asphalt-, Erdöl-, Gas-, Kokerei- etc. Industrie. Jg. 1—20. Wiesbaden 1903—22

**Bitumen.** Fachzeitung f. die Asphalt-, Teer-, Erdöl-, Paraffin- u. verwandte Industrie. Amtl. Organ des Verbandes deutscher Dachpappenfabrikanten E.V. in Berlin, d. Verbandes schweiz. Dachpappenfabrikanten in Horgen (Schweiz), des Verbandes der Dachpappen-, Teer- u. Asphalt-Industriellen in Österreich-Ungarn in Wien usw. Red.: E. Barnitzke. Hrsg.: St. Mattar. 7. u. 8. Jahrg. 1909 u. 1910. à 24 Nrn. (à ca. 16 S.) 33,5×26,5 cm. Wiesbaden, P. Plaum. à Jhrg. 10. —

**Bitumen.** Fachzeitschr. u. Organ z. Vertretg d. Fach- u. wirtschaftl. Interessen f. d. Roh- u. Dachpappen-, Holzzement-, Asphalt-, Holzstrassenpflaster- usw. Industrien. Red.: M. Krause. 8. u. 9. J. '10 u. '11 je 24 Nrn. ('11, Nr 1: 16) 33,5×26,5 cm. Wiesb., P. Plaum. viertelj. 2.50 ‖ 10. J. '12. Hrsg.: Steph. Mattar. Red.: K. Fulde. 24 Nrn. (384) viertelj. 3 —

**Bitzakos,** Johannes L. [aus Kalabryta (Griechenl.)]: Über Ovarialhernien ... München, Buchdr. v. M. Ernst. 1892; 52 S. 8.
München, Med. Fak., Inaug.-Diss. v. 1892

**Bitzan, Jos.,** kurz gefaßte Heimatkunde f. das 8. Schulj. der Volksschulen der Stadt Reichenberg. 2. verm. u. verb. Aufl. (24 S. m. 1 farb. Karte.) gr. 8. Reichenberg (904). P. Sollors Nachf. n. — 50

**Bitzaris,** Anton. (geb. Insel Psyra bei Kreta 1820): De carcinomate pulmonum. Berolini (1853). (31 S.) 8°
Berlin, Med. Diss. v. 22. Sept. 1853

Bitzel, C[arl]. Vom Werthe der Fremden Meinung. Ein Beitrag zur Pädagogik. 40 S. 8. Genf, [Isaac Soullier,] 1907.

**Bitzel, J.,** die Grundzüge der Mechanik, s. a. **Mäcken's, C.,** technische Handbibliothek.

**Bitzel** (J.), Grundzüge der Mechanik. Stuttgart 1854. 8. Nebst 9 Tafeln. Stuttgart 1855. 4.

**Bitzel, J.,** Die Grundzüge der Mechanik. 2. Aufl. Stuttgart 1861. Text 8°. Atlas 4°.

**Bitzel, J.,** die Grundzüge der Mechanik als Leitfaden bei Vorlesungen u. zum Selbststudium bearb. Mit 9 (lith.) Taf. in qu. Fol. Stuttgart 854. Mäcken. gr. 8. (VII, 336 S.) 1 rf 15 ngl

**Bitzel, J.,** die Grundzüge der Mechanik als Leitfaden bei Vorlesungen und zum Selbststudium bearb. 3., wohlf. (Titel-)Ausg. gr. 8. (VII und 336 S. mit Atlas, enth. 9 Stnt. in qu. Fol.) Stuttgart (861)68, Macken.

**Bitzer:** Arbeit u. Kapital, s. Bitzer, Friedrich

**Bitzer** u. A., üb. Fabrikgesetzgebg., Schiedsgerichte u. Einiggsämter. Gutachten. Leipz. 873.

**Bitzer:** D. Genesis der Volkswirthschaft, s. Bitzer, Friedrich

**Bitzer,** Friedrich

Bitzer F, kurze Anleitung zur Vollziehung der Gesetze des Norddeutschen Bundes über Reichstagswahlen, Passwesen, Freizügigkeit etc. Stuttgart 1870

**Bitzer,** [Frdr.] Kurze Anleitung zur Vollziehung der mit dem 1. Januar 1871 zur Anwendung kommenden Gesetze des Norddeutschen Bundes. Stuttgart: Metzler 1870.

**Bitzer, Friedr.,** kurze Anleitung zur Vollziehung der mit dem 1. Jan. 1871 in Württemberg zur Anwendung kommenden Gesetze des norddeutschen Bundes über Reichstagswahlen, Paßwesen, Freizügigkeit, Aufhebung der Ehebeschränkungen, Bundes- und Staatsangehörigkeit, auf Veranlassung des Ministeriums des Innern hrsg. gr. 8. (90 S.) Stuttgart 871, Metzler's Verlag. *

**Bitzer, Frdr.,** Arbeit u. Kapital. Ein Beitrag zum Verständnisse der Arbeiterfrage. gr. 8. (IV, 310 S.) Stuttgart 871. Bonz & Co. n. 1. —

—— Arbeit und Kapital. Ein Beitrag zum Verständnisse der Arbeiterfrage. gr. 8. (IV, 310 S.) Stuttgart 871, Metzler's Verlag. *

—— über öffentliche Arbeitsanstalten für Arme. Vortrag gehalten in der 41. General-Versammlung der Rheinisch-Westphälischen Gefängniß-Gesellschaft. 8. (32 S.) Cöln 868, (Roemke und Comp.) *

—— der freie Arbeits-Vertrag und die Arbeits-Ordnungen. gr. 8. (81 S.) Stuttgart 872, Metzler's Verlag. *

— neue allgemeine Bauordnung f. das Königr. Württemberg. Mit dem vollständ. Auslegungsmaterial u. Erläutergn. nebst ausführl. alphabet. Sachregister. gr. 8. (XII, 748 S.) Stuttgart 872. Metzler. n. 9. 60

— dasselbe. Supplement enth. die Vollzugsanordngn. zur Bau-Ordng. u. zu den m. derselben zusammenhäng. Vorschriften der Reichs-Gewerbe-Ordng., sowie die Kaminfeger-Ordng., e. Zusammenstellg. der Gegenstände der Ortsbau-Statuten u. e. ausführl. alphabet. Gesammt-Sachreg. gr. 8. (751–852. S.) Ebend. 873. n. 1. 40

—— neue allgemeine Bauordnung nebst den zu derselben gehör. Gesetzen und Verordnungen (für Württemberg). [Taschenausg.] Mit ausführl. alphabet. Sachregister versehen. gr. 16. (III, 216 S.) Stuttgart 873, Metzler's Verlag. *

— neue allgemeine Bauordnung nebst den dazu gehör. Gesetzen u. Verordnungen u. dem Ortsbau-Statut Stuttgart. [Taschenausgabe.] Mit ausführl. alphabet. Sachregister. 16. (252 S.) Ebend. 874. 1. 50

Bitzer, Friedr., die Bezirks-Armen-Arbeitshäuser im Königr. Sachsen mit besond. Rücksicht auf die Verhältnisse in Württemberg und mit Beifügung der hier bestehenden Vorschriften über Gemeinde-Armenhäuser. gr. 8. (IV und 92 S.) Stuttgart 864, Schaber.

— die Genesis der Volks-Wirthschaft. 865. — 2. Aufl. Stuttgart 870. Schaber. 8. (XL, 204 S.) 1 ₰

—— die Genesis der Volks-Wirthschaft. gr. 8. (VII und 204 S.) Stuttgart 866, Schaber.

Bitzer, F. Die Genesis der Volks-Wirthschaft. 2. Auflage. Stuttgart und Oehringen 1871.

Bitzer, Frdr., die socialen Ordnungen in weltgeschichtlicher Entwicklung. gr. 8. (V, 418 S.) Stuttgart 877. Bonz & Co. n. 8. —

Bitzer, Friedr., Philosophie d. Privatrechts. Ein Beitr. z. Rechtsphilosophie. gr. 8. (10½ B.) Stuttgart 840, Hoffmann'sche Vrlsbuchh. Thlr.

—— das Polizei-Strafrecht des Königr. Württemberg. 1. und 2. Abdr. gr. 8. (XII, 211 S.) Stuttgart 872, Metzler's Verlag. *

—— dass. — im Anschlusse an das Polizeistrafgesetz vom 27. Decbr. 1871 und die einschlag. Bestimmungen des Reichsstrafgesetzbuchs. 2. umgearb. Aufl. gr. 8. (314 S.) Ebendas. 874. geb. *

— das Polizei-Strafrecht des Königr. Württemberg im Anschlusse an das Polizeistrafgesetz vom 27. Decbr. 1871 u. die einschlagend. Bestimmungen des Reichsstrafgesetzbuchs. 3. umgearb. Aufl. 8. (X, 284 S.) Stuttgart 878. Metzler's Verl. cart. n. 3. 60

Bitzer, Friedr., die Realgemeinderechte, ihre Entsteh. u. Stellung in der Gegenwart, mit besond. Beziehung auf Württemberg beleuchtet. gr. 8. (3 B.) Stuttgart 844, J. F. Steinkopf.

—— das Recht auf Armenunterstützung und die Freizügigkeit, ein Beitrag zu der Frage des allgemeinen deutschen Heimathrechts. gr. 8. (VIII und 275 S.) Stuttgart 863, Schaber.

— Regierung u. Stände in Württemberg, ihre Organisation u. ihr Recht. gr. 8. (VIII, 402 S.) Stuttgart 882. Bonz & Co. n. 5. —

—— das System des natürlichen Rechts. gr. 8. (21 B.) Stuttgart 845, J. F. Steinkopf.

—— Vorschläge für ein deutsches Patentgesetz, beantragt durch die von der hohen deutschen Bundesversammlung durch Beschluß vom 24. Juli 1862 einberufene Commission von Fachmännern, mit Erläuterungen und einer Ausführung über die principielle Rechtfertigung des Patentschutzes. 8. (VIII und 140 S.) Stuttgart 864, Schaber.

**Bitzer,** Fr(idericus) Jos. ⟨geb. am 24 Mai 1850 in Münster Westf.⟩: Theses controversae quas una cum dissertatione De legitima possessione '(Rechte Gewere)' juris Germanici medii aevi ... defendet. Monasterii, ex typogr. F. Regensberg 1872. 2 Bl. 8.
Bonn, Jur. Fak., Thes. v. 26 Juni 1872

**Bitzer,** Fr[idericus] Jos. ⟨geb. am 24 Mai 1850 in Münster Westf.⟩: De legitima possessione '(Rechte Gewere)' juris Germanici medii aevi ... Monasterii, ex typogr. F. Regensberg 1872. 3 Bl., 54 S. 8.
Bonn, Jur. Fak., Diss. v. [26 Juni] 1872

Bitzer, J., Uebungsstoff zum deutschen Schreib- u. Rechtschreibunterricht, s.: Fick, W.

Bitzer, J., der erste Unterricht im Lesen, dessen prakt. Hilfsmittel u. method. Behandlg. Begleitwort zur mechan. Leserolle. 8. (26 S.) Eßlingen 884. Langguth. n.n. — 80

**Bitzer, Karl,** a. Bonn: Die Schafzucht in Grossbritannien. Ihre Entwicklung und ihre Bedeutung für die Landwirtschaft in England, Wales und Schottland. Berlin 1910: Ißleib. 136 S. 8°
Jena, Phil. Diss. v. 7. Mai 1910, Ref. Edler
[Geb. 1. Juli 84 Scheiderhöhe; Wohnort: Berlin; Staatsangeh.: Preußen; Vorbildung: Einj. Freiw. Zeugn. M. 03; Studium: Bonn 5, Jena 6 S.; Rig. 30. April 09.] [U 10. 2324

**Bitzer, Karl:** Die Schafzucht in Grossbritannien. Entwicklg u. Bedeutg f. d. Landwirtsch. in Engld, Wales u. Schottld. (136 m. 4 Taf. u. 3 Tab.) gr8° Hann., M u. H Schaper '10. 3 —

**Bitzius, Albert, s.: Gotthelf, Jeremias. (Pseud.)**

Bitzius, Albert. Das Kriegsjahr von Albert Bitzius, seiner Zeit Pfarrer in Twann, hernach bernischem Regierungsrat. — Predigten Band 2. 3. unveränderte Aufl. (Aus dem Nachlass hrg.) ([von] E[mil] Hegg.) VIII + 390 S. 8. Bern, Schmid & Francke, 1902. (br. fr. 4. —, geb. fr. 5. 50)

**Bitzius, Albert.** Neues Leben...
Bern 1894. H: *Hegg, E.* (Berl)

Bitzius, Alb., Lebensbild, s.: Balmer, H.

Bitzius, Alb., Predigten. [Aus dem Nachlaß hrsg.] 1. und 2. unveränd. Aufl. gr. 8. (XVI, 352 S. mit Holzschn.-Portr.) Bern 883,84, [Dalp'sche Buchh.] Schmid, Francke und Comp. *ℳ 3,50.; geb. *

Predigten von Albert **Bitzius**, s. Z. Pfarrer in Twann. ⟨Aus d. Nachlass hrsg. (von E. Hegg, Gymn.Lehrer in Bern, u. Prof. Eduard Langhans).⟩ Bd 1–7. *Bern: J. Dalp (2 f.: Schmidt & Francke) 1884–1903.* 7 Bde 8° [F.]
1. 2. unveränd. Aufl. 1884. 2. 1887. 3. 1888.
4. Für Leben u. Tod. 1889. 5. Neues Leben. 1894.
6. Hohe Ziele. 1897. 7. Religion im Alltagsleben. 1903. [03. 3038

**Bitzius, Alb. Predigten.** (Aus dem Nachlass herausgegeben.) II. Band. 2. unveränderte Auflage. In-8°, 378 S. Bern, Schmid, Francke & Co. 4 —
**1887** gebd. 5 50

**Bitzius, Alb. Predigten.** (Aus dem Nachlass herausgegeben.) I. Band. 3. Auflage. In-8°, 356 S. Bern, Schmid Francke & Cie. brosch. 4 —
**1888** geb. 5 50

**Bitzius, Alb. Predigten.** (Aus dem Nachlass herausgegeben.) IV. Band. Für Leben und Tod. In-8°, IV u. 384 S. Bern, Schmid Francke & Cie. 4 —
**1888** gebd. 5 50

Bitzius, Alb., Predigten. 3. u. 5. Bd. Aus dem Nachlaß hrsg. gr. 8. Bern 894. Schmid, Francke & Co. à n. 3. 50; geb. à n. 4. 50
3. Für Herz u. Welt. 2., unveränd. Aufl. (VIII, 395 S.)
5. Neues Leben. (VII, 392 S.)

Bitzius, A: Predigten. 1. u. 6. Bd. (Aus d. Nachlass hrsg.) 8° Bern 97, Schmid & Fr. à 3.50 (1—6.: 21 —; Einbde à 1 —)
1. Für Zeit u. Ewigkeit. 4. Afl. (380 m. Bildnis.)
6. Hohe Ziele. (391)

Bitzius, Alb., Predigten. 2. u. 7. Bd. gr. 8. Bern, A. Francke. à n. 3. 50; geb. à n. 4. 50
2. Das Kriegsjahr. 3. unveränd. Aufl. (Aus dem Nachlaß hrsg.) (VIII, 390 S.) 902.
7. Religion im Alltagsleben. (Aus dem Nachlaß hrsg.) Mit e. Lebensbeschreibg. des Verf. (XVI, 408 u. 13 S. m. 1 Taf.) 903.

Bitzius, Albert. ... Predigten. Band 3 ... u. Band 5.... ⟨Aus dem Nachlass hrg.⟩ 8. Bern, A. Francke. (je M. 3.50, geb. 4.50)
Band 3 *u. d. T.:* Für Herz und Haus, von A' B'.... Pr' Band 3. 3. unveränderte Aufl. [Mit 1 Tafel.] VIII + 416 S. 1908.
Band 5 *u. d. T.:* Neues Leben, von A' B'.... Pr' Band 5. 2. unv' Aufl. [Mit 1 Tafel.] VIII + 408 S. 1908.

Bitzius, Albert: Drei P r e d i g t e n aus den Jahren 1800, 1840 und 1875, s. B i t z i u s , Sigmund

Bitzius, A.: R e f e r a t üb. Verbessg. uns. Strafrechtspflege. Bern 1878.

Bitzius, Albert. Religion im Alltagsleben von Albert Bitzius, seiner Zeit Pfarrer in Twann, hernach bernischem Regierungsrat. Predigten Band 7. ⟨Aus dem Nachlass hrg.⟩ Mit einer Lebensbeschreibung des Verfassers ([von] E[mil] Hegg. — [Mit 1 Ansichts-Tafel und] Register zu Band 1—6). XVI + 408 S. + *Register* S. 3—13. Bern, A. Francke, 1903. (br. fr. 4.—, geb. fr. 5.50)

Bitzius, A., die Todesstrafe vom Standpunkt der Religion u. der theologischen Wissenschaft. Gekrönte Preisschrift. Berlin 870. J. Springer. Lex.-8. (VI, 76 S.) n. 12 ngr.

Bitzius, A. Für Zeit und Ewigkeit. Predigten. 1. Bd. 4. Aufl. (Aus dem Nachlass hrsg.) Gr. in-8°. 380 S. m. Bildn. Bern, Schmid & Francke. 1897 4 50; geb. 5 50

Bitzius, C. A., das Buch der Toaste und Trinksprüche. Ein unentbehrl. Rathgeber zur Erweckung des Frohsinns und der Heiterkeit bei Festlichkeiten aller Art. Ster.-Ausg. 16. (160 S.) Reutlingen 870, Enßlin und Laiblin's Verlagsb. cart.

Bitzius, C. A., das Buch der Toaste u. Trinksprüche. Ein unentbehrl. Rathgeber zur Erweckung des Frohsinns u. der Heiterkeit bei Festlichkeiten aller Art. Ster.-Ausg. 16. (160 S.) Reutlingen 879. Enßlin & Laiblin. cart. —60

— neues u. vollständiges Räthseltaschenbuch. Eine Sammlung der schönsten Räthsel, Charaden, Logogryphen, kurzweil. Fragen u. Antworten, Räthselrechnungen 2c. Neueste Aufl. 16. (160 S.) Ebend. 877. cart. — 60

Bitzius, M., die Geisterwanderung in der heiligen Christnacht oder der Müller und sein Kind. Für die deutsche Jugend nach einer wahren Begebenheit neu erzählt. 1. und 2. Aufl. 8. (54 S.) Reutlingen 872,74, Enßlin und Laiblin.

[illegible]

Bitzius, M. (Marie Walden) Aus der Heimath. Bern 1880—84. 2 Bde.

Bitzius, M., zum 400jährigen Jubiläum [10. Novbr. 1883] d. großen Reformators Dr. Martin Luther. Sein Leben u. sein Wirken, geschildert f. das Volk. 8. (16 S.) Reutlingen 883. Bardtenschlager. — 10

—— das gottlose Leben und Treiben des spanischen Ritters Don Juan, oder: die Sünde ist der Leute Verderben. Dem deutschen Volk in neuer Fassung dargestellt. 8. (64 S.) Reutlingen 872, Enßlin und Laiblin.

— das gottlose Leben u. Treiben d. spanischen Ritters Don Juan, od.: die Sünde ist der Leute Verderben. Dem deutschen Volk in neuer Fassg. dargestellt. 2. Aufl. 8. (57 S.) Ebend. 875. — 20

Das gottlose | Leben u. Treiben des spanischen Ritters | Don Juan, | oder: | die Sünde ist der Leute Verderben. | Dem deutschen Volk in neuer Fassung dargestellt | von | M. Bitzius | Reutlingen. | Verlag von Enßlin & Laiblin.
Kol.: Druck von G. L. Bohm.
o. J., 57 S. + 7 S. Anzeigen, 165 × 108, U.-Fig.: *Dame hält Don Juan am Mantel*, 61 × 79.
LBS d. D. oct K 3472.
Die zweite Auflage erschien ebenda mit neu gesetztem Text, um 1876 (ebenda 3471), die dritte mit dem Vermerk »Druck und Verlag von Enßlin und Laiblin« und einer kol. U.-Fig.: *»Nun saget Eurem König, er soll in Zukunft nicht mehr solche Esel schicken.«*, 150 × 98 (ebenda 3473).
Vgl. *Die ärgerlichen Geschichten*, und *Wahrhaftige Historie*

—— Leben, Thaten und Ende des berühmten Zigeuner- und Räuberhauptmanns Hannickel. Ein Bild aus dem Räuber-, Gauner- und Zigeunerwesen des 18. Jahrh. Aktenmäßig erzählt. 8. (64 S.) Reutlingen 873, Enßlin und Laiblin.

Bitzius, M., Leben, Thaten und Ende des berühmten Zigeuner- und Räuberhauptmanns Jakob Reinhard, genannt Hannickel. Ein Bild aus dem Räuber-, Gauner- und Zigeunerwesen der zweiten Hälfte des 18. Jahrh. Aktenmäßig erzählt. 2. Aufl. 8. (64 S.) Ebendas. 875.

Der Mann mit der | Eisernen Maske | oder: | Der verlängnete Prinz. | Nach einer wahren Begebenheit, die sich zur Zeit des Königs Ludwig des XIV. am französischen Hofe | zugetragen hat. | Erzählt von | M. Bitzius | Reutlingen. Druck und Verlag von R. Bardtenschlager | ( *Reutlinger Volksschriften, 12*)
o. J. (1877), 64 S., 149 × 104, U.-Fig.: *Der Prinz in seinem Kerker* [illegible]
LBS d. D. oct K [illegible]

Bitzius, M., neueste und beste Polterabend-Gedichte ernsten und heiteren Inhalts für grüne, silberne und goldene Hochzeiten. Nebst einem Anhang von Hochzeitsgedichten und Toasten. Ster.-Ausg. 8. (40 S.) Reutlingen 886. Enßlin und Laiblin.

—— Preciosa, das spanische Zigeunermädchen, oder: „Bleibe fromm und halte dich recht, denn solchen wird es zuletzt wohl gehen." Neu erzählt für die deutsche Jugend. 1. und 2. Aufl. 8. (64 S.) Reutlingen 872,74, Enßlin und Laiblin.

—— Preciosa, das spanische Zigeunermädchen, oder „Bleibe fromm und halte dich recht, denn solchen wird es zuletzt wohl gehen". Neu erzählt für die deutsche Jugend. 3. Aufl. gr. 16. (64 S.) Ebendas. 876.

Preciosa, | das | spanische Zigeunermädchen, | oder: »Bleibe fromm und halte dich recht, denn | solchen wird es zuletzt wohl gehen.« | Neu erzählt für die deutsche Jugend | von | M. Bitzius. | Vierte Auflage | Reutlingen. Druck und Verlag von Enßlin und Laiblin. ( *Reutlinger Volksbücher*, 97).
o. J., 64 S., 100 × 103, U.-Fig. (auch S. 30): *Don Alonzo kommt zu Preciosa*, 58 × 79.
Priv.-Bes.
Die Oper *Preciosa* von Carl Maria von Weber wurde 1821 uraufgeführt.

—— die Räuber auf der Mußwiese oder die Wege des Herrn sind wunderbar. Eine Erzählung aus der Zeit des 30jähr. Krieges. Neu dargestellt für die deutsche Jugend. 1. und 2. Aufl. 8. (64 S.) Reutlingen 872,73, Enßlin und Laiblin.

— die Räuber auf der Mußwiese od. die Wege d. Herrn sind wunderbar. Eine Erzählg. aus der Zeit d. 30jähr. Krieges. Neu dargestellt f. die deutsche Jugend. 3. Aufl. 8. (61 S.) Ebend. 875. 20

—— der Sonnenwirthle von Ebersbach oder Leben und Thaten des Räuberhauptmanns Joh. Fr. Schwan. Ein Bild aus dem Gaunerleben der ersten Hälfte des 18. Jahrh. gr. 16. (64 S.) Reutlingen 873, Enßlin und Laiblin.

—— der Sonnenwirthle von Ebersbach oder Leben und Thaten des berüchtigten Räuberhauptmanns Joh. Fr. Schwan. Ein Bild aus dem Gaunerleben der ersten Hälfte des 18. Jahrh. 2. Aufl. 8. (64 S.) Ebendas. 875.

—— die Teufelsmühle am Wienerberg, oder: Ritter Günther von Schwarzenau. Neu erzählt für's deutsche Volk. 1.—4. Aufl. 8. (64 S. mit 1 eingedr. Holzschn.) Reutlingen 872—74, Enßlin und Laiblin.

—— die Teufelsmühle am Wienerberg, oder Ritter Günther v. Schwarzenau. Neu erzählt für's deutsche Volk. 3. Aufl. gr. 16. (64 S.) Ebendas. 876.

— die Teufelsmühle am Wienerberg, od. Ritter Günther v. Schwarzenau. Neu erzählt für's deutsche Volk. 4. Aufl. gr. 16. (64 S.) Ebend. 876. — 20

—— Barbara Ubryk, die eingemauerte Nonne in 21jähr. schwerer Kerkerhaft oder „Nichts ist so fein gesponnen, es kommt doch an die Sonnen." 1. und 2. Aufl. gr. 16. (61 S.) Reutlingen 872,74, Enßlin und Laiblin.

—— Barbara Ubryk, d. eingemauerte Nonne. 2. Aft. 8. (61) Ebd. 73. — 20

—— das Wahrzeichen von Tübingen, oder: der unschuldig Geräderte. Neu erzählt. 8. (64 S.) Reutlingen 872, Enßlin und Laiblin.

Bitzius, M. d. Wahrzeichen v. Tübingen. 8. (64) Berl. 73, van Muyden. — 20

Bitzius, Sigmund

[F.] Grossvater (Sigmund), Vater (Albert) und Sohn (Albert) Bitzius. Drei Predigten aus den Jahren 1800, 1840 und 1875. M. Vorw. hrsg. v. G. Joss, Pfarrer in Herzogenbuchsee. [No 1. 2. m. Originalt.] *Bern: K. J. Wyss 1898.* (XII, 68 S.) 1 Bd 8. [98. 1033]

BIUMI, Joseph Alois (Mailand): De cholera morbo. (Titel nach der Urkunde) 7.11.1831 - Urk; F 60

Diss. Ingolst.-Landsh.-Mchn.

Biunde, Franz Xaver

Biunde, Frz. Xav., Beleuchtung d. Schrift: Die Fahnenjunker in Trier v. Jul. Classikus, s.a. Beleuchtung d. Schrift 2c. v. Jul. Classikus.

†— — Beleuchtung der „Fahnenjunker zu Trier." 8. Ebd. Gall. 5 Ngr. — 18 kr.

— und Prof. Rosenbaum, Blätter zur Orientirung in Sachen des Hermesianismus. 2e Ausg. gr. 8. Trier 838. Troschel. 1/2 ₰

Biunde, Franc. Xav., Enarratio et refutatio incriminationum, quibus et rem et disciplinam Hermesianam nuper prosecuti sunt Leodiensium auctores ephemeridum, quae inscribuntur: „Journal historique et littéraire." (Cum documentis quibusdam authenticis.) I. II. 8maj. (6½ u. 5 B.) Treviris 837, Gall. à * 10 Gr. *

Biunde, Frz. Xav., altera enarratio et refutatio incriminationum, quibus et rem et disciplinam Hermesianam prosecuti sunt etc. 8maj. Trier 838. Gall. n. 5/12 ₰ (I. II. n. 5/6 ₰)

—— Fundamental-Philosophie. gr. 8. (20 B.) Trier 838, Gall.

—— die beiden ersten Gesänge d. götti. Komödie, mit Rücksicht auf alle früheren Erklärungsversuche erläut. gr. 12. (3½ B.) Halle 832, Schwetschke u. Sohn.

Biunde, Franz Xaver (Trier)
De mathesi commentatio philosophica.
Trier: Lintz 1828.
[Zur Promotion eingesandt.]
Dr. phil. Giessen 1830.

— de mathesi commentatio philosophica. Mit 1 Steint. 4maj. Trier 828. Lintz. 6 gGr.

— s. L. A. Muratori, über d. rechten Gebrauch d. Vernunft.

(——) Nachruf eines Hermesianers an e. ehemal. Hermesianer auf dess. Zuruf an alle Hermesianer. Zur Aufklär. d. Publikums üb. d. hermes. Angelegenheit. gr. 8. (3¾ B.) Trier 838, Gall.

—— Versuch ein. systemat. Behandlung d. empir. Psychologie. 1. Bd. in 2 Abthln., welche d. Einleitung in d. empir. Psychologie u. d. Theorie d. Anschauungs-, Denk-, Erkenntniß- u. d. Anerkennungs-Vermögens enthält. gr. 8. (58¼ B.) Trier 831, Gall.

—— dass. 2. Bd., welcher d. Theorie d. Gefühls- u. d. Begehrungs-Vermögens enthält. gr. 8. (33¼ B.) Trier 832, Gall.

—— über Wahrheit im Erkennen u. d. Weg zu ihr. Eine philosoph. Abhandl., geschr. auf d. Standpunkte d. Reflexionsphilosophie u. allen Freunden ders. gewidmet. gr. 8. (6⅓ B.) Trier 835, Gall.

Bjursten, Herm., der Fluch der Armuth. Roman. Aus dem Schwed. von Ferd. Zeißberg. 3 Bde. 8. (183; 190; 182 S.) Wien 869, Müller.

Bivadi, s.a. Biwaldi, P. P. A.

Bivadi, petit traité d' Arithmétique à l'usage des jeunes gens etc. 12. Braunschw. et Petersb. Pluchart.

**Bivouac, Das,** vor Prag. Aus Gleims Leben: Der Gesellschafter 1843, Nr. 161/5. V: *Grossmann, Julie v.* Vgl. GOED X, 302, 5, 28. (DARP)

Über Bivouaks und Lager der Infanterie im Felde. Von E. v. St. Braunschweig 1857. 8°.

Biwald, Glo. Leop.

— institutiones physicae. II Parts. c. fig. 8 maj. Wien 779. Trattner. 1 ₰ 8 gGr. Grätz 786: Tusch. (Mayr in Salzb.) 2 ₰

— institutiones physicae, II. part. c. fig. 8. maj. Graetz, Tusch. (Mayr, S.) 802.

— institution. physicae in usum philos. etc. c. fig. 8. maj. Graec. Haslinger in Linz. 774.

— id. liber, II. Tom. 8. Wien, Tendler. 779.

*Biwald,* Glo. Leop., (†d. 8. Sept. 1805) Physica generalis et part. II Tom. 8 maj. Nürnb. 767. Ed. II. 774. Felsecker. 3 ₰

Biwald, Leopoldus: Physica particularis. 2. ed. Graecii 1769

Biwald, Leopold, s. Biwald, Glo. Leop.

Biwald, (Leopold Gottlieb) (Hrsg.):

s.: Linné, Karl von: Abhandlung über die Schädlichkeit der Insekten. (De noxa insectorum... Dt.) Salzburg: 1783

JB 90

Biwaldi, P. P. A., s.a. Bivadi

Biwaldi, P. P. A., petit traité d'arimetique par demandes et par responses. 8. Braunschw. 805. (Leibrock.) 1 ₰

Biwanko, Jgn., Nachr. üb. d. ungebrannten Dachziegeltafeln u. deren Masse zu Ueberziehung neuer Dächer. 8. Wien 804. Gerold. 5 gGr.

Biwanko, Jgn. Jos., s. 1) Mysterien d. Geistlichkeit. 2) Unzufriedenen in Wien.

Birio, Alex., s. Landwirth, der, des 19. Jahrh.

Bizardiere, M. de, Historie d. polnisch. Wahltage. 8. Nrnb. Felsecker. 733.

Bize, Louis, u. Wern. Flury: Cours élémentaire de langue franç. à l'usage des écoles secondaires de langue allemande. (8, 204) 8° Zür., Schulthess & Co. '12. geb. 1.80

— — Cours gradué de langue franç. à l'usage des écoles moyennes de langue allemande. (7, 322) 8° Ebd. '11. L 3—

**Bizerta** und seine Zukunft. Prag 1881. V: *Ludwig Salvator Erzherzog von Oesterreich.* (KA)

Bizet, ..., ganz neue Ansichten über die Gicht, s. V. R. Kronser.

Bizet, Georges

Bizet, G., Carmen, s.a. Meilhac, H., u. L. Halevy.

Bizet, Georges, Carmen. Oper in 4 Acten nach e. Novelle des Prosper Merimée v. Henri Meilhac u. Ludovic Halévy. Musik v. G. B. Text der Gesänge. 8. (60 S.) Wien 893. A. W. Künast. — 60

Carmen. Oper in 4 Akten von Georges **Bizet**. Partitur. Paris: Choudens [1904]. (574 S.) 4°
(Edition Peters. [No 3200.]) [illegible]

Bizet, G., Carmen. Oper. Vollständiger Klavierauszug mit dem wörtlich genauen deutschen Originaltext und der von G. Bizet zur Oper „Carmen" komponierten Ballettmusik, revidiert von Dr. Wilh. Kienzl K 7.20
Wien: Edition-Aktiengesellschaft 1906?

Don Procopio. Komische Oper in 2 Akten von Paul Collin u. Paul Bérel nach d. ital. Komödien d. 17. u. 18. Jh. Deutsch von W[ilhelm] Hüttemann. Musik von Georges **Bizet**. [Textbuch.] Köln, Berlin, Leipzig, Paris: Ahn copyr. 1905. 43 S. 8°
(Ahns Text-Bibliothek. Nr 133.) [illegible]

Bizio, Giovanni

— *Analisi chimica dell'acqua minerale, detta salsa o di S. Gottardo, in Ceneda, Provincia di Treviso, con Saggi di confronto sopra l'acqua salso-iodica di Sales nel Piemonte.* S. 41. [illegible] . . . —.30
Separatabdruck

— *Sopra la [illegible] e le sue combinazioni.* S. 14. H. [illegible] . . . vgr.
Separatabdruck

— *Sopra l'olio della camomilla (M. Chamomillae).* S. 43. H. [illegible] . . . vgr.
Separatabdruck

Bizio Giovanni, Dr.: *Sopra la presenza dell'[illegible]* S. 30. [illegible] . . . —.20
Separatabdruck

Bizius, Karl Ant., († im Jan. 1814.) über die physische Erziehung d. Kinder. 8. Bern 180.

— Diss. inaug. de haemorrhoidibus. 8 maj. Gotting. 793. Dieterich. 4 gr.

Bizo, A. (Red.), s. Posthorn, Das.

Bizoney, s.a. Bizonfy

Bizoney, Franz de Paula, Handbook of English and Hungarian conversation. 8. (202 S.) Wien, Georg Szelinski. 1 fl. 20 kr. 1885.

Bizonfy, Frz. de Paula, handbook of english and hungarian conversation. 12. (292 S.) Budapest 885. (Leipzig, Haessel.) *

Bizonfy, s.a. Bizoney

Bizyenos, Geo. M., das Kinderspiel in Bezug auf Psychologie u. Pädagogik. gr. 8. (80 S.) Leipzig 881. Matthes. n. 1. 60

Bizzel, H., warum bleiben wir bei unserer Kirche?, s.: Hefte zum „Alten Glauben". 13.

Bizzozero, Giulio, Handbuch der klinischen Mikroskopie. Mit Berücksicht. der wichtigsten chem. Untersuchungen am Krankenbette und der Verwendung des Mikroskopes in der gerichtl. Medicin. Autoris. deutsche Orig.-Ausg., besorgt von Alex. Lustig und Stef. Bernheimer. Mit einem Vorwort von Herm. Nothnagel. gr. 8. (XII, 250 S. mit 44 eingedr. Holzschn., 7 lithogr. Taf. und 7 Bl. Taf.-Erklärungen.) Erlangen 888, Besold. *

Bizzozero, Giulio, Handbuch der klinischen Mikroskopie. Mit Berücksicht. der Verwendung des Mikroskops in der gerichtl. Medizin. 2. verm. und verb. Aufl. der deutschen Orig.-Ausg., besorgt von Stef. Bernheimer. Mit einem Vorwort von Herm. Nothnagel. gr. 8. (X, 352 S. mit 45 Holzschn., 8 Taf. und 8 Bl. Erklärungen.) Erlangen 887, Besold. *

Blaas, Treue. 47/36 *cm*. Gest v. Kaiser 6.—
Wien: Heck 1891?

*Blaas C. M.*: Die Biene in der deutschen Volkssitte und Volksmeinung. 14. Stockerau 83. Progr.

Blaas, C. M., Die Proportionen des Kopfes u. d. Gesichtstheile des Menschen, bearb. nach d. Lehrbuche f. plastische Anatomie v. Dr. E. Harless. gr. 8. 2. Aufl. (12 S. m. 8 Tafeln) geh. 40 kr. Wien: Carl Grasser 1882

Blaas, C. Max, Der ewige Jude in Deutschland. Eine culturgeschichtliche Skizze. Stockerau 1870. 8.
Progr. Gymn. Stockerau.

Blaas, Carl, Fresco-Gemälde in der Alt-Lerchenfelder Kirche. Nach den Orig.-Cartons photographirt von Gust. Jägermayer. 1.—5. Lfg. qu. Fol. (15 Blatt.) Wien 863, Jägermayer. *

—— Fresco-Gemälde im Waffen-Museum d. Arsenals zu Wien. Photogr. v. G. Jägermayer. 1. Lfg. Fol. (4 Bl.) Ebd. 63. n. 2. 20

—— Fresco-Gemälde im Waffen-Museum des k. k. Arsenals zu Wien. Nach den Orig.-Cartons photographirt von Gust. Jägermayer. 1. Lfg. qu. Fol. (4 Blatt.) Wien 864, Jägermayer. *

—— Fresken. 18 Blatt. Photogr. Fol. Wien 868, Jägermayer und Comp. *

Blaas, Florian, Erinnerungen aus meinem Schützenfeldzug 1848. (69 S. m. 1 Karte.) 8. Innsbruck 910. Wagner. 1.—
Sonderabdruck aus „Innsbrucker Nachr."

Blaas, J.: Geolog. Begleiter auf d. Innsbrucker Lokalbahnen. (67 m. Abb. u. 1 Vollbild.) kl8° Innsbr., H Schwick '11. — 85

Blaas, J., Beiträge zur Kenntniss natürlicher wasserhaltiger Doppelsulfate. Lex.-8. (23 S. mit 1 lithogr. Taf.) Wien 883, (Gerold's Sohn.) *
Aus: Sitzungsberichte der k. Akademie der Wissenschaften, besonders abgedruckt.

Blaas J.: Beiträge zur Kenntnis natürlicher wasserhaltiger Doppelsulfate (mit 1 Taf.). S. 87. I. [illegible] . . . —.80
Separatabdruck

Blaas, J.: Kath. Christenlehren. s. Blaas, Joseph

—— Katechismus der Petrographie, s.a. Weber's, J. J., illustr. Katechismen.

Blaas, J., Katechismus der Petrographie. Lehre von der Beschaffenheit, Lagerung u. Bildungsweise der Gesteine. Mit 40 in den Text gedr. Abbildungen. 8. (XII, 175 S.) Leipzig 882. Weber. geb. n. 2. —

Blaas (J.), Katechismus der Petrographie. Leipzig 1882. 8.
Desgl. 2. Aufl. Leipzig 1898. 8.

Blaas J. Petrographie. (Weber's illustrierte Katechismen 107) Leipzig 1882

Petrogr. (Gesteinskde). Lehre v. d. Beschaffenh., Lagerg. Bildg u. Umbildg d. Gesteine. 3. Afl. (17, 324 m. Abb.) kl 8° Lpzg, J J Weber '12. L 4.50 d

— Über Roemerit, Botryogen und natürlichen Magnesia-Eisenvitriol (mit 3 Holzschnitten). S. 88. I. [illegible] . . . vgr.
Separatabdruck

Blaas, Joseph

Blaas, Jos. Betrachtungen über das bittere Leiden und Sterben unsers Herrn Jesu Christe. 8. (180 S.) Innsbruck, Fel. Rauch, 1853.

Blaas, J., Bilder aus der Urwelt Tirols. Populärer Vortrag, gehatten in der Aula der Universität Innsbruck am 26. Febr. 1887. gr. 8. (20 S.) Wien 887. (Innsbruck, Wagner'sche Universitäts-Buchh.) *

Blaas, Jos., katholische Christenlehren in fünf Hauptstücken nach dem großen Katechismus. 1—4. Bd. Innsbruck 853, 54. F. Rauch. (Wagner.) 4 ßf 23 ngr
1. Bd.: (2 Bl., VI, 416 S. u. lith. Bildniß) n. 27 ngr — 2. Bd.: (3 Bl., VI, 266 S.) n. 20 ngr — 3. Bd. 1. Abth.: (2 Bl., VI, S. 1—494.) n. 27 ngr; 2. Abth.: (2 Bl., VI, S. 495—942.) n. 27 ngr — 4. Bd.: (2 Bl., VI, 608 S.) n. 1 ßf 12 ngr

Blaas, Joseph —. Katholische Christenlehren in fünf Hauptstücken nach dem großen Katechismus. Von — —. V. Band. Erste Abtheilung Innsbruck. 1854. Verlag von Felician Rauch. (VI, 544 S. 8.)

Blaas, Josef —. Katholische Christenlehren in fünf Hauptstücken nach dem großen Katechismus. Von — —. V. Band. Zweite Abtheilung. Innsbruck. 1855. Verlag von F. Rauch. (IV, S. 545—884. 8.)

Die Geologische Erforschung Tirols und Vorarlbergs in der zweiten Hälfte des 19. Jahrhunderts. Eine Besprechung d. gesammten geol. Lit. dieses Gebietes u. Zeitraumes von Dr. J[osef] Blaas, Prof., Innsbruck. *Innsbruck: Wagner 1900.* (VIII, 322 S.) 8° [00. 7104

Blaas, J[oseph]. Geologischer Führer durch die Tiroler und Vorarlberger Alpen. Mit einer geologischen Übersichtskarte, einer Karte der Dolomite in Schwarzdruck [beide in Falz] und 216 Profilen und Kartenskizzen. (7 [Hefte].) XXIV + 983 + *Profile und K'* 80 S. 8. Innsbruck, Wagner, 1902. [in Lwd.-Futteral M. 20.—]
([Heft:] 1. Geologische Uebersicht. II + XXIV + 246 S. — 2. Bayerische Alpen; Vorarlberg. II S. + S. 249—332. — 3. Nordtirol. II S. + S. 333—479. — 4. Mitteltirol. II S. + S. 481—705. — 5. Südtirol. II S. + S. 709—845. — 6. Literatur und Register. II S. + S. 847—983. — 7. Profile und Karten. II + 80 S.)

Blaas, J., kleine Geologie v. Tirol. Eine Übersicht üb. Geschichte u. Bau der Tiroler u. Voralberger Alpen f. Schule u. Selbstunterricht. Mit 1 geolog. Karte, 22 Textbildern u. 12 Taf. m. Abbild. v. Versteinergn. (VIII, 152 S. m. 12 Bl. Erklärgn.) kl. 8. Innsbruck 907. Wagner. Geb. in Leinw. 6. —

—— über die Glacialformation im Innthale. I. Studien. gr. 8. (120 S. mit 2 lithogr. Taf.) Ebendas. 885. *
Nicht weiter erschienen.

—— die alten Gletscher des tirolischen Innthal-Gebietes. 12. (28 S.) (Ebendas.) 886. *
Aus: Bote für Tirol und Vorarlberg, besonders abgedruckt.

Blaas, J[oseph]. Geologische Karte der Tiroler- u. Vorarlberger-Alpen. 1 : 500.000. 505/546 mm. Auf Grundlage der Aufnahmen der k. k. Geologischen Reichsanstalt in Wien durch die Herren [Alexander] Bittner, [Georg] Geyer, ... [Michael] Vacek u. a. sowie der Arbeiten von [Otto] Ampferer, [Fritz] Frech, ... [August] Rothpletz, ... [Ernst] Weinschenk u. v. a. gezeichnet von Prof. Dr. J. B' in Innsbruck. Lithogr Anstalt v. Karl Redlich Innsbruck. Verlag der Wagner'schen Universitäts Buchh. in I', [1903]. 1 Bl. quer-fol., *zus.-gefaltet in Futteral* 8. [*auf Lwd.* M. 3.—]
*Titel auf dem Futteral:* Dr. J. B'. Geol' K' von Tirol und Vorarlberg. Innsbruck ... [1903].

— Predigten. 1. u. 2. Bd. Innsbruck 855, 56. F. Rauch. gr. 8. Jeder Bd. 1 ßf 15 ngr
1. Bd. Predigten gehalten am Weihnachtsfeste vor ausgesetztem hochwürdigstem Gut, am Herz-Jesu-Feste, u. am Osterfeste. (VI, 462 S.)
2. Bd. Predigten gehalten an Marien-Festen, an Kirchweihfesten u. am Schlußabende des Jahres. (2 Bl., 532 S.)

Blaas, Josef — Predigten von — —. Dritter Band. Auch mit dem Separattitel: Predigten, gehalten bei verschiedenen Gelegenheiten. Innsbruck, 1856. Verlag von Felician Rauch. (569 S. 8.)

Ueber Serpentin und Schiefer aus dem Brennergebiete. Von J[osef] Blaas in Innsbruck. M. 2 Taf. ... u. 6 Textfig. ... *Halle: In Comm. bei W. Engelmann in Leipzig; Dr. v. E. Blochmann & Sohn in Dresden 1894.* (60 S., 2 Taf.) 4.
= Acta, Nova, Academiae Caes. Leopoldino-Carolinae Germ. naturae curiosorum. T. 64. No 1. [97. 6004

—— Skizze der geologischen Geschichte des Innthals. gr. 8. (12 S.) (Ebendas.) 886. *
Aus: Der Tourist, besonders abgedruckt.

Blaas, Dr. J., Skizze der geologischen Verhältnisse des Innthals. (Separat-Abdruck der Zeitschrift „Der Tourist" in Wien.) 8° (12 S.) Innsbruck, Wagner. Baar fl. —.14. 1886

Blaas, Jos., die Trinkwasser-Quellen der Stadt Innsbruck. Eine übersichtl. Darstellg. der geolog. Verhältnisse der Quellen u. der v. Ph. Altmann projectierten u. ausgeführten Sammelanlagen f. die Innsbrucker Wasser-Hochdruckleitg. Nach seinem am 17. Decbr. 1889 im naturwissenschaftlich-medicin. Verein geh. Vortrage verf. [Aus: „Bote f. Tirol u. Vorarlberg".] 12. (34 S.) Innsbruck 890. Wagner. n. — 50

Blaas, Jul. Ritter v., s.: Album der Rinder-Racen der österreichischen Alpenländer.

Julius von Blaas, Die Gödinger Parforcejagd. Nach dem im Besitze Sr. Majestät befindlichen Originalgemälde. Bildgrösse 74—37 cm. Wien, H. O. Miethke. Ausgabe I. Photographie, in Aquarell colorirt, in Passepartout 80 fl., Ausgabe II. Photographie, schwarz 15 fl. 1881

Blaas, des Malers Karl, Selbstbiographie, 1815—1876. Hrsg. von Adam Wolf. gr. 8. (XI, 256 S.) Wien 876, Gerold's Sohn. *

Blaauw, Julius, prakt. Arzt a. Angermünde: Maligne Nierentumoren im Kindesalter. Ein Beitrag zur Frage der embryonalen Mischgeschwülste der Niere. Leipzig 1906: B. Georgi. (27 S.) 8°
Leipzig, Med. Fak., Ref. Marchand, Diss. v. 12. April 1906
[Geb. 17. Juli 72 Berlin; Wohnort: Angermünde; Staatsangeh.: Preußen; Vorbildung: Sophiengymn. Berlin Reife M. 90; Studium: Berlin 9 S.; Coll. 12. April 06; Approb. 28. Nov. 95.]

Blab, G., Anleitg. z. Erlerng. des Schneeschuh-(Ski-)Laufens. gr. 8. (87 S. m. 46 Ill.) München 895. (Hamburg, Verlagsanstalt u. Druckerei.) n. 1. —

Blach, A. (Red.), s. Mittheilungen des Vereins der Aerzte in Nieder-Oesterreich.

Blach, Leo, aus Wiesbaden: Über isomere Xylitone. *Wiesbaden 1900: C. Schnegelberger & Co.* (28 S.) 8°
Heidelberg, Naturw.-math. Diss. v. 1900

Blach, Samuel, a. Gudensberg ⟨Hessen-Nassau⟩: Die Schriftsprache in der Londoner Paulsschule zu Anfang des 16. Jahrhunderts ⟨bei Colet, Lily, Linacre, Grocyn⟩. (Halberstadt 1905: H. Meyer.) (XIII, 69 S.) 8° ¶ (Erschien um den Abdruck mehrerer schwer zugänglicher Texte vermehrt gleichzeitig im Verl. der Druckerei.)
Berlin, Phil. Fak., Ref. Brandl, Tobler, Diss. v. 6. Mai 1905
[Geb. 20. Juli 82 Gudensberg, Rgbz. Cassel; Heimatsort: Halberstadt; Staatsangeh.: Preußen; Vorbildung: Domgymn. Halberstadt Reife O. 00; Studium: Berlin 8 S.; Rig. 19. Jan. 05.]

Blach, Sam., die Schriftsprache in der Londoner Paulsschule zu Anfang des XVI. Jahrh. (bei Colet, Lily, Linacre, Grocyn). Dargestellt auf Grund v. Urkunden u. alten Drucken. Nebst Abdr. v.: 1. Colets Statuten der Guild of Jesu (Bodleyan Library, Tanner-Ms. 221, fol. 3 v.—8 v.), 2. Colets Statuten der Paulsschule (British Museum, Ms. Additional 6274), 3. W. Lilys Testamenten (Principal Probate Registry, Bodfelde 4 u. 8). (XIII, 96 S.) gr. 8. Halberstadt 905. H. Meyer. n. 2. —

**Blach-Gudensberg**, das Pädagogische im Talmud. Vortrag, gehalten auf der Jahresversammlung der israelit. Lehrer Hessens zu Fulda am 5. Juli 1880. gr. 8. (26 S.) Halberstadt 881. Meyer. — 40

Blaech s. Blech.

**Blacher**, C., Feuerungstechnisches. (IV, 104 u. 7 S. m. 1 eingedr. Kartenskizze.) Lex. 8. Riga 909. N. Kymmel. 4. —

**Blacher**, C., über die Untersuchung des Kesselspeisewassers u. die Controle der Wasserreinigung. (Nach e. im techn. Verein zu Riga am 2. X 1902 geh. Vortrage.) (88 S.) 8. Riga 903. N. Kymmel's Sort. n. 1. –
Sonderabdruck aus: „Rig. Industriezeitg."

Blacher, K. X.

— Die Lehre Christi als naturwissenschaftl. Grundlage der Religion. Ev. Joh. 14. 23. Ev. Joh. 14. 24. Ev. Matth. 10. 33. Theologische Skizzen e. Nichttheologen. (40 S.) 8. Ebd. 900. — 80

**Blacher**, K. X., was hat Christus gelehrt? Und was haben die Menschen aus seiner Lehre gemacht? Eine volkspsycholog. Studie üb. den Einfluß des Christentums auf das soziale u. polit. Leben der Menschen, wie er ist u. wie er sein sollte. 2. umgearb. u. vervollständ. Ausg. (XIX, 42 S.) 8. Reval 908. F. Wassermann. — 80

**Blachfelner, J., Böhm, A., Eichinger, H.** und **Wachter, Ch.**, Uebungsstoff aus dem Freihandzeichnen für allgemeine Volksschulen. I. Heft für das 1. und 2. Schuljahr, II. Heft für das dritte Schuljahr, III. Heft für das 4. Schuljahr, IV. Heft für das 5. Schuljahr, V. Heft für das 6., 7. und 8. Schuljahr. Prag und Wien 1894. F. Tempsky. Leipzig 1894. G. Freytag. (Min.-Erl. v. 6. Mai 1894, Z. 6164.) Ein Heft —.16

**Blachfelner**, J., Ad. **Böhm**, Herm. **Eichinger** u. Chr. **Wachter**, Übungsstoff aus dem Freihandzeichnen f. allgemeine Volksschulen. 5 Hfte. Lex.-8. (Mit Text auf dem Umschlag.) Prag u. Wien 894. F. Tempsky. — Leipzig, G. Freytag. à n.n. — 20
1. 1. u. 2. Schulj. (3 Taf.) — 2. 3. Schulj. (2 Taf.) — 3. 4. Schulj. (2 Taf.) — 4. 5. Schulj. (2 Taf.) — 5. 6., 7. 8. Schulj. (2 Taf.)

— — — — der Zeichenunterricht an allgemeinen Volksschulen. Auf Grund der besteh. Lehrpläne zusammengestellte detaillierte Lehrgänge u. methodisch geordnete Übungsbeispiele. 8. (III, 37 S.) Ebd. 894. Kart. n. — 70

**Blachian**, Franz [app. Arzt aus Passau]: Aus d. Rosenberger'schen chir. Privatklinik, Würzburg. Über Lipoma arborescens im Kniegelenke ... Leipzig, Druck v. J. B. Hirschfeld, 1893; 17 S. 8.
Würzburg, Med. Fak., Inaug.-Diss. v. 1893

Blachny, Fritz, „Aufruf an Mein Volk", Vaterl. Festsp. 1813, 4 Aufz., Histor. Schausp., 11 S., 8°.

*Blachny, Fritz: 1813. Schausp. Oldenbg, G Stalling's V. ca 1 —

**Blachny**, Fritz (Frdr.), D. treue Eckart od. d. poet. Werkstatt. Deklamatorium f. Männer- u. Jünglingsvereine. 12. (18 S.) Dessau 898. Buchh. d. Evangel. Vereinshauses n. — 50

**Blachny**, Fritz, Paul Gerhardt. Historisches Charakterbild in 2 Abtlgn. m. 5 Aufzügen. Ein Festspiel, aus Anlaß der 300jähr. Geburtstagsfeier des Liederdichters im Anschluß an Wildenhahn's kirchengeschichtl. Lebensbild in Scene gesetzt. (VII, 72 S.) 8. Wittenberg 907. P. Wunschmann. 60

— Melanchthon u. Luther. Kl. Festspiel f. Jünglingsvereine. 12. (24 S.) Dessau 898. Buchh. d. evang. Vereinshauses. n. — 50

— Philipp Melanchthon. Festspiel i. 1 Aufz. f. d. deutsche Volksbühne. Z. 400jähr. Geburtstagsfeier Melanchthons verf. 8. (31 S.) Dessau 897. P. Baumann. n. — 50

— Philipp Melanchthon, d. Lehrer Deutschlands. S. Leben u. Wirken, z. Feier s. 400jähr. Geburtstages (16. Febr. 1897) f. d. deutsch-evang. Volkes Schule u. Haus erz. 1. u. 2. Aufl. 8. (48 S. m. Abb.) Ebd. 897. n. — 30

**Blachny**, Fritz, in schwerer Zeit. Patriot. Spiel in 1 Aufz. 12. (20 S.) Dessau 898. Stuttgart, Holland & Josenhans. n. — 50; erm. Pr. n. — 40
Auch desselb. Verfass. „Der treue Eckart" u. „Melanchton u. Luther" (ermäß. Pr. à — 40) sind in obigen Verlag übergegangen.

*Βλάχος, Α. Σ.*, *τὸ ὁμηρικὸν ζήτημα ἤτοι ἱστορία τῶν ὁμηρικῶν ἐπῶν*. Athen 866. (Wilberg.) gr. 8. (VIII, 183 S.) n. 1 *a߆* 6 *ngr.*

**Blachstein, A**, s: Jahrbuch, Deutsches, f. Stenogr.

**Blachstein**, Art., s.: Bericht der akadem.-wissenschaftl. Vereinigung „Gabelsberger" an der Universität Leipzig.

— Pri Esperanto kaj Esperantistoj. Esperanto u. Esperantisten. (15 S.) kl. 8. Leipzig 908, Verlag des sächs.-thüring. Esperantisten-Verbandes. — 10

— Die Esperanto-Sprache im deutschen Munde, s.: Esperanto-Schriften.

— Das Grundgesetz d. Esperanto, s.: Esperanto-Schriften.

— Die Lehre vom Metagramm u. ihre Anwendung auf einige indo-sumerische Rechtsaltertümer. (13 S.) gr. 8. Berlin 907. Gerdes & Hödel. — 50
Sonderabdruck aus „Archiv f. Stenogr."

— s.: Reforma, la, demando.

— Wesen u. Bedeutung der sogenannten sumerischen Familiengesetze. (14 S.) gr. 8. Berlin 908. Gerdes & Hödel. — 50
Sonderabdruck aus „Archiv f. Stenogr."

**Blachstein**, Fritz [aus Mühlhausen i/Thür.]: Beobachtung der Veränderungen bei Individuen, an denen die Fixatio vaginalis uteri retroflexi '(nach Mackenrodt)' ausgeführt wurde ... München, Druck v. Knorr & Hirth, 1895; 17 S., 1 Bl. 8.
München, Med. Fak., Inaug.-Diss. v. 1895

**Black Horse**, der Pahni-Häuptling. 1.—20. Bd. (à ca. 32 S.) gr. 8. Berlin (909. 10.) Verlagshaus f. Volksliteratur u. Kunst. à — 10

The Black and Red: June 15, 1897 – 1954
Quarterly, June 15, 1897 –; monthly, – 1954. Published, in English and German and with some Latin and Greek, by Students of Northwestern University (Northwestern College), under the Synodical Conference. Octavo, each issue 16 – 36 pages, illustrated.
Circulation 1944, 400, 1950, 500, 1954, 500 Watertown, WI

*Black*. Die Versicherung gefährdeter und zweifelhafter Leben nach einem neuen Prinzip. 1861.

Black: Auserlesene kleine Werke, s. Priestley, Henry

**Black, Adolf**, Assist. in d. Höftman'schen Privatklinik: Aus d. chir. Universitätsklinik zu Königsberg i. P. Die blutige und unblutige Behandlung irreponibler traumatischer Hüftluxationen. Königsberg i. P. 1909: Kümmel. 38 S. 8°
Königsberg, Med. Diss. v. 19. Juli 1909. Ref. Lexer
[Geb. 26. Juli 80 Alt-Märtinsdorf; Wohnort: Königsberg i. P.; Staatsangeh.: Preußen; Vorbildung: Gymn. Rössel Reife O. 00; Studium: Königsberg Jura 1 S., Med. 10 S.; Coll. 22. Mai 09; Approb. 15. März 09.] [U 09. 2363

Black, Charles Ingham, Kirchen-Vereinigung. — Church union. Ein Brief an Ihre Hochw. die Herren Prälat Dr. Zimmermann und Hofpred. Bender. gr. 8. (19 S.) Darmstadt 868, Schorkopf.

Black, D. J., Vorlesungen über die Grundlehren der Chemie aus seiner Handschrift, herausgeg. von Dr. J. Robinson. Aus dem Engl. von Dr. L. Crell. Hamburg 1804. 4 Bde. mit Kpfrn. 8°.

Black, Class (Exmouth)
On bilious remittent fewer. Inaug. Diss.
[lt. Dekanatsbuch handschriftlich eingereicht und zu den Akten gelegt.]
Dr. med. Giessen 8.4.1842.

**Black,** Hans: Das Gesetz des abnehmenden Bodenertrags bis John Stuart Mill. Eine dogmengeschichtl. Untersuchung. *München: J. Schweitzer 1904.* (68 S.) 8° [F.]
¶ [Aus: Annalen d. Deutschen Reichs, 1904, No 2 u. 3.]
München, Staatswirtsch. Diss. v. 1903

Black, Herm., die 50jährige Stiftungsfeier des königl. katholischen Gymnasiums zu Gleiwitz am 29. April 1866. Ein Gedenkblatt für alle Gönner, Freunde, Lehrer und Schüler der Anstalt. Lex.-8. (25 S.) Gleiwitz 866, Faerber. *

Black, Joseph

Black, Jos., Vorlesungen üb. d. Grundlehr. d. Chemie herausg. v. J. Robinson, a. d. Engl. m. Anm. v. L. v. Crell. 4 Bde. gr. 8. Hamb. Hoffmann. 804. 805. (1r 1 Rthlr. 12 gr. 2r 3r à 1 Rthlr. 20 gr. 4r 1 Rthlr. 8 gr.)

Black's, J., Vorlesungen über die Grundlehren d. Chemie; herausgegeben von Robinson. Aus dem Englischen von L. Crell. 4 Bde. Neue wohlfeile Ausgabe. gr. 8. Hamburg, Hoffmann u. Campe. 818. Rthlr.

Black, L., mütterliche Pflege in allen zarten Angelegenheiten des Ehestandes, nach Empfängniß u. Schwangerschaft bis zur Geburt des Kindes. Mit 1 Schwangerschafts-Kalender. gr. 12. St. Gallen 838. (Scheitlin u. Zollikofer.) 1/3 rf.

Black, Margaret, Frauen-Spiegel aus Gottes Wort. Zu tägl. Gebrauch. Mit Erlaubniß der Verf. aus dem Engl. v. K. A. H. 16. (VIII, 127 S.) Hamburg 891. Agentur d. Rauhen Hauses. Kart. n. 1.20

**Black,** Thomas P., a. Newcastle-on-Tyne, England: Über den Widerstand von Spulen für schnelle elektrische Schwingungen. Straßburg i. E. 1905: C. Müh & Cie. (23 S.) 8°
Straßburg, Math.-naturwiss. Fak., Ref. Braun, Diss. v. 1905
[Geb. 8. Apr. 78 Shotts, Schottland; Wohnort: Straßburg; Staatsangeh.: England; Vorbildung: Grammar School Darlington 1892—1896; Studium: Durham 6, Newcastle-on-Tyne 6, Straßburg 4 S.; Rig. 27. Juli 05.]

Black, William

Black, W., the strange adventures of a house-boat, s. Collection of British Authors.

Black, W., the strange Adventures of a Phaeton, s. Collection of British Authors.

– in silk attire, s. Collection of brit. authors

—— Shandon Bells, s.: Collection of Brit. auth.

Black, William, Brisois, s.a. Collection of British authors.

Briseis. By William **Black.** Copyright ed. In 2 vol. Vol. 1. 2. Leipzig: Tauchnitz 1886. 8°
(Collection of British authors. Tauchnitz Ed. Vol. 3132/3.) [11. 6113

Black, W, Mr. Pisistratus Brown, M. P., in the Highlands, etc., s.: Collection of Brit. auth.

– highland cousins, s. a. Collection of Brit. auth.

Highland Cousins. A novel. By William **Black.** Copyright ed. In 2 vol. Vol. 1. 2. Leipzig: Tauchnitz 1895. 8°
(Collection of British authors. Tauchnitz Ed. Vol. 3051/2.) [11. 8057

– a daughter of Heth, s. Collection of Brit. auth.

— Wild Ellin, s.a. Collection of British authors.

Wild Eelin. Her escapades, adventures and bitter sorrows. By William **Black.** Copyright ed. In 2 vol. Vol. 1. 2. Leipzig: Tauchnitz 1898. 8°
(Collection of British authors. Tauchnitz Ed. Vol. 3310/11.) [11. 8441

**Black, William: Entwurf einer Geschichte der Arzeneywissenschaft und Wundarzeneykunst. (An historical Sketch of medicine and surgery from their origin to the present time... Dt.) Übers. von Johann Christian Friedrich Scherff. 639 S., gbd.**

**Lemgo: Meyer 1789**

—— three feathers, s.: Collect. of brit. auth.

—— the new prince Fortunatus, s.: Collection of Brit. auth.

— Oliver Goldsmith, s.: Zierden der englischen Literatur in biographischen Einzeldarstellungen.

— white heater, s. Collection of British authors.

– Donald Ross of Heimra, s. Collection of British authors.

— the handsome humes, s.a. Collection of Brit. auth.

The handsome Humes. By William **Black.** Copyright ed. In 2 vol. Vol. 1. 2. Leipzig: Tauchnitz 1894. 8°
(Collection of British authors. Tauchnitz Ed. Vol. 2959/60.) [11. 7998

– the magic ink and other stories, s. a. Collection of Brit. auth.

The magic Ink, and other tales. By William **Black.** Copyright ed. Leipzig: Tauchnitz 1892. 285 S. 8°
(Collection of British authors. Tauchnitz Ed. Vol. 2839.) [11. 7899

—— Kilmeny s. Collection of British Authors.

— in Far Lochaber, s.: Collection of British authors.

—— Macleod of Dare, s.: Collection of brit. auth.

—— Madcap Violet, s. Collection of British Authors.

—— das Mädchen von Killeena. Novelle. Uebersetzt von Jul. Moltke. gr. 16. (82 S.) Leipzig 877, [Deutsche Volksbuchh.] Moltke.

— the maid of Killeena, s.: Collection of brit. authors.

—— green Pastures and Piccadilly, s. Collection of British Authors.

—— eine Prinzessin von Thule, s.a. Universal-Bibliothek Nr. 2416—2420.

— eine Prinzessin v. Thule. Roman aus dem Engl. v. Emil Lehmann. Autoris. Ausg. 4 Bde. 8. (231, 248, 256 u. 214 S.) Berlin 875. Janke. 12. —

—— eine Prinzessin von Thule. Roman. Aus dem Engl. von Emil Lehmann. Autoris. Ausg. 4 Bde. 8. (281; 248; 256; 214 S.) Berlin 878, Janke.

— The pupil of Aurelius, s. Collection of British Authors.

Black, Will., Schelmenschön. Autoris. deutsche Ausg 2 Thle. in 1 Bd. 8. (220 u. 64 S.) Berlin 884. (Ed. Krause.) 1.50

—— Judith Shakespeare, s, Collection of British Authors.

—— an historical sketch of medecine and surgery from their origin to the present time, and of the principal authors, discoveries, improvements, imperfections and errors. Lond. 1782. 8. — *German.* vert. Jo. Chr. Fr. Scherf, Lemgo 1789. 8.

—— Sonnenaufgang, s. Romanbibliothek, englische.

—— Stand fast, Craig-Royston, s. Collection of British authors.

— sunrise, s.: Collection of british authors.

— Lady Silverdale's sweetheart, s.: Collection of brit. authors.

— a tour in the Scottish highlands, hrsg. v. H. Rahrs, s.a. Schulbibliothek franz. u. engl. Prosaschriften a. d. neueren Zeit.

A tour in the Scottish highlands. Aus Mr. Pisistratus Brown, M. P., in the highlands by William Black. F. d. Schulgebr. erkl. v. Dr. Hugo Bahrs, Oberl. ... zu Dessau. Rechtm. Ausg. [Nebst] Wörterbuch. *Berlin: R. Gaertner 1894—96.* 2 Bde 8.
[Text] M. 1 Kt. 1894. (3 Bl., 99 S.) Wörterb. - 1896. (25 S.)
— Schulbibliothek französ. u. engl. Prosaschriften aus d. neueren Zeit. Abt. II. Bdch. 10. [97. 797]

— Vergleichung d. Sterblichkeit des menschl. Geschlechts. A. d. Engl. (v. K. H. Spohr). gr. 8. Leipz. 789. (Brockhaus). 20 gr

— Vergleich. d. Sterblichkeit des menschl. Geschlechts. a. d. Engl. gr. 8. Lpz. Gleditsch. 789.

Black, William: Vergleichung der Sterblichkeit des menschlichen Geschlechts in allen Altern, ihren Krankheiten und Unglücksfällen. (A comparative View of the mortality of the human species at all ages. Dt.) 326 S., gbd., Tab.

Leipzig: Junius 1789

—— white Wings, s. Collection of British Authors.

— Wolfenberg, s.a. Collection of Brit. auth.

Wolfenberg. By William Black. In 2 vol. Vol. 1. 2. Copyright ed. Leipzig: Tauchnitz 1893. 8°
(Collection of British authors. Tauchnitz Ed. Vol. 2890/1.) [11. 7940

—— the wise women of Inverness, s. Collection of British Authors.

—— the beautiful wretch, s.: Collection of Brit. auth.

— Yolande, s.: Asher's collection of English authors.

— Sabina Zembra, s.: Collection of British authors.

— Sabina Zembra, s.: Collection Hartleben.

Black, William George. Helgoland u. die nordfriesischen Inseln. Deutsch bearb. u. verm. von B. v. Werlhof. gr. 8. (VII, 186 S.) Hannov. 889, Hahn. * 2 —

Blackall, John: Bemerkungen über das Wesen und die Heilung der Wassersuchten, und vorzüglich über die Gegenwart von gerinnbarer Lymphe des Blutes im Urin der Wassersüchtigen, nebst einem Anhang über die Brustbräune. (Observations on the nature and cure of dropsies, and particularly on the presence of the coagulable part of the blood in dropsical urine; to which is added an appendix, containing several cases of angina pectoris... 3rd ed. Dt.) Übers. von Justus Radius. 240 S., gbd.

Leipzig: Hartleben 1821

**Blackburn,** Francis Adelbert [of San Francisco, U. S. A.]: The English future; its origin and development ... Leipzig-Reudnitz, printed by O. Schmidt, 1892; 53 S., 1 Bl. 8.
Leipzig, Phil. Fak., Inaug.-Diss. v. [29. März] 1892

Blacker, Carola, Innenschau u. Ausblick. Mit e. Worte der Einführg. v. Mor. Carriere. 8. (VII, 126 S.) Heidelberg 895. G. Weiß, Verl. n. 2.—; geb. in Leinw. n. 3. 20

Blacker, Henry, englisches Uebersetzungsbuch. Musterstücke a. E. L. Bulwer's u. Washington Irving's Werken, in deutscher Uebersetz. Zum Rückübers. ins Engl. gr. 8. (14 B.) Dresden u. Leipzig 841, Gerh. Fleischer.

Blacker, Henry, Engl. Uebersetzungsbuch. Musterstücke aus E. L. Bulwer's u. Washington Irving's Werken, in deutscher Uebersetzung. Zum Rückübersetzen ins Englische. gr. 8. Dresden u. Leipzig 841. (A. Weichardt.) 3/4 Thlr

**Blackert,** Augustus: De praepositionum apud oratores Atticos usu quaestiones selectae ... Marpurgi Catt., *Halis Sax., Typ. Orphanotrophei,* 1894; 2 Bl., 48 S., 1 Bl. 8.
Marburg, Phil. Fak., Inaug.-Diss. v. [29. Juni] 1894

Blackert, G.: Auslegungen u. Uebungen ..., s. Blackert, J. Geo.

Blackert, G., Ueber γενικὴ und δοτικὴ πτῶσις, s. Blackert, Georg

Blackert, Georg

Blackert, G. Zur vergleichenden Etymologie. Czernowitz, O. G., 1859. 18 S. 4.

Blackert, Georg, zur vergleichenden Etymologie. Erster Beitrag. 4. (18 S.) Lemberg 864, (Wild.) *

Blackert, Dr. Georg, Zur vergleichenden Etymologie. Erster Beitrag. 4. ...(18 S.) Lemberg, Wild in Comm. 1865 30 kr.

—— biblische Geschichte d. Alt. u. Neu. Testam. f. Schule u. Haus, nebst e. Darstell. d. christl. Kirchenjahres, in Verbind. mit Andern hrsg. gr. 8. (10½ B.) Cassel 840, Fischer. *

Blackert, Geo., Das Gesetz und die Verheißung. — Handbuch zum Alt. n Testamenten, so wie zu allen biblischen Geschichten. Für Lehrer u. zum Selbstunterricht f. Gebildete. 1r Thl. Von der Schöpfung bis auf die Könige. gr. 8. Marburg 839. Elwert. n. 1 Thlr

Blackert, Geo., das Gesetz u. die Verheißung. Handbuch zum Alten Testamente, so wie zu allen bibl. Geschichten. Für Lehrer und zum Selbstunterricht für Gebildete. 2. Thl. Von dem Königthum bis zum Ende der Bücher des Alten Testamentes. gr. 8. Marburg 841, Elwert. n. 3/4 Thlr (1. 2.: n. 1 3/4 Thlr)

Blackert, Geo., zur griech. Grammatik. I. Ueber γενικὴ πτῶσις. II. Ueber δοτικὴ πτῶσις. gr. 4. (32 S.) Rinteln 847, Bösendahl. n. 1/3 Thlr

Blackert, Geo., Grundzüge der deutschen Metrik. gr. 8. (52 S.) Oldenburg 848, Stalling. 1/4 Thlr

(Blackert, Georg,) Konvertiten u. ihre Gegner. Briefe u. Bekenntnisse über protestantliche, katholische und deutschkatholische Zustände, herausgegeben von einem Protestanten. Paderborn, Junfermann, 1847, 8°, 464 S., 2,10 Mk.

— über die Macht der polit. Ideen. Eine Rede am Geburtsfeste Sr. K. Hoh. des Kurfürsten gehalten. gr. 8. (19 S.) Rinteln 850, (Bösendahl.) 3 ngr

Blackert, Geo.: Griechische Syntax, s.a. Blackert, J. Geo.

Blackert, Geo., griechische Syntax. Als Grundlage einer Geschichte der griech. Sprache. 1. Lfg. gr. 8. (S. 1—128.) Paderborn 857. Schöningh. *

— Commentatio de vi usuque Dualis numeri apud Graecos. Fasc. I. Apud Homerum. 8maj. Cassellis 837. libr. Krieger. n. 5/12 rthl

Blackert, J. Geo

Blackert, G, Auslegg u. Uebgn z. Kurhess. Landeskatech. I. u. III. 8. Kass. (Halle, Barthel.) n. — 12
1. Die h. zehen Gebote. (52) 53. n. — 10
3. Das Unser Vater. (19) 55. n. — 2

Blackert, (J.) Geo., Auslegungen und Uebungen zum Kurhessischen Landeskatechismus. I. Die heiligen zehn Gebote mit Auslegungen u. Uebungen. III. Das Unser Vater mit Auslegungen u. Uebungen. Kassel 853, 55. Bertram. 8. (52; 19 S.) 1.: n. 10 ngr; 3.: n. 2 ngr

— Sylvester und Herr von Polymar. Geschichten und Mythen aus der Zeit der Dämmerung. Ein Roman. Kassel 853. Raabé u. Co. gr. 12. (1 Bl., 484 S.) n. 2 rthl

Blackert, JG, Sylvester u. Herr v. Polymar. Rom. 12. (484) Kass. 53, Württenberger. n. 2. —

Blackert, J. Geo.: Griechische Syntax, s.a. Blackert, Geo.

— griechische Syntax. Als Grundlage einer Geschichte der griechischen Sprache. 1. Liefg. Paderborn 857. Schöningh. gr. 8. (2 Bl., S. 1—128.) n. 20 ngr

Blackford, Mrs., s. Stoddart, Lady.

Blackford, Martha, die schottischen Waisen, e. wahre Gesch. aus Waverley's Zeit. Nach der 2n Aufl. des engl. Originals übers. u. deutsch herausgg. v. Ph. A. Petri. 2 Thle. Mit 2 Steindr. 8. Götting. 825. Deuerlich. 1 rthl 18 gr

Blackie, John Stuart, Selbsterziehung, s.a. Weber's illustr. Katechism.

Blackie, John Stuart, Selbsterziehung. Ein Wegweiser für die reifere Jugend. Autoris. Ausg., nach der 11. Orig.-Aufl. Von Frdr. Kirchner. 8. (VII, 118 S.) Leipzig 879. Weber. geb. n. 2. —

Blackie, John Stuart, Selbsterziehung. Ein Wegweiser f. die reifere Jugend. Deutsche, autoris. Ausg. v. Frdr. Kirchner. 2., verm. Aufl. 12. (VII, 143 S.) Leipzig 891. J. J. Weber. Geb. in Leinw. n. 2. —

Blackler, M. Bennett, a. London: Beziehungen zwischen Körperfarbe und Konstitution von Oxyketonen und Oxyazokörpern. Würzburg 1905: H. Stürtz. (36 S.) 8°
Würzburg, Phil. Fak., Ref. Tafel, Diss. v. 19. Juni 1905
[Geb. 9. Febr. 82 London; Wohnort: London; Staatsangeh.: England; Vorbildung: St. John's School London Reife O. 00; Studium: London Technical Coll. 6, Würzburg 5, Leipzig 1 S.; Rig. 25. Nov. 04.]

Blacklock's, Ambr., englische Schafzucht oder die Veredlung des Schafs, seine Behandlung im gesunden u. krankhaften Zustande. Nebst einem Anhange über Wolle u. Wollhandel sowie über die Schafzucht in Australien. Nach der 12. Aufl. des Orig. aus dem Engl. von Th. H. Schmidt. Mit 27 erläut. Fig. (auf 6 lith. Taf.) Weimar 854. Voigt. gr. 8. (X, 267 S.) 25 ngr

Blackmoore: Christl. Alterthümer, s. Blakmoore, Ant.

Blackmoore, Ant., s. Blakmoore.

Blackmore, John, Höchste Muskel-Ausbildung, enorme Kraftentfaltung nach englischen Trainiermethoden durch Muskel-Kontrolle, u. wertvollen Aufklärungen z. Beseitigung körperlicher Formfehler u. z. Erlangung e. hohen, schlanken Wuchses, m. Abb., Leipzig, 60 S., 8°.

Blackmore, Sir Richard, Taschenbuch für Pferdeliebhaber, oder gründliche Anweisung, in kurzer Zeit ein praktischer Pferdekenner und Reiter zu werden, wie auch junge Pferde schulgerecht zuzureiten. 8. (108 S.) Hamburg 43. Niemeyer. M. 1.15

Blackmore, Richard Doddridge

Blackmore, R. D., Mary Anerley, — Christowell, } s.: Collection of british authors.

— Lorna Doone, s.a. Asher's continental library.

Blackmore, R. D., Lorna Doone, s.a. Lutz's romantische Bibliothek.

Blackmore, R. D., Lorna Doone. Romantische Erzählg. Nach der 36. Aufl. bearb. v. Marg. Jacobi. 2 Tle. in 1 Bd. 2. Aufl. (291 u. 280 S.) 8. Stuttgart. 904. R. Lutz. n. 3. 20; geb. in Leinw. n. 4. 50

— Erema, s.: Asher's collection of engl. authors.

—— Erema, s. Asher's Continental Library.

Blackmore, Rich. Doddridge, der Freihändler, s: Romanbibliothek, englische.

— Lorna, die Königin der Geächteten. Ein Sittengemälde aus dem 17. Jahrh. Frei nach dem Engl. v. Josephine Flach. 8. (591 S.) Köln 880. Bachem. 5. —

Blackmore, R. D., Alice Lorraine, s.: Collection of brit. authors.

— eine edle Lüge. Autoris. deutsche Ausg. 3 Bde. 8. (223, 246 u. 236 S.) Berlin 884. (Ed. Krause.) 4. 50

Blackmore, R. D., Perlycross, s.a. Collection of British authors.

Perlycross. A tale of the western hills by R[ichard] D[oddridge] Blackmore. Copyright ed. In 2 vols. Vol. 1. 2. *Leipzig: B. Tauchnitz 1895.* 2 Bde 8°
(Collection of British Authors. Tauchnitz Ed. Vol. 3033. 3034.) (03.14833 10

— the maid of Sker, s.: Asher's collection of english authors.

— dasselbe, s.: Asher's continental library.

— Sir Thomas Upmore, s.: Collection of British authors.

Blackmore, R. D., Clara Vaughan, s.a. Asher's Collection of English Authors.

—— Clara Vaughan. Roman. Aus dem Engl. von B. Treu. Autoris. Ausg. 4 Bde. 8. (298; 390; 266; 241 S.) Herzberg a. H. 878, Simon. *

Blackstone, W. C., s. Blackstone, William E.

Blackstone, William

Blackstone, Will., verm. Abhandll. üb. verschied. Rechtsmaterien; aus d. Engl. (v. Jh. Chr. Macher). 8. Brem. 779. Müller. 8 gr

— Handb. d. engl. Rechts, im Auszuge u. m. Hinzufügung d. neuern engl. Gesetze u. Entscheidungen v. J. Gifford; aus d. Engl. v. H. F. M. v. Colditz. Mit e. Vorr. v. Nik. Falk. 2 Bde. gr. 8. Schlesw. 822 — 23. (Leipz., Cnobloch). 5 rthl

Blackstone, William E.

Der Herr kommt [Jesus is coming]. Von W. E. Blackstone. In 9 Sprachen übers. Einzig berechtigte Übertragung ins Deutsche nach d. 160. Taus. d. Orig. von Pastor G[ustav] Holtey-Weber. Mülheim a. d. Ruhr: Ev. Vereinshaus [1909]. 210 S. 8° [10. 7116

Blackstone, WC: Der Herr kommt! Übers. v. G Holtey-Weber. (Neue [Tit.-]Ausg.) (7, 210) 8° Chemn., G Koezle ['09] ('11). L 2 — d

Blackwall, Ant.

Blackwall, A., autores sacri classici defensi et ill. s. critica sac. N. Test. ed. etc. Wolle. 4. Lpz. Fritsch. 736.

Blackwall, Ant., Critica sacra N. T. auct. edid. Wollius. Lpzg. 1736. 2 vol. 4.

— de praestantia autorum classicor. etc. c. fig. Leyd, 735. -

Blackwalli, A., de praestantia classicor. auctorum commentatio. Ex. Anglico Latine vertit c. anim. G. H. Ayrer, Lips. 737. 4. 20 gr.

Blackwall, El., s.a. Blackwell, Elis.

Blackwall, El., auserles. Kräuterbuch. Fol. Lpz. 749 — 59.

Blackwalli, Ant., s. Blackwall, Ant.

Blackwellsches Kräuterbuch, d. i. Elis. Blackwell Sammlung d. Gewächse, rc. 6 Hefte m. deutsch. od. lat. Text u. ill. K. Fol. Nrnb. Knorr. 757 — 773.

Schrbp.
Holl. Pap.

Blackwater oder eine Entdeckungsreise in das Land Canaan, s. Bibliothek, amerikanische.

Blackwelder, Eliot: United States of North America, s: Handbuch d. regionalen Geol.

Blackwell

— Lettres sur la Mythologie; traduites de l'anglois. II Vol. Paris, (Walther, Dresd.) 771.

Blackwell: Memoirs of the Court of Augustus, s. Blackwell, Thos.

Blackwell, Untersuch. üb. Homers Leben u. Schriften; aus d. Engl. v. J. H. Voß d. 8. Leipz. 776. (Andrä). 1 ⅓ K

Blackwell, Untersuch. üb. Homers Leb. u. Schr. a. d. Engl. v. Voß. gr. 8. Lpz. Kleefeld. 776.

Blackwell, Elis., s.a. Blackwall, El.

Blackwell, Elis., auserles. Kräuterbuch, s. *Herbarium* Blackwellianum.

Blackwell, Elizabeth: (A curious Herbal. Lat. u. deutsch:) Herbarium Blackwellianum emendatum et auctum id est Elisabethae Blackwell collectio stirpium quae in pharmacopoliis ad medicum usum asservantur quarum descriptio et vires ex Angl. idiomate in Lat. conversae sistuntur . . . Cum praef. Christophori Iacobi Trew (Treu). Excudit, fig. pinxit atque in aes incidit Nicolaus Fridericus Eisenbergerus (Eisenberger.) Centuria 1-6. Norimbergae 1750 - 73: Fleischmann. 3 Bde. 2°
(Nebent.: Blackwell: Vermehrtes und verbessertes Blackwellisches Kräuter-Buch.
Centuria 1: 1750.
Centuria 2: 1754.
Centuria 3: 1757.
Centuria 4: 1760.
Centuria 5: 1765.
Centuria 6 (u. d. T.:) Herbarii Blackwelliani Auctarium Cum praef. Christiani Gottlieb Ludwig. 1773.(Nebent.:)Beytrag (Beitrag zum Blackwellischen Kräuter-Buch).

Blackwell, Elizabeth: ( A curious Herbal. Lat. u. deutsch:) Herbarium Blackwellianum emendatum et auctum id est Elisabethae Blackwell collectio stirpium quae in pharmacopoliis ad medicum usum asservantur quarum descriptio et vires ex Angl. idiomate in Lat. conversae sistuntur . . . Cum praef. Christophori Iacobi Trew (Treu).Excudit fig. pinxit atque in aes incidit Nicolaus Fridericus Eisenbergerus (Eisenberger). Centuria 1. Norimbergae 1750: Fleischmann. 1 Bd. 2.
Centuria 1, Fasc. 1-6: Blackwell: Herbarium selectum. 1747-49. (Nebent.:)Blackwell: Auserlesenes Kräuterbuch.
Fasc. 1: 1747.
Fasc. 2-4: 1748
Fasc. 5.6: 1749.

Blackwell, John

Robert. Roman. Th. 1-3.
Quedlinburg, Leipzig: Basse 1824. 8°

Blackwell, Thos. Memoirs of the Court of Augustus. 3 v. 4. Edinburgh 1753—63. — Continuated by John Mills. 3 v. 4. London 1790. — 7 v. 12. Basel 1794.

— Memoirs of the Court of Augustus. VII Vol. gr. 8. Basel, (Tourneysen, Cass.) 794 — 96.

Schr. Pap.

Blackwood, N. A., Gewissheit der Erlösung. Aus d. Engl. 24 Stn. 8. Basel, C. F. Spittler. —. 20
1874!

Blackwood, Stevenson A.

Blackwood, S. A., Christus und der Mann in den Gräbern. 1. Aufl. (32 S.) 1876; 2. Aufl. 16. (24 S.) Gernsbach 882, Christl. Colportage-Verein. *

—— Christus, unser Opferlamm. 1. Aufl. (32 S.) 1876. * 8 Pf.; 2. Aufl. 16. (28 S.) Ebendas. 882. *

—— der Dienst Christi. 1. Aufl. (24 S.) 1876; 2. Aufl. 16. (16 S.) Ebendas. 882. *

—— Gottes Gebot. 1. Aufl. (32 S.) 1876; 2. Aufl. 16. (24 S.) Ebendas. 882. *

Blackwood, Stevenson A., Gewißheit der Erlösung. Aus dem Engl. 8. (23 S.) Basel 874, Spittler. *

— Gewißheit der Erlösung. 2. Aufl. 16. (28 S.) Ebend. 882. n. — 10

—— ewiges Leben. 1. Aufl. (32 S.) 1876; 2. Aufl. 16. (20 S.) Ebendas. 882. *

—— der Richterstuhl Christi. 1. Aufl. (32 S.) 1876; 2. Aufl. 16. (16 S.) Ebendas. 882. *

— zwölf Steine oder auferstanden mit Christo. Vortrag über Josua 4, 21. Aus dem Englischen v. J. S. 16. (20 S.) Hamburg 880. Koch. n. — 10

—— Thut Buße und bekehret euch. 1. Aufl. (32 S.) 1876; 2. Aufl. 16. (20 S.) Gernsbach 882, Christl. Colportage-Verein. *

— das Verdienst unsers HErrn Jesu Christi. 16. (23 S.) Ebend. 882. n. — 8

—— Vergebung der Sünde. 1. Aufl. (40 S.) 1876. * 8 Pf.; 2. Aufl. 16. (27 S.) Ebendas. 882. *

—— vom Tode zum Leben. 1. Aufl. 1876. * 8 Pf.; 2. Aufl. 16. (32 S.) Ebendas. 882. *

—— lebendiges Wasser. 1. Aufl. (32 S.) 1876; 2. Aufl. 16. (24 S.) Ebendas. 882. *

*Blad, W.* Die Erscheinungsformen der Überversicherung im Gebiet des Privatversicherungsrechts unter besonderer Berücksichtigung des V. V. G. D. Heidelberg 1910.

Bladé, Jean-François

**Bladé**, Jean Franç., études géographiques sur la vallée d'Andorre. gr. 8. (IX, 104 S. m. 1 lith. Karte in gr. Fol.) Paris 875. Frankfurt a. M., Baer & Co. n. 4. —

Des prétentions primatiales des métropolitains de Vienne, Bourges, et Bordeaux sur la province ecclésiastique d'Auch, p. M. Jean-François Bladé. *Auch: Impr. et lith. G. Foix 1896.* (16 S.) 1 Bd 8. [96. 7937

Bladiau [Schlagwort]

**Bladiau**, s.: Preussen. Messtischblätter.

Bladin, Johan Adolf

Ueber Triazol- und Tetrazolverbindungen von J[ohan] A[dolf] Bladin. *Upsala 1893: E. Berling.* (143 S.) 4°

in: Acta, Nova, Reg. Societatis Scient. Upsaliensis. Ser. 3. Vol. 16. [cs. 1910

(Bladt, von): „Briefe über die Niederlegung der adlichen Güter und über die neulich herausgekommenen Bemerkungen über die Angeln (von Otto, Schleswig 1792)", Flensburg und Leipzig 1793 (Korte).

**Bladt**, Oswald, Arzt: Aus d. anat. Institut zu Königsberg i. Pr. No 39. Die Arterien des menschlichen Kehlkopfes. 〈Mit 4 Originalabb.〉 *Königsberg i. Pr. 1903: O. Kümmel.* (50 S.) 8°

Königsberg, Med. Diss. v. 15. Juli 1903

**Blagden**, Ch., Ueber die Neigungen. Brsl. 8°. 1768

**Blagden**, Sir Charles, die Gesetze der Überkaltung u. Gefrierpunktserniedrigung, s.a. Ostwald's, W., Klassiker der exakten Wissenschaften.

Die Gesetze der Ueberkaltung und Gefrierpunktserniedrigung. Zwei Abhandlungen v. Sir Charles Blagden. (1788.) Hrsg. v. A[rthur] J[oachim] v. Oettingen. *Leipzig: W. Engelmann 1894.* (49 S.) 1 Bd 8.

= Klassiker, Ostwald's, d. exakten Wissenschaften. No 56. [9. 5890

**Blagden**, J., the woman I loved a. the woman who loved me, s.: Collection of brit. authors.

**Blagden**, J(ohn) William, B. A., aus London: Ueber Diazoniumsalze und deren Verhalten gegen Cuproverbindungen. *Würzburg 1899: Becker.* (41 S.) 8°

Würzburg, Phil. Diss. v. 1899

**Blagomir** pučavnik. Podučivna in kratkočasna provest za mlade in odrasčene ljudi. Poleg nemškega poslovenjena. Celovec (Klagenfurt) 853. Leon. gr. 8. (156 S.) 15 ngr

**Благонамѣренный.** No. I—XII. Berlin (Leipzig) 859—62. R. Hoffmann. 8. Jede No. n. 1 ₰

I.: Руководство къ торговлѣ Кн. Ховры. (VII, 80 S.)
II.: Англійскія тѣни (разсказы) Кн. Ховры. (80 S.)
III.: Записки русскаго гусара. Аралъ. (VII, 72 S.)
IV.: Исторія Фердинанда VII, короля испанскаго Ивана Головина. (VIII, 110 S.)
V.: Свѣтская философія или книга жизни. (III, 80 S.)
VI.: Исторія французской революціи Ивана Головина. Часть I. (XI, 76 S.)
VII.: Исторія французской революціи Ивана Головина. Часть II. (IV, 100 S.)
VIII.: Географическія изученія И. Николога. (VIII, 83 S.)
IX.: Германія и Нѣмцы Ивана Головина. (VII, 60 S.)
X.: Наука финансовъ кн. Ховры. Исторія двухъ милліоновъ. (VII, 75 S.)
XI.: О живописи и живописцахъ. Посвящено любителямъ картинъ. Соч. Ив. Головина. (VII, 84 S.)
XII.: Чтенія объ уголовномъ правѣ Ивана Головина. — Восточный вопросъ съ русской точки зрѣнія М. П. Грановскаго. (VIII, 100 S.)

**Благонамѣренный.** (Der Wohlgesinnte.) Nr. 1—12. 8. Berlin 859—61. [Leipzig, R. Hoffmann.] (à Nr. 1 Thlr.)

Inhalt:

Nr. 1. Ховра, руководство къ торговлѣ. (Howra [Golowin], Anfangsgründe des Handels. (VII und 80 S.)
„ 2. —— англійскія тѣни (разсказы). (Englische Schatten. Erzählungen.) (80 S.)
„ 3. Записки русскаго гусара. Аралъ. (Notizen eines russischen Husaren.) (VII und 72 S.)
„ 4. Головинъ, Иванъ, исторія Фердинанда VII. короля испанскаго. (Golowin, J., Geschichte Ferdinand VII. König von Spanien.) (VIII und 110 S.)
„ 5. Свѣтская философія или книга жизни. (Weltliche Philosophie oder Lebenslehre.) (III und 80 S.)
„ 6., 7. Головинъ, Иванъ, исторія французской революціи. Часть 1, 2. (Golowin, J., Geschichte der französischen Revolution. 2 Thle.) (XI und 76 S., IV und 100 S.)
„ 8. —— географическія изученія. (Geographische Belehrungen.) (VIII und 83 S.)
Nr. 9. Головинъ, Иванъ, Германія и Нѣмцы. (Golowin, J., Germanien und die Deutschen.) (VII und 60 S.)
„ 10. Ховра, наука финансовъ. Исторія двухъ милліоновъ. (Howra [Golowin, J.], Finanzlehre.) (VII und 75 S.)
„ 11. Головинъ, Иванъ, о живописи и живописцахъ. Посвящено любителямъ картинъ. (Golowin, J., über Malerei und Maler.) (VII und 84 S.
„ 12. —— чтенія объ уголовномъ правѣ. (Vorlesungen über Criminalrecht.) — Грановскій, М. П., восточный вопросъ съ русской точки зрѣнія. (Granowski, die orientalische Frage vom russischen Gesichtspunkt aus.) (VIII und 100 S.)

[Russ.] Blagověstie o carstvě razuma. *Berlin: Bibliograf. Bjuro 1892* (a. d. Umschl.: *A. Dejbner 1896*). (Die frohe Botschaft vom Reiche d. Vernunft.) (x, 153 S.) 1 Bd 8. [96. 4354

**Blagoweschtschenski**, W., Chrestomathie zum Uebersetzen aus dem Deutschen in's Russische. 2. verb. u. verm. Aufl. gr. 8. Dorpat 844. (Reval, Eggers.) n. 1 ₰ 4 ngr

**Blagoweschtschensky**, W., russisches ABC- u. Lesebuch für die deutsche Jugend der Ostseeprovinzen. gr. 8. Dorpat 838. Kluge. ½ ₰

**Blagoweschtschensky**, W., Russisches ABC- u. Lesebuch für die deutsche Jugend der Ostseeprovinzen. 2. verb. Aufl. 841. 3. Aufl. 845. Dorpat. (Gläser, auch Kluge.) n. ½ ₰

**Blagoweschtschensky**, W., russisches ABC- u. Lesebuch für die deutsche Jugend der Ostseeprovinzen. 7. Aufl. Dorpat 870. Gläser. 8. (160 S.) n. 16 ngr

**Blagoweschtschensky**, W., russisches ABC- und Lesebuch für die deutsche Jugend der Ostseeprovinzen. 8. Aufl. gr. 8. (160 S.) Dorpat 870,71, Gläser's Verlag. cart. *

**Blagoweschtschensky**, W., russ. ABC- u. Lesebuch f. d. deutsche Jugend der Ostseeprovinzen. 8. Aufl. gr. 8. (160 S.) Dorpat 871. Schnakenburg. n. 1. 60

**BLAGUISKOF**, Baronin (ps.?), Liebesleben einer Schwindlerin, aus d. Französ. (c. 1900). (Mk. 1.—, W. A. Gabriel, Berlin, c. 1898.)

Blaha, s.a. Blaha, Henry

**Blaha**, Chabert, Benazet u. die Gebrüder Blanc, od. die Geheimnisse d. Roulettespiels u. der deutschen Spielbanken. Ein Beitrag zur genaueren Kenntniß d. Hazardspiele, ihrer Berechnung, Chancen u. letzten Resultate. Zur Warnung dargestellt. 2. (Titel-)Aufl. 8. (IV u. 104 S.) Grimma (846) 851, Verlags-Comptoir. ½ ₰

**Blaha**, v., Chabert, Benazet u. d. Gebr. Blanc, od. d. Geheimn. d. Roulettesp. u. d. deut. Spielbanken. 2. Afl. 8. (104) Wurz. 51, Verl.-Compt. — 15

Blaha, Andreas: Zur Geschichte der Handelsabteilungen an den technischen Unterrichtsanstalten in Bayern. 1 Bl. und pg. 1 - 56. 8°. Tobias Dannheimer.

Progr. Kempten 1910/11.

Blaha, Carl: Stammblatterl'n. Ländler. Wien, Spina. 42 kr. 1865.

**Blaha**, Emil, die Steuerungen der Dampfmaschinen. Mit 214 Fig. auf 24 lith. Taf. gr. 8. (VIII, 150 S.) Berlin 878. Springer. n. 7. —

**Blaha**, Emil, die Steuerungen der Dampfmaschinen. Mit 238 Fig. auf 30 lith. Taf. 2. Aufl. gr. 8. (VII, 183 S.) Berlin 885. Springer. geb. n. 10. —

Blaha, Emil. Die Steuerungen der Dampfmaschinen. 3. umgearb. u. verm. Aufl. gr. 8. (VII, 211 S. m. 34 Taf.) Berl. 890, Springer. geb. * 10 —

Blaha, Emil, die Steuergn. der Dampfmaschinen. 4. Aufl., s.: Loist, C.

Blaha, Emil, die Steuerungen der Dampfmaschinen 5. Aufl., s.: Leist, Carl.

Blaha, H., Lebensbilder aus unserer Zeit. kl. 8. Augsburg 845, Schmid. ¾ ℛ

Blaha, Heinrich, aus Markt Redwitz, Rechtspraktikant am kgl. Amtsgericht zu Erlangen: Der Abschluß von Staatsverträgen nach bayerischem Staatsrecht in dogmatischer und historischer Darstellung. *Erlangen 1903: Junge & Sohn.* (87 S.) 8° [F.]
Erlangen, Jur. Diss. v. 11. Febr. 1903

Blaha, Henry, der erfahrene Lackirer, od. Anleitung, wie alle Sorten Lacke u. Firnisse auf das Beste u. Billigste zu bereiten sind. Nebst e. Anweisung, Kutschen nach engl. Art rc. zu lackiren u. e. Anhange, die Bereitung d. farbigen Lackfirnisse, so wie der gebräuchlichsten Farben u. Beizen enthalt. gr. 8. (6 B.) Reutlingen 843, Mäcken, Sohn.

Blaha, Lehrbuch der Chemie, s. Vademecum.

Blaha, Henry, populäres Lehrbuch der Chemie. Für Jedermann verständlich vorgetragen, besonders aber zum Gebrauch für Gewerbs- u. Realschulen eingerichtet. Mit 19 Holzschn. gr. 8. Reutlingen 841, Mäcken, Sohn. 1¼ ℛ

Blaha Julius: Das lateinische Perfektum in den gegenwärtigen nordfranzösischen Mundarten.
H. 1910 PN 2921 Diss. Wien, Univ. 2311

Blaha, Karl
Geschichte des k. und k. Feldjägerbataillons Nr. 19. Nach authent. Quellen verf. von Karl Blaha, Oberlt. Mit 12 Skizzen. Pozsony: Verl. d. Bataillons 1905. (293 S.) 4° [07. 13383

Blaha, Vincenz Al., Festpredigten zur Erinnerung an die Befreiung Wiens aus der Türkennot, geh. in der Kirche auf dem Kahlenberge am 12. IX. 1901 u. 1902. 8. (28 S.) Wien 902. H. Kirsch. n. — 40

Blaha, W. H., Geld, Maß u. Gewicht sämmtl. europ. u. außereuropäischer Staaten. gr. 8. (1¾ B.) Mainz 846, Kupferberg.

—— Waarenkunde, od. deutliche Beschreibung aller Waaren, die in dem Handel, den Gewerben u. dem häuslichen Leben vorkommen. Mit Angabe ihres Ursprungs, ihrer Anwendung u. d. Kennzeichen ihrer Aechtheit. Nebst e. Anh. gr. 8. (31½ B.) Mainz 846, Kupferberg.

Blaha, W. H., Waaren-Register, abgetheilt in folgende Fächer, als in das Fach der Bast-, Schilf- u. Strohwaaren, Baumwollengewebe, Farbewaaren, Federn, Schmuck- u. Bettfedern rc., worüber ein bequemer schneller Ueberblick gestattet ist. Nebst einem Anh., enth. die Nahrungsmittel, Victualien, Gifte u. Gegengifte. gr. 8. (6¼ B.) Mainz 846, Kupferberg. Thlr.

Blahoslawa, Jane, grammatika ceská dokonaná l. 1571, do níž wložen text grammatiky Beneše Optáta z Telče, Petra Gzella z Prahy a Wáclawa Philomathesa z Jindřichowa Hradce podle wydání Normberského 1543. Z rukopisu bibliotheky Thereesianské we Widni wydali Ign. Hradil a Jos. Jireček. We Widni (Wien) 857. (Prag, Tempsky.) gr. 8. (XXII, 390 S.) 2 ℛ

Blahověst. Katolické hlasy pro kněžstvo a lidjazyka československého. (Der Evangelist. Katholische Stimmen für die Geistlichkeit und das Volk czechoslavischer Zunge.) III. Jhrg. Redakt. *Wenzel Štulc.* Druck des *Friedr. Rohlíček.*
Erscheint in **Prag**, in monatl. Heften, 2-spalt. 8°.

Blahowsky, Joh., erziehliche Knabenhandarbeit, s.: Urban, Jos.

Blähsucht, die, oder die Vapeurs, ein häufiges, lästiges u. unangenehmes Leiden der Frauenwelt. Nebst einer Anweisung, sich von diesem Uebel gründlich zu befreien. Von einem pract. Arzte. 16. Erfurt 844, Hennings u. Hopf. ¼ ℛ

Blähungen, über die, als einer oft unerkannten Ursache schwerer Zufälle u. Krankheiten. Nebst Angabe sicherer Mittel, sich von denselben zu heilen rc. Von e. prakt. Arzte. Mit 1 lithogr. Zeichn. 8. Erf. u. Gotha 831. Hennings. 9 ℊ

— über, u. Vapeurs, (v. J. K. H. Ackermann). 8. Zeiz 794. Webel. 8 ℊ

Blaich, Hans Erich, s.a. Owlglass.

Dr. Owlglaß [d. i. Hans Erich Blaich]. Gottes Blasbalg. Verse. München: Langen (1910). 88 S. 8° [11. 13318

Blaich, Hans Erich, Arzt: Das Wasser bei Galen. Stuttgart 1906: Strecker & Schröder. (33 S.) 8°
Heidelberg, Med. Fak., Ref. Knauff, Diss. v. 3. März 1906
[Geb. 19. Jan. 73 Leutkirch; Wohnort: Stuttgart; Staatsangeh.: Württemberg; Vorbildung: Gymn. Ravensburg Reife M. 90; Studium: Tübingen 4, München 5, Heidelberg 5 S.; Coll. 3. März 06; Approb. 17. Dez. 98.]

Blaich, J. F., die Harfe Davids. Eine Sammlung von 4stimm. Chören, Motetten, Psalmen u. s. w., zum Gebrauch für Kirchen, höhere Schulen rc. 1. Heft. qu. 4. (16 S.) Philadelphia 866, Schäfer und Koradi. *

Blaich, Martin
Die Botschaft Jesu Christi an seine Knechte, Offenb. Joh. Kap. 1–22. Hrsg. von Martin Blaich. *Pr.-Bahnau: Selbstverl. 1900.* (112 S.) 8° [F.] [02. 6711 10

Das tausendjährige Friedensreich Jesu Christi. Nach d. Weissagungen d. Propheten u. Jesu Christi. Zsgest. von Martin Blaich, Preuss.-Bahnau. *Pr.-Bahnau: Selbstverl. 1896.* (28 S.) 8° [02. 6950

Das tausendjährige Friedensreich Jesu Christi. Nach d. Weissagungen d. Propheten u. Jesu Christi. Zsgest. von Martin Blaich. 2. Aufl. *(Pr.-Bahnau): Selbstverl. 1896.* (34 S.) 8° [F.] [02. 6713 10

Jesus Christus, das grosse A und O, der Erste und der Letzte. Von Martin Blaich. *Pr. Bahnau: Selbstverl. (1902).* (64 S.) 8° [F.] [02. 6676

Ein Lied von dem Zustand nach dem Tode zur Ermunterung u. Warnung f. d. lieben Kinder. Von Martin Blaich. Oft wiederholte Aufl. *Pr.-Bahnau: Selbstverl. [um 1900].* (31 S.) 8° [F.] [02. 6689 10

Was ist der Himmel? und: Wie kommt man hinein? Von Martin Blaich. 5. Aufl. *Pr.-Bahnau: Selbstverl. (1900).* (104 S.) 8° [F.] [02. 6714 10

Die Zubereitung auf die baldige Zukunft Christi und die antichristliche Versuchungsstunde als Nutzanwendung von Offenb. Joh. Kap. 8–22. Hrsg. von Martin Blaich. 2. Aufl. *Pr.-Bahnau: Selbstverl. 1895.* (64 S.) 8° [F.] [02. 6715 10

Blaid, A. A.
———— Die chemische Untersuchung des Eisens. Berlin 1892. 8.

Blaikie, William Garden
Blaikie, Will. Garden, Blicke in das Seelenleben des Herrn. Bibl. Betrachtungen. Mit einem Vorworte von Friedr. H. Brandes. 8. (VI, 158 S.) Gütersloh 888, Bertelsmann. * geb. *

Blaikie, Will. Garden, unser Herr als Lehrer u. Seelsorger. Eine bibl. Pastoraltheologie. Autoris. Übersetzg. Mit e. Vorwort v. Frdr. H. Brandes. 8. (VII, 352 S.) Gütersloh 885. Bertelsmann. n. 4. —

Blaikie, William Garden, uns. Herr als Lehrer u. Seelsorger. Beitrag z. e. bibl. Pastoraltheologie. Autor. Übersetzg. M. e. Vorworte v. Frdr. H. Brandes. 2. Aufl. 8. (VIII, 352 S.) Gütersloh 895. C. Bertelsmann. n. 4. —; geb. n. 4. 80

**Blaikie**, Will. Garden, das Leben David Livingstones. Hauptsächlich nach seinen unveröffentlichten Tagebüchern u. Briefen. Mit Genehmigung des Verfassers übersetzt u. mit Erläuterungen u. Zusätzen versehen von Otto Denk. 2 Bde. Mit dem (Lichtdr.=)Bildnis Livingstones. 8. (XI, 299 u. 311 S.) Gütersloh 881. 82. Bertelsmann. à n. 3. 60

— bessere Zeiten für unsere Arbeiter. Aus dem Engl. gr. 8. (VII, 86 S.) Gotha 884. F. A. Perthes. n. 1. 20

**Blajko**, S., la kometo de Halley, s.a. Kolekto de la internacia sciencea revuo. I.

La kometo de Halley de S. **Blajko** ⟨Moskvo⟩ et rusa lingvo esperantigis inĝ W. Ŝmurlo ⟨Riga⟩. Kötzschenbroda-Dresden: Thalwitzer 1910. 21 S. 4°(8°)
(Kolekto de la Internacia Scienca Revuo. 1.) (10. 1022, 2

**Blaim**, Th.: Die Milch und deren Untersuchung. Vortrag. – München 1906.

**Blaim**, Theodor. Ueber den anatomischen Bau von Melodidymus, Cephalothoracopagus und Dipygus bei Hausvögeln. Diss. Vet.-Med. Bern. [Mit 11 Tafeln.] 40 S. 8. München, Max Steinebach, 1910.

**Blaimhofer** s.a. M. Blumhofer.

**SCHLITTENFAHRT**, Satyrische (von *Max Blaimhofer* = *Blumhofer*). München, o. J. (c. 1784).
Anon.-Lex. IV. p. 39 (nach Meusel).

**Blaine**: Über die Heilung d. Krankheit der Pferde. . ., s. Blaine, Delabere

**Blaine**, Delabare, s. Blaine, Delabere

**Blaine, Delabere:**
Grundlinien d. Thierarzneikunde. Aus d. Engl. frei übers. v. W. Domeier. Th. 1. Leipz. 1804. 466 S. 2 Tvl.
— [2. Aufl., anonym, m. Tit.:] Handbuch d. Thierarzneikunde . . . 2 Th. Sst. 1816. 9 Tvl.

**Blaine**, Delabere: Grundlinien der Thierarzneikunde. Aus d. Engl. frei übers. von Wilhelm Domeier. Thl. 1. 2. Mit Kupfertaf. Leipzig 1804 - 05.

— Grundlinien d. Thierarzneikunde: aus d. Engl. v. W. F. Domeyer. 2 Thle. Mit Kpf. gr. 8. Leipz. 808. Reclam. 6 ß

— Handbuch über die Krankheiten der Hunde, a. d. Engl. übers. von P. Eckert. Freiburg 34. Herder. M. 3.—

**Blaine**, Delabere: Handbuch der Thierheilkunde oder von d. Baue, Verrichtungen u. Krankheiten d. Pferdes, Rindviehes u. d. Schaafe. Aus d. Engl. nach d. 2. ganz umgearb. u. sehr verm. Ausg. übers. von Ludwig Cerutti. Bd. 1.2. Leipzig 1820 - 21.
1. Theoretische Thierheilkunde Thl. 1. 2. Mit 5 Kupfern. 1820.
1.2. Anatomie u. Physiologie d. Pferdes.
2. Praktische Thierheilkunde. Thl. 1.2. 1821.
1.2. Von d. Krankheiten d. Pferdes, Rindviehes u. d. Schaafe u. deren Heilung.
1. Innere Krankheiten.
2. Äussere Krankheiten. Chirurgische Operationen. Arzneimittellehre.

**Blaine**, Delabare, Handb. d. Thierheilkunde, od. vom Baue, Verrichtungen u. Krankheiten d. Pferdes, Rindviehes u. d. Schaafe. Aus dem Engl. v. L. Cerutti. 1r u. 2r Bd, à 2 Thle. M. Kpf. gr. 8. Leipz. 820, 21. Magaz. f. Industr. 5 ß 8 gr

— üb. d. Heilung d. Krankheit d. Pferde, Kühe, Schafe u. Hunde; aus d. Engl. v. W. F. Domeyer. gr. 8. Leipz. 805. Reclam. 1 ß 4 gr

**Blaine**, Delabere: (The Outlines of the veterinary art, Ausz. Deutsch:) Über die Heilung der Krankheiten der Pferde und anderer Hausthiere, als: Kühe, Schafe und Hunde. Von Delabere Blaine. Aus d. Engl. frei übers. von Wilhelm Domeier. Aus Blaines Grundlinien bes. abgedruckt. Leipzig: Reclam 1805. X, 302 S. 8°

— Die Krankheiten der Hunde. Aus dem Englischen von W. G. Becker. Ebd. 20. (Hunger.) M. 2.—

— die Krankheiten d. Hunde, od. allgem. faßliche Anweisung, sie zu erkennen u. zu heilen. A. d. Engl. gr. 8. Leipz. 820. Magazin f. Industr. 16 gr

**Blainey**, Benjamin

**Blainey**, Benj., neuer Versuch über die Weissagung Daniels von d. 70 Wochen, mit Anhang; aus d. Engl. (v. Jh. C. F. Schulz). gr. 8. Halle 777, 80. Gebauer. 18 gr (Der Anh., enthält: J. Caverhill's chronolog. Tafeln zc. 12 gr)

**Blainville**, de: Die versteinerten Fische, s. Blainville, Henry Marie Ducrotay de

**Blainville** Reise durch Holland, Deutschland u. Schweiz v. Köhler. 5 Bde. gr. 4. Lemgo, Meyer. 764 — 67. (1r 2 Rthlr. 2r 1 Rthlr. 20 gr. 3r 2 Rthlr. 4r 1 Rthlr. 20 gr. 5r 2. Rthlr.)

**Blainville**, v., Reise durch Holland, Oberdeutschland und die Schweiz, besonders aber durch Italien. Aus des Vfs Handschrift in englischer Sprache zum Druck befördert von G. Turnbull und W. Guthrie. Ins Deutsche übers., erläutert und hin und wieder mit Anmerkungen versehen von J. Tob. Köhler. Bd. 1—3. Zu des Hrn von Blainville Reisebeschreibung, besonders durch Italien, erster Zusatz, von Ed. Wright; a. d. Engl. übers. Lemgo 1764—67. 4.
—, — und mit vielen Anmerkk. verm. von Köhler. (Bd. 4.) Zweiter und letzter Zusatz. (Bd. 5.)

**v. Blainville**, ..., Reise durch Holland, Oberdeutschland u. die Schweiz, besond. aber Italien. Aus d. Verf. eigner Handschr. in engl. Sprache, zum Druck befördert v. G. Turnbull u. W. Guthrie; ins Deutsche übers. u. mit Anmerkk. v. Jh. Tob. Köhler. 5 Bde. gr. 4. Lemgo 764 — 67. Meyer. 9 ß 16 gr

**Blainville**, H. M. D., s. Blainville, Henry Marie Ducrotay de

**Blainville**, Henry Marie Ducrotay de
— die versteinerten Fische, geologisch geordnet u. naturhistor. beschrieben. A. d. Franz. übers. u. m. Anmerkk. versehen v. J. F. Krüger. 8. Quedlinb. 822. 23. Basse. 1 ß 4 gr

—(Poissons fossiles, Deutsch) Die versteinerten Fische, geologisch geordnet und naturhistorisch beschrieben von Henry Marie Ducrotay de Blainville. Aus d. Franz. übers. Hrsg. von J(ohann) F(riedrich) Krüger. Quedlinburg & Leipzig: Basse 1823. XVI, 232 S. 8°

**Blainville**, H. M. D., Manuel d'Actinologie ou de Zoophytologie. Avec un Atlas de 100 planches représentant une espèce de chaque genre et sousgenre. gr. in-8. Strassb. Levrault. 11 2/3 ß ill. 32 2/3 ß

**de Blainville**, (Ducrotay, M. H. M.,) de l'Organisation des animaux ou principes d'anatomie comparée. Vol. I. gr. 8. Strasb. 822, Levrault.

*de Blainville*, Ducrotay, H., de l'Organisation des animaux ou principes d'anatomie comparée. IV Vols. gr. 8. Strassb. 822, 23. Levrault. 10 ß

**Blair**, Andrew Alex., die chemische Untersuchung d. Eisens. Eine Zusammenstellg. der bekanntesten Untersuchungsmethoden f. Eisen, Stahl, Roheisen, Eisenerz, Kalkstein, Schlacke, Thon, Kohle, Koks, Verbrennungs- u. Generatorgase. Vervollständigte deutsche Ausg. v. L. Rürup. gr. 8. (VI, 257 S. m. 102 Abbildgn.) Berlin 892. J. Springer. Geb. in Leinw. n. 6. —

**Blair**, E., englische Fibel. ABC u. leichte Lese-Uebgn. in Prosa u. Versen. Für Anfänger im Englischen. (78 u. II S.) kl. 8. Stuttgart (854). Berlin-Schöneberg, Langenscheidt's Verl. — 50

— Lesson-book. Kurze engl. Aufsätze u. kleine Gedichte zum Uebersetzen. Nach dem Daily lesson-book der British and foreign school-society. (VIII, 186 S.) kl. 8. Ebd. (854.) — 75

**Blair**, Hugh, s. Blair, Hugo

**Blair**, Hugo, krit. Abhandl. üb. die Gedichte Ossian's; aus d. Engl. v. O. A. H. Oelrichs. 8. Hannov. 785. Hahn. 6 gr

—das Grab, s. G. W. F. Beneken, Athanasios.

—lectures on Rhetoric and belles-lettres. III Vols. gr. 8. Basel 788. (Tourneysen in Cassel). 2 ₰ 15 gr Schrbp. 4 ₰

Blair, Hugo, Lehrbuch der Rhetorik und Poetik. Für Deutsche bearb. von Prof. J. Eiselein. 2 Bde. A. m. d. Umschl.-Tit.: Schule der Redekunst nach Blair. 8. Rotweil 838. Herder'sche Buchh. 1½ ₰

Blair, Hugh. Predigten; aus dem Englischen aufs neue übersetzt. Leipzig 1781—1795. Ü: *Sack, Friedr. Samuel Gottfr.* (MGT) »1805« »& *Friedr. Daniel Ernst Schleiermacher*« (Ky)

—Predigten; aus d. Engl. (v. F. S. G. Sack u. Schleiermacher). 5 Thle. gr. 8. Leipz. 781—802. Weidmann. 4 ₰ 12 gr

— Vorlesungen üb. Rhetorik u. schöne Wissenschaften; aus d. Engl. (v. K. G. Schreiter). 4 Thle. gr. 8. Liegn. 785—89. Siegert. 3 ₰ 16 gr

Blair's, Johann synchronistische Tabellen für die allgemeine Weltgeschichte von Erschaffung der Welt bis 1753. Aus dem Englischen vermehrt und fortgesetzt bis auf Leopold II. Von Heinrich Watteroth. (2 Thl. in 1 Bd.) 4. Wien 1790.
22*

Blair, J., synchronist. Tabellen f. d. Weltgeschichte; aus d. Engl. v. H. J. Watteroth. 2 Thle. gr. 4. Wien 790. (Beck). 1 ₰ 20 gr

Blair, J. synchronist. Tabell. f. d. Weltgesch. a. d. Engl. v. Watteroth, 2 Thle. gr. 4. Wien, Wapler, 790.

Blair, Robert

Blair, Rob. das Grab, ein Ged. a. d. Engl. 8. Hamb. Matthiesen, 784.

Blair, Rob., d. Grab; n. Gray's Elegie; aus d. Engl. (v. F. G. A. Bern). 8. Hamb. 785. N. A. 8. Regensb. 793. Montag u. W. 8 gr

Blair, William

—neueste Erfahr. üb. d. venerische Krankheit rc. Aus d. Engl. v. L. A. Struve. 8. Glog. 801. N. Güntersche B. 20 gr

Blair, William: (Essays on the venereal disease, dt.) Versuche über die venerische Krankheit und die sie begleitende Zufälle, erl. durch verschiedene Krankengeschichten. Aus d. Engl. übers. von Christian August Struve. Versuch 1. Altenburg: Richter 1799.
Versuch 1, Th. 1: 1799.

Blair, Wlh., Versuche üb. d. vener. Krankheit rc. A. d. Engl. v. L. A. Struve. gr. 8. Altenb. 799. Schnuphase. 16 gr

— — dasselbe. 8. Glogau, Günter, d. J. 801.

Blaise, Jak. Ad., Elementarunterricht in der Geographie. Ein Handbuch mit statistischer u. topographischer Beschreibung d. Großherzogth. Luxemburg. Luxemburg 857. Bück. 8. (VIII, 176 S.) n. 8 ngr

Blaise, Nicodème: Révolution der février. Organisation du travail. 8°.– Stuttgart 1877.

Blak, M. G., verschiedene Anmerkungen über gegenwärtiger Zeit falsche Prophezeyungen. Stade 708. 8.

Blake, JP, u. AE Reveirs-Hopkins: Das Möbel in Engld, s: Handbücher d. Kunstgewerbes.

Blake, J(ames) E(ddy), Dr., aus New-York: Aus d. hygien. Institut u. d. chirurg. Klinik zu Bonn. Versuche über Vioform, mit besonderer Beziehung auf dessen möglichen Gebrauch als ein Ersatzmittel für Jodoform in der konservativen Behandlung tuberkulöser Gelenke. *Bonn 1902: C. Georgi.* (30 S.) 8°
Bonn, Med. Diss. v. 5. Aug. 1902

Blake, Lucien I(ra) (geb. Mansfield, Mass. 12. 9. 1853): Ueber Elektricitätsentwicklung bei der Verdampfung und über die elektrische Neutralität des von ruhigen elektrisirten Flüssigkeitsflächen aufsteigenden Dampfes. Berlin (1883). (24 S.) 8°
Berlin, Phil. Diss. v. 7. März 1883

Blake, Th. G., a spankin legacy, or the corsican vendetta, s.: Theatre, modern english comic.

Blake, William, ausgewählte Dichtungen. Uebertr. v. Adf. Knoblauch. 2 Tle. Lex. 8. Berlin 907. Oesterheld & Co. 8.50; geb. in Leinw. n 12.50; Einzelpr. 10.50; geb. 14. 50
1. (95 S.) 6.—; geb. 8.—. — 2. (84 S.) 4.50; geb. 6.50.

— Die Ethik der Fruchtbarkeit. Zusammengestellt aus seinen Werken u. Aufzeichgn., übers. u. eingeleitet von Otto Frhrn. v. Taube. (LI, 149 S.) 8. Jena 907. E. Diederichs. 5.—; geb. 6. 50

Blakeslee, AF, s.: Tabulae botanicae.

Blakesley, H.: Die elektrischen Wechselströme, s. Blakesley, Thom. H.

Blakesley, J. H., Vier financielle Curvensysteme, nach den Vega'schen Tabellen bearb. gr. 8. (4 S. mit 1 Stnt. in Imp.-Fol.) Hannover 881, (Helwing'sche Sortimentsb.) *

Blakesley, J. H., 4 financielle Curvensysteme, nach den Vega'schen Tabellen bearb. gr. 8. (4 S. m. 1 Steintafel in Imp.-Fol.) Hannover 881. Lindemann in Comm. n 1 —

Blakesley, Thom. H., die elektrischen Wechselströme. Zum Gebrauche f. Ingenieure u. Studierende bearb. Mit Genehmigg. d. Verf. übers. v. Clarence P. Feldmann. gr. 8. (VI, 101 S. m. 81 in den Text gedr. Fig.) Berlin 891. J. Springer. Geb. in Leinw. n. 4. —

Blakey, avis pour élever les enfans, 8. Bern, Typogr. Soc.

— observations très-importantes pour les pères et mères, 18. Bern, Typogr. Soc.

Blakmoore, Ant., christl. Alterthümer; aus d. Engl. v. Fr. Eb. Rambach. 2 Thle. 8. Bresl. 768. 69. (Gosohorsky). 2 ₰ 16 gr

Blackmoore, christl. Alterthümer. a. d. Engl. v. Rambach. 2 Thle. 8. Bresl. Meyer. 768 — 69. (à 1 Rthlr. 8 gr.)

— die Schöpfung; e. Gedicht. Aus d. Engl. v. J. F. v. Palthen. gr. 8. Wism. 764. Bödner. 16 gr

Blakmore, Rich., Taschenbuch für Pferdeliebhaber, od. gründl. Anweis. in kurzer Zeit ein prakt. Pferdekenner u. Reiter zu werden, wie auch junge Pferde schulgerecht zuzureiten. 8. (6¾ B.) Hamburg 843, Niemeyer.

Blamauer, A., Panorama vom Schöpfl (893 m). Hrsg. v. der Section Wienerwald des österr. Touristen-Klub. 17×100 cm. Farbendr. (4 S. Text.) kl. 8. Wien 907. G. Freytag & Berndt. nn — 50

— Panorama vom Sonntagsberg (704 m). 10,5×118 cm. Farbdr. Ebd. (910). — 50

— Panorama v. der Wienerwald-Warte am Jochgrabenberg (640 m) bei Rekawinkel. Hrsg. v. der Sektion „Wienerwald" des österr. Touristen-Klub. 18×100cm. Farbdr. (4 S. Text.) kl.8. Ebd. 907. nn — 60

Blameuser, Michael [pr. Arzt, aus Daleiden '(Rheinprov.)']: Casuistischer Beitrag zur Kenntnis von den nach Nekrose an der Diaphyse auftretenden Störungen im Längenwachstum ... Greifswald, Buchdr. C. Sell, 1897; 24 S., 1 Bl. 8.
Greifswald, Med. Fak., Inaug.-Diss. v. 27. Juli 1897

Blana, Constantin. Honved-Artillerie-Hauptmann des 1848/49er Freiheitskampfes. Fünfzig Jahre aus dem Leben eines Landwehr-Offiziers. Aus dem Ungar. Budapest 1876. 8,00.

le Blanc, ..., Briefe, d. Regierungsform ꝛc. d. Engländer u. Franzosen betreff. 3 Thle. 8. Augsb. 764. Klett. 1 ℔ 16 gl
X. u. d. T.: Vergleichung d. Charactere d. Engl. u. Französ. Nation. 3 Thle. 8. Ebd. 764. 1 ℔ 16 gl

Blanc, l'abbé P., discours adressé aux pèlerins de Saint-Maurice, 22 Sept. 1873. 20 pp. in-8. Fribourg, impr. catholique suisse. 1. —
Se vend au profit de l'église d'Aigle.

1873!

Blanc, C. L. le, introductio ad Corvini jus canon. 8. Augsb. Rieger, 799.

Blanc, Carl
Blanc, C, u. A Jeanron, d. europ. Malerschulen d. Mittelalt. u. d. Neuzeit. 4. (100) Grimma 51. (Frankf., I Goar.) n. 1. —

Blanc, Carl, u. Aug. Jeanron, (auf d. 1—7. Lfg. Jeanson) die europäischen Malerschulen d. Mittelalters u. der Neuzeit, in dem Leben, den Bildnissen u. Werken ihrer großen Meister durch Wort u. Bild dargestellt. Mit den wohlgetroff. Portraits aller großen Maler, sammt den treuen Nachbildungen ihrer berühmtesten Gemälde wie ihrer Unterschriften u. Monogramme (in eingedr. Holzschn.), u. Namhaftmachung der öffentl. Gemäldegallerien u. Privatsammlgn., in welchen die Originale zu finden, nebst Angaben der in Kunstauctionen gewöhnlich dafür gezahlten Preise. 1. Serie. 1—12. Hft. Imp.4. 1. Niederländische Schule: Phil. Wouwerman. (10 S.) 2. Holländische Schule: Nicolas Berghem. (8 S.) 3. Flämische Schule: Cornel. Huysmans [gen. de Malines.] Niederländische Schule: Wilh. Kalf. (8 S.) 4. u. 5. Holländische Schule: Paul Rembrandt. (16 S.) 6. u. 7. Englische Schule: Thom. Lawrence. (20 S.) 8. u. 9. Flamändische Schule: Dav. Teniers [der Sohn.] (16 S.) 10. Spanische Schule: Jos. Ribera [gen. Spagnoletto]. (8 S.) 11. u. 12. Französische Schule: Jean Honoré Fragonard. (14 S.) Grimma 851, Verlagscomptoir. (à Lfg. n. ¼ ℔) 1 Serie, welche nicht getrennt wird. n. 3 ℔

Blanc, Charles, les artistes de mon temps. gr. 8. (VI, 556 S.) Paris 876. Didot & Co. n. 12. —

Blanc, E.: Neuer Schnell-Angriff auf ein modernes Fort, s. Blanc, Ernst

Blanc, Elisabeth
Blanc, Elisab., Blumen u. Blüten. Ein Festspiel f. deutsche Jungfrauen. 8. (51 S.) Berlin (902). Buchh. des ostdeutschen Jünglingsbundes. n. — 80

Blanc, E., d. Tugenden Wettstreit. E. Festspiel f. Jungfrauen-Vereine. 8. (28 S.) Cöthen 895. Schriftenniederlage d. evang. Vereinshauses. n. — 60

Der Tugenden Wettstreit. Ein Festspiel f. Jungfrauen-Vereine von E[lisabeth] Blanc. 2. verb. Aufl. Berlin: Ostdeutscher Jünglingsbund [1902]. (38 S.) 8° [F.]

Blanc, Ernst
Neuer Schnell-Angriff auf ein modernes Fort. Von Ernst Blanc, Hauptm. Berlin: Mittler & Sohn 1907. 39 S. 8°
Aus: Kriegstechn. Zeitschrift 1906, H. 5/6.

Blanc, Étienne, et Alex. Beaume, code général de la propriété industrielle, littéraire et artistique, comprenant les législations de tous les pays et les traités internationaux sur les inventions brevetées, les oeuvres de littérature, de musique, de théâtre, de peinture etc. Paris 854. 8. (Leipzig, O. Wigand) (2 Bl., VIII, 608 S.) n. 2 ℔ 15 gl

Blanc, F.: Üb. Eisenbahn-Personentarif-Reform ..., s. Blanc, Ferdinand

Blanc, Ferdinand
Blanc, Ferd., Christus. Episches Gedicht in 28 Gesängen. gr. 8. (III, 168 S.) Erlangen 900. F. Junge. n. 2. 80

Blanc, Ferd., Christus. Episches Gedicht in 30 Gesängen. 2. Tausend. — Neugestaltung. (210 S.) 8. Meiningen 905. Keyßner. Geb. in Leinw. n. 4. 50

Blanc, Ferd., üb. Eisenbahn-Personentarif-Reform u. d. Selbstabfertigg. d. Reisenden mittelst Bahnmarke. gr. 8. (22 S.) Berlin 895. R. v. Decker. n. — 60

Auf dem Erbgute. Schauspiel in 3 Akten von Ferdinand Blanc. (München): Münchener Verl.-Inst. 1897. (67 S.) 8° [F.]

Blanc, Ferd., Jesus Christus. Erzählendes Gedicht in 30 Gesängen. 2. neu durchgearb. Aufl. 8. (297 S.) Hildburghausen 886. Gadow und Sohn. *M 4.—; geb. *

— Jesus v. Nazareth. Erzählendes Gedicht in 30 Gesängen. gr. 8. (297 S.) Meiningen 884. Keyßner. n. 5. —

Blanc, Ferd., Jesus v. Nazareth. Erzählendes Gedicht in 30 Gesängen. 3., vollständig rev. Aufl. gr. 8. (223 S.) Stuttgart 890. M. Brennwald & Co. n. 3. —; geb. n. 3. 50; m. Goldschn. n. 4. —

Blanc, Ferd. Jesus v. Nazareth. Erzählendes Gedicht in 30 Gesängen. gr. 8. (224 S. m. 1 Lichtdr.) Stuttg. 891, Brennwald. * 3 —; geb. * 4 —; geb. m. Goldschn. * 4 50

— Tante Martha. Kleinbürgerliches Lustspiel in 3 Akten. (82 S.) 8. Dresden 903. (Arnoldische Buchh.) n. 1. 50

Der Regiments-Trompeter. Lustspiel in 3 Akten von Ferdinand Blanc. (München 1899: Bruckmann.) (48 S.) 8° [F.]

Die Herren Vettern. Lustspiel in 3 Akten von Ferdinand Blanc. Altona [um 1907]: S. Bernhard. (76 S.) 8° [F.]

Blanc, F., Visionen. Schauspiel in 3 Akten. 8. (63 S.) Hildburghausen 888. Gadow & Sohn. n. 1. —

—— Visionen. Schauspiel in 3 Akten. 2. durchaus umgestaltete Aufl. 12. (78 S.) Hildburgh. 889, Gadow u. Sohn. * 1 —

Blanc, H., s.: Abhandlungen, zoologische, August Weismann gewidmet.

Blanc, H., Protozoa, s.: Bibliographie d. schweiz. Landeskunde.

Blanc, Henri
Blanc, H., die Amphipoden der Kieler Bucht nebst einer histologischen Darstellung der „Calceoli", s.a. Acta, nova, acad. caes. Leopoldino-Carolinae.

Blanc, Henri, die Amphipoden der Kieler Bucht, nebst einer histolog. Darstellung der „Calceoli". gr. 4. (68 S. mit 5 lithogr. Taf.) Halle 884. (Leipzig, Engelmann.) *
Aus: Nova Acta der k. Leop.-Carol. deutschen Akademie der Naturforscher, besonders abgedruckt.

le Blanc, Karl Ldw, (U. Reisn,) introductio ad J. A. Corvini jus canonic. per aphorismos strictim explicatum. 8 Augsb. 790. Rieger. 16 gl

Blanc, L.: Über die sociale Frage, s. Blanc, Louis

le Blanc, L.: Kurz. Inbegriff aller chirurg. Operationen, s. le Blanc, Ludwig

Blanc, L. G.
— an meine Mitbürger, über die Vereinigung der beiden, bis jetzt getrennten, protestant. Kirchen-Partheien. gr. 8. Halle 818. Renger. 2 *gl*

Blanc, L. G., Predigten. 8. Halle, Schimmelpfennig. 811.

Blanc, L. G., Saggio di una interpretazione filologica di parecchi passi oscuri e controversi della Divina Commedia. 1ª versione ital. con proemio, osservazioni ed aggiunte di O. Occioni. 8. (XXIV und 365 S. mit 1 Stat.) Triest 865, Coen.

—— Versuch einer blos philologischen Erklärung mehrerer dunklen und streitigen Stellen der göttlichen Komödie. I. Die Hölle. 1. und 2. Heft. Gesang I—XXXIV. gr. 8. (IV und S. 1—310.) Halle 860. 61, Anton. à Heft 20 Ngr.

Blanc, L. G., Versuch einer blos philologischen Erklärung mehrerer dunklen und streitigen Stellen der göttlichen Komödie. I. Die Hölle. 1. u. 2. Hft.: Gesang I—XXXIV. Halle 861, 62. Anton. gr. 8. (IV, 310 S.) Jedes Heft 20 *ngr.*

— Versuch einer blos philologischen Erklärung mehrerer dunklen u. streitigen Stellen der göttlichen Komödie. II. Das Fegefeuer. [Gesang I—XXVII.] Halle 865. Buchh. d. Waisenhauses. n. 15 *ngr.*
1. Thl. jetzt in demselben Verlage.

Blanc, Louis
—— und Thiers über die soziale Frage. I. Rede in der franz. National-Versammlung am 13. Septbr. 1848 gehalten von A. Thiers. — II. Das Recht auf Arbeit. Eine Erwiederung an Thiers, von Louis Blanc. Aus dem Franz. 8. (88 S.) Breslau 849, [Hainauer.] *

— u. Thiers über die soziale Frage. I. Rede in der franz. National-Versammlung am 13. Septbr. 1848 gehalten v. A. Thiers. — II. Das Recht auf Arbeit. Eine Erwiederg. an Thiers, v. Louis Blanc. Aus d. Franz. 8. (88 S.) Breslau 849, Schuhmann. n. 1/3 *rf*

— Zur Geschichte der Februar-Revolution 1848. Aus d. Franz. 8. (IV u. 264 S.) Quedlinburg 850, Basse. 5/6 *rf*

— Geschichte der zehn Jahre 1830—1840, s.a. Bibliothek, neueste historische, des Auslandes, IV—VIII. Thl.

— dass. Aus d. Französ. übers. von Glo. Fink. Nebst einem Vorwort zur Verständigung der Deutschen u. Franzosen, v. einem deutschen Publizisten in der Fremde. 1. Thl. Julirevolution. Lex.-8. Zürich u. Winterthur 843, Literar. Comptoir. 1½ *rf*

— dass. 2. Thl. Die reaktionäre Politik Ludwig Philipps. Lex.-8. Ebend. 843. 1½ *rf*

— dass. 3. Thl. Weitere Entwicklung der reaktionären Politik Ludwig Philipps. Kämpfe der Parteien. Londoner Konferenz u. belgischer Feldzug. Lex.-8. Ebend. 843. 1½ *rf*

— dass. 4. Thl. Die Aufstände in Lyon u. Paris. — Aprilprozeß. — Fieschi's Attentat u. die Septembergesetze. Zunahme der gouvernementalen Bedeutung d. Königs. Lex.-8. Ebend. 844. 1½ *rf*

— dass. 5. Thl. (Schluß.) Reaktion der Kontinentalpolitik gegen die Julirevolution. — Neue Organisation der demokratischen Partei. — Kampf zwischen der parlamentarischen und der königl. Prärogative. — Die orientalische Frage. — Politische Schlußbetrachtungen. Lex.-8. Ebend. 845. 1½ *rf*

—— dass. Aus d. Franz. übers. von Glob. Fink. Nebst einem Vorw. zur Verständigung der Deutschen u. Franzosen, von ein. deutschen Publizisten in der Fremde. 5 Thle. Lex.-8. Zürich und Winterthur. [Leipzig, Verlags-Bureau.] à Thl. 1 Thlr. 15 Ngr.
Thl. 1. Julirevolution. (22 B.) 843.
" 2. Die reaktionäre Politik Ludwig Philipps. (20½ B.) 843.
" 3. Weitere Entwicklung der reaktionären Politik Ludwig Philipps. Kämpfe der Parteien. Londoner Konferenz u. belgischer Feldzug. (21½ B.) 843.
" 4. Die Aufstände in Lyon u. Paris. — Aprilproceß. — Fieschi's Attentat u. die Septembergesetze. Zunahme d. gouvernementalen Bedeutung des Königs. (23½ B.) 843.
" 5. Reaktion der Kontinentalpolitik gegen die Julirevolution. — Neue Organisation der demokratischen Partei. — Kampf zwischen der parlamentarischen u. der königl. Prärogative. — Die orientalische Frage. — Politische Schlußbetrachtungen. (21½ B.)

— Geschichte der 10 Jahre 1830—1840. Deutsch herausgeg von Thdr. Cramer. 1. Bd. Geschichte der Julirevolution. gr. 8. Nürnberg 843, Cramer. n. 16 *ngl*

— dass. Aus d. Französ. von L. Buhl. (In 5 Bden.) 16. Berlin 844, 45, Hermes. 4⅙ *rf*

—— dass. Deutsch hrsg. v. Theod. Cramer. 1. Bd. Julirevolution. gr. 8. (26½ B.) Nürnberg 845, Cramer. *

— dass. Im Auszuge. 12 Lfgn. gr. 16. Offenbach 846, 47, G. André. 2/3 *rf*

— Geschichte der zehn Jahre 1830—1840. Aus d. Franz. übers. v. Glob. Fink. 2. Aufl. 5 Bde. Lex. 8. (319. 317 u. 1048 S.) Leipzig 847, Verlagsbureau. (à Bd. 1 *rf*) 5 *rf*

— Geschichte der zehn Jahre 1830—1840. Aus dem Franz. übers. v. L. Buhl. 2. nach der 6. Orig.-Ausg. revid. Aufl. 1—10. Lfg. 8. (1. Bd. S. 1—352 mit d. Portrait d. Verfassers.) Berlin 848, Hermes. à 1½ *rf*

– Geschichte der 10 Jahre 1830 - 40. Anonym übersetzt. 5 Bde. 1852.

Blanc, L. Geschichte der zehn Jahre 1830 – 1840 A. d. Französ. von Fink. 5 Bde. (88½ B.) 8. Zürich 1843. 22,50. — von Th. Cramer. I. (26½ B.) 8. Nürnberg 1853. 2,00. – A. d. Französ. von L. Buhl. 5 Bde. (110¾ B.) 16 Berlin 1844. 45. 12,50.

— Geschichte der französ. Revolution. 1 u. 2. Thl. 8. (1: VIII u. 404 S. 2: 303 S.) Grimma 847, Verlags-Compt. (à ½ *rf*) 1 *rf*

— dies. Deutsch von L. Buhl u. L. Köppen. 1. Bd. 6 Lfgn. gr. 8. (521 S.) Berlin 847, Rieß. (à Lfg. n. ⅙ *rf*) 1 *rf*

Blanc, Louis, Geschichte der französischen Revolution. Aus dem Franz. 1. und 2. Bd. Allgem. und besond. Ursachen der Revolution. 5 Lfgn. 8. Leipzig 847, [Brockhaus.] [1. (519 S.) 847., 2. (VIII und 466 S.) 848. à 1 Thlr. 7½ Ngr.]

Blanc, Louis, Geschichte der französischen Revolution. Aus dem Französ. 3. Bd. 8. (X und 438 S.) Leipzig 853, Brockhaus. Thlr.
1. und 2. Bd. Ebendas. 1847, 48. 2 Thlr. 15 Ngr.

—— dass. — s.a. Bibliothek, neueste historische, des Auslandes.

Blanc, Louis, histoire de dix ans 1830—1840, s.a. Bibliothèque, econom. Chefs-d'oeuvre des prosateurs. Vol. II—V.

– histoire de dix ans 1830 - 1840. 4 vol. Bielefeld: Velhagen u. Klasing 1844 - 45. 16°

Blanc, Louis, Histoire de la Révolution française. Tom. I. Edit. française, faite à Paris sous les yeux de l'auteur. gr. 8. (592 S.) Paris 847. Berlin, Behr. n. 1⅙ *rf*

— Histoire de la révolution française. Tome I—III. (1: VIII u. 515 S. 2: X u. 426 S. 3: X u. 394 S.) Leipzig 847. 52, Brockhaus. (à 1 *rf*) 3 *rf*

—— le même — Tome I. Edit. française, faite à Paris sous les yeux de l'auteur. gr. 8. (592 S.) Paris 847. Berlin Behr's Buchh. *

—— Histoire de la révolution française. Tome 3 et 4. 8. Leipzig, Brockhaus. [3. (X und 394 S.) 852, 4. (X und 419 S.) 853. à Tome 1 Thlr.]
Tome 1. et 2. Le même. 1847. 2 Thlr.

Blanc, Louis, vor fünfzig Jahren, s. Haus-Bibliothek.

Blanc, Louis, Organisation d. Arbeit, s.a. Bibliothek d. Volkswirtschaftslehre.

**Blanc, Louis.** Organisation der Arbeit. A. d. Franz. . . . Nordhausen 1847. V: *Bitzer, Frdr.* (stamS)

— Organisation der Arbeit. Aus d. Franz. v. F. B. 12. (163 S.) Nordhausen 847, Fürst. 1/2 ℛ

Organisation der Arbeit. Von Louis Blanc. Nach d. 9., umgearb. u. durch e. Kapitel verm. Aufl. d. Originals übs. v. Robert Prager. *Berlin: R. L. Prager 1899.* (X, 332 S.) 1 Bd 8.
Bibliothek d. Volkswirtschaftslehre u. Gesellschaftswissenschaft. [Bd] VIII.

– O r g a n i s a t i o n der Arbeiter. Nach der 9. umgearbeiteten und durch ein Kapitel vermehrten Auflage des Originals übersetzt von Rob. Prager. gr8° Berlin: Prager 1899.
(Bibliothek d. Volkswirtschaftslehre und Gesellschaftswissenschaft, Bd. 8.)

— die Reform der Arbeit, s.a. Portfolio d. Fortschritts.

– Die R e f o r m der Arbeit. 18°.– Leipzig: Ernst Schäfer 1848.

– V o r s c h l a g zur Organisation der Arbeit. Nach dem Französischen. (Dies Buch gehört dem Volke, I, 1845.)

le Blanc, Ludwig
le Blanc, Edw., u. Hoins, Abhdl. v. e. neuen Methode, d. Brüche zu operiren. Aus d. Französ. M. Kpf. gr. 8. Leipz. 783. Weygand. 1 ℛ

le Blanc, Edw., kurz. Inbegriff aller chirurg. Operationen ꝛc. aus d. Französ. v. Chr. Fr. Ludwig. 2 Bde. Mit Kpf. gr. 8. Leipz. 783. Weygand. 2 ℛ 16 ℊ

Blanc, Ludwig Gottfried
Briefe von Ludwig Gottfried Blanc an Friedrich Schleiermacher. Für d. Litteraturarchiv-Gesellsch. in Berlin hrsg. Berlin: Litteraturarchiv-Ges. 1909. 78 S. 8°
(Mitteilungen aus d. Litteraturarchive in Berlin. N. F. 2.)

Blanc, L. Gf., die beiden ersten Gesänge d. göttl. Komödie, erläutert. 8. Halle 832. Schwetschke u. S. 10 ℊ

Blanc, Ludw. Gtfr., Grammatik der italienischen Sprache. gr. 8. (52⅞ B.) Halle 844, Schwetschke u. Sohn. *

— Handb. d. Wissenswürd. a. d. Natur u. Gesch. d. Erde u. ihrer Bewohner. 4 Thle. Nebst Regist. üb. alle 4 Thle. 8. Halle 821—25. Schwetschke u. S. 8 ℛ 4 ℊ

Blanc, (L. G.,) Handbuch d. Wissenswürd. aus d. Natur u. Geschichte d. Erde u. ihrer Bewohner. 4 Thle. Nebst Regist. üb. alle 4 Thle. 8. Halle 822—25. Hemmerde u. S. (1r Thl. 1 Rthlr. 20 gr. 2r Thl. 2 Rthlr. 3r Thl. 2 Thlr. 4r Thl. 2 Rthlr. 8 gr.)

Blanc, Edw. Gf., Handbuch des Wissenswürdigsten aus d. Natur und Geschichte der Erde und ihrer Bewohner. Zum Gebrauche beim Unterricht in Schulen und Familien, vorzüglich für Hauslehrer auf dem Lande, so wie zum Selbstunterricht. 2e verm. und verb. Aufl. Mit erläut. Abbildd 3 Thle. gr. 8. Halle 833, 34. Schwetschke u. Sohn. Subscr.-Pr. 3 ℛ — 3e verb. u. verm. Aufl. Ausg. in Hftn. 15 Hfte. gr. 8. (Mit 1 Kpfrtaf.) Ebd. 837, 38. 3⅔ ℛ — 4e verb. u. verm. Aufl. 3 Thle. gr. 8. Ebd. 840. 3⅚ ℛ — Atlas dazu, aus 25 Karten bestehend ꝛc., 2 ℛ Vergl. Atlas.

Blanc, Edw. Gttfr., Handbuch des Wissenswürdigsten aus d. Natur u. Geschichte d. Erde u. ihrer Bewohner ꝛc. Supplement-Heft zu der 3. Aufl. gr. 8. Halle 841, Schwetschke u. Sohn. n. 1/6 ℛ

—— dass. Supplem.-Hft. zu d. 3. Aufl. gr. 8. (6 B.) Ebds. 841. *
Atlas zu Blanc's Handbuche etc. 4 Abthl. Roy. 4. (25 lith. u. col. Karten.) Ebendas. 837—40. (à * 12 Gr.) *2 Thlr.

— dass. 5. Aufl. Herausgeg. v. W. Mahlmann. (In 18 Hftn.) 1.—11. Hft. gr. 8. Ebend. 845, 46. à n. 1/4 ℛ

—— Handbuch d. Wissenswürdigsten aus d. Natur u. Geschichte der Erde u. ihrer Bewohner. 5. Aufl. Hrsg. v. W. Mahlmann. (In 18 Hftn.) 1—12. Hft. gr. 8. (92 B.) Halle 1845—47, Schwetschke u. Sohn. à Hft. * 7½ Ngr. *
Atlas hierzu, s. Atlas.

Blanc, Ludw. Gottfr., Handbuch des Wissenswürdigsten aus der Natur und Geschichte der Erde und ihrer Bewohner. 5. Aufl. Hrsg. von W. Mahlmann. 13—18. (letztes) Heft, oder 3. Bd. gr. 8. (870 S.) Halle 847—49, Schwetschke und Sohn. à Heft * 7½ Ngr. Thlr. *
1. und 2. Bd. Ebendas. 1845—47. * 3 Thlr.

Blanc, Ludw. Gottfr., Handbuch des Wissenswürdigsten aus der Natur und Geschichte der Erde und ihrer Bewohner. 6. Aufl., durchgesehen, berichtigt und fortgesetzt von dem ursprüngl. Verfasser. 3 Bde. gr. 8. Braunschweig, Schwetschke und Sohn. [1. und 2. Bd. (III und 1458 S. mit 2 Stnt. in Fol.) 3. (888 S.) 853.]

—— dass. — 7. Aufl., durchgesehen, berichtigt, fortgesetzt und verm. von Adph. Diesterweg. Mit zahlreichen in den Text eingedr. Holzschn. (In 3 Thln. oder 15 Heften.) 1. Heft. gr. 8. (1. Thl. IV und S. 1—160.) Ebds. 856.

Blanc, L. G.: Handbuch des Wissenswürdigsten aus der Natur und Geschichte der Erde und ihrer Bewohner. Zum Gebrauch beim Unterricht in Schulen und Familien, vorzuglich für Hauslehrer auf dem Lande, sowie zum Selbstunterricht. 7. Aufl., durchgesehen, berichtigt, fortgesetzt und vermehrt von Adolph Diesterweg. Bd. 1—3. Braunschweig 1857. 3 Bde. VII, 790; 775; 722 S. 8°.

Blanc's, L. G., Handbuch des Wissenswürdigsten aus der Natur und Geschichte der Erde und ihrer Bewohner. 7. Aufl., durchgesehen, berichtigt, fortgesetzt und vermehrt von Adph. Diesterweg. 2—15. Heft. gr. 8. (1. Thl. VII und S. 161—792 mit 2 Holzschnt. in gr. 8. und qu. Fol., 2. Thl. 775 S. und 3. Thl. 722 S.) Mit zahlreichen in den Text eingedr. Holzschn. Braunschweig 857. 58, Schwetschke und Sohn. à Heft 10 Ngr. Thlr.
1. Heft. Ebendas. 1856. 10 Ngr.

Blanc's, L. G., Handbuch des Wissenswürdigsten aus der Natur und Geschichte der Erde und ihrer Bewohner. 8. Aufl. von Henry Lange. (In 15 Lfgn.) 1.—5. Lfg. gr. 8. (1. Bd. XV und 755 S. mit eingedr. Holzschn. und 1 lithogr. und ill. Karte.) Braunschweig 867,68, Schwetschke und Sohn. à Lfg. 10 Ngr.

Blanc's, L. G., Handbuch des Wissenswürdigsten aus der Natur und Geschichte der Erde und ihrer Bewohner. 8. Aufl. von Henry Lange. Mit zahlreichen Illustr. (in Holzschn.) 6.—15. (Schluß-)Lfg. gr. 8. (2. Bd. VIII, 781; 3. Bd. X, 745 S.) Braunschweig 868,69, Schwetschke und Sohn. à Lfg. ℳ 1.

Blanc's, Dr. L. G., Handbuch des Wissenswürdigsten aus der Natur und G e s c h i c h t e d e r E r d e u n d i h r e r B e w o h n e r. Zum Gebrauche beim Unterricht in Schulen und Familien, vorzüglich für Hauslehrer, sowie zum Selbstunterricht. 8. Auflage durchgesehen, berichtigt, fortgesetzt und vermehrt von Dr. Henry Lange. Mit zahlreichen Illustrationen. I. Th. Allgemeine Einleitung. Portugal. Spanien. Frankreich. Britisches Reich. Holland. Belgien. Schweiz. 2. Th. Skandinavisches Reich. Deutschland. Oesterreich. Italien. Griechenland. Russisches Reich. 3. Th. Asien. Australien. Afrika. Amerika. Vollständiges R e g i s t e r über alle drei Theile. (3 Bde.) 8. Braunschweig 1868—1869.

— Vocabolario Dantesco ou dictionnaire critique et raisonné de la Divine Comédie de Dante Allighieri. gr. 8. (X u. 563 S.) Leipsic 852, Barth. 2½ ℛ

Blanc, Max C. Ueber die Bedingungen der directen Ersetzbarkeit des an Kohlenstoff gebundenen Wasserstoffs durch Metalle oder Alkyle, nebst einem Beitrag zur Kenntniss der Homo-o-Phtalsäure. Berlin, 1888. Diss.

BLANC, MAX C. Die elektromotorischen Kräfte der Polarisation. Leipzig, 1891. Diss.

**Blanc,** Richard [aus Berlin]: Die foetale Hydrocephalie in geburtshilflicher Beziehung ... Berlin, C. Vogt's Buchdr., *1893;* 28 S., 2 Bl. 8.
Berlin, Med. Fak., Inaug.-Diss. v. 8. Aug. 1893

Blanc, Th. le
— Commentar. in Psalmos, 6 Tmi fol. Col. 726.

Blanc, Th. le, Erweis d. Genugthuung Jesu Chr. 8. Marburg, Krieger, 735.

— heil. Handarbeit, 2 Thle. 4. Augsb. Wolf, 700.

**Blanc St. Bonnet, Ant.,** de l'unité spirituelle, ou de la Société et de son but au de la du temps. III Vol. Lex.-8. Paris 841, (et Strasbourg, Ve. Levrault.) n. 8 ₰

**Blanc de Volx,** Etat commercial de la France au commencement du 19e siècle, III Vol. 8. Strasb. Treuttel et W.

Blance s. Blanke.

Blancaart, Stephan, s. Blankaart, Stephan

Blancard(us), Stephan, s. Blankaart, Stephan

Illustrirtes Buch der Patiencen. (Livre illustré des patiences.) [Verf.: C^me de Blanccoeur.] Mit Abb. 1.[2.] *Breslau: J. U. Kern [1901].* 2 Bde 8°
1. 60 Patience-Spiele. 9. Aufl. [2.] N. F. Noch 60 Patience-Spiele. 3. Aufl. [01. 5722

Illustriertes Buch der Patiencen [Livre illustré des patiences; Verf.: C^tesse de **Blanccoeur**]. 10. Aufl. Bdch. 1. Breslau: J. U. Kern [1906]. 8°
[07, 13339

**Blance, Friedrich** (Vosswinkel/Westf.), De novo ad talipedem varum sanandum apparatu. Diss. chir.-med. Bln. (Nietack) 30. XII. 1835. 31 S., 1 Tfl. Abbildungen. (Grüzmacher sc.) u. Biogr. (M.: Schraeer.) (4.—) 2855
Opponenten: Max. Reissert, L. Koner, Carl Neubourg.

**Blanchard,** Abt, d. Bild d. christl. Weisen u. ehrlichen Mannes. 8. Augsb. 789. Wolf. 12 gr

—Geschenk an Deutschlands Eltern, oder Reflexionen über die Auferziehung; aus d. Französ. von Jh. Bapt. Auer. 8. Konstanz 785. (Doll in Augsb.) 5 gr

**Blanchard,...,** Gesetzbuch über Strafen, französisch u. deutsch nach der offiziellen Ausg. übersetzt. gr. 8. Cöln 811. Gaul u. Tonger. 1/2 ₰

**Blanchard,** die Gespenster der Nacht. 2 Bde. 8. Sondersh. 821. Voigt in Ilmenau. 1 ₰ 18 gr

BLANCHARD' (ps.?), Die Gespenster der Nacht, oder die Schrecknisse der Schuldigen. Ein Schauplatz der Frevel, enthaltend, in Form histor. Novellen, Erscheinungen höllischer Ungeheuer, unheilbringender Truggestalten, mörderischer Kobolde, grauser Gespenster und triefender Blutbühnen. Nach d. Französ. des *Blanchard.* 2 Bde. Sondershausen u. Nordhausen, Voigt, 1822. 8°. Selten!
198 u. 165 SS. Mit TKpfrn. Enth. 8 freie Novellen. Bd. I: Das klagende Mausoleum der Liebe. — Das Alpdrucken des Verbrechens. — Das Gespenst d. Rache oder der belebte Dolch. — Der Hund, als Verräther der Schuld, oder die Bader von Blut. — Bd. II: Die blutige Entführung der schönen Jenny, oder die englische Lucretia. — Das anklagende Gespenst Peter III. — Der Bär und die Jungfrau in dem Mordkeller der kalabresischen Räuberhöhle. — Der reuige Galeerensklave.

**Blanchard,** die Illuminirkunst, s.: Schauplatz, neuer, der Künste u. Handwerke. 125. Bd.

Blanchard: Luftreise in Berl., s. Blanchard, Wlh.
Blanchard. Neuer Plutarch. A. d. Französ. übers. 8. 1806.
Gallerie berühmter Männer aller Nationen und Zeiten in Bildnissen und Biographien. 3 Bde. 8. Leipzig 1807–15. 36,00.

**Blanchard,** die Ränke u. Schwänke d. Schleichhändler. A. d. Französ. 12. Ilmenau 822, Voigt.

**BLANCHARD.** — S. auch Schatten, die blutigen.

(Blanchard)
Die blutigen Schatten einer Gallerie von Wundern, seltsamen Ereignissen, nächtlichen Erscheinungen, schaurigen Träumen ... alles aus den Quellen der Wahrheit geschöpft. Aus dem Franz. Bd 2. Mit 1 Titelkupfer.
Sondershausen, Nordhausen: Voigt 1821.

Blanchard: Der empfindsame Träumer, s. Blanchard, P.

**Blanchard,** A., Verf. v. Ermahnung f. Kranke, a. d. Fr. gr. 8. Bamb. Diederich, (Gebhard, B.) 792.

**Blanchard,** A., Versuch v. Ermahnungen f. verschied. Zustände d. Kranken; aus d. Französ. mit e. Anh. verm. v. J. M. Feder. gr. 8. Bamb. 785. 2e A. 792. Dederich. (Wesche in Frankf.) 1 ₰ 4 gr

**Blanchard,** Arthur A(lphonzo): Über die Zersetzung des Ammoniumnitrits. Mit 3 Fig. im Text. *Leipzig: W. Engelmann 1902.* (30 S.) 8° ¶ (Aus: Zeitschr. f. physikal. Chemie, Bd 41, H. 6.)
Leipzig, Phil. Diss. v. [20. Okt.] 1902

**Blanchard, B.,** plägasbuk volapükik. Volapükistisches Uebungsbuch. 8. (44 S.) Überlingen 891. Schoy. n. — 60

Blanchard, Bernh., s. Blanchard, Bernh. G.

Blanchard, Bernh. G.
**Blanchard, G. B.,** Elementarbuch der italienischen Sprache nach der sogenannten calculirenden Methode für Deutsche und Franzosen. 1. Cursus. — Livre élémentaire de la Langue Italienne selon la méthode dite calculante à l'usage des Allemands et des Français. 1. Cours. Leipzig 853. Renger. (Fries.) gr. 8. (VIII, 202 S.) 22 1/2 ngr

—— Elementarb. d. ital. Sprache nach d. calcul. Meth. f. Deutsche u. Franzosen. 1. Curs. 8. (202) Lpzg 53. (Berl., Renger.) — 22 1/2

Blanchard, Bernh. G., kurzgefaßte Grammatik der französischen Sprache. gr. 8. (VI und 56 S.) Dresden 861(62), Ehlermann. *

— grammatikalisches Hülfsbuch zu dem 1. Kursus von Dr. E. J. Hauschild's Elementarbuch u. Dr. F. Ahn's prakt. Lehrgang der französischen Sprache. Nebst einem Anhange über das unregelmäßige Verbum. Leipzig 858. Haynel. 8. (2 Bl., 108 S.) n. 10 ngr

—· grammatikalisches Hülfsbuch zu dem 1. Kursus von E. J. Hauschild's Elementarbuch und F. Ahn's prakt. Lehrgang der französ. Sprache. Nebst einem Anhang über das unregelmäßige Verbum. 8. (IV und 108 S.) Leipzig 858, [Purfürst.] *

**Blanchard, Bernh.,** französische Conversations-Grammatik. Anleitung zur schnellen und leichten Erlernung der französ. Sprache nach einer neuen Methode. 8. (XXII und 287 S.) Leipzig 866, Roßberg'sche Buchh.

— praktisch-theoretischer Lehrgang der französischen Sprache, enth.: Die wesentlichsten Regeln, Uebersetzungsaufgaben, Conversation und leichte Lesestücke, nebst einem alphabetischen französisch-deutschen Verzeichnisse aller in diesem Buche befindlichen Wörter. Für Schulen u. zum Selbstunterricht. 859. 15 ngr. — 2. verb. Aufl. Leipzig 861. Arnold. gr. 8. (IV, 215 S.) 10 ngr

— Regeln und Wiederholungen für Diejenigen, welche nach dem 1. Cursus von Dr. Ahn's oder Dr. E. J. Hauschild's französischem Lehrgange unterrichtet worden sind, sowie zum Selbstunterrichte. Leipzig 855. Leiner. 8. (2 Bl., 102 S.) n. 8 ngr

**Blanchard, C.,** s. A. M. Perrot, die Kunst des Colorirens.

Blanchard, François
– Ausführlicher Bericht der ... in Wien den 6ten July 1791 unternommenen 38ten Luftreise vom Herrn –. Ochs, Wien (1791). 1 vol. 20 S.

BLANCHARD (Francois). 39. Luftreise des Herrn – ... Wien (ca. 1791). 1 Bl.

Blanchard, G. B.: Elementarbuch der italienischen Sprache ..., s. Blanchard, Bernh. G.

**Blanchard, Laman, Skizzen aus d. Leben. Gesammelt u. hrsg. v. Edw. Lytton Bulwer. Frei aus d. Engl. von George v. Roß. 3 Bde. gr. 16. (774 S.) Augsburg 847, Fahrmbacher. n. 1 ℛ 24 ngr**

Blanchard, Laman, Skizzen aus dem Leben. Gesammelt und hrsg. von Edw. Lytton Bulwer. Frei aus dem Engl. von George v. Roß. 3 Bde. gr. 16. (774 S.) Augsburg 848, Fahrmbacher.

Blanchard M. A. — Erzählungen und Geschichten zur Unterhaltung und Herzensbildung der Jugend. Nach dem Französischen des — —. Mit 8 illuminirten Bildern. Pesth, 1855. Verlag von Hermann Geibel. Druck von Beimel und Basil von Kozma. (242 S. 1 Bl. 8.)

Blanchard, M. A. —. Erzählungen und Geschichten zur Unterhaltung und Herzensbildung der Jugend. Nach dem Französischen des — —. Pest, 1855. Verlag von Hermann Geibel. (269 S. 2 Bl. Mit 8 kolorirten Bildern.) 8. (Elbeszélések és történetek azifjuság számára. Mulattató és szivképző olvasmány. Franziából Blanchard M. A. után. Pesten, 1855. Geibel Armin sajátja. (Deutsch und ungarisch zugleich.)

Blanchard, Nicolas François: Relation du 15. voyage aerien de Nicolas François Blanchard fait à Francfort sur le Meyn le 3. d'octobre 1785... Francfort sur le M.: Eslinger 1785. 17 S. 8°

Blanchard's, P., Chronik d. Abenteuerlichen, Seltsamen u. Wundervollen in den Schicksalen berühmter Reisenden zu Wasser u. zu Lande. N. d. Französ. bearb. v. A. Ehrenstein. 2 Thle. M. Kpf. 8. Pesth 816. Hartleben. 8 ℛ

— Ecole des moeurs, ou Réflexions morales et hist. sur les maximes etc. 5 T. gr. 12. Lyon, (Tourneysen, Basle,) 788.

Blanchard, P., Ecole des moeurs, ou Maximes de la sagesse etc. VI. Vol. 12. Strasb. Treuttel et W.

— Préceptes pour l'éducation des deux sexes etc. II. Vol. 12. ibid.

— précis historique de la vie et du pontificat de Pie VI. Londres, (Tourneysen, Cassel,) 800.

Blanchard, P., kleine Reise um die Erde. Zur Vorbereitung auf ein ernsteres Studium der Geographie. Nach der 6. Aufl. aus d. Franz. frei übersetzt u. größtentheils zeitgemäß umgearb. von J. Weidmann. Mit 7 (Taf.) Abbildd. 8. Erfurt 833. Schüller. 2/3 ℛ — dass. mit Jahrz. 1838. Ebd. und der Pr. nur 1/3 ℛ

**Blanchard, P.** Der empfindsame Träumer; aus dem Französischen. Zeitz 1799. Ü: *Bernewitz, von.* (KY) Ü: *Schlegel, Christiane Caroline.* (MGT) (schl)

— der empfindsame Träumer; aus d. Franzöf. (von v. Bernewitz). 2 Bde. 8. Zeitz 799. Webel. 18 Ꝁ

— Trésor des enfans, av. fig. 12. Bern, Typogr.

— le même l. 18. Par. (B. Fleischer, L.) 805.

**Blanchard, Pierre, Nehmt Euch in Acht! Eine Sammlung kleiner Erzählungen, welche geeignet sind, die Kinder von Handlungen abzuhalten, die ihnen gefährlich werden könnten. Aus d. Französ. ins Deutsche frei übertragen von Karl Dielitz. Mit 9 illum. Bildern. br. 16. Berlin 842, Winckelmann u. Söhne. 1/2 ℛ**

**Blanchard, R., Hirudineen, Blutegel, s.: Deutsch-Ost-Afrika.**

**Blanchard, R., Hirudineen aus Montenegro (8 S.) Lex. 8. Prag 905. (F. Řivnáč.) n. — 20**
Sonderabdr. a.: „Sitzungsber. d. böhm. Gesellsch. d. Wiss."

Blanchard, Raphaël
**Blanchard, Raph., Hirudineen, s.a. Ergebnisse der Hamburger Magalhaensischen Sammelreise.**

Hirudineen bearb. von Prof. Dr. Raphaël Blanchard ⟨Paris⟩. Mit 1 Farbentaf. u. 13 Abb. *Hamburg: L. Friedrichsen & Co 1900.* (20 S.) 4°(8°)
— Ergebnisse d. Hamburger Magalhaens. Sammelreise. Lfg 5, 4. [illegible]

**Blanchard, Raph., révision des Hirudinées du musée de Dresde. [Abhandlgn. u. Berichte des königl. zoolog. u. anthropologisch-ethnograph. Museums zu Dresden 1892/93. Hrsg. v. A. B. Meyer. Nr. 4.] Imp.-4. (8 S. m. 1 Taf.) Berlin 894. R. Friedländer & Sohn. n. 3. —**

Blanchard, Wlh.
Blanchard's Luftreise in Berlin, mit Nachtrag. 8. Berl. 788. Schöne. 4 Ꝁ.

Blanchard's der Luftschiffer. (v. J. K. D. Curio). 7 Stcke. 4. Braunschw. 789.

Blanchard, Wlh., s. 1) Maleville, Commentar.. 2) Napoleon's Code criminel.

**Blanche, Die Durchlauchtigste Pariserin,** in einer verliebten und wahrhaftigen Geschichte, aus d. Frantzös. übersetzt. Frankf. 1734. V: *Ville-Dieu, Marie Cathérine Hortense.* (BGE I[a], 94/95)

**Blanche, Die Durchlauchtigste Pariserinn,** oder wahrhafftige und erbauliche Liebes-Geschichte der Hertzogin von *** in 2 Htn abgefasst. Frankf. u. Leipzig 1736. V: *Ville-Dieu, Marie Cathérine Hortense.* (BGE VI[a], 95)

Blanche, d. durchlaucht. Pariserin, Gesch. 2 Thle. 8. Laubau. 737.

Blanche et Pierrine. Dialogue ... s. H[ouriet-Wuille, Mme] J[ulie].

Blanche, Schwester, v. hl. Vinzenz v. Paul, s: Saint-Martial, Gräfin de.

Blanche, August
Blanche, Aug., Abenteuer eines Schauspielers. Aus dem Schwedischen übers. von Eugenie Duncker. 2 Bde. 8. (224; 208 S.) Bremen 873, Kühtmann und Comp. *

Blanche, Aug., Abenteuer eines Schauspielers. Aus dem Schwed. übers. von Eugenie Duncker. 2 Bde. 2. (Titel-)Aufl. 8. (III, 224; III, 208 S.) Norden 883, Fischer Nachf. †

Blanche, A, Armand, s.a. Wachenhusen, H, Armand.

Blanche, August

Armand. Ein Roman. Nach d. schwed. Original bearb. von Hans Wachenhusen. Bd. 1. 2.
Berlin: Janke 1859. 282 S. 8°

Blanche, Aug., Aufzeichnungen eines Geistlichen. Aus dem Schwed. übers. von Eugenie Duncker. 2 Bde. 8. (218; 246 S.) Bremen 875, Kühtmann und Comp. *

—— Aufzeichnungen eines Geistlichen. Aus dem Schwed. übers. von Eugenie Duncker. 2 Bde. 2. (Titel-)Aufl. 8. (218; 246 S.) Ebendas. 883. *

Blanche, Aug., die Banditen, siehe: Bibliothek, Europäische. 750—752. Bd.

—— Magister Bläckstadius, s. Both's, L. W., Bühnen-Repertoir des Auslandes.

Blanche, Aug., Engelbrecht u. seine Dalekarlier. Historisches Schauspiel in 5 Acten. Aus d. Schwedischen übers. von P. F. Siebold. Hamburg 866. Fischer. 8. (XVII, 102 S.) 15 ngr.

Blanche, A., Erlebnisse des Küsters in Danderyd, s. Sammlung Schwedischer Novellen.

—— Erzählungen des Küsters zu Danderyd, s. Universal-Bibliothek Nr. 791 und 792.

—— Erzählungen eines Miethkutschers. Aus dem Schwedischen übers. von Eugenie Duncker. 2 Bde. 8. (219; 208 S.) Bremen 874, Kühtmann und Comp. *

—— Erzählungen eines Miethkutschers. Aus dem Schwed. übers. von Eugenie Duncker. 2 Bde. 2. (Titel-)Aufl. 8. (219; 208 S.) Ebendas. 883. *

Blanche, August: Das Mädchen im Stadthofe, in: Lese-Kabinet, Neues belletristisches.

—— aus dem Tagebuche eines Geistlichen, s. Bibliothek, europäische.

Blanche-Raffin, A. v., Jakob Balmes, sein Leben und seine Werke. Uebers. von F. X. Karker. gr. 8. (272 S. mit 1 Stahlst.) Regensburg 852, Manz.

Blancheneige. (12 S. m. 6 Farbdr.) 16. Stuttgart (903). O. Weise. n. — 10; 4. n. — 15

Blanchère, M. R. de la, De rege Juba regis Jubae filio. Gel. 1883. 152 S.

Blanchet, A[dolphe], et Bovet, r. P[ierre-Canisius]. La vie et la mort de Saint Béat, Apôtre de l'Helvétie. Edité et traduit ([de] l'Helvetia Sacra [de Heinrich] Murer) par les soins de M. l'abbé A. Blanchet, et du r. r. P. Bovet, c. [Couverture illustrée. E.] 8. Fribourg 1876.

Blanchet, Rodolphe

Blanchet, R., Mémoire sur les monnaies des rois de la Bourgogne transjurane, s.a. Mittheilungen der antiquarischen Gesellschaft in Zürich.

Blanchet, Rodolphe]. Mémoire sur les monnaies des rois de la Bourgogne Transjurane. [Avec des figures et 2 planches.] Mittheil. Ant. Ges. Zürich. Band 11. Heft 3. 4. Zurich 1856.

Blanchini, Fr.

— Archäologische Aehrenlese. Mit Kupf. Dresden 811. 12. Zwei Samml. folio. 2 rthl.

— Andeutungen zu 24 Vorlesungen über Archäologie. Dresd. 810. 8. 1 rthl.

— Über die Dresdner Antikengallerie. Mit Kupf. Dresden 815. 4. 8 gr.

Blanchini, Fr., Epistola de aureis et argenteis cimeliis in arce Perusiae effossis. S. l. 717. f. 1 rthl. 6 gr.

— Explicatio antiqui anaglyphi in Museo Napoleone. Lips. 800. 8. 6 gr.

— Archäologische Hefte, oder Abbildungen zur Erläuterung des Alterthums. Weimar 801. Th. I. 4. 18 gr.

— Aldobrandinische Hochzeit. Eine archäologische Ausdeutung. Mit Kupf. Dresden 810. 4. 2 rthl. Mit col. K. 6 rthl.

— Ideen zur Archäologie der Malerei. Dresd. 811. Th. I. 8. 1 rthl. 20 gr.

— Über Museen- und Antiken-Sammlungen. Eine Vorlesung. Leipzig 808. 8. 4 gr.

— Archäologisches Museum. Mit Kupf. Weimar 801. Th. I. Heft 1. 8. 9 gr.

— Originalkupfer zu diesen Gemälden, oder Umrisse griechischer Gemälde. Herausgegeben von Tischbein. Weimar 797. 98. 2 Hefte. f. 3 rthl. Magdeburg 800. Heft 3. folio. 2 rthl. 8 gr.

— und H. Meyer, über den Raub der Cassandra, auf einem alten Gefäfse von gebrannter Erde. Zwei Abhandl. mit 3 Kupf. Weimar 794. 8. 2 rthl.

— Griechische Vasengemälde, mit archäologischen und artistischen Erläuterungen. Weimar 797. 98. Bd. I. 2 Hefte. 8. 1 rthl. 15 gr. Magdeb. 800. Heft 3. 8. 1 rthl. 4 gr. (I. 160 S. mit 3 Kupfern. II. 232 S. mit 7 Kupf.)

— Vorlesungen über die Kunstmythologie. Dresd. 809. 10. 2 Theile. 8.

Blanchini, Frz., astronom. ac geogr. observat. sel. fol. Veronae, (Weidmann, L.) 737. Rthlr.

Blanchon, Pierre. 1909 [Pseud.]
s. Mérys, Jacques André. [illegible]

Blanck, Unserm Br. H. J., und Br. P. A. Stein am Stiftungsfeste der ehrw. Loge zu den drei Rosen gewidmet ... Hamb., den 25. Jan. 1826. [Hamburg 1826.] V: *Appel* ... (wolfstieg I, 717)

Blanck, über den Bau der Eisenbahnen in den Vereinigten Staaten von Nord-Amerika. Reise-Bericht. Imp.-4. (16 S. mit eingedr. Holzschn. und 8 Kpfrt.) Berlin 877, Ernst und Korn. *

Aus: Zeitschrift für Bauwesen, besonders abgedruckt.

Blanck: Aus der Volksheilkunde Mecklenburgs, s. Blanck, August

Blanck, Worte der Liebe gesprochen am Sarge des verewigten General-Polizei-Direktors Hrn. v. Hinckeldey, und Rede des Hrn. Pastors Ziegel am Grabe auf dem Kirchhofe der St. Nicolai-Gemeinde. gr. 8. (16 S.) Berlin 856, Hayn. *

Blanck, August

Blanck, A., die Meklenburgischen Aerzte von den ältesten Zeiten bis zur Gegenwart mit kurzen Angaben über ihr Leben und ihre Schriften. gr. 8. (XII, 255 S.) Schwerin 874, Schmiedekampf. *

Blanck, A., die mecklenburgischen Aerzte. Neuausg., s.a. Wilhelmi, Axel.

Die Mecklenburgischen Aerzte von den ältesten Zeiten bis zur Gegenwart. Eine Neuausg., Vervollständ. u. Forts. des im J. 1874 unter gleichem Titel erschienenen Dr. med. A(ugust) Blanck'schen Sammelwerkes, veranst. von Dr. med. Axel Wilhelmi, San.R. Mit Ill. *Schwerin i. M.: E. Herberger 1901.* (288 S.) 8° [illegible]

Blanck, August, aus Rostock: Aus d. physiol. Institut d. Landes-Universität Rostock. Ueber die galvanischen Erscheinungen bei adaequater Reizung des Herzvagus. *Rostock 1902: Adler's Erben.* (21 S.) 8°
Rostock, Med. Diss. v. [5. Mai] 1902

Blanck, A., die Fische der Seen und Flüsse Mecklenburgs. 1. und 2. verm. und verb. Aufl. gr. 8. (61 S.) Schwerin 881, Schmiedekampf. *

**Blanck,** August, Assistenzarzt der Universitäts-Frauenklinik zu Rostock: Zur Kenntnis der Geschwülste des Bauchhodens. Rostock 1906: H. Winterberg. (38 S.) 8°
Rostock, Med. Fak., Ref. Ehrich, Müller, Diss. v. 10. Mai 1906
[Geb. 3. Juni 79 Siebdichum b. Penzlin; Wohnort: Rostock; Staatsangeh.: Preußen; Vorbildung: Gymn. Neubrandenburg Reife M. 99; Studium: Heidelberg 3, Rostock 6 S.; Coll. 2. Aug. 04; Approb. 15. Juli 04.]

—— Uebersicht der Phanerogamenflora von Schwerin, nebst einem die Gefäss-Kryptogamen enthaltenden Anhang. gr. 8. (IV, 89 S.) Ebendas. 884. *

**Blanck,** aus d. Volksheilkunde Mecklenburgs. N. Aufzeichngn. bearb. v. Wilhelmi. [Aus: „Archiv d. Vereins d. Freunde d. Naturgesch. in Meckl."] gr. 8. (66 S.) Güstrow 897. (Opitz & Co.) n. 1. 20

v. **Blanck,** C. Post-Cours-Karte der Eilwagen, Diligencen und Packwagen in dem Königreiche Bayern. München 1831. 1 Bl. K.

**Blanck,** Carl, Gedichte. 8. (V, 368 S.) Zürich 895. Verl. v. Stern's Literar. Bulletin. n. 3. —; geb. n. 4. —

**TELLHEIM,** Bruno (d. i. *Carl Blanck*), Silhouetten. (Freie Gedichte.) Budapest 1888. 8°. Farbiger Umschlag. (1 Mk., unaufgeschn., Frdr. Klüber, München, 1905; 1 Mk. Wilh. Scholz, Brnschw., 1899:)
Behandelt in e. Gedicht „die braunschw. Kolemine".

**Blanck,** E.
— Die Bedeutg d. Phonoliths als Kalidüngemittel, s: Pfeiffer, Th.

— Die Lehre v. d. Ernährg u. Düngg d. Pflanzen, s: Volksbücherei, Naturwissenschaftl.-techn.

**Blanck,** E: Wie uns. Ackererde geworden ist, s: Volksbücherei, Naturwissenschaftl.-techn.

**Blanck,** Edwin, aus Neubrandenburg: Untersuchungen über die unvollkommene Colloïdnatur anorganischer Salze. *Heidelberg: Heidelb. Verlagsanst. u. Druckerei 1901.* (55 S.) 8°
Heidelberg, Naturw.-math. Diss. v. 1901

Blanck, Erasmus, Nurnberg. Dissertatio inauguralis medica de usu matheseos in medicina. Basel; Med. Diss. 1701

**Blanck, Felix Christoph** (Mecklenburg), De condictionis indebiti renunciatione. Diss. jur. Präs. Joh. Wunderlich. Jena (Schill) 21. V. 1757. 36 Seiten. (4.80) 2856

**Blanck,** Friedrich: Der deutsche Nachrichtenmarkt. [Teildruck.] Heidelberg 1910: Hörning. 48 S. 8°
Heidelberg, Phil. Diss. v. 21. Febr. 1910, Ref. Gothein
[Geb. 26. April 55 Pleetz; Wohnort: Heidelberg; Staatsangeh.: Mecklenburg-Strelitz; Vorbildung: Gymn. Neubrandenburg Reife M. 76; Studium: Berlin 12 S.; Rig. 28. Febr. 08.] [U 10. 2113

**— Georg** (Langenzenn/Frk.), De malleolo Jobeleio. Diss. acad. Präs. Dan. Wilh. Moller. Altdorf (J. W. Kohles) 17. II. 1700. 18 S. (5.—) 2857
Widm. v. Präs.

**Blanck,** H.: De lapidibus quibusdam viridibus ...,
s. Blanck, Hugo

**Blanck,** Hermann [pr. Arzt, aus Cöslin]: Ein Fall von dreifacher Ruptur des Sphincter iridis. . . . Greifswald, Druck v. Julius Abel, 1889; 31 S. 8°
Greifswald, Med. Fak., Inaug.-Diss. v. 2. März 1889

**Blanck,** Hvgo (geb. am 5 Nov. 1836 in Xanten): De lapidibvs qvibvsdam viridibvs '(Grünsteine)' in saxo Rhenano, qvod vocatvr Grauwacke repertis ... Bonnae, form. C. Georgi (1865). 29 S., 1 Bl. 8.

**Blanck,** Hugo Philibertus (geb. Elbing 22. 8. 1817): De [illegible] nervorum. Berolini (1841). (27 S.) 8°
Berlin, Med. Diss. v. 24. Juni 1841

**Blanck,** J., Katechismus für den Remontereiter oder die schulgerechte Dressur des jungen Pferdes. 12. (39 S.) Berlin 884, Chun. cart. *

**— Johann Daniel** (Hamburg), De literis recognitionis, vulgo connoscementen, vel Erkentenissen. Dissert. jur. Rector Daniel Gerdes. Groningen (Heinr. Crebas) 23. V. 1744. 73 S. (5.—) 2858

**Blanck,** Jul., s.a. Börsen-Handbuch f. Hannover u. Braunschweig.

**Blanck's,** Jul., Börsen-Handbuch f. Hannover u. Braunschweig 1898/99. 4. Jahrg. gr. 8. (VIII, 330 S.) Hannover (898). (Schmorl & v. Seefeld Nachf.) n. 5. —

— dasselbe. 1902/03. 5. Jahrg. gr. 8. (VIII, 296 S.) Ebd. n. 7. 50

**Blanck's,** Jul., Börsen-Handbuch f. Hannover u. Braunschweig. 1907/1908. 6. Jahrg. Bearb. v. Wilh. Mack u. Aug. Sander. (VIII, 392 S.) 8. Hannover (Schmorl & v. Seefeld Nachf.) 7. 50

**Blanck's,** Jul., Börsen-Handb. f. Hannover u. Braunschweig '11/12. 7. J. Bearb. v. Max Wiedel. (11, 440) 8° Hann., Schmorl & v. Seefeld Nf. 7.50

**Blanck,** Karl: Der französische Einfluß im zweiten Teil von Gottscheds Critischer Dichtkunst. Göttingen 1910: Kaestner. 149 S. 8°
München, Phil. Diss. v. 19. Nov. 1909, Ref. Muncker, H. Paul
[Geb. 20. Okt. 84 Magdeburg; Wohnort: Dresden; Staatsangeh.: Preußen; Vorbildung: Gymn. Blankenburg a. H. Reife O. 03; Studium: München 2, Lausanne 2, Marburg 1, München 4, Göttingen 3 S.; Rig. 19. Nov. 09.] [U 10. 3623

**Blanck,** Karl: Heine u. d. Frau, s: Pandora.

Blanck, Karl (Red.), s. Kamerad, Der gute.

Blanck, M. H.: Ueber Gemeinheits-Aufhebungen im Allgemeinen u. insbesond. in Bezug auf den Regierungsbezirk Merseburg. *Halle,* Ruff. 826. gr. 8. (8 Gr.)

Blanck, O. Zur Kenntniss der α-Methylphtalsäure und ihrer Derivate, sowie der β-Naphtylessigsaüre. Berlin, 1896. Diss.

**Blanck,** Otto, die scandinavische Industrie-Ausstellung zu Stockholm im Sommer 1866. gr. 8. (III und 72 S.) Stockholm 867, Seligmann. *

**Blanck** (O.), Der Mineralreichthum der schwedischen Provinz Norrbotten und das Eisensteinlager Gellivara. Eine volkswirthschaftliche Skizze. Stockholm und Leipzig 1866. 8.

—— der Mineralreichthum der schwedischen Provinz Norrbotten und das Eisensteinlager Gellivara. Eine volkswirthschaftl. Skizze. gr. 8. (66 S. mit 1 lithogr. Karte in gr. Fol.) Stockholm 866, Seligmann.

**Blanck,** Rud., anno dazumal, s.a. Hoffmann, Fr., der Segen des Herrn macht reich ohne Mühe.

**Blanck,** Rud., Anno dazumal. Eine Erzählg. aus früheren Tagen. 12. (86 S. m. 4 Stahlst.) Stuttgart 890. Schmidt & Spring. Kart. — 75

**Blanck,** Rud., s. Sammlung beliebter Jagdschriften

**Blanck,** S., die mikroskopische Technik im Dienste der Dermatologie, s.: Ledermann, R.

**Blanck,** Siegfried [app. Arzt aus Hannover]: Aus d. Laboratorium d. pharmakognost. Sammlung in Kiel. Über die Wirkungskraft einiger Strychninsalze ... Kiel, Druck v. A. F. Jensen, 1895; 18 S., 1 Bl. 8.
Kiel, Med. Fak., Inaug.-Diss. v. [23. Febr.] 1895

BLANCK, Theodor (Berlin): Über das Vorkommen des Facialphänomenes bei Schilddrüsenaffektionen. - Berlin: Trenkel 1909. 33 S.
12.4.1911 - Chr 1910/11,26; U 11.3597 Diss. Ingolst.-Landsh.-Mchn.

**Blanck,** Ulr., s.: Zeitschrift, mecklenburg., f. Rechtspflege u. Rechtswissenschaft.

**Blanck**, Willy, a. Breslau, Rechtskandidat: Die Rangordnung der Pfandrechte an einer beweglichen Sache nach römischem und heutigem Recht. Ein Vergleich. Breslau 1905: Grass, Barth & Co. (59 S.) 8°
Heidelberg, Jur. Fak., Ref. Buhl, Diss. v. 19. Dez. 1905
[Geb. 17. Okt. 80 Breslau; Wohnort: Breslau; Staatsangeh.: Preußen; Vorbildung: Johannes-Gymn. Breslau Reife O. 01; Studium: Breslau 6 S.; Rig. 21. Dez. 04.]

§ **BLANCKARDUS**, Caspar, Neuer Historischer Lust-Garten. Nürnberg 1701. 12°.

**BLANCKARDUS**, Historisches Lust-Gärtlein. Darinnen 100 auserlesene ..... Historien. Samt einem Anhang lustiger Geschichten u. Gedichten. Mit TKpf. Nürnberg 1718. 12°.
Haydinger's Bibl. I. 1. no. 333. — Beides rar!

**Blanckart, Ferd.** Wie habe ich mich bei der Einführung d. Grundbuchs zu verhalten? Gemeinverständliche Anleitg. f. Grundbesitzer u. Capitalisten, betr. ihr Verhalten gegenüber den neuen Gesetzen u. Vorschriften üb. die Einrichtg. der Grundbücher im Geltungsbereiche d. rhein. Rechts. 12. (39 S.) Aachen 890, (Coblenz, Schuth.) — 40

**Blanckart, G. W.**, neues Licht f. Apotheker, 8. Lpz. Fritsch, 700.

Blanckarts, M.
— Kaiserliedor. Gedichte u. Prologe zu Ehren Sr. Maj. d. deutschen Kaisers Wilhelm, Königs v. Preussen. gr. 8. (31 S.) Erfurt 878. Bartholomäus. — 60

—— Düsseldorfer Künstler. Nekrologe aus den letzten zehn Jahren. 8. (VII, 132 S.) Stuttgart 877, Ebner und Seubert. *

—— zwanzig Prologe. gr. 8. (III, 41 S.) Erfurt 877, Bartholomäus. *

Blanckarts, Mor.
— Gedichte. Düsseldorf 870. Budich. 16. (VI, 155 S.) n. 20 ngr.

**Blanckarts, Mor.**, Kriegs-Gedichte. Der Königl. preuß. Armee gewidmet. 8. (47 S.) Düsseldorf 867, (Schaub'sche Buchh.) *

—— Kriegs- und Siegeslieder 1870 und 1871. 8. (IV, 60 S.) Düsseldorf 871, Esser und Reistorff. *

**Blanckarts, Mor.**, Adolf von Nassau. Trauerspiel in 5 Aufzügen. 12. (115 S.) Stuttgart 882, Greiner und Pfeiffer.

—— Johann von Schwaben, s. Bibliothek vaterländischer Schauspiele.

**Blanckarts, Mor.**, für's Vaterland. Trauerspiel in 5 Akten. Leipzig 868. Matthes. gr. 8. (80 S.) n. 15 ngr.

**Blancke, B.**, künstliche Brut u. Aufzucht des Geflügels, s.a. Bibliothek f. Sport u. Naturliebhaberei. 3. Bd.

Künstliche Brut und Aufzucht des Geflügels. Eine Anleitung, wie dieselbe gewinnbringend zu betreiben ist. Von Dr. B. Blancke. Oranienburg. *Berlin: F. Pfenningstorff (1901).* (98 S.) 8° [F.]
— Bibliothek f. Sport u. Naturliebhaberei. Bd 3.

Blancke, B: Die Buchführg d. Geflügelzüchters, s: Lehrmeister-Bibliothek.

**Blancke, B.**, d. große allgem. Geflügel- u. Vogel-Ausstellg. in Hühnerheim. E. Handbüchl. f. Geflügelzüchter u. Vogelliebhaber, insbes. f. alle, d. m. d. Veranstaltg. u. Leitg. e. Geflügel-Ausstellg. z. thun haben. 8. (IV, 82 S.) Berlin 898. F. Pfenningstorff. n. 50

— landwirtschaftliche Geflügelzucht. Eine Anweisg. zum zweckmäß. u. lohn. Betrieb der Geflügelzucht m. besond. Berücksicht. der landwirtschaftl. Verhältnisse. Mit zahlr. Abbildgn. u. e. Anh.: 1. Wie ich Geflügelzüchter wurde, u. welche Einnahmen ich im J. 1898 aus meinem Geflügelhof hatte. Von e. Lüneburg. Landwirt. 2. Ueber d. Einrichtg. v. Eierverkaufs-Genossenschaften, auf Grund der Einrichtgn. u. bisher. Erfolge des Eierverkaufs auf genossenschaftl. Wege seitens des Vereins f. Geflügelzucht in Bevensen. Von Becker. — 3. Satzungen f. Eierverkaufs-Genossenschaften. — 4. Satzungen f. Geflügelzucht-Vereine. gr. 8. (VI, 147 S.) Berlin 900. F. Pfenningstorff. n. 1. —

— dass. 2. Afl., s.a. Bibliothek f. Sport u. Naturliebhaberei.

Landwirtschaftliche Geflügelzucht. Eine Anweisung z. zweckmässigen u. lohnenden Betrieb d. Geflügelzucht mit bes. Berücks. d. landw. Verh. von Dr. B. Blancke in Oranienburg. Mit zahlr. Abb. u. e. Anh. 2. verm. u. verb. Aufl. *Berlin: F. Pfenningstorff 1900.* (150 S.) 8° [F.]
— Bibliothek f. Sport & Naturliebhaberei. Bd 1.

Blancke B.: Landwirtschaftliche Geflügelzucht . . . 3. vollst. durchgearb. Aufl. Berl. (1904). 149 S. Fig.

Landwirtschaftliche Geflügelzucht. Eine Anweisung z. zweckmäßigen u. lohnenden Betrieb d. Geflügelzucht mit besond. Berücks. d. landwirtschaftl. Verhältnisse von Dr. B. Blancke Mit 9 Taf. u. zahlr. Abb. 4. vollst. durchgearb. Ausg. Berlin: Pfenningstorff (1907). 148 S. 8°
(Bibliothek f. Sport & Naturliebhaberei. Bd 1.)

**Blancke, B.**, Geflügelzucht in den Vororten, s.a. Vorort-Bibliothek.

Geflügelzucht in den Vororten. Von Dir. Dr. [B.] Blancke-Fredersdorf. Mit 5 Rassetaf. von W. Schröder, 1 Taf. u. 25 Abb. Berlin: Baedeker & Moeller 1908. (134 S.) 8° [F.]
= Vorortbibliothek. Bd 3.

Das Grossgeflügel. Bearb. von Dr. B. Blancke unter Mitw. von ... 2., verm. u. verb. Aufl. Bd 1. 2. Mit Textabb. u. Bildertaf. Berlin: Pfenningstorff (1908). 8°
1. Rassenkunde. 2. Haltung, Pflege, Zucht u. Verwertung d. Geflügels. Mit 1 farb. u. ... schwarzen Doppeltaf. ...
(Unser Hausgeflügel. T. 1.)

— s.: Hausgeflügel, unser.

— s.: Kalender f. Geflügelzüchter.

— die Kunst richtig zu paaren. Oder: Wie kann ich durch Kreuzg. die Leistungsfähigkeit meines Geflügels erhöhen? Theoretisch-prakt. Ratgeber üb. d. wichtigsten Zuchtfragen. (97 S.) 8. Leipzig 906. A. Michaelis n. 1. —

— Lehrbuch zum einträglichen Betriebe der natürlichen u. künstlichen Brut, Aufzucht u. Mast. (VI, 71 S. mit Abbildgn.) 8. Berlin (905). W. Werner. Geb. n. 1. —; erh. Pr. n. 1. 50

Lehrbuch zum einträglichen Betriebe der landwirtschaftlichen Nutzgeflügelzucht von Dr. B. Blancke, Dir. zu Eberswalde. Berlin: W. Werner (1905). (100 S.) 8° [F.]
= (Blancke: Lehrbuch d. gesamten Nutzgeflügelzucht. Bd 1.)

— dasselbe der Nutzgeflügelzucht. Das Wassergeflügel, seine Zucht u. Pflege. (VI, 61 S. m. Abbildgn.) 8. Ebd. (905). Geb. n. 1. —; erh. Pr. n. 1. 50

— dasselbe der Nutz- u. Rassetaubenzucht. (VII, 102 S. m. Abbildgn.) 8. Ebd. (905.) Geb. n. 1. —; erh. Pr. n. 1. 50

— Lehrbuch der Geflügelzucht-Buchführung. Mit zahlreichen Tabellen, Mustern u. kurzer Anleitg. zum einträgl. Betriebe der landwirtschaftl. Nutzgeflügelzucht. (80 u. II, 160 S. m. 7 Taf.) gr. 8. Ebd. 904. Geb. in Leinw. 2. 50

(Lehrbuch der gesamten Nutzgeflügelzucht von Dir. Dr. B. Blancke. Bd 1–4.) Berlin: W. Werner (1905). 4 Bde 8° [F.]
1. — Lehrbuch z. einträgl. Betriebe d. landwirtschaftl. Nutz-Geflügelzucht.
2. Lehrbuch z. einträgl. Betriebe d. natürl. u. künstl. Brut, Aufzucht u. Mast.
3. Lehrbuch z. einträgl. Betriebe d. Nutzgeflügelzucht. Das Wassergeflügel, s. Zucht u. Pflege.
4. Lehrbuch z. einträgl. Betriebe d. Nutz- u. Rassetaubenzucht.

— Die verschiedenen Prämierungsmethoden auf Geflügelzucht-Ausstellungen, s.a. Aus Theorie u. Praxis der Geflügelzucht. I, 5.

Die verschiedenen Prämierungsmethoden auf Geflügelzucht-Ausstellungen. Mit e. Anh.: Winke f. d. Aussteller von Geflügel von Dr. B. Blancke. Berlin: Pfenningstorff [1907]. 29 S. 8°
(Aus Theorie u. Praxis d. Geflügelzucht. Jg 1, H. 5.)

— Rechtsverhältn. u. Handelsgebräuche in d. Geflügelzucht, s: Aus Theorie u. Praxis d. Geflügelzucht.

— wie füttere ich m. Hühner gut u. billig?, s.: Universal-Bibliothek f. Thierfreunde.

*Künstlertoast:* Den Künstlern! Trinkspruch am Johannisfeste 1876 von B[urchard] Blancke. [Stuttgart: 1876.] 1 Bl. 8° [Kopftit.]
In Versen: „Im Fleiss kann dich die Biene meistern, . . .“

Trinkspruch auf die Schwestern, am Johannisfeste 1875. [Unterz.:] B[urchard] Blancke. [Stuttgart 1875.] 1 Bl. 8° [Kopftit.]
In Versen: „Ihr Brüder versammelt beim festlichen Mahl, . . .“

Trinkspruch auf die Schwestern am Johannisfeste 1878 von B[urchard] Blancke. Stuttgart 1878: Lindheimer & Co. 2 Bl. 8° [Umschlagtit.]
In Versen: „Ich lenkte die Schritte durch Wälder und Auen, . . .“

Am Weihnachtsfeste. Ansprache bei der Weihnachts-Bescherung der Loge zu den drei Cedern in Stuttgart von B[urch.] Blancke. [Stuttgart] 1876: Lindheimer & Cie. 2 Bl. 8° [Umschlagtit.]
Gedicht: „Die muntern Sänger haben uns verlassen, . . .“

Blancke, C. W. J. Illustrirtes Preisverzeichniss der Maschinen- und Dampfkessel-Armaturen-Fabrik. fol.

Blancke C W Julius & Co, Merseburg. Illustrierter Katalog der Maschinen- etc. Fabrik. Mit Anhang griol und qu 4°. Merseburg

Blancke, C[arl]: Ein Beitrag zur Frage der Posticuslähmung. *Jena 1898: Frommann.* (27 S.) 8°
Jena, Med. Diss. v. [5. Aug.] 1898

Blancke, H., die neuen Maße und Gewichte. 40 Tabellen zur Verwandlung hannover. Maße und Gewichte in metr. sowie zu Umrechnung der Preise, nebst Erläuterungen und Aufgaben. Zum Gebrauche für jedermann bearb. gr. 16. (IV, 44 S.) Hannover 871, Schmorl und v. Seefeld. *
—— dass. — für Schule und Haus der Provinz Hannover bearb. 2 Hefte. 8. Ebendas. 870. [1. Heft. 1.—3. Aufl. (25 S.) * 20 Pf.; 2. Heft. 2. Aufl. (IV, 52 S.) 40 Pf.] *
—— dass. — Auflösungen dazu. 8. (16 S.) Ebendas. 870. *

—— Raumlehre. Unter Berücksicht. der Allgemeinen Bestimmungen des Königl. Preuß. Ministers der geistl., Unterrichts- und Medicinal-Angelegenheiten vom 15. Octbr. 1872. 1. Thl.: Das Pensum der Raumlehre für Volks-, Bürger- und Fortbildungsschulen, sowie für Präparanden-Anstalten. 1. Aufl. 1874, und 2. Aufl. 8. (IV, 80 S. mit eingedr. Holzschn.) Hannover 875, Schmorl und v. Seefeld. *
Auflösungen. (15 S.) *

—— Raumlehre. 1. Thl. Das Pensum d. Raumlehre f. Volks-, Bürger- u. Fortbildgsschulen. 2. Afl. 8. (80 m. H.) Ebd. 75. n. — 60 || Auflösgn. (15) n. — 40

Blancke, H., Raumlehre. Unter Berücksicht. der allgemeinen Bestimmungen des königl. preuß. Ministers der geistl., Unterrichts- und Medicinal-Angelegenheiten vom 15. Octbr. 1872. 1. Thl.: Das Pensum der Raumlehre für Volks-, Bürger- und Fortbildungsschulen, sowie für Präparanden-Anstalten. 3. und 4. Aufl. 8. (IV, 84 S.) Hannover 877,78, Schmorl und v. Seefeld. cart. *
Auflösungen. (15 S.) 874. *

Blancke, H., Raumlehre. 1. Thl.: Das Pensum der Raumlehre für Volks-, Bürger- und Fortbildungsschulen, sowie für Präparanden-Anstalten. 5. Aufl. 8. (84 S.) Hannover 881, Schmorl und v. Seefeld. cart. *

Blancke, H., Raumlehre. Unter Berücksicht. der Allgemeinen Bestimmungen vom 15. Oktbr. 1872 verf. 1. Tl.: Das Pensum für Volks-, Bürger- und Fortbildungsschulen, sowie für Präparanden-Anstalten. 7.—9. Aufl. 8. (IV, 83 S. mit Fig.) Hannover 885—88, Schmorl und v. Seefeld. geb. *

Blancke, H. Raumlehre. Unter Berücksicht. der allgemeinen Bestimmgn. vom 15. Oktbr. 1872 verf. 1. Tl.: Das Pensum f. Volks-, Bürger- u. Fortbildungsschulen, sowie f. Präparanden-Anstalten. 12. u. 13. Aufl. gr. 8. (IV, 83 S. m. eingedr. Holzschn.) Hannov. 891,92, Schmorl u. v. Seefeld Nachf. geb. * — 60

Blancke, H., Raumlehre. Unter Berücksicht. der Allgemeinen Bestimmgn. vom 15. Oktbr. 1872. 1. Tl. Das Pensum f. Volks-, Bürger- u. Fortbildungsschulen, sowie für Präparanden-Anstalten. 14. Aufl. 8. (IV, 83 S. m. Fig.) Hannover 893. Schmorl & v. Seefeld Nachf. Kart. n. — 60

Blancke, H, Raumlehre. Unt. Berücksicht. d. allgem. Bestimmgn. v. 15. Oktbr. 1872 verf. 1. Tl. D. Pensum f. Volks-, Bürger- u. Fortbildungsschulen, sow. f. Präparanden-Anst. 15. Aufl. 8. (IV, 83 S. m. Fig.) Hannover 895. Schmorl & v. Seefeld. Kart. n. — 60

Blancke, H: Raumlehre. 1. Tl. Das Pensum f. Volks-, Bürger- u. Fortbildgssch., sowie f. Präparanden-Anst. 17. Afl. 8° (83 m. Fig.) Hannov. 98, Schmorl & v. S. Nf. Kart. — 60

Raumlehre. Unter Berücks. d. Allg. Bestimmungen vom 15. Oktober 1872 verf. von H. Blancke, weil. Kreisschulinsp. zu Hannover. 19. Aufl. *Hannover: Schmorl & v. Seefeld Nachf. 1900.* (IV, 83 S.) 8° [F.]

Blancke, H., Raumlehre. Unter Berücksicht. der allgemeinen Bestimmgn. vom 15. X. 1872 verf. Das Pensum für Volks-, Bürger- u. Fortbildungsschulen, sowie für Präparanden-Anstalten. 22. Aufl. (IV, 98 S. m. Fig.) gr. 8. Hannover 904. Schmorl & v. Seefeld Nachf.
Geb. n. — 60; Auflösungen. (16 S.) n. — 40

Blancke, H: Raumlehre. Das Pensum f. Volks-, Bürger- u. Fortbildgssch. sowie f. Präparandenanst. 27. Afl. (4, 98 m. Fig.) 8° Hann., Schmorl u. v. Seefeld Nf. '11. geb. — 60 d

—— die Reichs-Goldmünzen und die Markrechnung. Für Schule und Haus verfaßt. Inhalt: Kurze Anleitung zum Rechnen mit Decimalbrüchen; das Gesetz über die Ausprägung der Reichs-Goldmünzen nebst Erläuterungen und Tabellen; Aufgaben zum Verständniß und zur Uebung der neuen Markrechnung, sowie zur Ergänzung der Uebungsschule im bürgerl. Rechnen. 8. (IV, 48 S.) Hannover 872, Schmorl und v. Seefeld. *

Blancke, H., Uebungsschule im bürgerlichen Rechnen. Unter Berücksicht. der bevorstehenden Münz- und Gewichtsveränderungen verfaßt. 1. Heft (Vorschule.) und 2. und 3. Heft. gr. 8. Hannover, Schmorl und v. Seefeld. [1. Heft. (VI und 154 S.) 857., 2. (IV und 112 S.) 858., 3. (IV und 128 S.) geb. 1. und 2. Heft à * * 6¼ Ngr., 3. * 8 Ngr.] * *

—— Antworten nebst Erläuterungen und methodischen Bemerkungen zu dem 2. Hefte der Uebungsschule im bürgerlichen Rechnen. gr. 8. (VIII und 64 S.) Hannover 859, Schmorl und v. Seefeld. *

Blancke, H., Ubungsschule im bürgerlichen Rechnen. 1. Hft. 2., verb. Aufl. Hannover 862. Schmorl & v. Seefeld. 8. (XVIII, 144 S. m. Holzschn.) nn. 6½ ngr.

— — 3. Hft. Ebend. 862. gr. 8. (IV, 128 S.) n. 8 ngr.

Blancke, H., Uebungsschule im bürgerlichen Rechnen. 1. und 3. Heft. 8. Hannover 862—67, Schmorl und v. Seefeld. [1. Heft. 2.—4., verb. Aufl. (XVI und 144 S. mit eingedr. Holzschn.) * 6½ Ngr., 3. Heft. 2., verb. Aufl. (126 S.) * 8 Ngr.] geb. * —

—— Antworten zu dem 3. Hefte der Uebungsschule im bürgerlichen Rechnen. gr. 8. (II und 48 S.). Hannover 862, Schmorl und v. Seefeld. geb. *

Blancke, H., Uebungsschule im bürgerlichen Rechnen. Hannover 867—70. Schmorl & v. Seefeld. 8.
1. Heft. 3—5. verb. Aufl. (XVI, 144 S. m. Holzschn.) n. 6½ ngr
2. Heft: 2. verb. Aufl. (118 S.) n. 6½ ngr;
Antworten dazu (VIII, 40 S.) n. 7 ngr
3. Heft: 2. verb. Aufl. (126 S.) n. 8 ngr

—— Uebungsschule im bürgerlichen Rechnen. 3 Hefte. gr. 8. Hannover, Schmorl und v. Seefeld. [1. Heft. 5.—9. Aufl. (IV, 112 S.) 869—72. ** 50 Pf.; geb. ** 65 Pf.; 2. Heft. 2.—4. Aufl. (150 S.) 868—71. ** 65 Pf.; 3. Heft. 2. Aufl. 867. * 80 Pf.] *

—— dass. — 1. und 2. Heft. Mit Berücksicht. der deutschen Reichsmünzen. 8. Ebendas. 873. [1. Heft. 10. umgearb. Aufl. (100 S.) * 60 Pf.; 2. Heft. 5. umgearb. Aufl. (156 S.) * 80 Pf.] *

Blancke, H., Uebungsschule im bürgerlichen Rechnen. Antworten dazu. 1. und 2. Heft. gr. 8. Ebendas. [1. Heft. (24 S.) 870. * 40 Pf.; 2. Heft. 2. und 3. Aufl. (58 S.) 868,71. * 50 Pf.] *

—— Uebungsschule im bürgerl. Rechnen. 1. Hft. 10. Afl. 8. (100) Ebd. 71. geb. n.n. — 60 || 2. Hft. 5. Afl. (156) n. — 80 || 3. Hft. 3. Afl. (92) 74. n. — 60

— Uebungsschule im bürgerlichen Rechnen. 1—3. Hft. Mit Berücksicht. der deutschen Reichsmünzen. 8. Ebend. 873. geb. n. 2. —
1. 10. umgearb. Aufl. (100 S.) n. — 60
2. 5. umgearb. Aufl. (156 S.) n. — 80
3. Die Verhältnisse u. Proportionen; die Regeldetri, Procentrechnung u. Kettenregel, Aufgaben aus den bürgerl. Rechnungsarten; das Ausziehen der Quadrat- u. Kubikwurzeln. 3. Aufl. (IV, 93 S.) n. — 60

— dasselbe. Anworten dazu. gr. 8. Ebend. 870—74. n. 1. 20
1. (24 S.) n. — 40. — 2. 3. Aufl. (58 S.) n. — 50. — 3. (26 S.) n. — 40

—— dass. — 3. Heft: Die Verhältnisse und Proportionen; die Regeldetri, Procentrechnung und Kettenregel; Aufgaben aus den bürgerl. Rechnungsarten; das Ausziehen der Quadrat- und Kubikwurzeln. 3. Aufl. gr. 8. (IV, 92 S.) Ebendas. 874. *
Antworten. (26 S.) *

—— Uebungsschule im bürgerlichen Rechnen. 1. Thl. 11.—14. Aufl. 8. (100 S. mit eingedr. Holzschn.) Ebendas. 873—78. geb. *

—— dass. — 2. Thl. 6.—9. Aufl. 8. (159 S.) Ebendas. 873—77. geb. *
Antworten. 4. Aufl. (60 S.) 878. *

—— dass. — 3. Thl. 4. Aufl. 8. (92 S.) Ebendas. 876. * cart. *
Antworten. 2. und 3. Aufl. (26 S.) 874. *

—— dass. — 10. Aufl. Enth. Abschnitt I und II des bisherigen 2. Heftes. 8. (IV, 84 S.) Ebendas. 879. geb. **

— dasselbe. 3. Hft. 10. Aufl. 8. (102 S.) Ebend. 880. cart. n.n. — 60

— dasselbe. 4. Hft. 5. Aufl. 8. (IV, 139 S.) Ebend. 881. geb. n. 1. —

—— dass. Antworten z. 1. Hft. 10. Afl. 8. (32) Ebd. 80. || 3. 10. Afl. (41) || 4. 5. Afl. (38) à n — 80

— dasselbe. Antworten zum 2—4. Hft. 8. Ebend. 880. à n. — 80
2. u. 3. 10. Aufl. (32 u. 41 S.) — 4. 5. Aufl. (38 S.)

—— Uebungsschule im bürgerlichen Rechnen. 1. Thl. 15. Aufl. 8. (100 S.) Ebendas. 880. cart. *

—— dass. — 2. Thl. 10. Aufl. 8. (156 S.) Ebendas. 879. cart. *
Antworten. (32 S.) 880. *

—— dass. — 3. Thl. 5.—10. Aufl. 8. (102 S.) Ebendas. 877—80. cart. *
Antworten. (41 S.) 880. *

—— dass. — 4. Thl. 5. Aufl. 8. (IV, 139 S.) Ebendas. 881. cart. *
Antworten. (38 S.) 880. *

—— Übungsschule im bürgerlichen Rechnen. 1. Heft. 17.—19. Aufl. 8. (IV, 100 S.) Ebendas. 885—88. **
geb. **

—— dass. — 2. Heft. 12. Aufl. 8. (IV, 84 S.) Ebendas. 886. ** 45 Pf.; geb. **

—— Übungsschule im bürgerlichen Rechnen. 4 Hefte. gr. 8. Ebd. [1. Heft. 20. Aufl. (100 S.) 890. ** — 45; geb. ** — 60; 2. Heft. 15. Aufl. (IV, 84 S.) 891. ** — 45; geb. ** — 60; 3. Heft. 12. Aufl. (II, 101 S.) 891. ** — 45; geb. ** — 60; 4. Heft. 6. Aufl. (IV, 139 S.) 891. * — 80; geb. * 1 —.]
** 2 15; geb. ** 2 80

— Übungsschule im bürgerlichen Rechnen. 1. Hft. 1. u. 2. Abtlg. u. 2.—4. Hft. gr. 8. Ebd. n. 2. 25; geb. n. 3. —
1. I. 21. Aufl. (80 S. m. Bildern.) 893. n. — 35; geb. n. — 50
1. II. (48 S.) 893. n. — 20; geb. n. — 30
2. 16. Aufl. (IV, 84 S.) 894. n. — 45; geb. n. — 60
3. 13. Aufl. (II, 101 S.) 894. n. — 45; geb. n. — 60
4. 6. Aufl. (IV, 139 S.) 891. n. — 80; geb. n. 1. —

Blancke, Mart. H: Rationelle mechan. Metallbearbeitg. Anleitg z. Durchführg e. Normalisierg u. rationellen Serienfabrikation. (7, 69 m. Abb.) 8° Berl., J Springer '11. L 2.40

Blancke, Martin H . Massenfabrikation in kleinern Betrieben, von M'H. B', ... Merseburg. [Mit Figuren.] Sonderabdruck aus Heft 4/6 [des Bandes 1, 14. November—12. Dezember] 1907 [von:] Schweizerische Maschinenbau-Zeitung.... II + 6 S. 4. Aarau, H. R. Sauerländer & Co.

Blancke, Paul, appr. Arzt a. Heinsberg, Rhld.: Aus der ophthalmol. Klinik zu Gießen. Zur Kasuistik der Augenerkrankungen bei Akne rosacea. Gießen 1906: v. Münchow. (21 S.) 8°
Gießen, Med. Fak., Ref. Vossius, Diss. v. 2. Juli 1906
[Geb. 17. Sept. 75 Heinsberg; Wohnort: Heinsberg; Staatsangeh.: Preußen; Vorbildung: Gymn. Cleve Reife O. 97; Studium: München 1, Berlin 1, Bonn 3, Würzburg 2, Berlin 2, Gießen 2 S.; Coll. 30. Mai 06; Approb. 25. März 05.]

Blancken, Johann Leonhard
Bildnisse berühmter Künstler, Buchhändler, Buchdrucker und anderer Männer welche sich so wohl in als auserhalb Teutschland verdient gemacht. Erster Theil, ausgefertiget durch Johann Leonhard Blancken ... Nürnberg, zu finden bey dem Authore, wie auch im Tauberischen Buchladen, 1725.

Blanckenburg, C. v.
— „Der werfe den ersten Stein —". Eine Geschichte aus Posen. 1. u. 2. Aufl. (128 S.) 8. Ebd. 909. 1.50; geb. n 1.80

Blanckenburg, C v., geb. v. Bülow: „Der werfe d. 1. Stein —". Eine Gesch. a. Posen. 1. u. 2. Afl. (128) 8° Schwer., F Bahn '09.10. 1.50: L. 1.80 d

Blanckenburg, C v., geb. v. Bülow: „Der werfe d. 1. Stein —" Geschichte a. Posen. 4. Afl. (128) 8° Schwer., F Bahn '11. 1.50: L 1.80 d

— Ganz einfach Luise. Novelle. 1—3. Afl. (110) 8° Ebd. '13. 1.60; geb. 2 — d

Blanckenburg, C. v., geb. v. Bülow, Landkonfekt. Pommersche Heimatbilder. 1. u. 2. Aufl. (à 163 S.) 8. Schwerin 910. F. Bahn. 2.—; geb. in Leinw. 2. 80

Landkonfekt. Pommersche Heimatbilder. 3. Afl. (163) 8° Ebd. '12. 2 —; geb. 2.80 d

— Alles Mögliche. Noch einmal Landkonfekt a. Pommern. 1. u. 2. Afl. (157) 8° Ebd. '12. 2 —: geb. n 2.80 d

Blanckenburg, Curt

**Blanckenburg,** *Walther* Curt [aus Halle a. S.]: Studien über die Sprache Abrahams a S. Clara. E. Beitr. z. Geschichte d. deutschen Drucksprache im 17. u. 18. Jh. '(Einleitg. Kap. I, II u. III.)' ... (Erscheint vollst. bei M. Niemeyer in Halle.) Halle a. S., Druck v. E. Karras, 1897; 2 Bl., 37 S., 1 Bl. 8.
Halle, Phil. Fak., Inaug.-Diss. v. 30. Apr. 1897

**Blanckenburg,** Walther Curt, s. Blanckenburg, Curt

**Blanckenburg-Zimmerhausen,** v., u. Wilh. Helm, Erfahrungen im Molkereibetriebe. gr. 8. (IV, 48 S. m. 13 Abbildgn.) Bremen 893. M. Heinsius Nachf. n. 1. —

— — dasselbe. 2. Hft. (I. Jahresfortsetzg.). gr. 8. (V, 88 S. m. 16 Abbildgn.) Ebd. 894. n. 1. 60

**Blanckenhagen, Wilh.** (Riga), Praeter occupationem nullum existere modum dominii acquirendi naturalem. Präs. Christian Gottlob Einert. Leipzig (Jacobaeer) 8. VIII. 1780. 22 S. (4.50) 2862

**Blanckenhorn** (M.). Geologische Aufnahmen in der Gegend von Grossenlüder, Salzschlirf, Fulda und Neuhof im Sommer 1907.
Aus: Jahrbuch d. Kgl. Preuss. Geol. Landesanstalt f. 1908, Bd 29, T. 2, H. 3.

— Geolog. Aufnahmen in d. Geg. v. Grossenlüder, Salzschlirf, Fulda u. Neuhof im Sommer '07. (Aus: „Jahrb. d. preuss. geol. Landesanst.") (447—477) Lex8° Berl. (N. 4), Vertriebsstelle d. kgl. geolog. Landesanst. '11. nn 1 —

— Geolog. Führer durch d. Umgeg. v. Cassel, s: Hessler, Carl.

— s: Pithecanthropus-Schichten, Die, auf Java.

Blanckenhorn, Max

**Blanckenhorn, M:** Kurzer Abriss d. Geol. Palästinas. Begleitworte zu e. neuen geolog. Karte v. Palästina. (Aus: „Ztschr. d. deut. Palästina-Ver.") (27 m. 1 Taf. u. 1 farb. Kte.) 8° Lpzg. JC Hinrichs '12. 3.60

**Blanckenhorn, Max,** Beiträge zur Geologie Syriens: Die Entwickelung des Kreidesystems in Mittel- und Nord-Syrien mit besond. Berücksicht. der paläontologischen Verhältnisse, nebst e. Anh. üb. den jurassischen Glandarienkalk. Eine geognostisch-paläontolog. Monographie. gr. 4. (IV, 135 S. m. 2 Textabbildgn., 3 Tab. u. 11 Lichtdr.-Taf.) Cassel 890. (Berlin, Friedländer & Sohn.) n. 30. —

Blanckenhorn, Max: Beiträge zur Geologie Syriens: Das marine Pliocän in Syrien... ( Aus: Sitzungsber. d. Physik.-Med. Soc. in Erlangen. 24. H. 1891). Erlangen, Druck d. Univ.-Buchdr. v. E. TH. Jacob, 1891; 2 Bl., 51 S., 2 Taf. 8°.
Erlangen, Phil. Fak., Hab.-Schr. v. 1891

— Beiträge z. Geologie Syriens: Das marine Pliocän in Syrien. Habilitationsschrift. gr. 8. (III, 52 S. m. Abb. u. 2 Taf.) Erlangen 891. (Th. Blaesing). n. 2. —
Sonderabdruck aus: „Sitzungsber. der physikal.-medicin. Societät zu Erlangen".

**Blanckenhorn, Max,** neue geologisch-stratigraphische Beobachtungen in Aegypten. (S. 353—433 mit Fig.) gr. 8. München 902 (G. Franz' Verl.) n. 1. —
Sonderabdruck aus: „Sitzungsber. d. bayer. Akad. d. Wiss."

**Blanckenhorn,** Max: Bericht über meine Reise nach Palästina im Frühjahr 1894. (Mitteilungen und Nachrichten des Deutschen Palästina-Vereins. 1895.) Leipzig 1895. 6 S. 8°.

**Blanckenhorn, Max,** das Diluvium d. Umgegend v. Erlangen. [Aus: „Sitzungsber. d. physikal.-med. Societät zu Erlangen".] gr. 8. (48 S. m. 5 Fig.) Erlangen 895. (Th. Blaesing.) n. 1. 20

— Entstehg. u. Geschichte d. Todten Meeres. Beitrag z. Geologie Palästinas. [Aus: „Ztschr. d. deutschen Palästina-Vereins".] gr. 8. (59 S. m. 8 Abb. u. 4 Taf.) Leipzig 896. (K. Baedeker.) n. 2. 40

**Blanckenhorn** (M.). Die Entwickelung des Kreidesystems in Mittel- und Nord-Syrien. Cassel 1890. 4.

**Blanckenhorn, Max,** die fossile Flora des Buntsandsteins und des Muschelkalks der Umgegend von Commern. gr. 4. (33 S. mit 8 lithogr. Taf. und 8 Bl. Erklärungen.) Stuttgart 886, Schweizerbart'sche Verlagsh. *
Aus: Palaeontographica, besonders abgedruckt.

**Blanckenhorn,** Max: Geologie Aegyptens. Führer durch die geologische Vergangenheit Aegyptens von der Steinkohlenperiode bis zur Jetztzeit. 4 Theile mit zusammen 5 Uebersichtstabellen. 4 Tafeln und 54 Textfiguren. ([S.-A.] Zeitschrift der Deutschen Geologischen Gesellschaft. Bd. 52 u. 53. Jahrg. 1900 u. 1901.) Berlin 1901. [Getr. Pag.] 8°.

**Blanckenhorn, Max,** Geologie Aegyptens. Führer durch die geolog. Vergangenheit Aegyptens von der Steinkohlenperiode bis zur Jetztzeit. 4 Thle. m. zusammen 5 Uebersichtstab., 4 Taf. u. 54 Textfig. [Aus: „Zeitschr. d. deutsch. geolog. Gesellsch." u. „Centralbl. f. Mineralogie etc."] gr. 8. (VIII, S., S. 21—49, 403 —481, 265—274, 52—133, 307—504 m. 4 Bl. Erklärgn.) Berlin 901. (Leipzig, M. Weg). n. 10. —

**Blanckenhorn, Max,** Grundzüge der Geologie u. physikalischen Geographie v. Nord-Syrien. Eine geologisch-geograph. Skizze m. 10 in den Text gedr. Abbildgn. u. 2 Karten v. Nord-Syrien, 1 : 500,000, 1 orograph. u. 1 geognost. in Farbendr. m. 2 Gebirgsprofilen. Dazu als Anh.: 1. Auszug aus dem Tagebuch e. geolog. Studienreise in Nord-Syrien, m. Einflechtg. vieler geolog., botan. etc. Notizen u. 6 Textabbildgn. 2. Erläuterungen zu den beiden Karten v. Nord-Syrien. 3. Neue barometr. Höhenmessgn. in Syrien. gr. 4. (III, 102 S.) Berlin 891. Friedländer & Sohn. n. 36. —

— Karte v. Nord-Syrien. 1:500,000. 68,5×47 cm. Farbendr. Nebst Erläutergn u. e. Anh. üb. neue barometr. Höhenmessgn in Syrien. 4° (15) Ebd. 91. 8 —

— zur Kenntniss d. Süsswasserablagergn. u. Mollusken Syriens. D. pliocänen u. quartären Süsswasserbildgn. i. Orontesgebiet i. Nord- u. Mittel-Syrien u ihre Beziehg. z. heut. Süsswasserconchylienfauna Syriens. M. 4 Taf. u. 8 Fig. [Aus: „Palaeontographica".] gr. 4. (74 S. m. 4 Bl. Erklärgn.) Stuttgart 898. E. Schweizerbart. n. 12. —

— das Tote Meer u. d. Untergang v. Sodom u. Gomorrha. M. 1 Karte u. 18 Bild. gr. 8. (44 S.) Berlin 898. D. Reimer. n. 1. —

**Blanckenhorn, Dr. Max,** Das Marian Miocän in Syrien Mit 4 Textfig. 4. (32 S.) —.90
Wien: Tempsky 1891?

— d. marine Miocän in Syrien. 4° (32 m. Textfig.) Wien 90, (C Gerold's S.). 1.80

**Blankenhorn** Max. Dr.: Das marine Miocän in Syrien (mit 4 Textfiguren). D 57. 591 , 1.80
Separatabdruck

—— das marine Miocän in Syrien. Imp.-4. (32 S. m. 4 Textfig.) Wien 890, (Tempsky). * 1 80
Aus: Denkschr. d. k. Akad. d. Wissenschaften, besonders abgedruckt.

**Blanckenhorn,** Max: 1. Notizen von meinen geologischen Streifzügen in Palästina. 2. Das erste Motorschiff auf dem Toten Meer. (Mitteilungen und Nachrichten des Deutschen Palästina-Vereins. 1895. No. 3.) Leipzig 1895. 16 S. 8°.

**Blanckenhorn,** Max: Die Strukturlinien Syriens und des Roten Meeres. Eine geotektonische Studie. Hierzu eine Karte und eine Tafel mit Profilen.
in: Festschrift für Ferd. Frhr. v. Richthofen. S. 115—180. Berlin 1893. 66 S. 4°.

— Naturwissenschaftl. Studien am Toten Meer u. im Jordantal. Bericht üb. e. '08 unternommene Forschgsreise in Palästina, nebst Appendix: Bericht d. Zoologen d. Exped. Aharoni. (7, 478 m. Abb., 1 farb. Kte u. 6 Taf.) Lex8° Berl., R Friedländer & S. '12. 24 —

— Syrien i. s. geolog. Vergangenheit. E. geolog.-geschichtl. Studie, hauptsächl. n. Resultaten eig. Forschg. Nach e. a. 13. Jan. 1890 i. Verein f. Naturkunde zu Cassel geh. Vortrage i. erweit. Form ausgearb. gr. 8. (22 S.) Ebd. 890. n. — 60
Sonderabdruck aus: „Bericht d. Vereins f. Naturkunde zu Cassel f. d. Vereinsj. 1889 u. 1890."

— Taschen-Liederbuch f. sangesfrohe u. wanderlust. Naturforscher u. Naturfreunde. gr. 16. (XII, 180 S.) Erlangen 896. Th. Blaesing. n. 1. 20

—— die Trias am Nordrande der Eifel, s.a. Abhandlungen zur geologischen Specialkarte von Preussen und den Thüringischen Staaten.

Blanckenhorn, Max (geb. am 15 Apr. 1861 in Siegen): Die Trias am Nordrande der Eifel zwischen Commern, Zülpich und dem Roerthale ... Bonn, Univ.-Buchdr. v. C. Georgi 1885. 3 Bl., 135 S., 1 Bl., 3 Taf. 4. ¶ = Abhandlungen zur geol. Specialkarte v. Preussen etc. VI 2. (Nur Titel- u. Widmungsbl., Vita u. Thesen sind in Bonn gedr.)
Bonn, Phil. Fak., Diss. v. 6 Juli 1885

— die geognostischen Verhältnisse v. Afrika, s.a. Petermann's, A., Mitteilungen aus Just. Perthes' geographischer Anstalt.

Blanckenhorn, Max: Die geognostischen Verhältnisse von Afrika. Th. I. Der Atlas, das nordafrikanische Faltengebirge. Mit einer geognostischen Uebersichtskarte. Gotha 1888. IV, 63 S.
= Ergänzungsheft zu Petermann's Geographischen Mittheilungen. No. 90. 8°.

Blanckenhorn, P.
[F.] Gesetze, Verordnungen, Ausschreiben u. s. w. in Schulsachen für die Provinz Hannover als Ergänzg u. Fortsetzg d. gleichnamigen, in 2 Bdn 1878 u. 1884 v. C. G. C. Leverkühn, Geh. Reg.- u. Schulrath, hrsg. Sammlg f. d. Konsistorialbez. Hannover unt. Berücks. aller Konfessionen bearb. v. Dr. P. Blanckenhorn, Regiergsr. Bd I, Bd II, 1885—1896 m. einheitl. Zeit- u. Sachreg. zu sämmtl. 4 Bdn u. e. Nachtr., enth. d. Lehrerbesoldgsges. v. 3. März 1897 nebst Ausführgsvorschr. Bd I—III. *Hannover: Helwing 1897. 98.* 3 Bde 8.
I. (Lfg I—III.) D. Schulunterhaltg. D. Schulordng. D. Schulaufsicht, d. Schul- u. d. kirchl. Verwaltg. 1897. (3 Bl., XXII, 543 S., 1 Bl., 545—1066 S.)
II. (Lfg IV—VI.) D. Lehrer. D. Unterr. D. besond. Schulen, d. Privatunterr. 1897. (1 Bl., XV, 957 S.)
III. D. Lehrerbesoldgsges. Einzelnachtrag: D. neuen Vorschr. über Baubeihilfen. Zeit- u. Sachreg. 1898. (XVI, 521 S.) [98. 649]

Blanckenhorn, P., Gesetze, Verordngn., Ausschreiben u. s. w. in Schulsachen f. d. Prov. Hannover, als Ergänzg. u. Fortsetzg. d. gleichnam. i. 2 Bdn. 1878 u. 1885 v. C. G. C. Leverkühn hrsg. Sammlg. f. d. Konsistorialbez. Hannover unt. Berücksicht. aller Konfessionen bearb. Bd. I u. II 1885—1896 m. einheitl. Zeit- u. Sachregist. z. sämmtl. 4 Bdn. u. e. Nachtrag, enth. d. Lehrerbesoldungsgesetz v. 3. März 1897 nebst Ausführungsvorschriften. 6 Lfgn. gr. 8. Hannover 897. Helwing. n 37. 60
1. 1. Haupttheil: D. Schulunterhaltg. gr. 8. (1. Bd. VI u. S. 1–543.) n. 10. —
2. 2. Haupttheil: D. Schulordng. (1. Bd. VII–VIII u. S. 545–799.) n. 4. 65
3. 3. Haupttheil: Die Schulaufsicht. D. Schul- u. d. kirchl. Verwaltg. (1. Bd. IX–XII u. S. 801–1066.) n. 4. 95
4. 4. Haupttheil: D. Lehrer. (2. Bd. VIII u. S. 1–603.) n. 11.—
5. 5. Haupttheil: D. Unterricht. (2. Bd. IX–X u. S. 603–774.) n. 3. 20
6. 6. Haupttheil: D. besond. Schulen. D. Privat-Unterricht. (2. Bd. XI–XII u. S. 775–957.) n. 3. 80

Blanckenhorn, P., Gesetze, Verordngn., Ausschreiben u. s. w. in Schulsachen f. d. Prov. Hannover, als Ergänzg. u. Fortsetzg. d. gleichnam. in 2 Bdn. 1878 u. 1885 v. C. G. C. Leverkühn hrsg. Sammlg. f. d. Konsistorialbez. Hannover unter Berücksicht. aller Konfessionen bearb. Bd. III. Nachträge. Reg. z. sämmtl. 5 Bdn. 3. Bd. D. Lehrerbesoldungsgesetz. Einzelnachtrag: D. neuen Vorschriften üb. Baubeihilfen. Zeit- u. Sachregister. gr. 8. (XVI, 521 S.) Hannover 898. Helwing. n. 12. —; (kplt.: n. 49. 60)

Blanckertz: B e k ä m p f u n g des unlauteren Wettbewerbs ..., s, B l a n c k e r t z, S.

Blanckertz, Minna: Was schenkt d. Natur d. Kinde? Anleitg z. Naturbeobachtg u. Beschäftigg, s: Beschäftigungsbücher, Kleine, f. Kinderstube u. Kindergarten.

Blanckertz, Rud.: Kunst-Schrift. Mappe G. Gesammelte Beispiele. (24 z. Tl farb. Bl. m. 1 Bl. Text.) 20,5×27,5 cm. Berl., Heintze & Bl. ('11). 4 — d

Blanckertz, Rud., Renaissance-Schrift. (29 Bl. u. S. m. Übungsheft u. Ly-Pennal.) 14×22,5 cm. Berlin (NO. 48, Georgenkirchstr. 44) (907). Heintze & Blanckertz. 2. 25

— Die Rundschrift, s: Schriftmuseum, Das, v. Heintze & Blanckertz.

— Die zeitgemässe Schrift. (11 m. Fig.) Lex8° Berl., Heintze & Bl. ('11). — 15 ‖ 3. Afl. (13) ('12) — 50

— Das Schriftmuseum. — Sumererland, Babylon-Assyrien, s: Schriftmuseum, Das, v. Heintze & Blanckertz.

Ly. Lehrmittel für Renaissance-Schrift von Heintze & Blanckertz, Berlin. (Verf.: Rudolf Blanckertz.) H. 1. 2 (in 1 Mappe). Berlin: Heintze & Blanckertz [1907]. 2 Bde quer-8°
Ly-Heft 1. Renaissanceschrift. 2. Uebungsbuch f. Renaissanceschrift. [07. 1490]

Blanckertz, S., Begründung der Unfall- u. Krankenversicherung. 8°. Berlin, 1882.

Blanckertz, S., d. Bekämpfg. d. unlaut. Wettbewerbs durch Gewährleistg. d. Qualität v. Seiten d. Produzenten. gr. 8. (48 S.) Berlin 895. C. Duncker. n. — 75

Blanckertz, S., die Lösung der Banknoten- u. Währungsfrage od. das richtige Geld ist das auf die Eisenbahnen des Landes fundirte Staatspapiergeld. gr. 8. (42 S.) Berlin 874. (Dümmler's Buchh.) n. — 50

—— die soziale Reform durch die Justirung des Geldes und der Waare oder die Lösung der Arbeiterfrage liegt in der Organisation des Handelsverkehrs, nicht der Arbeit. gr. 8. (III, 52 S.) Berlin 872, Dümmler's Buchh. *

Blanckertz, S., die Ursachen der Stockungen im Erwerbsleben der modernen Industriestaaten. Skizze zur Organisation der Volkswirthschaft. 2. Abdr. Lex.-8. (24 S.) Berlin 882. Burmester & Stempell. n. — 50

— Die Ursachen der Stockungen im Erwerbsleben der modernen Industriestaaten. (Zeitschr. f. deutsche Volkswirthsch., Bd. 2, 1881; Bd. 3, 1882.) Lex.-8°. Berlin, Burmeister u. St., 1882.

Blanckmeister, B. F.
— apodixis conjugationum hebraeor. 8. Dresd. Walther, 734.

Blanckmeister, B. F., heilige Arbeit in Jesu, 8. Dresd. Walther, 732.

— Sieben Creutzesworte Jesu, in Passionspredigten. 8, 759.

Blanckmeister, F. (Red.), s. R u n d s c h a u , Bibliographische, auf dem Gebiete der Theologie.

Blanckmeister, Franz
Blanckmeister, Frz. Kurfürstin Anna Sophie v. Sachsen, s.a. Für die Feste u. Freunde d. Gustav-Adolf-Vereins.

Blanckmeister, F., Kurfürstin Anna Sophie von Sachsen. (31 S.) Barmen 1892. Klein. —.10

Blanckmeister, Frz., Altsachsenland. I. u. II. 8. Leipzig, A. Strauch. 1.50; geb. 2. 50
I. Erzählungen u. Schwänke. (Textillustr. v. Hugo L. Braune, 6 Einschaltbilder v. Woldem. Müller.) (125 S.) (908.)
II. Kultur- u. Sittenbilder. (Textillustr. v. Hugo L. Braune. 6 Einschaltbilder v. Woldem. Müller.) (189 S.) (910.)

Blanckmeister, Frz., die evangelische Bewegung in Österreich. 67 Lichtbilder. Textbuch. (20 S.) 8. Leipzig (906). A. Strauch. n. — 60

— Ein Blick in Melanchthons Häuslichkeit, s.: Gut evangelisch allewege. 3. Hft.

— Kurfürstin Christiane Eberhardine v. Sachsen, s.a. Für die Feste u. Freunde d. Gustav-Adolf-Vereins.

— Kurfürstin Christiane Eberhardine von Sachsen. (28 S.) Ebd. 1892. —.10

— s.: Chronik der Familie . . . .

Blanckmeister, F., Einst und jetzt. Bilder und Geschichten aus dem Bürgerleben, s.a. Familienbibliothek, Kalwer.

Blanckmeister, Franz, Einst und Jetzt. Bilder und Geschichten aus dem Bürgerleben der guten alten Zeit. Ein Volksbuch. Calw & Stuttgart 1889. 8.
Ist: Calwer Familienbibliothek. Bd. 14.

— Erzählungen aus der evangelischen Bewegung, s.a. Gut evangelisch allewege. 3. Hft.

— die theologische Fakultät der Universität Leipzig. Geschichte e. altberühmten theolog. Bildungsstätte. 8. (53 S.) Leipzig 894. Fr. Richter. n. — 50

— Familienkunde u. ihre Pflege im Bürgerhause. (19 S. m. Titelbild u. 1 Stammbaum-Tafel.) Lex.-8. Leipzig (908). A. Strauch. n. 1. 20
Sonderabdruck aus: „Chronik der Familie."

— Eine feste Burg ist unser Gott, s.: Gut evangelisch allewege. 5. Hft.

Blanckmeister, Franz (Hrsg.), s. Festschriften für Gustav-Adolf-Vereine

Blanckmeister, Frz., Emil Frommel. S. Leben u. s. Schriften. gr. 8. (16 S. m. Bildn.) Dresden 897. F. Sturm & Co. n. — 20

— alte Geschichten aus dem Sachsenlande, s.a. Familienbibliothek fürs deutsche Volk. Nr. 89.

Blanckmeister, Franz. Alte Geschichten aus dem Sachsenlande. [Reihe 1.] 2. Aufl. II + 100 S. 8. Basel, Ernst Finckh, (1906). [cart. fr. —. 50]
Familienbibliothek fürs deutsche Volk. No. 89.

— Vater Großmann, s.: Festschriften f. Gustav-Adolf-Vereine.

— Vater Großmann, der Gründer d. Gustav-Adolf-Vereins, s.: Für die Feste u. Freunde d. Gustav-Adolf-Vereins.

— Gustav Adolf u. der Gustav Adolf-Verein. 60 Lichtbilder. Textbuch. (21 S.) 8. Leipzig (906). A. Strauch. n. — 50

Blanckmeister, F. (Hrsg.), s. Gustav Adolf Bote, Schleswig-Holsteinischer.

Blanckmeister, Frz., Gustav-Adolf-Geschichten, s.: Festschriften f. Gustav-Adolf-Vereine. 1. Hft.

— s.a. Gustav-Adolf-Stunden.

— Gustav-Adolf-Stunden. Sammlung v. Vorträgen üb. das Gustav-Adolf-Werk. Ein Handbuch f. die Freunde desselben. Hrsg. v. B. 1. u. 2. Aufl. gr. 8. (VIII, 357 S.) Leipzig 894. Fr. Richter. n. 3. 50; geb. n. 4. 50

[F.] Sächsischer Landesverein d. evangel. Bundes. Die Haltung der sächsischen Stände und des sächsischen Volkes beim Uebertritt Augusts des Starken und seines Sohnes. E. Stimmungsbild aus d. sächs. Kirchengesch. v. Franz Blanckmeister ... *Leipzig: Buchh. d. Evang. Bundes [1897].* (11 S.) 1 Bd 8 in 4. (y8. ede 11.

— der Dresdner Hauptverein der Gustav-Adolf-Stiftung in den 50 Jahren seines Bestehens 1844—1894. Jubiläums-Festschrift. Im Auftrage des Hauptvereins verf. gr. 8. (52 S. m. Abbildgn.) Dresden 894. Exped. d. Sächs. Gustav-Adolf-Boten, F. Sturm & Co. n. — 25

— sächsische Kirchengeschichte. gr. 8. (X, 452 S.) Dresden 899. F. Sturm & Co. n. 4. —; geb. n. 4. 80

— Sächsische Kirchengeschichte. 2. verm. Aufl. (X, 487 S.) gr. 8. Dresden 906. F. Sturm & Co. 4.20; geb. n 5. —

— a. d. kirchl. Leben d. Sachsenlandes. Kulturbilder a. 4 Jahrhunderten. 12 Hfte. 8° Lpzg 93, F Richter. à — 30 (kplt geb.: 4.60)
1. Der sächs. Volkscharakter u. d. Evangelium. (16)
2. Die erste theolog. Zeitschrift. (16 m. 1 Taf.)
3. Die sächs. Busstage. (22)
4. Die sächs. Kirchenbücher. (28)
5. 6. Die sächs. Feldprediger. Zur Geschichte d. Militärseelsorge in Krieg u. Frieden. (52)
7. Eine Landeskollekte u. ihr Schicksal. Beitrag z. Geschichte d. Salzburger Emigranten. (29)
8. Eine altsächs. Stimme üb. Heiden- u. Judenmission. Zur Vorgeschichte d. Missionsbestrebgn in Sachsen. (27)
9. 10. Die sächs. Konsistorien. Aus d. Verfassungsleben d. Landeskirche. (48)
11. 12. Der Pfarrer v. Lockwitz. Christian Gerber. Erbauungsschriftsteller u. Liederdichter. Lebensbild e. Landpfarrers a. Speners Schule. (32)

— das kirchlich-religiöse Leben d. röm. Kirche im Königr. Sachsen, s.a. Flugschriften des Evang. Bundes.

Das kirchlich-religiöse Leben der römischen Kirche im Königreich Sachsen. Von Franz Blanckmeister, Pfarrer in Dresden. *Leipzig: C. Braun 1902.* (25 S.) 8° [F.]
= Flugschriften d. Evangelischen Bundes. 205.

Blanckmeister, Frz., Los v. Rom im Königr. Sachsen. Eine Denkschrift. (19 S.) 8. Dresden 905. F. Sturm & Co. n. — 25

— Die Lutherbibel, }
— Kurfürst Moritz v. Sachsen, } s. Für die Feste u. Freunde des Gustav-Adolf-Vereins.

— Justus Möser, der deutsche Patriot, als Apologet des Christentums, s. Sammlung von Vorträgen.

— Nacht u. Morgen in Österreich, s.: Gut evangelisch allewege. 2. Hft.

— die Pietät u. ihre Pflege in Volk u. Haus, s.: Zeitfragen d. christlichen Volkslebens.

— Dresdner Reformationsbüchlein, s.: Schriften f. das deutsche Volk.

— s.a. Reich, das, muß uns doch bleiben.

— das Reich muß uns doch bleiben. Sammlg. v. Vorträgen evang. Geistlicher z. Wahrung d. deutsch-protestant. Interessen i. Kampf m. Rom. E. Handbuch f. Freunde d. Evang. Bundes. gr. 8. (VIII, 428 S.) Leipzig 896. Fr. Richter. n. 4. —; geb. n. 5. —

— Der Retter in der Not, s.: Geschichten vom Gustav-Adolf-Verein f. Kinder. 5. Hft.

— Sachsenspiegel. Altes u. Neues a. d. Sachsenlande. 1—4. Hft. 8° Dresd., F Sturm & Co. à — 20
1. Fürst u. Volk. (24) 94. — 2. Handel u. Wandel. (25—48) 95. — 3. Kirche u. Gottesdienst. (49—72) 95. — 4. Glaube u. Bekenntnis. (73—96) 95.

— Sachsenspiegel. Altes u. Neues a. d. Sachsenlande in Geschichten u. Lebensbildern. 5—8. Hft. 8° Dresd. 95—97, F Sturm & Co. — 20 (Kplt: 1.60; geb. 2.25)
5. Haus u. Schule. (97—120) ‖ 6. Das Walten d. Liebe. (121—144) ‖ 7. Treue Herzen. (145—168) ‖ 8. Scherz im Ernst u. Ernst im Scherz. (169—192)

— Sachsenspiegel. Altes u. Neues a. d. Sachsenlande i. Geschichten u. Lebensbildern. E. Volksbuch gr. 8. Dresden 897. F. Sturm & Co. Geb. n. 2. 25
Erschien auch in 8 Heften à n. — 20.

— Sachsenspiegel. Altes u. Neues aus dem Sachsenlande in Geschichten u. Lebensbildern. Ein Volksbuch. 2. Aufl. (VII, 192 S.) 8. Dresden 907. F. Sturm & Co. 1.60; geb. in Leinw. 2. 25

— Sachsenspiegel. Volksb. 3. Afl. (8, 355 m. Abb.) 8° Dresd., F Sturm & Co. '13. L 3 — d

— von Platten nach Johanngeorgenstadt, s.: Für die Feste u. Freunde d. Gustav-Adolf-Vereins.

— wenn Christus seine Kirche schützt, s. Gustav-Adolf-Geschichten f. Kinder. 2. Hft.

**Blanckmeister, Karl Otto,** pr. Arzt: Ueber zwei Fälle von Extrauteriner Gravidität geheilt durch Laparotomie. Stolpen i. S.: Schulze 1910. 52 S. 8°
Leipzig, Med. Diss. v. 21. Dez. 1909, Ref. Zweifel
[Geb. 7. April 62 Kayna; Wohnort: Lohmen; Staatsangeh.: Sachsen; Vorbildung: Gymn. Zwickau Reife O. 84; Studium: Leipzig 4, Erlangen 2, Leipzig 8 S.; Coll. 3. März 10; Approb. 19. Juni 91.] [U 10. 2943

**Blanckmeister,** Max, aus Erfurt: Über die Hamilton'sche Funktion als Grundlage der geometrischen Abbildungstheorie, insbesondere über die Herleitung der allgemeinsten Bedingung der aberrationsfreien Abbildung von Punktpaaren. *Rostock 1904: C. Hinstorff.* (53 S.) 8°
Rostock, Phil. Diss. v. [20. Mai] 1904

v. **Bläuckner.** Altenburg i. J. 1813. 8. Altenburg 1857.

**Blanco,** A., ¿Cómo peino, cuido y conservo mi cabello?, s.: Asa, A. del.

Blanco, Julian G(abino) (geb. San José de Costa Rica 25. 10. 1854): Ueber die verschiedenen Formen der Kniegelenkentzündung und die mechanische Behandlung derselben. Berlin (1879). (64 S.) 8°
Berlin, Med. Diss. v. 30. Jan. 1879

**Blanco,** M. R., arte y tesoro de la lengua cumanogota, s.: Obras, algunas, raras sobre la lengua cumanogota.

**Blanco-White,** (J.,) Beleuchtung d. römisch-kathol. Glaubens. Nach d. 2ten Ausg. d. engl. Originals übers. gr. 8. Dresden u. Leipz. 826, Arnold.

— Rechtfertigung seiner Beleuchtung d. röm.-kathol. Glaubens. A. d. Engl. gr. 8. Dresden 827, Arnold.

**Bland,** JOP, u. E **Backhouse:** China unter d. Kaiserin Witwe. Die Lebens- u. Zeit-Gesch. d. Kaiserin Tzu Hsi. Zusammengest. a. Staats-Dokumenten u. d. persönl. Tageb. ihres Oberhofmarschalls. Deutsch v. F v. Rauch. 1. u. 2. Afl. (16, 503 m. 28 Taf. u. 1 Pl.) gr8° Berl., K Siegismund '12'13.
9 —; L 10 — d

**Bland,** Miles, algebraische Aufgaben des 1. und 2. Grades. Nach der 8. Ausg. des engl. Originals für deutsche Schulzwecke bearb. von Christ. Heinr. Nagel. gr. 8. (VIII und 324 S.) Stuttgart 847, Becher's Verlag.

— geometrische Aufgaben. Nach der 4. Engl. Originalausg. f. d. Bedürfniss deutscher Lehranstalten bearb. v. Aug. Wiegand. Mit 434 Figuren. gr. 8. (VI u. 226 S. mit 32 lith. Taf.) Halle 850, (Braunschweig) Schwetschke & Sohn. 1½ ₰

— die Elemente der ebenen Trigonometrie. Nach der 4. engl. Orig.-Ausg. übers. und mit einem Nachtrage begleitet von Aug. Wiegand. gr. 8. (IV und 68 S. mit 4 Stnt.) Halle 850, Schwetschke und Sohn.

**Bland's Miles,** sämmtliche algebraische Gleichungen des I. und II. Grades, theils mit, theils ohne Auflösungen, mit einem Anhange enthaltend Aufgaben aus der höheren Mathematik. Nach dem engl. Original mit Benutzung von Nagels deutscher Ausgabe bearb. von Celsus Girl. 2 Bde. gr. 8. Halle 857, Schmidt's Verlagsh.
Inhalt:
Bd. 1. Aufgaben mit Auflösungen. (VII und 400 S.) * 2 Thlr.
» 2. Aufgaben ohne Auflösungen und Anhang von Aufgaben aus der höheren Mathematik. (VIII und 147 S.) * 20 Ngr.

**Bland's,** Miles, sämmtliche algebraische Gleichungen des I. u. II. Grades, theils mit, theils ohne Auflösungen, mit einem Anhang, enthaltend Aufgaben aus der höheren Mathematik. Nach dem engl. Orig. mit Benutzung von Dr. Nagel's deutscher Ausg., bearb. von Celsus Girl. 2 Bde. 2. Aufl. Halle 863. Schmidt's Verlag. gr. 8. n. 2 ₰
Inhalt: 1. Bd.: Aufgaben mit Auflösungen. (VII, 400 S.) n. 1 ₰ 15 ngr. — 2. Bd. Aufgaben ohne Auflösungen u. Anh. von Aufgaben aus d. höheren Mathematik. (VIII, 147 S.) n. 15 ngr.

**Bland jun.,** Will., Grundsätze des Ackerbaues, s. v. Hammerstein, Frhr. Chr.

**Bland-Sutton,** J: Gallensteine u. Erkrankgn d. Gallengänge. Deutsche Ausg. v. Osc. Kraus. (10, 196 m. Abb.) 8° Wien, F Deuticke '11. 5 —

Bland-Sutton, John
s. Sutton. 111. 9386

Blandau [Schlagwort]
**Blandau,** s.: Preussen, Messtischblätter.

**Blandchen,** od. das Kind des Kummers u. der Freude. 2 Thle. 8. Berl. 782. Rottmann. 1 ₰ 8 gl

**Blandford,** d. Schloß, u. seine Bewohner; e. Gesch. a. d. 17ten Jahrh. frey a. d. Engl. v. Marie El. Spieß, m. Kupf. (d. a. d. Tit. Romanenbiblioth., englische. 7r Thl.) 8. Prag, Polt. (Joachim in Lpz.) 801.

**Blandford,** G. Fielding, die Seelenstörungen u. ihre Behandlung. Vorlesungen über die ärztl. u. gerichtl. Behandlung Geisteskranker. Nach der 2. Ausg. des Originals übers. u. m. Anmerkungen versehen von H. Kornfeld. gr. 8. (XII, 488 S.) Berlin 878. Enslin.
n. 9. —

**Blandgen,** od. d. Kind d. Kummers u. d. Freude, e. ländl. Gesch. 2 Thle. 8. Berl. Rottmann. 782.

**Blandin,** Ph. Fr., Autoplastie, oder Wiederherstellung zerstörter Körpertheile auf Kosten anderer, mehr oder minder entfernter Theile. Aus d. Franz. übersetzt von P. Kapff. gr. 8. Reutlingen... Enßlin u. Laiblin. ¾ ₰

**Blandina,** 32. (16 S.) Nonnenweier. 871. (Barmen, Klein.)
— 15

* **BLANDINE** oder wahre Geschichte einer schönen Berlinerinn. In (rahmen) Briefen an ihre Freundinn Laura. Berlin, Realschule, 1790. (1791?) 8°. (In Berlin: Yw 3251.) (½ Rthl., Schmidt, Halle, c. 1865.)

**Blandine,** od. wahre Geschichte einer schönen Berlinerin. 8. Berl. 791. (Reimer). 10 gl

**BLANDINE.** (Roman.) Frankfurt a. M., Dan. Simon, 1802. 8°. II—176 S. (2 Mk. J. Taussig, 1907.)
Kayser hat: „Blandine, ein Roman, zur Bildung der Weiber". Ibid. eod. a. (18 ggr.)

**BLANDINE,** Die schöne, und ihre Freyer. Mit 1 Kupfer von Penzel. Leipzig 1803, bey Heinrich Gräff. Kl. 8°. (3 Mk. J. Taussig, 1907; 5 Mk. Gust. Fock, 1907.)
Tit. u. 264 S. (incl. 3 Bll. Vorst.).

— die schöne, u. ihre Freier. 8. Leipz. 803. (Wienbrack). 1 ₰

**Blando** v. Carenza; od. d. Liebe im Abgrunde. Trauersp. v. Paulmann. 8. Berlin, Schöne. 800.

Blandow, O.C.
— Musci frondosi exsiccati. VI fasc. 8. Neustrel. 804 — 10 (Albanus). 22 ₰ 12 gl

**Blandow,** O. C., systemat.-tabellar. Samml. v. Laubmoosen. Fol. Neustrel. 808. (Albanus). 7 ₰ 12 gl

Blandow, Otto Christian
— Uebersicht der Mecklenburgischen Moose nach alphabetischer Ordnung. (Neustrelitz) 1809. 8. 16 p.

**Blandowski,** Plan v. Eckernförde, s.: Kampf, der, bei Eckernförde.

(v. **Blandowsky** II.) Der Kampf bei Eckernförde am 5. April 1849. (16.) 8. Mit 1 Plan. Hamburg 1849. 0.50.

**BLANDY,** Maria (Vatermörderin, 17. April 1752 zu Oxford hingerichtet). — Die unglückliche Liebe der Jungfer Maria Blandy, welche auf Veranlassung ihres Liebhabers ihren Vater durch Gift umgebracht, und den 17. April 1752. zu Oxford ein öffentliches Opfer der Gerechtigkeit geworden ist. Aus Ihrem eigenen Berichte u. den Criminal-Acten übersetzt. (Ornament.) Hamburg u. Leipzig, bey Georg Christ. Grund u. Adam Heinr. Holle. 1753. 8°.
Tit., 2 Bll. Vorber., 4 Bll. „Gedanken (in Versen) über die unbedachtsame u. unglückl. Liebe der Jungfer Maria Blandy", 182 S. Text. — Sehr selten!

Blandy, Stella
**Blandy, S., Désirée et Violette, hrsg. v. F. Mersmann, s.a. Schülerbibliothek, französische.**

Désirée et Violette. (Forts. von Mont Salvage) par S(tella) **Blandy**. Mit Anm. z. Schulgebr. u. e. Wörterbuch versehen von F. Mersmann. [Text.] Anmerkungen. Wörterbuch. Paderborn: F. Schöningh [1907]. 3 Bde 8°
— **Schülerbibliothek**, Französische. Bdch. 5.

— **Mont Salvage, hrsg. v. F. Mersmann, s.a. Schülerbibliothek, französische.**

Mont Salvage par S(tella) **Blandy**. Mit Anm. z. Schulgebr. u. e. Wörterbuch versehen von F. Mersmann. [Text.] Anmerkungen. Wörterbuch. Paderborn: F. Schöningh [1907]. 3 Bde 8°
— **Schülerbibliothek**, Französische. Bdch. 4.

Blane, Gilbert
—, Beob. üb. d. Krankh. der Seeleute. A. d. Engl. 380 S. Hamb. 8°. 1788

**Blane, Gilb., Beobacht. üb. d. Krankheiten d. Seeleute; a. d. Engl. Mit Zusätzen v. Chr. Fr. Michaelis l. gr. 8. Marb. 788. Krieger. 1 ꝑ 4 ℊ**

— **Elemente medicinischer Logik, erläut. durch praktische Beweise u. Beispiele; nebst e. Darstell. des Erweises d. ansteckenden Natur d. gelben Fiebers; a. d. Engl. v. K. A. Hyber. Mit e. Vorrede v. J. F. Blumenbach. gr. 8. Götting. 820. Dieterich. 14 ℊ**

**Blaney's, Lord, Reise durch Spanien u. Frankreich im Jahre 1810—14, s. Reisen, neue, d. Engländer.**

**Blanford u. Charlotte; oder d. Eroberung von St. Lucie. Schausp. 8. Offenbach, Brede. 783.**

**Blanfort** und Charlotte, Lustspiel in einem Aufzuge; aus dem Französischen. Offenb. 1782. Ü: *Valentini, Ernst.* (KY) (MGT)

**Blanfort u. Wilhelmine. Lustsp. in 3 Akt. v. von Bonin. 8. Bresl. Gutsch. (Beliz in Berlin.) 779.**

**Blangey, Louis** [dipl. Chemiker aus Genf]: Ueber Chinole. Zürich 1903. 108 S. 8°. [5. III. 04.]
Zürich. Phil. Diss. II. S. 1903/1904.

**Blangey, Louis.** Über Chinole. Diss. Phil. [II.] Univ. Zürich. [Mit 9 Tabellen.] 108 S. 8. Zürich, F. Lohbauer, 1904 (*Umschlag:* 1903).

**Blangy-Lebzeltern**, Seraphine Freiin v., Novellen u. Erzählungen. Illustr. v. Frz. Schlegel. 8. (VII, 190 S.) Klagenfurt 891. v. Kleinmayr. n. 3. 20

**Blangy-Lebzeltern, Seraphine Freiin von,** Novellen und Erzählungen. Illustrirt von Franz Schlegel. 8. (190 S.) 1.80, geb. 2.70
Wien: Hölzel 1891

**Blank, V. internationaler Dermatologen-Kongress 12—17. IX. 1904 in Berlin. Bericht. (16 S.) gr. 8. Leipzig 904. Verlag der Monatsschrift f. Harnkrankh. n. — 80**
Sonderabdruck aus: „Monatsschr. für Harnkrankh. u. sex. Hygiene".

**Blank, Lebensglück u. Vollkraft, s.: Esche.**

**Blank's Moden aus allen Hauptstädten. Herbst u. Winter 1905/6. (88 S. mit Abbildgn. u. 1 farb. Tafel.) Fol. Barmen 905. Blank & Co. n. 1.—**
Fortsetzung u. d. T.:

**— Moden-Album f. Schnittmuster nach Mass. Herbst u. Winter 1906/7. (100 S. m. Abbildgn. u. 1 farb. Taf.) Fol. Ebd. 906. n. 1.—**

**Blank's Moden-Album f. Schnittmuster n. Mass. Frühj. u. Sommer '08 u. Herbst u. Winter '09/'10. (Je 92 m. Abb.) 41,5×29 cm. Barm., Blank & Co. Je 1 —**
*Bis '05 u. d. T.: Blank's Moden a. allen Hauptstädten.*

**Blank's** Moden-Album f. Schnittmuster nach Mass. Frühjahr u. Sommer 1910. (96 S. m. Abbild.) 41,5×29 cm. Barmen, Blank & Co. 1.—

— dasselbe. Herbst u. Winter 1910/1911. (68 S. m. Abb.) 41,5×29 cm. Ebd. — 60

**Blank's Moden-Album. Frühling u. Sommer '12 u. Herbst u. Winter '12/13. 18. u. 19. Ausg. (Je 68 m. Abb.) 41,5×29 cm. Barm., Blank & Co. je — 60**

Blank's **Modenblatt** für Schnittmuster nach Maß mit speziellen Anleitungen. Hrsg.: Blank & Co. in Barmen. [Jg. 1], No 1. Luxus-Ausg. (Barmen: Blank & Co.) 1905. 2°

**Blank, A., Leitfaden f. Schullehrlinge &c., s. Leitfaden.**

**Blank, A., da Moarhof entern Berg'n, s.a. Theater, neues Wiener.**

(F) **Blank, A.,** Da Moarhof entern Berg'n. Ländlicher Schwank mit Gesang in einem Akt. [Neues Wiener Theater. Nr. 166.] 8° (20 S.) K 1.20
Wien: Ad. W. Künast (Wallishausser'scher Verl.) 1904

Blank, Albert, über die Einwirkung substituirter Acetessigester auf Phenylhydrazin. Diss. Erlangen 1887, Th. Blaesing. 8°. 32 S.

**Blank, Albert** [aus Elberfeld]: Ueber die Einwirkung substituirter Acetessigester auf Phenylhydrazin .... Bonn, Univ.-Buchdr. v. Carl Georgi, 1887; 32 S. 8°.
Erlangen, Phil. Fak., Inaug.-Diss. v. 1887.

**Blank,** Anton [app. Arzt aus Günzburg]: Penetrirende Schussverletzungen in der Herzgegend durch Kleingewehr ... München, Buchdr. v. M. Ernst, 1891; 29 S. 8.
München, Med. Fak., Inaug.-Diss. v. [25. Juli] 1891

**Blank, Arthur,** Medizinalprakt.: Aus d. pathol. Inst. d. Univ. zu Kiel. Über kavernöse Hämangiome mit besonderer Berücksichtigung ihres multiplen Vorkommens. Kiel 1908: Fiencke. 42 S. 8°
Kiel, Med. Diss. v. 2. Dez. 1908, Ref. Heller
[Geb. 29. Jan. 83 Wunsdorf; Wohnort: Holzminden; Staatsangeh.: Braunschweig; Vorbildung: Gymn. Holzminden Reife M. 02; Studium: München 6, Berlin 2, Kiel 2 S.; Coll. 19. Mai 08; Approb. 16. Dez. 09.] [U 09. 2252

**Blank, August:** Ueber einige Glieder der Stilben-Gruppe. ... Giessen, Druck v. Wilhelm Keller, 1888; 1 Bl. + 34 S. + 1 Bl. 8°
Leipzig, Phil. Fak., Inaug.-Diss. v. 20. Nov. 1888

**Blank,** Bonavita, s. Blank, Jos. Bonavita

**Blank, C., die landwirtschaftl. Inventur, s.: „Ceres-Bibliothek."**

**Blank,** C.: Geistl. Manna f. Ordensfrauen, s. Blank, Cyprian

— **Die Molkerei-Inventur, s.: „Ceres-Bibliothek".**

— **Der landwirtschaftl. Rechnungsführer, wie er sein soll, s.: „Ceres-Bibliothek".**

**Blank, C., Unterrichtsbriefe zur Selbsterlernung der landwirtschaftlichen Buchführung. Kurs. A, einfache landwirtschaftliche Buchführung. 20 Briefe. (186 S.) Lex.-8. Berlin-Gr. Lichterfelde 903. C. Blank. n. 15. —; Probebrief. (31 S.) n. 1. —; Bücher u. Formulare dazu n. 10.—**

**— Unterrichtsbriefe zur Selbsterlernung der landwirtsch. Buchführung. Kurs. B. Brief 21—40, doppelte landwirtschaftl. Buchführg. (S. 189—301.) Lex. 8. Nebst: 16 Hefte Formulare. 35,5×22—45,5×29,5 cm. Lex. 8. Berlin-Gr. Lichterfelde-West 905. C. Blank.**
**Geb. in Leinw. u. geh. 20. —**

**— Unterrichtsbriefe zur Selbsterlernung der Molkerei-Buchführung. Kurs. A, einfache Molkerei-Buchführg. 20 Briefe. (194 S.) Lex.-8. Ebd. 903. n. 15. —; Probebrief. (24 S.) n. 1. —; Bücher u. Formulare dazu n. 10.—**

**Blank,** Cl.: Mathemat. Unterr.-Briefe, s. Blank, Frz.

**Blank,** Conr.: Anfangsgründe der Meßkunst, s. Blank, J. Konr.

**Blank, Cyprian: Die Demut, s: Maucourant, F.**

**Blank,** Cyprian, O. S. B., Geistliches Manna f. Ordensfrauen. 2. verm. Aufl. Mit 2 Bildern (in Lichtdr.) (XVI, 558 S.) kl. 8. Freiburg i/B. 906. Herder.
n. 2.40; geb. in Leinw. n. 3.—; in Ldr. n. 4.40
1. Aufl. (XIV, 518 S.) 903. geb. n. 3.— u. n. 4.40.

**Blank,** Cyprian, O. S. B., geistliches Manna f. Ordensfrauen. 3. Aufl. Mit 2 Bildern (in Lichtdr.). (XVI, 560 S.) kl. 8. Freiburg i/B. (909). Herder. Geb. 3.—; in Ldr. 4.40

— Geistl. Manna f. Ordensfrauen. 4. u. 5. Afl. (16, 560 m. 2 Vollbild.) kl8° FreiburgB., Herder '12. 2.40; L 3 —; Ldr m. G 4.40 d

**Blank,** Dagobert, a. Hannover: Ueber Volumetrie des Herzens. Berlin 1905: E. Ebering. (26 S.) 8°
Göttingen, Med. Fak., Ref. Schreiber, Diss. v. 28. Juni 1905
[Geb. 5. Okt. 80 Wallensen, Hann.; Wohnort: Hannover; Staatsangeh.: Preußen; Vorbildung: Lyzeum I Hannover Reife O. 00; Studium: Heidelberg 2, München 1, Heidelberg 2, Berlin 3, Göttingen 1 S.; Coll. 8. März 05; Approb. 2. März 05.]

**Blank,** Dina, aus Kischineff: Aus der bakteriologischen Abteilung des Hygien. Institutes der Universität Zürich. Abteilungsvorstand: Prof. Dr. W. Silberschmidt. Zur Frage der Agglutination der menschlichen roten Blutkörperchen. Zürich 1907. 16 S. 8°. [20. VII. 07.]
Zürich. Med. Diss. 1906/1907.

Blank, Dina. Zur Frage der Agglutination der menschlichen roten Blutkörperchen. Diss. Med. Univ. Zürich. *Kopftitel:* Aus der bakteriologischen Abteilung des Hygien. Institutes der Universität Zürich. Abteilungsvorstand: Prof. Dr. W[illiam] Silberschmidt. 16 S. 8. Zürich, J. F. Kobold-Lüdi, 1907.

**Blank,** E. T.: Gesundbrunnen, Kurorte ..., s. Blank-Jaquet, Ernst, T.

**Blank,** Emil (Max Lechner), Kinder-Weihnachtsfeier m. vielen beliebten Liedern in Noten. Ausgewählt u. bearb. (56 S.) 8. Reutlingen (909). Enßlin & Laiblin. —50

**Blank,** Ernst T., s. Blank-Jaquet, Ernst T.

**Blank,** Fr[an]z: Die Abiturienten des Fürstlichen Gymnasiums Ruthenuem zu Gera von 1858—1908. Zusammengestellt v. F. B. 40 S. 4. Progr. Fürstl. Gymn. Ruthenuem *Gera* 1908.

**Blank,** Franz: Über die geodätischen Curven auf einem körperlichen Kreisringe. Gera, Druck v. Th. Hofmann, 1895; 1 Bl., 24 S. 4.
Gera, fürstl. G Rutheneum u. VS, OP 1895 (739)

Blank, Franz: Ein geometrischer Ort. S. 34—41. 4.
In: Festschrift zum 70. Geburtstage des reg. Fürsten Fürstl. Progr. Gymn. Rutheneum *Gera* 1902.

**Blank,** Frz: Stereometrie, s: Burckhardt, W, u. CL Blank: Mathemat. Unterrichts-Briefe.

**Blank,** Frz., mathematische Unterrichtsbriefe, s.a. Burckhardt, W.

**Blank,** F, mathemat. Unterrichts-Briefe. Für d. Selbst-Studium Erwachsener. Mit bes. Berücks. d. angewandten Mathematik bearb. 65—81. Brief. (IV. Kurs. 1. Abth.) 8° (1145—1416 m. Fig.) Gera 04, CB Griesbach's V. à — 60; (4. Kurs. 1. Abth. kplt in Mappe: 10.20; I—IV, 1. 48.60)
*Brief 1—64 s. u. d. T.: Burckhardt, W.*

**Blank,** Frz., mathematische Unterrichtsbriefe, Fortsetzg., s.: Unterrichts-Briefe.

B[lank], F[riedrich]: [Imperatori Francisco Josepho I. duodecim abhinc lustris rerum potito.] S. 3—4. 8. K. k. Sophiengymn. *Wien* 1908. Progr.

Blank Friedrich Adolf: Charakteristik des athenischen Demos bei Aristophanes und Thukydides. 26. Stockerau. 95. Progr.

Blank, Friedrich A[dolf]: *Παράβασις.* Festgruß. S. 7—13. 8.
In: Festschrift zur Feier des 100jähr. Bestandes K. k. Staats-Progr. gymn. *Mähr.-Trübau* 1903.

**Blank,** Gustav, Medizinalpraktikant a. Bremen: Ein Fall von akuter Phosphorvergiftung. München 1906: E. Mühlthaler. (37 S.) 8°
München, Med. Fak., Ref. v. Bollinger, Diss. v. 16. Jan. 1907
[Geb. 16. Aug. 81 Bremen; Wohnort: Bremen; Staatsangeh.: Bremen; Vorbildung: Gymn. Bremen Reife M. 00; Studium: Göttingen 5, München 5 S.; Coll. 16. Jan. 07; Approb. 1. Jan. 07.]

**Blank,** Hans, Illustrirter Führer durch Saalfelden im Pinzgau und seine Seitenthäler und Berge. Mit besonderer Rücksichtnahme auf das Steinerne Meer. Mit 12 Abbildungen, einem Panorama und einer Karte. 8. (VIII, 80 S.) Baedeker-Einband. (Hartleben's Illustr. Führer. Nr. 37) Wien: Hartleben 1890? 1.20

**Blank,** Hans, Illustrirter Führer durch die Salzburger und Berchtesgadner Kalkalpen und ihre Thalgefilde. Monographisch-touristische Schilderungen. Mit 46 Abbild., zwei Karten und 1 Panorama. 8. (XIII, 303 S.) Baedeker-Einband. [Hartleben's Illustrirter Führer Nr. 46] 3.—
Wien: Hartleben 1893?

**Blank,** Hans, die neue Gewerbeordnung. Auf Grund der Gewerbenovelle vom 5. II. 1907 im Zusammenhang m. den gelt. Gewerbegesetzen populär dargestellt. Mit e. Anh. betr. die Sonntagsruhe in Böhmen u. die Genehmigg. gewerbl. Betriebsanlagen. (78 S.) 8. Prag 907. A. Haase. 1.50

— Die Pensionsversicherung der Privatbeamten in Österreich. Auf Grund des Gesetzes vom 16. XII. 1906 im Zusammenhang m. der Vollzugsvorschrift vom 22. II. 1908 dargestellt. (56 S.) 8. Ebd. 908. 1.20

**Blank,** Hugo, a. Charlottenburg: Beiträge zur Ehenstatistik. Göttingen 1904: Dieterich. (94 S.) 8°
Göttingen, Phil. Fak., Ref. Lexis, Diss. v. 8. Nov. 1904
[Geb. 27. Juni 73 Gr.-Massow, Pommern; Wohnort: Charlottenburg; Staatsangeh.: Preußen; Vorbildung: Gymn. Strasburg i. Westpr. Reife O. 92; Studium: Berlin 11, Göttingen 9 S.; Rig. 11. Mai 04.]

Blank, J., Bado-Apparaten-Fabrik Heidelberg: Jll. Preis-Courant. Heidelberg 1890

Blank, J.: Denkschrift über die Verfrachtungsverhältnisse von Getreide und Mehl von dem für Oberschwaben in Betracht kommenden Endpunkt der Wasserstrasse Mannheim. Im Auftrage des Verbandes der oberschwäb. Müller [Riedlingen] 1898. Kaps

**Blank,** J. C., Bildnisse der. Künstl., Buchdr. u. Buchhändl. Fol. Nürnb. Raw, 779.

**Blank,** J. Konr., Anfangsgründe d. Meßkunst, zu d. Gebr. d. k. k. Theresian. Ritterakademie in Wien. M. 8 Kpft. gr. 8. Wien 800. Verfasser. (Heubner). 8 kr

— Zeichnungen zu Obigem. Wien 805. Verf. 1 fl 12 kr

— Anfangsgründe d. Rechnenkunst, zum Gebr. d. Grammatikal-Schüler an d. k. k. Gymnasien. Ebd. 825.

— vollständ. Anfangsgründe d. Kegelschnitte, m. 11 Kpft. gr. 8. Wien 814. Ebd. (Heubner). 1 fl

— vollständ. Anfangsgründe d. besondern allgem. Rechnenkunst. Wien 809. Verf. 12 kr

— Auszug aus Obigem. Wien 809. Ebd. 12 kr

— vollständ. Anfangsgründe d. ebenen u. sphärischen Trigonometrie, mit 8 Kpft. gr. 8. Ebd. 818. (Heubner). 1 fl

— Elementa arithmeticae singularis et universalis, ad usum stud. juventut. in classib. humanitatis. Ebd. 824.

— Instruction üb. d. method. Gebrauch d. Anfangsgr. d. Rechnenkunst 2c. Ebd. 822.

— Instruction üb. d. method. Gebrauch d. Obigen. Ebd. 824.

— Tafeln d. Logarithmen u. Zahlen, Sinus u. Tangenten. gr. 8. Wien 816. Ebd. (Heubner). 14 kr

Blank, Joh.Friedr.: S a m m l u n g der von E. Hochedlen Rathe der Stadt Hamburg so wol zur Handhabung der Gesetze u. Verfassungen als bey besonderen Eräugnissen vom Anfange des 17. Jahrhunderts bis auf die itzige Zeit ausgegangenen allgemeinen Mandate, bestimmten Befehle u. Bescheide. Th. 1-6. Hamburg 1763–74. 6 Bde

**Blank, Johann Friedrich (Insterburg), De vi transactionis contra matrimonium. Diss. jur. Präs. Johann Tobias Carrach. Halle (Joh. Christian Hendel) Mai 1757. 40 S. (5.—)** 2864
Gew.: Coelestin Kowalewski. — Widm. v.: Präs., Joh. Phil. Carrach, A. C. v. Rodenberg, C. A. Doblin (Hermesdorf/Pr.), J. H. D. Essellen (Bochum), J. G. Braun (Berlin).

Blank, Johann Friedrich Franz, s. B l a n k , Franz

**Blank, Jos. Bonav., († d. 26. Febr. 1827.) kurzer Bericht v. Blankischen Naturalien-Cabinet zu Würzb. 2 Thle. gr. 8. Würzb. 795 u. 803. (Wesché in Frankf.) 1 Rthlr**

**B l a n k, Bonavita, kurz Ber. v. B l a n k i s c h. Natural. Cabinet z. Würzb. 2 Thle. gr. 8. Würzb. Rienner, 803.**

**— Beschreib. seiner Musivgemälde, nebst kurzer Nachricht von dem Kunstsaale rc. 2e Aufl. Herausg. v. F. G. Benkert. M. 2 Kpf. gr. 8. Würzb. 820. Stahel. 1 Rthlr 3 gr Schrbp. 1 Rthlr 8 gr**

**— Handbuch d. Mineralogie. 8. Würzb. 810. Verf. 1 Rthlr 10 gr**

**— Handbuch d. Zoologie. 8. Würzb. 811. Verf. 20 gr**

**B l a n k, J. B., kurze Lebensbeschreibung. Mit dessen Bildnisse. gr. 8. Würzburg, Stahel. 820.**

**— M u s i v - Gemälde, od. mosaische Kunstarbeit, im Kunstcabinet z. Würzb. gr. 8. Würzb. Köl. 769.**

**— Musiv-Gemälde, od. mosaische Kunstarbeiten im Kunstcabinet zu Würzburg; herausg. v. M. A. Köl. Mit d. Bildn. d. Verf. gr. 8. Würzb. 796. Köl. 20 gr**

**— N a t u r a l i e n c a b i n e t, im Minorit. Klost. z. Würzb. gr. 8. Ebend. 795.**

**— num artefacta musiva musaei principalis Würzburg. scientiis an solis artibus debeantur. 8. Würzb. (Frankf., Wesché). 3 gr**

**— Uebersicht des Blankischen, jetzt d. großh. Universität zu Würzburg gehör. Naturalien- u. mosaischen Kunstkabinets; nebst vorangeschickter Nachr. von d. Lebensumständen seines ehemal. Besitzers u. jetz. Direktors, (von Köl). Mit d. Verf. Bildn. 8. Bamb. u. Würzb. (Wesché in Frankf.) 6 gr**

Blank, Josef: G r o s s m ü h l e n , Kleinmüllerei und Getreidebau in Süddeutschland, in: L a n d e s - V e r s a m m l u n g . Bund der Landwirte.

Blank, Julius [app. Arzt aus Wetter a. d. Ruhr]: Über Mastitis parenchymatosa. . . . Tübingen, Druck d. L. F. Fues'schen Buchdr., 1890; 36 S., 1 Tab. 8°
Tübingen, Med. Fak., Inaug.-Diss. v. 1890

**Blank, Jul., üb. Mastitis parenchymatosa. Diss. gr. 8. (38 S. m. 1 Tab.) Tübingen 890. (Moser.) n.n. — 80**

**Blank, J, üb. Mastitis parenchymatosa. 8° (38 m. 1 Tab.) Tübing. 90, (F Pietzcker).** n.n. — 80

**Blank,** Karl, appr. Arzt a. Endingen (Baden): Über osteoplastische Trepanation bei Epilepsie. Freiburg i. B. 1905: A. Mehlhase. (64 S.) 8°
Freiburg i. B., Med. Fak., Ref. Kraske, Diss. v. 1905
[Geb. 23. Jan. 80 Endingen; Wohnort: Freiburg; Staatsangehörigkeit: Baden; Vorbildung: Gymn. Bruchsal, Reife Juli 99; Studium: Freiburg 1, Heidelberg 3, München 1, Berlin 1, Freiburg 4 S.; Coll. 12. Febr. 05.]

**Vergiss für mich die Rose nicht! (Johannisfestlied.) Gedicht von [Friedr. Edu.] Müller v. d. Werra, vertont von Karl Blank. (Op. 2 No. 2) o. O. u. J. 2 Bl. 4°. [Umschlagtit.] [Lith.]**
**Mit Noten: „Der Frühling beut die letzte Spende," . . .**

Blank, M. (Hrsg.), s. L i t e r a t u r b e r i c h t e , Internationale.

**Blank, M. H., üb. Gemeinheits-Aufhebung im Allgemein. u. insbes. in Bezug auf d. Regierungsbezirk Merseburg. gr. 8. Halle 826. Fr. Ruff. 8 gr**

**Blank, Matthias, s. a.: Blank-Hohenhofen, Matthias.**

**Blank, Matthias, s. a.: Blankensee, Theo v.**

**— Die Anarchisten, s.a. Z e h n p f e n n i g - B i b l i o t h e k, moderne.**

Die Anarchisten. Kriminalroman von Theo v. B l a n k e n s e e [d. i. Matthias Blank]. Neurode, Hamm, Speyer: W. W. Klambt 1907. (119 S.) 8° [F.]
= **Zehnpfennig-Bibliothek**, Moderne. Jg. 5, Bd 6. [07. 10448 3]

**— Der Bankeinbruch in Monte Carlo, s.: S a m m l u n g, bunte, interessanter Erzählungen.**

**— Die Braut d. Fliegers, s: Roman-Perlen.**

**— A h a s v e r s Brautfahrt. Eine Erzählung am Kamin. (79 S.) 8. Leipzig (910). G. Müller-Mann.** 1.—

**— Der Fall Clifford. Kriminal-(Umschl.: Detektiv-)Roman. (192) 8° Berl., Berliner Verl.-Instit. ('12).** 1.50 d

**— der Doppelgänger, s.a. K a u f m a n n ' s moderne Zehnpfennig-Bibliothek. III. 7.**

**— dasselbe, s.a. K l a m b t ' s Bücherschatz. 14. Bd.**

Der Doppelgänger. Roman von Theo v. B l a n k e n s e e [d. i. Matthias Blank.] *Neurode: W. W. Klambt 1904.* (140 S.) 8° [F.]
= **Zehnpfennig-Bibliothek, Kaufmann's moderne.** Jg. 3, Bd 1. [04. 9349]

**— du sollst nicht töten! s.a. K a u f m a n n ' s moderne Zehnpfennig-Bibliothek. III. 10.**

**— dasselbe, s.a. K l a m b t ' s Bücherschatz. 21. Bd.**

Du sollst nicht töten! Kriminal-Roman von Theo v. B l a n k e n s e e [d. i. Matthias **Blank**]. Neurode: W. W. Klambt 1905. (123 S.) 8° [F.]
= **Zehnpfennig-Bibliothek**, Kaufmann's Moderne. Jg. 3, Bd 10. [05. 7033]

Du sollst nicht töten. Kriminal-Roman von Theo v. B l a n k e n s e e [d. i. Matthias **Blank**]. [Neudr.] Neurode, Hamm, Speyer: W. W. Klambt 1906. (126 S.) 8° [F.]
= **Zehnpfennig-Bibliothek**, Moderne. Jg. 3, Bd 10. [07. 11686 3]

**— E r l e b n i s s e des Detectiv Frank. 1—5. Bd. 8. Gotha 907. Verlagsanstalt & Druckerei H. Bartholomäus. à 1.—**
1. Der Verbrecherkönig Clifford. Kriminalroman in 2 Tln. (180 S.)
2. Versiegelte Lippen. Kriminalroman. (175 S.)
3. Der Schrecken von La Villette. Vier Erlebnisse nach Tagebuchaufzeichngn. des Detektiv Frank. (190 S.)
4. Totentanz. Kriminalroman. (181 S.)
5. Der Mord im Northern-Expreß. Kriminalroman. (102 S.)

**— Ernstes u. Heiteres, s: Aus Heimat u. Fremde.**

**— Bunte Fäden. s: Roman-Perlen.**

**— auf falscher Fährte, s.a. K a u f m a n n ' s moderne Zehnpfennig-Bibliothek.**

**— Auf falscher Fährte, s.a. Klambt's Bücherschatz.**

Auf falscher Fährte. Kriminalroman von M[atthias] **Blank.** Neurode: W. W. Klambt 1904. (147 S.) 8° [F.]
= **Zehnpfennig-Bibliothek,** Kaufmann's moderne. Jg. 3, Bd 2. [04. 10443 2]

**Blank, Matthias s. Familienbibliothek, Schweizer. Nr. 83.**

**— Detektiv Frank. Kriminal-Roman. (191) 8° Ebd. ('12).** 1.50 d

**— Zwei Frauen, s.: S a m m l u n g, bunte, interess. Erzählungen.**

— Der Geheimbund, s.a. Zehnpfennig-Bibliothek, moderne.

— dasselbe, s.a. Zwanzigpfennig-Bibliothek, moderne.

Der Geheimbund. Kriminal-Roman von Theo v. Blankensee (d. i. Matthias **Blank**). Neurode, Hamm i. W., Speyer: W. W. Klambt [1907]. (110 S.) 8° [F.]
— **Zehnpfennig-Bibliothek**, Moderne. Jg. 5, Bd 12. [07. 17000 2

— das Gespenst v. Thalheim, s.a. Zehnpfennig-Bibliothek, mod.

Das Gespenst von Thalheim. Kriminal-Roman von Theo v. Blankensee [d. i. Matthias **Blank**]. Neurode, Hamm i. W., Speyer: W. W. Klambt 1906. (127 S.) 8° [F.]
— **Zehnpfennig-Bibliothek**, Moderne. Jg. 5, Bd 2. [07. 16993 2

— Erkämpftes Glück, s.a. Klambt's Bücherschatz. 26. Bd.

— dasselbe, s.a. Zehnpfennig-Bibliothek, moderne.

Erkämpftes Glück. Roman von Theo v. Blankensee [d. i. Matthias **Blank**]. Neurode: W. W. Klambt 1905. (125 S.) 8° [F.]
— **Zehnpfennig-Bibliothek**, Kaufmann's moderne. Jg. 4, Bd 2. [05 ... 2

Erkämpftes Glück. Roman von Theo v. Blankensee [d. i. Matthias **Blank**]. [Neudr.] Neurode, Hamm i. W., Speyer: W. W. Klambt 1906. (125 S.) 8° [F.]
— **Zehnpfennig-Bibliothek**, Moderne. Jg. 4, Bd 2. [07. 16984 2

— Der Hausnarr, s.: Enßlin's Roman- u. Novellenschatz.

**Blank, Matthias, am Hochzeitsmorgen. Ein Familienereign. i. 3 Zeiten. 8. (94 S.) Dresden 901. E. Pierson. n. 1. 50**

— Die Jagd n. d. Glück, s: Vitus-Bücher.

— Das goldene Kalb (Monte Carlo), s.a. Zehnpfennig-Bibliothek, moderne. V, 9.

Das goldene Kalb (Monte Carlo). Roman von Matthias **Blank**. Neurode, Hamm i. W., Speyer: W. W. Klambt 1907. (126 S.) 8° [F.]
— **Zehnpfennig-Bibliothek**, Moderne. Jg. 5, Bd 9. [07. 16999 2

— im Kampfe m. dem Verbrechen, s.a. Zehnpfennig-Bibliothek, moderne.

Im Kampfe mit dem Verbrechen. Enthüllungen aus d. Akten e. Polizei-Kommissars von Theo v. Blankensee [d. i. Matthias **Blank**]. Neurode: W. W. Klambt 1906. (114 S.) 8° [F.]
— **Zehnpfennig-Bibliothek**, Moderne. Jg. 4, Bd 10. [07. 16989 2

— Um der Liebe willen, s.: Enßlin's interessante Bibliothek.

— Ellen Gundahls Liebe, s: Weber's moderne Bibliothek.

— Sündige Liebe, s.: Sammlung, bunte, interess. Erzählungen.

— Der Mord im Northern-Express. Kriminal- (Umschl.: Detektiv-) Roman. (192) 8° Berl., Berliner Verl.-Instit. ('12). 1.50 d

— Nummer 1746, s.a. Kaufmann's moderne Zehnpfennig-Bibliothek.

— dasselbe, s.a. Klambt's Bücherschatz.

Nummer 1746. Kriminal-Roman von Matthias **Blank**. *Neurode i. Schl.: Zehnpfennig-Bibliothek 1904.* (142 S.) 8° [F.]
— **Zehnpfennig-Bibliothek**, Kaufmann's moderne. Jg. 3, Bd 4. [04. 16904

— Um hohen Preis, s: Vitus-Bücher.

— Prüfungen, s.a. Zehnpfennig-Bibliothek, moderne.

Prüfungen. Kriminal-Roman von Theo vom Blankensee [d. i. Matthias **Blank**]. Neurode, Hamm i. W., Speyer: W. W. (Ed.) Klambt [1908]. (171 S.) 8° [F.]
— **Zehnpfennig-Bibliothek**, Moderne. Jg. 6, Bd 9. [08. 8790

— die Rätsel e. Nacht, s.a. Kaufmann's moderne Zehnpfennig-Bibliothek. III. 7.

— dasselbe, s.a. Klambt's Bücherschatz Bd. 18. 19.

Die Rätsel einer Nacht. Roman von Theo v. Blankensee [d. i. Matthias **Blank**]. Neurode: W. W. Klambt 1905. (128 S.) 8°
— **Zehnpfennig-Bibliothek**, Kaufmann's moderne. Jg. 3, Bd 7. [05. 8903

Der Schatten des Todes. Roman von Theo v. Blankensee [d. i. Matthias **Blank**] [Neudr.] Neurode, Hamm i. W., Speyer: W. W. Klambt 1906. (... S.) 8° [F.]
— **Zehnpfennig-Bibliothek** Moderne. Jg. 4. Bd 5. [07. 16967 2

— Der Schatten des Toten s.a. Klambt's Bücherschatz.

— der Schatten des Toten, s.a. Zehnpfennig-Bibliothek, moderne.

Der Schatten des Toten. Roman von Theo v. Blankensee [d. i. Matthias **Blank**]. Neurode: Zehnpfennig-Bibliothek 1905. (124 S.) 8° [F.]
— **Zehnpfennig-Bibliothek**, Moderne. Jg. 4, Bd 5. [06. 3804

**— Schiffbruch. Drama in 3 Akten. 8. (77 S.) Kindelbrück 902. K. Naumburg's Verl. n. 2. —**

— Spiegelbilder, s.a. Naumburg's moderne Bibliothek, 4. Bd.

Spiegelbilder. Von Matthias **Blank**. *Kindelbrück: Naumburg [1903].* (128 S.) 8°
— **Bibliothek**, Naumburg's moderne. Bd 4. [04. 8869 3

— Auf der Spur, s.a. Zehnpfennig-Bibliothek, moderne.

— dasselbe, s.a. Zwanzigpfennig-Bibliothek, moderne.

Auf der Spur! Kriminal-Roman von Theo v. Blankensee [d. i. Matthias **Blank**]. Neurode, Hamm, Speyer: W. W. E. Klambt [1907]. (100 S.) 8° [F.]
— **Zehnpfennig-Bibliothek**, Moderne. Jg. 6, Bd 1. [08. 7091 2

**— die Stimme des Blutes. Ein Münchener Kriminalroman. (187 S.) 8. Gotha (905). Verlagsanstalt u. Druckerei (H. Bartholomäus). n. 1. —**

**— Die Stimme d. Blutes. Magdebg, Monist. Verl. ca 1.80

— Truggold, s: Weber's moderne Bibliothek.

— gekreuzte Wege, s.a. Klambt's Bücherschatz. 12. Bd.

— dasselbe, s.a. Kaufmann's moderne Zehnpfennig-Bibliothek. II. 11.

Gekreuzte Wege. Berliner Kriminal-Roman von Theo v. Blankensee [d. i. Matthias **Blank**]. Neurode: Zehnpfennig-Bibliothek 1904. (148 S.) 8° [F.]
— **Zehnpfennig-Bibliothek**, Kaufmann's moderne. Jg. 2, Bd 11. [05. 5369

Gekreuzte Wege. Berliner Kriminal-Roman von Theo v. Blankensee [d. i. Matthias **Blank**]. [Neudr.] Neurode, Hamm, Speyer: W. W. Klambt 1906. (144 S.) 8° [F.]
— **Zehnpfennig-Bibliothek**, Moderne. Jg. 2, Bd 11. [07. 4370 2

— Wenn die Not am größten, s.a. Zehnpfennig-Bibliothek, moderne. VI, 5.

Wenn die Not am grössten — — Kriminal-Roman von Matthias **Blank**. Neurode, Hamm, Speyer: W. W. E. Klambt [1907]. (128 S.) 8° [F.]
— **Zehnpfennig-Bibliothek**, Moderne. Jg. 6, Bd 5. [08. 7093 2

— wer war es?, s.a. Zehnpfennig-Bibliothek, moderne.

Wer war es? Kriminalroman von Theo v. Blankensee (M[atthias] **Blank**). Erfurt: F. Bartholomäus [1905]. (128 S.) 8° [F.]
(Collektion 'Kriminal'. Bd 51.) [05. 1154

*Wer war es? Kriminalroman von M[atthias] **Blank**. Neurode: Zehnpfennig-Bibl. 1906. (112 S.) 8° [F.]
— **Zehnpfennig-Bibliothek**, Moderne. Jg. 4, No 7. [06. 6900

— wie ich meinen feschen Schnurrbart verlor, s.: Unterhaltungsbücher, neue, f. Stenographen (System Stolze-Schrey).

BLANK, Oskar (Cincinnati): De gestrite chronica. (Titel nach der Urkunde)
5.7.1858 – Urk; F 69 Diss. Ingolst.-Landsh.-Mchn.

Blank, Oskar [aus Wetter (Westf.)]: Zur Kenntnis der a-Methylphtalsäure und ihrer Derivate sowie der β-Naphtylessigsäure ... Berlin, Buchdr. v. G. Schade, *1896;* 37 S., 1 Bl. 8.
Berlin, Phil. Fak., Inaug.-Diss. v. 8. Aug. 1896

**Blank,** Oskar, Priester d. Diözese Würzburg: Die Lehre des hl. Augustin vom Sakramente der Eucharistie. Paderborn 1906: F. Schöningh. (175 S.) 8°
Würzburg, Theol. Fak., Ref. Abert, Diss. v. 25. Sept. 1906

[Geb. 7. Febr. 69 Bürgstadt; Wohnort: Rineck; Staatsangeh.: Bayern; Vorbildung: Gymn. Würzburg Reife Juli 88; Studium: Würzburg 8 S.; Rig. 16. Juni 04.]

Die Lehre des hl. Augustin vom Sakramente der Eucharistie. Dogmengeschichtl. Studie von Oskar **Blank**, Priester. (T. 1.) Paderborn: F. Schöningh 1906. 8° [F.]
Erw. Würzburger theol. Dissertation. [07. 6077 5

Blank, Osc., das Marienbild in den ersten drei Jahrhunderten. Eine Studie des kirchenhistor. Seminars zu Würzburg. [Aus: „Der Katholik".] gr. 8. (VII, 91 S.) Mainz 893. F. Kirchheim. n. 1. 20

Blank, Paul, Chuo cha kwanza. s.: Barth, Chr. G.

Blank, Paul: Chuo cha masomo, s. Rutz, Oswald

Blank, Paul [aus Wetter a. d. Ruhr]: Ueber Derivate des Trimethylenchlorobromids ... Berlin, A. W. Schade's Buchdr., 1892; 43 S., 1 Bl. 8.
Berlin, Phil. Fak., Inaug.-Diss. v. 8. Aug. 1892

Blank, Paul, a. Berlin: Über einige racemische Polypeptide, Derivate des Phenylalanins. (Berlin 1906: G. Schade.) (34 S.) 8°
Berlin, Phil. Fak., Ref. Fischer, Diss. v. 28. Juli 1906
[Geb. 17. Jan. 82 Berlin; Wohnort: Berlin; Staatsangeh.: Preußen; Vorbildung: Doroth. Realgymn. Berlin Reife M. 00; Studium: Berlin 10 S.; Rig. 23. Juli 06.]

Blank, Rubin [aus Kischineff '(Russl.)']: Ueber Benzalmalonsäure und Metachlorbenzalmalonsäure. Beitrag z. Stereochemie d. doppelt gebund. Kohlenstoffatoms ... Berlin, A. W. Schade's Buchdr., 1896; 56 S., 1 Bl. 8.
Berlin, Phil. Fak., Inaug.-Diss. v. 9. Mai 1896

Blank, T. W. H., Predigt z. Einweih. e. neuen Orgel in d. Kirche zu Vorsfelde. (Zum Besten d. Armen dieses Kirchspiels.) gr. 8. Helmst. 824. Fleckeisen. 3 gr.

Blank, Th.: Die Schützengesellschaft zu Rottweil am Neckar. Rottweil, 1908.

BLANK, Vinand: S. Cyrilli Alexandrini doctrina de B. Mariae V. theotokia. (Titel der Urkunde) 21.7.1888 – Urk: Chr 1888/89,16
Diss. Ingolst.-Landsh.-Mchn.

Blank-Hohenhofen, Matthias (Theo v. Blankensee): Gelöste Rätsel, s: Vitusbücher.

Blank-Jaquet, Ernst T.
[Ant. u. F.] Die Gesundbrunnen, Kurorte und Sommerfrischen der Schweiz nebst einleit. Bemerkgn üb. d. natürl. Heilmethoden u. e. kurzen Krankhtslexikon f. Kurbedürftige bearb. v. Ernst T. Blank(-Jaquet), Besitzer ... d. Kurh. Monte Generoso in Rovio ... 14. Aufl. d. Hôtelführers durch d. Schweiz. *Berlin-Friedenau: L. Frobeen 1896.* (2 Bl., 52, 38 S., 1 Bl.) 1 Bd 8. [96. 1047]

Blanka, ein Trauersp. v. M. G. Nugmähn, nach d. dän. Original metrisch übersetzt durch D. W. Lembkow. 8. Copenh. Bonnier. 815.

Blanka von Burgund. Trauerspiel in fünf Aufz. Leipzig 1795. V: *Vulpius, Chn. Aug.* Vgl. Jb. d. Samml. Kippenberg 6 (1926), S. 87. (DARP)

Blanka v. Burgund. Trsp. in 5 Akten. 8. Lpz. Rein. 795.

Blanka und Enrico. Trauerspiel in 5 Acten. Hannover 1795. V: *Gensicke, Frdr.* (GGr)

— u. Enrico. Trauersp. in 5 Aufz. 8. Hannov. Ritscher. (Hahn.) 795.

— u. Guiskard. Trauersp. nach Thomson, von Saurin. 8. Frkft. u. Lpz. Andreä. 764.

Blankaart, Stephan
Blancard, St., anatomia reformata. c. fig. 8. Leyd.

— reformirte Anatomie, 4. Lpz.

— gründl. Beschr. v. Scharbock sc. 8. 704.

Blankaart, Stephanus: Haustus polychresti, oder: Zuverlässige Gedancken vom Thee, Coffee, Chocolate, u. Taback, mit welchen der grosse Nutze dieser ausländischen Wahren so wol in gesunden als krancken Tagen gründlich u. umständlich gelehret wird.
Hamburg: Heyl & Liebezeit 1705. 222 S. 8°

– Neue Kunst-Kammer der Chirurgie oder Heil-Kunst, worinnen die auf gewissen und wahrhafftigen Gründen gebauete Chrirurgie aufgestellet ... wird. Aus dem Niederländ. in die Hoch-Teutsche Sprache übers., in jener aber ans Licht gegeben durch Stephanum Blankaart. Jetzo von neuem wiederum durchsehen u. d. 4. Druck übergeben.
Hannover & Wolffenbüttel: Freytag 1700. 536 S. 8°

BLANCARDUS, Steph. Neue Kunst-Kammer der Chirurgie Oder Heil-Kunst / Worinnen d. auf gewiss. u. wahrhafft. Gründen aufgebaute Chirurgie / u. worinnen von den Instrumenten / künstl. Operationen / schweren Geburten ... gehandelt wird. Aus d. Niederl. in d. Hoch Teutsche Sprache übersetzt ... in d. 5. Druck gegeb. Frankfurt u. Leipzig, Lud. H. Hauenstein, 1707.

Blancaart's, Stephan, Kunstsprache der Medicin u. Chirurgie. Ein arzneiwissenschaftl. Handwörterbuch für angehende Mediciner u. Chirurgen, nach der Kühn'schen Ausg. bearb. u. ins Deutsche übertragen von C. C. F. Oertel. breit 16. Grimma 840, Verlags-Comptoir. 1/3 Thlr

Blankaart, Steven: Lexicon medicum Graecolatino-germanicum, in quo termini totius artis medicae secundum neotericorum placita definiuntur vel circumscribuntur, Graeca item vocabula ex originibus suis deducuntur. Editio quinta auctior et emendatior. 352 S.; gbd., Abb.

Halae Magdeburgicae: Zeitler 1708

— Lexicon medicum graeco-latinum germanicum. Halae 718. 8. Ibid. 748. 8. 1 rthlr. 4 gr.

– Lexicon medicum. Johann Heinrich Schulze, 1687–1744, opera insigniter auctum et em., nunc denuo recogn. variisque accessionibus locupletatum curante Michaele Gottlieb Agnethler. Praef. praemisit Andreas Elias Büchner. Halae Magdeb.: Bierwirth 1748. 726 S. 8°

— Lexicon medic. ed. Agnethler. 8. Halle, Kümmel, 748.

*Blancard*, Steph., Lexicon medicum tripartitum, renovatum, in quo artis medicae, anatomiae, chirurgiae, pharmaciae termini etc. ed. Agnethler. 8. Leyden 756. Luchtmans. 2 fl 18 gr

— — id. l. ed. Isenflam. 3 Vol. 8. maj. Lps. Schwickert, 776 — 77.

— id. lib. ed. J. F. Isenflam. II Voll. 8 maj. Lepz. 777, 78. Schwickert. 3 fl Edit. noviss. multum emend. et aucta a K. G. Kühn. II Voll. 8 maj. Ibid. 832. 7 fl 12 gr Velinp. 10 fl 3 gr

Blancardi, Steph., Lexicon medicum, in quo artis medicae termini anatom., chirurg., pharmac., chem., rei botanicae, etc. proprii dilucide breviterque exponuntur. Edit. noviss. multum emendata et aucta a Car. Gottl. Kühn. II Vol. 8 maj. Lipsiae 832, Schwickert. [I. (57 B.) 3 Thlr. 21 Gr., Schrbp. 5 Thlr. 6 Gr.; II. (53½ B.) 3 Thlr. 15 Gr., Schrbp. 4 Thlr. 21 Gr.] 7 Thlr. 12 Gr., Schrbp.

– Neuscheinende Praxis der Medicinae, worin angewiesen wird, daß alle Krankheiten eine Verdikkung des Bluts u. der Säffte sind ... Anitzo aber ... wieder auffs neue gedrukkt u. abgetheilet in 3 Th. Hrsg. durch Stephanus Blankard [Blankaart] Aus d. holländ. in unsere Mutter-Sprache übers. von G. H. W.
Hannover & Wolffenbüttel: Freytag 1700. 766 S. 8°

– Neuscheinende Praxis der Medicinae, worinn angewiesen wird, daß alle Krankheiten eine Verdikkung des Bluts u. der Säffte sind ... Anitzo aber ... wieder auffs neue gedrukkt u. abgetheilet in 3 Th. Hrsg. durch Stephanus Blankard Blankaart. Aus de. holländ. in unsere Muttersprache übers. von G. H. W.
Hannover u. Wolffenbüttel: Freytag 1704. 766 S. 8°

– Die neue heutiges Tages gebräuchliche Scheide-Kunst oder Chimia, nach den Gründen des fürtrefflichen Cartesii ... eingerichtet durch Stephanus Blancart Blankaart. Wolfenbüttel: Freytag 1718. 178 S. 8°

– Höchst-nützliches und zu einem langwierigen Leben anleitendes Speise- u. Tisch-Büchlein, wie man ohne Kranckheit leben könne, darinnen von jeder Speise und Tranck ... gehandelt wird ... u. aus d. niederländ. in die hochteutsche Sprache übers. von Georg von Keyl gen. Cunaeus, deme noch beygefüget Der allzeitfertige Koch und perfecte Speisemeister ... Franckfurth & Leipzig: Freytag 1705. 159 S. 8°

— belag. u. entlehzte Venus, 8. 710.

— arzneiwissenschaftl. Wörterbuch, aus d. Lat. (v. G. E. Kletten). 3 Thle. gr. 8. Wien 788. Blumauer. (Liebeskind in Leipz.) 6 ₰

— arzneywissensch. Wörterbuch, a. d. Lat. 5 Thle. gr. 8. Wien, Wucherer, (Liebeskind, Lpz.) 788.

Blankaart, Steven: Arzneiwissenschaftliches Wörterbuch. (Lexicon medicum Graecolatinum. Dt.) Hrsg.von (Jakob Friedrich) Isenflamm, neu bearb.und ins Deutsche Übers.von George Ernst Kletten. Bd 1-3, gbd.

Wien: Wucherer 1788

[Blankart, Charles.] (Die) Bank in Luzern (und deren Tätigkeit seit der Gründung im Jahre 1856). 1856—1906. [Mit Illustrationen, 3 Tabellen und 8 graphischen Tafeln.] 43 S. kl.-4. (Luzern, C. J. Bucher, 1906.)

Blankart, Stephan, s. Blankaart, Stephan

Bländchen oder die treue Schwesterliebe. 18. (51 S. und 3 Stnt.) Straßburg 810, [Berger-Levrault, Witwe und Sohn.]

**Blanke,** Adolf, approb. Arzt aus Einbeck ⟨Prov. Hannover⟩: Welche Gefahren bietet das Fleisch tuberkulöser Tiere für den Menschen und wie weit darf solches als Nahrungsmittel verwandt werden? *Berlin (1900): G. Schade.* (42 S.) 8°
Berlin, Med. Diss. v. 10. Aug. 1900

Blanke, C. G., Begriffsbüchlein, oder Erklärg. aller schweren Worte und Sätze des kleinen Lutherischen Katechismus. 8. Jauer 837. (Berlin, Wohlgemuth.) 1/6 ₰

Blanke, Friedr. Planimetrische Aufgaben über Maxima und Minima. 16 S. Progr. *Brühl* 1882.

Blanke, Hermann (Hrsg.), s. Buckdruckerzeitung, Deutsche.

De praelectionibus in sacros fontes celerioribus quas vulgo vocant, cursoriis earumque natura et usu sub ipsa earundem in Collegio Carolino per instans tempus brumale instituendarum initia paucis praefatur **Io. Henr. Blanke,** p. C. C. et g. M. cr. (Dat. 20. Oct. 1745.) 14 S. 8° *Br StB*

Blanke, Johannes. Euch ist heute der Heiland geboren! Die Geburts- und Jugendgeschichte unseres Heilandes Jesu Christi, mit den Worten der heiligen Schrift erzählt und passenden Liederversen. Ein Weihnachtsbüchlein der Jugend dargeboten von J' B'. [Illustriert.] 32 S. 8. Emmishofen ⟨Kanton Thurgau⟩, Evangelische Buchh., [1905]. [fr. —. 20]

Blanke, Johs., euch ist heute der Heiland geboren! Die Geburts- u. Jugendgeschichte unseres Heilandes Jesu Christi mit den Worten der hl. Schrift erzählt u. pass. Liederversen. Ein Weihnachtsbüchlein, der Jugend dargeboten. (32 S. m. Abbildgn.) 8. Konstanz 905. C. Hirsch. n. — 15

—s.a. Gott schütze dich!

Blanke, Johannes. Gott schütze dich! Ein Weihnachtsbüchlein für Christenkinder, mit Erzählungen, Gedichten und vielen Bildern. Hrg. von J' B'. 1. bis 50. Tausend. 64 S. 8. Konstanz, Carl Hirsch ⟨Für die Schweiz: Evangelische Buchh., Emmishofen⟩, [1906]. [M. —. 20]

Blanke, Johs., Gott sei m. Dir! Christliche Dichtgn. als Begleiter auf dem Lebenswege. Gesammelt v. B. 8. (XV, 192 S. m. 12 Farbdr.) Konstanz (901). C. Hirsch. Geb. in Leinw. m. Goldschn. n. 3. —

— Der Herr ist mein Hirte. Gebetbüchl. f. Kinder. (48 m. Abb.) kl8° Konst., Christl. Buch- u. Kunstverl. C Hirsch ('12). geb. — 30 d

— s: Jugendfreude.

— Kinder-Gebetbüchl. (32 m. Abb.) 8° Konst., Christl. Buch- u. Kunstverl. C Hirsch ('11). — 15 d

Blanke, Johs., Kindergruß. Reime, Lieder, Gebete, Spiele, Rätsel u. Scherze f. Kinder, gesammelt u. zusammengestellt. Mit Zeichngn. v. Ludw. Richter. (32 S.) 8. Konstanz (907). Christl. Buch- u. Kunstverlag. C. Hirsch. — 15

— Für's Kinderherz. Ein Bilderbuch f. die lieben Kleinen. (I. u. II.) (à 16 S.) gr. 8. Ebd. (909. 10.) à — 15

— Fürs Kinderherz. Bilderb. f. uns. Kleinen. 2—4. (Je 16) gr8° Ebd. ('10'11'12). — 15 d

— Aus d. Kinderwelt. Lust. Kleinkinderb. m. Schattenbildern u. Gedichten. (32) 8° Ebd. ('12). — 15 d

— schaffe in mir, Gott, e. reines Herz. Kinder-Gebete, Lieder u. Sprüche, der lieben Jugend dargeboten. gr. 8. (32 S. m. Abb.) Ebd. (901). — 15

Blanke, P. Ed.: Fabeln u. Erzähl., s. Blanke, Ph. Konr.

**Blanke,** Paul, approb. Arzt aus Essen i. Old.: **Verhalten des Central-Nervensystems beim Diabetes mellitus.** *Göttingen 1901: L. Hofer.* (30 S.) 8°
Göttingen, Med. Diss. v. [26. Juni] 1901

**Blanke, Paul, Verhalten des Central-Nervensystems** beim Diabetes mellitus. Diss. gr. 8. (30 S.) Göttingen 901. (Vandenhoeck & Ruprecht). n. — 80

Blanke, Ph. Konr., († d. 16. Dec. 1803.) Fabeln u. Erzähll. 8. o. O. (Hannov.) 764. Hellwing. 8 gl

Blanke, W., Rechenfibel. Die vier Spezies im Zahlenraum von 1 bis 100. gr. 8. (IV, 47 S.) Bremen 881, Kaiser. cart.

**Blanke, W., Rechenfibel. Die 4 Species im Zahlenraum von 1 bis 100. 3. Aufl. 8. (IV, 48 S.) Bremen 889. F. Kaiser. Geb. n. — 40**

Blanke, W., Rechenfibel. 4. Aufl. 8. (IV, 48 S.) Bremen 896. F. Kaiser. Geb. n.n. — 40

—— Rechenschule. 1. und 2. Heft. gr. 8. Ebendas. geb. à Heft 65 Pf.

Inhalt:
Heft 1. Die vier Species im unbegrenzten Zahlenraum. (IV, 64 S.) 883.
„ 2. Das Rechnen mit benannten Zahlen. (IV, 63 S.) 884.

Blanke, W., Rechenschule. 1., 3.—5. Hft. gr. 8. Bremen, Kaiser. geb. n. 2. 95

1. Die vier Spezies im unbegrenzten Zahlenraum. 2. Aufl. (IV, 61 S.) 887. n. — 65
3. Die Bruchrechnung. (IV, 62 S.) 885. n. — 65
4. Die bürgerlichen Rechnungsarten. 1. Kursus. (IV, 61 S.) 886. n. — 65
5. Die bürgerlichen Rechnungsarten. 2. Kursus. (VIII, 101 S.) 887. n. 1. —

—— Rechenschule. 2. Heft. Das Rechnen mit benannten Zahlen. 2. Aufl. 8. (63 S.) Ebd. 890. geb. — 65
1. u. 3.—5. Heft. Ebd. 1885—87. geb. 2 95.

— Rechenschule. I.—III. Ebd. Geb. à n.n. — 65
I. 3. Aufl. (IV, 65 S.) 890.
II. D. Rechnen m. benannten Zahlen. 3. Aufl. (IV, 64 S.) 897.
III. D. Bruchrechng. 2. Aufl. (IV, 72 S.) 898.

**Blanke, W., Rechenschule. IV. Die bürgerl. Rechnungsarten. 1. Kurs. 2. Aufl. gr. 8. (IV, 85 S.) Bremen 900. F. Kaiser. Geb. n.n. — 65**

Blanke, W., Rechenschule. I, III u. V. 8. Bremen, F. Kaiser. Geb. nn 2. 30
I. Die vier Species im unbegrenzten Zahlenraum. 4. Aufl. (IV, 60 S.) 908. Geb. nn — 65
III. Die Bruchrechnung. 3. Aufl. (IV, 72 S. m. Fig.) 907. Geb. nn — 65
V. Die bürgerlichen Rechnungsarten. 2. Kurs. 2. Aufl. (VIII, 122 S.) 907. Geb. 1. —

**Blankemeyer,** Hermann, cand. med.: **Statistisches zur Beschaffenheit der weiblichen Brust und zum Stillgeschäft.** *Freiburg i. B. 1899: C. A. Wagner.* (82 S.) 8°
Freiburg i. B., Med. Diss. v. 1899

**van Blanken, H.,** Essai sur la résolution des équations. gr. in-4. Zwolle 839. Willink. (Breme, Kaiser.) n. 3/8 ₰

**Blankenberg, Ferdinand:** Über die elektrolytische Abscheidung von Zink, Nickel und Kupfer aus ammoniakalischer Lösung. Budapest: Weiss [1907]. 95 S., 2 Taf. 8⁰ ¶ Vgl. Zeitschrift f. Elektrochemie. Jg. 13. S. 561 ff.
Dresden, Dr.-Ing.-Diss. v. 17. 7. 1907

**Blankenburg** [Sachliches OW]
Blankenburg, — Die Fürstenthümer — welche den südlichen Theil der Chur- und Fürstlichen Braunschweig-Lüneburgischen Reichsländer begreifen. Von neuen entworfen durch F. L. Güssefeld. Nürnberg bey den Homaennischen Erben. 1786. 1 : 325,000. 1 Bl.

**Blankenburg a. Harz** [Schlagwort]
**Blankenburg,** s.a. **Harz.**

— s.a. **Thale.**

**Blankenburg a. Harz.** Pharus-Plan v. Blankenburg am Harz. 1:8000. 35,5×48,5 cm. Farbdr. Blankenburg a. H. (910). Hoefer. — 60

**Blankenburg a/H.** Touristenkarte, neueste, u. Promenaden-Plan v. Blankenburg a/H. u. Umgegend. 1:30,000. Blankenburg a/H. 886. A. Brüggemann. n. 1. —

**Blankenburg/Th.** [Schlagwort]
**Blankenburg (Th.),** s.a. **Preussen. Messtischblätter.**

**Blankenburg** (Th.), s.a. **Thüringen.**

**Blankenburg** [Verfasser]
**Blankenburg:** Von der preußischen Monarchie..., s. Mauvillon, J.

**Blankenburg,** Schlüssel zur Vorschrift f. den Gebrauch der Signalflaggen. Ein Hilfsmittel zur leichten u. schnellen Einübg, besonders der Morse-Signalzeichen u. Abkürzgn. (24 S. m. 9 Taf.) kl. 8. Metz 907. G. Scriba. n. — 25

**Blankenburg,** Schlüssel zur Vorschrift f. den Gebrauch der Signalflaggen. Ein Hilfsmittel zur leichten u. schnellen Einübg. der Morse-Signalzeichen u. Abkürzgn. sowie des gesamt. Signaldienstes. 2. verb. u. verm. Aufl. 4—6. Taus. (32 S.) kl. 8. Metz 908. G. Scriba. — 30

**Blankenburg,** Christian Friedrich von, s. Alexander, W.: Geschichte.

**Blankenburg,** Christian Friedrich s.a. Alexander, William

**v. Blankenburg, Chr. Fr.,** s.a. **Beitrr. zur Geschichte des deutschen Reichs** 2c.

* **BEYTRÄGE** zur Geschichte deutschen Reichs und deutscher Sitten. Ein Roman (vom Hauptm. *Christian Friedrich v. Blankenburg*). Th. 1 (einz.). Mit Titelkpf. Leipzig und Liegnitz. Siegert, 1775. 8° (1 1/6 Rthl.)

**Blankenburg, Fr. v.,** Charakter u. Leben des Preuß. Gen. v. Seydlitz, 8. Lpz. Göschen, 797.

**v. Blankenburg, Chr. Fr. v.,** († d. 4. Mai 1796.) Charakter u. Lebensgeschichte d. Preuß. Generals v. Seydlitz. 8. Lpz. 797. Göschen. 6 gr

— s. Johnson, S.: Nachr.

— s. Mauvillon: Schilderung

— s. Stuart, Gilb.: Abriß

— s. Sulzer's verm. Schriften

— s. Versuch über die Romane

— s. Zollikofer's Predigten

— literar. Zusätze zu Sulzers allgem. Theorie d. schönen Künste u. Wissensch. 3 Bde. gr. 8. Leipz. 796—98. Weidmann. 5 ₰ 4 gr Schrbp. 6 ₰ 8 gr

**Blankenburg, E.,** Elbert von Braunschweig. Tragödie in 5 Akten. gr. 8. (V, 67 S.) Oldenburg 885, Schulze'sche Buchh. *

**Blankenburg, C. D.,** der Dom zu Köln. Kurze histor.-architektonische Beschreibung. Mit 3 bildl. Darstellungen: 1) der Dom in seinem jetzigen Zustande; 2) u. 3) der Dom u. die Thürme in der Vollendung. (Nebst: Beschreibung d. Festes der Grundsteinlegung zum Fortbau des Domes zu Köln am 4. Sept. 1842.) gr. 8. (2 1/2 B.) Berlin 842, Hübenthal u. Comp.

—— die kgl. preuß. Ritter-Orden u. Ehrenzeichen. Nach den Urkunden bearb. gr. 12. (2 B. u. 1 ill. Abbild. in gr. Fol.) Berlin 842, Hübenthal u. Comp.

**Blankenburg,** Fr. v., s. Blankenburg, Christian Friedrich von

**Blankenburg,** Friedr. Kurze Geschichte der astronomischen Refraktion. 23 S. Progr. *Burgsteinfurt* 1882.

**Blankenburg,** Friedrich: [Direktor Dr. Georg Christian Friedrich Schroeter † am 28. März 1905.] S. 29—30. 4. Progr.
Fürstl. Bentheimsches Gymn. Arnoldinum mit Realklassen *Burgsteinfurt* 1905

**Blankenburg, H.,** aus den Erinnerungen e. russischen Offiziers, s. i Gabelsberger-Bibliothek. 41. Bd.

**Blankenburg, H.** Das Heerwesen des Deutschen Reichs. Leipzig 1872. 8°. (Aus: Jahrb. für Gesetzgebung...)

**Blankenburg,** Heinrich
**Blankenburg, Heinr.,** die innern Kämpfe der nordamerikanischen Union bis zur Präsidentenwahl von 1868. Mit 1 (chromolithogr.) Uebersichtskarte des Staatengebiets (in qu. Fol.), Plänen des Kriegsschauplatzes (in eingedr. Holzschn.) und der bis auf die neueste Zeit vervollständigten Verfassungsurkunde der Union. gr. 8. (XII, 346 S.) Leipzig 869, Brockhaus. *

**Blankenburg, Heinr.,** der deutsche Krieg von 1866. Historisch, politisch und kriegswissenschaftlich dargestellt. Mit Karten und Plänen. 2 Hälften. gr. 8. (XII und 553 S. mit eingedr. Holzschn. und 4 lithogr. Karten in 4.) Leipzig (867), 68, Brockhaus. à Hälfte * 1 Thlr. 10 Ngr. * geb. *

**Blankenburg, Heinr.,** Schleier und Myrthe. Kranz- und Schleier-Gedichte, sowie Ansprachen und Prologe zu grünen, silbernen und goldenen Hochzeiten. Nebst einem Anhang, enthaltend Prologe und Ansprachen zu Dilettantenaufführungen und Stiftungsfesten 2c. 8. (104 S.) Berlin 887, Cronbach.

**Blankenburg, Helene,** die sieben Sterne der Alten u. der Stern aus Jakob, s.: Vereinsbühne 14. Heft.

**Blankenburg, Johs.,** f. den Christusglauben! Gegen den neueren Jesuskultus, gegen die moderne Verkenng. des Heilandes! (77 S.) 8. Gotha 908. F. A. Perthes. 1. 20

— **Die Christustat.** Ein Beitrag zum Verständnis des Erlösungswerkes Jesu, f. Theologen u. Nichttheologen; nebst e. Anh. üb. den Stellvertretungsgedanken in der Dichtg. (105 S.) 8. Ebd. 909. 1. 20

**Blankenburg,** Otto, s: Rechenbuch f. Fortbildgs-, Fach- u. gewerbl. Schulen.

**Blankenburg,** R. s. a.: Zarnack, R.

Blankenburg, R., das Erbe, s.: Für Schule u. Haus.

Blankenburg, R., s. Für Schule u. Haus.

Blankenburg, R. (R. Zarnack), nimmermehr. Die Fischergrete, s.: Für Schule u. Haus Nr. 82.

— verpflanzt, s.: Für Schule u. Haus.

Blankenburg, R., ins Waisenhaus, s.: Für Schule u. Haus.

Blankenburg, R. (R. Zarnack), im Wandel der Zeiten, s.: Für Schule u. Haus. Nr. 28. 29.

— aus Wasserfluten. Die Bergkapelle, s.: Für Schule u. Haus. Nr. 9.

—— d. Weidenhof, s.: Für Schule u. Haus.

Blankenburg, Wilhelm, aus Erfurt: Der Vilain in der Schilderung der altfranzösischen Fabliaux. *Greifswald 1902: J. Abel.* (75 S.) 8°
Greifswald, Phil. Diss. v. 5. März 1902

Blankenburg-Zimmerhausen, v., Erfahrungen im Molkereibetriebe, Fortsetzg., s.: Helm, Wilh.

Blankenese. Ein Führer durch Bahrenfeld, Flottbek, Blankenese und Wedel, nebst einer geograph. und topographisch-geschichtl. Beschreibung der Ortschaften von Ottensen bis Wedel. Mit 1 (lithogr.) Karte der Elbgegend. 8. (103 S. mit 1 lithogr. Plan.) Blankenese 883. (Altona, Harder.) *

Blankenese. Ein Führer durch die Elbgegend. Mit 1 Karte, 1 Plan von Blankenese u. Baur's Park. 16. (65 S.) Blankenese 889. (Altona, Harder's Verl.) n. — 50

Blankenfeld, Arnold, unser Bundesgenosse im Süden. gr. 8. (80 S.) Berlin 902. Fussinger. n. 1. —

Blankenfels, E., stille sein ist Alles! Erzählg. 8. (136 S.) Dresden 890. E. Pierson. n. 2. —

Blankenhagen, G., und J. Krüger, Telegraphen-Tarif für Berlin. Ein Verzeichniss sämmtl. Staats- und Privat-Telegraphen-Stationen in Europa und der mit denselben direct verbundenen Telegraphen-Stationen in Asien und Afrika, nebst Tarif der Beförderungsgebühren für Telegramme von Berlin nach allen diesen Stationen. gr. 16. (47 S.) Berlin 860, (Grieben.) **

Blankenhagen, O. F., Festes-Wünsche für Kinderherzen von Arndt, Gerok, Gellert u. A. Enth. Wünsche und Lieder zum Weihnachts- und Neujahrsfeste. 8. (108 S.) Berlin 877, Friedberg und Mode. *

Blankenhagen, O. F., Festes-Wünsche f. Kinderherzen v. Arndt, Gerok, Gellert ꝛc. Enth. Wünsche und Lieder zum Weihnachts- u. Neujahrsfeste. 2. Aufl. 8. (108 S.) Berlin 886. Friedberg & Mode. n. 1. —

Blankenhagen, O. F., Festes-Wünsche f. Kinderherzen v. Arndt, Gerok, Gellert ꝛc. Enth. Wünsche u. Lieder z. Weihnachts- u. Neujahrsfeste. 3. Aufl. 8. (108 S.) Berlin 895. Friedberg & Mode. n. 1. —

Blankenhagen, O. F., Festes-Wünsche f. Kinderherzen v. Arndt, Gerok, Gellert u. a. Enth. Wünsche u. Lieder zum Weihnachts- u. Neujahrsfeste. 5. Aufl. (108 S.) 8. Berlin (908). Friedberg & Mode. 1. —

— aus vollem Herzen! Ein Glückwunsch-Album f. Kinder u. Erwachsene. Mit Beiträgen v. Arndt, Claudius, Hoffmann v. Fallersleben ꝛc. Enth. Wünsche u. Lieder zum Weihnachts- u. Neujahrsfeste, Glückwünsche zu Geburtstagen, Tauf- u. Confirmationsfeierlichkeiten, Verlobungen, Polterabenden, Hochzeits- u. Jubelhochzeitsfesten, nebst Hochzeitsliedern, Toasten u. Stammbuchversen. 8. (108, 112 u. 86 S.) Ebend. 877. 2. 50

—— Aus vollem Herzen! Ein Glückwünsch-Album für Kinder und Erwachsene. Mit Beiträgen von Arndt, Claudius, Hoffmann v. Fallersleben ꝛc. Enthaltend Wünsche und Lieder zum Weihnachts- und Neujahrsfeste, Glückwünsche zu Geburtstagen, Tauf- und Confirmationsfeierlichkeiten, Verlobungen, Polterabenden, Hochzeits- und Jubelhochzeitsfesten, nebst Hochzeitsliedern, -Toasten und Stammbuchversen. 2. Aufl. 8. 108, 112, 86 S.) Berlin 886, Friedberg und Mode.

— aus vollem Herzen! E. Glückwunsch-Album f. Kinder u. Erwachs. M. Beitr. v. Arndt, Claudius, Hoffmann v. Fallersleben ꝛc. Enth. Wünsche u. Lieder z. Weihnachts- u. Neujahrsfeste, Glückwünsche z. Geburtstagen, Tauf- u. Confirmationsfeierl., Verlobgn., Polterabenden, Hochzeits- u. Jubelhochzeitsfesten, nebst Hochzeitsliedern, -Toasten u. Stammbuchversen. 3. Aufl. 8. (108, 112 u. 86 S.) Ebd. 895. 2. 50

— der Jugend Wunsch u. Gruß im Festgewande. Dichtungen von Arndt, Duller, Gerok u. A. Enth. Glückwünsche zu Geburtstagen, Tauf- u. Confirmationsfesten. 8. (IV, 112 S.) Ebend. 877. n. 1. —

— der Jugend Wunsch u. Gruß im Festgewande. Dichtungen v. Arndt, Duller, Gerok ꝛc. Enth. Glückwünsche zu Geburtstagen, Tauf- u. Confirmationsfesten. 2. Aufl. 8. (IV, 112 S.) Ebd. 886. n. 1. —

Blankenhagen, O. F., d. Jugend Wunsch u. Gruß i. Festgewande. Dichtgn. v. Arndt, Duller, Gerok ꝛc. Enth. Glückwünsche z. Geburtstagen, Tauf- u. Confirmationsfesten. 3. Aufl. 8. (IV, 112 S.) Berlin 895. Friedberg & Mode. n. 1. —

— Der Jugend Wunsch u. Gruß im Festgewande. Dichtungen v. Arndt, Duller, Gerok u. a. Enth. Glückwünsche zu Geburtstagen, Tauf- u. Confirmationsfesten. 5. Aufl. (IV, 112 S.) 8. Ebd. (908). 1. —

— Wünsche u. Worte der Liebe u. Freundschaft in ernsten u. launigen Dichtungen v. Matth. Claudius, Hoffmann v. Fallersleben, Agnes Franz ꝛc. Enth. Glückwünsche u. Dichtungen zu Verlobungen, Polterabenden, Hochzeits- u. Jubelhochzeitsfesten, nebst Hochzeitsliedern, -Toasten u. Stammbuchversen. 8. (IV. 86 S.) Ebend. 877. n. 1. —

—— Wünsche und Worte der Liebe und Freundschaft in ernsten und launigen Dichtungen von Matth. Claudius, Hoffmann v. Fallersleben, Agnes Franz ꝛc. Enthaltend Glückwünsche und Dichtungen zu Verlobungen, Polterabenden, Hochzeits- und Jubelhochzeitsfesten, nebst Hochzeitsliedern, -Toasten und Stammbuchversen. 2. Aufl. 8. (IV, 86 S.) Ebendas. 886. *

— Wünsche u. Worte d. Liebe u. Freundschaft in ernsten u. laun. Dichtgn. v. Matth. Claudius, Hoffmann v. Fallersleben, Agnes Franz ꝛc. Enth. Glückwünsche u. Dichtgn. zu Verlobgn., Polterabenden, Hochzeits- u. Jubelhochzeitsfesten, nebst Hochzeitsliedern, -Toasten u. Stammbuchversen. 3. Aufl. 8. (IV, 86 S.) Ebd. 895. n. 1. —

Blankenhagen, O. J., das Buch von den neuen Reichsmünzen. Für Süddeutschland. gr. 16. (56. S.) Lahr 874. Geiger. n. — 35

Blankenhagen, O. J., die neue deutsche Reichswährung. Ihr Verhältniss zur Thalerwährung und die Umrechnung eine dieser Währungen in die andere. Nebst kurzer Erklärung der Dezimalbrüche und einem Auszuge nach dem Münz-Gesetz. 32. (15 S.) Berlin 874, C. Pfeiffer.

v. Blankenhagen, Pt. Hnr., († d. 7. Jan. 1794.) Verzeichniß d. sehr ansehnl. u. auserles. Thaler- u. Münz-Sammlung weil. P. H. v. Blankenhagen, geordnet nach S. v. Madai Thaler-Kabinet, von ihm selbst angefertigt, mit nöthigen Anmerkk. versehen u. herausg. von Lib. Bergmann. 2 Thle. gr. 4. Riga 799 u. 805.

v. Blankenhagen, Wlh., s. Repertorium, ökonom., f. Liefland.

Blankenhain [Schlagwort]
Blankenhain, s.: Preussen. Messtischblätter.

Blankenhain [Verfasser]
Blankenhain, De epilepsia. Regiom. 4°. 1759

v. Blankenhorn, Wolf, u. Kunigunde v. Sachsenheim. A. Augsb. 793. v. Jenisch u. St. 12 gl.

Blankenhorn, Wolf v., u. Cunigunde v. Sachsenhein. 8. Augsb. Stage. 793.

Blankenhorn, A.: Berichte d. Rebschulen auf Blankenhornsberg, s. Blankenhorn, Adolph

Blankenhorn, A.: Geschichte u. Bewirthschaftung des Rebguts Blankenhornsberg bei Ihringen, s. Blankenhorn, Alfred

Blankenhorn, A., s. Kalender, landw., f. d. kleinern Landwirth.

**Blankenhorn, Adph., Berichte der Rebschulen auf Blankenhornsberg.** [Aus: „Annalen d. Oenol."] gr. 8. (18 S.) Heidelberg 877. C. Winter. n. — 60

—— über den Einfluss des Alkoholzusatzes zu Most auf den Verlauf der Gährung. gr. 8. (8 S.) Ebendas. 876. *
Vorstehende zwei Schriften sind aus: Annalen der Oenologie, besonders abgedruckt.

Blankenhorn, Adolph: Jahresbericht des Praesidenten des Deutschen Weinbauvereines erstattet für die Zeit vom September 1878 bis dahin 1879 durch Adolph Blankenhorn. Karlsruhe: Gutsch 1879. 8 S.

—— über das an den Weinstöcken im Kanton Waadt üppig wachsende Moos und die dem Weinbau durch Belassen desselben drohenden Gefahren. Vorläufige Mittheilung. gr. 8. (10 S.) Ebendas. 878. *
Aus: Annalen der Oenologie, besonders abgedruckt.

—— über die Phylloxera vastatrix und die Organisation ihrer Bekämpfung. Vortrag, gehalten am 7. Febr. 1878 im polytechn. Verein in Carlsruhe. gr. 8. (23 S.) Ebendas. 878. *

Blankenhorn, Adolph: Erstes Preis-Verzeichniss der Reben aus den Rebschulen. Frühjahr 1876. Karlsruhe: Gutsch 1876. 20 S.

**Blankenhorn, A., die Rebschulen auf Blankenhornsberg.** 1. Eingetheilt nach L. v. Babo's System. 2. Ohne Zugrundelegung eines Systems. gr. 8. (82 S. mit 2 lithogr. Taf. in gr. 4. Heidelberg 875, C. Winter's Universitäts-Buchh. *
Aus: Annalen der Oenologie, besonders abgedruckt.

– u. J. Moritz: Verzeichniss der Präparate der Phylloxera, ihrer natürlichen Feinde und anderer, an der Rebe lebenden Thiere. 2., durchges. Abdruck. Karlsruhe: Gutsch 1880. 8 S. Aus: Annalen der Oenologie.

Blankenhorn, A. (Hrsg.), s. Der Weinbau.

—— und J. Moritz, die Wurzellaus des Weinstockes, Phylloxera vastatrix. Zur Orientirung der deutschen Weinbergsbesitzer und Freunde des Weinbaues. gr. 8. (VIII, 16 S. mit 4 lithogr. und chromolithogr. Taf. in gr. 8. und qu. gr. 4.) Ebendas. 875. *

**Blankenhorn, A[lfred], Dr.: Geschichte & Bewirthschaftung des Rebguts Blankenhornsberg bei Ihringen. [1870.]** 39 S., 3 Taf. 8⁰ ¶ Aus: Annalen d. Oenologie. Bd 1. 1869/70.
Karlsruhe Te. H., Hab.-Schr. v. 26. 3. 1870

**(Blankenhorn, Erich.)** 1812. Badische Truppen in Russland. (Karlsruhe 1937. G. Braun.) 36 S. m. zahlr. Abb. 4°.
*(Amtliche Veröffentlichungen des Armeemuseums Karlsruhe. Deutsche Wehr am Oberrhein H. 4.)*

– 1808—1814. Badische Truppen in Spanien. Karlsruhe 1939. G. Braun. 39 S. m. zahlr. Abb. 4°.
*(Amtliche Veröffentlichungen des Armeemuseums Karlsruhe. Deutsche Wehr am Oberrhein H. 5.)*

BLANKENHORN, ERNST. Einwirkung von Sulfocyansäure auf Alkohole. Leipzig, 1877. **Diss.**

Blankenhorn, H.: Wein und Alkohol. Mullheim 1896.

Blankenhorn, Max. s. Blanckenhorn, Max

Blankennagel, Heinr., unter der Fremdherrschaft. Schauspiel in 5 Akten. (IV, 160 S.) 8. Dresden 903. E. Pierson. n. 2. 50

Blankensee, Arno v., schwer geprüft, s.: Sammlung, bunte, interessanter Erzählungen 12.

v. *Blankensee*, Comes G. F. A., Diss. de judicio juratorum apud Graecos et Romanos. 4 maj. Götting. 812. (Vandenhöck et R.) 8 gl. Schrbp. 12 gl.

Blankensee, G. F. A. v., Schwur-Gerichte. Eine histor.-polit. Abhandlung über den Ursprung ders. aus der ältesten Vorzeit. Mit Vor- und Nachwort begleitet von G. M. Kletke. gr. 8. (78 S.) Berlin 848, (Hempel.) *

Blankensee, Georg v.
— s.a. Bundesblüthen.

Bundesblüthen von Gg. Grafen v. Blankensee, Wilh. Hensel, Grafen v. Kalkreuth . . .
(1816). IV, 251 S.
Berlin. Goed. VIII, 93, 181.

– s. Gedicht e. Nordländers

Blankensee, Geo. Graf v., Gedichte. Folge der Gedichte eines Nordländers. 16. (VIII und 271 S.) Berlin 864, Stilke und van Muyden. *

—— Moritz v. Sachsen. Dramatisches Gedicht in 8 Abthlgn. br. 8. (VIII und 285 S.) Berlin 865, Stilke und van Muyden. *

Blankensee, Georg Graf von, beider Rechte Doctor, Zur erfurter Reichsversammlung. Im Sinne eines preußischen Wahlkandidaten. Berlin, G. Walter, 1850. 8 S. 8°.

v. Blankensee, Geo. Graf, Preußische Todtenkränze. gr. 8. (21 S.) Berlin 852, Hayn. n. 1/3 Thlr.

v. Blankensee, Geo. Graf, An mein Vaterland. — Mistevoi, der Obotrit. gr. 8. Berlin 846, Adolf u. Comp. n. 1 Thlr.

Blankensee, Georg Graf v., der Wanderer. Gedicht in 2 Gesängen. gr. 16. (5½ B.) Breslau 830, Aderholz.

v. Blankensee, Karl, s. Mickiewicz's sämmtliche Werke.

v. Blankensee, P., Darstell. der mit d. Eintheilung d. Felder verbundenen Vortheile, gegen die Dreifelderwirthschaft. gr. 8. Berl. 806. Maurers B. 12 gl.

— prakt. Handbuch für Landwirthe, die einen gründl. Unterr. über die wichtigsten Gegenstände der Landwirthschaft wünschen. 2 Bde. Mit 8 Kpf. u. Tab. gr. 8. Berl. 802 — 4. W. Oehmigke. 3 Thlr. 8 gl. 2e A. Mit 8 Kpft. u. Tabb. gr. 8. Ebd. 815. Maurers B. 3 Thlr. 8 gl.

Blankensee, Theo von [Pseudon.] s.a. Blank, Matthias.

Blankensee, Theo v. s. a. Blank-Hohenhofen, Matthias.

— das wandernde Bild. Kain, s.: Bibliothek, interessante. Nr. 5.

— Die Dame m. d. Katzenaugen, s: Roman-Perlen.

— Gekreuzte Fährten, s.: Bibliothek, interessante.

— Das Geheimnis der Mutter, s.: Bibliothek, interessante.

— Das Geheimnis des Schwarzbart, s.: Bibliothek, interessante.

— Zerstörtes Glück, s.: Bibliothek, interessante.

— die rote Hand der Mafia, s.: Bibliothek, interessante. Nr. 20.

— Indizienbeweise, s.: Enßlin's Roman- u. Novellenschatz.

— Kain. — Um d. Liebe willen, s: Vitus-Bücher.

— Kismet (Schicksalswege), s.: Sammlung in- u. ausländischer Sensations-, Criminal- u. Detectiv-Romane.

— Ein König der Macht, s.: Sammlung, bunte, interess. Erzählungen.

— ein König der Schränker. Kriminalroman. (252 S.) 8. Gera (906). B. Stöhner. n. 1. —

— Mein ist d. Rache. Detektiv-Roman. (183) 8° Berl., Berliner Verl.-Instit. ('12). 1.50 d

— der Mord im Fenster. Kriminalroman. (160 S.) 8. Ebd. 906. n. 1. —

— Am Pavillon im Tiergarten, s.: Sammlung, bunte, interessanter Erzählungen.

— Die Rache des Schitari, s.: Sammlung, bunte, interessanter Erzählungen.

— späte Rache, s.: Bibliothek, interessante. Nr. 2.

— gelöste Rätsel, s: Kriminalromane aller Nationen.

— Gelöste Rätsel, s: Tribunalbibliothek.

— verschlungene Schicksale, s.: Bibliothek, interessante. Nr. 9.

— Schicksalsfügungen. Kriminalroman. (163 S) 8. Gera (906.) P. Stötzner. n. 1. —

— das Schweigen der Großstadt. Berliner Kriminal-Roman. (195 S.) 8. Gotha (905). Verlagsanstalt u. Druckerei (H. Bartholomäus). n. 1. —

— 20 Jahre Sibirien, s.: Heymann, Rob.

Blankensee, Theo v., die Sonne bringt es an den Tag, s.: Bibliothek, interessante.

— Am Tage der Vergeltung, s.: Sammlung, bunte, interessanter Erzählungen.

— Verhängnis, s.: Sammlung, bunte, interessanter Erzählungen.

— Verräter des Zaren. Roman aus der Petersburger Revolution 1905. (175 S.) 8 Ebd. (905). n. 1. —

— auf Wegen der Liebe u. Rache, s.: Bibliothek, interessante.

— unter fremdem Willen. Kriminalroman. (188 S.) 8. Gera (906). P. Stötzner n. 1. —

— der Fall Ysenburg. Kriminalroman. (179 S.) 8. Ebd. (906). n. 1. —

— Der Zauber v. Monte Carlo, s.: Bibliothek, interessante.

**Blankenstein, Baron von,** oder die bereuete Uebereilung. Schauspiel. Hamburg und Leipzig 1791. V: *Geier, Johann Peter Christian.* (GGr) (schr)

Blankenstein, Baron von; oder die bereuete Uebereilung. Schsp. 8. Hamb. Matthießen. (Gräff in Lpz.) 791. Rthlr.

Blankenstein, Julius, u. Eleonore v., e. sächsische Gesch. 8. — Zwickau, Schumann. 807.

Blankenstein, vom, Sagen u. Märchen d. Harzgebirges. gr. 8. (136 S.) Thale 896. Suderode, D. Bechel. n. 2. —; geb. n. 2. 60; eleg. geb. n. 3. 25

Blankenstein: Der Zentral-Vieh- u. Schlachthof zu Berlin. s. Blankenstein, H.

Blankenstein, A.: D. kl. Anton's Schatz, s. Blankenstein, Amanda M.

Blankenstein, Amanda M.
—— der lahme Anton oder der Schatz im irdenen Gefäß. Eine Erzählung. 2. Aufl. (47 S.) 1881; 3. Aufl. 12. (46 S.) Ebendas. 884. *

— unter dem Christbaum. Sinnige Erzählungen f. Kinder. gr. 16. (208 S. m. 4 color. Steintaf.) Eßlingen 878. Schreiber. cart. n. 1 50

Blankenstein, Amanda M., unter dem Christbaum. Sinnige Erzählungen für Kinder. gr. 16. (208 S. mit 4 color. Stnt.) Stuttgart 879, Hofmann und Hohl. cart.

Blankenstein, Amanda M. (Frl. Juliet Halbach-Bohlen), Elsa v. Eltville. Ein spann. Roman f. junge Mädchen. 1.—5. Taus. (236 S. m. Titelbild.) 8. Leipzig (906). G. Fock Verl. Geb. in Leinw. n. 5. 50

— Freud' u. Leid im Kinderleben. 7 Erzählungen. gr. 16. (235 S.) Basel 879. Spittler. n. 1. —

F Blankenstein, Amanda M. Die drei Freundinnen. 8. (474 S.) Lpz. 887, Fock. geb. [* 6 —] * 3 —

Blankenstein, Amanda M. (Frl. Juliet Halbach-Bohlen), die drei Freundinnen. Eine Erzählung f. die reifere Jugend. 2. [Titel]-Aufl. 8. (III, 299 S. m. Titelbild.) Leipzig (888). (899). G. Fock Verl. Geb. in Leinw. 3. —

— die zwei Geburtstagskinder; Arm u. Reich, s.: Jugendgabe.

— der Goldonkel od. seid freundlich gegen Jedermann. Eine Erzählg. f. Kinder. 12. (31 S.) Basel 892. Jaeger & Kober. n. — 20

— Der Goldonkel oder seid fröhlich gegen Jedermann. Eine Erzählung für Kinder. In-16°. 31 S. Basel, C. F. Spittler. **1892** — 25

— für Gott u. Vaterland. Erzählungen für die reifere christl. Jugend. 8. (190 S.) Stuttgart 879. Greiner. geb. n. 3. —

—— Giulio Guttobendrio oder Segen des Gehorsams. Eine Erzählung für Kinder. 12. (48 S. mit 1 Titelbild [Holzschn.]) Ebendas. 883. *

— Giulio Guttobendrio od.: Der Segen des Gehorsams. Eine Erzählg. f. Kinder. 3. Aufl. 12. (44 S.) Basel 899. Kober. n. — 20

—— die kleine Hausfrau. Eine Erzählung für Kinder. 1. Aufl. (54 S.) 1880; 2. Aufl. 12. (53 S.) Ebendas. 881. *

— die kleine Hausfrau. Eine Erzählung für Kinder. 2. Aufl. 12. (54 S.) Basel 880. Spittler. n. — 25

— die kleine Hausfrau. Eine Erzählg. f. Kinder. 3. Aufl. 12. (53 S.) Ebd. 891. n. — 25

— Kindergeschichten. 1—3. Bdchn. 12. Stuttgart 880. Greiner. à n. — 30
1. Herzblättchen's Lebenslauf. Das Gebet der Mutter. Johannes Oswald oder die Arbeit ist ein Segen. (64 S.) — 2. Albert's Sieg. (55 S.) — 3. Kurt's Freund u. Annchen's Wunsch. (56 S.)

Blankenstein, Amanda M., Kindergeschichten. 3 Bdchn. 12. Stuttgart 882, Greiner und Pfeiffer. à Bdchn. * 30 Pf. *
Inhalt:
Bdchn. 1. Herzblättchen's Lebenslauf. Das Gebet der Mutter. Johannes Oswald oder die Arbeit ist ein Segen. (64 S.)
" 2. Albert's Sieg. (55 S.)
" 3. Kurt's Freund und Annchen's Wunsch. (56 S.)

—— die Kirchenglocken. Eine Erzählung. 1. Aufl. (51 S.) 1881; 2. Aufl. 12. (53 S. mit 1 Holzschn.) Basel 884, Spittler. *

— der kleine Kunstreiter. Eine Erzählung. 12. (47 S. m. 1 eingedr. Holzschn.) Ebend. 882. n. — 20

—— Lichtblicke im Kinderleben. Vier Erzählungen. 12. (173 S. mit 1 chromolithogr. Bild.) Ebendas. 881. * M 1,20.; geb. *

—— Max und Robert oder unrecht Gut gedeihet nicht. Eine Erzählung. gr. 16. (47 S.) Basel 879, Spittler. *

— Max u. Robert oder: Unrecht Gut gedeihet nicht. Eine Erzählung. 2. Aufl. 12. (48 S.) Ebend. 880. n. — 20

— Max u. Robert od. unrecht Gut gedeihet nicht. Eine Erzählg. 2. Aufl. 12. (47 S.) Ebend. 881. n. — 20

— Max u. Robert od. Unrecht Gut gedeiht nicht. Eine Erzählg. 12. (46 S.) Ebd. 900. n. — 20

— Pflichtgefühl u. Liebe. Drei Erzählungen für die reifere christl. Jugend. gr. 8. (214 S.) Stuttgart 880. Greiner. geb. n. 3. —

Blankenstein, Amanda M., Reiseskizzen aus Corsica. Zugleich ein Führer durch die Insel.) 8. (V, 380 S. mit 1 chromolithogr. Karte der Insel. Gera 886, Schulbuchhandlung. *

—— des kleinen Anton's Schatz. Eine Erzählung für Kinder. 12. (47 S.) Ebendas. 880. *

Blankenstein, Amanda M., Alberts Sieg. E. Erzählg. f. Kinder. 12. (52 S.) Basel 895. Jaeger & Kober. n. — 30

—— der Sohn der Pfarrerswittwe. Eine Erzählung für Kinder. 1. und 2. Aufl. 12. (40 S.) Basel 880,81, Spittler. *

— der Sohn der Pfarrerswitwe. Eine Erzählg. f. Kinder. 5. Aufl. 12. (40 S.) Ebd. 893. n. — 20

F Blankenstein, Amanda M. [Juliet Halbach-Bohlen]. Ellas Stiefmama, u. Gehorsam ist besser denn Opfer. Zwei Erzählgn. f. Kinder. 12. (40 S.) Basel 892, [Spittler.] Jaeger u. Kober. — 25

Blankenstein, Amanda M., Anna's Unrecht oder wer von der Wahrheit weicht, der weicht von Gott. Eine Erzählung. 1. Aufl. (54 S.) 1881; 2. Aufl. 12. (53 S.) Basel 884, Spittler. *

— d. drei Vöglein u. D. Hund u. d. Katze. Zwei Erzählgn. 12. (21 S.) Ebd. 896. n. — 20

—— der Weihnachtsmarkt. Eine Erzählung. 1. und 2. Aufl. gr. 16. (38 S.) Basel 879, Spittler. *

— der Weihnachtsmarkt. Eine Erzählg. 5. Aufl. 12. (36 S.) Ebd. 901. n. — 20

— wer Gott vertraut hat auf e. Fels gebaut. Zwei Erzählgn. 12. (56 S.) Ebd. 896. n. — 30

—— Wunderwege im Kinderleben. Erzählungen für die Kinder. 1. und 2. Aufl. 12. (204 S. mit 2 Bildern in Farbendr.) Ebendas. 880,81. *

Blankenstein, H. Karl Bötticher, sein Leben u. Wirken. gr. 8. (16 S.) Berl. 889, [Ernst u. Korn.] Ernst u. Sohn. * — 50
Aus: Centralbl. d. Bauverwaltg., besonders abgedruckt.

— über die Ergebnisse der Wettbewerbung zum National-Denkmal f. Kaiser Wilhelm. Vortrag, geh. im Architekten-Verein zu Berlin, am 14. Octbr. 1889. Lex.-8. (23 S.) Ebd. 889. n. — 50

Blankenstein, H. Festrede zum Geburtstage Schinkels: Der Bau der evangelischen Kirche als Aufgabe Schinkel's und unserer Zeit. Berlin 1868. 8°.

—— s. Irren-Anstalt, die städtische, zu Dalldorf.

**Blankenstein, H., die Neubauten der Dorotheenstädtischen Realschule u. d. Friedrich-Werder'schen Gymnasium in Berlin. Mit 10 Kpfrtaf. Fol. (7 S.) Berlin 878. Ernst & Korn. cart. n. 12. —**

Blankenstein, H., über bautechnische Statistik. Mittheilungen. Fol. (23 S.) Berlin 880, (Oehmigke's Verlag.) *
Aus: Wochenblatt für Architekten und Ingenieure, besonders abgedruckt.

**— über bautechnische Statistik. Mittheilungen. [Aus: „Wochenblatt f. Architekten u. Ingenieure".] Fol. (23 S.) Berlin 880. Springer. n. 1. —**

—— und A. Lindemann, der Zentral-Vieh- und Schlachthof zu Berlin, seine baul. Anlagen und Betriebs-Einrichtungen. Fol. (IV, 76 S. mit 20 lithogr. Taf. und zahlreichen in den Text gedr. Holzschn.) Berlin 885, Springer. cart. *

Blankenstein, H., zu welchem Zwecke studiren wir die griechische Baukunst. Festrede zum Schinkel-Feste des Architekten-Vereins zu Berlin, am 13. März 1886 gehalten. gr. 8. (15 S.) Berlin 886, Ernst und Korn. *

Blankenstein, Karl (Hrsg.), s. Theater-Revue, Regensburger.

**Blankenstein**, M van: Untersuchgn zu d. langen Vokalen in d. ē-Reihe. Beitrag z. Lehre d. indogerman. Ablauts. (8, 168) gr8° Gött., Vandenh. & R. '11. 5.40

**Blankenstein,** Max [aus New-York]: Über Chorea chronica progressiva '(adultorum)' ... Berlin, Buchdr. v. Liebheit & Thiesen, 1893; 33 S. 8.
Würzburg, Med. Fak., Inaug.-Diss. v. 1893

**Blankenstein,** Meyer (geb. Dortmund 14. 3. 1839): De ictero. Berolini (1862). (32 S.) 8°
Berlin, Med. Diss. v. 13. März 1862

**Blankenstein,** Paul [aus Dortmund]: Aus d. Poliklinik f. Nervenkranke d. Hrn Prof. Dr. Mendel in Berlin. Dysphagia hysterica ... Bonn, Buchdr. J. Bach Wwe, 1893; 38 S., 1 Bl. 8.
Bonn, Med. Fak., Inaug.-Diss. v. [22.] Juli 1893

Blankenwill, Curt v., fliegende Blätter an die Bündler jenseits der Berge. 16. (VIII, 144 S.) Zürich 870. Verlags-Magazin in Comm. n. 2. —

**Blankevoort, C., die Arbeitszeit in den niederländ. Bergwerken. (Hrsg. v. der Nederlandschen vereeniging voor wettelijke bescherming van arbeiders, Section d. internat. Vereinigg. f. gesetzl. Arbeiterschutz.) (14 S.) gr. 8. Amsterdam 908. (J. Müller.) — 20**

**Blankmeister, August Gotth.** (Mühltroff / Vogtl.), Vindiciae communis opinionis de acceptatione in donatione mortis causa necessaria. Dissert. jur. Wittenberg (Tzschiedrich) 7. VI. 1798. 43 Seiten. (4.50) 2865

Blankmeister, F. (Hrsg.), s. Gustav-Adolf-Bote, Sächsischer.

Blankmeister, Franz (Hrsg.), s. Pfarrhaus, Das.

**— Gotthold Immanuel** (Studersdorf/Th.), De vaccinatione. Diss. med. Präs. Georg Ernst Klette. Wittbg. (Meinel) 15. IX. 1808. 21 S. (4.—) 2866

**— Ludwig August** (Langenbach/Vogtl.), De paracenteseos thoracis effectu experientia monstrato. Diss. med. Lpz. (B. G. Teubner) 17. IX. 1844. 32 S. (3.50) 2867

**Blänkner,** spring. Punkte i. d. heut. Erziehg. u. Ausbildg. uns. Infanterie. [Aus: „Jahrb. f. d. deutsche Armee u. Marine."] gr. 8. (36 S.) Berlin 895. A. Bath. n. — 80

**Blänkner,** Ernst, Referendar: Die rechtliche Stellung des Finders verlorener Sachen nach gemeinem Recht und nach dem Rechte des Bürgerlichen Gesetzbuchs für das Deutsche Reich. *Greifswald 1901: H. Adler.* (76 S.) 8°
Greifswald, Jur. Diss. v. [27. Juli] 1901

**Blänkner, J.** Die Neunundsechziger im Feldzuge 1866. (240) 8. M. 2 Krtn. u. 1 Plan. Berlin 1870. 3.50.

**Blaenkner, J., die Neunundsechziger bei Hühnerwasser am 26. Juni 1866. Den Unteroffizieren und Soldaten erzählt. gr. 8. (54 S. mit 1 lithogr. Karte in 4.) Berlin 868, Mittler und Sohn. ***

**Blaenkner,** J., See.-Lieut. und Adjutant im 7. rheinischen Inft.-Reg. Nr. 69. Die Neunundsechziger bei Kloster und Münchengrätz am 28. Juni 1866. Den Unterofficieren und Soldaten erzählt. (Mit 1 Karte.) 8. Berlin 1868.

**—— die Neunundsechziger bei Kloster und Münchengrätz am 28. Juni 1866. Den Unteroffizieren und Soldaten erzählt. gr. 8. (72 S. mit 1 lithogr. Karte in qu. 4.) Berlin 869, Mittler und Sohn. ***

—— die Neunundsechziger bei Königgrätz am 3. Juli 1866. gr. 8. (112 S. mit 1 lithogr. Plan in qu. 4.) Berlin 869, Mittler und Sohn. *

—— die Neunundsechziger von Wien bis Luxemburg im J. 1866. gr. 8. (103 S.) Berlin 870, Mittler und Sohn. *

—— über die Stellung und Wirksamkeit des untersuchungsführenden Offiziers. gr. 8. (79 S.) Berlin 878, Schneider und Comp. *
Aus: Jahrb. für deutsche Armee und Marine, besonders abgedruckt.

Blanquet, A., d'Artagnan's Liebesabenteuer, s. Lese-Cabinet, neuestes belletristisches.

Blanquet, Albert
— der Hirschpark Ludwigs XV., s.a. Sonntags-Bibliothek, illustrirte Wiener.

Blanquet, Albert, Der Hirschpark Ludwigs XV. Roman. Deutsch von Dr. Wolfram. Mit Illustrationen. 8. (428 S.) Wien, Geitler's Separat-Conto. 1864 1 fl. 40 kr.

Blanquet, Albert, der Hirschpark Ludwig's XV. Roman. Deutsch von Wolfram. 8. (428 S. mit Illustrationen.) Wien 865, Geitler's Separat-Conto. *
Vgl.: Sonntags-Bibliothek, illustrirte Wiener.

Blanquet, A, die Ritter v. Pique-Ass u. d. Königin d. grünen Tisches. Rom. Deutsch v. L v. Alvensleben. 4 Bde. 8. (652) Brünn 66, Karafiat. n. 2. —

Blanqvet, Henricvs (geb. 1835 in Hamburg): De proprietatibvs qvibvsdam olei terebinthinae ... Bonnae, form. C. Georgi (1861). 29 S., 1 Bl. 8.
Bonn, Phil. Fak., Diss. v. 26 Juni 1861

Blanqui, Betrachtungen über den Zustand der Türkei, s.a. Roth, Hnr.

Blanqui d. Aelt., Betrachtungen üb. den gesellschaftl. Zustand der europ. Türkei. Nach dem Franz. v. Heinr. Roth. gr. 8. (6¼ B.) Sudenburg-Magdeburg 846. [Schönebeck, Koch.]

Blanqui: Geschichte der polit. Oekonomie, s. Blanqui, Adolph

Blanqui, A.: Briefe üb. d. Welt-Ind.-Ausstellg. in London, s. Blanqui, M.

—— Grunds. d. polit. Oekonomie. A. d. Franz. 8. (152) Luz. 55, Doleschal. — 20

Blanqui, A., Grundzüge der politischen Oekonomie. Aus dem Französ. 8. (VI und 152 S.) Luzern 855, [Stocker'sche Buchh.]

Blanqui, A., Grundzüge der politischen Oekonomie. Aus dem Französischen. Luzern 858. Stocker. (Bertschinger.) 8. (VI, 152 S.) 20 ngr

Blanqui, A.: Kritik d. Gesellschaft, s. Blanqui, Auguste

Blanqui, Ad., Grundriß d. Staatswirthschaft, s. Taschen-Encyklopädie.

— s. Taschen-Encyklopädie.

Blanqui (d. Aelt.), Adolph, Geschichte d. polit. Oekonomie in Europa, von d. Alterthume an bis auf uns. Tage, nebst e. krit. Bibliographie d. Hauptwerke üb. d. polit. Oekonomie. A. d. Franz. übers. mit Anmerkn. verseh., mit e. Ausz. aus d. Grafen G. Pecchio Gesch. d. polit. Oekonomie in Italien verm., u. mit e. theils ergänz., theils berichtigenden Epilog begleit. v. F. J. Buß. 2 Bde. gr. 8. (63 B.) Karlsruhe 840, 41, Groos.

Blanqui, Ad., Reise nach Madrid im Aug. u. Sept. 1826. Aus d. Französ. v. G. Sellen: (Edw. v. Alvensleben). 8. Leipz. 827, Focke. 1 rℓ 8 gℓ

Blanqui, Auguste. Kritik der Gesellschaft. Gesammelte nationalökonomische Schriften. Autorisirte deutsche Übersetzung. Leipz. 1886. Ü: *Kukula, Richard.* (EB)

Blanqui, Auguste, Kritik der Gesellschaft. Gesammelte nationalökonom. Schriften. Autoris. deutsche Uebersetzung. 2 Bde. gr. 8. (V, 178; VI, 214 S.) Leipzig 886, O. Wigand. *

Blanqui, M., Briefe über die Welt-Industrie-Ausstellung in London. Aus dem Franz. v. Brentano. br. 8. (XIV u. 186 S.) Fürth 852, Schmid. n. 24 ngr

Blansee u. Adelheid. Familiengruppen schöner Seelen; aus d. Französ. 8. Halle 802, Waisenhaus-B. 16 gℓ

Blansey; aus d. Französ. des Verf. der neuen empfindsamen Reisen, (v. Jh. Lang l.) 2 Thle. 8. Thal-Ehrenbreitst. 805. Gehra. 18 gℓ

Blansko [Schlagwort]

Blansko, s.: Geologische Karten. Spezialkarte (Oesterr.-Ung.)

Blantschli, J. C. Denkwürdiges aus meinem Leben. Auf Veranlassung der Familie durchgesehen und veröffentlicht von Dr. Rudolf Seyerlen. I. Th. Die schweizerische Periode 1808—1848. II. Th. Die deutsche Periode, 1. Hälfte. München 1848—1861. III. Th. Die deutsche Periode. 2. Hälfte. Heidelberg 1861—1881. (3 Bde.) gr. 8. Nördlingen 1884.

Blanvalet, H., Album poétique. Dessins de B. Vautier. 4. (48 S.) Genf 858, [Müller-Darier.] geb. *

—— Femmes-poètes de la France. Anthologie. 16. (XX und 200 S.) Genf 856, [Müller-Darier.] geb. *

—— scènes de voyages et de chasses. Trad. libre. 8. (218 S.) Genf 857, [Müller-Darier.] *

Blanvalet, Henri, une lyre à la mer. Poésies. gr. in-8. Francfort, s.-l.-M. 844. (Leipzig, Brockhaus u. Avenarius.) n. 1½ rℓ

Blaquiere, Capitain, s. v. Schiller, Fr., the history of the thirty years war in Germany.

Blaquière, Ed.
— Briefe a. d. Mittel-Meere, s. Neue Bibliothek d. Reisebeschr. 25r u. 26r Bd.

Blaquière, Eduard, s.a. Blaquiern, Edw.

Blaquière, (Ed.,) die griechische Revolution, ihr Anfang u. weitere Verbreitung, nebst einigen Bemerkk. über Religion, Nationalcharakter rc. d. Griechen. Aus d. Engl. M. e. Karte. gr. 8. Weimar 825, Ind.-Compt.

— die griech. Revolution, ihr Ursprung u. Fortschritte. Aus d. Engl. von W. v. Zimmermann. 8. Nordhaus. 826, Landgraf.

Blaquiern, Edw., s.a. Blaquière, Eduard

Blaquiern, Edw., die griechische Revolution, ihr Ursprung u. Fortschritt. Aus d. Engl. von W. von Zimmermann. gr. 8. ...826. (Leipzig, Dörffling.) ⅞ rℓ

Blaramberg. — Erinnerungen aus dem Leben des kaiserl. russischen Generallieutenant Joh. v. Blaramberg. Nach dessen Tagebüchern von 1811—1871 hrsg. von Oberst Emil v. Sydow. 3 Bde. 8. (XX, 374 S. mit 1 lithogr. und color. Karte und 1 lithogr. Portr. Schamyl's; VII, 463 S. mit dem lithogr. Portr. des Mirza-Hadji-Agassi; X, 430 S. mit dem lithogr. Portr. des Verf. und 2 chromolithogr. Ansichten in 8. und qu. 4.) Berlin 872, 74, 75, Schroeder's Verlag. à Bd. * M 8. *

Blaramberg, Johann von
Blaramberg, J. v., s.a. Erinnerungen aus dem Leben.

Blaramberg, Johann v. Erinnerungen aus dem Leben des kaiserlich russischen Generallieut. ...... Nach dessen Tagebüchern von 1811—1871. 1. Bd. Herausgegeben von Emil v. Sydow, Oberst im Neben-Etat des königl. preuss. Generalstabes. Mit 1 Karte und einem Portrait Schamyl's 2. Bd. Mit dem Portrait des Mirsa-Hadji-Agassi. 3. Bd. Mit dem Portrait des Verfassers und 2 Ansichten. (3 Bde.) 8. Berlin 1872—1875.

Blas, des Don Alphonsus v. Liras, eines Sohnes des Gil Blas v. Santillana, Gesch. a. d. Franz. m. Kupf. 8. Hamb. Hertel. 744.

Blas, Julie, u. Rosl Hotz: Korbflechten. Anleitg. Bearb. n. d. Engl. (76 m. Abb. u. 3 Taf.) 8° Ravensbg, O Maier ('12). 2 — d

**Blas**, Max [app. Arzt aus St. Peter i. Baden]: Über tuberkulöse Geschwüre des Magens ... München, Buchdr. Kastner & Lossen, 1896; 42 S. 8.
München, Med. Fak., Inaug.-Diss. v. 1896

**Blas**, Otto [app. Arzt aus Freiburg i. B.]: Ueber Fremdkörper in der Nase und Rhinolithenbildung ... Strassburg, Buchdr. C. Göller, 1892; 45 S. 8.
Strassburg, Med. Fak., Inaug.-Diss. v. 1892

Blaes, Gerard (Leon) (Ed.):

s.: Bellini, Lorenzo: Exercitationes anatomicae duae de structura et usu renum et de gustus organo... Editio novissima. Lugduni Batavorum: 1726

**Blasberg, Eugen**: Die Steinkohlenversorgung Bayerns. Diessen vor München 1910: Huber. 89 S. 8°
München, Staatswirtsch. Diss. v. 21. Febr. 1910, Ref. G. v. Mayr
[Geb. 25. Aug. 85 Düsseldorf; Wohnort: Düsseldorf; Staatsangeh.: Preußen; Vorbildung: Realgymn. Düsseldorf Reife M. 04; Studium: Heidelberg 2, München 8 S.; Rig. 21. Febr. 10.] [U 10. 3438

**Blasberg, Eug.**: Die Steinkohlenversorgg Bayerns. (90) Lex8° Diessen, JC Huber '10 (Umschl.: '11). 2.20

**Blasberg**, Karl
Karte der Kreise Lennep-Remscheid. Entw. u. gezeichn. unter Zugrundelegung d. Kgl. Preuss. Landesaufnahme von Karl **Blasberg**. *Wermelskirchen: H. Häcker [1901].* (1 Kartenbl. 31 × 35 cm.) 4° [04. 3087 5

**Blasberg, Karl**, Lehrplan f. den Unterricht in Geschichte in mehrklass. Volksschulen s.a. **Zur Volksschulpädagogik 22.**

Lehrplan für den Unterricht in Geschichte in mehrklassigen Volksschulen. Von Karl **Blasberg**, Rektor. Langensalza: Beltz 1910. 20 S. 8°
(Zur Volksschulpädagogik. H. 22.) [11. 0204

Die Kreise Lennep und Remscheid in Wort und Bild. Ein Führer durch d. Heimat, ihre Gesch. u. Sage. Der Jugend u. d. Volke dargeboten von Karl **Blasberg**. Mit 27 Abb., einschliessl. 8 Städtewappen u. 1 geneal. Skizze. *Wermelskirchen: H. Häcker 1901.* (VII, 134 S.) 8° [J.] [04. 9037 5

**Blasberg, Karl**, d. Verteilung d. religiösen Unterrichtsstoffes zw. Schule u. Kirche, s.a. **Sammlung pädagog. Vorträge.**

Die Verteilung des religiösen Unterrichtsstoffes zwischen Schule und Kirche v. Karl **Blasberg**. *Bonn, Berlin. Leipzig: F. Soennecken [1898].* (20 S.) 8.
— Sammlung pädagogischer Vorträge. Bd XI. H. 6. [98. 8479

**Blasberg**, Otto [aus Deutz]: Beiträge zur Kenntniss der Kobaltoktaminsalze.... Rostock, Carl Boldt'sche Hof-Buchdr., 1890; 87 + 1 S. 8°
Rostock, Phil. Fak., Inaug.-Diss. v. 17. März 1890

**Blasberg**, Robertus: De Cirsocele. Halis Saxonum (1827): Gebauer. 43 S. 8°
Halle-Wittenberg, Med. Diss. v. 30. Nov. 1827
[Beigedr.:] Dzondi, Carolus Henricus: Pathologiae systematis fibrosi succincta adumbratio. S. 26—43, vgl. Nr. 735.
Geb. Solingen [23. 7.] 1803. V.
Verf. erlebte die Diplomerneuerung 1877 als Arzt in Düsseldorf [nach Med.-Kal. 1873: in Lennep].

Blasche, Bernhard Heinrich
**Bh. H. Blasche**: das Böse im Einklange m. d. Weltordn. dargest.; e. neuer Versuch üb. d. Urspr., d. Bedeut., d. Gesetze, Verwandtschaften d. Uebels; m. krit. Blicken in d. Gebiete d. neu. Theol. u. Pädag. in philosoph. Hins. *Lpz.*, Brockhaus. 827. gr8° 2 ℞ 6 gl

**Blasche**, Bhrd. Hnr., († d. 26. Nov. 1832.) die göttl. Eigenschaften in ihrer Einheit u. als Principien der Weltregierung dargestellt. gr. 8. Erf. 831. Flinzer. 12 gl

**Blasche**, Bernh. Heinr., die göttl. Eigenschaften in ihr. Einheit u. als Principien d. Weltregierung dargest. Als Einleit. in e. philosoph. Dogmatik zu betrachten. gr. 8. (4½ B.) Gotha 831. [Leipzig, Gebr. Reichenbach.]

— Grundsätze der Jugendbildung zur Industrie als Gegenstand d. allgemeinen Menschenbildung bearb. in prakt. Vorschläg. f. Erzieher ꝛc. 8. Schnepfenthal, Buchhandl. d. Erzieh. Anst. 804.

**Blasche**, Bhrd. Hnr., Handbuch d. Erziehungswissenschaft oder Ideen u. Materialien z. Behufe e. neuen, durchgängig wissenschaftl. Begründung d. Erziehungs- u. Unterrichtslehre. 1e Abtheil. 8. Gießen 822. (Heyer). 14 gl Schrbp. 18 gl Dess. 2e Abtheil., s. C. W. Snell, Handencyklopädie ꝛc.

**Blasche**, (B. H.) Handbuch d. Erziehungswissenschaft, oder Ideen u. Materialien z. Behufe e. neuen, durchgängig wissenschaftl. Begründung d. Erziehungs- u. Unterrichtslehre. 1e Abtheil. 8. Gießen 822, Müller. 12 gr. Schreibpap.

— der technolog. Jugendfreund, od. unterhalt. Wanderungen in die Werkstädten d. Künstler u. Handwerker, zur nöthigen Kenntniß derselben. 5 Thle. Mit vielen Kpf. 8. Frankf. a. M. 804 — 10. Fr. Wilmans. 3 ℞ 18 gl (1r Thl. A. u. d. T.: Des technolog. Jugendfreundes. 1r histor. Thl.)

BLASCHE, H. *Der technologische Jugendfreund* oder Unterhaltende Wanderungen in die Werkstätte der Künstler und Handwerker, zur nöthigen Kenntniß derselben, von Bernhard Heinrich Blasche. Zweiter [Dritter] Theil [in 2 Bdn.] Mit vielen [24] Kupfern. Frankfurt am Mayn, Fr. Wilmans, 1805[—06]. VIII, 282; 262 SS. Kl.-8°. Pappbändchen d. Z. mit Rsch. und Rv. 40.—
Reizendes, lehrreiches kl. Werk, das die Arbeitsweise, die Werkstatt, die Werkzeuge, die Materialien der verschiedensten Berufe, Töpfer, Zinngießer, Papiermacher, Buchdrucker, Kupferstecher und -drucker, Feuerwerker, Gerber u. a. in Text und Bild darstellt. Zu jedem Beruf 2 Kupfer: eines stellt die Werkzeuge, das andere die Menschen bei ihrer Arbeit vor. Tadellos erhalten, nur die Einbandrücken verblaßt.

Blasche, Bernhard Heinrich: Der technologische Jugendfreund. Frankfurt am Mayn
T. 1. 2. Aufl. 1808
T. 2. 1. Aufl. 1805

—— Kritik d. modernen Geisterglaubens. — Auch üb. d. Frage: Warum spuken d. Geister jetzt vorzugsweise in d. gelehrten Welt? gr 8. (4½ B.) Gotha 830, Gläser.

**Blasche**, B. H., Kritik des modernen Geisterglaubens. Auch über die Frage, warum spuken die Geister jetzt vorzugsweise in der gelehrten Welt. Gotha 830. 8. [über Kerner.]

— Naturbildung. Ein Buch f. Lehrer, Erzieher, Natur- u. Jugendfreunde. 8. Leipz. 815. Reclam. 1 ℞

— der Papierformer oder Anleit., allerlei Gegenstände der Kunst aus Papier nachzubilden. Mit 10 Kpft. 8. Schnepfenth. 819. Buchh. d. Erzieh.-Anst. 1 ℞

— der Papparbeiter, od. Anleit., in Pappe zu arbeiten, vorzüglich Erziehern gewidm. M. Kpf. 8. Schnepfenth. 797. 2e A. 801. 3e A. 805. 4e A. mit 3 Kpft. 811. Buchh. d. Erz.-Anst. 1 ℞ Dess. 3r Thl. zur 2n Aufl. gehör. 8. Ebd. 6 gl Zusätze u. Anmerkk. zur Ergänz. d. 1n u. 2n Thls. d. 1n Aufl. 8. Ebd. 2 gl

— desselb. Werks 4te vermehrte u. zum Theil ganz umgearb. Aufl. m. 3 K. 8. Ebend. 811.

**Blasche's**, Bernh. Hnr., Papparbeiter, oder Anleitung, in Pappe zu arbeiten. 5. von J. J. Schnerr verb. u. verm. Aufl. (Mit 8 Figuren-Taf.) gr. 8. Stuttgart 846, Hoffmann. ¾ ℞

**Blasche's**, Bernh. Heinr., Papparbeiter, oder Anleitung in Pappe zu arbeiten. 5., von J. J. Schnerr verb. und verm. Aufl. gr. 8. (XX und 204 S. mit 8 Figurentaf. in 4.) Stuttgart 847, Hoffmann'sche Vrlgsh.

—— Philosophie d. Offenbarung als Grundlage u. Bedingung e. höh. Ausbildung d. Theologie dargest. gr. 8. (9½ B.) Gotha 829, Gläser.

— Samml. neuer Muster v. Papparbeiten dargestellt in Abbild. derselb. u. ihrer Netze, nebst speciellen Anleit. die als Nachträge z. Papparbeiter zu betracht. sind, m. 5 K. (a. unt. d. Tit.: Beschreibung meiner Musterkabinette, e. Uebungsbuch f. dies. welche in d. Kunst zu pappen e. höhere Fertigkeit erlang. wollen) 8. Schnepfenthal, Buchhandl. d. Erzieh. Anst. 809.

— philosophische Unsterblichkeitslehre. Oder: Wie offenbart sich das ewige Leben? gr. 8. Erf. 831. Flinzer. 1 ℞

**Bh. H. Blasche's** philos. Unsterblichkeitslehre, oder: wie offenbart sich e. ewiges Leben? *Gotha*, Flinzer. 831. gr8° 1 ℞

—— philosophische Unsterblichkeitslehre. Od.: Wie offenbart sich das ewige Leben? gr. 8. (12 B.) Gotha 831. [Leipzig, Gebr. Reichenbach.]

— Werkstädte d. Kinder, e. Handb. f. Eltern u. Erzieh., zur zweckmäß. Beschäftigung ihrer Kinder u. Zöglinge. M. 6 Kpft. 4 Thle. 8. Gotha 800—2. Perthes. 3 ℛ

— ein paar Worte an Eltern d. gebild. Stände üb. d. Fr.: Wie können Handarbeiten bildend seyn, u. welche Folgen verspricht dieser Theil der Bildung in Bezug auf unsere Zeit? ꝛc. gr. 8. Schnepfenth. 811. Buchh. d. Erz.-Anst. 6 gr

Blasche, Georg Adolph
Blasche, Geo. Ad., Grundriß d. Elementar-Geometrie, nach d. Methode d. Alten entworfen, m. 12 Kpft. gr. 8. Reval 819. (Riga, Hartmann). 1 ℛ 12 gr Nachtrag mit fortlauf. Numm., enth. die Theorie der fünf Platonischen oder regulären Körper, nebst einigen Verbess. d. 10 ersten Abschnitte. Mit 8 Kpft. 8. Ebd. 824.

— ebene u. sphär. Trigonometrie, in Beziehung auf d. Grundr. d. Elementar-Geometrie. Mit 4 Kpft. 8. Reval 821.

Blasche, H., s. B l a s c h e, Bernhard Heinrich

Blasche, Jh. Chr.
— neue Aufklärung d. Schriftstelle Röm. 8, 17—23, nebst and. Paulin. Schriftstellen. 8. Jena 776.

Blasche, Jh. Chr., († d. 21. Jan. 1792.) neue Aufklär. d. Stelle Röm. VIII. v. d. seufzend. Kreatur ꝛc. 8. Jena 776. Gollner. 6 gr

— neue Aufklär. d. mosaisch. Typologie, 8. Ebend. 788.

— neue Aufklärung üb. d. mosaische Typologie. 8. Jena 789. Cröker. 18 gr

— s. Chr. H. E c k h a r d, introductio.

— Erklärung schwerer Stellen d. N. Test. 4 Thle. 8. Jena 771—75. Gollner. 1 ℛ

— fortges. Erklärung schwerer Stellen d. N. Test. 8. Jena 778. Gollner. 9 gr

— Commentar üb. d. Brief an d. Hebräer u. üb. Messianische Weissagungen d. Propheten ꝛc. 2 Thle. 8. Leipz. 781. (W. Vogel). 1 ℛ 16 gr

Blasche, J. C., de Christi in monte mutatione, ex colloquiis evangelistarum illustrata. Jen. 1768. 4.

— der geistl. Tempel der Propheten in Sicherheit gestellt. 8. Jena 791. Cröker. 10 gr

— Untersuch. d. Schriftstelle Gal. 3,20. 8. Jena 787. Cröker. 2 gr

— Verantwort. wider d. Beschuldig. d. Wolfenbüttelsch. Ungenannten. 8. Jena 779. Gollner. 8 gr

BLASCHECK, Arthur David (London): The need of afforestation in the United Kingdom of Great Britain and Ireland.- (1911.) 31 S.
19.12.1910 - Chr 1910/11,22; U 11.3554 Diss. Ingolst.-Landsh.-Mchn.

Blaschek, Josef
Blaschek, Jos., das Ziel der heutigen Genossenschafts-Bewegung. gr. 8. (24 S.) Wien 885, (Vetter.) *
Aus: Oesterreichische Monatsschrift für christliche Social-Reform, besonders abgedruckt.

Blaschek, Josef Karl [Hrsg.] s. G e w e r b e z e i t u n g, Oesterreichische

Blaschke: D a r s t e l l u n g d. österreichischen Wechselrechtes ..., s. B l a s c h k e, Johann

Blaschke: D e n k s c h r i f t zur Lösung des Problems der Versicherung minderwertiger Leben, s. B l a s c h k e, Ernst

Blaschke, A: Generalregister, s: Mechaniker-Zeitung, Deutsche:

Blaschke, A: Transversalkomparator des Präzisionsmechanischen Laboratoriums der Physikalisch-Technischen Reichsanstalt. Berlin (1907) (Mittell. a. d. Physik.-Techn. Reichsanst.)

Blaschke, A., das Verfahren bei den Grund- und Gebäudesteuer-Fortschreibungs-Anmeldungen im preußischen Staate und die darauf bezügl. Gesetze und Vorschriften. Für Gemeindevorstände ꝛc., sowie für Grund- und Gebäudeeigenthümer unter Benutzung amtl. Quellen hrsg. gr. 8. (48 S.) Soltau 877. (Uelzen, Starcke.) *

Blaschke, Ant., deutsches Lesebuch, s.: Kretschmeyer, F. J.

*Blaschke, E.* Die Anwendbarkeit der Wahrscheinlichkeitslehre im Versicherungswesen. Wien 1901.

Blaschke Ernst: Über die Ausgleichung von Wahrscheinlichkeiten, welche Funktionen einer unabhängig Variablen sind. D 54. II. 105 . . . . . . . . . . . . . . . . vgr.
Separatabdruck

Blaschke, Ernst, über die Ausgleichung von Wahrscheinlichkeiten, welche Functionen einer unabhäng. Variabelen sind. Imp.-4. (16 S.) Wien 888, (Tempsky.) *
Aus: Denkschriften der k. Akademie der Wissenschaften, besonders abgedruckt.

Blaschke, Ernst, Denkschrift z. Lösg. d. Problems d. Versicherg. minderwert. Leben, verf. im Auftr. d. Lebensversichergs.-Teilungsvereines. M. d. Gefahrenclassification d. zweifelhaften Fälle v. Ed. B u c h h e i m i. Anh., vorgel. d. Conferenz d. Mitglieder d. Lebensversicherungs-Teilungsvereines in Salzburg am 8. Aug. 1895. gr. 4. (62 S. m. 1 graph. Darstellung.) Ebd. 895. n. 2. 50

Blaschke, Ernst: Zur F r a g e der Sterblichkeitstafeln für deutsche u. österreichische Lebensversicherungs-Anstalten. (Wien 1891.)
(S.-A. a.: Statistische Monatsschrift. Jg. 16, H.10.)

—— die Gruppenrechnung bei der Bestimmung der Prämienreserve zur Bilanz einer Lebensversicherungs-Gesellschaft. 8. (43 S. mit 1 Tab.) Wien 886, Spielhagen und Schurich. *
Aus: Oesterreichische Revue, besonders abgedruckt.

Blaschke, Ernst: Die C o n s t r u c t i o n einer Absterbeordnung von untersuchten männlichen Leben nach den 24jährigen Erfahrungen (1865–1888) des Ersten Allgemeinen Beamten-Vereines der österreich.-ungar. Monarchie. Wien 1890.
(S.-A. a.: Denkschrift des Beamten-Vereins z. Feier s. 25jähr. Jubiläums.)

Blaschke, Ernst, die Methoden der Ausgleichung v. Massenerscheinungen m. besond. Berücksicht. der Ausgleichung v. Absterbe- u. Invaliden-Ordnungen. Mit 3 Ziffern- u. 1 Fig.-Taf. gr. 8. (VII, 122 S.) Wien 893. A. Hölder. n. 5 40

*Blaschke, E.* Die Versicherungsfähigkeit (Definition und Begrenzung). Wien 1895.

Blaschke, Ernst, Vorlesungen üb. mathematische Statistik (die Lehre v. den statistischen Masszahlen). s.a. Teubners, B. G., Sammlung v. Lehrbüchern auf dem Gebiete der mathematischen Wissenschaften. XXIII.

Vorlesungen über mathematische Statistik. (Die Lehre von d. statistischen Masszahlen.) Von Dr. Ernst Blaschke, Prof. in Wien. Mit 17 Textfig. u. 5 Taf. Leipzig & Berlin: B. G. Teubner 1906. (VIII, 268 S.) 8°
— Sammlung, B. G. Teubners, von Lehrbüchern auf d. Geb. d. math. Wiss. Bd 23. 106. 10390

! Blaschke, F: Wrtrb. d. Verkehrswesens. Jetzt: Lpzg, Luckhardt's Bh. f. Verkehrswes. 2 Bde je 4 —; in 1 Bd geb. 10 —

Blaschke, Ferd., Tabellen zur Zinsberechnung nach der deutschen Markwährung. gr. 4. (48 S.) Leipzig 874, (Friese.) *

Blaschke, J. (Mitarb.), s. Die H a u p t g ö t t e r der Fabel.

Blaschke, Johann
— kurzgefaßte Darstellung des österreichischen Wechselrechtes mit 37 Wechselformularien nebst einem Abdruck der Wechselordnung vom 25. Jänner 1850 für Unterrealschulen, für den Gewerbsstand u. zum Selbstunterrichte. Ebend. 859. gr. 8. (XIV, 106 S.) 14 ngr

—— kurzgefaßte Darstellung des österreichischen Wechselrechtes mit 34 Wechselformularien, nebst einem Abdr. der Wechselordnung vom 25. Jänner 1850. Mit Angabe der Verschiedenheiten der ungar. Wechselgesetze für Handels- und Gewerbeschulen, für den Gewerbsstand und zum Selbstunterrichte. 3.—5. durchgeseh. Aufl. gr. 8. (XIII, 127 S.) Wien 869—75, Manz. *

Blaschke, Joh., kurzgefaßte Darstellung d. österreichischen Wechselrechtes mit 34 Wechselformularien, nebst einem Abdrucke der Wechselordnung vom 25. Jänner 1850. Mit Angabe der Verschiedenheiten der ungar. Wechselgesetze, f. Handels- u. Gewerbeschulen, f. den Gewerbsstand u. zum Selbstunterrichte. 6., verb. Aufl. gr. 8. (XII. 114 S.) Wien 880. Manz. n. 2. —

Blaschke, Joh., kurzgefaßte Darstellung d. österreichischen Wechselrechtes, m. 34 Wechselformularien, nebst e. Abdrucke der Wechselordng. vom 25. Jänner 1850. Mit Angabe der Verschiedenheiten der ungar. Wechselgesetze, f. Handels- u. Gewerbeschulen, f. den Gewerbsstand u. zum Selbstunterrichte. 7. verb. Aufl. gr. 8. (XII, 105 S.) Wien 884. Manz n. 2. —

Blaschke, Johann, kurzgefaßte Darstellung des österreichischen Wechselrechts mit 34 Wechselformularien, nebst einem Abdrucke der Wechselordnung vom 25. Jänner 1850. Mit Angabe der Verschiedenheiten der ungar. Wechselgesetze, für Handels- und Gewerbeschulen, für den Gewerbestand und zum Selbstunterrichte. 8. verb. Aufl. gr. 8. (XII, 114 S.) Wien 886, Manz'sche Hof-Verlags- und Universitäts-Buchh. *

Blaschke, Joh., kurzgefaßte Darstellung d. österreichischen Wechselrechtes m. 34 Wechselformularien, nebst e. Abdr. der Wechselordng. vom 25. Jänner 1850. Mit Angabe der Verschiedenheiten der ungar. Wechselgesetze f. Handels- u. Gewerbeschulen, f. den Gewerbsstand u. zum Selbstunterricht. 9. Aufl. gr. 8. (XIV, 105 S.) Wien 891. Manz. Kart. n. 2. —

— Darstellung d. österreichischen Wechselrechtes m. Angabe der Verschiedenheiten der ungar. Wechselgesetze. 9. Aufl. Wien 892.

Blaschke, Dr. Johann, Kurzgefaßte Darstellung des österreichischen Wechselrechtes mit 34 Wechselformularien, nebst einem Abdrucke der Wechselordnung vom 25. Jänner 1850. 10. verbesserte Auflage. Wien 1897, bei Manz. (Min.-Erl. v. 25. Mai 1897, Z. 12812.) Cart. 1.—

Blaschke, Joh., kurzgef. Darstellg. d. österr. Wechselrechtes m. 34 Wechselformularen, nebst e. Abdrucke d. Wechselordng. vom 25. I. 1850. M. Angabe d. Verschiedenheiten d. ungar. Wechselgesetze f. Handels- u. Gewerbschulen, f. d. Gewerbestand u. z. Selbstunterr. 10, verb. Aufl. gr. 8. (XIV, 103 S) Ebd. 897. Kart. n. 2. —

Blaschke, Joh., kurzgef. Darstellung des österreich. Wechselrechtes m. 34 Wechselformularien, nebst e. Abdrucke der Wechselordng. vom 25. I. 1850. Mit Angabe der Verschiedenheiten der ungarisch. Wechselgesetze f. Handels u. Gewerbeschulen, f. den Gewerbestand u. z. Selbstunterrichte. 11., verb. Aufl. gr. 8. (XIV, 100 S.) Wien 902. Manz. Kart. n. 2. —

Blaschke, Joh.: Kurzgefasste Darstellg d. österr. Wechselrechtes m. 34 Wechselformularien, nebst e. Abdrucke d. Wechselordng vom 25. 1. 1850. 12. Afl. (14, 101) gr8° Wien, Manz '11. HL 1.70 d

Blaschke, Joh., Einführung der allgemeinen deutschen Wechselordnung in Oesterreich, Verschiedenheiten der allgem. deutschen und österreich. Wechselordnung und des österreich. Wechselproceß. gr. 8. (64 S.) Leipzig 852, B. Tauchnitz. *
Aus: Archiv für deutsches Wechselrecht ꝛc., besonders abgedruckt.

Blaschke, Joh., Erläuterung des Handelsgesetzbuches zunächst für den Handels- und Gewerbestand bestimmt. 1. Aufl. in 8 Lfgn. 1868, und 2. verm. und verb. Aufl. gr. 8. (VIII, 816 S.) Wien 871, Manz. *

— Erläuterung des Handelsgesetzbuches. 3., gänzlich umgearb. Aufl. gr. 8. (IV, 556 S.) Ebend. 879. n. 8. —

Blaschke's Erläuterg. d. Handelsgesetzbuches. Neu bearb. v. A. Pitreich. gr. 8. (IV, 480 S.) Wien 896. Manz. n. 7. 20

— kurzgefaßte Erläuterung des Handelsgesetzbuches für Mittelschulen, für Handels- u. Gewerbsleute u. zum Selbstunterrichte. gr. 8. (XII, 206 S.) Ebend. 880. n. 3.—

Blaschke, Joh., Erläuterungen des Handelsgesetzbuches. 3. gänzlich umgearb. Aufl. gr. 8. (IV, 556 S.) Wien 879, Manz'sche Hofbuchh. *

Blaschke, Joh., die österreichische Jurisdictionsnorm in bürgerlichen Rechtssachen vom 18. Juni 1850, mit Berücksicht. der neuesten darauf Bezug habenden Gesetze. Zum Gebrauche für Richter, Advokaten, Studirende und Geschäftsleute erläutert und dargestellt. (2 Lfgn.) gr. 8. (XXIV und 184 S.) Gratz 850, Hesse.

Blaschke, Joh., der österreichische Wechselproceß mit theilweiser Berücksichtigung der in Deutschland bestehenden Wechselproceßvorschriften. gr. 8. (VI und 125 S.) Wien 858, F. Manz.

Blaschke, Joh., der österreichische Wechselproceß mit theilweiser Berücksicht. der in Deutschland besteh. Wechselproceßvorschriften. 2. verb. Aufl. gr. 8. (VIII, 124 S.) Wien 872, Manz. *

— das österreich. Wechselrecht in seinem ganzen Umfange m. Berücksicht. ausländ. Wechselgesetze, des Entwurfes einer Wechselordng. f. die deutschen u. italien. Länder vom J. 1833 u. des Entwurfes einer Wechselordng. f. die Preuss. Staaten vom J. 1847. Zum Gebrauche bei Vorlesgn. an Universitäten u. Realschulen, so wie auch f. Richter, Rechtsfreunde u. Geschäftsleute. 2 Lfgn. gr. 8. (XII u. 416 S.) Gratz 848. 50. (Wien, Braumüller.) (1. Lfg. n. 1 ℛ 2. Lfg. n. 1⅙ ℛ) n. 2⅙ ℛ

—— das österreichische Wechselrecht in seinem ganzen Umfange, in Verbindung mit einer Erläuterung der allgem. deutschen Wechselordnung vom 26. Novbr. 1848. Zum Gebrauche bei Vorlesungen an Universitäten und Handelsschulen, so wie auch für Richter, Rechtsfreunde und Geschäftsfreunde. (2 Lfgn.) gr. 8. (XII und 416 S.) Gratz 850. (Wien, Braumüller.) *

— das österreichische Wechselrecht in vergleichender Darstellung mit den ausländischen und den früheren österreich. Wechselgesetzen. Zum Gebrauche bei Vorlesungen an Universitäten und Handelsschulen, sowie auch für Richter, Rechtsfreunde u. Geschäftsleute. 2., gänzlich umgearb. Aufl. Gratz 856. (Ferstl.) gr. 8. (XII, 326 S.) n. 2 ℛ

—— das österreichische Wechselrecht in vergleichender Darstellung mit den ausländischen und den früheren österreich. Wechselgesetzen. Zum Gebrauche bei Vorlesungen an Universitäten und Handelsschulen, so wie auch für Richter, Rechtsfreunde und Geschäftsleute. 3., verm. und verb. Aufl. 1858. und 4., verm. und verb. Aufl. gr. 8. (XII und 345 S.) Wien 861, F. Manz.

Blaschke, Joh., das österreichische Wechselrecht in vergleichender Darstellung mit den ausländischen und den früheren österreichischen Wechselgesetzen. Zum Gebrauch bei Vorlesungen an Universitäten und Handelsschulen sowie auch für Richter, Rechtsfreunde und Geschäftsleute. 5., verm. und verb. Aufl. gr. 8. (XII und 370 S.) Wien 867, Manz' Verlag. *

—— das österreichische Wechselrecht in vergleichender Darstellung mit den ausländ. und den früheren österreich. Wechselgesetzen. Zum Gebrauche bei Vorlesungen an Universitäten und Handelsschulen, sowie auch für Richter, Rechtsfreunde und Geschäftsleute. 6. verm. und verb. Aufl. gr. 8. (XII, 383 S.) Wien 872. Manz. *

Blaschke, Joh., das österreichische Wechselrecht in vergleichender Darstellung mit den ausländ. und den früheren österreichischen Wechselgesetzen. Zum Gebrauche bei Vorlesungen an Universitäten und Handelsschulen, sowie auch für Richter, Rechtsfreunde und Geschäftsleute. 7. verm. und verb. Aufl. gr. 8. (XII, 391 S.) Wien 877, Manz'sche Hofbuchh. *

Blaschke, Josef: Ein Beitrag zur elementaren Behandlung der Kegelschnitte. 8 (12 S., 1 Taf.).
Progr. Steierm. Landes-Oberrsch. *Gras* 1897.

Die Belagerung Glogau's im Jahre 1806. Von J[ulius] Blaschke, Lehrer. Mit 3 Karten u. 1 Pl. von Alt-Glogau. Glogau: C. Flemming 1906. (XII, 160 S.) 8° [F.] [07. 3598

Blaschke, Jul.: Gesch. d. Stadt Glogau u. d. Glogauer Landes. 1—10. Lfg. (1—448 m. Abb.) gr8° Glog., Hellmann ('12). je nn — 60 d

Blaschke, Max, die klimatologischen Verhältnisse v. Waren in d. J. 1890—1904, s. a. Beiträge zur Statistik Mecklenburgs.

Blaschke, Max, a. Breslau: Die klimatologischen Verhältnisse von Waren, Station II. Ordnung, in den Jahren 1890—1904. Schwerin 1907: Bärensprung. (53 S.) 4°
Rostock, Phil. Fak., Ref. Kümmell, Diss. v. 29. Dez. 1906
[Geb. 10. Dez. 76 Breslau; Wohnort: Rostock; Staatsangeh.: Preußen; Vorbildung: Elisabeth-Gymn. Breslau Prima-Reife M. 02; Studium: Breslau 2, Rostock 5 S.; Rig. 6. Dez. 06.]

Die klimatologischen Verhältnisse von Waren, Station II. Ordnung, in den Jahren 1890–1904. Von Dr. Max Blaschke. Schwerin 1907: Bärensprung. (53 S.) 4°
— Beiträge z. Statistik Mecklenburgs. Bd 15, H. 2. [07. 17307 4

Blaschke, Paul, Anleitg. z. Selbsterlerng. d. französ. Sprache i. 26 Lektionen, f. Militäranwärter u. sonst. Civilversorgungsberechtigte, sow. f. Subalternbeamte bearb. gr. 8. (VI, 190 S.) Berlin 895. Liebel. 3.—; geb. n. 3. 50

Conversations médicales français-allemand, donnant pour ces deux langues une collection de phrases pour faciliter l'entente entre les patients de nations étrangères et les personnes préposées pour les soigner, la prononciation figurée exacte de chaque mot. (Rédigé par Paul Blaschke.) Avec une préf. du Comité international de la Croix-Rouge à Genève. Berlin & Leipzig: Rothschild 1907. XXII, 234 S. 8°
(L'Interprète médical. P. 1.) [10. 7676

Blaschke's, Paul, Dolmetscher am Krankenbette. Unter Mitwirkg. v. Gust. Bresin, E. H. Shepard, Rob. Lewin u. a. m. bearb. Deutsch-Englisch 2 Abtlgn. 8. Berlin 907. Dr. W. Rothschild. n. 8.—; geb. n. 9. —
I. Medizinisches Konversationsbuch, enth. e. Sammlg. v. Redensarten behufs Verständigg. m. Kranken fremder Nationen, sowie die Angabe der Aussprachebezeichng. Mit e. Vorworte des international. Komitees der Vereine vom Roten Kreuz in Genf. (XXI, 211 S.) Einzelpr. n. 2. 50; geb. n. 3. —
II. Medizinisches Wörterbuch in deutscher, französischer, englischer Sprache in e. Alphabet. (XVI, 450 S.) Einzelpr. n. 6. —; geb. n. 7. —

— dasselbe. Deutsch-Französisch. 2 Abtlgn. 8. Ebd. 907. n. 8. —; geb. n. 9. —
I. Medizinisches Konversationsbuch. (XVIII, 210 S.) Einzelpr. n 2. 50; geb. n. 3. —
II. Medizinisches Wörterbuch in deutscher, französischer, englischer Sprache in e. Alphabet. (XVI, 450 S.) Einzelpr. n. 6. —; geb. n. 7. —

— dasselbe, enth. e. Sammlg. v. Redensarten behufs Verständigg. m. Kranken fremder Nationen m. Angabe der Aussprachebezeichng. nebst vollständ. medizin. Wörterbuch, bearb. unter Mitwirkg. v. A. u. Gregor Berditschewsky u. v. d. Brinken. Mit e. Vorworte des international. Komitees der Vereine vom Roten Kreuz in Genf. Deutsch-Russisch. 2. Aufl. (XII, V—XVIII, 306 S.) kl. 8. Ebd. 907. n. 5. —; geb. n. 6. —

— spanischer Dolmetscher. Anleitung, die span. Sprache in kurzer Zeit ohne Lehrer zu lernen. Mit e. Wörterbuche der span. u. deutschen Sprache nebst Aussprache der span. Wörter u. Betonungsbezeichng. (IV, 221 S.) 12. Leipzig 903. O. Wigand. Geb. in Leinw. n. 2. —

Blaschke, Paul; Span. Dolmetscher. Jetzt: Berl., Brandeis.

Blaschke, Paul, Elementargrammatik der italienischen Sprache nach C. Ploetz's bekannter Lehrmethode. 8. (160 S.) Dresden 878. Jaenicke. 1. 80

Blaschke, Paul, Elementargrammatik der italienischen Sprache nach Dr. C. Ploetz's bekannter Lehrmethode. 8. (160 S.) Dresden 879. Jaenicke's Verlag.

Blaschke, Paul, s.: Fortbildungsblätter, französische, f. deutsche Verkehrsbeamte.

Blaschke, Paul, deutsch-französisches Gesprächs-Wörterbuch. Vollständ. Dolmetscher für den deutschen Soldaten im Verkehr mit Franzosen. Nebst leicht lesbarer, genauer Bezeichnung der Aussprache und einer kurzgefaßten Grammatik. gr. 16. (IV, 100 S.) Stettin 888, Herrcke und Lebeling. **

— dasselbe. Vollständ. Dolmetscher f. den deutschen Reisenden im Verkehr m. Franzosen. Nebst leicht lesbarer, genauer Bezeichng. der Aussprache u. e. kurzgef. Grammatik. 12. (IV, 100 S.) Ebd. 889. n. — 75; geb. n. 1. —

Blaschke, P, deutsch-franz. Gesprächs-Wörterbuch. 12. (100) Stett. 89, Herrcke & L. n. — 75: geb. n. 1. —

[F.] Grammatik der englischen Sprache für Verkehrsbeamte unter bes. Berücks. d. Post- u. Telegraphenbeamten sowie d. Vorbereitungsanstalten f. d. Postfach &c. Nebst e. Samml. d. wichtigsten techn. Ausdrücke f. Post u. Telegraphie bearb. von Paul Blaschke, Hrsg. d. Internat. Lazarettsprachführer u. früh. Lehrer a. e. Postfachschule z. Berlin. *Berlin & Leipzig: F. Luckhardt (1896).* (VIII, 268 S.) 1 Bd 8. [97. 4:33

— Grammatik d. engl. Sprache f. Verkehrsbeamte, unt. Berücksicht. d. Post- u. Telegraphenbeamten sow. d. Vorbereitungsanst. f. d. Postfach rc. Nebst e. Sammlg. d. wichtigsten techn. Ausdrücke f. Post u. Telegraphie. gr. 8. (VIII, 268 S.) Leipzig 897. F. Luckhardt. n. 3. —; geb. in Leinw. n. 4. —

— Grammatik der englischen Sprache f. Verkehrsbeamte. Schlüssel. (93 S.) gr. 8. Leipzig (903). Luckhardt's Buchh. f. Verkehrswesen. n. 2. —
Hauptwerk jetzt Ebd. 897 n. 3. —; geb. n. 4. —.

Blaschke, Paul, Grammatik der französischen Sprache f. Post- u. Telegraphenbeamte zum Schulunterricht u. zum Selbststudium. Nebst e. Sammlg. der wichtigsten techn. Ausdrücke f. Post u. Telegraphie. (In 2 Tln.) 1. Tl. Elementarbuch. Enth. die Formenlehre u. e. Anleitg. zum Verstehen u. Übersetzen französ. Adressen. Mit ganz besond. Berücksicht. der Militäranwärter- u. Unteroffizierschulen bearb. 4. vollständig umgearb. Aufl. (VIII, 210 S.) 8. Leipzig (910). Luckhardt's Buchh. f. Verkehrswesen. Geb. in Leinw. 2. 40

Blaschke, Paul, Grammatik der französischen Sprache f. Verkehrsbeamte, unter besond. Berücksicht. der Post- u. Telegraphenbeamten, sowie der Postfachschulen bearb. gr. 8. (VI, 237 S.) Berlin 891. F. Luckhardt. n. 3. —, geb. in Leinw. n. 4. —

— Grammatik d. französ. Sprache f. Verkehrsbeamte, unt. bes. Berücksicht. d. Post- u. Telegraphenbeamten sow. d. Vorbereitungsanst. f. d. Postfach rc. Nebst e. Sammlg. d. wichtigsten techn. Ausdrücke f. Post u. Telegraphie. 2., verb. u. verm. Aufl. gr. 8. (VIII, 315 S.) Ebd. 897. n. 3. —; geb. in Leinw. n. 4. —

— Grammatik der französischen Sprache f. Verkehrsbeamte. 2. Aufl. Schlüssel. gr. 8. (III, 102 S.) Leipzig (900). Luckhardt's Buchh. f. Verkehrswesen. n. 2. —
Hauptwerk jetzt Ebd. 897. n. 3. —; geb. n. 4. —.

— italienische Handelskorrespondenz. Eine Sammlg. v. Musterbeispielen unter Berücksichtig. aller mögl. Geschäftsvorfälle m. gegenübersteh. Übersetzg., nebst reichhalt. alphabet. geordn. Phraseologie. 2. [Titel-]Aufl. (v. B., Korrespondenz- u. Konversations-Grammatik der italien. Sprache, Briefsammlg.). gr. 8. (VII u. S. 291—509.) Leipzig [896.] 899. O. Wigand. 2. 40

— spanische Handelskorrespondenz. Eine Sammlg. v. Musterbriefen unter Berücksicht. aller mögl. Geschäftsvorfälle m. gegenübersteh. Übersetzg., nebst reichhaltiger alphab. geordnet. Phraseologie. 2. [Titel-]Aufl. (v. B., Korrespondenz- u. Konversationsgrammatik der spanisch. Sprache, Briefsammlg.). gr. 8. (VI u. S. 293—449.) Ebd. [896.] 899. 2. 40

— L'interprète médical. Rédigé avec la collaboration des Gust. Bresin, E. H. Shepard et Rob. Lewin. 2 parties. 8. Berlin 907. Wilmersdorf, Dr. W. Rothschild. 8.—; geb. n 9. —
1. Conversations médicales français-allemand, donnant pour ces deux langues une collection de phrases pour faciliter l'entente entre les patients de nations étrangères et les personnes préposées pour les soigner, la prononciation figurée exacte de chaque mot. Avec une préface du comité international de la Croix-Rouge à Genève. (XXII, 234 S.) Einzelpr. 2.50; geb. n 3. —
2. Medizinisches Wörterbuch in deutscher, französischer, englischer Sprache in 1 Alphabet. (XVI, 450 S.) Einzelpr. 6.—; geb. n 7. —

**Paul Blaschke.** Medizinisches Konversationsbuch, enth. e. Sammlung von Redensarten behufs Verständigung mit Kranken fremder Nationen. Mit e. Vorw. d. Internat. Komitees d. Vereine v. Roten Kreuz in Genf. Deutsch-Französisch. Berlin & Leipzig: W. Rothschild 1907. (XVIII, 210 S.) 8°
— **Blaschke**: Blaschke's Dolmetscher am Krankenbette. T. 1. [07. 8135

— Des Kaufmanns Englisch. Korrespondenz, Grammatik u. Konversationsübgn f. d. Selbstunterr. 1—3. Afl. (8, 376) 8° Berl., R Wichert '11'12. L 3 — d

— dass., s. a. Bibliothek, Neueste kaufmänn.

— Des Kaufmanns Französisch. Korrespondenz, Grammatik u. Konversationsübgn f. d. Selbstunterr. 1—3. Afl. (8, 376) 8° Berl., R Wichert ('11'12). L 3 — d

— dass., s. a. Bibliothek, Neueste kaufmänn.

— Korrespondenz- u. Konversations-Grammatik d. italien. Sprache f. Handelsschulen u. z. Selbstunterr. gr. 8. (IX, 509 S.) Leipzig 896. O. Wigand. n. 6. —; geb. n. 7. —

— Korrespondenz- u. Konversations-Grammatik der italienischen Sprache f. Handelsschulen u. z. Selbstunterricht. 2. [Titel-]Aufl. gr. 8. (VII, 290 S.) Ebd. [896.] 899. 3. 60

— Korrespondenz- u. Konversations-Grammatik der spanischen Sprache f. Handelsschulen u. zum Selbstunterricht. 2. [Titel-]Aufl. gr. 8. (VII, 292 S.) Ebd. [896.] 899. 3. 60

— internationaler Lazarett-Sprachführer. Eine Sammlg. v. Redensarten behufs Verständigg. am Bette d. Kranken, nebst e. Zusammenstellg. der notwendigsten medizinisch-techn. Ausdrücke. Bearb. unter Mitwirkg. bedeut. Fachmänner. I. Abtlg.: Deutsch-französisch. qu. 16. (XVI, 194 S.) Berlin 892. [Hepner & Co.] (Leipzig, F. E. Fischer.) Geb. in Leinw. n. 3. 50

— internationaler Lazarett-Sprachführer. Eine Sammlg. v. Redensarten behufs Verständigg. am Bette d. Kranken, nebst e. Zusammenstellg. der notwendigsten mediz.-techn. Ausdrücke. 2. [Titel-]Aufl. I. Abtlg. Deutsch-französisch. qu. 16. (XVI, 194 S.) Berlin [892.] Leipzig, C. G. Röder. Geb. n. 2. 50

— dasselbe. II. Abtlg.: Deutsch-Russisch. Kleine Ausg. 12. (XVIII, 185 S.) Friedrichshagen 893. (Leipzig, F. E. Fischer.) n. 1. 50; geb. in Leinw. n. 2. —

— dasselbe. II. Abtlg.: Deutsch-Russisch. Kleine Ausg. 2. [Titel-]Aufl. 12. (XVIII, 185 S.) Ebd. [893]. Geb. n. 1. 50

— dasselbe. Grosse Ausg. Nebst vollständ. medizin. Taschenwörterbuch. 12. (XVIII, 306 S.) Ebd. 893. n. 4. —; geb. in Leinw. n. 5. —

— dasselbe. Grosse Ausg. Nebst vollständ. medizin. Taschenwörterbuch. 2. [Titel-]Aufl. 12. (XVIII, 306 S.) Ebd. [893]. Geb. n. 3. 50

**Blaschke, Paul**, Miniatur-Wörterbuch. Deutsch-Französ. (116 S.) 7,5×5,5 cm. Stuttgart (910). P. Mähler. — 50

— dasselbe m. e. Anh.: Konj.-Muster der französ. regelmäß. u. unregelmäß. Verben v. Otto F. Eisfeldt. (116 u. 103 S.) 7,5×5,5 cm. Ebd. (910). — 60

—— der echte kleine Portugiese. Die Kunst, die portugies. Sprache in acht Tagen ohne Lehrer richtig lesen, schreiben und sprechen zu lernen. Mit beigefügter Aussprache. 16. (160 S.) Hamburg 886, Berendsohn. 75 Pf.; geb.

— The medical translator. Ed. with the assistance of Gust. Bresin, E. H. Shepard and Rob. Lewin. 2 parts. 8. Ebd. 907. 8.—; geb. n 9. —
1. A dictionary of medical conversation English-German, giving in both languages a collection of phrases to facilitate conversations between patients and medical attendants of different nationalities and showing the exact pronunciation of each word. With a preface of the international committee of the Red Cross Societies at Genova. (XX, 224 S.) Einzelpr. 2.50; geb. n 3. —
2. Medizinisches Wörterbuch in deutscher, französischer, englischer Sprache in 1 Alphabet. (XVI, 450 S.) Einzelpr. 6.—; geb. n 7. —

—— Übungssätze und Musterbriefe zur Einführung in die italienische Handelskorrespondenz. gr. 8. (IV, 65 S.) Köthen 887, Schulze Verlag. *

—— Übungssätze und Musterbriefe zur Einführung in die spanische Handelskorrespondenz. gr. 8. (IV, 63 S.) Ebendas. 887. *

— piccolo vocabolario italiano. Kleines Vocabelbuch u. erste Anleitung zum italienisch Sprechen. 8. (VII, 58 S.) Leipzig 879. Brockhaus. n. — 60

— Wörterbuch der Elektrotechnik in drei Sprachen. Mit e. Vorwort v. F. Niethammer. 3 Tle. Lex.-8. Leipzig, S. Hirzel. Geb. in Leinw. à n. 5. —; in 1 Leinw.-Bd. n. 15. —
1. Deutsch-Französisch-Englisch. (VIII, 145 S.) 901.
2. Französisch-Deutsch-Englisch. (VIII, 144 S.) 902.
3. Englisch-Deutsch-Französisch. (VI, 226 S.) 902.

**Paul Blaschke.** Medizinisches Wörterbuch in deutscher, französischer, englischer Sprache in einem Alphabet. Berlin & Leipzig: W. Rothschild 1907. (XVI, 450 S.) 8°
— **Blaschke**: Blaschke's Dolmetscher am Krankenbette. T. 2. [07. 8136

— s.: Wörterbuch, technologisches.

**Blaschke, Paul**, Wörterbuch d. gesamten Verkehrswesens. Eine Sammlg. der techn. Ausdrücke f. Post, Telegraphie, Fernsprechwesen, Eisenbahnwesen (Betrieb u. Verwaltg.), Zollwesen u. Schiffahrt nebst reichhalt. Phraseologie. Deutsch-französisch u. französ.-deutsch. 2 Tle. gr. 8. (IV, 248 u. 264 S.) Leipzig 899. Luckhardt's Buchh. f. Verkehrswesen. à n. 6. —; in 1 Bd. geb. n. 15. —

Wörterbuch des gesamten Verkehrswesens. Eine Samml. d. techn. Ausdrücke f. Post, Telegraphie, Fernsprechwesen ... Deutsch-französisch u. französisch-deutsch. Bearb. von Paul **Blaschke**. Dictionnaire technique allemand-français et français-allemand donnant tous les termes techniques .. Réd. par Paul Blaschke. T. 1. 2. Berlin & Leipzig: Luckhardt 1899. 8° [10. 5835

**Blaschke,** Sigism. (geb. Breslau 3. 12. 1851): De antidosi apud Athenienses. Berolini 1876. (38 S.) 8°
Berlin, Phil. Diss. v. 13. Juni 1876

**Blaschke, Sigism.**, de antidosi apud Athenienses. gr. 8. (36 S.) Berlin 876. Calvary & Co. n. 1. 50

**Blaschke,** Sigismund [Dr.]: Der Zusammenhang der Familien- und Gütergemeinschaft des platonischen „Staates" mit dem politischen und philosophischen System Platos. Berlin, R. Gaertner, 1893; 23 S. 4.
Berlin, Sophien-RG, OP 1893 (99)

**Blaschke, W.** (Red.), s. Industrie und Technik, Norddeutsche.

**Blaschke, Wilh.**: Konforme Abbildg, s: Schriften, Mathematisch-physikal., f. Ingenieure u. Studierende, Lewent.

**Blaeschke,** (Franciscus Josephus) Augustus *(geb. Glambach bei Münsterberg in Schles. 23. 3. 1812)*: De uteri ruptura sub partu. Vratislaviae (1836). (43 S.) 8°
Breslau, Med. Diss. v. 28. Sept. [vielmehr 1. Okt.] 1836

**Blaschko,** A.: Die Cholera, ihr Wesen, ihre Verbreitung, s. Blaschko, Alfred

Blaschko, Alfred

Blaschko, A., Autointoxication u. Hautkrankheiten, s.: Klinik, Berliner.

Blaschko, A., die Behandlung der Geschlechtskrankheiten in Krankenkassen u. Heilanstalten. gr. 8. (III, 54 S.) Berlin 890. Fischer's medicin. Buchhandlg. n. 1. 50

Blaschko, die Cholera, ihr Wesen, ihre Verbreitung und Verhütung. gr. 8. (16 S.) Berlin 883, Latte. *

Blaschko, A., die Cholera, ihr Wesen, ihre Verbreitung u. Verhütung. Neue durch Nachträge verm. Ausg. gr. 8. (17 S.) Berlin 892. W. Latte. n. — 50

— Formulare zur Führung v. Syphilis-Krankengeschichten. qu. Fol. Hamburg 891. Gebr. Lüdeking. Für 100 Stück n. 1. 80

Die Geschlechtskrankheiten, ihre Gefahren, Verhütung u. Bekämpfung. Volksthüml. dargest. von Dr. A[lfred] Blaschko, Berlin. *Berlin: Central-Comm. d. Krankenk. 1900.* (30 S.) 8° [F.]
(Schriften d. Central-Comm. d. Krankenkassen Berlins u. Umgegend.) [04. 8379

Blaschko, A., die Geschlechtskrankheiten, ihre Gefahr., Verhütung u. Bekämpfung. Volksthümlich dargestellt. (Schriften der Central-Commission der Krankenkassen Berlins u. Umgegend. gr. 8. (30 S.) Berlin 900. (W. Latte.) n. — 50

Die Geschlechts-Krankheiten, ihre Gefahren, Verhütung u. Bekämpfung. Volkstümlich dargest. von Dr. A[lfred] Blaschko, Berlin. 3. vollst. umgearb. Aufl. *Berlin: Central-Komm. d. Krankenkassen Berlins u. Vororte 1904.* (20 S.) 8° [F.]
(Schriften d. Central-Kommission d. Krankenkassen Berlins u. Vororte.) [04. 134 3

Blaschko, A., die Geschlechts-Krankheiten, ihre Gefahren, Verhütung u. Bekämpfung. Volkstümlich dargestellt. (Schriften der Central-Kommission der Krankenkassen Berlins u. Vororte.) 3. vollständig umgearb. Aufl. (20 S.) 8. Berlin 904. (F. Sassenbach.) n. — 50

Blaschko, A.: Gesundheitschädigungen durch denaturierten Spiritus. Med. Reform. Nr. 12. 1904.

— d. Hautpflege i. Kindesalter, s.a. Veröffentlichungen d. Vereins f. gesundheitsgem. Erziehg. d. Jugend.

[F.] Die Hautpflege im Kindesalter v. Dr. A[lfred] Blaschko. *Berlin: (E. Kantorowicz) 1896.* (16 S.) 1 Bd 8.
— Veröffentlichungen d. Vereins f. gesundheitsgemässe Erziehung d. Jugend. No 2. [96. 1318

— Hygiene der Prostitution u. venerischen Krankheiten, s.a. Handbuch der Hygiene. 10. Bd.

Hygiene der Prostitution und der venerischen Krankheiten. Bearb. von Dr. A[lfred] Blaschko. Mit 1 Kartenskizze u. 2 Kurven im Text. *Jena: G. Fischer 1900.* (128 S.) 8°
— Handbuch d. Hygiene. Bd 10, Lfg 1. [00. 2046

— s.: Mitteilungen der deutschen Gesellschaft zur Bekämpfung der Geschlechtskrankheiten.

Die Nervenverteilung in der Haut in ihrer Beziehung zu den Erkrankungen der Haut. Bericht erstattet d. VII. Congress d. Deutschen Dermatol. Ges. zu Breslau 20.–30. Mai 1901. Von Dr. A[lfred] Blaschko, Berlin. (Mit 26 Taf.) *Wien & Leipzig: W. Braumüller 1901 (02).* (53 S.) 2° [02. 6990

Die Nervenverteilung in der Haut in ihrer Beziehung zu den Erkrankungen der Haut. Bericht erstattet d. VII. Congress d. Deutschen Dermatol. Ges. ⟨Breslau 28.–30. Mai 1901⟩. Von Dr. A[lfred] Blaschko, Berlin. Mit 26 Taf. *Wien & Leipzig: W. Braumüller 19(01)02.* (53 S.) 2°
— Verhandlungen d. Deutschen Dermatol. Gesellschaft. VII. Congress. 1901, Beil. [02. 1169

— dasselbe, s.a. Verhandlungen der deutschen dermatologischen Gesellschaft.

— die Prostitution im 19. Jahrh., s.a. Am Anfang des Jahrhunderts. 12. Hft.

Die Prostitution im 19. Jahrhundert. Von (Dr.) Alfred Blaschko. *Berlin: Aufklärung 1902.* (51 S.) 8° [F.]
— Anfang, Am, des Jahrhunderts. H. 12. [02. 3693

* BLASCHKO, A., Die moderne Prostitution. (Die Neue Zeit. 1891—92. Bd. II.)

BLASCHKO, A. Zur Prostitutionsfrage. Vortrag. Berlin 1892. 8°. 15 S.

— die gesundheitlichen Schäden der Prostitution u. deren Bekämpfung. Nach e. auf der Generalversammlg. des Verbandes fortschrittl. Frauenvereine geh. Vortrage. (Umschlag: 2. Aufl.) (20 S.) 8. Berlin 904. W. & S. Loewenthal. n. — 50

— Schutz gegen Krankheits-Gefahr, s.: Rabel, F.

Blaschko, Alfr. (geb. Freienwalde a. O. 3. 3. 1858): Das Sehcentrum bei Fröschen. Berlin (1880). (32 S.) 8°
Berlin, Med. Diss. v. 10. Aug. 1880

— Syphilis u. Prostitution vom Standpunkte d. öffentlichen Gesundheitspflege. gr. 8. (VIII, 206 S.) Berlin 893. S. Karger. n. 4. 50; geb. n. 5. 50

— u. Max Jacobsohn: Therapeut. Taschenb. d. Haut- u. Geschlechtskrankh., s.a. Fischer's therapeut. Taschenbb.

— u. Max Jacobsohn, therapeutisches Taschenbuch f. Haut- u. Geschlechtskrankheiten. (V, 180 S.) kl. 8. Berlin 907. Fischer's medicin. Buchh. Geb. in Leinw. u. durchsch. 2. 80

— die Verbreitung der Syphilis in Berlin. Unter Benutzg. amtl. Materials bearb. Nach e. in der deutschen Gesellschaft f. öffentl. Gesundheitspflege geh. Vortrage. 1. u. 2. Aufl. gr. 8. (32 S.) Ebd. 892. n. — 80

— s.: Zeitschrift f. Bekämpfung der Geschlechtskrankheiten.

Blaschko, Armin. (geb. Rawitsch 9. 12. 1826): De morbo Brightii. Berolini (1851). (25 S.) 8°
Berlin, Med. Diss. v. 26. Aug. 1851

Blaschko, S., d. Lepra i. Kreise Memel. gr. 8. (III, 87 S. m. 8 Abb. u. 8 Taf.) Berlin 897. S. Karger. n. 2. 50

Blaschnek, Samuel: Vollständige General- (or) Posten- und Strassen-Karte ..., s. Schedius, Ludwig von

Blaschy, Rudolf [pr. Arzt]: Aus d. anatom. Institut zu Königsberg i. Pr. No. 20. Über die Crista supramastoïdea des Schläfenbeins. '(M. e. Taf.)' ... Königsberg i. Pr., Druck v. M. Liedtke, 1896; 2 Bl., 48 S., 2 Bl., 1 Taf. 4.
Königsberg, Med. Fak., Inaug.-Diss. v. 29. Juli 1896

Blaschy, Rud., üb. d. Crista supramastoïdea d. Schläfenbeins. Diss. 4. (49 S. m. 1 Taf.) Königsberg 896. (W. Koch.) n. 1. 60

Blasci, (C.,) Diss., in qua ostenditur, diaconis nunquam fuisse permiss., nequidem in casu summae necessitatis, administr. sacram poenitent., ubi difficill. Cypriani M. textus dilucidatur, aliaque patrum dicta, concilior. constitut. interpret., quam ex idiomate Italico in Latin. versam edidit, notas illustr. etc. A. J. Binterim. gr. 8. Mainz 822, Müller.

Blasci, C., Dissertat. in qua ostenditur diaconis nunquam fuisse permissum administrare Sacrament. poenit. Ex ital. idiom. vertit A. J. Binterim. 8. maj. Mogunt. 1823. Kirchheim. 3/4 Thlr. — 1 fl. 20 kr.

Blascke, J. *Heinrich*: A few Steps to a complete Dictionary of English Dialects. Hamburg, gedr. bei Lütcke & Wulff, 1890; 1 Bl., VIII, 48 S. 4°
Hamburg, HB, OP 1890 (717)

Blasco, C., diaconis nunquam fuisse permissum administrare sacramentum poenitentiae; ed. A. J. Binterim. Mogunt. 1822. 8.

Blasdale, W. C., Untersuchungen üb. die Bildungsverhältnisse der oceanischen Salzablagerungen, s.: Hoff, J. H. van't.

Blase: De bello piratico, s. Blase, C.H.

Blase: Der heil. Johannes Capistranus, Belgrads Retter am 21. Juli 1456 und seine Zeit. 37 S.
Progr. Bedburg 1858.

Blase, ..., s. Erholungsstunden.

Blase, C.H.: De bello piratico. Part. I. 11 S.
Progr. Bedburg 1855.

Blase, C. H. De bello piratico. (11) 4. Bedburg, Coloniae 1855.

Blase, C.H.: De Q. Tullii Ciceronis vita. 25 S.
Progr. Bedburg 1847.

Blase, Friedrich
Altena. Ein Führer durch Stadt u. Umgebg. Gebiet d. mittleren Lenne. Hrsg. v. Oberl. Friedrich Blase. Mai 1898. 1. Aufl. *Plettenberg: E. Schmidt (1898).* (106, x S., 2 Kt.) 1 Bd 8. [9f. 7486 Mr]

Blase, Heinrich
Blase, H., Geschichte der Irrealis im Lateinischen, zugleich ein Beitrag zur Kenntniss des afrikan. Lateins. gr. 8. (IV, 79 S.) Erlangen 888, Deichert'sche Verlagsh. Nachf. *

Blase, H., Geschichte des Plusquamperfekts im Lateinischen. gr. 8. (V, 112 S.) Giessen 894. J. Ricker. n. 3 —

Blase. H., zur Geschichte und Statistik der Rhein. Ritter-Akademie zu Bedburg; ein Rückblick auf die ersten 25 Jahre ihres Bestehens. Bedburg.
Schul-/Univ.-Schrift 1867 1

— s.: Grammatik, historische, d. lateinischen Sprache.

Blase, Henricus [Rhenanus]: De modorum temporumque in enuntiatis conditionalibus permutatione quaestiones selectae.... Argentorati, apud C. J. Trübner, 1885; 54 S. 8°.
Strassburg, Phil. Fak., Inaug.-Diss. v. 1885.

Blase, Heinr.: Kleines lat.-deut. Schulwörterb., s: Heinichen.

Blase, Heinrich, Dir. Dr.: Studien und Kritiken zur lateinischen Syntax. T. 1. Mainz 1904: H. Prickarts. (53 S.) 8°
Mainz, großh. HerbstG P 1904 (743)

Blase, Heinrich, Direktor Dr.: Studien und Kritiken zur lateinischen Syntax T. 2. Mainz 1905: H. Prickarts. (57 S.) 8° ¶ [Forts. d. P-Beil. 1904]
Mainz, großh. Herbst-G P 1905 (768)

Blase, Heinr. Zur Syntax der Bedingungssätze im Lateinischen, s. Commentationes in honorem Guilelmi Studemund.

Blase, H., Tempora u. Modi; genera verbi, s.: Grammatik, historische, der lateinischen Sprache.

Blase, [Heinrich], Dir. Dr.: Zur Vorgeschichte des Herbst-Gymnasiums nach der Chronik und Akten des Oster-Gymnasiums. *Mainz 1901: H. Prickarts.* (S. 9—10.) 4°
Mainz, grossh. Herbst-G, P 1901 (695b)

Blase, Rich., das königl. sächsische Gesetz üb. die Fürsorgeerziehung. s.: Handbibliothek, juristische.

Bläse u. Babet. Operette v. Monuel. 8. Amsterdam. (Jülicher in Linz.) 790.

Blaese, Berthold: Die Stimmungsscenen in Shakespeares Tragödien. Berlin 1910: Ebering. 111 S. 8° ¶ (Ersch. auch als Buch ebd.)
Greifswald, Phil. Diss. v. 11. Mai 1910, Ref. Konrath
[Geb. 15. Juni 86 Berlin; Wohnort: Berlin; Staatsangeh.: Preußen; Vorbildung: Friedrichs-Werdersche Oberrealsch. Berlin Reife O. 05, Erg. Realgymn. Berlin M. 08; Studium: Berlin 9. Greifswald 1 S.; Rig. 2. März 10.] [U 10. 1600

Blaese, G., die natürlichen Familien der wildwachsenden Phanerogamen Kur-, Liv- und Ehstlands. Bearb. und systematisch geordnet zum Gebrauch bei botanischen Exkursionen, zunächst für die Forst-Schüler des mitauschen Gouv.-Gymnasiums. br. 16. (XXXII und 76 S.) Mitau 861, Lucas.

Blaese, G., die natürlichen Familien der wildwachsenden Phanerogamen der baltischen Provinzen Liv-, Kur- und Esthland. Bearb. zum Gebrauche bei botan. Excursionen. gr. 8. (VI, 125 S. mit 6 lithogr. Taf. Abbild.) Riga 868, Bacmeister. *

Blaese, G, d. natürl. Familien d. wildwachs. Phanerogamen d. balt. Prov. Liv-, Kur- u. Esthland. 8. (125 m. 6 L.) Riga 68, Brutzer & Co. n. 1. —

—— Katechismus der Chemie für den Elementar-Unterricht in der Mineralogie. gr. 8. (IV, 52 S.) Riga 868, Bacmeister. *

Blaese, M. v., der Frachten- u. Personenverkehr auf d. kurländ. Aa u. die wirtschaftl. Bedeutung d. Schiffbarmachung derselben von Mitau bis Bauske. (Arbeiten der kurländ. ökonom. Gesellschaft.) (58 S. m. 2 Tab. u. 1 farb. Karte.) gr. 8. Mitau 910. (F. Besthorn.) 1. 60

Blaese, M. v., u. M. Stahl-Schroeder, der Futterbau in Kurland u. den umliegenden Provinzen. Gekrönte Preisschrift. gr. 8. (VIII, 167 S.) Riga 898. N. Kymmel's Sort. n. 4. —

Blaese, M. v., Mittheilung der Versuchsstation der kurländischen oekonomischen Gesellschaft. 12-jährige Versuchswirthschaft m. Gründüngg. u. künstl. Düngemitteln ohne Anwendg v. Stalldünger. (28 S. m. 2 Taf.) 8. Mitau 906. (F. Besthorn.) n. 1, 40

Blaese, M[ax] von: Die Landwirthschaft in Kurland. — Mitau: Steffenhagen 1899. VI, 205 S., 5 Tab., 2 Kt. und 1 Taf.

Blaese, Rob., das Näherrecht nach curländischem u. pilten'schem Landrechte, vom Anfange unserer Rechtsgeschichte bis auf die neueste Zeit. Eine zur Erlangung der Würde eines Magisters der Rechte abgefaßte Abhandlung. gr. 8. (118 S.) Dorpat 851. (Mitau, Reyher.) 1⅙ ℳ

Blaese, Ulrich Wilhelm (Curonus), De virtutibus opii medicinalibus secundum Brunonis systema dubiis et male fundatis. Diss. med. Jena (Fiedler) 6. VIII. 1795. 24 S. (4.80) 2853

Blaese, W. G., De virtutibus opii medicinalibus secundum Brunonis systema dubiis et male fundatis. 24 pp. Jen. 4°. 1795

Blasek, Heinr., s.: Beiträge zur Geschichte der k. u. k. Gonio-Waffe.

Blasek, Joh.: Ausz. aller im Königr. Böhmen besteh. Verordnn. u. Gesetze nach *Joh. Roth's* — Samml. neu aufgelegt, verbessert u. vermehrt. 12 Bände, *Prag,* Scholl'sche Buchdruckerei. 817—19. 8.

Blašekovic, Fr.: Die Krankheiten des Herzens unserer Hausthiere, speciell des Pferdes. Jena 1882. 71 S. (Vorträge für Thierärzte. Ser. 5, H. 4/5.)

Blasel, C. Die Cissoide und eine ihr verwandte Kurve. Analytisch-geometrische Abhandlung für den Wissensstandpunkt der Schüler der obersten Klasse einer Realschule I. O. 16 S. u. 6 Taf. Progr. Rg. *Neisse* 1881.

Blasel, C[arl]. Beitrag zur Theorie periodischer Reihen. (Analytische Studie.) S. 43—62. 8.
In: Festschrift zur Feier des 150 jähr. Bestehens des Kgl. kath. Progr. Gymn. *Leobschütz* 1902

Blasel, C(arl), Prof.: Beitrag zur Theorie periodischer Reihen. ⟨Analyt. Studie.⟩ *Leobschütz 1902: W. Witke.* (S. 43—62.) 8°
Leobschütz, k. kath. G, Festschr. 1902**

Blasel, Carl, der hl. Ceslaus. Sein Leben, seine Verehrg., seine Grabstätte. (IV, 52 S. m. Abbildgn. u. 14 Taf.) gr. 8. Breslau 909. Müller & Seiffert. 2. 70

Der selige Ceslaus. Sein Leben, s. Verehrung, s. Grabstätte. Von Dr. Carl Blasel. Breslau: Müller & Seiffert 1909. IV, 52 S. 8° [09. 10010 2]

Blasel, Carl M. J., Prof.: Über die elektrischen Fundamentalgrössen und das Ohm'sche Gesetz. Lehrprobe aus d. physikal. Unterrichtspensum d. obersten Klassen höherer Lehranstalten. *Leobschütz (1900): J. Gomolka.* (S. I—X.) 4°
Leobschütz, k. kath. G, OP 1900 (206)

Blasel, Carl: Gesch. v. Kirche u. Kloster St Adalbert zu Breslau, s: Darstellungen u. Quellen z. schles. Gesch.

— Gesch. d. Rosenkranzbrudersch. bei St Adalbert in Breslau. (1, 80) 8° Bresl., Müller & Seiffert '12. 1 — d

Blasel, Carl, katholische Kirchen-Lieder nebst einigen Litaneien und Gebeten. Gesammelt und hrsg. 3., verm. Aufl. 16. (IV und 118 S.) Neisse 861, (Graveur.) * 5 Ngr.; geb. *

Blasel, Carl, katholische Kirchen-Lieder nebst einigen Litaneien und Gebeten. 4., verm. Aufl. 16. (VIII und 200 S.) Neisse 864, Graveur.

Blasel, Carl, katholische Kirchen-Lieder nebst einigen Litaneien und Gebeten. 5. Aufl. 16. (VIII, 200 S.) Neisse 870, Graveur's Verlag. *

Blasel, Carl, katholische Kirchen-Lieder, nebst einigen Litaneien und Gebeten. 6. und 7. Aufl. 16. (VIII, 200 S.) Neiße 876,80, Graveur's Verlag. *

Blasel, Carl, katholische Kirchen-Lieder nebst einigen Litaneien und Gebeten. 8. Aufl. 16. (200 S.) Neisse 888, Graveur's Verlag. *

Die Wanderzüge der Langobarden. Ein Beitrag z. Geschichte u. Geographie d. Völkerwanderungszeit. Von Dr. Carl Blasel. Breslau: Müller & Seiffert 1909. XIX, 133 S. 8° (09. 2209) 2

Blasel, Carl Maria Joseph, s. B l a s e l, Carl

Blasel, Ign.
Blasel, J., die Motive der Gesetzgebung d. Gaius Sempronius Gracchus. 4. (25 S.) Trier 878. (Lintz.) n. — 75

Blasel, Ignaz (*geb. Oppeln 26. 7. 1847*): Hubert Languet. Th. 1. Oppeln (1872). (48 S.) 8° [*Im Buchhandel 1872 bei Aderholz in Breslau; Forts. nach Mitteil. d. Verf. bis 1904 nicht erschienen.*]
Breslau, Phil. Diss. v. 14. Aug. 1872

Blasel, Ignaz, Hubert Languet. 1. Thl.: Historische Inaugural-Dissertation. gr. 8. (III, 51 S.) Oppeln 872. (Breslau, Aderholz' Buchh. *

Blasel, Karl, Prof.: 1. Jubiläums-Cantate. 2. Begrüßungsgedicht zur Jubelfeier. (*Leobschütz: 1902: J. Gomolka.*) (2 Bl.) 8° [Kopft.]
Leobschütz, k. kath. G, Festschr. 1902**

Blasel, Leopold Maria
Blasel, Leop. Maria, die Regeln d. Zweikampfes. gr. 8. (27 S.) Wien 901. (L. W. Seidel & Sohn). n. 2. —

BLASEN, H. Rog.: Processus judiciarius provincialis Brunsvico-Luneburgic., in quo consonantia et dissonantia tam juris communis et provincialis quam judiciorum juriumque differentiae cum applicatione practica ostenduntur. *Brunsvic.*, 732. 4.

Blasendorf, C.: Das F r e m d w ö r t e r u n w e s e n und die Pflichten der höheren Schulen, s. B l a s e n d o r f f, Karl

Blasendorff: M i t t h e i l u n g e n über die Bedrückung des Pyritzer Kreises 1806–1808, s. B l a s e n d o r f f, Karl

Blasendorff, C., De Herodianeo *περὶ παθῶν* libro. Diss. 1866. 29 S.

Blasendorff, C., die Königin Luise in Pommern. Mit einem (lithogr.) Bilde der Königin. gr. 16. (IV, 94 S.) Stettin 879, Dannenberg. *

Blasendorff, Carl, s. B l a s e n d o r f f, Karl

Blasendorff, (Friedr. Edm.) Max (geb. Berlin 11. 10. 1855): Ueber die Beziehungen zwischen zwei allgemeinen Strahlensystemen, von welchen das eine durch die verschiedensten Reflexionen und Brechungen in Medien mit beliebiger Wellenfläche aus dem andern hervorgegangen ist, und die hieraus für optisch darstellbare Strahlensysteme sich ergebenden Folgerungen. Berlin 1883. (34 S.) 8°
Berlin, Phil. Diss. v. 4. Aug. 1883

Blasendorff, Karl
Blasendorff, Carl, s.: Bilder a. d. deutschen Küstenländern d. Ostsee.

Blasendorff, Carl, Bilder aus den deutschen Küstenländern der Ostsee, s. Land und Volk, unser deutsches.

—— Gebhard Leberecht v. Blücher. Mit dem (Stahlstich-) Bilde Blüchers und der Nachbildung eines eigenhänd. Briefes. gr. 8. (IX, 400 S.) Berlin 887, Weidmann'sche Buchh. *

Blasendorff, K. [Oberl. Dr.]: Blücher als Gutsbesitzer. Pyritz, Druck d. Backe'schen Buchdr., 1889; S. 9–24; 4°
Pyritz, k. Bismarck-G, OP 1889 (131)

—— das F r e m d w ö r t e r u n w e s e n und die Pflichten der höheren Schulen im Kampfe gegen dasselbe, s.a. Zeit- und Streit-Fragen, deutsche.

Blasendorff, C., Das Fremdwörterunwesen und die Pflichten der höheren Schulen im Kampfe gegen dasselbe. Berlin 1886. 8.
[illegible] S. F. Jhg. 1 H. 1

—— Der deutsch-dänische Krieg v. 1864. Nach gedruckten Quellen u. eigenen Erinnerungen erzählt. Mit 2 Karten. 8. (VIII, 237 S.) Berl. 889. Weidmann. * 3 —

Blasendorff, Karl Mitteilungen über die Bedrückung des Pyritzer Kreises zu den Zeiten der Fremdherrschaft 1806—1808. 18 S. *Pyritz* 1876 Progr.

—— Verdeutschungswörterbuch für Schule und Haus. 8. (IV, 80 S.) Berlin 887, Weidmann'sche Buchh. cart. *

Blasendorff, Karl [Prof. Dr.]: Blüchers Wiedereintritt ins Heer. Stettin, Druck v. Herrcke & Lebeling, *1897;* 3—12 S. 4.
Stettin, König-Wilhelms-G, OP 1897 (151)

Blasendorff, Max, über die Beziehungen zwischen zwei allgemeinen Strahlensystemen, von welchen das eine durch die verschiedensten Reflexionen und Brechungen in Medien mit beliebiger Wellenfläche aus dem andern hervorgegangen ist, und die hieraus für optisch darstellbare Strahlensysteme sich ergebenden Folgerungen. Inaugural-Dissertation. gr. 8. (IV, 34 S.) Berlin 883, (Mayer und Müller.) *

Blasendorff, Max [Dr.]: Über die Teilung des Kreisbogens. M. e. Figurentaf. Berlin, R. Gaertner, 1896; 29 S., 1 Taf. 4.
Berlin, Achte R '(HB)', OP 1896 (122)

Blasendorff, Max, Dr.: Über die Teilung des Kreisbogens. Mit 1 Fig. *Berlin: R. Gaertner 1901.* (18 S.) 4° ¶(Forts. d. P-Beil. 1896.)
Berlin, Achte R, OP 1901 (124)

Blasendorff, Max, über die Teilung des Kreisbogens. Progr.-4. (18 S. m. 1 Fig.) Berlin 901. [R. Gaertner.] Weidmann. n. 1. —

**Blasen-Krankheiten, Die,** ihre Entstehung und Behandlung . . . Wien 1881. V: *Breier, Eduard.* (WBL)

Blasenwerfen, das, bei dem Schweißen von Puddelstahl-, Feinkorn- u. Eisen-Packeten. Zwei gekrönte Preisschriften nebst den vom technischen Vereine für Eisenhüttenwesen [Zweigvereine d. Vereins deutscher Ingenieure] über dies Thema gepflogenen Verhandlungen. [Abdr. aus der Zeitschrift d. Vereines deutscher Ingenieure.] Berlin 865. Gaertner in Comm. gr. 8. (52 S.) 7½ ngr

Blaser, Albert, aus Langnau (*Bern*): Kondensationen der p-Tolilsäure mit Toluol, Phenolen und Phenoläthern. Freiburg (Schweiz) 1909. 71 S. 8°.
Freiburg i. Schw. Math.-naturw. Diss. 1909/10.

Blaser, Albert. Kondensationen der p-Tolilsäure mit Toluol, Phenolen und Phenoläthern. Diss. Math.-Naturw. Freiburg, Schweiz. [Mit 1 Figur.] 71 S. 8. Freiburg (Schweiz), St.-Paulus-Druckerei, 1909.

Blaser, C., allgem. Behandlung der Reihenumkehrung nebst Anwendung ders. zur Darstellung d. Wurzeln algebraischer Gleichungen in unendlichen Reihen. gr. 4. (2½ B. u. 2 Bog. Fol.) Bern 843. (Huber u. Comp.) * —

Blaser, C., Münzbuch, s. Frey, K.

Blaser, Ed., die Zerstörungs- und Wiederherstellungs-Arbeiten von Eisenbahnen. gr. 4. (22 S. mit 16 Figurentaf. auf 2 Stnt.) Basel 871, Schweighauser'sche Buchh. *

Blaser, Fritz. Die Sekundarschule Langenthal auf die 75jährige Jubiläumsfeier, 27. September 1908. [Mit 1 Tafel.] 55 S. 8. Langenthal, Buch- u. Akzidenzdr. »Merkur« A.-G., 1908.

Blaser, J., Material zu deutschen Aufsätzen f. Mädchen der obersten Schulstufen. 120 Orig.-Arbeiten v. Schülerinnen, gesammelt, eingeleitet u. m. Ratschlägen u. Andeutgn. zu analogen Aufgaben hrsg. gr. 8. (XVI, 271 S.) Aarau 894. H. R. Sauerländer & Co. n. 3. 20

Blaser, Johann (Pfarrer z. Reichenbach), die Grundzüge der christlichen Lehre. Ein Leitfaden für den kirchlichen Religionsunterricht. V u. 64 S. 8. Bern, Rieder u. Simmen. 1871. 1. —

Blaser, Johann: Geschichtliche M i t t e i l u n g e n ..., s.a. B l a s e r, T.

Blaser, Johann. Geschichtliche Mitteilungen über die Pfarrei und Pfarrkirche zu Langenthal. 1898. [Mit 3 Tafeln.] 8. Langenthal 1898.

**Blaser, Otto, Conrad Ferdinand Meyers Renaissancenovellen, s.a. Untersuchungen zur neueren Sprach- u. Literaturgeschichte.**

**Blaser, Otto:** Conrad Ferdinand Meyers Renaissancenovellen. Bern 1905. 83 S. 8°. Ersch. vollst. als H. 8. d. Untersuchungen zur neueren Sprach- und Literaturgeschichte. [31. X. 03.]
Bern. Phil. Diss. 1904/1905.

**Blaser, Otto.** Conrad Ferdinand Meyers Renaissancenovellen. 8. Bern ... 1905.
*Ausg. A:* (Kapitel 1—8.) Diss. Phil. Bern ... von O' B'. VIII + 83 S. Bern, Buchdr. Büchler & Co.
*Ausg. B:* ... von Dr. O' B'. X + 151 S. Bern, Verlag A. Francke. (fr. 3.50.) — Untersuchungen zur neueren Sprach- und Literaturgeschichte. Hrg. von Professor Dr. Oskar F[ranz] Walzel. Heft 8....

Blaser, T.: Geschichtliche Mitteilungen..., s.a. Blaser, Johann

**Blaser, T.** Geschichtliche Mitteilungen ü. die Pfarrei u. Pfarrkirche zu Langenthal. 8°. 45 S. Langenthal. T. Blaser, Pfarrer. Nicht im Buchhandel. 1899!

**Blaeser, C., der Führer auf der Eisenbahn enthaltend alphabet. Verzeichniss sämmtl. Stationen u. Anhaltestellen, sowie die Meilenzeiger von mehr als 70 Eisenbahnen Deutschlands u. der angrenzenden Staaten. Ein unentbehrl. Handbuch für Eisenbahn-Beamte, Comptoiristen etc. Mit 1 (lith.) Uebersichtskarte sämmtl. Eisenbahnen Deutschlands (in Fol.). Erfurt 853. Bartholomäus. gr. 16. (VI, 89 S.)** n. 15 ngr

Blaeser, C., der Führer auf der Eisenbahn enthaltend alphabet. Verzeichniss sämmtl. Stationen und Anhaltestellen, sowie die Meilenzeiger von mehr als 70 Eisenbahnen Deutschlands und der angrenzenden Staaten. Ein unentbehrliches Handbuch für Eisenbahn-Beamte, Comptoiristen, Kaufleute und Reisende. br. 8. (VI und 89 S. mit 1 lithogr. Uebersichts-Karte sämmtlicher Eisenbahnen Deutschlands in Fol. Erfurt 854, Bartholomäus. *

Blaeser, C. F., die Einrichtung der Königl. Preußischen Klassen-Lotterie nach ihrem neuesten Plane beleuchtet. Berlin 860. Geelhaar. gr. 8. (18 S.) n. 5 ngr

**Bläser, C. F., Deutschlands Interesse an der Erwerbung u. Colonisation der nordafrikanischen Küsten Tunis u. Tripolis, in seiner großen Bedeutung zumal hinsichtlich der handelspolit. u. gewerbl. Beziehungen dargestellt. Mit 2 (lith.) Karten. gr. 8. (XVII, 74 S.) Berlin 882. Bohne.** n. 2. —

Blaeser, C. F., die Lösung der socialen Frage philosophisch und staatswissenschaftlich entwickelt. gr. 8. (10 S.) Berlin 850, (Springer.) *

**Bläser, G., Entwurf zu e. Denkmale Beethoven's od. öffentl. Besprechungen, geführt von mehreren zur Zeit zu Berlin anwesenden Rheinländern. Als ein Beitr. zur rheinischen Kunstgeschichte so wie zur Geschichte unserer Zeit überhaupt. 1. Lfg. gr. 8. (5 B.) Berlin 844. (Springer.)** Thlr. * -

Blaeser, H. A.: Leitfaden für Gerichtsboten und Executoren bei Ausführung der denselben übertragenen Geschäfte. Minden u. Lübbecke 1846.

Blaeser, H. A., Leitfaden für Gerichtsboten und Executoren bei Ausführung der denselben übertragenen Geschäfte rc. 8. (135 S.) Minden 847, Eßmann.

Blaeser, Heinr. Adf., der deutsche Rechtsbeistand. Ein zuverläss. Rathgeber in allen gerichtl. Angelegenheiten vor den Amts-, Land- und höheren Gerichten. Nach den neuen Reichsgesetzen bearb. 1. Heft: Das Gerichtsverfassungsgesetz und das Mahnverfahren bei den Amtsgerichten. 3. Aufl. gr. 8. (S. 1—51.) Oeynhausen 879, Eßmann'sche Verlagsb. *
1. und 2. Aufl. waren nicht im Handel.

**Blaeser, Heinr. Adf., die Rechtsmittel in Fristen. Eine Zusammenstellung der gesetzl. Bestimmgn. üb. die zuläss. Rechtsmittel u. sämtl. Fristen, wie solche in der Praxis d. Civil- u. Strafprozesses, sowie im Konkursverfahren nach dem jetz. im ganzen Deutschen Reiche gelt. Gerichtsverfassungsgesetze vorkommen. Bearb. nach amtlichen Quellen. 8. (31 S.) Rehme 882. Leipzig, Rasch & Co. in Comm.** n. 1. —

Bläser, Konr., die Revolution und die Jesuiten. gr. 8. (79 S.) Linz 876, Ebenhöch'sche Buchh. *

**Blaserna**, Peter
**——, E. Mach und J. Peterin, über elektrische Entladung und Induction. Lex.-8. (50 S.) Wien 859, (Gerold's Sohn.)** * *
Vorstehende drei Schriften wurden aus: Sitzungsberichte der k. Akad. der Wissenschaften Jahrg. 1858 und 1859, besonders abgedruckt.

— **Mach E.** und **Peterin J.**: Über elektrische Entladung und Induktion. S. 37. 477 „ —.60
Separatabdruck

**Blaserna Peter**: Über den induzierten Strom der Nebenbatterie. S. 33. 45 . . . . . K —.60
— — Fortsetzung. S. 36. 80 . . . . . vgr.
Separatabdruck

**Blaserna, Pet.,** über den inducirten Strom der Nebenbatterie. [Aus den Sitzungsber. 1858 d. k. Akad. d. Wiss.] Wien 858. Gerold in Comm. gr. 8. (46 S. m. Holzschn.) n. 6 ngr

**—— dass. — (2. Heft.) Lex.-8. (10 S.) Ebendas. 859.** *

— über den inducirten Strom der Nebenbatterie. [Aus den Sitzungsber. 1859 d. k. Akad. d. Wiss.] Ebend. 859. gr. 8. (10 S.) n. 2 ngr

**Blaserna, P., die Theorie des Schalls in Beziehung zur Musik, s.a. Bibliothek, internationale wissenschaftliche.**

**Blaserna, Pietro.** Die Theorie des Schalls in Beziehung zur Musik. Leipzig 1876. (Bibl. internat. 24)

Blasewitz [Schlagwort]
**Blasewitz. Karte v. Blasewitz, Loschwitz u. Umgebung. (Weisser Hirsch, Bühlau, Rochwitz, Wachwitz, Pappritz, Gönnsdorf, Helfenberg, Rockau, Niederpoyritz, Laubegast, Tolkewitz, Seidnitz, Gruna u. Vorstadt Striesen.) 1 : 10,000. 52 × 70,5 cm. Farbdruck. Nebst Verzeichnis der Strassen, Plätze, öffentl. Gebäude u. s. w. 8. (5 S.) Dresden-Blasewitz 897. Th. Schuberth.** n. 1. —

Bläsi, P., Beschreibung des Unglücks am Hauenstein-Tunnel im Mai und Juni 1857. 8. (94 S. mit eingedr. Holzschn. und 4 Steint. in qu. 4.) Olten 857. (Aarau, Christen.) *

St. **Blasien** [Schlagwort]
**St. Blasien, s.: Baden. Karte.**

**St. Blasien, s.: Schwarzwald. Karte.**

**Blasig,** Emil
Leitfaden für finanzielle Reformen m. besond. Berücks. einer Reichsfinanzreform. Einschlägige Betrachtungen dargest. nach kaufmännischen Prinzipien von Emil **Blasig.** [Nebst] Erl. Friedrichroda i. Th.: Selbstverl. 1909. 8° [11. 3859

Bläsing, A., Dämmerlinge. Eine Sammlung überschwänglicher, kosmopolitisch-satyrisch-humoristischer Gedichte. 3., verm. und verb. Aufl. 8. (IV und 44 S.) Düsseldorf 858. (Berlin, Neumann.)

**Bläsing, A,** Dämmerlinge. 3. Afl. 8. (44) Erl. 58, Selbstverl. — 7½

**Bläsing, A.,** aus dem vielbewegten Leben eines literarischen Handwerksburschen. Humoristische Schilderungen aus einem 25jähr. Buchhandlungsgehülfenleben. Düsseldorf 860. Selbstverlag. 12. (92 S. u. 1 lith. Taf.) n. 10 ngr

**Bläsing, A., aus dem vielbewegten Leben e. literarischen Handwerksburschen. Humoristische Schilderungen aus e. 25jähr. Buchhandlungsgehülfenleben. 2. verb. u. verm. Aufl. 1. Abth. Erlangen 866. Bläsing. 16. (100 S.)** 10 ngr

**Blaesing, Bernh.,** George Borrow. (79 S.) gr. 8. Berlin 910. E. Ebering. 2. —

**Bläsing, Chr. Mor., Hellas, od. Dichtungen d. Griechen. Eine Auswahl. 8. Aachen 823. (Leipz., Fr. Fleischer).** 1 ℳ 4 gr

**Bläsing**, Chr. Mor., Naturscenen u. Gemälde a. Scott's u. Byron's Dichtungen gesammelt. 8. Elberf. 822. Schönign. 16 gr.

*Dav. Blaesing* Diss. de potioribus Arithmeticae Regulis algebraice evolutis. Regiom. 1717

Bläsing, Thdr., Ehrenspiegel des Schullehrerstandes. Die 50jähr. Amtsjubiläums-Feier des Hrn. Adam Willib. Preis, Stadt-Cantors und Oberlehrers in Baiersdorf. gr. 8. (40 S.) Erlangen 859, Bläsing. *

**Bläsing**, Thdr., Festschrift, f. v. Herder's, J. G., hundertjährige Geburtsfeier.

— die Herders-Feier in Erlangen. gr. 8. Erlangen 844, Bläsing. 6¼ ngr

**Blasiu, S.**, Din regulamentul de exercitiu pentru trupele pedestu ces si registi. Editia a treia a regulamentului din anul 1874. 12. (44 S.) Hermannstadt: Krafft 1890? * —.30

**Blasius** Lustig, u. der verliebte Magister, von Mars u. Kalanz ein Roman; aus d. Französ. übers. (von Fr. Kunz). 8. Gotha 824, 25. Hennings. 1 ₰ 16 gr

**Blasius**, Reise im europäischen Rußland in den Jahren 1840 und 1841. Bd. 1. Reise im Norden. Bd. 2. Reise im Süden. Mit Stahlstichen und Holzschnitten. Braunschweig 1844. 8.

Blasius, freisinnig-demokratisch-sozialistisch-konservativ-wühlhuberisches Zankorgan aller fröhlichen Parteien.... Fastnachtszeit[ung des Postgass-Leists, Bern]... [4 S.] 4. [Bern 1902.] fr. —.30

Blasius, A.
— Üb. Notwendigkeit u. Wert d. Textkritik d. Neuen Test., s.: Salz u. Licht.

**Blasius, A.**, Rumtopf. Novellensammlung. Mit Federzeichnungen v. E. Wessel. (163 S.) 8. Kattowitz (909). Phönix-Verlag. 1.50

**Blasius**, A., der Schäfer-Toni, s.a. Volger's Vaudeville-Theater.

Der Schäfer-Toni. Alpines Lustspiel mit Gesang von A. **Blasius**. Landsberg a. W.: Volger & Klein [1905]. (20 S.) 8° [J.]
— **Vaudeville-Theater**, Volger's. No 5. (07. 1989)

**Blasius**, Albert Richard: Ueber Luxatio femoris supracotyloidea traumatica und spontanea. Halle (1869): Plötz. 34 S., 2 Taf. 4°
Halle-Wittenberg, Med. Diss. v. 4. Mai 1869
Geb. Halle a. d. S. 9. 4. 1847. V.

**Blasius**, Alma: Rita Holm, s. Blasius-Gnadenberg, Alma

Blasius, C., de festo cordis Jesu. Rom. 1771. 4; rec. Norimb. 1774. 4.

**Blasius**, Carioph., de Clypeis veterum, 4. Leyd. 751.

Blasius, E. H., die Cholera. Ihr Wesen, ihre Entstehung und Verbreitung, sowie prakt. Winke zu ihrer Verhütung. Auf Grund der neuesten Forschungen in gemeinverständl. Form. 1.—5. Aufl. gr. 8. (23 S.) Berlin 884, F. Luckhardt. *

Blasius, Ernst
**Blasius, Ernst**, akiurg. Abbildungen, od. Darstellung d. blutigen chirurg. Operationen u. der für dies. erfundenen Werkzeuge, mit erläut. Texte. 50 theilw. ill. Kpfr.- u. Stnt. m. 2583 Fig. Roy.-Fol. (Ttl. mit Vign. u. 32¾ B. Text in gr. 4.) Berlin 831—33, Herbig. 10 Thlr., Vlnp. mit breit. Rande.

**Blasius**, Er., akiurgische Abbildd. od. Darstell. d. blutigen chirurg. Operationen, nebst erläut. Text. 1e—5e Lief. jede mit 10 Kpft. gr. Fol. Berl. 831, 32. Herbig. 12 ₰ Pracht-Ausg. à Lief. 2 ₰ 20 gr

Blasius, Er., akiurgische Abbildungen, oder Darstellung der blutigen chirurg. Operationen und der für dieselben erfundenen Werkzeuge, mit erläut. Texte. Compl. u. in 1 Bd. cart. in Cattun. Roy.-Fol. Berlin 833. Herbig. Ladenpr. 12 ₰

**Blasius, Ernst**, akiurgische Abbildungen, od. Darstell. d. blutigen chirurg. Operationen u. der f. dies. erfund. Werkzeuge, mit erklär. Texte, ein Inhaltsverzeichn., systemat. geordnet. Uebersicht u. Namen-Register. 2., in d. Abbildn. wie im Texte durchweg bericht. u. sehr verm. Aufl. 50 theilweis ill. Taf. mit 2583 Darstelln. in Kpfrst. u. Suppl.-Tafn. 1—5. Lfg. (50 Taf. ½ Imp.-Fol. u. 28 Bog. Text, gr. 8.) Berlin 841, 42, Herbig. à L. * 1 Thlr. 12 Gr. * Thlr.

**Blasius, Ernst**, akiurgische Abbildungen, od. Darstellung d. blutigen chirurgischen Operationen u. der für dieselben erfundenen Werkzeuge, mit erläut. Texte etc. 2., bericht. u. durch 10 Kpfrt. verm. Aufl. 6. Lfg. (Schluss.) 10 Kpfrt., Titelblatt (in Imp.-Fol.) u. 10¼ B. Text in gr.-8. enthalt. Berlin 844, Herbig. *

—— dass. Supplement f. die Besitzer der 1. Aufl. Imp.-Fol. (10 Kpfrt. u. 10⅝ B. Text in gr. 8.) Ebds. 844. *

—— und A. Moser, Analekten d. Chirurgie, s. Analekten.

Blasius, Ernst (Comm.u.Hrsg.):

s.: Bateman, Thomas: Praktische Darstellung der Hautkrankheiten nach dem Systeme des Dr.Willan... (A practical Synopsis of cutaneous diseases, according to the arrangement of Dr.(Robert) Willan. Seventh edition by Anthony Todd Thomson. Dt.) Übers.von Ludwig Calmann. Leipzig: 1835

JB 4.682

**Blasius**, Ernst, Beiträge zur prakt. Chirurgie. Nebst einem Bericht über d. chirurg.-augenärztl. Klinik der K. Universität zu Halle. Mit eingedr. Holzschn. u. 4 lith. Taf. gr. 8. (XL u. 314 S.) Berlin 848, Förstner. 2¾ ₰

**Blasius**, E, neue Beitr. z. prakt. Chirurgie. 8. (271 m. 5 L.) Lpzg 57, Felix. n. 2. 20

**Blasius, Ernst**, neue Beiträge zur praktischen Chirurgie. Nebst einem Bericht über die chirurgisch-augenärztliche Klinik der königl. Universität zu Halle während des 25jähr. Zeitraumes vom 1. Mai 1831 bis zum 1. Mai 1856. gr. 8. (XXXIX und 271 S. mit 5 Stnt.) Leipzig 857, Förstner'sche Buchh. *

—— klinisch-chirurg. Bemerkungen. Ein Bericht v. d. Ereignissen in d. chirurg.-augenärztl. Klinik d. Kgl. Universität zu Halle, f. d. Jahr v. 1. Mai 1831 bis eben dahin 1832. M. 2 lith. Taf. gr. 8. (11 B.) Halle 832, (Anton.)

– s. Coulson, W.: Von den Krankheiten der Blase

—— de fungi durae matris accuratiori distinctione. Spec. pathol. 8 maj. (3 B. incl. 1 Tab.) Halae 829. (Anton.)

**Blasius**, Ernestus: De fungi durae matris accuratiori distinctione. Halis Saxonum (1829): Grunert. 47 S. 8°
Halle-Wittenberg, Med. Hab.-Schr. v. 17. Okt. 1829
im Buchhandel 1829 bei Anton in Halle.

Blasius, Ernst: Erklärung der akiurgischen Abbildungen oder der Darstellung dre blutigen chirurgischen Operationen und der für dieselben erfundenen Werkzeuge. 2.berichtigte und...verm.Aufl. 595 S. Berlin: 1844

s.: Blasius, E.: Akiurgische Abbildungen oder Darstellungen der blutigen chirurgischen Operationen und der für dieselben erfundenen Werkzeuge. 2.verbess.und berichtigte, ...verm.Aufl.

JB 6.317

**Blasius**, Ernst (geb. Berlin 20. 11. 1801): De tractus intestinorum formatione in mammalium embryonibus. (Berolini 1823.) (35 S.) 8°
Berlin, Med. Diss. v. 5. Apr. 1823

— Handbuch d. Akiurgie. Zum Gebr. bei Vorlesungen u. z. Selbstunterricht. 3 Bde. gr. 8. Halle 830, 31. Anton. 5 ₰ 12 gr

—— Handbuch der Akiurgie. Zum Gebr. bei Vorlesn. u. z. Selbstunterr. bearb. 3 Bde. gr. 8. Halle, Anton. [1. (24 B.), 2. (26 B.) 830. à 1 Thlr. 12 Gr., 3. (40 B.) 832. 2 Thlr. 12 Gr.]

—— Handbuch d. Akiurgie. Zum Gebr. bei Vorlesn. u. zum Selbstunterr. 1—3. Bd. 2., verm. u. mit d. Literatur vers. Aufl. gr. 8. Halle, Anton. [1. (34 B.) 839. 2 Thlr., 2. (32½ B.) 840. 2 Thlr., 3. 1. 2. (66 B.) 841, 42. 4 Thlr.]

Blasius, Ernst: Handbuch der Akiurgie. Zum Gebrauche bei Vorlesungen und zum Selbstunterricht. 2.verm...Aufl. Bd 1 - 3/$_{1-2}$, gbd.
Halle: Anton 1839 - 1843

JB 3.403

—— Handwörterbuch d. gesammt. Chirurgie u. Augenheilkunde, z. Gebr. f. angeh. Aerzte u. Wundärzte. In Verbind. mit mehr. Aerzten bearb. 4 Bde. Nebst Register. gr. 8. (215¾ B.) Berlin 836—39. Th. Enslin. Pränu.-Pr. *

Blasius, Ernestus: Laesionum mechanicarum annis 1859—1862 in instituto clinico chirurgico universitatis regiae Halensis observatarum historia. Halis 1872: Hendel. S. 6—20. 8° (4°)
Halle-Wittenberg, Progr. z. akad. Preisverteilung 1872

Blasius, Ernestus: Morborum annis 1859—1862 in instituto clinico chirurgico universitatis regiae Halensis observatorum historia. Halis 1864: Hendel. S. 6—28. 8° (4°)
Halle-Wittenberg, Progr. z. akad. Preisverteilung 1864

Blasius, Ern., Commentatio de hydrope ovarior. profluente. 4 maj. (3 B.) Halae 834, Anton. Thlr.

— Commentatio de hydrope ovariorum profluente. 4maj. Halle 835. Anton. ⅓ Thlr.

—— Lehrbuch d. Akiurgie. Für Lehrende als Grundlage zu Vorträgen, f. Lernende z. Gebr. bei Repetitionen bearb. gr. 8. (33¼ B.) Halle 835, Anton.

—— Lehrbuch der Akiurgie. Für Lehrende als Grundlage z. Vorträgen, f. Lernende z. Gebr. bei Repetitionen. 2., verm. Aufl. gr. 8. (42 B.) Halle 846, Anton.

Blasius, Ernst, Schlussbericht über die chirurgisch-augenärztliche Klinik der königl. Universität zu Halle vom 1. Mai 1831 bis zum 1. Mai 1867. gr. 4. (41 S.) Halle 868, Anton. *

—— der Schrägschnitt, e. neue Amputationsmethode, nebst Erörterungen and., die Amputationen betreff. Gegenstände. M. 6 Kpfrt. gr. 4. (10 B.) Berlin 838, Herbig.

— s. Syme, J.: Krankheiten des Mastdarms

Blasius, Ernst (Hrsg.), s. Zeitschrift, Klinische, für Chirurgie und Augenheilkunde.

Blasius, Eugen
Blasius, Eug., physikal. Uebungen f. Mediciner. (Sammlung naturwissenschaftl. Lehrbücher.) gr. 8. (IX, 238 S. m. 65 Abb.) Leipzig 895. S. Hirzel. n. 5.—; geb. n. 6.

Blasius, Eugen: Zersetzungsfiguren an Krystallen . . . . Leipzig, Wilh. Engelmann, 1885; 21 S. u. 1 Taf. 8°.
Strassburg, Math.-Naturw. Fak., Inaug.-Diss. v. 1885.

Blasius, H. (Hrsg.), s. Monatsschrift für Unfallheilkunde.

Blasius, H., die Noth an Kirchen in Berlin. Vortrag, gehalten im Parochial-Verein der Zwölf-Apostel-Gemeinde am 27. Febr. 1888. Lex.-8. (25 S. mit 1 Tab.) Berlin 888, F. Luckhardt. *

Blasius, H., Unfallversicherungsgesetz u. Arzt. Nebst e. Abhandlg.: Ueber Unterleibsbrüche. Mit 8 in den Text gedr. Abbildgn. u. e. Gutachten m. 2 Abbildgn. (in Fol.) gr. 8. (VII, 160 S.) Berlin 892. C. Habel. n. 3.—

Blasius, H(einrich), a. Berlin: Grenzschichten in Flüssigkeiten mit kleiner Reibung. Leipzig 1907: B. G. Teubner. (39 S.) 8° ¶ (Aus: Zeitschrift f. Mathematik u. Physik Bd 56.)
Göttingen, Phil. Fak., Ref. Prandtl, Diss. v. 1. Nov. 1907
[Geb. 9. Aug. 83 Berlin; Wohnort: Berlin; Staatsangeh.: Preußen; Vorbildung: Kaiserin-Augusta-Gymn. Charlottenburg Reife O. 02; Studium: Marburg 2, Göttingen 6 S.; Rig. 6. Juni 07.]

Blasius, Heinrich: Ueber die seitliche Unterbindung der Venen. Mit 2 Holzschnitten. Halle (1871): Hendel. 39 S. 4°
Halle-Wittenberg, Med. Diss. v. 11. Juli 1871
Geb. Halle a. d. S. 13. 8. 1845. V.
Hall. gekrönte med. Preisschrift v. 1870.

Blasius, Hermann *(geb. Breslau 24. 9. 1860)*: König Enzio
Ein Beitrag zur Geschichte Kaiser Friedrichs II. Breslau: W. Koebner 1884. (145 S.) 8° *[Buchausg. ebenda.]*
Breslau, Phil. Diss. v. 8. Nov. 1884

Blasius, Hermann: Der Kanzler. Ein mittelhochdeutscher Spruchdichter. *Kreuzburg O.-S. 1898: E. Thielmann.* (1—17 S.) 4° [Umschlagt.]
Kreuzburg O.-S., k. G, OP 1898 (201)

Blasii, J., Terentius ethico historicus sive Flores latinitatis in agro Terentiano collecti. Francof. (Vienn.) 750. 2 Tom. 8. 1 rthl.

Blasius, J. H., Fauna der Wirbelthiere Deutschlands und der angrenzenden Länder von Mitteleuropa. (In 3 Bdn.) 1. Bd. A. u. d. T.: Naturgeschichte der Säugethiere Deutschlands u. der angrenzenden Länder von Mitteleuropa. Mit 290 Abbildgn. im Texte (Holzschn.). Braunschweig 857. Vieweg u. Sohn. gr. 8. (VI, 549 S.) n. 2 Thlr 20 Ngr

—— die brennende Frage der Zeit, s. a. Frage, die brennende.

(—) die brennende Frage der Zeit. Der Standpunkt der Zionswächter im Kampfe gegen die Naturforscher. Ebend. 858. gr. 8. (16 S.) 3¾ Ngr

—— Naturgeschichte der Säugethiere Deutschlands und der angrenzenden Länder von Mitteleuropa. Mit 290 Abbildungen (in Holzschn.) im Texte. Braunschweig 1857. 8.

Blasius, J. H., Naturgeschichte der Säugethiere Deutschlands u. Mitteleuropas. Bd. 1. (einz.) Säugethiere. Mit 290 schönen Holzschn. Braunschweig 1857. gr. 8.

Blasius, J. H. und Keyserling, A. Graf. Notiz über Verbreitung von geognostischen Formationen im europäischen Russland. (Aus d. Bull. de la Soc. imp. des Nat.) Moskau. 1841. 8.

Blasius, J. H., Reise im europäischen Rußland in den Jahren 1840 u. 1841. 2 Thle. gr. 8. Braunschweig 844, Westermann. *
Thl. 1. Reise im Norden. (23⅝ B. mit Holzschn. u. 11 Stahlst.)
" 2. Reise im Süden. (26¼ B. mit Holzschn. u. 13 Stahlst.)

Blasius, J. H., die Wirbelthiere Europa's, s. Keyserling, A. Graf.

Liber sine titulo auf dem Blocksberg gefunden von J. M. Blasius. Osterwick. 1784. Rar!
Weller, fing. Druckorte.

Blasius, L. D. Gesundheitszustand d. Städte d. Herzogt. Braunschweig i. d. J. 1883/84. Braunschweig 1885.

Blasius, Otto, approb. Arzt aus Braunschweig: Aus d. Pathol.-anat. Institut d. Hzgl. Krankenhauses zu Braunschweig ⟨Prof. Dr. Beneke⟩. Ein Fall von Epidermoid ⟨Perlgeschwulst⟩ der Balkengegend. Zugleich ein Beitrag zur Kenntniss d. multiplen Hirnhernien. *Berlin 1901: G. Reimer.* (42 S.) 8° ¶ (Aus: Virchow's Archiv f. pathol. Anat. u. Physiol. u. f. klin. Med., Bd 165.)
Göttingen, Med. Diss. v. [23. Sept.] 1901

Blasius, Paul, Luftschiffers Traum. Dichtung in 4 Tln. (40 S.) 8. Leipzig 910. Modernes Verlagsbureau. 1.50

Luftschiffers Traum. Dichtung in 4 T. von Paul Blasius. Berlin-Leipzig: C. Wigand 1910. 40 S. 8° [illegible]

Blasius, R., über die Eischale der Vögel. Leip[illegible] 2 T[illegible].
Schul-/Univ.-Schrift 1867

Blasius, R. (Hrsg.), s. Ornis.

Blasius, R. (Bearb.), s. Rohweder, Joachim: Ornithologischer Nachlaß. . .

Blasius, R., die Verwendung der Torfstreu. Vortrag, gehalten am 21. Octbr. 1882 in der fünften Versammlung des internationalen Vereins gegen Verunreinigung der Flüsse, des Bodens und der Luft zu Braunschweig. gr. 8. (82 S.) Braunschweig 884, J. H. Meyer. *

Blasius, Rich.: Oberlausitzer Geschichten, s: Meyer's Volksbb. 1632.

Blasius, Rudolf

Blasius, Rud., s.: Abhandlungen aus den Gebieten der Mathematik etc.

Blasius, Rud., s.: Braunschweig i. J. MDCCCXCVII.

Blasius, R. (Hrsg.), s.a. Die Stadt Braunschweig in hygienischer Beziehung.

—— Wilh. Clauss u. J. Landauer. Die Stadt Braunschweig in hygienischer Beziehung. Festschrift f. die Theilnehmer der 16. Versammlung d. deutschen Vereins f. öffentl. Gesundheitspflege. gr. 8. (VIII, 260 S.) Braunschw. 890, J. H. Meyer. * 4 —

Blasius, R., über Desinfection durch Torfmull. (Internationaler land- u. forstwirthschaftl. Congress zu Wien 1890, 105. Hft.) gr. 8. (9 S.) Wien 890. (Frick.) n. — 40

Blasius, R., die Errichtung v. Rieselfeldern f. die Stadt Braunschweig in Steinhof. Gutachten des kaiserl. Gesundheitsamtes. Berichterstatter: Ohlmüller u. Alb. Orth. Hrsg. im Auftrage des Vorstandes des Vereins f. öffentl. Gesundheitspflege im Herzogth. Braunschweig. [Aus: „Monatsbl. f. öffentl. Gesundheitspflege".] gr. 8. (60 S. m. 27 Abbildgn. u. 2 lith. Plänen.) Braunschweig 894. J. H. Meyer. n. 1. 25

— Festrede, s.: Enthüllungsfeier, die, d. Brehm-Schlegel-Denkmals z. Altenburg.

Blasius, Rudolf (Hrsg.), s. Gätke, Heinrich: Die Vogelwarte Helgoland.

— der Gesundheitszustand der Städte des Herzogth. Braunschweig in den J. 1891/92. [Aus „Monatsbl. f. öffentl. Gesundheitspflege".] gr. 8. (60 S. m. 2 graph. Taf.) Ebd. 894. n. — 80

— d. Gesundheitszustand d. Städte d. Herzogth. Braunschweig i. d. J. 1893/94. [Aus: „Monatsblatt f. öffentl. Gesundheitspflege".] gr. 8. (57 S. m. 1 Taf.) Braunschweig 896. J. H. Meyer. n. — 80

— u. F. W. Büsing, die Städtereinigung. Einleitung, Abfuhrsysteme, Kanalisation, s.: Handbuch der Hygiene.

— s.: Untersuchungen zur Strassenhygiene.

— d. Vögel d. Herzogth. Braunschweig u. d. angrenz Gebiete. gr. 8. (74 S.) Ebd. 896. n. 1. —; kart. n. 1. 20

— die Vogelwarte Helgoland, s.: Gätke, Heinr.

Blasius, Wilh., s.: Abhandlungen aus den Gebieten der Mathematik etc.

Blasius, Wilh., öffentliche Anstalten für Naturgeschichte u. Alterthumskunde in Holland u. dem nordwestlichen Theile von Deutschland. Reiseskizze, vorgetragen im Verein f. Naturwissenschaft zu Braunschweig im Decbr. 1879. gr. 8. (36 S.) Braunschweig 880. Häring & Co. in Comm. n. — 80

Die megalithischen Grabdenkmäler bei Neuhaldensleben. Von Prof. Dr. Wilh. Blasius. Mit 3 Abb. Braunschweig: F. Vieweg & Sohn 1901. (S. 95–153.) 8°

Aus: 12. Jahresbericht d. Ver. f. Naturwiss. zu Braunschweig. [illegible]

Blasius, Wilh. Neue Knochenfunde in den Höhlen bei Rübeland. Vortrag. gr. 8. (8 S.) Braunschw. 890, (Lohmann). * — 20
Aus: Sitzungsberichte d. Vereins für Naturwissensch. zu Braunschweig, besonders abgedruckt.

— die anthropologische Litteratur Braunschweigs u. der Nachbargebiete m. Einschluss d. ganzen Harzes. gr. 8. (231 S.) Braunschweig 900. B. Goeritz. n. 4. —

— die faunistische Litteratur Braunschweigs u. der Nachbargebiete m. Einschluss d. ganzen Harzes. gr. 8. (239 S.) Braunschweig 891. F. Vieweg & Sohn. n. 4. —

— Seeschiffe im Kampfe mit Orkanen. Braunschweig 1893.

Blasius, Wm., Seeschiffe im Kampfe m. Orkanen. Eine Vertheidigg. gegen e. Kritik im „Globus" v. G. Schott (Deutsche Seewarte). gr. 8. (27 S.) Braunschweig 894. A. Limbach. n. — 80

— Stürme u. moderne Meteorologie. 4. Vortrag: Die Ursachen der Barometerschwankungen. Geh. vor dem VI. Congresse der deutschen Meteorologen in Braunschweig, Juni 1892. gr. 8. (XI, 47 S. m. 6 Abbildgn.) Ebd. 893. n. 1. 80 (kplt. in 1 Bd.: n. 2. 60)
*Den 1—3. Vortrag s.: B., 3 Vorträge üb. Meteorologie.*

Blasius, William. Ueber Tornadoes Nordamerikas. Ihre Entstehg., Entwickelung u. Auflösung. gr. 8. (15 S. m. 1 Fig.) Lpz. 890, (Braunschw., Bock u. Comp.). ** — 30
Aus: Verhandlungen der Gesellschaft deutscher Naturforscher und Aerzte, besonders abgedruckt.

Blasius, Wm., Die Ursachen der Barometerschwankungen, 4. Vortrag. Braunschweig 1893.

— der Vielfraß, Gulo gulo (Linn.). [Aus: „Encyklop. d. ges. Forst- u. Jagdwiss."] gr. 8. (11 S. m. 2 Fig.) Wien 893. M. Perles. n. — 40

Blasius, Wilhelm. Vögel v. Borneo, im Südosten d. Insel gesamm. v. H. J. Grabowsky. (Sep.-Abd.) gr. 8. (92 S.) Wien, *Alf. Hölder. 90 kr. 1883

— drei Vorträge üb Meteorologie. Geh. im Verein f. Naturwissenschaft zu Braunschweig im Oktbr. u. Dezbr. 1891. gr. 8. (52 S.) Braunschweig 892. A. Limbach. n. — 80
Fortsetzung u. d. T.: Stürme u. moderne Meteorologie

Blasius, Wilhelm: Ueber die Wirkung des Hyoscinum hydrojodicum gegen die Nachtschweisse der Phthisiker .... Bonn, Univ.-Buchdr. v. C. Georgi, 1886; 44 S. 8°.
Bonn, Med. Fak., Inaug.-Diss. v. 29. Jul. 1886.

Blasius, Wilhelm, über die Wirkung des Hyoscinum hydrojodicum gegen die Nachtschweisse der Phthisiker. Diss. Bonn 1886, Emil Strauss. 8°. 44 S.

Blasius-Gnadenberg, Frau Alma: Rita Holm. Roman. (188) 8° Bunzl., G Kreuschmer 07. 2 — d

Blasius-Gnadenberg, Frau A., die Korrekten. Roman aus der Gegenwart. (212 S.) 8. Berlin (908). Berl. Hellas. 4.—; geb. n 5. —

— Rumtopf. Novellensammlg. (163 m. Abb.) 8° Kattow., Phönix Verl. (09). 1.50

— Aus unseren vier Wänden, s.: Baum, Margar.

Blask, Robert, Arzt: Aus d. Kgl. Medizin. Univ.-Poliklinik zu Königsberg i. Pr. Zur Diagnostik und Therapie der Polyposis des unteren Darmabschnittes (zugleich ein Beitrag zur Rektoromanoskopie). Königsberg i. Pr. 1907: O. Kümmel. (29 S.) 8°
Königsberg, Med. Fak., Ref. Lichtheim, Diss. v. 9. Aug. 1907
[Geb. 18. Okt. 69 Thiergarten, Kr. Angerburg; Wohnort: Arys; Staatsangeh.: Preußen; Vorbildung: Kgl. Gymn. Lyck Reife O. 92; Studium: Königsberg 10 S.; Coll. 2. Aug. 07; Approb. 2. Dez. 97.]

Blaeske, Joh. Frdr. Ernst, s.: Ernst, Joh. Frdr.

Blasko, Lesebuch für d. Jugend. Wien 816. Geistinger. 14 gr. (Gerold). Hng. Pr. 8 gr.

BLASKOPF, Carl. Zur Kenntnis des β-Phenylhydroxylamins. Eine Synthese von Isodiazoverbindungen. (Basel) Wien, 1896. Diss.

Blaskopf, C. Zur Kenntnis des β-Phenylhydroxylamins. Eine Synthese von Isodiazo-Verbindungen. In-8°. 72 S. Basel. These. 1896

Blaskovich, Alex. v., s.a. Europa, das neue.

Blaskovich, A. v., Das neue Europa. Politisch-ökonomische Monatschrift. Gr.-8°. Erscheint in 12 Heften kompl. K 20.— Wien: Frick 1909?

Blaskovich, A. de Blaskovicz, s.a. Blaskovicz Blaskovich, A. de

Blaskovich, A. de Blaskovics, hist. univ. Illyrici etc. 4 Tmi. fol. Zagabr. (Liebeskind, L.) 794.

Blaskovics, Edm. v., die Sojabohne. Etwas über deren Cultur, Verwendbarkeit u. Werth als Futtermittel. gr. 8. (24 S. m. 1 Tab.) Wien 880. Gerold's Sohn in Comm. n. 1. 20

Blaskovicz Blaskovich, A. de, s.a. Blaskovich, A. de Blaskovicz

*de Blaskovics* Blaskovich, A., hist. univers. Illyrici etc. IV Tom. Fol. Zagabr. 794. (Liebeskind in Leipz.) 4 ℳ 16 ℊ

Blaskovits, Jos.

— Darstell. d. gegenwart. Zustandes d. Seidenzucht in Ungarn u. der daraus fließenden Hindernisse für d. Emporkommen e. ausgebreit. Seidenkultur für d. Oesterr. Staat. 8. Ofen 807.

Blaskovits, Jos., vollständ. theoret.-prakt. Unterr. zur Seidenkultur für d. Oesterr. Kaiserstaat, mit besond. Rückblicken auf d. Königr. Ungarn. gr. 8. Wien 820. Wallishauser. 15 ℊ

Blaskowitz, Herm. Wie denkt Schiller über Religion. 15 S. Progr. Rpg. *Gumbinnen* 1879.

Blass: Emendationen zu Silius Italicus, s. Blass, H.

Blass: Rechtsgut der Elektrizität im Civil- u. Strafrecht, s. Blass, Herm.

Blass: De Dionys. Hal. scriptt. rhett., s. Blass, Friedrich

Blass, A.: Blumen-Märchen f. junge Damen, s. Blass, Auguste

Blass, Adph., s.: Wanderbuch, Hamburger.

Blaß, Auguste, Blumen-Märchen für junge Damen. Mit (6 lith. u.) color. Bildern. Stuttgart 860. Chelius. 16. (2 Bl., 98 S.) 22½ ngr

Blaß, Auguste, Blumen-Märchen für junge Damen. 2. Aufl. 12. (100 S. mit 1 chromolithogr. Titelbild.) München 885, Franz' Verlag. geb. mit Goldschn. *

— Wanderungen e. Else u. andere Märchen f. junge Mädchen. 8. (131 S.) Ebend. 886. geb. m. Goldschn. n. 3. —

Blass, Carolvs ⟨geb. 1836 in Elberfeld⟩: De Platone mathematico ... Bonnae, typ. C. Georgi (1861). 2 Bl., 30 S., 1 Bl. 8. ¶ In Komm. bei Cohen & Sohn in Bonn.
Bonn, Phil. Fak., Diss. v. 14 Dez. 1861

Blass, Casp., Diss. exhibens causam practicam de ischuria. Duisb. 4°. 1700

Blass, Conr., die Impfung u. ihre Technik, s.: Bibliothek, medicinische, f. praktische Ärzte. Nr. 2.

Blass, Curt Robert, bacc. iur., Referendar: Die Begründung des Verlagsrechts. Leipzig: Wigand 1909. 52 S. 8°
Leipzig, Jur. Diss. v. 19. Jan. 1909
[Geb. 28. Dez. 81 Leipzig; Wohnort: Leipzig; Staatsangeh.: Sachsen; Vorbildung: Thomassch. Leipzig Reife O. 02; Studium: Genf 1, Leipzig 1, München 1, Leipzig 4 S.; Rig. 14. Febr. 07.] [U 09. 2453

Blass, Ernst: Die Strassen komme ich entlang geweht. (71) 8° Heidelbg. R Weissbach '12. Pappbd 2.50

Blass, Eugen [aus Elberfeld]: Über Salzsäuremengen im Magen des Gesunden ... Würzburg, P. Scheiner's Buchdr., 1891; 23 S. 8.
Würzburg, Med. Fak., Inaug.-Diss. v. 1891

Blass, Friedrich

Blass, Frdr., s.: Acta apostolorum.

Blass, F., Zu Alcman. S.-A. 1868. 14 S. 8°.

— — II. S.-A. 1869. 25 S.

—— Commentatio de Antiphonte sophista Jamblichi auctore. gr. 4. (17 S.) Kiel 889, Universitäts-Buchh. * 1 —

Blass, F., Aristotelisches. S.-A. 1875. 25 S.

Blass, F.: Ueber die Aussprache des Altgriechischen. 29 S. Progr. Naumburg 1869.

— Ueber die Aussprache des Griechischen. Erweiterter Abdruck d. Programms v. 1869. 1870. 41 S. 1.25

Blass, Friedr., über die Aussprache des Griechischen. gr. 8. (41 S.) Berlin 870. Weidmann'sche Buchh. (75 Pf.) *

Blass, Friedr., über die Aussprache des Griechischen. 2. vollständig umgearb. Aufl. gr. 8. (VIII, 109 S.) Berlin 882, Weidmann'sche Buchh. *

Blass, Friedr., über die Aussprache des Griechischen. 3. umgearb. Aufl. gr. 8. (VIII, 140 S.) Berlin 888, Weidmann'sche Buchh. *

Blass, Fridericus (Hrsg.), s. Bacchylides: Carmina cum fragmentis.

Blaß, Frdr., textkritische Bemerkungen zu Markus, s.a. Beiträge z. Förderg. christl. Theologie. 1899. Hft. 3.

Textkritische Bemerkungen zu Markus. Von Dr. D. F[riedrich] Blass, Prof. in Halle. *(Gütersloh: C. Bertelsmann 1899.)* (49–93 S.) 8° [F.]
= Beiträge z. Förderung christl. Theologie. Jg. 3. H. 3. [2.] [99. 7015

— textkritische Bemerkungen zu Matthäus, s.a. Beiträge zur Förderung christlicher Theologie. 4. Jahrg. 4. Hft.

Textkritische Bemerkungen zu Matthäus. Von Prof. D. Dr. F[riedrich] Blass in Halle. *Gütersloh: C. Bertelsmann 1900.* (45 S.) 8° [F.]
= Beiträge z. Förderung christl. Theologie. Jg 4, H. 4, [1]. [00. 8865

Die attische Beredsamkeit. Dargest. v. Friedrich Blass, Dr. phil., Halle. Abth. 1. 2. 3, Abschn. 1. 2. *Leipzig: B. G. Teubner 1868--98.* 4 Bde 8.
1. Von Gorgias bis zu Lysias. 1868. (6 S., 1 Bl., 603 S.)
2. Isokrates u. Isaios. 1874. (2 Bl., 550 S.)
3, 1. Demosthenes. 1897. (VIII, 564 S.)
3, 2. Demosthenes' Genossen u. Gegner. 2. Aufl. 1898. (VI, 422 S.) [98. 5966

— die attische Beredsamkeit. 3. Abthl. 1. u. 2. Abschn. gr. 8. Leipzig 877. 80. Teubner. n. 23. —
(cplt.: n. 50. —)
1. Demosthenes. (VIII, 564 S.) n. 14. —
2. Demosthenes' Genossen u. Gegner. (386 S.) n. 9. —

Die attische Beredsamkeit. Dargest. v. Friedrich Blass, ... Prof. ... an d. Univ. Kiel. 2. Aufl. Abth. 1. 2. 3, Abschn. 1. 2. *Leipzig: B. G. Teubner 1887--98.* 4 Bde 8.
1. Von Gorgias bis zu Lysias. 1887. (VI S., 1 Bl., 648 S.)
2. Isokrates u. Isaios. 1892. (2 Bl., 587 S.)
3, 1. Demosthenes. 1893. (VIII, 644 S.)
3, 2. Demosthenes' Genossen u. Gegner. 1868. (VI, 422 S.) [98. 2487

Die attische Beredsamkeit. Dargest. v. Friedrich Blass, ... Prof. ... an d. Univ. Kiel. 2. Aufl. Abth. 1. 2. 3, Abschn. 1. 2. *Leipzig: B. G. Teubner 1892--98.* 4 Bde 8.
1. Von Gorgias bis zu Lysias. 1892. (VI S., 1 Bl., 648 S.)
2. Isokrates u. Isaios. 1892. (2 Bl., 587 S.)
3, 1. Demosthenes. 1893. (VIII, 644 S.)
3, 2. Demosthenes' Genossen u. Gegner. 1898. (VI, 422 S.) [98. 6490

— d. att. Beredsamkeit. II. Abth. u. III. Abth. 1. Abschn. 2. Afl. 8° Lpzg, BG Teubner. 80 — (I—III, 1.: 44 —)
II. Isokrates u. Isaios. (587) 98. 14 — | III, 1. Demosthenes. (644) 93. 16 —

— **die griechische Beredsamkeit in dem Zeitraum von Alexander bis auf Augustus. Ein literarhistor. Versuch. Berlin 865. Weidmann. gr. 8. (VIII, 234 S.) n. 1 ₰ 10 ngr.**

**Blass, F., Bericht über die auf die griechischen Lyriker bezüglichen, in der Zeit vom Oktober 1876 bis Ende 1878 erschienenen Schriften. S.-A. 1879. 22 S. —.90**

**Blass, F., Bericht üb. d. auf d. attischen Redner u. d. griech. Rhetoren bezügl. vom Herbst 1877 bis Ende 1879 erschien. Schriften. S.-A. 1880. 88 S. 1.—**

**Blass, F., Bericht über die auf die attischen Rhetoren bezüglichen, von Anfang 1880 bis Ende 1881 erschienenen Schriften. S.-A. 1882. 82 S. 1.—**

**Blass, F.,** Ueb. die Echtheit der Demosthenes Namen tragenden Briefe. Pr. 1875. 20 S. 4°.

—— **einiges aus der Geschichte der Astronomie im Alterthum. Rede, zur Feier des Geburtstages Sr. Maj. des deutschen Kaisers, Königs von Preussen Wilhelm I. gehalten an der Christian-Albrechts-Universität am 17. März 1883. gr. 8. (16 S.) (Ebendas.) 883.** *

Die Entdeckungen auf dem Gebiete der klassischen Philologie im Jahre 1891. Rede z. Feier d. Geburtst. S. M. d. Deutschen Kaisers ... Wilhelm II. geh. an d. Christian-Albrechts-Univ. am 27. Jan. 1892 v. Dr. Friedrich **Blass**, o. Prof. d. klass. Philol. Kiel, Univ.-Buchh. (P. Toeche.), 1892; 20 S. 8.

— die Entdeckungen auf dem Gebiete der klassischen Philologie im J. 1891. Rede zur Feier d. Geburtstages Sr. Maj. d. deutschen Kaisers Königs v. Preussen Wilhelm II., geh. an der Christian-Albrechts-Universität am 27. Jan. 1892. gr. 8. (20 S.) Kiel 892. Universitäts-Buchh. n.n. 1.—

**Blass, Frdr., die Entstehung u. der Charakter unserer Evangelien. (37 S.) 8. Leipzig 907. A. Deichert Nachf. — 80**

**Blass, F.,** s.: Evangelium secundum Iohannem.

— s.: **Evangelium secundum Lucam.**

— s.: **Evangelium secundum Matthaeum.**

—— **dissertatio de Phaetontis Euripideae fragmentis Claromontanis. Accedit tabula photolithographica. gr. 4. (19 S.) Kiel 885, Universitäts-Buchhandlung.** *

**Blass, F., Zu Aristophanes Froeschen u. zu Aischylos Choephoren. S.-A. 1896. 11 S. —.90**

F[illegible] Blass [illegible] de Gemino et Posidonio [illegible] Kiliae 188[illegible] [illegible]

—— **de Gemino et Posidonio. gr. 4. (25 S.) Kiel 883, Universitäts-Buchh.** *

— Zur ältesten Geschichte des platonischen Textes. Akad. 1898. 21 S.

— Grammatik d. neutestamentl. Griechisch. gr. 8. (XII, 329 S.) Göttingen 896. Vandenhoeck & Ruprecht. n. 5.40; geb. in Leinw. n. 6.40

— **Grammatik des neutestamentlichen Griechisch. 2., verb. u. verm. Aufl. gr. 8. (XII, 348 S.) Göttingen 902. Vandenhoeck & Ruprecht. n. 6. —; geb. n. 6.80**

Blass, Frdr.: Grammatik d. neutestamentl. Griechisch. 3. Afl. (Anastat. Neudr.) (12, 348) gr8° Gött., Vandenh. & R. '11. 6 —; L 6.80

—— s.: Handbuch d. klass. Altertums-Wissensch.

**Blass, F.** Die griechischen und lateinischen Handschriften im alten Serail zu Konstantinopel. S.-A. O. J. 15 S. —.75

— Professor Harnack u. die Schriften des Lukas. s.: Beiträge zur Förderg. christl. Theologie. XI, 2.

Professor Harnack und die Schriften des Lukas. Von Dr. D. [Friedrich] **Blass**, Prof. Gütersloh: C. Bertelsmann 1907. (44 S.) 8° [F.]
— **Beiträge** z. Förderung christl. Theologie. Jg. 11, H. 2, [1.] 07. 3268 3

— Hermeneutik u. Kritik, s.: **Handbuch d. klassischen Altorthumswissenschaft. 1. Bd.**

— die eleischen Inschriften, s.a. **Sammlung der griechischen Dialekt-Inschriften.**

**Blass, F.,** Die eleischen Inschriften. S. A. O. J. 28 S.

**Blass, Frdr., die kretischen Inschriften, s.: Sammlung der griechischen Dialekt-Inschriften. III. 2. III.**

— **die Inschriften v. Thera u. Melos, s.: Sammlung der griechischen Dialekt-Inschriften. III. 2.**

— **die Interpolationen in der Odyssee. Eine Untersuchg. (306 S.) gr. 8. Halle 904. M. Niemeyer. n. 8. —**

**Blass, F.,** Zur Kritik d Antiphon. S.-A. 1871. 11 S.

Ideale und materielle Lebensanschauung. Rede zur Feier des Geburtstages Sr. Maj. des Deutschen Kaisers . . . Wilhelm II. gehalten an der Christian-Albrechts-Universität am 27. Januar 1889 von Dr. Friedrich **Blass** o. Prof. d. class. Phil. Kiel, Univ.-Buchh. (Paul Toeche), 1889; 15 S. 8°

**Naturalismus und Materialismus in Griechenland zu Platon's Zeit.** Rede zur Feier des Geburtstages Sr. Maj. des Deutschen **Kaisers** ... Wilhelm I. gehalten an der Christian-Albrechts-Universität am 22. März 1887 von Dr. Friedrich **Blass**, ord. Prof. d. **class. Phil.** Kiel, Univ.-Buchh., 1887; 19 S. 8°.

— **über Notwendigkeit u. Wert der Textkritik d. Neuen Testamentes,** s.a. **Salz u. Licht. I.**

Über Nothwendigkeit und Wert der Textkritik des Neuen Testamentes. Vortrag... von D. Friedrich **Blass**, Prof., Halle. *Barmen: Wupperth. Traktat-Ges. 1901.* (31 S.) 8° [F.]
— Salz u. Licht. 1. 01 7439 5

**Blass, F.** De numeris Isocrateis. Pr. 1891. 21 S. 4°.

Friedrich Blass commentatio de numeris Isocrateis. Kiliae. 1891 4°. Univ.-Schrift

**Blass, F., De oratione in Aristogitonem priore. S.-A. 1887. 15 S. 4°.**

— Paläographie, Handschriftenkunde und Bücherwesen, s.: **Handbuch der klassischen Altorthumswissenschaft. 1. Bd.**

— Papias bei Eusebius, s.a. Beiträge zur Förderg. christl. Theologie. XI, 2.

Papias bei Eusebius. Von Dr. D. [Friedrich] **Blass.** (Gütersloh: C. Bertelsmann 1907.) (S. 48–55.) 8° [F.]
— **Beiträge** z. Förderung christl. Theologie. Jg. 11, H. 2, [2.] 07. 3269 3

Rede zur Feier des Gedächtnisses Weiland Sr. Majestät des Deutschen Kaisers Königs von Preussen Friedrich III gehalten in der Aula der Christian-Albrechts-Universität am 30. Juni von F. Blass, Prof. d. klass. Phil. Kiel, Verl. d. Univ.-Buchh. (Paul Toeche), 1888; 1 Bl. + 11 S. 8°

— **die Rhythmen der asiatischen u. römischen Kunstprosa. (Paulus — Hebräerbrief — Pausanias — Cicero — Seneca — Curtius — Apuleius.) (IV, 221 S.) gr. 8. Leipzig 905. A. Deichert Nachf. n. 6. —**

— **die Rhythmen der attischen Kunstprosa: Isokrates — Demosthenes — Platon. gr. 8. (XI, 199 S.) Leipzig 901. B. G. Teubner. n. 8. —**

—— s. **Sammlung** der griechischen Dialekt-Inschriften.

— **die hl. Schrift u. die evangelische Kirche. Ein Vortrag zum Falle Weingart. gr. 8. (24 S.) Berlin 900. Buchh. der Berliner Stadtmission. n. — 20**

— dasselbe. 2. Aufl. gr. 8. (19 S.) Ebd. 900. n. — 20

Blass, Fridericvs (geb. am 22 Jan. 1843 in Osnabrück): De Dionysii Halicarnassensis scriptis rhetoricis ... Bonnae, (impr. Elberfeldae typ. S. Lvcas) 1863. 30 S., 1 Bl. 8. ¶ Erschien zugleich selbständig bei Cohen & Sohn in Bonn.
Bonn, Phil. Fak., Diss. v. 5 Aug. 1863

Blass, F., Demosthenische Studien. I—III. S.-A. s. a. 28, 24, 21 S.

— über die Textkritik im Neuen Testament. Ein Vortrag, geh. auf der theolog. Konferenz in Eisenach am 25. V. 1904. 8. (40 S.) Ebd. 904. n. — 80

— Textkritisches zu den Korintherbriefen, s.a. Beiträge zur Förderung christlicher Theologie. X. 1.

Textkritisches zu den Korintherbriefen. Von Dr. D. F[riedrich] Blaß, Prof. in Halle. Gütersloh: C. Bertelsmann (1906). (S. 49–63.) 8° [J.]
— Beiträge z. Förderung christl. Theologie. Jg. 10, H. 1, [2.]

— Wissenschaft u. Sophistik. Vortrag, im evang. Vereinshause zu Hannover am 26. X. 1903 geh. (55 S.) 8. Berlin 904. Vaterländ. Verlags- u. Kunstanstalt. n. — 80
Sonderabdruck aus: „Reformation."

—— die socialen Zustände Athens im 4. Jahrh. v. Chr. Rede zur Feier des Geburtstages Sr. Maj. des deutschen Kaisers Königs von Preussen Wilhelm I., gehalten an der Christian-Albrechts-Universität am 21. März 1885. gr. 8. (20 S.) Ebendas. 885. *

Blaß, Georg: Zur Entwicklung der modernen Treppe in Darmstadt. Hab. Schr. Darmstadt (o. J.)

Blass, H., Emendationen zu Silius Italicus. Pr. 1867. 24 S. 4°. Berlin

Blaß, [Heinrich] (Städt. Bauführer): Kurze Beschreibung des Neubaues der Realschule. S. 3—4. 1 Abb. 4. Progr.
Städt. höh. Knabenschule z.Z. Realschule Gummersbach 1905

Blass, Herm.: Das Rechtsgut der Elektrizität im Civil- und Strafrecht. Zürich 1898. 90 S. 8°.
Zürich. Jur. Diss. 1898/99.

Blass, Herm., d. Rechtsgut d. Elektrizität i. Civil- u. Strafrecht. gr. 8. (90 S.) Zürich 898. F. Schulthess. n. 1. 80

Blass, Herm., die Textesquellen d. Silius Italicus. [Aus: „Jahrb. f. klass. Philol. 8. Suppl.-Bd."] gr. 8. (91 S.) Leipzig 875. Teubner. n. 2. 40

Blass, J. [aus Rawitsch]: Untersuchungen über die physiologische Bedeutung des Siebtheils der Gefässbündel. ... (Aus: Jahrb. f. wiss. Bot. Bd. XXII, H. 2.) Berlin, Gebr. Borntraeger, 1890: 1 Bl., 40 S. 2 Taf. 8°
Erlangen, Phil. Fak., Inaug.-Diss. v. 1890

Blaß, J. H., Predigt. s. Fr. Girardet.

**Blass, Johann Heinrich.** Predigt zum Gedächtniss des Herrn Pastor Heinrich Hazel ... Leipzig 1843. H: *Grossmann, Chn Glob Leberecht* & *J. H. Blass.* (zu)

Blaß, Joh. Heinr., Predigt zum Gedächtniß des Hrn. Pastor Heinr. Hirzel, gehalt. den 12. Novbr. 1813 in der reformirten Kirche zu Leipzig. Nebst den am Grabe gehaltenen Reden. gr. 8. (1¼ B.) Leipzig 843, Weidmann'sche Buchh. *

Blaß, Joh. Heinr., Predigt bei d. Wiedereröffnung d. neuausgebauten reform. Kirche zu Leipzig am Palmsonntag 1841. gr. 8. (2 B.) Leipzig, C. H. Reclam. *

Blass, Jul. C., die pharmazeutische Lehre für Lehrlinge der Pharmacie. Mit 6 (lith.) Taf. Abbildgn. 8. (XIV, 448 S.) Leipzig 881. O. Wigand. n. 5. —

Blaß, Kurt: Aus d. mineral. Inst. d. Univ. Breslau. Krystallographisch-optische Untersuchungen organischer Verbindungen. Leipzig: W. Engelmann 1910. 29 S. 8° ¶(Aus: Zeitschrift f. Krystallogr. u. Mineral. Bd 48, H. 1.)
Breslau, Phil. Diss. v. 1. Febr. 1910, Ref. Hintze
[Geb. 5. Jan. 85 Freiburg, Kr. Schweidnitz; Wohnort: Freiburg; Staatsangeh.: Preußen; Vorbildung: Oberrealsch. Gleiwitz Reife O. 05; Studium: Jena 4, Breslau 6 S.; Rig. 10. Nov. 09.] [U 10. 594

Blass, L., Anhang zur Erläuterung und Ergänzung der in Quintilians Chrestomathie aufgest. Grundsätze. Würzb. 792. 8.

Blass, L., s. Chrestomathia Quinctil.

Blaß, Leo, das Theater und Drama in Böhmen bis zum Anfange des 19. Jahrh. Historische Rückblicke. gr. 8. (IV, 124 S.) Prag 877, Bellmann's Verlag. *

Blass, Moritz
Blaß, Mor., jüdische Sprichwörter. Leipzig 857. Gerhard in Comm. 8. (30 S.) n. 6 ngr

Blaß, Moriz — Blind Dre's Wirken und seine frohe Zukunft. Beschrieben und herausgegeben von — —. Pesth, 1855. Druck von Johann Herz (10 S. u. 1 Porträt, gedruckt bei J. Tyroler in Pesth 8.)

Blass, Petr. Jac. Herm. (geb. Elberfeld 18. 3. 1824): De pseudoerysipelate. Berolini (1853). (25 S.) 8°
Berlin, Med. Diss. v. 14. Okt. 1853

Blass, Robert
Blass, Rob., das Quellen- u. Brunnenrecht, s.a. Beiträge, Zürcher, zur Rechtswissenschaft. XXX.

Blass, Robert, von Zürich: Das Quellen- und Brunnenrecht dargestellt nach dem Schweizerischen Zivilgesetzbuch mit Berücksichtigung des bisherigen kantonalen Rechtes. Aarau 1910. VIII + 130 S. 8°. [14. VII. 10.]
Zürich. Univ. Staatswiss. Diss. 1909/10.

Blass, Robert. Das Quellen- und Brunnenrecht, dargestellt nach dem Schweizerischen Zivilgesetzbuch mit Berücksichtigung des bisherigen kantonalen Rechtes. VIII + 130 S. 8. Aarau, H. R. Sauerländer & Co., 1910.
*Ausg. A:* Diss. Staatsw Univ. Zürich.
*Ausg. B:* ... von Dr R Bl. [fr. 2.60.] — Zürcher Beiträge zur Rechtswissenschaft .... [Heft] 30.

Blaß, Selmar, aus Petersdorf: Ueber die Einwirkung äußerer Einflüsse auf den Strychninkrampf und den Einfluß des Strychnins auf den Stoffwechsel. *Bamberg 1902: J. Nagengast.* (20 S.) 8°
Würzburg, Med. Diss. v. 1902

Blass, T.: Die socialen Zustände Athens ..., s. Blass, Friedrich

Blass-Lavater, J. H. Erinnerungen an Bl.-L. Zürich 1893.

**Bläss, Der kluge.** Der Grossvaterstuhl. Ehrlich währt am längsten. Drei Erzählungen ... Erfurt 1852. V (1): *Palmié, Frdr.* (2): *Jonas, Pauline geb. Ewald.* (3): *Zetter, Franz Ant.* (Ky)

Bläß, der kluge (v. .... Palmié). Der Großvaterstuhl (v. Pauline Jonas geb. Ewald). Ehrlich währt am längsten (v. Wolfram). Drei Erzählungen f. die Jugend. 8. (24 S. m. 8 lith. u. col. Taf.) Erfurt 852, Bartholomäus. ¼ ß

Neue Dokumente zum Krieg 1870/71. Tagebuchaufzeichnungen u. Erinnerungen d. Pastors em. J. Blaess, weil. lothring. Feldmissionars. Als Beiträge z. Gesch. d. deutsch-franz. Kriegs 1870/71 bearb. u. hrsg. von Dr. G. Theunert-Lusignan. Mit e. Studie d. Hrsg.: Die moderne franz. Armee. *Wiesbaden: Ch. Limbarth 1901.* (103 S.) 8° [J.]

**Blaess,** Philipp, approb. Arzt aus Viernheim: Aus d. patholog. Institut zu Giessen. Zur Casuistik der Nierengeschwülste. Mit 1 Taf. *Giessen 1898: v. Münchow.* (34 S.) 8°
Giessen, Med. Diss. v. 1898

**Blaeß, Viktor,** Dr.-Ing., Reg.-Baumeister: Die Strömung in Röhren und die Berechnung weitverzweigter Leitungen und Kanäle mit Rücksicht auf Be- und Entlüftungsanlagen, Grubenbewetterung, Gastransport, pneumatische Materialförderung etc. (1910.) V, 146 S., 1 Taf. 8° ¶ Nebst Tafelbd bei Oldenbourg in München 1911.
Darmstadt Tc. H., Hab.-Schr. v. 1. 12. 1910

**Blaess, Viktor,** Gr. Reg.-Baumeister: Über Zentrifugalpumpen und Ventilatoren. 1907. 30 S. 4° ¶ Auch in: Zeitschrift f. d. gesamte Turbinenwesen. Jg. 4.
Darmstadt, Dr.-Ing.-Diss. v. 18. 10. 1907

**Blasse, Albert,** Tierarzt: ⟨Aus d. chir. Klinik d. tierärztl. Hochsch. in Berlin. Vorstand: Eberlein.⟩ Untersuchungen über die Arthritis des Kiefergelenks beim Pferde. Mit 10 Abb. auf Taf. 1—4 u. 2 Textfig. Stuttgart 1909: Union. 40 S. 8° ¶ (Aus: Monatshefte f. prakt. Tierheilk. Bd 20.)
Gießen, Veterinär-Med. Diss. v. 27. Okt. 1909, Ref. Pfeiffer
[Geb. 29. Mai 77 Gotha; Wohnort: Gießen; Staatsangeh.: Thüringen; Vorbildung: Realgymn. Meiningen Reife O. 98; Studium: Berlin Tierärztl. Hochsch. 7 S.; Rig. 28. Febr. 06.] [U 10. 1179

**Blasse,** Karl: Die Bilderschriftmethode, s. Schaare, Walter.

**Blasse,** Kurt, Referendar in Breslau: Die Pflichten des Verkäufers einer Erbschaft nach bürgerlichem Rechte. Breslau 1905: A. Favorke. (60 S.) 8°
Breslau, Jur. Fak., Ref. Jörs, Diss. v. 28. Febr. 1905
[Geb. 27. Apr. 82 Breslau; Heimatsort: Breslau; Staatsangeh.: Preußen; Vorbildung: Kgl. König Wilhelms-Gymn. Breslau Reife O. 00; Studium: Heidelberg 1, Breslau 5 S.; Rig. Breslau 31. Juli 03.]

**Blaßmann, Geo.,** Prolegomena der speculativen Naturwissenschaft. gr. 8. (XIX und 190 S.) Leipzig 835, Hirzel.

**Blassneck, M(atthias) F(ranz):** Neuseeland nach seiner Geschichte und seiner Natur, sowie der materiellen und intellektuellen Entwicklung. Bonn 1908: Broch. VIII, 139 S. 8°
Bonn, Phil. Diss. v. 16. Dez. 1908, Ref. Rein
[Geb. 16. Jan. 78 Steele; Wohnort: Cöln; Staatsangeh.: Preußen; Vorbildung: Gymn. Attendorn Reife O. 00; Studium: Bonn 8 S.; Rig. 12. Febr. 08.] [U 09. 382

**Blast das Fegfeuer aus! Befreit Euch v. der Seelenangst!** Von e. alten Dissidenten. (18 S.) gr. 8. Darmstadt 908. Adf. Küstner (durch A. Saeng.) n. —80

**Blastos, Alexander** (Graecus-Chius), De phthisi pulmonum tuberculosa. Spec. med. Bln., 14. VIII. 1833. XVI, 140 S., mit umfangr. Bibliogr. u. Biogr. (M.: L. Carall.) (6.—) 2872
Oppon.: P. Phoebus, F. G. Becker, I. L. Ideler.
Gew.: Stephan v. Oeconom.

**Blasweiler, Jak.,** Überblick der Geschichte der Methodik. Ein Hilfsbuch für Seminaristen und Lehrer. 8. (132 S.) Osnabrück 887, Wehberg. *

**Blasy, J.,** die Frau im Mond. Monderlebnisse. (178 S.) 8. Dresden 904. E. Pierson. n. 2.—; geb. n. 3.—

MIX
Papier | Fördert gute Waldnutzung
FSC® C083411

Kolibri 360 GmbH
Ferdinand-Jühlke-Straße 7
99095 Erfurt, Deutschland
produktsicherheit@kolibri360.de